KURT ILLIES **Handbuch der Schiffsbetriebstechnik**

Teil 1

ISBN 978-3-322-90393-8   ISBN 978-3-322-90392-1 (eBook)
DOI 10.1007/978-3-322-90392-1
Softcover reprint of the hardcover 2nd 1970

Herausgeber

Prof. Dr.-Ing., Dr.-Ing. e. h. *K. Illies*, Hannover/Hamburg

Autoren

Prof. Dr.-Ing. *W. Abicht*, Hamburg
Dipl.-Ing. *W. Bauer*, Salzburg
Prof. Dipl.-Ing. *K.-H. Buhse*, Bremen
Dr.-Ing. *G. Drews*, Großhansdorf
Kapitän Prof. *J. Froese*, Hamburg
Studiendirektor Dipl.-Ing. *V. Gaßner*, Cuxhaven
Prof. Dr.-Ing. *M. Gietzelt*, Hannover
Prof. Dr. med. *H. Goethe*, Hamburg
Dipl.-Ing. *R. Herrmann*, Hamburg
Prof. Dr. Ing., Dr.-Ing. e. h. *K. Illies*, Hannover/Hamburg
Prof. Dr.-Ing. *O. Krappinger*, Hamburg
Prof. Dipl.-Ing. *G. Mau*, Flensburg
Prof. Dr.-Ing. *H. Meier-Peter*, Flensburg
Dipl.-Ing. *P. Mester*, Ritterhude
Prof. Dipl.-Ing. *A. Schaffer*, Bremerhaven
Prof. Dipl.-Ing. *Ernst G. Schmidt*, Flensburg
Dipl.-Ing. *H. Thörner*, Hamburg
Dipl.-Ing. *C. A. Ziegler*, Hamburg

Vorwort des Herausgebers zur 1. Auflage

Das „Handbuch für Schiffsingenieure und Seemaschinisten" (*Ludwig/Illies*), dessen 2. Auflage 1960 erschien, ist seit längerer Zeit vergriffen. Die sehr schnelle Entwicklung der Schiffstechnik während der letzten 10 Jahre gestattete es nicht, jetzt eine nur geänderte und ergänzte 3. Auflage herauszubringen – das Buch mußte von Grund auf neu bearbeitet werden. Somit stellt das jetzt vorliegende „Handbuch der Schiffsbetriebstechnik" ein völlig neues Buch dar. Außer einer Neubearbeitung der Abschnitte des alten Handbuches sind entsprechend ihrer Bedeutung in der modernen Schiffstechnik auch neue Abschnitte aufgenommen worden wie Regeltechnik und Klimatechnik; es werden auch Fragen der personellen und sachlichen Betriebsführung und der Arbeitsmedizin behandelt sowie Hinweise auf internationale Organisationen in Schiffbau und Schiffahrt gegeben.

Der Herausgeber dankt den Verfassern der verschiedenen Abschnitte, die dankenswerterweise von Herrn Dipl.-Ing. *H. Meier-Peter* in mühevoller Kleinarbeit koordiniert wurden. Leider verstarb während der Drucklegung unerwartet Herr Dr.-Ing. *Otto Prinzing*, der schon bei den beiden ersten Auflagen des alten Handbuches mitgearbeitet hatte.

Dank gebührt allen, die durch ihre Kritiken an dem alten Handbuch nützliche Hinweise für die Gestaltung des neuen Buches gegeben haben. Und schließlich sei dem Verlag Friedr. Vieweg + Sohn, der die Herausgabe des Buches ermöglicht hat, gedankt. Möge das neue Buch eine so günstige Aufnahme finden wie der alte „*Ludwig/Illies*".

Kurt Illies

Hannover, im Juli 1970

Vorwort des Herausgebers zur 2. Auflage

Auf den meisten technischen Gebieten — auch auf denen der Schiffstechnik — gab es während der letzten Jahre eine sehr lebhafte Entwicklung, die bei der jetzt vorliegenden Neuauflage dieses Buches, das aus dem „Handbuch für Schiffsingenieure und Seemaschinisten" hervorgegangen ist, berücksichtigt werden mußte. Die technische Entwicklung war zum Teil so erheblich, daß fast alle Abschnitte des Buches grundlegend überarbeitet werden mußten, um sie auf den neuesten Stand der Technik zu bringen — das erforderte eine längere Zeit. Mit Rücksicht auf den Umfang des Buches wurde die veraltete Technik weitgehend weggelassen, und der Text gestrafft.

Das Buch dient als systematisch geordnetes Nachschlagewerk den im Beruf stehenden Ingenieuren, um ihr vorhandenes Fachwissen aufzufrischen und dabei die neue Entwicklung kennenzulernen — es dient aber auch dem Studium der Studenten auf den verschiedenen Schiffs-Technischen Gebieten.

Einige der Mitarbeiter an der vorhergehenden Auflage schieden leider aus verschiedenen Gründen aus — dafür konnten neue gewonnen werden, und ich möchte hier allen Mitarbeitern für ihre Beteiligung danken; das gilt auch für Herrn Prof. Dr.-Ing. *M. Gietzelt*, der mich bei der redaktionellen Bearbeitung unterstützte. Dem Verlag Friedr. Vieweg & Sohn danke ich dafür, daß er die Herausgabe dieses Buches ermöglichte.

Kurt Illies

Hamburg, im Oktober 1983

Inhaltsverzeichnis   Teil 1

01 Mathematik … 1
01.1 Formelzeichen, Einheiten und Normen … 1
01.2 Arithmetik und Algebra … 1
- 01.2.1 Einteilung der Zahlen … 1
- 01.2.2 Ziffernsysteme … 1
- 01.2.3 Potenzen … 2
- 01.2.4 Wurzelrechnung … 2
- 01.2.5 Logarithmenrechnung … 2
- 01.2.6 Gleichungen … 3
- 01.2.7 Näherungsverfahren … 5
- 01.2.8 Reihen … 5

01.3 Trigonometrie … 7
- 01.3.1 Winkeleinheiten … 7
- 01.3.2 Trigonometrische Funktionen … 8
- 01.3.3 Ebene Dreiecke … 10

01.4 Analytische Geometrie … 10
- 01.4.1 Koordinatensysteme … 10
- 01.4.2 Die Gerade … 11
- 01.4.3 Kegelschnitte … 12
- 01.4.4 Exponentialfunktionen … 13
- 01.4.5 Logarithmische Funktionen … 13

01.5 Differentialrechnung … 13
- 01.5.1 Grenzwert … 13
- 01.5.2 Differenzenquotient und Differentialquotient … 14
- 01.5.3 Ableitungen elementarer Funktionen … 14
- 01.5.4 Differentiationsregeln … 14
- 01.5.5 Höhere Ableitungen … 15
- 01.5.6 Graphische Differentiation … 15
- 01.5.7 Maxima und Minima … 16
- 01.5.8 Grenzwertbestimmung nach de l'Hospital … 16
- 01.5.9 Partielle Differentiation … 17

01.6 Integralrechnung … 17
- 01.6.1 Das unbestimmte Integral … 17
- 01.6.2 Auswahl unbestimmter Integrale … 17
- 01.6.3 Integrationsregeln … 18
- 01.6.4 Das bestimmte Integral … 19
- 01.6.5 Geometrische Anwendung der Integralrechnung … 19
- 01.6.6 Graphische Integration … 20

01.7 Komplexe Zahlen … 21
- 01.7.1 System der komplexen Zahlen … 21
- 01.7.2 Rechnen mit komplexen Zahlen … 21
- 01.7.3 Euler-Formeln … 21

01.8 Gewöhnliche Differentialgleichungen … 21
- 01.8.1 Lösungsmethoden … 21

01.9 Planimetrie und Stereometrie … 23
- 01.9.1 Ebene Figuren … 23
- 01.9.2 Oberfläche und Rauminhalt von Körpern … 24

01.10 Schrifttum … 26

02 Mechanik und Festigkeit ... 27

- 02.1 Formelzeichen, Einheiten und Normen ... 27
- 02.2 Statik starrer Körper ... 28
  - 02.2.1 Die Kraft ... 28
  - 02.2.2 Das zentrale ebene Kraftsystem ... 28
  - 02.2.3 Das allgemeine ebene Kraftsystem ... 28
  - 02.2.4 Auflagerkräfte ... 29
  - 02.2.5 Schwerpunkte von Flächen ... 30
  - 02.2.6 Reibung ... 31
- 02.3 Dynamik ... 33
  - 02.3.1 Die geradlinige Bewegung ... 33
  - 02.3.2 Kreisförmige Bewegung ... 34
  - 02.3.3 Dynamisches Grundgesetz der geradlinigen Bewegung ... 35
  - 02.3.4 Arbeit, Energie, Leistung, Impuls bei der geradlinigen Bewegung ... 35
  - 02.3.5 Dynamisches Grundgesetz der kreisförmigen Bewegung ... 36
  - 02.3.6 Arbeit, Energie, Leistung, Impulsmoment bei der kreisförmigen Bewegung ... 37
- 02.4 Mechanische Schwingungen ... 37
  - 02.4.1 Harmonische Schwingungen ... 37
  - 02.4.2 Ungedämpfte erzwungene Schwingungen ... 37
  - 02.4.3 Gedämpfte erzwungene Schwingungen ... 38
- 02.5 Hydromechanik ... 39
  - 02.5.1 Hydrostatik ... 39
  - 02.5.2 Hydrodynamik ... 39
- 02.6 Akustik ... 40
  - 02.6.1 Schall ... 40
  - 02.6.2 Lärm und Lärmbekämpfung ... 41
  - 02.6.3 Lärmbekämpfung im Schiffsmaschinenbetrieb ... 42
- 02.7 Grundbegriffe der Festigkeitslehre ... 42
  - 02.7.1 Beanspruchungsarten ... 42
  - 02.7.2 Spannungen ... 43
  - 02.7.3 Spannung und Formänderung ... 43
  - 02.7.4 Festigkeitskennwerte ... 44
  - 02.7.5 Belastungsfälle und Dauerfestigkeit ... 45
  - 02.7.6 Zulässige Spannungen ... 46
- 02.8 Zug- und Druckbeanspruchung ... 47
- 02.9 Scherbeanspruchung ... 47
- 02.10 Biegung ... 47
- 02.11 Schubbeanspruchung bei Biegung ... 51
- 02.12 Verdrehbeanspruchung ... 51
- 02.13 Beanspruchung auf Knicken ... 53
- 02.14 Zusammengesetzte Beanspruchung ... 54
- 02.15 Schrifttum ... 55

03 Schwingungen ... 56

- 03.1 Formelzeichen, Einheiten und Normen ... 56
- 03.2 Grundbegriffe ... 56
  - 03.2.1 Definitionen ... 56
  - 03.2.2 Grundlagen ... 57

	03.3	Eigenschwingungen	59
		03.3.1 Ungedämpfte Eigenschwingungen	59
		03.3.2 Gedämpfte Schwingungen	60
	03.4	Erzwungene Schwingungen	61
	03.5	Systeme mit zwei und mehr Freiheitsgraden	64
		03.5.1 Freie Schwingungen mit zwei Freiheitsgraden	64
		03.5.2 Erzwungene Schwingungen mit zwei Freiheitsgraden	66
		03.5.3 Mehrmassenschwinger und Kontinua	66
	03.6	Wichtige Verfahren zur Bestimmung von Eigenfrequenzen	68
		03.6.1 Ersatzsystem	68
		03.6.2 Berechnung von Dreheigenfrequenzen	70
		03.6.3 Biegeeigenfrequenzen von rotierenden Wellen	71
		03.6.4 Empirische Verfahren	73
	03.7	Schwingungen auf Schiffen	76
		03.7.1 Schwingungsarten	76
		03.7.2 Schwingungserregungen	78
	03.8	Schwingungsmessungen	82
		03.8.1 Schwingungsaufnehmer	83
		03.8.2 Schwingungsparameter	84
		03.8.3 Befestigung der Schwingungsaufnehmer	85
		03.8.4 Frequenzanalyse	86
		03.8.5 Durchführung der Messungen	86
		03.8.6 Beurteilung von Schwingungen	87
		03.8.7 Klärung der Ursache und Maßnahmen	90
	03.9	Schrifttum	92
04	**Wärme und Wärmewirtschaft**		**93**
	04.1	Formelzeichen, Einheiten und Normen	93
	04.2	Die Begriffe Wärme und Wärmewirtschaft	93
		04.2.1 Vorbemerkung	93
		04.2.2 Die Einordnung der Wärme in die allgemeine Energielehre	93
	04.3	Einige Grundbegriffe der Thermodynamik	94
		04.3.1 Geschlossene und offene Systeme	94
		04.3.2 Zustandsgrößen	95
		04.3.3 Der 1. Hauptsatz der Thermodynamik	97
		04.3.4 Der 2. Hauptsatz der Thermodynamik	97
		04.3.5 Ideale Gase, Zustandsänderungen und Gasgemische	97
		04.3.6 Thermische Ausdehnung	99
	04.4	Bewertung der Energieumwandlungen in Schiffsantriebsanlagen	99
		04.4.1 Die Umwandelbarkeit der verschiedenen Energieformen	99
		04.4.2 Der energetische und der exergetische Wirkungsgrad	101
		04.4.3 Bestimmung der Exergie und Anergie sowie der wesentlichsten Exergieverluste in Schiffsantriebsanlagen	101
		04.4.4 Energie- und Exergieflußbilder von Schiffsantriebsanlagen	103
	04.5	Vergleichsprozesse	104
		04.5.1 Allgemeines	104
		04.5.2 Vergleichsprozesse der Wärmekraftanlage	104
		04.5.3 Vergleichsprozesse der Verbrennungskraftanlagen	106
	04.6	Der Kreislauf des Arbeitsmittels in Schiffsdampfanlagen	106
		04.6.1 Stoffeigenschaften und Diagramme des Arbeitsmittels	106

	04.6.2	Analyse einiger Parameter in einer Dampfanlage	108
	04.6.3	Der derzeitige Stand in der Kreislaufgestaltung von Schiffsdampfanlagen	113
	04.6.4	Der Spez. Brennstoffverbrauch	113
04.7		Abwärmeverwertung	114
	04.7.1	Definition des Begriffes Abwärme	114
	04.7.2	Vorbemerkung	114
	04.7.3	Die Abwärmeverwertung bei Dampfanlagen	114
	04.7.4	Die Abwärmeverwertung bei Motoranlagen	114
04.8		Schrifttum	123

05 Elektrotechnik ... 125

05.1		Einheiten, Formelzeichen und Normen	125
	05.1.1	Einheiten	125
	05.1.2	Vorschriften und Normen	125
05.2		Grundlagen	126
	05.2.1	Gleichstromtechnik	126
	05.2.2	Magnetisches Feld	128
	05.2.3	Elektrisches Feld	130
	05.2.4	Wechselstromtechnik	131
	05.2.5	Elektrische Effekte	133
05.3		Elektrische Energieversorgung	134
	05.3.1	Leistungsbilanz, Haupt-Versorgung, Not-Versorgung	134
	05.3.2	Gleichstromgeneratoren	135
	05.3.3	Synchrongeneratoren	137
	05.3.4	Wellengeneratoren	144
	05.3.5	Wechselrichter, Umrichter, Umformer	146
	05.3.6	Batterieanlagen	148
	05.3.7	Ladegeräte, Netzgeräte, unterbrechungsfreie Stromversorgung (USV)	149
05.4		Elektrische Energieverteilung	150
	05.4.1	Schaltgeräte und Sicherungen	150
	05.4.2	Kabel und Leitungen	154
	05.4.3	Niederspannungsnetze	155
	05.4.4	Mittelspannungsnetze	157
	05.4.5	Gleichspannungsnetz	161
	05.4.6	Notstromnetz	161
	05.4.7	Sonstige Netze	162
05.5		Elektrische Antriebe	162
	05.5.1	Elektrische Maschinen und Transformatoren	162
	05.5.2	Anker-, Mooring- und Ladewinde	169
	05.5.3	Kranantriebe	171
	05.5.4	Schiffsantriebe	173
	05.5.5	Antriebe für Hilfsmaschinen	176
	05.5.6	Schlupfkupplungen	177
	05.5.7	Ruderantrieb und -steuerung, Aktivruder, Querstrahlruder, Schiffsstabilisierung	178
05.6		Schutz- und Überwachungseinrichtungen	184
	05.6.1	Selektivität	184
	05.6.2	Isolationsüberwachung	185
	05.6.3	Generatorschutz	186
	05.6.4	Motorschutz	188

	05.6.5	Kabelschutz, Leitungsschutz	190
	05.6.6	Befehls-, Melde- und Warnanlagen	191
	05.6.7	Korrorionsschutz	192
05.7		Sonstige Elektroenergie-Anwendung	193
	05.7.1	Beleuchtungsanlagen	193
	05.7.2	Elektrische Heizung	195
	05.7.3	Küchen, Pantries	196
	05.7.4	Wäschereien	197
05.8		Schrifttum	197

06 Meß-, Steuerungs- und Regelungstechnik … 198

06.1		Grundlagen und Einordnung	198
	06.1.1	Die Aufgaben eines Leitsystems	198
	06.1.2	Darstellung und Kennzeichnung	198
06.2		Meßtechnik	199
	06.2.1	Grundlagen	199
	06.2.2	Druckmessung	202
	06.2.3	Temperaturmessung	210
	06.2.4	Mengen- und Durchflußmessung	219
	06.2.5	Leistungsmessung	222
	06.2.6	Drehzahlmessung	225
	06.2.7	Zeitmessung	226
	06.2.8	Lagenmessung	226
	06.2.9	Speisewasseruntersuchungen	227
	06.2.10	Öluntersuchung	228
	06.2.11	Abgasanalyse	228
	06.2.12	Drosselkalorimeter	230
	06.2.13	Aufmessen von Maschinenteilen	231
	06.2.14	Übertragungssignale	232
	06.2.15	Übertragung mit Gleichspannung oder Gleichstrom	234
	06.2.16	Übertragung mit Wechselspannung	235
	06.2.17	Digitale Signalübertragung	236
	06.2.18	Registrierverfahren	237
06.3		Regelungstechnik	237
	06.3.1	Grundlagen	237
	06.3.2	Das Verhalten von Regelstrecken	242
	06.3.3	Regelkreise mit stetigen Reglern	245
	06.3.4	Technische Verwirklichung von Gerätesystemen	250
	06.3.5	Regelkreise mit unstetigen Reglern	260
	06.3.6	Die Einstellung von Regelkreisen	262
	06.3.7	Vermaschte Regelkreise und Mehrfachregelungen	264
06.4		Steuerungstechnik	266
	06.4.1	Grundlagen	266
	06.4.2	Steuerungssysteme	269
06.5		Beispiele zur Schiffsautomatisierung	274
	06.5.1	Einleitung	274
	06.5.2	Beispiele	275
06.6		Schrifttum	282

07 Werkstoffe ... 283

- 07.1 Formelzeichen, Einheiten und Normen ... 283
- 02.2 Eisen und Stahl ... 283
  - 07.2.1 Einteilung und Legierungsbestandteile der Eisenwerkstoffe ... 283
  - 07.2.2 Wärmebehandlung ... 284
  - 07.2.3 Benennung ... 284
  - 07.2.4 Stahlguß ... 286
  - 07.2.5 Stahl im Kesselbau ... 286
- 07.3 Nichteisenmetalle ... 287
  - 07.3.1 Aluminium ... 287
  - 07.3.2 Kupferlegierungen ... 287
  - 07.3.3 Lagermetalle ... 287
- 07.4 Nichtmetallische Werkstoffe ... 287
  - 07.4.1 Kunststoffe ... 287
  - 07.4.2 Mauerwerk ... 287
  - 07.4.3 Isolierung ... 288
- 07.5 Werkstofftafeln ... 288
  - 07.5.1 Genormte Werkstoffe ... 288
  - 07.5.2 Nichtgenormte Werkstoffe ... 291
- 07.6 Schrifttum ... 295

08 Schmiermittel und flüssige Brennstoffe ... 296

- 08.1 Formelzeichen, Einheiten und Normen ... 296
- 08.2 Einleitung ... 297
- 08.3 Zusammensetzung der Mineralöle ... 297
- 08.4 Die Verarbeitung des Erdöles ... 299
- 08.5 Physikalische und chemische Eigenschaften der Mineralöle ... 300
  - 08.5.1 Dichte und Specific-Gravity (DIN 51 757) ... 300
  - 08.5.2 Zähigkeit (Viskosität) (DIN 1342 und DIN 51 550) ... 303
  - 08.5.3 Neutralisationszahl (NZ) (DIN 51 558) ... 305
  - 08.5.4 Total-Base-Number (TBN)-(ASTM D-664) ... 305
  - 08.5.5 Verseifungszahl (VZ) (DIN 51 559) ... 305
  - 08.5.6 Aschegehalt (DIN 51 575 und DIN EN 7) ... 306
  - 08.5.7 Verkokungsneigung nach Conradson (DIN 51 551) ... 306
  - 08.5.8 Gehalt an Asphaltenen (DIN 51 595) ... 306
  - 08.5.9 Flammpunkt und Brennpunkt (DIN 51 376, DIN 51 755, DIN 51 758) ... 306
  - 08.5.10 Selbstentzündungspunkt (ASTM D-286-30) ... 306
  - 08.5.11 Verdampfbarkeit und Verdampfungsverlust (DIN 51 581) ... 307
  - 08.5.12 Cloudpoint und Pourpoint (DIN 51 597) ... 307
  - 08.5.13 Anilinpunkt (DIN 51 775 und DIN 51 787) ... 307
  - 08.5.14 Alterung von Schmierstoffen (DIN 51 352, DIN 51 554 und DIN 51 587) ... 307
- 08.6 Kraftstoffe und Heizöle ... 308
  - 08.6.1 Ottokraftstoffe (DIN 51 756) ... 308
  - 08.6.2 Dieselkraftstoffe, Brennöle und Gasturbinen und Heizöle für Kessel ... 309
- 08.7 Schmierstoffe ... 318
  - 08.7.1 Schmieröle ... 319
  - 08.7.2 Dampfmaschinenschmierung ... 321
  - 08.7.3 Dampfturbinenschmierung (DIN 51 515, DIN 51 587) ... 323

		08.7.4	Schmierung von Ottomotoren	325
		08.7.5	Schmierung von Dieselmotoren	326
		08.7.6	Schmierung der Luftverdichter	339
		08.7.7	Schmierung von Kältemaschinen (DIN 51 503)	339
		08.7.8	Schmierung von Zahnradgetrieben (DIN 51 509, DIN 51 354)	340
		08.7.9	Hydraulik-Anlagen (DIN 51 525)	345
		08.7.10	Rudermaschinen	345
		08.7.11	Transformatoren- und Schalteröle (DIN 51 507)	346
		08.7.12	Schmierung der Wellenleitung	347
		08.7.13	Schmierung von Wälzlagern	347
		08.7.14	Schmierfette	349
		08.7.15	Feste Schmiermittel	351
	08.8	Schrifttum	....	351

09 Widerstand, Antrieb und Propeller 353

	09.1	Formelzeichen, Einheiten und Normen		353
	09.2	Widerstand		354
		09.2.1	Die einzelnen Anteile des Widerstandes	354
		09.2.2	Ermittlung der Widerstandsanteile beim Schiffsentwurf ...	356
		09.2.3	Beeinflussung des Widerstandes durch die Konstruktion ..	356
	09.3	Antrieb		357
		09.3.1	Zusammenhang zwischen Widerstand und Antriebsleistung	357
		09.3.2	Berechnung bzw. Abschätzung der Antriebsleistung	358
		09.3.3	Beeinflussung von Widerstand und Leistung während des Betriebes durch Fahrwasserbeschränkungen	358
		09.3.4	Die verschiedenen Antriebsmaschinen in ihrem Zusammenwirken mit dem Schiff	359
		09.3.5	Zusammenhang zwischen Drehzahl und Geschwindigkeit ..	364
		09.3.6	Überschlägige Fahrtbereichs- und Brennstoffverbrauchsberechnungen	364
	09.4	Propeller		368
		09.4.1	Geometrie des Propellers	368
		09.4.2	Allgemeines zur Wirkungsweise des Propellers	371
		09.4.3	Berechnung und Auslegung von Propellern	371
		09.4.4	Die Wirkungsweise von Verstellpropellern	372
		09.4.5	Wesen und Ursache der Kavitation und deren Auswirkungen	373
		09.4.6	Propellerkonstruktionen	374
		09.4.7	Befestigung von Propellern auf der Welle	384
		09.4.8	Der Propeller im Betrieb	388
		09.4.9	Vorbereitende Arbeiten zu Klassebeschichtungen	390
		09.4.10	Korrosion und Korrosionsschutz am Propeller	390
		09.4.11	Beschädigungen am Propeller	391
	09.5	Schrifttum		393

10 Wellenleitung, Kupplungen und Getriebe 394

	10.1	Formelzeichen, Einheiten und Normen	394
	10.2	Wellenleitung	394
		10.2.1 Allgemeines	394
		10.2.2 Berechnung und Auslegung der Wellenleitung	395
		10.2.3 Bauliche Ausführung der Wellenleitung	396

	10.2.4	Schäden an der Wellenleitung	419
	10.2.5	Neuausrichtung der Wellenleitung	428
10.3	Kupplungen		433
	10.3.1	Wirkungsweise und Aufbau von Kupplungen	433
	10.3.2	Bauformen von Kupplungen	434
	10.3.3	Wichtige Kenngrößen bei Kupplungen	448
	10.3.4	Wartungsarbeiten an Kupplungen	449
	10.3.5	Störungen und Schäden an Kupplungen	449
10.4	Getriebe		450
	10.4.1	Aufgaben und Wirkungsweise	450
	10.4.2	Bezeichnungen am Getriebe	450
	10.4.3	Lager	454
	10.4.4	Berechnung von Getrieben	457
	10.4.5	Herstellung von Getrieben	460
	10.4.6	Getriebe im Zusammenhang mit der Antriebsanlage	461
	10.4.7	Getriebebauformen	461
	10.4.8	Einbau von Getrieben	471
	10.4.9	Betrieb und Wartung	473
	10.4.10	Schmierung	476
	10.4.11	Schäden und Abhilfemaßnahmen	477
10.5	Schrifttum		480

11 Schiffbau ... 481

11.1	Formelzeichen, Einheiten und Normen		481
11.2	Hauptabmessungen und Bezeichnungen		481
11.3	Schiffstypen		482
11.4	Stabilität und Trimm		483
	11.4.1	Anfangsstabilität	483
	11.4.2	Bestimmung der Lage des Gewichtsschwerpunktes während des Schiffsbetriebes	486
	11.4.3	Stabilität bei größeren Neigungen	487
	11.4.4	Stabilität im Seegang	488
	11.4.5	Trimmrechnung	490
11.5	Die Schiffsverbände und ihre Beanspruchung		490
11.6	Schiffsschwingungen		493
11.7	Schiffsvermessung		495
11.8	Schrifttum		496

12 Nautik ... 497

12.1	Einführung		497
12.2	Navigation		497
	12.2.1	Grundlagen	497
	12.2.2	Terrestrische Navigation	499
	12.2.3	Astronomische Navigation	499
	12.2.4	Technische Navigation	501
12.3	Manövriertechnik		506
12.4	Beladungsplanung und Ladungskontrolle		507
12.5	Seestraßenordnung und Seeschiffahrtsstraßenordnung		507
12.6	Meteorologie		508
12.7	Ozeanographie		511

	12.7.1	Seegang	511
	12.7.2	Gezeiten	511
	12.7.3	Meeresströmungen	512
12.8	Weitere Bereiche der Nautik	512
12.9	Schrifttum	512

13 Personalführung und Reedereibetriebswirtschaft 513

13.1	Formelzeichen, Einheiten und Normen	513
13.2	Personelle Betriebsführung	513
	13.2.1	Soziologie der Bordgemeinschaft	514
	13.2.2	Der Führungsprozeß	514
	13.2.3	Die Führungsstile	514
	13.2.4	Der Schiffsoffizier als Führungskraft	515
	13.2.5	Die Mitarbeiter des Schiffsoffiziers	517
	13.2.6	Die Mitarbeiter als Gruppe	518
	13.2.7	Die Führungsmittel	519
13.3	Reedereibetriebswirtschaft	521
	13.3.1	Die Stellung der Seeschiffahrt in der Gesamtwirtschaft	522
	13.3.2	Organisation der Seeschiffahrt	522
	13.3.3	Kenngrößen für den betrieblichen Prozeß	523
	13.3.4	Die Kostenlehre	525
	13.3.5	Kalkulation und Frachtratenbildung	527
	13.3.6	Schiffsfinanzierung	529
	13.3.7	Seeversicherung	530
	13.3.8	Arbeitswissenschaft an Bord	531
13.4	Schrifttum	532

14 Schiffshygiene – Arbeitsphysiologie – Ergonomie 534

14.1	Persönliche Hygiene	534
	14.1.1	Definition	534
	14.1.2	Körperpflege	534
	14.1.3	Ernährung	534
	14.1.4	Kleidung	534
	14.1.5	Arbeitshygiene	535
14.2	Arbeitsräume	535
	14.2.1	Allgemein hygienische Forderungen an Arbeitsräume	535
	14.2.2	Maschinenräume	535
	14.2.3	Kombüsen	535
	14.2.4	Provianträume	536
	14.2.5	Brücken	536
14.3	Wohn- und Schlafräume	536
	14.3.1	Allgemein hygienische Forderungen	536
	14.3.2	Wohnräume	538
	14.3.3	Messen	538
	14.3.4	Aufenthalts- und Tagesräume	538
	14.3.5	WC-Räume, Duschen und Bäder	539
14.4	Wasserversorgung	539
	14.4.1	Wasserhygienische Voraussetzungen	539
	14.4.2	Hydrantenanlagen an Land	539
	14.4.3	Übernahmeeinrichtungen an Bord	540
	14.4.4	Wasserbevorratung an Bord	540
	14.4.5	Abgabeeinrichtungen an Bord	540
	14.4.6	Wassererzeugung an Bord	540

14.5	Abwasser		541
	14.5.1	Fäkal- und Abwasserleitungen	541
	14.5.2	Aufbereitungsanlagen	541
14.6	Ernährung und Getränke		541
	14.6.1	Physiologische Voraussetzungen	541
	14.6.2	Ernährungsgewohnheiten an Bord	541
	14.6.3	Flüssigkeitszufuhr und Getränke	542
	14.6.4	Hygiene der Bordernährung	542
	14.6.5	Ernährungs- und getränkebedingte Gefahren in fremden Häfen	542
14.7	Schädlinge und Ungeziefer		542
	14.7.1	Ratten und Mäuse	542
	14.7.2	Insekten	542
	17.7.3	Vorratsschädlinge	543
	14.7.4	Bekämpfungsverfahren	543
14.8	Physiologische und psychologische Belastungsfaktoren		543
	14.8.1	Arbeitsbelastung	543
	14.8.2	Klima	544
	14.8.3	Lärm	544
	14.8.4	Vibration	545
	14.8.5	Psyche	545
14.9	Chemische Schädigungsmöglichkeiten		545
	14.9.1	Schädigungsarten	545
	14.9.2	Häufige Schädigungen im Maschinenbetrieb	546
	14.9.3	Häufige Schädigungen im Decksbetrieb	546
	14.9.4	Ladungsbedingte Schädigungen	546
14.10	Unfallverhütung		546
	14.10.1	Allgemeine Grundsätze	546
	14.10.2	Technische Konstruktion	546
	14.10.3	Psychologische Voraussetzungen	547
14.11	Beleuchtung		547
	14.11.1	Physiologische Voraussetzungen	547
	14.11.2	Beleuchtung im Maschinenbereich	547
	14.11.3	Beleuchtung im Wohnbereich	547
	14.11.4	Beleuchtung im Navigationsareal	547
14.12	Lüftung, Heizung, Kühlung, Klima		548
	14.12.1	Physiologische Voraussetzungen	548
	14.12.2	Lüftung	548
	14.12.3	Heizung	548
	14.12.4	Kühlung, Klimatisierung	549
14.13	Lärmbelastung		549
	14.13.1	Physiologische Voraussetzungen	549
	14.13.2	Lärm im Maschinenareal	549
	14.13.3	Lärm im Wohnareal	550
	14.13.4	Lärm im Navigationsareal	550
14.14	Vibration		550
	14.14.1	Physiologische Voraussetzungen	550
	14.14.2	Vibration an Bord	551
14.15	Anthropotechnik, Human Engineering		551
	14.15.1	Definition	551
	14.15.2	Grundlagen der Konstruktion unter Berücksichtigung des Human Engineering	551
	14.15.3	Human Engineering im Schiffsbetrieb	552
14.16	Schrifttum		552

Inhaltsverzeichnis   Teil 2

15 Verbrennungsmotoren ... 554
15.1 Formelzeichen, Einheiten und Normen ... 554
15.2 Brennstoffe ... 554
15.3 Motorenarten ... 554
15.4 Arbeitsverfahren ... 555
- 15.4.1 Viertaktmotor ... 556
- 15.4.2 Zweitaktmotor ... 557

15.5 Ladungswechsel ... 557
- 15.5.1 Viertaktmotor ... 558
- 15.5.2 Zweitaktmotor ... 558

15.6 Verbrennungsraum ... 559
- 15.6.1 Verdichtungsverhältnis ... 559
- 15.6.2 Direkte Strahleinspritzung ... 561
- 15.6.3 Unterteilter Verbrennungsraum ... 561

15.7 Hauptbauteile der Verbrennungsmotoren ... 562
- 15.7.1 Allgemeiner Aufbau ... 562
- 15.7.2 Arbeitskolben ... 562
- 17.7.3 Kolbenstange ... 564
- 15.7.4 Laufbuchse ... 565
- 15.7.5 Zylinderdeckel ... 566
- 15.7.6 Ventile ... 566
- 15.7.7 Spülluftpumpen ... 570
- 15.7.8 Regler ... 570
- 15.7.9 Lager und ihre Spiele ... 571

15.8 Schmierung ... 571
15.9 Kühlung ... 571
- 15.9.1 Wasserkühlung ... 572
- 15.9.2 Luftkühlung ... 573

15.10 Steuerung ... 573
15.11 Anlaß- und Umsteuereinrichtung ... 574
- 15.11.1 Anlassen ... 574
- 15.11.2 Umsteuern ... 575

15.12 Brennstoffeinspritzung ... 576
- 15.12.1 Brennstoffeinspritzventil ... 576
- 15.12.2 Brennstoffeinspritzpumpe ... 578
- 15.12.3 Elektronische Brennstoff-Einspritzung für Groß-Dieselmotoren ... 581

15.13 Gemischbildung und Verbrennung ... 583
- 15.13.1 Motorische Verbrennung allgemein ... 583
- 15.13.2 Einspritzvorgang ... 584
- 15.13.3 Zeitlicher Ablauf von Einspritzung und Verbrennung ... 584

15.14 Leistungsberechnung ... 587
15.15 Leistungssteigerung ... 588
- 15.15.1 Aufladung ... 588

15.16	Wirkungsgrade, Liefergrad		595
	15.16.1	Wirkungsgrade	595
	15.16.2	Liefergrad	597
15.17	Brennstoffverbrauch		598
15.18	Kennlinienfelder		603
15.19	Wärmewirtschaftliche Untersuchung (Wärmeabrechnung)		604
15.20	Überwachung der Motoren im Betrieb		605
	15.20.1	Allgemeines	605
	15.20.2	Drucke im Arbeitszylinder	609
	15.20.3	Beurteilung der Abgase	610
	15.20.4	Beurteilung der Schaubilder	612
	15.20.5	Schwerölbetrieb	614
	15.20.6	Kritische Drehzahlen	618
15.21	Schrifttum		619

16 Gasturbinen ... 620

16.1	Formelzeichen, Einheiten und Normen		620
16.2	Allgemeines		620
16.3	Kreislaufschaltungen		620
	16.3.1	Offener Kreislauf	621
	16.3.2	Geschlossener Kreislauf	623
16.4	Schrifttum		624

17 Dampfkraftanlagen ... 625

17.1	Formelzeichen, Einheiten und Normen		625
17.2	Dampfturbinen		626
	17.2.1	Theoretische Grundlagen	626
	17.2.2	Umsetzung des Wärmegefälles in Arbeit	631
	17.2.3	Massenkräfte	637
	17.2.4	Bauteile der Turbinen	639
	17.2.5	Ausgeführte Anlagen	661
	17.2.6	Wartung von Turbinenanlagen	670
17.3	Kondensationsanlagen		671
	17.3.1	Allgemeines	671
	17.3.2	Wärmetechnische Berechnung von Kondensationsanlagen	672
	17.3.3	Bauliche Ausführung der Kondensationsanlage	677
	17.3.4	Schäden an Kondensatoren	682
	17.3.5	Die Kondensationsanlage im Betrieb	682
17.4	Schrifttum		683

18 Dampfkessel und Feuerungen ... 684

18.1	Formelzeichen und Einheiten		684
18.2	Gesetzliche Vorschriften – Klassifikationsbestimmungen		684
	18.2.1	Dampfkesselverordnung (Dampfk V)	684
	18.2.2	Schiffssicherheitsvorschriften	685
	18.2.3	Erlaubnisverfahren	685
	18.2.4	Klassifikationsbestimmungen	685

18.3	Allgemeines		685
	18.3.1	Zweck, Haupt-/Hilfskessel	685
	18.3.2	Anforderungen	685
	18.3.3	Wärmequellen	685
18.4	Dampferzeugung und Heizflächen		685
	18.4.1	Dampferzeugung	685
	18.4.2	Kesselheizflächen	686
	18.4.3	Heizflächenbelastung	686
18.5	Brennstoffe, Verbrennung und Feuerungen		686
	18.5.1	Brennstoffe	686
	18.5.2	Verbrennung	687
	18.5.3	Brennstoffe und Heizflächenkorrosionen	688
	18.5.4	Feuerungen	688
18.6	Kesselwirkungsgrad und Verluste		692
18.7	Wasserbewegung		694
	18.7.1	Allgemeines	694
	18.7.2	Naturumlauf	694
	18.7.3	Zwanglauf	694
18.8	Schiffskessel im Zusammenhang mit der Mschinenanlage		695
	18.8.1	Arbeitsprozeß	695
	18.8.2	Maschinenbetrieb	696
	18.8.3	Maschinen-Eigenschaften und Kessel	697
18.9	Kesselzahl, Gewichte, Aufstellung im Schiff		697
	18.9.1	Kesselzahl und Gewicht	697
	18.9.2	Aufstellung im Schiff	698
	18.9.3	Verbrennungsluftzufuhr	698
18.10	Kesselarten und Eigenschaften		699
	18.10.1	Wasserrohrkessel mit Naturumlauf	699
	18.10.2	Wasserrohrkessel mit Zwanglauf	701
	18.10.3	Großwasserraumkessel	702
	18.10.4	Sonderkessel	703
	18.10.5	Abgaskessel	705
18.11	Kesselkörper – Einzelteile		706
	18.11.1	Trommeln	706
	18.11.2	Flaschen	708
	18.11.3	Befestigung von Rohren in Trommeln und Flaschen	708
	18.11.4	Rohre und Heizflächen	709
18.12	Luftvorwärmer		710
	18.12.1	Allgemeines	710
	18.12.2	Rauchgasbeheizte Luvos (vorherrschend)	711
	18.12.3	Dampfbeheizte Luvos	712
18.13	Gerüst – Mantel; Mauerung – Isolierung		712
	18.13.1	Gerüst – Mantel	712
	18.13.2	Mauerung	712
	18.13.3	Isolierung	713
18.14	Schornstein und Rauchfang		713
18.15	Armaturen und Meßeinrichtungen		713
	18.15.1	Wasser und Dampf	713
	18.15.2	Luft- und Rauchgas	716
	18.15.3	Heizöl	716
18.16	Kesselregelung		716

18.17	Heizflächenreinigung und -konservierung		716
	18.17.1 Reinigung während des Betriebes		716
	18.17.2 Reinigung während der Stillstandszeiten		716
	18.17.3 Naßkonservierung – Trockenkonservierung		717
18.18	Wasser		717
	18.18.1 Roh-, Speise- und Kesselwasser		717
	18.18.2 Bestandteile im Wasser und Dampf		717
	18.18.3 Wasseraufbereitung		718
	18.18.4 Anforderungen an das Speise- und Kesselwasser		719
18.19	Kesselversuche		720
	18.19.1 Zweck und Dauer		720
	18.19.2 Messungen		720
	18.19.3 Auswertung		722
18.20	Kesselschäden		723
	18.20.1 Kesselkörper		723
	18.20.2 Luftvorwärmer		724
	18.20.3 Feuerungen		724
	18.20.4 Mauerwerk		725
18.21	Werkstoffe		725
18.22	Schrifttum		725

19 Rohrleitungen und Armaturen, Wärmeaustauscher und Apparate . 726

19.1	Formelzeichen und Einheiten		726
19.2	Normen		726
19.3	Rohrleitungen und Armaturen		728
	19.3.1 Einleitung		728
	19.3.2 Theoretische Grundlagen		728
	19.3.3 Konstruktion von Rohrleitungen und Armaturen		736
	19.3.4 Berechnung von Druckverlusten in Rohrleitungen		737
	19.3.5 Berechnung der Wärmedehnung von Rohrleitungen		738
	19.3.6 Berechnung der Wärmeverluste von Rohrleitungen		741
19.4	Erfahrungswerte		742
	19.4.1 Rohrleitungen		742
	19.4.2 Rohrverbindungen		747
	19.4.3 Armaturen		748
	19.4.4 Dichtungen		750
	19.4.5 Rohrsysteme		750
19.5	Besichtigungs- und Klassearbeiten für Rohrleitung		757
19.6	Wärmeaustauscher und Apparate		759
	19.6.1 Grundlagen		759
	19.6.2 Bauliche Ausführung		761
19.7	Betrieb und Wartung		787
	19.7.1 Betrieb und Wartung von Wärmeaustauschern		787
	19.7.2 Betrieb und Wartung von Filter- und Separatoranlagen		787
19.8	Besichtigungs- und Klassearbeiten für Wärmeaustauscher und Apparate		788
19.9	Schrifttum		788

20 Pumpen und Verdichter ... 789

- 20.1 Formelzeichen, Einheiten und Normen ... 789
- 20.2 Pumpen ... 789
  - 20.2.1 Allgemeines/Einteilung der Pumpen ... 789
  - 20.2.2 Berechnungsgrundlagen für Verdrängerpumpen ... 789
  - 20.2.3 Bauliche Ausführung der Verdrängerpumpe ... 793
  - 20.2.4 Berechnungsgrundlagen für Kreiselpumpen ... 799
  - 20.2.5 Bauliche Ausführung der Kreiselpumpen ... 801
  - 20.2.6 Strahlpumpen ... 806
  - 20.2.7 Betriebsverhalten der Pumpen ... 806
- 20.3 Verdichter ... 812
  - 20.3.1 Allgemeines/Einteilung der Verdichter ... 812
  - 20.3.2 Berechnungsgrundlagen für Verdichter ... 813
  - 20.3.3 Bauliche Ausführung der Kolbenverdichter ... 814
  - 20.3.4 Bauliche Ausführung der Kreiselverdichter ... 815
  - 20.3.5 Strahlverdichter ... 828
- 20.4 Schrifttum ... 828

21 Kernenergie für Schiffsantriebe ... 829

- 21.1 Formelzeichen und Einheiten ... 829
- 21.2 Einführung ... 829
- 21.3 Reaktoren ... 830
  - 21.3.1 Allgemeines ... 830
  - 21.3.2 Reaktorbauarten ... 830
  - 21.3.3 Brennstoffe ... 833
  - 21.3.4 Brennelemente und Reaktorkern ... 833
  - 21.3.5 Heizflächenbelastung und Abbrand ... 833
  - 21.3.6 Kühlung und Kühlmittel ... 834
  - 21.3.7 Moderatoren und Reflektoren ... 835
  - 21.3.8 Nachzerfallswärme (Nachwärme) ... 835
- 21.4 Reaktorhilfssysteme ... 835
  - 21.4.1 Allgemeine Anforderungen ... 835
  - 21.4.2 Primärwassersystem ... 835
  - 21.4.3 Notkühlsystem ... 836
  - 21.4.4 Vergiftungssystem ... 836
  - 21.4.5 Zwischenkühlsystem ... 836
  - 21.4.6 Druckhaltesystem für Druckwasserreaktoren ... 836
  - 21.4.7 Wasserstoffzugabesystem ... 836
  - 21.4.8 Abfallsammelanlagen ... 836
  - 21.4.9 Lüftung des Sicherheitsbehälters (Umluft-Klimaanlage) ... 837
  - 21.4.10 Lüftung für Räume des Reaktorbereichs ... 837
  - 21.4.11 Brennelementwechselanlagen ... 837
- 21.5 Reaktorkontrolle, Sicherheitssystem, Instrumentierung ... 838
  - 21.5.1 Grundlagen ... 838
  - 21.5.2 Absorptionsregelung ... 838
  - 21.5.3 Stabilität des Reaktors – Selbstregelung ... 838
  - 21.5.4 Kontrollsysteme ... 838
  - 21.5.5 Instrumentierung ... 839
- 21.6 Antriebsanlagen ... 840
  - 21.6.1 Allgemeines ... 840
  - 21.6.2 Dampfturbine ... 840
  - 21.6.3 Dampferzeuger ... 840
  - 21.6.4 Bypass – zur Umgehung der Hauptmaschine ... 840

21.7		Sicherheit der Kernenergieschiffe	841
	21.7.1	Allgemeines	841
	21.7.2	Schiffbauliche Sicherheitsmaßnahmen	841
	21.7.3	Strahlenschutz	842
	21.7.4	Sicherheitsbehälter	843
	21.7.5	Notantriebsanlagen	844
21.8		Anforderungen an Werkstoffe im kerntechnischen Teil	844
21.9		Schrifttum	845

22 Kühl- und Klimaanlagen 846

22.1		Formelzeichen, Einheiten und Normen	846
22.2		Kühlanlagen	846
	22.2.1	Vorschriften für Bau und Betrieb von Schiffskühlanlagen	847
	22.2.2	Art und Lagerungsbedingungen des Kühlgutes	847
	22.2.3	Raumkühlung	849
	22.2.4	Luftführung	849
	22.2.5	Lufterneuerung	851
	22.2.6	Lüfter	852
	22.2.7	Raumisolierung	853
	22.2.8	Kälteerzeugungsanlage	855
	22.2.9	Der Kühlfrachtbehälter (Kühl-Container KC)	861
	22.2.10	Automatisierung von Kühlanlagen	864
22.3		Lufttechnische Anlagen	869
	22.3.1	Technische Lüftung	872
	22.3.2	Komfortlüftung	880
	22.3.3	Schalldämpfung und Schalldämmung	880
22.4		Raumheizung	884
	22.4.1	Ermittlung des Wärmebedarfs	884
	22.4.2	Wärmerückgewinnung	884
	22.4.3	Vor- und Nachteile verschiedener Wärmeträger und Heizsysteme	884
22.5		Schiffsklimatisierung	885
	22.5.1	Gesichtspunkte für die Klimatisierung	885
	22.5.2	Schiffsklimaanlagen	886
	22.5.3	Berechnung von Zustandsänderungen	890
	22.5.4	Regelung von Schiffsklimaanlagen	891
22.6		Schrifttum	893

23 Deckhilfsmaschinen und Ruderanlagen 895

23.1		Formelzeichen, Einheiten und Normen	895
23.2		Tankheizung und Tankreinigung	895
	23.2.1	Tankheizung	895
	23.2.2	Tankreinigung	896
23.3		Winden und Spille	897
	23.3.1	Ladewinden	897
	23.3.2	Hanger-, Geien- und Preventerwinden	901
	23.3.3	Schwergutwinden	901
	23.3.4	Ankerwinden und Spille	902
	23.3.5	Automatische Verholwinden (Mooringwinden)	905

23.4	Rudermaschinen		906
	23.4.1	Allgemeine Gesichtspunkte für die Ruderanlage	906
	23.4.2	Bauarten von Rudermaschinen	909
	23.4.3	Steuerung der Ruderanlage	912
	23.4.4	Aktiv- und Bugstrahlruderanlagen	914
23.5	Sonstige Deckhilfsmaschinen		916
	23.5.1	Deckskrane	916
	23.5.2	Weitere Hilfsmittel	917
23.6	Schrifttum		917

24 Dynamisches Verhalten von Schiffsantriebsanlagen 918

24.1	Formelzeichen, Einheiten, Normen		918
24.2	Identifikationsmethoden		918
	24.2.1	Allgemeines	918
	24.2.2	Theoretische Analyse	918
	24.2.3	Experimentelle Analyse	919
	24.2.4	Klassifikation geregelter und gesteuerter Prozessoren	919
24.3	Dynamisches Verhalten von Schiffsdampferzeugern		920
	24.3.1	Vorbemerkung	920
	24.3.2	Integration des Dampferzeugers in den Kreislauf	921
	24.3.3	Dynamisches Verhalten der Regelstrecke „Schiffshauptdampferzeuger"	922
	24.3.4	Teilstrecke "Economiser"	922
	24.3.5	Teilstrecke „Überhitzer bzw. Zwischenerhitzer"	924
	24.3.6	Teilstrecke „Verdampfer"	925
	24.3.7	Teilstrecke „Verbrennung und Wärmeübertragung"	925
24.4	Dynamisches Verhalten von Schiffsdieselmotoren		926
	24.4.1	Vorbemerkung	926
	24.4.2	Stationäres Betriebsverhalten von Dieselmotoren	927
	24.4.3	Dynamisches Verhalten von Dieselmotoranlagen	927
	24.4.4	Rechenmodell zur Bestimmung des instationären Betriebsverhaltens von Dieselmotoren	928
24.5	Dynamische Belastung von Schiffsantriebsanlagen		930
	24.5.1	Dynamische Grundgleichungen	930
	24.5.2	Berechnung des Turbinenmomentes bei Schiffsdampfanlagen	931
	24.5.3	Mechanisches Ersatzsystem für Schiffsdieselmotorenanlagen	932
24.6	Schrifttum		933

25 Instandhaltung 934

25.1	Formelzeichen		934
25.2	Ziele und Probleme der Instandhaltungsplanung		934
25.3	Die Zuverlässigkeits- und Erneuerungstheorie		935
	25.3.1	Die Zuverlässigkeitstheorie	935
	25.3.2	Die Ermittlung von Zuverlässigkeitskenngrößen	937
	25.3.3	Die Erneuerungstheorie	938
25.4	Die Instandhaltungsstrategien		939
25.5	Instandhaltungspläne		940
25.6	Die Datenerfassung der Instandhaltung		941

25.7	Die Arbeitszeit bei der Instandhaltung		942
25.8	Lohnsysteme bei der Instandhaltung		943
25.9	Personaleinsatzplanung		943
25.10	Materialplanung		944
25.11	Kostenerfassung		944
25.12	Wirtschaftliche Kennzahlen der Instandhaltung		945
25.13	Schrifttum		945

26 Schäden ... 946

26.1	Einleitung		946
26.2	Schäden durch Produktfehler		946
	26.2.1	Planungs- und Konstruktionsfehler	946
	26.2.2	Schäden durch Werkstofffehler	951
	26.2.3	Schäden durch falsche Wärmebehandlung	956
	26.2.4	Schäden durch Bearbeitungsfehler	958
	26.2.5	Schäden durch Fehler beim Verbinden von Bauteilen	959
	26.2.6	Schäden durch Einbaufehler	966
26.3	Schäden durch Betriebsfehler		967
	26.3.1	Mechanische Überbeanspruchung	967
	26.3.2	Verschleiß	969
	26.3.3	Erosion	972
	26.3.4	Kavitation	972
	26.3.5	Korrosion	973
	26.3.6	Thermische Überbeanspruchung	982
	26.3.7	Mangelnde Betriebsmittelpflege	984
	26.3.8	Bedienungsfehler	985
26.4	Schadenverhütung		985
	26.4.1	Schadenverhütung beim Hersteller	985
	26.4.2	Schadenverhütung beim Betreiber	985
26.5	Schrifttum		988
	26.5.1	Normen	988
	26.5.2	Bücher und Zeitschriftenaufsätze	988

27 Vorschriften und Aufsichtsbehörden ... 989

27.1	Allgemeines über Vorschriften		989
27.2	Zweck und Anwendungsgebiete der Vorschriften		989
	27.2.1	Konstruktion und Berechnung	989
	27.2.2	Herstellung	989
	27.2.3	Aufstellung der Maschinenanlage im Schiff	989
	27.2.4	Schutzvorrichtungen	989
	27.2.5	Überwachungseinrichtungen	989
	27.2.6	Reserveteile	989
	27.2.7	Abnahme	990
	27.2.8	Überholungsarbeiten und regelmäßige Besichtigungen	990
27.3	Gesetzliche Vorschriften		990
27.4	Technische Aufsichtsbehörden		990
	27.4.1	Das Amt für Arbeitsschutz (AfA)	990
	27.4.2	Die See-Berufsgenossenschaft (SBG)	992
	27.4.3	Das Bundesamt für Schiffsvermessung	992
27.5	Die Klassifikationsgesellschaft		992

27.6	Sonstige Organisationen		993
	27.6.1	Die „Zwischenstaatliche Beratende Seeschiffahrts- organisation"	993
	27.6.2	Die „Organisation für Wirtschaftliche Zusammenarbeit und Entwicklung"	993
	27.6.3	Das "Comité Maritime International" (CMI)	993
	27.6.4	Fachnormenausschuß Schiffbau	993
	27.6.5	Die Schiffbautechnische Gesellschaft e.V. (STG)	993
	27.6.6	Der Verband der Deutschen Schiffbauindustrie e.V.	993
	27.6.7	Verband Deutscher Reeder (VDR)	994
27.7.	Berufsbilder und Ausbildungsgänge des Technischen Bordpersonals		994
	27.7.1	Schiffsingenieur (CI) – § 23 der SBAO	994
	27.7.2	Schiffsbetriebstechniker (CT) – § 24 SBAO	994
	27.7.3	Seemaschinist (CMa) – § 25 SBAO	994
	27.7.4	Küstenmaschinist (CKü)	996
	27.7.5	Schiffsbetriebsmeister	996
	27.7.6	Metallberufe nach §§ 23, 24 und 25 der SBAO	996
	27.7.7	Arbeits- und Aufgabengebiete	998
27.8	Schrifttum		998

28 Kennwerte, Umrechnungsfaktoren und Schaubilder 999

28.1	Maßsysteme		999
	28.1.1	Technisches Maßsytem (TMS-System)	999
	28.1.2	Internationales Einheitensystem (SI-System)	999
	28.1.3	Angloamerikanische Maßeinheiten	1000
	28.1.4	Umrechnungstafeln	1006
28.2	Dichteangaben		1006
	28.2.1	Dichte kg/dm^3 fester Stoffe	1006
	28.2.2	Dichte kg/dm^3 von Flüssigkeiten	1008
28.3	Gewinde		1008
28.4	Verschiedenes		1024
	28.4.1	Deutsche Buchstaben	1024
	28.4.2	Griechische Buchstaben	1024
	28.4.3	Das Zustandsschaubild Eisen-Kohlenstoff	1024
	28.4.4	Das Periodische System der Elemente	1025
28.5	Schrifttum		1025

Sachwortverzeichnis 1026

Hauptabschnitt 01
Mathematik

Prof. Dipl.-Ing. *H. Thörner*, Hamburg

01.1 Formelzeichen, Einheiten und Normen

Normen (Auswahl)
DIN 1 301 Einheiten
DIN 1 302 Mathematische Zeichen
DIN 1 303 Schreibweise von Tensoren (Vektoren)
DIN 1 304 Allgemeine Formelzeichen
DIN 1 315 Winkeleinheiten, Winkelteilungen
DIN 1 333 Abbrechen und Runden von Dezimalzahlen
DIN 5 475 Komplexe Größen, Blatt 1 Benennungen
DIN 5 477 Angaben in Prozent, Promille und partes per millionem
DIN 5 486 Schreibweise von Matrizen
DIN 55 302 Statistische Auswertungsverfahren: Häufigkeitsverteilung, Mittelwert und Streuung
Blatt 1 Grundbegriffe und allgemeine Rechenverfahren
Blatt 2 Rechenverfahren in Sonderfällen
DIN 66 000 Mathematische Zeichen der Schaltalgebra
DIN 66 001 Informationsverarbeitung Sinnbilder für Datenfluß- und Programmablaufpläne
DIN 66 026 Informationsverarbeitung Programmiersprache ALGOL

01.2 Arithmetik und Algebra

01.2.1 Einteilung der Zahlen

Rationale Zahlen sind sämtliche ganzen Zahlen, gewöhnliche Brüche, endliche und unendliche periodische Dezimalbrüche. Jede rationale Zahl läßt sich durch den Quotienten zweier ganzer Zahlen darstellen.

Irrationale Zahlen sind sämtliche Zahlen, die nicht als Quotient zweier ganzer Zahlen dargestellt werden können. Man unterscheidet *algebraische* irrationale Zahlen (z.B. alle Wurzeln) und *transzendente* irrationale Zahlen (z.B. die Zahl π, die Zahl e, viele Werte und Logarithmen der trigonometrischen Funktionen).

Rationale und irrationale Zahlen bilden die Menge der *reellen* Zahlen.

Imaginäre Zahlen ergeben sich durch Multiplikation einer reellen Zahl mit der imaginären Einheit $j = \sqrt{-1}$.

Komplexe Zahlen entstehen durch Kombination von reellen mit imaginären Zahlen, z.B. $a + bj$. Die komplexen Zahlen umfassen sämtliche bisher bekannten Zahlen (Bild 01.1).

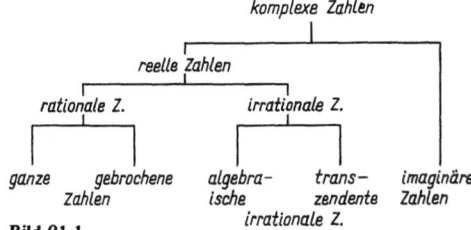

Bild 01.1

01.2.2 Ziffernsysteme

Das *römische* Ziffernsystem bereitet bei der Darstellung großer Zahlen und beim Rechnen Schwierigkeiten. Es hat nur noch historischen Wert. Praktische Verwendung finden das *Dezimal*- und das *Dualsystem*.

Grundlagen des Dezimalsystems sind die arabischen Ziffern 0, 1, 2, ... bis 9. Die Darstellung der Größe einer Zahl erfolgt durch Summierung von Vielfachen von Zehnerpotenzen:

$$1 \cdot 10^3 + 9 \cdot 10^2 + 6 \cdot 10^1 + 7 \cdot 10^0 = 1967$$

Im Dualsystem wird die Zahl als Summe von Zweierpotenzen dargestellt. Einheiten sind 0 und L. Das Dualsystem hat große Bedeutung für elektronische Rechenanlagen, da die beiden Einheiten durch die zwei elektrisch möglichen Zustände dargestellt werden können.

LL LL0 L0L LLL
$= 1 \cdot 2^{10} + 1 \cdot 2^9 + 1 \cdot 2^8 + 1 \cdot 2^7 + 0 \cdot 2^6 + 1 \cdot 2^5$
$+ 0 \cdot 2^4 + 1 \cdot 2^3 + 1 \cdot 2^2 + 1 \cdot 2^1 + 1 \cdot 2^0 = 1967$

Additionsregeln:

L + L = L0; LL + L = L00; LLL + L = L000 usw.

Multiplikationsregeln:

$0 \cdot 0 = 0; 0 \cdot L = 0; L \cdot L = L$

01.2.3 Potenzen

Definition:
$y = a^n$
a Basis (Grundzahl)
n Exponent (Hochzahl)
a^n Potenzwert

Der Exponent gibt an, wieviel mal die Grundzahl a als Faktor gesetzt werden soll.

Gerader Exponent:

$(\pm a)^{2n} = +a^{2n}$

Ungerader Exponent:

$(\pm a)^{2n+1} = \pm a^{2n+1}$

Potenzgesetze:

1. $a^m \cdot a^n = a^{m+n}$
2. $a^m : a^n = a^{m-n}$
3. $a^m \cdot b^m = (ab)^m$
4. $\dfrac{a^m}{b^m} = \left(\dfrac{a}{b}\right)^m$
5. $(a^m)^n = a^{m \cdot n}$
6. $a^{-n} = \dfrac{1}{a^n}$
7. $a^0 = 1$
8. $\dfrac{1}{0} = \infty$
9. $\dfrac{1}{\infty} = 0$
10. $a^\infty = 0$ für $|a| < 1$
    $a^\infty = \infty$ für $|a| > 1$

Beispiele:
$2^2 \cdot 2^3 = 2^5 = 32;\ 2^2 \cdot 3^2 = 6^2 = 36;\ (2^2)^3 = 2^6 = 64;$
$2^6 : 2^2 = 2^4 = 16;\ 6^3 : 2^3 = 3^3 = 27;$
$10^{-2} = \dfrac{1}{10^2} = 0{,}01$

01.2.4 Wurzelrechnung

Definition: $a^{\frac{1}{n}} = \sqrt[n]{a}$ und $a^{\frac{m}{n}} = \sqrt[n]{a^m}$
oder, wenn $b^n = a$, dann $b = \sqrt[n]{a}$

a Radikand $\quad b$ Wurzelwert
n Wurzelexponent

Man erhält den Wurzelwert b durch Zerlegung des Radikanden a in n gleiche Faktoren.

Gerader Wurzelexponent:

$\sqrt[2n]{a} = \pm \sqrt[2n]{a}$

Ungerader Wurzelexponent:

$\sqrt[2n+1]{\pm a} = \pm \sqrt[2n+1]{a}$

Wurzelgesetze:

1. $(\sqrt[n]{a})^n = \sqrt[n]{a^n} = a$
2. $\sqrt[n]{a \cdot b} = \sqrt[n]{a} \cdot \sqrt[n]{b}$
3. $\sqrt[n]{\dfrac{a}{b}} = \dfrac{\sqrt[n]{a}}{\sqrt[n]{b}}$
4. $\sqrt[m]{\sqrt[n]{a}} = \sqrt[mn]{a}$
5. $\sqrt[n]{a} = \sqrt[nm]{a^m} \quad \sqrt[nm]{a^m} = \sqrt[n]{a}$

Anwendung:

$\sqrt[n]{a} \cdot \sqrt[m]{b} = \sqrt[nm]{a^m b^n}$

$\dfrac{\sqrt[n]{a}}{\sqrt[m]{a}} = \dfrac{\sqrt[nm]{a^m}}{\sqrt[nm]{a^n}} = \sqrt[nm]{a^{m-n}}$

Beispiele [1]):

$\sqrt[4]{16} = \pm 2 \qquad\qquad \sqrt[5]{-32} = -2$
$\sqrt[7]{128} = +2 \qquad\quad \sqrt[5]{243} = \sqrt[5]{3^5} = 3$

$\sqrt{5} \cdot \sqrt{80} = \sqrt{400} = \pm 20 \qquad \dfrac{\sqrt{12}}{\sqrt{3}} = \sqrt{4} = \pm 2$

$\sqrt{\sqrt[5]{1024}} = \sqrt[10]{1024} = \pm 2 \qquad \sqrt{2^3} = \sqrt[4]{2^6}$

$\sqrt{3} \cdot \sqrt[3]{4} = \sqrt[6]{3^2 \cdot 4^2} = \sqrt[6]{432} \qquad \dfrac{\sqrt{15}}{\sqrt[3]{15}} = \sqrt[6]{15^{3-2}} = \sqrt[6]{15}$

$\dfrac{\sqrt{32}}{\sqrt[3]{16}} = \dfrac{\sqrt{2^5}}{\sqrt[3]{2^4}} = \sqrt[6]{2^{15-8}} = \sqrt[6]{128}$

---

[1]) Bei der sehr oft benötigten Quadratwurzel wird der Wurzelexponent $n = 2$ meist weggelassen.

01.2.5 Logarithmenrechnung

Definition: $m = \log_a b$

m Logarithmus
b Numerus
a Basis

m ist der Exponent, mit dem a potenziert b ergibt: $b = a^m$.

Logarithmengesetze:

1. $\log_a(u \cdot v) = \log_a u + \log_a v$
2. $\log_a\left(\dfrac{u}{v}\right) = \log_a u - \log_a v$
3. $\log_a u^n = n \cdot \log u$
4. $\log_a \sqrt[n]{u} = \dfrac{1}{n} \log_a u$

In der Praxis finden zwei Logarithmensysteme Anwendung:
1. die *dekadischen* und
2. die *natürlichen* Logarithmen.

Die dekadischen oder *Briggsschen* Logarithmen haben die Basis 10. Als Schreibweise gilt $\log_{10} u = \lg u$. Jede positive reelle Zahl wird in ein Produkt aus einer Zehnerpotenz und einer Zahl zwischen 1 und

10 zerlegt. Der Zehnerpotenz entspricht beim dekadischen Logarithmus die Kennzahl, dem positiven echten Dezimalbruch die Mantisse.

$$\lg 1967 = \lg(10^3 \cdot 1{,}967) = 3 + 0{,}2938\ldots$$
$$= 3{,}2938\ldots$$

Die Kennziffer ist als Exponent der Zehnerpotenz einfach zu bestimmen. Es brauchen daher nur die Mantissen tabelliert zu werden. Die Tafeln der dekadischen Logarithmen sind stets Mantissentafeln.

Kennzahlen:

$\lg 1 = 0$	denn $10^0 = 1$	
$\lg 10 = 1$	denn $10^1 = 10$	
$\lg 100 = 2$	denn $10^2 = 100$	
$\lg 0{,}1 = -1$	denn $10^{-1} = 0{,}1$	
$\lg 0{,}01 = -2$	denn $10^{-2} = 0{,}01$	
$\lg 0{,}001 = -3$	denn $10^{-3} = 0{,}001$	

usw.

Negative Kennziffern werden den Mantissen angehängt.

$$\lg 0{,}1967 = \lg(10^{-1} \cdot 1{,}967)$$
$$= -1 + 0{,}2938\ldots = 0{,}2938 - 1$$

Die natürlichen Logarithmen haben als Basis die Eulersche Zahl $e = 2{,}71828\ldots$ Erklärung s. 01.2.8.3. Als Schreibweise gilt $\log_e u = \ln u$.

Umrechnung von natürlichen Logarithmen in dekadische und umgekehrt:

$$\lg u = 0{,}43429 \cdot \ln u \qquad \ln u = 2{,}30259 \cdot \lg u$$

01.2.6 Gleichungen

Gleichungen bestehen aus zwei Seiten, die durch ein Gleichheitszeichen verbunden sind. Bei Rechenoperationen an der Gleichung müssen auf beiden Seiten jeweils die gleichen Rechenoperationen durchgeführt werden.

Algebraische Gleichungen

Algebraische Gleichungen enthalten nur algebraische Rechnungsarten. Allgemeine Form der algebraischen Gleichung n-ten Grades:

$$x^n + a_{n-1} \cdot x^{n-1} + a_{n-2} \cdot x^{n-2} + \ldots + a_1 \cdot x + a_0 = 0$$

Jede Gleichung n-ten Grades hat n Lösungen. Unterteilung in

1. *Gleichungen ganzer rationaler Funktionen*
   z.B. $x^4 + 5x^3 + 2x^2 - 7 = 0$
2. *Gleichungen gebrochener rationaler Funktionen*
   z.B. $\dfrac{6}{5-x^2} + \dfrac{8}{x^3-x^2} - 17 = 0$
3. *Gleichungen irrationaler Funktionen*
   z.B. $\sqrt{7x^2 + } + + 8 = 0$

Gleichungen 1. Grades (lineare Gleichungen)

Gleichungen 1. Grades mit einer Unbekannten

Typ $a_1 x + a_0 = 0$

Auflösung nach x ergibt als Lösung alle Zahlen, die an Stelle von x gesetzt werden können.

Beispiele:

1. $\dfrac{3x}{10} - \dfrac{x+6}{2} + 5 = \dfrac{0{,}9x}{3} + 1$
   $-15x + 30 = 0$
   $\underline{x = 2}$

2. $\dfrac{x+a}{a-x} + \dfrac{x-a}{a+x} = \dfrac{2a}{x^2-a^2}$ Multiplizieren mit Hauptnenner $a^2 - x^2$ und Ordnen ergibt
   $4ax + 2a = 0$
   $\underline{x = -\tfrac{1}{2}}$

Gleichungen 1. Grades mit mehreren Unbekannten
Zur Lösung eines Gleichungssystems mit n Unbekannten sind n Gleichungen erforderlich. Lösung erfolgt durch rechnerischen Abbau des Systems auf eine Gleichung mit einer Unbekannten. Der rechnerische Abbau ist möglich durch

1. *Additionsmethode.* Durch Addition bzw. Subtraktion entsprechender Gleichungen oder deren Vielfachen Beseitigung jeweils einer Unbekannten.
2. *Substitutionsmethode.* Eine Unbekannte wird durch eine andere ausgedrückt und in das Gleichungssystem eingesetzt.
3. *Gleichsetzungsmethode.* Umformen der Gleichungen derart, daß in jeder Gleichung auf einer Seite nur eine Unbekannte steht und Gleichungen dann gleichsetzen.

Eine weitere Möglichkeit bietet die Lösung mit Hilfe von *Determinanten* (s. [01.2, 01.3]).
Die Lösung von Gleichungssystemen mit vielen Unbekannten geschieht am zweckmäßigsten mit Hilfe des verketteten *Gaußschen Algorithmus* unter Verwendung elektronischer Rechner (s. [01.4, 01.5]).

Gleichungen höheren Grades

Sind $x_1, x_2, \ldots, x_n$ die Lösungen der Gleichung

$$x^n + a_{n-1} \cdot x^{n-1} + a_{n-2} \cdot x^{n-2} + \ldots + a_1 \cdot x + a_0 = 0$$

kann die Gleichung auch geschrieben werden

$$(x - x_1) \cdot (x - x_2) \cdot \ldots \cdot (x - x_n) = 0 \;.$$

Ist eine Lösung bekannt, kann durch Dividieren durch $(x - 1)$ der Grad der Gleichung auf $n - 1$ erniedrigt werden.
Gleichungen mit $n > 4$ können im allgemeinen nur mit Näherungsverfahren gelöst werden.

Gleichungen 2. Grades mit einer Unbekannten
Allgemeine Form

$$a \cdot x^2 + b \cdot x + c = 0$$

Ist $a \neq 0$, so erfolgt durch Division durch a und Einführung der Abkürzungen $b/a = p$ und $c/a = q$ Überführung in die Normalform

$$x^2 + p \cdot x + q = 0$$

Lösungen der Normalform

$$x_{1,2} = -\frac{p}{2} \pm \sqrt{\frac{p^2}{4} - q}$$

Wurzelwert (Diskriminante)

$$D = \frac{p^2}{4} - q$$

Drei Lösungsmöglichkeiten:

a) $D > 0$ Die Gleichung hat zwei voneinander verschiedene reelle Lösungen
b) $D = 0$ Die Gleichung hat zwei zusammenfallende Lösungen (Doppelwurzel)
c) $D < 0$ Die Gleichung hat zwei konjugiert komplexe Lösungen

Geometrische Veranschaulichung der Lösungsmöglichkeiten (Bild 01.2):

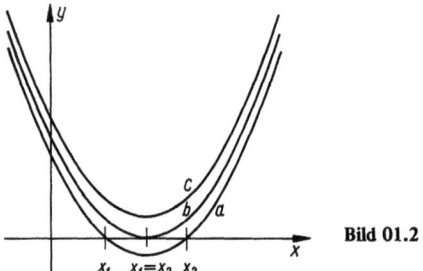

Bild 01.2

Der Scheitelpunkt der Funktion 2. Grades (Parabel) liegt

a) unterhalb
b) auf } der x-Achse
c) oberhalb

Sätze von *Vieta* für die Gleichung 2. Grades:

$$x_1 + x_2 = -p \qquad x_1 \cdot x_2 = q$$

Daraus ergibt sich die Produktform der Gleichung 2. Grades aus der Normalform zu

$$(x - x_1)(x - x_2) = 0$$

Beispiele:

1. $x^2 - x - 6 = 0$
   $x_{1,2} = 0{,}5 \pm \sqrt{0{,}25 + 6}$
   $\underline{x_1 = 3} \qquad \underline{x_2 = -2}$

2. $x^2 - 6x + 9 = 0$
   $x_{1,2} = 3 \pm \sqrt{3^2 - 9}$
   $\underline{x_1 = x_2 = 3}$

3. $x^2 - 4x + 13 = 0$
   $x_{1,2} = 2 \pm \sqrt{4 - 13}$
   $\underline{x_1 = 2 + 3j} \qquad \underline{x_2 = 2 - 3j}$

Verschiedene Gleichungen lassen sich durch Umformen oder Einführen einer neuen Veränderlichen in Gleichungen 2. Grades überführen. Es ist jedoch stets zu überprüfen, ob alle Lösungen der neu entstandenen Gleichung der Ursprungsgleichung genügen.

Beispiel:

$3\sqrt{x+8} - \sqrt{x-8} = 2 \cdot \sqrt{2(x+1)}$ quadrieren und ordnen
$6\sqrt{x+8} \cdot \sqrt{x-8} = 2x + 56$ quadrieren und ordnen
$x^2 - 7x - 170 = 0$
$x_{1,2} = 3{,}5 \pm \sqrt{3{,}5^2 + 170}$ $\qquad \underline{x_1 = 17} \qquad \underline{x_2 = -10}$

$x_2 = -10$ ist keine Lösung der ursprünglichen Gleichung und scheidet deshalb aus.

Transzendente Gleichungen

Transzendente Gleichungen enthalten auch *nicht algebraische* Rechenoperationen. Beispiele derartiger Gleichungen:

$4^{x+2} = 5^x$ Exponentialgleichung
$\sin x + 2 \cdot \cos x = 1$ Goniometrische Gleichung
$\lg(x+1) - \lg x = x$ Logarithmische Gleichung

Mit Ausnahme einiger Sonderfälle können transzendente Gleichungen nur graphisch oder mit Hilfe von Näherungsverfahren gelöst werden.

Exponentialgleichungen

In einer Exponentialgleichung tritt die Unbekannte mindestens in einem Exponenten auf. Exponentialgleichungen vom Grundtyp $a^x = b$ lassen sich durch Logarithmieren exakt lösen.

$$a^x = b \qquad x \cdot \lg a = \lg b \qquad x = \frac{\lg b}{\lg a}$$

$\lg a$ und $\lg b$ stellen dabei Zähler und Nenner eines Bruches dar und müssen dividiert, nicht subtrahiert werden. Der Quotient ist der gesuchte Wert x, der Numerus ist nicht aufzusuchen.

Exponentialgleichungen vom Typ $a^x = a^b$ können durch *Exponentenvergleich* gelöst werden.

Beispiele:

1. $7^{2x-1} - 3^{3x-2} = 7^{2x+1} - 3^{3x+2}$
   $7^{2x-1}(1 - 7^2) = 3^{3x-2}(1 - 3^4)$
   $(2x - 1)\lg 7 = \lg 1{,}666 + (3x - 2)\lg 3$
   $2x \cdot \lg 7 - 3x \cdot \lg 3 = \lg 1{,}666 + \lg 7 - 2 \cdot \lg 3$
   $$x = \frac{\lg 1{,}666 + \lg 7 - 2 \cdot \lg 3}{2 \cdot \lg 7 - 3 \cdot \lg 3}$$
   $x = 0{,}4354$

2. $a^{3-x} = a^8 \qquad 3 - x = 8 \qquad \underline{x = -5}$

Logarithmische Gleichungen

In logarithmischen Gleichungen kommt die Unbekannte in logarithmischer Form vor. Lösung des Grundtyps $\log_a x = b$ durch Potenzieren.

$$\log_a x = b \qquad x = a^b$$

Es ist zu beachten, daß Logarithmen nur von positiven reellen Zahlen definiert sind. Es ist daher bei Umformungen stets zu untersuchen, ob auch negative Ergebnisse auftreten können. Weitere Formen logarithmischer Gleichungen:

$\log_a x = \log_a b \qquad x = b$

$\ln(ax + b) = c \qquad ax + b = e^c \qquad x = \frac{1}{a}(e^c - b)$

Beispiele:
1. $3 \cdot \lg x = 2 \cdot \lg 8$
   $\lg x = 2 \cdot \lg 2$
   $\lg x = \lg 4$
   $\underline{x = 4}$

2. $\lg x^3 + 2 \cdot \lg x^2 = 21$
   $\lg(x^3 \cdot x^4) = 21$
   $x^7 = 10^{21}$
   $\underline{x = 10^3}$

3. $\ln(x + 3) = 4 \qquad x + 3 = e^4 \qquad \underline{x = 51{,}6}$

Goniometrische Gleichungen

Bei goniometrischen Gleichungen steht die Unbekannte im Argument trigonometrischer Funktionen. Numerisch exakt lösbar sind diejenigen, die sich auf algebraische Gleichungen zurückführen lassen. Über die zur Lösung benötigten Winkelfunktionen und Additionstheoreme s. 01.3.2.

Beispiele:
1. $\sin x = \pm 0{,}5$:
   $\underline{x_1 = 30°} \qquad \underline{x_2 = 150°} \qquad \underline{x_3 = 210°} \qquad \underline{x_4 = 330°}$

2. $\sin x + \cos x = 1$
   $\sin x + \sqrt{1 - \sin^2 x} = 1$
   $2 \cdot \sin^2 x - 2 \cdot \sin x = 0$
   $\sin x_1 = 0 \frown \underline{x_1 = 0°}$
   $\sin x_2 = 1 \frown \underline{x_2 = 90°}$

3. $\cos^2 x + \frac{1}{3} \cdot \sin x \cdot \cos x + \frac{2}{3} \sin^2 x = 1$
   $1 - \sin^2 x + \frac{1}{3} \cdot \sin x \cdot \cos x + \frac{2}{3} \cdot \sin^2 x = 1$
   $-\frac{1}{3} \cdot \sin^2 x + \frac{1}{3} \cdot \sin x \cdot \cos x = 0$
   $\sin x \left(\frac{1}{3} \cdot \cos x - \frac{1}{3} \cdot \sin x\right) = 0$
   $\sin x = 0 \frown \underline{x_1 = n \cdot 180°}$
   $\sin x = \cos x \frown \underline{x_2 = 45° + n \cdot 180°}$ $\Big\}\ n = 0, 1, 2, \ldots$

01.2.7 Näherungsverfahren

Die Gleichung wird als Funktion $y = f(x)$ aufgefaßt. Die Nullstellen der Funktion sind dann die Lösungen der Gleichung. Neben der grafischen Lösung kommen in Frage:

Regula falsi

Die Nullstelle der Funktion wird durch zwei Punkte oberhalb und unterhalb der x-Achse eingeschlossen. Als Näherung für die Nullstelle gilt der Schnittpunkt der Verbindungsgeraden der beiden Punkte mit der x-Achse (Bild 01.3).

$x_3 = x_1 - \frac{x_2 - x_1}{y_2 - y_1} \cdot y_1$

Fortgesetzte Anwendung liefert bessere Näherungswerte.

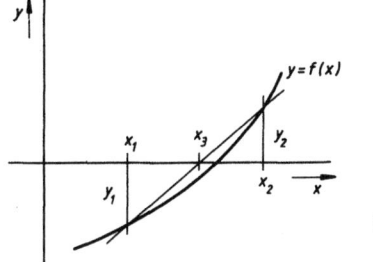

Bild 01.3

Newton-Verfahren

Ist x_1 ein Näherungswert für die Nullstelle der Funktion $y = f(x)$, so ist der Schnittpunkt x_2 der Tangente an den Punkt $P_1(x_1; y_1)$ mit der x-Achse ein besserer Näherungswert (Bild 01.4).

$x_2 = x_1 - \dfrac{y_1}{y'_1} \qquad \begin{array}{l} y'_1 = \text{Wert der ersten Ableitung} \\ \text{der Funktion im Punkt } P_1 \end{array}$

Durch Wiederholung läßt sich der Wert weiter verbessern.

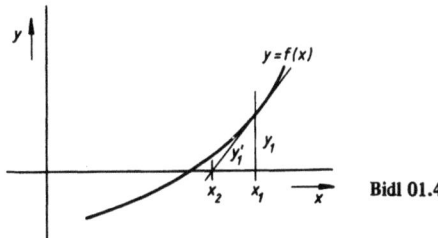

Bidl 01.4

Beispiel:
Gesucht ist die positive Nullstelle der Gleichung
$e^x - x - 3 = 0$.
Mit $y = e^x - x - 3$ wird $y' = e^x - 1$.
1. Näherungswert $x_1 = 1{,}5$
Dann ist
$y_1 = e^{1{,}5} - 1{,}5 - 3 = -0{,}01831$
$y'_1 = e^{1{,}5} - 1 = 3{,}48169$
2. Näherungswert nach Newton
$x_2 = 1{,}5 - \dfrac{-0{,}01831}{3{,}48169} = 1{,}50526$
$y_2 = e^{1{,}50526} - 1{,}50526 - 3 = 0{,}00006$
Bereits der 2. Näherungswert genügt der Gleichung.

01.2.8 Reihen

Zahlen, die nach einer bestimmten Gesetzmäßigkeit aufeinander folgen, bilden eine Folge. Die einzelnen Zahlen heißen Glieder. Werden die Glieder einer Zahlenfolge addiert, so erhält man eine Reihe. Eine endliche Reihe hat eine endliche Anzahl Glieder, bei einer unendlichen Reihe sind unendlich viele Glieder vorhanden.

Endliche Reihen

Arithmetische Reihe

Bei der arithmetischen Reihe ist die Differenz zweier aufeinanderfolgender Glieder konstant.

Bezeichnungen:
- a Anfangsglied
- d Differenz
- n Anzahl der Glieder
- s Summe der arithmetischen Reihe (Aufsummierung aller Glieder)
- z n-tes (letztes) Glied

Dann ist

$$z = a + (n-1)d$$
$$s = \frac{n}{2}(a+z) \quad \text{oder} \quad s = \frac{n}{2}[2a+(n-1)d]$$
$$\sum_{n=i}^{k} n = i + (i+1) + (i+2) + \ldots + (k-1) + k$$

Beispiele:

1. $\displaystyle\sum_{n=1}^{100} n = 1 + 2 + 3 + 4 + \ldots + 100 = \frac{100}{2}(1+100) = \underline{5050}$

2. $\displaystyle\sum_{n=1}^{10} (2n+2) = 4 + 6 + 8 + \ldots + 22 = \frac{10}{2}(4+22) = \underline{130}$

Geometrische Reihe

Bei der geometrischen Reihe ist der Quotient zweier aufeinanderfolgender Glieder konstant.

Bezeichnungen:
- a Anfangsglied
- n Anzahl der Glieder
- s Summe der geometrischen Reihe
- q Quotient
- z n-tes (letztes) Glied

Dann ist

$$z = a \cdot q^{n-1}$$
$$s = a\,\frac{q^n - 1}{q - 1} = a\,\frac{1 - q^n}{1 - q}$$

Beispiele:

1. $\displaystyle\sum_{n=1}^{8} 2(-2)^{n-1} = 2 - 4 + 8 - 16 + - \ldots - 256 =$
$$= 2\,\frac{1 - 256}{1 + 2} = \underline{-170}$$

2. $\displaystyle\sum_{n=1}^{5} (\tfrac{1}{2})^n = \frac{1}{2} + \frac{1}{4} + \frac{1}{8} + \ldots + \frac{1}{32} = \frac{1}{2}\,\frac{1 - 1/32}{1 - 1/2} = \underline{\frac{31}{32}}$

Unendliche Reihen

Eine unendliche Rihe hat unendlich viele Glieder. Die Summe der unendlichen geometrischen Reihe läßt sich jedoch berechnen, wenn die Reihe konvergent ist. Das gilt für alle Reihen, bei denen $q < 1$ ist.

Dann ist

$$s = \frac{a}{1-q} \quad \text{für } q < 1$$

Beispiel:

$$\sum_{n=1}^{\infty} (\tfrac{1}{2})^n = \frac{1}{2} + \frac{1}{4} + \frac{1}{8} + \frac{1}{16} + \ldots = \frac{1/2}{1 - 1/2} = \underline{1}$$

Binomische Reihen

Ein Binom ist ein Ausdruck von der Form $a + b$. Potenzen eines Binoms:

$(a+b)^2 = a^2 + 2ab + b^2$
$(a+b)^3 = a^3 + 3a^2 b + 3ab^2 + b^3$
$(a+b)^4 = a^4 + 4a^3 b + 6a^2 b^2 + 4ab^3 + b^4$ usw.

Die Koeffizienten ergeben sich aus dem *Pascalschen* Dreieck:

```
              1
            1   1
          1   2   1
        1   3   3   1
      1   4   6   4   1
    1   5  10  10   5   1
  1   6  15  20  15   6   1
```

oder mit Hilfe der *Binomialkoeffizienten* $\binom{n}{k}$ (lies: n über k). Es ist

$$\binom{n}{k} = \frac{n \cdot (n-1) \cdot (n-2) \cdot (n-3) \ldots (n-k+1)}{1 \cdot 2 \cdot 3 \cdot \ldots \cdot k}$$

Die Bezeichnung ist so gewählt, daß oben immer die erste Zahl des Zählers, unten die letzte Zahl des Nenners steht. Die untenstehende Zahl gibt die Anzahl der Faktoren an, die im Nenner und Zähler gleich ist (Faktor 1 mitzählen!).

$$\binom{n}{1} = n \quad \binom{n}{n} = 1 \quad \binom{n}{0} = 1 \quad \binom{n}{n-1} = n$$

Das Produkt fortlaufender Zahlen beginnend mit 1 wird abgekürzt:

$1 \cdot 2 \cdot 3 \cdot 4 \cdot \ldots \cdot k = k!$ (lies: k Fakultät)
$0! = 1$

Der binomische Lehrsatz lautet dann

$$(a+b)^n = a^n + \binom{n}{1} a^{n-1} b + \binom{n}{2} a^{n-2} b^2 +$$
$$+ \binom{n}{3} a^{n-3} b^3 + \ldots + \binom{n}{n-1} ab^{n-1} + b^n$$

Für negatives b erhalten alle Glieder mit ungerader Potenz von b ein negatives Vorzeichen.
Setzt man für $a = 1$ und für $b = x$, so erhält man

$$(1+x)^n = 1 + \binom{n}{1} x + \binom{n}{2} x^2 + \binom{n}{3} x^3 + \ldots$$
$$+ \binom{n}{n-1} x^{n-1} + x^n$$

Ist n unendlich groß, ergibt sich die unendliche Reihe

$$(1+x)^n = \sum_{k=0}^{\infty} \binom{n}{k} x^k = 1 + \binom{n}{1} x + \binom{n}{2} x^2 + \binom{n}{3} x^3 + \ldots$$

Diese binomische Reihe ist *konvergent* für $|x| < 1$.
Sonderfälle der binomischen Reihe:

a) $\sqrt{1+x} = (1+x)^{\frac{1}{2}}$
$= 1 + \frac{1}{2}x - \frac{1}{8}x^2 + \frac{1}{16}x^3 - \frac{5}{128}x^4 + - \ldots$

b) $\sqrt[3]{1+x} = (1+x)^{\frac{1}{3}}$
$= 1 + \frac{1}{3}x - \frac{1}{9}x^2 + \frac{5}{81}x^3 - \frac{10}{243}x^4 + - \ldots$

c) $\frac{1}{\sqrt{1+x}} = (1+x)^{-\frac{1}{2}}$
$= 1 - \frac{1}{2}x + \frac{3}{8}x^2 - \frac{5}{16}x^3 + \frac{35}{128}x^4 - + \ldots$

d) $\frac{1}{\sqrt[3]{1+x}} = (1+x)^{-\frac{1}{3}}$
$= 1 - \frac{1}{3}x + \frac{2}{9}x^2 - \frac{14}{81}x^3 + \frac{35}{243}x^4 - + \ldots$

Die Basis der natürlichen Logarithmen, die *Eulersche* Zahl e, wird durch die unendliche Reihe $(1 + \frac{1}{n})^n$ dargestellt.

$$e = \left(1 + \frac{1}{n}\right)^n = 1 + \frac{1}{1!} + \frac{1}{2!} + \frac{1}{3!} + \frac{1}{4!} + \ldots$$
$$= 2{,}718\,281\ldots$$

Entsprechend gilt dann

$$e^x = 1 + \frac{x}{1!} + \frac{x^2}{2!} + \frac{x^3}{3!} + \frac{x^4}{4!} + \ldots$$
$$e^{-x} = 1 - \frac{x}{1!} + \frac{x^2}{2!} - \frac{x^3}{3!} + \frac{x^4}{4!} - + \ldots$$

Die Reihen für e sind für jedes x konvergent.
Reihen der Kreisfunktionen:

$$\left. \begin{array}{l} \sin x = \frac{x}{1!} - \frac{x^3}{3!} + \frac{x^5}{5!} - \frac{x^7}{7!} + - \ldots \\ \cos x = 1 - \frac{x^2}{2!} + \frac{x^4}{4!} - \frac{x^6}{6!} + - \ldots \end{array} \right\}$$

konvergent für jedes x.

$$\tan x = x + \frac{1}{3}x^3 + \frac{2}{15}x^5 + \frac{17}{315}x^7 + \ldots$$

gilt für $|x| < \frac{\pi}{2}$.

$$\cot x = \frac{1}{x} - \frac{1}{3}x - \frac{1}{45}x^3 - \frac{2}{945}x^5 - \ldots$$

gilt für $0 < |x| < \pi$.

In den Reihen der Kreisfunktionen ist x stets im Bogenmaß einzusetzen!

Näherungsformeln

Aus den obigen Formeln können für sehr kleine Werte von x die folgenden Näherungsformeln entwickelt werden. Der Fehler liegt in den meisten Fällen unter 1% für Werte von x in der Größenordnung von 0,01.

$(1 \pm x)^2 \approx 1 \pm 2x$ $\quad \sqrt{1 \pm x} \approx 1 \pm \frac{x}{2}$

$(1 \pm x)^n \approx 1 \pm nx$ $\quad \sqrt[n]{1 \pm x} \approx 1 \pm \frac{x}{n}$

$\frac{1}{1 \pm x} \approx 1 \mp x$ $\quad e^{\pm x} \approx 1 \pm x$

$\frac{1+x}{1+y} \approx 1 + x - y$

$\sin x° \approx \tan x° \approx 0{,}01745\, x°$ $\quad$ (bis $x = 4°$)

$(a+x)(b+y) \approx ab \left(1 + \frac{x}{a} + \frac{y}{b}\right)$

$(1+x)(1+y) \approx 1 + x + y$

01.3 Trigonometrie

01.3.1 Winkeleinheiten

a) *Gradmaß*
Eine volle Umdrehung im mathematisch positiven Sinn (entgegengesetzt zum Uhrzeiger) entspricht 360°. Das Gradmaß eines Winkels gibt an, um wieviel Grad ein Schenkel eines Winkels gedreht werden muß, um sich mit dem anderen Schenkel zu decken. Negative Drehung entspricht negativem Winkel (Bild 01.5).
Rechter Winkel = 90°;

$1° = 60'$ (Minuten);
$1' = 60''$ (Sekunden)

Andere Teilung: Eine volle Umdrehung entspricht 400^g (*Gon*, früher *Neugrad*). Das Gon wird dezimal geteilt, z.B. das Zentigon

$1\,\text{cgon} = \frac{1}{100} \text{gon}$

(früher *Neuminute*).

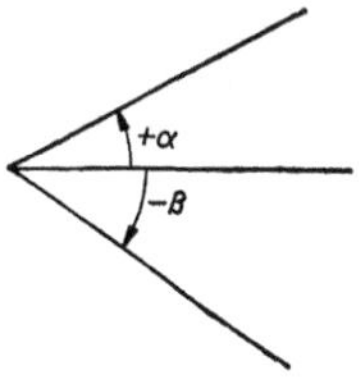

Umrechnungsfaktoren:
$1° = 1{,}\overline{1}^g$
$1' = 0{,}01\overline{6}° = 0{,}0\overline{185}^g$
$1'' = 0{,}000\overline{27}° = 0{,}000309^g$
$1^g = 54' = 0{,}9°$

Bild 01.5

b) *Bogenmaß*
Bogenmaß ist das Verhältnis von Bogenlänge zu Radius. Im Einheitskreis ($r = 1$) entspricht die Bogenlänge dem Bogenmaß.

$$\widehat{\alpha} = \frac{\text{Bogenlänge } b}{\text{Radius } r}$$

Umrechnungsfaktoren:

$$\alpha° = 57{,}296\,\widehat{\alpha} \qquad \widehat{\alpha} = \frac{\pi}{180}\,\alpha° = 0{,}01745 \cdot \alpha°$$

$$\widehat{\alpha} = \frac{\alpha'}{3438} \qquad \widehat{\alpha} = \frac{\alpha''}{206\,265}$$

Auf dem Rechenschieber entspricht

$$\rho' = 3438$$
$$\rho'' = 206\,265$$

c) *Nautischer Strich* (s. Abschnitt 12.1)
  1 Nautischer Strich $= 11{,}25° = 11°15'$.

01.3.2 Trigonometrische Funktionen

Definitonen

Im rechtwinkligen Dreieck gilt (Bild 01.6).

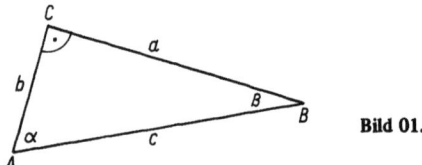

Bild 01.6

Sinus (sin) eines Winkels ist das Verhältnis von Gegenkathete zu Hypotenuse.
Cosinus (cos) eines Winkels ist das Verhältnis von Ankathete zu Hypotenuse.
Tangens (tan) eines Winkels ist das Verhältnis von Gegenkathete zu Ankathete.
Cotangens (cot) eines Winkels ist das Verhältnis von Ankathete zu Gegenkathete.

$$\sin\alpha = \frac{a}{c} \qquad \tan\alpha = \frac{a}{b}$$
$$\cos\alpha = \frac{b}{c} \qquad \cot\alpha = \frac{b}{a}$$

Im Einheitskreis können die trigonometrischen Funktionen als Strecken dargestellt werden. Legt man den Mittelpunkt des Kreises in den Koordinatenursprung, so ergeben sich für die vier Quadranten folgende Vorzeichen und Umrechnungen (Bild 01.7).

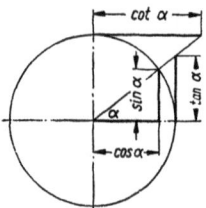

Bild 01.7

Vorzeichen

	0–90°	90°–180°	180°–270°	270°–360°
Sinus	+	+	–	–
Cosinus	+	–	–	+
Tangens	+	–	+	–
Cotangens	+	–	+	–

Umrechnung

	$\pm\alpha°$	$90° \pm \alpha°$	$180° \pm \alpha°$	$270° \pm \alpha°$
Sinus	$\pm \sin\alpha°$	$+ \cos\alpha°$	$\mp \sin\alpha°$	$- \cos\alpha°$
Cosinus	$+ \cos\alpha°$	$\mp \sin\alpha°$	$- \cos\alpha°$	$\pm \sin\alpha°$
Tangens	$\pm \tan\alpha°$	$\mp \cot\alpha°$	$\pm \tan\alpha°$	$\mp \cot\alpha°$
Cotangens	$\pm \cot\alpha°$	$\mp \tan\alpha°$	$\pm \cot\alpha°$	$\mp \tan\alpha°$

Weiterhin gilt

$$\sin^2\alpha + \cos^2\alpha = 1$$

$$\frac{\sin\alpha}{\cos\alpha} = \tan\alpha \qquad \frac{\cos\alpha}{\sin\alpha} = \cot\alpha$$

$$\tan\alpha \cdot \cot\alpha = 1$$

$$\tan\alpha = \frac{1}{\cot\alpha} \qquad \cot\alpha = \frac{1}{\tan\alpha}$$

$$\sin(45° \pm \alpha°) = \cos(45° \mp \alpha°)$$
$$\tan(45° \pm \alpha°) = \cot(45° \mp \alpha°)$$

Für kleine Winkel ist

$$\sin\alpha° \approx \tan\alpha° \approx \widehat{\alpha} \approx 0{,}01745\,\alpha°$$

$$\cos\alpha° \approx 1 - \frac{\widehat{\alpha}^2}{2}$$

Beziehungen zwischen den trigonometrischen Funktionen

a) *Komplementbeziehungen:* siehe Tafel „Umrechnung", nach Bild 01.7.

b) *Zusammenhang zwischen den Funktionen eines Winkels* (Bild 01.8).

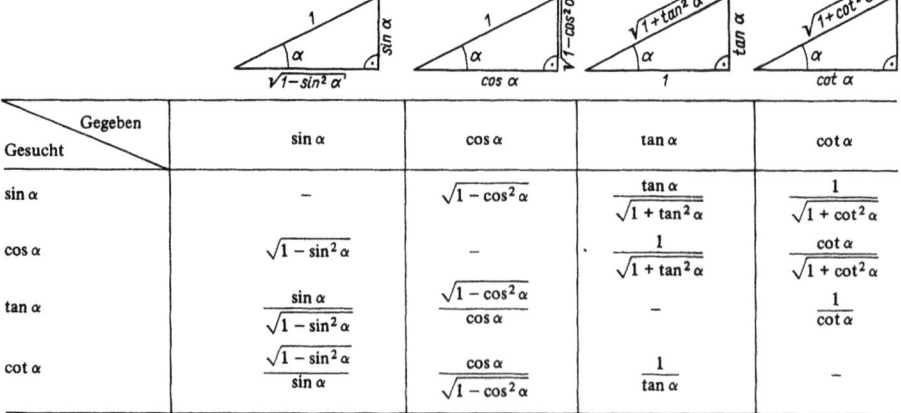

Gesucht \ Gegeben	$\sin\alpha$	$\cos\alpha$	$\tan\alpha$	$\cot\alpha$
$\sin\alpha$	–	$\sqrt{1-\cos^2\alpha}$	$\dfrac{\tan\alpha}{\sqrt{1+\tan^2\alpha}}$	$\dfrac{1}{\sqrt{1+\cot^2\alpha}}$
$\cos\alpha$	$\sqrt{1-\sin^2\alpha}$	–	$\dfrac{1}{\sqrt{1+\tan^2\alpha}}$	$\dfrac{\cot\alpha}{\sqrt{1+\cot^2\alpha}}$
$\tan\alpha$	$\dfrac{\sin\alpha}{\sqrt{1-\sin^2\alpha}}$	$\dfrac{\sqrt{1-\cos^2\alpha}}{\cos\alpha}$	–	$\dfrac{1}{\cot\alpha}$
$\cot\alpha$	$\dfrac{\sqrt{1-\sin^2\alpha}}{\sin\alpha}$	$\dfrac{\cos\alpha}{\sqrt{1-\cos^2\alpha}}$	$\dfrac{1}{\tan\alpha}$	–

Bild 01.8

Trigonometrie

c) *Beziehungen zwischen den Funktionen zweier Winkel*

$\sin(\alpha \pm \beta) = \sin\alpha \cdot \cos\beta \pm \cos\alpha \cdot \sin\beta$

$\cos(\alpha \pm \beta) = \cos\alpha \cdot \cos\beta \mp \sin\alpha \cdot \sin\beta$

$\tan(\alpha \pm \beta) = \dfrac{\tan\alpha \pm \tan\beta}{1 \mp \tan\alpha \cdot \tan\beta}$

$\cot(\alpha \pm \beta) = \dfrac{\cot\alpha \cdot \cot\beta \mp 1}{\cot\beta \pm \cot\alpha}$

$\sin\alpha + \sin\beta = 2 \sin\dfrac{\alpha+\beta}{2} \cdot \cos\dfrac{\alpha-\beta}{2}$

$\sin\alpha - \sin\beta = 2 \cos\dfrac{\alpha+\beta}{2} \cdot \sin\dfrac{\alpha-\beta}{2}$

$\cos\alpha + \cos\beta = 2 \cos\dfrac{\alpha+\beta}{2} \cdot \cos\dfrac{\alpha-\beta}{2}$

$\cos\alpha - \cos\beta = -2 \sin\dfrac{\alpha+\beta}{2} \cdot \sin\dfrac{\alpha-\beta}{2}$

$\sin\alpha \cdot \sin\beta = \tfrac{1}{2}[\cos(\alpha-\beta) - \cos(\alpha+\beta)]$

$\sin\alpha \cdot \cos\beta = \tfrac{1}{2}[\sin(\alpha-\beta) + \sin(\alpha+\beta)]$

$\cos\alpha \cdot \cos\beta = \tfrac{1}{2}[\cos(\alpha-\beta) + \cos(\alpha+\beta)]$

$\cos\alpha \cdot \sin\beta = \tfrac{1}{2}[\sin(\alpha+\beta) - \sin(\alpha-\beta)]$

$\tan\alpha \pm \tan\beta = \dfrac{\sin(\alpha \pm \beta)}{\cos\alpha \cdot \cos\beta}$

$\cot\alpha \pm \cot\beta = \dfrac{\sin(\beta \pm \alpha)}{\sin\alpha \cdot \sin\beta}$

$\sin^2\alpha - \sin^2\beta = \cos^2\beta - \cos^2\alpha$
$ = \sin(\alpha+\beta) \cdot \sin(\alpha-\beta)$

$\cos^2\alpha - \sin^2\beta = \cos^2\beta - \sin^2\alpha$
$ = \cos(\alpha+\beta) \cdot \cos(\alpha-\beta)$

d) *Funktionen von Vielfachen und Teilen eines Winkels*

$\sin\alpha = 2 \sin\dfrac{\alpha}{2} \cdot \cos\dfrac{\alpha}{2}$

$\cos\alpha = \cos^2\dfrac{\alpha}{2} - \sin^2\dfrac{\alpha}{2} = 2\cos^2\dfrac{\alpha}{2} - 1$
$ = 1 - 2\sin^2\dfrac{\alpha}{2}$

$\tan\alpha = \dfrac{2 \tan\dfrac{\alpha}{2}}{1 - \tan^2\dfrac{\alpha}{2}}$

$\cot\alpha = \dfrac{\cot^2\dfrac{\alpha}{2} - 1}{2 \cot\dfrac{\alpha}{2}}$

$\sin 2\alpha = 2 \sin\alpha \cdot \cos\alpha$

$\cos 2\alpha = \cos^2\alpha - \sin^2\alpha = 2\cos^2\alpha - 1$
$ = 1 - 2\sin^2\alpha$

$\tan 2\alpha = \dfrac{2 \tan\alpha}{1 - \tan^2\alpha}$

$\cot 2\alpha = \dfrac{\cot^2\alpha - 1}{2 \cot\alpha}$

$\sin 3\alpha = 3 \sin\alpha - 4 \sin^3\alpha$

$\cos 3\alpha = 4 \cos^3\alpha - 3 \cos\alpha$

$\sin n\alpha = n \cdot \sin\alpha \cdot \cos^{n-1}\alpha$
$ - \binom{n}{3} \sin^3\alpha \cdot \cos^{n-3}\alpha$
$ + \binom{n}{5} \sin^5\alpha \cdot \cos^{n-5}\alpha - + \ldots$

$\cos n\alpha = \cos^n\alpha - \binom{n}{2} \sin^2\alpha \cdot \cos^{n-2}\alpha$
$ + \binom{n}{4} \sin^4\alpha \cdot \cos^{n-4}\alpha - + \ldots$

$\sin\dfrac{\alpha}{2} = \sqrt{\dfrac{1}{2}(1 - \cos\alpha)}$

$\cos\dfrac{\alpha}{2} = \sqrt{\dfrac{1}{2}(1 + \cos\alpha)}$

$\tan\dfrac{\alpha}{2} = \sqrt{\dfrac{1 - \cos\alpha}{1 + \cos\alpha}}$

$\cot\dfrac{\alpha}{2} = \sqrt{\dfrac{1 + \cos\alpha}{1 - \cos\alpha}}$

$\cos\alpha \pm \sin\alpha = \sqrt{1 \pm \sin 2\alpha}$

e) *Potenzen von Sinus und Cosinus*

$2 \sin^2\alpha = 1 - \cos 2\alpha$
$2 \cos^2\alpha = 1 + \cos 2\alpha$
$4 \sin^3\alpha = 3 \sin\alpha - \sin 3\alpha$
$4 \cos^3\alpha = \cos 3\alpha + 3 \cos\alpha$

Die Arcusfunktionen

Die Arcusfunktionen sind die Umkehrfunktionen der trigonometrischen Funktionen. Da die trigonometrischen Funktionen periodisch sind, existieren keine eindeutigen Umkehrabbildungen. Um eindeutige Zuordnungen zu treffen, werden die Arcusfunktionen nur in bestimmten Intervallen gebildet.

Definitionen (Bild 01.9):

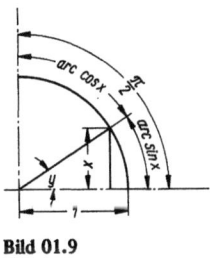
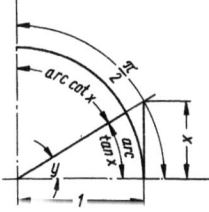

Bild 01.9

$y = \arcsin x$ oder $x = \sin y$
$\qquad$ für $-\dfrac{\pi}{2} \leq y \leq +\dfrac{\pi}{2}$

$y = \arccos x$ oder $x = \cos y$
$\qquad$ für $0 \leq y \leq \pi$

$y = \arctan x$ oder $x = \tan y$
$\qquad$ für $-\dfrac{\pi}{2} < y < +\dfrac{\pi}{2}$

$y = \text{arccot}\, x$ oder $x = \cot y$
für $0 < y < \pi$

y wird im Bogenmaß gemessen.
Es gelten die Beziehungen

$$\arcsin x + \arccos x = \frac{\pi}{2}$$

$$\arctan x + \text{arccot}\, x = \frac{\pi}{2}$$

$$\arctan x = \text{arccot}\left(\frac{1}{x}\right)$$

01.3.3 Ebene Dreiecke

a) *Rechtwinkliges Dreieck* (Bild 01.10)

$\sin \alpha = \frac{a}{c}$

$\cos \alpha = \frac{b}{c}$

$\tan \alpha = \frac{a}{b}$

$\cot \alpha = \frac{b}{a}$

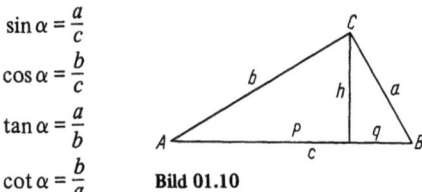

Bild 01.10

Satz des *Pythagoras*:
$$a^2 + b^2 = c^2$$

Höhensatz:
$$h^2 = p \cdot q$$

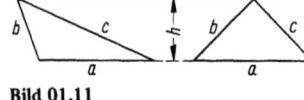

Satz des *Euklid*:
$a^2 = c \cdot p$
$b^2 = c \cdot q$

Bild 01.11

b) *Schiefwinkliges Dreieck* (Bild 01.11)

Die Formeln sind für eine Größe angegeben. Durch zyklisches Vertauschen kann man die Formeln für die übrigen Größen aufstellen, wenn man von a nach b, b nach c, c nach a bzw. von α nach β, β nach γ, γ nach α fortschreitet.

Sinussatz:
$$\frac{a}{\sin \alpha} = \frac{b}{\sin \beta} = \frac{c}{\sin \gamma}$$

Projektionssatz:
$$a = b \cdot \cos \gamma + c \cdot \cos \beta$$

Cosinussatz:
$$a^2 = b^2 + c^2 - 2bc \cdot \cos \alpha$$
$$a^2 = (b+c)^2 - 4bc \cdot \cos^2 \frac{\alpha}{2}$$
$$a^2 = (b+c)^2 - 4bc \cdot \sin^2 \frac{\alpha}{2}$$

Tangenssatz:
$$\frac{a+b}{a-b} = \frac{\tan \frac{\alpha+\beta}{2}}{\tan \frac{\alpha-\beta}{2}}$$

Mollweidesche Formeln:
$$(b+c) \cdot \sin \frac{\alpha}{2} = a \cdot \cos \frac{\beta - \gamma}{2}$$
$$(b-c) \cdot \cos \frac{\alpha}{2} = a \cdot \sin \frac{\beta - \gamma}{2}$$

Halbwinkelsatz:
Wird der halbe Dreiecksumfang mit s bezeichnet, so folgt

$a + b + c = 2s \qquad -a + b + c = 2(s-a)$
$a - b + c = 2(s-b) \qquad a + b - c = 2(s-c)$

und

$$\tan \frac{\alpha}{2} = \sqrt{\frac{(s-b) \cdot (s-c)}{s \cdot (s-a)}}$$

Ein Dreieck kann eindeutig bestimmt werden, wenn drei Größen gegeben sind. Anwendung von Sinus- und Cosinussatz zur Lösung:

1. Gegeben zwei Winkel und eine Seite (*WSW*): Lösung durch Sinussatz
2. Gegeben zwei Seiten und ein Gegenwinkel (*SSW*): Lösung durch Sinussatz. Lösung ist jedoch nur dann eindeutig, wenn der gegebene Winkel der größeren Seite gegenüberliegt. Sonst zwei Lösungen.
3. Gegeben drei Seiten (*SSS*): Lösung durch Cosinussatz.
4. Gegeben zwei Seiten und der eingeschlossene Winkel (*SWS*): Lösung durch Cosinussatz.

01.4 Analytische Geometrie

01.4.1 Koordinatensysteme

Das rechtwinklige (kartesische) Koordinatensystem Bild 01.12)

Die beiden Achsen stehen senkrecht aufeinander. Die positive Richtung ist durch einen Pfeil gekennzeichnet. Die Lage eines Punktes im Koordinatensystem ist durch seine *Koordinaten* festgelegt: $P(x; y)$. Man bezeichnet mit x die *Abszisse* und mit y die *Ordinate* des Punktes.

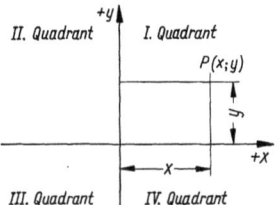

Bild 01.12

Polarkoordinaten (Bild 01.13)

Die Lage des Punktes P wird durch den *Radiusvektor* r und durch dessen Winkel φ mit der x-Achse bestimmt: $P(r, \varphi)$. r und φ sind die *Polarkoordi-*

naten des Punktes. Die Polarkoordinaten hängen mit den kartesischen wie folgt zusammen:

$x = r \cdot \cos\varphi$
$y = r \cdot \sin\varphi$
$r = \sqrt{x^2 + y^2}$
$\tan\varphi = \dfrac{y}{x}$
$\sin\varphi = \dfrac{y}{\sqrt{x^2 + y^2}}$
$\cos\varphi = \dfrac{x}{\sqrt{x^2 + y^2}}$

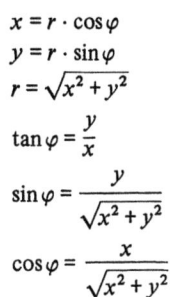

Bild 01.13

Koordinatentransformation

a) *Parallelverschiebung* (Bild 01.14)

a und b sind die Koordinaten des Nullpunktes eines parallel verschobenen Koordinatensystems. Dann ist

$x = a + \xi$
$y = b + \eta$
$\xi = x - a$
$\eta = y - b$

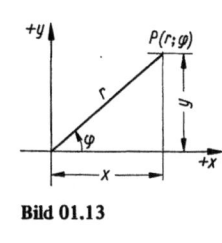

Bild 01.14

Hat man eine Gleichung $y = f(x)$ auf ein Koordinatensystem (x, y) bezogen, so erhält man die Gleichung dieser Kurve, bezogen auf ein parallel verschobenes Koordinatensystem (ξ, η), indem man in der Gleichung x durch $a + \xi$ und y durch $b + \eta$ ersetzt.

b) *Drehung des Koordinatensystems* (Bild 01.15)

Das neue Koordinatensystem ist um den Winkel β gegenüber dem ursprünglichen verdreht. Dann ist

$x = \xi \cdot \cos\beta - \eta \cdot \sin\beta$
$y = \xi \cdot \sin\beta + \eta \cdot \cos\beta$
$\xi = x \cdot \cos\beta + y \cdot \sin\beta$
$\eta = -x \cdot \sin\beta + y \cdot \cos\beta$

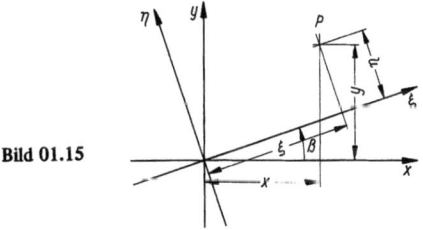

Bild 01.15

Hat man eine Gleichung $y = f(x)$, bezogen auf ein System (x, y), so erhält man die Gleichung dieser Kurve, bezogen auf ein verdrehtes Koordinatensystem (ξ, η), indem man in der Gleichung x durch $\xi \cdot \cos\beta - \eta \sin\beta$ und y durch $\xi \cdot \sin\beta + \eta \cdot \cos\beta$ ersetzt.

01.4.2 Die Gerade

Allgemeine Form der *Geradengleichung*

$Ax + By + C = 0$

Auflösung nach y mit $m = -\dfrac{A}{B}$ und $b = -\dfrac{C}{B}$ ergibt die *kartesische* oder *Normalform* der Geradengleichung (Bild 01.16)

$y = mx + b$.

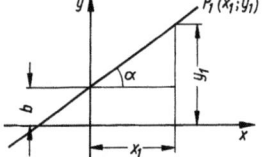

Bild 01.16

Der Faktor m ist der Anstieg der Geraden. Man versteht darunter den Tangens des Winkels α, den die Gerade mit der positiven Richtung der x-Achse bildet. Die Größe b gibt den Abschnitt an, den die Gerade auf der y-Achse abschneidet. Ist von einer Geraden der Anstieg m und ein Punkt $P_1(x_1; y_1)$ gegeben, so erhält man die *Punktrichtungsgleichung* der Geraden

$y - y_1 = m(x - x_1)$.

Sind von einer Geraden zwei Punkte $P_1(x_1; y_1)$ und $P_2(x_2; y_2)$ gegeben, so lautet die *Zweipunktegleichung* der Geraden

$\dfrac{y - y_1}{x - x_1} = \dfrac{y_1 - y_2}{x_1 - x_2}$

Schneidet eine Gerade die x-Achse im Punkt $P_1(a; 0)$ und die y-Achse im Punkt $P_2(0; b)$, so erhält man die *Abschnittgleichung* der Geraden (Bild 01.17).

$\dfrac{x}{a} + \dfrac{y}{b} = 1$

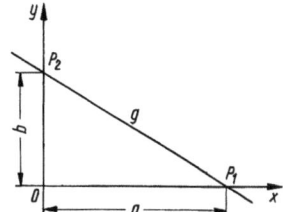

Bild 01.17

Für die Berechnung des Abstandes eines Punktes von einer Geraden kann die *Hessesche Normalform* der Geradengleichung benutzt werden (Bild 01.18).

$x \cdot \cos\varphi + y \cdot \sin\varphi - p = 0$

In dieser Gleichung ist p stets positiv!

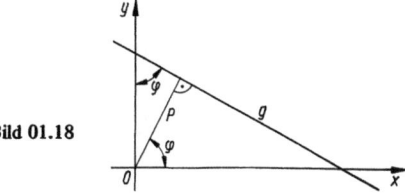

Bild 01.18

Abstand eines Punktes $P_1(x_1; y_1)$ von einer Geraden (Bild 01.19)

$d = x_1 \cdot \cos\varphi + y_1 \cdot \sin\varphi - p$

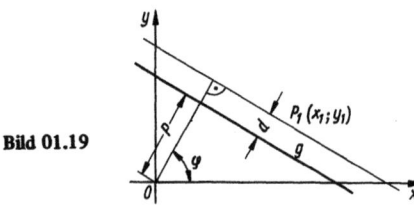

Bild 01.19

Der Abstand d ist positiv, wenn der Punkt P_1 und der Ursprung O auf verschiedenen Seiten der Geraden liegen. Er ist negativ, wenn P_1 und O sich auf derselben Seite der Geraden befinden. Schneiden sich zwei Geraden (Bild 01.20)

$y = m_1 x + b_1$ und $y = m_2 x + b_2$

so beträgt der Schnittwinkel

$\tan\varphi = \dfrac{m_2 - m_1}{1 + m_1 m_2}$

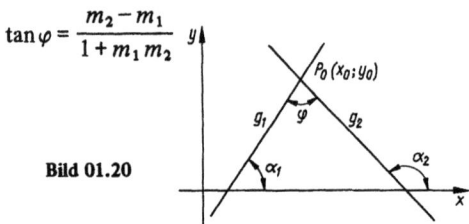

Bild 01.20

Die beiden Geraden sind parallel, wenn $m_1 = m_2$ ist; sie stehen senkrecht aufeinander, wenn $m_1 \cdot m_2 = -1$ ist.
Der Schnittpunkt $P_0(x_0; y_0)$ ergibt sich aus den beiden Gleichungen

$y_0 = m_1 x_0 + b_1$ und $y_0 = m_2 x_0 + b_2$

01.4.3 Kegelschnitte

Der Kreis (Bild 01.21)

Mittelpunktsgleichung des Kreises:

$x^2 + y^2 = r^2$

Allgemeine Gleichung des Kreises mit Mittelpunktskoordinaten $M(x_m; y_m)$:

$(x - x_m)^2 + (y - y_m)^2 = r^2$

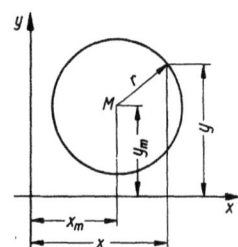

Bild 01.21

Die Parabel (Bild 01.22)

Definition:
Die Parabel enthält alle Punkte der Ebene, deren Abstände von einer festen Geraden (der *Leitlinie*) und von einem Punkt (dem *Brennpunkt*) gleich sind.
Scheitelgleichung der Parabel:

$y^2 = 2px$

wenn der Scheitelpunkt im Koordinatenursprung liegt.
Für Parabelöffnungen nach links, oben oder unten:

$y^2 = -2px$
$x^2 = 2py$
$x^2 = -2py$

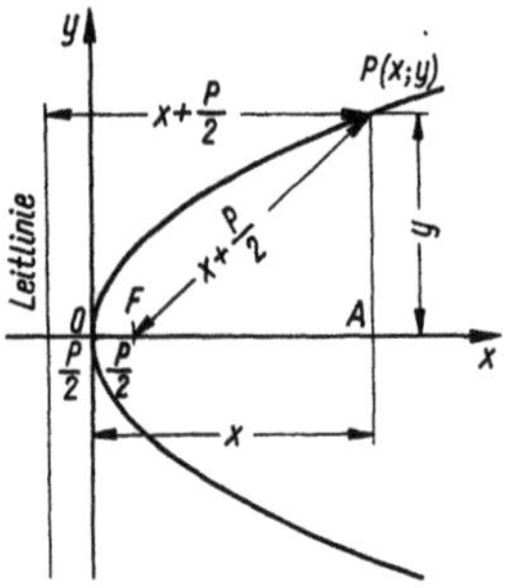

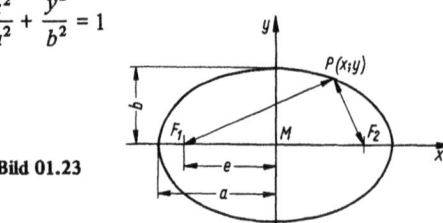

Bild 01.22

Allgemeine Parabelgleichungen mit den Scheitelkoordinaten $S(x_s; y_s)$:

Öffnung nach rechts $(y - y_s)^2 = 2p(x - x_s)$
Öffnung nach links $(y - y_s)^2 = -2p(x - x_s)$
Öffnung nach oben $(x - x_s)^2 = 2p(y - y_s)$
Öffnung nach unten $(x - x_s)^2 = -2p(y - y_s)$

Flächeninhalt des Parabelsegments OAP:

$A = \tfrac{2}{3} xy$

Die Ellipse (Bild 01.23)

Definition:
Die Ellipse enthält alle Punkte der Ebene, die von zwei festen Punkten, den Brennpunkten, die gleiche Abstandssumme haben.

$\overline{PF}_1 + \overline{PF}_2 = 2a$

$2a$ Hauptachse; $2b$ Nebenachse;
e Exzentrizität $e^2 = a^2 - b^2$

Numerische Exzentrizität

$\epsilon = \dfrac{e}{a} < 1 \quad e < a$

Mittelpunktsgleichung der Ellipse:

$\dfrac{x^2}{a^2} + \dfrac{y^2}{b^2} = 1$

Bild 01.23

Allgemeine Ellipsengleichung mit den Mittelpunktskoordinaten $M(x_m; y_m)$:

$$\frac{(x-x_m)^2}{a^2} + \frac{(y-y_m)^2}{b^2} = 1$$

Flächeninhalt der Ellipse: $A = \pi ab$

Die Hyperbel (Bild 01.24)

Definition:
Die Hyperbel enthält alle Punkte der Ebene, für die die Differenz der Abstände von zwei festen Punkten, den Brennpunkten, konstant ist.

$$\overline{PF_1} - \overline{PF_2} = 2a; \quad e^2 = a^2 + b^2; \quad e > a$$

a reelle Halbachse; b imaginäre Halbachse

Numerische Exzentrizität $\epsilon = \dfrac{e}{a} > 1$

Mittelpunktsgleichung der Hyperbel

$$\frac{x^2}{a^2} - \frac{y^2}{b^2} = 1$$

Allgemeine Hyperbelgleichung mit den Mittelpunktskoordinaten $M(x_m; y_m)$:

$$\frac{(x-x_m)^2}{a^2} - \frac{(y-y_m)^2}{b^2} = 1$$

Die Geraden $y = \pm \dfrac{b}{a} x$ heißen *Asymptoten* der Hyperbel

Hyperbelfläche APQ:

$$A = \frac{xy}{2} - \frac{ab}{2} \cdot \ln\left(\frac{x}{a} + \frac{y}{b}\right)$$

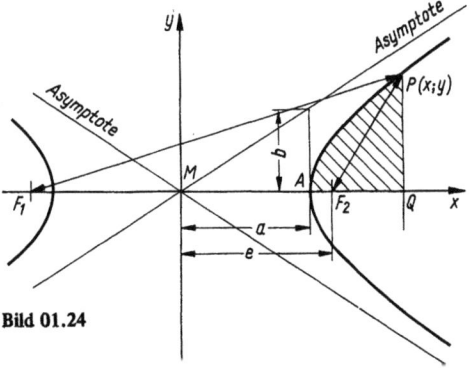

Bild 01.24

01.4.4 Exponentialfunktionen (Bild 01.25)

Gleichung der Exponentialfunktion

$$y = a^x \quad a > 0$$

Die Funktion verläuft oberhalb der x-Achse. Alle Kurven gehen durch den Punkt $P(0; 1)$. Für $a > 1$ steigt die Kurve mit wachsenden x-Werten. Asymptote ist die negative x-Achse. Für $0 < a < 1$ fällt die Kurve mit wachsenden x-Werten. Asymptote ist die positive x-Achse.

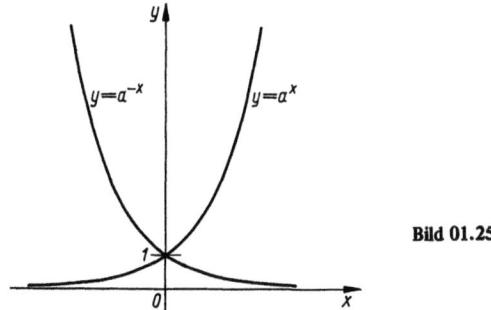

Bild 01.25

Die Kurven $y = a^x$ und $y = a^{-x}$ liegen symmetrisch zur y-Achse. Eine besondere Form der Exponentialfunktion ist

$$y = e^x \quad \text{mit} \quad e = 2{,}71828\ldots$$

01.4.5 Logarithmische Funktionen (Bild 01.26)

Die logarithmische Funktion $y = \log_a x$ ist die Umkehrfunktion der Exponentialfunktion $y = a^x$. Geometrisch ist die logarithmische Funktion das Spiegelbild der Exponentialfunktion gespiegelt an der Geraden $y = x$. Die Kurve geht durch den Punkt $P(1; 0)$ und nähert sich für $a > 1$ asymptotisch der negativen y-Achse. Für negative Werte von x gibt es keine reellen Logarithmen.

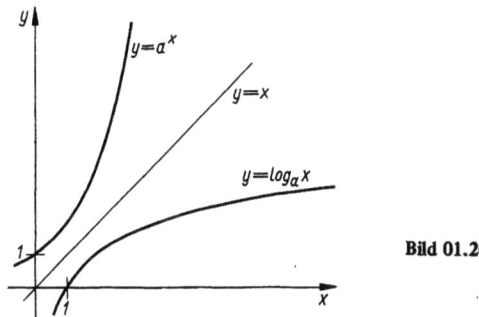

Bild 01.26

01.5 Differentialrechnung

01.5.1 Grenzwert

Für eine Funktion $f(x)$ wird der Grenzwert wie folgt definiert:

$$\lim_{x \to a} f(x) = b$$

d.h., nähert sich x dem Wert a, so nähert sich $f(x)$ dem Wert b.

Dabei gilt $-\infty \leq a \leq \infty$. Grenzwertbestimmungen sind besonders erforderlich, wenn $a = 0$ oder $a = \infty$ ist.

Beispiel:

1. $f(x) = \dfrac{x+1}{2x-1}$

$$\lim_{x \to \infty} \frac{x+1}{2x-1} = \lim_{x \to \infty} \left(\frac{1}{2} + \frac{3}{2(2x-1)}\right) = \frac{1}{2}$$

2. $f(x) = \left(1 + \frac{1}{x}\right)^x$

$\lim_{x \to \infty} \left(1 + \frac{1}{x}\right)^x = e = \underline{2{,}71828\ldots}$

01.5.2 Differenzenquotient und Differentialquotient
(Bild 01.27)

Die Verbindungslinie zwischen den Punkten $P(x; y)$ und $P_1(x_1; y_1)$ der Funktion $y = f(x)$ ist die *Sekante* der Kurve. Die *Steigung* der Sekante ist durch den Tangens des Winkels β gegeben:

$$\tan \beta = \frac{y_1 - y}{x_1 - x} = \frac{\Delta y}{\Delta x}$$

$\frac{\Delta x}{\Delta y}$ nennt man *Differenzenquotient*. Die Steigung der Sekante kann als mittlere Steigung der Funktion aufgefaßt werden. Wandert der Punkt P_1 auf der Kurve gegen den festgehaltenen Punkt P, so führt die Sekante eine Drehung um P aus. Je mehr sich P_1 dem Punkt P nähert, desto mehr nähert sich die Sekante einer Grenzlage. Die *Grenzlage* der Sekante ist die *Tangente* an die Kurve $y = f(x)$ in P. Die Steigung der Tangente in P ist die Steigung der Kurve in P. Die *Steigung* der Tangente wird durch den *Grenzwert des Differenzenquotienten* ausgedrückt:

$$\tan \alpha = \lim_{\Delta x \to 0} \frac{\Delta y}{\Delta x} = \lim_{\Delta x \to 0} \frac{f(x_1) - f(x)}{\Delta x}$$

$$= \lim_{\Delta x \to 0} \frac{f(x_1 + \Delta x) - f(x)}{\Delta x}$$

Den Ausdruck $\lim_{\Delta x \to 0} \frac{f(x_1 + \Delta x) - f(x)}{\Delta x}$ bezeichnet man als *Ableitung* der Funktion oder als *Differentialquotient*.

$$y' = f'(x) = \frac{dy}{dx} = \frac{d}{dx}(f(x))$$

$$= \lim_{\Delta x \to 0} \frac{f(x + \Delta x) - f(x)}{\Delta x}$$

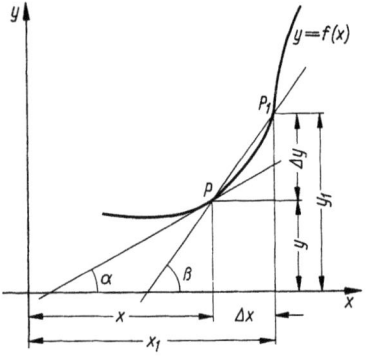

Bild 01.27

01.5.3 Ableitungen elementarer Funktionen

1. $y = c$ $y' = 0$
2. $y = x^n$ $y' = nx^{n-1}$
3. $y = ax^n$ $y' = anx^{n-1}$
4. $y = \sqrt[n]{x} = x^{\frac{1}{n}}$ $y' = \frac{1}{n} x^{\frac{1}{n} - 1} = \frac{1}{n} x^{\frac{1-n}{n}}$
5. $y = x^{-n}$ $y' = -nx^{-n-1}$
6. $y = a^x$ $y' = a^x \cdot \ln a$
7. $y = e^x$ $y' = e^x$
8. $y = \log_a x$ $y' = \frac{1}{x} \log_a e = \frac{1}{x \cdot \ln a}$
9. $y = \ln x$ $y' = \frac{1}{x}$
10. $y = \sin x$ $y' = \cos x$
11. $y = \cos x$ $y' = -\sin x$
12. $y = \tan x$ $y' = 1 + \tan^2 x = \frac{1}{\cos^2 x}$
13. $y = \cot x$ $y' = -(1 + \cot^2 x) = \frac{-1}{\sin^2 x}$
14. $y = \arcsin x$ $y' = \frac{1}{\sqrt{1 - x^2}}$
15. $y = \arccos x$ $y' = \frac{-1}{\sqrt{1 - x^2}}$
16. $y = \arctan x$ $y' = \frac{1}{1 + x^2}$
17. $y = \text{arccot}\, x$ $y' = \frac{-1}{1 + x^2}$
18. $y = \ln \sin x$ $y' = \cot x$
19. $y = \ln \cos x$ $y' = -\tan x$
20. $y = \ln \tan x$ $y' = \frac{2}{\sin 2x}$
21. $y = \ln \cot x$ $y' = \frac{-2}{\sin 2x}$

01.5.4 Differentiationsregeln

Ableitung einer konstanten Funktion

Ist $y = f(x) = c$, so ist $f'(x) = 0$.
Die Ableitung einer Konstanten ist gleich Null.

Beispiel: $y = 17$ $\underline{y' = 0}$

Ableitung einer Funktion mit konstantem Faktor

Ist $y = c \cdot f(x)$, so ist $y' = c \cdot f'(x)$.
Ein konstanter Faktor bleibt beim Differenzieren erhalten.

Beispiel: $y = a \cdot \sin x$ $\underline{y' = a \cdot \cos x}$

Differentialrechnung

Ableitung von Summe und Differenz mehrerer Funktionen

Ist $y = f(x) = u(x) + v(x)$, so ist $y' = u'(x) + v'(x)$.
Die Ableitung einer Summe ist gleich der Summe der Ableitungen der Summanden.

Beispiel: $y = 5x^2 + \sin x \qquad \underline{y' = 10x + \cos x}$

Ableitung des Produktes mehrerer Funktionen

Ist $y = f(x) = u(x) \cdot v(x)$, so ist
$y' = u'(x) \cdot v(x) + u(x) \cdot v'(x)$ (Produktregel).

Beispiel:
$y = x^3 \cdot e^x$
$\underline{y' = 3x^2 \cdot e^x + x^3 \cdot e^x = (3x^2 + x^3) e^x}$

Die Produktregel kann auf beliebig viele Faktoren erweitert werden, z. B.

$y = u \cdot v \cdot w$
$y' = u' \cdot v \cdot w + u \cdot v' \cdot w + u \cdot v \cdot w'$

Ableitung des Quotienten zweier Funktionen

Ist $y = f(x) = \dfrac{u(x)}{v(x)}$, so ist

$$y' = \frac{u'(x) \cdot v(x) - u(x) \cdot v'(x)}{v(x)^2}$$

(Quotientenregel). Die Funktion $f(x) = \dfrac{u(x)}{v(x)}$ ist nur dort differenzierbar, wo $v(x) \neq 0$ ist.

Beispiel: $y = \dfrac{2x}{x-1}$

$$\underline{y' = \frac{2(x-1) - 2x \cdot 1}{(x-1)^2} = \frac{-2}{(x-1)^2}}$$

Kettenregel

Ist $y = f(z)$ und $z = f_1(x)$, so ist $y' = \dfrac{dy}{dz} \cdot \dfrac{dz}{dx}$.

Bezeichnet man mit f die äußere Funktion und mit f_1 die innere Funktion, so ist die Ableitung der Funktion $y = f[f_1(x)]$ gleich dem Produkt der Ableitungen von äußerer und innerer Funktion.

Beispiel: $y = \sin(2x+3) \qquad z = 2x+3 \qquad y = \sin z$

$\dfrac{dz}{dx} = 2 \qquad \dfrac{dy}{dz} = \cos z$

$\underline{y' = 2 \cdot \cos z = 2 \cdot \cos(2x+3)}$

Die Kettenregel läßt sich auf beliebig viele innere Funktionen erweitern. Für

$y = f(x) = f_1\{f_2[f_3(x)]\}$

ist mit $u = f_3(x)$, $v = f_2(u)$ und $y = f_1(v)$

$$y' = \frac{dy}{dv} \cdot \frac{dv}{du} \cdot \frac{du}{dx}$$

Beispiel:
$y = \sqrt{\cos(1-x^2)} \qquad u = f_3(x) = 1-x^2$
$v = f_2(u) = \cos u \qquad y = f_1(v) = \sqrt{v}$

$\dfrac{du}{dx} = -2x \qquad \dfrac{dv}{du} = -\sin u \qquad \dfrac{dy}{dv} = \dfrac{1}{2\sqrt{v}}$

$\underline{y' = -2x(-\sin u) \cdot \dfrac{1}{2\sqrt{v}} = \dfrac{x \cdot \sin(1-x^2)}{\sqrt{\cos(1-x^2)}}}$

Differentiation nach Logarithmieren

Gegeben ist die Funktion $y = f(x) = u^v$ mit $u = f_1(x)$ und $v = f_2(x)$.
Logarithmieren ergibt $\ln y = v \cdot \ln u$.

Differenzieren $\dfrac{1}{y} \cdot y' = v' \cdot \ln u + v \cdot \dfrac{1}{u} \cdot u'$

$$y' = u^v \left[v' \cdot \ln u + \frac{u' \cdot v}{u} \right]$$

Beispiele:
1. $y = x^x \qquad u = x \qquad v = x \qquad \underline{y' = x^x [\ln x + 1]}$
2. $y = x^{x \cdot \cos x} \qquad u = x \qquad u' = 1$
$v = x \cdot \cos x \qquad v' = \cos x - x \cdot \sin x$
$\underline{y' = x^{x \cdot \cos x} [(\cos x - x \cdot \sin x) \ln x + \cos x]}$

01.5.5 Höhere Ableitungen

Ist die Ableitungsfunktion $y' = f'(x)$ einer Funktion $f(x)$ *differenzierbar*, so kann die Ableitungsfunktion ebenfalls differenziert werden. Die Ableitung dieser Funktion nennt man die *zweite* Ableitung:

$$y'' = \frac{dy'}{dx} = \frac{d}{dx}\left(\frac{dy}{dx}\right) = \frac{d^2y}{dx^2}$$

Geometrisch ist sie die Steigung der Ableitungsfunktion y'. Mit $y''' = f'''(x) = \dfrac{d^3y}{dx^3}$ wird die dritte Ableitung bezeichnet. Weitere Ableitungen:

$$y^{(4)} = \frac{d^4y}{dx^4} \qquad y^{(5)} = \frac{d^5y}{dx^5} \qquad y^{(n)} = \frac{d^ny}{dx^n}$$

Unter *Ableitung* versteht man i.a. die *erste* Ableitung einer Funktion, die weiteren Ableitungen heißen *höhere* Ableitungen.

Beispiel:
$y = x^7 + x^6 - 2x^5 + 4x$
$y' = 7x^6 + 6x^5 - 10x^4 + 4$
$y'' = 42x^5 + 30x^4 - 40x^3$
$y''' = 210x^4 + 120x^3 - 120x^2$
$y^{(4)} = 840x^3 + 360x^2 - 240x$
$y^{(5)} = 2520x^2 + 720x - 240$
$y^{(6)} = 5040x + 720$
$y^{(7)} = 5040$
$y^{(8)} = 0$

01.5.6 Graphische Differentiation

An die Funktionskurve, $y = f(x)$, deren Differentialkurve $y' = f'(x)$ bestimmt werden soll, werden Tangenten gelegt. Es wird dann die Differentialkurve der Tangentenkurve bestimmt. Da die Ableitung der Tangentenkurve stückweise konstant ist, ist deren Differentialkurve eine Stufenkurve. Die Stufengrenzen werden durch die Tangentenschnittpunkte

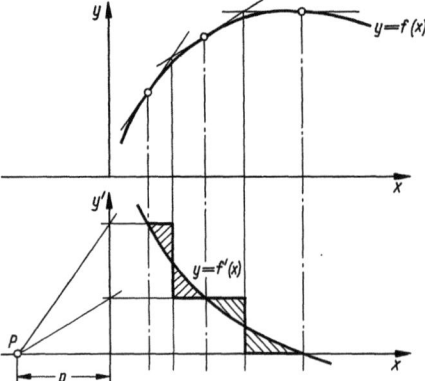

Bild 01.28

gegeben. Die Stufenhöhe wird wie folgt bestimmt (Bild 01.28): Durch den Punkt P (Pol) werden Parallelen zu den Tangenten gezogen. Die Waagerechten durch deren Schnittpunkte mit der y'-Achse schneiden die Senkrechten durch die Berührungspunkte der Tangenten. Diese Schnittpunkte ergeben die Stufenhöhe der entsprechenden Bereiche. Innerhalb eines Bereiches stimmen die Ableitungen der Funktionskurve und der Tangentenkurve nur im Tangentenberührungspunkt überein. Die Differentialkurve y' wird näherungsweise dadurch gefunden, daß man durch diese Punkte eine Kurve derart legt, daß die innerhalb eines Streifens entstehenden dreieckförmigen Flächen inhaltsgleich sind.
Die Größe des Polabstandes p ergibt sich aus der Beziehung

$$p = \frac{l_x \cdot l_{y'}}{l_y}$$

l_x Maßstabseinheit der x-Achse
l_y Maßstabseinheit der y-Achse
$l_{y'}$ Maßstabseinheit der y'-Achse

Beispiel: $l_x = 1$ cm; $l_y = 1$ cm; $l_{y'} = 2$ cm
$p = 1 \cdot 2/1 = \underline{2 \text{ cm}}$

01.5.7 Maxima und Minima (Bild 01.29)

Definition: Eine Funktion hat an der Stelle x_E ein $\frac{\text{Maximum}}{\text{Minimum}}$, wenn der Funktionswert an dieser Stelle $\frac{\text{größer}}{\text{kleiner}}$ ist, als die Funktionswerte in der unmittelbaren Umgebung.

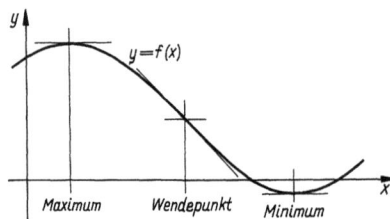

Bild 01.29

Die Tangenten verlaufen in diesen Punkten parallel zur x-Achse, d.h., $y'(x_E) = 0$. Aus dieser Bedingung läßt sich x_E ausrechnen.
Zwischen dem Maximum und dem Minimum geht die Kurve aus dem konkaven in den konvexen Teil über, zwischen Minimum und Maximum von konvex zu konkav. Der Übergangspunkt wird *Wendepunkt* genannt. In ihm hat die Funktion die größte Steigung.

Es gelten folgende Sätze:
1. Die Funktion $f(x)$ ist in einem Intervall *konkav*, wenn die zweite Ableitung $f''(x) < 0$.
2. Die Funktion $f(x)$ ist in einem Intervall *konvex*, wenn die zweite Ableitung $f''(x) > 0$.
3. Ist die erste Ableitung $f'(x) > 0$, so *steigt* die Kurve $f(x)$.
4. Ist die erste Ableitung $f'(x) < 0$, so *fällt* die Kurve $f(x)$.
5. Die Funktion $f(x)$ hat bei x_E ein
   Maximum, wenn $f'(x_E) = 0$ und $f''(x_E) < 0$
   Minimum, wenn $f'(x_E) = 0$ und $f''(x_E) > 0$.
6. Die Funktion $f(x)$ hat bei x_W einen *Wendepunkt*, wenn $f''(x_W) = 0$ und $f'''(x_W) \neq 0$.

Beispiel:
$y = 2x^3 - 6x^2 \qquad y' = 6x^2 - 12x$
$y'' = 12x - 12 \qquad y''' = 12$
$y' = 0: \quad 6x_E^2 - 12x_E = 0; \quad x_{E_1} = 2; \quad x_{E_2} = 0$
$y'' = 0: \quad 12x_W - 12 = 0; \quad x_W = 1$
$y''(x_{E_1}): 12 \cdot 2 - 12 = 12 \searrow$ Bei $\underline{x_{E_1} = 2}$ hat die Kurve ein Minimum
$y''(x_{E_2}): 12 \cdot 0 - 12 = -12 \searrow$ Bei $\underline{x_{E_2} = 0}$ hat die Kurve ein Maximum
$y'''(x_W): y''' = 12 \searrow$ Bei $x_W = 1$ ist ein Wendepunkt vorhanden

01.5.8 Grenzwertbestimmung nach de l'Hospital

Nähern sich in der Funktion $f(x) = \dfrac{u(x)}{v(x)}$ für $x \to x_0$ Zähler und Nenner je dem Wert Null, kann nach der *Regel von de l'Hospital* dennoch der Grenzwert der Funktion bestimmt werden.
Unter der Voraussetzung, daß die Funktionen $u(x)$ und $v(x)$ an der Stelle $x = x_0$ genügend oft differenzierbar sind, gilt

$$\lim_{x \to x_0} \frac{u(x)}{v(x)} = \frac{u'(x_0)}{v'(x_0)} \quad \text{oder, falls } u'(x_0) = v'(x_0) =$$
$$= \frac{u''(x_0)}{v''(x_0)} \quad \text{usw.}$$

Die Regel gilt auch für den Fall, daß $u(x)$ und $v(x)$ für $x = x_0$ unendlich groß werden.
Durch Umformungen lassen sich die Formen $0 \cdot \infty$, $\infty - \infty$, 1^∞, 0^0 u.a. auf $\frac{0}{0}$ oder $\frac{\infty}{\infty}$ zurückführen und können dann ebenfalls bestimmt werden.

Differentialrechnung. Integralrechnung

Beispiel:
$$\lim_{x \to 0} \frac{\sin x}{x} = \frac{0}{0}$$
$u(x) = \sin x$
$u'(x) = \cos x$
$u'(0) = 1$
$v(x) = x$
$v'(x) = 1$
$v'(0) = 1$

$$\lim_{x \to 0} \frac{\sin x}{x} = \frac{\cos 0}{1} = 1$$

01.5.9 Partielle Differentiation

Hat eine Funktion mehrere unabhängig Veränderliche, so kann die Funktion nach jeder Veränderlichen differenziert werden. Während des Differenzierens werden die Veränderlichen nach denen nicht differenziert wird, als konstante Größen betrachtet. Die Ergebnisse dieser Operationen heißen die *ersten partiellen Differentialquotienten* oder die *ersten partiellen Ableitungen* der Funktion.

Definition: Für $z = f(x, y)$ gilt

$$\lim_{\Delta x \to 0} \frac{f(x + \Delta x, y) - f(x, y)}{\Delta x} = \frac{\partial z}{\partial x} = \frac{\partial f(x, y)}{\partial x} = f_x$$

$$\lim_{\Delta y \to 0} \frac{f(x, y + \Delta y) - f(x, y)}{\Delta y} = \frac{\partial z}{\partial y} = \frac{\partial f(x, y)}{\partial y} = f_y$$

Beispiel:
Gesucht werden die ersten partiellen Ableitungen der Funktion

$$z = e^x \cdot \sin y + \sqrt{y^2 - x^2}$$

Für $f_x = \frac{\partial z}{\partial x}$ ist y eine konstante Größe $\Rightarrow$

$$f_x = e^x \cdot \sin y + \frac{y}{\sqrt{y^2 - x^2}}$$

Für $f_y = \frac{\partial z}{\partial y}$ ist x eine konstante Größe $\Rightarrow$

$$f_y = e^x \cdot \cos y - \frac{x}{\sqrt{y^2 - x^2}}$$

Die ersten partiellen Ableitungen sind wieder Funktionen und können nochmals partiell differenziert werden. Es ergeben sich *partielle Ableitungen zweiter Ordnung*.
Für $z = f(x, y)$ gilt

$$\frac{\partial z}{\partial x} = f_x; \quad \frac{\partial z}{\partial y} = f_y;$$

$$\frac{\partial f_x}{\partial x} = f_{xx}; \quad \frac{\partial f_x}{\partial y} = f_{xy}; \quad \frac{\partial f_y}{\partial x} = f_{yx}; \quad \frac{\partial f_y}{\partial y} = f_{yy}$$

Satz von Schwarz:
Bei stetigen Funktionen und partiellen Ableitungen ist die Reihenfolge des Differenzierens gleichgültig.

$$f_{xy} = f_{yx}$$

Beispiel:
$z = 5x^2 + 4y^2 + 3x - 2y - 8xy - 4 \hat{=} f(x, y)$
$f_x = 10x + 3 - 8y$
$f_y = 8y - 2 - 8x$
$f_{xx} = 10 \quad f_{yy} = 8$
$f_{xy} = -8 \Longleftrightarrow f_{yx} = -8$

Totales Differential:
Für eine Funktion mit zwei Veränderlichen wird definiert

$$dz = \frac{\partial z}{\partial x} dx + \frac{\partial z}{\partial y} dy .$$

Das totale Differential wird in der Fehlerrechnung angewendet.

01.6 Integralrechnung

01.6.1 Das unbestimmte Integral

Die Integralrechnung ist die Umkehrung der Differentialrechnung. Bei der Differentialrechnung wird die Ableitungsfunktion einer gegebenen Funktion gesucht, bei der Integralrechnung ist die Ableitungsfunktion gegeben und gesucht wird die dazugehörende *Stammfunktion*. Da bei der Differentiation einer Funktion konstante Summanden verschwinden, muß beim Integrieren die unbestimmte *Integrationskonstante C* hinzugefügt werden. Derartige Integrale heißen unbestimmte Integrale.

$$\int f(x) \, dx = F(x) + C$$

Integral- und Differentialzeichen heben sich auf:

$$\frac{d}{dx} \int f(x) \, dx = f(x)$$

01.6.2 Auswahl unbestimmter Integrale

Grundintegrale

1. $\int x^n dx = \frac{x^{n+1}}{n+1} + C$ für $n \neq -1$

2. $\int \frac{1}{x} dx = \ln |x| + C$

3. $\int e^x dx = e^x + C$

4. $\int a^x dx = \frac{1}{\ln a} \cdot a^x + C$

5. $\int \sin x \, dx = -\cos x + C$

6. $\int \cos x \, dx = \sin x + C$

7. $\int \frac{dx}{\cos^2 x} = \tan x + C$

8. $\int \frac{dx}{\sin^2 x} = -\cot x + C$

9. $\int \dfrac{dx}{\sqrt{1-x^2}} = \arcsin x + C_1 = -\arccos x + C_2$

($\arcsin x = \dfrac{\pi}{2} - \arccos x$)

10. $\int \dfrac{dx}{1+x^2} = \arctan x + C_1 = -\text{arccot}\, x + C_2$

($\arctan x = \dfrac{\pi}{2} - \text{arccot}\, x$)

Integrale rationaler Funktionen

1. $\int (a+bx)^n\, dx = \dfrac{1}{(n+1)b}(a+bx)^{n+1} + C$

   für $n \neq 1$

2. $\int \dfrac{dx}{a+bx} = \dfrac{1}{b}\ln(a+bx) + C$

3. $\int \dfrac{dx}{x^2} = -\dfrac{1}{x} + C$

4. $\int \dfrac{dx}{(a+bx)^2} = -\dfrac{1}{b(a+bx)} + C$

5. $\int \dfrac{dx}{a+bx^2} = \dfrac{1}{\sqrt{ab}}\arctan\left(\sqrt{\dfrac{b}{a}}\cdot x\right) + C$

   für $ab > 0$

6. $\int \dfrac{dx}{a-bx^2} = \dfrac{1}{2\sqrt{ab}}\ln\left|\dfrac{bx+\sqrt{ab}}{bx-\sqrt{ab}}\right| + C$

   für $ab > 0$

Integrale irrationaler Funktionen

1. $\int \sqrt{a+bx}\, dx = \dfrac{2}{3b}(\sqrt{a+bx})^3 + C$

2. $\int \dfrac{dx}{\sqrt{a+bx}} = \dfrac{2}{b}\sqrt{a+bx} + C$

3. $\int \dfrac{x\, dx}{\sqrt{a+bx}}$

   $= \dfrac{2}{b^2}\left[\dfrac{1}{3}\sqrt{(a+bx)^3} - a\sqrt{a+bx}\right] + C =$

   $= -\dfrac{2}{3b^2}(2a-bx)\sqrt{a+bx} + C$

4. $\int \dfrac{dx}{\sqrt{a^2-x^2}} = \arcsin\dfrac{x}{a} + C_1 = -\arccos\dfrac{x}{a} + C_2$

Integrale transzendenter Funktionen

1. $\int \ln x\, dx = x(\ln x - 1) + C$

2. $\int e^{ax}\, dx = \dfrac{1}{a}e^{ax} + C$

3. $\int x^n \ln x\, dx = \dfrac{x^{n+1}}{n+1}\ln x - \dfrac{x^{n+1}}{(n+1)^2} + C$ $n \neq 1$

4. $\int \dfrac{1}{x}\ln x\, dx = \dfrac{1}{2}(\ln x)^2 + C$

5. $\int \lg x\, dx = x(\lg x - \lg e) + C$

6. $\int \sin^n x\, dx$

   $= \dfrac{-\cos x \cdot \sin^{n-1}x}{n} + \dfrac{n-1}{n}\int \sin^{n-2}x\, dx$

   n ganz, > 0

7. $\int \cos^n x\, dx$

   $= \dfrac{\sin x \cdot \cos^{n-1}x}{n} + \dfrac{n-1}{n}\int \cos^{n-2}x\, dx$

   n ganz, > 0

8. $\int \dfrac{dx}{\sin^n x} =$

   $= \dfrac{-\cos x}{(n-1)\sin^{n-1}x} + \dfrac{n-2}{n-1}\int \dfrac{dx}{\sin^{n-2}x}$

   n ganz, > 0

9. $\int \dfrac{dx}{\cos^n x} =$

   $= \dfrac{\sin x}{(n-1)\cos^{n-1}x} + \dfrac{n-2}{n-1}\int \dfrac{dx}{\cos^{n-2}x}$

   n ganz, > 0

10. $\int \tan x\, dx = -\ln \cos x + C$

11. $\int \cot x\, dx = \ln \sin x + C$

12. $\int \tan^n x\, dx = \dfrac{\tan^{n-1}x}{n-1} - \int \tan^{n-2}x\, dx + C$

13. $\int \cot^n x\, dx = \dfrac{\cot^{n-1}x}{n-1} - \int \cot^{n-2}x\, dx + C$

01.6.3 Integrationsregeln

Integration einer Funktion mit konstantem Faktor

Enthält der Integrand einen konstanten Faktor, so kann dieser vor das Integralzeichen gesetzt werden.

$$\int a \cdot f(x)\, dx = a \int f(x)\, dx$$

Beispiel: $\int 7x^2\, dx = 7\int x^2\, dx = \underline{\dfrac{7}{3}x^3 + C}$

Integration einer Summe

Das Integral einer algebraischen Summe ist gleich der Summe der Integrale der einzelnen Funktionen.

$$\int [f_1(x) + f_2(x)]\, dx = \int f_1(x)\, dx + \int f_2(x)\, dx$$

Beispiel:

$\int (5x^2 + 6x - 4)\, dx = 5\int x^2\, dx + 6\int x\, dx - 4\int dx$

$ = \underline{\dfrac{5}{3}x^3 + 3x^2 - 4x + C}$

Integration durch Substitution

Zur Lösung des Integrals $\int f[f_1(x)]\, dx$ führt man eine neue Veränderliche $z = f_1(x)$ ein. Es ist dann $x = f_2(z)$ und $dx = f_2'(z)\, dz$

$$\int f[f_1(x)]\, dx = \int f(z) \cdot f_2'(z)\, dz$$

Beispiele:
1. $\int \sqrt{1+x}\, dx$; $z = 1+x$; $x = z-1$; $dx = dz$
$$\int \sqrt{1+x}\, dx = \int \sqrt{z}\, dz = \tfrac{2}{3} z^{\frac{3}{2}} + c = \tfrac{2}{3}(1+x)^{\frac{3}{2}} + C$$

2. $\int e^{ax} dx$; $z = ax$; $x = \frac{z}{a}$; $dx = \frac{1}{a} dz$
$$\int e^{ax} dx = \int e^z \cdot \tfrac{1}{a} dz = \tfrac{1}{a} e^z + c = \tfrac{1}{a} e^{ax} + C$$

Sonderformen des Integrals

Ist der Integrand ein Produkt aus zwei Faktoren, von denen der eine die Ableitung des anderen ist, also $\int f(x) \cdot f'(x)\, dx$, so ist die Lösung des Integrals
$$\int f(x) \cdot f'(x) \cdot dx = \tfrac{1}{2} \cdot f^2(x) + C$$

Beispiel: $\int \sin x \cdot \cos x \cdot dx = \dfrac{\sin^2 x}{2} + C$

Ist der Integrand ein *Bruch, dessen Zähler die Ableitung des Nenners ist*, so ist die Lösung des Integrals
$$\int \frac{f'(x)}{f(x)} dx = \ln f(x) + C$$

Beispiel:
$$\int \frac{2x \cdot dx}{x^2 + 5} = \ln(x^2 + 5) + C$$

Partielle Integration

Ist $y = f(x) = u(x) \cdot v(x)$, so folgt $dy = u \cdot dv + v \cdot du$. Beiderseitige Integration liefert
$$\int dy = \int u \cdot dv + \int v \cdot du \quad \text{oder}$$
$$y = u \cdot v = \int u \cdot dv + \int v \cdot du$$

Umstellung ergibt
$$\int u \cdot dv = u \cdot v - \int v \cdot du$$

oder in anderer Form
$$\int u \cdot v' \cdot dx = u \cdot v - \int v \cdot u' \cdot dx$$

Beispiele:
1. $\int x \cdot e^x \cdot dx$; $u = x$; $u' = 1$; $v' = e^x$; $v = e^x$
$\int x \cdot e^x \cdot dx = x \cdot e^x - \int e^x \cdot dx = \underline{x \cdot e^x - e^x + C}$

2. $\int x \cdot \sin x \cdot dx$; $u = x$; $u' = 1$; $v' = \sin x$; $v = -\cos x$
$\int x \cdot \sin x \cdot dx = -x \cdot \cos x + \int \cos x \cdot dx =$
$= \underline{-x \cdot \cos x + \sin x + C}$

01.6.4 Das bestimmte Integral

Um aus der Menge der Funktionen eine bestimmte Funktion auszuwählen, muß eine weitere Angabe gemacht werden. Ausreichend ist, daß die Kurve durch einen bestimmten Punkt gehen soll. Danach muß die aus dem Integranden hergeleitete Funktion $y = F(x) + C$ für einen bestimmten Wert x einen bestimmten Wert y annehmen. Daraus kann dann die Integrationskonstante bestimmt werden.

$P(a; 0) \quad 0 = F(a) + C; \quad C = -F(a)$
$y = F(x) + C = F(x) - F(a)$

Allgemein schreibt man für das bestimmte Integral
$$\int_a^x f(x)\, dx = F(x) - F(a)$$

a wird die *untere*, x die *obere* Grenze des Integrals genannt. Führt man für die obere Grenze einen Wert ein, so ist das Ergebnis des Integrals keine Funktion mehr, sondern ein bestimmter Wert. Man nennt ihn den *Wert des bestimmten Integrals*
$$A = \int_a^b f(x) \cdot dx = F(x)\Big|_a^b = F(b) - F(a)$$

Der Wert des bestimmten Integrals gibt den *Inhalt der Fläche* an, die von der Kurve der Funktion $y = f(x)$, der Abszissenachse und den Geraden $x = a$ und $x = b$ begrenzt wird. Er ist gleich der Differenz der beiden *Grenzordinaten* der Funktion $F(x)$.

Es gelten folgende Regeln:
$$\int_a^b = -\int_b^a; \quad \int_a^c = \int_a^b + \int_b^c; \quad \int_a^c - \int_a^b = \int_b^c$$

Beispiele:

1. $\displaystyle\int_1^e \frac{dx}{x} = \ln x \Big|_1^e = \ln e - \ln 1 = \underline{1}$

2. $\displaystyle\int_{\pi/2}^{\pi} \sin x\, dx = -\cos x \Big|_{\pi/2}^{\pi} = -\cos\pi - \left(-\cos\tfrac{\pi}{2}\right) = \underline{1}$

3. $\displaystyle\int_0^{\pi/4} \tan x\, dx = -\ln\cos x \Big|_0^{\pi/4} = -\ln\cos\tfrac{\pi}{4} - (-\ln\cos 0)$
$= -\ln 0{,}707 \approx \underline{0{,}346}$

01.6.5 Geometrische Anwendung der Integralrechnung

Flächenberechnung

Wird eine Fläche oben von der Funktion $f_1(x)$ und unten von der Funktion $f_2(x)$ begrenzt, so ist der absolute Wert ihres Inhalts
$$A_{\text{abs}} = \int_a^b [f_1(x) - f_2(x)]\, dx$$

Beispiel: Fläche zwischen den Kurven $y = 2x + 8$ und $y = x^2$.

Schnittpunkte:

$2x + 8 = x^2$; $x^2 - 2x - 8 = 0$; $x_1 = 4$; $x_2 = -2$
$f_1(x) \equiv 2x + 8$; $f_2(x) \equiv x^2$

$$A_{\underline{abs}} = \int_{-2}^{4} (2x + 8 - x^2)\,dx = \left[-\frac{x^3}{3} + x^2 + 8x\right]\Bigg|_{-2}^{4} = \underline{36}$$

Inhalt von Rotationskörpern

Der Inhalt eines Rotationskörpers, der durch die Drehung der Begrenzungsfunktion $y = f(x)$ um die x-Achse entsteht, ist

$$V_x = \pi \int_{x_1}^{x_2} y^2 \cdot dx$$

Der Inhalt eines Rotationskörpers, der durch die Drehung der Begrenzungsfunktion $x = f(y)$ um die y-Achse entsteht, ist

$$V_y = \pi \int_{y_1}^{y_2} x^2 \cdot dy$$

Beispiel: Inhalt des geraden Kreiskegels (Bild 01.30)

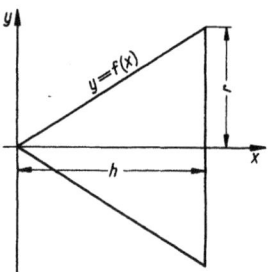

Bild 01.30

Rotation der Geraden $y = \frac{r}{h}x$ um die x-Achse.

$$V_x = \pi \int_0^h \left(\frac{r}{h}x\right)^2 dx = \frac{\pi r^2}{h^2} \int_0^h x^2 \cdot dx = \frac{\pi r^2 x^3}{3 h^2}\Bigg|_0^h = \underline{\frac{\pi r^2 h}{3}}$$

Mantelflächen von Rotationskörpern

Die Mantelfläche eines Rotationskörpers, der durch Drehung der Begrenzungsfunktion $y = f(x)$ um die x-Achse entsteht, ist

$$A_{Mx} = 2\pi \int_{x_1}^{x_2} y \sqrt{1 + \left(\frac{dy}{dx}\right)^2}\,dx$$

Bei der Rotation von $x = f(y)$ um die y-Achse ist die Mantelfläche

$$A_{My} = 2\pi \int_{y_1}^{y_2} x \sqrt{1 + \left(\frac{dx}{dy}\right)^2}\,dy$$

Beispiel: Mantelfläche des geraden Kreiskegels

$y = \frac{r}{h}x$ $\frac{dy}{dx} = \frac{r}{h}$ $\left(\frac{dy}{dx}\right)^2 = \frac{r^2}{h^2}$

$$A_{Mx} = 2\pi \int_0^h \frac{r}{h}x \sqrt{1 + \frac{r^2}{h^2}}\,dx =$$

$$= \frac{2\pi r}{h}\sqrt{1 + \frac{r^2}{h^2}} \int_0^h x \cdot dx =$$

$$= \frac{2\pi r}{h}\sqrt{1 + \frac{r^2}{h^2}} \cdot \frac{x^2}{2}\Bigg|_0^h$$

$$A_{Mx} = \pi r h \sqrt{1 + \frac{r^2}{h^2}} = \pi r \sqrt{h^2 + r^2}.$$

Schwerpunkt, Trägheitsmoment, Massenträgheitsmoment s. Hauptabschnitt 02.

01.6.6 Graphische Integration (Bild 01.31)

Die zu integrierende Funktion $y = f(x)$ wird in eine Ersatzstufenkurve überführt. Dazu wird der Integrationsbereich in Streifenintervalle unterteilt. An stärker gekrümmten Stellen ist diese Teilung enger als an flacheren Stellen vorzunehmen. Die Begrenzungslinien sollen auf den wichtigsten Punkten der Kurve liegen: Extremwerte, Nullstellen. Durch die Schnittpunkte der Streifengrenzen mit der Kurve $y = f(x)$ werden Parallelen zur x-Achse gezogen. Innerhalb jedes Streifens wird eine Parallele zur y-Achse derart gezogen, daß die in Bild 01.31 schraffierten Flächenteile paarweise gleich sind.

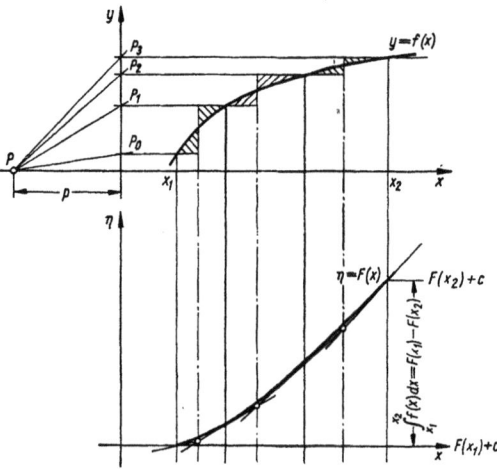

Bild 01.31

Zum Zeichnen der Tangenten wird der Polabstand gewählt

$$p = \frac{l_x \cdot l_y}{l_\eta}$$

l_η Maßstabseinheit der Ordinate von $F(x)$

Die Parallelen zur x-Achse durch die Streifengrenzen schneiden die y-Achse in den Punkten P_i. Die Verbindungslinien dieser Punkte mit dem Pol haben die gleiche Steigung wie die Tangenten an die gesuchte Kurve. Durch Parallelverschiebung dieser Neigungen in das x-η-System kann die gesuchte Kurve als Tangentenzug gefunden werden. Die Tangentenneigung ist an den Schnittpunkten der Stufenkurve mit der gegebenen Kurve exakt. Dazwischen ist näherungsweise die Integralkurve $F(x)$ zu zeichnen.

01.7 Komplexe Zahlen

01.7.1 System der komplexen Zahlen

Eine komplexe Zahl ist die Summe einer *reellen* und einer *imaginären Zahl*: $z = a + jb$.
Die komplexe Zahl $z^* = a - jb$ ist *konjugiert komplex* zu z.
$a = \text{Re } z$ ist der Realteil, $b = \text{Im } z$ der Imaginärteil von z.
Eine imaginäre Zahl jb ist das Produkt aus der imaginären Einheit j und einer reellen Zahl b.
Die imaginäre Einheit ist $j = +\sqrt{-1}$. Es gilt damit $j^2 = -1$.
In der Gaußschen Zahlenebene wird die komplexe Zahl z durch einen Punkt mit den Koordinaten a und b dargestellt (Bild 01.32). Es gelten die Beziehungen

$a = r \cdot \cos\varphi \qquad b = r \cdot \sin\varphi$

$r = |z| = +\sqrt{a^2 + b^2} \qquad \varphi = \arctan \frac{b}{a}$

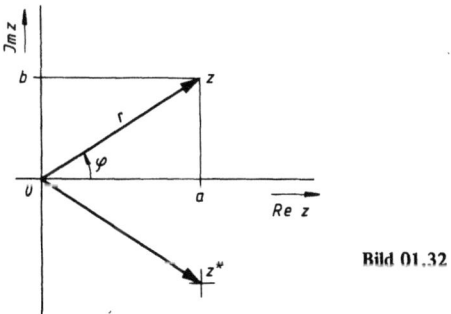

Bild 01.32

01.7.2 Rechnen mit komplexen Zahlen

Es sei $z_1 = a_1 + jb_1$ und $z_2 = a_2 + jb_2$.

Dann gilt

$z_1 + z_2 = (a_1 + a_2) + j(b_1 + b_2)$
$z_1 - z_2 = (a_1 - a_2) + j(b_1 - b_2)$
$z_1 \cdot z_2 = (a_1 \cdot a_2 - b_1 \cdot b_2) + j(a_2 \cdot b_1 + a_1 \cdot b_2)$
$\dfrac{z_1}{z_2} = \dfrac{a_1 \cdot a_2 + b_1 \cdot b_2}{a_2^2 + b_2^2} + j\dfrac{a_2 \cdot b_1 - a_1 \cdot b_2}{a_2^2 + b_2^2}$

01.7.3 Euler-Formeln

Mit $a = r \cdot \cos\varphi$ und $b = r \cdot \sin\varphi$ kann auch geschrieben werden

$z = a + jb = r \cdot (\cos\varphi + j \cdot \sin\varphi)$

Nach Reihenentwicklung für $\cos\varphi$ und $\sin\varphi$ (s. 01.2.8) erhält man die Euler-Formeln

$e^{j\varphi} = \cos\varphi + j \cdot \sin\varphi$
$e^{-j\varphi} = \cos\varphi - j \cdot \sin\varphi$

und damit $z = a + jb = r \cdot e^{j\varphi}$.
Es sei $z_1 = r_1 \cdot e^{j\varphi_1}$ und $z_2 = r_2 \cdot e^{j\varphi_2}$. Dann gilt

$z_1 \cdot z_2 = r_1 \cdot r_2 \cdot e^{j \cdot (\varphi_1 + \varphi_2)}$
$\dfrac{z_1}{z_2} = \dfrac{r_1}{r_2} e^{j \cdot (\varphi_1 - \varphi_2)}$

Anwendung in der Elektrotechnik s. Hauptabschnitt 05.

01.8 Gewöhnliche Differentialgleichungen

Gleichungen, die zur Bestimmung von unbekannten Funktionen dienen und in denen u.a. die Ableitungen der gesuchten Funktionen auftreten, heißen *Differentialgleichungen*. Gewöhnliche Differentialgleichungen enthalten nur eine unabhängige Veränderliche. Die *Ordnung* einer Differentialgleichung ist gleich der Ordnung des höchsten in ihr auftretenden Differentialquotienten. Die allgemeine Form der gewöhnlichen Differentialgleichung n-ter Ordnung lautet

$f(x, y', y'', y''', \ldots, y^{(n)}) = 0$.

Die allgemeine Lösung der Differentialgleichung n-ter Ordnung enthält n Integrationskonstanten.

01.8.1 Lösungsmethoden

Direkte Integration

Differentialgleichungen der Form $y^{(n)} = f(x)$ werden durch n-fache Integration gelöst. Die n Integrationskonstanten werden durch Randbedingungen bestimmt.

Beispiel: Gleichförmig beschleunigte Drehbewegung mit den Anfangswerten für $t = 0$: $\omega = \omega_0$ und $\varphi = \varphi_0$

$\dfrac{d^2\varphi}{dt^2} = \alpha = \text{const.}$

$\dfrac{d\varphi}{dt} = \omega = \int \alpha \, dt = \alpha \cdot t + C_1$

$\varphi = \int \omega \, dt = \int (\alpha \cdot t + C_1) \, dt = \dfrac{\alpha}{2} t^2 + C_1 \cdot t + C_2$

Für $t = 0$ wird
$$\omega_0 = \alpha \cdot 0 + C_1 \Rightarrow C_1 = \omega_0$$
$$\varphi_0 = \frac{\alpha}{2} \cdot 0 + \omega_0 \cdot 0 + C_2 \Rightarrow C_2 = \varphi_0$$

Ergebnis:
$$\omega = \alpha \cdot t + \omega_0$$
$$\varphi = \frac{\alpha}{2} \cdot t^2 + \omega_0 \cdot t + \varphi_0$$

Trennung der Veränderlichen

Differentialgleichungen 1. Ordnung der Form $y' = f(x) \cdot g(y)$ können nach Trennung der Veränderlichen durch einmalige Integration gelöst werden.

Mit $y' = \dfrac{dy}{dx}$ wird

$$\frac{dy}{dx} = f(x) \cdot g(y) \qquad \int \frac{dy}{g(y)} = \int f(x) \, dx \; .$$

Beispiel: Die Differentialgleichung der idealen Raketenbewegung lautet $m \dfrac{dv}{dt} - v_a \dfrac{dm}{dt} = 0$.

Mit den Anfangsbedingungen $t = 0$, $m = m_0$ und $v = 0$ soll die Raketengeschwindigkeit v in Abhängigkeit von der Ausströmgeschwindigkeit der Gase v_a und der Masse m berechnet werden.

$$m \frac{dv}{dt} - v_a \frac{dm}{dt} = 0 \qquad m \cdot dv = v_a \cdot dm$$
$$\int dv = v_a \int \frac{dm}{m} \qquad v = v_a \cdot \ln m + C$$

Für $t = 0$: $0 = v_a \cdot \ln m_0 + C \Rightarrow C = -v_a \cdot \ln m_0$

Ergebnis: $v = v_a \cdot (\ln m - \ln m_0) = v_a \cdot \ln \dfrac{m}{m_0}$

Die Ausströmgeschwindigkeit der Gase v_a ist negativ einzusetzen!

Lineare Differentialgleichungen mit konstanten Koeffizienten

Die allgemeine Form der inhomogenen linearen Differentialgleichung mit konstanten Koeffizienten hat die Form

$$y^{(n)} + a_{n-1} y^{(n-1)} + \ldots + a_1 y' + a_0 y = g(x)$$

mit der Störfunktion $g(x)$. Die allgemeine Lösung dieser Differentialgleichung setzt sich zusammen aus der allgemeinen Lösung der homogenen Differentialgleichung y_h und einer partikulären Lösung y_p der inhomogenen Differentialgleichung

$$y = y_h + y_p$$

Lösung der homogenen Differentialgleichung mit $g(x) = 0$:

$$y^{(n)} + a_{n-1} y^{(n-1)} + \ldots + a_1 y' + a_0 y = 0$$

mit dem Lösungsansatz $y = C e^{kx}$. Mehrfaches Differenzieren und Einsetzen der Funktion und deren Ableitungen in die Differentialgleichung führt zu

$$k^n C e^{kx} + a_{n-1} k^{n-1} C e^{kx} + \ldots +$$
$$+ a_1 k C e^{kx} + a_0 C e^{kx} = 0$$

und zur charakteristischen Gleichung n-ten Grades zur Bestimmung aller k_n

$$k^n + a_{n-1} k^{n-1} + \ldots + a_1 k + a_0 = 0$$

Sind alle k_n untereinander verschieden, lautet die allgemeine Lösung der homogenen Differentialgleichung

$$y_h = C_1 e^{k_1 x} + C_2 e^{k_2 x} + \ldots +$$
$$+ C_{n-1} e^{k_{n-1} x} + C_n e^{k_n x}$$

Treten mehrfache Nullstellen auf, z.B. $k_1 = k_2 = k_3$, hat die Lösung die Form

$$y_h = (C_1 + C_2 x + C_3 x^2) e^{k_1 x} + C_4 e^{k_4 x} + \ldots +$$
$$+ C_n e^{k_n x}$$

Bei komplexen Nullstellen gibt es stets zwei zueinander konjugiert komplexe Lösungen, z.B. $k_1 = a + jb$ und $k_2 = a - jb$, und damit

$$y_h = (C_1 e^{jbx} + C_2 e^{-jbx}) e^{ax} + C_3 e^{k_3 x} + \ldots +$$
$$+ C_n e^{k_n x}$$

Eine partikuläre Lösung der inhomogenen Differentialgleichung kann i.a. mit dem Lösungsansatz der allgemeinen Form der Störfunktion $g(x)$ gefunden werden.

Beispiel: Lösung der Differentialgleichung
$$y'' - 4y' + 3y = 3x + 2$$

homogene Form
$$y'' - 4y' + 3y = 0$$

Lösungsansatz
$$y = C e^{kx} \qquad y' = k C e^{kx} \qquad y'' = k^2 C e^{kx}$$

Einsetzen
$$k^2 C e^{kx} - 4 k C e^{kx} + 3 C e^{kx} = 0$$

charakteristische Gleichung
$$k^2 - 4k + 3 = 0 \qquad k_{1,2} = 2 \pm \sqrt{4-3} \qquad k_1 = 3 \quad k_2 = 1$$

Allgemeine Lösung der homogenen Differentialgleichung
$$y_h = C_1 e^{3x} + C_2 e^x$$

inhomogene Form
$$y'' - 4y' + 3y = 3x + 2$$

Lösungsansatz
$$y = a_1 x + a_0 \qquad y' = a_1 \qquad y'' = 0$$

Einsetzen
$$0 - 4 a_1 + 3 (a_1 x + a_0) = 3x + 2$$
$$3 a_1 x + (3 a_0 - 4 a_1) = 3x + 2$$

Koeffizientenvergleich
$$3 a_1 = 3 \Rightarrow a_1 = 1 \qquad 3 a_0 - 4 = 2 \Rightarrow a_2 = 2$$

Damit ist
$$y_p = x + 2$$

Allgemeine Lösung der inhomogenen Differentialgleichung
$$y = y_h + y_p \qquad y = C_1 e^{3x} + C_2 e^x + x + 2$$

01.9 Planimetrie und Stereometrie
01.9.1 Ebene Figuren
Dreieck

Bezeichnungen (Bild 01.33):
Seiten a, b, c
Winkel α, β, γ
Höhen h_a, h_b, h_c
Mittellinien m_a, m_b, m_c
Dreiecksumfang $2s = a + b + c$ **Bild 01.33**

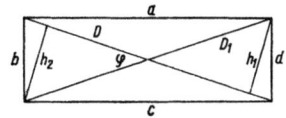

Bild 01.36

1. Die *Winkelsumme* im Dreieck beträgt 180° (Bild 01.34)
$$\alpha = \alpha'; \quad \beta = \beta'; \quad \alpha' + \gamma + \beta' = 180°$$
2. Der *Außenwinkel* ist gleich der Summe der nicht anliegenden *Innenwinkel* (Bild 01.35)
$$\alpha + \beta + \gamma = 180°; \quad \alpha + \gamma = 180° - \beta = \beta''$$

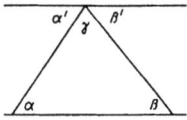

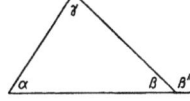

Bild 01.34 **Bild 01.35**

3. Der *Mittelpunkt* des *umschriebenen Kreises* ist der Schnittpunkt der drei Mittelsenkrechten.
4. Der *Mittelpunkt* des *einbeschriebenen Kreises* ist der Schnittpunkt der drei Winkelhalbierenden.
5. Der *Schwerpunkt* des Dreiecks ist der Schnittpunkt der drei Mittellinien. Der Schnittpunkt teilt jede Mittellinie im Verhältnis 2:1.
6. *Kongruenzsätze:* Zwei Dreiecke sind kongruent (deckungsgleich), wenn sie übereinstimmen
   a) in einer Seite und den beiden anliegenden Winkeln,
   b) in zwei Seiten und dem von ihnen eingeschlossenen Winkel,
   c) in drei Seiten,
   d) in zwei Seiten und dem der größeren Seite gegenüberliegendem Winkel.
7. *Fläche* des Dreiecks
$$A = \tfrac{1}{2} a \cdot h_a = \tfrac{1}{2} a \cdot b \cdot \sin\gamma =$$
$$= \tfrac{1}{2} a^2 \frac{\sin\beta \cdot \sin\gamma}{\sin\alpha} =$$
$$= \sqrt{s(s-a)(s-b)(s-c)}$$
8. Fläche des rechtwinkligen Dreiecks
a, b Katheten; c Hypotenuse
$$A = \tfrac{1}{2} a \cdot b = \tfrac{1}{2} a^2 \cdot \cot\alpha = \tfrac{1}{2} b^2 \cdot \tan\alpha = \tfrac{1}{4} c^2 \cdot \sin 2\alpha$$

Viereck

Bezeichnungen:
Seiten a, b, c, d; Diagonalen D und D_1; Winkel zwischen den Diagonalen φ; Höhen auf D h_1 und h_2 (Bild 01.36).

1. Die Winkelsumme im Viereck beträgt 360°. (Teilung in zwei Dreiecke).
2. Fläche des *Vierecks*
$$A = \tfrac{1}{2} D \cdot (h_1 + h_2) = \tfrac{1}{2} \cdot D \cdot D_1 \cdot \sin\varphi$$
3. *Parallelogramm:*
Gegenüberliegende Seiten und Winkel sind gleich.
Die Diagonalen halbieren einander.
Grundlinie a; Höhe h.
Fläche $A = a \cdot h$
4. *Rechteck:*
Die Diagonalen sind gleich lang. Seiten a und b.
Fläche $A = a \cdot b$
5. *Trapez:*
Parallele Seiten a und c: Höhe h; Mittellinie parallel zu a und c: $m = \tfrac{1}{2}(a + c)$.
Fläche $A = \tfrac{1}{2}(a + c) \cdot h = m \cdot h$
6. *Rhombus:*
Die Diagonalen stehen senkrecht aufeinander und halbieren die Winkel. Seite a; spitzer Winkel γ.
Fläche $A = a^2 \cdot \sin\gamma = \tfrac{1}{2} D \cdot D_1$

Vieleck

Bezeichnungen: Seiten $a_1, a_2, a_3, \ldots, a_n$

1. Die Winkelsumme im Vieleck mit n Ecken (n-Eck) beträgt $(n - 2) \cdot 180°$. Jedes n-Eck läßt sich in $(n - 2)$ Dreiecke verwandeln.
2. Fläche des n-Ecks:
Zerlegung des n-Ecks in Dreiecke oder mit Hilfe der Koordinaten $x_1, y_1; x_2, y_2; \ldots$ der n Eckpunkte bezogen auf ein beliebiges rechtwinkliges Achsenkreuz:
$$A = \tfrac{1}{2}[(x_2 y_1 - x_1 y_2) + (x_3 y_2 - x_2 y_3) +$$
$$+ (x_4 y_3 - x_3 y_4) + \ldots +$$
$$+ (x_n y_{n-1} - x_{n-1} y_n) + (x_1 y_n - x_n y_1)]$$

Kreis

Bezeichnungen: Radius r; Durchmesser d; Umfang U.
Fläche:
$$A = \pi \cdot r^2 = \tfrac{1}{4} \pi \cdot d^2 = \tfrac{1}{4} U \cdot d = 0{,}785\,398\, d^2$$
Umfang:
$$U = 2\pi \cdot r = \pi \cdot d$$

Kreisteile

Bezeichnungen: äußerer Radius R; innerer Radius r; äußerer Durchmesser D, innerer Durchmesser d; mittlerer Radius r_m; Ringbreite δ; Zentriwinkel in Graden $\varphi°$; Zentriwinkel im Bogenmaß φ; Bogenlänge b; Sehnenlänge s; Bogenhöhe h.

a) *Kreisring*

$$A = \pi(R^2 - r^2) = \tfrac{1}{4}\pi(D^2 - d^2) = 2\pi \cdot r_m \cdot \delta$$

b) *Kreisabschnitt* (Bild 01.37)

$$A = \tfrac{1}{2} r^2 (\varphi - \sin\varphi) = \frac{r(b-s) + s \cdot h}{2}$$

c) *Kreisausschnitt* (Bild 01.38)

$$A = \tfrac{1}{2} b \cdot r = \tfrac{1}{2} \varphi \cdot r^2 \qquad \varphi = \frac{\pi \cdot \varphi°}{180} \qquad b = r \cdot \varphi$$

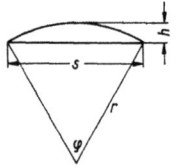
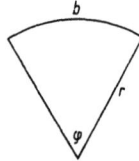

Bild 01.37   Bild 01.38

Kegelschnitte

Siehe Abschnitt 01.4.3.

Flächeninhalt krummlinig begrenzter Flächen

a) *Trapezregel* (Bild 01.39)

Die Länge l der zu berechnenden Fläche wird in n Parallelstreifen von gleicher Breite geteilt und die Randbegrenzung durch Geraden ersetzt. Es ergeben sich Trapeze mit den Höhen h_1, h_2, usw. Dann ist die Fläche

$$A = \frac{l}{n}(h_1 + h_2 + h_3 + \ldots + h_n)$$

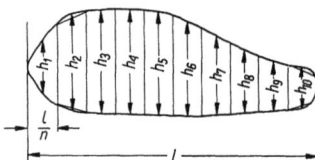

Bild 01.39

b) *Simpsonsche Regel* (Bild 01.40)

Die Länge l der zu berechnenden Fläche wird in eine *gerade* Anzahl Parallelstreifen zerlegt, so daß $n+1$ Ordinaten entstehen. Das Kurvenstück zwischen drei aufeinanderfolgenden Punkten wird durch eine Parabel 3. Ordnung ersetzt. Die Fläche ergibt sich dann zu

$$A = \frac{l}{3n}(y_1 + 4y_2 + 2y_3 + 4y_4 + \ldots$$
$$\ldots + 2y_{n-1} + 4y_n + y_{n+1})$$

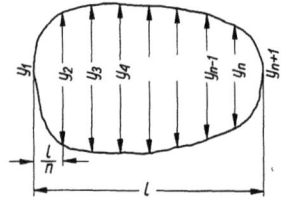

Bild 01.40

Beispiel:

Fläche unter der Parabel $y = x^2$ von $x = 0$ bis $x = 1$

x	y	$h = \dfrac{y_n + y_{n-1}}{2}$	Simpson-faktor a	$a \cdot y$
0,0	0,00		1	0,00
		0,005		
0,1	0,01		4	0,04
		0,025		
0,2	0,04		2	0,08
		0,065		
0,3	0,09		4	0,36
		0,125		
0,4	0,16		2	0,32
		0,205		
0,5	0,25		4	1,00
		0,305		
0,6	0,36		2	0,72
		0,425		
0,7	0,49		4	1,96
		0,565		
0,8	0,64		2	1,28
		0,725		
0,9	0,81		4	3,24
		0,905		
1,0	1,00		1	1,00
		$\Sigma_1 = 3{,}350$		$\Sigma_2 = 10{,}00$

$l = 1{,}0;\ n = 10$

Trapezformel:

$$A = \tfrac{1}{10} \cdot \Sigma_1 = \tfrac{1}{10} \cdot 3{,}350 = \underline{0{,}3350}$$

Simpsonsche Regel:

$$A = \frac{1}{3 \cdot 10} \cdot \Sigma_2 = \frac{1}{30} \cdot 10{,}00 = \tfrac{1}{3} = \underline{0{,}3333}$$

Exakter Wert:

$$A = \tfrac{1}{3}$$

Abweichungen gegenüber dem exakten Wert:
Trapezformel 0,5 %
Simpsonsche Regel 0,00 ‰

Die Simpsonsche Regel ergibt immer dann genaue Werte, wenn der Kurvenzug ersetzt werden kann durch

$$y = ax^3 + bx^2 + cx + d$$

01.9.2 Oberfläche und Rauminhalt von Körpern

Rauminhalt V, Mantelfläche M, Oberfläche O.

Prisma

Körper mit gleicher und paralleler Grund- und Deckfläche und parallelen Seitenkanten. Alle Prismen mit gleich großer Grundfläche G und gleicher Höhe h haben den gleichen Rauminhalt:

$$V = G \cdot h$$

a) *Würfel*

Kantenlänge a $\quad V = a^3;\quad O = 6a^2$
Diagonale $d = \sqrt{3a^2} = a\sqrt{3}$

b) *Quader* (rechtwinkliges *Parallelepiped*)
(Bild 01.41)

Prisma mit rechteckigen Flächen.

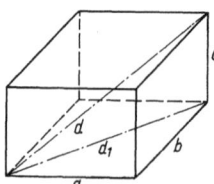

Bild 01.41

Kantenlängen a, b, c.

$V = abc \qquad O = 2(ab + ac + bc)$

Diagonale $d^2 = d_1^2 + c^2$

$d_1^2 = a^2 + b^2; \quad d = \sqrt{a^2 + b^2 + c^2}$

Zylinder

Radius der Grundfläche r, Höhe h.

$V = \pi \cdot r^2 \cdot h$
$O = 2\pi \cdot r \cdot h + 2\pi \cdot r^2 = 2\pi \cdot r \,(r + h)$

Pyramide (Bild 01.42)

Pyramiden mit gleicher Grundfläche G und gleicher Höhe h haben gleichen Rauminhalt.

$V = \frac{1}{3} Gh$

a) *Pyramidenstumpf.* Grundfläche G, Deckfläche D, Höhe h.

$V = \frac{h}{3}(G + \sqrt{GD} + D)$

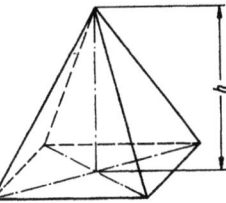

Bild 01.42

Kegel

Grundflächenradius R; Kegel kan als Pyramide mit vielen Seitenflächen aufgefaßt werden.

$V = \frac{1}{3} \pi \cdot R^2 h$
$O = \pi \cdot R^2 + \pi \cdot R \cdot s = \pi \cdot R \cdot (R + s)$

Mantellinie $s = \sqrt{R^2 + h^2}$

a) *Kegelstumpf* (Bild 01.43)

Unterer Radius R, oberer Radius r.

$V = \frac{\pi \cdot h}{3}(R^2 + R \cdot r + r^2)$

$O = \pi [R^2 + s(R - r) + r^2]$

Bild 01.43

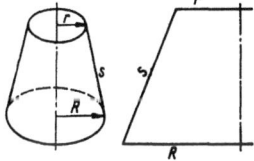

Kugel

Radius r, Durchmesser d.

$V = \frac{4}{3} \pi \cdot r^3 = 4{,}18879 r^3 = \frac{1}{6} \pi \cdot d^3 = 0{,}5236 \, d^3$
$O = 4\pi \cdot r^2 = \pi \cdot d^2$

a) *Kugelabschnitt (Kugelkappe)* (Bild 01.44)

Kugelradius r, Höhe des Abschnitts h, Grundflächenradius a.

$a = \sqrt{h(2r - h)}$

$V = \frac{\pi \cdot h^2}{3}(3r - h) = \frac{\pi \cdot h}{6}(3a^2 + h^2)$

Mantelfläche der Kappe

$M = 2\pi \cdot r \cdot h = \pi(a^2 + h^2)$

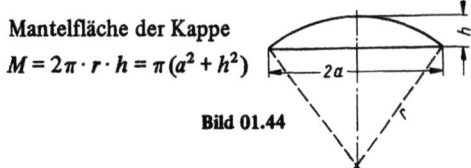

Bild 01.44

b) *Kugelausschnitt* (Bild 01.45)

$V = \frac{2}{3} \pi \cdot r^2 \cdot h = 2{,}0944 \, r^2 \cdot h$
$O = \pi \cdot r \cdot (2h + a)$

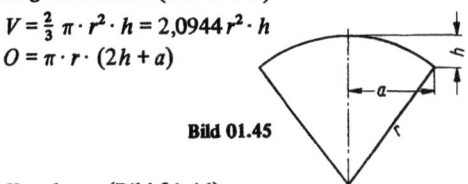

Bild 01.45

c) *Kugelzone* (Bild 01.46)

Kugelradius r, Radien der Endflächen a und b.

$V = \frac{\pi \cdot h}{6}(3a^2 + 3b^2 + h^2)$

$M = 2\pi \cdot r \cdot h$

$r^2 = a^2 + \left(\frac{a^2 - b^2 - h^2}{2h}\right)^2$

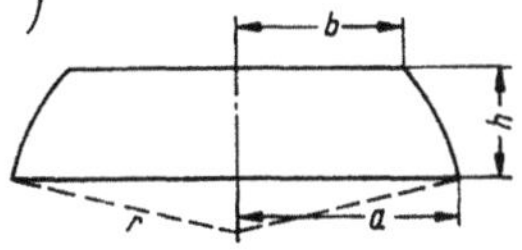

Bild 01.46

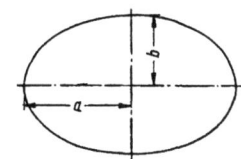

Ellipsoid (Bild 01.47)

Halbachsen a, b, c.

$V = \frac{4}{3} \pi \cdot a \cdot b \cdot c$

Bild 01.47

Umdrehungsellipsoid (Querschnitt Kreisfläche)

Wenn $2a$ die Drehachse $\quad V = \frac{4}{3} \pi \cdot a \cdot b^2$

Wenn $2b$ die Drehachse $\quad V = \frac{4}{3} \pi \cdot a^2 \cdot b$

Umdrehungsparaboloid (Bild 01.48)

Radius der Grundfläche r, Höhe h

$V = \frac{1}{2} \pi \cdot r^2 \cdot h = 1{,}5708 \cdot r^2 \cdot h$

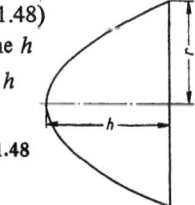

Bild 01.48

Kübel

Endflächen Ellipsen mit Halbachsen a, b und a_1, b_1.

$V = \frac{\pi \cdot h}{6}[2(ab + a_1 b_1) + ab_1 + a_1 b]$

Faß (Bild 01.49)

Durchmesser am Ende d, in der Mitte D, Höhe h.

Für *kreisförmige* Dauben ist angenähert

$$V = \frac{\pi \cdot h}{12}(2D^2 + d^2)$$

Für *parabolische* Dauben ist genau

$$V = \frac{\pi \cdot h}{15}(2D^2 + Dd + \tfrac{3}{4}d^2)$$

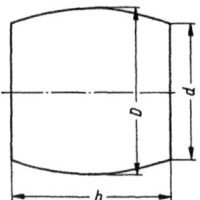

Bild 01.49

Guldinsche Regeln

a) Die *Mantelfläche* eines Drehkörpers ist gleich dem Produkt aus der Länge der erzeugenden Linie und dem Weg ihres Schwerpunkts.

    s = Länge einer Kurve, die sich um eine sie nicht schneidende Achse dreht,

    x_S = Abstand des Schwerpunkts der Kurve von der Umdrehungsachse

$$M = 2\pi \cdot x_S \cdot s$$

b) Das *Volumen* eines Drehkörpers ist gleich dem Produkt aus der erzeugenden Fläche und dem Weg ihres Schwerpunkts.

    A = Inhalt der Fläche, die sich um eine sie nicht schneidende Achse dreht,

    x_S = Abstand des Flächenschwerpunkts von der Umdrehungsachse.

$$V = 2\pi \cdot x_S \cdot A$$

c) *Allgemein* gilt (Bild 01.50)

    bei Drehung der Kurve um die x-Achse

$$V = \pi \int_{x_1}^{x_2} y^2 \cdot dx \qquad M = 2\pi \int_{x_1}^{x_2} y \cdot ds$$

$$\text{mit} \quad ds = \sqrt{1 + \left(\frac{dy}{dx}\right)^2}\, dx$$

bei Drehung der Kurve um die y-Achse

$$V = \pi \int_{y_1}^{y_2} x^2 \cdot dy \qquad M = 2\pi \int_{y_1}^{y_2} x \cdot ds$$

$$\text{mit} \quad ds = \sqrt{1 + \left(\frac{dx}{dy}\right)^2}\, dy$$

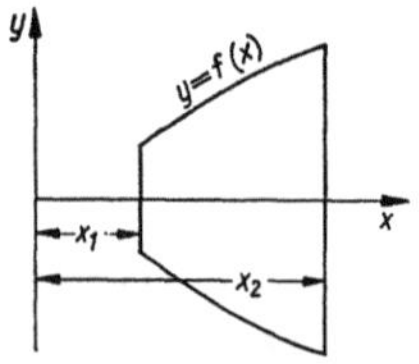

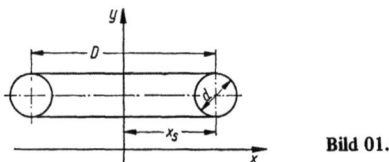

Bild 01.50

Beispiel: Zylindrischer Ring (Bild 01.51)

Oberfläche $O = 2\pi \cdot x_S \cdot s$

$$s = \pi \cdot d \qquad x_S = \frac{D}{2} \qquad O = 2\pi \frac{D}{2} \pi \cdot d = \pi^2 \cdot D \cdot d$$

Volumen $V = 2\pi \cdot x_S \cdot A$

$$A = \frac{\pi \cdot d^2}{4} \qquad V = 2\pi \frac{D}{2} \cdot \frac{\pi \cdot d^2}{4} = \frac{\pi^2}{4} D \cdot d^2$$

Bild 01.51

01.10 Schrifttum

[01.1] *Brauch / Dreyer / Haacke:* Mathematik für Ingenieure
Band 1 Grundlagen und lineare Algebra
Band 2 Differential und Integralrechnung
Band 3 Differentialgleichungen und angewandte Mathematik
Verlag Teubner, Stuttgart 1977

[01.2] *Kochendörffer, R.:* Determinanten und Matrizen. Verlag Teubner, Stuttgart 1970

[01.3] *Zurmühl, R.:* Matrizen und ihre technische Anwendung. Springer Verlag, Berlin 1964

[01.4] *Zurmühl, R.:* Praktische Mathematik für Ingenieure und Physiker. Springer Verlag, Berlin/Göttingen/Heidelberg 1965

[01.5] *Schneider, W.:* BASIC. Vieweg Verlag, Braunschweig 1979

[01.6] *Voss, M.:* Einführung in die technische Informatik. Vieweg Verlag, Braunschweig 1979

Hauptabschnitt 02

Mechanik und Festigkeit

Prof. Dipl.-Ing. *H. Thörner*, Hamburg

02.1 Formelzeichen, Einheiten und Normen

A	Fläche	m^2
D, d	Durchmesser	m
E	Energie	J
E	Elastizitätsmodul	$\frac{N}{mm^2}$
F	Kraft	N
F_G, G	Gewichtskraft	N
F_k	Knickkraft	N
F_Q	Querkraft	N
G	Gleitmodul	$\frac{N}{mm^2}$
I	Flächenträgheitsmoment	m^4
I_p	Polares Trägheitsmoment	m^4
J	Massenträgheitsmoment	$kg\,m^2$
M	Moment einer Kraft	N m
M_b	Biegemoment	N m
M_t	Torsionsmoment	N m
P	Leistung	W
R, r	Radius	m
T	Schwingungsdauer	s
V	Volumen	m^3
W	Arbeit	J
W	Widerstandsmoment	m^3
W_p	Polares Widerstandsmoment	m^3
a	Beschleunigung	$\frac{m}{s^2}$
b	Breite	m
c	Federkonstante	$\frac{N}{m}$
e	Schwerpunktabstand	m
f	Frequenz	s^{-1}
f	Hebelarm der Rollreibung	m
g	Fallbeschleunigung	$\frac{m}{s^2}$
h	Höhe	m
i	Übersetzungsverhältnis	–
i	Trägheitsradius	m
k	Dämpfungszahl	$\frac{kg}{s}$
l	Länge	m
m	Masse	kg
n	Drehzahl	min^{-1}
p	Flächenpressung	$\frac{N}{mm^2}$
s	Weg	m
t	Zeit	s
v	Geschwindigkeit	$\frac{m}{s}$
α	Winkelbeschleunigung	s^{-2}
β_K	Kerbwirkungszahl	–
γ	Schiebung	–
δ	Bruchdehnung	–
ϵ	Dehnung	–
ϵ_q	Querkürzung	–
η	Wirkungsgrad	–
λ	Schlankheitsgrad	–
λ_p	Grenzschlankheitsgrad	–
μ	Poisson Zahl	–
μ	Reibungsbeiwert	–
μ_0	Haftreibungsbeiwert	–
ν	Sicherheitszahl	–
ρ	Dichte	$\frac{kg}{m^3}$
σ	Normalspannung	
σ_B	Bruchspannung	
σ_E	Spannung an der Elastizitätsgrenze	
σ_F	Spannung an der Fließgrenze	
σ_S	Spannung an der Streckgrenze	
σ_P	Spannung an der Proportionalitätsgrenze	$\frac{N}{mm^2}$
σ_b	Biegespannung	
σ_d	Druckspannung	
σ_k	Knickspannung	
σ_v	Vergleichsspannung	
σ_z	Zugspannung	
σ_{zul}	Zulässige Normalspannung	
τ	Tangentialspannung	
τ_a	Scherspannung	$\frac{N}{mm^2}$
τ_s	Schubspannung	
τ_t	Torsionsspannung	
τ_{zul}	Zulässige Tangentialspannung	–
φ	Drehwinkel	
ψ	Brucheinschnürung	
ω	Winkelgeschwindigkeit	s^{-1}

Wichtige Normblätter:

DIN 1 301   Einheiten
DIN 1 304   Allgemeine Formelzeichen
DIN 1 305   Masse, Gewicht, Gewichtskraft, Fallbeschleunigung; Begriffe
DIN 1 306   Dichte; Begriffe
DIN 1 311   Schwingungslehre

DIN 1 313 Schreibweise physikalischer Gleichungen in Naturwissenschaft und Technik
DIN 1 314 Druck; Begriffe, Einheiten
DIN 1 332 Akustik; Formelzeichen
DIN 1 350 Zeichen für Festigkeitsberechnungen
DIN 1 602 Festigkeitsversuche an metallischen Werkstoffen; Begriffe
DIN 1 605 Bl. 1 Mechanische Prüfung der Metalle; Allgemeines und Abnahme
DIN 1 605 Bl. 4 Mechanische Prüfung der Metalle; Faltversuch
DIN 5 045 Meßgerät für DIN-Lautstärken, Richtlinien
DIN 5 492 Formelzeichen der Strömungsmechanik
DIN 17 006 Eisen und Stahl; Systematische Benennung
DIN 50 049 Bescheinigungen über Werkstoffe
DIN 50 100 Dauerschwingversuch; Begriffe, Zeichen, Durchführung, Auswertung
DIN 50 103 Härteprüfung nach Rockwell
DIN 50 113 Umlaufbiegeversuch
DIN 50 133 Härteprüfung nach Vickers
DIN 50 141 Scherversuch
DIN 50 145 Zugversuch; Begriffe und Zeichen
DIN 50 146 Zugversuch ohne Feindehnungsmessungen
DIN 50 351 Härteprüfung nach Brinell
DIN 52 210 Luftschalldämmung und Trittschallstärke

02.2 Statik starrer Körper

02.2.1 Die Kraft

Die *Wirkung* einer Kraft wird eindeutig beschrieben durch

1. *Angriffspunkt*
2. *Richtung* und
3. *Größe*.

Die Einheit der Kraft ist das Newton: $1\,\text{N} = 1\,\frac{\text{kg m}}{\text{s}^2}$.

02.2.2 Das zentrale ebene Kraftsystem

Im *zentralen Kraftsystem* schneiden sich alle Kraftwirkungslinien in *einem* Punkt.

Zusammensetzen und Zerlegen von Kräften

Krafteck-Verfahren (Bild 02.1):

Die Kraftvektoren werden maßstabsgetreu in beliebiger Reihenfolge aneinandergereiht. Der *Verbindungsvektor* zwischen dem Anfangspunkt A des ersten Kraftvektors und dem Endpunkt E des letzten Kraftvektors stellt die *resultierende Kraft* F_R dar.

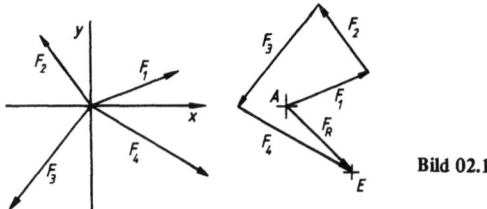

Bild 02.1

Analytisches Verfahren:

Jede Kraft wird zerlegt in zwei *Komponenten* (Bild 02.2)

$F_x = F \cdot \cos\alpha$ und $F_y = F \cdot \sin\alpha$.

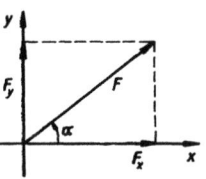

Bild 02.2

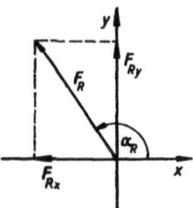

Bild 02.3

Addition ergibt die Komponenten der Resultierenden (Bild 02.3)

$$F_{Rx} = \sum_{n=1}^{i} (F_n \cdot \cos\alpha_n) \quad \text{und}$$

$$F_{Ry} = \sum_{n=1}^{i} (F_n \cdot \sin\alpha_n).$$

Größe und Richtung der Resultierenden sind dann

$$F_R = \sqrt{F_{Rx}^2 + F_{Ry}^2} \qquad \alpha_R = \arctan \frac{F_{Ry}}{F_{Rx}}.$$

Gleichgewichtsbedingungen:

Die Kräfte befinden sich im *Gleichgewicht*, wenn die Resultierende den Wert *Null* hat.
Beim Krafteck-Verfahren fallen der Anfangspunkt A und der Endpunkt E zusammen.
Beim analytischen Verfahren muß gelten

$$F_R = \sqrt{F_{Rx}^2 + F_{Ry}^2} = 0 \Rightarrow F_{Rx} = 0 \text{ und } F_{Ry} = 0.$$

Damit lassen sich Reaktionskräfte als Folge von Aktionskräften ermitteln, da Kräftegleichgewicht vorhanden sein muß.

Beispiel: Beim Anschlagen einer Last (Bild 02.4) werden die Seilkräfte mit wachsendem Winkel α immer größer:

$$\Sigma F_y = 0: \quad F_G - 2 F_S \cdot \cos\alpha = 0$$

$$F_S = \frac{F_G}{2 \cdot \cos\alpha}$$

Bei $F_G = 1\,000$ N beträgt die Seilkraft F_S bei

$\alpha = 45°$ 707 N
$\alpha = 60°$ 1000 N
$\alpha = 75°$ 1932 N
$\alpha = 90°$ unendlich groß
(s. auch Tafel 07.18).

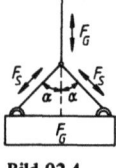

Bild 02.4

02.2.3 Das allgemeine ebene Kraftsystem

Im *allgemeinen Kraftsystem* schneiden sich die Kraftwirkungslinien *nicht* in einem Punkt.

Seileck-Verfahren (Bild 02.5):

Im maßstabsgetreuen Lageplan die Kraftwirkungslinien (KWL) einzeichnen. Durch Aneinanderreihen der maßstabsgetreuen Kraftvektoren *Krafteck* zeichnen, Größe und Richtung der resultierenden Kraft ermitteln.

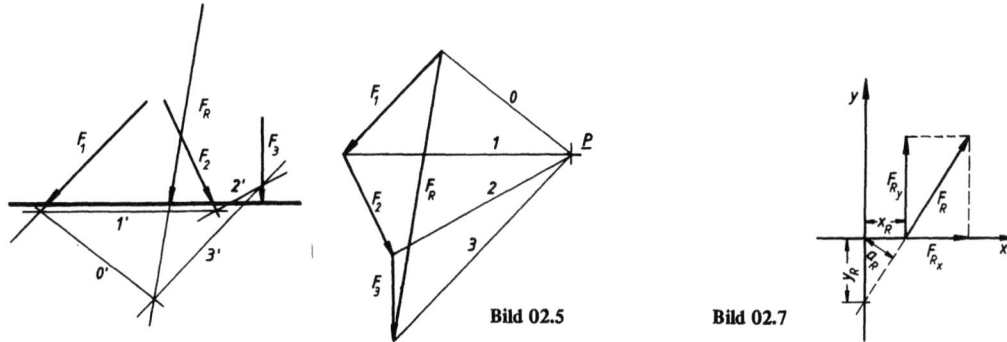

Bild 02.5   Bild 02.7

Im Krafteck Anfangs- und Endpunkte der Kraftvektoren mit beliebig gewähltem Polpunkt P verbinden *(Polstrahlen)*. Durch Parallelverschieben der Polstrahlen im Lageplan das *Seileck* zeichnen.

Beachte: Drei Linien, die im Krafteck ein Dreieck bilden, schneiden sich im Lageplan in einem Punkt.

Die Lage der Resultierenden ergibt sich demnach aus dem Schnittpunkt der Polstrahlen der Resultierenden im Lageplan.

Das Kräftepaar (Bild 02.6):
Bei zwei gleichgroßen parallelen Kräften entgegengesetzter Richtung ist die Resultierende Null. Es tritt aber ein Drehmoment M_t auf:

$$M_t = a \cdot F$$

Vorzeichenregel:
Drehsinn nach links gerichtet
(mathematisch positiv) $M_t > 0$
Drehsinn nach rechts gerichtet
$M_t < 0$.

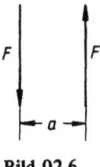

Bild 02.6

Analytisches Verfahren zur Ermittlung der Resultierenden:
Betrag (Größe der Resultierenden (vgl. 02.2.2)

$$F_{Rx} = \sum_{n=1}^{i} (F_n \cdot \cos\alpha_n), \quad F_{Ry} = \sum_{n=1}^{i} (F_n \cdot \sin\alpha_n),$$

$$F_R = \sqrt{F_{Rx}^2 + F_{Ry}^2}.$$

Richtung der Resultierenden: $\alpha_R = \arctan \dfrac{F_{Ry}}{F_{Rx}}$.

Angriffspunkt der Resultierenden (Bild 02.7):
Das Drehmoment der resultierenden Kraft bezogen auf einen Punkt muß gleich der Summe der Drehmomente der Einzelkräfte sein.

$$M_R = F_R \cdot a_R = \sum_{n=1}^{i} (y_n \cdot F_n \cdot \cos\alpha_n) +$$
$$+ \sum_{n=1}^{i} (x_n \cdot F_n \cdot \sin\alpha_n)$$

Achsenabschnitte der Resultierenden

$$x_R = \frac{M_R}{F_{Ry}}, \quad y_R = \frac{M_R}{F_{Rx}}.$$

Gleichgewichtsbedingungen:

Graphisch: Seileck und Krafteck müssen sich schließen.

Analytisch: Sowohl die Resultierende F_R der Kräfte als auch die Summe der Drehmomente M_R in Bezug auf einen beliebigen Punkt der Kraftebene muß den Wert Null annehmen.

$$F_R = \sqrt{F_{Rx}^2 + F_{Ry}^2} = 0 \Rightarrow F_{Rx} = 0 \text{ und } F_{Ry} = 0$$

und

$$M_R = \sum_{n=1}^{i} (y_n \cdot F_n \cdot \cos\alpha_n) +$$
$$+ \sum_{n=1}^{i} (x_n \cdot F_n \cdot \sin\alpha_n) = 0.$$

02.2.4 Auflagerkräfte

Die Auflagerkräfte eines Trägers auf zwei Stützen lassen sich mit Hilfe der Gleichgewichtsbedingungen des allgemeinen Kraftsystems bestimmen.

Graphisch (Schlußlinienverfahren, Bild 02.8):
Im maßstabsgetreuen Lageplan die Kraftwirkungslinien einzeichnen. Durch Aneinanderreihen der maßstabsgetreuen Kraftvektoren Krafteck zeichnen.

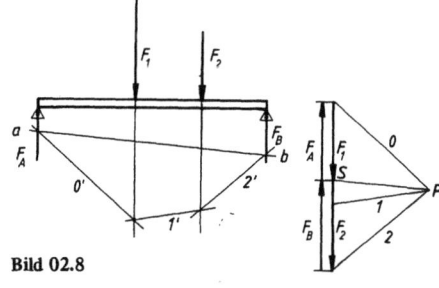

Bild 02.8

Im Krafteck Anfangs- und Endpunkte der Kraftvektoren mit beliebig gewähltem Polpunkt P verbinden (Polstrahlen). Durch Parallelverschieben der Polstrahlen im Lageplan Seileck zeichnen.

Beachte: Bei einwertigen Lagern (nur Kräfte in y-Richtung) kann der Anfangspunkt des Seilecks beliebig gewählt werden.
Treten auch Kräfte in x-Richtung auf, ist der Anfangspunkt des Seilecks der Lagerpunkt des zweiwertigen Lagers.

Der Schnittpunkt des Seilstrahles $0'$ mit der Kraftwirkungslinie der Auflagerkraft F_A (a) und der Schnittpunkt des letzten Seilstrahles n' ($2'$ in Bild 02.8) mit der Kraftwirkungslinie der Auflagerkraft F_B (b) werden verbunden. Der Linienzug ab schließt das Seileck *(Schlußlinie)*.
Die parallelverschobene Schlußlinie teilt den Kraftvektor $\overrightarrow{AE}$ im Punkt S. Damit wird $\overrightarrow{ES} = F_B$; $\overrightarrow{SA} = F_A$.

Analytisch (Bild 02.9):
Anwendung der drei Gleichgewichtsbedingungen
$\Sigma F_x = 0;\ \Sigma F_y = 0$ und $\Sigma M = 0$
ergibt
$F_1 \cdot \cos\alpha_1 + F_2 \cdot \cos\alpha_2 - F_{Bx} = 0$
$F_1 \cdot \sin\alpha_1 + F_2 \cdot \sin\alpha_2 - F_{Ay} - F_{By} = 0$

Momentenbezugspunkt B:
$-F_{Ay} \cdot l + (l - a_1) \cdot F_1 \cdot \sin\alpha_1 + a_2 \cdot F_2 \cdot \sin\alpha_2 = 0$

Aus diesen drei Gleichungen lassen sich die drei Unbekannten F_{Ay}, F_{Bx} und F_{By} bestimmen.

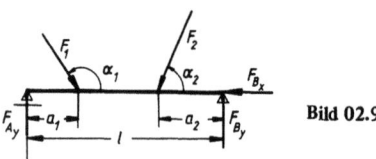

Bild 02.9

02.2.5 Schwerpunkte von Flächen

Das *statische Moment einer Fläche*, bezogen auf eine Achse, ist gleich der Summe der Produkte der einzelnen Flächenteilchen mit dem dazugehörigen Abstand zur Achse.

$M = \Sigma l_n \cdot dA_n$

Für jede Fläche existiert ein Punkt, für den, wenn man sich die Fläche in ihm vereinigt denkt, das statische Moment der Gesamtfläche, bezogen auf eine beliebige Achse, gleich der Summe der statischen Momente der einzelnen Flächenteile ist, bezogen auf die gleiche Achse. Dieser Punkt ist der *Flächenschwerpunkt*. Mit Hilfe der Integralrechnung

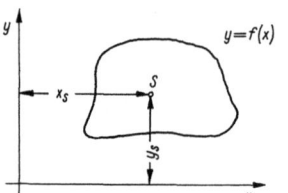

Bild 02.10

können die Schwerpunktskoordinaten berechnet werden (Bild 02.10)

$$x_S = \frac{M_y}{A} = \frac{\int_{x_1}^{x_2} x \cdot y \cdot dx}{\int_{x_1}^{x_2} y \cdot dx}$$

$$y_S = \frac{M_x}{A} = \frac{\frac{1}{2}\int_{x_1}^{x_2} y^2 \cdot dx}{\int_{x_1}^{x_2} y \cdot dx}$$

Schwerpunkte einiger Flächen:

a) *Dreieck* (Bild 02.11)
S liegt im Schnittpunkt der Seitenhalbierenden.

$\overline{Sf} = \frac{\overline{bf}}{3}$ usw.

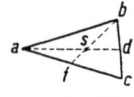

Bild 02.11

b) *Trapez* (Bild 02.12)
S liegt im Schnittpunkt der Geraden $\overline{fg}$ und $\overline{ik}$. Anstatt $\overline{fg}$ (Verbindungsgerade der Mitten der parallelen Seiten) zu zeichnen, kann auch die Konstruktion $\overline{ik}$ für die andere Seite wiederholt werden.

$\overline{ag} = \frac{\overline{ab}}{2}$

$\overline{ci} = \overline{ab};\quad \overline{ak} = \overline{dc}$

$x = \frac{h}{3} \cdot \frac{\overline{ab} + 2 \cdot \overline{cd}}{\overline{ab} + \overline{cd}}$

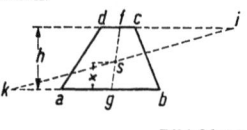

Bild 02.12

c) *Kreisabschnitt* (Bild 02.13)
$\overline{OS} = \frac{s^3}{12} \cdot A \qquad A$ = Flächeninhalt
s. Abschnitt 01.10.1

Bild 02.13

d) *Kreisausschnitt* (Bild 02.14)
$\overline{OS} = \frac{2r \cdot s}{3b} = \frac{38{,}2r \cdot \sin\alpha}{\alpha}$

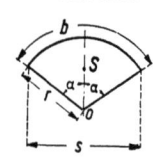

Bild 02.14

Statik starrer Körper

e) Halbkreis (Bild 02.15)

$$\overline{OS} = \frac{4}{3} \cdot \frac{r}{\pi} = 0{,}4244\,r$$

Bild 02.15

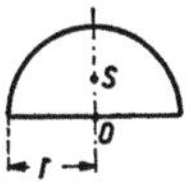

f) Unregelmäßiges Viereck
Zerlegung in Dreiecke. Gesamtschwerpunkt liegt auf Verbindungslinie der Dreieckschwerpunkte und teilt diese im umgekehrten Verhältnis der Dreiecksflächen.

g) Unregelmäßige Fläche
Experimentell: Fläche aus starkem Karton ausschneiden, an verschiedenen Eckpunkten aufhängen, auspendeln lassen. Von jedem Aufhängepunkt das Lot fällen, markieren. Schnittpunkt der Lote = Schwerpunkt. Karton darf nicht gekrümmt sein.
Rechnerisch: Statische Momente der Teilflächen in tabellarischer Form addieren.

Beispiel: ⊏-förmiger Träger (Bild 02.16)

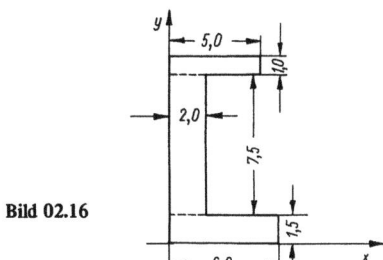

Bild 02.16

Querschnitt cm · cm	A cm²	y cm	$A \cdot y$ cm³	x cm	$A \cdot x$ cm³
1. 5 · 1	5	9,5	47,5	2,5	12,5
2. 2 · 7,5	15	5,25	78,75	1,0	15,0
3. 1,5 · 6	9	0,75	6,75	3,0	27,0
Summe	$\Sigma A = 29$		$\Sigma A \cdot y = 133{,}00$		$\Sigma A \cdot x = 54{,}5$

$$x_S = \frac{\Sigma A \cdot x}{\Sigma A} = \frac{54{,}5}{29} = 1{,}88 \text{ cm}$$

$$y_S = \frac{\Sigma A \cdot y}{\Sigma A} = \frac{133{,}0}{29} = 4{,}58 \text{ cm}$$

02.2.6 Reibung

Haftreibung

Ein sich in Ruhe befindender Körper auf einer Ebene setzt jedem Versuch, ihn in Bewegung zu setzen, einen Widerstand tangential zur Berührungsfläche entgegen. Dieser Widerstand ist die *Reibungskraft* F_R. Sie ist vom Gewicht des Körpers und der Beschaffenheit der einander berührenden Oberflächen abhängig.

Größe der Reibungskraft:

$$F_R = \mu_0 \cdot F_N$$

μ_0 Reibungsbeiwert der Haftreibung
F_N Senkrecht zur Unterlage wirkende Kraftkomponente *(Normalkraft)*

Legt man einen Körper auf eine *schiefe Ebene*, so bleibt er zunächst in Ruhe, solange der Neigungswinkel einen bestimmten Grenzwinkel ρ_0 nicht überschreitet. Der Tangens des Grenzwinkels, bei dem das Gleiten gerade beginnt, ist der *Reibungsbeiwert μ_0 der Haftreibung*.

Gleitreibung

Die Reibung ist kleiner, wenn der Körper sich im Gleiten befindet. Der *Reibungsbeiwert μ der Gleitreibung* ist daher kleiner als μ_0.

$$F_R = \mu \cdot F_N$$

Die Reibungsbeiwerte sind von Art und Oberflächenbeschaffenheit der Körper bzw. Werkstoffe abhängig, werden aber von Flächendruck und Geschwindigkeit nur wenig beeinflußt. Bei sehr guter Schmierung berühren sich die Oberflächen nicht mehr; es liegt eine teilweise oder vollkommene *Flüssigkeitsreibung* vor. Diese ist dann kaum noch von der Oberflächenbeschaffenheit der Werkstoffe, sondern in erster Linie von den Eigenschaften des Schmierstoffes, aber auch von Flächendruck und Geschwindigkeit abhängig.

Die Reibung läßt sich schon in einfachen Fällen nur unvollkommen durch Formeln erfassen, außerdem streuen die experimentell ermittelten Reibungsbeiwerte stark.

Rollreibung

Solange kein Rutschen eintritt, handelt es sich bei der *Rollreibung* um Haftreibung. Der Reibungs-

Reibungsbeiwerte

	μ_0 (Haftreibung)		μ (Gleitreibung)	
	trocken	ölgeschmiert	trocken	ölgeschmiert
Stahl auf Stahl	0,15	0,1	0,1…0,25	0,05…0,15
Stahl auf Bronze oder Rotguß	0,2	0,1	0,16…0,2	0,01…0,1
Stahl auf Gußeisen	0,2…0,4			
Gußeisen auf Gußeisen oder Bronze			0,15…0,2	0,05…0,1
Bronze auf Bronze		0,1	0,2	0,05
Stahl in Bronze- oder Weißmetallager				0,005…0,01
Stevenrohr-Pockholzlager				0,1…0,01 (Wasser)
Stevenrohr-Kunststofflager				0,01…0,02
Stevenrohr-Gummilager				0,02…0,05
Hanfseil auf Holz	0,3…0,8		0,5	
Drahtseil auf Stahl	0,2…0,3		0,2…0,3	0,1…0,15

beiwert ist hier aber keine dimensionslose Zahl, sondern die *Rollreibungszahl* ist definiert als der Hebelarm f cm, an dem der Widerstand angreift, der durch das Eindrücken der Walze oder Kugel in den Untergrund hervorgerufen wird. Es entsteht ein Moment $M = G \cdot f$ N cm mit G = Gewichtskraft N,

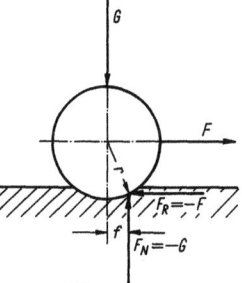

Bild 02.17

r = Radius cm der Walze oder Kugel, das den Rollwiderstand $F_R = G \cdot \dfrac{f}{r}$ hervorruft (Bild 02.17).

$f \approx 0{,}05$ cm für Gußeisen, Stahlguß oder Stahl auf Stahl
$f \approx 0{,}001$ cm für gehärtete Kugeln bzw. Walzen und Laufflächen (Wälzlager)

Beispiele zur Reibung

Schiefe Ebene (Bild 02.18):

Neigung $\alpha > \rho \quad \mu = \tan \rho$
Kraft zum Festhalten

$$F_2 = F_1 (\sin \alpha - \mu_0 \cdot \cos \alpha)$$

Kraft zum Aufwärtsziehen

$$F_2 = F_1 (\sin \alpha + \mu \cdot \cos \alpha)$$

Bei waagerechter Kraftrichtung (Bild 02.19):
Kraft zum Festhalten

$$F_2 = F_1 \cdot \tan(\alpha - \rho_0) = F_1 \frac{\tan \alpha - \mu_0}{1 + \mu_0 \cdot \tan \alpha}$$

Kraft zum Aufwärtsziehen

$$F_2 = F_1 \cdot \tan(\alpha + \rho) = F_1 \frac{\tan \alpha + \mu}{1 - \mu \cdot \tan \alpha}$$

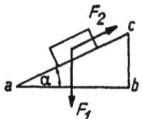 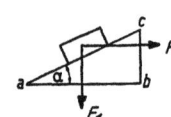

Bild 02.18   Bild 02.19

Keil (Bild 02.20):

Gewicht G soll durch Kraft F angehoben werden.
Ohne Reibung

$$F_0 = G \cdot \tan \alpha$$

Mit Reibung

$$F = G \cdot \tan(\alpha + 2\rho)$$

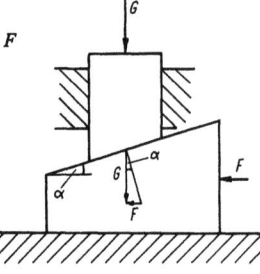

Bild 02.20

Wirkungsgrad des Keils

$$\eta = \frac{F_0}{F} = \frac{G \cdot \tan \alpha}{G \cdot \tan(\alpha + 2\rho)} = \frac{\tan \alpha}{\tan(\alpha + 2\rho)}$$

Der Keil ist *selbsthemmend*, wenn $\alpha \leq 2 \cdot \rho_0$.

Schraube

Gewindereibungsmoment

$$M_{RG} = \tfrac{1}{2} \cdot d_2 \cdot F_v \cdot \tan(\rho' \pm \alpha)$$

Anzieh- bzw. Losdrehmoment

$$M_{A(L)} = \tfrac{1}{2} F_v \cdot [d_2 \cdot \tan(\rho' \pm \alpha) + \mu_a \cdot d_m]$$

Anziehen positives, Lösen negatives Vorzeichen.

F_v Vorspannkraft der Schraube
d_2 Flankendurchmesser
α Steigungswinkel

$$\alpha = \arctan \frac{P}{\pi \cdot d_2}$$

P Steigung
ρ' Reibungswinkel

$$\rho' = \arctan \frac{\mu}{\cos \tfrac{\beta}{2}}$$

β Flankenwinkel
μ_a Reibungsbeiwert der Kopfauflage
d_m mittlerer Durchmesser der Kopfauflagefläche

$$d_m = \frac{D_B + d_k}{2}$$

D_B Durchmesser der Durchgangsbohrung
d_k Tellleransatzdurchmesser, etwa gleich Schlüsselweite bei Sechskantschrauben, Kopfdurchmesser bei Zylinderschrauben

$$d_k \approx 1{,}5 \cdot d$$

d Gewindenenndurchmesser

Für die Reibungsbeiwerte kann i.a. gesetzt werden

$$\mu = \mu_a = 0{,}14$$

Wirkungsgrad der Schraube

$$\eta = \frac{\tan \alpha}{\tan(\rho' + \alpha)}$$

Seilreibung

F_{S1} Kraft am ziehenden (ablaufenden) Ende
F_{S2} Kraft am gezogenen (auflaufenden) Ende

$$F_{S1} > F_{S2}$$

Seilzugkraft

$$F_{S1} = F_{S2} \cdot e^{\mu \alpha}$$

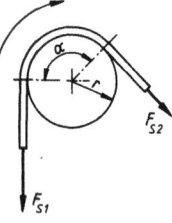

Bild 02.21

Bild 02.21 zeigt ein Seil, das um einen sich in der angegebenen Richtung drehenden Spillkopf gelegt ist. Mit der Seilreibkraft

$$F_R = F_{S1} - F_{S2} = F_{S1} \frac{e^{\mu \alpha} - 1}{e^{\mu \alpha}}$$

ist das erforderliche Drehmoment des Windenmotors

$$M_{erf} = r \cdot F_{S1} \frac{e^{\mu \alpha} - 1}{e^{\mu \alpha}}$$

Die Werte für $e^{\mu \alpha}$ können aus Bild 02.22 entnommen werden.

Statik starrer Körper. Dynamik

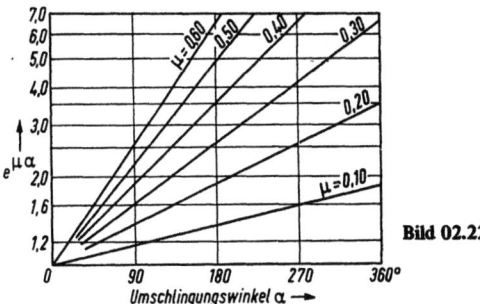

Bild 02.22

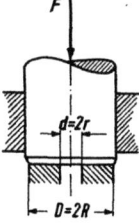

Bild 02.24

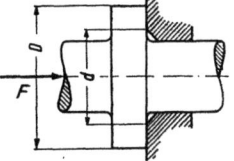

Bild 02.25

Lagerreibung

Traglager (Bild 02.23)

Durch das Eigengewicht entsteht in der unteren Lagerschale eine der Bewegung der Welle entgegenwirkende Reibungskraft $G \cdot \mu$. Diese Kraft bildet mit dem Hebelarm $\frac{d}{2}$ das bremsende Moment

$$M = G \cdot \mu \cdot \frac{d}{2}$$

Bild 02.23

Wird die Welle durch eine Kurbel mit dem Radius R in Drehung versetzt, so muß die Kurbelkraft F_K mit dem Hebelarm R das Moment M erzeugen.

$$F_K = \frac{M}{R} = \frac{G \cdot \mu \cdot d}{2R}$$

Sitzt die Kurbel in der unmittelbaren Nähe des Lagers, dann wird dieses außer durch G auch noch durch F_K belastet. Beim Niederdrücken der Kurbel addiert sich F_K zu G, beim Hochdrücken wird G um F_K verringert.
Bei waagerechter Kurbelstellung ergibt sich

$$F_K = \frac{G \cdot \mu \cdot d}{2R \mp \mu \cdot d}$$

Minuszeichen: Kurbel abwärts, Pluszeichen: Kurbel aufwärts. Liegt das betrachtete Lager nicht in der Nähe der Kurbel, dann wird auf alle Fälle irgend ein anderes Lager durch die Kurbelkraft zusätzlich be- oder entlastet.
Hat die Kurbelkraft F_K nicht nur die durch F_K und das Gewicht der Triebwerksteile G hervorgerufene Reibung zu überwinden, sondern auch ein Nutzmoment M_n an die Welle abzugeben, dann wird

$$F_K = \frac{G \cdot \mu \cdot d + 2 \cdot M_n}{2 \cdot R \mp \mu d}$$

Ist $F_K > G$, dann liegt die Welle beim Hochgang der Kurbel an der oberen Lagerschale an, und es gilt für den Fall „Kurbel aufwärts"

$$F_K = \frac{2 \cdot M_n - G \cdot \mu \cdot d}{2 \cdot R - \mu \cdot d}$$

Spurzapfenlager (Bild 02.24)

Der Zapfendruck steigt von außen zur Mitte an; für $r = 0$ wäre der Flächendruck $p = \infty$! Durch die Bohrung d wird dieses vermieden.

Reibungsmoment $M = \frac{2}{3} \mu \cdot F \frac{R^3 - r^3}{R^2 - r^2}$

(ohne Reibung im zylindrischen Teil).

Scheibendrucklager (Bild 02.25)

Für d nicht viel kleiner als D gilt

$$M \approx \mu \cdot F \frac{(D + d)}{4}$$

(ohne Reibung im zylindrischen Teil).
Für $d \ll D$ gilt die Formel des Spurzapfenlagers.

02.3 Dynamik

02.3.1 Die geradlinige Bewegung

Gleichförmige Bewegung

Bei der *gleichförmigen Bewegung* werden in gleichen Zeiträumen gleiche Wegstrecken zurückgelegt.
Geschwindigkeit

$$v = \frac{\Delta s}{\Delta t}$$

Einheit der Geschwindigkeit: $1 \frac{m}{s}$

Andere Geschwindigkeitseinheiten:

$$1 \frac{km}{h} = \frac{1}{3,6} \frac{m}{s} ; 1 \, kn = 1 \frac{sm}{h} = \frac{1852}{3600} \frac{m}{s} = 0,514 \frac{m}{s}$$

Weg-Zeit-Gesetz

$$s = v \cdot t$$

Im *Weg-Zeit-Diagramm* ist die Funktion $s = f(t)$ eine Gerade, im *Geschwindigkeit-Zeit-Diagramm* ist $v = f(t)$ eine Parallele zur t-Achse (Bild 02.26).
Liegt der Anfangspunkt der Bewegung nicht im Koordinatenursprung, sondern bei s_0, lautet das Weg-Zeit-Gesetz

$$s = s_0 + v \cdot t$$

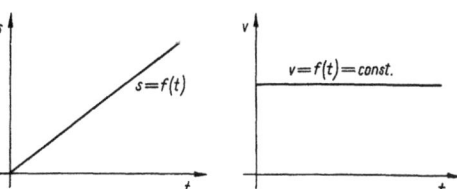

Bild 02.26

Gleichförmig beschleunigte Bewegung

Bei der *gleichförmig beschleunigten (verzögerten)* Bewegung nimmt die Geschwindigkeit stetig zu (ab).

Beschleunigung $\quad a = \dfrac{\Delta v}{\Delta t}$

Einheit der Beschleunigung: $\quad 1\,\dfrac{m}{s^2}$

Start aus der Ruhelage:

Geschwindigkeit-Zeit-Gesetz $\quad v = a \cdot t$

Weg-Zeit-Gesetz $\quad s = \dfrac{v \cdot t}{2}$

mit $v = a \cdot t$ folgt $\quad s = \dfrac{a \cdot t^2}{2}$

mit $t = \dfrac{v}{a}$ folgt $\quad s = \dfrac{v^2}{2 \cdot a}$

Geschwindigkeit-Weg-Gesetz $\quad v = \sqrt{2 \cdot a \cdot s}$

Bei der verzögerten Bewegung ist die Beschleunigung mit negativem Vorzeichen einzusetzen.
Im Weg-Zeit-Diagramm ist die Funktion $s = f(t)$ eine Parabel, im Geschwindigkeit-Zeit-Diagramm ist $v = f(t)$ eine Gerade (Bild 02.27).

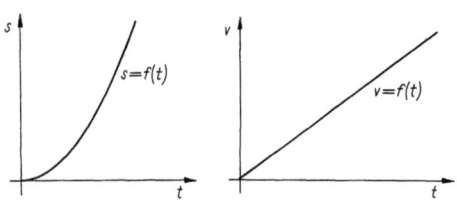

Bild 02.27

Start mit Anfangsgeschwindigkeit v_0:

Geschwindigkeit-Zeit-Gesetz $\quad v = v_0 + a \cdot t$

Weg-Zeit-Gesetz $\quad s = v_0 t + \dfrac{a \cdot t^2}{2}$

$\quad s = \dfrac{v_0 + v}{2} t$

Geschwindigkeit-Weg-Gesetz $\quad v = \sqrt{v_0^2 + 2 \cdot a \cdot s}$

Sonderfall für Start aus der Ruhelage: Der *freie Fall*
Fallhöhe

$$h = \dfrac{g}{2} t^2 = \dfrac{v^2}{2g}$$

Fallzeit

$$t = \sqrt{\dfrac{2h}{g}}$$

g Fallbeschleunigung (Erdbeschleunigung) = 9,81 m/s²

Fallgeschwindigkeit

$$v = \sqrt{2g \cdot h} = g \cdot t$$

Ungleichförmig beschleunigte Bewegung

Bei der *ungleichförmig beschleunigten Bewegung* ist die Geschwindigkeitsänderung in der Zeiteinheit nicht konstant. Es gelten folgende Formeln:

$$v = \dfrac{ds}{dt}; \qquad a = \dfrac{dv}{dt} = \dfrac{d^2 s}{dt^2};$$

$$v = \int a \cdot dt; \qquad s = \int v \cdot dt$$

Für die *mittlere* Geschwindigkeit zwischen zwei Zeitpunkten erhält man

$$v_m = \dfrac{\displaystyle\int_{t_1}^{t_2} v \cdot dt}{t_2 - t_1}$$

02.3.2 Kreisförmige Bewegung

Gleichförmige Drehbewegung

Bei der *gleichförmigen Drehbewegung* werden von einem Punkt auf einer Kreisbahn mit dem Radius r (Durchmesser $d = 2 \cdot r$) in gleichen Zeiträumen gleiche Winkel überstrichen.

Drehzahl f mit der Einheit $\dfrac{1}{s}$ (In der Technik wird für die Drehzahl i.a. der Buchstabe n und die Einheit $\dfrac{1}{min}$ verwendet.)

Umlaufzeit für eine Umdrehung $\quad T = \dfrac{1}{f}$

Umfangsgeschwindigkeit $\quad v_u = \pi \cdot d \cdot f$

Winkelgeschwindigkeit $\quad \omega = \dfrac{\Delta \varphi}{\Delta t}$

$\quad \omega = 2\pi f$

damit wird $\quad T = \dfrac{2\pi}{\omega}$

$\quad v_u = r \cdot \omega$

Gleichförmig beschleunigte Drehbewegung

Bei der *gleichförmig beschleunigten (verzögerten) Drehbewegung* nimmt die Winkelgeschwindigkeit stetig zu (ab).

Winkelbeschleunigung $\quad \alpha = \dfrac{\omega - \omega_0}{\Delta t}$

Winkelgeschwindigkeit $\quad \omega = \omega_0 + \alpha \cdot t$

überstrichener Winkel $\quad \varphi = \omega_0 \cdot t + \tfrac{1}{2}\alpha \cdot t^2$

Umfangs- oder
Tangentialbeschleunigung $\quad a_t = r \cdot \alpha$

Radial- oder
Zentrifugalbeschleunigung $\quad a_r = m \cdot r \cdot \omega^2$

Ungleichförmig beschleunigte Drehbewegung

Bei der *ungleichförmig beschleunigten Drehbewegung* sind Winkelgeschwindigkeit und Winkelbe-

Dynamik

schleunigung in der Zeiteinheit nicht konstant. Es gelten die Formeln

$$\omega = \frac{d\varphi}{dt} = \dot\varphi \qquad \alpha = \frac{d\omega}{dt} = \frac{d^2\varphi}{dt^2} = \ddot\varphi$$

$$\varphi = \int \omega\, dt \qquad \omega = \int \alpha\, dt$$

Beispiel: Schubkurbeltrieb (Bild 02.28)
Es ist Kolbenweg

$$s = R + L - R \cdot \cos\varphi - L \cdot \cos\beta =$$
$$= R(1 - \cos\varphi) + L(1 - \cos\beta)$$

Mit

$$\frac{\sin\beta}{\sin\varphi} = \frac{R}{L} \qquad \sin\beta = \frac{R \cdot \sin\varphi}{L}$$

und

$$\cos\beta = \sqrt{1 - \sin^2\beta} \qquad \textbf{Bild 02.28}$$

erhält man

$$\cos\beta = \sqrt{1 - \frac{R^2 \cdot \sin^2\varphi}{L^2}} \approx 1 - \frac{1}{2}\frac{R^2}{L^2} \cdot \sin^2\varphi$$

Damit wird der Kolbenweg

$$s = R(1 - \cos\varphi) + L\left(1 - 1 + \frac{1}{2}\frac{R^2}{L^2} \cdot \sin^2\varphi\right)$$

$$s = R\left(\frac{1}{2} \cdot \frac{R}{L} \sin^2\varphi + 1 - \cos\varphi\right)$$

Kolbengeschwindigkeit $v_K = \frac{ds}{dt}$. Wegen $s = f(\varphi)$ erhält man

$$v_K = \frac{ds}{d\varphi} \cdot \frac{d\varphi}{dt} \qquad \text{und} \qquad \omega = \frac{d\varphi}{dt}$$

$$v_K = R \cdot \omega \left(\frac{R}{2L} \sin 2\varphi + \sin\varphi\right)$$

oder, da $R \cdot \omega = v$ = Kurbelgeschwindigkeit

$$v_K = v\left(\frac{R}{2L} \sin 2\varphi + \sin\varphi\right)$$

Kolbenbeschleunigung

$$a_K = \frac{dv_K}{dt} = \frac{dv_K}{d\varphi} \cdot \frac{d\varphi}{dt} = \omega \frac{dv_K}{d\varphi}$$

$$v_K = R \cdot \omega^2 \left(\frac{R}{L} \cos 2\varphi + \cos\varphi\right)$$

Maximalgeschwindigkeit bei:

$$a_K = \frac{dv_K}{d\varphi} = 0 \qquad \frac{R}{L} \cdot \cos 2\varphi + \cos\varphi = 0$$

Nach einigen Umformungen ergibt sich

$$\cos\varphi = -\frac{L}{4R} + \sqrt{\frac{L^2}{16R^2} + \frac{1}{2}}$$

Für ein Verhältnis $\frac{R}{L} = \frac{1}{5}$ erhält man

$$\cos\varphi = -\frac{L}{4R} + \sqrt{\frac{L^2}{16R^2} + \frac{1}{2}} = -\frac{5}{4} + \sqrt{\frac{25}{16} + \frac{1}{2}} =$$
$$= 0{,}186$$
$$\varphi = 79°16'$$

$$v_{K\max} = v\left[\frac{1}{10} \sin 158°32' + \sin 79°16'\right] = 1{,}02\,v$$

Mit der mittleren Kolbengeschwindigkeit $v_m = \frac{2Rn}{30}$ erhält man

$$v = \frac{\pi}{2} v_m \qquad \text{oder} \qquad v_{K\max} = 1{,}6\, v_m$$

02.3.3 Dynamisches Grundgesetz der geradlinigen Bewegung

Wird ein Körper auf einer geradlinigen Bahn beschleunigt, ist die dafür erforderliche Kraft

$$F = m \cdot a$$

m Masse des Körpers

Entsprechend ergibt sich für die Gewichtskraft

$$F_G = m \cdot g$$

g Fallbeschleunigung, $g = 9{,}81\,\frac{m}{s^2}$

Die *Fallbeschleunigung* ändert sich mit dem Ort und mit der Entfernung von der Erde. Das Gewicht ist daher keine konstante Größe, die Masse aber ist unveränderlich.
Jeder Körper versucht in dem Bewegungszustand zu bleiben, in dem er sich befindet. Einer Bewegungsänderung setzt er eine *Trägheitskraft* entgegen. Sie ist der Beschleunigung entgegengesetzt

$$F = -m \cdot a$$

02.3.4 Arbeit, Energie, Leistung, Impuls bei der geradlinigen Bewegung

Mechanische Arbeit ist das Produkt aus der in der Wegrichtung wirkenden Kraft und der zurückgelegten Wegstrecke

$$W = F \cdot s$$

Bei veränderlicher Kraft gilt

$$W = \int_{s_1}^{s_2} F(s)\, ds$$

Einheit der Arbeit: $1\,\text{Nm} = 1\,\text{J} = 1\,\text{Ws}$
Hubarbeit

$$W = m \cdot g \cdot h = F_G \cdot h = F_G \cdot (h_2 - h_1)$$

Reibungsarbeit

$$W = \mu \cdot F_G \cdot s = \mu \cdot F_G \cdot (s_2 - s_1)$$

Beschleunigungsarbeit

$$W = \frac{m \cdot v^2}{2}$$

Federspannarbeit

$$W = \tfrac{1}{2} \cdot F \cdot s = \tfrac{1}{2} \cdot c \cdot s^2$$

da die Federspannkraft $F = c \cdot s$

c Federkonstante, s Federweg

Energie ist die Fähigkeit, Arbeit zu verrichten. Die Energie hat die Maßeinheit der Arbeit.

Potentielle Energie $\qquad E_p = F_G \cdot h$
Kinetische Energie $\qquad E_k = \tfrac{1}{2} \cdot m \cdot v^2$
Energie der gespannten Feder $\qquad E_F = \tfrac{1}{2} \cdot c \cdot s^2$

Energiesatz: In einem reibungsfreien System ist die Summe von potentieller und kinetischer Energie konstant.

$$E_{p1} + E_{k1} = E_{p2} + E_{k2}$$

Bei Reibung wird dem System Energie in Form von Wärme entzogen. Die Wärmemenge stellt ebenfalls eine Energieform dar.

Mechanisches Wärmeäquivalent:

1 J = 1 Ws = 1 Nm = 0,2388 cal

Die *mittlere Leistung* ist der Quotient aus der Arbeit und der Zeit, in der diese verrichtet wurde

$$P = \frac{\Delta W}{\Delta t}$$

Einheit der Leistung: $1\text{ W} = 1\frac{\text{Nm}}{\text{s}} = 1\frac{\text{J}}{\text{s}}$

Die *Momentanleistung* ist definiert als

$$P = \frac{dW}{dt}$$

Mit $W = \int F \cdot ds$; $dW = F \cdot ds$ erhält man

$$P = F \cdot v$$

Das Verhältnis der abgegebenen Leistung zur zugeführten Leistung heißt *mechanischer Wirkungsgrad*.

$$\eta = \frac{P_a}{P_z}$$

Bei Antriebsmaschinen (Dampf- und Verbrennungskraftmaschinen) ist der mechanische Wirkungsgrad definiert als

$$\eta_m = \frac{P_e}{P_i}$$

P_e effektive Leistung an der Welle
P_i indizierte Leistung

Die Differenz zwischen aufgenommener und abgegebener Leistung, die *Reibungsleistung* P_r, geht in Form von Wärme verloren. Werden die Einzelwirkungsgrade mehrerer hintereinander geschalteter Übertragungsglieder zusammengefaßt, so sind die Einzelwirkungsgrade miteinander zu multiplizieren.

$$\eta_{ges} = \eta_1 \cdot \eta_2 \cdot \eta_3 \cdot \eta_4 \ldots$$

Durch Umformen des dynamischen Grundgesetzes ergibt sich der *Impulssatz:*

$$F = m \cdot a = m \cdot \frac{dv}{dt} \Rightarrow F \cdot dt = m \cdot dv;$$

$$\int_{t_1}^{t_2} F \cdot dt = \int_{v_1}^{v_2} m \cdot dv; \quad \int_{t_1}^{t_2} F \cdot dt = m \cdot (v_2 - v_1)$$

Der Antrieb einer beschleunigenden Kraft in der Zeit Δt ist gleich der Änderung der Bewegungsgröße des Körpers in der gleichen Zeit.
Für konstante Kraft lautet der Impulssatz

$$F \cdot (t_2 - t_1) = m \cdot (v_2 - v_1)$$

02.3.5 Dynamisches Grundgesetz der kreisförmigen Bewegung

Nach dem dynamischen Grundgesetz $F = m \cdot a$ wird ein Massenteilchen dm auf kreisförmiger Bahn mit der Tangentialbeschleunigung $a_t = r \cdot \alpha$ durch die Tangentialkraft $dF_t = dm \cdot r \cdot \alpha$ beschleunigt. Damit ergibt sich das *Teildrehmoment* des Massenteilchens zu

$$dM = dF_t \cdot r = dm \cdot r^2 \cdot \alpha$$

und das *Gesamtdrehmoment* der gesamten Masse zu

$$M = \int r^2 \cdot \alpha \cdot dm$$

Da die Winkelbeschleunigung α für alle Teilchen gleich groß ist, kann geschrieben werden

$$M = \alpha \cdot \int r^2 \cdot dm$$

Es wird definiert *Massenträgheitsmoment*

$$J = \int r^2 \cdot dm$$

Dann lautet das *dynamische Grundgesetz der kreisförmigen Bewegung*

$$M = J \cdot \alpha$$

Das beschleunigende Drehmoment um eine Drehachse ist gleich dem Produkt aus dem Massenträgheitsmoment bezogen auf die gleiche Achse und der Winkelbeschleunigung.
Für geometrisch einfache Formen kann das Massenträgheitsmoment berechnet werden, für komplizierte Körper erfolgt die Bestimmung experimentell. Trägheitsmomente geometrisch einfacher Körper kg m² wenn d m und m kg:

Zylinder $\quad J = \dfrac{m \cdot d^2}{8}$

Hohlzylinder $\quad J = \dfrac{m}{8}(d_a^2 + d_i^2)$

Zylindrischer Ring $\quad J = \dfrac{m}{4}\left(D^2 + \dfrac{3d^2}{4}\right)$

Kugel $\quad J = 0,1\, m \cdot d^2$

Diese Trägheitsmomente gelten für eine Drehachse durch den Schwerpunkt der Körper. Nach dem *Steinerschen Satz* kann das Massenträgheitsmoment auf eine beliebig parallel zur Schwerachse liegende Achse bezogen werden:

$$J = J_s + m \cdot e^2$$

e Abstand der beiden Achsen

Trägheitsradius des Körpers

$$i = \sqrt{\frac{J}{m}}$$

Damit wird $J = m \cdot i^2$.
Reduzierung der Masse m eines Körpers auf einen Punkt im Abstand r von der Drehachse

$$m_{red} = \frac{J}{r^2} = \frac{m \cdot i^2}{r^2}$$

02.3.6 Arbeit, Energie, Leistung, Impulsmoment bei der kreisförmigen Bewegung

Rotationsarbeit
$$W = \int_{\varphi_1}^{\varphi_2} M \cdot d\varphi$$

Für konstantes Drehmoment $W = M \cdot (\varphi_2 - \varphi_1)$

Verlustarbeit (Reibungsarbeit) im Traglager
$$W = M_R \cdot (\varphi_2 - \varphi_1)$$
$$= G \cdot \mu \cdot \frac{d}{2} \cdot (\varphi_2 - \varphi_1)$$

d Lagerdurchmesser

Beschleunigungsarbeit $W = \frac{1}{2} \cdot J \cdot (\omega_2^2 - \omega_1^2)$

Kinetische Energie $E_k = \frac{1}{2} \cdot J \cdot \omega^2$

Rotationsleistung $P = M \cdot \omega$

Impulsmoment (Drehimpuls) $L = \int r \cdot v \cdot dm$

Impulsmomentensatz
$$\frac{dL}{dt} = \int r \cdot \frac{dv}{dt} \cdot dm = M$$

Die Ableitung des Impulsmomentes nach der Zeit ist gleich dem Drehmoment.

02.4 Mechanische Schwingungen

02.4.1 Harmonische Schwingungen

Harmonische Schwingungen sind sinusförmige Schwingungen. Bezeichnungen (Bild 02.29):

Frequenz f; Einheit $1 \text{ s}^{-1} = 1$ Hertz (Hz)
Anzahl der Schwingungen je Zeiteinheit. Jede Schwingung besteht aus einem Hin- und Hergang.

Schwingungszeit $T = \frac{1}{f}$; Einheit 1 s. Zeitdauer für Hin- und Hergang.

Elongation y, Entfernung des schwingenden Körpers von der Ruhelage zur Zeit t.

Amplitude y_{max}; größte Entfernung aus der Ruhelage.

Kreisfrequenz $= 2\pi f$; Einheit 1 s^{-1}, Winkelgeschwindigkeit des rotierenden Punktes.

Phasenwinkel $\varphi = \omega t + \varphi_0$; Einheit Bogenmaß; Winkel, den der Punkt in der Zeit t durchlaufen hat.
$\varphi_0 = $ *Nullphasenwinkel*.

Elongation der harmonischen Schwingung:
$$y = y_{max} \cdot \sin(\omega \cdot t + \varphi_0)$$

Legt man den Beginn der Zeitzählung in den Punkt $\varphi_0 = 0$, so erhält man
$$y = y_{max} \cdot \sin \omega \cdot t$$

Geschwindigkeit des schwingenden Punktes *beim Durchgang durch die Mittellage*
$$v_{max} = y_{max} \cdot \omega$$

Für einen beliebigen Zeitpunkt ergibt sich die Geschwindigkeit zu
$$v = y_{max} \cdot \omega \cdot \sin\left(\omega \cdot t + \frac{\pi}{2}\right)$$

d.h., die Geschwindigkeit eilt der Elongation um eine viertel Schwingung voraus.

Beschleunigung des schwingenden Punktes *in den Endlagen*
$$a_{max} = y_{max} \cdot \omega^2$$

Für einen beliebigen Zeitpunkt ergibt sich die Beschleunigung zu
$$a = y_{max} \cdot \omega^2 \cdot \sin(\omega \cdot t + \pi)$$

d.h., die Beschleunigung eilt der Elongation um eine halbe Schwingung voraus.

Nach dem dynamischen Grundgesetz ist die *Beschleunigungskraft*
$$F = m \cdot a = m \cdot y_{max} \cdot \omega^2 \cdot \sin(\omega \cdot t + \pi)$$
$$= -m \cdot \omega^2 \cdot y_{max} \cdot \sin \omega \cdot t$$
$$= -m \cdot \omega^2 \cdot y$$

d.h., es entsteht eine zur Ruhelage hin gerichtete Kraft.

02.4.2 Ungedämpfte erzwungene Schwingungen

Wird ein System durch eine harmonisch wechselnde Kraft erregt, so führt es harmonische Schwingungen aus.

Erregende Kraft des Systems
$$F_{err} = F_0 \cdot \sin \omega \cdot t$$

Elastische Kraft des Systems
$$F_{el} = -c \cdot y_{max} \cdot \sin \omega \cdot t$$

c Federkonstante des Systems N/m

Trägheitskraft des Systems = negative Beschleunigungskraft. Kräftegleichgewicht ergibt
$$m \cdot \omega^2 \cdot y_{max} \cdot \sin \omega \cdot t - c \cdot y_{max} \cdot \sin \omega \cdot t + F_0 \cdot \sin \omega \cdot t = 0$$

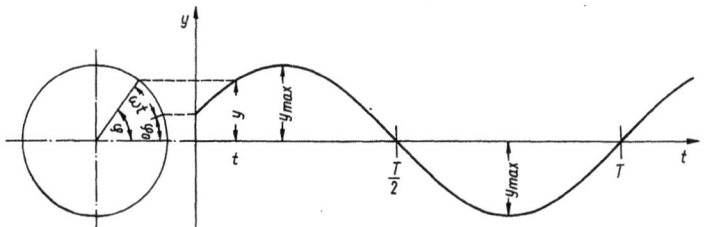

Bild 02.29

Dann ist die Amplitude

$$y_{max} = \frac{F_0}{c - m \cdot \omega^2}$$

Für $m \cdot \omega^2 < c$ nimmt y_{max} mit wachsendem ω zu.
Wird $c = m \cdot \omega^2$, so ist $y_{max} = \infty$, *Resonanzfall*.
Für $m \cdot \omega^2 > c$ nimmt y_{max} mit wachsendem ω ab.
Aus dem Resonanzfall $c = m \cdot \omega^2$ ergibt sich die Eigenfrequenz des Systems zu

$$\omega_0 = \sqrt{\frac{c}{m}}\ s^{-1}$$

Kritische Drehzahl:

$$\omega_0 = 2\pi f \quad f = \frac{n}{60}$$

$$n_{krit} = \frac{60}{2\pi} \sqrt{\frac{c}{m}}\ min^{-1}$$

Beispiel: Trägerbeanspruchung infolge Motorschwingung
Trägerlänge $l = 900$ mm; Trägerprofil $\llbracket$ 240; Gewicht des Motors einschließlich Träger $F_G = 2454$ N; Motordrehzahl $n = 3000\ min^{-1}$; Fliehkraft infolge Unwucht bei $3000\ min^{-1}$ $F_0 = 100$ N.
Federkonstante für Träger auf zwei Stützen mit mittiger Einzellast

$$c = \frac{\text{Belastung}}{\text{Durchbiegung}} = \frac{F_G}{F_G \cdot l^3/48 \cdot E \cdot I} = \frac{48 \cdot E \cdot I}{l^3} =$$

$$= \frac{48 \cdot 2{,}1 \cdot 10^5\ N/mm^2 \cdot 248 \cdot 10^4\ mm^4}{(900\ mm)^3} =$$

$$= 3{,}43 \cdot 10^4\ \frac{N}{mm} = 3{,}43 \cdot 10^7\ \frac{N}{m}$$

Masse

$$m = \frac{F_G}{g} = \frac{2454\ N}{9{,}81\ m/s^2} = 250{,}2\ kg$$

Kritische Drehzahl

$$n_{krit} = \frac{30}{\pi}\sqrt{\frac{c}{m}} = \frac{30}{\pi}\sqrt{\frac{3{,}43 \cdot 10^7\ N/m}{250{,}2\ kg}} = 3535\ min^{-1}$$

Amplitude:
Mit $\omega = 2 \cdot \pi \cdot f = 2 \cdot \pi \cdot \frac{3000}{min} \cdot \frac{1\ min}{60\ s} = 314\ \frac{1}{s}$ wird

$$y_{max} = \frac{F_0}{c - m \cdot \omega^2} = \frac{100\ N}{3{,}43 \cdot 10^7\ N/m - 250{,}2\ kg \cdot (314\ \frac{1}{s})^2} =$$

$$= 1{,}04 \cdot 10^{-5}\ m = 0{,}01\ mm$$

Die Durchbiegung infolge der Schwingungsbeanspruchung ist so gering, daß sich eine Nachrechnung erübrigt.
Wird die Trägerlänge auf 1000 mm und dadurch das Gewicht auf $F_G = 2486{,}6$ N erhöht, ergeben sich folgende Werte:

$$c = \frac{48 \cdot E \cdot I}{l^3} = \frac{48 \cdot 2{,}1 \cdot 10^5\ N/mm^2 \cdot 248 \cdot 10^4\ mm^4}{(1000\ mm)^3} =$$

$$= 2{,}5 \cdot 10^4\ \frac{N}{mm} = 2{,}5 \cdot 10^7\ \frac{N}{m}$$

$$m = \frac{F_G}{g} = \frac{2486{,}6\ N}{9{,}81\ m/s^2} = 253{,}4\ kg$$

$$n_{krit} = \frac{30}{\pi}\sqrt{\frac{c}{m}} = \frac{30}{\pi}\sqrt{\frac{2{,}5 \cdot 10^7\ N/m}{253{,}4\ kg}} = 2999\ min^{-1}$$

$$y_{max} = \frac{F_0}{c - m \cdot \omega^2} = \frac{100\ N}{2{,}5 \cdot 10^7\ N/m - 253{,}4\ kg \cdot (314\ \frac{1}{s})^2} =$$

$$= 6{,}3 \cdot 10^{-5}\ m = 6{,}3\ mm$$

Maximales Biegemoment für Träger auf zwei Stützen mit mittiger Einzellast

$$M_b = W \cdot \sigma_b = \frac{F \cdot l}{4}$$

Mit $W = \frac{I}{e}$ und $y_{max} = \frac{F \cdot l^3}{48 \cdot E \cdot I}$ erhält man

$$\sigma_b = \frac{12 \cdot e \cdot E \cdot y_{max}}{l^2} =$$

$$= \frac{12 \cdot 62{,}6\ mm \cdot 2{,}1 \cdot 10^5\ N/mm^2 \cdot 6{,}3\ mm}{(1000\ mm)^2} =$$

$$= 994\ \frac{N}{mm^2}$$

Die Eigenfrequenz ist praktisch gleich der Drehzahl. Diese Beanspruchung führt zur Zerstörung des Bauteils.

02.4.3 Gedämpfte erzwungene Schwingungen

Wirkt der Schwingungsbewegung ein Widerstand entgegen, so liegt eine *gedämpfte* Schwingung vor. Die *Dämpfungskraft* beträgt $F_D = k\,\omega\,y_{max} \cos \omega t$, wobei k den Dämpfungswiderstand $\frac{kg}{s}$ angibt. Die Lösung des Kräftegleichgewichts ergibt

$$y_{max} = \frac{F_0}{\sqrt{(k \cdot \omega)^2 + (c - m \cdot \omega^2)^2}}$$

Im Resonanzfall wird $c = m \cdot \omega^2$ und
$\sqrt{(k \cdot \omega)^2 + (c - m \cdot \omega^2)^2} = k \cdot \omega$

$$y_{max} = \frac{F_0}{k \cdot \omega}$$

Zwischen der erregenden Kraft F_0 und der Elongation besteht die Phasenverschiebung

$$\tan \delta = \frac{k \cdot \omega}{c - m \cdot \omega^2}$$

Die gedämpfte Schwingung bleibt gegen die Erregung um δ zurück.

Beispiel: Der Träger des vorhergehenden Beispiels werde durch eine Kraft $F_0 = 1$ MN periodisch auf und ab bewegt. Der Dämpfungswiderstand wird geschätzt auf $k = 1962\ \frac{kg}{s}$.

a) Amplitude bei Resonanz

$$\omega_{res} = \sqrt{\frac{c}{m}} = \sqrt{\frac{3{,}43 \cdot 10^7\ N/m}{250{,}2\ kg}} = 370{,}3\ \frac{1}{s}$$

$$y_{max} = \frac{F_0}{k \cdot \omega_{res}} = \frac{1000\ N}{1962\ \frac{kg}{s} \cdot 370{,}3\ \frac{1}{s}} =$$

$$= 1{,}38 \cdot 10^{-3}\ m = 1{,}38\ mm$$

b) Amplitude bei Frequenz 5 % unter Resonanzfrequenz

$$\omega = 0{,}95 \cdot \omega_{res} = 350\ \frac{1}{s}$$

$$y_{max} = \frac{F_0}{\sqrt{(k \cdot \omega)^2 + (c - m \cdot \omega^2)^2}} =$$

$$= \frac{1000\ N}{\sqrt{(1962\ \frac{kg}{s} \cdot 350\ \frac{1}{s})^2 + [3{,}43 \cdot 10^7\ \frac{N}{m} - 250{,}2\ kg \cdot (350\ \frac{1}{s})^2]^2}}$$

$$= 2{,}7 \cdot 10^{-4}\ m = 0{,}27\ mm$$

Mechanische Schwingungen. Hydromechanik

c) Phasenverschiebung

$$\underline{\delta} = \arctan \frac{k \cdot \omega}{c - m \cdot \omega^2} =$$

$$= \arctan \frac{1962 \frac{\text{kg}}{\text{s}} \cdot 350 \frac{1}{\text{s}}}{3{,}43 \cdot 10^7 \frac{\text{N}}{\text{m}} - 250{,}2 \text{ kg} \cdot (350 \frac{1}{\text{s}})^2} = 10{,}7^0$$

02.5 Hydromechanik

02.5.1 Hydrostatik

Druck und Druckausbreitung

Druck ist der Quotient aus Kraft und der zur Kraftrichtung senkrecht liegenden Fläche:

$$p = \frac{F}{A}$$

Einheit des Druckes:

$$1 \text{ Pascal} = 1 \text{ Pa} = 1 \frac{\text{N}}{\text{m}^2}$$

$$1 \text{ Bar} = 1 \text{ bar} = 10^5 \text{ Pa} = 10^5 \frac{\text{N}}{\text{m}^2}$$

Der Druck im Innern einer Flüssigkeit setzt sich aus dem *Schweredruck* und einem möglichen zusätzlichen Druck zusammen.
Der Schweredruck (*hydrostatischer* Druck) einer Flüssigkeit hängt nur von der Füllhöhe ab.

$$p = \rho \cdot g \cdot h$$

ρ Dichte der Flüssigkeit
h Füll- oder Niveauhöhe

Der Bodendruck ist daher nicht von der Gefäßform abhängig (hydrostatisches Paradoxon).
Der Seitendruck nimmt von der Flüssigkeitsoberfläche nach unten gleichmäßig zu.

Seitendruck

$$p_S = \rho \cdot g \cdot h_S$$

h_S Flüssigkeitshöhe über dem betrachteten Punkt

Seitendruckkraft

$$F_S = \rho \cdot g \cdot A \cdot a_S$$

A betrachtete Fläche
a_S Schwerpunktabstand der Fläche von der Flüssigkeitsoberfläche

Die Seitendruckkraft greift im *Druckmittelpunkt* an, der unter dem Flächenschwerpunkt liegt, da die wirkende Kraft auf ein Teilflächenstück unten größer und oben kleiner als der Mittelwert ist.

Druckmittelpunkt

$$h_D = a_s + \frac{I_{As}}{A \cdot a_s}$$

I_{As} Trägheitsmoment der betrachteten Fläche, bezogen auf ihren Schwerpunkt

Als Sonderfall für eine Seitenfläche bis zur Flüssigkeitsoberfläche (Schiffswand) ergibt sich

$$h_D = \frac{2}{3} \cdot h$$

h Abstand Unterkante Fläche bis Flüssigkeitsoberfläche

Der Druck breitet sich in einer Flüssigkeit allseitig in gleicher Stärke aus. Läßt man auf eine Flüssigkeit einen Kolbendruck einwirken, so wird durch die Flüssigkeit der Druck übertragen und kann z.B. einen anderen Kolben antreiben. Anwendung: *Hydraulische Presse*. Es ist

$$\frac{F_1}{A_1} = \frac{F_2}{A_2} \quad \text{oder} \quad F_2 = \frac{F_1 \cdot A_2}{A_1} = F_1 \cdot \frac{d_2^2}{d_1^2}$$

F_1, F_2 Kolbenkräfte
A_1, A_2 Kolbenflächen

Die Kolbenkräfte verhalten sich wie die Kolbenflächen. Die Arbeitsbeträge beider Kolben sind gleich:

$$F_1 \cdot s_1 = F_2 \cdot s_2$$

Auftrieb

Taucht ein Körper in eine Flüssigkeit ein, so ist der Auftrieb gleich dem Gewicht des verdrängten Flüssigkeitsvolumens:

$$F_A = V \cdot \rho \cdot g$$

Der Auftrieb wirkt senkrecht nach oben und greift im Formschwerpunkt des verdrängten Volumens an. Je nach Eigengewicht werden drei Fälle unterschieden:

1. $G > F_A$: Der Körper sinkt mit $G' = G - F_A$ unter.
2. $G = F_A$: Der Körper schwimmt (bei teilweisem Eintauchen) oder schwebt (bei vollem Eintauchen) in der Flüssigkeit.
3. $G < F_A$: Der Körper steigt nach oben.

02.5.2 Hydrodynamik

Durchfluß

Die Durchflußmenge ist an allen Stellen einer Leitung konstant. Es ist

$$\dot{V} = A \cdot v$$

A Querschnitt m²
v Strömungsgeschwindigkeit m/s

Daraus ergibt sich die *Kontinuitätsgleichung* (Stetigkeitsgleichung):

$$A_1 \cdot v_1 = A_2 \cdot v_2$$

Ausfluß

In einem Gefäß befinde sich eine Flüssigkeitsmenge mit der konstanten Füllhöhe h über einer Ausflußöffnung. Die kinetische Energie des ausströmenden Wassers ist dann gleich der potentiellen Energie:

$$\frac{m}{2}v^2 = m \cdot g \cdot h$$

Daraus folgt das *Torricellische Ausflußgesetz*

$$v = \sqrt{2gh}$$

Diese ideelle Geschwindigkeit wird jedoch nur bei gut abgerundeten Düsen fast erreicht. Bei allen anderen Öffnungsformen *Strahleinschnürung*. Die Ausflußgeschwindigkeit ist dann

$$v = \mu\sqrt{2g \cdot h} \qquad \mu = 0{,}5 \ldots 0{,}99$$

Bernoullische Gleichung

Die Gesamtenergie einer strömenden Flüssigkeit ist an jeder Stelle einer Leitung konstant.

$$p_1 \cdot V + \rho \cdot g \cdot h_1 \cdot V + \frac{\rho}{2} \cdot v_1^2 \cdot V =$$
$$= p_2 \cdot V + \rho \cdot g \cdot h_2 \cdot V + \frac{\rho}{2} \cdot v_2^2 \cdot V$$

Division durch das Volumen V ergibt die *Bernoullische Druckgleichung*

$$p_1 + \rho \cdot g \cdot h_1 + \frac{\rho}{2} \cdot v_1^2 = p_2 + \rho \cdot g \cdot h_2 + \frac{\rho}{2} \cdot v_2^2$$

$\rho \cdot p$ hydrostatischer Druck
$\rho \cdot g \cdot h$ potentieller Druck
$\frac{\rho}{2}v^2$ dynamischer Druck (Staudruck)

Division durch $\rho \cdot g$ ergibt die Bernoullische Druckhöhengleichung

$$\frac{p_1}{\rho \cdot g} + h_1 + \frac{v_1^2}{2 \cdot g} = \frac{p_2}{\rho \cdot g} + h_2 + \frac{v_2^2}{2 \cdot g}$$

Ist $h_1 = h_2$, kann die Bernoullische Druckgleichung auch geschrieben werden

$$p + \frac{\rho}{2} \cdot v^2 = \text{konst.}$$

Die Summe aus statischem Druck und dynamischem Druck hat innerhalb einer Leitung stets den gleichen Wert.

Anwendung:
Unterdruck in Querschnittsverengungen — Zerstäuber, Wasserstrahlpumpe, Venturirohr, Prandtlsches Staurohr.

02.6 Akustik

02.6.1 Schall

Schallwellen sind Longitudinal-(Längs-)wellen, die sich in elastischen Medien ausbreiten. Die durch die Longitudinalwellen hervorgerufenen *Druckschwankungen* der Luft werden vom Ohr als *Ton* wahrgenommen. Der Ton ist um so höher, je größer die

Tafel 02.1 Schallgeschwindigkeit c_S verschiedener Werkstoffe

Werkstoff	$\frac{c_S}{\text{m/s}}$	Werkstoff	$\frac{c_S}{\text{m/s}}$
Luft bei 0 °C	331,6	Blei	1300
Luft bei 15 °C	340,6	Holz	2500…4500
Wasser bei 25 °C	1417	Stahl	4800…5000
Gummi	54	Glas	5100…5500
Kork	500		

Frequenz der Schallwelle ist. Den Frequenzbereich von ca. 16 Hz bis 20 kHz bezeichnet man als *Hörschall*. Frequenzen unter 16 Hz werden *Infraschall*, Frequenzen über 20kHz *Ultraschall* genannt.
Der Schall breitet sich in festen Körpern, Flüssigkeiten und Gasen unabhängig von der Frequenz mit konstanter *Geschwindigkeit* aus (Tafel 02.1).
Schallwellen werden wie andere Wellen *reflektiert, gebrochen, gebeugt* und *überlagert*. Von einer Fläche zurückgeworfene Wellen bilden das *Echo* (Echolot zur Tiefenbestimmung).
Die *Druckamplitude* wird als *Schalldruck* oder *Schallwechseldruck* Δp bezeichnet. Die Einheit ist N/m², gebräuchlich ist jedoch als Maßeinheit für den Schalldruck das *Mikro-Bar* (1 µbar = 10^{-6} bar). Umrechnung: 1 N/m² = 10 µbar. Die Grenzen der Schallempfindung für das Ohr reichen von $2 \cdot 10^{-4}$ µbar…500 µbar, wobei ein Schalldruck von 200 µbar ungefähr der Schmerzgrenze des Ohres entspricht. Nach dem physiologischen Empfindungsgesetz von *Fechner* ist die *Schallempfindung* proportional dem *Logarithmus des Schalldrucks*. Entsprechend wird als Maß des *Schallpegels* eingeführt

$$\text{Schallpegel } L = 20 \lg \frac{\Delta p}{\Delta p_0}$$

worin der Bezugsschalldruck Δp_0 international festgelegt wurde auf $\Delta p_0 = 2 \cdot 10^{-4}$ µbar. Die Einheit ist dB (Dezi-Bel). Zusammenhang zwischen µbar und dB s. Bild 02.30.
Die Schallempfindung des Ohrs hängt nicht nur vom Schallpegel, sondern auch von der *Frequenz* ab. Deshalb führt man als Maß für die Schallempfindung

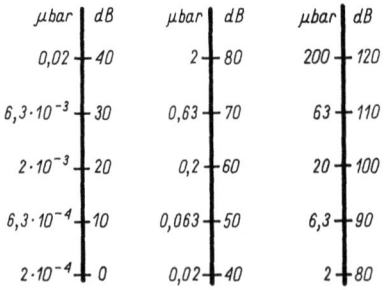

Bild 02.30 Zusammenhang zwischen Schalldruck und Schallpegel

Akustik

Tafel 02.2 Lautstärke verschiedener Geräusche

Geräuschart	Lautstärke phon	Geräuschart	Lautstärke phon
Hörschwelle	0	Schreibmaschine	70
Leises Uhrticken	10	Werkzeugmaschinen	80
Blätterrauschen	20	Druckluftbohrer	90
Ruhige Straße	30	Kesselschmiede	100
Leise Unterhaltung	40	Niethämmer	110
Sprache	50	Flugzeugmotor	120
Straßenlärm	60	Schmerzgrenze	130

die *Lautstärke* ein. Die Einheit ist das *Phon* (phon). Die *Hörschwelle* (Beginn der Schallempfindung) liegt bei 0 phon, die *Schmerzgrenze* bei 130 phon (Tafel 02.2).
Die Lautstärkewerte sind so festgelegt, daß bei einem Ton von 100 Hz die Lautstärke in phon gleich dem Schallpegel in dB ist. Durch *Hörvergleiche* mit Tönen anderer Frequenzen ergeben sich die *Linien gleicher Lautstärke* (Bild 02.31). Aus ihnen ist der Zusammenhang von Frequenz, Lautstärke und Schallpegel ersichtlich. Die Lautstärke wird mit dem *Phonmesser* bestimmt. Die Phonzahl kann direkt abgelesen werden.
Wenn ein Schallerzeuger seine Schallenergie ausschließlich an die umgebende Luft abstrahlt, spricht man von *Luftschall*. Luftschallerzeuger: Sprache, Geige, Lautsprecher. Schall, der sich von der Schallquelle in festen Körpern ausbreitet, bezeichnet man als *Körperschall*. Durch den Körperschall werden umgebende Körper zum Mitschwingen angeregt, damit vergrößert sich die strahlende Fläche und somit auch der abgestrahlte Schalldruck.

02.6.2 Lärm und Lärmbekämpfung

Wird der Schall als unerwünscht, zu laut und daher unangenehm empfunden, nennt man ihn *Lärm*. Jeder Lärm schädigt das Nervensystem und setzt das Arbeitsvermögen herab. Für die Lärmbekämpfung benötigt man die *Schalldämmung* und die *Schallschluckung*.

Schalldämmung: Beim Auftreffen einer Schallwelle auf eine Wand wird ein Teil ihrer Energie an der Wand *reflektiert*, der restliche Teil wandert durch die Wand und wird dabei *gedämpft*. Die Energie der Schallwelle hinter der Wand ist kleiner als die Energie vor der Wand. Als Maß der Schalldämmung gilt die *Differenz der Schallpegel* vor und hinter der Wand:

$$L_1 - L_2 = R + 10 \lg \frac{S}{A}$$

R Schalldämm-Maß der Wand
S Schallschluckung des angrenzenden Raumes
A Wandfläche

Das *Dämm-Maß* ist frequenzabhängig. Es wird durch mehrfache Reflektionen der Schallwellen erhöht. Höhere Frequenzen werden dabei mehr geschwächt als niedrige. Bei Doppelwänden mit Luftzwischenraum sind die Außenseiten glatt, die Innenseiten

Tafel 02.3 Mittleres Dämm-Maß *R* verschiedener Dämmschichtanordnungen

Aufbau der Dämmschicht	$\frac{R}{dB}$
Holzwollematten, 8 cm	50
Strohmatte, 5 cm	38
Luftschicht zwischen zwei Schichten	6...12

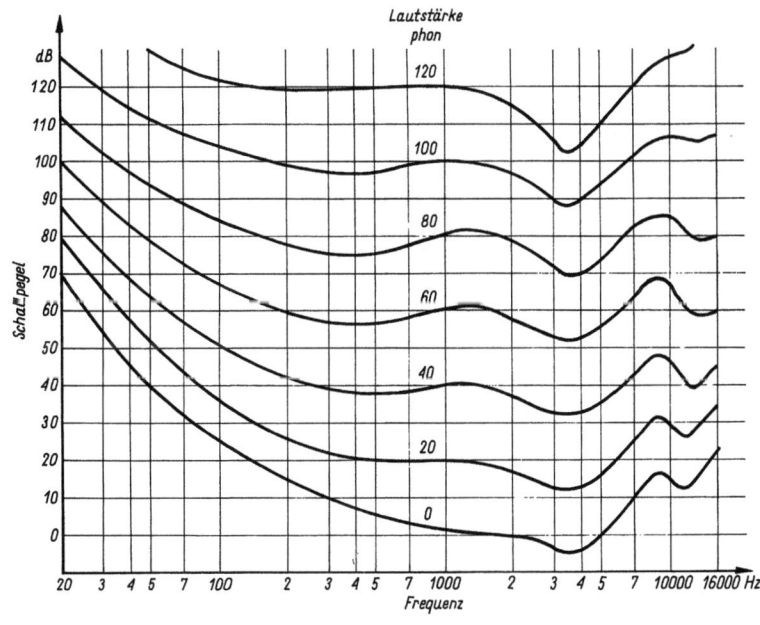

Bild 02.31
Zusammenhang zwischen Frequenz, Lautstärke und Schallpegel

Tafel 02.4 Schallschluckzahlen α bei verschiedenen Dämmschichtanordnungen und Frequenzen

Aufbau der Dämmschicht	Frequenz	Hz	128	256	512	1024	2048	4096
Filzmatte, 15 mm, aufliegend				8	18	38	72	75	78
Schallschluckplatte, 25 mm, aufliegend			13	19	27	60	72	76
Schallschluckplatte, 20 mm, Glaswolleunterlage			40	66	71	58	62	72
Sperrholzplatte, 3 mm, hohl verlegt			25	34	18	10	10	6
Sperrholzplatte, 3 mm, Glaswollehinterfüllung			61	65	24	12	10	6

porig auszuführen. Luftzwischenraum von 10 cm ergibt Schalldämmung von 12 dB. Ausfüllen des Zwischenraums mit Schallschluckstoff verbessert noch die Wirkung. Löcher und Ritzen in Wänden sind zu vermeiden, da sie die Dämmung mehr mindern, als es der Größe ihres Querschnitts entspricht (bei 200 Hz wirkt ein Loch von 5 mm effektivem Durchmesser wie eins von 37 mm Durchmesser).

Schallschluckung: In Abhängigkeit von der Oberflächenbeschaffenheit der Wand wird ein Teil der Schallenergie *reflektiert* und der Rest *absorbiert*. Schallschluckende Wände sind daher auf der der Schallquelle *zugewandten* Seite *porös* und auf der *abgewandten* Seite *geschlossen*. Wie die Schalldämmung ist auch die Schallschluckung frequenzabhängig. Stoffgewebe, Filz u.ä. schlucken bevorzugt Schallwellen höherer Frequenz, nichtporöse Schlucker (Holzplatten, Glas) Schallwellen niederer Frequenz.

Die Schluckzahl α gibt an, wieviel Prozent der auftreffenden Energie E von der Wandfläche absorbiert wird:

$$\text{Schluckzahl } \alpha = \frac{E_0 - E_r}{E_0}$$

E_r reflektierte Energie

02.6.3 Lärmbekämpfung im Schiffsmaschinenbetrieb

Nach Empfehlungen der See-Berufsgenossenschaft (s. Hauptabschnitt 27) sollen folgende Werte nicht überschritten werden: Maschinenraum 90 dB; Kammern und Brücke 60 dB.

Aktive Lärmbekämpfung: Verhindern der Geräuschentstehung.

Passive Lärmbekämpfung: Verhindern der Geräuschausbreitung.

Hauptgeräuschquelle im Maschinenraum sind die Dieselmotoren, besonders die schnellaufenden. Aktive Lärmbekämpfung ist nur begrenzt möglich, z.B. Verringerung des Rollenspiels im Brennstoffpumpenantrieb, Absenken des Einspritzdrucks; Vergrößern des Schrägungswinkels der Verzahnung bei Stufenrädern der Steuerungsantriebe.

Passive Lärmbekämpfung bei Dieselmotoren: Ausbreitung des Körperschalls wird durch elastische Lagerung verringert. Verringern des Luftschalls: Isolierung der schallabstrahlenden Teile, z.B. Turbolader in Schallbox; bei kleinen schnellaufenden Motoren Vollkapselung (begehbar), bei großen schallisolierter Fahrstand; elastische Aufhängung der Abgasleitungen (Eigenfrequenz der Leitungsstücke beachten, sonst Resonanz mit Motorendrehzahl oder anderen Erregern).

Die Lärmbekämpfung bei Turbinenanlagen ist einfacher, da schon die Wärmeisolierung dämmt. Konstruktiv sind hohe Strömungsgeschwindigkeiten und scharfe Umlenkungen in Leitungen und Reduzierventilen zu vermeiden. Hauptschallquelle ist das Untersetzungsgetriebe, dessen Geräusche infolge Teilungsfehler, Evolventenformfehler, Ondulationen und unsauberen Oberflächen stark ansteigen. Abhilfe: Einlaufläppen (s. Abschnitt 10.4.5). Die Fortleitung des Schalls wird durch Zwischenschalten von Kunststoffelementen, Schraub- und Schrumpfverbindungen sowie Querschnittsänderungen unterbunden.

Zur Herabsetzung des Geräuschpegels in den Kammern sind die schallführenden Wände des Maschinenraums und des Maschinenschachts möglichst gut zu isolieren. Bewährt hat sich eine Verkleidung mit 50 mm dicker Glaswolle und perforiertem Blech.

Kommandobrücke: Störeinflüsse der Maschinengeräusche wie Auspuff, Maschinenraumlüfter, Ansaugkanäle für Auflagegebläse usw. können durch geeignete Anordnung und schallschluckende Auskleidung der Luftkanäle gesenkt werden.

02.7 Grundbegriffe der Festigkeitslehre

02.7.1 Beanspruchungsarten

Man unterscheidet folgende Belastungsarten (Bild 02.32):

a) *Zugbeanspruchung:*
Kräfte wirken parallel zur Stabachse, die Resultierende F verläuft in Richtung der Stabachse als Zugkraft. Die Zugkraft bewirkt, daß sich der Stab verlängert und daß sich der Stabquerschnitt verringert.

b) *Druckbeanspruchung:*
Kräfte wirken parallel zur Stabachse, die Resultierende F verläuft in Richtung der Stabachse als Druckkraft. Die Druckkraft bewirkt, daß sich der Stab verkürzt und sein Querschnitt sich vergrößert. Für lange, schlanke Stäbe besteht Knickgefahr.

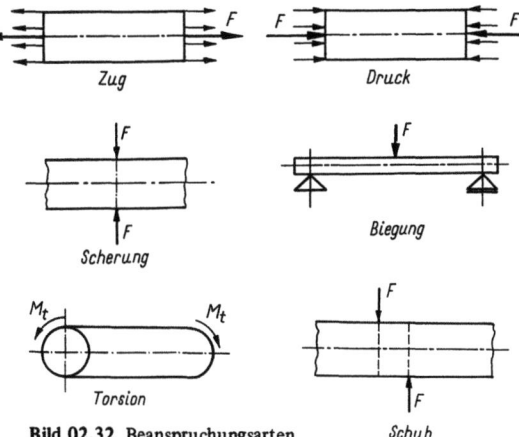

Bild 02.32 Beanspruchungsarten

c) *Scherbeanspruchung:*
Kräfte wirken quer zur Stabachse auf der gleichen Linie, sie sind entgegengesetzt gerichtet. Die Kräfte bewirken eine gegenseitige Verschiebung der Teile innerhalb des Querschnittes, durch den die Kraft verläuft. Als Sonderfall Trennung der Querschnitte.

d) *Biegebeanspruchung:*
Kräfte wirken quer zur Stabachse und bilden Biegemomente bezogen auf die Auflagerstellen. Sie rufen eine Durchbiegung des Stabes hervor.

e) *Schubbeanspruchung:*
Kräfte wirken quer zur Stabachse und sind entgegengesetzt gerichtet. Im Gegensatz zur Scherbeanspruchung haben sie keine gemeinsame Wirkungslinie. Durch den Abstand der Kraftangriffslinien entsteht ein Biegemoment. Bei kleinem Abstand überwiegt die Schubbeanspruchung, bei größeren die Biegebeanspruchung.

f) *Verdrehbeanspruchung*
Kräfte wirken in den Querschnittsebenen der beiden Stirnseiten und ergeben ein Dreh- oder Torsionsmoment bezogen auf die Stabachse. Die Kräfte bewirken ein Verdrehen der Querschnitte zueinander.

02.7.2 Spannungen

Unter der *Festigkeit* eines Körpers versteht man seine Eigenschaft, äußeren Kräften einen *Widerstand gegen Verformung* und *Bruch* entgegenzusetzen.
Die auf einen Körper wirkenden äußeren Kräfte rufen im Inneren innere Kräfte hervor, die die einzelnen Teilchen gegen Auseinanderreißen zusammenhalten. Diese inneren Kräfte können also als Spannkräfte betrachtet werden. Die auf die Flächeneinheit bezogene *innere* Kraft bezeichnet man daher als *Spannung.* Da sich das System im Gleichgewicht befinden soll, muß die Summe der äußeren Kräfte gleich der Summe der inneren Kräfte sein.
Die verschiedenen Beanspruchungsarten rufen verschiedene Spannungen hervor. Versuchen die Kräfte, die Querschnitte zu trennen oder aufeinander zu drücken, d.h., greifen die Kräfte *senkrecht* oder *normal zum betrachteten Querschnitt* an, so treten *Normalspannungen* auf. Versuchen die Kräfte, die Querschnitte gegeneinander zu verschieben, d.h., greifen die Kräfte *im betrachteten Querschnitt* an, so treten *Tangentialspannungen* auf. Man bezeichnet Normalspannungen mit σ und Tangentialspannungen mit τ.

Normalspannungen: Zugspannung σ_z, Druckspannung σ_d, Biegespannung σ_b.
Tangentialspannungen: Scherspannung τ_a, Schubspannung τ_s, Torsionsspannung τ_t.

02.7.3 Spannung und Formänderung

Durch Angriff äußerer Kräfte tritt eine *Verformung* auf. Geht die Verformung nach Entlastung wieder völlig zurück, ist der Körper *elastisch* oder federnd; bleibt eine bleibende Verformung auch nach der Entlastung zurück, so ist er *plastisch* oder bildsam. Das Verhältnis der Längenänderung (z.B. der Längenzunahme bei Zug) zur ursprünglichen Länge nennt man *Dehnung* (Bild 02.33):

$$\epsilon = \frac{\Delta l}{l_0}$$

Der Zusammenhang zwischen Dehnung und Normalspannung bei metallischen Werkstoffen wird durch das *Hookesche Gesetz* gegeben:

$$\sigma = E \cdot \epsilon$$

d.h., die Spannungen sind den Dehnungen proportional.
Bei Tangentialspannungen gilt entsprechend:

Schiebung $\gamma \approx \dfrac{b}{a}$

$\tan \gamma = \dfrac{b}{a} \approx \gamma$ bei kleinen Winkeln

$\tau = G \cdot \gamma$

E heißt *Elastizitätsmodul*, G Gleit- oder *Schubmodul*. Beide haben die Maßeinheit einer Spannung, also N/mm².
Der Elastizitätsmodul gibt diejenige (praktisch nicht erreichbare) Normalspannung an, bei der eine Ver-

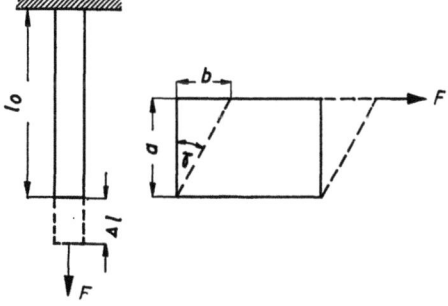

Bild 02.33 Dehnung und Schiebung

Tafel 02.5 Elastizitäts- und Gleitmodul verschiedener Werkstoffe

Werkstoff	Elastizitätsmodul bei Raumtemperatur	Gleitmodul
	N/mm²	N/mm²
Aluminium	$0{,}7\ldots1{,}1 \cdot 10^5$	$\approx 0{,}265 \cdot 10^5$
Bronze	$\approx 1{,}16 \cdot 10^5$	$\approx 0{,}43 \cdot 10^5$
Grauguß GG 12	$\approx 0{,}75 \cdot 10^5$	$\approx 0{,}30 \cdot 10^5$
GG 22	$\approx 1{,}2 \cdot 10^5$	$\approx 0{,}49 \cdot 10^5$
Kupfer, gezogen	$\approx 1{,}25 \cdot 10^5$	$\approx 0{,}47 \cdot 10^5$
Messing Ms 58	$\approx 1{,}25 \cdot 10^5$	$\approx 0{,}46 \cdot 10^5$
Ms 63	$\approx 0{,}95 \cdot 10^5$	$\approx 0{,}35 \cdot 10^5$
Rotguß Rg 5	$0{,}82\ldots0{,}83 \cdot 10^5$	$\approx 0{,}3 \cdot 10^5$
Rg 10		
Stahl und Stahlguß (mit C, Cr, Si, Mn)	$2{,}1 \cdot 10^5$	$\approx 0{,}8 \cdot 10^5$
Temperguß, weiß und schwarz	$\approx 1{,}7 \cdot 10^5$	$\approx 0{,}68 \cdot 10^5$

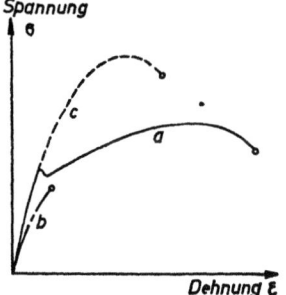

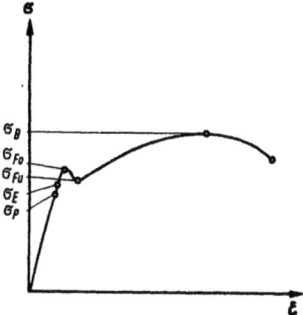

Bild 02.34 Spannung-Dehnung-Schaubilder

längerung beispielsweise eines Probestabes auf das Doppelte seiner ursprünglichen Länge erfolgen würde, der Gleitmodul diejenige Schubspannung, bei der die Abweichung vom ursprünglichen rechten Winkel 45° betragen würde.
Elastizitäts- und Gleitmodul sind *werkstoffabhängig*; zwischen ihnen besteht bei metallischen Werkstoffen der Zusammenhang

$$G \approx \frac{E}{2{,}6}$$

Für einige wichtige Werkstoffe sind in Tafel 02.5 Elastizitäts- und Gleitmodul angegeben.
Für Werkstoffe, für die das Hookesche Gesetz nicht gilt, kann der Zusammenhang zwischen Spannung und Formänderung durch Versuche ermittelt werden.
Die bei der Verlängerung auftretende *Querschnittsverkleinerung* beträgt $-\epsilon_q = \frac{\Delta d}{d_0}$ mit d_0 = ursprünglicher Probendurchmesser. Das Verhältnis von *Querkontraktion* ϵ_q zur Dehnung wird *Poisson-Zahl* genannt:

$$\mu = \frac{\epsilon_q}{\epsilon} \quad \text{oder} \quad \epsilon_q = \mu \cdot \epsilon$$

Für metallische Werkstoffe gilt $\mu \approx 0{,}3$.

$$\epsilon_q \approx 0{,}3\,\epsilon = 0{,}3\,\frac{\sigma}{E}$$

02.7.4 Festigkeitskennwerte

Die *Festigkeitskennwerte* der Werkstoffe werden durch Versuche bestimmt; der gebräuchlichste Versuch ist der *Zugversuch*. Bei ihm wird ein Versuchsstab, meist runden Querschnitts, einer stetig wachsenden Zugbelastung ausgesetzt. Die am Stab wirkende Kraft sowie die Dehnung werden gemessen. Bezieht man die Kraft auf den ursprünglichen Querschnitt, so kann man die Ergebnisse dieses Versuchs im *Spannung-Dehnung-Schaubild* auftragen. Bild 02.34a zeigt den Spannung-Dehnungsverlauf für drei verschiedene Werkstoffe, und zwar

a) weicher, zäher Stahl,
b) Gußeisen,
c) hochfester Stahl.

Aus dem Spannung-Dehnung-Schaubild lassen sich einige wichtige Werkstoffkennwerte entnehmen (Bild 02.34b):
Die *Proportionalitätsgrenze* σ_P ist die größte Spannung, bis zu der Dehnung und Spannung einander *proportional* sind. Bis hierher ist der Elastizitätsmodul konstant.
Die *Elastizitätsgrenze* σ_E ist die größte Spannung, bei der noch keine bleibende Dehnung auftritt. Da sie oft nicht einfach zu bestimmen ist, wird sie im technischen Gebrauch dann durch die *0,01 %-Dehngrenze* $\sigma_{0,01}$ ersetzt; das ist diejenige Spannung, bei der die *bleibende Dehnung* 0,01 % beträgt.
Die *Fließgrenze* σ_F oder *Streckgrenze* σ_S ist diejenige Spannung, bei der ein *Fließen* des Werkstoffs, d.h. eine Dehnung *ohne Spannungszunahme*, eintritt. Die Spannung kann hierbei von der *oberen* Fließgrenze σ_{F_o} auf die *untere* Fließgrenze σ_{F_u} absinken. Bei Werkstoffen, die *keine* ausgeprägte Fließgrenze haben, wird ersatzweise die *0,2 %-Dehngrenze* $\sigma_{0,2}$ bestimmt; das ist diejenige Spannung, bei der eine bleibende Dehnung von 0,2 % auftritt.

Die *Zugfestigkeit* σ_B ist diejenige *höchste* Spannung, bezogen auf den ursprünglichen Stabquerschnitt, die vor einem Bruch, d.h. hier *vor dem Zerreißen* des Probestabes, erreicht wird.

Größen, die die *Zähigkeit* des Werkstoffes bestimmen, sind *Bruchdehnung* δ und *Brucheinschnürung* ψ. Die Bruchdehnung ist das Verhältnis der gesamten Verlängerung beim Bruch zur ursprünglichen Länge; die Brucheinschnürung ist das Verhältnis der größten Querschnittsverringerung zum ursprünglichen Stabquerschnitt. Da die Bruchdehnung von der *Länge* des Probestabes abhängig ist, sind Probestablängen von 5 bzw. 10d (d = Durchmesser des Probestabes) genormt, auf die sich die Bruchdehnung δ_5 und δ_{10} beziehen.

Entsprechend der Bruchfestigkeit gegenüber einer Belastung durch Zug und den anderen Werkstoffwerten, können auch entsprechende Werte für Druck, Biegung, Schub und Verdrehung bestimmt werden. Man begnügt sich in der Praxis jedoch meist mit der Ermittlung der Kennwerte im Zugversuch.

Andere Versuche, die Aufschluß über Eigenschaften und Verhalten der Werkstoffe bei Belastung geben, sind:

a) Bestimmung der *Härte* des Werkstoffes (wichtig für Verschleiß und Bearbeitbarkeit). Hierbei wird eine gehärtete Stahlkugel oder ein Diamantkegel unter Einwirkung einer Kraft in den Werkstoff eingedrückt; Fläche bzw. Tiefe des Eindrucks und Last ergeben ein Maß für die Härte.

b) Ermittlung der *Kerbschlagzähigkeit* (Nachweis für die Zähigkeit unter Schlageinwirkung und bei Vorhandensein von Kerben, also sehr ungünstigen Umständen). Ermittelt wird die *Schlagarbeit je Flächeneinheit* Nm/mm^2, die zum Durchschlagen der Probe durch einen Pendelhammer erforderlich ist.

c) Versuche, die *Bearbeitungsgänge* nachahmen, z.B.
Faltversuch,
Kalt- und *Warmstauchprobe* (Niete),
Aufweit- und *Bördelprobe* (Rohre).

Die im normalen Zugversuch ermittelten Werte beziehen sich auf kurzzeitige Belastung des Probestabes bei 20 °C (Raumtemperatur).

Bei einigen Werkstoffen, z.B. Blei und Zink, tritt schon unter normalen Temperaturen bei langandauernder Belastung auch unterhalb der Streckgrenze ein *Kriechen* auf, d.h. eine *Dehnungszunahme*, die im Laufe der Zeit zu unzulässigen Dehnungen und zum Bruch führen kann. Dieses Kriechen tritt bei den gebräuchlichsten Konstruktionswerkstoffen erst bei erhöhten Temperaturen auf.

Der Temperatureinfluß führt ferner zum Absinken der Festigkeit. Dieses Verhalten der Werkstoffe wird bei der Berechnung der Konstruktion durch besondere Festigkeitswerte berücksichtigt:

Die *Warmstreckgrenze* ist die Streckgrenze bei erhöhter Temperatur. An ihre Stelle tritt meist die *0,2% Warmdehngrenze*, da die Warmstreckgrenze oft nicht klar ausgeprägt ist. Sie wird als Festigkeitskennwert bis 360 °C benutzt.

Bei Temperaturen über 450 °C werden für Stahl folgende Größen definiert (DIN 50 119):

Die *Zeitstandfestigkeit* ist die auf den Anfangsquerschnitt der Probe bei Raumtemperatur bezogene, ruhende Belastung bei bestimmter Temperatur, die nach Ablauf einer bestimmten Versuchszeit, beispielsweise 100 000 Stunden ($\sigma_{B/100000}$), einen *Bruch* der Probe hervorruft.

Die *Zeitdehngrenze* ist die auf den Anfangsquerschnitt der Probe bei Raumtemperatur bezogene, ruhende Zugbeanspruchung, die bei bestimmter Temperatur nach Ablauf einer bestimmten Versuchszeit, z.B. 100 000 Stunden, eine *bleibende Dehnung* von z.B. 1% ($\sigma_{1/100000}$) hervorruft.

02.7.5 Belastungsfälle und Dauerfestigkeit

Man unterscheidet drei Belastungsfälle (Bild 02.35):

Lastfall I: *Ruhende* oder *statische* Belastung. Die Spannung ist über den Wirkzeitraum konstant.

Lastfall II: *Schwellende* Belastung. Die Spannung schwankt zwischen 0 und dem Höchstwert in schneller Folge.

Lastfall III: *Wechselnde* Belastung. Die Spannung schwankt zwischen einem positiven und einem negativen Höchstwert in schneller Folge.

Außerdem ist noch eine Belastung möglich, bei der die Spannung um eine bestimmte *Vor-* oder *Mittel-*

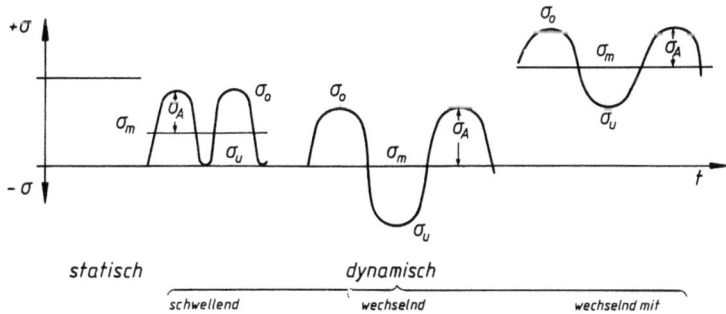

Bild 02.35 Belastungsarten

spannung σ_m schwankt. Die Spannungsausschläge σ_A bewegen sich nach beiden Richtungen bis zur *oberen Grenzspannung* σ_o bzw. zur *unteren Grenzspannung* σ_u um diesen Spannungsmittelwert σ_m.
Bei dynamischen Belastungen tritt eher ein Bruch ein als bei ruhender Belastung. Die Festigkeitswerte werden in besonderen Versuchen ermittelt und ihre Ergebnisse in Form der *Wöhlerkurve* (Bild 02.36) dargestellt. Dabei wird die Bruchspannung über der Anzahl der Lastwechsel aufgetragen.
Die *Dauerfestigkeit* σ_D ist der Grenzwert der wechselnden Belastung, der bei glatten, polierten Stäben beliebig lange ertragen wird. Bei Stahl wird dieser Grenzwert nach etwa 10^6 Lastwechseln erreicht.
Zeitfestigkeiten sind Spannungen, die über der Dauerfestigkeit liegen und bei einer bestimmten Anzahl von Lastwechseln zum Bruch des Werkstoffes führen. Sie dienen zur Dimensionierung von Werkstücken, die nur für eine bestimmte Lebensdauer ausgelegt sind.
Die *Schwellfestigkeit* σ_{Schw} ist die Grenzspannung bei schwellender Belastung, die *Wechselfestigkeit* σ_W die Grenzspannung bei wechselnder oder schwingender Belastung.
Alle diese Werte können für verschiedene Belastungsarten, also Zug und Druck, Schub, Biegung und Verdrehung unterschiedlich sein.
Die Kennwerte eines Werkstoffs bei Dauerbeanspruchung können im *Dauerfestigkeitsschaubild* (Bild 02.37) aufgetragen werden.
Die Wechselfestigkeit σ_W kann im Koordinatenursprung bei $\sigma_m = 0$, die Schwellfestigkeit σ_{Schw} beim Wert 0 der unteren Grenzspannung σ_u abgelesen werden. Für jede Vor- oder Mittelspannung σ_m kann man die zulässigen Ober- und Unterspannungen ablesen. Für den praktischen Gebrauch wird das Schaubild oben durch die Fließgrenze σ_F begrenzt, unten durch die *Quetschgrenze* (Fließgrenze gegen Druck). Diese Werte dürfen bei Maschinenteilen nicht überschritten werden, da unzulässig große Verformungen auftreten können.

02.7.6 Zulässige Spannungen

Für die Berechnung von Maschinenteilen werden *zulässige* Spannungen festgesetzt, so daß mit Sicherheit der Bruch des Maschinenteils nicht eintreten kann. Außerdem sollen die auftretenden Spannungen im Bereich des Hookeschen Gesetzes liegen, damit die Formänderung berechnet werden kann. Da die Ermittlung der wirkenden Kräfte, der auftretenden Spannung und der Festigkeitskennwerte des Werkstoffs nicht genau erfolgen kann, muß ein *Sicherheitsfaktor* eingeführt werden.

Statische Beanspruchung (Belastungsfall I):
Zäher Werkstoff mit ausgeprägter Fließ- oder Streckgrenze σ_s:

$$\sigma_{zul} = \frac{\sigma_s}{\nu}$$

$\nu = 1{,}3 \ldots 1{,}8$; je nach Belastungsart gegen Zug, Druck, Schub, Biegung oder Verdrehung

Spröder Werkstoff ohne ausgeprägte Fließgrenze

$$\sigma_{zul} = \frac{\sigma_B}{\nu}$$

$\nu = 3 \ldots 4$; je nach Belastungsart

Dynamische Beanspruchung (Belastungsfälle II und III):

$$\sigma_{zul} = \frac{\sigma_D}{\nu}$$

σ_D Dauerfestigkeit
$\nu = 2 \ldots 3$

Die zulässige Spannung für dynamisch beanspruchte Bauteile, die auf Dauerhaltbarkeit dimensioniert sind, ergibt sich die zulässige Spannung zu

$$\sigma_{zul} = \frac{\sigma_D \cdot b_1 \cdot b_2}{\beta_K \cdot \nu}$$

b_1 Oberflächenbeiwert
b_1 1,0 für polierte Oberflächen
b_1 0,6 für Walzhaut

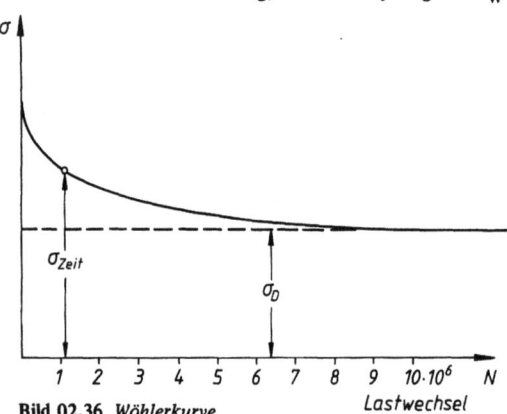

Bild 02.36 *Wöhlerkurve*

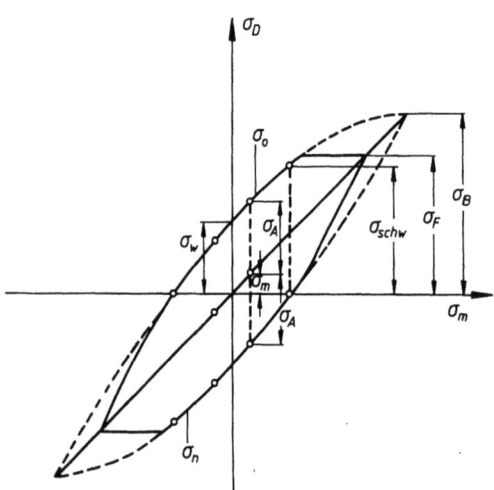

Bild 02.37 Dauerfestigkeitsschaubild

b_2 Größenbeiwert
b_2 1,0 für Bauteildurchmesser 10 mm
b_2 0,72 für Bauteildurchmesser ≥ 120 mm
β_K Kerbwirkungszahl
β_K 1,3...3 in Abhängigkeit von der Form der Kerbe (s. [02.4])
ν 1,25...2

02.8 Zug- und Druckbeanspruchung

Es treten Normalspannungen σ senkrecht zur Querschnittsfläche A auf.

Zugspannung $\quad \sigma_z = \dfrac{F}{A} \leq \sigma_{z\,zul}$

Druckspannung $\quad \sigma_d = \dfrac{F}{A} \leq \sigma_{d\,zul}$

Bei veränderlichem Querschnitt ist die Spannung an jeder Stelle verschieden. Für die Dimensionierung ist der kleinste Querschnitt einzusetzen.
Druckspannung, die durch den Druck eines Bauteils auf ein anderes entsteht, nennt man *Flächenpressung*:

$$p = \dfrac{\text{Druckkraft}}{\text{Auflagerfläche}} = \dfrac{F}{A} \leq p_{zul}$$

Dünnwandige Gefäße:
Geschlossene dünnwandige Behälter (Rohre, Zylinder), die unter Innendruck stehen, werden auf Zug beansprucht, da der Innendruck versucht, die Gefäße aufzuweiten.

Axialspannung $\sigma_{z1} = \dfrac{p \cdot d}{2 \cdot s_1}$ = Spannung in der Längsnaht, in Umfangsrichtung.

p Innendruck
d innerer Durchmesser
s_1 Wandstärke

Radialspannung $\sigma_{z2} = \dfrac{p \cdot d}{4 \cdot s_1}$ = Spannung in der Rundnaht, in Längsrichtung.
Die Radialspannung ist halb so groß wie die Axialspannung.
Zug- oder Druckspannungen treten auch bei verhinderter *Wärmedehnung* auf. Die Wärmedehnung beträgt

$$\epsilon_\vartheta = \alpha_\vartheta \cdot \Delta \vartheta$$

α_ϑ linearer Ausdehnungskoeffizient
$\Delta \vartheta$ Temperaturdifferenz

Daraus ergibt sich eine Spannung von

$$\sigma = E \cdot \alpha_\vartheta \cdot \Delta \vartheta$$

Spannung durch Eigengewicht:
Ein einseitig aufgehängter Zugstab vom Querschnitt A mit Last F am unteren Ende hat an der Stelle x vom oberen Ende die Zugspannung

$$\sigma_z = \rho \cdot g \,(l - x) + \dfrac{F}{A}$$

Größte Spannung für $x = 0$

$$\sigma_{z\,max} = \rho \cdot g \cdot l + \dfrac{F}{A} \leq \sigma_{z\,zul}$$

Länge, bei dem ein aufgehängter Stab durch sein Eigengewicht abreißen würde, seine *Reißlänge*

$$l_R = \dfrac{\sigma_B}{\rho \cdot g}$$

Körper gleicher Zug- oder Druckbeanspruchung:
Soll in jedem Querschnitt die gleiche Spannung vorhanden sein, muß gelten

$$A_x = A_0 \cdot e^{\dfrac{\rho \cdot g \,(l - x)}{\sigma_{zul}}}$$

Der Abstand x der betrachteten Querschnittsfläche wird von der Grundfläche abgesetzt.

02.9 Scherbeanspruchung

Abscherspannungen sind Tangentialspannungen. Es wird angenommen, daß sie sich gleichmäßig über den Querschnitt verteilen.
Dann ist

$$\tau_a = \dfrac{F}{A} \leq \tau_{a\,zul}$$

Für zähe Metalle ist $\tau_{a\,zul} = 0,8 \cdot \sigma_{zul}$, für Gußeisen $\tau_{a\,zul} = \sigma_{z\,zul}$.

02.10 Biegung

Bei der Biegung wirken Kräfte senkrecht zur Längsachse eines stabförmigen Körpers und versuchen ihn durchzubiegen bzw. durchzubrechen. Dabei entstehen in den *äußeren* Fasern Zug- und Druckspannungen, verbunden mit entsprechenden Verlängerungen bzw. Verkürzungen der Fasern. Eine *neutrale* Faser liegt zwischen den verkürzten und verlängerten Fasern, ist spannungsfrei und behält ihre Länge bei.
Die Biegespannung σ_b, d.h. die größte auftretende Zug- oder Druckspannung, ist vom *Biegemoment* und vom *Widerstandsmoment* abhängig:

$$\text{Biegespannung} = \dfrac{\text{Biegemoment}}{\text{Widerstandsmoment}}$$

$$\sigma_b = \dfrac{M_b}{W} \leq \sigma_{b\,zul}$$

Das Biegemoment M_b richtet sich nach der Größe der angreifenden Kräfte F (Einzelkräfte oder Streckenlast) und dem Abstand des Kraftangriffs von der Einspannung oder dem Auflager. Das Biegemoment ist über die Stablänge verschieden groß; für die Dimensionierung des Stabes ist das Biegemoment, das die größten Spannungen hervorruft, maßgebend.

Tafel 02.6 Biegung – Moment und Durchbiegung

Belastungsfall – Momentenlinie	Größtes Moment	Größte Durchbiegung
1	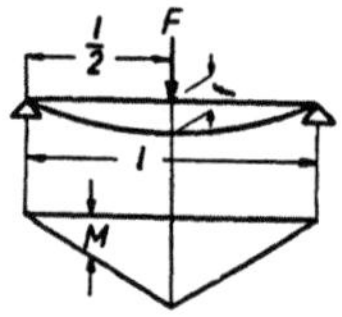 unter der Last $M_{max} = F \cdot \dfrac{l}{4}$	unter der Last $f_{max} = \dfrac{F \cdot l^3}{48\,EI}$
2	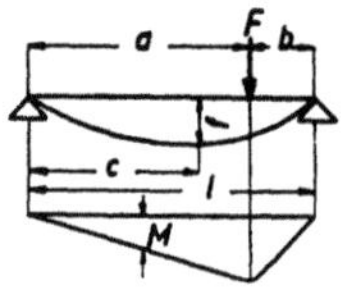 unter der Last $M_{max} = F \cdot \dfrac{a \cdot b}{l}$	bei „c" $= a\sqrt{\dfrac{l+b}{3a}}$ $f_{max} = \dfrac{Fl^3}{3EI} \cdot \dfrac{a^2 b^2}{l^4} \cdot \dfrac{(l+b)}{3b} \sqrt{\dfrac{l+b}{3a}}$
3	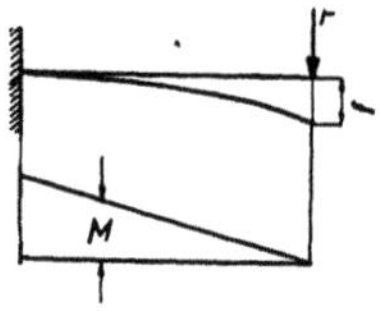 in der Einspannung $M_{max} = F \cdot l$	unter der Last $f_{max} = \dfrac{F \cdot l^3}{3\,EI}$
4	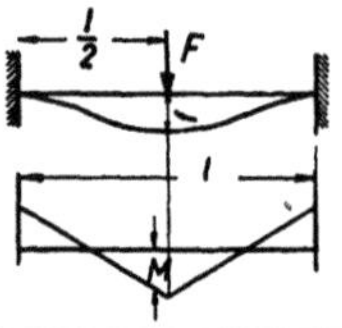 unter der Last und in den beiden Einspannungen $M_{max} = \dfrac{F \cdot l}{8}$	unter der Last $f_{max} = \dfrac{F \cdot l^3}{192\,EI}$
5	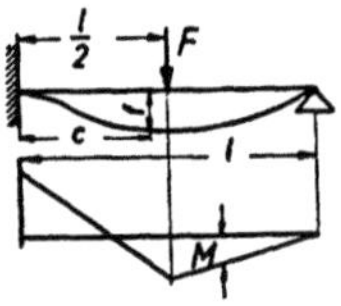 in der Einspannung $M_{max} = \dfrac{3 F \cdot l}{16}$	bei „c" $= \dfrac{l}{\sqrt{5}} = 0{,}447 \cdot l$ $f_{max} \approx \dfrac{F \cdot l^3}{107\,EI}$
6	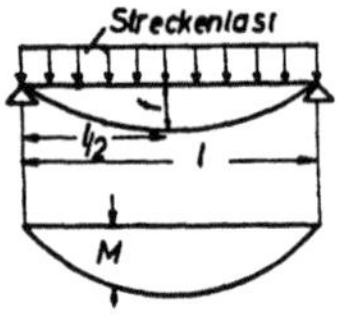 in der Mitte $M_{max} = \dfrac{F \cdot l}{8}$	in der Mitte $f_{max} = \dfrac{5 F \cdot l^3}{384\,EI}$
7	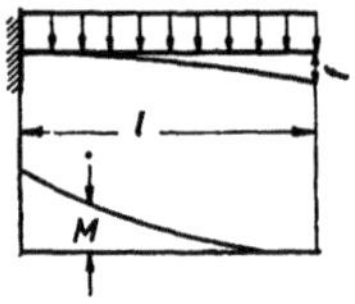 an der Einspannung $M_{max} = \dfrac{F \cdot l}{2}$	am freien Ende $f_{max} = \dfrac{F \cdot l^3}{8\,EI}$
8	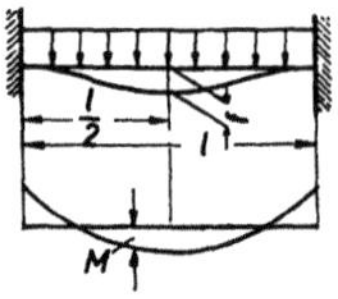 an der Einspannung $M_{max} = \dfrac{F \cdot l}{12}$	in der Mitte $f_{max} = \dfrac{F \cdot l^3}{384\,EI}$
9	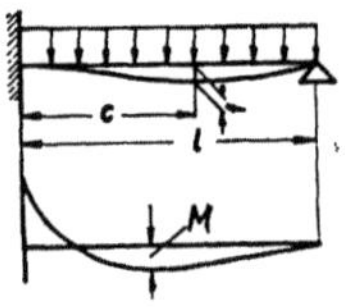 an der Einspannung $M_{max} = \dfrac{F \cdot l}{8}$	bei $c = 0{,}5785\,l$ $f_{max} = \dfrac{F \cdot l^3}{185\,EI}$

Biegung

Tafel 02.7 Biegung – Trägheitsmoment und Widerstandsmoment

↓ Kraftangriff	Äquatoriales Trägheitsmoment I	Widerstandsmoment W	Kleinster Trägheitsradius
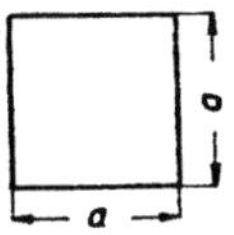 Quadrat	$\dfrac{a^4}{12}$	$\dfrac{a^3}{6}$	$0{,}289\,a$
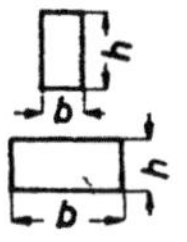 Rechteck	$\dfrac{b \cdot h^3}{12}$	$\dfrac{bh^2}{6}$	$0{,}289\,b$ $0{,}289\,h$
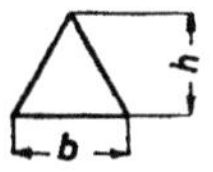 Dreieck	$\dfrac{b \cdot h^3}{36}$	$\dfrac{bh^2}{24}$	$0{,}236\,h$
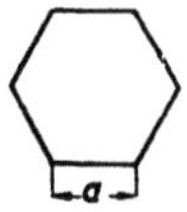 Sechseck	$0{,}5413\,a^4$ $= \dfrac{5}{16}\sqrt{3}\,a^4$	$0{,}625\,a^3$ $= \dfrac{5}{8}\,a^3$	$0{,}456\,a$
 Kreis	$\dfrac{\pi D^4}{64}$	$\dfrac{\pi D^3}{32}$	$\dfrac{D}{4}$
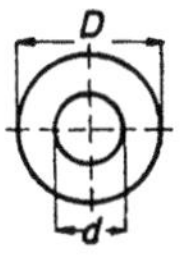 Kreisring	$\dfrac{\pi}{64}(D^4 - d^4)$	$\dfrac{\pi}{32} \cdot \dfrac{D^4 - d^4}{D}$	$\dfrac{D\sqrt{1 + \dfrac{d^2}{D^2}}}{4}$
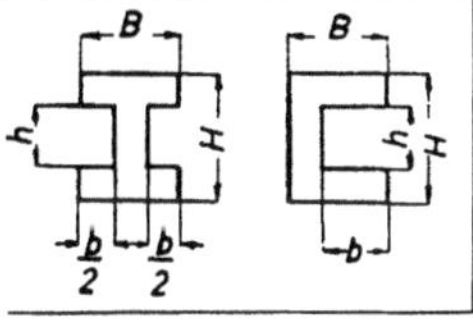 I-/U-Profil	$\dfrac{BH^3 - bh^3}{12}$	$\dfrac{BH^3 - bh^3}{6H}$	

Das Widerstandsmoment W hängt nur von der Querschnittsform des auf Biegung beanspruchten Stabes ab.
Unter Einwirkung des Biegemoments entstehen *Durchbiegungen f*, die vom *Trägheitsmoment* abhängen. Das Trägheitsmoment wird wie das Widerstandsmoment nur vom Stabquerschnitt bestimmt. Zusammenhang zwischen Trägheitsmoment und Widerstandsmoment:

$$W = \frac{I}{e}$$

e Schwerpunktsabstand von der äußeren Faser

Bei unsymmetrischen Querschnitten ist e_{max} einzusetzen, um das ungünstigste Widerstandsmoment zu erhalten.
Tafel 02.6 gibt für die wichtigsten auftretenden Biegebelastungen den Verlauf des Biegemoments über die Stablänge, Ort und Größe des größten Moments sowie Ort und Größe der größten Durchbiegung an.
Tafel 02.7 enthält Trägheitsmoment I und Widerstandsmoment W einiger wichtiger Querschnittsformen. Für genormte Profile kann man die Trägheits- und Widerstandsmomente Tabellen entnehmen. Für zusammengesetzte Profile Berechnung in Tabellenform mit Hilfe des *Steinerschen Satzes*:

$$I_x = I_0 + A \cdot a^2$$

I_x Trägheitsmoment bezogen auf eine Achse
I_0 Trägheitsmoment bezogen auf den Schwerpunkt von A
A Querschnittsfläche
a Abstand des Schwerpunkts von der Achse x

Beispiel: Widerstandsmoment von *Wulstflachstahl* HP 180×10 *mit Platte* 400×10 (Bild 02.39).
Nach DIN 1019 ist für HP 180×10

$e_0 = 10{,}6$ cm $A = 22{,}5$ cm^2 $I_0 = 717$ cm^4

Allgemein ist das Trägheitsmoment als Flächenmoment zweiter Ordnung definiert (Bild 02.38):

Axiale Trägheitsmomente

$I_x = \int y^2 \cdot dA$
$I_y = \int x^2 \cdot dA$

Polares Trägheitsmoment

$I_p = \int r^2 \cdot dA$

Mit $r^2 = x^2 + y^2$ wird $I_p = I_x + I_y$

Bild 02.38

Zentrifugalmoment

$I_{xy} = \int x \cdot y \cdot dA$

Für verschiedene Beanspruchungsarten ist die Kenntnis der Extremwerte der Trägheitsmomente erforderlich:
Drehung des x, y-Koordinatensystems in das ξ, η-Koordinatensystem um den Winkel

$$\varphi = \tfrac{1}{2} \arctan \frac{-2 I_{xy}}{I_x - I_y}$$

ergibt als Extremwerte

$$I_\xi = \frac{I_x + I_y}{2} + \frac{I_x - I_y}{2} - I_{xy} \cdot \sin 2\varphi$$

$$I_\eta = \frac{I_x + I_y}{2} - \frac{I_x - I_y}{2} + I_{xy} \cdot \sin 2\varphi$$

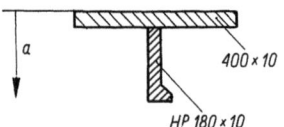

Bild 02.39
Widerstandsmoment von Wulstflachstahl und Platte

Bauteil	Abmessung cm	Fläche A cm^2	Schwerpunktabstand a cm	Produkt I $A \cdot a$ cm^3	Produkt II $A \cdot a^2$ cm^4	Eigenträgheitsmoment I_0 cm^4
Platte	40×1	40	0,5	20	10	≈ 3
Profil	HP 180×10	22,5	11,6	261	3020	717
Σ		62,5		281	3030	720

Schwerpunktsabstand des gesamten Bauteils:

$$a_0 = \frac{\Sigma (A \cdot a)}{\Sigma A} = \frac{281}{62{,}5} = 4{,}5 \text{ cm}$$

Trägheitsmoment des gesamten Bauteils, bezogen auf den Schwerpunkt:

$I = \Sigma (A \cdot a^2) + \Sigma I_0 - a_0 \cdot \Sigma (A \cdot a)$
$= 3030 + 720 - 1265 = 2485$ cm^4

Gesamtbauhöhe = Plattendicke + Profilhöhe
$= 1{,}0 + 18{,}0 = 19$ cm

Gesamtbauhöhe − Schwerpunktsabstand
$= 19{,}0 - 4{,}5 = 14{,}5$ cm $= e_{max}$

Kleinstes Widerstandsmoment des gesamten Bauteils:

$$\underline{W_{min}} = \frac{\text{Trägheitsmoment}}{e_{max}} = \frac{2485}{14{,}5} = \underline{171{,}5 \text{ cm}^3}$$

Biegung. Schubbeanspruchung bei Biegung. Verdrehbeanspruchung

Der Träger mit dem oben berechneten Widerstandsmoment soll eine Länge von 4 m haben. Mit welcher Kraft kann er 1 m vom Auflager entfernt belastet werden, damit $\sigma_{b\,zul}$ = = 80 $\frac{N}{mm^2}$ nicht überschritten wird?

$$\sigma_b = \frac{M_{b\,max}}{W_{min}} \leq \sigma_{b\,zul}$$

$$\sigma_{b\,zul} \cdot W_{min} \leq M_{b\,max}$$

$$M_{b\,max} \leq 80\,\frac{N}{mm^2} \cdot 171{,}5 \cdot 10^3\,mm^3 = 1{,}372 \cdot 10^7\,Nmm$$
$$= 1{,}372 \cdot 10^4\,Nm$$

$$M_{b\,max} = F\,\frac{a \cdot b}{l}$$

$$F = \frac{M_{b\,max}\,l}{a \cdot b} \leq \frac{1{,}372 \cdot 10^4\,Nm \cdot 4\,m}{1\,m \cdot 3\,m} = 18\,290\,N$$

$$F \leq 18{,}3\,kN$$

02.11 Schubbeanspruchung bei Biegung

Die Schubspannungen in Biegeträgern sind gering. Nur bei kurzen, hohen Trägern müssen sie berücksichtigt werden.
Die örtliche Schubspannung beträgt (Bild 02.40)

$$\tau_{s(y)} = \frac{F_Q \cdot M_x}{b \cdot I_x}$$

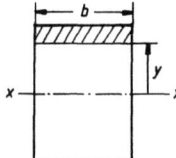

Bild 02.40 Schubspannung

F_Q Querkraft im Biegeträger
F_Q = Summe aller quer zur Längsachse gerichteten äußeren Kräfte links oder rechts von der betrachteten Stelle
M_x Statisches Moment der Fläche oberhalb der Linie y
b Breite des Querschnittes
I_x Achsiales Trägheitsmoment bezogen auf die Biegeachse

In dünnwandigen Trägerprofilen wird die Querkraft fast nur vom Stegquerschnitt aufgenommen. Die mittlere Schubspannung beträgt dann

$$\tau_{sm} = \frac{F_Q}{A_{Steg}}$$

Es ist jedoch zu beachten, daß die maximalen Schubspannungen im Steg bis zu 50% größer sein können.
Bei gebauten Profilen muß die Schweißnaht zwischen Gurt und Steg die Schubkräfte aufnehmen können. Dann ist die erforderliche Schweißnahtdicke

$$a_{erf} = \frac{F_Q \cdot M_x}{2 \cdot I_x \cdot \tau_{a\,s\,zul}}$$

$\tau_{a\,s\,zul}$ = zulässige Scherspannung der Schweißnaht

Beispiel: Erforderliche Schweißnahtdicke für Profil nach Bild 02.41 mit F_Q = 400 kN und $\tau_{a\,s\,zul}$ = 80 $\frac{N}{mm^2}$.

$$I_x = \frac{1}{12}[B \cdot H^3 - b \cdot h^3] \quad \text{s. Tafel 02.7}$$

$$= \frac{1}{12}[200\,mm \cdot (600\,mm)^3 - 192\,mm \cdot (560\,mm)^3]$$

$$= 7{,}9 \cdot 10^8\,mm^4$$

M_x = Gurtfläche · Schwerpunktabstand s. 02.2.5
  = 200 mm · 20 mm · 290 mm = 1,16 · 10^6 mm^3

$$a_{erf} = \frac{F_Q \cdot M_x}{2 \cdot I_x \cdot \tau_{a\,s\,zul}} = \frac{400 \cdot 10^3\,N \cdot 1{,}16 \cdot 10^6\,mm^3}{2 \cdot 7{,}9 \cdot 10^8\,mm^4 \cdot 80\,\frac{N}{mm^2}} =$$

$$= 3{,}67\,mm$$

Gewählt: a = 4 mm

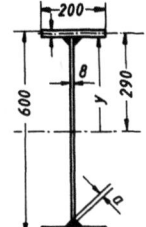

Bild 02.41
Geschweißtes Profil

02.12 Verdrehbeanspruchung

Bei der *Verdrehbeanspruchung* versucht eine ausmittig senkrecht zur Längsachse eines stabförmigen Körpers angreifende Kraft diesen zu verdrehen (Bild 02.42). Es treten dabei Tangentialspannungen τ auf.
Verdrehbeanspruchungen können bei ruhender Belastung auftreten, aber auch dann, wenn z.B. Leistungen durch Rotation übertragen werden (Antriebswellen, Kurbelwellen, Transmissionen usw.).
Die *Torsionsspannung* ergibt sich zu

$$\tau_t = \frac{M_t}{W_p} \leq \tau_{t\,zul}$$

M_t Drehmoment
W_p *polares* Widerstandsmoment

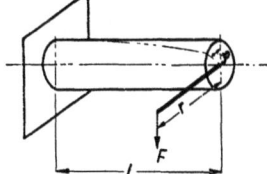

Bild 02.42 Verdrehung (*Torsion*)

Die Torsionsspannung verteilt sich nicht gleichmäßig über den Querschnitt, sondern ist in der Achse glcich Null und nimmt zum Umfang hin gleichmäßig zu.
Bei ruhendem Kraftangriff ist das Drehmoment

$$M_t = F \cdot r$$

F senkrecht zur Stabachse angreifende Kraft
r Abstand des Kraftangriffspunkts von der Stabachse

Für umlaufende Wellen ergibt sich

$$M_t = \frac{P}{\omega}$$

P Leistung
$\omega = 2\pi f$ Winkelgeschwindigkeit

Tafel 02.8 Verdrehung – Polares Trägheits- und Widerstandsmoment

Querschnitt	Polares Trägheitsmoment I_p	Polares Widerstandsmoment W_p
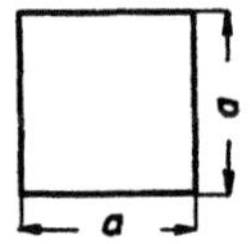 Quadrat, Seite a	$0{,}141\,a^4$	$0{,}209\,a^3$
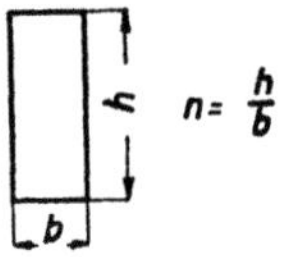 Rechteck $h \times b$, $n = h/b$	$\dfrac{h \cdot b^3}{\psi_1}$ $n = 1 \quad 1{,}5 \quad 2 \quad 3$ $\psi_1 = 7{,}09 \quad 5{,}08 \quad 4{,}37 \quad 3{,}80$	$\psi_2 \cdot h \cdot b^2$ $n = 1 \quad 2 \quad 4$ $\psi_2 = 0{,}209 \quad 0{,}245 \quad 0{,}282$ $n = 10 \quad > 10$ $\psi_2 = 0{,}312 \quad 0{,}333$
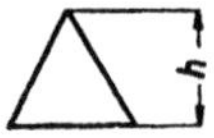 Gleichseitiges Dreieck, Höhe h	$\dfrac{h^4}{26}$	$\dfrac{h^3}{13}$
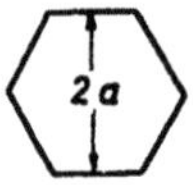 Regelmäßiges Sechseck, Schlüsselweite $2a$	$1{,}847\,a^4$	$1{,}511\,a^3$
 Kreis, Durchmesser D	$\dfrac{\pi}{32}D^4$	$\dfrac{\pi}{16}D^3$
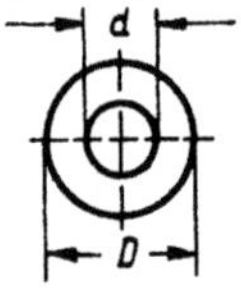 Kreisring, D, d	$\dfrac{\pi}{32}(D^4 - d^4)$	$\dfrac{\pi}{16}\left(\dfrac{D^4 - d^4}{D}\right)$
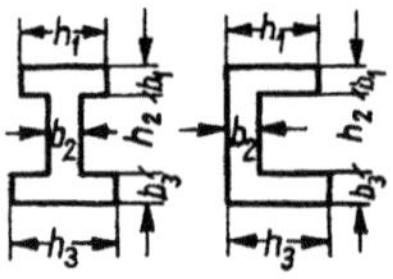 Offene dünnwandige Profile (I, [, L)	$\dfrac{\eta}{3}\sum (b^3 h)_i$ $\eta = 1{,}31 \quad 1{,}12 \quad 0{,}99$	$\dfrac{1}{3 b_{max}}\sum b^3 h$

Das polare Widerstandsmoment ist nur vom Querschnitt des Stabes abhängig. Tafel 02.8 gibt für einige Querschnitte die polaren Trägheits- und Widerstandsmomente an.

Beispiel: Durchmesser einer Vollwelle für $P = 10\,000$ KW bei $n = 108\,\dfrac{1}{\text{min}}$.

$\tau_{t_{zul}} = 25\,\dfrac{\text{N}}{\text{mm}^2}$ $\qquad \tau_t = \dfrac{M_t}{W_p} \leqq \tau_{t_{zul}}$

$W_{Perf} \geqq \dfrac{M_t}{\tau_{t_{zul}}}$ $\qquad W_{Perf} = \dfrac{\pi}{16}\cdot d_{erf}^3$

$d_{erf} \geqq \sqrt[3]{\dfrac{16 \cdot M_t}{\pi \cdot \tau_{t_{zul}}}}$ $\qquad M_t = \dfrac{P}{\omega}$

$P = 10\,000$ KW $= 10^{10}\,\dfrac{\text{Nmm}}{\text{s}}$

$\omega = 2\pi f \qquad f = n\cdot \dfrac{1\,\text{min}}{60\,\text{s}}$

$ = 2\pi \cdot 108 \cdot \dfrac{1}{\text{min}}\cdot \dfrac{1\,\text{min}}{60\,\text{s}} = 11{,}31 \cdot \dfrac{1}{\text{s}}$

$M_t = \dfrac{10^{10}\,\text{Nmm}}{11{,}31 \cdot \frac{1}{\text{s}}\,\text{s}} = 8{,}84 \cdot 10^8\,\text{Nmm}$

$d_{erf} \geqq \sqrt[3]{\dfrac{16 \cdot 8{,}84 \cdot 10^8\,\text{Nmm}}{\pi \cdot 25\,\dfrac{\text{N}}{\text{mm}^2}}}$

$\underline{d_{erf} \geqq 565\,\text{mm}}$

Verdrehbeanspruchung. Beanspruchung auf Knicken

Der bei der Torsion auftretende *Verdrehwinkel* φ (Bild 02.42) berechnet sich zu

$$\varphi = \frac{180°}{\pi} \cdot \frac{M_t \cdot l}{I_p \cdot G}$$

M_t Drehmoment
l Länge des Drehstabes
I_p polares Trägheitsmoment
G Gleitmodul

Hohlwellen:
Für eine volle Welle gilt

$$M_t = \frac{\pi}{16} \cdot D^3 \cdot \tau_t$$

Für eine Welle mit der Bohrung d ist bei gleichem Drehmoment und gleichem Außendurchmesser D

$$M_t = \frac{\pi}{16} \cdot \frac{D^4 - d^4}{D} \cdot \tau_{t1}$$

Damit erhält man für den Spannungsanstieg

$$\frac{\tau_{t1}}{\tau_t} = \frac{D^4}{D^4 - d^4} = \frac{1}{1 - (\frac{d}{D})^4}$$

$\frac{d}{D} =$	0,1	0,2	0,3	0,4	0,5	0,6	0,7	0,8	0,85	0,9	0,95
$\frac{\tau_{t1}}{\tau_t} =$	1	1,0016	1,008	1,026	1,067	1,149	1,316	1,694	2,09	2,91	5,4

02.13 Beanspruchung auf Knicken

Lange, schlanke Stäbe, die auf Druck beansprucht werden, können unter Einwirkung der Druckkraft ausknicken. Die Kraft, bei der ein solches Knicken eintritt, ist die *Knickkraft* F_k. Man errechnet sie, solange die *Proportionalitätsgrenze* nicht überschritten wird, mit der Formel

$$F_k = \frac{\pi^2 EI}{l_k^2}$$

E Elastizitätsmodul
I kleinstes Trägheitsmoment des Querschnitts
l_k Knicklänge

Die freie *Knicklänge* richtet sich nach der Führung bzw. Einspannung der Stabenden und nach der tatsächlichen Länge l des auf Knickung beanspruchten Stabes. Es werden vier Fälle unterschieden (Bild 02.43):

1. Ein Stabende eingespannt, das andere frei beweglich: $l_k = 2l$
2. Beide Stabenden frei gelagert, in der Achse geführt: $l_k = l$
3. Ein Stabende eingespannt, das andere frei in der Achse geführt: $l_k = 0,707\, l$
4. Beide Stabenden eingespannt und in der Achse geführt: $l_k = 0,5\, l$

Ausknicken erfolgt bei der *Knickspannung* σ_k

$$\sigma_k = \frac{F_k}{A} = \frac{\pi^2 EI}{l_k^2 \cdot A}$$

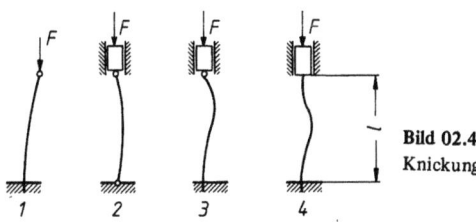

Bild 02.43 Knickung

Mit den Abkürzungen

Trägheitsradius $i = \sqrt{\frac{I}{A}}$ und

Schlankheitsgrad $\lambda = \frac{l_k}{i}$

erhält man

$$\sigma_k = \frac{\pi^2 E}{\lambda^2}$$

Trägheitsradien i einiger Querschnitte sind in Tafel 02.7 enthalten.

Die Gleichung gilt nur für Schlankheitsgrade, die größer sind als

$$\lambda_p = \pi \sqrt{\frac{E}{\sigma_{-P}}}.$$

λ_p Grenzschlankheitsgrad
σ_{-P} Druckspannung an der Proportionalitätsgrenze für Druck

Grenzschlankheitsgrade:

St 37 $\quad\lambda_p = 105$
St 50, St 60 $\quad\lambda_p = 89$
Nickelstahl $\quad\lambda_p = 86$
Grauguß $\quad\lambda_p = 80$
Nadelholz $\quad\lambda_p = 100$

Für alle Schlankheitsgrade $\lambda < \lambda_p$ können die Knickspannungen nach Tetmajer berechnet werden. Es gelten die Zahlenwertgleichungen mit σ_k in N/mm².

St 37 $\quad\sigma_k = 310 - 1,14 \cdot \lambda$
St 50, St 60 $\quad\sigma_k = 335 - 0,62 \cdot \lambda$
Nickelstahl $\quad\sigma_k = 470 - 2,30 \cdot \lambda$
Grauguß $\quad\sigma_k = 776 - 12 \cdot \lambda + 0,053 \cdot \lambda^2$
Nadelholz $\quad\sigma_k = 29,3 - 0,194 \cdot \lambda$

Sicherheit gegen Knicken:

$$\nu = \frac{\sigma_k}{\sigma_{d\,vorh}}$$

Es gilt $3 \leq \nu \leq 6$ mit wachsendem Schlankheitsgrad im Eulerbereich.
Für die Tetmajer-Formeln gilt $4 \geq \nu \geq 2$ mit fallendem Schlankheitsgrad.

Beispiel: Eine Kolbenstange aus St 50 hat einen Durchmesser d = 95 mm. Die Länge zwischen Kolben und Kreuzkopf beträgt l = 2300 mm. Wie groß darf die maximale Kolbenkraft bei vierfacher Knicksicherheit sein?
Es liegt Knickfall 2 vor: Freie Lagerung an beiden Enden
$l_k = l$ = 2300 mm.
Schlankheitsgrad

$$\lambda = \frac{l_k}{i} = \frac{l_k}{d/4} = \frac{2300 \text{ mm} \cdot 4}{95 \text{ mm}} = 96{,}8 > \lambda_p$$

$$\sigma_{d\,zul} = \frac{\sigma_k}{\nu} = \frac{\pi^2 \cdot E}{\lambda^2 \cdot \nu} = \frac{\pi^2 \cdot 2{,}1 \cdot 10^5 \text{ N/mm}^2}{96{,}8^2 \cdot 4} = 55{,}3 \frac{\text{N}}{\text{mm}^2}$$

$$\underline{F_{max}} = A_{vorh} \cdot \sigma_{d\,zul}$$
$$= \frac{\pi}{4} d^2 \cdot \sigma_{d\,zul} = \frac{\pi}{4} \cdot (95 \text{ mm})^2 \cdot 55{,}3 \frac{\text{N}}{\text{mm}^2} = \underline{392 \text{ kN}}$$

02.14 Zusammengesetzte Beanspruchung

Die Grundbeanspruchungen Zug, Druck und Schub sowie Biegung und Verdrehung kommen in der Praxis nur selten alleine vor, meistens sind es Überlagerungen von mehreren Beanspruchungsarten.

Einteilung: In der Schnittfläche treten auf
1. nur Normalspannungen als Überlagerung von Zug bzw. Druck mit Biegung oder von Biegungen in verschiedenen Ebenen,
2. nur Schubspannungen als Überlagerung von Schub und Verdrehung,
3. Normal- und Schubspannungen zugleich als Überlagerung von
   Zug bzw. Druck mit Schub
   Zug bzw. Druck mit Verdrehung
   Biegung mit Verdrehung.

Zweiachsige Biegung mit Längskraft

$$\sigma_{res} = \frac{F}{A} + \frac{M_{bx}}{I_x} \cdot y + \frac{M_{by}}{I_y} \cdot x$$

F Druck- oder Zugkraft in Stabrichtung
M_{bx} Biegemoment um die x-Achse
M_{by} Biegemoment um die y-Achse
x, y Hauptachsen des Querschnitts

Sonderfälle:
$F = 0$ Zweiachsige Biegung
$M_{bx} = 0$ Einachsige Biegung um die y-Achse mit Längskraft
$M_{by} = 0$ Einachsige Biegung um die x-Achse mit Längskraft

Schub und Verdrehung

$$\tau_{max} = \tau_s + \tau_t \qquad \tau_{min} = \tau_s - \tau_t$$

Normal- und Schubspannungen

Treten Normal- und Schubspannungen gleichzeitig auf, wird eine *Vergleichsspannung* ermittelt. Für die Vergleichsspannung stehen vier Hypothesen zur Verfügung:

Normalspannungshypothese

$$\sigma_v = 0{,}5\,\sigma + 0{,}5 \cdot \sqrt{\sigma^2 + 4(\alpha_0 \cdot \tau)^2}$$

Dehnungshypothese

$$\sigma_v = 0{,}35\,\sigma + 0{,}65 \sqrt{\sigma^2 + 4(\alpha_0 \cdot \tau)^2}$$

Schubspannungshypothese

$$\sigma_v = \sqrt{\sigma^2 + 4(\alpha_0 \cdot \tau)^2}$$

Hypothese der größten Gestaltsänderungsarbeit

$$\sigma_v = \sqrt{\sigma^2 + 3(\alpha_0 \cdot \tau)^2}$$

α_0 Anstrengungsverhältnis

$$\alpha_0 = \frac{\sigma_{zul}}{\varphi \cdot \tau_{zul}}$$

φ Korrekturfaktor
$\varphi = 1$ für Normalspannungshypothese
$\varphi = 1{,}3$ für Dehnungshypothese
$\varphi = 2$ für Schubspannungshypothese
$\varphi = 1{,}73$ für Hypothese der größten Gestaltsänderungsarbeit

Im Normalfall wird gesetzt:
$\alpha_0 = 1$ wenn für die Normalspannung und für die Schubspannung der gleiche Belastungsfall gilt
$\alpha_0 = 0{,}7$ wenn für die Normalspannung und für die Schubspannung nicht der gleiche Belastungsfall gilt (z.B. Biegung wechselnd, Torsion ruhend).

Für die Berechnung von Wellen, die auf Biegung und Verdrehung beansprucht werden, findet die Hypothese der größten Gestaltsänderungsarbeit Anwendung:

$$\sigma_v = \sqrt{\sigma_b^2 + 3(\alpha_0 \cdot \tau_t)^2} \leq \sigma_{b\,zul}$$

Mit $\sigma_b = \frac{M_b}{W}$ und $\tau_t = \frac{M_t}{W_p} = \frac{M_t}{2W}$ wird

$$\sigma_v = \frac{1}{W} \sqrt{M_b^2 + \tfrac{3}{4}(\alpha_0 \cdot M_t)^2} \leq \sigma_{b\,zul}$$

Vergleichsmoment

$$M_v = \sqrt{M_b^2 + \tfrac{3}{4}(\alpha_0 \cdot M_t)^2}$$

$$\sigma_v = \frac{M_v}{W} \leq \sigma_{b\,zul}$$

Das Widerstandsmoment für den Kreisquerschnitt ist $W = \frac{\pi}{32} \cdot d^3$. Damit ergibt sich für den erforderlichen Wellendurchmesser

$$d_{erf} \geq \sqrt[3]{\frac{32 \cdot M_v}{\pi \cdot \sigma_{b\,zul}}}.$$

02.15 Schrifttum

[02.1] *Holzmann / Meyer / Schumpich:* Technische Mechanik
Teil 1   Statik, 4. Auflage 1977
Teil 2   Kinematik und Kinetik, 4. Auflage 1979
Teil 3   Festigkeitslehre, 4. Auflage 1979
Teubner, Stuttgart.

[02.2] *Böge, A.:* Mechanik und Festigkeit, Vieweg Verlag, Braunschweig, 17. Auflage 1979.

[02.3] *Böswirth, L.* und *Schüller, O.:* Beispiele und Aufgaben zur Technischen Strömungslehre, Vieweg Verlag, Braunschweig 1979.

[02.4] *Roloff, H.* und *Matek, W.:* Maschinenelemente, Vieweg Verlag, Braunschweig, 7. Auflage 1976.

[02.5] *Taubert, O.:* Schallschutz im Schiffbau, Handbuch der Werften XIV, Schiffahrtsverlag Hansa, Hamburg 1978.

[02.6] *Borgmann, R.* u.a.. Einführung in die Lärmmeßtechnik, R. Oldenbourg Verlag, München 1977.

[02.7] Stahl im Hochbau, Verlag Stahleisen, Düsseldorf, 14. Auflage 1979.

Hauptabschnitt 03

Schwingungen

Dipl.-Ing. *P. Mester*, Ritterhude

03.1 Formelzeichen, Einheiten und Normen

a	Schwingbeschleunigung	mm/s²
c	Federkonstante	N/mm
D	Lehrsches Dämpfungsmaß	—
d	Dämpfungskonstante	kg/s
E	Elastizitätsmodul	N/mm²
F	Kraft	N
f	Frequenz	Hz
G	Gleitmodul	N/mm²
g	Fallbeschleunigung	m/s²
H	Polabstand im Krafteck	mm
I	Flächenmoment 2. Grades (Flächenträgheitsmoment)	m⁴
J	Massenmoment 2. Grades (Massenträgheitsmoment)	kg/m²
l	Länge	m, mm
M_d	Drehmoment	Nm
m	Masse	kg
n	Drehzahl	min⁻¹
q	Schwingungsauslenkung allgemein	grd, mm
T	Periodendauer	s
t	Schwingungsdauer	s
u	Schwingungsauslenkung der Erregung	grd, mm
V	Verzerrungsfunktion	—
v	Schwingschnelle	mm/s
x	Amplitude der Auslenkung	mm
$\hat{x}$	Scheitelwert der Auslenkung	mm
$\dot{x}$	Schwingschnelle	mm/s
$\ddot{x}$	Schwingbeschleunigung	mm/s²
y	Auslenkung	mm
α	Einflußzahl für Durchbiegungen	m/N
ϑ	Logarithmisches Dekrement	—
η	Frequenzverhältnis	—
λ	Verhältnis von Kurbelradius zur Pleuellänge	—
μ	Massenbelegung	kg/mm
ρ	Dichte	kg/m³
τ	Eigenzeit	—
ψ	Phasenverschiebungswinkel	grd, rad
φ	Drehschwingungsausschlag	grd, rad
$\dot{\varphi}$	Drehschwingungsschnelle	grd/s, rad/s
$\ddot{\varphi}$	Drehschwingungsbeschleunigung	grd/s², rad/s²
Ω	Kreisfrequenz der Erregung	s⁻¹
ω	Kreisfrequenz	s⁻¹

Indizes

d	gedämpft
eff	effektiv
F	Fundament
f	Feder
G	Lagergehäuse
H	Hydrodynamik
kin	kinetische
krit	kritische
max	maximal
osz	oszillierend
p	polar
pot	potentielle
red	reduziert
rot	rotierend
RMS:	englisch Effektivwert
stat	statische Größen
0	ungedämpfte
$\hat{}$	Scheitelwerte

Wichtige Normen und Richtlinien

DIN 1311	Schwingungslehre Blatt 1 … 3
VDI-Richtlinie 2056	„Beurteilungsmaßstäbe für mechanische Schwingungen von Maschinen"
VDI-Richtlinie 2057	„Beurteilung der Einwirkung mechanischer Schwingungen auf den Menschen"
ISO 3945	„Mechanical vibrations of large rotating machines with speed range from 10 to 200 rev/s."
ISO 2631	„Guide for the evaluation of human exposure to whole-body vibration"
SNAME REPORT C5:	„Acceptable Vibration of marine steam and Heavy-duty Gas Turbine Main and Auxiliary Machinery Plants"

03.2 Grundbegriffe

03.2.1 Definitionen

Schwingungen: Zeitliche Schwankungen von technisch-physikalischen Größen um einen Mittelwert.

Frequenz: Anzahl der Schwingungen pro Sekunde (Hz, s⁻¹)

Kreisfrequenz ω: $\omega = 2\pi \cdot f$ (s^{-1}) Winkelgeschwindigkeit der erzeugenden Kreisbewegung

Schwing(ungs)dauer T: $T = \frac{1}{f}$ (s) Dauer einer Schwingperiode

Eigenfrequenz bzw. **Eigenkreisfrequenz** f_0 bzw. ω_0: Frequenz, in der ein schwingungsfähiges System schwingt, nachdem es durch einen Impuls angeregt und anschließend sich selbst überlassen wurde. Die Anzahl der Eigenfrequenzen eines Systems hängt von der Anzahl der Massen ab.

Eigenschwingungsform: Darstellung der Schwingungsausschläge im Verlauf des Systems. Die verschiedenen Formen bezeichnet man der Reihe nach mit „*Grad*" und kennzeichnet sie mit römischen Ziffern.

Erregung: Auf ein System wirkende äußere Kraft.

Erregerfrequenz Ω: Wird ein System durch eine periodisch wirkende äußere Kraft dauernd angeregt, so schwingt es im eingeschwungenen Zustand mit der Frequenz dieser Erregung, d.h. mit der Erregerfrequenz weiter.

Schwingungsordnung: Bezug zur Betriebsdrehzahl, d.h. Anzahl der Impulse bzw. Schwingung je Umdrehung einer Maschinenwelle z.B. Propellerwelle.

Resonanz: Die Frequenz der Erregung stimmt mit einer der Eigenfrequenzen des zum Schwingen angeregten Systems überein.

Kritische Drehzahl: Resonanzdrehzahl. Drehzahl, bei der kritische Schwingungsausschläge in der Anlage auftreten.

Amplitude: Maximaler Schwingungsausschlag der schwingenden Größe, Scheitelwert $\hat{x}$ bzw. $\hat{\varphi}$ einer Sinusgröße x bzw. φ.

Phasenwinkel: Die zeitliche Verschiebung zweier gleicher Sinusschwingungen zueinander, z.B. Erregerfrequenz zur Frequenz des angeregten Systems.

03.2.2 Grundlagen

Schwingungsvorgänge lassen sich anschaulich im x, t-Bild graphisch darstellen (Bild 03.1). Der Ausschlag x wird auf der Ordinate und die Zeit t auf der Abszisse aufgetragen.

Die wichtigste und häufigste Schwingungsform ist die *Sinusschwingung* — auch *harmonische Schwingung* genannt. Es gilt für Sinusschwingungen:

$$x(t) = \hat{x} \cdot \sin \omega t.$$

Die in Natur und Technik vorkommenden Schwingungen folgen häufig diesem Gesetz. Sie lassen sich über den Ausschlag, die Schwinggeschwindigkeit (— schnelle) und die Beschleunigung mathematisch beschreiben. Der grundlegende Unterschied besteht in einer 90°-Phasenverschiebung der Kurvenverläufe zueinander (Bild 03.2).

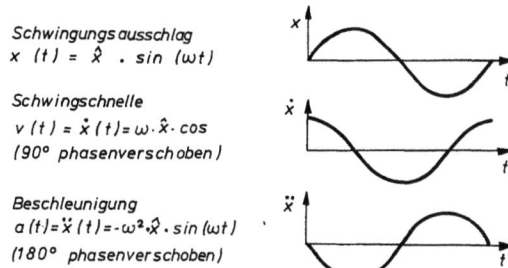

Schwingungsausschlag
$x(t) = \hat{x} \cdot \sin(\omega t)$

Schwingschnelle
$v(t) = \dot{x}(t) = \omega \cdot \hat{x} \cdot \cos$
(90° phasenverschoben)

Beschleunigung
$a(t) = \ddot{x}(t) = -\omega^2 \cdot \hat{x} \cdot \sin(\omega t)$
(180° phasenverschoben)

Bild 03.2 Phasenlage von Ausschlag, Schnelle und Beschleunigung

Wenn Schwingungen nicht sinusförmig verlaufen, dann kann man sie näherungsweise durch *Überlagerungen* beschreiben (Fourier).

Man unterscheidet *ungedämpfte*, *gedämpfte* und *angefachte Schwingungen* (Bild 03.3).

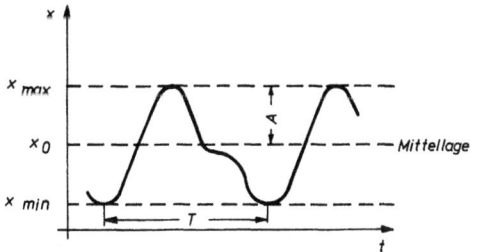

Bild 03.1 x, t-Bild einer periodischen Schwingung

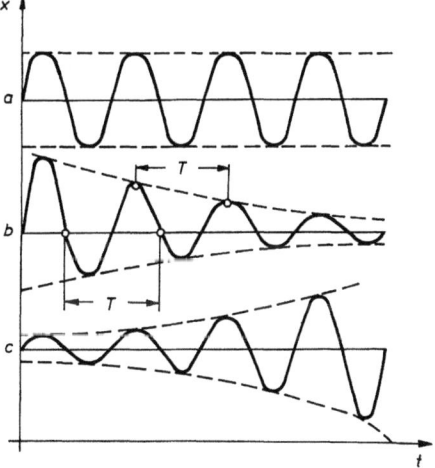

Bild 03.3 Ungedämpfte, gedämpfte und angefachte Schwingungen

a) *Ungedämpfte Schwingungen* haben konstante Ausschläge. (Diese Schwingungsart ist nur theoretisch möglich.)
b) *Gedämpfte Schwingungen* haben mit der Zeit abnehmende Schwingungsausschläge. Dem Schwingungssystem wird Energie entzogen. Häufigster Fall der Praxis.
c) *Angefachte Schwingungen*. Dem System wird Energie zugeführt und die Ausschläge werden mit der Zeit größer. Gefährlichste Schwingungsform in der Praxis.

Von *Schwebungen* spricht man bei der Überlagerung zweier harmonischer Schwingungen, deren Kreisfrequenz ω_1 und ω_2 nur wenig unterschiedlich sind (Bild 03.4). Für die Überlagerung gilt dann

$$x(t) = x_1(t) + x_2(t) = \hat{x}_1 \cdot \sin \omega_1 t + \hat{x}_2 \cdot \sin \omega_2 t;$$

$$\omega_m = \frac{1}{2}(\omega_1 + \omega_2); \quad \omega_d = \frac{1}{2}(\omega_1 - \omega_2).$$

Die mit der Frequenz $2 \cdot \omega_d$ erfolgende Schwankung der Ausschläge werden als Schwebung bezeichnet. Die Schwingung mit der Frequenz ω_m wird von einer Hüllkurve eingeschlossen, die ihrerseits periodisch verläuft ($\omega_s = 2 \cdot \omega_d$). Der Abstand der Hüllkurve von der Mittellage der Schwingung schwankt zwischen den Grenzen

$$|\hat{x}_1 - \hat{x}_2| \text{ und } \hat{x}_1 + \hat{x}_2.$$

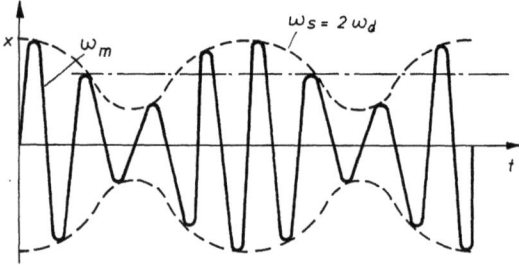

Bild 03.4 x, t-Bild für zwei überlagerte Schwingungen mit benachbarten Frequenzen (Schwebung)

Um verschiedene Typen von Schwingungen ordnen zu können, verwendet man i.a. folgende

Klassifizierungen:

1. Nach der Anzahl der *Freiheitsgrade*: das ist die Anzahl derjenigen Koordinaten, die für die eindeutige Beschreibung der Bewegung des Schwingers erforderlich sind.
2. Nach dem *Charakter* der beschreibenden *Differentialgleichung* werden lineare und nichtlineare Schwinger unterschieden. Reale Schwinger sind nicht exakt linear, sie lassen sich aber häufig innerhalb gewisser Grenzen durch lineare Systeme näherungsweise beschreiben.
3. Nach dem *Entstehungsmechanismus* der Schwingungen.
   Bei *Eigenschwingungen* − oder auch freien Schwingungen − wird der Schwinger nur einmal angestoßen und dann sich selbst überlassen. (Während der Schwingung kein Einfluß von außen.) *Beispiel*: Schwerependel; Berechnung mittels linear homogener Differentialgleichung 2. Ordnung.
   Selbsterregte Schwingungen haben eine Energiezufuhr aus einem Energiespeicher. *Beispiel*: Uhr mit gespannter Feder oder gehobenem Gewicht. Die Berechnung führt auf homgene nichtlineare Differentialgleichung. Bei den beiden genannten Schwingungen wird die Frequenz durch den Schwinger selbst bestimmt. Man spricht von *autonomen Systemen*.
   Heteronom werden parametererregte und erzwungene Schwingungen genannt. Ihnen wird die Frequenz durch äußere Einwirkung vorgegeben. Bei *parametererregten* Systemen wirkt sich die periodische Veränderung eines oder mehrerer Parameter aus. *Beispiel*: Fadenpendel, dessen Fadenlänge periodisch verändert wird.
   Erzwungene Schwingungen haben eine periodische äußere Störung. Das System schwingt mit der Erregerfrequenz. *Beispiel*: Erregung eines Maschinenfundamentes durch einen Motor. Die Differentialgleichungen sind stets inhomogen.
   Koppelschwingungen treten auf, wenn sich zwei oder mehrere Schwinger gegenseitig beeinflussen, oder ein Schwinger mehrere Freiheitsgrade besitzt.
4. Nach der *Schwingungsform* unterscheidet man anhand des x, t-Verhaltens des Schwingers Einige einfache typische Formen sind
   a) gleichförmige *Dreieckschwingung*
   b) *Sägezahnschwingung*
   c) *Trapezschwingung*
   d) *Rechteckschwingung*
   e) *Sinusschwingung*
5. Nach der *Bewegungsrichtung* unterscheidet man *Dreh-*, *Biege-* und *Längsschwingungen* sowie deren Kombinationen.

In der Praxis sind einfache rein harmonische Schwingungen selten. Im allgemeinen setzen sich Schwingungen aus vielen Frequenzen zusammen, die gleichzeitig wirken; es läßt sich aus dem Weg-Zeit-Diagramm nicht ohne weiteres ablesen, wie viele Komponenten vorhanden sind, und welche Frequenzen sie haben. Die verschiedenen Schwingungsanteile lassen sich sichtbar darstellen, indem die Schwingungsamplituden über der Frequenz aufgetragen werden (*Spektrogramm*) (Bild 03.5).

Grundbegriffe. Eigenschwingungen

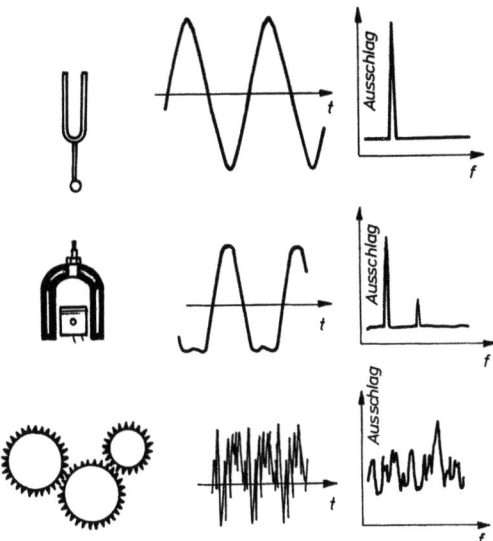

Bild 03.5 Frequenzspektrum unterschiedlicher Systeme

03.3 Eigenschwingungen

Eigenschwingungen sind Bewegungen eines sich selbst überlassenen Schwingers. Es findet ein ständiger Energieaustausch zwischen der potentiellen Energie und der kinetischen Energie statt.

03.3.1 Ungedämpfte Eigenschwingungen

Bei *ungedämpften* Schwingungen bleibt die ausgetauschte Energie im Verlauf der Bewegung erhalten (konservatives System). Typische Beispiele sind die Feder-Masse-Systeme nach Bild 03.6.
Für die statische Gleichgewichtslage gilt

$$G = m \cdot g = c \cdot x_{stat}.$$

Für Schwingungsbewegungen um die statische Gleichgewichtslage gilt

$$m \cdot \ddot{x} + c \cdot x = 0$$

bzw.

$$J \cdot \ddot{\varphi} + c_T \cdot \varphi = 0.$$

Die freie *Kreisfrequenz* ω, mit der sich diese Schwinger bewegen, ist

$$\omega^2 = \frac{c}{m} \text{ bzw. } \frac{c_T}{J}$$

und wird als *Eigenkreisfrequenz* ω_0 bezeichnet.
Mit dieser Bezeichnung erhält man die folgende lineare homogene Differentialgleichung 2. Ordnung mit konstanten Koeffizienten.

$$\ddot{x} + \omega_0^2 \cdot x = 0$$

bzw.

$$\ddot{\varphi} + \omega_0^2 \cdot \varphi = 0.$$

Die Bewegungsgleichung, die Schwingzeit und die Eigenkreisfrequenz weiterer klassischer Schwinger mit *einem* Freiheitsgrad, die auch *einläufiger Schwinger* genannt werden, sind in Tafel 03.1 dargestellt.
Für ungedämpfte Systeme gilt der
Erhaltungssatz der Energie

$$E_{kin} + E_{pot} = E_0.$$

Diese Beziehung läßt sich für ein einfaches mechanisches Beispiel (Bild 03.7) anschaulich darstellen, indem die Energie als Funktion der Auslenkung x aufgetragen wird.
Es gilt

$$E_{pot} = \frac{1}{2} c \cdot x^2$$

$$E_{kin} = \frac{1}{2} m \cdot \dot{x}^2$$

$$E_0 = \frac{1}{2} c \cdot x^2 + \frac{1}{2} m \cdot \dot{x}^2.$$

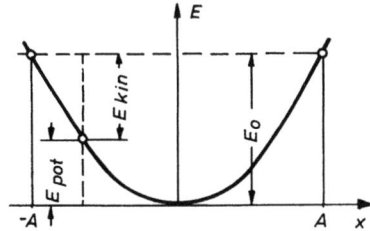

Bild 03.7 Energiediagramm für einen linearen ungedämpften Schwinger

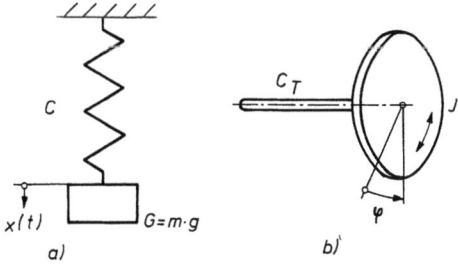
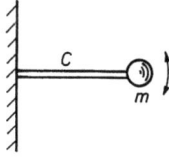

Bild 03.6
Einläufige, lineare, ungedämpfte Ersatzmodelle
a) mechanischer Längsschwinger
b) mechanischer Drehschwinger
c) mechanischer Biegeschwinger

Tafel 03.1

Schwinger/Bewegungsgl.	System	Schwingungszeit
Feder-Masse-Schwinger $m\ddot{x} + cx = 0$	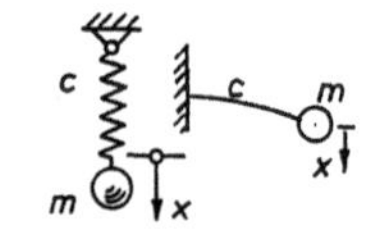	$T = 2\pi\sqrt{\dfrac{m}{c}}$ $\omega_0^2 = \dfrac{c}{m}$
Drehschwinger $J\ddot{\varphi} + c\varphi = 0$	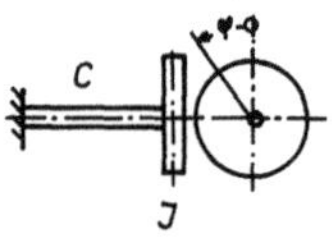	$T = 2\pi\sqrt{\dfrac{C}{J}}$ $\omega_0^2 = \dfrac{C}{J}$
Fadenpendel $ml^2\ddot{\varphi} + mgl\varphi = 0, \; \varphi \ll 1$	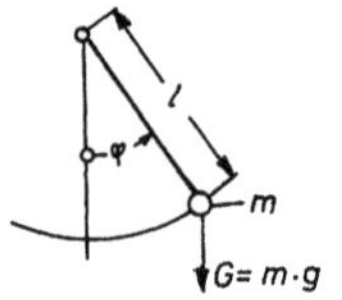	$T_0 = 2\pi\sqrt{\dfrac{l}{g}}$ $\omega_0^2 = \dfrac{g}{l}$
Körperpendel $J_D\ddot{\varphi} + mgs\varphi = 0, \; \varphi \ll 1$	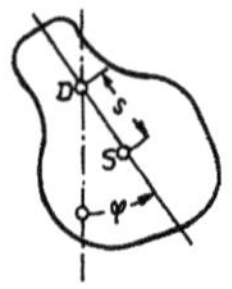	$T_0 = 2\pi\sqrt{\dfrac{J_D}{mgs}}$ $\omega_0^2 = \dfrac{mg \cdot s}{J_D}$
elektr. Schwingkreis $L\ddot{Q} + \dfrac{1}{C}Q = 0$	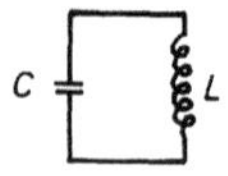	$T_0 = 2\pi\sqrt{LC}$ $\omega_0^2 = \dfrac{1}{LC}$
hydraul. Schwinger $l\ddot{x} + 2gx = 0$	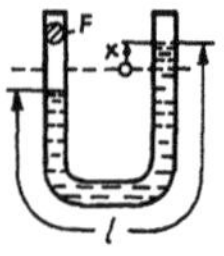	$T_0 = 2\pi\sqrt{\dfrac{l}{2g}}$ $\omega_0^2 = \dfrac{2g}{l}$

03.3.2 Gedämpfte Schwingungen

Alle physikalischen Systeme enthalten energieverzehrende Elemente: *Dämpfer*. Häufig vorkommende *Dämpfungen* (innere bzw. äußere) sind:

Reibungsdämpfung,
Werkstoffdämpfung,
hydraulische Dämpfung,
elektrischer Widerstand.

Man unterscheidet folgende Fälle von Reibungskräften:

1. *Festreibung* ist die Reibung zweier Körper gegeneinander, sie ist *unabhängig von der Geschwindigkeit*.
2. *Reibung proportional der Geschwindigkeit*. Sie tritt auf bei Reibung in zähen Flüssigkeiten sowie bei langsamen Bewegungen in Gasen, außerdem bei Wirbelstromdämpfung.
3. *Reibung proportional dem Quadrat der Geschwindigkeit*. Sie tritt bei hohen Geschwindigkeiten in Gasen und Flüssigkeiten auf.

Eigenschwingungen. Erzwungene Schwingungen

Bild 03.8
Feder-Masse-Schwinger
mit Dämpfer

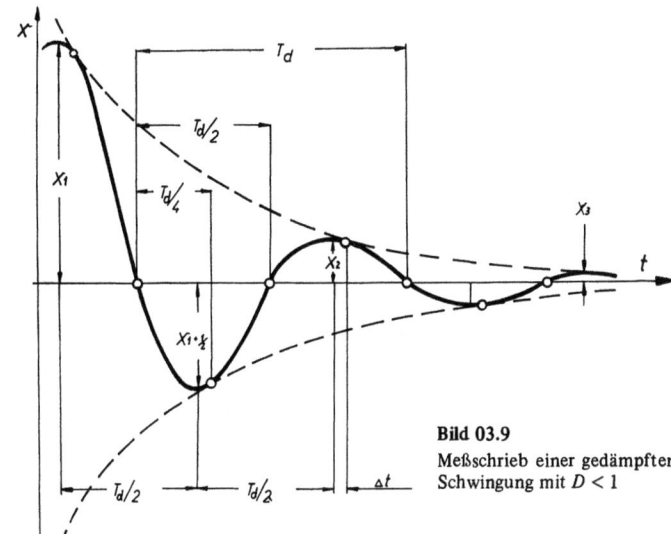

Bild 03.9
Meßschrieb einer gedämpften
Schwingung mit $D < 1$

Die der Geschwindigkeit proportionale Dämpfungskraft entspricht den meisten in der Praxis auftretenden Fällen und ist mathematisch am einfachsten zu behandeln. Auch dann, wenn diese Gesetzmäßigkeit nicht mehr streng gilt, erhält man gute Näherungslösungen.

Um die Bewegungsgleichung für *geschwindigkeitsproportionale Dämpfung* (z.B. Stoßdämpfer) zu ermitteln geht man von folgenden Überlegungen aus:
Die der Geschwindigkeit entgegengerichtete Dämpfungskraft beträgt

$$F_d = -d \cdot \dot{x}.$$

Das Kräftegleichgewicht (Bild 03.8)

$$F_m + F_d + F_f = 0$$

führt auf die lineare homogene Differentialgleichung

$$m\ddot{x} + d\dot{x} + cx = 0.$$

Die Einführung der dimensionslosen *Eigenzeit* $\tau = \omega_0 \cdot t$ und des *Lehrschen Dämpfungsmaßes D*

$$D = \frac{d}{2 \cdot m \cdot \omega_0} = \frac{d \cdot \omega_0}{2 \cdot c} = \frac{d}{2\sqrt{c \cdot m}}$$

liefert die normierte Bewegungsgleichung als Funktion der Eigenzeit τ

$$x'' + 2D \cdot x' + x = 0$$

mit nur noch einer Konstanten D.
Je nach dem Betrag des *Dämpfungsmaßes* werden drei Fälle unterschieden:

$D > 1$: Das System ist *stark* gedämpft. Keine Schwingung, d.h., der Bewegungsvorgang verläuft *aperiodisch* in Form einer Kriechbewegung.

$D = 1$: *Aperiodischer Grenzfall*. Die Bewegung verläuft als Kriechvorgang.

$D < 1$: Schwingungen mit *schwacher* Dämpfung. Der Ausschlag klingt nach einer e-Funktion ab.

Von technischem Interesse ist nur der Fall mit $D < 1$ (Bild 03.9).
Die Abstände zwischen den Extrema, den Berührungspunkten mit der Exponentialkurve sowie den Nulldurchgängen betragen jeweils $T_d/2$. Die Extrema sind gegenüber den Berührungspunkten nach den kürzeren Zeiten um Δt verschoben.
Die *gedämpfte Schwingungszeit* beträgt

$$T_d = \frac{T_0}{\sqrt{1-D^2}} = \frac{2\pi}{\omega_0\sqrt{1-D^2}}$$

und die entsprechende Eigenfrequenz

$$\omega_d = \omega_0\sqrt{1-D^2},$$

wobei $T_0 = \frac{2\pi}{\omega_0}$ die Schwingungszeit, bzw. ω_0 die Eigenkreisfrequenz der zugehörigen ungedämpften Schwingung ist; d.h., die gedämpften Schwingungen haben eine größere Schwingungszeit als die ungedämpften.

03.4 Erzwungene Schwingungen

Wird ein System von äußeren Kräften oder Momenten zu Schwingungen angeregt, so nennt man diese Schwingungen *erzwungen*. Die äußeren Kräfte heißen *Erregerkräfte*.
Man unterscheidet nach der *Form der Erregerfunktion*

die Einheits*sprung*erregung,
die Einheits*impuls*erregung,
die Erregung mit *beliebigem Zeitverlauf* und
die *harmonische* Erregung.

In der Schwingungspraxis ist die *periodische* Erregung, die durch ein harmonisches Zeitgesetz (Fourier-Analyse) beschrieben werden kann, besonders interessant.

Mit Rücksicht auf den Umfang des Kapitels muß im folgenden die Behandlung auf die *harmonische* Erregung als wichtigsten Fall für den Bordbetrieb beschränkt werden.

Nach der *Art der Erregung* werden unterschieden

a) *Kraft*erregung,
b) *Feder*krafterregung,
c) *Dämpferkraft*erregung,
d) *Massenkraft*erregung.

Wichtige darauf zurückgeführte charakteristische Fälle für einläufige Axialschwinger zeigt Bild 03.10.

Dem System wird die Schwingungsfrequenz der Fremderregung *aufgezwungen*, d.h., im eingeschwungenen Zustand schwingt das System mit der Erregerfrequenz Ω. Man bezeichnet diesen Schwingungsvorgang als *stationär*. Die erzwungene Schwingung eilt der erregenden Kraft um den Phasenwinkel ψ nach.

Für die harmonische Erregung gilt

$$F(t) = \hat{F} \cdot \cos \Omega t$$

mit Ω = Kreisfrequenz der Erregung
$\hat{F}$ = Amplitude der Erregung.

Die Bewegungsgleichung für die stationäre Schwingung lautet

$$m \cdot \ddot{x} + d \cdot \dot{x} + c x = \hat{F} \cdot \cos \Omega t.$$

Um die Allgemeingültigkeit dieser Gleichung herauszustellen, verwendet man auch für die Schwingungsausschläge die Bezeichnung $q(t)$, gleichgültig ob für rotatorische oder translatorische Bewegungen.

Entscheidend für die Praxis ist die Bestimmung der Amplitude und Phasenlage des Systems. Es besteht hier eine Abhängigkeit von der Art der Einleitung, der Intensität der Erregung sowie vom Verhältnis

$$\eta = \frac{\Omega}{\omega_0}$$

der Erregerfrequenz zur Eigenfrequenz des ungedämpften Systems.

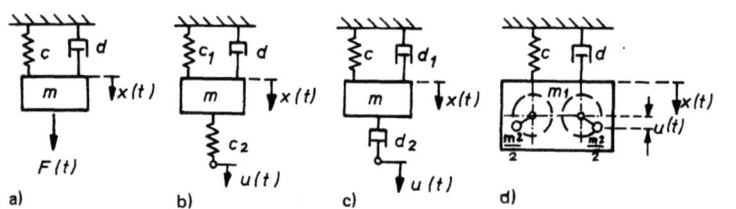

Bild 03.10 Typische Arten der Schwingungserregung

Tafel 03.2 Ersatzmodelle häufiger Erregungen für einfache Schwinger

Erregertyp	a) Krafterregung	b) Federkrafterregung	c) Dämpferkrafterregung	Feder- und Dämpferkrafterregung d) absolut	e) relativ	f) Unwuchterregung
Schwingungssystem	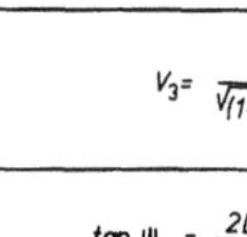	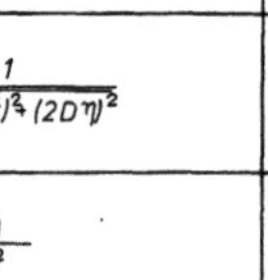	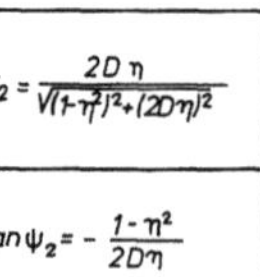	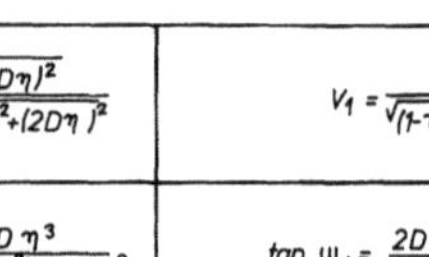	$r(t) = q(t) - u(t)$	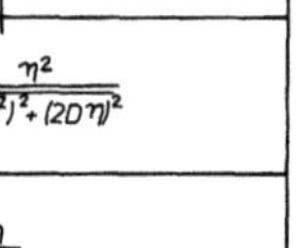
Erregung	$F(t) = \hat{F} \cos \Omega t$	$u(t) = \hat{u} \cos \Omega t$	$u(t) = \hat{u} \cos \Omega t$	$u(t) = \hat{u} \cos \Omega t$		$u(t) = \hat{u} \cos \Omega t$
Bewegungsgleichung	$m\ddot{q} + d\dot{q} + cq = F(t)$	$m\ddot{q} + d\dot{q} + (c_1 + c_2)q = c_2 u(t)$	$m\ddot{q} + (d_1 + d_2)\dot{q} + cq = d_2 \dot{u}(t)$	$m\ddot{q} + d\dot{q} + cq = d\dot{u}(t) + cu(t)$	$m\ddot{r} + d\dot{r} + cr = -m\ddot{u}(t)$	$(m_1 + m_2)\ddot{q} + d\dot{q} + cq = -m_2 \ddot{u}(t)$
Verzerrungsfunktion V	$V_3 = \dfrac{1}{\sqrt{(1-\eta^2)^2 + (2D\eta)^2}}$	$V_2 = \dfrac{2D\eta}{\sqrt{(1-\eta^2)^2 + (2D\eta)^2}}$	$V_{2,3} = \dfrac{\sqrt{1 + (2D\eta)^2}}{\sqrt{(1-\eta^2)^2 + (2D\eta)^2}}$		$V_1 = \dfrac{\eta^2}{\sqrt{(1-\eta^2)^2 + (2D\eta)^2}}$	
Phasennacheilwinkel ψ	$\tan \psi_3 = \dfrac{2D\eta}{1-\eta^2}$	$\tan \psi_2 = -\dfrac{1-\eta^2}{2D\eta}$	$\tan \psi_{2,3} = \dfrac{2D\eta^3}{1-\eta^2 + (2D\eta)^2}$		$\tan \psi_1 = \dfrac{2D\eta}{1-\eta^2}$	
stationäre Lösung	$q(t) = \dfrac{\hat{F}}{c} V_3 \cos(\Omega t - \psi_3)$	$q(t) = \alpha \hat{u} V_3 \cos(\Omega t - \psi_3)$	$q(t) = \alpha \hat{u} V_2 \cos(\Omega t - \psi_2)$	$q(t) = \hat{u} V_{2,3} \cos(\Omega t - \psi_{2,3})$	$r(t) = \hat{u} V_1 \cos(\Omega t - \psi_1)$	$q(t) = \alpha \hat{u} V_1 \cos(\Omega t - \psi_1)$
Abkürzung		$\alpha = c_2/(c_1 + c_2)$	$\alpha = d_2/(d_1 + d_2)$			$\alpha = m_2/(m_1 + m_2)$

Erzwungene Schwingungen

Die *Verzerrungsfunktion* V gibt an, um wieviel die Schwingungsamplitude des eingeschwungenen Systems gegenüber der Erregeramplitude vergrößert ist. Der Winkel ψ zeigt das Nacheilen der erzwungenen Schwingung gegenüber der Erregung an.
In Tafel 03.2 werden die Ersatzmodelle einiger typischer Erregerkonfigurationen mit den Bewegungsgleichungen und deren stationäre Lösungen dargestellt. Das Ersatzmodell in den Fällen d) und e) kann als Prototyp eines Schwingungsmeßgerätes angesehen werden, bei dem der Relativausschlag $r(t)$ der Masse gegenüber dem Gehäuse gemessen wird.
Bei der *Verzerrungsfunktion* haben sich folgende Bezeichnungen für die wichtigsten Erregerarten eingebürgert

V_1: Massenkrafterregung (Unwuchterregung),
V_2: Dämpferkrafterregung,
V_3: Federkrafterregung, Krafterregung,
$V_{1,2}$: kombinierte Massen- und Dämpferkrafterregung.
$V_{2,3}$: kombinierte Dämpfer- und Federkrafterregung.

Im allgemeinen wird V als Funktion des Frequenzverhältnisses η mit dem Lehrschen Dämpfungsmaß D als Parameter dargestellt.
Häufig wird auf der Abszisse die Hilfsgröße ζ verwendet, dabei gilt

$\zeta = \eta$ im Bereich $0 \leq \eta \leq 1$,

$\zeta = 2 - \dfrac{1}{\eta}$ im Bereich $1 \leq \eta$.

In den Bildern 03.11 bis 03.14 werden für stationäre Betriebszustände die Verläufe der Kurven V_1, V_2, $V_{1,2}$ und $V_{2,3}$ mit den entsprechenden Phasenwinkeln ψ dargestellt. Die gemeinsame Auftragung zweier Funktionen in den Bildern 03.11 und 03.12 ist möglich, weil

$V_1(\eta) = V_3\left(\dfrac{1}{\eta}\right)$ und $V_{1,2}(\eta) = V_{2,3}\left(\dfrac{1}{\eta}\right)$

Die Verzerrungsfaktoren V_1, V_2, $V_{1,2}$ und $V_{2,3}$ erreichen ihre Maximalwerte für $D > 0$ bei Frequenzverhältnissen η, die von 1 abweichen (Bilder 03.11 und 03.12).
Der häufig verwendete Begriff *„Resonanzfrequenz"* gilt nur für sehr kleine Dämpfungswerte, da die maximale Vergrößerung weder bei Übereinstimmung der Erregerfrequenz Ω mit der Eigenfrequenz ω_0 des ungedämpften Systems noch mit der des gedämpften Systems (ω_d) erreicht wird.
Es muß darauf hingewiesen werden, daß die angeführten Zusammenhänge nur für Schwingungsausschläge x gelten. Vielfach interessieren auch daneben die Schwinggeschwindigkeit $\dot{x}$ oder die Beschleunigung $\ddot{x}$, die sich beide durch Differenzieren von x gewinnen lassen.

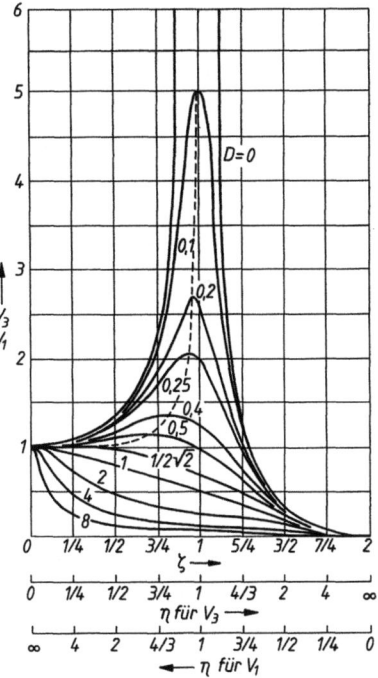

Bild 03.11 Verzerrungsfunktionen V_3 und V_1

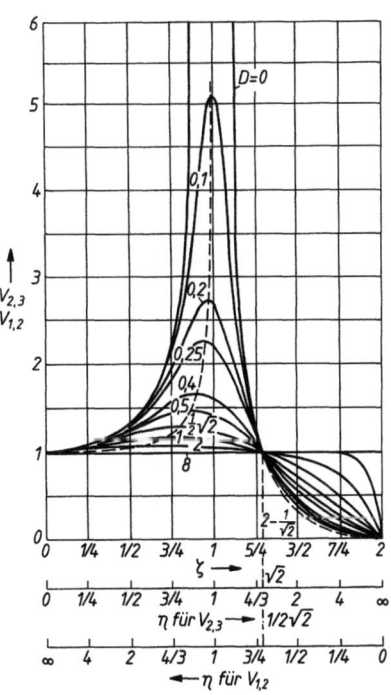

Bild 03.12 Verzerrungsfunktionen $V_{2,3}$ und $V_{1,2}$

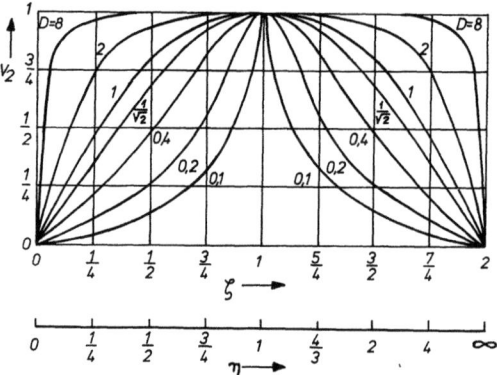

Bild 03.13 Verzerrungsfunktion V_2

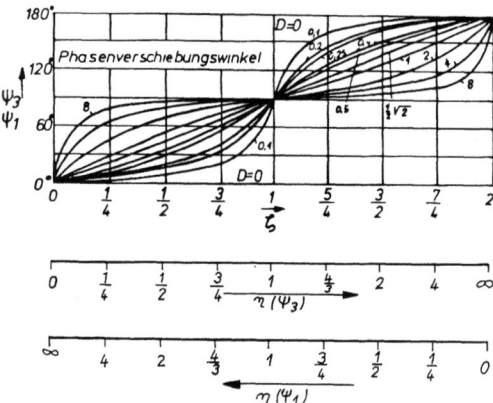

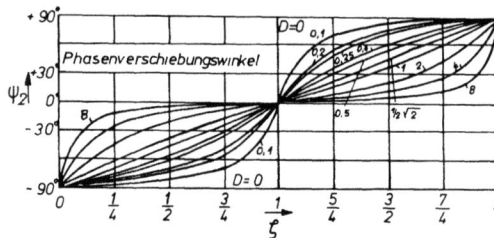

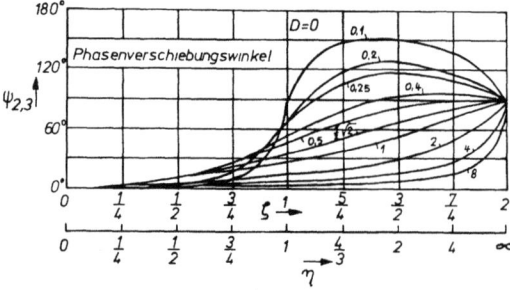

Bild 03.14 Phasennachteilwinkel $\psi_1, \psi_2, \psi_3, \psi_{2,3}$

03.5 Systeme mit zwei und mehr Freiheitsgraden

Die in der Technik vorkommenden Schwinger haben häufig mehrere Freiheitsgrade. Sie können dann in verschiedener Weise zu Schwingungen angeregt werden. Die verschiedenen möglichen Bewegungen werden sich nach Frequenz und Schwingungsform voneinander unterscheiden.

Bei gegenseitiger Beeinflussung dieser Schwingungen spricht man von *Kopplung*. Da die Anzahl der Möglichkeiten bei *Koppelschwingungen* außerordentlich groß ist, werden nur einige typische Beispiele angesprochen.

03.5.1 Freie Schwingungen mit zwei Freiheitsgraden

Ein System besitzt *zwei* Freiheitsgrade, wenn seine Bewegungen durch *zwei* Koordinaten als Funktion der Zeit eindeutig beschrieben werden können.

Wird das in Bild 03.15 skizzierte Schwingungssystem durch Auslenkung einer oder beider Massen angestoßen, dann treten gekoppelte Schwingungen auf. Ein System mit zwei Freiheitsgraden hat zwei Eigenschwingungszahlen.

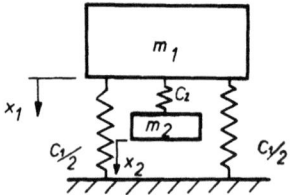

Bild 03.15 Schwingungssystem mit zwei Massen

Die Bewegungsgleichungen für das System lauten:
$$m_1 \ddot{x}_1 + x_1(c_1 + c_2) - c_2 x_2 = 0$$
$$m_2 \ddot{x}_2 - x_1 c_2 + c_2 x_2 = 0.$$

Der Ansatz
$$x_1 = \hat{x}_1 \cdot \sin \omega t$$
und
$$x_2 = \hat{x}_2 \cdot \sin \omega t$$

führt dann über die entsprechenden Ableitungen auf geordneten Bewegungsgleichungen
$$[(-m_1 \cdot \omega^2 + c_1 + c_2)\hat{x}_1 - c_2 \cdot \hat{x}_2] \sin \omega t = 0$$
$$[-c_2 \cdot \hat{x}_1 + (c_2 - m_2 \omega^2)\hat{x}_2] \sin \omega t = 0.$$

Diese homogenen Gleichungen haben nur dann eine nichttriviale Lösung, wenn ihre Determinante verschwindet.

$$D = \begin{vmatrix} c_1 + c_2 - m_1 \omega^2 & -c_2 \\ -c_2 & c_2 - m_2 \omega^2 \end{vmatrix} = 0.$$

Das führt auf die quadratische Gleichung:
$$(c_1 + c_2 - m_1 \omega^2)(c_2 - m_2 \omega^2) - c_2^2 = 0$$

Systeme mit zwei und mehr Freiheitsgraden

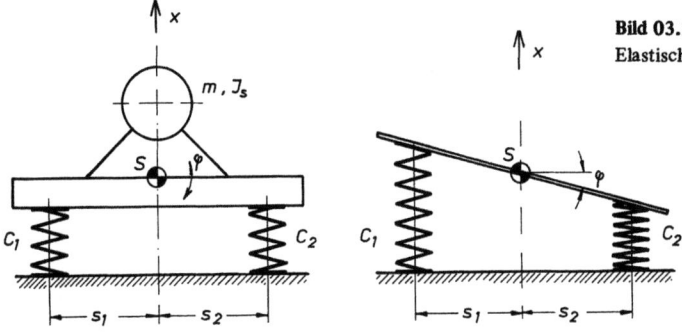

Bild 03.16 Elastisch gelagerte Fundamentplatte

mit der Auflösung

$$\omega_{I,II}^2 = \frac{1}{2}\left(\frac{c_1+c_2}{m_1}+\frac{c_2}{m_2}\right) \mp \sqrt{\frac{1}{4}\left(\frac{c_1+c_2}{m_1}+\frac{c_2}{m_2}\right)^2 - \frac{c_1 \cdot c_2}{m_1 m_2}}.$$

Setzt man

$$\omega_1^2 = \frac{c_1+c_2}{m_1} = \text{Eigenkreisfrequenz der Schwingung der Masse } m_1 \text{ bei festgehaltener Masse } m_2,$$

$$\omega_2^2 = \frac{c_2}{m_2} = \text{Eigenkreisfrequenz der Schwingung der Masse } m_2 \text{ bei festgehaltener Masse } m_1,$$

so ergeben sich die Eigenkreisfrequenzen $\omega_{I,II}$ des Koppelsystems

$$\omega_{I,II}^2 = \frac{1}{2}(\omega_1^2+\omega_2^2) \mp \sqrt{\frac{1}{4}(\omega_1^2+\omega_2^2)^2 - \frac{c_1 c_2}{m_1 m_2}}.$$

Die Eigenkreisfrequenzen der Teilsysteme ω_1 und ω_2 liegen zwischen den Eigenkreisfrequenzen ω_I und ω_{II} des Koppelschwingers

Ein weiteres, technisch interessantes und häufig auftretendes Beispiel ist die Kopplung von Dreh- und Vertikalbewegung einer elastisch gelagerten Fundamentplatte (Bild 03.16). Über Schwerpunkt- und Drallsatz ergeben sich für kleine Winkel φ die Bewegungsgleichungen

$$m \cdot \ddot{x} + c_1 (x+s_1 \cdot \varphi) + c_2 (x-s_2 \varphi) = 0,$$
$$J_s \cdot \ddot{\varphi} + c_1 \cdot s_1 (x+s_1 \cdot \varphi) - c_2 \cdot s_2 (x-s_2 \varphi) = 0.$$

Für die geordneten Bewegungsgleichungen

$$m \cdot \ddot{x} + (c_1+c_2) x + (c_1 \cdot s_1 - c_2 \cdot s_2) \cdot \varphi = 0$$
$$J_s \cdot \ddot{\varphi} + (c_1 s_1 - c_2 s_2) x + (c_1 \cdot s_1^2 + c_2 \cdot s_2^2) \varphi = 0$$

die in x und φ gekoppelt sind, erhält man über den Ansatz

$$x = \hat{x} \cdot \sin \omega t$$
$$\varphi = \hat{\varphi} \cdot \sin \omega t$$

$$\omega_x^2 = \frac{c_1+c_2}{m} \qquad \omega_\varphi^2 = \frac{c_1 \cdot s_1^2 + c_2 \cdot s_2^2}{J_s}$$

die zwei Eigenfrequenzen des Koppelsystems

$$\omega_{I/II}^2 = \frac{1}{2}(\omega_x^2+\omega_\varphi^2) \mp \sqrt{\frac{1}{4}(\omega_x^2-\omega_\varphi^2)^2 + \frac{(c_1 s_1 - c_2 s_1)^2}{J_s \cdot m}}.$$

Drehschwingungen lassen sich auf die gleiche Art behandeln wie die vorher beschriebenen Längsschwingungen. In einem sich selbst überlassenen Zweimassensystem (Bild 03.17) überlagert sich die Drehschwingung mit der gleichförmigen Drehung der Welle, die aber unberücksichtigt bleibt. Über die Bewegungsgleichung ($\Sigma M = 0$)

$$J_1 \cdot \ddot{\varphi}_1 + c_T \cdot (\varphi_1 - \varphi_2) = 0$$
$$J_2 \cdot \ddot{\varphi}_2 - c_T \cdot (\varphi_1 - \varphi_2) = 0$$

und den zuvor beschriebenen Weg ergibt sich die Frequenzgleichung

$$\omega^4 J_1 J_2 - \omega^2 \cdot c_T (J_1 + J_2) = 0$$

mit der Lösung

$$\omega^2 = c_T \cdot \left(\frac{1}{J_1}+\frac{1}{J_2}\right)$$

d.h., dieses Zweimassensystem hat nur *eine* von Null verschiedene Eigenkreisfrequenz.
Für die Verdrehwinkel gilt

$$\frac{\hat{\varphi}_1}{\hat{\varphi}_2} = -\frac{J_2}{J_1}$$

d.h., die Verdrehwinkel sind umgekehrt proportional den Trägheitsmomenten.

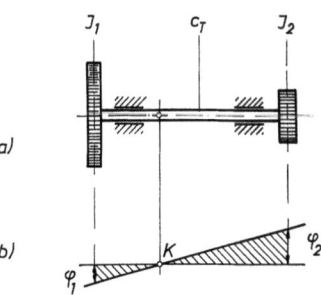

Bild 03.17 Drehschwingungen mit zwei Scheibenmassen

Die Verdrehwinkel haben entgegengesetzte Vorzeichen. Das bedeutet, es muß auf der Welle eine Stelle geben, deren Ausschlag dauernd Null ist. Diese Stelle nennt man *Schwingungsknoten*.

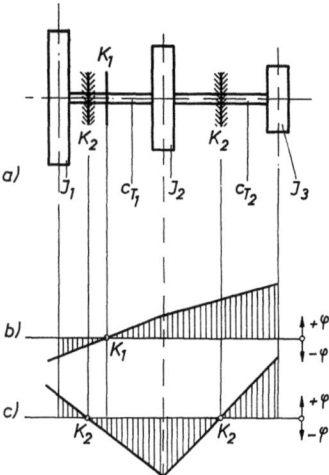

Bild 03.18 Drehschwingungen mit drei Scheibenmassen

Bei einem Dreimassensystem nach Bild 03.18 erhält man über die Bewegungsgleichungen und Frequenzgleichung *zwei* reelle Eigenkreisfrequenzen ω_I und ω_{II}.

$$\omega_{I,II}^2 = \frac{p}{2} \pm \sqrt{\frac{p^2}{4} - q}$$

mit

$$p = \frac{c_{T_1}}{J_1} + \frac{c_{T_1} + c_{T_2}}{J_2} + \frac{c_{T_2}}{J_3}$$

$$q = c_{T_1} \cdot c_{T_2} \cdot \frac{J_1 + J_2 + J_3}{J_1 \cdot J_2 \cdot J_3}.$$

Für die Amplituden der Verdrehwinkel gilt

$$\frac{\hat{\varphi}_1}{\hat{\varphi}_2} = \frac{c_{T_1}}{c_{T_1} - J_1 \cdot \omega_{I,II}^2}, \quad \frac{\hat{\varphi}_2}{\hat{\varphi}_3} = \frac{c_{T_2} - J_3 \cdot \omega_{I,II}^2}{c_{T_2}}.$$

Man erkennt, daß zwei Eigenschwingungsformen möglich sind: Die Grundschwingung mit einem Knoten (K_1) und die erste Oberschwingung mit zwei Knotenlagen (K_2). Schwinger dieser Form, d.h. Systeme, die sich selbst überlassen sind, haben bei n Massen stets $(n-1)$ Eigenfrequenzen und $(n-1)$ Eigenformen.

03.5.2 Erzwungene Schwingungen mit zwei Freiheitsgraden

Erzwungene Schwingungen eines Koppelschwingers sollen am Beispiel nach Bild 03.15 erklärt werden. Die Masse m_1 wird mit

$$F(t) = \hat{F} \cdot \sin \Omega t$$

von außen angeregt. Damit wird die vorher homogene Differentialgleichung inhomogen

$$m_1 \ddot{x}_1 + (c_1 + c_2) x_1 - c_2 \cdot x_2 = \hat{F} \cdot \sin \Omega t$$
$$m_2 \ddot{x}_2 - c_2 x_1 + c_2 x_2 = 0.$$

Wie bei den erzwungenen Schwingungen mit einem Freiheitsgrad kann man hier Lösungen erwarten, die die Periode der Erregung besitzen, d.h.,

$$x_1 = \hat{x}_1 \cdot \sin \Omega t$$
$$x_2 = \hat{x}_2 \cdot \sin \Omega t$$

Dieser Ansatz, eingesetzt in die obige Differentialgleichung, führt auf zwei Gleichungen für die beiden Amplitudenfunktionen

$$\hat{x}_1 = \hat{F} \cdot \frac{c_2 - \Omega^2 m_2}{(c_1 + c_2 - \Omega^2 m_1)(c_2 - \Omega^2 m_2) - c_2^2}$$

$$\hat{x}_2 = \frac{c_2}{c_2 - m_2 \Omega^2} \cdot \hat{x}_1.$$

Diese Amplitudenfunktionen haben dann Unendlichkeitsstellen (*Resonanz*), wenn die Nenner den Wert Null annehmen. Das sind gerade wieder die Eigenfrequenzen des Koppelsystems.
Die einzige vorhandene Nullstelle von x_1 liegt zwischen den beiden Unendlichkeitsstellen bei $\Omega^2 = \omega_2^2$.
Häufig ist es vorteilhaft, die Lösung in eine bestimmte „Normalform" zu bringen. Mit

$$x_1 = \frac{\hat{F}}{c_1} \cdot V_{x_1} \cdot \sin \Omega t$$

$$x_2 = \frac{\hat{F}}{c_1} \cdot V_{x_2} \cdot \sin \Omega t$$

erhält man die *Verzerrungskurve* (*Vergrößerungsfunktion*) in Abhängigkeit von der Erregerfrequenz (Bild 03.19). Geringe Dämpfung ändert den charakteristischen Verlauf nicht nennenswert.
Wesentlich hierbei ist, daß die erregende Kraft an der Masse m_1 angreift und diese Masse trotzdem in Ruhe verharren kann, wenn die Erregerfrequenz einen ganz bestimmten Wert (ω_2) besitzt. Diesen Effekt nutzt man bei der Konstruktion von *Schwingungstilgern* aus.

03.5.3 Mehrmassenschwinger und Kontinua

Bei Schwingungssystemen, die an den Enden festgehalten werden und n Massen haben, erhält man n Eigenfrequenzen und eine entsprechende Anzahl n Schwingungsformen. Man spricht von der *Grundschwingung*, der Schwingungsform mit der niedrigsten Eigenfrequenz, und den sogenannten *Oberschwingungen*. Die möglichen Schwingungsformen werden nach *Schwingungsgraden* geordnet (Bild 03.20).
Bei den bisher behandelten Beispielen wurde vorausgesetzt, daß sich die Massen *punktförmig konzen-*

Systeme mit zwei und mehr Freiheitsgraden

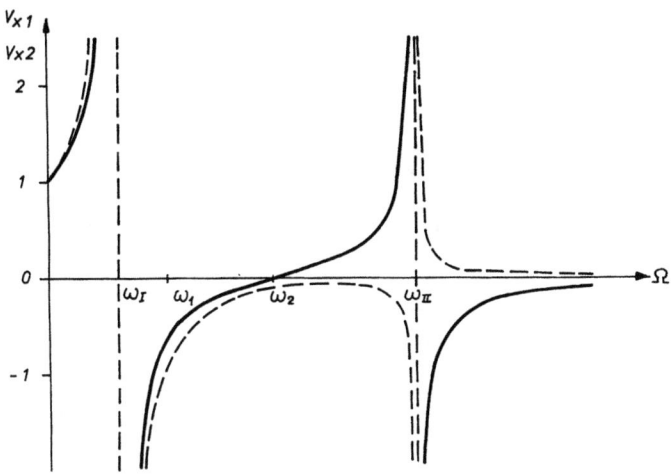

Bild 03.19
Verzerrungskurve des Zweimassensystems

1. Eigenform (I. Grad)
   (Grundschwingung)
   Eigenfrequenz f_1

2. Eigenform (II. Grad)
   Eigenfrequenz f_2
   $f_2 > f_1$

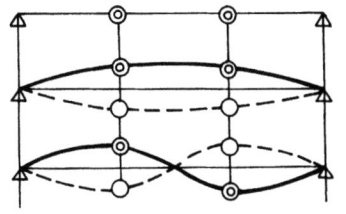

Bild 03.20
Schwingungsformen an einem
2-Massen-Biegeschwinger

Fall	Grundschwingung	1. Oberschwingung	2. Oberschwingung	3. Oberschwingung	4. Oberschwingung
1	C = 1,0	0,5 C = 4,0	0,333 / 0,667 C = 9,0	0,25 / 0,5 / 0,75 C = 16,0	0,2 / 0,4 / 0,6 / 0,8 C = 25,0
2	C = 2,267	0,5 C = 6,259	0,359 / 0,641 C = 12,241	0,278 / 0,5 / 0,722 C = 20,244	0,227 / 0,409 / 0,591 / 0,773 C = 30,15
3	C = 1,562	0,558 C = 5,07	0,385 / 0,691 C = 10,78	0,296 / 0,526 / 0,766 C = 18,05	0,235 / 0,429 / 0,616 / 0,810 C = 27,59
4	C = 0,356	0,774 C = 1,562	0,50 / 0,868 C = 6,259	0,356 / 0,644 / 0,904 C = 12,240	0,279 / 0,5 / 0,723 / 0,926 C = 20,244

Bild 03.21 Biegeschwingungsformen

triert darstellen lassen (sogenannte *diskrete Massenverteilung*). In der Technik gibt es jedoch zahlreiche Fälle, bei denen diese Betrachtung nicht möglich ist. Dann muß mit einer *kontinuierlich verteilten* Masse gerechnet werden (man spricht dann vom *Kontinuum*). Ein Kontinuum hat unendlich viele Freiheitsgrade, Eigenfrequenzen und Eigenformen. Im allgemeinen interessieren aber nur die niedrigsten Grade. Für den Fall eines beidseitig gelenkig gelagerten Trägers gilt für die Grundschwingung

$$\omega_0^2 = \frac{E \cdot I}{\mu} \left(\frac{\pi}{l}\right)^4,$$

wobei μ die Massenbelegung pro Meter bedeutet. Damit wird für diesen Fall die Eigenfrequenz

$$f_0 = \frac{\pi}{2 \cdot l^2} \sqrt{\frac{E \cdot I}{\mu}}.$$

Einige technisch interessante Biegeschwinger mit kontinuierlicher Massenverteilung zeigt Bild 03.21. Die Eigenfrequenzen der gezeigten Systeme erhält man, indem die Eigenfrequenz f_0 des zuvor beschriebenen Falles mit dem Faktor C multipliziert wird.

$$f = f_0 \cdot C.$$

03.6 Wichtige Verfahren zur Bestimmung von Eigenfrequenzen

Bei Antriebsanlagen spielt im allgemeinen die *Drehschwingungsbeanspruchung* gegenüber der Beanspruchung durch Biege- oder Längsschwingungen die weitaus größte Rolle.

03.6.1 Ersatzsystem

Um ein reales Schwingungssystem mit massebehafteten elastischen Wellen und zusätzlichen Massen der Rechnung zugänglich zu machen, führt man es auf ein vereinfachtes *Ersatzsystem* mit durchgehender Welle zurück. Das Ersatzsystem muß bezüglich seines Energiegehaltes dem realen System gleichwertig sein. Für die potentielle und kinetische Energie gilt:

$$E_{kin} = \frac{1}{2} J \cdot \omega^2 = \frac{1}{2} J_{red} \cdot \omega_{red}^2,$$

$$E_{pot} = \frac{1}{2} c \cdot \varphi^2 = \frac{1}{2} c_{red} \cdot \varphi_{red}^2.$$

Abgesetzte Wellen reduziert man auf einen rechnerisch einfach zu handhabenden Radius oder einen einheitlichen Lagerradius der Welle. Das Massenmoment 2. Grades (Massenträgheitsmoment) erhält man allgemein nach

$$J_s = \int r^2 \cdot dm$$

und für Schwerpunktachsen, die nicht in der Drehachse liegen, gilt

$$J_A = J_s + m \cdot a^2$$

mit a = Abstand zwischen Schwerpunktachse und Drehachse.

Erheblich umständlicher ist die Bestimmung des Massenträgheitsmomentes für das Ersatzsystem, das man anstelle eines Kurbeltriebes setzt. So wird z. B. eine Pleuelstange als Ersatzsystem mit zwei Punktmassen dargestellt, das folgende Bedingungen erfüllen muß:

- Schwerpunkt des Ersatzsystems wie bei der Pleuelstange,
- Summe der Einzelmassen gleich der Pleuelmasse,
- Massenträgheitsmoment bezogen auf die gleiche Drehachse muß gleich dem des Pleuels sein.

Der Bewegungsvorgang des Pleuels wird ferner noch in hin- und hergehende und rein drehende Bewegungsanteile zerlegt. Es gilt:

für die *Drehbewegung*

$$m_{s_{rot}} = \frac{m_s \cdot b}{l}$$

und für die *hin- und hergehende* Bewegung

$$m_{s_{osz}} = \frac{m_s \cdot a}{l}$$

m_s Masse der Pleuelstange
b Abstand zwischen Kurbelzapfenmitte und Schwerpunkt
a Abstand zwischen Kolbenbolzenmitte und Schwerpunkt
l Abstand der Mitten von Kolbenbolzen und Kurbelzapfen
r Kurbelradius

Die Trägheitswirkung der oszillierenden Massen bei Drehschwingungen ist von der Kurbelstellung abhängig. In der Praxis erhält man mit dem konstanten Mittelwert nach *Frahm*

$$J_{Ersatz} = J_{Kröpfung} + m_{s_{rot}} \cdot r^2 + \frac{1}{2}(m_{s_{osz}} + m_{Kreuzk} + m_{Kolbenst} + m_{Kolben}) \cdot r^2$$

gute Ergebnisse.

Bei Schiffspropellern gibt es die unterschiedlichsten Näherungsverfahren. Eine grobe Näherungsformel für die Berücksichtigung des *hydrodynamischen Massenträgheitsmomentes* ist

$$J_{Prop+Wasser} = J_{Prop}(1 + \alpha \cdot \rho_{Wasser}/\rho_{Prop.\,Bronze}),$$

wobei

$\alpha \approx 2-3$ und

$\rho_{Propeller\,Bronze} \approx 8{,}6 \cdot 1000$ kg/m^3.

Das Massenträgheitsmoment der Welle selbst wird auf die benachbarten Schwungmassen aufgeteilt.

Wichtige Verfahren zur Bestimmung von Eigenfrequenzen

Liegen keine Angaben über das Massenmoment 2. Grades (Massenträgheitsmoment) des Propellers vor, kann man sich mit folgender Schätzung helfen:

$$J_{Prop} \approx \frac{1}{4} k \cdot D^5 \quad \text{mit } D \text{ in m}.$$

Flügelblattform	Faktor k	
	Flügelzahl	
	3	4
schmal	14	16
breit	16	18

Das Massenträgheitsmoment von in der Praxis auftretenden unregelmäßigen Formen läßt sich auch zeichnerisch oder experimentell durch Pendelversuch ermitteln (s. Abschnitt 03.6).

Die *Drehfedersteifigkeit* einer Welle errechnet sich allgemein nach

$$c_T = \frac{G \cdot I_p}{L}$$

I_p polares Flächenmoment 2. Grades,
G Gleitmodul des Werkstoffes,
L Wellenlänge.

Die auf einen bestimmten Radius reduzierte Ersatzwelle hat bei gleichen Werkstoffen

$$l_{red} = \frac{I_{P_{red}}}{I_p} \cdot l.$$

Die reduzierten Längen l_{red} der einzelnen Wellenstücke können einfach addiert werden. Für eine vorher abgesetzte Welle gilt

$$l_{red} = \frac{I_{P_{red}}}{I_p} \cdot l_1 \ldots + \frac{I_{P_{red}}}{I_p} \cdot l_n.$$

Das ursprüngliche und das reduzierte Wellenstück haben die gleiche Steifigkeit.
Reduziert man die abgesetzte Welle des in Bild 03.22a dargestellten Beispiels auf den zweiten Durchmesser so erhält man das System nach Bild 03.22c und durch Reduktion auf den ersten Durchmesser das Bild 03.22d. Die Systeme sind gleichwertig und schwingen mit derselben Eigenfrequenz.
Bei Anlagen mit *Übersetzungsgetrieben* wird auf ein Ersatzsystem mit einer glatten durchgehenden Welle mit Einzeldrehmassen reduziert. Über die Energiebeziehung erhält man

$$i = \frac{r'}{r} = \frac{\omega}{\omega'} = \frac{n}{n'}$$

$$M_d' = M_d \cdot i$$
$$\varphi' = \varphi/i$$
$$J' = J \cdot i^2$$
$$c' = c \cdot i^2$$

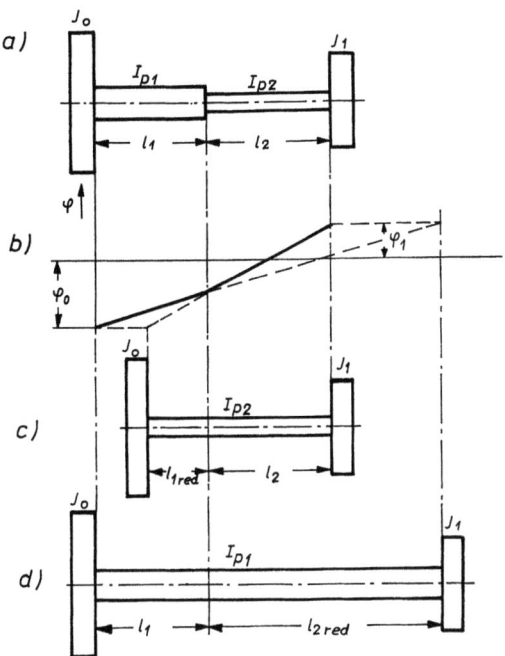

Bild 03.22 Reduktion eines Drehschwingersystems

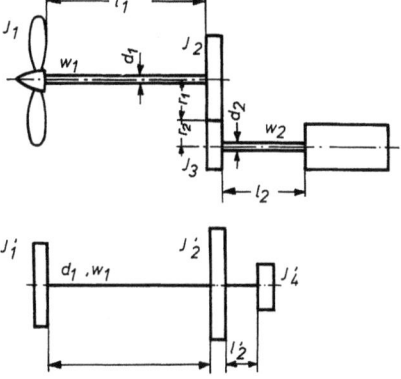

Bild 03.23 Reduzierungen auf die Abtriebswelle bei einer Anlage mit Übersetzung

Als Bezug wird gerne die Welle des angetriebenen Teils gewählt (z.B. Propeller). Reduziert auf Welle 1 gilt für das Beispiel in Bild 03.23

$$i = \frac{r_1}{r_2} = \frac{\omega_2}{\omega_1} = \text{Übersetzungsverhältnis}$$

$$J_1' = J_1 \quad J_2' = J_2 + J_3 \cdot i^2 \quad J_4' = J_4 \cdot i^2$$

$l_1' = l_1$ reduziert auf d_1 wird

$$l_{2\,red} = \left(\frac{d_{1\,red}}{d_2}\right)^4 \cdot \left(\frac{G_{red}}{G_2}\right) \cdot l_2.$$

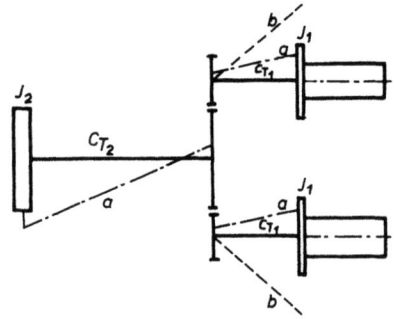

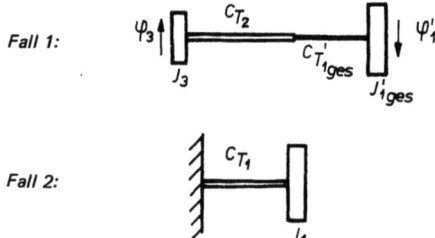

Bild 03.24 Vereinfachtes Drehschwingungsschema einer 2-Motorenanlage, die über ein Getriebe auf den Propeller wirkt.
a) Schwingungsform der gleichsinnigen Schwingung beider Motoren gegen den Propeller
b) Schwingungsform der gegeneinander schwingenden Motoren

und über die Übersetzung

$$l'_2 = l_{2\,\text{red}}/i^2 = \left(\frac{d_{1\,\text{red}}}{d_2}\right)^4 \cdot \left(\frac{G_{\text{red}}}{G_2}\right) \cdot l_2/i^2.$$

Bei *verzweigten Systemen*, wie z.B. 2-Motorenanlage, sind zwei unterschiedliche Schwingungsformen zu beachten (Bild 03.24).

Fall 1: Die beiden Zweige schwingen *gleichphasig*. Das tritt z.B. dann ein, wenn beide Motoren synchron zünden.

Fall 2: *Gegenphasig* schwingen die beiden Zweige z.B. dann, wenn die Motoren abwechselnd zünden.

In der Praxis treten diese beiden Grenzfälle so eindeutig nur selten auf. Im allgemeinen herrschen irgendwelche Zwischenzustände. Der Einfachheit halber sei das Massenmoment des Getriebes vernachlässigt.

Bei *symmetrischen* Anlagen kann man im Fall 1 die beiden Zweige zu einem Zweig mit doppelter Masse und doppelter Drehfedersteifigkeit zusammenfassen. Es gilt:

$$J'_{1\,\text{ges}} = J_{1\,\text{ges}} \cdot i^2$$
$$J_{1\,\text{ges}} = J_1 + J_1 = 2 \cdot J_1$$

und

$$c'_{T_1\,\text{ges}} = c_{T_1\,\text{ges}} \cdot i^2$$
$$c_{T_1\,\text{ges}} = c_{T_1} + c_{T_1} = 2 \cdot c_{T_1}.$$

Die Gesamtfederkonstante für das Ersatzsystem 1 ist damit

$$\frac{1}{c_{\text{ges}}} = \frac{1}{c_{T_2}} + \frac{1}{c'_{T_1\,\text{ges}}} = \frac{c'_{T_1\,\text{ges}} + c_{T_2}}{c_{T_2} \cdot c'_{T_1\,\text{ges}}}.$$

Daraus folgt

$$\omega^2 = c_{\text{ges}}\,\frac{1}{J_2} + \frac{1}{J'_{1\,\text{ges}}}$$

$$\omega = \sqrt{\frac{c_{T_2} \cdot c_{T_1}}{(2 \cdot c_{T_1} \cdot i^2 + c_{T_2})} \cdot \frac{(2 \cdot J_1 \cdot i^2 + J_2)}{J_1 \cdot J_2}}$$

Bei gegenphasiger Schwingung der Zweige (Fall 2) heben sich die Ausschläge im Getriebe gegenseitig auf; der Schwingungsknoten liegt im Getriebe. Es schwingen die beiden Zweige gegensinnig mit der Eigenfrequenz

$$\omega = \sqrt{\frac{c_{T_1}}{J_1}}.$$

Bei *asymmetrischen* verzweigten Anlagen ist ein erheblicher Rechenaufwand erforderlich und der Einsatz von elektronischen Rechenanlagen sinnvoll (*Holzer-Tolle-Verfahren*).

03.6.2 Berechnung von Dreheigenfrequenzen

Holzer-Tolle-Verfahren

Für Drehschwingungssysteme, die aus mehr als 3 Massen bestehen, wird die Aufstellung und Auswertung der Bewegungsgleichung und der entsprechenden Determinante zur Herleitung der Eigenfrequenzen recht umständlich, zeitraubend und unübersichtlich. Der Grundgedanke des rein numerischen *Holzer-Tolle-Verfahrens* besteht darin, daß aus dem Eigenwertproblem ein Anfangswertproblem gemacht wird. Das Verfahren basiert auf der Methode der Übertragungsmatritzen und wird bei der Rechnung mit elektronischen Rechenanlagen eingesetzt. In diesem Rahmen muß auf eine Herleitung verzichtet werden. Entsprechende einsatzfähige Programme mit den erforderlichen Beschreibungen sind weit verbreitet.

Baranow-Verfahren

Für Systeme mit nicht zu vielen Massen lassen sich die Eigenfrequenzen rasch und übersichtlich graphisch nach den Verfahren von *Kutzbach* und *Baranow* ermitteln. Das Verfahren von Baranow basiert auf dem Verfahren von Kutzbach, das ein n-Massensystem in Teilsysteme gleicher Eigendrehfrequenz aufspaltet. Während aber bei Kutzbach nur der exakte Wert der höchsten Frequenz erhalten

Wichtige Verfahren zur Bestimmung von Eigenfrequenzen

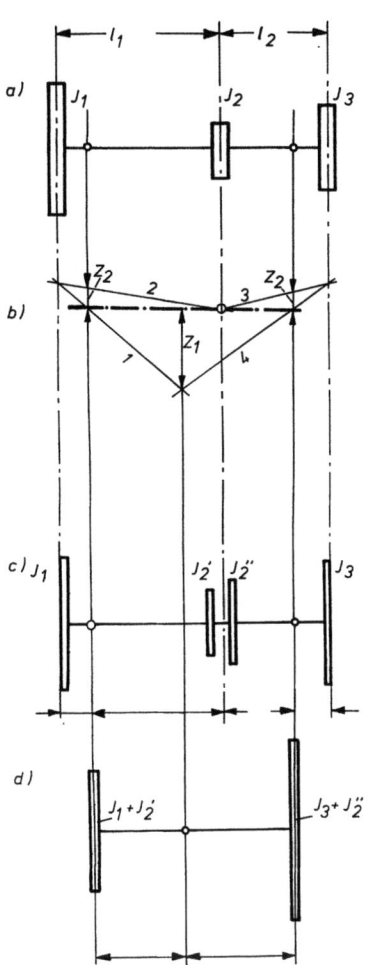

Bild 03.25
Baranow-Verfahren beim Dreimassensystem

wird, liefert das Verfahren von Baranow die richtigen Werte aller Eigenfrequenzen.

Für die *graphische* Ermittlung müssen die mechanischen Daten des Ersatzsystems in einem Maßstab als Strecke dargestellt werden. Das Ergebnis erscheint dann auch in der Form einer Strecke. Anhand des Dreimassensystems nach Bild 03.25 sei das Verfahren beschrieben:

1. Ersatzsystem zeichnen (a),

   Maßstab $m_L = b \, \dfrac{cm_w}{cm_z}$.

2. Massenträgheitsmomente J im Krafteck auftragen (e),

   Maßstab $m_J = a \, \dfrac{kgm^2}{cm}$.

   Polabstand H so wählen, daß die aus der Statik bekannte Figur des Kraftecks mit den Linien 1, 2, 3 und 4 entsteht.

3. Durch Parallelverschiebung der Linien 1, 2, 3 und 4 das Seileck (b) konstruieren.

4. Durch den Schnittpunkt der Linien 2 und 3 die Gerade „a" so ziehen, daß zwischen den Seilstrahlen 1 und 2 bzw. 3 und 4 gleiche vertikale Abstände Z_2 entstehen. Sie sind ein Maß für die höchste Eigenfrequenz der zweiknotigen Schwingung.

$$\omega_{II}^2 = \frac{G \cdot I_p}{Z_2 \cdot H \cdot m_L \cdot m_J}$$

mit G als Gleitmodul und J_p als Flächenmoment 2. Grades.

Es gilt $J_1 \cdot l_1' = J_2' \cdot l_1'' = J_2'' \cdot l_2' = J_3 l_2''$.

5. Gerade „a" parallel ins Krafteck übertragen. Dort J_2 in J_2' und J_2'' aufteilen, um die Teilsysteme mit den Massenmomenten

   $(J_1 + J_2')$ und $(J_3 + J_2'')$

   zu erhalten. Es sind Teilsysteme gleicher Eigenfrequenz, die aus dem ursprünglichen Dreimassensystem hervorgegangen sind.

6. Um auch die Grundschwingungen mit einem Knoten zu erhalten, werden die Massenmomente $(J_1 + J_2')$ in K_2' und $(J_3 + J_2'')$ in K_2'' vereinigt. Das so gebildete neue Zweimassensystem ist in (d) dargestellt. Es gilt

$$\omega_I^2 = \frac{G \cdot I_p}{Z_1 \cdot H \cdot m_L \cdot m_J}.$$

03.6.3 Biegeeigenfrequenzen von rotierenden Wellen

Das Verhalten einer umlaufenden Welle mit aufgesetzten Scheiben kann hier nur in elementarer Form beschrieben werden. Um Schwerkrafteinflüsse auszuschalten wird eine senkrechte Welle betrachtet, bei der eine aus Fertigungstoleranzen herrührende Restexzentrizität des Schwerpunktes S um das Maß e

als Erregung wirkt. Für freie *Biegeschwingungen der Welle* ist die Eigenkreisfrequenz

$$\omega_0^2 = \frac{c}{m}.$$

Mit freier Auflagerung der Welle und mittiger Anordnung der Masse ist dann die Federkonstante

$$c = \frac{48 \cdot E \cdot I}{l^3}.$$

Bei einer mit der Kreisfrequenz Ω umlaufenden Welle ist der Zusammenhang zwischen Fliehkraft F und Auslenkung y

$$F = m\,(e+y) \cdot \Omega^2 = c \cdot y.$$

Daraus folgt

$$y = \frac{m \cdot e \cdot \Omega^2}{c - m \cdot \Omega^2}.$$

Einsetzen der Eigenkreisfrequenz führt dann auf

$$y = \frac{e \cdot \Omega^2}{\omega_0^2 - \Omega^2} = e\,\frac{\eta^2}{1 - \eta^2}$$

mit dem Frequenzverhältnis $\eta = \frac{\Omega}{\omega_0}$. Wenn die Eigenkreisfrequenz des ungedämpften Systems ω_0 gleich der Drehfrequenz Ω wird, dann besteht Resonanz. Wird aber $\Omega > \omega_0$, d.h., $\eta > 1$, dann wird y negativ und der Schwerpunkt S nähert sich der Verbindungslinie beider Lager. Es tritt eine *„Selbstzentrierung der Welle"* ein, sie läuft wieder ruhiger.

Die horizontale Lagerung einer Welle führt im Ruhezustand zu einer statischen Durchbiegung y_{stat} der Welle durch Einwirkung der Masse m (für die Eigenmasse der Welle ist ein Zuschlag erforderlich)

$$y_{\text{stat}} = \frac{G}{c} = \frac{m \cdot g}{c}.$$

Über die Biegeeigenkreisfrequenz des ungedämpften Systems

$$\omega_0 = \sqrt{\frac{c}{m}} = \sqrt{\frac{g}{y_{\text{stat}}}}$$

erhält man mit y_{stat} in cm die kritische Drehzahl

$$n_{\text{krit}} \approx \frac{300}{\sqrt{y_{\text{stat}}}}.$$

Für die bisher nicht berücksichtigten Wellenmassen m_W erhöht man für die Bestimmung der Eigenkreisfrequenz die Masse wie folgt

$$m' = m + m_W \cdot \frac{17}{35}$$

$$m' = m + m_W \cdot \frac{33}{140}$$

Bei dieser Betrachtung ist die relativ geringe Erhöhung der kritischen Drehzahl durch *Kreiselwirkung* vernachlässigt.

Bestimmung der Biegeeigenfrequenz mit Hilfe der Einflußzahlen

Zur rechnerischen Ermittlung werden *Einflußzahlen* verwendet. Unter der Einflußzahl α versteht man die Durchbiegung an einer bestimmten Stelle die durch die Einheitskraft 1 N hervorgerufen wird.

$$y_{ik} = \alpha_{ik} \cdot F_k$$

Dabei bezeichnet der Index i die Stelle der Durchbiegung und k die Stelle des Kraftangriffes. Die Kraft F_1 bewirkt also an den Stellen I und II die Durchbiegungen

$$y_{11} = \alpha_{11} \cdot F_1 \text{ und } y_{21} = \alpha_{21} \cdot F_1.$$

Analog gilt für die Kraft F_2

$$y_{12} = \alpha_{12} \cdot F_2 \text{ und } y_{22} = \alpha_{22} \cdot F_2.$$

Für das Beispiel nach Bild 03.26 beträgt die statische Durchbiegung an den Stellen I und II

$$y_{\text{I}} = y_{11} + y_{12} = \alpha_{11} \cdot F_1 + \alpha_{12} \cdot F_2,$$

$$y_{\text{II}} = y_{21} + y_{22} = \alpha_{21} \cdot F_1 + \alpha_{22} \cdot F_2.$$

Die daraus entstehenden Fliehkräfte

$$F_{\text{I}} = m_1 \cdot y_{\text{I}} \cdot \Omega^2 \text{ und } F_{\text{II}} = m_2 \cdot y_{\text{II}} \cdot \Omega^2,$$

die Differentialgleichungen und die Frequenzdeterminante führen auf die biquadratische Gleichung

$$\Omega^4 - \frac{\alpha_{11} \cdot m_1 + \alpha_{22} \cdot m_2}{(\alpha_{11} \cdot \alpha_{22} - \alpha_{12}^2)\,m_1 \cdot m_2} \cdot \Omega^2 + \frac{1}{(\alpha_{11} \cdot \alpha_{22} - \alpha_{12}^2)\,m_1 m_2} = 0.$$

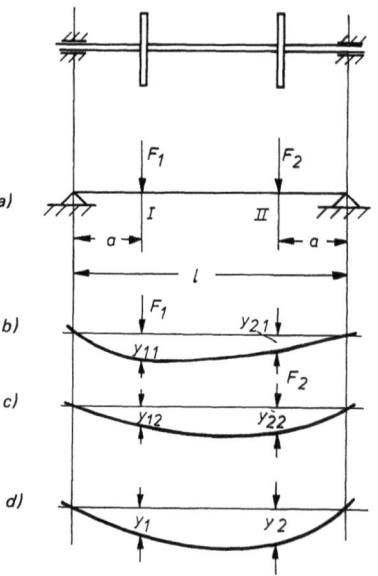

Bild 03.26 Biegeträger unter den Lasten F_1 und F_2

Die aus dieser biquadratischen Gleichung sich ergebenden Frequenzquadrate Ω_1^2 und Ω_2^2 liefern bereits die beiden biegekritischen Eigenkreisfrequenzen der mit zwei Scheibenmassen besetzten Welle.

Näherungsverfahren zur Bestimmung der tiefsten biegekritischen Drehzahl nach Dunkerley

Dieses Verfahren ist besonders für Überschlags- und Nachprüfungen geeignet. Die Ergebnisse liegen i.a. geringfügig (2 ... 10 %) unter den exakten Werten. Es gilt

$$\frac{1}{\omega_0^2} = \frac{1}{\omega_1^2} + \frac{1}{\omega_2^2} + \frac{1}{\omega_3^2} + \cdots \cdot \frac{1}{\omega_n^2}$$

mit ω_0 als kleinster Eigenkreisfrequenz des Gesamtsystems.
Für die in dem Mehrmassensystem enthaltenen „Einmassensysteme" setzt man:

$$\omega_1^2 = \frac{c_1}{m_1} = \frac{g}{y_1}, \quad \omega_2^2 = \frac{g}{y_2}, \ldots$$

Hierbei sind $y_1, y_2, \ldots y_n$ die Wellendurchbiegungen unter der entsprechenden Last, wenn die Welle der Reihe nach nur mit den Einzellasten belastet wird. Daraus folgt

$$\frac{1}{\omega_0^2} = \frac{y_1 + y_2 + y_3 + \ldots + y_n}{g} = \frac{\sum_{i=1}^{n} y_i}{g}$$

$$n_{\text{krit}} \approx \frac{300}{\sqrt{y_1 + y_2 + \ldots y_n}}$$

y in cm; n in min^{-1}.

Zeichnerisches Verfahren nach Mohr

Dieses Verfahren eignet sich besonders gut bei mehrfach abgesetzten Wellen. Mit ihm wird die elastische Durchbiegung der Welle infolge des Gewichtes der Laufräder und des Wellengewichtes zeichnerisch ermittelt. Die größte Durchbiegung $y_{\max}$ für die Bestimmung der niedrigsten kritischen Drehzahl verwendet:

$$n_{\text{krit}} \approx \frac{300}{\sqrt{y_{\max}}}$$

mit $y_{\max}$ in cm. Auch bei diesem Verfahren liegt die wirkliche Eigenfrequenz etwas höher.

Zeichnerisches Verfahren nach Stodola

Dieses Verfahren gibt etwas genauere Werte als das von Mohr. Voraussetzung für die Anwendung ist aber die Kenntnis des Mohrschen Satzes. Die Prinzipien des Verfahrens nach Stodola lauten:

1. Annahme einer elastischen Linie für die Welle (entsprechend der Wellenlagerung).
2. Für diese angenommenen Durchbiegungen werden mit einer willkürlich vorausgesetzten Winkelgeschwindigkeit ω die Fliehkräfte der Einzelmassen bestimmt.
3. Mit diesen Fliehkräften wird mit Hilfe des Mohrschen Satzes über Kräfteplan, Seileck usw. die neue Durchbiegung y' an den einzelnen Massen berechnet.
4. Diese neuen Auslenkungen $y_1', y_2', \ldots$ werden von den ursprünglich angenommenen Werten abweichen. Man wählt dann einen der neuen y'-Werte und bringt ihn mit den ursprünglichen y-Wert der entsprechenden Stelle in das Verhältnis

$$\omega' = \omega \sqrt{\frac{y}{y'}}.$$

Werden die übrigen Durchbiegungen im gleichen Verhältnis verändert, so müßte die so erhaltene „korrigierte" elastische Linie mit der angenommenen übereinstimmen, wenn richtig geschätzt worden ist. In diesem Fall ist ω' die tiefste Eigenkreisfrequenz der Welle.
5. Im allgemeinen weichen die Linien voneinander ab und das Verfahren wird mit der neuen elastischen Linie wiederholt. Eine mehr als zweimalige Wiederholung ist nur selten erforderlich, da das Verfahren sehr schnell konvergiert.

All diese Betrachtungen gehen davon aus, daß die Lagerungen *nicht* elastisch sind. Praktisch haben die Lager, bedingt durch Ölfilm und Abstützung, aber eine Elastizität, die häufig die tatsächliche Eigenfrequenz um bis zu 20 % gegenüber der errechneten mit starren Lagern reduziert.

03.6.4 Empirische Verfahren

Bestimmung des Massenmomentes 2. Grades (Massenträgheitsmomentes) durch Pendelversuch auf Rollenböcken

Es wird das Prinzip des *physikalischen Pendels* ausgenutzt.
Der zu untersuchende Körper, z.B. Propeller oder ein Rotor, muß ausgewuchtet sein. Er wird auf Rollenböcken mit geringer Reibung gelagert. Durch das Anbringen einer Zusatzmasse m_z kann man durch Anstoßen eine Pendelbewegung anregen, deren Schwingungsdauer T gemessen wird. Mit

$$T = 2\pi \sqrt{\frac{J_0}{m_z \cdot g \cdot r}}$$

und dem *Satz von Steiner*

$$J_0 = J_S + m_z \cdot r^2$$

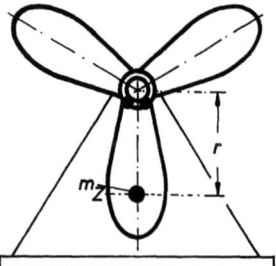

Bild 03.27 Aufbau eines Pendelversuches für die Bestimmung des Massenmomentes eines Propellers

gilt dann für das Massenmoment

$$J_s = m_z \cdot r \left[\frac{g}{(2\pi)^2} \cdot T^2 - r \right]$$

mit r in m; T in s.

Beispiel: Es soll das Massenmoment eines Propellers um seine Drehachse ermittelt werden.
Die Zusatzmasse $m_z = 1$ kg wird in einem Abstand $r = 450$ mm von der Drehachse angebracht. Zusammen mit dieser Zusatzmasse wird der Propeller leicht drehbar auf Rollenböcken gelagert (Bild 03.27).
Meßwerte:

Anzahl der Schwingungen	Zeit in s
3	15,4
5	25,3
10	52,2

Damit ist die mittlere Periodendauer

$T = 5{,}14$ s

und

$J_s = 1$ kg $\cdot$ 0,45 m $\cdot$ (0,2485 $\cdot$ 5,14^2 – 0,45)

$J_s = 2{,}752$ kgm^2.

Auspendeln an Hängeseilen (Bild 03.28)

Beim Auspendeln an Aufhängeseilen wird für kleine Auslenkungen der Einfluß der Anzahl und der Neigung der Seile durch zwei Messungen, einmal ohne und einmal mit Zusatzmasse, kompensiert.

Ohne Zusatzmasse $T_1 = 2\pi \sqrt{\dfrac{J_s}{c}}$,

mit Zusatzmasse $m_z \approx (0{,}05 \ldots 0{,}1) \cdot m$

$$T_2 = 2\pi \sqrt{\frac{J_{ges}}{c}}$$

$J_{ges} = J_s + 2 \cdot m_z \cdot r^2$.

Damit ergibt sich

$$\frac{T_1^2}{T_2^2} = \frac{J_s}{J_s + 2 \cdot m_z \cdot r^2}$$

$$J_s = \frac{2 \cdot m_z \cdot r^2 \cdot T_1^2}{T_2^2 - T_1^2}.$$

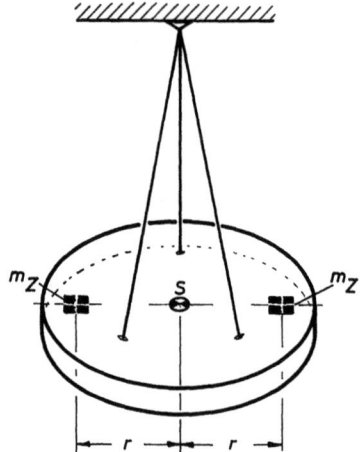

Bild 03.28 Hängependel an drei Seilen

Beispiel: Bestimmung des Massenmomentes eines Gebläserades
Ohne Zusatzmasse wurden gemessen

Schwingungen	t in s	
10	17,4	
20	34,5	$T_1 = 1{,}725$ s
30	51,7	

Mit Zusatzmasse $m_z = 1$ kg, $r = 200$ mm

10	18,5	
20	36,5	$T_2 = 1{,}83$ s
30	55,5	

$$J_s = \frac{2 \cdot 1 \text{ kg} \cdot 0{,}2^2 \text{m}^2 \cdot 1{,}725^2 \text{s}^2}{1{,}83^2 - 1{,}725^2 \text{ s}^2}$$

$J_s = \underline{0{,}638 \text{ kg m}^2}$.

Ermittlung der Daten eines Pleuels durch Wägung und Pendeln

a) Bestimmung des Massenschwerpunktes durch Wägen (Bild 03.29)

$L \cdot B = G_{Pl} \cdot a$

$a = \dfrac{B}{G} \cdot L = \dfrac{32 \text{ dN}}{48 \text{ dN}} \cdot 0{,}69$ m

$a = \underline{0{,}46 \text{ m}}$

$b = L - a = 0{,}69$ m $-$ 0,46 m $= 0{,}23$ m

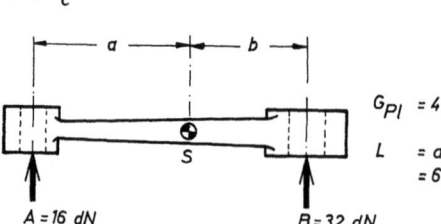

$G_{Pl} = 48$ dN

$L = a + b$
$= 690$ mm

Bild 03.29 Schwerpunktbestimmung durch Wägung

Wichtige Verfahren zur Bestimmung von Eigenfrequenzen

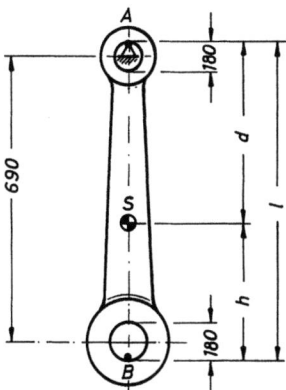

Bild 03.30 Schwerpunktsbestimmung durch Pendel

Bestimmung des Massenschwerpunktes durch Pendeln (Bild 03.30)

Das Pleuel wird einmal um Punkt „A" und dann um Punkt „B" pendeln gelassen. Mit

$$\frac{\pi^2}{g} \approx 1 \text{ gilt } d = \frac{l \cdot (T_A^2 - 4l)}{T_A^2 + T_B^2 - 8l}$$

Meßergebnisse:

um A		um B	
Anzahl der Schwingungen	t in s	Anzahl der Schwingungen	t in s
10	15,5	10	16,5
20	31,8	20	33,2
30	45,6	30	50,1

$T_A = 1{,}55$ s $\qquad T_B = 1{,}665$ s

$$d = \frac{0{,}82 \, (1{,}55^2 - 4 \cdot 0{,}82)}{1{,}55^2 + 1{,}665^2 - 8 \cdot 0{,}82} \text{ m}$$

$d = 0{,}515$ m

Bestimmung des Massenmomentes 2. Grades durch Pendeln ($m_s = 48$ kg)

$$J_s = \frac{T_A^2}{4 \cdot \pi^2} \cdot m_s \cdot g \cdot d - m_s \cdot d^2$$

$$J_s = \left(\frac{1{,}55^2}{4 \cdot \pi^2} \cdot 48 \cdot 9{,}81 \cdot 0{,}515 - 48 \cdot 0{,}515^2 \right) \text{ kgm}^2$$

$J_s = 1{,}855$ kgm^2

Empirische Bestimmung der Dämpfung

Das *logarithmische Dekrement* ϑ ergibt sich aus dem Verhältnis zweier aufeinanderfolgender Maxima eines x, t-Diagrammes, die von der Mittellage aus gesehen auf derselben Seite liegen (s. Bild 03.9).

$$\vartheta = \frac{2\pi D}{\sqrt{1 - D^2}} = \ln\left(\frac{x_n}{x_{n+1}}\right).$$

Aus dem logarithmischen Dekrement läßt sich das *Dämpfungsmaß nach Lehr* errechnen

$$D = \frac{\vartheta}{\sqrt{4\pi^2 + \vartheta^2}}$$

für $D \ll 1$ gilt $D = \frac{\vartheta}{2\pi}$.

Für die Praxis bietet sich die graphische Auswertung, eine Auftragung der Maxima auf halblogarithmischem Papier, an (Bild 03.31)

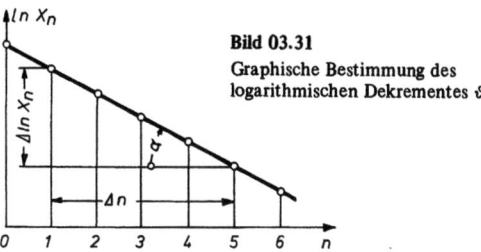

Bild 03.31 Graphische Bestimmung des logarithmischen Dekrementes ϑ

$$\vartheta = \frac{\ln x_1 - \ln x_{n+1}}{n} = \frac{1}{n} \cdot \ln \frac{x_1}{x_{n+1}} = \tan \alpha.$$

Will man ϑ aus Messungen zweier auf verschiedenen Seiten von der Mittellage aufeinanderfolgender Maxima bestimmen, dann gilt

$$\vartheta = 2 \cdot \ln \left| \frac{x_n}{x_{n+1/2}} \right|.$$

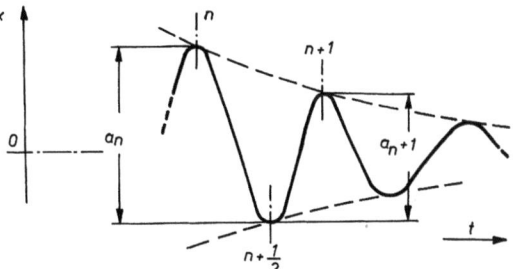

Bild 03.32 Meßschrieb einer gedämpften Schwingung ohne Gleichgewichtslage

Auf Maßschrieben fehlt im allgemeinen die Gleichgewichtslage. In diesem Fall wertet man die Abstände der Extrema a_n und a_{n+1} aus (Bild 03.32):

$$\vartheta = 2 \cdot \ln \frac{a_n}{a_{n+1}}.$$

Liegt die Resonanzkurve eines Systems mit einer oder mehreren Amplitudenüberhöhungen vor (Bild 03.33), dann bietet sich das Verfahren der $\sqrt{2}$-Methode für die Ermittlung der Dämpfung an.
Um eine gegenseitige Beeinflussung auszuschließen müssen die Maxima genügend weit auseinander

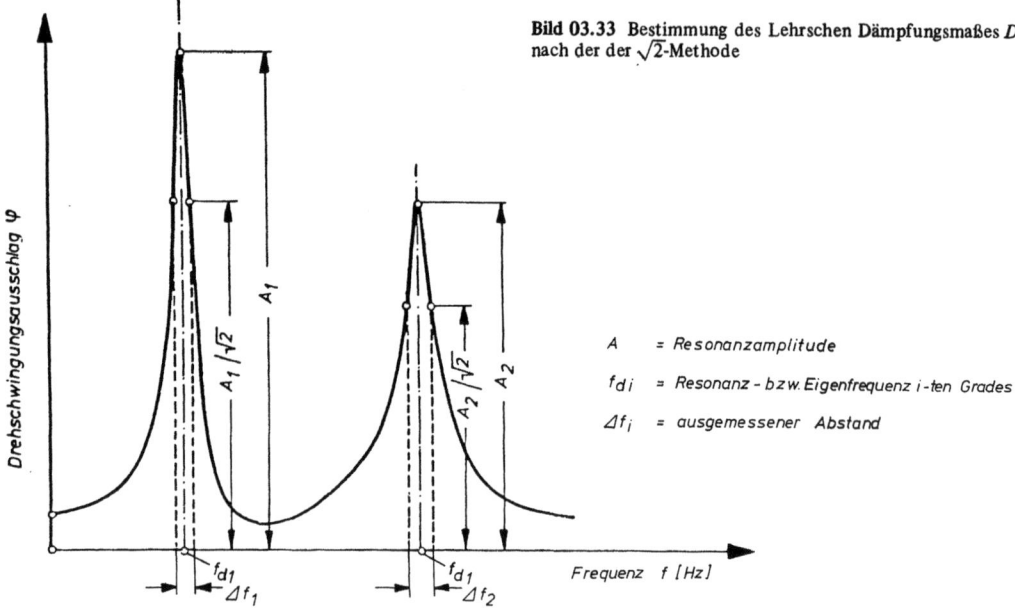

Bild 03.33 Bestimmung des Lehrschen Dämpfungsmaßes D nach der der $\sqrt{2}$-Methode

A = Resonanzamplitude
f_{di} = Resonanz- bzw. Eigenfrequenz i-ten Grades
Δf_i = ausgemessener Abstand

liegen. Das Lehrsche Dämpfungsmaß (Tafel 03.3) errechnet sich dann aus

$$D = \frac{\Delta f}{2 \cdot f_d}.$$

Dabei ist Δf die Breite der gemessenen Resonanzkurve in der Höhe $A/\sqrt{2}$ und A die Resonanzamplitude bei der Resonanzfrequenz f_d.

Tafel 03.3: Dämpfungsfaktoren wichtiger Werkstoffe und Bauteile (Lehrsches Dämpfungsmaß D und log. Dekrement ϑ)

	D	ϑ
hochfester Stahl	0,00143	0,009
Maschinenstahl	0,000795	0,005
Grauguß	0,0183	0,115
Buchenholz	0,00795	0,05
Gummi	0,03...0,08	0,2...0,5
Stahlbrücken	0,0135	0,085
trägerlose Stahlbetondecke	0,0445	0,28

03.7 Schwingungen auf Schiffen

03.7.1 Schwingungsarten

An Bord von Schiffen handelt es sich im allgemeinen um die Schwingung

des Schiffsrumpfes,
der Aufbauten,
der Wellenleitungen,
der Antriebsmaschinen
und der einzelnen maschinenbaulichen Komponenten.

Schwingungen des Rumpfes

Bei den *Schwingungen des Rumpfes* interessieren vorwiegend die *vertikalen* und *horizontalen Biegeschwingungen* sowie die *Torsionsschwingungen*. Der Schiffskörper verhält sich als Gesamtsystem schwingungstechnisch wie ein freischwebender Balken, der durch stoßartige oder periodische Erregungen zu Schwingungen angeregt werden kann (Bild 03.34). Bei den Schwingungserscheinungen in den *Aufbauten* (Bild 03.35) handelt es sich im wesentlichen um Erregungen, die durch den Propeller oder durch freie Kräfte bzw. Momente des Motors verursacht werden. Ferner kommen Erregungen durch periodische Strömungsablösungen und durch Seegang infrage.
In den *Wellenleitungen* sind *Axial-, Biege-* und *Drehschwingungen* zu berücksichtigen. Verursacht werden diese Schwingungen ebenfalls durch Propellerkräfte oder freie Kräfte des Motors.
Bei den *Antriebsanlagen* sollte man zwischen Motoren und Turbinen unterscheiden. Wichtig bei Turbinenanlagen ist die Kenntnis des *Dreh-* und *Biegeschwingungsverhaltens*. Die hier auftretenden Erregungen sind relativ gering. Bei direktgetriebenen Propelleranlagen ermittelt man zusätzlich auch das *Axialschwingungsverhalten*. Die hier wirkenden Erregungen durch das ungleichförmige Moment und die freien Massenkräfte vom Motor sind beträchtlich und können zu erheblichen Beanspruchungen führen. Bei den einzelnen maschinenbaulichen Komponenten ist das gesamte Spektrum der genannten Schwingungserscheinungen zu betrachten.

Schwingungen auf Schiffen

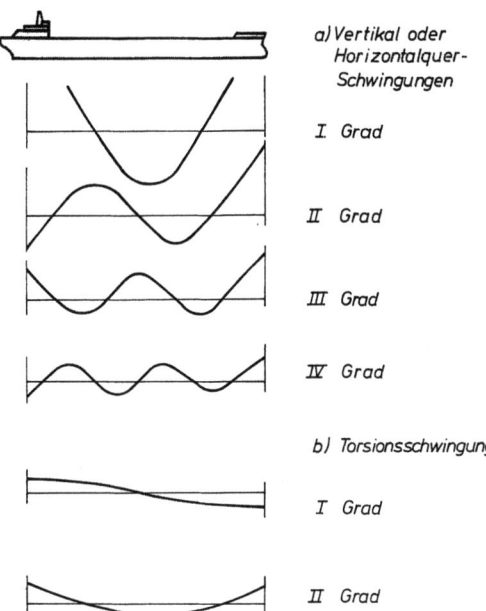

a) Vertikal oder Horizontalquer-Schwingungen

I Grad

II Grad

III Grad

IV Grad

b) Torsionsschwingung

I Grad

II Grad

Bild 03.34 Schwingungsgrade: Eigenschwingungsformen des Schiffes

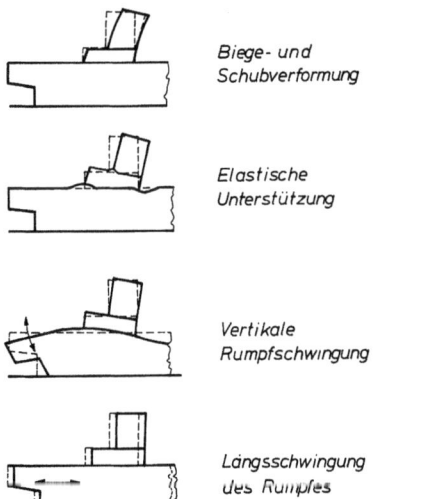

Biege- und Schubverformung

Elastische Unterstützung

Vertikale Rumpfschwingung

Längsschwingung des Rumpfes

Bild 03.35 Schwingungsarten der Schiffsaufbauten

Schwingungen in der Wellenleitung

Längsschwingungen in der Wellenleitung können durch Schubschwankungen des Propellers ($f_{err} = k \cdot z \frac{n}{60}$, wobei z die Flügelzahl und k die Ord-

nungszahl ist) und durch den Motor infolge der periodischen Deformationen der Kurbelkröpfungen angeregt werden. Diese Schwankungen werden über das Drucklager in den Schiffskörper bzw. in die Motor-Grundplatte eingeleitet.

Von besonderem Interesse sind Schwingungen, bei denen

- die Wellenleitung und die Kurbelwelle *gleichsinnig* oder
- die Wellenleitung und die Kurbelwelle *gegensinnig* schwingen.

Die *Federkonstante des Drucklagers* (c_D) setzt sich zusammen aus den Federkonstanten

des Schmierfilms (c_H),
des Lagergehäuses (c_G) und
des Fundamentes (c_F):

$$c_D = \frac{c_H \cdot c_G \cdot c_F}{c_F \cdot c_G + c_F \cdot c_H + c_G \cdot c_H}$$

Die Federkonstante c_F ist vom Drucklagerfundament sowie von der schiffbautechnischen Konstruktion im Bereich des Fundamentes abhängig.

Bei Getriebeanlagen haben die Drucklager häufig ein eigenes Fundament. In langsamlaufenden Großdieselmotoren ist das Drucklager i.a. in die Motor-Grundplatte integriert. Die rechnerische Berücksichtigung dieser elastischen Anbindung gestaltet sich schwierig, da die Elastizitäten von Lager und Ölfilm sowie die mitschwingenden Massen von Fundament und Schiffskörper nicht exakt zu erfassen sind.

Die *Biegeschwingungen* von Wellenleitungen werden i.a. durch den Propeller angeregt. Da der Propeller ein sehr großes Massenträgheitsmoment hat, muß seine *Kreiselwirkung (Whirl)* berücksichtigt werden. Es sind zu unterscheiden

- reine Biegeschwingung, d.h. stehende Welle,
- gleichsinniger Umlauf (Whirl) und
- gegensinniger Umlauf (Counter-Whirl).

Dabei wirkt die Kreiselwirkung des gleichsinnigen Umlaufes versteifend auf das System und erhöht damit die Eigenfrequenz gegenüber der reinen Biegeschwingung. Beim gegensinnigen Umlauf verringert sich die Eigenfrequenz dementsprechend mit steigender Drehzahl (Bild 03.36).

In der Literatur werden verschiedene Verfahren angeboten, die eine überschlägige Abschätzung der Biegeeigenfrequenz unter Berücksichtigung der Kreiselwirkung ermöglichen (Panagopulos, Jasper, Hayama). Alle diese Überschlagsverfahren berücksichtigen nicht die Drehzahlabhängigkeit und geben unterschiedliche Ergebnisse.

Die *Drehschwingungen* von Wellenleitungen werden durch Momentenschwankungen des Propellers oder des Motors angeregt. Die Momentenschwankung vom Propeller wird durch ungleichmäßige Zuströmbedingungen verursacht. Beim Motor können zu

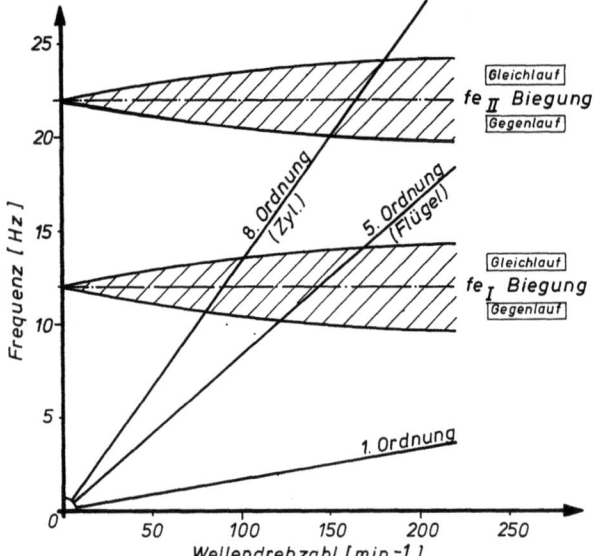

Bild 03.36
Frequenzdiagramm für Biegeschwingungen einer Wellenleitung unter Berücksichtigung der Kreiselwirkung (Whirl)

den normalen Drehmomentenschwankungen die Störungen durch ungleiche Zünddrücke der einzelnen Zylinder oder sogar durch Ausfall eines Zylinders hinzukommen. Die Wechselmomente durch solche Störungen können das mittlere Antriebsmoment überschreiten und bei Getriebeanlagen das „Zahnhämmern" verursachen. Auch die Beanspruchung der elastischen Kupplungen kann beim Auftreten dieser Störungen kritisch werden.

Während die Drehschwingungen sich ausschließlich in dem System Motor-(Getriebe)-Wellenleitung-Propeller abspielen und nicht auf den Schiffskörper einwirken, ergeben sich bei Längsschwingungen dadurch andere Verhältnisse, daß über das Propellerdrucklager periodische Erregungen auf den Schiffskörper übertragen werden.

03.7.2 Schwingungserregungen

Erregung durch Propeller

Die durch den *Propeller* erregten periodischen Kräfte sind zu unterteilen in

- Kräfte am Propeller selbst. Diese Kräfte werden über Welle, Lager, Maschine und Fundamente in den Schiffskörper übertragen.
- Oberflächenkräfte. Sie wirken durch periodische Druckschwankungen auf die Schiffsaußenhaut.

Es handelt sich in beiden Fällen um periodische Kräfte, deren harmonische Komponenten die Kreisfrequenzen

$$\omega = k \cdot z \cdot \omega_{\text{Welle}}$$

haben. Dabei ist k eine ganze positive Zahl und z die Flügelzahl des Propellers. Die Ursache für die auf den Propeller selbst wirkenden Kräfte liegt in den Zuströmbedingungen zum Propeller, der Umgebung des Propellers sowie in der endlichen Flügelzahl des Propellers.
Über die Wechselwirkung zwischen Schiff und Propeller ist nur wenig bekannt.
Es liegen diverse theoretische Verfahren zur Berechnung dieser Kräfte vor, die aber alle bekannte Zuströmverhältnisse voraussetzen. Überschlägig kann man davon ausgehen, daß die vom Propeller erregte Momentschwankung folgende Werte hat:

beim 3flügeligem Propeller $M_{d_{\text{err}}} = 0{,}04\, M_{\text{nenn}}$,
beim 4flügeligem Propeller $M_{d_{\text{err}}} = 0{,}08\, M_{\text{nenn}}$,
beim 5flügeligem Propeller $M_{d_{\text{err}}} = 0{,}01\, M_{\text{nenn}}$.

Erregung durch Motor

Neben dem Propeller ist der *Motor* der entscheidende Schwingungserreger an Bord. Durch Erhöhen des mittleren indizierten Druckes – und damit intensiverer Anregung – sowie Einführung der Leichtbauweise bei Schiffen hat sich der Bereich der möglichen Resonanzen vergrößert. Die Schwingungserregung durch einen Motor kann über das Fundament, über die Abstützung und über die Abgas- und Versorgungsleitungen auf das Schiff wirken.
Bei den erregenden Kräften unterscheidet man die Massenkräfte und -momente sowie Gaskräfte.
Die Kräfte, die auf das Fundament wirken, sind neben den Reaktionen vom ungleichförmigen Nutzmoment in erster Linie die *freien Massenkräfte* und *-momente* sowie die *inneren Momente* und die *Gleitbahndrücke*, die zwar meistens in sich ausgeglichen sind, die Motoren mit Fundament aber zu Biegeschwingungen erregen können.

Tafel 03.4 Resultierende Kräfte und Momente an Viertaktmotoren

Zylinder-zahl	Kurbelstern	Äußere Kräfte			Äußere Momente			Bermerkungen
		rotier.	1. Ordg.	2. Ordg.	rotierend	1. Ordnung	2. Ordnung	
5		0	0	0	$\sqrt{3} \cdot P_{rot} \cdot l$	$\sqrt{3} \cdot P_I \cdot l$	$\sqrt{3} \cdot P_{II} \cdot l$	
4	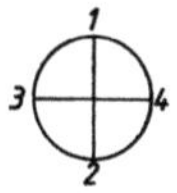	0	0	0	$\sqrt{2} \cdot P_{rot} \cdot l$	$\sqrt{2} \cdot P_I \cdot l$	$4 \cdot P_{II} \cdot l$	
4		0	0	$4 \cdot P_{II}$	0	0	0	
5		0	0	0	$0{,}449 \cdot P_{rot} \cdot l$	$0{,}449 \cdot P_I \cdot l$	$4{,}98 \cdot P_{II} \cdot l$	
6	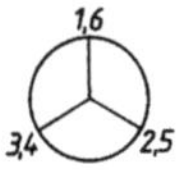	0	0	0	0	0	0	
7	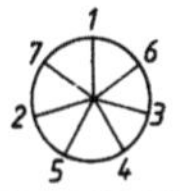	0	0	0	$0{,}267 \cdot P_{rot} \cdot l$	$0{,}267 \cdot P_I \cdot l$	$1{,}0 \cdot P_{II} \cdot l$	
8	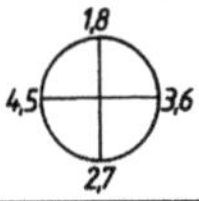	0	0	0	0	0	0	
9	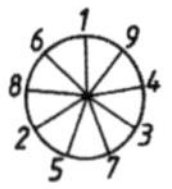	0	0	0	$0{,}92 \cdot P_{rot} \cdot l$	$0{,}92 \cdot P_I \cdot l$	$1{,}28 \cdot P_{II} \cdot l$	
10	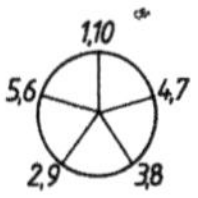	0	0	0	0	0	0	
11	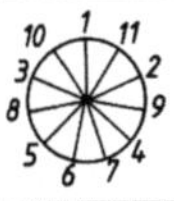	0	0	0	$0{,}153 \cdot P_{rot} \cdot l$	$0{,}153 \cdot P_I \cdot l$	$0{,}382 \cdot P_{II} \cdot l$	
12	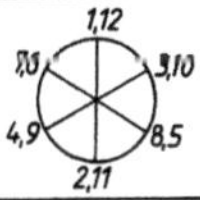	0	0	0	0	0	0	

Tafel 03.5 Resultierende Kräfte und Momente an Zweitaktmotoren

Zylinder-zahl	Kurbelstern	Äußere Kräfte			Äußere Momente			Bermerkungen
		rotier.	1. Ordg.	2. Ordg.	rotierend	1. Ordnung	2. Ordnung	
5	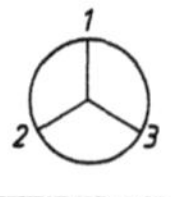	0	0	0	$\sqrt{3}\cdot P_{rot}\cdot l$	$\sqrt{3}\cdot P_I\cdot l$	$\sqrt{3}\cdot P_{II}\cdot l$	
4	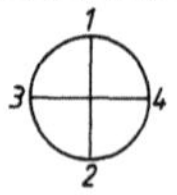	0	0	0	$\sqrt{2}\cdot P_{rot}\cdot l$	$\sqrt{2}\cdot P_I\cdot l$	$4\cdot P_{II}\cdot l$	
5	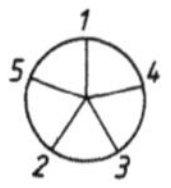	0	0	0	$0{,}449\cdot P_{rot}\cdot l$	$0{,}449\cdot P_I\cdot l$	$4{,}98\cdot P_{II}\cdot l$	
6	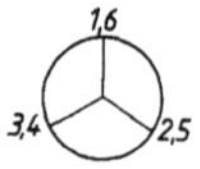	0	0	0	0	0	0	ergibt große Drehmoment-schwankung
6	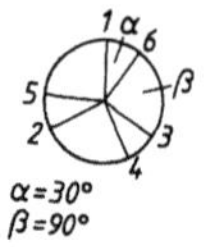 ($\alpha=30°$, $\beta=90°$)	0	0	0	$0{,}89\cdot P_{rot}\cdot l$	$0{,}89\cdot P_I\cdot l$	$1{,}74\cdot P_{II}\cdot l$	Vorteilhaft für doppelwirkende Zweitaktmaschinen. Vermeidet Doppel-zündungen
6	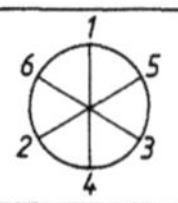	0	0	0	0	0	$3{,}464\cdot P_{II}\cdot l$	
7	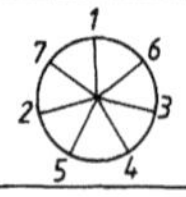	0	0	0	$0{,}267\cdot P_{rot}\cdot l$	$0{,}267\cdot P_I\cdot l$	$1{,}0\cdot P_{II}\cdot l$	
8	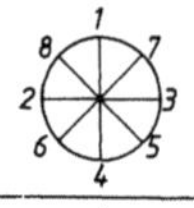	0	0	0	$0{,}448\cdot P_{rot}\cdot l$	$0{,}448\cdot P_I\cdot l$	0	
9	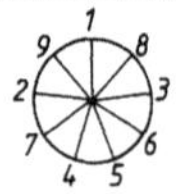	0	0	0	$0{,}194\cdot P_{rot}\cdot l$	$0{,}194\cdot P_I\cdot l$	$0{,}548\cdot P_{II}\cdot l$	
10	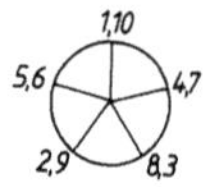	0	0	0	0	0	0	ergibt große Drehmoment-schwankung
10	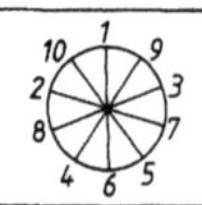	0	0	0	0	0	$0{,}898\cdot P_{II}\cdot l$	
12	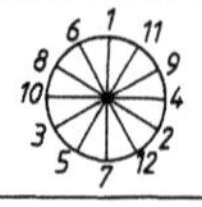	0	0	0	0	0	0	

Das schwankende Drehmoment erzeugt Torsions- und Axialschwingungen, die über Welle und Drucklager auf den Schiffskörper wirken. In Fällen, in denen die Schwingungserregung des Propellers sich mit der Motorerregung überlagern, ist es schwierig, zwischen Motor- und Propellererregung zu unterscheiden.

Die *Massenkräfte* werden durch oszillierende und rotierende Massen verursacht. Während Kurbelzapfen und Kurbelwange eine rein rotierende und Kolbenstange und Kreuzkopf eine rein oszillierende Bewegung vollführen, nimmt die Pleuelstange an beiden Bewegungen teil. Die Masse der Pleuelstange läßt sich in einen rotierenden und einen oszillierenden Teil aufteilen, die im Mittelpunkt des Kreuzkopfes bzw. Kolbenbolzens und im Mittelpunkt des Kurbelzapfens angreifen. In grober Näherung ist ein Drittel den oszillierenden und zwei Drittel den rotierenden Massen zuzuschlagen (die Aufteilung hängt von der Lage des Massenmittelpunktes ab).

Die Massenkräfte der oszillierenden Teile errechnen sich aus

$$P_I = m_{osz} \cdot r \cdot \omega^2 \qquad \text{(I. Ordnung)}$$

$$P_{II} = m_{osz} \cdot r \cdot \lambda \cdot \omega^2 \qquad \text{(II. Ordnung)}$$

dabei ist $\lambda = r/L$ mit r als Kurbelradius und L als Länge der Pleuelstange. Der Verlauf und die Addition der Massenkräfte ist in Bild 03.37 gezeigt.

Die Schwerpunkte der beweglichen und der festen Massen (Gehäuse, Fundament) versuchen sich gegeneinander zu bewegen, d.h., die Amplituden der Ausschläge sind umgekehrt proportional den Massen.

Die Massenkräfte der rotierenden Teile entsprechen den Fliehkräften, die die rotierenden Teile ausüben

$$P_{rot} = m_{rot} \cdot r \cdot \omega^2.$$

Diese Kräfte werden im allgemeinen durch Gegengewichte an den Kurbelwangen kompensiert.

In Mehrzylindermotoren bilden die Massenkräfte über die Zylinderabstände l die Momente M_R, M_I und M_{II}, die auf das Gehäuse bzw. Fundament wirken. Durch Anordnung der Kurbeln kann ein mehr oder weniger guter Massenausgleich der Kräfte und der Momente erreicht werden, dabei bleiben jedoch die Kurbelwellenbelastungen erhalten.

Die Tafeln 03.4 und 03.5 zeigen die resultierenden Massenkräfte und -momente für eine Auswahl der wichtigsten Kurbelversetzungen von Vier- und Zweitakt-Reihenmotoren. Dabei ist l der Zylinderabstand in cm. Bei V-Motoren ist der V-Winkel δ zu berücksichtigen.

In Bezug auf den Massenausgleich lassen sich optimale *Kurbelfolgen* ermitteln. Durch Massenausgleich kann man Massenkräfte zwar nach außen hin kompensieren, doch verursachen sie an ihren Angriffsstellen wegen der Exzentrizität der Kurbelwelle erhebliche *Biegebeanspruchungen*, die sich über Lager und Motorengehäuse aufs Fundament auswirken. Dabei kann sich das von den rotierenden Kräften herrührende Moment horizontal stärker auswirken als vertikal, da das Trägheitsmoment des Motors in vertikaler Richtung wesentlich größer ist als in horizontaler Richtung.

Gerade bei niedrigen Drehzahlen spielen die freien Massenkräfte und -momente eine große Rolle. Sehr wichtig ist dabei die Lage des Motors im Schiff. Die Aufstellung eines Motors mit freien Massenkräften im *Schwingungsbauch* der in erster Linie zu beachtenden Schiffsbiegeschwingungsform I. Grades führt zu Schwingungen, während ein freies Moment an dieser Stelle weitaus weniger wirksam wird. Bei der Aufstellung im *Knotenpunkt* der Eigenschwingungsform machen sich freie Momente stark bemerkbar, die freien Kräfte wirken sich kaum aus.

Durch die Verbrennung im Motor werden erhebliche *Gaskräfte* und damit Reaktionsmomente erzeugt. Die Kolbenkraft

$$F_k = A_k \cdot p_G$$

A_k = Kolbenfläche, p_G = Gasdruck

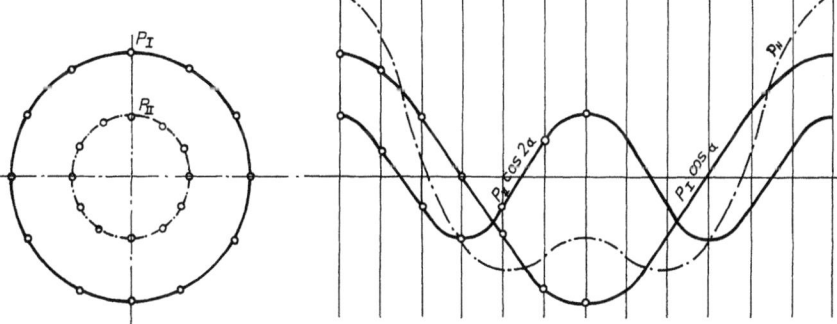

Bild 03.37 Addition der Massenkräfte I. und II. Ordnung

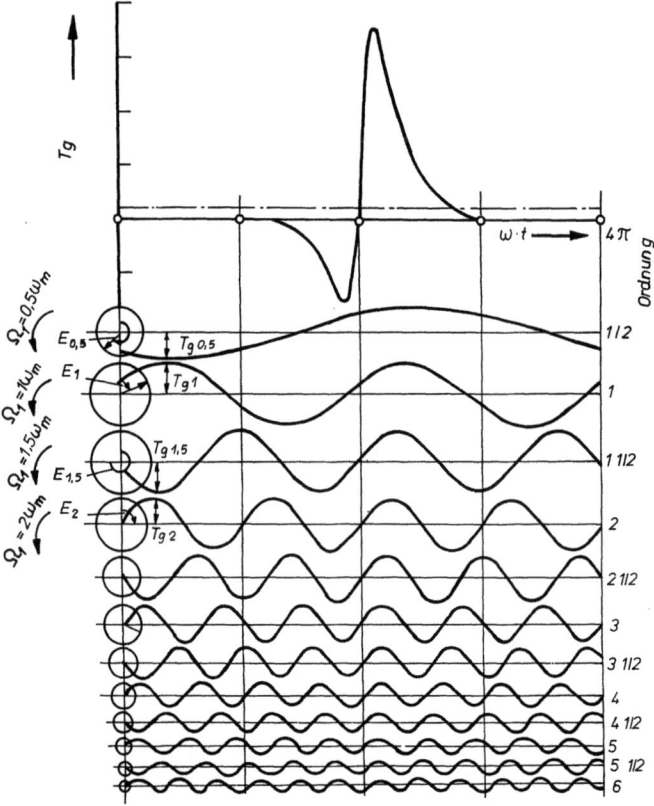

Bild 03.38
Drehkraftlinie eines Viertaktzylinders harmonisch analysiert

kann für jede Kolbenstellung aus dem Indikatordiagramm bestimmt werden. Wie in Hauptabschnitt 15 beschrieben, läßt sich aus dem Gasdruck die Tangentialdrehkraft ermitteln. Der typische Tangentialkraftverlauf wird für einen Viertakt-Zylinder in Bild 03.38 gezeigt. Dieser über zwei Umdrehungen schwankende Tangentialkraftverlauf wird mit Hilfe einer FOURIER-Analyse in einzelne harmonische Komponenten zerlegt um die Auswirkung der einzelnen Erregenden zu erfassen.
Die Grundfrequenz für einen Zylinder ist

$$\Omega_1 = k \cdot \frac{\pi \cdot n}{30}$$

$k = 1$ beim Zweitakter und
$k = 0{,}5$ beim Viertakter, da sich hier das Tangentialkraftdiagramm erst nach zwei Umdrehungen wiederholt.

Biegeschwingungen des Motors infolge von Gaskräften werden über die periodische Normalkraft in Zylinderbuchse oder Kreuzkopfgleitbahn angeregt. Um Resonanzen im Motor zu vermeiden, kann bei Biegeschwingungen evtl. die Zündfolge verändert werden, dabei ist aber die Auswirkung auf Massenausgleich und Drehschwingungen zu beachten.

Es ist üblich, in einem Diagramm die Erregerfrequenzen in Abhängigkeit von der Motordrehzahl für verschiedene Ordnungen aufzutragen. Die sich ergebenden Geraden schneiden sich mit den Eigenschwingungszahlen der Anlage. Bild 03.36 zeigt solch ein Diagramm für die Frequenzen einer Wellenleitung (*Cambell-Diagramm*).
Außer Motor und Propeller kommen alle sonstigen rotierenden Teile der Antriebsanlage als Schwingungserreger infrage, vor allem durch fertigungsbedingte Unwucht.

03.8 Schwingungsmessungen

Um Schwingungserscheinungen an Bord zu klären, sind Messungen erforderlich. Diese Messungen haben die Aufgabe festzustellen, ob die Schwingungen im Rahmen der zulässigen Größenordnung sind, was die Ursachen der überhöhten Schwingungen sind und welche Maßnahmen durchzuführen sind.
Auch ohne aufwendige Meßgeräte können folgende Beobachtungen zur Einkreisung des Problemes führen

- Feststellung der *Vibrationsrichtung* (horizontal oder vertikal).

- Abschätzung der *Frequenz*.
  Niederfrequente Schwingungen lassen sich mit Hilfe einer Stoppuhr auszählen (bis etwa 5 Hz)
- Klärung der *Drehzahlabhängigkeit* der Vibration. Der interessierende Drehzahlbereich wird langsam durchfahren. Ein starkes Ansteigen bzw. Abfallen der Amplitude in einem engen Drehzahlbereich deutet auf eine Resonanz hin, während eine stetig ansteigende Vibration eine nichtresonante erzwungene Schwingung kennzeichnet.
- Abschätzung der *Vibrationsform*.
  Es werden Schwingungsknoten und -bäuche durch Abtasten festgestellt.

03.8.1 Schwingungsaufnehmer

Bei der Messung mechanischer Schwingungsgrößen wie Kräfte und Bewegungen sind *translatorische* und *rotatorische Vorgänge* zu unterscheiden. Die Schwingungsgrößen können bezüglich eines Bezugspunktes *relativ* oder ohne Festpunkt *absolut* gemessen werden (Bild 03.39).

Für einfache Übersichtsmessungen mit nicht allzu hohen Anforderungen an die Meßgenauigkeit wird der *Tastschwingschreiber* verwendet. Bei diesem mechanischen Gerät wird der Vibrationsausschlag gegenüber einem in Ruhe befindlichen Punkt gemessen. Diesen ruhenden Punkt stellt die das Gerät haltende Person dar. Mit starken Verfälschungen der registrierten Amplituden ist jedoch dann zu rechnen, wenn der Standpunkt des Messenden gleichfalls vibriert, und diese Vibrationen in den Bereich der Haupteigenfrequenz des menschlichen Körpers (ca. 5 Hz) oder darunter fallen. Der Vorteil dieses Gerätes ist die leichte Handhabung. Um den Schrieb auswerten zu können, ist auch eine Zeitmarkierung durch einen eingebauten Sekundenkontakt möglich. Durch einen besonderen Eingang kann auch eine Drehzahlmarkierung erfolgen.

Wesentlich genauere Messungen sind mit *elektrodynamischen Meßwertaufnehmern* möglich. Bei diesen Aufnehmern ist in einem Gehäuse eine Masse federnd aufgehängt. Das Gehäuse wird an dem Meßobjekt befestigt und macht dessen Vibrationsbewegungen mit. Die entstehende Relativbewegung zwischen Masse und Gehäuse wird entweder induktiv, kapazitiv oder durch Ausnutzung des Piezoeffektes in ein elektrisches Signal umgewandelt. Dieses Meßsignal ist im allgemeinen proportional zum Ausschlag, zur Geschwindigkeit oder zur Beschleunigung der zu messenden Vibration. Durch Wahl einer Verstärkung und eines entsprechenden Vorschubes an einem Schreiber ist eine hohe Auflösung des Meßsignals möglich. Ein weiterer Vorteil liegt in der Möglichkeit der parallelen Registrierung einer größeren Anzahl von Meßsignalen, die eine Feststellung der Schwingungsform des Systems ermöglicht. Nachteilig dabei ist der höhere Aufwand an Geräten und Kabeln.

Dehnungsmeßstreifen werden dann eingesetzt, wenn es vorteilhaft ist, die Schwingungen über die Materialdehnung zu messen.

Für die Messung der Schwingungen von Gas- und Flüssigkeitsdrücken werden spezielle Druckaufnehmer eingesetzt.

Für die Messung von Drehschwingungen verwendet man einen *Geiger-Torsiographen* oder ein elektronisches System, das die Wellenverdrehung durch Momentenschwankung über Drehmeßstreifen mißt. Der Torsiograph verwendet das gleiche Prinzip für Rotationsbewegungen wie die vorher als Tastschwingschreiber beschriebenen translatorischen Schwingungsaufnehmer entweder mechanisch oder elektronisch. Es wird die Relativbewegung zwischen einer Riemenscheibe, die von der zu untersuchenden Welle angetrieben wird und einer Schwungmasse registriert, die mittels weicher Federn mit der Riemenscheibe gekoppelt ist.

Durch die Entwicklung von künstlichen Kristallen mit einem besonders starken *Piezoeffekt* haben sich die *piezo-elektrischen Beschleunigungsaufnehmer* heute weitgehend durchgesetzt. Sie sind relativ robust und zuverlässig und zeigen über einen breiten Meßbereich ein nahezu lineares Verhalten. Ein weiterer Vorteil dieser Aufnehmer ist, daß sie selbst

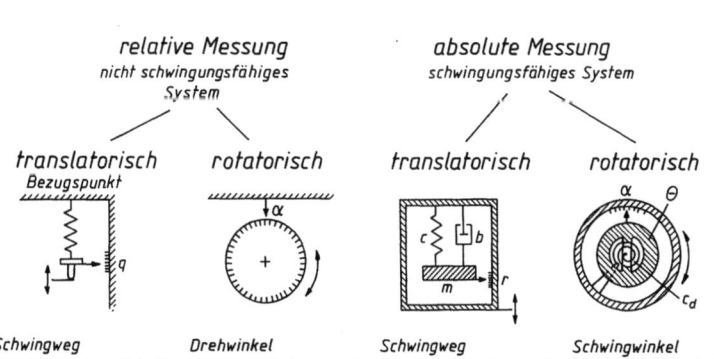

Bild 03.39
Gegenüberstellung verschiedener Schwingungsverfahren

Strom erzeugen und keine gesonderte Stromquelle benötigen.

Um eine hohe Empfindlichkeit bzw. ein starkes Ausgangssignal zu erhalten, ist ein entsprechend großes Aufnehmersystem erforderlich. Andererseits möchte man besonders bei Messungen an leichten Objekten einen möglichst leichten Aufnehmer einsetzen (Aufnehmer verändert die Eigenfrequenz!). Als Faustregel gilt, daß die Aufnehmermasse kleiner als 10 % der schwingenden Masse des Meßobjektes sein soll, an das der Aufnehmer gekoppelt wird.

Alle Aufnehmer sind schwingungsfähige Systeme und haben somit eine Eigenfrequenz. Der Frequenzbereich, in dem ein Aufnehmer ein wirklichkeitsgetreues Ausgangssignal liefert, ist nach oben hin durch die Eigenfrequenz und nach unten hin durch die elektrischen Eigenschaften des angeschlossenen Verstärkers begrenzt. Bei modernen *Scherung-Beschleunigungsaufnehmern* (Piezo) ist dieser Einfluß aber sehr klein und Messungen bis unter 1 Hz sind noch in normaler Umgebung möglich.

Durch die Zunahme der Empfindlichkeit in der Nähe der Eigenfrequenz des Aufnehmers liefert das Ausgangssignal bei hohen Frequenzen kein wahrheitsgetreues Bild über den Schwingungsverlauf an der Meßstelle (Bild 03.40). Beim Einsatz im Bereich der Eigenfrequenz des Aufnehmers ist die Eichkurve des Aufnehmers zu beachten.

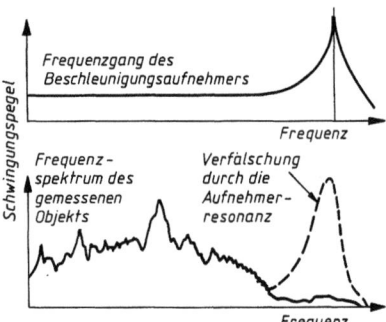

Bild 03.40 Verfälschung des Ergebnisses durch Messung im Bereich der Eigenfrequenz des Aufnehmers (nach [03.10])

Vibrationen des Schiffsrumpfes im Frequenzbereich 0,5...5 Hz sind schwierig aufzunehmen, da die Aufnehmer mit zu hoher Eigenfrequenz die Vibration des Schiffsrumpfes gegenüber den vorhandenen örtlichen Vibrationen mit höheren Frequenzen häufig zu schwach wiedergeben, und Aufnehmer mit zu niedriger Eigenfrequenz zu stark auf die Roll-, Stampf- und Tauchbewegungen des Schiffes ansprechen [03.10].

03.8.2 Schwingungsparameter

Die Ausschlags-, Geschwindigkeits- und Beschleunigungsamplituden der sinusförmigen Signale sind über die Funktion der Zeit und der Frequenz mathematisch miteinander verknüpft (s. Abschnitt 3.2.2). Man erhält (unter Vernachlässigung der Phasenlage) die Schwingschnelle, indem das Beschleunigungssignal durch die Kreisfrequenz dividiert wird. Der Schwingungsausschlag ergibt sich, indem die Schwingbeschleunigung durch das Quadrat der Kreisfrequenz dividiert wird. Diese Divisionen werden in modernen Meßgeräten von elektronischen Integratoren vorgenommen. D.h., man ist für die Aufnahme der Schwingbeschleunigung nicht an die Beschleunigung selbst als Parameter gebunden.

Bei Schwingungsmessungen ist die Auswahl des festzuhaltenden Parameters dann von Bedeutung, wenn sich das Signal aus vielen Frequenzen zusammensetzt. Durch eine Messung des Ausschlages kommen die niederfrequenten Anteile am stärksten zur Geltung, und bei der Beschleunigungsmessung werden die hochfrequenten Teile stärker hervorgehoben. Erfahrungsgemäß liefert im Meßbereich von 10...1000 Hz der Effektivwert der Vibrationsgeschwindigkeit die beste Darstellung der Virbrationsstärke (Bild 03.41).

Beim Vergleich von Schwingungen wird die Vibrationsstärke durch unterschiedliche Kenngrößen der Schwingungsamplitude angegeben. Bild 03.42 zeigt den Zusammenhang zwischen dem *Spitze-Spitze-Wert* (Peak to Peak-Value), dem *Scheitelwert*, dem *arithmetischen Mittelwert* und dem *quadratischen Mittelwert*, der auch *Effektivwert* genannt wird (RMS-root mean square) dargestellt.

Spitze-Spitze-Wert. Er ist dort von Bedeutung, wo z.B. die Untersuchung maximaler mechanischer Spannungen oder mechanischer Abstände wichtig ist.

Arithmetischer Mittelwert. Der gesamte Verlauf der Schwingung während der Integrationszeit wird erfaßt. Es wird der Betrag berücksichtigt, da für periodische Schwingungsvorgänge sonst der lineare Mittelwert verschwindet.

$$\text{arithmetische Mittelwert} = \frac{1}{T}\int_0^T |x| \cdot dt.$$

Effektivwert. Er ist das wichtigste Maß für den Schwingungspegel, weil er sowohl den zeitlichen Verlauf der Schwingung berücksichtigt, als auch den Wert liefert, der sich direkt auf den Energiegehalt der Schwingung bezieht. Für die Messung des Effektivwertes werden elektrische Gleichrichter mit quadratischer Kennlinie eingesetzt.

$$\text{Effektivwert} = \sqrt{\frac{1}{T}\int_0^T x^2(t) \cdot dt}.$$

Schwingungsmessungen

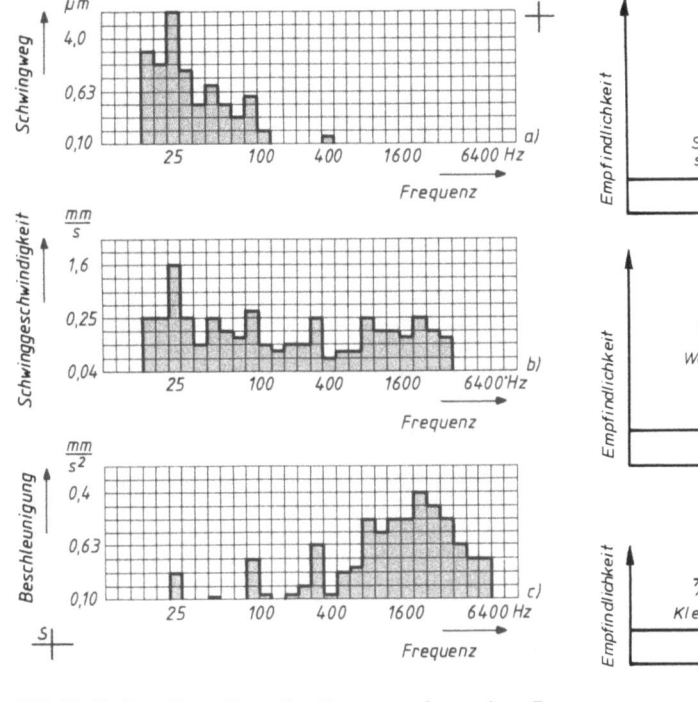

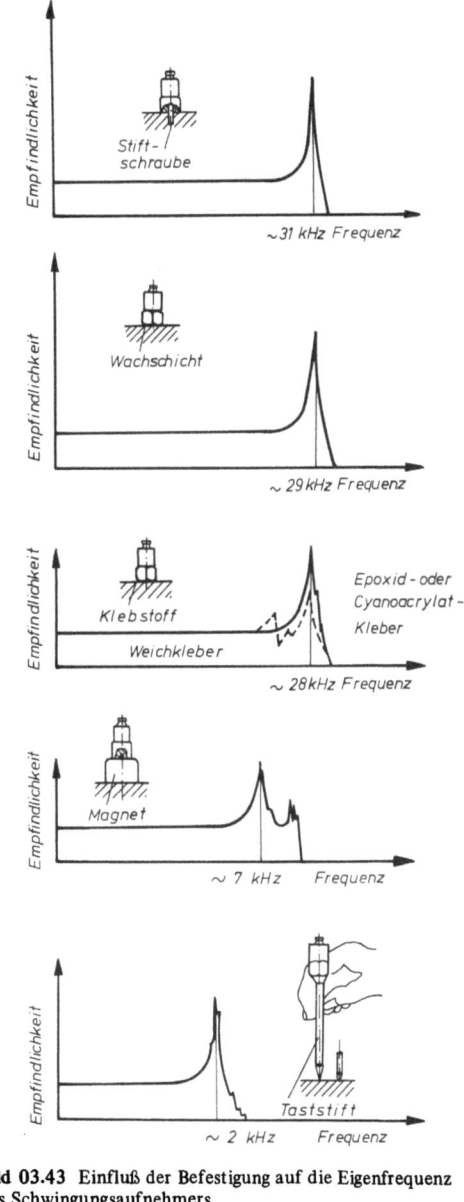

Bild 03.41 Gegenüberstellung der Frequenzanalysen eines E-Motors (Spektrogramm)
a) Schwingweg – Unterbewertung der hohen Frequenzen
b) Schwingschnelle – relativ gleichmäßige Bewertung aller Frequenzen
c) Schwingbeschleunigung – Unterbewertung der tiefen Frequenzen

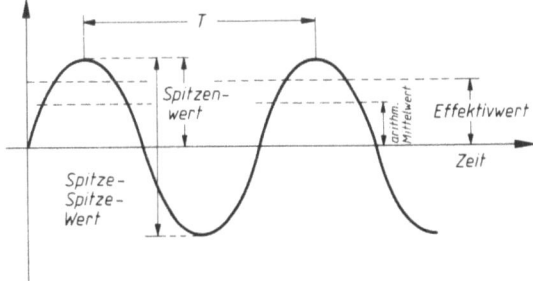

Bild 03.42 Kenngrößen zur Beschreibung des Schwingungspegels

Bild 03.43 Einfluß der Befestigung auf die Eigenfrequenz des Schwingungsaufnehmers

03.8.3 Befestigung der Schwingungsaufnehmer

Schwingungsaufnehmer sollten so befestigt werden, daß die gewünschte Meßrichtung mit der Bezugsachse des Aufnehmers übereinstimmt. Als Meßpunkte werden stark beanspruchte Stellen gewählt, an denen die Schwingungen auf andere Teile übertragen werden, z.B. Lagerfüße oder Flansche. Die Befestigung der Schwingungsaufnehmer an das Meßobjekt ist für die Zuverlässigkeit der Schwingungsmessung entscheidend. Eine nachlässige Befestigung führt zu einer Erniedrigung der Aufnehmerresonanzfrequenz und kann deshalb den benötigten Frequenzbereich einengen.
Die ideale Befestigung ist ein *Gewindestift*. Eine andere gebräuchliche Befestigungsart verwendet eine dünne Schicht *Bienenwachs* als *Klebstoff*. Diese Methode ist jedoch nur bei Temperaturen unter

40 °C verwendbar. Auf sauberen Oberflächen erträgt die Bienenwachsklebung Beschleunigungswerte von 100 m/s². Für Dauermeßstellen bei denen kein Gewindestift verwendet werden kann, sind Hartkleber zu empfehlen. Eine einfache und häufig verwendete Befestigungsmethode verwendet *permanent Magnete* mit Gewindezapfen.

Eine von Hand gehaltene *Prüfspitze* mit dem Beschleunigungsaufnehmer am oberen Ende ist nur für schnelle Messungen geeignet, kann aber wegen der niedrigen Gesamtsteifigkeit zu Meßfehlern führen. Die Ergebnisse sind nicht reproduzierbar. Das Bild 03.43 zeigt für häufig verwendete Aufnehmer den Einfluß der Befestigungsart auf die Eigenfrequenzen des Aufnehmers.

03.8.4 Frequenzanalyse

Die meisten Vibrationen setzen sich aus mehreren Frequenzen zusammen, d.h., man kann aus dem Weg-Zeit-Diagramm nicht mehr ablesen, wie viele Komponenten vorhanden sind und wie hoch ihre Frequenz ist. Die verschiedenen Bewegungsanteile lassen sich darstellen, in dem die Schwingungsamplitude über die Frequenz aufgetragen wird (*Spektrogramm*). Das Aufsplitten der Schwingungssignale in die einzelnen Frequenzanteile wird *Frequenzanalyse* genannt. Dazu verwendet man ein *elektronisches Filter*, das nur die Frequenzen eines schmalen Bereiches durchläßt.

Ein ideales Filter würde alle Frequenzen, die innerhalb seiner *Bandbreite* liegen durchlassen und alle anderen Frequenzen zurückhalten. Solche Filter sind aber nicht realisierbar. Alle elektronischen Filter haben schräg abfallende Kennlinien, so daß die Frequenzanteile die außerhalb ihrer Nennbandbreite liegen, teilweise berücksichtigt werden (Bild 03.44).

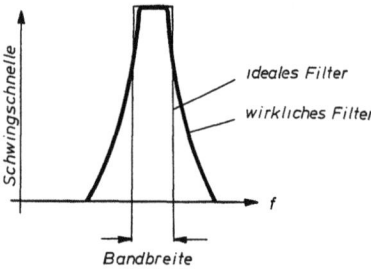

Bild 03.44 Bandbreite eines idealen und eines wirklichen Filters.

Häufig läßt sich eine Anzahl *dominierender periodischer Frequenzanteile* feststellen, die direkt von der Drehzahl der Anlage abhängen. Der Vergleich der gemessenen Frequenzen mit den Frequenzen der möglichen Erreger gibt dann die Basis für die Klärung der Schwingungsursache und für die anschließend zu treffenden Abhilfemaßnahmen.

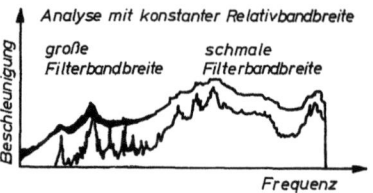

Bild 03.45 Signalauflösung bei unterschiedlichen Filterbandbreiten

Die Trennschärfe des Filters, d.h. die Breite des Durchlaßbereiches, beeinflußt die Auflösung des Analyseergebnisses. Bild 03.45 zeigt das Beschleunigungsspektrum eines Getriebekastens, in dem das obere Spektrum mit Hilfe eines Filters mit großer Bandbreite aufgenommen wurde, während die untere Kurve für dasselbe Signal mit Hilfe eines Filters schmaler Bandbreite entstand. Der Filter mit der schmaleren Bandbreite führt zu einem sehr detaillierten Ergebnis. Die einzelnen Spitzenwerte des Spektrums können für sich untersucht werden. Der Nachteil der Schmalbandanalyse ist der erforderliche Zeitaufwand. Es empfiehlt sich, eine Voruntersuchung mit einem Breitbandfilter durchzuführen, um anschließend die besonders interessanten Bereiche des Frequenzspektrums mit einem Schmalbandfilter zu analysieren.

03.8.5 Durchführung der Messungen

Die Durchführung der Messung muß sich im allgemeinen nach den Möglichkeiten des Schiffsbetriebes richten und gleichzeitig die erforderlichen Informationen liefern. Da Schwingungen an Bord von den Betriebsbedingungen abhängen sind folgende Daten für eine spätere Reproduzierbarkeit festzuhalten:

- Schiffsdaten (Abmessungen),
- Daten der Antriebsanlage,
- Getriebeübersetzungen,
- Propelleranzahl und Flügelzahl,
- Belastungszustand des Schiffes (Tiefgang und Trim),
- Wassertiefe,
- Seegang.

Als Meßgrößen benutzt man den zeitlichen Verlauf der *Schwingungsausschläge*, der *Schwinggeschwindigkeiten* oder *-beschleunigung*. Manchmal ist es zweckmäßig, Hilfsgrößen wie *Zeit* und *Drehzahlmarken* einzusetzen. Die festgestellten Meßwerte werden entweder von einer Analoganzeige angezeigt und schriftlich festgehalten oder direkt mit Hilfe eines Pegelschreibers dokumentiert.

Häufig sind mehrere Schwingungen überlagert. Dann ist es zweckmäßig, eine Frequenzanalyse durchzuführen um über einen Vergleich mit möglichen Erregerfrequenzen eine Klärung für die Schwingungsursache zu finden.

03.8.6 Beurteilungen von Schwingungen
Beurteilung von mechanischen Schwingungen

Zur Zeit liegen keine verbindlichen Richtlinien für die Vibrationen von Schiffsanlagen vor. Eine Ausnahme bilden lediglich die Drehschwingungen der Wellenleitungen; hier gibt es von den Klassifikationsgesellschaften Angaben über die zulässigen Drehwechselbeanspruchungen der Welle. Man ist also gezwungen, Richtlinien als Maßstab anzuwenden, die für Landanlagen gedacht sind. Als Standardwerk gilt hier die VDI-Richtlinie 2056 „Beurteilungsmaßstäbe für mechanische Schwingungen von Maschinen". Die durch bewegende Massen entstehenden Kräfte werden vornehmlich über die Lager auf die Gehäuse und Fundamente übertragen. Die VDI-Richtlinie 2056 betrachtet die Lagerschwingungen als Indiz für den Schwingungszustand eines Aggregates. Als zu messende Kenngröße wurde der Effektivwert der Schwinggeschwindigkeit am Lager festgelegt.

Wesentliche Inhalte dieser Richtlinie wurden von der internationalen ISO 3945 übernommen. Während für kleinere Maschinen immer noch die Richtlinie VDI 2056 heranzuziehen ist, sollte für größere Maschinen wegen der internationalen Anerkennung der ISO-Standard verwendet werden. In der VDI 2056 werden die *Beurteilungsgrundlagen* für 4 Gruppen von Maschinen angegeben (Tafel 03.6). Der internationale ISO-Standard 3945 unterscheidet dagegen nur 2 Gruppen und zwar Maschinen die auf einem *weichen* oder auf einem *steifen* Fundament stehen. Man bezeichnet die Aufstellung einer Maschine dann als weich, wenn die niedrigste Eigenfrequenz des Systems unterhalb der gemessenen Schwingungsfrequenz liegt.

Diese Richtlinien verwenden als Maßstab für die *Schwingstärke* die frequenzunabhängige effektive Schwingschnelle der gemessenen Schwingung. Elektrisch arbeitende Schwingmeßgeräte können häufig den Wert v_{eff} direkt anzeigen. Liegt eine Frequenzanalyse vor und sind für die Kreisfrequenzen ω_1,

Tafel 03.6 Schwingstärkestufen und Beurteilungsbeispiele für Kleinmaschinen (Gruppe K), mittlere Maschinen (Gruppe M), Großmaschinen (Gruppe G), und Turbomaschinen (Gruppe T) [VDI 2056]

Schwingstärke-Stufen		Äquivalente Amplituden an den Stufengrenzen		Beispiele der Beurteilungsstufen für einzelne Maschinengruppen*)			
Stufen-Bezeichng.	Effektive Schnelle v_{eff} in mm/s an den Stufengrenzen	Äquivalente Schnelle-Amplitude $\hat{v}_{äqu}$ in mm/s	Zu 50 Hz gehörige äquivalente Wegamplitude $\hat{s}_{50äqu}$ in µm	Gruppe K	Gruppe M	Gruppe G	Gruppe T
0,28	0,28	0,4	1,25	gut	gut	gut	gut
0,45	0,45	0,63	2				
0,71	0,71	1,0	3,15				
1,12	1,12	1,6	5	brauchbar	brauchbar		
1,8	1,8	2,5	8			brauchbar	
2,8	2,8	4,0	12,5	noch zulässig			brauchbar
4,5	4,5	6,3	20		noch zulässig	noch zulässig	
7,1	7,1	10	31,5	unzulässig			noch zulässig
11,2	11,2	16	50		unzulässig		
18	18	25	80			unzulässig	
28	28	40	125				unzulässig
45	45	63	200				
71							

Gruppe K:
Einzelne Triebwerksteile von Kraft- und Arbeitsmaschinen, die im Betriebszustand mit der gesamten Maschine fest verbunden sind, insbesondere serienmäßig hergestellte Elektromotoren bis etwa 15 kW.

Gruppe M:
Mittlere Maschinen, insbesondere Elektromotoren von 15 bis 75 kW Leistung, ohne besondere Fundamente; außerdem fest aufgestellte Triebwerksteile und Maschinen (bis etwa 300 kW) mit nur umlaufenden Teilen auf besonderen Fundamenten.

Gruppe G:
Auf hochabgestimmten, starren oder schweren Fundamenten aufgestellte, größere Maschinen, größere Kraft- und Arbeitsmaschinen mit nur umlaufenden Massen.

Gruppe T:
Auf tiefabgestimmten Fundamenten aufgestellte größere Kraft- und Arbeitsmaschinen mit nur umlaufenden Massen, z.B. Turbogruppen, insbesondere solche mit nach Leichtbau-Richtlinien gestalteten Fundamenten.

$\omega_2, ..., \omega_n$ die Schwingwege $\hat{s}_1, \hat{s}_2, ..., \hat{s}_n$ bzw. die Schwingschnellen $\hat{v}_1, \hat{v}_2, ..., \hat{v}_n$ bekannt, dann erhält man die effektive Schwingschnelle nach

$$v_{\text{eff ges}} = \sqrt{\frac{1}{2}(\hat{s}_1 \cdot \omega_1)^2 + (\hat{s}_2 \cdot \omega_2)^2 + ... + (\hat{s}_n \cdot \omega_n)^2}$$

$$= \sqrt{\frac{1}{2}(\hat{v}_1^2 + \hat{v}_2^2 + ... + \hat{v}_n^2)}.$$

Wenn für die Kreisfrequenzen die entsprechenden effektiven Schwingschnellen direkt vorliegen, dann gilt

$$v_{\text{eff ges}} = \sqrt{v_{1\text{eff}}^2 + v_{1\text{eff}}^2 + ... + v_{n\text{eff}}^2}.$$

Bei einem vorliegenden Frequenzspektrum werden nur die Schwingungsausschläge bzw. Schwinggeschwindigkeiten für diese Rechnung eingesetzt, die eindeutige Maxima bilden.

Beispiel: An einem Generatorlager wurden bei einer Frequenzanalyse die Schwingschnellen direkt gemessen. Als Maxima wurden festgestellt:

ω [s^{-1}]	v_{eff} [mm s^{-1}]	v_{eff}^2 [mm^2 s^{-2}]
150	1,45	2,16
700	0,15	0,02
900	0,31	0,10
1150	0,43	0,18
1200	0,30	0,09
1500	0,18	0,03
		Σ 2,52

$v_{\text{eff ges}} = \sqrt{2,52} = \underline{1,59 \text{ mm} \cdot \text{s}^{-1}}$

Dieser effektiven Schnelle entspricht die *Schwingstärken-Stufe 1,8*. Dieser Generator wäre in der Gruppe G oder T einzuordnen. Die gemessenen Werte sind damit als „gut" zu beurteilen.

Bei Turbinenanlagen verwendet man auch die *radialen Wellenschwingungen* als charakteristische Schwingungsgröße für die Überwachung von Turbinen bzw. für die Beurteilung der Schwingungserscheinungen (VDI 2059 – Entwurf v. 1979).

Tafel 03.7 Beurteilungsmaßstab für große Maschinen nach ISO 3945

Vibration severity		Support classification	
v_{rms} mm/s	v_{rms} in/s	Rigid supports	Flexible supports
0,46	0.018	good	good
0,71	0.028		
1,12	0.044		
1,8	0.071		
2,8	0.11	satisfactory	satisfactory
4,6	0.18		
7,1	0.28	unsatisfactory	
11,2	0.44		unsatisfactory
18,0	0.71		
28,0	1.10	unacceptable	unacceptable
71,0	2.80		

Einwirkungen von Schwingungen auf den Menschen

Mechanische Schwingungen können das Komfortempfinden und die Leistungsfähigkeit beeinträchtigen und unter Umständen zu Gesundheitsstörungen führen. Wie jedes schwingungsfähige System hat auch der Mensch Eigenfrequenzen. Seine *Hauptresonanzfrequenz* liegt in einem engen Bereich um 5 Hz. Für die verschiedenen Teile des menschlichen Körpers befinden sich die *Resonanzen* zwischen 1 Hz und 20 Hz. Jeweils dann, wenn ein Körperteil zu Resonanzschwingungen angeregt wird, ist die Wahrnehmung besonders stark (Bild 03.46). Die zur Zeit noch gültige VDI-Richtlinie 2057 (1963) beschränkt sich auf den Geltungsbereich zwischen 0,5 Hz und 80 Hz bei periodischen Schwingungen, die über die Sitzfläche oder Füße auf den Menschen einwirken. Als Vergleichsgröße wird die *Wahrnehmungsstärke K (K-Wert)* benutzt (Tafel 03.8).

Diese VDI-Richtlinie wird zur Zeit überarbeitet und es liegt ein Entwurf vor, der sich teilweise dem internationalen Standard ISO 2631/1974 angleicht. Dieser ISO-Standard „Guide for the evaluation of human exposure to whole-body vibration" weicht von der zur Zeit gültigen VDI 2057 in wesentlichen Punkten ab:

- Es gibt keine *K*-Werte oder äquivalente Größen mehr.
- Die Einwirkungszeit geht als Parameter in die Belastung ein.

Bild 03.46 Symptome bei vertikaler Schwingungserregung des sitzenden Menschen

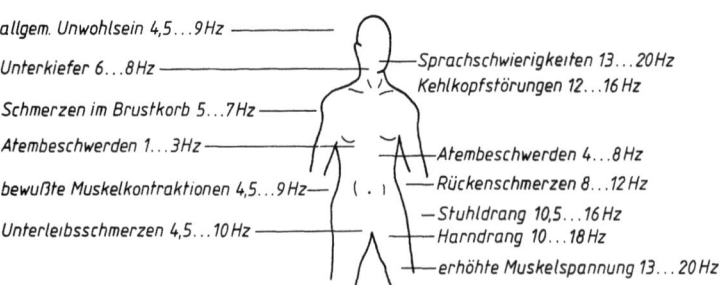

Schwingungsmessungen

Tafel 03.8 Zusammenhang zwischen der gemessenen Wahrnehmungsstärke und subjektiver Wahrnehmung nach VDI 2056

Wahrnehmungs-stärke K	Stufe	Beschreibung der Wahrnehmung
	A	nicht spürbar
——0,1——		—(Fühlschwelle)—
	B	gerade spürbar
——0,25——		
	C	spürbar
——0,63——		
	D	gut spürbar
——1,6——		
	E	stark spürbar
——4,0——		
	F	
——10,0——		
	G	
——25——		sehr stark spürbar
	H	
——63——		
	I	

- Unterscheidung zwischen Schwingungen in Richtung der Wirbelsäule und solchen quer zur Wirbelsäule.

Die Diagramme 03.48 und 03.49 beziehen sich auf das oben angeführte Koordinatensystem (Bild 03.47). Die Kurven stellen Grenzen dar, bei deren Überschreitung eine Leistungsminderung infolge der durch Schwingungseinwirkung hervorgerufenen Ermüdungserscheinungen auftritt (Bild 03.48).
Liegt eine Breitbandschwingung vor, deren Spektrum in mehr als einer Terz auftritt, dann muß der Effektivwert der Beschleunigung in jedem Terzband gesondert bewertet werden. ISO geht davon aus, daß die Schwingungen unabhängig voneinander den Menschen beanspruchen (Bild 03.49).
Treten Schwingungen in mehr als einer Richtung gleichzeitig auf, so werden die entsprechenden Grenzwerte unabhängig voneinander auf jede Komponente in den drei Achsen angewendet.

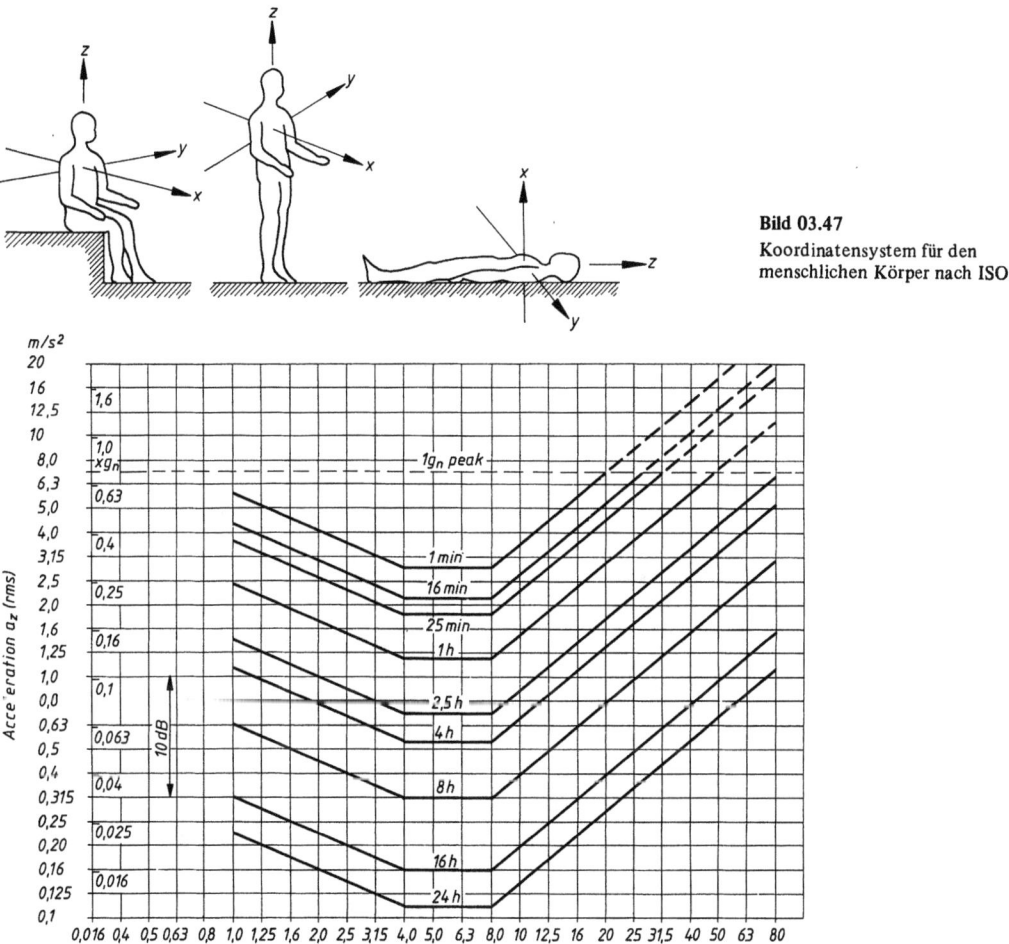

Bild 03.47 Koordinatensystem für den menschlichen Körper nach ISO

Bild 03.48 ISO-Grenzlinien für vertikale Schwingbeanspruchung (a_z)

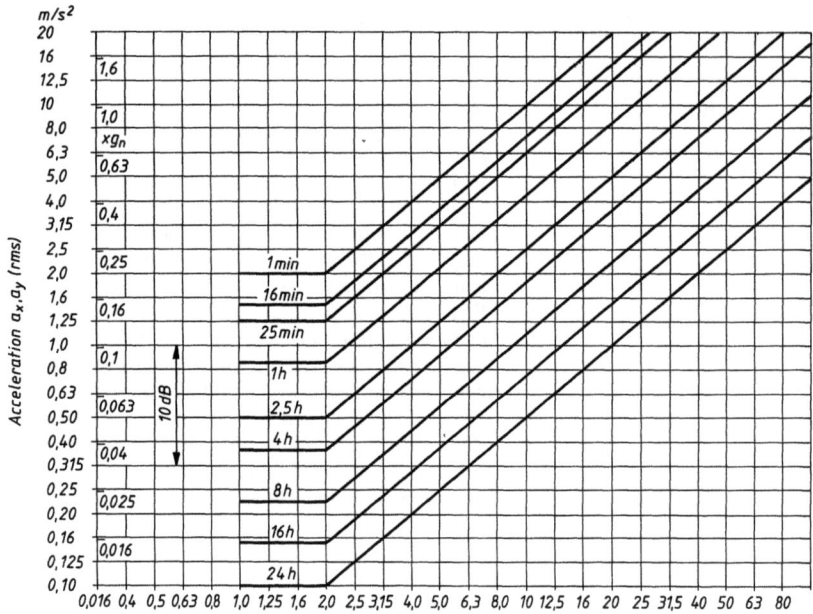

Bild 03.49 ISO-Grenzlinien für horizontale Schwingbeanspruchung (a_x, a_y)

Wird während eines Arbeitstages die Schwingbeanspruchung unterbrochen und bleibt die Intensität konstant, so wird die effektive Einwirkungszeit durch Addition der Teileinwirkungszeiten bestimmt. Verändert sich aber die Schwingbeanspruchung innerhalb des Arbeitstages beträchtlich oder setzt sich die tägliche *Einwirkungszeit* aus mehreren einzelnen Schwingungszeiten mit verschiedenen Intensitäten zusammen, so wird eine *„äquivalente Gesamteinwirkungszeit"* errechnet. Das Verfahren ist in ISO 2631 beschrieben.

03.8.7 Klärung der Ursache und Maßnahmen

Liegen überhöhte Schwingungen vor, dann läßt sich mit Hilfe der Frequenzanalyse der gemessenen Schwingung und der Drehzahl auf die Ordnung der Erregung und damit auf die Ursache schließen.
In Tafel 03.9 sind eine Reihe von häufig vorkommenden Schwingungsursachen mit den auftretenden Merkmalen aufgeführt.

Beispiel: Ein Schiff hat Rumpfvibrationen mit einem Maximum bei 4 Hz und örtliche Vibrationen mit Maxima bei 10 Hz, 12 Hz und 20 Hz. Es handelt sich um folgende Antriebsanlage:

Hauptmotor 2-Takt-Diesel mit 6 Zyl. Propeller $z = 5$ direkt getrieben Wellendrehzahl $n = 120$ U/min

Die Frequenz der 1. Ordnung der Welle ist damit $f = \frac{120}{60} = 2$ Hz.

Für die Rumpfvibrationen von 4 Hz liegt es nahe, daß die Erregung vom freien Massenmoment 2. Ordnung des Hauptmotors kommt (Tafel 03.5).
Die örtlichen Vibrationen entsprechen der 5., der 6. und der 10. Ordnung der Antriebsanlage. Die Erregung 6. Ordnung kann eindeutig dem Hauptmotor zugeordnet werden.
Es liegt nahe, die Erregungen 5. und 10. Ordnung dem Propeller zuzuordnen. Das ist aber nicht eindeutig, da die Erregungen vom Dieselmotor eine ganze Reihe von Ordnungen haben können (z. B. Bild 03.38).

Vor der Diskussion der durchzuführenden Maßnahmen ist zunächst zu klären, ob die Anlage ordnungsgemäß ausgeführt wurde (Fluchtungsfehler, Halterungen und Fundamentierung).
Die zu treffenden *Maßnahmen* haben entweder das Ziel, das schwingungsfähige System zu verstimmen oder die Erregung selbst zu beeinflussen. Im Rahmen dieses Buches können die einzelnen Maßnahmen nur in Stichworten beschrieben werden.
Unter *Systemverstimmung* versteht man Maßnahmen, die die Eigenfrequenz verschieben oder die Schwingungsform verändern. Es handelt sich hier um

- Änderung der Federkonstante des Systems (elastische Auflagerung, zusätzliche Abstützungen, dickere Welle, ...),
- Änderung der Massen,
- Systemänderung, wie doppelelastische Lagerung oder zusätzliche Tilgermassen (s. Abschnitt 03.5.2),

Tafel 03.9 Häufige Ursachen von Maschinenschwingungen

Ursache	Frequenz	Merkmale der Schwingungsamplitude	Bemerkung	Abhilfe
Unwucht eines Rotors	f_{Motor}	in der Regel konstante und reproduzierbare Schwingungsamplitude. Größter Meßwert in Radialrichtung des Rotors	häufigste Ursache von Maschinenschwingungen	Auswuchten
fehlerhafte Montage (ungenaues Ausrichten, Kupplungsverklemmungen, Spiel und Schlag in Flanschverbindungen)	f_{Rotor} selten 2 oder 3 f_{Rotor}	neben Radialschwingungen treten meistens große Axialschwingungen auf	zuverlässiges Anzeichen sind starke Schwingungen in Axialrichtung sowie last- und drehzahlabhängige Änderung des Auswuchtzustandes	Ausrichten der rotierenden Teile, mit der Meßuhr Radial- und Axialschlag prüfen
fehlerhafte Wälzlager	verschiedene meist sehr hohe Frequenzen	keine konstante, zumindeste aber keine reproduzierbare Anzeige	größte Schwingungsamplitude tritt in der Nähe des schadhaften Lagers auf	Wälzlager erneuern
fehlerhafter Antriebsriemen	f_{Riemen}, $2 \cdot f_{Riemen}$, teilweise auch höher	meistens unruhige Anzeige. Radialschwingungen überwiegen	Riemenschwingung läßt sich mit dem Stroboskop beobachten	neuen Riemen mit konstantem Querschnitt verwenden
Getriebefehler	verschiedene, meist sehr hohe Frequenzen, z.B. $z \cdot f_{Rotor}$ (z = Zähnezahl)	in der Regel nur kleine Schwingungsamplituden	selten Ursache von mechanischen, häufig jedoch von akustischen Schwingungen	Getriebezahnräder kontrollieren
elektrische oder magnetische Störungen	f_{Rotor} $f_{Synchron}$ $2 \cdot f_{Synchron}$	konstante und reproduzierbare Anzeige, kleine Amplituden	treten nur bei eingeschalteter Netzspannung auf	Beseitigung meistens nicht möglich
hin- und hergehende („oszillierende") Massen mit Kurbeltrieb	f_{Hub} $2 \cdot f_{Hub}$ $4 \cdot f_{Hub}$ usw.	Amplituden nehmen in der Regel mit der Ordnungszahl der Teilschwingungen ab	Radialschwingungen in horizontaler und vertikaler Richtung messen	Schwingungen 1. Ordnung können z.B. durch Auswuchten reduziert werden; Beseitigung der höheren Ordnungen nur durch Konstruktionsänderung möglich
benachbarte Maschinen	Verschiedene Frequenzen, insbesondere f_{Rotor} der benachbarten Maschinen	Amplituden sind von der Maschinenaufstellung abhängig; bei synchron laufenden Maschinen können Schwebungen entstehen	tritt häufig bei leichten Fundamenten auf	a) Schwingungsentstörung der benachbarten Maschinen b) Schwingungsisolierung
Ölfilm-Schwingung (Oil-ship)	$\approx 0{,}42 \ldots 0{,}48 \cdot f_{Welle}$	Hauptsächlich radial	tritt bei hochtourigen Maschinen auf	Lageränderung
Kardangelenkwelle	$2 \cdot f_{Welle}$			Ausrichtung korrigieren
turbulente Strömung (Karman)	$f = S \cdot \dfrac{v}{d}$		S = Strouhalzahl = $f(Re)$ $\approx 0{,}14 \ldots 0{,}22$	konstruktive Maßnahmen

- Installation von Dämpfern.

Die *Amplituden* oder *Frequenzen der Erregung* werden im allgemeinen beeinflußt durch

- Veränderung der Betriebsdrehzahl,
- Phasenabstimmung zwischen Motor und Propellererregung (nur bei direkt getriebenen Propellern),
- Flügelzahl des Propellers ändern,
- Synchronisation von Mehrwellenanlagen,
- Synchronisation von Mehrmotorenanlagen,
- Veränderung Zuströmverhältnisse zum Propeller.

03.9 Schrifttum

[03.1] *Magnus, K.*: Schwingungen. B.G. Teubner Verlagsgesellschaft Stuttgart 1961

[03.2] *Klotter, K.*: Technische Schwingungslehre. Band 1, 2. Springer Verlag, Berlin 1960

[03.3] Autorenkolllektiv: Das Fachwissen des Ingenieurs. VEB Fachbuchverlag, Leipzig 1967

[03.4] Hütte I: 28. Auflage, Verlag Wilhelm Erst & Sohn Berlin 1955

[03.5] *Collacott, R.A.*: Vibration Monitoring and Diagnosis. George Godwin Ltd. London 1979

[03.6] *Dubbel, H.*: Taschenbuch für den Maschinenbau. Bd. I, II, 13. Auflage. Springer Verlag, Berlin 1961

[03.7] *Stodola*: Dampf- und Gasturbinen. Springer Verlag. Berlin 1922

[03.8] *Oehler, E.*: Grundzüge der Berechnung und des Baues von Dampfturbinen. B.G. Teubner-Verlag Leipzig 1951

Zeitschriftenaufsätze

[03.9] *Biber, W.*: Über die Fundamentierung von Schiffs-Dieselmotoren. MAN-Nachrichten 1953

[03.10] *Bruel & Kjaer-Broschüre*: Schwingungsmessung. Naerum-Dänemark

[03.11] *Viner, A.C.*: Ship Vibrationen. Lloyd's Register of Shipping

[03.12] *Schärer, J.*: Optimizing the Propeller Angle Position with regard to Torsional Vibrations of Diesel Engine Shafting. Winterthur Engineering Works Division

[03.13] *Benz, W.*: Begriffe und Bezeichnungen bei Dreh- und Biegeschwingungen. MTZ Nr. 3 März 1957

Hauptabschnitt 04
Wärme und Wärmewirtschaft

Prof. Dr.-Ing. *M. Gietzelt*, Hannover

04.1 Formelzeichen, Einheiten und Normen

b	spez. Anergie	kJ/kg
b_h	spez. Brennstoffverbrauch	kg/kWh bzw. kg/WPSh
c_p	spez. Wärme bei konst. Druck (isobare spez. Wärmekapazität)	kJ/kgK
c_v	spez. Wärme bei konst. Volumen (isochore spez. Wärmekapazität)	kJ/kgK
E_v	Exergieverlust	kJ/kg, kJ/s
e	spez. Exergie	kJ/kg
G	Gewicht	kg
H_o	Brennwert	kJ/kg
H_u	Heizwert	kJ/kg
i	spez. Enthalpie	kJ/kg
L	Länge	m
m	Massenstrom	kg/s
n	Luftüberschußzahl	–
P	abgegebene Leistung	kW, MW
p	Druck	bar
q	Energie in Form von Wärme	kJ
R	Gaskonstante	kJ/K kmol
$\Re$	universelle Gaskonstante	kJ/K kmol
r	Verdampfungsenthalpie	kJ/kg
s	spez. Entropie	kJ/kgK
T	thermodynamische Temperatur	K
t	thermodynamische Temperatur	°C
u	spez. innere Energie	kJ/kg
V	Volumen	m³
v	spez. Volumen	m³/kg
w_t	abgegebene Energie in Form von Arbeit	kJ
α	Längenausdehnungskoeffizient	K^{-1}
β	Raumausdehnungskoeffizient	K^{-1}
δ	Grädigkeit	K
η	energetischer Wirkungsgrad	–
λ	Erzeugungsenthalpie	kJ/kg
ξ	exergetischer Wirkungsgrad	–
ρ	Dichte	kg/m³

Indizes:

A	Abgas		opt	optimal
a	abgeführt		Rg	Rauchgas
B	Brennstoff		Sp	Speisewasser
C	Carnot		T	Turbine
D	Dampf		u	Umgebung
i	innerer		Ü	Überhitzer
K	Kessel		V	Verbrennung
Ko	Kondensator		W	Kühlwasser
kr	kritisch		ZÜ	Zwischenüberhitzung
L	Luft		zu	zugeführt
m	mittlere		1, 2, 3	Zustände 1, 2, 3

Wichtige Normblätter:

DIN 1301	Einheiten
DIN 1304	Allgemeine Formelzeichen
DIN 1305	Masse, Gewicht
DIN 1306	Dichte
DIN 1313	Schreibweise phys. Gleichungen in Naturwissenschaft und Technik
DIN 1314	Druck
DIN 1341	Wärmeübertragung
DIN 1343	Normzustand, Normvolumen
DIN 1345	Technische Thermodynamik
DIN 2429	Sinnbilder für Rohrleitungsanlagen
DIN 2481	Sinnbilder für Wärmekraftanlagen
DIN 5490	Gebrauch der Wörter bezogen, spezifisch, relativ, normiert und reduziert.

04.2 Die Begriffe Wärme und Wärmewirtschaft

04.2.1 Vorbemerkung

Mit diesem Abschnitt *Wärme und Wärmewirtschaft* sollen die Voraussetzungen für das Verständnis und die Berechnungen der Energieumwandlungen in Schiffsantriebsanlagen geschaffen werden.
Stellt man heute die Frage *Was ist Wärme?*, so erhält man meistens sehr unterschiedliche Antworten. Die Ursache dafür liegt darin begründet, daß Darstellungen und Anschauungen verwendet werden, die in einem logisch einwandfreien Aufbau der Thermodynamik nicht berechtigt sind. Die Vorgänge in einer Schiffsantriebsanlage können nur dann richtig beurteilt werden, wenn zuvor die Begriffe *Wärme* und *Wärmewirtschaft* entsprechend in eine *allgemeine Energielehre* eingeordnet wurden.

04.2.2 Die Einordnung der Wärme in die allgemeine Energielehre

Aus der geschichtlichen Entwicklung des Begriffes *Wärme* geht hervor, daß aus einem einst *zentralen* Begriff (*Caloricum*) eine *untergeordnete* Größe mit enger, allerdings fest umrissener Bedeutung wurde; die Entwicklung erfolgte von der Stofftheorie über die mechanische Wärmetheorie zu einem logisch geordneten Begriffssystem makroskopischer physikalischer Größen – aus der *Wärmelehre* wurde eine *Energielehre*.

Dieser entscheidende Schritt geschah erst vor knapp 50 Jahren; die Wärme wird als eine Art der Energie beim Übergang über die Systemgrenze behandelt, die ebenso wie die Arbeit die innere Energie eines Systems verändert; nachstehend die heute gültigen Definitionen:

Bei nichtadiabaten Prozessen (s. Abschnitt 04.3) ist die zugeführte Wärme vermindert um die vom System verrichtete Arbeit gleich der Zunahme der inneren Energie. Für nichtadiabate Systeme gibt es eine Art der Energieübertragung, die vom Verrichten von Arbeit verschieden ist; diese Energie, die die Systemgrenze nicht als Arbeit überschreitet, wird Wärme genannt.

Die Wärme ist somit als Energieform und abgeleitete Größe einwandfrei definiert.

Es sei darauf hingewiesen, daß in der angelsächsischen Literatur, basierend auf dem Prinzip der *Energieerhaltung* und der daraus folgenden Definition des 1. Hauptsatzes der Thermodynamik: *Vollzieht ein System einen Kreisprozeß (s. Abschnitt 04.5), dann ist die algebraische Summe aller übertragenen Arbeit proportional der algebraischen Summe aller übertragenen Wärme ...*, die Wärme oftmals als Grundgrößenart eingeführt ist; die Thermodynamik erfordert dann jedoch gegenüber der Mechanik *zwei* zusätzliche Grundgrößenarten – Temperatur *und* Wärme.

Die fundamentalen Bausteine der Thermodynamik sind heute die *Energie* und *Entropie* (s. Abschnitt 04.3.2), nicht die Wärme und Temperatur. Wärme ist ein *Ereignis* und keine *Substanz*.

Der Begriff *Wärme* in der Überschrift dieses Abschnittes stellt somit nur eine Abkürzung für den exakten Satz dar. *Energie, die als Wärme die Systemgrenze überschreitet.* Der Begriff *Wärmewirtschaft* muß somit analog zu dem bisher Gesagten als eine *Energiewirtschaft* verstanden werden.

Es sei an dieser Stelle ausdrücklich darauf hingewiesen, daß es gerade im Schiffsmaschinenbau noch viele Ausdrücke gibt, die aus der Zeit der Stofftheorie der Wärme stammen und falsch sind, wobei es gleichgültig ist, ob man die Wärme als Grundgrößenart oder als Energie (Summe aus innerer Energie und Arbeit) definiert. Nachstehend einige Beispiele für diese nicht korrekten Begriffe:

Wärmemenge, Wärmebilanz, Wärme- oder Arbeitsinhalt eines Systems, Flüssigkeits-, Verdampfungs- oder Überhitzungswärme, Reibungswärme, auch der Begriff *spez. Wärmekapazität* ist nicht haltbar, denn er stellt nur eine Bezeichnung für die erste Ableitung der Enthalpie nach der Temperatur dar. In den einzelnen Abschnitten dieses Hauptkapitels wird eingehend auf die richtigen Bezeichnungen hingewiesen werden [04.1]; [04.2] und [04.7].

04.3 Einige Grundbegriffe der Thermodynamik

04.3.1 Geschlossene und offene Systeme

Das System

Die meisten Gesetze der Thermodynamik beziehen sich auf ein abgegrenztes Gebilde; dieses wird *System* und alles außerhalb desselben *Umgebung* genannt. Auch Teile der Umgebung können als weitere Systeme betrachtet werden. Der wesentlichste Bestandteil des Systems sind die gedachten Grenzen – die *Systemgrenzen* (Bild 04.1). Wegen der verschiedenen Eigenschaften dieser Systemgrenzen unterscheidet man: *geschlossene, offene* und *isolierte* Systeme.

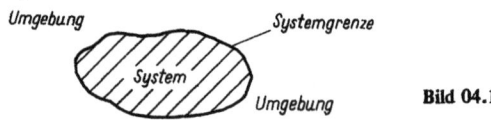

Bild 04.1

Das geschlossene System

Das wichtigste Kennzeichen eines *geschlossenen* Systems besteht darin, daß es immer die gleiche Stoffmenge enthält, d.h. keine Materie überschreitet die Systemgrenze. Da sich jedoch bei einem geschlossenen System die Systemgrenzen beliebig bewegen können, solange nur die gleiche Stoffmenge umschlossen bleibt, kann sich auch das Volumen des Systems durchaus ändern, z.B. während des Kompressions- bzw. Expansionshubes nach Abschluß der Ein- bzw. Auslaßorgane im Zylinder eines Motors oder einer Kolbendampfmaschine.

Das offene System

Das *offene* System ist dadurch gekennzeichnet, daß durch seine Grenzen durchaus Stoffmengen ein- bzw. austreten können; es ist mit einem *Bezugs-* bzw. *Kontrollraum* identisch, wenn die Systemgrenze im Raum festliegt und sich nicht bewegt. Beispiele für offene Systeme sind: Dampfturbine, Kondensator, Ölkühler, Speisewasservorwärmer usw.

Das isolierte System

Findet zwischen einem System und seiner Umgebung kein Energieaustausch statt, so handelt es sich um ein *abgeschlossenes* oder *isoliertes* System. Da bei einem isolierten System keine Stoffmenge die Systemgrenze überschreitet, ist jedes isolierte System auch ein geschlossenes System. Faßt man zwei Systeme, die in Wechselwirkung zueinander stehen, zu einem System zusammen, so kann dieses neue System ein isoliertes System darstellen.

Homogene und heterogene Systeme

Nachdem die Eigenschaften der Systemgrenzen (*stoffstromdurchlässig* = offenes System oder *stoffstromundurchlässig* = geschlossenes System) ein Unterscheidungsmerkmal bildeten, entstehen durch die *Stoffeigenschaften* im System selbst weitere Unterschiede. Man spricht von einem *homogenen* System, wenn die *physikalischen* (Druck, Temperatur) und die *chemischen* (gleicher Stoff, konstantes Mischungsverhältnis bei Gemischen) Eigenschaften *einheitlich* sind; oftmals wird auch die Bezeichnung *Phase* verwendet. Besteht nun ein System aus mehreren Phasen (z.B. Steigrohre eines Wasserrohrkessels mit Wasserdampfgemisch = Zweiphasen-System), so liegt ein *heterogenes* System vor; bei einem heterogenen System sind somit die chemischen und/oder physikalischen Eigenschaften der Stoffmenge *verschieden*.

04.3.2 Zustandsgrößen

Allgemeines

Der Zustand eines Systems ist die Summe aller Eigenschaften des Systems, d.h., seine vollständige Beschreibung kann durch meßbare physikalische Größen — *Zustandsgrößen* — erfolgen; letztere sind stets makroskopische Größen. Nicht alle Zustandsgrößen sind direkt meßbar; sie lassen sich jedoch aus verschiedenen Zusammenhängen und Definitionen ableiten (z.B. Enthalpie, Entropie).

Zustandsgrößen, die sich bei der Teilung eines Systems *nicht ändern*, werden *intensive* Zustandsgrößen genannt (z.B. Druck, Temperatur).

Zustandsgrößen, die sich bei der Teilung eines Systems *ändern* — und zwar proportional zu den Stoffmengen — werden als *extensive* Zustandsgrößen bezeichnet (z.B. Volumen).

Dividiert man eine extensive Zustandsgröße durch die Masse, so erhält man eine *spezifische* Zustandsgröße (z.B. *spez.* Enthalpie, *spez.* Entropie, *spez.* Volumen).

Temperatur

Definition der Zustandsgröße Temperatur:
Zwei Systeme besitzen die gleiche Temperatur, wenn keine ihrer Eigenschaften verändert wird, nachdem man sie miteinander in Berührung brachte (*thermisches Gleichgewicht*).

Messung der Temperatur:
Eine Vorrichtung zum quantitativen Messen von verschiedenen Temperaturen heißt Thermometer (s. Hauptabschnitt 06); die Messung erfolgt nach einer theoretisch begründeten thermodynamischen Temperaturskala, die von Stoffeigenschaften unabhängig ist (in Deutschland; internationale praktische Temperaturskala).

Einheit der Temperatur:
Kelvin (Einheitszeichen K);

Temperaturskalen:
Kelvin-Skala (Bezeichnung der Temperatur mit T, Einheit K).

Celsius-Skala (Bezeichnung der Temperatur mit t, Einheit °C).
Es besteht der Zusammenhang: $T = t + 273{,}15$ K.
Fahrenheit-Skala (Bezeichnung der Temperatur mit t_F, Einheit °F); besonders in angelsächsischen Ländern.
Die *Zahlenwerte* der Temperatur t_F der Fahrenheit-Skala und t der Celsius-Skala besitzen folgenden Zusammenhang: $t = 5/9\,(t_F - 32)$ °C.

Druck

Definition des Druckes:
Der Druck ist die Kraft je Flächeneinheit, ausgeübt von einem Körper an seiner Oberfläche, senkrecht zu dieser.

Messung des Druckes: s. Hauptabschnitt 06.

Einheiten des Druckes:
Internationales Einheitensystem: N/m^2; bar; Pa.
Ältere Einheiten: kp/m^2, at, Torr, atm, mm WS, mm QS. Absolutdruck, Über- und Unterdruck; Vakuum: Druckangaben in den Einheiten N/m^2, bar und Pa beziehen sich stets auf *Absolutdrücke*.

Absolutdruck = Überdruck + Atmosphärendruck
Unterdruck = Atmosphärendruck − Absolutdruck

Die Bezeichnung % *Vakuum* (bei Angabe des Kondensatordruckes) ist zu vermeiden, da teilweise % des tatsächlichen Barometerstandes, teilweise aber auch % von 760 mm QS = 760 Torr = 1 physikalische Atmosphäre oder von 735,6 mm QS = 1 at gemeint sein können, maßgebend ist allein der *absolute* Kondensatordruck.

Angelsächsische Einheiten:
1 lb/sq. in. oder p.s.i. (*pound/square inch = Pfund/Quadratzoll*) = 0,07031 at = 0,06895 bar = 51,715 mm QS = 2,04″ QS.
Mit lb/sq. in. ist i.a. *Überdruck* gemeint (*gauge, gage*); sonst wird, wenn der Absolutdruck angegeben wird, *abs.* hinzugesetzt.

Tafel 04.1 enthält eine Zusammenstellung der Umrechnungsfaktoren von einer Druckeinheit in eine andere.

Volumen, spez. Volumen und Dichte

Definition des Volumens V:
Das Volumen ist der Raum, der von einem Stoff eingenommen wird.

Messung des Volumens:
Meistens durch Auswägen und Auslitern (s. Hauptabschnitt 06).

Einheiten des Volumens:
Kubikmeter (Einheitszeichen m^3).
Liter stellt eine besondere Bezeichnung für dm^3 dar 1 l = 1 dm^3 = 10^{-3} m^3.

spez. Volumen v:
Das spez. Volumen ist das Volumen der wahren Masseneinheit eines Stoffes.

Tafel 04.1 Umrechnung von Druckeinheiten

	at	atm	kp/m²	Torr	bar	N/m²	Pa
1 at	1	0,9678	10^4	735,6	0,9807	$9,807 \cdot 10^4$	$9,807 \cdot 10^{-4}$
1 atm	1,033	1	$1,033 \cdot 10^4$	760	1,0133	$1,0133 \cdot 10^5$	$1,0133 \cdot 10^{-5}$
1 kp/m²	10^{-4}	$0,9678 \cdot 10^{-4}$	1	$735,6 \cdot 10^{-4}$	$0,9807 \cdot 10^{-4}$	9,807	9,807
1 Torr	$1,360 \cdot 10^{-3}$	$1,316 \cdot 10^{-3}$	13,595	1	$1,333 \cdot 10^{-3}$	133,32	133,32
1 bar	1,0197	0,9869	$1,0197 \cdot 10^4$	750,1	1	10^5	10^5
1 N/m²	$1,0197 \cdot 10^{-5}$	$0,9869 \cdot 10^{-5}$	0,1020	$750,1 \cdot 10^{-5}$	10^{-5}	1	1
1 Pa	$1,0197 \cdot 10^{-5}$	$0,9869 \cdot 10^{-5}$	0,1020	$750,1 \cdot 10^{-5}$	10^{-5}	1	1

Einheiten des spez. Volumens:
Kubikmeter je Kilogramm $v = V/m$ m³/kg.

Dichte ρ:
Die Dichte ist das Verhältnis der wahren Masse zum Volumen.
Da das Volumen stets eine Funktion von Druck und Temperatur ist, hängt auch die Dichte von p und T ab; es müssen daher bei jeder zahlenmäßigen Dichteangabe der Druck und die Temperatur mit angegeben werden. Dichten von Gasen und Dämpfen werden auf *Normzustand* (1 bar; 0 °C) bezogen; die Dichte ist reziprok dem Volumen: $\rho = m/V = 1/v$ kg/m³.
Spez. Dichte und Gewicht sind nur dann *zahlengleich*, wenn γ auf die *Normfallbeschleunigung* g_n = 9,8067 m/s² bezogen ist bei gleicher Volumeneinheit.

Innere Energie, spez. innere Energie

Definition der inneren Energie U:
Führt man einen ruhenden geschlossenen System Energie nur in Form von Arbeit zu (*adiabates System*), so verschwindet diese Energie gemäß dem Energieerhaltungssatz nicht, sondern wird in ihm als innere Energie des Systems gespeichert; die Zunahme der inneren Energie ist gleich der am System verrichteten Arbeit [04.2].

Einheit der spez. inneren Energie u:
Im Schiffsmaschinenbau meistens: kJ/kg bzw. BTU/lbs.

Die spez. innere Energie ist eine Zustandsfunktion; für die partielle Ableitung des vollständigen Differentials stammt, noch als Überbleibsel aus der Stofftheorie, die *spez. Wärmekapazität bei konstantem Volumen* c_v:

$$c_v = \left(\frac{\partial u}{\partial T}\right)_v \tag{1}$$

Tafel 04.2 enthält die Umrechnungsfaktoren von einer Energieeinheit in eine andere.

Enthalpie, spez. Enthalpie*)

Definition der spez. Enthalpie i:
Die spez. Enthalpie setzt sich aus der spez. inneren Energie und der spez. *Strömungsenergie* $p \cdot v$ zusammen:

$$i = u + p \cdot v \tag{2}$$

Einheit der spez. Enthalpie:
In Analogie zu u im Schiffsmaschinenbau meistens: kJ/kg bzw. BTU/lbs.

Die partielle Ableitung des vollständigen Differentials der Enthalpie wird, analog zu c_v, spez. *Wärmekapazität bei konstantem Druck* c_p genannt:

$$c_p = \left(\frac{\partial i}{\partial T}\right)_p \tag{3}$$

Entropie, spez. Entropie

Definition der spez. Entropie s:
a) Die spez. Entropie nimmt bei nicht umkehrbaren = *irreversiblen* (der Anfangszustand des Systems

---

*) Man findet für die spez. Enthalpie auch die Bezeichnung h; besonders im Turbinenbau, wo mit Enthalpie*differenzen* gerechnet wird, ist letztere recht häufig anzutreffen.

Tafel 04.2 Umrechnung von Energieeinheiten

	kJ	kcal$_{IT}$	kpm	kWh	BTU
1 kJ	1	0,2389	101,972	$0,2778 \cdot 10^{-3}$	0,9478
1 kcal$_{IT}$	4,1868	1	426,935	$1,163 \cdot 10^{-3}$	3,9682
1 kpm	$9,8070 \cdot 10^{-3}$	$2,3423 \cdot 10^{-3}$	1	$2,7241 \cdot 10^{-6}$	$9,295 \cdot 10^{-3}$
1 kWh	$3,600 \cdot 10^3$	859,85	$368,0 \cdot 10^3$	1	$3,412 \cdot 10^3$
1 BTU*)	1,0551	0,2521	107,591	$0,2931 \cdot 10^{-3}$	1

*) BTU = British Thermal Unit

ist ohne Änderungen in der Umgebung nicht wiederherstellbar) Prozessen adiabater Systeme stets zu.
b) Die spez. Entropie bleibt bei umkehrbaren = *reversiblen* (der Anfangszustand des Systems ist wiederherstellbar, ohne daß Veränderungen in der Umgebung bleiben) Prozessen adiabater Systeme konstant.
c) Die spez. Entropie nimmt bei unmöglichen Prozessen adiabater Systeme stets ab.
Das Differential der Definitionsgleichung für die Zustandsgröße spez. Entropie lautet:

$$ds = \frac{du + p \cdot dv}{T} = \frac{di - v \cdot dp}{T} \quad (4)$$

Einheit der spez. Entropie:
Im Schiffsmaschinenbau meistens: kJ/kg K.

04.3.3 Der 1. Hauptsatz der Thermodynamik

Die Definition des 1. Hauptsatzes der Thermodynamik wurde bereits im Abschnitt 04.2.2 angegeben: *Bei nichtadiabaten Prozessen ist die zugeführte Wärme vermindert um die vom System verrichtete Arbeit gleich der Zunahme der inneren Energie.*
Der 1. Hauptsatz trifft eine Aussage über den *quantitativen* Zusammenhang zwischen den Energieformen Arbeit, Wärme und innere Energie, basierend auf dem Prinzip von der Erhaltung der Energie. *Als Arbeit und Wärme wird nur Energie beim Übergang über die Systemgrenzen bezeichnet; sobald Arbeit und Wärme die Systemgrenzen überschritten haben, sind sie zu innerer Energie des Systems geworden; es ist somit falsch, vom Wärme- oder Arbeitsinhalt eines Systems zu sprechen, denn Wärmezufuhr oder das Verrichten von Arbeit sind Verfahren, die innere Energie eines Systems zu ändern* [04.2].

04.3.4 Der 2. Hauptsatz der Thermodynamik

Der 2. Hauptsatz der Thermodynamik besitzt verschiedene Formulierungen:
a) *Es ist kein Kreisprozeß möglich, bei dem der Umgebung Wärme bei tieferer Temperatur entzogen und bei höherer wieder zugeführt wird* (Satz von *Clausius*).
b) *Es ist kein Kreisprozeß möglich, bei dem Arbeit verrichtet wird, dadurch daß der Umgebung bei nur einer Temperatur Wärme entzogen wird* (Satz von *Lord Kelvin*).
c) *Wärme kann niemals von einem Körper niedriger Temperatur auf einen Körper höherer Temperatur übergehen, ohne daß sich dauernde Zustandsänderungen in der Umgebung ergeben.*
Der Unterschied zwischen dem 1. und 2. Hauptsatz besteht darin, daß der 1. eine Aussage über den quantitativen Zusammenhang der Energieformen, Arbeit, Wärme und innere Energie trifft, während der 2. einschränkende Aussagen über den Richtungsablauf und den Umfang der Energieumwandlungen macht.

04.3.5 Ideale Gase, Zustandsänderungen und Gasgemische

Gaskonstante, Normzustand und Normkubikmeter idealer Gase

Alle Stoffe, deren thermische Zustandsgrößen die Bedingung $p \cdot v = R \cdot T$ erfüllen und deren innere Energien bei konstanter Temperatur vom Volumen unabhängig sind, werden *ideales Gas* genannt.
Reale Gase erfüllen diese Bedingungen nur für sehr kleine Drücke; für die Praxis kann jedoch bei nicht allzu hohen Drücken auf die o.a. einfache Beziehung mit genügender Genauigkeit zurückgegriffen werden.
Die *individuelle Gaskonstante* R ist ein fester Wert für jedes Gas; die gebräuchlichste Dimension ist: kJ/K kmol.
Für alle idealen Gase ist das Produkt aus individueller Gaskonstante R und *Molekulargewicht* M konstant: $R \cdot M = \Re$, es wird *universelle Gaskonstante* genannt ($\Re = 8{,}314$ kJ/kmol K).
Das Gas besteht aus einer Vielzahl selbständiger Teilchen, die man als *Molekeln* (Moleküle) bezeichnet. Da die Masse einer Molekel sehr klein ist (z.B. Wasserstoff $H_2 \approx 3{,}3 \cdot 10^{-24}$ g), wurde als Mengeneinheit, um für praktische Rechnungen handlichere Zahlenwerte zu erhalten, das mol bzw. kmol definiert (1 kmol = 1000 mol). In 1 mol befinden sich demnach $6{,}022 \cdot 10^{23}$ Molekeln (*Avogadro-Konstante*, früher auch *Loschmidtsche Zahl* genannt).
Die Anzahl der Molekeln je mol multipliziert mit der Masse einer Molekel ergibt die Masse eines Mols (*Molmasse*), wobei der Zahlenwert der Molmasse als *Molekulargewicht* (dimensionslos!) bezeichnet wird.
Im *Normzustand* (1 bar; 0 °C) nimmt 1 kmol jedes idealen Gases den Raum von 22,41 m³ ein.
Neben dem kmol wird eine weitere *stoffspezifische* Mengeneinheit verwendet, nämlich der *Normkubikmeter* Nm³; es ist die Menge, die im Normzustand gerade das Volumen von 1 m³ einnimmt. Nm³ stellt somit eine *Mengeneinheit* und keine Volumeneinheit dar. Es besteht der Zusammenhang:

$$1 \text{ Nm}^3 = \frac{1}{22{,}41} \text{ kmol.}$$

Beispiel 04.1: Wie groß ist das von einem Gebläse mit 160 mm WS Überdruck bei $p = 755$ mm QS und 30 °C geförderte Luftvolumen von 10 Nm³/s?

$$V = \frac{G \cdot R \cdot I}{P}$$

$$10 \text{ Nm}^3/\text{s} \stackrel{\wedge}{=} 10 \frac{M}{22{,}41} \stackrel{\wedge}{=} 10 \cdot \frac{28{,}96}{22{,}41} = 12{,}92 \text{ kg/s}$$

$$P = 10^4 \cdot \frac{755}{735{,}6} + 160 = 10\,424 \text{ kp/m}^2$$

$$\underline{V} = \frac{12{,}92 \cdot 29{,}27 \,(273{,}2 + 30)}{10\,424} = \underline{11{,}0 \text{ m}^3/\text{s}}$$

Tafel 04.3 Stoffeigenschaften von Gasen und Dämpfen (bei 0 °C und 760 mm QS)

Gas oder Dampf	Formel	Molekulargewicht	Gaskonstante R		Dichte
		–	kJ/kmol·K	kpm/kg K	kg/m³
Ammoniakdampf	NH_3	17,03	0,488	49,76	0,771
Acetylen	C_2H_2	26,04	0,319	32,53	1,171
Kohlenoxyd	CO	28,01	0,297	30,29	1,250
Kohlendioxyd	CO_2	44,01	0,189	19,27	1,977
Luft	–	28,96	0,287	29,27	1,293
Sauerstoff	O_2	32,00	0,260	26,51	1,429
Stickstoff	N_2	28,02	0,297	30,29	1,251
Wasserstoff	H_2	2,02	4,116	419,72	0,090

Zustandsänderungen

Die Änderungen der *Zustandsgrößen* (Druck, Temperatur, Volumen, innere Energie, Enthalpie usw.) von Gasen und Dämpfen werden durch verschiedene Gesetze erfaßt; sie können in Diagrammen (z.B p,v-; i,s-Diagramm usw.) dargestellt werden. Es sind folgende Fälle zu unterscheiden:

a) Während der Zustandsänderung bleibt der Druck konstant: p = const (Linien gleichen Druckes werden *Isobaren* genannt).

$$\frac{v_2}{v_1} = \frac{T_2}{T_1} \qquad (5)$$

Anfangszustand: Index 1,
Endzustand: Index 2.

b) Temperatur konstant (*Isotherme*):

$$\frac{v_2}{v_1} = \frac{p_1}{p_2} \quad \text{bzw.} \quad p \cdot v = \text{const} \qquad (6)$$

c) Volumen konstant (*Isochore*):

$$\frac{p_2}{p_1} = \frac{T_2}{T_1} \qquad (7)$$

d) Entropie konstant (*Isentrope, Adiabate*):
(Es findet keine Wärmeübertragung mit der Umgebung statt).

$$\frac{v_2}{v_1} = \left(\frac{p_1}{p_2}\right)^{\frac{1}{\kappa}} = \left(\frac{T_1}{T_2}\right)^{\frac{1}{\kappa-1}} \quad \text{bzw.}$$

$p \cdot v$ = const.

mit $\kappa = c_p/c_v$ (s. Abschnitt 04.3.2).

e) Wärmeübertragung mit der Umgebung (*Polytrope*):

$$p \cdot v^n = \text{const} \qquad (9)$$

Als Sonderfälle werden durch die Polytrope erfaßt:

Isobare: $n = 0$
Isotherme: $n = 1$
Isochore: $n = \infty$
Isentrope: $n = \kappa$

Für die Expansion eines Gases oder Dampfes ergibt die Adiabate die größtmögliche Energieumsetzung; für die Verdichtung stellt die Isotherme die günstigste Zustandsänderung im Hinblick auf die optimale Energieumwandlung dar. Weder die Adiabate noch die Isotherme sind in der Praxis erreichbar, da eine vollkommene Wärmeisolierung bzw. konstante Temperatur nicht wirtschaftlich durchführbar sind; d.h., die *Expansion* bzw. *Kompression* des Arbeitsmediums in den einzelnen Aggregaten einer Anlage verlaufen *polytrop*.
In Bild 04.2 sind die verschiedenen Zustandsänderungen im p,v-Diagramm dargestellt; die Polytrope kann beliebig verlaufen.

Gasgemische

In Schiffsantriebsanlagen treten oftmals *Gemische*, die sich aus verschiedenen Stoffen zusammensetzen (z.B. Verbrennungsgase, Luft-Dampfgemisch im Kondensator) auf. Zur Beschreibung des *Gemischzustandes* reichen zwei Zustandsgrößen (z.B. Druck und Temperatur) nicht aus, es muß noch eine Angabe über die *Gemischzusammensetzung* erfolgen; es werden daher die Masse- bzw. Molanteile der einzelnen Komponenten an der Gesamtmasse bzw. Gesamtmolmenge verwendet. Für Gase, die als vollkommen angesehen werden können und zwischen

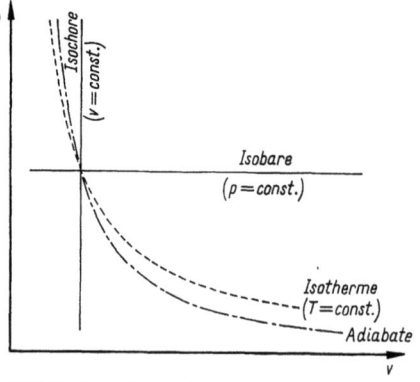

Bild 04.2 Darstellung der verschiedenen Zustandsänderungen im p,v-Diagramm

denen keine chemischen Bindungen auftreten, gilt das Gesetz von *Gibbs-Dalton*:
Der Druck eines Gasgemisches ist die Summe der Drücke, die jede Gemischkomponente aufweisen würde, wenn sie das Volumen und die Temperatur des Gemisches hätte. Die innere Energie, die Enthalpie und die Entropie eines Gasgemisches ist gleich der Summe der inneren Energien, Enthalpien und Entropien, die jede Gemischkomponente hätte, wenn sie für sich allein bei der Temperatur des Gemisches das Volumen des Gemisches einnehmen würde [04.1].

Besteht ein Gasgemisch aus den Gewichtsanteilen $g_1, g_2, g_3, \ldots g_n$; den Raumanteilen $r_1, r_2, r_3, \ldots r_n$ oder den Molanteilen (*Molbrüche*) $n_1, n_2, n_3, \ldots n_n$, so gelten folgende Beziehungen:

$$\sum_{i=1}^{n} g_i = 1; \quad \sum_{i=1}^{n} r_i = 1; \quad \sum_{i=1}^{n} n_i = 1 \quad (10)$$

Es besteht ferner die Relation:

$$p_1 : p_2 : p_3 : \ldots : p_n = r_1 : r_2 : r_3 : \ldots r_n$$
$$= n_1 : n_2 : n_3 : \ldots n_n \quad (11)$$

Für die Zustandsgleichung eines Gemisches erhält man:

$$p \cdot v = \{g_1 \cdot R_1 + g_2 \cdot R_2 + g_3 \cdot R_3 + \ldots + g_n \cdot R_n\} \cdot T = R_m \cdot T \quad (12)$$

wobei $R_m = \sum_{i=1}^{n} g_i \cdot R_i$ ist.

$R_{1, 2, 3 \ldots}$ = individuelle Gaskonstante der Einzelgase.

04.3.6 Thermische Ausdehnung

Unter thermischer Ausdehnung (nicht korrekt meist als *Wärmedehnung* bezeichnet) versteht man die stetige *reversible* (s. Abschnitt 04.3.2) Ausdehnung eines Körpers, Gases oder einer Flüssigkeit infolge Temperaturänderung; es muß somit zwischen einer *thermischen* Ausdehnung und einer Ausdehnung infolge *chemischer Reaktionen* bzw. *Phasenumwandlungen* unterschieden werden.

Steigt die Temperatur, so dehnen sich alle Körper, Flüssigkeiten und Gase mit Ausnahme des Wassers, das seine größte Dichte bei + 4 °C besitzt, aus.
Der *Längenausdehnungskoeffizient* α ist die Längenänderung je Längeneinheit bei einer Temperaturerhöhung um 1 K unter konstantem Druck; ein Stab von L_0 m Länge dehnt sich bei einer Temperaturerhöhung von Δt K um

$$L = L - L_0 = L_0 \cdot \alpha \cdot \Delta t \text{ m} \quad (13)$$

aus.
In der Tafel 04.4 sind die Längenausdehnungskoeffizienten für einige Metalle angegeben; sie gelten für den Bereich 0 ... 100 °C; bei hohen Temperaturen wird α größer; so wächst α bei den meisten Metallen um 6 ... 8 % je 100 K.

Beispiel 04.2 (s. auch Hauptabschnitt 03.3): Wieviel dehnt sich ein Kupferrohr von 4 m Länge aus, wenn die Temperatur von 20 °C auf 100 °C steigt?

$\Delta L = L_0 \cdot \alpha \cdot \Delta t$ m
$\underline{\Delta L} = 4 \cdot 1{,}65 \cdot 10^{-5} (100-20) = 0{,}528 \cdot 10^{-2}$ m $\approx$ <u>5 mm</u>

Das Volumen von homogenen Körpern und Flüssigkeiten wächst 3 mal so stark wie die Länge; der *Raumausdehnungskoeffizient* β beträgt somit: $\beta = 3\alpha$; man erhält dann:

$$V = V - V_0 = V_0 \cdot \beta \cdot \Delta t = = V_0 \cdot 3 \cdot \alpha \cdot \Delta t \quad (14)$$

Für alle vollkommenen Gase beträgt der Ausdehnungskoeffizient $\beta = 1/273{,}2 \text{ K}^{-1}$.

04.4 Bewertung der Energieumwandlungen in Schiffsantriebsanlagen

0.4.4.1 Die Umwandelbarkeit der verschiedenen Energieformen

Die Energieumwandlungen in Schiffsantriebsanlagen

Die Hauptaufgabe einer Schiffsantriebsanlage besteht darin, mechanische Energie an der Propellerwelle zur Verfügung zu stellen. Diese mechanische Energie wird heute aus anderen Energieformen erzeugt; somit sind *Energieumwandlungen* erforderlich. Mechanische Energie für Schiffsantriebe kann

Tafel 04.4. Längenausdehnungskoeffizienten fester Stoffe

Stoff	Längenausdehnungskoeffizient 10^{-5} K^{-1}	Stoff	Längenausdehnungskoeffizient 10^{-5} K^{-1}
Aluminium	2,4	Nickel	1,3
Blei	2,9	Platin	0,9
Bronze	1,75	Quecksilber	18,1
Chrom	0,85	Stahl	1,15
Glas	0,84	Silber	2,0
Gußeisen (Grauguß)	1,04	Zink	3,0
Messing	1,84	Zinn	2,3

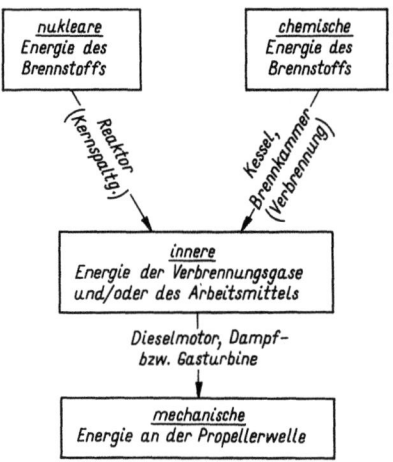

Bild 04.3 Energieumwandlungen in Schiffsantriebsanlagen

z.Z. durch Energieumwandlung aus *chemischer* oder *nuklearer* Energie gewonnen werden; diese Umwandlung erfolgt nicht direkt, sondern über verschiedene Zwischenstufen, d.h. andere Energieformen – z.B. die innere Energie eines oder auch mehrerer Energieträger (Bild 04.3).
Als Ausgangsenergie dient für die in der Handelsschiffahrt z.Z. *wirtschaftlichsten* Antriebsarten – den Dieselmotor und die Dampfturbine in Verbindung mit einem ölgefeuerten Kessel – die chemische Energie des Brennstoffs; durch den Verbrennungsprozeß wird diese Energie in innere Energie der Verbrennungsgase (im Dieselmotor) oder der Rauchgase (im Feuerraum des Kessels) umgewandelt.
Die Verbrennungsgase bilden im Dieselmotor direkt das *Arbeitsmittel*; es durchläuft keinen Kreisprozeß, sondern wird nach Arbeitsleistung an die Umgebung als Abgas abgeführt. Die innere Energie der Verbrennungsgase wird, soweit sie nicht im Abgas enthalten ist oder durch Strahlung nach außen abgegeben wird, in mechanische Energie und in die innere Energie des Kühlwassers umgewandelt.
In der Dampfanlage dagegen wird die innere Energie der Rauchgase, bevor auch diese als Abgas an die Umgebung abgeführt werden, größtenteils in innere Energie des eigentlichen Arbeitsmittels Wasser bzw. Wasserdampf umgewandelt; bei diesem *Energieübergang* vom System der Rauchgase auf das System des Arbeitsmittels tritt die Energieform *Wärme* auf. Das Arbeitsmittel durchläuft bei der Dampfanlage im Gegensatz zum Dieselmotor einen *Kreisprozeß*; die innere Energie des Arbeitsmittels wird in der Turbine in mechanische und im Kondensator in innere Energie des Kühlwassers umgewandelt.

Energie = Exergie + Anergie

Nach dem 1. Hauptsatz (s. Abschnitt 04.3.3) wird bei einem thermodynamischen Prozeß Energie weder *erzeugt* noch *vernichtet*; es treten nur Energieumwandlungen von einer Energieform in andere Energieformen auf.
Der 1. Hauptsatz enthält jedoch keine Aussage darüber, ob eine Energieumwandlung überhaupt durchführbar ist; erst der 2. Hauptsatz beantwortet als Erfahrungssatz über die Richtung des Prozeßablaufes diese Frage: *Nicht jede Energieform ist in beliebig andere Energieformen umwandelbar.* Es muß somit zwischen verschiedenen *Umwandelbarkeiten* der einzelnen Energieformen unterschieden werden; die Unterteilung erfolgt in zwei Klassen: In *unbeschränkt* und *beschränkt* umwandelbare Energie. Zu den unbeschränkt umwandelbaren Energien, d.h. zu jenen Energien, die sich in *jede* andere Energieform (im thermodynamischen Sinne) umwandeln lassen, gehören u.a. die mechanische und elektrische Energie; beschränkt umwandelbar sind die chemische Energie, die innere Energie von Systemen, die sich nicht im thermodynamischen Gleichgewicht mit der Umgebung befinden, und die Energie, die als Wärme diese Systemgrenzen überschreitet.
In Schiffsantriebsanlagen wird somit die unbeschränkt umwandelbare mechanische Energie aus der beschränkt umwandelbaren chemischen Energie des Brennstoffs gewonnen; auch die bei der Prozeßführung auftretenden anderen Energieformen sind nur beschränkt umwandelbar.
Alle Energieformen, die zur Gruppe der unbeschränkt umwandelbaren Energien gehören, werden unter dem Oberbegriff *Exergie* zusammengefaßt; durch einen reversiblen Prozeß sind sie vollständig ineinander und durch einen irreversiblen Prozeß in beschränkt umwandelbare Energieformen überzuführen. Analog zum Begriff Exergie wurde der Begriff *Anergie* geprägt; es werden hierunter die Energieformen verstanden, die überhaupt nicht umwandelbar sind, z.B. innere Energie der Umgebung oder der Systeme, die sich im thermodynamischen Gleichgewicht mit der Umgebung befinden.
Jede Energieform besteht aus Exergie und/oder Anergie; wobei der Exergie- oder Anergieanteil durchaus den Wert Null annehmen kann, z.B.:

Mechanische Energie = *Exergie (Anergie = 0)*
Innere Energie des
Wasserdampfes = *Exergie + Anergie*
Innere Energie des
Seewassers = *Anergie (Exergie = 0)*

Für jede Energieumwandlung gilt der *Energieerhaltungssatz*, d.h., die Summe aus Exergie und Anergie bleibt konstant; durch jeden irreversiblen Prozeß geht jedoch Exergie verloren – sie wird in Anergie umgewandelt. Der Energieumwandlungsprozeß in einer Schiffsantriebsanlage verlangt nicht *Energie* sondern *Exergie*; die technische Güte dieses Prozesses wird durch den *Exergieverlust* charakterisiert.

04.4.2 Der energetische und exergetische Wirkungsgrad

Die am häufigsten benutzte Kennzeichnung zur Bewertung der Energieumwandlungen in Schiffsantriebsanlagen bildet der *Wirkungsgrad* einer Anlage. Der *energetische* Gesamtwirkungsgrad einer Antriebsanlage ergibt sich zu:

$$\eta = \frac{3600}{b_h \cdot H_u} \quad \text{bzw.} \quad \eta = \frac{2647{,}5}{b_h \cdot H_u}. \tag{15}$$

Diese Definition für den energetischen oder *kalorischen* Wirkungsgrad einer Anlage kann nicht befriedigen und ist auch streng genommen nicht korrekt, da im Zähler und Nenner nicht thermodynamisch gleichwertige Energieformen stehen.

Der eben definierte energetische Wirkungsgrad kann, da in einer Wärmekraftmaschine stets ein Teil der als Wärme zugeführten Energie in der Energieform *Wärme* wieder an die Umgebung abgeführt werden muß, niemals auch bei reversibler Prozeßführung den Wert *eins* annehmen; das erweckt den Anschein, als arbeite der Prozeß mit Verlusten.

Ein Wirkungsgrad soll einen Maßstab für die *Güte* eines Prozeßablaufes bilden und im *Idealfall* für den reversiblen Prozeß den Wert *eins* annehmen; jede Abweichung von diesem Wert würde somit eine Aussage über die technische Unvollkommenheit der Anlage beinhalten und direkt auf *technische Mängel* bei der Prozeßführung hinweisen. Um zu einer umfassenderen Bewertung der Energieumwandlungen in Schiffsantriebsanlagen zu gelangen, wird die *klassische* Definition des Wirkungsgrades verfeinert. Definiert man statt des energetischen einen *exergetischen Wirkungsgrad*

$$\xi = \frac{3600}{b_h \cdot e_B} \quad \text{bzw.} \quad \xi = \frac{2647{,}5}{b_h \cdot e_B} \tag{16}$$

für Schiffsantriebsanlagen, so erhält man eine exakte Aussage über die technische Güte des Prozeßablaufes; für einen reversiblen Prozeß wird der Wert *eins* erreicht. Bei den Energieumwandlungen in einer Schiffsantriebsanlage muß man also darauf achten, daß nicht Energie schlechthin nach außen abgegeben wird, sondern daß vielmehr keine Exergie in Anergie verwandelt wird; es ist letztlich der Exergie des Brennstoffs, die vom Reeder bezahlt werden muß. Es wäre jedoch *wirtschaftlich* nicht zu vertreten, wollte man die Exergieverluste in einer Anlage ganz vermeiden, da der Aufwand ins *Unendliche* stiege. Die wirtschaftlichste Anlage ist die, in der Exergieverlust und technischer Aufwand den *geringsten Gesamtaufwand* bewirken.

04.4.3 Bestimmung der Exergie und Anergie sowie der wesentlichsten Exergieverluste in Schiffsantriebsanlagen

Der Umgebungszustand

Die Betrachtung der Exergie als Zustandsgröße ist zulässig, wenn der *Umgebungszustand* für Schiffsantriebsanlagen festliegt. Den Umgebungszustand erhält man aus der *Seewasser-* bzw. *Lufttemperatur* (beide sind für die Berechnungen identisch, obgleich momentane Abweichungen z. B. infolge Erwärmung durch Sonneneinstrahlung auftreten können) und dem *Umgebungsdruck*; die mittlere Temperatur der Weltmeere bildet dann — soweit keine zwingenden Gründe vorliegen, andere Werte einzusetzen (z. B. Auslegung einer Anlage nur für Arktis- oder Tropenfahrten) — den Umgebungszustand mit $t_u = 24\ °C$ bei $p_u = 1{,}0$ bar. Auch die Annahme, bei Schiffsdampfanlagen die Umgebungstemperatur gleich der niedrigsten im Kreislauf auftretenden Temperatur, d. h. der Temperatur, bei der die Kondensation des Abdampfes im Kondensator stattfindet, setzen zu können, ist nicht gerechtfertigt, da dann z. B. der Exergieverlust im Kondensator entfällt und der Exergieverlust der Abgase im Kessel verfälscht wird.

Die Exergie des Brennstoffs

Als Brennstoffexergie wird nach einer Definition von *Baehr* der durch *Oxidation in Exergie umwandelbare Teil der Enthalpie* verstanden unter der Voraussetzung, daß sich der Brennstoff bereits im thermischen und mechanischen Gleichgewicht mit der Umgebung befindet. Die Brennstoffexergie ergibt sich als technische Arbeit, wenn man durch reversible Oxidation den Brennstoff in exergielose — d. h., es besteht auch ein *chemisches* Gleichgewicht mit der Umgebung — Substanzen umwandelt. Da der Brennstoff den Feuerraum jedoch meistens in einem anderen Zustand als Umgebungszustand zugeführt wird, kommt zu der definierten Exergie noch die Exergie dieser inneren Energie hinzu.

Die Zusammensetzung der in Schiffsantriebsanlagen verwendeten Brennstoffe unterliegt erheblichen Schwankungen, es müßte infolgedessen für jeden Brennstoff die Exergie gesondert bestimmt werden; man begeht jedoch für praktische Rechnungen kaum einen Fehler, wenn man die Brennstoffexergie gleich dem oberen Heizwert setzt.

$$e_B \approx H_o \tag{17}$$

Die Exergie eines gleichmäßig strömenden Stoffstroms

Die spez. Exergie eines gleichmäßig strömenden *Stoffstroms* in Schiffsantriebsanlagen, dessen Zustandsgrößen mit der Enthalpie i_1 und der Entropie s_1 gegeben sind, berechnet sich zu:

$$e_1 = i_1 - i_u - T_u(s_1 - s_u) \tag{18}$$

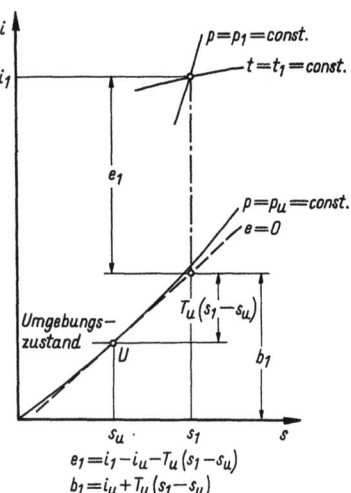

Bild 04.4 Bestimmung der Exergie und Anergie aus dem *i, s*-Diagramm

Die Anergie, d.h. der Teil der Energie, der nicht aus Exergie besteht, ergibt sich zu:

$$b_1 = i_u + T_u(s_1 - s_u) \quad (19)$$

Die Exergie bzw. Anergie eines stationär strömenden Stoffstroms kann somit direkt berechnet oder auch aus dem *i, s*-Diagramm (s. Abschnitt 04.6.1) als Strecke abgegriffen werden (Bild 04.4). Es sind zudem in letzter Zeit auch *e, s*-Diagramme entwickelt worden; *Exergie-Entropie-Diagramme* gibt es z.Z. sowohl für Wasser als auch für Rauchgase.
Für das Arbeitsmittel Wasser bzw. Wasserdampf in Schiffsdampfanlagen errechnen sich spez. Exergie und spez. Anergie mit dem in Abschnitt 04.4.3.1 festgelegten Umgebungszustand ($t_u = 24\,°C \,\hat{=}\, T_u = 297{,}2\,K; p_u = 1{,}0\,bar$) zu:

$$e = i - 297{,}2 \cdot s + 3{,}0 \; \text{KJ/kg}$$
$$b = 297{,}2 \cdot s - 3{,}0 \quad \text{kJ/kg}$$

Die Exergie der Wärme

Die Exergie der Energieform *Wärme* ist der Teil der Wärme, der sich in *Nutzarbeit* umwandeln läßt; sie ist das Produkt aus *Carnot-Faktor* (s. Abschnitt 04.5.1) und Wärme:

$$de_q = \eta_c \cdot d_q = \left(1 - \frac{T_u}{T}\right) \cdot d_q \quad (20)$$

entsprechend ergibt sich für die Anergie der Wärme:

$$db_q = (1 - \eta_c) \cdot d_q = \frac{T_u}{T} \cdot dq. \quad (21)$$

Auch die Exergie und Anergie der Wärme lassen sich graphisch darstellen. Im *T, s*-Diagramm erhält man die Exergie als Fläche zwischen den Isentropen s_1 und s_2 sowie der Isothermen T_u und der Linie $T = f(s)$; die Anergie wird als Fläche durch die Isentropen s_1 und s_2 sowie die Isothermen $T = 0$ und $T = T_u$ begrenzt.

Der Exergieverlust bei der Verbrennung

Die größten *Exergieverluste* werden nun nicht — wie man etwas analog zur klassischen Betrachtung folgern könnte, durch die Abgabe eines Exergiestromes an die Umgebung (analog zum energetischen Abgas- oder Kühlwasserverlust) hervorgerufen, sondern beruhen in erster Linie auf den *Irreversibilitäten* bei den Energieumwandlungen. Die wesentlichsten Exergieverluste treten in einer Schiffsantriebsanlage bei der *Verbrennung* und den einzelnen Stufen der *Wärmeübertragung* auf.
Der Exergieverlust des irreversiblen Verbrennungsprozesses ergibt sich aus der *Exergiebilanz* für den Kontrollraum (Bild 04.5) zu:

$$E_v = m_B \cdot e_B + m_{L_n} \cdot e_L - m_{v_n} \cdot e_{Rg}. \quad (22)$$

Für den *Wirkungsgrad der Verbrennung*, der als Quotient aus abgeführter zu zugeführter Exergie definiert ist, erhält man:

$$\xi_v = 1 - \frac{E_v}{m_B \cdot e_B + m_{L_n} \cdot e_L}. \quad (23)$$

Da die Exergie der Rauchgase bei einer Verbrennung mit vorgewärmter Luft schneller ansteigt als die Exergie der Verbrennungsluft, verringert sich der Exergieverlust; es muß folglich eine hohe *Luftvorwärmung* angestrebt werden. Es sei darauf hingewiesen, daß bei einer Schiffsdampfanlage bei vorgegebener Abgastemperatur die Luftvorwärmung stets *gemeinsam* mit der regenerativen Speisewasservorwärmung betrachtet werden muß.
Der Verbrennungswirkungsgrad ξ_v beträgt bei Schiffskesseln etwa 65 ... 75 %; bei Dieselmotoren etwa 70 ... 80 %.

Der Exergieverlust bei Wärmeübertragungen

Eine Wärmeübertragung wurde nach der klassischen Betrachtungsweise als *ideal* — d.h. verlustlos — ange-

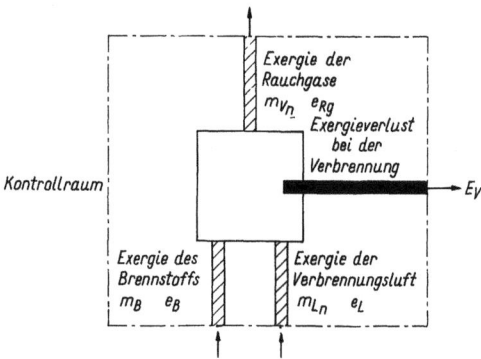

Bild 04.5 Bestimmung der Exergieverluste bei der Verbrennung

sehen, solange keine *Wärmemengen* die Systemgrenzen nach außen überschritten; es spielte zudem für die Güte einer Wärmeübertragung keine Rolle, bei welcher Temperatur diese stattfand, wenn stets die gleichen Temperaturdifferenzen, die die Abmessungen des Aggregates bestimmen, beibehalten wurden. Da die Exergie der Wärme letztere bewertet und *temperaturabhängig* ist (s. Gl. (20)) besteht ein erheblicher Unterschied, ob eine Wärmeübertragung bei hoher oder niedriger Temperatur gegenüber der Umgebungstemperatur erfolgt. Die Energieform *Wärme* war als *Wechselwirkung zwischen zwei Systemen* definiert worden, die dann in Erscheinung tritt, wenn zwei Systeme von verschiedenen Temperaturen miteinander in Verbindung gebracht werden. Aus dieser notwendigen Temperaturdifferenz geht hervor, daß die Exergie nach der Wärmeübertragung kleiner ist als vorher — es wurde ein Exergieverlust hervorgerufen.
Wird Wärme vom System 1 (T_1) auf das System 2 (T_2) übertragen, so tritt ein Exergieverlust von der Größe

$$dE_v = T_u \cdot \frac{T_1 - T_2}{T_1 \cdot T_2} \cdot dQ \qquad (24)$$

auf. Soll z.B. der gesamte Exergieverluststrom für einen Wärmeaustauscher ermittelt werden, so muß die eben angeführte Gleichung *integriert* werden, wobei die Temperaturänderungen von T_1 und T_2 berücksichtigt werden müssen; oftmals ist es jedoch günstiger, den Exergieverlust bei einer Wärmeübertragung durch eine *Exergiebilanz* zu ermitteln.

04.4.4 Energie- und Exergieflußbilder von Schiffsantriebsanlagen

Betrachtet man die *Energieflußbilder**) (Exergie- und Anergiefluß) einer Schiffsdampfanlage (Bild 04.6) — einer Schiffsmotorenanlage (Bild 04.7) und einer Gasturbinenanlage (Bild 04.8), so entsteht der Eindruck, daß eine Verbesserung der Anlagen nur durch eine Senkung der Abgastemperaturen und Verringerung der mit dem Kühlwasser im Kondensator abgeführten Energiemenge zu erreichen ist.
Verfolgt man jedoch den Exergiefluß in diesen Anlagen, so zeigt sich, daß technische Mängel im Prozeßablauf an ganz anderen Stellen auftreten, z.B. bei der irreversiblen Verbrennung und bei verschiedenen Wärmeübertragungen. Eine eindeutige Trennung des großen Exergieverlustes im Dieselmotor (Verbrennung und Wärmeübertragung) ist z.Z. noch nicht möglich, da schon *während* des Verbrennungsvorganges eine Wärmeübertragung stattfindet.

---

*) Das Energieflußbild wird auch als *Sankey*-Diagramm oder *Wärmestrombild* bezeichnet; letztere Bezeichnung ist jedoch thermodynamisch nicht korrekt.

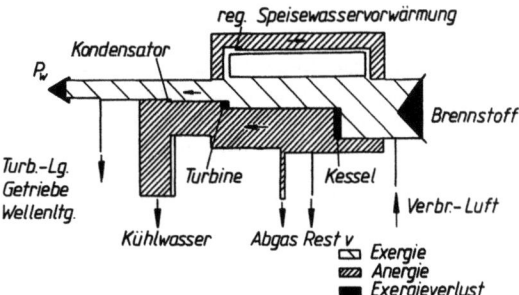

Bild 04.6 Exergie-Anergie-Flußbild einer Dampfturbinenanlage (ohne Zwischenerhitzung) für einen Massenschüttgutfrachter

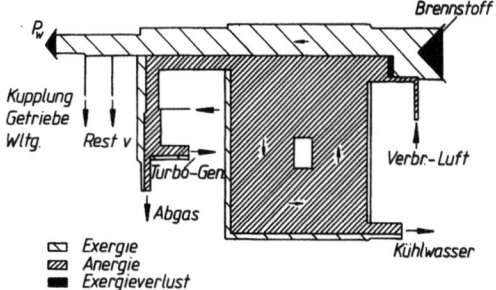

Bild 04.7 Exergie-Anergie-Flußbild einer Dieselmotorenanlage (Mittelschnelläufer) für ein Kühlschiff

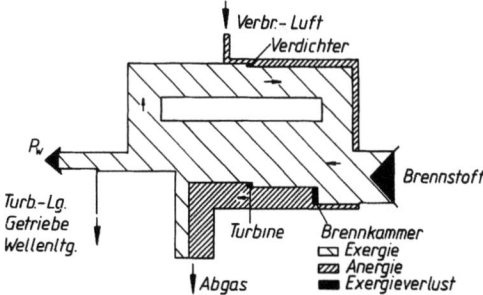

Bild 04.8 Exergie-Anergie-Flußbild einer Gasturbinenanlage (offener Kreislauf) für ein Containerschiff

Die technische Güte der Energieumwandlungen in den einzelnen Aggregaten kommt in den Exergieflußbildern sehr deutlich zum Ausdruck; bei der Dampfanlage werden 2/3 aller Exergieverluste vom Kessel hervorgerufen und nur 1/3 vom gesamten übrigen Kreislauf.
Da für eine Schiffsantriebsanlage stets die *wirtschaftlichste* Konzeption gefunden werden muß, gilt es für den Schiffsmaschinenbauer, Aufwand und Nutzen gegeneinander abzuwägen. Eine *exergetische Betrachtung* der Energieumwandlungen in einer Schiffsantriebsanlage bietet die Möglichkeit, zu einer optimalen Lösung für die einzelnen Aggregate

und somit auch für die gesamte Anlage zu gelangen; durch den exergetischen Wirkungsgrad (Exergieausbeute zu Exergieaufwand) wird die technische Güte einer Energieumwandlung eindeutig beschrieben. Einer *Verringerung der Betriebsmittelausgaben* (verringerter Exergieverlust, daher größerer Nutzen der aufgewendeten Exergie) kann der *Mehraufwand* direkt kostenmäßig gegenübergestellt werden; so bedingt z.B. eine *Verringerung der Grädigkeit* in einem Vorwärmer (kleinerer Exergieverlust) eine *größere Heizfläche*; die wirtschaftlichste Grädigkeit kann also einwandfrei bestimmt werden.

Es kann zudem durch eine exergetische Betrachtung eindeutig entschieden werden, in welchem Anlageteil der *gleiche* thermodynamische Gewinn (Verringerung des Exergieverlustes um den gleichen Betrag) den *geringsten* Mehraufwand erfordert, d.h. *wo* der Hebel für eine Verbesserung der Anlage angesetzt werden muß [04.9 bis 04.11].

04.5 Vergleichsprozesse

04.5.1 Allgemeines

Bereits in Abschnitt 04.4.1 war darauf hingewiesen worden, daß das Arbeitsmittel in der *Wärmekraftanlage* (z.B. Dampfanlage) im Gegensatz zur *Verbrennungskraftanlage* (z.B. Dieselmotor) einen *Kreisprozeß* durchläuft, d.h., nach Durchlaufen des Prozesses erreichen alle Zustandsgrößen — Temperatur, Druck, Enthalpie, Entropie, Volumen usw. — den gleichen Wert, den sie auch im Anfangszustand hatten; es ist dabei belanglos, ob die einzelnen Teilprozesse umkehrbar (*reversibel*) oder nicht umkehrbar (*irreversibel*) ablaufen.

Aber auch der *offene* Prozeß in der Verbrennungskraftanlage kann mit einigen Hilfsannahmen als geschlossener Kreisprozeß mit konstanter Arbeitsmittelmenge behandelt werden. In der Thermodynamik wird ein System, in welchem ein Arbeitsmittel einen Kreisprozeß durchläuft, indem Energie in der Form Wärme zugeführt und Arbeit abgegeben wird, *Wärmekraftmaschine* genannt. Zur Darstellung werden Diagramme verwendet, in denen die *Arbeit* des Arbeitsmittels als *Fläche* erscheint. Am bekanntesten ist das p, v-Diagramm, das sich für *Kolbenmaschinen* eingebürgert hat; es wird ferner das T, s- bzw. i, s-Diagramm (Dampf-, Gasturbine) benutzt.

Um die energiewirtschaftlichen Rechnungen zu vereinfachen und um Vergleichsmaßstäbe für die Kreisprozesse herzustellen, wie sie tatsächlich in der Wärmekraftmaschine ablaufen, beschränkt man sich zunächst auf reversible Kreisprozesse, die *Vergleichsprozesse* genannt werden. Obgleich der *tatsächliche* Ablauf eines Kreisprozesses in der Wärmekraftmaschine wesentlich vom Vergleichsprozeß abweichen kann, besteht dennoch die Möglichkeit, zu entnehmen, welche *Parameter* (Druck, Temperatur usw.) den thermischen Wirkungsgrad *beeinflussen* und welche Verbesserungen erstrebenswert erscheinen.

Da in der wirklichen Wärmekraftmaschine *Irreversibilitäten* auftreten, wird der *thermische* (energetische) Wirkungsgrad des Vergleichsprozesses nicht erreicht; die Abweichungen vom Vergleichsprozeß stellen somit ebenso wie der exergetische Wirkungsgrad eine echte Bewertung für die Unvollkommenheit (technisch vermeidbaren Mängel) der wirklichen Wärmekraftmaschine dar.

Besonders anfällig gegen Irreversibilitäten sind die isotherme Expansion und Verdichtung, während eine isobare Wärmezufuhr nahezu reversibel ablaufen kann. Da die verschiedenen Vergleichsprozesse von den Irreversibilitäten unterschiedlich beeinflußt werden, kann durchaus der Fall eintreten, daß ein reversibler Vergleichsprozeß mit einem verhältnismäßig niedrigen thermischen Wirkungsgrad einem anderen Vergleichsprozeß mit höherem Wirkungsgrad in der praktischen Prozeßdurchführung überlegen ist. Ein Vergleichsprozeß sollte jedoch nicht nur einen hohen thermischen Wirkungsgrad besitzen, sondern das *Arbeitsverhältnis*, d.h. das Verhältnis von *Nutzarbeit* (= Expansionsarbeit − Verdichterarbeit) zu *Expansionsarbeit*, sollte möglichst groß sein, da letzteres den *Bauaufwand* bestimmt.

Beim *Carnot-Prozeß*, bestehend aus nachfolgenden Zustandsänderungen (Bild 4.9.1 bzw. 4.9.2):

$\overline{12}$ adiabate Verdichtung des Arbeitsmittels,

$\overline{23}$ isotherme Expansion des Arbeitsmittels mit Wärmeaufnahme,

$\overline{34}$ adiabate Expansion des Arbeitsmittels,

$\overline{41}$ isotherme Verdichtung des Arbeitsmittels mit Wärmeabfuhr

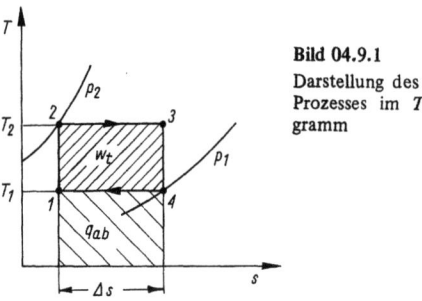

Bild 04.9.1 Darstellung des *Carnot*-Prozesses im T, s-Diagramm

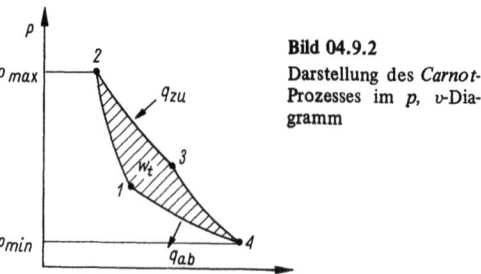

Bild 04.9.2 Darstellung des *Carnot*-Prozesses im p, v-Diagramm

wird der größtmögliche Teil der dem Arbeitsmittel zugeführten Wärme in Arbeit verwandelt.

Mit den in Bild 04.9.1 gewählten Bezeichnungen erhält man für den *energetischen Wirkungsgrad des Carnot-Prozesses*:

$$\eta_C = \frac{w_t}{q_{zu}} = 1 - \frac{q_{ab}}{q_{zu}} = 1 - \frac{T_{ab}}{T_{zu}}. \qquad (25)$$

Der energetische Wirkungsgrad ist somit *nur* von den Grenztemperaturen T_{zu} und $T_{ab} = T_u$ abhängig.

Da der Carnot-Prozeß jedoch in der Praxis – sowohl in der Dampfanlage als auch in der Verbrennungskraftmaschine – *nicht* durchgeführt werden kann (die Kondensation des Dampfes in einer Dampfanlage kann z. B. nicht genau im Punkt 1 abgebrochen werden, oder der Druck im Punkt 2 läge für den Carnot-Prozeß im Heißdampfgebiet bei einigen 1000 bar), sind andere Vergleichsprozesse aufgestellt worden.

04.5.2 Vergleichsprozesse der Wärmekraftanlage

Für alle mit dem Arbeitsmittel Wasser bzw. Wasserdampf arbeitenden Prozesse dient der *Clausius-Rankine-Prozeß* als Vergleichsprozeß, der aus nachstehenden Zustandsänderungen besteht (Bild 04.10)*):

$\overline{12}$ adiabate Verdichtung des Arbeitsmittels,
$\overline{23}$ isobare Wärmezufuhr,
$\overline{34}$ adiabate Expansion des Arbeitsmittels,
$\overline{41}$ isobare Wärmeabfuhr.

Gegenüber dem Carnot-Prozeß besteht folgender Unterschied: Die *Isothermen* sind durch *Isobaren* ersetzt worden.

Es ist $\eta_{Cl-R} < \eta_C$, da die Wärmezufuhr nicht bei T = const erfolgt.

$$\eta_{Cl-R} = 1 - \frac{T_0}{T_{m\,zu}} < 1 - \frac{T_0}{T_{zu}}. \qquad (26)$$

Das *Arbeitsverhältnis* liegt jedoch beim Clausius-Rankine-Prozeß wesentlich höher als beim Carnot-Prozeß, da die *Turbinenarbeit* (Expansionsarbeit) praktisch gleich der Nutzarbeit gesetzt werden kann.

Geschlossene Gasturbine

Als Vergleichsprozeß dient der *Joule-Prozeß* bestehend aus zwei *Isobaren* und zwei *Isentropen* (Bild 04.11)

$\overline{12}$ adiabate Verdichtung des Arbeitsmittels,
$\overline{23}$ isobare Expansion des Arbeitsmittels durch Wärmezufuhr,
$\overline{34}$ adiabate Expansion des Arbeitsmittels,
$\overline{41}$ isobare Verdichtung des Arbeitsmittels durch Wärmeabfuhr.

Nimmt man das umlaufende Arbeitsmittel als *ideales Gas* mit konstanter spez. Wärmekapazität an (für *einatomiges* Gas z. B. *Helium* zulässig), so erhält man für den Wirkungsgrad

$$\eta_J = 1 - \frac{T_4 - T_1}{T_3 - T_2}, \qquad (27)$$

d. h., es ergibt sich: $\eta_J < \eta_C$.

Das *Arbeitsverhältnis* liegt beim Joule-Prozeß relativ niedrig.

Kennzeichnend für die Wirkungsweise neuzeitlicher Gasturbinenprozesse ist der *Regenerativprozeß*, d. h., das verdichtete Gas wird erwärmt und das bereits expandierte Gas abgekühlt. Nimmt man als günstigsten Fall eine isotherme Verdichtung und eine isotherme Expansion an, so ergibt sich der *Ericson-Prozeß*.

Da man eine isotherme Verdichtung und eine isotherme Expansion praktisch nicht durchführen kann, gingen *Ackeret* und *Keller* dazu über, Wärmezufuhr und Expansion sowie Wärmeabfuhr und Verdichtung nicht *gleichzeitig* sondern *getrennt* hintereinander ablaufen zu lassen. Der *Vergleichsprozeß nach Ackeret-Keller* besteht somit aus folgenden Zustandsänderungen (Bild 04.12):

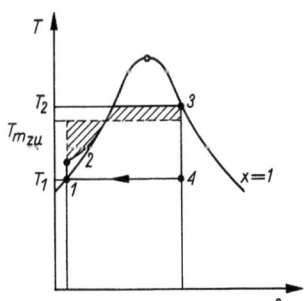

Bild 04.10 Darstellung des *Clausius-Rankine*-Prozesses (ohne Überhitzung) im *T, s*-Diagramm

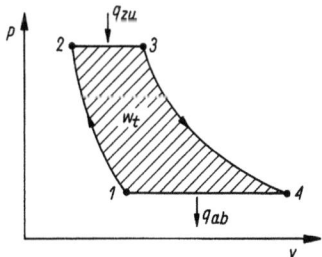

Bild 04.11 Darstellung des *Joule*-Prozesses im *p, v*-Diagramm

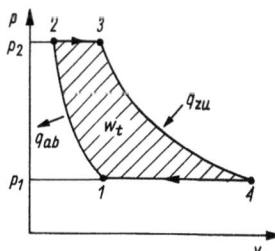

Bild 04.12 Darstellung des *Ackeret-Keller*-Prozesses im *p, v*-Diagramm

*) Bei dem gewählten Beispiel verläuft der Prozeß im Naßdampfgebiet.

$\overline{1\,2}$ isothere Verdichtung (Wärmeabfuhr nach außen),
$\overline{2\,3}$ isobare Wärmezufuhr (regenerativer Wärmeaustausch),
$\overline{3\,4}$ isotherme Expansion (Wärmeaufnahme von außen),
$\overline{4\,1}$ isobare Wärmeabfuhr (regenerativer Wärmeaustausch).

Der *Isobaren-Isothermen-Prozeß* besitzt somit den gleichen thermischen Wirkungsgrad wie der Carnot-Prozeß, er ist jedoch letzterem überlegen, da der gleiche Wirkungsgrad bei einem wesentlich niedrigeren *Druckverhältnis* p_2/p_1 erreicht wird. Da die isotherme Verdichtung bzw. Expansion in der Praxis nur begrenzt durchgeführt werden kann, verringert sich der tatsächliche Wirkungsgrad entsprechend.

04.5.3 Vergleichsprozesse der Verbrennungskraftanlage

Dieselmotor

Dem idealen Kreisprozeß des Dieselmotors liegen folgende Zustandsänderungen zugrunde (Bild 04.13):
$\overline{1\,2}$ adiabate Verdichtung,
$\overline{2\,3}$ isobare Wärmezufuhr (Verbrennung),
$\overline{3\,4}$ adiabate Expansion,
$\overline{4\,1}$ isochore Wärmeabfuhr (Auslaß).

Auch der Wirkungsgrad für den in Bild 04.13 angegebenen *Gleichdruckprozeß* ist kleiner als der Carnot-Wirkungsgrad; dieser Wirkungsgrad kann jedoch nicht mehr durch einfache Beziehungen erfaßt werden (s. auch Hauptabschnitt 15).

Offene Gasturbinenanlage

Beim *offenen* Gasturbinenprozeß wird die äußere Wärmezufuhr q_{zu} durch Verbrennen eines eingespritzten, flüssigen Brennstoffs ersetzt; das Gas tritt ins Freie, während der Verdichter frische Luft ansaugt (s. auch Hauptabschnitt 16).

04.6 Der Kreislauf des Arbeitsmittels in Schiffsdampfanlagen

04.6.1 Stoffeigenschaften und Diagramme des Arbeitsmittels

Vorbemerkung

Die wirtschaftlichsten Antriebsarten für Handelsschiffe sind z. Z. der Dieselmotor (Langsam- oder Mittelschnelläufer) und die Dampfanlage (Dampfturbine in Verbindung mit einem ölgefeuerten Wasserrohrkessel). Während der Dieselmotor zu einer Verbrennungskraftanlage entwickelt wurde, deren energetischer Wirkungsgrad kaum noch verbessert werden kann, liegen die Verhältnisse bei der Dampfanlage wesentlich anders. Der Schiffsmaschinen-

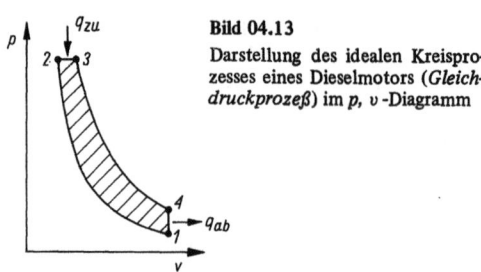

Bild 04.13 Darstellung des idealen Kreisprozesses eines Dieselmotors (*Gleichdruckprozeß*) im p, v-Diagramm

bauer beeinflußt mittels der von ihm gewählten Anlagenkonzeption den Wirkungsgrad entscheidend. Da die wärmewirtschaftlichen (energiewirtschaftlichen) Zusammenhänge zwischen den einzelnen Anlageteilen und somit ihr Einfluß auf den thermischen Wirkungsgrad oftmals schwer zu erkennen sind, soll nachstehend der Kreislauf einer Dampfanlage näher untersucht werden; es wird dabei u.a. aufgezeigt, durch welche Maßnahmen der Wirkungsgrad bisher verbessert wurde und welche Grenzen einer zukünftigen Verbesserung gesetzt sind.

Die verschiedenen Zustandsgebiete von Wasser

Als Arbeitsmittel wird in Schiffsdampfanlagen heute ausschließlich Wasser bzw. Wasserdampf verwendet; andere Arbeitsmittel bzw. Zweidruckkreisläufe (z.B. mit den Arbeitsmedien Wasser und Quecksilber) sind für Schiffsdampfanlagen nicht geeignet.
Die Eigenschaften des Arbeitsmittels werden durch thermische und kalorische *Zustandsgrößen* (s. Abschnitt 04.3.2), zwischen denen aufgrund des 2. Hauptsatzes folgender Zusammenhang besteht

$$T \cdot ds = du + p \cdot dv = di - v \cdot dp \qquad (28)$$

dargestellt.

thermische (*intensive*) Zustandsgrößen:
$p, T, v,$
kalorische (*extensive*) Zustandsgrößen:
$u, i, s.$

Wasser kann in den drei *Aggregatzuständen* (Phasen): fest, flüssig und dampfförmig auftreten; die *Schmelz-, Dampf-* und *Sublimationsdruckkurve* trennen die einzelnen Phasen voneinander (Bild 04.14).
Schmelzdruckkurve: Gleichgewicht: Flüssigkeit – Festkörper
Dampfdruckkurve: Gleichgewicht: Gas – Flüssigkeit
Sublimationsdruckkurve: Gleichgewicht: Festkörper – Gas
Im *Tripelpunkt* befinden sich alle drei Phasen miteinander im thermodynamischen Gleichgewicht.
Nur bei Temperaturen unterhalb des kritischen Punktes (kritische Temperatur) $t_{kr} = 374{,}2$ °C; $p_{kr} = 221{,}3$ bar bzw. $T_{kr} = 647{,}3$ K; $p_{kr} = 221{,}3$ bar kann ein Gleichgewicht zwischen Gas- und Flüssigkeitsphase bestehen; oberhalb dieser Temperatur

Der Kreislauf des Arbeitsmittels in Schiffsdampfanlagen

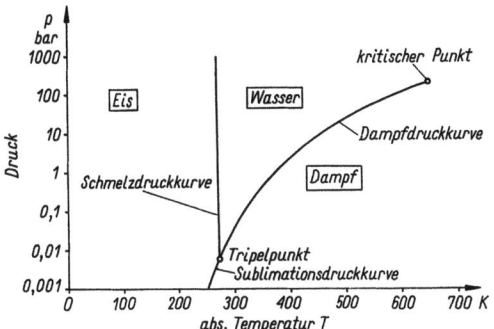

Bild 04.14 Darstellung der Aggregatzustände von Wasser im p, T-Diagramm

gibt es keine Grenze zwischen den Phasen; d.h., Verdampfen bzw. Kondensieren kann nur bei $T < T_{kr}$ erfolgen.

Neben der *Gasphase* (Heißdampfgebiet) und der *Flüssigkeitsphase* besitzt für Schiffsdampfanlagen das *Naßdampfgebiet* noch besondere Bedeutung, da viele Prozesse im Naßdampfgebiet verlaufen, z.B. *Kondensation* des Dampfes im Kondensator bzw. Vorwärmer, *Expansion* in der Turbine (teilweise). Unter Naßdampf ist ein Gemisch aus siedender Flüssigkeit und gesättigtem Dampf, die sich miteinander im thermodynamischen Gleichgewicht befinden (p = const, t = const), zu verstehen. Der *Dampfgehalt x* ist definiert zu:

$$x = \frac{Masse\ d.\ gesättigten\ Dampfes}{Masse\ d.\ nassen\ Dampfes}$$

$$= \frac{m''}{m' + m''}. \tag{29}$$

Bei der im Bild 04.14 gewählten Darstellung schrumpft das Naßdampfgebiet auf die *Dampfdruckkurve* zusammen, da im Naßdampfgebiet bei konstantem Druck auch die Temperatur konstant bleibt. Die Grenze zwischen Flüssigkeits- und Naßdampfgebiet wird sonst von der *Siedelinie* ($x = 0$) und zwischen Naß- und Heißdampfgebiet von der *Taulinie* ($x = 1$) gebildet; *Sattdampf* liegt somit für den Fall $x = 1$ vor.

Der Vorgang des Verdampfens bzw. Kondensierens

In Bild 04.14 ist die isobare Verdampfung und anschließende Überhitzung (streng genommen muß es *Erhitzung* heißen, da das Arbeitsmedium als Gas nur *erhitzt* werden kann) von Wasser dargestellt.
Bis zum Erreichen der Verdampfungstemperatur t_s (d.h. bis sich die erste *Dampfblase* zu bilden beginnt) ist keine nennenswerte Vergrößerung des Volumens der Flüssigkeit festzustellen; die Enthalpie steigt von i_1 auf i' und die Entropie von s_1 und s'. Die Enthalpiedifferenz $i' - i_1$ wird als *Flüssigkeitsenthalpie* bezeichnet. Bei der Verdampfung unter

konstantem Druck bleibt die Temperatur konstant; zu jedem *Druck* gehört eine bestimmte *Siedetemperatur* und umgekehrt zu jeder Temperatur ein bestimmter Druck, bei dem die Flüssigkeit bei Wärmezufuhr verdampft.
Führt man weiter Wärme zu, so vergrößert sich das spez. Volumen des Naßdampfes sehr schnell. Sobald der letzte Tropfen Flüssigkeit verdampft ist, liegt *trocken gesättigter* Dampf (Sattdampf; $x = 1$) mit den Zustandsgrößen i'', s'', v'' vor; die Enthalpiedifferenz $i'' - i' = r$ wird als *Verdampfungsenthalpie* bezeichnet. Bei noch weiterer Wärmezufuhr wird der Dampf *überhitzt*; es steigen Temperatur, Enthalpie, Entropie und spez. Volumen bis auf die Werte $t_{ü}$, $i_{ü}$, $s_{ü}$ und $v_{ü}$; als *Überhitzungsenthalpie* erhält man die Differenz $i_{ü} - i''$; die Differenz $i_{ü} - i_1$ wird als *Erzeugungsenthalpie* λ bezeichnet. Bei Wiederabkühlung vollziehen sich alle Vorgänge in der umgekehrten Richtung: Abkühlung des überhitzten Dampfes, Kondensation, Abkühlung der Flüssigkeit.

Zustandsgleichungen

Für die Berechnung von Schiffsdampfanlagen ist es notwendig, die gegenseitige Abhängigkeit der Zustandsgrößen zu kennen; diese Abhängigkeit wird für die einzelnen Phasen durch *Zustandsgleichungen* ausgedrückt.
Mit den *Wasserdampftafeln* [04.6] liegen die Zustandsgrößen i, s und v in Abhängigkeit von Druck und der Temperatur für das Flüssigkeits- und Heißdampfgebiet, sowie für die Siede- bzw. Taulinie in Abhängigkeit vom Druck oder der Temperatur vor. Für das Naßdampfgebiet können die einzelnen Zustandsgrößen durch folgende Beziehungen bestimmt werden:

$$i_x = i' + x(i'' - i') = i' + x \cdot r, \tag{30}$$

$$s_x = s' + x(s'' - s') = s' + x \cdot \frac{r}{T}, \tag{31}$$

$$v_x = v' + x(v'' - v'). \tag{32}$$

In den letzten Jahren wurden auch Zustandsgleichungen speziell für eine *Programmierung* auf elektronischen Rechenanlagen entwickelt [04.12] dadurch wird eine Berechnung des Kreislaufes einer Schiffsdampfanlage mittels elektronischer Rechenanlagen ermöglicht. Die oftmals anzutreffenden, geringen *Abweichungen* in den Zahlenwerten der einzelnen Tafeln sind auf unterschiedliche Ausgangsgleichungen zurückzuführen; bei der Benutzung der verschiedenen Zustandsgleichungen ist stets sehr auf den *Gültigkeitsbereich* zu achten, besonders bei Extrapolationen müssen die dann teilweise erheblichen Abweichungen berücksichtigt werden.

Zustandsdiagramme

Für praktische Berechnungen eignen sich die Diagramme recht gut, zumal durch sie die verwickelten

Zusammenhänge der Zustandsgleichungen anschaulicher dargestellt werden können; große Bedeutung haben Diagramme erlangt, in denen die Entropie oder Enthalpie als Abszisse bzw. Ordinate verwendet werden. In diesen Diagrammen sind auch die Isobaren, Isothermen und Isochoren eingezeichnet; die *wichtigsten* Diagramme sind: T, s- (Temperatur-Entropie); i, s- (Enthalpie-Entropie) und e, s-Diagramm (Exergie-Entropie).

Mit dem Vordringen der elektronischen Rechenanlagen geht die Bedeutung der Diagramme als direktes Rechenhilfsmittel immer weiter zurück.

Das T, s-Diagramm, in dem bei reversiblen Prozessen die zu- oder abgeführte Wärme bzw. die Exergie und Anergie der Wärme als *Flächen* entnommen werden können, ist bereits in Bild 04.15 dargestellt.

Im i, s-Diagramm (Bild 04.16) können Enthalpiedifferenzen als *Strecken* entnommen werden. Die Lage des *kritischen Punktes* ist im T, s- bzw. i, s-Diagramm sehr verschieden. Aus Bild 04.16 ist ersichtlich, wie die Isobaren, und Isothermen verlaufen; für das *Naßdampfgebiet* — Isobaren und Isothermen sind hier identisch — wurden noch die *Linien gleicher Dampfnässe* eingezeichnet. Das i, s-Diagramm wird nach seinem Schöpfer auch *Mollier*-Diagramm genannt; da für die Praxis (z. B. Darstellung des Expansionsverlaufs in der Turbine) i. a. nur der Bereich $5{,}0 < s < 9{,}0$ kJ/kg K und $2000 < i < 4200$ kJ/kg interessiert, beschränken sich die gebräuchlichen i, s-Diagramme auf diesen Bereich. (Es sei darauf hingewiesen, daß das i, s-Diagramm auch h, s-Diagramm genannt wird; s. Abschnitt 04.3.2).

In zunehmendem Maße gewinnt das e, s-Diagramm an Bedeutung; z. Z. gibt es e, s-Diagramme für Wasser (Bild 04.17) und Luft; ferner sei auf das i, x-Diagramm für feuchte Luft (s. Hauptabschnitt 22) hingewiesen.

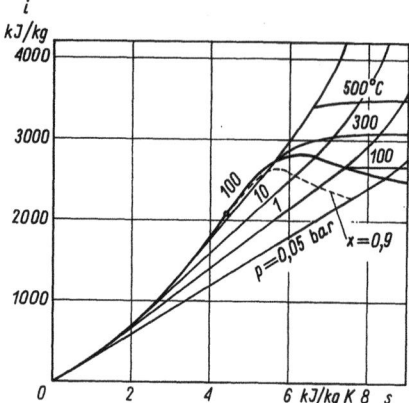

Bild 04.16 i, s-Diagramm für Wasser bzw. Wasserdampf (nach *Baehr*)

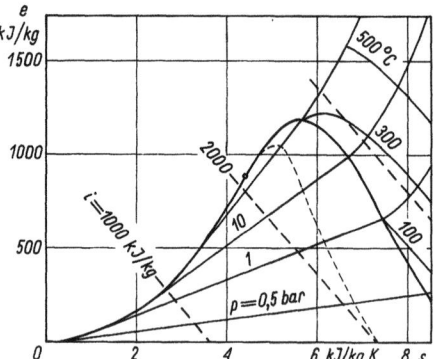

Bild 04.17 e, s-Diagramm für Wasser bzw. Wasserdampf (nach *Rant*)

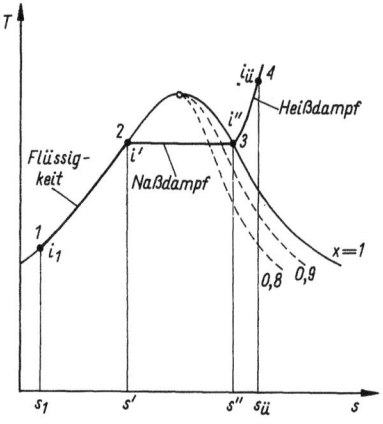

Bild 04.15 Darstellung des Verdampfungs- und Überhitzungsvorganges im T, s-Diagramm
1 Flüssigkeit
2 siedende Flüssigkeit
3 Sattdampf
4 überhitzter Dampf (Heißdampf)

04.6.2 Analyse einiger Parameter in einer Dampfanlage

Der Wirkungsgrad der Anlage

Als Vergleichsprozeß der Dampfanlage dient der Clausius-Rankine-Prozeß (s. Abschnitt 04.5.2); jede Abweichung des tatsächlichen Prozeßablaufes stellt somit ein Maß für die Irreversibilitäten, d. h. die technisch vermeidbaren Mängel dar.

Der Wirkungsgrad des Clausius-Rankine-Prozesses ergab sich zu

$$\eta_{\text{Cl-R}} = 1 - \frac{T_0}{T_{m\,\text{zu}}} \qquad (33)$$

Somit bietet sich eine Verbesserung des Wirkungsgrades durch

a) Senkung von T_0,
b) Erhöhung von $T_{m\,\text{zu}}$ an.

Die Temperatur der Energieabgabe an die Umgebung T_0

In der obigen Formel stellt T_0 die Temperatur, bei der die Wärmeabfuhr vom Arbeitsmittel an die Umgebung (2. Hauptsatz) erfolgt, dar; es ist die *Kondensationstemperatur des Abdampfes*.
Die mittlere Temperatur des Seewassers beträgt 20 °C; eine Kühlwasseraufwärmung von 5 ... 7 K führt i.a. zu einer wirtschaftlich vertretbaren Kühlwassermenge. Da der Kondensator z.Z. für *Grädigkeiten* von 4 ... 7 K ausgelegt wird*), ergibt sich für T_0 eine Temperatur von ≈ 305 K $\triangleq \approx 32$ °C.

$$T_0 = T_u + \Delta t_w + \delta \text{ K} \tag{34}$$

Der Berechnung wird i.a. ein Kondensatordruck des Abdampfes p_{Ko} von 0,05 bar $\triangleq$ 32,9 °C $\triangleq$ 306,1 K zugrunde gelegt; dieser Wert stellt somit für mittlere Auslegungszustände den Grenzwert von T_0 nach unten dar.

Die mittlere Temperatur des energieaufnehmenden Arbeitsmittels $T_{m\,zu}$

Eine Unterteilung des Prozesses der Energieaufnahme des Arbeitsmittels auf die Phasen *flüssig, flüssigdampfförmig, dampfförmig* läßt den Einfluß folgender Parameter auf $T_{m\,zu}$ sehr gut erkennen:

a) Frischdampfdruck $p_{ü}$

Unter der Voraussetzung einer konstanten Speisewassereintrittstemperatur des Arbeitsmittels in den Kessel t_{Sp} und einer konstanten Überhitzeraustrittstemperatur $t_{ü}$ wird bei einer *Druckerhöhung* die mittlere Temperatur in allen drei Teilgebieten (Flüssigkeits-, Naßdampf- und Heißdampfgebiet) angehoben.

b) Frischdampftemperatur $t_{ü}$

Die *Frischdampftemperatur* bestimmt bei t_{Sp} und $p_{ü}$ = const nur im Heißdampfgebiet $T_{m\,zu}$.

c) Zwischenüberhitzung

Durch eine *Zwischenüberhitzung* des Arbeitsmittels wird $T_{m\,zu}$ nur dann erhöht — allerdings nur im Heißdampfgebiet —, wenn die mittlere Temperatur bei der Energieaufnahme im Zwischenüberhitzer höher liegt als $T_{m\,zu}$ im Überhitzer; dieser Fall ist nur bei der Zwischenüberhitzung durch *Rauchgas* gegeben.

d) Speisewassertemperatur t_{Sp}

Durch eine Erhöhung der *Speisewassereintrittstemperatur* in den Kessel wird $T_{m\,zu}$ nur im Flüssigkeitsgebiet angehoben.

Der Zusammenhang zwischen $p_{ü}, t_{ü}, \eta_i, x, p_{Ko}$

Zur Vermeidung einer eventuellen Hochtemperaturkorrosion bei dem Brennstoff „Öl" sollte in Schiffsdampfanlagen nur eine maximale Frischdampftemperatur von $t_{ü} \leqslant 520$ °C gefahren werden. Da der Kondensatordruck mit $p_{Ko} \geqslant 0,05$ bar (s. Abschnitt 04.6.2) begrenzt ist, die Dampffeuchtigkeit in der letzten Schaufelreihe der ND-Turbine $\leqslant 12\%$ aus Erosions- und Wirkungsgradgründen betragen sollte, ferner der isentrope Wirkungsgrad der Turbine zwischen 0,78 ... 0,84 liegt, ergeben sich maximale Frischdampfdrücke von 70 ... 90 bar.
Es zeigt sich, daß Frischdampfdruck und -temperatur eng miteinander *gekoppelt* sind. Mit Rücksicht auf die Abmessungen der Düsen und der 1. Schaufelreihe können die soeben aufgezeigten Grenzwerte besonders bei kleinen Leistungen nicht einmal erreicht werden, da das *Dampfvolumen* einfach zu klein ist, um noch zu sinnvollen Abmessungen und Wirkungsgraden zu gelangen.

Die Zwischenüberhitzung des Arbeitsmittels

Sollen höhere Frischdampfdrücke bei $t_{ü}$ = const, die zu einer Erhöhung von $T_{m\,zu}$ in allen drei Teilgebieten führen (s. Abschnitt 04.6.2), gefahren werden, so muß das Arbeitsmittel während der Expansion zwischenüberhitzt oder getrocknet werden, damit die Dampffeuchtigkeit nicht unzulässig ansteigt; es sind folgende Verfahren (Bild 04.18 und Tafel 04.5) bekannt:

1. *Zwischenüberhitzung durch Rauchgas im Kessel oder im besonders gefeuerten Zwischenüberhitzer.*
2. *Zwischenüberhitzung durch strömenden Frischdampf.*
3. *Zwischenüberhitzung durch kondensierenden Frischdampf bzw. kondensierenden Anzapfdampf.*

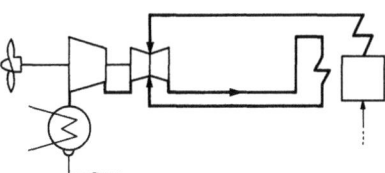

Bild 04.18.1 Zwischenüberhitzung durch Rauchgas im Kessel

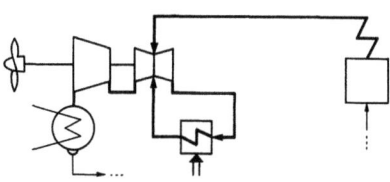

Bild 04.18.2 Zwischenüberhitzung durch Rauchgas im besonders gefeuerten Zwischenüberhitzer

---

*) Es stehen noch exergetische Untersuchungen über die wirtschaftlichste Grädigkeit im Kondensator aus.

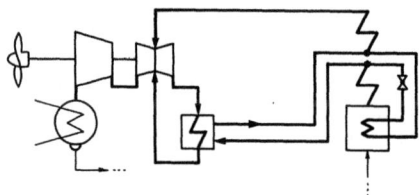

Bild 04.18.3 Zwischenüberhitzung durch strömenden Frischdampf

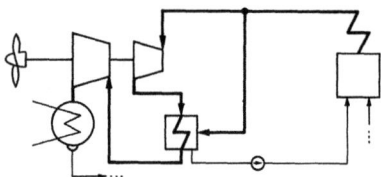

Bild 04.18.4 Zwischenüberhitzung durch kondensierenden Frischdampf

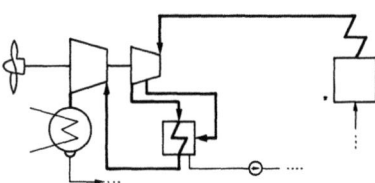

Bild 04.18.5 Zwischenüberhitzung durch kondensierenden Anzapfdampf

Z.Z. wird ausschließlich die Zwischenüberhitzung durch Rauchgas im Kessel gewählt; sie verbessert den Wirkungsgrad der Energieumwandlung durch den höheren Frischdampfdruck und durch die Erhöhung von $T_{m_{zu}}$ im Heißdampfgebiet; Die unter Punkt 2. und 3. genannten Verfahren ergeben die Verbesserung *nur* durch den höheren Frischdampfdruck, denn sie erhöhen nicht durch den Prozeß der Zwischenüberhitzung direkt $T_{m_{zu}}$ im Heißdampfgebiet. Bei der Zwischenüberhitzung durch Rauchgas erhitzt man das Arbeitsmittel im Zwischenüberhitzer auf Frischdampftemperatur; es kann noch nicht beurteilt werden, ob bei Schiffsdampfanlagen ebenfalls wie bei ortsfesten Anlagen der Wirkungsgrad steigt, wenn man $t_{ZÜ}$ etwa 5 ... 10 K höher legt als $t_ü$.

Bei der Zwischenüberhitzung durch *strömenden* Frischdampf liegt $t_{ZÜ}$ um etwa 30 ... 40 K niedriger als $t_ü$; bei der Zwischenüberhitzung durch *kondensierenden* Frischdampf entspricht $t_{ZÜ}$ nur der Kondensationstemperatur des Frischdampfes minus der Grädigkeit im Zwischenüberhitzer ($\delta = 15 ... 40$ K). Die günstigsten Zwischenüberhitzungsdrücke liegen bei:

Zwischenüberhitzung durch Rauchgas:

$p_{ZÜ} \approx 0{,}25\, p_ü,$

Zwischenüberhitzung durch kondensierenden Frischdampf:

$p_{ZÜ} \approx (0{,}06 ... 0{,}10)\, p_ü.$

Bei den z.Z. für seegehende Handelsschiffe in Frage kommenden Antriebsleistungen ($P \leq 25$ MW pro Welle) werden mit Rücksicht auf die Abmessungen der Düsen und ersten Schaufelreihe (s. oben) Frischdampfdrücke bis 120 bar bei Zwischenüberhitzung des Arbeitsmittels gewählt; eine weitere Verschiebung dieser Grenze nach oben wird bei der sich abzeichnenden Steigerung der Antriebsleistungen die Folge sein.

Die regenerative Speisewasservorwärmung

In Abschnitt 04.6.2 war bereits auf die Erhöhung von $T_{m_{zu}}$ im Flüssigkeitsgebiet hingewiesen worden, wenn die *Speisewassereintrittstemperatur* in den Kessel angehoben wird; dies geschieht durch die

Tafel 04.5 Gegenüberstellung der Vor- bzw. Nachteile der verschiedenen Zwischenüberhitzungsarten

Zwischenüberhitzungsart		Vorteil	Nachteil
ZÜ durch Rauchgas	im Kessel	max. thermodynamischer Gewinn $t_{ZÜ} = t_ü$	Lange Rohrleitungen Platzbedarf Regelung von $t_{ZÜ}$ erforderlich
	im besonders gefeuerten Kessel	kurze Rohrleitungen unveränderter Kessel $t_{ZÜ} = t_ü$	besonderer Kessel für ZÜ erforderlich hohe Luftvorwärmung, damit guter Kesselwirkungsgrad → hohe Feuerraumtemperatur → hoher Wärmeübergang durch Strahlung
ZÜ durch strömenden Frischdampf		ZÜ direkt neben Turbine Rohrleitungen kurz	$t_{ZÜ} < t_ü$, da Grädigkeit im ZÜ $\approx$ 30 ... 40 K große Wärmeübertrager
ZÜ durch kondensierenden Anzapf- bzw. kondensierenden Frischdampf		ZÜ direkt neben Turbine einfache Rohrführung	$t_{ZÜ} \lessapprox t_ü$ $t_{ZÜ} \approx t_S - \delta$ $\delta = 10 ... 40$ K Verbesserung nur indirekt (hoher Frischdampfdruck erforderlich)

regenerative Speisewasservorwärmung. Unter regenerativer Speisewasservorwärmung ist die Vorwärmung des Speisewassers vor Eintritt in den Kessel durch Anzapfdampf, der der Turbine entnommen wird, in Oberflächenwärmeaustauschern zu verstehen. Da die Theorie der regenerativen Speisewasservorwärmung recht häufig mißverstanden wird, letztere jedoch genau wie die Zwischenüberhitzung einen fundamentalen Baustein der modernen Dampfantriebsanlagen darstellt, soll sie nachstehend kurz erklärt werden; es zeigt sich, daß erst eine *exergetische* Betrachtung der Probleme, die Zusammenhänge deutlich erkennen läßt.

Je höher das Speisewasser regenerativ vorgewärmt wird, desto geringer werden die Exergieverluste im Kessel bei dem Vorgang der Wärmeübertragung: Rauchgas — Arbeitsmittel; diese Exergieverluste erreichen ein Minimum, wenn t_{Sp} gleich der Siedetemperatur des Frischdampfdruckes (Druckverluste im Kreislauf vernachlässigt) ist. Dem steht gegenüber, daß bei dem Vorgang des regenerativen Wärmeaustausches: Anzapfdampf — Speisewasser Exergieverluste entstehen; diese Verluste steigen mit zunehmender Speisewassertemperatur und erreichen für $t_{Sp} = t_S$ ein Maximum. Die Exergieverluste im Kessel nehmen zunächst mit steigendem t_{Sp} schneller ab als die Verluste bei der regenerativen Vorwärmung zunehmen; von einer bestimmten Temperatur ab tritt die umgekehrte Tendenz auf — diese Temperatur ist die günstigste Speisewassertemperatur. Da die der Turbine zur Vorwärmung entnommene Dampfmenge keine Arbeit mehr verrichtet, muß der Turbine — damit die mechanische Energie an der Propellerwelle konstant bleibt mehr Dampf zugeführt werden; diese geänderte Dampfmenge muß bei der Erfassung der Exergieverluste — auch der des Kondensators und der Turbine — berücksichtigt werden. Die Exergieverluste bei der regenerativen Speisewasservorwärmung werden sehr von der Stufenzahl der Vorwärmung und der Aufteilung der Aufwärmspanne beeinflußt. Bevor das Speisewasser in den ersten Vorwärmer eintritt, wird es i. a. noch im *Strahler-, Brüdenkondensator* und *Schmierölkühler* aufgewärmt. Es stellt sich heraus, daß für Schiffsdampfanlagen die *thermodynamisch optimale* Speisewassertemperatur von folgenden Parametern abhängt:

Frischdampfdruck,
Eintrittstemperatur in die Vorwärmstrecke,
Stufenzahl der Vorwärmung.

Es muß ferner in Anlagen mit und ohne Zwischenüberhitzung unterschieden werden.

Die Vorwärmung erfolgt bei Schiffsdampfanlagen in ein bis fünf Stufen (bei Landanlagen bis zu elf); vom Verfasser werden 3...5 Stufen für die heute anzutreffenden Leistungen als *wirtschaftliches Optimum* erachtet (Tafel 04.6). Mit zunehmender Stufenzahl nimmt der thermodynamische Gewinn sehr schnell ab (1. Stufe $\hat{=}$ 6 %; 2. Stufe $\hat{=}$ 2 %; 3. Stufe $\hat{=}$ 0,75 %; 4. Stufe $\hat{=}$ 0,3 %), die Anlage wird komplizierter und die Störanfälligkeit steigt. In Bild 04.19 ist der Kreislauf für eine dreistufige Vorwärmung mit Zwischenüberhitzung durch Rauchgas dargestellt. Aus konstruktiven Gründen ist es bei einer dreistufigen Vorwärmung oftmals zweckmäßig, die Zwischenüberhitzung und die HD-Anzapfstufe zusammenzulegen; man sollte dann etwa den Mittelwert — wobei man durchaus etwas mehr zu t_{Sp} tendieren kann — aus den jeweiligen

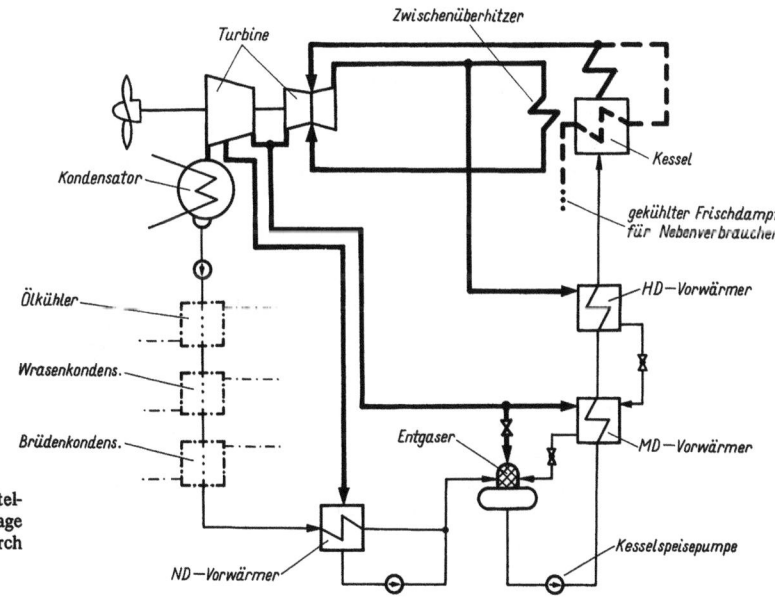

Bild 04.19
Schematische Kreislaufdarstellung einer Schiffsdampfanlage mit Zwischenüberhitzung durch Rauchgas

Tafel 04.6 Optimale Speisewassertemperaturen und Stufenaufteilung bei regenerativer Speisewasservorwärmung

Optimale Speisewassertemperatur $t_{Sp_{opt}}$	Optimale Stufenaufteilung
Zweistufige Vorwärmung	
Anlagen ohne Zwischenüberhitzung	HD-Stufe = $0{,}58 \cdot \Delta t$
$t_{Sp_{opt}} = \frac{2}{3} p_{\ddot{u}} + 84 t_1^{0,15}$ °C	ND-Stufe = $0{,}42 \cdot \Delta t$
Anlagen mit Zwischenüberhitzung	
$t_{Sp_{opt}} = \frac{2}{3} p_{\ddot{u}} + 89 t_1^{0,12}$ °C	
Dreistufige Vorwärmung	
Anlagen ohne Zwischenüberhitzung	HD-Stufe = $0{,}40 \cdot \Delta t$
	MD-Stufe = $0{,}35 \cdot \Delta t$
	ND-Stufe = $0{,}25 \cdot \Delta t$
$t_{Sp_{opt}} = \frac{2}{3} p_{\ddot{u}} + 108 t_1^{0,1}$ °C	$\Delta t = t_{Sp_{opt}} - t_1$
Anlagen mit Zwischenüberhitzung	
$t_{Sp_{opt}} = \frac{2}{3} p_{\ddot{u}} + 107 t_1^{0,085}$ °C	

$p_{\ddot{u}}$ = Frischdampfdruck in bar
t_1 = Eintrittstemperatur in den ND-Vorwärmer in °C

optimalen Drücken wählen. Bei einer dreistufigen Vorwärmung werden folgende Dampfmengen der Turbine entnommen:

HD-Anzapfstufe: $(0{,}10 \ldots 0{,}14)\, m_{D_T}$
MD-Anzapfstufe: $(0{,}07 \ldots 0{,}90)\, m_{D_T}$
ND-Anzapfstufe: $(0{,}06 \ldots 0{,}08)\, m_{D_T}$

Durch den Zwischenüberhitzer strömen somit $(0{,}86 \ldots 0{,}90)\, m_{D_T}$, und die im Kondensator niederzuschlagende Dampfmenge beträgt $\approx 0{,}75\, m_{D_T}$.
In Tafel 04.6 sind die Formeln für $t_{Sp_{opt}}$ bei 2- bzw. 3-stufiger Vorwärmung, sowie die günstigste Stufenaufteilung angegeben.
Die Oberflächenwärmeaustauscher sind i.a. für eine Grädigkeit (*Grädigkeit = Differenz zwischen Austrittstemperatur des energieaufnehmenden Mediums (Speisewasser) und Kondensationstemperatur des energieabgebenden Mediums* (Anzapfdampf) von 3 ... 5 K ausgelegt; neueste Untersuchungen ergeben einen Wert von $\approx 1{,}5$ K als *wirtschaftlichste* Grädigkeit.
Bei Teillasten sinkt die Speisewassertemperatur, da sich der Anzapfdruck, der die Speisewassertemperatur bestimmt, nach dem *Dampfkegelgesetz von Stodola* verringert. Für die Betriebsführung ergeben sich gerade bei einer Dampfanlage mit regenerativer Speisewasservorwärmung einige wichtige Gesichtspunkte, die nachstehend aufgezeigt sind.

Betriebsführung bei regenerativer Speisewasservorwärmung

Die besprochenen Grundsätze müssen bereits bei Auslegung und Konstruktion der Anlage berücksichtigt werden, sind aber teilweise auch für die Betriebsführung wichtig. Bei ungenügender Beachtung der Zusammenhänge kann eine schlechte Betriebsführung um so eher die durch die Konstruktion ermöglichte Wirtschaftlichkeit verderben, je mehr thermodynamische Verfeinerungen in der Entwurfskonzeption vorgesehen sind, d.h. je wertvoller die Anlage ist. Die für den Betrieb wichtigen Grundsätze sollen noch einmal zusammengefaßt werden:

a) Alle Vorwärmer sind nach Möglichkeit mit Dampf aus der dafür vorgesehenen Anzapfstufe zu beheizen. Verwendung von Frischdampf ist nur auf Manöverbetrieb zu beschränken; bei längerer Fahrt mit kleiner Maschinenleistung, ist die Anzapfung, soweit sie noch wirksam ist, wenigstens im ND-Bereich mit zur Vorwärmung heranzuziehen, so daß nur der HD-Vorwärmer Frischdampf erhält.

b) Jede Drosselung des Anzapfdampfes für die Vorwärmer ist zu vermeiden. Die Entnahmemenge darf nicht am Entnahmeventil bzw. am Heizdampfventil geregelt werden, sondern jeder Vorwärmer entnimmt sich von selbst die richtige Anzapfmenge, wenn sein Wasserstandsregler einwandfrei arbeitet.

c) Die Grädigkeit der Vorwärmer muß durch Messung der Austrittstemperaturen von Speisewasser und Anzapfkondensat kontrolliert werden. Vergrößerte Grädigkeit bei normaler Leistung ist ein Zeichen von zu hohem Wasserstand im Vorwärmer oder von Verschmutzung der Rohre.

d) Dampfumformer (Naßdampferzeuger) und andere Apparate, die wahlweise mit Frischdampf oder Anzapfdampf beheizt werden können, müssen bei normalem Seebetrieb auf Anzapfdampf geschaltet werden.

Luftvorwärmung durch Anzapfdampf

Es war bereits darauf hingewiesen worden (s. Abschnitt 04.4.4), daß die Abgastemperaturen die Verluste in einer Antriebsanlage mitbestimmen; die Abgastemperatur muß wegen der Gefahr der *Taupunktunterschreitung* (s. Abschnitt 18.5.3) nach unten begrenzt werden.
Wird als letzte Heizfläche ein Rauchgas-Speisewasservorwärmer (*Economiser*) eingebaut, so können Schäden vermieden werden. Bei etwa 130 °C *Eintrittstemperatur* des Speisewassers in den Eco (also bei höherer Heizflächentemperatur) kann das Rauchgas ebenfalls genügend abgekühlt werden. Allerdings muß dann auf den thermischen Vorteil der regenerativen Speisewasserwärmung (s. Ab-

schnitt 04.6.2) verzichtet werden. Als Ersatz für den dadurch wegfallenden HD-Speisewasservorwärmer kann man aber nun die *Verbrennungsluft* in einem Luftvorwärmer (Luvo) durch Anzapfdampf vorwärmen.

Bei relativ niedrigen Frischdampfdrücken (≤ 60 bar) tritt durch diese Schaltung keine erhebliche Verschlechterung des Wirkungsgrades ein; bei höheren Frischdampfdrücken jedoch wirkt sich die niedrige Speisewassereintrittstemperatur in den Kessel wesentlich nachteiliger aus, da der Einfluß auf $T_{m_{zu}}$ steigt. In Bild 04.20 ist das Prinzip eines Kreislaufs mit anzapfdampfbeheiztem Luvo gezeigt; es sind zwei Anzapfstufen vorhanden, die obere Stufe liegt beim Übergang vom HD- zum ND-Turbinengehäuse und beheizt gleichzeitig Luvo und Entgaser.

Zusammenfassend sei gesagt: Bei den heutzutage anzutreffenden Frischdampfdrücken sollte die *Luftvorwärmung* im Kessel durch Rauchgas erfolgen, wobei die Abgastemperatur so gewählt werden sollte, daß eine Taupunktunterschreitung auf jeden Fall vermieden wird, da dann die Vorteile der regenerativen Speisewasservorwärmung überwiegen.

04.6.3 Der derzeitige Stand in der Kreislaufgestaltung von Schiffsdampfanlagen

Die Entwicklung ist gekennzeichnet durch eine *Vereinfachung* des Kreislaufs (≙ Senkung des Investitionsaufwandes) bei einem maximalen thermodynamischen Wirkungsgrad. Gegenüber früheren Anlagen ist der Kreislauf in den letzten Jahren entrümpelt worden; als wesentlichste Veränderungen müssen genannt werden:

Übergang zum *Einkesselbetrieb*, dadurch begünstigt die Einführung der *Zwischenüberhitzung durch Rauchgas*, Verbrennung mit *geringstem Luftüberschuß*, daher relativ *niedrige Abgastemperaturen* möglich; *Steigerung der Frischdampfdaten*; *Scoop-Kondensator*; Ersetzen der Dampfstrahl-Luftpumpen durch *elektrisch angetriebene Vakuum-Luft-Pumpen*; statt Turbogenerator *Wellengenerator*; *angehängte Speisepumpe*; Anordnung von Turbine und Kondensator in einer oder zwei Ebenen; regenerative *Speisewasservorwärmung* in drei bis fünf Stufen; *Vorwärmung des Speisewassers* vor Eintritt in den ND-Vorwärmer im *Wasserdampfkühler*. Im Seebetrieb werden keine dampfangetriebenen Hilfsmaschinen mehr verwendet.

Weitgehende *Standardisierung* aller Anlagenteile, die zur Verwendung von wenigen Modellen und zur Vereinfachung der Reserveteilhaltung und -beschaffung führt.

Es stellt sich heraus, daß je höher der *Komplikationsgrad* einer Anlage ist, desto mehr nach einer längeren Betriebszeit der *Instandhaltungs-* und *Reparaturaufwand* steigen; je schwieriger eine Anlage im günstigsten Punkt gefahren werden kann, desto häufiger werden Abweichungen auftreten. Dann gibt es den hohen Wirkungsgrad jedoch nur theoretisch. Es muß also stets ein wirtschaftlich sinnvoller Kompromiß bei der Erstellung einer Anlage geschlossen werden.

Man darf auch nie ein Aggregat für sich allein betrachten; stets müssen die Auswirkungen auf den *gesamten* Kreislauf berücksichtigt werden; was nützt ferner der beste Wirkungsgrad, wenn eine dauernde Betriebssicherheit nur sehr bedingt gewährleistet ist? Unter der Voraussetzung der Betriebssicherheit liegt dann die wirtschaftlichste Kreislaufkonzeption vor, wenn der *kostenäquivalente Aufwand* für die Antriebsanlage bei vorgegebener Abgabe an mechanischer Energie an der Propellerwelle auch nach längerer Betriebszeit ein *Minimum* erreicht. Es zeigt sich, daß es gerade für den Ingenieur von großem Vorteil ist, wenn er dabei die bisherigen *klassischen* Berechnungsmethoden der Energieumwandlungen durch *exergetische* Betrachtungen ergänzt.

04.6.4 Der spez. Brennstoffverbrauch

Bestimmung durch Messung

Der *spez. Brennstoffverbrauch* kann ermittelt werden, wenn die *abgegebene Leistung* und die insgesamt *verbrauchte Brennstoffmenge* als Meßwerte bekannt sind, aus der Gleichung:

$$b_h = \frac{m_B}{P} \text{ kg/kWh.} \qquad (35)$$

Es ist darauf zu achten, daß die einzelnen Werte *unterschiedlich bezogen* sein können, z.B. effektive Leistung am Kupplungsflansch der Wärmekraftmaschine, an der Propellerwelle usw.; desgleichen kann der gesamte Brennstoffverbrauch die Hilfsmaschinen mit einschließen oder nicht.

Bestimmung durch Rechnung

Für eine Dampfanlage kann aus der Energiebilanz des Kessels die zugeführte Brennstoffmenge bestimmt werden:

$$m_B \cdot H_u \cdot \eta_K = \sum m_D \cdot \lambda \rightarrow m_B = \frac{\sum m_D \cdot \lambda}{H_u \cdot \eta_K} \text{ kg/h} \qquad (36)$$

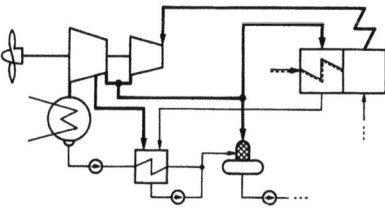

Bild 04.20 Schematische Kreislaufdarstellung einer Anlage mit Luftvorwärmung durch Anzapfdampf

Somit müssen *bekannt* sein:
Erzeugte Dampfmenge, Zustandsgrößen des Speisewassers bzw. Dampfes am Kesseleintritt bzw. -austritt, unter Heizwert, energetischer Kesselwirkungsgrad.

Die innere Leistung der Turbine ergibt sich als Summe der Produkte: Enthalpiedifferenz zwischen den einzelnen Gefällestufen mal jeweiliger Dampfmenge, d.h., die Dampfmengen *einschl.* Entnahmedampfmengen und die Zustandsgrößen an den Entnahmestellen müssen bekannt sein. Unter Berücksichtigung der mechanischen Verluste (Lager, Getriebe usw.) erhält man die Leistung an der Propellerwelle.

Zum Vergleich mit anderen Brennstoffwerten wird H_u oft auf den Wert 41 868 kJ/kg $\hat{=}$ 10 000 kcal/kg umgerechnet. Im anglo-amerikanischen Sprachbereich rechnet man nicht mit H_u, sondern mit dem oberen Heizwert H_0; bei dieser Rechnungsweise legt man es dem Kessel zur Last, daß der im Rauchgas enthaltene Wasserdampf nicht seine *Kondensationsenthalpie* an die Heizflächen abgibt, so daß rechnerisch ein größerer Abgasverlust eintritt.

04.7 Abwärmeverwertung

04.7.1 Definition des Begriffes Abwärme

Eine genaue Definition des Begriffes Abwärme liegt nicht vor; unter Abwärme sollte jener Anteil der einer Wärmekraftmaschine zugeführten Energiemenge verstanden werden, der in der Form *Wärme* die Systemgrenzen der Wärmekraftmaschine überschreitet, ohne in mechanische Energie (*Nutzarbeit*) umgewandelt worden zu sein.

04.7.2 Vorbemerkung

Für die Bewertung der Energieumwandlung in der Antriebsanlage (chemische Energie des Brennstoffs in mechanische Energie an der Propellerwelle) stellt die Abwärme streng genommen einen *Verlust* dar – sowohl energetisch als auch exergetisch. Dieser *entgangene Nutzen* an mechanischer Energie braucht für den gesamten Schiffsbetrieb nicht als entgangener Nutzen in Erscheinung zu treten, wenn es gelingt, die *Abwärme* für Schiff (S) und Maschine (M) in anderer Form auszunutzen. Stets sollte dabei der Grundsatz gelten:
Die Erzeugung an *hochwertiger* Energie (mechanische bzw. elektrische Energie) aus der chemischen Energie des Brennstoffs in der Hauptantriebsanlage sowie aus der die Systemgrenzen der Hauptantriebsanlage überschreitenden Abwärme zu *maximieren* und erst dann den Nebenbedarf für Schiff und Maschine ebenfalls aus der Abwärme zu decken; wobei Kompromisse nicht zu vermeiden sind, da stets der *thermodynamische Gewinn* dem *Bauaufwand* gegenübergestellt werden muß und neben dem reinen Seebetrieb auch der Hafenbetrieb bzw. Manöverfahrten Berücksichtigung finden müssen.

Maßgebend für die *Umsetzungsmöglichkeit* der Abwärme in mechanische oder elektrische Energie ist der *Carnot-Faktor* (s. Abschnitt 04.4.3), d.h. die Temperatur, mit der die Wärme die Systemgrenzen überschreitet. Es ist ferner zu berücksichtigen, daß die Wärme an ein Arbeitsmittel übertragen werden muß, eine Temperaturdifferenz und somit eine Verringerung des Carnot-Faktors ergeben sich daraus.

Der *Nebenenergiebedarf* ist bei den verschiedenen Schiffsarten sehr unterschiedlich; er ist zudem von den Fahrtgebieten und Jahreszeiten abhängig und fällt teilweise ungleichmäßig, oft stoßweise und mit starken Spitzen an.

Aus den in den Bildern 04.6 bis 04.8 dargestellten Energie- bzw. Exergie-Anergie-Flußbildern geht hervor, welche Energiemengen als Abwärme auftreten.

04.7.3 Die Abwärmeverwertung bei Dampfanlagen

Aus dem Energie-Anergie-Flußbild (s. Bild 04.6) ist ersichtlich, daß mit dem *Kühlwasser* nach See ca. 57 % der mit dem Brennstoff eingebrachten Energie abgeführt werden; es sei daran erinnert, daß in einer Wärmekraftmaschine stets ein *Teil* der in der Form Wärme zugeführten Energie auch als Wärme wieder an die Umgebung aufgrund des 2. Hauptsatzes abgeführt werden *muß* (s. Bild 04.7). Da die Temperatur des Kühlwassers bei einem Kondensationsdruck des Abdampfes von 0,05 bar etwa 25 °C beträgt, ist eine Nutzung dieser Abwärme weder für Schiffs- noch Maschinenzwecke gegeben. Auch die mit den *Rauchgasen* anfallende Abwärme bei $t = 120 \ldots 200$ °C kann wirtschaftlich vertretbar nicht ausgenutzt werden.

Für eine Dampfanlage ergibt sich somit folgender Sachverhalt: Die zur Verfügung stehende Abwärme kann für Schiffs- bzw. Maschinenzwecke nicht wirtschaftlich verwendet werden, d.h., die für Klimaanlage, Heizung, Küche, Warmwasserversorgung, Frischwassererzeugung, Heizölvorwärmung, Aufwärmung der Ladung, Tankreinigung usw. benötigte Energie muß der Wärmekraftmaschine entnommen werden auf Kosten einer verringerten Erzeugung an mechanischer Energie oder, bei konstanter mechanischer Energieabgabe an der Propellerwelle, einer erhöhten Zufuhr an chemischer Brennstoffenergie.

04.7.4 Die Abwärmeverwertung bei Motoranlagen

Wärmeverbraucher

Der Schiffsbetrieb kann für Handelsschiffe in vier charakteristische Zustände unterteilt werden:

- *Fahrt auf See,*
- *Be- und Entladen,*
- *Fahrt im Revier,*
- *Stilliegen im Hafen.*

Entsprechend unterschiedlich ist der Bedarf an Wärme und der Leistungsbedarf des Bordnetzes. Es muß ferner beachtet werden, daß bei Fahrt auf See „unterschiedliche Schiffsgeschwindigkeiten" gefahren werden, d.h., es ergeben sich bezogen auf die Nennleistung unterschiedliche Lastverhältnisse, demgemäß ändert sich auch der Bedarf an Wärmeenergie und elektrische Energie; das Gleiche gilt für den Vorgang des „Be- und Entladens".

Auf Motorschiffen können die Verbraucher an Wärmeenergie in die Verbrauchergruppen:

a) *Hauptmaschinenbetrieb* (Brennstoffvorwärmung, Erzeugung elektr. Energie über Turbogeneratoren)
b) *Schiffsbetrieb* (Heizung, Verdampfer, Klimaanlage, Sanitärzwecke, Küchenbetrieb)
c) *Ladungserfordernisse* (Trankheizung, Tankreinigung, Ladepumpen, Decksmaschinen)

unterteilt werden.

Schiffstyp, Schiffsgröße und Antriebsmaschinenkonzeption bestimmen diese Wärmeenergieverbraucher bzgl. des Energiemengenstroms und Temperaturniveaus: durch die Art des Wärmeträgermediums ist der Druck festgelegt. Es muß zwischen den 3 Systemen:

- *Energiequelle,*
- *Wärmeträger,*
- *Energiesenke*

unterschieden werden (Bild 04.21).

An den Wärmeträger wird im Wärmeerzeuger (Abgaskessel) von der Energiequelle die Wärmemenge Q_{zu} übertragen, im Wärmeverbraucher wiederum geht vom Wärmeträger an die Energiesenke die Wärmemenge Q_{ab} über und wird von dort abgeführt. Bauart und Konzeption des Wärmeerzeugers, der im folgenden Gegenstand der Darlegung ist, werden vom

a) *Wärmeverbraucher* (Energiemengenstrom, Temperaturniveau),
b) *Wärmeträgermedium* (physikalisches Verhalten)

bestimmt.

Wärmeträgermedien

An das Wärmeträgermedium sind im wesentlichen im Hinblick auf eine wirtschaftliche, betriebssichere und wartungsarme Anlage nachstehende Anforderungen zu stellen:

a) große Energiespeicherfähigkeit,
b) gute Wärmeübertragungseigenschaften,
c) niedriger Arbeitsdruck,
d) wirtschaftlicher Anschaffungspreis,
e) geringe Korrosionsneigung,
f) geringe Empfindlichkeit gegen Fremdstoffe,
g) geringe Gefährdung der Umgebung bei Leckagen,
h) geringe Feuergefährlichkeit,
i) nicht giftig und geruchsbelästigend,
j) gute thermische Stabilität,
k) niedrige Viskosität im gesamten Temperaturbereich.

Es gibt derzeit noch kein Medium, das alle diese Bedingungen erfüllt, so daß man stets einen Kompromiß schließen muß. Die derzeit in Abgaskesseln auf Schiffen verwendeten Wärmeträger sind:

a) Wasser flüssige Phase (Heißwasser)
  gasförmige Phase (Naß-, Satt-, Heißdampf),
b) organische Wärmeträger — flüssige Phase.

(Bzgl. des Einsatzes von sogenannten Kältemitteln (tiefsiedende Arbeitsmittel) in der gasförmigen Phase bei der Abgasenergieausnutzung sei auf den Vortrag [04.....] verwiesen.)

Wasser bzw. Wasserdampf

Wasser bzw. Wasserdampf bildete bis vor kurzem den alleinigen Wärmeträger in der Schiffstechnik. Für den Temperaturbereich unter 100 °C erfüllt Wasser nahezu alle o.a. Anforderungen und muß somit als idealer Wärmeträger angesehen werden; es wird in der Form von „Warmwasser" oder „Brauchwasser" verwendet. Bei Temperaturen oberhalb 100 °C muß der Wärmeträgerkreislauf, wenn die flüssige Aggregatphase beibehalten werden soll, jedoch unter Druck gesetzt werden ($t = 150$ °C $=> p > 4{,}8$ bar; $t = 180$ °C $=> p > 10$ bar; wobei die Druckverluste im Wärmeträgerkreislauf noch hinzukommen). Als obere wirtschaftlich noch vertretbare Grenze für den Wärmeträger „Heißwasser" muß 150 °C angesehen werden.

Beim Übergang in die gasförmige Phase ergibt sich wegen der großen Verdampfungsenthalpie der Vorteil der großen Energiespeicherfähigkeit des Wärmeträgermediums. Wegen der schlechteren Wärmeübertragungseigenschaften von Heißdampf gegenüber Satt- bzw. Naßdampf ist es zweckmäßig, bei höherem Temperaturniveau im Wärmeverbraucher auch den Druck zu steigern.

Organische Wärmeträger

Die Nachteile des „nicht-drucklosen" Systems bei Heißwasser bzw. Wasserdampf im Temperaturbereich oberhalb von 100 °C können vermieden werden, wenn man organische Wärmeträger verwendet. Derartige Anlagen haben bereits verschiedent-

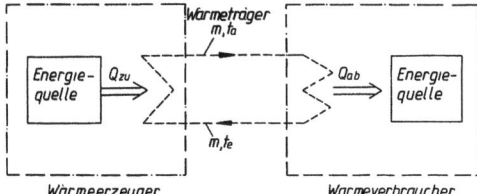

Bild 04.21 Thermodynamische Untersysteme für Wärmeerzeugung und -verbrauch auf Motorschiffen

lich auch in der Schiffstechnik Eingang gefunden. Organische Wärmeträger können in drei Gruppen unterteilt werden, die sich insbesondere bzgl. der thermischen Stabilität und Alterung unterscheiden:

α) Naturprodukte,
β) Isomeregemische,
γ) Einheitlicher Stoff.

α) Naturprodukte

Zu dieser Gruppe gehören alle Naturprodukte bzw. Produkte, die aus Naturprodukten gewonnen werden, z.B. aus Mineralöl gewonnene Wärmeträger. Diese Stoffe können *nicht in der Dampfphase* eingesetzt werden. Sie setzen sich aus vielen Einzelkomponenten zusammen, deren thermische Beständigkeit durch die Komponente mit der geringsten Stabilität bestimmt wird.

β) Isomeregemische

Hierzu gehören die meisten Stoffe, die synthetisch hergestellt werden; die wichtigsten Wärmeträger dieser Gruppe sind *Aromate*. Diese Wärmeträger sind ebenso wie die Naturprodukte nur für den Flüssigkeitsumlauf geeignet. Da es sich hier um definierte Stoffe handelt, weisen sie immer die gleiche Zusammensetzung auf; die thermische Stabilität wird von der Art und Anordnung der Seitenketten im Molekülaufbau beeinflußt.

γ) Einheitlicher Stoff

Es gibt nur wenige Stoffe dieser Gruppe; der bekannteste ist eine Mischung aus Diphenyloxid und Diphenyl, bei der ein günstiger Erstarrungspunkt dadurch erreicht wird, das die Zusammensetzung des niedrigschmelzenden Eutektikums gewählt wird. Die Siedepunkte beider Komponenten liegen so dicht beieinander, daß man von einem Azeotrop sprechen kann. Diese Stoffe können als Wärmeträger auch in der Dampfphase eingesetzt werden; mit ihnen ist zugleich die höchste thermische Stabilität erreichbar.

Organische Wärmeträger reagieren je nach ihrer Qualität verschieden stark mit dem in der Luft enthaltenen Sauerstoff – sie *oxidieren*, d.h., sie *altern*. Die *Oxidationsstabilität* des Wärmeträgers ist daher eine wichtige Vorbedingung für eine lange Lebensdauer einer Wärmeträgerfüllung. Bei der Alterung handelt es sich um einen verwickelten chemischen Prozeß. Bis zu 60 °C altern organische Medien langsam; bei höheren Temperaturen nimmt die Veränderung laufend zu. Als Anhaltswert kann zugrundegelegt werden, daß die Geschwindigkeit der Alterung sich bei je 10 K Temperaturniveauerhöhung etwa verdoppelt, d.h., die Anwendungsdauer verkürzt sich entsprechend. Durch die Alterung werden sowohl organische Säuren als auch bei einem bestimmten Molekülgewicht als Schlamm ausfallende Polymerisationsprodukte gebildet. Solange sich die Oxidationsprodukte in Lösung befinden, führen sie zu einer Erhöhung der Viskosität.

Durch Werkstoffe, mit denen der Wärmeträger im Umlauf in Berührung kommt, kann die Alterung katalytisch beeinflußt werden; wobei Kupfer den ungünstigsten Einfluß ausübt. Zudem kann die Oxidation durch Rost, Wasser, Staub und andere Verschmutzung beschleunigt werden.

Da bei Wärmeträgern auf Mineralölbasis bereits im Temperaturbereich um 380 °C eine Molekülzersetzung eintritt, müssen die max. zulässigen Rohrwandinnentemperaturen (Grenzschicht) auf etwa 340 °C begrenzt werden. In jedem Mineralöl werden Gase gelöst. Die Menge des in Lösung gehenden Gases hängt von verschiedenen Einflußgrößen ab; die wichtigsten sind *Druck, Temperatur* und *Viskosität*. Je viskoser ein Öl ist, desto weniger Gas kann vom Mineralöl gelöst werden. Man kann davon ausgehen, daß bei allen Viskositäts- und Temperaturwerten im Sättigungszustand ein Luftvolumen von ca. 8 % des Ölvolumens im Öl gelöst ist; daher muß besonders für eine *Gasausscheidungsmöglichkeit* im Kreislaufsystem gesorgt werden.

Während sich die höchste Wärmeträgertemperatur (max. Vorlauftemperatur) bei der Konzeption einer Anlage durch die festgelegte max. Temperatur auf der Verbraucherseite ergibt, ist die untere Wärmeträgertemperaturgrenze durch die Füll- und Anfahrtemperatur sowie die niedrigste gewünschte Arbeitstemperatur bedingt, wobei als Stoffwert für diese Einsatzgrenzen die Viskosität heranzuziehen ist.

In Bild 04.22 ist der derzeit übliche Anwendungsbereich für die verschiedenen Wärmeträgermedien in Abhängigkeit vom Temperaturniveau des Wärmeverbrauchers aufgezeigt. Die einzelnen Wärmeträgermedien weisen zwischen Vorlauf- (t_e) und Rücklauftemperatur (t_a) beträchtliche Temperaturdifferenzen (Δt) auf:

Warmwasser $\quad \Delta t = 30 \ldots 60$ K,
Heißwasser $\quad \Delta t = 30 \ldots 100$ K,

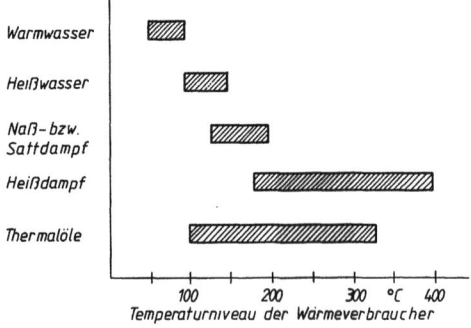

Bild 04.22 Anwendungsbereiche von Wärmeträger-Medien

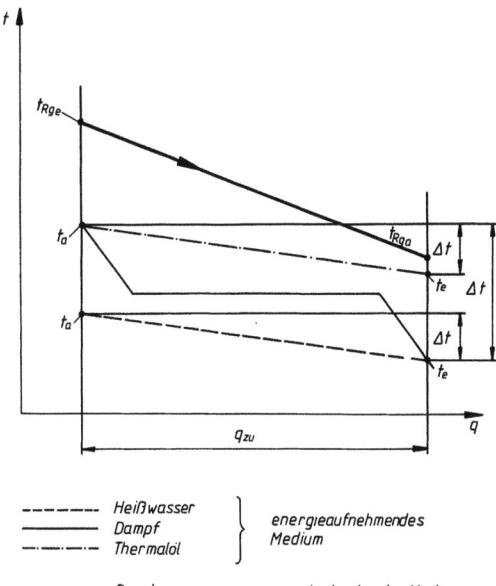

Bild 04.23 Darstellung des Wärmeübertragungsvorgangs „Energiequelle-Wärmeträger" im t, q-Diagramm

Wasserdampf $\Delta t = 100 \ldots 350$ K,
Thermalöle $\Delta t = 20 \ldots 40$ K.

Entsprechend der unterschiedlichen Aggregatphasen der Wärmeträger weisen die Vorgänge der Wärmeübertragung von der Energiequelle an den Wärmeträger im t, q-Diagramm voneinander abweichende Verläufe auf (Bild 04.23).

Energiebilanz einer Schiffsdieselmotorenanlage

Die dem Dieselmotor mit dem Brennstoff zugeführte Energie kann durch den Dieselprozeß nur teilweise in mechanische Energie umgewandelt werden. Der größere Teil wird als Wärme abgeführt. Die *Energiebilanz* einer Motorenanlage lautet

$$q_B = P_m + q_A + q_{KM} + q_R, \qquad (37)$$

wobei die einzelnen Energieanteile wie folgt bezeichnet werden:

q_B Brennstoffenergie,
P_m mechanische Energie am Motorflansch,
q_A Abgasenergie,
q_{KM} durch Kühlmittel abgeführte Energie,
q_R Restverluste wie Strahlung und Wärmeableitung.

Derzeit gelangen in der Handelsschiffahrt sowohl *langsamlaufende* Dieselmotoren ($n = 1,5 \ldots 3$ Hz) als auch *mittelschnellaufende* Motoren ($n = 6 \ldots 10$ Hz) zum Einsatz, wobei der Langsamläufer im allgemeinen direkt auf die Propellerwelle geschaltet ist,

während der Mittelschnelläufer im allgemeinen über ein Getriebe auf die Propellerwelle arbeitet. Die in den Abgasen dieser Motoren enthaltene Energie ergibt sich als Produkt aus dem Abgasstrom und der Enthalpie der Abgase hinter dem Abgasturbolader, wobei man die spezifische Enthalpie als Produkt aus der Temperatur und der spezifischen Wärmekapazität erhält. Nachstehend aufgeführte Kennwerte gelten derzeit für Schiffsdieselmotoren im Nennlastpunkt am Motoraustritt nach Abgasturbolader:

langsamlaufende
Motoren: $m_{Rg} = 2,7 \ldots 3,2$ kg/MWs
$t_{Rg} = 260 \ldots 320$ °C

mittelschnellaufende
Motoren: $m_{Rg} = 2,0 \ldots 2,7$ kg/MWs
$t_{Rg} = 320 \ldots 460$ °C

Unterteilt man diesen Abgasenergiestrom in einen exergetischen und einen anergetischen Anteil, so erkennt man, daß der Exergieanteil bei mittelschnellaufenden Motoren im allgemeinen aufgrund des höheren Temperaturniveaus ebenfalls höher liegt als bei langsamlaufenden Motoren.

Der mit dem Kühlmedium abgeführte Energiestrom beinhaltet im allgemeinen die Kühlung nachstehender Bauteile: Zylinder, Kolben (nicht bei Tauchkolbenmaschinen), Lager, Brennstoffdüsen und Ladeluftsystem.

Mit Ausnahme der Ladeluftkühlung fällt der mit dem Kühlmedium abgeführte Energiestrom mit einer Temperatur zwischen 55 °C und 80 °C an. Die Temperatur im Ladeluftkühlsystem kann dagegen durchaus 150 °C erreichen. Bezogen auf die mit dem Brennstoff eingebrachte Energie beträgt der mit dem Kühlmittel abgeführte Energiestrom im allgemeinen 15 ... 30 % und der mit dem Abgas abgeführte Energiestrom 25 ... 35 %. Eine Exergiebetrachtung zeigt, daß aufgrund des relativ niedrigen Temperaturniveaus der Exergieanteil im Kühlmediumstrom sehr niedrig ist. Die derzeit mit etwa 3 % Energieanteil — ebenfalls bezogen auf die mit dem Brennstoff eingebrachte Energie — als Abstrahlung in den Maschinenraum gelangende Energie ist im Sinne einer energietechnischen Auslegung von Schiffsdieselmotorenantriebsanlagen nicht nutzbar.

Da der mit dem Kühlmittel abgeführte Energiestrom wegen des derzeit relativ niedrigen Temperaturniveaus mit Ausnahme des Ladeluftkühlsystems nur einen geringen exergetischen Anteil besitzt, ist eine Umwandlung in mechanische oder elektrische Energie nur begrenzt möglich. Es kommt hinzu, daß für eine diesbezügliche Ausnutzung ein anderes Arbeitsmittel als Wasser bzw. Wasserdampf verwendet werden muß, sog. *Kältemittel* kämen in Frage. Die Verwendung der Kühlmittelenergie bleibt daher derzeit auf Vorwärm- und Heizzwecke (z. B. Seewasserverdampfer) beschränkt; sie sollte allerdings

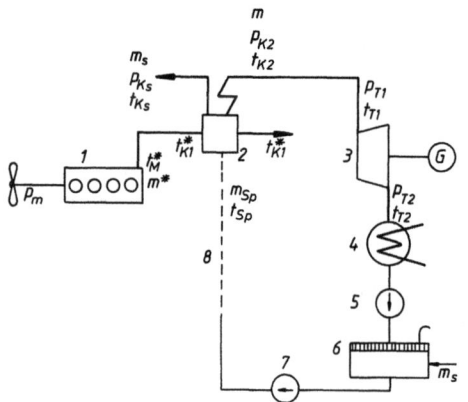

Bild 04.24 Abgaskesselanlage
1 Hauptmaschine
2 Abgaskessel
3 Turbogenerator
4 Kondensator
5 Kondensatpumpe
6 Speisewasserbehälter
7 Speisepumpe
8 Speisewasser-Vorwärmstrecke

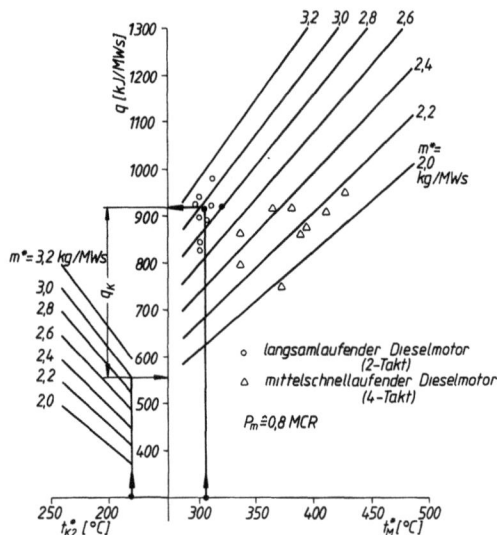

Bild 04.25 Im Abgaskessel übertragene Energie

konsequent an Bord von Motorschiffen verfolgt werden, um insbesondere den Bedarf an Heizdampf mit hohem Druckniveau soweit wie möglich zu entlasten. In diesem Sinne sollte auch eine Energieausnutzung des Ladeluftsystems mit einbezogen werden.

Im Gegensatz zum Kühlmittelenergiestrom enthält der Abgasenergiestrom hinter dem Abgasturbolader einen wesentlich größeren Anteil an Exergie. Es muß allerdings beachtet werden, daß die Ausnutzung der inneren Energie der Abgase durch die Gefahr einer möglichen *Tieftemperaturkorrosion* auf der Rauchgasseite im Wärmetauscher (Abgaskessel) begrenzt wird; praktisch liegt die Grenze für die Rauchgasaustrittstemperatur aus dem Kessel bei 180 °C. Es muß ferner der Tatsache Rechnung getragen werden, daß diese Austrittstemperatur bei vom Auslegungspunkt abweichenden Betriebszustand auch in der Verdampferheizfläche durchaus bis fast auf die Arbeitsmitteltemperatur absinken kann. Bild 04.24 zeigt Schaltung und Bezeichnungen einer Abgaskesselanlage mit Turbogenerator für eine Schiffsdieselmotorenanlage.

Die am Austritt aus dem Motor (nach Abgasturbolader) im Abgas enthaltene Energie beträgt

$$q_A = m_{Rg}^* \cdot t_M^* \cdot c_{PM}^*, \qquad (38)$$

wobei c_{PM}^* die spezifische Wärme der Rauchgase an dieser Stelle bedeutet. Davon wird im Abgaskessel an das Arbeitsmittel des nachgeschalteten Dampfkreislaufes die Energie

$$q_K = m^* \cdot (t_{K1}^* - t_{K2}^*) \cdot c_{PM}^* \bigg|_{t_{K2}^*}^{t_{K1}^*} \cdot \eta_K \qquad (39)$$

übertragen. Hier ist $c_{PM}^* \big|_{t_{K2}^*}^{t_{K1}^*}$ die mittlere spezifische Wärme der Rauchgase im Abgaskessel und η_K der Kesselwirkungsgrad, der etwa bei

$$\eta_K = 0{,}99 \qquad (40)$$

liegt. Als Temperaturverlust in der Abgasleitung zwischen Motor und Abgaskessel wird für die folgende Untersuchung ein Betrag von

$$t_M^* - t_{K1}^* = 5\,\text{K} \qquad (41)$$

gewählt. Abgasmenge und -temperatur sind in erster Linie von der Motorenbauart abhängig. In Bild 04.25, das als *Arbeitsdiagramm* zur Bestimmung von q_K dient, sind die spezifischen Abgasdaten der wichtigsten heute gebauten langsam- und mittelschnellaufenden Schiffsdieselmotoren eingetragen. Die Werte gelten bei einer Belastung der Motoren von 80 % der maximalen Dauerleistung (0,8 · MCR). Für diesen Betriebspunkt wird in der Praxis häufig die Auslegung des Abgaskessels vorgenommen. Aus Bild 04.25 geht hervor, daß sich die Abgasdaten aller Langsamläufer weniger voneinander unterscheiden als die entsprechenden Werte für Mittelschnellläufer, die eine erhebliche Streuung aufweisen.

Die Auslegung von Abgasenergieanlagen

Der im Abgaskessel erzeugte Dampf wird sowohl für Heizzwecke als auch zur Stromerzeugung benutzt. Wie in Bild 04.24 dargestellt, wird die Dampfmenge m, die i.a. ein Mehrfaches der Heizdampfmenge m, beträgt, in einem Turbogenerator auf Kondensatordruck entspannt und im Kondensator niedergeschlagen. Die erzeugte elektrische Energie P_{el} kann mit Hilfe der Gleichung

$$P_{el} = m \cdot \Delta i_{is} \cdot \eta_{TG} \qquad (42)$$

bestimmt werden, wobei das isentrope Gefälle in der Turbine

$$\Delta i_{is} = f(p_{T1}, t_{T1}, p_{T2}) \qquad (43)$$

einem i, s-Diagramm für Wasserdampf zu entnehmen ist. Den *Wirkungsgrad* des Turbogenerators η_{TG} erhält man aus der Gleichung

$$\eta_{TG} = \eta_{iT} \cdot \eta_{mT} \cdot \eta_G \cdot \eta_{Gen}. \qquad (44)$$

Dabei ist

η_{iT} der innere Wirkungsgrad der Turbine,
η_{mT} der mechanische Wirkungsgrad der Turbine,
η_G der Getriebewirkungsgrad und,
η_{Gen} der Wirkungsgrad des Generators.

Die Einzelwirkungsgrade η_{mT}, η_G und η_{Gen} hängen in erster Linie von der Leistung des Turbogenerators ab und verändern sich in dem hier infrage kommenden Leistungsbereich nur wenig. Folgende Werte sind in der Praxis üblich und sollten daher der Berechnung zugrunde gelegt werden:

$$\eta_m = 0{,}99, \qquad (45)$$
$$\eta_G = 0{,}97, \qquad (46)$$
$$\eta_{Gen} = 0{,}94 \ldots 0{,}96. \qquad (47)$$

Der *innere Turbinenwirkungsgrad* kann nicht auf so einfache Weise angegeben werden. Er hängt sowohl von der Turbinenbauart als auch von den Dampfzuständen vor und hinter der Turbine und dem Durchsatzvolumen ab. In bezug auf die Turbinenbauart läßt sich eine zunehmende Tendenz zur Verwendung hochwertiger Turbinen in Überdruck- oder Gleichdruckbauweise feststellen. Einfache Turbinen mit ein oder zwei hintereinander geschalteten zweikränzigen Curtisrädern sind weitgehend durch diese vielstufigen Turbinen verdrängt worden. Bild 04.26 zeigt den Wirkungsgrad des Turbogenerators als Funktion des Dampfdurchsatzes der Turbine auf.

Es zeigt sich, daß für eine thermodynamisch optimale Auslegung des nachgeschalteten Kreislaufs der Frischdampfzustand von den Motorenkennwerten sowie der Abgaskesselschaltung beeinflußt wird. Daher weist der zweckmäßigste Frischdampfdruck ein Spektrum von 5 ... 15 bar auf; die Frischdampftemperatur sollte 30 ... 100 K über der Siedetemperatur liegen. Als Kondensatordruck erweist sich ein Druck von 0,1 ... 0,15 bar als wirtschaftlich sinnvoll. Für den Abgaskessel ergeben sich je nach Anforderung verschiedene Bauarten und Schaltungen.

Bauarten:

Es kann nach der Art der Rauchgasführung eine Unterteilung in

a) *Rauchrohr-Kessel,*
b) *Wasserrohr-Kessel,*

vorgenommen werden; der prinzipielle Unterschied im Aufbau geht auch aus Bild 04.27 hervor.

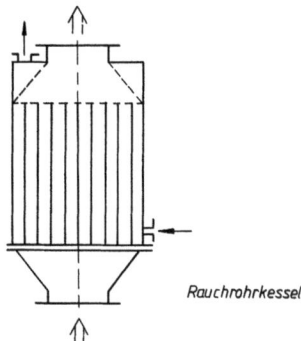

Rauchrohrkessel

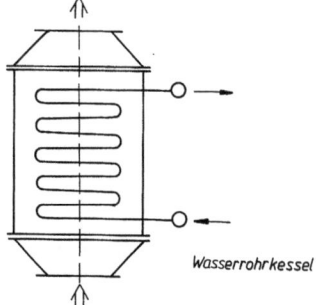

Wasserrohrkessel

Bild 04.27 Schematische Darstellung des prinzipiellen Aufbaus von Abgaskesseln

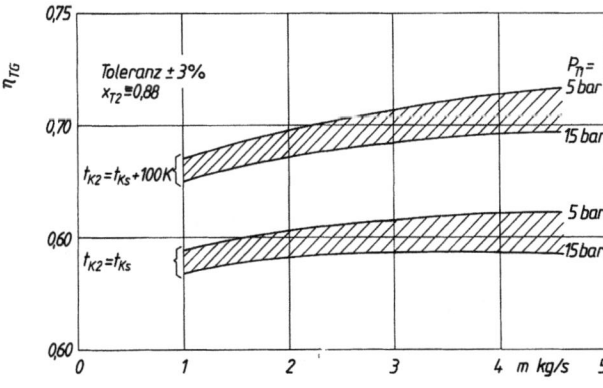

Bild 04.26
Turbogenerator – Wirkungsgrad

Die Priorität in der Konzeption eines Abgaskessels liegt in der unbedingten Einhaltung des max. zulässigen Druckverlustes auf der Rauchgasseite (max. 160 mm Ws ≙ 1 600 Pa).

Rauchrohr-Kessel
Die Motorabgase durchströmen die vom Wasser- bzw. Wasserdampf umgebenen senkrechten Rauchrohre; die Dampfleistung dieser Kessel liegt zwischen 0,3 kg/s und 0,8 kg/s. Die max. äußeren Abmessungen betragen bis zu 2,5 m im Durchmesser und ca. 4,0 m in der Länge. Der Vorteil dieser Bauart muß in der Unempfindlichkeit gegenüber der Speisewasserqualität gesehen werden; nachteilig wirkt sich bezogen auf die Dampfleistung das hohe Gewicht aus. Auch die Reinigung ist nicht einfach zu handhaben; hohe Rauchgasgeschwindigkeiten (≙ quadratische Beeinflussung des Druckverlustes) und evtl. Einbau einer Heizschlange im Wasserraum für den Hafenbetrieb können die Verschmutzung mindern.

Wurde der Kessel aus zwingenden Gründen trocken gefahren, so ist eine Speisung des heißen Kessels mit kaltem Speisewasser unbedingt zu vermeiden.

Wasserrohr-Kessel
Das Arbeitsmittel strömt durch waagerecht angeordnete Rohre im Zwanglauf; der Rauchgasstrom ist dazu senkrecht gerichtet, d.h., der Wärmeübergang erfolgt im Kreuz-, Kreuz-Gleich- oder Kreuz-Gegen-Strom. Das Arbeitsmittel wird auf Rohrschlangen verteilt, die entweder horizontal oder vertikal parallel angeordnet sind. Die Rohrschlangen können entweder aus Glatt- oder Rippenrohren bestehen.

Bekannt wurden Abgaskessel in der Schiffstechnik unter dem Namen „La-Mont-Kessel", dieser Kesseltyp stellt jedoch nur eine der derzeitigen Bauarten dar. Das Arbeitsmittel durchströmt horizontal parallel angeordnete Heizschlangen, die spiralförmig gewickelt sind. Durch den Einbau von *Düsen* (La-Mont-Düsen) an der Speisewasser-Eintrittsseite wird erreicht, daß die einzelnen Rohrschlangen gleichmäßig vom Speisewasser beaufschlagt werden. Die Rohre der einzelnen Systeme werden versetzt angeordnet; hierdurch wird das Bauvolumen verringert, da der Wärmedurchgangskoeffizient steigt. Gleichzeitig erhöht sich jedoch der gasseitige Druckverlust; andererseits darf die Rauchgasgeschwindigkeit nicht zu niedrig gewählt werden, da sonst die Verschmutzungsgefahr vergrößert wird. Dieser Kesseltyp findet daher besonders für Dampfleistungen zwischen 0,3 kg/s und 1 kg/s Anwendung. Den Vorteilen wie relativ kleine Abmessungen, geringes Gewicht, einfacher Einbau im Schiff, gute Reinigungsmöglichkeit, steht der Nachteil der Anforderung an die Speisewasserqualität (z.B. Verschmutzung der Düsen) gegenüber.

Analog zur horizontalen parallelen Rohrschlangenanordnung können die einzelnen Rohrschlangen auch vertikal parallel zueinander angeordnet werden. Die Anzahl der parallelgeschalteten Rohrreihen ergibt sich aus den Strömungsgeschwindigkeiten des Arbeitsmittels; Anhaltswerte sind je nach Heizflächenart:

Economiser $\quad w \leqslant 2$ m/s,
Verdampfer $\quad w \leqslant 20$ m/s,
Überhitzer $\quad w \leqslant 30$ m/s.

Die Anordnung der Heizflächen im Abgaskessel wird durch die temperaturseitige Zuordnung bestimmt, d.h., die Heizfläche mit den höchsten Arbeitsmitteltemperaturen liegt auch im Bereich der höchsten Rauchgastemperaturen; in Rauchgasströmungsrichtung gesehen ergibt sich somit nachstehende Reihenfolge:

Überhitzer (gasförmige Phase des Arbeitsmittels),
Verdampfer (Zwei-Phasen-Gemisch),
Economiser (flüssige Phase).

Im Falle der Sattdampferzeugung entfällt der Überhitzer; ebenso kann auf den Economiser verzichtet werden, wenn das abgasseitige Energieangebot nur bis zu einer Temperatur ausgenutzt wird, die im Hinblick auf eine vertretbare Heizflächengröße mindestens 20 K über der Siedetemperatur liegt.

Kennzeichnend für diesen Kesseltyp ist die in jedem Fall vorhandene separat angeordnete *Dampftrommel*. Die Rohrabmessungen betragen i.a. $d_a =$ 31,8 mm, 38 mm oder 44,5 mm. Der lichte Abstand zwischen den Rohren ist im Hinblick auf ein kleines Kesselvolumen so zu wählen, daß der max. zulässige rauchgasseitige Druckverlust nur wenig unterschritten wird.

Durch die Verwendung von Rippenrohren wird die für die Wärmeübertragung wirksame Heizfläche vergrößert. Hierbei muß allerdings berücksichtigt werden, daß infolge der beträchtlichen Erhöhung der rauchgasseitigen Widerstandsbeiwerte die Rauchgasgeschwindigkeit gegenüber Glattrohren gesenkt werden muß; damit ist jedoch eine Verringerung des Wärmeübergangskoeffizienten auf der Rohraußenseite verbunden.

Bei der Auslegung eines Wasserrohr-Abgaskessels muß den *Schwingungen* im Heizflächensystem besondere Aufmerksamkeit gewidmet werden. Schwingungen können hervorgerufen werden durch

a) das Antriebssystem „Motor-Propeller",
b) Gasmassen,

Im letzteren Fall werden die Schwingungen sowohl durch das Ablösen von Wirbeln hinter den vom Abgasstrom angeströmten Heizflächenrohren (Karmannsche Wirbel) als auch der veränderten Staudruckbildung des pulsierenden Abgasstroms angeregt. An den schwingungsfähigen Rohren des Rippenrohrbündels stellen sich Erregerfrequenzen ein, die im Gebiet der Eigenfrequenz des Rohres zu Resonanzschwingungen und sogar zum Bruch des

Abwärmeverwertung

Rohres führen. Besonders gefährdet sind die ersten Rohrreihen. Das Verhalten der Strömung wird bei Rippenrohrpaketen besonders durch die Strömung innerhalb der von den Rippen gebildeten Kanäle bestimmt; dabei tritt der Einfluß der Rohrteilung im Gegensatz zu Glattrohren zurück. Die Eigenfrequenz eines Rohres wird mit Hilfe der Durchbiegung eines gleichförmig belasteten Trägers — je nach ausgeführter Einspannungsform — berechnet; eine Unterstützung der Rohre erhöht die Eigenfrequenz. Während der Einfluß des pulsierenden Abgasstromes schwer erfaßt werden kann, beträgt die Ablösefrequenz hinter den Heizflächenrohren

$$f = Sr \cdot \frac{w}{d_a} \qquad (48)$$

Mit Sr Strouhalzahl ($\approx 0{,}20$), w Gasgeschwindigkeit und d_a Rohraußendurchmesser.

Abgaskesselschaltungen

Allgemeines

Da bei von Wasser durchströmten Rohren die Rohrwandtemperatur auf der Außenseite nur wenige K über der Arbeitsmitteltemperatur liegt, darf die Arbeitsmitteltemperatur der von Rauchgasen beaufschlagten Heizflächen einen Wert von etwa 130 °C nicht unterschreiten, wenn Tieftemperaturkorrosion vermieden werden soll.

Für die dazu notwendigen Aufwärmung des Speisewassers gibt es eine Reihe von Möglichkeiten, die sich bzgl. des Betriebsverhaltens und der Wirtschaftlichkeit z.T. erheblich voneinander unterscheiden (Bild 04.28):

a) Abgaskessel ohne Economiser (Einspeisung direkt in die Trommel),
b) Abgaskessel mit Economiser,
  α) Vorwärmung in einem Oberflächenvorwärmer in der Trommel,
  β) Vorwärmung in einem externen Vorwärmer.

Zudem kann der durch den Economiser strömende Massenstrom beeinflußt werden; der Economiser kann arbeitsmittelseitig vom

a) Speisewasserstrom
b) Umwälzstrom

baufschlagt sein (Bild 04.29) im Fall a) arbeitet der Economiser im *Zwangdurchlauf*, im Fall b) im *Zwangumlauf*. Für den stets im Zwangumlauf betriebenen Verdampfer liegt die Umwälzzahl zwischen 3,5 und 8. Die Überhitzerheizfläche wiederum ist eine Zwangdurchlaufheizfläche.

Die Anzahl der ausführbaren Abgaskesselschaltungen wird noch durch die Möglichkeit erweitert, das Verdampferheizflächensystem arbeitsmittelseitig sowohl im *Gleich-* als auch im *Gegenstrom* zum Rauchgasstrom zu beaufschlagen. Die Gegenstromschaltung führt gegenüber einer Gleichstromschal-

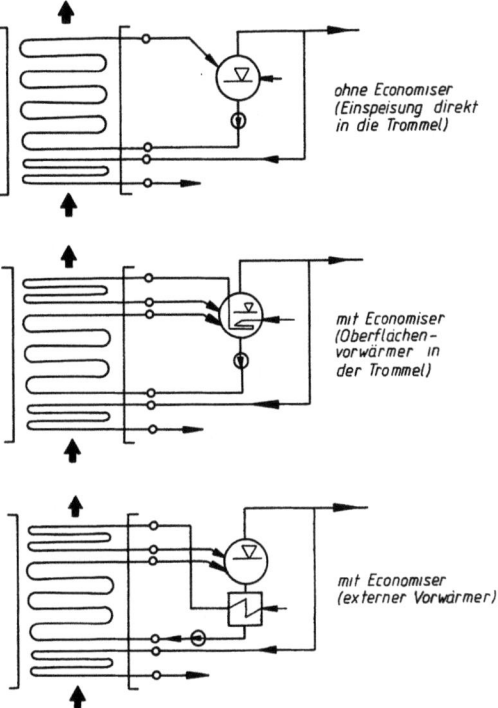

ohne Economiser (Einspeisung direkt in die Trommel)

mit Economiser (Oberflächenvorwärmer in der Trommel)

mit Economiser (externer Vorwärmer)

Bild 04.28 Abgaskesselschaltungen

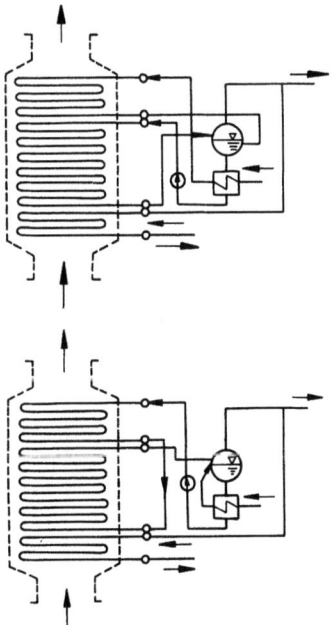

Bild 04.29 Economiserschaltungen bei Abgaskesseln
a) Economiser vom Speisewasserstrom beaufschlagt
b) Economiser vom Umwälzstrom beaufschlagt

tung immer zu einem etwas höheren Druckverlust im Verdampfersystem, da die Dampfblasen dann entgegen ihrer natürlichen Auftriebskraft von oben nach unten bewegt werden müssen. Gerade bei niedrigen Umwälzzahlen, d.h. hohem Dampfgehalt am Verdampferende, kann sich ein beträchtlicher zusätzlicher Druckverlust ergeben., der von der Umwälzpumpe aufzubringen ist. Dies gilt insbesondere für niedrige Systemdrücke, da hier das Verhältnis des Druckverlustes bei Zweiphasenströmung gegenüber der Einphasenströmung größer ist als im höheren Druckbereich.

Wird die Verdampferheizfläche arbeitsmittelseitig im Gegenstrom zu den Rauchgasen geschaltet, so ist ferner zu beachten, daß sich die Temperaturdifferenz zwischen Arbeitsmittel und Rauchgas am Punkt des Verdampfungsbeginns verringert, weil der Druck an dieser Stelle um den Druckverlust des Verdampfersystems höher liegen muß als der Trommeldruck und sich auch die Siedetemperatur entsprechend erhöht. Gerade bei niedrigen Systemdrücken kann dieser höhere Druck am Verdampfungsbeginn zu beträchtlichen Steigerungen der Sättigungstemperatur und somit zu einer Verringerung der für die Größe der Heizfläche ausschlaggebenden unteren Grädigkeit führen. Bei einer Gegenstromschaltung des Verdampfersystems arbeitet die Verdampferheizfläche in dem Bereich niedriger Rauchgastemperaturen zunächst als Economiserheizfläche, bis die dem Systemdruck plus Druckverlust entsprechende Siedetemperatur erreicht ist. Für die nachstehend aufgezeigten Abgaskesselschaltungen sind die Wärmeübertragungsvorgänge in einem t, q-Diagramm im Bild 04.30 dargestellt.

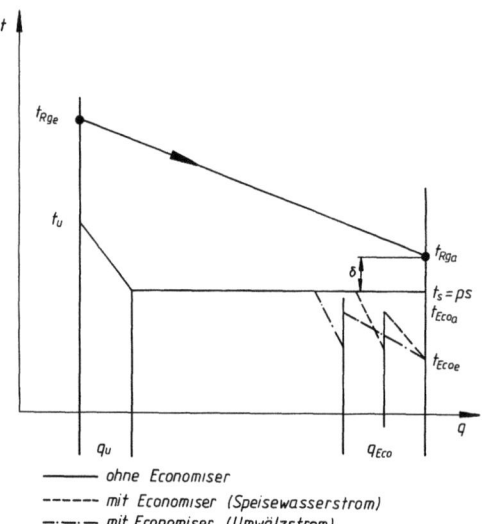

Bild 04.30 Darstellung der Wärmeübertragungsvorgänge im t, q-Diagramm (Druckverluste unberücksichtigt)

Abgaskessel ohne Economiser

Das Speisewasser wird direkt in die Trommel eingespeist und hier durch teilweise Kondensation des erzeugten Dampfes auf Sättigungstemperatur erwärmt. Infolge dieser Teilkondensation liegt der tatsächliche Dampfgehalt am Verdampferrohraustritt höher als er sich rechnerisch bei der vorgegebenen Umwälzzahl ergibt. Die Umwälzzahl ist bei dieser Schaltung frei wählbar; als Anhaltswerte gelten $U = 3{,}5 \ldots 5{,}0$. Eine Economiserheizfläche ist nicht vorgesehen. Als niedrigste Rauchgastemperatur kann daher nur eine Temperatur oberhalb der dem Systemdruck entsprechenden Sättigungstemperatur erreicht werden. Um wirtschaftlich sinnvolle Heizflächenabmessungen zu erzielen, sollte die Grädigkeit zwischen Rauchgas und Arbeitsmittel einen Betrag von $\delta_u = 20$ K nicht unterschreiten.

Abgaskessel mit Economiser

Economiser vom Speisewasserstrom beaufschlagt

Da die Eintrittstemperatur des Arbeitsmittels in diese Heizfläche mindestens 130 °C betragen soll, wird das Speisewasser vor Eintritt in den Economiser durch den Umwälzstrom in einem externen Oberflächenvorwärmer auf diese Temperatur vorgewärmt. Der Aufwärmung im Economiser setzen betriebstechnische Gründe mit einer Temperatur von etwa 10 K unterhalb der Sättigungstemperatur in der Trommel eine Grenze. Auch bei dieser Schaltung ist die Umwälzzahl frei wählbar. Die Anordnung der Verdampferheizfläche im Gegenstrom führt hier gegenüber einer Gleichstromschaltung bei gleichen Zustandswerten zu einer größeren Grädigkeit, da der Umwälzstrom im externen Vorwärmer unter die Siedetemperatur abgekühlt wird und daher den temperaturseitig höchsten Punkt im Verdampfersystem im t, q-Diagramm verschiebt. Dieser Vorteil wirkt sich insbesondere bei niedrigen Speisewassertemperaturen erheblich aus.

Economiser vom Umwälzstrom beaufschlagt

Auch hier erfolgt die Speisewasseraufwärmung in einem externen Oberflächenvorwärmer, jedoch besteht der wesentliche Unterschied gegenüber der vorhergehenden beschriebenen Schaltung darin, daß der Economiser arbeitsmittelseitig nicht vom Speisewasserstrom, sondern vom Umwälzstrom beaufschlagt wird. Die Umwälzzahl ist dann im Hinblick auf eine maximale untere Grädigkeit nicht mehr frei wählbar. Bei einer konstanten Economisereintrittstemperatur von 130 °C — eine Erhöhung dieser Temperatur führt zu keiner Vergrößerung der Grädigkeit δ_u — nimmt die Umwälzzahl mit steigendem Frischdampfdruck und mit steigender Speisewassertemperatur ab. So erhält man beispielsweise für eine Speisewasseraustrittstemperatur aus dem externen Vorwärmer von $t_{Ks} - 10$ K bei $t_{sp} = 50$ °C für $p = 5$ bar eine Umwälzzahl von 4,1 gegenüber einer Umwälzzahl von 1,9 bei p = 15 bar. Im Gegensatz zu der Schaltung mit vom Speisewaserstrom beaufschlagten Economiser ergibt hier die Gleichstromanordnung der Verdampferheizfläche eine höhere untere Grädigkeit.

Integrierter Economiser

Bei dieser Schaltung wurde der Economiser in den Verdampfer integriert, d.h., es entfallen bauseitig der Economiseraustrittssammler, die Überleitung und der Verdampfereintrittssammler. Auch hier erfolgt die Speisewasseraufwärmung vor Eintritt in die rauchgasbeaufschlagten Heizflächen in einem externen Oberflächenvorwärmer. Dem Vorteil des geringeren Bauaufwandes gegenüber der o.a. Schaltung (Economiser vom Umwälzstrom beaufschlagt) steht der Nachteil der Gegenstromschaltung des Verdampfers mit einer entsprechend kleineren unteren Grädigkeit und den höheren Druckverlusten entgegen.

Regelung

In Abhängigkeit von der Schiffsgröße und dem Schiffstyp sowie der Antriebsanlagenkonzeption tritt im Schiffsbetrieb (See-, Revier- und Hafenbetrieb) ein unterschiedlicher Wärmebedarf der Wärmeverbraucher auf. Der Wärmeerzeuger muß sich diesen unterschiedlichen Bedingungen anpassen. Da sich die einzelnen Wärmeerzeugerbauarten aufgrund ihrer Konzeption z.B. bzgl. Speicherfähigkeit, Laständerungsgeschwindigkeit, Dampfmenge, Dampfqualität (Druck, Temperatur, Dampfnässe) — beträchtlich unterscheiden, ist dieser in der Auslegung durch die Anforderungen der Wärmeverbraucher bzgl. der Konzeption festgelegt.

Der Abgaskessel wird für ein bestimmtes Energieangebot des Motors heizflächenmäßig ausgelegt. Da die dem Abgaskessel zur Verfügung stehende Energie vom jeweiligen Betriebspunkt der Hauptantriebsanlage bestimmt wird, kann ein Energieüberschuß oder ein Energiemangel vorhanden sein. Nachstehend aufgeführte *Regelungsmöglichkeiten* bieten sich an:

a) *Überström-Regelung*
b) *Bypaß-Regelung*
c) *Heizschlangenbeaufschlagungs-Regelung*
d) *Wasserstands-Regelung*
e) *Druck-Regelung*

Bei der *Überströmregelung* wird der Überschußdampf in einen atmosphärischen Kondensator über ein gesteuertes Ventil geleitet, bei dessen Öffnung gleichzeitig die Kühlwasserpumpe des Kondensators startet.

Mittels einer Klappe wird der durch den Abgaskessel gehende Rauchgasstrom bei der *Bypaß-Regelung* den Erfordernissen der Dampferzeugung angepaßt. Es ist zweckmäßig die Klappe im Gasstrom vor dem Kessel anzuordnen, da dann der Kessel bei einem Kesselschaden gasseitig ganz abgeschaltet werden kann. Die Regelcharakteristik ist besonders von dem Verhältnis des maximalen Widerstands des „By-pass-System" zum maximalen Widerstand des Abgaskessels abhängig. Es sei daraufhingewiesen, daß der Rauchgasgeschwindigkeit bzgl. der Verschmutzung der Heizflächen und der damit verbundenen Gefahr eines Brandes besondere Aufmerksamkeit geschenkt werden muß. Die Heizflächenbeaufschlagungs-Regelung beruht auf einem arbeitsmittelseitigen Zu- bzw. Abschalten von Heizschlangen, die zu parallel geschalteten Sektionen zusammengefaßt sind. Der Speisewasserpflege kommt bei dieser Regelungsart besondere Bedeutung zu, damit keine Stillstandskorrosion bzw. Ablagerungen erfolgen. Im Falle eines Brandes sind die abgeschalteten Heizflächen besonders gefährdet; es werden daher alle Sektionen bei einem Brand arbeitsmittelseitig geöffnet. (Es sei an dieser Stelle darauf hingewiesen, daß es zweckmäßig ist auch im Hafen – aus den aufgezeigten Gründen – die Umwälzpumpe in Betrieb zu behalten).

Die *Wasserstandsregelung* kann bei Rauchrohrkesseln (Wasserraumkesseln) angewendet werden; der Wasserstand wird abhängig vom Kesseldruck über die Rauchrohrfläche erhöht oder gesenkt.

Die *Druckregelung* basiert auf einer Veränderung des arbeitsmittelseitigen Druckes. Durch eine Erhöhung des Druckes z.B. verschiebt sich der sog. „pinchpoint" (Punkt der kleinsten Grädigkeit zwischen Rauchgas und Arbeitsmittel) im t, q-Diagramm nach links (s. Bild 04.30) dadurch steigt die Abgastemperatur am Kesselaustritt an; die erzeugte Dampfmenge verringert sich.

Ist der Abgaskessel als *2-Drucksystem* konzipiert, so wird bei einer zu großen Dampferzeugung das Ventil zwischen HD-System und ND-System geöffnet; der Dampf aus dem HD-System strömt in das ND-System, dessen Druck steigt.

Bezüglich der Regelung bei kombinierter Dampferzeugung (Hierunter wird das Zusammenwirken eines Hilfs- und Abgaskessels verstanden bei einer sowohl zeitlich getrennten Aufgabenfunktion – z.B. Hilfskessel im Hafen; Abgaskessel im Seebetrieb – als auch zeitlich gemeinsamen Aufgabenfunktion – Hilfs- und Abgaskessel im Seebetrieb) ist es wesentlich, daß bei einem sinkenden Abgasenergieangebot seitens des Motors an den Abgaskessel bzw. bei plötzlich steigendem Dampfbedarf seitens der Verbraucher der Hilfskessel dieser Laständerung ausreichend schnell folgen kann. Bei der Auslegung ist entweder die Priorität auf eine ausreichende Speicherfähigkeit zu legen oder auf die Möglichkeit, einige Verbraucher für kurze Zeit abzuschalten.

04.8 Schrifttum

[04.1] *Spalding, D.B., Traustel, S.* und *Cole, E.H.*: Grundlagen der technischen Thermodynamik. Verlag Friedr. Vieweg & Sohn, Braunschweig 1965.

[04.2] *Baehr, H.D*: Thermodynamik. Springer Verlag, Berlin, 1. Aufl. 1962, 3. Aufl. 1973.
[04.3] *Stille, U.*: Messen und Rechnen in der Physik. Verlag Friedr. Vieweg & Sohn, Braunschweig 1961.
[04.4] *Hütte* Taschenbuch der Werkstoffkunde (Stoffhütte). 4. Aufl., Verlag von Wilhelm Ernst u. Sohn, Berlin 1967.
[04.5] *Sass, F., Bouche, Ch.* und *Leitner, A.*: Dubbels Taschenbuch für den Maschinenbau Bd. I und II 12. Aufl. Springer Verlag, Berlin 1966.
[04.6] *Schmidt, E.*: VDI-Wasserdampftafeln. Springer Verlag Berlin 1963.

Zeitschriftenaufsätze

[04.7] *Baehr, H.D.*: Der Begriff der Wärme im historischen Wandel und im axiomatischen Aufbau der Thermodynamik. BWK 15 (1963) Nr. 1, S. 1/7.
[04.8] *Gietzelt, M.*: Was ist Wärme Hansa (1970) 4, S. 847.
[04.9] *Gietzelt, M.*: Die Bewertung der Energieumwandlung in Schiffsantriebsanlagen. Schiffstechnik 13 (1966) Heft 69, S. 115/19.
[04.10] N.N.: Berichte über die Tätigkeit der Fachausschüsse im Jahre 1966. STG-Jahrbuch Bd. 60 (1966), S. 454/58. Springer Verlag, Berlin 1966.
[04.11] *Gietzelt, M.*: Die Bewertung der Energieumwandlungen in den Antriebsanlagen seegehender Handelsschiffe Schiff u. Hafen 23 (1971), 11, S. 850/853.
[04.12] *Hotes, H.*: Die Durchrechnung des Wärmekreisprozesses von Dampfkraftwerken mit digitalen Rechenautomaten AEG-Mitteilungen 50 (1960), Heft 6/7, S. 277/83.
[04.13] *Gietzelt, M.*: Beitrag zur Optimierung der regenerativen Speisewasservorwärmung in Schiffsdampfanlagen mittels einer exergetischen Betrachtung. Diss. TH Hannover 1968.
[04.14] *Geisler, O.*: Entwicklungsstand der Schiffsdampfanlage. Fortbildungskursus „Auslegung von Schiffsdampfanlagen", Institut für Schiffsmaschinen, Universität Hannover 1979, S. 1/46.
[04.15] *Geisler, O.; Gietzelt, M. und Tischler, W.*: Wirkungsgrad von Abgaskesselanlagen auf Motorschiffen Hansa 113 (1976) 8, S. 593/600.
[04.16] *Gietzelt, M.*: Hilfskessel und Abgaskessel, Fortbildungskursus „Auslegung von Hilfssystemen für Schiffsmotorenanlagen" Institut für Schiffsmaschinen, Techn. Universität Hannover 1977.
[04.17] *Gietzelt, M.*: Energienutzung von Abgas und Abwärme STG-Jahrbuch 75 (1981) S. 235/45 Springer Verlag, Berlin 1981.

Hauptabschnitt 05

Elektrotechnik

Prof. Dipl.-Ing. *A. Schaffer*, Bremerhaven

05.1 Einheiten, Formelzeichen und Normen

05.1.1 Einheiten

Nachfolgend sind die wichtigsten in der Elektrotechnik gebräuchlichen Einheiten mit den dazugehörigen Größen zusammengestellt. In DIN 1301 Teil 1 und Teil 2 sind die empfohlenen Einheiten aufgeführt.

I	Elektrische Stromstärke	Ampere A
W	Arbeit, Energie	Joule J
f	Frequenz	Hertz Hz
P	Leistung	Watt W
ψ	elektrischer Fluß	Coulomb C
U	elektrische Spannung	Volt V
C	elektrische Kapazität	Farad F
R	elektrischer Widerstand	Ohm Ω
G	elektrischer Leitwert	Siemens S
H	magnetische Feldstärke	Ampere je Meter A/m
B	magnetische Flußdichte	Tesla T
L	Induktivität	Henry H
W	Arbeit, Energie	kWh
S	Scheinleistung	VA
Q	Blindleistung	VA reaktiv/VAR
Q	Elektrizitätsmenge	Amperestunden Ah
X	Blindwiderstand	Ohm Ω
Z	Scheinwiderstand	Ohm Ω
B	Blindleitwert	Siemens S
Y	Scheinleitwert	Siemens S

05.1.2 Vorschriften und Normen

Zur Errichtung und zum Betreiben müssen im Schiffbau und im Schiffsbetrieb die Regeln der Technik in besonderem Maße formuliert und beachtet werden, weil hier zur Vermeidung von Unfällen die Sicherheit des gesamten Systems Schiff hinzukommt. Vorschriften und Normen legen Grenzen und Maßstäbe, sowie den Stand der Technik als Bezug und Beurteilungskriterium fest. Hier sollen die wichtigsten Vereinbarungen und Richtlinien genannt werden.

Die *„Inter-Governmental Maritime Consultative Organisation"* (IMCO), die 1948 von den Vereinten Nationen vorgeschlagen wurde, führte zur IMCO-Konvention 1952. Hierin soll die Zusammenarbeit der Mitgliedsregierungen auf technischem Gebiet gefördert werden. Unter ihrer Schutzherrschaft führte die *"International Convention for the Safety of Life at Sea, 1960"* neue Bedingungen für Fracht und Fahrgastschiffe ein. Deutschland gehört dieser Convention an. 1974 wurden die letzten Überarbeitungen herausgegeben (SOLAS).

Der *Germanische Lloyd* (GL) hat 1980 neu überarbeitete „Vorschriften für Klassifikation und Bau von stählernen Seeschiffen" herausgegeben. In Band II, Kapitel 4, sind die Vorschriften für „Elektrische Anlagen" zusammengestellt.

Die See-Berufsgenossenschaft gibt mit ihren *„Unfallverhütungsvorschriften"* Hinweise über die Ausführung und den Betrieb von Anlagen und Geräten an Bord zur Sicherheit von Mensch und Schiff. Die letzte überarbeitete Ausgabe erschien Januar 1981. In der *"International Elektrotechnical Commission"* (IEC) arbeiten alle großen Industrienationen zusammen. Die nationalen Bestimmungen werden dort erarbeiteten Empfehlungen weitgehend angepaßt oder zum Teil direkt übernommen.

Nahezu alle Vorschriften, die hier genannt wurden, beziehen sich in vielen Einzelheiten oder überhaupt auf die anerkannten Regeln der Technik, die in den *Deutschen Industrienormen* (DIN) und in den *Bestimmungen des Verbandes Deutscher Elektrotechniker* (VDE) erarbeitet und herausgegeben werden. Hier werden einige der Vorschriften genannt, die für den Bau und den Betrieb der elektrischen Maschinen, Geräte und Anlagen zu beachten sind.

DIN 1357	Nov. 1971	Einheiten elektrischer Größen
DIN 4897	Dez. 1973	Elektrische Energieversorgung, Formelzeichen
DIN 40050		IP-Schutzarten, Berührungs-, Fremdkörper- u. Wasserschutz für elektrische Betriebsmittel

DIN 57102		Leitsätze für die Berechnung der Kurzschlußströme in Anlagen über 1 kW (Teil 1) und Anlagen bis 1000 V (Teil 2) (siehe auch VDE 0102)
DIN 89002	Okt. 1972	Generalpläne für Schiffe; Sinnbilder
DIN 89006	Okt. 1967	Fernmeldeanlagen auf Schiffen; Befehls- u. Meldeanlagen
E DIN 89014	(Entwurf)	Elektrische Alarmvorrichtungen im Schiffsbetrieb; akustische Alarmvorrichtungen im Schiffsbetrieb, akustische und optische Signale
DIN 89150	Aug. 1979	Kabel und isolierte Leitungen für den Schiffbau; Übersicht
DIN 89158	Febr. 1975	Starkstromkabel mit Schirmung MGCG
DIN 89159	Aug. 1977	Fernmeldekabel FMGCG
DIN 89160	Feb. 1975	Starkstromkabel ohne Schirmung MGG
DIN 89950	Sept. 1961	Positionslaternen für Seeschiffe und Binnenschiffe
DIN 89954	Febr. 1963	Leuchtengehäuse für Schiffs-Positionslaterneneinsätze mit Glühlampe
VDE 0100		Bestimmungen für das Errichten von Starkstromanlagen mit Nennspannungen bis 1000 V
VDE 0101		Bestimmungen für das Errichten von Starkstromanlagen mit Nennspannungen über 1 kV
VDE 0165		Bestimmungen für die Errichtung elektrischer Anlagen in explosionsgefährdeten Betriebsstätten
VDE 0166		Vorschriften für die Errichtung elektrischer Anlagen in explosivstoffgefährdeten Betriebsstätten
VDE 0510		Bestimmungen für Akkumulatoren und Akkumulatoranlagen
VDE 0530		Bestimmungen für umlaufende elektrische Maschinen
VDE 0532		Bestimmungen für Transformatoren und Drosselspulen
VDE 0660		Bestimmungen für Niederspannungsschaltgeräte
VDE 0670		Bestimmungen für Wechselstromschaltgeräte für Spannungen über 1 kV

05.2 Grundlagen

05.2.1 Gleichstromtechnik

Am Anfang des vorigen Jahrhunderts wurden die wichtigsten Entdeckungen und Formulierungen zur Beschreibung der Wirkungen des elektrischen Stromes gemacht. Hier eine Aufzählung einiger hervorragender Erkenntnisse:

1819	Oerstedt	Ablenkung der Magnetnadel durch den Strom,
1820	Ampere	Wirkung zweier Ströme aufeinander,
1820	Arago	Wirkung des Stromes auf Eisenspäne,
1821	Faraday	Unipolarmotor-Prinzip,
1826	Ohm	Zusammenhang zwischen U, I und R,
1831	Faraday	Induktionsgesetz,
1866	Siemens	Dynamomaschine (Generatorprinzip).

Ursache für alle elektrischen Erscheinungen ist das *Elektron*, der kleinste Bestandteil des Atoms. Dieses Elektron trägt eine Elementarladung von der Größe $1{,}602 \cdot 10^{-19}$ As (1 As = 1 C). Diese kleinste Einheit der elektrischen Ladung war nicht von Anfang an bekannt, sondern wurde erst sehr spät als die grundsätzliche Größe jedes elektrischen Vorganges erkannt. Dieses Elektron, bzw. die bewegte Ladung, ist die Grundlage des elektrischen Stromes. Die Bewegung dieser Ladungen erfolgt erst dann, wenn freie Ladungen auftreten, und wenn gegensätzliche Ladungen das Bestreben haben, sich zu vereinigen. Man nennt diese getrennten Ladungen, bzw. das Bestreben dieser Ladungen sich zu vereinigen, die *Urspannung*. Ganz entscheidend für die Beurteilung des elektrischen Stromkreises oder der elektrischen Erscheinungen überhaupt ist die Möglichkeit dieser Ladungen, sich durch den Raum oder durch den Leiter bewegen zu können. Man unterscheidet deshalb die *elektrischen Leiter*, also Medien, die den elektrischen Strom weiterleiten oder ihm die Möglichkeit des Durchganges bieten, in *Leiter 1. Klasse*, das sind Metalle und Metallverbindungen, die Elektronen weiterleiten, und *Leiter 2. Klasse*, das sind Flüssigkeiten (Elektrolyten), in denen Ionen den Transport der Ladungen übernehmen.

Um die Quantität des Durchganges der Ladungen durch ein Medium beurteilen zu können, hat sich der Begriff der *Leitfähigkeit* eingeführt. Die Leitfähigkeit κ in S/m (Siemens/Meter) gemessen, ist für Leiter erster Klasse und zweiter Klasse deutlich unterschiedlich groß. Hier einige Beispiele:

Die Leiter 1. Klasse

Kupfer $\kappa = 58 \cdot 10^6$ S/m und
Eisen $\kappa = 10{,}3 \cdot 10^6$ S/m

sind relativ gute Leiter. Die Leiter 2. Klasse

30%ige Schwefelsäure $\kappa = 1{,}5 \cdot 10^2$ S/m und
Salzsäure $\kappa = 0{,}3 \cdot 10^2$ S/m

sind schlechtere Leiter als die metallischen Leiter. Der Größenunterschied ist hier deutlich zu sehen. Er beträgt ca. 4 Zehnerpotenzen.

Schlechte Leiter, die in der Elektrotechnik besonders auch als *Isolatoren* benötigt werden, sind nicht etwa Nichtleiter, sondern eben nur schlechte Leiter. Hierzu zwei Beispiele:

Glas $\kappa = 10^{-15} \ldots 10^{-8}$ S/m,
Polyvinylchlorid $\kappa = 10^{-14} \ldots 10^{-12}$ S/m.

Die *Leitfähigkeit* ist ein Maß für die Fähigkeit, den elektrischen Strom (Ladungen) durchzulassen, bzw. die Möglichkeit zu bieten, neue Ladungsträger frei zu machen und zu verschieben. Die Verschiebungsgeschwindigkeit eines Elektrons und die Ausbreitungsgeschwindigkeit des elektrischen Stromes im Leiter dürfen nicht verwechselt werden. Das Elektron bewegt sich im Leiter mit einer Geschwindigkeit $v = 10^{-1} \ldots 10^{-2}$ m/s. Die Ausbreitungsgeschwindigkeit des elektrischen Stromes jedoch ist gleich der Lichtgeschwindigkeit $c = 2,99 \cdot 10^8$ m/s.

Die Leitfähigkeit ist eine spezifische Größe und bezieht sich zahlenmäßig bei der Angabe in Siemens auf einen Würfel von 1 m Kantenlänge. Aus dieser spezifischen Leitfähigkeit, angegeben für die verschiedenen Materialien, errechnet sich der *Leitwert* G eines ganz bestimmten geometrischen Körpers aus der Formel:

$$G = \frac{\kappa \cdot A}{l} \qquad (1)$$

Hierin ist A die Fläche des Leiters senkrecht zum Stromdurchgang und l die Länge des Strompfades gleichen Querschnitts A. Der Leitwert wird in der Praxis weniger benutzt, obwohl er bei der Berechnung von Parallelwiderständen besser angewendet wird als der häufiger gebrauchte Wert des *Widerstandes* R. Dieser Widerstand ergibt sich als Kehrwert des Leitwertes.

$$R = \frac{1}{G} \qquad (2)$$

Setzt man die für den Leitwert angegebenen Zusammenhänge in die Formel für den Widerstand ein, so erhält man die allgemein gebräuchliche Beziehung für die Bestimmung des Widerstandes aus den geometrischen Abmessungen und dem Material eines vorgegebenen Körpers (z. B. Draht).

$$R = \frac{l}{\kappa \cdot A} \qquad (3)$$

Der Widerstand eines Leiters ist mehr oder weniger *temperaturabhängig*. Die Abhängigkeit des Widerstandes von der Temperatur ergibt sich aus der Beziehung

$$R = R_{20} \left[1 + \alpha \left(\vartheta - 20 \, K \right) \right] \qquad (4)$$

Hierin ist R der Widerstand bei der Temperatur ϑ, R_{20} der Widerstand bei 20 °C und α der *Temperaturbeiwert*. Allgemein wird in Tabellen der Temperaturbeiwert für 20 °C angegeben. Der Temperaturbeiwert ist nur für einen bestimmten Bereich bis ca. 200 °C für die meisten metallischen Leiter konstant. Darüber hinaus ist der Temperaturbeiwert nicht mehr linear. Der Temperaturbeiwert für 2 Stoffe sei hier genannt:

Kupfer $\quad \alpha = + 4,3 \cdot 10^{-3}$ K^{-1},
Eisen $\quad \alpha = + 4,5 \cdot 10^{-3}$ K^{-1}.

Der Temperaturbeiwert ist für Metalle positiv und für Kohle, Halbleiter und einige Legierungen negativ bzw. nahezu Null.

Die Formulierung des Stromes in Abhängigkeit von der Anzahl der Ladungen, die in der Zeiteinheit durch einen bestimmten Querschnitt hindurchtreten, lautet:

$$I = \frac{Q}{t} \qquad (5)$$

Hierin ist Q die Ladung in As und t die Zeit in s, in der Q durch den Querschnitt A tritt.

Zur Beurteilung der Erwärmung und zur Festlegung von Querschnitten in Maschinen und Geräten, in Wicklungen und für Leitungen ist die Kenntnis der *Stromdichte S* als zulässige Belastung wichtig.

$$S = \frac{I}{A} \qquad (6)$$

Das Ohmsche Gesetz sei hier als ein Hinweis für die Entwicklung der Formulierung der elektrischen Gesetze in der ursprünglichen Form, wie sie 1826 aufgestellt wurde, wiedergegeben. Damals wurde formuliert:

$$X = \frac{a}{b + x}. \qquad (7)$$

Hierin ist X die Stärke der magnetischen Wirkung auf den Leiter (heute der Strom), a die erregende Kraft (heute die Spannung), b der Leitungswiderstand (innerer Widerstand) und x die Leiterlänge. a war eine Spannungsquelle (Thermoelement) konstanter Spannung. Heute schreibt man das *Ohmsche Gesetz* in der Form:

$$I = \frac{U}{R} \qquad (8)$$

Auf dieses hier formulierte Gesetz und seine Umformungen sind praktisch alle elektrischen Ereignisse zurückzuführen. Die Schwierigkeit, für den Laien zu erkennen, in welcher Abgrenzung dieses Gesetz in der praktischen Technik anzuwenden ist, ist hinreichend bekannt. Man gewinnt nur durch die Erfahrung im Umgang mit elektrischen Stromkreisen die notwendige Sicherheit, das Ohmsche Gesetz fehlerfrei anzuwenden. Alle weiteren hier genannten Gesetze sind Anwendungen bzw. Umformungen oder Erweiterungen dieses Ohmschen Gesetzes, dem Zusammenhang zwischen Spannung, Strom und Widerstand im elektrischen Stromkreis.

Die *Kirchhoffschen Gesetze* sind Anwendungen des Ohmschen Gesetzes auf die Kombination von Verbrauchern oder Widerständen in paralleler Anordnung oder in Reihenschaltungen. Grundsatz zur Beurteilung solcher Schaltungen ist die Kenntnis, daß die Spannung bei parallelgeschalteten Widerständen für alle Einzelwiderstände gleich groß ist, und daß der Strom bei in Reihe geschalteten Widerständen für alle Einzelwiderstände den gleichen Wert hat. Die Formulierungen im einzelnen heißen:

1. Kirchhoffscher Satz *(Knotenpunktsatz)*

$\quad \Sigma I = 0.$

Im Knotenpunkt ist die Summe der zufließenden Ströme gleich der Summe der abfließenden Ströme: Mathematisch formuliert heißt das: Die Summe aller Ströme ist gleich 0

2. Kirchhoffscher Satz *(Maschensatz)*

$\Sigma U = 0$.

In einem Umlauf ist die Summe aller Spannungen gleich Null.

Die Spannungen im Umlauf werden unterschieden nach *Urspannungen*, deren Richtung entgegengesetzt dem fließenden Strom angegeben wird und *Spannungen* an den Verbrauchern, deren Richtung in der Richtung des Stromes festgelegt wird.

Spannungsquellen sind die Ursache des fließenden Stromes. Sie sind Einrichtungen, in denen die oben erwähnte Trennung der Ladungen entweder von innen oder von außen her verursacht wird. Das so entstehende *Potential* nennt man die *Urspannung*. Sie tritt im Inneren der Spannungsquelle auf, während an den Klemmen der Spannungsquelle die *Klemmenspannung* U gemessen wird.

Diese Klemmenspannung ist bei unbelasteter Spannungsquelle gleich der Urspannung und bei belasteter Spannungsquelle

$$U = U_q - I \cdot R_i \qquad (9)$$

$$U = U_q - U_i \qquad (10)$$

Hierin ist U_q die Urspannung, R_i der innere Widerstand der Spannungsquelle und U_i der innere Spannungsabfall der Spannungsquelle.

Um die Zusammenschaltung von Widerständen beurteilen und bei der Berechnung als eine Einheit behandeln zu können, ermittelt man einen *Ersatzwiderstand*. Für die Parallelschaltung von Widerständen ergibt sich ein Ersatzwiderstand aus der Beziehung

$$R = \frac{1}{\Sigma G}. \qquad (11)$$

Für den Sonderfall der Parallelschaltung zweier Widerstände ergibt sich die Beziehung

$$R = \frac{R_1 \cdot R_2}{R_1 + R_2} \qquad (12)$$

Zu beachten ist bei diesen Schaltungen grundsätzlich, daß an jedem Teilwiderstand die gleiche Spannung liegt, aber nicht durch jeden Widerstand der gleiche Strom fließt. Die Stromstärken verhalten sich in der Parallelschaltung wie

$$\frac{I_1}{I_2} = \frac{R_2}{R_1}. \qquad (13)$$

In der Reihenschaltung von Widerständen ergibt sich der Ersatzwiderstand aus

$$R = R_1 + R_2 + R_3 \ldots \qquad (14)$$

Zu beachten ist hierbei, daß für alle in Reihe geschalteten Widerstände die Stromstärken gleich groß sind, aber nicht die Spannungen, die sich bei der Reihenschaltung verhalten wie

$$\frac{U_1}{U_2} = \frac{R_1}{R_2}. \qquad (15)$$

Die *Leistung* im elektrischen Stromkreis ergibt sich aus Spannung und Stromstärke, wobei darauf zu achten ist, daß der Strom in dem Abschnitt beachtet wird, in dem auch die Spannung wirkt. Allgemein gilt für die Leistung:

$$P = U \cdot I \qquad (16)$$

Diese Leistung wird in Wärme oder andere mechanische Energie umgesetzt. Aus der Anwendung des Ohmschen Gesetzes auf diese Formulierungen ergeben sich die häufig benutzten Ausdrücke

$$P = \frac{U^2}{R} = I^2 \cdot R. \qquad (17)$$

Wenn die Leistung eines Verbrauchers in der zuletzt genannten Form formuliert werden kann, so handelt es sich grundsätzlich um eine Umsetzung in Wärmeenergie.

In Analogie zu den mechanischen Gesetzen ergibt sich die *Arbeit* im elektrischen Stromkreis unter Verwendung der Leistung und der zu betrachtenden Zeit:

$$W = P \cdot t = U \cdot I \cdot t \qquad (18)$$

Für die Benennung der Arbeit werden verschiedene Ausdrücke verwendet, um die Verbindung zur mechanischen Definition der Arbeit zu finden. Es gilt die Umrechnung:

$$1 \text{ Ws} = 1 \text{ VAs} = 1 \text{ J (Joule)}. \qquad (19)$$

Für die Verbindung zur rein mechanischen Arbeit ergibt sich die einfache Beziehung

$$1 \text{ VAs} = 1 \text{ Nm}.$$

Alle hier für den *Gleichstromkreis* formulierten Beziehungen gelten im *Wechselstromkreis* unter Beachtung der besonderen Verhältnisse bezüglich der Form und der Lage von Spannung und Strom zueinander, sowie der besonderen Erscheinungen, z.B. Skin-Effekt, entsprechend.

05.2.2 Magnetisches Feld

Magnetismus ist eine Naturerscheinung. Sie ist nur an ihren Wirkungen nachweisbar und auch mit den menschlichen Sinnen nicht erfaßbar. In vielen Einzelfällen ist das magnetische Feld nicht völlig erklärbar. Im technischen Anwendungsbereich sind die Vorgänge jedoch weitgehend erfaßt, so daß man zutreffende Voraussagen machen kann. Der Magnetismus oder das *magnetische Feld* wird auf *Molekularmagnete* zurückgeführt, die durch äußere Einwirkungen gerichtet werden oder dauernd natürlich

Grundlagen

gerichtet vorliegen *(Dauermagnet, Permanentmagnet).*

Ebenso wie das Erdfeld kann die Entstehung der magnetischen Erscheinungen durch fließende Ströme erklärt werden. Im technischen Bereich stimmt das mit großer Sicherheit. Ob es im Erdfeld zutrifft und wie weit, ist bisher nicht nachweisbar. Zur Darstellung und zum Nachweis des magnetischen Feldes dienen die Kompaßnadel oder Eisenfeilspäne. Die Anordnung der Eisenfeilspäne unterstützt die Hilfsvorstellung, daß das magnetische Feld sich durch *Linien* darstellen läßt. Die Dichte der Linien wird als Maß für die Stärke des Feldes und die Linien selbst als Verlauf des Feldes erklärt. Als *Richtung* des Feldes ist die Richtung vom Nordpol zum Südpol festgelegt worden. Sie ist nicht nachweisbar, sondern ein Hilfsmittel zur mathematischen Behandlung.

Körper im magnetischen Feld werden von diesem magnetisch beeinflußt und damit selbst magnetisch (magnetische Influenz). Die Molekularmagnete des Materials werden ausgerichtet und ergeben eine Verstärkung des vorher am gleichen Ort befindlichen Feldes. Die besonders gut verstärkenden Stoffe nennt man *ferromagnetische* Stoffe (Eisen, Nickel, Kobalt). Einige Stoffe werden im magnetischen Feld nur wenig oder gar nicht beeinflußt (keine Verstärkung), dies sind die *paramagnetischen* Stoffe wie Luft, Aluminium, Silizium. Verschiedene Stoffe verringern das im Raum befindliche Feld, wenn sie an die Stelle gebracht werden. Es handelt sich dabei um *diamagnetische* Stoffe (Kupfer, Silber, Glas, Wasser). Ein Maß für die Verstärkung ist die *Permeabilität*

$$\mu = 1{,}257 \cdot 10^{-6} \text{ Vs/Am.}$$

Der Zahlenwert gilt für die Permeabilität des leeren Raumes. Für die ferromagnetischen Stoffe ist dieser Wert einige tausend mal größer.

Im homogenen Körper mit linearen Abmessungen gilt für den magnetischen Fluß in Feldrichtung:

$$\Phi = B \cdot A \tag{20}$$

Hierin ist B die *magnetische Induktion (Flußdichte)* und A die Fläche des von der Induktion gleichmäßig durchsetzten Querschnittes. Die Induktion ist von der Erregung und von der Art des Stoffes abhängig, ob es sich um ferromagnetische oder andere Materialien handelt:

$$B = \mu \cdot H \tag{21}$$

H ist in dieser Beziehung die *Feldstärke* in A/m. Die Permeabilität ist vom Stoff abhängig. Bei gleicher Feldstärke ist die magnetische Induktion vom jeweiligen Material abhängig. Da die Permeabilität nur für Luft und für die meisten Dia- und Paramagnetischen Stoffe eine Konstante ist, ergibt sich für ferromagnetische Stoffe bei kleinen Feldstärken zunächst eine linear zunehmende Induktion. Bei größeren Feldstärken tritt eine Sättigung ein, da allmählich alle Molekularmagnete gerichtet sind. Der weitere Verlauf der Zunahme der Induktion in Abhängigkeit von der Feldstärke entspricht der in Luft. Wird die erregende Feldstärke wieder verringert, so ergibt sich nicht der gleiche Zustand der Induktion wie bei zunehmender Magnetisierung. Die Kurve verläuft nicht auf einem Linienzug, sondern schließt eine Fläche ein *(Hysterese).*

Der Inhalt dieser Hysterese kennzeichnet die Ummagnetisierung (Arbeit, Wärme). Der zurückbleibende Magnetismus nach Verringerung der Feldstärke bis auf Null ist der *remanente Magnetismus.*

Die Feldstärke ist eine spezifische Angabe, die sich auf die Längeneinheit längs einer Feldlinie bezieht. Um einen ganzen magnetischen Kreis zu magnetisieren, ist eine *Erregung, Durchflutung,* erforderlich. Sie stellt die Summe aller Feldstärken, bzw. die Summe aller erregenden Ströme dar.

$$\Theta = H \cdot l = \Sigma I \tag{22}$$

Die angegebene Beziehung gilt nur für den Verlauf im homogenen Feld, l ist die Länge eines geschlossenen Linienzuges. Das magnetische Feld ist ein in sich geschlossener Kreis. In der Gl. (22) ist ΣI, die auf eine vom magnetischen Fluß durchsetzte Fläche wirkende Erregung, die durch Ströme aus einer oder vielen Windungen hervorgerufen wird.

Θ ist im Vergleich zum elektrischen Stromkreis die antreibende Größe, vergleichbar mit der Urspannung. Φ, als magnetischer Fluß, ist mit dem Strom des elektrischen Stromkreises vergleichbar. Bringt man diese beiden Größen, ähnlich dem Ohmschen Gesetz, zueinander in Beziehung, so erhält man das *Ohmsche Gesetz des magnetischen Kreises.*

$$R_M = \frac{\Theta}{\Phi} \tag{23}$$

$$R_M = \frac{H \cdot l}{B \cdot A} = \frac{H \cdot l}{\mu \cdot H \cdot A} = \frac{l}{\mu \cdot A}. \tag{24}$$

Ein Vergleich mit den Beziehungen für den Ohmschen Widerstand zeigt die Ähnlichkeit der Zusammenhänge beim elektrischen Stromkreis und beim magnetischen Kreis. In Gl. (24) ist A der vom magnetischen Fluß durchsetzte Querschnitt, l die mittlere Länge des Feldes in Flußrichtung und μ die Permeabilität des homogenen Feldes, in dem der Fluß wirksam ist. Die Kraftwirkung auf einen vom Strom durchflossenen Leiter im homogenen Magnetfeld wird durch

$$F = B \cdot l \cdot I \tag{25}$$

beschrieben. B ist das Feld, in dem der Leiter der Länge l die Stromstärke I führt. Die Kraft wirkt senkrecht zur Feldrichtung und zur Stromrichtung.

Überlagern sich die Felder von zwei stromdurchflossenen Leitern, so wirken Kräfte zwischen diesen beiden Leitern. Die Kraft folgt aus der Gleichung:

$$F = \frac{1}{2}\frac{B^2}{\mu} \cdot A \qquad (26)$$

A ist die Polfläche, der sich gegenüberstehenden magnetischen Teile, B ist die magnetische Induktion zwischen diesen Flächen.
Die Änderung des magnetischen Feldes ruft in einer Spule eine Urspannung hervor.

$$u_q = A \cdot \frac{dB}{dt} \qquad (27)$$

Hierin ist A die Fläche des Flusses, der von der Spule umfaßt wird und zur Richtung des magnetischen Flusses senkrecht steht. u_q ist die Urspannung, die durch die Änderung der Induktion in der Zeiteinheit in der Spule entsteht. Die so beschriebene Spannung ist die Urspannung der ruhenden Spule *(transformatorische Spannung)*.
Für einen im Magnetfeld bewegten Leiter ergibt sich die Urspannung aus der Beziehung

$$U_q = B \cdot l \cdot v \qquad (28)$$

Die Länge des Leiters, die im magnetischen Feld B bewegt wird, ist l. v ist die Geschwindigkeit der Bewegung. B, l und v stehen dabei aufeinander senkrecht. Die hiermit beschriebene Spannung ist die *generatorische Spannung*. Sie ist Grundlage für die Berechnung der Spannung im Generator.
Durch die Änderung des Spulenstromes in der Zeiteinheit entsteht in der Spule eine der außen wirkenden Spannung entgegenwirkende *Selbstinduktionsspannung*. Sie wird durch die Beziehung

$$u_L = L \frac{di}{dt} \qquad (29)$$

beschrieben. Die mit L gekennzeichnete Konstante der Spule ist die *Induktivität*. Sie ist eine Gerätekonstante und ergibt sich aus der Windungszahl und den magnetischen Verhältnissen der Spule.

$$L = N^2 \cdot \frac{1}{R_M} \qquad (30)$$

Da der magnetische Widerstand u. a. von der Permeabilität abhängig und bei ferromagnetischen Stoffen nicht konstant ist, ist auch R_M keine Konstante und damit L vom fließenden Strom in der Spule abhängig. N ist die Anzahl der Windungen der Spule. Durch den Strom wird im Spulenkern ein magnetisches Feld aufgebaut. Dieses ist jedoch nicht in einer unendlich kurzen Zeit vorhanden, sondern wird unter Rückwirkung auf die Spule nach einer Exponentialfunktion aufgebaut. Das bedeutet, daß die Spannung bzw. der Strom nicht sofort seine endgültige Größe erreicht, sondern als Funktion der Zeit wächst. Entsprechend bricht beim Ausschalten das Feld nicht plötzlich zusammen, sondern wird nach der gleichen Funktion kleiner. Abhängig von dem im Stromkreis liegenden Widerstand und der Induktivität ergibt sich beim Ein- und Ausschalten der Spule ein bestimmter Verlauf, der durch die folgenden Beziehungen beschrieben ist. Beim Einschalten gilt:

$$u_L = U \cdot e^{-\frac{t}{\tau}} \qquad (31)$$

Im Augenblick des Einschaltens liegt an der Spule die Spannung $u_L = U$. Am Ende des Aufbaues des magnetischen Feldes ist $u_L = 0$. e ist die Basis des natürlichen Logarithmus 2,718, t ist die Zeit, die im Augenblick des Einschaltens = 0 gesetzt wird und τ ist die Zeitkonstante, die sich aus der Beziehung $\tau = L/R$ in s ergibt. Die Spannung U ist die an der Reihenschaltung von R und L liegende Klemmenspannung. Wird der so erregte Zustand der Spule wieder ausgeschaltet und gleichzeitig über den Widerstand R kurzgeschlossen, so ergibt sich die Beziehung

$$u_L = U \cdot e^{-\frac{t}{\tau}} \qquad (32)$$

Nach Ablauf einer Zeit t, die gleich dem 5-fachen der Zeitkonstante ist, erhält man einen Wert von etwa 0,7% des Anfangswertes. Man setzt 5τ als die Zeit, in der der Ein- oder Ausschaltvorgang beendet ist.

05.2.3 Elektrisches Feld

Zwischen den Ladungen unterschiedlicher Polarität entsteht ein *Potential*, eine *Spannung*, das *elektrostatische Feld*. Im Gegensatz zur *Elektrodynamik*, in dem sich Ladungen *bewegen*, sind für das elektrostatische Feld *ruhende* Ladungen kennzeichnend. Lediglich beim Aufbau und beim Abbau des elektrostatischen Feldes werden Ladungen verschoben. Es fließt bei diesen Vorgängen kurzzeitig ein *Ladestrom* bzw. *Entladestrom*. Das elektrostatische Feld befindet sich immer in einem Isolator (schlechten Leiter) zwischen leitenden Flächen. Durch das elektrostatische Feld werden in dem Isolator Ladungen innerhalb des Atomverbandes verschoben, verlassen jedoch nicht den Atomverband. Die Verschiebung der Ladungen in den Atomen stellt einen Strom dar, der durch einen *Verschiebungsfluß* beschrieben wird:

$$\psi = D \cdot A \qquad (33)$$

Hierin ist D die *Verschiebungsdichte* oder die *elektrische Verschiebung*. Diese ist einer Ladungsbewegung gleichzusetzen und ist ein meßbarer Strom, der *Ladestrom*. A ist die Größe der leitenden Fläche, die von der anderen leitenden Fläche entgegengesetzter Polarität durch den Isolator getrennt wird.

Die Verschiebungsdichte ist von der Beschaffenheit des Isolators und der Feldstärke im Isolator abhängig.

$$D = \epsilon \cdot E \qquad (34)$$

Die Materialkonstante ϵ ist die *Dielektrizitätskonstante*, die von der Beschaffenheit des Isolators abhängig ist und im Vakuum (im leeren Raum) den Wert

$$\epsilon = 0{,}88542 \cdot 10^{-11} \text{ F/m} \qquad (34)$$

hat.

$$1 \text{ F} = 1 \text{ Farad} = 1 \frac{\text{As}}{\text{V}}.$$

Für feste Stoffe ist diese Konstante bis zu 100 mal so groß (und größer) als die des leeren Raumes. E ist die elektrische Feldstärke in V/m, die sich aus dem Abstand der leitenden Flächen und der Spannungen zwischen diesen ergibt. Diese Spannung ist daher

$$U = a \cdot E, \qquad (35)$$

wenn a der Abstand der leitenden Flächen ist. Das elektrische Feld ist im Gegensatz zum elektrischen Stromkreis und zum Magnetfeld kein geschlossener Kreis, sondern ein *Quellfeld*. Das elektrische Feld beginnt an den Ladungen des einen Potentials und endet an den Ladungen des anderen Potentials, also an leitenden Flächen und tritt in leitenden Körpern nicht auf. Wird die Feldstärke E im Isolator so groß, daß die Ladungen sich vom Atomverband lösen, so fließt ein Strom. Der Isolator wird durchschlagen *(Durchschlag)*. Der Zusammenhang zwischen Ladung auf den leitenden Flächen und der Spannung ist durch

$$U = C \cdot Q \qquad (36)$$

gegeben.

Die *Kapazität* C ist eine Gerätekonstante, die von den Abmessungen der leitenden Flächen, dem Isolator zwischen diesen Flächen und dem Abstand der Flächen voneinander abhängig ist. Die beschriebene Anordnung wird als *Kondensator* bezeichnet und dessen Kapazität in Vs/A oder F angegeben.

$$C = \frac{\epsilon \cdot A}{a} \qquad (37)$$

A ist die Fläche der in überall gleichem Abstand a sich gegenüberstehenden leitenden Schichten (Plattenkondensator). Die Verschiebung der Ladungen geschieht nicht unendlich schnell, sondern erfolgt nach einer Exponentialfunktion in endlicher Zeit. Für den *Einschaltvorgang* (Ladevorgang) eines Kondensators über einen Widerstand gilt folgende Beziehung:

$$i_C = I \cdot e^{-\frac{t}{\tau}} \qquad (38)$$

I ist dabei der Strom, der im Augenblick des Einschaltens fließt. τ ist die Zeitkonstante, die sich aus der Beziehung $\tau = R \cdot C$ in s ergibt. Nach Ablauf der Zeit $t = \tau$ hat der Strom nur noch einen Wert von 36,78 % des Anfangswertes. Nach Ablauf der 5-fachen Zeitkonstante $t = 5\tau$ hat der Strom nur noch einen Wert von 0,67 % des Anfangswertes. Man betrachtet den Ladevorgang nach dieser Zeit praktisch als abgeschlossen.

Der *Ausschaltvorgang (Entladevorgang)* über den Widerstand R wird mit der Beziehung

$$i_C = I \cdot e^{-\frac{t}{\tau}} \qquad (39)$$

beschrieben. Der Verlauf der Stromstärke ist also beim Ein- und Ausschalten (und gleichzeitigem Kurzschließen über R) identisch. Der entsprechende Spannungsverlauf ergibt sich aus den oben beschriebenen Beziehungen für den Strom und den im Kreis liegenden Widerstand in Reihe mit dem Kondensator aus den Gleichungen

$$u_C = U - i_C \cdot R \quad \text{(Einschalten)} \qquad (40)$$
$$u_R = i_C \cdot R \quad \text{(Einschalten)} \qquad (40a)$$
$$u_C = u_R = i_C \cdot R. \text{ (Ausschalten)} \qquad (41)$$

Die Spannungen am Kondensator verlaufen beim Ein- und Ausschaltvorgang unterschiedlich, während die Spannungen am Widerstand beim Ein- und Ausschalten die gleichen Verläufe haben. Der Kondensator stellt also im Augenblick des Einschaltens einen Kurzschluß dar. Nachdem der Kondensator geladen ist, d. h., die Ladungen im Isolator verschoben sind, ist der Ladevorgang und damit der Stromfluß beendet. Im *Gleichstromkreis* fließt über einen Kondensator *kein Strom*. Daraus könnte man folgern, daß der Kondensator, wenn er einmal geladen ist, seine Ladung behält. Das ist in der Praxis nicht der Fall, da es keine 100%igen Isolatoren gibt und daher außen und innen Entladungsströme fließen. Trotz dieser Selbstentladung des Kondensators ist beim Umgang mit Kondensatoren mit großer Nennspannung oder großer Kapazität Vorsicht geboten, da durch atmosphärische Aufladung Spannung an den Kondensatoren liegen kann. Kondensatoren sind daher, wenn sie nicht im Einsatz sind, kurzzuschließen.

05.2.4 Wechselstromtechnik

Wird eine Leiterschleife (Wicklung) im homogenen Feld gedreht, wobei die Achse der Schleife senkrecht zur Feldrichtung steht, so wird eine *Spannung induziert*, deren zeitlicher Verlauf *(Momentanwert)* wie folgt beschrieben wird:

$$u = \hat{U} \cdot \sin \alpha. \qquad (42)$$

$\hat{U}$ ist der Scheitelwert der sinusförmigen Spannung, α ist der Winkel, um den die Spulenebene aus der senkrechten Lage zur Feldrichtung gedreht wird. In der Praxis entsteht die Spannung im Generator durch Rotation der Spule im magnetischen Feld. Die Spannung des Generators wird daher durch die Sinusfunktion beschrieben. Eine Drehung um den Winkel 2π in der Zeit T stellt eine Periode dar. Danach wiederholt sich der gleiche Spannungsablauf. Der Winkel α kann auch mit Hilfe der Zeit t beschrieben werden. Setzt man die Verhältnisgleichung an, so erhält man

$$\frac{t}{T} = \frac{\alpha}{2\pi}. \qquad (43)$$

Da

$$\frac{1}{T} = f \qquad (44)$$

die Frequenz ist, ergibt sich

$$\alpha = 2\pi f \cdot t \qquad (45)$$

und mit der Kreisfrequenz

$$\omega = 2\pi f \qquad (46)$$

wird

$$\alpha = \omega \cdot t. \qquad (47)$$

In der Starkstromtechnik kann man fast ausschließlich (ausgenommen Leistungselektronik) mit sinusförmigem Verlauf der Spannung rechnen. Elektromechanische Meßinstrumente sind massebehaftet und können daher der schnellen Änderung der Spannung (f = 50 Hz ergibt 20 ms für die Dauer einer Periode) nicht folgen. Sie zeigen daher einen Mittelwert an, der bei sinusförmigem Verlauf und quadratisch anzeigendem Meßinstrument der *Effektivwert* ist *(quadratischer Mittelwert)*.

$$U = \hat{U} \cdot 0{,}707 = \hat{U} \cdot \frac{1}{2}\sqrt{2}. \qquad (48)$$

Linear anzeigende Instrumente ergeben den arithmetischen Mittelwert. Bei sinusförmigem Verlauf hat jede Periode nur eine positive Halbwelle:

$$U_{\text{arithm.}} = \hat{U} \cdot 0{,}318 = \hat{U} \cdot \frac{1}{\pi}. \qquad (49)$$

Für den Fall, daß im Verlauf jeder Periode 2 Halbwellen positiv sind, ergibt sich

$$U_{\text{arithm.}} = \hat{U} \cdot 0{,}637 = \hat{U} \cdot 2 \cdot \frac{1}{\pi}. \qquad (50)$$

Das Verhältnis der beiden Mittelwerte ist der *Formfaktor*. Für einen sinusförmigen Verlauf ergibt sich der Formfaktor

$$F = \frac{U}{U_{\text{arithm.}}} = \frac{0{,}707}{0{,}637} = 1{,}11. \qquad (51)$$

Widerstände, die weder induktive noch kapazitative Merkmale aufweisen, werden als *Ohmsche Widerstände* bezeichnet. Ohmsche Widerstände verhalten sich im Wechselstromkreis genauso wie im Gleichstromkreis. Daher können die Gesetze der Gleichstromtechnik hier in gleicher Form angewendet werden. Man bezeichnet diese Widerstände und deren Verhalten als *Wirkwiderstände* und *Wirkverhalten*. Spulen, die auf Grund ihres Aufbaus mit einem Magnetfeld verbunden sind, verursachen im Wechselspannungskreis eine Verschiebung des Spannungsverlaufes gegenüber dem Stromverlauf. Die Spule wird infolge ihres Magnetfeldes als *Induktivität* bezeichnet, die Spannung eilt um $\pi/2$ (90°) gegenüber dem Strom voraus. Das heißt, der Nulldurchgang oder der Maximalwert der Spannung wird im Zeitablauf um 90° bzw. $\pi/2$ früher erreicht, als die entsprechenden Werte der Stromstärke. Der Widerstand der Induktivität im Wechselspannungskreis ist ein Blindwiderstand, weil er keine Energie in eine andere Form umsetzt:

$$R_L = \omega \cdot L \qquad (52)$$

Ein Kondensator verursacht eine Verschiebung des Stromes gegenüber der Spannung, wobei der Strom (Kurzschluß beim Einschalten) der Spannung voraus eilt. Da auch hier eine Energieumsetzung nicht stattfindet, handelt es sich ebenfalls um einen *Blindwiderstand*.

$$X_C = \frac{1}{\omega C} \qquad (53)$$

Beide Blindwiderstände verursachen Verschiebungen um jeweils $\pi/2$ (90°) zwischen Spannung und Strom, jedoch in entgegengesetzten Richtungen. Da beide aber durch ohmschen Widerstand oder durch Zusammenschaltung mit einem ohmschen Widerstand Energie in Wärme umsetzen, erreicht die Verschiebung φ nicht $\pi/2$ (90°), sondern ist vom Verhältnis des Blindwiderstandes zum Wirkwiderstand abhängig. Für die Spule *(L)* gilt:

$$\varphi = \arctan \frac{\omega L}{R}, \qquad (54)$$

für den Kondensator *(C)*:

$$\varphi = \arctan \frac{1}{\omega C R}. \qquad (55)$$

Unter Beachtung der hier beschriebenen Verschiebung zwischen Spannung und Strom gilt auch hier das Ohmsche Gesetz.
Sonderfälle stellen die *Reihenschaltung* und die *Parallelschaltung* von L und C dar. Liegt an dieser Schaltung eine Spannung mit der Resonanzfrequenz, so ist $X_L = X_C$ und der Spannungsabfall (Reihenschaltung) bzw. die Stromaufnahme (Parallelschaltung) gleich Null. Für die *Resonanzfrequenz* gilt

$$f_0 = \frac{1}{2\pi \cdot \sqrt{L \cdot C}} \qquad (56)$$

Durch die Verschiebung der Verläufe von Spannung und Strom gegeneinander ist die Leistung im Wechselstromkreis unter Beachtung dieser *Phasenverschiebung* zu beurteilen. Ein Maß für den Anteil der Wirkleistung und der Blindleistung an der Scheinleistung ist der *Leistungsfaktor:*

$$\cos \varphi = \frac{P_W}{P_S} = \frac{\text{Wirkleistung}}{\text{Scheinleistung}}. \quad (57)$$

Hierin ist P_S die Scheinleistung. Sie errechnet sich aus

$$P_S = U \cdot I.$$

Der *Blindleistungsfaktor* ist:

$$\sin \varphi = \frac{P_B}{P_S} = \frac{\text{Blindleistung}}{\text{Scheinleistung}}. \quad (58)$$

Scheinleistung, Blindleistung und Wirkleistung sind durch die trigonometrischen Funktionen miteinander verbunden. Es gilt auch die Beziehung

$$P_S = \sqrt{P_W^2 + P_B^2}. \quad (59)$$

Schaltet man drei Wechselspannungssysteme so zusammen, daß sich zwischen den Wechselspannungen eine Verschiebung von jeweils 120° ergibt, so erhält man ein *Dreiphasensystem*, das in der praktischen Anwendung verschiedene Vorteile hat. In ihm stehen zwei Spannungen zur Verfügung, wenn eine *Sternschaltung* benutzt wird. Die Spannung zwischen den *Außenleitern* U_{Ph} und zwischen Außenleiter und *Sternpunkt* U_{Str} ergibt sich aus dem Zusammenhang

$$U_{Ph} = \sqrt{3} \cdot U_{Str}. \quad (60)$$

Ein weiterer Vorteil besteht darin, daß drei Wechselspannungssysteme mit drei (bei Sternschaltung vier) Leitern übertragen werden können. Das Dreiphasensystem ergibt bei entsprechender Anordnung in den Maschinen ein *Drehfeld*, das bei *Synchron-* und *Asynchronmaschinen* die Voraussetzung für das Drehmoment ist. Die Leistung im Dreiphasenwechselspannungsnetz ergibt sich aus den Strömen in den Außenleitern und den Spannungen zwischen ihnen. Die Scheinleistung beträgt:

$$P_S = U \cdot I \cdot \sqrt{3}. \quad (61)$$

Unter Beachtung des *Verkettungsfaktors* $\sqrt{3}$ ergeben sich auch die entsprechenden Zusammenhänge für Wirk- und Blindleistung.

05.2.5 Elektrische Effekte

Schaltet man in eine Kupferleitung ein Stück Konstantandraht ein, stellt die Verbindung als Lötstellen (Schweißstellen) her, und bringt die Verbindungsstellen an Orte unterschiedlicher Temperatur, so kann man an den Enden der Kupferleitung eine Spannung U_{th}, die *Thermospannung*, messen. U_{th} ist von der Zusammenstellung der Drahtmaterialien und vom Temperaturunterschied der Verbindungsstellen abhängig. Hält man eine der Verbindungsstellen auf konstanter Temperatur *(Vergleichsstelle)*, so ist die Thermospannung ein Maß für die Temperatur an der anderen Verbindungsstelle *(Meßstelle)*. In der Praxis werden verschiedene Kombinationen von Metallen und Halbleitern zur Erzeugung von Thermospannungen verwendet. In Tabelle 05.1 sind die heute üblichen Thermopaare zusammengestellt. Der Pluspol der *Thermoelemente* wird mit einer roten Isolierung gekennzeichnet. Die Ummantelung der Thermoelemente gibt die Zusammenstellung der Drahtmaterialien wieder. Der Verlauf der Thermospannung über dem Temperaturbereich ist nicht linear. Der Einsatzbereich der verschiedenen Kombinationen ist aus der Tabelle zu entnehmen.

Tabelle 05.1 Thermospannungen, Bezugstemperatur 0 °C

Thermoelement	+ Cu − Konst.	+ Fe − Konst.	+ NiCr − Ni	+ Pt Rh − Pt
Meßtemperatur/ Meßspannung	(braun) mV	(blau) mV	(grün) mV	(weiß) mV
0 °C	0	0	0	0
100 °C	4,25	5,37	4,1	0,643
600 °C	34,31	33,64	24,91	5,224
900 °C	−	53,14	37,36	8,432
1300 °C	−	−	52,46	13,138
1600 °C	−	−	−	16,716

Läßt man durch ein Thermopaar, wie es oben beschrieben wurde, einen Strom in umgekehrter Richtung zum Thermostrom fließen, so wird die Lötstelle nicht erwärmt, sondern abgekühlt. Der Effekt wird *Peltiereffekt* genannt und sowohl in der Metallverbindung als auch als Halbleiterverbindung in der Praxis angewendet. Das Verfahren ist relativ aufwendig und wird daher nur für spezielle Zwecke in der Forschung und Entwicklung eingesetzt, zum Teil auch in Meßgeräten oder Meßanordnungen. Theoretisch ergibt sich aus der Kombination zwischen Thermoeffekt und Peltiereffekt eine günstige Möglichkeit, an der einen Stelle die Wärme in elektrische Spannung umzusetzen und an der anderen Stelle als Kühleffekt wieder zu verwenden. Es ergibt sich damit eine Möglichkeit des Wärmetransports über eine elektrische Leitung. Die praktische Anwendung dieser Kombination ist jedoch bisher noch zu teuer und wirtschaftlich nicht zu realisieren.

Wird ein Metall in eine leitende Flüssigkeit, einen *Elektrolyten* eingetaucht, so gehen Metallionen in Lösung. Der Elektrolyt hat andererseits das Bestreben, Metallionen auszuscheiden (niederzuschlagen) und übt so einen *osmotischen Druck* auf die Metallelektrode aus. Zwischen den beiden gegeneinander wirkenden Drücken stellt sich ein Gleichgewicht ein. Dabei entsteht ein Potential zwischen

Tabelle 05.2 Elektrochemische Spannungsreihe bezogen auf die Wasserstoffelektrode

Metall	Spannung gegen Wasserstoff
Lithium	− 3,045 V
Aluminium	− 1,662 V
Zink	− 0,763 V
Eisen	− 0,444 V
Blei	− 0,126 V
Kupfer	+ 0,337 V (+ 0,522 V)
Kohle	+ 0,74 V
Silber	+ 0,798 V
Gold	+ 1,498 V
Chlor	+ 1,358
Fluor	+ 2,87 V

Tabelle 05.3 Gleichrichterschaltung, Verhältnis der Spannungen

Schaltung	Gleich-spannung	Anzahl der Ventile	Wechselspannung
Einphasen Einweg	Einpuls	1	2,22
Einphasen Mittelpunkt	Zweipuls	2	1,11
Einphasen Brücken	Zweipuls	4	1,11
Dreiphasen Mittelpunkt	Dreipuls	3	0,86
Dreiphasen Brücken	Sechspuls	6	0,428

Metall und Elektrolyt. Die edleren Metalle nehmen gegenüber dem Elektrolyten ein positives und die unedleren ein negatives Potential ein. In der *elektrochemischen Spannungsreihe*, die die elektrolytische Spannung gegenüber Wasserstoff angibt (Tabelle 05.2) sind die Stoffe entsprechend ihrem Potential angeordnet. Aus der Tabelle kann man z. B. die Spannung einer Kohle-Zink-Batterie entnehmen, 1,503. Außerdem zeigt die elektrochemische Spannungsreihe Möglichkeiten, Spannungsquellen mit höheren Spannungen und hoher spezifischer Energie (Lithium-, Natrium- Batterie) zu entwickeln, um die relativ niedrige spezifische Energie der Blei- und Stahlbatterien zu ersetzen. Auf dem Prinzip der elektrochemischen Spannung sind die Primärbatterien (Trockenbatterien, z. B. Kohle-Zink) und die wiederaufladbaren Batterien (Sekundärbatterien, Blei-, Nickel-, Kadmium-Batterie) aufgebaut. Auf dem gleichen Prinzip beruht aber auch die *Korrosionserscheinung* in allen Systemen, in denen Flüssigkeiten die leitende Verbindung zwischen unterschiedlichen Metallen herstellen.

Wird an die im Elektrolyt befindlichen Metallelektroden eine Spannung angelegt, so gehen an der positiven Elektrode *(Anode)* Metallionen in Lösung und setzen sich an der negativen Elektrode *(Kathode)* als positive Metallionen oder positive Wasserstoffionen an. Die Anwendung dieses Vorganges erfolgt in der Metallurgie (Kupfer, Aluminium), in der Chemie (Wasserstoff, Chlor), in der Galvanotechnik (verkupfern, vernickeln) und in der Galvanoplastik (herstellen von Abdrücken feinster Strukturen).

Am Übergang von Medien unterschiedlicher Leitfähigkeit ergibt sich ein von der *Spannungsrichtung abhängiger Widerstand*. Diese Wirkung wird in Röhren beim Übergang von der festen Elektrode in Gas bzw. in das Vakuum oder bei Halbleitern beim Übergang verschiedener Leitfähigkeit (n − oder p −) ausgenutzt (Gleichrichtereffekt). Dieser Widerstand hat in der niederohmigen Richtung (Durchlaßrichtung) durch die begrenzte Verfügbarkeit von Ladungsträgern (Sättigung) und in der hochohmigen Richtung (Sperrichtung) durch die Grenze zur Eigenleitfähigkeit (Durchschlag) eine begrenzte Belastbarkeit. Beim Überschreiten der genannten Grenzen in der einen oder in der anderen Richtung erfolgt in der Regel eine irreparable Beschädigung (Zerstörung).

Der *Gleichrichtereffekt* wird in der Wechselstromtechnik zur *Gleichrichtung* angewendet. Je nach Phasenzahl und Schaltung der Gleichrichter (Ventile, Dioden) ergibt sich eine mehr oder weniger wellige Gleichspannung *(pulsierende Gleichspannung)*. Das Verhältnis der Wechselspannung zur Gleichspannung zeigt die Tabelle 05.3. Abhängig von der Schaltung muß für den gleichen Wert der Gleichspannung ein höherer oder geringerer Wert der Wechselspannung eingesetzt werden. Während der Gleichrichter als *Diode* nur als spannungsrichtungsabhängiger Widerstand im Wechselstromkreis wirkt, kann mit der *Triode*, dem gesteuerten Gleichrichter *(Thyristor, Transistor)*, die Größe der Gleichspannung bei gleicher Wechselspannung eingestellt werden. Beim Transistor ist durch ein Steuersignal an der Steuerelektrode die Größe des Widerstandes in Durchlaßrichtung und damit die Stromstärke steuerbar. Beim Thyristor wird durch einen Impuls am Steuergitter (Steuerelektrode) der Zeitpunkt der Verringerung des Widerstandes in Durchlaßrichtung und damit der Mittelwert des Gleichstroms gesteuert.

05.3 Elektrische Energieversorgung

05.3.1 Leistungsbilanz, Haupt-Versorgung, Not-Versorgung

Seegehende Schiffe müssen mit einer *Hauptstromquelle* von ausreichender Leistung zur Versorgung der im Schiff installierten elektrischen Einrichtungen versehen sein. Diese Hauptstromquelle muß aus mindestens zwei Generatoraggregaten bestehen. Die tatsächliche Auslegung der installierten Generatoren richtet sich u. a. nach den jeweiligen Anforderungen im Seebetrieb oder im Hafenbetrieb oder anderen Betriebszuständen. Die Basis der Auslegung wird durch Informationen und Datenerfassungsysteme zur Beurteilung der zu erwartenden Bordnetzbelastung ermittelt. Dazu gibt es heute bereits mathematische Modelle.

Im Projektstadium werden alle installierten elektrischen Verbraucher in einer *Leistungsbilanz*, früher E-Bilanz, einzeln mit ihrer Nennleistung in einer Tabelle zusammengefaßt. Der *Leistungsbedarf* für die verschiedenen Betriebszustände wird aus den Angaben verschiedener Hersteller unter entsprechenden Gesichtspunkten zusammengestellt. Von der Klassifikationsgesellschaft werden folgende *Betriebszustände* gefordert: Seebetrieb, Revierfahrt oder Betrieb in Hafennähe, Notenergieversorgung und Ausfall der Hauptenergieversorgung auf See oder im Revier. Für zu erwartende kurzzeitige höhere Belastungen, wie z. B. durch Anlauf großer Motoren, ist eine *Leistungsreserve* vorzusehen. Eine ausreichende Leistungsreserve für den Seebetrieb soll 15 % des für diesen Betrieb ermittelten Leistungsbedarfs betragen.

Die unter diesen Bedingungen aufgestellte Liste sämtlicher installierter elektrischer Verbraucher wird unter folgenden Gesichtspunkten geordnet: Die für den Betrieb dauernd notwendigen Verbraucher werden mit ihrer vollen Nennleistung eingesetzt, die nur zeitweise eingeschalteten Verbraucher sind zu summieren und mit einem gemeinsamen *Gleichzeitigkeitsfaktor* entsprechend geringer anzusetzen. Dieser Gleichzeitigkeitsfaktor beruht meistens auf Erfahrung der projektorientierenden Besteller oder Hersteller und soll nicht kleiner als 0,5 sein.

Bei der Festlegung der *Anzahl der Generatoren* ist zu beachten, daß bei Ausfall oder Außerbetriebnahme eines beliebigen Generators die verbleibende Generatorleistung noch ausreicht, den Leistungsbedarf zur Aufrechterhaltung des Seebetriebes und der Sicherheit des Schiffes zu decken.

Bei der Wahl von zwei Generatoren zur Energieversorgung muß also ein Generator bereits die volle Leistung, z. B. im Seebetrieb, decken. Daher wählt man in den meisten Fällen heute 3 Generatoren, wobei jeweils 2 Generatoren den vollen Seebetrieb aufrechterhalten.

Bei größeren Leistungen werden 4 oder 5 Generatoren zur Energieversorgung eingesetzt. Eine Zuordnung der Leistung für eine bestimmte Schiffsgröße ist heute nicht mehr möglich, da verschiedene Ausrüstungsqualitäten für die verschiedenen Einsatz- und Aufgabengebiete vorgesehen werden müssen. Für die Auswahl der *Hauptgeneratoren* ist zu unterscheiden, ob es sich um Hauptgeneratoren mit *eigenem Antrieb*, unabhängig von der Hauptantriebsanlage, oder um Generatoren mit Antrieb durch die Hauptantriebsanlage *(Wellengeneratoren)* handelt.

Wellengeneratoren, die manöverbedingt mit veränderlichen Drehzahlen angetrieben werden, gelten *nicht* als Hauptgeneratoranlage. Wellengeneratoren in Anlagen mit Verstellpropeller können dagegen als Hauptgeneratoren anerkannt werden, wenn die Hauptmaschine auch bei Ausfall eines beliebigen, unabhängigen Aggregates gestartet und in Betrieb genommen werden kann.

Für die Energieversorgung kommen heute praktisch ausschließlich *Dreiphasen-Wechselspannungsgeneratoren* zum Einsatz, wobei im Niederspannungsbereich 380 V bzw. 440 V, 50 Hz bzw. 60 Hz üblich sind. In letzter Zeit werden fast ausschließlich 440 V/60 Hz angewendet. *Gleichstrombordnetze* sind heute mit Ausnahme weniger spezieller Schiffe (Konstantstromanlage für Bagger und Schiffe mit hoher Manövrieranforderung) an Bord fast nicht mehr zu finden.

Eine *Notversorgung* muß bei Ausfall der Hauptversorgung von dieser unabhängig die Speisung des Netzes der für den Notbetrieb zu versorgenden Verbraucher übernehmen. Die Leistung dieser Notstromquelle muß ausreichen, die für die Sicherheit in einem Notfall erforderliche Energie zur Verfügung zu stellen. Für die Auslegung der Notversorgung wird zwischen Fahrgastschiffen und Frachtschiffen unterschieden. Während die Notversorgung auf Fahrgastschiffen den Notbetrieb 36 Stunden lang aufrechterhalten muß, ist es bei Frachtschiffen nur notwendig, die Versorgung für eine Zeit von 6 Stunden zu sichern.

Zur Notversorgung wird heute allgemein ein Dieselaggregat eingesetzt. Dieses Dieselaggregat muß mit einer unabhängigen Brennstoffversorgung ausgerüstet sein. Es muß als Notstromquelle innerhalb von 45 s nach Ausfall der Hauptenergie die Versorgung übernehmen. Ist das nicht vorgesehen, so muß zur Überbrückung zwischen Ausfall der Hauptenergie und Übernahme der Versorgung durch das Notstromaggregat für Fahrgastschiffe eine Akkumulatorenbatterie vorgesehen werden, die mindestens 30 min ohne Zwischenladung einspeisen kann.

Die Notversorgung muß u. a. folgende *Verbraucher* speisen: Positionslaternen, Notbeleuchtung an den Aufbewahrungsplätzen der Rettungsmittel, sowie entlang der Außenbordwand und im Bereich der Aussetzstationen, sowie in allen Betriebs- und Wohnbereichgängen, Notfeuerlöschpumpe, Ruderanlage, interne Meldeanlagen, Tagessignalscheinwerfer, Kühlwasserpumpe für das Notdieselaggregat, Schottenschließanlage, Generalalarm, CO_2-Alarm und sofern von den nationalen Behörden vorgeschrieben, die Funkanlage, Ortungs- und Navigationsgeräte.

05.3.2 Gleichstromgeneratoren

Im Schiffsbetrieb werden *Doppelschlußgeneratoren* als *Gleichstromgeneratoren* eingesetzt. Seltener werden Nebenschlußgeneratoren mit Spannungsregelung angewendet. Letztere werden daher hier nicht so ausführlich besprochen.

Die *Kennlinien* der Doppelschlußgeneratoren sollen so verlaufen, daß die Spannung, die bei 20 % der *Nennlast* eingestellt wird, bei Nennlast um nicht mehr als 1,5 % von der eingestellten Spannung abweicht. Die äußere Kennlinie darf um nicht mehr als 3 % der Nennspannung vom Mittelwert der Spannungen in den genannten Punkten abweichen.

Für *Nebenschlußgeneratoren* soll bei Einstellung auf Nennerregung und Abschalten des Reglers die äußere Kennlinie zwischen Leerlauf und Nennlast um nicht mehr als 15 % abfallen. Bei Schaltvorgängen darf die Spannung in keinem Punkt die Leerlaufspannung übersteigen. Die Überlastung, abgesehen von Anlaßströmen motorischer Verbraucher, darf, ausgehend von einer Grundlast von 85 % der Nennleistung, für nur 10 s 110 % der Nennleistung betragen.

Die *Gleichstrommaschine* besteht aus dem ruhenden Außenteil, dem *Ständer* oder dem *Gehäuse* und dem umlaufenden *Rotor* oder *Anker*. Das Gehäuse besteht aus Eisen mit relativ hoher Remanenz und führt den magnetischen Rückfluß zwischen den Haupt- und Wendepolen. Die *Hauptpole* bestehen bei kleineren Maschinen aus massivem Eisen, bei mittleren und großen Maschinen in den meisten Fällen zur Dämpfung der magnetischen Flußänderung aus laminiertem Eisen, ebenso die *Wendepole*. Während die Hauptpole ausgeprägte *Polschuhe* haben, die dem Ankerumfang weitgehend angepaßt sind, sind die Wendepole mit stumpfen Polschuhen ausgerüstet. Beide Polarten tragen zur Erregung Kupferwicklungen, die gegen das Gehäuse bzw. die Polschenkel isoliert sind.

Der Läufer oder Anker besteht aus der Welle, dem laminierten Blechpaket und dem Kollektor. Das Blechpaket ist mit Nuten versehen. In diesen Nuten befindet sich die Ankerwicklung, die gegenüber dem Eisen durch geeignete Isolationsmaterialien isoliert ist. Die Wickelenden der Ankerwicklung werden an den *Kommutator* geführt. Dieser ist die Grenzstelle zwischen Wechselstrom bzw. Spannung im Innern der Maschine und pulsierender Gleichspannung im äußeren Stromkreis. Der Kommutator oder Kollektor wird deshalb auch häufig als *Stromwender* bezeichnet. Der Kommutator und die Bürsten sind die empfindlichsten Teile der Gleichstrommaschine. Sie bedürfen daher der besonderen Pflege. Hierzu sind die Anweisungen des Herstellers zu beachten. Der Kollektor ist immer sauber und frei von Riefen zu halten, die durch den Abrieb der Kohlen entstehen. Die Isolationsstege zwischen den Kupferlamellen sind mit speziellen Vorrichtungen frei und ihre Oberfläche tiefer als der Kupferdurchmesser zu halten. Die *Wickelköpfe* an beiden Seiten des Blechpaketes bzw. zwischen Blechpaket und Kommutator sind mit Bandagen versehen und schützen die Wicklung vor der Wirkung der Fliehkraft. An der dem Kommutator gegenüberliegenden Seite des Ankerpaketes sind im Normalfall ein *Lüfterrad* oder *Lüfterflügel* angebracht. Er sorgt für die *Kühlung* der Ankerwicklung und des Kommutators. Für Maschinen mit sehr unterschiedlicher und vor allen Dingen kleiner Drehzahl ist ein *Fremdlüfter* getrennt an der Maschine angebracht, der mit gleichmäßigem Luftzug für die Kühlung der Maschine sorgt.

Die *Stromabnahmevorrichtung* ist im allgemeinen tangential drehbar am Lagerdeckel angebracht. Eine Kerbung oder ein anderes Zeichen markieren ihre richtige Einstellung. Die Stromabnahmevorrichtung besteht aus dem verdrehbaren *Bürstenjoch* und den *Bürstenhaltern*, die auf leitenden Bolzen sitzen. In den Bürstenhaltern sind federnd unter Druck die Bürsten geführt. Die Stellung der Bürstenachse ist besonders kritisch und muß sorgfältig vor Verstellungen geschützt werden. Die Beweglichkeit der Bürsten in den Bürstenhaltern muß sichergestellt sein. Bei der Auswahl und beim Ersatz der Bürsten bei Verschleiß ist der Hinweis des Herstellers streng zu beachten. Sowohl der Bürstendruck als auch die Bürstenart bzw. der Werkstoff, aus dem die Bürsten hergestellt sind, sind für die einwandfreie Funktion der Gleichstrommaschine entscheidend. Die *Bürsten* bestehen aus einer Kohle- bzw. Graphitmasse, die im allgemeinen im Sinterverfahren hergestellt werden.

Die Funktion der Gleichstrommaschine beruht auf dem Induktionsgesetz, das zugeschnitten für die Gleichstromgeneratoren in folgender Form ausgedrückt werden kann:

$$U_q = C_G \cdot \Phi \cdot n. \tag{62}$$

Hierin ist U_q die Quellenspannung, C_G eine Gerätekonstante, die von den Konstruktionsdaten der Maschine abhängig ist, Φ ist der Fluß in den Hauptpolen, und n ist die Drehzahl der Maschine, die als konstant vorausgesetzt wird.

Die *Leerlaufkennlinie* (Bild 05.1) stellt die Funktion der Klemmenspannung U in Abhängigkeit vom Erregerstrom I_{err} dar. Dieser wird entweder der eigenen Maschine (*selbsterregter Generator*) oder einem fremden Netz entnommen (*fremderregter Generator*) und der Erregerwicklung auf den Hauptpolen zugeführt. Der Erregerstrom wird durch den *Feldsteller* eingestellt oder ergibt sich aus dem Widerstand im Erregerkreis. Die sich im Leerlauf einstellende Spannung an den Klemmen ist eine Funktion der Widerstandsgeraden als Schnittpunkt mit der Leerlaufkennlinie. Die Leerlaufspannung U_0 ist die an den Klemmen bei unbelasteter Maschine gemessene Spannung. Sie ist der Quellspannung U_q praktisch gleichzusetzen. Die Leerlaufkennlinien der selbsterregten und der fremderregten Maschine weichen nicht wesentlich voneinander ab.

Elektrische Energieversorgung

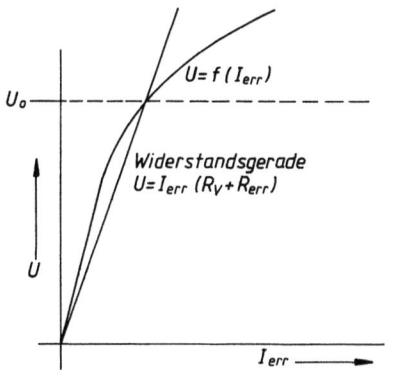

Bild 05.1 Leerlaufkennlinie eines Gleichstromgenerators

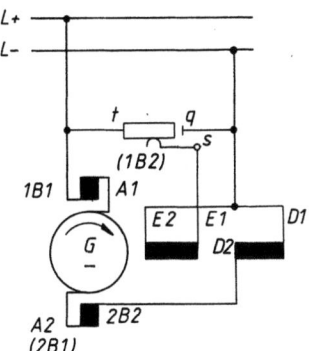

Bild 05.3 Schaltung eines Gleichstrom-Doppelschlußgenerators

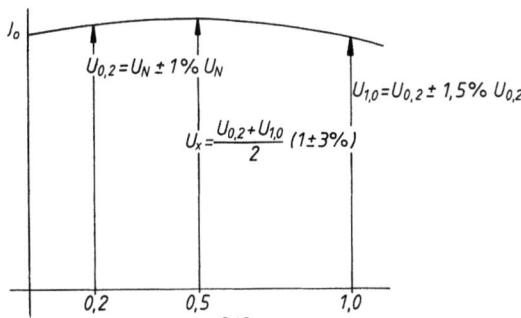

Bild 05.2 Lastkennlinie eines Doppelschlußgenerators mit den nach GL festgelegten Kennwerten

Die *Lastkennlinie* des Doppelschlußgenerators zeigt Bild 05.2. Bei der Lastkennlinie ist die Klemmenspannung in Abhängigkeit vom auf den Nennstrom bezogenen Laststrom dargestellt. Der Laststrom I ist der durch die Belastung vorgegebene Strom an den Klemmen des Generators. Er ist um den Erregerstrom kleiner als der Ankerstrom bei selbsterregten Generatoren. Der *Nennstrom* I_N ist die Stromstärke, die auf dem Typenschild angegeben ist. Der dargestellte Verlauf der Kennlinie entspricht einer mittleren Kompoundierung, die eingetragenen charakteristischen Spannungen entsprechen der oben beschriebenen Toleranzangabe nach GL. Die Spannung U_X ist die Spannung der größten zulässigen Abweichung. Sie kann an beliebiger Stelle der Kennlinie liegen.

Die Schaltung des Doppelschlußgenerators ist in Bild 05.3 dargestellt. Reihenschluß- und Nebenschlußerregung wirken in der gleichen Richtung. Beide Wicklungen sind auf den Schenkeln der Hauptpole angebracht. Während die Hauptschluß-erregung *lastabhängig* ist, ist die Nebenschlußerregung von der Einstellung des Feldstellers und der vorliegenden Klemmenspannung abhängig. Die Wendepolwicklungen sind so geschaltet, daß der eine Teil der Wicklung vor dem Anker und der andere Teil der Wicklung nach dem Anker im Stromkreis liegt. Diese Anordnung dient zur Dämpfung der Schwingungen bei der Stromabnahme.

Die *Parallelarbeit* von Gleichstromgeneratoren bedarf der besonderen Auswahl der Generatoren, sowohl wegen ihrer Kennlinien als auch wegen ihrer Größenabstufung. Unproblematisch ist bei gleicher Charakteristik das Parallelarbeiten von gleich großen Generatoren. Bei unterschiedlichen Größen der Generatoren muß gewährleistet sein, daß Belastungsstöße, vorwiegend vom größeren Aggregat bestehend aus Generator und Antriebsmaschine, aufgenommen werden. Bei Parallelarbeit von Doppelschlußgeneratoren ist eine *Ausgleichsleitung* vorzusehen, die alle D1 Punkte verbindet. Diese Ausgleichsleitungen müssen mindestens den halben Querschnitt der Generatoranschlußleitungen haben. Die Reihenschlußwicklungen der Maschinen liegen am negativen Pol des Ankers bzw. der Wendepolwicklung. Bei Belastung von 20 % bis 100 % Nennleistung soll keine Maschine eine größere Lastabweichung vom prozentualen Anteil als 12 % der Nennleistung der größten Maschine haben. Möglichst weitgehend gleiche Spannungs-Belastungskennlinien sind für alle parallel arbeitenden Generatoren die Voraussetzung, ebenso wie weitgehend gleicher Widerstand der parallel geschalteten Reihenschlußwicklungen. Bei parallelarbeitenden Nebenschlußgeneratoren entfallen lediglich die Ausgleichsleitungen.

05.3.3 Synchrongeneratoren

Anforderungen, Funktion, Parallelarbeit

Für die Elektro-Energieversorgung an Bord von Seeschiffen wird heute fast ausschließlich der *Syn-*

chrongenerator in Dreiphasen-Wechselspannungsausführung benutzt. Nur für untergeordnete Aufgaben, spezielle Zwecke oder kleine Leistungen wird der Einphasen-Wechselspannungsgenerator eingesetzt. Der Generator muß so belastbar sein, daß ein Einschalten des größten zu erwartenden Anlaßstromes nicht durch Spannungseinbruch zum Ausfall bereits in Betrieb befindlicher Verbraucher führt. Die Kurvenform der verketteten Leerlaufspannung soll möglichst sinusförmig sein, die Abweichung von der Grundwelle soll in keinem Augenblick mehr als 5 %, bezogen auf den Spitzenwert der Grundwelle, betragen.

Generatoren müssen 2 min lang bei 150 % des Nennstromes mit einem Leistungsfaktor von 0,5 induktiv annähernd bei Nennspannung betrieben werden können. Die Spannung der Generatoren darf bei Betrieb zwischen Leerlauf und Nennleistung um nicht mehr als ± 2,5 % von der Nennspannung abweichen. Die Antriebsmaschine muß dabei so ausgelegt werden, daß sie bei Nennleistung die Nenndrehzahl hält.

Der *Dauerkurzschlußstrom* der Maschine soll den dreifachen Nennstrom nicht unterschreiten und den sechsfachen Nennstrom nicht überschreiten. Der Generator muß den Dauerkurzschlußstrom 2 s lang führen können, ohne elektrischen oder mechanischen Schaden zu nehmen.

Bei Parallelarbeit darf bei gleicher Wirklastverteilung die Blindleistung von ihrem prozentualen Anteil um nicht mehr als 10 % ihrer Nennblindleistung abweichen.

Der Generator besteht aus dem *Ständer*, der entweder in geschweißter oder gegossener Form ausgeführt ist, dem *Blechpaket* mit der *Dreiphasenwechselspannungswicklung*, dem *Läufer* mit dem Erregerteil und der *Stromzuführungseinrichtung*. Die Bleche des Ankerpaketes sind gegeneinander isoliert, um Wirbelströme herabzusetzen. Das verwendete Eisen hat eine geringe Hysterese, damit die Ummagnetisierungsverluste möglichst klein gehalten werden können. Die Kupferwicklung wird in Nuten eingelegt und gegen das Eisen sicher isoliert, die Wickelenden der Dreiphasenwechselspannungswicklung werden an die Anschlüsse des Klemmkastens geführt. Das Lagerschild der nicht angetriebenen Seite nimmt die Stromzuführungseinrichtung auf. Die Stromzuführung an die Bürsten ist mit den Anschlüssen am Klemmkasten verbunden. Der Rotor trägt den Erregerteil, der entweder mit ausgeprägten Polen oder (heute fast ausschließlich) mit einem *Vollpolläufer* als *Turboläufer* ausgeführt ist. Der Turboläufer aus gegeneinander isolierten Blechen trägt in seinen Nuten die Erregerwicklung, die gegen das Eisen isoliert ist. Die Anschlüsse der mit Gleichstrom erregten Wicklung sind an Schleifringe aus einer Kupferlegierung oder aus nichtrostendem Chromstahl geführt. Die Bürsten liegen mit einem Federdruck von 0,02 ... 0,035 N/mm² auf.

Die Gehäuse der Synchrongeneratoren und auch anderer elektrischer Maschinen an Bord sind meistens mit einer *Stillstandsheizung* ausgerüstet. Diese soll die Bildung von Kondenswasser bei nicht betriebener Maschine verhindern. Sollte die Maschine längere Zeit ohne diese Stillstandsheizung außer Betrieb sein, so ist zu erwarten, daß die Luftfeuchtigkeit den Isolationswert der Wicklung herabgesetzt hat. Es muß dann eine Trocknung erfolgen, die so lange fortzusetzen ist, bis der Isolationswiderstand mindestens einen Wert von

$$R \text{ (M}\Omega\text{)} = \frac{\text{Nennspannung (V)}}{1000}$$

bei Betriebstemperatur erreicht.

Die *Erregung* des Synchrongenerators wird entweder einem getrennten Gleichstromnetz (*Fremderregung*) oder der eigenen Ständerwicklung über Gleichrichter und einer entsprechenden Anpassung entnommen (*Selbsterregung*). Die Entnahme der Erregerleistung aus einer angebauten Gleichstrommaschine (*Eigenerregung*) wird heute fast nur noch in Landanlagen bei größeren Leistungen angewendet. Auf der Antriebsseite des Läufers ist häufig ein *Lüfterrad* oder ein *Lüfter* angeordnet. Die Ansaugseite ist meist die nicht angetriebene Seite. Bei niedrigen Drehzahlen muß ein *Fremdlüfter* angebaut werden. Häufig wird die Luftzuführung über einen Ölfilter oder einen allgemeinen Schmutzfilter vorgenommen.

Eingebaut oder aufgebaut ist meist ein *Spannungsregler*, der die Maschine zu einer *Konstantspannungsmaschine* macht. Der Spannungsregler ist meist elektronisch oder als Transduktor oder in Kombination mit einem Mehrwicklungstransformator ausgeführt.

In Bild 05.4 ist die Leerlaufkennlinie eines Generators, der über einen Transduktor mit Mehrwick-

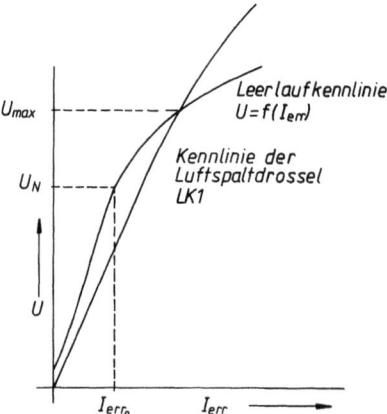

Bild 05.4 Leerlaufkennlinie eines Synchrongenerators (AEG)

Elektrische Energieversorgung

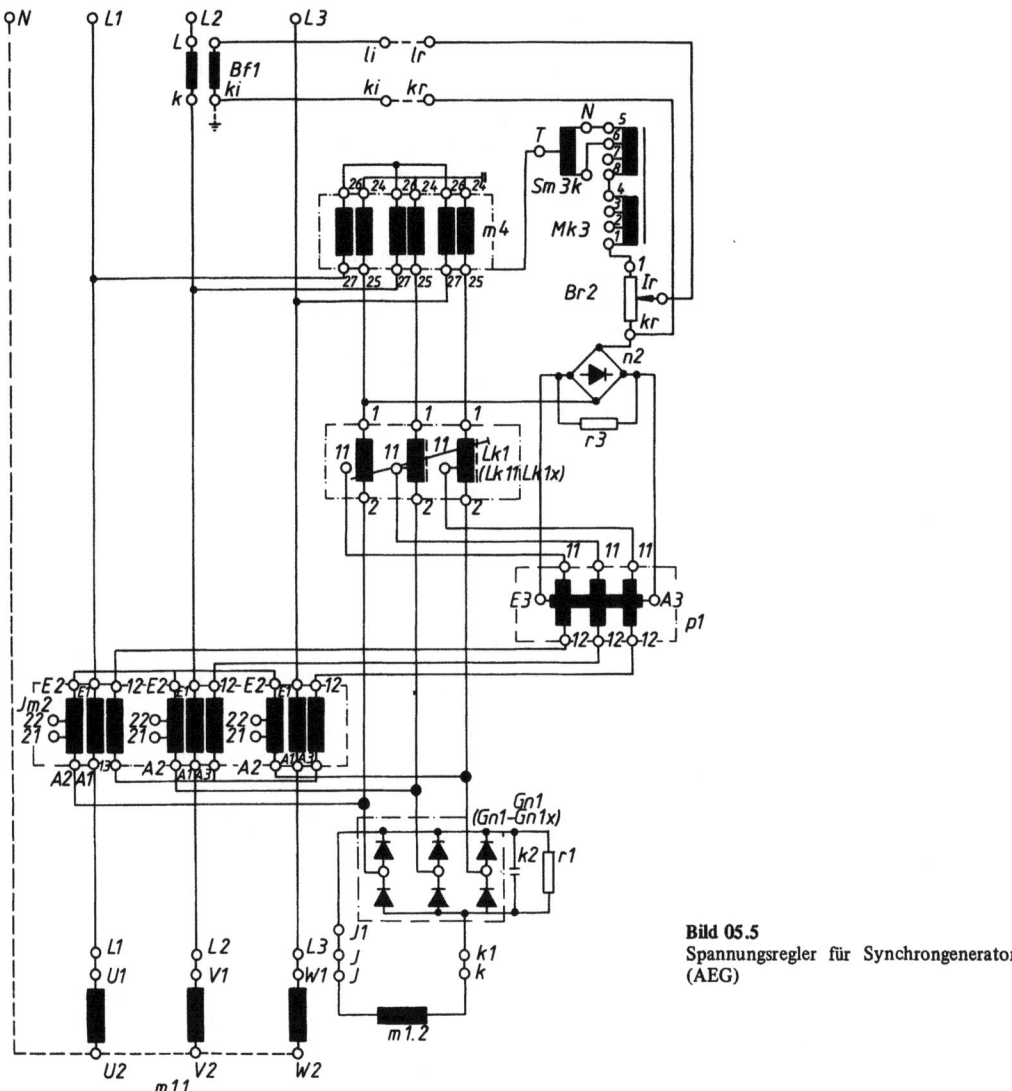

Bild 05.5
Spannungsregler für Synchrongenerator (AEG)

lungstransformator erregt wird, dargestellt. Bild 05.5 zeigt den AEG-Spannungsregler mit Luftspaltdrossel und Magnetverstärker (Transduktor) für einen Generator des Typs DKL dargestellt. Ohne Regelung ergibt sich der Schnittpunkt zwischen Luftspaltdrossel und Leerlaufkennlinie bei einer maximalen Spannung, die zwischen 110 % und 120 % der Nennspannung liegt. Dieses zu hohe Spannungsangebot wird durch eine sogenannte *Minusregelung* auf den richtigen Wert verkleinert. In Bild 05.5 sind die Ständerwicklung, der Dreiwicklungstrafo und die Zuleitungen für die Sammelschiene zu erkennen. In der Phase L 2 liegt ein Stromwandler Bf 1, der die Blindleistungsstatik über den Spannungsteiler Br 2

versorgt. Die Speisung der Erregerwicklung m 1.2 erfolgt über die Luftspaltdrossel Lk 1, den Stromtransformator Jm 2 und den Gleichrichtersatz Gn 1. Das Stellglied der Regelung ist der Magnetverstärker p 1. Die Steuerwicklung dieses Magnetverstärkers wird über den Sollwerteinsteller Sm 3, die Sättigungsdrossel Mk3 und den Gleichrichter n 2 beaufschlagt. Durch eine entsprechende Auslegung der Sättigungskennlinie der Drossel Mk 3 wird eine größere Stromänderung in der Steuerwicklung des Transduktors bei auftretenden Spannungsänderungen erreicht. Sobald die Klemmenspannung des Generators einen größeren Wert als den Sollwert annimmt, wird der Strom in der Steuerwicklung größer, so daß ein größerer Steuerstrom wiederum einen größeren Arbeitsstrom zur Folge hat. Dieser Arbeitsstrom wird so über den Stromtransformator Jm 2 geführt, daß der über den Gleichrichter n 1 in die Erregerwicklung fließende Strom verkleinert wird, wodurch die Klemmspannung der Maschine auf den ursprünglichen Wert bzw. auf den eingestellten Nennwert gebracht wird. Sinkt die Klemmenspannung unter den eingestellten Sollwert, so erfolgen die Vorgänge in umgekehrter Richtung. Bei Parallelbetrieb wird der Steuerstrom des Magnetverstärkers p 1 über den Stromwandler Bf 1 und den Widerstand Br 2 so beeinflußt, daß die Generatorspannung mit steigendem Blindstrom sinkt.

Der Regler kann so eingestellt werden, daß die stationäre Spannungsgenauigkeit bei Leistungsfaktoren zwischen $\cos \varphi = 0,8$ und $\cos \varphi = 1,0$ unabhängig vom Erwärmungszustand des Generators ± 2,5 % beträgt. Wird auf den unbelasteten Generator eine Stoßlast gleich der Nennlast aufgeschaltet, so erfolgt ein Spannungseinbruch von ca. 15 % bis 20 %, der in 100 ... 400 ms ausgeregelt ist.

Im *Einzelbetrieb* (*Inselbetrieb*) ist die eingestellte Drehzahl des Antriebes direkt proportional der Frequenz im Netz, und die Erregung wirkt unmittelbar auf die Spannung an den Klemmen. Für die Belastung der Maschine ist einzig die Anzahl und die Leistung der zugeschalteten Verbraucher maßgebend.

Beim *Parallelbetrieb* ist die Übernahme der Last von der Drehzahl der Antriebsmaschine und die Übernahme der Blindleistung von der Erregung des Generators abhängig. Demzufolge greift auch die Statik der Wirklast im Antrieb und die Statik für die Blindlast in die Regelung des Generators ein. Die Charakteristik der Drehzahl der Antriebsmaschine muß gewährleisten, daß im Bereich zwischen 20 % und 100 % der Gesamtwirkleistung der Anteil jeder Maschine um nicht mehr als 15 % ihrer Nennleistung von ihrem prozentualen Anteil abweicht. Voraussetzung hierfür ist die nahezu gleiche Charakteristik aller Antriebsmaschinen.

Die Statik der Blindleistung wird durch die Absenkung der Spannung in Abhängigkeit vom Blindstrom erreicht. Die Blindstromstatik ist daher phasenabhängig und wirkt auf den Erregerstrom des Generators. Werden ausschließlich gleiche Generatoren mit gleicher Charakteristik parallel geschaltet, so genügt im allgemeinen eine Ausgleichsleitung für die gleiche Blindlastverteilung auf alle Maschinen. Es muß dafür gesorgt werden, daß die Ausgleichsleitung von den jeweiligen nicht in Betrieb befindlichen Maschinen abgeschaltet ist.

Bürstenlose Generatoren

Seit Anfang der 70er Jahre setzt sich der *bürstenlose Synchrongenerator* auch an Bord durch, so daß heute fast ausschließlich dieser Generatortyp zur Energieversorgung an Bord eingesetzt wird. Der Unterschied zu den herkömmlichen Generatoren besteht darin, daß die Gleichstromzuführung nicht über Bürsten und Schleifringe geschieht, sondern *induktiv* als Wechselspannung übertragen und in mitlaufenden Gleichrichtern auf der Welle gleichgerichtet wird. Das hat den Vorteil, daß Verschleiß und damit Wartung weitgehend herabgesetzt werden.

Das Gehäuse und der Läufer enthalten nicht mehr nur die Teile einer Hauptmaschine, sondern zusätzlich die Teile für eine *Erregermaschine* bzw. eine *Hilfserregermaschine*. Die Hauptmaschine wird nach wie vor als Innenpolmaschine mit *Schenkelpolläufer* oder *Vollpolläufer* ausgeführt. Zusätzlich befindet sich die Erregermaschine als *Außenpolmaschine* im gleichen Gehäuse bzw. auf der gleichen Welle.

Bild 05.6 zeigt den Schenkelpolläufer eines bürstenlosen Generators. Zu erkennen sind hier die Hauptpole der Hauptmaschine des Generators, ausgeprägte Pole mit Erregerwicklungen. Über den Stirnverbindungen sind die Dämpferwicklungen des Läuferpaketes zu erkennen. Links von den Haupterregerpolen ist der Wechselstrom- bzw. Drehstromteil der Erregermaschine zu erkennen. Es handelt sich um einen geblechten Eisenkern, der auf die Welle aufgebracht ist und in den Nuten die Dreiphasenwechselspannungswicklung für die Erregung aufnimmt. Links von der Erregermaschine sind die Kühlkörper und die Gleichrichter zu erkennen. Es handelt sich dabei um eine Dreiphasenbrückenschaltung, deren Ableitung die Gleichstromseite zur Haupterregermaschine bzw. deren Wicklung führt. Auf dem gegenüberliegenden Ende der Welle ist das Lüfterrad zu sehen.

In Bild 05.7 ist ein *Vollpolläufer* eines bürstenlosen Generators dargestellt. Bei dieser vierpoligen Maschine ist auf der Oberfläche zu erkennen, daß die Belegung mit Nuten für die Erregerwicklung unterschiedlich ist. Im Bereich des Zentrums der Pole befinden sich keine Nuten. An den Wickelkopfenden

Bild 05.6 Schenkelpolläufer eines bürstenlosen Synchrongenerators (AEG)

Elektrische Energieversorgung

Bild 05.7 Vollpolläufer eines bürstenlosen Synchrongenerators (Siemens)

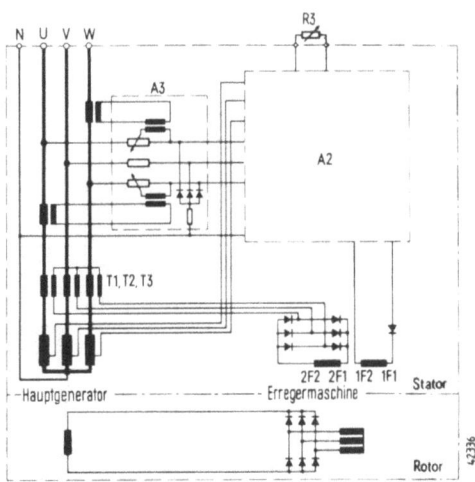

Bild 05.8 Prinzipschaltplan eines Synchrongenerators mit Transistor-Spannungsregler und Teilstromstützung (Siemens)
A 2   Transistor-Spannungsregler
A 3   Statikeinrichtung
R 3   Sollwerteinsteller (extern)
T1–T3   Stromtransformatoren

sind die Bandagen zum Schutz gegen die Fliehkraft aufgebracht. Ganz links befindet sich die Erregermaschine, die ebenfalls wieder als Außenpolmaschine auf dem Läufer die Dreiphasenwechselspannungswicklung zur Versorgung der Erregung der Hauptmaschine trägt. Zwischen Erregermaschine und Erregerteil der Hauptmaschine liegen die Kühlkörper der Gleichrichter und darunter die Gleichrichter selbst. Sie sind in einer Drehstrom-Brücken-Schaltung zusammengeschaltet. Am rechten Ende der Welle ist wiederum das Lüfterrad zu erkennen.
Während bei den herkömmlichen Generatoren die Regelung der Erregerleistung im Erregerkreis selbst stattfindet, wird bei den bürstenlosen Generatoren die Erregung für die Erregermaschine gesteuert bzw. geregelt.
In Bild 05.8 ist der Prinzipschaltplan eines Synchrongenerators mit *Transistorregler* und *Teilstromstützung* dargestellt. Die Erregermaschine besteht aus der Dreiphasenwechselspannungswicklung, der Gleichrichterbrückenschaltung sowie einer geteilten Erregerwicklung im Stator. Die eine Wicklung mit den Anschlüssen 2 F 2 und 2 F 1 wird über eine Gleichrichterbrückenschaltung aus dem Stromtransformator gespeist. Dieser Teil ergibt damit eine lastabhängige Erregung. Die leerlauf-, die blindleistungs- und die phasenlagenabhängige Erregung wird über den Transistorspannungsregler A 2 hergestellt. Der Spannungsregler wird über Wicklungsanzapfungen des Hauptgenerators versorgt. Die Statikeinrichtung A 3 gibt über die Stromwandler in den Leitungen U und W und die Spannungsanzapfung an allen drei Phasen eine phasen- und stromabhängige Spannungskomponente an den Spannungsregler A 2.
Bild 05.9 zeigt das Prinzipschaltbild eines Generators mit *Konstantspannungsgerät* und *Thyristorregler*. Der Gleichrichtertransformator T 6 gibt die Grunderregung über die Sekundärwicklung und den Gleichrichtersatz V 1 auf die Erregerwicklung der Erregermaschine. Alle hier beschriebenen Generatoren haben eine *Selbsterregung*. Diese Selbsterregung beruht auf dem remanenten Magnetismus des Polrades. Sollte der remanente Magnetismus durch äußere Einflüsse oder durch Abklingen über die Zeit weitgehend verloren gegangen sein, so sorgt die auf Resonanz abgestimmte Parallelschaltung der Drosseln L1 und der Kondensatoren C 1 für eine sichere Magnetisierung. Im Gleichrichtersatz ist auf dem Läufer ein Kondensator zur Glättung und ein spannungsabhängiger Widerstand zum Schutz der Gleichrichter eingebaut. Die Stromtransformatoren T 1 bis T 3 und die Meßkreistransformatoren T 7 und T 8 versorgen über die Statikeinrichtung A 3 den Spannungsregler A 1.
Der Spannungsregler enthält einen elektronischen Baustein, der einen im Spannungsregler enthaltenen Thyristor ansteuert. Der Thyristor ist im Normalbetrieb geöffnet (leitend). Bei großen Lastzuschaltungen und damit verbundenen Spannungseinbrüchen wird der Thyristor nicht angesteuert, so daß kein Erregerstrom über den Nebenweg fließen kann. Der dadurch erhöhte Erregerstrom regelt den Spannungseinbruch sehr schnell aus. Die hier angewendete *Absetzregelung* führt beim Ausfall des Reglers

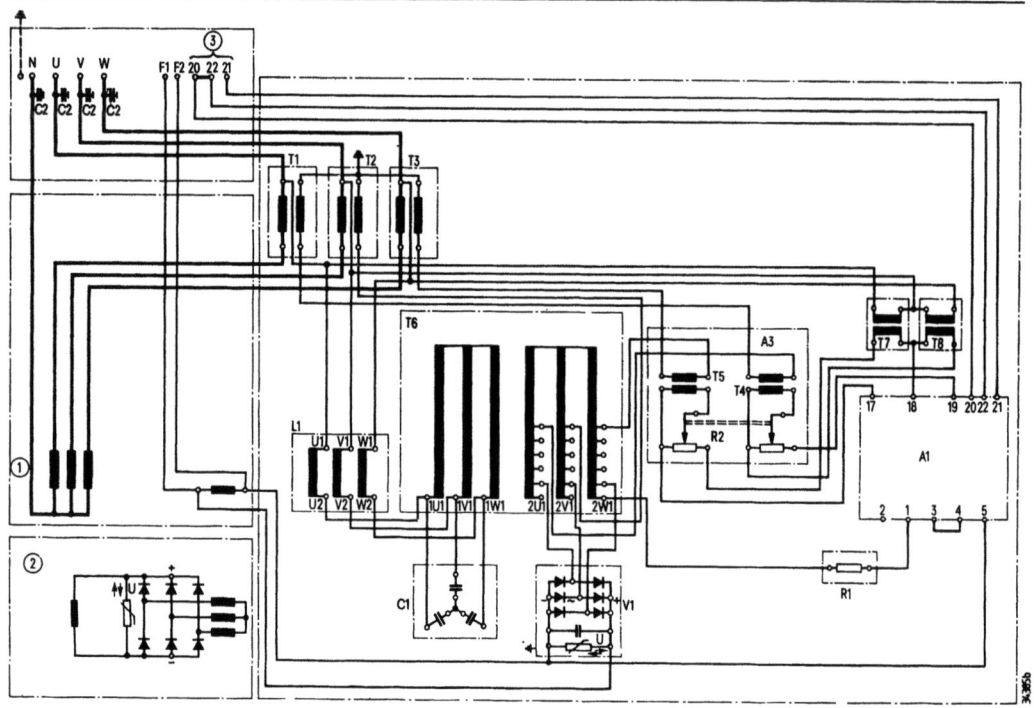

Bild 05.9 Prinzipschaltplan eines Generators mit Konstantspannungsgerät in Verbindung mit einem Thyristorregler (Siemens)

A1	Spannungsregler	L1	Drossel
A3	Statikeinrichtung	R1	Absetzwiderstand
C1	Kondensatoren	R2	Tandem-Potentiometer
T1–T3	Stromtransformatoren	F1, F2	Anschluß Erregerwicklung
T4, T5	Zwischenwandler	T7, T8	Meßkreistransformatoren
T6	Gleichrichtertransformator	V1	Gleichrichter mit Funkentstör- und Überspannungs-Schutzbeschaltung

1 Ständerwicklung von Haupt- und Erregermaschine
2 Läuferwicklung von Haupt- und Erregermaschine sowie rotierende Gleichrichter
3 Anschluß Sollwertsteller

zu einer Erhöhung der Klemmenspannung, die u.U. über der Sollspannung liegt.

Konstantspannungsgeneratoren mit Statikeinrichtung und einer eingebauten Dämpferwicklung sind für den Parallelbetrieb untereinander und mit anderen spannungsgeregelten Generatoren geeignet. Die Blindlastverteilung bei Parallelbetrieb wird durch die eingebaute Statikeinrichtung erzielt. Ausgleichsleitungen auf der Erregerseite der Generatoren sind daher nicht notwendig. Die Wirklastabgabe wird über die Drehzahlregler der Antriebsmaschinen eingestellt. Konstantspannungsgeneratoren halten ihre Spannung unabhängig vom Drehzahlanstieg der antreibenden Maschine bis zu 5 % beim Übergang von Nennleistung auf Leerlauf konstant.

Sollen in einer Anlage die Sternpunkte der Generatoren untereinander oder mit denen von Transformatoren und Verbrauchern verbunden werden, so können Ausgleichsströme dreifacher Netzfrequenz im Mittelpunktleiter auftreten. Diese Ströme müssen bei verschiedenen Lastzuständen gemessen und bei zu hohen Werten (größer 50 %) des jeweiligen Generatorstromes durch geeignete Maßnahmen begrenzt werden.

Synchronisation und Parallelschaltung

Bevor Synchrongeneratoren parallel geschaltet werden können, sind folgende Bedingungen zu erfüllen: gleiche Spannung, gleiche Frequenz, gleiche Phasenfolge und Phasenlage des zuzuschaltenden Generators gegenüber dem Netz. Die Überprüfung dieser drei Voraussetzungen wird mit verschiedenen Mitteln von Hand oder automatisch vorgenommen.

Die gleiche *Phasenfolge* ist durch die Installationen der Anlage bereits festgelegt. Nach Arbeiten an der Anlage (Sammelschienen, Kabel, Generatoranschlüsse) ist die Phasenfolge erneut festzustellen, dazu wird der Drehfeldrichtungsanzeiger benutzt. Die *Phasenlage* kann mit dem Nullvoltmeter festgestellt werden (Bild 05.10).

Wenn von der Anlage her alle Voraussetzungen erfüllt sind, wird im Betrieb die *Synchronisierung* mit Synchronisierhilfen vorgenommen. In Bild 05.10 sind derartige Synchronisierhilfen dargestellt. Zur Grobsynchronisierung werden der Doppelfrequenz-

Elektrische Energieversorgung

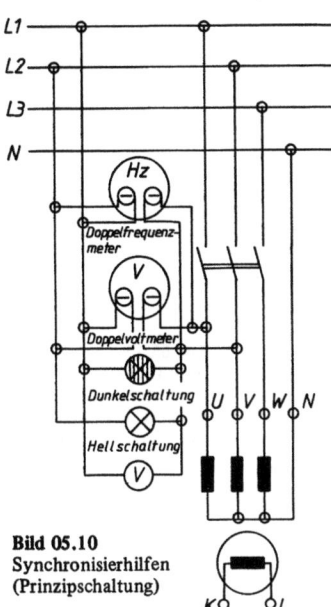

Bild 05.10
Synchronisierhilfen (Prinzipschaltung)

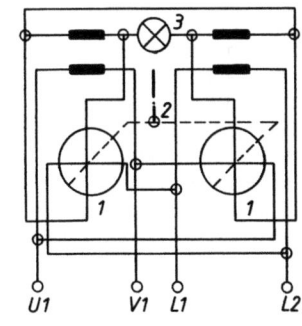

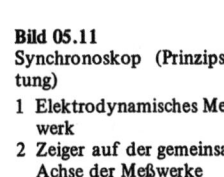

Bild 05.11
Synchronoskop (Prinzipschaltung)
1 Elektrodynamisches Meßwerk
2 Zeiger auf der gemeinsamen Achse der Meßwerke
3 Lampe in Hellschaltung

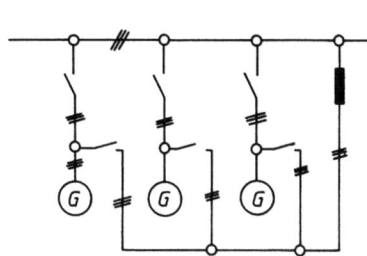

Bild 05.12
Grobsynchronisation über eine Drossel

messer und das Doppelvoltmeter beobachtet. Danach kann der Zuschaltaugenblick mit Hilfe der Hellschaltung oder der Dunkelschaltung festgestellt werden, je nachdem, ob es sich in der Anlage um eine Hell- oder Dunkelschaltung handelt. Besondere Anweisungen sind normalerweise an der Schalttafel vorgesehen. Eine *genauere* Synchronisierung ist mit Hilfe des *Synchronoskops möglich* (Bild 05.11). Hier wirken zwei elektrodynamische Meßwerke gegeneinander auf ein gemeinsames Zeigersystem. Der Zuschaltpunkt ist durch eine Markierung, in der der Zeiger besonders gut sichtbar ist und in dem zusätzlich eine Hellschaltung den Zeiger im Synchronisierpunkt beleuchtet, deutlich zu erkennen.

Einfache und robuste Synchronisierung ist mit Hilfe der Grobsynchronisation möglich. In Bild 05.12 ist eine solche Schaltung in einphasiger Darstellung wiedergegeben. Wenn der zuzuschaltende Generator annähernd die Synchronisierbedingungen erfüllt, wird er zunächst über die Drossel an das Netz geschaltet. Läuft der Generator synchron, wird der Hauptschalter zum Netz hin geschlossen und der Schalter zur Drossel geöffnet. Eine entsprechende Verriegelung sorgt dafür, daß nicht zwei Generatoren gleichzeitig auf die Drossel wirken.

In den meisten Fällen wird heute die *automatische Synchronisierung* angewendet. Das Synchronisiergerät arbeitet dabei in drei Funktionsabschnitten:

1. *Frequenzabgleich,*
2. *Synchronisierimpulsgabe,*
3. *Zuschaltbefehl.*

Der *Frequenzabgleich* erfolgt über die Erfassung der Differenzfrequenz zwischen Netz und Generator, die elektronisch erfaßte Differenz gibt Impulse auf die Drehzahlverstellung des Generatorantriebes. Ist die Differenzfrequenz der beiden Spannungen nicht größer als 0,5 Hz und der Amplitudenunterschied kleiner als 10 %, so wird die Synchronisation freigegeben. Nunmehr erfolgt die *Synchronisierimpulsgabe*. Der *Zuschaltbefehl* muß so rechtzeitig vor dem Schwebungsknoten erfolgen, daß die *Schalteigenzeit* von einigen 10 ms bis mehreren 100 ms berücksichtigt wird. An den Synchronisiergeräten ist diese Eigenzeit, d.h. die Vorhaltezeit vor dem Parallelschaltpunkt, einstellbar und richtet sich nach den jeweils angewandten Schaltern. Nach der automatischen Synchronisierung erfolgt bei den meisten Geräten auch noch ein *Wirklastabgleich*. Dieser wird ähnlich wie der Frequenzabgleich durch Ansteuern des Drehzahlverstellmotors eingestellt. Vorausgesetzt wird bei allen Generatoren gleich eingestellte Leerlaufsollfrequenz und gleiche Statik.

Bei allen automatischen Geräten muß sichergestellt sein, daß die Zuschaltung auch auf das spannungslose Netz erfolgt. Die Synchronisiereinrichtung ist in den meisten Anlagen für mehrere Generatoren nur einmal vorgesehen. Soll ein Generator auf das Netz zugeschaltet werden, so muß er auf die entsprechende Synchronisiereinheit geschaltet werden. Nach beendeter Synchronisation steht diese Synchronisiereinheit zum Führen des nächsten Generators bereit.

05.3.4 Wellengeneratoren

Wellengeneratoren wurden bereits in den 40er Jahren als Gleichstromgeneratoren an Bord von Fischereifahrzeugen angewendet. Erst in den 70er Jahren wurde durch die Ölkrisen der Wellengenerator auch als Dreiphasen-Wechselspannungsgenerator eingesetzt. Grund für den Einsatz der Wellengeneratoren war in erster Linie die Wirtschaftlichkeit in Bezug auf die Primärenergieversorgung. Erst der Einsatz von Halbleiter-Leistungsgleichrichtern machte den Wellengenerator uneingeschränkt anwendbar. Anlagen mit Verstellpropeller vereinfachen seinen Einsatz. Da andererseits die Hauptantriebsanlage nicht in jedem Falle konstante Drehzahl abgibt (Manöver, Seegang), ist der Wellengenerator als Dreiphasen-Wechselspannungsgenerator starr am Netz nur in Anlagen mit Verstellpropeller möglich.

Generatoren (Wellengeneratoren), die von der veränderlichen Drehzahl der Hauptantriebsanlage abhängig sind, gelten nach den Klassifikationsvorschriften *nicht* als Hauptgeneratoranlage. Gewährleistet die Anlage den uneingeschränkten Seebetrieb, so dürfen die Hilfsgeneratoren so ausgelegt werden, daß bei abgeschalteter Wellengeneratoranlage und Ausfall des größten unabhängigen Aggregates die verbleibende Generatorleistung ausreichend den Betrieb aufrecht erhält, wobei jedoch die für die Sicherheit von Besatzung, Schiff und Ladung nicht dauernd erforderlichen Verbraucher mit reduzierter Leistung betrieben werden dürfen.

Generatoren, die bei allen Fahrtstufen mit annähernd konstanter Drehzahl betrieben werden (Verstellpropeller), gelten als Hauptgeneratoren, wenn die Hauptmaschine auch bei Ausfall eines beliebigen unabhängigen Aggregates gestartet und in Betrieb genommen werden kann. Bei Anlagen mit elektronischen Umrichtern darf die Spannung um mehr als 5 % von der sinusförmigen Grundwelle abweichen, wenn dadurch keine Störungen im Verbrauchernetz, auch nicht in Funk- und Navigationsanlagen, hervorgerufen werden. Bei zu erwartender Störung muß eine Netztrennung vorgenommen werden.

Bei Betrieb von Anlagen mit manöverbedingt veränderlichen Drehzahlen muß sichergestellt sein, daß bei plötzlichen Maschinenmanövern die Netzspannung für betriebswichtige Verbraucher so schnell wie möglich wieder bereitgestellt wird. In der Regel wird das durch ein von der Hauptantriebsanlage unabhängiges selbstanlaufendes *Bereitschaftsaggregat* erreicht. Wellengeneratoranlagen mit elektronischen Umrichtern müssen ausgehend von einer Grundlast von 85 % der Nennscheinleistung bei $\cos \varphi = 0{,}8$ mindestens 10 s lang 120 % der Nennscheinleistung bei $\cos \varphi = 0{,}7$ abgeben können. Bei Anlagen mit elektronischen Umrichtern muß die selektive Abschaltung von Kurzschlüssen erhalten bleiben.

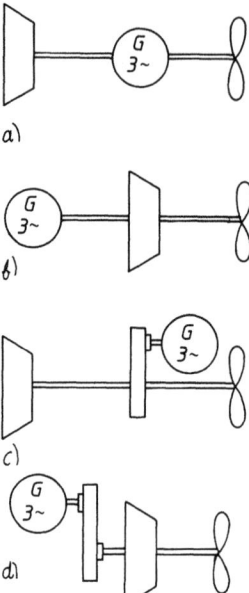

Bild 05.13
Anordnung des Wellen-Generators
a) im Wellenstrang
b) Gegenüber der Antriebsseite
c) über Getriebe im Wellenstrang
d) über Getriebe gegenüber der Abtriebsseite

Die *Anordnung* der Wellengeneratoranlage im Schiff bzw. im Bereich der Hauptmaschine oder des Maschinenraumes ist u.a. von der Drehzahl der Hauptmaschine und dem Raumbedarf bzw. -angebot abhängig. Bild 05.13 zeigt vier Möglichkeiten. Beim Antrieb mit der Drehzahl der Hauptantriebsmaschine kann der Generator entweder direkt in den Wellenstrang einbezogen oder gegenüber der Antriebsseite angeordnet werden. Beim Einbau in den Wellenstrang ist mit einem relativ großen Luftspalt zwischen Generatorläufer und Ständer zu rechnen. Die Antriebsdrehzahl der Generatoren ist in diesen genannten Fällen relativ klein, die Baugröße daher groß. In den Darstellungen c und d ist zwischen Wellengenerator und Hauptantriebsmaschine ein Getriebe zwischengeschaltet. Damit werden günstigere, höhere Drehzahlen für den Wellengenerator erreicht. Bei Anordnung in einer Anlage mit Verstellpropeller können hier listenmäßige Konstantspannungsgeneratoren eingesetzt werden. Bei Anlagen mit Getriebe werden die Kosten für den Generator gesenkt, zusätzlich entstehen aber Kosten für das Getriebe.

Bei Verwendung von Generatoren mit *Umformersatz*, wobei dieser ein statischer oder ein rotierender Umformer sein kann, muß zusätzlich der Platz für den Umformer berücksichtigt werden. Die Aufstellung braucht nicht im Maschinenraum zu erfolgen. *Statische Umformer* können im Bereich der Hauptschalttafel untergebracht werden, *rotierende* oder *Maschinenumformer* in einem separaten Raum oder im Bereich der Hilfsmaschinen.

Wellengeneratoranlagen ohne Zwischenkreis werden mit normalen Konstantspannungsgeneratoren ausgerüstet und arbeiten direkt auf das Netz, bei Verstellpropelleranlagen können sie unter günstigen Bedingungen parallel zu den Hilfsgeneratoren geschaltet werden. In Anlagen mit feststehendem Propeller kann nur allein auf das Netz gearbeitet werden, wenn von kurzzeitiger Parallelarbeit nach der Synchronisierung abgesehen wird. Direktes Arbeiten des Wellengenerators als Konstantspannungsgenerator auf das Netz kann nur dann zugelassen werden, wenn der Ungleichförmigkeitsgrad die von den Klassifikationsgesellschaften zugelassenen Größen nicht überschreitet. Wellengeneratoranlagen mit Umformern können allgemein parallel zu den Hilfsgeneratoren betrieben werden. Diese Anlagen geben selbst bei Drehzahländerungen der Hauptantriebsmaschine in weitem Drehzahlbereich eine konstante Frequenz ab. Die Anwendung von rotierenden Umformern heben die Vorteile der Energieeinsparung weitgehend wieder auf und werden deshalb kaum angewendet. Durch die Entwicklung der Leistungs-Halbleitertechnik sind fast ausschließlich *statische Umformer* im Einsatz. Diese statischen Umformer, die im wesentlichen aus einem *Gleichrichtersatz*, einer *Drosselspule* und dem *Wechselrichter* bestehen, können in das Netz keine Blindleistung abgeben. In Abhängigkeit von der Aussteuerung und der Kommutierung benötigt dieser Wechselrichter jedoch Blindleistung. Im Netz wird durch die Verbraucher Blindleistung benötigt. Im Kurzschlußfall muß ein hoher Strom kurzfristig abgegeben werden, den der statische Umrichter im allgemeinen nicht zu liefern vermag. Für diese drei Beanspruchungen muß zusätzlich ein *Blindleistungsgenerator (Phasenschieber)* in der Anlage angeordnet sein.

In Bild 05.14 ist ein Wellengenerator mit Hilfsgeneratoren, von denen einer als Blindleistungsgenerator arbeitet, dargestellt. Dieser Hilfsgenerator ist mit der Antriebsmaschine über eine Kupplung verbunden, die beim Wellengeneratorbetrieb den Hilfsgenerator

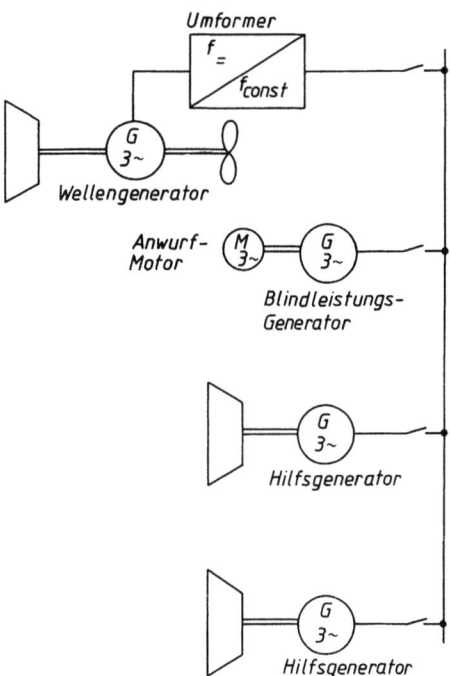

Bild 05.15 Wellengenerator mit statischem Umformer, Blindleistungsgenerator mit Anwurfmotor und Hilfsgeneratoren

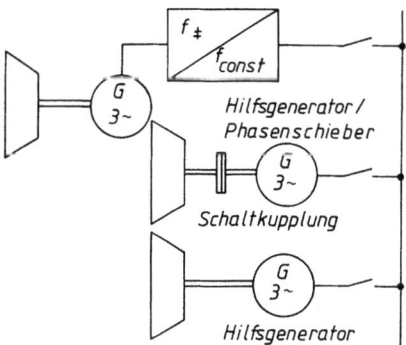

Bild 05.14 Wellengenerator mit Hilfsgeneratoren, von denen einer als Blindleistungsgenerator (Phasenschieber) betrieben werden kann

von der Antriebsmaschine trennt. In Bild 05.15 ist der Blindleistungsgenerator eine *separate* Maschine, die durch einen Anwurfmotor hochgefahren wird und ihre Antriebsleistung als Motor vom Wellengenerator bezieht. Im statischen Umformersatz ist der Gleichrichterteil ungesteuert (Dioden) und der Wechselrichter mit Thyristoren ausgerüstet. Die Verwendung des Hilfsgenerators als Blindleistungsgenerator vermindert die Vorteile der Vergrößerung der Standzeit der Hilfsgeneratoren durch Einsatz des Wellengenerators und bringt außerdem den Nachteil, bei Ausfall des Hilfsgenerators die Blindleistung nicht zur Verfügung zu haben.

Die Bereitstellung der Wirkleistung und Blindleistung von *getrennten* Sätzen bedarf einer besonderen Steuerung und Regelung. In Bild 05.16 ist eine Wellengeneratoranlage mit separatem Blindleistungsgenerator dargestellt. Die ins Netz zu liefernde Wirkleistung wird durch die Erregung des Wellengenerators gesteuert. Als Kriterien werden die Drehzahlen über eine Tachomaschine von der Antriebswelle, die Frequenz und die Belastung über einen Wandler in der Netzzuleitung abgegriffen und eine Sollfrequenz in den Frequenzregler gegeben. Der Erregerstromrichter wird aus dem Bordnetz gespeist oder dem selbsterregten Generator entnommen. Dem Wechselrichtersteuersatz wird die Istfrequenz

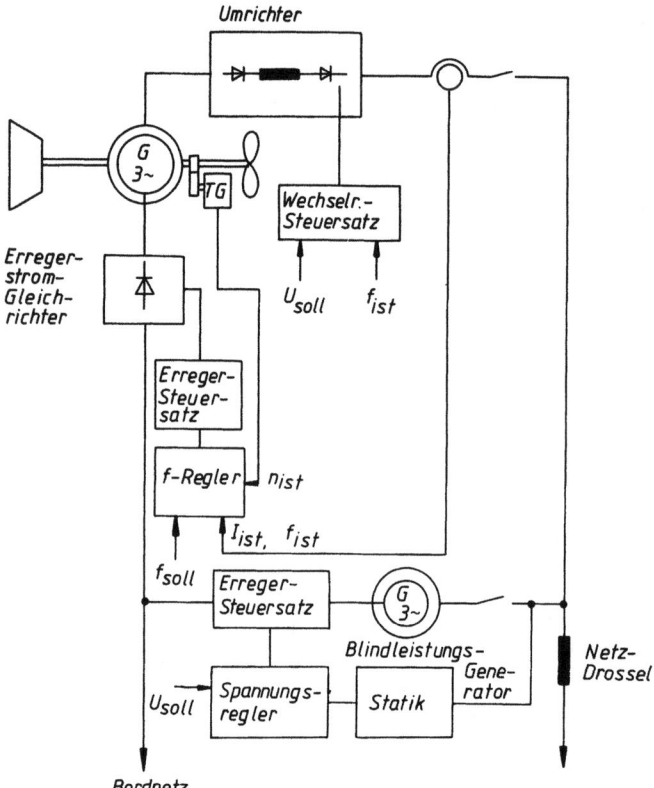

Bild 05.16 Wellengeneratoranlage mit separatem Blindleistungs-Generator, Leistungs- und Blindleistungsregelung

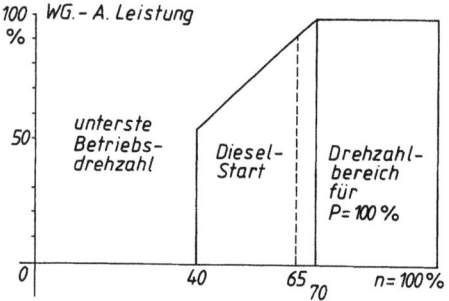

Bild 05.17 Leistung als Funktion der Wellendrehzahl einer Wellengenerator-Anlage

Durch Veränderung des Erregerstromes des Wellengenerators wird durch Verschiebung des Steuerwinkels des Erregerstromrichters die Wirkleistungsabgabe des Wellengenerators (Umformersatzes) und damit die Drehzahl der Blindleistungsmaschine (Frequenz) der Wellengeneratoranlage verändert.

Der Betrieb der Wellengeneratoranlage ist im Drehzahlbereich zwischen 70 % und 100 % der Nenndrehzahl des Hauptantriebes mit voller Leistung möglich. Unterhalb von 70 % – 80 % der Nenndrehzahl bis ca. 40 % – 50 % der Nenndrehzahl kann mit reduzierter Leistung gefahren werden (Bild 05.17).

05.3.5 Wechselrichter, Umrichter, Umformer

Wechselrichter versorgen galvanisch getrennt oder leitend verbunden ein Wechselstromnetz aus einer Gleichstromquelle. Dieses Ziel wurde in den Anfängen mechanisch erreicht und wird heute fast ausschließlich mit der Leistungselektronik erfüllt.

An Bord von Seeschiffen unterliegen Betriebsmittel der Leistungselektronik weitgehend der Genehmigungspflicht. Ersatz für den Ausfall der Leistungselektronik muß ab 100 kW vorgesehen sein, beson-

(netzgeführter Wechselrichter) und die Sollspannung vorgegeben. Der Umformersatz liefert damit dem Netz eine netzlastabhängige Wirkleistung und eine vom Blindleistungsgenerator vorgegebene Netzfrequenz. Die Erregung des Blindleistungsgenerators erfolgt über einen Spannungsregler, dem über eine Statik die Höhe der Blindleistung und die Sollspannung zugeführt werden.

Elektrische Energieversorgung

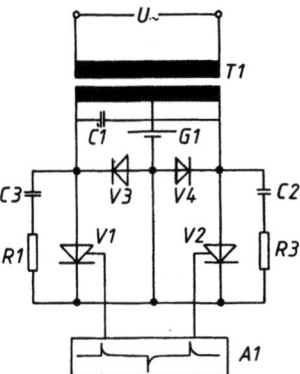

Bild 05.18 Prinzipschaltung eines Wechselrichters

dere Angaben sind hierbei zu beachten. Die Gleichstromquelle kann hier eine Batterie, ein Gleichstromnetz oder ein Gleichstromkreis sein, der unmittelbar an eine Gleichrichtung anschließt. In Bild 05.18 ist die Prinzipschaltung eines Wechselrichters dargestellt. Aus einer Gleichspannungsquelle G1 wird über Thyristoren V1 und V2 ein Transformator T1 gespeist. Die Thyristoren V1 und V2 werden von einem Impulssteuergerät A1 gesteuert. V3 und V4 sind Blindstromdioden. Parallel zu den Thyristoren V1 und V2 liegen Schutzbeschaltungen aus Widerständen und Kondensatoren. Die Thyristoren schließen den Stromkreis der Batterie wechselseitig jeweils über den Transformator und ergeben auf der Sekundärseite eine Wechselspannung, die einer Nachbehandlung durch *Siebglieder* bedarf, damit sich annähernd ein sinusförmiger Verlauf ergibt. Der vorgestellte Wechselrichter ist *selbst-geführt*, da die Frequenz des Netzes durch das Steuergerät A1 bzw. deren Impulse gegeben ist. Der Wechselrichter kann so ausgelegt sein, daß er eine konstante Frequenz abgibt. Diese Frequenz kann durch das Netz bestimmt sein – *netzgeführter Wechselrichter*, oder er kann wie oben selbst geführt sein – *selbstgeführter Wechselrichter*. Die Frequenz kann dabei konstant bleiben oder durch die Veränderung der Impulsgabe für die Steuergitter der Thyristoren verändert werden. Die Problematik des Wechselrichters besteht in der *Kommutierung*, der Übernahme des Stromes durch das zweite Ventil und umgekehrt. Der Löschvorgang des ersten Thyristors wird durch den Löschkondensator C1 ermöglicht.

Der *Einsatz der Wechselrichter* erstreckt sich von der Notstromversorgung bis zur Speisung der Hauptsammelschiene bei Wellengeneratoren und zur Steuerung von Asynchronmotoren.

Umrichter versorgen ein Netz mit einer Spannung und einer Frequenz aus einem Netz mit einer anderen Spannung und möglicherweise auch einer anderen Frequenz. Dabei unterscheidet man im wesentlichen *Gleichstromumrichter* und *Wechselstromumrichter*.

Gleichstromumrichter zerlegen eine Gleichspannung in mehr oder weniger große Impulse und stellen dadurch einen anderen Gleichspannungsmittelwert her. Nach diesem Prinzip ist nur eine *Herabsetzung* der Gleichspannung möglich. Soll eine *Heraufsetzung* der Gleichspannung erfolgen, so wird ein *Zwischenkreis* zwischen das versorgende und verbrauchende Netz geschaltet. Der Zwischenkreis besteht aus einem Wechselstromkreis mit Transformator.

Wechselstromumrichter passen Netze verschiedener Frequenz, Spannung und Phasenzahl einander an. Je nach den gestellten Forderungen ergibt sich eine Schaltung mit oder ohne Zwischenkreis. Die Umrichter mit Zwischenkreis stellen im wesentlichen eine Kombination zwischen Gleichrichter und Wechselrichter dar. Wechselstromumrichter ohne Zwischenkreis können Spannung, Frequenz und Phasenzahl nur nach unten hin anpassen.

Bild 05.19a zeigt das Prinzip eines Wechselstromumrichters als *Direktumrichter*. Zwischen dem Dreiphasennetz mit der Spannung U_1 und dem Einphasennetz mit der Spannung U_2 liegt eine Thyristorschaltung, die durch einen Taktgeber und ein Steuergerät gesteuert wird. Aus der Darstellung b) ist er-

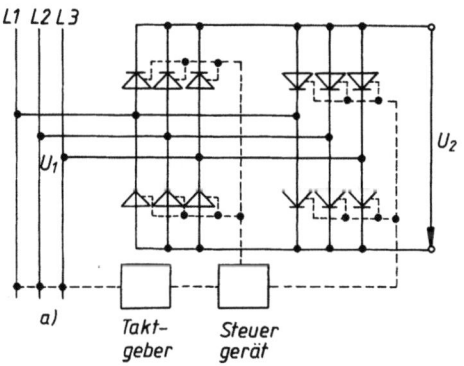

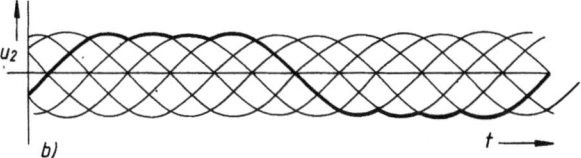

Bild 05.19
Wechselstromumrichter (Direktumrichter)
a) Prinzipschaltung
b) Spannungsverlauf

sichtlich, daß durch die Aussteuerung der Thyristoren die Gleichrichtung in Sechspulsschaltung nach jeweils vier Ansteuerungen in einer Richtung unterbrochen und in der nächsten Halbwelle die Gegenrichtung angesteuert wird. Die Frequenz im Einphasennetz ist damit gleich der halben Frequenz des Dreiphasennetzes. Andere Wechselstromumrichterprinzipien arbeiten mit *Impulsbreiten* und *Amplituden* und setzen diese in geeigneter Form zu neuer Frequenz zusammen.

Die hier beschriebenen Umrichter beruhen auf elektronischen Bauelementen. Es handelt sich daher um ruhende Umrichter, die den besonderen Vorteil des geringen Platzbedarfes, der Geräuschlosigkeit und des geringen Verschleißes haben. Anderen Verfahren, z.B. *Maschinenumformern*, gegenüber haben sie den Vorteil des relativ hohen Wirkungsgrades.

Umformer dienen zur Anpassung verschiedener Netze und sind *rotierende Maschinen*. In den meisten Fällen handelt es sich dabei um einen Maschinensatz aus Motor und Generator (Bild 05.20). Sie sind von der Technik her heute unproblematisch und haben gegenüber den Umrichtern der Leistungselektronik den Nachteil des schlechteren Wirkungsgrades.

Der *Einankerumformer* (Bild 05.20b) hat auf der einen Seite nur eine Wicklung mit an Schleifringe herausgeführten Wicklungsanzapfungen und auf der anderen Seite solche, die an einen von der Gleichstrommaschine her bekannten Kommutator führen. Wechselstromseitig läuft die Maschine wie ein Synchrongenerator. Die in den Ankerwicklungen entstehende Spannung wird über den Kommutator gleichgerichtet und in das Gleichstromnetz eingespeist. Einankerumformer sind gegenüber *Maschinensätzen* aus zwei Maschinen raumsparend, sind aber technisch komplizierter und daher anfälliger.

Umformer werden überall dort eingesetzt, wo die Forderung nach bestimmten Spannungen oder Frequenzen oder besonderer Stabilität vom Bordnetz her nicht erfüllt werden kann (Funk, Kreiselkompaß, Steuer- und Meldenetz).

Eine besondere Stellung nimmt der *Leonard-Umformer* ein. Dieser ist ein *Zweimaschinensatz*, bestehend aus einer Antriebsmaschine beliebiger Technik und einem fremderregten Gleichstromgenerator. Die Erregung ist sowohl in der Spannungshöhe als auch meist in der Spannungsrichtung veränderbar, so daß der Generator eine nach der Höhe und Richtung verstellbare Spannung an den Klemmen abgibt. Diese Spannung dient zur Speisung des Ankerkreises eines fremderregten Motors (Arbeitsmaschine). Durch die Steuerung der Ankerspannung dieses Motors ist das Moment, und damit die Drehzahl des Motors, stufenlos steuerbar. Der Leonard-Umformer wird zur Versorgung des Antriebes von Rudermaschinen, Schwergutwinden und Fischnetzwinden eingesetzt.

05.3.6 Batterieanlagen

Die *Batterie* ist eine Speichereinrichtung für elektrische Energie. Sie tritt an Bord entweder zur Speisung besonderer Geräte, z.B. Funkgeräte, oder zur Speicherung für Ausnahmefälle, z.B. Notbatterie, oder zur Bereitstellung von Energie zum Anlassen eines Dieselmotors auf. Die Batterien unterliegen bezüglich des Aufstellungsortes, des Betriebes und der Überwachung strengen Bestimmungen.

Batterien müssen außerhalb des Aufstellungsortes mit *Überlast* und *Kurzschlußschutz* ausgerüstet sein, außer Batterien zum Vorglühen und Anlassen von Verbrennungsmotoren. Letztere werden in der Nähe der zugehörigen Maschine aufgestellt. Batterien dürfen nicht im Kammerbereich, in Laderäumen und nicht ungeschützt aufgestellt werden. *Bleibatterien* und *alkalische Batterien* dürfen *nicht gemeinsam* in einem Raum bzw. nicht in unmittelbarer Nähe voneinander aufgestellt werden. Batterien mit einer Ladeleistung kleiner als 2 kW dürfen unter Deck in einem gut gelüfteten Schrank oder ähnlicher Aufstellungsart installiert werden. Sie können offen aufgestellt werden, wenn Schutz gegen Wasser und herabfallende Teile gewährleistet ist. Batterien mit einer Ladeleistung größer als 2 kW müssen in einem besonderen Raum mit ausreichender Lüftung installiert werden. An Deck ist die Aufstellung in einem gut gelüfteten Schrank oder einem Kasten zulässig. Batterien müssen sicher gehalten werden. Zur Notstromversorgung sind sie genau wie der Notgenerator oberhalb des obersten durchgehenden Decks aufzustellen. Die Batterien müssen vom offenen Deck zugänglich sein. Bei Aufstellung auf dem

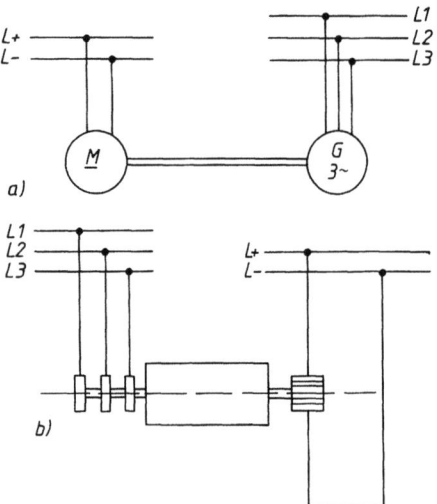

Bild 05.20 Umformer
a) Zweimaschinen-Umformer (Prinzip)
b) Einankerumformer (Prinzip)

Deck muß die Kapazitätsverminderung durch Kälte beachtet werden. In geschlossenen Räumen muß der Hinweis auf die Explosionsgefahr angebracht werden.

Batterien dürfen *nicht mit Anzapfungen für Teilspannungen* ausgerüstet werden. Beim Pufferbetrieb darf die maximale Batteriespannung bei der Ladung die zulässige Spannung der Verbraucher (+ 20 %) nicht überschreiten. Die Ladespannung kann bis zu 30 (40) % höher liegen als die Nennspannung. Entladene Batterien müssen innerhalb von 10h auf 80 % der Nennkapazität aufgeladen werden können. Dabei darf der höchstzulässige Ladestrom nicht überschritten werden.

Die *Notbatterie bei Fahrgastschiffen*, die zugeschaltet wird bevor der Notgenerator betriebsbereit ist, muß ohne Zwischenladung 30 min lang einspeisen können, wobei die Batteriespannung nicht mehr als ± 12 % von der Nennspannung abweichen darf.

An Bord werden überwiegend *Ni-Cd-Batterien* verwendet. Die Ni-Cd-Zelle ist robuster und hat vor allen Dingen den Vorteil, daß sie längere Zeit im entladenen Zustand stehen kann, ohne Schaden zu nehmen. Sie ist außerdem gegen mechanische und elektrische Stoßbehandlung unempfindlicher als die *Bleibatterie*. In letzter Zeit sind Bleibatterien entwickelt worden, die völlig geschlossen und wartungsarm betrieben werden können. Allgemein muß darauf geachtet werden, daß Batterien, die wiederaufladbar sind, stets in sauberem Zustand gehalten werden, damit nicht austretende Säure oder Lauge Anfressungen in der Umgebung verursacht. Bleibatterien müssen stets aufgeladen werden und müssen mit destilliertem Wasser nachgefüllt werden. Der *Säurestand* der Bleibatterien ist regelmäßig zu überprüfen. Die *Dichte* der Säure wird vom Hersteller angegeben und muß mit einem Aerometer kontrolliert werden.

Als Spannungen in Batterieanlagen werden hauptsächlich 24 V, 60 V, 110 V und 220 V angewendet. Die Kapazität liegt zwischen 10 Ah und 500 Ah. Die kleineren Spannungen werden für Telefon-, Feuermelde- und Alarmsysteme, Automatisierungsnetze, Steuerungsnetze, Funkanlagen und andere Bereiche angewendet, die großen Spannungen vorzugsweise für das Notnetz, Notbeleuchtungen und Kraftanlagen.

05.3.7 Ladegeräte, Netzgeräte, unterbrechungsfreie Stromversorgung (USV)

Ladegeräte bestehen im allgemeinen aus einem *Transformator*, einem *Gleichrichtersatz*, einem *Schalter mit Schutzeinrichtung*, einem *Strommesser* und im besonderen Falle einer *Steuereinrichtung* für die Gleichrichteranordnung. Ladegeräte können unter verschiedenen Bedingungen eingesetzt werden: im Batteriebetrieb, in dem die Batterie entweder die Verbraucher versorgt oder am Ladegerät geladen wird, oder im Parallelbetrieb, in dem das Ladegerät gleichzeitig die Ladung der Batterie und die Versorgung der Verbraucher übernimmt.

Im Batteriebetrieb liefert die Batterie entweder den Verbrauchern die elektrische Energie oder ist an das Ladegerät angeschlossen. Das Laden der Batterie erfolgt entweder nach der *IU-* oder der *W/Wa-Kennlinie* (Bild 05.21). Nach der IU-Kennlinie wird bis zur Gasung mit konstantem Strom, anschließend mit konstanter Spannung geladen. Die Ladung nach der W/Wa-Kennlinie ist eine automatische Ladung mit abfallender Stromstärke. Das *a* hinter dem *W* bedeutet *automatische Abschaltung*. Diese automatische Abschaltung erfolgt nach einer bestimmten Zeit oder beim Erreichen einer bestimmten Ladestromstärke bzw. Gasungsspannung. Die *Ladeleistung* des Ladegerätes (Bild 05.22) ergibt sich aus

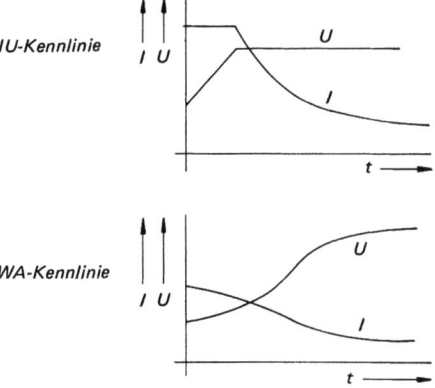

Bild 05.21 Ladekennlinien für Batterien

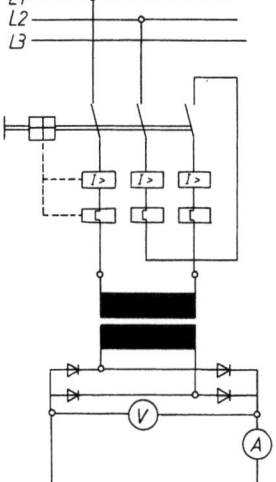

Bild 05.22 Prinzip eines Ladegerätes mit Schutzschalter und Zweiweggleichrichter

dem maximalen Ladestrom und der Nennspannung der Batterie. Das Verhältnis der Nennkapazität der Batterie zur Ladezeit und dem mittleren Ladestrom ist der sog. *Ladefaktor*. Er liegt bei Bleibatterien bei ca. 1,1 bis 1,2 und bei Stahlbatterien bei ca. 1,4.

$$\text{Ladefaktor} = \frac{\text{Nennkapazität (Ah)}}{\text{Ladezeit (h)} \times \text{mittleren Ladestrom (A)}}$$

Ladegeräte, die nur zur Ladung der Batterie geeignet sind, müssen gegen eine versehentliche Schaltung zur Versorgung der Verbraucher geschützt sein. Sie müssen so ausgelegt sein, daß eine entladene Batterie in 10 h auf 80 % ihrer Nennkapazität geladen werden kann. Ladegeräte für Bleibatterien müssen so dimensioniert sein, daß nach Erreichen der Gasungsspannung, ca. 2,4 V pro Zelle, der Ladestrom nicht größer werden kann als vom Hersteller angegeben. Der Ladestrom bei Bleizellen beträgt je nach Plattenart 8...16 A je 100 Ah Nennkapazität und für Ni-Cd-Batterien 20...30 A je 100 Ah Nennkapazität.

Im *Parallelbetrieb* arbeitet das Ladegerät als *Versorgungsgerät* für die Verbraucher und liefert nebenher die Erhaltungsladung für die Batterie. In den meisten Fällen hat dieses Gerät eine *Starkladestufe* zum Aufladen der Batterie und gleichzeitigem Versorgen der Verbraucher. Bei der Erhaltungsladung gibt das Ladegerät bei Bleibatterien 2,23 V und bei Stahlbatterien ca. 1,38...1,4 V pro Zelle ab. Im Parallelbetrieb, auch *Pufferbetrieb* (Bild 05.23) genannt, können drei Gesichtspunkte verfolgt werden: Die Batterie ist nur zur Lieferung der auftretenden *Stromspitzen* vorhanden, die Batterie soll bei wechselnder Belastung zur *Spannungshaltung* dienen oder sie muß die Verbraucher bei Ausfall des Netzes *unterbrechungsfrei weiterversorgen* (*Bereitschaftsparallelbetrieb*). In allen drei Fällen handelt es sich im wesentlichen um ein Netzgerät zur Versorgung der Verbraucher, die Batterie dient im Normalfall nur zur Stützung.

Netzgeräte dienen zur Versorgung einzelner Verbraucher bei besonderen Anforderungen an die Spannung, an die Qualität der Spannung und der Stromstärke oder auch an die Frequenz. So können sie spezielle Bedingungen erfüllen, z.B. eine Stromkonstanz oder eine Spannungsbegrenzung je nach den Bedingungen, die für einen Verbraucher funktionsnotwendig sind. Netzgeräte entsprechen im Prinzip der Schaltung eines Ladegerätes, Umrichters oder Umformers.

Unterbrechungsfreie Stromversorgungen (USV) werden dann eingesetzt, wenn Verbraucher ohne Unterbrechung bei Ausfall des Hauptnetzes weiterversorgt werden müssen (Bild 05.24). Teilbild a) zeigt die wesentlichen Teile einer USV, bestehend aus Umrichter, Batterie und einem zweiten Umrichter. Dabei sind Frequenz und Spannung der speisenden Schiene und Frequenz und Spannung der sicheren Schiene, je nach Aufwand und Erfordernissen, mehr oder weniger unabhängig voneinander. In der Darstellung b) ist diese USV-Einheit in eine erweiterte Schaltung einbezogen, in der eine *Abschalteinheit* (AE) und eine *Netzrückschalteinrichtung* (NRE), sowie ein *Umgehungsschalter* die Sicherheit der Versorgung erhöhen. Die Netzrückschalteinrichtung dient dazu, daß im Falle eines Kurzschlusses im Bereich der sicheren Versorgung die Schutzorgane ansprechen können, wenn die USV-Einheit nicht in der Lage ist, den nötigen Kurzschlußstrom oder kurzzeitige hohe Belastungen zu liefern. Die Abschalteinheit schaltet die USV vom Netz, sobald in dieser Fehler auftreten. Die Netzrückschalteinrichtung stellt in diesem Falle die Versorgung der sicheren Schiene aus dem Netz her.

05.4 Elektrische Energieverteilung

05.4.1 Schaltgeräte und Sicherungen

Schaltgeräte dienen zum Schließen und Öffnen von Stromkreisen. Es handelt sich überwiegend um mechanische Einrichtungen mit Antrieb, wodurch

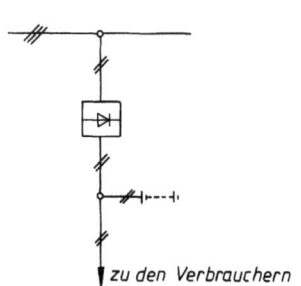

Bild 05.23 Prinzip einer Pufferschaltung

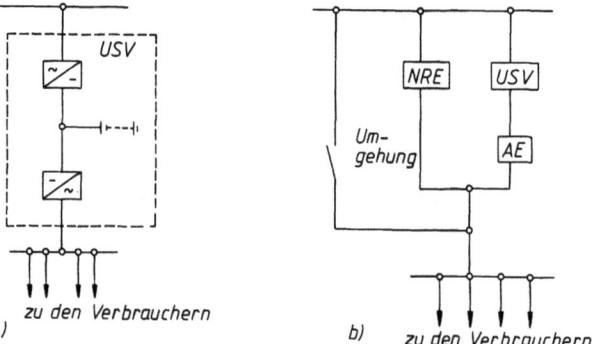

Bild 05.24 Prinzip der sicheren Versorgung
a) Unterbrechungsfreie-Stromversorgungs-Einheit
b) USV mit Abschalteinheit und Netzrückschalteinheit NRE

Tabelle 05.4 Einteilung der Schalter

Einteilung nach	Schalterart	besondere Merkmale
dem mechanischen Verhalten in den Schaltstellungen	Rastschalter	ohne Rückzugskraft
	Tastschalter	mit Rückzugskraft
	Schloßschalter	mit mechanischer Sperre und Freiauslösung
Betätigungsart	Hand- (Fuß) Schalter	durch menschliche Kraft betätigt
	Fernschalter	mit Kraftantrieb
Schaltvermögen	Leerschalter	zum annähernd stromlosen Schalten von Stromkreisen
	Lastschalter	mit einem Nenn- Ein- und -Ausschaltvermögen bis etwa 1,5 I_e
	Motorschalter	mit einem Nenn- Ein- und -Ausschaltvermögen entsprechend dem Anlaufstrom von Motoren
	Leistungsschalter	mit einem Nenn- Ein- und -Ausschaltvermögen $\gg I_e$
Art der Lichtbogenlöschung	Luftschalter	
	Ölschalter	
	Gasschalter	

Stromkreise galvanisch aufgetrennt werden. Bei besonderen Forderungen oder Ansprüchen werden elektronische Schalter für kleine bis zu sehr großen Leistungen eingesetzt. Sie führen nicht zu einer galvanischen Trennung des Stromkreises. Schaltgeräte werden nach der in Tabelle 05.4 zusammengestellten Systematik eingeteilt. Die an Bord in besonders großem Umfang angewendeten Schaltgeräte sind die *Tastschalter (Schütze)*, die *Motorschalter (Motorschutzschalter)* und die *Leistungsschalter*. Die übrigen Schalter, mit Ausnahme der hier nicht erwähnten Sicherungen, sind vor allem an der Hauptschalttafel und an den getrennt aufgestellten Geräten oder Schalttafeln zu finden.

Zur Beurteilung der Schaltgeräte ist die Kenntnis besonderer Begriffe wertvoll: der *Nennbetriebsstrom* I_0 ist durch die Gebrauchsbedingungen eines Schaltgerätes bestimmt. Er ist durch die *Nenndaten*, die *Gebrauchskategorie*, die *Schaltstücklebensdauer* und die *Schutzart* festgelegt. Er ist nicht zu verwechseln mit dem *Dauerstrom* I_{th2}. Diese Stromstärke kann das Schaltgerät bei normalen Betriebs- und Umgebungsbedingungen ohne zwischenzeitliches Schalten im Dauerbetrieb führen. Die *Nennspannung* U_e eines Schaltgerätes, auf die sich das angegebene Schaltvermögen bezieht, tritt zwischen den geöffneten Schaltkontakten auf. Die *Nennbetätigungsspannung* U_c dient zur Speisung des Hauptantriebes zur Bewegung der Kontakte. *Nenn-Ausschaltvermögen* (NAV) und *Nenn-Einschaltvermögen* (NEV) sind die jeweils höchsten Ströme, die beim Aus- bzw. Einschalten unter definierten Bedingungen zulässig sind. Die *Nenn-Isolationsspannung U (Reihenspannung)* ist der genormte Wert der Spannung, für die die Isolation des Schaltgerätes bemessen ist. *Der Nenn-Kurzzeitstrom* (1-s-Strom) ist der zulässige Strom, den das Schaltgerät eine bestimmte Zeit, z.B. 1 s im Kurzschlußfall, führen kann. Der *Nenn-Stoßstrom* I_s ist der größte zulässige Augenblickswert des unbeeinflußten Kurzschlußstromes in der höchstbeanspruchten Strombahn. Er kennzeichnet die dynamische Kurzschlußfestigkeit des Schaltgerätes.

Die *Geräteklasse* kennzeichnet die *Lebensdauer* eines Gerätes, gemessen in Schaltspielen. Sie wird durch große Buchstaben in alphabetischer Reihenfolge von A bis E und eine nachgestellte Zahl (1 oder 3) angegeben. A bedeutet 10^3 Schaltspiele, E 10^7 Schaltspiele. Die 3 gibt jeweils das 3fache der als Grundzahl angegebenen Schaltspiele an.

Gebrauchskategorien legen in Verbindung mit der *Nennbetriebsspannung*, dem *Nennbetriebsstrom* und dem *Zyklus* den Verwendungszweck des Schaltgerätes fest. Sie unterscheiden bei Motorschaltern und Schützen *normale* Beanspruchung und *gelegentliche* Beanspruchung. In den Gebrauchskategorien wird die Schaltung in *nicht induktive, schwach induktive* und *stark induktive* Stromkreise unterteilt, sowie der jeweilige Schaltzyklus berücksichtigt. Die Gebrauchskategorien in Wechselstromkreisen werden mit AC und einer Zahl angegeben, in Gleichstromkreisen mit DC plus Zahl. So bedeutet z.B. AC-3 Anlassen von Motoren mit Käfigläufern und Ausschalten des gleichen Motors während des Laufes. Für die verschiedenen Verwendungszwecke werden die Verhältnisse von Spannung zu Betriebsspannung und Stromstärke zu Betriebsstromstärke beim Ein- und Ausschalten angegeben.

Die *Schaltleistungskategorien* legen den Schaltzyklus für Leistungsschalter fest, in dem der Nennbetriebsstrom und der Ein- und Ausschaltstrom garantiert geschaltet werden kann und in welchem Zustand sich der Schalter nach dem angegebenen Schaltzyklus befinden muß.

Leistungsschalter mit *Kraftantrieb* müssen zusätzlich mit einem *Nothandantrieb* ausgerüstet sein. Generatorschalter müssen für die Schaltleistungskategorie 2 vorgesehen sein, Lastschalter der Gebrauchskategorie AC-21 bzw. DC-21 genügen. Wenn keine Sicherungen vorgesehen sind, muß die Gebrauchskategorie AC-23 bzw. DC-23 erfüllt werden.

In Mittelspannungsanlagen darf Öl als Lichtbogenlöschmittel nur in einer Menge bis zu 3 l je Schalterpol angewendet werden. Die Leistungsschalter müssen zum Zwecke der Wartung ausgezogen werden können, ohne daß die Sammelschiene spannungslos gemacht werden muß.

In Bild 05.25 ist ein Leistungsschalter mit einem aufgebauten Motorantrieb dargestellt. An der Vorderfront ist der Hebel zur Handbetätigung, der durch einen aufsteckbaren Griff verlängert werden kann, zu erkennen. Links über dem Griff sind die Hilfsschalter angeordnet. Hinter dem Motor befinden sich die Löschkammern, in denen der Lichtbogen zum Verlöschen gebracht wird. Vorn rechts liegen die Selbstunterbrechersteuerungen. Leistungs-Schalter werden für Nennbetriebsströme bis zu 4000 A bei 660 V/60 Hz gebaut. Sie werden je nach Anwendungszweck mit Unterspannungsauslöser, thermischem Überstromauslöser und magnetischem Kurzschluß(schnell)auslöser ausgerüstet. Schalter sind dadurch gekennzeichnet, daß sie eine *mechanische Verriegelung* haben und während des Betriebes durch diese Verriegelung in der Einschaltstellung gehalten werden. Schütze sind nach der Tabelle 05.4 Tastschalter. Das bedeutet, die Kontakte sind nur so lange betätigt, wie die Antriebskraft auf den Schaltmechanismus wirkt. Für Schütze bedeutet das: solange die Spannung an der Betätigungsspule anliegt oder, bei Preßluftschützen, so lange Druck im Betätigungszylinder herrscht. In Bild 05.26 ist die *Schaltstücklebensdauer* eines Schützes dargestellt. Die obere Grenzlinie gibt die Gerätelebensdauer an, die schräge Kennlinie kennzeichnet die Schaltstücklebensdauer, die ausgezogene Begrenzungslinie gibt den Nennstrom und die gestrichelte Kennlinie die maximale Beanspruchbarkeit des Schützes an. Schütze haben im Normalfall eine Gerätelebensdauer von mindestens 1...10 Mio. Schaltspielen. Die Schaltstücke als Verschleißteile müssen in Abhängigkeit von der Belastung nach kürzerer Zeit bereits ausgetauscht werden. Schütze können durch Anbau mit einem thermischen Überstromauslöser ausgerüstet werden. Dieser unterbricht den Stromkreis für die Betätigungsspule.

Strombegrenzungsschalter unterbrechen einen ansteigenden Kurzschlußstrom in Abhängigkeit von

Bild 05.25 Leistungsschalter für 1600A 660V~ mit Antriebsmotor, b- und s-Auslöser, Lichtbogenkammern und Selbstunterbrecher-Steuerung

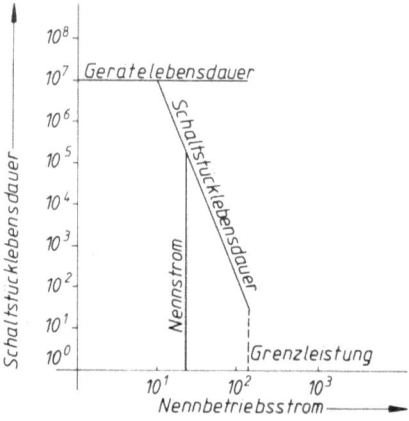

Bild 05.26 Schaltstücklebensdauer als Funktion des Stromes

der Stromsteilheit vor Erreichen des Maximalwertes. Sie ermöglichen dadurch einen Schutz in Netzen, die eine sehr hohe Generatorleistung zur Verfügung stellen. Die Strombegrenzung wird durch Erfassung der Stromanstiegsgeschwindigkeit und Einwirkung auf ein besonders *schnell öffnendes Kontaktsystem* (*Sprengung*) erreicht. Kurzschlußströme werden in Zeiten unter 1 ms abgeschaltet. Es wird eine Strombegrenzung unter 50 % des Maximalwertes erreicht.

Ein anderes Prinzip der Strombegrenzung wendet eine besondere Formgebung der Kontakte und Führung der Kontakte während des Öffnungsvorganges an. Bei der *Lichtbogenlöschung* wird zusätzlich die elektrodynamische Kraft des Kurzschlußstromes zur Öffnung der Kontakte benutzt. Diese Art wird bis zu Nennströmen von 800 A mit einer Begrenzung von Kurzschlußströmen von ca. 100 kA ausgeführt.

Elektronische Schalter beruhen auf dem Prinzip des gesteuerten Halbleitergleichrichters (Thyristor). Diese Thyristorschalter sind im Normalbetrieb immer durchgezündet und werden im Falle eines auftretenden Kurzschlußstromes durch Erfassung der Stromsteilheit durch einen *Löschthyristor* gesperrt. Hier werden Schaltzeiten in der Größenordnung von einigen 10^2 μs erreicht.

Mittelspannungsschalter von 1...30 kV werden allgemein so ausgeführt, daß die Schaltstrecke nicht beobachtet werden kann und nicht in Luft verläuft. Es werden im wesentlichen 3 Prinzipien angewendet: der *Vakuumschalter*, bei dem sich die Schaltstrecke im Vakuum befindet; der *ölarme Schalter*, bei dem die Löschung des Lichtbogens unter Öl erfolgt und der *SF_6 Schalter*, bei dem die Lichtbogenlöschung durch ein Gas (SF_6) bei Überdruck erfolgt.

Sicherungen sind Schalter, bei denen der Schaltvorgang zur Zerstörung des Schaltsystems führt. Ein in Löschmittel gebettetes Metallsystem schmilzt bei definierter Erwärmung ($I^2 t$) und unterbricht damit den Stromkreis. Im D-System werden unverwechselbare *Schmelzeinsätze* bis zu einer Nennstromstärke von 63 A angewendet. Für Stromstärken bis zu 320 A werden *Niederspannungs-Hochleistungssicherungen* (NH) eingesetzt. In Bild 05.27 sind die *Strom-Zeit-Kennlinien* für NH-Sicherungen zusammengefaßt. Der Verlauf ergibt die deutliche Abhängigkeit der Auslösezeit von der anstehenden Stromstärke. In Bild 05.28 ist die Strombegrenzungskennlinie durch Sicherungen zu erkennen. Bei einem errechneten Dauerkurzschlußstrom von 20 kA ergibt sich z.B. beim Einsatz einer 63-A-Sicherung ein Abschalten des Kurzschlußstromes bereits bei 7 kA, während der anstehende Kurzschlußstrom in diesem Falle einen Wert von ca. 50 kA erreichen würde, wenn das Netz den *Stoß-*

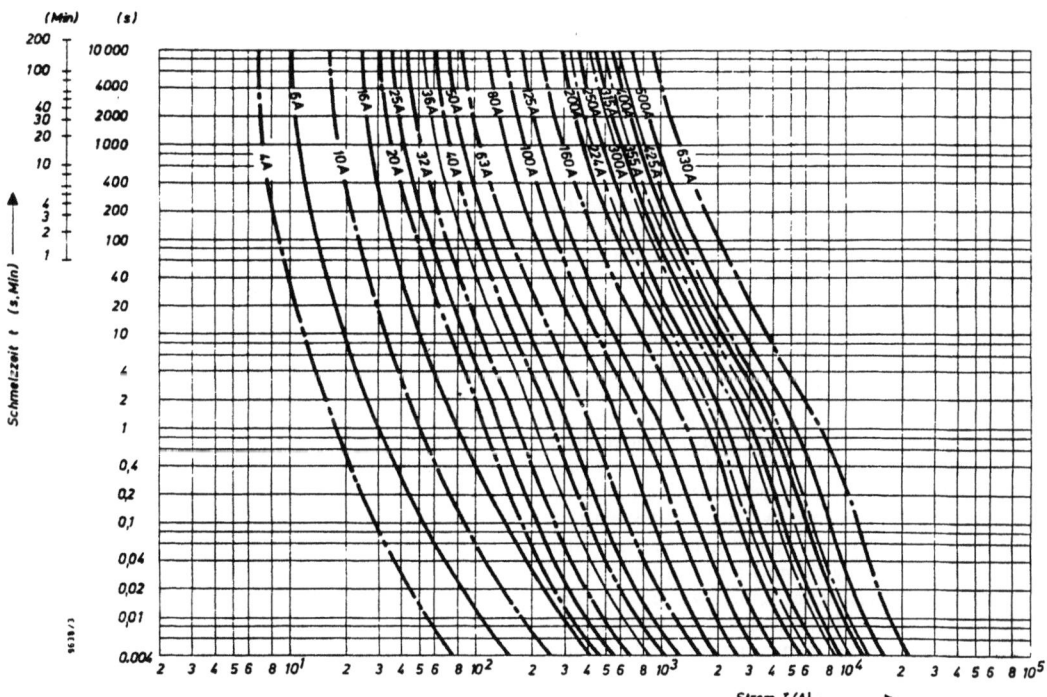

Bild 05.27 Mittlere Zeit-Strom-Kennlinien von Löschband-Sicherungen (AEG)

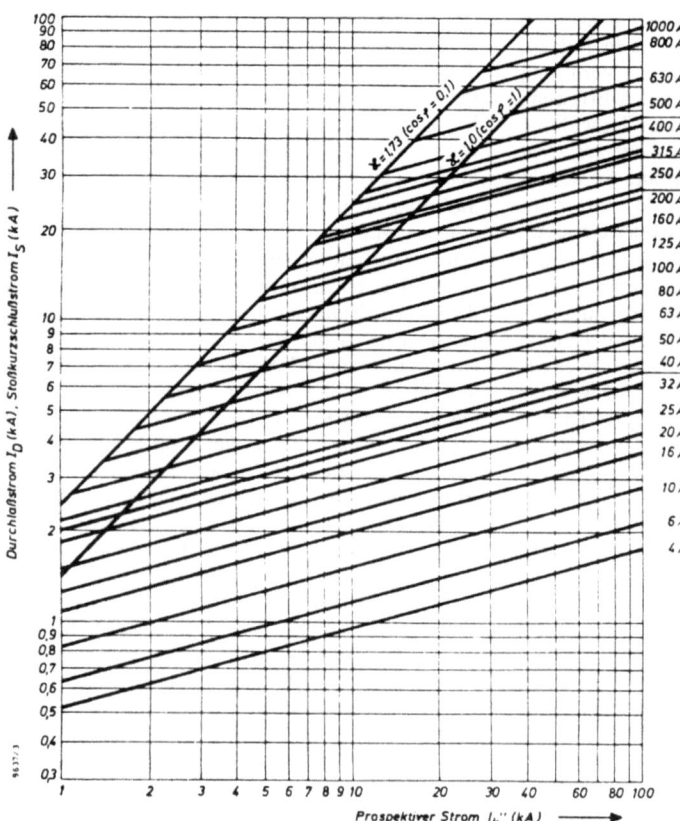

Bild 05.28
Strombegrenzung durch Löschband-Sicherungen nicht genormte Nennströme (AEG)

faktor $\kappa = 1{,}73$ hat. Der Stoßfaktor ist von der Beschaffenheit des Netzes abhängig.

05.4.2 Kabel und Leitungen

Die früher mit *Bleimantel* und *Kautschukisolierung* hergestellten *Leitungen* konnten nur bis maximal 60 °C belastet werden. Der heute verwendete *Kunstkautschuk* läßt Leitertemperaturen bis zu 85 °C zu. Leitungen mit solchen Isolationen können kurzzeitig maximal bis zu 100 °C belastet werden. Der Kunstkautschuk ist mechanisch so stabil, daß auf den Bleimantel verzichtet werden kann. Der Innenmantel der Kabel ist meist ein *unvulkanisierter Kunstkautschuk EPR* (ethylenepropylene-rubber). Der Außenmantel ist eine *Polychloroprenmischung* (*PCP*). Diese Isolation ist weitgehend ölbeständig, abriebfest und gegenüber PVC auch kälteschlagfest. Trotzdem wird in den Klassifikationsvorschriften auch *PVC* (Polyvinylchlorid) als Isolationsmaterial zugelassen. VPE-isolierte Kabel werden an Bord nicht eingesetzt (VPE, vernetztes Polyäthylen).
Hauptsächlich findet man heute an Bord folgende Kabelarten

- *MGG Starkstromschiffskabel* (Bild 05.29).

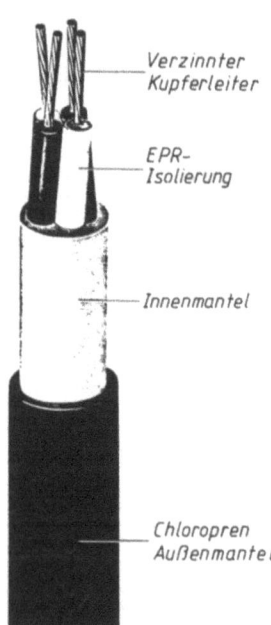

Bild 05.29 Schiffskabel MGG nach Din 89160 (Siemens)

Elektrische Energieverteilung

- *MGCG Starkstromschiffskabel mit Kupferdrahtumflechtung.* Die Umflechtung gibt außer der zusätzlichen Festigkeit einen geringen Störschutz nach innen und außen (Bild 05.30). In dem Bild ist zu erkennen, daß die Kupferdrahtumflechtung nach innen und außen mit je einer Kunststoffolie abgeschlossen ist.
- *FMGCG Schiffsfernmeldekabel* (Bild 05.31). In dem Bild sind die verzinnten Kupferleiter, die Isolierung und die die Kupferdrahtumflechtung abgrenzenden Kunststoffolien nach innen und außen zu erkennen.
- *NYM Kunststoffmantelleitung, Isolierung auf PVC-Basis.* Die Leitung wird im wesentlichen im Wohnbereich angewendet. Sie ist nicht geeignet zur Lagerung unter Öl oder flüssigen Kohlenwasserstoffen.

Alle mit M bezeichneten Kabel haben den Vorteil, daß sie keine komplizierten Endverschlüsse benötigen. Neben den hier genannten Kabel- und Leitungstypen werden im Wohnbereich und in anderen Bereichen spezielle Kabel und auch die an Land verwendeten Kabel verlegt. Im Einzelfall muß die Genehmigung der Klassifikationsgesellschaft eingeholt werden. Die für die Kabel *zulässigen Temperaturen* in den verschiedenen Bereichen des Schiffes müssen den Vorschriften der Klassifikationsgesellschaften entnommen werden. In Bereichen, in denen die Gefahr der *mechanischen Beschädigung* besteht, muß ein besonderer Schutz, z.B. Verlegung in Stahlrohren, angewendet werden. Der Querschnitt der Kupferleiter ist so zu wählen, daß die Temperatur des Kabels die vorgeschriebenen Werte nicht überschreitet und der *Spannungsabfall* zwischen Sammelschiene und ungünstigstem Punkt der Anlage nicht mehr als 6 % beträgt. Bei Batterieanlagen unter 50 V darf die Spannung um 10 % absinken. Für bestimmte Bereiche, in denen ein sehr geringer Querschnitt für die Erfüllung der Bedingungen des Spannungsabfalles ausreichen würde, sind besondere Vorschriften vorgesehen, z.B. im Bereich der Kraft-, Heizungs- und Beleuchtungsanlagen, der Steuerkreise und Fernmeldeanlagen. Bei der *Durchführung* der Kabel und Leitungen durch Decks und Schotts muß der Schutz gegen Brandausbreitung und Wassereinbrüche besonders beachtet werden. Die Durchführungen müssen feuerfest, gasdicht, wasserdicht, druckfest und schwingungsabfedernd sein. Diese Bedingungen erfüllen die meisten Konstruktionen durch einen speziell eingesetzten Rahmen, in dem entweder gepreßte Abdichtungen oder Vergußmasse eingebracht wird.

Die *Verlegung* der Kabel erfolgt in den meisten Fällen auf *Kabelbahnen* und *Kabelrosten.* Die Befestigung der Kabel auf diesen Bahnen und Rosten erfolgt mit Kunststofflaschen oder Schellen. Bei besonderen Kabelbahn-Konstruktionen kann auf das Befestigen der Kabel (waagerechte Bahnen) verzichtet werden.

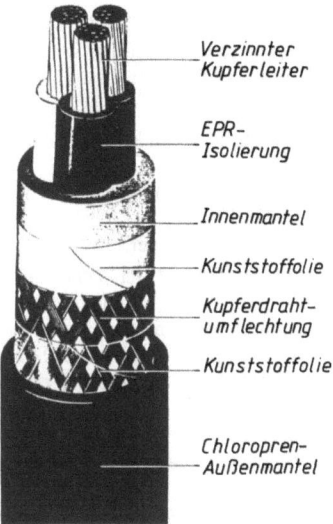

Bild 05.30 Schiffskabel MGCG nach Din 89158 (Siemens)

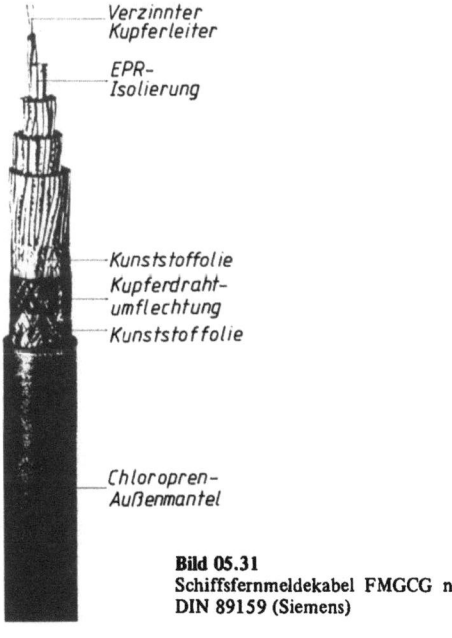

Bild 05.31
Schiffsfernmeldekabel FMGCG nach DIN 89159 (Siemens)

05.4.3 Niederspannungsnetze

Zentraler Ort für die Verteilung der elektrischen Energie, die von zwei oder mehr Generatoren zur Verfügung gestellt wird, ist die *Sammelschiene* an der Hauptschalttafel im Maschinenkontrollraum. Die Einspeisung erfolgt entweder über die Bordnetzgeneratoren oder über den Landanschluß. Generatoren und Landanschluß speisen über Schalter oder Schütze, Sicherungen und Leistungsschalter mit Überstromschutz in die Hauptsammelschiene. Dabei ist der Landanschluß gegen die Generatorschalter zu verriegeln, so daß ein Parallelbetrieb der Bordnetzgeneratoren mit dem Landnetz vermieden wird.

Bei *Einzelschaltung* speist jeder Generator auf ein ihm zugeordnetes Sammelschienensystem. Dabei müssen die Verbraucher durch Wahlschalter auf mindestens zwei verschiedene Sammelschienensysteme oder Generatoren umschaltbar sein. Durch eine entsprechende Gruppierung der Verbraucherabgänge ist eine gleichmäßige Belastung der in Betrieb befindlichen Generatoren sicherzustellen.

Bei *Parallelschaltung* speisen alle Generatoren auf ein gemeinsames Sammelschienensystem, an das alle Verbraucherabgänge angeschlossen sind.

Im Schiffsbetrieb wird allgemein das *Strahlennetz* angewendet. In diesem Netz steht jeder Verbraucher entweder über eine Zwischenverteilung oder direkt mit der Hauptsammelschiene in Verbindung. Seltener wird das *Ringnetz* eingesetzt, in dem jeder Verbraucher von zwei Seiten her gespeist werden kann. Diese Schaltung hat den Vorteil, daß bei Ausfall einer Zuleitung die zweite Leitung immer noch die Versorgung sicherstellt.

In Bild 05.32 ist der grundsätzliche Aufbau eines Bordnetzes dargestellt. Die Einspeisung auf die Hauptsammelschiene, die in Längsrichtung auftrennbar ist, erfolgt im Normalbetrieb über die Generatoren, im Dockbetrieb, oder auch in wenigen Fällen im Hafenbetrieb über den Landanschluß. Zum Anfahren des Schiffsbetriebes ist der Not- oder Hafengenerator auf die Hauptsammelschiene zu schalten. Im Normalbetrieb werden die Verbraucher des Not- und Hafenbetriebes von der Hauptsammelschiene direkt gespeist. Die Längstrennung der Hauptsammelschiene soll so erfolgen, daß bei Ausfall einer Sammelschienenseite die Speisung der doppelt ausgeführten Verbraucher von der ungestörten Seite der Sammelschiene erfolgen kann und damit der wichtige Betrieb des Schiffes sichergestellt ist. Bei *Überlastung* des Netzes sprechen die Überstromschalter der Generatoren an und schalten die unwichtigen Verbraucher ab. Diese *Sicherheitsschaltung* kann über das Zeitrelais kurzfristige Überlastungen erkennen und schaltet in diesem Falle die unwichtigen Verbraucher nicht sofort ab.

An Bord werden im wesentlichen folgende Systeme angewendet:

Für *Gleichstrom* und *einphasigen Wechselstrom*:

1 Leiter und Schiffskörperrückleitung,
2 Leiter isoliert vom Schiffskörper.

Für *Dreiphasenwechselspannung*:

4 Leiter mit geerdetem Sternpunkt ohne Schiffskörperrückleitung,
3 Leiter mit geerdetem Sternpunkt und dem Schiffskörper als Rückleiter,
3 Leiter isoliert vom Schiffskörper.

Das zuletzt genannte System ist für *Tankschiffe* vorgeschrieben. Das Vierleiter- und Dreileitersystem mit geerdetem Sternpunkt hat den Vorteil, daß bei Phasenerdschluß die übrigen Phasen keine Spannungserhöhung gegenüber dem Schiffskörper erfahren. Der Nachteil besteht darin, daß das geerdete System keine Isolationsüberwachung zuläßt. Diesen Vorteil der Isolationsüberwachung hat das isolierte Dreileitersystem. Es hat aber den Nachteil, daß bei Phasenerdschluß die übrigen Leiter eine Spannungserhöhung gegenüber dem Schiffskörper erfahren. Folgende Gruppen müssen getrennt gespeist werden:

Beleuchtungsanlagen, Kraftanlagen, Wärmeanlagen, Steuerungs- und Meldeeinrichtungen.

Bei *Schiffskörperrückleitung* muß der Anschluß an den Schiffskörper an leicht zu kontrollierender Stelle in nicht isolierten Räumen erfolgen. Es dürfen keine blanken Drähte benutzt werden, und der An-

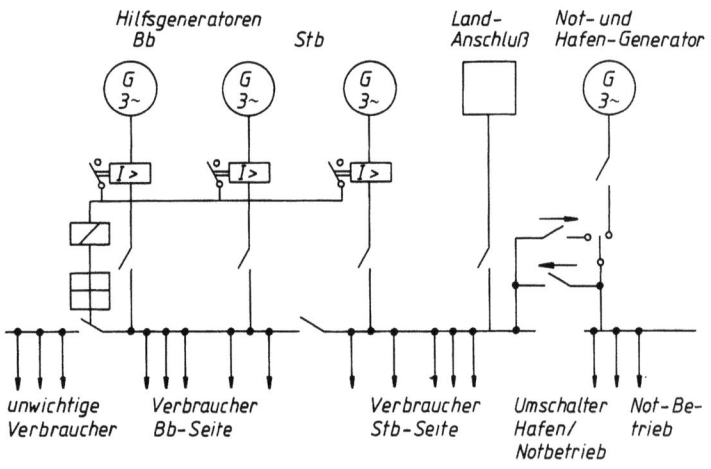

Bild 05.32
Grundschaltung eines Drehstrom-Bordnetzes

schluß muß aus Messingschrauben bestehen. Die Notschalttafel muß durch eine Überleitung von der Hauptschalttafel zu speisen sein. Eine Rückspeisung zur Aufnahme des Betriebes oder in Ausnahmefällen im Hafenbetrieb ist zulässig (s. Bild 05.32).

Im Bordnetz werden die *genormten Spannungen* verwendet. Vorzugsweise ergeben sich für das Kraftnetz Spannungen von 440 V bei 60 Hz und 380 V bei 50 Hz. Das *Beleuchtungsnetz* hat wie üblich 220 V/60 Hz oder 220 V/50 Hz. Für *Antriebe* mit großer Leistung wird ein Arbeitsnetz mit 660 V, 50 Hz oder 60 Hz benutzt. In den Klassifikationsvorschriften sind Höchstspannungen für Verbrauchergruppen festgelegt. Als Grenze für festinstallierte Anlagen und Verbraucher werden 11 kV vorgeschrieben. Kraftanlagen, die über Steckdosen angeschlossen werden, dürfen nicht mit Spannungen über 500 V gespeist werden. Für Beleuchtungsanlagen und ortsveränderliche Betriebsmittel dürfen Spannungen über 250 V nicht auftreten. *Ortsveränderliche Betriebsmittel* für Arbeiten unter beengten Raumverhältnissen dürfen 50 V nicht überschreiten, wenn nicht *Schutzisolierung* und/oder *Schutztrennung* angewendet wird. Die Toleranz für Spannungen und Frequenzen ist in Tabelle 05.5 zusammengefaßt.

Tabelle 05.5 Spannungs- und Frequenzabweichungen

	Betriebsgröße	Abweichungen dauernd	kurzzeitig
allgemein	Frequenz Spannung	± 5 % ± 10 %	± 10 % (5s) ± 20 % (1,5s)
Akkumulatoren und Stromrichter	Spannung	± 20 %	—

Kurzschlußströme im Netz müssen für folgende Kurzschlußfälle untersucht werden:
- generatorseitige Kurzschlüsse,
- Kurzschlüsse an der Hauptsammelschiene,
- Kurzschlüsse an den Sammelschienen von Notschalttafeln, Verteilerschalttafeln und an Verbrauchern, die direkt an die Hauptsammelschiene angeschlossen sind und dessen Schaltgerät in der Nähe des Verbrauchers ist,
- Kurzschlüsse an der Sekundärseite von Transformatoren.

Erfaßt werden muß der *Kurzschlußstrom* I_S, der *Anfangskurzschlußwechselstrom* und der *Leistungsfaktor* der Kurzschlußstrombahn.

In Bild 05.33 ist die Schaltung des *Containerschiffes* „Australian Venture" mit Hauptsammelschienenlängstrennung durch einen I_S-Begrenzer dargestellt. Die Primäranlage besteht aus 5 Generatoren mit je 1320 kW, insgesamt 8,25 MVA. Diese Anlage überschreitet die Grenzleistung der mit normalen Schaltern zu beherrschenden Kurzschlußleistung. Es wurde daher eine Sammelschienenlängstrennung mit I_S-Begrenzer gewählt. Wenn nicht Verbraucher größerer Leistung vorliegen, wie in diesem Falle, ist die Wahl z. B. einer Mittelspannung von 3,3 kV oder 6 kV nicht zweckmäßig.

Die Hauptsammelschiene liegt auf 440 V/60 Hz. Durch den Begrenzer werden die Steuerbord- und die Backbordseite getrennt. Außerdem ist eine Trennung der Sammelschienen für die Kühlschalttafel und in der Kühlschalttafel selber vorgesehen. Die Versorgung der Kühlanlage erfolgt außerdem mit verschiedenen Spannungen und Frequenzen. Die Dreiphasenwechselspannung von 291 V/40 Hz wird über Zweimaschinenumformersätze hergestellt. Das Beleuchtungsnetz wird mit einer Dreiphasenwechselspannung von 240 V/60 Hz über Transformatoren versorgt.

In Bild 05.34 ist das Grundschaltbild eines *Fischereifang- und -fabrikschiffes* dargestellt. Die Stromversorgung für den Normalbetrieb übernehmen 2 Wellengeneratoren mit jeweils 960 kW, zusammen 2400 kVA. Die Wellengeneratoren sind nicht für Parallelbetrieb zum Hafengenerator vorgesehen. Im Normalbetrieb speisen die beiden Wellengeneratoren auf die Wellenschiene und über einen Kuppelschalter auf die Hafenschiene. Im Havariefall wird der Kuppelschalter geöffnet, und das Hafenaggregat speist die Hafenschiene allein. Die Verbraucher sind durch Wahlschalter so zu verteilen, daß keine der Schienen überlastet wird. Für den Antrieb der Fischnetzwinden sind Leonardsätze vorgesehen, die aus der Wellenschiene gespeist werden. Für die Versorgung der nautischen Geräte ist ein Zweimaschinenumformer gewählt worden.

05.4.4 Mittelspannungsnetze

Anlagen, die mit Netz-Nennspannungen über 1 kV bis 11 kV und 50 Hz oder 60 Hz betrieben werden, sowie Gleichspannungen größer als 1500 V, werden als *Mittelspannungsanlagen* bezeichnet. Die maximal zulässige Arbeitsspannung beträgt für alle Kraftanlagen, außer Notstromversorgung, 11 000 V.

Schalttafeln in Mittelspannungsanlagen müssen allseitig geschlossen sein. *Schaltgeräte* müssen ausziehbar und so angeordnet sein, daß gefahrlose Wartung möglich ist. Die festen Kontakte müssen so angeordnet sein, daß in der ausgezogenen Stellung die spannungsführenden Kontakte automatisch abgedeckt sind. Mittelspannungsanlagen werden deshalb in den meisten Fällen in *vollgekapselten Einheiten* ausgeführt. Der Grund für die Anwendung von Mittelspannung oder Mittelspannungsnetzen ist die Übertragung großer Leistungen auf große Entfernungen oder die Übertragung großer Leistung (Offshore-Anlagen, Bugstrahlruder) oder die Überschreitung der Grenzleistung (6 MVA). Die Grenzleistung für 440 V bei 60 Hz und einem zulässigen Stoßstrom

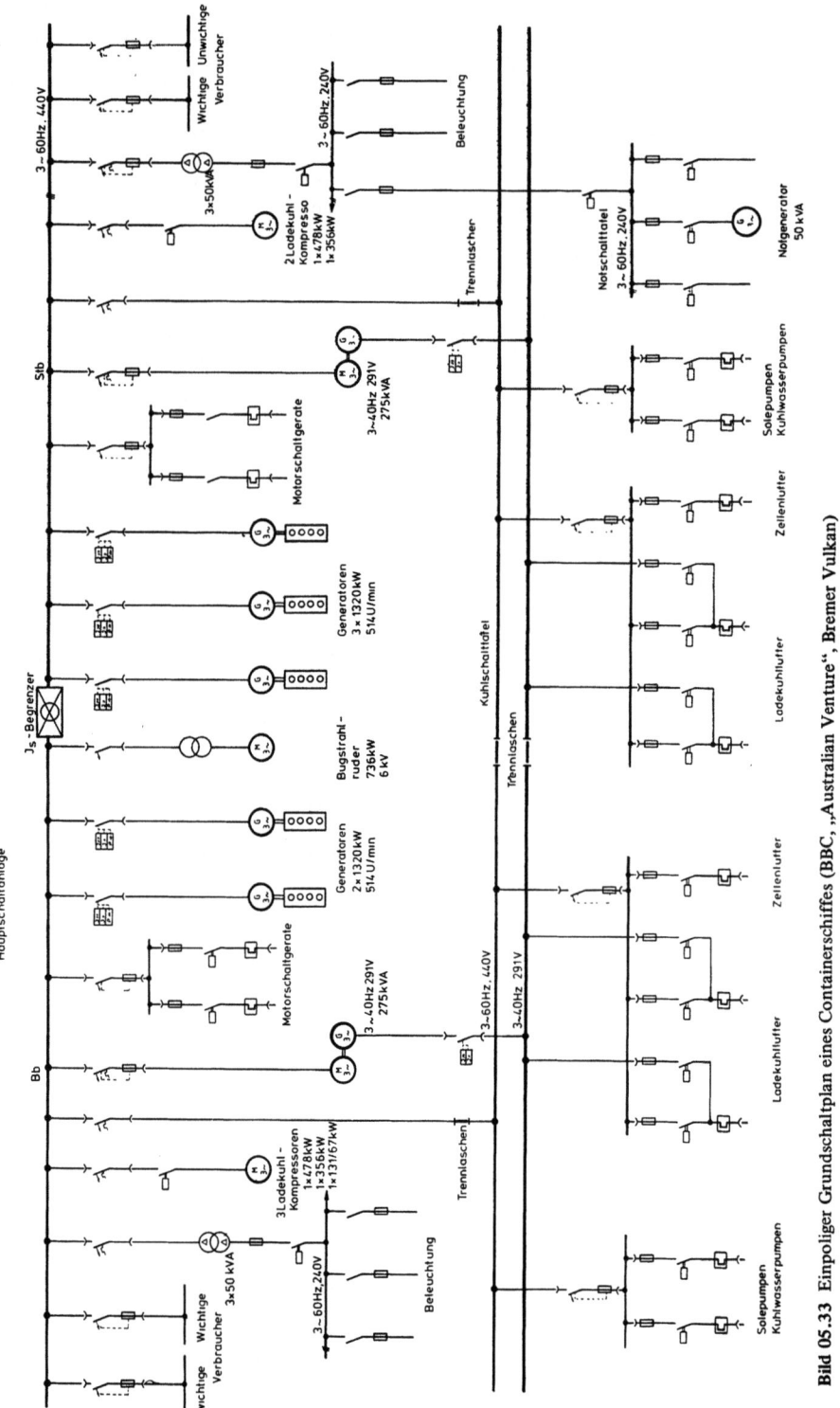

Bild 05.33 Einpoliger Grundschaltplan eines Containerschiffes (BBC, „Australian Venture", Bremer Vulkan)

Elektrische Energieverteilung

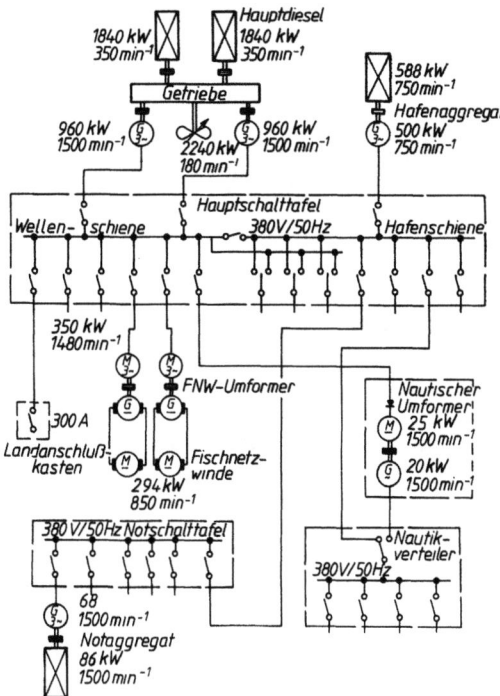

Bild 05.34 Grundschaltbild eines Fang- und Fabrikschiffes (Seebeckwerft/AEG „Karlsburg" und „Geeste")

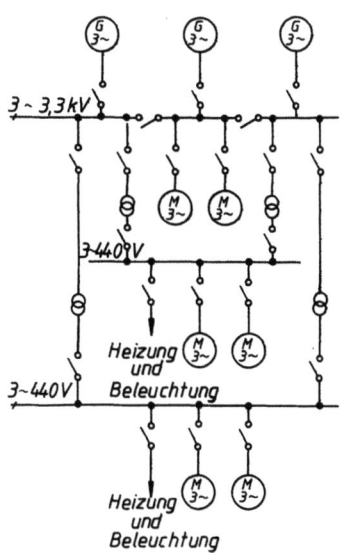

Bild 05.35 Grundschaltung einer Mittelspannungs-Bordnetz-Anlage (wangerin)

von 190 kA liegt zwischen 5 MVA und 6 MVA. Die Grenzleistung für 3 kV liegt bei etwa 25 MVA. Daraus ist zu erkennen, daß in Mittelspannungsanlagen in absehbarer Zeit die Grenzleistung in Schiffseinheiten sicher nicht erreicht wird.

Wenn trotz der Grenzleistung von 6 MVA und darüber mit Niederspannung und I_S-Begrenzer mit längsgeteilter Sammelschiene oder Parallelsammelschienen gearbeitet wird, so kann die Entscheidung mit der Kostenbetrachtung gefallen sein. Mittelspannungsanlagen fordern *erhöhte Schutzmaßnahmen* und besondere Anordnungen in den Schaltstationen. Generatoren für große Leistungen können für Mittelspannung mit kleineren Abmessungen gefertigt werden als für gleiche Leistung in Niederspannungsausführung.

Für den Anwendungsbereich der Mittelspannung ergeben sich folgende Kombinationen:
- Generatoren und Großverbraucher in Mittelspannung, Bordnetz in Niederspannung, oder
- Generatoren und Bordnetz in Niederspannung, Großverbraucher in Mittelspannung.

Als *Mittelspannungen* werden 3 kV und 6 kV empfohlen. In Bild 05.35 ist die Grundschaltung eines Mittelspannungsbordnetzes gezeigt. Hier speisen die Generatoren in das 3-kV-Netz, an das die Großverbraucher direkt angeschlossen sind. Transformatoren versorgen aus dem Mittelspannungsnetz das Niederspannungsbordnetz. Von da aus wird das Beleuchtungsnetz über Transformatoren gespeist. Notgenerator und Hafengenerator arbeiten zweckmäßig auf das Niederspannungsnetz direkt.

In Bild 05.36 ist die Schaltung eines Containerschiffes (TABLE BAY) wiedergegeben. Jeweils 3 Generatoren speisen auf eine Sammelschienenseite. Die Sammelschienen sind längs durch einen *Kuppelschalter* in zwei Abschnitte unterteilt. Jeder Sammelschienenabschnitt speist über einen Transformator einen Sammelschienenabschnitt des Niederspannungsnetzes. Ein *Reservetransformator* kann wahlweise an die Sammelschienenabschnitte des Mittelspannungsnetzes und des Niederspannungsnetzes geschaltet werden. Eine *Vorschiffschalttafel* speist die beiden Bugstrahlruder und über einen Transformator das Vorschiff. Der Landanschluß wird an das 440 V/60 Hz-Bordnetz gelegt und der Notgenerator versorgt das 440-V-Notnetz. Die *Notschalttafel* ist mit einem Überleitungsschalter mit dem Bordnetz verbunden. Ein Transformator speist vom Bordnetz aus die Beleuchtungsschienen mit 220 V. In dieser Schaltung liegen nur die speisenden Generatoren auf der Mittelspannungsebene. Alle Verbraucher, einschließlich der Verbraucher mit großer Leistung, liegen auf der Niederspannungsseite.

Im Gegensatz zu dieser Anlage wird in Bild 05.37 eine Stromversorgung dargestellt, bei der die Hauptgeneratoren als Niederspannungsmaschinen in das Niederspannungsnetz einspeisen. Die *Hilfsschalttafel* liegt über einer Überleitung an der Hauptsammel-

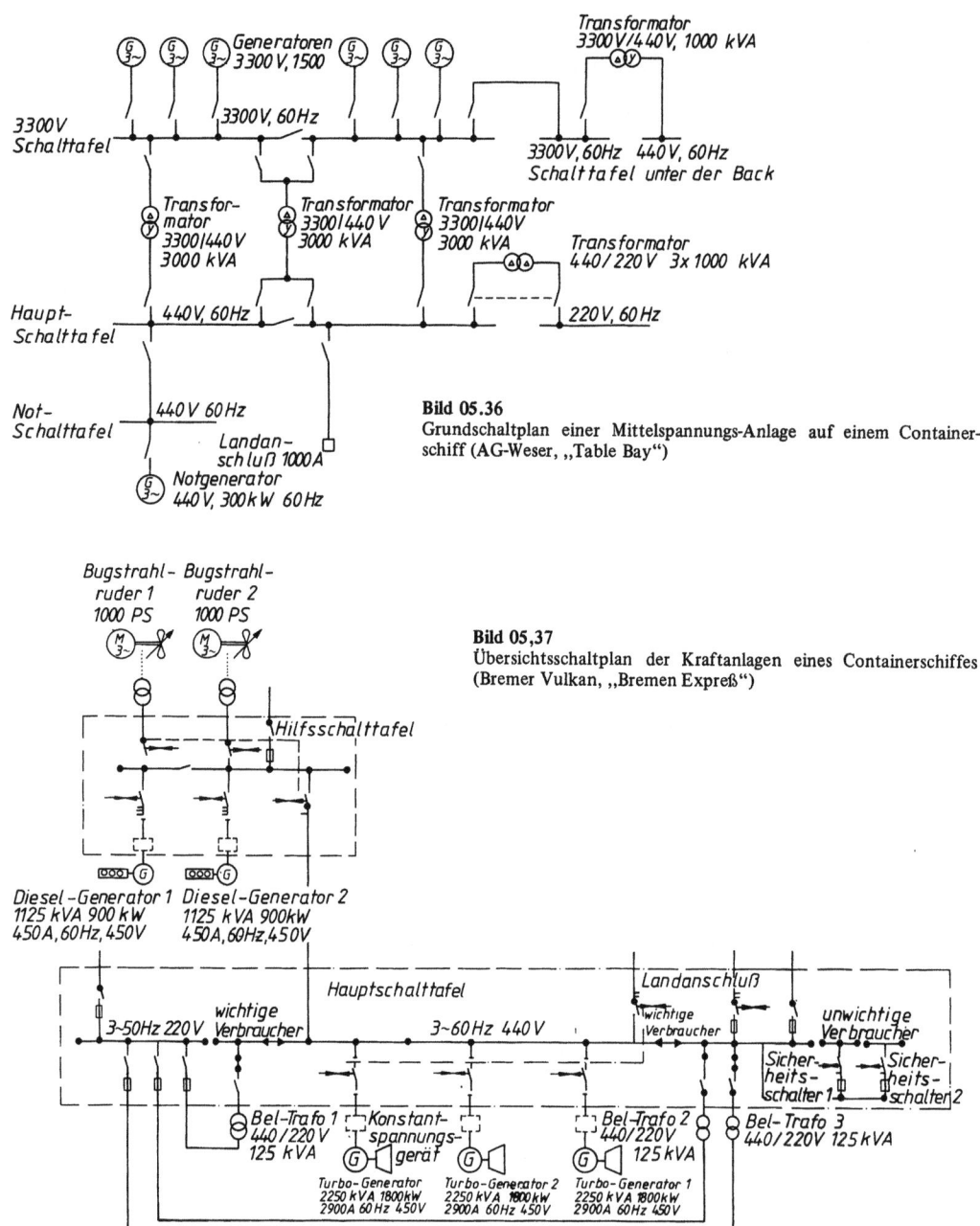

Bild 05.36
Grundschaltplan einer Mittelspannungs-Anlage auf einem Containerschiff (AG-Weser, „Table Bay")

Bild 05.37
Übersichtsschaltplan der Kraftanlagen eines Containerschiffes (Bremer Vulkan, „Bremen Expreß")

schiene und versorgt die Bugstrahlruder über Transformatoren, die die Niederspannung auf 6 kV hochspannen. Die Hilfsschalttafel kann durch diese Generatoren separat versorgt werden. Diese Generatoren und Turbogeneratoren der Hauptsammelschiene können parallel gefahren werden. Der Anfahrbetrieb kann von den Dieselgeneratoren aus erfolgen, und die Turbogeneratoren können danach auf der Hauptschalttafel synchronisiert werden. Die Versorgung des Beleuchtungsnetzes erfolgt über Transformatoren. Unwichtige Verbraucher werden durch Sicherheitsschalter bei Überlast im Netz abgeschaltet.

In Bild 05.38 ist die Schaltung des Passagierschiffes SS „Norway" dargestellt. Hier erfolgt die Speisung der Hauptsammelschiene – die in Längsrichtung

Elektrische Energieverteilung 161

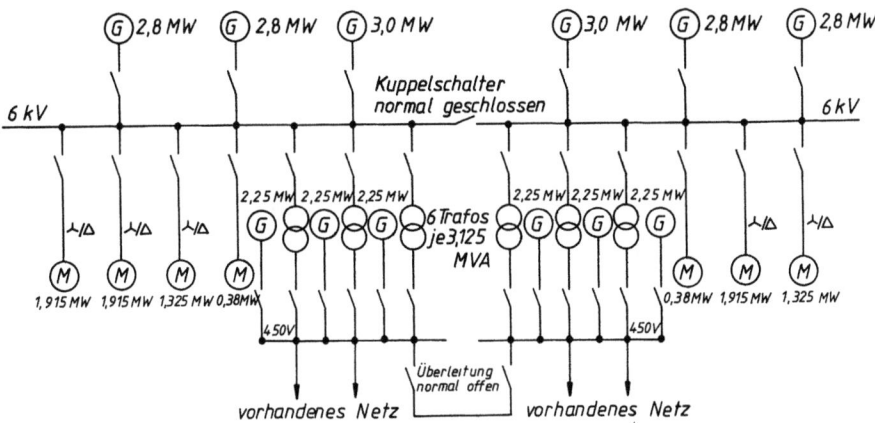

Bild 05.38 Prinzipschaltung der Mittelspannungsanlage eines Passagierschiffes (Siemens, „Norway")

aufgetrennt werden kann, aber im Normalfall geschlossen ist — über Mittelspannungsgeneratoren mit 6 kV. Die Verbraucher mit großer Leistung (Bugstrahlruder und Klimakompressoren) werden von der Mittelspannungsschiene direkt versorgt. Das Bordnetz wird über Transformatoren zu je 3,1 MVA gespeist. Im vorliegenden Fall liegen die Stromversorgungsaggregate und die größten Verbraucher elektrischer Energie auf dem gleichen Mittelspannungsniveau, das Bordnetz auf dem Niederspannungsniveau.

Aus den geschilderten Beispielen ist zu erkennen, daß der Anwendungsbereich der Mittelspannung sehr stark von den jeweiligen Verhältnissen der Energieversorgung und der Energieverbraucher abhängig ist.

05.4.5 Gleichspannungsnetz

Ein Netz ist die Gesamtheit der miteinander verbundenen Anlagenteile gleicher Spannungen. Insofern ist ein *Gleichspannungsnetz* heute gegenüber dem Bordnetz ein kleines Netz. Es hat aber seine besonderen Eigenheiten und Bedingungen. Für die maximal zulässigen Arbeitsspannungen gelten die gleichen Werte wie im Abschnitt 05.4.3. Praktisch werden die Spannungen von 24 V, 60 V, 110 V, 220 V und höher benutzt. Obwohl alle Spannungen sowohl aus Batterien als auch aus Generatoren entnommen werden, sind die kleineren Spannungswerte vorzugsweise Batterienetze, und die größeren Spannungen werden durch Generatoren oder über Gleichrichter aus dem Wechselspannungsnetz gespeist. Die im Gleichspannungsnetz angewendeten Systeme sind:

2 Leiter, von denen der eine geerdet ist,
1 Leiter und Schiffskörperrückleitung,
2 Leiter isoliert vom Schiffskörper (ausschließlich für Tankschiffe anzuwenden).

Das früher häufig angewendete Dreileitersystem mit geerdetem Mittelleiter ist heute grundsätzlich nicht mehr zugelassen.

Die meisten heute verwendeten Gleichspannungsnetze sind *batteriegespeiste* oder *gleichrichtergespeiste Netze* mit einer einzigen Spannungsquelle. *Generatorgespeiste* Netze (Leonard-Umformer) haben in den meisten Fällen ebenfalls nur eine einzige Spannungsquelle und letztere sogar nur einen Verbraucher. *Konstantstromnetze* sind durch die Reihenschaltung von Generatoren und Motoren (abwechselnd) gekennzeichnet. Hierbei ist zu beachten, daß die Isolation der stromführenden Teile für die höchste zu erwartende Spannung bei einem Erdschluß auszulegen ist.

In Gleichspannungsnetzen ist besonders zu beachten, daß bei Abschalten von induktiven Verbrauchern eine entsprechende Schaltmaßnahme zum Abbauen der *Überspannung* vorzusehen ist. Schaltgeräte in Gleichstromnetzen müssen eine entsprechende *Lichtbogenlöschung* haben, da hier der Nulldurchgang der Wechselspannung, der zur Löschung des Lichtbogens beiträgt, fehlt.

05.4.6 Notstromnetz

Der Generator zur Versorgung des *Notstromnetzes* muß oberhalb des obersten durchgehenden Decks, nicht vor dem Kollisionsschott, aufgestellt werden. Der Aufstellungsraum des Notgenerators und der Notschalttafel muß vom offenen Deck aus zugänglich sein. Die Notschalttafel soll in der Nähe des Notgenerators oder der Notstrombatterie sein, bei Batterien jedoch wegen der Explosionsgefahr nicht im gleichen Raum.

Ist der Generator für den Notstrom allein oder mit einem anderen Generator zusammen für das Anfahren aus dem Betriebszustand „Null" vorgesehen, so muß er gleichzeitig in der Lage sein, die nach dem internationalen Schiffssicherheitsvertrag zu versorgenden *Notstromverbraucher* zu speisen.

Notstromverbraucher müssen von der Notschalttafel direkt gespeist werden. *Notbeleuchtungen* können aus Unterverteilungen, die direkt mit der Notschalttafel verbunden sind, versorgt werden. Steuerstromkreise des Notstromaggregates und deren Schaltgeräte sind so zu schalten, daß Unterbrechungen oder Kurzschlüsse außerhalb des Aggregates oder der Schalttafel die Betriebsfähigkeit nicht beeinflussen. Es müssen Schaltgeräte vorgesehen werden, die zu anderen Räumen führende Steuerleitungen unwirksam machen.

Hauptbeleuchtungsanlage und Notbeleuchtungsanlage müssen so gegeneinander getrennt sein, daß ein Schadensfall in der Versorgung des einen die Betriebsfähigkeit des anderen nicht beeinflußt.

Im Netz der Notbeleuchtung dürfen Schalter nur dann angeordnet werden, wenn ein Ausschalten erforderlich werden könnte (Steuerhaus, Aussetzstation der Rettungsmittel). Speisekabel für Notverbraucher dürfen nicht durch brandgefährdete Abschnitte geführt werden, in denen die Haupt-E-Versorgung und zugehörige Betriebseinrichtungen untergebracht sind, auch nicht durch Küchen. Ausgenommen hiervon sind Speisekabel für Notverbraucher in diesen Abschnitten.

Für die Notstromversorgung werden allgemein 24-V-, 60-V-, 110-V-, 220-V- oder 440-V-Gleich- oder Wechselspannung verwendet.

Notnetze haben also eine doppelte Versorgung. Im ungestörten Schiffsbetrieb erfolgt die Versorgung, mindestens die der Notbeleuchtung, von der Hauptschalttafel aus. Im Störungsfalle muß gewährleistet sein, daß das Notnetz automatisch von der Hauptschalttafel abgeschaltet und von der Notschalttafel und der Notstromversorgung direkt versorgt wird. Bei Passagierschiffen ist vorgeschrieben, die Notbeleuchtung unterbrechungslos oder nahezu unterbrechungslos bei Ausfall des Hauptnetzes von einer Batterie aus zu versorgen.

Die Verwendung einer *Kleinspannung*, z.B. 24 V, hat den Nachteil, daß bereits bei kleinen Lampen (15 W) verhältnismäßig hohe Stromstärken und damit größere Leitungsquerschnitte, als sonst in Lichtstromkreisen üblich, benutzt werden müssen. Hinzu kommt bei langen Leitungen ein erheblicher Spannungsabfall, so daß am Verbraucher unter Umständen eine relativ kleine Spannung zur Verfügung steht.

Von der Notschalttafel müssen durch das Notnetz folgende Verbraucher gespeist werden:

- *Positionslaternen* und sonstige in den geltenden internationalen Regelungen zur Verhinderung von Kollisionen auf See vorgeschriebene Laternen, einschließlich der Fahrtstörungslaternen;
- *Notbeleuchtung* an den Aufbewahrungsplätzen der Rettungsmittel, entlang der Außenbordwand im Bereich der Aussetzstationen und in allen Betriebs- und Wohnbereichsgängen;
- *Feuerlöschpumpe;*
- *Ruderanlage*, einschließlich ihrer Steuerung;
- interne *Meldeanlagen* und *Informationsmittel*, die im Notfall benötigt werden;
- *Tagsignalscheinwerfer;*
- *Kühlwasserpumpe* für das Notdieselaggregat;
- *Schottenschließanlage*, einschließlich Alarm- und Meldeeinrichtungen;
- *Generalalarm;*
- *CO_2-Alarm;*
- und soweit vorgeschrieben *F.T.-Anlage, Ortungs-* und *Navigationsgeräte.*

Für die Notenergieversorgung auf Fahrgastschiffen werden zusätzliche Verbraucher genannt, z.B. Sprinklerpumpe, Notlenzpumpe.

05.4.7 Sonstige Netze

Neben den an Bord üblichen Haupt- und Notnetzen gibt es verschiedene in sich abgeschlossene, von den anderen Netzen galvanisch getrennte Spannungsversorgungssysteme. Diese Systeme haben vom Hauptsystem abweichende Spannungen und Frequenzen. Sie dienen in der Hauptsache verschiedenen Befehls- und Meldevorgängen.

Die *Befehls-* und *Meldenetze* werden in der Regel mit Kabeln und Leitungen wie Starkstromanlagen ausgeführt. Die maximalen Nennbetriebsspannungen und Nennquerschnitte sind für die einzelnen Bereiche festgelegt (Tabelle 05.6).

Fernsprechkabel werden als abgeschirmte, mehradrige Leitungen (FMGCG) ausgeführt. Im Bereich des Brückendecks müssen alle anderen Kabel ebenfalls als abgeschirmte Leitungen verlegt werden. Die Abschirmungen dienen zum Schutz der Kompaßanlagen und der Beeinflussung der Fernmeldeleitungen gegen Starkstromfelder. Die Fernsprechleitungen müssen auch nach innen geschützt werden, damit äußere Felder die Qualität der Nachrichtenübertragung nicht stören.

Die Versorgung der hier genannten Netze erfolgt aus besonderen Spannungsquellen, die entweder unabhängig oder abhängig von Haupt- oder Notschalttafeln sind.

05.5 Elektrische Antriebe

05.5.1 Elektrische Maschinen und Transformatoren

Rotierende elektrische Maschinen beruhen auf dem Prinzip des stromdurchflossenen Leiters im Magnetfeld. Dieses Magnetfeld wird entweder gesondert durch eine Erregereinrichtung oder durch das speisende Hauptfeld hergestellt. Bei der *Gleichstromma-*

Elektrische Energieverteilung. Elektrische Antriebe

Tabelle 05.6 Mindestquerschnitte

Anwendung	Nennbetriebsspannung bis	Nennquerschnitt externe Verkabelung	Nennquerschnitt interne Verdrahtung
Kraft-, Heizungs-, Beleuchtungsanlagen	500 V	1,0 mm²	1,0 mm²
Steuerstromkreise	500 V	1,0 mm²	1,0 mm²
Steuerstromkreise und Sicherheitsanlagen	250 V	0,75 mm²	0,5 mm²
Fernmeldeanlagen allgem., Automationsanlagen	250 V	0,5 mm²	0,2 mm²
Telefon- u. Klingelanlagen, die nicht der Schiffssicherheit oder dem Mannschaftsruf dienen	24 V	0,2 mm²	0,2 mm²

schine ist die Erregerleistung leicht von der Gesamtleistung zu trennen. Bei *Induktionsmaschinen* enthält der Leerlaufstrom mit der Blindkomponente die elektrische Größe, die der Erregung zuzuordnen ist.

Von der rotierenden elektrischen Maschine als Antrieb verlangt man ein *Drehmoment* und eine entsprechende *Drehzahl*, die mehr oder weniger *lastunabhängig* sein soll. Zur ganz allgemeinen Beurteilung kann man davon ausgehen, daß das Drehmoment eines Motors von der Erregung und vom fließenden Strom abhängig ist. Dieser Strom stellt sich abhängig von der Belastung des Motors selbständig ein. Die Erregung ist entweder bei einem konstanten einspeisenden Netz unveränderlich oder ist wie beispielsweise bei Gleichstrommaschinen durch die Steuerung des Erregerstromes einstellbar. Es ergibt sich damit die allgemeine Beziehung:

$$M_d = C_M \cdot \Phi \cdot I. \tag{63}$$

Hierin ist C_M eine Motorkonstante, die von den Abmessungen des Motors und von der Wicklung abhängig ist.

Die Drehzahl eines Motors hängt ganz allgemein von der Selbstinduktionsspannung und der Erregung ab. Hierin ist die Selbstinduktionsspannung von außen her nicht ohne weiteres zu verändern. Die Erregung ist bei der Gleichstrommaschine vom Erregerstrom und bei der Induktionsmaschine von der von außen her angelegten Klemmenspannung abhängig. Ganz allgemein ergibt sich daher die Beziehung:

$$n = \frac{U_q}{C_G \cdot \Phi}. \tag{64}$$

Hierin ist C_G die sogenannte *Generatorkonstante* des Motors, die von den Baumaßen des Motors und der Wicklung, sowie unter Umständen von Umrechnungskonstanten des Einheitensystems abhängt.

Der *Gleichstrommotor* (Bild 05.39) besteht aus einem feststehenden Ständer und einem rotierenden Teil, dem Läufer. Das Gehäuse und die Lagerschilde sind die nach außen hin sichtbaren Teile des *Ständers*. Sie bilden an einer Arbeitsmaschine die Tragkonstruktion und die Befestigungskonstruktion, z.B. durch Flanschbefestigung oder durch Füße, die auf einem Fundament verankert werden können. Am Gehäuse sind innen die gleichstromerregten Hauptpole und Hilfspole (Wendepole) befestigt. Die Wicklungen aus Kupferdraht sind gegen mechanische Kräfte am Gehäuse und am Pol abgestützt und gegen elektrische Durchschläge durch Isolation geschützt. Sie müssen im Luftstrom liegen, damit die entstehende Wärme abgeführt werden kann. Die

Bild 05.39 Gleichstrommotor, offene Bauart

Anschlüsse der Gleichstrompole sind an den Klemmenkasten, der außen am Gehäuse befestigt ist, geführt. Zum Gehäuse gehören allgemein noch der Bürstenträger, die Bürstenhalter und die Kohlebürsten. Sie dienen zur Übertragung des Stromes auf den rotierenden Teil der Maschine. Die Kabelanschlüsse der Bürstenhalter führen entweder zum Klemmbrett oder sind in der Maschine mit der Hauptschlußwicklung und der Wendepolwicklung verbunden.

Der *Läufer* besteht im wesentlichen aus der Welle und dem darauf befestigten Blechpaket. Dieses Blechpaket besteht aus gegeneinander isolierten Blechen, die mit Nuten versehen sind. In diesen Nuten befindet sich, isoliert gegen das Eisen, die Kupferwicklung. Die Enden dieser Wicklung sind an die Anschlüsse der Kupferlamellen des Kommutators geführt. Der Kommutator hat die Aufgabe, die in der Wicklung entstehende Wechselspannung so an das Gleichspannungsnetz anzuschließen, daß der Strom nur in einer Richtung fließt. Auf dem Kommutator laufen die Bürsten. Der Bürstenhalter muß so eingestellt werden, daß die Bürsten beim Lauf der Maschine nicht selbsthemmend verklemmt werden. Der Kommutator und die Lamellen sind gegeneinander und gegen die Welle isoliert.

In der Praxis werden hauptsächlich *Doppelschlußmotoren* verwendet. Bei *Nebenschlußmotoren* wird zusätzlich eine Hilfswicklung, die in Reihe mit der Läuferwicklung liegt, eingebaut. Die Schaltung eines Doppelschlußmotors mit Anlasser zeigt Bild 05.40. Im Stromkreis der Nebenschlußwicklung kann ein *Feldsteller* zur Einstellung des Erregerstromes vorgesehen sein. Er ist hier nicht eingezeichnet. Der Gleichstromnebenschlußmotor hat eine sehr starre Kennlinie. Die Drehzahl sinkt mit zunehmender Belastung nur sehr wenig bis zur Nennlast ab. Mit zunehmender Belastung über den Nennpunkt hinaus oder auch schon vorher, kann die Drehzahl durch Feldschwächung zunehmen. Es wird daher zusätzlich zur Nebenschlußwicklung eine *Hilfswicklung* in Reihe mit dem Anker geschaltet. Diese Wicklung kompensiert die Feldschwächung so, daß der Motor mit zunehmender Belastung seine Drehzahl weitgehend beibehält. Deshalb wird in der Praxis fast ausschließlich der Doppelschlußmotor eingesetzt. Dieser hat eine mit der Belastung mehr oder weniger stark fallende Kennlinie (Bild 05.41). Dies hat den Vorteil, daß der Motor bei Belastung weich reagiert. Gleichstrommotoren dürfen nicht ohne *Anlasser* eingeschaltet werden. Ein Motor von beispielsweise 25 kW Nennleistung hat bei 220 V Nennspannung einen inneren Widerstand von etwa 0,1 Ω. Würde man diesen Motor ohne Vorwiderstand an 220 V anschließen, so würde im Augenblick des Einschaltens ein Strom von ca. 2200 A gegenüber einem Nennstrom von ca. 135 A fließen. Diese Stromstärke würde der Motor nicht ohne Schaden überstehen. Auch das Netz würde einen unzulässig hohen Stromstoß erhalten. Daher wird mit einem *Vorschaltwiderstand* (*Anlaßwiderstand*) gearbeitet. Dieser wird so bemessen, daß im Augenblick des Einschaltens die Stromstärke etwa das 1,1...1,4fache der Nennstromstärke beträgt. Nach dem Einschaltvorgang wird dieser Vorwiderstand stufenweise abgeschaltet, und man erhält die in Bild 05.42 wiedergegebene Anlaßkennlinie. Der Anlaßwiderstand (Vorwiderstand) wird nur für den Anlaßvorgang ausgelegt und kann nicht auf einer Stufe betrieben werden, die zwischen Einschaltpunkt und Betriebspunkt liegt. Wird der Anlasser zur Einstellung von Drehzahlen benutzt, so muß dieser für die volle Verlustleistung, d.h. für den vollen Nennstrom ausgelegt werden.

Die *Drehzahlsteuerung* des Gleichstrommotors ist von der Nenndrehzahl ausgehend, sowohl zu kleineren als auch zu größeren Drehzahlen hin möglich (Bild 05.43). Wird der Motor mit der Nennspannung und der Nennerregung sowie kurzgeschlossenem Anlaßwiderstand gefahren, so ergibt sich die nor-

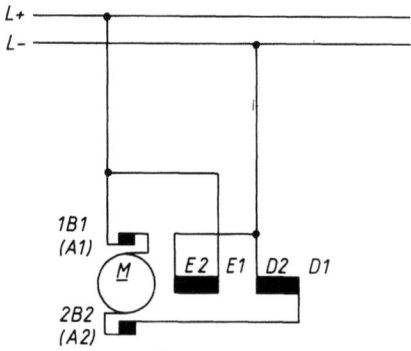

Bild 05.40 Schaltung eines Gleichstrom-Doppelschluß-Motors mit geteilten Wendepolwicklungen

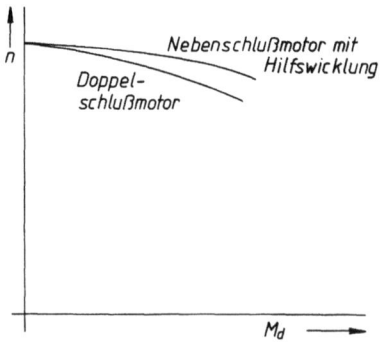

Bild 05.41 Kennlinien des Gleichstrom-Nebenschlußmotors und Gleichstrom-Doppelschlußmotors

Elektrische Antriebe

male Nebenschlußcharakteristik. Beim Einschalten von Vorwiderständen (Anlasser) ergeben sich die mit b gekennzeichneten stark fallenden Kennlinien. Wird jedoch die Klemmenspannung des Motors zu kleineren Werten hin geändert, so ergibt sich eine proportionale Veränderung der Drehzahl gegenüber der Nennkennlinie (c in Bild 05.43). Wird von der Nennkennlinie ausgehend die Erregung (das Feld) geschwächt, so ergeben sich die mit a bezeichneten Kennlinien. Mit schwächer werdendem Feld ergeben sich steigende Drehzahlen. In diesem Bereich, in dem mit Feldschwächung gearbeitet wird, muß die Leistung reduziert werden. Dies geschieht in den meisten Fällen mit einer Ankerstrombegrenzung. Aus den dargestellten Kennlinien ist ersichtlich, daß eine wirtschaftliche Drehzahlsteuerung nur im Bereich nach oben mit Feldschwächung und nach unten hin mit veränderter Ankerspannung (Leonardantrieb) sinnvoll ist.

Der *Induktionsmotor* (*Asynchronmotor*) ist der an Bord am häufigsten eingesetzte Elektroantrieb. Sein Aufbau ist sehr einfach und die Wartung daher minimal. Der Ständer des Motors wird aus dem Gehäuse und den Lagerschilden gebildet. Diese Teile haben nur tragende Funktionen, keine elektrischen oder magnetischen Aufgaben. Das Blechpaket aus gegeneinander isolierten Eisenblechen mit Nuten, die die Wicklung aufnehmen, wird in das Gehäuse eingepreßt oder so eingepaßt, daß es das Drehmoment übertragen kann. Die in das Blechpaket bzw. die Nuten eingebrachte Wicklung besteht aus drei Einzelwicklungen, die gegeneinander um 120° versetzt sind. Die Wickelenden werden an die Klemmen im Klemmkasten geführt (Bild 05.44).

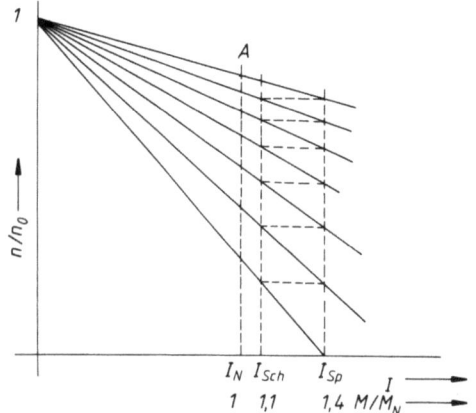

Bild 05.42 Anlaßkennlinie eines Gleichstrommotors

Bild 05.44 Dreiphasen-Wechselstrommotor mit Kurzschlußläufer, Asynchronmotor (Schnittmodell)

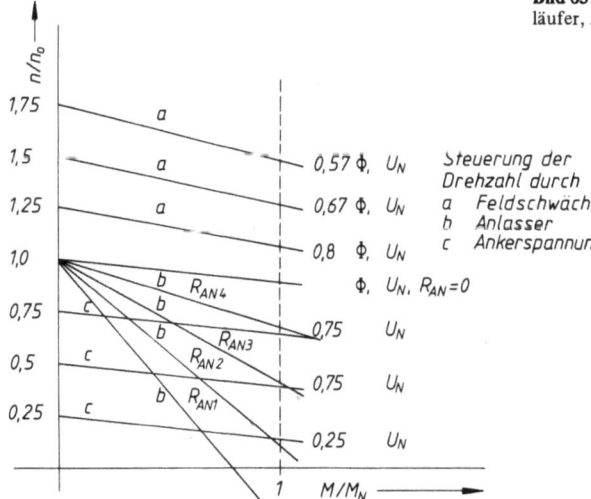

Bild 05.43 Drehzahlsteuerung eines Gleichstrommotors

Die Wicklungen sind gegen das Gehäuse und gegeneinander isoliert, wenn nicht für Sonderzwecke eine Verschaltung der Wicklungen in *Stern-* oder *Dreieckschaltung* bereits vorgenommen wird. Der Motor wird entweder mit einem *Schleifringläufer* oder einem *Kurzschlußläufer* ausgerüstet. Im ersten Falle nehmen die Lagerschilde die Bürstenträger, Bürstenhalter und Bürsten auf.

Der *Läufer* besteht aus der Welle und dem mit den Nuten versehenen Blechpaket. Die Nuten nehmen die Kupferwicklung, die mit ihren Enden an die Schleifringe geführt ist, auf (*Schleifringläufermotor*) oder werden mit einer Aluminiumlegierung ausgespritzt und an den Stirnseiten mit Kurzschlußringen versehen (*Kurzschlußläufermotor, Käfigläufermotor*). Die Wicklung ist so angeordnet, daß sie bei Speisung mit einer Dreiphasenwechselspannung ein umlaufendes, magnetisches Feld entstehen läßt (*Drehfeld*). Dieses Drehfeld erzeugt in der Läuferwicklung einen Strom, der seinerseits ein Feld aufbaut, das vom umlaufenden Drehfeld mitgenommen wird. Der im Läufer entstehende Strom kann nur solange auftreten, als zwischen dem umlaufenden Drehfeld und der Drehzahl des Läufers ein Schlupf besteht (*Asynchronmotor*). Die Drehzahl des Läufers ergibt sich aus der Beziehung

$$n = n_s (1 - s). \qquad (65)$$

Hierin ist n_s die synchrone Drehzahl, die sich aus der Beziehung

$$n_s = \frac{f}{p} \qquad (66)$$

ergibt, wobei f die Frequenz in Hz und p die Polpaarzahl der Maschine ist. In der obigen Beziehung ist s der Schlupf, der aus der Differenzdrehzahl bezogen auf die synchrone Drehzahl n_s folgt.

Um bei Drehstrommotoren verschiedene Drehzahlen zu erreichen, wird der Ständer mit verschieden polpaarigen Wicklungen versehen. Für das Übersetzungsverhältnis 1:2 ergibt sich die Möglichkeit, mit Hilfe der *Dahlanderwicklung* eine polumschaltbare Maschine zu bauen, bei der nur eine Wicklung ausgeführt ist. Die Wicklung ist mit Anzapfungen versehen, so daß von außen her die Polpaarzahl umgeschaltet werden kann. Der Asynchronmotor hat als Kurzschlußläufermotor 6 Anschlußklemmen (Bild 05.45), die so angeordnet sind, daß durch Umlegen von Klemmbrücken Stern- oder Dreieckschaltung wahlweise hergestellt werden kann.

Asynchronmotoren können von einer bestimmten Größe an nicht mehr direkt ans Netz geschaltet werden, da sonst die Anlaßstromstärken zu groß werden. Zu ihrer Herabsetzung kann eine *Stern-Dreieck-Schaltung* vorgesehen werden. Hierbei wird der Motor zunächst in Sternschaltung angelassen und nach erfolgtem Hochlauf in Dreieckschaltung umgeschaltet. Dabei verhalten sich die Drehmo-

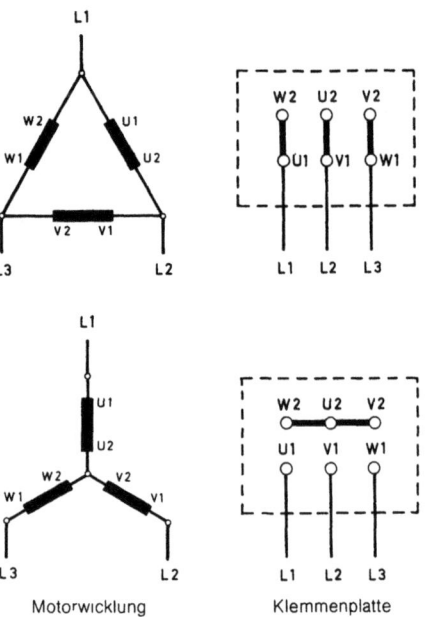

Bild 05.45 Wicklungs- und Klemmenanordnung für Asynchronmotoren Dreieck- und Sternschaltung

mente und die Stromstärken in den Schaltungen wie 1:3. Der Anlaßstrom wird also auf ein Drittel herabgesetzt, gleichzeitig aber auch das Drehmoment. Somit kann der Motor beim Anlassen in Stern-Dreieck-Schaltung nicht unter Last oder nur mit stark herabgesetzter Last laufen.

Der *Induktionsmotor* (Asynchronmotor) hat drei charakteristische Momente: das *Anlaufmoment* im Stillstand, das *Kippmoment* während des Hochlaufs und das *Nennmoment*. Hierzu gehören Ströme, die erheblich vom Nennstrom abweichen (Bild 05.46). Je nach Anordnung der Welle, der Befestigung und der Flansche gelten die Bauformen nach DIN 42950. An Bord findet man im wesentlichen die Bauformen B 3 mit waagerechter Welle und Befestigungslöchern an den Füßen sowie Bauform V 1 mit vertikaler Welle und Befestigungslöchern am antriebsseitigen Flansch.

Den verschiedenen Baugrößen, in Abhängigkeit von der Länge der Maschine und der Achshöhe der Welle, werden Leistungen zugeordnet (Tabelle 05.7). Die Festlegung der Abmessungen, der Anschlußmaße, der Achshöhe und der Zuordnung von Leistungen ermöglicht die *Austauschbarkeit* der Motoren im Schadensfall unabhängig vom Hersteller. Die Belastung eines Motors und seine Erwärmung, damit die Beanspruchung der Isolation, hängen unmittelbar zusammen. Den in der Praxis angewendeten Isolierstoffen sind nach VDE 0530 *Grenz-Übertemperaturen* zugeordnet. Diese dürfen im Be-

Elektrische Antriebe

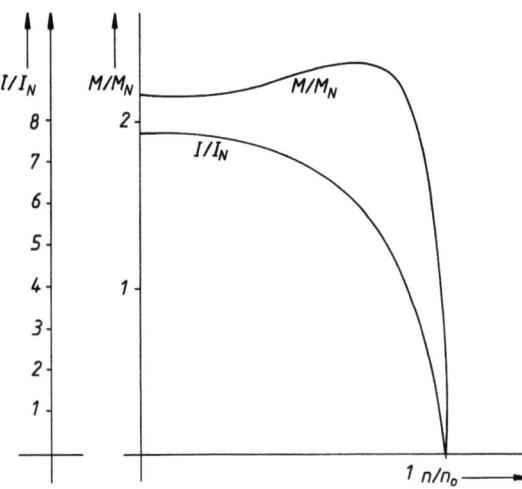

Bild 05.46 Kennlinien des Induktionsmotors (asynchronmotor)

trieb nicht überschritten werden. Bei Anwendung der in der gleichen VDE-Vorschrift festgelegten *Betriebsarten* müssen diese Grenzen berücksichtigt werden. Insgesamt sind 8 Betriebsarten festgelegt, die mit den Bezeichnungen S 1 (Dauerbetrieb) bis S 8 (ununterbrochener Betrieb mit periodischer Drehzahländerung) gekennzeichnet sind. In Betriebsart *Kurzzeitbetrieb* läuft der Motor solange, bis er die Grenztemperatur erreicht hat. Diese Zeit ist im Leistungsschild vermerkt, z.B. S 2 : 30 min. Das bedeutet, daß der Motor nach 30 min Betriebszeit solange ausgeschaltet bleiben muß bis die Temperatur der erwärmten Teile wieder bis auf die Umgebungstemperatur abgekühlt ist.

Für kleine Leistungen oder an Stellen, an denen nur ein Außenleiter und der Mittelpunktsleiter zur Verfügung stehen, werden *Einphasenmotoren* eingesetzt. Ein Einphasenmotor kann ohne Hilfseinrichtung nicht von selbst anlaufen. Er erhält daher zusätzlich eine Hilfswicklung, die über einen Kondensator ein ausreichendes Drehfeld erzeugt, so daß der Motor von allein anlaufen kann. Eine andere Möglichkeit des Betriebes eines Induktionsmotors am einphasigen Netz ist die Speisung der dritten

Tabelle 05.7 Wellen- und Leistungszuordnung für Asynchronmotoren westeuropäischer Norm (aus DIN 42673) (AEG)

Baugröße	h nach DIN 747	a	b	w_1	Zu verwendende Befestigungsschraube Gewinde s	Zylindrisches Wellenende (Z) nach DIN 42 946 $d \times l$ bei Drehzahl etwa 3000 U/min	1500 U/min und darunter	Leistung in kW bei 50 Hz Drehzahl etwa 3000 U/min	1500 U/min	1000 U/min	750 U/min
56	56	71	90	36	M 5	Z 9× 20		0,09 oder 0,12	0,06 oder 0,09	–	–
63	63	80	100	40	M 6	Z 11× 23		0,18 oder 0,25	0,12 oder 0,18	–	–
71	71	90	112	45	M 6	Z 14× 30		0,37 oder 0,55	0,25 oder 0,37	–	–
80	80	100	125	50	M 8	Z 19× 40		0,75 oder 1,1	0,55 oder 0,75	0,37 oder 0,55	–
90 S	90	100	140	56	M 8	Z 24× 50		1,5	1,1	0,75	–
90 L	90	125	140	56	M 8	Z 24× 50		2,2	1,5	1,1	–
100 L	100	140	160	63	M 10	Z 28× 60		3	2,2 oder 3	1,5	0,75 oder 1,1
112 M	112	140	190	70	M 10	Z 28× 60		4	4	2,2	1,5
132 S	132	140	216	89	M 10	Z 38× 80		5,5 oder 7,5	5,5	3	2,2
132 M	132	178	216	89	M 10	Z 38× 80		–	7,5	4 oder 5,5	3
160 M	160	210	254	108	M 12	Z 42×110		11 oder 15	11	7,5	4 oder 5,5
160 L	160	254	254	108	M 12	Z 42×110		18,5	15	11	7,5
180 M	180	241	279	121	M 12	Z 48×110		22	18,5	–	–
180 L	180	279	279	121	M 12	Z 48×110		–	22	15	11
200 L	200	305	318	133	M 16	Z 55×110		30 oder 37	30	18,5 oder 22	15
225 S	225	286	356	149	M 16	Z 55×110	Z 60×140	–	37	–	18,5
225 M	225	311	356	149	M 16	Z 55×110	Z 60×140	45	–	30	22
250 M	250	349	406	168	M 20	Z 60×140	Z 65×140	55	37	30	
280 S	280	368	457	190	M 20	Z 65×140	Z 75×140	75	45	37	
280 M	280	419	457	190	M 20	Z 65×140	Z 75×140	90	55	45	
315 S	315	406	508	216	M 24	Z 65×140	Z 80×170	110	75	55	
315 M	315	457	508	216	M 24	Z 65×140	Z 80×170	132	90	75	
C-Maß-Buchstaben	H	B	A	C		D×E					

Phase einer Drehstromwicklung in Dreieckschaltung über einen Kondensator. Die so hervorgerufene Phasenverschiebung ergibt in der Dreiphasenwicklung ein ausreichendes Drehfeld, und der Motor läuft allein an. Gegenüber dem normalen Betrieb am Dreiphasennetz ergibt sich hier eine Leistungsminderung. Eine weitere Möglichkeit, einen Einphasenmotor als Asynchronmotor zu betreiben, ist die Anwendung des *Spaltpolmotors*. Hier wird durch eine mechanische Anordnung der Pole und einer Hilfswicklung ein zusätzliches phasenverschobenes Feld hervorgerufen, das wiederum ein ausreichendes Drehfeld zum Alleinanlauf des Einphasenmotors entstehen läßt.

Der *Einphasenkommutatormotor* ist äußerlich wie ein Gleichstrommotor aufgebaut. Ankerwicklung und Erregerwicklung liegen in Reihe. Gegenüber dem Gleichstrommotor sind Anker und Stator aus geblechtem Eisen hergestellt. Mit diesem Kommutatormotor werden größere Drehzahlen, als sie sich aus der Frequenz und der Polzahl ergeben, erreicht.

Zur Anpassung von Netzen unterschiedlicher Wechselspannungen, aber gleicher Frequenz, werden *Transformatoren* eingesetzt. Tragende Konstruktion und magnetischer Pfad sind gegeneinander isolierte Eisenbleche (*Transformatorenkern*). Der Eisenkern bildet den magnetischen Pfad für die Kopplung der aus isolierten Kupferdrähten bestehenden Wicklungen, deren Enden an die Klemmen des Anschlußkastens geführt sind. Die Wicklungen sind gegeneinander und gegen den Eisenkern abgestützt und elektrisch isoliert (Bild 05.47). In der Regel hat jeder Transformator eine *Primär-* und eine *Sekundärseite*. Unabhängig davon ergibt sich außerdem eine *Oberspannungs-* und eine *Unterspannungsseite*, ohne festzulegen, welche der beiden Seiten die Primär- und welche die Sekundärseite ist. Je nach Anwendungsbereich und Einsatzgebiet ist jeder Transformator mit einer oder drei Phasen ausgerüstet. Entsprechend ergibt sich der Eisenkern mit zwei oder drei Schenkeln. An Bord von Seeschiffen ist der Transformator in den meisten Fällen luftgekühlt ohne zusätzliches Gebläse. Nur bei größeren Einheiten wird mit Gebläse gekühlt. Die aktiven Teile des Transformators sind durch einen Blechkasten vor unbeabsichtigtem Berühren oder vor Fremdteilen geschützt.

Dreiphasige Transformatoren können verschieden gestaltet sein: *Dreick-*, *Stern-* oder *Zickzackschaltung*. In Tabelle 05.8 sind die vier wichtigsten Schaltungen, die in der Praxis vorkommen, dargestellt. Der große Buchstabe bezeichnet die Schaltung der Oberspannung, der kleine die Schaltung der Unterspannung. Die nachgestellte Zahl ergibt mit 30 mulitpliziert die Phasenverschiebung zwischen Ober- und Unterspannung. Nur Transformatoren gleicher Kennzahl dürfen parallel miteinander arbeiten. Zusätzliche Bedingung für die Parallelarbeit ist die Gleichheit der Kurzschlußspannung u_K. Die Anzahl in Prozent gibt die auf die Primärseite bezogene Spannung an, die notwendig ist, um bei kurzgeschlossenem Transformator auf der Sekundärseite den Nennstrom fließen zu lassen. Sie ist gleichzeitig ein Maß für den Dauerkurzschlußstrom des Transformators bei Einspeisung mit Nennspannung. Sie ist außerdem proportional zum Spannungsabfall bei Belastung. Die auf dem Leistungsschild angegebenen Spannungen sind Leerlaufspannungen. Die angegebene Leistung in kVA bezieht sich auf die Leerlaufspannungen. Die zulässige Nennstromstärke kann sich nur aus der angegebenen Leistung und den Leerlaufspannungen ergeben. Er gilt unabhängig von der tatsächlich auf der Sekundärseite auftretenden Spannung. Für die zulässige Belastung des Transformators ist die so ermittelte Nennstromstärke und nicht die auf dem Typenschild angegebene Nennleistung maßgebend.

Wandler sind Transformatoren, die zu Meßzwecken besondere Bedingungen erfüllen müssen. Die Toleranz der Übersetzungsverhältnisse und die Abweichung der Phasenlage durch die induktive Kopplung ist besonderen Richtwerten unterworfen und in der Klasse festgelegt.

Spannungswandler trennen im Betätigungsbereich den Arbeitskreis vom Meßkreis. Sie beruhen auf dem Prinzip des herkömmlichen Transformators.

Stromwandler setzen den Strom im Arbeitskreis auf einen Strom im Meßkreis um. Dabei ist die Primärseite stets vom Arbeitsstrom durchflossen, unabhängig davon, ob auf der Sekundärseite ein Strom fließt oder nicht. Würde der sekundäre Kreis offen bleiben, d.h. nicht mit einem Instrument belastet, so würde die Primärerregung so groß werden, daß

Bild 05.47 Dreiphasen-Wechselspannungs-Transformator, luftgekühlt 380 V/220 V Dy 5

Elektrische Antriebe

Tabelle 05.8 Dreiphasenwechselspannungs-Transformatoren Schaltungen nach VDE 0532. (Auszug der wichtigsten, in der Praxis angewendeten Schaltgruppen)

Kenn-zahl	Schalt-gruppe	Zeigerbild OS	Zeigerbild US	Schaltungsbild OS	Schaltungsbild US
0	Yy0	Y	Y		
5	Dy5	△	Y		
5	Yd5	Y	△		
5	Yz5	Y			

der Eisenkern durch zu hohe Verluste unzulässig erwärmt würde und die Genauigkeit des Wandlers nicht mehr gewährleistet wäre. Stromwandler müssen deshalb auf der Sekundärseite immer kurz geschlossen sein. Wandler für Meßzwecke an Bord müssen mindestens die Klasse 1 erfüllen. Stromwandler für Schützeinrichtungen müssen mindestens der Klasse 5 P 10 entsprechen.

05.5.2 Anker-, Mooring- und Ladewinden

Ankerwinden dienen zum Auslassen und zum Hieven des Ankers. In diesem Betrieb ergeben sich drei wesentliche Abläufe, wenn man vom Auslassen des Ankers absieht. Beim Hieven des Ankers muß dieser aus dem Grund losgerissen, danach gehoben und dann sanft vor die Klüse gehievt werden. Um diese Bedingungen zu erfüllen, wird der Motor meist mit drei Stufen ausgeführt. Die zweite Stufe, die *Betriebsstufe*, erreicht mit Sicherheit das für das Losbrechen des Ankers vorgeschriebene Moment und ist in der Lage, den Anker zu hieven bzw. Verholbetrieb auszuführen. Die Charakteristik des Motors ist meist so ausgelegt, daß das Losbrechmoment nicht wesentlich überschritten werden kann. In der Steuerung ist eine Begrenzung meist so vorgesehen, daß bei zu hohen Trossenzügen selbsttätig auf die Betriebsstufe zurückgeschaltet wird. Als Antriebsmotoren werden meistens Drehstrom-Kurzschlußläufermotoren mit polumschaltbaren Wicklungen 16/8/4-polig eingesetzt. Für *Spillantriebe* werden auch Schleifringläufermotoren eingesetzt. Diese lassen besonders weiche Kennlinien zu, die für ein entsprechendes Arbeiten, z.B. bei Dockwinden erwünscht sind.

Ankerwinden müssen für die Betriebsart S 2 – 30 min ausgelegt sein. Sie müssen außerdem zwei Minuten lang das zweifache Nennmoment abgeben können. Antriebsmotoren für Anker- und Verholwinden sind meist mit einer Magnetbremse, die direkt an das Gehäuse angebaut ist, ausgerüstet. Die Magnetbremse wird mit Gleichstrom gespeist, magnetisch gelüftet (gelöst) und bei Ausfall des Gleichstromes mit Federdruck gegen die Bremsbacken gedrückt. Bei Ausfall der Elektroenergieversorgung ist also stets der gebremste Zustand wirksam.

Ankerwinden- und Verholwindenantriebe werden für große Leistungen und besondere Anforderungen entweder mit Stromrichterantrieb und Gleichstrommaschine oder mit Leonard-Antrieb und Thyristorfeldregelung ausgerüstet. Häufig ist hiermit auch die Einstellung eines konstanten Trossenzuges als Konstantzugwinde vorgesehen.

Konstantzugwinden oder *Mooring-Winden* dienen zur Aufrechterhaltung eines konstanten Seilzuges bei festgemachtem Schiff im Tidenbereich. Die Antriebsmotoren dieser Winden werden durch Seilzugmessung und Vergleich mit einem eingestellten Sollwert gesteuert. Der Seilzug wird entweder mit einer mechanischen Lastwaage oder einer dehnungsmeßstreifengesteuerten Elektronik gemessen. Während die Einstellung der mechanischen Lastwaage an der Winde selbst vorgenommen werden muß, hat die elektronische Steuerung mit Dehnungsmeßstreifen den Vorteil, daß der gewünschte Seilzug, z.B. von der Brücke aus, eingestellt werden kann. Als Antriebsmotoren werden meist Drehstromkurzschlußläufermotoren 28/8/4-polig eingesetzt. Die Arbeitskennlinien einer automatischen Mooring-Winde zeigt Bild 05.48.

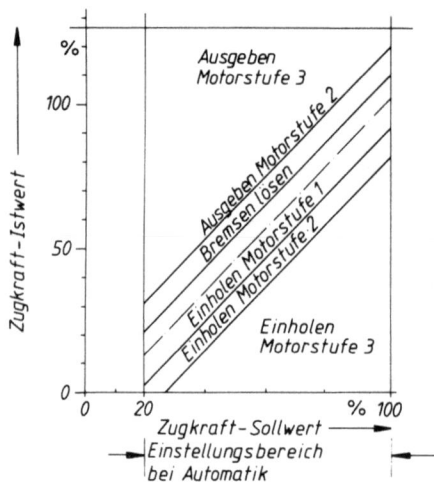

Bild 05.48 Arbeitskennlinien einer Mooringwinde im automatischen Betrieb (Hatlapa/Siemens)

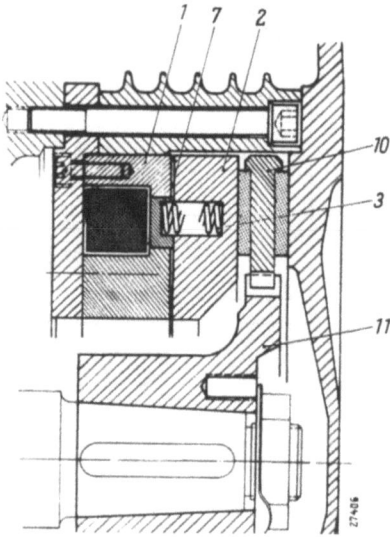

Bild 05.50 Magnetbremse für Winden-Antriebsmotoren (Siemens)

1 Magnetkörper
2 Magnetscheibe
3 Bremsdruckfeder
7 Luftspalt
10 Bremsscheibe mit Bremsbelägen
11 Bremsnabe mit Außenverzahnung

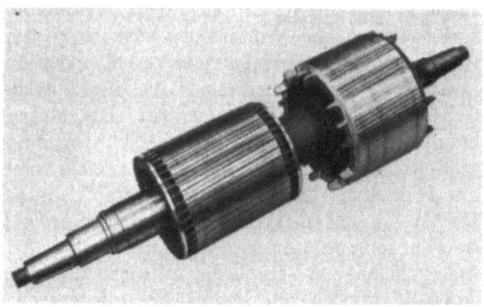

Bild 05.49 Läufer eines Windenantriebsmotors mit drei Drehzahlen (Siemens)

Zur Ausrüstung des Ladegeschirrs gehören außer dem Ladebaum und den Seilen die *Hanger-, Preventer-* und die *Ladewindenantriebe*. Hanger- und Preventerantriebe sind meist Drehstrommotoren mit einer Polpaarzahl und angebauter Bremse oder Arretierung. Ladewindenmotore werden meist in 28/8/4-poliger Ausführung eingesetzt. Ständer und Läufer sind jeweils mit zwei Paketen ausgerüstet. In einem Paket befindet sich die 28-polige Wicklung und im anderen Paket die 8- und 4-polige Wicklung (Bild 05.49). Ladewindenmotore haben daher von außen her eine gestrecktere Form als die normalen Drehstrommotoren. In das Motorgehäuse ist ein Lüfterkasten eingebaut, da der Motor wegen der unterschiedlichen Drehzahlen durch einen Eigenlüfter nicht genügend Luft zur Kühlung fördert. Im Seebetrieb ist dieser Lüfterkasten geschlossen und muß beim Ladebetrieb geöffnet werden. Um Fehler auszuschließen, wird ein Luftklappengrenztaster eingebaut, der den Motor nur in Betrieb nehmen läßt, wenn die Lüfterklappe geöffnet ist. An den Motor ist eine Bremse angebaut, die magnetisch gelüftet wird (Bild 05.50). Während des Betriebes ist die Magnetscheibe durch den Magnetkörper bzw. dessen Erregerspule angezogen, und die Bremsscheibe, die axial auf der Nabe verschiebbar ist, läuft frei. Der Verschleiß der Bremse kann nach Öffnen einer Verschlußschraube durch Messung des Luftspaltes festgestellt werden. Bei festgestelltem Endverschleiß muß die Bremsscheibe ausgewechselt werden.

Die Drehstromasynchronmaschine hat als Antrieb für die Ladewinde eine relativ *steife Kennlinie*, so daß im Betrieb der Drehzahlabfall beim Übergang von Leerlauf auf Nennlast kaum feststellbar ist. Das hat andererseits den Vorteil, daß im Senkenbetrieb eine nennenswerte Zunahme der Motordrehzahl nicht auftritt (Bild 05.51).

Aus den *Drehmomentdrehzahlkennlinien* (Bild 05.52) ist das relativ steife Verhalten bis zu einem Nennmoment von ca. 250 Nm zu erkennen. Der Verlauf des Drehmomentdrehzahlverhaltens der 28-poligen Wicklung läßt erkennen, daß das Bremsmoment erhebliche Werte annehmen kann, wenn aus der hohen Drehzahl generatorisch abgebremst wird.

Die *Steuerung* der Ladewinden erfolgt meist so, daß beim Hoch- und Zurückschalten (Durchreißen) die

Elektrische Antriebe

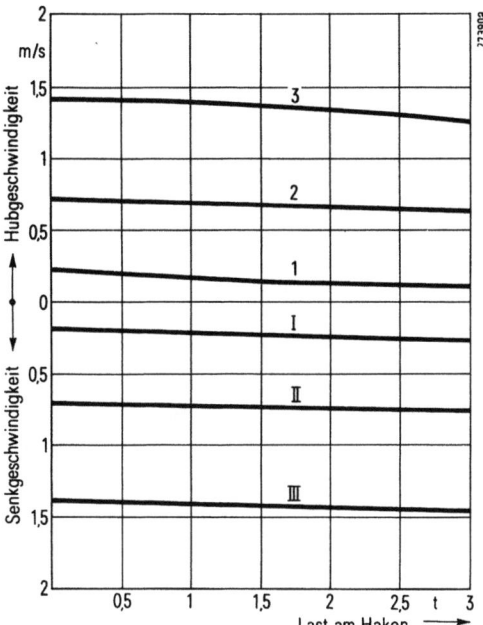

Bild 05.51 Arbeitskennlinie einer Ladewinde mit 3-fach polumschaltbarem Antriebs-Motor

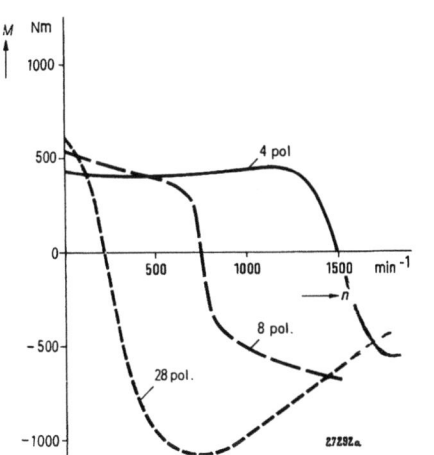

Bild 05.52 Drehmoment-Kennlinien eines 3-fach polumschaltbaren Winden-Antriebsmotors

Stufen nacheinander durch eine automatische Relais- und Schützensteuerung geschaltet werden. Beim Zurückschalten auf 0 wird zunächst die höchste Polzahl, also kleinste Drehzahl, eingeschaltet, so daß generatorisch bis auf eine relativ kleine Drehzahl abgebremst wird und danach automatisch die mechanische Bremse einfällt und auf 0 abbremst.

Wegen ihrer besonderen Bedingungen, der feinfühligen Drehzahleinstellungsmöglichkeit, der großen Leistung und der geforderten Zugbegrenzung rechtfertigen Fischnetzwinden und Schleppwinden besonderen Aufwand bezüglich der Steuerung. Die Leistungselektronik in Verbindung mit Gleichstrommotoren bietet hierfür die günstigsten Ausgangsbedingungen. In Bild 05.53 ist der Signalflußplan einer thyristorgesteuerten Schleppwinde für 200 kN dargestellt. Als Regelkonzept wird hier das *Stromleitverfahren*, d. h. Ankerstromregelung ist der Drehzahlregelung unterlagert, angewendet. Drehzahlsollwertgeber (1 a), Seilzugsollwertgeber (28) und Seillängensollwertgeber (29) sind die einzigen notwendigen Bedienungseinflüsse von außen her. Die aus dem Drehzahl-Soll-/Istwertvergleich resultierende Regelabweichung wird als Sollwert der Ankerstromregelung zugeführt. Damit wird sichergestellt, daß der Ankerstrom innerhalb der zulässigen eingestellten Grenzen bleibt. Der Sollwert der Ankerspannung wird mit einem Potentiometer fest eingestellt und bleibt konstant. Die Kennlinie konstanter Leistung wird mit Hilfe der Ankerspannungsregelung und der nachgeschalteten Erregerstromregelung realisiert. Der Ausgang des Spannungsreglers bildet den Sollwert für den Erregerstromregler. Ankerstrom, Erregerstrom, Ankerspannung, Drehzahl, Seilzug und Seillänge werden als Istwert erfaßt und dem Regelkreis zugeführt. Die *Schleppwindenautomatik* setzt sich aus der Seilzug- und Seillängenautomatik zusammen, wobei die Seilzugautomatik vorrangig arbeitet. Die Speisung von Anker und Erregerwicklung erfolgt über Thyristoren. Die Lastkennlinie der beschriebenen 200-kN-Schleppwinde ist in Bild 05.54 dargestellt. Unterhalb des Nennmoments kann mit größerer Drehzahl bis zu ca. 1,35-facher Nenndrehzahl gefahren werden. Oberhalb des Nennmomentes bis zu ca. 1,5-fachem Nennmoment wird die Drehzahl durch die Automatik entsprechend herabgesetzt.

05.5.3 Kranantriebe

Bordkrane sind zwar keine Neuerscheinung, aber lösen immer mehr *Ladegeschirre* ab. Vielfach erfolgt der Antrieb *hydraulisch* mit einer zentralen im Schaltraum des Kranes untergebrachten elektrisch angetriebenen Pumpe. Diese Hydraulikpumpe versorgt sowohl Hubwerks- als auch Wippwerks- und Drehwerksantrieb. Elektrischer Antrieb dieser Hydraulikpumpe ist in den meisten Fällen ein Dreiphasen-Wechselstromasynchronmotor mit Kurzschlußläufer. Er wird entweder direkt oder über Stern-Dreieck-Schalter eingeschaltet.

Erfolgt der Antrieb der Bewegungen des Kranes mit Elektromotoren, so haben sich für die verschiedenen Bewegungen bestimmte Antriebsarten eingebürgert. Sowohl Gleichstrommaschinen als auch Drehstrommotoren mit Kurzschlußläufer oder mit Schleifringläufer werden für Hubwerk, Wippwerk und Drehwerk eingesetzt. Für Leichterschiffe und Schiffe,

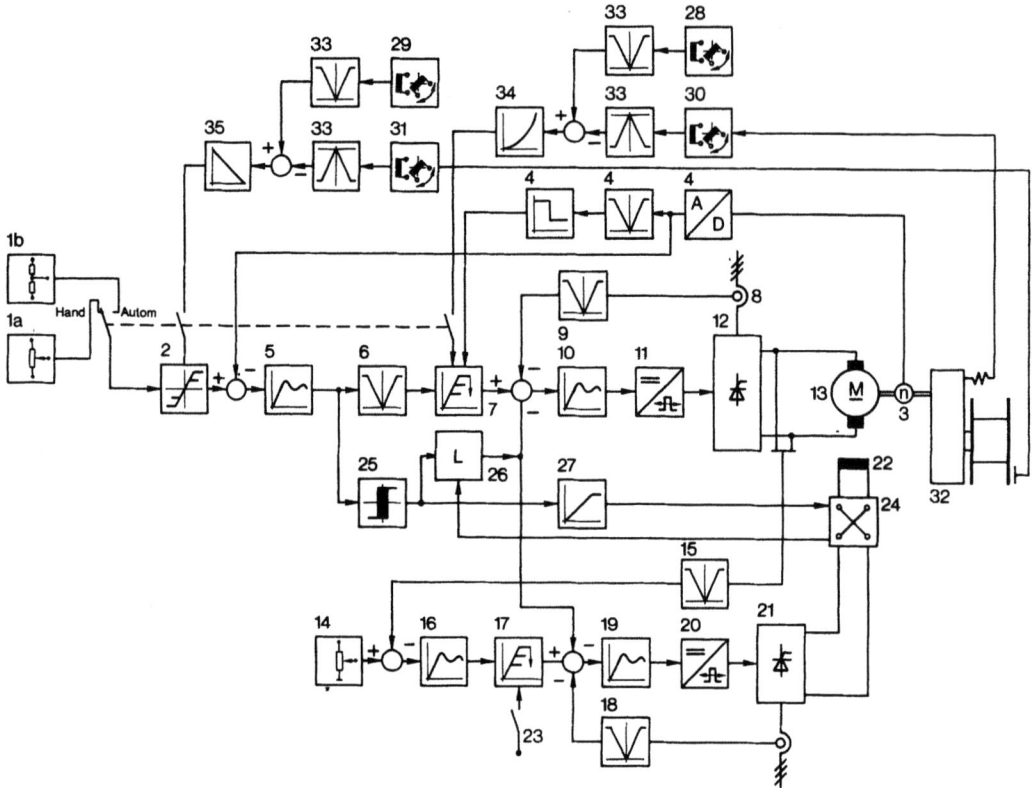

Bild 05.53 Signalflußplan der Regeleinrichtung für den Antrieb einer Schleppwinde (AEG, „Almirante Irizar")

1a Drehzahl-Sollwertgeber (manuell)
1b Drehzahl-Sollwertgeber (automatisch)
2 Drehzahl-Sollwertintegrator
3 Drehzahl-Istwertgeber
4 Drehzahl-Istwertbildung
5 Drehzahl-Regler
6 Gleichrichtung der Regelabweichung
7 IA-Sollwertbegrenzung
8 Strom-Istwertgeber
9 Istwertgleichrichtung
10 Ankerstrom-Regler
11 Impuls-Steuergerät
12 Thyristor-Stromrichter Ankerkreis
13 Ankerkreis, Antriebsmotor
14 Sollwert Ankerspannung
15 Ankerspannung Istwerterfassung
16 Ankerspannungs-Regler
17 Erregerstrom-Sollwertbegrenzung
18 Erregerstrom-Istwerterfassung
19 Erregerstrom-Regler
20 Impuls-Steuergerät
21 Thyristor-Stromrichter Motorerregung
22 Motor-Erregerfeld
23 Motor-Vorerregung
24 Erregerfeld-Reversierschütze
25 Erregerfeld-Umschaltlogik (26, 27)
28 Seilzug-Sollwertgeber
29 Seillängen-Sollwertgeber
30 Seilzug-Istwerterfassung
31 Seillängen-Istwerterfassung
32 Schleppwinde
33 Istwert-Gleichrichtung
34 Ankerstrom-Begrenzung (Automatikbetrieb)
35 Drehzahl-Bregrenzung (Automatikbetrieb)

die einen *Portalkran* an Bord führen, sind Antriebe für das *Portalfahrwerk* und für das *Katzfahrwerk* mit Elektromotoren ausgerüstet. Ein deutlicher Vorzug des einen oder anderen Antriebes kann nicht festgestellt werden. Der Antrieb mit einer Gleichstrommaschine erfolgt entweder mit der Ankerwiderstandsteuerung, dem Leonardumformer oder der Leistungselektronik. Die Wahl des einen oder anderen richtet sich nach der Größe der Leistung und nach den Bedingungen, die dem Kran in Bezug auf Parallelarbeit mit anderen Kranen oder in Bezug auf die Positionierforderungen für die Last gegeben sind. Polumschaltbare Kurzschlußläufermotoren werden für alle Antriebe als der robustere und preiswerte Antrieb eingesetzt. Schleifringläufermotoren werden sowohl für das Hubwerk als auch vorzugsweise für Wipp-, Dreh- und Fahrwerksantrieb vorgesehen.

Hubwerksmotoren als Dreiphasen-Kurzschlußläufermotoren werden drei- oder vierfach-polumschaltbar ausgeführt. Dreifach-polumschaltbar wird häufig die Stufung 28/8/4-polig und vierfachpolumschaltbar 24/12/4/2 angewendet. In der vierfach-polumschaltbaren Maschine ist sowohl die 24/12- als auch die 4/2-Wicklung eine *Dahlanderschaltung*. Als Betriebsart wird hier meist S 3 — 25/25/10/10 % gewählt.

Elektrische Antriebe

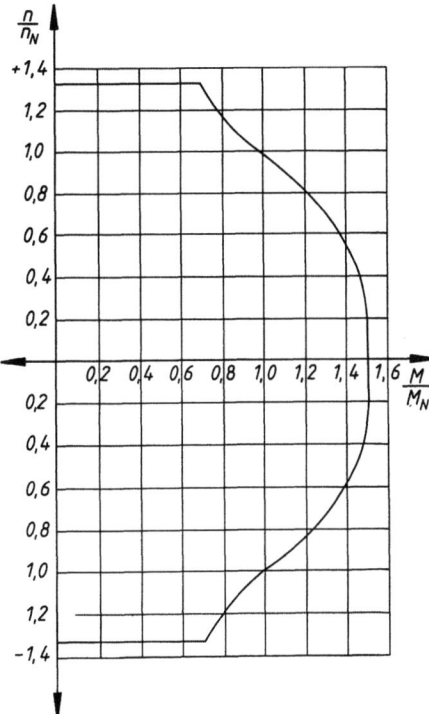

Bild 05.54 Lastkennlinie einer Schleppwinde (AEG, „Almirante Irizar")

Der Nennbetrieb wird mit der vierpoligen Wicklung gefahren; die zweipolige Wicklung ist die Schnellstufe, sie wird mit halbem Moment gefahren. Die Maschinen sind so geschaltet, daß generatorisch auf die kleinste Drehzahl abgebremst wird. Das Weiterschalten in die höheren Drehzahlstufen erfolgt aus Sicherheitsgründen über Zeitglieder. Die Schnellstufe wird zusätzlich stromabhängig freigegeben. Gleichstrommotoren werden in der Betriebsart S 3 – 40 % eingesetzt, unabhängig von der Versorgung über Leonardumformer oder Leistungselektronik.

Das *Wippwerk* wird in den meisten Fällen zwei- oder dreifachpolumschaltbar ausgerüstet, wobei die Stufung 24-polig und 8/4-polig (Dahlander) oder 16-polig oder sogar 42-polig als Feinfahrstufe gewählt wird.

Der Betrieb der Krane, bei denen eine *Programmsteuerung* eine Vorprogrammierung der Ziele zuläßt, wird weitgehend teilautomatisiert. Die Antriebe werden dann so gesteuert, daß der Zielpunkt unter gleichzeitiger Steuerung von Dreh- und Wippwerk auf dem kürzesten Wege erreicht wird.

Arbeiten zwei Krane auf eine gemeinsame Last im *Verbundbetrieb*, so führt eine automatische Schaltung den Folgekran so, daß der auf die Decksebene projektierte Abstand beider Krankopfrollen in Schiffslängsachse immer konstant bleibt. Der Kranführer steuert dabei mit seinem Meisterschalter nur den Führungskran. Die Positionen des Wipp- und Drehwerks werden auf einen Rechner gegeben, der die Positionen des Folgekranes gemäß funktionalem Zusammenhang errechnet und diese als Steuerbefehle an die Antriebe für Wipp- und Drehwerk des Folgekranes gibt. Die Hubwerksantriebe werden über eine gemeinsame Steuerkomponente parallel geschaltet. Aus dem Signalflußplan eines solchen Verbundbetriebes (Bild 05.55) ist der Zusammenhang zwischen Führungskran und Folgekran zu erkennen. Die Stellung des Drehwerkes des Folgekranes ist eine Funktion des Drehwerkes und des Wippwerkes des Führungskranes und wird vom Rechner entsprechend ausgegeben. Eine Rückführung der Stellung des Folgekranes in den Rechner erlaubt eine sehr genaue Positionierung und entsprechende Sicherheit.

05.5.4 Schiffsantriebe

Bereits im vorigen Jahrhundert wurde ein Schiff mit einem elektrischen Antrieb ausgerüstet. Trotzdem ist der *elektromotorische Schiffsantrieb* bis heute noch eine Ausnahme und wird vor allem für Schiffe mit speziellen Manövrierbedingungen oder für Schiffe, in denen wechselweise Antrieb und Arbeitsmaschinen mit elektrischer Energie versorgt werden müssen, angewendet. Die Gründe für die Anwendung des turboelektrischen oder elektromotorischen Schiffsantriebes können wie folgt abgegrenzt werden:

- *Lastmoment* und *Lastrichtung* wechseln der Größe nach sehr schnell;
- *große Drehmomente* werden auch bei kleinen Drehzahlen gefordert;
- *Voraus-* und *Zurückbetrieb* sollen bei Turboantrieb volles Moment erreichen,
- die *gesamte elektrische Bordenergie* soll wahlweise oder teilweise auf Antrieb und/oder Arbeitsmaschinen im Schiff verteilt werden;
- die *gesamte Energieversorgung* soll aus Gründen des Platzes oder des Einsatzes und der Sicherheit der Verfügbarkeit auf mehrere Aggregate verteilt werden.

Neben diesen rein technischen Gründen, zu denen von Fall zu Fall sicher andere technische Gründe kommen können, sind vor allen Dingen *Kostengründe* oder *Verfahrensgründe* entscheidend für die Wahl oder Ablehnung des elektromotorischen Propellerantriebes. Im Offshore-Betrieb bietet sich der elektromotorische Propellerantrieb wegen der hohen zur Verfügung stehenden Elektroenergie von daher schon an.

Bis heute ist der in seiner Drehzahl sehr wirtschaftlich zu steuernde Gleichstrommotor fast ausschließ-

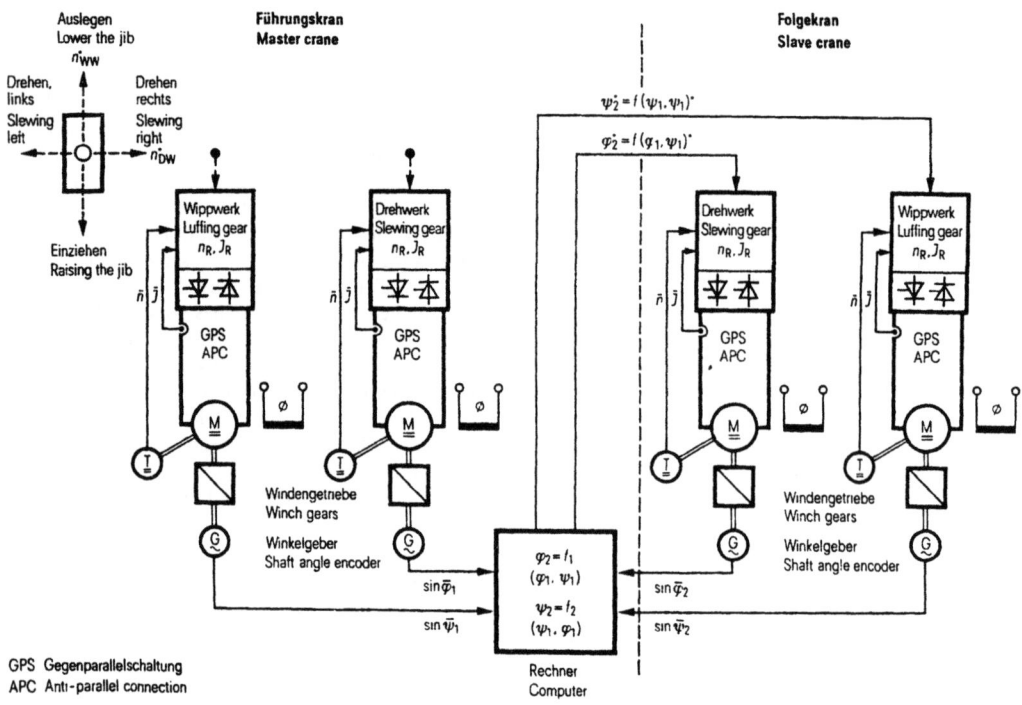

Bild 05.55 Verbundbetrieb von Kranen, Signalflußplan (Siemens)

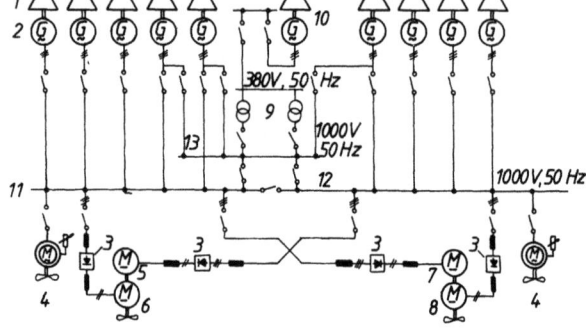

Bild 05.56
Prinzipschaltbild der Stromversorgung und Propellerantriebs-Anlagen (Siemens, Fährschiff Deutschland)

1 Dieselmotoren
2 Generatoren
3 Stromrichter
4 Bugstrahlruder
5, 6 Bb-Propellermotor
7, 8 Stb-Propellermotor
9 Transformatoren für Bordnetz
10 Notaggregat
11 Propellernetz I
12 Propellernetz II
13 Bordnetz

lich eingesetzt. Nur in seltenen Fällen wird heute noch die sogenannte Konstantstromanlage verwendet. Meist handelt es sich um einzeln gesteuerte Gleichstrommotoren. Der Vorteil besteht darin, daß hier der Verstellpropeller und in den meisten Fällen auch ein Getriebe wegfallen kann. Der weitere Vorteil besteht darin, daß Fahrnetz und Bordnetz gemeinsam von den Generatoren eingespeist werden können. Damit liegt auch die Verfügbarkeit des elektrischen Antriebs erheblich höher als bei getrenntem Fahrnetz.

Die Versorgung eines Fährschiffes (Bundesbahn-Fährschiff „Deutschland" Bild 05.56) wird durch insgesamt 10 Drehstromgeneratoren mit 1000 V/ 50 Hz Nennspannung vorgenommen. Davon sind 6 Generatoren reine Fahrgeneratoren, die in Gruppen zu drei auf je eine Sammelschiene speisen, und drei Generatoren, die wahlweise auf die reine Bordnetzschiene oder eine der Fahrschienen speisen. Das Bordnetz von 380 V/50 Hz wird über Transformatoren aus der 1000-V-Schiene gespeist. Außer den Gleichstromfahrmotoren werden Drehstrommotoren für die Bugstrahlruder versorgt. Die Fahrdoppelmotoren sind über vier Thyristorstromrichter an das 1000-V-Fahrnetz geschaltet. Die „Überkreuzschaltung" zweier Stromrichter stellt die Versorgung der Propeller auch bei Störung in einem Schienensystem noch sicher. Die Fahrmotoren geben bei 210 Umdrehungen ihre höchste Leistung ab, so daß kein Getriebe notwendig ist. Bei Ausfall eines Sammelschienensystems können die beiden Propeller noch in Betrieb gehalten werden, und es kann auch Einwellenbetrieb aus beiden Netzen gefahren werden. Die somit erreichte Verfügbarkeit ist für die Sicherheit eines Fährschiffes erforderlich.

Während bei der oben beschriebenen Anlage die zur Verfügung stehende elektrische Leistung in der Hauptsache für den Fahrantrieb verwendet wird und die Versorgung des Bordnetzes nur einen Teil darstellt, ist bei der in Bild 05.57 dargestellten Anlage ein wesentlicher Teil der elektrischen Leistung für die Arbeitsgeräte an Bord vorgesehen. Die beiden Hauptaggregate zu jeweils 1800 kVA übernehmen die Versorgung der Propellerantriebe, die kleineren Aggregate von 400 kVA die Versorgung des Bordnetzes. Die beiden Hauptaggregate haben drei Bedingungen zu erfüllen:

- Erstens soll getrennter Betrieb und unabhängige Steuerung der beiden Propeller beim Einsatz der beiden Hauptaggregate möglich sein. Dabei soll die Versorgung des Bordnetzes aus den beiden Hilfsaggregaten erfolgen;
- die zweite Betriebsmöglichkeit ist der Einsatz des einen Hauptaggregates als Energielieferant für die beiden Propeller und des zweiten Hauptaggregates für Bordnetzzwecke;
- als dritte Betriebssituation ist der Einsatz der beiden Hauptaggregate für den Bordnetzbedarf

und für die Zement-Be- und Entladeeinrichtung beim Aufenthalt im Hafen vorgesehen.

Durch die dargestellte Schaltung werden all diese Bedingungen erfüllt. In diesem Falle ist also die Fahrschiene auch gleichzeitig die Bordnetzschiene für den Einsatz der Arbeitsmaschinen an Bord.

Die *unabhängige Steuerung* der Antriebe ist aus Bild 05.58 ersichtlich. Beide Fahrantriebe können sowohl von der Brücke als auch vom Maschinenraum aus gesteuert werden. Der Hochlaufgeber verhindert die zu rasche Drehzahlerhöhung oder Herabsetzung und damit die Überlastung der Antriebsdiesel der Generatoren. Im Drehzahlregler wird der Ist-Wert der Drehzahl mit dem vorgegebenen Soll-Wert verglichen und über die Strombegrenzung an die Stromregler gegeben. Durch die gemeinsame Soll-Wertvorgabe werden die über das Getriebe mechanisch miteinander verbundenen Motoren mit Strom gleicher Größe versorgt und geben infolgedessen gleiches Drehmoment ab. Das Ausgangssignal der Stromregler wirkt über den Steuersatz und einen Verstärker als Impuls auf die Gleichrichtersätze, die über Drosseln aus dem Netz versorgt werden. Die Umsteuerung der Motoren erfolgt über den Erregerkreis so, daß für den Ankerkreis nur ein Stromrichtersatz für eine Richtung erforderlich ist. Die in jedem Gleichstromkreis vorgesehene Glättungsdrossel verhindert, daß bei kleiner Propellerleistung „lückender Strom" auftritt. Während der Umsteuerung arbeiten die Thyristorstromrichter solange der Propeller in der ursprünglichen Richtung dreht als Wechselrichter. Die Rückleistung wird durch den Funktionsgenerator auf ca. 15 % der Nenndieselmotorleistung begrenzt. Die Leistung reicht aus, um ein wirksames Abbremsen der Propeller und damit ein schnelleres Umsteuern zu erreichen.

Bei einigen Neubauten ist der Schiffsantrieb mit *Drehstrom-Kurzschlußläufermotoren* ausgerüstet. Die Wellen sind dabei mit Verstellpropellern bestückt, da die Drehstrommotoren nur mit einer Geschwindigkeit laufen und mit Stern-Dreieck-Schaltern angelassen werden.

In neuer Zeit werden Untersuchungen durchgeführt, die Drehstrommotoren mit Thyristorumrichtern zu steuern. Eine solche grundsätzliche Schaltung zeigt Bild 05.59. In dieser Schaltung sind Drehzahlregler, Stromregler und Sollwertgeber, in ähnlicher Weise wie in den anderen Antrieben beschrieben, vorhanden. Der Stromreglerausgang arbeitet über entsprechende Steuergeräte auf den Wechselrichter oder Umrichter, der entweder als Direktumrichter oder Umrichter mit Zwischenkreis die Versorgung des Drehstrom-Kurzschlußläufermotors als Antriebsmotor für die Welle versorgt. Untersuchungen haben ergeben, daß bei Leistungen von 20 MW und mehr Vorteile bezüglich des Leistungsgewichts und des Raumbedarfs erreicht werden. Ein Verstellpropeller ist in diesen Anlagen nicht mehr erforderlich.

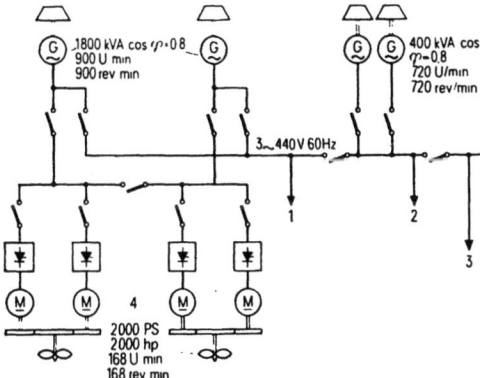

Bild 05.57 Übersichtsschaltplan eines Fahr- und Bordnetzes (Siemens, Vencemos III)
1 Zementtransportanlage
2 wichtige Verbraucher
3 unwichtige Verbraucher

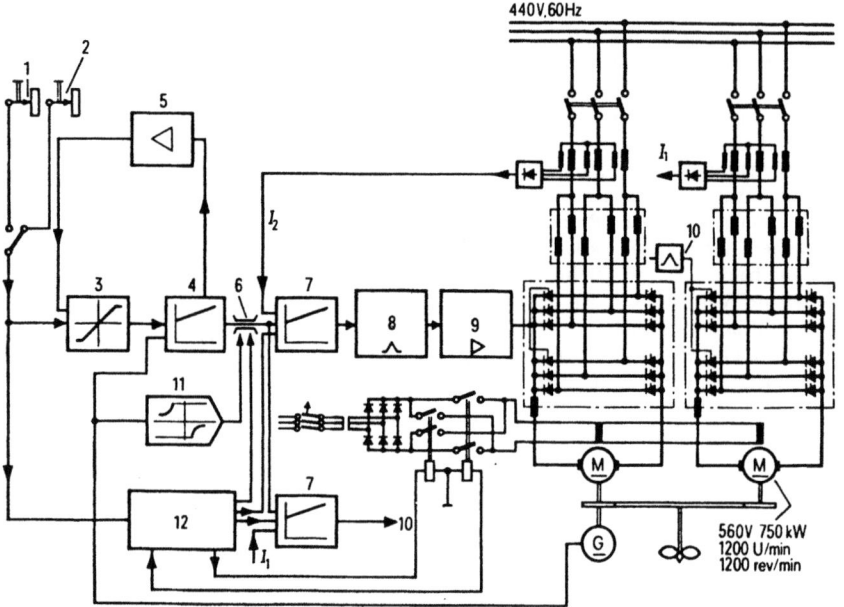

Bild 05.58 Steuerung für den Propellerantrieb mit Gleichstrom-Motoren, Übersichtsschaltbild (Siemens, Vencemos III)

1 Sollwert
2 Brücke/Masch.-Raum
3 Hochlaufgeber
4 Drehzahlregler
5 Nachführung
6 Begrenzung
7 Stromregler
8 Steuersatz
9 Impulsverstärker
10 Steuersignal
11 Funktionsgenerator
12 Kommando-Stufe

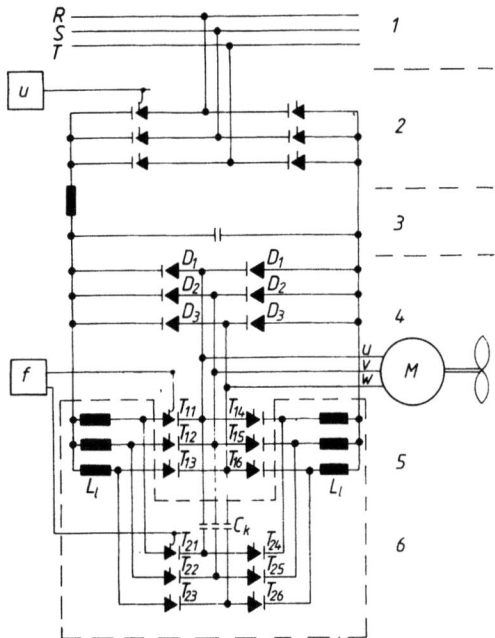

05.5.5 Antriebe für Hilfsmaschinen

Als *Antrieb für Hilfsmaschinen* an Deck und unter Deck haben sich die robusten und wirtschaftlichen Asynchronmaschinen mit Käfigläufern bei allen Ansprüchen ausreichend bewährt. Wichtig bei der Auswahl der Antriebsmaschine ist die Kenntnis der Kennlinie der Arbeitsmaschine $n = f(M_d)$. In den meisten Fällen reicht eine normale listenmäßige Asynchronmaschine mit Kurzschlußläufer aus. In speziellen Fällen können Anlaufverhalten und Anlaufstrom durch besondere Ausrüstung des Läufers mit einer entsprechenden Wicklung beeinflußt werden.

Bild 05.59 Schaltung des Hauptkreises eines Propellerantriebes mit Asynchronmotor über Zwischenkreisumrichter (Siemens)
1 Netz 2 Netzgeführter Stromrichter (Gleichrichter)
3 Gleichstrom-Zwischenkreis 4 Motor 5 selbstgeführter Stromrichter (Wechselrichter) 6 Kommutierungseinrichtung

U Spannungsgeber $T_{11} \ldots 16$ Hauptthyristoren
f Frequenzgeber $T_{21} \ldots 26$ Kommutierungsthyristoren
$D_1 \ldots 6$ Freilaufdioden
C_k Kommutierungskondensator

Bei *kleinen Leistungen* reicht die einfache Schaltung des Motors an das Netz, bei *mittleren bis zu großen Leistungen* reicht in vielen Fällen der Stern-Dreieck-Anlasser. Bei kleinen Leistungen wird zur Begrenzung des Anlaufstromes während des Anlassens ein Widerstand in die Zuleitung geschaltet und nach Hochlaufen wird dieser kurzgeschlossen (*Kusa-Widerstand*). In allen Fällen muß darauf geachtet werden, daß die Motoren mit Anlaßschaltungen im Anlauf nicht immer das volle Moment abgeben können. Diesen Nachteil vermeidet eine neuere Schaltung mit einer steuerbaren Drossel in der Zuleitung zum Motor. Mit Hilfe einer Thyristorschaltung wird die Induktivität der Drossel stetig so verändert, daß ein praktisch konstantes Moment vom Motor abgegeben wird.

Die *internationale Normung* der Serienmotoren und die Verfügbarkeit der entsprechenden Ersatzmotoren und Teile kann bei Anwendung kleinerer Nennleistung noch dadurch vereinfacht werden, daß Motoren größer ausgelegt werden und damit für 50 Hz und 60 Hz und auch für Nennspannungen von 190 V bis 460 V einsetzbar sind (Dreieckstern- und Doppelsternschaltung der Ständerwicklung). Sind *mehrere Drehzahlen* für eine Antriebsaufgabe erforderlich, werden mit gutem Erfolg polumschaltbare Drehstrom-Kurzschlußläufer-Motoren eingesetzt. Durch entsprechende Schützensteuerungen können die Geschwindigkeiten einzeln eingeschaltet oder durch eine entsprechende Automatik bei Wahl einer hohen Geschwindigkeit über die kleineren Geschwindigkeiten gesteuert werden. Der polumschaltbare Motor hat außerdem den Vorteil, daß er die Anlaufverluste durch Nacheinanderschalten der verschiedenen Polzahlen herabsetzt. Nur wenn die Auswahl bevorzugter Drehzahlen, die durch den polumschaltbaren Motor gegeben sind, nicht ausreicht, werden gesteuerte Gleichstromantriebe eingesetzt.

Wird von verschiedenen Antrieben *Gleichlauf* gefordert, so hat sich der geregelte Gleichstrommotor in weiten Bereichen bewährt, vom Einquadranten- bis zum Vierquadrantenbetrieb. Die Speisung dieser Antriebe erfolgt über Gleichrichter bzw. Thyristoren aus dem Drehstromnetz.

Um *Anlaufströme herabzusetzen*, dabei aber das Drehmoment im Anlauf heraufzusetzen, wendet man den Schleifringläufer an. Durch die Fortschritte auf dem Gebiet der Halbleitertechnik und einer entsprechenden Kostenentwicklung bietet sich die Möglichkeit der drehzahlverstellbaren Antriebe durch den Einsatz von statischen Umrichtern an. Hiermit ist eine sehr genaue Drehzahleinstellung möglich, und es wird gleichzeitig der hohe Anlaufstrom vermieden. Für Antriebe mit großen Leistungen werden Synchronmotoren mit Umrichterspeisung angewendet. Bei Leistungen über 3 MW sollte immer untersucht werden, ob hier noch ein Asynchronmotor oder besser ein Synchronmotor mit Anlaufwicklung oder Umrichterspeisung eingesetzt werden kann.

05.5.6 Schlupfkupplungen

Bei Antrieben, die während des Laufes von der Arbeitsmaschine getrennt werden müssen und bei denen die Drehzahl zwischen Antrieb und Arbeitsmaschine unterschiedlich sein soll oder kann, werden *Schlupfkupplungen* eingesetzt. Diese werden entweder elektrisch, pneumatisch, hydraulisch oder mechanisch betätigt. Die praktisch verschleißlose *Schlupfkupplung* nutzt Elektromagnetismus aus. Hier wird über das elektromagnetische Feld nach dem Prinzip des Asynchronmotors ein Drehmoment übertragen, das im Nennbetrieb einen Schlupf von ca. 0,5 ... 1,5 % der Nenndrehzahl erreicht. Anwendung finden diese Kupplungen in Anlagen mit Wellengeneratoren, Blindleistungsmaschinen, die im Normalbetrieb als Bordgeneratoren laufen und beim Mehrmotorenantrieb des Propellers. Im ersten Falle kann der Wellengenerator bei laufender Hauptmaschine zu- oder abgeschaltet werden. Beim Einsatz des Blindleistungsgenerators nach dem Betrieb als Bordgenerator kann man den Diesel vom Generator abkuppeln, ohne den Generator anzuhalten. Im Falle des Mehrmotorenantriebs ergibt sich die Möglichkeit, einen der Motoren ohne Betriebsunterbrechung abzusetzen oder zuzuschalten. Die Schlupfkupplung hat außerdem den Vorteil, daß sie eine dämpfende Wirkung für die Schwingungen in der Welle ausübt.

Außer den hier beschriebenen Möglichkeiten des Zu- und Abschaltens durch die elektromagnetische Schlupfkupplung ergibt sich noch die Anwendung als *einstellbare Übersetzung* (*Regel-Schlupfkupplung*). Dieselantriebsmotoren lassen sich in ihrer Drehzahl bei gleichzeitiger Belastung zwischen 30 % und 100 % der Nenndrehzahl verändern. Bei schnellaufenden Schiffen können die 30 % der Nenndrehzahl immer noch eine Geschwindigkeit bedeuten, die das Schiff z.B. in der Revierfahrt, in engen Gewässern, in Kanälen oder im Hafengebiet nicht fahren darf. Eine Herabsetzung der Geschwindigkeit unter 30 % der Nenndrehzahl des Motors wird hier mit der Schlupfkupplung ermöglicht. Durch Einstellung des Erregerstromes wird die Kennlinie, die einen ähnlichen Verlauf wie die Asynchronmaschine hat, zu kleineren Momenten hin verschoben. Die Regelmöglichkeit der Schlupfkupplung läßt sich nur im Anlaufgebiet zwischen 0 und etwa 50 % der Nenndrehzahl technisch sinnvoll anwenden. Die Drehzahl wird durch die Einstellung des Erregerstromes bei der genannten kleinen Drehzahl des Antriebsmotors zu kleineren Werten hin verändert. Die Regelung entspricht den üblicherweise angewendeten Verfahren bei der Steuerung der Leistungs-

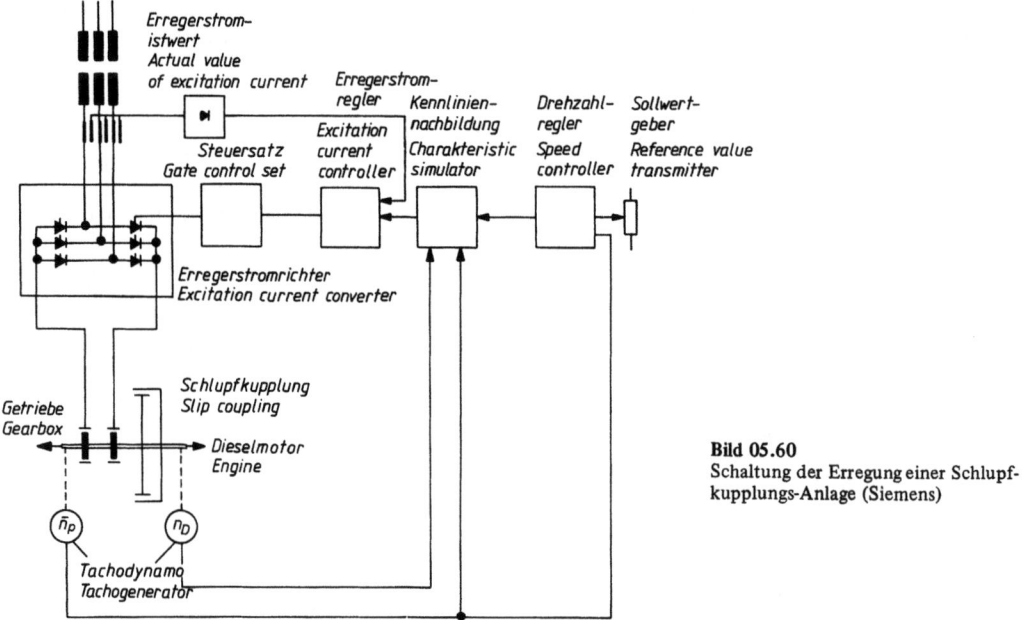

Bild 05.60
Schaltung der Erregung einer Schlupf-kupplungs-Anlage (Siemens)

elektronik (Bild 05.60). Ein Sollwertgeber für die Einstellung der Drehzahl gibt über einen Drehzahlregler eine Kennliniennachbildung an einen Erregerstromregler. Dieser erhält außerdem als Kontrollfunktion den Ist-Wert des Erregerstromes und gibt über den Steuersatz die Steuerimpulse auf die Steuergitter der Ventile in der Gleichrichterbrückenschaltung. Tachomaschinen geben den Ist-Wert der Drehzahlen des Dieselmotors und der Abtriebswelle der Schlupfkupplung an die Kennliniennachbildung. Hierin ist auch der Steuerbefehl für die Umschaltung auf volle Erregung bei Überschreiten von 30 % der Nenndrehzahl auf der Antriebsseite der Schlupfkupplung enthalten.

Schlupfkupplungen müssen einen *Kurzschlußschutz* für jeden Erregerstromkreis haben und eine *Überwachungseinrichtung* für die Belüftungsanlage bei Fremdbelüftung. Die im Wechselstromteil der Schlupfkupplung entstehende Verlustwärme muß durch Fremdbelüftung abgeführt werden.

05.5.7 Ruderantrieb und -steuerung, Aktivruder, Querstrahlruder, Schiffsstabilisierung

Der *Ruderantrieb* hat die Aufgabe, das Ruder in die gewünschte Lage zu bringen und es dort zu halten. Der Ruderantrieb stützt sich gegen das Fundament im Hinterschiff und wirkt auf den Ruderschaft. Das *Ruderschaftsmoment* wird heute hauptsächlich elektromechanisch aufgebracht.

Jede Kraftantriebseinheit ist von der Hauptschalttafel getrennt zu speisen. Nach einem Spannungsausfall müssen die Ruderantriebsanlagen bei Wiederkehr der Energieversorgung selbsttätig wieder in Betrieb gehen. Jeder Antrieb muß von der Brücke aus einzeln oder gemeinsam in Betrieb gesetzt werden können.

Die Stromkreise für die Rudermaschinenantriebe dürfen nur gegen Kurzschluß geschützt werden. Bei Anwendung von thermischen Auslösern muß der Auslösebereich der Sicherungen zwei Stufen höher als der Nennstrom der Motoren liegen. Die Steuerkreise müssen ebenfalls mit einer Sicherung, die zwei Stufen über dem Nennstrom liegt, abgesichert sein. Der Betrieb der Rudermaschine muß in allen Einzelheiten von der Brücke aus überwacht werden können. Die Anzeige der im Betrieb befindlichen Aggregate und weitere Betriebszustände müssen durch Meldeleuchten im Bereich des Brückenraumes zu erkennen sein. Die prinzipielle Anordnung der auf den Ruderschaft wirkenden Krafteinheit, die Versorgung der Krafteinheit und die Steuerung der Ruderanlage sind aus Bild 05.61 zu erkennen. Am Beispiel einer Drehflügel-Ruder-Antriebsanlage (6) ist hier gezeigt, daß diese Antriebsanlage von zwei getrennten Systemen mit Öldruck über die Steuerschieber (4) von den Konstant-Förderpumpen (2) versorgt wird. Wenn anstelle der Konstant-Förderpumpen regelbare Pumpen eingesetzt werden, so wird von der Stellung des Ruders zur Einstellung im Steuerstand abhängig die steuerbare Pumpe eingestellt. Bei Übereinstimmung von Steuerstand und Ruderstellung ist die Förderung der Pumpe gleich null. Die Pumpen werden von getrennten Motoren

Elektrische Antriebe

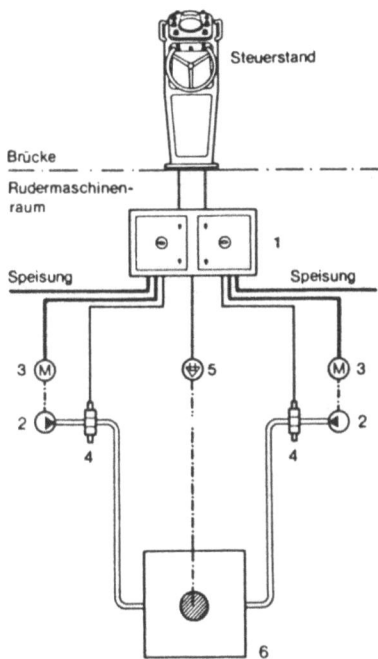

Bild 05.61 Rudermaschinen-Steuerung mit Konstantförderpumpe (AEG)
1 Schaltkasten 4 Steuerschieber
2 Pumpe 5 Ruderwächter
3 Motor 6 Rudermaschine

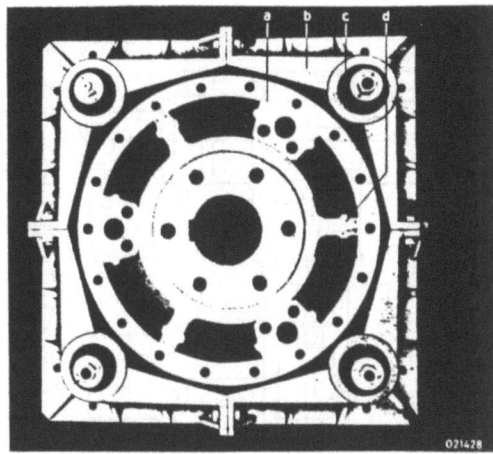

Bild 05.62 Drehflügel-Ruderanlage, Sekundärteil geöffnet (AEG)
a ringförmiges Gehäuse c Gummipuffer
b quadratischer Rahmen d Drehflügel

(3) mit getrennt geführten Speiseleitungen angetrieben. Im Steuerschrank (1) laufen die Signale des Steuerstandes (Brücke), die Speiseleitungen der Hauptsammelschiene und die Leitungen der Ruderantriebsanlage zusammen. Der Ruderwächter (5) gibt die Stellung des Ruderschaftes an den Schaltschrank (1).
Das Prinzip der *Drehflügel-Ruderantriebs-Anlage* wird heute fast ausschließlich verwendet, weil es raumsparend ist, nach außen keine beweglichen Teile führt und kaum störanfällig ist (Bild 05.62). Auf dem Ruderschaft sitzt der innere bewegliche Teil, die Flügelnabe mit den gegen das äußere Gehäuse angebrachten Flügeln. Vom Gehäuse her ragen nach innen feststehende Trennwände, so daß sich zwischen den Flügeln von innen und den Trennwänden von außen her Kammern bilden, die mit Überdruck oder Unterdruck (Öl) gefüllt sind. Entsprechend verstellt sich die Flügelnabe mit dem Schaft. Die Zuleitungen für die Kammern werden entweder im feststehenden Gehäusedeckel untergebracht oder von außen her zugeführt. Zur Aufnahme von Schwingungen und Stößen ist das Gehäuse in einem Rahmen mit Gummipuffern gelagert.

Bei der *Tauchkolben-Rudermaschine* liegen die Kolbenstangen offen. Sie treiben die Ruderspinne geradlinig an, so daß bei Drehung des Ruders eine Nachführung bzw. ein Gleitlager den radialen Angriffspunkt ausgleichen muß (Bild 05.63). Diese und auch die oben aufgeführte Anlage werden bis zu den größten Ruderschaftsmomenten ausgeführt. In der gezeigten Anlage sind die Hydraulikpumpen und deren Antriebe zu erkennen. Die Größe des aufzubringenden Ruderschaftsmomentes ist von der Art des Ruders, der Schiffsgeschwindigkeit und Größe, sowie der Anordnung des Ruders in der Strömung abhängig.
Die Rudermaschine wird heute überwiegend elektronisch oder elektrisch *gesteuert*. Es haben sich zwei grundsätzliche Steuersysteme eingeführt: die *Wegsteuerung* (Bild 05.64) und die *Zeitsteuerung* (Bild 05.65). Bei der Wegsteuerung entspricht die Einstellung des Steuerrades der Stellung des Ruderschaftes. Bei einer Änderung der Einstellung des Steuerrades wird der Ruderschaft so lange nachgeführt, bis beide Stellungen wieder übereinstimmen. Bei der Zeitsteuerung wird der Ruderschaft so lange verstellt, wie der Steuerbefehl von der Brücke her ansteht. Das automatische Zurückführen in die Nullstellung erfolgt hier gegenüber der Wegsteuerung nicht selbsttätig. Die Rückführung muß wieder durch Steuerbefehl in der entgegengesetzten Richtung ausgeführt werden. Bei der Zeitsteuerung ist der *Ruderlagenanzeiger* erforderlich, für die Einstellung der Wegsteuerung ist der Ruderlagenanzeiger lediglich zur Kontrolle und zur Sichtbarmachung für die Schiffsführung vorhanden. Bei der hier darge-

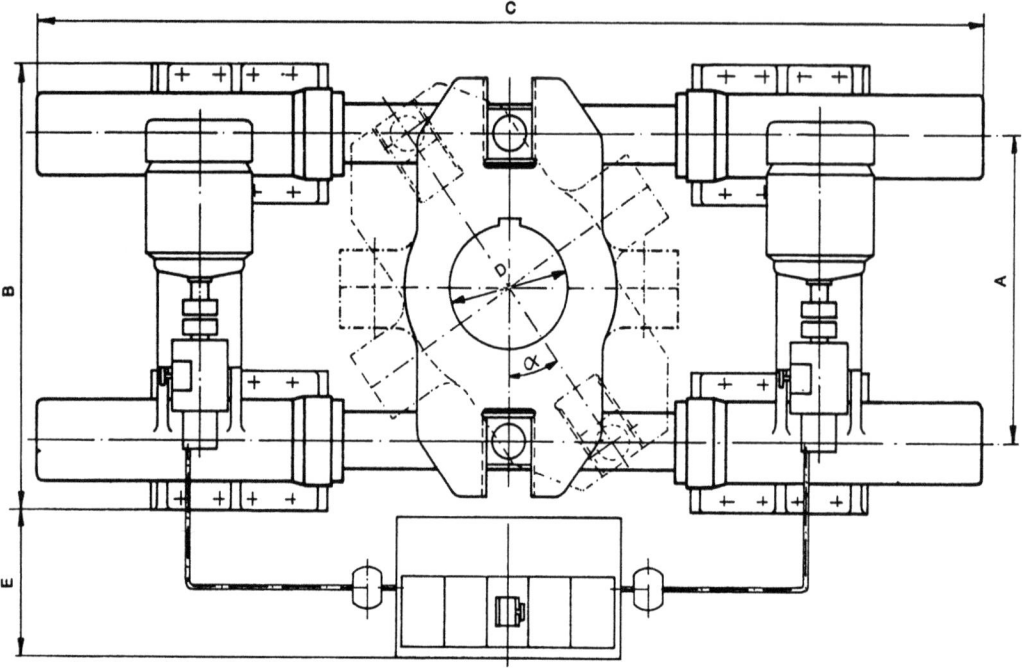

Bild 05.63 Tauchkolben-Ruderanlage (Stork-Jaffa)

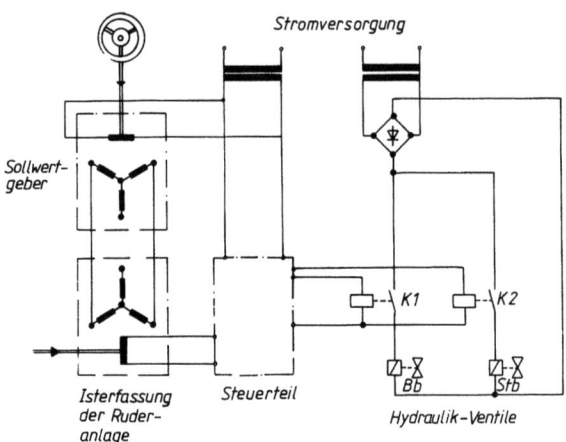

Bild 05.64 Prinzipschaltung der Wegsteuerung (Siemens)

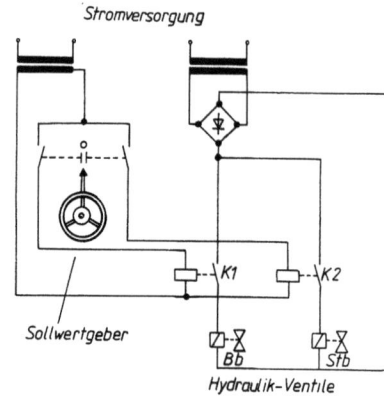

Bild 05.65 Prinzipschaltung der Zeitsteuerung (Siemens)

stellten Wegsteuerung wird der Sollwert-Istwertvergleich über Drehmelder durchgeführt. Die Abweichung dieses Vergleiches wird im Steuerteil in Steuerbefehle für die Backbord- oder Steuerbordventile der Rudermaschine umgesetzt. Bei der Zeitsteuerung gehen diese Befehle direkt von den Druckknöpfen im Brückenpult aus.

In Bild 05.66 ist eine *Zeit/Zeit-Steuerung* dargestellt. Steuerung I und Steuerung II haben jeweils einen Antriebsmotor für die Pumpe und Magnet-Stellventile. Außer der Steuerung ist hier das Selbststeuer und eine Ruderlagenanzeigeeinrichtung dargestellt. Das Ruder wirkt auf die Ruderlagenanzeigeeinrichtung und gibt außerdem eine Rückmeldung auf das

Elektrische Antriebe

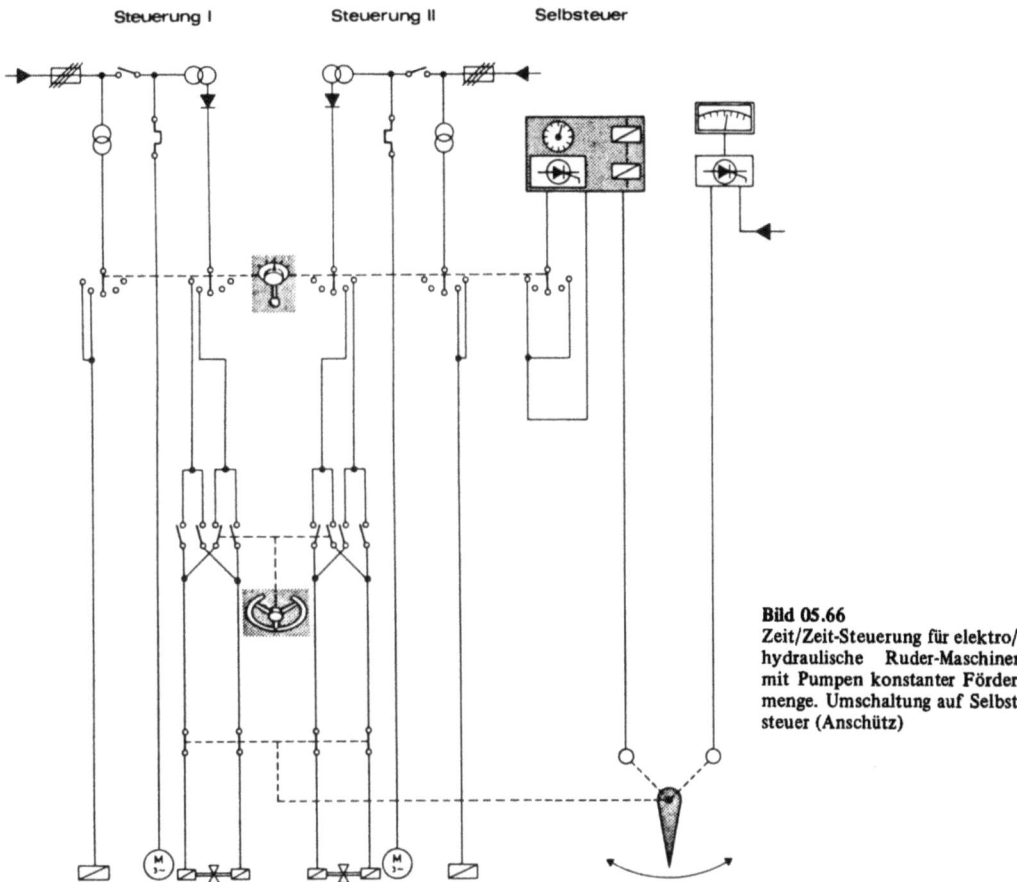

Bild 05.66
Zeit/Zeit-Steuerung für elektro-/hydraulische Ruder-Maschinen mit Pumpen konstanter Fördermenge. Umschaltung auf Selbststeuer (Anschütz)

Selbststeuer. Die neben den Motoren gezeigten Magnete wirken auf die oben eingezeichneten Schalter für die Stromversorgung der Steuerung. Der in der Mitte vorgesehene Wahlschalter hat folgende Stellungen:

- Ganz links ist das Selbststeuer mit der Wirkung auf die Steuerung I eingeschaltet. Sie wirkt entweder über eine Verstelleinrichtung auf die Hydraulikpumpen oder auf die Ruderantriebsanlage direkt.
- In Stellung 2 wirkt die Steuerung I über das Steuerrad im Brückenpult auf das Ruder.
- In der gezeichneten Mittelstellung ist die Rudersteuerung ausgeschaltet.
- In der 2. Stellung von rechts wirkt die Steuerung II auf das Ruder,
- und in der Stellung ganz rechts wirkt das Selbststeuer über die Steuerung II auf das Ruder.

Die *Handsteuerung* wirkt so lange auf die Magnetventile, wie das Handrad durch Drehung betätigt wird. Zeitsteuerungen müssen mit Endschaltern, die von der Ruderanlage abhängig getätigt werden, ausgerüstet sein. Wegsteuerungen werden mit den oben beschriebenen Drehmeldern oder elektronischen Vergleichsschaltungen abhängig vom Drehwinkel des Handrades analog gesteuert.

Die bisher besprochenen Ruderanlagen sind passive Ruder. Sie dienen der Fahrtrichtungsbeeinflussung, die auch mit aktiven Rudern erreicht werden kann: dem *Aktivruder* oder dem *Bugstrahlruder* (*Querschubanlage*).

Das Aktivruder ist ein in das Ruderblatt einbezogener Propeller mit Antrieb (Bild 05.67.1). Der Antrieb des Propellers erfolgt entweder durch einen Unterwassermotor oder über eine Welle und Getriebe. Der Unterwassermotor ist ein vollständig von Wasser umgebener Asynchron-Kurzschlußläufermotor. Das Wasser dient zur Kühlung und zum Druckausgleich gegenüber dem das Gehäuse umgebenden Wasser. Der Propeller kann entweder als Festpropeller oder als Verstellpropeller ausgeführt werden. Die Verstellung des Propellers erfolgt hydraulisch.

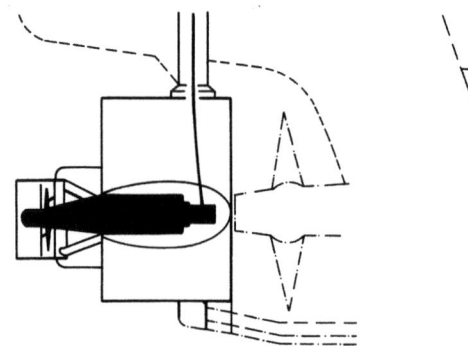

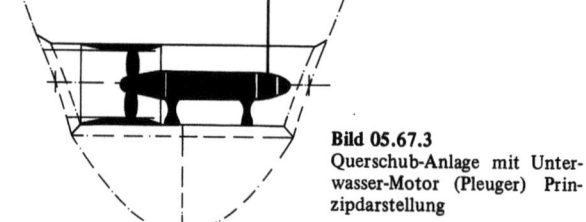

Bild 05.67.3
Querschub-Anlage mit Unterwasser-Motor (Pleuger) Prinzipdarstellung

Bild 05.67.1 Aktiv-Ruder-Anlage mit Unterwasser-Motor (Pleuger) Prinzipdarstellung

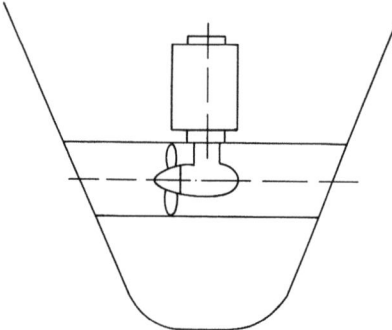

Bild 05.67.2 Bugstrahlruder mit Stirnrad- und Kegelgetriebe (Pleuger) Prinzipdarstellung

Erhebliche Bedeutung haben in letzter Zeit die *Bugstrahl-* oder *Querschubanlagen* erhalten. Es handelt sich dabei um Propeller, die in quer zur Schiffsachse liegenden Rohren am Heck oder Bug des Schiffes angeordnet sind. In den Bildern 05.67.2 und 05.67.3 sind solche Anlagenanordnungen dargestellt. Bild 05.67.2 zeigt ein Bugstrahlruder mit Stirnrad und Kegelgetriebe. Hierbei ist der Motor außerhalb des Wasserstromes und dann ein normaler luftgekühlter oder bei großen Einheiten wassergekühlter Drehstrom-Kurzschlußläufermotor. Diese Anlagen werden bis zu 1,9 MW (NORWAY) ausgeführt. In Bild 05.67.3 wird das Bugstrahlruder mit einem Unterwassermotor angetrieben, wie beim Aktivruder bereits beschrieben. Aktivruder und Bugstrahlruder erhöhen die Manövrierfähigkeit des Schiffes so, daß Anlegemanöver und Fahrt in engen Revieren auch von großen Schiffen wie Containerschiffen und Fähren ohne Schlepperhilfe durchgeführt werden können.

Für den Komfort der Passagiere und die Sicherheit der Ladung ist die *ruhige Lage* des Schiffes bei Seegang entscheidend. Von den drei Bewegungsvorgängen, die nicht zur Fortbewegung des Schiffes dienen (*gieren, stampfen* und *rollen*), kann nur das Rollen wirksam auf ein erträgliches Maß herabgesetzt werden. Dieses geschieht entweder durch eine aktive oder passive *Schiffsstabilisierungsanlage*. Dadurch wird die Rollbewegung weitgehend herabgesetzt, so daß hauptsächlich die in Containerschiffen nicht seegerecht gestaute Ladung keinen Schaden nimmt. Die *aktive* Schiffsstabilisierungsanlage ist nur bei Fahrt wirksam, bei liegendem Schiff jedoch unwirksam. Die *passive* Schiffsstabilisierungsanlage ist auch beim Schiff ohne Fahrt wirksam, jedoch in Fahrt nicht so wirksam wie eine aktive Stabilisierungsanlage. Es wird daher auch eine Kombination beider Systeme angewendet.

Die *aktive Stabilisierungsanlage* wird mit *Flossen* unterhalb der Wasserlinie erreicht, indem diese ein aufrichtendes und dämpfendes Moment erzeugen, das den störenden Seegangsmomenten in jedem Augenblick entgegen gerichtet ist. Die Flossen sind bei ruhiger Seelage in den Schiffskörper eingezogen und werden bei Seegang hydraulisch ausgefahren und angestellt. Dies erfolgt in den meisten Fällen in ähnlicher Weise wie die Verstellung des Ruders mit einem Drehflügelmotor (Bild 05.68). Die Flossen sind in der dargestellten Weise nicht fest an der Außenbordwand montiert, sondern einziehbar bzw. in diesem Falle einklappbar. Die Wahl, ob diese Flossen einziehbar, feststehen oder einklappbar sind, hängt von der Konzeption des Schiffes und seinem Einsatz ab.

Die Flossenverstellung erfolgt hydraulisch und wird von einer Regeleinrichtung gesteuert (Bild 05.69). Die angebaute Hilfsflosse wird zwangsweise in Abhängigkeit von der Verstellung der Hauptflosse angestellt. Der Anstellwinkel der Flosse ist von der jeweiligen Konstruktion, dem Seegang und der Fahrt im Schiff abhängig.

Die Regelung der Anstellung der Flosse erfolgt mit Hilfe eines Wendekreisels, der die Rollwinkelgeschwindigkeit Φ des Schiffes erfaßt. Ein Rechner ermittelt aus diesen Werten den Rollwinkel und die Rollwinkelbeschleunigung und gibt diese in eine Regeleinrichtung (Bild 05.70). Diese Regelung wirkt auf das Stellglied und damit auf die Flosse. Die An-

Elektrische Antriebe

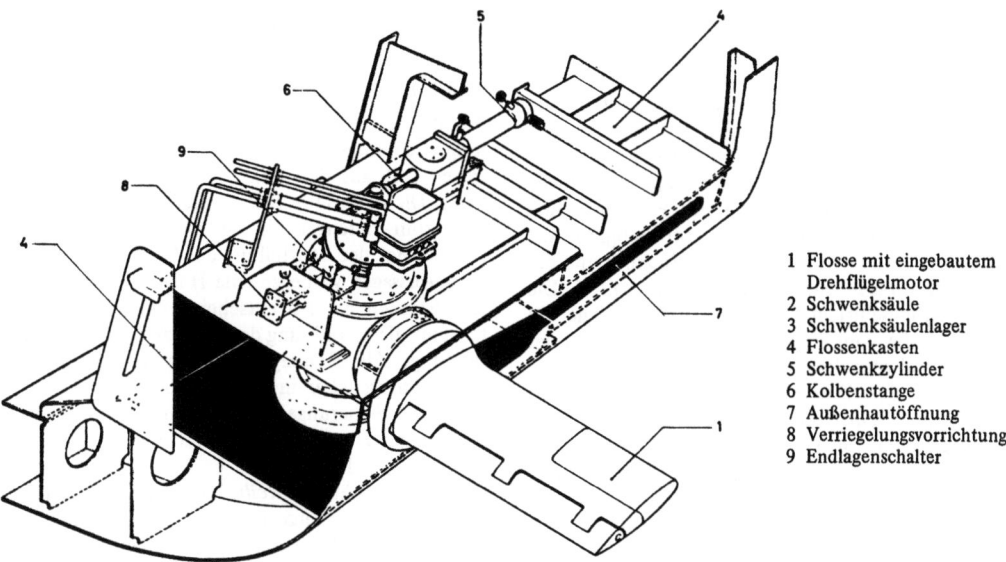

1 Flosse mit eingebautem Drehflügelmotor
2 Schwenksäule
3 Schwenksäulenlager
4 Flossenkasten
5 Schwenkzylinder
6 Kolbenstange
7 Außenhautöffnung
8 Verriegelungsvorrichtung
9 Endlagenschalter

Bild 05.68 Schiffs-Stabilisierungs-Anlage, ausgeschwenkte Flosseneinheit Steuerbordseite (AEG, Denny-Brown)

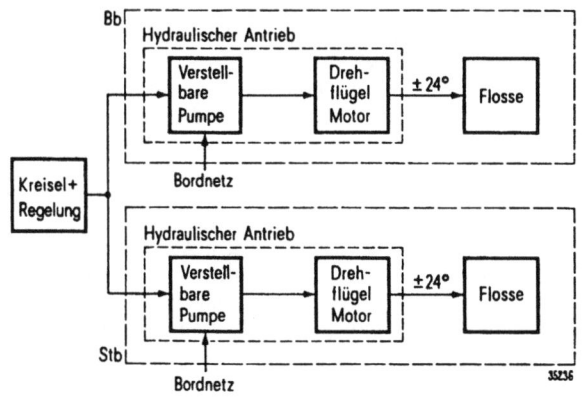

Bild 05.69
Flossen-Rolldämpfungs-System, Flossen-Verstelleinrichtung (Siemens, „Elektrofin")

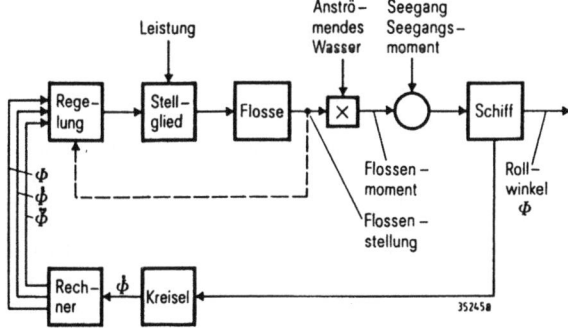

Bild 05.70
Flossen-Rolldämpfungs-System, Flossen-Regelung (Siemens, „Elektrofin")

stellung der Flosse wird als Ist-Zustand der Regelung zurückgegeben. Die Flossenwirkung auf das Schiff beeinflußt ihrerseits den Kreisel und schließt damit den Regelkreis. Durch dieses Regelsystem wird eine sehr schnelle Reaktion auf den Seegang erreicht. Eine Regelung des Flossenmomentes oder des Flossenwinkels ist bei diesem Regelkonzept daher nicht notwendig. Die Rückmeldung der Flossenstellung auf die Regelungseinheit ist nur notwendig, um die Flossenstellung innerhalb der vom Rechner und der Regelung vorgegebenen Anstellung zu halten. Die Stabilisierungseinrichtung dieser Art ist daher in weitem Maße vom jeweiligen Beladungszustand des Schiffes und vom Seegang unabhängig.

Die *passive Schiffsstabilisierungsanlage* arbeitet mit einem im Schiffsrumpf untergebrachten Rolldämpfungstank in Querrichtung zur Schiffsachse (Bild 05.71). Die Rolldämpfungswirkung dieses Tanks ist vom Tankfüllstand und von der Anordnung der Düsen abhängig, die zur Dämpfung der Bewegung der Tankflüssigkeit dienen. Die durch die Rollbewegung des Schiffes angeregte Flüssigkeitsmasse ergibt eine Gegenbewegung zur Schiffsbewegung. Durch den Füllzustand des Tanks wird die Eigenfrequenz der Dämpfung auf die Eigenfrequenz des Schiffes abgestimmt, so daß mit dem jeweiligen Füllstand eine optimale Dämpfung der Rollbewegungen erreicht werden kann. Vorteil gegenüber der aktiven Schiffsstabilisierungsanlage liegt hier in der Wirksamkeit der Stabilisierung unabhängig von der Fahrt des Schiffes. Der Nachteil liegt in der Trägheit der großen bewegten Massen und in der Notwendigkeit der Anpassung an den jeweiligen Beladungszustand des Schiffes.

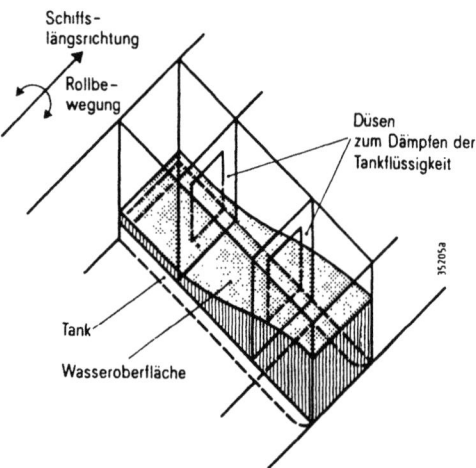

Bild 05.71 Schiffs-Stabilisierungs-Anlage, Flume-Rolldämpfungstank (Siemens) Prinzipdarstellung

05.6 Schutz- und Überwachungseinrichtungen

05.6.1 Selektivität

In einem Netz müssen die *Überstrom-Schutzeinrichtungen* so ausgelegt sein, daß eine Störstelle in kürzester Zeit aus der Anlage herausgetrennt werden kann. Die gestaffelte Schutzfunktion vom Verbraucher zum Erzeuger hin ist die *Selektivität* eines Netzes. Bei der Beurteilung der Selektivität müssen zwei Aussagen vorliegen: die Höhe der Kurzschlußstromstärken an den entscheidenden Knotenpunkten und die Anordnung der Schutzgeräte in Energierichtung. Als *Schutzgeräte* kommen *Sicherungen* und *Schutzschalter* in Frage. Dabei ist es entscheidend, ob Sicherungen oder Schutzschalter jeweils nacheinander oder beide Schutzeinrichtungen gemischt angeordnet sind.

Die Selektivität in *Reihe liegender Sicherungen* wird dadurch sichergestellt, daß der Abstand ihrer Streubänder (Schmelzzeit-Kennlinien) genügend groß ist. In Bild 05.72 ist die Anordnung von Sicherungen F1 und F2 und deren Auslösekennlinien dargestellt. Die Kennlinien von F1 und F2 müssen in ihren Streubändern einen genügend großen Abstand haben, so daß eine zeitliche Differenz zwischen der Auslösung der nachgeordneten und der vorher liegenden Sicherung in Energierichtung gewährleistet ist. Bei sehr hohen Kurzschlußströmen reicht die Sicherheit durch den zeitlichen Abstand nicht mehr aus. Dann muß der Stromwärmewert durch Schmelz- und Löschzeit der kleineren nachgeordneten Sicherung kleiner als der Schmelzwärmewert der größeren vorgeordneten Sicherung sein.

Bei der Staffelung von *Überstromauslösern* mit elektromagnetischen Schnellauslösern muß darauf geachtet werden, daß außer dem Abstand der thermischen Auslösekennlinien nicht nur die Staffelung der Kurzschlußauslösung, sondern auch deren zeitliche Verzögerung einen genügend großen Abstand voneinander haben (Bild 05.73). Es ist deutlich zu erkennen, daß alle Bedingungen, die hier formuliert wurden, in dieser Anordnung erfüllt sind. In Netzen mit sehr unterschiedlichen Kurzschlußströmen an verschiedenen Schutzpunkten kann mit gleicher Auslösezeit aber sehr unterschiedlichem Kurzschlußstromauslösepunkt gearbeitet werden. Dieser Fall ist in den Schiffsnetzen normalerweise nicht gegeben.

Bei der Anwendung eines Schutzschalters mit nachgeschalteter Sicherung (Bild 05.74) ist zu beachten, daß im thermischen Auslösebereich der schon besprochene Abstand zeitlich eingehalten wird und im Bereich der Kurzschlußschnellauslösung die nachgeschaltete Sicherung einen Mindestabstand von 100 ms hat. Dieser Abstand ist Bestandteil der Verzögerungszeit des Auslöseorgans des Schutzschalters und nicht die Verzögerungszeit selbst. Die umge-

Schutz- und Überwachungseinrichtungen

kehrte Anordnung, Sicherung mit nachgeschaltetem Schutzschalter mit Überstromschnellauslösung (Bild 05.75), muß in dem bisher geschilderten Auslösebereich die gleichen bisher geschilderten Bedingungen bezüglich des Sicherheitsabstandes erfüllen. Für den Kurzschlußfall genügt es, wenn die Schmelzzeit-Strom-Kennlinie der Sicherung mindestens 50 ms über der Auslösekennlinie des elektromagnetischen Überstromauslösers verläuft, mindestens bis zu dem für die Anlage selbst gültigen Kurzschlußstrom.

Die hier nur in Einzelbeispielen dargestellten Selektivitätsdiagramme müssen für die Hauptschaltanlagen des Bordnetzes vorliegen. Für die Beurteilung der Selektivität des Bordnetzes kommt erschwerend hinzu, daß unterschiedliche Kurzschlußströme auftreten, wenn nicht alle Generatoren, die im Seebetrieb eingesetzt sind, am Netz liegen. Selektivität muß auch dann noch sichergestellt sein und außerdem gegenüber den Generatorschaltern erhalten bleiben. Leistungsschalter ohne selektiv gestaffelte Abfallverzögerung dürfen nicht in einem Leiterzug hintereinander geschaltet werden.

05.6.2 Isolationsüberwachung

Isolationsmessung und *Isolationsüberwachung* sind für den Betrieb der elektrischen Anlage und die Sicherheit der betreuenden Personen erforderlich. Isolationsmessungen bzw. Isolationsüberprüfungen sind zu verschiedenen Anlässen vorgeschrieben (*Klassenerneuerung*). Isolationsüberwachung ist in

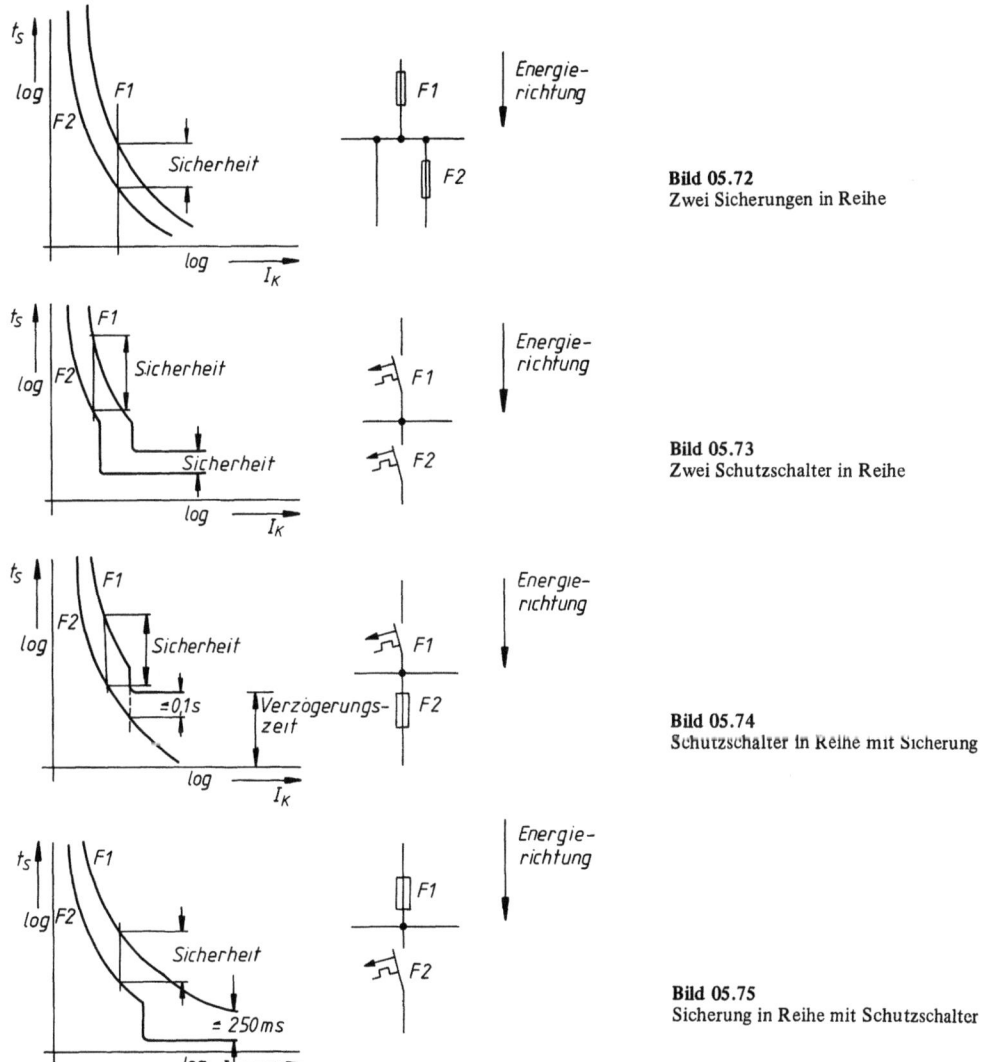

Bild 05.72
Zwei Sicherungen in Reihe

Bild 05.73
Zwei Schutzschalter in Reihe

Bild 05.74
Schutzschalter in Reihe mit Sicherung

Bild 05.75
Sicherung in Reihe mit Schutzschalter

Mittelspannungsnetzen ohne Systemerde vorgeschrieben und in Niederspannungsnetzen ohne Systemerde möglich. Durch Isolationsüberwachung können Schäden an Isolationsstrecken frühzeitig erkannt und größerer Schaden dadurch verhindert werden. Außerdem kann eine mögliche Gefährdung vom Bedienungspersonal erkannt und behoben werden.

Das *Prinzip* der Isolationsmessung beruht auf der Strommessung durch Schließen des Stromkreises zwischen zu isolierendem Leiter und Gehäusemasse oder Schiffskörper. Der Strommesser wird in MΩ geeicht und zeigt damit den Zustand der Isolationsstrecke direkt an. Die Meßspannung soll gleich oder größer 500 V Gleichspannung sein. Vor der Messung ist darauf zu achten, daß elektronische Geräte aus dem Meßkreis getrennt werden.

Als Mindestisolationswert gilt bis auf wenige Ausnahmen der Grenzwert 1 MΩ. Bei der Messung der Anlagenteile können Sicherungen und Geräte abgeschaltet werden. Messungen an Generatoren und Motoren werden in betriebswarmem Zustand durchgeführt.

Bei der *Klassenerneuerung* werden Messungen an der Schalttafel zwischen den Stromschienen, zwischen Stromschienen und Schiffskörper, sowie an Kraft- und Lichtanlagen ausgeführt und als unterer Grenzwert 1 MΩ gefordert. Als Mindestisolationswiderstand von Generatoren und Motoren wird hier der Betrag der Nennspannung in kV als Wert in MΩ, mindestens jedoch 0,5 MΩ gefordert.

Bei der *Prüfung elektrischer Maschinen* wird die Ermittlung des Isolationswiderstandes bei möglichst betriebswarmer Maschine am Schluß der Prüfung mit einer Gleichspannung von mindestens 500 V gefordert. Dabei soll der Mindestisolationswiderstand

$$\frac{3 \times \text{Betrag der Nennspannung in V}}{\text{Nennleistung in kVA} + 1000} \text{ in M}\Omega,$$

jedoch nicht weniger als 1 MΩ betragen. Für einen Motor, der 40 kVA am 380 V Netz aufnimmt, wird damit der Isolationswiderstand

$$\frac{3 \times 380}{40 + 1000} \text{ M}\Omega = 1{,}096 \text{ M}\Omega.$$

Isolationsüberwachungsgeräte müssen den Isolationswiderstand des Netzes *kontinuierlich* anzeigen und eine Meldung auslösen, wenn der Isolationswiderstand des Netzes 100 Ω je V Netzspannung unterschreitet. Der Meßstrom darf bei vollkommenem Erdschluß 12 mA nicht übersteigen. Überwacht werden können nur Netze mit nicht geerdetem Sternpunkt. Isolationsüberwachungsgeräte arbeiten mit elektronischen Verstärkerschaltungen. Sie werden von einer Hilfsspannung gespeist und haben Anschlüsse für ein Widerstandsmeßgerät (Ohm-Meter)

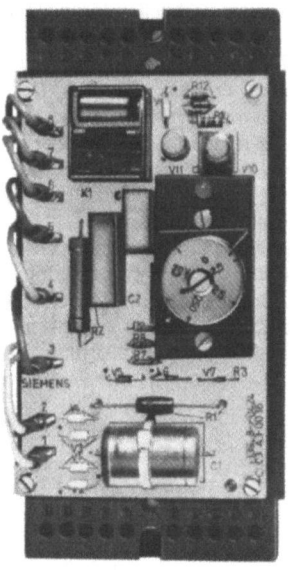

Bild 05.76 Isolationswächter mit Meßinstrument (Siemens)

und Melder (akkustisch und/oder optisch). Das Isolationsüberwachungsgerät (*Isolationswächter*, Bild 05.76) hat Anschlüsse für die zu überwachende Phase und die Masse. Aus der Hilfsspannung wird eine stabilisierte Spannung für die Versorgung des Meßkreises im Gerät hergestellt. Über eine Transistorstufe wird das Melderelais angesteuert und gibt über seine Kontakte die Meldung nach außen. An einem Bedienungsknopf ist der Isolationswiderstand stufenweise und/oder kontinuierlich einstellbar. Die Betriebsbereitschaft des Gerätes zeigt eine Leuchtdiode an. Galvanisch miteinander verbundene Netze können nur mit *einem* Überwachungsgerät ausgerüstet werden. Mehrere Geräte am gleichen Netz würden die Anzeige verfälschen. Befinden sich im überwachten Netz Gleichrichterschaltungen, so sind diese durch einen Trenntrafo vom Netz zu trennen, da sonst bei Kurzschluß im Gleichstromkreis eine fehlerhafte Anzeige erfolgen würde.

05.6.3 Generatorschutz

Der *Generator* als elektrische Energiequelle ist für die Funktion des gesamten Schiffes ausschlaggebend. Daher muß besondere Sorgfalt bei der Überwachung des Belastungs- und Funktionszustandes des Generators aufgewendet werden.

Der *Überlastschutz des Generatorschalters* muß bei Überlast von 10...50 % mit einer Zeitverzögerung von maximal 2 min ansprechen. Mehr als 50 % Überlast sind nur dann zugelassen, wenn der Betrieb dieses erfordert und der Generator die Überlast ohne Schaden zu nehmen abgeben kann. Der *Kurzschlußschutz* des Generators ist auf mehr als 50 % Überlast, jedoch unter den Wert des Dauerkurzschlußstromes einzustellen und auf die Selektivität der Anlage abzustimmen (200...500 ms bei Wechselstromanlagen). Für Generatoren bis 50 kW bzw. 50 kVA sind *Schmelzsicherungen* als Schutz zugelassen. Es können Vorrichtungen eingeführt sein, die nach 5 s Verbraucher selbsttätig abschalten, deren vorübergehende Abschaltung die Sicherheit des Schiffes nicht gefährdet. Auf Fahrgastschiffen mit zeitweise unbesetztem Maschinenraum sind selbsttätige Abschaltungen unwichtiger Verbraucher vorzusehen. Drehstromgeneratoren ab 50 kVA für Parallelbetrieb müssen einen einstellbaren Rückleistungsschutz, der innerhalb von 2...5 s abhängig von der Antriebsmaschine abschaltet, haben:

Turbogeneratoren 1... 3 % der Nennleistung,
Dieselgeneratoren 4... 10 % der Nennleistung.

Bei Rückgang der Spannung bis auf 60 % der Nennspannung darf der Rückleistungsschutz nicht unwirksam werden. Gleichstromgeneratoren müssen einen kurzzeitverzögerten (1 s) Rückleistungsschutz erhalten. Für die Größe der Ansprechwerte gelten die gleichen Werte wie für Drehstrom. Wenn parallelarbeitende Gleichstromgeneratoren mit Ausgleichsleitungen verbunden sind, muß die Rückleistung in der positiven Leitung gemessen werden.

Generatoren im Parallelbetrieb müssen Generatorschalter mit *Unterspannungsschutz* haben, die das Schließen der Schaltglieder bei spannungslosem Generator verhindern. Bei Rückgang auf 70...35 % Nennspannung muß der Generator selbsttätig abschalten. Unterspannungsauslöser müssen mit einer Kurzzeitverzögerung wie beim Kurzschlußschutz ausgerüstet sein. Anlagen mit selbst zuschaltenden Aggregaten sind mit einer Frequenzüberwachung auszustatten, die zeitverzögert (5...10 s) den Generator vom Netz trennt, wenn die dauernde Abweichung größer als 10 % der Nennfrequenz ist. Diese Frequenzüberwachung darf erst dann wirksam werden, wenn das Aggregat eingeschaltet ist.

Praktisch ausgeführte Geräte erfassen sowohl Einzelfunktionen als auch in Kompaktgeräten mehrere der geforderten Funktionen. Gerätekombinationen (Rahmen mit Steckkarten-Einschüben) erfüllen die geforderten Überwachungsaufgaben in einem Umfang und einer Ausführung, wie sie sich in der Praxis als zweckmäßig erwiesen hat und den Vorschriften genügt.

Das Siemens-GENOP 23 S (Bild 05.77) erfaßt den Generatorstrom dreiphasig und die Rückleistung einphasig über Wandler. Der Überstrom ist in drei Stromstufen zwischen 50 % und 130 % des Nenn-

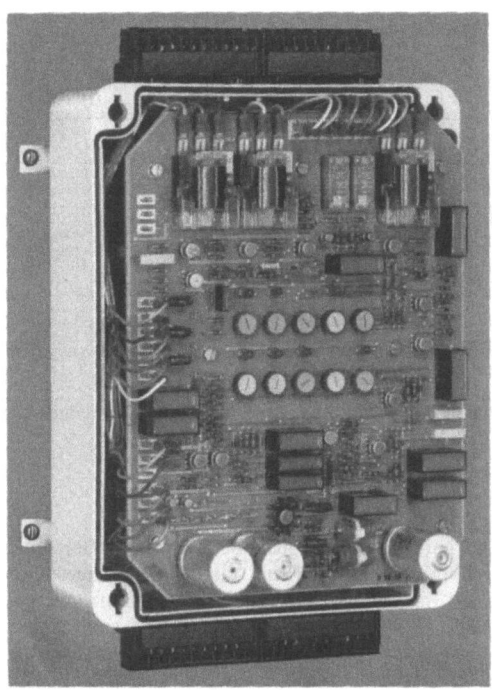

Bild 05.77 Generator-Überstrom-Rückleistungsschutz (Siemens)

stromes einstellbar. Nachgeschaltete Zeitglieder wirken auf die Ausgangsrelais. Die dreifache Funktionserfassung ist in automatischen Anlagen ausnutzbar, in der Sicherheitsschaltung und in der Abschaltung bei Überlastung. Der Rückleistungsschutz ist einstellbar von 1...20 % Überlast über Zeitrelais von 1...6 s und wirkt auf ein Hilfsrelais. In der Darstellung sind die Ausgangsrelais und Hilfsschütze sowie die Einstellknöpfe der Potentiometer zu erkennen. Die Kurzschlußauslösung ist durch einstellbaren Grenzwert zwischen 100 % und 300 % des Nennstromes wählbar. Die dreiphasige Spannungsüberwachung stellt den Ausfall einer Phase oder Absinken unter 300 V fest und schaltet einen Meldekontakt.

Das von der AEG vertriebene Gerät GSK 6 ist eine Kombination aus 10 Funktionen:

1 Speisungsüberwachung,
2 Unterspannungsauslösung,
3 Kurzschlußschutz,
4 Überstromschutz,
5 Rückleistungsschutz,
6 Sicherheitsschaltung,
7 Überspannungsüberwachung,
8 Unterfrequenzüberwachung,
9 Reglerüberwachung,
10 Ständerschutz.

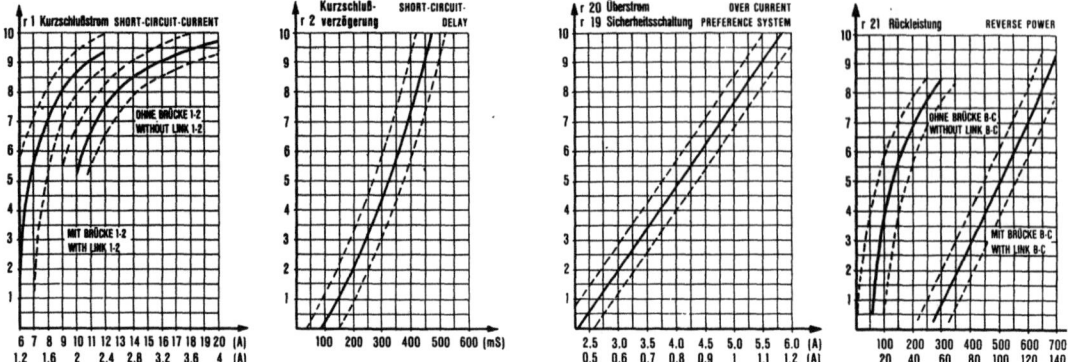

Bild 05.78 Elektronische Generatorschutzeinrichtung Auslöse-Charakteristiken (AEG-TELEFUNKEN)

Die bereits in dem oben beschriebenen Gerät erwähnten Funktionen sind für das hier dargestellte Gerät in Bild 05.78 in ihren Diagrammen dargestellt. Hierin sind die Angaben der waagerechten Achse auf einen Wandler .../5 A bezogen. Die Angaben an den senkrechten Achsen r1, r2, r19, r20 und r21 sind die Potentiometerwiderstände, mit denen die entsprechenden Funktionen Grenzstrom und Zeit eingestellt werden.
Die *Speisungsüberwachung* spricht bei Ausfall einer oder mehrerer Phasen an. Die Funktionen 2 bis 5 sind in der aus den Diagrammen ersichtlichen und beschriebenen Weise wirksam. Die *Sicherheitsschaltung* spricht bei Überlastung an und wird mit r19 zwischen 50...120 % Nennstrom eingestellt. Die *Zeitverzögerung* kann zwischen 4 s und 12 s eingeregelt werden.
Die *Überspannungsüberwachung* ist zwischen 100...130 % der Nennspannung einstellbar. Das Ausgangsrelais kann für Störungsmeldungen genutzt werden.
Die *Unterfrequenzüberwachung* ist von 40...70 Hz einstellbar und ist unter 40 % der Nennspannung nicht mehr einsatzbereit (dafür spricht in diesem Bereich der Unterspannungsauslöser an).
Die *Reglerüberwachung* verhindert die Abschaltung der ungestörten Generatoren bei einer Reglerstörung durch Über- oder Untererregung oder Erregerausfall durch Vergleich der Erregungen der parallelarbeitenden Generatoren. Es wird nicht nur der gestörte Generator ausgeschaltet, sondern auch die Zuschaltung des gestörten Generators verhindert.
Ständerschutz: Durch Messung der Ströme im Sternpunkt kann Wicklungsschluß festgestellt und der Generator vom Netz getrennt werden. Fließen bei vom Netz getrenntem Generator noch mehr als 30 % des Nennstromes, so wird sofort entregt, um weitere Schäden zu verhindern. Weitere Geräte erfassen andere Störmöglichkeiten, z.B. *Ständererdschluß*, *Läufererdschluß*, *Schieflast*, *Asynchronlauf* und weitere für den Betrieb nicht zulässige Betriebszustände des Generators.

05.6.4 Motorschutz

Motoren mit Leistungen größer als 1 kW müssen gegen Überlast und Kurzschluß geschützt werden. Motoren für Ruderantriebsanlagen dürfen nur mit einem *Schutz gegen Kurzschluß* ausgerüstet werden. Beim Schutz durch *Sicherungen* ist deren Nennstromstärke um zwei Stufen höher auszuwählen als es durch die Nennstromstärke der Motoren erforderlich wäre. Bei Motoren für Aussetzbetrieb darf die Sicherung nicht größer als mit einem Ausschaltwert von 160 % des Motornennstromes angesetzt werden. Bei Verwendung von *Leistungsschaltern* als Motorschutz muß die Kurzschlußschnellauslösung auf einen Wert, der den 15-fachen Nennstrom des Antriebsmotors nicht überschreitet, eingestellt werden. Die Einstellung darf den Wert des Anfangskurzschlußstromes, der sich an den Klemmen des Antriebsmotors ergibt, wenn nur der kleinste Generator der Anlage in das Netz einspeist, nicht überschreiten. Bei Verwendung von *thermischer Auslösung* zum Schutz des blockierten Antriebsmotors darf der Wert der Einstellung den 2-fachen Motornennstrom nicht überschreiten. Die Steuerstromkreise müssen mindestens mit dem 2-fachen Wert des maximalen Nennstromes des Steuerstromkreises abgesichert werden. Motoren, die an ein Kabel angeschlossen sind, das ausschließlich für sie verwendet wird, können mit einem gemeinsamen Kurzschlußschutz ausgerüstet werden. Die Schutzeinrichtungen sind den Betriebsarten anzupassen, so daß diese einen zuverlässigen Schutz bieten. Wenn der Überlastschutz in der Strom-Zeit-Charakteristik von der des Auslösesystems überschritten wird, kann die Schutzfunktion während

des Anlaufs unwirksam gemacht werden, wobei der Kurzschlußschutz jedoch weiter wirksam bleiben muß.
Ergeben sich beim gleichzeitigen Anlauf von Motoren bei wiederkehrender Spannung Gefahren für den Betrieb durch zu hohe Einschaltströme, so muß ein *Unterspannungsschutz* vorgesehen werden, der ein selbsttätiges Wiederanlaufen verhindert. Der Unterspannungsschutz muß auf Spannungen zwischen 70...35 % der Nennspannung ansprechen. Wenn der Anlauf der Motoren bei wiederkehrender Spannung erforderlich ist, muß eine zeitliche Staffelung so vorgesehen werden, daß eine Überlastung des Bordnetzes vermieden wird.

Der Schutz durch *Motorschutzschalter* oder Leistungsschalter, die als Motorschutzschalter eingesetzt werden können, ist nur dann wirksam, wenn es sich um Motoren im Dauerbetrieb handelt. In Bild 05.79 ist ein Motorschutzschalter der AEG für 14 kW Motorleistung bei 440 V/60 Hz in der Betriebskategorie AC 3 dargestellt. Das Schnittbild zeigt die wesentlichen Teile der Funktion des Schalters. Das Schaltschloß ist so konstruiert, daß der Antrieb die Auslösung nicht behindern kann. Der Motorschutzschalter besitzt einen thermischen Auslöser und einen Kurzschlußstrom-Schnellauslöser. Er hat ein Nennausschaltvermögen von 5 kA bei cos φ = 0,7 und ist damit als Leistungsschalter einsetzbar. Der thermische Auslöser ist einstellbar in Bereichen 1,6...2,5 A bis zu dem Einstellbereich 16...25 A. Die thermische Auslösefunktion ist die Kurve a in Bild 05.80. Dargestellt ist der Auslösestrom als das Vielfache des oberen Einstellstromes des jeweiligen Einstellbereiches. Der nicht verzögerte elektromagnetische Überstromauslöser spricht beim 12fachen oberen Einstellwert an, so daß sich eine Auslösezeit im Kurzschlußfall mit ca. 2 ms ergibt. Der Motorschutzschalter spricht nur bei Dauerüberlastung oder Kurzschlußstrom an.

In der Praxis z.B. als Windenmotor, hat der Motor ein anderes Spiel als bei Dauerbetrieb, die Erwärmung kann nicht mehr durch einen normalen thermischen Auslöser in der Zuleitung erfaßt werden. Es werden daher *temperaturabhängige Widerstände* in die Wickelköpfe des Motors eingebracht. Sie werden mit der Wicklungsisolierung mit isoliert, sitzen damit fest in den Wickelköpfen und nehmen die dort entstehende Temperatur auf. In je eine Wicklung jeder Phase wird jeweils ein Fühler eingewickelt, so daß alle 3 Phasen gleichmäßig in der wärmsten Zone erfaßt werden. Bei polumschaltbaren Maschinen werden 6 Fühler so verteilt, daß alle Phasen in allen Polzahlen überwacht werden. Die Widerstände haben den in Bild 05.81 dargestell-

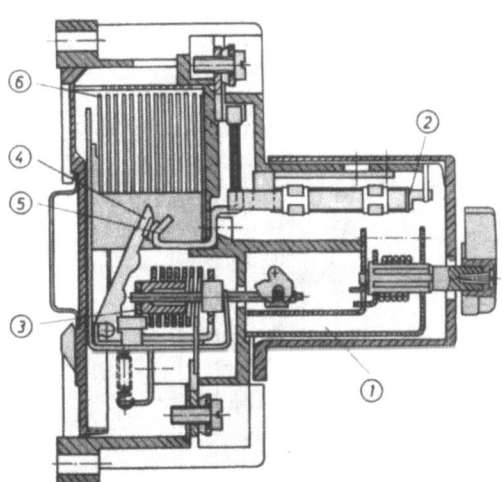

Bild 05.79 Strombegrenzender Motorschutzschalter Wechselspannung bis 660 V, bis 25 A Nennstrom (Siemens)
1 Schaltschloß mit Freiauslösung
2 Thermisch verzögerter Überstromauslöser mit Temperaturkompensation
3 Schnellauslöser
4 Bewegliches Schaltstück
5 Festes Schaltstück
6 Lichtbogenkammer

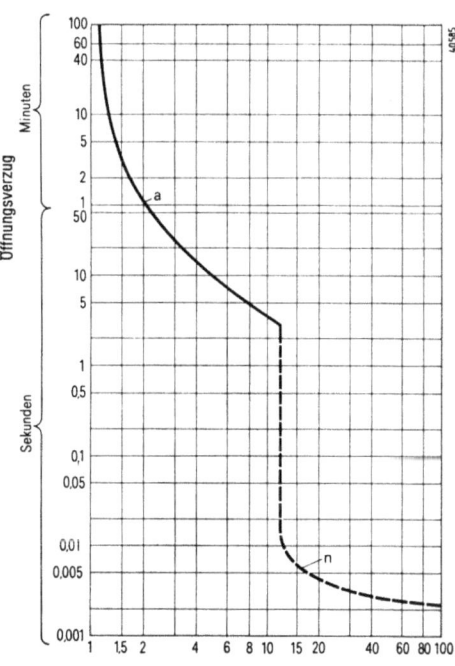

Bild 05.80 Strombegrenzender Motorschutzschalter 660 V/25 A, Auslösekennlinien (Siemens)
a thermisch verzögerter Überstromauslöser
n nichtverzögerter elektromagnetischer Überstromauslöser

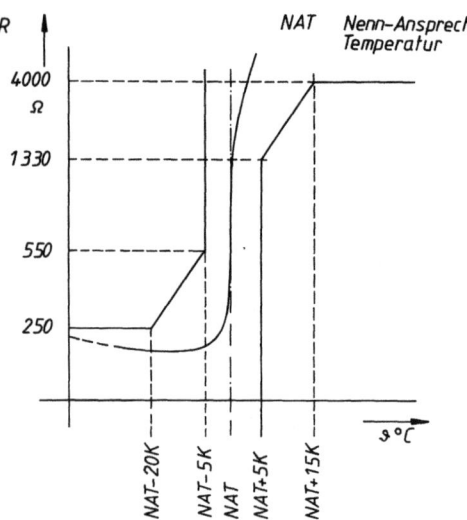

Bild 05.81 Temperaturabhängige Widerstandskennlinie der Kaltleiter in den Grenzen der Widerstands-Kennwerte

ten Verlauf und verändern beim Erreichen der Nennansprechtemperatur ihren Widerstand sehr schnell zu sehr großen Werten, so daß im Kreis, in dem sie eingeschaltet sind, der Strom plötzlich herabgesetzt wird. Die Überwachung erfolgt nach dem Ruhestromprinzip. Bei Erreichen der Nennansprechtemperatur wird der Strom in diesem Kreis so stark herabgesetzt, daß das Relais seinen Einschaltzustand nicht halten kann, abfällt und damit den Motorschutzschalter auslöst (Unterspannungsauslöser). Mit der so beschriebenen Überwachungseinrichtung wird die Temperatur der Wicklung und damit die Belastbarkeit der Isolierung überwacht. Sie ist von der Betriebsart des Motors und der Einschaltdauer unabhängig.

05.6.5 Kabelschutz, Leitungsschutz

Kabel und *Leitungen* müssen gegen Überlastung und Kurzschluß geschützt werden. Jeder Verteilerkreis ist durch mehrpolige Leistungsschalter oder Sicherungen zu überwachen. Für Zuleitungen, die nur einen Verbraucher am Ende speisen, kann der Überlastschutz am Einspeisungspunkt sein. Ist der Überlastschutz aber am Ort des Verbrauchers angeordnet, so braucht am Einspeisungspunkt nur ein Kurzschlußschutz vorgesehen zu sein. Bei Dauerbetrieb können *Sicherungen* verwendet werden, die 2 Stufen über dem Nennwert des Verbraucherstromes liegen. Bei Kurzzeit- und Aussetzbetrieb darf der Wert nicht mehr als 160 % des Nennbetriebsstromes des Verbrauchers betragen. Die zugeordneten Schalter sind entsprechend den Sicherungen zu bemessen. Beim Einsatz von *Leistungsschaltern* darf der Kurzschlußauslöser nicht höher als auf den 15-fachen Betrag des Verbrauchernennstromes eingestellt werden. Dieser Wert darf nicht höher als der kleinste zu erwartende Betrag des Anfangskurzschluß-Wechselstromes in dem betreffenden Stromkreis sein.

Für den Schutz der Leitungen in Ruderantriebsanlagen gilt das in Abschnitt 05.6.4 Beschriebene.

Schreibt der Hersteller von Schutzgeräten den entsprechenden Leistungsschaltern zugeordnete Sicherungen vor, so müssen diese eingesetzt werden, soweit sie nicht die in den Klassifikationsvorschriften zugelassenen Höchstwerte überschreiten. Werden Leitungsschutzschalter oder Motorschutzschalter in einem Leitungszug *hintereinander* angeordnet, so muß ihre Abschaltverzögerung selektiv gestaffelt sein.

Für die Bemessung der *Kabel in Windenanlagen* schreibt der „Germanische Lloyd" in Band II Kapitel 4 Abschnitt 10 Gleichzeitigkeitsfaktoren vor, die für die Bemessung der Kabel zu beachten sind. Die sich daraus ergebende Gruppenbelastung ist der Bemessung der Schutzeinrichtungen zu grunde zu legen. *Erregerleitungen* für Gleichstrommotoren und parallel arbeitende Gleichstromgeneratoren dürfen *nicht* gesichert werden. Erregerleitungen für Gleichstromgeneratoren in Einzelschaltung, als auch für Drehstromsynchronmaschinen, sind nur zu sichern, wenn hierfür ein besonderer Grund vorliegt.

Die *Leitungsschutzschalter* (*Automaten*) sind in Aufbau und Funktion den Motorschutzschaltern (s. Abschnitt 05.6.4) sehr ähnlich. Die Auslösekennlinien haben einen thermischen und einen Kurzschlußschnellauslösebereich (Bild 05.82). In dem

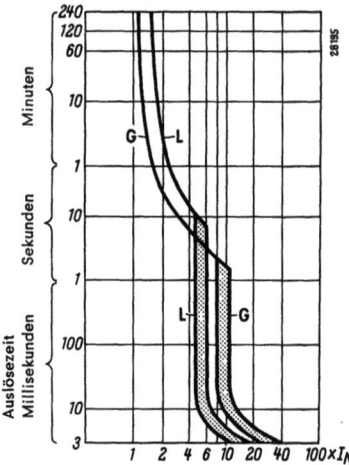

Bild 05.82 Mittlere Stromzeitkennlinien der Automaten (Siemens)

Ansprechwerte der Schnellauslösung
L Wechselstrom: 50 bis 60 Hz N, W-Automaten $3{,}5 \ldots 5 \cdot I_N$
G Wechselstrom: 50 bis 60 Hz N, W- und S-Automaten $7 \ldots 12 \cdot I_N$
Gleichstrom: S-Automaten $14 \cdot I_N$

Bild sind die Auslösekennlinien von L (Leitungsschutz) und G (Geräteschutz) dargestellt. Die Buchstaben N, W, S bezeichnen Bauformen. Die mit S bezeichneten Automaten werden überwiegend für Gleichstromkreise vorgesehen. Die Kennlinien der L-Automaten liegen im Dauerbetrieb etwa 60 %, die der G-Automaten nur 10 ... 15 % über dem Nennwert. Die Schnellauslösung der L-Automaten liegt dagegen bei 3,5...5fachem Nennstrom und die der G-Automaten bei 7...12fachem Nennstrom. Überwiegend werden L-Automaten eingesetzt.

05.6.6 Befehls-, Melde- und Warnanlagen

Anlagen zur *Sicherung des Maschinen- und Schiffsbetriebes,* wie *Befehls-, Melde-* und *Warnanlagen* müssen entsprechend den Vorschriften der Klassifikationsgesellschaften fast ausschließlich doppelt gespeist und mit getrennten Kabeln versorgt werden. Für Melde- und Warnanlagen wird überwiegend das *Ruhestromprinzip* (Drahtbruch) und für Sicherheitssysteme das *Arbeitsstromsystem* eingesetzt. Nach den Vorschriften müssen fast alle Zustände, Störungen und Warnungen optisch und akustisch im Ingenieur-Wohnbereich, in Aufenthaltsräumen und im Brückenbereich angezeigt werden.

Der *Maschinentelegraph* übermittelt in modernen Anlagen Befehle zwischen Brücke und Maschinenraum nicht mehr mechanisch, sondern fast ausschließlich elektrisch, überwiegend auf dem Prinzip des *Drehmelders.* Dieser wird im Gleichstromsystem (Bild 05.83) unter Anwendung von Kontaktbahnen und einem magnetischen System ausgeführt. Die an den verstellbaren Kontaktbahnen liegende Gleichspannung wird über Kohlebürsten, einem aus dem Drehstromsystem bekannten dreiphasig angeordneten Spulensystem, zugeführt. Durch Verstellung des drehbaren Kontaktsystems werden unterschiedliche Spannungen an das dreiphasig aufgebaute System gebracht und ein Dauermagnet entsprechend der Einstellung des drehbaren Kontaktsystems verstellt. Eine meist elektronisch gesteuerte *Gleichstandanzeige* beruht auf der Differenzspannung zwischen Geber und Empfänger. Ein ähnliches Prinzip ergibt sich bei Speisung mit Wechselspannung, jedoch ist dieses System kontaktlos aufgebaut (Bild 05.84). Hier ist ein System gezeigt, bei dem die einphasige Spannung des Bordnetzes an das bewegliche Teil gelegt wird. Durch Verstellen des Geberteiles wird die Phasenlage der dreiphasigen Sternschaltung des Empfängers so verändert, daß sich das drehbare, mit Bordnetzspannung gespeiste Teil in die gleiche Stellung wie der Geber dreht. Ein entsprechendes Gleichstandanzeigesystem muß an der nicht verstellten Stelle nachgeführt werden und ergibt somit ein Quittungssignal für den Gleichstand. Die fast in allen Systemen vorgeschriebene doppelte Speisung aus Haupt- und Notnetz ist in Bild 05.85 dargestellt. Ein Schütz liegt an der Bordnetzspannung und schaltet bei Ausfall der Hauptstromversorgung automatisch auf das Notnetz um. Gezeichnet ist die Stellung der Umschaltkontakte des Schützes in Stellung „Notnetz" (Ruhestellung).

Feuermeldeanlagen benutzen entweder den Melder „Mensch", Rauchentwicklung oder Wärmeentwicklung. Der Mensch kann, falls er den entstehenden Brand beobachtet, am schnellsten reagieren, indem er ein *Druckknopfsystem* als Meldesystem betätigt. In diesem Fall unterbricht ein Kontakt die Meldelinie und löst ein Signal aus. Wird Rauch als Melder benutzt, so eignet sich der *Ionisationsmelder.* In einer Meßkammer mit radioaktivem Strahler werden Ionen gebildet und in einem elektrischen Feld beschleunigt, so daß ein Ionenstrom fließt. Tritt Rauch in diesen Strom ein, so lagern sich die Ionen an die Rauchaerosole an, und es verringert sich der Ionenstrom. Durch Messung und Anzeige dieses

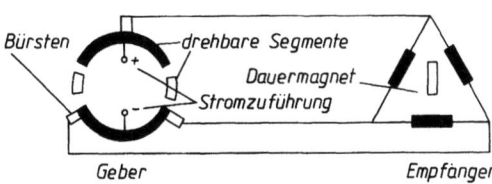

Bild 05.83 Maschinentelegraf, Gleichstromsystem (Hagenuk)

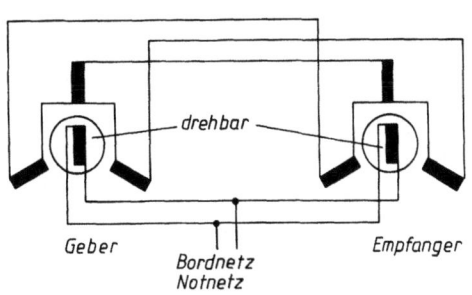

Bild 05.84 Maschinentelegraf, Wechselstromsystem (Hagenuk)

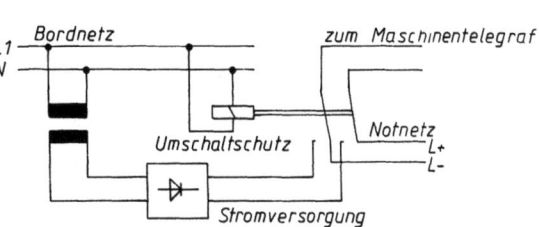

Bild 05.85 Automatische Umschaltung Bordnetz/Notnetz

Ionenstromes erfolgt eine entsprechende Meldung. Das verwendete radioaktive Radium 226 liegt unterhalb der Freigrenze für Schutzmaßnahmen. Wird die Wärme als Melder benutzt, so wird der *Wärmedifferential/Maximal-Melder* eingesetzt. Bei schneller Änderung, oder wenn der Maximalwert überschritten wird, spricht ein Meßfühler an (NTC-Widerstand) und steuert eine elektronische Schaltung (Durchschalten eines Transistors). Hierdurch wird das entsprechende Alarmsignal ausgelöst. Sind in einem Bereich schnell sich ausbreitende Brände zu erwarten, so setzt man den *Infrarotstrahlungsmelder* ein. Der Brand sendet ultraviolette und infrarote Strahlung aus. Die infrarote Strahlung wird ausgewertet. Durch die gute Reflektion dieser Strahlung können große Flächen sicher überwacht werden. Über ein optisches System wird der sichtbare Lichtanteil ausgefiltert und die Infrarotstrahlung auf ein Fotoelement geleitet. Das Flackern der Flamme wird vom Melder so ausgenutzt, daß nur die Strahlung als Ausgangssignal ausgewertet wird, die in der Intensität entsprechend der Flackerfrequenz schwankt.

In Meldesystemen werden zur Übertragung überwiegend 24 V oder 12 V benutzt. An das Meldesystem sind Lampen, Hupen und Blinkleuchten angeschlossen, die Ansteuerung dieser Warngeräte erfolgt durch Signale von Grenztastern, Grenzwertgebern und elektronischen Datenverarbeitungsanlagen.

Die Meldung von *Betriebszuständen* z.B. Schottendichtmeldung, die den Zustand der Türen an Stellen anzeigt, von denen aus die Schottüren nicht sichtbar sind, werden von einfachen digitalen Anzeigen erfüllt (Ein — Aus, Lampe brennt — Lampe brennt nicht).

Fernmeldeanlagen werden an Bord entweder ohne Speisung oder Speisung aus einer Batterie oder einem speziellen Netz betrieben. Die batterielose Fernsprechanlage ist von jeder Versorgung unabhängig, nur angewiesen auf die Verbindungsleitungen. Der gegenseitige Anruf der Teilnehmer wird durch einen Kurbelinduktor und einen Anrufleitungswählschalter vorgenommen. Für die Verbindung müssen zwei Sprechadern und soviel Rufadern, wie Teilnehmer getrennt gerufen werden sollen, vorgesehen werden. Ohne Rufleitungswählschalter kann nur eine Stelle angerufen werden, aber der entsprechende Teilnehmer kann von allen anderen, die einen Wählschalter haben, gerufen werden. Telefonanlagen, die aus einem speziellen Netz gespeist werden, unterscheiden sich in ihrem Aufbau und im Betrieb nicht von den an Land üblichen Anlagen. In einer Zentrale wird entweder elektronisch oder durch Relais die entsprechende Verbindung angerufen, hergestellt und getrennt.

Alarmanlagen, z.B. Maschinenalarmanlage sammelt Meldungen, speichert sie und meldet sie als Alarme über optische oder akustische Zeichen an den vorgesehenen Stellen. Meldeleuchten auf Tableaus lokalisieren den Fehlerort. Verzögerungen werden in den Signalverarbeitungsanlagen berücksichtigt, z.B. müssen Druckalarme bis zu 2 s, Niveaualarme bis zu 25 s verzögert werden. Abgestellte Aggregate dürfen keine Falschalarme auslösen. Alarme müssen weitergeleitet oder mehrfach ausgegeben werden, so daß Schaltungen, die verschiedene Stufen und Formen des Alarms ausgeben, zur Verfügung stehen. Alarme müssen in verschiedenen Formen gespeichert, angezeigt (Blinklicht), quittiert (Dauerlicht) solange anstehen, bis die Störung beseitigt ist. Anzeigentableaus enthalten entweder selbst oder in zugeordneten Schaltschränken alle notwendigen Funktionen zur Speicherung und zur Signalgabe. Meldesysteme mit Teilalarmanlagen und kodierter Übertragung der Kontaktgebersignale wirken sich gleichzeitig kabelsparend und betriebssicher aus.

05.6.7 Korrosionsschutz

Korrosionsschutz wird in Maschinen, Rohrleitungssystemen, Kühl- und Heizkreisläufen, zum Schutz der Außenhaut des Schiffes oder/und Propeller, sowie zum Schutz von Kajen, Spundwänden, Pontons und anderem angewendet. Korrosion tritt an der Grenzschicht zwischen Metall und Elektrolyt (Wasser, Seewasser) auf. Durch Potentialunterschiede zwischen verschiedenen Metallen, Strukturunterschieden im Metall an und unter der Oberfläche und andere durch mechanische Beanspruchung hervorgerufene Spannungszustände, entstehen *galvanische Korrosionselemente*. Es entsteht *kathodisches* und *anodisches Verhalten*. Im inneren Stromkreis eines elektrolytischen Elementes geht an der Anode Metall in Lösung (Eisen). Die kathodischen Stellen werden nicht angegriffen. Es schlägt sich vielmehr unter Umständen dort das in Lösung gegangene Metall nieder. Es muß erreicht werden, daß nicht Eisen in Lösung geht, sondern ein „unedleres Metall" oder eine „Hilfsanode", die zwar selbst nicht in Lösung gehen muß, aber als aktive positive Elektrode wirkt. In Rohrleitungssystemen und Kühlkreisläufen wird meist der *passive Korrosionsschutz* angewendet. Es werden Opferanoden aus Zink oder Magnesium eingebaut, die abhängig von der Temperatur, den korrodierenden Flächen der Strömungsgeschwindigkeit und der Beschaffenheit der Flüssigkeit (Elektrolyt) aufgebraucht werden. Der passive Korrosionsschutz wird auch an der Außenhaut von Schiffen angewendet. Die Anordnung und Beschaffenheit der Oberfläche (Farbanstriche) sind ebenso maßgebend für den Verbrauch der Anoden (Zink oder Aluminium) wie das Fahrtgebiet.

Der *aktive Korrosionsschutz* wird immer mehr eingesetzt, weil der Aufwand für die Anlage sich durch verminderte Instandsetzungsarbeiten in kürzester Zeit bezahlt macht. In Bild 05.86 ist die Schaltung einer handgesteuerten Korrosionsschutzanlage für

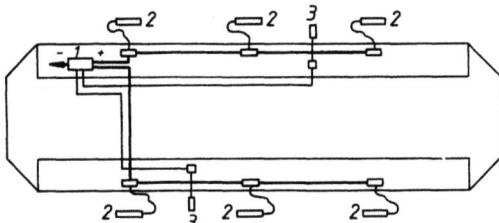

Bild 05.86 Schema einer Korrosionsschutzanlage für ein Schwimmdock (Handsteuerung), AEG
1 Gleichrichtergerät mit Stelltransformator
2 Stabanoden
3 Meßelektroden

ein Schwimmdock wiedergegeben. Die Meßelektroden (Kupfer – Kupfersulfat, Silber – Silberchlorid oder Zink) dienen zur Feststellung des notwendigen Schutzpotentials. Am Stelltransformator wird die entsprechende Spannung eingestellt, die bei Änderung des Potentials an der Meßelektrode nachgestellt werden muß. Der Schutzstrom beträgt im Seewasser bei farbfreien Flächen ca. 100...150 mA/m² und bei gestrichenen Flächen 20...35 mA/m² je nach Qualität des Anstrichs. Die Art des Anstrichs ist bei aktivem Korrosionsschutz von großer Wichtigkeit, da sich die ungeschützten Stellen des Eisens unter Einwirkung des Schutzstromes mit einer isolierenden, alkalischen Deckschicht überziehen. Die verwendeten Anstriche dürfen daher keine verseifbaren Bindemittel enthalten. Ungeeignet sind alle Ölfarben und alle Farben mit alkaliempfindlichen Kunstharzen.

Bild 05.87 zeigt eine *potentialgesteuerte Korrosionsschutzanlage* für ein Schiff. Die Anordnung der Schutzanoden ist hier beispielhaft gewählt. Sie ist sehr stark von der Form und den Anordnungsmöglichkeiten am Schiffsrumpf abhängig. Die Meßelektroden zeigen das Potential an und geben es in den Verstärker. Am Sollwerteinsteller wird das Schutzpotential eingestellt. Der Strom wird über einen Transduktor, einen Stelltransformator oder durch eine Thyristorsteuerung geregelt. Die erforderlichen Schutzstromstärken erhöhen sich gegenüber den oben angegebenen Werten für das fahrende Schiff um ca. 50 % (30...60 mA/m² bei gutem Farbanstrich) und mehr. Die Anlage auf einem Schiff ist insofern von einer automatischen Regelung mehr abhängig als die eines Docks, weil hier die

- Änderung der eingetauchten Oberfläche durch Be- und Entladen,
- unterschiedliche Belüftung des Wassers durch verschiedene Geschwindigkeiten,
- Wechsel von Salzgehalt und Temperatur des Wassers,
- zunehmende Farbschäden (durch Anlegen, Grundberührung u. a.)

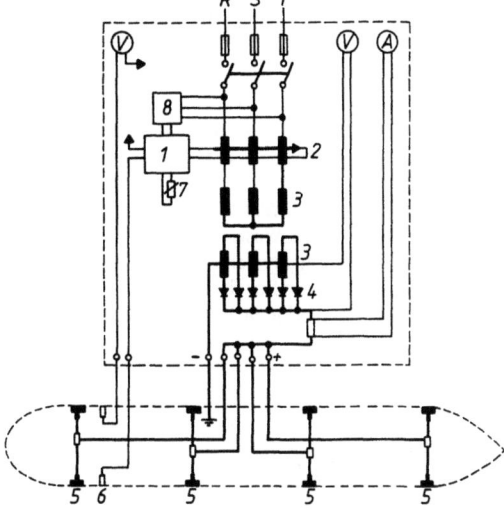

Bild 05.87 Schema einer potentialgesteuerten Korrosionsschutzanlage für ein Schiff, AEG
1 Vorverstärker   5 Schutzanoden
2 Hauptverstärker   6 Meßelektroden
3 Gleichrichtertransformator 7 Sollwerteinsteller
4 Gleichrichterzellen   8 Netzteil

einen sehr starken Einfluß auf die Höhe des Schutzstromes haben. Die Spannung, die von der Korrosionsschutzanlage aufgebracht werden muß, liegt zwischen 10 V und 20 V, die Stromstärken je nach Schiffsgröße zwischen 50 A und 2000 A.

Damit Ruder und Propeller mit in den Schutzbereich einbezogen werden, ist der Ruderschaft unmittelbar am Eintritt in das Schiffsinnere mit einem flexiblen Kabel zu erden und die Welle über Schleifringe und Bürsten ebenfalls unmittelbar am Hauptlager mit dem Schiffskörper zu verbinden. Zur Kontrolle wird eine *Wellenpotentialmeßeinrichtung* angeboten, die die Überwachung der Wirksamkeit der Erdung ermöglicht.

05.7 Sonstige Elektroenergie-Anwendung

05.7.1 Beleuchtungsanlagen

Auf jedem seegehenden Schiff ist eine *Hauptbeleuchtungsanlage* vorzusehen, die an die Hauptstromquelle angeschlossen ist und alle Teile des Schiffes beleuchtet, die normalerweise für Fahrgäste und Besatzung zugänglich sind. Sie muß so angeordnet sein, daß sie durch Schäden in Notversorgungsteilen und zugehörigen Transformatoren nicht funktionsunfähig gemacht wird. Gleiches gilt umgekehrt für die Notbeleuchtungsanlage bei Schäden in der Hauptbeleuchtungsanlage. Die Notbeleuchtung muß bei Ausfall des Bordnetzes automatisch von der Notstromquelle versorgt werden. Die Notbeleuchtung darf nur dort ausgeschaltet werden können, wo es gegebenenfalls erforderlich ist (Ruderhaus, Aussetzstation für Rettungsmittel). Notleuchten müssen als solche gekennzeichnet sein.

Für nicht allgemein zugängliche Räume (Kühl-, Lade- und Gepäckräume) sind in deren Vorplätzen *Kontrolleinrichtungen für den Schaltzustand* in den Räumen vorzusehen (Stellungsanzeige, Kontrollampen).

Bei Verwendung von *Steckdosen* muß die Schutzart gegen Berührung und Wasser beachtet und bei verschiedenen Spannungssystemen eine Verwechslung ausgeschlossen sein. Schalter für Beleuchtungssteckdosen müssen eindeutige Schaltzustandskennzeichnung aufweisen. In allen Räumen, in denen zündfähige Gas-Luft-Gemische zu erwarten sind, dürfen keine Steckdosen vorhanden sein.

An Bord werden sowohl Glühlampen als auch Gasentladungslampen benutzt. Glühlampen mit Einfadenwendel (Centra-Lampen) sind gegen Erschütterungen unempfindlicher als allgemein verwendete Doppelwendellampen, haben dafür aber eine 15...30 % niedrigere Lichtausbeute. Die Glühlampenlebensdauer hängt stark von der Spannung an den Lampen ab. Glühlampen sind entweder luftleer oder mit einem indifferenten Gas zur Belastung der Wendel (Verringerung der Verdampfung des Wolframs) gefüllt. Halogenlampen, z.B. Decksstrahler, sind Lampen mit einem Glühfaden, in dessen Umgebung die Temperatur zwischen 250 °C und 1400 °C liegt. In diesem Temperaturbereich lagert sich das verdampfte Wolfram an die Halogenmoleküle an. Oberhalb der Temperatur von 1400 °C zerfällt es wieder, Wolfram lagert sich an der heißen Wendel an. Damit regeneriert sich das Gas und Wolfram wird wieder zurückgebracht. Der Kolben bleibt dabei wolframfrei. Die Wendeltemperatur kann entsprechend höher sein, als die der normalen Glühfadenlampe. Damit wird eine 10...30 % höhere Lichtausbeute erreicht.

Entladungslampen beruhen auf dem Prinzip des Lichtbogens und dessen sichtbarer und nichtsichtbarer Strahlung. Die Zusammensetzung der Strahlung ist vom Gas abhängig (Quecksilberdampf, Natriumdampf) und ist entweder direkt zur Beleuchtung einsetzbar oder über Umformflächen und -materialien zur Beleuchtung anwendbar. Zum Erzeugen und zur Erhaltung des Lichtbogens sind Zündspannung, Brennspannung und Strombegrenzung erforderlich. In den Entladungslampen entsteht ein hoher Anteil von UV-Strahlung. Sie wird über Leuchtstoffschichten an der Innenwand der Glasröhre in sichtbares Licht umgewandelt (*Leuchtstofflampe*). Durch die Zusammensetzung des Leuchtstoffes kann der Ton „der Strahlung" beeinflußt werden. In Bild 05.88 ist die Prinzipschaltung einer Leuchtstofflampe dargestellt. Die Lichtstromabgabe ist von der Temperatur der Umgebung abhängig und hat bei 15...25 °C ihr Maximum (*Niederdrucklampe*).

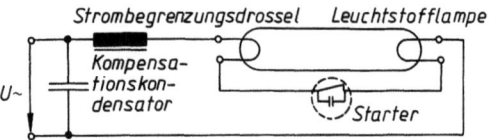

Bild 05.88 Grundschaltung einer Leuchtstofflampe

Quecksilberdampf-Hochdrucklampen und *Quecksilberdampf-Mischlichtlampen* mit Entladungsgefäß und Schutzkolben benötigen 3...5 min Anheizzeit, bevor die Entladung zur vollen Lichtintensität ansteigt. Wegen ihrer geringen Erschütterungsempfindlichkeit werden Hochdrucklampen für den Lade- und Löschbereich eingesetzt. Ein für den Personenverkehr angenehmeres Mischlicht erreicht man durch Einbau einer Glühwendel. Die dadurch günstigere Farberkennungsmöglichkeit geht zu Lasten der Erschütterungsunempfindlichkeit.

Halogen-Metalldampflampen (*HQI-Lampen* und *Natriumhochdrucklampen*) werden für große Leistung und große Lichtausbeute eingesetzt.

Zur *Entkeimung* werden Lampen mit kleiner Leistung und Quarzgläsern oder Spezialgläsern, die besonders UV-durchlässig sind, angewendet. (Vorschriften zur Verhinderung der Personenbestrahlung beachten!).

Glühlampen sind ohne zusätzlichen Aufwand im Gleich- und Wechselstromnetz verwendbar. Entladungslampen können nur an Wechselspannung gelegt werden. Quecksilberdampf-Hochdrucklampen können ohne weiteres an Gleichspannung betrieben werden. Michlichtlampen müssen in der Zuleitung mit einem zusätzlichen Widerstand ausgerüstet werden. Die Lampenanordnung muß so erfolgen, daß eine unzulässige Erwärmung vermieden wird, z.B. Montage unter der Decke. Lampen werden häufig in den Belüftungskreislauf einbezogen, u.a. auch zur Energierückgewinnung. An Arbeitsplätzen muß ausreichende Beleuchtung ebenso beachtet werden wie Blendfreiheit und Schutz gegen Zerstörung und Gefährdung in Räumen, in denen leicht entzündliche Gase zu erwarten sind (ex-Schutz).

Positionsschalttafeln fassen die Steuerung und Kontrolle der vorgeschriebenen Signallampen zusammen. Für Signal- und Sicherheitszwecke (*Positionslaternen*) sind Speziallampen mit 13 cd, 26 cd und jetzt auch 80 cd einzusetzen. In Bild 05.89 ist eine Prinzipschaltung einer Positionslaternen-Schalttafel wiedergegeben. Die Schalttafel hat Umschalter für Haupt- und Notversorgung, doppelte Versorgung der Anzeigeeinrichtung, Überwachungslampen, Umschalter für Haupt- und Reservelaterne, Alarmquittierung und optischen und akustischen Alarm. Die Tafel hat eine Grundausrüstung für die fünf normalen Positionslampen. Fünf zusätzliche

Sonstige Elektroenergie-Anwendung

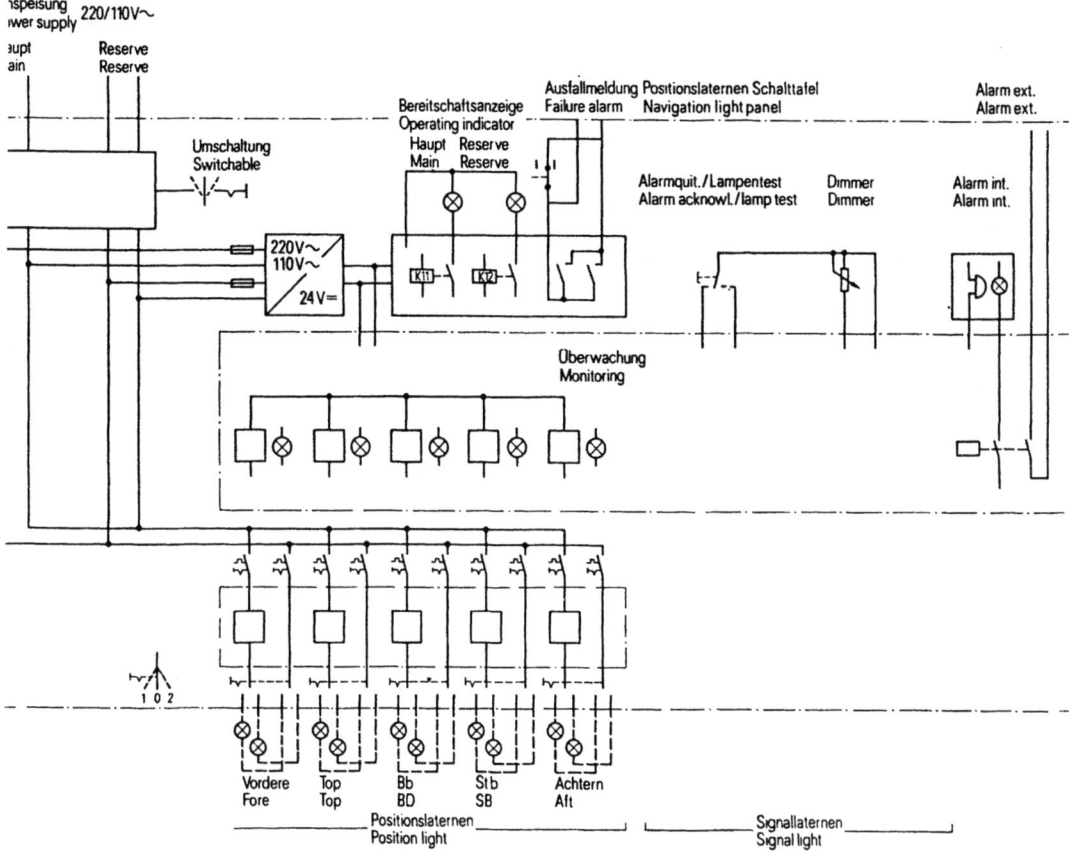

Bild 05.89 Positionslaternen-Schalttafel, Prinzipschaltung (Siemens)

Lampensteuerungen sind zur eventuellen Nachrüstung (Ankerlaterne, Zollaterne u. a.) vorgesehen.

05.7.2 Elektrische Heizung

Elektrische Heizung wird an Bord nur dort eingesetzt, wo es sich nicht lohnt, Warmwasserleitungen zu legen, wo Warmwasser nicht zur Verfügung steht und wo Wasser nicht hingebracht werden darf. Nicht festgehaltene Heizgeräte dürfen nicht verwendet werden. Wärmegeräte, bei denen eine besondere Schutzmaßnahme gegen Erwärmung auf eine Zündtemperatur durch Wärmestau vorhanden ist (Heizkissen, Heizdecken) und solche Geräte, die nur unter Aufsicht betrieben werden (Lötkolben, Bügeleisen), sind ausgenommen. In Räumen, in denen sich leicht entzündliche Gase oder Dämpfe entwickeln oder sammeln können, dürfen keine elektrischen Wärmegeräte betrieben und eingebaut werden. Über Heizgeräten dürfen keine Haken oder andere Einrichtungen, die zum Aufhängen von Kleidungsstücken dienen können, angebracht werden. Hinter verschalten Heizkörpern muß eine Wanne aus nicht brennbarem Material so angebracht sein, daß sich hinter der Verschalung kein Wärmestau bilden kann. In Naßräumen und Maschinenräumen dürfen nur wasserdichte Heizkörper verwendet werden. Heizelemente, die als solche nicht sichtbar oder erkennbar sind, sollten durch eine metallisch geerdete widerstandsfähige Ummantelung geschützt sein. Die Heizkörperabdeckung muß so ausgeführt werden, daß auf der oberen Abdeckung keine waagerechte Fläche, die zum Abstellen verführt, entsteht. Bild 05.90 zeigt schematisch einen *Schiffskabinenofen mit elektrischen Heizstäben*. Die Heizleiter werden, in einem gut wärmeleitenden, dabei aber elektrisch gut isolierenden Material eingebettet oder in ein nahtloses Rohr eingepreßt. Die nicht wasserdichte Ausführung ist mit einem Regelschalter ausgerüstet, der im unteren Teil der Vorderfront zugänglich ist. Andere Konstruktionen haben diesen Schalter an der Seite. Die Heizgeräte werden mit Leistungen von 0,5 kW, 1,0 kW und 1,5 kW geliefert. Eine Vergrößerung der Heizleistung durch Anordnung mehrerer Geräte nebeneinander ist bei der gezeigten Anordnung des Schalters ohne weiteres

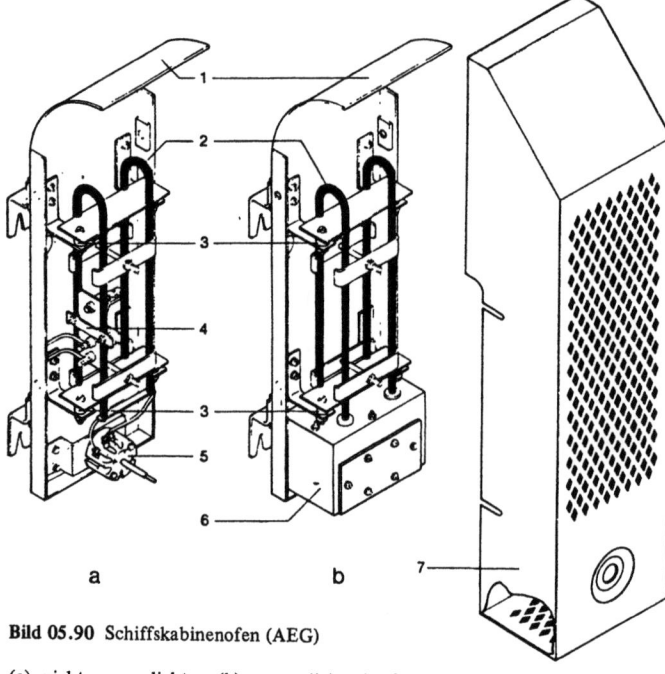
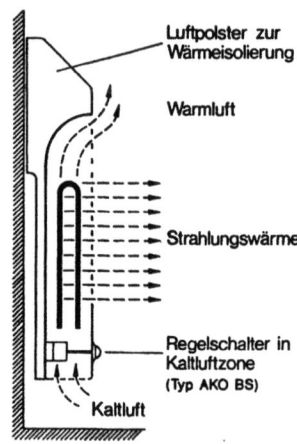

Bild 05.91 Schiffskabinenofen, Luftführung (AEG)

Bild 05.90 Schiffskabinenofen (AEG)

(a) nicht wasserdichte (b) wasserdichte Ausführung

1 Grundplatte mit Leitblech
2 Istra-Heizstab
3 Keramische Isolation
4 Brandschutzschalter
5 Regelschalter
6 Wasserdichte Kapselung
7 Haube

möglich. Die wasserdichte Ausführung hat keinen Regelschalter. Zum Schutz gegen zu hohe Temperaturen werden Brandschutzschalter eingesetzt, die nach Ansprechen erst wieder eingeschaltet werden können, wenn die Verkleidung abgenommen wurde. Die erforderliche Heizleistung eines Raumes richtet sich nach seinem Verwendungszweck, der Lage im Schiff, der Größe des Raumes und der Außentemperatur, sowie seiner wärmetechnischen Isolierung. Sie liegt zwischen 60...120 W je m^3 Rauminhalt. Als Zuleitung wird MGCG-Kabel verwendet.

In Bild 05.91 ist die Wärmeführung des oben beschriebenen Heizgerätes gezeigt. Zu erkennen ist die innere Luftführung, sowie die Luftzufuhr und die Warmluftabgabe. Durch die Luftführung wird die Erwärmung der oberen Abdeckung vermieden; durch die Abstandshaltung von der Wand wird eine Erwärmung der Wandfläche und ein möglicher Wärmestau verhindert.

Zur *Versorgung mit Warmwasser* werden Hoch- und Niederdruckspeicher angewendet. Sie unterscheiden sich von den an Land üblichen nicht. Ein Heizelement erwärmt das im Speicher befindliche Wasser. Ein Überlauf beim Niederdruckspeicher und ein Sicherheitsventil beim Hochdruckspeicher schützen vor zu hohem Druck durch die Wasserausdehnung. Damit das Rücklaufen von heißem Wasser in das Leitungssystem bei ausbleibendem Druck im Netz vermieden wird, müssen Rückschlagventile vorgesehen sein.

05.7.3 Küchen, Pantries

In *Küchen* und *Pantries* wird an Bord genau wie an Land gekocht, gebraten und gebacken. Die *offene Flamme* ist im Küchenbetrieb an Bord *nicht* denkbar. Es wird daher elektrisch oder mit Warmwasser bzw. Dampf gekocht. Dazu ist in den Küchen eine umfangreiche Elektroinstallation Voraussetzung. Die Küchengeräte unterscheiden sich in manchen Dingen von denen an Land bezüglich des verwendeten Materials, da an Bord die umgebende Atmosphäre aggressiver als die an Land ist. Es werden daher überwiegend rostfreie Materialien verwendet, auch dort, wo sie an Land nicht unbedingt benutzt werden.

Es dürfen nur *geschlossene Kochplatten* verwendet werden. Überkochendes Kochgut darf nicht in die Installation dringen können. Schalter und Sicherungen für Kochplatten müssen sämtliche unter Spannung stehende Teile in der Aus-Stellung stromlos machen (unterbrechen). Sicherungen müssen getrennt von den Geräten untergebracht sein. Kochplatten werden mit Thermofühlern geregelt oder sind in mehreren Stufen einstellbar. Die Versorgung der Kochplatten erfolgt sowohl ein- als auch dreiphasig. Die Sicherung der Kochstellen gegen Weggleiten der Kochgeräte durch die Schiffsbewegungen (Schlingerleisten) muß sichergestellt sein. Wärmeplatten und Wärmegeräte werden durch entsprechend kleine elektrische Leistung auf ungefährlicher Temperatur gehalten.

Backöfen und *Backherde* werden mit Thermostaten oder Thermofühlern (Halbleiter) geregelt. Schwadenabzug und Schutzart der Heizgeräte müssen besonders beachtet werden. *Kochkessel* sind meist indirekt mit Wasserdampf geheizt. Das Wasser wird durch elektrische Heizwendel erwärmt. In diesem Falle müssen Sicherheitsventile, Be- und Entlüftung und Druckanzeige zur Sicherheit installiert sein. *Kaffeemaschinen* und *Spießbratmaschinen*, *Grillgeräte* und ähnliche Geräte werden ebenso elektrisch beheizt wie *Spülmaschinen*. Spülmaschinen sollten in Längsrichtung des Schiffes aufgestellt werden, d.h. die Frontseite in Richtung Bug. Dadurch wird vermieden, daß bei starker Schlingerbewegung des Schiffes bei einer Programmunterbrechung Wasser austreten kann. Bei Spülmaschinen ist ebenso wie bei allen anderen programmgesteuerten Maschinen darauf zu achten, daß bei Verwendung einer Frequenz, für die die Maschine nicht vorgesehen ist, das Programm entsprechend der veränderten Frequenz gegenüber der Nennfrequenz schneller oder langsamer läuft. Spülmaschinen werden mit Traversen geliefert, die zur Befestigung des Gerätes auf dem Schiffsboden dienen.

Kühlschränke werden als Standardtypen in geringer Bautiefe geliefert, damit sie durch die relativ engen Türen gebracht werden können. Die *Kühlmaschinen* sind meist als Kompressormaschinen ausgeführt und mit Ventilator belüftet. Kühlschränke sind mit Schlössern versehen und von innen nicht zu öffnen. Die elektrischen Anschlußspannungen sind jeweils Niederspannungen mit den üblichen Frequenzen.

05.7.4 Wäschereien

Waschmaschinen und *Waschautomaten* müssen mit Decksbefestigung ausgerüstet sein. Die an Land übliche Aufhängung der Trommel kann an Bord nicht verwendet werden. Die Schwingungen und Stöße beim Waschen und Schleudern werden direkt in das Fundament eingeleitet. Zur Dämpfung werden Gummifedern angewendet. Als Sicherheit werden Waschmaschinen mit Trockenschutz, thermischem Motorschutz, Überlaufschutz, Überhitzungsschutz und zustandsabhängiger Türverriegelung ausgerüstet. *Trockenautomaten* werden mit Umwuchtabschaltung gesichert. Wäschereien haben erheblichen Frischluftbedarf. Alle Teile der elektrischen Geräte werden aus rostfreien Legierungen, Metallen oder Kunststoffen gefertigt. Die elektrischen Teile sind der Korrosion stark ausgesetzt und müssen entsprechend isoliert und gegen Rostbefall geschützt werden. Entsprechende Schutzart für Schaltgeräte und Motoren ist in jedem Falle zu beachten. Waschmaschinen und nachgeschaltete Einrichtungen werden für kleine Leistungen einphasig (auch noch bis 3 kW) und 220 V/50 Hz und 60 Hz, 380 V/50 Hz und 440 V/60 Hz ausgeführt. Für größere Leistungen (auch schon ab 500 W) wird dreiphasige Wechselspannung 380 V/50 Hz mit und ohne Mittelpunktleiter, 220 V und 440 V/60 Hz angewendet.

05.8 Schrifttum

Bücher:

[05.1] *Bederke/Ptassek/Rothenbach/Vaske*: Elektrische Antriebe und Steuerungen B.G. Teubner Stuttgart
[05.2] *Eder*: Stromrichter zur Drehzahlsteuerung von Drehfeldmaschinen. Siemens Aktiengesellschaft, Berlin und München
[05.3] *Fischer*: Elektrische Maschinen, Wirkungsweise, Betriebsverhalten und Steuerung, Carl Hanser Verlag, München
[05.4] *Kosack/Wangerin*: Elektrotechnik auf Handelsschiffen, Springerverlag Berlin/Göttingen/Heidelberg, 2. Auflage 1964
[05.5] *Möller/Vaske*: Elektrische Maschinen und Umformer Teil 1, Aufbau, Wirkungsweise und Betriebsverhalten B.G. Teubner Stuttgart
[05.6] Germanischer Lloyd: Vorschriften für Klassifikation und Bau von stählernen Seeschiffen, Ausgabe 1980, Band II Kapitel 4 – Elektrische Anlagen, Selbstverlag

Zeitschriftenaufsätze:

[05.7] *Baeckmann, W.G.*: Grundlagen des kathodischen Schutzes Elektrotechnische Zeitschrift, Ausgabe B 10/1961
[05.8] *Blasius, W.*: Schleppwindenausrüstung auf Polareisbrecher „Almirante Irizar", Schiff und Hafen 10/1979
[05.9] *Dorner, J.* und *R.D. Feddersen*: Automatische Mooringwinde mit DMS-Lasterfassung und Elektronischer Auswertung Hansa 23/1980
[05.10] *Grabowski, W.*: Die Entwicklung des Marinekabels zum Schiffskabel für Starkstromanlagen nach internationalen Bestimmungen, Technische Mitteilungen AEG – Kabel 2/75
[05.11] *Kublick, Chr.* und *W. Schultze*: Unterbrechungsfreie Stromversorgungsanlagen mit Pulswechselrichtern 11/1979
[05.12] *Neumann, M.*: Kathodischer Korrosionsschutz mit Fremdströmen Hansa 6/1972
[05.13] *Schacht, H*: Moderne Elektrische Propellerantriebe mit hoher Leistungsdichte Schiff und Hafen 10/1979
[05.14] *Schild, W.*: Stromteiler im Bordnetz Hansa 15 und 16/1980
[05.15] *Schreiber, H.*: Statistische Untersuchung zur Bemessung der Generatorleistung von Handelsschiffen, Hansa 23/1977
[05.16] *Stiglitz, J.*: Thyristorgesteuerte Schiffspropellerantriebe Schiffsingenieur Journal 95 (1971)
[05.17] *Wangerin, A.*: Auslegung von Bordnetzen großer Leistungen Hansa 10/1972
[05.18] *Wangerin, A.*: Niederspannung Bordnetze im Grenzbereich Hansa 18/1976

Hauptabschnitt 06
Meß-, Steuerungs- und Regelungstechnik

Prof. Dipl.-Ing. *Ernst G. Schmidt*, Flensburg

06.1 Grundlagen und Einordnung

06.1.1 Die Aufgaben eines Leitsystems

Der Betrieb von technischen Anlagen aller Art erfordert Maßnahmen, die sich auch bei verschiedenartigen Anlagen immer wieder ähnlich sind. Man kann diese Maßnahmen und die damit verbundenen Tätigkeiten in drei Hauptgruppen einteilen:

- Das *Überwachen* der wichtigsten Betriebsgrößen. Das geschieht durch ständiges oder regelmäßiges Messen beispielsweise von Temperaturen, Drücken, Füllständen oder Verschließgrößen. Die *Meßtechnik* ist das wichtigste Hilfsmittel der Überwachung.
- Das *Steuern* von Betriebsvorgängen. Hier muß man in der Regel dafür sorgen, daß Vorgänge, wie beispielsweise das Hochfahren der Hauptmaschine oder das Starten eines Hilfsdieselmotors, nach bestimmten Vorschriften ablaufen. Steuervorgänge sind häufig durch logische Verknüpfungen gekennzeichnet, die mit den Mitteln der modernen *Digitaltechnik* verwirklicht werden können.
- Das *Regeln* von Betriebszuständen. Eine Regelung ist durch *kontinuierliches Vergleichen* eines Betriebszustandes mit einem Sollwert und durch *kontinuierliches Korrigieren* gekennzeichnet.

Die genannten Aufgaben des Überwachens, Steuerns und Regelns werden in modernen Anlagen, und damit auch in Schiffsanlagen, weitgehend von automatischen *Leitsystemen* übernommen. Diese arbeiten nach übergreifenden Prinzipien, deren theoretische Grundlagen in den letzten Jahrzehnten durch Forschungsarbeiten zunehmend gefestigt worden sind.

Diese übergreifenden Prinzipien gestatten es, Leitsysteme unterschiedlicher technischer Verwirklichung nach gleichen oder ähnlichen Gesichtspunkten zu betrachten. So arbeitet beispielsweise eine *pneumatische Steuerung* nach den gleichen Gesetzen wie eine *elektronische*, und ein *Regel*kreis gehorcht immer bestimmten Regeln, gleichgültig, ob er hydraulisch oder mit einem *Mikrorechner* instrumentiert ist. Obwohl man heute grundsätzlich alle Aufgaben eines Leitsystems durch einen zentralen *Prozeßrechner* bewältigen kann, hat es sich als zweckmäßig erwiesen, die drei Funktionsbereiche des Überwachens, Steuerns und Regelns aus *Sicherheitsgründen* apparativ voneinander zu trennen. Trotz dieser Trennung der Funktionsbereiche ist mit der Automatisierung des Betriebes normalerweise eine *Zentralisierung* verbunden. Die Bedienungs- und Anzeigeelemente der Anlage werden also an einer Stelle, etwa dem *Maschinenkontrollraum*, zusammengefaßt.

Die Zentralisierung bringt bei großen Anlagen eine starke Erhöhung der *Informationsdichte* mit sich. Um die Überschaubarkeit der Anlage zu gewährleisten, muß das Leitsystem so eingerichtet sein, daß die Menge der Informationen reduziert wird, trotzdem aber eine sichere Kontrolle möglich ist. Ein einfaches Beispiel dafür ist das Einrichten eines *Sammelalarms*.

Eine Verringerung der ständig angebotenen Informationen erfordert häufig, daß andere Informationen zum Abruf bereitgehalten werden. Das Leitsystem muß also eine Speichermöglichkeit besitzen, wie etwa Schreiber, Drucker oder elektronische Speicher. Aus der Zentralisierung ergibt sich auch die Notwendigkeit, einzelne Steuervorgänge zu einem *Gesamtablauf* zusammenzufassen. Bekannte Beispiele dafür sind die Fernsteuerautomatik der Hauptmaschine oder die Energieerzeuger-Automatik. Die Regelfunktion eines Leitsystems hat die Aufgabe, bestimmte Betriebszustände, wie beispielsweise Temperaturen, Drücke u.ä., trotz Veränderung der Umweltbedingen, konstant zu halten. Zunehmend erhält darüber hinaus die laufende Optimierung der Betriebsvorgänge im Sinne eines minimalen Energiebedarfs Bedeutung für die Struktur der Regelungen.

06.1.2 Darstellung und Kennzeichnung

Die verwendeten Formelzeichnen werden jeweils an der Stelle ihrer Einführung erläutert. Eine Festlegung ist jedoch im voraus nötig: Die Zeit als kennzeichnende Größe bei allen *dynamischen* Vorgängen hat eine besondere Bedeutung in der *Automatisierungstechnik*. In den drei folgenden Abschnitten wird

t als *Zeitvariable* und

T als *Zeitkonstante* benutzt.

Die Temperatur wird mit dem griechischen Buchstaben ϑ gekennzeichnet. Die Vorgänge in Meß-, Steuer- und Regelsystemen haben Ähnlichkeit mit Vorgängen der Nachrichtenübermittlung. Deshalb hat sich die Darstellung der Zusammenhänge als *Informationsflußdiagramm* oder *Signalflußplan* bewährt. Der Signalflußplan ist das Mittel zum Verdeutlichen der Beziehungen zwischen mehreren Größen eines Prozesses. Allgemein wird der Zusammenhang zwischen zwei Größen, deren eine als *Ursache* und die andere als *Wirkung* angesehen werden kann, durch einen Funktionsblock dargestellt (Bild 06.1).

Der Inhalt des „schwarzen Kastens" beschreibt den Zusammenhang. Er kann durch eine *Kennlinie* oder durch eine *Formel* dargestellt werden (Bild 06.2).

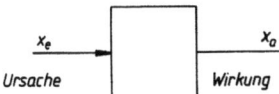

Bild 06.1 Funktionsblock Ursache–Wirkung

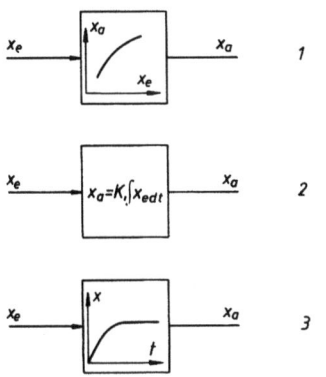

Bild 06.2 Beschreibung des Zusammenhangs
1 durch die statische Kennlinie
2 eine Gleichung
3 eine dynamische Kennlinie

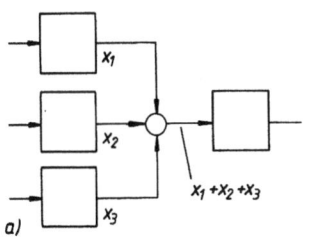

a)

Auch Verknüpfungen von verschiedenen Größen können im Signalflußplan dargestellt werden. Bild 06.3 zeigt Beispiele für *Signal*verknüpfungen.

06.2 Meßtechnik

06.2.1 Grundlagen

Einleitung

Informationen über den Zustand technischer Anlagen gewinnt man durch Messungen. Die *Meßtechnik* ist daher das wichtigste Hilfsmittel der Überwachung. Insbesondere im Schiffsbetrieb ist die Meßtechnik eine Grundlage der Betriebssicherheit und damit der Verkehrssicherheit des Schiffes.

Als Folge des anhaltenden Trends zu größeren, schnelleren und spezialisierteren Schiffen sind die Antriebs- und Hilfsanlagen an Bord leistungsdichter und verwickelter geworden; ein Betrieb dieser Anlagen von Hand über längere Zeiträume würde unwirtschaftlich werden. Diese Entwicklung zwingt zum breitesten Einsatz der *Regelungstechnik*, die ihrerseits eine ebenso breite Anwendung der Meßtechnik verlangt, sowohl für den eigentlichen Betrieb als auch für die Überwachung aller Regeleinrichtungen. Dabei gewinnen *Fernmessungen* zunehmend an Bedeutung. Mit Hilfe von *Meßumformern* (*Transmittern*) werden dabei Meßgrößen in proportionale Spannungen, Ströme, Drucksignale oder Frequenzen umgewandelt und können dann über große Entfernungen geleitet werden.

Bestimmend für die Wahl eines Meßverfahrens sind in erster Linie der zu erwartende *Höchstwert der Meßgröße*, die tatsächlich erforderliche *Meßgenauigkeit* und die *Zugänglichkeit der Meßstelle*. Der Meßbereich wird dabei dem Höchstwert mit einem Sicherheitszuschlag von 10...20 % angepaßt, um die den Anschaffungspreis des Gerätes bestimmende Genauigkeit nicht durch Ablesefehler zu schmälern. Dabei ist jedoch zu bedenken, daß betriebliche Messungen nicht so genau wie möglich, sondern so genau wie für den jeweiligen Zweck erforderlich, durchgeführt werden sollten. Denn je höher die Anforderungen gestellt werden, um so teurer und häufig auch um so empfindlicher in Bauart und Handhabung werden die Geräte.

Zu den Überlegungen über die Genauigkeit gehören auch die grundsätzlichen Betrachtungen darüber, in-

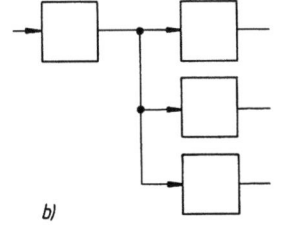

b)

Bild 06.3
a) Addition (lineare Verknüpfung)
b) Verzweigung

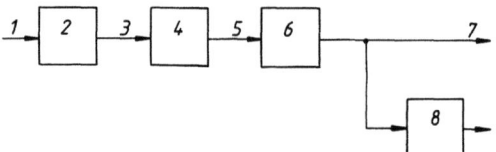

Bild 06.4 Beispiel für den Aufbau einer Meßkette
1 Meßgröße 2 Meßgrößenaufnehmer (Fühler) 3 Verbindungsleitung (elektrische Zwischengröße) 4 Meßumformer 5 Fernleitung (z.B. mit Normsignal) 6 Empfänger 7 eventuelle Weiterverarbeitung 8 Anzeige

wieweit die Meßgröße die zu überwachende Prozeßgröße *repräsentiert* (*Repräsentativität*). Ist beispielsweise die Temperatur des Kühlwassers einer Maschine hinreichend repräsentativ für die Temperatur im Inneren?
Eine Messung kann, wie bereits in Abschnitt 06.1 definiert, als Informationsübermittlung angesehen werden. Der Informationsfluß von der Meßgröße bis zum abgelesenen Wert erfolgt oft über mehrere Zwischenglieder. Die Struktur, die sich daraus ergibt, heißt *Meßkette* (Bild 06.4).
Der Aufbau einer Meßkette richtet sich nach der jeweiligen Anwendung. Gegenüber der in Bild 06.4 gezeigten Struktur können *Übertragungsglieder* entfallen oder weitere hinzukommen. So bestehen Handmeßgeräte oft nur aus einem Fühler, einer Verbindungsleitung und einem Empfänger mit Anzeiger. Andererseits können zwischen Meßumformer und Empfänger noch Einrichtungen zur drahtlosen Übertragung (Modulation-Demodulation) vorhanden sein, die die Meßkette entsprechend erweitern (s. Abschnitt 06.2.3).
Grundsätzlich kann man annehmen, daß jedes Glied der Meßkette mit einem *Übertragungsfehler* behaftet ist. So liegt der Schluß nahe, im Interesse eines möglichst geringen Gesamtfehlers sei die Anzahl der Meßkettenglieder stets zu minimalisieren. Dem steht jedoch entgegen, daß die *Sicherheit* und *Zuverlässigkeit* der Übertragung oft nur durch die Verwendung von Zwischenträgern gewährleistet werden kann. Die kleine Spannung eines Thermoelementes (s.a. Abschnitt 6.2.2) kann beispielsweise nicht ohne Umformung zuverlässig über größere Entfernungen übertragen werden. Besonders die schwierigen Umweltbedingungen im Schiffsbetrieb stellen oft höchste Anforderungen an die Zuverlässigkeit einer Messung und einer Meßwertübertragung.
Ob bei einer Messung mehr Genauigkeit oder mehr Zuverlässigkeit verlangt wird, hängt vom jeweiligen Zweck ab. Man muß drei wesentliche Anwendungsgruppen unterscheiden:

- Die *Einzelmessung*, bei der jeder Meßstelle ein Meßgerät oder eine Meßkette zugeordnet ist. Unterschiedliche Anforderungen an die Zuverlässigkeit sind hier kennzeichnend. Die Genauigkeitsforderungen schwanken zwischen mäßigen Ansprüchen bei Betriebsmessungen und sehr hohen bei Messungen beispielsweise zur vorbeugenden Überwachung.
- Die Messung als Teil eines *Sicherheitssystems*, bei der besonders hohe Anforderungen an die Zuverlässigkeit gestellt werden. Die Genauigkeit ist oft zweitrangig, da die Messung oft nur zum Abfragen von Grenzwerten benutzt wird.
- Die Messung als Teil eines *automatisierten Prozesses* wie beispielsweise einer Regelung. Zuverlässigkeit und Genauigkeit sind hier meistens gleichrangig. Solche Systeme sind häufig durch *Verknüpfungen* zwischen mehreren Größen gekennzeichnet, was Fragen der *Fehler*fortpflanzung in den Vordergrund bringt.

Wichtige Normen und Vorschriften

Wichtige Normblätter:
DIN 1319   Grundbegriffe der Meßtechnik
DIN 1952   Durchflußmessung mit genormten Düsen, Blenden und Venturidüsen (VDI-Durchflußmeßregeln)
DIN 19202   Durchflußmeßtechnik; Kennzeichen und Prüfverfahren für Durchflußmesser

Nicht als DIN-Norm erschienen:
VDE/VDI-Richtlinien 3511, Technische Temperaturmessungen
VDI-Richtlinien 205 210, Messung mechanischer Schwingungen
DIN-Taschenbuch Band 11, Längenmeßtechnik
DIN-Taschenbuch Band 22, Einheiten und Formelgrößen

Vorschriften des Germanischen Lloyd:
Vorschriften von Lloyds Register of Shipping
Vorschriften von Det Norke Veritas

Theoretische Grundlagen

Nahezu alle Meßverfahren erfassen die *Meßgröße* so, daß ein kontinuierlicher Wert zur Verfügung steht. Es liegt also nahe, auch die *Anzeige* des Meßwertes *kontinuierlich*, analog der Meßgröße, einzurichten.

Vielfach ist eine ständige Anzeige nicht notwendig. Die Information wird bei Bedarf abgefragt. Die Anzeige ist *diskontinuierlich*.

Eine Weiterentwicklung der diskontinuierlichen Messung ist die *digitale* Übertragungstechnik (s. Abschnitt 06.2.3). Hier wird der Meßwert nach einem bestimmten Code in Impulse zerlegt, die in Rechnern weiterverarbeitet werden können oder als Ziffern angezeigt und gedruckt werden.

Wie das Verfahren des Erfassens und Übertragens auch eingerichtet ist, es tritt immer eine mehr oder weniger große *Meßunsicherheit* auf. Zwischen dem *wahren Wert* der Meßgröße und dem *angezeigten Wert* besteht eine Differenz, die als *Meßfehler* bezeichnet wird. Nach DIN 1319 ist der Fehler

$$E = x_a - x \qquad (1)$$

worin x_a der angezeigte Wert und x der wahre Wert ist. Eine andere Größe ist die *Korrektion* oder Berichtigung

$$B = x - x_a. \quad (2)$$

Der wahre Wert wird durch den Vergleich mit einem Normal oder durch Messen mit einem genaueren Instrument ermittelt.

Zur richtigen Einordnung des Fehlers bzw. zur richtigen Bemessung der Korrektion müssen die Fehlerursachen untersucht werden. Einige wichtige Ursachengruppen seien hier genannt:

- *falsche Dimensionierung* oder falscher Einbau des *Meßgrößenaufnehmers*,
- Einwirkung *überlagerter* (additiver) *äußerer Störungen* auf die Meßkette (z.B. induktive Störungen),
- Einwirkung *deformierender* äußerer Störungen wie beispielsweise Temperatureinflüsse bei elektrischen Übertragungen oder Strömungseinflüsse bei Temperaturmessungen,
- *innere Störungen* des Meßsystems (Reibung, Spiel, Nichtlinearitäten).

Bei einigen Messungen kann eine Ursache dominierend sein. Nach dieser muß sich dann in erster Linie die Korrektion richten.

Die den Meßergebnissen eines einzelnen Meßgerätes anhaftenden Fehler können systematischer und zufälliger Natur sein.

Systematische Fehler, deren Ursache z.B. im Meßwerk des Gerätes selbst, in der Skalenteilung, durch Umgebungseinflüsse auf die Meßanlage oder durch reine Methodenfehler, z.B. falsch eingebautes Thermometer, begründet ist, können in Größe und Richtung durch Eichung erfaßt und berichtigt werden.

Zufällige Fehler dagegen, wie sie z.B. durch individuelle Ablesung verursacht sein können, deuten sich in einer Streuung der Meßergebnisse an, lassen sich durch Mehrfachversuch verringern oder werden bei der graphischen Auftragung von Meßreihen mittels *Durchstraken* eines Kurvenzuges ausgeglichen.

Rechnerisch schafft man Ausgleich durch *arithmetische Mittelwertbildung* bei einer Meßreihe mit n voneinander unabhängigen Einzelwerten $x_1...x_i..x_n$.

Mittelwert

$$\bar{x} = \frac{1}{n} \sum_{i=1}^{i=n} x_i . \quad (3)$$

Die Abweichungen vom Mittelwert gehorchen den Gesetzen der Statistik. Auf der Grundlage der Annahme einer *Gaußschen Normalverteilung* hat man die *Standardabweichung* als mittlere quadratische Abweichung definiert.

$$s = +\sqrt{\frac{1}{n-1} \sum_{i=1}^{i=n}(x_i - \bar{x})^2}. \quad (4)$$

Mit dieser Standardabweichung lassen sich Überlegungen hinsichtlich der Vertrauensgrenzen nach DIN 1319 anstellen.

Wenn nun mehrere Meßwerte verschiedener Meßgrößen mit den ihnen anhaftenden Fehlern die Einflußgrößen zur Bestimmung eines Gesamtergebnisses bilden, kann mit Hilfe des *Fehlerfortpflanzungsgesetzes* der *größtmögliche* Fehler und der *mittlere* Fehler des Gesamtergebnisses ermittelt werden.

Der größtmögliche Fehler entsteht dann, wenn alle Einzelmeßgrößen rein zufällig mit dem größtzulässigen Fehler und dazu mit gleichem Vorzeichen gemessen wurden. Seine Größe erhält man einfach durch arithmetische Addition der Einzelfehler.

$$F_{max} = F_1 + F_2 + F_3 + ... \quad (5)$$

bzw.

$$\epsilon_{max} = \epsilon_1 + \epsilon_2 + \epsilon_3 = \frac{F_1}{A_1} + \frac{F_2}{A_2} + \frac{F_3}{A_3}. \quad (6)$$

Da aber die Wahrscheinlichkeit, daß bei der Bestimmung der einzelnen Meßgrößen der größtmögliche Fehler mit überall gleichem Vorzeichen die Anzeige verfälschte, äußerst gering ist, wird in der Technik meist mit dem mittleren Fehler des Gesamtergebnisses gerechnet.

$$F_{mittel} = F_1^2 + F_2^2 + F_3^2 \quad (7)$$

oder übersichtlicher in Form des relativen Fehlers:

$$\epsilon_{mittel} = \sqrt{\epsilon_1^2 + \epsilon_2^2 + \epsilon_3^2} \quad (8)$$

Die bisherigen Fehlerbetrachtungen müssen durch die Betrachtung des *dynamischen* Verhaltens der Meßeinrichtungen ergänzt werden. Die Elemente der Meßstrecke sind mit unterschiedlich großen *Speicherwirkungen* behaftet, die dazu führen können, daß schnelle Änderungen der Meßgröße nicht oder nur unvollkommen übertragen werden.

Das dynamische Verhalten kann auf mehrere Arten beschrieben werden. Die bekannteste Methode und gleichzeitig die für die Praxis am besten brauchbare, ist die, daß die Meßgröße *sprungartig* geändert wird (z.B. durch plötzliches Eintauchen eines Temperaturfühlers in eine heiße Flüssigkeit) und die Reaktion der Anzeige aufgezeichnet wird. Die Kurve, die dabei entsteht ist die *Sprungantwort* mit der Zeitkonstante T als kennzeichnende Größe (s. Abschnitt 06.3.3).

Bild 06.5 zeigt die Sprungantwort einer Meßeinrichtung. Bild 06.6 gibt das Verhalten der Meßeinrichtung bei verschieden schnellen Änderungen der Meßgrößen wieder. Man erkennt, daß bereits bei b die Information nicht mehr richtig übertragen werden kann. Dieses *Tiefpaßverhalten* ist typisch für viele Meßeinrichtungen und bestimmt in manchen Fällen über deren Brauchbarkeit.

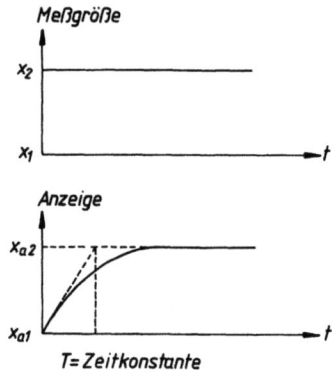

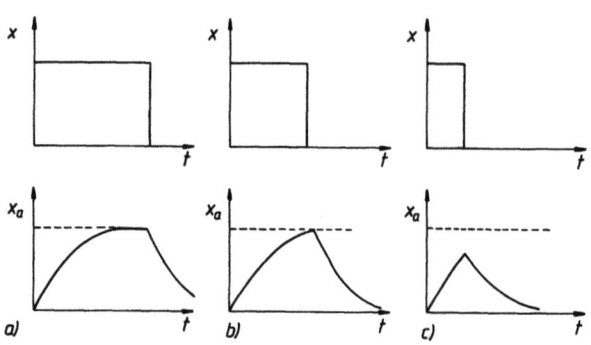

Bild 06.5 Sprungantwort einer Meßeinrichtung

Bild 06.6 Zeitverhalten der Meßeinrichtung bei verschieden schnellen Änderungen der Meßgröße

06.6.2 Druckmessung

Die Meßgröße Druck (s. auch Hauptabschnitt 04)

Druck entsteht durch eine Kraftwirkung auf einer Fläche. Die meisten technischen *Druckmessungen* haben den Atmosphärendruck (p_{amb}) als Bezugsgröße. Weicht der Druck vom Atmosphärendruck ab, nennt man ihn *Überdruck* (p_e). Der Überdruck kann also positive und negative Wert annehmen. Die Summe von Überdruck und *Atmosphärendruck* ist der *Absolutdruck*

$$p_{abs} = p_e + p_{amb}$$

oder

$$p_e = p_{abs} - p_{amb}.$$

Der Zusammenhang ist in Bild 06.7 dargestellt.

Jede genaue Messung des Überdruckes erfordert eine Berücksichtigung des jeweiligen Atmosphärendrucks (Barometerstand). Die früher übliche Bezeichnung „Unterdruck" für den Bereich $p_e < 0$ ist nicht mehr zulässig.

Die Druckeinheit ist das *Pascal* (Pa)

$$1\,Pa = 1\,N/m^2.$$

Da das Pascal eine sehr kleine Druckeinheit ist, ist für technische Anwendungen das *Bar* gebräuchlicher.

$$1\,bar = 10^5\,Pa = 10^5\,N/m^2 = 10\,N/cm^2$$

oder auch

$$1\,bar = 100\,kPa.$$

Der niedrigste, zur Zeit denkbare Druck herrscht im interstellaren Raum. Dieser Druck, weit niedriger als der Druck des höchsten technisch herstellbaren Vakuums, ist nicht als Bezugsgröße (Nullpunkt) für eine Druckskala geeignet. Für den Absolutdruck wurde deshalb ein Nullpunkt festgelegt, der einem Druck von 0,002 028 mbar entspricht. Das Kennzeichnen der Einheiten durch Indizes, etwa als Absolutdruck oder Überdruck, ist nicht zulässig.

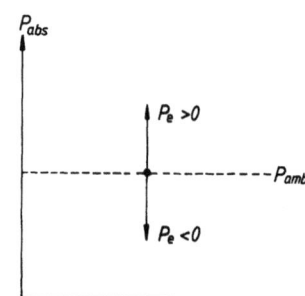

Bild 06.7 Absoluter und bezogener Druck

Die Kennzeichnung muß durch die Größen erfolgen (z.B. p_{abs} oder Betriebsüberdruck).

Obwohl die Länder des englischen Sprachgebietes ebenfalls der internationalen Vereinbarung über Meßsysteme (SI) beigetreten sind, dauert dort, angesichts einer langen „nichtmetrischen" Tradition, die Umstellung länger. Folgende Druckeinheiten sind noch üblich:

1 lb.per sq.in = 1 psi = 0,069 bar oder
1 bar = 14,5 psi.

Dabei wird durch Anhängen der Buchstaben a = absolute und g = gauge an die Einheit kenntlich gemacht, ob der absolute Druck (psia) oder ob der Überdruck (psig) gemessen wird.

Druckmeßgeräte

Druckmesser (Manometer) zeigen nur dann den an der Anschlußstelle herrschenden Druck genau an, wenn sie in gleicher Höhe mit dem Anschluß sitzen. Ist z.B. auf einem Küstenmotorschiff das Manometer für den Umlauföldruck des Antriebsmotors im Ruderhaus angebracht, so ist seiner Anzeige ein Betrag von $\Delta p = h \cdot \rho \cdot g$ zuzuzählen. Hierbei ist ρ die Dichte des Schmieröls in der Anschlußleitung und h die

Meßtechnik

Höhe des Manometers über der Anschlußstelle am Motor. Durch Öffnen des Ausblasehahns vor dem Manometer überzeugt man sich davon, daß die Anschlußleitung vollständig mit gleichem Stoff gefüllt ist.

Besondere Beachtung ist der Ausbildung der *Anschlußstelle* zu schenken. Da sich der Druck in einer Flüssigkeit oder in einem Gas gleichmäßig in alle Richtungen ausbreitet, ist es bei ruhenden Flüssigkeiten oder Gasen gleichgültig, wie die Manometeranschlußleitung an den zu messenden Raum heranführt. Bei strömenden Stoffen jedoch kann die Messung durch *Stau* oder *Sog* beeinflußt werden. Damit nur der statische Druck gemessen wird, soll die Druckentnahme möglichst in einer geraden Rohrstrecke mit gleichbleibendem Querschnitt liegen. Die Anschlußbohrung soll rechtwinklig zur Innenfläche der Rohrwand verlaufen und einen Durchmesser von 2...4 mm haben. Die Bohrung ist gut zu entgraten (Bild 06.8).

Vor Dampfmanometer schaltet man meistens zum Schutz vor hohen Temperaturen eine *Wasservorlage*, z.B. eine Rohrschleife, in der der Dampf kondensiert und stehen bleibt. Der Druck der in der Vorlage enthaltenen Wassersäule kann i.a. gegenüber dem viel höheren Dampfdruck vernachlässigt werden.

Manometer an Druckgefäßen, die einer periodischen Kontrolle unterliegen, erhalten Ausblasehähne mit Kontrollstutzen, die das Ansetzen von geeichten *Kontrollmanometern* gestatten.

Bei raschen Druckwechseln, z.B. an einem Luftverdichter, benutzt man den Ausblasehahn in der Anschlußleitung, um durch seine Drosselwirkung eine *beruhigte Anzeige* zu erhalten. *Doppelmanometer* vereinigen zwei Einzelmanometer in einem Gehäuse, z.B. zur Anzeige des Schmieröldruckes vor und hinter Filtern. *Kontaktmanometer* haben verstellbare Kontakte, die bei Unterschreitung eines Mindestdruckes bzw. Überschreitung eines Höchstdruckes den Stromkreis zu einer Alarmvorrichtung schließen. Die Kontakte sind i.a. mit 20 mA belastbar.

Flüssigkeitsmanometer

Ein U-förmig gebogenes Rohr, mit Meßflüssigkeit teilweise gefüllt, ist die einfachste Form des *Flüssigkeitsmanometers*. Ist der eine Schenkel mit der Meßstelle verbunden, der andere offen, so zeigt das Gerät den Überdruck an. Sind beide Schenkel mit verschiedenen Meßstellen verbunden, bezeichnet man das Gerät als *Differenzdruckmesser*. Als Meßflüssigkeiten verwendet man Quecksilber, Azetylentetrabromid, Tetrachlorkohlenstoff, Alkohol u.ä. Flüssigkeitsmanometer haben in der Betriebsmeßtechnik wenig Bedeutung. Für Justierarbeiten und zur Messung von sehr kleinen Differenzdrücken (s. Bild 06.3.5) werden verschiedene Bauformen von Flüssigkeitsmanometern gebraucht.

Metallmanometer

Hierzu gehören die *Rohrfeder-, Plattenfeder-* und *Kapselfedermanometer* sowie die *Kolbenmanometer*.

Sehr weit verbreitet sind die *Rohrfedermanometer*. Als wirksamen Teil haben sie die *Bourdonsche* Rohrfeder, ein gebogenes Rohr mit flachem Querschnitt, dessen äußere Rohrinnenfläche größer als die innere ist. Dadurch wird die Rohrfeder unter der Wirkung eines inneren Überdruckes geradegestreckt. Diese Bewegung wird über Hebel mit Zahnsegment auf ein Zahnrad mit Achse und Zeiger übertragen. Bild 06.9.1 zeigt das Meßwerk eines Rohrfedermanometers.

Bis etwa 100 bar verwendet man für Dampf, Wasser und Luft gezogene *Bronzerohrfedern*, für Ammoniak und andere Buntmetall angreifende Stoffe *Stahlrohrfedern*. Für höhere Drücke werden besondere, gebohrte Stahlrohrfedern benutzt.

Eine Spiralfeder auf der Zeigerwelle dient zur Rückstellung des Zeigers auf Null, so daß toter Gang im Triebwerk ausgeglichen wird. Triebwerke aus Preßstoff haben sich als besonders verschleißfest bewährt. Die Skalendurchmesser für Schiffsmanometer sollen möglichst nicht kleiner als 130 mm gewählt werden, damit eine Ablesung auch aus einiger Entfernung, z.B. vom Fahrstand aus, gut möglich ist.

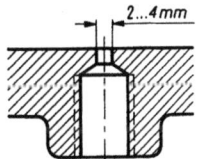

Bild 06.8 Ausbildung der Anschlußbohrungen für Druckmesser

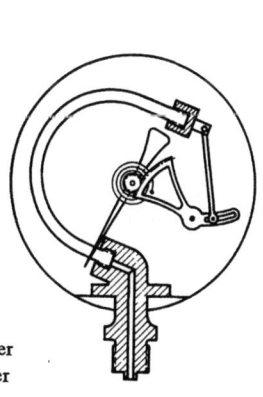
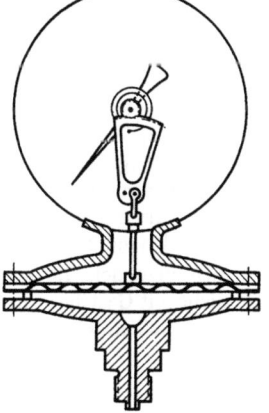
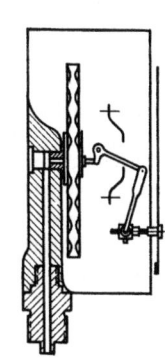

Bild 06.9
Bauarten von Metallmanometern
Bild 06.9.1 Rohrfedermanometer
Bild 06.9.2 Plattenfedermanometer
Bild 06.9.3 Kapselfedermanometer

Plattenfedermanometer (Bild 06.9.2) haben als wirksamen Teil eine im Umfang eingeklemmte, dünne Stahlblechplatte mit ringförmigen Wellen. Sie sind zur Messung von Drücken bis etwa 25 bar, für negative Drücke und Differenzdruckmessungen geeignet.

Kapselfedermanometer nach Bild 06.9.3 haben eine Kapselfeder, deren Innenwände durch Überdruck nach außen gewölbt werden; sie werden nur für geringe Drücke bis etwa 0,4 bar verwendet.

Ähnlich wie Kapselfedermanometer arbeiten auch die *Aneroidbarometer*. Sie bestehen aus einer oder mehreren hintereinandergeschalteten, luftleeren Metalldosen, deren federnde Bodenflächen unter dem äußeren Luftdruck durchgebogen werden.

Zur *Druckfernmessung* übernimmt ein Meßumformer als Zwischenglied die Aufgabe, den Meßimpuls eines Meßgrößenaufnehmers in eine Übertragungsgröße, z.B. in einen proportionalen eingeprägten Gleichstrom, umzuformen und dem fernen Anzeigegerät zuzuführen (s. a. Abschnitt 06.2.3).

Bei *Kolbenmanometern* wirkt der zu messende Druck auf einen Kolben. Der aus Druck mal Kolbenfläche entstehenden Kolbenkraft wird durch Gewichts- oder Federbelastung das Gleichgewicht gehalten. *Gewichtsbelastete* Kolbenmanometer dienen zu Eichzwecken. *Federbelastete* Kolbenmanometer werden zur Anzeige bzw. zur Aufzeichnung der Druckschwankungen in Kolbenkraftmaschinen verwendet. Ein besonders einfaches Gerät ist z.B. der *Haenni-Druckspitzenmesser*. Das Meßgerät erlaubt die einfache Kontrolle der *Zünd-* und *Kompressionsdrücke* eines Motors, Bild 06.10. Das Meßgerät ist ohne Wartung und Schmierung immer klar und wird einfach auf den Indikatorstutzen des Motors aufgeschraubt.

Im wesentlichen besteht das Gerät aus dem Federrohr (1), der Kolbenspindel (2), die durch die Meßfeder (3) gespannt ist. Ein Druck auf die Öffnung (13) drückt das Federrohr (1) zusammen und hebt die Kolbenspindel (2). Dadurch wird das Sperrelement (4) von der Sperrhülse (5) gehoben und durch die Spiralfeder (6) auf die Kolbenspindel (2) geschraubt. Dadurch verdreht sich nun der Teilkopf (7), der durch den Stift (8) mit dem Sperrelement (4) verbunden ist. Der Teilkopf (7) mit der zugehörigen Skalenhülse (9) dreht sich dem auftretenden Höchstdruck entsprechend in eine bestimmte Stellung und bleibt dort so lange, bis das Federrohr (1) durch einen höheren Druck weitergehoben, oder der Teilkopf (7) von Hand zurückgestellt wird. Der Befestigungsnippel (10) und die zugehörige Kupplungsmutter (11) entsprechen den Indikatorgewinden.

Das Meßgerät eignet sich besonders für schnelllaufende Motoren, die nicht mit Gestängen zur Bewegung der Trommeln von Indikatoren ausgerüstet sind.

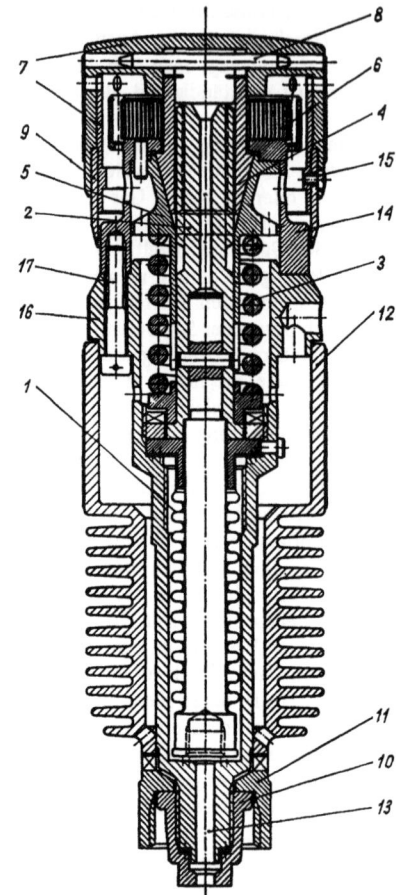

Bild 06.10 Haenni-Druckspitzenmesser
1 Federrohr
2 Kolbenspindel
3 Meßfeder
4 Sperrelement
5 Sperrhülse
6 Spiralfeder
7 Teilkopf
8 Stift
9 Skalenhülse
10 Befestigungsnippel
11 Kupplungsmutter
12 Gehäuseunterteil
13 Öffnung
14 Gehäuseoberteil
15 Justierschraube
16 Gehäusemittelteil
17 Spannschrauben

Diagramm-Indikatoren ermöglichen neben einer Aufzeichnung von Arbeitsdiagrammen vor allem auch die Aufnahme von *handgezogenen* Linien, die einen Überblick über den Verbrennungsablauf in Motoren gestatten. Arbeitsdiagramme ergeben sich durch Aufzeichnung des Druckes im Maschinenzylinder über dem Kolbenweg. Der Druck wird über den *Indikatorkolben*, der federbelastet ist und sich daher je nach Druckhöhe einstellt, über ein Gestänge auf einen Schreibstift übertragen. Die Federn sind aus-

Meßtechnik

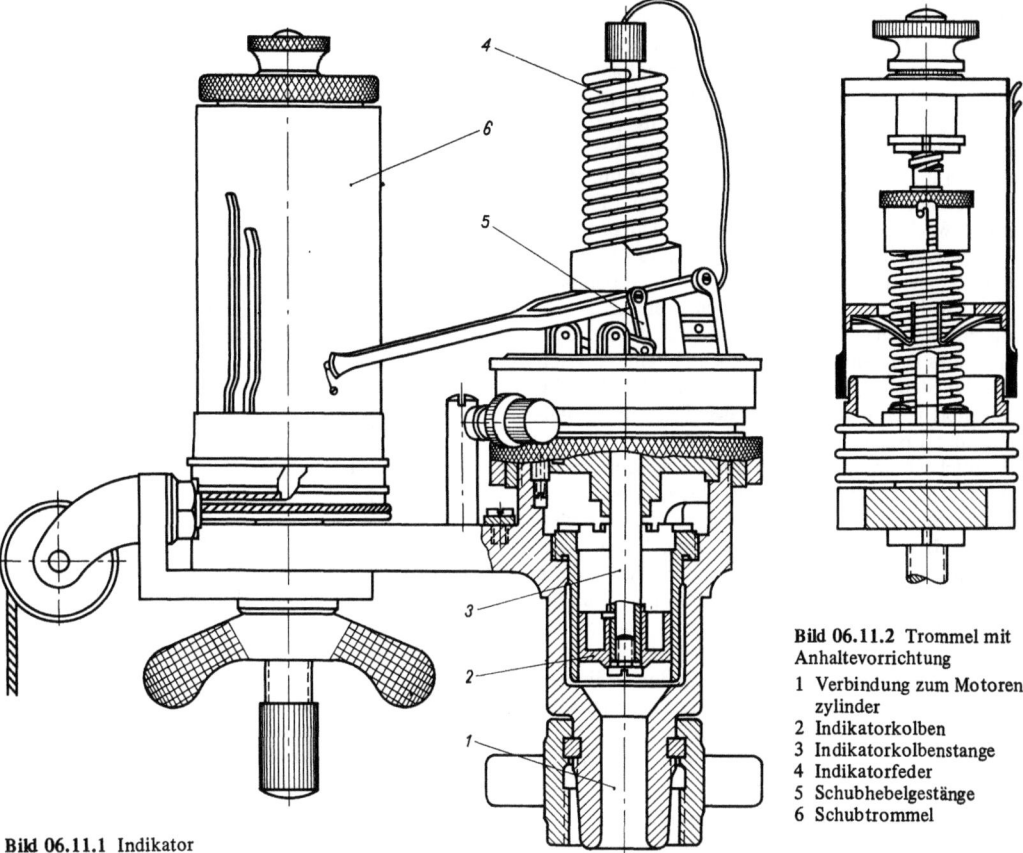

Bild 06.11.1 Indikator

Bild 06.11.2 Trommel mit Anhaltevorrichtung
1 Verbindung zum Motorenzylinder
2 Indikatorkolben
3 Indikatorkolbenstange
4 Indikatorfeder
5 Schubhebelgestänge
6 Schubtrommel

Bild 06.11 Indikator für langsamlaufende Dieselmotoren

wechselbar und werden entsprechend der zu erwartenden Druckhöhe gewählt. Der Federmaßstab, der angibt, wieviel Millimeter Schreibhöhe einer Druckeinheit (1 bar) entsprechen, ist auf den Federn vermerkt. Dabei ist zu beachten, für welchen Kolbendurchmesser die Angabe Gültigkeit hat. Die Indikatorkolben und -laufbuchsen sind nämlich zur vielseitigen Verwendung des Gerätes ebenfalls auswechselbar. Die Indikatortrommel wird vom Indikatorantrieb des Motors, dem Weggebergestänge, angetrieben. Der Hebelmechanismus des Indikators ist drehbar eingerichtet und ermöglicht das Aufzeichnen von jeweils nur einem Diagramm. Bild 06.11 zeigt einen Indiktator der Fa. *H. Maihak AG* Hamburg.

Es empfiehlt sich, mit Rücksicht auf die schwingenden Massen des Gerätes mit möglichst kleinem Diagramm zu arbeiten. Die Hersteller bieten daher verschiedene Indikatorgrößen für Maschinen mit $n < 400\,\text{min}^{-1}$, für solche mit $n < 1000\,\text{min}^{-1}$ und für Maschinen mit $n < 2500\,\text{min}^{-1}$ an. Bei *Stabfederindikatoren* ist die Druckfeder durch eine Stabfeder, die eine hohe Eigenschwingungszahl und geringe schwingende Massen des Gerätes ermöglicht, ersetzt. Sie werden bei schnellaufenden Maschinen mit großen Druckänderungen je Zeiteinheit eingesetzt. *Zeitindikatoren* haben statt des maschinenbetätigten Trommelantriebs eine Laufwerkbetätigung.

Handhabung: Der Indikator wird bei Motoren auf das am Zylinderdeckel angebrachte *Indikatorventil* aufgesetzt. Dann richtet man die Schnurlänge für den Antrieb so ein, daß die Trommel nicht gegen ihre Bewegungsbegrenzung anstößt. Hiervon soll man sich auch während des Indizierens noch überzeugen. Der Indikatorkolben soll vor dem Indizieren mit Zylinderöl geschmiert werden. Damit das Gerät an Motoren nicht zu warm wird, sollte es nach dem Nehmen von etwa 2 Diagrammen abgekühlt werden. Nach dem Messen muß das Gerät gereinigt werden. Zur Schmierung des Schreibhebelgestänges ist *Knochenöl* zu verwenden. Nach dem Aufspannen des Indikatorpapiers zieht man zunächst in allen Fällen die Atmosphärenlinie, um so eine Bezugslinie für die zu verzeichnenden Drücke zu haben; dabei kontrolliere man den Anpreßdruck des Schreibstifts. Zu starker Druck führt zum Reißen des Papiers oder verfälscht durch Reibung die Aufzeichnung. Auf jedes Diagramm gehören Datum, Uhrzeit, Federmaßstab, Maschinendrehzahl, Füllung und Meßstelle. Nach der angegebenen Uhrzeit können weitere Daten wie Abgastemperatur, Kühlwassertemperatur u.ä. jederzeit dem Maschinentagebuch bzw. einem besonderen Versuchsprotokoll entnommen werden. Bevor man aus der Betrachtung eines Diagramms Maßnahmen für eine Verstellung der Steuerorgane einer Maschine ableitet, sollte man prüfen, ob nicht die anormale Diagrammgestaltung ihre Ursache im Indikator selbst haben kann. Als solche kommen z.B. in Frage: Schnurschwingungen, hängender Indikatorkolben, anstoßende Schreibtrommel, Federschwingungen. Das Auswerten von Diagrammen erfordert hinsichtlich der auf die Maschineneinstellung zu ziehenden Rückschlüsse viel Erfahrung (s. Hauptabschnitt 15); für die Berechnung der Arbeit bzw. Leistung aus den Arbeitsdiagrammen gelten mathematische Beziehungen. Ein geschlossenes Diagramm mit den Ordinaten Druck und Weg stellt offensichtlich ein Arbeitsdiagramm dar. In Verbindung mit der Maschinendrehzahl ergibt sich die Leistung. Die Berechnung erfolgt so:

1. Bestimmung der mittleren Diagrammhöhe h_m:
Mit Hilfe des anschließend besprochenen Planimeters wird die Diagrammfläche A_D ermittelt. Dann ist

$$h_m = \frac{A_D}{l}$$

A_D Diagrammfläche.................. mm²
l Diagrammlänge .... mm

2. Bestimmung des mittleren inizierten Druckes p_i:
$$p_i = h_m/f \qquad (10)$$

f Federmaßstab.................... mm/bar

3. Leistungsbestimmung:
$$P_I = 2 p_i \cdot A \cdot s \cdot n_a \qquad (11)$$

A Zylinderfläche
s Kolbenhub
n Maschinendrehzhal
n_a = n für doppeltwirkende Zweitaktmotoren und Dampfmaschinen
     = $n/2$ für einfachwirkende Zweitaktmotoren
     = $n/4$ für Viertaktmotoren (einfachwirkend)

Beispiel:

$$p_i = 10 \text{ bar} = 10 \cdot 10^5 \frac{N}{m^2}$$

$$A = \frac{\pi}{2} \cdot (0{,}2)^2 \text{ m}^2$$

s = 0,6 m
n_a = 2,5 s⁻¹
$P_I = 2 \cdot 10 \cdot 10^5 \frac{N}{m^2} \cdot \pi 2 \cdot 10^{-2} \text{m}^2 \cdot 0{,}6 \text{ m} \cdot 2{,}5 \text{ s}^{-1}$

$= 18{,}9 \cdot 10^4 \frac{Nm}{s}$

$= 189$ kW

Bei doppeltwirkenden Maschinen ist für p_i das algebraische Mittel aus den Werten für Ober- und Unterseite einzusetzen. Als Kolbenfläche ist ebenso ein Mittelwert aus den Flächen beider Zylinderseiten zu bilden. Die Kolbenunterseite hat wegen des Kolbenstangenquerschnitts eine um 10...12% kleinere Fläche.

$$p_i = \frac{p_{iD} + p_{iK}}{2} \qquad (12)$$

$$A = \frac{A_D + A_K}{2} \qquad (13)$$

Index D = Oberseite, Index K = Kurbelseite.

Zum Ausmessen von *Indikatordiagrammen* dient das *Polarplanimeter*. Mit dem Fahrstab des Geräts wird die Diagrammfläche umfahren, der Stand der Meßrollen vor und nach dem Umfahren werden abgelesen, die Differenz ergibt den Flächeninhalt. Zur sicheren Bestimmung führt man den Vorgang etwa fünfmal aus und nimmt den Mittelwert der Ergebnisse. Bei der Benutzung des Planimeters ist darauf zu achten, daß die Meßrolle unbehindert auf glattem Papier laufen kann. Den Fahrarm läßt man etwa auf der halben Diagrammlänge auf der Expansionslinie des Diagramms beginnen; dieser Punkt wird vorher markiert und muß am Schluß der Umfahrung wieder genau erreicht werden. In der Ausgangsstellung soll der Fahrarm mit dem Polarm des Geräts etwa einen rechten Winkel bilden. Man erreicht dadurch, daß der Fahrarm beim Umfahren des Diagramms gleichmäßig nach beiden Seiten ausschlägt.

Überschläglich kann man die mittlere Höhe eines Diagramms auch dadurch bestimmen, daß man die Diagrammlänge in 10 gleiche Teile teilt und in jedem Teilstück die mittlere Höhe herausmißt, d.h. den mittleren Abstand der oberen und unteren Begrenzungslinie des Diagramms in diesem Teilabschnitt. Die mittlere Höhe des Diagramms ergibt sich dann als algebraischer Mittelwert aller herausgemessenen Höhen:

$$h_m = \frac{h_1 + h_2 + h_3 + \ldots + h_{10}}{10} \qquad (14)$$

Die Auswertung von Diagrammen ergibt die indizierte oder innere Leistung einer Maschine.

Der *Mitteldruckanzeiger* (Pimeter nach Dr. *Geiger*) von *Lehmann & Michels*, Hamburg, erlaubt die Feststellung von p_i, wenn Prüfstandsuntersuchungen mit gleichem Gerät vorliegen. Vor allem ist das Gerät geeignet, die Aufteilung der Belastung auf die

Meßtechnik

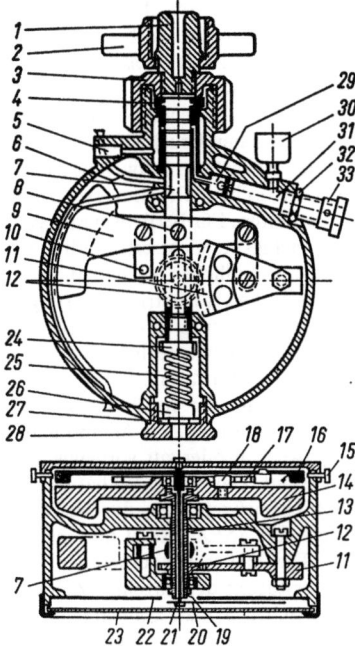

Bild 06.12 Mitteldruckanzeiger
1 Anschlußkonus
2 Anschlußmutter
3 Sechskantkopf
4 Zylinderbuchse
5 Kühlwasseranschluß
6 Ölabflußrohre
7 Kolbenstange
8 Kupplungsauge
9 Übertragungshebel mit Gegengewicht
10 Festpunkt im Gehäuse
11 Zahnsegment
12 Zahnrad
13 Achse der Hauptmasse
14 Hauptmasse
15 Feststellschraube für Zusatzmasse
16 Zusatzmasse
17 Spiralfeder
18 Befestigungsschraube
19 Achse der Zusatzmasse
20 Zeiger
21 Zeigermutter
22 Skala
23 Glasdeckel
24 Federkopf
25 Feder
26 Federfuß
27 Zwischenplatte
28 Federfußschraube
29 Rückschlagventil
30 Schmierölgefäß
31 Zylinderbuchse zur Ölpumpe
32 Gewindeeinsatz zur Ölpumpe
33 Stempel zur Ölpumpe

einzelnen Zylinder eines Motors festzustellen. Das Gerät wird wie ein Indikator auf den Indikatorstutzen geschraubt. Durch den schwankenden Druck im Arbeitszylinder wird der Gerätekolben (7) (Bild 06.12) hin- und herbewegt. Die Kolbenstange wirkt über Hebel- und Zahnradübersetzung (11) und (12) mit starker Vergrößerung auf ein hinten im Instrument liegendes Schwungrad ein. Die mit dem Quadrat der Übersetzungszahl wirksame Masse des Schwungrads nimmt die auf den Kolben wirkenden Druckschwankungen auf, so daß sich der Kolben schließlich auf eine dem mittleren Druck entspre-

chende Lage einstellt. Diesem Mitteldruck hält eine Art Indikatorfeder (25) das Gleichgewicht. Das Gerät nutzt demnach sonst im Maschinenbau und Betrieb meistens störend wirkende Schwingungserscheinungen nutzbringend aus. Der angezeigte Mitteldruck ist allerdings ein *auf die Zeit bezogener Mitteldruck* und nicht mit dem durch die Auswertung von Indikatordiagrammen gewonnenen Mitteldruck (mittlerer *Wegdruck*) zu verwechseln. Wenn man aber auf dem Prüfstand gleichzeitig mit dem Pimeter und dem Indikator arbeitet, kann man die Zusammengehörigkeit durch ein Diagramm darstellen. An Bord genügt dann der einfachere Gebrauch des Pimeters zusammen mit dieser graphischen Darstellung, um p_i abzugreifen. Statt den mittleren Zeitdruck des pimeters über dem mittleren indizierten Druck aufzutragen, kann man ihn auch über dem mittleren *effektiven* Druck vermerken. Man wird dies bei Motoren tun, die nicht indiziert werden können, und deren Leistung man deshalb als effektive Leistung auf dem Prüfstand feststellt. Der effektive Druck ist:

$$p_e = \frac{P_E K}{V n} \qquad (15)$$

P_E effektive Leistung
V Hubvolumen des Motors
n Drehzahl
Beiwert K s. Hauptabschnitt 15.

Zur Anpassung an die verschiedenen Verwendungszwecke dienen drei Federn, die wahlweise mit oder ohne Zwischenplatte eingesetzt werden können.

Elektrische Druckmeßverfahren

Insbesondere für schnell veränderliche Meßgrößen wurden einige Druckmeßverfahren entwickelt, die *elektrische* Meßgrößenaufnehmer benutzen. Dabei werden im wesentlichen drei physikalische Effekte ausgenutzt:

a) *Widerstandsänderung* durch *mechanische* Verformung (Dehnungsmeßstreifen),

b) *Änderung einer elektrischen Ladung* an der Oberfläche eines Kristallelements durch *Krafteinwirkung* (piezoelektrischer Aufnehmer, Quarzaufnehmer),

c) *Änderung des magnetischen Verhaltens* durch *Krafteinwirkung* (magnetoelastische Aufnehmer).

Dehnungsmeßstreifen (DMS) können dadurch zur Druckmessung verwendet werden, daß sie auf das elastische Meßelement eines Druckmessers, beispielsweise eine Plattenfeder, aufgeklebt werden. Es sind verschiedene Konstruktionen solcher *Druckmeßdosen* auf dem Markt (Bild 06.13).

Eine Abwandlung dieses Meßprinzips benutzen Aufnehmer, deren Meßmembran aus Halbleitermaterial besteht. Durch Diffusion werden Widerstandszonen in die Oberfläche der Meßmembran eingebracht, die sich ähnlich verhalten wie Dehnungsmeßstreifen.

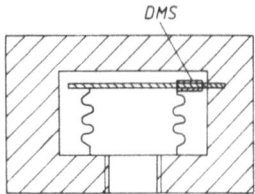

Bild 06.13 Aufbau einer Druckmeßdose mit Widerstandselementen (z.B. Dehnungsmeßstreifen)

Der Vorteil dieser *piezoresistiven Aufnehmer* (z.B. Fabrikat *Kistler*) ist ihre hohe Empfindlichkeit, die es erlaubt, bei einem Druckbereich von beispielsweise 200 bar mit einer Membranfläche von nur 5 mm Durchmesser auszukommen.

Alle diese Widerstandsaufnehmer sind *passive Aufnehmer*, benötigen also eine eigene Stromversorgung. Das Meßsignal ist in der Regel eine Spannung, die der Verstimmung einer Widerstandsbrücke entspricht.

Quarzaufnehmer nutzen den *piezoelektrischen Effekt* aus, der darin besteht, daß an der Oberfläche eines Kristalles bei einer Krafteinwirkung in Richtung einer bestimmten Achse des Kristallgitters eine *elektrische Ladung* entsteht. Die Ladung ist proportional zur einwirkenden Kraft und, bei geeigneter Umsetzung über eine Membran, auch zu einem Druck. Grundsätzlich können nach diesem Prinzip sehr empfindliche Meßgeräte gebaut werden, was eine Anwendung außerhalb der Meßtechnik in Kristallmikrophonen deutlich machen möge. Die Anwendung für statische Messungen ist nicht möglich, da die elektrische Ladung bei Betriebsmessungen nicht stromlos gemessen werden kann. Die Ladung fließt also nach einer gewissen Zeit über den Eingangswiderstand des angeschlossenen Verstärkers ab. Für dynamische Messungen dagegen sind die nahezu trägheitslos arbeitenden Quarzaufnehmer besonders gut geeignet (Anstiegszeit in der Größenordnung von Mikrosekunden). Wegen der hohen Empfindlichkeit können auch diese Aufnehmer in sehr kleinen Abmessungen gebaut werden (Bild 06.14). Das begünstigt ihre Anwendung an schwer zugänglichen Meßstellen.

Quarzaufnehmer werden auch zur Messung anderer mechanischer Größen verwendet, insbesondere bei Schwingungsmessungen und als Meßelemente in Beschleunigungsaufnehmern.

Durch die im allgemeinen aufwendige mechanische Konstruktion der elektrischen Druckaufnehmer und die zum Erfassen der Meßgrößen notwendige Elektronik sind die elektrischen Druckmeßverfahren heute noch teure Verfahren. Für Betriebsmessungen, bei denen große Schnelligkeit nicht erforderlich ist, werden deshalb die herkömmlichen Methoden bevorzugt. Auch wenn der Meßwert elektrisch übertragen werden soll, wird die Umsetzung in das elektrische Signal erst nach der eigentlichen mechanischen Messung vorgenommen (s. Abschnitt 06.2.14).

Für den Schiffsbetrieb sind die erwähnten elektrischen Methoden in Verbindung mit Meßprogrammen zu Forschungszwecken oder zur vorbeugenden Überwachung interessant. Ein Verfahren hat sich jedoch auch als Betriebsmeßverfahren durchgesetzt: Die *Druckmeßanlage von ASEA* ersetzt den mechanischen Indikator. Die Meßgrößenaufnehmer werden auf die Indikatorstutzen der einzelnen Zylinder montiert. Ihre elektrischen Signale können jederzeit zentral abgerufen und ihr zeitlicher Verlauf (Indikatordiagramm) auf einem Bildschirm sichtbar gemacht werden. Bild 06.15 zeigt das Prinzipschaltbild einer solchen Meßeinrichtung.

Die Meßgrößenaufnehmer des „ASEA-Verfahrens" nutzen die Erscheinung aus, daß sich der Verlauf magnetischer Kraftlinien im Metall unter dem Einfluß einer Kraft (elastische Verformung) verändert. Dadurch wird die Kopplung zwischen zwei kreuzweise angeordneten Spulen verändert. Bild 06.16 zeigt schematisch diesen Zusammenhang.

Das Planimetrieren entfällt, denn die Integration über den Kolbenweg und andere Auswertungen wie beispielsweise die Mittelwertbildung erfolgen elektronisch.

Auch dieses Verfahren ist verhältnismäßig aufwendig. Da jedoch in Zukunft mit einer weiteren Reduzierung des Bordpersonals auch im technischen Bereich gerechnet werden muß, ist es sicher zweckmäßig, zentralisierte Meßeinrichtungen zur sicheren Betriebsführung einzusetzen.

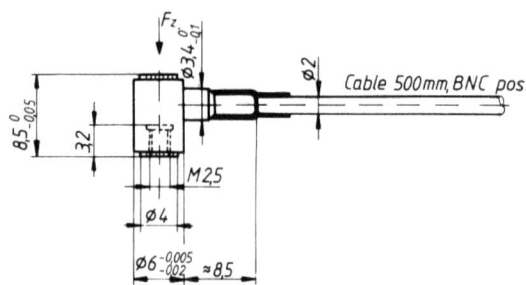

Bild 06.14 Piezoelektrischer Druckaufnehmer

Type 9213

Meßtechnik

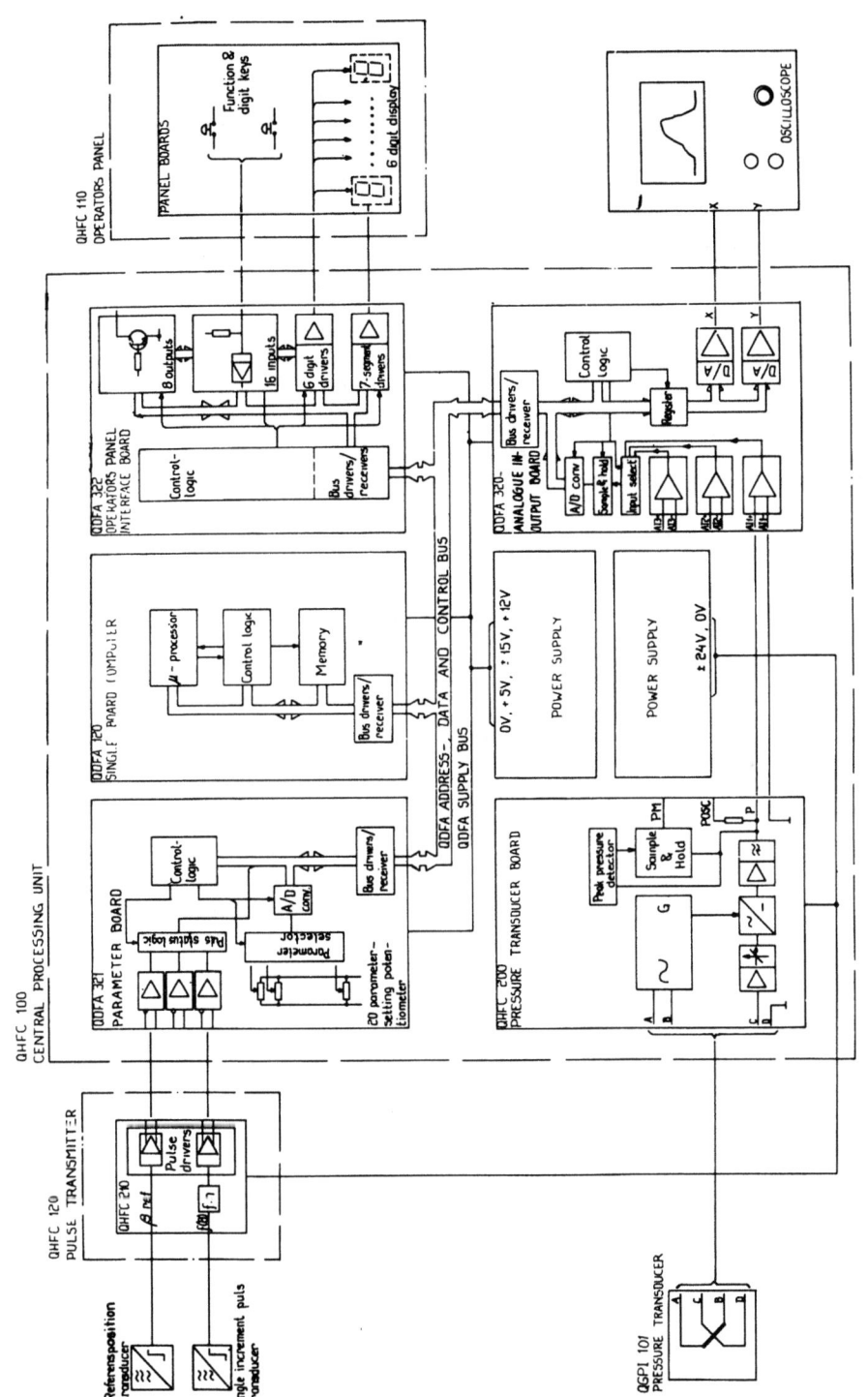

Bild 06.15 Prinzipschaltbild einer zentralen Zylinderdruck-Meßeinrichtung (ASEA).

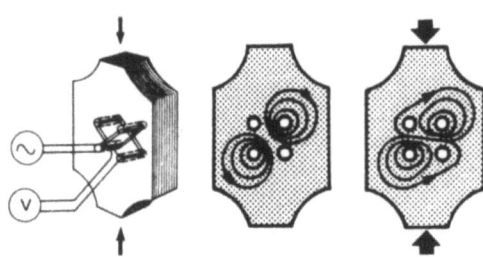

Bild 06.16 Grundsätzliche Arbeitsweise eines magnetoelastischen Aufnehmers

06.2.3 Temperaturmessung

Die Meßgröße Temperatur

Die *Temperatur* ist eine der wichtigsten Meßgrößen. Als Zustandsgröße der Materie wird sie oft als Indiz für nicht direkt zugängliche Vorgänge im Inneren von Prozessen herangezogen. Als Beispiel seien hier chemische Reaktionen erwähnt. Dem Menschen ist die Größe „Temperatur" vertraut, da er sie mit seinen Sinnesorganen direkt erfassen kann. Trotzdem sind exakte Temperaturmessungen mit einigen Schwierigkeiten verbunden.

Die Temperatureinheit ist *Kelvin* (K). Der Nullpunkt der, von Stoffeigenschaften *unabhängigen*, *thermodynamischen Temperaturskale (absolute Temperatur)* ist als die Temperatur definiert, bei der der Druck eines idealen Gases Null ist. Weil die thermodynamische Temperaturskale für den praktischen Gebrauch zu unhandlich ist, sind einige praktische Temperaturskalen im Gebrauch, deren bekannteste die *Celsiusskale* ist. Die Bezugspunkte der Celsiusskale sind der Schmelzpunkt des Eises (0 °C = 273,15 K) und der Siedepunkt des Wassers (100 °C = 373,15 K). Aufgrund einer internationalen Vereinbarung wurde als gemeinsamer Fixpunkt der thermodynamischen Temperaturskale und der Celsiusskale der *Tripelpunkt des Wassers* vorgeschrieben und mit 273,16 K bzw. 0,01 °C festgelegt.

Außer der Celsiusskale ist in den Ländern des englischen Sprachraumes, insbesondere den USA, die *Fahrenheitskale* im Gebrauch. Bei der Fahrenheitskale ist der Schmelzpunkt des Eises auf 32 °F und der Siedepunkt des Wassers auf 212 °F festgelegt. Manchmal ist eine Umrechnung von Temperaturangaben notwendig für die die folgenden Formeln gelten:

Celsiustemperatur: $\vartheta_C = \frac{5}{9}(\vartheta_F - 32)$ (16)

Fahrenheittemperatur: $\vartheta_F = \frac{9}{5}(\vartheta_C + 32)$. (17)

Diese Umrechnungen gehören heute oft zur Standardausrüstung technisch-wissenschaftlicher Taschenrechner.

Temperaturmeßverfahren

Bei der Wahl des Meßverfahrens zur Bestimmung der Temperatur steht eine Reihe von Körpereigenschaften, die sich mit der Temperatur ändern, zur Verfügung. So bemerkt man, daß

1. sich Körper bei Erwärmung ausdehnen, bei Abkühlung zusammenziehen → *Ausdehnungsthermometer* (etwa −20...750 °C),
2. bei Erwärmung sich der *elektrische Widerstand* von Metallen ändert → *Widerstandsthermometer* (etwa −220...550 °C),
3. bei Erwärmung der Lötstelle zweier verschiedener Metalle eine *Thermospannung* entsteht → *Thermoelemente* (−200...1800 °C),
4. bei hohen Temperaturen die meßbare *Wärme-* und *Lichtstrahlung* in einem bestimmten Verhältnis zur Temperatur steht → *Strahlungspyrometer* (etwa 600...2000...4000 °C),
5. feste Körper bei Erwärmung schmelzen → *Segerkegel* (600...2000 °C),
6. bei Überschreiten bestimmter Temperaturen ein *Farbumschlag* erfolgt → *Temperaturmeßfarben* (50...1350 °C).

Die beiden Hauptgruppen bilden die *Berührungsthermometer* und die *Strahlungspyrometer*. Bild 06.17 gibt einen Überblick über Einsatzbereich und Eigenschaften. Zu den Berührungsthermometern gehören in erster Linie die *Flüssigkeitsthermometer*, die *Widerstandsthermometer* und die *Thermoelemente* sowie die meist für Sonderzwecke verwendeten *Bimetallthermometer*, die *Stabausdehnungsthermometer*, *Segerkegel* und *Temperaturmeßfarben*.

Die zweite Gruppe bilden die *Strahlungsthermometer* mit den Gesamtstrahlungs-, Teilstrahlungs- und Farbstrahlungspyrometern, deren Anwendung jedoch im Bordbetrieb praktisch entfällt. Entscheidend für die Wahl des geeigneten Meßverfahrens sind vor allem

- die *Höhe* der zu messenden Temperatur,
- der sich aus der Aufgabenstellen ergebende Temperatur*bereich*,
- die erforderliche *Genauigkeit* des Meßverfahrens und
- die *Zugänglichkeit* der Meßstelle bzw. gegebenenfalls eine Möglichkeit zur Fernübertragung der Anzeige.

Grundsätzliche Forderungen zur Verringerung der Fehlereinflüsse:

Jede Temperaturmessung ist mit Fehlern behaftet, welche jedoch bis zu einem gewissen Grade vermeidbar oder wenigstens zu veringern sind; vor allem gilt dies für

- Fehler durch *Abweichung* von den *Eichwerten*,
- Fehler durch *Schalt-* und *Übertragungsorgane* (z.B. unberücksichtigte Widerstandsänderung der Zuleitungen elektrischer Thermometer infolge

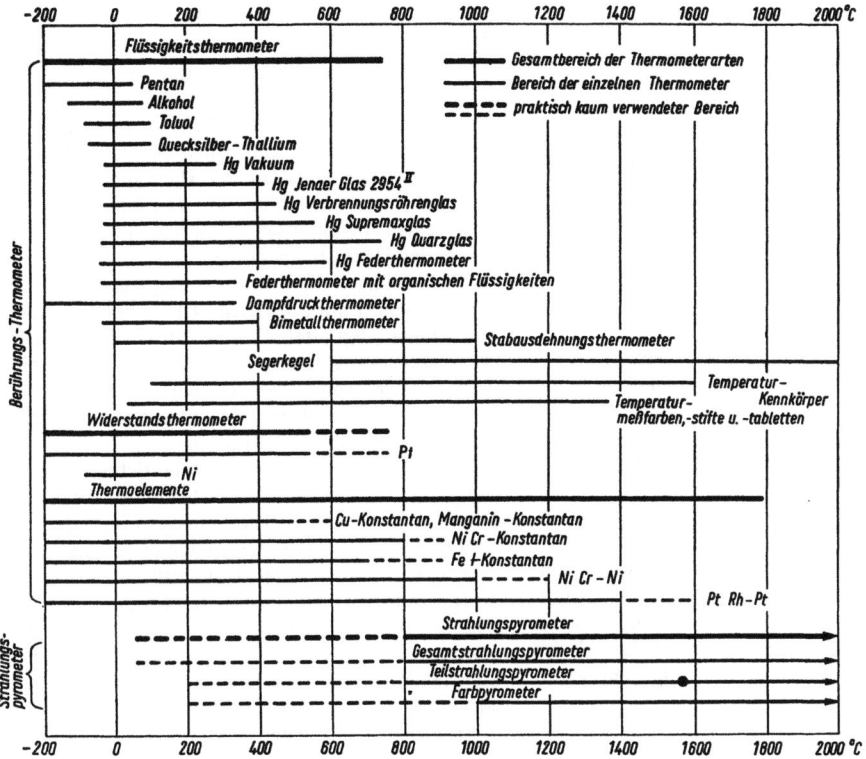

Bild 06.17 Verwendungsbereich der gebräuchlichsten Temperaturmeßgeräte

von Temperaturschwankungen, z.B. durch Sonneneinstrahlung usw.),
- Fehler am *Meßgerät*,
- *Einbaufehler* und
- Fehler durch *Anzeigeverzögerung* (Übergangsfunktion).

Bei Beachtung einiger grundsätzlicher Forderungen bzw. Richtlinien für den Thermometereinbau an der Meßstelle sind unnötige größere Fehler weitgehend vermeidbar. So sind vor allem drei Forderungen bei der Anbringung und Formgebung von Berührungsthermometern weitmöglichst zu berücksichtigen.

1. Eine *Wärmeableitung* durch den Temperaturfühler von der Stelle, an der gemessen wird, muß so weit wie möglich *verhindert* werden.
2. Ein *Wärmeaustausch* zwischen dem zu untersuchenden Stoff und dem Temperaturfühler muß *begünstigt* werden.
3. Der Temperaturfühler muß möglichst dem Einfluß der *Wärmeein-* bzw. *-abstrahlung*, besonders bei hohen Anforderungen an die Meßgenauigkeit, *entzogen* werden.

Besondere Hinweise für die Verwirklichung dieser Forderungen bei den einzelnen Thermometerarten sind den jeweiligen Abschnitten angehängt.

Mechanische Berührungsthermometer

Flüssigkeits-Glasthermometer werden unterschieden in

1. *Einschlußthermometer* (Kapillarrohr gemeinsam mit Skalenträger in einem Hüllrohr befestigt),
2. *Stabthermometer* (starkwandiges Kapillarrohr mit eingeätzter Teilung).

Die *Quecksilberthermometer* sind die gebräuchlichste Art der Ausdehnungsthermometer. Da Quecksilber bei −39 °C fest wird und bei 360 °C siedet, sind diese Thermometer ohne besondere Maßnahmen nur von etwa −30...+280 °C verwendbar. Wird jedoch der Raum über dem Quecksilberfaden durch spezielle Gasfüllung auf etwa 10 bar unter Druck gesetzt, so läßt sich der Anwendungsbereich bis auf etwa +750 °C erweitern. Für die höheren Temperaturen sind diese Thermometer aus Jenaer Glas bzw. aus Quarz hergestellt.

Neben dem Quecksilber sind als thermometrische Flüssigkeiten besonders geeignet: *Alkohol, Toluol,*

Tafel 06.1 Kennwerte thermometrischer Flüssigkeiten

Flüssigkeiten	Verwendungs-bereich °C	Faden-beiwert γ
Quecksilber, luftleer ohne Gasfüllung	$-30\ldots+280$	$\frac{1}{6300}$
Quecksilber mit Gasfüllung (Stickstoff, Argon)	$-30\ldots+750$	$\frac{1}{6300}$
technisches Pentan	$-200\ldots+20$	$\frac{1}{800}$
Alkohol	$-110\ldots+50$	$\frac{1}{800}$
Toluol	$-70\ldots+100$	$\frac{1}{800}$
Gallium	$\ldots 1050$	$\frac{1}{12000}$

technisches Pentan (C_2H_{12}) und, für sehr hohe Temperaturen bis 1050 °C, *Gallium* Tafel 06.1). Sofern Thermometer bei voll eingetauchtem Faden geeicht sind, muß, wenn im Gegensatz dazu im Betrieb der Faden herausragt, eine *Fadenkorrektur* angegeben werden. Die wahre Temperatur beträgt dann:

$$\vartheta_w = \vartheta_a + n\gamma(\vartheta_a - \vartheta_f) \tag{18}$$

ϑ_a abgelesene Temperatur,
ϑ_f mittlere Temperatur des herausragenden Fadens,
γ Fadenfehlerbeiwert,
n Anzahl der herausragenden Grade.

Die *Betriebsthermometer* werden durch besondere Schutzrohre, die mit den Thermometerstutzen verschraubt sind, gegen Beschädigung geschützt. Aus dem gleichen Grunde stecken die Thermometer nicht unmittelbar im Flüssigkeits- bzw. Gasstrom, sondern in Stutzen. Um einen besseren Wärmeübergang vom Stutzen an das Thermometer zu haben, füllt man diese im unteren Teil mit Zylinderöl oder feinen Metallspänen, entsprechend den zu erwartenden Höchsttemperaturen.
Je dickwandiger diese Stutzen ausgeführt werden, um so mehr Wärme wird am Thermometer vorbei nach außen abgeleitet. Dies ist bei der Beurteilung der Temperaturablesung zu bedenken. Aus ähnlichen Gründen sollen die Thermometer bzw. dünnwandigen Schutzstutzen weit eintauchen und schräg zur Strömung angebracht werden.
Bild 06.18 zeigt die falsche und die richtige Anordnung, und Bild 06.19 stellt den Schutzrohreinbau in Rohrleitungen dar. Bei Thermometern im Gasstrom sind u.U. Strahlungseinflüsse durch einen oder mehrere den Temperaturfühler umhüllende, stark reflektierende Metallzylinder auszuschalten.
Flüssigkeits-Federthermometer (Zeiger- bzw. Tensionsthermometer) haben eine spiralig gewundene Rohrfeder *(Bourdonfeder)* mit Zeigerwerk ähnlich einem Manometer. Der meist als zylindrischer Hohlkörper ausgebildete Temperaturfühler steht über ein Kapillarrohr mit dem Anzeigegerät in Verbindung. Temperaturfühler, Kapillarrohr und Anzeigegerät bilden ein untrennbares Ganzes. Als thermometrische Flüssigkeit kommt Quecksilber unter einem

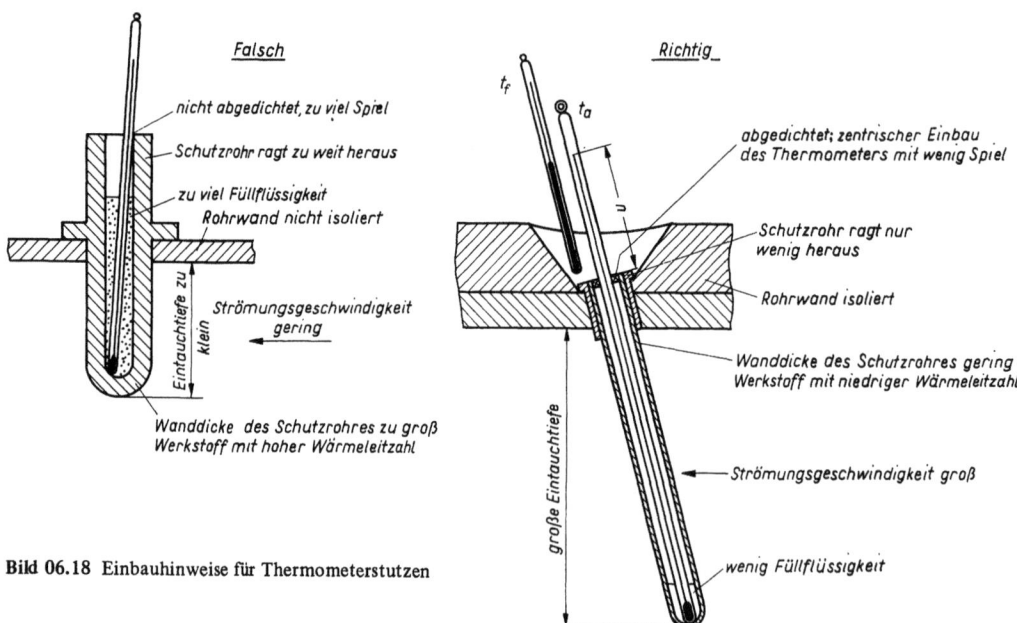

Bild 06.18 Einbauhinweise für Thermometerstutzen

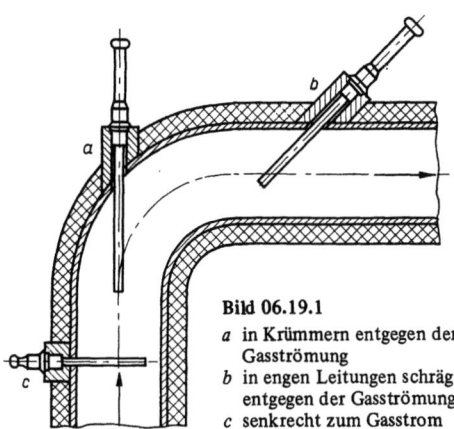
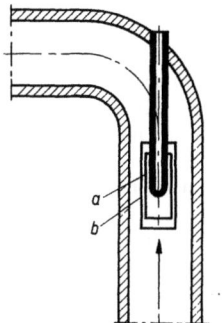

Bild 06.19 Einbau von Thermometern mit Schutzrohren in Rohrleitungen nach VDE/VDI 3511

Bild 06.19.1
a in Krümmern entgegen der Gasströmung
b in engen Leitungen schräg entgegen der Gasströmung
c senkrecht zum Gasstrom

Bild 06.19.2
Schutzrohr mit doppeltem Strahlungsschutz a und b

Druck von 100...150 bar oder eine organische Flüssigkeit (z.B. Toluol) von 5...50 bar in Frage.
Durch die Einwirkung der Wärme auf den Fühler ändert sich das Volumen der Füllung; die dadurch bedingte Formänderung der Rohrfeder wird auf ein Zeigerwerk bzw. ein Schreibgerät übertragen. Die Anzeigegeräte eignen sich zur Anbringung von Alarmkontakten.
Bild 06.20 gibt ein Zeigerthermometer der Fa. *Dreyer, Rosenkranz & Droop* wieder.
Zwar ist durch die Länge des metallischen *Kapillarrohres* eine *Fernanzeige* über kürzere Entfernung möglich, doch wird die Umgebungstemperatur des Kapillarrohres die Anzeige in fehlerhaftem Sinne beeinflussen, sofern nicht für einen Ausgleich des Temperatureinflusses Sorge getragen ist. Überschläglich beträgt die Fehlanzeige ohne Ausgleich 0,02% des Anzeigebereiches je 1 m *Fernleitung* und je 1 K Temperaturänderung dieser Fernleitung sowie des Anzeigegerätes von der Eichtemperatur. Der Quecksilberinhalt der Bourdonfeder ist mit einer Vergleichslänge von etwa 5 m anzusetzen.
Bei Kompensation des Temperatureinflusses z.B. durch eine zweite gleichartige, blinde Fernleitung vom Temperaturfühler zur zweiten, kompensierenden Bourdonfeder jedoch ohne Fühler (häufig äußerlich unkennbar mit der impulsgebenden Kapillare in einem Rohr zusammengefaßt) oder durch ein Bimetallglied ist eine Korrektur nicht erforderlich.
Größere *Höhenunterschiede* zwischen Fühler und Anzeigegerät sind möglichst zu vermeiden oder zu korrigieren.
Dampfdruck-Federthermometer sind im Aufbau den Flüssigkeits-Federthermometern ähnlich, der Temperaturfühler ist hier jedoch nur teilweise mit geeigneter Flüssigkeit (Äthyläther, Hexan, Toluol) gefüllt. Der Charakteristik der Dampfspannungskurven entsprechend besitzen diese Geräte ungleichmäßige Skaleneinteilung und sind gegen Übertemperaturen

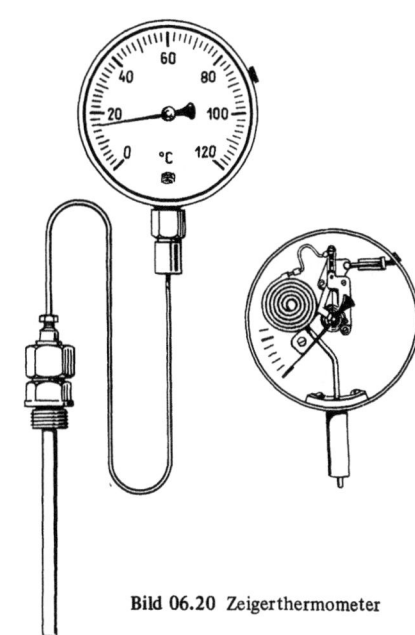

Bild 06.20 Zeigerthermometer

besonders empfindlich. Temperaturänderungen der Fernleitung sind ohne Einfluß.
Metallausdehnungsthermometer, z.B. *Stabthermometer* nutzen die unterschiedliche Wärmedehnung von Stahl und Graphit bzw. von zwei verschiedenartigen Metallen. Der aus einem Rohr und einem konzentrisch eingefügten Stabkern bestehende Temperaturgeber überträgt deren relative Wärmeausdehnung auf ein Anzeigegerät oder häufiger noch auf einen Reglermechanismus, denn wegen der großen Verstellkräfte werden die Stabthermometer gern für Temperaturregler nicht zu hoher Genauigkeit verwendet.

Bimetallthermometer bestehen in der Regel aus spiralig oder schraubenförmig gewickelten Bimetallstreifen (zusammengewalzt) von verschiedener Wärmedehnung und finden häufig als Meßglieder für mechanische Thermometer oder für elektrische Stabschalter Verwendung.

Seger-Schmelzkegel, Temperaturkennfarben und die Gruppe der *Strahlungspyrometer* sollen hier entsprechend ihrer geringen Bedeutung für den Bordbetrieb nicht behandelt werden.

Ohne technischen Aufwand lassen sich Oberflächentemperaturen an Geräten, Rohrleitungen usw. durch Verwendung von *Sofortschmelzpulver*, z.B. *GESTRA-Thermotest-Pulver*, bestimmen. Diese Pulver können für Temperaturmessungen im Bereich von 32...620 °C eingesetzt werden. Bei der Verflüssigung der Schmelzpulver kann die Temperatur im unteren Meßbereich mit etwa ±2 %, bei höheren Temperaturen mit etwa ±0,5 % Genauigkeit angegeben werden.

Ähnlich arbeiten Aufkleber, die bei bestimmten Temperaturen ihre Farbe verändern.

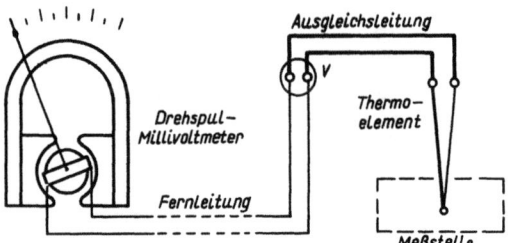

Bild 06.21 Grundschaltung von Thermoelementen

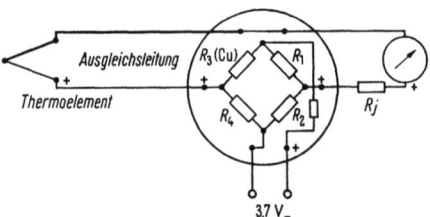

Bild 06.22 Grundschaltung der Kompensationsdose

Elektrische Berührungsthermometer

Elektrische Temperaturmeßverfahren haben den Vorteil, daß das elektrische Meßsignal leicht über größere Entfernungen übertragen und an verschiedenen Stellen genutzt werden kann. Zwei Meßmethoden haben für Betriebsmessungen Bedeutung: Messungen mit *Thermoelementen* und Messungen mit *Widerstandsthermometern*.

Die *Thermoelementmessung* ist ein *aktives* Meßverfahren, d.h., ein Thermoelement liefert eine Spannung als Meßsignal, ohne daß es von außen mit Energie versorgt werden muß.

Ein *Thermoelement* entsteht dann, wenn man zwei Drähte aus verschiedenen Metallen an beiden Enden zusammenlötet oder zusammenschweißt. Werden die beiden Enden *unterschiedlichen* Temperaturen ausgesetzt, entsteht eine elektrische *Potentialdifferenz*, die auch als *Thermospannung* bezeichnet wird. Diese ist annähernd der Temperaturdifferenz proportional. Hält man die Temperatur an dem einen Ende konstant (*Vergleichsstelle*), ist die Thermospannung ein Maß für die Temperatur an dem anderen Ende (*Meßstelle*). Den grundsätzliche Aufbau einer Meßanordnung zeigt Bild 06.21. Die *Ausgleichsleitung* bis zur Vergleichsstelle muß aus dem Material der Thermodrähte sein.

Die einfachste Möglichkeit, die Bezugstemperatur an der *Vergleichsstelle* beispielsweise auf 20 °C konstant zu halten, ist die Vergleichsstelle in ausreichender Entfernung von der Meßstelle, evtl. in einem klimatisierten Raum (Meßwarte), unterzubringen. Dem stehen häufig die hohen Kosten und die schlechten elektrischen Eigenschaften der Ausgleichsleitungen entgegen. Bei kürzeren Ausgleichsleitungen wählt man oft wegen der hohen Umgebungstemperatur eine Bezugstemperatur von 50 °C. Meist werden dann die Vergleichsstellen mehrerer Thermoelemente in einem Klemmenkasten zusammengeführt, der elektrisch beheizt wird und dessen Temperatur auf 50 °C geregelt wird (*Thermostat*).

Eine weitere Möglichkeit, Temperaturabweichungen an der Vergleichsstelle zu berücksichtigen, stellt die *Kompensationsdose* dar (Bild 06.22). Von den Widerständen $R_1...R_4$, der bei 20 °C abgeglichenen Brückenschaltung, ist der Widerstand R_3 temperaturabhängig, so daß bei einer Temperaturabweichung eine entsprechende Zusatzspannung in der Brückendiagonale entsteht. Sie hebt zwischen −10 °C und +70 °C eine durch die Temperaturabweichung bedingte Änderung der Thermospannung auf.

Die *Thermospannungen* verschiedener Materialpaarungen sind in der *thermoelektrischen Spannungsreihe* zusammengefaßt. Für die technisch gebräuchlichen Thermopaare sind die Grundwerte der Thermospannungen in einer Norm festgelegt. Tafel 06.2 und Bild 06.23 zeigen die Grundwertreihen.

Thermopaare sollen mit Rücksicht auf die erforderlichen Meßinstrumente eine möglichst hohe Thermospannung abgeben, sie sollen unter dem Einfluß hoher Temperaturen nicht zundern und auch im Dauerbetrieb ihre Thermokraft beibehalten. Die nach DIN 43710 genormten Thermopaare genügen innerhalb der ihnen zugeeigneten Temperaturbereiche diesen Ansprüchen (Tafel 06.3).

Sie werden nur in Ausnahmefällen den zu messenden Stoffen direkt ausgesetzt, in der Regel sind sie durch geeignete metallische oder keramische Innenschutzhüllen und Außenschutzrohre gasdicht gegen mechanische und chemische Einwirkungen geschützt.

Tafel 06.2 Grundwerte der Thermospannungen (DIN 43 710), Bezugstemperatur 0 °C

Temperatur	−200	−100	0	100	200	300	400	500	600	700	800	900	1000	1100	1200	1300	1400	1500	1600
Thermopaar							Abhängigkeit der Thermospannung von dem Temperaturunterschied zwischen der Meßstellentemperatur und der Bezugstemperatur 0 °C — Thermospannung mV											
Cu-Konst	−5,70	−3,40	0	4,25	9,20	14,89	20,99	27,40	34,30										
Fe-Konst	−8,15	−4,60	0	5,37	10,95	16,55	22,15	27,84	33,66	39,72	46,23	53,15							
NiCr-Ni			0	4,04	8,14	12,24	16,38	20,64	24,94	29,15	33,27	37,32	41,32	45,22	49,02				
PtRh-Pt			0	0,64	1,44	2,32	3,26	4,22	5,23	6,27	7,34	8,45	9,60	10,77	11,97	13,17	14,38	15,58	16,76

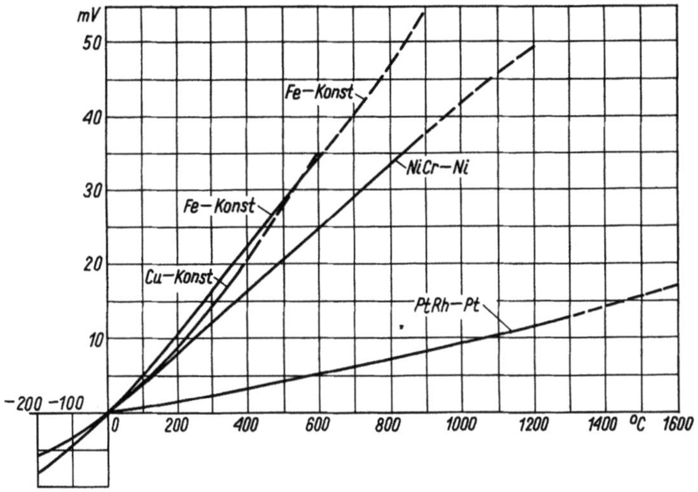

Bild 06.23 Temperaturspannungskurven handelsüblicher Thermopaare

Tafel 06.3 Einsatzbereich und Kennzeichnung von Thermopaaren

Thermopaare	Dauerbetrieb	Kennfarbe
Kupfer–Konstantan (Cu-Konst.)	≤ 400 °C	braun
Eisen–Konstantan (Fe-Konst.)	≤ 600 °C	blau
Nickelchrom–Nickel (NiCr-Ni)	≤ 900 °C	grün
Platinrhodium–Platin (PtRh-Pt)	≤ 1300 °C	weiß

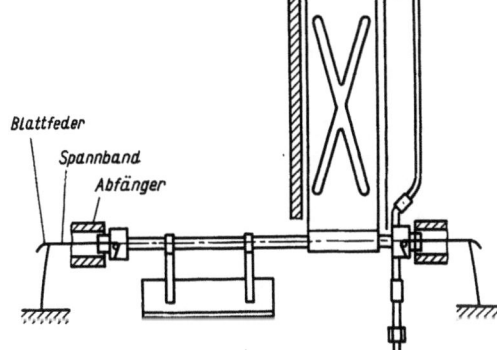

Bild 06.24 Spannbandlagerung von Anzeigegeräten

Die zur Anzeige verwendeten Drehspulmeßwerke werden heute vielfach *spannbandgelagert*, um sie stoßunempfindlich zu machen (Bild 06.24).
Thermodrähte müssen hinsichtlich Drahtdicke und Isolation den betrieblichen Anforderungen genügen; das gilt auch für die Wahl der Ausgleichsleitungen. Durch Anwärmen der Vergleichsstelle ist bei fertiger Schaltung zu prüfen, ob die *Thermostatik* bzw. die *Kompensationsdose* einwandfrei arbeitet. Da jedes Temperaturmeßgerät nur die Temperatur seines temperaturempfindlichen Teils, des Temperaturfühlers, anzeigen kann, kommt dem Einbau dieses Fühlers auch bei Thermoelementen besondere Bedeutung zu. Bild 06.25 zeigt Anwendungsbeispiele.
Temperaturschwankungen an der Vergleichsstelle wirken sich nach der Definition des Meßprinzips direkt als Fehler der Anzeige aus. Im übrigen sind die Fehlergrenzen für Thermoelemente in der Norm

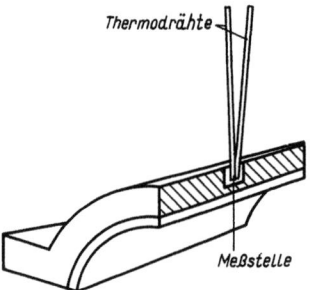

Bild 06.25.1 Temperaturmessung in festen Körpern mit Thermodrähten

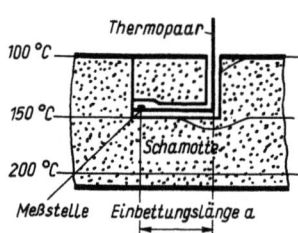

Bild 06.25.2 Temperaturmessung in schlecht wärmeleitenden Stoffen; Anordnung des Thermopaares

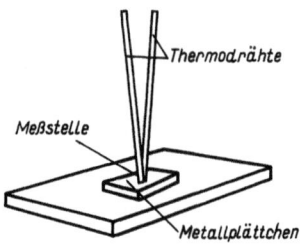

Bild 06.25.3 Messung der Oberflächentemperatur von schlecht wärmeleitenden Stoffen; Thermopaar mit Metallplättchen zur Vergrößerung der Berührungsfläche

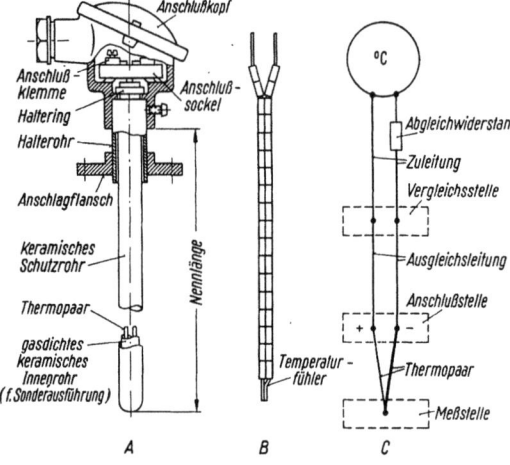

Bild 06.25.4 Thermoelement
A Schnittbild
B Thermopaar mit keramischen Isolierrohren (für PtRh-Pt mit keramischem Isolierstab)
C Schaltung

Bild 06.25 Thermoelemente ohne und mit Schutzrohr

DIN 43710 festgelegt. Danach sind beispielsweise für NiCr-Ni-Thermoelemente folgende Abweichungen zulässig:

0...400 °C ± 3 K
über 400 °C ± 0,75 %

Für diese Thermoelemente ist also ein Arbeitsbereich über etwa 300 °C zu wählen. Für besondere Messungen können Thermoelemente mit engeren Toleranzen ausgesucht werden. So kann beispielsweise „halbe DIN-Toleranz" gefordert werden.
Widerstandsthermometer nutzen die Tatsache, daß der elektrische Widerstand eines Metalldrahtes sich mit steigender Temperatur *erhöht*, zur Temperaturmessung. Der gesetzmäßige Zusammenhang zwischen Temperatur- und Widerstandsänderung ist genau bekannt, weshalb mit Sicherheit von der Änderung des Widerstandes auf die Temperaturänderung geschlossen werden kann.
Im Gegensatz zu den Thermoelementen und den mechanischen Berührungsthermometern erfordern die Widerstandsthermometer den Anschluß an eine Spannungsquelle. Die Grundschaltung für die Messung mit Widerstandsthermometern ist die *Wheatstonesche Brücke*. Die früher üblichen Meßschaltungen mit Kreuzspulmeßgeräten werden nicht mehr angeboten, da die Fertigung der Kreuzspulinstrumente von den meisten Herstellern eingestellt worden ist.
Eine einfache Brückenschaltung ist in Bild 06.26 dargestellt. Die Abgleichbedingungen für die Brücke ist:

$$\frac{R_\vartheta + R_L}{R_2} = \frac{R_3}{R_4}. \qquad (18)$$

Wenn die Brücke abgeglichen ist, fließt kein Strom durch das Instrument I. Für die meisten Betriebsmessungen ist der Brückenabgleich bei jeder Messung zu umständlich. Man benutzt deshalb den *Ausschlag* des Instrumentes bei einer *Brückenverstimmung* als ein Maß für den Widerstands- bzw. Temperaturwert. Bei der *Ausschlagmethode* entsteht gegen-

Meßtechnik

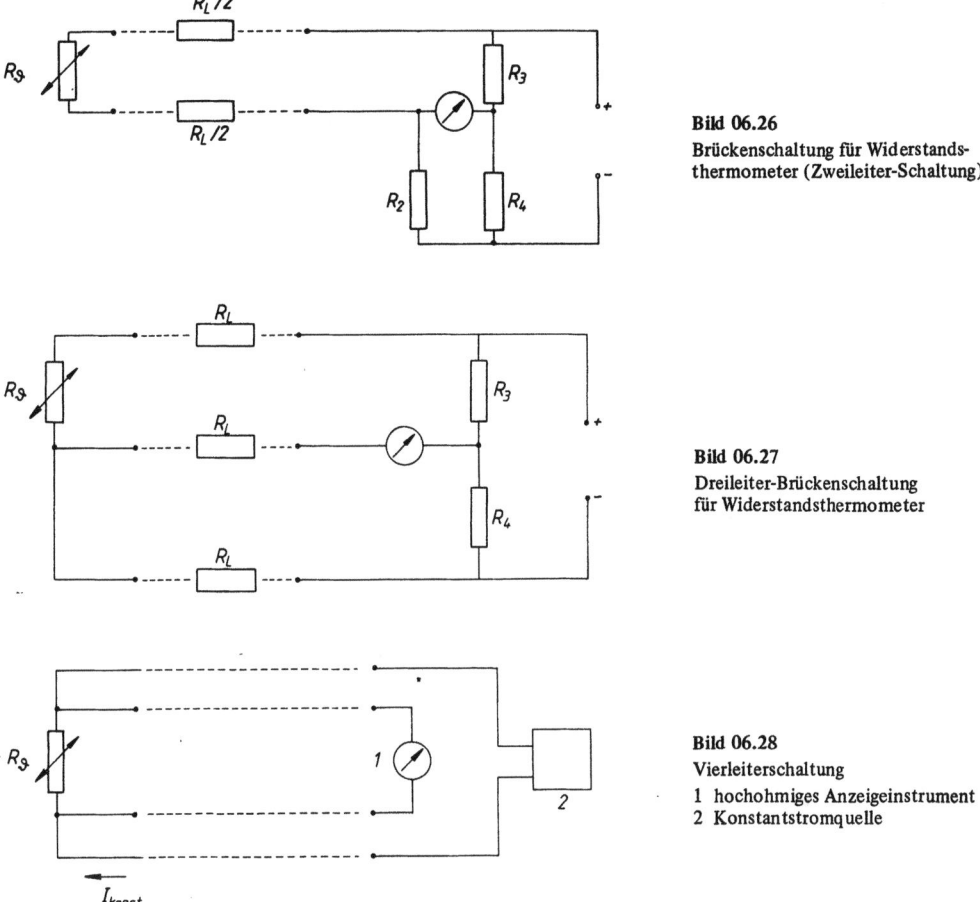

Bild 06.26
Brückenschaltung für Widerstandsthermometer (Zweileiter-Schaltung)

Bild 06.27
Dreileiter-Brückenschaltung für Widerstandsthermometer

Bild 06.28
Vierleiterschaltung
1 hochohmiges Anzeigeinstrument
2 Konstantstromquelle

über der *Abgleichmethode* (auch *Nullmethode* oder *Kompensationsverfahren*) ein zusätzlicher Linearitätsfehler, der aber für die meisten Betriebsmessungen toleriert werden kann.

Aus Bild 06.26 und Gl. (18) ist zu ersehen, daß mit der Schaltung nicht nur der Widerstand R_ϑ sondern auch der Widerstand der Fernleitung R_L gemessen wird. Solange der Leitungswiderstand konstant ist, kann er leicht durch die Justierung des Instrumentes berücksichtigt werden. Bei langen Fernleitungen kann sich jedoch der Leitungswiderstand durch Temperaturschwankungen ändern und dadurch einen Meßfehler verursachen. Eine Abhilfe bietet hier die *Dreileiterschaltung* nach Bild 06.27. Die dritte Leitung, mit dem Leitungswiderstand R_L, liegt in dem benachbarten Brückenzweig und hat bei abgeglichener Brücke nahezu keinen Einfluß mehr (Gl. (19)).

$$\frac{R_\vartheta + R_L}{R_2 + R_L} = \frac{R_3}{R_4}. \qquad (19)$$

Für Betriebsmessungen mit *besonderen* Genauigkeitsanforderungen wird immer häufiger die *Vierleiterschaltung* (Bild 06.28) eingesetzt. Diese mißt den Widerstand über den Spannungsabfall, was die Speisung mit einem *Konstantstrom* voraussetzt.

Hat das Anzeigeinstrument einen genügend hohen Eingangswiderstand, kann der Leitungswiderstand vernachlässigt werden. Die Anzeige ist streng proportional dem Widerstand R_ϑ. Der Aufwand für diese Schaltung ist groß, da im allgemeinen neben den zusätzlichen Leitungen auch noch Maßnahmen zur *Abschirmung* notwendig sind (s. Abschnitt 06.2.14).

Da Temperaturen sich meist nur langsam verändern, kann man oft auf eine Einzelanzeige für jede Meßstelle verzichten. Statt dessen wird eine Sammelanzeige in Verbindung mit einem *Meßstellenumschalter* eingebaut. Die *Sammelanzeige* ist heute gewöhnlich ein Ziffernanzeiger (Digitalgerät), was Ablesefehler weitgehend ausschließt und, falls erforderlich, die Ablesegenauigkeit erhöht (Bild 06.29).

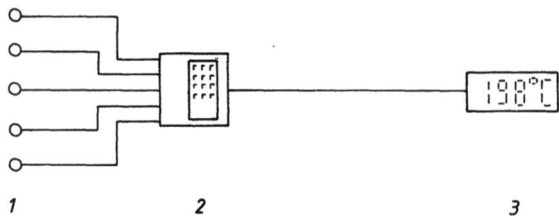

Bild 06.29
Aufbau einer Sammelanzeige
1 Temperaturfühler
2 Meßstellenumschalter mit Tastenfeld
3 Ziffernanzeiger

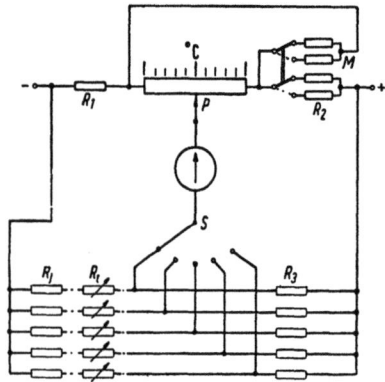

Bild 06.30 Kompensationsmeßeinrichtung

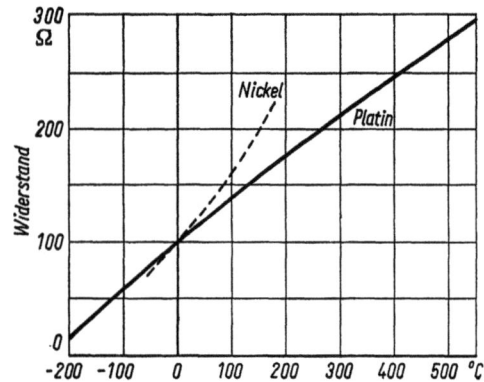

Bild 06.31 Abhängigkeit der Meßwiderstände (100 Ω bei 0 °C) von der Temperatur

Der Vorgang des Umschaltens bzw. zyklischen Abfragens, des Überwachens von Grenzwerten und ggf. des Speicherns, auch in Verbindung mit Registriergeräten (s. Abschnitt 06.2.15), läßt sich bei Bedarf weitgehend *automatisieren*. Die Industrie bietet sehr flexible Systeme, insbesondere für Kühl- und Kühlcontainerschiffe an. Zunehmend werden solche Systeme mit Rechnern ausgerüstet. Die zuletzt genannten Einrichtungen sind selbstverständlich auch für Messungen mit Thermoelementen, beispielsweise bei der Überwachung der Abgastemperaturen, geeignet.
Für sehr genaue *Kontrollmessungen*, bei denen z.B. Temperaturabweichungen von ±0,1 K noch feststellbar sein müssen (Kühlschiffe), werden *Kompensationsmeßgeräte* eingesetzt. Die Meßbrücke wird mit Hilfe eines Präzisionspotentiometers auf Null abgeglichen. Die Stellung des Potentiometers zeigt dann die Temperatur an. Bild 06.30 zeigt eine Kompensationsschaltung für mehrere Meßstellen. Der Meßstellenumschalter liegt im Diagonalzweig der Brücke, damit die Übergangswiderstände der Kontakte einen möglichst geringen Einfluß haben.
Man kann den Vorgang des Abgleichens auch automatisieren, indem man das Nullinstrument durch einen Verstärker ersetzt, dessen Ausgangsspannung einen Servomotor zur Verstellung des Potentiometers speist. Diese *selbst abgleichende Brückenschaltung* ist das Kernstück der in Abschnitt 06.2.15 noch näher zu erläuternden Kompensationsschreiber.

Nach DIN 43760 beträgt der Nennwiderstand der Meßwiderstände bei 0 °C 100,0 Ω.
Als handelsübliches Widerstandsmaterial kommt entsprechend dem Meßbereich zum Einsatz:

Nickel (Ni) für den Bereich von
−60...+150 (180) °C,

Platin (Pt) für den Bereich von
−220...+550 (750) °C.

Die Klammerwerte geben die obere Einsatzgrenze an.
Der dünne Draht ist auf Glimmerstreifen oder einen Dorn aus Quarz, Glas oder Keramik gewickelt; die Bewehrung bzw. der Schutz der Meßwiderstände ist vom Verwendungszweck, der Temperatur, dem Druck und von der Aggressivität des zu messenden Mediums abhängig. Für technische Messungen bildet das *Einsatzrohr* mit eingeschobenem oder eingeschmolzenem Meßwiderstand sowie der Anschlußsockel mit den Anschlußklemmen den auswechselbaren Meßeinsatz, der seinerseits zum Schutz gegen mechanische Beanspruchungen und chemische Einflüsse durch ein *Schutzrohr* gekapselt ist (Schutzrohre nach DIN 43 770). Für gleichzeitige Anzeige und Aufzeichnung der Temperatur werden Doppelthermometer verwendet, die mit zwei Meßwiderständen (2 × 100 Ω) ausgerüstet sind.
Bild 06.31 gibt die Abhängigkeit der Meßwiderstände (100 Ω bei 0 °C) von der Temperatur wieder.
Vorbedingungen für genaues Messen mit Hilfe von Widerstandsthermometern sind: Einwandfreie *Isolie-*

Tafel 06.4 Fehlergrenzen üblicher Anzeige-, Schreib- und Kompensationsgeräte

Gerät	Fehlergrenzen % des Anzeigebereiches
Betriebsinstrumente (Drehspul- und Quotienteninstrumente)	1,0...1,5
Präzisionsinstrumente (Drehspul- und Quotienteninstrumente)	0,2...0,5
Schreiber (Drehspul- und Quotienteninstrumente)	1,5*)
Betriebs-Komensationsgeräte mit Handabgleich	0,1...0,5
Betriebs-Kompensationsgeräte mit selbsttätigem Abgleich nach dem Potentiometerverfahren	0,2...0,5**)
Präzisions-Kompensationsgeräte mit Handabgleich	0,1

*) Fehlergrenzen für Aufzeichnung auf dem Papier.
**) Für Spannungsmessungen, z.B. von Thermospannungen, kommt bei Nullpunktunterdrückung ein zusätzlicher Fehler von 0,05...0,1 % der unterdrückten Spannung hinzu.

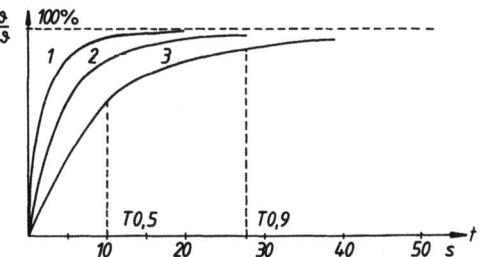

Bild 06.32 Kenngrößen für das Zeitverhalten von Temperaturfühlern
1 Halbleiterfühler 2 Thermoelement 3 Widerstandsthermometer

rung von Meßwiderstand, Anzeigegerät und Zuleitung gegen Erde (Isolationswert i.a. > 20 MΩ). *Genaue Einstellung* und Prüfung der *Brückenspannung* bzw. des *Brückenstromes*.
Um den die Temperaturmessung fälschenden *Erwärmungsfehler* des Meßwiderstandes, verursacht durch den Meßstrom, möglichst zu vermindern, soll dieser bei den handelsüblichen 100-Ω-Widerständen 10 mA nicht überschreiten. Die Meßspannung für die Meßinstrumente soll 6 V, nur in Ausnahmefällen 24 V betragen.
Die Summe aus Innenleitungswiderstand des Thermometereinsatzes und aus dem Zuleitungswiderstand soll bei Zweileiterschaltung auf 10,0 Ω abgeglichen werden.
Zu den Meßfehlern der Thermoelemente und Widerstandsthermometer kommen noch die Meßfehler der Anzeigegeräte nach Tafel 06.4.
Das *dynamische Verhalten* von Widerstandsthermometern und Thermoelementen ist dadurch gekennzeichnet, daß die bei Betriebsmessungen erforderlichen Schutzrohre eine gewisse *Trägheit* der Fühler verursachen. Für die meisten Messungen ist dies ohne Belang, da die Temperaturänderungen meist langsam verlaufen. Bei *Regelungen* (s. Abschnitt 06.3) kann das dynamische Verhalten der Fühler einen großen Einfluß haben. Hier muß möglicherweise auch beachtet werden, daß Widerstandsthermometer grundsätzlich langsamer als Thermoelemente sind, weil ihre Widerstandswicklung eine größere Masse als ein Thermopaar hat. Als Kenngrößen für das Zeitverhalten werden die Halbwertzeit $T\,0,5$ oder die Zeit, in der 90% der Änderung erfolgt, $T\,0,9$, angegeben (Bild 06.32).

Eine *Sonderstellung* unter den Temperaturfühlern nehmen die *Halbleiterfühler* ein. Im Gegensatz zu metallischen Leitern (Pt, Ni) fällt ihr elektrischer Widerstand bei steigender Temperatur (*negativer Temperaturkoeffizient*). Halbleiterfühler können durch eine entsprechende Dotierung des Materials eine gegenüber Widerstandsthermometern *zehnfache* Empfindlichkeit erreichen. Die höchste Betriebstemperatur ist etwa 200 °C. Einem nennenswerten Einsatz von HL-Fühlern für Betriebsmessungen steht bisher die starke Nichtlinearität der Kennlinie und die starke Exemplarstreuung der Kenndaten entgegen. Aufgrund ihrer hohen Empfindlichkeit haben sich HL-Fühler bei Handmeßgeräten mit mehreren Meßbereichen sehr gut bewährt. HL-Fühler können in sehr kleinen Abmessungen hergestellt werden, so daß sehr kleine Zeitkonstanten realisiert werden (Bild 06.32). Für extreme Anforderungen der Prüffeldtechnik im Motorenbau wurden bereits Fühler mit Zeitkonstanten im *Mikrosekundenbereich* entwickelt.

06.2.4 Mengen- und Durchflußmessung

Die Meßgröße

Für viele betriebstechnische Aufgaben ist die Kenntnis der an einem Vorgang beteiligten Menge erforderlich. Sie wird in Deutschland in m³, cm³ und mm³ bzw. in t, kg und g angegeben. Den Zusammenhang liefert die Beziehung

$$M = V \cdot \rho , \qquad (20)$$

worin M die *Menge* als Masse, V die Menge als *Volumen* und ρ die *Dichte* angibt.
Deutsche und englisch/amerikanische Raummaß- und Masseneinheiten können nach folgender Gegenüberstellung umgerechnet werden:

Raummaße:
1 cubic-inch = 16,387 cm³
1 cubic-foot = 0,028317 m³
1 cubic-yard = 0,764553 m³
1 cm³ = 0,0610234 cubic-inch
1 m³ = 35,3166 cubic-foot

1 m³	=	1,308 cubic-yard
1 l = dm³	=	0,2642 US gallon
	=	0,219975 engl. gallon
100 l = 1 hl	=	2,838 US bushels

Massen:

1 lb. = 16 ounces	=	453,593 g
1 Quart = 28 lbs	=	12,7006 kg
1 Cwt = 4 qu.	=	50,8024 kg
1 ton = 20 Cwts	=	1016,05 kg
	(=	1 long ton)
1 kg	=	2,2046223 lbs.
1 t = 1000 kg	=	2204,62 lbs.
	(=	1 metric ton)

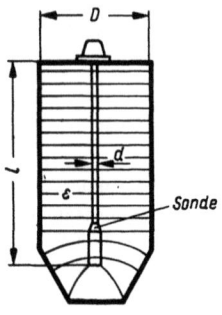

Bild 06.33
Tank mit kapazitiver Füllstandssonde

Meßtechnisch kann man drei Komponenten unterscheiden: Das *Volumen* oder die *Masse* eines Behälterinhaltes, das Volumen oder die Masse von in einer bestimmten *Zeit zugeführten* oder *abgenommenen* Stoffen *(Mengenmessung)*, der *Augenblickswert* des Volumen- oder Massenstroms *(Durchflußmessung)*.

Behälterinhaltsmessung

Inhaltsmessungen sind eine Aufgabe der Geometrie (s. Hauptabschnitt 01). Für alle Tanks an Bord sind Tankinhaltskurven oder Inhaltsskalen vorhanden, die eine unmittelbare Inhaltsbestimmung in Abhängigkeit von der Peilung gestatten. Jeder Peilung haftet aber eine gewisse Ungenauigkeit an, denn die Vermessung der Tanks und Behälter gilt für Schiffe auf ebenem Kiel, was aber während einer Peilung meistens nicht zutrifft. Wichtig ist auch eine richtige Handhabung des *Peilstocks*, der beim Peilen fest auf der unter jedem Peilrohr befindlichen Doppelung aufsetzen soll.

Tankinhaltsmesser erlauben ein Peilen entfernt liegender Tanks von einer Zentralstelle aus. Neben Inhaltsmessern mit Flachschwimmpendel und „hydraulischem Gestänge", das mit zwei Fernleitungen auf ein Anzeigegerät wirkt, ist der *Pneumercator* der Fa. *C. W. Stein & Sohn*, Hamburg, sehr verbreitet. Bei diesem Gerät besteht der wirksame Teil aus einer mit Luft zu füllenden, nach unten offenen Glocke am Boden des Tanks. Die Luft wird von Zeit zu Zeit hineingepumpt, so daß die in die Glocke und in die Steigeleitung etwa eingedrungene Flüssigkeit ausgeblasen wird. Der Flüssigkeitsspiegel soll sich vor einer Ablesung auf Unterkante Glocke befinden. Der Druck der Flüssigkeit auf die Luft in Glocke und Steigeleitung ist dann ein Maß für den Tankinhalt, und kann an einem entsprechend eingeteilten Manometer als Inhalt abgelesen werden. Diese Meßanlage kann nur bei Tanks Verwendung finden, die *nicht unter Druck* stehen und Verbindung mit der Atmosphäre haben.

Im Zuge der Automatisierung von Schiffsanlagen hat auch die *elektronische Füllstandsmeßtechnik* zunehmend an Bedeutung gewonnen. Moderne Meßanlagen benutzen elektrische Kapazität, Radioaktivität, elektrische Leitfähigkeit und Ultraschall zur Füllstandsmessung.

Kontinuierliche Messungen werden dabei an Vorratstanks mit Heiz- bzw. Schweröl, Schmieröl, Frisch- und Ballastwasser sowie an Ladetanks vorgenommen. Auch in Regelungs- und Steuerungsanlagen sind Füllstandsmeßeinrichtungen eingeschaltet, z.B. werden *kapazitive* Grenzstandschalter mit Schaltverzögerung zur Füllstands-Grenzwertüberwachung eingesetzt.

Kontinuierliche Anzeigen liefern z.B. die kapazitiven *Silometer* der Fa. *Endress & Hauser*, Maulburg. Meßgrundlage ist hier die Kapazitätsänderung eines Kondensators, die mit einer hochfrequenten Meßbrücke festgestellt wird. Der Kondensator kann dabei z.B. aus einer Stabsonde und der Behälterwand gebildet werden. Der Aufbau entspricht dann einem konzentrischen Rohrkondensator mit der Kapazität

$$C = \frac{\epsilon \cdot L}{2 \cdot \ln \frac{D}{d}}, \qquad (21)$$

siehe hierzu Bild 06.33.

ϵ bedeutet dabei die Dielektrizitätskonstante des Tankinhaltes, die für das Dielektrikum Luft bei leerem Tank $\epsilon = 1$ ist. Mit diesem Wert berechnet man die Leerkapazität des Tanks. Die Kapazitätsänderung bei gefülltem Tank ist dann ein Maß für den jeweiligen Füllstand.

Eine Fernübertragung der Anzeige ist ohne Schwierigkeiten möglich; die Anzeigegeräte für verschiedene Tanks lassen sich in übersichtlicher Weise anordnen, wie Bild 06.34 an Hand des Beispiels der Anzeigetafel eines teilautomatisierten Schiffes zeigt.

Durchflußmessung

Das wichtigste Verfahren der Durchflußmessung ist das *Differenzdruckverfahren* mit *Drosselgeräten*. Es nutzt die Erkenntnis der *Stetigkeitsgleichung*, der zufolge sich die Geschwindigkeit eines strömenden Stoffes erhöht, wenn der Querschnitt der Leitung an einer Stelle verkleinert wird. Die Erhöhung der Strömungsgeschwindigkeit an dieser Stelle bedeutet eine Zunahme an Bewegungsenergie. Da nach *Bernoulli* (s. Hauptabschnitt 02) jedoch die Summe

Meßtechnik

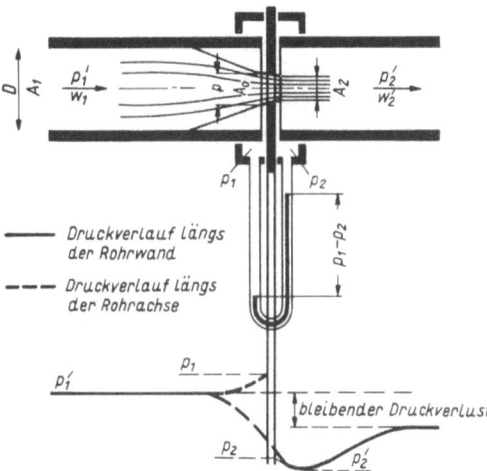

Bild 06.35 Blende mit U-Rohr

Bild 06.34 Ausschnitt aus der zentralen Anzeigetafel im Maschinenleitstand eines teilautomatisierten Schiffes; Anzeigeinstrumente von Silometern für die verschiedenen Tankinhaltsmessungen, darüber die Warnlampen für Bilgenüberwachung mit Grenzstandschaltern.
Die Anordnung der Anzeigeinstrumente und der Warnlampen deutet auf die Lage der jeweiligen Meßstelle im Schiff hin.

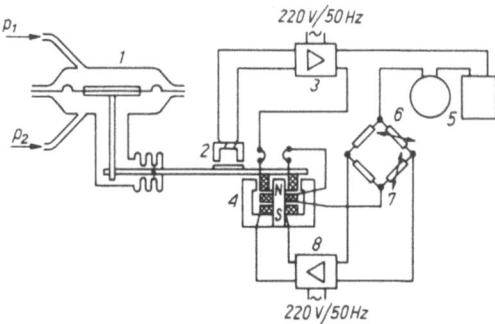

Bild 06.36 *TELEPERM*-Meßwertumformer für Durchfluß mit Druck- und Temperaturkompensation (Schema)
1 Meßwerk 2 Induktiver Abgriff 3 Magnetverstärker 4 Tauchpulsystem 5 Anzeiger, Schreiber, Regler 6 Druck-Ferngeber 7 Widerstandsthermometer 8 Magnetverstärker des Korrekturrechners

der Energien konstant bleibt, muß die Zunahme der kinetischen Energie auf Kosten der potentiellen Energie erfolgt sein, was sich offensichtlich durch Absinken des statischen Drucks an dieser Stelle ausdrückt. Die Differenz der statischen Drücke vor und in der Drosselstelle, der *Wirkdruck*, wird dann als Maß für den Durchfluß benutzt. In den VDI-Durchflußregeln (DIN 1952) sind die einzelnen Forderungen an die Konstruktion der genannten Drosselgeräte festgelegt sowie besondere Bestimmungen für den normgerechten Einbau angeführt. Vor allem soll die Rohrleitung vor und hinter dem Drosselgerät eine längere Strecke gerade und mit unverändertem Querschnitt verlaufen. Bild 06.35 zeigt eine *Normblende* und die in den Formeln verwendeten Bezeichnungen. Die allgemeine Durchflußgleichung für den Massenstrom lautet (s. auch Hauptabschnitt 02):

$$\dot{m} = \alpha \cdot \epsilon A_D \sqrt{2 \Delta p \cdot \rho}. \tag{22}$$

ϵ, α sind Zahlenwerte aus DIN 1952, durch die *Expansion* und *Öffnungsverhältnis* der Drosselgeräte berücksicht werden. Δp ist der Wirkdruck, $\Delta p = p_1 - p_2$.
Für den Betrieb ist wichtig, daß die Druckentnahmeleitungen über ihre ganze Länge mit *demselben* Stoff gefüllt sind; sie müssen vor allem auch dicht sein.
Außer Normblenden werden auch *Normdüsen* und *Venturirohre* als Drosselgeräte verwendet. Für die Auslegung der Drosselgeräte stellen die Hersteller Tabellen, Nomogramme und Spezialrechenschieber zur Verfügung.
Die Messung des *Differenzdruckes* erfolgt heute in der Regel mit *Differenzdruckmeßumformern*, die ein elektrisches oder pneumatisches Normsignal abgeben (s. Abschnitt 06.2.14). Das Arbeitsprinzip eines solchen Gerätes (*Siemens*) zeigt Bild 06.36.
Gelegentlich ist es notwendig, daß Meßsignal des Differenzdruckmessers *rechnerisch* zu korrigieren. Nach Gl. (22) ist der Zusammenhang zwischen dem Massenstrom und dem Wirkdruck *nichtlinear*. Wenn eine lineare Anzeige gewünscht wird oder eine lineare Kennlinie beispielsweise bei einer Kesselregelung gefordert wird, erfolgt die Korrektur durch ein *Radiziergerät*.

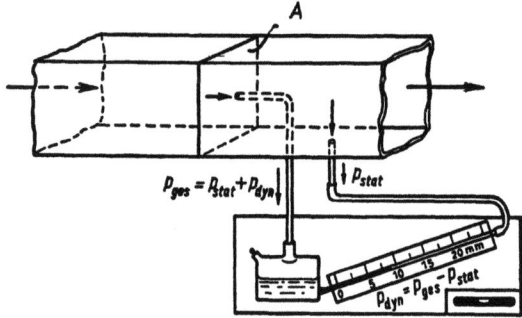

Bild 06.37 Staudruckmessung

Ein weiterer Anwendungsfall für eine rechnerische Korrektur ist die Berücksichtigung von *Druck-* und *Temperaturschwankungen* bei der Durchflußmessung von Gasen oder Dampf.

Mit dem Wirkdruckverfahren lassen sich keine Stoffe mit hoher Viskosität oder mit Feststoffanteil messen. Auch bei der Messung in Luft- oder Abgaskanälen ist wegen der oft geringen Strömungsgeschwindigkeit nicht immer ein ausreichendes Wirkdrucksignal zu erzielen. Einige andere Verfahren seien deshalb noch erwähnt:

Turbinenmesser oder *Flügelradzähler* liefern eine Drehbewegung in Abhängigkeit von der Strömungsgeschwindigkeit.

Das *Ultraschallmeßverfahren* ist technisch ausgereift (z.B. Danfoss) und eignet sich auch zur Messung von Stoffen höherer Viskosität. Es erfordert *keine Einschnürung* der Rohrleitung. Im Bordbetrieb wird es wenig eingesetzt. Das *magnetisch induktive Verfahren* ist für alle elektrisch leitenden Flüssigkeiten geeignet. Eine Flüssigkeitssäule zwischen zwei in der Rohrwandung eingelassenen Elektroden bewegt sich als elektrischer Leiter in einem Magnetfeld. An den Elektroden wird eine der mittleren Strömungsgeschwindigkeit proportionale Spannung induziert. Das Verfahren ist aufwendig, eignet sich jedoch gut für die Messung von Flüssigkeiten mit Feststoffgehalt oder für die Messung aggressiver Medien (Wasser-Sand-Gemisch bei Saugbaggern, Chemikalien bei Tankern).

Zur Bestimmung von *Luft-* und *Rauchgasmengen* benutzt man vorteilhaft den *Staudruck*

$$p_{dyn} = \frac{\rho}{2g} \cdot c^2, \qquad (23)$$

der mit einem *Prandtlschen Staurohr* oder, wie in Bild 06.37 dargestellt, ermittelt wird.

Mengenmessung

Die in einer gewissen Zeit empfangene oder gelieferte Menge ergibt sich aus der Integration des Durchflusses über die Zeit. So sind manche Durchflußmesser zusätzlich mit *mechanischen Zählwerken* oder *elektronischen Integratoren* ausgerüstet, um die Menge zu erfassen. Für genaue Mengenmessung bevorzugt man jedoch volumetrische Meßgeräte, die oft auch eichfähig sind. Einige gängige Geräte sind: *Kolbenmesser*, besonders für Speisewasser, *Trommelmesser* von *Siemens* zum Einbau in drucklose Leitungen (Kondensatablauf z.B.), *Kapselmesser* (*Bopp & Reuther*) für klare Flüssigkeiten und Gase, *Ovalradzähler*, *Ringkolbenzähler* (*Siemens*) für Treibstoffe und Schmieröl.

06.2.5 Leistungsmessung

Die Meßgröße

Die Leistung ist im Schiffsbetrieb in mehrfacher Hinsicht interessant. Für den Vortrieb ist die möglichst lückenlose Kontrolle der an der Welle *abgegebenen Antriebsleistung* wichtig. Der Leistungsbedarf verschiedener Aggregate wie Pumpen, Kompressoren oder Hebezeuge ist maßgebend für die Auslegung der elektrischen Energieversorgung an Bord.

Die Leistung wird aus der Arbeit abgeleitet. Die Arbeit von 1 Joule (J) wird verrichtet, wenn sich der Angriffspunkt einer Kraft von 1 Newton (N) um 1 m in Richtung der Kraft verschiebt. Die Arbeit, gleichbedeutend mit Energie oder Wärmemenge, wird auch in den Einheiten Newtonmeter und Wattsekunden ausgedrückt.

$$1\ J = 1\ Ws = 1\ Nm. \qquad (24)$$

Wird die Arbeit auf die Zeit bezogen, ergibt sich die Leistung:

1 Watt ist die Leistung, bei der während der Zeit 1 Sekunde die Energie 1 Joule umgesetzt wird.

$$1\ W = 1\ \frac{J}{s} = 1\ \frac{Nm}{s}. \qquad (25)$$

Bei rotierenden Maschinen ergibt sich die Leistung aus dem Drehmoment und der Drehzahl.

$$P = M \cdot n \qquad (26)$$

Direkte Leistungsmeßverfahren

Die *Abbremseinrichtungen* der *direkten* Meßverfahren erzeugen ein belastendes Bremsmoment und messen es zugleich, wobei das Abbremsen und Messen des Antriebsmomentes voneinander unabhängige Vorgänge sind. Außerdem ist zur Leistungsbestimmung in jedem Falle die *Drehzahlmessung* erforderlich.

Das grundlegende Merkmal der direkten Leistungsmeßverfahren ist die *Vernichtung* der Antriebsleistung. Damit scheiden diese Verfahren zwar für Betriebsmessungen aus, jedoch können mit ihrer

Hilfe auf *Prüfständen* Betriebsgrößen ermittelt werden, die in Beziehung zur jeweiligen Leistung stehen.

So kann man z.B. bei derartigen Prüfstandsversuchen an Motoren *Kennlinien* aufstellen, die den Zusammenhang zwischen der auch während des Betriebes wieder kontrollierbaren *indizierten* Leistung und der *effektiven* Leistung, ferner zwischen Drehzahl, Abgastemperatur und Füllung wiedergeben. Diese während der Abnahme aufgestellten Diagramme sind dann später an Bord ein nützliches Hilfsmittel, um z.B. aus Abgastemperatur und Drehzahl die augenblickliche Antriebsleistung zu bestimmen.

Die wichtigsten Einrichtungen zur direkten Leistungsmessung sind *Wasserwirbelbremsen* und elektrische *Pendelgeneratoren*.

Bei allen elektrischen Maschinen ist es besonders einfach, die elektrische Leistung als Produkt von Strom und Spannung zu messen. Zum Ermitteln der mechanischen Leistung muß der *Wirkungsgrad* der Maschine und der *Leistungsfaktor* bekannt sein (s. Hauptabschnitt 05).

Ein direktes Meßverfahren, das auch für Betriebsmessungen geeignet ist, ist das *Rückdruckverfahren*, das das *Reaktionsmoment* der Maschine auf das Fundament benutzt. Bei gleichzeitiger Messung der Drehzahl kann die augenblickliche Leistung z.B. einer Turbine bestimmt werden.

Indirekte Leistungsmeßverfahren

Die Forderung, Leistungsbestimmungen während des laufenden Betriebes zu Kontroll- und Überwachungszwecken vorzunehmen, d.h. ohne Leistungsvernichtung zu messen, führte zu verschiedenen Meßverfahren; sie nutzen alle die durch das Drehmoment verursachte *Wellenverformung*, da der aus der Torsionsspannung resultierende Verdrehungswinkel oder die Oberflächenveränderung einer Welle immer ein Maß für das jeweilige Drehmoment ist. Es handelt sich also um *Drehmomentenmeßanlagen*. Bezeichnungen wie *Torsionsindikatoren*, *Torsiographen* und *Torsiometer* sind gebräuchlich.

Überall dort, wo die von der Maschine abgegebene Leistung nur an der Wellenleitung zwischen Kraft- und Arbeitsmaschine gemessen werden kann, stellen diese Meßgeräte die einzige Lösung eines derartigen Meßproblems dar. Ganz besonders gilt dies für die Leistungsmessungen von *Turbinen*, wo nicht einmal die innere Leistung unmittelbar durch Indizieren festgestellt werden kann.

Ein modernes Gerät zur Leistungsbestimmung an Schiffswellen stellt das *MDS*- (Maihak-Dauerschwingende Saite) *Gerät* dar, das schwingende Stahlsaiten zur Lösung der gestellten Aufgabe verwendet.

Nach den Erkenntnissen der Festigkeits- und Schwingungslehre ändert sich das *Quadrat der Eigenfrequenz f* von längsschwingenden Stahlsaiten proportional mit deren mechanischer Spannung. Überträgt man daher die von den zu messenden Kräften oder Momenten herrührenden Dehnungen auf schwingfähig eingespannte Saiten, die *kraftschlüssig* mit dem zu untersuchenden Werkstück – hier z.B. der Propellerwelle – verbunden sein müssen, so bewirken demnach Dehnungsänderungen der Welle Änderungen der Eigenfrequenz der Stahlsaiten nach der Gleichung:

$$f^2 = \text{Konstante} \cdot \epsilon. \tag{27}$$

Die Meßeinrichtung besteht aus dem *Geber* und der *Übertragungsvorrichtung*, die beide auf der Welle befestigt werden, sowie aus dem Empfangsgerät.

Der *Geber* greift durch zwei in einem bestimmten Abstand l auf die Welle geklemmte Meßringe die Verdrehung dieses Wellenabschnittes ab. Zwischen den beiden Meßringen sind, senkrecht zur Wellenachse und tangential zum Wellenumfang die Meßsaiten 1 und 2 gespannt (Bild 06.38). Bei Verdrehung der Welle in Pfeilrichtung wird die mechanische Spannung und damit die Frequenz der Saite 1 vermindert und die der Saite 2 erhöht. Diese *Frequenzänderungen* sind ein Maß für das *übertragene Drehmoment*.

Die Frequenzänderung der beiden Saiten ist entgegengesetzt gleich. Dadurch werden Störeinflüsse wie etwa Fliehkraft und Temperatur kompensiert. Die Schwingungen der Saiten werden elektromagnetisch angeregt und die jeweilige Resonanzfrequenz auch elektrisch übertragen. Die Wechselspannung kann über *Schleifringe* oder *drahtlos* mit Hilfe eines auf der Welle angebrachten Senders zum Empfangsgerät übertragen werden.

Der Sender kann mit einer Batterie oder über einen Transformator mit berührungslos mitrotierender Sekundärwicklung mit Strom versorgt werden. Am

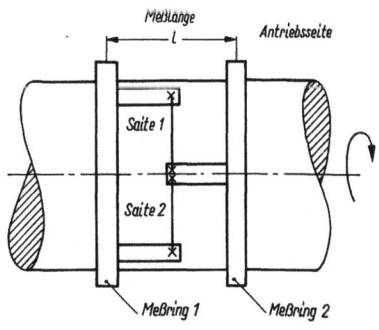

Bild 06.38 Schema der Geberanordnung der MDS-Geräte

Empfangsgerät kann, insbesondere bei digitaler Auswertung, die augenblickliche Leistung direkt angezeigt werden. Dazu ist natürlich die gleichzeitige Messung der Drehzahl erforderlich.

Ein wichtiges Verfahren der indirekten Leistungsbestimmung benutzt die *Drehmomentmessung* mit *Dehnungsmeßstreifen* (DMS). DMS ändern ihren elektrischen Widerstand proportional einer Längenänderung (Dehnung). Die Widerstandsänderung wird mit einer Wheatstonschen Brückenschaltung gemessen (s.a. Abschnitt 6.2.3). Wird der DMS mit einem geeigneten Kleber fest mit dem Untergrund verbunden, entspricht seine Dehnung, der Dehnung des Untergrundes.

Allgemein können mit dieser Methode mechanische Größen verschiedener Art, die von der *plastischen Materialverformung* abzuleiten sind, gemessen werden.

Bei der Drehmomentmessung bringt man vier DMS im Winkel von jeweils 45° zur Wellenachse so auf der Welle an, daß zwei durch die Einwirkung der Torsion verlängert und zwei verkürzt werden. Die vier DMS werden nach Bild 06.39 zu einer Brücke (Vollbrücke) geschaltet, deren Diagonalspannung in einem gewissen Bereich proportional der Widerstandsänderung und damit der Verformung ist.

Der gesetzmäßige Zusammenhang zwischen der Drehung der Wellenoberfläche und dem Drehmoment bzw. der Leistung ist durch folgende Beziehungen gegeben:

Dehnung:
$$\epsilon = \frac{\Delta l}{l} = \frac{\Delta R}{R \cdot k}, \qquad (28)$$

k Empfindlichkeitsfaktor der Dehnungsmeßstreifen,
R Widerstand der Dehnungsmeßstreifen.

Torsionsspannung der Welle (s. auch Hauptabschnitt 03):
$$T_t = \epsilon \cdot 2 \cdot G, \qquad (29)$$

G Gleitmodul.

Drehmoment:
$$M = T_t \cdot W_p, \qquad (30)$$

W_p Polares Widerstandsmoment der Welle.

$$W_p = \pi \cdot \frac{D^3}{16} \qquad (31)$$

$$M = \epsilon \cdot C_1, \qquad (32)$$

C_1 Konstante der Drehmomentengleichung.

$$C_1 = 2 \cdot G \cdot W_p \cdot f, \qquad (33)$$

f Meßgrößenfaktor.

Leistung:
$$P_x = M \cdot n, \qquad (34)$$

p_x Leistung an der Meßstelle,
n Wellendrehzahl an der Meßstelle.

Mit C_1 wird
$$P_x = \epsilon \cdot C_1 \cdot n. \qquad (35)$$

Soll die *Leistung* am *Kupplungsflansch* der Antriebsmaschine bzw. die *Wellenleistung* am *Propeller* angegeben werden, müssen noch die zwischen der Meßstelle und diesen Bezugspunkten anfallenden *Verluste* (Lagerverluste, Stopfbuchsenverluste usw.) berücksichtigt werden.

DMS werden als *Draht-* oder *Folien-DMS* meistens aus Konstantan hergestellt. Der Nennwiderstand beträgt 120 Ω oder 600 Ω und die Widerstandsänderung im elastischen Bereich liegt gewöhnlich unter 1 %. Daraus folgt, daß die Meßeinrichtung sehr empfindlich gegen Einflüsse ist, die den Widerstand verändern. Insbesondere *Temperatureinflüsse* oder *Übergangswiderstände* und *Leitungswiderstände* beeinträchtigen die Messung. Auch ein *unzureichender Isolationswiderstand* zwischen Meßstreifen und Masse kann zu Fehlmessungen führen.

Bei der einfachen Brückenmessung führt die Widerstandsänderung zu einer Verstimmung der Brücke, die sich in einer Erhöhung der Diagonalspannung zeigt. Bei diesem *Ausschlagverfahren* entsteht ein zusätzlicher *Linearitätsfehler*, weil die Brückenbeziehung nur für den *abgeglichenen* Zustand gilt. Für genaue Messungen ist deshalb das Abgleich- oder *Kompensationsverfahren* vorzuziehen. Eine Kompensationsschaltung wird beispielsweise in Bild 06.80 dargestellt und in Abschnitt 06.2.15 näher beschrieben.

Insbesondere bei Messungen mit schnell veränderlichen Meßgrößen (dynamische Messungen) wie sie auch bei der Leistungsmessung vorkommen, benutzt man *Wechselspannung* zur Brückenspeisung. Die Frequenz der Speisespannung muß dabei wenigstens zehnmal so hoch sein wie die höchste Änderungsfrequenz der Meßgröße. Als Diagonalspannung entsteht dann eine Wechselspannung, deren Amplitude sich im Rhythmus des Nutzsignals ändert. Dieses *amplitudenmodulierte* Signal wird in einem hoch-

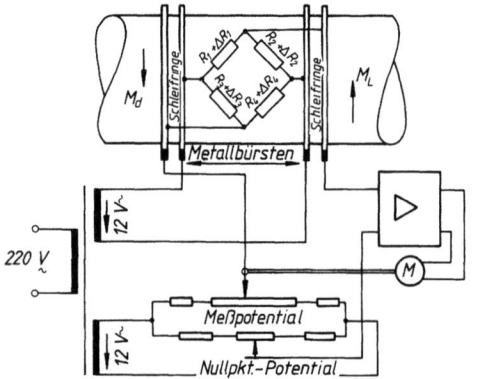

Bild 06.39 DMS-Meßbrücke zur Drehmomentmessung

Meßtechnik

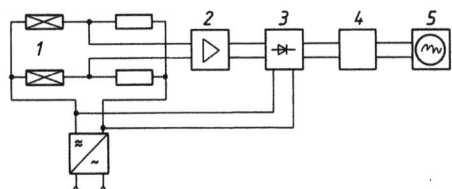

Bild 06.40 Aufbau einer Trägerfrequenzmeßkette für DMS
1 DMS 2 Verstärker 3 Phasenabhängiger Gleichrichter
4 Tiefpaß 5 Oszillograph

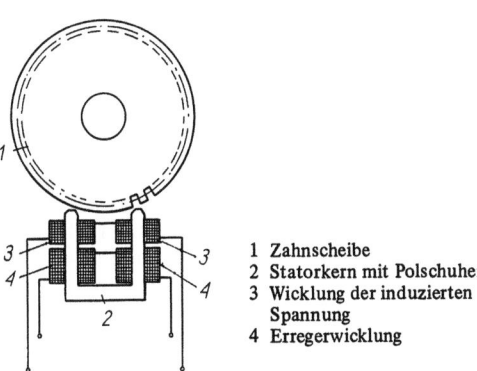

1 Zahnscheibe
2 Statorkern mit Polschuhen
3 Wicklung der induzierten Spannung
4 Erregerwicklung

Bild 06.41 Grundsätzlicher Aufbau des Meßgenerators

wertigen Wechselspannungsverstärker verstärkt und anschließend wieder demoduliert. Dieses Verfahren, auch *Trägerfrequenzverfahren* genannt, nutzt insbesondere die gegenüber Gleichspannungsverstärkern wesentlich geringere *Drift* der Wechselspannungsverstärker, um genaue Meßketten aufzubauen (Bild 06.40).
Den aus der Belastung entstehenden Verdrehungswinkel einer Welle verwenden noch eine Reihe von Meßverfahren als Meßgröße zur Bestimmung des Drehmoments. Da aber das *SFINDEX*-Drehmoment-Meßgerät diese Meßgröße auf eine noch nicht beschriebene Art erfaßt, soll auch diese Methode noch kurz erläutert werden:
Den Geber bilden zwei Meßgeneratoren, die in einem gewissen Abstand – der Meßlänge – voneinander entfernt auf oder zwischen der zu messenden Welle angebracht sind. Der einzelne Meßgenerator besteht aus einer auf der Welle verspannten Zahnscheibe und einem darunter montierten Stator, dessen Polschuhe durch Gleichstrom oder Permanentmagnete erregt werden, und der zusätzlich eine Wicklung für die zu induzierende Spannung trägt (Bild 06.41).
In dem Geber werden zwei Wechselspannungen proportional der Drehzahl erzeugt, deren *Phasenlage* um so mehr gegeneinander *verschoben* wird, je stärker sich die Welle durch Belastung verdreht. Anschließend werden diese beiden Spannungen in dem als Empfänger geschalteten Meßgerät zunächst verstärkt und dann in einer weiteren Stufe derart umgeformt, daß die durch die Phasenverschiebung erzeugte Differenzspannung weitgehend von der Geberspannung und damit von der Drehzahl unabhängig bleibt. Diese so umgeformte Differenzspannung, die nunmehr wie vorher die Phasenverschiebung dem Drehmoment proportional ist, läßt sich über einen geeigneten Gleichrichter mit einem Drehspulinstrument messen, das das Drehmoment anzeigt.

06.2.6 Drehzahlmessung

Die Meßgröße

Die *Drehzahl* ist im Maschinenbetrieb eine wichtige Betriebsgröße. Auch in der Entwicklung und im Prüffeld gehören Drehzahlmessungen zu den bedeutsamen Informationsmitteln.
Grundsätzlich kann man die *Drehzahlmessung* in zwei Bereiche einteilen: Das *Zählen* der Umdrehungen einer Welle und das *Erfassen der augenblicklichen Drehzahl*. Die Anzahl der Umdrehungen wird auf eine Sekunde oder eine Minute bezogen.

Umdrehungszähler

Zählwerke addieren lediglich die *Anzahl* der Umläufe; und sofern sie zur Drehzahlbestimmung, d.h. zur Ermittlung der Umläufe je Minute, herangezogen werden, erfordern sie die gleichzeitige Benutzung einer Stoppuhr. Aus diesem Grunde sind *Stichzähler* im Handel, bei denen Zählwerk und Stoppuhr zu gleicher Zeit ein- und ausgeschaltet werden. Z.B. kann die Zählwerkswelle zeitweilig an die Stirnseite der zu messenden Welle gedrückt werden oder aber der Stichzähler wird elektrisch betätigt.
Springende Zählwerke lassen sich zwar bequemer ablesen, doch sind rein umlaufende Zählwerke mit Zeigern genauer.
Bei niedrigen Drehzahlen oder kurzer Beobachtungsdauer empfiehlt sich die Zeitmessung für 10, 50 oder 100 Umläufe mit anschließender Umrechnung auf minütliche Umlaufzahl.
Unter die Gruppe der Zählwerke sind auch die *elektronischen Meßverfahren* einzugliedern, die auf der *Zählrohrtechnik* basieren. Diese Verfahren, die schon nach einer Umdrehung genaue Werte liefern, können praktisch als *Kurzzeitmessung* betrachtet werden. Die Impulsgabe kann dabei kapazitiv, induktiv oder optisch vorgenommen werden.

Drehzahlmessung

Geräte, die die augenblickliche Drehzahl direkt anzeigen, heißen *Tachometer*. Die in der Praxis benutzten Geräte arbeiten nach verschiedenen Prinzipien.

Flieh- oder *Drehpendel-Tachometer* sind als rein mechanische Instrumente zuverlässig und unempfindlich gegen äußere Einflüsse. Ihre Fehlergrenzen liegen bei etwa ± 0,5 % des Skalenendwertes. Selbst bei wechselnder Drehrichtung der antreibenden Welle weist der Zeigerausschlag, der sich nahezu über den gesamten Skalenkreisbogen erstreckt, stets nach rechts im Uhrzeigersinn. Trotzdem kann die Drehrichtung kenntlich gemacht werden. Unter Verzicht auf die Anzeige von Anfangsdrehzahlen ist wegen der oft allein interessierenden Schwankungen um die Normaldrehzahl die Abstimmung auf einen *engen Meßbereich* möglich.

Hand-Drehpendel-Tachometer sind meist für verschiedene Meßbereiche durch Rädergetriebe umschaltbar. So kann z.B. ein einzelnes Gerät den Gesamtmeßbereich von $40 \ldots 40000 \text{ min}^{-1}$ bestreichen. Wegen einer erforderlichen *Mindestdrehzahl* ist der Skalenanfang stark *zusammengedrängt*, die weitere Skala aber annähernd linear.

Das Prinzip der *Wirbelstrom-Tachometer* beruht auf der Tatsache, daß ein rotierendes Kraftlinienfeld, von einem elektrischen Leiter durchschnitten, in demselben Wirbelströme erzeugt. Diese Wirbelströme haben das Bestreben, den elektrischen Leiter, den sogenannten *Wirbelstromanker* mitzunehmen. Diese Kraft wiederum wächst proportional mit der Drehzahl und nimmt den als Metalltrommel ausgebildeten Wirbelstromanker und damit das Anzeigesystem entgegen der Rückstellkraft einer antimagnetischen Feder mit. Fehlergrenzen etwa ± 1,0 % des Skalenendwertes. Das Meßwerk besitzt keine beweglichen Stromzuführen, ist daher robust, zuverlässig und anspruchslos. Bei gleichmäßiger Skalenteilung zeigt das Gerät wechselnde Drehrichtung durch Anzeige nach beiden Seiten an.

Elektrische Tachometer gibt es als *Gleichstromtachometer* und als *Wechselstromtachometer*.

Gleichstromtachometer sind kleine Gleichstromgeneratoren, die einer der Drehzahl nahezu proportionale Spannung abgeben. Ein Meßfehler kann durch die Belastungswiderstände der angeschlossenen Instrumente entstehen. Wie bei allen elektrischen Aufnehmern ist eine *Fernanzeige* des Meßwertes leicht möglich. Der *Drehsinn* wird durch die Polarität der abgegebenen Spannung berücksichtigt. Der Kollektor eines Gleichstromtachogenerators erfordert bei längerer Betriebszeit eine gewisse Wartung. Die Fehlergrenze liegt bei etwa ± 1 % vom Skalenendwert.

Wechselstromtachogeneratoren erzeugen eine Wechselspannung, deren *Frequenz* von der Drehzahl abhängt. Sie benötigen keinen Kollektor und arbeiten daher praktisch wartungsfrei. Der Schwerpunkt der Anwendung dieses Meßprinzips liegt bei der Messung an Maschinen, deren Drehrichtung sich nicht ändert.

Für Messungen mit der Hand sind *Stroboskop-Meßgeräte* geeignet, wenn entsprechende Markierungen auf den rotierenden Teilen angebracht sind.

Bei elektrischen Maschinen kann die Drehzahlmessung oft durch eine *Frequenzmessung* ersetzt werden.

06.2.7 Zeitmessung

Die Einheit der Zeit ist die *Sekunde* (s). Die Einheit wird heute auf eine atomphysikalische Größe zurückgeführt, anstelle des etwas ungenaueren früher üblichen Bezugs auf die Umlaufzeit der Erde. Als Bezugszeitpunkt wird die *Mittlere-Greenwich-Zeit MGT* benutzt; sie ist durch den Durchgang der Sonne durch den Greenwich-Meridian bestimmt. An Bord werden mechanische und elektrische Uhren eingesetzt. Genauesten Gang haben *Quarzuhren*, die deshalb auch als *Taktgeber* verwendet werden.

Im Zuge vorbeugender Instandhaltung und planvoller Wartung gewinnen *Betriebsstundenzähler* an Bedeutung, die vor allem für im Aussetzbetrieb arbeitende Maschinen wichtig sind. Es handelt sich hierbei um diskontinuierlich mit dem jeweiligen Einsatz der Maschine laufende Uhren zur Erfassung der Betriebsstunden; häufig sehr einfache und störungsunempfindliche Zählwerke.

06.2.8 Lagenmessungen

Hierzu zählen u.a. Meßeinrichtungen zum Ermitteln der *Stellungen* von Bauteilen (z.B. Absperrmitteln) aber auch der *Schiffslage* (z.B. Trimm und Krängung).

Die Fernanzeige der Ventilspindelstellung von Tankabschlußorganen ist z.B. interessant, vor allem, wenn diese *Schieber*, *Ventile* oder *Klappen* ferngesteuert oder gar geregelt werden. Das gilt auch für die Stellung der Umsteuerwelle an einem Dieselmotor für die Freigabe weiterer Steuervorgänge, wenn der Motor mit einer *Fernsteuerautomatik* betrieben wird.

In manchen Fällen genügt eine Kontrolle über *Endlagenschalter*; ist aber kontinuierliche Lagenbestimmung erforderlich, kann die kapazitive oder induktive Methode eingesetzt werden. Als Beispiel für die Überwachung der Lage einer Turbinenwelle sei eine *PHILIPS*-Meßanordnung gewählt (Bild 06.42). Einrichtungen dieser Art lassen sich auch für die Überwachung von Lager- und Gehäuseschwingungen verwenden. Um die Größen *Exzentrizität* sowie *relative* und *absolute* Dehnung zu erfassen, sind eigens hierfür entwickelte Meßgrößenaufnehmer angeordnet, die nach dem induktiven Prinzip arbeiten. Die Wirkungsweise beruht darauf, daß die zu messenden Verlagerungen bzw. Exzentrizitäten eine *Änderung des Luftspaltes* zwischen einem Anker aus ferromagnetischem Werkstoff und einer Spule bewirken, wodurch sich die Induktivität der

Meßtechnik

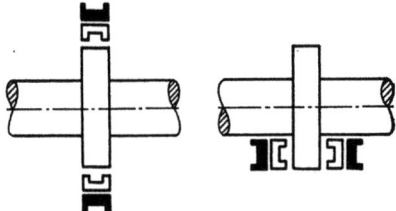

Bild 06.42 Anordnung von Meßgebern bei den induktiven Verfahren zur
06.42.1 Exzentrizitätsmessung
06.42.2 Axialverlagerungsmessung

Spule ändert. Im Fall der hier beschriebenen Läuferwelle wird der Anker von einem Bund dieser Läuferwelle gebildet. Bild 06.42 zeigt die grundsätzliche Anordnung der Meßgrößenaufnehmerpaare um den Ankerring zur berührungslosen Messung. Die Aufnehmer sind temperaturfest bis zu einer Umgebungstemperatur von 250 °C. Bei dem Aufnehmer für die *Gehäusedehnung* ist eine berührungslose Messung nicht erforderlich, die zu messende Verlagerung kann daher hier auf den im Aufnehmer befindlichen Anker mittels eines Taststiftes übertragen werden.

Die Spulen der beiden Meßgrößenaufnehmerhälften werden durch die Primärseite eines *Differentialtrafos* zu einer *Brückenschaltung* ergänzt. Der Trafo, der nahe der Meßstelle anzubringen ist, arbeitet als *Impedanzwandler*. Die Sekundärseite wird durch den niederohmigen Eingangswiderstand im Empfangsgerät abgeschlossen. Das oft beträchtlich lange Meßkabel ist daher weitgehend *unempfindlich* gegen Einstreuung von Störspannungen. Zur Speisung der Meßstelle und zur Abnahme der Brückendiagonale wird dreiadrig *abgeschirmtes* Kabel verwendet. Bild 06.43 gibt die Brückendiagonalspannung als Funktion der Verlagerung wieder.

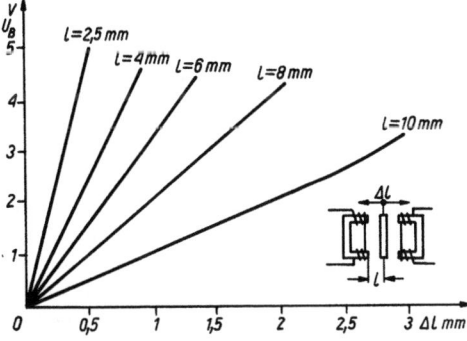

Bild 06.43 Brückendiagonalspannung U_B als Funktion der Verlagerung Δl des Ankers mit dem Luftspalt l als Parameter

Mit der Überwachungsanlage sind alle für den Betrieb eines *Turbogenerators* interessierenden mechanischen Größen unter allen vorkommenden Betriebszuständen, d.h. sowohl bei Stillstand, beim zu und Abschalten wie auch bei vollem Betrieb der Turbine zu messen wobei der Verlauf der Exzentrizität der Turbinenwelle als Funktion des Drehwinkels in einem Bereich von $0 \ldots 1$ Hz $\triangleq 60$ min^{-1} gemessen und aufgezeichnet werden kann, während in einem Bereich von $1 \ldots 100$ Hz $\triangleq \ldots 6000$ min^{-1} der Spitzenwert der Exzentrizität (der Pegel) aufgezeichnet wird.

Der Meßbereich für die Exzentrizität ist $0 \ldots 500 \mu m$, für die Gehäusedehnung $0 \ldots 5$ cm, für den Schwingungspegel $0 \ldots 50 \mu m$ oder $0 \ldots 100 \mu m$. Für die Axialverschiebung sind bei entsprechender Ausbildung der Meßscheibe beliebige Meßbereiche einstellbar, deren Größe nur durch den vorhandenen Einbauraum begrenzt ist. Die Meßgeräteskala ist linear und der Nullpunkt kann am Anfang oder in der Mitte der Skala liegen.

06.2.9 Speisewasseruntersuchungen

Die Meßgrößen

Bei der Untersuchung von Speisewasser für Kessel oder Verdampfer handelt es sich fast ausschließlich um *diskontinuierliche* chemische Untersuchungen, deren Zweck in Hauptabschnitt 18 näher erläutert wird.

Härte, Alkalität, Phosphatzahl

Die Bedeutung dieser Größen der Wasserqualität und die wichtigsten Untersuchungs- bzw. Indikationsmethoden werden in Hauptabschnitt 18 beschrieben.

pH-Wert-Messung

Neben verschiedenen *Indikatormethoden* (*kolorimetrische* Verfahren), die in Hauptabschnitt 18 beschrieben werden, wird für kontinuierliche Messungen auch das *elektrometrische* Verfahren angewandt. Es besteht in der Messung des elektrischen Potentials, das an einer in die zu untersuchende Flüssigkeit eintauchenden Elektrode durch die aktiven Wasserstoffionen erzeugt wird, deren Konzentration eindeutig bestimmt ist. Die Meßanordnung besteht aus einem Geber und einem Empfänger. Ersterer ist eine Elektrodenkette (z.B. Antimonelektrode und Kalomel-Bezugselektrode), die eine vom pH-Wert abhängige Spannung liefert. Als Empfänger nimmt man ein hochohmiges Galvanometer, das in pH-Einheiten geeicht ist.

Dichtebestimmung

Über Methoden der Dichtebestimmung bei Schmier- und Brennstoffen wird im Hauptabschnitt 08 ausführlich berichtet. Grundsätzlich sind die Methoden auch bei Wasser anwendbar, jedoch ist zusätzlich der Druck zu berücksichtigen.

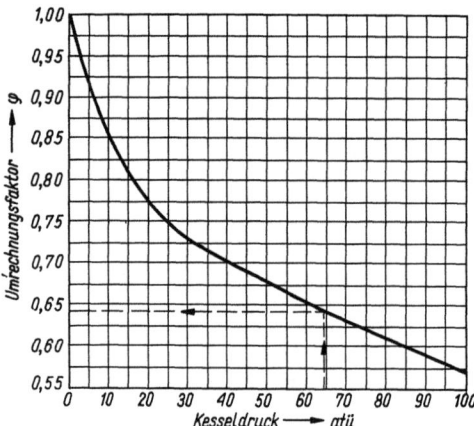

Bild 06.44 Umrechnungsfaktor φ zur Ermittlung der Dichte von Kesselwasser bei höheren Drücken

Soll die Dichte einer *Kesselwasserprobe* bestimmt werden, so leitet man die Probe bei der Entnahme zweckmäßig über einen Kühler, so daß die Bildung von Entspannungsdampf bei der Entnahme vermieden wird. Ist kein Kühler vorhanden, so muß ein Umrechnungsfaktor φ nach Bild 06.44 eingefügt werden, mit dem die gemessene Dichte multipliziert wird.

Leitfähigkeitsmessung
Sie dient z.B. zum Feststellen des Salzgehaltes von Speisewasser und erlaubt die Kontrolle über die *Dichtigkeit* eines Kondensators oder über die Güte des von einem Verdampfer erzeugten Wassers.
In der abfließenden Lauge eines Verdampfers sollte der *Salzgehalt* als Maß für den *Eindickungsgrad* überwacht werden, damit danach die abzupumpende Laugenmenge eingestellt werden kann (Salzgehalt < 10 %). Wasser wird um so *besser* leitend, je *mehr Salze* darin enthalten sind, was man zu einer elektrischen Messung ausnutzt.
Der Geber besteht aus zwei Plattenelektroden (z.B. V2A-Stahl), die konzentrisch ineinander gesteckt sind. Wegen der großen *Temperaturabhängigkeit* des Flüssigkeitswiderstandes ordnet man den Elektroden noch ein elektrisches Widerstandsthermometer zu, das mit dem übrigen Gerät eine Meßeinheit bildet. Gemessen wird mit Wechselstrom, der auf Schiffen mit Gleichstrombordnetz durch einen kleinen Umformer geliefert werden muß. Bild 06.45 zeigt ein Schaltschema von *Hartmann & Braun*. Das eisengeschlossene Meßwerk des Empfängers enthält eine Erregerwicklung, die mit der Primärwicklung eines Meßwandlers (Trafo) hintereinander an die Wechselstromquelle angeschlossen ist. Netzspannungsschwankungen heben sich hierbei auf.

06.2.10 Öluntersuchung
Für jeden Maschinenbetrieb ist die Frage der Kraft- und Schmierstoffe von besonderer Bedeutung. Insbesondere bei zunehmend knapper werdenden Ölreserven ist die Seeschiffahrt mit einem in der Qualität sehr unterschiedlichen Angebot an Kraft- und Schmierstoffen konfrontiert. So wird es oft auch an Bord notwendig sein, die Qualität eines angebotenen Produktes zu prüfen. Verschiedene Methoden stehen zur Verfügung, die in Hauptabschnitt 08 ausführlich beschrieben werden. Für den wirtschaftlichen Betrieb von Dieselmotoren ist eine gleichbleibende Viskosität des Schweröls wichtig. Eine kontinuierliche Viskositätregelung wird in Abschnitt 06.3 dargestellt.

06.2.11 Abgasanalyse
Auf die Bedeutung der Kenntnis der Abgaszusammensetzung wird in verschiedenen Hauptabschnitten hingewiesen. Die Analyse kann von Zeit zu Zeit mit Hilfe eines *Orsatgeräts* oder auch laufend durch *kontinuierlich* anzeigende Meßgeräte erfolgen.
Das *Orsatgerät* besteht aus drei *Absorptionsgefäßen* und einem *Meßgefäß* (Bild 06.46). Die Absorptionsgefäße sind mit Flüssigkeiten gefüllt, die jeweils einzelne Bestandteile des Abgases (CO, CO_2, O_2) absorbieren können. Eine Gasprobe wird nacheinander in die drei Absorptionsgefäße gepumpt und der jeweils absorbierte Gasanteil im Meßgefäß anhand der Verringerung der Gasmenge festgestellt.
Bei der Benutzung des Orsatgerätes muß man sich streng an eine *festgelegte Reihenfolge* der Absorptionsgefäße halten. Fehlmessungen können auch durch Undichtigkeiten entstehen. Zur Kontrolle des Meßergebnisses dient das *Bunte-Diagramm* (Bild 06.47 und Hauptabschnitt 18). Die äußere Umrandung des Diagramms gilt für die Verbrennung von reinem Kohlenstoff. Hierbei ist in der unteren Waagerechten *AB* der Zustand dargestellt, daß keine Verbrennung stattfindet, dann beträgt der Sauerstoffgehalt der „Verbrennungsgase" den der reinen normalen Luft, nämlich 21 Vol.-%. In der oberen Waagerechten *FC* wird der Kohlenstoff so verbrannt, daß gerade aller Luftsauerstoff verbraucht wird, d.h., der Gehalt an dabei gebildetem CO_2 (Kohlendioxyd) beträgt dann 21 %. Dazwischen liegen die Fälle für den praktischen Feuerungsbetrieb. Tatsächlich enthalten aber die Brennstoffe nicht

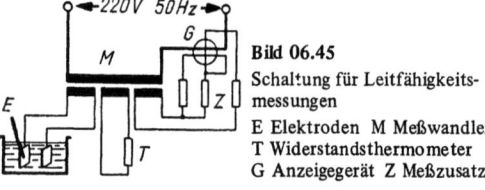

Bild 06.45
Schaltung für Leitfähigkeitsmessungen
E Elektroden M Meßwandler
T Widerstandsthermometer
G Anzeigegerät Z Meßzusatz

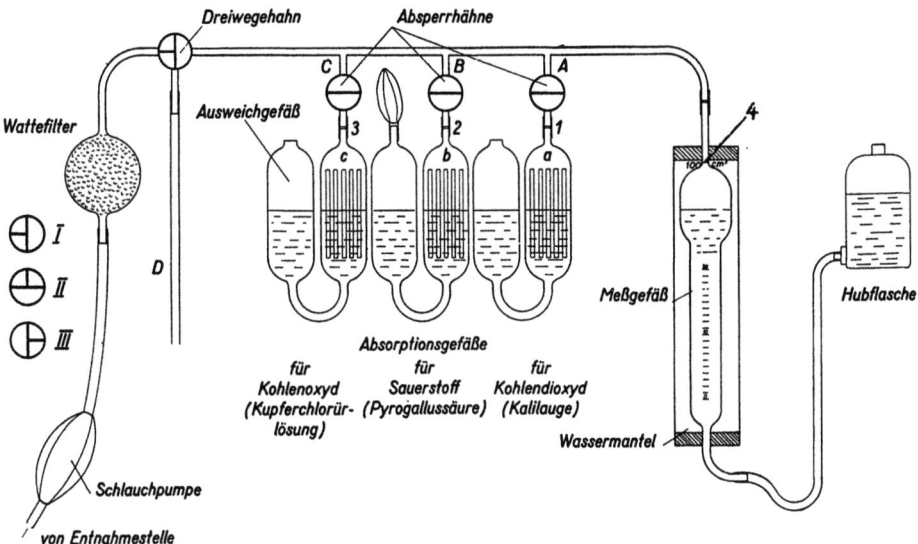

Bild 06.46 Orsat-Gerät

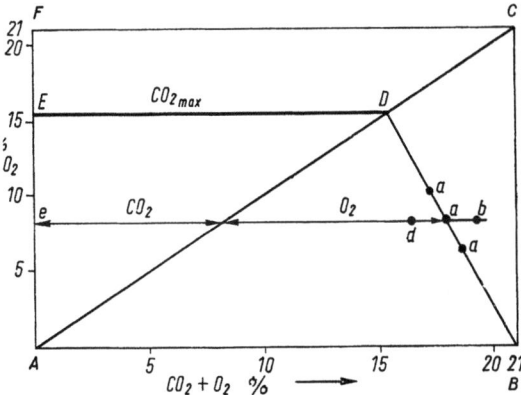

Bild 06.47 Bunte-Diagramm

nur Kohlenstoff als brennbare Bestandteile, sondern vor allem noch Wasserstoff, der zu H_2O (Wasser bzw. Wasserdampf) verbrennt. Der maximale CO_2-Gehalt der Abgase ist bei den in Frage kommenden Brennstoffen also immer kleiner als 21 %, wie er bei reinem Kohlenstoff wäre.

Bei klarer, rauchloser Verbrennung (vollkommener Verbrennung) findet man den max. CO_2-Gehalt dadurch, daß man Orsatmessungen durchführt und dabei die CO_2- und O_2-Messungen ins Buntediagramm einträgt (CO = 0 %). Man erhält dann die als Punkte a vermerkten Meßpunkte im Diagramm. Sie lassen sich zu einer Linie verbinden, die die Diagonale in D trifft. Dieser Punkt stellt nun den maximalen CO_2-Gehalt dar. Er beträgt für Steinkohle etwa 18,5 ... 18,75 % und für Heiz- und Dieselöl etwa 18,5 ... 15,5 %. Erreichbar wäre der max. CO_2-Gehalt nur bei Verbrennung mit der für den Brennstoff theoretisch benötigten Luftmenge.

Kontinuierliche Untersuchungen von Rauchgasen an Bord werden meistens *physikalisch* durchgeführt. Hierzu kann z.B. die sich mit der Zusammensetzung der Rauchgase ändernde *Wärmeleitfähigkeit* der Gase herangezogen werden. Da eine genaue Messung nur bei Nichtvorhandensein von H_2 gegeben ist, sollte das Rauchgasuntersuchungsgerät mit einem Zusatzgerät für die Feststellung von CO + H_2 ausgerüstet sein. Man hat dann auch gleich eine Kontrolle darüber, ob vollkommene Verbrennung vorliegt, da Anwesenheit von H_2 unvollkommene Verbrennung anzeigt. Die Grundschaltung eines elektrischen CO_2-Gasanalysengeräts (*Siemens*) zeigt Bild 06.48. Die Meßdrähte in den Kammern sind auf etwa 100 °C aufgeheizt. Sie werden von Gasströmen gleicher Menge, Geschwindigkeit, Temperatur und Feuchte umströmt. Aufgrund des CO_2-Gehalts des Rauchgases stellt sich ein Temperaturunterschied der Meßdrähte ein, weil die Wärmeleitfähigkeit von CO_2 nur etwa 68,5 % der von Luft beträgt. In der angegebenen Brückenschaltung wird der *Temperaturunterschied* der beiden Heizdrähte als Widerstandsänderung erfaßt und auf dem Anzeigegerät unmittelbar in % CO_2 angezeigt. Ähnliche Geräte benutzt man auch auf Kühlschiffen zur Bestimmung des CO_2-Gehalts der Kühlraumluft.

Bild 06.49 zeigt den Aufbau des Geräts von *Siemens* mit *elektrischer Gassaugepumpe*. Es gibt auch unmittelbar den Sauerstoffgehalt anzeigende elek-

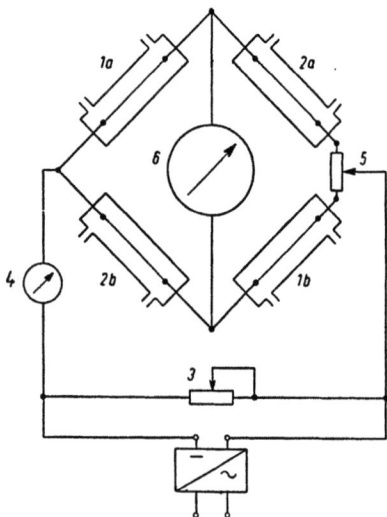

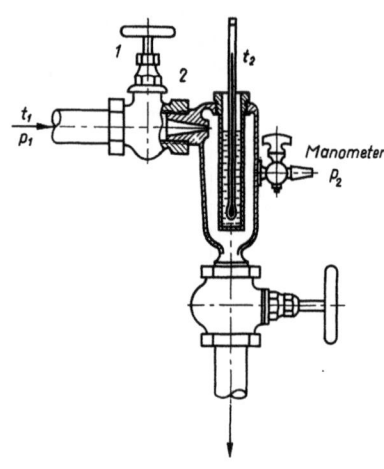

Bild 06.50 Drosselkalorimeter

Bild 06.48 Brückenschaltung
1a, 1b Vergleichskammer von Luft durchströmt
2a, 2b Gasmeßkammer 3 Einstellwiderstand
4 Strammesser 5 Nullpunktwiderstand 6 Anzeigegerät

trische Meßgeräte, die das *paramagnetische* Verhalten von Sauerstoffmolekülen ausnutzen, aus dem eine elektrische Meßgröße abgeleitet wird.

06.2.12 Drosselkalorimeter

Das Drosselkalorimeter ist ein Gerät zur Bestimmung des *Feuchtigkeitsgehalts* von Dampf. Es besteht aus einem gut isolierten Gefäß. Als Wärmeschutz kann es auch blank verchromt oder vernickelt sein (Bild 06.50).

Über ein Absperrventil (1) wird der zu untersuchende Dampf dem Gerät zugeleitet. Der Dampfdruck in der Zuleitung wird gemessen zu p_1, die zugehörige Temperatur t_1 entnimmt man den VDI-Wasserdampftafeln. Da es sich um Naßdampf handelt, gehören Druck und Temperatur eindeutig zusammen. In der Düse (2) wird der Druck auf eine geringere Spannung p_2 gedrosselt. Die Temperatur fällt dabei etwas ab. Konstant bleibt aber der Wärmeinhalt i. Der Vorgang der Drosselung läßt sich im i,s-Diagramm sehr anschaulich als waagerechte Strecke a-b z.B. darstellen (Bild 06.51). Man sieht, daß durch die Drosselung aus Naßdampf überhitzter Dampf geworden ist, also Dampf, der eine höhere Temperatur hat als die zu seinem Druck lt. Dampf-

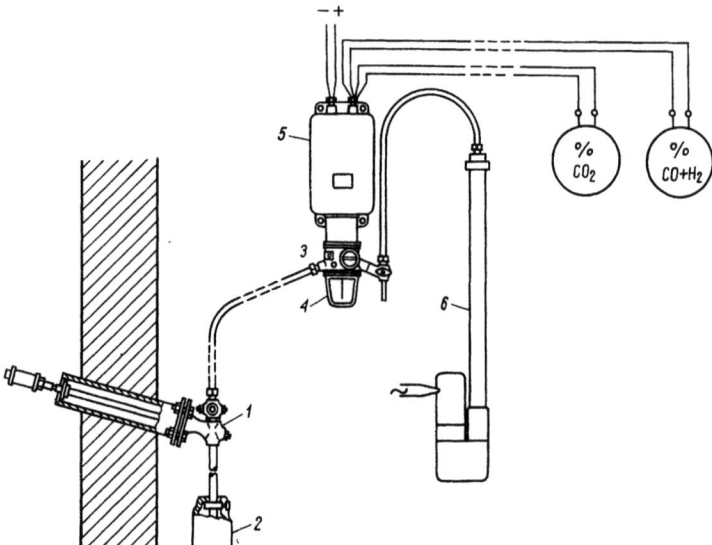

Bild 06.49
Elektrischer Rauchgasprüfer mit Ansaugpumpe

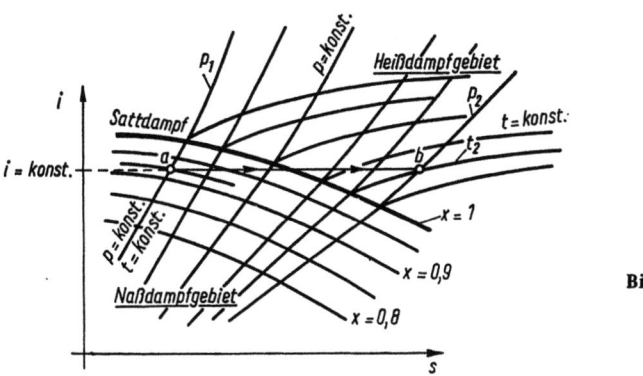

Bild 06.51 *i,s*-Diagramm

tafeln gehörige Sattdampftemperatur. Der Punkt *b* läßt sich deshalb durch eine Druck- und Temperaturmessung *eindeutig* feststellen. Zu diesem Zweck trägt das Gerät ein Thermometer und einen Manometeranschluß. Hat man also den rechten Punkt der waagerechten Drosselstrecke p_2, t_2 gefunden, so geht man im *i,s*-Diagramm so weit nach links, bis man auf den Druck p_1 kommt. An dieser Stelle kann man dann den Dampfgehalt *x* des zu untersuchenden Dampfes ablesen. Der Feuchtigkeitsgehalt beträgt dann $1 - x$. Der Dampf fließt aus dem Gefäß nach unten in die Bilge frei ab. Bevor man abliest, muß erst ein *Beharrungszustand* herrschen. Wird das Gerät an eine Abdampfleitung geschaltet, so verbindet man die Ableitung zweckmäßig mit dem Kondensator, um eine genügend große *Drosselung* zu erreichen. Sie muß immer so groß sein, daß man dabei ins Gebiet des überhitzten Dampfes kommt, d.h., die Methode ist nur bei *mäßigen* Feuchtigkeitsgraden anwendbar.

06.2.13 Aufmessen von Maschinenteilen

Es kann nicht genug darauf hingewiesen werden, daß zu einer geordneten Betriebsführung auch eine ordnungsgemäß geführte *Maschinenbiographie* gehört. Sie ermöglicht auch bei unvermeidlichem Personalwechsel eine lückenlose *Maschinenkontrolle*. Neben den Aufzeichnungen über besondere und terminmäßige Arbeiten soll diese Biographie den Zustand der wesentlichen Teile einer Anlage widerspiegeln. Hierher gehören Niederschriften über die Aufmessungen der wichtigsten Maschinenteile.

Motoranlagen erfordern vor allem eine Kontrolle ihrer Aufstellung durch Feststellen der *Kurbelwellenatmung*. Wenigstens in der letzten Kurbel von dem Drucklager – möglichst über alle Kurbelkröpfungen – sollte diese laufend kontrolliert werden. Bild 06.52 zeigt ein Beispiel für das Aufmessen der Kurbelwangenatmung, aus dem die Methode deutlich wird.

Einen Anhalt über zulässige Kurbelwellenatmung-Toleranzen geben die einschlägigen GL-Empfehlungen. Die *Wangenatmung* während des Betriebes beträgt i.a. mindestens das Doppelte, oft ein Vielfaches der im Stillstand gemessenen Werte. Bei großen langsamlaufenden Motoren kann darüberhinaus ungünstige Beladung und Durchbiegung des Schiffskörpers dazu führen, daß unzulässig hohe Zusatzbeanspruchungen der Kurbelwelle auftreten. Es ist deshalb ein *berührungsfreies (induktives)* Meßverfahren zur Feststellung der Kurbelwellenatmung während des Betriebes entwickelt worden.

Ebenso wichtig ist eine ständige Kontrolle der Lager von *Getrieben* und *Turbinen* (Zahnkontakt/Schaufelspiele). Zu diesem Zweck haben die meisten Getriebe und Turbinen vertikale *Meßbohrungen* oder *Meßlehren*, in die *Tiefenlehren* eingesetzt werden können. Auch diese Maße werden fortlaufend festgestellt und festgehalten. Für Turbinen ist wegen der Gefahr des Anstreifens der Laufschaufeln besonders die Kontrolle der *Wellenlage* in *axialer* Richtung erforderlich. Das kann z.B. mit Hilfe einer Vorrichtung nach Bild 06.53 vorgenommen werden; s. aber auch *induktive Lagemessung* in Abschnitt 06.2.8.

Zylinderlaufbuchsen und *Kolben* von allen Kolbenmaschinen unterliegen dauerndem Verschleiß und müssen deshalb auf ihre weitere Verwendbarkeit ständig überprüft werden.

Bild 06.54 zeigt das Meßschema für einen Motor. Als Meßvorrichtung benutzt man entweder *Stichmaße* und stellt Übermaße durch *Spion (Fühlerlehre)* fest oder auch *Meßuhren* ähnlich wie bei der Aufmessung der Kurbelatmung. Damit man Kolben und Laufbuchsen immer an gleichen Stellen mißt, empfiehlt sich die Anfertigung von *Meßstellenlehren*, die man sich mit Bordmitteln verhältnismäßig einfach herstellen kann; oder man mißt mit einem bei der *Waried Tankschiff Reederei* entwickelten Gerät über die ganze Länge (Bild 06.55). Die Abstände der Kolben von Unterkante Zylinderdeckel werden durch *Bleiabdruck* bestimmt und ebenfalls protokolliert.

Für die Kontrolle der Kurbelwellenlagerung liefern die Hersteller besondere *Meßbügel*. Die Abnutzung

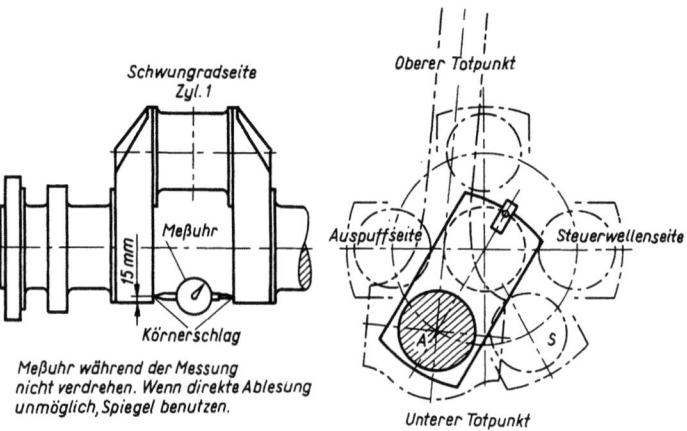

Bild 06.52 Meßprotokoll für die Messung der Wangenatmung von Kurbelwellen

	falsch	richtig					
Die Meßuhr soll zur Vermeidung von Denkfehlern bei der ± Ablesung nach dem Einsetzen zwischen die Schenkel nicht auf 0 stehen. Vergleiche nebenstehendes Beispiel: (hundertstel mm)	0 +1 +2 +1 −1	22 23 24 23 21	Atmung einer Kröpfung ist die Differenz der Meßwerte zweier benachbarter oder gegenüberliegender Kurbelstellungen				
Stellung des Kurbelzapfens	Zyl. 1	2	3	4	5	6	7	8
Unterer Totpunkt A	20,5	20	19	20	19	20	19,5	19
Auspuffseite	18,5	20	20	20	20	21	20	20
Oberer Totpunkt	18	18,5	19	20	21,5	11,5	20	22
Steuerwellenseite	20	18,5	18,5	19,5	20	20	20	20
Unterer Totpunkt S	20,5	20	19	20	19	20	19,5	19
Motor Type					Name		Datum	
Fabrik Nr.					Gemessen			

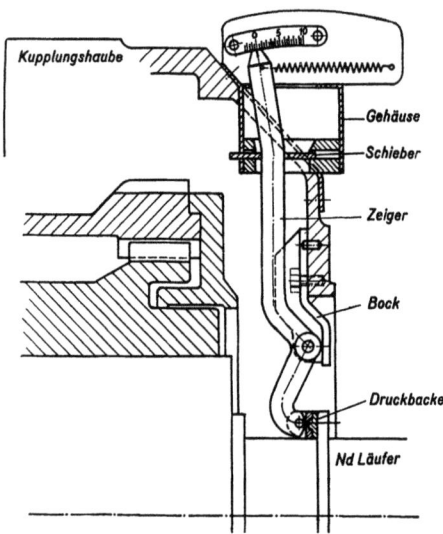

Bild 06.53 Vorrichtung zur Messung der Wellenlage in Längsrichtung

von Kolbenringen erkennt man an der Abnahme der radialen Breite. Diese mißt man von Zeit zu Zeit mit einer Schieblehre nach. Lehren benutzt man auch beim Anziehen der Zuganker von Motoren zur Feststellung der Dehnung; man mißt dabei die Vergrößerung des Maßes: Ankerende ... Gehäuseoberkante während des Anziehens, um so das vom Erbauer angegebene Maß einzustellen, das für die Bemessung der erforderlichen *Ankervorspannung* nötig ist.

06.2.14 Übertragungssignale

Grundsätzliche Überlegungen

Die bereits in Abschnitt 06.1.1 beschriebene Zentralisierung von Leitsystemen zwingt besonders bei räumlich ausgedehnten Anlagen zur sorgfältigen Beachtung der *Meßwertübertragung*.

Jede Übertragung von Meßsignalen ist mit einem *Verlust* an Information verbunden. Dieser Verlust entsteht durch die grundsätzlichen Eigenschaften des Übertragungssystems. Spannungsabfall oder Fre-

Meßtechnik

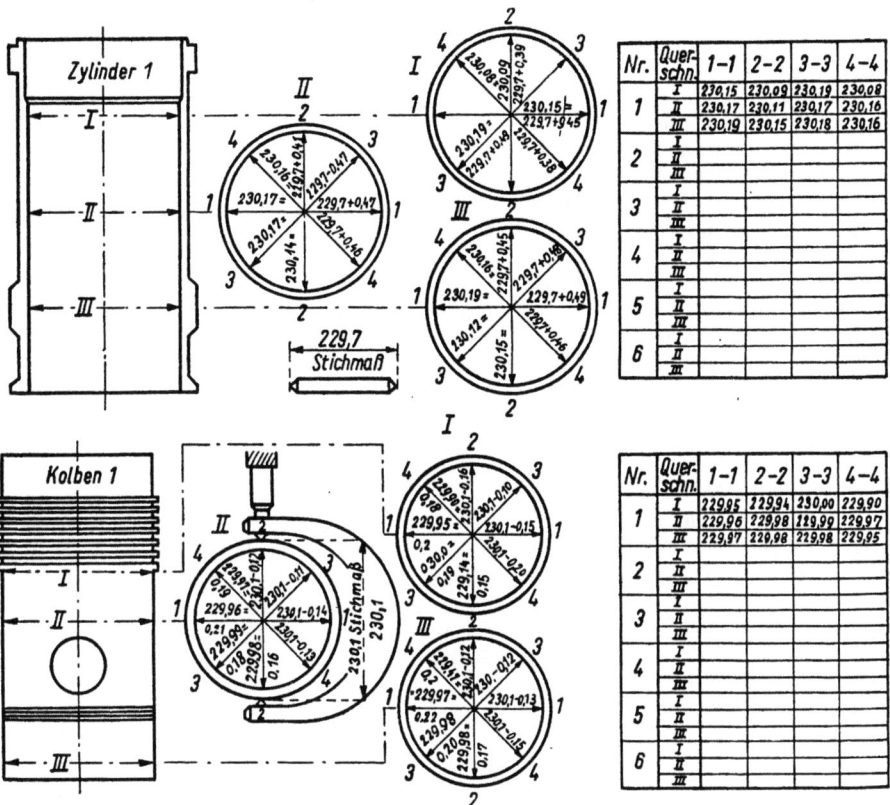

Bild 06.54 Meßprotokoll für die Messung von Kolben und Zylindern

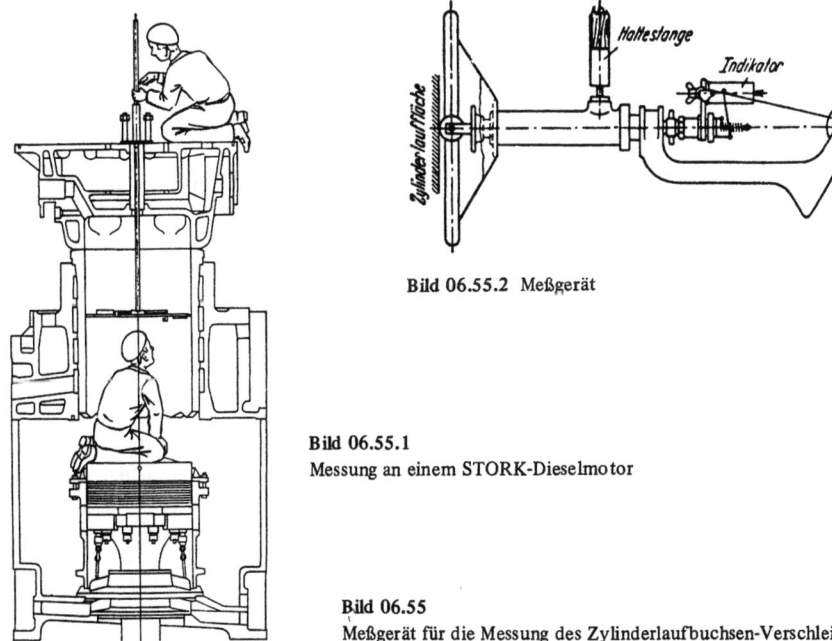

Bild 06.55.2 Meßgerät

Bild 06.55.1
Messung an einem STORK-Dieselmotor

Bild 06.55
Meßgerät für die Messung des Zylinderlaufbuchsen-Verschleißes

quenzgang sowie Temperaturschwankungen elektrischer oder elektromagnetischer Störungen, die auf die Übertragungsleitungen einwirken, beeinträchtigen die Meßwertübertragung.

Je nach Verwendungszweck des Meßsignales werden unterschiedliche Maßnahmen getroffen, um *Störungen* des Übertragungsverhaltens auszuschalten oder wenigstens auf ein vertretbares Minimum zu reduzieren. So muß beispielsweise bei Meßstrecken, die zu *Sicherheitssystemen* gehören, besonderer Wert auf die Zuverlässigkeit der Übertragung gelegt werden. Bei einer Meßstrecke, die Teil eines Regelkreises ist (s. Abschnitt 06.3), muß besonders auf das *dynamische Verhalten* und die *Genauigkeit* geachtet werden. Für die *Übertragung* von Meßsignalen bieten sich *elektrische* Signale an, da Elektrizität leicht über weite Strecken gebracht werden kann. Für manche Anwendungsfälle ist es zweckmäßig, auch andere, wie beispielsweise *pneumatische Signale,* für die Übertragung zu verwenden. Die *elektrische Signalübertragung* zeichnet sich durch eine besondere Vielfalt der Möglichkeiten aus. Gleichspannungen, Gleichströme, Amplitude oder Frequenz von Wechselspannungen können als Informationsträger dienen. Darüber hinaus bedient sich die *Digitaltechnik* der *binären Informationsverschlüsselung* in Impulsen. Die Übertragung kann drahtgebunden oder drahtlos mit elektromagnetischen Wellen erfolgen.

06.2.15 Übertragung mit Gleichspannung oder Gleichstrom

Viele *Meßgrößenaufnehmer* und *Meßschaltungen* liefern den Meßgrößen *analoge* Spannungen als Meßsignale.

Oft sind diese Spannungen im Millivoltbereich und müssen verstärkt werden, damit man sie weiterverarbeiten kann. Für die Weiterverarbeitung und die Fernübertragung hat sich eine gewisse Standardisierung der Signalbereiche bewährt. *Einheitsbereiche* sind beispielsweise 0 ... 5 V oder 0 ... 10 V für die *Gleichspannungsübertragung* und 0 ... 20 mA oder 4 ... 20 mA für die *Gleichstromübertragung*. International sind auch noch andere Einheitsbereiche, insbesondere bei der Stromübertragung im Gebrauch. Einige wichtige Gesichtspunkte im Zusammenhang mit der Strom- oder Spannungsübertragung sollen mit Hilfe des Ersatzschaltbildes in Bild 06.56 erläutert werden.

Jede *drahtgebundene elektrische Signalübertragung* kann man sich als eine Verbindung zwischen einem Sender S mit dem Innenwiderstand R_i und der Urspannung U_0 und einem Empfänger E mit dem Eingangswiderstand R_e vorstellen. Die Verbindungsleitung hat den Leitungswiderstand R_L. Die Spannung U_2 an den Klemmen des Empfängers ist immer *kleiner* als die Spannung U_1 an den Klemmen des Senders. Bei der Spannungsübertragung tritt also ein *Informationsverlust* auf, der durch den Leitungs-

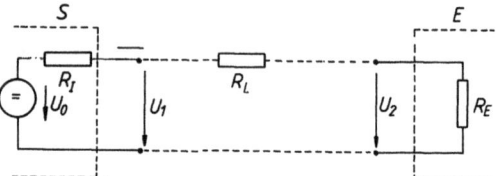

Bild 06.56 Ersatzschaltbild einer elektrischen Übertragung

widerstand verursacht wird. Der Leitungswiderstand, der vielfach nicht konstant ist (Temperatureinfluß), kann nur begrenzt reduziert werden. Eine Verkleinerung des Spannungsabfalls ist deshalb nur durch eine Reduzierung des Stromes möglich. Dies gelingt dadurch, daß der Eingangswiderstand des Empfängers so groß ist, daß der Leitungswiderstand und der Innenwiderstand des Senders dagegen vernachlässigbar sind (*hochohmiger Empfänger*). Ein niedriger Innenwiderstand des Senders bewirkt eine weitgehende Unabhängigkeit der Spannung U_1 von der Belastung (*eingeprägte Spannung*).

Die *Spannungsübertragung* unter den beschriebenen Bedingungen ist durch eine hohe *Empfindlichkeit* gegenüber *induktiven* Störungen gekennzeichnet. So kann beispielsweise eine in der Nähe der Übertragungsleitung verlaufende Starkstromader elektromagnetische Störungen durch Induktion auf der Meßleitung verursachen. Ein hochohmiger Empfänger wird unmittelbar durch induzierte Spannungen beeinflußt. Als wichtigste Gegenmaßnahmen sind die strikte räumliche Trennung beim Verlegen von Meßleitungen und Starkstromleitungen zu nennen, sowie die sehr aufwendige *Abschirmung* der Meßleitungen durch Stahlpanzerrohre.

Treten elektromagnetische oder elektrostatische Störungen als *Gleichtaktstörungen* auf, können sie durch die Verwendung von *Differenzverstärkern* reduziert werden.

Die beschriebenen Schwierigkeiten bei der Verwendung der elektrischen Spannung als Signalträger haben dazu geführt, daß in zunehmendem Maße der *Strom* als Signalträger zumindest bei der Fernübertragung von Meßgrößen verwendet wird. Auch für die Stromübertragung gilt das Ersatzschaltbild nach Bild 06.56. Wird der Innenwiderstand des Senders durch eine geeignete *Gegenkopplungsschaltung* groß gegenüber allen übrigen Widerständen des Stromkreises, so bestimmt er im wesentlichen die Größe des Stromes i, der damit weitgehend unabhängig vom Leitungswiderstand und vom Widerstand des Empfängers wird (*eingeprägter Strom*). Der Grenzwert des zulässigen Widerstandes im Außenkreis wird gewöhnlich als maximaler *Bürdenwiderstand* angegeben. So bedeutet beispielsweise die Angabe auf einem Meßumformer, *Bürde* 0 ... 500 Ω, daß einschließlich Leitungswiderstand maximal 500 Ω im Stromkreis enthalten sein dürfen, ohne daß der Strom nennenswert beeinflußt wird. Bei den üblichen Bürdenbereichen zwischen 500 Ω und 2000 Ω können gewöhnlich Entfernungen bis zu einigen Kilometern überbrückt werden und mehrere Empfangsinstrumente in den Meßkreis eingeschaltet werden. Da es sich um eine Stromübertragung handelt, müssen die Empfangsgeräte *in Reihe* geschaltet werden, was unter Umständen zu dem Nachteil führen kann, daß beim Ausfall eines Empfangsinstrumentes der Informationsfluß vollständig unterbrochen ist. Meßkreise, bei denen solche Ausfälle zum Beeinträchtigen eines Sicherheitssystems führen können, müssen deshalb mit geeigneten Bypass-Schaltungen oder mit Sicherungsschaltungen ausgerüstet sein.

Das Einführen von Einheitssignalen hat insbesondere in größeren Anlagen den Vorteil, daß die Instrumentierung *vereinheitlicht* werden kann. Alle Instrumente, die in einer zentralen Meßwarte eingebaut werden, können für den gleichen Signalbereich ausgelegt werden. Alle Signalleitungen haben den gleichen Signalbereich, was die Wartung und Kontrolle sehr vereinfacht. Die Skalen der Empfangsgeräte, die beispielsweise alle für den Einheitsbereich 0 ... 20 mA ausgelegt sind, werden mit der jeweils gemessenen Größe beschriftet. Bild 06.57 zeigt Beispiele für Anzeigegeräte.

Zu den Übertragungsverfahren mit Strom oder Spannung können auch die Verfahren gerechnet werden, die die Meßgröße mechanischer Meßgeräte mit Hilfe von *Drehwinkelumformern* in elektrische Größen umsetzen. Die Drehwinkelumformer, auch *Ferngeber* oder *Fernsender* genannt, bestehen im einfachsten Fall aus einem Potentiometer, das direkt auf der Zeigerwelle des Meßinstrumentes sitzt. Auch andere Geräte, die mit einer *Drehmomentkompensation* arbeiten, sind im Einsatz. Diese Geräte werden auch *Kompensationsferngeber* genannt. Sie liefern in der Regel einen eingeprägten Gleichstrom als Übertragungssignal.

06.2.16 Übertragung mit Wechselspannung

Wie bereits erwähnt, ist die Übertragung mit elektrischen Signalen fast immer mit einer *Verstärkung* verbunden. Verursacht durch die physikalischen Eigenschaften der Bauelemente entsteht jedoch in einer elektronischen Verstärkerschaltung außer dem Nutzsignal ein störendes *Rauschsignal*. Dieses wirkt sich um so stärker aus, je kleiner das Nutzsignal ist. Darüber hinaus entsteht in den Verstärkern durch allmähliche Veränderungen der Bauelemente eine *Verschiebung* der elektrischen Daten, die dazu führen kann, daß beispielsweise ein Verstärker ein Ausgangssignal abgibt, obwohl am Eingang kein Signal erscheint. Man nennt diese Erscheinung *Nullpunktdrift*. Sie ist besonders bei Gleichstrom- und Gleichspannungsverstärkern nur schwer zu vermeiden. Deshalb verwendet man, insbesondere bei niedrigen Signalpegeln, gerne *Wechselspannung* als Übertragungsmedium. *Wechselspannungsverstärker* arbeiten weitgehend driftfrei. Durch die Möglichkeit der Verwendung von Transformatoren kann man außerdem erreichen, daß das Verhältnis von Nutzsignal zu Rauschsignal günstiger wird.

Die Anwendung von Wechselspannungen bei der Übertragung von Meßwerten kann auf zweierlei Weise geschehen. Bei der ersten Methode wird ein als Gleichspannung vorliegendes Signal durch einen *Zerhacker* in ein Wechselspannungssignal umgeformt und als Wechselspannung verstärkt. Das verstärkte Signal wird dann im allgemeinen wieder in einen Gleichstrom oder eine Gleichspannung umgewandelt, man bleibt also im Prinzip bei der Gleichstromübertragung. Bild 06.58 zeigt das Arbeitsprinzip eines solchen Verstärkers. Diese Verstärker werden *Zerhackerverstärker* oder *Modulationsverstärker* genannt. Aus dem englischen Sprachgebiet kommt der ebenfalls gebräuchliche Ausdruck *Chopper-Verstärker*.

Die zweite Methode benutzt die Wechselspannung bereits bei der Erfassung der Meßgröße. So werden beispielsweise Meßbrücken mit Dehnungsmeßstreifen vorzugsweise mit Wechselspannung gespeist (s. Bild 06.40). Es entsteht dann als Diagonalspannung

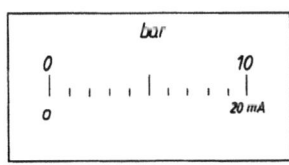

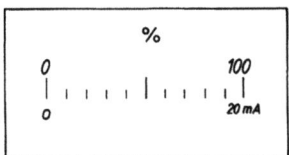

Bild 06.57 Beispiel für Anzeigegeräte in Einheitssystemen

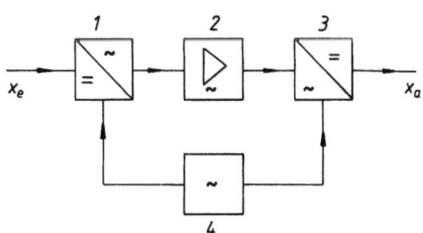

Bild 06.58 Arbeitsprinzip eines Zerhackerverstärkers
1 Modulator (Chopper)   3 Phasenabhängiger Gleichrichter
2 WS-Verstärker   4 Modulationsfrequenz

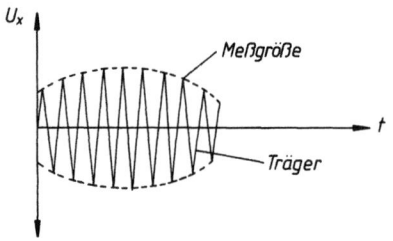

Bild 06.59 Zeitlicher Verlauf der Diagonalspannung bei einer WS-gespeisten DMS-Brücke, Amplitudenmodulation

der Brücke eine Wechselspannung deren Amplitude entsprechend den Belastungsänderungen in der Meßbrücke verändert wird. Es entsteht also ein *amplitudenmoduliertes Signal*. Bild 06.59 zeigt als Beispiel den zeitlichen Verlauf einer Meßgröße. Bei dieser Methode ist es üblich, auch bei der *Übertragung* des Signals, die Wechselspannung beizubehalten. Es ist dann auch möglich, die Signale mehrerer Meßstellen über eine Leitung zu übertragen, wenn man den verschiedenen Meßstellen verschiedene Frequenzen der Versorgungsspannung zuordnet. Dieses *Trägerfrequenzverfahren* mit Mehrfachausnutzung der Leitung ist grundsätzlich das gleiche Verfahren, nach dem auch der Rundfunk oder der Telefonverkehr arbeitet; es hat jedoch im Schiffsbetrieb keine nennenswerte Bedeutung.

06.2.17 Digitale Signalübertragung

Aus der Beschreibung der Meßverfahren in den vorangegangenen Abschnitten geht hervor, daß im allgemeinen eine Meßgröße in ein der Meßgröße *analoges* Signal umgeformt wird. Die Übertragung und Weiterverarbeitung dieser analogen Signale bringt gewisse Schwierigkeiten mit sich, die ebenfalls beschrieben wurden. Bereits aus der Telegraphen- und Fernschreibtechnik ist jedoch ein Verfahren bekannt, bei dem die Informationen in die Form einer *Reihe von Impulsen und Pausen* gebracht werden. Dieses Verfahren läßt sich grundsätzlich auch in der Meßtechnik anwenden. Bild 06.60 zeigt den kontinuierlichen Verlauf eines analogen Meßsignals sowie die Möglichkeit zeitlich definierte Werte abzufragen und in eine Reihe von Impulsen zuverwandeln. Wird eine solche Impulsreihe über eine Fernleitung übertragen, bleibt ihr Informationsgehalt auch dann noch erhalten, wenn durch Störungen die Form der Impulse stark verändert worden ist. Die stark veränderten Impulse können durch geeignete elektronische Kippschaltungen regeneriert werden (Bild 06.61).

Geht man von einer *kontinuierlichen* auf eine *diskontinuierliche* oder *serielle* Signalübertragung über, muß man besonders auf die Zeit zwischen zwei Abtastvorgängen achten. Ist beispielsweise die Zeitspanne $t_2 - t_1$ gemäß Bild 06.60 zu lang, kann eine dazwischenliegende rasche Veränderung der kontinuierlich verlaufenden Meßgröße verloren gehen. Das einfache Umsetzen des kontinuierlichen Signals in eine Reihe von Impulsen würde zu einer unwirtschaftlich großen Belastung der Übertragungsleitungen führen. Im Interesse einer hohen Übertragungsgenauigkeit ist es nämlich notwendig, einen Meßwert mit möglichst vielen Impulsen abzufragen. Die Impulsreihen werden also in einem besonderen Gerät gezählt und in eine kürzere Form umgesetzt; sie werden *kodiert*. Damit wird aus der analogen Meßgröße ein *digitales Signal*. Für die Kodierung gibt es verschiedene Möglichkeiten, in der Meßtechnik ist der *BCD-Code* (*binary coded decimal*) von besonderer Bedeutung.

Die Geräte in denen die Umsetzung und Kodierung erfolgt, heißen *Analog-Digitalumsetzer* (*ADU*). Von der Schnelligkeit ihrer Arbeitsweise (Umsetzungsgeschwindigkeit oder Integrationsgeschwindigkeit) ist es abhängig, wie kurz die Zeit zwischen zwei Abtastvorgängen sein kann. Diese Zeitspanne erhält insbesondere dann Bedeutung, wenn eine Vielzahl von Meßwerten abgefragt werden soll, die dann in einem Rechner weiterverarbeitet werden. In diesem Fall verwendet man meistens nur einen ADU, da

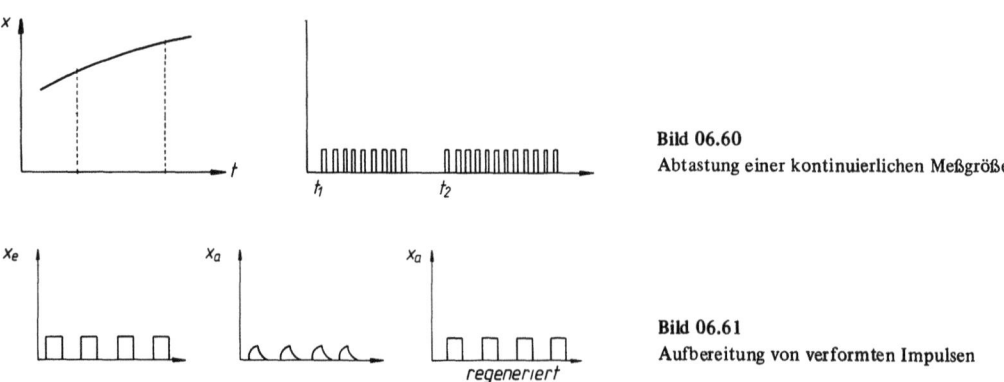

Bild 06.60 Abtastung einer kontinuierlichen Meßgröße

Bild 06.61 Aufbereitung von verformten Impulsen

der Rechner ohnehin die ankommenden Signale nur hintereinander verarbeiten kann. Bei ausgedehnten Anlagen mit einigen möglicherweise schnell veränderlichen Meßgrößen, kann es zu Zeitproblemen kommen.

Die Frage des *Rechnereinsatzes* in der Meßtechnik soll hier nicht weiter behandelt werden, obwohl Digitalrechner insbesondere in der Form von Mikroprozessoren auch in der Schiffsautomatisierung zunehmend an Bedeutung gewinnen. Eine Behandlung dieses Themas würde jedoch den Rahmen dieses Hauptabschnittes sprengen und der Leser sei hiermit auf die spezielle Fachliteratur verwiesen.

06.2.18 Registrierverfahren

Häufig müssen Betriebsgrößen aufgezeichnet werden. Sei es um den zeitlichen Ablauf von Betriebsvorgängen zu registrieren, oder um eine Dokumentation über einen bestimmten Zeitraum zu erstellen. Es sind *analoge* und *digitale Registrierverfahren* im Gebrauch. Analoge Registrierverfahren benutzten *Linienschreiber* oder *Punktschreiber*, während digitale Registrierverfahren *Zifferndrucker*, wie beispielsweise *Datalogger* benutzen. Bild 06.62 zeigt Beispiele für die drei erwähnten Registrierverfahren.

Linienschreiber haben den Vorteil, daß man mit ihnen den zeitlichen Verlauf von Meßgrößen kontinuierlich aufzeichnen kann. Dies ist besonders wichtig, wenn das *dynamische Verhalten* von Vorgängen ermittelt werden soll, wie es beispielsweise für die Beurteilung von Regelvorgängen notwendig ist. Mit *Punktschreibern* werden gewöhnlich die Meßgrößen mehrerer Meßstellen aufgezeichnet, wobei die Meßstellen mit einem automatischen Meßstellenumschalter nacheinander mit dem Meßwerk des Registriergerätes verbunden werden. Das Registriergerät schreibt bei jedem Meßwert einen Punkt oder ein Zeichen, dessen Farbe oder Form der jeweiligen Meßstelle zugeordnet ist. Der *Abtastzyklus* eines Punktschreibers oder Punktdruckers ist gewöhnlich 5 ... 20 s, so daß dieses Registrierverfahren nur für langsam veränderliche Meßgrößen anwendbar ist. Insbesondere die Überwachung verschiedener Temperaturmeßstellen kann mit einem Punktschreiber oder Punktdrucker gewährleistet werden. Die analogen Registrierverfahren haben den Vorteil, daß man anhand ihrer Aufzeichnungen auch *Tendenzen* einer Meßgröße erkennen kann. Dies ist insbesondere bei Einstellarbeiten nützlich oder zum *Verfolgen von Störungsabläufen*.

In den letzten Jahren hat sich, besonders im Schiffsbetrieb, die Tendenz durchgesetzt, wichtige Meßgrößen im Normalbetrieb sowie im Störungsfall digital auszudrucken. Dies ist ein wirksames Instrument zur Anlagenüberwachung sowie insbesondere zur Dokumentation, zeitliche Abläufe lassen sich jedoch nur schwer erkennen oder nachträglich nur mit Mühe rekonstruieren. Für *Einstellarbeiten* oder zur vorübergehenden Überwachung einzelner Meßstellen ist es daher zweckmäßig, wenigstens einen Analogschreiber an Bord mitzuführen. Universell einsetzbare Meßgeräte mit mehreren Strom- und Spannungsmeßbereichen sowie mit mehreren Vorschubgeschwindigkeiten werden von der Industrie angeboten. Die Geräte arbeiten gewöhnlich nach dem *Kompensationsprinzip*. Dies ermöglicht kurze Einstellzeiten, eine hohe Meßgenauigkeit und garantiert eine gewisse mechanische Robustheit der Geräte.

06.3 Regelungstechnik

06.3.1 Grundlagen

Einleitung

Wie bereits in Abschnitt 06.1.1 angedeutet, dient eine *Regelung* dazu, einen Betriebszustand in einer Anlage *konstant* zu halten oder nach einer *bestimmten Vorschrift* zu verändern, obwohl von außen Störgrößen einwirken. Dies erfordert eine *kontinuierliche* Kontrolle und Überwachung der Betriebsgröße sowie die Möglichkeit einer kontinuierlichen Korrektur mit Hilfe einer geeigneten anderen Betriebsgröße. Als Beispiel sei eine Temperaturregelung angeführt, bei der die Temperatur durch eine geeignete Meßeinrichtung ständig überwacht wird und durch eine Beeinflussung des Kühlwasserstroms korrigiert werden kann. Es ergibt sich eine gegenseitige Abhängigkeit in Form eines geschlossenen Wirkungsablaufes, der *Regelkreis* genannt wird. Ursprünglich waren die Einrichtungen zum

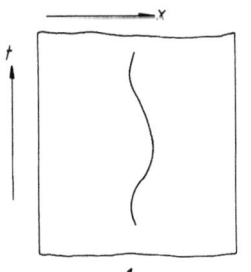
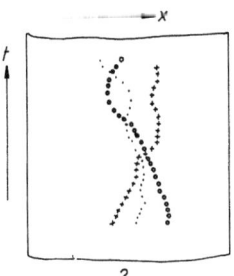
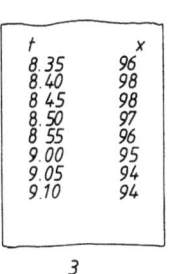

Bild 06.62
Registrierverfahren
1 Linienschreiber
2 Mehrfachdrucker (Punktschreiber)
3 Zifferndrucker

Aufrechterhalten eines bestimmten Betriebszustandes immer der jeweiligen Maschine oder Apparatur zugeordnet (z.B. Fliehkraft-Drehzahlregler für Dampfmaschinen von James Watt). Inzwischen ist es jedoch gelungen, die Vorgänge bei einer Regelung zu einer weitgehend geschlossenen Theorie zusammenzufassen, die es erlaubt, unterschiedliche Regelvorgänge nach den gleichen Prinzipien zu beschreiben. Für den Ingenieur ist das Verständnis dieser Prinzipien die Grundlage des Verständnisses der Funktion von Regelanlagen, die im einzelnen nach sehr unterschiedlichen technischen Verfahren verwirklicht sein können.

Grundbegriffe der Regelungstechnik

Obwohl der *Steuerungstechnik* ein besonderer Abschnitt gewidmet ist, (Abschnitt 06.4) ist es zur Klärung der Zusammenhänge nötig, die Wirkungsabläufe von *Steuerungen* und *Regelungen* gegenüberzustellen. Daher werden nachstehend auch Begriffe der Steuerungstechnik erläutert, soweit dies für das Verständnis und zur Abgrenzung nötig ist. Die wichtigsten Merkmale von Steuerungen und Regelungen sind in DIN 19226 festgehalten.

Für eine *Steuerung* ist kennzeichnend, daß ein offener Wirkungsablauf der Signalübertragung vorliegt. Eine zu steuernde Größe x (*Steuergröße*) wird aufgrund von Messungen anderer Größen beeinflußt; diese Größen werden dagegen von dem Wert der Steuergröße x nicht beeinflußt. Bei einer Regelung soll eine bestimmte physikalische Größe innerhalb einer Anlage, die *Regelgröße* x, durch laufende Messung und durch Vergleich mit einem vorgegebenen Sollwert im Sinne einer Angleichung beeinflußt werden. Bei einer Abweichung x_W zwischen Istwert x und Sollwert x_S ($x - x_S = $ *Regelabweichung* x_W) wird über eine *Regeleinrichtung* eine Stellgröße y gebildet, mit der x beeinflußt wird. Wesentlich ist dabei, daß die Regelgröße über die Stellgröße auf sich selbst *zurückwirkt*, der Wirkungsablauf der Signalübertragung also *geschlossen* ist.

Die Bedingungen für eine Regelung sind also ein *kontinuierlicher Vergleich* und eine *kontinuierliche Korrektur*.

Abstrahiert man vom gerätetechnischen Aufbau der bei Regelungs- und Steuerungsvorgängen beteiligten Apparate, um den allein wesentlichen Signalübertragungsverlauf hervorzuheben, gelangt man zum *Signalflußplan* (s. Abschnitt 06.1.2). Der Unterschied zwischen Steuerung und Regelung wird dann besonders deutlich. Der offene Wirkungsablauf beim Aufbau der Glieder einer Steuerung wird als *Steuerkette* bezeichnet, der geschlossene Signalübertragungsverlauf beim Zusammenwirken der Glieder einer Regelung heißt *Regelkreis*. Der Unterschied im gerätetechnischen Aufbau zwischen Steuerkette und Regelkreis kann äußerlich sehr gering sein, wie durch die Gegenüberstellung beider Möglichkeiten

zur Konstanthaltung einer Raumtemperatur angedeutet wird, (Bilder 06.63 und 06.64). Aus den Signalflußplänen geht jedoch der unterschiedliche Signalverlauf klar hervor.

Bei gröbster Unterteilung unterscheidet man bei der Steuerkette nur die beiden Glieder *Steuereinrichtung* und *Steuerstrecke*, beim Regelkreis entsprechend *Regeleinrichtung* und *Regelstrecke*. Als *Strecken* bezeichnet man allgemein die Anlagen oder Anlageteile, an denen die zu beeinflussende physikalische Größe x (z.B. die Raumtemperatur) lokalisiert werden kann.

Die *Einrichtung* stelle die Gesamtheit aller Bauglieder dar, die an der aufgabenmäßigen Beeinflussung der Strecke beteiligt sind. Wie noch gezeigt wird, läßt sich das Blockschaltbild auch detaillierter dar-

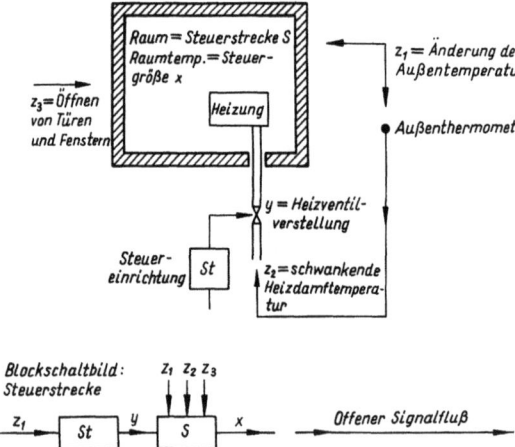

Bild 06.63 Steuerung einer Raumtemperatur

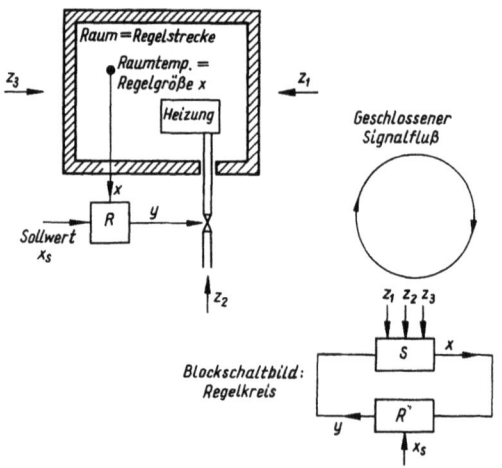

Bild 06.64 Regelung einer Raumtemperatur

stellen durch Aufteilung der Regel- bzw. Steuereinrichtung.

Alle Einflüsse, die Abweichungen der Regelgröße oder der zu steuernden Größe x verursachen, heißen *Störgrößen* z. Benutzt man eine Hauptstörgröße z_1, deren Einfluß $x = f(z_1)$ auf die zu steuernde Größe bekannt ist, als Eingangsgröße in die Steuereinrichtung, so läßt sich x gut einhalten, wenn der Einfluß der weiteren Störgrößen vernachlässigt werden kann. Das ist im Beispiel der Temperatursteuerung nach Bild 06.63 häufig der Fall. Ist jedoch auch der Einfluß von weiteren Störgrößen erheblich, wird Temperaturregelung nach Bild 06.64 vorzuziehen sein. Dabei kann x gegenüber dem Einwirken aller angenommenen Störgrößen auf dem gewünschten Wert eingehalten werden.

Zur Erläuterung der gerätetechnischen Begriffe wird die Regeleinrichtung nach dem Signalflußplan in Bild 06.64 in Einzelelemente aufgeteilt. Es entsteht ein Blockschaltbild, das in Bild 06.65 dargestellt ist.

Da grundsätzlich Regeln ohne Messen unmöglich ist, gehört zu jeder Regeleinrichtung eine Meßeinrichtung, die im einfachsten Fall nur aus einem Meßfühler besteht, im allgemeinen Fall weiter aufzugliedern ist in *Fühler, Meßumsetzer, Meßumformer, Meßwandler* und *Meßverstärker*.

Als *Umsetzer* bezeichnet man Bauelemente, die analoge Eingangsgrößen in digitale Ausgangsgrößen überführen (AD-Umsetzer) oder umgekehrt bei digitalen Eingangsgrößen analoge Ausgangsgrößen bilden (DA-Umsetzer).

Umformer sind Bauglieder, bei denen die physikalischen Größen für Eingangs- und Ausgangssignal von verschiedener Art sind. (*Beispiel*: ein Thermoelement kann als Temperaturfühler und Temperatur-Spannungsumformer zugleich angesehen werden).

Ein Bauglied heißt *Wandler*, wenn die Wertebereiche an Eingangs- und Ausgangsseite verschieden sind, ohne daß die physikalische Größe umgeformt wird. (*Beispiel*: Transformator, bei dem verschiedene Wertebereiche der gleichen physikalischen Größe, also der elektrischen Spannung, als Eingangs- und Ausgangssignal vorliegen).

Verstärker sind Bauglieder, deren Ausgangsleistung größer ist als die Eingangsleistung. Sie benötigen in jedem Fall *Hilfsenergie*. Sie können also Teile der Meßeinrichtung sein, aber auch außerhalb dieser an anderen Stellen der Regeleinrichtung zwischengeschaltet werden, wenn es die Signalübertragung erforderlich macht. Die Meßeinrichtung erfaßt den Istwert x der Regelgröße und überträgt ihn zum eigentlichen *Regler*, der wiederum weiter aufgegliedert werden kann. Die wichtigste Aufgabe des Reglers besteht im Vergleich zwischen Istwert und Sollwert der Regelgröße im *Vergleicher*.

Der feste Sollwert x_S oder der zeitlich veränderliche Sollwert w (*Führungsgröße*) wird im *Sollwerteinsteller* gebildet und zum Vergleich geleitet. Im Vergleicher wird die Regelabweichung x ermittelt ($x_W = x - x_S$ bzw. $x_W = x - w$).

Durch ein *Zeitglied* wird im Regler ein bestimmtes zeitliches Verhalten der Ausgangsgröße $y = f(x_W, t)$ erzeugt. Mit y wird dann entweder unmittelbar ein Stellglied, das an der Regelstrecke eingreift, betätigt, oder es sind geeignete Verstärker, Umformer, Wandler, Umsetzer zwischenzuschalten, die über einen *Stellantrieb* (z.B. Elektromotor, Membransystem, Tauchspulsystem) schließlich das *Stellglied* (Ventil, Schieber, Drosselklappe, Stelltrafo) betätigen. Es ist zu beachten, daß mit dem Stellglied der für die Korrektur notwendige Eingriff in den Energiestrom einer Anlage vorgenommen wird. Dies ist oft mit einer beträchtlichen *Leistungsverstärkung* in diesem Regelkreisglied verbunden.

Zu einer vollständigen gerätetechnischen Auslegung von Regeleinrichtungen gehören außer den genannten Baugliedern häufig noch *Schalter* zur Öffnung des geschlossenen Regelkreises, um das Stellglied dann von Hand betätigen zu können (*Hand-Automatik-Schalter*).

Hand-Automatik-Schalter sowie je ein Einsteller für den Sollwert der Regelgröße und für die Handbetätigung des Stellgliedes sind oft zu einem Bauglied vereinigt, dem *Leitgerät*.

Als Beispiel für einen besonders einfachen Regelkreis, bei dem in einem Beispiel mehrere Funktionen erfüllt werden, sei der Bimetall-Temperaturregler (Bild 06.66) angeführt. Der Bimetallstreifen dient als Fühler, Umformer, Vergleicher und Stellglied zugleich. Über die Arbeitsweise dieses unstetigen Reglers (*Zweipunktregler*) werden genauere Betrachtungen in Abschnitt 06.3.4 angestellt.

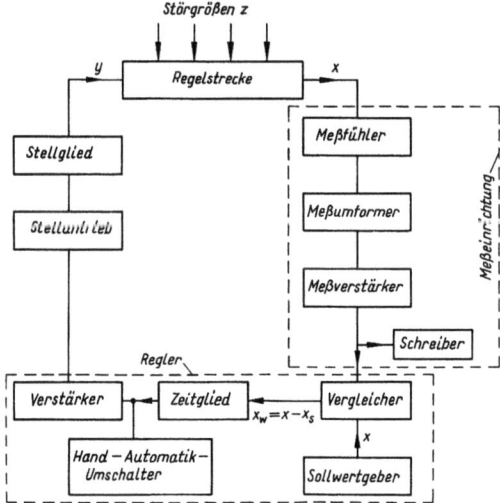

Bild 06.65 Aufgegliedertes Blockschaltbild eines Regelkreises

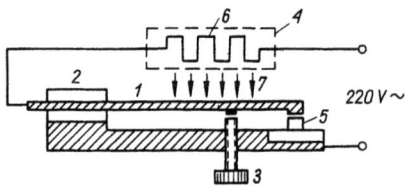

Bild 06.66 Zweipunkt-Bimetall-Temperaturregler
1 Bimetallstreifen 2 Isoliermaterial 3 Sollwerteinsteller (Kontaktschraube) 4 Regelstrecke 5 Dauermagnet (Erzeugen einer Schaltdifferenz) 6 Heizwiderstand 7 Wärmestrom

Betrachtung des geschlossenen Regelkreises

Der Signalflußplan nach Bild 06.64 stellt die grundsätzliche Funktion des Regelkreises dar. Verändert man den Signalflußplan nach Bild 06.67, werden folgende Sachverhalte hervorgehoben: Die verschiedenen Störgrößen, die auf das System einwirken, können in der Regel nur mit *einem* Eingriff, also *einer* Stellgröße bekämpft werden. Um eine richtige *Dimensionierung* des Eingriffs zu erreichen, ist es daher sinnvoll, die Wirkung der Störgrößen zusammenzufassen. So ist es beispielsweise offentlichlich, daß bei einer Temperaturregelung die verschiedenen Wärmeverluste zu einem *Gesamtverlust* zusammengefaßt werden müssen, der durch eine entsprechende Wärmezufuhr ausgeglichen werden kann. Im Signalflußplan wird dieser Sachverhalt durch entgegengesetzte Vorzeichen der Störgröße und der Stellgröße deutlich gemacht. Grundsätzlich ist ein Regelkreis ein *Kompensationssystem* oder ein *gegengekoppeltes* System.

Der andere Sachverhalt, der durch Bild 06.67 hervorgehoben wird, ist die Darstellung der *Vergleichsstelle* der Regelgröße x mit der Führungsgröße w (Sollwert) als *Differenzbildung*. Bei Einheitssignalen ist diese Differenzbildung auch gerätetechnisch leicht zu realisieren. Wie noch angezeigt wird, ist es zweckmäßig, die Möglichkeit zu schaffen, daß sowohl die Differenz $x_w = x - w$ (*Regelabweichung*) als auch die Differenz $x_d = w - x = -x_w$ (*Regeldifferenz*) gebildet werden kann.

Der geschlossene Wirkungsablauf im Regelkreis, der durch den Signalflußplan dargestellt wird, bedingt eine Abhängigkeit *aller* Größen voneinander. Diese Eigenschaft des Regelkreises muß im praktischen Betrieb immer wieder beachtet werden. Tritt eine Fehlfunktion im System auf, kann die Ursache grundsätzlich an jeder Stelle des Regelkreises liegen. Meßeinrichtungen, Stellgeräte und die Verbindungen zwischen Anlage und Regeleinrichtung müssen besonders beachtet werden. Bei modernen zentralisierten Automatisierungssystemen mit hohem Bedienungskomfort sind diese Zusammenhänge nicht immer offensichtlich. Im Signalflußplan sind die Elemente des Regelkreises durch *Blöcke* dargestellt, (z.B. Regelstrecke und Regeleinrichtung) die bestimmte Übertragungseigenschaften symbolisieren. Da die Elemente des Regelkreises gleichwertig sind, können Regelstrecke und Regeleinrichtung in der *Theorie* gleich behandelt werden. Für die *Praxis* ist jedoch ein wesentlicher Unterschied zu beachten:

Die Eigenschaften der Regelstrecke, also auch ihre Reaktion auf Störungen und Veränderungen, sind gewöhnlich durch den Zweck der Anlage festgelegt. Sie können normalerweise nicht wesentlich verändert werden. Die Eigenschaften müssen aber *möglichst umfassend* bekannt sein, damit die Regeleinrichtung *optimal* ausgelegt werden kann. Im Gegensatz dazu kann die Regeleinrichtung, zumal mit elektronischen Mitteln, beinahe in beliebiger Weise gestaltet oder eingestellt werden. Anders ausgedrückt kann man sagen, daß bei der Behandlung von Regelstrecken eher eine *Analyse* und bei Regeleinrichtungen eher eine *Synthese* vorgenommen wird.

Beschreibung von Regelkreisgliedern

Wird die Regelgröße einer Anlage durch die Einwirkung der Stellgröße oder einer Störgröße verändert, so besteht ein ganz bestimmter Zusammenhang zwischen einer *Wirkung* und einer oder mehreren *Ursachen*. Diesen Mechanismus kann man auch als *Informations-* oder *Signalübertragung* bezeichnen. In diesem Sinne hat es sich als nützlich erwiesen, Regelkreisglieder als Signalübertragungsglieder anzusehen, bei denen die Ausgangsgröße von einer oder mehreren Eingangsgrößen abhängt (Bild 06.68). Die folgenden Betrachtungen beschränken sich vereinfachend auf die Abhängigkeit der Ausgangsgröße x_a von *einer* Eingangsgröße x_e (Bild 06.68.2).

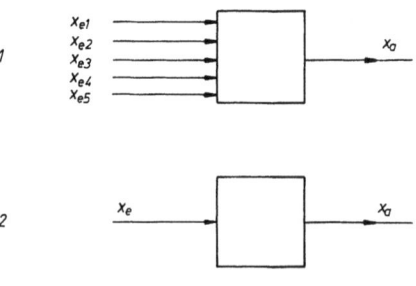

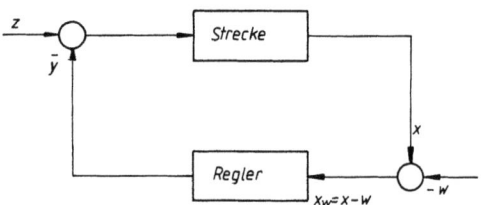

Bild 06.67 Signalfluß eines Regelkreises

Bild 06.68 Signalübertragungsglieder
1 Mehrere Eingangsgrößen 2 Eine Eingangsgröße

Eine einfache mathematische Beschreibung ist also

$$x_a = f(x_e). \qquad (36)$$

Da die Funktion f in den meisten Fällen nicht ohne weiteres angegeben werden kann, führt eine andere Überlegung eher zum Ziel: Die Veränderung der Ausgangsgröße x_a durch die Eingangsgröße x_e geht im allgemeinen nicht momentan vonstatten, sondern sie ist einem *zeitlichen Ablauf* unterworfen. Dies läßt sich am Beispiel einer Maschine veranschaulichen, deren Drehzahl durch Verändern der Treibstoffzufuhr beeinflußt wird. Die veränderte Drehzahl stellt sich nicht spontan ein, sondern erst nachdem die Maschine beschleunigt oder abgebremst worden ist. Eine sinnvolle Beschreibung des Verhaltens könnte daher die Gleichung

$$a_1 \frac{dx_a}{dt} + a_0 x_a = e_0 x_e \qquad (37)$$

sein. Dabei ist $\frac{dx_a}{dt}$ die Veränderungsgeschwindigkeit, x_a die stationäre Veränderung, verursacht durch die Veränderung der Eingangsgröße x_e. a_1, a_0, e_0 sind *konstante* Koeffizienten.

Eine weitere Verallgemeinerung der Gl. 37 ergibt:

$$\begin{aligned} a_m x_a^{(m)} + \ldots + a_2 \ddot{x}_a + a_1 \dot{x}_a + a_0 x_a \\ = e_0 x_e + e_1 \dot{x}_e + \ldots e_n x_e^{(n)} \end{aligned} \qquad (38)$$

Dies ist die allgemeine Form einer linearen Differentialgleichung mit konstanten Koeffizienten. Die zeitlichen Ableitungen der Ausgangsgröße (linke Seite) werden als *Verzögerungsglieder* bezeichnet. Ableitungen höherer Ordnung entsprechen Verzögerungen höherer Ordnung. Die Glieder auf der rechten Seite sind die *Befehlsglieder* der Signalübertragung (Eingangsgröße x_e, Geschwindigkeit der Eingangsgrößenänderung $\dot{x}_e = \frac{dx_e}{dt}$, Beschleunigung der Eingangsgrößenänderung $\ddot{x}_e = \frac{d^2 x_e}{dt^2}$ usw.).

Die Lösung der Differentialgleichung für eine sprungförmige Veränderung der Eingangsgröße führt zur *Übergangsfunktion* des Systems, deren experimentelle Form im Abschnitt 06.2.1 als *Sprungantwort* eingeführt wurde. Die Sprungantwort bzw. die Übergangsfunktion ist eine der wichtigsten Beschreibungsformen für Regelkreisglieder.

Für die Anwendung in der Regelungstechnik sind noch einige andere Formen der Eingangsfunktion von Bedeutung:

Neben der Impulsfunktion und der Ansteigsfunktion (stetiges Anwachsen der Eingangsgröße, $x_e = ct$) ist die *sinusförmige* besonders wichtig. Aus der Differentialgleichung wird dann die *Übertragungsfunktion* des Systems entwickelt, die das Verhalten der Ausgangsgröße bei verschiedenen Frequenzen der Eingangsgröße beschreibt. In der Praxis hat dieses Verfahren als *Frequenzganganalyse* zur Untersuchung des Schwingungsverhaltens von Regelkreisen erhebliche Bedeutung. Die Herleitung des Frequenzganges erfordert einige mathematische Überlegungen, die über den Rahmen dieses Handbuches hinausgehen. Zur näheren Information sei deshalb auf das weiterführende Schrifttum verwiesen.

Ausgehend von der allgemeinen Übertragungsglied-Gleichung (38) lassen sich folgende Sonderfälle unterscheiden, die als Grundtypen des zeitlichen Verhaltens anzusehen sind:

a) $a_0 x_a = e_0 x_e$

$$x_a = K x_e \qquad (39)$$

Die Ausgangsgrößenänderung ist der Eingangsgrößenänderung *proportional*, es liegt ein Glied mit *P-Verhalten* vor. Falls die Ausgangsgröße verzögert auf Eingangsgrößenänderungen reagiert, im Beharrungszustand ($t \to \infty$) aber wiederum (39) gilt, liegt ein *P-Glied mit Verzögerung* vor. P-Glieder sind Regelkreisglieder mit Ausgleich. Der Proportionalitätsfaktor K wird *Übertragungsfaktor* oder *Übertragungsbeiwert* genannt.

b) $a_1 \frac{dx_a}{dt} = e_0 x_e$

$$\frac{dx_a}{dt} = K_I x_e \quad \text{oder}$$

$$x_a = K_I \int x_e dt \qquad (40)$$

Die *Änderungsgeschwindigkeit* der Ausgangsgröße ist proportional der Eingangsgrößenänderung. Es liegt ein Glied mit *integralem Verhalten* vor, kurz *I-Glied* genannt. Bei I-Gliedern kann nach Gl. (38) für $t \to \infty$ kein Beharrungszustand definiert werden. *I*-Glieder sind deshalb Regelkreisglieder *ohne Ausgleich*.

c) $a_0 x_a = e_1 \frac{dx_e}{dt}$

$$x_a = K_D \frac{dx_e}{dt} \qquad (41)$$

Die Änderung der Ausgangsgröße ist proportional zur Änderungsgeschwindigkeit der Eingangsgröße.

Es liegt ein Glied mit *Differentialverhalten* vor, ein sogenanntes *D-Glied*, auch *Vorhaltglied* oder *Tendenzglied* genannt. Hierbei ändert sich die Ausgangsgröße also schon aufgrund einer *Änderungstendenz* der Eingangsgröße, bevor überhaupt eine endliche Änderung von x_e auftritt.

d) Eine Sonderstellung nehmen Regelkreisglieder ein, bei denen die Ausgangsgröße eine gewisse Zeit T_t unverändert bleibt, nachdem sich die Eingangsgröße geändert hat. Diese Regelkreisglieder mit *Totzeitverhalten* oder *Totzeitglieder* (T_t-Glied) sind nicht durch keine Sonderform der Gl. (38) erfaßt.

Ver- halten	Formel	Sprungantwort ohne Verzögerung	Sprungantwort mit Verzögerung	Beispiele
P	$a = K_P \cdot e$		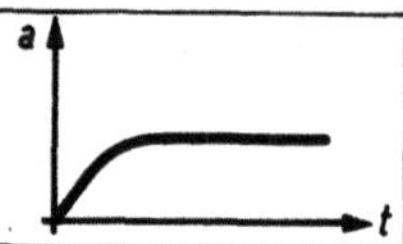	Meßumformer, P-Regler, Membranventile, Druck, Temperatur und Durchfluß-Regelstrecken
I	$v_a = K_I \cdot e$ $a = K_I \cdot \int e \cdot d$	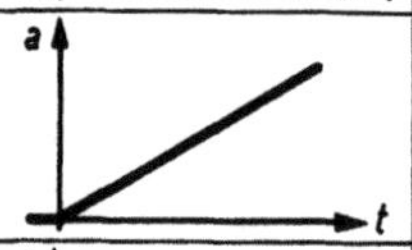	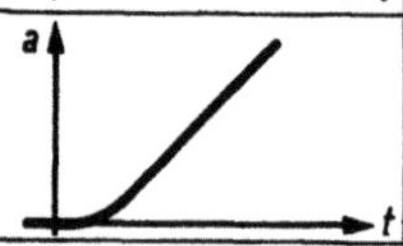	I-Regler, Motorventile, Zähler, Niveau-Regelstrecken, Kernreaktoren als Regelstrecke
D	$a = K_D \cdot v_e$ $a = K_D \dfrac{de}{dt}$		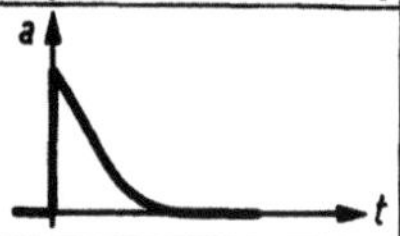	D-Anteil in Reglern, Rückführglieder, elektrische Neztwerke
T_t		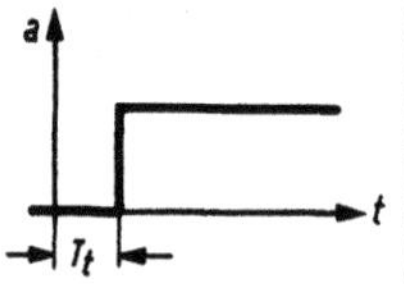	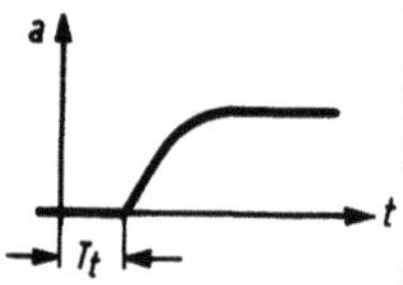	Regelstrecken mit Mischvorgängen (pH), Förderbänder und andere Transporteinrichtungen, auch ähnliche Wirkung bei Temperatur-Regelstrecken

Bild 06.69 Zeitverhalten von Regelkreisen

Im Bild 06.69 (*Piwinger* [21.4] und [21.6]) sind die Sprungantworten für die angegebenen Grundformen der Übertragungsglieder zusammengestellt. Wie in den nachfolgenden Abschnitten näher ausgeführt, lassen sich die Grundverhaltenstypen überlagern (*PI-, PD-, PID-Verhalten von Regeleinrichtungen*).

Es sei an dieser Stelle besonders darauf hingewiesen, daß die theoretischen Grundlagen dieses Abschnittes nur für *lineare Systeme* gelten. Sie gehören zur linearen Regelungstheorie, die voraussetzt, daß bei P-Gliedern der Beharrungszustand stets durch einen konstanten Übertragungsfaktor gekennzeichnet ist.

06.3.2 Das Verhalten von Regelstrecken

Die Regelstrecke ist die *gegebene* technische Anlage, in der eine oder mehrere Zustandsgrößen Regelgrößen sind. Beispiele für Regelstrecken an Bord: Dieselmotoren, Turbinen, Dampferzeuger, Druckluftbehälter, Generatoren, Öltanks, Kühlräume. Wie jedes beliebige Signalübertragungsglied hat die Regelstrecke einen Eingang und einen Ausgang, womit der Signal-Wirkungssinn festgelegt ist (der nicht mit der Stoffstrom- oder Energiestromrichtung übereinzustimmen braucht). *Eingangsgröße x_e = Stellgröße y, Ausgangsgröße x_a = Regelgröße x*.

Ferner wirken an verschiedenen Orten der Regelstrecke *zeitlich veränderliche Störgrößen* ein, die eine Regelung überhaupt erforderlich machen. Vor dem Anbau einer Regelungsanlage muß die Regelstrecke genau bekannt sein.

Die *mathematische Beschreibung*, etwa nach Gl. (38) kann häufig nicht angewandt werden, weil die erforderlichen Zahlenwerte, z.B. für die Koeffizienten, nicht ermittelt werden können. Daher muß man bei der Untersuchung von Regelstrecken oft auf die *experimentelle Aufnahme* von Kennlinien zurückgreifen. Es hat sich dabei als zweckmäßig erwiesen, das *stationäre Verhalten* (*statische Kennlinien*) und das *Zeitverhalten* (*Sprungantwort*) *getrennt* zu betrachten.

Die weitaus häufigsten Regelstrecken sind *Regelstrecken mit Ausgleich*, bei denen die Regelgröße bei Änderung der Stellgröße auch ohne Vorhandensein eines Reglers einen neuen endlichen Beharrungszustand zustrebt. Auch Änderungen von Störgrößen bewirken dann, daß x auf einen neuen Gleichgewichtszustand einläuft. (*Beispiel*: Raum als Temperaturstrecke. Bei Vergrößerung des Heizstromes y wird die Temperatur x ansteigen, aber nur bis ein neuer Beharrungswert erreicht ist, bei dem Wärmeverluststrom = Heizwärmestrom).

Davon klar zu unterscheiden sind die Strecken *ohne Ausgleich*, bei denen nach einer y- oder z-Änderung kein neuer Beharrungswert der Regelgröße x erzielt wird. Wenn keine konstruktiven Begrenzungen vorgesehen sind (z.B. Anschläge, Überläufe, Sicherungen usw.), würden die Regelgrößen beliebig groß oder klein werden, selbstverständlich unter der Voraussetzung, daß kein Regler wirksam ist. (Es ist zu beachten, daß die Untersuchung, Beurteilung und Einteilung des Verhaltens einzelner Regelkreisglieder, also hier von Regelstrecken, ohne Berücksichtigung des Einflusses anderer Regelkreisglieder erfolgt. Erst die Untersuchung des geschlossenen Regelkreises erfaßt das Zusammenwirken von Regelstrecke und Regeleinrichtung.)

Regelungstechnik

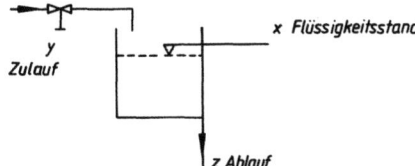

Bild 06.70 Regelstrecke für Flüssigkeitsstand

Ein Beispiel für eine Regelstrecke mit *Integralverhalten* ist in Bild 06.70 dargestellt: *Standregelstrecke*. Ein Behälter, bei dem die Stellgröße y = Flüssigkeitszulauf vergrößert wird ohne Änderung der Störgröße z = Ablauf, läuft über, d.h., die Regelgröße x = Stand erreicht *keinen* neuen Beharrungswert. Ein anderes Beispiel: Das Schiff stellt bei der Kursregelung eine Regelstrecke ohne Ausgleich dar. Der Kurswinkel (= Regelgröße x) würde sowohl bei willkürlichen Änderungen der Ruderstellung (= Stellgröße y) wie auch bei Störgrößenänderungen (z.B. Verstärkung von Wind- oder Wellenbewegungen) nicht auf einen neuen Beharrungswert einlaufen, wenn nicht ein Regler eingreift.

Stationäres Verhalten von Regelstrecken

Stationäres Verhalten ist nur für Strecken mit *P*-Verhalten definiert, da nur hier ein Beharrungszustand festgestellt werden kann. Das stationäre Verhalten wird durch *statische Kennlinien* beschrieben, die die Abhängigkeit der Ausgangsgröße von der Eingangsgröße im Beharrungszustand darstellen. Bei der Aufnahme einer statischen Kennlinie müssen also bei jedem Meßpunkt zuerst die Ausgleichsvorgänge abgewartet werden. Bei Regelstrecken ist die Regelgröße x von der Störgröße z und der Stellgröße y abhängig. Daraus ergibt sich, daß das stationäre Verhalten durch ein Kennlinienfeld dargestellt werden muß. Bild 06.71 zeigt die Abhängigkeit der Regelgröße x von der Stellgröße y mit mehreren Werten für z als Parameter. Man kann sich dabei

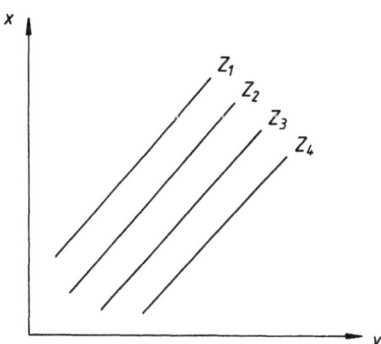

Bild 06.71 Statische Kennlinien

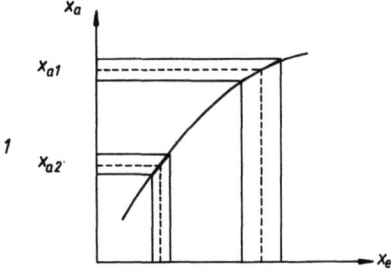

Bild 06.72.1 Abschnittweise Linearisierung

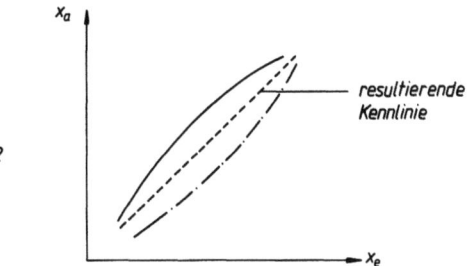

Bild 06.72.2 Linearisierung durch Stellglied

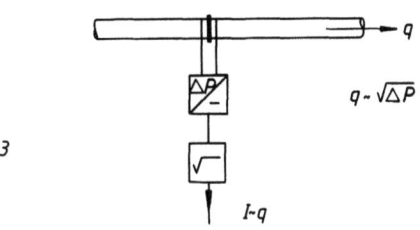

Bild 06.72.3 Linearisierung durch mathematische Funktion

Bild 06.72 Linearisierung statischer Kennlinien

etwa eine Temperaturregelstrecke vorstellen, bei der y die Heizleistung und z die Außentemperatur ist, die verschiedene Werte annehmen kann.
Im Unterschied zu den in Bild 06.71 dargestellten Kennlinien sind die Kennlinien der meisten *realen* Prozesse *nicht linear*. Die Annahme der *Linearität* ist jedoch die Grundlage der Theorie, auf der diese Betrachtungen beruhen und darüber hinaus auch die Grundlage für die Funktion der gängigen Instrumentierungssysteme. (s.a. Abschnitt 06.3.1)
Bild 06.72 zeigt einige Möglichkeiten, die Forderung der Linearität in der Praxis zu erfüllen:

1. Es wird nur ein Teil der Kennlinie in der Umgebung eines Arbeitspunktes ausgenutzt. Der Übertragungsfaktor ist in dem Teilbereich konstant, in dem die tatsächliche Kurve durch ihre Tangente ersetzt wird. Bei Regelungen mit konstantem Sollwert ist diese Annahme fast immer erlaubt. Muß jedoch während des Betriebes die Anlage in einem *anderen* Arbeitspunkt gefahren werden, verändert sich der Übertragungsfaktor

der Regelstrecke und damit müßten auch die Einstelldaten der Regeleinrichtung angepaßt werden. Typische Beispiele dafür sind im Schiffsbetrieb Kesselanlagen, die in *verschiedenen* Leistungsbereichen gefahren werden müssen oder auch Ladungskühlanlagen.

2. Nichtlinearitäten in einem größeren Arbeitsbereich können oft *näherungsweise durch Stellglieder* ausgeglichen werden, die eine entgegengesetzt gekrümmte Kennlinie haben. Für Stellventile gibt es beispielsweise genormte sogenannte gleichprozentige Kennlinien.

3. Manchmal entsteht eine Nichtlinearität durch eine Gesetzmäßigkeit im System, deren mathematische Form bekannt ist. Beispiele hierfür sind Temperaturmessungen oder Durchflußmessungen nach dem Wirkdruckverfahren (s. Abschnitt 06.2.2.3.3).

Dynamisches Verhalten von Regelstrecken

Gewöhnlich ist die Reaktion einer Anlage auf die (z.B. sprungartige) Veränderung einer Zustandsgröße durch eine mehr oder weniger große *Verzögerung* gekennzeichnet. Die Gl. (39) ist also insofern als Sonderfall zu betrachten. Um den Verlauf einer beliebigen experimentell ermittelten Übergangsfunktion (Sprungantwort) zu analysieren (*Prozeßidentifikation*), erscheint es sinnvoll, einen *Zusammenhang* zwischen dem Ergebnis des Experiments und der Beschreibung mit Hilfe der Differentialgleichung zu suchen.

Es ist leicht einzusehen, daß die Verzögerungen in einem System mit der Fähigkeit des Systems zusammenhängen, *Energie zu speichern*, z.B. Trägheit eines Schwungrades oder eines Wasserspeichers.

Bildet man eine Regelstrecke mit Hilfe einzelner Energiespeicher nach (z.B. elektrisch nach Bild 06.73), zeigt es sich, daß die Anzahl der Speicher der Ordnung der Differentialgleichung entspricht, mit der das System zu beschreiben wäre.

Speicherzahl $n = 0 \dots$ 0. Ordnung (Pt0)
$\qquad n = 1 \dots$ 1. Ordnung (Pt1)
$\qquad n = 2 \dots$ 2. Ordnung (Pt2)

Bild 06.74 zeigt verschiedene Sprungantworten.

Regelstrecken nullter und erster Ordnung sind besonders leicht zu behandeln und die Einstellung der Regeleinrichtung ist normalerweise unkritisch. Eine besondere Analyse des Verhaltens erübrigt sich also, wichtiger sind die Regelstrecken höherer Ordnung. Während eine Sprungantwort erster Ordnung leicht

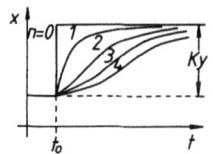

Bild 06.74
Sprungantworten für Strecken mit Ausgleich.
$n = 1, 2, 3, 4$ = Speicherzahl

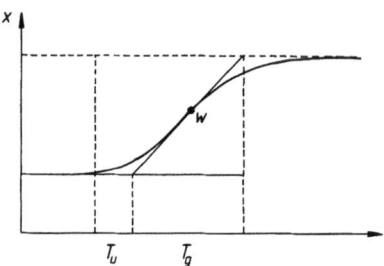

Bild 06.75 Ermittlung der Größen T_g und T_u aus einer Sprungantwort höherer Ordnung

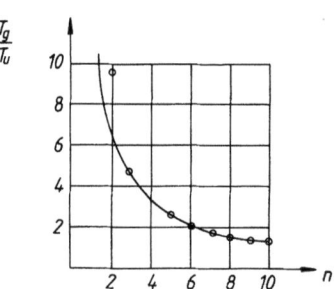

Bild 06.76 Zusammenhang von T_g/T_u und der Anzahl der Speicher

an der endlichen Steigung im Anfangspunkt zu erkennen ist, kann man aus einer Sprungantwort erster Ordnung leicht an der endlichen Steigung im Anfangspunkt zu erkennen ist, kann man aus einer Sprungantwort höherer Ordnung nicht ohne weiteres auf die Anzahl der Speicher schließen. Deshalb wurden die Kenngrößen T_g = *Ausgleichszeit* und T_u = *Verzugszeit* eingeführt. Bild 06.75 zeigt wie diese Zeiten ermittelt werden. Das Verhältnis der beiden Größen zueinander gibt Aufschluß über die Regelbarkeit der Anlage. Je kleiner das Verhältnis T_g/T_u desto größer ist die (gedachte) Anzahl der Speicher und desto schlechter ist die *Regelbarkeit*. Bild 06.76 zeigt den experimentell ermittelten Zusammenhang zwischen T_g/t_u und der Anzahl der Speicher.

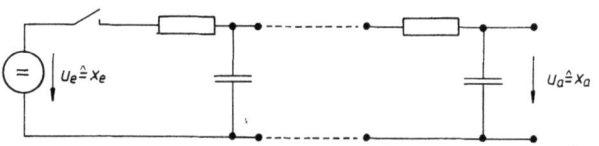

Bild 06.73
Elektrische Nachbildung von Speichergliedern

Zwar wird der Begriff *Regelbarkeit* erst im Zusammenhang mit der Beurteilung von *Regelaufwand* und *Regelgüte* deutlich (vgl. Abschnitt 06.3.5), es läßt sich aber überschlägig angeben:

$$\frac{T_G}{T_u} > 8,$$

gute *Regelbarkeit der Strecke*;

$$\frac{T_G}{T_u} < 3,$$

Regelbarkeit sehr schlecht, aufwendige Regeleinrichtungen erforderlich.

Bei Strecken 1. Ordnung wird $T_G/T_u = \infty$, weil $T_u = 0$. Die Regelung von Einspeicherstrecken bereitet also die geringsten Schwierigkeiten. Bei Strecken höherer Ordnung ist es bei langer Verzugszeit T_u günstiger, wenn auch T_G relativ lang ist. Wenn das Ausgangssignal sich längere Zeit gar nicht ändert (T_u groß), dann aber sehr plötzlich (T_G klein), ergeben sich offensichtlich die größten Anforderungen an die Regeleinrichtungen; die Regelbarkeit wird sehr schwierig.

Wie jedes Modell hat auch das hier beschriebene seine Schwächen und Ungenauigkeiten. So ist beispielsweise bei realen Strecken nicht zu erwarten, daß sie sich aus gleich großen Speichern zusammensetzen. Untersuchungen haben ergeben, daß das Modell in weiten Grenzen auch für unterschiedlich große Speicher brauchbar ist. Diese Untersuchungen haben aber ein für die Betriebspraxis außerordentlich wichtiges Ergebnis erbracht: *Kleine Speicher haben einen besonders großen Einfluß auf das Verhalten des Gesamtsystems.* Insbesondere wenn kleine Speicher mit Verzögerungen (Zeitkonstanten) in der Größenordnung von 10 ... 20 % der Verzögerung des Gesamtsystems vorhanden sind, wird das Verhältnis T_g/T_u stark beeinflußt. Diese Konstellation tritt beispielsweise auf, wenn *Meßfühler mit Speicherverhalten* (s. Abschnitt 06.2.1) verwendet werden. Insbesondere Temperaturfühler können einen erheblichen Einfluß auf die Regelung haben.

Bisher war in diesem Abschnitt nur von Regelstrecken mit Ausgleich die Rede. Auch *Regelstrecken ohne Ausgleich* (I-Strecken) werden durch Sprungfunktionen untersucht. Bild 06.77 zeigt Sprungantworten mit unterschiedlichen Verzögerungen. Die charakteristischen Integralstrecken, wie Standregelstrecken oder Kursregelstrecken, sind in vielen Fällen einer rechnerischen Analyse zugänglich. Auf die besonderen Eigenschaften von Integralstrecken sei noch einmal anhand des Bildes 06.78 hingewiesen. Das Bild bezieht sich auf die Anlage nach Bild 06.70, und es zeigt, daß die Ausgangsgröße der Regelstrecke nicht verschwindet, wenn die Eingangsgröße ($q_e - q_a$) verschwindet, sondern auf einem konstanten Wert bleibt. Dieses Verhalten ist insbesondere für Regeleinrichtungen und Stellantriebe zu beachten.

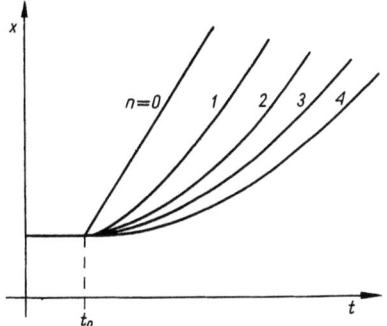

Bild 06.77 Sprungantworten für Strecken ohne Ausgleich. $n = 0, 1, 2, 3, 4 =$ Speicherzahl

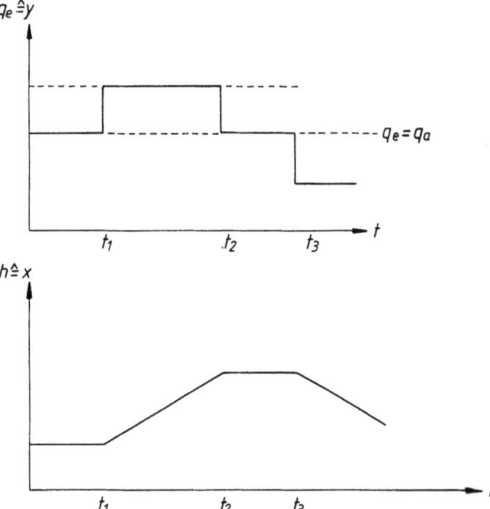

Bild 06.78 Sprungantworten einer Standregelstrecke

06.3.3 Regelkreise mit stetigen Reglern

Regeleinrichtungen können *stetiges* oder *unstetiges* Verhalten haben.

Die *stetigen Regler* liefern bei auftretenden Regelabweichungen zugeordnete *stetige Stellgrößenänderungen*; sowohl Eingangs- wie auch Ausgangsgrößen können innerhalb feststehender Grenzen beliebige Werte annehmen. Auch die Regeleinrichtungen, bei denen die Funktionen ganz oder teilweise durch digitale Bausteine verwirklicht werden, zählen gewöhnlich zu den stetigen Reglern.

Im Gegensatz dazu sind bei den *unstetigen Reglern* nur zwei oder mehrere feste Stellgrößenwerte möglich (*Zweipunktregler, Mehrpunktregler*), während die Regelgröße mehr oder weniger stark um einen Mittelwert schwingt. Beim Zweipunktregler ist z.B. ein elektrischer Kontakt entweder geöffnet oder geschlossen, d.h., es liegt ein *Binärsignal* vor, das jedoch nicht als Ziffernsignal zu deuten ist. Die unstetigen Regler gehören daher *nicht* zur Digitaltechnik.

Die Verknüpfung von unstetigen Reglern mit *Rückführgliedern* führt zu einer beliebigen Schwankungsverminderung der Regelgröße, so daß diese Ausführungen als *quasistetige Regler* bezeichnet werden. Nähere Einzelheiten dazu s. Abschnitt 06.3.4.

Das Zeitverhalten stetiger Regler

Die Übereinstimmung mit den Betrachtungen über das allgemeine Gliedverhalten in Abschnitt 06.3.1 kann bei Regeleinrichtungen P-, I- und D-Verhalten unterschieden werden, letzteres tritt jedoch nur kombiniert mit den beiden anderen Verhaltenstypen auf, so daß folgende Regler zu betrachten sind: *P-Regler*, *I-Regler*, *PI-Regler*, *PD-Regler* und *PID-Regler*.

In Bild 06.79 sind die Sprungantwortverläufe dieser Regler für verzögerungsfreies Ansprechen (*ideale Regler*) und mit Berücksichtigung von nicht ganz vermeidbaren Verzögerungen (*reale Regler*) dargestellt.

Regelungen mit P-Reglern

Vor der Behandlung von Regelungen mit Reglern bestimmter Funktionen muß noch die Definition zweier unterschiedlicher Betrachtungsweisen nachgetragen werden. Bild 06.67 der allgemeine Signalflußplan eines Regelkreises zeigt zwei Größen, die auf die Regelung einwirken: Die *Störgröße* und die *Führungsgröße*. Obwohl bei einer wirklichen Regelanlage beide Größen auf die Regelgröße einwirken können, kann die Wirkung der Störgröße und der Führungsgröße jeweils getrennt betrachtet werden. Da bei linearen Systemen das sogenannte *Überlagerungsprinzip* gilt, können die Wirkungen bei Bedarf addiert werden. Bei den meisten Regelkreisen muß ein bestimmter *Zustand* konstant gehalten werden. Der *Sollwert* ist *konstant*. Es ist also interessant, wie die Regelgröße x auf die Störgröße z reagiert. (*Störverhalten, Festwertregelung*). Bei einigen Regelkreisen ändert sich die *Führungsgröße*, wie es beispielsweise bei Kursregelungen der Fall ist. Hier wird gefragt, wie die Regelgröße einer Änderung der *Führungsgröße* folgt. (*Führungsverhalten, Nachlaufregelung, Folgeregelung*)

Es sei nun angenommen, daß der Regler nach Bild 06.67 P-Verhalten habe. Die Ausgangsgröße y errechnet sich dann:

$$y = K_p (x - w). \qquad (42)$$

Die Regelstrecke hat P-Verhalten und hat nach Gl. (39) stationär die Gleichung

$$x = K(z - y). \qquad (43)$$

Die Klammer in Gl. (43) beschreibt die sogenannte Koppelbedingung des Regelkreises, die festlegt, daß die Stellgröße immer der Störgröße entgegenwirken muß.

Berechnet man den *stationären Zustand* des Störverhaltens für eine Festwertregelung, kann man in Gl. (42) $w = 0$ setzen, was gleichbedeutend mit einem konstanten Sollwert ist. Es wird dann $x = x_w$. Setzt man Gl. (42) in Gl. (43) ein, so erhält man nach kurzer Zwischenrechnung

$$x = x_w = \frac{K}{1 + KK_p} z. \qquad (44)$$

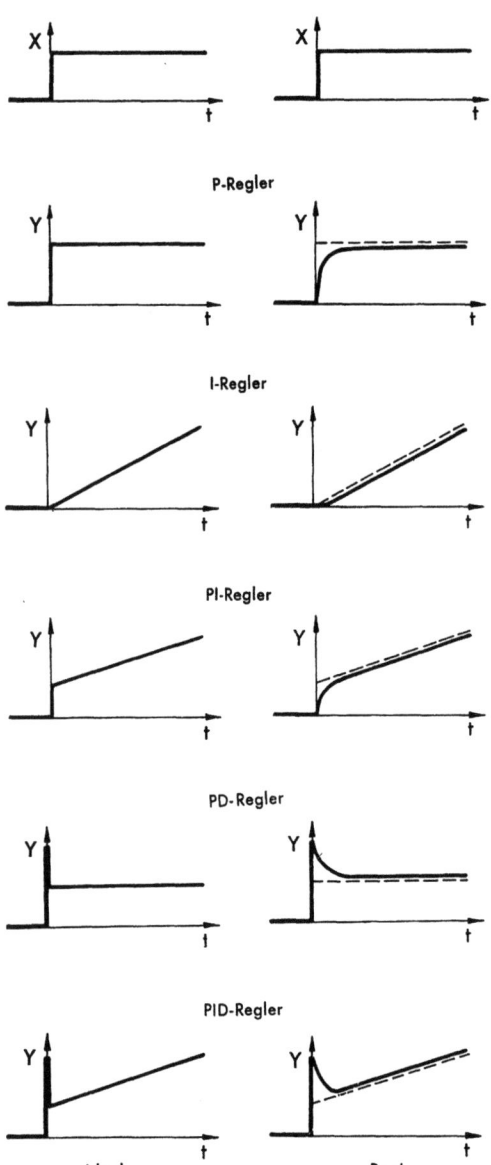

Bild 06.79 Sprungantworten stetiger Regler

Dies bedeutet, daß die Regelabweichung im stationären Zustand *nicht verschwinden* kann. Gl. (44) beschreibt die *bleibende Regelabweichung* oder *Proportionalabweichung*, die für P-Regler typisch ist. Sie läßt sich nach Gl. (44), beispielsweise durch Vergrößern von K_p (*Reglerverstärkung*) zwar reduzieren, aber nicht beseitigen.

Beispiel: Bei einer Standregelung ist zunächst der Abfluß (Störgröße) gleich dem Zufluß (Stellgröße). Der Stand ist also konstant. Bei einer zusätzlichen Entnahme (Erhöhung der Störgröße) muß sich zum Ausgleich auch der Zufluß erhöhen, was nach der Definition des P-Reglers nur aufgrund einer Abweichung vom Sollwert möglich ist. (Gl. 42) Für die Integralstrecke des Beispiels wird die bleibende Regelabweichung

$$x_w = \frac{1}{K_p} z. \qquad (45)$$

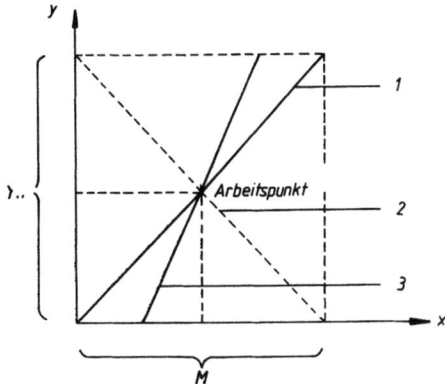

Bild 06.80 Kennlinien eines P-Reglers
1,3 Steigende Kennlinien, 2 fallende Kennlinie

Auch beim *Führungsverhalten* tritt bei P-Regelstrecken in Verbindung mit P-Reglern die bleibende Regelabweichung auf, deren Größe in diesem Zusammenhang nicht berechnet werden soll.

Für den praktischen Betrieb ist jedoch das Führungsverhalten von I-Regelstrecken mit P-Reglern interessant. Es handelt sich dabei um *Nachlaufregelungen* wie Kursregelungen, Stellungsregelungen bei hydraulischen Stellzylindern (Rudermaschine), Positionsregelungen bei Richtantennen u.ä. Die Gleichung der Regelstrecke ist hier nach Gl. (40)

$$\frac{dx}{dt} = K_I (z - y). \qquad (46)$$

Hier wird wieder Gl. (42) eingesetzt unter der Bedingung $z = 0$ (Führungsverhalten). Es ergibt sich die Differentialgleichung 1. Ordnung

$$\frac{1}{K_p K_i} \frac{dx}{dt} + x = w \qquad (47)$$

Für den Beharrungszustand bedeutet das $x = w$, d.h., die Regelgröße folgt *ohne Abweichung* einer Veränderung der Führungsgröße, wenn auch mit einer Verzögerung 1. Ordnung. Das bei den bisherigen Überlegungen zu diesem Thema ausgeklammerte dynamische Verhalten der *Regelstrecken* wird in Abschnitt 06.3.5 in Verbindung mit Stabilitätsüberlegungen wieder aufgegriffen.

Eingangsgröße und Ausgangsgröße eines Reglers können sich nur in bestimmten *Bereichen* bewegen, die nicht selten Normbereiche sind (s. Abschnitt 06.2.14). Bild 06.80 zeigt ein Diagramm mit den Kennlinien eines P-Reglers, in dem die Spanne des Ausgangsbereiches y_h (*Stellbereich*) und die des Eingangsbereiches M (*Meßbereich*) gekennzeichnet sind.

Die Steigungen der Kennlinien werden durch den Übertragungsfaktor K_p bestimmt, der bei den meisten Reglern einstellbar ist und der *positiv* (*steigende* Kennlinie) oder *negativ* (*fallende* Kennlinie) sein kann. Die Umstellung von steigender Kennlinie auf fallende und umgekehrt muß vorgesehen werden, damit die Regler auf unterschiedliche Funktionen der Stellglieder eingestellt werden können. So kann beispielsweise ein Stellventil in einem Temperaturkreis durch stärkeres Öffnen eine *Reduzierung* und eine *Erhöhung* der Wärmezufuhr bewirken, je nachdem ob ein *Kühlmittel* oder ein *Heizmittel* durch das Ventil fließt. Da Regler und Ventile heute universell einsetzbare *Standardgeräte* sind, ist eine Umstellmöglichkeit zweckmäßig.

Der Übertragungsfaktor K_p, manchmal nicht ganz korrekt Reglerverstärkung genannt, erscheint häufig nicht als Einstellgröße am Regler. Vielmehr wird die Empfindlichkeit des Reglers durch den *Proportionalbereich* x_p eingestellt. x_p ist der Anteil des Eingangsbereiches, der ausreicht, den Ausgangsbereich y_h voll auszusteuern. Bei den Kennlinien 1 und 2 in Bild 06.80 ist $x_p = 1$ oder $x_p = 100\%$, bei der Kennlinie 3 ist $x_p = 0,5$ oder 50 %. Je *kleiner* der Proportionalbereich, desto *größer* die Empfindlichkeit!

Regelungen mit PI-Reglern

Es wurde erläutert, daß ein Proportionalregler eine Eingangsgröße (Regelabweichung) braucht, um eine Korrekturgröße zu erzeugen. Um die Regelabweichung zu beseitigen, müßte der Regler noch ein Ausgangssignal abgeben, obwohl die Regelabweichung verschwunden ist, da ja die Störgröße immer noch vorhanden ist. Dieses Verhalten haben Regelkreisglieder mit Integralverhalten. Sie arbeiten ähnlich wie ein Zählwerk, das auf seinem einmal erreichten Zählerstand stehen bleibt, obwohl kein Eingangsimpuls mehr vorhanden ist.

Grundsätzlich kann man Regler mit reinem Integralverhalten einsetzen. Sie sind jedoch aufgrund ihrer mit der Zeit anwachsenden Ausgangsgröße langsamer als P-Regler. Das wirkt sich, besonders bei Regelstrecken höherer Ordnung, ungünstig auf die Dynamik der Regelung aus (s. Abschnitt 06.3.6).

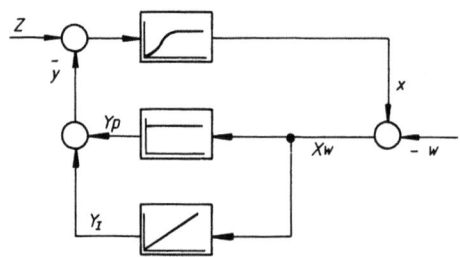

Bild 06.81 Signalflußplan einer PI-Regelung

Deshalb kombiniert man das I-Verhalten gerne mit dem P-Verhalten und erhält so den *PI-Regler*. Bild 06.81 zeigt die Kombination im Signalflußplan. Die beiden Anteile werden einfach addiert. Daraus ergibt sich die Gleichung des idealen PI-Reglers

$$y = y_p + y_i$$

$$y = K_p x_w + K_i \int x_w dt. \quad (48)$$

In der Gerätetechnik hat sich auch hier eine andere Kenngröße durchgesetzt, die dadurch gewonnen wird, daß in Gl. (48) K_p ausgeklammert wird:

$$y = K_p(x_w + \frac{K_i}{K_p} x_w dt)$$

$$y = K_p(x_w + \frac{1}{T_n} xwdt), \quad (49)$$

$$T_n = \frac{K_p}{K_I}$$

ist die *Nachstellzeit*. Bild 06.82 zeigt in der Sprungantwort, daß T_n die Zeit ist, um die die Regelung gegenüber einer reinen I-Regelung schneller wird. Für die praktische Anwendung ist wichtig zu beachten, daß der I-Anteil des Reglers um so größer wird, je kleiner die Nachstellzeit wird.

T_n und K_p (oder $x_p \sim \frac{1}{K_p}$) sind die Einstellparameter des PI-Reglers.

Der PI-Regler ist der heute am meisten angewandte Regler für die Prozeßregelungstechnik.

Regelungen mit D-Anteil

Es wurde gezeigt, daß ein P-Regler schneller in die Regelstrecken eingreift als ein I-Regler und der PI-Regler um die Nachstellzeit T_n schneller regelt als ein reiner I-Regler. Will man den Reglereingriff noch mehr beschleunigen, kann eine *D-Glied-Aufschaltung* vorgenommen werden. Wie erläutert wurde, reagiert ein Differentialglied bereits auf Änderungs*tendenzen* der Eingangsgröße; als Regler verwendet führt es bereits aufgrund von $\frac{dx}{dt}$ zu Stellgrößenänderungen, bevor sich überhaupt eine endliche Regelabweichung ergeben hat. Es wird $y_D = K_D \cdot \frac{dx}{dt}$, mit K_D = Übertragungsfaktor des D-Gliedes, der noch durch eine anschauliche Größe ausgedrückt wird.

Theoretisch müßte die Ausgangsgröße bei sprunghafter Änderung der Eingangsgröße $\left(\frac{dx}{dt} \to \infty\right)$ von Null bis Unendlich und sofort wieder auf Null springen. Praktisch ist eine solche *Nadelfunktion* aber nicht zu verwirklichen und es ergibt sich die Sprungantwort nach Bild 06.83. D-Glieder ermöglichen, allein eingesetzt, keine brauchbare Regelung, weil sie nur auf die *Änderungsgeschwindigkeit*, nicht aber auf die *Größe* der Regelabweichung ansprechen. Sie werden daher entweder als *Rückführglieder* oder als *Aufschaltungen* zu P- oder PI-Gliedern verwendet.

Auch der D-Anteil wird im Prinzip zu den anderen Anteilen addiert, so daß beispielsweise ein PD-Regler die Gleichung hat:

$$y = K_p x_w + K_D \frac{dx_w}{dt}. \quad (50)$$

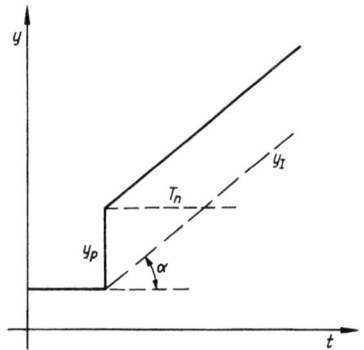

Bild 06.82 Sprungantwort eines PI-Reglers

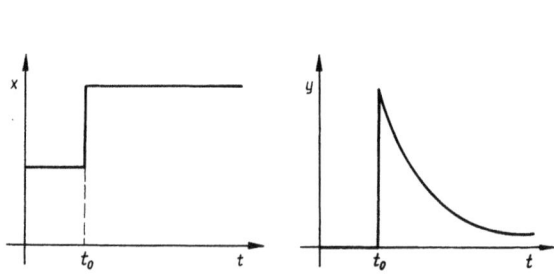

Bild 06.83 Sprungantwort für D-Glieder

Regelungstechnik

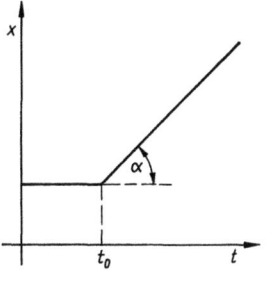

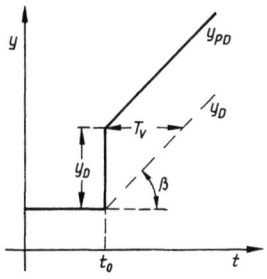

Bild 06.84
Anstiegsantwort eines PD-Reglers

Analog zu Gl. (49) wird auch hier eine andere Kenngröße eingeführt, nämlich die Vorhaltzeit $T_v = \dfrac{K_D}{K_p}$

$$y = K_p(x_w + T_v \frac{dx_w}{dt}). \qquad (51)$$

T_v kann am besten durch Analyse der Ansteigs-(Rampenfunktions-)Antwort (Bild 06.84) erklärt werden. Die *Vorhaltzeit* T_v stellt danach die bei Verwendung eines PD-Reglers im Vergleich zur Ver-

wendung eines P-Reglers eingesparte Regelzeit dar, ist also ein Maß für die Beschleunigung des Regeleingriffes infolge D-Aufschaltung. T_v und K_p sind die Einstellparameter des PD-Reglers. Mit einem PD-Regler läßt sich die bleibende Regelabweichung nicht beseitigen.

Kombiniert man alle 3 Einflüsse zum *PID-Regler*, so ergibt sich eine Sprungantwort gemäß Bild 06.85. Zuerst tritt die D-Wirkung in Aktion, was zu einem starken y-Sprung führt. Anschließend läßt die D-Wirkung nach, wegen der P-Wirkung kann jedoch nicht wieder der Ausgangswert y_P erreicht werden wie beim PD-Regler. Nach Erreichen eines Minimums steigt die Stellgröße unter der I-Wirkung wieder an bis zum konstruktiv gegebenen Grenzwert, z.B. einem Anschlag.

Beim PID-Regler sind im allgemeinen die drei Parameter K_P (oder x_p) T_n und T_v einstellbar, die die PID-Wirkung nach folgender Gleichung bestimmen: (s. Bild 06.64)

$$y = K_p(x_w + \frac{1}{T_n}\int x_w dt + T_v \frac{dx_w}{dt}) \qquad (52)$$

Das Prinzip der Gegenkopplung (Rückführungen)

Die Vielfalt der Gerätesysteme ist in der Automatisierungstechnik außerordentlich groß. Unabhängig von dem Verwendungszweck oder der Hilfenergie (Hydraulik, Pneumatik oder Elektrizität) sind fast alle Geräte mit Verstärkern versehen, die ihnen ganz bestimmte Eigenschaften verleihen sollen. Die Übertragungseigenschaften der Verstärker werden oft von verschiedenen Einflüssen *beeinträchtigt*. Als

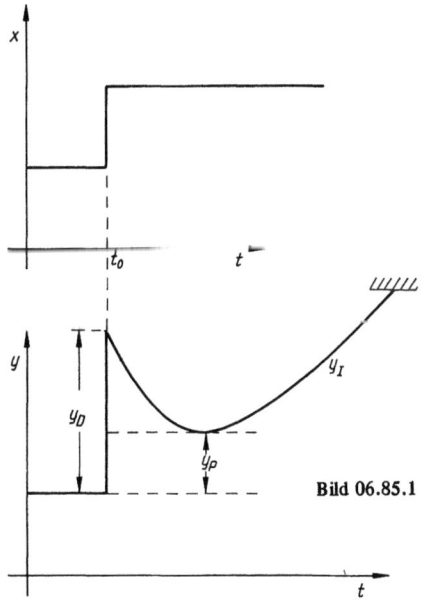

Bild 06.85.1

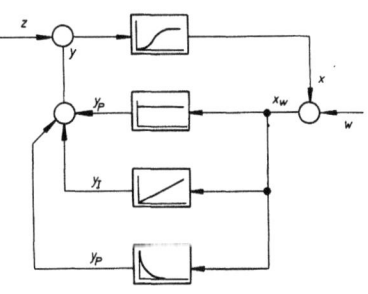

Bild 06.85.2

Bild 06.85
Bild 06.85.1 Sprungantwort eines PID-Reglers
Bild 06.85.2 Signalflußplan einer Regelung mit PID-Regler

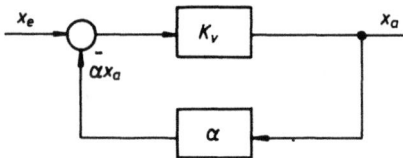

Bild 06.86 Prinzip der Gegenkopplung

Beispiele seien Spannungs- oder Druckschwankungen, Temperaturschwankungen, Alterung der Bauteile, Nichtlinearitäten u.a. angeführt. Um die Wirkung dieser Einflüsse zu vermindern, wendet man bei vielen Geräten die *Gegenkopplung* an, eine *Rückkopplungsmethode*, die aus der Nachrichtentechnik kommt (Bild 06.86). Ein Teil der Ausgangsgröße wird mit umgekehrtem Vorzeichen auf den Eingang zurückgeführt (*Rückführung*). Die Eingangsgröße x_e wird dadurch abgeschwächt oder teilweise kompensiert. Man nennt deshalb diese Schaltungen auch *Kompensationsschaltungen*. (Grundsätzlich arbeitet die Schaltung wie ein Regelkreis oder umgekehrt kann jeder Regelkreis als gegengekoppeltes System verstanden werden.)

Berechnet man den stationären Zustand der Ausgangsgröße nach dem Ansatz

$$x_a = K_v(x_e - \alpha x_a) \tag{53}$$

so erhält man:

$$x_a = \frac{1}{\frac{1}{K_v} + \alpha} x_e. \tag{53.a}$$

Hierin sind K_v der Übertragungsfaktor des *Vorwärtszweiges* (z.B. Verstärkung), α der Übertragungsfaktor des *Rückführzweiges*. Führt man die Bedingung ein: $K_v \gg 1$, wird aus Gl. (53.a)

$$x_a \approx \frac{1}{\alpha} x_e. \tag{54}$$

Die Übertragung hängt also nur noch von dem Rückführfaktor α ab. Läßt sich nun erreichen, daß α durch *passive* Bauteile wie elektrische Widerstände oder Hebelübersetzungen bestimmt wird, sind die oben erwähnten Störeinflüsse weitgehend ausgeschaltet. Proportionalregler, Meßumformer oder Stellgeräte können nach diesem Prinzip hergestellt werden. Die Übertragungsfaktoren (Meßbereiche, P-Bereiche) werden in den Rückführungen eingestellt.

Wenn der *Rückführfaktor* konstant ist, handelt es sich um eine *starre Rückführung*. Die zurückgeführte Größe ist proportional der Ausgangsgröße x_a.
Eine wichtige Rolle spielt die starre Rückführung auch bei Regelkreisgliedern, die eigentlich *Integralverhalten* haben, aber als *Proportionalglieder* genutzt werden sollen. Typisch sind hier hydraulische oder pneumatische Stellzylinder oder elektrische Winkelantriebe. Ohne Rückführung würde beispielsweise ein hydraulischer Antrieb, wie er für einen Verstellpropeller benötigt wird, in wenigen Sekunden in eine Endlage fahren, wenn ein Steuersignal vom Regler kommt. Mit einer Rückführung der Ausgangsgröße (Stellung) auf das Steuergerät erhält der Antrieb P-Verhalten mit *Verzögerung* (s. a. Gl. (47)).

Von großer Bedeutung wird das Rückführprinzip in der Regelungstechnik durch die Möglichkeit, auf bequeme und anpassungsfähige Weise *beliebiges Regelverhalten* zu erzeugen, indem man von der starren Rückführung zur *verzögerten Rückführung* oder zur *nachgebenden Rückführung* übergeht. Die verzögerte Rückführung ist ein P-Glied mit Verzögerung, dessen Sprungantwort wie erläutert eine e-Funktion darstellt. Anfangs, wenn der x_w-Sprung auftritt, ist das Rückführsignal gering; y kann also ungeschwächt springen wegen der hohen Verstärkung des Vorwärtsverstärkers. Dann baut sich die Rückführgröße x_R auf und y nimmt ab bis auf einen konstanten Endwert, der von V_R abhängt. Wie in Bild 06.87a gezeigt wird, hat der Rückführkreis PD-Verhalten. Ein D-Glied als Rückführglied verwendet, wird als *nachgebende Rückführung* bezeichnet, weil das Signal x_R von einem hohen Anfangswert exponentiell bis auf Null abfällt, y einen kleinen Sprung zu Anfang macht und dann stetig immer größer wird. Es ergibt sich PI-Verhalten des Rückführkreises (Bild 06.87b).

Auch PID-Verhalten kann auf ähnliche Weise durch Rückführung mit Zeitverhalten erzielt werden. Hierzu wird nachgebendes und verzögertes Verhalten sinnvoll in der Rückführung kombiniert. Nahezu alle modernen Regler mit Hilfsenergie, vor allem die pneumatischen und elektrischen Einheitsregler, sind unter Ausnützung des Rückführprinzips ausgelegt, wie in den nachfolgenden Abschnitten gezeigt wird.

06.3.4 Technische Verwirklichung von Gerätesystemen

Wegen der großen Vielfalt der Ausführungsmöglichkeiten wird versucht, jeweils typische Beispiele für die entsprechende Technik vorzustellen.

Beurteilung der verschiedenen Hilfsenergiearten

Wie bereits erläutert, sind für komplizierte und genaue Regelungsaufgaben vorwiegend Einrichtungen mit Hilfsenergie erforderlich, d.h., die Meßfühler- bzw. Vergleichssignale sind hydraulisch, pneumatisch oder elektrisch-elektronisch zu verstärken, bevor sie an die Stelleinrichtung übertragen werden.

Die drei Hilfsenergiearten haben ihre speziellen Vorteile und Nachteile. Nicht immer ist eindeutig zu entscheiden, welche Hilfsenergie den Vorzug verdient. Seit einigen Jahren scheint die früher im

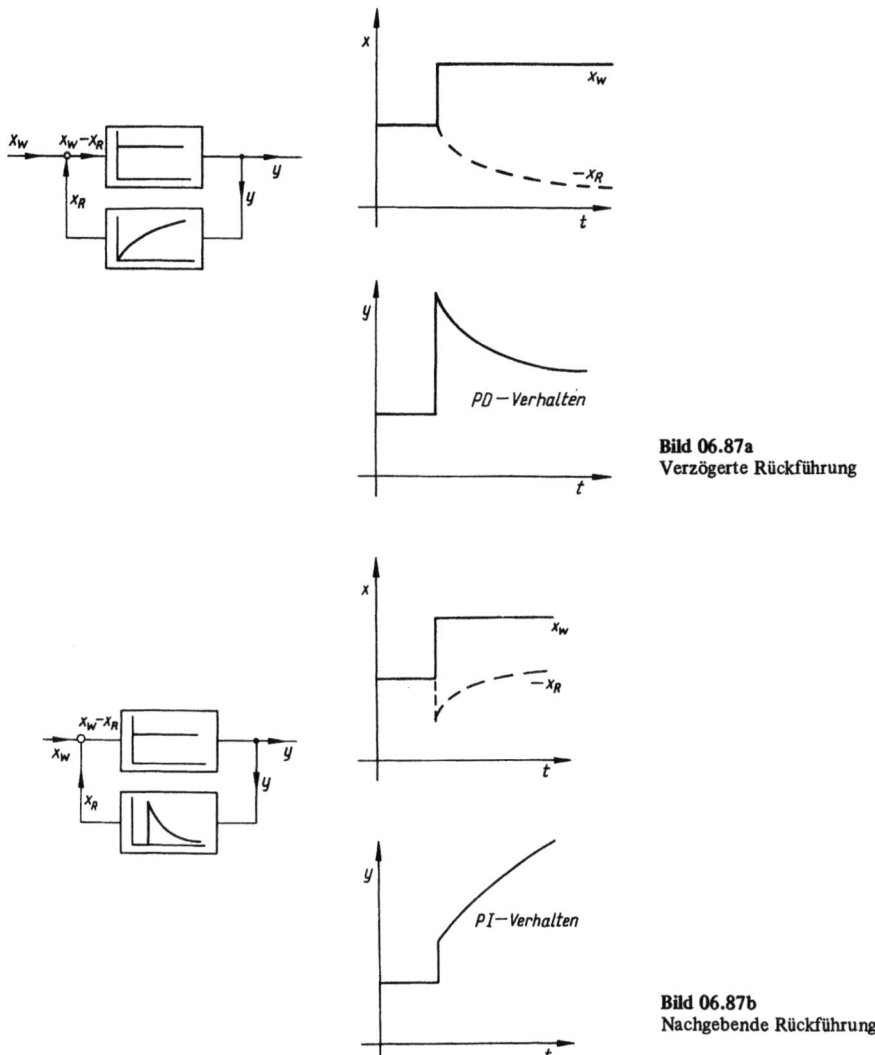

Bild 06.87a
Verzögerte Rückführung

Bild 06.87b
Nachgebende Rückführung

Schiffsmaschinenbetrieb bevorzugte Hydraulik an Bedeutung einzubüßen, wogegen elektrische und elektronische Geräte vor allem in der Digitaltechnik immer mehr in den Vordergrund rücken. Aber auch pneumatische Regler werden fortlaufend weiterentwickelt und dürften ihren Marktanteil behaupten können.

Vor- und Nachteile der hydraulischen Hilfsenergie
Als Hydraulikflüssigkeit wird durchweg Schmieröl mit einem günstigen Temperatur-Viskositätsverhalten verwendet. Da das Öl näherungsweise *inkompressibel* ist, folgen die Stellantriebe schnell und betriebssicher den Befehlssignalen. Es sind nahezu beliebig große Antriebskräfte hydraulisch übertragbar. Die Geräte sind vergleichsweise einfach, robust und leicht reparierbar. Nachteilig ist das lästige *Lecköl*, die damit verbundene Verschmutzung und vor allem die Brennbarkeit des Betriebsmittels. Konstruktiv unbequem ist, daß auf jeden Fall ein geschlossener Ölumlauf erforderlich ist. Die Möglichkeit der Fernübertragung von Signalen ist begrenzt (< 100 m). Komplizierte Signalschaltungen und digitale Rechenoperationen sind nicht möglich. Die Anpassungsfähigkeit der Regler ist vergleichsweise gering, Einheitsregler werden nicht ausgeführt.

Vor- und Nachteile der pneumatischen Hilfsenergie
Das Arbeitsmittel der pneumatischen Regler ist Luft, die in beliebigen Mengen zur Verfügung steht,

so daß Leckverluste von *geringer* Bedeutung sind. Arbeitsdruck etwa ⩽ 6 bar für pneumatische Steuerungen, bei Reglern meist ⩽ 1 bar, gute Speicherungsmöglichkeit. Beliebiges Zeitverhalten der Regler und Stellglieder läßt sich mit einfachen Mitteln preiswert verwirklichen. Sehr gute Anpassungsfähigkeit; *Einheitsgeräte* in beliebiger Weise zu kompliziertesten Schaltungen *kombinierbar*. International festgelegt Einheitsbereiche für Regeleingangs- und Ausgangssignale (0,2 ... 1,0 bar).
Keinerlei Explosionsschutz erforderlich. Befriedigende Signal-Fernübertragungsmöglichkeit (100... 200 m ohne Zwischenverstärker möglich, wegen der Kompressibilität von Luft beträgt die Signalübertragungsgeschwindigkeit aber nur etwa 150 m/s, so daß meist doch nur Entfernungen bis etwa 50 m vorgesehen werden).
Diesen Vorteilen stehen folgende Nachteile gegenüber: Infolge der Kompressibilität der Luft sind größere Impulsverzögerungen meist unvermeidlich. Bei Luftverschmutzung verstopfen leicht die äußerst feinen Düsenquerschnitte; es ist also auf sorgfältige Filterung der Kompressorluft zu achten. Die Energiekosten sind höher als bei elektrischen Geräten.

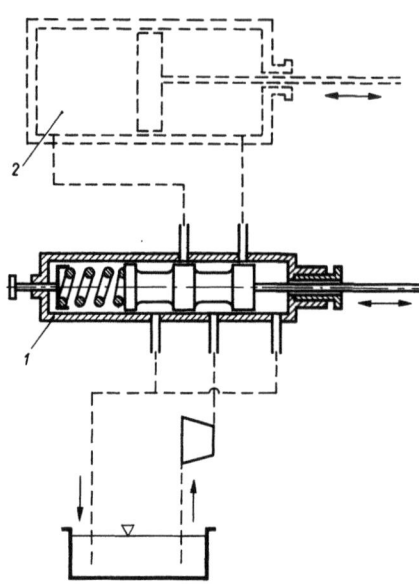

Bild 06.88 1 Hydraulischer Steuerschieber 2 Stellmotor

Vor- und Nachteile der elektrischen Hilfsenergie
Elektrische Signalübertragung ist auf nahezu beliebige Entfernungen mit geringen Verzögerungen möglich. Komplizierteste Schaltungen und Regelkreisvermaschungen sind in eleganter Weise möglich, geringer Platzbedarf. Gute *Anpassungsfähigkeit* durch *Einheitsgeräte* und steckbare Baugruppen. Für die Lösung von Automatisierungsaufgaben stehen erprobte Elemente zur Verfügung, die weitgehend verschleiß- und wartungsfrei arbeiten und leicht ausgewechselt werden können. Die Betriebskosten sind vergleichsweise gering.
Die *Zusammenfassung* von Meßwertanzeige und Reglern in einem *Leitstand* oder Maschinenkontrollraum ist erst durch die Verwendung elektrischer Hilfsenergie möglich geworden. Nachteilig ist der erforderliche Explosionsschutzaufwand, ferner der ebenfalls beträchtliche Aufwand für die elektrischen Stellgetriebe, die für die motorischen Antriebe erforderlich sind. Günstig ist oft die Verknüpfung von elektrischen Meßeinrichtungen und Reglern mit hydraulischen oder pneumatischen Stellantrieben und Stellgliedern (*Elektropneumatische* und *elektrohydraulische Regeleinrichtungen*).

Hydraulische Geräte
Die beiden wichtigsten hydraulischen Reglersysteme werden durch verschiedene Kraftschalter zur Steuerung der Hilfsenergie gekennzeichnet.
In den Bildern 06.88 und 06.89 sind der *hydraulische Steuerschieber* und der *ASKANIA-Strahlrohr-Kraftschalter* einander gegenübergestellt. Entweder der *Doppelkolben-Steuerschieber* oder das *Strahlrohr*

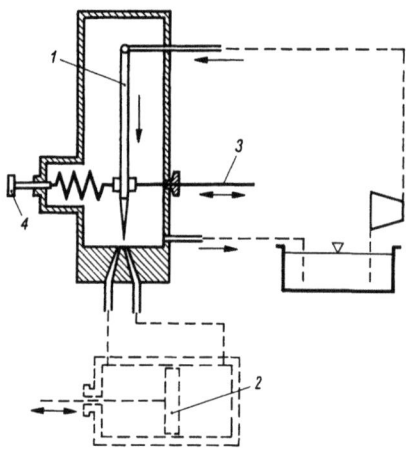

Bild 06.89 Hydraulischer Regler, Prinzip Strahlrohr
1 Strahlrohr   3 Gestänge zum Meßglied
2 Stellmotor   4 Einstellbare Sollwertfeder

werden vom Meßfühlersignal beaufschlagt und mit Sollwertsignal verglichen.
Der Schieber schließt oder öffnet dabei die Steuerölleitungen; entsprechend der Regelabweichung wird der Stellantrieb bewegt, bis auf beide Kolbenseiten die gleiche Druckkraft wirkt. Der Grundgedanke des Strahlrohres besteht in der Aufspaltung eines Ölstrahls, so daß an dem nachgeschalteten Stellkolben ein Druckgefälle entsteht und die Kolbengeschwindigkeit wie beim Steuerschieberprinzip

Regelungstechnik

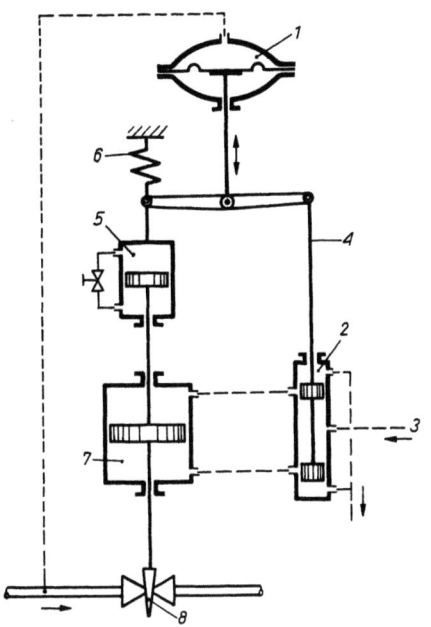

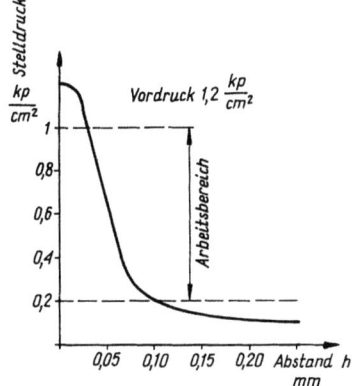

Bild 06.92 Stelldruckverlauf in Abhängigkeit vom Prallplattenabstand

Bild 06.90 PI-Regler
1 Druckmeßgerät   5 nachgebendes Glied
2 Steuerkolben   6 Feder
3 Hilfsarbeitsmittel 7 Stellmotor
4 Gestänge   8 Stellventil

proportional zur x_W-Auslenkung wird. Beide hydraulische Regler arbeiten somit zunächst mit I-Verhalten. Sind andere Verhaltenstypen erwünscht, werden verschiedene Rückführungen vorgesehen.
Im Bild 06.90 ist ein Druckregler mit PI-Verhalten dargestellt durch eine nachgebende mechanische Rückführung, bestehend aus dem Dämpfungskolben (5) und der Feder (6). Stellt man sich vor, der Kolben im Dämpfungszylinder (5) werde festgesetzt, wäre die Rückführung starr und das Gesamtverhalten proportional mit Verzögerung.

Pneumatische Geräte
Die wichtigste pneumatische Steuereinheit ist das System *Düse–Prallplatte* (Bild 06.91). Diese Hintereinanderschaltung von zwei Düsen (*Kaskade*), wobei ein Querschnitt konstant bleibt und der andere, hier der Auslaßdüsenquerschnitt, in Abhängigkeit

von der Regelabweichung verändert wird, trifft man nahezu bei allen pneumatischen Regeleinrichtungen an. Der Kaskaden- oder Stelldruck weist den in Bild 06.92 gezeigten Verlauf auf. Ausgenützt wird nur der nahezu lineare Kennlinienbereich, wie angedeutet. Da feinste Plattenabstandsänderungen in der Größenordnung von $10^{-3} \ldots 10^{-2}$ mm bereits beträchtliche Stelldruckänderungen hervorrufen, d.h., der Verstärkungsfaktor des Kraftschalters sehr groß ist, werden bei fast allen Reglern mit Düse–Prallplatte-System Rückführungen vorgesehen.
Bei allen pneumatischen Regelgeräten sind die Arbeitsdrücke international auf den Bereich 0,2 ... 1,0 bar standardisiert. Bei pneumatischen Einheitsreglern ist dieser Arbeitsbereich für Eingangsgröße und Ausgangsgröße zugleich festgelegt.
Der einheitliche Signalbereich legt es nahe, ganze *Gerätefamilien* oder *Gerätesysteme* zu entwickeln. Die Prozeßgrößen müssen für die Regelung aufbereitet werden (*Meßumformer*) und die Stellgrößen müssen in geeignete Prozeßeingriffe umgesetzt werden (*Stellgeräte*). Als Beispiele mögen einige Geräte des *TELEPNEU-Systems* (Siemens) dienen. Auch die Geräte anderer Hersteller arbeiten nach den gleichen oder ähnlichen Prinzipien.
Bild 06.93 zeigt einen *Druckumformer*. Die Rohrfeder (1) als Meßfühler für Drücke < 630 bar ist mit der Prallplatte (4) verbunden. Steigt die Meßgröße

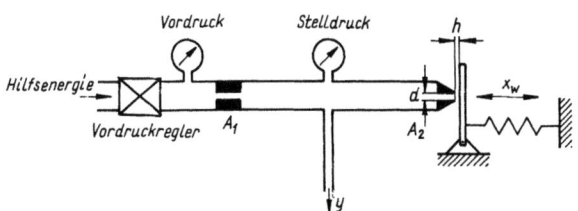

Bild 06.91
System Düse-Prallplatte

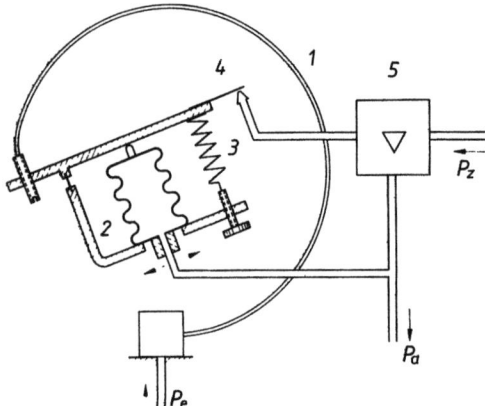
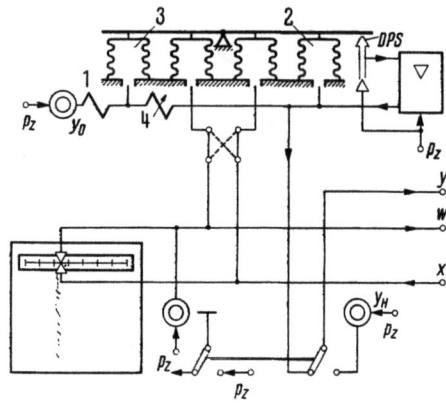

Bild 06.93 Schema eines TELEPNEU Meßumformers für Druck
P_e Eingangsdruck
P_a Ausgangsdruck
P_z Zuluftdruck
1 Rohrfeder
2 Kompensationsbalg
3 Nullpunktfeder
4 DP-System
5 pneumatischer Verstärker

Bild 06.94 Grundschaltung eines TELEPNEU-P-Reglers
x Regelgröße
w Führungsgröße
y Stellgröße
y_0 Arbeitspunkt
y_H Handstellgröße
p_Z Zuluftdruck
1 Festdrossel
2 Gegenkopplungsbalg
3 Mitkopplungsbalg
4 Proportionaldrossel

p_e, wird der Abstand Düse–Prallplatte verringert, so daß auch p_a steigt. Durch die starre Rückführung über den Kompensationsbalg (2), wird die Verstärkung p_a/p_e verringert und eine eindeutige, lineare Zuordnung $p_a = c p_e$ erreicht. p_a liegt dann, gesteuert über den Waagebalken und den pneumatischen Verstärker (5) im gewünschten Einheitsbereich 0,2 ... 1,0 bar und kann zum Einheitsregler geführt werden. Man beachte, daß der Umformer eine steigende Kennlinie hat. Die Vorzeichenumkehr (negatives y bei positivem x_w) erfolgt erst im nachgeschalteten Regler.

Auf die Technik der pneumatischen Verstärker soll hier nicht näher eingegangen werden. Der Verstärkungseffekt wird im allgemeinen durch Kraftvergleich mit Druck auf zwei Flächen unterschiedlicher Größe erzielt. Verstärkungsfaktoren von 20 ... 100 können erreicht werden.

Nach dem Kompensationsprinzip mit mechanischer Gegenkopplung über einen Waagebalken arbeiten auch die Regler des TELEPNEU–Systems.

Der Einheitsregler ist in den Grundschaltungen mit P- und PI-Wirkung in den Bildern 06.94 und 06.76 dargestellt. Kernstück des Reglers ist die *Kraftwaage* als Vergleichselement. Die beiden Innenbälge nehmen Regelgröße x und Sollwert w auf, bilden also die Regelabweichung x_w. Die im Düse–Prallplatte-System gebildete Stellgröße y wird einmal zum nachgeschalteten Stellglied geleitet, andererseits aber auch auf die Außenbälge rückgeführt. Der Differenzdruck zwischen Gegenkopplungs- und Mitkopplungsbalg stellt das Rückführsignal dar. Durch Veränderung des Druckabfalls in der *Proportionaldrossel* läßt sich x_p variieren. Je stärker die Drossel geöffnet wird, um so schwächer wirkt die starre Rückführung und um so kleiner wird x_p. Beim P-Regler nach Bild 06.94 ist zur Aufrechterhaltung des Gleichgewichts an der Kraftwaage immer eine von der Größe des eingestellten x_p-Wertes abhängige Druckdifferenz in den Außenbälgen erforderlich, die Regelabweichung kann also nicht vollständig zum Verschwinden gebracht werden, diese bleibende Regelabweichung ist das typische Kennzeichen jedes P-Reglers.

In Bild 06.95 ist ein zusätzlicher *Rückführungspfad* eingebaut über den Umschalter (3) und die Drossel (2), die mit einem Speichervolumen verbunden ist. Bei einem x-Sprung wirkt der Druck im Gegenkopplungsbalg sofort (anfangs große Rückführung). Der Druck im Mitkopplungsbalg baut sich wegen des I-Speichers 2 verzögert auf, so daß das Rückführsignal allmählich abgeschwächt wird. Es liegt also eine *nachgebende Rückführung* vor, die PI-Verhalten bewirkt. Nach dem Ausgleich der Rückführung muß aus Gleichgewichtsgründen auch die Regelabweichung $x_w = x - w$ verschwinden, man erkennt das typische Merkmal des I-Anteils. An der I-Drossel kann man T_n einstellen. Durch zusätzlichen Einbau eines pneumatischen Differenzierglieds in den Meßpfad kann der PI-Regler zu einem PID-Regler erweitert werden.

Die Bilder 06.94 und 06.95 zeigen auch die Möglichkeit der Umkehr der Reglerfunktion (steigende Kennlinie – fallende Kennlinie), die einfach durch Vertauschen der Anschlüsse für Führungsgröße und Regelgröße möglich ist. Pneumatische Regler

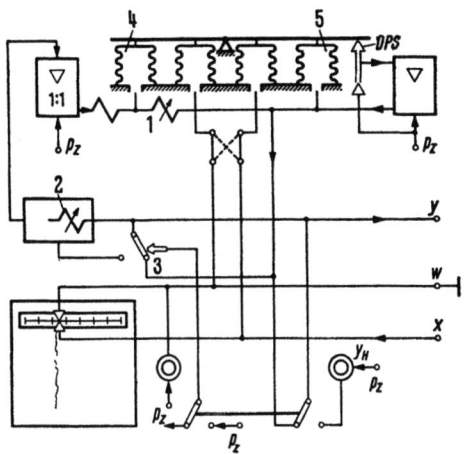

Bild 06.95 Pneumatischer PI-Regler
1 Proportionaldrossel
2 Integraldrossel
3 Nebenschlußschalter
4 Mitkopplungsbalg
5 Gegenkopplungsbalg

werden heute sehr oft als *Kompaktregler* hergestellt, d.h., die notwendigen Funktionen des Sollwertstellers, des Hand-Automatik-Umschalters, des Stelldruckgebers für Handbetrieb, des Regelgrößenanzeigers u.a. sind in einem Gerät zusammengefaßt. Die einzelnen Funktionseinheiten werden oft als steckbare Module ausgeführt und damit die Geräte wartungsfreundlich und erweiterungsfähig gestaltet. Bei der Behandlung der elektrischen Regler wird noch einmal auf diese Technik eingegangen.

Wie bereits erwähnt, werden pneumatische Stellgeräte wegen ihres einfachen Aufbaus geschätzt. In Bild 06.96 sind zwei typische pneumatische Stellantriebe gegenübergestellt. Der *Membranantrieb* besitzt relativ kleine Verstellwege, während der *Kolbenantrieb* für große Verstellwege geeignet ist.

Zur Verbesserung des Stellverhaltens werden pneumatische Stellantriebe (insbesondere Membranantriebe) oft mit *Stellungsreglern* versehen. Diese, dem Hauptregelkreis untergeordneten, Hilfsregelkreise sollen ein sicheres Umsetzen der vom Regler abgegebenen Stellgröße gewährleisten. Bild 06.97 zeigt die Anordnung eines Stellungsreglers. Die tatsächliche Stellung des Ventils wird mechanisch abgetastet und gewöhnlich über einen Waagebalken mit dem Ausgangssignal des Reglers y_R verglichen. Bei Abweichungen wird die Stellung durch y_s korrigiert. Der Stellbereich des Stellungsreglers geht normalerweise über den genormten Einheitsdruckbereich hinaus. Zur Verknüpfung pneumatischer Stellgeräte mit elektrischen Reglern werden elektropneumatische Stellungsregler benutzt, die oft noch mit einer *Rückmeldeeinrichtung* für die Stellung versehen sind.

Elektrische Geräte

Es würde weit über den Rahmen dieses Handbuches hinausgehen, wollte man den Versuch machen, einen Überblick über die vielen Möglichkeiten der elektrischen und elektronischen Gerätetechnik zu geben. Die Technik ist auf diesem Gebiet von einer außerordentlich raschen Entwicklung der Bauelemente gekennzeichnet, die nicht nur zu einer immer weiter gehenden Miniaturisierung führt, sondern auch immer neue Lösungsmöglichkeiten für Schaltungen eröffnet. Darüber hinaus ist auf vielen Gebieten ein Übergang zu völlig neuen Verfahren der

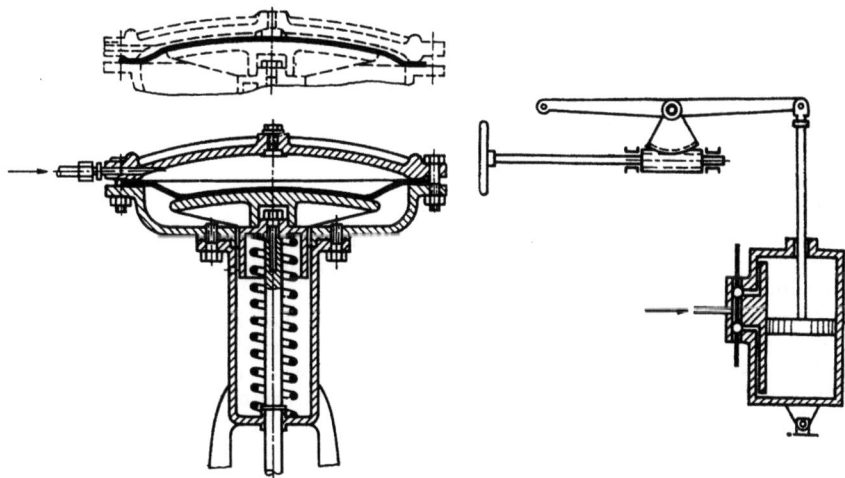

Bild 06.96.1 1 Membranantrieb

Bild 06.96 Pneumatische Stellantriebe

Bild 06.96.2 2 Kolbengerät

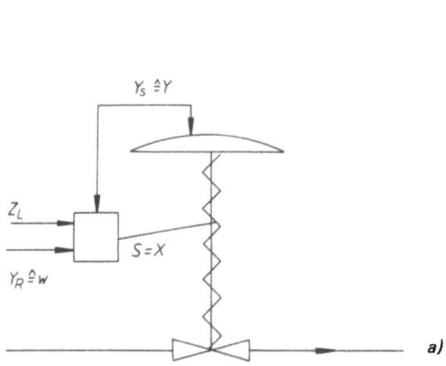

Bild 06.97 Stellventil mit Stellungsregler

Signalverarbeitung festzustellen, der durch den zunehmenden Einsatz von *Mikroprozessoren* möglich wird. Dennoch lassen sich einige grundlegende Verfahren und Techniken herausheben, nach denen zahlreiche Gerätesysteme arbeiten.

Analoge Gerätesysteme

Da die meisten zu verarbeitenden Zustandsgrößen analoge Größen sind, dominiert auf dem Gebiet der Regeleinrichtungen die *Analogtechnik*. Signalgrößen werden also in Spannungen oder Ströme umgeformt und als solche weiterverarbeitet. Besonders die Geräte, die mit Einheitssignalen arbeiten (beispielsweise eingeprägte Ströme), haben sich immer mehr durchgesetzt.
Für die Verarbeitung der Signale gilt grundsätzlich das bereits in Abschnitt 06.2.3 Gesagte, was die spezifischen Probleme bei Gleichspannungen, Gleichströmen und Wechselspannungen betrifft. Die Systeme sind den bekannten Störungsmöglichkeiten ausgesetzt wie Temperatur, Alterung, Spannungsschwankungen u.a.. Daher ist eines der wichtigsten Konstruktionsprinzipien elektrischer Regelsysteme das Gegenkopplungsprinzip.
Als Beispiel soll in Bild 06.98 ein elektrischer Regler vorgestellt werden, dessen Eingang direkt mit einem Meßfühler verbunden ist. Der in dem Regler verwendete *Magnetverstärker*, ein wichtiges Bauelement der Automatisierungstechnik soll hier nicht näher erläutert werden.
Es handelt sich um einen Temperaturregler, bei dem Meßfühler und Vergleicher in einer *Wheatstone-Brückenschaltung* zusammengefaßt sind. Wenn die in (3) eingestellte Sollspannung nicht mit der Meßspannung des Thermoelements übereinstimmt, fließt ein x_W-Gleichstrom in der Diagonalen, der durch die

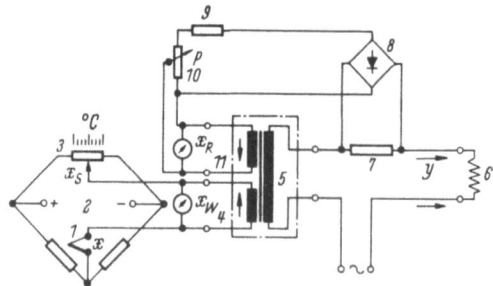

Bild 06.98 Elektrischer P-Regler
1 Thermoelement
2 Meßschaltung
3 Sollwertsteller
4 Eingangswicklung
5 Magnetverstärker
6 Eingangswicklung des Stellantriebs
7 Widerstand
8 Gleichrichter
9 Festwiderstand
10 Spannungsteiler
11 Rückführwicklung

Eingangswicklung eines Magnetverstärkers fließt. Dem Magnetverstärker wird Wechselstrom als Hilfsenergie zugeführt.
Die Ausgangsgröße des Magnetverstärkers ergibt einen Wechselstrom, der als Stellgröße y über eine Stellantrieb-Eingangswicklung (6) geleitet wird und von dort auf ein Stellglied wirken kann. Würde als Eingangssignal in den Verstärker nur die Regelabweichung x_W wirksam sein, ergäbe sich P-Verhalten mit sehr großem Verstärkungsfaktor. Um einerseits aus Stabilitätsgründen die Verstärkung zu reduzieren und andererseits eine bequeme x_p-Bereich-Einstellung zu ermöglichen, ist beim P-Regler nach Bild 06.98 eine *starre Rückführung* der Ausgangs-

Regelungstechnik

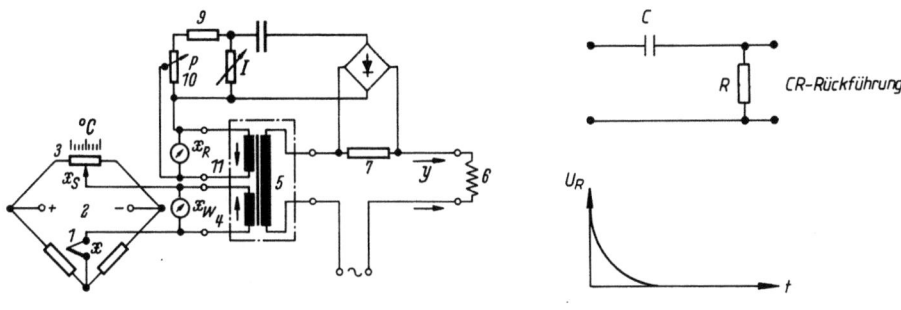

Bild 06.99 Elektrischer PI-Regler (Erläuterungen siehe Bild 06.98)

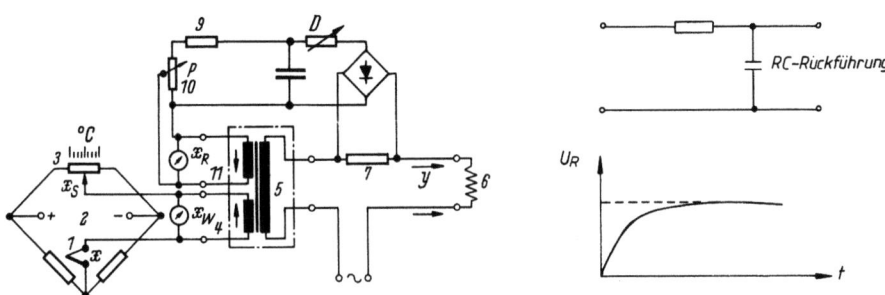

Bild 06.100 Elektrischer PD-Regler (Erläuterungen siehe Bild 06.98)

größe y über einen Doppelweggleichrichter (8), einen Festwiderstand (9), einen Spannungsteiler (10) (dient zur x_p-Veränderung) und eine weitere Eingangswicklung (11) des Magnetverstärkers vorgesehen. Der Gleichrichter ist erforderlich, weil die Eingangsgrößen eines Magnetverstärkers Gleichströme sein müssen. Die Wicklungen (4) und (11) sind so geschaltet, daß die effektive Eingangsgröße in den Verstärker $x_W - x_R$ wird, also eine Gegenkopplung vorliegt.

In Bild 06.99 wird eine *nachgebende Rückführung*, bestehend aus Kondensator und Ohmschen Widerstand (an dem die Nachstellzeit T_n eingestellt, also der I-Anteil variiert wird) angewendet. Der Regler bekommt dadurch PI-Verhalten (s. Bild 06.87). Bei der RC-Schaltung nach Bild 06.100 wirkt dagegen die Rückführung verzögert, was zum PD-Verhalten führt (s. Bild 06.86). An dem Ohmschen Widerstand läßt sich nunmehr die Vorhaltzeit T_v, also der D-Anteil, einstellen.

Das Hintereinanderschalten der RC-Glieder zu einer *verzögert nachgebenden* Rückführung ergibt schließlich den elektrischen PID-Regler nach Bild 06.101 mit 3 verstellbaren Widerständen für den P-Anteil (Einstellparameter x_p), den I-Anteil (Einstellparameter T_n) und den D-Anteil (Einstellparameter T_v).

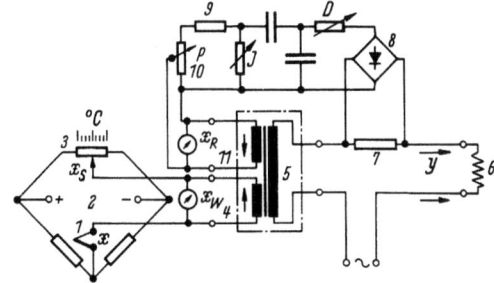

Bild 06.101 Elektrischer PID-Regler (Erläuterungen siehe Bild 06.98)

Ein besonders wichtiges Bauelement bei der Konstruktion elektronischer Regelgeräte ist der *Operationsverstärker*. Im Prinzip ist der Operationsverstärker ein *Differenzverstärker*, der also als Eingangsgröße die Differenz zweier Spannungen hat. Er eignet sich deshalb gut zur Verwirklichung von Gegenkopplungsschaltungen, bei denen auch eine Differenzbildung zwischen der Eingangsgröße und der Rückführgröße erfolgt. Wegen dieser Eigenschaft allein wäre der Verstärker aber nicht sonderlich bemerkenswert, denn schon zu Zeiten der Elektronenröhre hat man Differenzverstärker erfolgreich eingesetzt.

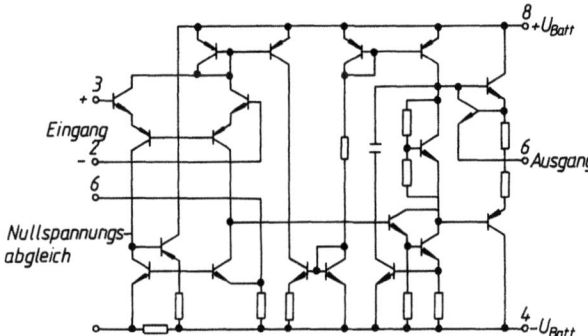

Bild 06.102.1 Schaltbild (Siemens)

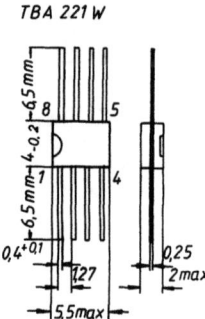

Bild 06.102.2 Gehäuse

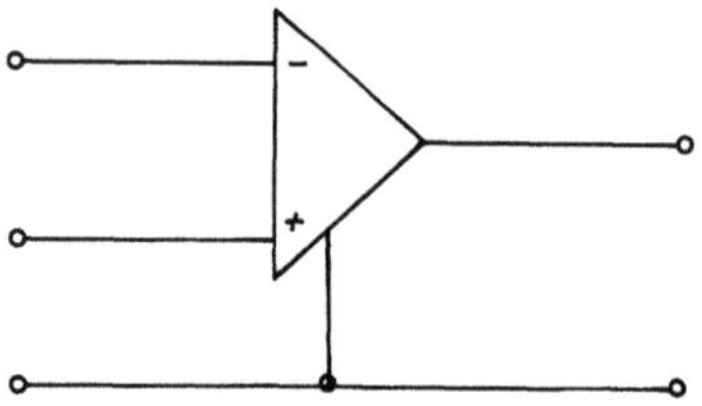

Bild 06.102.3 Schaltsymbol

Bild 06.102 Operationsverstärker

Die Entwicklung der Halbleiterelektronik hat jedoch beim Operationsverstärker eine Verkleinerung komplexer Verstärkerschaltungen auf das Maß einzelner Bauelemente möglich gemacht. Mit dieser *Verkleinerung*, deren Ausmaß in Bild 06.102 veranschaulicht wird, war auch eine *Verbilligung* verbunden, die den Operationsverstärker zu einem nahezu universell verwendbaren Bauteil gemacht hat. Bild 06.102 zeigt links die Schaltung eines Operationsverstärkers und rechts daneben die Maßzeichnung des Gehäuses und das allgemeine Schaltungssymbol. Der dargestellte Verstärker hat einen Verstärkungsfaktor von 100 dB entsprechend Faktor 10^5. Damit ist die Bedingung $K_v \gg 1$ für Gegenkopplungsschaltungen erfüllt.

Bild 06.103 zeigt zwei typische Schaltungen mit Operationsverstärkern. Das Proportionalverhalten wird durch eine starre Rückführung mit einem Ohmschen Widerstand erreicht, während das PI-Verhalten mit einem nachgebenden Glied in der Rückführung erzielt wird.

Auf diese Weise lassen sich grundsätzlich elektronische Geräte sehr einfach aufbauen. Weil die Operationsverstärker inzwischen zu sehr preiswerten Bauelementen geworden sind, bedeutet es keinen nennenswerten zusätzlichen Aufwand, wenn die Reglerfunktionen in getrennten Zweigen *parallel* und *unabhängig voneinander* erzeugt werden. Ein so aufgebauter Regler würde der Funktion nach Bild 06.85 nahekommen.

Die vorstehenden Ausführungen sollten nicht zu dem Schluß verleiten, daß elektronische Automatisierungsgeräte besonders billig sein könnten. Der Betriebseinsatz erfordert ein hohes Maß an mechanischer Robustheit, Zuverlässigkeit, Langzeitkonstanz und nicht zuletzt Wartungsfreundlichkeit.

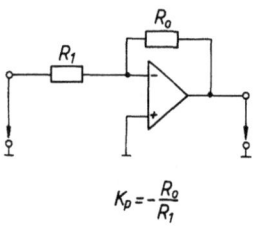

$K_p = -\dfrac{R_0}{R_1}$

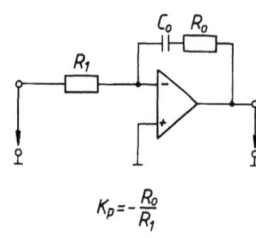

$K_p = -\dfrac{R_0}{R_1}$

$T_n = R_0 C_0$

Bild 06.103 Grundschaltungen mit Operationsverstärkern

Dies bedingt einen erheblichen konstruktiven Aufwand. Die Bilder 06.104 und 06.105 zeigen Beispiele für die Ausführung von Regelgeräten. Der Regler nach Bild 06.104 ist eine Steckeinheit für Gestellmontage, bei dem Hilfsfunktionen wie Anzeigen und Umschalter an einer anderen Stelle untergebracht werden (z.B. Fahrpult). Bild 06.105 zeigt einen Kompaktregler, bei dem auf der Frontseite alle wichtigen Funktionen zugänglich sind. Bei herausgezogenem Gerät können ohne Unterbrechung der Stromkreise seitlich die Reglerkenngrößen eingestellt werden.

Stellgeräte für elektrische Regelungen mit stetigen Signalen sind in erster Linie *Stellmotoren*, die Ventile oder Klappen antreiben. Wegen der oft großen Verstellkräfte, die überwunden werden müssen, sind meistens große Getriebeübersetzungen nötig, die die Stellantriebe langsam machen. Um diesen Nachteil auszugleichen sind in neuerer Zeit Scheibenläufermotoren mit sehr geringer Masse entwickelt worden. Günstiger ist meistens die bereits erwähnte Lösung der Verwendung von pneumatischen Stellgliedern.

Auch bei hydraulischen Stellgliedern wirkt das elektrische Signal meistens mittelbar zur Steuerung und zum Antrieb des Pumpenmotors.

Digitale Geräte

Die bisher beschriebenen Reglerfunktionen sind mathematische Funktionen, die auf verschiedenen Wegen verwirklicht werden können. Angesichts der bedeutenden Fortschritte der digitalen Rechentechnik liegt es nahe, auch die Reglerfunktionen digital zu verwirklichen. Zunächst muß noch einmal an die wichtigen Eigenschaften der Speicherfähigkeit und die *potentiell hohe Genauigkeit* digitaler Signale erinnert werden. Diese Eigenschaften führten schon früh zu Überlegungen, Rechner zur Regelung einzusetzen. Hierfür gibt es verschiedene Möglichkeiten.

Die weitestgehende Möglichkeit ist die, daß alle Zustandsgrößen der Anlage in digitale Signale umgesetzt und nacheinander über einen elektronischen Umschalter (*Multiplexer*) dem Rechner zugeführt werden, der das jeweils zugehörige Stellglied direkt

Bild 06.104 Reglereinschub für 19″-Gestell (ASEA)

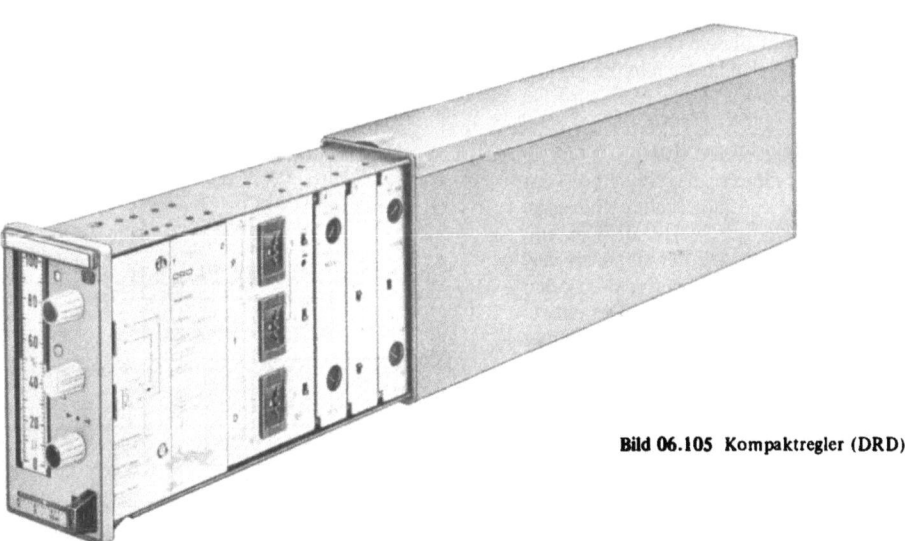

Bild 06.105 Kompaktregler (DRD)

ansteuert. Diese *direkte digitale Regelung* (*DDC*) bringt bei größeren Anlagen erhebliche Programmierungsprobleme mit sich, so daß ihre Anwendung im Schiffsbetrieb nicht sinnvoll erscheint.

Die nächste Stufe benutzt Rechner zur *Überwachung* und möglicherweise *Optimierung* herkömmlich instrumentierter Anlagen. Der Rechner überwacht die Reglerfunktionen und berechnet nach bestimmten Kriterien aus der Anlage die günstigsten Kennwerte für die Regler. Diese können dann vom Bedienungspersonal oder direkt vom Rechner eingestellt werden. Bei elektrischen Regelsystemen ist dies nicht schwierig, pneumatische Geräte sind manchmal mit elektrischen Stellmotoren zur Einstellung der Parameter durch Rechner versehen (z.B. *TELEPNEU*).

DDC erfordert gewöhnlich eine *Sicherheitsinstrumentierung* (*back-up*) der wichtigsten Regelkreise mit analogen Instrumenten. Für beide erwähnten Möglichkeiten des Rechnereinsatzes gilt, daß die Entwicklung der Rechner die Tendenz zur Dezentralisierung begünstigt hat. Leistungsfähige Rechner können auch für kleinere Anlagenteile eingesetzt werden, weil die Kosten für Rechner stark gesunken sind. Im Schiffsbetrieb hat sich diese Art des Rechnereinsatzes schon im Bereich der Ladungskühlanlagen und auch der Überwachung und Steuerung von Maschinenanlagen bewährt.

Die Entwicklung und der verstärkte Einsatz von *Mikroprozessoren* haben in der Gerätetechnik noch weitere Möglichkeiten erschlossen. Reglerfunktionen können durch geeignete Programme der Mikrorechner verwirklicht werden. Die Funktionen können per Programm leicht geändert oder angepaßt werden. Kennlinien bestimmter Regelkreisglieder können gespeichert werden und die Funktion nach Programm je nach Kennlinienverlauf geändert werden. *Verknüpfungsschaltungen* zwischen Reglern können möglicherweise per *Programm* (*Software*) hergestellt werden. Es ist noch nicht abzusehen, wie sich die Gerätetechnik auf diesem Gebiet weiterentwickelt und welche der vielen Möglichkeiten für den Schiffsbetrieb größere Bedeutung gewinnen wird.

06.3.5 Regelkreise mit unstetigen Reglern

Wie schon erläutert, nimmt die Stellgröße der *unstetigen Regler* bei kontinuierlicher Eingangsgröße nur zwei oder weniger Werte an. Der einfachste unstetige Regler, der *Zweipunktregler*, schaltet bei Überschreiten des Sollwertes $y = y_h$ den vollen Stellbereich ein und stellt bei $x \neq x_s$ entweder $y = 0$ oder einen kleinen y-Wert, die sogenannte Grundlast, ein. Diese Regler sind meist durch einfachen Aufbau und geringen Preis gekennzeichnet und in großer Stückzahl verbreitet, insbesondere für Regelaufgaben mit verhältnismäßig geringen Genauigkeitsanforderungen. Durch Anwendung von Rückführungen bei unstetigen Reglern lassen sich deren Eigenschaften häufig wesentlich verbessern, man erreicht *quasistetiges Verhalten*. Diese verbesserten unstetigen Regler dürften auch in Zukunft beträchtliche Bedeutung in der Regelungstechnik behalten.

Als besonders häufig anzutreffendes Beispiel für Zweipunktregler wurde in Bild 06.66 bereits der *Bimetall-Temperaturregler* angegeben. Je nach Vorspannung des Bimetallstreifens durch die Kontakt-Sollwertschraube, wird der Heizwiderstand bei einer bestimmten Solltemperatur ausgeschaltet. Dann sinkt die Temperatur, und bei einem kraftlosen Kontakt würde es zu einer großen Schalthäufigkeit kommen; der Kontakt würde *feuern* und seine Lebensdauer wäre sehr gering. Abhilfe schafft eine sogenannte *Sprungschaltung*, bei dem angegebenen Bimetallregler z.B. durch einen Dauermagneten. Dadurch schließt der Kontakt schlagartig bei einem Wert unter x_s und öffnet bei $x > x_s$. Die Regelgröße pendelt dann ständig zwischen einem oberen Wert x_o und einem unteren Wert x_u, $x_d = x_o - x_u$ wird als *Schaltdifferenz* bezeichnet.

Die Kennlinie eines Zweipunktreglers und der zeitliche Verlauf der Regel- und Stellgröße einer Regelstrecke 1. Ordnung mit einem Zweipunktregler ist in Bild 06.106 gezeigt. Hierbei ist die Schwankungsbreite der Regelgröße gleich der Schaltdifferenz x_d, ist also allein durch den Regler bestimmt. Das periodische Schalten rührt daher, daß die Stellgröße im eingeschalteten Zustand dauernd größer, im ausgeschalteten Zustand dauernd kleiner ist als zum Aufrechterhalten der Regelgröße erforderlich wäre.

Bei Mehrspeicherstrecken, also bei Auftreten einer Verzugszeit T_u oder einer echten Totzeit T_t, schwingt die Regelgröße über die durch die Schaltdifferenz x_d gegebenen Ansprechgrenzen des Reglers hinaus, d.h., die Schwankungsbreite wird größer

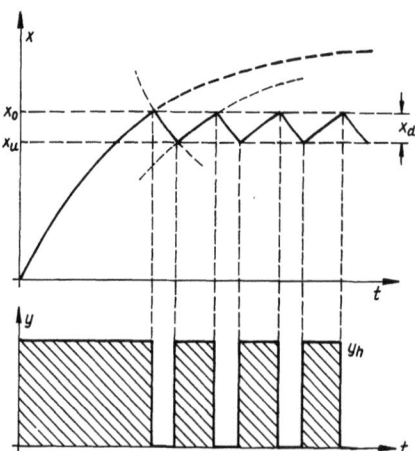

Bild 06.106 Zweipunktregler mit Strecke ohne Totzeit

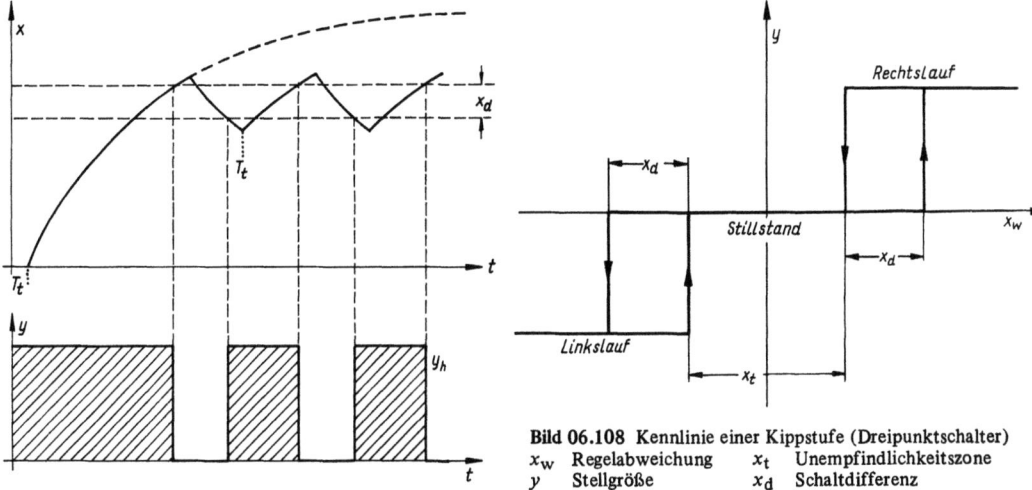

Bild 06.107 Zweipunktregler mit Totzeitstrecke

Bild 06.108 Kennlinie einer Kippstufe (Dreipunktschalter)
x_w Regelabweichung $\quad x_t$ Unempfindlichkeitszone
y Stellgröße $\quad\quad\quad x_d$ Schaltdifferenz

als die Schaltdifferenz und hängt nicht nur vom Regler, sondern auch vom Streckenverhalten ab. Das ist aus Bild 06.107 zu erkennen. Der Mittelwert der Regelgröße stimmt nur dann mit dem Sollwert x_s überein, wenn der eingeschaltete Regler mit 100 % Leistungsüberschuß arbeitet, d.h. y_h doppelt so groß ist wie bei einer Dauereinschaltung, also einem stetigen Regler, zum Aufrechterhalten von x_s erforderlich wäre. Da dieser Sonderfall meist nicht zutrifft, liegt x_{Mittel} oberhalb oder unterhalb von x_s, was als „*bleibende Regelabweichung*" des *Zweipunktreglers* angesehen werden kann. Diese Eigenschaft ergibt eine Verwandtschaft zwischen dem Verhalten von Zweipunktreglern und stetigen P-Reglern.

Die unvermeidlichen Schwingungen der Regelgröße können durch Verwendung einer *Rückführung verkleinert* werden. Die Rückführung arbeitet gewöhnlich mit einer Zeitverzögerung, deren Zeitkonstante klein gegenüber der Zeitkonstante der Regelstrecke ist. Dadurch wird dem System eine höhere Schaltfrequenz aufgezwungen. Diese Schaltfrequenz kann im Extremfall bei Verwendung von elektronischen Schaltgliedern (Triacs, Thyristoren) bis in die Größenordnung der Netzfrequenz kommen. Die Amplitude der Regelschwingung wird dann auf die gerätebedingte Größe x_d verkleinert werden, d.h. bei elektronischen Geräten nahezu auf Null reduziert werden (*quasistetige Regelung*).

Als Beispiel für einen modernen quasistetigen Dreipunktregler sei der sogenannte *Schrittregler* oder *Impulsregler* genannt. Ein sogenannter *Dreipunktschalter* in Verbindung mit einem motorischen integralen Stellglied kann die Punkte Rechtslauf, Stillstand und Linkslauf schalten. Der Dreipunktschalter wird auch als Kippstufe bezeichnet. Die Kennlinie der *Kippstufe*, bei der für die Schaltstufen Rechtslauf und Linkslauf eine Schaltdifferenz x_d vorgesehen ist, zeigt Bild 06.108. Der x-Bereich zwischen Rechtslauf und Linkslauf, also der Bereich für $y = 0$ (Stillstand) heißt *Unempfindlichkeitszone* des Dreipunktschalters. Eine Verbesserung des dynamischen Verhaltens und eine gute Anpassungsmöglichkeit des Reglers an die Regelstrecke ergibt sich, wenn eine verzögerte Rückführung über den Dreipunktschalter vorgesehen wird (z.B. ein RC-Glied). Das Stellglied bekommt dann quasistetiges PI-Verhalten, d.h., es wird zunächst ein großer Schnitt gemacht (P-Anteil), danach eine periodische Folge von kleinen Schnitten (Impulsen), die als I-Anteil aufgefaßt werden kann.

Als Ausführungsbeispiel soll der *Geamot-E-Regler* der *AEG* beschrieben werden, der insbesondere für Kühlkreislauf-Temperaturregelungen auf vielen Schiffen eingesetzt ist (Bilder 06.109, 06.110). Wenn infolge eines Störeinflusses die Regelabweichung die *Totzone* (x_T) überschreitet, spricht je nach Richtung der Regelabweichung einer der beiden Schaltkontakte an. Der Antrieb läuft daraufhin, in die zugeordnete Stellrichtung. Über einen zweiten Kontaktsatz wird eine Rückführspannung mit entgegengesetzter Polarität auf den Eingang des Reglerverstärkers geführt. Sie baut die Regelabweichung nach einer Zeitfunktion ab. Wenn die Eingangsspannung (x_e) durch die Rückführspannung (x_r) unter einen bestimmten Wert abgesunken ist, fällt das Relais ab und der Stellmotor bleibt stehen. Die Dauer dieses ersten Stellimpulses ist vom eingestellten x_p-Wert und der Größe der Regelabwei-

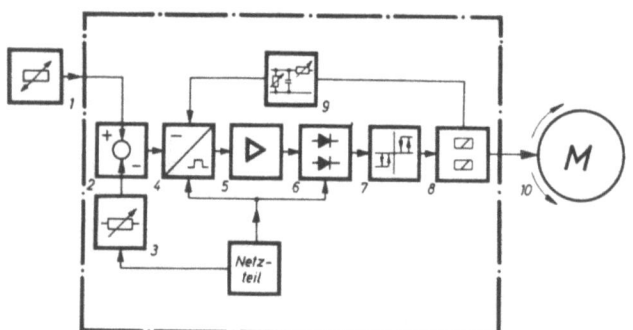

Bild 06.109
Blockschaltbild des Impulsreglers Geamot
1 Widerstandsthermometer
2 Meßschaltung
3 Sollwertsteller
4 Zerhacker
5 Verstärker
6 Phasenabh. Gleichrichtung
7 Kippstufen
8 Ausgangsrelais
9 RC-Rückführung
10 Stellmotor

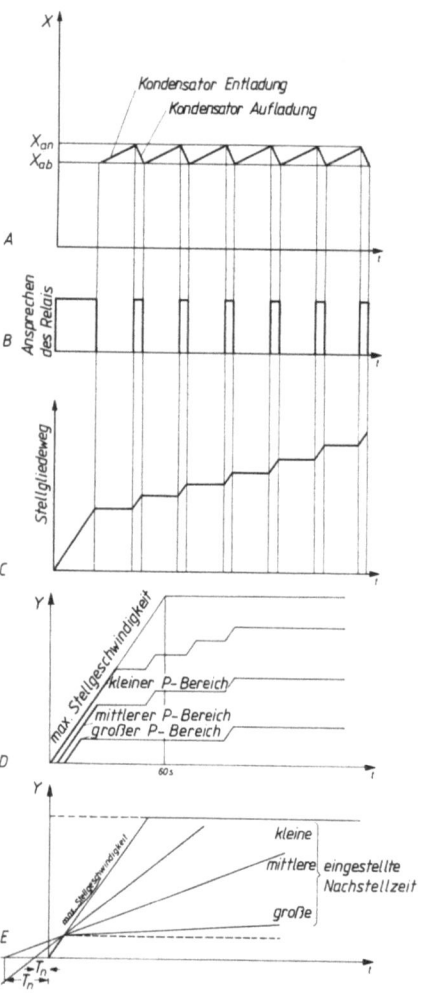

Bild 06.110 Arbeitsweise des Schrittreglers
A Regelabweichung
B Stellgeschwindigkeit
C Stellgrößenänderung
D Übergangsfunktion bei verschiedenen P-Bereichen
E Übergangsfunktion bei verschiedenen Nachstellzeiten

Bild 06.111 Pressostat

chung abhängig. Sie stellt den Proportionalschritt y_p dar.

Mit Abfall des Relais wird der weitere Aufbau der Rückführspannung unterbunden. Entsprechend der über T_n gewählten Zeitkonstante nimmt die Rückführspannung x_r ab. Die Spannung der Regelabweichung gewinnt an Einfluß und schaltet das Relais wieder ein. Dieser und die nachfolgenden Stellschritte stellen den *integralen* Teil der Stellbefehle dar. Das Verhältnis von Schalt- und Pausenzeit bestimmt die *effektive Stellgeschwindigkeit* des Antriebes. Sie vermindert sich mit kleiner werdender Regelabweichung. Diese Stellbefehle dauern bis zum Abbau der Regelabweichung an.

Ein weiteres Beispiel für einen viel verwendeten und bewährten unstetigen Regler zeigt Bild 06.111 mit dem *DANFOSS-Pressostat*. Es ist ein Zweipunktregler ohne Rückführung wie er auch im Schiffsbetrieb vielfach Verwendung findet.

06.3.6 Die Einstellung von Regelkreisen

Stabilität

In Systemen, die aus mehr als einem Energiespeicher bestehen, können Schwingungen auftreten. Theoretisch wird dies deutlich, wenn beispielsweise die

Lösung einer Differentialgleichung 2. Ordnung außer der bekannten Übergangsfunktion mit aperiodischem Übergang auch noch die Funktion einer gedämpften Sinus-Schwingung zeigt. Praktisch sind zahlreiche Beispiele für dieses Verhalten bekannt (Feder-Masse-Systeme und elektrische Schwingkreise).

Die Aufgabe einer Regelung ist es, die Schwingungsneigung zu unterdrücken, was zunächst widersprüchlich erscheint, denn ein Regelkreis ist ein rückgekoppeltes System und damit *grundsätzlich* schwingungsgefährdet. Beim Betreiben eines Regelkreises müssen also bestimmte Bedingungen beachtet werden, damit instabile Zustände vermieden werden. Eine wichtige Größe ist dabei das Produkt der Übertragungsfaktoren von Regelstrecke und Regler $K_0 = K_p \cdot K$. Dieses Produkt, auch *Kreisverstärkung* genannt, kennzeichnet die stationäre Stellgrößenänderung gegenüber einer Störgrößenänderung (s. Abschnitt 06.3.1). Ist K_0 größer als eins, heißt das, daß die Korrekturgröße größer ist als die Störgröße. Damit liegt effektiv eine Störung in entgegengesetzter Richtung vor, was wieder eine zu große Korrektur zur Folge hat. Man spricht von einer *Überregelung*, die einen Regelkreis zum Aufklingen bringen kann. Die Bedingung $K_0 < 1$ ist allerdings nur eine Bedingung, die zur Instabilität führen kann. Eine *Phasenbedingung* kommt dazu, die mit Hilfe der *Frequenzgangmethode* näher beschrieben werden kann. Die Phasenbedingung hängt eng mit dem Zeitverhalten der Regelkreisglieder (s. Abschnitt 06.3.2) zusammen, wenn sie auch nicht direkt mit den beschriebenen Mitteln ausgedrückt werden kann. Aus den hier nicht näher erläuterten theoretischen Überlegungen ergeben sich folgende Grundsätze für die Praxis:

- Regelkreise mit Strecken höherer Ordnung $\left(\dfrac{T_g}{T_u} < 6\right)$ und P-Regler sind *schwingungsfähig*. Dies macht deutlich, warum die bleibende Regelabweichung nach Gl. (44) durch Vergrößern von K_p nur begrenzt verkleinert werden kann. (Bei Regelstrecken 4. Ordnung kann die Wirkung einer Störgröße beispielsweise nur um 1/3 reduziert werden.)
- Der I-Anteil im Regler *vermindert die Stabilität*. Dies wirkt sich häufig besonders störend aus, wenn die Führungsgröße eines Regelkreises verändert wird. Das ungünstige Anfahrverhalten wird bei manchen Gerätesystemen durch besondere Anfahrschaltungen verbessert, die den I-Anteil vorübergehend abschalten.
- Der D-Anteil im Regler *erhöht die Stabilität*. Indirekt kann mit Hilfe des D-Anteils die bleibende Regelabweichung vermindert werden, weil durch die dämpfende Wirkung des D-Anteils K_p größer bzw. kleiner eingestellt werden kann.

- Regelkreise mit *Totzeitgliedern* sind *besonders* schwingungsgefährdet. Selbst scheinbar unwesentliche Totzeiten, wie sie beispielsweise durch *gelockerte Meßfühler* o.a. entstehen können, führen oft zu Schwingungen, die nur schwer gedämpft werden können.

Dynamische Optimierung von Regelkreisen

Die Forderung nach einer möglichst guten Stabilität des Regelverlaufs *widerspricht* im Prinzip der Forderung nach einer möglichst schnellen und effektiven Ausregelung der Störgrößen. Die Einstellung des Regelkreises muß also ein Kompromiß sein. In der Literatur werden verschiedene Kriterien für einen optimalen Regelverlauf angegeben, die im wesentlichen eine Minimalisierung der Fläche zwischen der Linie $x_w = 0$ und der tatsächlichen Kurve $x_w(t)$ anstreben (Bild 06.112). Die Kritieren sind jedoch in der Praxis kaum anwendbar, da gewöhnlich die Funktion $x_w(t)$ nicht bekannt ist oder sich nur mit großem Aufwand ermitteln läßt. Es läßt sich allerdings denken, daß man bei rechnergestützten Systemen (s. Abschnitt 06.3.4) eine Vorschrift wie die nach Bild 06.112 in das Programm des Rechners aufnimmt und den Rechner zur jeweiligen Nachjustierung der Reglerparameter benutzt (*adaptive Regelung*).

Die meisten Regelkreise sind konventionell instrumentiert und somit ist es für den Praktiker wichtig, gewisse Anhaltspunkte für die zweckmäßige Einstellung der Reglerparameter zu erhalten. Immerhin können an einem modernen PID-Regler x_p zwischen 2 % und 400 %, T_n bis zu 40 min und T_v bis zu 15 min eingestellt werden. Ohne Anhaltspunkte würden sich sehr viele Kombinationsmöglichkeiten ergeben.

Um Anhaltswerte für die günstigste Reglereinstellung zu gewinnen, sind eine Fülle von halbempirischen Untersuchungen angestellt worden. Am bekanntesten sind die *Einstellregeln* von *Ziegler* und *Nichols*, die aber nur angewendet werden können, wenn der Regelkreis für kurze Zeit absichtlich instabil gefahren werden darf. Man stellt den

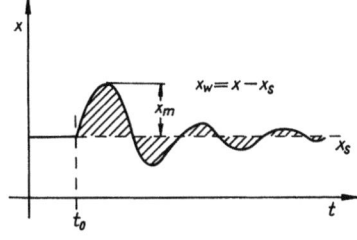

Bild 06.112 Lineare absolute Regelfläche $\int\limits_{t_0}^{\infty} |x_w|\, dt$ als Maß für die Regelgüte

Regler zunächst als P-Regler ein, d.h., die Vorhaltzeit ist auf Null und die Nachstellzeit auf den maximalen Wert einzustellen. Der P-Bereich wird dann solange verringert, bis der Regelvorgang gerade ungedämpft Schwingungen ausführt, dabei ist $x_p = x_{p'\text{krit}}$ und die Schwingungsdauer wird zu T_{krit} bestimmt. Als günstigste Parametereinstellung ist dann zu wählen.

P-Regler: $x_p = 2 x_{p\,\text{krit}}$
PI-Regler: $x_p = 2,2\, x_{p\,\text{krit}},\ T_n = 0,85\, T_{\text{krit}}$
PID-Regler: $x_p = 1,7\, x_{p\,\text{krit}},\ T_n = 0,5\, T_{\text{krit}},\ T_v = 0,12\, T_{\text{krit}}$.

Wenn es unzulässig ist, den Regelkreis kurzzeitig schwingen zu lassen, dagegen die Möglichkeit besteht, durch Aufnahme der Streckensprungantwort die Werte Ausgleichszeit T_g und Verzugszeit T_u zu ermitteln, läßt sich nach den Einstellregeln von *Chien*, *Hrones* und *Reswick* optimieren:

P-Regler: $x_p = 3,3 \dfrac{T_u}{T_g}$

PI-Regler: $x_p = 2,9 \dfrac{T_u}{T_g}$

PID-Regler: $x_p = 1,7 \dfrac{T_u}{T_g}$.

$T_n = T_g$
$T_v = 0,5\, T_u$.

Wenn dagegen *keinerlei Kenngrößen* das Regelkreises bekannt sind, muß der Praktiker aufgrund des *Schreibstreifens* beurteilen, wann die Reglerparameter optimal eingestellt sind. Methodisch geht er dabei wie folgt vor:

PI-Regler:
1. T_n maximal einstellen.

1. T_n maximal einstellen.
2. x_p verringern, bis Schwingungen der Regelgröße oder Stellgröße auftreten.
3. x_p vergrößern, bis ausreichende Stabilität beobachtet wird.
4. T_n verringern bis wieder Schwingungen beginnen.
5. T_n vergrößern bis der „dünnste Strich" am Schrieb zu erkennen ist.

PID-Regler:
1. T_n maximal und T_v auf Null einstellen.
2. x_p verringern bis Schwingungen auftreten.
3. T_v vergrößern, bis Schwingungen verschwinden, dann x_p verringern, bis erneut Schwingungen. Wiederum T_v vergrößern bis zur Dämpfung. Vorgang wiederholen, bis x_p so klein, daß Dämpfung durch T_v-Vergrößerung nicht mehr möglich ist. Danach T_v etwas verringern und x_p etwas vergrößern bis zur Stabilität.
4. Nunmehr T_n verringern, bis Regelung erneut instabil wird.
5. Schließlich T_n wieder vergrößern, bis Regelung optimal, d.h. dünnste Schrieblinie.

06.3.7 Vermaschte Regelkreise und Mehrfachregelungen

Bei komplizierten Anlagen ist es häufig erforderlich, von den besprochenen, einfachen Regelkreisen zu *mehrläufigen Signalflüssen* überzugehen. Solche Signalverzweigungen können entweder erforderlich werden, um die Regelgüte zu verbessern, wenn nämlich ein PID-Regler bei Strecken mit kleinem T_g/T_u keine ausreichend schnelle Regelung ermöglicht, oder wenn bei umfangreichen Strecken mehrere Regelgrößen auftreten, deren Regelung durch mehrere Regler Signalflußkopplungen verursacht (*Mehrfachregelung*).

Regelkreisvermaschungen zur Verbesserung der Regelgüte

In Bild 06.113 sind die wichtigsten Prinzipschaltungen für Regelkreisvermaschungen zusammengestellt. Sinnvoll und erforderlich sind solche Maßnahmen

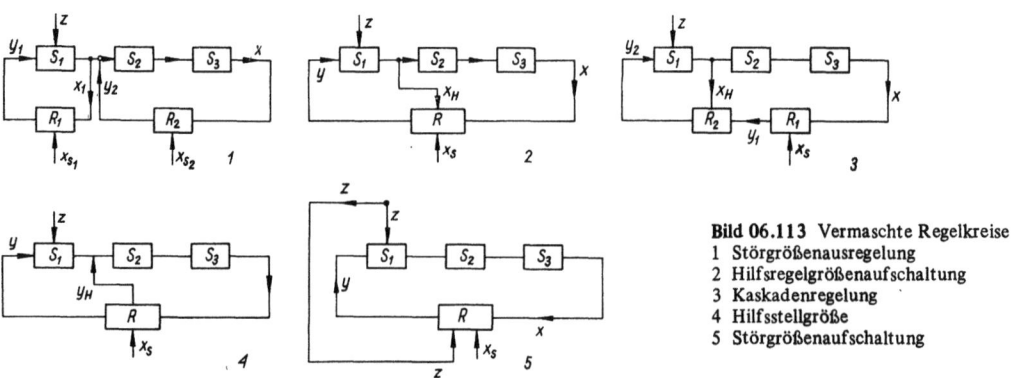

Bild 06.113 Vermaschte Regelkreise
1 Störgrößenausregelung
2 Hilfsregelgrößenaufschaltung
3 Kaskadenregelung
4 Hilfsstellgröße
5 Störgrößenaufschaltung

nur dann, wenn die Regelstrecke Mehrspeicherverhalten hat und dadurch auftretende Störungen bzw. die durch sie verursachten Regelabweichungen mit großer Verzögerung dem Regler signalisiert werden, der dadurch verspätet eingreift. Sowohl Regelabweichungen als auch Ausregeldauer werden dann unzulässig hoch. Man hat dabei vorauszusetzen, daß sich die verschiedenen Speicher S_1, S_2, S_3 ... der Strecke räumlich trennen lassen und sich die Hauptstörgröße z im Anfang der Strecke, z.B. am Speicher S_1, lokalisieren läßt. Es sind dann die gezeigten Möglichkeiten gegeben, den Einfluß der Hauptstörgröße schneller zu bekämpfen, als es der Hauptregler vermag. Würde dagegen die Hauptstörgröße im letzten Teil der Strecke, z.B. bei S_3 angreifen, sind die Vermaschungsmaßnahmen unwirksam, weil der Hauptregler das Regelabweichungssignal ohnehin auf kürzestem Wege empfängt.

Man kann gemäß Teilbild 1 einen gesonderten Regler vorsehen, der den Einfluß der *Störgröße ausregelt*, bevor sich dieser auf den weiteren Speicher auswirkt. Dann wird der Hauptregler weitgehend entlastet. Dies Verfahren findet z.B. bei der Vordruckregelung für Regler mit pneumatischer Hilfsenergie Anwendung.

Durch Aufschalten einer *Hilfsregelgröße* x_H (Teilbild 2) erfährt der Regler früher als durch die Hauptregelgröße x, welche Auswirkungen die Hauptstörgröße hat, der Regler greift beschleunigt ein. Das Signal x_H wird dabei häufig über ein *Tendenzrelais* mit D-Verhalten geführt, so daß dem Regler nur Änderungen von x_H zugeleitet werden und im Beharrungszustand x allein die Stellgröße bestimmt.

Etwas kostspieliger, aber auch besonders wirksam, ist die in Teilbild 3 angedeutete Hilfsgrößenanwendung über eine *Kaskadenregelung*. Die Ausgangsgröße (Stellgröße) des Hauptreglers verstellt dabei den Sollwert eines Hilfsreglers, der mit der Hilfsgröße x_H verglichen wird und dann die eigentliche Stellgröße bildet. Der Hilfsregler wird meist mit P-Verhalten, der Hauptregler mit PID-Verhalten ausgeführt.

Anstelle einer Hilfsregelgröße kann auch eine *Hilfsstellgröße* zur Verbesserung der Regelgüte herangezogen werden (Teilbild 4). Als Beispiel dafür möge die Temperaturregelung bei einem Wärmeaustauscher betrachtet werden (Bild 06.114). Regelgröße ist die Austrittstemperatur der im Wärmeaustausch erhitzten Flüssigkeit. Hauptstellgröße y ist die Heizdampfmenge, die durch die Rohrschlange strömt. Da diese Regelung stark verzögert arbeitet, wird als Hilfsstellgröße y_H die Menge der zu erhitzenden Flüssigkeit verwendet. Falls diese Flüssigkeitsmenge selbst konstant gehalten werden soll, also 2 Regelgrößen (Temperatur und Menge der Flüssigkeit) vorliegen, wird das Problem schwieriger; seine Lösung wird im folgenden Abschnitt „Mehrgrößenregelungen" erörtert.

Eine besonders oft getroffene Maßnahme zur Verminderung von Störgrößeneinflüssen bei langsamen Strecken ist die *Störgrößenaufschaltung* (5 in Bild 06.113). Voraussetzung ist, daß sich die Störgröße meßtechnisch einwandfrei erfassen läßt. Dann greift der Regler aufgrund von z-Änderungen an der Regelstrecke ein, bevor überhaupt Regelabweichungen infolge von z auftreten. Wesentlich ist dabei, daß diese Störgrößenaufschaltung eine Steuerkette darstellt, denn z beeinflußt y, y wirkt dagegen nicht auf z zurück. Daher wird das dynamische Verhalten des Regelkreises nicht verändert, wohl aber wird der Einfluß von z abgeschwächt.

Die erläuterten Vermaschungsmöglichkeiten können auch kombiniert werden, wie das Beispiel der *Dreikomponentenregelung* des Trommelniveaus bei Dampfkesseln zeigt (Bild 06.115). Regelgröße ist der Wasserstand, Störgröße die entnommene Dampfmenge. Steigt z, so fällt x und die Stellgröße y wird

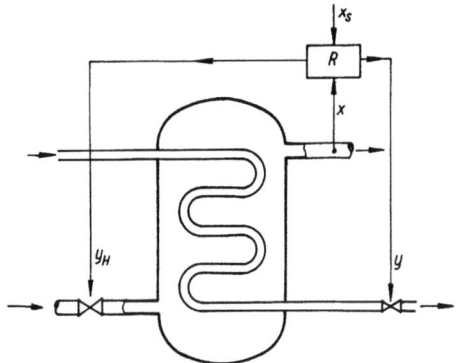

Bild 06.114 Hilfsstellgröße zur Temperaturregelung

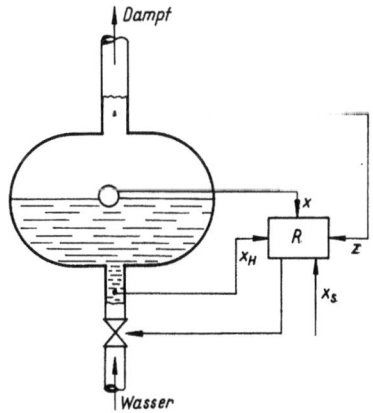

Bild 06.115 Dreikomponenten-Regelung mit Hilfsregelgrößen- und Störgrößenaufschaltung

vergrößert. Bei schnellen Lastschwankungen ist die erzielbare Regelgüte bei Erfassung des Niveaus allein meist nicht ausreichend. Durch Aufschaltung der Störgröße auf den Regler läßt sich die Regelgröße nahezu unabhängig von der Belastung einhalten. Eine weitere Verbesserung der Niveauregelung erzielt man durch Aufschalten der Speisewassermenge als Hilfsregelgröße. Nunmehr kann der Regler unabhängig von Vordruckschwankungen des Speisewassers arbeiten und andere Störgrößen mit höherer Güte ausregeln.

Mehrgrößenregelungen

Häufig sind bei größerer Apparaten oder Maschinen mehrere physikalische Größen zu regeln. So können bei einem Dampferzeuger Heißdampftemperatur und Dampfdruck zugleich Regelgrößen sein, zusätzlich muß ein bestimmter Trommelwasserstand eingehalten werden und schließlich sind mehrere Verbrennungsparameter zu regeln. Dazu werden mehrere Regelkreise erforderlich sein, die sich aber gegenseitig beeinflussen können. Die Veränderung einer Stellgröße y_1 wird dann nicht nur die zugehörige Regelgröße x_1 beeinflussen, sondern durch Kopplung auch Regelgrößen x_2, x_3 usw. verändern, die anderen Regelkreisen zugehören. Als einfaches Beispiel sei in Bild 06.116 die Regelung eines Wärmeaustauschers angegeben, bei dem Temperatur und Mengenstrom einer durch Heizdampf zu erhitzenden Flüssigkeit zu regeln sind (Zweifachregelung). Bei positiven Regelabweichungen der Temperatur wird über y_1 die Flüssigkeitsmenge erhöht, so daß die Temperatur wieder abnimmt. Um die hierauf folgende, negative Regelabweichung klein zu halten, wird über R_2 gleichzeitig die Heizdampfmenge erhöht. Damit als Folge nicht eine zu große Flüssigkeitsstromerhöhung eintritt, arbeitet der Regler R_2 wesentlich langsamer als der Regler R_1. Bei positiven Regelabweichungen der Flüssigkeitsmenge wird der Heizdampfstrom langsam vergrößert; über die schneller ansprechende Regelgröße x_1 wird mit R_1 dann der Flüssigkeitsstrom verringert. Das Verhalten der beiden Regler muß aufeinander abgestimmt sein, da sonst Instabilitäten auftreten. Es liegt eine starke Kopplung der Regelkreise vor, da stets beide Regler eingreifen, wenn eine Regelabweichung auftritt.

06.4 Steuerungstechnik

06.4.1 Grundlagen

Einleitung

Die *Steuerungstechnik* spielt bei fast allen Automatisierungsaufgaben eine überragende Rolle. Steuerungsaufgaben reichen von einfachem Fernbedienen einer Pumpe oder eines Aggregates über das automatische Anfahren eines Antriebsmotors bis zur vollständigen Automatisierung eines Fertigungsprozesses. Steuerungen arbeiten in der überwiegenden Mehrzahl digital, können aber in mehreren unterschiedlichen Techniken ausgeführt werden. Da die Steuerungstechnik meistens mit unterschiedlichen Verknüpfungen binärer Signale arbeitet, gelten die Grundlagen der Steuerungstechnik auch für Überwachungsanlagen. Die Überwachung von Grenzwerten liefert ebenfalls vorwiegend binäre Signale. In diesem Abschnitt werden die wichtigsten Elemente der Steuerungstechnik beschrieben und beispielhaft einige Ausführungsmöglichkeiten vorgestellt. Die Anwendungsmöglichkeiten, insbesondere der Mikroelektronik, entwickeln sich jedoch so schnell, daß es schwer ist, hier einen „Stand der Technik" zu definieren.

Begriffe und Grundlagen

Die *Steuerkette* ist durch den *offenen Wirkungsablauf* gekennzeichnet. Mit Hilfe einer *Steuereinrichtung* und eines *Stellgliedes* wird gewöhnlich in einen *Energie-* oder *Massenstrom eingegriffen*. Bild 06.117 zeigt den Signalflußplan einer Steuerung.

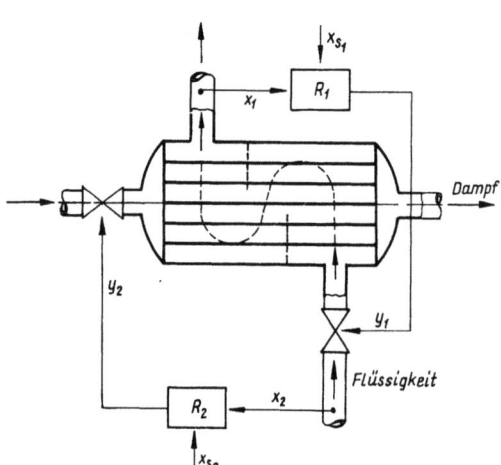

Bild 06.116 Zweigrößenregelung an einem Wärmeaustauscher
x_1 Flüssigkeitstemperatur x_2 Durchfluß

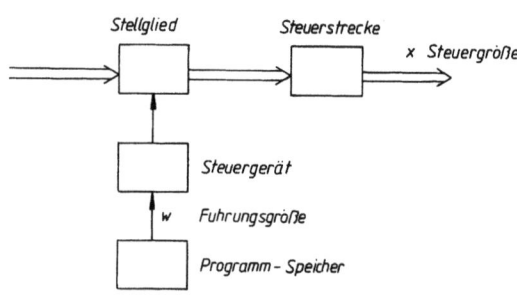

Bild 06.117 Signalflußplan einer Steuerung

Regelungstechnik. Steuerungstechnik

Das Ziel der Steuerung ist es, die *Steuergröße* oder *Aufgabengröße* x am Ausgang der Steuerstrecke, in einer bestimmten Weise, zu beeinflussen:

Man unterscheidet verschiedene Steuerungsarten:

- Die *Führungssteuerung*, bei der die Steuergröße immer vom Wert einer Führungsgröße abhängt.
  Beispiel: Ruderstellung (Steuergröße) von der Stellung des Winkelgebers auf der Brücke (Führungsgröße). Eine Führungssteuerung bedient sich oft einer untergeordneten Regelung.
- Bei der *Halteglied-Steuerung* nimmt die gesteuerte Größe einen festen Wert an, bis durch eine andere Führungsgröße eine Änderung erfolgt.
- Eine *Programmsteuerung* kann nach einem festgelegten zeitlichen Ablauf (*Zeitplansteuerung*) oder nach der Position eines Führungsgrößengebers (*Wegplansteuerung*) arbeiten. Eine dritte Art der Programmsteuerung ist die *Ablaufsteuerung*, bei der immer ein Programmschritt ausgelöst wird, wenn der vorhergehende beendet ist.

In Bild 06.63 wird als Beispiel für einen Steuervorgang eine Temperatursteuerung vorgestellt. Es handelt sich hier um eine *analoge Steuerung*, weil das Ausgangssignal analog zum Eingangssignal verläuft. Solche Steuerungen haben jedoch in der Automatisierungstechnik eine weniger große Bedeutung als Steuerungen, die durch Schaltvorgänge gestartet und beeinflußt werden. Diese Steuerungen sind *binäre Steuerungen*, die mit den Mitteln der Digitaltechnik beschrieben werden können. Bild 06.118 zeigt als Beispiel das Einschalten eines Elektromotors. Durch das Betätigen des Schalters wird ein binäres Signal weitergegeben. Bild 06.119 gibt die Steuerung des Motors mit dem gleichen Ergebnis wieder. Jedoch erreichte man dies hier durch Zwischenschalten eines weiteren Übertragungsgliedes, eines Schützes. Die gleiche Schaltung mit Tastschaltern zeigt Bild 06.120. Hier handelt es sich bei dem Eingangssignal um einen Impuls, d.h. um ein binäres Signal, das nach kurzer Zeit wieder verschwindet. Die Schaltung ist eine Steuerschaltung mit Selbsthaltung. Mit dieser Steuerung kann man lediglich den Motor ein- oder ausschalten.

Wird der Motor für eine Antriebsaufgabe eingesetzt, sind mit seinem Betrieb meistens eine Reihe von Nebenbedingungen verbunden. Dafür einige Beispiele:

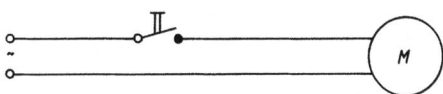

Motor mit Schalter

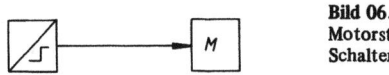

Bild 06.118 Motorsteuerung mit Schalter

Signalflußplan

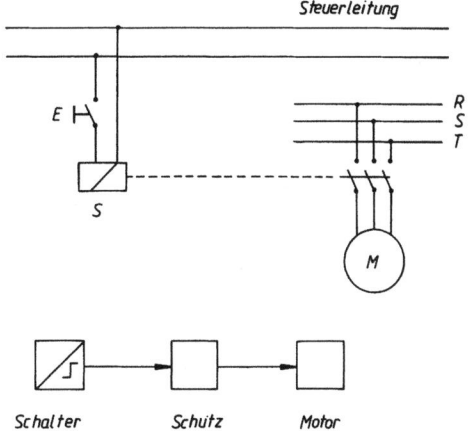

Bild 06.119 Motorsteuerung mit Schütz

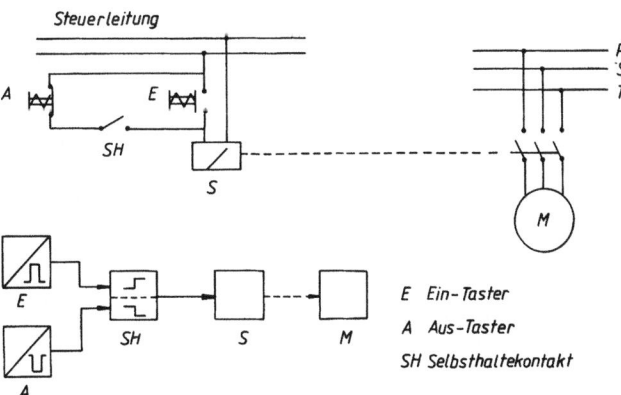

Bild 06.120 Motorsteuerung mit Schütz und Selbsthalteschaltung

E Ein-Taster
A Aus-Taster
SH Selbsthaltekontakt

- Ein Motor kann nur anlaufen, wenn der Überlastungsschutz nicht angesprochen hat.
- Ein Pumpenmotor muß abgeschaltet werden, wenn der Füllstand im Behälter den gewünschten Wert erreicht hat.
- Ein Antriebsmotor für einen Aufzug kann nur anlaufen, wenn die Tür geschlossen, der Wahlknopf für das gewünschte Stockwerk gedrückt, der Notknopf nicht gedrückt ist.
- Die Drehzahl eines Schiffsdieselmotors muß reduziert werden, wenn die Abgastemperatur zu stark ansteigt.

Der Betrieb eines Antriebes oder einer Anlage ist also oft mit *Randbedingungen* nach der *logischen Beziehung* „wenn (nicht) .... dann (nicht)" ... verknüpft. Die *automatische* Steuerung hat die Aufgabe, die Erfüllung der durch die Anlage gegebenen Randbedingungen zu *überprüfen* und den sich daraus ergebenden logischen Ablauf zu *gewährleisten*. Die Motorsteuerung nach Bild 06.120 wird entsprechend Bild 06.121 ergänzt.

Die logischen Verknüpfungen können rechnerisch mit Hilfe der *Boolschen Algebra* oder *Schaltungsalgebra* behandelt werden. Die durch die Schaltungsalgebra beschriebenen Zusammenhänge werden mit Hilfe von Symbolen grafisch dargestellt. Es ergeben sich teilweise sehr umfangreiche Schaltungen, die durch theoretische Minimalisierungsverfahren auf die notwendige Anzahl von Verknüpfungen reduziert werden können. In Bild 06.122 sind die wichtigsten *logischen Grundfunktionen* zusammengestellt. Es zeigt links die Bezeichnung der Funktion, dann ihre Darstellung als logische Gleichung, weiter ihr Schaltsymbol und schließlich die zugehörige Wertetabelle.

UND-Funktion:
Sie besagt, daß das Ausgangssignal nur dann vorhanden sein kann, wenn alle Eingangssignale anliegen. Der Aufzug ist hierfür ein Beispiel. Ein Beispiel für die UND-Funktion ist auch, wenn der Safe einer Bank nur dann geöffnet werden kann, wenn der Schlüssel des Hauptkassierers und der Schlüssel des

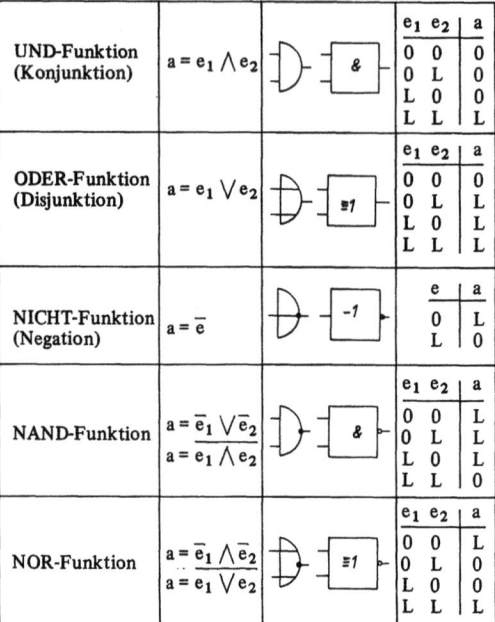

Bild 06.122 Die wichtigsten logischen Grundfunktionen

Direktors benutzt werden und noch eine Zahlenkombination eingestellt wird. Die Wertetabelle gibt alle Signalkombinationen für 2 Eingangssignale an.

ODER-Funktion:
Sie besagt, daß ein Ausgangssignal dann vorhanden ist, wenn eine oder mehrere Eingangssignale vorhanden sind. Ein Beispiel hierfür ist die Innenbeleuchtung des Personenwagens, die eingeschaltet wird, wenn die linke oder die rechte Tür geöffnet wird.

NICHT-Funktion:
Sie kann auch als Umkehrung eines Signals verstanden werden. Sie wird beispielsweise bei sogenannten Ruhestromschaltungen benötigt. Bei diesen Schaltungen wird ein Signal gegeben, wenn eine elektrische Leitung unterbrochen wird (Anwendung häufig bei Alarmanlagen).

NAND-Funktion:
Sie ist die Umkehrung der UND-Funktion, wie aus der Wertetabelle zu ersehen ist.

NOR-Funktion:
Sie ist die Umkehrung der ODER-Funktion, wie aus der Wertetabelle zu entnehmen ist.

Die Funktion einer Steuerung mit logischen Verknüpfungen soll anhand eines Beispiels näher erläutert werden:
In einer Lagerhalle wird ein Transportband von vier Zulieferbändern versorgt. Die Kapazität des

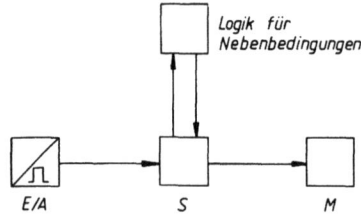

S Steuereinheit mit Schütz
   oder elektronisch

Bild 06.121 Motorsteuerung mit logischen Bedingungen

Bandes ist so groß, daß maximal zwei Zulieferbänder gemeinsam fördern können. Eine Steuerung muß also verhindern, daß beim Einschalten eines Zulieferbandes mehr als zwei Bänder in Betrieb gehen. Falls ein Band gesperrt wird, muß es selbsttätig zugeschaltet werden, wenn eins der anderen Bänder abgeschaltet wird. Weiterhin soll das Hauptband in Betrieb gesetzt werden, wenn eins der Zulieferbänder eingeschaltet wird.

Bild 06.123 zeigt einen Teil der Steuerschaltung mit logischen Grundbausteinen, die die oben genannten Forderungen verwirklicht. e_1 und e_2 sind die Eingangssignale, die von den jeweiligen Schaltern für die Zulieferbänder kommen. e_1 wird zu einem Schaltbefehl a_1, wenn nicht bereits zwei Zulieferbänder im Betrieb sind. Dies wird durch Abfragen der Schaltzustände der anderen Bänder über drei NAND-Glieder und ein ODER-Glied festgestellt. Jedes der Signale $a_1 \ldots a_4$ löst das Signal A aus, d.h. den Schaltbefehl für das Hauptband.

Ein anderes Beispiel ist eine Pumpensteuerung: Eine Pumpe soll einen Behälter mit Flüssigkeit füllen, wenn eine Minimalmarke erreicht wird. Beim Erreichen einer oberen Grenze wird die Pumpe wieder abgeschaltet. Diese Steuerung ist durch einen zeitlichen Ablauf gekennzeichnet, während die Steuerung des vorherigen Beispiels auf stationären Verriegelungen beruht.

Die *Pumpensteuerung* läuft in vier Stufen ab:
1. oberer Endschalter e_2 und unterer Endschalter a_1 abgeschaltet, Flüssigkeitsspiegel fällt,
2. unterer Grenzwert erreicht, Pumpe eingeschaltet,
3. unterer Endschalter wieder ausgeschaltet, Pumpe läuft weiter,
4. oberer Endschalter schaltet Pumpe wieder ab.

Die Pumpensteuerung nach Bild 06.124 zeigt eine weitere wichtige Grundfunktion binärer Steuerungen. Das Ausgangssignal bleibt nach der Wertetabelle beim dritten Schritt *erhalten*, obwohl *kein Eingangssignal* mehr vorhanden ist. Erst das Eingangssignal e_2 bringt das Ausgangssignal wieder zum Verschwinden. Dies ist die Grundfunktion eines *Speichergliedes*.

Bild 06.125 zeigt das Symbol eines Speichergliedes und ein Beispiel für die Verwirklichung mit einer *Relaisschaltung (Selbsthaltung)*.

Neben diesen *bistabilen Speichergliedern*, die ihre Information so lange behalten, bis ein Löschsignal angelegt wird, gibt es *zeitbegrenzte Speicherglieder*, die nach einer einstellbaren Zeit wieder umschalten (*monostabil*).

Bei umfangreichen Steuerschaltungen mit vielen Verknüpfungen und Speichern ist es wichtig, daß alle Vorgänge nach einem festen Zeittakt ablaufen. Deshalb sind *Zeit-* oder *Taktgeber* zu den Grundeinheiten der Steuerungstechnik zu zählen.

06.4.2 Steuerungssysteme

Die beschriebenen logischen Verknüpfungen können auf vielfältige Weise verwirklicht werden. Vielfach bekannt und bewährt sind Steuerschaltungen in *Relaistechnik*. Durch die schnelle Entwicklung der Elektronik haben zwar kontaktlose elektronische Systeme die Relaistechnik in vielen Fällen verdrängt, es muß jedoch erwähnt werden, daß Fortschritte in der Relaistechnik den Aufbau sehr robuster und zuverlässiger Anlagen erlauben. Der Vorteil der Relaistechnik ist, daß bis zu einer gewissen Grenze Leistungen direkt geschaltet werden können. Auch pneumatische oder hydraulische Steuerungen finden in der Praxis Anwendung. In den folgenden Abschnitten werden Beispiele für elektronische und pneumatische Steuerelemente vorgestellt.

Elektronische Steuerbausteine

Grundelemente *elektronischer Bausteine* sind *Transistoren* und *Dioden*. Wegen der prinzipiellen Wirkungsweise und dem Aufbau von Transistoren und Dioden wird auf den Hauptabschnitt Elektrotechnik verwiesen. Wesentlich ist, daß Dioden und Tran-

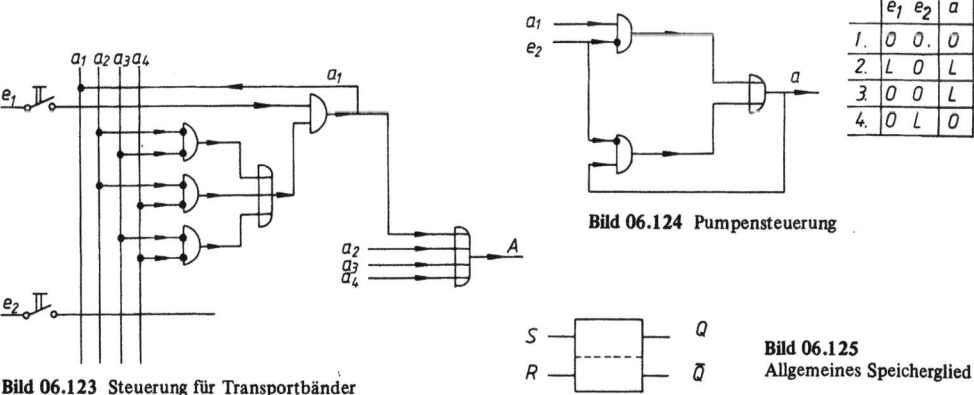

Bild 06.123 Steuerung für Transportbänder

Bild 06.124 Pumpensteuerung

Bild 06.125 Allgemeines Speicherglied

sistoren prinzipiell *stetig* wirkende Bauelemente sind im Gegensatz zu Schaltkontakten, bei denen nur exakt zwei Stellungen möglich sind (*Zweipunktverhalten*). Damit ein *Schalttransistor* auch nur in den beiden Zuständen *voll durchlässig* oder *voll gesperrt* betrieben wird, wird der in Emitterschaltung betriebene Transistor durch Anlegen oder Nichtanlegen eines für die volle Durchsteuerung des Transistors mit Sicherheit ausreichenden Steuerstroms $I_s = 1$ hin- und hergeschaltet. Im gesperrten Zustand hat der Transistor Megohm-Widerstand, so daß der Transistorstrom I_C praktisch Null wird. Dagegen ist bei $I_s = 1$ der Transistorwiderstand im durchlässigen Zustand sehr klein. Bild 06.126 veranschaulicht den Sachverhalt. Man erkennt, daß der im Schaltbetrieb arbeitende Transistor trotz stetigen Verhalten mit einem Kontakt vergleichbar ist.

Nunmehr sollen die sehr wichtigen *NDR*- und *NAND-Stufen* in kontaktloser Technik gezeigt werden. Die NOR-Stufe ist eine *ODER-Verknüpfung* mit *Signalumkehr*. Sie besteht beispielsweise nach Bild 06.127 im wesentlichen aus einer Diodenschaltung (D_1, D_2) mit einem Lastwiderstand R_1 für die logische ODER-Verknüpfung und einem Transistor T in Emitterschaltung zur Verstärkung und Signalumkehr des verknüpften Signals (*DTL = Dioden-Transistor-Logik*). Die Wahrheitstabelle (Funktionstafel) zeigt, daß der Ausgang A nur Signal (Potential) führt, wenn die Eingänge beide nicht Signal führen.

Prinzipiell könnte allein mit dem Funktionsbaustein NOR-Stufe jede gewünschte logische Verknüpfung realisiert werden. Lediglich um rationelleren Schaltungsaufwand zu erzielen, wird auch die NAND-Stufe nach Bild 06.128 verwendet. Hier wird am

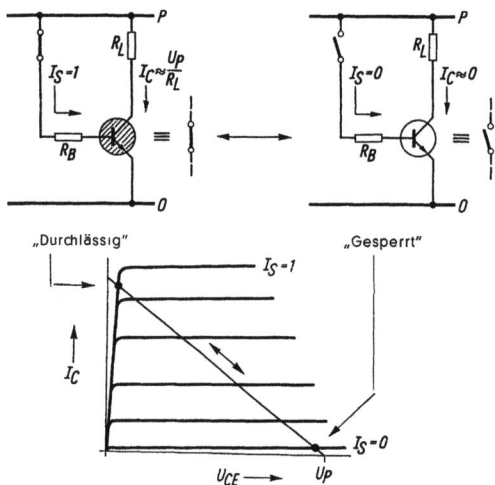

Bild 06.126 Schaltbetrieb eines Transistors

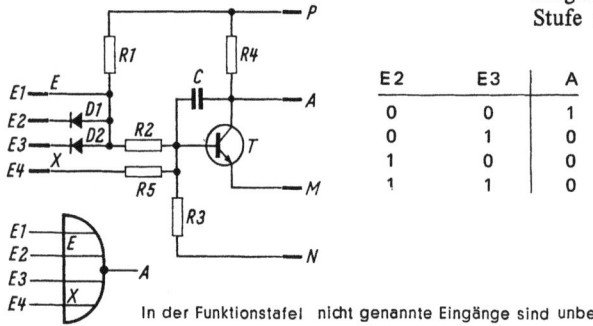

E2	E3	A
0	0	1
0	1	0
1	0	0
1	1	0

Bild 06.127
Schaltung, Schaltzeichen und Wertetabelle einer NDR-Stufe

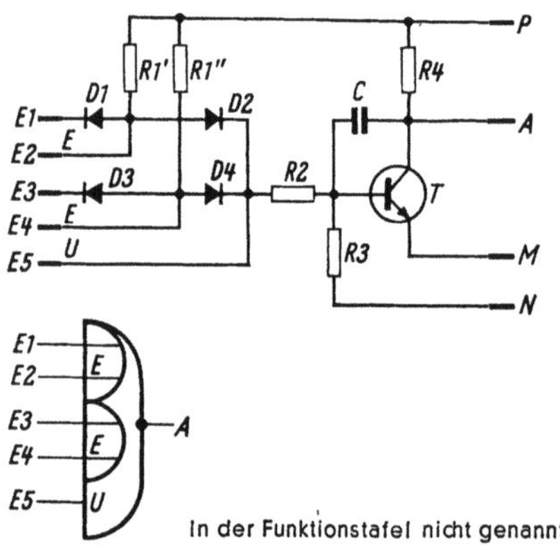

In der Funktionstafel nicht genannte Eingänge sind unbeschaltet

E1	E3	A
0	0	1
0	1	1
1	0	1
1	1	0

Bild 06.128
Schaltung, Schaltzeichen und Wertetabelle einer NAND-Stufe

In der Funktionstafel nicht genannte Eingänge sind unbeschaltet

Ausgang nur dann kein Signal geführt, wenn beide Eingänge Signal führen. Die NAND-Stufe stellt die Inversion der UND-Funktion dar.

Durch die Verknüpfung zweier NOR-Stufen (so, daß der Ausgang der einen Stufe auf den Eingang der anderen zurückgeführt wird und umgekehrt) entsteht eine *bistabile Kippschaltung* (*flip-flop*), als zeitungsbegrenzter Speicher das Grundelement aller Zähl- und Registerschaltungen (Bild 06.129).

Häufig ist es nur notwendig, analoge Signale auf Grenz- bzw. Sollwerte hin zu überwachen. Dann ist keine ständige A-D-Umsetzung erforderlich, sondern es genügt ein Binärsignal bei Über- bzw. Unterschreitung bestimmter Werte. Das ist mit einem *Analog-Digital-Former* (auch als *Grenzwertstufe* oder *Schmitt-Trigger* bezeichnet) zu erzielen (Bild 06.130). Dieses Gerät hat Zweipunktverhalten und ändert den Ausgangssignalzustand U_a schlagartig von „1" auf „0", wenn die analoge Eingangsspannung U_e den eingestellten Kippwert U_k überschreitet. Die Ausgangslage „1" wird dann wieder eingenommen, wenn U_e den Rückkippwert U_R unterschreitet.

Die Differenz $U_k - U_R$ bezeichnet man als *Hysterese*, sie entspricht der *Schaltdifferenz* x_d eines Zweipunktreglers.

Dies sind nur Beispiele, die die grundsätzliche Funktion darstellen sollen. Die Technik der integrierten Schaltkreise hat es möglich gemacht, die Funktionen der Bauelemente auf kleinstem Raum zusammenzufassen. Bild 06.131 zeigt eine NAND-Stufe in *TTL-Technik* (*Transistor-Transistir-Logik*) und die Zusammenfassung von vier Gattern in einem *dual-in-Line-Gehäuse* (*DIL*). In Bild 06.132 ist ein Speicherbaustein mit zwei Speichergliedern dargestellt.

Außer den erwähnten Speichergliedern und Gattern werden auch alle anderen für die Steuerungstechnik notwendigen Einheiten wie Zähler, Register, Taktgeber, Codierer, Decodierer, Analog-Digitalumsetzer usw. von der Bauelementindustrie in *integrierter Schaltkreistechnik* angeboten. Von einigen Firmen werden Bausteine in besonderen Schaltkreissystemen zusammengefaßt, die unter Markenbezeichnungen wie beispielsweise *SIMATIC* (*Siemens*) oder *LOGISTAT* (*AEG*) bekannt sind. Das Prinzip dieser Schaltkreissysteme ist, daß nach den Erfahrungen häufig vorkommende Funktionseinheiten zu Standardeinheiten zusammengefaßt werden. Gleichzeitig werden gewöhnlich auch standardisierte Test- und Prüfeinrichtungen angeboten (s. a. Abschnitt 06.5).

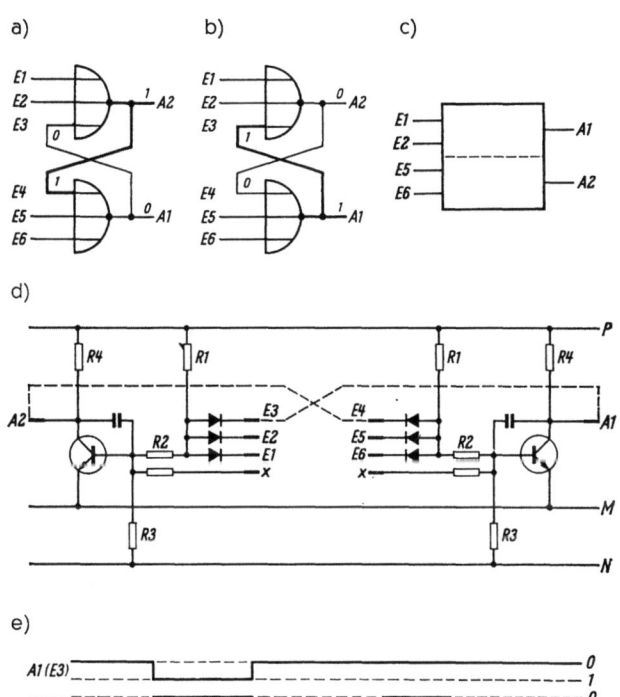

Bild 06.129 Bistabile Kippstufe
a), b) Signalzustände „Löschen", „Setzen"
c) Schaltzeichen
d) Schaltung
e) Funktionsdiagramm

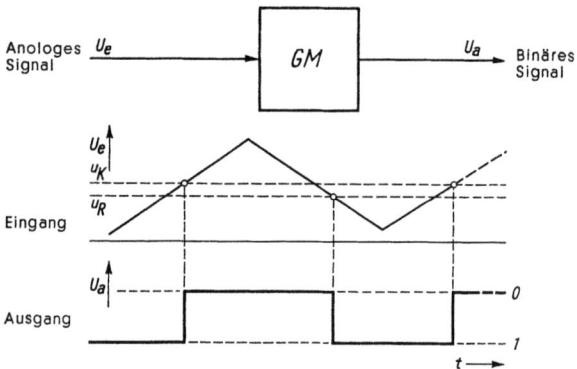

Bild 06.130 Analog-Digital-Former, Wirkungsweise einer Grenzwertstufe

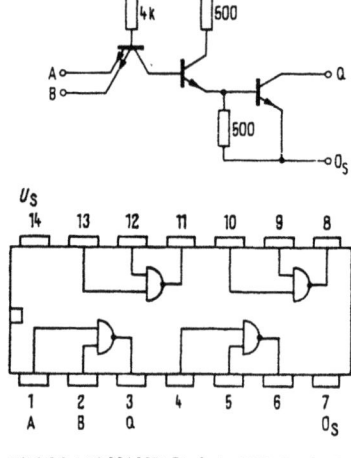

Bild 06.131 NAND-Stufe in TTL-Technik (Siemens)

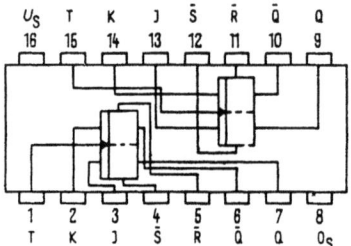

Bild 06.132 Speicherglied

Die integrierte Schaltkreistechnik bringt in der Anwendung zwei Probleme in den Vordergrund, die zwar grundsätzlich für alle elektronischen Schaltungen gelten, aber wegen der hohen *Packungsdichte* bei der IC-Technik besonders beachtet werden müssen. Durch die relativ niedrigen Spannungen und Ströme ist der Leistungsbedarf der einzelnen Schaltstufen sehr klein. Bei einer Konzentration vieler Schaltstufen auf einem engen Raum können sich jedoch erhebliche Probleme mit der *Wärmeabfuhr* ergeben.

Ein weiteres Problem wird ebenfalls durch die hohe Packungsdichte verschärft, der Einfluß *innerer* und *äußerer Störungen*. Induktive oder kapazitive Einflüsse können ungewollte Schaltvorgänge verursachen. Es ist zwischen *systemeigener* und *systemfremder Störimpuls-Einstreuung* zu unterscheiden. Systemeigene Störungen ergeben sich infolge gegenseitiger Kopplung durch Streukapazitäten und Streuinduktivitäten zwischen Signalleitungen und Gattern, die nicht logisch verknüpft sind.

Meist stärker und nicht so gut überschaubar wirken sich *induktive* und *kapazitive Kopplungen* mit Störquellen in der Umgebung der Schaltsysteme aus. Da diese Störspannungen mehrfach größer sein können als die Spannungsschwelle aller digitalen Baukastensysteme, sind gewisse Gegenmaßnahmen i.a. unerläßlich. Grundsätzlich sind alle Stromkreise mit stark unterschiedlichen Strom- oder Spannungsniveaus räumlich zu trennen. Für die Schaltkreisbausteine müssen auf jeden Fall eigene Kabel vorgesehen werden; Hin- und Rückleitung sind im gleichen Kabel zu führen, die Leitungslängen möglichst kurz zu halten, so daß die vom Stromkreis umschlossene Fläche eine Minimum wird. Verdrillen der Leitungen ist vielfach günstig, um Gegeninduktivitäten zu kompensieren. Bereits störungsverseuchte Leitungen müssen über *Eingangsfilter* geführt werden, bevor sie in die Nähe der empfindlichen Schaltkreisleitungen gelegt werden. Sofern mit stärkeren systemfremden kapazitiven Einkopplungen zu rechnen ist, sollten Eingangsleitungen durch einen einseitig geerdeten *Kabelschirm* abgeschirmt werden. Die Industrie hat darüber hinaus eine Anzahl störungssicherer Schaltkreissysteme entwickelt.

Wenn ein erwarteter Ausfall einer Anlage unbedingt vermieden werden muß, lassen sich *Sicherheitsschaltungen* vorsehen. Dabei genügt es nicht, zwei parallele Signalkanäle vorzusehen und die Ausgänge auf Übereinstimmung zu vergleichen. Liegt nämlich keine Signalübereinstimmung vor, bleibt ungewiß, welcher Kanal gestört ist und die Gesamtanlage wäre abzustellen. Das läßt sich vermeiden, wenn ein dritter Kanal zur Hilfe genommen wird und die Signaldifferenzen von je 2 Kanalausgängen überwacht werden. Bei dieser sogenannten *2-aus-3-Schaltung* (Bild 06.133) sprechen die Überwachungsgeräte nicht an, wenn alle 3 Kanäle einwandfrei arbeiten. Tritt z.B. in Kanal 1 eine Störung auf, so kön-

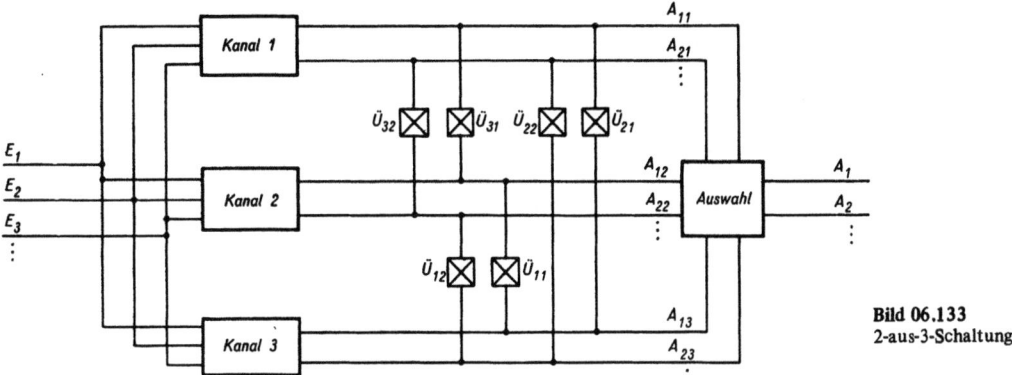

Bild 06.133
2-aus-3-Schaltung

nen beliebig viele Überwachungsgeräte außer $Ü_{12}$ $Ü_{11}$ ansprechen, woraus sich Rückschlüsse auf die *Störungsart* im betreffenden Kanal ziehen lassen. Das Ansprechen der Überwachungsgeräte bewirkt Meldung und Abschaltung des gestörten Kanals; die Gesamtanlage bleibt jedoch mit Hilfe der beiden intakten Kanäle in Betrieb. Erst im Fall einer ziemlich unwahrscheinlichen Störung eines weiteren Kanals während der Reparatur des zuerst gestörten Kanals müßte die Anlage ausgeschaltet werden.

Abschließend sei in diesem Zusammenhang und allgemein bezüglich Sicherheits- und Überwachungsmaßnahmen bei automatisierten Schiffen noch auf die „Richtlinien der Klassifizierungs-Gesellschaften" hingewiesen.

Steuerungen mit Mikroprozessoren

Die Entwicklung elektronische Bausteine hat zu einer immer stärkeren Konzentration elektronischer Funktionen geführt. Die sogenannten *LSI-Bausteine* (*large scale integration*) machten den Aufbau von Rechnern und Speichern auf kleinstem Raum möglich.

Grundsätzlich arbeiten Rechner nach den gleichen Gesetzen wie Steuerungen. Die ersten Digitalrechner wurden mit Relais aufgebaut. So liegt es nahe, auch die Steuerungsaufgaben einem Rechner zu übertragen. Die Technik der *Mikroprozessoren* hat dazu geführt, daß heute auch kleinere Anlagen mit Rechnern automatisiert oder überwacht werden. Obwohl eine Steuerung mit Rechner grundsätzlich das Gleiche leistet wie eine Steuerung mit Bausteinen, ist ein wichtiger Unterschied festzustellen. Wird eine Steuerung aus Bausteinen aufgebaut, werden die logischen Verknüpfungen durch die entsprechenden elektrischen Verbindungen zwischen den Bausteinen hergestellt (*fest verdrahtetes System*). Im Rechner werden die notwendigen Verknüpfungen durch ein Programm geschaffen (*Software*). Damit sind die Strukturen nicht so starr festgelegt sondern veränderbar. Veränderungen und Erweiterungen, die sich während des Betriebes ergeben,

können nachträglich im Programm berücksichtigt werden (*frei programmierbares System*). Allerdings bedeutet die Anwendung von Mikroprozessoren allein noch nicht, daß das System frei programmierbar ist.

Die erste Stufe der Anwendung ist der Einbau in einzelne Geräte, in denen der Mikroprozessor bestimmte Kennlinienformen oder mathematische Funktionen erzeugt (*Linearisierung, Regelung, Radizierung* u. ä.). Bereits hier ist für die Arbeit des Mikroprozessors ein Speicher (meistens ein Festspeicher, *ROM*) ein Steuerwerk und ein Ein/Ausgaberegister notwendig.

Die nächste Stufe ist dadurch gekennzeichnet, daß der Mikroprozessor zum *Mikrokomputer* ausgebaut wird, der zur Steuerung eines Anlagenteils, zur Regelung mehrerer Regelkreise oder zur Überwachung einer Anlage eingesetzt wird. Außer den oben erwähnten Bauteilen sind Anschlußmöglichkeiten für die Peripherie nötig (Meßgrößen, Steuersignale). Meistens werden solche Rechner für die Bedürfnisse des jeweiligen Anlagenteils programmiert. Dazu verwendet man programmierbare Lesespeicher (*PROM*), die nach der Programmierung nicht mehr verändert werden. Die dritte Stufe ist dann der bereits erwähnte Rechner, der durch *freie Programmierbarkeit* vielen Aufgaben angepaßt werden kann. Gewöhnlich ist ein solcher Rechner mit zusätzlichen Speichern versehen (Band, Platte) und mit Geräten zur Ein- und Ausgabe. (Bedienungsschreibmaschine, Bildschirmgerät) Prinzipiell unterscheidet sich ein frei programmierbarer Mikrorechner im Aufbau nicht von einem Prozeßrechner.

Bei der Automatisierung mittlerer Anlagen, wie sie im Schiffsbetrieb typisch sind, ist die Tendenz zu erkennen, einzelne Anlagenteile *dezentral* mit je einem Mikrorechner zu versehen. Dadurch bleibt die Funktion der einzelnen Rechner überschaubar, und die Betriebssicherheit der ganzen Anlage wird erhöht. Möglicherweise kann die Funktion dieser Kleinrechner von einem zentralen Rechner überwacht werden.

Pneumatische Steuerungen

Alle Steuerungen benötigen zum Eingriff in die Anlagen *Stellglieder*, mit denen oft große Energieströme beeinflußt werden müssen. Neben *elektrischen Leistungsschaltern*, wie beispielsweise *Schützen* und *Thyristoren*, und *hydraulischen Stellgliedern* werden häufig *pneumatische Stellglieder* benutzt. Weil das Medium Luft leicht zu handhaben ist, liegt es nahe, auch Steuerungsvorgänge und logische Abläufe pneumatisch zu verwirklichen.

Die *pneumatischen Steuerungen* können zwar nicht so schnell sein wie elektronische, und sie benötigen mehr Platz, aber sie sind *wartungsfreundlich*, übersichtlich und zuverlässig. Ihre Wartung kann auch von nicht speziell geschultem Personal leicht erlernt werden.

Bauelemente der Pneumatik sind verschiedene sogenannte *Wegeventile*, einfach und doppelt wirkende *Stellzylinder, Schalter* u.ä. Dazu kommen verschiedene Armaturen, Geräte zur Luftaufbereitung und zur Luftdruckregelung und zur elektrischen Ansteuerung *Magnetventile*.

Von den zahlreichen Bauelementen, für die im übrigen auf die einschlägigen Firmendruckschriften verwiesen wird, ist in Bild 06.134 ein *3/2-Wegeventil* vorgestellt. Die erste Ziffer bezeichnet die Anzahl der Luftwege und die zweite die Anzahl der Stellungen. Es handelt sich hier also um ein Umschaltventil, das den Luftdruck in der Stellung I z.B. zu einem Verbraucher (Stellzylinder) und in der Stellung II zur Entlüftung leiten kann. Das Ventil kann mechanisch über einen Rollenhebel (Endschalter), mit einem pneumatischen Stellzylinder oder elektromagnetisch betätigt werden. Bild 06.135 zeigt die Verwirklichung eines NAND-Gatters mit zwei 3/2-Wegeventilen.

Einige Firmen wie beispielsweise *WABCO-WESTINGHOUSE* bieten vollständige Fernsteuerungsanlagen für Schiffsdieselmotoren an.

Eine ausführliche Darstellung dieses sehr umfachreichen Gebietes ist in diesem Rahmen nicht möglich.

Ein anderes Gebiet der pneumatischen Steuerungstechnik, nämlich das der Fluidics, wird hier nicht behandelt, weil es in der Schiffsbetriebstechnik praktisch keine Rolle spielt.

06.5 Beispiele zur Schiffsautomatisierung

06.5.1 Einleitung

Bei der Anwendung der erläuterten Grundlagen der Regelungs- und Steuerungstechnik für die *Automatisierung des Schiffsmaschinenbetriebes* ergeben sich folgende *Entwicklungsstufen*:

1. *Einzelregelkreise* für eine mehr oder weniger große Anzahl wichtiger Betriebsgrößen, deren Sollwerte an den einzelnen Reglern einzustellen sind. (*Beispiele*: Drehzahlregelung von Dieselmotoren und Turbinen, Temperaturregelung der Kühlkreisläufe, Viskositätsregelung des Schweröls, Leistungsregelung von Ladungskühlkompressoren, Feuerungsregelung bei Dampferzeugern usw.)
2. Turbinen- und Dieselmotoren-*Fernsteuerungen* von der Brücke oder von einem zentralen Maschinenkontrollraum aus.
3. *Zentrale Datenverarbeitungsanlagen* für Meßwert-Registrierung. Grenzwertüberwachung und Betriebsgrößen-Abfragemöglichkeit.
4. Verknüpfung von Einzelregelkreisen über Logikschaltungen zu *Einzelautomatik-Systemen*. (*Beispiele*: Drehstrom-Bordnetz-Automatik, Hilfs- und Abgaskessel-Automatik, Einzelautomatiken für den Ladungskühlbetrieb)
5. Einsatz von *Kleinrechnern* in Teilsystemen der Anlage. Evtl. Koordinierung der einzelnen Rechner durch einen *Zentralrechner*. Sollwertoptimierung durch zentrale Rechner in Verbindung mit zentralen Datenverarbeitungsanlagen, die die Einzelautomatiken verknüpfen und über Fernsteuerungssysteme einen wachfreien Maschinenbetrieb ermöglichen.

Zentrale Prozeßrechner die die ganze Maschinenanlage führen und überwachen (on line) werden sich voraussichtlich im Schiffsbetrieb nicht durchsetzen.

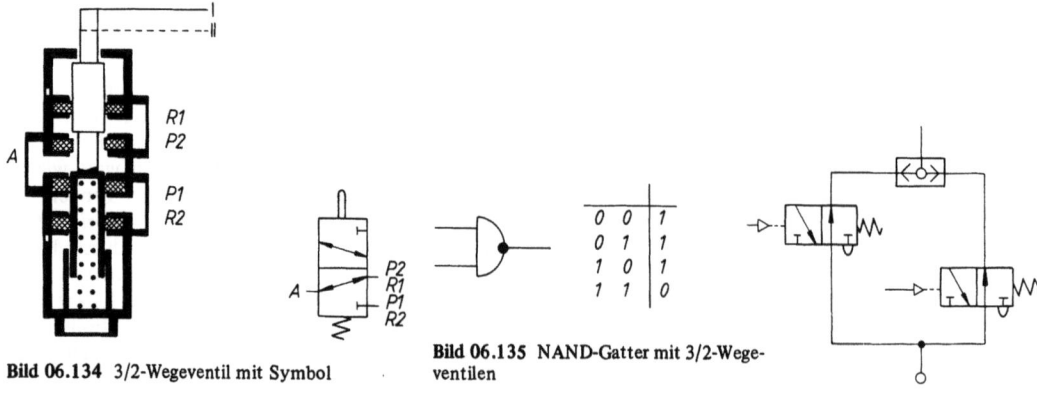

Bild 06.134 3/2-Wegeventil mit Symbol

Bild 06.135 NAND-Gatter mit 3/2-Wegeventilen

06.5.2 Beispiele

Kesselregelungen

Kennzeichnend für *Kesselregelungen* sind die vielfältigen Verknüpfungen der einzelnen Zustandsgrößen untereinander. Den inneren Verknüpfungen entsprechen Verknüpfungen der Regelreise. Es handelt sich also meistens um vermaschte Regelkreise (s. Abschnitt 06.3.7).
Die Aufgaben einer Kesselregelung sind im Hauptabschnitt 18 aufgezählt. Die drei Hauptregelkreise *Speisewasserreglung*, *Feuerungsregelung* (Dampfdruck) und *Frischdampftemperaturregelung* werden nachstehend kurz dargestellt.
Der Speisewasserstrom soll möglichst jederzeit dem Dampfstrom entsprechen. Besonders wichtig ist dies bei modernen Wasserrohrkesseln mit kleinem Wasserinhalt und großer Dampfleistung, da kleine Abweichungen des Speisewasserstroms vom Dampfstrom große Wasserstandsänderungen ergeben. Bei Großwasserraumkesseln sind Wasserstandsänderungen kleiner — die Anforderungen an die Regelgenauigkeit entsprechend geringer.

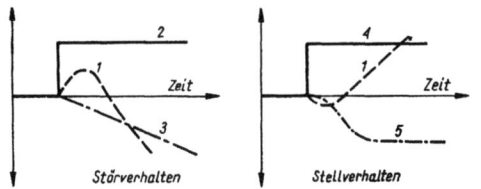

Bild 06.136 Zeitverhalten der Trommelwasserstand-Regelstrecke
1 Trommelwasserstand   4 Speisewasserstop
2 Dampfstrom   5 Speisewassertemperatur
3 Trommeldruck

Hauptstörgröße ist der *Dampfstrom*; außerdem haben Einfluß: Dampfdruck, Speisewassertemperatur, Feuerungsleistung und und Entsalzungswasserstrom. Dampfblasengehalt des Wasser-Wasserdampfgemisches ist stark druck- und temperaturabhängig, wodurch der Trommelwasserstand das für die Regelstrecke eigentümliche Zeitverhalten zeigt Bild 06.136.

Störverhalten: Nach erhöhtem Dampfstrom steigt der Wasserstand zunächst an (Dampfdruck sinkt, wodurch Volumen der Dampfblasen steigt und Dampfbildung zunimmt) und sinkt dann wegen der vermehrten Dampfentnahme unaufhaltsam ab (ohne Ausgleich).

Stellverhalten: Bei unterkühlter Einspeisung sinkt der Wasserstand zunächst (kleinere Speisewassertemperatur bewirkt abnehmende Dampfbildung) und steigt dann wegen vermehrter Einspeisung ohne Ausgleich an.
Dieses Verhalten nennt man *Allpaß-Verhalten*.
Die Regelschaltungen lassen den Trommelwasserstand allein oder auch gemeinsam mit dem Dampfstrom auf den Speisewasserstrom einwirken z.B. durch Drosselung in der Speiseleitung oder Verändern der Speisepumpendrehzahl.
Die *Feuerungsregelung* soll die Feuerungsleistung der Dampfentnahme anpassen und für jede Leistung das bestmögliche Verhältnis von Verbrennungsluft zu Brennstoff einstellen.
Die Heizölmenge wird mit Hilfe des Heizölmengenreglers und die Verbrennungsluft mit einem Gebläse- oder einem Luftklappenregler eingestellt.
Als Meßgröße für den Regler dient durchweg der Dampfdruck. Zweckmäßig wählt man den Dampfdruck am Austritt des Überhitzers, da sich dort eine Änderung des Dampfdruckes bei wechselnder

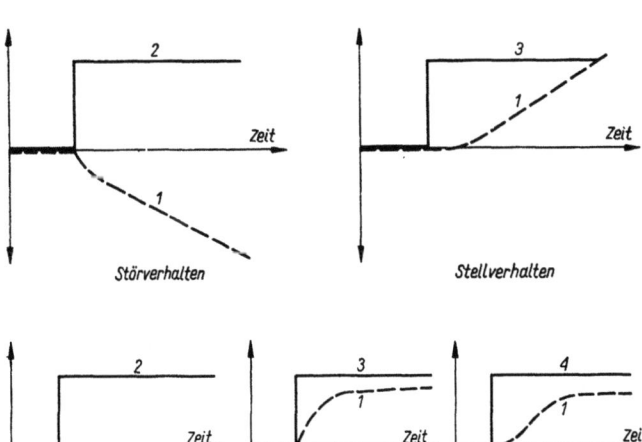

Bild 06.137
Zeitverhalten der Druck-Leistungsregelstrecke
1 Dampfdruck
2 Dampfstrom
3 Brennstoffstrom

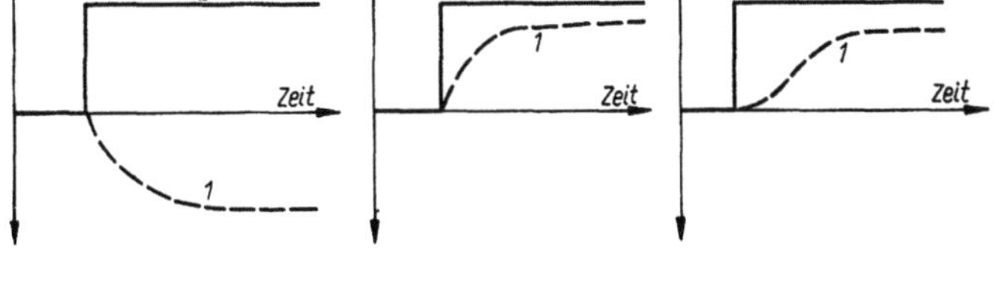

Bild 06.138
Zeitverhalten der Heißdampftemperatur-Regelstrecke
1 Heißdampftemperatur
2 Dampfstrom
3 Beheizung
4 Temperatur am Eintritt des geregelten Überhitzerteil

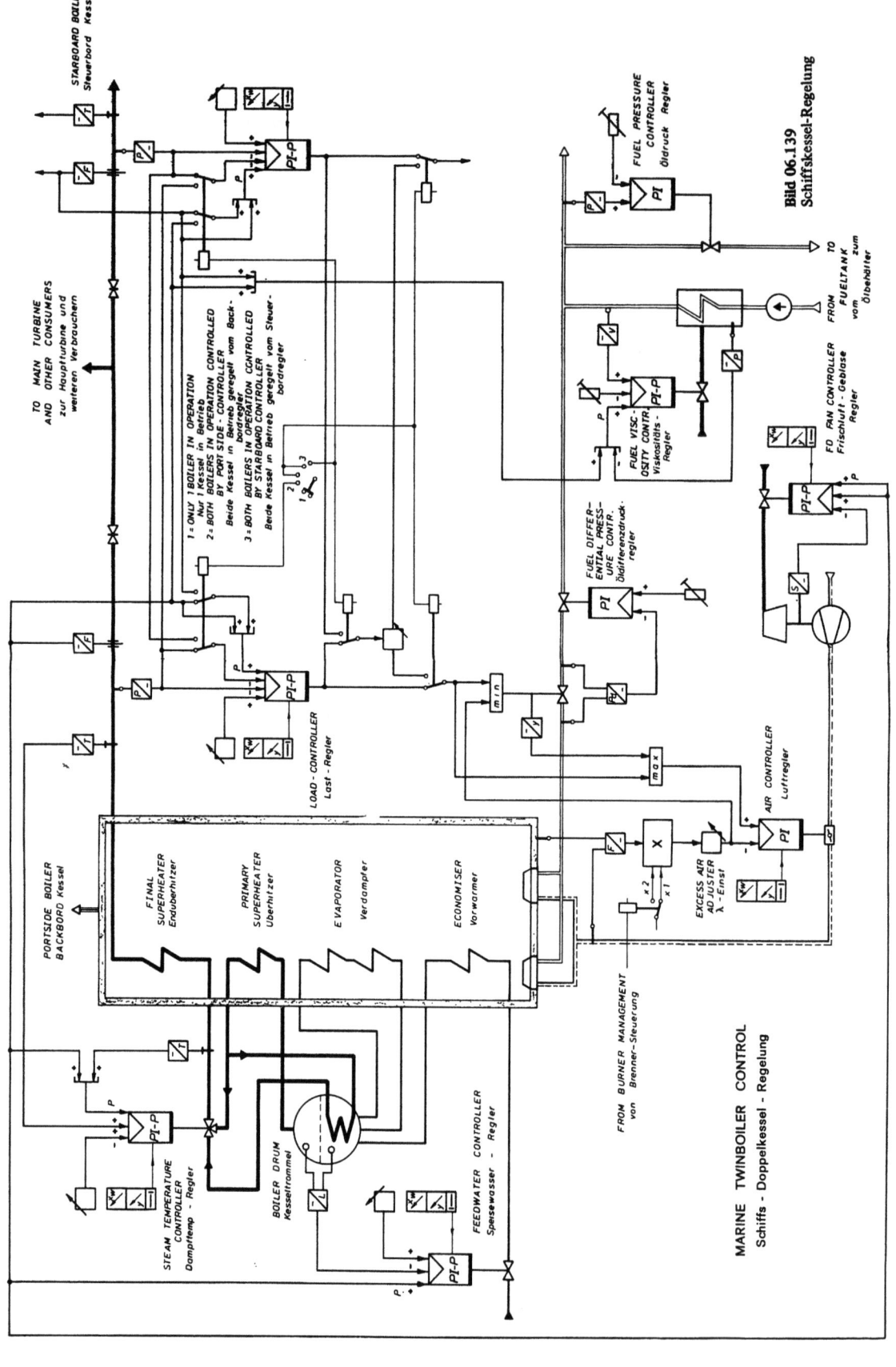

Bild 06.139
Schiffskessel-Regelung

MARINE TWINBOILER CONTROL
Schiffs - Doppelkessel - Regelung

Dampfanforderung durch die Maschine *zuerst* bemerkbar macht; der Regler wird dann so eingestellt, daß der Trommeldruck bei allen Belastungen etwa konstant gefahren wird. Das Zeitverhalten der Regelstrecke wird in Bild 06.137 gezeigt.

Störverhalten: Der Dampfdruck am Überhitzeraustritt zeigt nach erhöhtem Dampfstrom zunächst ein rasches Sinken in Abhängigkeit von der Größe der Störung und fällt dann ohne Ausgleich ab.

Stellverhalten: Nach erhöhtem Brennstoffstrom steigt der Dampfdruck verzögert ohne Ausgleich an.

Die eingesetzten Heizölregler haben bevorzugt P- oder PD-Verhalten; das Verhältnis Verbrennungsluft zu Brennstoff wird in Abhängigkeit von Brennstoffstrom mit I- oder PI-Verhalten geregelt (Folgeregelung).

Die *Heißdampftemperaturreglung* ist für Kessel mit hohen Temperaturen besonders wichtig! Es sollen starke Temperaturänderungen, vor allem auch Übertemperaturen für die Maschine und den Überhitzer vermieden werden. Dampfstrom, Beheizung und Temperatur am Überhitzereintritt sind die Störgrößen der Regelstrecke; das Zeitverhalten zeigt Bild 06.138. Die Heißdampftemperatur verändert sich mehr oder weniger verzögert mit Ausgleich. Alle Störgrößen eignen sich auch als Stellgrößen und bilden dann jeweils das Stellverhalten der Strecke.

Es gibt verschiedene Möglichkeiten, die Heißdampftemperatur zu beeinflussen und zwar:
1. durch Kühlung bzw. Zwischenkühlung des Heißdampfes,
2. durch Änderung der rauchgasseitigen Wärmezufuhr.

Bild 06.139 zeigt die Schaltung einer *elektronischen Schiffskesselregelung*. Alle Zustandsgrößen werden in Einheitssignale (eingeprägte Ströme) umgeformt.

Es sind deutlich die verschiedenen Vermaschungen der Regelkreise zu erkennen. So wird beispielsweise die Kesselleistung (Dampfdurchfluß) als Hauptstörgröße auf die drei Hauptregelkreise Speisewasser, Dampftemperatur und Last (Feuerung) aufgeschaltet und zusätzlich noch auf den Drehzahlregelkreis der Frischluftturbine. Alle Hauptregelkreise sind als Kaskadenregelungen ausgeführt (s. Bild 06.113). Der Hilfsregler hat jeweils P-Verhalten und der Hauptregler PI-Verhalten (*PIP-Kaskade*). Die Temperaturregelung ist eine *Dreikomponenten-Regelung* (Temperatur vor Endüberhitzung, Temperatur nach Endüberhitzung, Dampfstrom).

Die Speisewasserregelung und die Lastregelung sind *Zweikomponenten-Regelungen*.

Der *Lastregler* wirkt auf eine Regelschaltung, die das Verhältnis Brennstoff-Luft regelt und bei Lastwechsel eine Verbrennung mit Luftüberschuß gewährleistet.

Mit der *Regelung des Öldruckes* und der Viskosität werden Störgrößen ausgeregelt (s. Bild 06.113). Auch die *Viskositätsregelung* ist eine Dreikomponenten-Regelung.

Eine andere Kesselautomatisierung zeigt Bild 06.140. Die Automatisierung der Hilfs- und Abgaskesselanlage ist schematisch dargestellt. Durch eine aufeinander abgestimmte Speisewasser-, Dampfdruck- und Kondensattemperaturregelung sowie eine Anfahrautomatik wird der einwandfreie und optimale Ablauf der verschiedenen Betriebsvarianten dieser Anlage gewährleistet.

Automatisierte Antriebsanlagen

Der wichtigste Gegenstand der Schiffsautomatisierung ist die Hauptmaschine. Es gehört heute zur Standardausrüstung moderner Schiffe, daß die Maschinenanlage 16 Stunden täglich wachfrei gefahren werden kann. Dazu ist eine zuverlässige

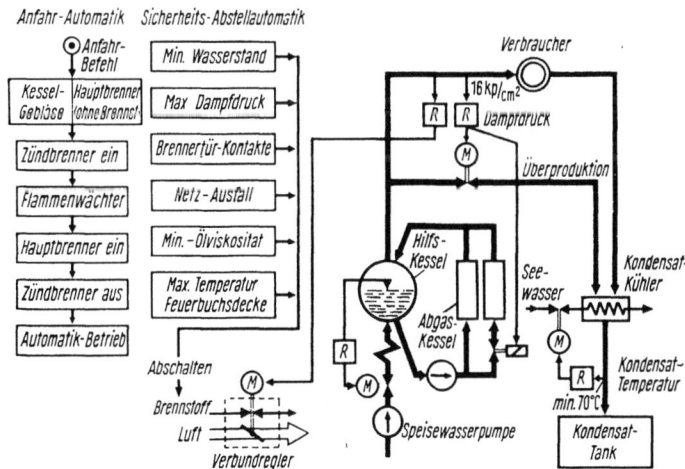

Bild 06.140
Schema der Automatisierungseinrichtungen für eine Hilfs- und Abgaskesselanlage

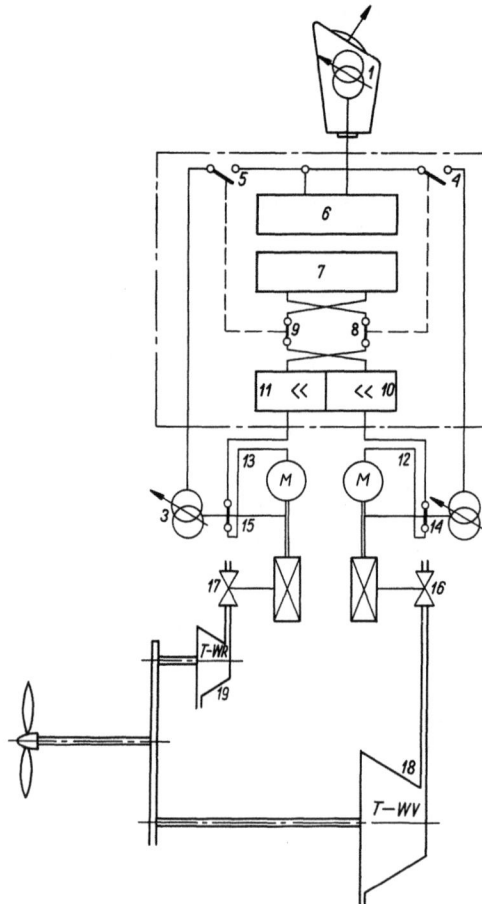

Bild 06.141 Schaltung einer Turbinenfernsteuerung
1 Sollwertgeber (Brückenpult)
2 Istwert f. Vorwärtsturbine
3 Istwert f. Rückwärtsturbine
4 Richtungskontakt (Vorwärtst.)
5 Richtungskontakt (Rückwärtst.)
6 Vergleichsstelle
7 Auswerteeinheit
8 Verriegelungskontakt zurück f. Vorwärtsturbine
9 Verriegelungskontakt voraus f. Rückwärtsturb.
10 Thyristorverst. f. Vorw.
11 Thyristorverst. f. Rückw.
12 Stellmotor f. Vorw.
13 Stellmotor f. Rückw.
14, 15 Endkontakte Ventilstellung
16, 17 Manöverventile
18 Vorwärtsturbine
19 Rückwärtsturbine

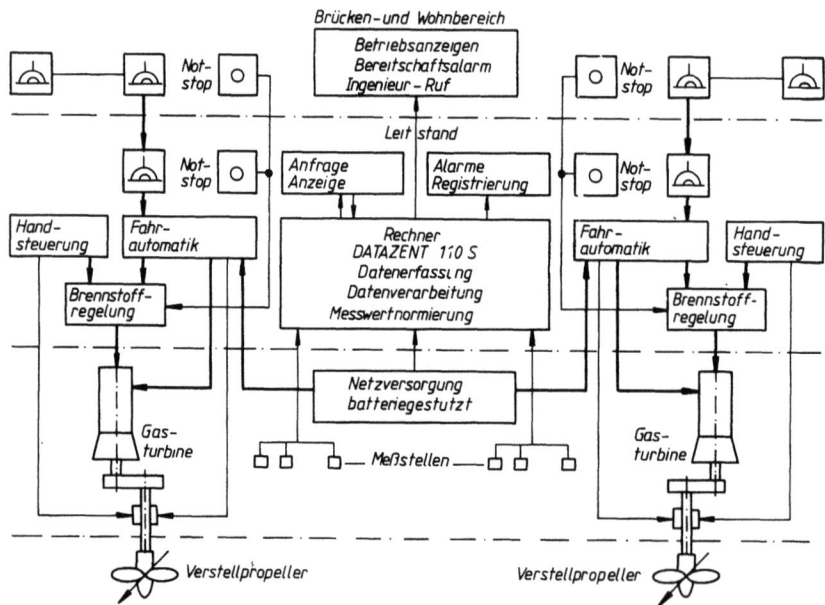

Bild 06.142 Übersicht über das Automatisierungssystem der „Finnjet" (AEG)

Steuerungstechnik

Bild 06.143
Startüberwachung (Finnjet)

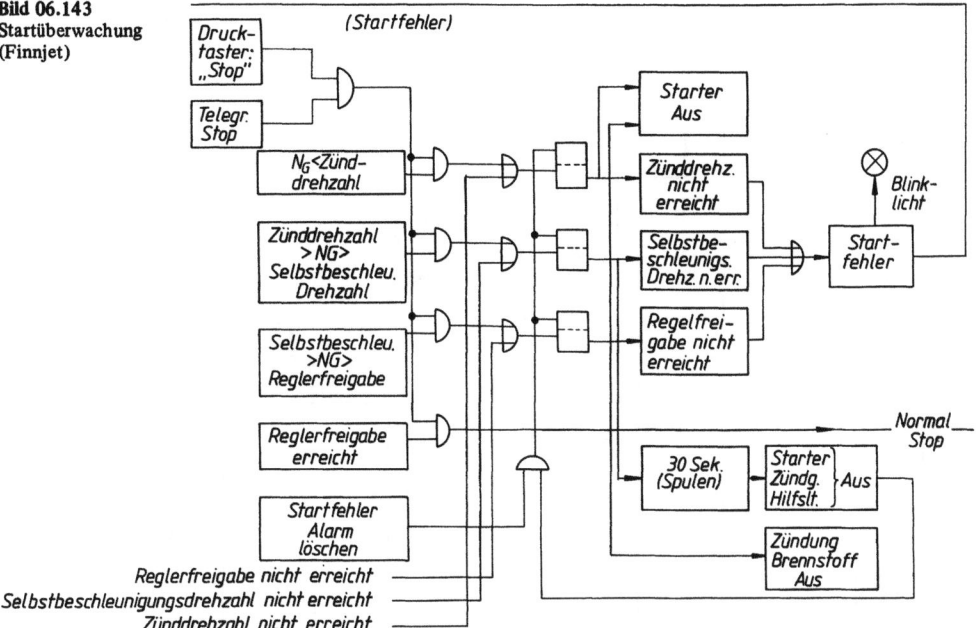

Automatisierungsanlage erforderlich, mit der sich auch ein komplexer Maschinenbetrieb beherrschen läßt.
Bild 06.141 zeigt die grundsätzliche Schaltung einer *Turbinenfernsteuerung* (*BBC*).
Eine weitere Automatisierungsanlage ist in Bild 06.142 dargestellt. Es handelt sich um die Antriebsanlage der Gasturbinenfähre „Finnjet", die mit einer zentralen Rechenanlage ausgerüstet ist. Aus dem Bild ist klar zu erkennen, daß Eingriffe in den Betrieb über dezentralisierte Einzelautomatiken erfolgen. Der Rechner dient der Überwachung und der Verarbeitung von Meßgrößen und Alarmen. Bild 06.143 zeigt als Teilsystem die Logik der Startüberwachung (*AEG*).
Bild 06.144 gibt das Schema einer universell einsetzbaren *Diesel-Fernsteuerautomatik* (*Siemens DIFA 31*) wieder. Das System arbeitet mit einem Mikrocomputer (*SIMOS*) als Überwachungssystem sowie mit einem fest verdrahteten Steuersystem (*SIMATIC C1*), das aus stör- und zerstörsicherer Logik (*SZL*) aufgebaut ist.
Als Ergänzung sei in Bild 06.145 noch eine pneumatische Steuerung zum Umsteuern eines Dieselmotors gezeigt. Diese pneumatische Steuerung ist einer elektronischen Dieselfernsteuerautomatik untergeordnet (*BBC, MAN*).

Hilfsanlagen

Die wichtigste Hilfsanlage an Bord ist die *Energieerzeugungsanlage*. Es ist sehr sinnvoll, diese zu automatisieren, damit die Erzeugung jederzeit dem Bedarf angepaßt werden kann. Dies ist besonders wichtig auf Schiffen mit vielen Verbrauchern, die unterschiedlich benutzt werden (Ladepumpen, Ladegeschirr, Ladungskühlanlagen). Bild 06.146 zeigt den grundsätzlichen Aufbau einer automatisierten Stromerzeugungsanlage.
Eine besondere Rolle spielen die *Ladungskühlanlagen* in der Seeschiffahrt. Hier sind die Anforderungen an die Temperaturregelung oft sehr hoch, so daß meistens mit vermaschten Regelkreisen gearbeitet wird. Bild 06.147 zeigt das Schema und den Signalflußplan einer Rückluftregelung, bei der die Zulufttemperatur als Hilfsregelgröße einer Kaskadenschaltung dient. Der Hilfsregler ist ein quasistetiger Regler, dessen Schaltzyklus von etwa drei Minuten noch klein genug gegenüber der großen Zeitkonstante der Regelstrecke ist (s. Abschnitt 06.3.5).
Bei Kühlschiffen sind in der Regel besonders viele Temperaturmeßstellen zu überwachen. Besonders groß kann die Anzahl der Meßstellen bei Kühlcontainern werden. Für diese Überwachungsaufgaben werden Rechner mit viel Erfolg eingesetzt.
Als letztes Beispiel soll in Bild 06.148 die Struktur eines *Automatisierungssystems mit mehreren Mikrorechnern* dargestellt werden. Ein Rechner besteht jeweils aus einer Zentraleinheit (CPU) und einer Speichereinheit (Memory). Die Größe der Speichereinheit und die Peripherieeinheiten werden dem jeweils zugeordneten Anlagenteil angepaßt. Bei Bedarf können alle Mikrorechner mit einem zentralen Überwachungsrechner verbunden werden.

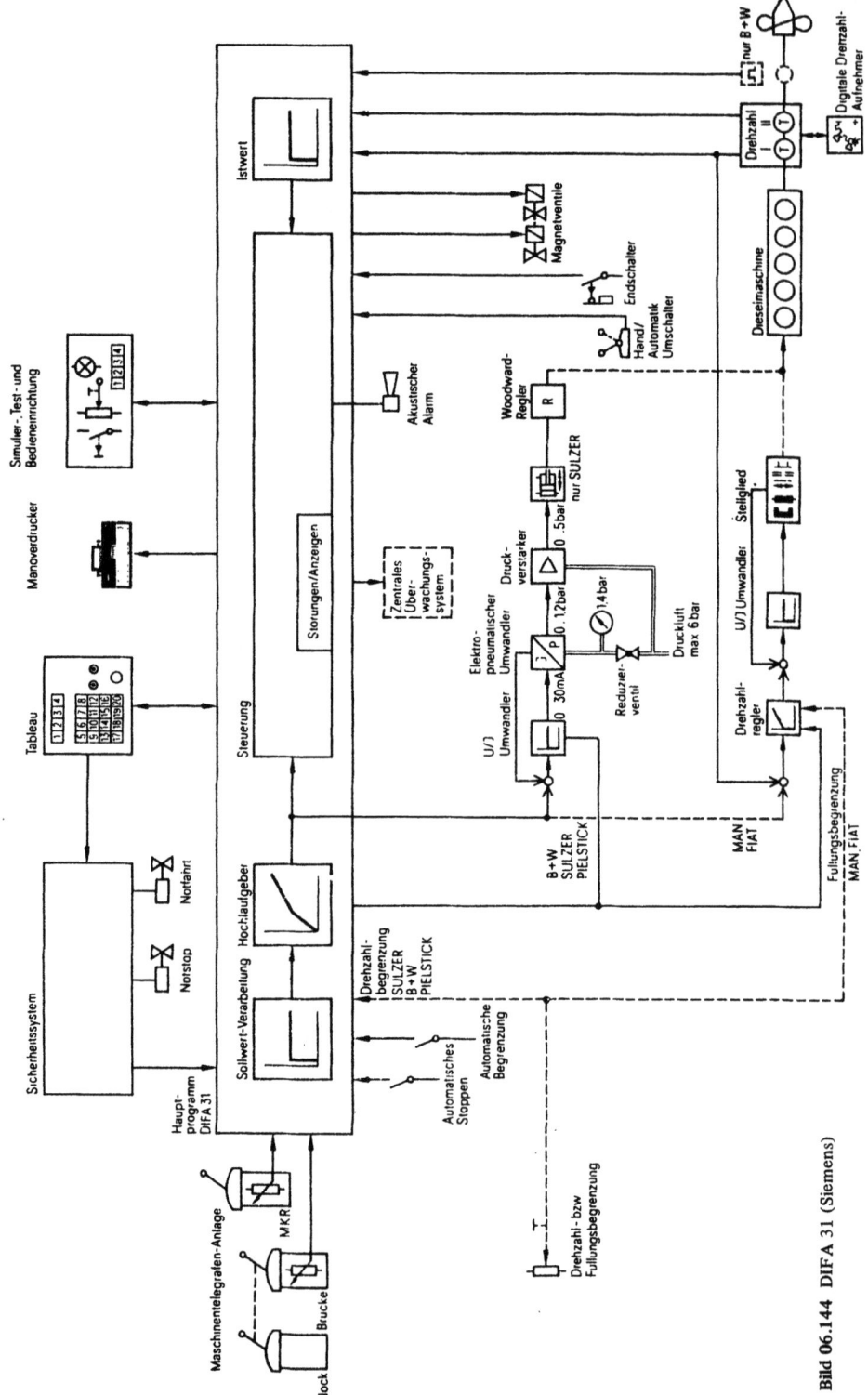

Bild 06.144 DIFA 31 (Siemens)

Steuerungstechnik

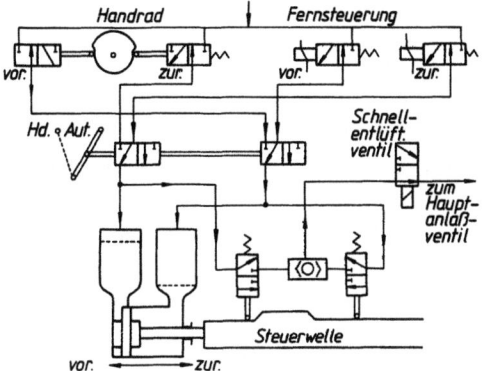

Bild 06.145 Pneumatische Umsteuereinrichtung (BBC)

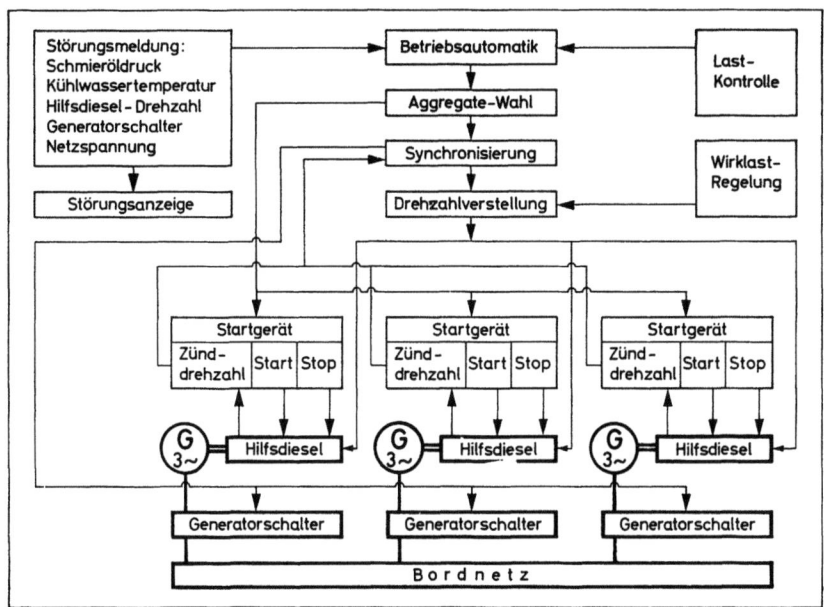

Bild 06.146 Blockschema der Automatisierung einer Stromerzeugungsanlage

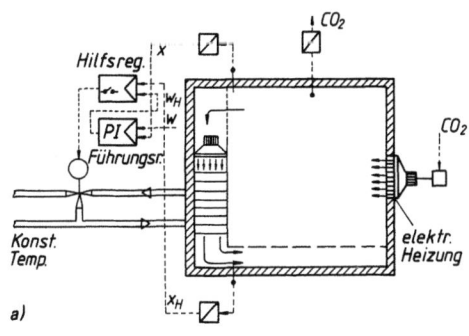

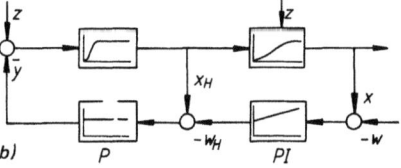

Bild 06.147 Prinzipschaltung für die Kaskadenregelung der Laderaumtemperaturen mit Signalflußplan

06.6 Schrifttum

Mann, Schiffelgen, Einführung in die Regelungstechnik, Hanser Verlag
Merz, L., Grundkurs der Meßtechnik II, Oldenbourg-Verlag
Profos, Handbuch der Industriellen Meßtechnik, Vulkan-Verlag
Pestel, Kollmann, Grundlagen der Regelungstechnik Vieweg-Verlag
Piwinger, Regelungstechnik für Praktiker, VDI-Verlag
Pressler, Regelungstechnik I, Bibliogr. Institut
Schink, Fibel der Verfahrensmeßtechnik, Oldenbourg-Verlag
Weyh, U., Elemente der Schaltungsalgebra, Oldenbourg-Verlag
Siegfried, H. J., Grundlagen der Elektronischen Steuerungs- und Regelungstechnik, Teil 1: Elektronische Steuerungstechnik, Franzis-Verlag
Gieseler, H., Analog- und Hybridsimulation, Berliner Union Kohlhammer
Schmidt, E. G., Automatisierungstechnik im Schiffsbetrieb, Technik 1 der Reihe „up to date" Hrsg. Sozialwerk für Seeleute

Firmenunterlagen:

ASEA, Siemens AG, AEG, BBC, Phillips, I.C. Eckardt AG, Hartmann und Braun, Krupp-Atlas-Elektronik

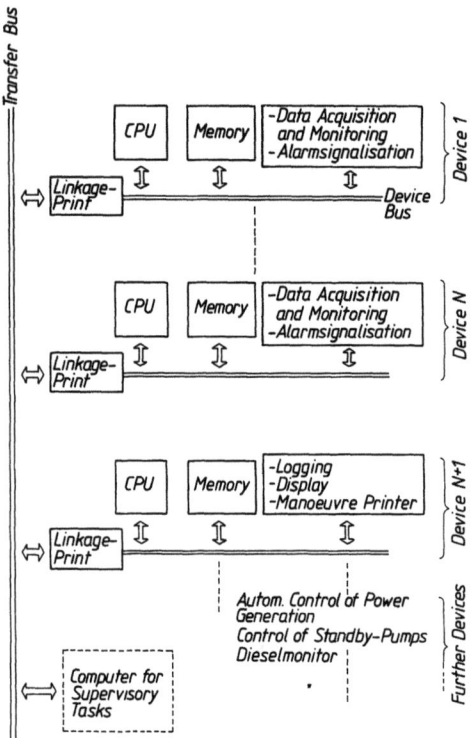

Bild 06.148 Prinzipschema einer dezentralisierten Überwachungsanlage mit Mikrorechnern

Hauptabschnitt 07

Werkstoffe

Prof. Dipl.-Ing. *H. Thörner*, Hamburg

07.1 Formelzeichen, Einheiten und Normen

δ_5 Bruchdehnung für $l = 5d$ (l Meßlänge, d Prüfstabdurchmesser) .... %

σ_B Zugfestigkeit ....
σ_{bB} Biegefestigkeit
σ_{dB} Druckfestigkeit ....
σ_S Festigkeit an der Streckgrenze .... $\left.\begin{array}{l}\\\\\\\\\\\end{array}\right\}\dfrac{N}{mm^2}$
$\sigma_{1/1000}$ 1%-Zeitdehngrenze (Das ist die auf den Ausgangsquerschnitt bezogene Spannung, die nach 1000 h zu einer bleibenden Dehnung von 1% führt) ....
$\sigma_{0,2}$ Festigkeit an der 0,2 % Dehngrenze ....

Wichtige Normblätter:

DIN 1681   Stahlguß
DIN 1691   Gußeisen mit Lamellengraphit (Grauguß)
DIN 1692   Temperguß, weiß oder schwarz
DIN 1693   Gußeisen mit Kugelgraphit
DIN 1700   Nichteisenmetalle. Systematik der Kurzzeichen
DIN 1703   Lagermetalle auf Blei- und Zinngrundlage
DIN 1705   Guß-Zinnbronze und Rotguß. Gußstücke
DIN 1709   Guß-Messing und Gußsondermessing
DIN 1725   Bl. 1 Aluminiumlegierungen. Knetlegierungen
          Bl. 2 Aluminiumlegierungen. Gußlegierungen: Sandguß, Kokillenguß, Druckguß
DIN 1746   Rohre aus Aluminium. Festigkeitseigenschaften
DIN 1749   Bl. 1 Gesenkschmiedestücke aus Aluminium. Festigkeitseigenschaften
DIN 1785   Rohre aus Kupfer und Kupferknetlegierungen für Kondensatoren und Wärmeaustauscher
DIN 2448   Nahtlose Flußstahlrohre, Leitungs- und Konstruktionsrohre, Übersicht
DIN 1629   –, technische Lieferbedingungen
DIN 2915   Nahtlose und geschweißte Stahlrohre für Wasserrohrkessel, Übersicht
DIN 7708   Bl. 1 Kunststoff-Formmassetypen. Begriffe, Allgemeines
          Bl. 2 Phenolplastpreßmassen
          Bl. 3 Aminoplastpreßmassen
          Bl. 4 Kaltpreßmassen, Bitumenpreßmassen
          Beiblatt Eigenschaften von Normprobekörpern aus Phenolplast- und Aminoplast-Preßmassen

DIN 7724   Klassifizierung und Begriffsbestimmungen hochpolymerer Werkstoffe auf Grund ihres mechanischen Verhaltens
DIN 7728   Bl. 1 u. Bl. 10 Kunststoffe, Kurzzeichen
DIN 7730   Gleichbedeutende Fachausdrücke in mehreren Sprachen
DIN 7732   Genormte Begriffe des Kunststoffgebiets, Übersicht
DIN 16911   Polyester-Preßmassen
DIN 17006   Bl. 1 Eisen und Stahl; Systematische Benennung, Allgemeines
          Bl. 2 Eisen und Stahl; Systematische Benennung, unlegierte Stähle
          Bl. 3 Eisen und Stahl; Systematische Benennung, legierte Stähle
          Bl. 4 Eisen und Stahl, Systematische Benennung, Stahlguß, Grauguß, Hartguß, Temperguß
          Bl. 9 Eisen und Stahl; Systematische Benennung, tabellarische Zusammenstellung
DIN 17014   Wärmebehandlung von Eisen und Stahl. Fachausdrücke
DIN 17100   Allgemeine Baustähle. Gütevorschriften
DIN 17110   Nietstähle. Eigenschaften
DIN 17135   Alterungsbeständige Stähle. Gütevorschriften
DIN 17155   Bl. 1 Kesselbleche. Technische Lieferbedingungen
          Bl. 2 Kesselbleche. Gütevorschriften für die verwendeten Stähle
DIN 17175   Bl. 1 Nahtlose Rohre aus warmfesten Stählen. Technische Lieferbedingungen
          Bl. 2 Nahtlose Rohre aus warmfesten Stählen. Gütevorschriften für die verwendeten Stähle
DIN 17200   Vergütungsstähle. Gütevorschriften
DIN 17210   Einsatzstähle. Gütevorschriften
DIN 17245   Warmfester ferritischer Stahlguß
DIN 17665   Kupfer-Aluminium-Legierungen

07.2 Eisen und Stahl

07.2.1 Einteilung und Legierungsbestandteile der Eisenwerkstoffe

Die in der Technik verwendeten Eisenwerkstoffe werden unterschieden in *unlegierte* und *legierte Stähle, Baustähle, Werkzeugstähle, Stahlguß* und

Gußeisen. In allen Stählen ist Kohlenstoff (C) enthalten; bis 1,7% C-Gehalt ist Stahl *schmiedbar,* darüber nur *gießbar. Baustähle* enthalten i. a. 0,12...0,6 % C, *Werkzeugstähle* 0,3...1,6 % C, *Einsatzstähle* enthalten <0,2 % C, *Vergütungsstähle* 0,2...0,6 % C.

Wachsender Kohlenstoffgehalt im Stahl
erniedrigt Schmelztemperatur, Bruchdehnung, Brucheinschnürung, Wärmeleitfähigkeit und Dichte
erhöht Zugfestigkeit und Streckgrenze
verringert Schweißbarkeit durch Bildung von Härterissen
ermöglicht Abschreckhärten.

Als *Legierungsbestandteile* kommen hauptsächlich vor: Mangan (Mn), Silizium (Si), Chrom (Cr), Molybdän (Mo), Vanadium (V), Nickel (Ni) und Aluminium (Al).

Im wesentlichen *verbessern* bzw. *erhöhen*
die Verschleißfestigkeit und Härte: Cr, Mn, Si;
die Zähigkeit und Durchvergütung: Ni, Cr, Mo, Mn;
die Warmfestigkeit. Mn, Mo, Cr, V;
die Korrosionsfestigkeit: Cr;
die Zunderbeständigkeit: Al.

07.2.2 Wärmebehandlung

Spannungsfreiglühen: Erwärmen auf 450...650 °C, langsames Abkühlen. Innere Spannungen werden beseitigt, keine wesentlichen Änderungen der Festigkeitseigenschaften.

Normalglühen: Erwärmen auf etwa 900 °C und langsames Abkühlen. Durch vollkommene Umkristallisation wird ein gleichmäßiges, feinkörniges Gefüge und damit eine bessere Zähigkeit des Stahls erreicht.

Härten: Erwärmen auf 780...880 °C und schnelles Abkühlen. Die Härte ist abhängig von der Legierung, vom Abschreckmittel und der Abkühlgeschwindigkeit. Härtbar sind nur Stähle mit >0,3 % C.

Anlassen: Nach vorangegangenem Härten Erwärmen auf 100...350 °C. Innere Spannungen werden beseitigt, Zähigkeit wird erhöht.

Vergüten: Härten und nachfolgendes Anlassen auf Temperaturen von 450...650 °C. Die Härte wird geringer, die Zähigkeit wird erhöht. Eine *Durchvergütung* größerer Querschnitte ist bei legierten Stählen erreichbar. Die durch das Vergüten erzielbaren Eigenschaften sind von der *Vergütungsdicke* abhängig; Zugfestigkeit und Streckgrenze nehmen mit zunehmender Dicke ab, die Dehnung nimmt zu.

Einsatzhärten: Glühen in Kohlenstoff abgebenden Mitteln. Es wird eine hohe *Oberflächenhärte* bei zähem Kern erreicht. Tiefe der aufgekohlten Randzone abhängig von Temperatur, Glühzeit und Einsatzmittel.

Nitrieren: Glühen in Stickstoffatmosphäre ergibt *Nitritrandschicht* sehr hoher Härte. Kein weiteres Härten, deshalb keine Spannungen und Formänderungen.

07.2.3 Benennung

Die Eisen- und Stahlsorten werden nach DIN 17006 benannt.

Unlegierter Stahl

Unlegierte Stähle enthalten <0,5 % Silizium, 0,8 % Mangan, 0,1 % Aluminium oder Titan oder 0,25 % Kupfer. Außerdem dürfen sonstige Zusätze zur Erzielung besonderer Eigenschaften nicht vorhanden sein. Die unlegierten Kohlenstoffstähle unterscheiden sich durch den Kohlenstoffgehalt. Sie haben Kohlenstoffgehalte von 0,15...0,50 % mit Bruchfestigkeiten von 370...700 N/mm^2.

Zur vollständigen Benennung gehören
Kennbuchstaben für *Erschmelzungsart*
Kennbuchstaben für *besondere Eigenschaften*
Kennzeichen St = Stahl

Gewährleistungsumfang

Kennziffer	Streckgrenze	Falt- oder Stauchversuch	Kerbschlagzähigkeit	Warm- oder Dauerstandsfestigkeit	Elektrische oder magnetische Eigenschaften
ohne		(X)			
.1	X				
.2		X			
.3			X		
.4	X	X			
.5		X	X		
.6	X		X		
.7	X	X	X		
.8				X	
.9					X

Kennzahl für die *Mindestzugfestigkeit* N/mm²
Kennziffer für den *Gewährleistungsumfang*
Kennbuchstaben für den *Behandlungszustand*

Erschmelzungsart

B Bessemer Stahl
E Elektrostahl
M Siemensmartinstahl
PP Puddelstahl
SS Schweißstahl
T Thomasstahl
TI Tiegelstahl
W Windgefrischter Austauschstahl

Nach Art der Zusätze wird noch *basischer* (B) oder *saurer* (Y) Stahl unterschieden.

Besondere Eigenschaften

Eigenschaften, die *durch Erschmelzung oder Verarbeitung bedingt* sind.

A Alterungsbeständig
G Mit größerem Phosphor- und/oder Schwefelgehalt
H Halbberuhigt vergossen
K Mit kleinem Phosphor- und/oder Schwefelgehalt
L Laugenbeständig
P Preßschweißbar
Q Kaltstauchbar
R Ruhig vergossen
S Schmelzschweißbar
U Unruhig vergossen
Z Ziehbar

Stähle, für die *besondere* Anforderungen an bestimmte Eigenschaften *gewährleistet* werden, werden mit einer Kennziffer gekennzeichnet (s. S. 284).

unlegierter Stahl, warmbehandelt

Stähle mit >0,3 % C können *warmbehandelt* werden. Einer Wärmebehandlung werden jedoch i. a. nur die Qualitätsstähle unterzogen, deren Höchstgehalt an Phosphor und Schwefel ≤ 0,09 % bzw. 0,06 % betragen darf. Anstelle der Bezeichnung St tritt bei diesen Stahlsorten das C und die Angabe des Kohlenstoffgehalts in hundertstel Prozent. Stähle mit besonders geringem Phosphor- und Schwefelgehalt erhalten die Bezeichnung Ck (eigentlich KC, vorläufig aber noch Ck üblich). Die *garantierte Zugfestigkeit* wird an das Ende der Gesamtbezeichnung gestellt.
Haben die Stahlsorten in Bezug auf ihren Kohlenstoffgehalt höhere Legierungsbestandteile, treten folgende zusätzliche Bezeichnungen hinzu:

Al mit Aluminiumzusatz
Cu mit Kupferzusatz
Mn mit höherem Mangangehalt
P   mit höherem Phosphor- und Schwefelgehalt
Si mit höherem Siliziumgehalt

Behandlungszustand

A   angelassen
B   behandelt auf beste Zerspanung
E   einsatzgehärtet
G   weichgeglüht
H   gehärtet
HF Oberfläche flammengehärtet
HI Oberfläche induktionsgehärtet
K   Kaltverformt
N   normalgeglüht
NT nitriert
S   spannungsfreigeglüht
U   unbehandelt
V   vergütet

Benennungsbeispiele unlegierter Kohlenstoffstähle:

M R St 42.3   Ruhig vergossener Siemensmartinstahl, garantierte Zugfestigkeit 420 N/mm² gewährleistete Kerbschlagzähigkeit
C 35 N   Kohlenstoffstahl mit 0,35 % C, normalgeglüht
M 10 Mn Si   Mit Silizium beruhigter Siemensmartinstahl mit 0,10 % C und höherem Mangangehalt
M 12 Cu   Siemensmartinstahl mit 0,12 % C und geringem Kupferzusatz
C 35 F 60   Kohlenstoffstahl mit 0,35 % C mit einer Zugfestigkeit von 600 N/mm²

Niedriglegierter Stahl

Als *niedriglegierte Stähle* gelten alle Stahlsorten, die < 5 % Legierungszusätze haben. Bei der Benennung der niedriglegierten Stähle bezeichnet die Zahl *vor* den Legierungselementen den Kohlenstoffgehalt, die Zahl *nach* den Legierungselementen den Gehalt an Legierungselementen. Für die Mengenangaben gelten folgende *Multiplikatoren:*

Legierungszusätze	Multiplikator
Cr, Co, Mn, Ni, Si, W	4
Al, Be, Pb, B, Cu, Mo, Nb, Ta, Ti, V, Zr	10
P, S, N, Ce, C	100

Für die übrigen Angaben gelten die oben genannten Bezeichnungen

Benennungsbeispiele niedriglegierter Stähle:

15 Cr 3 E   Chromstahl mit 0,15 % C und 0,75 % Cr, im Einsatz gehärtet
25 Cr Mo 5 6 V + S 65 Chrom-Molybdänstahl mit 0,25 % C, 1,2 % Cr und 0,60 % Mo, vergütet, spannungsfreigeglüht, Zugfestigkeit 650 N/mm²
E 13 Cr V 5 3,8   Elektro-Chrom-Vanadiumstahl mit 0,13 % C, 1,25 % Cr und 0,3 % V mit gewährleisteter Warmfestigkeit

Hochlegierte Stähle

Stahlsorten mit > 5 % Legierungszusätzen gelten als *hochlegierte Stähle*. Sie werden durch den Vorsatz eines X gekennzeichnet. Die Benennung erfolgt wie bei den niedriglegierten Stählen. Der Kohlenstoffmultiplikator beträgt 100; für alle übrigen Legierungszusätze gilt der Multiplikator 1.

Benennungsbeispiele hochlegierter Stähle:

X 10 Cr Ni 18 8   Nichtrostender Stahl mit 0,10 % C, 18 % Cr und 8 % Ni.

X 10 Cr Ni Ti 18 9 2   Nichtrostender Stahl mit 0,10 % C, 18 % Cr, 9 % Ni und 2 % Ti.

07.2.4 Stahlguß

Stahlguß wird in Qualitäten von 380...600 N/mm² Zugfestigkeit, entsprechend Kohlenstoffgehalten von 0,1...0,4 %, geliefert. Als *warmfester* Stahlguß kommen auch legierte Qualitäten vor, insbesondere mit Molybdän und Chrom. Die Festigkeit ist die gleiche wie bei geschmiedetem Stahl, Dehnung und Zähigkeit sind etwas geringer.

Grauguß: Durch Gießen in Formen verarbeitetes *Gußeisen.* Festigkeitswerte abhängig von der Wandstärke.

Temperguß: Durch Wärmebehandlung aus *weißem Gußeisen* gewonnen. Ist in gewissem Grade schmiedbar.

Die Benennung der Gußsorten erfolgt nach DIN 17 006 Bl. 4. Es bedeuten

GS-   Stahlguß
GH-   Hartguß
GTS-   schwarzer Temperguß
GGG-   Gußeisen mit Kugelgraphit
GG-   Grauguß
GT-   Temperguß
GTW-   weißer Temperguß
G-   gegossen (allgemein)

Die übrigen Bezeichnungen entsprechen denen von Stahl (07.2.3).

Ein Guß gilt als *nicht legiert,* wenn Si < 4 % und Mn und P < 1,5 %.

Benennungsbeispiele für Gußsorten:

GS-C 10 Mn Si   Mit Silizium beruhigter Stahlguß mit 0,10 % C und höherem Mangangehalt.

GS-25 Cr Mo 5 6 V + S 65   Chrom-Molybdänstahlguß mit 0,25 % C, 1,2 % Cr und 0,60 % Mo, vergütet und spannungsfreigeglüht, Zugfestigkeit 650 N/mm².

G-X 40 Cr Ni 26 14   Hitzebeständiger Stahlguß mit 0,40 % C, 26 % Cr, 14 % Ni.

07.2.5 Stahl im Kesselbau

Rohre und Flaschen

Für *unbeheizte* und *beheizte* Rohre unter Arbeitsmitteldruck kommen je nach der Rohrwandtemperatur und dem Arbeitsmitteldruck legierte oder unlegierte Stähle in Frage. In Abhängigkeit von Druck und Temperatur des durchfließenden Arbeitsmittels werden die verwendeten unlegierten Stähle in drei Gütestufen eingeteilt (DIN 17 175):

I: ≦ 400 °C, ≦ 32 bar
II: 400...450 °C, 32...80 bar
III: > 450 °C, > 80 bar.

Legierte Stähle gehören stets zur Gütestufe III. Nach den Gütestufen richten sich Behandlung des Werkstoffes und Prüfverfahren.

Nach den Vorschriften des *Germanischen Lloyd* (GL) und den *Technischen Regeln für Dampfkessel* (TRD) werden für die Wandtemperatur eingesetzt:

Unbeheizte Rohre — Sattdampf:
    Sättigungstemperatur
Unbeheizte heißdampfführende Rohre:
    Heißdampftemperatur + 15 °C
Beheizte Kesselrohre (Berührung):
    Sattdampftemperatur + 25 °C
Beheizte Kesselrohre (Strahlung):
    Sattdampftemperatur + 50 °C
Überhitzerrohre (Berührung):
    Heißdampftemperatur + 35 °C
Überhitzerrohre (Strahlung):
    Heißdampftemperatur + 50 °C

Für *Flaschen* werden starkwandige Rohre oder Stahlguß verwendet.

Trommeln

Nach GL und TRD ist für die Werkstofftemperatur einzusetzen:

Nicht befeuerte Wand:
    Dampftemperatur
Heißdampfsammler:
    Dampftemperatur + 15 °C
Gegen Feuergase abgedeckte Wand:
    Dampftemperatur + 20 °C
Von Feuergasen berührte Wand:
    Dampftemperatur + 50 °C
mindestens 275 °C

Bei großen Trommeldurchmessern werden oft Werkstoffe höherer Festigkeit gewählt, da zu große Wandstärken u.U. Wärmespannungen zur Folge haben. Beispiele für übliche Stähle s. Tafel 18.2.

Verschiedene Kesselteile aus Stahl

Flanschen, Stutzen, Verschlußdeckel, Anker, Stehbolzen, Niete, Einschweißböden und Verstärkungen werden aus den o.a. Werkstoffen hergestellt.

Außerdem kommen in Frage:
    Rohrstähle nach DIN 1629
    Baustähle nach DIN 17 100
    Vergütungsstähle nach DIN 17 200
    Nietenstähle nach DIN 17 111

Rauchgas-, Speisewasser- und Luftvorwärmer

Werkstoffe für Stahlrohre s.o., für Rippenrohre findet Grauguß nach DIN 1691 Verwendung.

Ungekühlte Halterungen

Bei hohen Rauchgastemperaturen werden hitzebeständige ferritische, gelegentlich austenitische Stähle oder hochwarmfestes Gußeisen, bei niedrigen Rauchgastemperaturen u.U. oberflächenbehandelte, normale Kohlenstoffstähle angewendet (s. Tafel 07.8 und Tafel 07.9).

07.3 Nichteisenmetalle

07.3.1 Aluminium

Aluminiumlegierungen werden in zunehmendem Maße verwendet. Ausschlaggebend dafür sind leichtes Gewicht ($\rho \cdot g = 25{,}6 \ldots 27{,}5 \text{ N/dm}^3$), hohe elektrische Leitfähigkeit, hohe Wärmeleitfähigkeit und magnetische Neutralität. Durch Legierungszusätze können Festigkeitswerte von $40 \ldots 540 \text{ N/mm}^2$ erreicht werden.

Aluminiumlegierungen, die mit Seewasser in Berührung kommen können, müssen $< 0{,}05\%$ Cu enthalten. Für Maschinenteile (z.B. Pleuelstangen) sind höhere Cu-Gehalte zugelassen. Für Kolben werden Al-Si-Legierungen mit Si-Gehalten von $11 \ldots 26\%$ verwendet.

Die Benennung der Al-Legierungen erfolgt nach DIN 1700. Der Abkürzung Al werden die Legierungsbestandteile und Kennzahlen angehängt, deren Bedeutung aus den einzelnen Normblättern ersichtlich ist.

07.3.2 Kupferlegierungen

Messing

Messing ist eine Kupfer-Zink-Legierung. Bei *technischem* Messing überwiegt der Kupferanteil. Es wird als *Gußmessing* (G-Ms) für Gehäuse und Armaturen verwendet, Zugfestigkeit $150 \ldots 180 \text{ N/mm}^2$, Streckgrenze $60 \ldots 80 \text{ N/mm}^2$.

Gußsondermessing (G-SoMs) mit verschiedenen Legierungszusätzen erreicht bis 600 N/mm^2 Zugfestigkeit, Streckgrenze bis 250 N/mm^2.

Cu Zn 20 Al mit 76% Cu und $1{,}8 \ldots 2{,}3\%$ Al ist seewasserbeständig. Es wird für Kondensator- und Kühlrohre auf Seeschiffen verwendet. Zugfestigkeit $340 \ldots 400 \text{ N/mm}^2$, Streckgrenze je nach Behandlung $110 \ldots 240 \text{ N/mm}^2$.

Bronze und Rotguß

Bronzen enthalten $\geq 60\%$ Cu und als Legierungszusätze Zinn, Blei Aluminium usw. Als *Gußbronzen* für Armaturen, Lager usw. finden *Gußzinnbronzen* (G-Sn Bz) und *Gußbleizinnbronzen* (G-Sn Pb Bz) mit Zugfestigkeiten von $150 \ldots 200 \text{ N/mm}^2$ Verwendung. Für Heißdampfarmaturen und verschleißfeste Gußstücke eignen sich *Guß-Aluminiumbronzen* (z.B. G-Al Bz 9) mit Zugfestigkeiten bis 450 N/mm^2.

Für Schmiedestücke und Warmpreßteile, die auch verschleißbeansprucht sind, kommen *Kupfer-Aluminium-Legierungen* nach DIN 17665 mit Festigkeiten bis 650 N/mm^2 in Frage.

Rotguß (Rg) ist eine Legierung aus Kupfer, Zinn und Zink ($82 \ldots 85\%$ Cu, $5 \ldots 10\%$ Sn, $4 \ldots 7\%$ Zn), die für Lager und Armaturen Verwendung findet, Zugfestigkeit $150 \ldots 200 \text{ N/mm}^2$.

07.3.3 Lagermetalle

Als Lagermetalle finden *Weißmetalle*, Rotguß und Bronze Verwendung. Weißmetalle sind Legierungen aus Zinn, Antimon, Kupfer und Blei.

Lagermetalle auf Blei- und Zinngrundlage nach DIN 1703:

Weißmetall 80 (Lg Sn 80): $79 \ldots 81\%$ Sn, $11 \ldots 13\%$ Sb, $5 \ldots 7\%$ Cu, $1 \ldots 3\%$ Pb

Weißmetall 10 (Lg Pb Sn 10): $9{,}5 \ldots 10\%$ Sn, $14{,}5 \ldots 16\%$ Sb, $0{,}5 \ldots 1{,}5\%$ Cu, $72{,}5 \ldots 74{,}5\%$ Pb

Weißmetall 5 (Lg Pb Sn 5): $4{,}5 \ldots 5{,}5\%$ Sn, $14{,}5 \ldots 16{,}5\%$ Sb, $0{,}5 \ldots 1{,}5\%$ Cu, $77{,}5 \ldots 79{,}5\%$ Pb.

Neben den *metallischen* Lagerwerkstoffen kommen auch Kunststoffe, bei geringen *Gleitgeschwindigkeiten* auch *Pockholz* oder *Gummi* (Lagerung der Propellerwelle) vor.

07.4 Nichtmetallische Werkstoffe

07.4.1 Kunststoffe

Kunststoffe sind organische Werkstoffe, die durch chemische Umwandlung von Naturprodukten oder durch Synthese aus Produkten der chemischen Aufschlüsse von Kohle, Erdöl oder Erdgas hergestellt werden.

Einteilung:

Thermoplastische Kunststoffe: Sie bestehen aus *kettenförmigen* (linearen) *Makromolekülen*, die untereinander leicht zusammengehalten werden. Diese losen Bindungen schwinden bei Erwärmung. Der thermoplastische Kunststoff erweicht daher beim Erwärmen wiederholbar bis zum plastischen Fließen und erhärtet durch Abkühlung.

Duroplastische Kunststoffe bestehen aus *untereinander vernetzten Makromolekülen*. Der Vernetzungsprozeß ist nicht umkehrbar. Die Festigkeitskennwerte ändern sich kaum in Abhängigkeit von der Temperatur. Sie sind ausgehärtet. Duroplaste können nur spanend bearbeitet werden.

Kunststoffe haben gegenüber Metallen einen geringen E-Modul, aber hohe Zähigkeit, geringe Verschleißbarkeit und hohe Korrosionsbeständigkeit. Alle Kunststoffe besitzen sehr gute *dielektrische* und *wärmeisolierende* Eigenschaften.

07.4.2 Mauerwerk

Die Eigenschaften hängen nicht allein von der chemischen Zusammensetzung ab; sie werden weitgehend durch den Herstellungsprozeß beeinflußt.

Folgende Begriffe dienen einer Beurteilung der Brauchbarkeit des Mauerwerks:

Der *Schmelzpunkt (Sp)* gibt einen Anhalt für die Feuerfestigkeit; die Verformung eines Steines kann durch äußere Kräfte unter dem Einfluß von Brennstoffasche schon unterhalb des normalen Schmelzbereiches auftreten.

Die *Druckfeuerbeständigkeit* (DIN 51 064) berücksichtigt die Erniedrigung des Erweichungspunktes unter Druckbelastung (300 °C...400 °C unter Sp.), nicht den Einfluß von Brennstoffasche.

Die *Verschlackungsbeständigkeit* (DIN 1069) gibt Aufschluß über die Neigung, mit Brennstoffascheteilen eutektische Mischungen zu bilden, deren Erweichungspunkt weit unter der Druckfeuerbeständigkeit liegt.

Die *Wärmedehnung* hängt von der Herstellung ab, je poröser ein Stein ist, um so geringer werden auftretende Spannungen sein.

Die *Raumbeständigkeit* (DIN 1066) ist für die Lebensdauer der Steine von Bedeutung, Schrumpfen und Wachsen kann zum Abspringen der Oberfläche führen.

Die *Temperaturwechselbeständigkeit* (DIN 51 068) ist bei häufigen Manövern und An- und Absetzen der Schiffskessel wesentlich. Sie wird durch die Anzahl der Abschreckungen angegeben, bis der Kopf des Steines zerstört ist.

Die *Porösität* beeinflußt die Lebensdauer, je poröser, um so größer ist der Schlackenangriff, um so geringer die Wachsempfindlichkeit.

Die *Wärmeleitfähigkeit* hängt von der Porösität ab (eingeschlossene Luft!).

Die *Kaltdruckfestigkeit* (DIN 51 067) gibt ein Maß für die mechanische Festigkeit.
(Werkstoffbeispiele s. Tafel 07.16).

Stampfmassen

Selbsthärtende Massen binden durch chemische Zusätze im kalten Zustand ab (für niedrige Gastemperatur).

Sintermassen benötigen zur Erhärtung Temperaturen zwischen 1100...1200 °C (für höhere Betriebstemperaturen). Ihre Beurteilung erfolgt wie bei den Steinen; Schrumpfungen und Rißbildungen können den Betrieb erschweren.
(Werkstoffbeispiele s. Tafel 07.16).

07.4.3 Isolierung

Isoliersteine: s. Mauerwerk sowie Kieselgur- und Magnesiasteine.

Isoliermatten: Folgende Werkstoffe werden angewendet: Asbest, Glaswolle und Schlackenwolle.
(Werkstoffbeispiele s. Tafel 07.16).

07.5 Werkstofftafeln

07.5.1 Genormte Werkstoffe

Tafel 07.1 Unlegierte Kohlenstoffstähle

Bezeichnung	C %	σ_B $\frac{N}{mm^2}$	σ_S $\frac{N}{mm^2}$	δ_5 %	Bemerkungen
Allgemeine Baustähle (DIN 17 100)					
St 34	0,15...0,17	340...420	210	28	Die Festigkeitswerte der allg. Baustähle gelten für Stärken bis zu 16 mm. Darüber 10...20 N/mm² Abzug
St 37	0,17...0,20	370...450	240	25	
St 42	0,23...0,25	420...500	260	22	
St 50	0,25...0,30	500...600	300	20	
St 60	0,35...0,40	600...720	340	15	
St 70	0,50	700...850	370	10	
Vergütungsstähle (DIN 17 200)					
C 35 (Ck 35)	0,32...0,39	590...740	420	19	
C 45 (Ck 45)	0,42...0,50	670...820	490	16	
C 60 (Ck 60)	0,57...0,65	800...950	570	13	
vergütet, 16...40 mm Probestabdurchmesser					
Einsatzstähle (DIN 17 210)					
C 10 (Ck 10)	0,06...0,12	420...520	250		Festigkeit im Kern nach Abschreckhärtung
C 15 (Ck 15)	0,12...0,18	500...650	300		

Werkstofftafeln

Tafel 07.2 Niedriglegierte Einsatz- und Vergütungsstähle

Bezeichnung	C %	Si %	Mn %	Cr %	Ni %	Mo %	σ_B N/mm²	σ_S N/mm²	δ_5 %
Vergütungsstähle (DIN 17 200)									
25 CrMo 4	0,22...0,29	0,15...0,40	0,50...0,80	0,90...1,20	–	0,15...0,30	800... 950	650	14
34 CrNiMo 6	0,30...0,38	0,15...0,40	0,40...0,70	1,40...1,70	1,40...1,70	0,15...0,30	1100...1300	900	10
36 CrNiMo 4	0,32...0,40	0,15...0,40	0,50...0,80	0,90...1,20	0,90...1,20	0,15...0,30	1000...1200	900	11
Einsatzstähle (DIN 17 210)									
15 Cr 3	0,12...0,18	0,15...0,35	0,40...0,60	0,50...0,80			600... 850	400	
16 MnCr 5	0,14...0,19	0,15...0,35	1,00...1,30	0,80...1,10			800...1100	600	
18 CrNi 8	0,15...0,20	0,15...0,35	0,40...0,60	1,80...2,10	1,80...2,10		1200...1450	800	

Tafel 07.3 Kesselbleche und warmfeste Röhrenstähle

Bezeichnung	C %	Si %	Mn %	Cr %	Mo %	σ_B N/mm²	$\sigma_{0,2}$ N/mm² bei					
							20 °C	200 °C	300 °C	400 °C	450 °C	500 °C
Kesselbleche (DIN 17 155)												
H I	≤ 0,16	⎱	≥ 0,40			350...450	220	180	140	100	80	
H II	≤ 0,20	≤ 0,35	≥ 0,50			410...500	250	210	160	120	100	
H III	≤ 0,22		≥ 0,55			440...530	270	230	180	140	120	
H IV	≤ 0,26	⎰	≥ 0,60			470...560	280	250	190	150	130	
17 Mn 4	0,14...0,20	0,20...0,40	0,9...1,2			470...560	280	250	210	160	140	
19 Mn 5	0,17...0,23	0,40...0,60	1,0...1,3			520...620	320	270	230	180	160	
15 Mo 3	0,12...0,20	0,15...0,35	0,5...0,7		0,25...0,35	440...530	270	250	200	170	160	140
13 CrMo 4 4	0,10...0,18	0,15...0,35	0,4...0,7	0,7...1,0	0,40...0,50	440...560	300	280	240	210	200	180
Röhrenstähle (DIN 17 175)												
St 35.8	≤ 0,17	≤ 0,35	≥ 0,4			350...450	240	190	140	110	90	
St 45.8	≤ 0,22	0,10...0,35	≥ 0,45			450...550	260	210	160	130	110	
15 Mo 3	0,12...0,20	0,15...0,35	0,50...0,80		0,25...0,35	450...550	290	260	210	180	170	150
13 CrMo 4 4	0,10...0,18	0,15...0,35	0,40...0,70	0,70...1,00	0,40...0,50	450...580	300	280	240	210	200	180
10 CrMo 9 10	≤ 0,15	0,15...0,50	0,40...0,60	2,00...2,50	0,90...1,10	450...600	270	250	230	210	200	190

Tafel 07.4 Stahlguß (DIN 1681)

Bezeichnung	σ_B N/mm²	σ_S N/mm²	δ_5 %
GS-38	380	190	25
GS-45	450	230	22
GS-52	520	260	18
GS-60	600	300	15

Tafel 07.5 Warmfester Stahlguß (DIN 17 245)

Bezeichnung	C %	Si %	Mn %	Cr %	Mo %	σ_B N/mm²	δ_5 %	$\sigma_{0,2}$ N/mm² bei			
								20°	200°	300°	400°
GS-C 25	0,20...0,23					450...600	22	250	195	170	140
GS-22 Mo 4	0,18...0,23	0,3...0,5	0,5...0,8	≤ 0,30	0,35...0,45	450...600	22	250	210	195	175
GS-17 CrMo 5 5	0,15...0,20			1,00...1,50	0,45...0,55	500...650	20	320	265	240	210

Tafel 07.6 Grauguß (DIN 1691)

Bezeichnung	σ_B N/mm²	σ_{bB} N/mm²
GG-10	100...120	
GG-15	140...150	13 mm: 340
		45 mm: 270
GG-20	180...220	13 mm: 410
		45 mm: 330
GG-25	250...260	20 mm: 460
		45 mm: 390
GG-30	300	30 mm: 480
		45 mm: 450
GG-40	400	30 mm: 600
		45 mm: 570

Die Zugfestigkeit gilt für eine Normalprobe von 30 mm Durchmesser. Für andere Werte Abschätzen nach DIN 1691, Beiblatt. Für die Biegefestigkeit sind die Probenabmessungen angegeben.

Tafel 07.7 Temperguß, weiß oder schwarz (DIN 1692)

Bezeichnung	σ_B N/mm²	σ_S N/mm²	δ_5 %
GTW-35	340...360		3...6
GTW-40	360...420	200...230	3...10
GTS-35	350	200	12
GTS-45	450	300	7

Tafel 07.8 Stähle für ungekühlte Halterungen

Bezeichnungen nach DIN 17 006	Zugfestigkeit σ_B N/mm²	Bruchdehnung δ_5 $l_0 = 5 d_0$ %	Bemerkungen / Anwendung
X 10 CrAl 7	450...600	20	Für Bauteile, die bis ≈ 800 °C zunderbeständig und auch gegen Einwirkung schwefelhaltiger Gase weitgehend unempfindlich sein sollen (Sicromal 8)
X 10 CrAl 18	500...650	12	wie Sicromal 8, doch zunderbeständig bis ≈ 1050 °C (Sicromal 10)
X 20 CrNiSi 25 4	600...750	25	wie Sicromal 8, doch zunderbeständig bis ≈ 1100 °C (Sicromal 11) Sicromal 8, 10, 11 sind schweißbar, Vorwärmung auf 100...300 °C; Warmverformung bei 900...1100 °C

Tafel 07.9 Zunderbeständigkeit von Stahl

Stahl	Oberflächenbehandlung	Zunderbeständigkeit etwa bis °C	Bemerkung
unlegiert	keine	400	–
legiert 13 % Cr 2,5 % Si	keine	1000	–
unlegiert	spritzalitiert	800	schmelzflüssig aufgespritzt, anschließend zur Diffusion bei 1100 °C geglüht
unlegiert	tauchalitiert	950	Schmelzbad 700...800 °C, 3...6 min anschließend zur Diffusion bei 1100 °C geglüht

Werkstofftafeln

Tafel 07.10 Festigkeitseigenschaften für Aluminium-Gesenkschmiedestücke (DIN 1749)

Bezeichnung	Zustand	σ_B N/mm²	$\sigma_{0,2}$ N/mm²	δ_5 %
AlMg 3F18	geschmiedet	180	80	14
AlMg 5F24	geschmiedet	240	100	12
AlMgMn F18*)	geschmiedet	180	80	14
AlMgSi 1F32	warm-ausgehärtet	320	250	6
Hochbeanspruchte Maschineninnenteile				
AlCuMg 1F38	kalt-ausgehärtet	380	230	10
AlCuMg 2F42	kalt-ausgehärtet	420	250	8
AlCuSiMn F44	warm-ausgehärtet	440	370	6
AlZnMgCu0 5F48	warm-ausgehärtet	480	400	6

*) Nicht genormt

07.5.2 Nicht genormte Werkstoffe

Tafel 07.11 Warmfeste Stähle

Bezeichnung	C %	Cr %	Mo %	Ni %	V %	Nb %	σ_B N/mm²	σ_S N/mm²	$\sigma_{0,2}$ N/mm² bei 300 °C	400 °C
X 8 CrNiNb 16 13	0,06	16		13		>10×C	520...700	220	160	120
X 8 CrNiMoNb 16 16	0,06	16,5	1,8	16,5		>10×C	540...750	230	170	130
X 8 CrNiMoVNb 16 13	0,06	16,5	1,3	13,0	0,7	>10×C	550...750	250	180	140

Tafel 07.12 Hitzebeständige Stähle

Bezeichnung	Si %	Al %	Cr %	Ni %	Ti %	σ_B N/mm²	σ_S N/mm²	δ_5 %
X 10 CrAl 7	0,75	0,75	6,5			450...600	250	20
X 10 CrAl 24	1,35	1,50	24			500...650	300	10
X 12 CrNiTi 18 9	1,0		18	10	≤ 0,7	500...750	250	40
X 15 CrNiSi 25 20	2,05		25	20		600...750	300	40

Bezeichnung	Zunderbeständig bis	$\sigma_{1/1000}$ N/mm² bei						
		600 °C	700 °C	800 °C	900 °C	1000 °C	1100 °C	1200 °C
X 10 CrAl 7	800 °C	20	5	1				
X 10 CrAl 24	1200 °C			4	1,5	0,7	0,3	
X 12 CrNiTi 18 9	800 °C	100	30	15				
X 15 CrNiSi 25 20	1200 °C			20	9	4	1,5	0,5

Tafel 07.13 Korrosionsbeständige Stähle

Bezeichnung	C	Cr	Ni	Mo	Ti	σ_B	σ_S	δ_5	$\sigma_{0,2}$ N/mm² bei			
	%	%	%	%	%	N/mm²	N/mm²	%	100 °C	200 °C	300 °C	400 °C
X 10 Cr 13	< 0,12	13				500...650	300	20	280	265	255	240
X 8 CrMoTi 17	< 0,10	17		1,75	> 7 × C	500...650	300	20				
X 12 CrNi 18 8	≤ 0,12	18	9		> 7 × C	500...700	220	50				
X 5 CrNiMo 18 10	< 0,07	17,5	11,5	2,25		500...700	200	45	170	140	120	100

Tafel 07.14 Aluminiumkolbenlegierungen

Bezeichnung	Cu	Mg	Mn	Si	Ni	Cr
	%	%	%	%	%	%
AlSi 12 CuNi	0,8...1,5	0,8...1,3	≤ 0,2	11...13	0,8...1,3	
AlSi 18 CuNi	0,8...1,5	0,8...1,3	≤ 0,2	17...19	0,8...1,3	0,0...0,6
AlSi 25 CuNi	0,8...1,5	0,8...1,3	≤ 0,2	23...26	0,8...1,3	0,3...0,6

Bezeichnung	Zustand	σ_B	$\sigma_{0,2}$	δ_5	Warmfestigkeit σ_B bei 150 °C	250 °C
		N/mm²	N/mm²	%	N/mm²	N/mm²
AlSi 12 CuNi	GK	200...250	190...230	0,3...0,8	180...230	100...150
	P	300...370	280...340	1...3	250...300	110...170
AlSi 18 CuNi	GK	180...220	170...200	0,2...0,7	170...200	100...140
	P	230...300	220...260	0,5...1,5	200...240	110...170
AlSi 25 CuNi	GK	180...220	170...200	0,1...0,3	170...200	100...140

Die Werte gelten bei gegossenen Legierungen für getrennt in Kokille gegossene Probestäbe.
GK Kokillenguß, P gepreßt.

Tafel 07.15 Mechanische Eigenschaften verschiedener Kunststoffe

Kunststoff	Biege-festigkeit	Schlag-zähigkeit	Kerbschlag-zähigkeit	Zug-festigkeit	Druck-festigkeit	Elastizitäts-modul	Kugelein-druckhärte
	N/mm²	Nm/cm²	Nm/cm²	N/mm²	N/mm²	N/mm²	N/mm² (60″)
Edelkunstharz	100	1,5	0,2	70	140	3500	150
Phenolpreßharz ohne Füllstoff	75...95	0,5...1	0,12...0,15	55	300	3200	190
Phenolharzpreßmasse							
Typ 12	50	0,35	0,2	20	120	$9...15 \cdot 10^3$	150
Typ 31	70	0,6	0,15	25	200	$5,5...8 \cdot 10^3$	130
Typ 74	60	1,2	1,2	25	140	$7...10 \cdot 10^3$	130
Polyesterpreßmasse							
Typ 801	60	2,2	2,2	~ 40			200
Polyesterharz verstärkt durch							
Glasseidenstränge (70 %)	1000	15		840	490	$42 \cdot 10^3$	
Glasseidenmatte (35 %)	200	4,5		140...200	180	$10 \cdot 10^3$	
Polystyrol Typ 501/502	90...100	1,7...2,2	0,2...0,25	45...55	100	$3...3,4 \cdot 10^3$	150
Polystyrol-schlagfest	70	6	0,6	40	70	$2,5 \cdot 10^3$	90
Polystyrol-Mischpoly-merisat mit Acrylnitril	135	3,5	0,35	80	100	$3,5 \cdot 10^3$	125

Tafel 07.16 Feuerfeste und isolierende Steine und Stampfmassen sowie Isolierstoffe

Bezeichnung		Schamotte A 1	Sillimanitstein	Sintermasse (Super, Fa. Plibrico)	selbsthärtende Masse (Plichro, Fa. Plibrico)	Glaswattematten	Steinwollematten (Sillan)	Isolierstein (Poral 12 Fa. Didier)
Hauptbestandteile	%	Al_2O_3 37...40	Al_2O_3 60...65	Al_2O_3 42...43	Cr_2O_3 87	–	–	Al_2O_3 32
Feuerfestigkeit	Segerkegel	33	38	–	–	–	–	31
	°C	1730	1850	1750	1790	–	–	1630
Verwendungstemperatur	°C	1450	1700	<1600	<1650	<250	<700	1300
Druckfeuerbeständigkeit (Druckerweichung)	°C	–	–	Festigkeit bei 1375 °C 5...6 N/mm²	Festigkeit bei 1375 °C 8,4 N/mm²	–	–	–
Schlackenbeständigkeit		gut	gut	–	–	–	–	–
Raumbeständigkeit	bei °C	1400	1500	1375	–	–	–	1200
	%	–0,5	±0,5	2,0	–	–	–	–0,5
Temperaturwechselbeständigkeit Abschreckungen		mäßig bis gut 12...20	gut 20...25	–	–	–	–	–
Porosität	%	20...22	20...22	–	–	–	–	...80
Wärmeleitfähigkeit	$\frac{W}{mK}$ [1])	–	–	1,06	1,67	100...200 0,05...0,07	100...300 0,05...0,08	≈55
Kaltdruckfestigkeit	N/mm²	13...50	30...80	–	–	–	0,1...0,15	~5
Dichte	t/m³	2,55...2,75	3,0	2,11	2,41	0,25	–	–
Verwendung Bemerkungen		gering beansprucht	hoch Feuerungsteile	keramisch bindend	luftbindend, für bestiftete Rohre	Isolierstoff	Isolierstoff	Isolierstein

[1]) $1 \frac{W}{mK} \hat{=} 0{,}8598 \frac{kcal}{h\,m\,°C}$

Tafel 07.17 Festigkeitseigenschaften von Manila- und Kunststofftrossen

		Manila[1])		Polyamid[2])		Polyester[3])		Polypropylen[4])	
Dehnung	%	14…16		45…55		25…35		25…30	
Dichte	$\frac{kg}{dm^3}$	…1,35		1,16		1,41		0,91	
Wasseraufnahme in 6 h	%	25…50		4		6		0,5	
Wasseraufnahme in 48 h	%	…75		10…15		10…15		2,0	
Schmelzpunkt	°C	–		225		260		165	
Säuren- und Laugen-beständigkeit		keine		fast gegen alle beständig		fast gegen alle beständig		gegen alle beständig	
Färbung		braun		weiß		weiß		beliebig	
Seildurchmesser		Gewicht	Bruchlast	Gewicht	Bruchlast	Gewicht	Bruchlast	Gewicht	Bruchlast
mm		N/m	kN	N/m	kN	N/m	kN	N/m	kN
12		1,1	9,27	0,9	26			0,7	20,9
14		1,4	12,21	1,3	37			0,9	27,7
16		2,0	16,82	1,7	49			1,2	34,8
18		2,3	19,52	2,1	53			1,5	43,5
20		2,7	25,0	2,6	78			1,9	53,0
22		3,3	29,5	3,1	95			2,2	63,0
24		4,0	35,2	3,7	113			2,6	73,6
26		4,8	40,7	4,3	132			3,0	86,3
28		5,5	47,6	5,0	150			3,5	100
30		6,4	53,8	5,8	167			4,0	114
32		7,3	61,6	6,6	191			4,6	129
36		9,2	76,5	8,2	238			5,8	162
40		11,3	92,0	10,2	289			7,2	198
44		13,6	109	12,4	343			8,7	240
48		16,3	129	14,7	407	1,8	285	.	.
52		19,0	150	17,2	422	2,2	324	.	.
56		22,1	172	19,9	544	2,6	373	.	.
60		25,4	196	22,9	618	2,9	432	.	.
64		.	.	.	.	3,3	491		
68		.	.	.	.	3,6	559		
72		.	.	.	.	4,1	608		
76		.	.	.	.	4,6	677		
80		.	.	40,7	1079	5,0	765	.	.
…									
96		.	.	.	.				1098
…									
160		187,9	1328						

[1]) Manilaseile nach DIN 83 321, Trossenschlag, Form A (3 Litzen). Seile, die dieser Norm entsprechen haben 2 bzw. 3 rote Kennfäden eingeseilt. Bei 4 Litzen (Form B) und gleichem Durchmesser beträgt die Bruchlast etwa 90 % des angegebenen Wertes.
[2]) Perlon-Tauwerk, Trossenschlag, dreischäftig.
[3]) Polyester-Tauwerk, Trossenschlag, dreischäftig.
[4]) Polypropylen-Tauwerk, dreischäftig geschlagen, ab 44 mm Durchmesser geflochten.

Tafel 07.18 Lasten für steglose Ketten (nach DIN 685, 695, 762, 765 und 766)

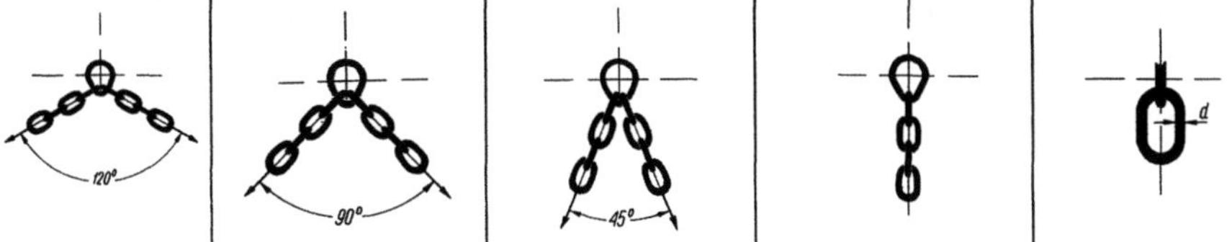

Nennglied-dicke d	Kettennutz-last[1]) 100 %	Nutzlast je Einzelstrang von gespreizten Ketten bei einem Spreizwinkel α der Kettenstränge von			Gewicht der Kette nach DIN 765 und 766
		45° ≈ 90 %	90° ≈ 70 %	120° [2]) ≈ 50 %	
mm	kN	kN	kN	kN	N/m
5	1,6	1,5	1,1	0,8	5,0
6	2,5	2,3	1,8	1,2	7,4
7	3,6	3,2	2,5	1,8	9,8
8	5,4	4,9	3,9	2,7	13,2
10	9,3	8,3	6,4	4,7	22,1
13	15,7	14,2	10,8	7,8	37,3
16	24,5	22,1	17,2	12,3	56,9
18	29,4	26,5	20,6	14,7	71,6
20	37,3	33,4	26,0	18,6	88,3
23	49,1	44,1	34,3	24,5	117,7
26	62,8	56,9	44,1	31,4	147,2
28	73,6	66,7	51,0	36,8	171,7
30	83,4	75,5	58,9	41,7	196,2
33	98,1	88,3	68,7	49,1	240,3
36	122,6	107,9	85,3	61,3	284,5
39	147,2	132,4	103,0	73,6	333,5
42	166,8	147,2	117,7	83,4	392,4
45	196,2	176,6	137,3	98,1	416,9
48	215,8	196,2	151,1	107,9	510,1
51	245,3	220,7	171,7	122,6	573,9
54	274,7	245,3	191,3	137,3	642,6
57	304,1	274,7	212,9	152,1	716,1
60	333,5	294,3	235,4	166,8	794,6

[1]) Für über Trommeln und Rollen laufenden Ketten gelten die Nutzlasten nur bei < 1 m/s Kettengeschwindigkeit.
[2]) Bei > 120° Spreizwinkel höchstens 25 % der Kettennutzlast zulässig.

07.6 Schrifttum

[07.1] Stahlschlüssel, Verlag Stahlschlüssel, Wegst, 11. Auflage 1977.
[07.2] Aluminium Taschenbuch, Aluminium-Verlag, Düsseldorf, 13. Auflage 1974.
[07.3] Werkstoffhandbuch Stahl und Eisen, Verein Deutscher Eisenhüttenleute, Düsseldorf, 4. Auflage 1965.
[07.4] Domke, W.: Werkstoffkunde und Werkstoffprüfung, Verlag W. Giradet, Essen, 7. Auflage 1977.
[07.5] Weißbach, W.: Werkstoffkunde und Werkstoffprüfung, Vieweg Verlag, Braunschweig, 7. Auflage 1979.
[07.6] Bargel/Schulze: Werkstoffkunde, Schrödel Verlag, Hannover 1978.
[07.7] Meysenbug, C. M. v.: Kunststoffkunde für Ingenieure, Hanser Verlag, München 4. Auflage 1973.

Hauptabschnitt 08

Schmiermittel und flüssige Brennstoffe

Dipl.-Ing. *W. Bauer*, Salzburg

08.1 Formelzeichen, Einheiten und Normen

F	Kraft	N
m	Masse	g, kg
p	Druck	Pa, bar
t	Zeit	s, min, h, d
ρ	Dichte	g/ml, kg/l
η	dynamische Viskosität	N·s/m², Pa·s
ν	kinematische Viskosität	m²/s, mm²/s
	Wärmemenge (Energie)	kJ
H	Heizwert	kJ/kg
t	Temperatur	°C, °F, K

Normblätter DIN: **ASTM-Standard:**

DIN 51 757   Bestimmung der Dichte   D-941, D-1298
DIN 1 342   Viskosität newtonscher Flüssigkeiten
DIN 51 550   Bestimmung der Viskosität   D-445
DIN 51 558   Bestimmung der Neutralisationszahl   D-974
DIN 51 559   Bestimmung der Verseifungszahl   D-94
DIN 51 575   Bestimmung der Sulfatasche   D-482
DIN EN 7   Bestimmung der Asche von Mineralölerzeugnissen (Teilweise Ersatz für DIN 51 575)
DIN 51 551   Bestimmung des Koksrückstandes nach Conradson (Verkokungsneigung)   D-189
DIN 51 595   Bestimmung des Gehalts an Asphaltenen (Fällung mit n-Heptan)
DIN 51 376   Bestimmung des Flammpunktes und des Brennpunktes im offenen Tiegel nach Cleveland   D-92
DIN 51 755   Bestimmung des Flammpunkts im geschlossenen Tiegel nach Abel-Pensky
DIN 51 758   Bestimmung des Flammpunkts im geschlossenen Tiegel nach Pensky-Martens   D-93
DIN 51 581   Bestimmung des Verdampfungsverlustes von Schmierölen (nach Noack)   D-972
DIN 51 597   Bestimmung des Cloudpoints und des Pourpoints   D-2500, D-97
DIN 51 775   Bestimmung des Anilinpunktes und Misch-Anilinpunktes von hellen Mineralöl-Kohlenwasserstoffen   D-611
DIN 51 787   Bestimmung des Anilinpunktes und Misch-Anilinpunktes von dunklen Mineralöl-Kohlenwasserstoffen   D-611
DIN 51 352   Bestimmung des Alterungsverhaltens von Schmierölen. Zunahme des Koksrückstandes nach Conradson nach Alterung mit Durchleiten von Luft
DIN 51 554   Alterungsprüfung nach Baader
DIN 51 587   Bestimmung des Alterungsverhaltens von wirkstoffhaltigen Dampfturbinen- und Hydraulikölen   D-943
DIN 51 756   Bestimmung der Klopffestigkeit (Octanzahl) (Teil 1 bis 6)   D-2699, D-2700
DIN 51 900   Bestimmung des Brennwertes mit dem D-240, Bomben-Kalorimeter und Berechnung D-271, des Heizwertes (Teil 1 bis 3)   D-2015, D-2382
DIN 51 773   Bestimmung der Zündwilligkeit (Cetanzahl) von Dieselkraftstoffen   D-613
DIN 51 510   Schmieröle Z, Mindestanforderungen (Dampfzyl. Öle)
DIN 51 501   Schmieröle N, Mindestanforderungen
DIN 51 517   Schmieröle C und C-T, Mindestanforderungen (alterungsbeständige Mineralöle)
DIN 51 515   Schmier- und Regleröle L-TD, Mindestanforderungen
DIN 51 381   Bestimmung des Luftabscheidevermögens (Impinger-Verfahren)
DIN 51 587   Bestimmung des Alterungsverhaltens von wirkstoffhaltigen Dampfturbinen- und Hydraulikölen   D-943
DIN 51 361   Prüfung von Motorenschmierölen im MWM-Prüfdieselmotor (Verfahren B zur Prüfung der Kolbensauberkeit (Teil 1 bis 4)
DIN 51 592   Bestimmung des Gehaltes an festen Fremdstoffen von Schmierölen
DIN 51 506   Schmieröle VB und VC ohne Wirkstoffe und mit Wirkstoffen und Schmieröle VD-L (Luftverdichteröle)
DIN 51 503   Kältemaschinenöle, Mindestanforderungen
DIN 51 590   Bestimmung des Gehaltes an R-12-Unlöslichem in Kältemaschinen (Teil 1 und 2)
DIN 51 509   Auswahl von Schmierstoffen für Zahnradgetriebe (Schmieröle)
DIN 51 593   Prüfung von Kältemaschinenölen auf Kältemittel-Beständigkeit (Philipp-Test)
DIN 51 354   Mechanische Prüfung von Schmierstoffen in der FZG-Zahnrad-Verspannungs-Prüfmaschine (Teil 1 und 2)   D-1947
DIN 51 525   Hydrauliköle H-LP, Mindestanforderungen
DIN 51 507   Transformatoren-, Wandler- und Schalteröle, Mindestanforderungen an Neuöle im Anlieferungszustand
DIN 51 818   Konsistenz-Einteilung für Schmierfette (NLGI-Klassen)
DIN 51 804   Bestimmung der Konuspenetration von Schmierfetten (Blatt 1 und 2)   D-217

DIN 51 801   Bestimmung des Tropfpunktes   D-566
DIN 51 802   Prüfung der Korrosionsschutzeigen-   D-1743
             schaften von Wälzlagerfetten (Emcor-Verfahren)
DIN 51 806   Mechanisch-dynamische Prüfung von Walzlagerfetten   D-1741
DIN 51 811   Prüfung der Korrosionswirkung von Schmierfetten auf Kupfer (Kupferstreifentest)

08.2 Einleitung

Der wichtigste Rohstoff, aus dem flüssige Brennstoffe und Schmiermittel hergestellt werden, ist nach wie vor das *Erdöl*, denn bei einem derzeitigen Welt-Erdölverbrauch von rund 3 Milliarden Jahrestonnen und einer bisher nachgewiesenen Rohölreserve von 100 Milliarden Tonnen wird Rohöl, bei gleichbleibendem Welt-Erdölverbrauch, noch weitere 33 Jahre zur Verfügung stehen. In schwieriger zu erschließenden Gebieten werden noch weitere 200 Milliarden Tonnen Rohöl vermutet. Darüber hinaus wurden große Mengen technisch gewinnbarer Ölreserven in Ölschiefern und Ölsanden gefunden, aus denen über 500 Milliarden Tonnen Öl extrahiert werden könnten, davon allein in USA 65 Milliarden Tonnen.

In Erwartung einer möglichen Rohölverknappung im einundzwanzigsten Jahrhundert haben die Industrieländer andere Rohstoffe in Erprobung, aus denen vor allem Brennstoffe gewonnen werden können. Die riesigen Kohlevorräte in aller Welt, von denen bisher 2000 Milliarden Tonnen nachgewiesen sind, bieten sich dafür an.

Die Umwandlung von Kohle in Kohlenwasserstofföle geschieht nach zwei grundsätzlichen Verfahren, der *direkten Methode nach Bergius*/BASF und der *indirekten nach Fischer-Tropsch*/Ruhr-Chemie und Lurgi.

Die Gewinnung von Öl aus Kohle scheitert vorläufig noch an der zu teueren Produktionswärme, so daß die Erzeugungskosten etwa zwei- bis dreimal so hoch sind, als die für Erdölprodukte. In Europa, Südafrika und USA wurden deshalb Versuchsanlagen gebaut, die neue Wege suchen sollen, um die Produktionskosten für Kohle-Öle drastisch zu senken.

Die durch *Kohleverflüssigung* gewonnenen Brennstoffe wurden von einigen Motorenfabriken auf deren Prüfständen erprobt und als durchaus geeignet für Schiffsdieselmotoren angesehen. Dieses gute Ergebnis ist nicht überraschend, denn während des zweiten Weltkrieges wurden allein in Deutschland in den Jahren 1943 und 1944 4 Millionen Jahrestonnen Benzin aus Kohle erzeugt.

Soweit heute zu übersehen ist, wird die Schiffahrt zumindest bis zum Jahre 2000 mit Brennstoffen aus Erdölen versorgt werden können und der Einsatz synthetischer Brennstoffe aus Kohle bis dahin kaum erforderlich sein.

Synthetische Schmieröle werden dagegen schon seit längerer Zeit auch in der Schiffahrt für Sonderfälle eingesetzt, sobald mineralische Schmieröle den hohen Belastungen eines Dauerbetriebes nicht mehr standhalten.

Pflanzliche und *tierische Öle*, die jahrelang als *Compoundierungsmittel* zu Mineralölen verwendet wurden, sind heute zum großen Teil durch synthetische Stoffe ersetzt worden.

08.3 Zusammensetzung der Mineralöle

Mineralöle sind ein kompliziertes Gemisch verschiedener *Kohlenwasserstoffverbindungen*. Sie sind in vorgeschichtlicher Zeit aus pflanzlichen und tierischen Substanzen entstanden. Da das Alter dieser Substanzen und die Bedingungen ihrer Umwandlung in *Erdöl* (*Rohöl*) unterschiedlich waren, differieren die Erdöle der verschiedenen Fundstätten in ihren Eigenschaften. Die unterschiedliche Beschaffenheit niedrigmolekularer Gase bis zu hochmolekularen, flüssigen und festen Produkten beruht auf der Molekülgröße und der Art der chemischen Bindung des Kohlenstoffes mit dem Wasserstoff.

Die große Anzahl der chemischen Bindungen kann, dank ähnlicher Eigenschaften, in Gruppen zusammengefaßt werden. Man findet im Erdöl, unterschieden nach dem Molekülaufbau, *geradlinige* und *verzweigte kettenförmige Paraffinkohlenwasserstoffe*, *ringförmige Naphthenkohlenwasserstoffe* und *ringförmige Aromaten*. Außerdem kommen in Mineralölen ungesättigte, kettenförmige Bindungen, sogenannte *Olefine*, ferner *organische Säuren*, *Phenole* und *schwefel-* bzw. *stickstoffhaltige* Verbindungen vor.

Unter den *Ringkohlenwasserstoffen* müssen die gesättigten *Naphthenkohlenwasserstoffe* und die ungesättigten *Aromaten* unterschieden werden.

Als einfachste gesättigte Ringkohlenwasserstoffverbindung mit 6 Kohlenstoffatomen sei das *Cyclohexan* (C_6H_{12}) und als einfachste ungesättigte Ringkohlenwasserstoffverbindung mit 6 Kohlenstoffatomen das *Benzol* (C_6H_6) genannt, das drei Doppelbindungen des Kohlenstoffes aufweist, wie die Strukturformel deutlich macht:

Cyclohexan   Benzol

Die Ringkohlenwasserstoffe können neben Kohlenstoffatomen auch *Schwefel-* oder *Stickstoffatome* enthalten.

Alle Kohlenstoff-Grundtypen treten in Mineralölen nicht einzeln an, sondern in einer Unzahl chemischer Verbindungen untereinander und als Gemische. Deshalb lassen sich die Zusammensetzungen der Mineralöle schwer erforschen, obwohl sie in ihren physikalischen Kennzahlen so erheblich voneinander abweichen. Kohlenwasserstoffe mit gleicher Anzahl Kohlenstoffatome können auf Grund ihrer unterschiedlichen Struktur völlig unterschiedliche Eigenschaften aufweisen. Moleküle einer Größe von beispielsweise 20 Kohlenstoffatomen sind in Dieselkraftstoffen und Spindelölen, Moleküle von 70 oder mehr Kohlenstoffatomen in Dampfzylinderölen enthalten.

Nach dem in einem Mineralöl überwiegend vorhandenen Typ einer Kohlenwasserstoffverbindung spricht man von einem *paraffinbasischen* (*paraffinischen*), einem *naphthenbasischen* oder einem *aromatischen* (*asphaltbasischen*) Öl. In einem asphaltbasischen Öl überwiegen die Aromaten, die nur durch kurze Seitenketten substituiert sind und gegebenenfalls schwefel- und sauerstoffhaltige Verbindungen angeschlossen haben.

Hauptbestandteil der Mineralöle sind die Kohlenwasserstoffe, Verbindungen von *Kohlenstoff* (C) mit *Wasserstoff* (H). Das Kohlenstoffatom (C) hat vier *Wertigkeiten* (sogenannte *Valenzen*) und besitzt, im Gegensatz zu vielen anderen chemischen Elementen die Fähigkeit, sich mit seinen Atomen in mehr oder minder großen *Molekülen* zu verbinden. Daraus entstehen die zahllosen *organischen Verbindungen*. Wasserstoff (H) ist demgegenüber stets *einwertig*.

Die einfachste Kohlenwasserstoffverbindung ist das *Methan* mit der Formel CH_4. Methan ist gasförmig; es ist der wesentlichste Bestandteil des Erdgases. Der einfachsten *kettenförmigen* Bindung, dem *Äthan* (C_2H_6) folgt *Propan* (C_3H_8), das bereits unter Druck und Kälte flüssig wird. Die Strukturformeln dieser 3 Kohlenwasserstoffe sind:

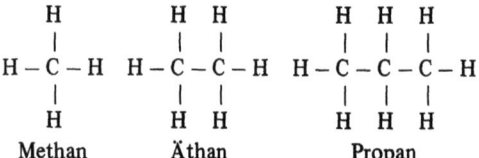

Methan   Äthan   Propan

Längere *Kohlenwasserstoffketten*, *Paraffinkohlenwasserstoffe* genannt, sind bereits bei Raumtemperatur flüssig (Benzin, Kerosin, Dieselkraftstoff, Schmieröle usw.), noch längere Ketten bilden salbenartige (*Vaseline*) und schließlich feste Stoffe (*Paraffine*).

Man unterscheidet *gesättigte* Kohlenwasserstoffe, bei denen alle freien Wertigkeiten des Kohlenstoffes durch Wasserstoff gebunden sind und die eine weitere Anlagerung von Wasserstoffatomen oder anderen Elementen unmöglich machen und *ungesättigte* Verbindungen, bei denen Kohlenstoffketten oder Kohlenstoffringe *Doppelbindungen* der Kohlenstoffatome untereinander bilden. An den Stellen der Doppelbindungen sind die Kohlenwasserstoffe empfindlich und es kann beispielsweise unter Druck Wasserstoff (*Druckhydrierung*) oder durch *Oxydation* (Alterung) Sauerstoff angelagert werden.

Eine weitere Eigenart ist die Bildung verzweigter Kohlenstoffketten (*Isomerie*). Die isomeren Kohlenwasserstoffe unterscheiden sich in ihren physikalischen und chemischen Eigenschaften wesentlich von den geraden, nicht verzweigten Kohlenwasserstoffketten gleicher Anzahl von Kohlenstoffatomen. Höhere unverzweigte Kohlenwasserstoffketten, die bereits feste Körper (Paraffine) sind, können als isomere Kohlenwasserstoffe gleicher Anzahl Kohlenstoffatome unter Umständen noch ölflüssig sein.

Ungesättigte und sauerstoffhaltige Kohlenwasserstoffverbindungen schließen sich besonders unter Wärmeeinwirkung zu größeren Molekülen, unter Bildung harz- oder asphaltartiger Stoffe zusammen (*Polymerisation* bzw. *Kondensation*). Auch in gesättigten Paraffin- und Naphthenkohlenwasserstoffen sind Polymerisationen sauerstoffhaltiger Anteile möglich, doch unterscheiden sich diese *Ölharze* völlig von *aromatischen Asphaltstoffen*.

Paraffinbasische Öle haben wegen ihres hohen Gehaltes an Wasserstoff im Molekül eine hohe Zündwilligkeit und sind deshalb als Dieselkraftstoffe geschätzt. Wegen ihrer geringen Klopffestigkeit, eine Folge des hohen Wasserstoffgehaltes im Molekül, vor allem der geraden Ketten, sind sie für Benzine nachteiliger. Durch sogenanntes Reformieren nach der Destillation kann aber die Octanzahl der Benzine erhöht werden.

Paraffinbasische Öle haben niedrige Dichte und weisen ein günstigeres Viskositäts-Temperatur-Verhalten auf, als Ringkohlenwasserstoffe. Diese günstigen Eigenschaften, sowie ihre hohe chemische Stabilität prädestinieren paraffinbasische Öle als Schmieröle.

Alkohole sind mit den Kettenkohlenwasserstoffen gewissermaßen verwandt. Der Unterschied besteht lediglich darin, daß ein oder mehrere Wasserstoffatome durch die *Hydroxylgruppe* OH ersetzt wird. Daraus entstehen ein oder mehrwertige Alkohole. Als Beispiel seien genannt:

Methanol (Methylalkohol): $CH_3 \cdot OH$
Äthanol (Äthylalkohol): $C_2H_5 \cdot OH$.

Auch *Fettsäuren* kann eine gewisse Verwandtschaft mit Kettenkohlenwasserstoffen nicht abgesprochen werden. Die OH-Gruppe der Alkohole wird durch eine oder mehrere *Carboxyl-Gruppen* COOH ersetzt. Man unterscheidet:

gesättigte Fettsäuren: $C_nH_{2n+1} \cdot COOH$
ungesättigte Fettsäuren: $C_nH_{2n-1} \cdot COOH$.

08.4 Die Verarbeitung des Erdöles

Nach Entwässerung und Entsalzung wird das Rohöl in der Raffinerie, entsprechend bestimmter Siedegrenzen in einzelne Gruppen (*Fraktionen*) zerlegt. Zu diesem Zweck wird das Rohöl auf nicht ganz 370 °C erhitzt und bei atmosphärischem Druck in einer Destillationskolonne in Fraktionen zerlegt: Gase, leichte, mittlere und schwere Destillate. Der zurückbleibende Rückstand kann unter atmosphärischem Druck nicht weiter zerlegt werden, da hierfür Temperaturen weit über 370 °C erforderlich wären und Mineralöle oberhalb dieser Grenze durch Aufspaltung der Moleküle zerfallen (*Crackvorgang*).

Die Ausbeute an Fraktionen ist von der Herkunft des Rohöles abhängig (Tafel 08.1 gibt dazu einige Beispiele).

Tafel 08.1 Destillatanteile bei atmosphärischer Destillation von Erdölen aus einigen Lieferländern

Erdöltype	Arabien leicht	Arabien schwer	Nigeria leicht	Venezuela
Gas, Benzin	23 %	18 %	28 %	19 %
Gasöl	32 %	25 %	40 %	29 %
Rückstandsöl	45 %	57 %	32 %	52 %

Das *Rückstandsöl* aus der atmosphärischen Destillation (straight run residue) wurde und wird heute noch in vielen Raffinerien Europas und Fernost in unverdünntem Zustand als *Heizöl* für Dampfkessel, bzw. als *Schweröl* für mittelschnell- und langsamlaufende Schiffsdieselmotoren verkauft.

Der steigende Bedarf an hochwertigen Destillaten, wie auch die naheliegende Forderung der Ölindustrie den wirtschaftlichen Ertrag der Raffinerien zu steigern, war ein wesentlicher Anlaß, den anfallenden Rückstand der ersten Stufe weiter aufzuarbeiten. Hierzu wird das Rückstandsöl nochmals auf knapp 370 °C erhitzt und in einem unter Vacuum stehenden Destillationsturm (ca. 27 mbar) destilliert. Dabei werden weitere Destillate gewonnen. Aus einem Straight-run-residue von „Arabien leicht", einer Menge von 45 % der eingesetzten Rohölmenge, können durch Vacuum-Destillation weitere 28 % Destillate gewonnen werden, während die nun zurückbleibende Vacuum-Rückstand nur noch 17 % der ursprünglichen Rohölmenge beträgt. Falls das zu verarbeitende Rohöl dafür geeignet ist, werden die Vacuum-Destillate auch zu Schmierölen verarbeitet.

Bei dieser Gelegenheit sei die Bemerkung erlaubt, daß Raffinerien in erster Linie gebaut und betrieben werden, um hochwertige Produkte herzustellen, während die Rückstandsöle, die in der Schiffahrt als Kesselheizöle oder als schwere Kraftstoffe der Dieselmotoren verwendet werden, mehr oder minder als Abfallprodukte angesehen werden müssen, für die keine wie immer geartete Qualitätsgarantien gegeben werden können.

Bild 08.1 zeigt schematisch die Anlage einer modernen Raffinerie, die Destillat-Brennstoffe und Rückstandsöle produziert. Der in der Vacuum-Destillation anfallende Rückstand, eine äußerst zähflüssige,

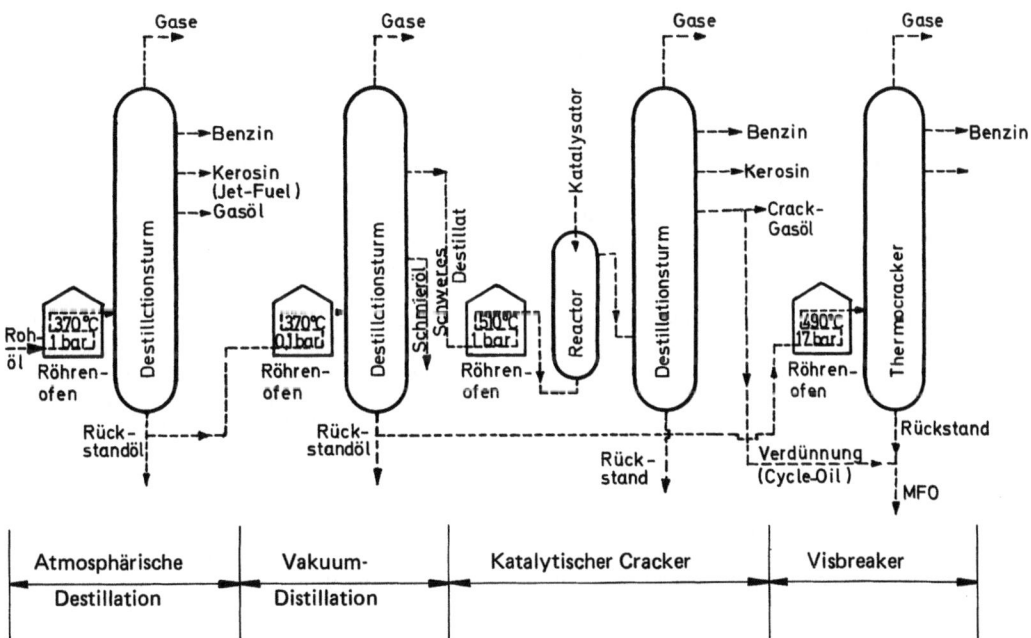

Bild 08.1 Schmeatische Darstellung einer Raffinerie mit Vacuumdestillation, Vicebreaker und Crackanlage

teerartige Masse, wurde noch vor wenigen Jahren durch Behandlung mit Lösungsmitteln ausschließlich zu Bitumen für den Straßenbau verarbeitet.
Heute wird dieser Rückstand in zunehmendem Maße im *Visbreaker* (*Viscosity-Breaker* = *Viskositätsbrecher*) bei einer Temperatur von 490 °C und einem Druck von 10 ... 70 bar einem milden Crackprozeß ausgesetzt, wobei teilweise leichtflüssige Kohlenwasserstoffe entstehen, die den ursprünglichen Vacuum-Rückstand verdünnen. Da ein internationales Schiffahrtsgesetz das Mitführen von Brennstoffen an Bord mit Flammpunkten unter 60 °C verbietet, werden die dünnflüssigen Anteile abdestilliert, die einen Flammpunkt unter 60 °C haben. Der Anteil der nun zurückbleibenden dünnflüssigen Stoffe ist aber ausreichend, um die Viskosität des Rückstandsöles so weit zu reduzieren, daß nur noch geringe Mengen eines *Crack-Gasöles* (*Cycle Oil*) erforderlich sind, um das Rückstandsöl pumpfähig zu machen. In diesem Zustand kommt der Vacuum-Rückstand als *Marine-Fuel-Oil* auf den Markt.
Der immer weiter steigende Kraftstoffbedarf für Landfahrzeuge zwingt die Ölindustrie die Vacuum-Destillate durch ein anschließendes Crackverfahren in weitere dünnflüssige Brennstoffe umzuwandeln. Im Crackprozeß werden höherviskose Kohlenwasserstoffe durch Spalten der großen Moleküle in leichtflüssige Kohlenwasserstoffe (*Crack-Benzin*, *Crack-Gasöl* usw.) umgesetzt. Das thermische Cracken ohne Katalysatoren wird heute nur noch im Visbreaker angewandt, während andere Crackprozesse Katalysatoren einsetzen, um die Umwandlung zu beschleunigen und die Anwendungsbreite, wie auch die Ausbeute zu steigern.
Unter den verschiedenen Crackprozessen ist das *F.C.C.-Verfahren* (Fluid-Catalytic-Cracking = *Fließcracken*) weit verbreitet, weil mit ihm schwere Destillate verarbeitet werden können und die Benzinausbeute besonders groß ist. Der staubförmige Katalysator, eine Al_2O_3/SiO_2-Verbindung kreist mit dem Öl im Reaktor. Der anfallende Crackrückstand enthält, was nicht zu vermeiden ist, Katalysatorenanteile (200 ... 300 ppm), die äußerst abrasiv sind. Dieser Crackrückstand wird in Vermischung mit „Straight-Run-Residues" auch als *Brennöl* für Dieselmotoren geliefert. Vor seinem Einsatz ist aber eine äußerst sorgfältige Reinigung mittels Separatoren oder Feinfiltern erforderlich, um die den Verschleiß fördernden Stoffe unbedingt zu entfernen. Deshalb ist die Aufbereitung von Rückstandsölen mittels Homogenisatoren, ohne vorherige Ausscheidung vorerwähnter Fremdstoffe unzulässig.
In neuester Zeit werden in zunehmendem Maß *Hydrocrackanlagen* gebaut, obwohl die Investitions- und Betriebskosten sehr hoch sind. Der Vorteil liegt aber darin, daß hier sehr hochwertige Produkte anfallen, denn der Crackprozeß findet in einer Wasserstoffatmosphäre statt, wodurch die Crackprodukte mit Wasserstoff angereichert werden. Dadurch entfällt das für andere Crackverfahren vielfach anschließende *Hydrieren* mit dem Zweck den Wasserstoffgehalt der Crackprodukte anzuheben. Darüber hinaus können im Hydrocracker auch Vacuum-Rückstände verarbeitet werden.
In den dreistufigen Raffinationsprozessen werden dem Rohöl mehr und mehr Anteile mit höherem Wasserstoffgehalt entzogen. Die Rückstandsöle sowohl aus dem Visbreaker, als auch aus dem Crackprozeß sind sehr wasserstoffarm. Da im Crackprozeß vor allem Paraffin- und Naphthenkohlenwasserstoffe gespalten werden, während aromatische Anteile sich nur sehr schwer zersetzen, nimmt der Aromatengehalt im Crackrückstand besonders zu. Deshalb ist die Zündwilligkeit von Crackrückständen äußerst gering. Um diese Rückstände dennoch verwendbar zu machen, werden sie mit Rückständen aus der atmosphärischen Destillation in der Raffinerie gemischt und erst dann als Marine-Fuel-Oils verkauft.

08.5 Physikalische und chemische Eigenschaften der Mineralöle

08.5.1 Dichte und Specific-Gravity (DIN 51 757)

Die *Dichte* eines Stoffes ist das Verhältnis seiner Masse m zu seinem Volumen V. Die Dichte wird in Gramm je Milliliter (g/ml) gemessen, wobei für praktische Messungen 1 ml = 1 cm^3 gesetzt werden kann. Die Dichte ist von der Temperatur abhängig, weshalb bei allen Dichteangaben die Bezugstemperatur mit angegeben werden muß. Für Mineralöle beziehen sich alle Dichteangaben auf eine Bezugstemperatur von 15 °C.
Specific Gravity ist das *Dichteverhältnis* in den ASTM- und IP-Standards und gibt das Verhältnis der Dichte des zu untersuchenden Stoffes bei der für Mineralöle üblichen Temperatur von 60 °F (15,56 °C) zu der Dichte des Wassers bei 60 °F an.
Bei allen Dichtemessungen sind in 1/10 °C geteilte *Feinthermometer* zu verwenden. Für Messungen in der Praxis bedient man sich Aräometer-Spindeln, zylindrischen Schwimmkörpern, die am unteren Ende mit Schrot oder Quecksilber beschwert sind. Im verjüngten Oberteil befindet sich die Dichte-Skala. Die Spindel wird in das zu untersuchende Öl in dem Meßzylinder von mindestens 50 mm lichter Weite eingesenkt. Die Dichte des Öles bei der Meßtemperatur ist der Skalenwert, der mit dem Ölspiegel in einer Ebene liegt. Meßgenauigkeit bis zu der dritten Dezimale. Zunächst muß mit Hilfe von *Suchspindeln* (Meßbereich ρ = 0,60 ... 0,85 g/ml und ρ = 0,85 ... 1,10 g/ml) die ungefähre Dichte bestimmt und anschließend die für den Meßbereich zuständige Spindel in das zu messende Mineralöl eingetaucht werden.
Für durchsichtige Öle, deren Dichte in der Höhe des Flüssigkeitsspiegels abgelesen werden, sind andere

Spindeln in Gebrauch, als für undurchsichtige Öle, bei denen am oberen Wulstrand abgelesen wird. Die Spindeln tragen diesbezügliche Vermerke. Wird ausnahmsweise eine Spindel, die für durchsichtige Flüssigkeiten bestimmt ist, bei undurchsichtigen Ölen gebraucht, so ist der am Stengel sich bildende Wulst von durchschnittlich 2 mm Höhe dadurch zu berücksichtigen, daß bei der Ablesung so viele Skalenteile hinzugezählt werden, wie 2 mm auf der Skala ausmachen. Um die richtige Dichte bei der Normaltemperatur 15 °C angeben zu können, muß die gemessene Dichte um die Temperaturdifferenz zu der gemessenen Temperatur mal einem Umrechnungsfaktor vergrößert oder verkleinert werden. Wird *oberhalb* 15 °C gemessen, so ist obiger Korrektionswert dem Meßergebnis *zuzuzählen*, ist *unterhalb* 15 °C gemessen worden, muß er vom Meßwert *abgezogen* werden:

$\rho_{15} = \rho$ gemessen $\pm a \cdot (t-15)$ a Korrektionswert (siehe Tafel 08.2)

Tafel 08.2 Korrektionswerte a für Mineralölprodukte aus Rohölen mit einem Gehalt an aromatischen Kohlenwasserstoffen bis maximal 50 %

Dichte bei der Prüftemperatur t g/ml	Umrechnungsfaktor a g/ml	Dichte bei der Prüftemperatur t g/ml	Umrechnungsfaktor a g/ml
0,620 ... 0,635	0,00096	0,775 ... 0,790	0,00073
0,635 ... 0,650	0,00093	0,790 ... 0,805	0,00071
0,650 ... 0,665	0,00091	0,805 ... 0,820	0,00069
0,665 ... 0,680	0,00089	0,820 ... 0,835	0,00067
0,680 ... 0,695	0,00087	0,835 ... 0,850	0,00066
0,695 ... 0,710	0,00085	0,850 ... 0,870	0,00066
0,710 ... 0,725	0,00083	0,870 ... 0,900	0,00064
0,725 ... 0,740	0,00081	0,900 ... 0,930	0,00064
0,740 ... 0,755	0,00079	0,930 ... 0,960	0,00063
0,755 ... 0,775	0,00076	0,960 ... 1,000	0,00062

Für eine rasche Ermittlung der Dichte eines Mineralöles bei einer bestimmten Temperatur kann das Diagramm in Bild 08.2 herangezogen werden. Die Genauigkeit ist allerdings nicht sehr hoch.
In den USA wird die Dichte in *API*-Graden (*American Petroleum Institute*) bei 60 °F (15,56 °C) angegeben. In Tafel 08.3 sind API-Grade, Specific Gravity und Dichte zusammengestellt. Der Specific Gravity im Bereich von $\rho = 0,6112 ... 1,076$ g/ml wurden 100 API-Grade zugeordnet. Für die Umrechnung gelten folgende Beziehungen:

$$°\text{API} = \frac{141,5}{\rho\,15/15} - 131,5 \qquad \rho\,15/15 = \frac{141,5}{131,5 + °\text{API}}$$

Für Säuren und Laugen wird die Dichte in *Baumé*-Graden angegeben:

$$\rho = \frac{144,3}{144,3 + °\text{Bé}}$$

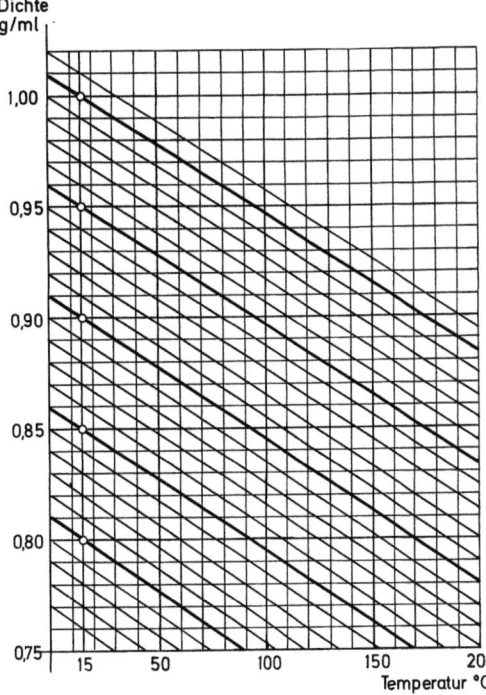

Bild 08.2 Dichte von Mineralölen in Abhängigkeit von ihrer Temperatur

Die Dichte der Mineralöle läßt wichtige Schlüsse auf ihre chemische Zusammensetzung zu (paraffinbasisch, naphthenbasisch, asphaltbasisch).
Die Dichte nimmt mit der Viskosität zu.
Im Hinblick auf die sehr hohen Dichtewerte zukünftiger Rückstandsöle, die als Kraftstoffe für Schiffsdieselmotoren verwendet werden sollen, wird die Frage der *Aufbereitung*, das heißt Ausscheidung fester Fremdstoffe und Wasser mittels Separator zu einem schwierigen Problem. Der Separiereffekt einer Zentrifuge ist von den physikalischen Gesetzen abhängig. Daher kann die *Absetzgeschwindigkeit* eines auszuscheidenden Teilchens mittels der vereinfachten Formel nach dem Stokeschen Gesetz bestimmt werden.
Die Absetzgeschwindigkeit

$$V_{st} = \frac{D^2 \cdot \Delta\rho}{18 \cdot \eta} \cdot r\omega^2$$

D Teilchendurchmesser . . . . m
$\Delta\rho$ Dichteunterschied des suspendierten Teilchens und der Trägerflüssigkeit
$\eta = \nu \cdot \rho$ dynamische Viskosität . . . . N·s/m²
ν kinematische Viskosität . . . . mm²/s (cSt)
$r \cdot \omega^2$ Zentrifugalbeschleunigung (abhängig von der Zentrifugenkonstruktion)
r wirksamer Radius im Zentrifugalfeld . . . . . . m
ω Winkelgeschwindigkeit der Separatortrommel 1/min

Tafel 08.3 Umrechnung von API-Gravity auf Specific-Gravity 60/60 °F und auf Dichte bei 15 °C

API Gravity 60 °F API Grad	Spec. Gravity 60/60 °F	Dichte ρ_{15} g/ml	API Gravity 60 °F API Grad	Spec. Gravity 60/60 °F	Dichte ρ_{15} g/ml
6	1.0291	1,0285	54	0,7628	0,7625
7	1,0217	1,0210	55	0,7587	0,7584
8	1,0143	1,0137	56	0,7547	0,7544
9	1,0071	1,0065	57	0,7507	0,7504
10	1,0000	0,9994	58	0,7467	0,7464
11	0,9930	0,9924	59	0,7428	0,7425
12	0,9861	0,9855	60	0,7389	0,7387
13	0,9792	0,9787	61	0,7351	0,7348
14	0,9725	0,9719	62	0,7313	0,7310
15	0,9659	0,9653	63	0,7275	0,7273
16	0,9593	0,9588	64	0,7238	0,7236
17	0,9529	0,9523	65	0,7201	0,7199
18	0,9465	0,9459	66	0,7165	0,7162
19	0,9402	0,9397	67	0,7128	0,7126
20	0,9340	0,9335	68	0,7093	0,7091
21	0,9279	0,9273	69	0,7057	0,7055
22	0,9218	0,9213	70	0,7022	0,7020
23	0,9159	0,9153	71	0,6988	0,6986
24	0,9100	0,9095	72	0,6953	0,6952
25	0,9042	0,9037	73	0,6919	0,6918
26	0,8984	0,8979	74	0,6886	0,6884
27	0,8927	0,8923	75	0,6852	0,6851
28	0,8871	0,8867	76	0,6819	0,6818
29	0,8816	0,8811	77	0,6787	0,6785
30	0,8762	0,8757	78	0,6754	0,6753
31	0,8708	0,8703	79	0,6722	0,6721
32	0,8654	0,8650	80	0,6690	0,6689
33	0,8602	0,8597	81	0,6659	0,6658
34	0,8550	0,8545	82	0,6628	0,6626
35	0,8499	0,8494	83	0,6597	0,6596
36	0,8448	0,8443	84	0,6566	0,6565
37	0,8398	0,8393	85	0,6536	0,6535
38	0,8348	0,8344	86	0,6506	0,6505
39	0,8299	0,8295	87	0,6476	0,6475
40	0,8251	0,8247	88	0,6446	0,6446
41	0,8203	0,8199	89	0,6417	0,6416
42	0,8156	0,8152	90	0,6388	0,6387
43	0,8109	0,8105	91	0,6360	0,6359
44	0,8063	0,8059	92	0,6331	0,6330
45	0,8017	0,8013	93	0,6303	0,6302
46	0,7972	0,7968	94	0,6275	0,6274
47	0,7927	0,7924	95	0,6247	0,6247
48	0,7883	0,7880	96	0,6220	0,6219
49	0,7839	0,7836	97	0,6193	0,6192
50	0,7796	0,7793	98	0,6166	0,6165
51	0,7753	0,7750	99	0,6139	0,6139
52	0,7711	0,7708	100	0,6112	0,6112
53	0,7669	0,7666			

Aus *ASTM-IP Petroleum Measurement Tables* (Metric Edition, Table 3, London 1953)

Die obige Formel besagt, daß mit zunehmender Dichte-Differenz $\Delta\rho$ die Absetzgeschwindigkeit größer wird. Durch Erwärmen der Mineralölkomponente kann $\Delta\rho$ größer werden. Umgekehrt verringert sich die Absetzgeschwindigkeit V_{st} mit höherer Viskosität des Öles. Bei wasserhaltigen Ölen ist die Vorwärmtemperatur für das Öl mit 99 °C begrenzt, denn oberhalb dieser Temperatur beginnen wasserhaltige Öle zu schäumen und damit wird jede Separation unmöglich.

Grundsätzlich muß davon ausgegangen werden, daß die Dichtedifferenz $\Delta\rho = 0{,}02$ kg/l als absolute Grenze angesehen werden muß und eine Separation nur möglich wird, wenn der Dichteunterschied $\Delta\rho$ darüber liegt.

08.5.2 Zähigkeit (Viskosität) (DIN 1342 und DIN 51 550)

Viskosität ist die Eigenschaft eines flüssigen oder gasförmigen Stoffes eine Schubspannung bei einer Schubverformung und in Abhängigkeit von einem Geschwindigkeitsgefälle aufzunehmen. Ist die Schubspannung dem Geschwindigkeitsgefälle proportional und die Proportionalitätskonstante eine nur von der Temperatur und dem Druck abhängige Stoffkonstante, so wird diese Flüssigkeit eine *Newtonsche Flüssigkeit* genannt. Flüssigkeiten mit anderem Verhalten bezeichnet man als *Nicht-Newtonsche-Flüssigkeiten*.

Die Proportionalitätskonstante heißt *dynamische Viskosität* η. Sie hat die Dimension Pascalsekunde (Pa·s). $1\,\text{Pa}\cdot\text{s} = 1\,\text{N}\cdot\text{s/m}^2$. Die frühere Bezeichnung in Poise ist auf Grund der neuen Normen nur beschränkt zulässig.

Es gilt $0{,}1\,\text{Pa}\cdot\text{s} = 1$ Poise und $1\,\text{cP}$ (Centipoise) $= 0{,}01$ Poise und diese entspricht $0{,}001\,\text{Pa}\cdot\text{s} = 0{,}001\,\text{N}\cdot\text{s/m}^2$.

Der Kehrwert der dynamischen Viskosität wird als *Fluidität* $\varphi = \frac{1}{\eta}$ bezeichnet.

Der Quotient aus der dynamischen Viskosität η und der Dichte ρ wird nach Maxwell *kinematische Viskosität* $\nu = \frac{\eta}{\rho}$ genannt. Die Einheit ist mm^2/s.

Bisher wurde die Einheit der kinematischen Viskosität in *Centistokes* (cSt) festgelegt. Die Gültigkeit dieser Bezeichnung sollte mit Ende 1977 aufgehoben werden, doch sind intensive Bestrebungen im Gange die Einheit *Centistokes* (cSt) für mm^2/s beizubehalten, zumal sich zahlenmäßig nichts ändert. In der Praxis wird nach wie vor die Viskositätsangabe in Centistokes international weiter verwendet.

Für die praktische Messung der Viskosität werden *Viskosimeter* benützt, deren Gerätekonstante mit Hilfe von *Normalflüssigkeiten* bestimmt wird. Als Normalflüssigkeit wird reines Wasser von 20 °C zugrunde gelegt. Die dynamische Viskosität reinen Wassers $\eta = 0{,}001\,002\,\text{Pa}\cdot\text{s} = 1{,}002\,\text{cP}$ (Centipoise), die kinematische Viskosität $\nu = 1{,}0038\,\text{mm}^2/\text{s} = 1{,}0038\,\text{cSt}$ (Centistokes).

Im praktischen Gebrauch waren bisher Viskositätsangaben in *Engler-Graden*, in *Redwood-Sekunden* und in *Saybolt-Universal* üblich. Diese Bezeichnungen sind auf Grund der internationalen Normen-Vereinbarungen abgeschafft worden und nur noch die metrische Bezeichnung mm^2/s bzw. Centistokes zulässig. Tafel 08.4 gibt Umrechnungen der kinematischen Viskosität (mm^2/s bzw. cSt) in Redwood sec. und Saybolt-Universal-sec., sowie Englergraden bis 80 cSt wieder. Oberhalb 80 cSt erhält man Redwood I. sec. durch Multiplikation der Centistokes mit 4,1, die Umrechnung in Saybolt-Sec.-Universal durch Multiplikation mit 4,6 und schließlich Engler-Grade durch Division der Centistokes mit der Zahl 7,6.

Genau so wie für Dichte-Angaben, müssen auch für Viskositätsangaben der Mineralöle Bezugstemperaturen vorliegen. In den deutschsprachigen und den Skandinavischen Ländern bevorzugte man für Schmieröle Bezugstemperaturen von 20 °C, 50 °C und 100 °C und für Marine Gasöl bzw. Marine-Dieselöl 20 °C. In Großbritannien wurden Bezugstemperaturen von 70 °F, 100 °F, 140 °F und 200 °F sowohl für Treibstoffe, als auch für Schmieröle angewandt. In USA waren Bezugstemperaturen von 70 °F, 100 °F, 130 °F und 210 °F üblich. Im internationalen Bunkerölgeschäft wurde ausschließlich auf 100 °F (37,8 °C) bezogen.

Auf Grund internationaler Vereinbarungen (ISO) wurden die Bezugstemperaturen vereinheitlicht. Für dünnflüssige Treibstoffe, sowie für Schmieröle wurde die Bezugstemperatur auf 40 °C festgelegt. Für Dampfzylinderöle beträgt die Bezugstemperatur 100 °C. Demgegenüber wurde für schwere Heizöle

Tafel 08.4 Umrechnung der kinematischen Viskosität (mm^2/s bzw. cSt) in Redwood I. sec., Saybolt-sec.-Universal und Engler-Grade

Kinematische Viskosität mm^2/s (cSt)	Redw.I. sec.	Saybolt sec. Universal	Engler-Grade	Kinematische Viskosität mm^2/s (cSt)	Redw.I. sec.	Saybolt sec. Universal	Engler-Grade
4	36	39	1,31	25	105	120	3,47
5	38	42	1,40	30	125	142	4,08
6	41	46	1,48	35	145	164	4,71
7	44	49	1,57	40	165	187	5,35
8	46	52	1,66	45	185	209	5,99
9	49	56	1,75	50	205	233	6,65
10	52	59	1,84	60	246	279	7,92
12	58	66	2,02	70	287	325	9,24
14	65	74	2,22	80	328	372	10,56
16	72	81	2,44				
18	79	90	2,65				
20	86	98	2,88				

aus Rückstandsölen die Bezugstemperatur mit 50 °C festgesetzt, denn bei der früheren Temperatur von 100 °F (37,8 °C) wurden wiederholt größere Abweichungen von Viskositätsangaben festgestellt, die darauf beruhen, daß Ausscheidungen von Paraffinkristallen dem Produkt die Eigenschaft einer Nicht-Newtonschen-Flüssigkeit verliehen. Demgegenüber kann bei einer Bezugstemperatur von 50 °C das Entstehen von Paraffin-Kristallen unterbunden werden.

Trägt man in einem Diagramm auf der senkrechten Achse die Viskosität in Centistokes, auf der waagerechten Achse die Temperatur in Celsius-Graden auf, so zeigen die Mineralöle in ihrem Zähigkeits-Temperatur-Gefälle geschweifte Kurven. Trägt man dagegen die Viskosität als Logarithmus des Logarithmus (log log) und die Temperatur als Logarithmus der absoluten Temperatur in Kelvin (log K) auf, so ergeben sich für alle Öle annähernd gerade Linien, die sich untereinander hinsichtlich ihres *Viskositäts-Temperatur-Verhaltens* gut vergleichen lassen (Bild 08.3).

Die sogenannte Viskositäts-Richtungskonstante (Viskositätssteilheit m), die in Schmierölanalysen gelegentlich erwähnt wird, ist der Tangens des Steigungswinkels der Geraden des betreffenden Mineralöles im Viskositäts-Temperatur-Diagramm.

In vielen Ländern beurteilt man das Viskositäts-Temperatur-Verhalten der Schmieröle nach dem *Viskositätsindex* (V.I.). Der V.I. ist eine empirische Zahl, die den Einfluß einer Temperaturänderung auf die Viskosität eines Öles angibt. Ein niedriger V.I. kennzeichnet relativ starke Änderungen der Viskosität mit der Temperatur und umgekehrt. Die Bestimmung des V.I. wurde in der Norm DIN/ISO 2909 festgelegt. Der Wert V.I. = 0 entspricht einem Öl mit besonders schlechtem und der Wert V.I. = 100 einem Öl mit besonders gutem Viskositäts-Temperatur-Verhalten. Der V.I. kann nach DIN/ISO 2909 rechnerisch ermittelt werden. In der Praxis hat der V.I. als Charakteristikum für das Viskositäts-Temperatur-Verhalten eines Schmieröles weitaus größere Bedeutung erlangt als die *Viskositäts-Richtungskonstante m*, die dem Viskositäts-Temperatur-Diagramm entnommen werden kann.

Von der Society of Automotive Engineers in USA (SAE) wurde eine Viskositäts-Gruppeneinteilung für Kraftfahrzeugmotoren in sogenannten SAE-Graden eingeführt. Obwohl diese Einteilung gewisse Mängel aufweist und Unsicherheiten verursachen kann, wird sie auf breiter Grundlage auch für Schiffsmotorenanlagen angewandt (Tafeln 08.5 und 08.6).

Wenn die Viskosität eines Schmieröles, das *V.I.-Verbesserer* in einem hohen Prozentsatz enthält

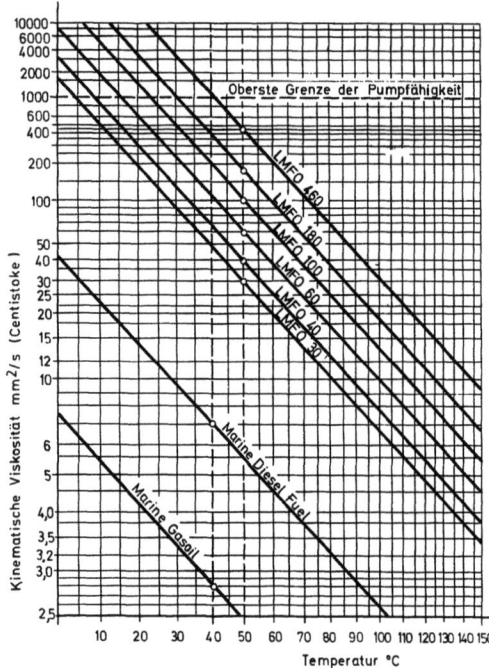

Bild 08.3 Viskositäts-Temperatur-Diagramm einiger Brennöle

Tafel 08.5 SAE-Viskositätsklassen für Motorenschmieröle (DIN 51 511)

SAE-Viskositätsklasse	dynamische Viskosität bei −17,8 °C (0 °F) in 0,001 Pa·s (cP)		kinematische Viskosität bei 98,9 °C (210 °F) in mm²/s (cSt)	
	mindestens	höchstens	mindestens	höchstens
5 W	—	unter 1200		
10 W	1200*)	unter 2400	3,9	—
20 W	2400**)	unter 9600		
20	—	—	5,7	unter 9,6
30	—	—	9,6	unter 12,9
40	—	—	12,9	unter 16,8
50	—	—	16,8	unter 22,7

*) Diese Forderung fällt weg, wenn die kinematische Viskosität bei 98,9 °C nicht unter 4,2 mm²/s (cSt) liegt.
**) Diese Forderung fällt weg, wenn die kinematische Viskosität bei 98,9 °C nicht unter 5,7 mm²/s (cSt) liegt.

Tafel 08.6 SAE-Viskositätsklassen für Kraftfahrzeug-Getriebeöle (DIN 51 512)

SAE-Viskositätsklasse	Kinematische Viskosität bei			
	−17,8 °C (0 °F)		98,9 °C (210 °F)	
	mindestens mm²/s (cSt)	höchstens mm²/s (cSt)	mindestens mm²/s (cSt)	höchstens mm²/s (cSt)
75	—	unter 3250		
80	3250*)	unter 21700	4,2	—
90	—	—	14,2	unter 25,0**)
140	—	—	25,0	unter 43,0
250	—	—	43,0	—

*) Diese Forderung fällt weg, wenn die kinematische Viskosität bei 98,9 °C nicht unter 6,7 mm²/s (cSt) liegt.
**) Diese Forderung fällt weg, wenn die kinematische Viskosität bei −17,8 °C nicht über 162900 mm²/s (cSt) liegt.

Physikalische und chemische Eigenschaften der Mineralöle

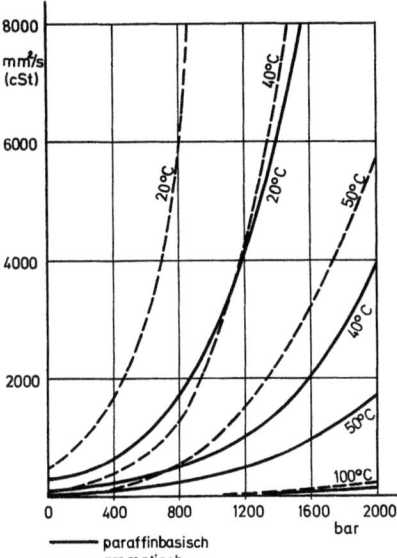

——— paraffinbasisch
– – – aromatisch

Bild 08.4 Viskositäts-Druck-Diagramm von Mineralölen gleicher Ausgangs-Viskosität, aber unterschiedlicher Vorwärmtemperatur und unterschiedlicher chemischer Zusammensetzung

(ein typisches Beispiel sind Mehrbereichs-Motoröle), in einem empfindlichen *Kapillar-Viskosimeter* mit Kapillaren verschiedener Weite gemessen wird, können sich bei gleicher Temperatur und gleichem Druck Viskositätsunterschiede ergeben, die über zulässige Beobachtungsfehler weit hinausgehen. Öle, deren Viskosität nicht nur von der Temperatur und dem Druck abhängt, sondern von dem Geschwindigkeitsgefälle sind *Nicht-Newtonsche-Flüssigkeiten* und deren Viskosität wird *Struktur-Viskosität* oder *Scheinviskosität* genannt. Die Struktur-Viskosität kann mittels des *Rotationsviskosimeters* einigermaßen ermittelt werden. Sogenannte *Zweiphasenöle*, zu denen *Emulsions-Zylinderöle, Suspensions-* bzw. *Dispersionszylinderöle* und technische *Fette* gehören, sind ebenfalls struktur-viskose Substanzen, deren Viskosität nur ungenau angegeben werden kann.
Bei Steigerung des Druckes im Inneren einer Flüssigkeit wächst deren Viskosität. Die Viskositätssteigerung bei Druck nimmt mit dem Aromatengehalt im Öl zu. Andererseits wird der Viskositätsanstieg unter Druck bei höheren Temperaturen erheblich geringer als bei kalten Mineralölen (Bild 08.4).

08.5.3 Neutralisationszahl (NZ) (DIN 51 558)

Die *Neutralisationszahl* (*NZ*), auch *TAN* (*Total Acid Number*) genannt, gibt an, wieviel Milligramm *Kaliumhydroxid* (KOH) nötig sind, um die in einem Gramm Öl enthaltenen freien Säuren zu neutralisieren. Die Bestimmung erfolgt durch colorimetrische oder elektrometrische *Titration*. Unlegierte Mineralölraffinate sollen eine *NZ* (*TAN*) = 0 aufweisen. Gefettete (compoundierte) Öle zeigen eine höhere *NZ*, da Fettöle freie Fettsäuren enthalten. Ein Anstieg der *NZ* in Gebrauch befindlicher, unlegierter Schmieröle weist auf eine fortschreitende *Ölalterung* hin. In Verbrennungsmotoren kann die *Versäuerung* aus organischen Säuren öliger Alterung und anorganischen Säuren (beispielsweise Schwefelsäure der Verbrennungsgase, die in das Schmieröl eingedrungen sind) bestehen.
In Motorenölen mit Wirkstoffen wird man neben einer *NZ* (*TAN*) auch eine *TBN* (*Total-Base-Number*) finden. Wird hingegen während der Untersuchung eines Schmieröles eine *SAN* (*Strong-Acid-Number* = Starke Säuren) von mehr als 0,2 mg KOH in einem Gramm Öl gefunden, oder wurde ein pH-Wert kleiner als 4 gemessen, besteht wegen Anwesenheit größerer Mengen starker Säuren Korrosionsgefahr. Die schwachen Säuren findet man aus der Differenz *TAN* minus *SAN*. Die *TAN* colorimetrischer Titration ist nach DIN 51 558 der *NZ* gleichzusetzen. Die *NZ* mißt den Gesamtsäuregehalt und gibt keinen Hinweis auf die Anwesenheit korrosiver, starker Säuren.

08.5.4 Total-Base-Number (TBN)-(ASTM D-664)

Die *Total-Base-Number* (*TBN*) gibt den Gehalt alkalisch wirksamer Zusätze in einem Schmieröl an, ausgedrückt durch die Anzahl Milligramm *Kaliumhydroxid* (KOH), die dem Neutralisationsvermögen der in einem Gramm Öl enthaltenen, alkalischen Zusätze äquivalent sind. Die TBN erfaßt alle alkalischen Anteile, sowohl die starken, als auch die schwachen Basen. Unter starken Basen sind solche alkalischen Additive zu verstehen, deren pH-Wert über 10 liegt. Sie werden als *SBN* (*Strong-Base-Number*) erfaßt. Starke Basen werden Schmierölen im allgemeinen nicht zugesetzt.
Alkalische Zusätze in Motorenölen haben die Aufgabe, die bei der Verbrennung schwefelhaltiger Kraftstoffe entstehenden schwefelsauren und korrosiv wirkenden Verbindungen in ihrer schädlichen Wirkung abzupuffern.

08.5.5 Verseifungszahl (VZ) (DIN 51 559)

Die *Verseifungszahl* VZ gibt an, wieviel Milligramm *Kaliumhydroxid* (KOH) erforderlich sind, um nicht nur die in einem Gramm Öl enthaltenen freien Säuren zu neutralisieren, sondern auch die anwesenden *Ester* und *Laktone* aufzuspalten und deren Säuren zu verseifen. Mineralöle sind praktisch unverseifbar, fette Öle dagegen in hohem Maße.
Die VZ ist ein Maß für den *Alterungsgrad* eines gebrauchten Schmieröles. Durch Alterung entstandene, verseifbare Stoffe und Säuren können als Katalysatoren die Bildung harz- und asphaltartiger Produkte begünstigen. In Schmierstoffen, die Hoch-

druckzusätze (EP-Zusätze) enthalten oder mit Fettsäuren compoundiert sind, läßt die *VZ* keine Rückschlüsse auf die Ölalterung zu.

08.5.6 Aschegehalt (DIN 51 575 und DIN EN 7)

Der *Aschegehalt* ist die Menge anorganischer und metallorganischer Verbindungen in Schmierölen, die nach dem Veraschen und Glühen einer genau festgelegten Probemenge zurückbleibt. Bei der Aschebestimmung wird bei Frischölen ohne Wirkstoffe oder mit aschefreien Wirkstoffen die *Oxidasche*, bei Frischölen mit metallorganischen Wirkstoffen und bei Gebrauchtölen die *Sulfatasche* ermittelt. In Mineralölen, die Blei-, Zink- oder Vanadiumverbindungen enthalten, können während der Veraschung Aschebestandteile verflüchtigen. Daher wird bei solchen Mineralölen die Veraschung auf nassem Wege mit Hilfe von Schwefelsäure und Salpetersäure durchgeführt. Der Aschegehalt wird in Gewichtsprozenten der Probemenge angegeben und zwar als Oxidasche oder als Sulfatasche.

08.5.7 Verkokungsneigung nach Conradson (DIN 51 551)

Der *Verkokungsrückstand* gibt den Gehalt an Rückstand an, der beim Verschwelen einer bestimmten Probemenge unter Normbedingungen gefunden wird. Die Menge des Koksrückstandes gibt einen Anhalt über das chemische Verhalten von Mineralölen und läßt zum Beispiel bei Dieselkraftstoffen Rückschlüsse auf die Neigung zum Verstopfen der Einspritzdüsen, bei Heizölen zum Verkoken der Brennerdüsen und bei Schmierölen auf das Entstehen von Rückständen zu. Der Verkokungsrückstand wird in Gewichtsprozenten angegeben, die bei der Verschwelung gefunden werden. In den USA und anderen angelsächsischen Ländern wird dem *Ramsbottom-Test* (ASTM D-524-64) vor dem *Conradson-Test* der Vorzug gegeben, weil die Verschwelung in einem geschlossenen Glasgefäß bei einer Temperatur von 550 °C durchgeführt wird und diesem Verfahren eine größere Genauigkeit zugeschrieben wird. Für technische Zwecke wird aber der Conradson-Test in jedem Fall ausreichen.

08.5.8 Gehalt an Asphaltenen (DIN 51 595)

Die Bestimmung des Gehaltes an *Asphaltenen* in Mineralölerzeugnissen ohne Wirkstoffe, Bitumen und Rohöle (von denen die leichtsiedenden Anteile bis zu einer Öltemperatur von 260 °C abdestilliert wurden) gibt einen Anhalt über das Verhalten dieser Stoffe im Betrieb. Ein zu großer Gehalt an Asphaltenen kann in Mineralölerzeugnissen zu störenden bitumen- oder teerartigen Ausscheidungen führen.

Asphaltene werden solche Erdölbestandteile genannt, die beim Lösen dieser Produkte mit dem 30-fachen Volumen *n*-Heptan bei Raumtemperatur ausfallen und in Reintoluol löslich sind.

08.5.9 Flammpunkt und Brennpunkt (DIN 51 376, DIN 51 755, DIN 51 758)

Der *Flammpunkt* ist die niedrigste Temperatur einer Ölprobe, bezogen auf einen Druck von 1 bar (760 Torr = 760 mm Quecksilbersäule), bei der sich unter festgelegten Prüfbedingungen Dämpfe in solcher Menge entwickeln, daß diese bei Annäherung eines Zündflämmchens mit flacher, blauer Flamme huschartig abbrennen. Der Flammpunkt ist der unteren Explosionsgrenze eines Gemisches aus Luft und Öldampf, das sich auf der Oberfläche bildet, gleichzusetzen.

Die Flammpunktbestimmung nach *Cleveland* (DIN 51 376) betrifft Mineralöle mit Flammpunkten über 79 °C, mit Ausnahme von Heizölen, im *offenen Tiegel*. Ungebrauchte und gebrauchte Schmieröle werden vorwiegend nach diesem Verfahren untersucht. Bei Ölen mit Zusätzen ist zu beachten, daß die Wirkstoffe, je nach ihrer Zusammensetzung den Flammpunkt des Grundöles erhöhen oder erniedrigen können oder ein unregelmäßiges Entflammen bewirken. Für Mineralöle mit einem Flammpunkt zwischen 5 °C und 65 °C wird nach *Abel-Pensky* (DIN 51 755) im *geschlossenen Tiegel* und für solche mit einem Flammpunkt von 65 ... 200 °C nach *Pensky-Martens* (DIN 51 758) der Flammpunkt bestimmt.

Da die im *offenen Tiegel* bestimmte Temperatur des Flammpunktes stets etwas höher liegt, als die im *geschlossenen Tiegel*, muß bei Angaben des Flammpunktes dies ausdrücklich vermerkt werden (o.T. = o.c. = offener Tiegel, g.T. = c.c. = geschlossener Tiegel).

Der *Brennpunkt* ist die Temperatur (meist 30 ... 60 °C über dem Flammpunkt) bei der das Öl an der Oberfläche von selbst weiterbrennt.

Bei Kraftstoffeinbrüchen in Motorenölen, die zu einer Senkung des Flammpunktes führen, kann bei Kenntnis der Kraftstoffdaten aus einem empirisch aufgestellten Diagramm der Kraftstoffanteil ermittelt werden.

Der Flammpunkt läßt keine Rückschlüsse auf die Qualität und Eignung eines Schmieröles zu. Bei der Auswahl von Schmierölen für Vacuumpumpen muß beachtet werden, daß der durch das Vacuum verminderte Flammpunkt für den Betrieb noch ausreichend hoch ist. Umgekehrt steigt der Flammpunkt bei hohen Drücken. Der Flammpunkt soll bei Motorenölen nicht unter 150 °C sinken, da anderenfalls Gefahr für Kurbelraumexplosionen besteht.

08.5.10 Selbstentzündungspunkt (ASTM D-286-30)

Der *Selbstentzündungspunkt* ist die niedrigste Temperatur, bei der ein brennbarer Stoff im reichlichen Sauerstoffstrom selbst entzündet. Er ist, wie Flammpunkt und Brennpunkt, keine absolute Konstante, sondern von der verwendeten Apparatur und den Versuchsbedingungen abhängig (ASTM D-286-30).

Die zuweilen vorkommenden Explosionen in Luftkompressoren und anderen Maschinen (Spüllufträume von Dieselmotoren) als Folge von Sauerstoffanreicherung werden irrtümlich auf zu niedrigen Flammpunkt des Schmieröles zurückgeführt, obwohl solche Explosionen bei Ölen mit niedrigem, als auch bei hohem Flammpunkt vorkommen und der Selbstentzündungspunkt in beiden Fällen etwa gleich hoch ist. Die Selbstentzündung vollzieht sich ohne Zufuhr einer Flamme, als Folge einer Ölzersetzung bei höheren Temperaturen und in Abhängigkeit von der chemischen Natur des Öles. Neben der Höhe des Selbstentzündungspunktes von 260 ... 280 °C spielen die zur Zündung erforderlichen Sauerstoffmengen, katalytische Einflüsse, der Druck und die Reibungswärme in der Schmierschicht eine Rolle. Die Gefahr einer Selbstentzündung kann durch Rückstände einer Ölzersetzung außerordentlich gefördert werden.

08.5.11 Verdampfbarkeit und Verdampfungsverlust (DIN 51 581)

Der *Verdampfungsverlust* spielt bei der Motoren- und Dampfzylinderschmierung eine Rolle. Bei hohen Temperaturen kann ein größerer Verdampfungsverlust erhöhten Schmierölverbrauch zur Folge haben, sowie die Eigenschaften des Öles verändern. Der Verdampfungsverlust ist in paraffinbasischen Ölen im allgemeinen geringer, als in naphthenbasischen Ölen, sofern es sich bei den Ölen um sogenannte Herzfraktionen (keine Gemische aus dickflüssigen und dünnflüssigen Ölen) handelt. Der Verdampfungsverlust wird nach *Noack* in Gramm je 100 g Öl angegeben.

08.5.12 Cloudpoint und Pourpoint (DIN 51 597)

Das frühere genormte deutsche Verfahren nach DIN 51 583 wurde aufgelassen und durch die jetzige Norm DIN 51 597 ersetzt, da anstelle der Bezeichnung *Trübungspunkt* und *Stockpunkt* die Bezeichnungen *Cloudpoint* und *Pourpoint* getreten sind. Die Durchführungsverfahren stimmen allerdings überein.
Der Cloudpoint kann nur für solche Mineralöle bestimmt werden, die in einer bis zu 40 mm dicken Schicht durchsichtig sind; er gibt die Temperatur an, bei der das Öl beim Abkühlen beginnt trübe zu werden und Paraffin oder andere feste Stoffe auszuscheiden. Trübung durch Wasser hat damit nichts zu tun.
Der Pourpoint ist die Temperatur, die sich beim Addieren von 3 °C zu der abgelesenen Temperatur ergibt, bei der die Probe beim Abkühlen und beim Prüfen in Abständen von jeweils 3 °C nicht mehr fließfähig ist.
Bei Heizölen, die aus Rückstandsölen bestehen, muß ein *oberer* und ein *unterer* Pourpoint unterschieden werden, der sich aus der Prüfmethode ergibt.

Die nach der früheren Norm DIN 51 583 bestimmten Zahlenwerte für Trübungspunkt und Stockpunkt stimmen mit DIN 51 597 *nicht* überein. Die Unterschiede betragen erfahrungsgemäß 2 °C. Stockpunkt und Pourpoint können *nicht* gleichgesetzt werden, da beim Pourpoint die Temperatur des eben noch fließenden Öles gemessen wird. DIN 51 597 ersetzt auch die Norm DIN 51 772 (*Bestimmung des Beginns der Paraffinausscheidung* für Dieselkraftstoffe).

08.5.13 Anilinpunkt (DIN 51 775 und DIN 51 787)

Der *Anilinpunkt* und der *Misch-Anilinpunkt* gestatten Rückschlüsse auf die Zusammensetzung von Mineralöl-Kohlenwasserstoffen.
Als Anilinpunkt gilt diejenige Temperatur, bei der sich eine homogene Mischung aus gleichen Raumteilen einer Ölprobe mit Anilin beim Abkühlen entmischt. Die Entmischungstemperatur liegt für Aromaten unter 0 °C, für Naphthene zwischen 30 °C und 50 °C und für Paraffinkohlenwasserstoffe über 50 °C.
Falls der Anilinpunkt unterhalb der Temperatur liegt, bei der Anilin aus der Mischung von Probe und Anilin auskristallisiert, wird der Misch-Anilinpunkt bestimmt. Er gibt die Temperatur an, bei der sich eine homogene Mischung aus zwei Raumteilen Anilin, einem Raumteil der Probe und einem Raumteil *n*-Heptan beim Abkühlen entmischt. Der Misch-Anilinpunkt liegt stets höher, als der Anilinpunkt. Zwischen den beiden Zahlenwerten besteht kein rechnerischer Zusammenhang.
Die Bestimmung des Anilinpunktes und des Misch-Anilinpunktes von dunklen Mineralöl-Kohlenwasserstoffen nach DIN 51 787 unterscheidet sich nach DIN 51 776 durch das zu verwendende Prüfgerät.
Quelltests mit *Bunagummidichtungen* haben ergeben, daß die Volumenänderung mit nachfolgender Verhärtung, bezogen auf eine bestimmte Gummisorte, um so größer ist, je niedriger der Anilinpunkt des einwirkenden Schmieröles liegt.

08.5.14 Alterung von Schmierstoffen (DIN 51 352, DIN 51 554, DIN 51 587)

Schmiermittel verändern sich während des Gebrauches durch Einwirkung des *Luftsauerstoffes*, der *Wärme*, gewisser *Metalle* und des *Lichtes*. Die Lichteinwirkung ist allerdings bei Maschinenschmierung vernachlässigbar klein. Der Luftsauerstoff übt dagegen den stärksten Einfluß auf die Alterung durch *Oxidation* aus. Die Oxidation wird durch Metalle, wie Kupfer, Blei und in hohem Maße auch durch Silber katalytisch beeinflußt. In Tafel 08.7 wird der katalytische Einfluß verschiedener Metalle im Verhältnis zu Elektrolytkupfer auf die Alterung von Mineralöl dargestellt.
Bei der Oxidation von Mineralölen entstehen wasserstoffärmere Verbindungen, Wasser und im weite-

Tafel 08.7 Katalytische Beeinflussung der Alterung von Mineralöl durch verschiedene Metalle

Metalle und Legierungen	katalytische Wirkung
Elektrolytkupfer	100 %
Kupfer-Nickel-Legierung (80 % Cu, 20 % Ni)	62 %
Messing (63 % Cu, 37 % Zn)	60 %
Kupfer-Nickel-Legierung (70 % Cu, 30 % Ni)	48 %
Eisen	23 %
Aluminium	19 %
Zinn	6 %

ren Verlauf niedrigmolekulare, wasserlösliche Säuren, die den Anstieg der *NZ* verursachen. Neben der Oxidation finden auch *Polymerisationen* (Zusammenschluß von Molekülen) und *Kondensationen* statt, durch die die Viskosität zunimmt. Im weiteren Verlauf kommt es zum Ausfall zäher und gummiartiger *Schlammsubstanzen*.

Wenn Schmieröle sehr hohen Temperaturen ausgesetzt werden (beispielsweise Kolbenkühlöle höher aufgeladener Dieselmotoren) kann es zu *Crackvorgängen* kommen, die auch als Alterungsvorgang betrachtet werden müssen. Es entstehen dadurch erhebliche Mengen an *Ölkohle*, als eine der Crackkomponenten. Das Schmieröl verliert durch die beim Cracken entstehenden, dünnflüssigen Kohlenwasserstoffe an Viskosität und an Höhe des Flammpunktes.

Durch die Alterung von Schmierfetten entstehen gummiartige, klebende und koksartige, harte Substanzen, die zu einer Zerstörung der Lager führen können. Die *Alterungsbeständigkeit* kann durch Zusätze angehoben werden. Um über die Alterungsbeständigkeit von Schmierölen gewisse Voraussagen machen zu können, sind Prüfmethoden entwickelt worden, von denen folgende genannt werden sollen:

Alterungsverhalten von Schmierölen. Zunahme des Koksrückstandes nach *Conradson* nach Alterung mit Durchleiten von Luft (DIN 51 352)

Alterungsprüfung von *Baader* (DIN 51 554), die vor allem zur Prüfung von rein mineralischen Ölen, insbesondere von Turbinenölen und Isolierölen angewandt wird.

Bestimmung des Alterungsverhaltens von wirkstoffhaltigen Dampfturbinen- und Hydraulikölen (DIN 51 587 und ASTM D-943-54).

Ein ASTM-Test (ASTM D-942-50) untersucht die Oxidationsfestigkeit von Schmierfetten in der Sauerstoffbombe. Dieses Verfahren wurde in einer etwas abgewandelten Form zu einer sehr strengen Alterungsprüfung von Schmierölen angewandt (*Ließ-Methode*), das recht gute Übereinstimmung mit in der Praxis gesammelten Erfahrungen ergab.

Die Alterungsprüfung nach *MAN* erhitzt ein Prüföl 50 Stunden auf eine Temperatur von 135 °C ± 1 °C und bestimmt nach der Alterung das in *Normalbenzin-Unlösliche*. Ein Prüföl wird als qualitativ ausreichend bezeichnet, wenn den Normalbenzin-Unlösliche den Wert von 0,02 Gewichtsprozent nicht übersteigt. Hochalterungsbeständige Motorenöle erfüllen vorstehende Forderung selbst bei einer Alterungsdauer von 100 ... 200 h.

Tafel 08.8 gibt in einer Zusammenstellung einige Prüfergebnisse für Motorenöle, die dem MAN-Alterungstest unterworfen worden waren und für die das Ansteigen des Normalbenzin-Unlöslichen und der dabei entstandene Verlust durch Verdampfung gemessen wurde.

Tafel 08.8 MAN-Testergebnisse von geeigneten und ungeeigneten Motorenölen

Prüfung nach Alterung	Prüfdauer h	nicht ausreichend alterungsbeständiges Motorenöl Gewichts-%	alterungsbeständiges Motorenöl Gewichts-%
In Normalbenzin Unlösliches bei Erhitzen auf 135 °C	50 100 200	0,12 0,32 0,71	unter 0,02 unter 0,02 unter 0,02
Verdampfungsverlust nach Noack, bei Erhitzen auf 135 °C	50 100 200	1,16 1,9 3,0	0,9 1,7 3,0

08.6 Kraftstoffe und Heizöle

08.6.1 Ottokraftstoffe (DIN 51 756)

Als wichtigste Vertreter dieser Kraftstoffgruppe wären zu nennen: *Benzin, Petroleum, Benzol, Methanol* (Methylalkohol) und *Äthanol* (Äthylalkohol).

Benzin aus der atmosphärischen Destillation, aus Crackprozessen des Erdöles oder als Synthesebenzin aus der Kohleverflüssigung kommt als Treibstoff für Schiffsantriebsanlagen nur soweit in Betracht, als es sich um Schnellboote von Kriegsmarineflotten, um Rettungsboote, Sportboote oder besondere Einsatzfahrzeuge handelt. *Benzol* dient als Zusatz zu Benzin, um die Klopffestigkeit des Benzins zu erhöhen. *Methanol* und *Äthanol* sollen in Zukunft Benzin zugemischt werden, um den Mineralölanteil im Kraftstoff zu vermindern. Eine breite Verwendung ist derzeit aber noch nicht möglich, weil ausreichende Produktionsanlagen für diese Alkohole fehlen. *Petroleum* wird heute nur noch vereinzelt für kleine Fischereifahrzeuge eingesetzt, kommt dagegen unter der Bezeichnung *Kerosin* als Gasturbinenkraftstoff für Kriegsmarinefahrzeuge zur breiten Verwendung.

Die *Dichte* der Benzine aus Erdöl hängt von der Kohlenwasserstoffgruppierung der Erdöle ab. Paraffinbasische Benzine haben Dichtewerte ab $\rho = 0{,}700$ g/cm³, naphthenbasische und naphthenisch-aromatische Benzine bis $\rho = 0{,}76$ g/cm³. Die durch *Kohleverflüssigung* nach dem *Fischer-Tropsch*-Verfahren erzeugten Benzine zeigen Dichtewerte von $\rho = 0{,}673$ bis $0{,}700$ g/cm³. Bezugstemperatur aller Dichteangaben ist heute ausnahmslos 15 °C, auch in den angelsächsischen Ländern.

Ottokraftstoffe werden auf Grund ihres Verhaltens bei der Verbrennung beurteilt. Bei zu rascher Verbrennung, bedingt durch sehr hohen Gehalt an Wasserstoff im Molekül, beginnt der Motor zu *klopfen* (*klingeln*). Ein Maß für das Verbrennungsverhalten ist die *Klopffestigkeit* (DIN 51 756). Ausreichende Klopffestigkeit eines Kraftstoffes sichert einen normalen Verbrennungsablauf. Ungenügende Klopffestigkeit führt zu steigender Erwärmung von Kolben und Zylinder und damit zum Leistungsabfall. Außerdem können auch Motorschäden entstehen. Benzine aus naphthenischen und naphthenisch-aromatischen Rohölen sind klopfester, als die aus paraffinbasischen Rohölen. Durch das sogenannte „Reforming" können aber Benzine aus paraffinbasischen Rohölen durch Entzug von Wasserstoff klopfester werden.

Die Höhe der Klopffestigkeit wird durch die *Octanzahl* bestimmt. Diese Zahl gibt die Volumenprozente *Isooctan* eines Gemisches mit *Heptan* an, das bei der Prüfung im Motor gleiche Klopffestigkeit liefert, wie das Prüfbenzin. Als Prüfmethode gilt ausschließlich die Motorprüfung im *CFR*- oder *BASF-Motor*. Je nach der Prüfmethode spricht man von der *ROZ* (*Research-Octan-Zahl*) oder der *MOZ* (*Motor-Octan-Zahl*).

Die Klopffestigkeit kann durch Zumischung von Benzol oder Alkohol, bzw. durch Zusatz von *Antiklopfmitteln* erhöht werden. Durch Gesetz ist die Zusatzmenge des Antiklopfmittels *Bleitetraäthyl* beschränkt.

Die *Siedeanalyse* gibt Hinweise auf die *Startfreudigkeit* von Benzin bei tiefen Temperaturen. Durch Eintragen der Siedeanalysen-Daten in einem Diagramm erhält man die *Siedekurve*. Der untere Teil der Siedekurve kennzeichnet die *Vergasbarkeit* und die Bildung eines zündfähigen Gemisches. Sogenannte *Siedeschwänze* (Anteile, die über 200 °C sieden) können durch *Wandkondensation* Kraftstoffeinbrüche in das Schmieröl verursachen.

Normale Benzine erfüllen die Forderung auf *Kältebeständigkeit* ohne weiteres, Benzin-Benzol-Gemische mit einem Benzolanteil bis zu 50 % sind dagegen nur bis −25 °C frostsicher.

Korrosionen in Ottomotoren können durch unverbrannten Kraftstoff, durch Verbrennungsprodukte oder einfache Wasserkorrosion entstehen. Da Zink durch Bleitetraäthyl angegriffen wird, ist das Lagern verbleiter Benzine in verzinkten Behältern unzulässig. Bleitetraäthyl greift auch Metalle in Verbrennungsräumen an. Die Auspuffgase der mit Alkohol gemischten Benzine enthalten größere Mengen *Essig-* und *Ameisensäure*, die Auspuffleitungen angreifen. Vergaserteile aus Leichtmetall werden durch Benzin-Methanol-Gemische angegriffen und können Störungen verursachen. Deshalb müssen bei Einsatz von Benzin-Methanol-Kraftstoffen Vergaserteile aus anderen Werkstoffen bestehen.

Als *Heizwert* wird heute gemäß DIN 51 900 nur der *untere* Heizwert verstanden, während der *obere* Heizwert als *Brennwert* bezeichnet wird. Die Heizwerte einiger Otto-Kraftstoffe sind in Tafel 08.9 wiedergegeben.

Tafel 08.9 Heizwerte einiger Ottokraftstoffe

Kraftstoff	Benzin	Motoren-Benzol	Äthanol	Methanol	Petroleum
Heizwert kJ/kg	44 500	41 000	27 300	19 900	42 700
kcal/kg	10 400	9 600	6 400	4.650	10 000
Heizwert kJ/l	32 800	36 300	21 700	13 800	35 500

Der Brennwert liegt ungefähr 6 % über dem Heizwert.

08.6.2 Dieselkraftstoffe, Brennöle für Gasturbinen und Heizöle für Kessel

Brennöle dieser Gruppe umfassen Mineralölprodukte, die vom Marine-Gas-Öl bis zum schweren Marine-Kesselheizöl reichen. Sie unterscheiden sich durch unterschiedliche Viskosität, Siedeverhalten, Verbrennungseigenschaften, chemische Zusammensetzung usw.

Zwischen Brennstoffen aus Destillatölen und Rückstandsölen bestehen grundsätzliche Unterschiede, die sich im Betriebsergebnis niederschlagen.

Das *Siedeverhalten* von Destillatölen wird gleich der Siedeanalyse für Ottokraftstoffe gemäß Norm DIN 51 751 bzw. ASTM D-86 überprüft. Mit Rücksicht auf beginnende Crackvorgänge wird der Siedeprozeß im vorliegenden Fall bei 350 °C abgebrochen und die bis dahin überdestillierte Menge in Volumenprozenten bestimmt.

Von besonderer Bedeutung für Dieselkraftstoffe ist die *Zündwilligkeit*, die vom Wasserstoffgehalt im Molekül sehr wesentlich abhängt. Die Zündwilligkeit wird nach Vorschrift DIN 51 773 oder ASTM D-613-65 bestimmt. Die Zündwilligkeit ist die Eigenschaft eines Kraftstoffes in einem nach dem Dieselprinzip arbeitendem Motor selbst zu zünden.

Zur *Selbstentzündung* ist bei jedem Kraftstoff außer Zerstäubung, Druck und Temperatur ein Intervall zwischen Einspritzbeginn und der feststellbaren Verbrennung (*Zündverzug*) erforderlich. Die Zündwilligkeit eines Kraftstoffes kann nur in einem Prüfmotor (CFR- oder BASF-Prüfmotor) bestimmt werden. Der Zündverzug wird in Grad Kurbelwinkel gemessen.

Wird bei schnellaufenden Dieselmotoren der Zündverzug größer als 0,002 s, so sammelt sich vor der Entflammung eine so unerwünscht große Kraftstoffmenge im Hubraum an, daß infolge schlagartiger Verbrennung Klopfen eintritt und die Triebwerksteile bedenklich beansprucht werden. Bei langsamlaufenden Dieselmotoren sind die Anforderungen hinsichtlich der Zündwilligkeit wesentlich geringer, da für den Ablauf der Verbrennung mehr Zeit vorhanden ist.

Die Zündwilligkeit wird durch die *Cetanzahl* ausgedrückt (früher durch die Cetenzahl). Dabei wird dem *Cetan* die Zahl 100 und dem sehr schwer zündenden *Methylnapthalin* die Zahl 0 zugeteilt. Entsprechend der Octanzahl bei Ottokraftstoffen ist die Cetanzahl die Volumenmenge Cetan in einem *Cetan-Methylnaphtalin-Gemisch*, die dem Versuchskraftstoff in seinem Zündverhalten im Prüfmotor entspricht. Das früher verwendete *Ceten* als Bezugskraftstoff wurde fallen gelassen, weil Ceten nicht lagerbeständig ist. Es entsprechen 87,5 Cetan-Zahl-Einheiten 100 Ceten-Zahl-Einheiten.

Für die Gewährleistung sicheren Zündens schnellaufender Dieselmotoren ist eine Cetanzahl von mindestens 40 erforderlich. In langsamlaufenden Dieselmotoren ist eine Zündung auch bei einer Cetanzahl unter 30 möglich. Für extrem *zündunwillige* Kraftstoffe hatte man früher die Dieselmotoren mit zündwilligen Kraftstoffen angefahren und erst nach Warmlauf auf den zündträgen Kraftstoff umgestellt. Heute wird durch Vorwärmen der Verbrennungsluft das Starten der Motoren erleichtert.

Wenn es nicht möglich ist von einem Brennstoff die Cetanzahl zu bestimmen oder zu berechnen, kann der *Dieselindex* gewisse Hinweise über die Zündwilligkeit liefern, da er mit den im Brennstoff enthaltenen Kohlenwasserstoffgruppen (Paraffine, Naphthene und Aromaten) einigermaßen zusammenhängt. Die Höhe des Dieselindex liegt zahlenmäßig etwas über der Cetanzahl. Eine allgemeine Überbewertung der Zündwilligkeit findet statt, wenn der Brennstoff einen hohen Anteil an Isoparaffinen enthält, die an sich eine geringe Cetanzahl aufweisen.

Aus vorstehenden Gründen ist die Verwendung des Dieselindex nur mit Einschränkungen möglich. Der Dieselindex ist nicht anwendbar, wenn der Dieselkraftstoff zündverbessernde Additive enthält. Die Berechnung des Dieselindex erfolgt nach der Formel:

$$\text{Dieselindex} = \frac{\text{Dichte in API-Graden mal Anilinpunkt in °F}}{100}$$

Für handelsübliche Destillat-Dieselkraftstoffe beträgt der Dieselindex 30 bis 80.

Die in der internationalen Schiffahrt verwendeten Bezeichnungen für die verschiedenen Brennstofftypen sind sehr unterschiedlich und haben folgende Kennzeichnungen:

Marine-Gas-Oil, Marine-Diesel-Gas-Oil, Marine-Diesel-Medium, Bunker-Gas-Öl, Schiffahrts-Gasöl

Marine-Diesel-Fuel, Marine-Diesel-Oil, Bunker-Diesel-Oil, Schiffahrts-Dieselöl

Marine-Intermediate-Fuel, Intermediate-Fuel-Oil, Thin-Bunker-Fuel-Oil, Medium-Marine-Fuel-Oil, Light-Marine-Fuel-Oil, Bunker-Schweröl, Schweröl

Marine-Bunker-Fuel, Marine-Boiler-Fuel-Oil, Bunker-Fuel-Oil, Bunker-Heizöl, Bunker-C-Fuel

Marine-Gas-Oil ist ein reines Destillat, das sich von dem Dieselkraftstoff der Landtankstellen nur durch höhere Dichte, etwas höheres Siedeende und durch einen gesetzlich vorgeschriebenen, höheren Flammpunkt von wenigstens 60 °C unterscheidet. Für Landfahrzeuge ist demgegenüber ein Flammpunkt von mindestens 55 °C genormt.

Marine-Diesel-Fuel ist in den meisten Fällen ein reines Destillat. Es kommt aber vor, daß anstelle eines reinen Destillates ein Gemisch aus Destillat mit kleineren Mengen eines schweren Produktes geliefert

Tafel 08.10 Lieferbedingungen für Kraftstoffe von Verbrennungsmotoren nach British Standard Institute „BS 28 59", Ausgabe 1970

		Klasse A-1	Klasse A-2	Klasse B-1	Klasse B-2
Viskosität bei 40 °C	cSt	1,5...5,9	1,5...5,9	bis 14	bis 14
Cetanzahl mindestens		50	45	35	–
Verkokungsrückstand (Conradson)	max. Gew.-%	0,2	0,2	0,2	1,5
Bei Destillation bis 357 °C gehen über	min. Vol.-%	90	90	–	–
Flammpunkt nach P.M. im geschlossenen Tiegel (c.c.)	min. °C	55	60	60	60
Wassergehalt	Vol.-%	0,05	0,05	0,1	0,25
Sedimente	Gew.-%	0,01	0,01	0,02	0,05
Aschegehalt	Gew.-%	0,01	0,01	0,01	0,02
Schwefelgehalt	Gew.-%	0,5	1,0	1,5	1,8
Kupferstreifen-Korrosionstest	max.	1	0	–	–
Cloudpoint: Sommer: März/Nov.	max. °C	0	1		
Winter: Dez./Febr.	max. °C	–7	–7		
Pourpoint	°C	–	–	0	+3

wird. In einem solchen Fall muß das Produkt die zusätzliche Bezeichnung „blendet type" erhalten.
In den Europäischen Ländern wird als Grundlage für Lieferbedingungen von Dieselkraftstoffen nach wie vor die Norm von *British Standard Institute* „BS 2869", Ausgabe 1970 angesehen. In Tafel 08.10 ist diese Norm wiedergegeben. In dieser Zahlentafel bedeuten:

- Klasse A-1: Gasöl für Landfahrzeuge,
- A-2: Gasöl für Schiffahrt,
- Klasse B-1: Marine-Diesel-Fuel (reines Destillat),
- B-2: Marine-Diesel-Fuel (blended type).

Intermediate-Fuel-Oil besteht aus einer Mischung von Marine-Gas-Oil oder Marine-Diesel-Fuel mit Marine-Bunker-Fuel-Oil. Bisher wurden Produkte dieser Gruppe durch Angabe der Viskosität in Redwood I sec. bei 100 °F oder in Saybolt-Sec.-Universal bei 100 °F unterschieden. Die neue internationale Norm (ISO) schreibt vor, daß die Viskosität ausschließlich in mm^2/s bzw. Centistokes bei 50 °C angegeben wird. Die Ölbezeichnung gibt gleichzeitig die Viskosität an.

Neue Bezeichnung	Alte Bezeichnung	Neue Bezeichnung	Alte Bezeichnung
LMFO 30	LMFO 200	LMFO 180	LMFO 1500
LMFO 40	LMFO 300	LMFO 240	LMFO 2000
LMFO 60	LMFO 400	LMFO 280	LMFO 2500
LMFO 80	LMFO 600	LMFO 320	LMFO 3000
LMFO 100	LMFO 800	LMFO 380	LMFO 3500
LMFO 120	LMFO 1000	LMFO 420	LMFO 4000
LMFO 150	LMFO 1200	LMFO 460	LMFO 4500

Marine-Bunker-Fuel-Oil besteht in der Hauptsache aus Rückstandsölen. Daher ist seine Qualität der eines Rückstandsöles aus der atmosphärischen Destillation, der aus Vacuum-Destillation mit Visbreaker oder der aus dem Crackprozeß etwa gleich. Tafel 08.11 gibt eine Zusammenstellung von Rückstandsölen aus Raffinerieprozessen und vergleicht diese mit den in Zukunft voraussichtlich lieferbaren Brennstoffen für die Schiffahrt.

Um die Viskosität eines Rückstandöles aus der Vacuum-Destillation so weit zu reduzieren, daß das Produkt auch nach Durchgang durch den Visbreaker pumpfähig wird, ist eine zusätzliche Verdünnung mit Crack-Gasöl erforderlich. Die Visbreaker-Behandlung erspart etwa 10 % Gasölzusatz.

Infolge der in vielen Ländern bestehenden oder in Vorbereitung befindlichen Gesetze gegen die Luftverschmutzung werden Brennöle mit höherem *Schwefelgehalt* mehr und mehr für den Verbrauch auf See vorgesehen, während für Landanlagen schwefelärmere Öle geliefert werden. Einige Küstenländer haben überdies die küstennahen Meere, innerhalb der 12-Meilen-Zone, als geschützte Zonen festgelegt. In den USA überwacht die Coast-Guard diesen Küstenstreifen mit Schiffen und Flugzeugen und belegt den Kapitän jedes Schiffes mit qualmendem Schornstein mit hohen Geldstrafen.

Aus vorstehenden Gründen ist daher nicht zu erwarten, daß die aus der Nordsee kommenden Rohöle mit ihren sehr niedrigen Schwefelgehalten für Schiffahrtszwecke eingesetzt werden. Das aus Alaska kommende Rohöl wird vorwiegend in Raffinerien der Westküste der USA verarbeitet und es ist daher durchaus möglich, daß Marine-Fuel-Oils auch aus Alaska-Ölen einmal ihren Weg an Bord finden. Die Tafel 08.12 gibt die wichtigsten Analysendaten von Rückstandsölen aus atmosphärischer Destillation aus Nordsee- und Alaska-Rohölen.

Die vom British Standard Institute herausgegebene Norm „BS 28 69", Ausgabe 1970 über Kesselheizöle unterscheidet 6 Klassen C bis H. Die Klassen C-1 und C-2 betreffen reine Destillatöle, die als leichte Heizöle für Wohnungsheizungen infrage kommen. Bei der Klasse D bis H handelt es sich um Brennstoffe, die sowohl als Heizöle für Kesselfeuerungen, als auch als Kraftstoffe langsam- und mittel-

Tafel 08.11 Analysendaten von Rückstandsölen aus Raffinerieprozessen und voraussichtliche Analysendaten zukünftiger Schiffahrts-Brennöle

Raffinerie-Prozeß	Atmosphär. Destillation heute	F.C.C.-Verfahren	Vaccum-Destillation mit Visbreaker	Prognose für zukünftige Schiffahrts-Brennstoffe nach Vorstellungen von			
				Esso	Mobil-Oil	BP	Shell
Dichte bei 15 °C kg/l	0,96...0,98	0,98...1,1	0,98...1,1	0,99	0,998	0,99	0,99
Viskosität mm^2s (cSt)/50 °C	230...370	1000	3000	480...600	250...400	460...690	460...600
Redw. I. s./100 °F	2000...3500	9500	29000	4800...6000	2300...3800	4500...7600	4500...6000
Pourpoint °C	10−24	20−30		30	27	30	24...30
Verkokungs-Rückstand (Conradson) Gew.-%	8		12...17	20		22	20
Asphaltene Gew.-%	4		10...20	10,5...14	6	10...15	
Schwefelgehalt Gew.-%	2,6			5,0...5,5	5	5	4,5...5,0
Aschegehalt Gew.-%				0,1...0,2		0,1...0,2	0,1...0,15

Tafel 08.12 Analysenwerte von Rückstandsölen aus atmosphärischer Destillation der Nordsee- und Alaska-Rohöle

		Nordsee-Rohöl	Alaska-Rohöl
Dichte bei 15 °C	kg/l	0,916	0,966
Viskosität mm²/s(cSt) bei 50°C		90	460
Redw. I. sec. 100°F		700	4500
Verkokungsrückstand (Conradson)	Gew.-%	3	8
Pourpoint	°C	35	18
Schwefelgehalt	Gew.-%	0,5	1,5
Vanadiumgehalt	ppm	5	70
Siedegrenze	°C	343	343

schnellaufender Dieselmotoren eingesetzt werden. Bei der derzeitigen und zukünftigen Mineralölsituation ist es mehr als fraglich, ob die in der Norm festgelegten Lieferbedingungen überhaupt eingehalten werden können. Es ist viel wahrscheinlicher, daß die in Tafel 08.11 aufgeführten Analysenwerte zukünftiger Brennstoffe als Richtwerte für Brennöle angenommen werden müssen.

Der Einsatz von Gasturbinenanlagen in Schiffen der Handelsflotten hat die Anzahl der Brennöltypen erweitert, vor allem auch durch die Forderungen von Gasturbinenherstellern Militärspezifikationen auch für Anlagen der Handelsmarine anzuwenden.

Die Auswahl der *Gasturbinen-Kraftstoffe* richtet sich nach deren Bauart. In Schiffen werden sowohl *Industrie-Gasturbinen*, als auch für den Schiffsbetrieb modifizierte, kompakt bauende *Flugzeug-Gasturbinen* eingesetzt. Die Industrie-Gasturbine konsumiert ohne besondere Vorkehrungen die für Dieselmotoren geeigneten Marine-Diesel-Fuels und leichte Heizöle. Für die gleichen Gasturbinen ist auch die Verbrennung höher viskoser Intermediate-Fuel-Oils und Marine-Fuel-Oils möglich, wenn vor deren Einsatz eine Aufbereitung erfolgt, um die in solchen Brennölen in mehr oder minder großen Mengen enthaltenen Aschebildner und Schwefelverbindungen so weit es geht auszuscheiden oder in eine für die Turbine weniger schädliche Form umzuwandeln. Zu dieser Aufbereitung gehört das *Waschen* des Brennöles mit Frischwasser, eine anschließende, intensive *Entwässerung*, unter Zuhilfenahme emulsionsbrechender Zusätze und schließlich die Zugabe von Kalzium- und Magnesiumverbindungen zur Erhöhung des Schmelzpunktes der Ölasche. Die Kosten für die Aufbereitung des Kraftstoffes, sowie das Inkaufnehmen korrosiver Angriffe auf Turbinenschaufeln und anderen Turbinenteilen mit anschließender Reparatur können sehr hoch werden. Trotzdem wird es sich bei den derzeitigen hohen Brennstoffpreisen lohnen das billigere Rückstandsöl anstelle eines hochwertigen, aschefreien Destillatöles einzusetzen.

Wie weit es möglich ist einen schweren Gasturbinen-Kraftstoff durch Aufbereitung zu verbessern, zeigt Tafel 08.13.

Obwohl die für den Einbau in Seeschiffen modifizierten Flugzeugturbinen in Bezug auf den Kraftstoff etwas weniger empfindlich sind, als die Turbinen der Flugzeug-Strahltriebwerke, sind doch eine Reihe von Vorschriften bei der Auswahl der Kraftstoffe zu beachten. In Tafel 08.14 sind Destillat-Kraftstoffe aufgeführt, die in navalisierten Flugzeug-Gasturbinen geeignet sind und die von den meisten Herstellern zugelassen werden. In der Praxis hat sich allerdings die Öltype 2-GT der ASTM-Specification D-28 80-71 sowohl für Schiffe der Kriegsflotten, als auch der Handelsschiffahrt eingeführt, weil vorerst diese Öltype weltweit erhältlich ist.

Allgemein sollen Gasturbinen-Kraftstoffe folgende Eigenschaften besitzen:

1. *Ausreichende Flüchtigkeit*, die vom Siedeverhalten des Brennstoffes abhängt. Für das Startvermögen ist die Temperatur wichtig, bei der während eines Destillationstests die ersten 10 % des Kraftstoffes überdestillieren.

Bei Einsatz schwerer Destillatkraftstoffe kann es manchmal nützlich sein, die Turbine mit einem

Tafel 08.13 Analysendaten eines nicht aufbereiteten und eines durch Waschen und Aufbereitung verbesserten Gasturbinen-Kraftstoffes

			ungewaschener Kraftstoff	gewaschener Kraftstoff	gewaschener und aufbereiteter Kraftstoff
Viskosität bei mm²/s (cSt)		50 °C	80	80	80
Redw.I. sec. bei		100 °F	600	600	600
Dichte		kg/l bei 15 °C	0,92	0,92	0,92
Oxidasche bei 525 °C		ppm	285	180	1008
Natrium		ppm	1,5	—	—
Kalzium		ppm	2,2	—	—
Vanadium		ppm	77	76	76
Magnesium		ppm	4,0	—	157
Verhältnis Mg zu V					2,06
Hafttemperatur der Asche		°C	600	600	über 900

Tafel 08.14 Lieferbedingungen für Gasturbinenkraftstoffe (Destillatöle) nach ASTM D-28 80-71 und US-Navy Mil-F-24 397 Ships

Brennöltypen		ASTM-Specification D-28 80-71				US-Navy Mil-F-24 397 Ships
		1-GT	2-GT	3-GT	4-GT	
Destillation bei °C, wobei übergehen						
10 %		–	–	–	–	260
20 %		–	–	–	–	–
50 %		–	–	–	–	340
90 %		288	282...336	–	–	393
95 %		–	–	–	–	407
Viskosität bei 40 °C	mm²/s (cSt)	1,3...2,4	1,9...4,2	min. 5,7	min. 5,7	10
Aschegehalt	Gew.-%	0,01	0,01	0,03	–	0,01
Pourpoint	max. °C	–18	–7	–	–	–4
Flammpunkt (c.c.)	min. °C	38	38	54	65	65
Explosionsneigung	%	–	–	–	–	50
Wasser u. Sedimente	Vol. %	0,05	0,05	1,0	1,0	0,02
Schwefelgehalt	max. Gew.-%	0,5	0,5	–	–	1,30
Verkokungsrückstand (Conradson)	max. Gew.-%	0,15	0,35	–	–	0,4
Kupferstreifen-Korrosionstest		–	–	–	–	2
Emulsionsbruch nach	min.	–	–	–	–	20
Cetanzahl	min.	–	–	–	–	30
Dichte bei 15 °C	kg/l	0,8499	0,8762	–	–	0,8927
Vanadiumgehalt	ppm	2	2	2	500	0,5
Natrium + Kalium	unter ppm	5	5	5	10	–
Blei	ppm	5	5	5	5	–
Kalzium	ppm	5	10	10	10	–
Verhältnis Mg zu V		–	–	–	3,0...3,5	–

dünnflüssigen Kraftstoff anzufahren und erst nach Warmlauf auf den schwereren Kraftstoff umzuschalten.

2. *Geringen Schwefelgehalt*, weil Schwefel in Verbindung mit Sauerstoff und den im Brennstoff enthaltenen metallorganischen Verbindungen Reaktionsprodukte bildet, die sehr korrosiv sind und darüber hinaus Ablagerungen von Ascheschmelzen auf den Turbinenschaufeln aufbauen. Durch die Auswahl neuer Werkstoffe für Turbinenschaufeln und durch Schaufelüberzüge kann der korrosive Angriff des Brennstoffschwefels einigermaßen in Grenzen gehalten werden.

3. *Günstige Verbrennungseigenschaften*, die Ölkohleablagerungen in der Brennkammer der Gasturbine auf ein Mindestmaß beschränken. Um Abbrände durch örtliche Überhitzungen in der Brennkammer auszuschließen, soll der Brennstoff mit kürzerer und weniger leuchtender Flamme verbrennen.

4. *Geringe Kraftstoffverschmutzung*. Diese Bedingung bezieht sich nicht nur auf Kraftstoffe der Verbrennungskraftmaschinen, sondern auch auf ölgefeuerte Dampfkessel. In Gasturbinen des Flugzeugtyps muß dieser Frage besondere Bedeutung beigemessen werden, da alle Teile der Brennkammer mit höchstzulässiger Temperatur betrieben werden und eine Verstopfung einzelner Düsen durch Schmutz dazu führt, daß der hier nicht konsumierte Kraftstoff den übrigen Düsen zugeführt wird, wobei Schäden durch Überhitzungen vorkommen können.

Die in Tafel 08.14 genannten Brennöltypen haben folgende Eigenschaften:

1-GT: Flüchtiges, sauber verbrennendes Destillat.

2-GT: Destillat mit wenig Asche und mittlerer Flüchtigkeit, geeignet für Gasturbinen, die nicht 1-GT benötigen.

3-GT: Ein wenig flüchtiges Brennöl mit wenig Asche. Es bildet aber bei der Verbrennung Rückstände.

4-GT: Ein wenig flüchtiges Brennöl, bei dem der Aschegehalt nicht begrenzt ist. Das Öl bildet bei der Verbrennung Rückstände.

Wenn man die Auslieferungsmengen der Bunkerstationen weltweit betrachtete, konnte man feststellen, daß unter den verschiedenen Kraftstoffen Intermediate-Fuel-Oils und Marine-Fuel-Oils bei weitem überwiegen und unter der Gruppe der Intermediate-Fuel-Oils die Viskosität von 180 cSt/50 °C (1500 Redw. I. sec./100 °F). Marine-Diesel-Fuels verbrauchen nur kleinere und mittlere Küstenmotorschiffe, Fährschiffe und die Hilfsdiesel der Hochseeschiffe. Eine Reihe älterer, auf den Betrieb mit Schweröl umgestellter Schiffe verbrennt heute noch während der Revierfahrt in der Hauptmaschine Marine-Diesel-Fuel.

Tafel 08.15 Analysendaten von Intermediate-Fuel-Oils der Viskosität 180 cST/50 °C in Abhängigkeit von der Rohölqualität (*Mobil-Oil*)

		Mittlerer Osten			Nord-Afrika Amal	Venezuela Bachaquero
		Gach Saran	Kuwait	Safaniya		
Schwefelgehalt	Gew.-%	2,3	3,8	3,9	0,25	2,3
Verkokungsrückstand (Conradson)	Gew.-%	8,4	8,5	9,4	5,7	9,6
Vanadiumgehalt	ppm	170	43	100	2	335
Pourpoint	°C	16	7	−4	38	−12
Dichte bei 15 °C	kg/l	0,949	0,949	0,952	0,904	0,959

Tafel 08.16 Analysenwerte von Intermediate-Fuel-Oils unterschiedlicher Viskositäten aus ein- und demselben Rohöl (*Mobil-Oil*)

Rohölbasis	Eigenschaften		Viskositäten in mm²/s (cSt)/50 °C		
			LMFO 380	LMFO 180	LMFO 70
Arabian Light	Schwefelgehalt	Gew.-%	3,4	3,1	2,8
	Verkokungsrückst. Conradson	Gew.-%	9,1	7,9	6,2
	Vanadiumgehalt	ppm	31	26	21
	Dichte bei 15 °C	kg/l	0,966	0,963	0,934
Langunillas (Venezuela)	Schwefelgehalt	Gew.-%	2,3	2,1	1,8
	Verkokungsrückst. Conradson	Gew.-%	12,3	10,5	9,6
	Vanadiumgehalt	ppm	250	210	195
	Dichte bei 15 °C	kg/l	0,972	0,953	0,940

Die Situation auf dem Brennstoffsektor ändert sich aber zusehends und selbst in der Küstenmotorschiffahrt besteht die ernste Absicht von Marine-Diesel-Fuel auf die wesentlich billigeren, leichten Rückstandsöle umzustellen, um die Kraftstoffkosten zu senken.

Intermediate-Fuel-Oils, die aus einer Mischung von Marine-Fuel-Oil mit relativ geringen Mengen Destillat bestehen, zeigen in ihren Analysen die starke Abhängigkeit von dem Marine-Fuel-Oil und damit letzten Endes von dem Rohöl, aus dem diese Mischung hergestellt wurde (Tafel 08.15).

Aus den gleichen Gründen sind die Unterschiede in den Analysendaten unterschiedlicher Brennstoff-Viskositäten ein- und desselben Ausgangsrohöles relativ gering (Tafel 08.16).

Das bisherige Verteilungssystem für die Versorgung mit Rohöl in der Welt ist im wesentlichen von den aufzuwendenden Transportkosten abhängig gewesen. Selbst unter der derzeitigen Situation sind die Ölgesellschaften bemüht das einstige Verteilungssystem auch heute noch, soweit wie möglich forzuführen. Es kann aber geschehen, daß für längere Zeit auch Rohöle anderer Provenienz zur Verarbeitung gelangen. Es ist deshalb heute kaum möglich auf Grund der Standorte der Raffinerien auf den Ursprung der verarbeiteten Rohöle zu schließen.

Aufbereitung der Brennöle

Die bisherige *Reinigung* eines Brennstoffes beschränkte sich im allgemeinen auf das Ausscheiden von Wasser und eventuell festen Rostbestandteilen aus Rohrleitungen und Brennstofftanks. Bei heutigen Rückstands-Brennstoffen müssen aber auch die aus Crackprozessen mitgeführten *Feststoffteilchen* der Katalysatoren ausgeschieden werden, da diese eine äußerst abrasive Wirkung ausüben und Brennerteile von Kesselfeuerungen, Einspritzorgane, Zylinder und Kolbenringe von Dieselmotoren verschleißen. Aus diesem Grund ist die Verwendung von *Homogenisatoren* ohne Vorbehandlung mittels Separator oder Filter *unzulässig*.

Das Ausscheiden von Wasser aus Marine-Fuel-Oils ist im allgemeinen nur bis zu Dichtewerten $\rho = 0,99$ kg/l möglich, bei Seewasser bis zu $\rho = 1,0$ kg/l. Durch Zugabe von Magnesiumsulfat ($MgSO_4$) zum Verschlußwasser der Separatortrommel lassen sich Brennstoffe bis zu einer Dichte von $\rho = 1,05$ kg/l zentrifugieren.

Die Ölindustrie hat in Kenntnis der *Separierschwierigkeiten* ihre Bunkerstationen angewiesen, Brennöle mit Dichtewerten von mehr als 1,0 kg/l nur noch an Dampfturbinenschiffe zu liefern, in der Annahme, daß Dampfkessel jeden Brennstoff akzeptieren. Demgegenüber muß aber gesagt werden, daß Hochleistungs-Dampfkessel bezüglich Brennstoffqualität nicht so immun sind, wie bisher angenommen wurde.

Wie im Abschnitt 08.5.1 (Dichte) erwähnt wurde, sinkt die *Leistung eines Separators* mit der Viskosität des zu separierenden Öles. Da die Vorwärmtemperatur für einen wasserhaltigen Brennstoff mit 99 °C begrenzt ist, muß der Durchsatz höher viskoser Öle im Separator reduziert werden, um die Verweilzeit des Öles in der Trommel zu verlängern und den Reinigungseffekt zu verbessern. Die Viskosität eines Marine-Fuel-Oils von beispielsweise 460 $mm^2/s(cSt)/50$ °C (LMFO 460) sinkt durch Vorwärmen auf 95 °C auf 35 $mm^2/s(cSt)$. So ein Brennstoff läßt sich zufriedenstellend reinigen, wenn der Durchsatz im Verhältnis der Viskositäten vermindert wird. Ein Separator, dessen Durchsatzleistung für einen Brennstoff von 30 $mm^2/s(cSt)/50$ °C (200 Redw. I. sec. 100 °F) mit 12 000 l/h angegeben wird, darf zur Reinigung von LMFO 460 nur noch mit rund 3000 l/h beaufschlagt werden.

Viele an Bord eingebaute Separatoren sind zu klein und werden deshalb überlastet betrieben, um die erforderliche Menge des Tagesverbrauches durchzusetzen. Im Hinblick auf die schlechter und viskoser werdenden Brennstoffe müssen in Zukunft wesentlich größere Separatoren eingebaut werden, um die Brennstoffe ausreichend reinigen zu können. Grundsätzlich soll ein Brennstoffseparator die Tagesverbrauchsmenge allein bewältigen können und der Stand-by-Separator nur als 100%-ige Reserve mitlaufen.

Die bisher von den Werften in aller Welt eingebauten *Tankheizungen* in den Schiffen reichen für die künftigen Brennstoffe nicht mehr aus, um den Brennstoff jederzeit pumpen zu können. Als oberste Grenze der Pumpfähigkeit wurde in dem Viskositäts-Temperatur-Diagramm für Brennöle (Bild 08.3) 1000 $mm^2/s(cSt)$ eingetragen. Bei Bunkerung schwerflüssiger Brennstoffe mit einem Pourpoint von plus 30 °C bis plus 40 °C muß das Öl so weit warm gehalten werden, daß seine Temperatur mindestens 10 °C über dem Pourpoint liegt, um Verstopfungen mit Sicherheit zu vermeiden.

In elektrisch beheizten *Endvorwärmern* der Dieselmotorenanlagen sollen alle die Teile, die mit dem Brennstoff in unmittelbare Berührung kommen, keinesfalls aus Buntmetallen bestehen, da Buntmetalle infolge katalytischer Wirkungen die Oxidation des Brennstoffes beschleunigen und dadurch den Aufbau von Ölkohleschichten auf den Heizelementen verursachen können. Um örtliche Überhitzungen auszuschließen, soll die Heizleistung der Elemente 1,5 W/cm^2 nicht überschreiten. Die Motorenfabrik Burmeister & Wain begrenzt die Heizleistung sogar mit 1,0 W/cm^2.

Verträglichkeit bzw. Unverträglichkeit von Brennstoffmischungen

Die ständigen Warnungen der Bunkerstationen, *Brennstoffe nicht zu mischen*, wurden bisher kaum beachtet. Da mit Sicherheit eine qualitative Verschlechterung der Brennstoffe kommen wird, muß der Frage der Verträglichkeit bzw. Unverträglichkeit von Brennstoffen erhöhte Beachtung geschenkt werden, um Störungen zu vermeiden.

Die zuweilen in Brennstofftanks entstehenden Schichten dickflüssiger und dünnflüssiger Öle (layering) haben mit Ausfällungen nichts zu tun, sondern entstehen durch Entmischen von Komponenten ohne ernstere Folgen. Dagegen können asphaltartige Schlämme entstehen, wenn zwei Ölkomponenten gemischt werden, die sich infolge unterschiedlicher chemischer Zusammensetzung nicht vertragen. Es kommt dann zu sehr ernsten Betriebsausfällen.

Die erweiterten Raffinationsmethoden, die im Abschnitt 08.4 ausführlich beschrieben wurden, haben zur Folge, daß die niedrigen, wasserstoffreichen Kohlenwasserstoffverbindungen aus dem Rohöl herausgezogen werden und das übrigbleibende Rückstandsöl sich aus sehr vielen großen Molekülen mit hohem Kohlenstoffanteil zusammensetzt. Viele dieser großen Moleküle befinden sich an der Grenze ihrer Löslichkeit in der Grundmasse Öl und daher in einem labilen Zustand. Immerhin besteht aber noch so viel Gleichgewicht, daß keine Ausfällungen stattfinden.

Wird dagegen dieses Rückstandsöl mit einem anderen Öl gemischt, dessen Lösevermögen geringer ist, als das der bisherigen Grundmasse Öl im Rückstand, kommt es zu Ausfällungen von Asphaltenen großer Moleküle. Diese Instabilität entsteht auch dann, wenn die zugesetzte Komponente beispielsweise ein dünnflüssiges Gasöl ist, dessen chemische Zusammensetzung sich von der des Rückstandes grundsätzlich unterscheidet. Derartige Gleichgewichtsstörungen machen sich zuerst im Separator durch übermäßige Schlammausscheidungen bemerkbar, die unter Umständen den Separator außer Betrieb setzen. Zur gleichen Zeit sedimentieren Asphaltschlämme aber auch in den Brennstofftanks, Vorwärmern, Rohrleitungen und Filtern, Brennstoffpumpen und Einspritzventilen.

Das Ausmaß der Ausfällungen von „*Incontability*"-*Schlamm (Unverträglichkeits-Schlamm)* nimmt mit steigender Temperatur drastisch zu. Daher bringt das Erwärmen des Brennstoffes keine Besserung der Situation, sondern im Gegenteil eine drastische Erhöhung der Schlammausscheidung. Ein Maximum an Ausfällungen findet bei einer Mischung von 50% zu 50% statt. Mischungen von Crack-Gasöl (Cycle Oil) mit Vacuum-Rückstand des Visbreakers hat demgegenüber nur äußerst geringe Ausfällungen zur

Folge, weil Crack-Gasöl mit seinem hohen Gehalt an Aromaten ein sehr hohes Lösevermögen besitzt. Außerdem ist Crack-Gasöl in seiner sonstigen chemischen Zusammensetzung der eines Vacuum-Rückstandsöles sehr ähnlich.

Vorstehende Ausführungen erklären, daß jede Mischung von Brennstoffen an Bord zu Schwierigkeiten führen kann. Auch die Zumischung von handelsüblichem Marine-Gasöl oder Marine-Diesel-Fuel zu einem Rückstandsöl kann böse Folgen haben.

Die Verträglichkeit oder Unverträglichkeit eines Brennstoffes kann mittels der an sich ziemlich simplen, aber für Bordzwecke durchaus ausreichenden Tüpfeltest-Methode gemäß ASTM-Norm Nr. 1 D-27 81 einigermaßen bestimmt werden.

Die Raffinerien untersuchen die „Contability", bzw. „Incontability" von Ölmischungen, die sie im Betrieb durchführen müssen, durch sehr gründliche Voruntersuchungen im Werkslaboratorium. Sie bedienen sich dazu einer Superzentrifuge, die mit einer Zentrifugalbeschleunigung von der 700-fachen Fallbeschleunigung läuft und in der das Ölgemisch 3 h lang bei einer Temperatur von 66 °C geschleudert wird. Wenn das nach dieser Prozedur gefundene Sediment der Mischung einen Wert von 0,3 % nicht überschreitet, kann die vorgesehene Mischung als stabil bezeichnet werden.

Chemische Instabilität

Ein anderes Problem an Bord sind Störungen durch unzureichende *Oxidationsstabilität* eines Brennstoffes. Es muß hervorgehoben werden, daß diese Art von Betriebsstörungen mit „Incontability" nichts zu tun hat. Durch den Entzug des wasserstoffreichen Destillate aus einem Rohöl bleiben wasserstoffarme Rückstandsöle zurück, die gegenüber äußeren Einflüssen sehr empfindlich sind, da die freien Valenzen des Kohlenstoffs nicht durch Wasserstoffatome abgesättigt sind. Aus diesem Grund können Rückstandsöle sehr leicht oxidieren und außerdem durch Zusammenschluß von Molekülen größere Gebilde entstehen lassen (Polymerisation), die schließlich als Schlamm ausfallen. Die *Oxidationsneigung* wächst mit dem Gehalt an aromatischen Kohlenwasserstoffen, die vorwiegend in Crackrückständen konzentriert sind. Die Oxidationsneigung wächst mit der Temperatur. Daher sollten Brennstoffe aus Rückstandsölen nur auf so hohe Temperaturen in den Vorratstanks vorgewärmt werden, daß sie gerade noch pumpfähig bleiben.

Der durch Oxidation und Polymerisation entstehende Schlamm setzt sich ab und verursacht Betriebsstörungen in gleicher Weise, wie der Schlamm durch Unverträglichkeit von Ölmischungen (Incontability).

Zündwilligkeit von Brennstoffen und Höhe des Verkokungsrückstandes

Bei Durchsicht älterer Betriebsvorschriften für Schiffsdieselmotoren wird im Kapitel „Brennstoffe" die Qualität des Kraftstoffes neben anderen Analysenwerten vor allem auch nach der Höhe des Verkokungsrückstandes und die Zündwilligkeit nach der Cetanzahl beurteilt.

Die drastische Qualitätsverschlechterung der Brennstoffe hat die Motorenhersteller veranlaßt, umfangreiche Prüfläufe mit Brennstoffen minderer Güte, vor allem auch im Teillastgebiet durchzuführen. Dabei hat sich gezeigt, daß langsamlaufende Zweitaktmotoren und Mittelschnelläufer durchaus in der Lage sind, auch Kraftstoffe minderer Qualität zu verbrennen, wenn der Einspritzzeitpunkt, der niedrigen Cetanzahl angepaßt, genügend vorverlegt und die Verbrennungsluft bis etwa 80 °C vorgewärmt wird. Darüber hinaus hat sich ein Anheben der Kühlwassertemperatur um etwa 10 °C als vorteilhaft erwiesen, obwohl die Kühlwassertemperatur dabei einen geringeren Einfluß ausübte. Vorstehende Empfehlungen von Motorenherstellern beziehen sich in erster Linie auf Anlagen, die im Teillastbetrieb gefahren werden; in der Tat ist es damit gelungen auch bei ausgesprochen minderwertigen Brennstoffen einigermaßen zufriedenstellende Betriebsverhältnisse zu erreichen.

Schäden durch Brennstoffaschen

Während der Verbrennung eines Destillatöles entstehen ausschließlich *gasförmige Produkte*, wie Kohlendioxid, Wasser, geringe Mengen Schwefeldioxid und Spuren von Stickoxiden. Demgegenüber bilden sich bei der Verbrennung von Rückstandsölen außer den vorerwähnten gasförmigen Stoffen auch noch feste, anorganische *Aschen*. Bei der Prozeßtemperatur können diese Aschen flüssig oder gasförmig sein. Diese aschebildenden Stoffe lassen sich, soweit sie nicht an das Öl chemisch gebunden sind, zum großen Teil durch Zentrifugieren oder Filtern und auch durch Auswaschen wasserlöslicher Salze entfernen. Vanadiumverbindungen, die an das Öl chemisch gebunden sind, lassen sich durch mechanische Behandlung nicht ausscheiden, wenn wir von den separierten, asphaltartigen Bestandteilen absehen, an die Vanadium gebunden ist. Chemische Prozesse zur Ausscheidung von Vanadium kommen aus Kostengründen nicht in Frage.

Sobald die feuerseitigen Oberflächen eines Verbrennungsprozesses hoch erhitzten Verbrennungsgasen ausgesetzt werden und diese Gase Metalloxide aus der Brennölasche in flüssiger Form mitführen, kann es zur Schlackenbildung und *Hochtemperaturkorrosion* kommen. Das gleiche Ergebnis ist zu erwarten, wenn halbflüssige Metalloxide mit hoher kinetischer Energie auf die Oberflächen auftreffen. Deshalb sind Schäden durch Ölaschen in Heizkesseln, Dieselmotoren und Gasturbinen sehr ähnlich.

In der Konstruktion von Kesselfeuerungen geht der allgemeine Trend zur kleineren Verbrennungskammer. Dadurch wird die Verbrennung intensiver und die Gastemperatur steigt. Mit dieser steigt aber auch die Gefahr erhöhter Schlackenbildung. Schlacke verengt die Gaskanäle und isoliert die Heizflächen, weshalb die Reinigungsintervalle kürzer werden. Mit der Schlackenbildung geht die Korrosion Hand in Hand. Es sind vor allem die *Natrium-Vanadium-Verbindungen*, die bei wechselnden Temperaturen als ständige Sauerstoffüberträger wirken. Der dabei freiwerdende Sauerstoff dringt entlang der Korngrenzen der Metallstruktur in das Materialinnere und verursacht weitgehende Zerstörungen. Darüber hinaus besitzt auch reines Vanadiumpentoxid gegenüber Stählen gewisse Lösungseigenschaften, das den Schaden noch vergrößert. Falls die Natrium-Vanadium-Oxide nicht mechanisch entfernt werden, findet eine kontinuierliche Sauerstoff-Korngrenzenkorrosion und mit ihr eine fortschreitende *Materialzerstörung* statt. Voraussetzung ist allerdings, daß mit genügendem Luftüberschuß gefahren wird.

Eine Abhilfe gegen die Ablagerungen von Brennstoffschlacken wäre die Erhöhung ihrer Schmelztemperatur, zum Beispiel durch Einblasen von Dolomit oder Magnesiumoxid. Diese Maßnahme bleibt aus naheliegenden Gründen auf Kesselfeuerungen und Gasturbinen beschränkt. Bei ungenügender Konzentration der Erdalkalioxide oder Erdalkalikarbonate kann allerdings die Korrosion zunehmen, weil dann die Schmelztemperatur der Brennölasche sogar absinken kann (Tafel 08.17).

Tafel 08.17 Einfluß der Menge Erdalkali, als Zusatz zu Brennölen, auf die Schmelztemperatur von Brennstoffaschen (Mobil-Oil)

Art des zugeführten Erdalkali-Oxids	Verhältnis Erdalkali zu Vanadiumpentoxid	Schmelztemperatur der Brennstoffasche in °C
ohne Zusatz	0 : 1	680
Magnesiumoxid	3 : 1	1170
	2 : 1	1120
	1 : 1	780
	1 : 3	645
Bariumoxid	1 : 1	650
Kalziumoxid	3 : 1	1380
	2 : 1	1015
	1 : 1	780

Neben den oxidischen Gemischen können auch Gemische mit *Natriumsulfat* entstehen, wobei die Schmelztemperatur besonders stark abnimmt. Um diesen Stoff, der zum Teil über das Seewasser in das Brennöl gelangt, rechtzeitig auszuscheiden, wird das Brennöl vor der Separation gewaschen. Zu diesem Zweck wird der Brennstoff mit Frischwasser in einem Zentrifugalmischer, unter Zugabe eines Emulsionsbrechers durchgerührt und anschließend das salzhaltige Wasser durch den Separierprozeß wieder ausgeschieden. Um ein besonders wasserfreies Brennöl zu erhalten, ist in manchen Fällen das Hintereinanderschalten von zwei Trennseparatoren ratsam.

Im Schiffsbetrieb gelangt allerdings ein Teil der Natriumsalze über die angesaugte Luft in den Verbrennungsprozeß und kann natürlich nicht mehr ausgeschieden werden. Bei Windgeschwindigkeiten von 15 km in der Stunde beträgt der Salzgehalt der Seeluft 0,009 ppm, bei 55 km in der Stunde aber bereits 3,0 ppm, wie Untersuchungen der ESSO ergeben hatten.

Einen entscheidenden Einfluß auf das Ablagern von Brennstoffaschen hat deren *Hafttemperatur*, die erfahrungsgemäß etwa 20 °C unterhalb der Schmelztemperatur liegt. Die Hafttemperatur von Brennstoffaschen wird nach der Methode von *K. Wickert* bestimmt.

Ölaschen, die auf Teilen der Kesselfeuerungen, den Turbinenschaufeln der Gasturbinen oder den Auslaßventilen der Dieselmotoren auftreffen und die Temperatur dieser Teile über der Hafttemperatur liegt, bleiben auf diesen Teilen kleben, verschlacken und das darunter liegende Metall wird durch tiefgreifende Korrosionen zerstört. Die Hafttemperaturen der wichtigsten Rohölarten sind in Tafel 08.18 zusammengestellt.

Tafel 08.18 Hafttemperaturen von Brennölaschen der wichtigsten Rohöle (Untersuchungen der Mobil Oil)

Rohölgruppe	Erölfeld	Hafttemperatur der Brennölasche in °C
Mittelost	Kuwait	630
	Aramco	1010
	Safaniya	700
	Agha Jari	900
	Gach Saran	690
	Kirkuk	940
	Murban	über 1 200
Venezuela	Tia Juana Med.	600
	Tema	660
	Barinas	710
	Mesa	660
Afrika	Amal/Nafoora	1200
	Zarzataine	über 1 200

Die Tafel 08.18 zeigt den großen Unterschied der Hafttemperaturen von Brennölaschen, abhängig von dem Rohöl, aus dem die Brennöle hergestellt worden sind. Die niedrigste Hafttemperatur hat ein Brennöl, das aus einem Rohöl der Tia Juana-Ölquelle hergestellt wurde. Die Hafttemperatur kann aber 600 °C wesentlich unterschreiten, wenn die Ölaschen größere Mengen Natriumsalze enthalten. In eutektischen Mischungen sind nach Untersuchungen der Mobil-Oil Hafttemperaturen bis zu 330 °C gemessen worden. Die eutektische Mischung entsteht aus 60 % Natriumsulfat und 40 % Vanadiumpentoxid.

Polymere Kohlenwasserstoffverbindungen (Ölharze), die während der Verbrennung in Dieselmotoren gebildet werden, können schmelzflüssige Ölascheteilchen zusammenbacken und auf diese Weise den Aufbau von Ablagerungen wesentlich beschleunigen. Ölaschen haften auf Motorenteilen, zum Beispiel auf Auslaßventilen in jedem Fall, wenn die Temperaturen über 700 °C hinausgehen. Durch Auswahl besonderer Metallegierungen für Maschinen- und Feuerraumteile, besonders auf der Basis von Nickel und Chrom, kann der schädliche Einfluß der Ölaschen in Grenzen gehalten werden. Außerdem kann die Zugabe von Erdalkalioxiden zum Brennöl oder das bereits vorher erwähnte Einblasen dieser Produkte während der Verbrennung die Hafttemperatur so weit anheben, daß diese über der Temperatur der gefährdeten Teile liegt.

Neben den bisher besprochenen korrosiven Einflüssen metallorganischer Komponenten in Rückstandsölen, hat auch der *Brennstoffschwefel* einen sehr großen Anteil an der Zerstörung von Maschinen- und Feuerungsteilen. Hierbei hat der SO_3-Gehalt im Verbrennungsgas einen beträchtlichen Einfluß auf das Ausmaß der Korrosion.

Im Tieftemperaturbereich findet eine Unterschreitung des Taupunktes der Schwefelsäure statt und dieses Kondensat korrodiert die Werkstoffe. Im Hochtemperaturbereich wird die SO_3-Korrosion durch katalytisch wirkende Alkalisulfate verstärkt. Die Anwesenheit von Natriumchlorid steigert die Wirkung der Alkalisulfate beträchtlich. Die Reaktionen erreichen bei 700 °C einen maximalen Wert.

In Gasturbinen findet auch bei Einsatz vanadiumarmer Brennstoffe eine *Sulfatkorrosion* statt. Neben der Korrosion durch geschmolzene Sulfate, können Sulfide entstehen, von denen das Nickelsulfid (Ni_3S_2) katastrophale Zerstörungen verursachen kann, weil Nickel und andere Metalle bei Betriebstemperatur vom Nickelsulfid gelöst werden. Diese Sulfide entstehen allerdings nur bei Sauerstoffmangel. Sie bilden sich daher unter teilgeschmolzenen oder dicken sulfathaltigen Schichten. Chrom im Werkstoff kann die korrosive Wirkung des Nickelsulfids zurückdrängen. Durch Zugabe von SiO_2, als ein an der Reaktion nicht teilnehmendes Additiv, können die abgelagerten Schichten aufgelockert und dadurch gasdurchlässig gemacht werden, was den Zutritt von Sauerstoff erleichtert.

Über die vorerwähnten chemischen Reaktionen hinaus, verbinden sich die Alkalisulfate mit SO_3 und bilden saure Produkte. die die werkstoffschützende Zunderschicht lösen und anschließend den Werkstoff unmittelbar angreifen.

Untersuchungen von *K. Wickert* haben ergeben, daß die *Hochtemperaturkorrosion* gering wird, wenn das Gemisch aus Luft + SO_2 + SO_3 keine weiteren Stoffe in den Verbrennungsgasen mitführt. Bei Gegenwart von Natriumsulfat oder Ölasche steigt die Korrosion aber auf ein Vielfaches an, sobald die Prozeßtemperatur 750 °C überschreitet. Bei kobalt- und nickelhaltigen Werkstoffen setzt die SO_3-Korrosion früher ein und erreicht bereits bei 650 ... 700 °C ihren höchsten Wert.

Unter Bezug auf vorstehende Ausführungen kann die Betriebstemperatur von Gasturbinen bei Einsatz von Rückstandsölen nur unter folgenden Voraussetzungen wesentlich über 620 °C gesteigert werden:

a) Einsatz besonderer Werkstoffe für die korrosionsgefährdeten Teile.
b) Verwendung von Brennstoff-Zusätzen, die die Bildung von Ölaschen gering halten oder ihr Ablagern verhindern.

Die vorerwähnten chemischen Vorgänge sind die Ursachen für die Zerstörungen der Sitzflächen und Ventilkegel schwerölgetriebener Dieselmotoren mit Ventilsteuerungen. Deshalb muß der Aufbau von Ascheschmelzen auf den Ventilsitzen mit Hilfe von *Brennstoffadditiven* weitestgehend unterbunden werden. Außerdem müssen Ölascheteilchen, die sich auf den Sitzflächen der Ventile durch Haften niederlassen, rasch entfernt werden, um den korrosiven und mechanischen Zerstörungseinflüssen zuvor zu kommen. Zu diesem Zweck dienen Ventildrehvorrichtungen, die beim Aufsetzen des Ventilkegels die auf dem Sitz haftenden Ascheteilchen zerreiben. Als Brennstoffadditive werden überwiegend Magnesium- und Siliziumverbindungen eingesetzt. Für Brennstoffe der Dieselmotoren müssen *öllösliche* Brennstoffadditive vorgesehen werden, wie beispielsweise *Kiegelsäure-Äthylester* (*Perolin*), die bei der Verbrennung Siliziumdioxid bilden und die Ölaschen in eine für den Motor unschädliche Form umwandeln. Für die Brennkammern von Gasturbinen und für Kesselfeuerungen wird neben anderen Stoffen auch Siliziumdioxid in Korngrößen von 5 ... 40 µm (Aerosil) mit Erfolg verwendet, um auch das Entstehen von Sulfiden zu verhindern.

Bei Einsatz schwefelarmer Brennöle kommen die durch den Schwefel verursachten Zerstörungen in Wegfall. Dagegen kann es geschehen, daß in thermisch sehr hoch beanspruchten Dieselmotoren außergewöhnlich hohe Verschleiße von Zylinderbüchsen und Kolbenringen vorkommen und sogar Kolbenfresser entstehen. Da heute Motorschiffe wegen Einsparung von Brennstoff mit reduzierter Fahrgeschwindigkeit und demzufolge geringerer Maschinenbelastung betrieben werden, bleiben die früheren, übermäßigen, thermischen Belastungen der Brennraumteile von Dieselmotoren in Grenzen und mit ihnen hörten die Probleme auf, die bei Einsatz schwefelarmer Brennstoffe vielfach festgestellt worden waren. In mehreren Veröffentlichungen wurde dieses Thema ausführlich behandelt, weshalb auf das Schrifttum verwiesen werden soll.

08.7 Schmierstoffe

Man unterscheidet *Schmieröle*, *Schmierfette* und *Feststoffschmiermittel*. Allen Schmiermitteln obliegt die Aufgabe die *metallische* Reibung von aufeinander gleitenden Teilen auszuschalten und durch die wesentlich geringere *Schmiermittelreibung* zu ersetzen.

08.7.1 Schmieröle

Raffination der Schmieröle

Schmieröldestillate enthalten neben den gesättigten, stabilen Kohlenwasserstoffen auch Anteile ungesättigter, instabiler Verbindungen, die die Oxidationsfestigkeit und andere chemische Eigenschaften beeinträchtigen. Diese in erster Linie harz- und asphaltartigen Stoffe werden durch eine Raffination ausgeschieden.

Das verbreitetste Verfahren war früher die Behandlung des Destillates mit *konzentrierter Schwefelsäure*. Durch sie wurden ungesättigte Verbindungen, Harze und Asphalte in ölunlösliche Verbindungen umgewandelt und als Säureschlamm mittels Zentrifugen ausgeschieden. Durch anschließendes Waschen mit Wasser und Natronlauge oder durch trockene Neutralisation mit Kalk und Bleicherde wurden Säurereste entfernt. Durch die Behandlung mit Schwefelsäure werden auch schmierwirksame Kohlenwasserstoffe angegriffen, außerdem ist der Raffinationsverlust mehr als 10 %. Hochausraffinierte *Säureraffinate*, wie beispielsweise medizinische Weißöle, haben nur noch hydrodynamische, aber keine grenzschmierfördernden Eigenschaften.

Physikalische Raffinationsmethoden (sogenannte *Solventraffination*) greifen die schmierwirksamen Kohlenwasserstoffe nicht an, entfernen aber unerwünschte Verbindungen. Von den Verfahren der *Lösungsmittel-Raffination* wäre das *Edeleanu-Verfahren* mit SO_2 als Lösungsmittel und das *Furfurol-Verfahren* zu nennen. Bei der Raffination bilden sich zwei Schichten, in der oberen Schicht bleibt das Raffinat, das nur noch mit Bleicherde nachbehandelt werden muß und in der unteren Schicht entsteht ein Konzentrat aus Aromaten und auszuscheidenden, instabilen Verbindungen.

Von der *Fällungsmittel-Raffination* ist das *Duo-Sol-Verfahren* mit Propan und Kresolen als Lösungsmittel das bekannteste. Bei dieser Raffinationsmethode werden Asphaltene und Paraffinkristalle ausgefällt. Schmieröle, die hohen Betriebsanforderungen ausgesetzt werden, werden heute als Solventraffinate den Säureraffinaten entschieden vorgezogen.

Die aus dem Rückstand der atmosphärischen Destillation gewonnenen Zylinderöle und Brightstocks müssen von Asphaltanteilen befreit werden. Brightstocks sind chemisch stabile, dickflüssige Raffinate, die als *Stellöle* verwendet werden, um die Viskosität dünnflüssiger Maschinenölraffinate anzuheben.

In neuester Zeit gewinnt die Nachraffination von Schmierölfraktionen durch *Hydrierung* (Anreicherung von Wasserstoff) an Bedeutung, weil durch diese Methode besonders oxidationsbeständige Schmieröle gewonnen werden können.

Zur Verbesserung des *Kälteverhaltens* werden Schmierölfraktionen vor oder nach dem Raffinationsprozeß einer *Entparaffinierung* unterzogen.

Schmierfähigkeit (Schmierwert, Öligkeit, Schlüpfrigkeit, Oiliness usw.)

Unter der *Schmierfähigkeit* eines Öles versteht man seine Eigenschaft, bei halbflüssiger Reibung den Schmiervorgang noch zu erfüllen, die aufeinander gleitenden Metallflächen zu trennen (Haftfestigkeit des Schmierfilms auf der Metallfläche durch *Grenzflächenorientierung* gewisser Ölbestandteile). Daraus ergibt sich der große Schmierfähigkeitsunterschied zwischen reinen Mineralölen und fetten Ölen (polare Struktur der *Fettsäure-Glyceride*). Die Schmierfähigkeit läßt sich nur durch vergleichende Messungen im Gebiete der halbflüssigen Reibung annähernd beurteilen.

Schmierölzusätze (Wirkstoffe, Additive, Dopes)

Die im Laufe der Jahre weiterentwickelten und verbesserten Schmieröle reichen in zahlreichen Fällen nicht mehr aus, um die dem Schmieröl zugemuteten, immer schwerer werdenden Betriebsbedingungen zu beherrschen. Durch bestimmte *öllösliche Chemikalien* können dagegen die Eigenschaften der Schmieröle in bestimmten Richtungen verbessert werden. Die Entwicklung begann bereits etwa im Jahre 1920. Die Wirkstoffe werden dem Öl in geringen Prozentmengen zugesetzt, müssen aber in jedem Fall auf das verwendete Grundöl abgestimmt werden.

Oxidationsinhibitoren (Antioxidantien)

Die in einem Schmiermittel bei erhöhten Temperaturen und in Gegenwart von Sauerstoff stattfindenden Veränderungen werden als *Oxidation* oder *Alterung* bezeichnet. Die meisten Öle enthalten natürliche *Oxidationsverzögerer* (S- und N-Verbindungen usw.), die durch sehr scharfe Raffination verloren gehen, um beispielsweise einen hohen V.I. zu erhalten.

Die Oxidation ist eine Kettenreaktion, an der freie Radikale beteiligt sind. Metalle und Metallsalze begünstigen durch katalytische Wirkung die Ölalterung. Um die Oxidation zu hemmen, müssen Stoffe zugesetzt werden, die die freien Radikale binden, die im Öl gelösten Metallsalze ausfällen oder durch Aufbau komplexer Verbindungen unschädlich machen oder schließlich die Metalloberflächen mit ölunlöslichen Reaktionsschichten überziehen (*Passivierung*). Als Oxidationsinhibitoren werden *Phenole, Amine, Phosphor* und *Schwefel* enthaltende Verbindungen, Zinkdithiophosphate usw. verwendet.

Detergents (Dispersant-Detergents)

Ihre Aufgabe ist es harz- und asphaltartige Oxidationsprodukte aus den Ringnuten der Verbrennungsmotoren-Kolben herauszulösen, um Durchblasen in die Kurbelwanne. Ringstecken, hohen Ölver-

brauch und auch Schmutzablagerungen in der Kurbelwanne zu verhindern, indem die Verunreinigungen im Öl in Schwebe gehalten werden.
Detergenthaltige Öle werden als *Heavy-Duty-Öle* (*HD-Öle*) bezeichnet. *Detergents* sind meistens metallorganische Verbindungen seifenartiger oder ähnlicher Eigenschaften, auf der Basis von Kalzium, Barium, Zink und Magnesium. Die Metalle sind die Ursache eines gewissen Aschegehaltes (Sulfatasche) von etwa 0,6 ... 2,0 Gew.-Prozent. In thermisch extrem hoch belasteten Verbrennungsmotoren, wie beispielsweise im militärischen Einsatz, haben sich metallorganische Verbindungen als oxidationsfördernd erwiesen, weshalb für diese Fälle *aschefreie* Detergents vorteilhafter sind. In Otto-Gasmotoren haben Additivasche-Ablagerungen auf den Zündkerzen Störungen in der Zündung hervorgerufen, weshalb auch für diesen Verwendungszweck aschefreie Detergents bevorzugt werden.
Die Kaltschlammbildung in Motoren, die unterkühlt oder lange Zeit im Teillastbereich gefahren werden, kann durch aschefreie Dispersants im HD-Öl unterbunden werden.

Alkalische Zusätze zu Dieselmotorenschmierölen

In Verbrennungsmotoren werden Schmieröle mit alkalischer Wirkung eingesetzt, um die korrosiven Angriffe der bei der Verbrennung schwefelhaltiger Kraftstoffe entstehenden aggressiven Säuren abzupuffern. Das *Neutralisationsvermögen* (*Alkalität*) muß um so größer sein, je höher der Schwefelgehalt des eingesetzten Kraftstoffes ist. Bei Verwendung von Marine-Diesel-Fuel mit einem Schwefelgehalt bis zu 1,5 % wird ein Schmieröl ausreichen, das eine Alkalität, ausgedrückt durch die *Total-Base-Number* (*TBN*) von etwa 6 mg KOH/g Öl besitzt. Wenn Rückstandsöle als Kraftstoffe verwendet werden (Marine-Fuel-Oils) mit einem Schwefelgehalt von 5 ... 5,5 %, werden Schmieröle mit einer *TBN* von 30 ... 85 mg KOH/g Öl erforderlich sein. Die Höhe der Alkalität richtet sich in letzterem Fall nach der Motorenkonstruktion. Für Viertakt-Tauchkolbenmotoren wird eine *TBN* 30 genügen, für Zweitakt-Kreuzkopfmotoren-Zylinderöle bei den zu erwartenden sehr hohen Schwefelgehalten eine *TBN* von 85 mg KOH/g.
Die ersten auf den Markt kommenden hochalkalischen Zylinderschmieröle für schwerölgetriebene Zweitakt-Kreuzkopfmotoren waren sogenannte *Zweiphasenöle*. Bei diesen war das in Öl nicht lösliche Alkali in Wasser gelöst und diese Lösung mit dem Schmieröl durch Emulsion verbunden. Diese Öle zeichneten sich durch hohe chemische Wirksamkeit aus, waren aber gegen physikalische Einwirkungen (Temperatur und Erschütterungen) äußerst empfindlich und mußten trotz ihrer unbestreitbaren chemischen Wirksamkeit aufgegeben werden, als etwas stabilere Öle auf den Markt kamen. Es handelte sich dabei um sogenannte *Dispersions-* oder *Suspensionsöle*, bei denen feinst vermahlene, anorganische Alkalistoffe im Öl suspendiert wurden und zur Verbesserung der Stabilität dem Öl *Kolloide* zugesetzt wurden. Auch diese Zylinderöle zeigten bei guten Neutralisationswirkungen im Bordbetrieb eine unzureichende Stabilität und deshalb wurden auch diese Öle abgesetzt, als öllösliche, alkalische Zusätze entwickelt worden waren. Heute haben sich ausschließlich diese, in Öl löslichen alkalischen Additive durchgesetzt, da sie völlig lagerungsstabil sind. Allerdings ist die chemische Umsetzung, das heißt die Reaktionsgeschwindigkeit im Vergleich zu den anorganischen alkalischen Stoffen langsamer. Deshalb werden Alkalische Öle mit öllöslichen Additiven von vornherein mit einer höheren Alkalität ausgestattet, als die früher verwendeten Zweiphasenöle, deren Alkalität *TBN* nur 25 ... 40 mg KOH/g betrug.
Als öllösliche alkalische Additive sind vor allem *Sulfonate*, *Phenate* und *Salicylate* auf Kalzium- und Magnesiumbasis, mit einer *TBN* von 100 ... 400 mg KOH/g bekannt.

Hochdruckzusätze (EP-Additive)

Hochdruckzusätze steigern die *Schmierfilm-Druckfestigkeit*. Sie werden in Zahnradgetrieben extrem hoher Belastungen, in Hypoidgetrieben, Turbinenölen für Getriebeturbinen angewandt. EP-Additive bestehen aus Schwefel-, Chlor- oder Phosphor-Verbindungen, die unter hoher Belastung und Temperatur mit dem Zahnmaterial chemische Reaktionen eingehen und das Fressen und Verschweißen verhindern.

Korrosionsinhibitoren (Rostverhütungs-Zusätze)

Diese Zusätze lagern sich an der Metalloberfläche an und verhindern dadurch den Kontakt des Metalls mit Wasser oder Feuchtigkeit. Als *Korrosionsinhibitoren* werden Metallsulfonate, Metall-Dithiophosphate, Alkenyl-Bernsteinsäure-Verbindungen, geschwefelte Terpene, Derivate von Aminen usw. vorgesehen. Ein wirksamer Korrosionsschutz wird durch Passivieren der Metallflächen erreicht.

Schaumverhindernde Zusätze (Antifoaming-Additives)

Die *Schaumbildung* in einem Schmieröl durch fein dispergierte Luftblasen hängt von dessen Oberflächenspannung ab. Einige Wirkstoffe, wie beispielsweise Detergents, begünstigen das Schäumen. Mit einer Menge von 0,001 % *Dimethylsilikon* kann das Entstehen von Oberflächenschaum verhütet werden. Damit werden aber die Schaumblasen im Ölinneren stabilisiert. Die Schaumbildung im Ölinneren, die Dispersion von Luft in Öl, ist aber wesentlich nachteiliger, als der wahrnehmbare Oberflächenschaum, weil durch sie die Tragfähigkeit eines Schmierfilms beträchtlich reduziert wird. Vorläufig gibt es noch kein Mittel, um Luftdispersion in Öl zu verhindern. Das *Luftabscheidevermögen* von Dampfturbinenölen und Hydraulikflüssigkeiten wird nach DIN 51 381 überprüft.

Schmierfähigkeits-Verbesserer

Sie werden dem Mineralöl zugesetzt, um dessen Schmierfähigkeit zu verbessern. Als *Schmierfähigkeits-Verbesserer* werden Stoffe hoher chemischer Polarität verwendet, wie tierische und pflanzliche Fette, Fettsäuren und andere öllösliche Stoffe.

Pourpoint-Erniedriger (Purpoint-Depressants)

Diese Zusätze verhindern das Erstarren von Mineralölen bei tiefen Temperaturen, indem ein Film alkylierter Paraffine, Polymethacrylaten usw. das Zusammenwachsen von im Öl suspendierter feiner Paraffinkristallnadeln zu größeren Paraffinkristallen unterbindet.

Viskositätsindex-Verbesserer (Viscosityindex-Improver)

V.I.-Verbesserer steigern den *V.I.-Index* durch Verbesserung des Viskositäts-Temperaturverhaltens eines Schmieröles. Es handelt sich dabei um öllösliche *Makromoleküle* (*Riesenmoleküle*) aus polymeren Verbindungen mit einer relativen Molekularmasse von etwa 50 000 bis 1 000 000.

Das im Öl gelöste *Polymermolekül* wird durch das Öl aufgebläht, wobei das Volumen dieses Moleküls den Grad bestimmt, bis zu dem die Ölviskosität steigt. Mit der Temperatur nimmt das Volumen des Polymers zu und mit ihm der „Dickungseffekt" und gleicht den „Verdünnungseffekt" bei steigender Öltemperatur aus.

Als *V.I.*-Verbesserer werden *Polyisobutene, Polymethacrylate, Vinil-Acetate, Polyacrylate* usw. verwendet.

Die Scherstabilität sinkt mit steigendem Molekulargewicht. Der Verlust durch Scherbeanspruchung hat ein Absinken der Schmierölviskosität zur Folge.

Strahlenschutzmittel (Antirads)

Es handelt sich um Zusatzstoffe, die unter dem Einfluß energiereicher Strahlen entstehende freie Radikale binden. Auch aromatische Verbindungen haben sich als wirksam erwiesen, weil die aromatischen Moleküle scheinbar die Fähigkeit besitzen, energiereiche Strahlen zu absorbieren und langsam, ohne merkliche Zersetzung wieder abzugeben (*Stoßdämpferwirkung*).

08.7.2 Dampfmaschinenschmierung

Dampfzylinderschmierung

Alle vom Dampf berührten Teile der Dampfmaschine (Zylinder, Kolben, Schieber beziehungsweise Ventilführungen, Kolbenstangen und ihre Stopfbüchsen) sollen mit *Dampfzylinderöl* geschmiert werden. Die Auswahl des Zylinderöles richtet sich nach dem Dampfzustand, dem Dampfdruck, der Dampfeintrittstemperatur, der Reinheit des Dampfes, der Kolbengeschwindigkeit, der Maschinenbelastung, der Betriebsweise und nicht zuletzt nach der Art der Schmierung usw. Tafel 08.19 gibt die Mindestanforderungen für Dampfzylinderöle (Schmieröle Z) gemäß DIN 51 510.

Sowohl bei Sattdampf-, als auch bei Heißdampfmaschinen werden neben rein mineralischen Ölen auch mit Fettölen *compoundierte* Zylinderöle verwendet, die gegenüber der abwaschenden Wirkung von Kondenswasser resistenter sind.

Da die Zylinderwandtemperaturen kaum die Dampftemperaturen erreichen und Heißdampf als schlechter Wärmeleiter seine Wärme dem Schmieröl nur langsam abgibt, können Öle eingesetzt werden, deren Flammpunkt *unter* der Dampftemperatur liegt. Außerdem ist der Flammpunkt bei dem Dampfdruck beträchtlich höher. Nach einer alten Faustregel soll der Flammpunkt des Öles bei hohen Dampftemperaturen etwa 10 °C über der mittleren Zylinderwandtemperatur liegen, die in grober Annäherung dem arithmetischen Mittel der Temperaturen des zu- und abströmenden Dampfes entspricht. Ein höherer Dampfdruck mit höherer *Schmierfilmbelastung* erfordert eine höhere Ölviskosität.

In kleineren Maschinen, bei Betrieb mit Sattdampf oder Heißdampf bis 300 °C, kann das Zylinderöl durch Zerstäuben im Dampfstrom, nahe des Hauptdampfventiles, zugeführt werden. In größeren Maschinen und bei hohen Dampftemperaturen muß das Öl dem Zylinder unmittelbar über Schmieranstiche zugeführt werden, um Cracken des Öles zu vermeiden. Bei stehenden Maschinen geschieht die Ölzufuhr an der höchsten Stelle im Zylinder, bei liegenden Maschinen an der höchsten Zylindererzeugenden und unter Umständen an zwei weiteren Stellen des Zylinderumfanges (besonders bei Maschinen mit Schleppkolben).

Schmierung des Dampfmaschinen-Triebwerkes (DIN 51 501, DIN 51 517)

Die Triebwerkschmierung unterscheidet sich sehr wesentlich nach der Bauart der Dampfmaschine.

Ältere Maschinen mit offenen Triebwerken haben noch vielfach *Docht-* oder *Tauchschmierung*. In solchen Fällen werden Maschinenöle gemäß Norm DIN 51 501 (Schmieröle N, frühere Bezeichnung Normalschmieröle) ausreichend sein, da keine besonderen Anforderungen hinsichtlich Alterungsbeständigkeit, Kältebeständigkeit usw. gestellt werden. Die Temperaturen des ablaufenden Öles sollen 50 °C nicht übersteigen und die Temperatur des der Schmierstelle zufließenden Öles mindestens 5 °C über dem Pourpoint des Öles liegen. Die für diesen

Tafel 08.19 Mindestanforderungen an Schmieröle Z (Dampfzylinderöle) nach DIN 51 510

Schmieöltype	Anforderungen					Prüfung nach
	ZS	ZA	ZB	ZC	ZD	
Kinematische Viskosität bei 100 °C mm²/s(cSt)	20…45	30…50	35…55	40…70	über 40	DIN 51 550 DIN 51 561 DIN 51 562
Dichte bei 15 °C max. kg/l	0,960	0,960	0,960	0,940	0,930	DIN 51 757
Flammpunkt im offenen Tiegel (Cleveland) °C	254	284	299	309	324	DIN 51 376
Pourpoint max. °C	−3	−3	−3	keine Anforderung		DIN 51 597
Neutralisationszahl (sauer) max. mg KOH/g	0,2	0,2	0,15	0,1	0,1	DIN 51 558
Asche (Oxidasche) max. Gew.-%	0,05	0,05	0,05	0,10	0,10	DIN EN 7
Asphaltene Gew.-%	0,25	0,13	0,13	0,13	0,13	DIN 51 595
Wassergehalt Gew.-%	0,5	0,2	0,2	0,2	0,2	DIN 51 582
Feste Fremdstoffe			Spuren			DIN 51 592
Koksrückstand nach Conradson max. Gew.-%	−	4,0	4,0	4,0	4,0	DIN 51 551

Anmerkungen zu Tafel 08.19 (DIN 51 510):

Schmieröl ZS: für Sattdampf bis 15 bar Überdruck und für überhitzten Dampf bis 250 °C.

Schmieröl ZA: für Sattdampf über 15 bar Überdruck und überhitzten Dampf bis 310 °C.

Schmieröl ZB: für Dampftemperaturen bis 325 °C. Bei Gegendruckbetrieb muß der aus dem Hochdruckzylinder austretende Dampf im Naßdampfgebiet liegen.

Schmieröl ZC: für Dampftemperaturen bis 340 °C. Bei intermittierendem Betrieb bereits bei Dampftemperaturen über 325 °C.

Schmieröl ZD: für Dampftemperaturen bis 380 °C. Bei intermittierendem Betrieb bereits bei Dampftemperaturen über 325 °C.

Schmieröle für Dampftemperaturen über 380 °C sind nicht genormt.

Tafel 08.20 Schmieröle N (frühere Bezeichnung Normalschmieröle) nach DIN 51 501

Schmieöltype	Anforderungen										
	N-4	N-9	N-16	N-25	N-36	N-49	N-68	N-92	N-114	N-144	N-225	N-324
Viskosität bei °C	20					50						
kinematische Viskosität mm²/s (cSt)	13 ±4	25 ±4	16 ±4	25 ±4	36 ±4	49 ±5	68 ±6	92 ±7	114 ±8	144 ±11	225 ±25	324 ±35
dynamische Viskosität cP	11	22	14	22	32	44	62	84	104	132	207	308
Englergrade	2,1	3,5	2,5	3,5	4,5	6,5	9,0	12	15	19	30	43
Flammpunkt im offenen Tiegel Marcusson °C Cleveland °C	100 94	125 119		150 144			175 169		200 194		225 219	
Pourpoint max. °C	−9			−3					0			
wasserlösliche Säuren (Reakt)	neutral											
Neutralisationszahl max. mg KOH/g	0,15											
Verseifungszahl max. mg KOH/g	0,3											
Asche (Oxidasche) max. Gew.-%	0,02									0,05		
Asphaltene max. Gew.-%	Spuren									0,2		
Wasser max. Gew.-%	0,1									0,5		
Fremdstoffe	Spuren											

Schmierstoffe

Tafel 08.21 Schmieröle C und C-T mit erhöhter Alterungsbeständigkeit nach DIN 51 517 (C-T-Schmieröle mit tieferem Pourpoint)

Schmieröltype		C-2	C-4	C-9	C-16	C-25	C-36	C-49	C-68	C-92	C-114	C-144	C-169	C-225
Viskosität bei	°C	20		50			50					50		
kinematische Viskosität mm²/s (cSt)		6,5 ± 1,5	11 ± 2	25 ± 4	16 ± 4	25 ± 4	36 ± 4	49 ± 5	68 ± 6	92 ± 7	114 ± 8	144 ± 11	169 ± 13	225 ± 25
dynamische Viskosität	cP	5,5	9	22	14	22	32	44	62	84	104	132	152	207
bei °C							100							
kinematische Viskosität mm²/s (cSt)		–	–	–	–	5,2	7,0	8,7	10,7	13,2	15,2	17,4	19,5	22,8
bei °C		20		50			50					50		
° Engler		1,5	1,9	3,5	2,5	3,5	4,5	6,5	9,0	12	15	19	22	30
Flammpunkt im offenen Tiegel Marcusson	°C	100	110	130	170	180	190	200	210	215	215	225	235	260
Cleveland	°C	95	105	125	165	175	185	195	205	210	210	220	230	255
Pourpoint max °C				–9						–3		0		
alternativ max °C		–21		–15		–15		–12		–6		–		
wasserlösliche Säuren							neutral							
Neutralisationszahl max. mg KOH/g							0,15							
Verseifungszahl max. mg KOH/g							0,2							
Asche (Oxidasche) max. Gew.-%							0,02							
Asphaltene, feste Fremdstoffe							Spuren							
Wasser max. Gew.-%							0,1							
Alterungsneigung nach Baader, Zunahme Verseifungszahl mg KOH/g		1,2					–					–		
Zunahme Koks-Rückstand nach Alterg. Conradson Gew.-%		–					1,5				2,0		2,5	

Zweck vorzusehenden Schmieröle sind in Tafel 08.20 zusammengestellt. Für die Triebwerkschmierung sind je nach Größe der Anlage und der Temperatur der Maschinenräume die Typen N-49 oder N-68 auszuwählen.

Bei erhöhter Kondenswasserbildung müssen *gefettete* Schmieröle (*compoundierte* Schmieröle, sogenannte *Marine-Öle*) oder *emulgierende* Schmieröle eingesetzt werden, die das eindringende Wasser in Form von Emulsionen binden. Als Compoundierungsmittel werden *Rizinusöl, Tran, Lardöl*, vor allem *geblasenes Rüböl* oder in neuerer Zeit chemische, emulgierende Stoffe verwendet. Für Schiffsmaschinen, die vorwiegend in tropischen Gewässern betrieben werden, kann es sich als zweckmäßig erweisen, Viskositäten von 114 ... 225 mm²/s (cSt)/ 50 °C vorzusehen.

Moderne Dampfmaschinen haben ohne Ausnahme geschlossene Kurbelgehäuse mit geschlossenen *Umlaufschmiersystemen*, sogenannte *Kapseldampfmaschinen*. Für derartige Dampfmaschinen kommen ausschließlich rein mineralische Schmieröle hoher Alterungsbeständigkeit infrage. Deshalb reichen die in Tafel 08.20 aufgeführten Schmieröle N (Normalschmieröle) nach DIN 51 501 nicht mehr aus; an ihre Stelle müssen alterungsbeständige, rein mineralische Schmieröle eingesetzt werden, die in Tafel 08.21 (DIN 51 517) zusammengestellt sind, oder auch Motorenöle (Tafel 08.5) nach DIN 51 511.

08.7.3 Dampfturbinenschmierung (DIN 51 515, DIN 51 587)

Die Schmierung erfolgt einheitlich durch ein *Druckumlaufsystem*. In diesem Kreislauf sind sowohl die Druck- und Traglager der Turbine, als auch das Reglersystem mit eingeschlossen. In Getriebeturbinen gehört auch die Versorgung des Zahnradgetriebes mit in den Kreislauf. Die von der Turbinenwelle angetriebene Hauptölpumpe fördert das Öl aus dem Ölbehälter über den Ölkühler zu den Schmierstellen. Die hohen Drücke und Temperaturen des Dampfes können auf der Dampfeintrittseite Turbinenwellen-Temperaturen bis zu 200 °C zur Folge haben. Daher muß das Schmieröl sehr große Wärmemengen abführen. Obwohl die Ölein-

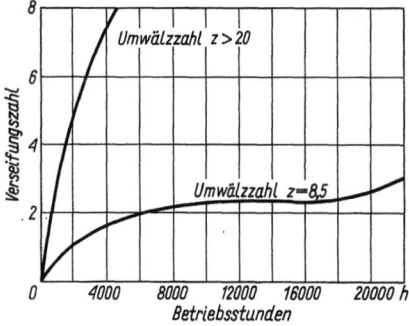

Bild 08.5 Schmierölalterung in Abhängigkeit von der Umwälzzahl (nach Kara)

trittstemperatur 35...40 °C, die durchschnittliche Ölaustrittstemperatur etwa 60 °C beträgt, wird das Öl örtlich sehr hoch erhitzt.

Sowohl diese hohen thermischen Belastungen, als auch das Zusammentreffen mit Dampf, Kondenswasser, Luftsauerstoff, Metallen, chemisch aktiven Stoffen und Kriechströmen stellen an die *Alterungsbeständigkeit* eines Dampfturbinenöles sehr hohe Anforderungen.

Um dem Öl genügend Zeit zu lassen, feste, flüssige und gasförmige Fremdstoffe und Alterungsstoffe auszuscheiden, sollte seine stündliche *Umwälzzahl* auf 6 bis 8 Umläufe begrenzt werden. Die Umwälzzahl übt auf die Ölalterung einen sehr großen Einfluß aus, wie dem Diagramm in Bild 08.5 entnommen werden kann.

Die *laufende Reinigung* des Schmieröles erfolgt mittels Zentrifugen oder Feinfilter.

Dampfturbinenöle sollen *solventraffinierte, paraffinbasische Öle* mit hohem Viskositätsindex sein und darüber hinaus noch Wirkstoffe für erhöhten Korrosions- und Alterungsschutz enthalten.

Die Viskositäten der Turbinenöle für direkt gekuppelte Anlagen liegen zwischen 32...50 mm²/s(cSt)/40 °C, für ortsfeste Getriebeturbinen und Schiffsgetriebeturbinen zwischen 50...85 mm²/s (cSt)/40 °C. Für Getriebeturbinen ist der Einsatz viskoserer Schmieröle erforderlich, weil die *Turbinenlager* und das *Zahnrädergetriebe* mit einem Einheitsöl versorgt werden. Für die Schmierung von Getriebeturbinen setzen sich Schmieröle mit EP-Zusätzen in zunehmendem Maße durch. Tafel 08.22 gibt *Mindestanforderungen* für Schmierstoffe, die sowohl als Lagerschmiermittel, als auch als Reglerflüssigkeiten eingesetzt werden (DIN 51 515).

Die Prüfung von Dampfturbinenölen auf Alterungsbeständigkeit erfolgt mit Hilfe des *Baader*-Tests (DIN 51 554) und die Prüfung wirkstoffhaltiger Dampfturbinen- und Hydrauliköle nach DIN 51 587 oder ASTM D-943. Die Wirksamkeit eines *Oxidationsinhibitors* ist in hohem Maße von der Herkunft des Grundöles abhängig, aus welchem das Schmieröl hergestellt wurde und nicht zuletzt auch von der Art der Raffination. Der Verlauf der Oxidation eines durch Wirkstoffe inhibierten Öles ist durch eine gewisse *Induktionszeit* gekennzeichnet, während der nur ein geringer Anstieg der Neutralisationszahl und Verseifungszahl stattfindet. Nach Verbrauch der

Tafel 08.22 Mindestanforderungen für Schmierstoffe und Reglerflüssigkeiten für Dampfturbinen (Schmier- und Regleröle L-TD) nach DIN 51 515

Schmieröltype		TD-32	TD-46	TD-68	TD-100	Prüfung nach
ISO-Viskositätsklasse		ISO VG-32	ISO VG-46	ISO VG-68	ISO VG-100	DIN 51 519
Kinematische Viskosität bei 40 °C	mm²/s(cSt)	28,8...35,2	41,4...50,6	61,2...74,8	90,0...110	DIN 51 550
Flammpunkt o.T. (o.c.) Cleveland	min. °C	160	185	205	215	DIN 51 376
Dichte bei 15 °C	kg/l	0,900	0,900	0,900	0,900	DIN 51 757
Pourpoint	max. °C	−6	−6	−6	−6	DIN 51 597
Neutralisationszahl	mg KOH/g	vom Lieferanten anzugeben				DIN 51 558
Asche (Oxidasche)	Gew.-%	vom Lieferanten anzugeben				DIN EN 7
Wassergehalt	Gew.-%	Spuren				DIN 51 582
Gehalt an festen Fremdstoffen	Gew.-%	Spuren				DIN 51 592
Wasserabscheidevermögen nach Dampfbehandlung	max. s	300	300	300	300	DIN 51 589
Luftabscheidevermögen bei 50 °C	max. min	5	5	6	−	DIN 51 381
Korrosionswirkung auf Kupfer Korrosionsgrad	max.	2-100 A 3				DIN 51 759
Korrosionsschutzeigenschaften gegen Stahl. Korrosionsgrad		0-A				DIN 51 585
Alterungsverhalten: Zunahme der Neutralisationszahl nach 1000 Std. max.	mg KOH/g	2,0	2,0	2,0	2,0	DIN 51 587

Inhibitoren tritt eine plötzliche, starke Zunahme der *Versäuerung* ein. Die dabei entstehenden Oxidationsprodukte beschleunigen den Oxidationsfortschritt durch katalytische Wirkungen, bis es schließlich zu einem völligen Zusammenbruch des Öles kommt.

Das *Schaumverhalten* der Turbinenöle ist im Hinblick auf die Regleranlagen und Getriebe von großer Bedeutung. Zugabe von Silicónen kann den Oberflächenschaum verhindern, stabilisiert aber die Schaumbildung im Ölinneren und verringert dadurch die Tragfähigkeit des Schmierfilmes. Wie bereits früher erwähnt, gibt es vorläufig noch keinen Wirkstoff, der die Luftdispersion in Ölen verhindern könnte.

08.7.4 Schmierung von Ottomotoren

Als Ottomotoren bezeichnet man nicht nur die reinen *Vergasermotoren* der Vier- und Zweitaktbauweise, sondern auch die *Otto-Gasmotoren*. Vergasermotoren beider Verbrennungssysteme dienen als Antriebe kleiner Boote, Feuerlösch- und Deckwaschpumpen, Notstromaggregate, Schnellbooten der Kriegsflotten usw. Otto-Gasmotoren sind vereinzelt als Hauptantrieb auf Rheinschleppern zu finden, deren Treibgas aus Stein- oder Braunkohle in mitgeführten *Gaserzeugern* produziert wird. Versuche auf *Gastankern* großer Fahrt die Antriebsmotoren mit dem Erdgas der Ladung zu betreiben, sind vorerst aufgegeben worden. Dagegen werden in zunehmendem Maße Otto-Gasmotoren in Landanlagen mit Biogas betrieben oder auch mit Erdgas.

Die Schmierung der Viertakt-Vergasermotoren ist eine *Druckumlaufschmierung*, bei der eine von der Kurbelwelle angetriebene Zahnradpumpe im Ölsumpf das Öl durch eine Druckleitung den Lagern zuführt. Die Zylinder werden durch das aus den Lagern austretende Schmieröl durch Anspritzen geschmiert. Das Schmiersystem ist dem eines schnelllaufenden Viertakt-Dieselmotors im wesentlichen gleich.

Zweitaktmotoren werden bevorzugt mit *Gemisch-Schmierung* ausgerüstet, bei der das Schmieröl dem Benzin in einem Mischungsverhältnis von 1 : 20 bis 1 : 25 zugesetzt wird. Während das Benzin im Vergaser verdunstet, schlägt sich das Schmieröl auf den Motorenteilen nieder und erfüllt dabei seine Aufgabe.

Zweitakter-Schmieröle sind mit den in Viertaktmotoren verwendeten *HD*-Ölen keinesfalls identisch; sie müssen niedrige Aschewerte und eine hohe Resistenz gegen Lackbildungen aufweisen. Die Brennraum-Ablagerungen müssen sehr gering sein, um hohe Standzeiten der Zündkerzen zu erreichen und Glühzündungen zu vermeiden. Zweitakter-Schmieröle müssen für hohe Sauberkeit der Kolben sorgen und Ablagerungen in den Kanälen des Auspuffsystems, sowie Korrosionen und hohen Verschleiß des Triebwerkes verhindern.

Für die Auswahl des Schmieröles ist die Beurteilung der Betriebsbedingungen notwendig. In USA wurden vom *API* (American Petroleum Institute) Service-Klassifizierungen aufgestellt, die inzwischen weltweit als Grundlage anerkannt werden und die nicht nur für Ottomotoren aufgestellt wurden, sondern auch für schnellaufende Dieselmotoren. API-Service-Klassifizierung von schnellaufenden Otto- und Dieselmotoren: Ottomotoren

Klasse SA: besonders leichte Betriebsbedingungen. Rein mineralische Motorenöle, ohne Wirkstoffe sind ausreichend.

Klasse SB: leichte Betriebsbedingungen. Premium-öle, das sind rost- und oxidationsinhibierte, rein mineralische Motorenöle, genügen.

Klasse SC: etwas schwerere Betriebsbedingungen. Das Entstehen von Rückständen sowohl bei hohen als auch tiefen Motortemperaturen, Verschleiß, Rost und Korrosionen muß durch das Schmieröl verhindert werden. Infrage kommen wirkstoffhaltige Schmieröle, *HD*-Öle gemäß MIL-L-2104.

Klasse SD: noch schwerere Betriebsbedingungen. Das Schmieröl hat die Aufgabe Hochtemperatur-Ablagerungen, Rost und Korrosion, sowie die öleigene Alterung zu verhindern. Es werden *HD*-Öle der Type MIL-L-2104 A erforderlich.

Klasse SE: äußerst schwere Bedingungen. Das Schmieröl muß gegen die öleigene Alterung erhöhten Oxidationsschutz besitzen. Es muß ferner Additive enthalten, die in noch höherem Maße, als in den bisherigen Klassen, das Entstehen von Hochtemperatur-Rückständen, sowie Rost- und Korrosion verhindern. Diese Forderung kann ein Öl der Qualität MIL-L-2104 B erfüllen.

Dieselmotoren

Klasse CA: leichte bis mäßige Betriebsbedingungen. Dem Schmieröl fällt die Aufgabe zu, in Saug-Motoren (nicht aufgeladenen Motoren) Lagerkorrosionen und den Aufbau von Hochtemperatur-Rückständen zu verhindern. Dabei wird vorausgesetzt, daß es sich um Betrieb mit hochwertigen Kraftstoffen handelt, die keine besonderen Maßnahmen erfordern, um Verschleiß und Ablagerungen besonders bekämpfen zu müssen. Als Schmieröle genügen solche der Klasse MIL-L-2104 A.

Klasse CB: leichte bis mäßige Betriebsbedingungen. Der verwendete Kraftstoff hat höheren Schwefelgehalt, weshalb erhöhter Schutz gegen Verschleiß und Ablagerungen erforderlich ist. Ottomotoren geringerer Belastung können Öle dieser Klasse ebenfalls verwenden. Die Schmieröle müssen Lagerkorrosion und Hochtemperatur-Ablagerungen in Saugmotoren verhindern. Infrage kommen Öle gemäß MIL-L-2104-A-Supplement 1.

Klasse CC: Betriebsbedingungen für gering aufgeladene Dieselmotoren mit mäßiger bis schwerer Belastung und auch Ottomotoren mit hohen Belastungen. Die Schmieröle müssen in der Lage sein Hochtemperatur-Ablagerungen, wie auch Tieftemperatur-Ablagerungen, Rost und Korrosion zu verhindern. Diese Forderung erfüllen Öle der Klasse MIL-L-2104-B.

Klasse CD: Betriebsbedingungen für Dieselmotoren hoher Drehzahlen, hoher Belastung und hoher Auflading. Die Motoren erfordern hohen Schutz gegen Verschleiß und Ablagerungen durch das Öl. Das Öl muß außerdem Lagerkorrosion, Hochtemperatur-Ablagerungen auch bei Einsatz von Kraftstoffen unterschiedlicher Qualität verhindern können. Infrage kommen Öle gemäß MIL-L-2104-C und MIL-L-45199-B, Serie 3.

Die in der API-Klassifikation genannten Schmieröle mit „MIL"-Bezeichnung, sind Militärspezifikationen (Prüfzeugnisse = Approvals) der US-Militärbehörden, die als Grundlage für Wehrmachtslieferungen gelten. Die MIL-Spezifkationen sind inzwischen weltweit vom Mineralölhandel übernommen worden und dienen als Qualitätsmerkmal für Motorenöle. Sowohl die Deutsche Bundeswehr (Bezeichnung „VTL"), als auch Großbritannien (Bezeichnung „DEF") haben entsprechende Klassifikationen ihrer Militärbehörden. Auch in Frankreich bestehen entsprechende Vorschriften.

Sogenannte *Mehrbereichsöle*, die auch als Dieselmotorenschmieröle eingesetzt werden, überdecken infolge verbesserten Viskositäts-Temperatur-Verhaltens mehrere SAE-Viskositätsklassen und werden mit Vorteil zur Schmierung solcher Motoren angewandt, die unter großen Differenzen der Umgebungstemperaturen einsatzfähig sein müssen (Deckswinden-Antriebe, Rettungsbootmotoren, Feuerlöschpumpen etc.).

Otto-Gasmotoren, die heute gebaut werden, arbeiten mit sehr hohem Verdichtungsverhältnis und mit Zünddrücken bis etwa 140 bar. Die hinter den Kolbenring gelangenden Verbrennungsgase pressen daher den Ring mit sehr hohem Druck gegen die Zylinderwand und beanspruchen den Schmierfilm im Bereich des oberen Totpunktes außerordentlich hoch. Um den durch hohe Zylinderwandtemperaturen einerseits und hohen Gasdruck andererseits übermäßig belasteten Schmierfilm vor *partiellen Zusammenbrüchen*, in Verbindung mit Brandspurbildung zu bewahren, werden in neuester Zeit druckentlastete Kolbenringe eingebaut. Zusätze im Schmieröl verbessern das Druckaufnahmevermögen des Schmierfilms.

Um das Ablagern von Additivaschen des Schmieröles auf den Zündkerzen so weit wie möglich zu vermeiden, sollen aschefreie oder sehr aschearme *HD*-Öle als Schmiermittel eingesetzt werden. Bei Einsatz schwefelhaltiger Treibgase müssen zur *Abpufferung* der korrosiv wirksamen Gasbestandteile Zylinderöle mit alkalischen Wirkstoffkomponenten eingesetzt werden. Auch hier sind Entwicklungen im Gang, aschearme alkalische Wirkstoffe zu verwenden.

08.7.5 Schmierung von Dieselmotoren

Bei der Auswahl der Schmieröle für Dieselmotoren muß auf die unterschiedlichen Bauformen, die Betriebsbedingungen und den verwendeten Kraftstoff Rücksicht genommen werden (Schnelläufer, Mittelschnelläufer, Langsamläufer, Tauchkolben- oder Kreuzkopfbauart, Viertakt- oder Zweitakt-Verbrennungssystem, Saugbetrieb oder Auflading, durchlaufender oder aussetzender Betrieb usw.). In allen Fällen wird von dem Schmieröl eine möglichst hohe thermische Stabilität verlangt, mit dem Entstehen von wenig Ölkohle und der Umwandlung von Verbrennungsrückständen in eine für den Motor weniger schädliche Form, eine hohe Reinigungswirkung für Zylinder, Kolben, Kolbenringe und Triebwerksteile. Wenn alle diese Forderungen erfüllt werden können, sind lange Überholungsintervalle für die Motorenanlage erreichbar.

Die Motorenhersteller haben deshalb in Zusammenarbeit mit den Mineralölfirmen *Schmierölempfehlungen* ausgearbeitet, die den Betriebsanweisungen für die betreffende Motorenanlage beigefügt sind und Mindestanforderungen darstellen.

Der Einsatz rein mineralischer Schmieröle ist heute nur noch auf ältere Motorentypen beschränkt, während für neue Bauformen ausschließlich Schmieröle mit Wirkstoffen zum Einsatz kommen.

Für schnellaufende und mittelschnellaufende Dieselmotoren, die mit Destillat-Kraftstoffen betrieben werden, kommen nur noch *HD*-Öle zum Einsatz, deren Wirkstoffgehalt und Wirkstoffzusammensetzung den Betriebsbedingungen angepaßt ist. Bei Einsatz schwefelreicher Kraftstoffe und besonders bei Brennstoffen aus Rückstandsölen kommen Schmieröle mit alkalischen Zusätzen zur Anwendung. Für langsamlaufende Zweitakt-Kreuzkopfmotoren wird die Triebwerkschmierung in zunehmendem Maße auf niedrig-alkalische Öle mit oxydations- und korrosionsinhibierenden Zusätzen umgestellt, um vor allem in Motoren mit ölgekühlten Kolben längere Überholintervalle zu erreichen.

Dieselmotoren, die längere Zeit im *Teillastbereich* gefahren werden, verschmutzen erheblich mehr, als solche im Vollastbetrieb, vor allem bei Verbrennung von Rückstandsölen. Auch *Luftmangel* durch ungenügende Luftzufuhr kann zu erhöhter Verschmutzung beitragen. In Zweitaktmotoren schieben die Kolbenringe Rückstände aus der Verbrennung in die Spül- und Auspuffschlitze, deren Querschnitt dadurch verengt und die Verbrennungsgüte erheblich verschlechtert wird. Dem Zylinderschmieröl fällt in diesem Beispiel die Aufgabe zu, das Zusetzen der Schlitze weitestgehend zu unterbinden.

In Tauchkolbenmotoren kann eine unvollständige Verbrennung zu *Kraftstoffeinbrüchen* in das Schmieröl führen, was *Ölverdünnung* hervorrufen kann. Solche Kraftstoffeinbrüche sind vor allem in Motorenanlagen der Hafenschlepper, der Seeschlepper, Fischereifahrzeugen, talfahrenden Binnenschiffen und auf kleineren Küstenmotorschiffen während der Revierfahrt möglich.

In den meisten Instruktionsbüchern der Motorenhersteller werden die Intervalle für *Überholungen, Reinigungsarbeiten* und *Ölwechsel* von der Anzahl der gefahrenen *Motorenstunden* abhängig gemacht. Für Hafenschlepper, Fischtrawler usw. wurde neuerdings anstelle der Betriebsstunden die Anzahl der *Motorenumdrehungen* oder der *Kraftstoffdurchsatz* als Grundlage für vorstehende Arbeiten vorgesehen, um den Betriebsverhältnissen besser Rechnung tragen zu können.

Bei Festlegung der Reinigungsintervalle muß zwischen Saugmotoren und aufgeladenen Motoren unterschieden werden. Die Qualität des verwendeten Kraftstoffes beeinflußt das Ausmaß der Verschmutzung in Tauchkolbenmotoren in hohem Maße, ebenso die Menge an eingedrungenen Verbrennungsgasen (*Blow-by*), insbesondere dann, wenn Kolbenringe gebrochen oder Zylinderbüchsen durch Verschleiß sehr stark oval geworden sind.

Der Betrieb von *unterkühlt* arbeitenden Tauchkolbenmotoren mit Kurbelraumtemperaturen unter 60 °C (ein typisches Beispiel sind Hafenfähren und andere Betriebe mit kurzen Betriebs- und langen Zwischenwartezeiten) hat *Kondensation* des in den Verbrennungsgasen enthaltenen Wasserdampfes zur Folge. Da stets mehr oder minder große Mengen an Verbrennungsgasen in den Kurbelraum gelangen, kommt Kondensat aus dem Verbrennungswasser in das Schmieröl. Die Folge ist eine *Agglomerierung* (Zusammenschluß) von Schmutzteilchen im Schmieröl zu größeren Gebilden und Ausfall als Schlamm. Diese Verschmutzung wird als *Kaltschlamm* bezeichnet. Bild 08.6 zeigt eine mikroskopische Dunkelfeldaufnahme eines Motorenöles mit feiner Verteilung des Schmutzes, bei gefahrenen Öltemperaturen von 70 °C und darüber und Bild 08.7 das gleiche Öl aus einem Motor, dessen Öl dauernd mit Temperaturen um 30 °C gefahren worden war.

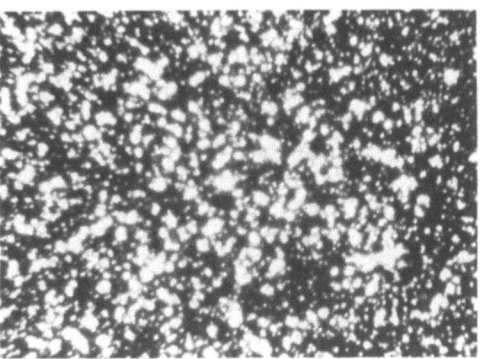

Bild 08.6 Mikroskopische Dunkelfeldaufnahme eines Motorenöles aus einem Tauchkolben-Viertakt-Dieselmotor, gefahren mit einer Öltemperatur von 70 °C, nach einer Betriebszeit von 500 h. Die Schmutzteilchen (1 ... 5 μm) erscheinen im Bild als weiße Flecke, das Öl als schwarzer Hintergrund.

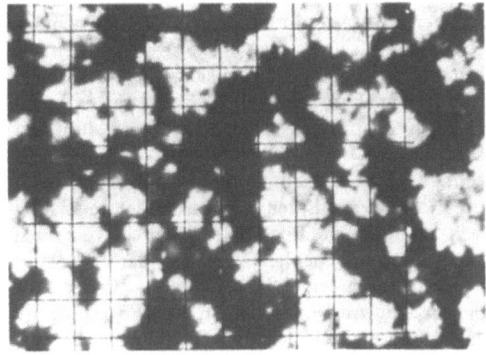

Bild 08.7 Mikroskopische Dunkelfeldaufnahme eines Motorenöles aus einem Tauchkolben-Viertakt-Dieselmotor, gefahren mit einer Öltemperatur von 30 °C, nach einer Betriebszeit von 500 h. Die Schmutzteilchen haben sich durch Feuchtigkeit im Öl zu größeren Gebilden zusammengeschlossen (Agglomerieren) und bilden Kaltschlamm.

Die in Bild 08.6 erscheinenden weißen Punkte sind Schmutzteilchen (meistens Ruß) einer Größe von etwa 1 μm. Der dunkle Hintergrund ist das Öl selbst. Die in Bild 08.7 sichtbaren großen, weißen Flecke sind die durch *Koagulation* entstandenen Schlammpartikel. Ihre Größe von mehreren μm reichen aus, um diese Teilchen zum *Sedimentieren* zu veranlassen. Durch eine intensive Entlüftung des Kurbelgehäuses kann die Kaltschlammbildung weitestgehend unterbunden werden. Deshalb werden in Motoren moderner Bauart Entlüftungen vorgesehen.

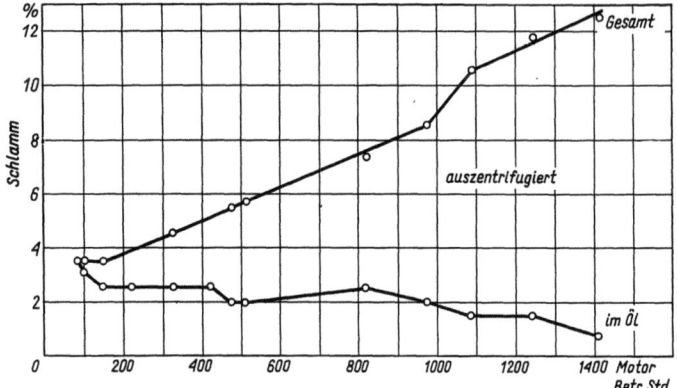

Bild 08.8
Verschmutzung des Umlauföles eines Tauchkolben-Zweitaktdieselmotors ohne und mit Ölreinigung durch Separator

Mit im *Nebenstrom* eingebauten Feinfiltern oder Zentrifugen einer Schluckfähigkeit von 2 ... 3 % der Schmierölpumpenleistung ist es möglich den in das Kurbelkastenöl eines Tauchkolbenmotors eindringenden Schmutz aus der Verbrennung laufend *auszutragen* und damit den Schmutzpegel konstant zu halten (Bild 08.8).
In Zweitakt-Kreuzkopfmotoren erfolgt die ständige Reinigung des Umlauföles mittels Separatoren, die Schmutz und Wasser ausscheiden. Die als Trennseparatoren (*Purifikatoren*) geschalteten, selbstreinigenden Zentrifugen ermöglichen einen automatischen Betrieb. Die Schluckfähigkeit des Separators soll 2 ... 3 % der Schmierölpumpenleistung betragen. Neben Separatoren sind in den letzten Jahren auch automatisch arbeitende Filter in Gebrauch, deren Leistung ebenfalls 2 ... 3 % der Schmierölpumpenleistung sein soll, und die so wie Separatoren im Nebenschluß arbeiten. Die Reinigung des Umlauföles umfaßt nicht nur die Ausscheidung von öleigenen Alterungsstoffen, sondern auch Schmutz aus der Verbrennung, der von der Kolbenstange aus dem Zylinderraum in das Kurbelgehäuse eingetragen wird. Rein mineralische und oxidations- und korrosionsinhibierte Umlauföle sollen unter Zugabe von vorgewärmtem Frischwasser bei einer Temperatur von 80 ... 90 °C separiert werden. Die Anwesenheit von Wasser im Öl fördert das *Agglomerieren* von Schmutzteilchen (Bild 08.7) und verbessert dadurch das Separierergebnis.
Das Separieren von HD-Ölen darf nur unter Zusatz geringster Wassermengen vor sich gehen, nur so viel, um den Wasserverschluß in der Separatortrommel zu erhalten. Größere Wassermengen bilden mit den seifenartigen Wirkstoffen der HD-Öle Emulsionen, die als Schlamm vom Separator erfaßt und ausgeschieden werden. Dadurch findet ein dauernder Additivverlust statt und mit diesem wird die Wirksamkeit des HD-Öles geringer.
Das Separieren rein mineralischer Umlauföle (unlegierter Öle) unter Zusatz von *alkalischen Wässern* kann von Vorteil sein, um eingedrungene, korrosiv wirkende starke Säuren zu neutralisieren. Man muß dabei nur beachten, daß das Umlauföl selbst keine durch Alterung entstandene organische Säuren enthält, die mit dem Alkali seifenartige, emulgierende Stoffe bilden, denn diese würden Schäumen des Umlauföles bewirken.

Schnellaufende Dieselmotoren
Schnelläufer werden sowohl als Viertakt- als auch als Zweitakt-Tauchkolbenmotoren mit kleineren Zylinderabmessungen und Drehzahlen über 1000 U/min gebaut. Ein zufriedenstellender Dauerbetrieb ist nur bei Verbrennung von *Destillat-Kraftstoffen* gewährleistet. Eine Ausnahme bildet allerdings der *Vielstoffmotor*, der nicht nur Gasöl, sondern auch Benzin, Petroleum und Kerosin der Strahltriebwerke ohne Probleme konsumiert.
Viertakt-Dieselmotoren und Viertakt-Ottomotoren haben das gleiche Schmiersystem. Eine von der Kurbelwelle angetriebene Zahnradpumpe saugt das Schmieröl aus dem Ölsumpf der Kurbelwanne und drückt es nach Durchgang durch einen Filter in eine Verteilungsleitung, von der die *Grundlager*, über die durchbohrte Kurbelwelle die *Kurbellager* und über die hohlgebohrten Pleuelstangen die *Kolbenbolzenlager* mit Öl versorgt werden. Das aus dem Kurbellager seitlich austretende Öl wird gegen die Zylinderwände geschleudert und schmiert dadurch Zylinder und Kolbenhemd. Ölabstreifringe am Kolben streifen das überschüssige Öl in die Kurbelwanne ab.
Zweitakt-Dieselmotoren müssen im Gegensatz zu den Zweitakt-Vergasermotoren eine eigene Zylinderschmierung mittels motorgetriebener *Schmierapparate* erhalten. Eine Spritzschmierung, gleich der des Viertaktmotors, zur Schmierung der Zylinder ist nicht möglich, da auf der einen Seite Steuerschlitze verölen und auf der anderen Seite die obere Zylinderpartie ungenügende Ölmengen bekommen würde. Die höheren Temperaturen, denen das Schmieröl im Dieselmotor ausgesetzt wird, erfordern den Einbau

eines Ölkühlers und der größere Anfall an Schmutz aus der Verbrennung einen im *Nebenschluß* arbeitenden Feinfilter. Dem im Hauptstrom eingebauten Sieb- oder Spaltfilter fällt die Aufgabe zu, grobe Verunreinigungen zurückzuhalten und ihren Eintritt in die Lager zu verhindern. Anstelle von Feinfiltern aus Papier usw. haben sich *Freistrahlzentrifugen* bewährt, die durch das ausfließende Motorenöl (gleich dem Segnerschen Wasserrad) angetrieben werden. Ihr erfolgreicher Einsatz benötigt allerdings einen Schmieröldruck von wenigstens 4 bar.

Sehr hoch aufgeladene Schnelläufer, mit Mitteldrücken über 12 bar, müssen ihre aus Leichtmetall gebauten Kolben durch Anspritzen des Kolbenbodeninneren, durch *Kühlschlangen* oder bei gebauten Kolben durch *Planschkühlung* des zu- und abgeführten Öles zusätzlich gekühlt werden. Der *Kühlölbedarf* beträgt je nach dem Kühlsystem und der abzuführenden Wärmemenge 2 ... 5,5 l/kWh. Für Lagerschmierung *und* Kühlung zusammen wird eine Ölmenge von 11 ... 13,5 l/kWh benötigt, die von der Ölpumpe gefördert werden muß.

In älteren Schnelläufern wurde die Ölumlaufmenge sehr klein bemessen und entsprach dem Hubraum. Heute sieht man Ölmengen vor, die etwa dem zwei- bis dreifachen Hubraum entsprechen. Die größere Ölmenge hat eine Verringerung der Umwälzzahl zur Folge, was die Ölalterung vermindern kann. Selbst bei den vergrößerten Ölmengen wird das Öl stündlich 100 ... 150 mal umgewälzt. Diesen schweren Betriebsbedingungen können nur Öle mit Wirkstoffen (*HD*-Öle) genügend lange widerstehen Trotzdem sind die Ölwechselzeiten, die seitens der Motorenhersteller vorgeschrieben werden, relativ kurz. Es sind in jüngster Zeit Bestrebungen im Gange, die Ölwechselzeiten drastisch heraufzusetzen, was aber die Verwendung höher legierter Motorenöle und eine geringere Verschmutzung der Öle vorausetzt. Bei hohem Schmierölverbrauch findet eine laufende, größere Ölerneuerung durch das nachgefüllte Frischöl statt; dadurch kann der Additivspiegel hoch gehalten werden.

Der *Ölverbrauch* schnellaufender Vier- und Zweitaktmotoren schwankt in weiten Grenzen und beträgt etwa 1 ... 5 g/kWh. In Zukunft wird ein Verbrauch von 0,3 ... 2,0 g/kWh angestrebt. Welche Auswirkungen dies auf die Höhe des Additivspiegels haben wird, muß abgewartet werden.

In extrem hoch aufgeladenen und hochdrehenden Motoren, besonders im militärischen Bereich, zeigen bekannte und bewährte *HD*-Öle nach kurzer Betriebszeit eine sehr schnell fortschreitende Oxidation, die sogar zu völligen *Ölzusammenbrüchen* führte. Die Ursache dieser Erscheinungen waren Spaltvorgänge in den metallorganischen Wirkstoffen, wobei die nunmehr gebildeten Metallverbindungen als Oxidationskatalysatoren wirkten und die öleigene Alterung enorm beschleunigten.

Für derart extreme Betriebsbedingungen muß auf Mineralöle mit Wirkstoffen verzichtet werden und *synthetische Schmieröle* an deren Stelle treten. In der Handelsschiffahrt sind derartige Probleme bislang nicht aufgetreten. Die heute verwendeten Motorenöle erfüllen die unterschiedlichen Betriebsbedingungen durch die dem Grundöl, einem Solventraffinat, zugesetzten Additive. Die wichtigsten Additivkomponenten sind *V.I.*-Verbesserer, Hochdruckzusätze, Oxidations- und Korrosionsinhibitoren und vor allen Dingen Detergent-Dispersant-Zusätze. Die Wirkstoffkombination muß dem Grundöl angepaßt werden. Detergent-Dispersant-Additive verleihen dem Schmieröl die Fähigkeit Schmutzteilchen in fein verteilter Form im Öl in Schwebe zu halten, sie daran zu hindern an Motorenteilen festzukleben oder bereits festhaftenden Schmutz abzulösen. Sie unterbinden auch die früher beschriebene Kaltschlammbildung, indem sie Wasser ebenfalls in fein verteilter Form binden.

Wie erwähnt wurde, teilt man *HD*-Öle nach ihren Eigenschaften entsprechend der MIL-Spezifikationen ein, die auf festgelegten Prüfbedingungen in Motoren basieren. Europäische Motorenhersteller haben diese Prüfmethoden durch den *MWM-B-Dieselmotorentest* (DIN 51 361) und den *Petter-A VB-Motor* ergänzt, da europäische Dieselmotoren an das Schmieröl in einigen Bereichen noch höhere Anforderungen stellen, als die USA.

Einer besonderen Prüfbedingung unterliegen Motorenöle, die in Marine-Hochleistungsmotoren eingesetzt werden sollen. Neben den üblichen Prüfungen ausreichender Detergentwirkung, wird auch noch eine ausreichende Resistenz gegen eindringendes Seewasser verlangt. Sowohl die *US*-Marine hat eine Prüfbedingung in ihrem Prüfmotor GM-3-71 unter MIL-L-9000 E, AM. 1 festgelegt, als auch die *französischen* Militärbehörden unter Test 38 STM im Petter-Motor und die *Deutsche Bundeswehr* unter VTL-0-274 und 0-275. Bei dem französischen Test wird dem Schmieröl vor dem Prüflauf von 300 Stunden eine Menge von 250 ml Seewasser, bei dem US-Test alle 24 Stunden 150 ml Seewasser zugesetzt. Einzelheiten über diese Tests mögen den Lieferbedingungen für Betriebsstoffe für Bundeswehr-Geräte entnommen werden.

Bei allen Spezifikationen handelt es sich um die Erfüllung von *Mindest*anforderungen. Viele Motorenöle, die den Testbedingungen entsprechen, haben gerade noch die Grenze erreicht („*borderline oils*") und werden im praktischen Betrieb zahlreichen anderen Ölen unterlegen sein, die weit über die geforderten Mindestbedingungen hinaus leistungsfähig sind. Daher sollte man diese Tests nicht *überbewerten*.

Zur Beurteilung von Motorenölen hinsichtlich ihrer Arbeitsweise und Reinigungswirkung auf den Kolben und dem Triebwerk werden Motorenprüfverfah-

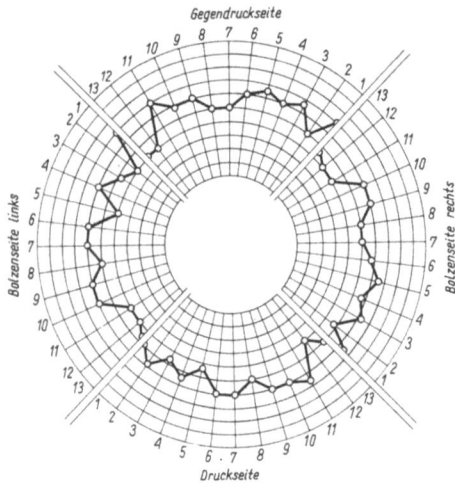

Bild 08.9 Kolbenbewertungsdiagramm nach Kruppke für ein nicht legiertes Motorenöl, nach Prüflauf von 50 h im MWM-Prüfdieselmotor

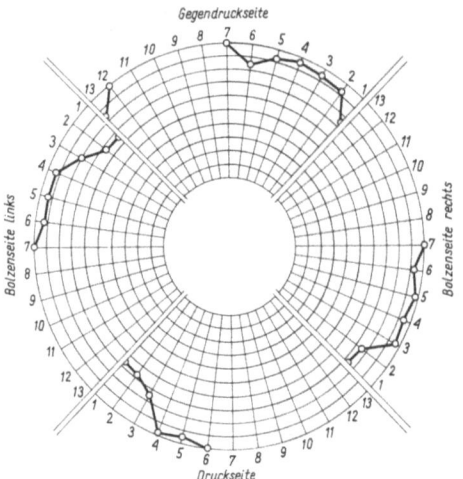

Bild 08.10 Kolbenbewertungsdiagramm nach Kruppke für ein HD-Öl nach Prüflauf von 50 h im MWM-Prüfdieselmotor

ren nunmehr neu entwickelt, die den MWM-Prüfdieselmotor als Basis vorsehen. Nach einem 50-Stunden-Lauf werden die Motorenteile auf ihren Zustand untersucht. Einzelheiten darüber sind in den Normen DIN 51 361, Teil 1 bis 4, enthalten. Einen Vergleich der Prüfergebnisse erleichtert das *Kruppke-Bewertungsbild* (Bilder 08.9 und 08.10). In diesem Diagramm werden einzelne Teile des Kolbens, wie auch in DIN 51 361 vorgeschrieben wird, mit den Ziffern 0 bis 100 bewertet. Die *schlechteste* Bewertung gibt die Ziffer 0, die *beste* die Ziffer 100. Aus den Einzelergebnissen wird ein Mittelwert gebildet, der die Gesamtnote darstellt. ein gutes *HD-Öl* soll die Note 85 bis 95 erreichen.

Zur Beurteilung des Verschmutzungsgrades und des noch vorhandenen Dispergiervermögens von HD-Ölen kann für Bord-Kontrollen der *Tüpfeltest* ausreichend sein. Von der unmittelbar nach Abstellen des Motors gezogenen Ölprobe läßt man einen Tropfen auf weißes Löschpapier oder Filterpapier fallen und stellt nach einigen Stunden Wirkdauer die Veränderung fest, die durch das Auseinanderziehen des Öles erfolgte. Ein völlig schwarzer, gleichmäßiger Fleck bedeutet, daß das Öl mit sehr viel Verbrennungsrückständen angereichert ist und die oberste Grenze erreicht hat, bis zu der die Schmutzteilchen gerade noch in Dispersion im Öl gehalten werden können oder ein Teil des Schmutzes bereits als Schlamm ausgefallen ist. Das Bild (Bild 08.11) zeigt auch, daß die im Öl vorhandenen Detergents bereits verbraucht sind.

Bildet der Öltropfen dagegen einen hellen Innenhof, an den sich ein etwas dunklerer Ring anschließt (Bild 08.12) und dieser wieder nach außen heller

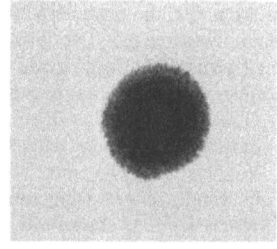

Bild 08.11 Tüpfeltest eines gebrauchten HD-Motorenöles, dessen Dispergiervermögen für Schmutz verloren ging. Der Schmutzgehalt im Öl hat die zulässige obere Grenze erreicht.

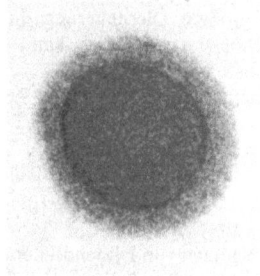

Bild 08.12 Tüpfeltest eines noch gebrauchsfähigen HD-Motorenöles mit noch ausreichendem Dispergiervermögen und geringem Schmutzgehalt

wird um schließlich in das Weiß des Papiers überzugehen, kann geschlossen werden, daß das Öl noch genügend sauber ist und die Additive noch wirksam sind.

Der Tüpfeltest kann natürlich keinen Anspruch auf Genauigkeit erheben, trotzdem ist er für Bordzwecke ausreichend. Dieser Test entbindet allerdings nicht von der Verpflichtung, Motorenöle regelmäßig in festen Zeitabständen in einem Laboratorium an Land untersuchen zu lassen. Bei nicht übermäßig schmutzbildenden Motoren werden Intervalle von 500 ... 700 Stunden durchaus genügen.

Bei den Untersuchungen im Laboratorium sind folgende Analysenwerte anzugeben:

Dichte bei 15 °C (DIN 51 757)
Flammpunkt im offenen Tiegel nach Cleveland (DIN 51 376)
Viskosität bei 40 °C in mm^2/s bzw. cSt (DIN 51 550)
Aschegehalt Gew.-% (DIN 51 575)
Benzin- und Benzolunlösliches (DIN 51 592)
Gehalt an Asphaltenen (DIN 51 595)
Total-Base-Number mg KOH/g
Wassergehalt Gew.-% (DIN 51 582)
Verkokungsrückstand (Conradson) Gew.-% (DIN 51 551).

Als oberste Grenze für das Benzin-Benzol-Unlösliche kann im Mittel 2 Gew.-% angegeben werden. Für schnellaufende Dieselmotoren wird es zweckmäßig sein über 1,8 Gew.-% nicht hinauszugehen. Bei Mittelschnelläufern können 2,2 Gew.-% zugelassen werden. Die Gesamtverschmutzung wird durch eine getrennte Analyse des Gehaltes an Asphaltenen (DIN 51 595) und festen Fremdstoffen (DIN 51 592) bestimmt.

Mittelschnellaufende Dieselmotoren

Mittelschnellaufende Tauchkolben-Dieselmotoren in Viertakt- und Zweitaktbauart, mit Drehzahlen von 400 ... 1000 Umdrehungen pro Minute werden als Haupt- und Hilfsdieselmotoren eingesetzt.

Während Motoren dieser Gruppe früher ausschließlich mit Destillat-Kraftstoffen versorgt wurden, wurde schon seit geraumer Zeit in Motoren mit Zylinderabmessungen ab 350 mm Bohrung der Betrieb mit Rückstandsölen aufgenommen. Die enorme Verteuerung der Brennstoffe seit 1973 hat entscheidend dazu beigetragen, größere Tauchkolbenmotoren ausschließlich mit Rückstandsölen zu betreiben und viele Reeder dazu angeregt, auch Motoren mit kleineren Zylinderabmessungen von 180 ... 230 mm Zylinderbohrung mit leichten Rückstandsölen der Type LMFO 30 bis LMFO 60 zu versorgen. Diese Entwicklung ist vorläufig auf Viertaktmotoren beschränkt worden. Natürlich hat diese Entwicklung auf die Auswahl der zu verwendenden Schmieröle einen entscheidenden Einfluß.

Schmierung des Triebwerkes

Die *Triebwerkschmierung* mittelschnellaufender Vier- und Zweitaktmotoren ist im Prinzip der schnellaufender Dieselmotoren gleich. Allerdings saugt die von der Kurbelwelle angetriebene Zahnrad-Schmierölpumpe das Öl nur noch in vereinzelten Fällen aus der Kurbelwanne, sondern überwiegend aus einem *tiefer liegenden Behälter* oder das Öl fließt der Pumpe aus einem *Hochbehälter* zu. Das aus den Lagern austretende Schmieröl sammelt sich in der Kurbelwanne und fließt von dort in den Tieftank oder bei Anlagen mit Hochbehälter wird das Öl mit einer besonderen Pumpe in den Hochbehälter gefördert. Durch die Entfernung des Öles aus dem Kurbelgehäuse wird es den schädlichen Einflüssen der Blow-by-Gase entzogen und hat im Ölbehälter die Möglichkeit gelöste Gase und feste Stoffe auszuscheiden. Dadurch wird die Lebensdauer des Öles verlängert. An den höchsten Stellen der Ölbehälter sollen *Entlüftungsrohre* angebracht werden, die unter Zwischenschaltung eines *Kondensat* sammelnden Kastens möglichst geradlinig bis in den obersten Teil des Maschinenschachtes geführt werden. Durch die Länge dieses Entlüftungsrohres entsteht ein genügend großer Unterdruck, um eine ausreichende Entlüftung zu erreichen. Der Boden des Ölbehälters soll nach Möglichkeit geneigt sein, damit sich der sedimentierte Schlamm an der tiefsten Stelle sammelt.

Dieselmotoren mit Leistungen über 1500 kW werden heute vorwiegend mit frei stehenden, elektrisch betriebenen Schmierölpumpen ausgerüstet. Durch diese unabhängigen Pumpen ist eine intensive Nachkühlung auch nach dem Abstellen des Motors möglich. Im anderen Fall müßte man dazu die fremd angetriebene Reserve-Schmierölpumpe heranziehen, was leider in vielen Fällen versäumt wird und Verkokungen durch Nachlaufwärme verursachen kann.

Obwohl in heutigen mittelschnellaufenden Motoren ausschließlich Umlauföle mit Wirkstoffen eingesetzt werden, ist die *Umwälzzahl* (Anzahl der Umwälzungen des Öles in der Stunde) für die Lebensdauer des Öles von großer Bedeutung. Für Dieselmotoren ohne Auflading und ohne Kolbenkühlung durch Öl sollte die Umwälzzahl nicht über die Ziffer 20 hinausgehen. Für Motoren mit Kolbenkühlung und hohen Mitteldrücken sollte man die Anzahl der Umwälzungen auf 10 in der Stunde beschränken. Die Motorenhersteller empfehlen für Saugmotoren eine Ölmenge im Umlauf von 1,3 l/kW. Nach praktischen Erfahrungen ist diese Menge auch bei Einsatz von HD-Ölen als zu gering anzusehen.

Durch die Verwendung von *HD*-Ölen im Umlaufschmiersystem oder Ölen mit einem höheren Gehalt an alkalischen Wirkstoffen, wird der aus der Verbrennung kommende Schmutz sehr fein verteilt. Um dennoch eine zufriedenstellende Reinigung des Öles im Separator zu erreichen, muß die Verweilzeit des Öles in der Separatortrommel durch Verringerung des Öldurchsatzes wesentlich verlängert

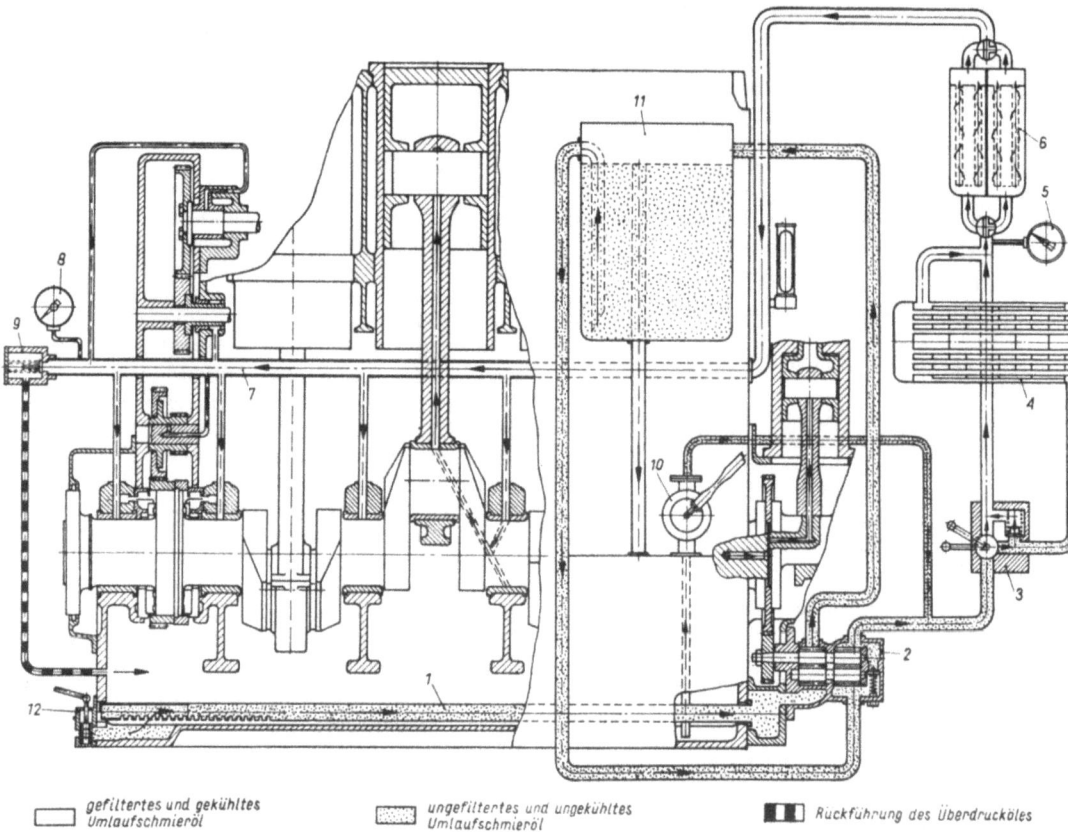

Bild 08.13 Schema der Druckumlaufschmierung eines Viertakt-Tauchkolben-Dieselmotors mit Hochtank als Schmierölvorratsbehälter (KHD)

werden. Im allgemeinen muß davon ausgegangen werden, daß der Durchsatz in einem *HD*-Öle reinigenden Schmierölseparator auf ein Drittel bis ein Viertel der vom Hersteller angegebenen Durchsatzleistung reduziert werden muß. Bild 08.13 zeigt in schematischer Darstellung die *Druckumlaufschmierung* eines Viertakt-Tauchkolbenmotors mit Hochtank.

Schmierung der Zylinder

Die *Schmierung der Zylinder* von Viertaktmotoren geschieht entweder durch *Spritzöl*, das vom Kurbellager abgeschleudert wird oder durch eine eigene *Frischölschmierung* über einen vom Motor angetriebenen Schmierapparat. In Zweitaktmotoren ist in jedem Fall eine eigene Zylinderschmierung erforderlich. Da in manchen Zweitaktmotoren das vom Kurbellager abgeschleuderte Öl die Spül- und Auspuffschlitze stark verölen könnte, müssen eigene Abdeckbleche angebracht werden.

Wenn die Absicht besteht oder die Konstruktion es ohnehin verlangt, die Schmierung mit einem Einheitsöl durchzuführen, muß auf die höhere Temperatur Rücksicht genommen werden, der das Zylinderöl im Betrieb ausgesetzt wird. Auch in Motoren der Viertaktbauart, die eine eigene Frischöl-Zylinderschmierung haben, wird in den meisten Fällen ein Einheitsöl vorgesehen. Bei Frischölschmierung der Zylinder werden je nach Größe des Zylinders, 2 oder 4 *Schmieranstiche* vorgesehen. Die Höhe des Schmieranstiches im Zylinder richtet sich nach der Länge des Kolbens. Jedenfalls soll sie unterhalb des obersten Kolbenringes bei unterer Totlage des Kolbens liegen. Viertaktmotoren, die vorwiegend mit reduzierter Drehzahl laufen (unter 150 U/min) kann es sich als notwendig erweisen, eine *separate Frischölschmierung* vorzusehen, da in einem solchen Fall die Spritzölmenge zu gering wird.

Der Betrieb von Mittelschnelläufern mit schwefelreichen Kraftstoffen, vor allem von Rückstandsölen, erfordert den Einsatz alkalischer Schmieröle, die korrosive Bestandteile der Verbrennungsgase unschädlich machen. Auch bei Einsatz von Marine-

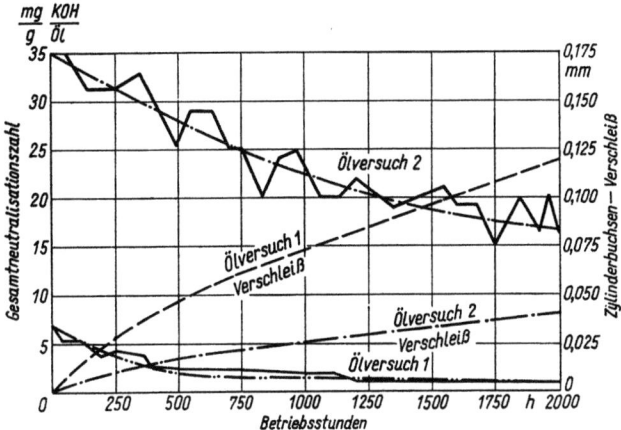

Bild 08.14
Additivverlust im Umlauföl eines mit Schweröl betriebenen Tauchkolben-Viertakt-Dieselmotors. Zylinderschmierung durch Spritzöl (SEMT-Pielstick).
Versuch 1: HD-Öl-Serie 3; TBN = 7 mg KOH/g, Zylinderleistung 220 kW
Versuch 2: alkalisches Motorenöl, TBN = 35, Zylinderleistung 200 kW

Diesel-Fuel, einem Destillat-Kraftstoff, müßte man in Zukunft HD-Öle mit angehobener Alkalität verwenden, da auch diese Kraftstoffe höhere Schwefelgehalte haben werden. Die HD-Öle müßten in diesem Fall mit einer TBN von 10 ... 12 mg KOH/g ausgestattet sein.
In Viertakt-Tauchkolbenmotoren mit Spritzölschmierung der Zylinder muß für Schwerölbetrieb eine Alkalität in Höhe von TBN = 25 ... 35 mg KOH/g für das Einheitsöl vorgesehen werden. Obwohl das im Betrieb verbrauchte Schmieröl durch Frischöl ergänzt wird, ist eine gewisse Abnahme des Wirkstoffgehaltes festzustellen, wie im Diagramm Bild 08.14 deutlich zu erkennen ist. Je größer der Schmierölverbrauch und damit die Nachfüllmenge von Frischöl ist, um so höher wird sich der Additivspiegel einstellen. Erfahrungsgemäß pendelt sich der Additivspiegel nach einer gewissen Betriebszeit auf einen bestimmten Wert ein und es muß von Fall zu Fall entschieden werden, ob dieser endgültige Additivspiegel für einen zufriedenstellenden Dauerbetrieb ausreicht. Bei einem Schwefelgehalt des Kraftstoffes von 3,5 % wird eine Schmierölalkalität von TBN = 20 mg KOH/g im allgemeinen ausreichend sein.
In Bild 08.15 ist eine eigene Zylinderschmierung in schematischer Darstellung zu sehen. Das Schmieröl wird durch Bohrungen in der Zylinderbüchse zugeführt, die im vorliegenden Fall von dem unteren, offenen Ende des Zylinders ausgehen. Durch diese Ölzufuhr wird ein Leerlaufen der senkrechten Bohrung bei Stillsetzen des Motors verhindert.
In Zweitaktmotoren werden die Schmieranstiche im Zylinder über senkrechte Bohrungen in der Zylinderbüchse mit Öl versorgt, die aber vom oberen Büchsenrand ausgehen müssen, oder durch waagerechte Stutzen, die den Wassermantel des Zylinders durchdringen.

Der Ölverbrauch für Zylinder- und Triebwerkschmierung beträgt etwa 1 ... 4 g/kWh. Falls der Ölverbrauch wesentlich höher liegt, als die Betriebsanleitungen angeben, müssen schrittweise alle Stellen auf Leckagen untersucht werden. Größere Ölverluste können an den Durchtritten der Kurbelwelle oder am Kolben selbst auftreten. Da der Kolbenschaft als Geradführung des Kurbeltriebes angesehen werden muß, ist dieser reichlich mit Öl zu versorgen. Deshalb sollte man die Abstreifwirkung von Ölringen am offenen Ende des Kolbens nur dann verschärfen, wenn eine Steigerung der Ölabstreifwirkung oberhalb des Kolbenbolzens nicht die gewünschten Resultate ergeben hat.
In Zweitaktmotoren ist darauf zu achten, daß die oberste Abstreifkante des am offenen Kolbenende befindlichen Ölabstreifringes sich der untersten Schlitzkante nur bis auf 15 mm nähert, um das Hineinschieben von Öl in die Schlitze zu vermeiden. Der Betrieb mit Kraftstoffen höheren Schwefelgehaltes erfordert den Einsatz alkalischer Zylinderöle. Während für Viertakt-Motoren mildalkalische Öle mit einer TBN = 25 ... 35 mg KOH/g ausreichend sind, weil der Ölaustausch hinter den Kolbenringen verhältnismäßig intensiv erfolgt, muß für Zweitakt-Motoren mit dem wesentlich geringeren Ölaustausch in der Kolbenringzone mit Ölen einer Alkalität TBN = 60 ... 85 mg KOH/g gerechnet werden. Die hohe Alkalität von TBN = 85 mg KOH/g wird auch für die in Zukunft für die Schiffahrt bereitstehenden Rückstandsöle mit einem Schwefelgehalt von 5 ... 5,5 % ausreichend sein.
Hochalkalische Motorenöle ergeben eine Oxidasche von 3,5 ... 4,5 Gew.-%, mildalkalische Öle dagegen nur von 1,8 ... 2,5 Gew.-%. Ein hoher Additivaschegehalt begünstigt das Entstehen von Ventilschäden durch Einprägungen im Ventilsitz. Daher ist es zu verstehen, wenn die Hersteller von Viertaktmotoren

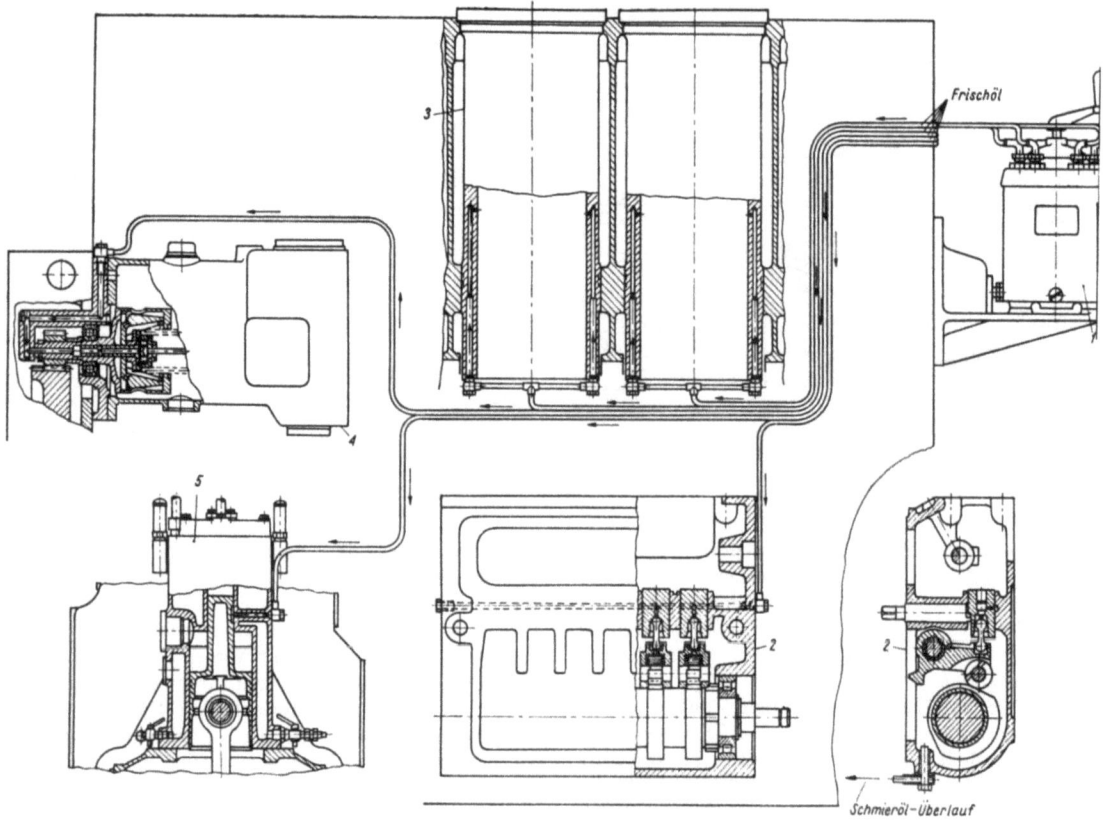

Bild 08.15 Schema der Zylinderschmierung eines Viertakt-Tauchkolben-Dieselmotors mittlerer Drehzahl mittels vom Motor angetriebenem Schmierapparat (KHD)

oder ventilgesteuerten Zweitaktmotoren Schmieröle verlangen, deren Additivaschegehalt möglichst gering ist. Leider ist es bislang noch nicht gelungen hochalkalische Schmieröle mit geringem Additivaschegehalt herzustellen.

Der Einsatz von *Emulsions-* und *Suspensionsölen* scheidet aus naheliegenden Gründen von vornherein als Schmieröl aus.

Schmierung langsamlaufender Zweitakt-Kreuzkopfmotoren

In Motoren dieser Bauform sind Zylinder- und Kurbelraum von einander durch einen einfachen oder doppelten *Zwischenboden* getrennt. Oberhalb des Zwischenbodens herrscht bei den meisten Motorenbauarten Spülluftdruck. Das Kurbelgehäuse ist durch das von der Kurbelwelle abgeschleuderte Öl in Form von Öltröpfchen und Öldunst in Vermischung mit Luft und Wasserdampf erfüllt. Die *Kolbenstange*, die Verbindung zwischen Kolben und Triebwerk, durchdringt den Zwischenboden in einer *Zwischenbodenstopfbüchse*. Dieser Zwischenbodenstopfbüchse fällt die Aufgabe zu, auf der einen Seite den Durchtritt von Schmutz, Verbrennungsgasen und Spülluft in das Kurbelgehäuse, auf der anderen Seite den Durchtritt von Umlauföl aus dem Kurbelraum in den Spülluftraum zu verhindern.

Daher muß die Stopfbüchse aus drei Teilen bestehen: einer Abstreifvorrichtung, die gegen den Spülluftraum wirkt und den auf der Kolbenstange haftenden Schmutz aus Verbrennungsrückständen abschabt. Dieser Schmutz soll durch Drainrohre aus dem Motor abgeführt werden. Ein Mittelteil dieser Stopfbüchse besteht aus Dichtungsringen, welche der Spülluft den Durchtritt in den Kurbelraum verwehren. Und schließlich muß eine nach *unten* wirksame Abstreifvorrichtung den Durchtritt von Umlauföl nach *oben* verhindern. Obige an sich selbstverständliche Forderungen konnten Stopfbüchsen erst in den letzten Jahren erfüllen.

Zylinderschmierung

Die Zylinderschmierung erfolgt durch Schmierapparate, die vom Motor unmittelbar oder hydraulisch über die Druckumlaufschmierung angetrieben werden. In der Regel hat jeder Zylinder seinen

Schmierapparat mit so vielen Pumpenelementen, als am Zylinder Schmieranstiche vorgesehen sind. Zu jeder Schmierstelle führt eine eigene Rohrleitung, an deren Ende, möglichst nahe des Schmieranstiches, ein Rückschlagventil das Eindringen von Verbrennungsgasen aus dem Zylinder in das Schmieröl verhindert. Anzahl und Anordnung der Schmierstellen am Zylinder richtet sich nach der Zylinderbohrung und auch nach dem Spülsystem. In höher aufgeladenen Zweitaktmotoren mit Quer- oder Umkehrspülung, mit Spül- und Auspuffschlitzen, werden in Nähe der Schlitzstege zusätzliche Schmieranstiche vorgesehen, die den Stegen zusätzliche Schmierölmengen zuführen, damit der durch Trockenlauf gelegentlich beobachtete höhere Verschleiß verhindert wird.

Eine gleichmäßigere Ölverteilung am ganzen Zylinderumfang wird durch in die Zylinderwand eingearbeitete Schmiernuten erleichtert.

In MAN-Motoren älterer Bautypen wird das Zylinderöl über den oberen Büchsenflansch zugeführt. Eine senkrechte Bohrung in der Zylinderbüchse ermöglicht dem Öl den Zutritt zum Schmieranstich. Sobald der Motor abgestellt wird, ist es nicht zu verhindern, daß das in der vertikalen Bohrung befindliche Öl in den Zylinder ausfließt. Weder das Rückschlagventil am Büchsenflansch, noch das in der senkrechten Bohrung eingesetzte Verdrängerröhrchen kann dies verhindern. In der Betriebsvorschrift wird verlangt, daß *vor neuerlicher Inbetriebnahme* des Motors genügend lange die Schmierapparate *von Hand* aus *betätigt* werden müssen, um die senkrechten Bohrungen wieder mit Öl aufzufüllen. Leider wird diese Forderung gar nicht oder nur sehr unvollkommen erfüllt. Bei den ersten Verbrennungstakten dringen daher Verbrennungsgase in diese Bohrungen ein und reagieren mit dem nun nachfolgenden alkalischen Zylinderöl. Es entstehen bei diesen chemischen Umsetzungen feste Produkte, vor allem Gips ($CaSO_4$), die die Bohrungen verengen oder gar ganz verstopfen. Als noch die sehr schnell reagierenden *Zweiphasenöle* eingesetzt worden waren, gab es viele Schwierigkeiten durch Verstopfungen dieser Art.

Durch die Neukonstruktion der MAN geschieht die Ölzufuhr nicht mehr über den Zylinderflansch, sondern durch eine waagerechte Bohrung unmittelbar in den Zylinder, und damit sind die früher beobachteten Schwierigkeiten restlos ausgeschieden worden.

Um den an den Schmieranstichen stets fest haftenden Schmutz bei Abstellen des Motors zu entfernen, wird es immer von Vorteil sein die Schmierapparate von Hand kurz zu betätigen. In dieser Hinsicht kann der ölhydraulische Antrieb der Schmierapparate von Vorteil sein.

Als Kraftstoffe für Kreuzkopf-Zweitaktmotoren kommen heute kaum andere als Rückstandsöle infrage. Wie aus früheren Abschnitten hervorgeht,

Tafel 08.23 Richtlinien für den Zylinderölverbrauch von Zweitakt-Kreuzkopf-Motoren und Kraftstoffen minderer Qualität

Motorenbauart	Zylinderölverbrauch g/kWh
Motoren mit Längsspülung und Auslaßventil, Saugmotoren oder Aufladung bis Mitteldrücken von 8 bar	0,27...0,41
Motoren mit Längsspülung und Auslaßventil, Mitteldrücke über 8 bar	0,48...0,55
Motoren mit Längsspülung, mit Auslaß-Kolbenschieber, Motoren mit Gegenkolben	0,68...0,82
Motoren mit Quer- oder Umkehrspülung, Mitteldrücke bis 8 bar	0,68...0,82
Motoren mit Quer- oder Umkehrspülung, Mitteldrücke über 8 bar	0,95...1,3

muß mit Schwefelgehalten in Zukunft von 5...5,5 % gerechnet werden. Daher ist für einen klaglosen Betrieb der Einsatz von hochalkalischen Zylinderölen mit einer *TBN* = 50...85 mg KOH/g erforderlich. Die Ölviskosität schwankt zwischen SAE 40 und SAE 50. Der Ölverbrauch hängt von der Motorenkonstruktion und dem eingebauten Zylinderschmiersystem ab. Tafel 08.23 gibt einige Hinweise über die erforderlichen Schmierölmengen bei Einsatz von Rückstandsölen mit hohem Gehalt an Asphaltenen.

Im Laufe der Jahre wurde immer wieder versucht die *Hubtaktschmierung* so weit zu entwickeln, daß in der Tat der Ölaustritt in den Zylinder in dem Moment stattfindet, wenn die Kolbenringe die Ölbohrung überdecken. Burmeister & Wain hat bereits vor vielen Jahren eine der Hubtaktschmierung ähnliche Bauform eingeführt, die aber das Prinzip nur zum Teil erfüllt. 1962 wurde von *Doxford* eine Hubtaktschmierung vorgestellt, die zwar das Prinzip erfüllte, die aber wegen ihrer komplizierten Konstruktion nur wenig Gegenliebe fand. In neuester Zeit hat *Sulzer* eine Hubtaktschmierung entwickelt und 1973 vorgestellt. Seit diesem Zeitpunkt werden alle Sulzer-Motoren mit dieser Zylinderschmierung ausgerüstet. Zweifellos bietet dieses System Vorteile, vor allem kann der Schmierölverbrauch gesenkt werden.

Bild 08.16 zeigt eine Gegenüberstellung des früheren und des heutigen Zylinderschmiersystems. Bei dem alten System wird der Schmierstelle alle 13 Motorenumdrehungen eine bestimmte Ölmenge zugeführt. Bei dem neuen System fördert der Schmierapparat ebenfalls alle 13 Motorumdrehungen die gleiche Ölmenge, aber diesmal nicht in den Schmieranstich, sondern in einen *federbelasteten Akkumulator*. Die weitere Förderung in den Schmieranstich erfolgt nur dann, wenn der Druck im Schmieranstich unter den Druck im Akkumulator sinkt (siehe Indikatordiagramm in Bild 08.17).

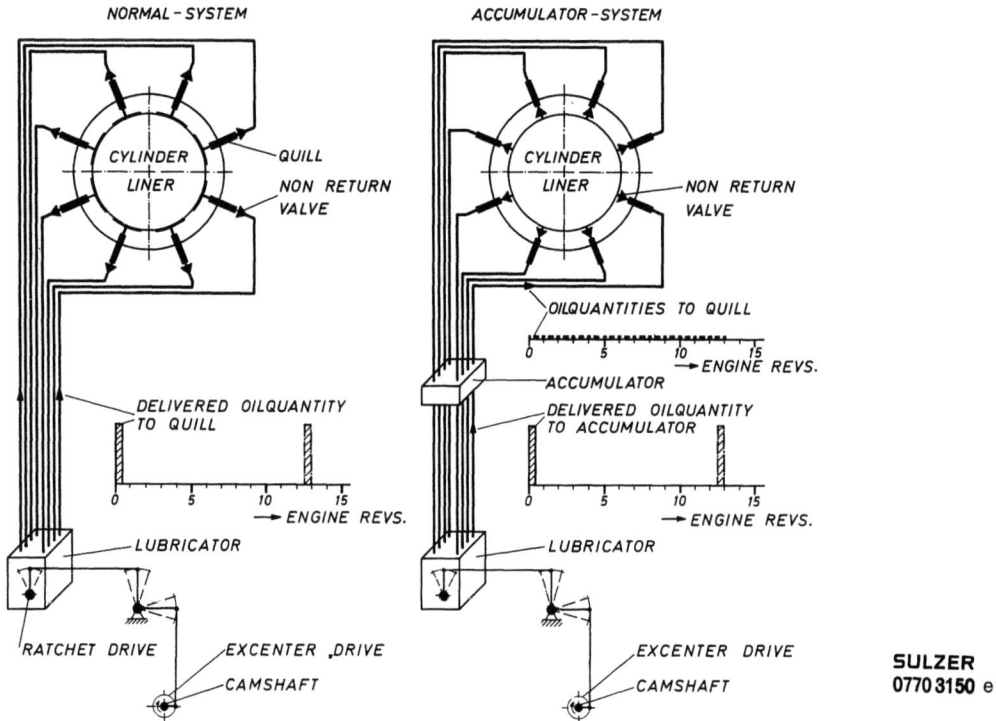

Bild 08.16 Zylinderschmierung eines langsamlaufenden Zweitakt-Kreuzkopfmotors nach *Sulzer* (linkes Bild: herkömmliches Schmiersystem, rechtes Bild: Schmiersystem mit Akkumulator)

camshaft	Nockenwelle	delievered oilquantity	zum Akkumulator
excenter drive	Exzenter-Antrieb	to accumulator	gelieferte Ölmenge
ratchet drive	Ratschen-Antrieb	accumulator	Akkumulator
Lubricator	Schmierapparat	Oilquantity to quill	Ölmenge am Schmieranstich
engine revs.	Maschinen-Umdrehungen	cylinder liner	Zylinderbüchse
delivered oilquantity	zum Schmierölanstich	non returnvalve	Rückschlagventil
to quill	gelieferte Ölmenge	quill	Schmieranstich
		normal system	normale Anordnung
		accumulator system	Anordnung mit Akkumulator

Dieses Schmiersystem hat sich auch insofern bewährt, als die Schmierung nur einsetzt, wenn das Schmieröl keine hochgespannten, heißen Gase trifft und dadurch das Entstehen von Additivasche- und Ölkohleablagerungen (Tannenbaumbildung) auf dem Feuersteg des Kolbens kaum möglich wird.

Vor einigen Jahren wurden vor allem in Motoren sehr großer Zylinderbohrung und hohen Mitteldrücken, bei gleichgebliebenen Kühlsystemen, enorme Zylinderbüchsen- und Kolbenringverschleiße, sowie Brandspurbildungen beobachtet. Büchsenverschleiße von 1,5 mm/1000 h und mehr wurden gemessen. Durch Meßfahrten auf Seeschiffen wurden Zylinderwandtemperaturen in Höhe des oberen Totpunktes des 1: Kolbenringes von 230...270 °C gemessen und gelegentlich auch mehr. Diese hohen *Zylinderwandtemperaturen* waren die eigentliche Ursache partieller Zusammenbrüche von Schmierfilmen und *Trockenläufe*. Durch die Ölkrise 1973 wurden die Reeder gezwungen die Schiffe mit reduzierter Fahrt zu betreiben, um Brennstoff zu sparen und schlagartig hörten die damaligen Schwierigkeiten auf. Demnach waren allein die *thermischen Überbelastungen* die Ursache der vorgenannten Probleme.

Die Motorenhersteller haben inzwischen konstruktive Verbesserungen in der Kühlung entwickelt, die Wabenkühlung für Kolben und die Kühlbohrungen im Büchsenflansch für die Zylinder. Auch die Kühlung der Zylinderdeckel konnte durch Kühl-

Schmierstoffe

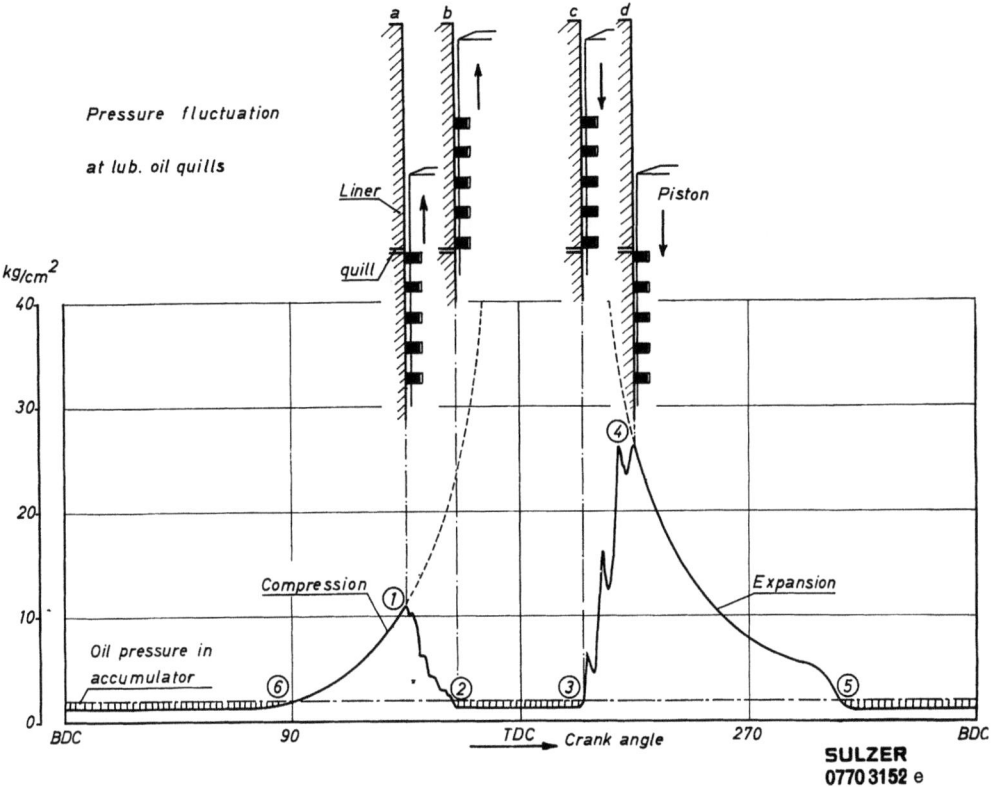

Bild 08.17 Zylinderschmierung nach *Sulzer* mit Akkumulator. Druckverhältnisse am Schmieranstich beeinflussen Schmierölzufuhr

pressure fluctuation at luboil quills	Druckschwankung an den Schmieranstichen	Oilpressure in accumulator	Öldruck im Akkumulator
liner	Zylinderbüchse	crank angle	Kurbelwinkel
quill	Schmieranstich	BDC (bottom dead center)	unterer Totpunkt
piston	Kolben	TDC (top dead center)	oberer Totpunkt
compression	Kompression		

bohrungen entschieden verbessert werden. Wenn auch für die nächste Zeit die vorhin genannten Überlastungen von Motoren kaum infrage kommen werden, wird aber die verbesserte Kühlung der Kolben entschieden dazu beitragen, den Abbrand auf Kolbenkronen durch schwefelreiche und vanadiumhaltige Brennstoffe in Grenzen zu halten.

Ein schwieriges Schmierproblem stellt das *Einfahren* von Motoren, wie auch einzelner Zylinderbüchsen dar. In früheren Zeiten war es üblich neue Zylinder mit einem rein mineralischen (unlegierten) Schmieröl für 100...200 h zu schmieren, wobei der Schmierapparat auf volle Förderung eingestellt wurde. Als Treibstoff wurde Marine-Diesel-Fuel eingesetzt. Die hohe Schmierrate war vorteilhaft, um Abriebteilchen auszutragen.

Durch besondere *Einlauföle* ist es aber inzwischen möglich geworden, die Einlaufzeit drastisch zu verkurzen und ein besseres Einlaufbild zu erzielen. Einlauföle enthalten Hochdruckzusätze, die die Filmfestigkeit steigern und die Brandspurbildung verhindern. Chemisch aktive Wirkstoffe tragen die Oberflächenspitzen der Gleitflächen ab und verringern dadurch die spezifische Belastung. Die Einlaufzeit kann dadurch auf wenige Stunden reduziert werden. Gut dichtende Kolbenringe tragen sehr wesentlich zu einem guten Einlauf bei. Durch Auflagen von Weichkupfer auf den Gleitflächen der Kolbenringe kann das Abdichten außerordentlich beschleunigt werden.

Umlaufschmierung

Die Umlaufschmierung der Kreuzkopfmotoren unterscheidet sich nur sehr wenig von dem System der großen Tauschkolben-Motoren mit getrennter Zylinder- und Triebwerkschmierung. Die freistehende, elektrisch betriebene Schmierölpumpe, eine Kreiselpumpe, wird vor dem Anfahren des Motors in Betrieb gesetzt, um alle Leitungen des Systems mit Öl durchzuspülen. Nach dem Abstellen des Motors wird noch genügend lange *nachgekühlt*, um vor allem in Motoren mit ölgekühlten Kolben das Entstehen von Ölkohle in den Kolbenkühlräumen, als Folge von Nachlaufwärme, zu verhindern.

Die Umwälzzahl des Öles soll in Motoren mit ölgekühlten Kolben die Ziffer 5 nicht übersteigen. In Motoren mit wassergekühlten Kolben ist eine Umwälzzahl 10 durchaus zulässig.

Während noch vor einigen Jahren Schmieröle als Umlauföle eingesetzt wurden, die entweder unlegiert waren oder lediglich rost- und oxidationsinhibierende Wirkstoffe enthielten, geht heute die Tendenz dahin, Schmieröle mit Detergent-Dispersant-Wirkstoffen und einer Alkalität bis etwa $TBN = 10$ mg KOH/g einzusetzen. Zweifellos sind derartige Schmieröle in Motoren mit ölgekühlten Kolben wesentlich wirkungsvoller. Allerdings ist ein Waschen der Öle während des Separierprozesses nicht mehr möglich. Um dennoch ein gutes Reinigungsergebnis zu erzielen, müssen die Separatoren in gleicher Weise, wie bei der Separation echter *HD*-Öle nur mit einem Drittel bis einem Viertel der vom Hersteller angegebenen Schluckfähigkeit beaufschlagt werden.

Die Viskosität der Umlauföle entspricht in allen Fällen der Viskositätsklasse SAE 30.

Ein gelegentlich auftretendes Problem waren Korrosionen und Verschlammungen des Umlauföles durch Mikroorganismen. Diese Organismen können sich allerdings nur bei Anwesenheit von Wasser im Öl entfalten. Folgende *Mikroorganismen* sind festgestellt worden: Schimmel, Pilze, Hefe, Bakterien. Bakterien kommen meistens durch verseuchtes Wasser an Bord. Sie sind für den Menschen glücklicherweise harmlos. Einige dieser Mikroben finden an Phosphaten, Nitriten und Emulgatoren gute Nahrung und verringern damit die korrosionshemmenden Eigenschaften dieser Stoffe. Die Symptome für einen Mikrobenbefall machen sich folgendermaßen bemerkbar:

1. *Bildung von Emulsionen*, die so fest sind, daß die Wasserabscheidung kaum möglich ist.
2. Durch den verminderten Korrosionsschutz erhöhte *Korrosionsbildung*.
3. *Anstieg der Ölversäuerung* ohne Entstehen starker Säuren.
4. *Verstopfen von Ölfiltern*.
5. Aufbau grauer bis schwarzer, glänzender *Schlammschichten* im Ölsumpf.

Die wichtigste Maßnahme, um derartige Verseuchungen zu verhindern, ist eine laufende Entwässerung des Umlauföles. Eine hohe Aufheizung des Öles für die Separation ist vorteilhaft. In Umlaufölen mit alkalischen Zusätzen sind derartige Störungen bislang noch nicht beobachtet worden.

In wachfrei betriebenen Motorenanlagen auf Schiffen werden von den Klassifikationsgesellschaften Überwachungsgeräte vorgeschrieben, die bei Überschreitung von *Ölnebelkonzentrationen* im Kurbelgehäuse, infolge Überhitzungen von Lagern, automatisch Alarm geben. Ölnebelbildung findet in heißgelaufenen Triebwerksteilen statt, wenn die Temperatur 200 °C überschreitet. Bei 250 °C ist bereits mit starker Ölnebelbildung zu rechnen. Die Trübung durch Ölnebel wird in einer Lichtbarriere gemessen, wobei die Lichtintensität mit wachsender Ölnebelbildung sinkt. Gleichzeitig mit der Anzeige von *Heißläufern* wird auch rechtzeitig eine Warnung vor *Kurbelraumexplosionen* gegeben. Für Kurbelraumexplosionen gilt als untere Ölnebelgrenze nach Messungen des „Imperial College of Science and Technologie" in Großbritannien 50 mg/l. Nach Meinung dieses Institutes liegen die Explosionsgrenzen zwischen 0,3 mg/l und 1,3 mg/l, d.h. 0,6 ... 2,6 %.

Schmierung der Abgasturbolader

Die mit dem Kreiselverdichter auf einer Welle sitzende Abgasturbine hat nur *Lagerschmierung*. In kleinen Tauchkolbenmotoren wird die Lagerschmierung des Turboladers mit der Umlaufschmierung des Motors vereinigt und es hat sich gezeigt, daß sich der Einsatz des *HD*-Öles auch für die Schmierung des Turboladers als vorteilhaft erweist. In größeren Tauchkolbenmotoren und vor allem in den Zweitakt-Kreuzkopfmotoren wird die Schmierung des Abgasturboladers von der übrigen Schmiersystems in den allermeisten Fällen getrennt. Mittlere Turbolader haben *Ringschmierlager* mit vergrößertem Lagergehäuse zur Aufnahme von wenigstens 1 Liter Öl je Lager. Für große Anlagen ist ein *Druckumlaufschmiersystem* vorgesehen, ähnlich dem einer Dampfturbinenschmierung in entsprechender Verkleinerung. Der Ölbehälter hat ein Fassungsvermögen von 1 ... 2 m³ Öl. Je nach der Lagerbauart werden von den Turbolader-Herstellern folgende Schmieröle in Turbinenölqualität vorgeschrieben (DIN 51 515):

Gleitlager: TD 32 mit 28,8...35,2 mm²/s (cSt) bei 40 °C und
TD 46 mit 41,4...50,6 mm²/s (cSt) bei 40 °C.

Wälzlager: TD 46 mit 41,4...50,6 mm²/s (cSt) bei 40 °C und
TD 68 mit 61,2...74,8 mm²/s (cSt) bei 40 °C.

Es sind Fälle bekannt geworden, daß Schmieröle durch eingedrungene Verbrennungsgase zerstört wurden, weil die Labyrinth-Stopfbüchsen wegen Fehlens von Sperrluft undicht geworden waren. In solchen Fällen können *HD*-Öle mit alkalischen Wirkstoffkomponenten gleicher Viskosität dank ihrer neutralisierenden Wirkung die Zeit bis zur nächstmöglichen Reparatur überbrücken helfen.

08.7.6 Schmierung der Luftverdichter

Kreiselverdichter und Kapselgebläse

Weder die Rotorblätter der *Kreiselverdichter*, noch die gegenläufigen zwei-, drei- oder vierflügeligen Rotoren der *Kapselgebläse* berühren die Gehäusewände. Daher müssen lediglich die Lager mit Öl versorgt werden. Infrage kommen solventraffinierte Schmieröle erhöhter chemischer Stabilität in Tafel 08.21 gemäß DIN 51 517, und zwar C-36 (36 mm^2/s (cSt) /40 °C) bis C-49 (49 mm^2/s (cSt)/ 40 °C).

Drehkolbenverdichter

Drehkolbenverdichter arbeiten bis zu Enddrücken von 10 bar. Dieser Verdichter besteht aus einem *Drehkolben* mit in radialen Schlitzen beweglichen *Schiebern*. Entweder ist der Rotor in einem kreisrunden Gehäuse exzentrisch oder in einem von der Kreisform abweichenden Gehäuse zentrisch gelagert.
Die Schieber werden durch die bei der Rotation des Drehkolbens erzeugten Fliehkräfte gegen das Gehäuse gedrückt und gleiten am Zylindermantel. Die metallische Berührung von Schieber und Zylinderwand soll ein Schmierfilm verhindern. Um trockene Reibung auszuschließen, ist eine *reichliche* Schmierung erforderlich. Die niedrigen Betriebstemperaturen, als Folge des geringen Verdichtungsdruckes, erfordern nur unlegierte Motorenöle (Tafel 08.5) der Viskositätsklasse SAE 40 oder Solventraffinate (Tafel 08.21) nach DIN 51 517 der Type C-92 (92 mm^2/s (cSt)/40 °C) oder C-114 (114 mm^2/s (cSt)/40 °C). Mit Rücksicht auf die erforderliche Überschmierung sollte dem Verdichter ein *Ölabscheider* angeschlossen werden, um die verdichtete Luft zu entölen.

Kolbenverdichter (DIN 51 517, DIN 51 506)

Kolbenverdichter werden für höhere und höchste Drücke gebaut. Da sich die Luft bei der Verdichtung sehr stark erwärmt (bei einem Verdichtungsenddruck von 6 bar erwärmt sich Luft von 20 °C auf 220 °C), muß zur Begrenzung der Endtemperatur in mehreren Stufen komprimiert und unter Umständen die Temperatur der verdichteten Luft durch *Zwischenkühlung* reduziert werden, um dadurch den Leistungsbedarf der darauffolgenden Verdichtungsstufe zu vermindern. Kolbenverdichter für Bordzwecke werden ohne Zwischenkühlung gebaut. Dagegen ist eine laufende *Entwässerung* jeder Verdichtungsstufe erforderlich und geschieht mittels automatisch wirkender Kondenswasserabscheider.
Die an Bord verwendeten Kolbenverdichter sind stehende Maschinen, ähnlich schnellaufender Dieselmotoren, mit elektrischem Antrieb. Die Schmierung des Triebwerkes geschieht durch Druckumlauf einer von der Kurbelwelle angetriebenen Zahnradpumpe. Die Zylinderschmierung erfolgt durch das von der Kurbelwelle abgeschleuderte Spritzöl.
Als Schmieröle werden unlegierte Motorenöle der Viskositätsklassen SAE 20, 30 oder 40 vorgesehen, oder auch *HD*-Öle der gleichen Viskosität.
Neben den vorstehenden Schmierölen können auch Solventraffinate (Tafel 08.21) (DIN 51 517) eingesetzt werden, wenn diese gegen Oxidation geschützt sind, oder ausgesprochene Luftverdichteröle gemäß DIN 51 506.
Verdichter für *Sauerstoff*, die allerdings nur in Sonderfällen an Bord eingebaut werden, dürfen keinesfalls mit Mineralölen geschmiert werden. Es dürfen nur *synthetische*, nicht brennbare Schmieröle zum Einsatz kommen.

08.7.7 Schmierung von Kältemaschinen (DIN 51 503)

Kältemaschinen werden in zwei Bauformen hergestellt, einer offenen Form, mit getrennter Schmierung von Zylinder und Triebwerk (nur für Landanlagen) und einer geschlossenen *Kapselmaschine*, wie sie für Bordzwecke vorgesehen wird, und die eine einheitliche Schmierung für Triebwerk und Zylinder besitzt.
Sowohl die Zylinderschmierung der offenen Bauweise, als auch die Einheitschmierung der Kapselmaschine muß der Norm DIN 51 503 entsprechen, die in Tafel 08.24 wiedergegeben ist.
In Normblatt DIN 51 590 wird der Gehalt an R-12-Unlöslichem in Kältemaschinenölen bestimmt. Durch dieses Verfahren werden die Ölinhaltsstoffe erfaßt, die aus einem Kältemittel/Öl-Gemisch der in Kältemaschinen üblichen Konzentrationen bei Verdampfungstemperaturen bis zu −30 °C (243 K) ausgeschieden werden. Halogenierte Kohlenwasserstoffe wirken beim Abkühlen als Fällungsmittel für Paraffine in Ölen. Das Paraffin flockt bei Temperaturen weit über dem Trübungspunkt des reinen Öles aus (*Flockpunkt*). Es führt in den Kältemaschinen zu Verstopfungen der Regelorgane, wie Drosseln, Düsen und Expansionsventile.
Das R-12-Unlösliche enthält alle Bestandteile eines Kältemaschinenöles, die aus einer Lösung von Öl im

Tafel 08.24 Mindestanforderungen an Kältemaschinenöle nach DIN 51 503

Kältemaschinenöl-Gruppe	Anforderungen KA	Anforderungen KC	Prüfung nach
Aussehen	klar		
Kinematische Viskosität bei 40 °C min. mm²/s (cSt)	13,5	28,8	DIN 51 550 und DIN 51 561 oder DIN 51 562
Kinematische Viskosität bei 20 °C min. mm²/s (cSt) bei 50 °C min. mm²/s (cSt)	33 10	76 17	
Flammpunkt im offenen Tiegel (Cleveland) min. °C	150		DIN 51 376
Neutralisationszahl (wasserlösliche Säuren) mg KOH/g	0		DIN 51 558 Teil 1
Neutralisationszahl (sauer) max. mg KOH/g	0,08		
Verseifungszahl max. mg KOH/g	0,2		DIN 51 559
Asche max. Gew.-%	0,01		DIN EN 7
Fließvermögen im U-Rohr max. °C	−30	−25	DIN 51 568
Kältemittel-Beständigkeit mit Kältemittel R-12 min. h	−	96	DIN 51 593
Gehalt an R-12-Unlöslichem max. Gew.-%	−	0,05	DIN 51 590/1
Wassergehalt bei Lieferung	in Fässern bei Raumtemperatur kein abgesetzes Wasser. In wasserdampfdichten Kannen max. 30 mg/kg		DIN 51 777/1

Gruppe KA: Kältemittel NH$_3$. Gruppe KC: halogenierte Kohlenwasserstoffe.

Kältemittel R-12 beim Abkühlen bis zum Siedepunkt des Öl/Kältemittel-Gemisches bei etwa −30 °C ausgeschieden werden. Das R-12-Unlösliche besteht hauptsächlich aus Paraffinen verschiedener Schmelzpunkte und eventuell auch Ölharzen.
In DIN 51 593 wird geprüft, ob chemische Reaktionen zwischen chlorierten oder fluorierten Kohlenwasserstoffen und dem Kältemaschinenöl in einer gewissen Zeitspanne zu sauren Reaktionsprodukten führen, die korrosiv sind. Außerdem können sich dadurch die Schmiereigenschaften des Öles verschlechtern.

Eigenschaften der Kältemittel

Ammoniak und *Kohlendioxid* sind in Mineralöl unlöslich und im flüssigen Zustand schwimmen beide Kältemittel wegen ihrer geringeren Dichte im Verdampfer auf dem Öl. Daher ist eine Scheidung unproblematisch.
Schwefeldioxid bildet mit Mineralöl zwei Schichten, eine ist *ölreich*, die andere *ölarm*. Im Verdampfer wird das vom Kältemittel mitgerissene Öl wieder frei und schwimmt als ölreiche Schicht auf dem flüssigen Schwefeldioxid, doch wird es laufend durch das verdampfende Kältemittel mitgerissen. Wenn das Schmieröl nicht genügend ausraffiniert ist, bewirkt das Schwefeldioxid eine Art *Nachraffination* im Verdampfer, wobei harzartige Bestandteile durch das Schwefeldioxid herausgelöst und an den Wandungen des Verdampfers ausgeschieden werden. Obwohl das Öl noch hell und unverändert aussieht, können die Verdampfer von SO$_2$-Kältemaschinen mit dicken Rückstandsschichten überzogen sein, die den Wärmeübergang zwischen Kältemittel und Kühlsole hemmen. Harzreiche Öle können Schwefelabscheidungen im Verdichter hervorrufen. Als Schmiermittel müssen daher solventraffinierte Öle einer Viskosität von etwa 13,5 mm²/s (cSt)/40 °C eingesetzt werden.
Die aus halogenierten Kohlenwasserstoffen bestehenden Kältemittel können mit Mineralölen in jedem Verhältnis gemischt werden. Die Viskosität der Mischung wird um so niedriger, je höher der Kältemittelgehalt ist. Daher darf die Viskosität des Schmieröles nicht zu niedrig sein (rund 50 mm²/s (cSt)/40 °C). Durch das Kältemittel wird der Pourpoint des Öles weitgehend vermindert, weshalb an das Kälteverhalten nur geringe Ansprüche zu stellen sind. Der Dampfdruck der Mischung ist um so kleiner, je höher der Ölgehalt ist. Dadurch sinkt die Leistung der Kältemaschine. Schaumneigung des Kältemittel-Öl-Gemisches soll vermieden werden. Chlorierte Kohlenwasserstoffe greifen bei Anwesenheit von *Feuchtigkeit* Kupferlegierungen an. Pourpoint-Erniedriger können die Kältemittel-Beständigkeit eines Öles herabsetzen.

08.7.8 Schmierung von Zahnradgetrieben (DIN 51 509, DIN 51 354)

Wenn von Zahnrädergetrieben gesprochen wird, müssen folgende Bauformen unterschieden werden: *Stirnradgetriebe* (Standgetriebe) in ein oder mehreren Stufen, *Planetenradgetriebe*, *Kegelradgetriebe* ohne Achsversetzung, sowie *Schraubwälzgetriebe* (Schneckengetriebe und achsversetzte Kegelradgetriebe, wie beispielsweise Hypoidgetriebe und Schraubengetriebe).
Die Leistungsgrenze und mit dieser die Betriebssicherheit ist durch folgende Schadensmöglichkeiten bestimmt:
Grübchenbildung (Pittingbildung), Zahnbruch und *Freßverschleiß*.
Grübchenbildung und *Zahnbruch* sind in erster Linie von der Konstruktion, den Betriebsbedingungen, dem Zahnmaterial und seiner Wärmebehandlung und der Güte der Herstellung, die *Freßlast* von dem eingesetzten Schmieröl abhängig. Der *Freßverschleiß* kann die Zahnflankenform zerstören und damit auch die Eingriffsverhältnisse.
Der betriebssichere Einbau eines Schiffsgetriebes setzt voraus, daß die zwangsläufig entstehenden Deformationen des Schiffskörpers durch unterschiedliche Beladungszustände oder schweren Seegang keine negativen Einflüsse auf das Getriebe selbst haben. Viele Getriebeschäden entstehen durch

Inparallelität der Wellen, sogenanntem Eckentragen und dadurch stattfindende örtliche Überlastungen der Zahnflanken an einem Ende der Zahnbreite.

Einen sehr großen Einfluß auf das Lasttragevermögen hat die Qualität der Zahnradfabrikation. Die Verzahnung geschieht heute, soweit es sich um hochwertige Getriebe handelt, allein nach dem Abwälzfräs- oder Hobelverfahren in voll klimatisierten Räumen und in einem ununterbrochenen Arbeitsgang, mit dauernder Kontrolle durch elektronisch gesteuerte Meßinstrumente. Die Rauhtiefe der Zahnflanken hat auf das Lasttragevermögen besonders großen Einfluß, wie aus Arbeiten der Forschungsstelle für Zahnradgetriebe an der Technischen Universität München (FZG) deutlich hervorgeht. Die Tragfähigkeit beträgt zum Beispiel bei einer Umfangsgeschwindigkeit von 17,4 m/s bei einer Rauhtiefe von 8 μm 320 N/mm^2 und bei einer Rauhtiefe von 2 μm 950 N/mm^2.

Nach Untersuchungen der Zahnräderfabrik MAAG in Zürich beträgt die Belastbarkeit eines einsatzgehärteten Zahnes 2100 N/mm Zahnbreite, die eines vergüteten Zahnes gleicher Abmessung dagegen nur 700 N/mm Zahnbreite.

Bei der Schmierung eines Zahnradgetriebes sind zwei Arten von Schmierungszuständen zu unterscheiden:

Bei kleinen Umfangsgeschwindigkeiten bis etwa 5 m/s oder hohen spezifischen Zahnbelastungen bilden sich an der Zahnflanke Gebiete mit *Mischreibung* und Gebiete mit *Grenzschmierung* aus. Bei hohen Umfangsgeschwindigkeiten geht das bisherige Gebiet der Mischreibung zunehmend in *hydrodynamische Schmierung* und das Gebiet mit Grenzschmierung in Mischreibung über.

Die günstigsten Schmierungsbedingungen bestehen in der Nähe des Wälzkreises, während sich in den Zahnköpfen, bedingt durch den Eingriffsstoß und durch die höhere Gleitgeschwindigkeit, entstehende höhere Temperatur ungünstigere Verhältnisse ergeben.

Entscheidend für die Wahl der Schmierölart sind die Umfangsgeschwindigkeit der Getrieberäder, die übertragene Leistung, die Konstruktion. Bei zweistufigen Getrieben sind die Betriebsverhältnisse der Endstufe zugrunde zu legen. Bei dreistufigen Getrieben ist ein Mittelwert der für die zweite und dritte Stufe erforderlichen Nennviskositaten zu bilden.

Für offene Getriebe oder geschlossene, aber nicht öldichte Getriebe sind *Getriebefette* oder *Haftschmierstoffe* einzusetzen, während in allen anderen Fällen *Ölschmierung* vorzuziehen ist.

Richtlinien für den Einsatz von Schmierstoffen und Art der Schmierung

(bei zusätzlicher Kühlung können nachstehende Richtwerte überschritten werden)

Stirnradgetriebe, Kegelradgetriebe ohne Achsenversetzung:
 Umfangsgeschwindigkeit bis 1 m/s: Haftschmierstoffe, die aufgesprüht oder mit Pinsel aufgetragen werden.
 Umfangsgeschwindigkeit bis 4 m/s: Getriebefette, wobei Zähne eintauchen oder Haftschmierstoffe aufgesprüht werden.
 Umfangsgeschwindigkeit bis 15 m/s: Schmieröle, wobei die Zähne in eine Ölwanne eintauchen.
 Umfangsgeschwindigkeit über 15 m/s: Schmieröle. Spritzschmierung mittels eigener Schmierölpumpe.

Schneckengetriebe: (Umfangsgeschwindigkeit der Schnecke)
 Umfangsgeschwindigkeit bis 4 m/s: Getriebefette, wobei Schnecke eintaucht.
 Umfangsgeschwindigkeit bis 10 m/s: Schmieröle. Schnecke taucht in das Öl ein.
 Umfangsgeschwindigkeit über 10 m/s: Schmieröle. Spritzschmierung in Eingriffsrichtung mittels Ölpumpe.
 Umfangsgeschwindigkeit bis 1 m/s: Getriebefette, wobei Schneckenrad eintaucht.
 Umfangsgeschwindigkeit bis 4 m/s: Schmieröle. Schneckenrad taucht ein.
 Umfangsgeschwindigkeit über 4 m/s: Schmieröle. Spritzschmierung in Eingriffsrichtung mittels Ölpumpe.

Ermittlung der erforderlichen Ölviskosität

Bei der Wahl der erforderlichen Getriebeöl-Viskosität wird zwischen Stirnrad- und Kegelradgetrieben einerseits und Schneckengetrieben andererseits unterschieden. Richtwerte für die kinematische Nennviskosität in mm^2/s (cSt) bei 40 °C (bzw. 50 °C) in Abhängigkeit von einem Kraft-Geschwindigkeits-Faktor geben die Bilder 08.18 und 08.19, die auf praktischen Erfahrungen basieren. Sie gelten für eine Umgebungstemperatur von 20 °C.

Eine höhere Viskosität ist erforderlich.

1. Die Umgebungstemperatur liegt ständig über 25 °C. In so einem Fall muß die Viskosität für je 10 °C Temperaturerhöhung um 10 % steigen.
2. Stoßbeanspruchungen, kurzzeitige Überlastungen müssen bei der Berechnung der Stribeckschen Wälzpressung berücksichtigt werden.
3. Wenn die Zahnradpaarungen aus ähnlich zusammengesetzten Stählen oder aus Cr-Ni-Stahl bestehen (eine Ausnahme bilden hier oberflächengehärtete und nitrierte Stähle), ist die kinematische Viskosität um 35 % zu erhöhen.
4. Wenn bei freßempfindlichen Zahnradpaarungen keine EP-Schmierstoffe eingesetzt werden können.

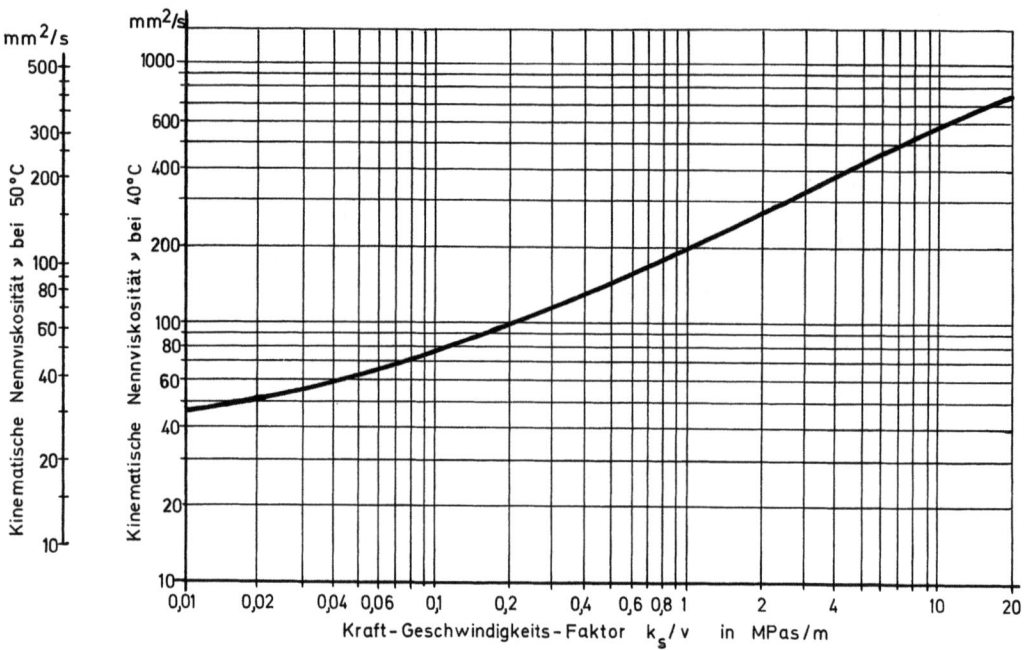

Bild 08.18 Diagramm zur Bestimmung der Schmierölviskosität für Stirnrad- und Kegelradgetriebe nach DIN 51 509

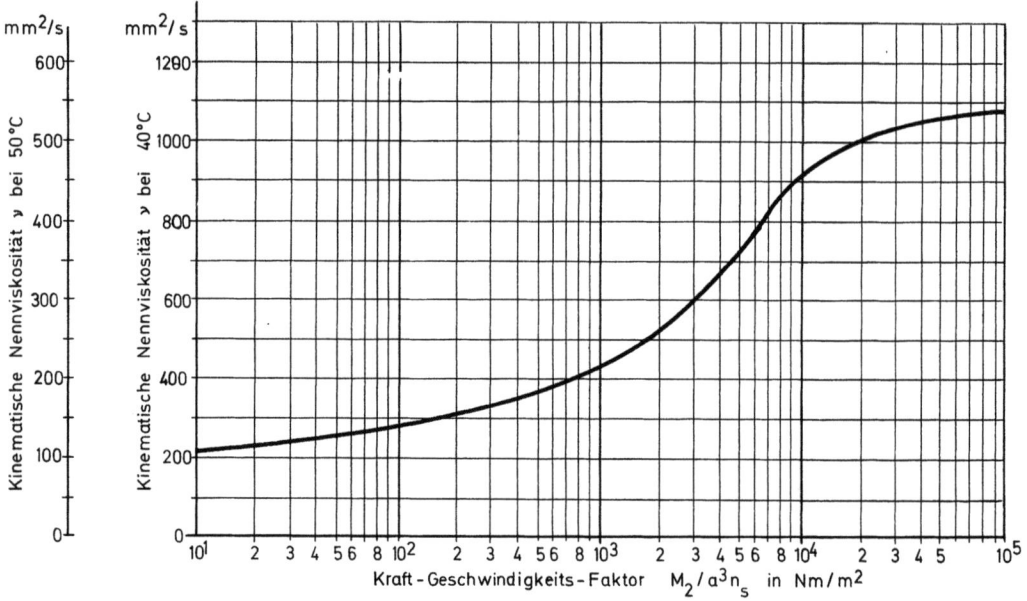

Bild 08.19 Diagramm zur Bestimmung der Schmierölviskosität für Schneckengetriebe nach DIN 51 509

Schmierstoffe

Eine Verringerung der Viskosität ist möglich, wenn die Umgebungstemperatur dauernd unter 10 °C liegt. Dann ist eine Viskositätsverminderung um 10 % je 3 °C möglich. Auch bei phosphatierten, sulfurierten oder verkupferten Zahnflanken kann eine Viskositätssenkung bis zu 25 % erfolgen.

Berechnungsbeispiele:

1. Ermittlung der kinematischen Nennviskosität für ein Stirnradgetriebe

Zahnbreite	$b = 20$ mm
(Wälz-)Teilkreisdurchm.	$d_1 = 73$ mm
(Nenn-)Umfangskraft	$F_t = 2800$ N
Umfangsgeschwindigkeit am Teilkreis	$v = 8,3$ m/s
Zähnezahlverhältnis $z_2 : z_1$	$u = 1,5$

Stribecksche Wälzpressung $k_s = \dfrac{F_t}{b \cdot d_1} \cdot \dfrac{u+1}{u} \cdot Z_H^2 \cdot Z_\epsilon^2$

Für diese überschlägige Berechnung der Stribeckschen Wälzpressung ist für das Produkt der Quadrate des Flankenformfaktors Z_H und des Überdeckungsfaktors Z_ϵ zu setzen: $Z_H^2 \cdot Z_\epsilon^2 = 3$.

$$k_s = \frac{2800}{20 \cdot 73} \cdot \frac{1,5+1}{1,5} \cdot 3 \;\frac{\mathrm{N}}{\mathrm{mm} \cdot \mathrm{mm}} = 9,59 \;\mathrm{N/mm^2}$$

Kraft-Geschwindigkeitsfaktor

$$\frac{k_s}{v} = \frac{9,59}{8,3} \;\frac{\mathrm{N} \cdot \mathrm{s}}{\mathrm{mm^2 \cdot m}} = 1,16 \;\mathrm{MPa \cdot s \cdot m^{-1}} *)$$

*) SI-Einheit für Druck:

N/m^2, Pascal (Pa)
$1\;N/m^2 = 1\;Pa$
$1\;MPa = 1\;N/mm^2$

Mit dem errechneten Kraft-Geschwindigkeits-Faktor läßt sich aus Bild 08.18 die erforderliche kinematische Nennviskosität ermitteln. Für dieses Beispiel beträgt die kinematische Nennviskosität 206 mm²/s (cSt) bei 40 °C. Für die Berechnung der Hertzschen Pressung gilt für die Materialpaarung Stahl/Stahl

$$\sigma_H = 268,4 \cdot \sqrt{k_s}$$

2. Ermittlung der kinematischen Nennviskosität für ein Schneckengetriebe

Ausgangsdrehmoment	$M_2 = 1000$ Nm
Achsabstand	$a = 0,125$ m
Schneckendrehzahl	$n_s = 1000$ min^{-1}

Kraft-Geschwindigkeitsfaktor

$$\frac{k_s}{v} = \frac{M_2}{a^3 \cdot n_s} = \frac{1000}{0,125^3 \cdot 1000} \;\frac{\mathrm{N\,m}}{\mathrm{m^3 \cdot min^{-1}}} = 512 \;\frac{\mathrm{N \cdot min}}{\mathrm{m^2}}$$

Mit dem errechneten Kraft-Geschwindigkeits-Faktor ergibt sich aus Bild 08.19 für die erforderliche kinematische Nennviskosität ein Wert von 362 mm²/s (cSt) bei 40 °C.

Tafel 08.25 Auswahl von Schmierölen für Zahnradgetriebe nach DIN 51 509

Viskosität der Schmieröle				Schmieröle ohne EP-Zusätze			Schmieröle mit EP-Zusätzen	
ISO-Viskositätsklasse nach DIN 51 519	Kennzahl entspricht der kinematischen Viskosität in mm²/s (cSt) bei 50°C	SAE-Viskositätsklasse nach DIN 51 511	SAE-Viskositätsklasse nach DIN 51 512	Schmieröle C und C-T nach DIN 51 517	Schmieröle N (früher Normalschmieröle) nach DIN 51 501	Schmieröle TD-L nach DIN 51 515	Schmieröle C-LP	Kraftfahrzeug-Getriebeöle
22	16	10 W		x	x	x	x	
32								
32	25		75	x	x	x	x	x
46								
46	36	20 W		x	x	x	x	
68		20						
68	49		80	x	x	x	x	x
100	68	30		x	x	x	x	
150	92	40		x	x	x	x	
220	114		90	x	x	x	x	x
220	144	50		x	x	x	x	
320	169			x		x	x	
460	225		140	x	x	x	x	x
680	324			x				

Es sollen Schmieröle mit der Viskositätskennzahl 36, 49, 68, 114, 169 und 225 vorzugsweise gewählt werden.

Für die Auswahl von Schmierstoffen für Zahnradgetriebe ist Tafel 08.25 nach DIN 51 509 heranzuziehen. Falls mit dünneren Schmierölen in Zahnradgetrieben mit Tauchschmierung hohe Ölverluste entstehen würden, können Schmieröle Z (Zylinderöle) nach Tafel 08.18 eingesetzt werden.

Schmieröle mit EP-Zusätzen (Hydrauliköle H-LP nach DIN 51 525 in Tafel 08.26) die für hydrostatische Anlagen vorgesehen sind, können für mechanische Nachschaltgetriebe nur nach Abstimmung mit dem Getriebehersteller verwendet werden.

HD-Motoröle können im allgemeinen mild legierten Getriebeölen gleichgesetzt werden.

Schmieröle mit der Kurzbezeichnung C-LPF sind C-LP-Schmieröle, die neben EP-Zusätzen auch noch Festschmierstoffanteile besitzen.

Um Schmierstoffe für Zahnradgetriebe vorprüfen und überwachen zu können, wurde die *FZG-Zahnrad-Verspannungs-Prüfmaschine* entwickelt. Mit ihrer Hilfe können bei stufenweise gesteigerter Belastung die Grenzen der Beanspruchung von Getriebeölen (Auftreten von Fressern und Riefen an den Zahnflanken) ermittelt werden. Es sind 12 Belastungsstufen mit übertragenen Hertzschen Pressungen von 146 ... 1841 N/mm² vorhanden. Der Prüfbericht gibt an, bei welcher Laststufe der Schaden auftrat und wie groß dabei der Verlust an Zahnmaterial war. In der Norm DIN 51 354, Teil 1 und 2 wird die mechanische Prüfung von Schmierstoffen in der FZG-Zahnrad-Verspannungs-Prüfmaschine ausführlich beschrieben und die Schadensbildung an Flanken genau unterschieden.

Tafel 08.26 Hydrauliköle H-LP mit korrosions- und verschleißhemmenden Zusätzen nach DIN 51 525

Hydrauliköltype		Anforderungen						Prüfung nach
		H-LP 9	H-LP 16	H-LP 25	H-LP 36	H-LP 49	H-LP 68	
Kinematische Viskosität	bei °C	20			50			DIN 51 550
	cSt	25 ± 4	16 ± 4	25 ± 4	36 ± 4	49 ± 5	68 ± 6	DIN 51 561 DIN 51 562
	bei °C	−20	0			20		DIN 53 015 für Prüftemp. −20 °C und 0 °C
	max. cSt	650	305	565	200	295	445	DIN 51 569
Dichte bei 15 °C max. g/ml		0,910						DIN 51 757
Flammpunkt o.T. (Cleveland) min. °C		125	165	175	185	195	205	DIN 51 376
Pourpoint max. °C		−33	−24	−18	−15	−12	−12	DIN 51 597
Neutralisationszahl mg KOH/g		vom Lieferanten anzugeben						DIN 51 558
Asche Gew.-%		vom Lieferanten anzugeben						DIN 51 575
Wasser Gew.-%		Spuren						DIN 51 582
Gehalt an festen Fremdstoffen Gew.-%		Spuren						DIN 51 592
Demulgiervermögen		vom Lieferanten anzugeben						
Luftabscheidevermögen bei °C		25		50			75	DIN 51 381
max. Minuten			5			10		
Korrosionswirkung auf Kupfer max.		Korrosionsgrad 2−100 A 3						DIN 51 759
Korrosionsschutz gegenüber Stahl		Korrosionsgrad 0−A						DIN 51 585
Alterungsverhalten Zunahme NZ nach 1000 h mg KOH/g		maximal 2,0						DIN 51 587
mechanische Prüfung in FZG-Zanradprüfmaschine Schadensstufe mindestens		10						DIN 51 354
spezifischer Gewichtsverlust		maximal 0,27						
mechanische Prüfung in Vickerspumpe 104-C oder 105-C		nicht bei Abnahme zu prüfen, sondern nur bei Prüfung der Öltype						
Verhalten gegen Dichtungsmaterial bei 80 °C nach 100 h relative Veränderg. max. %		−1 bis +4						DIN 53 521 in Verbindung mit DIN 53 505
Änderung in Shore-A-Härteeinheiten max.							± 4	

08.7.9 Hydraulik-Anlagen (DIN 51 525)

Hydraulische Antriebe für Deckseinrichtungen (Winden, Krane, Lukendeckel, Rudermaschinen usw.) und auch Anlagen im Maschinenraum kommen in zunehmendem Maße zur Anwendung. Die immer größer werdenden Leistungen hydraulischer Anlagen stellen an das eingesetzte Hydrauliköl immer mehr wachsende Ansprüche. Der Vorteil als *Druckübertragungsmedium* Öl anstelle von Dampf oder Luft zu verwenden, liegt vor allem in der wesentlich geringeren *Kompressibilität*. Außerdem übernimmt das Öl auch Schmierungs- und Dichtungsaufgaben. Obwohl die Kompressibilität von Wasser geringer ist, als die von Öl, bietet das Öl den Vorteil auch bei Kältegraden eingesetzt zu werden. Ferner ist das Öl korrosionsschützend. Die Wärmeleitfähigkeit von Öl ist etwa halb so groß, wie die von Wasser.

Hydrauliköle unterliegen in heutigen Hydrauliksystemen sehr hohen Drücken und Temperaturen und die Anzahl der Umwälzungen ist außerordentlich hoch. Feinstbearbeitete Anlagenteile arbeiten häufig im Mischreibungsgebiet, weshalb Hydrauliköle für heutige Anlagen neben Oxidations- und Korrosions-Inhibitoren auch noch *EP*-Wirkstoffe enthalten müssen, um eine ausreichende *Filmbelastbarkeit* aufzuweisen. In Tafel 08.26 sind die Mindestanforderungen für Hydrauliköle mit *EP*-Eigenschaften (Hochdruckeigenschaften) gemäß DIN 51 525 zusammengestellt.

Der Kompressibilitätsfaktor von Öl ist nicht konstant, sondern ist druck- und temperaturabhängig; er nimmt mit steigendem Druck ab und nimmt mit steigender Temperatur zu. Der Molekülaufbau des Öles hat auf diese Eigenschaften großen Einfluß. Durch im Öl gelöste Luft wird der Kompressibilitätsfaktor wesentlich erhöht.

Das Viskositäts-Temperatur-Verhalten ist für die Hydrauliköle von allergrößter Wichtigkeit, die in Anlagen mit wechselnden Temperaturen arbeiten müssen. Für Hydrauliköle in Flugzeugen werden Öle vorgeschrieben, deren Viskositätsindex weit über 250 liegt. Die Viskosität der Hydrauliköle soll möglichst niedrig sein, um kleine *Strömungswiderstände* zu erreichen, sie soll aber hoch genug sein, um die ihr zugeordneten *Schmierungsaufgaben* zu erfüllen. Werden auch Zahnradgetriebe mit dem Hydrauliköl geschmiert, muß dieses *EP*-Zusätze enthalten.

Hydrauliköle sollen äußerst *emulsionsfest* sein.

Da in dünnflüssigen Ölen gelöste Gase schneller entweichen, als aus höher viskosen Ölen, wird die Schaumneigung des niedrigviskosen Öles größer sein. Die *Druckviskosität* nimmt in höherviskosen Ölen schneller zu, als in niedrigviskosen. Die *untere* Viskositätsgrenze bei Betriebstemperatur soll 12 mm²/s (cSt) nicht unterschreiten. Die *obere* Viskositätsgrenze richtet sich in erster Linie nach dem Saugvermögen der Pumpe, dem Wirkungsgrad, dem Rohrquerschnitt, der Gefahr eines *Hohlsogs* mit Kavitations-Folgeschäden usw.

Die Betriebsbedingungen erfordern den Einsatz von Ölen mit hohem Viskositätsindex (*V.I.*). Einige Hersteller von Hydraulikanlagen stellen aber in dieser Richtung übertriebene Forderungen, die kaum zu erfüllen sind. *V.I.*-Werte von 250 und darüber sind keine Seltenheit. Derartig hohe *V.I.*-Werte lassen sich nur durch Zusatz beträchtlicher Mengen von *V.I.-Improvern* zum Öl herstellen. Bei hohen *Scherbeanspruchungen*, denen das Öl in der Hydraulikanlage ohnehin ausgesetzt wird, verlieren die den Viskositätsindex verbessernden Wirkungen mehr oder minder ihren Wert. Für Anlagen im Dauerbetrieb sollten daher *V.I.*-Werte von 150 bis 170 ausreichend sein und die Hersteller ihre Konstruktionen darauf einrichten. Grundöle für Hydrauliköle mit sehr hohem Viskositätsindex müssen äußerst dünnflüssig sein. Die Folge ist ein stärkeres Quellen von Dichtungsmaterial, als dies bei viskoseren Ölen der Fall wäre. Dadurch verliert die Dichtung ihre Aufgabe. Die Verträglichkeit von Dichtungsmaterial hat mit dem Anilinpunkt des Grundöles einen gewissen Zusammenhang. Öle mit hohem Aromatengehalt und tiefem Anilinpunkt quellen das Dichtungsmaterial stärker, als paraffinbasische Öle mit ihrem hohen Anilinpunkt. Quellen von Dichtungen führt in der zweiten Stufe zum Hartwerden. Auf diese Weise verlieren Dichtungsmanschetten ihre Dichtungseigenschaften, wie sie in Simplex-Dichtungen der Stevenrohre erforderlich sind.

Schiffe, die teils in tropischen, teils in arktischen Gewässern operieren, müssen in ihren an Deck installierten Hydraulikanlagen elektrische Heizvorrichtungen vorsehen, um einen dauernden Ölwechsel zu vermeiden.

Flüssigkeitskupplungen

Kupplungen dieser Art sind hydraulische Kraftübertragungen. Zu dieser Gruppe gehören vor allem die *Föttinger-Kupplungen*, die durch Füllen und Entleeren des Kupplungsgehäuses während des Betriebes ein Zu- und Abschalten ermöglichen. An das Schmieröl werden hinsichtlich Alterungsbeständigkeit und Schaumverhaltens erhöhte Anorderungen gestellt, weshalb Dampfturbinenöle und Hydrauliköle einer Viskosität von 36...49 mm²/s (cSt) bei 40 °C eingesetzt werden sollen. Bei Schmierung des mit der Kupplung verbundenen Zahnradgetriebes muß sich die Ölauswahl nach dem Getriebe richten. Für *Hydroflex-Kupplungen* werden dünnflüssige Öle der Viskosität 25...36 mm²/s (cSt) bei 40 °C vorgesehen.

Zahnradgetriebe mit eingebauten Lamellenkupplungen sollten keine Getriebeöle mit hohen Anteilen an EP-Zusätzen erhalten, weil Hochdruckzusätze den Eingriff der Kupplungen stören können.

08.7.10 Rudermaschinen

Soweit es sich um *Quadrant*-Rudermaschinen oder *Reepleitungs*-Rudermaschinen älterer Schiffe handelt, wird für die Schneckengetriebe und andere langsamlaufende Zahnradgetriebe ein dickflüssiges Getriebeöl (am besten ein Dampfzylinderöl nach Tafel 08.19, DIN 51 510) vorgesehen. Geschlossene Zahnrädergetriebe werden entsprechend Abschnitt 08.7.8 (Richtlinien für Einsatz von Schmierstoffen) mit Schmierölen der Viskositätsklasse SAE 30 versorgt, falls der Hersteller keine besonderen Vorschriften erlassen hat.

Für *hydraulische* Ruderanlagen verschiedenster Konstruktionen sind grundsätzlich tiefstockende solventraffinierte Schmieröle entsprechend Tafel 08.21 (DIN 51 517) einzusetzen. Die Viskosität des Öles für die Druckzylinder, wie auch die Druckübertragungsöle (Telemotoröle) richtet sich nach der Konstruktion und den vom Hersteller ausgegebenen Vorschriften.

08.7.11 Transformatoren- und Schalteröle (DIN 51 507)

Isolieröle sind keine Schmieröle. Ihre Einteilung in die Gruppe der Schmierstoffe ist aber zweckmäßig, weil ihre Herstellung der von Schmierölraffinaten sehr ähnlich ist. Isolieröle werden als *Spindelöl-Sonderraffinate* aus besonders ausgewählten Erdölen hergestellt. Während früher ausschließlich naphthenbasische Öle verwendet wurden, können durch die heutigen Raffinationsmethoden auch andere Erdöle

Tafel 08.27 Transformatoren-, Schalter- und Wandleröle, Mindestanforderungen nach DIN 51 507

Reinheit		Ein 1 mm breiter, tiefschwarzer Streifen auf weißem Papier hinter 100 mm dicker Ölschicht muß deutlich sichtbar sein. Bei Durchsicht durch eine 100 mm dicke Ölschicht keine Trübungen feststellbar. Um Prüfung auf feste Fremdstoffe durchführen zu können, wird eine Probe von 200 ml mit n-Heptan verdünnt und nach DIN 51 633 filtriert. Es darf keinen Rückstand geben.	
Dichte		bei 15 °C max. 0,890 g/ml bei 20 °C max. 0,887 g/ml	DIN 51 757
Kinematische Viskosität	Öle für Transformatoren Stufenschalter Wandler	bei 20 °C max. 30 mm²/s (cSt) bei −30 °C max. 1800 mm²/s (cSt)	DIN 51 561, DIN 51 562 DIN 51 569
	ölarme Schalter	bei −30 °C max. 1200 mm²/s (cSt)	DIN 51 569
Falmmpunkt o.T. Öle für Marcusson	Transformatoren Stufenschalter Wandler	min. 140 °C	DIN 51 584
	Ölarme Schalter	min. 100 °C	
Asche		aschefrei	DIN 51 575
Korrosiver Schwefel		frei	DIN 51 353
Neutralisationszahl		frei	DIN 51 558
Verhalten gegen konzentrierte Schwefelsäure (Sk-Zahl)		max. 4 Vol. %	DIN 51 553
Alterungsneigung nach Baader von Ölen ohne Zusatz mineralölfremder Alterungsschutzstoffe nach DIN 51 554/1+2	bei Grundprüfung Alterungsdauer 28 Tage	Die Farbe der Drahtwendel, die bei der Alterung der Probe verwendet wurde, darf sich nach dem Abspülen mit Benzol nur wenig geändert haben. Verseifungszahl *VZ* max. 0,60 mg KOH/g Schlammgehalt *SG* max. 0,05 Gew.-% Dielektrischer Verlustfaktor $\tan_{90}$ max. $200 \cdot 10^{-3}$	
	bei Abnahmeprüfung Alterungsdauer 3 Tage	Das Öl muß nach dem Erkalten klar sein. Die Farbe der Drahtwendel, die bei der Alterung verwendet wurde, darf sich nach dem Abspülen mit Benzol nicht geändert haben. Verseifungszahl VZ max. 0,20 mg KOH/g Dielektrischer Verlustfaktor $\tan_{90}$ max. $50 \cdot 10^{-3}$	
Durchschlagspannung	Öle für Transformatoren, Stufenschalter, Wandler	mindestens 60 kV (Mittelwert)	Nach VDE 0370/10.66
	Öle für Schaltgeräte	mindestens 50 kV (Mittelwert)	
Dielektrischer Verlustfaktor $\tan_{90}$		max. $4 \cdot 10^{-3}$	

als Grundlage eingesetzt werden. Isolieröle müssen eine sehr hohe Lebensdauer besitzen, die eine äußerst hohe chemische Stabilität voraussetzt. Deshalb sind auch die Gütevorschriften besonders streng. Tafel 08.27 gibt eine Zusammenstellung der Mindestanforderungen für Transformatoren-, Wandler- und Schalteröle nach DIN 51 507.

08.7.12 Schmierung der Wellenleitung

Zur Wellenleitung gehören, ausgehend von der Antriebsmaschine, das Drucklager, die eigentliche Wellenleitung mit zahlreichen Lagerungen und die im Stevenrohr gelagerte Propellerwelle. Die Wellenleitung ist aufgeteilt und durch starre Kupplungen der Wellenstücke verbunden.

Drucklager, Wellenlager

Das Drucklager ist häufig in die Hauptantriebsmaschine integriert. In diesem Fall ist das Drucklager in dem Druckumlaufschmiersystem eingeschlossen. In Mehrmotorenanlagen mit Untersetzungsgetriebe ist das Drucklager auch oft im Gehäuse des Zahnrädergetriebes eingebaut. Um zu verhindern, daß durch den Propellerschub meßbare Deformationen des Getriebegehäuses entstehen, muß dieses besonders steif ausgeführt werden. Leider sind durch Gehäusedeformationen Getriebeschäden in einigen Schiffen vorgekommen. Deshalb wäre es doch von Vorteil das Drucklager nicht zu integrieren, sondern in einem steif mit dem Schiffskörper verbundenen Gehäuse unterzubringen. Die Schmierung wird trotzdem an die Druckumlaufschmierung der Hauptmaschine oder des Zahnrädergetriebes angeschlossen. Im alleinstehenden Drucklagergehäuse muß aber darüber hinaus ein genügend großer Ölsumpf vorgesehen werden, um durch Eintauchen des Druckringes in das Öl eine Notschmierung bei „Black-out" der Anlage und Ausbleiben der Druckumlaufschmierung zu ermöglichen.

Die Lauf- und Traglager der Wellenleitung sind zumeist *Ringschmierlager* mit einem mitlaufenden *Schmierring*, der das Öl aus dem Ölsumpf nach oben transportiert. Der an dem Gehäuse befindliche Deckel dient zur Nachfüllung von Öl und nicht zuletzt auch zur Kontrolle. Sowohl für die Gleitlager der Wellenleitung, als auch für das Drucklager kommen Schmieröle gemäß Tafel 08.21 (DIN 51 517) mit einer Viskosität von 68 mm^2/s (cSt) bei 40 °C infrage.

Vereinzelt werden auch anstelle von Gleitlagern Wälzlager, und zwar Pendelrollenlager in die Wellenleitung eingebaut. In solchen Fällen sind aber konstruktive Vorkehrungen zu treffen, um Wellen ein- und ausbauen zu können.

Stevenrohr-Schmierung

Die Art der Schmierung und die Auswahl des Schmiermittels richtet sich nach der Stevenrohr-Konstruktion, das heißt die Art der Lagerung der Propellerwelle im Stevenrohr. In weitaus den meisten Fällen erfolgt Lagerung als Gleitlager und vereinzelt in Pendelrollenlagern. Wenn das Stevenrohr mit *Pockholzstäben, Kunststoff* oder *Gummi* ausgefüttert ist, in denen die Propellerwelle lagert, erfolgt die Schmierung ausschließlich mit Wasser. Der hohe Harzgehalt des Pockholzes schützt das Holz auch vor der Zerstörung durch das Seewasser. Das Wasser tritt auf der Propellerseite in das Stevenrohr ein.

Die Propellerwelle ist durch einen Überzug aus Bronze vor Korrosion des Seewassers geschützt.

In weiterer Folge wurde ölgeschmierten Stevenrohrlagern der Vorzug gegeben. Zunächst wurde vor allem die *Cedervall-Dichtung* bekannt. Die Propellerwelle läuft in einer gußeisernen Buchse, die mit Weißmetall ausgegossen ist. In kleineren Wellenlagerungen fehlt das Weißmetallfutter und die wasserseitige Abdichtung geschieht nur mit Hilfe eines luftgefüllten *Hohlringes* aus Gummi. Um das Abdichten des Stevenrohres gegen eindringendes Seewasser zu verbessern, wird das Stevenrohr mit einem mit Seewasser verseifbaren Öl gefüllt, dessen Viskosität 68...144 mm^2/s (cSt) bei 40 °C beträgt und dem 20 % geblasenes *Rüböl* oder *Emulgatoren* zugesetzt werden. Durch Vermischung mit Seewasser bildet sich eine steife, pastöse Emulsion, die dichtet und schmiert.

Neben zahlreichen englischen Stevenrohr-Konstruktionen, hat sich die von *Bleicken* entwickelte Bauform international durchgesetzt, die heute von HDW gebaut wird. Diese unter dem Namen *Simplex-Packung* bekannt gewordene Bauform besteht aus Dichtungsmanschetten in Balgform, die das hintere und vordere Ende des Stevenrohres abdichten, und zwar gegen das Seewasser einerseits und gegen den Austritt von Öl aus dem Stevenrohr andererseits. Als Ölfüllung werden chemisch stabile und das Dichtungsmaterial nicht angreifende Ölsorten vorgeschrieben. Infrage kommen Schmieröle entsprechend Tafel 08.21 (DIN 51 517) von 68 mm^2/s (cSt) bei 40 °C oder auch mild alkalische Umlaufschmieröle der Viskositätsklasse SAE-30.

08.7.13 Schmierung von Wälzlagern

Das Maschinenelement Wälzlager hat sich dank seiner unbestrittenen Vorteile auch in der Schiffahrt für alle Arten von Maschinen und Apparaturen eingeführt. Es werden sowohl Kugellager als auch Zylinderrollenlager verwendet. Das Schmiermittel verhindert die metallische Berührung zwischen Wälzkörpern, Lagerringen und Käfig und schützt damit das Lager vor Vorschleiß und Korrosion.

Die für zuverlässige Schmierung benötigte geringe Schmiermittelmenge ist für das Wälzlager die günstigste Betriebstemperatur. Die Schmiermittelmenge hängt aber auch davon ab, ob zusätzliche Aufgaben der Abdichtung oder der Wärmeabfuhr erfüllt werden müssen. Da die Schmierfähigkeit infolge mechanischer Beanspruchung und Alterung im Laufe des Betriebes nachläßt oder das Schmiermittel verschmutzt, muß in bestimmten Intervallen nachgeschmiert oder ein Wechsel erfolgen.

Die Schmierung kann mit *Fett* oder *Öl* erfolgen, in Sonderfällen auch mit *Feststoffschmiermitteln*. Axial-Pendelrollenlager sollen auf Grund ihrer Konstruktion vorwiegend mit Öl geschmiert werden. Nur bei sehr geringen Drehzahlen ist Fettschmierung zulässig. Fettschmierung bietet den Vorteil besserer Abdichtung gegen Feuchtigkeit und Verunreinigungen und verbleibt leichter in der Lagerstelle. Der freie Raum im Lager und Gehäuse soll nur mit 30 ... 50 % Fett gefüllt sein, um bei höheren Drehzahlen Temperaturerhöhungen durch *Walkarbeit* zu vermeiden. Bei sehr langsam laufenden Lagern entfällt diese Einschränkung.

Bei fettgeschmierten Lagern hängt die Schmierfrist von der Lagerart, Lagergröße, Drehzahl, Betriebstemperatur und Fettqualität ab. Die im Diagramm Bild 08.20 aufgeführten Schmierfristen gelten für normale Belastung, alterungsbeständige Fette von durchschnittlicher Qualität und einer am Außenring gemessenen Lagertemperatur von 70 °C. Bei Lagertemperaturen über 70 °C muß für je 15 °C Temperaturerhöhung die Schmierfrist auf die Hälfte des ursprünglichen Wertes herabgesetzt werden. Die höchstzulässige Gebrauchstemperatur des Fettes darf nicht überschritten werden. Wenn eine stärkere Verschmutzung oder Wassereintritt zu erwarten ist, muß öfter nachgeschmiert werden. Die erforderliche Fettmenge nach *Nachschmierung* beträgt

$G = 0{,}005 \cdot D \cdot B$

G Nachschmier-Fettmenge . . . . g
D Außendurchmesser des Lagers . . . . mm
B Breite des Lagerinnenringes . . . . mm

Bei Lagern hoher Drehzahlen, die häufig nachgeschmiert werden müssen, ist der Einbau eines *Fettmengenreglers* zu empfehlen, der verhindert, daß sich im Gehäuse zu viel Fett ansammelt und das Lager heißläuft.

Bei hohen Drehzahlen oder hohen Betriebstemperaturen wird im allgemeinen *Ölschmierung* vorgesehen, die eine Fettschmierung nicht mehr zulassen oder Wärme aus dem Lager abgeführt werden muß. Bei niedrigen Drehzahlen genügt *Ölbadschmierung*. Bei zunehmenden Drehzahlen mit höheren Betriebstemperaturen wird eine Umlaufschmierung mit Rückkühlung des Öles erforderlich. Für sehr hohe Drehzahlen wird das Öl unter hohem Druck seitlich in das Lager gespritzt. Die Strahlgeschwindigkeit muß über 15 m/s betragen. Für *Ölnebelschmierung* wird das Öl fein zerstäubt durch einen Luftstrom

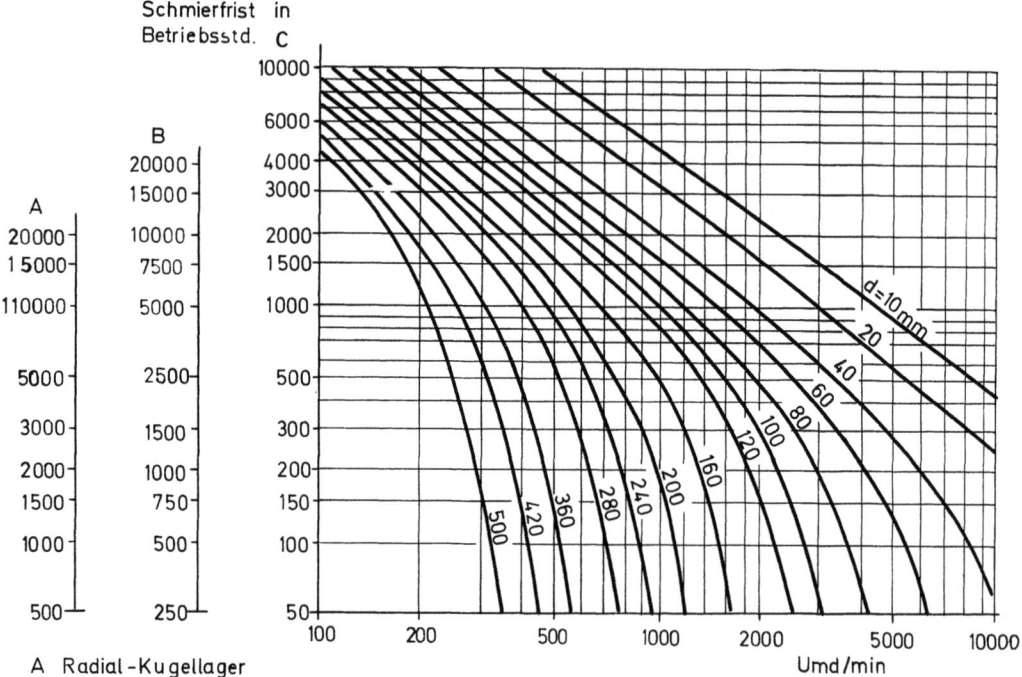

A Radial-Kugellager
B Zylinderrollenlager, Nadellager
C Pendelrollenlager, Kegelrollenlager, Axial-Kugellager

Bild 08.20 Schmierfristen für fettgeschmierte Wälzlager (nach Vorschrift von SKF)

Schmierstoffe

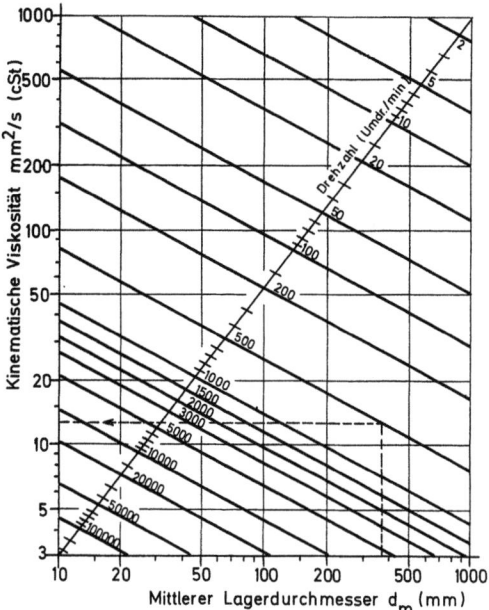

Bild 08.21 Bestimmung der Viskosität ölgeschmierter Wälzlager auf Grund der Lagerabmessungen (nach Vorschrift von SKF)

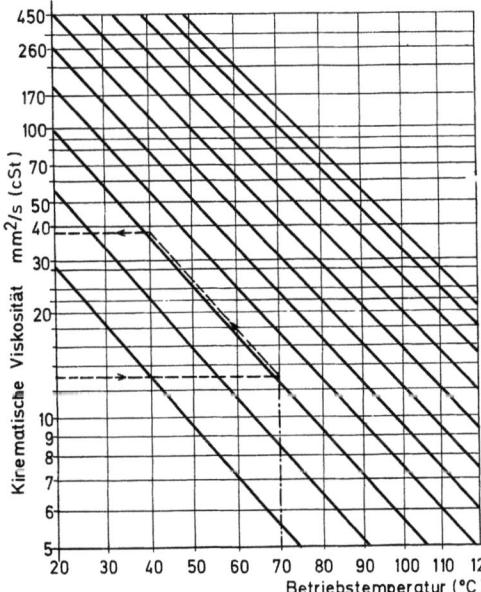

Bild 08.22 Bestimmung der Viskosität ölgeschmierter Wälzlager auf Grund ihrer zu erwartenden Betriebstemperatur; ausgehend von der gefundenen Viskosität nach den Lagerabmessungen, muß die Korrektur der Viskosität bei Betriebstemperatur vorgenommen werden (Nach Vorschrift von SKF)

zugeführt, wobei der Luftdruck 0,5 ... 1 bar betragen soll. Zur Schmierung eignen sich unlegierte Mineralöl-Solventraffinate entsprechend Tafel 08.21 (DIN 51 517).

Die Viskosität ist mit Hilfe der Diagramme in den Bildern 08.21 und 08.22 an Hand der Lagerabmessung, der Drehzahl und der zu erwartenden Betriebstemperatur zu bestimmen.

Beispiel für die Bestimmung der Ölviskosität:

Lagerbohrung $d = 340$ mm
Außendurchmesser $D = 420$ mm
Betriebsdrehzahl $n = 500$ U/min.

Mit dem mittleren Lagerdurchmesser $d_m = (d+D)/2 = 380$ mm. Aus Bild 08.21 ergibt sich eine Viskosität von 13 mm²/s (cSt). Bei der angenommenen Betriebstemperatur von 70 °C kann man aus Diagramm Bild 08.22 die endgültige Viskosität mit 39 mm²/s (cSt) bei 40 °C entnehmen.

Die Intervalle für den Ölwechsel hängen von den Betriebsverhältnissen ab. Bei *Ölbadschmierung* genügt ein Ölwechsel einmal im Jahr, wenn die Öltemperatur 50 °C nicht übersteigt. Bei einer Öltemperatur von 100 °C ist ein Ölwechsel bereits nach 3 Monaten notwendig. Bei *Umlaufschmierung* hängt der Ölwechsel vom Zustand des Öles ab. Wälzlager sollen mindestens einmal im Jahr gereinigt werden, wenn zwischenzeitlich die Lagertemperaturen und die Laufruhe überprüft wird. Nach Reinigen der Lagerteile mit Waschbenzin müssen diese sofort eingeölt oder eingefettet werden, um Korrosionen zu verhindern.

08.7.14 Schmierfette

Während die erforderliche Viskosität eines einzusetzenden Schmieröles in den meisten Fällen vorausberechnet werden kann, ist dies bei Einsatz von *Schmierfetten* nicht möglich. Die Viskosität eines Fettes ändert sich während des Betriebes nicht nur mit der Temperatur und dem Druck, sondern auch mit dem Schergefälle. Substanzen dieses Verhaltens sind *Nicht-Newtonsche-Flüssigkeiten*. Um dieses Verhalten etwas zu veranschaulichen, betrachte man eine für längere Zeit abgestellte Flasche mit *Tomatenmark*. Bei vorsichtigem Kippen der Flasche wird der Inhalt unbeweglich bleiben. Sobald aber die Flasche kräftig geschüttelt wird, kann der Inhalt ausfließen. Läßt man die Flasche wieder einige Zeit ruhig stehen, wird der Inhalt wieder fest und fließt nicht. Das Verhalten der Schmierfette und aller übrigen Nicht-Newtonschen-Flüssigkeiten ist ähnlich.

Die Auswahl eines Schmierfettes kann nur durch einen Prüfstandlauf oder durch Erfahrungen der Praxis getroffen werden.

Technische Fette sind im Gegensatz zu *natürlichen Fetten*, wie *Rindertalg, Rüböl, Fischöl* usw. Dispersionen von Seifen in Mineralöl. Die Seifen werden hauptsächlich aus den Verseifungsmitteln Kalium, Barium, Natrium, Kalzium, Lithium und Aluminium

Tafel 08.28 Eigenschaften von Schmierfetten

Eigenschaften	Kalkseifenfette	Natronseifenfette	Lithiumseifenfette
Tropfpunkt °C	70 … 90	140 … 160	180 … 200
Temperatur-Einsatzbereich °C	−30 … +60	−30 … +90	−30 … +120
Übliche Penetrationsklassen nach DIN 51 818	1, 2, 3, 4	2, 3, Fettbriketts	2, 3
Wasserbeständigkeit nach DIN 51 807	beständig	nicht beständig	beständig
Beständigkeit gegen Säuren		nicht beständig	
Beständigkeit gegen Laugen	alle Fette bei neutraler Einstellung bedingt beständig (Anfrage an Hersteller erforderlich)		
Bevorzugte Anwendung und Sondereigenschaften	Einfache, thermisch niedrig belastete Lager. Gute Druckaufnahmefähigkeit	thermisch höher belastbare Lager. Bei Schwitzwasser guter Korrosionsschutz durch Emulgieren. Vorsicht wegen Ausspülen bei größeren Wassermengen	Hohe thermische Beständigkeit. Gutes Laufverhalten bei niedrigen Temperaturen. Vielzweckfette. Sonderfette mit gutem Korrosionsschutz

durch Umsetzung mit den vorerwähnten, natürlichen Fetten hergestellt. Nach Art der Seife unterscheiden sich die Eigenschaften der technischen Schmierfette. In Tafel 08.28 sind die Eigenschaften der *Kalkseifen-, Natronenseifen-* und *Lithiumseifenfette* zusammengestellt.

Die *Mischbarkeit* von Schmierfetten muß bei Wechsel der Fettsorte beachtet werden. Bei Unverträglichkeit kann es zu Änderungen der Konsistenz und der höchstzulässigen Gebrauchstemperatur kommen, was zu Lagerschäden Anlaß sein kann. Natronseifenfette lassen sich mit anderen Natronseifenfetten ohne nachteilige Folgen mischen. Kalk- und Lithiumseifenfette sind miteinander nicht mischbar, dagegen aber mit Natronseifenfetten.

Die Schmierfette werden nach ihrer *Konsistenz* (Verformbarkeit) unterteilt, die nach der gemessenen Einsinktiefe eines genormten Konus in Zehntel-Millimeter in eine gewalkte Fettprobe bestimmt wird. Die erstmals vom *National Lubricating Grease Institute (NLGI)* herausgegebene Klassifizierung wurde inzwischen als DIN 51 818 übernommen (Tafel 08.29).

Die Methode der Konsistenzprüfung ist der Härteprüfung von Metallen vergleichbar. Wird für ein Schmierfett eine Penetrationszahl 245 angegeben, so

Tafel 08.29 Konsistenzeinteilung von Schmierfetten nach DIN 51 818

NLGI-Klasse	Walkpenetration 0,1 mm	NLGI-Klasse	Walkpenetration 0,1 mm
000	445 … 475	2	265 … 295
00	400 … 430	3	220 … 250
0	355 … 385	4	175 … 205
1	310 … 340	5	130 … 160
		6	85 … 115

bedeutet dies, daß der in die vorgewalkte Fettprobe eintauchende, genormte Kegel von 150 g innerhalb 5 s 24,5 mm in das Fett eingedrungen war. Je *weicher* das Fett, um so *höher* seine Penetrationszahl.

Für Wälzlager kommen Metallseifenfette der Konsistenzklasse 1, 2 und 3 in Betracht.

Der *Tropfpunkt* eines Schmierfettes (DIN 51 801 und ASTM D-566-64) ist die Temperatur in °C, bei der die erhitzte Probe durch die Öffnung des Nippels des Tropfpunktmeßgerätes fließt und auf den Boden des Prüfrohres fällt. Der Tropfpunkt hängt von der Art der Verseifung ab und entspricht etwa dem Schmelzpunkt der im Fett enthaltenen Seife. Der Tropfpunkt ist *in keinem Fall* ein Maß für die thermische Belastbarkeit eines Fettes.

Die meisten *Kalkseifenfette* sind bei einem Wassergehalt von 1 … 3 % stabil. Bei höherer Temperatur verdampft das Wasser und das Fett zerfällt in Mineralöl und Seife. Die obere Temperaturgrenze für diese Fette liegt bei etwa 60 °C. Es gibt aber auch Kalkseifenfette (Komplexseifenfette) mit einer oberen Gebrauchstemperatur bis 120 °C.

Natronseifenfette können für einen Temperaturbereich von −30 … +90 °C, einige Spitzenqualitäten bis +120 °C verwendet werden.

Lithiumseifenfette sind für einen Temperaturbereich von −30 … +120 °C, Spitzenqualitäten bis +150 °C geeignet.

Gelfette, die anstelle von Metallseifen anorganische Quellungsmittel (zum Beispiel Kieselgel oder Bentone) als konsistenzgebenden Anteil enthalten, können kurzzeitig für Temperaturen eingesetzt werden, die über denen von Lithiumfetten liegen.

Schmierfette auf Grundlage synthetischer Öle (*Silikonfette* und *Esterölfette*) sind für höhere und tiefere Temperaturen geeignet, als Schmierfette auf Mineralölbasis.

Natronseifenfette sind wasserlöslich und nehmen etwas Wasser auf, ohne ihre Schmierfähigkeit wesentlich einzubüßen. Daher besteht auch bei Eindringen von Schwitzwasser keine Korrosionsgefahr. Bei übermäßigem Wassereintritt wird aber das Fett aus dem Lager gespült.

Lithiumseifenfette und *Kalkseifenfette* sind kaum wasserlöslich, bieten daher keinen Korrosionsschutz gegen Schwitzwasser. Durch *EP*-Zusätze werden aber beide Fette korrosionsschützend.

Für besonders hoch belastete Wälzlager werden Fette mit *EP*-Zusätzen verwendet.

Um das Verhalten von Schmierfetten in Wälzlagern unter betriebsnahen Verhältnisse bei verschiedenen Temperaturen und Drehzahlen zu prüfen, wurde von SKF eine *Wälzlagerfett-Prüfmaschine* (DIN 51 806) entwickelt. Konsistenzänderungen im praktischen Betrieb können im *SHELL-Roller*, *EP*-Eigenschaften im *Vierkugelapparat* oder in der *TIMKEN-Prüfmaschine* überprüft werden.

08.7.15 Feste Schmiermittel

Der Einsatz von *Feststoffschmiermitteln* kommt nur bei extrem hohen oder extrem tiefen Temperaturen, sehr hohen Flächenpressungen, ungünstiger Werkstoffpaarung, extrem niedrigen Gleitgeschwindigkeiten, Ruckgleiten und bei Einwirkung radioaktiver Strahlen, Verflüchtigung im Vacuum, Betrieb in einer Atmosphäre von Edelgasen oder bei chemischen Angriffen in Betracht.

Bei hohen Gleitgeschwindigkeiten versagen Feststoffschmiermittel wegen des Fehlens einer Kühlung durch Zu- und Abfluß des Schmiermittels. Die Reibung ist auch sehr häufig höher als diese bei Schmierung mit Flüssigkeiten.

Als Feststoffschmiermittel werden *Molybdändisulfid, Graphit, Borax, Glimmer, Polytetrafluoräthylen (Fluon, Gaflon, Hostaflon, Teflon), Talkum* oder *Speckstein, Titansulfid, Zinksulfid* usw. angewandt. Zinksulfid wird beispielsweise für Temperaturen bis 1000 °C eingesetzt.

Bei steigender Druckbelastung nimmt der Reibungskoeffizient ab.

Graphit ist chemisch sehr stabil und gegen radioaktive Strahlen äußerst resistent. Bei Erhitzen über 450 °C bildet sich Kohlendioxid, ohne schleifende Anteile zu hinterlassen. Bei sehr hoch belasteten Getrieben und Antriebselementen, die aus bestimmten Gründen trocken geschmiert werden müssen, erweist sich grober, natürlicher Graphit, der erst im Schmierspalt zermahlen wird, häufig wirksamer, als feindisperser, kolloidaler Graphit. Die geringe Reibung des Graphits scheint nicht nur mit der Kristallstruktur, sondern auch mit Filmen (vor allem Wasserdampf) zusammenzuhängen, die von der Graphitoberfläche adsorbiert werden. Im Vacuum geht deshalb die Schmierwirkung verloren, während *Molybdändisulfid* in solchen Fällen seine volle Wirksamkeit behält.

Molybdändisulfid hat dank seiner günstigen Schmiereigenschaften mehr und mehr an Bedeutung gewonnen und zuweilen Graphit verdrängt. Molybdändisulfid wird aus Molybdänglanzerzen oder auch synthetisch hergestellt. Das Naturprodukt scheint eine bessere Schmierwirkung zu besitzen, als das synthetische Produkt, was auf die unterschiedlich ausgebildete Kristallstruktur zurückgeführt werden kann. Jedes Blättchen besteht aus einer Schicht Molybdän-Atomen, auf deren beiden Seiten je eine Schicht Schwefel-Atome liegen. Molybdändisulfid (MoS_2) ist gegenüber Oxydation etwas empfindlicher, als Graphit. Während Graphit zu harmlosen CO_2 verbrennt, entsteht aus MoS_2 das korrosive, säurebildende SO_2 und MoO_3. MoO_3 wird ein höherer Verschleiß zugeschrieben, was sich aber bisher noch nicht bestätigte.

Die *obere Temperaturgrenze* für den Einsatz von MoS_2 bei Anwesenheit von Luft wird mit 400 °C angenommen. Durch MoS_2-haltige Pasten, Lacke, Öle und Fette wird ein gewisser Oxydationsschutz erreicht. Bei sehr hohen Temperaturen entsteht aus MoS_2 nicht nur MoO_3 oder MoO_2, sondern auch ein bisher unbekanntes Reaktionsprodukt, das die Schmierung übernimmt.

Der Reibungswiderstand von MoS_2 bleibt auch im Vakuum konstant. Seine Reibungszahl wird mit zunehmender Belastung kleiner, daher ist es für die Getriebeschmierung, in der Metallbearbeitung und als Schmiermittel für extreme Belastungen von Vorteil. Beispielsweise lösen sich Gewindemuttern von Zugankern und Zylinderdeckelschrauben leichter, wenn die Gewinde während der Montage mit MoS_2-Pulver bestrichen werden. Mit MoS_2 werden bei einer Druckbeanspruchung von 1400 bar Reibungswerte von 0,04, bis 3000 bar dagegen von 0,02 gemessen.

08.8 Schrifttum

Bücher:

[08. 1] *ASTM-Book* of ASTM-Standards, Part 17, Philadelphia.

[08. 2] *Clark, G.H.*: Marine Lubrication, Scientific Publications (Great Britain), Ltd., London W.C. 1.

[08. 3] DIN-Taschenbücher Nr. 20, 32, und 57, Mineralöl- und Brennstoffnormen, Beuth-Verlag GmbH., Berlin-Köln

[08. 4] *Englisch, C.*: Kolbenringe Band 1 und 2, Springer-Verlag.

[08. 5] *Göttner, G.H.*: Einführung in die Schmiertechnik, Marklein-Verlag, Düsseldorf

[08. 6] *Kara, W.H.*: Grundlagen der Lagerschmierung, Verlagsanstalt Hüthig & Dreyer, Mainz-Heidelberg

[08. 7] *Klamann/Assmann*: Schmiermittel, Verlag Urban & Schwarzenberg, München

[08. 8] *Milowiz, K.*: Lager und Schmierung, Springer-Verlag
[08. 9] *Philippovich, A.*: Die Betriebsstoffe für Verbrennungskraftmaschinen, 2. Auflage, Springer-Verlag
[08.10] *Riediger, B.*: Die Verarbeitung des Erdöles, Springer-Verlag, Berlin
[08.11] SHELL INTERNATIONAL: Lubrication and Fuels in Ships, 1978, Selbstverlag Shell International Petroleum Comp. Ltd., London
[08.12] *SHELL/Grimm, W.*: Schweres Heizöl, Eigenschaften und Handhabung, 1979 Selbstverlag Deutsche Shell A.G., Hamburg
[08.13] SKF Hauptkatalog 1975, Selbstverlag
[08.14] *Vögtle, G.*: Lexikon der Schmierungstechnik, Franckh'sche Verlagshandlung, Stuttgart
[08.15] *Winnacker, K./Weingaertner, W.*: Chemische Technologie, München
[08.16] *Zerbe, C.*: Mineralöle und verwandte Produkte, Springer-Verlag

Zeitschriften:

[08.17] *Bauer, W.*: Die zukünftigen flüssigen Brennstoffe für die Schiffahrt. Schiff & Hafen, 1980
[08.18] *Bauer, W.*: Die Brennölqualitäten und ihr Einfluß auf das Betriebsverhalten von Dieselmotoren, Gasturbinen und Kesselfeuerungen. Schiff & Hafen, 1977, Heft 5.
[08.19] *Bauer, W.*: Schäden in Schiffsdieselmotoren, Schiff & Hafen, 1977, Heft 1.
[08.20] *Bauer, W.*: Erfahrungen in der Aufbereitung und Reinigung von Treibstoffen und Schmierölen mittels Zentrifugen und Filtern. Schiff & Hafen, 1976.
[08.21] *Schulz, B.J./Pederson, A./Keyworth, R.O.*: Trends in Marine Fuels and Lubricants today and in the 1990-th. Transactions, Institute of Marine Engineers, London, 1979.
[08.22] *Eberle, M.K.*: The Marine Diesel Engine in View of Present and Future Low Grade Fuels, CIMAC-Kongreß in Wien, 1979.
[08.23] *Breyer, H./Bossmann*: Brennstoffe und Schmieröle für Schiffsgasturbinen, Jahrbuch der Schiffbautechnischen Gesellschaft, 1974.

Hauptabschnitt 09

Widerstand, Antrieb und Propeller

Prof. Dr.-Ing. *H. Meier-Peter*, Flensburg

09.1 Formelzeichen, Einheiten und Normen

A_0	Propellerkreisfläche	m^2
A_D	abgewickelte Flügelfläche	m^2
A_P	Projizierte Flügelfläche	m^2
A_M	Fläche des Hauptspantes	m^2
A_T	Fläche des Lufthauptspantes, projizierte Querschnittsfläche des Überwasserschiffes	m^2
B	Breite auf Spanten (s. Hauptabschnitt 11)	m
B	Brennstoffmenge (Bunkerinhalt)	kg, t
B_b	Brennstoffverbrauch pro Kilometer	kg/km
B_d	täglicher Brennstoffverbrauch	kg/d
B_h	stündlicher Brennstoffverbrauch	kg/h
C_{Adm}	Admiralitätskonstante	$\dfrac{t^{2/3} \cdot m^3}{kW \cdot s^3}$
C_{Ae}	Luftwiderstandsbeiwert	–
C_F	Reibungswiderstandsbeiwert	–
C_R	Restwiderstandsbeiwert	–
C_T	Gesamtwiderstandsbeiwert	–
C_{Th}	Schubbelastungsgrad	–
D	Propellerdurchmesser	m
E	Etmal, täglich zurückgelegte Distanz	km
F_n	Froude-Zahl	–
F_{nh}	Froude-Tiefenzahl	–
L	Schiffslänge (Bezugslänge; i.a. L_{pp})	m
L_M	Länge des Modellschiffes	m
L_{pp}	Länge zwischen den Loten (s. Hauptabschnitt 11)	m
L_S	Länge der Großausführung (beim Modellversuch)	m
L_W	Wellenlänge (von Berg zu Berg)	m
M	Drehmoment	$N \cdot m$, $kN \cdot m$
P_E	Schleppleistung	kW
P_S	Wellenleistung	kW
P	Leistung	kW
P	Propellersteigung	m
R	Propellerradius	m
R	Widerstand allgemein	kN, MN
R_{Ae}	Luftwiderstand	kN, MN
R_D	Gefällewiderstand	kN, MN
R_F	Reibungswiderstand	kN, MN
R_{PV}	zähigkeitsbedingter Druckwiderstand	kN, MN
R_R	Restwiderstand	kN, MN
R_T	Gesamtwiderstand (gesamter Schleppwiderstand)	kN, MN
R_V	gesamter Zähigkeitswiderstand	kN, MN
R_W	Wellenwiderstand	kN, MN
R_n	Reynold-Zahl	–
S	benetzte Oberfläche	m^2
T	Tiefgang (s. Hauptabschnitt 11)	m
T	Schub	kN, MN
V	Schiffsgeschwindigkeit	m/s
V_A	Propellerfortschrittsgeschwindigkeit	m/s
V_{Ae}	Luftgeschwindigkeit	m/s
V_M	Modellgeschwindigkeit beim Modellversuch	m/s
V_S	Geschwindigkeit der Großausführung beim Modellversuch	m/s
V_{th}	Theoretische Fortschrittsgeschwindigkeit des Propellers	m/s
Z	Flügelzahl des Propellers	–
b	spezifischer Brennstoffverbrauch	$kg/(kW \cdot h)$
c	Wellenfortschrittsgeschwindigkeit	m/s
d	Nabendurchmesser	m
d	Distanz	km
e	Propellerhang	–
g	Erdbeschleunigung	m/s^2
h	Wassertiefe	m
i	Gefälle eines strömenden Gewässers	m/km
n	Drehzahl	s^{-1}, Hz
p	Druck	bar
p_e	Dampfdruck des Seewassers	bar
s_A	Scheinbarer Slip	%, Anteile v. 1
s_R	Nomineller Slip	%, Anteile v. 1
t	Größte Dicke eines Tragflügelprofils	mm, m
t	Fahrtzeit	h
t	Sogziffer	–
v	Schiffsgeschwindigkeit	km/h, m/s
w	Nachstromziffer	–
Δ	Verdrängung	t
Φ	Steigungswinkel des Propellerflügels	$\angle°$
η_0	Wirkungsgrad des freifahrenden Propellers	–
η_D	Propulsionsgütegrad	–
η_H	Schiffseinflußgrad	–
η_R	Gütegrad der Anordnung	–
λ	Modellmaßstab ($L_S : L_M$)	–
λ	Propellerfortschrittsgrad	–
ν	kinematische Zähigkeit $\begin{pmatrix} 20\,°C\ \text{Frischwasser} & 10{,}07 \cdot 10^3 \\ 20\,°C\ \text{Seewasser} & 10{,}57 \cdot 10^3 \end{pmatrix}$	m^2/s
ρ	Dichte, spez. Masse $\begin{pmatrix} 20\,°C\ \text{Frischwasser} & 1000 \\ 20\,°C\ \text{Seewasser} & 1025 \end{pmatrix}$	kg/m^3
ρ_{Ae}	Dichte, spez. Masse (20 °C Luft 1,23)	kg/m^3
φ	Neigung eines strömenden Gewässers	$\angle°$

Die verwandten Formelzeichen entsprechen im wesentlichen der international vereinbarten Schreibweise, die erstmalig 1965 festgelegt wurde und als List of Standard Symbols der International Towing Tank Conference vom National Physical Laboratory, Ship Division, Feltham, England herausgegeben wird. Diese Liste stellt den Versuch dar, auf internationaler Ebene Bezeichnungen und Schreibweise auf dem Gebiet der Schiffshydrodynamik, zu dem auch die Antriebstechnik zählt, zu normen.

Eine wertvolle Hilfe für den Schiffsingenieur stellt ferner die *ISO-Norm 3715* dar, in der eine *Zusammenstellung der Bezeichnungen am Propeller* in deutscher, französischer, russischer, holländischer, italienischer, polnischer und spanischer Sprache gegeben wird.

09.2 Widerstand

Um den Begriff des *Schiffswiderstandes* zu erläutern, stellt man sich das Schiff zunächst ohne eigenen Schraubenantrieb im Schlepp eines anderen Fahrzeuges vor. Bei einer bestimmten, gleichförmigen Geschwindigkeit wird die Schlepptrosse dann durch eine Zugkraft R beansprucht, die gleich dem Widerstand des geschleppten Schiffes bei der betreffenden Geschwindigkeit ist.

Der Widerstand ist also die Kraft, die Wasser und Luft der Vorwärtsbewegung des Schiffes (bei gleichförmiger Geschwindigkeit) entgegensetzen.

Die zur Aufrechterhaltung der Vorwärtsbewegung des Schiffes erforderliche *Maschinenleistung* hängt direkt mit dem Widerstand zusammen. Um das Schiff ohne Propeller mit der Geschwindigkeit V zu *schleppen*, sind

$$P_E = R \cdot V \frac{kN \cdot m}{s} = kW \qquad (1)$$

erforderlich. Fährt das gleiche Schiff bei gleicher Geschwindigkeit mit *eigenem* Antrieb, kann man an der Schraubenwelle die hierfür benötigte *Maschinenleistung* P_S messen, die erheblich größer als diese *Schleppleistung* P_E ist. Das Verhältnis

$$\eta_D = \frac{P_E}{P_S} \qquad (2)$$

bezeichnet man als den *Gütegrad der Propulsion.**)
Da der Widerstand die Antriebsleistung, diese die Brennstoffkosten und diese wiederum die Wirtschaftlichkeit des Schiffes stark beeinflussen, bemüht man sich, Schiffe so zu bauen, daß ihr Widerstand möglichst klein wird.

---
*) Auch oft *Antriebswirkungsgrad* genannt.

Bild 09.1
Aufteilung des Widerstands
+) Windwiderstand, Gefällewiderstand bei Flußfahrten, Steuerwiderstand, Widerstand der Anhänge, Widerstand infolge Seegangs usw.

09.2.1 Die einzelnen Anteile des Widerstandes

Man unterteilt i. a. die Anteile des Widerstandes folgendermaßen (Bild 09.1).

Der *Zähigkeitswiderstand* entsteht durch die Bewegung des Schiffskörpers im Wasser und ist abhängig von der Schiffsgeschwindigkeit, von der Größe und Rauhigkeit der Außenhaut sowie von der Schiffsform und der Zähigkeit des Wassers. Der Einfachheit halber nimmt man an, daß man ihn aufteilen kann in den *Reibungswiderstand einer oberflächengleichen Platte* und einen rein formbedingten *Formwiderstand*. Der *Reibungswiderstand* ist dann nur von Größe und Rauhigkeit der benetzten Oberfläche des Schiffskörpers, der Zähigkeit des Wassers und der Schiffsgeschwindigkeit abhängig. Man kann ihn errechnen zu

$$R_F = C_F \cdot S \cdot \frac{\rho}{2} \cdot V^2 \cdot 10^{-3} \text{ kN} \qquad (3)$$

Der Beiwert C_F ist aus systematischen Versuchen mit geschleppten Platten ermittelt worden.

Der *Formwiderstand* wird häufig auch als *zäher Druckwiderstand*, als *Ablöse-* oder als *Wirbelwiderstand* bezeichnet. Abgesehen davon, daß er seine Herkunft ebenfalls der Zähigkeit des Wassers verdankt, ist er von der Schiffsform abhängig und kann durch eine gute Formgebung des Unterwasserschiffes klein gehalten werden (s. Tafel 09.1). Da er sich auch nur schwer ermitteln läßt, wird er gemeinsam mit dem *Wellenwiderstand* zum *Restwiderstand* zusammengefaßt. Der *Wellenwiderstand* entsteht durch die schräg nach beiden Seiten vom Schiff ablaufenden Wellensysteme, die durch Bug- und Heckwelle hervorgerufen werden. Setzt man voraus, daß das Schiff in genügend tiefem und breitem Wasser von einem weit voraus befindlichen Fahrzeug geschleppt wird, kann man sich für die Entstehung dieser Wellen vorstellen, daß sich das Schiff in Ruhe befindet und das Wasser mit der Schiffsgeschwindigkeit am Schiff vorbeiströmt (Bild 09.2). Dann tritt an Bug und Heck eine Aufweitung, in der Mitte eine Zusammendrängung der Stromlinien auf, was entsprechend der Bernoulli-Gleichung (s. Hauptabschnitt 02) an Bug und Heck eine *Geschwindigkeitsverminderung* und damit einen *Druckanstieg*, in der

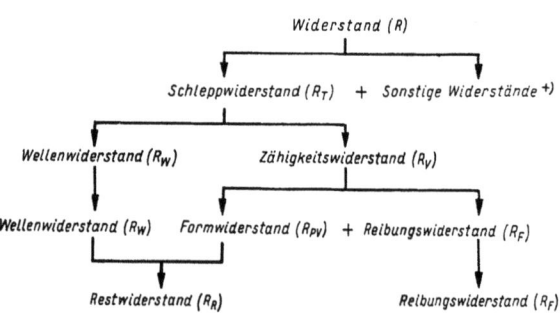

Widerstand

Tafel 09.1 Widerstandsanteile bei verschiedenen Schiffstypen

Schiffstyp und Tragfähigkeit	Verdrängungsgewicht Δ	Froude-Zahl F_n	R_W %	R_V %	(R_F) %	Bemerkung
Tanker 200 000 tdw	245 000 t	0,151	9	91	(69)	Wulstbug
Tanker 60 000 tdw	77 700 t	0,180	18	82	(65)	Wulstbug
Tanker 60 000 tdw	77 500 t	0,180	23	77	(61)	Kein Wulstbug
Massengutfrachter 18 000 tdw	24 700 t	0,187	23	77	(65)	Kein Wulstbug
Trockenfrachter 5000 tdw	7 570 t	0,255	27	73	(63)	Kein Wulstbug, $V \approx 30,5$ km/h (16,5 kn)
Kühlschiff 8000 tdw	12 100 t	0,307	36	64	(57)	Wulstbug, sehr feine Linien
Schnellfrachter 14 000 tdw	20 900 t	0,247	38	62	(56)	Wulstbug, $V \approx 37$ km/h (20 kn)
Ostseefährschiff ca. 7500 BRT	7 500 t	0,306	45	55	(50)	Kein Wulstbug, 2 Propeller
Fahrgastschiff ca. 40 000 BRT	30 340 t	0,310	51	49	(42)	Kleiner Wulstbug, 2 Propeller $V \approx 50$ km/h (27 kn)
Zerstörer	3 150 t	0,531	68	32	(30)	Kein Wulstbug, 2 Propeller, $V \approx 65$ km/h (35 kn)

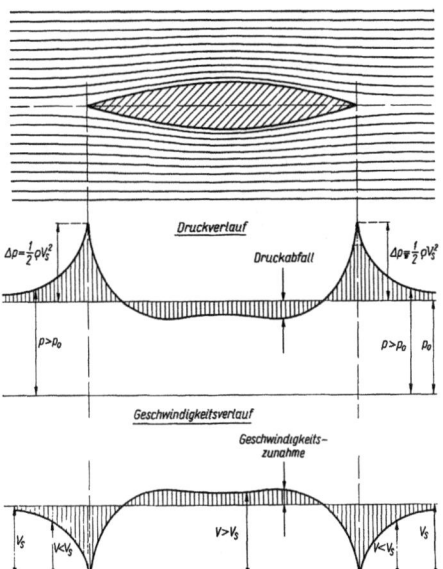

Bild 09.2 Druck- und Geschwindigkeitsverteilung am geschleppten Schiff (idealisiert)

Schiffsmitte dagegen eine erhöhte Geschwindigkeit und dementsprechend eine *Druckabsenkung* zur Folge hat. An der Oberfläche entsteht durch die Druckabsenkung ein Wellental, während der Druckanstieg jeweils einen Wellenberg bewirkt, wobei die so entstehende Heckwelle infolge der am Schiffskörper auftretenden Reibung etwas verkleinert wird. Die *Wellenlänge* der schräg ablaufenden Systeme wächst mit der Schiffsgeschwindigkeit (Bild 09.3) gemäß:

$$L_W = \frac{2\pi \cdot V^2}{g} \text{ m} \qquad (4)$$

Die von Bug und Heck ausgehenden Wellensysteme können sich gegenseitig so überlagern, daß Wellenberg auf Wellenberg fällt, wodurch der Widerstand

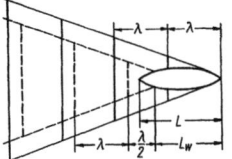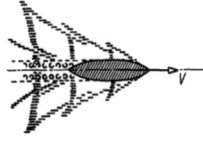

Bild 09.3 Wellenbildende Länge und Wellenlänge

zunimmt; man bezeichnet diese Erscheinung als *Resonanz*. Fällt dagegen ein Wellental des einen auf einen Wellenberg des anderen Systems, verringert sich der Widerstand, und man spricht von *Interferenz*.

Der Wellenwiderstand wächst etwa mit der vierten Potenz der Schiffsgeschwindigkeit. Das gleiche gilt dann auch für den aus Formwiderstand und Wellenwiderstand zusammengesetzten Restwiderstand. Um ihn in der gleichen Weise wie den Reibungswiderstand schreiben zu können, setzt man ihn jedoch proportional dem Quadrat der Geschwindigkeit und schreibt:

$$R_R = C_R \cdot S \cdot \frac{\rho}{2} \cdot V^2 \cdot 10^{-3} \text{ kN} \qquad (5)$$

Der hierbei verwendete Beiwert C_R ändert sich dann ebenfalls quadratisch mit der Geschwindigkeit, wobei er durch die auftretenden Resonanz- bzw. Interferenzpunkte schwankt (Bild 09.4).

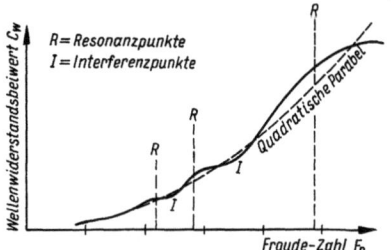

Bild 09.4 Zusammenhang zwischen Wellenwiderstandsbeiwert und Froude-Zahl

Von den übrigen Widerstandsanteilen läßt sich der *Luftwiderstand* in der gleichen Form wie der Reibungs- (3) und Restwiderstand (5) schreiben:

$$R_{Ae} = C_{Ae} \cdot A_T \cdot \frac{\rho_{Ae}}{2} \cdot V_{Ae}^2 \cdot 10^{-3} \text{ kN} \qquad (6)$$

Zu beachten ist, daß V_{Ae} die Luftgeschwindigkeit gegenüber dem Schiff ist, (Bei Gegenwind also Schiffsgeschwindigkeit + Gegenwindgeschwindigkeit!); der *Luftwiderstandsbeiwert* kann dabei für Handelsschiffe mit

$C_{Ae} = 0,7 \ldots 0,8$

für Fahrgastschiffe und Kriegsschiffe mit hohen Aufbauten zu

$C_{Ae} = 0,6 \ldots 0,7$

angenommen werden. Häufig erfaßt man den Luftwiderstand aber nur durch einen prozentualen Zuschlag von 2 ... 4 % zum Gesamtwiderstand.

Bei Schiffen, die stromaufwärts fahren, tritt infolge des Flußgefälles ein weiterer Widerstand (bzw. bei Talfahrt eine Widerstandsverringerung) auf, die man als *Gefällewiderstand* bezeichnet:

$$R_D = \Delta \cdot g \cdot \sin \varphi \quad \text{kN} \qquad (7)$$

Da das Gefälle häufig als Tangens des Winkels angegeben wird und obendrein meist klein ist, kann man $\sin \varphi = \tan \varphi = i$ setzen (s. Hauptabschnitt 01) und den Gefällewiderstand (+ für Fahrt stromaufwärts, − für Fahrt stromabwärts) wie folgt schreiben:

$$\pm R_D = \Delta \cdot g \cdot i \cdot 10^{-3} \quad \text{kN} \qquad (8)$$

Weitere Widerstandsanteile, die prozentual erfaßt werden, sind: der *Steuerwiderstand* infolge von Kurskorrekturen, bei dem Betrieb der Selbststeueranlage oder bei einem guten Rudergänger ca. 1 % des Gesamtwiderstandes beträgt,

der *Widerstand der Anhänge*, wie z.B. von

Wellenböcken	bei Mehrschraubern	7 ... 8 %
Wellenhosen		4 ... 5 %
Schlingerkielen		... 2 %
Ruder		... 1 %

der *Widerstand infolge von*

Bewuchs und Seegang zusammen 10 ... 20 %

Diese beiden letztgenannten Anteile sind stark abhängig vom Fahrtgebiet und von der Jahreszeit, (starker Bewuchs führt zu einer erheblichen Vergrößerung des Reibungswiderstandes).

09.2.2 Ermittlung der Widerstandsanteile beim Schiffsentwurf

Modellversuche

Zur Bestimmung des Schiffswiderstandes bedient man sich des Modellversuches. Hierbei wird ein genaues Modell des zu untersuchenden Schiffes im Maßstab λ hergestellt. Zur Erzeugung gleicher *Wellenbilder* — und somit gleichen Wellenwiderstandes — müssen die *Froude-Zahlen* für Modell und Großausführung gleich sein:

$$F_n = \frac{V_M}{\sqrt{g \cdot L_M}} = \frac{V_S}{\sqrt{g \cdot L_S}} \qquad (9)$$

Mit

$$\lambda = \frac{L_S}{L_M} \qquad (10)$$

ergibt sich die Geschwindigkeit, mit der das Modell fahren muß, zu

$$V_M = \frac{V_S}{\sqrt{\lambda}} \qquad (11)$$

Um einen maßstäblich gleich großen Zähigkeitswiderstand zu erzielen, müßten ferner für Modell und Großausführung die *Reynolds-Zahlen* gleich sein:

$$R_n = \frac{V_M \cdot L_M}{v} = \frac{V_S \cdot L_S}{v} \qquad (12)$$

Wie man durch Einsetzen von (10) und (11) prüfen kann, läßt sich diese Forderung nur für den Maßstab $\lambda = 1$ (d.h.: Modell = Großausführung) erfüllen, da die Fallbeschleunigung g nicht beeinflußt werden kann, und Modellflüssigkeiten mit genügend großer Zähigkeit nicht existieren.

Auf diesen Erkenntnissen gründet das folgende Verfahren der Widerstandsbestimmung:

Man mißt den Schleppwiderstand R_T am Modell, das mit einer Geschwindigkeit geschleppt wird, die gemäß dem Froudeschen Gesetz der der Großausführung entspricht (11). Dabei ist die Reynolds-Zahl des Modells R_{nM} *kleiner* als die der Großausführung. Man berechnet daher den *Reibungswiderstand des Modells* gemäß (3) und zieht ihn von dem im Versuch gemessenen Gesamtwiderstand ab. Den so erhaltenen *Restwiderstand des Modells* rechnet man auf die Großausführung um. Man ermittelt dann mit der Reynolds-Zahl der Großausführung R_{nS} den *Reibungswiderstand des großen Schiffes* und zählt ihn mit dem berechneten Restwiderstand zusammen zum *Schleppwiderstand der Großausführung*.

Neben der Ermittlung von Widerstand und Leistung an einem *maßstabsgetreuen* Modell gibt es verschiedene Möglichkeiten für deren näherungsweise Berechnung nach den Werten ähnlicher Schiffe bzw. Modelle [09.5], [09.7], [09.12].

09.2.3 Beeinflussung des Widerstands durch die Konstruktion

Auf der Suche nach Schiffsformen mit möglichst geringem Widerstand stellte man fest, daß sich durch ein Verlagern von Verdrängungsanteilen weit ins Vorschiff eine Verschiebung des Bugwellensystems und damit eine Änderung des Geschwindigkeitsbereiches erzielen ließ, in dem sonst eine Verstärkung des Wellensystems (*Resonanz*), (s. 09.2.1) zu erwarten war. Diese Erkenntnis machte man sich zunächst vor allem beim Bau *schneller* Schiffe zu Nutze, die – s. Tafel 09.1 – einen verhältnismäßig großen Wellenwiderstand haben.

Das Ergebnis bestand hinsichtlich der Schiffsform in einem senkrechten Vorsteven, wobei die ersten Spanten im Vorschiff ihre engste Stelle in der Schwimmwasserlinie hatten und nach unten wieder ausliefen (*Tropfensteven*).

Ein ähnlicher Effekt wird mit den *birnenförmigen* Wulsten angestrebt, die teilweise beträchtliche Abmessungen aufweisen und sich unter der Wasserlinie weit nach vorn erstrecken.

Die unterschiedliche Form und Größe dieser Wulstkörper bei Containerschiffen, Tankschiffen und Massengutfrachtern entsteht dadurch, daß man sie entweder für die Fahrt auf Ladetiefgang oder für die Fahrt auf Ballasttiefgang entwirft.

Ein weiterer Effekt konnte in einigen Fällen festgestellt werden: Durch den Wulst ergibt sich eine bessere Umströmung des Unterwasserschiffes und dadurch eine Verringerung des Formwiderstandes. Tankschiffe, die nachträglich mit solschen Propulsionswulsten ausgerüstet wurden, erzielten bei gleicher Maschinenleistung eine um 0,75 ... 1,0 kn größere Geschwindigkeit, Dementsprechend können Schiffe, die von vornherein mit dieser Vorstevenform entworfen und gebaut werden, die gleiche Geschwindigkeit mit geringerer Maschinenleistung erreichen.

Wenn man also einen Leistungsvergleich zwischen zwei Schiffen anstellt, sollte man auch vermerken, ob sie mit einem Bugwulst ausgerüstet sind.

09.3 Antrieb

Die Wirkung eines Propeller (gleichviel ob *Schaufelrad-, Düsen-, Flügelrad-**) oder *Schraubenpropeller*) beruht darauf, daß er ständig neue Flüssigkeitsmassen erfaßt und nach rückwärts in Bewegung setzt, wodurch nach dem Impulssatz eine vorwärtsgerichtete Kraft ausgelöst wird, die man als den *Propellerschub* bezeichnet.

09.3.1 Zusammenhang zwischen Widerstand und Antriebsleistung

Dadurch, daß der Propeller die Strömungsgeschwindigkeit erhöht, entsteht nach Bernoulli (Abschnitt 02.5.2) vor ihm ein Unterdruckgebiet (Bild 09.5), das zur Verkleinerung der positiven Druckspitze am Hinterschiff (Bild 09.2) führt. Durch diese

---

*) z.B. Voith-Schneider-Propeller

vom Propeller bewirkte Druckabsenkung *vergrößert* sich der Schiffswiderstand. Diese Widerstandszunahme stellt den Einfluß des Propellers auf das Schiff dar und wird als *Sog* bezeichnet.

Der *Propellerschub* muß also stets um den Sog größer sein als der Schiffswiderstand. Bezieht man den Sog auf den Propellerschub, erhält man als dimensionslose Kenngröße die *Sogziffer*, die den prozentualen Anteil des Sogs am Schub darstellt:

$$t = \frac{\Delta R}{T} = \frac{T-R}{T} \qquad (13)$$

Sog und Sogziffer hängen von der Formgebung des Hinterschiffes ab, vor allem aber von der Entfernung des Propellers vom Schiffskörper.

$t = (0,05) ... 0,18 ... 0,20$ für Frachtschiffe
$t = 0,20 ... 0,30 ... (0,40)$ für Tankschiffe

Wie in Bild 09.2 zu erkennen ist, strömt das Wasser am Bug und am Heck mit einer verringerten Geschwindigkeit, die im Bereich des Hinterschiffes durch die Reibung der Wasserteilchen noch weiter abnimmt, so daß das Wasser dem Propeller mit einer Geschwindigkeit zufließt, die um den Betrag ΔV kleiner als die Schiffsgeschwindigkeit ist:

$$V_A = V - \Delta V \qquad (14)$$

Dieser Geschwindigkeitsunterschied, den man *Nachstrom**) nennt, wird auf die Schiffsgeschwindigkeit bezogen und ergibt so die dimensionslose *Nachstromziffer*:

$$w = \frac{\Delta V}{V} = \frac{V-V_A}{V} = 1 - \frac{V_A}{V} \qquad (15)$$

$w = (0,05) ... 0,20 ... 0,30 ... (0,55)$

die die *relative Geschwindigkeitsabnahme* darstellt.

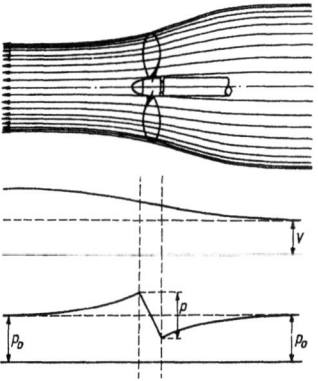

Bild 09.5 Druck- und Geschwindigkeitsverhältnisse am Propeller

---

*) In älteren Werken findet man auch die Bezeichnung *Mitstrom* und *Vorstrom* für diese Erscheinung.

In einem weiteren Modellversuch (*Freifahrtversuch*) ermittelt man die Eigenschaften des Propellers, wobei man ihn allein untersucht, um die Einflüsse des Schiffskörpers auszuschalten. Vereinigt man dann Schiffs- und Propellermodell stellt man fest, daß der mit der Geschwindigkeit V_A angeströmte freifahrende Propeller sich anders verhält, wenn er hinter dem mit der Geschwindigkeit V fahrenden Schiff arbeitet. Der Grund hierfür liegt einmal darin, daß sich durch den Propeller die Umströmung am Schiff ändert, zum anderen darin, daß der Nachstrom über den Propellerdurchmesser ungleichförmig (Bild 09.6) ist, während der freifahrende Propeller in einer gleichmäßigen Strömung arbeitet. Die sich ergebenden Unterschiede erfaßt man dadurch, daß man den im Freifahrtversuch ermittelten *Propellerwirkungsgrad* η_0 noch durch einen Faktor η_R berichtigt, den man als *Gütegrad der Anordnung* bezeichnet, da er meist $> 1{,}0$ ist.

Um das eingangs erwähnte Schiff (ohne Propeller) mit der Geschwindigkeit V zu schleppen, müßte eine an Land befindliche Winde die Schleppleistung

$$P_E = R \cdot V \quad \text{kW} \tag{16}$$

aufbringen. Die vom Propeller abgegebene *Schubleistung* läßt sich dementsprechend durch

$$P_T = T \cdot V_A \quad \frac{\text{kN} \cdot \text{m}}{\text{s}} = \text{kW} \tag{17}$$

ausdrücken. Da der Propeller nicht verlustlos arbeitet, nimmt er beim Freifahrtversuch von der Antriebswelle die um den *Propellerverlust***) größere Wellenleistung auf.

Obwohl nach dem gesetzlich vorgeschriebenen SI-Einheiten System (s. Hauptabschnitt 28) nicht mehr zulässig, wird die Schiffsgeschwindigkeit noch immer oft in Seemeilen pro Stunde $\vec{v}$ angegeben.

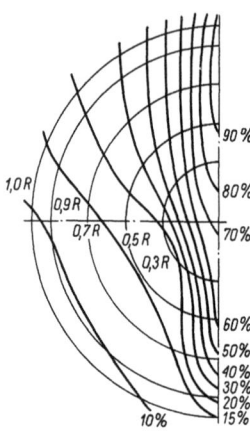

Bild 09.6
Nachstromfeld eines Einwellenschiffes

Bei der Benutzung der hier angegebenen Formeln muß dann umgerechnet werden:

$$V = 1{,}852 \cdot \vec{v} \quad \text{km/h} \tag{18}$$

bzw.

$$V = 0{,}5144 \cdot \vec{v} \quad \text{m/s} \tag{19}$$

Faßt man die von der Schiffsform abhängigen Größen w und t im *Schiffseinflußgrad* $\eta_H = (1-t)/(1-w)$ zusammen, erhält man die Gleichung

$$P_S = R \cdot V \cdot \frac{1}{\eta_H \cdot \eta_R \cdot \eta_0} \quad \text{kW} \tag{20}$$

Der Schiffseinflußgrad wird oft mit dem Gütegrad der Anordnung und dem Propellerwirkungsgrad zum *Gütegrad der Propulsion* (s. S. 364):

$$\eta_D = \eta_H \cdot \eta_R \cdot \eta_0 \tag{21}$$

vereinigt, so daß man die Wellenleistung durch die vereinfachte Gleichung

$$P_S = \frac{R \cdot V}{\eta_D} \quad \text{kW} \tag{22}$$

angeben kann.

09.3.2 Berechnung bzw. Abschätzung der Antriebsleistung

Selten und nur noch für Überschlagsrechnungen bedient man sich in neuerer Zeit der *Admiralitätsformel* zur Berechnung der Wellenleistung:

$$P_S = \frac{\Delta^{2/3} \cdot v^3}{C_{\text{Adm}}} \quad \text{kW} \tag{23}$$

Auch hier gelten die (*dimensionsbehafteten*) Beiwerte C_{Adm} nur für solche Schiffe, bei denen δ, $L/\Delta^{1/3}$ und F_n gleich oder nahezu gleich sind; bei genügender Erfahrung im Umgang mit dieser Formel lassen sich auch mit ihr gute Ergebnisse erzielen.

09.3.3 Beeinflussung von Widerstand und Leistung während des Betriebes durch Fahrwasserbeschränkungen

Bei Fahrt über Gebiete beschränkter Wassertiefe und in Kanälen ergeben sich, verursacht durch den Rückstrom und eine Änderung des Wellenbildes, andere Widerstandsverhältnisse. Reibungs- und Wellen- bzw. Restwiderstand ändern sich sowohl in ihrer absoluten Größe als auch in ihrem Verhältnis zueinander. Sind diese Widerstandsanteile für Fahrt auf unbeschränktem Wasser bekannt, läßt sich die Widerstandsänderung bei beschränkter Fahrwassertiefe errechnen.

Flachwasserwiderstand

Bild 09.7 kann entnommen werden, ob mit einem *Flachwassereinfluß* gerechnet werden muß.

**) Über die Größen, die den Propellerverlust beeinflussen, s. 09.4.3.

Antrieb

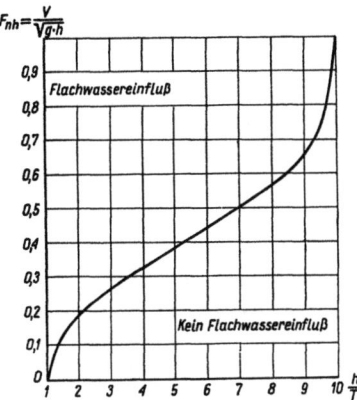

Bild 09.7 Grenzkurve des Flachwassereinflusses

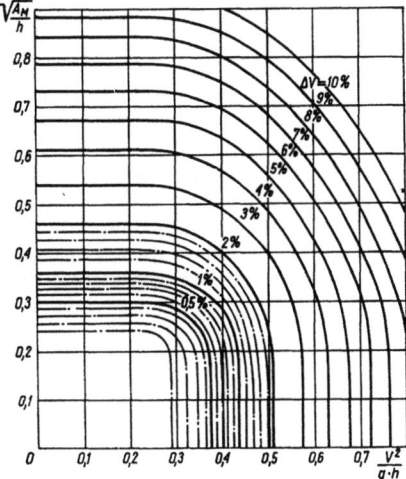

Bild 09.8 Geschwindigkeitsverlust bei beginnendem Flachwassereinfluß

In einem Aufsatz von *Lackenby**) findet sich das Bild 09.8; ihm kann mit genügender Genauigkeit der Geschwindigkeitsverlust bei Fahrt auf flachem Wasser entnommen werden, besonders für den Bereich des *beginnenden* Flachwassereinflusses. Es wird gelegentlich bei der Umrechnung von Probefahrtsergebnissen herangezogen. Außerhalb des von Bild 09.8 überdeckten Bereiches werden noch ergänzende Korrekturen erforderlich.

Widerstand in Kanälen

Nach dem Vorhergesagten ist unschwer einzusehen, daß auch bei der Fahrt in Kanälen der Widerstand im Vergleich zur Fahrt auf unbeschränktem Wasser stark zunimmt. Es muß hier neben der Wassertiefe auch noch das Verhältnis der Schiffsabmessungen (Breite, Tiefgang) zu den Kanalabmessungen (Kanalquerschnitt) als Einflußgröße berücksichtigt werden.

09.3.4 Die verschiedenen Antriebsmaschinen in ihrem Zusammenwirken mit dem Schiff

Trägt man den Zusammenhang zwischen Drehzahl, Drehmoment und Leistung einer Maschine für ihren ganzen Betriebsbereich in einem Diagramm auf, so erhält man die *Charakteristik* dieser Maschine. Beim Schiffsantrieb muß die Charakteristik des Propellers mit der der eigentlichen Antriebsmaschine abgestimmt werden. Beide können nur dann mit bestem Wirkungsgrad arbeiten, wenn sie einen Betriebspunkt gemeinsam haben, der den Bestwerten beider Charakteristiken entspricht.

Bild 09.9.1 zeigt die Auswirkung verschiedener Widerstandsänderungen auf die Leistungsaufnahme und das Leistungs-Drehzahlverhalten eines Propellers: Während der normale Handelsschiffpropeller lediglich für einen Kompromiß zwischen den drei rechts liegenden Kurven ausgelegt werden muß, ist bei den Propellern für Schlepper, Trawler und Eisbrecher ein weitaus größerer Leistungs-Drehzahlbereich zu bedenken.

Für Fracht-, Massengut- und Tankschiffe wird im allgemeinen die Kurve für *mittlere Dienstbedingungen* der Auslegung der Antriebsanlage zugrunde gelegt. Die Kurve für Ballast- und Glattwasser entspricht etwa den Verhältnissen bei der Probefahrt.

Besondere Bedeutung hat die *Pfahlprobe* für Schlepper, Eisbrecher und Fischereifahrzeuge als Garantienachweis des *Trossenzuges* bei $V = 0$ sowie für Großschiffe als *Standprobe* vor der Probefahrt.

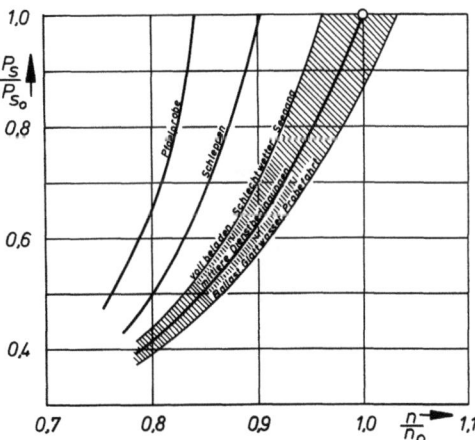

Bild 09.9.1 Leistungsaufnahme des Propellers bei verschiedenen Widerstandsänderungen

---

*) Lackenby, H.: The Effect of Shallow Water on Ship Speed. The Shipbuilder and Marine Engine Builder (70) 1963, S. 446.

Da bei der Pfahlprobe i.a. die Drehzahl begrenzt werden muß, damit die Schubbelastung des Drucklagers und das Drehmoment der Antriebsanlage nicht zu hoch werden, wird in manchen Fällen ein *Nullschubpropeller* aufgesetzt, um eine volle Erprobung der Maschinenanlage an der Werftpier durchführen zu können.

Wird der Propeller infolge einer *Widerstandserhöhung* — Bewuchs, Wind, Seegang, andere Verdrängung — höher belastet, bedeutet dies eine Abweichung vom Bestpunkt und eine Wirkungsgradverschlechterung, deren Größe nicht nur von den Einzelcharakteristiken, sondern auch davon abhängt, wie diese Charakteristiken aufeinander *abgestimmt* sind. Bild 09.9.2 zeigt die Charakteristiken von verschiedenen Antriebsmaschinen. Es ist leicht zu erkennen, daß Dieselmotoren am empfindlichsten auf Änderungen der Propellercharakteristik reagieren, während dies bei Dampfturbinen weniger zutrifft.

Man erkennt auch, daß der Propeller für ein Dampfturbinenschiff möglichst nicht zu *leicht*, der Propeller für ein Motorschiff nicht zu *schwer* drehen sollte: Während die Turbinenanlage bei zu leicht drehendem Propeller erhöhten Fliehkraft- und Schwingungsbeanspruchungen unterliegt, gelangt der Motor bei zu schwer drehendem Propeller in den Bereich zu stark *gedrückter* Drehzahl, s. auch Bild 09.20. Umgekehrte Verhältnisse, d.h. etwas zu schwer drehender Propeller bei einem Turbinenschiff bzw. etwas zu leicht drehender Propeller bei einem Motorschiff, sind vergleichsweise weniger problematisch, sofern nicht die garantierten Geschwindigkeiten bzw. Brennstoffverbrauchswerte unter- bzw. überschritten werden.

Über das Betriebsverhalten der Antriebsmaschinen und die Entstehung ihrer Charakteristik s. auch die Hauptabschnitte 15, 16, 17 u. 18.

Charakteristik der verschiedenen Antriebssysteme bei Umsteuervorgängen, Robinson-Kurve

Das Bild 09.9.3 zeigt das Drehmoment-Drehzahl-Kennfeld eines Schiffs-Propeller-Systems in dimensionsloser Darstellung (prozentuale Darstellung). Im rechten oberen Quadranten ist als Grenzlinie (gestrichelt) der Drehmomentverlauf bei stationärem Vorwärtsbetrieb eingetragen. Im linken unteren Quadranten ist sinngemäß als Begrenzung der Drehmomentverlauf bei stationärer Rückwärtsfahrt eingezeichnet. Bei einem *unendlich langsamen* Umsteuer-Manöver, z.B. mit einem fein regulierbaren Gleichstrom-Motor, würde die Drehmomentaufnahme des Propellers zwischen 100 % Geschwindigkeit *Voraus* und 100 % Geschwindigkeit *Rückwärts* entlang dieses Linienzuges verlaufen.

Die unterhalb dieses Linienzuges angeordnete Kurvenschar zeigt den Verlauf der Drehmomentaufnahme des Propellers bei schnellen Umsteuermanövern. Parameter für die einzelnen Kurven ist die jeweilige Ausgangsgeschwindigkeit, aus der das Um-

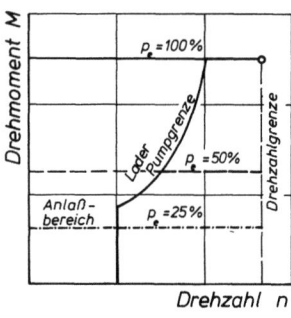
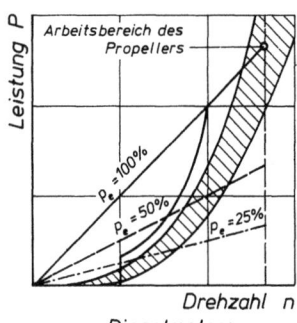
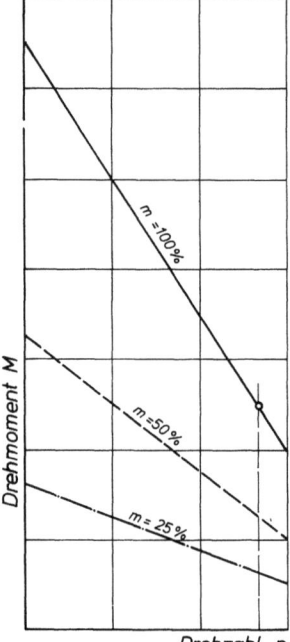
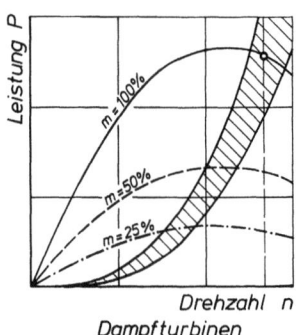

Bild 09.9.2 Kennlinien verschiedener Antriebsmaschinen

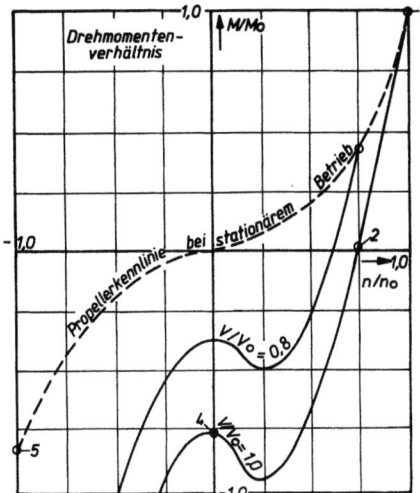

Bild 09.9.3 Drehmoment-Drehzahl-Kennfeld eines Schiffs-Propeller-Systems in dimensionsloser Darstellung

steuer-Manöver eingeleitet wird. Voraussetzung für das Fahren dieser *dynamischen* Propellerdrehmoment-Kurven ist allerdings, daß die Antriebsmaschine in jedem Zeitpunkt ein Drehmoment abgeben kann, das mindestens gleich oder größer ist als das, welches der Propeller aufnimmt. Dies ist nicht bei allen Antriebsmaschinen der Fall.

Wird das Umsteuer-Manöver aus voller Geschwindigkeit ($V/V_0 = 1{,}0$) eingeleitet, fällt das Drehmoment sofort ab. Es erreicht den Wert 0 bei Punkt 2 und nimmt dann *negative* Beträge an, obwohl der Propeller noch Voraus dreht (n positiv). Vom Punkt 2 an arbeitet der Propeller gleichsam als *Wasserturbine*, die durch das Wasser, das immer noch von vorn in den Propeller eintritt, angetrieben wird.

Bei Punkt 4 kommt der Propeller zum Stillstand (Drehzahl $n = 0$). Anschließend beginnt der Propeller rückwärts zu drehen (n negativ); dabei steigt das Drehmoment weiter an. Sobald der Rückwärts-Beschleunigungsvorgang abgeschlossen ist, läuft die Anlage mit stationärem Rückwärtsdrehmoment in Punkt 5.

Bild 09.9.4 zeigt in gleicher Darstellungsart die Drehmomentkennlinien einer Dampfturbinenanlage in allen 4 Quadranten. Die Kurve 1 stellt den Drehmomentverlauf der Vorwärtsturbine, Kurve 2 den Drehmomentverlauf der Rückwärtsturbine dar. Wie bei allen Turbomaschinen wächst die Drehmomentaufnahme stark an, wenn die Turbinen bei weiterem Anstehen der vollen Beaufschlagung ($m_D = 100\,\%$) in die entgegengesetzte Drehrichtung angetrieben werden (s. Kurve 3).

Das gilt sinngemäß sowohl für die Vorwärtsturbine als auch für die Rückwärtsturbine. Als 4. Kurvenzug ist in diesem Diagramm noch der Verlauf des Rei-

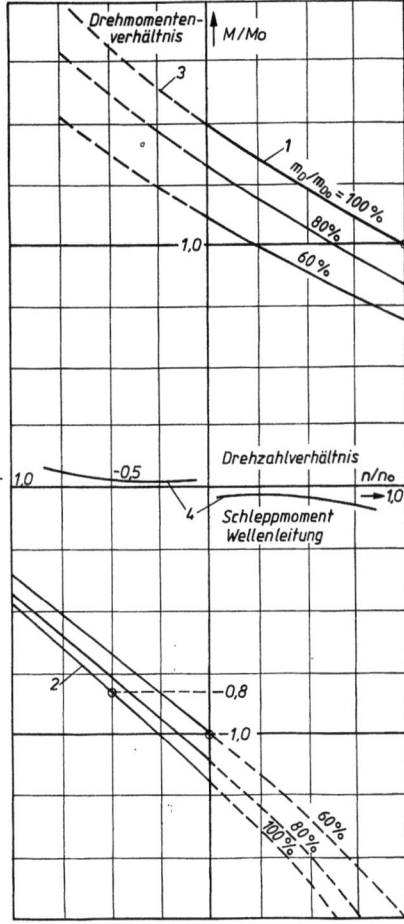

Bild 09.9.4 Drehmomentkennlinien einer Dampfturbinenanlage

bungsmomentes der leerdrehenden Turbinenanlage einschließlich Getriebe und Wellenleitung eingetragen.

Bild 09.9.5 zeigt die entsprechenden Kennlinien eines Dieselmotors: Hier sind im 1. Quadranten die schon aus Bild 09.9.2 bekannten Kennfeldlinien des Dieselmotors eingetragen. Der 2. Quadrant enthält den Verlauf des Reibungsmomentes für Dieselmotor und Wellenleitung; im 3. Quadranten findet sich ferner das Rückwärts-Anlaßluft-Drehmoment sowie das Kennfeld für Rückwärtsbetrieb, das bei symmetrischer Steuerung dem für Vorwärtsbetrieb spiegelbildlich entspricht.

In den Bildern 09.9.6 und 09.9.7 sind die jeweiligen Kennlinien einer Turbinen- bzw. einer Motorenanlage den *Robinson-Kurven* des Schiff-Propeller-Systems überlagert worden. Hieraus wird ersichtlich, wie groß der jeweilige Drehmoment-Überschuß der einzelnen Antriebsanlagen bei Umsteuer-Manövern

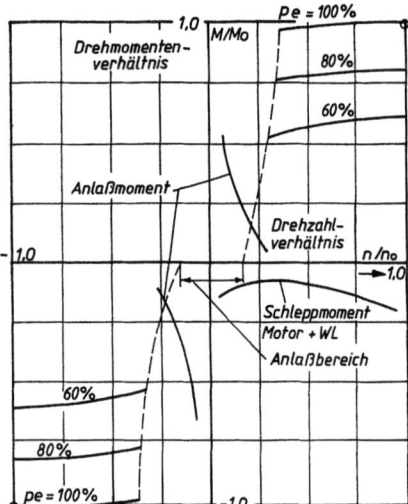

Bild 09.9.5 Drehmomentkennlinien einer Dieselmotorenanlage

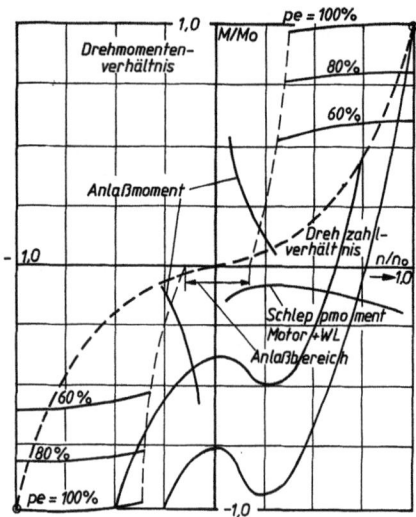

Bild 09.9.7 *Kennfeld* einer Motorenanlage

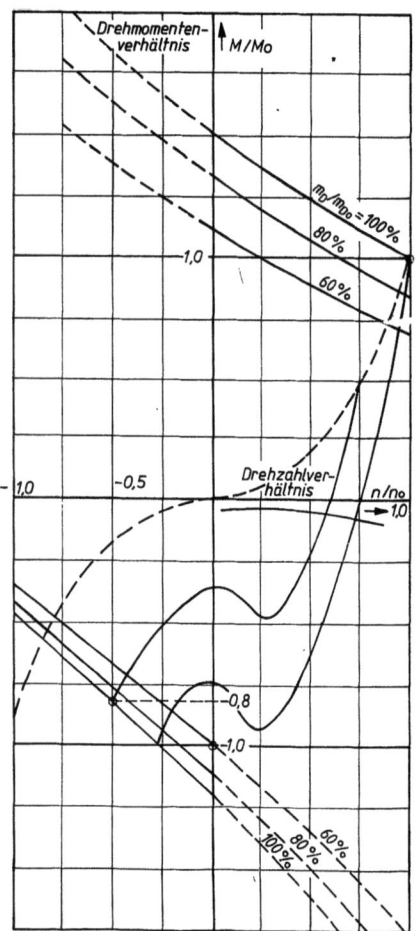

Bild 09.9.6
Kennfeld einer Turbinenanlage

ist: Während bei der Turbinenanlage ein außerordentlich hoher Drehmomenten-Überschuß vorhanden ist, der teilweise so groß werden kann, daß zur Vermeidung von Überlastungen der Anlage eine Dampfmengenregelung vorgesehen werden muß, ist beim Dieselmotor in weiten Bereichen überhaupt kein Drehmoment-Überschuß vorhanden. Aus dem überlagerten Kennfeld wird auch ersichtlich, daß aus diesem Grunde der Dieselmotor erst dann rückwärts angelassen werden darf, wenn die Propellerdrehzahl auf fast 30 % des Nennwertes gesunken ist.

Bei den hier wiedergegebenen 4-Quadranten-Kennfelddiagrammen ist der *zeitliche* Ablauf des Umsteuervorganges nicht erkennbar. Er ist, wie sich aus dem Vorhergesagten ergibt, für Dampfturbinen- und Dieselmotorenanlagen sehr unterschiedlich. Die nachfolgenden Bilder 09.9.8 und 09.9.9 zeigen den Verlauf des gemessenen Drehmoments und der zugehörigen Drehzahl über der Zeit; sie sind aus *Crash-Stop-Umsteuermanövern* während der Probefahrt entstanden.

Zusammenfassend kann gesagt werden, daß bei Dieselmotorenanlagen das Einhalten der Umsteuer-Drehzahl stets beachtet werden sollte; bei Dampfturbinen-Anlagen sollte, insbesondere dann, wenn keine automatische Drehmomentbegrenzung vorgesehen ist, nicht zu schnell umgesteuert werden.

Antrieb 363

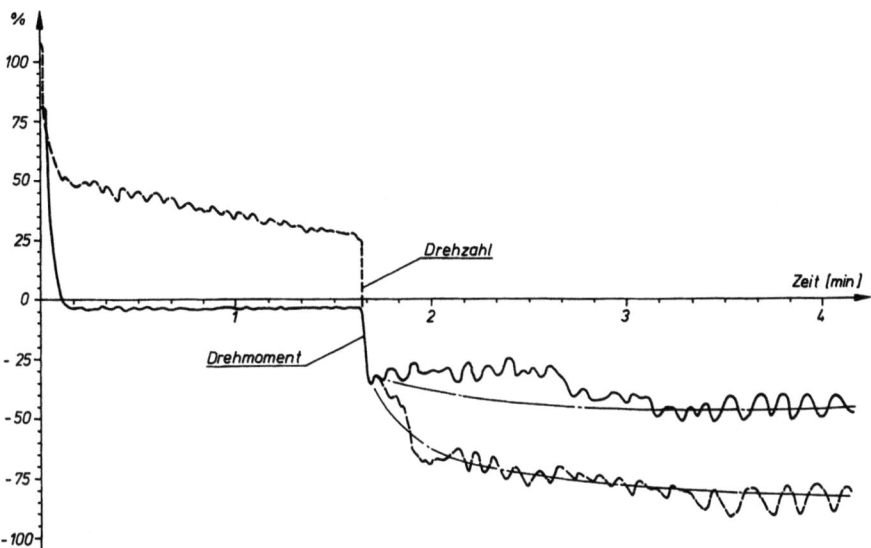

Bild 09.9.8 Verlauf von Drehmoment und Drehzahl in Abhängigkeit von der Zeit bei dem Gefahren-Stopp-Manöver eines 16 000 tdw Stückgutfrachters aus 16.5 kn Geschwindigkeit.
Hauptmaschine: langsamlaufender Zweitaktmotor
P = 7,0 MW,
n = 2,1 s^{-1}

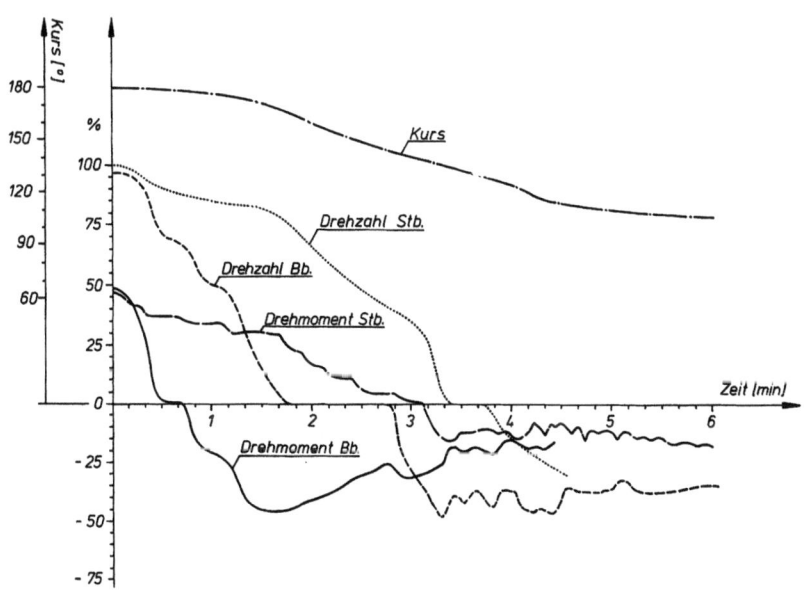

Bild 09.9.9 Verlauf von Drehmoment und Drehzahl in Abhängigkeit von der Zeit bei dem Gefahren-Stopp-Manöver eines Zweischrauben-Container-Schiffes aus 32,5 kn Geschwindigkeit.
Hauptmaschine: Dampfturbinenanlage,
P = 2 × 44,0 MW
n = 2,25 s^{-1}.

Der Unterschied im Verhalten der Bb.- und Stb.-Anlage hat u.a. Auswirkungen auf den Kurs des Schiffes, der deshalb hier mit aufgezeichnet wurde.

09.3.5 Zusammenhang zwischen Drehzahl und Geschwindigkeit

Um eine Beziehung zwischen der Drehzahl der Propellerwelle und der Schiffsgeschwindigkeit herzustellen, wird im Bordbetrieb als weitere Kenngröße zur Bewertung des Antriebs der *Propellerslip* herangezogen. Man geht dabei von der Vorstellung aus, daß sich der Propeller im Wasser wie eine Schraube im Gewinde fortbewegt und kann so die *theoretische Fortschrittsgeschwindigkeit* dadurch angeben, daß man die Drehzahl mit der Propellersteigung malnimmt:

$$V_{th} = n \cdot P \quad \text{m/s} \tag{24}$$

Das Wasser fließt dem Propeller jedoch nur mit der geringeren Geschwindigkeit V_A zu. Man bezieht die sich ergebende Geschwindigkeitdifferenz auf die theoretische Fortschrittsgeschwindigkeit und erhält den *Nominellen Slip*:

$$s_R = \frac{V_{th} - V_A}{V_{th}} = \frac{n \cdot P - V_A}{n \cdot P} = 1 - \frac{V_A}{n \cdot P} \tag{25}$$

der angibt, um wieviel Prozent der theoretischen Geschwindigkeit der Propeller relativ zum Wasser fortschreitet. Setzt man die theoretische Fortschrittsgeschwindigkeit in Bezug zur *Schiffsgeschwindigkeit*, errechnet man den *Scheinbaren Slip*:

$$s_A = \frac{V_{th} - V}{V_{th}} = \frac{n \cdot P - V}{n \cdot P} = 1 - \frac{V}{n \cdot P} \tag{26}$$

Der Nominelle und der Scheinbare Slip sind durch den *Nachstrom* miteinander verknüpft. Wie Bild 09.10 zeigt, gilt die Beziehung:

$$s_A = 1 - \frac{1 - s_R}{1 - w} \tag{27}$$

die sich für verschiedene Werte w in dem *Propeller-Slip-Diagramm* (Bild 09.11) darstellen läßt. Mit einer geschätzten Nachstromziffer kann aus diesem

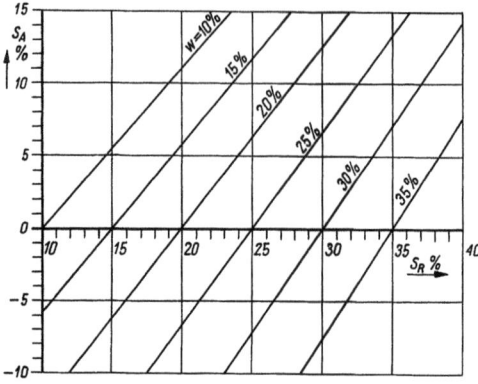

Bild 09.11 Propellerslip-Diagramm

Diagramm der Nominelle Slip bestimmt werden, wenn der Scheinbare Slip bekannt ist.

Achterlicher Seegang, Schiebewind und Strömung kann dazu führen, daß die zurückgelegte Distanz größer als das Produkt aus Theoretischer Fortschrittsgeschwindigkeit und Fahrtzeit ist, so daß *negative* Slipwerte errechnet werden.

09.3.6 Überschlägliche Fahrtbereichs- und Brennstoffverbrauchsberechnungen

Leistungsberechnung

Da der Scheinbare Slip nur in geringem Maße Geschwindigkeitsabhängig ist, kann man den Zusammenhang zwischen Schiffsgeschwindigkeit und Drehzahl gut zu überschläglichen Leistungsberechnungen nutzen: Die Wellenleistung hängt nach Gl. (22) außer vom Gütegrad der Propulsion vom Widerstand und von der Geschwindigkeit ab. Für überschlägliche Rechnungen kann man folgende Vereinfachung treffen:

$$R \sim v^\kappa \quad \text{N} \tag{28}$$

Dann ist, da

$$P_S = \frac{R \cdot V}{\eta_D} \quad \text{kW} \tag{22.1}$$

gilt:

$$P_S \sim v^{\kappa+1} \quad \text{kW} \tag{29}$$

Der Exponent κ richtet sich nach dem Verhältnis der Widerstandsanteile (s. Tafel 09.1); in Abhängigkeit von der Froude-Zahl kann man annehmen:

$F_n =$	0,10	0,15	0,20	0,25	0,30
$\kappa \approx$	2,0	2,2	3,0	3,1	3,2

Da für langsame Schiffe $\kappa \approx 2,0$ und dann gemäß (29)

$$P_S \sim v^3$$

gilt, spricht man vom *Dritten Potenzgesetz* der Geschwindigkeit. Bild 09.12 zeigt den Verlauf von

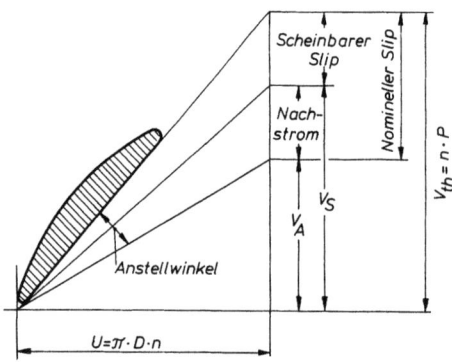

Bild 09.10 Geschwindigkeiten am Propeller

Antrieb

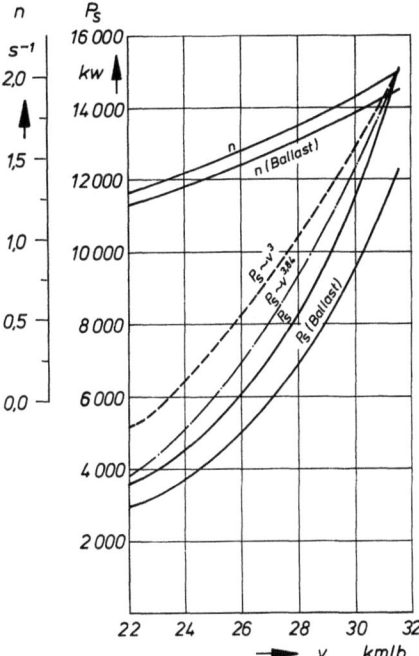

Bild 09.12 Leistung, Drehzahl und Geschwindigkeit eines Massengutfrachters von 36 000 tdw bei verschiedenen Tiefgängen

Leistung und Drehzahl für ein Massengutfrachtschiff von 36 000 tdw, in Abhängigkeit von der Geschwindigkeit aufgetragen, bei Ballastfahrt und bei Fahrt im vollbeladenen Zustand.
Die gestrichelten Kurven zeigen den Leistungsverlauf, der sich nach dem Dritten Potenzgesetz ergibt, wenn man 31,5 km/h als Ausgangswert zugrunde legt.

Berechnung des Brennstoffverbrauchs und der Fahrtstrecke

Als *spezifischer Brennstoffverbrauch b* sei hier (anders als in den Hauptabschnitten 15 und 17) das Verhältnis des stündlichen *Gesamtbrennstoffverbrauches der Haupt- und Hilfsmaschinen* (soweit letztere zum normalen Maschinen- und Schiffsbetrieb erforderlich) zur gefahrenen Wellenleistung bezeichnet. Er ist abhängig von der Art der Antriebsmaschine und der Hilfsmaschinen. I.a. werden die Antriebsanlagen so ausgelegt, daß bei Normalgeschwindigkeit bzw. Normalleistung der niedrigste spez. Brennstoffverbrauch erzielt wird; bei Teil- oder Überlastleistungen nimmt er i.a. zu. Bild 09.13 zeigt den Zusammenhang zwischen Leistung und spez. Brennstoffverbrauch bei Motoren- und Turbinenanlagen: Während er bei Motorenanlagen über weite Bereiche nur geringfügig leistungsabhängig

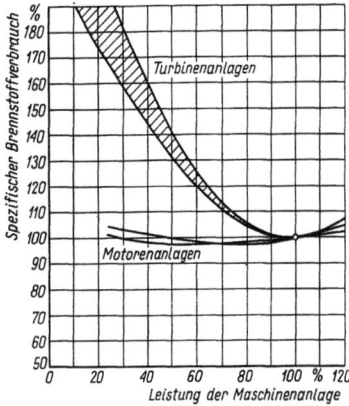

Bild 09.13 Zusammenhang zwischen dem spez. Brennstoffverbrauch und der Belastung der Antriebsanlage bei verschiedenen Antriebsmaschinen

ist, ist die Abhängigkeit bei Turbinenanlagen außerordentlich ausgeprägt; es wird sofort ersichtlich, weshalb gerade bei der Turbinenanlage einer möglichst genauen Abstimmung der Charakteristiken von Maschinenanlage und Propeller besondere Wichtigkeit zugemessen werden muß. Über die Ursachen der Leistungsabhängigkeit des spez. Brennstoffverbrauchs s. Hauptabschnitte 15, 16, 17 und 18.
Mit Hilfe der jeweils einander zugeordneten Werte des spez. Brennstoffverbrauchs, der Wellenleistung und der Geschwindigkeit ergeben sich folgende Zusammenhänge für das Schiff:
Stündlicher Brennstoffverbrauch:

$$B_h = b \cdot P_S \quad \text{kg/h} \tag{30}$$

maximale Fahrtzeit:

$$t = \frac{B}{B_h} \quad \text{h} \tag{31}$$

Fahrbereich (Distanz):

$$d = t \cdot V \quad \text{km} \tag{32}$$

In den Bildern 09.14 und 09.15 sind diese Zusammenhänge jeweils für ein Turbinenschiff und ein Motorschiff in Kurvenform zusammengestellt.

Rechenbeispiele

Beispiel 09.1: Bei 90 % Füllung und $n_{90}^* = 1,833 \text{ s}^{-1}$ gibt ein langsamlaufender Zweitakt-Schiffsdieselmotor die Leistung $P_{90}^* = 6200$ kW ab; die hiermit erzielte Geschwindigkeit beträgt $v_{90}^* = 27,8$ km/h. Wie schnell kann das Schiff fahren, wenn die Füllung auf 100 % gesteigert wird? Welche Drehzahl ergibt sich, und welche Leistung nimmt der Propeller auf, wenn die Nenndrehzahl des Motors $n_0 = 2,000 \text{ s}^{-1}$ beträgt und der Widerstand des Schiffes quadratisch mit der Geschwindigkeit zunimmt?
Das vom Motor abgegebene Drehmoment ist bei unveränderter Füllung nahezu konstant:

$$M = \frac{P}{\omega} \quad \text{kN} \cdot \text{m}$$

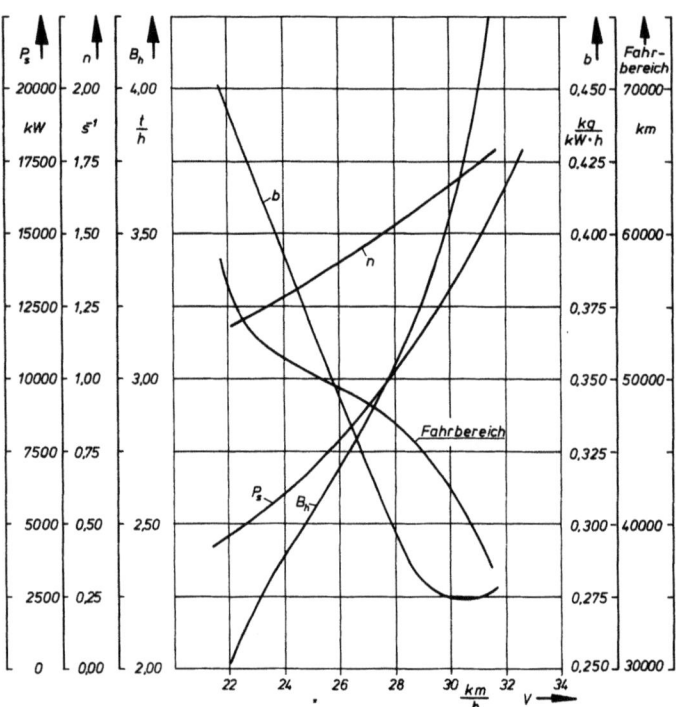

Bild 09.14 Zusammenhang zwischen Leistung, Drehzahl, Fahrbereich, Fahrtzeit, spez. und stündlichem Brennstoffverbrauch für ein Turbinentankschiff

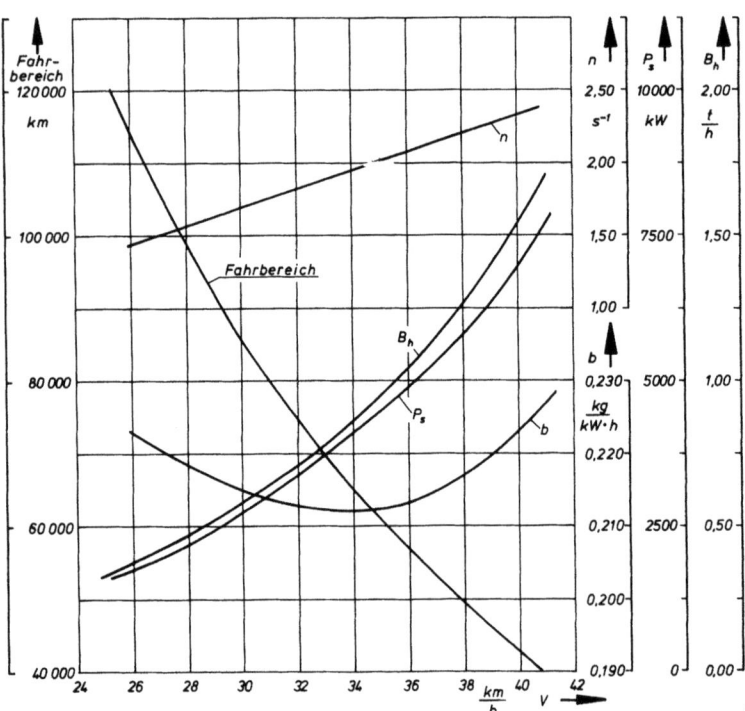

Bild 09.15 Zusammenhang zwischen Leistung, Drehzahl, Fahrbereich, Fahrtzeit, spez. und stündlichem Brennstoffverbrauch für ein Motorschiff

Antrieb

daher lassen sich folgende Beziehungen angeben (Bild 09.16):

1. Für die Leistung bei 90 % Füllung und *Nenndrehzahl*:

$$P_{90} = \frac{n_0}{n_{90}^*} \cdot P_{90}^* = \frac{2,000}{1,833} \cdot 6200 = \underline{6765 \text{ kW}}$$

2. Für die Leistung bei 100 % Füllung und Nenndrehzahl:

$$P_{90} = 0,9 \cdot P_{100} \rightarrow P_{100} = \underline{7517 \text{ kW}}$$

3. Die Drehmomente bei den beiden Füllungen sind:

$$M_{90} = \frac{\cdot P_{90}}{\omega_0} = \frac{\cdot P_{90}^*}{\omega_0} = M_{90}^* \text{ bzw. } = M_{90}^* \text{ bzw.}$$

$$M_{100} = \frac{\cdot P_{100}}{\omega_{90}} = \frac{\cdot P_{100}^*}{\omega_{100}} = M_{100}^* \quad = M_{100}^*$$

Wenn der Widerstand quadratisch mit der Geschwindigkeit zunimmt gilt das Dritte Potenzgesetz, und man kann schreiben:

$$\frac{P_{100}^*}{P_{90}^*} = \left(\frac{v_{100}^*}{v_{90}^*}\right)^3, \text{ da } \omega = 2\pi n$$

Da die Drehzahl der Geschwindigkeit proportional ist, folgt für das Verhältnis der in beiden Fällen *vom Propeller aufgenommenen Drehmomente*:

$$\frac{M_{100}^*}{M_{90}^*} = \left(\frac{v_{100}^*}{v_{90}^*}\right)^2 = \left(\frac{n_{100}^*}{n_{90}^*}\right)^2$$

und es ergibt sich für die Aufgabe

$$v_{100}^* = v_{90}^* \cdot \sqrt{\frac{M_{100}}{M_{90}}} = v_{90}^* \sqrt{\frac{2\pi \cdot P_{100} \cdot n_0}{n_0 \cdot 2\pi \cdot P_{90}}}$$

$$v_{100}^* = v_{90}^* \sqrt{\frac{P_{100}}{P_{90}}} = 27,8 \cdot \sqrt{1,111} \text{ km/h}$$

$$v_{100}^* = 29,3 \text{ km/h}$$

Da die Drehzahl der Geschwindigkeit proportional ist, gilt für sie:

$$n_{100}^* = n_{90}^* \sqrt{\frac{P_{100}}{P_{90}}} = 1,833 \cdot \sqrt{1,111} \text{ s}^{-1}$$

$$n_{100}^* = \underline{1,932 \text{ s}^{-1}}$$

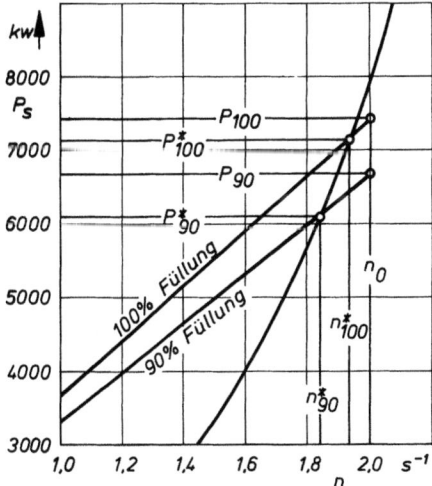

Bild 09.16 Leistung-Drehzahl-Geschwindigkeit bei verschiedenen Betriebszuständen

Die vom Propeller aufgenommene Leistung wird damit

$$\frac{P_{100}^*}{P_{100}} = \frac{n_{100}^*}{n_0}$$

$$P_{100}^* = \frac{n_{100}^*}{n_0} \cdot P_{100} = \frac{1,932}{2,000} \cdot 7517 \text{ kW}$$

$$P_{100}^* = \underline{7262 \text{ kW}}$$

Beispiel 09.2: Für die Fahrtstrecke $d_1 = 1500$ km verbraucht ein Turbinenschiff $B_1 = 215$ t Heizöl, bei einer mittleren Geschwindigkeit von $v_1 = 31,5$ km/h. Wieviel Brennstoff wird verbraucht, wenn mit $v_2 = 27,5$ km/h eine Distanz von $d_2 = 1200$ km zurückgelegt werden soll?

1. Fahrtzeit:

$$t_1 = \frac{d_1}{v_1} = \frac{1500}{31,5} \text{ h} = 47,6 \text{ h}$$

$$t_2 = \frac{1200}{27,5} \text{ h} = 43,6 \text{ h}$$

2. Brennstoffmenge:

$$B_1 = b_1 \cdot P_1 \cdot t_1$$

und entsprechend

$$B_2 = b_2 \cdot P_2 \cdot t_2$$

3. Es wird angenommen, daß der Widerstand sich mit der 2,5ten Potenz der Geschwindigkeit ändert, also gilt:

$$\frac{P_1}{P_2} = \left(\frac{v_1}{v_2}\right)^{3,5} = \left(\frac{31,5}{27,5}\right)^{3,5} = 1,145^{3,5}$$

$$P_2 \approx 0,623 \, P_1$$

4. Es wird nach Bild 09.13 geschätzt, daß der spez. Brennstoffverbrauch bei dieser Teillastfahrt etwa 20 % größer als bei Betrieb im Auslegungspunkt sein wird:

$$b_2 = 1,2 \cdot b_1$$

Unter Berücksichtigung von 3. und 4. lassen sich B_1 und B_2 ins Verhältnis setzen; aus

$$\frac{B_1}{B_2} = \frac{b_1 \cdot P_1 \cdot t_1}{b_2 \cdot P_2 \cdot t_2}$$

wird

$$\frac{B_1}{B_2} = \frac{b_1 \cdot P_1 \cdot t_1}{1,2 b_1 \cdot 0,623 \, P_1 \cdot t_2}$$

$$B_2 = 1,2 \cdot 0,623 \cdot \frac{43,6}{47,6} \cdot 215 \text{ t}$$

$$\underline{B_2 = 147 \text{ t}}$$

Beispiel 09.3: Ein Motorschiff verbraucht bei $v_1 = 38$ km/h täglich $B_{d1} = 32$ t/d Brennstoff. Mit welcher Geschwindigkeit muß gefahren werden, wenn mit $B_2 = 83$ t Brennstoff noch ein Hafen erreicht werden soll, der $d = 2800$ km entfernt ist?
Bei voller Maschinenleistung P_1 und $v_1 = 38$ km/h legt das Schiff pro Tag $E_1 = 24 \cdot v_1 = 24 \cdot 38$ km/d = 912 km/d zurück; es würde also für die Distanz

$$t_1 = \frac{d}{v_1} \frac{2800}{38} \text{ h} = 73,7 \text{ h}$$

benötigen und dabei

$$B_1 = \frac{d}{24 \cdot v_1} \cdot B_{d1} = \frac{d}{E_1} \cdot B_{d1} = \frac{2800}{912} \cdot 32 \text{ t}$$

$$\underline{B_1 = 98 \text{ t}}$$

Brennstoff verbrauchen. Diese Brennstoffmenge hängt mit der Maschinenleistung wie folgt zusammen:

$B_1 = b_1 \cdot P_1 \cdot t_1$

Für die Verhältnisse bei reduzierter Leistung gilt dementsprechend

$B_2 = b_2 \cdot P_2 \cdot t_2$

t_1 bzw. t_2 ergeben sich, siehe oben, aus den Geschwindigkeiten und der zurückgelegten Distanz.

Man bildet das Verhältnis

$$\frac{B_1}{B_2} = \frac{b_1 \cdot P_1 \cdot t_1}{b_2 \cdot P_2 \cdot t_2}$$

und da

$t \sim \dfrac{1}{v}$

wird

$$\frac{B_1}{B_2} = \frac{b_1 \cdot P_1 \cdot v_2}{b_2 \cdot P_2 \cdot v_1}$$

Die Froude-Zahl des Schiffes betrage $F_n \approx 0{,}3$; für das Leistungsverhältnis gilt dann etwa

$$\frac{P_1}{P_2} = \left(\frac{v_1}{v_2}\right)^{4,2}$$

Setzt man dies in den vorhergehenden Ausdruck ein, wird

$$\frac{B_1}{B_2} = \frac{b_1}{b_2}\left(\frac{v_1}{v_2}\right)^{3,2}$$

Für Motorenanlagen wird der spez. Brennstoffverbrauch bei Teillastfahrt nur geringfügig größer, so daß meist $b_1 = b_2$ gesetzt werden kann; hier sei jedoch angenommen, daß er um ca. 5 % größer wird;

somit folgt

$$v_2 = v_1 \cdot \left(\frac{B_2 \cdot 1}{B_1 \cdot 1{,}05}\right)^{\frac{1}{3,2}}$$

$v_2 = 38 \left(\dfrac{83 \cdot 1}{98 \cdot 1{,}05}\right)^{0,31}$ km/h $= 38 \cdot 0{,}8066^{0,31}$ km/h

$v_2 = 38 \cdot 0{,}9355$ km/h

$\underline{v_2 = 35{,}6 \text{ km/h}}$

09.4 Propeller

Die Mehrzahl aller seegehenden Fahrzeuge wird heute als Einwellenschiff gebaut; für sehr große Schiffe, bei beschränktem Tiefgang, sehr hohen Maschinenleistungen oder besonderen Anforderungen an die Manövriereigenschaften werden gelegentlich 2 ... 4 Propellerwellen angeordnet (Fahrgastschiffe, Binnenschiffe, Containerschiffe, Kriegsschiffe, Eisbrecher und Fähren).

09.4.1 Geometrie des Propellers

Bezeichnungen am Propeller (Bild 09.17)

Die *Steigung* eines Propellers ist die Strecke, die er bei einer Umdrehung zurücklegen würde, wenn das Wasser sich wie eine feste Masse verhalten würde; sie wird stets auf der Druckseite des Propellers gemessen. Das hat den Vorteil, daß Flügelform und -dicke nicht berücksichtigt werden müssen, so daß sich die Steigung ohne großen Rechnungsaufwand

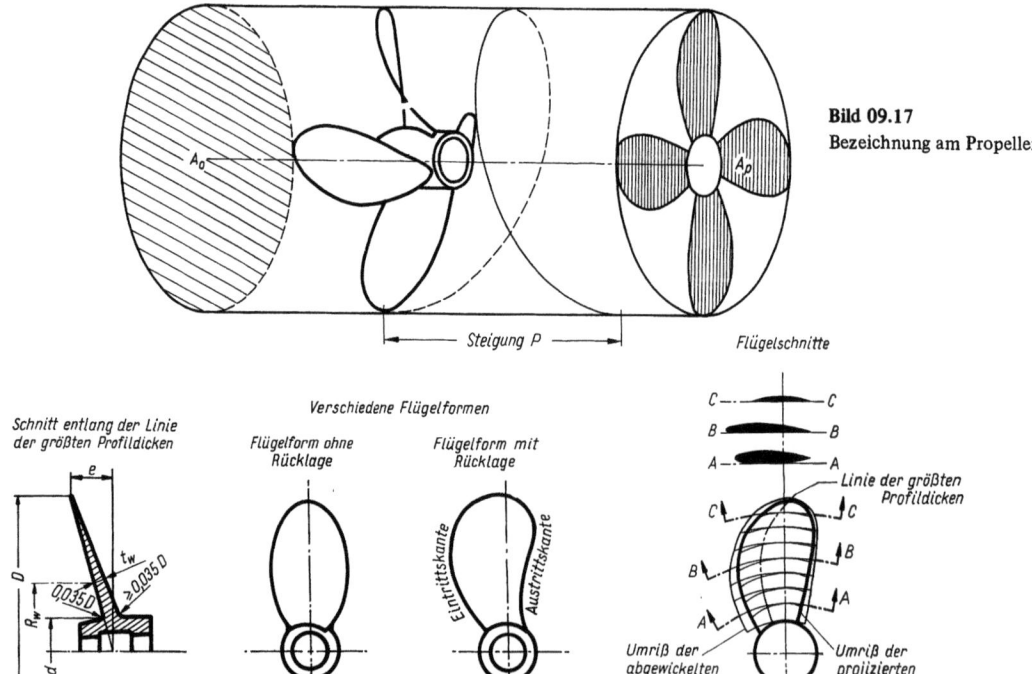

Bild 09.17 Bezeichnung am Propeller

prüfen läßt. Man bezeichnet die Druckseitensteigung auch als *nominelle* Steigung, im Gegensatz zur *virtuellen* Steigung, die das Mittel der Steigung von Saug- und Druckseite angibt, das für bestimmte Rechnungen gelegentlich benötigt wird.

Ist die Steigung an der Nabe größer als an den Flügelspitzen, spricht man von *radial veränderlicher* Steigung, *tangential veränderliche* Steigung bedeutet, daß die Eintrittskante und Austrittskante eines Flügelschnittes unterschiedlich geneigt sind (Bild 09.18), wobei dann meistens die Steigung der Austrittskante größer als die der Eintrittskante ist. Bei Propellern mit radial- bzw. tangential veränderlicher Steigung kann man eine *mittlere Steigung* errechnen; oft wird auch nur die Steigung auf dem Radius $0{,}7\,R$ angegeben. Das kann bei der Berechnung des Slip dazu führen, daß der Wert für $V_{th} = n \cdot P$ kleiner wird, so daß *negative* Slipwerte errechnet werden.

Moderne Propeller besitzen eine *schraubenähnliche* Druckseite. Die Übereinstimmung mit der Zeichnung wird durch Vergleich der Zylinderschnittkoordinaten der Meßpunkte auf der Flügeldruckseite mit den Sollwerten, die aus der Konstruktionszeichnung berechnet werden, ermittelt. Die „örtliche Steigung" zwischen zwei benachbarten Meßpunkten auf demselben Radius ist ein indirekter Wert, der aus den Koordinaten dieser Punkte berechnet wird. Die örtliche Steigung besitzt an allen Stellen der Flügelfläche eines solchen Propellers einen verschiedenen Wert.

Als *Steigung* eines Flügelschnittes auf dem Radius r (Zylinderschnitt) bezeichnet man die *Steigung der Sehne* an eine *konkave* Druckseite oder der *Tangente* an eine *konvexe* Druckseite dieses in die Ebene abgewickelten Flügelschnittes. Dieser Steigungswert stimmt mit dem arithmetischen Mittel der örtlichen Steigungswerte überein, wenn die Endpunkte der Meßpunktreihe auf der Sehne oder in gleichem Abstand von der Tangente liegen. Die Steigung der Profilmittellinie (*Skelettlinie*) des Flügelschnittes, die durch die Verbindungsgerade zwischen Eintritts- und Austrittspunkt der Mittellinie dargestellt wird, weicht im allgemeinen etwas von der vorstehend definierten *Druckseitensteigung* ab. Profile verschiedener Gestalt (Krümmung und Krümmungsverteilung, Dickenverteilung) haben verschiedene Eigenschaften (Auftrieb, Widerstand) bei gleicher Lage zur Strömung, d.h. gleicher Steigung. Daher repräsentiert die Druckseitensteigung auch nur angenähert die Profileigenschaften.

Die mittlere Steigung eines *Flügels* wird aus den Steigungswerten der einzelnen Flügelschnitte nach einer Näherungsformel berechnet. Zwischen den einzelnen Flügelschnitten eines Flügels besteht eine Wechselwirkung, die in ihrer Gesamtheit die *Eigenschaften des Flügels* bestimmt. Dabei spielt die radiale Verteilung der Profilformen und der Steigung eine wesentliche Rolle. Die mittlere Steigung des Flügels beschreibt daher auch nur angenähert die hydrodynamischen Eigenschaften des Flügels.

Für die mittlere Steigung des *Propellers* bildet man als Näherungswert das arithmetische Mittel aus den individuellen mittleren Flügelsteigungen.

Auswirkung einer Abweichung der Steigung vom Sollwert

Abweichungen von Punkt zu Punkt beeinflussen örtlich Kavitationserscheinungen, örtliche Wirbelablösungen und dadurch indirekt Art und Stärke von Geräuschen.

Abweichungen von Radius zu Radius beeinflussen die radiale Schubverteilung, Kavitationserscheinungen in großräumigeren Bereichen, Rand- und Spitzenwirbelablösungen und das Eigenschwingungsverhalten des Flügels in allen Frequenzbereichen im Zusammenwirken mit der Erregung durch eine veränderte hydrodynamische Druckverteilung auf dem Flügel.

Abweichungen von Flügel zu Flügel bedingen eine unsymmetrische Lastverteilung des Propellers, die freie Kräfte und freie Momente zur Folge hat. Außerdem können Auswirkungen, wie sie unter dem vorhergehenden Punkt beschrieben sind, eintreten.

Abweichung der Ist-Steigung des Propellers vom Sollwert beeinflußt die Drehzahl-Leistungs-Relation und dadurch die Anpassung des Propellers an die Betriebsdaten der Antriebsmaschine.

Zulässige Toleranzen s. Tafel 09.2.

Die *Schraubendiskfläche* oder *Propellerkreisfläche* ist die Fläche, die von den Propellerflügeln überstrichen wird; ihren Durchmesser D nennt man den *Propellerdurchmesser*. Die *Projizierte Flügelfläche* ist die auf eine senkrecht zur Propellerachse stehende Ebene projizierte Fläche aller Flügel (ohne Nabe), praktisch also der *Schatten* der Flügel. Unter der *Abgewickelten Flügelfläche* versteht man die Summe der Fläche aller Flügeldruckseiten außerhalb der Nabe, abgewickelt in einer Ebene, die auch senkrecht zur Propellerachse steht (s. Bild 09.17).

Oft sind die Propellerflügel nach rückwärts geneigt, um den Abstand zwischen Flügelspitzen und Außenhaut, den *Freischlag*, zu vergrößern; diese als *Propellerhang* bezeichnete Neigung beträgt bei Einwellenschiffen 6...10° und bei Zweiwellenschiffen 8...12°. Bei einer stärker gekrümmten Eintrittskante (von der Propellernabe bis zur Flügelspitze) spricht man von *Flügelrücklage*. Man erreicht da-

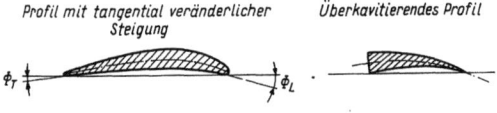

Bild 09.18 Verschiedene Flügelblattprofile

Tafel 09.2 Schiffschrauben-Toleranzen ISO/R 484 (Mai 1966)

Klasse		S		I		II		III	
Material		Bronze		Bronze		Bronze		GG 26	
Durchmesser		± 0,25 %	> 2 mm	± 0,5 %	> 3 mm	± 0,5 %	> 3 mm	± 0,5 %	> 5 mm
Steigung*) bezogen auf die entsprechende Konstruktions-Steigung — von Punkt zu Punkt — Nabe ... 0,4 R		± 2,25 %	> 22 mm	± 3 %	> 30 mm	± 4,5 %	> 45 mm		
über 0,4 R ... Spitze		± 1,5 %	> 15 mm	± 2 %	> 20 mm	± 3 %	> 30 mm		
pro Radius — Nabe ... 0,4 R		± 1,5 %	> 20 mm	± 2,25 %	> 22 mm	± 3 %	> 30 mm	± 7,5 %	> 75 mm
über 0,4 R ... Spitze		± 1 %	> 10 mm	± 1,5 %	> 15 mm	± 2 %	> 20 mm	± 5 %	> 50 mm
pro Flügel		± 0,75 %	> 7,5 mm	± 1 %	> 10 mm	± 1,5 %	> 15 mm	± 4 %	> 40 mm
über den ganzen Propeller		± 0,625 %	> 6 mm	± 0,75 %	> 7,5 mm	± 1 %	> 10 mm	± 3 %	> 30 mm
Wandstärke*) bezogen auf Maximalwert des Schnittes		+ 2 %	> 2 mm	+ 3 %	> 2,5 mm	+ 4 %	> 3 mm	+ 8 %	> 6 mm
		− 1 %	> 1 mm	− 1,5 %	> 1,5 mm	− 2 %	> 2 mm	− 4 %	> 4 mm
Kanten		Schablonenlänge 15 % der Schnittlänge, jedoch mindestens 100 mm, maximal 200 mm.							
Flügelbreite*) — Nabe ... 0,4 R		± 1,5 %	> 2,25 mm	± 1,5 %	> 7,5 mm	± 2,25 %	> 15 mm	± 3,0 %	> 15 mm
über 0,4 R ... Spitze		± 1,0 %	> 1,5 mm	± 1,0 %	> 5 mm	± 1,5 %	> 10 mm	± 2,0 %	> 10 mm
Abweichung der Flügelmittellinie*) (Flügel-Rücklage)		± 0,25 % · D	> 5 mm	± 0,5 % · D	> 10 mm	± 0,75 % · D	> 15 mm	± 1,0 % · D	> 20 mm
Lage der Erzeugenden (Flügel-Hang) Abweichung von der Zeichnung bei 0,3 R und bei 0,95 R		± 0,5 % · D	> 5 mm	± 1,0 % · D	> 10 mm	± 1,5 % · D	> 15 mm	± 3,0 % · D	> 30 mm
Abweichung zwischen 2 Flügeln bei 0,95 R (Flügel-Hang)		± 0,5 % · D	> 5 mm	± 1,0 % · D	> 10 mm	∓ 1,5 % · D	> 15 mm	± 3,0 % · D	> 30 mm
Balancemasse an der Flügelspitze		$c_k = 1,2$		$c_k = 1,8$		$c_k = 2,7$		$c_k = 5,4$	
bei Anbringung der Masse „g" [kg] in horizontaler Lage des Flügels muß sich der Propeller bewegen: $g = c \cdot \frac{G}{R}$ [kg]		$n < 160$ U/min $\quad c = c_k$				$n > 160$ U/min $\quad c = c_k \left(\frac{160}{n}\right)^2$		$g_{max} = 1,1 \cdot c_k \cdot D$ $g_{min} = 0,07 \cdot D^2 + 0,02$	
Oberflächenfeinheit $H_m = \frac{1}{n}(H_1 + H_2 + \ldots H_n)$ 0,3 R ... Spitze		3 μm		9 μm		19 μm		—	
Klassen-Einteilung		hohe Qualität für besondere Zwecke		die meisten Handelsschiffe				Fahrzeuge ohne spezielle Forderungen	
		hohe Genauigkeit		mittlere Genauigkeit		geringe Genauigkeit			
D Propeller-Durchmesser m		*) für 5 Radien: [0,3-0,5-0,7-0,8-0,95 §]						*) für 3 Radien: [0,5-0,7-0,9 §] je 3 Punkte	
R Flügelspitzen-Radius m		mindestens je 3 Punkte							
G Propeller-Masse 10^3 kg		Diese Tabelle gilt für Propellerdurchmesser: $D > 800$ mm bei einer Drehzahl: $n < 1000$ U/min Erforderliche Genauigkeit der Meßgeräte < 0,5 der Toleranzwerte							
g Balanciermasse kg									
n Propeller-Drehzahl U/min									
c, c_k Faktoren									

durch, daß die einzelnen Teile des Propellerflügels nicht gleichzeitig, sondern nacheinander durch die Ebene des Hinterstevens treten, in der (s. unten) die Beanspruchung am stärksten und der Nachstrom am ungleichförmigsten ist.

Wichtige Maß- und Verhältnisgrößen

Das *Steigungsverhältnis* trifft eine Aussage über den Winkel, mit dem die Flügelprofile zur Propellerebene angestellt sind. Für normale Handelsschiffe wird meist $P/D = 0,5 \ldots 1,4$ (2,0) gewählt. Die

Größe des *Flächenverhältnisses* ergibt sich durch die *Kavitationsgrenze.* Man bemüht sich, es so klein wie möglich zu halten. Es wird um so größer, je höher die Anströmgeschwindigkeit des Propellers ist. Ausgeführt werden Flächenverhältnisse von $A_D/A_0 = 0{,}30 \ldots 1{,}50$. Das *Verhältnis der Nabendicke zum Propellerdurchmesser* beträgt etwa $d/D = 0{,}14 \ldots 0{,}18\ (0{,}20); (0{,}26 \ldots 0{,}30$ für Verstellpropeller). Nach dem Durchmesser, den Kavitationseigenschaften und dem Schwingungsverhalten des gesamten Vortriebssystems richtet sich die *Flügelzahl* des Propellers. Es werden Propeller mit $Z = 2 \ldots 6\ (7)$ Flügeln ausgeführt.

Die Strömungsgeschwindigkeit des Wassers wird mit der Umfangsgeschwindigkeit zu einer *resultierenden* Geschwindigkeit zusammengesetzt, deren Richtung und Stärke ein Maß für die vom Flügel zu übertragenden Kräfte ist. Der *Fortschrittsgrad*

$$\lambda = \frac{V_A}{\pi \cdot n \cdot D} \qquad (33)$$

wird aus dem Verhältnis dieser Geschwindigkeiten an den Flügelspitzen gebildet und gibt somit Aufschluß über die Geschwindigkeitsverhältnisse bei der Profilanströmung.

09.4.2 Allgemeines zur Wirkungsweise von Propellern

Die Druckverhältnisse an einem idealisierten Propeller zeigt Bild 09.5. Wie bereits erwähnt, beruht seine Wirkung darauf, daß er ständig neue Flüssigkeitsmengen erfaßt und nach rückwärts *beschleunigt* (s. 09.3.1). Man kann die Propellerflügel aber auch als kreisende *Tragflächen* betrachten; in diesem Fall entspricht der *Auftrieb* der Tragflächen dem Propellerschub. Die Druckverteilung an einem Flügelprofil zeigt Bild 09.19; man erkennt, daß etwa 2/3 des Schubes durch den Unterdruck vor und etwa 1/3 durch den Überdruck hinter dem Propeller entstehen. Dies gilt grundsätzlich auch für den Flügelradpropeller.

09.4.3 Berechnung und Auslegung von Propellern

Da viele verschiedene Einflüsse bei der Berechnung des Propellers berücksichtigt werden müssen (Steigungs-, Flächen- und Nabenverhältnis, Flügelzahl, Wellendrehzahl, Geschwindigkeit usw.) ist der Rechnungsgang sehr verwickelt. Ein oft beschrittener Weg besteht daher in der Benutzung von Entwurfsdiagrammen, die aus zahlreichen Versuchsreihen mit Propellermodellen, deren Verhältniswerte systematisch abgewandelt wurden, gewonnen sind. Hierbei wurden jeweils Geschwindigkeit, Schub und Drehmoment am „freifahrenden" Propeller (ohne Schiff) gemessen, und daraus Fortschrittsgrad und Wirkungsgrad bestimmt. Um allgemeingültige Ergebnisse zu erhalten, wurden die Werte *dimensionslos* in Kurvenscharen aufgetragen. Ausführliche Berechnungsunterlagen und -beispiele findet man bei [09.8].

Es ist wichtig, darauf hinzuweisen, daß ein Propeller nur für *einen* Arbeitspunkt optimal ausgelegt werden kann. Dadurch sind die Hauptabmessungen (Durchmesser und Steigung) und damit auch das Betriebsverhalten (die Propeller-Charakteristik) eindeutig bestimmt. Alle denkbaren (stationären und instationären) Betriebszustände liegen in ihrer Drehzahl-Leistungs-Geschwindigkeits-Relation fest. Diese Tatsache ist deshalb so besonders wichtig, da dadurch die Arbeitspunkte im Kennfeld der Antriebsmaschine bestimmt sind (s. unten).

Durch Abänderung der übrigen Konstruktionsdaten des Propellers, z.B. Flügelzahl, Flächenverhältnis, Profilform der Flügel-Zylinderschnitte, radiale Verteilung der Fläche und der örtlichen Steigung, Rücklage der Flügelspitze entgegen der Vorwärtsdrehrichtung (skew back), Flügelhang entgegen der Vorwärtsfahrtrichtung des Schiffes (rake), Naben- und Haubenkontur und -durchmesser, wird der Verlauf der Charakteristik nur *unbedeutend* beeinflußt; ihre Bedeutung liegt insbesondere im Bereich der *sekundären Propellereigenschaften*, d.h. *Geräuscharmut, Kavitationsfreiheit, Schwingungserregung usw.*

Die Auslegung des Propellers richtet sich vor allem auch nach dem Schiffstyp und den Einsatzbedingungen des Schiffes. Sie beeinflußt die Festlegung der im Schiff zu installierenden *Antriebsleistung* wesentlich. Dieser Entscheidungsprozeß muß im allgemeinen zwischen Reederei und Bauwerft abgestimmt werden, da er von erheblicher Tragweite ist und die spätere *Gesamtwirtschaftlichkeit* des Schiffes entscheidend beeinflußt. Deshalb wird hier etwas aus-

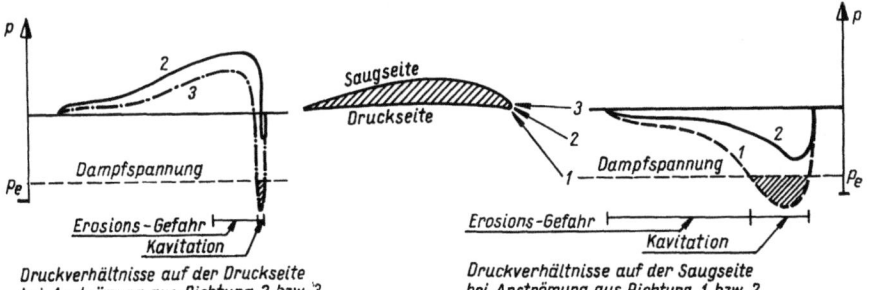

Bild 09.19 Druckverteilung am Flügelprofil

führlicher auf die dabei zu achtenden Punkte eingegangen.
Bild 09.20 zeigt einen Ausschnitt aus dem Leistungs-Drehzahldiagramm, das prinzipiell sowohl für mittelschnellaufende Viertakt-Dieselmotoren als auch für langsamlaufende Zweitakt-Dieselmotoren gilt. In diesem Diagramm sind drei Propellerkurven (P_1, P_2, P_3) eingezeichnet: P_1 entspricht der Leistungsaufnahme des Propellers bei neuem Schiff und glattem Wasser; P_2 entspricht der Leistungsaufnahme unter mittleren Dienstbedingungen während P_3 der Leistungsaufnahme des Propellers unter schweren Dienstbedingungen bzw. nach längerer Betriebszeit entspricht.
Der Kennfeldbereich D ist für *Dauerbetrieb* zulässig, der Kennfeldbereich B darf nur kurzzeitig, z.B. bei Beschleunigungs- oder Umsteuervorgängen durchfahren werden, da der Motor sonst zu stark „gedrückt" wird. Ebenso darf die Drehzahlgrenze von 103 % nur kurzfristig (max. 1 h) überschritten werden (max. 106 %).
Um nicht bereits nach kurzer Betriebszeit schon an die Kennfeld*grenzen* zu gelangen und Geschwindigkeitseinbußen hinnehmen zu müssen, empfiehlt es sich, die Auslegung des Propellers so auf die Leistung der Hauptmaschine abzustimmen, daß der *Propeller bei Probefahrtbedingungen und 100 % Drehzahl 85...90 % der maximalen Dauerleistung (MCR) aufnimmt.*
Sofern ein *Wellengenerator* für die Antriebsanlage vorgesehen ist, sollte dessen maximale Leistungsaufnahme in diesen 85...90 % enthalten sein. In diesem Fall ist zusätzlich zu prüfen, ob die Generatorleistung auch bei Drehzahlen *unter* 100 % Nenndrehzahl und Betriebsbedingungen entsprechend Kurve P_3 gefahren werden kann, ohne die Grenzkurve des für Dauerbetrieb zulässigen Bereichs D zu überschreiten.

Der Zusammenhang zwischen Propellerwirkungsgrad und Fortschrittsgrad für einen bestimmten Propeller ist in Bild 09.21 dargestellt. Der steile Verlauf der Wirkungsgradkurve läßt sich dadurch erklären, daß nur in einem schmalen Bereich um den normalen Betriebspunkt herum das Wasser *stoßfrei* in den Propeller eintritt. Besonders schlecht wird der Wirkungsgrad z.B. bei der *Pfahlprobe*, wenn $V_A = 0$ ist. In Bild 09.21 wurde auch noch der Verlauf des Wirkungsgrades einer Anzahl anderer Propeller eingezeichnet, die sich nur durch eine andere *Steigung* (und damit auch ein anderes Steigungsverhältnis) von dem erstgenannten Propeller unterscheiden. Man erkennt, daß es offenbar Betriebspunkte gibt, an denen ein anderer Propeller günstiger arbeiten würde (Betriebspunkt 2).
Ein *Festpropeller* kann die installierte Leistung der Antriebsmaschine bei der zugehörigen Nenndrehzahl nur in dem einen Betriebspunkt voll ausnutzen, für den er entworfen ist. Ändern sich die Betriebsbedingungen — z.B. durch andere Beladungszustände, Wind, Seegang, Fahrwasserbeschränkung, Trossenzug — kurz: durch *Änderung der Widerstandsverhältnisse*, verschiebt sich die Festpropellerkurve im Kennfeld der Antriebsmaschine so, daß der Auslegungspunkt nicht mehr erreicht wird (Bild 09.22).
Bei Kolbenmaschinen wirkt sich diese Änderung vor allem in höherer thermischer bzw. mechanischer Beanspruchung aus, bei Turbinen führt sie weniger zu Überbeanspruchungen als vielmehr zu einem erhöhten Brennstoffverbrauch der Anlage.

09.4.4 Die Wirkungsweise von Verstellpropellern

Bei einem *Verstellpropeller* kann durch Verdrehen der Flügel in der Nabe die Steigung während der Fahrt geändert werden. Der Wirkungsgrad wird dann zwar, wie Bild 09.21 entnommen werden kann, auch etwas schlechter, doch ist er in den Punkten 2', 3' und 4', die verschiedene Belastungsstufen darstellen, sehr viel größer als der des Festpropellers, der bei diesen Belastungen die Werte 2, 3 und 4 annimmt. Für das Kennfeld in Bild 09.22

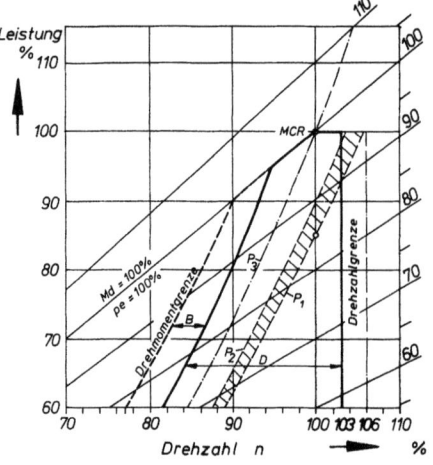

Bild 09.20 Zusammenhang zwischen Hauptmaschinenleistung und Propellerauslegung

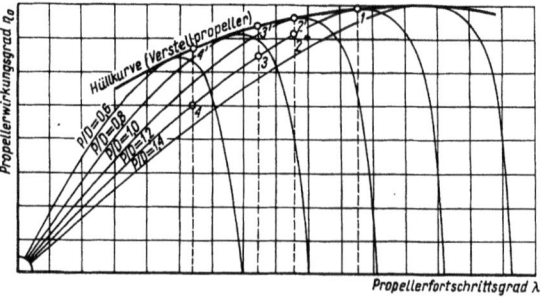

Bild 09.21 Propellerwirkungsgrad, Fortschrittsgrad und Steigungsverhältnis

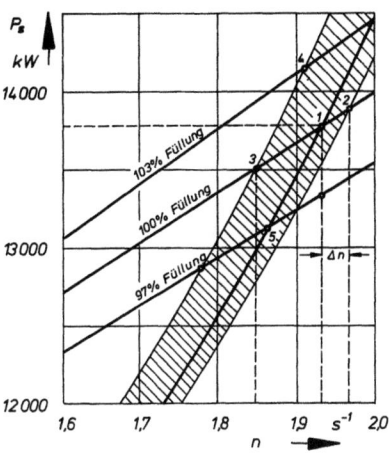

Bild 09.22 Leistungsaufnahme eines Propellers bei verschiedenen Belastungen

bedeutet das, daß sich durch Änderung der Steigung der Auslegungspunkt der Antriebsmaschine jederzeit erreichen läßt, so daß stets die volle Maschinenleistung ausgenutzt werden kann (Punkt 2).
Auch sehr niedrige Geschwindigkeiten kann man durch Einstellen kleinster Steigungswerte beliebig lange fahren. Bei kurzen Stoppmanövern läßt man den Propeller in der *Nullschubstellung* weiterlaufen. Werden über die Nullschubstellung hinaus *negative* Steigungen eingestellt, ist bei unveränderter Drehrichtung von Antriebsmaschine und Propeller *Rückwärtsfahrt* möglich. Dieselmotoren für Verstellpropelleranlagen können also ohne Umsteuereinrichtung, Turbinen ohne Rückwärtsteil gebaut werden.
Während Festpropeller i.a. (von hinten gesehen) *rechts* bzw. *im Uhrzeigersinn* drehen, wird für Verstellpropeller oft die entgegengesetzte Drehrichtung, *Gegenuhrzeigersinn* bzw. *Linkslauf* gewählt, um dem Schiff bei Rückwärtsfahrt etwa gleiche Steuereigenschaften wie einem Schiff mit rechtsdrehendem Festpropeller zu geben. Aus demselben Grund erhalten Zweiwellenschiffe „von außen über oben nach innen", also einwärtsdrehende Verstellpropeller, während auswärtsdrehende Festpropeller üblich sind. Wie stets so bestätigen allerdings auch hier Ausnahmen die Regel.

09.4.5 Wesen und Ursache der Kavitation und deren Auswirkungen

Aus der *Bernoullischen Gleichung* (s. Hauptabschnitt 02) folgt, daß der Druck an einer Stelle um so niedriger wird, je höher die Strömungsgeschwindigkeit dort ist.
Wird infolge zu großer Strömungsgeschwindigkeit an irgendeiner Stelle des Flügelprofils der Druck kleiner als der *Ausscheidungsdruck* des Wassers, scheiden sich Luft- und Dampfblasen ab. Die *Kavitationszahl* einer Flüssigkeit

$$\sigma = \frac{p_0 - p_e}{1/2\, \rho V^2} \qquad (34)$$

gibt an, ob der Propeller im Kavitationsgebiet, an der *Grenze* oder im *kavitationsfreien* Gebiet arbeitet;

$$\sigma \geqslant \sigma_{krit} = |C_{p\,min}| = \frac{p - p_0}{1/2\, \rho V^2} \qquad (35)$$

wobei c_p Druckzahl des Profils, p_e Ausscheidungsdruck des Wassers (abhängig von der Temperatur, dem Gas- und Salzgehalt und nicht immer gleich dem *Dampfdruck* des Wassers), V resultierende Anströmgeschwindigkeit des betrachteten Blattschnittes bedeuten. Die Kavitationsblasen wandern über den Propellerflügel bis in ein Gebiet höheren Druckes, werden dort sehr stark zusammengepreßt und kondensieren schlagartig, wobei sehr große*) mechanische Beanspruchungen des Flügelmaterials, vor allem an der Oberfläche, auftreten. Diese Vorgänge bezeichnet man als *Kavitation*; die von den Beanspruchungen herrührenden Anfressungen *Kavitationserosionen*. Aus den in Bild 09.19 dargestellten Verhältnissen erkennt man, daß solche Kavitationserscheinungen vorzugsweise an der *Saugseite* (Kurve 1) und hier wieder bevorzugt kurz hinter der Eintrittskante auftreten werden. Größe und Lage der hier gezeigten Unterdruckspitze sowie die Druckverteilung hängen jedoch nicht nur von der Strömungsgeschwindigkeit am Profil, sondern auch von der Profilform und von der Anstellung des Profils zur Strömung ab (s. Bild 09.38). Daraus folgt, daß Kavitation vor allem auftreten kann, wenn der Propeller eine *hohe Umfangsgeschwindigkeit* hat, *hochbelastet* ist (großer Anstellwinkel) oder *ungünstige Flügelprofile* aufweist.
Ein neuer Propeller wird im allgemeinen so ausgelegt sein, daß er kavitationsfrei arbeitet; man muß sich jedoch möglichst bald davon überzeugen, daß dies der Fall ist, da durch die hohen mechanischen Beanspruchungen, die bei Kavitationserscheinungen auftreten, kurze Zeit genügt, um nicht mehr zu beseitigende Schäden entstehen zu lassen.
Jedoch können auch an einem zunächst kavitationsfreien Propeller solche Erscheinungen auftreten, wenn er:

1. *längere Zeit höher belastet wird* (z.B. durch Widerstandszunahme infolge Bewuchs, Gegenwind, Seegang usw.),
2. *nicht voll getaucht arbeitet* (hierdurch ändern sich der Statische Druck und die Zuströmung zum Propeller),

---
*) Der Druck kann 10000...20000 bar betragen.

3. infolge längerer Liegezeit *eine angegriffene Oberfläche hat* (Fluß- und Hafenwasser enthält häufig Verunreinigungen und greift dann auch die seewasserbeständigen Propellerwerkstoffe an; die aufgerauhte Oberfläche schafft andere Strömungsverhältnisse und kann so Kavitation verursachen),
4. *bei hohen Seewassertemperaturen arbeitet,* (der Ausscheidungsdruck wird bei zunehmender Wassertemperatur herabgesetzt).

Neben *Anfressungen* können *Geräusche, Schwingungen* und *Flügelbrüche* als Begleiterscheinungen der Kavitation auftreten. Eine bekannte Erscheinungsform ist ferner das Abreißen der Strömung beim plötzlichen Umsteuern oder zu schnellem Hochfahren (s. Bild 09.38); hierbei tritt ebenfalls Blasenbildung auf – der Propeller *schlägt Schaum* –, doch fallen diese Blasen meist erst hinter dem Flügel zusammen. Kennzeichnend für diesen Betriebszustand ist der starke *Wirkungsgradabfall* am Propeller, bzw. der im Verhältnis zur Leistung geringe abgegebene Schub.

Überkavitierende Propeller, die für sehr schnelle Schiffe (Sport- und Marinefahrzeuge) gelegentlich gebaut werden, sind von vornherein für diese Betriebsverhältnisse entworfen; ihre Flügelschnitte bilden *Dreiecksprofile* mit gewölbter Mittellinie (s. Bild 09.18). Diese Propeller haben im Teillastbereich meist sehr niedrige Wirkungsgrade, s. [09.19].

09.4.6 Propellerkonstruktionen

Festpropeller

Festpropeller sind Schraubenpropeller mit starren Flügeln, deren Steigung nicht geändert werden kann. Die Flügeldicke nimmt entsprechend der Beanspruchung von den Spitzen zur Nabe gleichmäßig zu; die Klassifikationsgesellschaften schreiben die erforderliche *Mindestdicke an der Nabe* vor. Die Querschnittsform ändert sich dabei mit Rücksicht auf die unterschiedlichen Anströmverhältnisse und das Kavitationsverhalten bei den meisten Propellern von *Kreisabschnitts-* bzw. *Sichelprofil* am Außendurchmesser zum *Tragflügelprofil* an der Nabe (s. Bild 09.17).

Gegossene Festpropeller

Die überwiegende Mehrzahl aller Propeller wird heute aus *Kupfergußlegierungen* gegossen und durch nachträgliches Fräsen, Schleifen und Polieren auf das gewünschte Fertigmaß bearbeitet. Die Legierungen kommen in vielfältigen Zusammensetzungen zum Einsatz; drei Hauptgruppen lassen sich jedoch unterscheiden:

Gußsondermessing hoher Festigkeit, eine Kupfer-Zinklegierung mit 0,5 ... 1,5 (2,5) % Al, 0,5 % Sn, 0,7 ... 1,2 (1,5) % Fe, 1,0 (2,0) % Mn und bis zu 8 % Ni. Die Zusammensetzung entspricht etwa der von G-SoMs57, F45 (DIN 1709). Aus diesem Werkstoff wurden bis 1950 nahezu 100 % aller Propeller gefertigt. Versuche, die Festigkeitseigenschaften zu verbessern, ergaben eine bedeutende Verschlechterung des Korrosionsverhaltens.

So entwickelte man *Aluminium-Mehrstoff-Bronzen,* entsprechend etwa G-NiAlBz, F 60 (DIN 1714) mit ca. 9,5 % Al, 5 % Fe, 5 % Ni und 1 ... 6 % Mn, einen sehr alterungsbeständigen Werkstoff, der neben erheblich höherer Festigkeit und infolge seiner Zinkfreiheit bessere Korrosionsbeständigkeit aufweist sowie zäher und stoßunempfindlicher ist.

Eine weitere Entwicklung stellen die *Aluminium-Mangan-Bronzen* dar, mit 6 ... 12 (15) % Mn, 8 % Al, 3 % Fe und 2 % Ni. Sie weisen, wie auch die Aluminium-Mehrstoff-Bronzen, hohe Festigkeitswerte und gutes Korrosionsverhalten auf und zeichnen sich durch besondere Schweißeignung und gute gießtechnische Eigenschaften aus.

Neben den Kupfergußlegierungen wird gelegentlich *Gußeisen, legierter* und *unlegierter Stahlguß* und in einigen Fällen *Kunststoff* verwendet.

Gußeisen entsprechend etwa GG26 (DIN 1691) wird nur für *Reservepropeller* verwendet; es ist sehr spröde und hat neben geringer Festigkeit den Nachteil schlechter Korrosionsbeständigkeit. Propeller aus unlegiertem Stahlguß mit Zusammensetzungen wie GS 45.1 (DIN 1681) werden bei Schiffen eingesetzt, die vorwiegend in kalten Gewässern operieren, bzw. nur für Fahrten im Winter. Zwar sind die Festigkeitswerte besser als bei GG, doch ist auch hier die Korrosionsbeständigkeit schlecht. Wie auch bei der Ausführung in GG werden Propeller aus unlegiertem Stahlguß nicht spanabhebend bearbeitet, da nur die Gußhaut der Oberfläche gewissen Schutz vor zu starker Korrosion bietet. Beträgt die Lebensdauer bei Propellern aus Gußsondermessing etwa 20 Jahre, so müssen GG und GS-Propeller schon nach 2 ... 3 Jahren erneuert werden; ihr einziger Vorteil besteht in ihrem niedrigen Preis.

Legierter Stahlguß (13 ... 18 (24) % Cr, 2 ... 6 (8) % Ni) mit vergleichsweise guten Festigkeits- und Korrosionseigenschaften kommt dagegen etwas häufiger zum Einsatz, bietet aber bei der Bearbeitung Schwierigkeiten: Das Gußstück verzieht sich sehr stark und weist hohe Eigenspannungen auf.

Als Kunststoffe werden *Thermoplaste* (Polyamide und gelegentlich Schichtpreßstoffe) verwendet. Ausgeführt wurden bisher Propeller bis zu $D = 1,9$ m; sie haben den Vorteil der absoluten Korrosionsunempfindlichkeit sowie der schnellen und einfachen Herstellung, da die Bearbeitung der Oberfläche entfällt. Sie sind erheblich leichter, haben aber auch den Nachteil geringerer Festigkeit.

Gebaute Festpropeller

Bei einer früher häufig anzutreffenden Bauart, die noch gelegentlich ausgeführt wird, werden die Flügel mittels angegossener Flanschen in die Nabe eingesetzt und durch mehrere Stiftschrauben aus hochfestem Cr-Ni-Stahl befestigt, deren Stärke und Anzahl nach der Beanspruchung aus Schub und Zentrifugalkraft ermittelt wird. Die Befestigungsmuttern werden möglichst im Flügelflansch versenkt angeordnet und besonders gesichert; die Zwischenräume müssen nach dem Zusammenbau mit Zement oder dergleichen sorgfältig ausgefüllt werden. Anstelle des Ersatzpropellers genügt ein *Paar* Flügel bei gerader bzw. ein *Satz* Flügel bei ungerader Flügelzahl, die gemeinsam ausgewuchtet werden. Reserveflügel müssen deshalb paar- bzw. satzweise eingebaut werden, weil bereits längere Zeit in Betrieb befindliche Flügel stärker abgenutzt sein können, so daß durch den Ersatz nur eines Flügels eine schwingungserregende Unwucht entsteht.

Verstellpropeller

Die *Verstellpropeller* der einzelnen Herstellerfirmen (ESCHER WYSS, KaMeWa, LIAAEN, LIPS und andere) sind in ihrer baulichen Ausführung verschieden. Nach der Nabenkonstruktion lassen sich zwei Bauformen unterscheiden. Unabhängig hiervon muß die Nabe eine Vorrichtung aufnehmen, die eine *geradlinige* Stellbewegung in eine *Drehbewegung* zur Verstellung der Flügel umwandelt. Da dies bei laufendem — also belastetem — Propeller erfolgen soll, kann die erforderliche Stellkraft sehr große Werte annehmen, die die Größenordnung des Schubes erreichen können.

Charakteristisch für den *ESCHER WYSS* Propeller (Bild 9.23) ist die einteilige Nabe (9) mit zwei Lagern für jeden Flügel (1). Die doppelte Lagerung ermöglicht große Radien der Verstellhebel (4); daraus ergeben sich niedrige Verstellkräfte und ein großer Hub, d.h. große *Steuergenauigkeit*. Der große Durchmesser des Stellmotorkolbens (8) erlaubt, die Flügel mit nur mäßigen Öldrücken zu verstellen oder festzuhalten. Der Abstand der Propellerflügel zur Nabenvorderkante ist klein, woraus sich eine relativ geringe Belastung der Wellenlagerung ergibt. Die Nabe ist vollständig mit Öl gefüllt und zuverlässig abgedichtet. Die Nabe enthält keine empfindlichen Teile zur Steuerung des Ölstromes.

Der Ölrohrstrang (15) folgt jeder Bewegung des Kolbens (8). Seine jeweilige Stellung wird über eine Scheibe und über Stangen einem außerhalb der Welle angeordneten Gleitring mitgeteilt und von dort aus über einen Gleitstein und Hebel dem Steuerventil (21/22) und der Steigungsfernanzeige (36) zugeführt.

Die Propellerwelle (13) ist am hinteren Ende mit einem angeschmiedeten Flansch zur Befestigung der Propellernabe (9) versehen und im Schiffsinnern mit einem lösbaren Kuppelflansch (14), der durch das SKF-Druckölverfahren befestigt wird. Dadurch entfallen Nuten für Paßfedern und die Montage und Demontage werden erleichtert.

Die Ölzuführung wird wie eine Zwischenwelle möglichst unmittelbar vor der Stevenrohrabdichtung in den Wellenstrang eingesetzt. Eine Büchse (19) in der Wellenbohrung verbindet zwei Radialbohrungen in der in diesem Bereich verstärkten Welle (16) über den ganzen Verstellweg mit dem entsprechenden Kanal des Doppelölrohrstranges (15).

Die beiden Radialbohrungen und die inneren Kanäle der Ölrohre (15) dienen der Zuführung des gesteuerten Hydrauliköls zum Zylinder. Axialbohrungen und der Kanal zwischen Ölrohr (15) und Wellenbohrung verbinden den Raum vor den Flügeldichtungen (2) mit einem Ölhochbehälter. Die Flügeldichtungen sind daher während einer Verstellung keinen Volumen- oder Druckschwankungen ausgesetzt. Bei Stillstand des Propellers sorgt der Ölhochbehälter für geringen Überdruck gegenüber dem umgebenden Wasser. Das Steuerventil (21) ist auf dem Ölzuführungsgehäuse (17) befestigt. Die Einheit enthält alle Bauteile zur Umwandlung eines über das Stellgerät (33) an der Kommandowelle eingeleiteten Kommandos in eine entsprechende Bewegung des im Propeller befindlichen Stellmotorkolbens (8) und damit der Propellerflügel (1):

Ein *Vorsteuerkolben* folgt der Bewegung des Kommandohebels und gibt über einen *Folgesteuerkolben* dem Drucköl den Weg zum Stellmotorzylinder über die entsprechende Leitung des Doppelrohres (15) frei. Durch die Bewegung des Stellmotorkolbens (8) wird das Doppelölrohr entsprechend mitbewegt und unterbricht nach Ausführung des Kommandos die Druckölzufuhr, indem es über die Rückführung den Vorsteuerkolben in die Nullage zurückbringt.

Das *Stellgerät* (33) ist über ein kurzes Gestänge mit der Kommandowelle im Steuerventilgehäuse verbunden. Es dient zum Empfang der Kommandos der Fernsteuerung und leitet diese Kommandos in Form einer Drehbewegung an die Kommandowelle weiter. Das Gestänge enthält zusätzlich ein Handrad (34), so daß bei einem Ausfall der Fernsteuerung die Kommandos von Hand eingeleitet werden können.

Zur Druckölversorgung dient eine Schraubenspindelpumpe (23). Das Steuerventil ist mit Mitteldruckkanten ausgeführt, wodurch in der Mittelstellung des Ventilkolbens der von der Pumpe geförderte Ölstrom durch das Steuerventil zum Ölbehälter zurückfließen kann. Dadurch wird der Öldruck auf etwa die Hälfte reduziert und der Leistungsbedarf der Pumpe und die Wärmeentwicklung entsprechend verringert. Eine zweite, gleiche Pumpe dient als Reserve. Sie wird bei Ausfall der Pumpe durch einen Druckwächter selbsttätig eingeschaltet, ohne daß Schaltventile o.ä. betätigt werden müssen.

09 Widerstand, Antrieb und Propeller

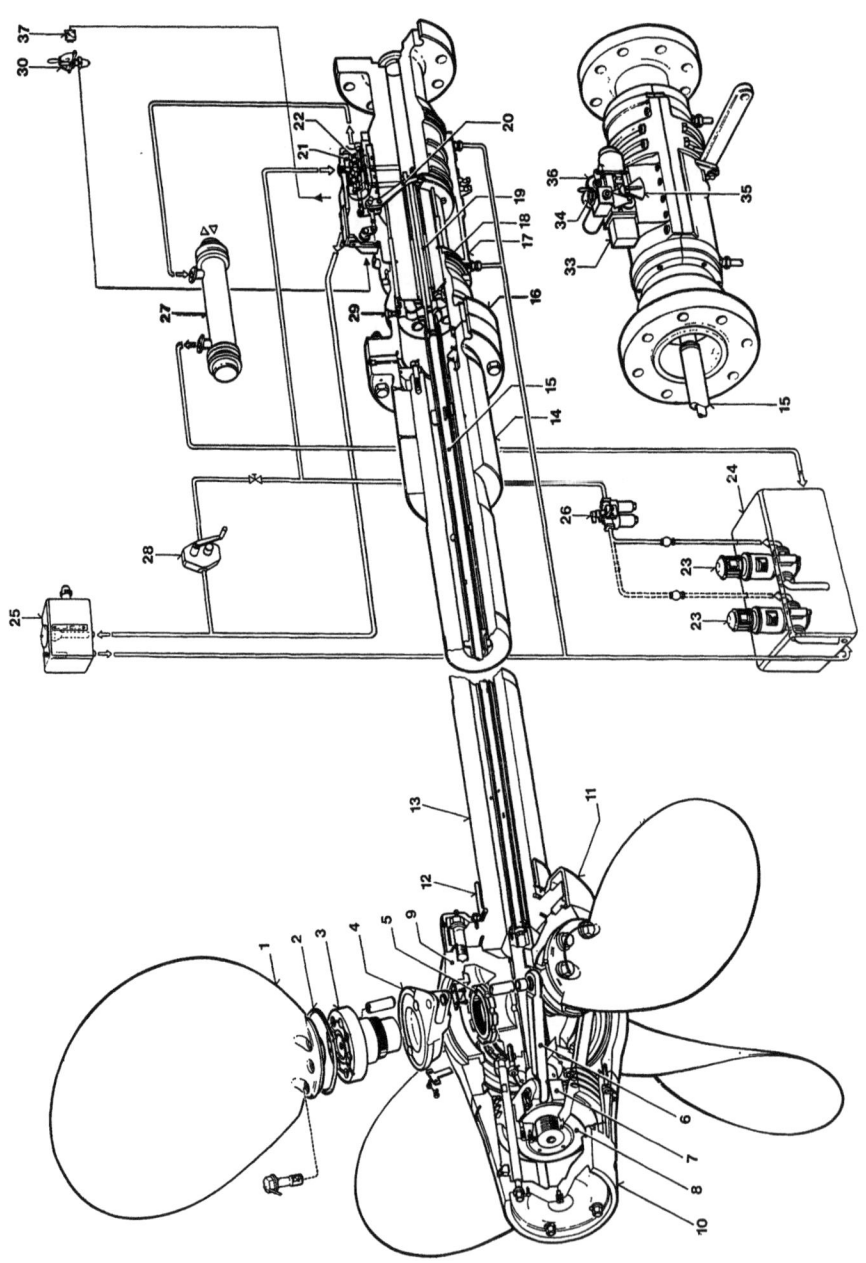

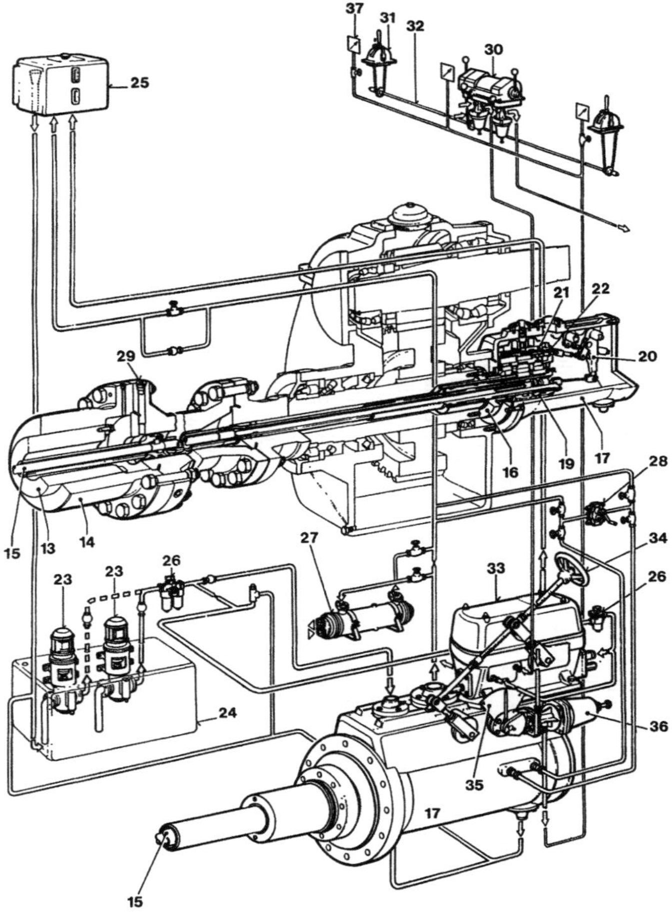

Propeller

Bild 09.23 *ESCHER WYSS* Verstellpropeller

Propeller
1 Propellerflügel
2 Flügeldichtung
3 Zweifach gelagerter Flügelzapfen
4 Verstellhebel
5 Zapfenmutter
6 Lenker
7 Verstellkreuz mit zweifach gelagerter Verstellstange
8 Stellmotorkolben
9 Propellernabe
10 Stellmotorzylinder

Propellerwelle
11 Schutzhaube für Propellerwellenflansch
12 Laufbüchse für Stevenrohrabdichtung
13 Propellerwelle
14 Kuppelflansch
15 Doppelölrohr

Ölzuführung
16 Ölzuführungswelle
17 Ölzuführungsgehäuse
18 Abdichtung
19 Büchse
20 Rückführung und Steigungsanzeige
21 Steuerventil
22 Vorsteuerventil

Hydraulisch Steuerung
23 Haupt- und Reserve-Steueröpumpe mit E-Motor
24 Saugtank (Werftlieferung)
25 Ölhochbehälter
26 Ölfilter
27 Ölkühler
28 Handpumpe für mechanische Blockierung
29 Mechanische Blockiereinrichtung

Fernsteuerung und Steigungsanzeige
30 Kommandogeber
33 Stellgerät
34 Handrad für Notsteuerung
35 Steigungsistwertmelder
36 Steigungsistwertmelder
37 Steigungsanzeigegerät

Bei einem Totalausfall des hydraulischen Systems kann durch die feste Verbindung zwischen Propellerflügeln (1) und Doppelölrohrstrang (15) der Propeller in der Vorausstellung durch Radialbolzen mechanisch *blockiert* werden (29).

Die Firma *KaMeWa* hat verschiedene Nabenkonstruktionen entwickelt, die sich hinsichtlich der Anordnung und Ausführung des Stellmotor-Kolbens und des Verstellmechanismus unterscheiden (Nabentyp S 1, S 2, XF, Navy und L). Die beiden erstgenannten S 1 und S 2 unterscheiden sich im wesentlichen in der Stellmotorkolben-Fläche, demzufolge im Druckniveau der Verstellhydraulik und somit auch im Gewicht. Nabentyp XF stellt den neusten Stand der Entwicklung dar, während der Nabentyp Navy für hochbelastete Marine-, Container- und Fährschiffspropeller, und der Nabentyp L für solche Anwendungsfälle, bei denen es wünschenswert ist, die Flügel in „*Segelstellung*" drehen zu können (schnelle Zweischrauber, Segelschiffe), entwickelt wurde.

Da es nicht möglich ist, hier auf die konstruktiven Einzelheiten dieser unterschiedlichen Konstruktionen einzugehen, wurde die Nabenkonstruktion XF für eine nähere Beschreibung ausgewählt.

Die Standardkonstruktion sieht vier Propellerflügel vor, fast alle Nabentypen sind jedoch auch mit drei oder fünf Flügeln als Sonderkonstruktion erhältlich.

Die Änderung der Flügelsteigung erfolgt bei dem *KaMeWa*-Verstellpropeller Typ XF (Bild 09.24) durch den in die Nabe eingebauten Stellmotor, der aus einem Kolben (3) und einer damit verbundenen Hauptstellventilbaugruppe (11) aufgebaut ist. Zu- und Ablauf des Drucköls zur Bewegung des Kolbens werden durch das als Steuerschieber ausgebildete Ende der Schieberstange (16) gesteuert. Wird die Schieberstange aus der im Bild gezeigten, neutralen Lage nach hinten geschoben, kommt die vordere Steuerbohrung frei, so daß Öl unter Druck auf die Kolbenvorderseite gelangt und den Kolben solange nach rückwärts verschiebt, bis er die Steuerbohrungen wieder überdeckt; gleichzeitig kann über den Ringkanal des Schiebers das auf der Kolbenrückseite befindliche Öl ablaufen.

Die Kolbenstangenbaugruppe (14) folgt jeder Bewegung des Kolbens und nimmt dabei den fest mit ihr verbundenen Kreuzkopf und die in ihm eingesetzten Gleitsteine (13) mit. Der Kurbelzapfen greift in die Bohrung des Gleitsteines und überträgt so dessen Bewegung auf den Kurbelzapfenring (8), der mit Schrauben an den Flügelflansch (7) angeschlossen ist. Die Zentrifugalkraft wird vom Kurbelzapfenring (8) auf das Lager (5) übertragen und so direkt in die Nabe eingeleitet.

Die Bewegung der Schieberstange (16) wird durch einen Hilfs-Stellmotor der im Bild nicht gezeigt ist und die Gabel (23) ausgeführt. Die Führungsrollen der Gabel (23) laufen auf einem Gleitring (22) der über einen quer durch die Welle gesteckten Mitnehmerkeil (24) mit der Schieberstange verbunden ist; die zur Aufnahme des Mitnehmerkeils notwendige Ausfräsung der Welle ist länglich ausgeführt, um die Längsverschiebung des Keils zu ermöglichen. Das von der Pumpe bereitgestellte Drucköl läuft über ein Einlaßventil mit Druckbegrenzung der Hochdruckkammer des Druckölverteilungsgehäuses zu und von dort durch die in der Hohlwelle befindliche, ebenfalls hohle Schieberstange (16) zum Stellmotor in der Nabe. Durch den Ringraum zwischen Schieberstange und Welle gelangt das Öl zurück in den Niederdruckraum des Druckölgehäuses und von dort über das Auslaßventil in den Ablauftank.

Das Auslaßventil wird so eingestellt, daß während des Betriebes stets ein leichter Überdruck gefahren wird, um dem Eindringen von Seewasser sicher vorzubeugen; bei abgesetzter Anlage wird dieser Überdruck durch einen Hochtank aufrecht erhalten.

Die Druckölverteilungsgehäuse sind auf die verschiedenen Nabentypen abgestimmt, wobei die für den Nabentyp S 1 und XF eingesetzten Gehäuse geteilt ausgeführt werden, während die Gehäuse für die Nabentypen S 2, Navy und L im allgemeinen ungeteilt konstruiert sind.

Alternativ hat auch KaMeWa ein Druckölverteilungsgehäuse für den Anbau am freien Wellenende bzw. *vor* einem, ggf. vorhandenem Getriebe im Programm. Diese Anordnung ist zwar raumsparend und vermeidet den Querschlitz in der Wellenleitung zur Durchführung des Mitnehmerkeils — sie ist jedoch gelegentlich nicht sehr wartungsfreundlich, wenn bei der Konstruktion von Getriebe- und Motorenfundament nicht besonders auf gute Zugänglichkeit geachtet wird!

Sonderbauformen von Propellern

Propeller mit Leitrad

Man hat sich oft bemüht, durch vor oder hinter dem Propeller angeordnete *Leitbleche* und *-flossen* oder Ringflügelanordnungen (Mitsubishi-Duct) die für den Vortrieb verlorene Drallenergie des Propel- Dieser Gedanke liegt auch der Konstruktion des von Prof. *Grim* entwickelten *Leitrades* zugrunde, das ohne eigenen mechanischen Antrieb frei drehbar hinter dem Propeller auf der Welle angebracht wird. Sein Durchmesser ist etwas größer als der Propellerdurchmesser, so daß nur der innere Teil im Propellerstrahl liegt. Die Leitradflügel haben in diesem Innenbereich *Turbinenprofile*, während sie außen *Propellerprofile* aufweisen. Im Turbinenteil wird dem Propellerstrahl Strömungsenergie entnommen, die im Propellerteil gleich wieder umgesetzt wird und als zusätzlicher Schub dem Vortrieb zugute kommt.

Der Schub des Leitrades wird durch ein Drucklager auf die Welle und damit auf das Schiff übertragen.

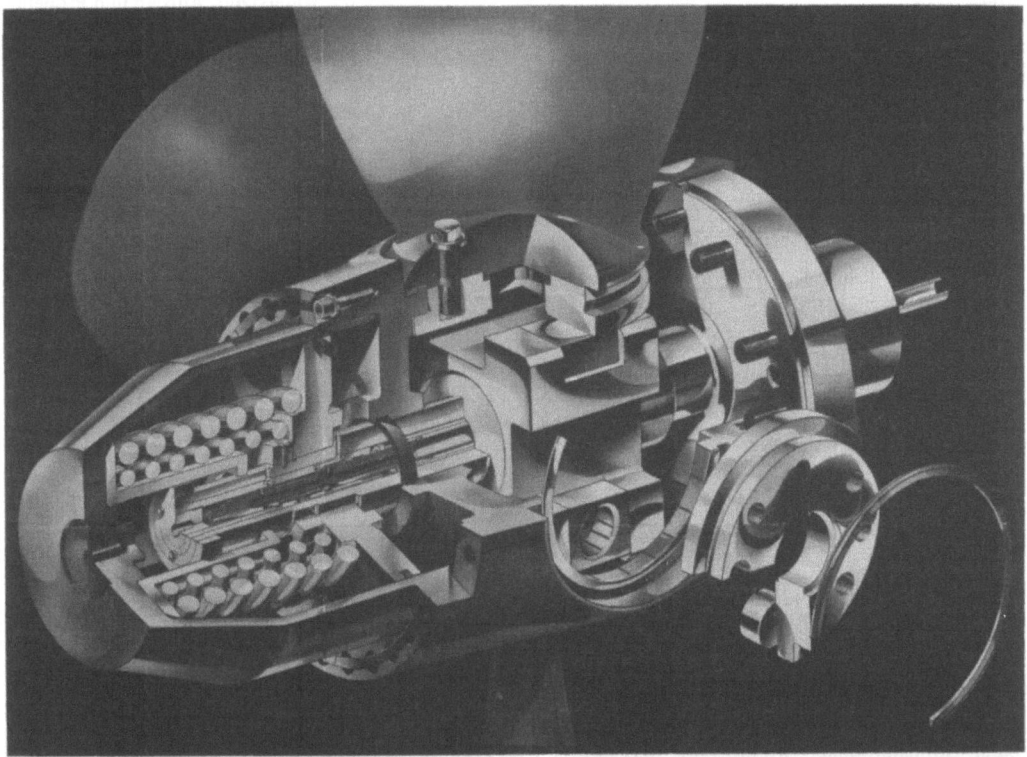
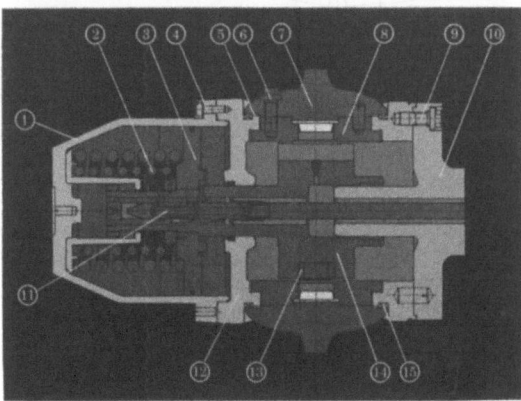
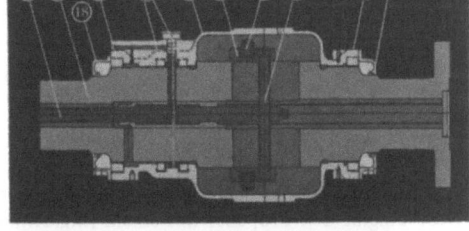

Bild 09.24
KAMEWA-Verstell-Propeller, *Nabentyp XF*
1 Nabenzylinder
2 Sicherheitsfedern
3 Stellmotorkolben
4 Befestigungsschrauben des Nabenzylinders
5 Lagerbezug
6 Flügelfalnschbolzen
7 Flügel mit Fußflansch
8 Kurbelzapfenring
9 Wellenflanschbolzen
10 Propellerwellenflansch
11 Hauptstellschieberanordnung
12 Nabenkörper
13 Gleitstein mit Bohrung für Kurbelzapfenring
14 Kolbenstange mit Kreuzkopf
15 Flügelflanschdichtung

Druckölverteilungsgehäuse:
16 Schieberstange
17 Leitungswelle
18 Endabdeckung
19 Niederdruckdichtungs-Baugruppe
20 Hochdruckdichtungs-Baugruppe
21 Druckölverteilungsgehäuse
22 Gleitring
23 Gabel mit Gleitsteinen
24 Mitnehmerkeil für Schieberstange
25 Wellentunnel

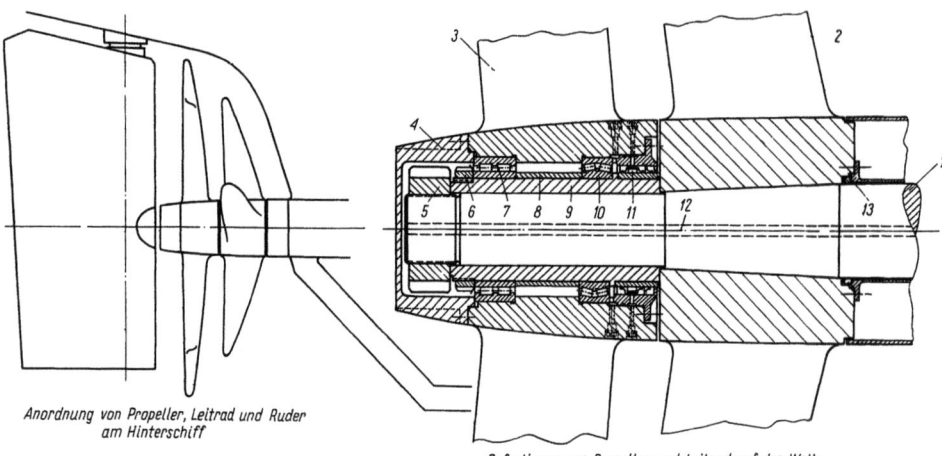

Anordnung von Propeller, Leitrad und Ruder am Hinterschiff

Befestigung von Propeller und Leitrad auf der Welle

Bild 09.25 Propeller und Leitrad (Nach einem Vorschlag der Fa. *Kugelfischer Georg Schäfer & Co.*)
1 Propellerwelle
2 Propeller
3 Leitrad
4 Abschlußhaube
5 Wellenmutter, zur Propellerbefestigung
6 Mutter, zur Lagerbefestigung
7 Rollenlager
8 Distanzhülse
9 Zwischenhülse
10 Pendelrollenlager
11 Abdichtung
12 Schmierölversorgungsbohrung
13 Chromstahlbuchse der vorderen Propellerabdichtung

Ein Propeller mit Leitrad kann bei gleich gutem Gesamtwirkungsgrad *schneller* drehen, als ein vergleichbarer Normalpropeller, wodurch die Maschinenanlage kleiner und leichter ausgeführt werden kann; besonders eignet sich das Leitrad dann, wenn der Propeller allein sehr hoch belastet würde. Ein weiteres Lager und eine zusätzliche Abdichtung kommen zur normalen Wellenleitung hinzu; für die *Lagerschmierung* wird eine Bohrung in der Welle vorgesehen (Bild 09.25).

Kortdüse

Die nach ihrem Erfinder *Ludwig Kort* benannte Düse umgibt den Propeller mit einem ringförmigen Tragflügel dergestalt, daß ihm einerseits mehr Wasser zugeführt wird als einem vergleichbaren nicht ummantelten Propeller, andererseits auch die unerwünschte *Strahlkontraktion* hinter ihm verhindert wird. Beides wirkt dahingehend, daß der Düsenpropeller höher belastbar wird (größere Flügelsteigung) und mehr Leistung aufnehmen kann. Allerdings vergrößert sich auch der Widerstand etwas. Der erhöhte Schub wird nicht nur durch den Propeller, sondern infolge der Druck- und Anströmverhältnisse auch durch den Düsenkörper auf das Schiff übertragen (Bild 09.26). Die Düse kann *starr* am Schiff angebaut oder aber auch *drehbar* gelagert sein, wobei sie gleichzeitig als Ruder arbeitet. Im Seegang wirkt sie insofern günstig, als ein *Durchgehen* des Propellers durch das von der Düse mitgerissene Wasser vermieden wird und die Drehmomentschwankungen kleiner bleiben. Aufgrund ihrer Eigenschaft wird die Kort-Düse auf solchen Schiffen bevorzugt, die trotz vergleichsweise *kleinen* Propellerdurchmessern über

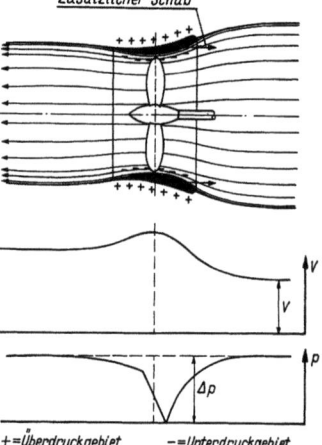

Bild 09.26 Druck- und Geschwindigkeitsverhältnisse am *Kort*-Düsenpropeller

große Schubkraft verfügen sollen: Schlepper, Versorger, Eisbrecher, Trawler, Binnen- und Küstenschiffe. Es sind aber auch schon Antriebsanlagen mit größeren Leistungen (bis 25000 kW) mit Kort-Düsen ausgerüstet worden. Hierbei handelte es sich um Tank- und Massengutschiffe.

Schottel-Ruderpropeller

Der *Schottel-Ruderpropeller* ist ein Schraubenpropeller aus Gußsondermessing, der über eine Wellenleitung mit zwei Kegelradgetrieben an die Antriebsmaschine angeschlossen ist; die Konstruktion gestattet es, den Unterwasserteil um 360° rundum zu schwenken, so daß der Propeller gleichzeitig zum Steuern und Rückwärtsfahren genutzt werden kann. Schottel-Ruderpropeller werden dort eingesetzt, wo es auf gute *Manövriereigenschaften* ankommt.

Bevorzugte Anwendungsgebiete: Hafen- und Flußschlepper, Binnenschiffe (Selbstfahrer), Schubboote, Schwimmkrane, Binnenfahrgastschiffe; sie werden ferner auch im Offshorebereich als Positionieranlagen und als ausfahrbare Bugstrahlruder eingesetzt.

Die maximal übertragbare Leistung ist in erster Linie durch die Übertragungselemente und hier besonders durch die Kegelradgetriebe begrenzt und weniger durch den Propeller, der übrigens bei allen Konstruktionen mit einer Düse ummantelt ist.

Ähnliche Konstruktionen bauen die Firmen *Hatlapa, Hollming Oy (Aquamaster)* und andere.

Flügelradpropeller

Eine Sonderstellung unter den Schiffsantrieben nehmen die sogenannten *Flügelradpropeller* ein, unter denen insbesondere der von der Maschinenfabrik *J.M. Voith* entwickelte *Voith-Schneider-Propeller (VSP)* zu nennen ist. Bei diesem Propeller drehen sich die aus dem Schiffsboden herausragenden Flügel um die im allgemeinen *senkrechte* Rotorachse, wobei sie gleichzeitig eine Schwingbewegung um ihre eigene Achse vollführen. Die *Amplitude* dieser Flügelschwingung ist ein *Maß für die Propellersteigung* und damit auch für Propellerschub und Leistungsaufnahme, wogegen die *Phasenlage* dieser Schwingbewegung der *Schubrichtung* entspricht. Da beide Größen, nämlich Amplitude und Phasenlage, beim Voith-Schneider-Propeller sehr einfach und ohne große Massen bewegen zu müssen, verändert werden können, ergibt sich ein idealer „Verstellpropeller", bei dem die Größe und die Richtung des Propellerschubes stufenlos und sehr schnell verändert werden können.

Bewegt sich ein Punkt auf der Oberfläche eines Schraubenpropellers auf einer zylindrischen Schraubenbahn — durch gleichzeitige Drehung und Fortbewegung in Richtung der Drehachse — so beschreibt ein beliebiger Punkt auf der Flügeloberfläche eines Voith-Schneider-Propellers eine *Zykloide*, eine Bahnkurve, die durch gleichzeitige Drehung und Fortbewegung senkrecht zur Drehachse entsteht

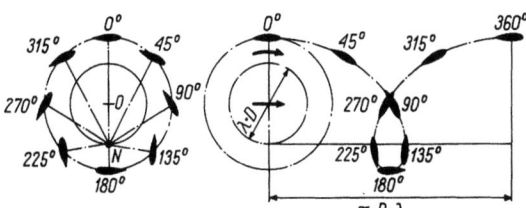

Bild 09.27 Zykloidalbewegung des *Voith-Schneider-*Propellers

(Bild 09.27). Wegen dieser Eigenschaft wird der Voith-Schneider-Propeller auch häufig als *Zykloidal-Propeller* bezeichnet. Soll der Propeller Schub abgeben, müssen selbstverständlich die Flügelprofile gegenüber der oben erwähnten Bahnkurve eine gewisse Anstellung erhalten.

Obwohl es zunächst nahe liegt, die Steuerung des Propellerschubes durch die zwei Parameter, Größe des Schubes (Amplitude) und des Richtungswinkels (Phasenlage) vorzunehmen, erfolgt diese Ansteuerung beim Voith-Schneider-Propeller nach zwei rechtwinklig zueinander stehenden Koordinaten, wovon normalerweise eine den Schub (Steigung) in Schiffslängsrichtung und die andere den in Querschiffsrichtung übernimmt. Diese Art der Ansteuerung vereinfacht die Nulldurchgänge und erleichtert ganz allgemein die Erzeugung kleinerer, um die Nulllage herum pendelnder Propellerschübe.

Konstruktion des Voith-Schneider-Propellers (Bild 09.28)

Der umlaufende Radkörper (3) wird über die Welle (10), ein doppelt oder einfach schrägverzahntes Stirnradgetriebe (2) und ein spiralverzahntes Kegelradgetriebe (5) angetrieben. Die Verbindung zwischen dem Tellerrad des Kegelradgetriebes und dem Radkörper erfolgt durch die Antriebstrommel (6). Radkörper und die mit ihm verbundenen Teile (6) und (5) werden in der Hauptlagerung (4) gelagert, bestehend aus dem breiten Spurlager, das die vertikalen Kräfte aufnimmt und dem Rollenlager, das die horizontalen Kräfte, insbesondere den Propellerschub auf das feststehende Gehäuse (1) überträgt. Im Radkörper sind die Propellerflügel (4 oder 5) jeweils zweifach gelagert. Die Flügel sind gesenkgeschmiedet und zwar aus seewasserbeständigem Stahl (13 % Cr, 4 % Ni). Sie haben trapezförmigen Umriß und ein symmetrisches Profil, sind somit für links- und rechtslaufende Propeller verwendbar. Die schwingende Bewegung der Flügel um ihre eigene Achse wird über ein kinematisches Getriebe, die sogenannte Schubkurbelkinematik, dargestellt (Bild 09.29). Die Auslenkung dieser Kinematik (7) erfolgt durch den im feststehenden Gehäuse gelagerten sogenannten Steuerknüppel (9), dessen oberes Ende durch 2 Drucköistellmotoren (8) verschoben wird, die um 90° zueinander versetzt angeordnet sind. *Ein* Stellmotor verstellt die Propellersteigung in Schiffslängsrichtung, der *zweite* die in Querschiffsrichtung. Die Stellmotoren haben Entlastungsventile, die bei Auftreten von Druckspitzen infolge von Fremdkörperberührung öffnen und dadurch das System Stellmotor — Steuerknüppel — Kinematik entlasten.

Der Propellerradkörper und der Raum innerhalb der Antriebstrommel ist etwa bis zur Höhe des mittleren Steuerknüppellagers mit Öl gefüllt, das zur Schmierung und Kühlung der Lagerstellen im Rad-

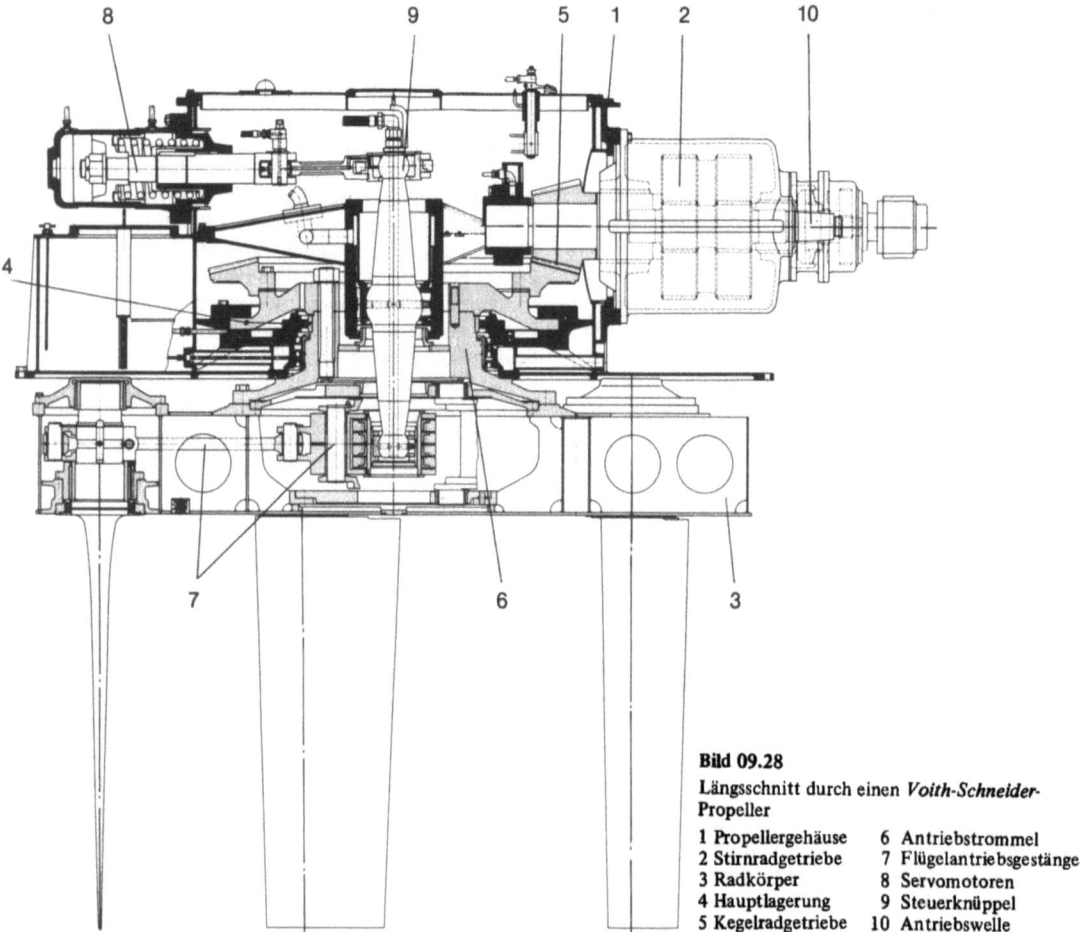

Bild 09.28
Längsschnitt durch einen *Voith-Schneider*-Propeller

1 Propellergehäuse 6 Antriebstrommel
2 Stirnradgetriebe 7 Flügelantriebsgestänge
3 Radkörper 8 Servomotoren
4 Hauptlagerung 9 Steuerknüppel
5 Kegelradgetriebe 10 Antriebswelle

körper dient. Die Kühlung des Öles erfolgt durch die relativ großen, mit Wasser benetzten Außenflächen des Radkörpers. Das Drucköl für die Stellmotoren und das erforderliche Schmieröl wird im allgemeinen durch eine angehängte Zahnradpumpe geliefert. Sie fördert das Öl über den Hochdruckkreis (ca. 20 bar) zu den Stellmotoren sowie über den Niederdruckkreis (ca. 2 bar) zu den Schmierstellen. Durch Verbindung mit einem Hochtank (ca. 0,5 m oberhalb der Wasserlinie) wird sichergestellt, daß bei stillstehendem Propeller kein Seewasser in den Radkörper eindringen kann.

Die Abdichtung des Radkörpers gegenüber dem feststehenden Gehäuse erfolgt im allgemeinen durch 3 Bunamanschetten, die auf einem gehärteten und geschliffenen Ring laufen. In ähnlicher Weise sind auch die Schäfte der Flügel abgedichtet.

Voith-Schneider-Propeller werden in nach dem Durchmesser abgestuften Größen gebaut und zwar bis zu Flügelkreis-Durchmessern von 4000 mm und einer Leistung von ca. 2500 kW. Obwohl die Rotordrehzahlen sehr niedrig sind (Faustregel: 25 % der Drehzahl vergleichbarer Schraubenpropeller) können wegen der zwei Getriebestufen relativ hohe Antriebsdrehzahlen, je nach Durchmesser zwischen 1300 U/min und 1800 U/min, verwendet werden. Das Anwendungsgebiet des *Voith-Schneider*-Propellers sind solche Fahrzeuge, bei denen ein Höchstmaß an Manövrierfähigkeit gefordert wird, wie Doppelend-Fährschiffe, Schwimmkrane, Marinefahrzeuge und vor allem Schlepp- und Busierfahrzeuge. Hier ist der sogenannte *Voith-Wasserstrecker* (Erfinder W. Baer) zu nennen, ein Schleppfahrzeug mit vorn angeordneten Propellern und achtern liegendem Schleppgeschirr.

Nullschubpropeller

Da die Drehmomentaufnahme des Propellers bei der Pfahlprobe wesentlich *größer* als bei Fahrt in freiem Wasser ist (s. Bild 09.9.1), kann bei der Standprobe weder die volle Leistung noch die volle Drehzahl erreicht werden, sondern nur etwa 40 % der Drehzahl.

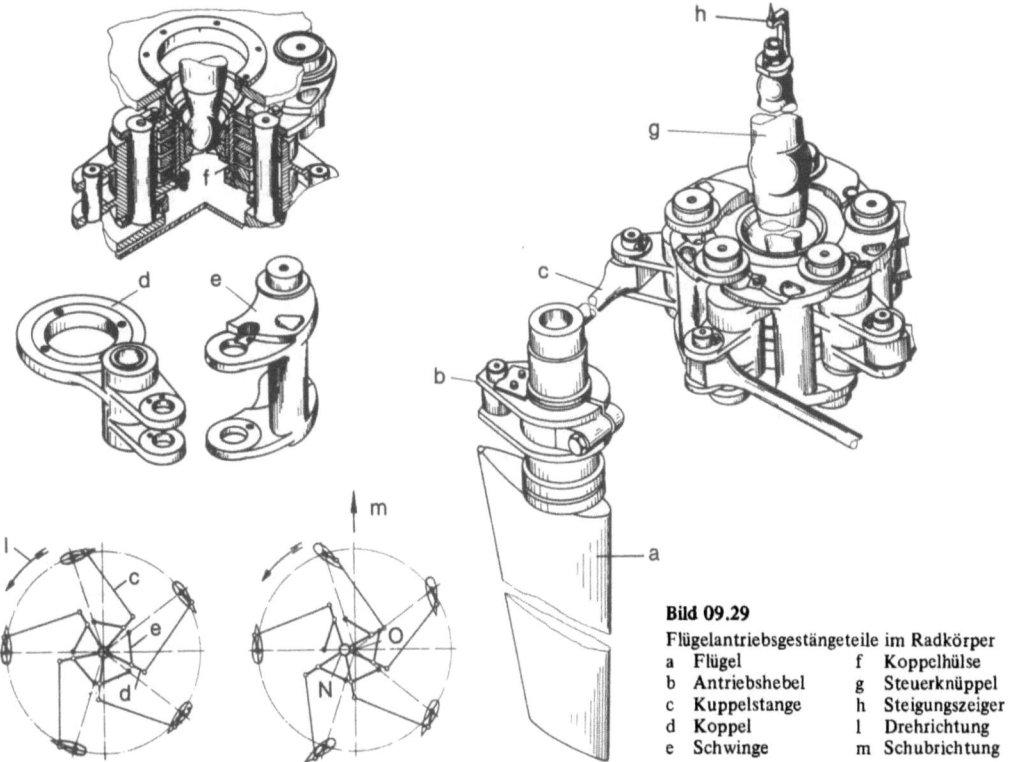

Bild 09.29
Flügelantriebsgestängeteile im Radkörper
a Flügel f Koppelhülse
b Antriebshebel g Steuerknüppel
c Kuppelstange h Steigungszeiger
d Koppel l Drehrichtung
e Schwinge m Schubrichtung

Bei bestimmten Schiffstypen: Containerschiffe, Trockenfrachter, Fahrgastschiffe, kann im allgemeinen nicht einmal auf der Probefahrt der Nachweis für 100 % Leistung der Antriebsanlage erbracht werden, da diese Schiffe nicht auf *Ladetiefgang* kommen. Um dennoch die Antriebsanlage mit voller Leistung und voller Drehzahl bereits *an der Pier* erproben zu können, wurden *Bremsräder* entwickelt, die von ihrem grundsätzlichen Aufbau her *doppelflutigen Pumpenlaufrädern* entsprechen und die infolge ihrer symmetrischen Bauweise keinen Axialschub abgeben. Bei richtiger Auslegung dieser Räder, die auch als *Nullschubpropeller* bezeichnet werden, kann die volle Motorleistung bei Nenndrehzahl aufgenommen und die Propellerkennlinie P_3 in Bild 09.20 ausgefahren werden. Als Anhaltswert für die Auslegung, bei der neben Leistung und Drehzahl als wesentliche Einflußgrößen der Schiffstiefgang,

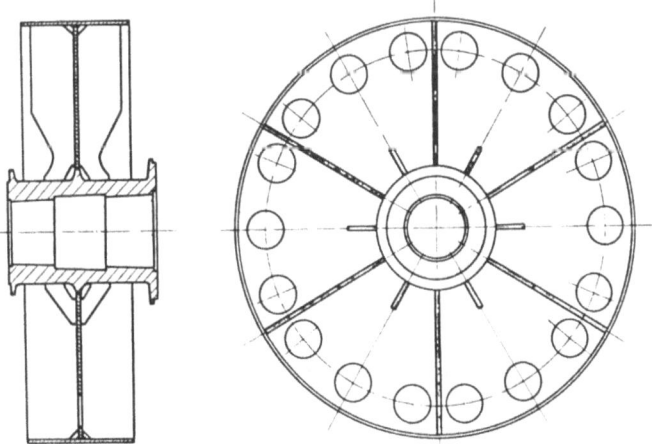

Bild 09.30
Nullschubpropeller zur Erprobung von Schiffsantriebsanlagen bei der Standprobe
Quelle: Jahrbuch der STG 1976, Beitrag *Meyne*

der Abstand zwischen der Wellenmitte und der Schwimmwasserlinie sowie die Wassertiefe des Hafenbeckens eingehen, kann mit einem Propellerdurchmesser gerechnet werden, der nach der folgenden *Näherungsformel* errechnet wird:

$$D = \left(\frac{P_s}{k \cdot n^3}\right)^{0,2} \quad (36)$$

$k = 3{,}0$ P_s in kW, n in s^{-1} und D in m.

Es ist besonders darauf zu achten, daß nach der Beendigung der Standprobe und Einbau des Aktiv-Propellers die Ausrichtung der Wellenleitung geprüft und ggf. berichtigt wird wenn, was i.a. der Fall ist, der Nullschubpropeller *leichter* als der Aktiv-Propeller war.
Bild 09.30 zeigt einen Nullschubpropeller; weitere Hinweise bei [09.9].

09.4.7 Befestigung von Propellern auf der Welle

Befestigung des Propellers auf der Welle i.a. mit *Paßfeder*, *Kegelsitz* (Konus 1 : 10 ... 1 : 15, (1 : 20)) und *Propellermutter*. Die Nabe soll auf dem Wellenkonus fest sitzen (*Preßsitz*) und möglichst über die gesamte Länge, vor allem aber am *dicken* Ende gut tragen. Die Paßfeder erstreckt sich über den größten Teil der Nabenlänge und muß in Konus und Nabe genau passen. Nach Möglichkeit Propeller in *kaltem* Zustand aufsetzen und abziehen; Konus vorher gut einfetten.
Auf den einwandfreien Zustand der vorderen Abdichtung des Propellernabensitzes (s. auch 10.2.3) ist ganz besonders zu achten; vor allem muß, wenn die Welle mit einem Bezug versehen ist, sichergestellt werden, daß weder zwischen Propeller und Welle noch zwischen Welle und Bezug Seewasser eindringen kann, da Korrosion an diesen hochbelasteten Stellen nach kurzer Zeit Unbrauchbarwerden bzw. Verlust von Propeller und Welle zur Folge haben kann.
Zum Abziehen wird eine *mechanische* Abziehvorrichtung (Bild 09.31) am Propeller angebracht; notfalls kann er auch durch zwischen Nabe und Schraubensteven eingetriebene *Hartholzkeile* gelöst werden.

Am hinteren Ende wird der Propeller durch die *Propellermutter* gehalten; sie ist mit vergleichsweise feinem *Rechtsgewinde* und Schlitzen oder Knaggen zur Aufnahme des Schlagschlüssels versehen und muß, wie alle Schrauben und Muttern im Propellerbereich, besonders gegen Losdrehen gesichert werden. Nach dem Einbau wird sie mit einer Haube überdeckt, die wasserdicht mit der Propellernabe verschraubt wird und strömungstechnisch als deren Verlängerung ausgebildet ist. Diese Haube ist bei älteren Schiffen vom gleichen Material wie der Propeller und wird, um dem Eindringen von Seewasser (*Korrosion!*) vorzubeugen, mit Fett ausgefüllt; sie wird so sehr schwer und ist auf Grund ihrer Form schwierig zu handhaben. Daher wird sie neuerdings häufig aus glasfaserverstärktem Kunststoff hergestellt und mit Kunststoffschaum ausgeschäumt.
Beim Auf- und Abziehen von Propellern sind die Auf- bzw. Abziehwege (meist mehrere Millimeter) aufzumessen, was i.a. mittels Feinmeßschraublehre (Meßuhr) bzw. Lehre vorgenommen wird. Die Angaben des Propellerherstellers in der Betriebsanleitung hinsichtlich der einzuhaltenden Mindestaufschubwege, sind *unbedingt* zu beachten. Wesentlich ist dabei auch, daß die *Umgebungstemperatur* genau festgestellt und notiert wird, da die Temperatur aufgrund der unterschiedlichen Ausdehnungskoeffizienten von Welle (Stahl) und Propeller (Bronze) das Schrumpfmaß und damit den Aufschubweg wesentlich beeinflußt.
Bei den nachstehend beschriebenen hydraulischen Ein- und Ausbauwerkzeugen kann der „Nullpunkt" für das Aufschieben i.a. mit Hilfe des Drucks (des Hydrauliköls bzw. der Presse) wie folgt festgelegt werden, wenn keine Betriebsanleitung zur Verfügung ist, in der ggf. andere Werte festgelegt sind:

$$\frac{M_P \cdot g}{100 \cdot A_R} \quad (37)$$

M_P	Masse des Propellers	t
g	Fallbeschleunigung (Erdbeschleunigung)	m·s^{-2}
A_R	Wirksame Fläche des Kolbens der Aufschubvorrichtung	m^2
p_P	Pumpendruck	bar

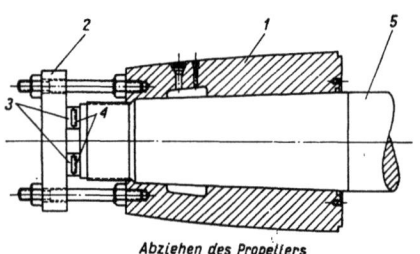

Abziehen des Propellers

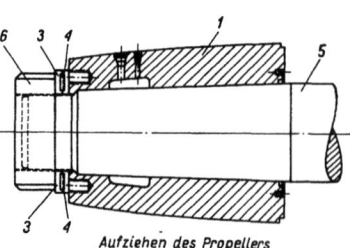

Aufziehen des Propellers

Bild 09.31 Einbau- und Abziehvorrichtung für Propeller
1 Propellernabe
2 Abziehvorrichtung
3 geteilte Keilführungen
4 Keile
5 Propellerwelle
6 Propellermutter

Bild 09.32
Hydraulische Einbau- und Abziehvorrichtung für Propeller
1 Propellernabe
2 Druckring
3 Anschlußbohrung für Fettpresse
4 Kunstgummiring
5 Propellerwelle
6 Hydraulikmutter (Propellermutter)
7 Sicherungsblech
8 Abziehvorrichtung

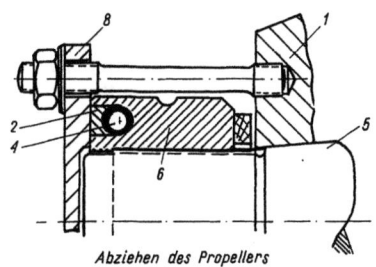
Abziehen des Propellers

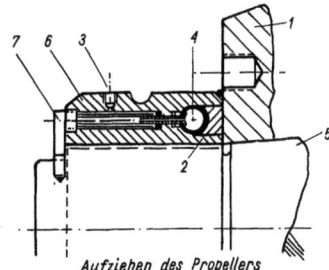
Aufziehen des Propellers

Wenn der so errechnete Pumpendruck bei der Montage erreicht wird, ist die Meßuhr zur Bestimmung des Aufschubwegs auf „Null" zu stellen bzw. abzulesen.
Bild 09.32 zeigt eine Propellermutter, die gleichzeitig als Ein- und Ausbauvorrichtung dient.*)
Die Arbeiten können mit dieser Vorrichtung leichter, schneller, genauer und schonender ausgeführt werden. Der Propeller (1) wird bis zu der üblichen Montagemarke vorgeschoben und die Propellermutter wird so dahinter geschraubt, daß der Druckring (2) an der Nabe anliegt.

Aus einer mitgelieferten Fettpresse oder Hydraulikpumpe (je nach Typ und Größe) wird Fett mit 600 ... 800 bar (bzw. Hydrauliköl mit 600 ... 1 500 bar) durch die Bohrung (3) in den *Spezialgummiring* (4) eingepreßt. Die Anpreßkraft reicht aus, um den Propeller genügend weit auf den Konus zu schieben, so daß der zur Übertragung des Drehmoments erforderliche Preßsitz erreicht wird. Anschließend wird die Mutter vom Druck entlastet, fest gegen die Nabenrückseite geschraubt und gesichert. Darauf können Gewindebohrungen und Stoßflächen noch mit Fett verpreßt werden, bevor die Abschlußhaube aufgesetzt wird.

Soll der Propeller ausgebaut werden, wird zunächst die Abschlußhaube entfernt, die Propellermutter gelöst, abgenommen und umgedreht wieder angebracht (s. Bild 09.32). Eine Abziehplatte wird mit Zugbolzen an die Propellernabe angeschlossen. Danach kann, wie bei der oben beschriebenen Montage, Fett eingepreßt und der Propeller abgezogen werden. Die abgebildete Ausführung ist für herkömmliche Propellerwellen mit Paßfeder geeignet.

Bei sehr großen Propellern, vor allem, wenn große Drehmomente zu übertragen sind oder mit starken Drehmomentschwankungen gerechnet werden muß, genügt der Preßsitz der herkömmlichen Propellerbefestigung nicht mehr den Anforderungen, die an die Sicherheit dieser wichtigen Verbindung gestellt werden müssen. Ist die Befestigung jedoch unvollkommen, beginnt der Propeller den Konus hinaufzuwandern. Da hierbei der Preßsitz nicht mehr voll trägt, übernimmt die als Sicherung eingelassene Paßfeder einen Teil des zu übertragenden Drehmomentes und wird so durch Scherkräfte beansprucht. In den meisten Fällen sind Paßfeder, Welle und Propeller anschließend so stark beschädigt, daß sie ersetzt werden müssen.

Da ferner die Querschnittsschwächung und die Kerbwirkung der Paßfedernut schon oft zu Wellenanrissen und Ermüdungsbrüchen geführt hat, bemüht man sich neuerdings, ohne diese zweifelhafte Sicherung auszukommen. Es wurden daher mehrere Verfahren entwickelt, die es gestatten, bei der Propellerbefestigung auf die Paßfeder zu verzichten und dennoch die erforderliche Sicherheit zu gewährleisten. Der Propeller wird weiter als bisher auf den Wellenkonus geschoben, wodurch die Verbindung bessere Tragkraft erhält. Die hierzu beim Aufziehen des Propellers erforderlichen großen Kräfte können durch ein *hydraulisches Einbauwerkzeug* aufgebracht werden, wie es Bild 09.33.1 zeigt. Beim Einbau schiebt man den Propeller (1) zunächst lose auf den Wellenkonus und schraubt die Hydraulikmutter (6) so auf das Gewinde der Propellerwelle, daß ihr Ringkolben (2) an der Rückseite der Propellernabe anliegt.

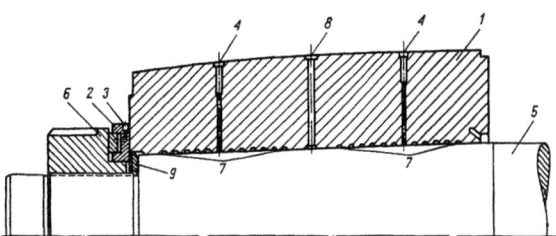

Bild 09.33.1
Werkzeug zum Einbau von Propellern nach dem Drucköl-Verfahren
1 Propellernabe
2 Ringkolben der Hydraulikmutter
3 Bohrung zum Anschluß der Druckölleitung
4 Bohrung zum Anschluß der Druckölleitung
5 Propellerwelle
6 Hydraulikmutter (Propellermutter)
7 Preßfugen
8 Entlüftungsbohrung
9 Einlagerung zur Begrenzung des Aufschubweges (Anschlag)

---
*) Hersteller: *Pilgrim Engineering*, London

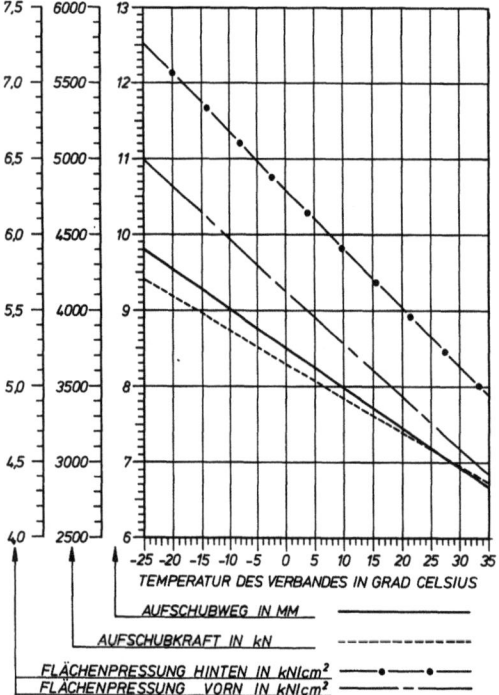

Bild 09.33.2 Endwerte für Aufschubweg-, Kraft- und Flächenpressung in Abhängigkeit von der Temperatur für einen Propellernaben-Preßverband nach Bild 09.33.1. Damit der Preßverband das Propellerdrehmoment mit dem gleichen Sicherheitsfaktor überträgt, muß der Aufschubweg z.B. bei 0 °C 8,5 mm betragen, während bei 20 °C 7,5 mm ausreichen. Wird der Propeller bei niedrigen Temperaturen nicht weit genug aufgeschoben, kann es vorkommen, daß der Propeller zu rutschen beginnt wenn das Schiff in wärmere Gewässer kommt, da die werkstoffbedingt unterschiedliche Wärmedehnung von Propellernabe und Welle der Schrumpfspannung entgegenwirkt.

Nachdem man mit einer kleinen, handbetätigten Pumpe Öl in den Druckzylinder gefördert hat, wird der Propeller von dem Ringkolben der Hydraulikmutter auf den Wellenkonus um den für festen Sitz erforderlichen Weg verschoben; gleichzeitig wird durch die Bohrung (4) Drucköl mit etwa 800 ... 1200 bar in die umlaufenden Preßfugen (7) eingebracht, so daß die Nabe aufgeweitet wird und der Propeller leicht in die gewünschte Lage gebracht werden kann. Als Preßfugen dienen 0,5 mm tiefe, gewindeförmig in die Propellerbohrung eingedrehte Nuten, die sich fast über die ganze Konusfläche erstrecken. Sie laufen etwa 40 ... 60 mm vor den Nabenenden tot aus und sind auch in der Mitte des Nabensitzes durch einen entsprechend breiten Steg voneinander getrennt. Hat der Propeller die vorbestimmte Lage erreicht, wird das Drucköl über die Entlüftungsschrauben (8) in der Nabe und an den Pumpen abgelassen. Nach kurzer Zeit können die Bohrungen (4) und (6) mit Gewindestopfen verschlossen werden; die Hydraulikmutter wird entweder abgenommen und durch eine herkömmliche Propellermutter ersetzt oder aber fest angezogen und in der üblichen Weise gesichert.

Soll der Propeller *abgezogen* werden, muß die Propellermutter zunächst um etwas mehr als den Aufschubweg zurückgeschraubt, keinesfalls aber ganz abgeschraubt werden. Anschließend wird in die Bohrung (4) Drucköl gepreßt; der Propeller gleitet dann selbsttätig von der Welle. Zuletzt können Mutter und Propeller mit einfachen Mitteln entfernt werden. Das Verfahren ist seit über zwanzig Jahren an besonders hochbelasteten Propellern erprobt und hat sich bestens bewährt.

Da derartige Hochdruck-Hydraulik-Werkzeuge allerdings noch nicht in allen Ländern der Welt zum Stand der Technik zählen, empfiehlt es sich, stets eine ausreichende Anzahl *Ersatzteile*, namentlich für die Hydraulikpumpe, die Dichtringe und die Verschraubungen in der Bordreserve zu halten.

Ein weiteres Propellerbefestigungsverfahren, das auf die Paßfeder verzichtet und das seit 1966 zunehmend an Bedeutung gewonnen hat, ist das *Pilgrim-Keyless-Propeller-System* s. Bild 09.33.3. Hierbei wird eine Buchse aus *Grauguß mit perlitischer Matrix* (GGG) in die eigentliche Propellernabe mit *Araldit* unter hohem Druck „eingeklebt". Zur Vergrößerung der Haftfläche des Araldits wird die Buchse außen und die Propellernabe innen mit einem groben Gewinde gegenläufiger Steigung versehen, wobei der Spitzendurchmesser des Buchsengewindes ca. 1 ... 2 mm kleiner als der des Nabengewindes ist. Während des Einpressens der Aralditlösung muß die GGG Hülse genauestens in der Nabe *zentriert* werden. Nach dem Aushärten des Araldits kann der Propeller montiert werden.

Das Verfahren hat hinsichtlich der Beanspruchungsverhältnisse folgende Vorteile:

höherer Reibungsbeiwert der Wellen / Nabenverbindung infolge ölfreier Montage
geringere erforderliche Flächenpressung als Folge des höheren Reibungsbeiwerts und demzufolge niedrigeres Spannungsniveau in der Nabe
bessere Spannungsverteilung (auf GGG-Buchse, Aralditschicht und Propeller)
geringere Neigung zu Spannungsrißkorrosion.

Hinsichtlich der Fertigung und Ersatzteilhaltung ergeben sich folgende Vorteile:

Einpassen und Tuschieren des Konus bereits bei der Bearbeitung der Welle möglich durch Aufpressen der Buchse auf den Konus. (Kann sonst i.a. erst auf der Bauwerft erfolgen, wenn Welle und Propeller fertiggestellt sind).
Für Schiffe einer Serie genügt ein Reservepropeller und z.B. eine Buchse bzw. eine Buchse pro Schiff, wenn die Wellenabmessungen unterschiedlich sind.

Propeller

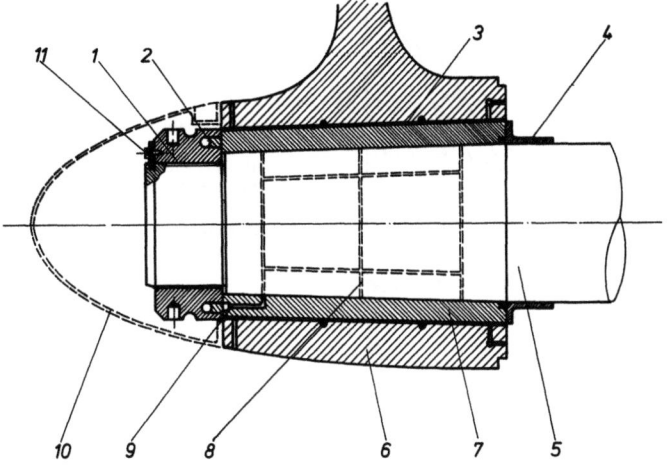

Bild 09.33.3
Pilgrim Keyless Propeller System
1 Hydraulikmutter Bauart *Pilgrim*
2 Ringkolben
3 Aralditfüllung
4 Laufbuchse der hinteren Stevenrohrabdichtung
5 Wellenkonus 1:20
6 Propellernabe
7 Buchse aus Grauguß mit perlitischer Matrix (GGG)
8 Ölverteilnuten
9 Drucköllanschlußbohrungen für das hydraulische Abziehen des Propellers
10 Propellerabdeckhaube
11 Sicherung der Propellermutter

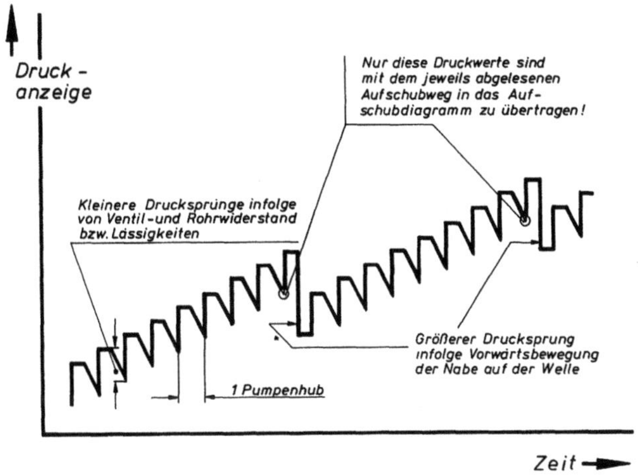

Bild 09.33.4
Zeitlicher Druckverlauf des Hydrauliköls beim Aufschieben des Propellers. Da die Preßfuge zwischen GGG-Buchse und Wellenkonus trocken und fettfrei sein muß, bewegt sich der Propeller jeweils ruckartig vorwärts. Dabei kommt es zu Drucksprüngen, die von den normalen, systembedingten Pumpenhub-Drucksprüngen zu unterscheiden sind.

In die GGG-Hülse sind in Längs- und Umfangsrichtung Preßfugen eingearbeitet, die jedoch *nur beim Abziehen* des Propellers mit Hydrauliköl beaufschlagt werden. Im Gegensatz zu dem oben zuerst beschriebenen ölhydraulischen Verfahren werden Propeller, die mit dem *Pilgrim-System* ausgestattet sind, beim Aufschieben nicht durch Einpressen von Öl in diese Preßfugen aufgeweitet. Die Prozedur verläuft vielmehr wie folgt:
Bohrung der GGG-Hülse mit Lösungsmittel (z.B. Tri) gründlich von Öl und Fettrückständen reinigen.
Wellenkonus mit 100er Körnung Schmirgel leicht und gleichmäßig aufrauhen.
Wellenkonus ebenfalls mit Lösungsmittel reinigen.
Hydraulik-Propellermutter anbauen (dabei zur Erleichterung Gewinde von Welle und Mutter einfetten), befüllen, sorgfältig entlüften.
Eventuell vorhandene Markierungen auf Welle und Propellernabe müssen übereinstimmen.
Welle muß im Schiff radial und axial gegen Verschiebung gesichert sein (z.B. Törnmaschine eingerückt).

Vordruck lt. Betriebsanleitung aufpumpen und Weg-Null nehmen (s.o.).
Die dazu anzusetzende Meßuhr muß gut fest stehen, da der Propeller *ruckweise* aufgeschoben wird (Bild 09.33.4).
Pumpendruck in Stufen von 200 bar steigern, und jeweils Pumpendruck und Aufschubweg in dem Aufschubdiagramm notieren (Bild 09.33.5).
Aus der grafischen Auftragung der Werte sollte sich der Reibwert $\mu > 0,15$ ergeben (Bild 09.33.5).
Die Werte sind entsprechend der Umgebungstemperatur zu *berichtigen*. (Die Korrekturwerte müssen im Abnahmeprotokoll der ersten Propellermontage vermerkt sein, ebenso wie die erreichten Endwerte von Druck und Aufschubweg).
Der Enddruck lt. Vorgabe ist zu halten und die Meßuhr zu beobachten: Zeigt sie keine weitere Wegänderung mehr, kann das Drucköl aus der Hydraulikmutter abgelassen werden. Die Mutter wird dann mittels Stropp und Hubzug (ca. 1 kN) fest gegen die Nabe gezogen und in der üblichen Weise gesichert.

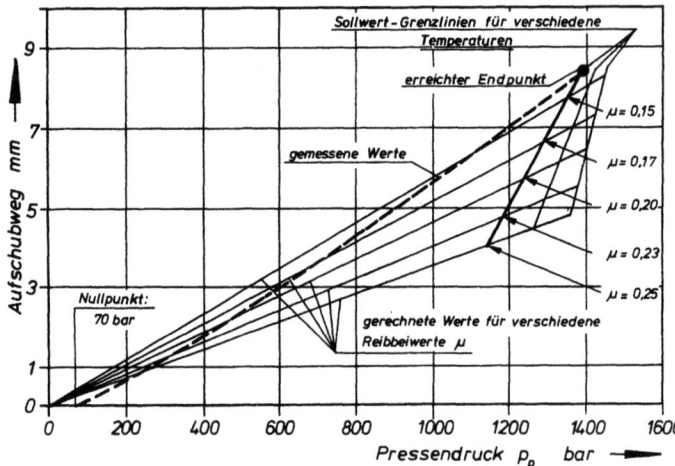

Bild 09.33.5
Aufschubdiagramm für eine Propellermontage nach dem *Pilgrim Keyless Propeller-System*. Das eingetragene Beispiel unterschreitet den Wert $\mu = 0{,}15$ geringfügig, was eigentlich nicht zulässig ist. Der Endpunkt liegt aber auf der verlängerten Sollwert-Grenzlinie für die vorgesehene Temperatur. Die Anlage wurde so belassen. Kontrolle nach 14 Monaten bestätigte einwandfreien Sitz des Propellers.

Alle Bohrungen sind, soweit nicht ausdrücklich untersagt, mit Fett zu verpressen und durch entsprechende Stopfen zu verschließen.

Beim Abziehen des Propellers, wird die Propellermutter gelöst und mehrere Gänge zurückgedreht ca. 100 ... 150 mm.

Zwischen Propellermutter und Nabe wird eine Hartholzlage gebracht, um zu hartes Anschlagen des Propellers beim Abgleiten zu verhindern.

In die Preßfugen wird Öl mit ca. 400 bar eingepreßt. Nach mehreren Minuten gleitet der Propeller vom Konus. Dabei sollte möglichst vorher kein Öl austreten (austretendes Öl bedeutet i.a. Beschädigungen der Konusflächen).

Achtung: Bei diesem Propellerbefestigungsverfahren dürfen Welle oder Nabe grundsätzlich nie angewärmt werden, da sonst die Araldütfüllung weich wird!

Verstellpropeller werden, wie man auch in Bild 09.23 erkennen kann, stets an einem *Wellenflansch* befestigt.

09.4.8 Der Propeller im Betrieb

Häufig beobachtete *Vibrationen* und *Geräusche* entstehen dadurch, daß der Propeller dicht hinter dem Schiff in einer durch den Nachstrom ungleichförmigen Anströmung arbeitet. Bild 09.6 zeigt die Form eines solchen *Nachstromfeldes*, das sich am besten durch die *Linien gleicher Strömungsgeschwindigkeit in axialer Richtung* darstellen läßt. Wie aus diesem Bild leicht zu erkennen ist, durchläuft der Propellerflügel bei jeder Umdrehung Gebiete sehr verschiedener Zuströmgeschwindigkeit, was zur Folge hat, daß im wesentlichen drei verschiedene, periodisch wiederkehrende Kraft- bzw. Momentenschwankungen auftreten:

1. *Schubschwankungen*, die über die Wellenleitung auf das Drucklager und somit auf das ganze Schiff wirken; die Dämpfung durch die Welle ist gering, so daß sie nahezu in voller Höhe vom Drucklager aufgenommen werden.

2. *Drehmomentschwankungen*. Das sehr große Schwungmoment des Propellers bewirkt, daß bei genügend langer und somit drehelastischer Wellenleitung die vom Propeller kommenden Drehmomentschwankungen sehr bald abklingen. Man prüft durch eine *Drehschwingungsrechnung* (s. Hauptabschnitt 15) nach, ob die *Eigenfrequenz* des Systems Hauptmaschine-Wellenleitung-Propeller im Bereich der vom Propeller ausgehenden *Erregungsfrequenz*, die das Produkt aus *Drehzahl mal Flügelzahl* ist, liegt und mit Resonanzerscheinungen gerechnet werden muß. Die Amplitude der Drehmomentschwankungen ist i.a. bei gerader Flügelzahl größer als bei ungerader Flügelzahl.

3. *Biegemomentschwankungen*. Dadurch, daß der Schub infolge der unterschiedlichen Flügelanströmung nicht genau in der Propellermitte angreift, entsteht eine zusätzliche Biegebeanspruchung der Welle. Diese Biegebeanspruchung bewirkt zusätzliche Belastungen vor allem des Stevenrohrlagers; durch diese periodisch wiederkehrende *Lagerkraft* kann das Hinterschiff zu Vibrationen angeregt werden. Die Biegebeanspruchung ist i.a. bei ungerader Flügelzahl größer als bei gerader Flügelzahl.

Neben diesen, von der *Welle* auf das Schiff übertragenen Kräften und Momenten entsteht durch das *Unterdruckfeld* vor dem Propeller und die Zustromverhältnisse bei jedem Durchgang eines Flügels durch den Steven eine starke *Druckschwankung* an der benachbarten Schiffsaußenhaut (Bild 09.34); auch die Frequenz dieser Erregung entspricht dem Produkt aus Drehzahl mal Flügelzahl.

Besonders starke Vibrationen treten bei plötzlichen *Umsteuermanövern* auf; ihre Ursache liegt in der gestörten Anströmung des Propellers. Bild 09.35 zeigt u. a. die Geschwindigkeitsverhältnisse an einem Flügelschnitt zu dem Zeitpunkt, an dem das Schiff noch *voraus* fährt, der Propeller aber schon *rückwärts* dreht: der Propellerflügel wird hier fast senkrecht zur normalen Richtung angeströmt. Neben den beschriebenen Vibrationen lassen sich auch vom Propeller ausgehende *Geräusche* feststellen; man unterscheidet *patschende* Geräusche im Takt von Drehzahl mal Flügelzahl, die meist nur in unmittelbarer Nähe des Propellers zu hören sind. Sie entstehen durch stellenweise Wirbelablösungen, die durch die Druck- und Geschwindigkeitsschwankungen ständig neu entstehen. Gelegentlich wird bei Hochleistungspropellern ein *Singen* wahrgenommen, das beträchtliche Lautstärke annehmen kann. Es handelt sich hierbei um *Resonanzschwingungen der Propellerflügel*, die im wesentlichen durch gerade beginnende Kavitation an der Eintrittskante oder durch Wirbelablösung an der Austrittskante erregt werden. Als Ursache kommen ferner Schwingungen an anderen Teilen der Wellenleitung in Frage, die ebenfalls mit der Frequenz der Flügel schwingen. Da der Sington eine Eigenschwingung der Flügel ist, ist er unabhängig von der Drehzahl, die ihn höchstens in seiner Lautstärke beeinflussen kann.

Während patschende und singende Geräusche meist weniger laut zu vernehmen sind, entstehen bei vollausgebildeter Kavitation *knatternde* Geräusche von erheblicher Lautstärke. Oft tritt unmittelbar beim Durchgang der Flügelspitzen durch den Steven in-

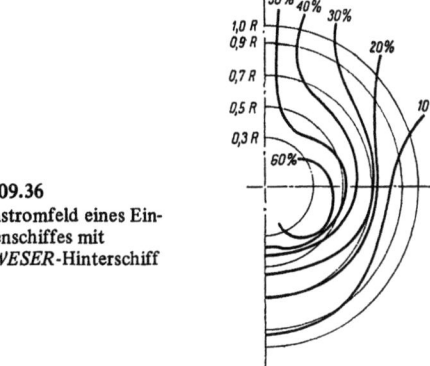

Bild 09.36
Nachstromfeld eines Einwellenschiffes mit *AG WESER*-Hinterschiff

folge der hier sehr ungünstigen Druck- und Geschwindigkeitsverhältnisse Kavitation auf; die Zeitspanne ist dabei so gering, daß keine Kavitationserosion an den Flügeln verursacht wird, doch genügt sie, um *knallartige Geräusche* im Takt von Drehzahl mal Flügelzahl entstehen zu lassen.

Fast alle hier angeführten Erscheinungen sind vermeidbar, wenn bei Entwurf und Bau des Schiffes bereits darauf geachtet wird, daß der Propeller günstige Anströmung und genügend *Freischlag* erhält. Besonders bewährt hat sich das *AG-Weser-Hinterschiff*, bei dem durch entsprechende Formgebung ein gleichmäßigeres Nachstromfeld erzielt wird (Bild 09.36).

Bild 09.34 Druckverhältnisse am Hinterschiff beim Durchgang eines Propellerflügels durch den Steven

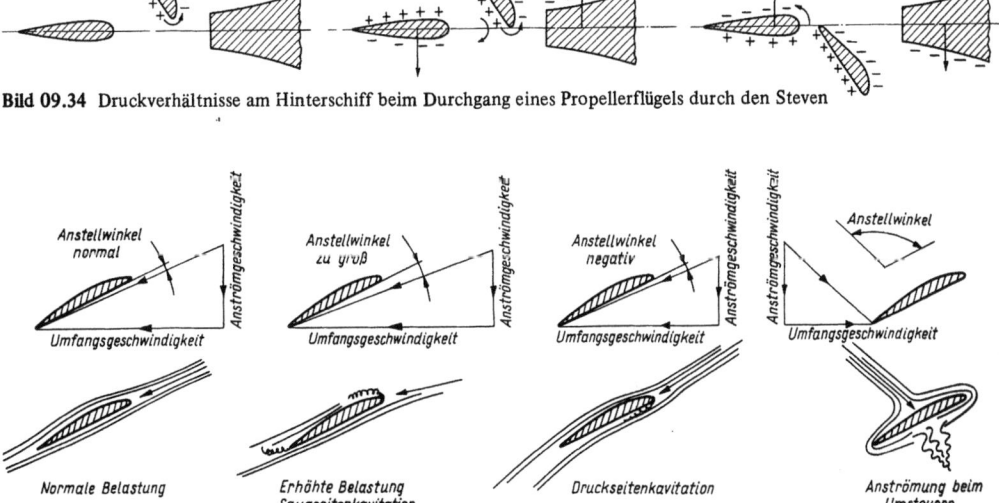

Bild 09.35 Geschwindigkeitsverhältnisse am Propeller bei verschiedenen Belastungen und beim Umsteuern

Betrieb von Verstellpropellern

Da die Antriebsanlagen moderner Schiffe einerseits sehr weitgehend automatisiert sind, es andererseits jedoch keinen internationalen *Standard* hinsichtlich der *Verblockungskriterien* gibt, sind hier einige Grundregeln und Maßnahmen aufgezählt, deren Beachtung sich im Allgemeinen und im Besonderen bei der Übernahme einer neuen bzw. unbekannten Anlage empfiehlt.

Vor dem Anlassen der Hauptmaschine(n):

    Hydraulikpumpen prüfen, starten und einwandfreien Lauf kontrollieren
    Ansprechen der Regelkreise prüfen
    Funktion der einzelnen Betriebsweisen prüfen:
    von Hand — vor Ort
    Fernbedienung vom MKR
    Brückenfernbedienung
    Je nach Automatisierungsgrad der Anlage:
    Betriebsweise „Fernbedienung vom MKR" anwählen.
    Steigung auf „*Nullschubstellung*" fahren.
    Bei direkt-gekuppelten Anlagen:
    Freigabe zum Start von Brücke einholen
    Hauptmaschine(n) starten

Vor dem Ablegen

Schiffe mit Verstellpropelleranlagen werden im allgemeinen von der Brücke aus gefahren. Dies gilt nicht nur für den Seebetrieb, sondern auch für Revierfahrt und den gesamten Manöverbetrieb einschließlich der An- und Ablegemanöver. Zu diesem Zweck wird von der Betriebsweise „Fernbedienung vom MKR" auf „Brückenfernbedienung" bzw. „Automatikbetrieb" übergeben.

Vor dieser Übergabe sollte bei *laufendem* Propeller noch einmal das einwandfreie Arbeiten der Steigungsverstellung geprüft werden:

    Freigabe von Brücke einholen
    kleine Steigungsänderung „*Voraus*" vorgeben, Wirkung beobachten
    Steigung wieder auf „*Nullschubstellung*" zurücknehmen, Wirkung beobachten
    kleine Steigungsänderung „*Rückwärts*" vorgeben, Wirkung beobachten
    Steigung wieder auf „*Nullschubstellung*" zurücknehmen, Wirkung beobachten
    Bei einwandfreiem Arbeiten der Steigungsverstellung Brücke informieren und auf „*Brückenfernbedienung*" umschalten.
    Test sollte von Brücke in gleichem Umfang wiederholt werden.

Bei „*Ende der Seereise*" oder bei Übergang auf „*Manöverbetrieb*" nach einer längeren Seereise, sollte durch das Brückenpersonal das einwandfreie Ansprechen der Steigungsverstellung ebenfalls in gleicher Weise getestet werden.

Mindestens ein- bis zweimal pro Reise sollte die Betriebsweise „*von Hand — vor Ort*" durchgespielt werden um sicherzustellen, daß bei einem gelegentlichen Ernstfall keine Zeitverzögerung eintritt bzw. erst in Betriebsanleitungen geblättert werden muß.

09.4.9 Vorbereitende Arbeiten zu Klassebesichtigungen

Zum Ziehen der Propellerwelle sowie zum Besichtigen der Stevenrohrlager und -abdichtung (s. unter 10.2.3) muß der Propeller abgenommen werden. Je nach Klasse wird alle 4 bzw. 3 Jahre im Rahmen der *Klasseerneuerungsbesichtigung* die Vollzähligkeit der Ersatzteile geprüft, worunter hier der Reservepropeller bzw. ein Paar oder ein Satz Reserveflügel zählt.

Bevor der Propeller abgenommen wird ist mit einem Spion zu prüfen, ob die Propellermutter allseitig satt anliegt. Zeigt sich ein Zwischenraum, ist der Propeller gewandert. Dann muß die Paßfeder abspioniert werden. Nabe und Welle sind in diesem Fall besonders sorgfältig auf Risse und Freßspuren zu untersuchen. Hat die Paßfeder getragen, ist die Breitenzunahme der Paßfedernut aufzumessen.

Bei Propellern, die nach dem Druckölverfahren (s. Bild 09.33) aufgezogen werden, ist ferner zu prüfen, ob der Propeller gerutscht ist; die bei der vorhergehenden Montage eingeschlagenen Markierungen auf Propellernabe, -welle und -mutter müssen übereinstimmen.

09.4.10 Korrosion und Korrosionsschutz am Propeller

Nicht seewasserbeständige Werkstoffe unterliegen einer starken Korrosionsbeanspruchung, die in kurzer Zeit zu erheblichen Schäden führen kann, wenn nicht geeignete Schutzmaßnahmen getroffen werden. Der Schiffskörper selbst wird durch einen guten Farbanstrich geschützt, um so wirksamer, je gründlicher die Oberfläche vorher durch *Sandstrahlen* oder ähnliche Behandlung entzundert wurde. Zusätzlich werden über die ganze Schiffslänge *Zink-Schutzanoden* verteilt; (Grundlagen der kathodischen Schutzverfahren s. Hauptabschnitt 05). Besteht der Propeller aus nicht- oder nicht vollseewasserbeständigem Werkstoff (Gußeisen, Stahlguß, niedrig legierter Stahlguß oder Gußsondermessing-Legierungen) empfiehlt es sich, auch hier geeignete Schutzvorkehrungen zu treffen (eine Ausnahme bilden nur Propeller aus hochlegiertem Stahlguß mit mehr als 13 % Cr und solche aus Aluminium-Mehrstoff-Bronze), da schon eine geringfügige Aufrauhung der Propelleroberfläche ausreicht, um durch die dann größere Reibung Kavitation auszulösen. Die Gußsondermessing-Legierungen schützen sich zwar nach einiger Zeit durch Bildung einer beständigen *Oxidschicht*; durch leichte Kavitationserosionen kann diese aber stellenweise zerstört werden, wobei sich eine Potentialdifferenz zwischen *oxydierter* und *nichtoxydierter* Oberfläche und damit ein Ausgangspunkt für weitere Korrosion bildet. Es besteht also eine *gegenseitige Beeinflussung* von Kavitationserosion und Korrosion, die gefährliche Folgen hat. Für Gußeisen- und Stahlgußpropeller liegen die Verhältnisse ähnlich wie für den Schiffskörper, nur entfällt die Möglichkeit, einen wirksamen und dauerhaften Schutzanstrich aufzubringen, da die Propelleroberfläche während des Betriebes höchsten Beanspruchungen ausgesetzt ist.

Gußsondermessing ist dagegen *edler* (s. Spannungsreihe der Elemente im Hauptabschnitt 05) als Schiffsbaustahl und wird praktisch durch den Schiffskörper selber geschützt, wenn dieser gut mit dem Seewasser in Berührung ist. So kommt es, daß der Propeller bei schlechtem Außenhautanstrich nicht oder nur sehr wenig angegriffen wird; ist das Schiff dagegen gut in Farbe, können besonders starke Korrosionen am Propeller auftreten (s. auch *selektive Korrosion*, Hauptabschnitt 26).

Da man sowohl Schiffskörper als auch Propeller vor unnötigen Angriffen dieser Art schützen sollte, empfiehlt es sich, eine genügende Anzahl Zinkanoden anzubringen, da diese, wenn die Entfernung nicht zu groß ist, sowohl die Schiffsoberfläche in ihrer unmittelbaren Umgebung als auch den Propeller schützen können. Der Weg des Stromflusses von der Zinkanode über den Schiffskörper und die Schraubenwelle zum Propeller und von dort durch das Seewasser wieder zur Anode ist jedoch erheblich länger, als die Entfernung zur ebenfalls zu schützenden Schiffsoberfläche. Es muß also darauf geachtet werden, daß der *Übergangswiderstand* auf diesem Weg so niedrig wie möglich wird. Die Anoden sollten daher gut leitend mit dem Schiff verbunden sein; häufig werden Bandeisen in die Zinkplatten eingegossen, die mit der Außenhaut verschweißt werden können. Wichtig ist eine genügend große Oberfläche der Zinkanoden; hier rechnet man mit ca. 1 ... 2 normalen Anoden je m² Propelleroberfläche.

Bei guter Schmierung *schwimmt* die Propellerwelle in ihren Lagern, so daß der Übergangswiderstand sehr hoch ist; Abhilfe schafft man durch *Schleifkontakte* auf der Welle, die jedoch stets einwandfrei sauber gehalten werden müssen, um die beabsichtigte Wirkung zu erzielen.

Dies ist *besonders wichtig* bei Schiffen die mit einem Wellengenerator oder mit einem Übersetzungsgetriebe ausgerüstet sind (s. Hauptabschnitt 10).

Zinkplatten am Hinterschiff so anbringen, daß sie den Wasserzufluß zum Propeller nicht stören; Ablösungswirbel hinter den Anoden können sonst Kavitation am Propeller verursachen.

Bild 09.37 zeigt eine zweckmäßige Anordnung von Zinkanoden am Hinterschiff; die richtige Lage nach strömungstechnischen Gesichtspunkten sollte man jedoch möglichst mit einem Fachmann besprechen.

Die Schutzwirkung der Anoden ist nur dann zuverlässig, wenn der Übergangswiderstand niedrig bleibt; Zinkplatten schützen den Propeller *nicht*, wenn sie nicht *leitend* mit ihm verbunden sind, auch wenn sie noch so nahe liegen. Auf dem Ruder angebrachte Anoden haben z.B. einen viel zu hohen Übergangswiderstand (Zinkplatte-Ruder-Ruderschaft-Schiffskörper-Wellenleitung-Propeller), um wirksam zu sein!

Abschließend sei noch darauf hingewiesen, daß auch der *Reservepropeller* korrosiven Einflüssen ausgesetzt ist. Es empfiehlt sich, ihn einmal jährlich zu besichtigen und hinsichtlich seines Konservierungszustands zu überprüfen. Das gilt ganz besonders für die *Nabenbohrung* mit ihrer vergleichsweise hochgenauen und empfindlichen Oberfläche.

09.4.11 Beschädigungen am Propeller

Die Oberfläche eines neuen Propellers ist meistens durch einen farblosen *Firnisanstrich* oder durch ein selbsthärtendes Öl geschützt; tunlichst sollte dieser Schutz vor Inbetriebnahme der Schraube entfernt werden. Ebenfalls müssen Verunreinigungen des Propellers wie *Farbspritzer*, die beim Streichen der Außenhaut entstanden sind, unbedingt entfernt werden, weil sie Anlaß zu schwerem örtlichen *Lochfraß* geben können. Neue Propeller sind sauber — meist sind sie poliert — und es wäre ideal, wenn man diesen Zustand erhalten könnte. Propelleroberflächen, die keine Rauhigkeit infolge Bewuchses, Kalknester oder Anfressung zeigen, läßt man jedoch am besten unberührt. Treten Anzeichen solcher Art in Erscheinung und sind die Anfressungen nicht tiefer als 1 mm, können sie ausgeschliffen und poliert werden. Durch Kavitation angegriffene Flächen können sauber ausgeschnitten und durch *Auftragsschweißung* aufgearbeitet werden — eine Arbeit, die man am besten der Herstellerfirma überläßt, da sie genaue Kenntnis der Werkstofflegierung und meist auch nachträgliche Entspannungsbehandlungen

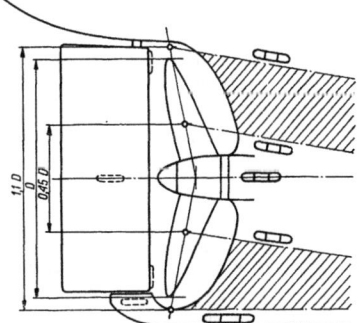

Bild 09.37 Zweckmäßige Anordnung von Zinkanoden am Hinterschiff
Anmerkung: In den schraffierten Bereichen dürfen keine Zinkplatten angeordnet werden, da sonst die Zuströmung zum Propeller gestört wird.

verlangt. Örtlicher Lochfraß oder weiter verbreitete Rauhigkeit sollte ebenfalls am besten durch die Hersteller beseitigt werden.

Kleinere *Risse* und *Verformungen* besonders der Flügelkanten müssen unverzüglich behandelt werden; so stören Verformungen der Eintrittskante z.B. die Umströmung und führen fast immer zu Kavitationsschäden.

Das *Ausrichten* verformter Flügel verlangt beträchtliche Erfahrung und sollte nur von Fachleuten durchgeführt werden. Materialdicken von über 60 mm setzen den Reparaturmöglichkeiten ebenfalls eine Grenze, da darüber hinaus schweißtechnische Probleme auftreten.

Abhilfemaßnahmen

Alle *Rißerscheinungen* können gefährlich werden, auch wenn sie zunächst klein sind. Die hohe Spannungskonzentration an der Rißspitze läßt sie wachsen; sie wirken als *Kerben* und können zu plötzlichen Brüchen führen. Bei jeder notwendigen Ausbesserung innerhalb 0,6 R sollte die Herstellerfirma zugezogen werden, da oft ein Erwärmen erforderlich ist, auf Grund dessen dann Restspannungen entstehen, die sich nur durch Glühen des gesamten Propellers beseitigen lassen. Sehr kleine Risse in diesem Bereich können ausgeschliffen werden, wobei man sich jedoch mit großer Sorgfalt von ihrer restlosen Beseitigung überzeugen muß, (z.B. *Dye-check* oder *Metal-check* Prüfung).

Eine provisorische Maßnahme, die ergriffen werden sollte, um die Kerbwirkung beim Auftreten eines Risses zu mildern und der weiteren Ausbreitung Einhalt zu gebieten, besteht darin, daß man an den Ausgangspunkten eine *Bohrung* von 10...12 mm Durchmesser anbringt; das so entstehende Loch muß allerdings noch entgratet und mit einem Pockholzpflock abgedichtet werden, um einen Ausgleich zwischen Saug- und Druckseite, der zu Kavitation führen kann, zu vermeiden. Später muß dann die Stelle durch Schweißen ausgebessert werden.

Gußsondermessing zeigt nach 10...12 Jahren Betriebszeit eine *Altersversprödung*, so daß Risse, die dann noch geschweißt werden, bald neue hervorrufen; in solchem Fall verzichtet man besser auf die Schweißung. Diese Risse treten auch an Propellern auf, die nicht benutzt worden sind (*Reservepropeller*).

Umgebogene Flügelspitzen und verbogene Kanten treten häufig als Folge von Eisgang, Grundberührung usw. auf, beeinträchtigen Wirkungsgrad und Kavitationsverhalten und sollten so schnell wie möglich beseitigt werden. Oft sind sie darüber hinaus mit einer *Veränderung der Flügelsteigung* verbunden; deshalb besteht die richtige Gegenmaßnahme darin, den Propeller von der Welle abzunehmen und sorgfältig aufzumessen (s. Hauptabschnitt 06).

Bearbeitung mit Hebeln und Gewichten hydraulischen und mechanischen Druck- und Spannvorrichtungen ist zulässig, keinesfalls aber mit Hämmern; die verbogenen Stellen selbst und die weitere Umgebung muß dabei durch langsame und gleichmäßige Wärmezufuhr auf eine dem Werkstoff entsprechende Temperatur gebracht werden. Ebenso muß das Abkühlen sehr langsam erfolgen.

Ein nicht entdeckter Anriß und andere, äußere Einflüsse können zum Ausbrechen von ganzen *Flügelstücken* führen. Dies läßt sich an plötzlichem unruhigen Lauf der Anlage oder auch an einem Geschwindigkeitsverlust feststellen. Eine provisorische Maßnahme besteht darin, eine Schablone vom fehlenden Stück herzustellen und am *gegenüberliegenden* Flügel an gleicher Stelle ein gleichgroßes Stück abzuschneiden. – Später können vom Hersteller die fehlenden Stücke wieder angegossen bzw. angeschweißt werden. Oft lassen sich Schäden dieser Art nicht sofort erkennen, wenn sie bei Eisgang oder schwerem Wetter auftreten, da der Geschwindigkeitsverlust unter diesen Gegebenheiten auch eine Folge des erhöhten Schiffswiderstandes sein kann.

Gelgentlich kann es erforderlich werden, dem Propeller durch *Warm-Aufschrumpfen* festeren Halt auf der Welle zu geben. Dabei muß die Nabe zur Montage erwärmt werden. Diese Erwärmung muß dann sehr gleichmäßig, am besten mit *Heißdampf* oder isolierten, elektrisch beheizten *Decken* vorgenommen werden.*) Besteht keine andere Möglichkeit, kann auch die *weiche* Flamme eines Gas-Luft-Brenners mit entsprechender Vorsicht benutzt werden. Zu hohes und ungleichmäßiges Erwärmen bewirkt, daß sich beim Abkühlen hohe *Restspannungen* bilden, die zu Spannungskorrosionen und Rißbildung in der Nabe führen. Besonders Propeller aus Gußsondermessing (s. S. 000) sind in dieser Beziehung empfindlich. Die Risse stellen sich – je nach Höhe der Spannungen – erst Wochen und Monate später ein und sind, wenn man sie dann bemerkt, meist schon zu tief, um noch ausgebessert werden zu können. Grundsätzlich sollten Wärmebehandlungen (Schweißarbeiten) und erst recht solche an Nabe und Flügelwurzeln nur vorgenommen werden, wenn sie unumgänglich sind.

Wird der Propeller beim Ein- und Ausbau oder zum Transport in Schlingen gehängt, muß ein *Kantenschutz* aus weichem Metall (Blei oder Kupfer, gegebenenfalls auch Kunststoff) verwendet werden.

---

*) Die Wandtemperatur der Nabe darf 100...150 °C nicht überschreiten.
Achtung! Bei Propellern, die nach dem *Pilgrim/Keyless-Propeller-System*-Verfahren montiert werden, darf *nie* angewärmt werden.

Unerlaubte Schweißungen an Beschädigungen der Kanten nahe der Flügelwurzel, die auf unsachgemäßes Anschlagen des Transportstopps zurückzuführen sind, führen zu nichtausbesserbaren Rissen und zum Verlust des Propellers.

Als preisgünstiges und gelegentlich durchaus wirkungsvolles Reparaturhilfsmittel haben sich auch *Kunstharz-Verguß-* und *Spachtelmassen* bei der Beseitigung großflächiger Abtragungen infolge von Kavitationserosionen erwiesen. Bei ihrer Verwendung ist auf sorgfältige Reinigung der Schadstelle und auf gleichmäßiges Verziehen der Übergangsstellen zu achten.

Bei allen Instandsetzungsarbeiten am Propeller empfiehlt es sich, möglichst bald nachdem der Betrieb wieder aufgenommen wurde, die instandgesetzten Bereiche zu prüfen – ggf. durch Einsatz eines Tauchers.

09.5 Schrifttum

[09.1] *Braun, K. Th.:* Herstellung von Schiffsschrauben (Deutsche Bearbeitung nach dem sowjetischen Fachbuch von *Lebedew/Sokolow*). VEB Fachbuchverlag, Leipzig 1960.

[09.2] *Brehme, H.:* Die Propulsionseigenschaften des Schraubenpropellers hinter dem Schiff. Handbuch der Werften, XIII Band, Schiffahrts-Verlag „Hansa", C. Schroedter & Co., Hamburg 1976.

[09.3] *Eberius, E.:* Korrosion und Erosionsschutz. Handbuch der Werften Band XIV. Schiffahrts-Verlag „Hansa", C. Schroedter & Co. Hamburg 1978.

[09.4] *Germanischer Lloyd:* Vorschriften für Klassifikation und Bau der Maschinenanlagen von Seeschiffen, Selbstverlag des Germanischen Lloyds, Hamburg 1980.

[09.5] *Gertler, M.:* A Reanalysis of the original test data for the Taylor Standard Series. The David W. Taylor Model Basin, Navy Department, Report 806, Washington, D.C., 1954.

[09.6] *Krüger, J.:* Widerstand und Propulsion Handbuch der Werften Band XIII. Schiffahrtsverlag „Hansa" C. Schroedter & Co., Hamburg 1976.

[09.7] *Lammeren, W.P.A., Troost, L.* und *Koning, I.G.:* Resistance, Propulsion and Steering of Ships. Ship and Marine Engines Volume II, 2. Auflage. The Technical Publishing Company H. Stam, Haarlem 1963.

[09.8] *Lammeren, W.P.A. van, J.D. van Manen, M.W.C. Oosterveld:* The Wageningen B-Screw Series. New York 1969, The Society of Naval Architects and Marine Engineers.
M.W.C. Oosterveld; P. van Oossanen: Netherlands Ship Model Basin, Wageningen, Holland, Further Computer Analysed Data of the Wageningen B-Screw Series.

[09.9] *Meyne, K.:* Gesichtspunkte beim Propellerentwurf 4. Fortbildungskurs der STG, Oktober 1973.

[09.10] *Meyne, K., Rauch, O.:* Some Results of Propeller Material Investigations Propellers 78 – Symposium SNAME, Virginia Beach, Va, May 78.

[09.11] *Stadler, H.:* Die Betriebsgrenzen aufgeladener Dieselmotoren und ihre Auswirkungen auf die Auslegung von Schiffsantrieben. Jahrbuch der Schiffbautechnischen Gesellschaft, 69. Band, 1975, Springer-Verlag Berlin-Heidelberg-New York 1976.

[09.12] *Todd, F.H.:* Series 60 Methodical Experiments with models of single-screw merchant ships. The David W. Taylor Model Basin, Navy Department, Report 1712, Washington, D.C., 1963.

[09.13] *Ulrich, W.* und *Danckwart, E.:* Konstruktionsgrundlagen für Schiffsschrauben. VEB Fachbuchverlag, Leipzig 1956.

[09.14] *Webb, A.W.O.:* Bronze Propellers and their Maintenance. Jahrbuch der Schiffbautechnischen Gesellschaft e.V., 59. Band. Springer Verlag, Berlin 1965.

[09.15] *Wellner, J., Ringstorff, H., Böhm, D.:* Untersuchungen zu Erosionskorrosion von Propellerwerkstoffen auf Kupferbasis, Schiffbauforschung 13/1974, 3/4.

Zeitschriftenaufsätze

[09.16] *Brehme, H.:* Die Wahl des Betriebspunktes bei der Berechnung eines Schiffspropellers. Schiff und Hafen 8, (1956).

[09.17] *Brehme, H.:* Kavitation und Kavitationserosionen an Schiffspropellern. Sonderdruck der Firma Theodor Zeise, Hamburg 1956.

[09.18] *Brehme, H.* und *Möller, J.:* Korrosion und Erosion an Schiffspropellern. Hansa 93 (1956), H. 12/13.

[09.19] *Brehme, H.:* Anwendungsbereiche für konventionelle und vollkavitierende Schiffspropeller. MTZ 28 (1967) H. 11, S. 457.

[09.20] *Brehme, H.:* Auswahl und Betriebsverhalten des Propellers Schiff & Haften 29 (1977) 2, S. 173.

[09.21] *Brehme, H.:* Der Einfluß unterschiedlicher Flügelsteigungswerte auf das Verhalten eines Schraubenpropellers „Hansa" 115 (1978) 8, S. 653.

[09.22] *Brix, J., Blaurock, J., Steidlinger, F.:* Robinson-Kurven des Propellerdrehmomentes und des Propellerschubes aus Voraus- und Rückwärtsfahrt auf tiefem und flachem Wasser. Zeitschrift „Schiff und Hafen", 1972, Heft 10.

[09.23] *Determann, H.:* Anwendung des kathodischen Korrosionsschutzverfahrens zur Vermeidung von Propellerwellenbrüchen. „Hansa" 105 (1968) H. 3, S. 209.

[09.24] *Dien, R., Prien, J.:* Die rechnerische Ermittlung von Stoppmanövern auf Schiffen mit Propellerantrieb, Zeitschrift „Schiff & Hafen", 1973, Heft 8.

[09.25] *Evans, R.:* Propeller Care – Some notes on the care and maintenance of marine propellers. Shipbuilding and Shipping Record 1966, S. 627.

[09.26] *Grim, O.:* Propeller und Leitrad, weitere Ergebnisse. Schiffstechnik 14 (1967) H. 70, S. 28.

[09.27] *Patience, G.:* Modifying propeller characteristics für better efficiency in ageing ships. Motor Ship 53 (1973) H. 630, S. 462-464.

[09.28] *NN:* Modifying the propeller for optimum efficiency. Shipp. World and Shipbuild. 165 (1972) 3868, S. 473-474.

[09.29] *Wagner, K.:* Über die Möglichkeit, die Kennlinie eines Festpropellers durch Nacharbeit an der Austrittskante der Propellerflügel veränderten Betriebsbedingungen anzupassen, Schiffbauforschung 13 (1974) 3/4 s.

Hauptabschnitt 10

Wellenleitung, Kupplungen und Getriebe

Prof. Dr.-Ing. *H. Meier-Peter*, Flensburg

10.1 Formelzeichen, Einheiten und Normen

c_p	Spezifische Wärme des Schmieröls	$\frac{J}{kg \cdot K}$
d	Wellendurchmesser	mm
d_o	Teilkreisdurchmesser	mm
F	Lagerkraft	N, kN
I	Massenmoment II. Grades	$kg \cdot m^2$
i	*Untersetzungsverhältnis*	—
M	Drehmoment	$N \cdot m, kN \cdot m$
n	Drehzahl	s^{-1}
P	Leistung	W, kW
P_r	Reibungsleistung (Lager)	W, kW
P_v	Reibungsleistung (Getriebe)	W, kW
Q	Wärmemenge	$\frac{kJ}{h}$
q	Schmieröldurchsatz	$\frac{dm^3}{s}$
r_o	Teilkreisradius	mm
S	Schlupf	%
v	Umfangsgeschwindigkeit der Lagerzapfen	$\frac{m}{s}$
z	Zähnezahl	
α	Zahneingriffswinkel	°
β	Schrägungswinkel	°
Δ	Lagerspiel	mm
$\eta_{ü}$	Wirkungsgrad der mechanischen Übertragung	Anteile v. 1, %
η_G	Getriebewirkungsgrad	Anteile v. 1, %
η_K	Kupplungswirkungsgrad	Anteile v. 1, %
η_L	Lagerwirkungsgrad	Anteile v. 1, %
η_W	Wellenwirkungsgrad	Anteile v. 1, %
v	kinematische Zähigkeit	$\frac{m^2}{s}$
ρ	Dichte	$\frac{kg}{dm^3}$
σ_H	Hertzsche Zahnflankenpressung	$\frac{N}{m^2}$

Wichtige Normblätter:

DIN 780 Modulreihe für Zahnräder
DIN 867 Bezugsprofil für Stirnräder mit Evolventenverzahnung
DIN 868 Zahnräder; Begriffe, Bezeichnungen, Kurzzeichen
DIN 3960 Bestimmungsgrößen und Fehler an Stirnrädern; Begriffe
DIN 3961 Toleranzen für Stirnradverzahnungen nach DIN 867; Erläuterungen
DIN 3962 Toleranzen für Stirnradverzahnungen nach DIN 867; zulässige Einzelfehler
DIN 3963 Toleranzen für Stirnradverzahnungen nach DIN 867; zulässige Flankenrichtungsfehler, zulässige Sammelfehler, zulässige Zahndickenabmaße
DIN 3964 Achsabstands-Abmaße
DIN 3967 Toleranzen für Stirnradverzahnungen nach DIN 867; zulässige Flankenrichtungsfehler, zulässige Sammelfehler, zulässige Zahnweitenabmaße
DIN 3971 Bestimmungsgrößen und Fehler an Kegelrädern; Begriffe
DIN 3975 Bestimmungsgrößen und Fehler an Zylinderschneckentrieben; Begriffe
DIN 3976 Zylinderschnecken; Abmessungen, Zuordnung von Achsabständen und Übersetzungen in Schneckentrieben
DIN 3990 Tragfähigkeitsberechnung von Stirn- und Kegelrädern mit Außenverzahnung; Grundlagen und Berechnungsformeln
DIN 7473 Gleitlagerbuchsen ohne Bund
DIN 7474 Gleitlagerschalen ohne Bund
DIN 7477 Schmiertaschen für Gleitlagerbuchsen und Gleitlagerschalen mit Fett- oder Ölschmierung
DIN 8000 Bestimmungsgrößen und Fehler an Wälzfräsern für Stirnräder mit Evolventenverzahnung; Grundbegriffe

10.2 Wellenleitung

10.2.1 Allgemeines

Aufgabe der *Wellenleitung* ist es, das von der Antriebsmaschine abgegebene Drehmoment auf den Propeller und den vom Propeller abgegebenen Schub auf den Schiffskörper zu übertragen. Zur Wellenleitung rechnet man die Wellen, die Wellenkupplungen, die Lager sowie das Stevenrohr und seine Abdichtungen.

Bezeichnungen

Bild 10.1 zeigt schematisch den Aufbau der Wellenleitung. Die *Propellerwelle* (1) (Schraubenwelle,

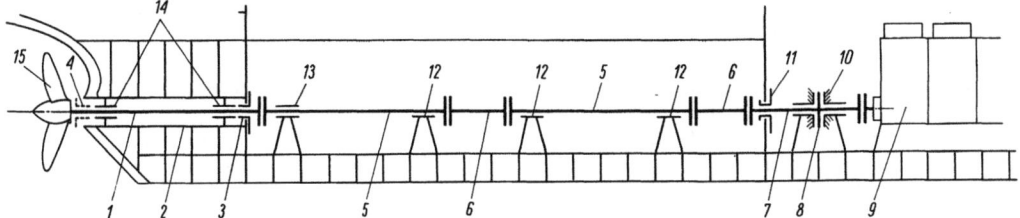

Bild 10.1 Bauteile der Wellenleitung
1 Propellerwelle
2 Stevenrohr
3 Stevenrohrabdichtung (Stopfbuchse)
4 Hintere Stevenrohrabdichtung
5 Leitungswelle
6 Zwischenwelle
7 Druckwelle
8 Druckflansch
9 Hauptmaschine
10 Drucklager
11 Maschinenraumschottstopfbuchse
12 Lauflager
13 Traglager
14 Stevenrohrlager
15 Propeller

Schwanzwelle) ist im *Stevenrohr* (2) meist zweimal gelagert; das Stevenrohr ist an seinem vorderen Ende mit einer *Dichtung* (3) versehen, um das Eindringen von Wasser ins Schiff zu verhindern. Je nach Art der Stevenrohrlagerung wird eine weitere Abdichtung (4) am hinteren Ende erforderlich.
Eine starre Kupplung verbindet die Propellerwelle mit der *Leitungswelle* (5) (Laufwelle). Aus herstellungstechnischen Gründen und mit Rücksicht auf die Einbaumöglichkeit wird die Leitungswelle aus mehreren Teilwellen zusammengesetzt, die ebenfalls durch starre Kupplungen miteinander verbunden werden. Die Leitungswellen laufen in *Trag-* bzw. *Lauflagern*; sind je Teilwelle zwei Lager vorgesehen, so werden die Leitungswellenteile durch *Zwischenwellen* (6) miteinander verbunden. Häufiger wird jedoch nur noch ein Lager je Teilwelle vorgesehen.
Die *Druckwelle* (7) ist mit einem *Druckflansch* (8) (Druckscheibe, Druckkragen) versehen und leitet den Propellerschub über das *Drucklager* (10) und sein Fundament in den Schiffskörper ein.
Der *Wirkungsgrad der Wellenleitung* richtet sich nach der Art und Anzahl der vorhandenen Lager. Im Betrieb interessieren vor allem die Verluste zwischen dem Antriebsflansch der Hauptmaschine und Vorkante Stopfbuchsenschott, die man durch Messung (s. Hauptabschnitt 06) ermitteln kann. Bei einer genauen Berechnung der vom Propeller aufgenommenen Leistung müssen dann noch die Verluste der Stevenrohrlagerung und -abdichtung berücksichtigt werden, die man praktisch nicht messen kann. Der *Gesamtwirkungsgrad der mechanischen Übertragung* von der Antriebsmaschine bis zum Propeller wird also:

$$\eta_{ü} = 1 - Kupplungsverlust - Getriebeverlust - Lagerverlust - Wellenverlust$$

oder

$$\eta_{ü} = \eta_K \cdot \eta_G \cdot \eta_L \cdot \eta_W \quad (1)$$

Über die Größe der jeweiligen Verluste s. unter 10.3 und 10.4.

10.2.2 Berechnung und Auslegung der Wellenleitung

Die Wellenleitung wird entsprechend den Bauvorschriften der jeweiligen Klassifikationsgesellschaften ausgelegt, die sich in diesem Punkt nur unwesentlich voneinander unterscheiden.
Berechnet wird der *Mindestdurchmesser der Leitungswelle*. Er richtet sich nach der Größe des zu übertragenden Drehmomentes und dem verwandten Wellenwerkstoff; darüber hinaus wird in den Berechnungsformeln gelegentlich die Art der Antriebsmaschine berücksichtigt, da z. B. Verbrennungsmotoren im Gegensatz zu Turbinen ein ungleichförmiges Drehmoment abgeben. Ausgehend vom Durchmesser der Leitungswelle wird der Durchmesser der Propellerwelle und der Druckwelle bestimmt. Die Propellerwelle wird verstärkt, da sie durch das Gewicht des Propellers und die nicht genau auf Mitte Propeller angreifende Schubkraft zusätzlich auf *Biegung* beansprucht wird, zumal, wenn das hintere Lager stärker abgenützt ist. Weiterhin liegt bei den direkten Antrieben meist auch noch ein Schwingungsknoten II. Grades in diesem Bereich.
Die Druckwelle wird ebenfalls verstärkt, um Verbiegungen infolge außermittig angreifenden Schubes zu vermeiden.
Mit den so festgelegten Konstruktionsdaten der Wellenleitung wird eine *Drehschwingungsrechnung* (s. Hauptabschnitt 03) durchgeführt, um zu prüfen, in welchem Maße mit zusätzlichen Torsionsbeanspruchungen durch Drehschwingungen zu rechnen

ist. Ergibt es sich, daß bestimmte Grenzen dabei kurzzeitig oder dauernd überschritten werden, verlangen die Klassifikationsgesellschaften entsprechende Verstärkungen der Wellenleitung.

Ferner werden Längs- und Querbiegeschwingungsrechnungen durchgeführt. Die erforderliche Mindestanzahl und die Anordnung der Lager wird so bestimmt, daß alle Lager möglichst gleich belastet werden, und die biegekritischen Drehzahlen weit genug über der Betriebsdrehzahl liegen.

Ist damit zu rechnen, daß die Hauptbetriebsdrehzahl in einen *Resonanzbereich* fällt, sieht man am besten einen Propeller mit anderer Flügelzahl vor, da dies sich sowohl auf die Größe der von ihm ausgehenden erregenden Kräfte als auch auf die Verlagerung der kritischen Drehzahl auswirkt (s. Hauptabschnitt 09).

10.2.3 Bauliche Ausführung der Wellenleitung

Freiliegende, sich bewegende Teile und umlaufende Wellen, Schwungräder, Kupplungen, vorstehende Teile von Wellenkupplungen usw. müssen mit Schutzblechen aus Metall versehen sein, sofern sie nicht durch den Flurboden oder andere Teile hinreichend verdeckt sind.

Propellerwelle

Wird die Propellerwelle in seewassergeschmierten Lagern gelagert, muß sie mit einem *Bronzebezug* versehen werden, da der Wellenwerkstoff nicht seewasserbeständig ist und der Propeller meist aus Bronze (s. Abschnitt 09.3) besteht, wodurch es zu einer Elementbildung (Stahl-Bronze) und erheblichen Korrosionen kommen würde (Spannungsrißkorrosion).

Der vergleichsweise dünnwandige, nahtlose und porenfreie Bronzebezug wird im Schleudergußverfahren hergestellt und auf die Propellerwelle i. a. warm aufgeschrumpft. Er muß vom Rezeß in der Propellernabe bis durch die Stevenrohrschottstopfbuchse reichen (s. Bild 10.4); seine Mindestwanddicke wird von den Klassifikationsgesellschaften vorgeschrieben.

In den Rezeß der Propellernabe wird ein nahtloser *Rundschnurring* aus Gummi eingelegt, der zwischen Bezug und Propeller gepreßt wird und so verhindern soll, daß an dieser Stelle Wasser eindringen kann. Da Gummi wohl elastisch, volumenmäßig aber so gut wie nicht zusammendrückbar ist, muß der Rezeß genügend groß ausgeführt werden. Damit der Ring sich allseitig dichtend anlegen kann, soll sein Querschnittsdurchmesser etwa 4 mm größer sein, als der Ringspalt zwischen Nabe und Bezug und mindestens 25 mm betragen.

Gegebenenfalls ist die Lücke der Paßfedernut im Rezeß der Propellernabe durch ein *Füllstück* zu verschließen, um den Gummiring zu schonen.

Das Spiel zwischen Wellenbezug und Propellerrezeß soll möglichst klein sein, wenn die Abdichtung außen liegt, andererseits groß genug, wenn eine innere Abdichtung vorgesehen wird.

Die Wichtigkeit dieser Dichtung kann nicht oft genug betont werden; fehlerhafte Abdichtungen an dieser Stelle gehören zu den häufigsten Schadensursachen an Wellenleitungen.

Bild 10.2 zeigt mehrere Möglichkeiten der Ausführung.

Bei sehr langen Propellerwellen (z. B. für Zwei- und Mehrwellenschiffe) sind gelegentlich nur die Lagerflächen der Wellen mit einem Bronzebezug versehen; im Bereich zwischen den Teilbezügen sind die Wellen mit Kunststoff, z. B. *Celloflex*,* oder Gummiwickellagen *ummantelt*, die vulkanisiert und mit verzinktem Draht gesichert werden. Die Enden der Umwicklung müssen bis unter die Bezüge geführt werden (Bild 10.3); auf den einwandfreien Zustand dieser Nahtstellen ist ebenfalls besonders zu achten.

Leitungswelle

Die Wellen werden aus Stahl geschmiedet (Zugfestigkeit $\sigma_B = 420 \ldots 720 \text{ N/mm}^2$) und sauber gedreht. Sie erhalten keinen Farbanstrich, damit sie leichter auf Fehlerstellen, Risse usw. untersucht werden können; vor Korrosion schützt sie ein dünner Ölfilm (eventuell Dieselöl). Bei längeren Stillstandzeiten ist darauf zu achten, daß der Ölfilm erhalten bleibt und nicht durch abtropfendes Schwitzwasser zerstört wird.

Die Wellen können bis zu 40% ihres Durchmessers *hohlgebohrt* werden, ohne daß die Klassifikationsgesellschaften eine Verstärkung des Außendurchmessers verlangen. Hohlwellen werden vor allem für Verstellpropeller benötigt (s. Bild 09.23), gelegentlich auch zur Gewichtsersparnis bei besonders leichten Schiffen (Marinefahrzeuge), oder um die drehelastischen Eigenschaften eines Schwingungssystems zu beeinflussen (z. B. im Getriebe).

Man versucht, zur Vereinfachung die Abmessungen der einzelnen Teilwellen möglichst gleich zu halten (Austauschbarkeit). Eine Teilwelle ist als *Paßwelle* mit einem dickeren Flansch versehen, um Bauungenauigkeiten auszugleichen; das Maß der Paßwelle wird erst bei der Endmontage an Bord genommen, wenn Antriebsmaschine und die restliche Wellenleitung bereits eingebaut und ausgerichtet sind.

Im Bereich der Lagerstellen ist der Wellendurchmesser etwas größer, um gegebenenfalls ein Nacharbeiten zuzulassen; die Lagerstellen sind im allgemeinen poliert (Rauhtiefe 2 µm).

---

*) Hersteller: *H. A. Springer* GmbH, Kiel

Wellenleitung

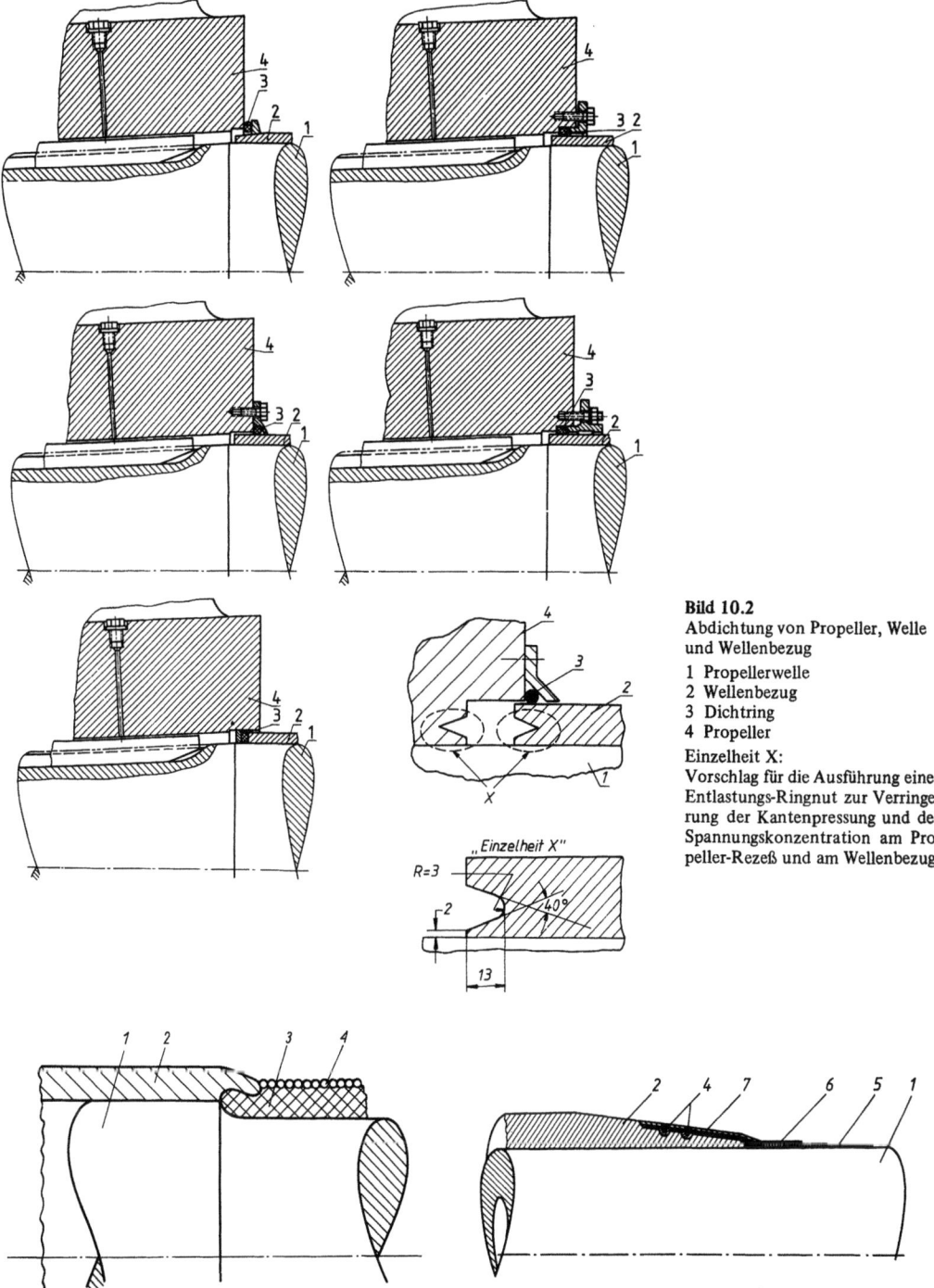

Bild 10.2
Abdichtung von Propeller, Welle und Wellenbezug
1 Propellerwelle
2 Wellenbezug
3 Dichtring
4 Propeller

Einzelheit X:
Vorschlag für die Ausführung einer Entlastungs-Ringnut zur Verringerung der Kantenpressung und der Spannungskonzentration am Propeller-Rezeß und am Wellenbezug.

Bild 10.3 Verbindung von Wellenbezug und Umwicklung
1 Welle
2 Bronzebezug
3 Gummiumwicklung
4 Drahtbewehrung
5 elastische Basis-Haftschicht
6 Hartschichten mit eingelegten Glasfasergeweben
7 Deckschicht

398   10 Wellenleitungen, Kupplungen und Getriebe

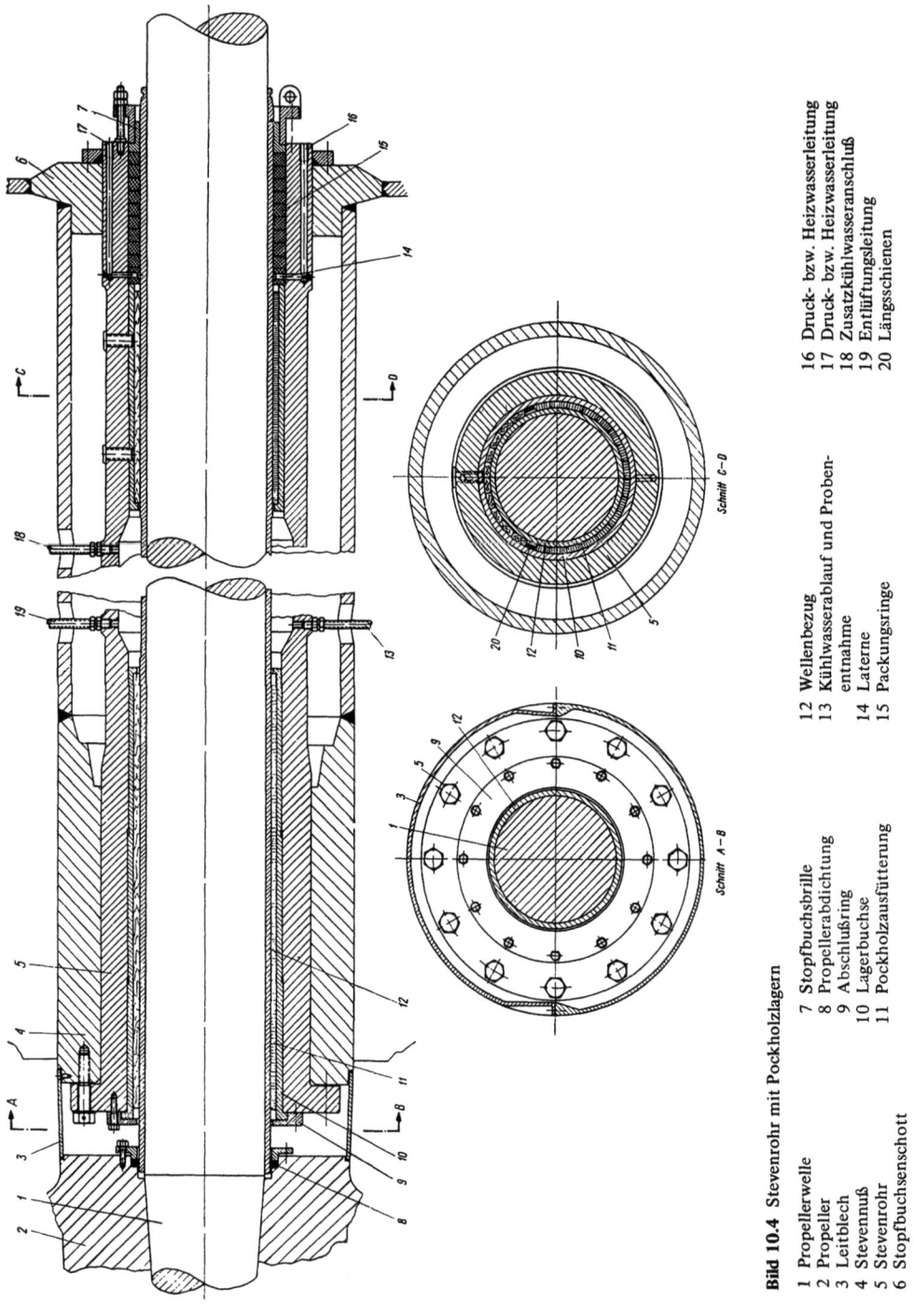

Bild 10.4 Stevenrohr mit Pockholzlagern

1 Propellerwelle
2 Propeller
3 Leitblech
4 Stevennuß
5 Stevenrohr
6 Stopfbuchsenschott
7 Stopfbuchsbrille
8 Propellerabdichtung
9 Abschlußring
10 Lagerbuchse
11 Pockholzausfütterung
12 Wellenbezug
13 Kühlwasserablauf und Probenentnahme
14 Laterne
15 Packungsringe
16 Druck- bzw. Heizwasserleitung
17 Druck- bzw. Heizwasserleitung
18 Zusatzkühlwasseranschluß
19 Entlüftungsleitung
20 Längsschienen

Druckwelle

Für *Einscheiben-Kippsegmentdrucklager* ist die Druckwelle meist symmetrisch zu ihrem Druckflansch ausgebildet. Sie kann so bei stärkerer Abnutzung auf der *Vorwärts*-Seite umgedreht werden. Die seitlichen Lagerlaufflächen sowie die Laufflächen des Druckflansches sind poliert (Rauhtiefe 2μm); der Außenumfang des Druckflansches ist dagegen rauh gedreht (Rauhtiefe 200μm), weil er gleichzeitig als *Ölförderring* arbeiten soll.

Stevenrohrlager

Die Propellerwelle wird im Stevenrohr in Gleit- oder Wälzlagern gelagert. Als Gleitlager kommen Pockholz-, Kunststoff- und Spezialgummilager sowie weißmetallarmierte Lager in Frage. Für Wälzlager und weißmetallarmierte Gleitlager ist *Ölschmierung* (evtl. Fettschmierung) erforderlich, während Pockholz-, Kunststoff- und Gummilager mit *Wasserschmierung* arbeiten.

Seewassergeschmierte Stevenrohrlager

Die Propellerwelle der in Bild 10.4 dargestellten Stevenrohrkonstruktion ist in Pockholzlagern gelagert. Die Pockholzstäbe (11) werden in die bronzenen Lagerbuchsen (10) stramm eingesetzt und oben durch einige (meist zwei) schwalbenschwanzförmige, mittels Nietschrauben befestigter Längsschienen (20) gehalten. Der Abschlußring (9) verhindert ein Verschieben der Lagerausfütterung in Längsrichtung. Zumindest in der unteren Hälfte bestehen die Pockholzstäbe aus Kern-Hirnholz-Segmenten, in der oberen Hälfte aus Kern-Langholz-Streifen. Auch das ölhaltige Pockholz quillt im Wasser; deshalb wird in Längsrichtung ein Spiel von rund 1% der Länge gegeben.
Bei neuen oder erneuerten Pockholzlagern wird vor dem Anfahren der Antriebsanlage mit der Wellendrehvorrichtung zunächst geprüft, ob ein leichtes Drehen der Welle möglich ist, um gegebenenfalls starkes Quellen des Pockholzes zu berücksichtigen.
Das Lager wird durch Wasser geschmiert das von der hinteren, offenen Seite des Stevenrohres eintreten kann; Längsnuten an den Pockholzstäben sichern den gleichmäßigen Zulauf zu den Lagerflächen. Durch eine hinter der Wellenstopfbuchse (7) angeschlossene *Druckwasserleitung* (16) kann das Lager, falls nötig, von eingedrungenem Schlamm und Sand freigespült werden; durch den gleichen Anschluß kann Dampf oder Warmwasser zugeführt werden, um ein *Einfrieren* der Lager bei niedrigen Außentemperaturen zu verhindern. Ungleichmäßige und örtliche Erwärmung ist jedoch hierbei zu vermeiden (Verzugsgefahr), am einfachsten durch Drehen der Welle mittels Drehvorrichtung. Bei warmlaufender Propellerwelle genügt es meist, die Achterpiek im Bereich des Stevenrohrs zu fluten.

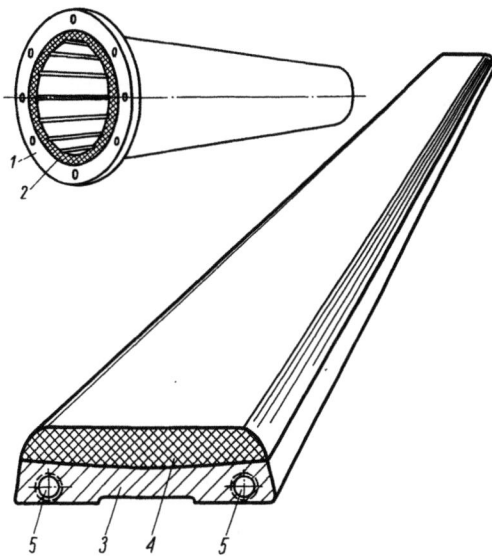

Bild 10.5 Gummi-Wellenlager
1 Metall-Lagerbuchse mit einvulkanisiertem Spezialgummifutter 2 zur Lagerung von Wellen mit $d = 20...500$ mm Durchmesser 3 Metall-Lagerstab mit aufvulkanisierter Spezialgummiauflage 4 zur Lagerung von Wellen mit $d > 200$ mm, 5 Gewindebohrungen für den Ausbau

Entnahme von *Wasserproben* zur Kontrolle der Kühlwassertemperatur ist über die Leitung (13) möglich. Finden sich im Probewasser Bronzepartikel, läßt dies auf übermäßigen Abrieb des Wellenbezuges schließen.
Das gleiche Konstruktionsprinzip kommt bei der Verwendung von öl- und seewasserbeständigem *Spezialgummi* mit Metalleinlage (Bild 10.5) oder bei der Lagerung auf *Kunststoffstäben* (Preßstoffstäben) zum Einsatz. Diese Werkstoffe weisen günstigere Gleiteigenschaften auf und ergeben kleinere Reibungsverluste. Da sie jedoch über sehr schlechte *Notlaufeigenschaften* verfügen, ist unter allen Umständen darauf zu achten, daß beim Manöverbetrieb die *Zusatzschmierung* über die bei (18) angeschlossene Leitung eingeschaltet wird.
Gummi-Stevenrohrlager bedürfen auch bei normalem Betrieb der Zwangsschmierung durch Wasser. Erfahrungswerte für minimales/maximales Lagerspiel s. Tafeln 10.1 bis 10.3.
Die meisten Preßstoffstäbe *quellen* im Laufe der ersten dreißig Tage nach dem Einbau; um dies zu berücksichtigen, sollte beim Einbau das Spiel Δ zwischen Oberkante Welle und Innenkante Preßstofflager etwa

$$\Delta = 0{,}0025d + 0{,}020s + 0{,}3 \text{ mm} \qquad (2)$$

betragen,

s Dicke der Preßstoffstäbe .... mm
d Wellendurchmesser .... mm

Tafel 10.1 Zulässige Lagerspielwerte für Pockholzlager

Durchmesser d	Lagerspiel*)	
	Mindestspiel Δ	Lager erneuern bei Δ
mm	mm	mm
100	0,5	3,0
200	0,8	4,1
300	1,2	5,2
400	1,4	6,1
500	1,6	7,0
600	1,7	7,0
700	1,7	7,2

*) gemessen am hinteren Lager

Tafel 10.2 Zulässige Lagerspielwerte für Gummistevenrohrlager

Wellendurchmesser d	Lagerspiel Δ	Nutentiefe s_N	Anzahl der Nuten	Gesamtquerschnitt der Nuten
mm	mm	mm		mm²
100	0,3	6	8	250
110	0,3	7	10	380
120	0,4	7	10	380
130	0,4	7	10	380
140	0,5	8	12	690
150	0,5	8	12	690
175	0,6	8	12	690
200	0,8	8	14	970
225	0,8	8	14	970
250	1,0	8	14	970
275	1,0	9	15	1200
300	1,0	9	15	1200
400	1,2	9	20	1600
500	1,5	9	24	1920

Bei Stablagern beträgt das Lagerspiel für
$d \leq 300$ mm → $\Delta = 0{,}0033 \, d$ mm
$d > 300$ mm → $\Delta = 0{,}003 \, d$ mm

Wellen und Lager bei Einbau und Betrieb fettfrei halten!
Zur Erleichterung des Einbaus Lager mit Wasser einsetzen!

Tafel 10.3 Zulässige Lagerspielwerte für Stevenrohrlager mit Weißmetallausguß

Wellendurchmesser d	Lagerspiel*)		Lager erneuern bei spätestens**)	Durchmesserabnahme der Buchsenbohrung beim Einbau, ca.
	Mindestspiel $\Delta = 0{,}001\,d + 0{,}1$	Empfohlenes Spiel nach HDW-Angaben		
mm	mm	mm	mm	mm
100 ... 200	0,2 ... 0,3	0,4 ... 0,5	0,6	0,55
200 ... 300	0,3 ... 0,4	0,5 ... 0,6	0,8	0,65
300 ... 400	0,4 ... 0,5	0,6 ... 0,7	0,9	0,75
400 ... 500	0,5 ... 0,6	0,7 ... 0,9	1,1	0,95
500 ... 600	0,6 ... 0,7	0,8 ... 1,0	1,2	1,05
600 ... 700	0,7 ... 0,8	0,9 ... 1,1	1,3	1,15
700 ... 800	0,8 ... 0,9	1,0 ... 1,3	1,5	1,4
800 ... 900	0,9 ... 1,0	1,1 ... 1,4	1,6	1,5
900 ... 1000	1,0 ... 1,1	1,2 ... 1,5	1,8	1,6
1000 ... 1100	1,1 ... 1,2	1,3 ... 1,6	1,9	1,7

*) Spiel bei eingebauter Propellerwelle.
**) Bei einwandfrei arbeitenden Lagern beträgt der natürliche Verschleiß etwa 0,03 ... 0,06 mm/a.

Die verschiedenen Preßstoffe quellen jedoch unterschiedlich; deshalb sollten nach Möglichkeit Angaben der Herstellerfirma berücksichtigt werden.
Da Preßstoffstäbe keine Biegebeanspruchung aufnehmen können, ist bei dieser Lagerung ganz besonders auf satte Anlage der Stäbe in den Buchsen zu achten.
Um das Stevenrohr zum Wellentunnel hin abzudichten, wird am vorderen Ende eine *Stopfbuchse* mit zweiteiliger Brille (7) eingebaut; als Packungsmaterial sollen möglichst talggetränkte Baumwollflechten mit quadratischem Querschnitt verwandt werden (Hanfflechten greifen den Wellenbezug an!) Beim Verpacken ist darauf zu achten, daß die Stopfbuchsschrauben völlig gleichmäßig angezogen werden; dabei darf die Packung während des Betriebes nur soweit angezogen werden, daß das heraustropfende Leckwasser etwa handwarm ist. Wird die Anlage abgesetzt, muß bei längeren Liegezeiten die Stopfbuchse fest angezogen werden. Wenn die Lager im Stevenrohr stark abgenutzt sind, kann es vorkommen, daß die Stopfbuchsenpackung radial belastet wird, heißläuft und infolgedessen undicht wird. Meist ist eine *Laterne* (14) vorgesehen, durch die Stopfbuchskühlwasser zugeführt werden kann. Sie kann durch zwei seitlich schräg eingeschraubte *Schaftschrauben* festgesetzt werden, so daß auch die vorderen Packungsringe ausgewechselt werden können, ohne daß das Schiff eindocken muß.

Ölgeschmierte Stevenrohrlager

Den nicht zu unterschätzenden Vorteilen der seewassergeschmierten Stevenrohrlagerung: Einfachheit, geringe Kosten, gute Notlaufeigenschaften (zumindest bei Pockholz) stehen folgende Nachteile gegenüber:

1. Nur mit erheblichem Aufwand kann festgestellt werden, ob der Wellenbezug einwandfrei sitzt

Wellenleitung

oder ob sich Risse bzw. Korrosionsstellen unter ihm zeigen, die zu einem Versagen der Welle führen können.
2. Das vergleichsweise große Lagerspiel führt zu zusätzlichen Beanspruchungen der Welle auf Biegung.
3. Die Reibungsverluste sind hoch.
4. Die Erfahrung zahlreicher Wellenbrüche zeigt, daß spätestens nach 8 ... 10 Jahren die Propellerwelle ersetzt werden muß.

Alle diese Nachteile entfallen bei der Verwendung *ölgeschmierter* Stevenrohrlager. Vorbedingung für den Einbau solcher Lager ist eine einwandfrei arbeitende, absolut wasser- und öldicht sitzende Dichtung am hinteren Ende des Stevenrohrs.
Diese Abdichtung macht den sonst erforderlichen Bronzebezug entbehrlich und verringert die Gefahr von Korrosionsschäden an der Welle.

Gleitlager

Beim Einbau weißmetallarmierter Gleitlager wird infolge des geringeren Lagerspiels die zusätzliche Biegebeanspruchung der Welle erheblich vermindert. Da die Welle bei einwandfreier Schmierung in ihren Lagern *schwimmt*, ergibt sich ein kaum nennenswerter Verschleiß, so daß die Lager nie oder selten erneuert werden müssen. Werden die Lager aber neu ausgegossen und aufgearbeitet, ist auf eine zweckmäßige Gestaltung der Öltaschen und des Lagerauslaufes zu achten. Bild 10.6 und Tafel 10.4 geben hierzu einige Anhaltspunkte. Da die Lager bei Ölschmierung eine wesentlich höhere Flächenpressung gestatten, können sie erheblich kürzer gebaut werden; dies verringert, in Verbindung mit einer geeigneten Formgebung des Lagerauslaufes, die Gefahr der Kantenpressung und trägt ferner dazu bei, daß die Reibungsverluste der Stevenrohrlagerung kleiner werden.

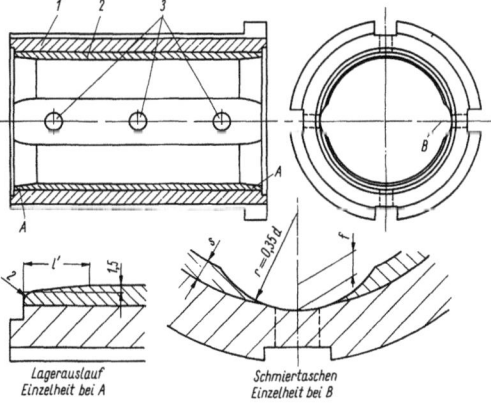

Bild 10.6.1 Gestaltung von Schmiertaschen und Lagerauslauf bei Stevenrohrlagern mit Weißmetallausguß
1 Lagerbuchse 2 Weißmetallausguß 3 Schmierbohrungen
Nach Angaben der *Howaldtswerke-Deutsche-Werft AG*

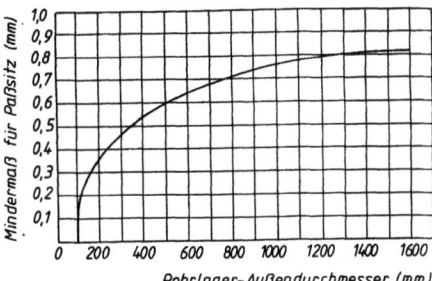

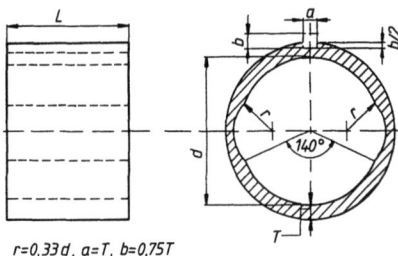

$r=0,33\,d,\ a=T,\ b=0,75\,T$

Bild 10.6.2 Hauptabmessungen von Railkolagern. Die Kurve zeigt das erforderliche Übermaß der Buchsen vor dem Einbau, als Funktion des Durchmessers

Tafel 10.4 Anhaltswerte für die Gestaltung von Stevenrohrlagern mit Weißmetallausguß

Wellendurchmesser d	Abmessungen (s. Bild 10.6)			
	s	f	l'	r
mm	mm	mm	mm	mm
100 ... 200	2	3	15	
200 ... 300	2	3	20	
300 ... 400	3	4,5	30	
400 ... 500	3	4,5	40	
500 ... 600	4	6	50	$r = 0{,}35\,d$
600 ... 700	4	6	60	
700 ... 800	4	6	70	
800 ... 900	4	6	80	
900 ... 1000	4	6	90	

Stevenrohrlager aus nichtmetallischem Werkstoff

Neben Versuchen mit Lagerwerkstoffen aus *Kohlenstoffasern* haben vor allem Lager aus *asbestgarnverstärktem Kresolharz*, einem Werkstoff aus der Familie der Duroplaste, Eingang in den Schiffsmaschinenbau gefunden. Dieser Lager-Werkstoff ist unter dem Firmennamen *RAILKO*-Lager bekannt und hat sich in zahlreichen Anwendungsfällen als Ruder- und Stevenrohrlager, auch bis zu den größten Wellenabmessungen, gut bewährt, da er weitaus unempfindlicher als Weißmetall auf gelegentliche Seewassereinbrüche im Stevenrohrschmieröl reagiert.
Das hintere Stevenrohrlager muß lt. Vorschrift der

Klassifikationsgesellschaft mindestens $2d$ (d = Wellendurchmesser) lang sein. Aus Gründen der besseren Montage und leichteren Herstellung werden diese Lager axial in drei Ringe geteilt, die gegen Verdrehung durch eine oben mittig angeordnete Paßfeder gesichert werden. Die drei Sektionen werden mit unterschiedlichem Außendurchmesser gefertigt, die Durchmesserstufung beträgt je nach Größe 1...2 mm. Die Ringsektion mit dem kleinsten Durchmesser wird als erste eingeschoben. Zu beachten sind bei der Montage ferner die Werte der *Langzeitquellung*. Dabei gelten folgende Richtwerte für Lagerspiel

$$\Delta = \frac{d}{1000} + \frac{2T}{100} \text{ mm} \qquad (3)$$

$$T = \frac{d}{22} = 10 \text{ mm} \qquad (3a)$$

d Wellendurchmesser,
T Wanddicke der Lagerschale
bzw. anders ausgedrückt

$$\Delta = 0{,}002\, d + 0{,}2 \qquad (4)$$

Das Lager kann ohne weiteres auch nach dem Einbau ins Stevenrohr ausgebohrt werden.

Wälzlager*)

Ist die Propellerwelle mit Wälzlagern ausgerüstet, so handelt es sich dabei meist um *Pendelrollenlager*. Sie sind in der Regel mit Spannhülsen auf der Welle befestigt, können aber auch aufgeschrumpft werden.

Beim Einbau solcher Lager ist besonders darauf zu achten, daß die vom Hersteller angegebenen Toleranzen und Lagerspiele *(Lagerluft)* eingehalten werden, die noch erheblich unter denen der Weißmetall-Lager liegen.

Die Stevenrohr-Wälzlager weisen besonders geringen Verschleiß auf, jedoch muß auch hier der Schmierung besondere Aufmerksamkeit gewidmet werden. Zwei Schmiersysteme kommen hauptsächlich zur Anwendung: Entweder wird das Stevenrohr wie bei der Verwendung von Weißmetallgleitlagern ganz mit Öl gefüllt und von einem Hochtank versorgt, der den erforderlichen Überdruck zur Seeseite hin gewährleistet. Die innere Dichtmanschette wird dann stets unter leichtem Überdruck an die Welle gedrückt. Es kann bei dieser Schmierung vorkommen, daß sich etwas höhere Öltemperaturen ergeben als bei der Weißmetallagerung (Verwirbelung des Öls beim Durchtritt durch die Lager). Fener wird eine größere Ölfüllung erforderlich, da der Durchmesser des Stevenrohres bei Wälzlagerung größer sein muß.

Das zweite Schmiersystem sieht eine *Ölumlaufschmierung* vor, bei der das Öl am vorderen Stevenrohrlager zugeführt und nach Durchströmen beider Lager hinter dem hinteren Lager abgesaugt wird. Eine Pumpe fördert es dann an einem Schauglas vorbei in einen Sammelbehälter. Bei dieser Umlaufschmierung genügen bedeutend kleinere Ölmengen. Das Stevenrohr ist nur etwa bis zur Mitte der unteren Lagerrollen mit Öl gefüllt. Um dennoch den erforderlichen Anpreßdruck für die innere Dichtmaschnette zu erhalten, ist es an eine Druckluftleitung (0,8...1,6 bar) angeschlossen; der Schmierölkreislauf wird dabei geschlossen gefahren.

Bei längeren Stillstandzeiten wird das Stevenrohr auch ganz mit Öl gefüllt und steht dann unter dem statischen Zulaufdruck des Sammeltanks, der deshalb stets oberhalb der Tiefladelinie angeordnet ist.

Bilder 10.7.1 und 10.7.2 zeigen als Beispiel einer Wälzlagerung moderner Konzeption das Stevenrohrlager eines 250 000 tdw-Tankers mit 850 mm Wellendurchmesser.

Das Pendelrollenlager ist mittels einer Hydraulikmutter (2) auf eine geschlitzte Spannhülse (1) aufgezogen. Das Aufziehen wird dadurch erleichtert, daß die Hülse mit Bohrungen (3) zur Druckölzuführung versehen ist.

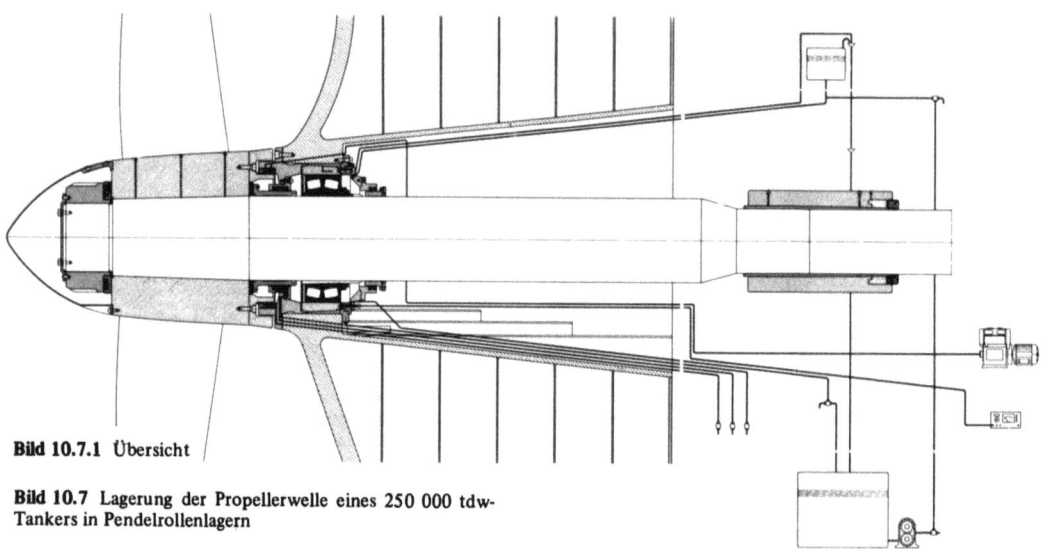

Bild 10.7.1 Übersicht

Bild 10.7 Lagerung der Propellerwelle eines 250 000 tdw-Tankers in Pendelrollenlagern

---

*) Diese Art der Lagerung ist auf Handelsschiffen bisher sehr selten angewandt worden, sie bietet jedoch, vor allem bei kleineren Anlagen, verschiedene Vorteile.

Wellenleitung

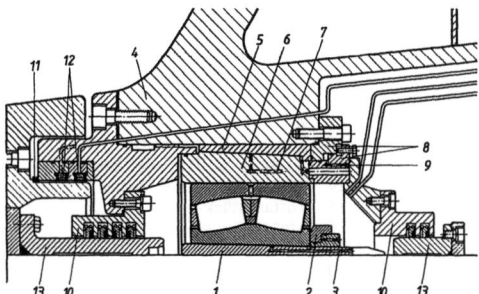

Bild 10.7.2 Einzelheiten der Lagerung
1 Spannhülse
2 Hydraulikmutter
3 Kanal für die Druckölzuführung
4 Achtersteven
5 Außenhülse, innen kegelig
6 Innenhülse, außen kegelig
7 Kanal für die Druckölzuführung zwischen die Paßflächen der Hülsen
8 Hydraulisches Werkzeug
9 Kanal für die Ölzuführung zum hydraulischen Werkzeug
10 Abdichtung
11 V-Ring aus Gummi
12 Schlauchförmige, aufblasbare Gummidichtungen
13 Dichtungsbuchse

Quelle: Kugellagerzeitschrift 170

Zwischen Außenring und Stevenbohrung werden zwei Hülsen (5 + 6) eingebaut, die mit Bohrungen (7) zum Einpressen von Drucköl zwischen die kegeligen Paßflächen der Hülsen versehen sind. Um die Innenhülse (6) in die Außenhülse (5) einzuziehen, wird dem hydraulischen Werkzeug (8) Öl zugeführt. Hierbei weitet sich die Außenhülse und setzt sich im Achtersteven (4) fest. Das Einziehen wird so lange fortgesetzt, bis mit einer Fühllehre das gewünschte Radialspiel von etwa 0,15 mm zwischen Lageraußenring und Innenhülsenbohrung gemessen werden kann. Dadurch wird das für die axiale Verschiebung des Lageraußenringes erforderliche kleine Spiel erreicht, obwohl der Durchmesser der Stevenbohrung eine große Fertigungstoleranz hat. Da das Spiel in der Stevenbohrung am Anfang verhältnismäßig groß ist, etwa 1 ... 2 mm, läßt sich der äußere Hülsensatz leichter einbauen. Das Spiel zwischen Lager und Hülsensatz beträgt vor dem Spannen der Außenhülse 1 mm, so daß sich auch das Lager ohne Schwierigkeiten einschieben läßt.

Auf beiden Lagerseiten sind Dichtungen (10) eingebaut, in diesem Fall Abdichtungen der Bauart „Huhn". Der Zwischenraum ist vollständig mit Öl gefüllt, das unter einem statischen Druck steht, der höher ist als der des Seewassers. In der Ölschmieranlage befindet sich eine Umwälzpumpe (Schmierölsystem Typ 1).

Als besonderer Schutz gegen Schlamm und andere Verunreinigungen ist im Labyrinth ein V-Ring (11) eingebaut, dessen Dichtungslippe kleine Löcher hat, so daß an beiden Seiten der gleiche Wasserdruck herrscht.

Ein großer Vorteil dieses Konstruktionskonzeptes besteht darin, daß das Lager und die Dichtungen vom *Schiffsinneren* her eingebaut werden können, so daß auch die *Inspektion der Schraubenwelle* einschließlich Lager und Dichtungen sowie ein Auswechseln der letztgenannten vorgenommen werden kann, ohne daß das Schiff ins Dock genommen werden muß. Die Wartung der Lagerung wird dadurch vereinfacht. Bei diesen Arbeiten wird das Eindringen des Seewassers durch zwei *statische Dichtungen* aus aufblasbaren Gummischläuchen verhindert. Sie sind an getrennte Druckluftleitungen angeschlossen.

Geteilte Stevenrohrlager

Diese Lager wurden insbesondere für sehr große Schiffe entwickelt, mit der Zielsetzung, die periodischen Besichtigungen der Schwanzwelle, der Stevenrohrabdichtung und des Stevenrohrlagers vom Schiffsinneren aus vornehmen zu können, so daß das Schiff *dock-unabhängig* disponiert werden kann. Mehrere verschiedene Konstruktionen wurden entwickelt und gebaut *(Turnbull-Marine, Mitchell bearings* u.a.). Hier wird das Prinzip dieser Lager am Beispiel der *Glacier-Herbert* Konstruktion erläutert (Bild 10.8).

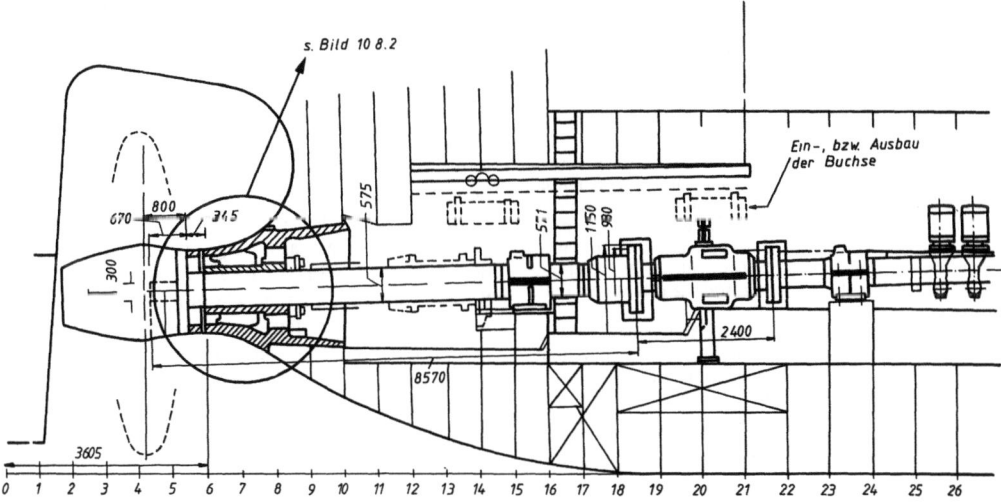

Bild 10.8.1 Geteiltes Stevenrohrlager, Bauart: GLACIER-HERBERT
Gesamtanordnung
(Quelle: HANSA-Schiffahrt-Schiffbau-Hafen – 112. Jahrgang – 1975 – Nr. 18, S – 1408)

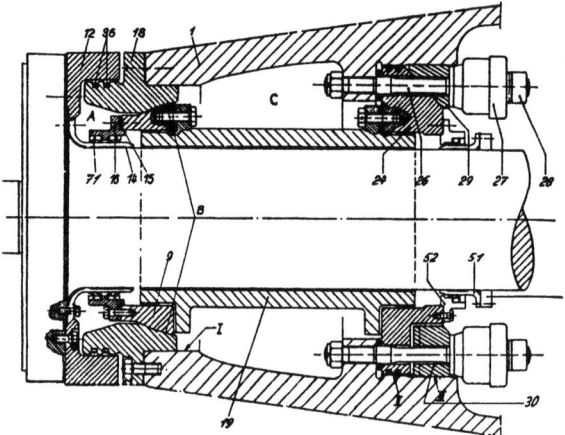

Bild 10.8.2 Einzelheiten der Stevenrohrkonstruktion
- A seewasserzugänglicher Raum
- B Kugelmittelpunkt
- C Ölkammer
- 1   Stevennuß
- 9   Ring mit Kugelkalotte
- 12 Tragring am Propellerflansch
- 14 hintere Chromstahlbuchse
- 15 Distanzstück
- 16 hintere Simplex-Dichtung
- 18 hinterer Tragring
- 19 Lager
- 24 vorderer Tragring
- 26 Dehnschraube
- 27 Federpakete (Tellerfedern)
- 28 Hydraulik-Mutter
- 29 oberes Paßstück
- 30 unteres Paßstück
- 26 aufblasbare statische Dichtung
- 51 vordere Chromstahlbuchse
- 52 vordere Simplex-Dichtung
- 71 Dichtungslippen

Die Stevennuß (1) ist als Stahlgußteil ausgeführt, an das Tragringe in den Sitzen I, II und III angeschraubt sind, die ihrerseits das eigentliche Lager aufnehmen. Das Lager (19) ist längsgeteilt in Ober- und Unterschale und an jedem Ende mit einem Flanschring versehen. Ober- und Unterhälften sind völlig *symmetrisch* ausgeführt, so daß sie bei etwaiger Abnutzung sowohl von oben nach unten als auch von vorn nach hinten gedreht werden können. Das Lager ist am hinteren Ende drehbar gelagert, was durch einen Ring (9) mit *Kugelkalotte* erreicht wird, der am Lagerflansch angeschraubt wird und sich in der Kugelfläche des Tragrings (19) abstützt.

Dieser Tragering ist am hinteren Ende der Stevennuß verschraubt. Durch diese Kugelfläche wird die *Einstellbarkeit* des Lagers, d.h. die Ausrichtung des Lagers nach der Welle ermöglicht. Die Einstellung selbst wird am vorderen Ende des Lagers vorgenommen. Hier ist ein weiterer Tragering (24) am vorderen Lagerflansch angeschraubt. Dieser Tragering hat Sitzflächen für vier Dehnschrauben (26), die das Lager gegen die Kugelfläche ziehen. Die Ausrichtung des Lagers erfolgt mit Hilfe von vier *Paßstücken*, die um 45° aus der Senkrechten versetzt sind und von denen die beiden oberen (29) abgeschrägt sind, so daß sie als Keile wirken und so den vorderen Teil der Lagerung um den Kugelmittelpunkt B drehen können. Die beiden unteren Paßstücke (30) werden entsprechend der erforderlichen Höhe angepaßt. Durch diese Einstellung wird das Lager der Biegelinie angeglichen, die die Welle durch das Gewicht des Propellers annimmt, und somit die *Kantenpressung* am hinteren Ende des Lagers *vermieden*.

Die Dehnschrauben gleichen durch die Tellerfedern (27) die unterschiedliche Dehnung zwischen Lager und Stevennuß aus; sie werden mit hydraulischem Werkzeug auf die erforderliche Vorspannung angezogen.

Das Lager wird durch eine vordere und durch eine hintere Simplex-Dichtung (52, 16) abgedichtet, die mit ihren Lippen (71) auf an der Welle befestigten Chromstahlbuchsen (51, 14) laufen. Die hintere Simplex-Dichtung ist über ein Distanzstück (15) mit dem Ring (9) verschraubt. Wird dieses *Distanzstück* entfernt, können die Lippen, falls erforderlich, auf einer anderen, noch nicht abgenutzten Stelle der Chromstahlbuchse laufen.

Der Raum *(C)* zwischen der Stevennuß, der Welle und dem Lager ist mit Öl gefüllt.

Bei Montagearbeiten am Lager oder an den Dichtungen werden die *Stillstanddichtungen* (36) durch Druckluft von innen her aufgeblasen und dichten so den gesamten hinteren Bereich hermetisch ab.

Ein- und Ausbau eines derartigen Lagers kann in ca. 8 ... 12 h durchgeführt werden.

Elastisches Stevenrohr (Grimmsche Welle*)

Die übliche Stevenrohrlagerung wirkt als *starres* Lager. Periodisch auftretende Querkräfte am Propeller (s. Abschnitt 09.4.8) werden bei dieser Anordnung über das hintere Lager direkt auf den Hintersteven übertragen und können Querschwingungen des Schiffskörpers (s. Hauptabschnitt 11) und starke Erschütterungen verursachen. Abhilfe wäre möglich, wenn man eine *Federung* zwischen Lager und Steven einbauen könnte, was aber konstruktiv schwierig auszuführen ist.

Die erwünschte Wirkung läßt sich jedoch dadurch erzielen, daß man das Stevenrohr nach hinten verlängert; das hintere Lager liegt dann außerhalb des Schiffskörpers (Bilder 10.9.1 und 10.9.2). Das Stevenrohr wirkt hierbei wie eine elastische *Biegefeder* und die in den Schiffskörper übertragenen periodischen Kräfte werden erheblich kleiner.

Bei den bisher ausgeführten elastischen Stevenrohren wurden ölgeschmierte Gleitlager i.a. in Verbindung mit *SIMPLEX*-Stevenrohrabdichtungen eingebaut.

---

*) Nach Prof. Dr.-Ing. *O. Grim*

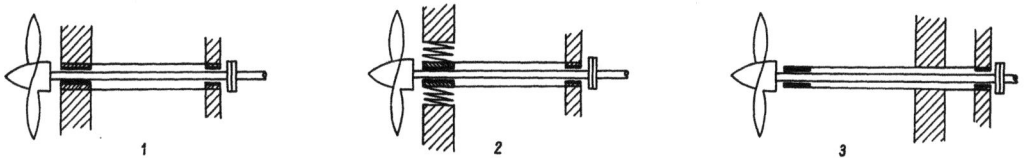

Bild 10.9.1 Elastische Lagerung der Propellerwelle 1 Übliche, starre Lagerung 2 Hinteres Stevenrohrlager abgefedert 3 Stevenrohr als Biegefeder ausgebildet

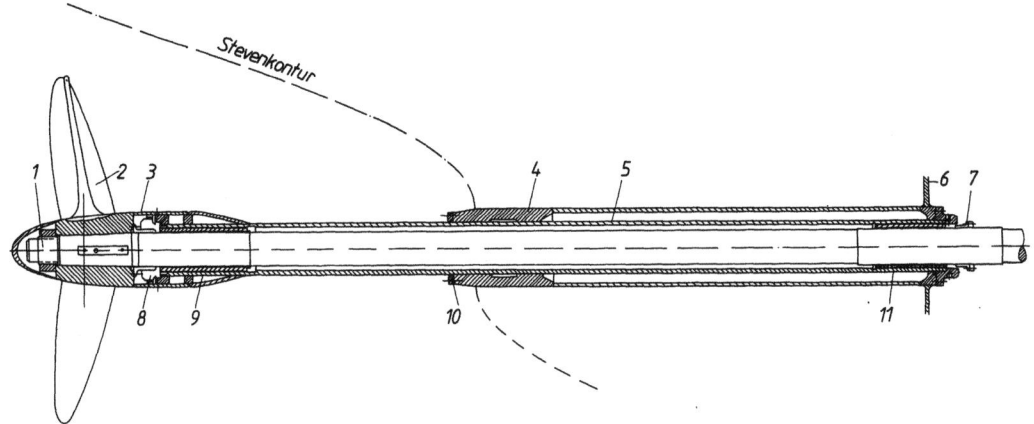

Bild 10.9.2 Elastisches Stevenrohr (*Grim'sche Welle*)
1 Propellerwelle 4 Stevennuß 7 Vordere Abdichtung (SIMPLEX)
2 Propeller 5 Stevenrohr 8 Hintere Abdichtung (SIMPLEX)
3 Leitblech 6 Stopfbuchsenschott 9 Lagerbuchse

Stevenrohrabdichtungen

Zwei grundsätzliche Dichtungsprinzipien sind hier zu unterscheiden: Dichtungen mit *Radialdichtringen* bzw. Manschetten (z. B. *SIMPLEX, SIMPLEX-Compact, Nippon-Sealol, Waukesha*) und *axiale Gleitringdichtungen* (z. B. *Cedervall, Crane Packings, Deap Sea Seals, Huhn, Sealol*).
Die Aufgabenstellung für die Dichtungen ist unabhängig von der Bauart: Die hintere Stevenrohrabdichtung muß das Eindringen von Seewasser in das Stevenrohr sowie den Ausfluß von Schmieröl nach außen wirksam verhindern, die vordere Stevenrohrabdichtung dichtet das Stevenrohr zum Wellentunnel ab und muß das Austreten von Öl aus dem Stevenrohr verhindern. Von der einwandfreien Funktion dieser beiden Dichtungen hängt die Sicherheit des Schiffes in hohem Maße ab.
Die *SIMPLEX-Compact*-Stevenrohrabdichtung, eine konsequente Weiterentwicklung der alten *SIMPLEX*-Stevenrohrabdichtung, stellt das modernste Konstruktionskonzept des Radialdichtungstyps dar. dar. Ihre Entwicklung wurde ausgelöst durch die Notwendigkeit, sich den zunehmend ungünstiger werdenden Betriebsbedingungen: immer höher werdende Drücke infolge größeren Tiefgangs und immer größere Umfangsgeschwindigkeiten infolge größerer Wellenabmessungen, anpassen zu müssen.

Bevor jedoch auf die konstruktiven und betrieblichen Merkmale der *SIMPLEX-Compact*-Dichtung näher eingegangen wird, soll zunächst die ursprüngliche *SIMPLEX*-Konstruktion beschrieben werden, von der in über 40 Jahren mehr als 12 000 Exemplare gebaut wurden und die dem Schiffsingenieur infolgedessen noch sehr häufig begegnet.

SIMPLEX-Stevenrohrabdichtung (Bilder 10.10.1 bis 10.10.4)
Zwei *Balgmanschetten* (15) aus öl- und seewasserbeständigem Material sind sowohl im Gehäuse (16) als auch an einem *Führungsring* (17) befestigt, der auf einer riefenfrei geschliffenen *Chromstahlbuchse* (18) gleitet, die mit dem Propeller verbunden ist und mit ihm umläuft. Die Dichtlippen der Balgmanschetten werden durch eine Schlauchfeder aus nichtrostendem Material bzw. durch den Wasser- und Öldruck fest gegen diese Buchse gedrückt; dabei sichert der Führungsring ihren stets gleichbleibenden, zentrischen Sitz, auch bei Verlagerungen der Welle (z. B. infolge von Verschleiß).
Die *hintere* Balgmanschette dichtet gegen Wasser und steht unter einem dem Tiefgang des Schiffes entsprechenden Wasserdruck. Ein zusätzlich vor ihr angebrachter *Dichtring* (19) soll gegebenenfalls vorhandene Verunreinigungen des Seewassers von

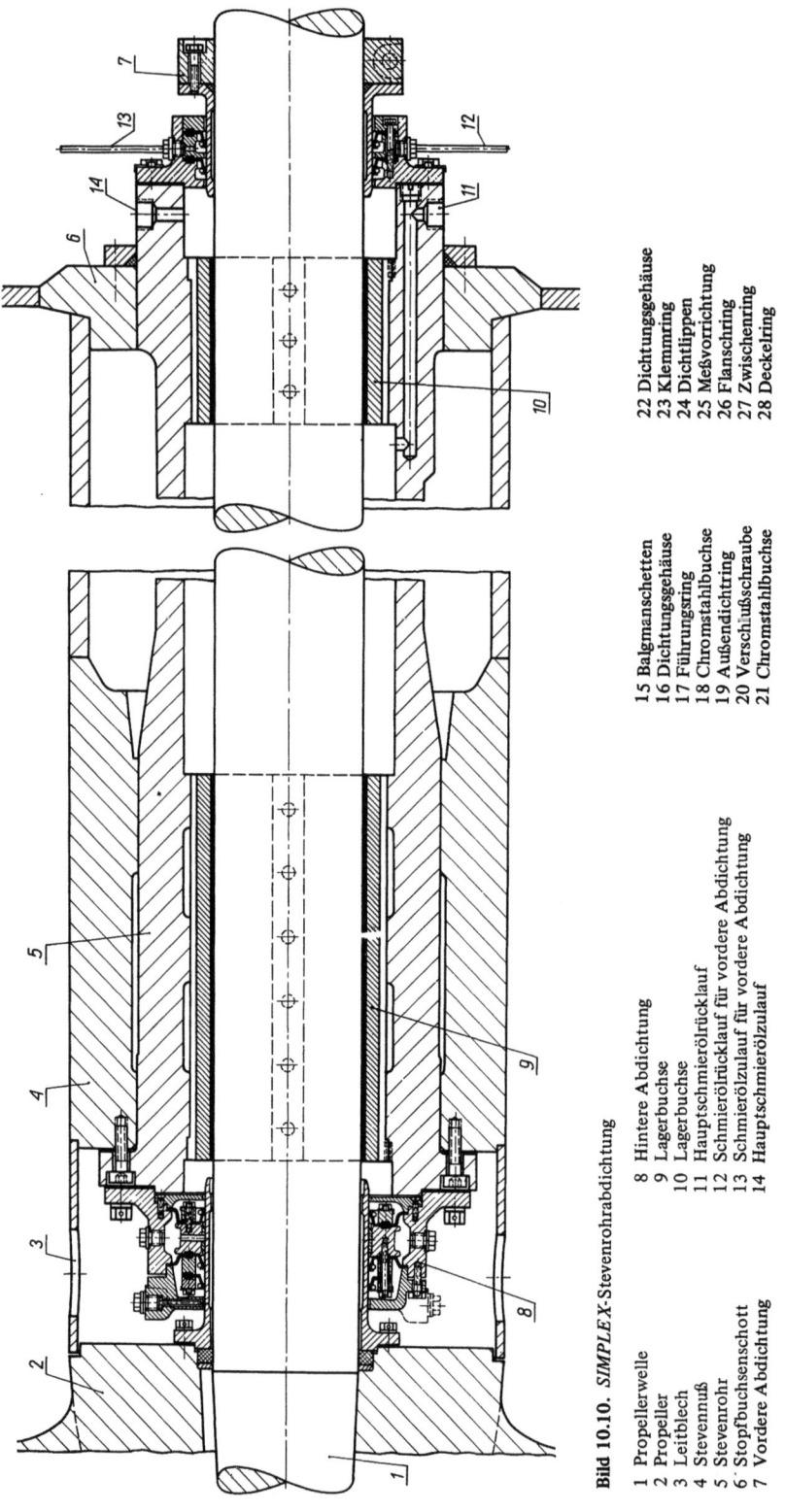

Bild 10.10. *SIMPLEX*-Stevenrohrabdichtung

1 Propellerwelle
2 Propeller
3 Leitblech
4 Stevennuß
5 Stevenrohr
6 Stopfbuchsenschott
7 Vordere Abdichtung
8 Hintere Abdichtung
9 Lagerbuchse
10 Lagerbuchse
11 Hauptschmierölrücklauf
12 Schmierölrücklauf für vordere Abdichtung
13 Schmierölzulauf für vordere Abdichtung
14 Hauptschmierölzulauf
15 Balgmanschetten
16 Dichtungsgehäuse
17 Führungsring
18 Chromstahlbuchse
19 Außendichtring
20 Verschlußschraube
21 Chromstahlbuchse
22 Dichtungsgehäuse
23 Klemmring
24 Dichtlippen
25 Meßvorrichtung
26 Flanschring
27 Zwischenring
28 Deckelring

Wellenleitung

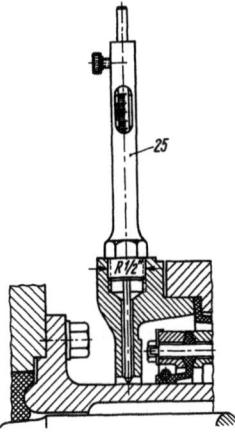

Bild 10.10.2
Meßeinrichtung

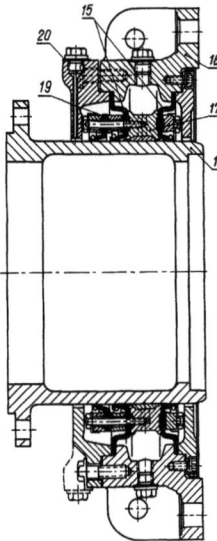

Bild 10.10.3
Hintere *SIMPLEX*-Stevenrohrabdichtung

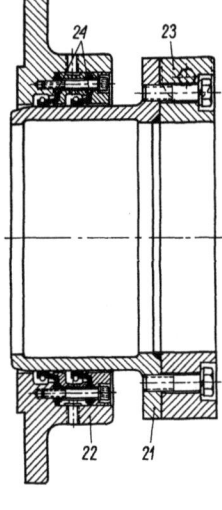

Bild 10.10.4
Vordere *SIMPLEX*-Stevenrohrabdichtung

das der Schmierung des Führungsringes dient. Es ist darauf zu achten, daß dieser Raum stets *ganz* mit Öl gefüllt ist, und der Ölstand sollte geprüft werden wennimmer es möglich ist, vor allem aber vor der Probefahrt (nach der Standprobe) und nach Reparaturarbeiten.

Die vordere *SIMPLEX*-Stevenrohrabdichtung zeigt einen ähnlichen Aufbau; da hier jedoch bei ölgeschmierten Lagern kaum noch Verlagerungen der Welle erfolgen, genügen einfache Dichtringe ohne Führungsring. Die Chromstahlbuchse (21) ist hier an einem *Klemmring* (23) befestigt.

Der Raum zwischen den Dichtringen wird mit Öl gefüllt, das über den Anschluß (13) aus einem weiteren, kleineren Ölbehälter zuläuft.

Bei großen Wellendurchmessern oder höheren Drehzahlen ist es ratsam, außerdem eine kleine Umwälzpumpe und einen Ölkühler für diesen Kreislauf einzubauen, um die Reibungswärme von den Dichtlippen abzuführen. Die Dichtung sollte im Betrieb handwarm (55 ... 60 °C) gefahren werden, da übermäßige Erwärmung die Dichtlippen schnell altern und spröde und undicht werden läßt.

Diese Kompakt-Kühlsysteme zählen bei neueren Anlagen im allgemeinen zum normalen Standard.

Zur Schmierung soll ein möglichst nicht emulgierendes Maschinenöl von 5 ... 9 ° Engler bei 50 °C verwandt werden, das bei niedrigen Außentemperaturen evtl. vorgewärmt werden kann, jedoch nicht über 60 ... 70 °C (s. auch Hauptabschnitt 08).

Die Achterpiek muß so angelegt sein, daß ständig 1 m Wasser über dem Stevenrohr steht, damit jederzeit eine genügende Abfuhr der Reibungswärme gewährleistet ist. Das Wasser darf *nur* durch die Leckschrauben an der Außenhaut abgelassen werden können.

Die Wartung erstreckt sich auf die Beobachtung des Ölstandes und gelegentliche Ölproben, für deren Entnahme ein Probieranschluß vorgesehen ist.

Eine einfache *Meßvorrichtung* (25) ermöglicht — nach Entfernen der Verschluß-Schraube (20) — die Kontrolle des Lagerspiels, ohne daß die Dichtung entfernt werden muß. Bei der ersten Messung wird ein Festwert an der Skala des Meßfühlers und die Stellung des Meßgerätes zum Gehäuse markiert.

Beim Ein- und Ausbau der Dichtung ist darauf zu achten, daß die Chromstahlbuchsen nicht aus den Dichtungen herausgezogen werden, da beim Wiedereinsetzen die Dichtlippen beschädigt werden könnten.

Die als Weiterentwicklung aus diesem Dichtungstyp entstandene *SIMPLEX-Compact*-Abdichtung, ist nach dem Baukastenprinzip konstruiert, so daß weitgehend baugleiche Teile für die innere und äußere Abdichtung verwendet werden können.

Im wesentlichen besteht die Abdichtung (Bilder 10.10.5 und 10.10.6) aus drei verschiedenen, einzeln miteinander verschraubten Ringen, den *Flansch-*

der Hauptdichtlippe fernhalten. Die *vordere* Balgmanschette dichtet gegen das Schmieröl im Stevenrohr; der Öldruck soll stets höher als der Wasserdruck gefahren werden, damit nur Öl austreten, nicht aber Seewasser eintreten kann.

Das Öl läuft aus einem kleinen Hochtank, der etwa 3 ... 4 m über der Tiefladelinie angebracht wird, zu; sehr große Tankschiffe werden mit einem zweiten Hochtank ausgerüstet, der mehrere Meter über der *Ballastladelinie* angeordnet wird. Durch Umschalten auf diesen Tank vermeidet man einen übermäßigen Druckunterschied zwischen Schmieröl und Seewasser bei Ballastfahrten. Der Raum *zwischen* den Balgmanschetten wird beim Einbau mit Öl gefüllt,

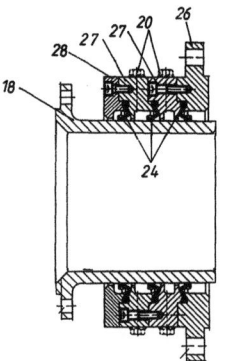 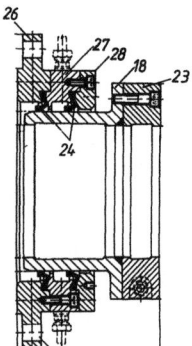

Bild 10.10.5 Hintere *SIMPLEX*-Compact-Stevenrohrabdichtung

Bild 10.10.6 Vordere *SIMPLEX*-Compact-Stevenrohrabdichtung

forderlichenfalls sogar mit vier und mehr Manschetten zusammengestellt werden, mit denen die Abdichtung den zu erwartenden *Umgebungsbedingungen* und -beanspruchungen optimal *angepaßt* werden kann. Hinsichtlich des Manschettenwerkstoffes hat der Reeder die Wahl zwischen *Viton*-Manschetten mit einvulkanisiertem Gewebe und dem klassischen Werkstoff *Perbunan*; bei der Laufbuchse der vorderen Abdichtung kann zwischen *Chromstahl* und *Grauguß* mit *thermisch gespritzter Oberfläche* (keramische Beschichtung) gewählt werden.

Auch für die Laufbuchse der hinteren Abdichtung wird gelegentlich keramische Beschichtung vorgesehen. Um einen ausreichenden Korrosionsschutz im hinteren Abdichtungsbereich zu schaffen, werden *Zinkanoden* am Buchsenflansch leitend befestigt.

Bezüglich des Schmierölsystems sowie der zu verwendenden Öle gelten dieselben Empfehlungen wie bei der alten *SIMPLEX*-Abdichtung.

Zusätzlich wird, insbesondere für hintere Abdichtungen mit *Viton*-Manschetten, eine Zusatzschmierung des Ringraumes zwischen der zweiten und dritten Manschette (von außen) empfohlen, die über eine Rohrleitung mit Rückschlagventil an das Stevenrohrschmiersystem angeschlossen wird.

Durch diese Maßnahme wird erreicht, daß in diesem Ringraum bei allen Betriebszuständen und Tiefgängen eindeutige, *kontrollierbare* Druckverhältnisse herrschen was zur Entlastung der Dichtlippen wesentlich beiträgt und so die Standzeiten von Laufbuchse und Dichtlippe verbessert.

Im Laufe der Betriebszeit verschleißt die Laufbuchse im Bereich der Dichtlippen, so daß sich ringförmige Verschleißgräben ergeben (Bild 10.10.8). Als (befristete) Maßnahme kann unter Umständen ein Ring zwischen Propeller und Laufbuchsenflansch eingelegt werden, um so unbeschädigte Bereiche der Laufbuchse zum Einsatz zu bringen. Man kann auch den Laufbuchsenflansch, wenn er kräftig genug ausgebildet ist, etwas abdrehen; Angaben hierzu sollten sich in der Betriebsanleitung befinden!

ringen (26), den *Zwischenringen* (27) und den *Deckelringen* (28). Diese Ringe, normalerweise aus Gußeisen gefertigt, bilden das Dichtungsgehäuse. Sonderausführung in Bronze ist möglich.

Die Balgmanschetten des alten Simplex-Konzepts wurden durch *Wulstmanschetten* ersetzt (Bild 10.10.7), bei deren Formgebung besonders darauf geachtet wurde, daß möglichst gleichmäßige *Einspannverhältnisse* ohne Spannungskonzentrationen an den *Spannrädern* erzielt wurden. Ferner konnte der Stützring des alten Konzepts weggelassen werden, da die Wulstmanschetten aufgrund ihrer Form und Elastizität bei Wellenverlagerungen und Schwingungen der Bewegung der Laufbuchse zu folgen vermögen. Ferner wird die Lippe der Wulstmanschette durch Druck und Temperatur *weniger stark verformt*, so daß sich ein günstigerer *Laufkontakt* zur Laufbuchse und wesentlich *niedrigere* Temperaturen im Betrieb ergeben.

Durch entsprechende Kombination der bereits erwähnten Flansch-, Zwischen- und Deckelringe mit den zugehörigen Wulstmanschetten, können vordere und hintere Abdichtungen mit zwei bzw. drei, er-

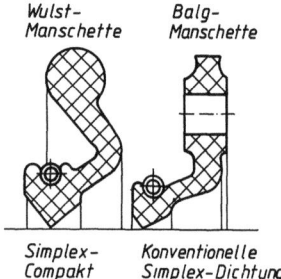

Bild 10.10.7 Vergleich von Balg- und Wulstmanschetten

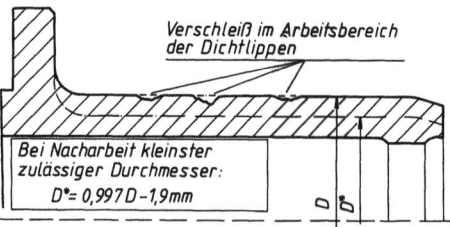

Bild 10.10.8 Typische Laufspuren der Dichtlippen auf der Laufbuchse können in Grenzen durch Nachdrehen und Polieren beseitigt werden. Schlauchfedern nachspannen!

CEDERVALL-Abdichtung

Bei der hinteren *CEDERVALL*-Abdichtung (Bild 10.11) ist das Gehäuse (20) am Propeller wasser- und öldicht befestigt. Der mit Weißmetall armierte Ringkörper (21) wird durch mehrere (6 ... 12) gleichmäßig auf den Umfang verteilte Federn aus nichtrostendem Stahl gegen einen mit dem Stevenrohr (5) verschraubten, gußeisernen Anlaufring (9) gedrückt. Die Federn sitzen in Bohrungen des zylindrischen Ringhalses (22), der von einer entsprechenden Ausdrehung des Gehäuses aufgenommen wird.

Weichpackung (23) und Abdeckring (24) verhindern das Eindringen von Wasser zwischen Gehäuse und Ringhals. 1 ... 2 Mitnehmerzapfen (25) sorgen dafür, daß Propeller, Gehäuse und Ringkörper gemeinsam umlaufen.

Neuerdings wird diese Dichtung mit geringfügigen Änderungen auch *geteilt* ausgeführt (Typ *„CEDERVALL-Ordinary Split"*), so daß sie zur Besichtigung von Welle und Lager entfernt werden kann, ohne daß der Propeller abgenommen oder die Welle gezogen werden muß, was, zumal bei Anlagen mit Verstellpropellern, viel Zeit spart. Geteilt ausgeführt ist auch die innere Abdichtung, die gegen einen plangeschliffenen, wassergekühlten *Hohlring* (12) läuft, der an das vordere Ende des Stevenrohres geflanscht ist. Ein *radialer* Mitnehmerbolzen (17) bewirkt hier den gemeinsamen Umlauf von Dichtung und Welle.

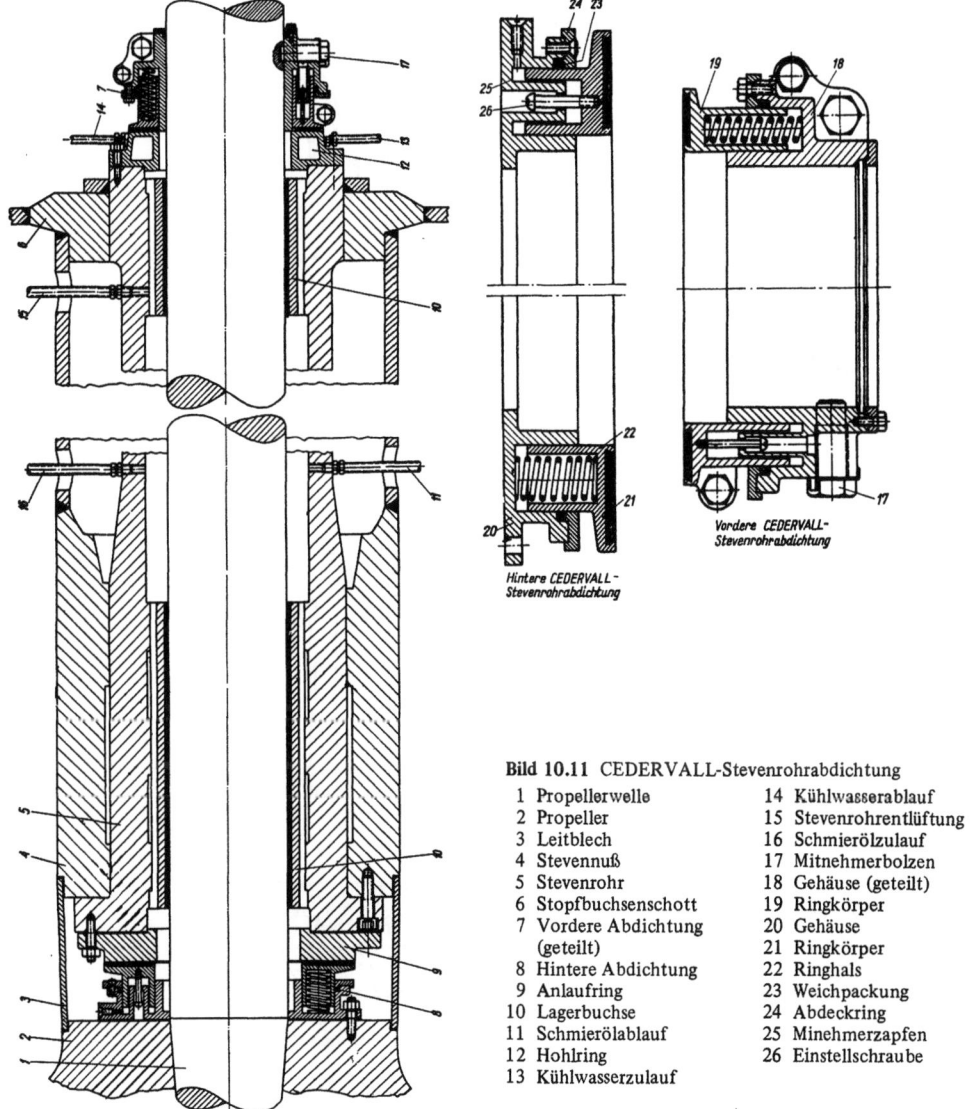

Bild 10.11 CEDERVALL-Stevenrohrabdichtung

1 Propellerwelle
2 Propeller
3 Leitblech
4 Stevennuß
5 Stevenrohr
6 Stopfbuchsenschott
7 Vordere Abdichtung (geteilt)
8 Hintere Abdichtung
9 Anlaufring
10 Lagerbuchse
11 Schmierölablauf
12 Hohlring
13 Kühlwasserzulauf
14 Kühlwasserablauf
15 Stevenrohrentlüftung
16 Schmierölzulauf
17 Mitnehmerbolzen
18 Gehäuse (geteilt)
19 Ringkörper
20 Gehäuse
21 Ringkörper
22 Ringhals
23 Weichpackung
24 Abdeckring
25 Minehmerzapfen
26 Einstellschraube

Da die Schleifringflächen der Abdichtungen geschmiert werden müssen, ist der Ölverbrauch etwas höher als bei der *SIMPLEX*-Dichtung; verwendete Öle s. Hauptabschnitt 08.

Lagerung der Leitungswelle

Die einzelnen Teilstücke der Leitungswelle werden jeweils durch 1 ... 2 Lager gestützt (s. Bild 10.1); eingebaut werden ölgeschmierte (seltener und nur bei kleinen Anlagen fettgeschmierte) Gleitlager oder Wälzlager.

Trag- und Lauflager

Bei den Gleitlagern unterscheidet man *Traglager* (Bild 10.12.1), mit weißmetallarmierter Ober- und Unterschale versehen sind, und *Lauflager*, die ohne Oberschale gebaut werden. Die Länge der Lagerschalen beträgt bei neuzeitlichen Konstruktionen nur noch etwa das 0,5 ... 0,8fache des Wellendurchmessers, während sie bei älteren Bauarten noch das 1,0 ... 1,2fache beträgt. Der gesamte Lagerreibungsverlust übersteigt, auch bei langen Wellen (Maschine mittschiffs), selten 1,0 ... 1,5 (2,0)% der übertrage-

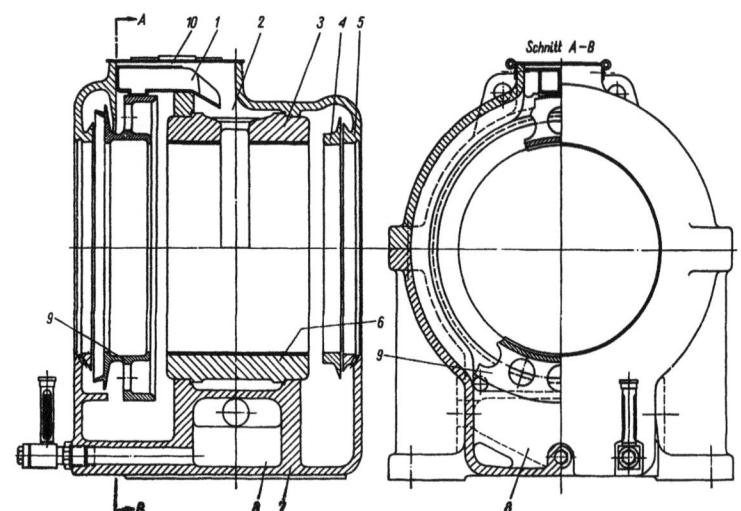

Bild 10.12.1 Traglager Bauart *HDW*

Bild 10.12 Wellenlager – Gleitlagerausführung
1 Ölabstreifvorrichtung
2 Ölsammelraum mit Zulauföffnungen
3 Lageroberschale
4 Spritzring
5 Ölrücklaufrillen
6 Lagerunterschale
7 Lagergehäuse
8 Kühlwasserkammer
9 Ölförderring
10 Inspektionsdeckel

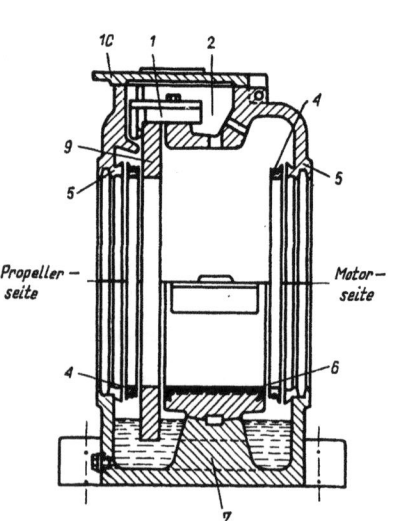

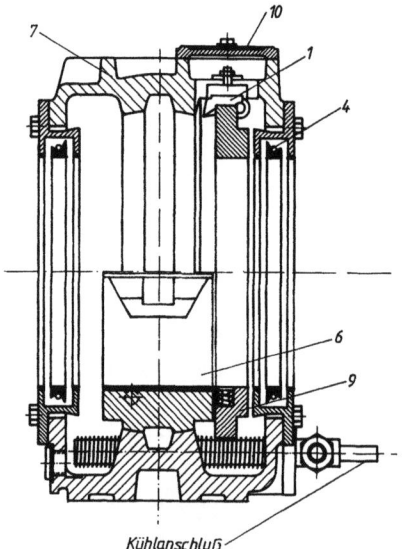

Bild 10.12.2 Lauflager Bauart *Radilus-LRL*

Bild 10.12.3 Lauflager Bauart *Renk-Wülfel SN*

nen Antriebsleistung. Besonders leichter Lauf wird bei der Verwendung von *Wälzlagern* erzielt, hier ergeben sich nur etwa (0,4) 0,5 ... 1,0 % Lagerverluste. Bei dem Traglager in Bild 10.12.2 *(Radilus-LRL-Radiallager* der Firma *Lohmann & Stolterfoht)* und bei dem *Renk-Wülfel*-Schiffswellenlager *Typ SN* (Bild 10.12.3) ist der Sitz der Lagerschalen im Gehäuse kugelig gestaltet, so daß Kantenpressungen bei der Montage vermieden werden können. Geteilte, mit einer Schlauchfeder auf die Welle geklemmte Spritzringe (4) aus ölbeständigem Werkstoff verhindern mit den Ölrücklaufrillen (5) zusammen ein Austreten des Schmieröles. Bei dem *Renk-Wülfel*-Schiffswellenlager sind die Dichtungen als Kammerdichtungen ausgeführt und von außen ohne Demontage des Lagers zugänglich.

Der Ölförderring 9 des Traglagers *Bauart HDW (Howaldtswerke-Deutsche-Werft AG)* in Bild 10.12.1 ist mit dem hinteren Spritzring zusammengefaßt. Das letzte Lager vor dem Stopfbuchsschott ist stets ein Traglager.

Bei Verwendung seewassergeschmierter Stevenrohrlager wird dieses Lager besonders kräftig ausgeführt, um die Beanspruchungen aufzufangen, die durch ausgelaufene Stevenrohrlagerung, durch Beschädigungen am Propeller, bei Fahrt in grober See oder im Eisgang entstehen.

Wälzlager

Als Wälzlager (Bild 10.13) werden vorwiegend *Pendelrollenlager*, gelegentlich auch *Zylinderrollenlager* mit balligen Laufrollen, verwendet. Um *Rattermarken* zu vermeiden, werden vergleichsweise große und breite Rollen eingebaut.

Auf der Welle sind diese Lager entweder mittels einer konischen und geschlitzten Spannhülse festgesetzt, oder sie sind aufgeschrumpft. Bei aufgeschrumpften Lagern ist der Lagersitz auf der Welle (Festsitz) auf genaues Maß geschliffen. Zum Aufschrumpfen werden die Lager im Ölbad auf 50 ... 80 °C erwärmt; Ausbau mit Hilfe einer einfachen Abziehvorrichtung (Bild 10.13.4).

Bild 10.13 Wellenlager – Wälzlagerausführung

1 Spannmutter mit Sicherung
2 Pendelrollenlager
3 Spannhülse
4 Spritzringe
5 Ölrücklaufrillen
6 Gehäusedeckel
7 Gehäuse
8 Zylinderrollenlager

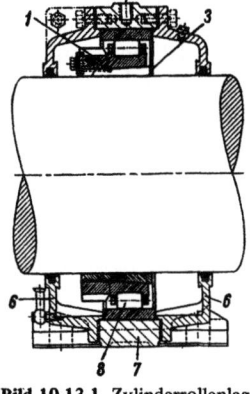

Bild 10.13.1 Zylinderrollenlager

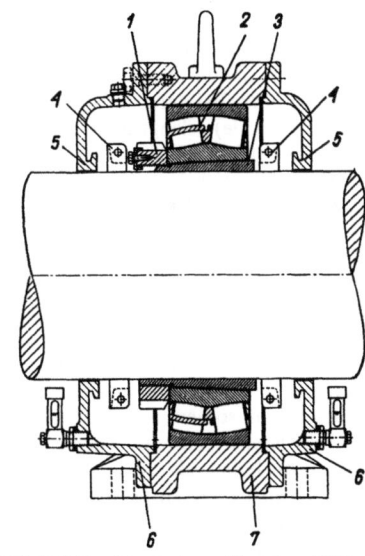

Bild 10.13.2 Pendelrollenlager (Werkfoto *SKF*)

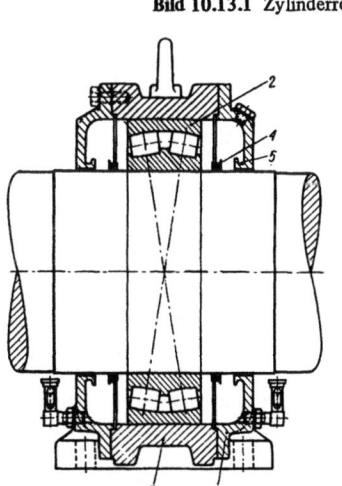

Bild 10.13.3 Pendelrollenlager (aufgeschrumpft)

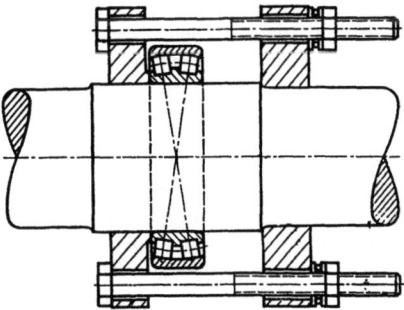

Bild 10.13.4 Abziehvorrichtung

Erfolgt die Befestigung auf der Welle mittels Spannhülse, wird die radiale Aufweitung der Ringe beim Anziehen der Hülse dadurch gemessen, daß man die Verminderung der *Lagerluft* (Lagerspiel) feststellt. Werden die vorgeschriebenen Werte erreicht, so ist der feste Sitz des Innenrings auf der Welle gesichert. Bei den Pendelrollenlagern muß der äußere Laufring in dem zylindrisch ausgebohrten Lagergehäuse längsverschieblich gleiten können, um Längenänderungen der Welle zu folgen. Der Abdichtung dienen auch hier meist auf die Welle geklemmte *Spritzringe*; seltener sind Filzringe oder Dichtmanschetten nach Art der *SIMMERINGE* in die Lagerdeckel eingesetzt.

Schmierung der Wellenlager

Trag- und Lauflager werden i. a. durch Eigenschmierung, d. h. durch natürlichen Umlauf des Schmieröls im Lagergehäuse geschmiert. Ein geteilter, seitlich neben der Lagerschale auf die Welle geklemmter *Ölförderring* fördert Öl aus der Gehäuseunterhälfte, das dann über eine, häufig zur Regulierung des Ölzulaufes *einstellbare*, Abstreifvorrichtung in einen Sammelraum und von dort über einen Ringkanal den seitlich in die Schalen eingearbeiteten Öltaschen zufließt. Bei der Lauflagerausführung (ohne obere Lagerschale) gelangt das Öl aus dem Sammelraum direkt auf die Welle und von dort in die Öltaschen der Unterschale (s. Bild 10.12).

Zur Besichtigung und Überwachung des Ölumlaufes während des Betriebes sowie zum Nachfüllen von Öl erhalten die Lager einen aufklappbaren Deckel auf dem Gehäuse; für die Überwachung des Ölstands ist entweder ein Schauglas oder ein Peilstab vorgesehen. Zum Stand der Technik zählen bei diesen Lagern heute auch stets 1 bis 2 Temperaturfühler, die in der belasteten Zone der Lagerschale angebracht sein sollten. Je nach Güte des verwendeten Weißmetalls darf die Temperatur an dieser Stelle nicht höher als 70 ... 90 °C werden. Wälzlager werden bis zur Mitte der untersten Laufrolle mit Öl gefüllt und bedürfen keiner weiteren Fördervorrichtung.

Bei der Eigenschmierung wird die Reibungswärme nur durch die Abstrahlung des Gehäuses abgeführt. Auf Schiffen, deren Wellenanlage stark unterschiedlichen Betriebsbedingungen unterworfen ist (Eismeer/Tropenfahrt), sind die Lager zusätzlich mit einem *Kühlwasseranschluß* ausgerüstet, um jederzeit die vorgeschriebene Lagertemperatur einhalten zu können (s. Bild 10.12.3).

Hochbelastete Lager, bei denen eine solche Kühlung nicht ausreichen würde, erhalten *Zwangumlaufschmierung*; meist ist dann eine Zulaufleitung an die obere und eine Ablaufleitung an die untere Gehäusehälfte angeschlossen. Die Ölversorgung wird durch Drosselventile vor jedem Lagerzulauf geregelt, die meist bei der Probefahrt auf die durch Lagerberechnung ermittelte Lagertemperatur eingestellt und in dieser Stellung durch Kontermuttern festgesetzt werden. Verwandte Öle und Fette s. Hauptabschnitt 08.

Propellerdrucklager

Aufgabe der Propellerdrucklagers ist es, den Propellerschub auf den Schiffskörper zu übertragen. Hierzu werden bei mittleren und großen Anlagen *Einscheiben-Kippsegmentdrucklager*, bei kleineren und mittleren Anlagen auch Wälzlager verschiedener Bauart verwandt.

Das Propellerdrucklager wird aus Kostengründen bei Getriebeanlagen häufig in das Getriebegehäuse, bei Motoren in die Grundplatte eingebaut, obwohl dies nicht sehr zweckmäßig ist, da dann die Propellerschubschwankungen auf das Getriebe bzw. den Motor einwirken können. Ein von Getriebe oder Motor getrennt aufgestelltes Drucklager ist fast immer vorteilhafter. Es muß jedoch so nahe wie möglich bei der Antriebsmaschine angeordnet werden, um den Einfluß von Längenänderungen der Welle, die durch Schiffsdurchbiegungen oder Wärmedehnung entstehen, von den Antriebsmaschinen fernzuhalten.

Die *Tragpratzen* des Drucklagergehäuses sollten bis zur Teilfuge hochgezogen sein, um die Biegebeanspruchung des Lagergehäuses klein zu halten, die Fundamentschrauben des Lagers zu entlasten usw. Die Pratzen bzw. der Grundflansch des Lagergehäuses sind meist durch *Paßkeile* abgefangen, die vorn und hinten zwischen Knaggen auf der Topplatte des schiffbaulichen Fundamentes und den Lagerflanschen eingepaßt sind, um die Fundamentschrauben zu entlasten. Da die Sicherheit des Schiffes vom einwandfreien Betrieb des Propellerdrucklagers abhängt, sind stets Vorrichtungen zur *Überwachung des Schmierölumlaufes* (Schaugläser, Druck- und Temperaturanzeigen) vorgesehen, sowie oft eine Anzeigevorrichtung für die Abnutzung der Laufflächen. Darüber hinaus wird es meist mit automatischen Alarmvorrichtungen ausgerüstet, die bei Fortfall des Öldruckes, zu hoher Lagertemperatur oder zu großem Lagerspiel ansprechen.

Wenn die Druckwelle außerhalb des Drucklagers radial geführt ist (z. B. im Hauptmotor oder im Getriebe), kann auf radiale Lagerschalen im Drucklager ganz verzichtet werden. Häufig wird jedoch noch einseitig im Drucklagergehäuse auch ein Radiallager mit Ober- und Unterschale vorgesehen. Alte Anlagen oder solche, bei denen sehr hohe Radialbelastungen vorliegen sind mit zwei symmetrisch zum Druckflansch liegenden Radiallagerschalen ausgestattet.

Einscheiben-Kippsegmentdrucklager

Den Aufbau eines Kippsegmentdrucklagers zeigt Bild 10.14. Beim Anfahren kippen die Druckseg-

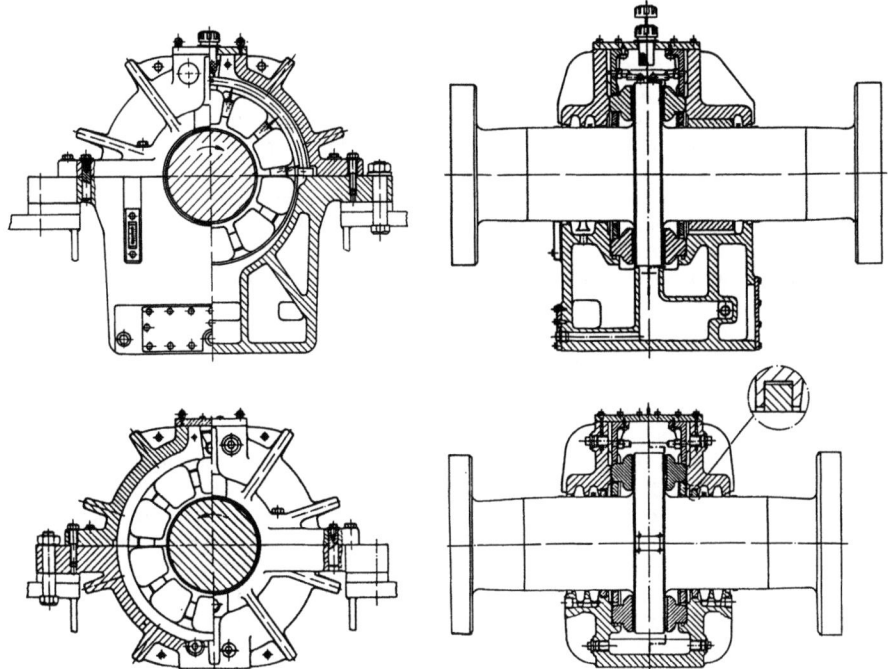

Bild 10.14.1 Simplex-HL-Schublager

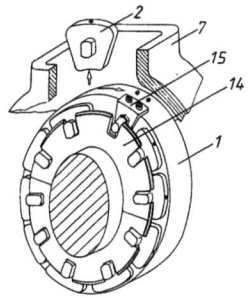

Bild 10.14.2 Ausbau der Kippsegmente

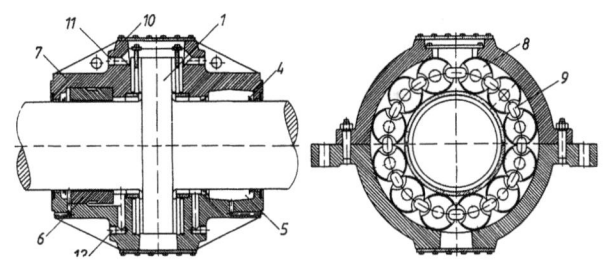

Bild 10.14.3 Renk-Wülfel-D-Drucklager

Bild 10.14 Propellerdrucklager – Gleitlagerausführung
1 Druckring
2 Kippsegmente
3 Grundring
4 Spritzring
5 Ölrücklaufrille
6 Radiallager
7 Gehäuse
8 Kreisgleitschuhe
9 Kettenglieder
10 Inspektionsdeckel
11 Schmierölanschluß (bei Umlaufschmierung)
12 Schmierölablauf (bei Umlaufschmierung)
13 Schmierölsumpf (Rückhalteraum für Notlaufschmierung)
14 Käfig
15 Schloß

mente so, daß zwischen ihnen und dem Druckring der Welle ein *keilförmiger Ölspalt* entsteht, in dem der Öldruck so stark ist, daß die Segmente vom Druckring abgehoben werden. Das Lager läuft also im Betriebe *ohne* metallische Berührung und kann dadurch hohe spezifische Flächenpressungen (20 ... 30 (40) bar) aufnehmen. Die stählernen Kippsegmente sind auf ihrer Laufseite mit Weißmetall armiert und können, um nachträglichen Verformungen durch die Belastung im Betrieb vorzubeugen, mit einem etwa dreifachen Belastungsdruck vorge-

tragen, schabt man sie z. B. nach Reparatur bzw. Neuausguß anschließend auf genau gleichen axialen Abstand von der Druckring-Lauffläche (Kontrolle über Tuschier-Tragbild). Eintritts- und Austrittskante werden sanft abgerundet, um das *Selbsteinstellen* beim Anfahren zu erleichtern.

Die Kippsegmente werden bei älteren Konstruktionen mit Stiften auf einen Grundring gesetzt; durch das Einfügen von Beilageblechen zwischen Grundringen und Gehäuse kann das axiale Lagerspiel eingestellt werden, das je nach der Größe des Lagers

drückt werden. Damit alle Segmente gleichmäßig 0,3 ... 0,5 mm betragen soll. Bei den *SIMPLEX-HL*-Schublagern (Howaldtswerke-Deutsche-Werft AG) ruht jedes einzelne Kippsegment auf einer kugelförmigen Kalotte und stützt sich *direkt* am Gehäuse ab. Die Zwischenräume zwischen den einzelnen Segmenten sind reichlich bemessen, um das Schmieröl möglichst günstig zuzuführen. Bei der Herstellung wird eine so hohe Genauigkeit erzielt, daß die einzelnen Segmente *beliebig* gegeneinander *austauschbar* sind. Beim Einbau von Reserveelementen sollte man jedoch dennoch eine *Tuschierprobe* vornehmen.

Die Kippsegmente sind bei dieser Konstruktion in einen radial offenen *Käfig* eingesetzt, der sie radial und in Umfangsrichtung hält, jedoch ohne die Kippbeweglichkeit zu behindern. Der Käfig besteht aus einer dünnen Scheibe, die in eine Ringnut des Gehäuses eingesetzt wird.

Im Gehäuseoberteil ist sie unmittelbar unter dem Lagerdeckel durch eine Montageöffnung unterbrochen, die den Ein- und Ausbau aller Kipp-Segmente ermöglicht, ohne das aus Steifigkeitsgründen sehr massiv gebaute und stark-verrippte Lageroberteil abnehmen zu müssen. Der Käfig ist im Betrieb gegen Verdrehen durch einen im Lagerdeckel angeordneten *Stopper* gesichert.

Propellerdrucklager werden meist an den Schmierölkreislauf der Hauptmaschine angeschlossen *(Umlaufschmierung)*. Die Lagertemperatur erreicht dabei meist 50 ... 60 °C. Das Öl tritt an der Stirnseite des Lagers in das Gehäuseunterteil ein und füllt das Drucklagergehäuse bis zum *Überlauf* im Gehäuseoberteil.

Bei Selbstschmierung durch *natürlichen Umlauf* dient der Druckring gleichzeitig als Ölförderring; über eine Abstreifvorrichtung, Sammelräume und Versorgungsbohrungen gelangt das Öl zu den Schmiertaschen der Radiallager und zwischen die Kippsegmente. Bei dieser Art der Lagerschmierung sind dann meistens Kühlrohre im Ölauffangraum eingebaut. Dieser Raum ist bei der entsprechenden Ausführung des Simplex-HL-Schublagers in vier Kammern unterteilt, die durch Öffnungen und Kanäle miteinander verbunden sind und über die eine *Zwangsführung* des Öls zur Erhöhung der Wärmeabfuhr gegeben ist.

Die Firma Renk verwendet für ihre *Renk-Wülfel-Schiffsdrucklager* anstelle der trapezförmigen Kreisringsegmente *kreisförmige Gleitschuhe*, die sich kostengünstiger fertigen lassen als die aus einem Ring geschnittenen Segmente. Die Tragfähigkeit ist der der konventionellen Segmente vergleichbar. Die kreisrunden Gleitschuhe haben ebenfalls eine starre kugelige Kippfläche und sind miteinander zu einer *Kette* verbunden. Auch sie können durch eine Öffnung am Lagergehäuse-Oberteil ein- und ausgebaut werden, ohne das Lageroberteil abnehmen zu müssen. Die Kettenglieder sind so gestaltet, daß sie die Beweglichkeit der Gleitschuhe nicht beeinträchtigen.

Wälzlager als Drucklager

Bild 10.15 zeigt ein Drucklager für kleinen Propellerschub, das mit einer Wellenmutter gegen einen Bund auf der Druckwelle festgezogen ist. Filzringe oder Dichtmanschetten dichten das Lager ab, je nach

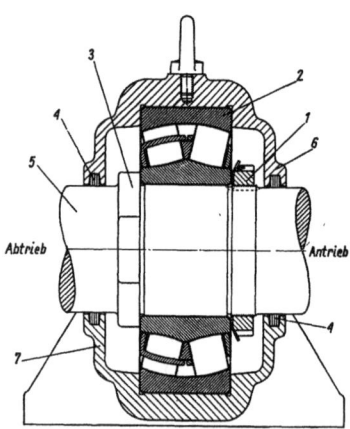

Bild 10.15.1 Pendelrollen-Drucklager (Werkfoto *SKF*) leichte Bauart

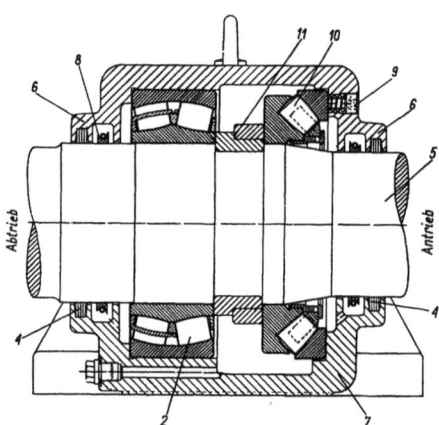

Bild 10.15.2 Pendelrollen-Drucklager (Werkfoto *SKF*) schwere Bauart

Bild 10.15 Propellerdrucklager — Wälzlagerausführung
1 Wellenmutter mit Sicherung
2 Radial-Pendelrollenlager
3 Wellenbund
4 Filzringdichtung
5 Druckwelle
6 Gehäuseoberhälfte
7 Gehäuseunterhälfte
8 Spritzring
9 Druckfedern
10 Axial-Pendelrollenlager
11 Druckring (dreiteilig)

Wellenleitung

dem, ob Fettschmierung (bei kleinen Anlagen) oder Ölschmierung vorgesehen ist. Für mittlere Anlagen und bei höheren Drehzahlen werden Drucklager verwendet, die den Propellerschub bei Vorwärtsfahrt in einem *Axial-Pendelrollenlager*, bei Rückwärtsfahrt in einem *Radial-Pendelrollenlager* aufnehmen. (Das Radiallager nimmt auch die senkrechten Lagerkräfte, z. B. das Wellengewicht, auf).

Ein in die Welleneindrehung eingelassener, dreiteiliger Ring überträgt die Axialkräfte auf die Lager; im Gehäuse eingesetzte Federn halten den äußeren Lagerring des Axial-Pendelrollenlagers, vor allem bei Rückwärtsfahrt, in der vorschriftsmäßigen Lage. Wälzlager erhalten Schmierung durch natürlichen Umlauf und werden soweit gefüllt, daß das Öl während des Betriebes bis zur Mitte der unteren Rolle reicht; Spritzringe und Dichtmanschetten verhindern das Austreten des Öls.

Wellenkupplungen (Bild 10.16)

Starrer Flansch

Im allgemeinen sind die Wellen durch angeschmiedete Flansche aneinander bzw. an die Antriebsmaschine angeschlossen. Die Flansche werden mit *zylindrischen Paßbolzen* verbunden; *Konusbolzen* werden nur noch selten verwendet. Sie lassen sich zwar leichter ein- und ausbauen, sind aber wesentlich teurer als zylindrische Paßbolzen, da die Herstellung der kegelförmigen Bohrung und das Reiben sehr arbeitszeitintensiv sind.

Eine ebenfalls teure Konstruktion, die aber auch eine erhebliche *Arbeitserleichterung* ermöglicht, stellen die mittels hydraulischer Werkzeuge ein- und ausbaubaren Spannbolzen (System *Moorgrip* oder *Götaverken*) Bild 10.16.2 dar.

Das von *Götaverken Motor AB* entwickelte System *hydraulisch montierbarer* Paßbolzen besteht im wesentlichen aus drei Komponenten (Bild 10.16.2): *Expansionsbolzen, Spannbolzen* und dem *Hydraulik*werkzeug.

Die Expansionsbolzen sind aus dem eigentlichen kegeligen Bolzen, der an beiden Enden Gewindezapfen aufweist, einer innen konischen Hülse und zwei Bolzenmuttern aufgebaut. Die Außenseite der Hülse ist zylindrisch; ihr Durchmesser ist, je nach Größe 0,1 ... 0,3 mm *kleiner* als der Bohrungsdurchmesser der zu verbindenden Flanschen. Beim Einbau wird der Bolzen mit dem Hydraulikwerkzeug in die Hülse gezogen, so daß diese sich aufweitet und fest gegen die Wandungen der Bohrung gepreßt wird. Der Bolzen verfügt ferner noch über eine *Mittelbohrung*, die über radiale Bohrungen mit den spiralförmigen *Ölverteilnuten* in der Konusfläche des Bolzens in

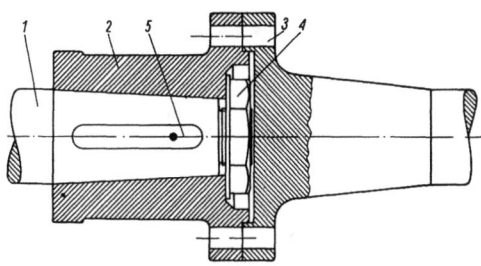

Bild 10.16.1 Lösbarer Wellenflansch
1 Welle   3 Starrer Flansch
2 Loser Flansch   4 Wellenmutter
                  5 Paßfeder

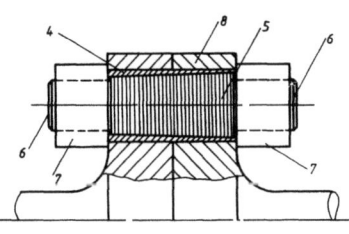
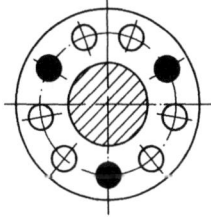
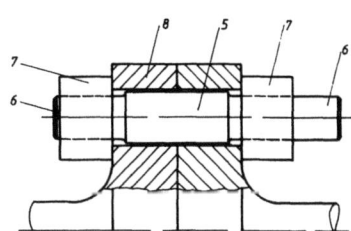

Bild 10.16 Flanschkupplungen und Bolzen

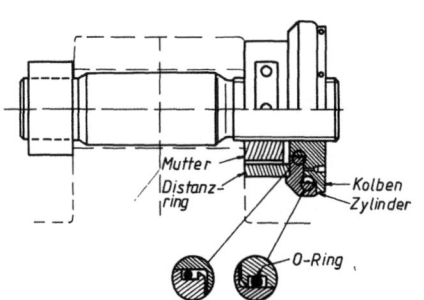

Bild 10.16.2 Paßbolzen Bauart Götaverken Motor AB
1 Expansionsbolzen
2 Spannbolzen
3 Hydraulikwerkzeug
4 Außenhülse
5 Bolzen
6 Gewindezapfen
7 Mutter
8 Flansch

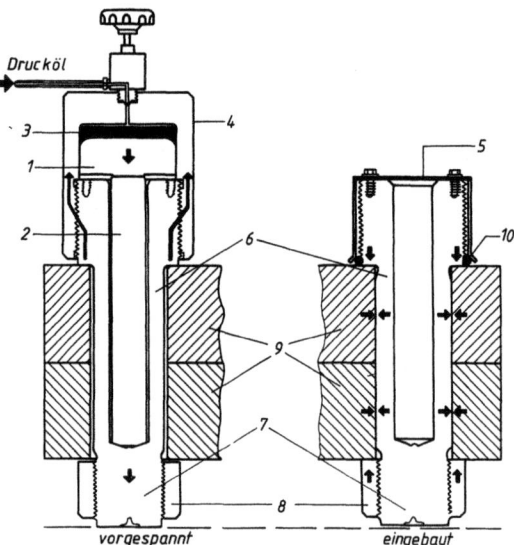

Bild 10.16.3 Paßbolzen Bauart Doncaster Morgrip
(Die Pfeile deuten den jeweiligen Kraftfluß an).
1 Kolben des Hydraulikwerkzeugs
2 Kolbenstange (Spannstange)
3 Nitril-Dichtung
4 Zylinder des Hydraulikwerkzeugs
5 Schutzkappe
6 Bolzen
7 Gewindezapfen
8 Mutter
9 Flansch
10 Dichring

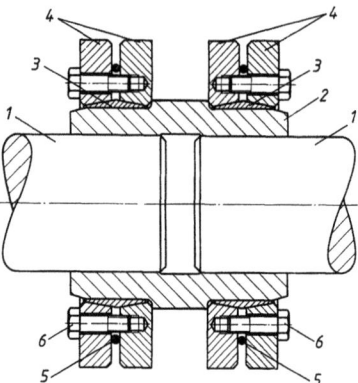

Bild 10.16.4 STÜWE-Schrumpfscheibenkupplung
1 Wellenenden
2 Verbindungsnabe
3 Innenringe
4 Außenringe
5 O-Ring
6 Spannschraube

Verbindung steht. In diese Bohrung wird beim Ausbau der Bolzen Hydrauliköl gepreßt, nachdem zuvor eine der beiden Bolzenmuttern mit dem Hydraulikwerkzeug gelöst und ein paar Gänge losgedreht worden ist. Die Spannbolzen sind dagegen wesentlich unkomplizierter und bestehen aus dem zylindrischen Mittelstück, dessen Durchmesser 0,1 ...

0,3 mm kleiner als die Flanschbohrung ausgeführt wird und das an beiden Enden Gewindezapfen aufweist. Sie werden mit Hilfe des Hydraulikwerkzeugs gespannt. Diese Bolzen verstärken den *Kraftschluß* zwischen den Wellenflanschen durch Erhöhen der Reibungskräfte, so daß die Biege- und Axialkräfte sowie das Drehmoment sicher übertragen werden. Der Arbeitsdruck des Hydraulikwerkzeugs beträgt 800 bar.

Da eine Beschädigung der Paßflächen beim Ein- und Ausbau dieser hydraulisch montierten Bolzen praktisch ausgeschlossen werden kann, sind sie unbegrenzt wiederholt verwendbar, während bei konventionellen Paßbolzen bei jeder Montage mit Schäden und Nacharbeit an den Paßflächen gerechnet werden muß, woraufhin dann neue Bolzen mit Übermaß erforderlich werden.

Dasselbe Ziel, Ein- und Ausbau zu erleichtern und Beschädigungen der Paßsitze zu vermeiden, verfolgt auch das *Morgrip Bolzen-System* (Bild 10.16.3). Es nutzt den physikalischen Zusammenhang zwischen *Längendehnung* und *Querkontraktion* eines zylindrischen Körpers unter Spannung (s. hierzu auch Hauptabschnitt 02).

Durch ein hydraulisches Werkzeug wird der Bolzen vor dem Einbau gestreckt, so daß sich eine Durchmesserverringerung von maximal

$$\Delta = \frac{d}{2500} \tag{5}$$

d Durchmesser des ungespannten Bolzens ... mm

ergibt. Die Längendehnung des Bolzens wird durch den Hydraulikkolben und die in das Innere der tiefen Bolzenbohrung eingeführte *Kolbenstange* erzielt. Die dabei wirkende Reaktionskraft wird von der Hydraulikmutter aufgenommen. Der solchermaßen vorgespannte Bolzen kann mühelos in die Flanschbohrung eingeführt werden. Sodann zieht man die Bolzenmutter handfest an, damit das System spielfrei ist. Anschließend kann die hydraulische Vorspannung gelöst werden, so daß der Bolzen sich wieder radial dehnt und axial zusammenzieht, wodurch dann ein sehr präziser und fester Sitz in den Flanschbohrungen erzielt wird.

Die Drücke des hydraulischen Werkzeugs für dieses System liegen je nach Bolzengröße bei 2100 ... 3500 bar und sind somit höher als die des Götaverken-Systems. Die Pumpe wird mit 6,5 bar Druckluft betätigt.

Für alle Bolzenverbindungen, gleichgültig ob hydraulisch oder manuell montiert, gilt, daß die *Bolzenpaßflächen* und *Gewinde* vor dem Einbau gut mit Öl oder, besser noch, mit *Molybdändisulfit MoS$_2$* bestrichen werden sollten, um *Paßflächenkorrosion* zu verhindern.

Da bei Einwellenschiffen das Ruder unmittelbar hinter dem Propeller angeordnet ist, wird die Propellerwelle beim Ein- und Ausbau nach vorne in den Wellentunnel gezogen; das angrenzende Stück der Leitungswelle muß zunächst aufgenommen werden. Bei Zweiwellenschiffen können die Wellen jedoch nach außen gezogen werden und bei Verstellpropellern müssen sie auf Grund der Propellerbefestigung und der ganzen Konstruktion ebenfalls nach außen gezogen werden.

Um dies zu ermöglichen ist dann ein *losnehmbarer* Wellenflansch oder eine andere abnehmbare Wellenkupplung am vorderen Ende der Propellerwelle angebracht. Wenn die Wellenleitung in Wälzlagern gelagert ist, erhält jedes Stück der Leitungswelle mindestens eine abnehmbare Wellenkupplung.

Lösbarer Wellenflansch

Bild 10.16.1 zeigt einen solchen Wellenflansch, der mit Konus, Paßfeder (Keil) und Mutter aufgezogen wird. Bei diesem losnehmbaren Flansch ist ebenso wie beim Propeller auf einen einwandfreien Sitz des Konus zu achten, damit die Paßfeder nicht mitträgt (sie soll nur als zusätzliche Sicherung dienen).

Schalenkupplung

Nur noch selten wird das letzte Stück der Laufwelle durch eine Schalenkupplung (Bild 10.17) mit der

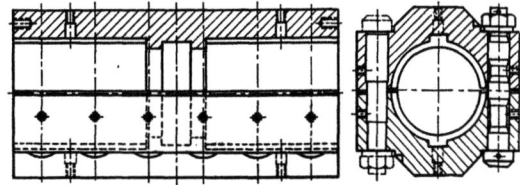

Bild 10.17.1 Schalenkupplung

Propellerwelle verbunden. Da hierbei an jedem Wellenende zwei Paßfedern vorhanden sind, müssen erhebliche Anforderungen an die Genauigkeit sowohl bei der Herstellung als auch beim Ein- und Ausbau gestellt werden; vor allem ist neben richtigem Sitz darauf zu achten, daß alle Bolzen gleichmäßig angezogen werden.

Aufgeschrumpfter Flansch

Häufiger werden dagegen aufgeschrumpfte Flanschkupplungen *(FK-Kupplung,* Bauart *SKF)* verwendet (Bild 10.18). Beim Einbau wird der Flansch vor dem Wellenende in einer leicht verschieblichen Vorrichtung aufgehängt und mittels einer elektrischen Anwärmvorrichtung auf etwa 250 °C (1 ... 2 Stunden) aufgeheizt.

Bild 10.18 Schrumpfkupplung
1 Anschlag
2 Wellenzapfen
3 FK-Kupplung
4 Hubvorrichtung
5 Anwärmevorrichtung
6 Paßbolzen
7 Öldruck-Handpumpe
8 Entlüftungsschraube
9 Blindflansch
10 Öldruckhandpumpe
11 Anschlußbohrung
12 Rundschnurring

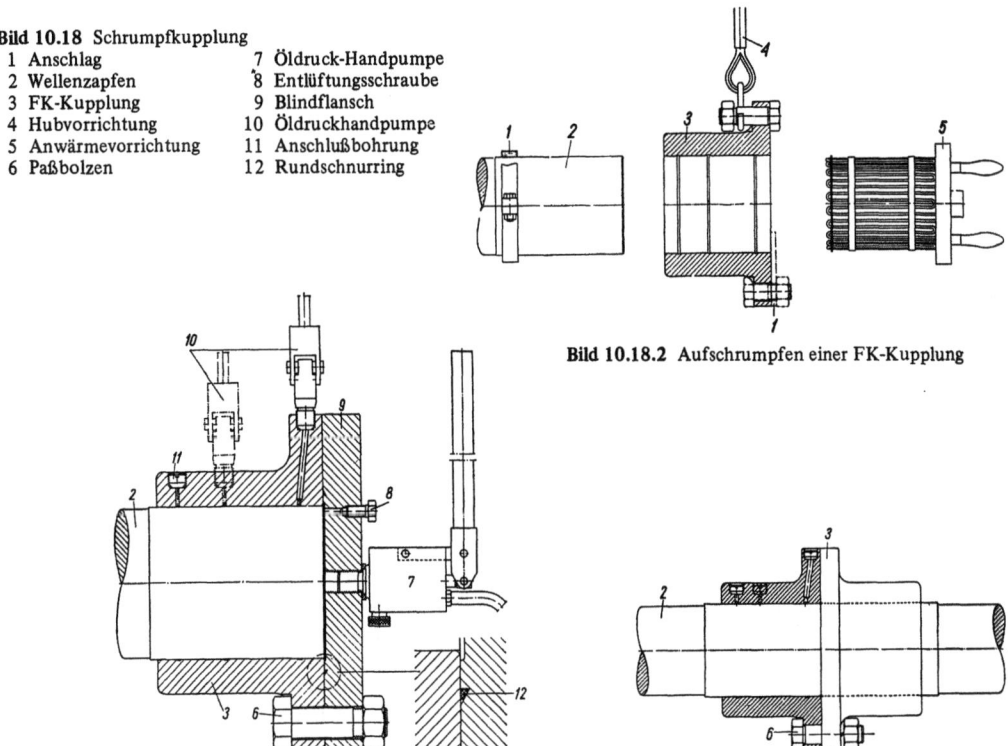

Bild 10.18.2 Aufschrumpfen einer FK-Kupplung

Bild 10.18.1 Ausbau einer FK-Kupplung

Bild 10.18.3 Aufgeschrumpfte FK-Kupplung (Werkfoto *SKF*)

Temperaturkontrolle erfolgt durch Meßfarben oder durch Messen der Durchmesservergrößerung des *Nabenaußendurchmessers*, die mindestens das 0,04 fache des Wellendurchmessers betragen soll.

Der Flansch wird dann bis zu einem Anschlag (geteilter Ring) auf die Welle geschoben, die Hebevorrichtung wird ausgehakt und die Welle langsam gedreht. Der Flansch muß dabei gleichmäßig am Anschlag anliegen, damit seine Stirnfläche genau senkrecht zur Welle steht und bündig mit dem Wellenende abschließt. Der Flansch kann dann durch Paßbolzen mit einem angeschmiedeten oder einem ebenfalls aufgeschrumpften Flansch der anschließenden Teilwelle verbunden werden. Es ist besonders darauf zu achten, daß Nabe und Wellenende bei der Montage völlig frei von Verunreinigungen und Öl sind. Die Flansche werden hydraulisch ausgebaut, nach dem von *SKF* entwickelten Verfahren, das auch zur Propellermontage (s. Hauptabschnitt 09) angewandt wird.

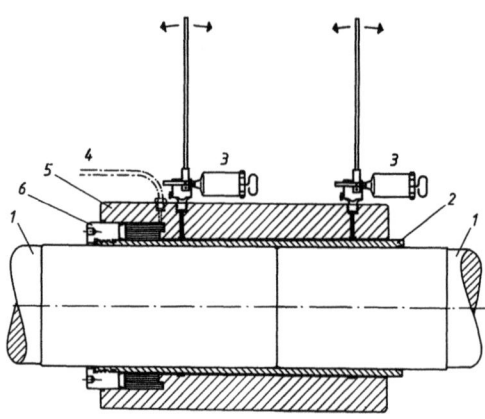

Bild 10.19 Öldruckhülsenkupplung (Bauart SKF – OK)
1 Wellenzapfen
2 Innenhülse
3 Handpumpe für radiale Aufweitung
4 Anschluß zum Hydraulikaggregat
5 Außenhülse
6 Kolben der eingebauten Hydraulikmutter zur axialen Verschiebung

Schrumpfscheibenkupplung (Bild 10.16.4)

Die *Schrumpfscheibenkupplung* zur Verbindung zweier glatter Wellenenden, besteht aus der Verbindungsnabe und den auf beide Enden aufgeschobenen Innen- und Außenringen. Durch Anziehen der Spannschrauben (6) werden die Außenringe (4) gegeneinandergezogen. Der doppelkegelige Innenring (3) wird dadurch so stark gegen die Nabe gepreßt, daß nach Überwindung des Passungsspiels die zur Kraftübertragung erforderliche Pressung zwischen Welle (1) und Nabe (2) hergestellt wird. Durch diese Anordnung werden Kräfte und Drehmoment direkt von der Welle auf die Nabe (und umgekehrt) übertragen. Die Verbindung kann jederzeit durch Lösen der Spannschrauben (6) entspannt werden; Welle, Nabe und Ringe federn dann auf das alte Maß zurück und können problemlos demontiert werden.

Zu beachten ist besonders, daß Welle und Nabenbohrung fettfrei und trocken sein müssen, während die Kegelflächen der Innen- und Außenringe mit Molybdändisulfit eingepinselt werden sollen. Die Spannschrauben sollten am besten über Kreuz mit dem Drehmomentenschlüssel in meheren Stufen angezogen werden. *Endanzugmoment* beachten!

Hülsenkupplung

Zur Verbindung zweier flanschloser Wellenenden werden ferner Öldruckkupplungen der in Bild 10.19 dargestellten *Bauart OK (SKF)* eingebaut. Sie bestehen aus einer inneren, dünnen Hülse mit zylindrischer Bohrung und schwach kegeliger Mantelfläche sowie einer kräftigen, äußeren Hülse mit entsprechend kegeliger Bohrung. Der Sitz von Wellen und Hülsen wird äußerst genau auf kalibrierte Durchmessermaße geschliffen. Im Gegensatz zu den Kegelhülsen, mit denen z. B. Lager auf der Welle befestigt werden, ist die Innenhülse nicht geschlitzt. Zusammenbau und Abziehen mittels in die Kupplung *eingebauter* hydraulischer Preßvorrichtungen unter gleichzeitigem Aufweiten der Außenhülse und Zusammendrücken der Innenhülse durch Drucköl, das mit Hilfe einer Handspindelpresse durch die Ölbohrungen (4) zwischen die konischen Sitzflächen gepreßt wird, Druck 800 ... 1000 (1200) bar.

Beim Einbau ist besonders darauf zu achten, daß die Bohrung der Innenhülse und die Kupplungssitze der Wellen von Schrammen, Verunreinigungen und Öl frei sind. Ist die Innenhülse in die auf den Wellen markierte Lage geschoben, muß ihre Mantelfläche eingeölt werden, bevor die Außenhülse aufgeschoben wird. Der Abstand der Stirnflächen beider Wellenenden darf 1 % des Wellendurchmessers nicht überschreiten; ferner müssen die Wellen genau fluchten und während des Ein- bzw. Ausbaus an den Enden unterstützt werden, damit sie nicht durchhängen.

Vor Beginn und nach Ende des Einbauvorgangs muß der Durchmesser der Außenhülse an beiden Enden gemessen und mit den für festen Preßsitz erforderlichen Werten der Einbauvorschrift verglichen werden.

Wellendrehvorrichtung

Für bestimmte Arbeiten und Kontrollen muß die gesamte Antriebsanlage langsam (0.5 ... 0,25 min^{-1}) voraus und rückwärts gedreht werden können. Zu diesem Zweck wird eine *Wellendrehvorrichtung* mit großem Untersetzungsverhältnis eingebaut, die meist aus einem Elektromotor und einem zweistufigen Getriebe mit Schneckentrieb besteht. Notantrieb durch Handknarre ist meist möglich.

Die Drehvorrichtung wird in ihrer ausgerückten Lage verblockt und häufig zusätzlich durch ein *Sicherheitsschloß* gegen unbeabsichtigtes Einrücken gesichert. Vielfach wird eine weitere Verblockung vorgesehen um zu vermeiden, daß die Hauptmaschine bei eingerückter Drehvorrichtung in Betrieb gesetzt werden kann. Diese Verblockung wird bei Dieselmotoren über die Anlaßsteuerung, bei Turbinenanlagen über die Fahrventile vorgenommen.

Es sind jedoch auch viele Anlagen *ohne jegliche Verblockung* in Fahrt und der Ingenieur sollte sich jeweils genaue Kenntnis darüber verschaffen, welche Vorkehrungen dieser Art bei der von ihm betreuten Anlage getroffen wurden.

Vor Arbeiten an jeder Art von Antriebsmaschine sollte man sich erst über das *Laufverhalten* der Drehvorrichtung informieren, indem man das Triebwerk mehrere Umdrehungen voraus und zurück laufen läßt und zwischendurch (etwa alle 60°) auf Stop schaltet, um zu sehen, wie lange die Drehvorrichtung *nachläuft*. Besonders ist auf dieses Verhalten zu achten, wenn Teile des Triebwerkes *ausgebaut* sind. Auf jeden Fall sollte der *Notschalter* der Drehvorrichtung auf kürzestem Wege erreichbar sein.

Bei neueren Anlagen sind die Elektromotoren der Wellendrehvorrichtung mit *elektromagnetischen Lamellenbremsen* ausgerüstet, die beim Loslassen des Tippschalters sofort anziehen, so daß das Nachlaufen fast ganz vermieden wird.

Vor dem Arbeiten mit der Wellendrehvorrichtung ist die Brücke zu informieren.

Wellenbremse

Wellenbremsen dienen dazu, die Wellenleitung gegen kleinste Bewegungen festzusetzen, wenn Reparaturen an Triebwerksteilen der Antriebsmaschinenanlage bei hohem Seegang, im Strom verankertem Schiff oder austauchendem Propeller im Hafen ausgeführt werden müssen. Sicherheitshalber sollte stets auch die Wellendrehvorrichtung bei solchen Arbeiten eingerückt werden.

Bei Mehrwellenschiffen wird je Welle eine Bremse vorgeschrieben, um die einzelnen Wellen auch bei fahrendem Schiff sicher festsetzen zu können, obwohl das nicht sehr wirtschaftlich ist, da dann die Drehzahl der verbleibenden Welle sehr stark gedrückt wird.

Für diese Aufgabe sind meist kräftige *Bandbremsen* mit Reibbelag eingebaut, die mittels einer selbsthemmenden Spindel angezogen werden. Bei festgezogener Bremse darf ein Spion von 0,10 mm nicht mehr zwischen Welle und Belag passen.

Ist keine Wellenbremse vorhanden, kann in einem solchen Fall ein kräftiger Blechschild mit den Paßbolzen am Wellenflansch befestigt und an der Wand des Wellentunnels abgefangen werden.

Häufiger werden Wellenbremsen zur *Verkürzung der Umsteuerzeiten* eingebaut, damit die Propellerwelle schneller auf die Umsteuerdrehzahl abgebremst werden kann. Hierzu werden *Lamellen-* bzw. *Scheibenbremsen* oder *Trommelbremsen* eingesetzt. Diese Wellenbremsen finden sich hauptsächlich bei Antriebsanlagen mit hochaufgeladenen mittelschnellaufenden Dieselmotoren und bevorzugt auf Schiffen mit besonderen Anforderungen an die *Manövrierfähigkeit:* Versorger, Schlepper, Fähren, Kümos.

10.2.4 Schäden an der Wellenleitung

Schäden im Bereich der Propellerwelle

Die Erfahrung zahlreicher Schadensfälle beweist, daß die Propellerwelle ein sehr störanfälliges Bauteil der Maschinenanlage ist und zweifellos als der am stärksten gefährdete Teil der Wellenleitung betrachtet werden muß. Ganz besonders trifft dies dann zu, wenn die Propellerwelle in seewassergeschmierten Lagern läuft.

Art und Entstehungsursachen der Schäden sind außerordentlich vielfältig. Sie lassen sich meist zurückführen auf eine ungünstige Konstruktion, fehlerhafte Montage oder schwierige Betriebsverhältnisse; Werkstoff-Fehler sind als Folge der verbesserten Herstellungs- und Prüfverfahren seltener geworden.

An Hand einer Skizze zeigt Bild 10.20 alle die Stellen, an denen bevorzugt Schäden auftreten. Als häufigste Schadensursachen sind zu nennen:

Biegebeanspruchung der Welle infolge des ungleichförmigen Nachstromes (s. Bild 09.6 und Abschnitt 09.20). Die Schubkraft greift nicht im Mittelpunkt des Propellers an; die *Schubexzentrizität* ist um so größer, je völliger das Schiff und je ungünstiger der Zustrom zum Propeller ist; bei ungerader Flügelzahl ist sie größer als bei gerader. Welle und Bezug werden daher — und auch durch das Propellergewicht — auf Biegung beansprucht; das Vorzeichen dieser Beanspruchung wechselt zweimal je Umdrehung, dadurch *schiebt das Ende des Bezuges*. Da es außerdem durch die Schrumpfkraft auf die Welle gepreßt wird, kommt es zum *Fressen* (s. auch Hauptabschnitt 26); haarfeine Risse, die von außen nicht feststellbar sind, entstehen in Bezug und Welle.

Am vorderen Ende des Bezuges ist diese Erscheinung nicht so ausgeprägt, da die Biegebeanspruchung hier viel kleiner ist.

Maßnahmen: Welle und Bezug alle 2, mindestens aber alle 4 Jahre mit geeignetem Prüfverfahren auf Rißbildung untersuchen; am besten mit Ultraschall, Magnetpulververfahren (DIN 54 121), *Fluoreszenz-* oder *Dye-check*-Prüfverfahren. Abklopfen des Bezuges genügt nicht als Kontrolle für einwandfreien Sitz. Nach 6 ... 8 Jahren sollten die letzten 20 mm des Bezuges abgedreht werden, um den Zustand der darunterliegenden Welle prüfen zu können. Zeigen

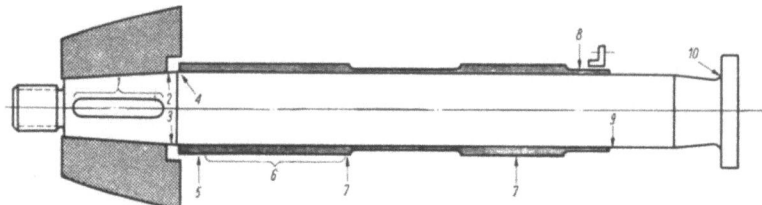

Bild 10.20 Schadensstellen an der Propellerwelle
1 Risse in der Paßfedernut
2 Risse in der Welle unter dem vorderen Ende der Propellernabe
3 Risse im Ringraum zwischen Bezug und Propellernabe
4 Risse in der Welle unter dem äußeren Ende des Bezuges
5 Außergewöhnlicher Verschleiß und Kratzer auf dem Wellenbezug, meist am hinteren Ende des hinteren Stevenrohrlagers
6 Erosionen des Bezuges, meist im Bereich des hinteren Stevenrohrlagers
7 Risse im Bezug, meist in Verbindung mit Korrosionen und Rissen in der Welle unter dem Bezug
8 Kratzer auf dem Bezug, im Bereich der Packung
9 Risse unter dem vorderen Ende des Bezuges
10 Risse im Übergang Welle/Flansch

sich keine Risse, kann die Welle mit entsprechend geänderter Propellerabdichtung weiter verwandt werden.
Am Ende des Bezuges entsteht ferner eine *Spannungsspitze* durch die plötzliche Querschnittsänderung; diese konstruktiv bedingte Spannungskonzentration kann zu Ermüdungsrissen führen (Spannungskorrosion, s. Hauptabschnitt 26), vor allem dann, wenn längere Zeit erhöhte Belastungen auftreten. Dies ist z. B. der Fall bei Fahrt in grober See mit nicht voll abgeladenem oder stark stampfendem Schiff, auch wenn der Propeller dabei noch nicht *durchgeht*; erhöhte Belastungen treten auch auf bei Fahrt im Bereich kritischer Drehzahlen oder bei schnellen Umsteuerungsmanövern *(crash stop)*.
Maßnahmen: Welle nach Rücksprache mit der Klassifikationsgesellschaft rundum *ausschleifen*, sofern die Risse dadurch ganz beseitigt werden können. Tiefe der Ringnut (Bild 10.21) darf dabei 5 ... 6 mm nicht überschreiten.

Vorschläge für weitere Maßnahmen s. Bild 10.2, „Einzelheit X".
Ist der Propeller *nicht weit genug* auf den Wellenkonus gezogen worden, kann es vorkommen, daß er infolge der pulsierenden Schubkraft entlang der Paßfeder den Konus weiter aufwärts *wandert*; es kommt so zu ähnlichen *Freß*-Erscheinungen wie oben bereits beschrieben. Hinzu kommt, daß hierbei meist die Paßfeder zeitweilig einen Teils des Drehmomentes überträgt, was man an ihrer Verformung erkennen kann. Als Folge zeigen sich häufig auch Risse im Grund und an den Enden der Paßfedernut, die dann Ausgangspunkt für einen Wellenschaden der in Bild .. .. gezeigten Art werden können.
Maßnahmen: Vorderes Ende der Paßfedernut *löffelförmig* ausbilden, (Bild 10.22) wenn Risse dadurch völlig beseitigt werden können (Form entsprechend der Bauvorschrift des Germanischen Lloyd). Bei Rissen im Konus kann dieser übergedreht werden, so daß der Propeller weiter nach vorn geschoben wird (wenn der Abstand zwischen Propeller und Hintersteven diese Maßnahme zuläßt). Hat die Paßfeder getragen, darf die Breitenzunahme der Paßfedernut 10% nicht übersteigen. Propeller beim Aufziehen mit geeignetem Schmiermittel einfetten. Propeller weit genug aufkeilen *(Anhaltswert;* 0,009 ... 0,012 mm Aufschub je mm Wellendurchmesser am dicken Konusende; größerer Wert

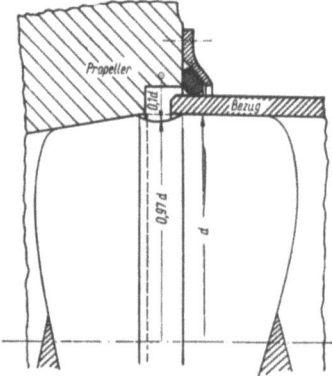

Bild 10.21 Beseitigung von Rissen am hinteren Wellenkonus

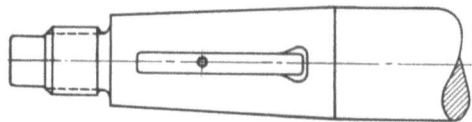

Bild 10.22 Ausführung der Paßfedernut nach Vorschrift des GL

bei kleinerer Konusneigung, größerer Wert bei niedrigen Außentemperaturen). Kontrolle, ob Propeller gewandert ist durch *Abspionieren* der Wellenmutter (vor dem Lösen).
Seewasserzutritt zum Ringraum zwischen Propeller und Bezug infolge *ungenügender Abdichtung*. Führt zu elektrochemischem Korrosionsangriff des Wellenmaterials mit Rißbildung (Kontaktkorrosion, s. Hauptabschnitt 26).
Maßnahmen: S. Bild 10.21. Bei Montage Prüfen der Dichtigkeit durch Einseifen und Abdrücken mit Druckluft von 0,7 ... 1,0 bar Überdruck. Anschließend Verpressen aller Hohlräume mit *Korrorionsschutzfett*. Stets neuen Gummiring verwenden!
Die oben beschriebene Biegebeanspruchung schwankt dadurch, daß die Propellerflügel bei jeder Umdrehung durch Gebiete verschiedenen Nachstroms schlagen, *periodisch* mit der Frequenz Drehzahl mal Flügelzahl (s. auch Abschnitt 09.4). Stimmt diese Frequenz mit der *Eigenfrequenz* des Systems Propeller – Welle – Hinterschiff überein, kann es zu Kavitationserscheinungen an Lagern und Bezug kommen. Diese äußern sich in Streifen von *Kavitationserosionen* (Grübchen) auf dem Wellenbezug. Lage und Anzahl der Streifen auf dem Umfang entspricht dabei der Flügelzahl des Propellers; an den gleichen Stellen zeigt sich starker Verschleiß der Pockholzlager. Man erklärt diese Erscheinung damit, daß Wassertröpfchen in die Pockholzporen gepreßt werden, die die Schwingbewegung der Welle dann nicht mitmachen können und deshalb kavitieren. Die dabei auftretenden hohen Drücke (s. Abschnitt 09.4) zerstören Lager und Bezug. Die Erscheinung macht sich außerdem durch starke *Erschütterungen* im Hinterschiff bemerkbar.
Maßnahmen: Lagerausfütterung im Bereich der Kavitationserosionen rundum mit einer entsprechend breiten Ausnehmung versehen. Notfalls muß die Steifigkeit des Hinterschiffes vergrößert werden. Ölgeschmierte Stevenrohrlager vorsehen.
Verunreinigungen des Seewassers; bei längerer Fahrt über flaches Wasser, im Strom, Kanälen und Häfen dringen Feststoffe mit dem Wasser in die Lager ein. Sie führen zu *erhöhtem Verschleiß* von Lagern und Bezug.
Maßnahmen: Seewasserzusatzschmierung rechtzeitig zuschalten.
Ungleichmäßige Belastung der Lager. Häufig wird festgestellt, daß nur das hintere Pockholzlager starkem Verschleiß unterliegt, während das vordere keinerlei Abnutzungserscheinungen zeigt. Dies ist entweder ein Zeichen für ungünstig gewählten Lagerabstand oder für fehlerhafte Ausrichtung der Stevenrohrlager.
Maßnahmen: Ausrichtung überprüfen; hinteres Stevenrohrlager gegebenenfalls mit einer der Wellendurchbiegung entsprechenden Neigung einbauen; wenn möglich, Lagerabstand ändern (s. Schrifttum).

Gelegentlich treten auch *Kavitationserosionen* in mehr oder weniger breiten *Streifen* (Ringen) gleichmäßig auf dem ganzen Umfang auf, bei denen kein Einfluß der Propellerflügelzahl festzustellen ist. Die Ursachen hierfür sind noch nicht restlos geklärt; man nimmt jedoch an, daß es sich dabei um *zu hohe Strömungsgeschwindigkeiten* des schmierenden Seewassers in den Lagerstellen handelt.
Maßnahmen: Pockholz im Schadbereich freidrehen; zusätzlich den Seewasserdurchflußquerschnitt (Schmiernuten der Pockholzstäbe) vergrößern.

Schäden im Bereich der Leitungswelle
Schäden an den Lagerlaufflächen. Vorwiegend *Freß-Spuren* und *Kratzer*, zurückzuführen auf das Eindringen von Verunreinigungen und härteren Partikeln, die sich in dem weichen Lagerausguß einbetten. Freß-Spuren sind oft auch auf *ungenügende Schmierung* und demzufolge heißgelaufene Lager zurückzuführen. Ungleichmäßiger Verschleiß führt zur stellenweisen *Gratbildung*.
Auch durch normalen Verschleiß werden die Wellenzapfen mit der Zeit *unrund* und *leicht konisch* (z. B. durch Kantenpressung). Für genaue Verschleißmessungen Welle aufnehmen und mit Meßlehren, Meßuhren und Mikrometermaß aufmessen. Der *Unterschied zwischen zwei aufeinander senkrecht stehenden Durchmessern* sollte höchstens

0,25(0,30) ... 0,45(0,60) mm

die Konizität*)

0,25(0,40) ... 0,50(0,70) mm

betragen (Die Klammerwerte gelten dabei für Propellerwellen). Der *Axialschlag* der Wellen darf 0,03 mm nicht überschreiten.
Maßnahmen: Lagersitze überdrehen (wenn dadurch der erforderliche Mindestdurchmesser nicht unterschritten wird) und Lagerschalen neu ausgießen. Sonst: Welle aufarbeiten (Auftragschweißung).

Risse in den Wellen. Seltener Folge von Werkstofffehlern. Meist Anzeichen für örtliche *Spannungskonzentration*, die sich z. B. an zu kleinen Übergangsradien, Radialbohrungen oder örtlichen Korrosionsstellen bildet. Durch erhöhte Belastungen infolge von Fluchtungsfehlern, stoßartiger Beanspruchung (Notstoppmanöver), hohen Wärmespannungen (z. B. durch heißgelaufene Lager), Drehschwingungen usw. kann es an diesen Stellen zur Rißbildung kommen. Besonders gefährdet sind Wellen, die durch Auftragschweißung aufgearbeitet wurden.

---
*) Konizität hier = Differenz der Durchmesser am vorderen und hinteren Lagerzapfende.

Maßnahmen: Risse müssen sofort beseitigt werden! Sind sie nicht zu tief, können sie ausgeschliffen werden; oder die Welle überdrehen (s. oben). Sonst: Schweißen und anschließend glühen.

Wellenbrüche. Meist ausgehend von nicht entdeckten oder nicht beseitigten Rissen (s. hierzu auch Abschnitt 10.2.3).
Maßnahmen: Gegebenenfalls Reparatur durch *Thermitschweißung* möglich.

Verbogene Wellen. Bei größeren Fluchtungsfehlern, starken Schiffsverformungen, ungewöhnlichen Betriebsbedingungen, ungleichmäßigem Lagerspiel benachbarter Lager kann es zu Verbiegungen der Welle kommen, sowie auch durch unsachgemäße Reparatur oder durch Einwirkung von Gewalt (Kollisionen).
Maßnahmen: Verbogene Wellen können vorsichtig gerichtet werden, was allerdings sehr große Erfahrung verlangt.

Ausgeschlagene Paßbolzenbohrungen. Sind meist durch *Fluchtungsfehler* der Welle oder nicht ausreichend angezogene Bolzen verursacht.
Maßnahmen: Nicht zu stark verformte Bohrungen können neu aufgerieben und mit größeren Bolzen versehen werden.

Schäden an der Druckwelle

Ähnliche Erscheinungen wie an den Lagerlaufflächen der Leitungswelle können auch am Druckring auftreten. Ferner kann der Druckring infolge Überlastung verformt sein.
Maßnahmen: Überarbeiten, wenn die erforderlichen Mindestabmessungen nicht unterschritten werden; eventuell Druckwelle richten und ggf. umgekehrt wieder einbauen.

Lagerschäden

Vorwiegend Schäden durch *zu hohe Betriebstemperaturen*; in der Regel durch einen oder mehrere der folgenden Gründe verursacht.

2. Zu geringes Lagerspiel (zu stramm angezogene Lager).
3. Verunreinigtes Schmieröl (Sand, Schmutz, Schmirgel).
4. Fluchtungsfehler; Verschiebungen der Lager durch Schiffsverformungen infolge Seegangs usw.
5. Beschädigte Laufflächen des Wellenzapfens oder der Lagerschale.
6. Mängel der Konstruktion (zu hohe Flächenpressung, zu kurze Lager).

Bei einem heißlaufendem Lager besteht die Gefahr, daß sich das Lagermetall *ausdehnt* und so die Welle *einklemmt*; gleichzeitig nimmt die Viskosität des Schmieröls und damit seine Tragfähigkeit ab. Der Schmierfilm bricht zusammen; es kommt zu metallischer Reibung. Erhöhter Abrieb und weiteres Ansteigen der Temperatur sind die Folge. Erreicht die Temperatur den Schmelzpunkt, läuft das Lagermetall aus. Schon bevor der Schmelzpunkt erreicht wird, besteht jedoch die Gefahr, daß die *Verbindung* von Lagerschale und Lagermetall weich wird und der Lagerausguß in der Schale *schiebt.* Unterstützt wird dieser Vorgang noch durch die unterschiedliche *Dehnung* von Schale und Ausguß, zumal bei ungünstigen Werkstoffpaarungen.

Die Schmieröltemperaturen der einzelnen Wellenlager sind oft verschieden, da die Lager fast immer ungleich belastet werden; (Schiffsdurchbiegungen infolge von Seegang oder geänderter Ladungsverteilung ergeben z. B. zusätzliche Lagerkräfte). Geringfügig *höhere* Temperaturen einzelner Lager sind daher nicht immer als Zeichen eines beginnenden Schadens zu werten, wohl aber ein plötzlicher *Temperaturanstieg.*

Maßnahmen: Schmierölversorgung (einwandfreien Umlauf) prüfen, gegebenenfalls Verstopfungen oder angesammelten Schmutz beseitigen. Bei Zwangsumlaufschmierung Öldurchsatz steigern; bei gekühlten Lagern Kühlwasserdurchlauf prüfen und gegebenenfalls Kühlwassermenge vergrößern. Schmieröl auf Verunreinigungen untersuchen. Wellendrehzahl herabsetzen, notfalls anhalten; bei Traglagern Lagerspiel durch Einlegen zusätzlicher Beilagebleche vergrößern, jedoch nur, wenn eindeutig Fluchtungsfehler oder zu kleines Spiel vorliegen.

Nur im äußersten Notfall darf das Lager von außen mit Löschwasser gekühlt werden.

Lager, die während des Betriebes heißgelaufen sind, müssen sobald wie möglich aufgenommen und besichtigt werden. Ist Lagermetall ausgelaufen, kann das Lager, wenn der Schadensumfang dies zuläßt, nachgeschabt und das Spiel durch Entfernen der entsprechenden Beilagebleche in gewissen Grenzen nachgestellt werden. Bei größerem Schadensumfang Lagerschale neu ausgießen.

Neu ausgegossene Lager mittels *Ultraschallgerät* auf einwandfreie Bindung zwischen Lagermetall und Stützkörper bzw. Lagerschale prüfen!
Weitere Schäden, die oft erst bei der Besichtigung der Lager festgestellt werden:
Vor allem *Risse im Lagerausguß*, meist auf eine ungünstige Gestaltung der *Schwalbenschwanznuten*, die dem besseren Haften des Ausgusses in der Lagerschale dienen sollen, zurückzuführen *(Spannungsspitzen).* Ausgelöst werden diese Risse dann durch mechanische oder thermische Beanspruchung. Moderne Lager vermeiden diese ungünstige Konstruktion.

Maßnahmen: Neuausgießen der Lagerschalen neuzeitliche Verfahren (elektrochemisches Aufbringen des Lagermetalls) ermöglichen es, auf die Nuten ganz zu verzichten.

Wellenleitung

Trennung von Lagerausguß und -schale, oft ausgehend von den seitlichen Schmiertaschen.
Maßnahmen: Lagerausguß erneuern.
Risse im Lagergehäuse. Ursachen: Lunkerstellen und Gußspannungen, gelegentlich Vibrationen. Ausgelöst oft durch hinzukommende Wärmespannungen.
Maßnahmen: Risse durch *Insert-* oder *Metalock-Verfahren* dichten oder schweißen, jedoch nur an Stahl- und Stahlgußkonstruktionen, *nie* an Grauguß.
Bei vielen Konstruktionen werden die Lagerschalen in das Lagergehäuse *eingesetzt* (s. Bild 10.12). Durch ungünstige Betriebsverhältnisse (Kantenpressung, Vibrationen usw.) kann sich der Sitz der Schalen im Gehäuse lockern (Gehäusesitz sieht blankgehämmert aus).
Maßnahmen: Befestigung prüfen bzw. nachstellen; notfalls Sitz im Lagergehäuse aufarbeiten.
Nach allen Reparaturen überprüfen, ob sowohl der *Schaden* als auch die *Schadensursache* beseitigt ist.
Eine der schwierigsten Aufgaben für den Schiffsingenieur ist es, zu erkennen, *wodurch* ein Lagerschaden *primär ausgelöst* wurde, weil die ursprüngliche Ursache durch die spätere Zerstörung überdeckt sein kann.
Deshalb sind hier einige Hinweise für die Ursachenerkennung aufgenommen, die von Herrn Dipl.-Ing. *W. Hilgers*, Mitarbeiter der Fa. *Th. Goldschmidt*, Essen, erarbeitet wurden, der auch dankenswerterweise die erläuternden Fotografien zur Verfügung stellte (Bild 10.23).

1. *Bindefehler* (Bild 10.23.1)

Bei guter Verzinnung ist die Bindungsfestigkeit höher als die Zugfestigkeit des Lagermetalls. Wird das Weißmetall mit dem Meißel herausgeschlagen, so muß auf dem Stützkörper noch La-

Bild 10.23.2 Einbaufehler; das Lagermetall ist im vorderen Bereich zerstört infolge Verkantung der Welle im Lager. Deutlich zeichnet sich der Laufspiegel durch die dunklere Färbung der Lagermetalloberfläche ab.

Bild 10.23.3 Einbaufehler; durch verkanteten Einbau der Kippsegmente eines Axiallagers ist das Lagermetall örtlich überlastet worden. Der Lagermetallausguß ist seitlich in Drehrichtung verquetscht und verringert dadurch den Ölzufluß zu dem nächstfolgenden Segment.

Bild 10.23.1 Fehlende Bindung zwischen Lagermetall und Stützschale. Ursache: zu niedrige Stützkörpertemperatur. Das Lagermetall zeigt an der Bindefläche Poren und eine blanke Gußhaut.

Bild 10.23.4 Einbaufehler; Verkanten der Welle im Lager hat bei diesem Beispiel zu Rißbildung und Lagermetallausbrüchen im vorderen Bereich der Lagerschale geführt, während im hinteren Bereich noch Schabemarken der ursprünglichen Montage zu erkennen sind.

Bild 10.23 Erscheinungsformen einiger typischer Schäden an Gleitlagern nach [10.27]

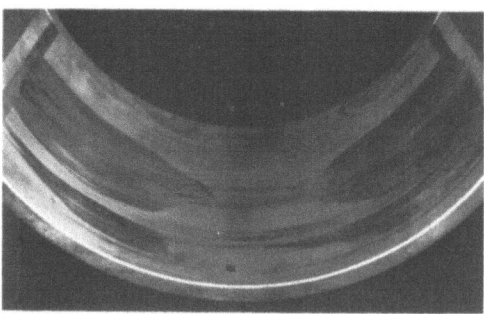

Bild 10.23.5 Einbaufehler; Zerstörung des Lagermetallausgusses eines Radiallagers mit Zitronenspiel. Das Lagermetall hat sich teilweise seitlich in die Schmiertaschen geschoben und behindert so immer stärker den Schmierölzufluß.

Bild 10.23.8 Zerstörung des Lagermetallausgusses eines Radiallagers durch Kavitation.

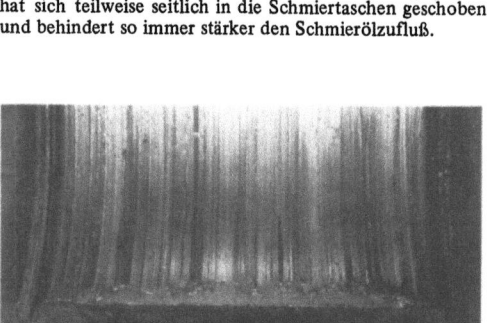

Bild 10.23.6 Durch das Eindringen von Verunreinigungen in das Schmieröl kam es bei diesem Radiallager zu starker Riefenbildung und dadurch bedingt zur Zerstörung der Lagermetalloberfläche.

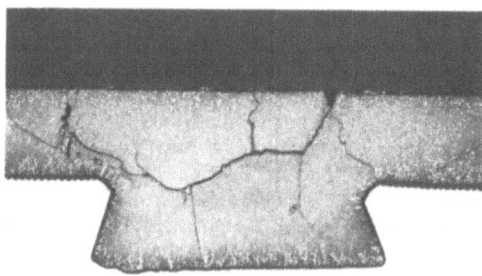

Bild 10.23.9 Ermüdungsrisse gehen i.a. von Spannungskonzentrationen aus. Hier hat die Schwalbenschwanznut zum vorzeitigen Ermüden in der Bindungszone beigetragen.

Bild 10.23.7 Ölmangel führte bei diesem Radiallager zu Heißlauf mit Erweichung und Verschiebung des Lagermetalls. Schwarze Spuren, überhitztes und verkoktes Öl liegen zwischen dem erweichten Lagermetall, dessen Gefügeumkristallisation in solchen Fällen mittels mikroskopischer Untersuchung nachweisbar ist.

Bild 10.23.10 Zerstörung des Lagermetallausgusses durch mechanische Ermüdung des Lagermetallwerkstoffes. Vernetzte Rißbildung „Pflastersteinbildung" kennzeichnet diesen sich abzeichnenden Schaden.

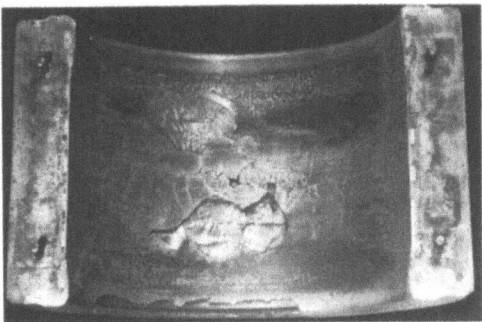

Bild 10.23.11 Zerstörung des Lagermetallausgusses durch mechanische Ermüdung des Lagermetallwerkstoffes. Fortgeschrittene Pflastersteinbildung.

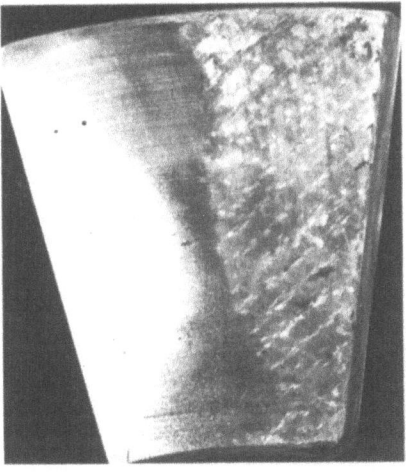

Bild 10.23.12 Zerstörung der Kippsegmente eines Axialdrucklagers durch Stromdurchgang bzw. Funkenerosion.

Bild 10.23.13 Zerstörung der Oberfläche von Lager und Welle durch Funkenerosion.

Bild 10.23.14 Zerstörung der Oberfläche eines Radiallagers durch flächigen Korrosionsangriff infolge zu hohen Wassergehaltes im Schmieröl.

Bild 10.23.15 Rest des Lagermetallausgusses eines Hilfsturbinenlagers. Vermutlich wurde die Anlage längere Zeit mit zuviel Wasser im Öl gefahren. Der Schaden wurde bei einer Klassebesichtigung entdeckt. Störungen waren beim Betrieb der Turbine nicht festzustellen.

germetall haften bleiben. Das ergibt ein *graues, samtartiges* Aussehen der Bindungszone.

2. *Einbaufehler* (Bilder 10.23.2 bis 10.23.5)

Verkanten der Welle im Lager führt zu einseitig überhöhter Belastung, so daß das Lagermetall im Bereich der Kantenpressung stark verformt erscheint. Der sich hier dabei ausbildende *Laufspiegel* ist meistens *dunkel gefärbt*. Bei Radiallagern kann diagonal auf der gegenüberliegenden Seite eine ähnliche Verkantung – meist etwas kleiner, erkennbar sein.

Als Folge kann das Weißmetall in die Öltaschen geschoben werden.

Bei Lagern mit Zitronenspiel (z. B. HD-Turbinenlager) kann bei falschem Einbau leicht eine zu starke Pressung in Höhe der Teilfuge erfolgen, so daß das Weißmetall stark verquetscht und verformt wird. Diese Zone ist dann meist auch *parabelförmig* ausgebildet.

3. *Riefen* (Bild 10.23.6)
Gelangen Fremdkörper in den Ölspalt, werden diese Teile in die Weißmetallschicht *eingebettet*. Je nach Größe und Anzahl kann das dazu führen, daß der Wellenzapfen dann stark verrieft wird. Da dadurch auch das Weißmetall lokal stark überhitzt werden kann, kann es anschmelzen, kleinere Partikel ausbrechen und die Ölzufuhr blockieren.

4. *Ölmangel* (Bild 10.23.7)
Erkennt man an der *schwärzlichen Verfärbung* der Lauffläche durch verkokendes Öl, an der oberflächlichen Erwärmung, die zum Lösen kleiner Weißmetall-*Schuppen* führen kann, die sich dann an anderer Stelle im Lager, meist im Bereich des größten Lagerspiels, anlagern.

5. *Kavitation* (Bild 10.23.8)
Hierbei werden aus der Lauffläche Lagermetallpartikel herausgerissen bzw. gesprengt. Die Hohlräume können durch das Weißmetall bis in die Bindungszone gehen.
Bei guter Bindung bleiben *zwischen* Ausbrüchen *Weißmetall-Inseln* stehen.
Kavitation tritt durch zu hohe (Öl) Geschwindigkeit im Lager auf.

6. Ermüdung (Bilder 10.23.9 bis 10.23.11)
Überbeanspruchung (zu hohe spezifische Lagerbelastung) zeichnet sich in charakteristischen *Rissen*, die das Weißmetall mit einem mehr oder weniger ausgedehnten Netz überziehen, ab (sog. *Pflastersteinbildung)*. Darüberhinaus wird die Bindungszone durch das in die Risse eingepreßte Öl angegriffen.
Das stehengebliebene Lagermetall zeigt an den Kanten *Anschmelzungen*.
Spannungsspitzen in der Bindeschicht durch ungünstige Formgebung, z. B. an den Kanten von Schwalbenschwanznuten wirken Ermüdungsbruchfördernd.

7. *Funkenerosion* (Bilder 10.23.12 und 10.23.13)
Hervorgerufen durch vagabundierende Ströme oder zu hohe Potentialdifferenzen zwischen Welle und Schiff (fehlende Erdung, s. Hauptabschnitt 09) können Funkenerosionen hervorgerufen werden. Sie zeigen sich auf der Welle, wie auch im Lagermetall in Form eines abgegrenzten, umlaufenden Bereichs abgetragenen Materials.
Die Abtragung erfolgt in sehr dünnen Schichten und oft *punktartig* bis *nadelstichartig*.
Bei Axiallagern tritt Zerstörung durch Funkenerosion im oder kurz hinter dem Druckpunkt auf. Die *Wellenoberfläche* hat ein *mattgraues* Aussehen.
Die mit normalem Spannungsmeßgerät festgestellte *Potentialdifferenz* beträgt normalerweise nach Skalenanzeige 250...400 (650) mV. Messungen mit extremer Zeitauflösung zeigen jedoch, daß Spannungsspitzen von mehreren Volt auftreten.

8. *Korrosion* (Bilder 10.23.14 und 10.23.15)
Korrosionsschäden können punktförmig oder flächenhaft auftreten. Ursache ist meist ein zu hoher *Wasseranteil* im Schmieröl. Oft spielen auch saure Reaktionsprodukte aus der Verbrennung eine Rolle, die im Kurbelraum von Verbrennungsmotoren in das Öl und über das Schmierölsystem in die Lager gelangen. Verdacht auf Korrosions-Angriff kann z. B. geschöpft werden, wenn Stützschale und Lagersitz *Rostspuren* aufweisen.

Schäden an Wälzlagern treten vergleichsweise selten auf; lt. Angaben der Wälzlagerindustrie fallen nur 0,2...0,5 % aller Lager durch Schäden aus, die durch Wartungs-, Bedienungs- und Konstruktionsfehler bedingt sein können.

Es entfallen auf	%
Gealtertes Schmieröl	20
ungeeignetes Schmieröl	20
zu wenig Schmiermittel	15
Verunreinigungen	20
Wasser (oder sonstige Flüssigkeiten im Öl)	5
Überlastung (zu hohe Drehzahl, zu viel Schmiermittel, nicht ausreichende Abdichtung, falsche Lagerwahl, zu hohe Verformung)	10
Folgeschäden (durch Schäden angrenzender Maschinenteile, z. B. Zahn- oder Kupplungsabrieb, Dichtungsschäden usw. Maschinenschwingungen)	5
Einbau und Fertigungsfehler (Beschädigung der Lager, nicht einwandfreie Lagersitze, falsche Lagerluft)	5
Fehlerhafte Lager (Werkstoffehler Herstellungsfehler)	<1
	100

Zu den häufigsten Schadensmerkmalen zählen im Schiffsmaschinenbetrieb *Rattermarken* und *Rost*. Rost bildet sich durch die vergleichsweise großen *Temperatur-* und *Luftfeuchtigkeitsschwankungen* in den unterschiedlichen Fahrtgebieten und durch die verschiedenen Betriebszustände.
Bei den Rattermarken handelt es sich um *Schwingungsreibverschleiß*, der durch Stillstandserschütterungen ausgelöst wird, z. B. an Reserveaggregaten, die über längere Zeiträume nicht eingeschaltet in Bereitschaft stehen, während die Hauptmaschinenanlage in Betrieb ist.
Die Bilder 10.24.1 und 10.24.2 zeigen die typischen Schadensmerkmale für Schwingungsreibverschleiß

Bild 10.24.1 Durch Schwingungsreibverschleiß entstandene Mulden in den Laufbahnen eines Pendelkugellager-Außenrings (links) und eines Rillenkugellager-Innenrings (rechts)

Bild 10.24.2 Durch Schwingungsreibverschleiß entstandene Rattermarken bei einem Zylinderrollenlager-Innenring

Bild 10.24.4 Rostschäden am Innenring eines Kegelrollenlagers

Bild 10.24.3 Verrostete Wellenscheibe eines **Axial-Rillenkugellagers**

(Rattermarken) an Kugellagern und einem Zylinderrollenlager.

Die Bilder 10.24.3 und 10.24.4 veranschaulichen Beispiele für *Rostschäden*. Der von den Rollkörpern abgescheuerte Rost wirkt wie Schmirgel und führt zu Verschleiß. Die Rostnarben werden zum Ausgangspunkt von *Abblätterungen*.

Das hier gezeigte Bildmaterial wurde dankenswerterweise von der *FAG Kugelfischer Georg Schäfer & Co.* zur Verfügung gestellt. In deren Auftrag wurde auch das sehr empfehlenswerte Standardwerk „*Die Wälzlagerpraxis*" [10.04] herausgegeben, dem diese Bilder entnommen sind.

Gleitspuren an den seitlichen Führungen und erst *blanke*, später *braune* Rollspuren auf den Laufflächen zeigen ungenügende Schmierung an (zu we-

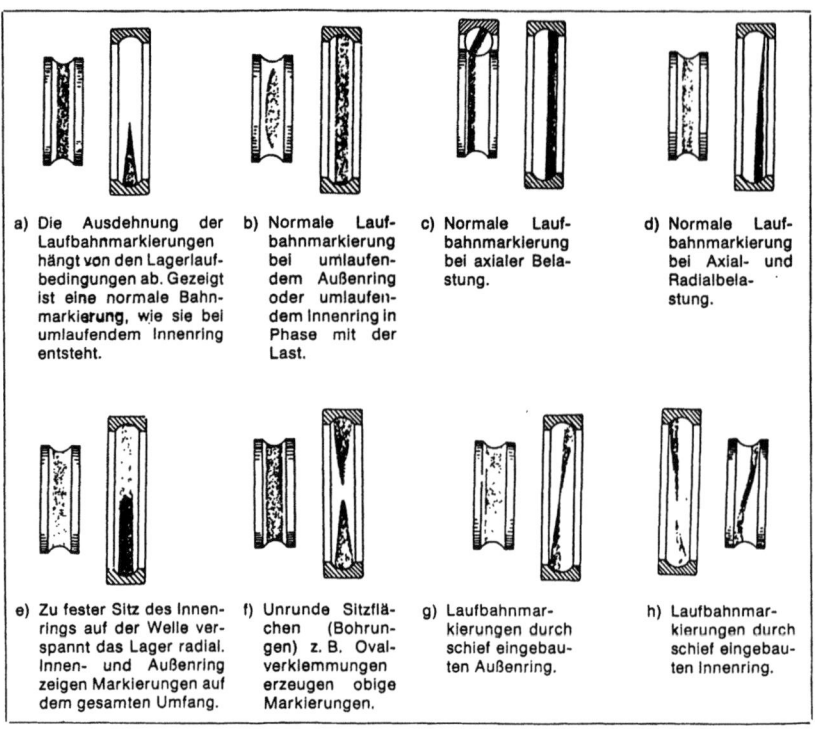

Bild 10.24.5 Laufbahnmarkierungen in Rillenkugellagern

nig oder zu schlechtes Schmieröl). Trockenlaufende Dichtungen und zu hoher Ölstand äußern sich in erhöhten Öltemperaturen.

Bild 10.24.5 zeigt als Hilfsmittel für die Beurteilung des *Laufspiegels* von Wälzlagern eine Zusammenstellung typischer Erscheinungsformen für Rillenkugellager.

Beim Einbau von Reservelagern ist zu beachten, daß das Korrosionsschutzfett, mit dem die Lager konserviert sind, über *keinerlei* Schmiereigenschaften verfügt. Die Lager müssen daher vor dem ersten Probelauf mit Waschpetroleum oder Trichloräthylen ausgewaschen und dann sofort neu eingeölt werden.

10.2.5 Neuausrichten der Wellenleitung

Eine einwandfreie Ausrichtung der Wellenleitung ist für den störungsfreien Betrieb der Maschinenanlage sehr wichtig. Dies gilt allgemein, besonders aber für Antriebsanlagen mit Getrieben. Das Prüfen der Ausrichtung einer Wellenleitung ist besonders durch den Umstand erschwert, daß infolge der Elastizität von Schiffskörper und Welle keine festen *Referenzpunkte* oder Bezugslinien angebracht und für spätere Kontrollen gekennzeichnet werden können.

Früher wurden Wellenleitungen so ausgerichtet, daß alle Flanschen vor dem Kuppeln parallel und ohne Versatz zueinander lagen. Das hat gelegentlich zu ungünstigen Belastungsverhältnissen einzelner Lager und infolgedessen zu Schäden geführt. Etwa seit 1960 ist es üblich, die Lagerung des Wellenleitungssystems von Schiffsneubauten rechnerisch zu untersuchen und eine *Wellenleitungsstudie* durchzuführen, anhand deren die optimale Stellung der einzelnen Lager festgelegt wird (Bild 10.25).

Dabei sind im wesentlichen folgende Einflüsse des späteren Betriebs zu berücksichtigen:

Verformung des Doppelbodens infolge von *Tiefgangsänderungen* oder Seegang

„Wachsen" des Getriebes, des Hauptmotors oder der Turbinen infolge von *Temperaturunterschieden* zwischen kalter und betriebswarmer Anlage.

Verlagerung der Wellenmitte im Lager bei laufender Welle (im Vergleich zur stillstehenden Welle).

Biegemomente am Propeller infolge ausmittig angreifenden Schubs

Zusatzkräfte aus dem elektrischen Drehfeld bei direkt in der Welle liegenden Wellengeneratoren.

Abnutzung der Lager (z. B. bei seewassergeschmierten Stevenrohr-Lagern)

Auftriebskräfte an Welle und Propeller.

Wellenleitung

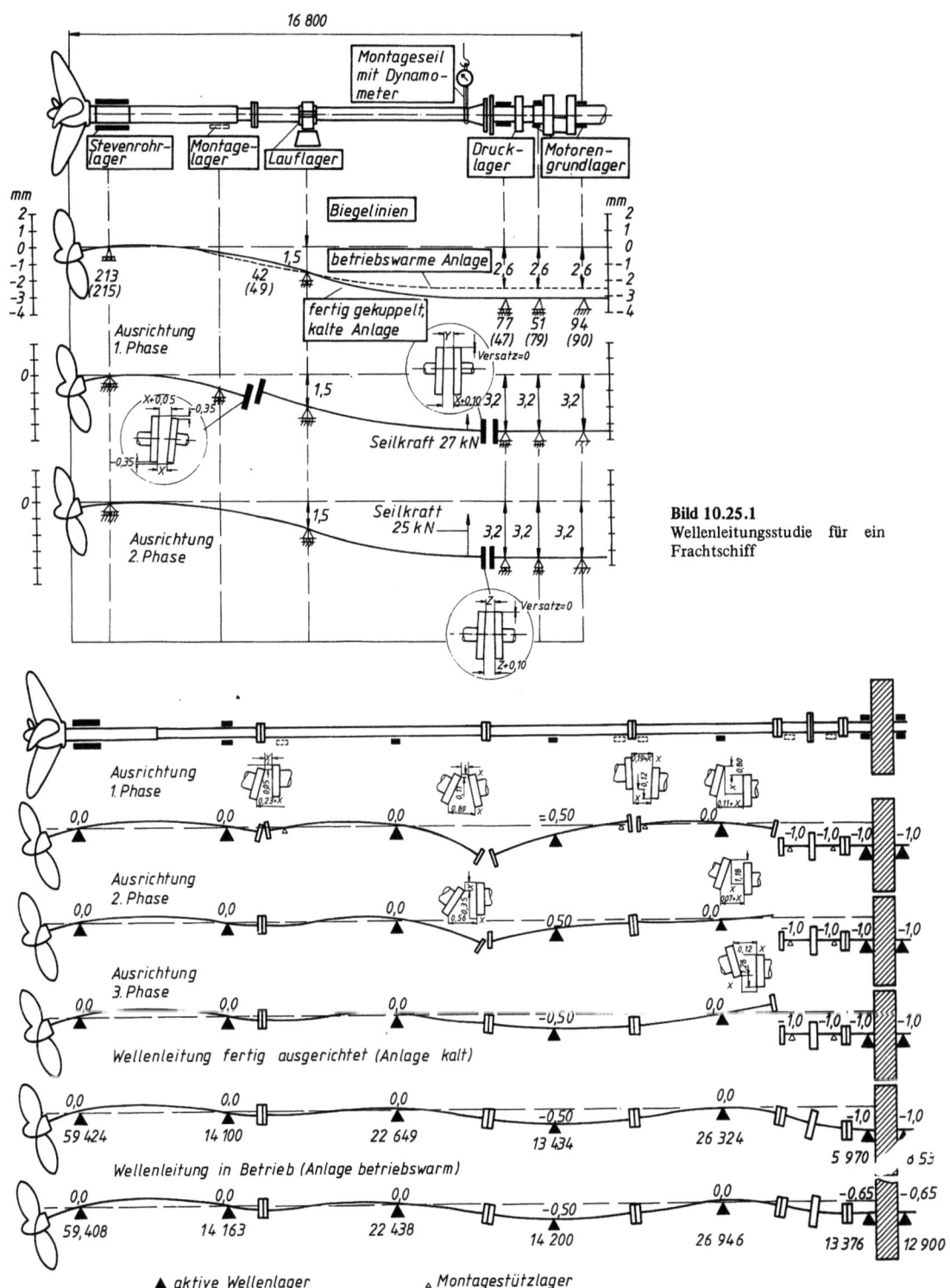

Bild 10.25.1 Wellenleitungsstudie für ein Frachtschiff

Bild 10.25.2 Wellenleitungsstudie für ein Containerschiff

Trotz dieser Einflüsse sollen möglichst folgende Ziele erreicht werden:

Gleiche Lagerreaktionskräfte am großen Rad (eines ggf. vorhandenen Getriebes)
Weitgehend gleiche Belastung aller Lauf- und Traglager
Eindeutige und einheitliche Richtung der Lagerkräfte in den einzelnen Lagern bei allen Betriebsbedingungen
Möglichst gleichmäßige Verteilung der Belastung im hinteren Stevenrohrlager (Vermeidung von Kantenpressung)*).

Die Rechnung, die i.a. mittels EDV-Anlage durchgeführt wird, geht zunächst von einer vollkommen ebenliegenden Wellenleitung aus. Dann werden die *Einflußfaktoren* aus den elastischen Eigenschaften des Wellenleitungssystems bestimmt. Sie geben für jedes Lager an, um wieviel kN sich die Lagerkraft ändert, wenn eins der Lager um einen Einheitsbetrag, z.B. 1 mm, angehoben oder gesenkt wird.

Mit diesen Einflußzahlen wird berechnet, wie die Welle liegen muß, damit die erwünschte gute Ausrichtung erreicht wird (möglichst gleichgroße Lagerkräfte, Lagerkräfte immer gleich gerichtet usw., s. oben).

Die so gefundene Lösung gibt an, wie die *betriebswarme* Wellenleitung liegen muß. Bei der Montage liegen i.a. andere Verhältnisse vor – insbesondere niedrigere Temperaturen usw. Diese Einflüsse werden ebenfalls berechnet, und das Ergebnis wird in die *Ausrichtungs-Skizze* mit eingetragen. Zuletzt wird noch berechnet, wie die *Wellenflanschen* der so ausgerichteten Anlage zueinander liegen (*Klaffe* und *Versatz* bzw. *Planschlag* und *Rundlauf*), solange sie noch nicht gekuppelt sind.

Bei einem Schiffsneubau oder bei einer größeren Reparatur wird nach einer ersten *optischen Fluchtlinie* (Meßfernrohr) zwischen Mitte Stevenrohr und Mitte Hauptmaschinen- bzw. Drucklagerflansch das

---

*) Bei Turbinenanlagen oder Motoranlagen mit Getrieben kann i.a. durch entsprechende Absenkung der Wellentrag-, Lauf- und Getriebelager erreicht werden, daß die mittlere Steigung der Wellenmittellinie parallel zur Lagermittellinie liegt. Das ist deshalb möglich, weil das Getriebe vergleichsweise kurz ist. Langsam laufende Motoren sind jedoch i.a. zu lang, um mit entsprechender Neigung eingebaut zu werden.
Um die Pressung im Stevenrohrlager dennoch gleichmäßig zu verteilen, wird das Lager dann mit geneigter Bohrung ausgeführt. Dabei kann entweder das Stevenrohr mit entsprechender Neigung gebohrt werden oder die Stützschale des Lagers (Lagerbuchse) wird außen mit entsprechender Neigung abgedreht. Letzteres ist empfehlenswerter, da es i.a. in der Maschinenfabrik und somit auf einer vergleichsweise genaueren Maschine fertiggedreht wird. Gelegentlich ist auch schon die Weißmetallauflage im Bereich des hinteren Drittels der Stevenrohrlagerbuchse schräg gebohrt ausgeführt worden.

Stevenrohr gebohrt. Danach werden Lager, Dichtungen und Propellerwelle eingebaut und der Propeller montiert. Mit Hilfe der aus der Wellenleitungsstudie entnommenen Angaben über Klaffe und Versatz werden, vom Propellerwellenflansch nach vorn voranschreitend, die einzelnen Teilstücke der Wellenleitung bis zum Drucklager- bzw. Hauptmaschinenabtriebsflansch ausgerichtet.

Bei Neubauten wird als letztes die Hauptmaschine ausgerichtet, die für sie erforderlichen Paßstücke angefertigt, die HM-Fundamentbolzen eingezogen und anschließend die einzelnen Teilstücke der Wellenleitung gekuppelt. (Bei Neuausrichtung nach einer Reparatur kann es erforderlich werden, daß auch die Hauptmaschine neu ausgerichtet und auf neue Paßstücke gestellt werden muß.)

Ist die Wellenleitung gekuppelt, können durch *Wiegen der Welle* die Lagerkräfte geprüft werden. Dieses *Wellenwiegen* (im angloamerikanischen Sprachgebrauch als *Jacking test* bekannt) ermöglicht die Überprüfung des Ist-Zustands der Ausrichtung mit einfachen Mitteln.

Wie bereits erwähnt, wird er im Anschluß an die Wellenleitungsmontage durchgeführt und, bei Schiffsneubauten, stets mindestens noch ein *zweites Mal* während der Probefahrt *bei betriebswarmer* Anlage. Bei Schiffen mit großen Tiefgangsänderungen – z.B. Tank- und Massengutschiffen empfiehlt es sich, je einmal auf jedem der extremen Tiefgänge ein Wellenwiegen vorzunehmen.

Ein Wellenwiegen kann auch erforderlich werden, wenn das Schiff eine Kollision oder *Grundberührung* hatte oder wenn wesentliche Teile des Antriebssystems *ausgewechselt* wurden.

Das Wellenwiegen sollte möglichst bei bedecktem Himmel oder nachts, bei normalen Luft- und Wassertemperaturen (aufschreiben!) und nur in ruhigem Wasser vorgenommen werden. Krängung und Trimm dürfen während der Messung nicht geändert werden, desgleichen dürfen keine größeren Massen (Maschinenteile, Ladung, Tankinhalte usw.) verschoben werden.

Bei *eingedocktem* Schiff ist die Verformung des Bodens zu berücksichtigen, die mehrere mm betragen kann. (Die Paßbolzen dürfen in dem letztgenannten Fall erst eingesetzt werden, wenn das Schiff wieder schwimmt, und eine erneute Prüfung von Klaffe und Versatz ergibt, daß die Wellen vorschriftsmäßig fluchten.)

Zum Wellenwiegen werden folgende *Hilfsmittel* benötigt:

1. Hydraulische Presse mit Feinmanometer
2. Meßuhr (Schlaguhr mit 1/100 mm Teilung)
3. Spione
4. Paßstücke

Bevor mit der Arbeit begonnen wird, muß geprüft werden ob *Zwischenstücke* erforderlich sind. Diese Zwischenstücke müssen *genau* passen und *parallel*

Wellenleitung

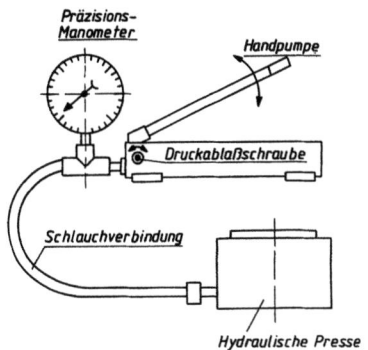

Bild 10.26.1 Hydraulische Presse mit Handpumpe und Druckanzeige für das Wellenwiegen

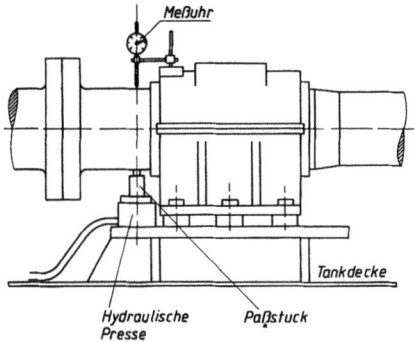

Bild 10.26.2 Durchführung der Messung.

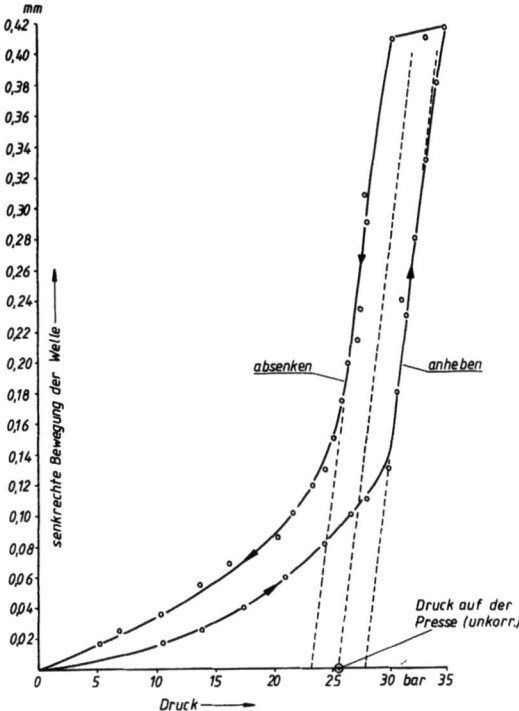

Bild 10.26.3 Auswertung der Messung durch Auftragen der Meßwerte und Mittelwertbildung

Bild 10.26 Wellenwiegen

bearbeitet sein, da sonst der Hydraulikstempel *verkanten* kann, wodurch die Messung unbrauchbar wird.

Durchführen des Wellenwiegens s. Bild 10.26

1. Presse und Zwischenstück an den vorgesehenen Wägepunkten unter die Wellenleitung stellen. Es muß darauf geachtet werden, daß die Presse genau unter der Mittellinie steht.
2. Meßuhr anbringen (s. Bild 10.26.2) und auf Null stellen.
3. Langsam in Stufen von 10 bar vorpumpen und jeweils die an der Uhr abgelesenen Werte in Tabelle notieren.
4. Dieses wird solange fortgesetzt, bis die Welle um ca. 0,3 mm angehoben ist. Es kann auch um das gesamte Lagerspiel angehoben werden. Auf Spiel an den Lager-Spitzendichtungen achten! Mit Spion prüfen!.
5. Ist der obere Punkt erreicht, wird der Druck vorsichtig in Stufen von 10 bar durch Drehen des Stellknopfes abgelassen. Die sich einstellenden Werte an der Meßuhr werden wiederum jeweils notiert.
6. Presse, Zwischenstück und Uhr entfernen und Welle 20° vorwärts, 40° rückwärts und wieder 20° vorwärts törnen.
7. Am nächsten Lager die Punkte 1 bis 6 wiederholen.
8. Wenn die Messung an allen Lagern durchgeführt worden ist, Welle 180° törnen und Messung wiederholen.

Auswerten der Meßergebnisse

Zur Auswertung werden für jedes Lager die jeweils notierten Druck- und Anhebungswerte auf Millimeterpapier aufgetragen, s. Bild 10.26.3. Die einzelnen Meßpunkte werden miteinander verbunden. Der Kurvenverlauf zeigt deutlich *zwei* Abschnitte: Im ersten Teil beginnt die Kurve mit relativ kleiner Steigung, die stetig zunimmt. Dieser Abschnitt kennzeichnet die Biegeverformung der Wellenleitung, d.h. nur eine kleine senkrechte Bewegung bei starkem Anstieg des Druckes.

Der erste Abschnitt geht in den *steilen* zweiten Abschnitt über, in dem die Meßpunkte auf einer *Geraden* liegen. Das ist der Bereich, in dem die Welle

Tafel 10.5 Ermittlung von Mittenversatz und Winkelabweichung (Klaffe) an Wellenenden

Meßstelle	Rundlauf			Planschlag			
	Spiel	Summe der Spiele Σ	Mittenversatz t	Spiel	Differenz der Spiele D^*	Flanschdurchmesser D	Klaffung D^*/D
	mm	mm	mm	mm	mm	m	mm/m
oben	a_1	$a_1 + a_2$	$t = \dfrac{a_1 + a_2}{2}$	$\dfrac{c_1}{c_2}$	$c_1 - c_2$	D	$\varphi = \dfrac{c_1 - c_2}{D}$
unten	a_2						
Steuerbord..	b_1	$b_1 + b_2$	$t^* = \dfrac{b_1 + b_2}{2}$	$\dfrac{d_1}{d_2}$	$d_1 - d_2$	D	$\varphi^* = \dfrac{d_1 - d_2}{D}$
Backbord...	b_2						

vom Lager *abgehoben* hat und die Last allein auf der hydraulischen Presse lag.
Die Kurven für den Aufwärts- und Abwärtsgang haben zwar eine ähnliche Form, decken sich aber nicht. Die Kurve für den Abwärtsgang liegt um einen Betrag nach links verschoben, so daß eine Art *Hystereseschleife* entsteht. Diese Erscheinung ist auf Reibungseinflüsse zurückzuführen.
Die *steilen* Äste der beiden Kurven bilden zwei parallel laufende Geraden, die bis zum *Schnitt* mit der Abszisse verlängert werden. Man erhält zwei Schnittpunkte, d.h. zwei Drücke. Mit dem Mittelwert der beiden Drücke kann die gesuchte Belastung (allerdings für die Stelle der Welle, wo die Presse gestanden hat) *ausgerechnet* werden.
Um die Belastung des Lagers zu erhalten, muß auf die Mitte des Lagers umgerechnet werden nach der Formel:

$$F_J = 100 \cdot p_m \cdot A_J \tag{6}$$

$$F_B = F_J \cdot C \tag{7}$$

$$F_B = 100 \cdot p_m \cdot A_J \cdot C \tag{8}$$

p_m mittlerer Druck .... bar
A_J Jack-Fläche (Fläche der hydr. Presse)....... m²
C Korrekturfaktor .... —
F_B Lagerkraft .... kN
F_J Kraft am Wägeort .... kN

Der Faktor C läßt sich bei der Computerberechnung über die Einflußzahlen berechnen. Überschläglich kann man ihn auch mit der Momentenmethode bestimmen:

$$F_J \cdot L_1 = F_B \cdot L_2 \tag{9}$$

$$F_B = F_J \cdot \frac{L_1}{L_2} \tag{10}$$

$$C = \frac{L_1}{L_2} \tag{11}$$

Checkliste „Neuausrichtung"

1. Optisch ausfluchten – Mitte Stevenrohr – Mitte HM-Flansch
2. Stevenrohr bohren, Lager einziehen
3. Lauf- und Traglager nach Höhe und Seite ausrichten und auf Druckschrauben stellen
4. Wellen einziehen bzw. einlegen
5. Propellermontage
6. Ausrichten nach Klaffe und Versatz
7. Endgültige Paßstücke und Fundamentbolzen anfertigen und einbringen
8. Klaffe und Versatz prüfen
9. Wellen kuppeln
10. Wellenwiegen

Das Messen von Klaffe und Versatz erfordert Übung. Insbesondere das Auswerten von Spion/Haarlinealmessungen will gelernt sein. Zur Erleichterung ist ein *Meß-* und *Zählschema* in Tafel 10.5 angegeben. Die Meßstellen, auf den Bezug genommen wird, zeigt Bild 10.27.
Weitere Tips siehe Abschnitt 10.4.8.

Wenn eine Wellenleitungsstudie an Bord nicht vorhanden ist und Zweifel an der richtigen Lage der Hauptmaschine relativ zur Wellenleitung bestehen, können zum Abschätzen die in Tafel 10.6 angegebenen Werte vergleichend herangezogen werden. Zur Erläuterung der Meßstellen bzw. Bezugspunkte dient Bild 10.28. Die „zulässigen" Werte für Φ und T können nach folgender Faustformel

$$T = \frac{1}{6000} \cdot L' \text{ mm} \tag{12}$$

ermittelt werden. Dieses Verfahren ist jedoch, das sei hier ausdrücklich vermerkt, nur als *Notbehelf* zu betrachten!

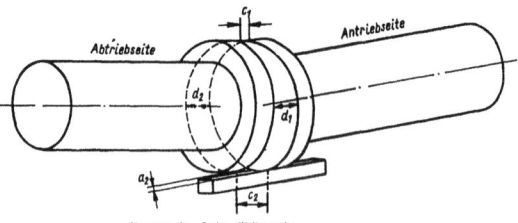

Bild 10.27 Messen von Planschlag und Rundlauf der Wellenenden

Wellenleitung. Kupplungen

Tafel 10.6 Zulässige Abweichung der Propellerwelle von der ideellen Mittellinie

Berechnungslänge	L'	m	5	10	15	20	30	40	50	60	70	80
Getriebeanlagen, Elektromotorische Antriebe	Φ	mm/m	0,06	0,11	0,16	0,22	0,33	0,45	0,56	0,67	0,78	0,90
	T	mm	0,2	0,8	1,8	3,0	7,0	13	20	29	39	51
Direktgekuppelte Antriebe	Φ	mm/m	0,03	0,06	0,08	0,11	0,17	0,28	0,28	0,34	0,39	0,45
	T	mm	0,1	0,4	0,9	1,5	3,5	6,5	10	14	20	25

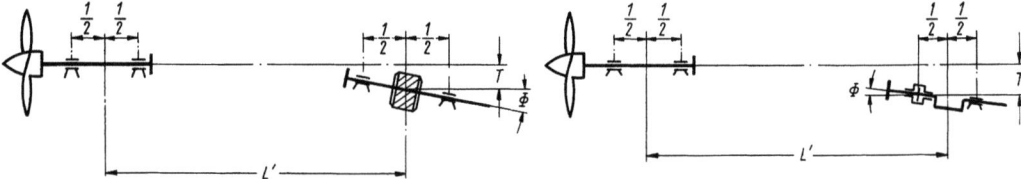

Bild 10.28 Zulässige Abweichung der Propellerwelle von der ideellen Mittellinie

10.3 Kupplungen

10.3.1 Wirkungsweise und Aufbau von Kupplungen

Aufgaben der Kupplungen

Kupplungen sollen zwei Wellenenden zur Übertragung von Leistung bzw. Drehmoment *verbinden*,
axiale, radiale und Winkelverlagerungen *ausgleichen*,
Drehmomentschwankungen *dämpfen*,
die *Eigenfrequenz* des Systems Antriebsmaschine – (Getriebe) – Propeller *ändern*,
(stoßfreies) *Zu-* und *Abschalten* von Maschinen *ermöglichen*,
als *Überlastsicherung* dienen.
Entsprechend ihrem Verwendungszweck müssen Kupplungen eine, mehrere oder alle diese Aufgaben erfüllen.

Zusammenhänge zwischen Kupplung und Antriebsmaschine

Die für Hauptmaschinen zum Einbau gelangenden Kupplungen tragen den unterschiedlichen Verhältnissen der verschiedenen Antriebsarten Rechnung.
Die *direkten Antriebe* – Kolbendampfmaschine und langsamlaufender Dieselmotor – werden fast ausnahmslos über starre Kupplungen mit der Propellerwelle verbunden. Wellen und Antriebsmaschinen werden beim Einbau entsprechend den Ergebnissen der Wellenleitungsstudie genau ausgerichtet (s. 10.2.5). Verlagerungen während des Betriebes (z.B. durch Verformungen des Schiffskörpers) werden nicht ausgeglichen und führen zu verstärkter Belastung und Abnutzung der Lager. Drehmomentschwankungen und Wechseldrehmomente werden nicht gedämpft und haben, wenn keine Resonanzschwingungen im normalen Betriebsbereich auftreten, wenig schädlichen Einfluß, solange sie nicht zu stark sind.

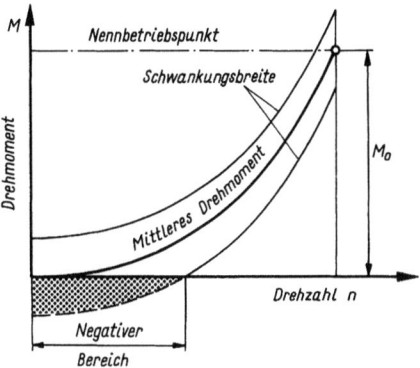

Bild 10.29 Drehmomentschwankungen und mittleres Drehmoment bei Antrieb durch Dieselmotoren

Bei allen Antriebsanlagen mit Getrieben muß jedoch dafür gesorgt werden, daß zu große Wechseldrehmomente vom Getriebe ferngehalten werden. Dieselmotoren geben ein sehr ungleichförmiges Drehmoment ab; die Schwankungen können bei Teillastbetrieb so groß sein, daß sich kurzzeitig *negative* Werte ergeben (Bild 10.29), was im Getriebe zu einem wiederholten *Abklappen* der Zahnflanken führt; die dabei auftretenden, stoßartigen Belastungen können die Oberfläche der Verzahnung und somit das Getriebe in kurzer Zeit zerstören. Um dies zu vermeiden, wird eine Kupplung vorgesehen, die die Wechseldrehmomente dämpft.
Bei Motorenanlagen mit Getrieben liegen fast immer mehrere *kritische Drehzahlen* in der Nähe des Hauptbetriebsbereiches bei den direkten Antrieben liegt oft nur eine kritische Drehzahl im Betriebsbereich (s. auch Hauptabschnitt 15); die Kupplung wird daher zweckmäßig so gestaltet, daß sie infolge ihrer

Drehelastizität gleichzeitig die kritischen Drehzahlen aus dem Hauptbetriebsbereich *verlagert* und beim Durchfahren kritischer Bereiche die Schwingungsausschläge *dämpft*.

Auch wenn Antriebsmaschinen und Getriebe beim Einbau genau fluchtend ausgerichtet werden, besteht die Möglichkeit, daß sich während des Betriebes kurzfristig oder über einen längeren Zeitraum durch die Wellenleitungsstudie geplante oder nicht geplante *Verlagerungen* der Achsen ergeben. Dies kann verschiedene Ursachen haben: Verformungen des Schiffskörpers und damit der Fundamente (Verformungen des Getriebe- und des Maschinenfundamentes infolge der Kräfte und Momente unter Last (s. Schrifttum usw.). Achsverlagerungen wirken sich auf die Beanspruchung von Wellen und Lagern der Antriebsmaschinen und des Getriebes aus; beim Getriebe ergibt sich darüber hinaus eine Beeinträchtigung des Zahneingriffes.

Die verbindende Kupplung muß solche Verlagerungen ohne nennenswerte zusätzliche Rückstellkräfte ausgleichen können, soll störungsfreier Betrieb gesichert sein. Besondere Anforderungen sind an diese Eigenschaft der Kupplung zu stellen, wenn die Antriebsmaschine auf ihrem Fundament *elastisch gelagert* ist; eine Maßnahme, die gelegentlich bei mittelschnell- und schnellaufenden Motoren getroffen wird, um Vibrationen und Körperschall zu dämpfen bzw. vom Schiffskörper fernzuhalten.

Wenn mehrere Antriebsmaschinen auf ein Getriebe arbeiten, ist es sinnvoll, die Kupplungen so zu gestalten, daß die Maschinen einzeln zu- und abgeschaltet werden können. Dadurch ergibt sich die Möglichkeit, bei Teillastfahrt eine oder mehrere Maschinen *abzuschalten*, was sich günstig auf die Auslastung und den Brennstoffverbrauch der Anlage auswirkt. Auch kann zum Manöverbetrieb, z.B. bei einer Doppelmotorenanlage, die eine Maschine *voraus* laufen, während die andere bei ausgerückter Kupplung umgesteuert in Startbereitschaft steht, so daß beim eigentlichen Umsteuerkommando nur die entsprechenden Kupplungen aus- bzw. eingerückt und die Motoren gestoppt bzw. gestartet werden, wodurch sich sehr kurze Umsteuerzeiten ergeben.

Einen weiteren Vorteil bietet diese Anordnung: Wartungs- und Reparaturarbeiten an den Maschinen können, falls erforderlich, auch während der Fahrt auf See durchgeführt werden; die Geschwindigkeit fällt dabei nicht zu stark ab (3. Potenzgesetz, s. Abschnitt 09.3).

Bei Turbinenanlagen ist das Antriebsdrehmoment nahezu gleichförmig; Momentenschwankungen, die vom Propeller ausgehen, können jedoch auch hier das System Turbine–Getriebe–Propeller zu Drehschwingungen anregen; die Auswirkungen lassen sich jedoch in Grenzen halten, wenn *HD-Teil* (HD-Turbine, erste Untersetzungsstufe und Ritzel der zweiten Untersetzungsstufe auf der HD-Seite) und *ND-Teil* hinsichtlich ihrer Eigenfrequenz so aufeinander abgestimmt werden, daß die Schwingungsausschläge des Hochdruck- und des Niederdruckturbinenzweigs *parallel* erfolgen und praktisch nur ganz geringe *Zusatzbeanspruchungen* in die Verzahnungen eingeleitet werden.

Da die umlaufenden Massen auf den beiden Seiten sehr unterschiedlich sind, müssen Kupplungen unterschiedlicher Drehfederkonstanten vorgesehen werden. Bei den Turbinen müssen darüber hinaus Winkelverlagerungen der Antriebswellen – infolge der großen auftretenden Fliehkräfte – ausgeglichen werden. Auch entstehen auf Grund der Temperaturverhältnisse und der meist getrennten Fundamentierung von Turbinen und Getriebe Längs- und Querverschiebungen, die auszugleichen sind.

Die hohen Drehzahlen und Belastungen sowie die große Anzahl der Lagerstellen machen bei bestimmten Bauarten zusätzliche Kupplungen zwischen den einzelnen Getriebestufen erforderlich, die Achsversetzungen (z.B. infolge ungleichen Lagerspiels und Verformungen des mitunter recht hohen Getriebegehäuses) ausgleichen sollen. Bei leistungsverzweigenden Getrieben (s. Abschnitt 10.4.7) muß ferner durch die Kupplungen die Möglichkeit geschaffen werden, die Drehmomente gleichmäßig auf die einzelnen Zahnräder zu verteilen. Hilfsmaschinen – wie Generatoren und Pumpen – werden gelegentlich an die Antriebsmaschinen oder an freie Wellenenden des Getriebes *angehängt*, da so die Hilfsleistungen während des normalen Seebetriebes mit dem guten Wirkungsgrad der Hauptmaschine erzeugt werden. Bei Manöverbetrieb oder Teillastfahrt müssen sie jedoch meist anderweitig angetrieben werden; ihre Verbindungen zur Hauptmaschine und gegebenenfalls die Verbindung zu ihrem Hilfsantrieb müssen daher schnell und sicher während des Betriebs lösbar bzw. schließbar sein.

Auf Eisbrechern, bei denen gelegentlich mit einer Blockierung des Propellers gerechnet werden muß (Grundberührung, Eis, Treibgut usw.) wird zwischen Propeller und Getriebe bzw. Maschine eine Kupplung vorgesehen, die beim Überschreiten eines bestimmten, eingestellten Drehmomentes die Kraftübertragung unterbricht, so daß keine Überbeanspruchung der Antriebsanlage erfolgt. Selbiges gilt sinngemäß für die Kupplung zwischen Baggerpumpe und Antriebsmaschine bei Baggern.

10.3.2 Bauformen von Kupplungen

Werkstoff und bauliche Ausführung muß den Vorschriften der Klassifikationsgesellschaft entsprechen. Die im Schiffsbetrieb eingesetzten Ausführungen lassen sich im wesentlichen wie folgt einteilen:

Nicht schaltbare starre Kupplungen

Als häufigste Verbindung müssen hier die nicht schaltbaren starren Kupplungen erwähnt werden,

Kupplungen

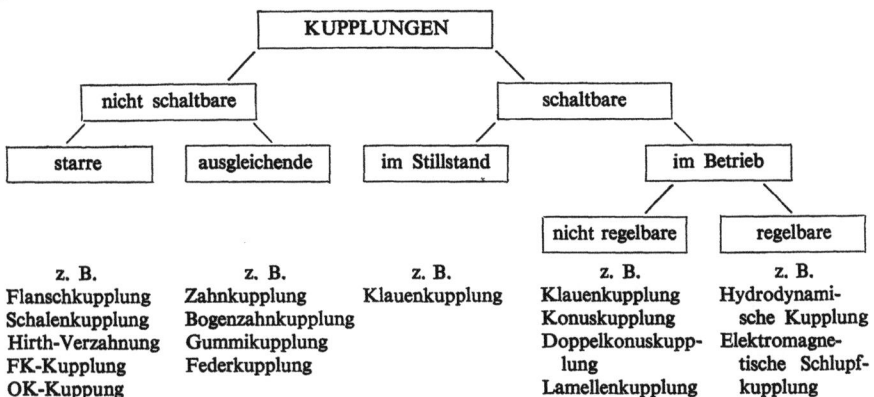

die aus fertigungstechnischen Gründen und mit Rücksicht auf die Montierbarkeit erforderlich werden.
Neben den bereits in Abschnitt 10.2 beschriebenen starren Flanschkupplungen und anderen Arten kommt gelegentlich die *Hirth-Verzahnung* zur Anwendung, bei der die zu verbindenden Wellenenden auf der Stirnseite mit ineinander eingreifenden Verzahnungen versehen werden (z.B.: Verbindung von Zapfenteller und Flügel bei Verstellpropellern).

Nicht schaltbare ausgleichende Kupplungen
Als nicht schaltbare ausgleichende Kupplungen sind zu nennen:

Zahnkupplungen
Bogenzahnkupplung (z.B. *TACKE*-Bogenzahnkupplung, *RENK-GLOBOFLEX*- und *DENTILUS*-Kupplung der Fa. *Lohmann & Stolterfoht*, s. Bild 10.30).
Zahnkopf und -flanken sind hier *ballig* ausgebildet Zahnkupplungen sind im Prinzip *drehstarr*, vermögen aber i.a. in begrenztem Umfang radiale, axiale und winklige Verlagerungen auszugleichen, weil sie fast immer als Doppelkupplungen gebaut werden und infolgedessen über zwei Gelenk- bzw. Drehpunkte verfügen. Das Drehmoment wird *formschlüssig*, durch ineinandergesteckte axiale Verzahnungen übertragen. Auf Grund dieser Tatsache bauen Zahnkupplungen klein und vermögen dennoch große Drehmomente zu übertragen. Infolge ihrer geringen Masse eignen sie sich auch für den Einsatz bei hohen Drehzahlen.
Die Innenverzahnung in der Hülse ist im allgemeinen eine normale Evolventenverzahnung. Die Zähne des Sterns mit Außenverzahnung sind in ihrer Längsrichtung entweder gleich dick oder ballig ausgebildet (Bild 10.30). Bei balligen Zähnen berühren sich die Zähne in Zahnmitte, so daß eine Winkelbeweglichkeit bis zu etwa 1,5° je Verzahnung möglich ist. Bei gleichdicken Zähnen ist die Winkelbeweglichkeit durch das Flankenspiel, das allerdings ein gewisses Maß nicht überschreiten darf, begrenzt.

Die ausgeführten Zahnkupplungen unterscheiden sich vor allem durch die Ausbildung der Zähne der Sterne und durch die Art der Abstützung (Zentrierung) der Hülse auf den Sternen (Bild 10.30.1). Von den dargestellten Möglichkeiten sind nur die Ausführungen (1) und (4) kinematisch einwandfrei. Die Ausführung (2) neigt bei größeren Verlagerungen zum Verklemmen. Winkelverlagerungen sind überhaupt nicht möglich. Die Ausführungen (3) und (6) sind nur bei geringen Verlagerungen anwendbar.
Da sich die Zahnflanken im Betrieb gegeneinander bewegen, müssen sie ausreichend *geschmiert* werden. Langsamlaufende, hochbelastete Zahnkupplungen werden mit *Fett* geschmiert, das in ausreichender Menge eingepreßt wird. Von Zeit zu Zeit muß nachgefüllt und nach ca. 7 000 h gewechselt werden. Bei hohen Drehzahlen, ferner bei schwer zugänglichen Kupplungen und bei Kupplungen, die nur selten abgeschaltet werden, ist eine Schmierung mit *Öl* zweckmäßiger. Die Kupplungen erhalten entweder eine bestimmte Ölfüllung oder werden, um die Reibungswärme abzuführen und das Öl ständig zu erneuern, mit einer Umlaufschmierung versehen. Als günstigste Art der Ölzuführung hat sich die Zuführung am Zahngrund des Sterns erwiesen (*Einzelzahnschmierung*).
Schmierstoffverluste werden durch zuverlässige Dichtungen vermieden. Um das abgeschleuderte Öl abzufangen, erhalten Kupplungen mit Umlaufschmierung eine Abdeckung oder ein Schutzgehäuse.
Bei Zahnkupplungen mit konstanter Ölfüllung ist das Öl nach 2 000...3 000 h zu wechseln; i.a. sollte EP-Öl verwendet werden.
In der Normalausführung haben die Zahnkupplungen zwei gleiche Kupplungsnaben mit Außenverzahnung und eine geteilte oder ungeteilte Kupplungshülse mit zwei Innenverzahnungen.
Es gibt eine Vielzahl verschiedener Bauformen. Da bei Zahnkupplungen Metall auf Metall reibt, muß mit einem gewissen Verschleiß gerechnet werden. Kupplungen dieser Art sollten daher häufiger besichtigt werden.

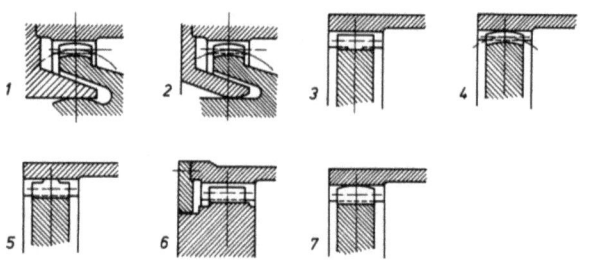

Bild 10.30.1 Möglichkeiten der Abstützung der Kupplungshülse auf den Kupplungsnaben (nach *Stölzle*)

1 Ballige Zähne. Abstützung der Hülse auf kugelförmiger Fläche am Stern, z.B. *TACKE*, Bogenzahn-Kupplung
2 Ballige Zähne. Abstützung der Hülse über ballige Fläche am Deckel
3 Gerade Zähne. Abstützung der Hülse im Zahngrund des Sterns
4 Ballige Zähne. Abstützung des Sterns mit kugelförmigem Zahnkopf im Zahngrund der Hülse z.B. *RENK GLOBOFLEX*
5 Gerade Zähne. Abstützung des Sterns im Zahngrund der Hülse z.B. General Electric
6 Gerade Zähne. Abstützung der Hülse über ballige Fläche am Deckel
7 Gerade Zähne. Abstützung des Sterns mit kugelförmigem Zahnkopf im Zahngrund der Hülse

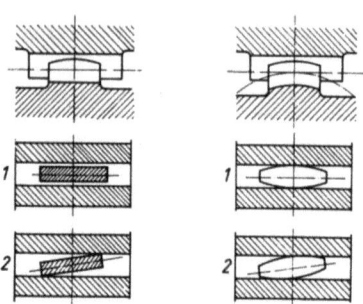

Bild 10.30.2 Zähne der Zahnkupplung mit gleich dicken (links) und balligen (rechts) Zähnen der Nabe. Stellung der Zähne bei fluchtenden Wellen (1) und bei winkelverlagerten Wellen (2)
(nach *Stübner/Rüggen*)

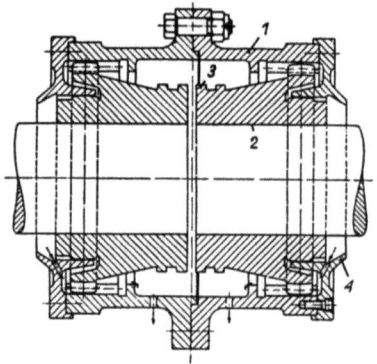

Bild 10.30.3 *TACKE*-Bogenzahnkupplung

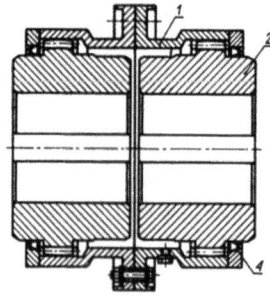

Bild 10.30.4 *DENTILUS*-Kupplung

1 Kupplungshülse mit Innenverzahnung (Geradverzahnung)
2 Kupplungsnabe mit Außenverzahnung (ballige Verzahnung)
3 Anschlag zur Erleichterung des Einbaus
4 Dichtung

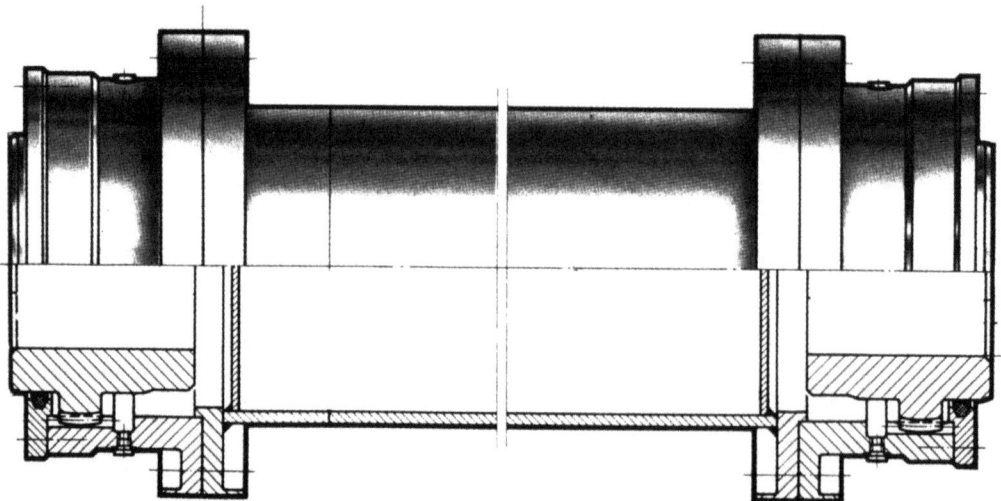

Bild 10.30.5 *RENK-GLOBOFLEX*-Kupplung

Kupplungen

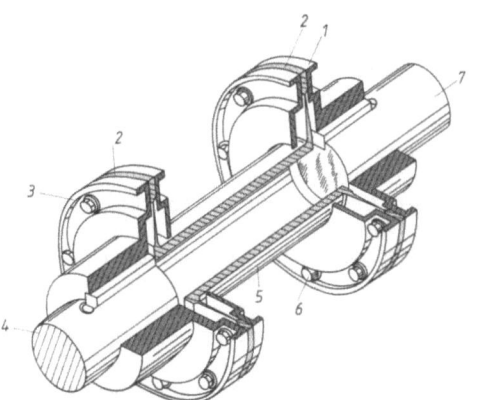

Bild 10.30.6 BENDIX-Membrankupplung
1 Kupplungsnabe
2 Membran
3 Gegenkupplungsnabe
4 Abtriebswelle
5 Hohlwelle
6 Bolzen
7 Antriebswelle

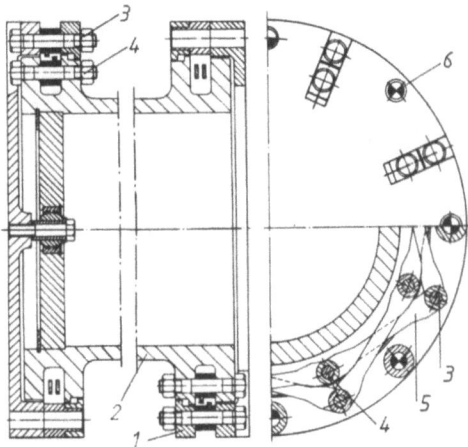

Bild 10.30.8 GEISLINGER-LINK-Kupplung
1 Kupplungsflansch
2 Gegenflansch
3 Flanschbolzen
4 Gegenflanschbolzen
5 Federstab
6 Paßbolzen

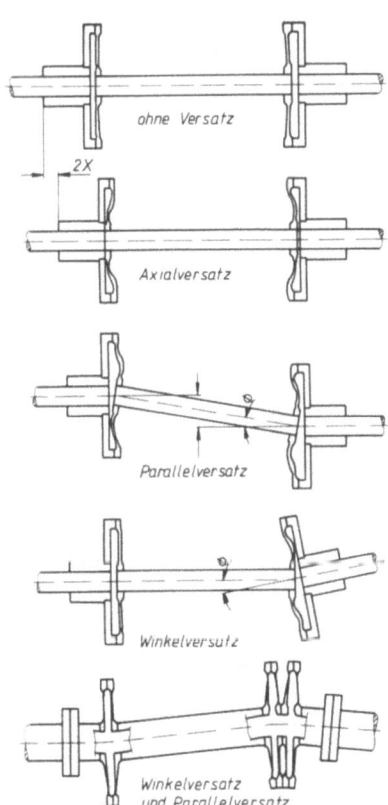

Bild 10.30.7 Ausgleichsmöglichkeiten mit BENDIX-Kupplungen (System FLEXWELLE).

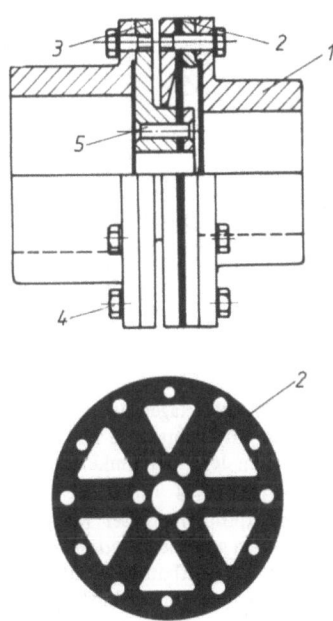

Bild 10.30.9 METASTREAM-M-Kupplung
1 Kupplungsflansch
2 Membran
3 Gegenflansch
4 Bolzen
5 Niet

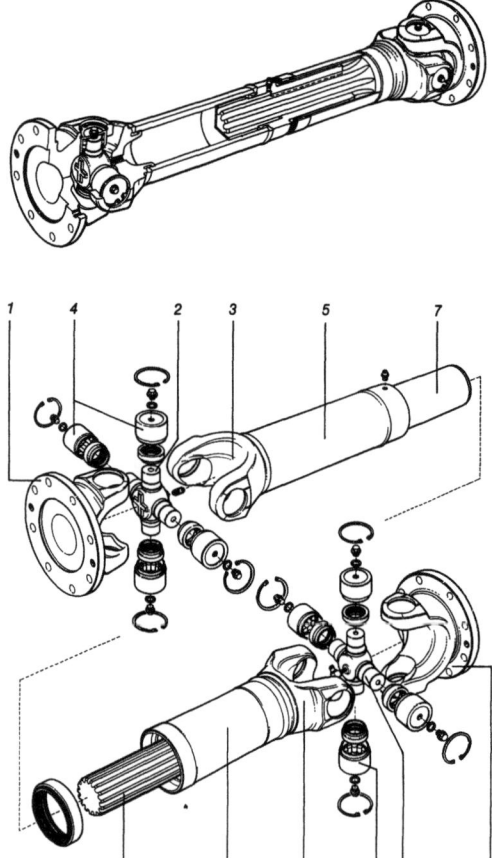

Bild 10.30.10 VOITH-TRANSMIT-Gelenkwelle
1 Flanschmitnehmer
2 Zapfenkreuz
3 Gabel
4 Lagerung
5 Verbindungsrohr
6 Keilprofilzapfen
7 Keilprofilnabe
8 Profilschutz

Richtwerte:
zulässige Axialverlagerung............ 2,5 mm
zulässiger Mittenversatz je 100 mm Abstand
  zwischen den Zahnflanken zulässig.... 1,5 mm
Winkelabweichung................. 1°

Das Hauptproblem dieser Kupplungen liegt darin, daß stets ein gewisser *Mindestversatz* vorhanden sein muß, um den Aufbau eines ausreichenden *Schmierfilms* zwischen den Zahnflanken zu erhalten. Ist diese Voraussetzung nicht gegeben, stellen sich bald „Reibflächenkorrosionserscheinungen" als Verschleißform ein. Ist andererseits der Versatz der gekuppelten Wellenenden zu groß, so ergeben sich schnell starke Abriebserscheinungen (Reibverschleiß).

Neben den ölgeschmierten Zahnkupplungen stellen heute *Membrankupplungen* (Bild 10.30.3) eine interessante Alternative dar, die (insbesondere im militärischen Bereich) als Verbindungselement zwischen Turbine und Getriebe eingesetzt wird und sich seit langem bestens bewährt hat. Sie benötigt keine Schmierung, ist weitestgehend wartungsfrei und läßt, wie Bild 10.30.4 zeigt, vergleichsweise große Verlagerungen zu.

Als weitere biegeelastische Kupplung hat sich die *Geislinger LINK*-Kupplung in Schiffsantriebssystemen bewährt. Hier bestehen die Übertragungselemente aus *tangential* angeordneten und durch Schrauben an ihren Enden abwechselnd an Flansch und Gegenflansch befestigten *Federstäben*. Die Kupplungen werden als Einfach- oder als Doppelgelenke ausgeführt und können je Gelenk Winkelverlagerungen der Wellen bis 0,9° und, je nach Größe, Längsverlagerungen von 1...4 mm ausgleichen (Bild 10.30.5).

Als drittes Beispiel sei hier noch kurz die *Metastream*-Kupplung erwähnt, bei der das elastische Element aus einer Anzahl mit Aussparungen versehener Membranen aus nichtrostendem Stahl besteht. Die Membranen werden einerseits auf dem äußeren Lochkreis, andererseits auf dem inneren Lochkreis durch Schrauben oder Nieten zusammengepreßt und mit den Kupplungsflanschen verbunden, so daß sich nur die Speichen verformen können (Bild 10.30.6).

Bei extremen Verlagerungen, und wenn größere Entfernungen zwischen den zu kuppelnden Wellen vorliegen, werden *Gelenkwellen* eingesetzt. (Beispiel: zwischen vertikaler Ladeölpumpenturbine und Ladeölpumpe.) Die *Kreuzgelenke* derartiger Wellen arbeiten unter extrem ungünstigen Gleitverhältnissen und bedürfen der gelegentlichen Besichtigung ebenso wie ggf. vorhandene Schiebemuffen in der Gelenkwelle. Wenn die Gelenkwelle im Pumpenraum angeordnet ist, werden diese Arbeiten gerne vergessen, was zu katastrophalen Folgen führen kann. Als besonders wartungsarme Konstruktion zeigt Bild 10.30.7 eine perspektivische Darstellung der *VOITH TRANSMIT-Gelenkwelle*. Auch bei elastisch aufgestellten Hauptmaschinen werden Gelenkwellen vorteilhaft als Verbindung zu den übrigen, i.a. starr fundamentierten Teilen der Antriebsanlage eingesetzt.

Drehelastische und schwingungsdämpfende Kupplungen

Zur Verlagerung der *torsionskritischen* Drehzahlen (s. Hauptabschnitte 15 und 03) und zur Dämpfung von Drehschwingungen werden im wesentlichen *Gummi*- oder *Federkupplungen* zwischen Motor und Getriebe, gelegentlich auch zwischen Motor und Welle eingebaut. Während mit Federkupplungen in den meisten Fällen eine größere Dämpfung erzielt wird bieten die hochelastischen Gummikupplungen den Vorteil, daß sie auch radiale, axiale und Winkelverlagerungen ausgleichen können. Beispiele für Gummikupplungen zeigt Bild 10.31 (*SPIROFLEX-*

Kupplungen

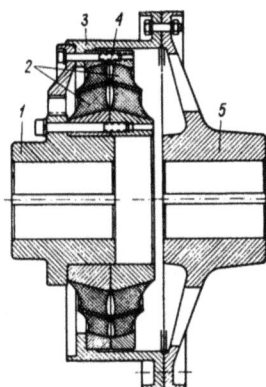
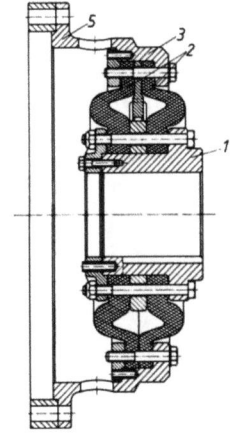

Bild 10.31 Hochelastische Kupplungen
1 Kupplungsnabe
2 elastische Ringelemente
3 Kupplungsmantel
4 Spannschrauben
5 Gegenkupplungsnabe

Bild 10.31.1 *SPIROFLEX*-Kupplung

Bild 10.31.2 *VULKAN-EZ*-Kupplung

Kupplung der Fa. *Lohmann & Stolterfoht* und *VULKAN-EZ*-Kupplung der Fa. *VULKAN Kupplungs- und Getriebebau*).
Die elastischen Ringelemente (2) sind außen mit dem Kupplungsmantel (3) und über diesen mit der Gegenkupplungsnabe (5) verbunden, während sie innen auf einer weiteren Nabe (1) verschraubt sind. Bei Übertragung eines Drehmomentes werden diese Ringelemente auf Verdrehung beansprucht. Sie bestehen bei der *SPIROFLEX*-Kupplung aus einem inneren und einem äußeren Metallring, zwischen denen ein Gummielement einvulkanisiert ist, das seinerseits durch eine ebenfalls einvulkanisierte Metalleinlage unterteilt ist. Um die Haftstellen zwischen den Gummi- und Metallteilen im Betrieb zu entlasten werden die Außenringe zweier Elemente beim Einbau durch Anziehen der Schrauben (4) mit einer Druckvorspannung belastet. Die Nabe (1) ist mit einer Verdrehungsbegrenzung ausgerüstet.
Die zulässigen Verlagerungen betragen, je nach Größe der Kupplung

    in axialer Richtung . . . . 1,5...5,8 mm*)
    in radialer Richtung . . . . 1,0...3,0 mm*)

Bei der *VULKAN-EZS*-Kupplung wird das Drehmoment durch Reibung zwischen den Elementen und den Metallteilen übertragen. Ein Wechseln der Elemente ist ohne Verschieben der verbundenen Maschinen möglich. Die Verdrehbegrenzung wird – falls gefordert – zwischen den Elementen angeordnet.
Die zulässigen Verlagerungen betragen, je nach Größe der Kupplung

    in axialer Richtung . . . . 3...14 mm*)
    in radialer Richtung . . . . 1... 8 mm*)

Bei beiden Kupplungstypen können während des Betriebes (z.B. beim Anfahren oder beim Durchfahren kritischer Drehzahlbereiche) die Verlagerungen

in axialer und radialer Richtung um ein Vielfaches überschritten werden. Die zulässige Winkelabweichung ist drehzahl- und größenabhängig.
Federkupplungen zeigt Bild 10.32. Bei der *GEISLINGER*-Kupplung (Bild 10.32.1) sind die Teile (10) und (11) mit dem Abtriebsflansch (4) fest verbunden, während am Antriebsflansch (9) die Teile (5, 6, 7, 8) und (12) befestigt sind. Zwischen diesen beiden Baugruppen liegen Blattfederpakete (13), die an ihren äußeren Enden durch Einpressen des konischen Zwischenringes (7) in den Spannring (8) eingespannt werden; ihr seitlicher Ausschlag wird durch die Zwischenstücke (12) begrenzt. Im Betrieb ist die Kupplung dem Schmierölkreislauf der Hauptmaschine angeschlossen, so daß die Kammern (14) und (15) neben den Federn mit Öl gefüllt sind.
Bei einer Verdrehung der Kupplungsteile gegeneinander wird dies Öl an den Federn vorbei von der einen in die andere Kammer gepreßt, wodurch eine beträchtliche Dämpfungswirkung erzielt wird. Dichtringe (1) und (2) dichten die Konstruktion nach außen ab. Die Kupplung kann axiale Verlagerungen ± 5 mm und auch – allerdings nur sehr kleine – radiale und Winkelverlagerungen ausgleichen.
Als weitere Federkupplung zeigt Bild 10.32.2 eine *MAN-RENK-Hülsenfederkupplung*. In den gleichmäßig auf den Umfang verteilten Aufbohrungen der mit geringem radialen Spiel ineinanderliegenden Ringe (2) und (3) sind hier Federpakete eingesetzt. Sie bestehen aus mehreren übereinandergeschobenen, mit einem Längsschlitz aufgeschnittenen *Federhülsen*, deren jeweilige Wandstärke von außen nach innen abnimmt, so daß die einzelnen Federelemente gleichmäßig belastet werden.
In jedes Federpaket wird ein zylindrischer Körper eingelassen, der mit seiner Leiste (4) die Lage der Federn eindeutig begrenzt. Die Kupplung wird mit den beiden Ringdeckeln (5) und (6) verschlossen und meist mit dem Schmierölkreislauf der Antriebsmaschine verbunden, so daß die Federkammern über

---

*) Der größere Wert gilt für größere Kupplungen.

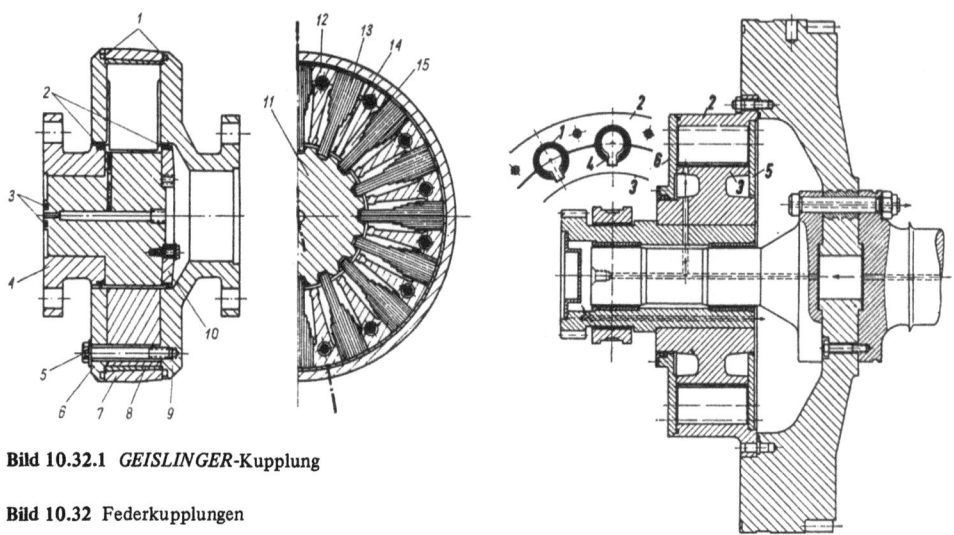

Bild 10.32.1 *GEISLINGER*-Kupplung

Bild 10.32 Federkupplungen

Bild 10.32.2 *MAN-RENK*-Hülsenfederkupplung

entsprechende Bohrungen Drucköl erhalten, das die Reibungswärme abführt. Die Drehmomentschwankungen werden durch Reibung zwischen den Federn und in den dazwischen liegenden Ölschichten sowie auch durch die Verformung der Federn selbst gedämpft.

Wahlweise kann entweder der Außenring (2) oder der Innenring (3) mit der Antriebs- bzw. Abtriebswelle verbunden werden. In Verbindung mit einer verzahnten Nabe kann die Hülsenfederkupplung auch kleine Axialverlagerungen ausgleichen. Ähnlich wie die beschriebenen Gummikupplungen kann sie ebenfalls mit einem Flansch versehen werden, um zwei Wellenenden zu verbinden, sowie auch die Kupplungen Bild 10.31 entsprechend dem in Bild 10.32 an der Hülsenfederkupplung gezeigten Beispiel direkt an das Schwungrad eines Motors geflanscht werden können. Hülsenfederkupplungen werden heute vergleichsweise selten eingesetzt, finden aber gelegentlich motorintern als Verbindung zum *Schwingungstilger* Verwendung.

Schaltbare Kupplungen

Klauenkupplung (im Stillstand schaltbare). Als einfachste Form der schaltbaren Kupplung findet die *Klauenkupplung* gelegentlich Verwendung, z.B. bei Notaggregaten, die wahlweise auf einen kleinen Generator oder einen Verdichter geschaltet werden können oder bei Ankerwinden, wo der Antrieb wahlweise auf die Kettennuß oder den Spillkopf geschaltet wird. Sie besteht aus einer verschieblichen Klaue, die vor dem Anlassen der Maschine mit dem entsprechenden Gegenstück des zu treibenden Wellenendes zum Eingriff gebracht wird. Der Schalt- bzw. Umschaltvorgang kann nur im Stillstand oder bei sehr niedriger Drehzahl ausgeführt werden.

Klauenkupplungen können auch größere Drehmomente übertragen, wobei dann die Kupplungsflächen mit Drucköl geschmiert werden. Die zulässige Flächenpressung kann hierbei $4 \, N/m^2$ betragen. Wichtig ist, daß die Klauen gut *gepaßt* sind, da sonst mit hohem Verschleiß gerechnet werden muß. Ausgleichend oder schwingungsdämpfend wirken diese Kupplungen nicht.

Im Betrieb schaltbare Kupplungen

Konuskupplungen

Einfache Konuskupplungen finden Anwendung bei Hilfsmaschinen und als *Überlastsicherungen*, die bei zu großen Drehmomentschwankungen durchrutschen. Sie können *axiale* Verlagerungen bis zu mehreren mm ausgleichen, lassen jedoch keine *radialen* Verlagerungen zu. Sie bestehen aus zwei ineinander laufenden Konusschalen mit Reibbelag, zwischen denen die Momentenübertragung erfolgt, wenn diese Schalen durch eine Axialkraft ineinandergepreßt werden.

Doppelkonuskupplungen

Da zur Übertragung größere Drehmomente bei einfachen Konuskupplungen höhere Axialkräfte erforderlich werden, die zusätzlichen *Lagerungsaufwand* bedingen, baut man *Doppelkonuskupplungen*, in denen sich diese Kräfte aufheben.
Auf nähere Einzelheiten wird im Zusammenhang mit den elastischen Schaltkupplungen noch eingegangen.

Kupplungen 441

Elastische Schaltkupplungen

Im Gegensatz zu den bisher beschriebenen Schaltkupplungen vermögen die in Bild 10.33 gezeigte *PNEUMAFLEX*-Kupplung (*Lohmann & Stolterfoht*) (Bild 10.33.1) und die *VULKAN-ESLU*-Kupplung (*VULKAN Kupplungs- und Getriebebau*) (Bild 10.33.2) zusätzlich axiale, radiale und Winkelverlagerungen der Wellen auszugleichen und Drehmomentschwankungen zu dämpfen, wobei gleichzeitig durch ihre Drehelastizität torsionskritische Drehzahlbereiche verlagert werden können.

Das Drehmoment wird von den Hohlkegeln (18) und (19) über die Reibkegel (8) und (10) auf die elastischen Ringelemente (1, 2, 3, 4) und von diesen weiter auf die Kupplungsnabe (5) übertragen. Durch *Verdreharbeit* an den elastischen Ringelementen, die ebenso ausgebildet sind wie die der Kupplungen in Bild 10.31 werden Drehmomentschwankungen gedämpft.

Mit Hilfe einer *Zentralluftzuführung* wird Druckluft von 6...8 bar über die Druckluftleitung (16) und die elastische Schlauchverbindung (17) dem Kupplungszylinder (11) zugeführt, die die Reibkegel (8) und (10) so fest gegen Hohlkegelring (18) und Hohlkegelflansch (19) preßt, daß das Drehmoment sicher übertragen werden kann.

Zum Ausrücken der Kupplung wird die Druckluft abgeschaltet; die Reibkegel (8) und (10) werden dann durch die axial vorgespannten Ringelemente (1, 2, 3, 4) bei der *PNEUMAFLEX* bzw. von Zugfedern bei der *ESLU* von ihrer Reibfläche in den Hohlkegeln abgehoben; Kupplungskolben (9) und Kupplungszylinder (11) stützen sich auf dem Stützring (6) bzw. bei der *ESLU*-Kupplung auf den Innenreibbelägen (21) ab.

Die heute oft praktizierte elastische Aufstellung der Motoren und der Einsatz von Quillshaftantrieben machten eine *Trennung* von elastischer Kupplung und Schaltkupplung erforderlich. Die *VULKAN-MESLU-EZS*-Kombination nach Bild 10.33.3 zeigt eine derartige Ausführung. Hierdurch kann die volle Verlagerungsfähigkeit der hochdrehelastischen Kupplung genutzt werden. Schaltkupplungsnabe und Reibkegel der Schaltkupplung sind über Stahlmembranen zwangszentriert, was vor allem bei hohen Differenzdrehzahlen zwischen Innen- und Außenteil einen einwandfreien Rundlauf garantiert und Schaltschlägen vorbeugt.

Feinregelventile und Drosselrückschlagventile gestatten eine genaue Steuerung der Druckluftzufuhr, so daß die Zeitdauer der Schaltvorgänge beliebig geändert und den Betriebsverhältnissen angepaßt werden

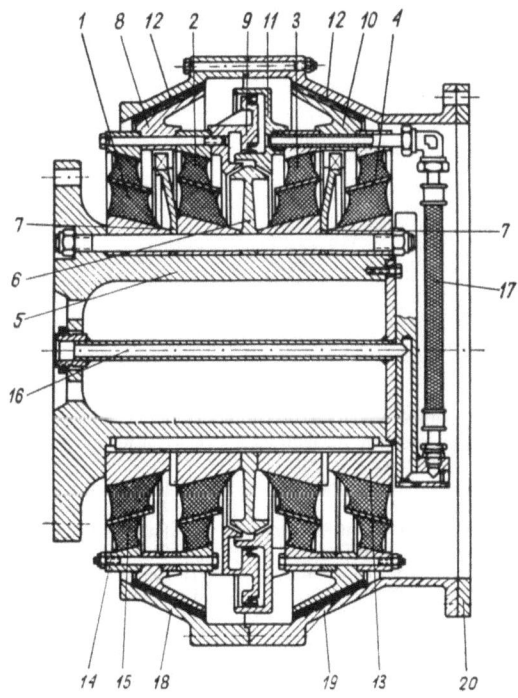

Bild 10.33.1 *PNEUMAFLEX*-Kupplung

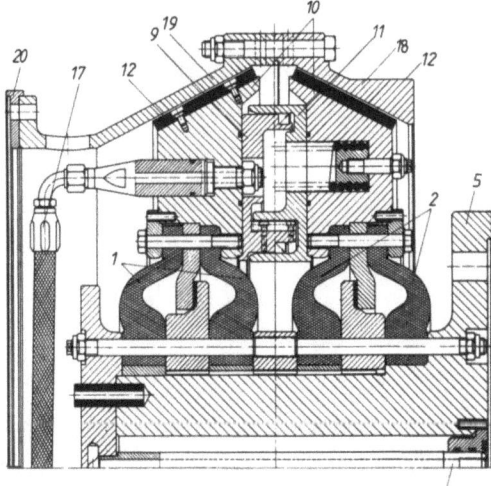

Bild 10.33.2 *VULKAN-ESLU*-Kupplung

Bild 10.33 Elastische Schaltkupplungen
- 1, 2, 3, 4 elastische Ringelemente
- 5 Kupplungsnabe
- 6 Stützring
- 7 Verdrehbegrenzung
- 8 Reibkegel
- 9 Kupplungskolben
- 10 Reibkegel
- 11 Kupplungszylinder
- 12 Reibbelag
- 13 Innenring
- 14 Außenring
- 15 Metalleinlage
- 16 Druckluftleitung
- 17 elastische Schlauchverbindung
- 18 Hohlkegel
- 19 Hohlkegel
- 20 Gegenkupplungsanschluß
- 21 Reibflächen
- 22 Stahlmembranen

10 Wellenleitungen, Kupplungen und Getriebe

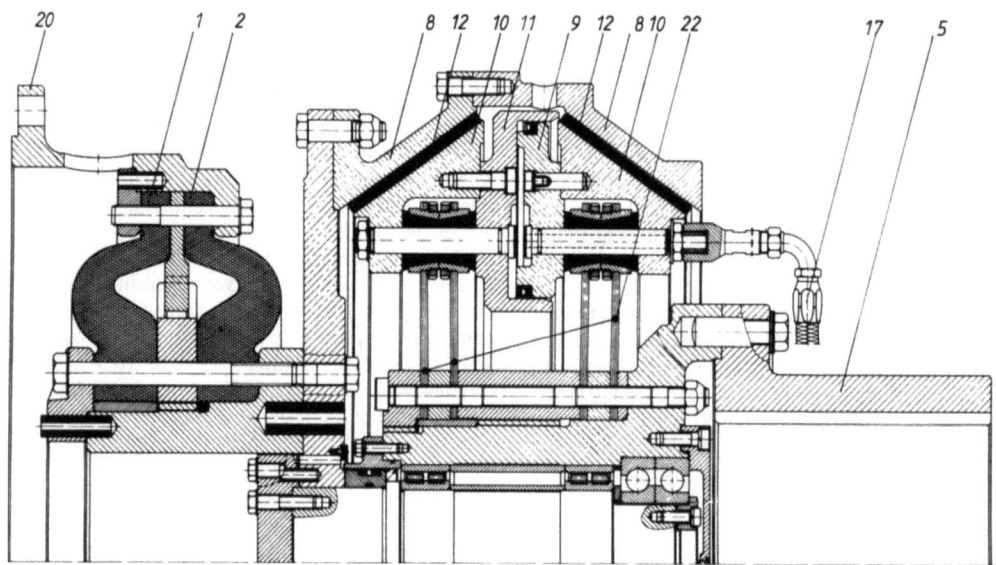

Bild 10.33.3 *MESLU-EZS*-Kupplung

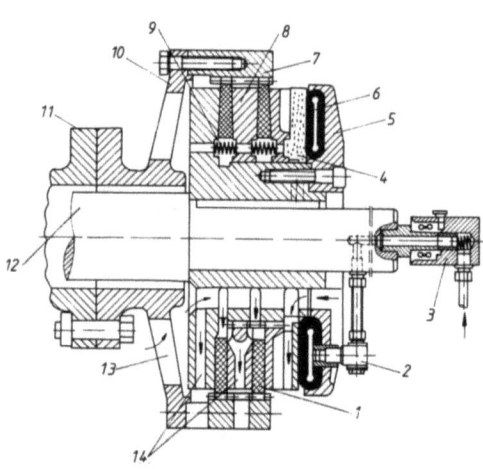

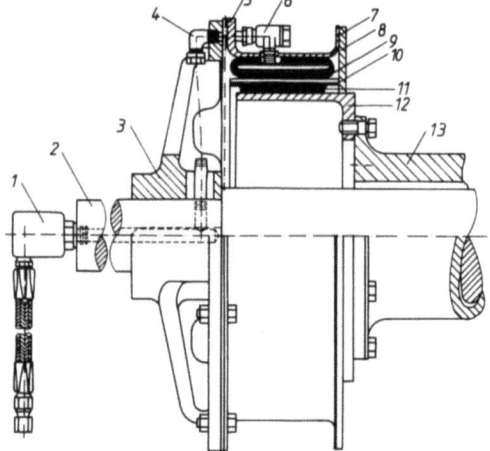

Bild 10.33.4 Druckluftbetätigte Schaltkupplung mit trockenlaufenden Reibelementen. (Bauart *WICHITA*)
1 Reibscheibe (halbkreisförmig, geteilte Lamelle)
2 Schnellöseventil
3 Zentralluftzuführung (stillstehend)
4 Andrückscheibe (Asbest)
5 Haltescheibe
6 Luftbalg (Neoprene)
7 Treibring
8 Druckscheibe
9 Lüftungsfeder
10 Kupplungsträgerflansch
11 Ritzelflansch
12 Quillschaft
13 Kühllufteintritt
14 Kühlluftkanäle

Bild 10.33.5 Druckluftbetätigte Schaltkupplung mit trockenlaufenden zylindrischen Reibelementen (Bauart *Fawick-Airflex*)
1 Zentralluftzuführung
2 Quillshaft
3 Flanschnabe mit Rippen und Kühlluftöffnungen
4 Luftschlauchanschluß
5 Zwischenplatte
6 Schnellöseventil
7 Reifenträger
8 Zwischenplatte
9 Luftschlauch
10 Reibschuh
11 Reibbelag
12 Reibtrommel
13 Ritzelwelle

kann. Oft wird der Kupplungsschaltdruck heute in zwei Stufen im Abstand von 2...3 s auf seinen Maximalwert gesteigert, um zu harte *Schaltschläge* zu vermeiden. Ferner kann bei Anlagen mit zeitweilig unbesetztem Maschinenraum durch ein Magnetventil bei plötzlich auftretenden starken Drehmomentschwankungen (z.B. Zündaussetzer der Hauptmaschine) der Schaltdruck selbsttätig soweit reduziert werden, daß die Spitzendrehmomente durch Rutschen der Kupplung abgebaut und so vom Getriebe ferngehalten werden.

Als weitere trockenlaufende Schaltkupplung in Trommelbauweise zeigt Bild 10.33.5 die *Airflex*-Schaltkupplung. Das Konstruktionskonzept dieser Kupplung ist außerordentlich flexibel. Die Reibflächen sind bei dieser Bauart zylindrisch angeordnet. Der Quillshaft (2) (Antrieb) trägt bei der hier gezeigten Version die Flanschnabe (3) an der der Reifenträger befestigt ist, der aus einer vorderen (5) und hinteren (8) Zwischenplatte und dem eigentlichen Trägermittelteil (7) besteht. Unter dem Trägermittelteil liegt der Reifenbalg (9) und darunter die einzelnen Reibschuhe (10), die aus Leichtmetall-Trägerprofil, Reibbelag (11), Lüftungsfeder und Führungs-Stahlstäben bestehen. Die Reibschuhe (10) sind mit dem Führungsstahlstäben in die vordere (5) und hintere (8) Zwischenplatte eingehängt dergestalt, daß die Lüftungsfeder die Reibschuhe von der Reibtrommel (12) abhebt, wenn die Kupplung geöffnet ist. Bei Aufschalten der Schaltluft (4...8 bar) über die Zentralluftzuführung (1) (stillstehend) wird über die 2 bis 4 Luftzuführungsschläuche der Reifenbalg (9) beaufschlagt; er preßt die Reibschuhe (10) auf die Reibtrommel (12), so daß das Drehmoment kraftschlüssig auf die Ritzelwelle (13) übertragen wird. Beim Abschalten entweicht die Schaltluft über die Schnellöseventile (6). Die Flanschnabe (3) ist mit Rippen und Öffnungen versehen, so daß Kühlluft in die Reibtrommel gelangt, die der Wärmeabfuhr dient. Die einzelnen Reibschuhe können in axialer Richtung ohne großen Montageaufwand ausgewechselt werden. Für große Drehmomente wird diese Kupplungsbauart mit 2 bis 3 *nebeneinanderliegenden* Reifen gebaut.

In ganz ähnlicher Form werden auch die druckluftgeschalteten *Reibungsbremsen* dieser Firma gebaut, die bei Schiffen mit besonderen Anforderungen an die Manövrierfähigkeit (Versorger, Schlepper, Fähren usw.) zur Erleichterung und Verkürzung des Umsteuervorgangs der Motoren bevorzugt eingebaut werden.

Lamellenkupplungen (Bild 10.34)

Als weitere Bauform der Reibungskupplungen werden häufig Lamellenkupplungen eingebaut.

Die einzelnen Lamellenringe sind meist aus gehärtetem Spezialstahl oder aus Sintermetall bzw. paarweise abwechselnd aus Stahl und sintermetallbeschichtetem Stahl gefertigt. Bei trockenlaufenden Lamellenkupplungen wird als Werkstoff für die Reibbeläge meist eine Mischung aus kunstharzgetränkten organischen Fasern verwendet. Die Oberfläche ist, auch wieder paarweise, plangeschliffen bzw. sinusförmig gewellt.

Bei der paarweisen Anordnung wird die eine Lamelle mit *Knaggen* oder Verzahnung am *Außendurchmesser* versehen, die in entsprechende Ausnehmungen der Glocke eingesetzt werden, während die zweite ähnliche Vorrichtungen am *inneren* Durchmesser aufweist, die in hierfür vorgesehene Nuten der inneren Nabe eingreifen (Bild 10.34.2).

Die Lamellen können im Ölbad laufen, wobei sie zur Vermeidung stärkerer Erwärmung nicht voll getaucht arbeiten sollten; es werden jedoch auch *trocken laufende* Kupplungen gebaut.

Beim Einsatz ölgeschmierter Lamellenkupplungen im Schiffsbetrieb wird jedoch heute i.a. eine *Öldurchflußschmierung* und *-kühlung* vorgesehen, bei der das Kühlöl meist über die Innennabe zugeführt wird und zwischen den mit entsprechenden Nuten versehenen Lamellen hindurch nach außen strömt. Durch die Nutung der Lamellenoberfläche kann auch bei geschalteter Kupplung Wärme aus den Lamellen (z.B. vom vorhergehenden Schaltvorgang) abgeführt werden (Bild 10.34.1).

Das durch Reibung zwischen den Lamellen übertragbare Drehmoment hängt vom Anpreßdruck, von der Anzahl und Größe der Reibungsflächen und von der Höhe des Reibungsbeiwertes μ ab:

trockene Lamellen .... $\mu \approx 0{,}20...0{,}25$
ölgeschmierte Lamellen .... $\mu \approx 0{,}05...0{,}10$

Trockenlaufende Lamellenkupplungen mit organischen Belägen werden i.a. *luftgekühlt*.

Der Anpreßdruck wird bei kleineren Kupplungen mechanisch, durch Hebel- oder Federkraft aufgebracht. Bei größeren Kupplungen werden drucköl- oder druckluftbeaufschlagte Preßkolben vorgesehen, Druck ca. 10...15 bar. Soll die Kupplung ausgerückt werden, genügt es, die Lamellen vom Anpreßdruck zu entlasten; in vielen Fällen sichern darüber hinaus zusätzliche Rückstellfedern eine einwandfreie Trennung der Lamellen. Das größte übertragbare Reibmoment kann man bei diesen Kupplungen z.B. durch Änderung der Anzahl der Lamellen recht genau einstellen; wird es überschritten, rutscht die Kupplung durch. Die Umfangsgeschwindigkeit sollte 30...40 m/s nicht überschreiten.

Als Beispiel für trockenlaufende druckluftbetätigte Lamellenkupplungen zeigt Bild 10.33.4 eine Schaltkupplung Bauart *WICHITA*. Kupplungen dieser Art werden mit 1 bis 3 Reibscheiben (also 2 bis 6 Reibflächen) ausgeführt. Beim Zuschalten wird Druckluft von 4...8 bar über die Drehgelenk-Zentralzuführung (3) und über 1 bis 4 Schläuche (je nach Kupplungsgröße) auf den ringförmigen Luftbalg (6) aus nylongewebeverstärktem *Neoprene* gegeben. (Neo-

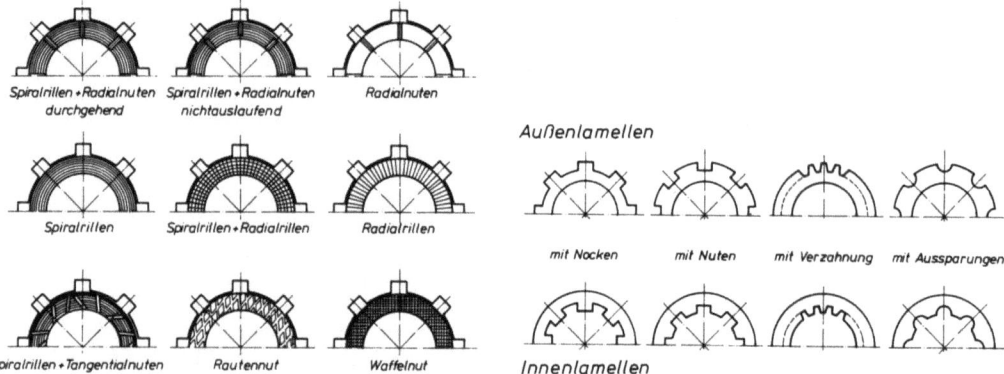

Bild 10.34.1 Verschiedene Nutenformen für naßlaufende Lamellen; die Nuten dienen dem Abbau eventuell sich aufbauender hydrodynamischer Druckkeile sowie der Wärmeabfuhr aus den Lamellen. Beim Schaltvorgang kann das zwischen den Lamellen befindliche Öl durch die Nuten schneller nach außen gequetscht werden.

Bild 10.34.2 Außen- und Innenlamellen werden durch Knaggen oder Verzahnungen auf der Kupplungsnabe (Stern) oder in der Kupplungsglocke gehalten. Hier ist eine Anzahl verschiedener möglicher Ausführungen dieser Halterung gezeigt.

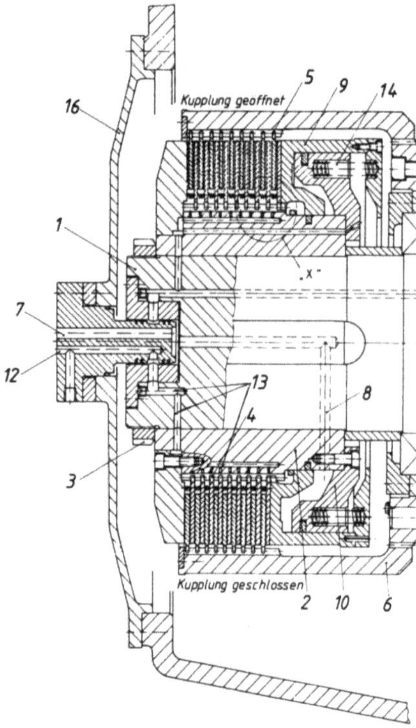

Bild 10.34 Lamellenkupplungen

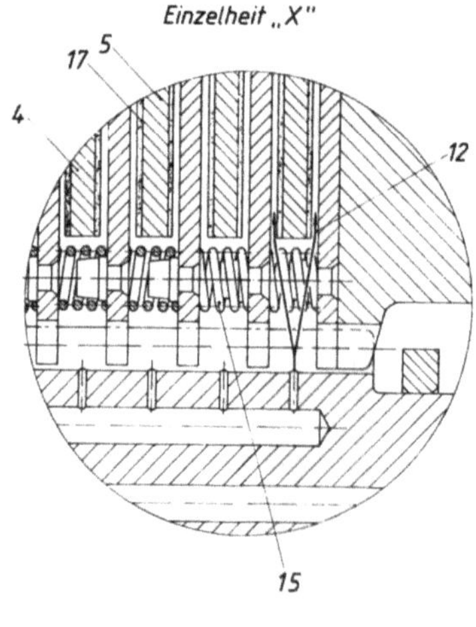

Bild 10.34.3 Lamellenschaltkupplung (Bauart *RENK*)

1 Innenwelle
2 Kupplungsnabe (Innenlamellenträger)
3 Wellenmutter
4 Innenlamellen
5 Außenlamellen
6 Kupplungsglocke (Außenlamellenträger)
7 Zentrale Schaltölzufuhr
8 Radialbohrung
9 Kupplungskolben
10 Schaltzylinder
11 Außenwelle
12 Kühlölzufuhr
13 Kühlölverteilungsbohrungen
14 Lüftungsfedern für Kupplungskolben
15 Lüftungsfedern für Lamellen
16 Deckel
17 Sinterbelag

prene = ölbeständiger Synthesekautschuk.) Der Luftbalg (6) preßt über eine Andrückscheibe aus Asbest (4) die im allgemeinen zwecks besserer Wärmeabfuhr mit Kühlluftkanälen ausgeführten Druckscheiben (8) (untere Bildhälfte mit, obere Bildhälfte ohne Kühlkanäle dargestellt) auf die im Treibring (7) mittels Knaggen eingesetzten Reibscheiben (1) und stützt sich nach hinten gegen die Haltescheibe (5) ab, so daß das Drehmoment von der innenliegenden Kupplungsnabe über Reib- und Druckscheiben auf den außenliegenden Treibring (7) übertragen wird. Die *Asbestandrückplatte* (4) schützt den Luftbalg (6) vor zu hoher Erwärmung. Die Reibscheiben (1) sind als Halbringe ausgeführt, die mit geringem Montageaufwand ausgewechselt werden können. Die Kupplung ist, wie fast alle Lamellenkupplungen, ebenfalls selbstnachstellend: Der normale, im Betrieb auftretende Verschleiß der Reibflächen wird durch die axiale Ausdehnung des Luftbalges (6) über längere Zeit ausgeglichen. Beim Abschalten entweicht die Luft aus dem Luftbalg (6) über die Schnellösetile (2) an den Luftzuführungsschläuchen auf kürzestem Wege. Lüftungsfedern (9) drücken die Reibflächen auseinander.

In ähnlicher Ausführung werden auch Reibungsbremsen dieses Typs gebaut.

Bild 10.34.3 zeigt die wesentlichen Elemente einer ölgeschmierten Lamellenkupplung am Beispiel einer *RENK*-Konstruktion. Auf die Innenwelle (1) ist die Kupplungsnabe (2) aufgezogen und in axialer Richtung durch eine Wellenmutter (3) gehalten. Die Innenlamellen (4) sind mit entsprechender Verzahnung versehen auf die Nabe (2) geschoben. Die außen verzahnten Außenlamellen (5) sind in entsprechende Ausnehmungen der Kupplungsglocke (6) eingesetzt. Die Kupplung ist in *geöffnetem* Zustand dargestellt (obere Bildhälfte). Beim Schalten wird Drucköl durch die Zentralbohrung (7) und die Radialbohrung (8) in den Ringraum zwischen Kupplungskolben (9) und Schaltzylinder (10) geleitet. Der Kupplungskolben (9) bewegt sich nach links und preßt das Lamellenpaket fest aufeinander, so daß das Drehmoment von der Innenwelle über das Lamellenpaket auf die Kupplungsglocke und die mit ihr verbundene Außenwelle (11) (z.B. Ritzelwelle eines Getriebes) übertragen wird. Dabei rutschen die Lamellen so lange mit zunächst großer, dann immer kleiner werdenden Differenzdrehzahl bis die Drehmassen der Außenwelle und der mit ihr verbundenen Anlagenteile auf die gleiche Drehzahl beschleunigt worden sind, die die Innenwelle aufweist.

Die dabei im Lamellenpaket anfallende Reibungswärme wird durch Kühlöl abgeführt, das über die Bohrungen (13) zugeführt und außen in der Kupplungsglocke liegende Bohrungen (18) abgeführt wird. Beim Schaltvorgang werden die Rückholfedern (Abdrückfedern, Lüftungsfedern) (14) durch die Verschiebung des Kupplungskolbens (9) nach links zusammengedrückt.

Bei der hier gezeigten Ausführung bestehen die Innenlamellen aus Stahl, während die Außenlamellen aus mit *Sinterbronze* beschichtetem Stahl hergestellt sind. Beide Lamellentypen sind plangeschliffen, wobei in die Außenlamellen-Reibfläche Kühlkanäle eingearbeitet sind.

Form, Art, Anzahl und Ausführung dieser Kühlkanäle sind durch die Betriebserfahrung des jeweiligen Kupplungsherstellers begründet und können sich erheblich voneinander unterscheiden.

Bei Motorenanlagen wird der Schaltöldruck in zwei Stufen mit ca. 3...4 s Abstand, zunächst auf ca. 10 bar sodann auf 15 bar gebracht, um eine zu starke Drehzahldrückung des Dieselmotors durch die namentlich bei Umsteuermanövern zu leistende große Schaltarbeit zu vermeiden.

Regelbare Kupplungen

Bei den bisher beschriebenen Schaltkupplungen wird das Drehmoment *form-* oder *kraftschlüssig* übertragen. Slipfahrten mit rutschender Kupplung führen zu erhöhtem Verschleiß der Reibflächen und zu starker Erwärmung; sie sind daher nur kurzzeitig zulässig.

Den Anforderungen des normalen Schiffsbetriebs genügen diese Kupplungen jedoch, da die Rutschzeiten z.B. beim Zu- und Abschalten von Maschinen bzw. beim Umschalten und Umsteuern sehr kurz sind, und die Anzahl dieser Schaltvorgänge begrenzt ist.

Bei bestimmten Anlagen kann es jedoch vorkommen, daß längere Zeit mit Laststufen gefahren werden soll, die z.B. eine niedrigere Propellerdrehzahl erfordern, als mit Rücksicht auf den Verdichtungsenddruck und die Brennstoffeinspritzung motorseitig gefahren werden kann. In solchen Fällen baut man Kupplungen mit *größerem Regelbereich* ein, wenn die Anordnung eines Verstellpropellers aus anderen Gründen nicht ratsam erscheint.

Ein Nachteil dieser Kupplungen kann darin bestehen, daß sie auf Grund ihrer Konstruktion bei Normalbetrieb stets mit einem *Schlupf* von $S \approx 1...2\%$ arbeiten, der Wirkungsgrad der mechanischen Übertragung zwischen Propeller und Antriebsmaschine also stets um 1...2% *niedriger* liegt als bei der Verwendung nicht regelbarer Kupplungen. Dieser Nachteil kann jedoch durch Einbau einer zusätzlichen Reibungs-Schaltkupplung ausgeglichen werden. Diese zusätzliche Kupplung wird dann entsprechend kleiner ausgeführt, da die eigentliche Schaltarbeit in der Schlupfkupplung verrichtet wird. Bei geöffneter Reibungskupplung liegt ein großer Vorteil der Regelkupplung neben dem Vermögen, axiale, radiale und Winkelverlagerungen auszugleichen, in der vollkommen mechanischen Trennung von Abtrieb und Antrieb: Das Schwingungssystem Propeller–(Getriebe)–Motor wird unterteilt in zwei Einzelsyste-

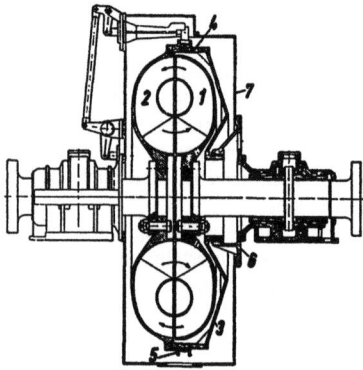

Bild 10.35 Flüssigkeitskupplung Bauart *AG „Weser"*
1 Pumpenrad
2 Turbinenrad
3 Deckel
4 Entleerungsdüsen
5 Entleerungsring
6 Ringkanalbuchse
7 Gehäuse (öldicht)

me, *Propeller–(Getriebe)–Kupplung (Abtriebsseite)* und *Kupplung (Antriebsseite)–Motor*, die dann meist nicht mehr problematisch sind.
Zwei Grundbauarten haben sich für den Schiffsbetrieb als geeignet erwiesen:

Flüssigkeitskupplungen

Die in Bild 10.35 dargestellte *VULCAN*-Kupplung (*AG „Weser"*) ist eine Flüssigkeitskupplung, bei der das vom Motor angetriebene Pumpenrad (1) die Betriebsflüssigkeit direkt (ohne Leitapparat) in das Turbinenrad (2) fördert, von wo sie wieder in das Pumpenrad gelangt. Beide Schaufelräder sind durch einen mehrere Millimeter breiten Spalt voneinander getrennt, so daß kein Verschleiß durch metallische Reibung auftreten kann. Ein Deckel (3), auf dessen Außendurchmesser die Entleerungsdüsen (4) eingesetzt sind, umschließt die beiden Räder. Diese Düsen können durch einen Entleerungsring (5) geschlossen (*Normalbetrieb*), teilweise geöffnet (*Slipfahrt*) und zum Entleeren (*Abkuppeln*) ganz geöffnet werden.
Der Innenraum der Kupplung wird durch eine mit geringem Spiel (z.B. ca. 0,01 mm) eingesetzte Spitzendichtung gegen die Welle abgedichtet. Durch die ebenfalls mit Spitzendichtungen gegen den Deckel (3) und die Welle des Pumpenrades abgedichtete Ringkanalbuchse (6) wird der Kupplung die Betriebsflüssigkeit zugeführt; Ausgleichsbohrungen in den Schaufelrädern sorgen für einen gleichmäßigen Umlauf bzw. Verteilung des Öls. Ferner sind Entlüftungskanäle bzw. -bohrungen vorgesehen, um die beim Füllvorgang entweichende oder während des Betriebes aus der Flüssigkeit ausgeschiedenen Luft abzuführen. Ein öldichtes Gehäuse (7) umschließt die Kupplung.
Es ist für die Wirkungsweise der Kupplung gleichgültig, ob das Schaufelrad (1) (kleinere Masse) oder das Schaufelrad (2) (größere Masse) mit der Antriebsmaschine verbunden wird; maßgebend hierfür ist allein die *Schwingungsrechnung* (s. Hauptabschnitt 15).
Um Drehzahlschwankungen zu vermeiden, muß der Druck in der Zulaufleitung der Betriebsflüssigkeit möglichst gleich bleiben; zu diesem Zweck ist meist ein Hochtank mit Überlaufrohr vorgesehen. Bei Slipfahrten kann der Zulauf durch einen Schieber oder ein Umgehungsventil gesteuert werden.
Werden die Entleerungsdüsen *ganz geöffnet*, kann die Betriebsflüssigkeit in wenigen Sekunden (< 3 s) ausströmen; die zunächst mit voller Drehzahl laufende Antriebsmaschine wird mit zunehmender Entleerung entlastet und läuft nach Beendigung des Vorgangs mit Leerlaufdrehzahl.
Werden die Entleerungsdüsen *geschlossen* und die Kupplung erneut gefüllt, kann die Antriebsmaschine in wenigen Sekunden stoßfrei wieder eingeschaltet werden.
Arbeiten mehrere Motoren über Flüssigkeitskupplungen auf ein Getriebe, so können, wenn eine Maschine läuft, die übrigen durch *teilweises Füllen* der Kupplung angelassen werden. Stellt man die Entleerungsdüsen auf eine *Teilöffnung* ein, kann die Kupplung mit erhöhtem Schlupf betrieben werden.
Die hier beschriebene Flüssigkeitskupplung ist eine *Strömungskupplung (hydrodynamische Kupplung)*. Die Flüssigkeitsteilchen werden von den Schaufelprofilen des Pumpenrades beschleunigt und geben dann ihre Strömungsenergie über die Schaufeln des Turbinenrades an dieses ab. Damit der Umlauf der Betriebsflüssigkeit erhalten bleibt, sie also aus dem Turbinenrad wieder zurück in das Pumpenrad strömt, muß ein *Gefälleunterschied* vorhanden sein, der durch einen geringen *Drehzahlunterschied* zustande kommt.
Man bemüht sich, diesen erforderlichen *Konstruktionsslip* so klein wie möglich zu halten; übliche Werte sind

$$S \approx 1{,}5 \dots 2{,}5\,\%$$

Der Verlust durch die Flüssigkeitsreibung ist hierin schon berücksichtigt.
Als Betriebsflüssigkeit wird meist Öl (s. Hauptabschnitt 08), gelegentlich auch Wasser verwendet. Bei Mineralöl ändert sich die kinematische Zähigkeit mit der Temperatur. Normale Werte, bezogen auf eine Temperatur von 50 °C sind, für Mineralöl mit

$5 \dots 6\ °\mathrm{E} \;\hat{=}\; \nu = 0{,}37 \cdot 10^{-4} \dots 0{,}45 \cdot 10^{-4}\ \mathrm{m^2/s}$
$7{,}5 \dots 8{,}5\ °\mathrm{E} \;\hat{=}\; \nu = 0{,}57 \cdot 10^{-4} \dots 0{,}64 \cdot 10^{-4}\ \mathrm{m^2/s}$

Zum Vergleich: *Wasser* bei 50 °C:

$$\nu = 0{,}0056 \cdot 10^{-4}\ \mathrm{m^2/s}$$

Die Betriebstemperatur der Kupplung liegt zwischen 40 … 50 °C; der höhere Wert gilt für das zähere Öl.
Nachteil beim Betrieb mit Öl: Größere Zähigkeit bedingt größeren *Konstruktionsslip* und höhere Betriebstemperatur; bei Betrieb mit Wasser ist getrennte Schmierung der Lager erforderlich; ferner liegt

für Wasser die *Dampfspannung* niedriger, was vor allem bei Slipfahrt zu *Kavitationserscheinungen* (s. Hauptabschnitt 09) Anlaß geben kann.
Die infolge der Flüssigkeitsreibung anfallende *Wärme* muß bei größeren Anlagen durch Kühlung abgeführt werden. Der *Slipleistung* entspricht der folgende Wärmestrom:

$$Q = S \cdot P_1 \cdot 3{,}6 \cdot 10^3 \text{ kJ/h} \qquad (13)$$

Da bei Teillastfahrt immer erst die Motorfüllung zurückgenommen und danach bei Bedarf der Kupplungsschlupf geändert wird, ist die anfallende Verlustwärmemenge selten größer als bei Nennlast: Soll jedoch im oberen Leistungsbereich der Anlage mit erhöhtem Schlupf gefahren werden, so muß das Ölversorgungssystem, namentlich der Ölkühler, entsprechend groß ausgelegt sein. In der Gleichung sind für P_1 und n_1 stets die Werte der *Antriebsseite* einzusetzen.

Elektromagnetische Schlupfkupplungen

Als elektromagnetische Schlupfkupplungen kommen *Asynchron*-Kupplungen zum Einsatz. Soweit die schwingungstechnischen Eigenschaften, die Größe des Konstruktionsslip und die Übertragung des Drehmomentes betroffen sind, verhalten sie sich ebenso wie die Flüssigkeitskupplungen. Die der Slipleistung entsprechende Wärmemenge wird durch *Kühlluft* abgeführt. Aufbau und Wirkungsweise sind im Hauptabschnitt 05 beschrieben.

Selbstsynchronisierende, selbstschaltende Kupplungen (SSS-Kupplungen) (Bild 10.36)

Auf diesem Gebiet sind mehrere verschiedene Konstruktionen entwickelt worden, die vor allem bei Kriegsschiffen mit kombinierten Dampf-/Gasturbinen- oder Dieselmotor-/Gasturbinenantrieben zum Einsatz kommen. Die Aufgabe dieser Kupplungen ist es dabei immer, große Antriebsdrehmomente auf bereits laufende Anlagen schnell, stoß- und schlupffrei zu- bzw. abzuschalten. Sie dienen nicht zum Anfahren oder Beschleunigen der Anlage aus Drehzahlnull. Eine ausführliche Beschreibung dieser teilweise sehr komplexen Konstruktionen muß hier mit Rücksicht auf den Umfang des Handbuches unterbleiben. Wenigstens das Prinzip dieser Kupplungen soll jedoch anhand eines einfachen Beispiels kurz erläutert werden (Bild 10.36).

Die selbstsynchronisierenden, selbstschaltenden Kupplungen schalten in dem Augenblick, in dem die Drehzahl der *treibenden* Welle größer wird als die der *getriebenen*, und sie öffnen dann, wenn die Abtriebsseite anfängt schneller zu drehen als die Antriebsseite.

Das Drehmoment wird nach Abschluß des Schaltvorganges durch eine Zahnkupplung (6, 8) mit normaler Evolventenverzahnung übertragen, die genau in dem Augenblick präzise in die dazu erforderliche Stellung geschoben wird, in dem beide Seiten *synchron* laufen und die Zähne des Kupplungssterns (6) genau vor den Zahnlücken der Kupplungsinnenverzahnung (8) stehen.

Der eigentliche Kupplungsvorgang wird durch die klinkenbetätigte innen schrägverzahnte Schiebehülse (4) bewirkt, die durch Reibung zwischen Klinkenverzahnung (12) und Klinken drehend mitgenommen wird, wobei ihre Drehbewegung durch die Innenschrägverzahnung (2) in eine Längsverschiebung umgesetzt wird. Die *Teilung* der Klinkenverzahnung und der eigentlichen Kupplungsverzahnung ist so aufeinander abgestimmt, daß die Zähne des Innensterns (6) dann präzise vor den Zahnlücken der Gegenkupplungsseite (8) stehen, wenn die Klinken (9) an dem einen Kupplungselement mit den Klinkenzähnen (12) des anderen Elementes in Eingriff sind.

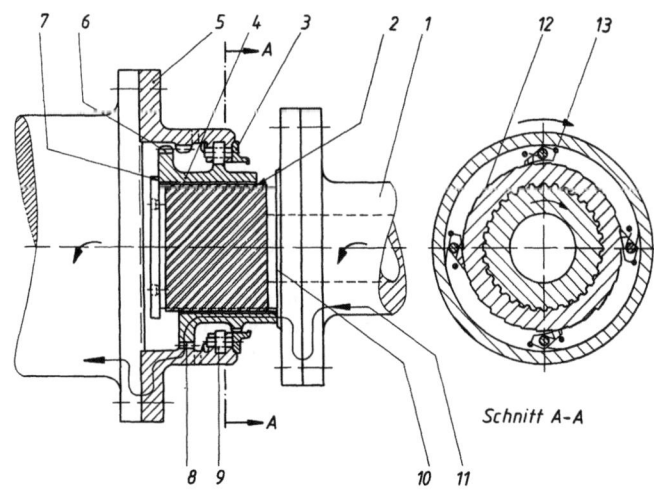

Bild 10.36 Prinzipieller Aufbau der selbstsynchronisierenden, selbstschaltenden Kupplungen (SSS-Kupplungen).
Längsschnitt:
oben: Kupplung ausgerückt
unten: Kupplung geschaltet

1 Antriebswelle 2 Kupplungswellenstummel mit Außenschrägverzahnung 3 Abdeckring 4 Schiebehülse mit Innenschrägverzahnung 5 Kupplungsglocke 6 Kupplungsstern (außenverzahnt) 7 Anschlagflansch zur Begrenzung des Verschiebeweges der Schiebehülse bei ausgerückter Kupplung 8 Innenverzahnung der Kupplungsglocke 9 Sperrklinke 10 Anlaufbund zur Begrenzung des Verschiebeweges der Schiebehülse bei ausgerückter Kupplung 11 Drehmomenten- bzw. Kraftfluß bei geschalteter Kupplung 12 Klinkenverzahnung 13 Lüftungsfedern

Sobald die Wellen synchron laufen, müssen die Klinken (9) nur noch die mit der Verschiebung der Schiebehülse (4) entlang der Schrägverzahnung (2) verbundenen Reibungskräfte überwinden. Bei der Ausführung der Schiebebewegung verlieren die Klinken (9) den Kontakt mit der Klinkenverzahnung (12) und kommen frei, so daß sie kein Drehmoment übertragen. (*Die einzigen Kräfte, die die Klinken (9) aufnehmen müssen, sind die zur Verschiebung der Hülse (4) auf ihrer Schrägverzahnung (2) erforderlichen Kräfte; das Drehmoment wird über die Zahnkupplung (6/8) übertragen!*.) Den letzten Rest der Axialverschiebung der Schiebehülse (4) nach dem Freikommen der Klinken (9) bewirken die bereits in Eingriff kommenden Zähne (6). Hierdurch kommt die Schiebehülse (4) fest gegen den Anlaufbund (10) zu liegen. Um ein zu hartes Anlaufen zu vermeiden, wird hier meist noch ein ölgefüllter Dämpfungsraum vorgesehen.

Beim Ausrücken der Kupplung laufen die beschriebenen Vorgänge in umgekehrter Reihenfolge ab.

Erwähnt sei noch, daß bei Leerlauf bzw. stillstehender Abtriebsseite Lüftungsfedern (13) die Klinken (9) von der Klinkenverzahnung (12) *abheben*. Diese Federn (13) sind so ausgelegt, und die Klinken (9) sind so balanciert, daß sie erst dann auf die Klinkenverzahnung gedrückt werden, wenn die Fliehkräfte an den Klinken (9) groß genug sind, um den Federdruck aufzuheben. Das ist i.a. erst bei höheren Drehzahlen der Abtriebsseite der Fall.

Der Vorteil dieser Kupplungen ist ihr Vermögen, große Drehmomente, auch bei hohen Drehzahlen, übertragen zu können mit einer sehr niedrigen Kupplungs*masse* und demzufolge kleinerem *Trägheitsmoment*; ihr Hauptnachteil liegt in dem vergleichsweise hohen Preis.

10.3.3 Wichtige Kenngrößen bei Kupplungen

Die wichtigen Kenngrößen für ausgleichende Kupplungen werden nachstehend erläutert. Sie gelten teilweise ebenfalls für schaltbare Kupplungen. Auf die Kenngrößen regelbarer Kupplungen wird anschließend eingegangen.

Ausgleichende Kupplungen

Die von den Herstellern nach DIN 740 Bl.1 bzw. Bl. 2 anzugebenden Eigenschaften beziehen sich i.a. auf Umgebungstemperaturen von 10...30 °C. Für Schiffsanlagen ist von > 45 °C auszugehen; ggf. damit veränderte Eigenschaften sind vom Kupplungshersteller anzugeben! Gleiches gilt sinngemäß, wenn bestimmte Eigenschaften, z.B. Drehfedersteifigkeit, drehzahl- oder frequenzabhängig sind, was insbesondere bei Kupplungen mit Gummigewebe oft der Fall ist.

Im einzelnen sind folgende Kenngrößen zu unterscheiden:

Nenndrehmoment: Drehmoment, das im gesamten zulässigen Drehzahlbereich dauernd übertragen werden kann und außerdem die Baugröße angibt.

Maximaldrehmoment: Drehmoment, das kurzzeitig $\geq 10^5$ mal als schwellender Drehmomentstoß im gleichen Drehsinn übertragen werden kann bzw. $\geq 5 \cdot 10^4$ mal als wechselnder Drehmomentstoß. Dabei darf die Kupplungstemperatur 30 °C nicht überschreiten.

Prüfdrehmoment: dient zum Nachweis der statischen Festigkeit der Kupplung und muß ohne Beschädigung der Kupplung erreicht werden können, i.a. kleiner als das Maximaldrehmoment.

Dauerwechseldrehmoment: Amplitude der dauernd zulässigen, periodischen Drehmomentschwankung bei einer Frequenz von 10 Hz und einer Grundlast bis zum Wert des Nenndrehmoments.

Massenträgheitsmoment: Massenträgheitsmoment der Kupplungsseiten mit Seitenangabe.

Axiale Nachgiebigkeit: Zulässiger axialer Versatz der Kupplungshälften.

Radiale Nachgiebigkeit: Zulässiger radialer Versatz der Kupplungshälften.

Winklige Nachgiebigkeit: Zulässiger winkliger Versatz der Kupplungshälften.

Drehfedersteife: Drehmoment durch Winkel.

Axialfedersteife: Axiale Rückstellkraft durch Federweg.

Radialfedersteife: Radiale Rückstellkraft durch Federweg.

Winkelfedersteife: Winkliges Rückstelldrehmoment durch Winkeleinheit.

Verhältnismäßige Dämpfung: Verhältnis der Dämpfungsarbeit A_D zur elastischen Formänderungsarbeit A_e einer Schwingungsperiode (s. auch Hauptabschnitt 03).

Resonanzfaktor: Faktor, der die Vergrößerung des erregenden Drehmomentes angibt (s. auch Hauptabschnitt 03).

Beschreibung und Bedienungsanleitung sollten mindestens die vorstehend aufgeführten Angaben enthalten. Besonders wichtig ist stets die Angabe der Umgebungstemperatur, weil die Dämpfungsarbeit der Kupplungen als Wärme an die Umgebung abgeführt werden soll.

Regelbare Kupplungen

Als Slip oder Schlupf bezeichnet man die Differenz der Drehzahlen auf Antriebs- und Abtriebsseite, bezogen auf die Antriebsdrehzahl:

$$S = \frac{n_1 - n_2}{n_1} \cdot 100 \quad \% \qquad (14)$$

Unter dem Wirkungsgrad versteht man auch bei der Kupplung das Verhältnis der *abgegebenen* zur *aufgenommenen* Leistung der Kupplung:

$$\eta_K = \frac{P_2}{P_1} \cdot 100 \quad \% \tag{15}$$

Der Zusammenhang zwischen Leistung, Drehzahl und Drehmoment ist durch

$$M = \frac{P}{2\pi n} \quad kN \cdot m \tag{16}$$

gegeben. Schreibt man Gln. (14), (15) und (16) etwas anders, so läßt sich zeigen, wie Wirkungsgrad und Slip miteinander verknüpft sind:

$$P_1 = M_1 \cdot 2\pi \cdot n_1 \quad kW \quad \text{aus (16)}$$
$$P_2 = M_2 \cdot 2\pi \cdot n_2 \quad kW \quad \text{aus (16)}$$
$$\frac{n_2}{n_1} = \left(1 - \frac{S}{100}\right) \quad \text{aus (14)}$$
$$\eta_K = \frac{P_2}{P_1} \cdot 100 = \frac{M_2 \cdot 2\pi \cdot n_1}{M_1 \cdot 2\pi \cdot n_2} \cdot 100 \quad \% \tag{15a}$$

aus (15, 16)

$$\eta_K = \frac{M_2}{M_1} \cdot \left(1 - \frac{S}{100}\right) \cdot 100 \quad \% \tag{15b}$$

Da die Kupplung ein *in sich geschlossenes mechanisches System* (s. Hauptabschnitt 02) darstellt, an dem außer den Gewichtskräften keine äußeren Kräfte und neben Antriebs- und Abtriebsmoment keine weiteren Momente angreifen, gilt stets $M_2 = M_1$, woraus folgt

$$\eta_K = 100 - S \quad \% \tag{17}$$

10.3.4 Wartungsarbeiten an Kupplungen

Alle nicht schaltbaren Kupplungen sind weitgehend wartungsfrei. Sie müssen jedoch in regelmäßigen Abständen besichtigt werden.
Bei den Zahnkupplungen ist auf einwandfreien Zustand der *Zahnflanken* zu achten; drehelastische und schwingungsdämpfende Elemente sind auf *Rißbildung* bzw. gebrochene *Federelemente* zu untersuchen. Gummi- und Gewebeelemente müssen vor zu starker Wärmeeinwirkung und vor Ölbenetzung geschützt werden.
Mechanische, elektrische und hydrodynamische Kupplungen werden im Rahmen der *Klasseerneuerung* besichtigt und müssen zu diesem Zweck aufgenommen werden, bei den *Zwischenbesichtigungen* ist dies meist nicht erforderlich. Überprüft wird auch, ob die Ersatzteile vollzählig vorhanden sind. Je nach Klassifikationsgesellschaft sind 0,5...1 Satz Federelemente für elastische Kupplungen sowie Kupplungsschrauben für jede Art Kupplung vorgeschrieben. Das Mitführen von Reserve-Gummielementen für Kupplungen entsprechend Bilder 10.31 und 10.33 wird *empfohlen*, jedoch nicht vorgeschrieben. Ebenso empfehlen die Klassifikationsgesellschaften z.Z. das Auswechseln dieser Gummielemente nach 12 Jahren Betriebszeit.
Schaltbare Kupplungen, bei denen das Drehmoment durch *Reibung* übertragen wird, unterliegen einem natürlichen Verschleiß; seine Größe hängt stark von der Anzahl der Schaltvorgänge ab. Die Betriebsanleitung enthält Angaben darüber, bei welchem Abnutzungsgrad die Reibbeläge bzw. Lamellen erneuert werden müssen. Von den Klassifikationsgesellschaften wird vorgeschrieben, daß jeweils 1 Satz Lamellen bzw. Reibbeläge für jede Art Kupplung mitzuführen ist.
Bei Flüssigkeitskupplungen müssen vor allem die Lagerspiele geprüft und mit den zulässigen Werten der Betriebsanleitung verglichen werden, damit Pumpen- und Turbinenrad (s. Bild 10.35) stets die vorgeschriebene Stellung zueinander aufweisen; Verlagerungen können *Zirkulationsstörungen* der Betriebsflüssigkeit und dadurch *Kavitationsschäden* verursachen.
Zur täglichen Wartungsroutine gehört vor allem das Überwachen der *Betriebstemperatur* der Kupplungen; oft genügt ein Abfühlen der elastischen Elemente von Hand.

10.3.5 Störungen und Schäden an Kupplungen

Starke *Erwärmung* bei Schaltkupplungen: Kupplung *rutscht*. Mögliche Ursachen: Beläge verschmiert oder zu stark abgenutzt; Anpreßkraft zu gering.
Maßnahmen: Anpreßkraft (z.B. Öl- oder Luft- bzw. Lamellen reinigen oder erneuern. Schmieröl auf Abrieb untersuchen und Filter reinigen. Gegebenenfalls Kühlsystem überprüfen.
Starke *Schläge* beim Schalten: Kupplung *rupft*. Ungleichmäßige Abnutzung der Reibbeläge; bei trocken laufenden Kupplungen: Verölte Beläge; Reibflächen haben *gefressen*.
Maßnahmen: Reibbeläge möglichst bald reinigen bzw. erneuern. Reibflächen ggf. nachsetzen.
Harter Schlag beim Schalten: Schaltdrehzahl zu hoch, Schaltvorgang zu schnell.
Kavitationsspuren in Flüssigkeitskupplungen: vorläufige *Maßnahme*: Betriebsflüssigkeit höherer Viskosität verwenden; Kühlung verstärken.
Gerissene bzw. *gebrochene* elastische Elemente: Dauerbruch, Materialermüdung, Überbeanspruchungen, Härtungsfehler.
Maßnahmen: Prüfen, ob ausreichende Kühlung vorhanden; ggf. zusätzlich kühlen; Einbauen von Ersatzelementen, sofern vorhanden; *Überbrücken* der Kupplung (s. Betriebsanleitung), hierbei jedoch Vorsicht vor kritischen Drehzahlbereichen; nicht zu *niedrige* Drehzahlen fahren, da sonst negative Drehmomentspitzen auftreten.

10.4 Getriebe

10.4.1 Aufgaben und Wirkungsweise

Getriebe werden eingebaut um

die Drehzahl der Antriebsmaschinen auf die Drehzahl der Arbeitsmaschine herabzusetzen (*Untersetzungsgetriebe*),

die Leistung mehrerer Antriebsmaschinen zusammenzufassen (*Sammelgetriebe*),

die Leistung einer Antriebsmaschine auf mehrere Hilfsmaschinen (*Gruppenantrieb*) zu verteilen (*Verteiler-* oder *Verzweigungsgetriebe*),

bei gleichbleibender Drehrichtung der Antriebsmaschine die Drehrichtung der Abtriebswelle ändern zu können (*Wendegetriebe*),

bei gleichbleibendem Antriebsdrehmoment verschiedene Drehmomente auf der Abtriebsseite einstellen zu können (*Mehrganggetriebe*).

Die im Schiffsbetrieb eingesetzten Getriebe müssen eine, mehrere oder alle dieser Aufgaben erfüllen. Da das Drehmoment der Antriebs- und Abtriebsseite immer verschieden ist, werden Getriebe auch als *Drehmomentumformer* bezeichnet.

Neben den Getrieben, in denen diese Momentwandlung durch ineinanderkämmende Zahnräder erfolgt, gibt es Flüssigkeitsgetriebe (z.B. den *Föttinger-Transformator*), Kurbel-, Gelenk- und Kurvenscheibengetriebe, die im Bordbetrieb kaum oder selten eingesetzt werden.

Bei den Zahnradgetrieben unterscheidet man nach der *Radpaarung* (Bild 10.37).

Stirnradgetriebe bei parallelen Wellen,

Kegelradgetriebe bei sich schneidenden Wellen,

Getriebe mit versetzten Kegelrädern bei sich kreuzenden Wellen (kleinen Achsabständen und größeren Kräften),

Getriebe mit Schraubenrädern bei sich kreuzenden Wellen (größere Achsabstände und kleinen Kräften),

Schneckentriebe bei großen Untersetzungsverhältnissen und großen Kräften.

Versetzte Kegelräder und Schraubenräder werden im Schiffsbetrieb nur selten eingesetzt (z.B. für Drehzahlanzeiger und Zündverteiler bei Otto-Motoren).

Ferner unterscheidet man nach der *Verzahnung* (Bild 10.38)

Geradverzahnung bei normalen Verhältnissen,

Schrägverzahnung bei höheren Umfangsgeschwindig-

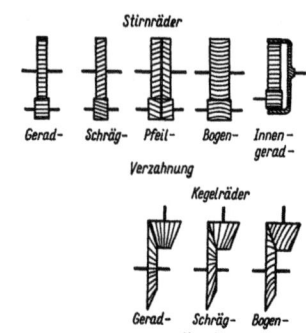

Bild 10.38
Verzahnungen

keiten, für größere Tragfähigkeit der Verzahnung, für größere Laufruhe,

Doppelschräg- oder *Pfeilverzahnung* zum Ausgleich der Axialkräfte, die bei Schrägverzahnung entstehen,

Spiral- oder *Bogenverzahnung* für größere Laufruhe und um Bruchgefahr der Zahnecken herabzusetzen, für größere Tragkraft (bei Kegelrädern).

Bei Kegelradgetrieben für größere Leistungen (z.B. *Schottelantrieb*, s. Abschnitt 9.4, Bugstrahlruder) werden gelegentlich spiral- oder bogenverzahnte Räder eingesetzt, sonst wird fast ausschließlich Geradverzahnung und Schräg- bzw. Pfeilverzahnung angewandt.

Die größere Laufruhe entsteht bei schrägverzahnten Getrieben dadurch, daß der Zahneingriff allmählich erfolgt; der Nachteil der im Vergleich zur Geradverzahnung größeren *Reibarbeit* wird durch die bessere Tragfähigkeit der Verzahnung ausgeglichen, da mehr Zähne gleichzeitig im Eingriff stehen, (schrägverzahnte Zahnräder können bei gleicher Tragfähigkeit schmaler gebaut werden als geradverzahnte).

10.4.2 Bezeichnungen am Getriebe

Als *Ritzel* werden jeweils unabhängig von der Größe ihres Durchmessers die treibenden Räder eines Getriebes bezeichnet. *Zwischenräder* dienen lediglich zur Umkehrung der Drehrichtung und tragen nicht zur Über- oder Untersetzung bei; sie werden gelegentlich angeordnet um den *Achsabstand* zwischen Ritzel und Rad zu vergrößern.

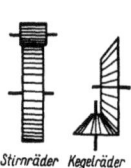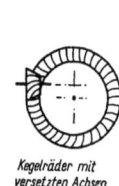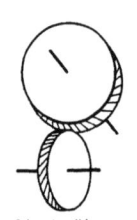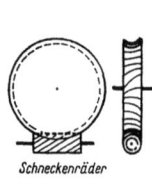

Bild 10.37
Radpaarungen

Getriebe

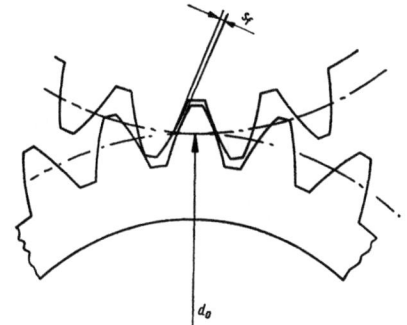

Bild 10.39.1

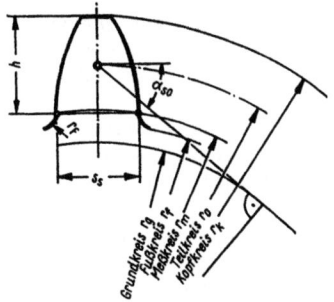

Bild 10.39.2

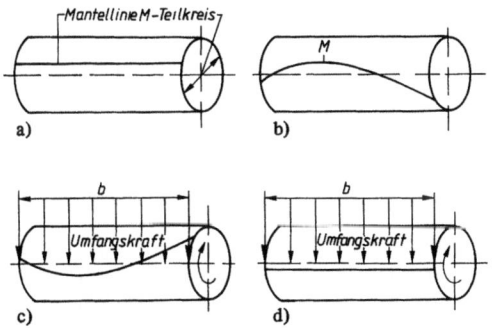

Bild 10.39.3

Bild 10.39 Bezeichnungen an Zahnrad und Ritzel

Bild 10.39.4 Fuß- und Kopfkorrektur

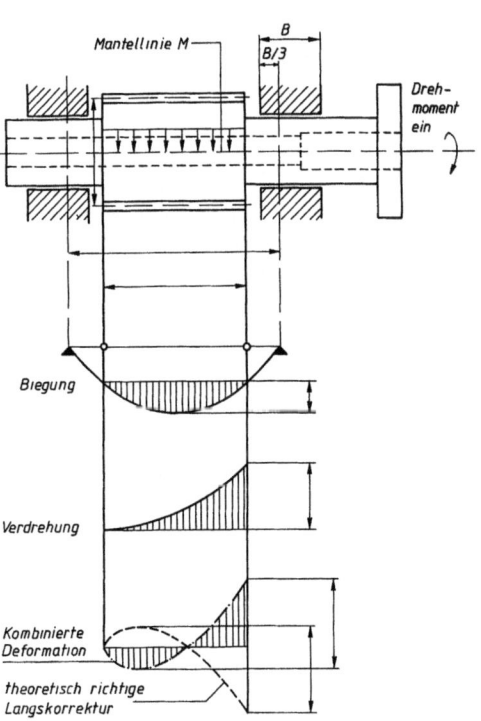

Bild 10.39.5 Vorgehen zur Bestimmung der Zahnlängskorrektur

a) gerade Linie, wenn unbelastet
b) Zylinder belastet. M. deformiert sich
c) Zylinder unbelastet. M wird die spiegelbildliche Form von b) gegeben
d) Zylinder belastet wie unter b). M wird zur Geraden

Bild 10.39.6 Beispiel für Bestimmung der Zahnlängskorrektur

Bild 10.39 erläutert die Bezeichnungen *Grundkreis-, Fußkreis-, Meßkreis-, Teilkreis-* und *Kopfkreisdurchmesser*, sowie die Begriffe *Zahnstärke* und *Zahnhöhe*.

Die Teilkreise von Rad und Ritzel berühren einander in einem gemeinsamen Punkt bzw. einer Linie, an dem Rad und Ritzel gleiche Umfangsgeschwindigkeit haben (*Eingriffslinie*).

Das *Übersetzungsverhältnis i* ist gleich dem Verhältnis Radteilkreis-/Ritzelteilkreisdurchmesser und damit gleich dem umgekehrten Verhältnis der Drehzahlen

$$i = \frac{d_{02}}{d_{01}} = \frac{n_1}{n_2} \qquad (18)$$

Für die *Teilung* im Teilkreis (Bild 10.39) gilt die Beziehung

$$t_0 = \frac{d_0 \cdot \pi}{z} \quad \text{mm} \qquad (19)$$

mit z als Anzahl der Zähne, so daß auch das Verhältnis der Zähnezahlen dem Übersetzungsverhältnis entspricht.

Das *Gesamtübersetzungsverhältnis* eines mehrstufigen Getriebes erhält man durch Malnehmen der Übersetzungsverhältnisse der einzelnen Stufen.
Beispiel: Dreistufiges Getriebe mit $i_1 = 3$, $i_2 = 5$, $i_3 = 10$, Eingangsdrehzahl $n_1 = 200$ s^{-1}

$$i_{\text{ges}} = i_1 \cdot i_2 \cdot i_3 = 3 \cdot 5 \cdot 10 = 150$$

Ausgangsdrehzahl somit

$$n_4 = \frac{n_1}{i_{\text{ges}}} = \frac{200}{150} = 1{,}333 \quad \text{s}^{-1}$$

Die dem Übersetzungsverhältnis entsprechenden Zähnezahlen werden so festgelegt, daß Rad- und Ritzelzähnezahl keinen *ganzzahligen* gemeinsamen Teiler haben, damit möglichst selten die gleichen Zähne ineinandergreifen.

Der *Modul* ist das Verhältnis von Teilkreisdurchmesser zur Zähnezahl eines Zahnrades;

$$m = \frac{d_0}{z} \quad \text{mm} \qquad (20)$$

die üblichen Modulwerte sind in DIN 780 genormt. Einheitlicher Modul bietet die Möglichkeit der *Satzräder*. Alle Räder mit gleichem Modul passen zueinander:
Teilkreisdurchmesser, Zähnezahl, Teilung und Modul hängen wie folgt zusammen:

Teilung: $\quad t_0 = \dfrac{d_0 \cdot \pi}{z} \quad \text{mm} \qquad (19)$

Modul: $\quad m = \dfrac{t_0}{\pi} \quad \text{mm} \qquad (21)$

Modul und Teilung beeinflussen andere Konstruktionsgrößen (Bild 10.39)

Zahnhöhe $\quad h \approx 2{,}2 \cdot m$
Flankenspiel $s_2 \approx 0{,}04 \ldots 0{,}08 \; (0{,}10) \cdot m$
(bzw. $\qquad\qquad 0{,}015 \ldots 0{,}03 \; (0{,}04) \cdot t$).

Das *Verdrehflankenspiel* (*backlash*) ist die Länge des Wälzkreisbogens, um den sich jedes der beiden Zahnräder bei festgehaltenem Gegenrad von der Anlage der Rechtsflanken bis zur Anlage der Linksflanken drehen läßt. Es sollte nie zu klein sein, da sonst Gefahr des Fressens der Verzahnung besteht. Faustformel:

$$j_{\text{t}} = \frac{a \cdot m_n}{60\,000} + 0{,}127 \qquad (22)$$

a Achsabstand .... mm
m_n Normalmodul .... mm

Für das Zahnprofil wird fast ausschließlich *normale Evolventenverzahnung* mit einem Eingriffswinkel von $\alpha = 20°$ entsprechend DIN 867 vorgesehen; der *Eingriffswinkel* ist der Winkel zwischen der Zahnkraft, die senkrecht auf der Berührungsfläche der Zähne steht, und der Umfangskraft am Teilkreisradius. (Gelegentlich wird auch $\alpha = 15°$ ausgeführt.) Gegebenenfalls wird von den Möglichkeiten der *Profilverschiebung* Gebrauch gemacht, um erhöhte Tragkraft bei kleinerer Zähnezahl zu erhalten bzw. um einen vorgegebenen Achsabstand einzuhalten.
Hierbei gelangen jeweils nur andere Bereiche der Zahnflanke zum Eingriff, das Evolventen*profil* bleibt erhalten. Derartige „profilkorrigierte" Verzahnungen haben infolge der vom Normalen abweichenden Gleitgeschwindigkeiten in der Verzahnung einen höheren *Schmierölbedarf*. Das ist bei der Auslegung des Schmiersystems zu berücksichtigen.
Bei Schräg- bzw. Pfeilverzahnung gibt der *Schrägungswinkel* die Neigung der Zahnflanken zur Radachse an (Bild 10.40); er beträgt $\beta = 10 \ldots 45°$.
Im *Stirnschnitt* – senkrecht zur Radachse – erscheint das Zahnprofil *verzerrt*; zur Berechnung müssen die Werte dem *Normalschnitt* (Normalteilung, Flankenspiel usw.) entnommen werden, der senkrecht zur Zahnflanke steht.
Neben der bereits erwähnten Profilverschiebung, stehen die *Kopf-, Fuß-* und *Breitenkorrekturen* der Verzahnung, denen eine erhebliche Bedeutung zukommt.
Auch wenn es gelänge, Verzahnungen absolut fehlerfrei herzustellen, würden im Betrieb dennoch Ungleichförmigkeiten der Winkelgeschwindigkeiten auftreten, da die unter Last stehenden Zähne sich *elastisch* verformen, ebenso wie auch der ganze Ritzel- und Radkörper sich unter dem Einfluß des Drehmomentes verformt. Dies führt bei unkorrigierten Verzahnungen zu *stoßartigen* Belastungen im Moment des Zahneingriffs und zu ungleichförmiger Lastverteilung über die Zahnbreite.

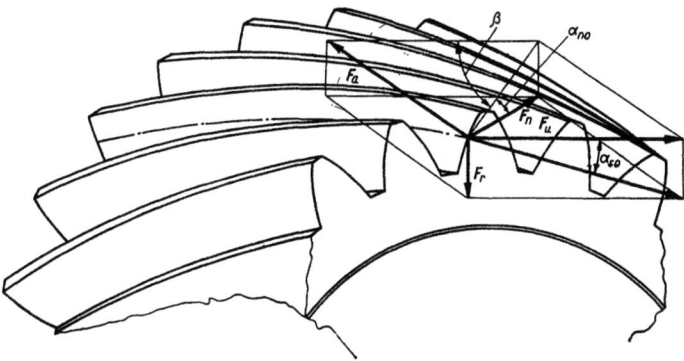

Bild 10.40
Bezeichnungen an Zahnrad und Ritzel bei Schrägverzahnung

Kopf- und Fußkorrektur (Bild 10.39.4)
Unter Last verformt sich der im Eingriff stehende Zahn in Richtung der Eingriffsebene um einen Betrag, der für den nachfolgenden Zahn wie ein *Zahnteilungsfehler* gleicher Größe wirkt.
Am Zahnauslauf liegen ähnliche Verhältnisse vor: ohne Profilkorrektur reißt die Last plötzlich ab und erzeugt auf diese Weise ebenfalls stoßartige Laständerungen. Solche Verzahnungen laufen laut und neigen zum Fressen in den Fuß- und Kopfpartien.
Die Zähne des *Rades* werden meist mit genauer Evolventenform hergestellt, während alle Korrekturen an der *Ritzelverzahnung* vorgesehen werden. Die Größe der erforderlichen Korrekturen richtet sich nach der jeweiligen *Zahnlinienbelastung* bzw. *-Flankenpressung*.

Längskorrektur
In Schiffsgetrieben werden *Zahnkorrekturen entlang der Zahnbreite* in Abhängigkeit von den elastischen Verformungen der Ritzelkörper bestimmt. Der Einfluß der Wärme, d.h. die unterschiedliche Wärmedehnung von Rad und Ritzel, ist ferner nur bei Einfach-Schrägverzahnungen und bei relativ niedrigen Umfangsgeschwindigkeiten *vernachlässigbar*.
Das Vorgehen bei der Bestimmung der *Zahnlängskorrektur* ist in den Bildern 10.39.5 und 10.39.6 dargestellt.
Zur Bestimmung der Korrekturform berechnet man die Verformung des verzahnten Bereiches des Ritzels unter der Annahme, daß sich die Umfangskraft gleichmäßig auf die Zahnbreite verteilt. Die Verformung wird entlang einer Mantellinie M auf einem Zylinder von einem Durchmesser gleich dem Teilkreisdurchmesser bestimmt. Die Gesamtverformung setzt sich zusammen aus
1. *Biegung*
2. *Verdrehung*
3. *Schub*
4. *Dehnungsdifferenz* infolge unterschiedlicher Temperatur

Der Schubanteil ist sehr klein und kann vernachlässigt werden.
Die *theoretisch richtige* Längskorrektur entspricht dem Spiegelbild der Gesamtverformung (Bild 10.39.5).
Wenn ein derart korrigiertes Ritzel belastet wird, erhält man eine gerade Mantellinie, d.h. *gleichmäßig* verteilte Last. Eine Längskorrektur (wie übrigens auch eine Kopf- und Fußkorrektur) kann also immer nur für *eine* Last richtig ausgelegt werden. In Schiffsgetrieben korrigiert man i.a. für Nennlast.
Die Hauptbeanspruchungen eines Zahnrades sind
1. die *Pressung* an den Zahnflanken,
2. die *Biegebeanspruchung* am Zahnfuß,
3. die *Erwärmung* des Zahnrades durch Zahnflankenreibung.

Das Überschreiten der zulässigen *Zahnflankenpressung* führt zum Unbrauchbarwerden des Zahnrades durch Grübchenbildung (*pittings*) oder Gleitverschleiß.
Unzulässig hohe *Biegebeanspruchung* führt zu einem Dauer- oder Gewalt*bruch*.
Übermäßige *Erwärmung* zerstört das Schmiermittel und verringert die Festigkeitswerte; es kommt zum *Fressen*.
Für Getriebritzel und -räder werden nur hochwertige Werkstoffe verwendet. Dabei wird das Ritzelmaterial vielfach 10...15 kN/cm² *härter* als der Radwerkstoff gewählt, um den Verschleiß klein zu halten. Gebräuchliche *Werkstoffpaarungen* zeigt Tafel 10.7.
Durch *Vergüten* oder *Härten* wird die Belastbarkeit der verwandten Werkstoffe häufig noch gesteigert; die Grenzen der Beanspruchbarkeit liegen dann weniger in der Pressung der Zahnflanken als vielmehr in der Biegebeanspruchung am Zahnfuß und in der Zahnflankenreibung. Dies gilt insbesondere für *gehärtete* Verzahnungen mit *großem Modul*.
Fast immer werden die Ritzel gemeinsam mit ihren Wellen aus einem vollen Schmiedestück gearbeitet, während die Räder als Verbundkonstruktion aus

Tafel 10.7 Gebräuchliche Werkstoffpaarungen für Zahnradgetriebe

Ritzel		Rad	
Werkstoff	Zustand	Werkstoff	Zustand
37 MnSi 5	vergütet	C 60	vergütet
37 MnSi 5	vergütet	30 Mn5	vergütet
28 NiCrMo 4.4	vergütet	Ck 35	vergütet
34 CrNiMo6	vergütet	42 CrMo4	vergütet
17 CrNiMo6	einsatzgehärtet	42 CrMo4	vergütet
16 MnCr5	einsatzgehärtet	Ck 45	einsatzgehärtet
16 MnCr5	einsatzgehärtet	C 60	vergütet
20 MnCr5	einsatzgehärtet	16 MnCr5	einsatzgehärtet
18 CrNi8	einsatzgehärtet	K 13CrNi14	einsatzgehärtet
17 CrNiMo6	einsatzgehärtet	17 CrNiMo6	einsatzgehärtet
31 CrMoV9	nitriergehärtet	42 CrMo4	vergütet
31 CrMoV9	nitriergehärtet	42 CrMo4	nitriergehärtet
31 CrMoV9	nitriergehärtet	31 CrMoV9	nitriergehärtet
14 CrMoV6.9	nitriergehärtet	31 CrMoV9	nitriergehärtet

gegossenen oder geschweißten *Radkörpern* mit *aufgeschrumpften* geschmiedeten Bandagen aus dem für die Verzahnung erforderlichen, hochwertigen Material ausgeführt werden. Die dabei gelegentlich vorgesehenen tangentialen *Sicherungsdübel* zwischen Radkörper und Bandage verschlechtern den Schrumpfsitz, wurden aber früher dennoch häufig angebracht. (Sollen nachträglich Dübel eingesetzt werden, weil der Schrumpfsitz der Bandage nicht oder nur unvollkommen trägt, sollten *Radialdübel* vorgesehen werden, die in schwächer belasteten Bereichen der Bandage angeordnet werden können.)

Bei neuen Radkonstruktionen werden heute die Radscheiben mit Nabe und Radbandage nach einem Hochleistungsverfahren verschweißt und anschließend entspannt (geglüht); nachträgliche Schweißarbeiten müssen unbedingt unterbleiben, da durch hohe Schweißeigenspannungen ein Verziehen der Bandage, Rißbildung und Zerstörung des ganzen Bauteils die Folge wäre.

Um *Rundlauf, Verzahnungsgenauigkeit* und *Achslage* später prüfen zu können, werden an Rädern und Ritzeln besondere *Meßbunde* vorgesehen.

10.4.3 Lager

Rad- und Ritzelwellen werden in Gleit- oder Wälzlagern gelagert. Die Wälzlager — meist *vorgespannte* Rollenlager — bieten den Vorteil des geringeren Lagerspiels, das im Hinblick auf guten Zahnkontakt sehr erwünscht ist; für hohe Umfangsgeschwindigkeiten sind sie nicht geeignet. Gleitlager benötigen dagegen zum einwandfreien Betrieb ein gewisses Lagerspiel und sind gegen Kantenpressung empfindlich. Bei einfach schrägverzahnten Rädern wird der Zahnschub von *Kippsegment-Drucklagern, Pendelrollenlagern* oder *Rollscheiben* (*BBC*) aufgenommen. Die Rollscheiben am Ritzel legen sich — eine für Voraus, eine für Rückwärts — durch den Zahnschub mit ihrer leicht kegelig geschliffenen Rollfläche gegen einen plangeschliffenen Rand der Radbandage; das Kräftesystem ist somit in sich geschlossen, weitere Axiallager sind nicht erforderlich (s. Bild 10.42.5).

Bei dem an die Wellenleitung angeschlossenen Rad läßt man den Zahnschub dem Propellerschub *entgegenwirken*, so daß das Drucklager entlastet wird.

Im Folgenden wird der Gang der Rechnung für die Ermittlung der Lagerkräfte nach Betrag und Richtung erläutert. Die Kenntnis der *Lagerkraftrichtung* an den Getriebelagern ist für den Schiffsingenieur wichtig im Zusammenhang mit der Beurteilung der Lagerlaufspiegel bei Lagerbesichtigungen.

Lagernachrechnung

Die Nachrechnung der Lagerkräfte wird an folgendem Beispiel durchgeführt:

1. Lagerkräfte

Gegeben: zweite Untersetzungsstufe eines Turbinengetriebes.

Leistung am HD-Turbinen-Ritzel $P_{HD} = 12\,350$ kW
Leistung am ND-Turbinen-Ritzel $P_{ND} = 12\,110$ kW
Rückwärtsleistung am ND-Turbinen-
Ritzel (eingehäusige RW-Turbine) $P_{RW} = 11\,900$ kW
Ritzeldrehzahl (voraus) HD = ND $n_1 = 11{,}85$ s^{-1}
Ritzeldrehzahl (rückwärts) (ND) $n_{RW} = 7{,}68$ s^{-1}
Massenkraft pro Ritzel $G_{Ri} = 88$ kN
Massenkraft pro Rad $G_{Ra} = 519$ kN
Ritzelteilkreisdurchmesser (HD = ND) $d_{01} = 680$ mm
Radteilkreisdurchmesser $d_{02} = 4\,600$ mm
Eingriffswinkel im Normalschnitt $\alpha_{no} = 20$ °
$\cos \alpha_{no} = 0{,}9397$
Radwellendrehzahl (voraus) $n_2 = 1{,}75$ s^{-1}
Übersetzungsverhältnis $i = 6{,}771$

$$i = \frac{d_{02}}{d_{01}} = \frac{n_1}{n_2} = \frac{4\,600}{680} = \frac{11{,}85}{7{,}67} = 6{,}771$$

1.1 Ritzeldrehmomente

$$M = \frac{P}{\omega_1} = \frac{P}{2\pi \cdot n_1} \quad \text{kN} \cdot \text{m} \tag{23}$$

$$M_{HD} = \frac{12\,350}{2\pi \cdot 11{,}85} \text{ kN} \cdot \text{m} = \underline{166 \text{ kN} \cdot \text{m}}$$

$$M_{ND} = \frac{12\,110}{2\pi \cdot 11{,}85} \text{ kN} \cdot \text{m} = \underline{163 \text{ kN} \cdot \text{m}}$$

$$M_{RW} = \frac{11\,900}{2\pi \cdot 11{,}85} \text{ kN} \cdot \text{m} = \underline{160 \text{ kN} \cdot \text{m}}$$

1.2 Umfangskräfte an den Ritzeln = Reaktionskräfte am Rad

$$F_U = \frac{2 \cdot M}{d_{01}} \quad \text{kN} \tag{24}$$

10^{-3} aus der Umrechnung von d_0 mm auf d_0 m

$$F_{U(HD)} = \frac{2 \cdot 166}{680 \cdot 10^{-3}} \text{ kN} = \underline{488 \text{ kN}}$$

$$F_{U(ND)} = \frac{2 \cdot 163}{680 \cdot 10^{-3}} \text{ kN} = \underline{479 \text{ kN}}$$

$$F_{U(RW)} = \frac{2 \cdot 160}{680 \cdot 10^{-3}} \text{ kN} = \underline{471 \text{ kN}}$$

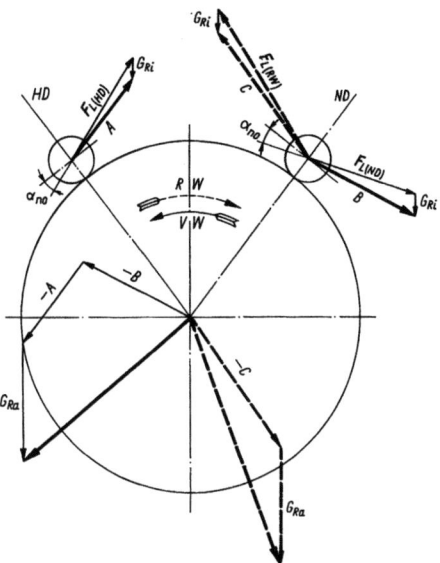

Bild 10.41 Zeichnerische Ermittlung der Lagerkraftrichtungen am Getriebe

1.3 Lagerkraftanteil für Ritzel bzw. Radwellen

$$F_L = \frac{F_U}{\cos \alpha_{n_0}} \quad \text{kN} \qquad (25)$$

$$F_{L(HD)} = \frac{488}{0,9397} \text{ kN} = \underline{519 \text{ kN}}$$

$$F_{L(ND)} = \frac{479}{0,9397} \text{ kN} = \underline{510 \text{ kN}}$$

$$F_{L(RW)} = \frac{471}{0,9397} \text{ kN} = \underline{501 \text{ kN}}$$

Die resultierende Lagerkraft und ihre Richtung ergibt sich aus der Addition des berechneten Lagerkraftanteils der Zahnkraft und der jeweiligen Zahnradmassenkraft unter Berücksichtigung der Richtung beider Kräfte. Sie wird am einfachsten zeichnerisch ermittelt (Bild 10.41); man erkennt, daß die Wellenzapfen des HD-Ritzels bei normalem Vorwärtsbetrieb, die des ND-Ritzels bei Rückwärtsbetrieb, gegen die Lageroberschalen drücken.

1.4 Abschätzung der Reibungsleistung

Die Reibungsleistung eines Lagers beträgt:

$$P_r = F \cdot \mu \cdot v \quad \text{kW} \qquad (26)$$

oder

$$P_r = 10^{-3} F \cdot \mu \cdot \pi \cdot n \cdot d \quad \text{kW} \qquad (26.1)$$

F resultierende Lagerkraft . . . . kN
v Umfangsgeschwindigkeit des Wellenzapfens . . . m/s
n Drehzahl des Wellenzapfens . . . . mm
μ Reibungsbeiwert . . . . —
  für Traglager mit Weißmetallausguß
    $= 0,006 ... 0,008 \; (0,01)$
  für Kippsegment-Drucklager
    $= 0,004 ... 0,006$ *)

---

*) Diese Werte gelten für Lager mit dünnem Weißmetallausguß. Andere Lagerwerkstoffe (Bleibronzelager, Verbundlager usw.) ergeben andere Werte, siehe Schrifttum [10.18].

Für das oben gezeigte Beispiel ergibt sich mit einem Radwellendurchmesser von $d = 630$ mm, einer resultierenden Lagerkraft (Vorausfahrt) von $F = 1\,000$ kN, $\mu = 0,007$ und $n_2 = 1,75 \text{ s}^{-1}$

$$P_r = 10^{-3} \cdot 1000 \cdot 0,07 \cdot \pi \cdot 1,75 \cdot 630 \quad \text{kW}$$

$$\underline{P_r = 24,2 \quad \text{kW}}$$

Die Flächenpressung in den Zapfenlagern sollte nach Möglichkeit

$$p = \frac{F}{l \cdot d} = 0,5 ... 2,0 \quad \text{N/mm}^2 \qquad (27)$$

nicht übersteigen (l = Länge der Lagerschale); die der Reibleistung entsprechende Wärmemenge, im Beispielfall

$$Q_r \equiv P_r = 24,2 \text{ kJ/s}$$

muß vom Schmieröl aus den Lagern abgeführt und im Ölkühler an das Kühlmittel übertragen werden, als Kühlmittel kommt Frischwasser oder Seewasser in Frage; bei einigen Turbinenanlagen wird der Ölkühler vom Kondensat des Hauptkreislaufes gekühlt, so daß die Schmierölwärme im Kreislauf zur Vorwärmung des Speisewasser ausgenutzt wird.

Die erforderliche Ölmenge für diese Wärmeabfuhr ergibt sich zu

$$q = \frac{Q_r}{\rho_s \cdot C_p \cdot \Delta t} \quad \frac{\text{dm}^3}{\text{s}} \qquad (28)$$

$\Delta t = 6 ... 10$ K Temperaturanstieg beim Durchfluß durch das Lager
$\rho_s = ...0,9$ kg/dm³ Dichte des Schmieröls
$C_p = 1,758$ kJ/kg·K Spezifische Wärme des Schmieröls

Für das Beispiel sind dann mit $\Delta t \approx 8$ K

$$q = \frac{24,2}{9,9 \cdot 1,758 \cdot 8} \quad \frac{\text{dm}^3}{\text{s}} = 1,9 \quad \frac{\text{dm}^3}{\text{s}}$$

erforderlich.

Die üblicherweise vorgesehenen zwei Schmiernuten zur Zuführung des Schmieröls in das Lager, sollten stets 90° zur Hauptlagerkraftrichtung gedreht sein. Wechselt die Lagerkraft bei *extrem unterschiedlichen* Betriebsverhältnissen die Richtung stark, muß ggf. ein Kompromiß geschlossen werden. Das sollte dann allerdings in der Betriebsanleitung stehen!

Die Welle durchläuft zwischen Anlauf und Auslauf verschiedene Betriebszustände, die mit Bild 10.42 kurz erläutert werden sollen. Trägt man den Reibungswert über der Drehzahl auf, so ergibt sich etwa ein Verlauf wie in Bild 10.42.1.

Der Reibungswert beim Anfahren liegt bei ca. $\mu = 0,1 ... 0,2$, fällt mit anlaufender Welle steil ab und steigt dann nach Erreichen der Übergangsdrehzahl für Anlauf wieder etwas an bis zur Betriebsdrehzahl. Durch die Erwärmung von Lager und Schmiermittel sinkt er im Laufe der Betriebszeit ab. Mit abfallender Drehzahl fällt auch der Reibungswert noch

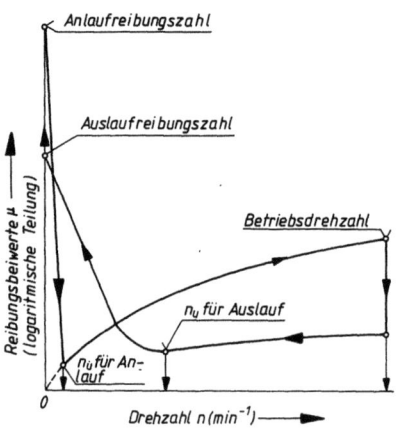

Bild 10.42.1 Betriebsbereiche der Welle im Lager zwischen Stillstand und Betriebsdrehzahl nach [10.24]

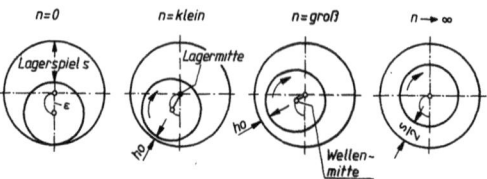

Bild 10.42.2 Bewegung des Wellenzapfens im zylindrischen Gleitlager bei senkrecht von oben wirkender Lagerkraft in Abhängigkeit von der Drehzahl.

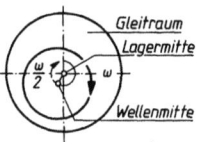

Bild 10.42.3 Unwuchtkräfte versuchen die Welle auf einer Bahnkurve um den Lagermittelpunkt herum mit $n/2$ bzw. $\omega/2$ herumzudrehen. Dabei bricht der Schmierfilm zusammen und es kommt zu metallischem Kontakt → Ölfilmwirbel.

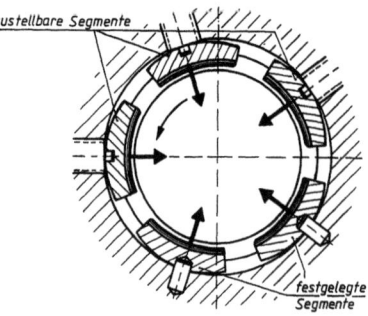

Bild 10.42.4 Verschiedene Lagerformen für die Stabilisierung schwingungsgefährdeter Wellen. Mehrflächengleitlager mit starren und kippbeweglichen Gleitflächen.

geringfügig bis die *Übergangsdrehzahl* für Auslauf erreicht ist. Hier beginnt das Gebiet der *Mischreibung*, das dann zu einem schnelleren Abfall der Drehzahl führt.

Anhaltswert für diese *Auslauf-Übergangsdrehzahl*

$$n_{ü} = \frac{4 F}{C \cdot \eta \cdot \pi \cdot D^2 \cdot B \cdot 10^{-7}} \quad \text{min}^{-1} \quad (29)$$

F Lagerkraft . . . . N
C Konstante 1,0...1,5 (2,0) . . . . —
η dynamische Viskosität des Schmiermittels
    bei 70 °C . . . . cP
D Lagerdurchmesser . . . . mm
B Lagerbreite . . . . mm

Die *Bewegung des Wellenzapfens im Lager* stellt sich für die in der überwiegenden Mehrzahl aller Fälle im Schiffsmaschinenbau verwendeten zylindrischen Gleitlager entsprechend den im Bild 10.42.2 gezeigten Verhältnissen ein. Prinzipiell gilt, daß *je höher* die Drehzahl und *je zentrischer* der Lauf, desto kleiner die Lagerkraft und desto anfälliger gegen Schwingungen. Da die Wellen immer eine Restunwucht haben, versuchen die aus dieser Unwucht resultierenden Kräfte der Welle eine *eigene Umlaufbahn um die Lagermitte*, und zwar mit $\omega/2$ aufzuzwingen (Bild 10.42.3). Das führt dann dazu, daß kurzzeitig intermittierend der hydrodynamische Druck zusammenbricht. Diese Erscheinung nennt man *Schmierfilmwirbel* oder *oil whip*. Bei Schwingungsmessungen an einem derartigen Lager stellt man eindeutig stärkere Amplituden bei $n/2$ bzw. $\omega/2$ fest. Diese Erscheinung tritt gern an hochtourigen Lagern, bei Turbinen und Turbinengetrieben auf. Abhilfe durch Ändern der *Lagerkonstruktion* z. B. *Zitronenspiellager*, *Mehrflächengleitlager*, die durch Bildung mehrerer Schmierkeile *zentrierend* und so der Möglichkeit der Schmierölwirbelbildung entgegenwirken (Bild 10.42.4).

Bei Nacharbeiten an Lagern infolge von kleineren Beschädigungen stellt sich oft die Frage danach, ob durch das Nacharbeiten das *Lagerspiel* zu groß wurde.
Bild 10.42.6 zeigt *zulässige, betriebssichere Bereiche* für das *relative Lagerspiel* in Abhängigkeit von der Umfangsgeschwindigkeit. Das Diagramm gilt für *zylindrische* Gleitlager. Die Werte für Getriebelager sollten an der *unteren* Grenze liegen. Turbinenlager und Lager der Wellenleitung vertragen auch größeres Spiel. Oberhalb $u = 30$ m/s sollten nur noch *Zitronenspiellager* oder *Mehrflächengleitlager* eingesetzt werden. Für diese Lager können die Werte der unteren Stufenkurve als *Vertikalspiel* und, mit dem Faktor 2...3 malgenommen, als *Horizontalspiel* genommen werden.

Getriebe

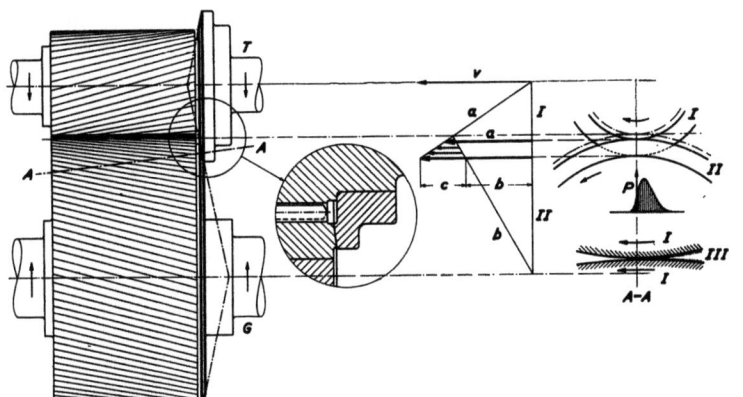

Bild 10.42.5
BBC-Druckkamm-Prinzip.
I = Ritzel, II = Rad,
III = Öl, G = getrieben,
T = treibend, P = Druck im Ölfilm
v = Geschwindigkeit
a = Umfangsgeschwindigkeit des Ritzels
b = Umfangsgeschwindigkeit des Rades
c = Gleitgeschwindigkeit am Druckkamm

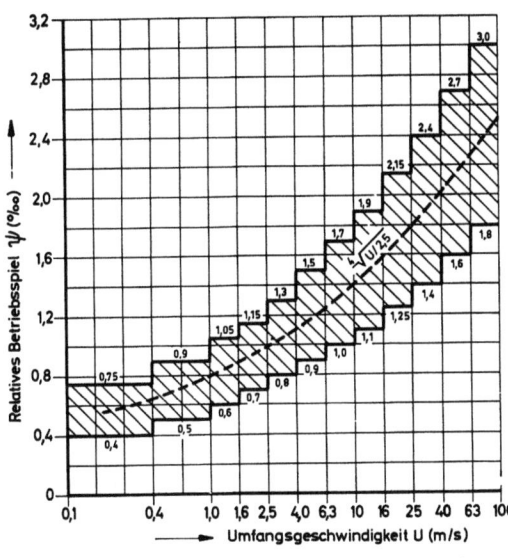

Bild 10.42.6 Anhaltswerte für realtives Lagerspiel in Abhängigkeit von der Umfangsgeschwindigkeit nach [10.18]

10.4.4 Berechnung von Getrieben

Auf die umfangreichen Berechnungen, die zur Auslegung eines Getriebes erforderlich sind, kann hier mit Rücksicht auf den dazu erforderlichen Platz nicht eingegangen werden. Stattdessen wird jedoch die Möglichkeit einer *überschläglichen Nachrechnung* nach den Vorschriften des *Germanischen Lloyd* aufzeigt.
Im Zuge der sich entwickelnden Technik sind im Laufe der Jahre die früher üblichen leicht überschaubaren Formeln für Verzahnungsberechnungen durch unübersichtlichere und in der Vielzahl ihrer Beiwerte und Faktoren für den Normalverbraucher nicht mehr ohne weiteres verständliche Berechnungsausdrücke abgelöst worden. Ein weiterer Umstand, der zu dieser Entwicklung beigetragen hat ist der Versuch, nationale und internationale Normen und Vorschriften (DIN, ISO, AGMA) weitgehend zu berücksichtigen. Es würde den Rahmen dieses Handbuches sprengen, wenn hier versucht würde, den vollständigen Gang einer Verzahnungsberechnung mit allen zum Verständnis erforderlichen Randinformationen darzulegen.
Andererseits wird vom Schiffsingenieur erwartet, daß er in seiner Eigenschaft als *technischer Berater* der Reederei im Fall von Schiffsneubauvorhaben bei der Beurteilung alternativer Getriebekonzepte ein *technisch qualifiziertes Urteil* abzugeben vermag. Die nachfolgenden Ausführungen sollen ihm bei dieser Aufgabe helfen. Für weiter ins Einzelne gehende Berechnungen muß allerdings auf das Fachschrifttum verwiesen werden.
Die beiden *wichtigsten* Kennwerte beim Vergleich alternativer Getriebekonzepte sind (neben der trivialen Größen wie Hauptabmessungen, Anordnung der Wellen, Achsabstand, Modul, Zähnezahl, Übersetzungsverhältnis und Gewicht) die *Zahnflankenfestigkeit* und die *Zahnfußtragfähigkeit*.
Nach den Berechnungsvorschriften des Germanischen Lloyd gilt eine Stirnradverzahnung dann als sicher hinsichtlich ihrer Flankenfestigkeit gegen Verschleiß und Grübchen(pitting)bildung, wenn die mit der folgenden Formel errechneten Werte für die *Hertzsche Pressung* σ_H kleiner oder höchstens gleich den in Tafel 10.8 ausgewiesenen Werten sind:

$$\sigma_H = \frac{8{,}4 \cdot 10^5}{d_0} \sqrt{\frac{P}{n_1 \cdot b} \cdot K \cdot \frac{u+1}{u}} \cdot Z \leqslant \sigma_{HP} \quad (30)$$

Für die Zahnfußtragfähigkeitsberechnung gibt der Germanische Lloyd folgende Formel an

$$\sigma_{FS} = \frac{19{,}1 \cdot 10^6 \cdot P}{n \cdot d_0 \cdot b \cdot m_n} \cdot Y \cdot K \leqslant \sigma_{FP} \quad (31)$$

Die in diesen Formeln erscheinenden dimensionslosen Faktoren K, Z und Y bestehen ihrerseits aus einer Anzahl von Faktoren mit denen *unterschiedliche Einflüsse* berücksichtigt werden sollen.

$$K = K_I \cdot K_v \cdot K_\beta \cdot K_s \qquad (32)$$

$$Z = Z_H \cdot Z_\epsilon \cdot Z_{Lub} \cdot Z_{HL} \qquad (33)$$

$$Y = Y_{FS} \cdot Y_\epsilon \cdot Y_\beta \cdot Y_{FL} \qquad (34)$$

Diese Einzelfaktoren werden nachstehend kurz erläutert. Zuvor sollen jedoch die übrigen Größen beschrieben werden:

P	Leistung	kW
d_0	Teilkreis-Durchmesser	mm
n	Drehzahl	min^{-1}
b	Zahnbreite	mm
u	Übersetzungsverhältnis $Z_2/Z_1 > 1$	
m_n	Modul im Normalschnitt	mm

Index 1 weist auf das Ritzel, Index 2 auf das Rad hin.

Die Faktoren Z gehen in die Ermittlung der *Zahnflankenfestigkeit* ein, die Faktoren Y gehen in die *Zahnfußtragfähigkeitsberechnung* ein und die Faktoren K gehen in beide Größen ein.

K_I, der Betriebsfaktor der Anlage, setzt sich aus den Faktoren K_A und K_E zusammen

$$K_I = K_A \cdot K_E \qquad (35)$$

Der *Betriebsfaktor antriebsseitig* K_A berücksichtigt den *Grad der Gleichförmigkeit* des in das Getriebe eingeleiteten Drehmomentes. K_E ist ein *Eisklassenverstärkungsfaktor*, der nur für eisverstärkte Anlagen interessiert.

K_v, der *Dynamikfaktor*, soll die *Herstellgenauigkeit* berücksichtigen, K_β die *Verteilung* der Zahnkraft über der *Zahnbreite* sowie die *Anzahl der Überrollungen* pro Umdrehung. K_S der *Vorspannungsfaktor* trägt der *Vorbelastung* des Zahngrundes aus der *Schrumpfspannung* bei aufgeschrumpften Bandagen Rechnung.

Z_H, der *Flankenformfaktor*, berücksichtigt den Einfluß der *Zahngeometrie*, d.h. Eingriffswinkel α und Zahnschrägungswinkel β, Z_ϵ, der *Lastanteilfaktor* berücksichtigt den *Grad der Profilüberdeckung*, d.h. unter anderem die Anzahl gleichzeitig im Eingriff befindlicher Zähne. Z_{lub}, der *Schmierfaktor*, sollte eigentlich *Dichte* und *Viskosität* des Schmieröls berücksichtigen – ist jedoch zum gegenwärtigen Zeitpunkt noch ein Faktor der wissenschaftlich nicht exakt belegbar ist.

Z_{HL} der *Lebensdauerfaktor* berücksichtigt die unterschiedliche Lebensdauererfordernisse bzw. Laufzeiten der Getriebe.

Y_{FS} ist ein weiterer *Formfaktor für Außenverzahnungen*, Y_ϵ ein *Lastanteilfaktor*, in den in erster Linie die *Profilüberdeckung* eingeht. Y_β als *Zahnschrägungsfaktor*, trägt dem Einfluß des *Schrägungswinkels* Rechnung, während Y_{FL} als *Lebensdauerfaktor* sinngemäß dem Faktor Z_{HL} in der Zahnflankenfestigkeitsformel entspricht.

Die mit Hilfe der Formeln (30) und (31) ermittelten Werte für σ_H und σ_{FS} sind mit den jeweils *zulässigen* Werten in den nachfolgenden Tafeln 10.8 und 10.9 zu vergleichen; die Anmerkungen zu den Tafeln sind zu beachten.

Tafel 10.8 Zulässige Werte für σ_{HP} nach [10.5] für Getriebe in Hauptantriebsanlagen. Bestimmung von HB und HV s. Tafel 10.9

σ_{HP} [N/mm^2]	Stahlsorte
$0{,}8 \cdot HV + 240$	unlegierte Vergütungsstähle
$1{,}1 \cdot HV + 200$	legierte Vergütungsstähle
$0{,}6 \cdot HV + 480$	legierte Vergütungsstähle, bis über den Zahngrund induktionsgehärtet
600...750	legierte Vergütungsstähle, bad- oder gasnitriert (obere Werte nur für Gasnitrierung!)
900	Nitrierstähle, gasnitriert
1050	Einsatzstähle, einsatzgehärtet

Wenn Verzahnungen aus ungehärteten Vergütungsstählen mit gehärteten Verzahnungen des Gegenrades gepaart werden, können die hier angegebenen σ_{HP}-Werte für ungehärtete Stähle um 25 % erhöht werden.
Um 25 % höhere Werte für σ_{HP} als in dieser Tafel können für Getriebe bis zu einem Eingangsdrehmoment von 5000 Nm zugelassen werden, wenn mindestens zwei voneinander unabhängige Antriebsanlagen auf dem Schiff vorhanden sind.

Tafel 10.9 Zulässige Werte für σ_{FP}
σ_{FP} = zulässige Zahnfußspannung unter Berücksichtigung der spannungserhöhenden Kerbwirkung der Zahnfußausrundung;

σ_{FP} = 2 × Zahnfuß-Nennbiegespannung

σ_{FP} [N/mm^2]	Stahlsorte
$2 \cdot (0{,}14 \cdot HV + 90)$	unlegierte Vergütungsstähle, vergütet
$2 \cdot (0{,}32 \cdot HV + 90)$	legierte Vergütungsstähle, vergütet
$2 \cdot (160)$	legierte Vergütungsstähle, induktionsgehärtet bis über den Zahngrund
$2 \cdot (160)$	legierte Vergütungsstähle, bad- oder gasnitriert
$2 \cdot (190)$	Nitrierstähle, gasnitriert
$2 \cdot (220)$	legierte Einsatzstähle, einsatzgehärtet.

$$HB \simeq HV \simeq \frac{\sigma_B}{3{,}6} \quad \text{für unlegierte Stähle}$$

$$HB \simeq HV \simeq \frac{\sigma_B}{3{,}4} \quad \text{für legierte Stähle}$$

Die hier angegebenen zulässigen Zahnfußbeanspruchungen sind an die Voraussetzung gebunden, daß die Zahnfußausrundung mindestens $0{,}25 \cdot m_n$ beträgt und die Zähne bei Vorausfahrt einseitig beansprucht werden. Für wechselseitig beanspruchte Zähne sind nur 70 % dieser Werte zulässig. Wenn die Dauerbiegefestigkeit der Zähne durch die Anwendung besonderer vom GL anerkannter Verfahren wie z.B. des Kugelstrahlverfahrens erhöht wird, können für einsatzgehärtete Verzahnungen bis zu 20 %, für Verzahnungen aus Vergütungsstählen bis zu 10 % höhere Werte als in dieser Tafel angegeben, zugelassen werden.

Getriebe

In der nachfolgenden Tafel 10.10 sind die vorstehend erläuterten Faktoren noch einmal aufgezählt. Dabei wurde der Versuch unternommen, *Anhaltswerte für Überschlagsrechnungen* anzugeben, zusammen mit den kleinsten und größten Werten, die die jeweiligen Faktoren annehmen können.

Tafel 10.10 Faktoren

		min.	normal	max.
K_A	Betriebsfaktor antriebsseitig	1,0	1,15	1,75
K_E	Eisverstärkungsfaktor	1,0	1,0	2,2
K_I	Betriebsfaktor der Anlage	1,0	1,15	2,6
K_v	Dynamikfaktor	1,2	1,3	1,5
K_β	Breitenlastverteilungsfaktor	1,0	1,15	1,3
K_s	Vorspannungsfaktor	1,0	1,0	1,02
Z_H	Flankenformfaktor	2,3	2,54	2,6
Z_ϵ	Lastanteilfaktor	0,66	0,72	0,74
Z_{lub}	Schmierfaktor	0,83	0,85	0,90
Z_{HL}	Lebensdauerfaktor	1,0	1,0	>1,0
Y_{FS}	Zahnformfaktor	4,0	4,2	4,5
Y_ϵ	Lastanteilfaktor	0,5	0,55	1,0
Y_β	Zahnschrägungsfaktor	0,75	0,89	1,0
Y_{FL}	Lebensdauerfaktor	1,0	1,0	>1,0

Beispiel 1
Gegeben: Getriebetyp: *Doppeluntersetzungsgetriebe mit Quillshaft*

$P = 2 \times 4413$ kW
$n_1 = 430$ min^{-1}
$n_2 = 108$ min^{-1}
$m_n = 10$ mm $\quad \beta = 13°$
$d_{01} = 646,572$ mm $\quad Z_1 = 63 \quad b = 425$ mm
$d_{02} = 2576,023$ mm $\quad Z_2 = 251$
$a = 3222,595$ Achsabstand der beiden Antriebsmotoren

Werkstoffe:
Ritzel 34 CrNiMo6 $\quad \sigma_{FP} = 365 \frac{N}{mm^2}, \quad \sigma_{HP} = 517 \frac{N}{mm^2}$
Rad 42 CrMo 4 $\quad \sigma_{FP} = 328 \frac{N}{mm^2}, \quad \sigma_{HP} = 454 \frac{N}{mm^2}$

(legierte Vergütungsstähle, also *naturharte*, nicht gehärtete Verzahnung!)

$Y = 4,2 \cdot 0,55 \cdot 0,89 \cdot 1,0 = 2,0559$
$K = 1,15 \cdot 1,3 \cdot 1,15 \cdot 1,0 = 1,7193$
$Z = 2,54 \cdot 0,72 \cdot 0,85 \cdot 1,0 = 1,555$

geschätzte „normale" Werte gemäß der oben gegebenen Übersicht

Es ergibt sich für das Ritzel als Zahnfußbeanspruchung:

$$\sigma_{FS} = \frac{19,1 \cdot 10^6 \cdot 4413}{430 \cdot 646,572 \cdot 425 \cdot 10} \cdot 2,0559 \cdot 1,7193 \frac{N}{mm^2}$$

$$= 252,13 \frac{N}{mm^2}$$

Für das Rad ergibt sich sinngemäß dasselbe Ergebnis.
Die Zahnflankenpressung (Hertzsche Pressung) beträgt für das Ritzel:

$$\sigma_H = \sqrt{\frac{8,4 \cdot 10^5}{646,572} \cdot \frac{4413}{430 \cdot 425} \cdot 1,7193 \cdot \frac{3,984+1}{3,984}} \cdot 1,555 \frac{N}{mm^2}$$

$$\sigma_H = 460,4 \frac{N}{mm^2}$$

Damit ergeben sich folgende Sicherheiten für das Getriebe:

$\quad\quad\quad\quad\quad\quad$ Rad $\quad\quad\quad$ Ritzel

$S_F = \frac{\sigma_{FP}}{\sigma_{FS}} \rightarrow \frac{328}{252,13} = \underline{1,30} \quad \frac{365}{252,13} = \underline{1,45}$

$S_H = \frac{\sigma_{HP}}{\sigma_H} \rightarrow \frac{454}{460,4} = \underline{0,99} \quad \frac{517}{460,4} = \underline{1,12}$

Das Getriebe entspricht also im wesentlichen den Forderungen der Klassifikationsgesellschaft. Es muß darauf hingewiesen werden, daß die Verwendung von Mittelwerten für die Faktoren Y, K und Z zu *erheblichen Abweichungen* führt, die größenordnungsmäßig 10 % erreichen können. Dennoch ist, mit dieser Einschränkung, ein erster Vergleich verschiedener Konzepte möglich.

Beispiel 2

$P = 6392$ kW $\quad$ Typ: *Einfachuntersetzungsgetriebe*
$n_1 = 450$ min^{-1} $\quad i = 3,606$
$n_2 = 124,8$ min^{-1} $\quad u = 3,606$
$m_n = 14$ mm $\quad \beta = 13,231°$
$d_{01} = 474,598$ mm $\quad Z_1 = 33$
$d_{02} = 1711,428$ mm $\quad Z_2 = 119$
$a = 1093,014$ mm $\quad b = 400$ mm

Werkstoffe: Ritzel
Nitrierstahl Rad $\quad$ 31 CrMoV9 $\rightarrow \sigma_{FP} = 380 \frac{N}{mm^2}$

$$\sigma_{HP} = 900 \frac{N}{mm^2}$$

Verzahnung *gehärtet* (gasnitriert)
Es ergeben sich folgende Werte, wenn man für Y, K und Z die gleichen Schätzwerte nimmt, wie im Fall des Beispiels 1

$Y = 2,0559$
$K = 1,7193$
$Z = 1,555$

Für das Ritzel (und Rad)

$\sigma_{FS} = 360,83 \frac{N}{mm^2}$

$\sigma_H = 768,58 \frac{N}{mm^2}$

Somit für die Sicherheit

$S_F = \frac{\sigma_{FP}}{\sigma_{FS}} \rightarrow \frac{380}{360,83} = \underline{1,05}$

$S_H = \frac{\sigma_{HP}}{\sigma_H} \rightarrow \frac{900}{768,58} = \underline{1,17}$

Beurteilung einer Verzahnungsauslegung

Wenn z.B. für die Antriebsanlage eines Schiffsneubaus die Getriebeauslegung verschiedener Hersteller miteinander *verglichen* werden soll, müssen verschiedene Gesichtspunkte berücksichtigt werden. Die Aussage, daß ein Getriebe die Vorschriften der Klassifikationsgesellschaft *erfüllt*, genügt nicht. Diese Vorschriften setzen *Grenzwerte*, und jeder Reeder muß sich selbst vergewissern, ob es klug ist, diese voll auszunutzen, um zu einer gedrängten und kostengünstigen Lösung zu gelangen.
Von den verschiedenen Klassifikationsgesellschaften werden hinsichtlich der zulässigen Beanspruchungen *sehr unterschiedliche* Standpunkte vertreten.

Damit der Schiffsingenieur sich aber doch ein Bild machen kann, wie ein Hersteller sein Getriebe ausgelegt hat, sollte er zuerst die S_F- und S_H-Werte der einzelnen Alternativen vergleichen. Dann wird sofort klar, ob ein Getriebe *konservativ* oder *knapp* dimensioniert worden ist; sodann sollte er die *Genauigkeit der Verzahnung* und die *Zuverlässigkeit*, mit der die *Zahnkorrekturen* mit dem zur Anwendung kommenden Herstellungsverfahren *hergestellt* werden können, vergleichen. Ferner sollte vorab geklärt werden, ob die Möglichkeit besteht, einwandfreie *Kontrollmessungen*, insbesondere der Korrekturwerte, vorzunehmen.

Nicht zuletzt kommt der erreichbaren *Oberflächengüte* der Verzahnung eine erhebliche Bedeutung zu.

Die Vorschrift von *Llods Register* enthalten z.B. einen Paragraphen der sagt, daß die zulässige Belastung bis zu 33 % erhöht werden darf, wenn die Verzahnung nach dem Fräsen oder Stoßen einer *genehmigten Feinbearbeitung* zur Verbesserung von Profil oder Oberflächenrauhigkeit unterworfen wird. *Üblich* sind heute *normalerweise ISO-Qualität 3 bis 4 (DIN Qualität 5, British Standard 1807 A0)*.

Zahnflankenreibung

Die durch das Aufeinandergleiten der Zahnflanken verbrauchte Reibungsleistung beträgt je Eingriffsstelle:

$$P_v = P \cdot \mu \cdot \pi \left(\frac{1}{z_1} + \frac{1}{z_2} \right) \quad \text{kW} \quad (36)$$

anders geschrieben:

$$P_v = P \cdot \mu \cdot \pi \left(1 + \frac{1}{i} \right) \cdot \frac{1}{z_1} \quad \text{kW} \quad (37)$$

mit

$\mu = 0{,}03 \ldots 0{,}05 \, (0{,}15)$

Getriebewirkungsgrad

Für überschlägliche Rechnungen begnügt man sich meist damit, die verschiedenen Getriebeverluste (Lager- und Zahnflankenreibung) durch den *Getriebewirkungsgrad* zu berücksichtigen. Als Anhaltswert dient

$\eta_G = (0{,}995) \, 0{,}99 \ldots 0{,}985 \, (0{,}98)$

pro Stufe, je nach Qualität der Verzahnung, der Schmierung usw.

10.4.5 Herstellung von Getrieben

Räder und Ritzel werden auf Präzisions-Fräsmaschinen nach dem *Abwälzfräsverfahren* hergestellt oder *gestoßen*. Maschinen und Werkstücke müssen erschütterungsfrei in klimatisierten Räumen mit gleichbleibender Temperatur aufgestellt werden, da sonst *Teilungs- und Zahnformungenauigkeiten* oder *Welligkeit* der Zahnflanken entstehen, die später im Betrieb ungenügenden Zahnkontakt und Geräusche verursachen.

Dem Fräsvorgang, der aus 3...5 Schnitten (*Schruppschnitt, Schlichtschnitte*(besteht, folgt meist noch ein weiterer Bearbeitungsgang. Das *Schaben*, durch das feinste Schnittspuren der vorausgegangenen Frässchnitte beseitigt werden, hat einen hohen Entwicklungsstand erreicht und wird im Schiffsgetriebebau in großem Umfang angewendet. Um gute Resultate zu erhalten, muß die Verzahnung allerdings bereits *vor* dem Schaben mit der gewünschten Genauigkeit gefräst werden. Das Schaben dient vor allem der *Verbesserung der Flankenoberflächen* und der *Herstellung der Korrekturen*.

Bei der Herstellung der Verzahnung weist dies Verfahren zusätzlich den großen Vorteil auf, daß es i.a. auf *derselben* Bearbeitungsmaschine durchgeführt werden kann, auf der vorher die Verzahnung gefräst wurde. Anstelle des Fräsers wird ein *Schaberad* verwendet. Es gleicht einem Zahnrad, in dessen Zahnflanken Schneidnuten angebracht sind.

Seit Ende der 60er Jahre ging man immer mehr dazu über, die Radsätze nicht nur aus vergütetem oder hochvergütetem Werkstoff herzustellen, sondern sie außerdem zu *härten* (Oberflächenhärtung).

Zwei grundsätzliche *Härteverfahren* haben sich dabei als geeignet erwiesen

a) *Nitrierhärtung*
b) *Einsatzhärtung*

Der *Härteverzug* ist bei der Nitrierhärtung so gering, daß die Verzahnung nach dem Härten i.a. keiner weiteren Bearbeitung bedarf. Die *Härtetiefe* beträgt i.a. 0,7...0,8 mm und verläuft *gleichmäßig* über die gesamte Zahnbreite und Zahnhöhe.

Bei der *Einsatzhärtung* ist die Härtetiefe zwar von vornherein *größer*, i.a. 2,5...3,5 mm, andererseits ist gleichzeitig aber auch der Härteverzug so stark, daß der Härtung als *weiterer* Arbeitsgang stets ein *Schleifen* der Zahnflanken folgen muß. Dabei wird ein Teil der Härteschicht wieder abgetragen, so daß letztlich eine *unterschiedliche* Härteverteilung entlang der Zahnflankenoberfläche vorliegen *kann*. Diese Schwierigkeiten bei der Beherrschung des Härteverzugs wachsen mit zunehmenden Radabmessungen.

Auf eine Besonderheit des Schleifens sei speziell hingewiesen: Moderne Verzahnungsschleifmaschinen ermöglichen die Erzeugung einwandfreier, in Form und Größe vorbestimmter Zahnkorrekturen (Kopf-, Fuß- und Längskorrekturen), die sich genau *reproduzieren* lassen.

Die Schabetechnik ist in dieser Beziehung z.Z. noch *weniger weit* entwickelt, insbesondere was die Reproduzierbarkeit der Korrekturen angeht (breiteres Toleranzfeld).

Abschließend werden Ritzel und Räder statisch und dynamisch *gewuchtet* (s. Hauptabschnitt 07).

Neben Prüfungen der Werkstoffzusammensetzung, der Festigkeitseigenschaften und der Wirksamkeit eventueller Wärmebehandlungen vor, während und nach der Bearbeitung, werden umfangreiche Messungen zur Untersuchung von Oberflächenzustand, Teilung, Zahnform und Welligkeit durchgeführt. Die Größe der zulässigen Fehler (s. DIN 3960, DIN 3961, DIN 3962, DIN 3963) beträgt nur wenige Tausendstel Millimeter.

Bei der Herstellung von Schiffsgetrieben genügen die normalen Fertigungsgrundsätze für Zahnradgetriebe nicht immer, da höhere Anforderungen an die Betriebssicherheit sowie hinsichtlich der Austauschbarkeit der verschleißbeanspruchten Teile gestellt werden. So erfordern z.B. die verlangten Tragbreiten der Verzahnung wesentlich geringere Abweichungen in der Parallelität der Gehäuseachsen, als die DIN-Norm zuläßt.

10.4.6 Getriebe im Zusammenhang mit der Antriebsanlage

Die höchsten Anforderungen werden an die Getriebe der Antriebsanlage gestellt; Getriebe für Hilfsmaschinen sind infolge der niedrigeren Beanspruchungen weniger problematisch, sie werden meist als einstufige, gerad- oder schrägverzahnte Getriebe mit Untersetzungsverhältnissen von $i = 8...15$ gebaut.

Sowohl Propeller als auch Antriebsmaschinen müssen mit der jeweils günstigsten Drehzahl betrieben werden, um eine hohe Gesamtwirtschaftlichkeit zu erzielen.

Die günstigste Propellerdrehzahl hängt von der Geschwindigkeit, genauer: von der *Froude-Zahl* ab, mit der das Schiff fährt (große *Froude-Zahl* → höhere, kleine *Froude-Zahl* → niedrigere Propellerdrehzahl) und beträgt (60) 80...150 (250) min^{-1}. Für die neben dem *direkten* Antrieb (langsamlaufender Zweitakt-Dieselmotor) in Frage kommenden Antriebsmaschinen liegen die Verhältnisse sehr verschieden: *Gas-* und *Dampfturbinen* (s. Hauptabschnitte 16 und 12) müssen mit sehr hoher Drehzahl betrieben werden (Dampf: Hochdruckturbinen (10 000) 7000...5000 min^{-1}, Niederdruckturbinen (5000) 4000...3000 min^{-1}; Gasturbinen: 7000 min^{-1} und mehr), um gute Wirkungsgrade zu erzielen. Die Untersetzung auf die Propellerdrehzahl erfolgt meist in zweistufigen (gelegentlich in dreistufigen) Untersetzungsgetrieben; mit Rücksicht auf die Abmessungen des Getriebes ist das größte Übersetzungsverhältnis pro Stufe $i \approx 15$.

Für kleine Leistungen werden häufig *schnellaufende* (1200...1800 (2000) min^{-1}) Viertaktmotoren eingesetzt, da sie aus verschiedenen Gründen (Platzbedarf, Einheitsgewicht usw.) in diesem Leistungsbereich vorteilhafter sind. Umsteuereinrichtungen würden bei der gedrängten Bauweise dieser Motoren Betrieb und Wartung sehr erschweren. Man baut dann das ohnehin für die Untersetzung erforderliche Getriebe so, daß man die Drehrichtung der Propellerwelle *umkehren* kann.

Liegt die erforderliche Propellerdrehzahl aber ebenfalls hoch, begnügt man sich gelegentlich mit einem reinen Wendegetriebe.

Bei Motoren mittlerer und höherer Leistung bevorzugt man die umsteuerbare Ausführung, da das Wendegetriebe dann zu schwer und zu teuer wird. Für größere Antriebsleistungen können bis zu vier Motoren (in Sonderfällen auch mehr) auf ein Getriebe arbeiten.

Für bestimmte Schiffstypen (Trawler, Schlepper, Binnenschiffe) ergeben sich oft zwei genau ausgeprägte, sehr unterschiedliche Betriebszustände (Schleppen/Freifahrt). Durch Einbau eines Getriebes mit zwei verschiedenen Übersetzungsverhältnissen (*Mehrganggetriebe*) kann die volle Motorleistung bei verschiedenen Drehzahlen der Propellerwelle eingesetzt werden (Bild 10.43). Diese Getriebe werden oft gleichzeitig als Wendegetriebe ausgeführt; ihr Anwendungsbereich ist auf Grund der in Frage kommenden Schiffstypen auf kleine bis mittlere Leistungen beschränkt.

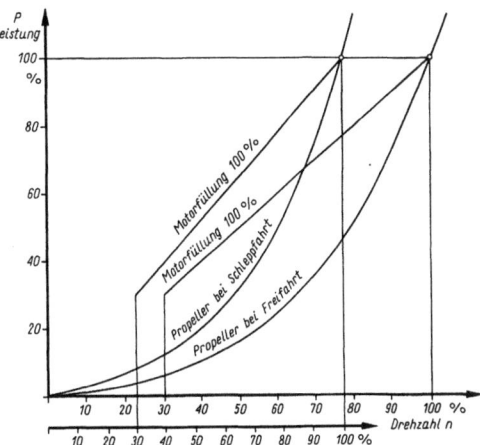

Bild 10.43 Zusammenhang Leistung-Geschwindigkeit-Drehzahl bei stark unterschiedlichen Betriebsbedingungen und eingebautem Wendegetriebe

10.4.7 Getriebebauformen

Untersetzungsgetriebe für Motorenanlagen

Der große Leistungsbereich und die vielen verschiedenen Schiffstypen, für die Motorenanlagen mit Getrieben gebaut werden, haben sehr unterschiedliche Getriebebauformen entstehen lassen. Einen Überblick über die gebräuchlichsten Typen gibt Bild 10.44 (die jeweils erforderlichen Kupplungen siehe Abschnitt 10.3).

Sie zeigt z.B. drei verschiedene Möglichkeiten der Anordnung von Rädern und Ritzeln, die sich bei der

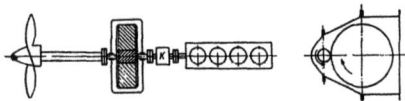

Bild 10.44.1 Einstufiges Untersetzungsgetriebe (ungleichachsig)

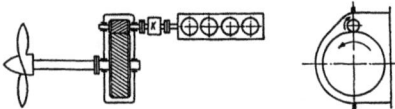

Bild 10.44.2 Einstufiges Untersetzungsgetriebe (gleichachsig)

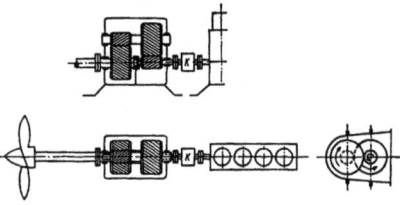

Bild 10.44.3 Zweistufiges Untersetzungsgetriebe (gleichachsig)

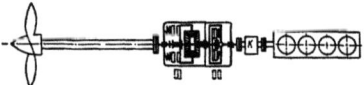

Bild 10.44.4 Wendegetriebe (reines Umsteuergetriebe)

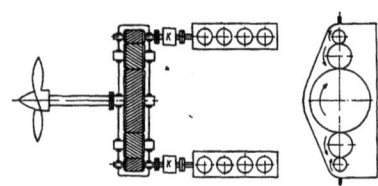

Bild 10.44.5 Einstufiges Untersetzungsgetriebe mit Zwischenrädern

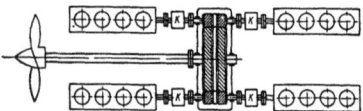

Bild 10.44.6 Einstufiges Untersetzungsgetriebe für Mehrmotorenanlage

Bild 10.44 Untersetzungsgetriebe für Motorenanlagen

Verwendung eines einzelnen Antriebsmotors ergeben. Vor allem schiffbauliche Gesichtspunkte (*Platzbedarf, Schwerpunktslage, Fundamentierungsmöglichkeiten* usw.) beeinflussen die Entscheidung, welche Getriebebauart in einem solchen Fall bevorzugt wird. Bei der Auswahl nach *betrieblichen* Gesichtspunkten wird man sich stets für das Getriebe entscheiden, das seine Aufgabe mit der kleinsten Anzahl von Zahnrädern und Lagern, in möglichst wenigen Teilungsebenen, erfüllt. Zur Untersetzung der Motordrehzahl genügt auch bei den schnelllaufenden Motoren *eine* Stufe, ohne daß sich Schwierigkeiten bei der Bemessung von Rad und Ritzel ergeben. Der Ritzeldurchmesser kann groß genug ausgeführt werden, ohne daß dadurch der Raddurchmesser zu groß wird. Die Räder werden nicht zu breit; Durchbiegungen und Verwindungen der Ritzel, und damit fehlerhafter Zahnkontakt lassen sich leicht vermeiden; die Getriebe benötigen nicht allzuviel Platz. Die Räder werden oft nur einfach schrägverzahnt. Zum Einsatz gelangen vorwiegend bei kleineren Leistungen Wälzlager, sonst i.a. Gleitlager.

Werden für Morenanlagen *mehrstufige* Getriebe vorgesehen, sind meist andere Gründe als das Übersetzungsverhältnis maßgebend: gleichachsiger An- und Abtrieb (Bild 10.44.3), Schaltmöglichkeit usw.

Beispiele ausgeführter Motorenuntersetzungsgetriebe
Einmotorengetriebe mit vertikalem Achsversatz und eingebauter Schaltkupplung, Bauart TACKE HSUL Bild 10.45.1. Gehäuse (13) in Grauguß, GGG oder GS ausgeführt. Die Antriebswelle (1) ist in den Wälzlagern (2) und (6) gelagert und treibt den Innenteil (3) der eingebauten öldruckbetätigten Lamellenschaltkupplung, deren Außenteil (4) mit der

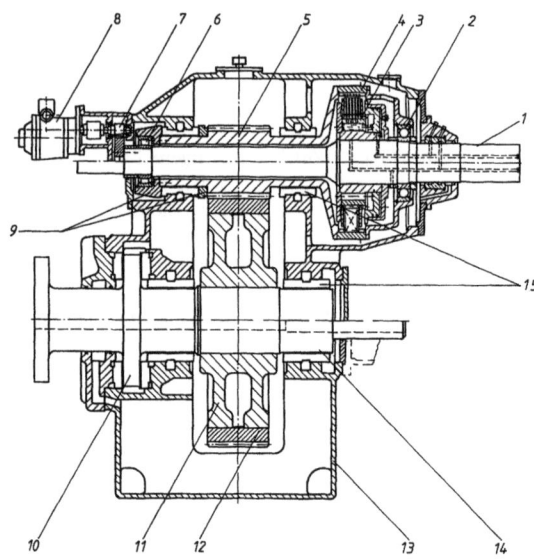

Bild 10.45.1 Einmotorengetriebe mit vertikalem Achsenversatz und eingebauter Schaltkupplung HSUL TACKE Bauart

1 Antriebswelle
2 vorderes Stützlager
3 Innenstern der Lamellenkupplung
4 Außenglocke der Lamellenkupplung
5 Ritzel
6 hinteres Stützlager
7 Ölpumpenantrieb
8 Ölpumpe
9 Ritzeldrucklager
10 Propellerdrucklager
11 Radkörper
12 Radbandage
13 Gehäuse
14 Radwelle
15 Gleitlager

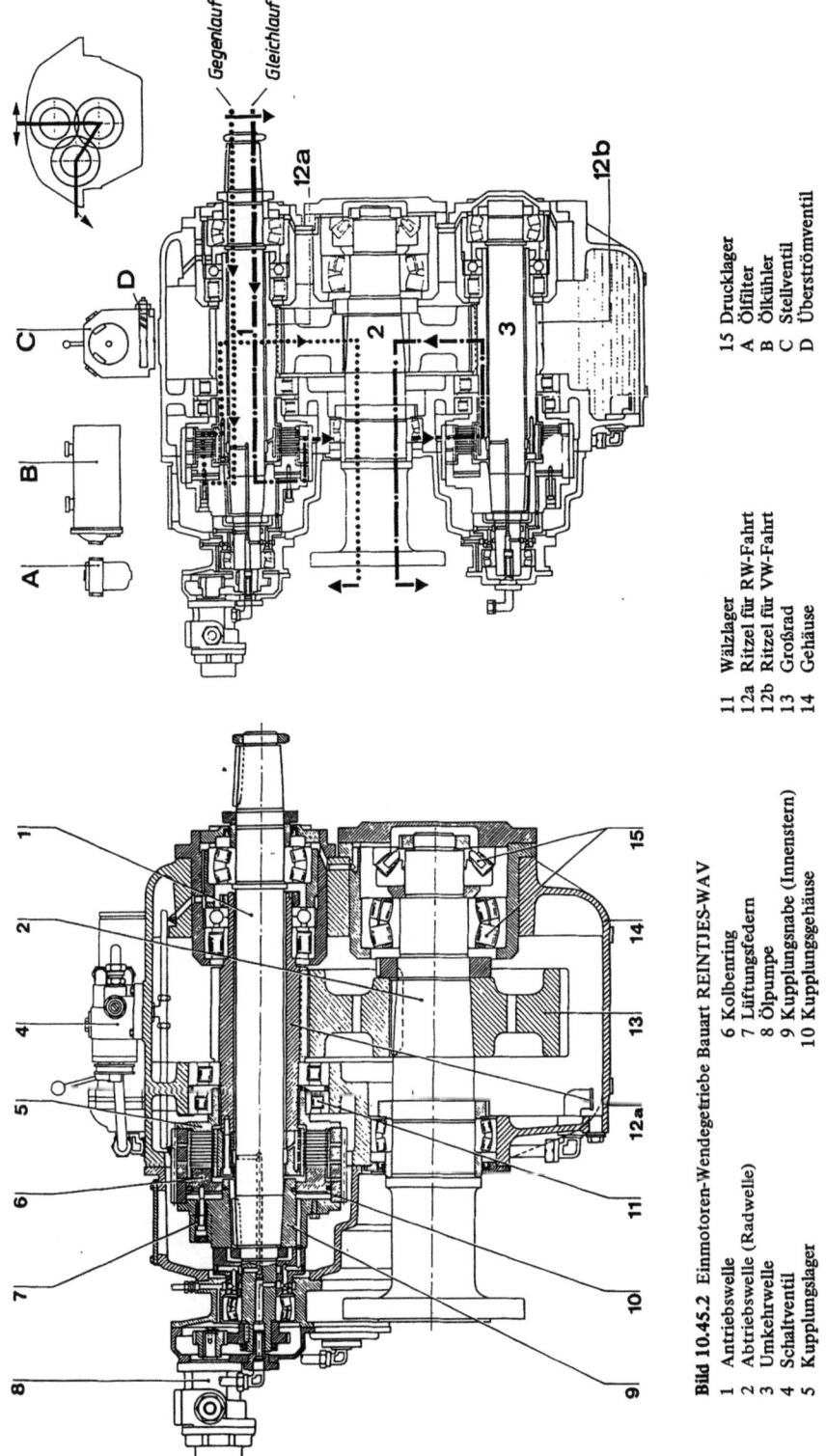

Bild 10.45.2 Einmotoren-Wendegetriebe Bauart REINTJES-WAV

1 Antriebswelle
2 Abtriebswelle (Radwelle)
3 Umkehrwelle
4 Schaltventil
5 Kupplungslager
6 Kolbenring
7 Lüftungsfedern
8 Ölpumpe
9 Kupplungsnabe (Innenstern)
10 Kupplungsgehäuse
11 Wälzlager
12a Ritzel für RW-Fahrt
12b Ritzel für VW-Fahrt
13 Großrad
14 Gehäuse
15 Drucklager
A Ölfilter
B Ölkühler
C Stellventil
D Überströmventil

Ritzelwelle (5) fest verbunden ist. Über das durch die hohlgebohrte Ritzelwelle gesteckte Wellenende der Antriebswelle (1) wird bei (7) die angehängte Ölpumpe (8) angetrieben — wahlweise kann auch ein PTO-Abtrieb vorgesehen werden. Die einfachschräge Verzahnung ist einsatzgehärtet und geschliffen. Alle Rad- und Ritzellager (9, 15) mit Ausnahme der beiden bereits erwähnten Antriebswellenlager sind als Weißmetallgleitlager ausgeführt. Der Zahnschub wird durch das Ritzeldrucklager (9) und das Hauptdrucklager (10) aufgenommen.

Das Großrad ist als Verbundkonstruktion aus einem gegossenen Radkörper (11) mit aufgeschrumpfter Bandage (12) konzipiert und auf die Radwelle (14) aufgeschoben. Das Drucklager (10) ist in das Gehäuse integriert. Die einzelnen Kippsegmente können seitlich zur Besichtigung durch ein hierfür vorgesehenes Handloch herausgenommen werden.

Einmotoren-Wendegetriebe Bauart *Reintjes WAV* (Bild 10.45.2). Die Antriebswelle (1) liegt senkrecht über der Antriebswelle (2). Die bei Vorausbetrieb leer mitlaufende Wendestufe ist seitlich versetzt angeordnet. Die Wellen (1) und (3) tragen jeweils die Kupplungsnaben, die mittels Paßfeder befestigt sind.

Die ganze Kupplungsbaugruppe stützt sich in dem Lager (11) ab, das gleichzeitig für konzentrischen Lauf von Innen- und Außenteil sorgt. Die Ritzel (12a) und (12b) sind frei in einzelnen Wälzlagern gelagert und kämmen mit dem Großrad, das mit Konus und Paßfeder auf der Radwelle befestigt ist. Das Getriebegehäuse ist als Gußkonstruktion ausgeführt; die einfachschrägverzahnten Räder und Ritzel sind einsatzgehärtet und geschliffen. Das Schmieröl bzw. der Öldruck für Kupplungen, Lager- und Zahnradschmierung wird von der angehängten Pumpe (8) bereitgestellt, die direkt über der Antriebswelle angetrieben wird.

Bemerkenswert ist auch das vorne im Getriebegehäuse angeordnete Propellerdrucklager in Wälzlagerbauweise.

Die gepunkteten bzw. strichpunktierten Linienzüge zeigen den jeweiligen Kraft- bzw. Ölfluß bei Vorausbzw. Rückwärtsbetrieb an.

Doppelmotorengetriebe Bauart *NAVILUS GVA (Lohmann und Stolterfoht)* (Bild 10.46.1). Die beiden hohlgebohrten Antriebswellen (2) und (3), auf denen die Ritzel (4) und (5) befestigt sind, laufen in Wälzlagern (8 bis 11), während die Abtriebswelle (6), auf der das Großrad angeordnet ist, in Gleitlagern (12, 13) gelagert ist.

Das Propellerdrucklager, das gleichzeitig den Axialschub aus der einsatzgehärteten und geschliffenen Einfachschrägverzahnung aufnimmt, ist in das Getriebegehäuse integriert. Die axialen Ritzelzahnkräfte werden in den Lagern (10) und (11) aufgenommen. Das Gehäuse ist dreiteilig und besteht aus dem Grauguß-Mittelteil (1), an das unten die Ölwanne und oben das Gehäuseoberteil angeflanscht ist, die beide als Stahlblech-Schweißkonstruktion ausgeführt werden.

Bemerkenswert ist hier der Aufbau der Ritzel und Räder aus den Graugußkörpern (4, 5) bzw. (7) und den Ritzel- bzw. Radbandagen, die mit Bolzen an diesen Graugußkörpern befestigt sind.

Die Schaltluft für die zwischen den Ritzelwellenenden und den Motoren liegenden Schaltkupplungen wird über die Zentralluftzuführungen (19) und (20) zugeführt.

Doppelmotorengetriebe mit eingebauten Lamellenkupplungen und *PTO-Abtrieben.* Bauart *RENK ASL 2* (Bild 10.46.2). Die Antriebswelle (5) trägt das *PTO*-Ritzel (6) und den Innenstern der druckölbetätigten Lamellenkupplung (10), der auf ihr rückwärtiges Ende geschoben ist. Die *PTO*-Abtriebswellen liegen bei dem hier gezeigten Beispiel seitlich neben den Hauptritzeln in der gleichen Ebene. Sie sind in Wälzlagern gelagert, ebenso wie die Antriebswelle (5), die in der eigentlichen Ritzelwelle (8) ebenfalls mit Wälzlagern abgestützt ist. Ritzel- und Radwellen sind dagegen in Gleitlagern gelagert.

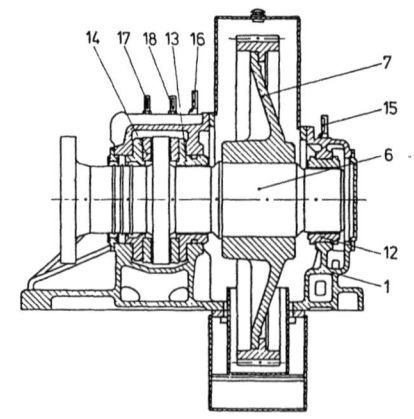
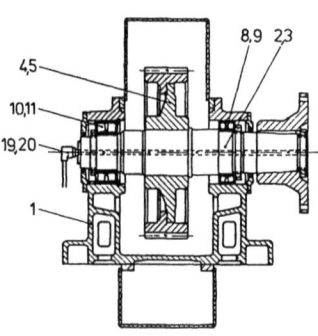

Bild 10.46.1
Doppelmotorengetriebe Bauart NAVILUS GVA (Lohmann und Stolterfoht)

1	Getriebegehäuse-Mittelteil
2, 3	Ritzelwelle
4, 5	Ritzelkörper
6	Radwelle
7	Radkörper
8, 9	Ritzeltraglager
10, 11	Ritzeldrucklager
12	Radtraglager
13	Raddrucklager
14	Kippsegmente
15, 16, 17, 18	Thermometer
19, 20	Zentralluftzuführungen

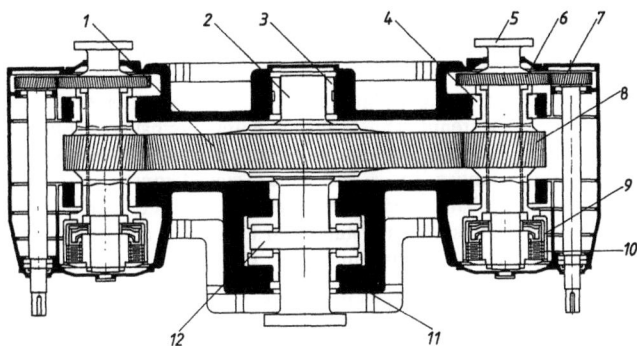

Bild 10.46.2
Doppelmotorengetriebe mit eingebauten Lamellenkupplungen und PTO-Abtrieben, Bauart Renk ASl 2
1 Rad
2 Radwelle
3 Radtraglager
4 Ritzeldrucklager
5 Antriebswelle
6 PTO-Ritzel
7 PTO-Rad
8 Hauptritzel
9 Lamellenkupplungsglocke
10 Lamellenkupplungsstern
11 Gehäuse
12 Drucklager

Das Rad ist als *Schweißkonstruktion* mit zwischen Nabe und Radkranz eingeschweißtem Radkörper ausgeführt und auf der Radwelle (2) mittels Schrumpfsitz befestigt.
Die Einfachschrägverzahnung weist einsatzgehärtete und geschliffene Ritzel auf, die mit der aus hochvergütetem Werkstoff gefrästen und geschabten Radverzahnung kämmen, wobei die axialen Kräfte in den Ritzeldrucklagern (4) bzw. dem Hauptdrucklager (12) das hinten in das Getriebegehäuse (11) integriert ist, aufgenommen werden. Das Gehäuse selbst ist als Schweißkonstruktion gebaut.
Bei Getrieben dieser Bauart mit kleineren Übersetzungsverhältnissen werden die Lamellenkupplungen direkt in die Ritzel eingebaut; die Ritzellager werden dann auch im allgemeinen als Wälzlager ausgeführt.
Doppelmotorengetriebe Bauart *TACKE NDS* (Bild 10.46.3). Die Antriebswellen (6) dieser Getriebe können entweder mit Flanschen oder mit Zapfen zur Aufnahme der zwischen Getriebe und Motoren liegenden Kupplungen versehen werden. Die Ritzel (7) werden auf die Ritzelwellen (6) aufgeschrumpft, das Großrad besteht aus Graugußkörper (2) mit aufgeschrumpfter Bandage (1) und ist auf der Radwelle (4) befestigt. Die Verzahnung ist einsatzgehärtet und geschliffen, einfachschräg ausgeführt. Alle Wellen laufen in Gleitlagern, wobei der axiale Zahnschub in den Ritzeldrucklagern (10), die mit entsprechenden Anlaufbunden versehen sind, und im Hauptdrucklager (9) aufgenommen wird. Das Hauptdrucklager (9) ist in das Getriebegehäuse (3) integriert und liegt *bemerkenswerterweise vorn im Getriebe*. Der Druckflansch ist auf die Radwelle geschoben und mit einer Wellenmutter gesichert. Das Getriebegehäuse (3) besteht aus Ober- und Unterteil mit horizontaler Teilfuge und wird in Grauguß, GGG oder Stahlguß ausgeführt (je nach Klassifikationsforderung bzw. Kundenwunsch). Am rückwärtigen Ritzelwellenende ist die angehängte Ölpumpe (8) befestigt — wahlweise kann auch ein *PTO*-Abtrieb vorgesehen werden.
Doppelmotorengetriebe mit hydrodynamischen Kupplungen Bauart *AG „Weser"* Bild 10.46.4). Die Primärwellen (1), über die das Drehmoment der Motoren in die hydrodynamischen Kupplungen (3) eingeleitet wird, sind in der Primärlagergruppe (2) gelagert, die sowohl die axialen Kräfte aus dem hydraulischen Schub als auch die radialen Kräfte aus der Kupplungsmasse aufnimmt und gemeinsam mit den Motoren auf dem Motorenfundament angeordnet ist.
Die Ritzelwellen (5) sowie die Radwelle (11) sind in Gleitlagern gelagert; der sekundärseitige hydraulische Schub aus der Kupplung und die axiale Zahnkraft der Ritzel werden in dem Ritzelkippsegmentdrucklager (4) aufgenommen. Die axialen Kräfte am Großrad (10) werden von dem nicht im Bild gezeigten, separat aufgestellten Propellerdrucklager mit aufgenommen. Die Verzahnung ist einfachschräg, gefräst, geschabt und gasnitriert. Das Rad (10), eine reine *Schweißkonstruktion*, bei der Rad-

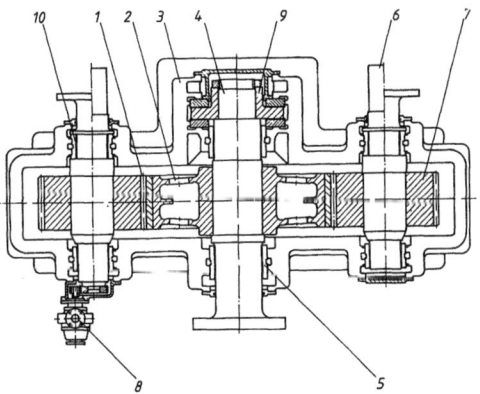

Bild 10.46.3 Doppelmotorengetriebe Bauart TACKE NDS
1 Radbandage
2 Radkörper (Grauguß, GGG oder GS)
3 Gehäuse (Grauguß, GGG oder GS)
4 Radwelle
5 Radlager
6 Ritzelwelle
7 Ritzelwelle
8 Ölpumpe (angehängt)
9 Propellerdrucklager/ Druckflansch
10 Ritzeldrucklager

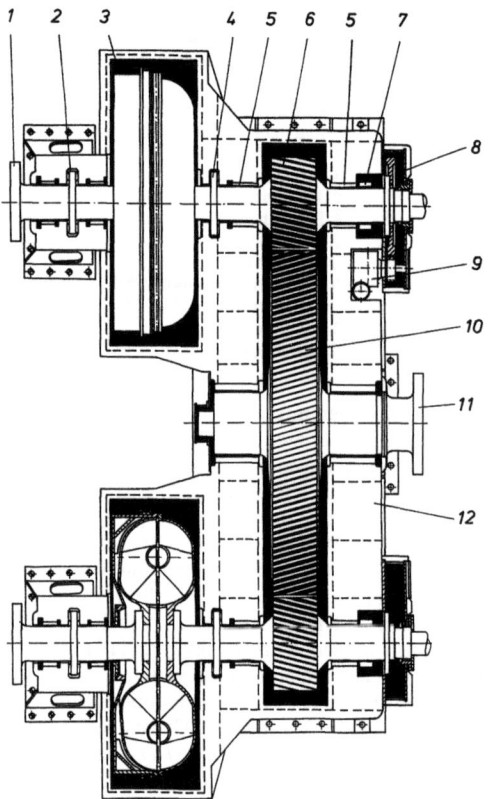

Bild 10.46.4 Doppelmotorengetriebe mit hydrodynamischen Kupplungen – Bauart AG „Weser"

1 Primärwelle
2 Primärlageranordnung
3 Hydrodynamische Kupplung
4 Sekundär- und Ritzeldrucklager
5 Ritzeltraglager
6 Ritzel
7 Niederhalter
8 Antrieb für Drehvorrichtung
9 Drehvorrichtung
10 Rad
11 Radwelle
12 Getriebegehäuse (Unterteil)

kranz, Radkörper und Welle miteinander verschweißt sind, kann über die sekundärseitige Wellendrehvorrichtung (9) gedreht werden. Die Befüllung der Kupplungen erfolgt durch die hohlgeborten Ritzelwellen (5), die aus Nitrierstahl gefertigt sind. Die Niederhalter (7) kompensieren die Massenkraft der hydrodynamischen Kupplungen (3) und werden über Federn gespannt. Das Getriebegehäuse besteht aus einem Unterteil (12), einem Oberteil und zwei getrennt abnehmbaren Kupplungshauben. Ebenso wie das Großrad und die hydrodynamischen Kupplungen ist es als reine Schweißkonstruktion aufgebaut, *völlig symmetrisch* gestaltet, nur an vier Punkten unterstützt und über Paß- und Dehnschrauben mit dem Fundament verbunden.

Stirnrad-Umlaufgetriebe

Stirnrad-Umlaufgetriebe haben in letzter Zeit zunehmend Eingang im Schiffsbetrieb gefunden, vor allem als erste Untersetzungsstufe bei Turbinengetrieben, gelegentlich auch als Untersetzungsgetriebe für mittelschnell- und schnellaufende Motoren. Sie bieten den Vorteil des gleichachsigen Antriebs, bestehen fast ausschließlich aus drehsymmetrischen Teilen und sind bei gleichem Untersetzungsverhältnis erheblich leichter und kleiner als jede andere Getriebekonstruktion. Ein gewisser Nachteil besteht darin, daß sie zur Besichtigung und zur Prüfung des Zahnzustandes ausgebaut bzw. ganz oder teilweise zerlegt werden müssen. (Etwas einsichtigere Klassifikationsgesellschaften lassen allerdings schon heute Endoskop-Besichtigungen zu.)
Man unterscheidet drei Bauformen:

Planetengetriebe

Beim *Planetengetriebe* treibt ein fliegend gelagertes *Sonnenrad* die es umgebenden *Planetenräder* an (meist 3...4(8)), die frei drehbar auf Wellenzapfen laufen und deren Naben deshalb mit Lagermetall ausgegossen sind. Die Wellenzapfen sind in einen *Planetenträger* eingesetzt, der mit der Abtriebswelle verbunden ist. Die Planetenräder rollen auf dem feststehenden innenverzahnten *Hohlrad* ab.

Das Untersetzungsverhältnis läßt sich ermitteln, wenn man die Geschwindigkeiten an den einzelnen Teilkreisen betrachtet und bedenkt, daß die Zähne zweier ineinanderkämmender Räder im Berührungspunkt am Teilkreis stets die gleiche Geschwindigkeit haben (Bild 10.47.1). Es ist

$$v_1 \sim n_1 \cdot r_{01} \tag{38}$$

und

$$v_2 \sim n_2 \cdot (r_{01} + r_{02}) \tag{39}$$

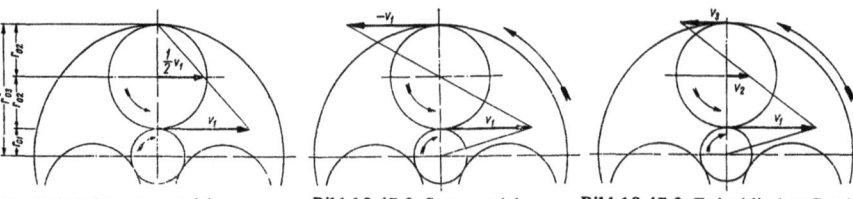

Bild 10.471 Planetengetriebe   **Bild 10.47.2** Sterngetriebe   **Bild 10.47.3** Epizyklisches Getriebe

Bild 10.47 Geschwindigkeitsverhältnisse in Umlaufgetrieben

da die Wellenzapfen im Planetenträger sitzen, der sich auch um die Achse 1 dreht. Die Planetenräder rollen auf dem feststehenden Hohlrad ab; hier muß die Geschwindigkeit also gleich Null werden. Dann ergibt sich für die Umfangsgeschwindigkeit der Planetenzapfen

$$v_2 = \frac{v_1}{2} \tag{40}$$

faßt man zusammen, wird

$$n_2 \cdot (r_{01} + r_{02}) = \frac{n_1 \cdot r_{01}}{2} \tag{41}$$

$$\frac{n_1}{n_2} = \frac{2(r_{01} + r_{02})}{r_{01}} = \frac{2r_{01} + 2r_{02}}{r_{01}} \tag{41a}$$

Für den Teilkreisradius des *Hohlrades* gilt:

$$r_{03} = r_{01} + 2r_{02} \tag{42}$$

so daß

$$\frac{n_1}{n_2} = \frac{r_{01} + r_{03}}{r_{01}} = 1 + \frac{r_{03}}{r_{01}} = 1 + \frac{D_{03}}{d_{01}}, \tag{43}$$

was bedeutet, daß das Übersetzungsverhältnis nur vom Durchmesser des Hohlrades und vom Ritzeldurchmesser abhängt und stets um 1 *größer* ist, als das Übersetzungsverhältnis eines Zahntriebes gleicher Durchmesserverhältnisse mit Außenverzahnung.

Sterngetriebe

Beim *Sterngetriebe* ist der Planetenträger – der hier *Sternträger* genannt wird – am Getriebegehäuse befestigt und steht daher still, während das innenverzahnte Hohlrad mit der Abtriebswelle verbunden wird.

Für die Umfangsgeschwindigkeit am Sonnenrad kann wieder angegeben werden

$$v_1 \sim n_1 \cdot r_{01} \tag{38}$$

Das Hohlrad dreht sich, wie man sieht, in entgegengesetzter Richtung (Bild 10.47.2), mit der gleichen Umfangsgeschwindigkeit, um die gleiche Achse; dabei hat sein Teilkreis den Radius

$$r_{03} = 2r_{02} + r_{01} \tag{42}$$

so das man schreiben kann:

$$n_3 \cdot r_{03} \sim v_1 \tag{44}$$

$$n_3 \cdot r_{03} = n_1 \cdot r_{01} \tag{44a}$$

$$\frac{n_1}{n_3} = \frac{r_{03}}{r_{01}} = \frac{D_{03}}{d_{01}} \tag{45}$$

Geschwindigkeits- und Übersetzungsverhältnis entsprechen hier also dem eines außenverzahnten Getriebes mit gleichen Durchmessern. Antriebs(*Sonnen-*)welle und Abtriebs(*Hohlrad-*)welle haben *entgegengesetzte* Drehrichtung, da die Sternräder nur die Aufgabe von Zwischenrädern erfüllen.

*Epizyklische Getriebe**)

Beim *epizyklischen* Getriebe laufen Sonnenrad, Planeten und Planetenträger sowie das innenverzahnte Hohlrad gleichzeitig um. Verschiedene Geschwindigkeitsverhältnisse sind möglich; sie richten sich nach der *Momentaufteilung*. Für jedes beliebige Eingangsdrehmoment ist das Drehmoment der beiden Ausgangswellen nur von dem Durchmesserverhältnis von Hohlrad und Sonnenrad *abhängig* und von den Drehzahlen der Wellen *unabhängig*. Das Drehmoment ist ferner für die beiden Ausgangswellen *verschieden*, wobei das der an den Planetenträger angeschlossenen Welle immer größer als das der Hohlradwelle ist. Die Drehzahl der Ausgangswellen richtet sich nach der Drehzahl-Drehmoment-Charakteristik der von ihnen angetriebenen Maschinen und gehorcht dem Gesetz, daß die eingehende Leistung gleich der Summe der ausgehenden Leistungen und der mechanischen Verluste sein muß.

Obwohl die Drehmomentverzweigung auf die abgebenden Wellen durch die Geometrie der Zahnrä-

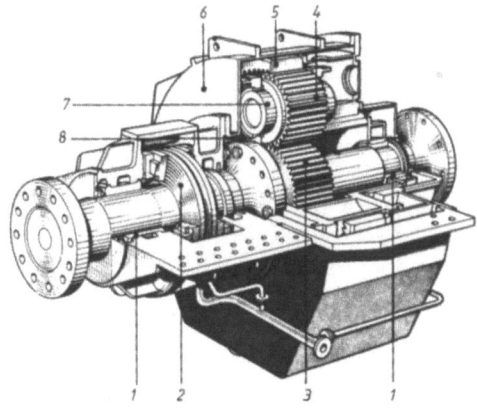

Bild 10.481 MAAG-Planetengetriebe für Schiffsdieselmotorenanlagen. Da die Umfangsgeschwindigkeit vergleichsweise klein ist, verwendet MAAG eine hochgenaue Geradverzahnung. Das treibende Sonnenrad ist infolge der fliegenden Lagerung und des großen Überhangs elastisch genug, um sich frei einstellen zu können, so daß sich eine gleichmäßige Lastverteilung auf die Planeten ergibt.

1 Lagerschale
2 Propellerdrucklager (angeflanscht)
3 Sonnenrad (Antrieb)
4 Planetenrad
5 Hohlrad
6 Gehäuse
7 Planetenzapfen
8 Planetenträger (Abtrieb)

---

*) Die hier verwendeten Bezeichnungen „Sterngetriebe" bzw „Epizyklische Getriebe" entsprechen dem international üblichen „star gear" bzw. „epicyclic gear". Sie stehen damit im Widerspruch zu den Bezeichnungen, die gemäß VDI-Richtlinie verwendet werden sollen.

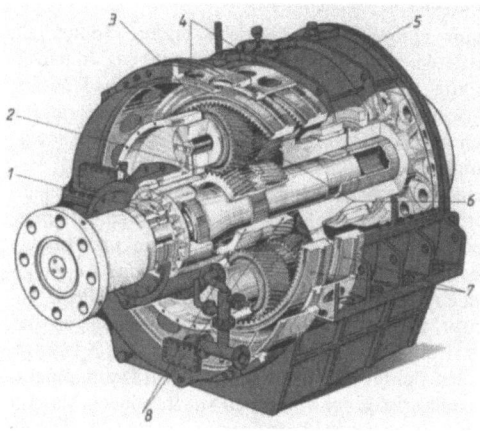

Bild 10.48.2 BHS-Planetengetriebe für Schiffsdieselmotorenanlagen. BHS verwendet Doppelschrägverzahnung, nitriergehärtete Sonnen- und Planetenräder. Das treibende Sonnenrad ist ungelagert und wird von innen über eine Zahnkupplung angetrieben, die ihrerseits ebenfalls über eine Zahnkupplung mit der Antriebswelle verbunden ist. Der Lastausgleich erfolgt über das elastische Hohlrad, das geteilt ausgeführt und ebenfalls mit einer ausgleichenden Außenverzahnung in das Gehäuse eingesetzt wird.

1 Lagerschale
2 Sonnenrad (schwimmend angeordnet; Antrieb)
3 Doppelschrägverzahnung, nitriergehärtet
4 Doppelzahnkupplung-Verbindung zum Gehäuse
5 Gehäuseoberteil
6 Planetenräder, bis zu 6
7 Geteiltes Hohlrad, elastisch im Hohlradträger mittels Zahnkupplung eingesetzt
8 Antrieb des Ritzels (Sonnenrad) über innenliegende Zahnkupplung

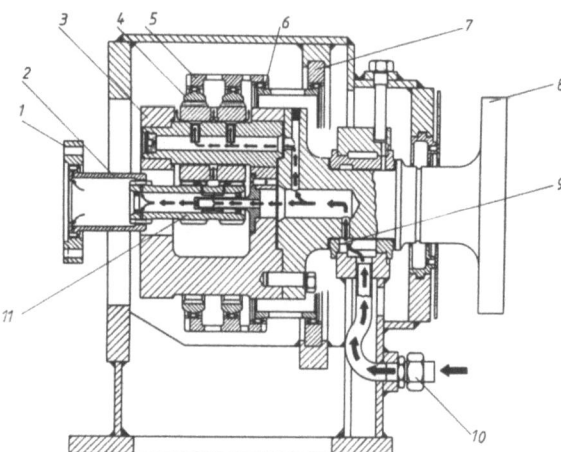

Bild 10.48.3 Besonders wichtig ist bei Planetengetrieben die Schmierölversorgung der umlaufenden Lager und Verzahnungen. Das Bild zeigt den Schmierölfluß am Beispiel eines Allen-Planetengetriebes. Diese Bauart, bei der der Lastausgleich nach dem Stoeckicht-Prinzip erfolgt, ist in großer Zahl im Zusammenhang mit STAL-LAVAL-Turbinengetrieben eingesetzt worden. Der Schmierölfluß nutzt unter anderem den Einfluß der Zentrifugalkraft zur Ölverteilung. Besondere Beachtung muß dabei auf die Verhältnisse bei Umsteuermanövern gelegt werden, bei denen im Moment niedrigster Drehzahl bzw. bei $n = 0$ sehr große Kräfte an den Verzahnungen der Planetenräder und an ihren Lagerzapfen auftreten.

1 Antriebsflansch
2 Zahnkupplung
3 Planetenträger
4 Hohlrad, zweiteilig
5 Hohlradträger
6 Zahnkupplung
7 Gehäuse
8 Abtriebsflansch
9 Ölverteilkammer (Radialzufuhr)
10 Schmieröleintritt
11 Sonnenrad

der gegeben ist, kann die *Leistungsverteilung* durch Wahl der einzelnen Drehzahlen (Anpassung an die Charakteristik der anzutreibenden Maschinen) *beeinflußt* werden. Die Leistungsänderung ist dabei natürlich proportional zur Wellendrehzahl. Durch Abbremsen des Hohlrades erreicht man die Verhältnisse des Planetengetriebes; wird der Planetenträger abgebremst, erhält man die Eigenschaften des Sterngetriebes.

Beim Normalbetrieb *addieren* sich die Übersetzungsverhältnisse des Stern- bzw. Planetengetriebes, das sich durch entsprechendes Abbremsen ergeben würde.

Die Möglichkeit, durch einfaches Abbremsen des Planetenträgers die Drehrichtung des Hohlrades umzukehren (Bild 10.47.3) nutzt man bei Getrieben für Greifer und Bagger. Ohne den Antriebsmotor umzusteuern kann der Greifer gehoben oder gesenkt werden.

Untersetzungsgetriebe für Turbinenanlagen

Turbinengetriebe erfordern wegen der hohen Turbinen- und niedrigen Propellerdrehzahlen ein großes Übersetzungsverhältnis und werden daher zweistufig, gelegentlich sogar dreistufig ausgeführt; einstufige Getriebe kommen bei Turbogeneratoren zum Einsatz, da die Drehzahlen der elektrischen Maschinen bis zu 3000 min^{-1} betragen können.

Um ein hohes Übersetzungsverhältnis zu erreichen, müssen die Ritzel möglichst *kleine* Durchmesser erhalten, da der Raddurchmesser aus Fertigungsgründen auf ≤ 6 m beschränkt ist. Da große Leistungen übertragen werden, ergeben sich hohe Drehmomente und Zahnkräfte, vor allem an den Ritzeln der zweiten Übersetzungsstufe. Infolge der hohen Belastung wird eine *breite* Verzahnung erforderlich, so daß Verbiegungen und Verwindungen des Ritzels auftreten, was zu einem fehlerhaften Zahnkontakt führen kann.

Nur selten wird einfache *Schrägverzahnung* vorgesehen, meist werden die Räder *pfeilverzahnt* bzw. *doppelschräg* verzahnt. Rad- und Ritzelwellen werden in Gleitlagern gelagert.

Die Getriebe bauen sehr groß und benötigen viel Grundfläche, um Gehäuseverwindungen infolge der Verformung von Schiffskörper und Fundament zu vermeiden, müssen die Gehäuse sehr steif gebaut werden.

Antriebsturbinen werden heute fast nur noch *zweigehäusig* gebaut; ihre Leistung wird im Getriebe zusammengefaßt und auf die Propellerwelle übertragen. Mit Rücksicht auf den Wirkungsgrad (s. Hauptabschnitt 17) dreht dabei die Hochdruckturbine schneller als die Niederdruckturbine; die Übersetzungsverhältnisse, vor allem in der ersten Stufe, sind daher für beide Teilturbinen verschieden. Für Rückwärtsfahrt wird i.a. nur eingehäusige Rückwärtsturbine im Abdampfteil der Niederdruckturbine vorgesehen, beim Umsteuern treten dann besonders hohe Drehmomente (s. auch Hauptabschnitt 17) am Niederdruckturbinenritzel auf.

Zusammen mit den betrieblichen Forderungen nach möglichst wenigen Lagern und Teilfugen haben diese Verhältnisse zur Entwicklung verschiedener Bauformen von Turbinengetrieben geführt, die sich im wesentlichen durch die *Lage der beiden Untersetzungsstufen zueinander* sowie durch die *Aufteilung der Drehmomente* unterscheiden.

Die Bauformen 1 und 2 werden heute nicht mehr gebaut, über diese Zusammenstellung hinaus gibt es noch Sonderbauformen, die insbesondere bei Kriegsschiffen zum Einsatz kommen.

1. Untersetzungsgetriebe *Nested type* (Bild 10.49.1). Erste Stufe zwischen geteilten Radkränzen der zweiten Stufe, 10 Lager.
Vorteile: Gemeinsames Gehäuse für beide Stufen. Gedrängte Bauweise. Benötigt wenig Grundfläche.
Nachteile: Sehr hohe Genauigkeitsforderungen an die Lager und das Ausrichten der Wellen (Zahnkontakt!), da keine Ausgleichskupplungen. Bei Arbeiten an den Rädern der ersten Stufe müssen die Ritzel der zweiten Stufe mitausgebaut werden.

2. Untersetzungsgetriebe *Nested type* (Bild 10.49.2). Zweite Stufe zwischen den geteilten Radkränzen der ersten Stufe, 10 Lager.
Vorteile: Wie bei 1.
Nachteile: Wie bei 1. Ritzelwelle der ersten Stufe muß zwischen den Zahnkränzen *verstärkt* werden, um Verbiegung und Verdrehung klein zu halten.

3. Untersetzungsgetriebe *Nested type* (nicht abgebildet). Zweite Stufe zwischen den geteilten Radkränzen der ersten Stufe, 14 Lager. Drehmoment der Turbinen wird über Torsionswelle in die Mitte der Ritzelwelle eingeleitet, um Verdrehung des Ritzels klein zu halten. Zusätzliche Mittellager beugen Verbiegungen der Ritzel vor.
Vorteile: Wie bei 1. Gleichmäßige Aufteilung des Drehmomentes auf beide Ritzelhälften. Verbesserte Drehelastizität durch Torsionswellen.
Nachteile: Wie bei 1. 4 zusätzliche Lager.

4. Untersetzungsgetriebe *Articulated type* oder *gegliederte Bauweise* (Bild 10.49.3). Beide Stufen hintereinander, durch Torsionswellen und Zahnkupplungen verbunden, 14 Lager. Beide Stufen entweder gemeinsames oder getrenntes Gehäuse.
Vorteile: Gute Trennung der einzelnen Stufen voneinander. Rad der ersten und Ritzel der zweiten Stufe sind lösbar miteinander verbunden, bessere Montagemöglichkeit. Schwingungsverhalten durch Torsionswellen gut beeinflußbar. Leichteres Ausrichten der Rad- und Ritzelwellen.
Nachteile: Baut größer, benötigt mehr Grundfläche. Gehäuse wird schwerer. Mehr Lager.

5. Untersetzungsgetriebe *Locked train type* (Bild 10.49.4). Jedes Ritzel der ersten Stufe treibt zwei Räder, so daß die zweite Stufe von insgesamt 4 Ritzeln angetrieben wird. Beide Stufen hintereinander, durch Torsionswellen und Zahnkupplungen miteinander verbunden. 22...24 Lager. Beide Stufen gemeinsames oder getrenntes Gehäuse. Für große und sehr große Leistungen. (Oft auf Kriegsschiffen.)
Vorteile: Wie bei 4. Keine Ritzeldurchbiegung. Bei gleichen Abmessungen wie 4. nahezu doppelte Leistung übertragbar.
Nachteile: Sehr viele Lager. 8 Zahneingriffe. Daher große Genauigkeitsforderungen an Lager und Ausrichtung der Wellen, trotz der Zahnkupplungen. Getriebe dieser Bauart werden auch mit gehärteter und geschliffener, einfacher Schrägverzahnung gebaut (*MAAG*).

Wenn der Kondensator *unter* der Niederdruckturbine angeordnet wird, ergibt sich zwangsläufig die Anordnung der Ritzel und Räder in verschiedenen Ebenen (bis zu 3), was eine genaue und daher teuere Bearbeitung der Paßflächen des Getriebegehäuses erfordert. Die Fundamente sind sehr hoch und schwer. Als betrieblicher Nachteil ergibt sich, daß Reparaturen an der zweiten Stufe meist ein Aufnehmen des gesamten Getriebes erfordern. Vorteilhaft ist der geringe Grundflächenbedarf (Blockbauweise). Es gibt auch Getriebe der Bauart 4. mit nur zwei Teilfugen; hierbei werden die Ritzel der zweiten Untersetzungsstufe in einer Ebene mit dem Großrad gelagert, während die Ritzel der ersten Stufe in einer Ebene mit der Turbinenteilfuge und senkrecht über den Radwellen liegen. Seit 1963 wurden zahlreiche *Einfluranlagen* gebaut, bei denen der Kondensator *vor* der Niederdruckturbine liegt (Bild 10.49.5). (Nachteil: vorderes Turbinenlager schlecht zugänglich.) Für das Getriebe ergibt sich der Vorteil, daß alle Drehachsen in einer Ebene gelegt werden können. Die Getriebe bauen daher sehr leicht, sie benötigen nur sehr kleine Auflageflächen (Punktlager!). Die Übertragung von Schiffsbewegungen auf das Getriebe sind weitgehend ausgeschlossen. Zwei verschiedene Bauformen wurden entwickelt:

6. *MST-13-Getriebe (General Electric)* (ähnlich Bild 10.49.5). Entspricht im wesentlichen der unter 4. beschriebenen gegliederten Bauweise. Turbinen über Bogenzahnkupplungen mit Ritzeln der ersten Stufe verbunden und auf gemeinsamem Fundament gestellt, Räder der ersten Stufe über Torsionswellen und Bogenzahnkupplungen an Ritzel der dahinterliegenden zweiten Stufe angeschlossen, die in einem gesondert fundamentierten Gehäuse untergebracht ist.
Vorteile: Leicht auszurichten. Sehr gut zugänglich. Gute Trennung der einzelnen Stufen voneinander.
Nachteile: Baut etwas breiter als die vorher beschriebenen Anlagen.

7. *AP-Getriebe (Stal-Laval)* (Bild 10.49.6). Erste Stufe besteht aus Planetengetriebe; Sonnenrad über Torsions-

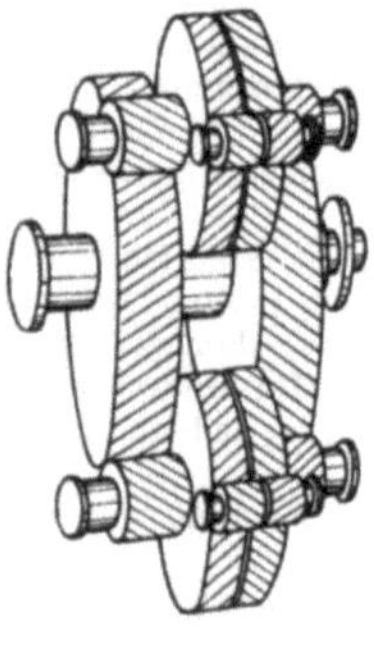

Bild 10.49.1

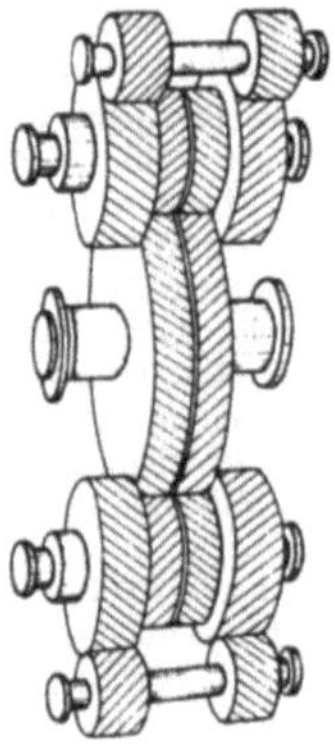

Bild 10.49.2

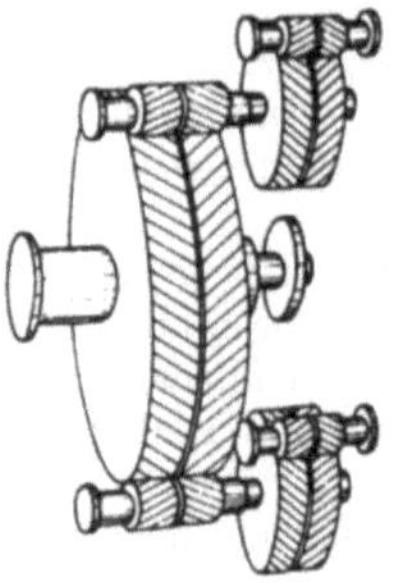

Bild 10.49.3

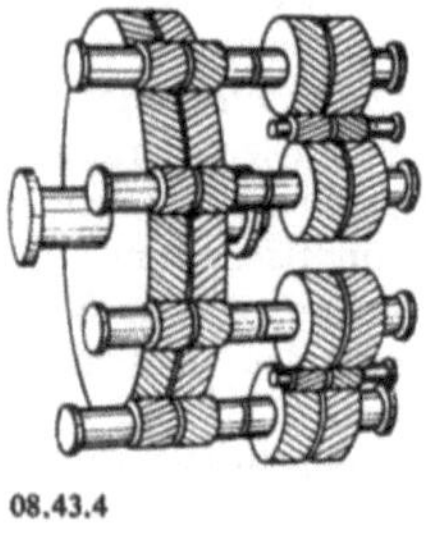

Bild 10.49.4

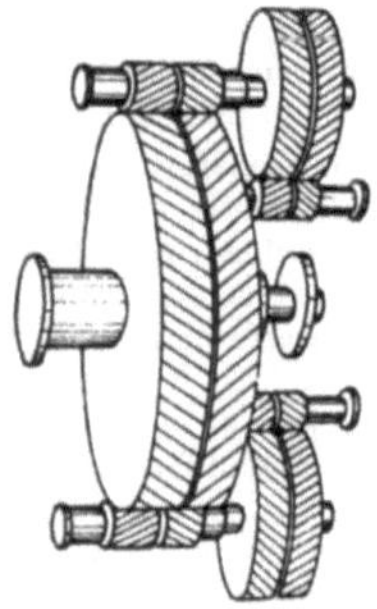

Bild 10.49.5

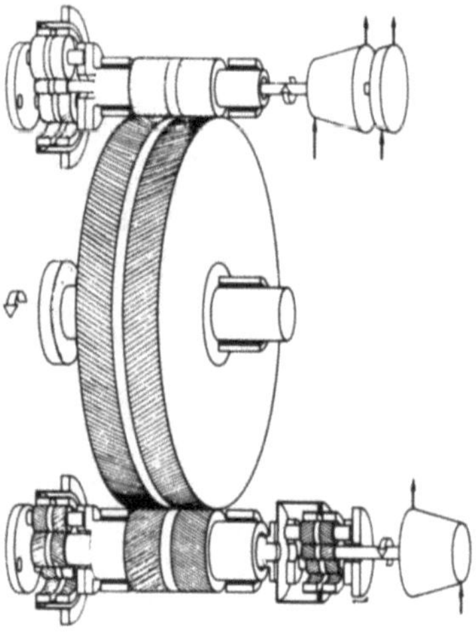

Bild 10.49.6

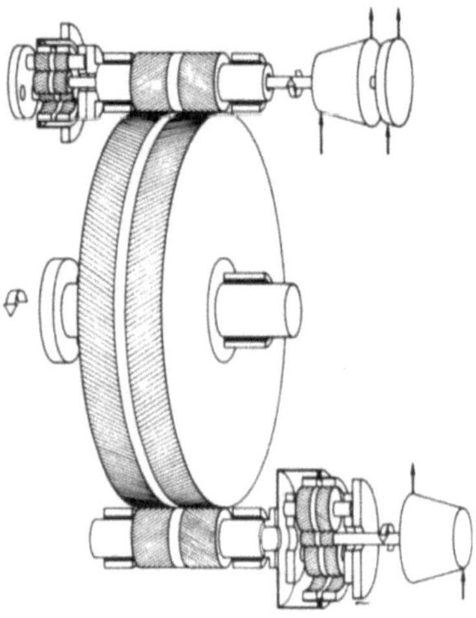

Bild 10.49.7

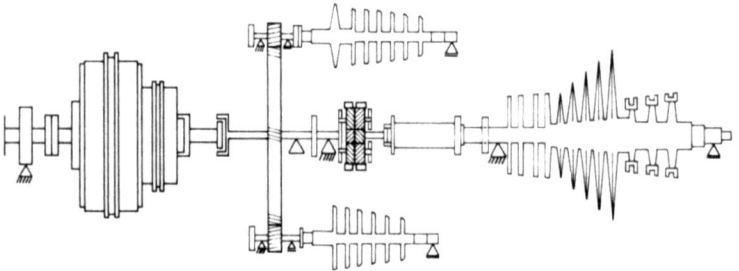

Bild 10.49.8

Bild 10.49 Bauformen von Turbinengetrieben

welle und Zahnkupplung mit HD- bzw. ND-Turbine verbunden. Treibt Planetenräder, die auf Zapfen im Planetenträger eingesetzt sind, der direkt an das Ritzel der zweiten Stufe angebaut ist. Planetenräder rollen auf dem aus zwei getrennten Ringen bestehenden innenverzahnten Hohlrad ab, das im Gehäuse fest (aber lösbar) eingesetzt ist.
Vorteile: Sehr gedrängte Bauweise durch Planetengetriebe, leicht, benötigt nur sehr kleine Grundfläche (4 Paßstücke), leicht auszurichten.
Nachteile: Für die Besichtigung müssen die Planetengetriebe ausgebaut und zerlegt werden.

8. *AP-Getriebe, dreistufig (Stal-Laval)* (Bild 10.49.7). Erste Stufe Sterngetriebe; Sonnenrad über Torsionswelle und Zahnkupplung mit HD-Turbine verbunden, Planetenträger fest, Hohlrad über weitere Torsionswelle und Zahnkupplung mit Sonnenrad der 2. Übersetzung (Planetengetriebe) verbunden, Planetenträger fest mit Ritzel der 3. Untersetzung verbunden, Hohlrad der 2. Stufe ist im Gehäuse fest eingesetzt. Das Sterngetriebe der ersten Übersetzungsstufe ist auf dem selben Fundament wie die HD-Turbine montiert – dadurch gute Gliederung. Für ND-Turbinenseite reicht zweistufige Übersetzung aus, da ND-Turbinendrehzahl wesentlich niedriger als HD-Turbinendrehzahl.
Vorteile: Wie 7, jedoch noch weitaus höheres Übersetzungsverhältnis.
Nachteile: wie 7.

9. *VAP-Getriebe (Stal-Laval)* (Bild 10.49.8). Dreistufiges Untersetzungsgetriebe, bestehend aus Planeten- und Stirnradstufen zum Zusammenfassen der Leistung von drei Teilturbinen (HD-, MD- und ND-Turbine). HD- und MD-Turbine wirken jeweils über ein einfachschrägverzahntes Ritzel direkt auf das fliegend gelagerte Großrad einer Stirnrad-Übersetzungsstufe, die gleichzeitig als Sammelgetriebe dient. Im ND-Strang besteht die erste Stufe aus einem Planetengetriebe, dessen Sonnenrad über Zahnkupplung und Torsionswelle mit der ND-Turbine verbunden ist, während der Planetenträger, ebenfalls über eine Zahnkupplung, mit dem vorderen Ende der Radwelle des Sammelgetriebes verbunden ist. Von der Rückseite des Sammelgetriebe-Großrades wird das gesammelte Drehmoment der drei Teilturbinen über eine weitere Torsionswelle und Zahnkupplung in ein zweistufiges Planetengetriebe weitergeleitet, hinter dem dann das Propellerdrucklager folgt.
Die ganze Einheit ist auf einem gemeinsamen Fundamentrahmen angeordnet. HD- und MD-Turbine sind in Topfbauweise ausgeführt und über eine Laterne an das Gehäuse des Stirnrad-Sammelgetriebes angeflanscht. Die Läufer dieser beiden Teilturbinen sind über einfache Flanschkupplungen mit den Ritzeln verbunden und sind insgesamt dreifach gelagert (2 Ritzellager, 1 Turbinenlager).
Vorteile: Extrem gedrängte Bauweise durch Verwendung von mehreren Planetengetriebestufen, extrem leichtgewichtige Konstruktion, sehr hohes Übersetzungsverhältnis ($i = 200$; $n_{HD} = 14000$, $n_{Prop} = 60$ U/min). Geringer Platzbedarf durch Blockbauweise, einfache Fundamentierung im Schiff.
Nachteile: Sehr viele verschiedenartige Lager, Zahnräder, Zahnkupplungen und Torsionswellen. Komplizierte Konstruktion, bei Störungen mit Bordmitteln kaum noch instandzusetzen. Drei-Lager-Konzeption der HD- und MD-Turbine sehr empfindlich gegen Fluchtungsveränderungen, Unwuchten usw.

10.4.8 Einbau von Getrieben

Getriebe werden, soweit möglich, als ganze Einheit eingebaut. Ist das nicht durchführbar, werden die Einzelteile zu größeren Baugruppen zusammengefaßt. Das Ausrichten zur Wellenleitung und zur Antriebsmaschine erfolgt erst, wenn diese Baugruppen im Schiff zusammengesetzt worden sind.
Es ist besonders wichtig, daß die Achsen der einzelnen Radsätze vollkommen parallel liegen; die Lager einer jeden Welle sollten dabei stets *gleiches* Lagerspiel aufweisen. Bisweilen addieren sich die Toleranzen der Lagerbohrung, der Lagerschalen und der Lagersitze so ungünstig, daß zu große Abweichungen von der vorgesehen Lage entstehen; um solche Abweichungen ausgleichen zu können, werden teilweise nachstellbare Lager vorgesehen.
Man unterscheidet nach *innerer* und *äußerer* Ausrichtung des Getriebes: Die innere Ausrichtung muß alle elastischen Verformungen und Wärmedehnungen *im* Getriebe selbst berücksichtigen, die das gleichmäßige Tragen der Verzahnung unter Vollast beeinträchtigen könnten. Die äußere Ausrichtung muß alle *von außen* auf das Getriebe einwirkenden Verformungen, Kräfte und Wärmedehnungen berücksichtigen, die den gleichmäßigen Zahnkontakt im Betrieb beeinflussen könnten.
Bei dem Zusammenbau des Getriebes in der Werkstatt werden, wenn die innere Ausrichtung geprüft und für gut befunden worden ist, alle Lagerspiele sowie eine Anzahl *Kontrollmaße* ermittelt und Markierungen angebracht, mit deren Hilfe das Getriebe dann im Schiff so aufgestellt/ausgerichtet werden kann, daß zum einen dieselbe gute innere Ausrichtung wie bei der Werkstattmontage erzielt wird und zum anderen die vorgeschriebene äußere Ausrichtung zu den Antriebsmaschinen und zur Abtriebsseite erreicht wird.
Das Ausrichten an Bord wird zunächst mit *Einstellschrauben* am Getriebeflußflansch, möglichst an nur drei Punkten (*Dreipunktauflagerung* = statisch bestimmt), begonnen. Dann werden Paßstücke an den dafür vorgesehenen Stellen zwischen Fußflansch und Fundament eingefügt. Bevor sie gemeinsam mit Gehäuse und Fundament gebohrt und verschraubt werden, wird die Ausrichtung des Getriebes durch Überprüfen des Zahnkontaktes kontrolliert. Hierzu werden einige Ritzelzähne *tuschiert* und an Hand des *Tragbildes* festgestellt, wieweit die Fluchtung des Getriebes bereits der vorgeschriebenen Lage entspricht.
Es muß dabei berücksichtigt werden, daß das *Tragbild unter Last* durch die Verformung der Ritzel noch anders aussieht, als das *Trabgild ohne Last beim Zusammenbau*; die Zahnanlage soll daher beim Zusammenbau etwa 80...90% der Flankenbreite betragen. Desgleichen ist die Verlagerung der Wellenmitten im Betrieb zu berücksichtigen.

Die Befestigung des Gehäuses auf dem Fundament erfolgt schrittweise zunächst in der Mitte unter den Lagern der Großradwelle (und dem Drucklager, sofern dies in das Gehäuse miteingebaut wurde); zwischendurch prüft man laufend den Zahnkontakt.

Bei Turbinengetrieben wird mit dem Ausfluchten der *zweiten* Untersetzungsstufe zur Wellenleitung (Propellerwelle) begonnen, anschließend folgt das Ausrichten der ersten Untersetzungsstufen, ebenfalls mit Hilfe des Tragbildes.

Fluchten Propellerwelle und Getriebe, kann mit dem Ausrichten der Antriebsmaschine begonnen werden.

Beim Anschließen der Turbinen an das Getriebe ist es üblich, vorsätzlich Turbinenläufer und Ritzelwellen gegeneinander zu *versetzen*, um eine gute Fluchtung während des Betriebes zu erhalten, da das Getriebegehäuse durch die Erwärmung des Schmieröls *wächst*, während die Turbinen meist in Höhe ihrer Teilfuge unterstützt sind und infolgedessen nur relativ wenig wachsen, und um die Mittenverschiebung des Ritzellagers auszugleichen, die sich einstellt, sobald der Zahneingriff belastet wird. Die Größe dieses Achsversatzes wird u.a. vom Herstellerwerk ermittelt und in der Betriebsanleitung niedergelegt. Sowohl bei den Berechnungsergebnissen als auch bei den Aufmaßprotokollen, die bei der Montage erstellt werden, sind die Umgebungsbedingungen eindeutig anzugeben.

Gleiches gilt für Motorenanlagen sinngemäß.

Aufgrund der großen *Wichtigkeit*, die einer einwandfreien Ausrichtung zukommt, wird hier eine *Checkliste* der Einflüsse, die beim Einbau eines Getriebes zu berücksichtigen sind, wiedergegeben.

Checkliste Getriebeeinbau

Herkunft der erforderlichen Informationen bzw. Anhaltswert:

- Wärmedehnung Getriebefundament — $h = 0{,}01$ mm pro Meter Fundamenthöhe und pro Grad Temperaturdifferenz
- Wärmedehung Antriebsmaschine — Hersteller
- Wärmedehnung Fundament der Antriebsmaschine — Bauwerft
- Wärmedehnung Getriebegehäuse — s. o. sinngemäß
- Wärmedehnung Abtriebseite — bei Wellenleitungen i.a. nicht wichtig
- Wärmedehnung Getriebewellen — Hersteller, Betriebsanleitung
- Lageänderung Wellenzapfen zwischen Stillstand und Vollast infolge Lagerspiel, Schmierfilm, Zahnkraft — Hersteller,
- Elastische Verformung Fundament (infolge Lastaufnahme, Tiefgangsänderung) — Bauwerft, Wellenleitungsstudie
- Elastische Verformung der Wellen (infolge Überhangs, außen fliegend angeordneter Massen, Kupplungen usw.) — Hersteller, Betriebsanleitung bzw. Bauwerft, Wellenleitungsstudie
- Elastische Aufstellung von Teilen der Antriebsanlagen (z.B. Motoren) — Bauwerft, Wellenleitungsstudie

Für die Ermittlung der Wärmedehnung der Fundamente geht man jeweils von einer gemeinsamen Basis, am besten von der Schiffsbasis (O.rK. Kiel) aus und berechnet zonenweise die Wärmedehnung der Kofferdämme, Tanks und Fundamentteile.

Wie bereits vorher erwähnt und auch in der Checkliste angeführt, geht die richtige Lage des Getriebes zu der (den) Antriebsmaschine(n) und dem (den) Abtrieb(en) aus der *Wellenleitungsstudie* hervor (s. Abschnitt 10.2). Zur ersten Lagebestimmung des Getriebes wird mit *Meßdraht, Schlauchwaage* oder optischen Hilfsmitteln (*Fluchtfernrohr, Laserstrahlen*) gearbeitet. Die sich i.a. daran anschließende Feinausrichtung zur Wellenleitung und zu den Antriebsmaschinen erfolgt mit Haarlineal und Spionen bzw. mit Meßuhren (s. auch Wellenleitung, Abschnitt 10.2).

Infolge der großen Wichtigkeit des Vorgangs und weil erfahrungsgemäß hierbei Fehler mit katastrophalen Folgen gemacht werden können, ist hier eine weitere *Checkliste* aufgenommen.

Checkliste Ausrichtung

- Immer zuerst Klaffe, dann Versatz auf *Sollwert* bringen
- Bei aufgeschrumpften Flanschen immer nacheinander *beide* auszurichtenden Wellen drehen: (nur wenn beide Wellen starre Flanschen haben, genügt es, eine Welle zu drehen!)
- Klaffe *stets* mit zwei Meßuhren messen (Axialbewegung der Welle, ggf. Taumel).
- Alle Meßwerte mit der jeweiligen *Blickrichtung* angeben! (Skizze mit Lage der Meßpunkte, Uhren usw.).
- Möglichst für alle Größen *gleiche* Blickrichtung!
- Klare Angaben, *was + bzw. − Ablesung* bedeuten!
- Sind die in der Nähe liegenden Tanks *betriebswarm*?
- Datum, Uhrzeit, Umgebungstemperatur, Schiffstiefgang vorne/hinten. Ladezustand in das *Protokoll* eintragen!

Getriebe

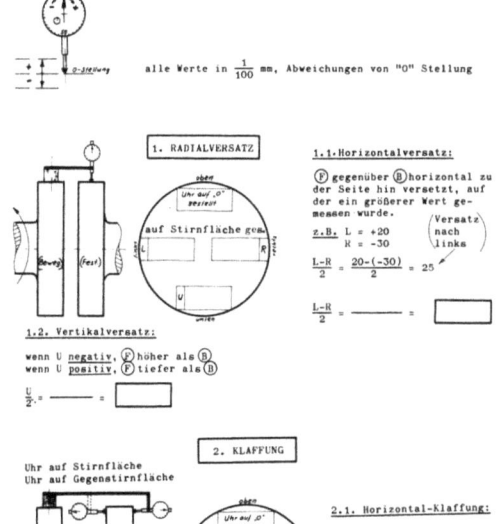

Bild 10.50 Mustervordruck für Ausrichtungsprotokolle mit eingetragenem Beispiel

Als Beispiel zeigt Bild 10.50 ein universell einsetzbares *Meßprotokoll*, das bei vollständiger Ausfüllung alle benötigten wesentlichen Informationen erfaßt.

Wenn Öltanks in der Nähe des Getriebes oder der Fundamente angeordnet sind, ist besonders darauf zu achten, daß diese Tanks während des Ausrichtens die normale Betriebstemperatur aufweisen.

Notfalls muß der Tankinhalt angewärmt werden. Alternativ zu diesem Vorgehen muß der Unterschied zwischen warmer und kalter Umgebung bzw. Anlage bei der Berechnung der Ausrichtung berücksichtigt werden. Dies gilt auch für das erste Ausrichten neuer Anlagen.

10.4.9 Betrieb und Wartung

Die in der Betriebsanleitung niedergelegten Anweisungen des Herstellerwerkes sollten so genau wie irgend möglich befolgt werden, da das Getriebe eine Präzisionsmaschine ist, bei der schon kleine Bedienungsfehler schwerwiegende Folgen haben können.

Werden Unregelmäßigkeiten während des Betriebes festgestellt (*Geräusche, Vibrationen*) oder ändern sich die Betriebswerte (*Öldruck, Öltemperatur*) sollte die Anlage sofort abgeschaltet und die Ursache festgestellt werden. Lassen sich die Ursachen nicht ermitteln, sollte man sich möglichst bald mit dem Herstellerwerk in Verbindung setzen.

Abgesehen von der üblichen Wartung sind die beiden wichtigsten Punkte für einwandfreien Betrieb der Einheit *Fluchtung* und *Schmierung*. Wenn auch anzunehmen ist, daß die Lage der Rad- und Ritzelwellen bei der Indienststellung des Schiffes in Ordnung ist, so sollte sie doch als erstes geprüft werden, wenn sich Anzeichen *ungleichmäßiger Belastung* oder *mangelhaften Zahnkontaktes* (Bild 10.51) zeigen. Mangelhafter Zahnkontakt äußert sich entweder in Form von *Grübchenbildung* (*pittings*) oder in *Anfressungen* (s. Abschnitt 10.4.11).

Im allgemeinen weisen die Zahnflanken nach der Einlaufperiode ein glänzendes und poliertes Aussehen auf. Zeigt der Zahneingriff nach mehr als 10 Tagen Betriebszeit noch nennenswerten Verschleiß, ist entweder die Ausrichtung der Wellen ungenügend, oder die Zahnoberfläche entspricht nicht den an sie gestellten Anforderungen. Erneutes

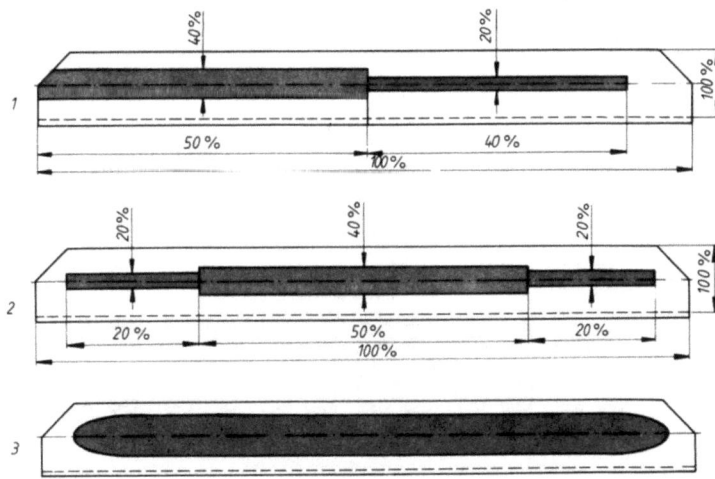

Bild 10.51
Mindesttragbildforderung bei Leerlauf bzw. Schwachlastlauf nach mehreren Klassifikationsgesellschaften
1. bei breitenkorrigierten Verzahnungen
2. bei unkorrigierten Verzahnungen ohne nennenswerte Verformung unter Last
3. mit modernen Herstelltechniken erzielbares optimales Vollasttragbild

Ausrichten und gegebenenfalls Nacharbeiten der Zähne werden erforderlich.
Werden Fehler am Getriebe festgestellt, die eindeutig auf *Fluchtungsfehler* (Bild 10.52) zurückzuführen sind, kann ein Neuausrichten des gesamten Getriebes, ggf. der gesamten Antriebsanlage, erforderlich werden. Bevor man jedoch damit beginnt, müssen Fluchtung und Lagerspiele der Wellenleitung vom Propeller bis zum Getriebe überprüft werden.
Zunächst wird die Verbindung von Wellenleitung und Getriebe gelöst und danach der Verschleiß der Radwellenlager der zweiten Stufe gemessen. Bei geschlossenem Gehäuse kann dies durch eigens hierfür vorgesehene *Meßbohrungen* in der oberen Lagerhälfte vorgenommen werden, oder mit Hilfe von *Meßlehren*, wenn das Lager geöffnet ist.
Die *Richtung* der das Lager belastenden *Lagerkraft* hängt von der Lage des Zahneingriffs und vom *Eingriffswinkel* ab (Bild 10.41); infolgedessen liegt die *Hauptbelastungszone* meist nicht unten sondern seitlich in der Lagerschale. Um den Verschleiß genau zu messen, muß die Lagerschale so gedreht werden, daß die Hauptverschleißzone an der *tiefsten* Stelle liegt. Entweder sind am Gehäuse und an der Lagerschale zu diesem Zweck Markierungen angebracht, oder man hilft sich dadurch, daß man die Lagerschale verdreht und dabei mehrere verschiedene Stellungen mißt.
Bei gewissenhaften Getriebeherstellern ist außerdem die *Wanddicke* der Lagerschale (Montageendwert) in den Lagerschalen-Stützkörper *eingeschlagen*.
Liegt die Radwelle infolge Verschleißes der Traglager nicht in der richtigen Höhe, wird am besten die untere Lagerschale ersetzt, oder die Welle vorübergehend durch ein *Hilfslager* so angehoben, daß die Meßvorrichtungen ihre richtige Lage anzeigen. Erst dann kann die Fluchtung der Flanschen von Rad- und Leitungswelle geprüft werden. Fluchten die Flanschen nicht vorschriftsmäßig, muß das ganze Getriebe neu ausgerichtet werden, wenn nicht durch einstellbare Lager Abhilfe geschaffen werden kann.
Die Lage der Getrieberäder und Ritzel kann danach mit Hilfe der verschiedenen Meßvorrichtungen, die zum Getriebe gehören, geprüft werden.
Abschließend sollte man nach Arbeiten dieser Art *immer* das Tragbild der Verzahnung durch Tuschieren ermitteln.

Tafel 10.11 Reserveteile für Schiffe in der unbeschränkten Fahrt A und kleinen Fahrt B nach Vorschrift des Germanischen Lloyd.

Reserveteile für die Wellenanlage	A	B
Kupplungsschrauben mit Muttern für diejenigen Kupplungen, die beim Ziehen der Propellerwelle gelöst werden müssen	1 Satz	–
Drucksegmente für Hauptdrucklager. Drucksegmente für eine Seite, sofern alle vorhandenen Segmente von gleicher Ausführung und Größe sind. Andernfalls ist ein vollständiger Satz Segmente vorzusehen..	1 Satz	1 Satz
Reserveteile für Getriebe und Kupplungen	**A**	**B**
Lagerschalen je Lager jeder Art und Größe	1 Satz	–
Kupplungsschrauben mit Muttern für jede Art Kupplungen der Ritzelwellen	1 Satz	–
Der Abnutzung unterworfene Teile der angehängten Getriebeschmierölpumpe oder eine vollständige Schmierölpumpe, falls keine Reserveschmierölpumpe vorhanden ist	1 Satz	–
Drucksegmente bei eingebautem Drucklager, Drucksegmente für eine Seite, sofern alle vorhandenen Segmente von gleicher Ausführung und Größe sind. Andernfalls ist ein vollständiger Satz Segmente vorzusehen.	1 Satz	1 Satz
Federelemente für elastische Kupplungen. Ausgenommen sind mit Natur- oder Kunststoffgewebeeinlagen verstärkte Gummireifen und vulkanisierte Naturgummielemente vom GL zugelassener Kupplungstypen. Vergleiche hierzu Kapitel 1, Klassifikationsvorschriften, Abschnitt E.5.9	1 Satz	1 Satz
Wälzlager, sofern mit Bordmitteln auswechselbar	[1 Satz]	[1 Satz]

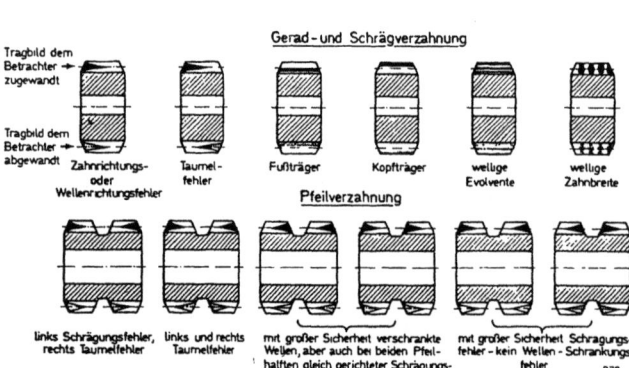

Bild 10.52
Typische Tragbildfehler beim Leerlauftest (Spintest), obere Reihe bei Gerad- bzw. Schrägverzahnung, untere Reihe bei Pfeil- bzw. Doppelschrägverzahnung nach [10.01]

Beim Aufsetzen der Gehäuseoberteile überzeugt man sich vor dem Anziehen der Schrauben durch Abspionieren der Gehäuseteilfuge, daß sie überall gleichmäßig satt anliegt.

Betriebliche Störungen lassen sich bei Getrieben an einer Änderung des *Laufgeräusches* feststellen. Es ist daher ratsam, das Getriebe einmal pro Wache an bestimmten Stellen abzuhorchen. Der Zustand der Zahnflanken sollte bei jeder Gelegenheit durch die Besichtigungsöffnungen begutachtet werden. Ähnliches gilt für das Überwachen des *Schrumpfsitzes* der Radbandagen (*Abspionieren*).

Eine Untersuchung von Rad und Ritzel auf *Risse* (magnetische Durchflutungsverfahren, Fluoreszenzverfahren oder Ultraschall) (*Magnaflux, Magnaglow, Metalcheck, Dyecheck, Fluorscope* usw.) sollte nach etwa 10...12 Betriebsjahren vorgenommen werden.

Checkliste Getriebeeinbetriebnahme

- *Ölstand* prüfen!
- *Ölzustand* prüfen! Wasser im Öl? Welche Ölsorte?
- *Ventilstellungen* ölseitig (und wasserseitig!) prüfen! Ablaßventile oder -Schrauben müssen *dicht* sein!
- Schmierölpumpe anfahren. (Bei Anlagen mit angehängter Schmierölpumpe: Reservepumpe anfahren.)
- *Öldruck* vor Getriebeeintritt prüfen (darf nicht niedriger als der normale Betriebsdruck sein, weil Prüfstandeinstellung bei warmer Anlage erfolgte!).
- *Öldurchfluß* beobachten (wenn möglich), z.B. durch Schauglas. Ggf. durch Schaulochdeckel Düsen beobachten. Bei Anlagen mit Hochtank Hochtanküberlauf beobachten.
- (Bei Neuanlagen oder nach langer Aufliegerzeit Lagerzulaufleitungen *entlüften* – entweder durch entsprechendes Kontrollventil oder durch kurzes Lösen des Rohranschlusses mit anschließendem erneuten Festziehen.)
- Prüfen, ob *Törnmaschine ausgerückt*.
- Startfreigabe.
- Während der Erstinbetriebnahme die *Lagertemperaturen* vor Ort mit den entsprechenden Fernanzeigen *abgleichen*.
- Bei Anlagen mit angehängter Hauptschmierölpumpe: *Abschaltpunkt* der Reservepumpe (bei steigendem und fallendem Betrieb) *prüfen*.
- *Alarmfunktionen testen*: fehlender Druck, zu hohe Temperatur, zu niedriger Ölstand.

Checkliste Getriebe, Wartung

- *Öltemperatur* und *Öldruck* vor Getriebe prüfen. Normal: (0,4)0,6...1,0(3,0) bar.
- *Öldurchfluß* durch Schaugläser prüfen. Normal: blasenfrei.
- Radiallager*temperaturen* prüfen: Normal bis 70 °C
- Drucklager*temperatur* prüfen: Normal bis 65 °C
- *Differenzdruck* am Schmieröldoppelfilter prüfen. Reinigen wenn Δp = 0,7 bar, äußerstenfalls ist bis Δp = 1 bar zulässig.
  Während der Erstinbetriebnahme oder nach langer Aufliegerzeit ist besonders häufiges *Reinigen* der Filter erforderlich.
- Alle 4 Wochen *Ölstand* prüfen. Ölzustand beobachten. Bei Wasser im Öl separieren. Dabei richtige Separatorschaltung sorgfältig prüfen!
- Gelegentlich Getriebe *abhorchen*.
- Zunächst in Abständen von 3 Monaten, später halbjährlich *Lagerspiele* bzw. Lage der Wellenzapfen in den Lagern prüfen.
- *Spitzendichtungen* im gleichen Intervall prüfen. Spiel sollte i.a. 0.4 mm nicht übersteigen.
- Bei längeren Liegezeiten Getriebe gelegentlich *törnen* – dabei Ölversorgung einschalten.
- Bei Aufliegerzeit für eine einwandfreie *Entfeuchtung* sorgen. Z.B. durch Silicagel-Beutel (regelmäßig erneuern) oder *Munterstrockner* anbauen.
- Nach dem Absetzen der Anlage darf möglichst kein Lüfter direkt auf das Getriebegehäuse blasen, da sich sonst *Schwitzwasser* im Gehäuse bildet und in die Verzahnung tropft.

Checkliste Einbau Reservelager

- *Vollständigkeitskontrolle*: Alle Bohrungen vorhanden und zeichnungsgemäß ausgeführt?
- Ersatzlagerschale *einwandfrei*? Kein Korrosionsbzw. Lagerungsschaden? Keine sonstige Beschädigung?
- Lagerschale innen und außen *gesäubert* (z.B. Chlorothene)?
- *Zapfen* bzw. Druckflansch *einwandfrei* bzw. instandgesetzt – keine Riefen und rauhen Stellen?
- Druckflansch *winklig* zur Welle?
- *Zapfendurchmesser*, je zweimal 90° versetzt, vorn und hinten am Lager *gemessen* und Werte *notiert*?
- Wanddicke der Lagerschale gemessen und notiert?
- Tuschiertest auf Parallelität durchgeführt, i.O.?
- *Dichtflächen* einwandfrei sauber und geglättet?
- Lagerschale und Wellenzapfen bzw. Flansch *eingeölt* (MoS_2/Ölmischung) und eingebaut?
- *Verdrehsicherung* geprüft?
- *Spiel* oben, unten, rechts, links, vorn und hinten ausgemessen, mit Sollspiel verglichen und notiert?
- *Dichtung* erneuert und eingesetzt?
- Alle Schrauben, Leitungen und Meßfühler angebaut, angezogen und *gesichert*?

10.4.10 Schmierung

Die Schmierung von Zahnradgetrieben kann durch *Fett, Öltauch-* oder *Ölspritzschmierung* erfolgen; maßgebend für das Schmierverfahren ist die größte auftretende Umfangsgeschwindigkeit im Getriebe. Mit Rücksicht auf die Schiffsbewegungen im Seegang wird fast ausschließlich Ölspritzschmierung vorgesehen. Nur langsamlaufende und kurzzeitig eingeschaltete Triebe (Spille, Rudermaschinen, Törnvorrichtungen) werden mit Fett geschmiert. Über die verwandten Öle und Fette s. Hauptabschnitt 08.

Spätestens seit dem Tage an dem Sindbad der Seefahrer bei seiner Reedereiinspektion ein anderes Öl für den täglichen Salat anforderte als das bisher für die Positionslaternen verwendete Olivenöl, gibt es hier zwei *unterschiedliche Standpunkte*:

Während Ölgesellschaften und Getriebehersteller gern spezielle *Getriebeöle* empfehlen die besonders druckfest sind (*EP-Öle*), bemühen sich Reedereiinspektion und Schiffsführung im Sinne einer *Sortenverringerung* nach Möglichkeit nur *ein* Schmieröl zu fahren, das, übertrieben ausgedrückt, ebenso für das gelegentliche Ölen der Taschenuhr des Kapitäns geeignet ist wie für die Schmierung der Hauptmaschine.

Bei *Turbinenanlagen* ist i. a. nur *ein* Schmierölsystem für Turbinenlager und Getriebe vorgesehen, wohingegen *Dieselmotorenanlagen* eigentlich immer *zwei* getrennte Schmierölsysteme für die Motoren und das Getriebe erhalten.

Vor der Inbetriebnahme und nach jeder größeren Reparatur empfiehlt es sich, den ganzen Schmierölkreislauf und das Getriebe mit einem eigens hierfür vorgesehenen dünnflüssigen *Spülöl*, das je nach Zusammensetzung auf 50...80 °C aufgewärmt wird, durchzuspülen, um jegliche Verunreinigungen oder Fremdkörper, die noch im Ölkreislauf sein könnten, zu entfernen. Die Lager dürfen dabei *kein* Öl erhalten; ihre Zu- und Ablaufleitungen müssen dichtgesetzt werden, bzw. es muß ein besonders feinmaschiger (z.B. *Nylongewebe*) Filter vor den Lagerzulauf geschaltet werden.

Der Spülvorgang soll mehrere Tage (1)2...3(4) dauern; dabei kann dann nach einigen Stunden das Getriebe mit Hilfe der Törnvorrichtung gedreht werden. Die Ölsiebe müssen aufmerksam beobachtet und anfallender Schmutz entfernt werden. Nach Abschluß der Spülung müssen die Spritzdüsen und Lager sorgfältig überprüft und gereinigt werden.

Turbinenläufer müssen vor jedem Start gedreht und durchgewärmt werden, und dieser Zeitraum kann zur Prüfung des Schmierölsystems genutzt werden. Die Schaulöcher im Gehäuse werden geöffnet (sofern nicht außen Schaugläser oder Kontroller angebracht sind, die eine Kontrolle von außen ermöglichen) und das einwandfreie Arbeiten der *Ölsprühdüsen* wird geprüft, um sich von der ordnungsgemäßen Versorgung der *Zahneingriffstellen* mit Schmieröl zu überzeugen. Dabei kann gleichzeitig der *Öldruck* in den Leitungen und der Zulauf zu den einzelnen Lagern durch Beobachten der Druckanzeiger und Schaugläser überwacht werden. Das Ansprechen des *Rückschlagventils* am Fuß der Ansaugleitung (meist auf 0,1 bar eingestellt) ist ebenfalls gelegentlich zu prüfen.

Die Ölkühler sind in größeren Abständen, z.B. einmal pro Jahr, auf *Dichtigkeit* zu untersuchen.

Bei älteren Anlagen muß nach Beendigung des Manöverbetriebs gegebenenfalls der Öldruck nachgeregelt werden, da er häufig abfällt, wenn die Anlage mit höherer Drehzahl läuft und mehr Schmieröl verbraucht.

Bei Vollast soll der Öldruck (0,4)0,6...1,0(3,0) bar betragen (s. Betriebsanleitung). *Höherer* Öldruck führt zu Ansteigen der Lagertemperaturen, *zu niedriger* Öldruck kann zu metallischer Reibung und Lagerschäden führen. Durch regelmäßige Kontrollen während des Seebetriebes muß man sich davon überzeugen, daß Öldruck und Lagertemperaturen gleich bleiben und im vorgeschriebenen Bereich liegen.

Es ist unmöglich, eine *genaue* Öltemperatur für die Lager anzugeben, sie richtet sich nach der Lagerkonstruktion, dem Öldruck, dem gefahrenen Öl und der Öleintrittstemperatur in der Zulaufleitung. Letztere schwankt normalerweise, sofern keine Temperaturregelung vorgesehen ist, zwischen 38...49 °C, als Mittelwert kann man mit 43...46 °C rechnen. Die Lageraustrittstemperatur darf i. a. nicht mehr als 60...70 °C betragen. Die schnelldrehenden Lager von Turbinengetrieben können i. a. jedoch auch noch mit 80...90 °C betrieben werden.

Im Betrieb muß jeder *Abweichung* von der normalen Lagertemperatur sofort nachgegangen werden, um deren Ursache herauszufinden; heißgelaufene Lager, denen nicht genügend Aufmerksamkeit zugewandt wurde, haben gelegentlich zu Verpuffungen durch Entzündung des Ölnebels im Getriebegehäuse geführt.

Die Ölversorgung für die Lager wird durch *Drosselventile* oder *Blenden* vor jedem Lagerzufluß geregelt, die auf die durch die Lagerberechnung ermittelte Ölmenge eingestellt werden. Während der Probefahrt wird geprüft, ob die mit dieser Einstellung sich ergebenden Betriebstemperaturen im zulässigen Bereich liegen. Die Einstellung sollte auch später nach Möglichkeit nicht geändert werden. Sollte durch steigende Lagertemperaturen ein Nachstellen erforderlich werden, so müssen unbedingt erst die Gründe für diesen Temperaturanstieg eindeutig festgestellt werden.

Durch Erhöhen des Ölzulaufes allein kann die Temperatur im Schmierspalt eines Lagers nur *unwesentlich* verändert werden — es sei denn, das Lager ist bereits beschädigt.

Leckagen müssen *gedichtet* und Kühler, Siebe und Separatoren in bestem Zustand erhalten werden, da sowohl die Lebensdauer des Getriebes von der ausreichenden Versorgung mit genügenden Mengen sauberen Schmieröls, als auch die Lebensdauer des Schmieröls selbst stark von der Sauberkeit des Schmierölkreislaufes abhängt. Die Magnetfilter sollen in der ersten Zeit nach der Inbetriebnahme einer neuen oder reparierten Anlage einmal täglich, später mindestens einmal wöchentlich gereinigt und auf Abrieb oder sonstige metallische Rückstände untersucht werden.

Bezüglich der *höchstzulässigen Lagertemperaturen* sei noch folgendes bemerkt: Grundsätzlich sind die Angaben des Getriebeherstellers verbindlich. Wenn jedoch von „*höchstzulässig*" gesprochen wird, muß unbedingt auch genau beschrieben werden, *was* und *wo* gemessen wird. Folgende Werte können als *Richtschnur* genommen werden, wenn keine anderen Angaben zur Verfügung stehen:

1. *Messung mit normalem Thermofühler im Ölablauf oder im Ölsumpf*

   $t_{max} = 70...80\ °C$

2. *Messung mit normalem Thermofühler in der Lagerschale, in der belasteten Zone des Lagers*

   $t_{max} = 80...90\ °C$

3. *Messung mit Hochleistungs-Thermofühlern, die in die Lagermetallschicht eingegossen oder leitfähig mit ihr verbunden sind*

   $t_{max} = 100...120\ °C$

Alarm- und *Abschalttemperaturen* sollten jeweils 10 °C bzw. 20 °C *höher* eingestellt werden als die nach der Lagerberechnung *ungünstigstenfalls* zu erwartende *Betriebstemperatur*.

Wird Schmieröl zu lange ohne genügende Aufbereitung (s. Hauptabschnitt 08) benutzt, verliert es seine Schmierfähigkeit; man kann das an einem allgemeinen Ansteigen der Temperaturen innerhalb der gesamten Anlage beobachten.

Das Schmieröl muß von allen Verunreinigungen, z.B. Wasser, Schmutz, Sand und Metallsplittern frei sein, die infolge Verschleiß oder Abrieb der Zähne anfallen. Fäden und Schmutz verstopfen die Ölsprühdüsen.

Besonders gefährlich ist *Wasser* im Schmieröl; zwar kann ein Lager kurze Zeit mit einer begrenzten Menge Wasser im Öl laufen, niemals jedoch ein Zahnrad, da Wasser, auch in kleinsten Mengen, sogleich *Pittingbildung* und *Zahnflankenkorrosion* verursacht. Um während des Betriebes und vor allem während der Stillstandszeiten auch *Schwitzwasserbildung* im Gehäuse zu verhindern, wird das Getriebe *belüftet*. Man findet die unterschiedlichsten Einrichtungen hierfür; bewährt hat sich die Zuführung von Kaltluft durch eine Ansaugleitung möglichst weit unten im Gehäuse. Die Luft erwärmt sich im Getriebe, kann so Feuchtigkeit aufnehmen und entweicht entweder aus einer entsprechenden Entlüftungsöffnung oben im Gehäuse oder sie wird abgesaugt.

Die Lüftungseinrichtung muß nach Reparaturen oder umfangreichen Arbeiten am Getriebe unbedingt auf ihre Wirksamkeit geprüft werden.

Ein gutes Getriebeöl erreicht heute Laufzeiten von 15 000...30 000 h und mehr; wichtig ist dabei aber eine ständige Überwachung in den Labors der jeweiligen Ölgesellschaft einmal im Jahr. Es sind somit in regelmäßigem Abstand *Proben* aus dem Kreislauf zu entnehmen und zur Analyse einzuschicken. Im Seebetrieb soll das Öl kontinuierlich separiert werden; der während der Einlaufzeit neu eingebauter Teile anfallende stärkere Abrieb wird im Magnetfilter abgefangen.

Der *Ölstand* im Getriebe wird vom Herstellerwerk angegeben (laufend prüfen!). Er sollte, wenn keine besonderen Abweisbleche vorgesehen sind, nie über den tiefsten Punkt des Großrades ansteigen, da dann das Öl *schaumig* geschlagen wird und schnell *altert*. Dadurch steigt die Öltemperatur und es können weitere Schäden folgen. Der Vorgang kann sich dadurch bemerkbar machen, daß Ölschaum aus der Belüftungsleitung austritt.

Bei jedem Anzeichen für Emulsionsbildung muß die Anlage sofort angehalten und das Öl aus dem Gehäuse in den Setztank gepumpt werden. Das Getriebe ist vor dem Beschicken mit einer neuen Ölfüllung nach der Schadensstelle abzusuchen. Meist liegt es am Ölkühler.

10.4.11 Schäden und Abhilfemaßnahmen

Die meisten Zahnschäden bei Turbinengetrieben entstehen in der zweiten Untersetzungsstufe; Zahnflankenschäden treten am häufigsten auf. Man unterscheidet *Grübchen (pittings), Freß-Spuren, Verschleißerscheinungen* und sonstige Schäden.

Grübchen

Grübchen erscheinen als kleine flache Löcher mit gezackten Rändern; ihre Größe kann sehr unterschiedlich sein und von Stecknadelkopfgröße bis zu mehreren mm Durchmesser betragen. Es gibt verschiedene Entstehungsursachen und es ist oft schwierig, die jeweils zutreffenden zu erkennen, da meist mehrere gleichzeitig verantwortlich sind.

Bei der Inbetriebnahme eines neuen Getriebes treten gelegentlich Grübchen auf, die *gleichmäßig* über Ritzel und Rad verteilt sind, vor allem in der Hauptberührungszone der Zähne, am Wälzkreis und darunter. Diese Erscheinung, die nach kurzer Zeit zum Stillstand kommt, kann als *Selbsthilfe* des Werkstoffes erklärt werden. Aus kleinsten Fertigungsungenauigkeiten entstandene Buckel und Rattermarken übertragen zunächst die Kräfte; dabei wird der Werkstoff an diesen Stellen infolge der zu hohen Flankenpressung überlastet und bricht aus. Einlaufpittings lassen sich heute nahezu ganz vermeiden, da die Herstellungsverfahren erheblich verbessert wurden und auch verbesserte Meßverfahren zur Herstellungskontrolle eingesetzt werden.

Treten die Grübchen erst nach längerer Laufzeit auf, so handelt es sich entweder um Ermüdungserscheinungen oder örtliche Überlastung des Werkstoffes. Sie äußern sich im Abplatzen kleinerer Oberflächenteilchen *unterhalb* des Wälzkreises, es entstehen Löcher unregelmäßiger Größe mit zackigem Grund und Rändern.

Die Entstehungstheorie geht davon aus, daß die sich durch den gleitenden Eingriff der Zähne ergebenden *Schubspannungen* der Beanspruchung durch den Wälzdruck überlagern und zu feinen Rissen in Gleitrichtung führen (d.h. am Ritzel vom Wälzkreis zum Zahnfuß). In diese Risse wird Öl unter hohem Druck eingepreßt.

Das Öl wird durch den hohen Druck stark erwärmt und verdampft dann schlagartig bei der Entlastung (*Kavitation*), wobei durch die plötzliche Volumenzunahme Werkstoffteilchen aus der Zahnoberfläche herausgesprengt werden.

Die Grübchenbildung wird ausgelöst durch eine oder mehrere Ursachen, vor allem durch
längeres Fahren mit Überlast,
Betrieb mit zu hoher Drehzahl bei schwerer See,
übermäßige Beanspruchung infolge von Dreh-, Biege- und Längsschwingungen des Systems: Antriebsmaschine – Getriebe – Propeller,
Einsatz ungeeigneten Schmieröls mit zu geringer Druckfestigkeit,
mangelhaften Zahnkontakt (Fluchtungsfehler),
Verzahnungsfehler,
Verwendung ungeeigneter Werkstoffe.

Die ausgesprengten Werkstoffteilchen verbleiben manchmal in der Verzahnung und werden bei nachfolgenden Überrollungen in unbeschädigte Zonen der Zahnflanken eingepreßt. Als Folge zeigen sich grübchenähnliche Spuren an beliebigen Stellen des Zahnprofils, die jedoch von den Pittings dadurch zu unterscheiden sind, daß Grund und Räder nicht gezackt sondern glatt sind. Man bezeichnet sie als „Sekundärpittings".

Maßnahmen: Werden Grübchen festgestellt, muß der Zahnflankenzustand laufend durch Aufnehmen des Tragbildes mehrerer gekennzeichneter Zähne überwacht werden (Abdrucke auf verzugfreiem Klebeband, z.B. Scotchtape oder Tesafilm. 10.50).

Bei mangelhaftem Zahnkontakt durch Fluchtungsfehler genügt es oft, die Schadstellen von Hand mittels Ölsteins, Honstein oder Schaber *nachzuarbeiten*. Die Ausrichtung muß verbessert werden; bei kleinen Abweichungen kann ein Nachschaben der Lager entsprechend der Lagerkraftrichtung (s. Bild 10.41) schon genügen. Es empfiehlt sich, dem Schmieröl eine Zeitlang *Molybdändisulfid zuzusetzen*.

Ist das Versagen auf die Verwendung eines ungeeigneten Werkstoffes oder einer ungünstigen Werkstoffpaarung zurückzuführen, muß die Anlage mit *verringerter Leistung* gefahren werden.

Durch Überwachen der *Veränderung* des Zahnflankenzustands mit Hilfe der bereits erwähnten *Klebebandabzüge* von gekennzeichneten Zähnen über einen längeren Zeitraum, muß die *Wirksamkeit* der getroffenen Maßnahmen *geprüft* werden. Die Klassifikationsgesellschaft ist zu informieren; bei größerem Schadensumfang erteilt die Klassifikationsgesellschaft *Auflagen* (zusätzliche Besichtigung, Leistungsbeschränkung usw.).

Freßspuren

Freßspuren treten als Aufrauhung der Zahnflanken auf, zunächst nur als Kratzer oder feine Riefen bemerkbar. Die Kratzer verlaufen vom Teilkreis nach *außen* und sind oft von einer *Gratbildung* an den Zahnköpfen begleitet. Bei längerem Betrieb entstehen aus den Kratzern tiefe Kerben, und die Zahnflanken werden stark angegriffen.

Zeigen sich solche Schäden auf der Außenseite der einen Schrägung und gleichzeitig im mittleren Bereich der anderen Schrägung, so sind sie meist auf Fluchtungsfehler zwischen Rad- und Ritzelwellen zurückzuführen. Verlaufen die Spuren jedoch deutlich quer über die ganze Zahnbreite, sind meist andere Ursachen hierfür verantwortlich, von denen in erster Line *fehlerhafte* oder *ungenügende* Schmierung in Betracht kommt. Bei zu geringer Schmierfilmdicke können Rad- und Ritzelzähne kurzzeitig miteinander *verschweißen*; die sofortige Trennung führt dann zum Ausreißen kleiner Werkstoffteilchen mit zackigen Rändern.

Auch *Zahnprofilfehler* können zu Freßspuren Anlaß geben, die kurz nach der ersten Inbetriebnahme auftreten; als Abhilfe wird längeres Einlaufen mit langsam gesteigerter Belastung empfohlen.

Treten Freßspuren erst im späteren Betrieb auf, ist es ratsam, die Schadstellen mittels Ölstein, Honstein oder Schaber zu glätten und für einige Zeit ein Öl höherer Viskosität, evtl. mit *Molybdändisulfidzusatz*, zu fahren. Schäden durch Fressen der Verzahnung sind bei den neuen Getrieben seltener, da die Güte der Verzahnungen durch Anwenden von modernen Herstellungsverfahren sehr verbessert werden konnte.

Verzahnungen mit *großem* Modul sowie Verzahnungen mit *Profilverschiebung* arbeiten näher an der *Freßlastgrenze* als Normal-Verzahnungen ohne Profilverschiebung und mit kleinerem Modul.

Verschleiß

Wenn das Getriebe im Auslegungsbereich arbeitet, stellt sich infolge der ziemlich hohen Gleitgeschwindigkeit eine *hydrodynamische* Schmierung ein, so daß keine metallische Berührung der Zahnflanken vorliegt und über lange Betriebszeiten kein meßbarer Verschleiß festzustellen ist.

Wenn jedoch oft mit kleinen Laststufen und hoher dynamischer Beanspruchung infolge von Schwingungen gefahren wird, arbeitet das Getriebe im Bereich der *Mischreibung*. Es ergibt sich daraus ein gleichmäßiger Verschleiß der Zahnflanken, der zu wachsendem Zahnflankenspiel führt; nach einiger Zeit sind auch deutliche Unterschiede im Profil der Voraus- und Rückwärtsflanken bemerkbar. Die zulässige Abtragung beträgt etwa 0,8...1,0 mm.

Größere Mengen metallischer Rückstände am Magnetfilter sind Anzeichen für ungewöhnlich starken Verschleiß. Die Ursache kann in Verunreinigung des Schmieröls durch Sand oder Schmutz liegen, der bei Arbeiten am Getriebe eingedrungen sein kann.

Derartige Verschleißschäden treten fast nur an vergüteten (also weichen) Verzahnungen oder bei Verzahnungen mit ungehärtetem Rad, aber gehärtetem Ritzel auf.

Maßnahmen: Ölzustand prüfen, Ölfüllung erneuern, Getriebe durchspülen, gegebenenfalls dem Magnetfilter zusätzliches Filter vorschalten.

Weitere mögliche Schäden

Schleifrisse, Härte- und *Vergütungsfehler* sind als weitere mögliche Schäden zu nennen; häufig führen sie zum Abblättern oder Abplatzen ganzer Werkstoffschichten.

Nur kleine Fehler dieser Art lassen sich durch Schleifen von Hand beseitigen. Erfolg dieser Maßnahme durch sorgfältige Beobachtung prüfen! Notfalls Betriebsdrehzahl herabsetzen.

Zeigt sich im Tragbild ein *wellenförmiger* Abdruck, so kann dies auf Herstellungsungenauigkeiten, zu großen Vorschub beim Schrupp- bzw. Schlichtschnitt oder Schwingungen der Fräsmaschine oder des Fräsers zurückgeführt werden. Fehler dieser Art, sofern sie vereinzelt auftreten, und kleinere Beschädigungen an Rad oder Ritzelzähnen können durch vorsichtiges Schaben und Honen beseitigt werden. Jedoch sollte man bedenken, daß durch einen von Hand ausgeführten Schabevorgang nie auch nur annähernd die Genauigkeit maschineller Arbeitsgänge erzielt werden kann.

Sind durch Fremdkörper oder Materialfehler Teile eines oder mehrerer Zähne an Rad oder Ritzel beschädigt, und liegt die Schadstelle an den Enden der Zahnflanken, so kann der beschädigte Teil des Ritzels bis kurz unter den Zahnfuß abgedreht werden. Dadurch können die unbeschädigten Teile der Zähne weiterarbeiten, ohne von der schadhaften Zone des Rades beeinträchtigt zu werden. Um den entstehenden Axialschub aufzunehmen, muß ein *Notanlaufbund* (Drucklager) vorgesehen werden. Die Anlage kann so mit verringerter Leistung betrieben werden, bis Ersatz für Rad und Ritzel verfügbar sind.

Räder und Ritzel werden, wie oben bereits erwähnt, statisch und dynamisch *gewuchtet*. Dabei werden an den Rädern kleine Gewichte befestigt, um vorhandene Unwuchten auszugleichen. Durch Erschütterungen und unter dem Einfluß der auf sie wirkenden Zentrifugalkräfte können sich diese Gewichte lösen, was dann zu Vibrationen führen kann. Auch durch Korrosion und Beschädigung beim Ein- und Ausbau kann es zu Unwuchten an den Rädern kommen.

Bisher nicht festgestellte *Vibrationserscheinungen* sowie *Geräusche*, verbunden mit außergewöhnlich starkem *Lagerverschleiß*, sind Anzeichen für eine derartige Unwucht im Getriebe. Die Räder müssen dann bei nächster Gelegenheit neu ausgewuchtet werden. Vorbeugend sollte daher bei jeder Besichtigung der feste Sitz der Ausgleichsgewichte geprüft werden. Vibrationen können jedoch auch durch Unwuchten an den Turbinenläufern, an den übrigen Teilen der Wellenleitung oder durch den Propeller entstehen (s. Hauptabschnitt 09).

Bei allen Arbeiten am Getriebe ist darauf zu achten, daß die Sprühdüsen für die Spritzkühlung der Zahneingriffsstellen in ordnungsgemäßem Zustand sind und in die vorgeschriebene Richtung weisen. Zu diesem Zweck sind sie mit entsprechenden Markierungen versehen. Sie sollten bei jeder Getriebekontrolle auf *Sauberkeit* und *einwandfreien Sitz* geprüft und mindestens bei jedem Ölwechsel des Getriebes abgenommen und gründlich gereinigt werden.

Durch eine vorschriftsmäßige Versorgung mit Schmieröl, einwandfreies Lagerspiel aller Wellen und eine häufige Besichtigung der Zahnflanken auf Grübchen und Kratzspuren kann schweren Schäden am besten vorgebeugt werden. Das Tragbild sollte viertel- bis halbjährlich geprüft und mit dem Tragbild verglichen werden, das sich nach dem ersten Lastlauf ergab.

Alle zwei Jahre sollten einige Zähne mit einem ölfesten Tuschierlack (z.B. *Dykem Red*) eingefärbt werden, nach einigen tausend Überrollungen kann so das *Tragbild unter Last* festgestellt werden.

Die Firma *Renk* bietet als modernstes Verfahren zur laufenden Überwachung des Breitentragens der Verzahnung den *Renk-Checker* an; bei diesem Verfahren wird mit Hilfe von Dehnmeßstreifen an mehreren Stellen der Verzahnung die *Zahnfußbiegespannung* gemessen. Weicht diese Spannung an einem oder mehreren Punkten stärker als zulässig vom Wert der anderen Meßpunkte ab, wird ein Alarm ausgelöst.

Auch wenn es in einem technischen Handbuch seltsam erscheinen mag, so soll hier doch noch etwas zur „*Kleiderordnung*" bei Arbeiten oder Besichtigungen im Getriebe gesagt werden: Es sollten grundsätzlich stets alle Taschen des Overalls *geleert* werden, bevor in das Getriebe eingestiegen oder auch nur geblickt wird. Der Overall sollte ferner möglichst keine Knöpfe sondern nur Reißverschlüsse aufweisen. Knöpfe, Schraubenzieher, Kugelschreiber, Münzen aller Art, Schrauben, Muttern, Splinte, ja, sogar Taschenlampen haben die unangenehme Eigenschaft, dem Gesetz der Schwerkraft folgend, aus Taschen heraus in das Getriebe zu fallen. Wenn das bemerkt wird, kann die Suche Stunden, ggf. einen ganzen Tag in Anspruch nehmen. Schlimmer noch ist der unbemerkte „*Hereinfall*" solcher Gegenstände, der sich dann später in einem schwer beschädigten Getriebe ggf. sogar in einem *Totalausfall* auswirken kann.

10.5 Schrifttum

[10.01] *Allianz*-Handbuch der Schadenverhütung. Allianz-Versicherungs AG, München und Berlin, 1976.

[10.02] *Benkovsky, D., Galver, G., Korobtsov, I.* und *Oganezov, G.*: Technology of Ship Repairing. MIR Publishers, Moskau 1965.

[10.03] *Broersma, G.*: Marine Gears. Ship and Marine Engines Volume VIII. The Technical Publishing Company H. Stam, N.V., Haarlem 1961.

[10.04] *Eschmann, P., Hasbargen, L., Weigand, K.*: Die Wälzlagerpraxis, 2. Auflage, herausgegeben im Auftrag der FAG Kugelfischer, Georg Schäfer & C0. Verlag R. Oldenbourg, München 1978.

[10.05] *Germanischer Lloyd*: Vorschriften für Klassifikation und Bau der Maschinenanlagen von Seeschiffen. Selbstverlag der Germanischen Lloyd, Hamburg 1980.

[10.06] *Heck, J.W.*, und *Baker, E.*: Marine Propeller Shaft Casualties. Transactions of the Society of Naval Architects and Marine Engineers. Volume 71 (1963). New York 1964.

[10.07] *Henschke, W.*: Schiffbautechnisches Handbuch. Band 4, 2. Auflage. VEB Verlag Technik, Berlin 1958.
Henschke, W.: Schiffbautechnisches Handbuch. Band 6. VEB Verlag Technik, Berlin 1966.

[10.08] *Koons, H.O.*: Stern bearings and seal failures Transactions of the Inst. of Marine Engrs., 83 (1971), London.

[10.09] *Lang, O.R., Steinhilper, W.*: Gleitlager Springer Verlag, Berlin 1978.

[10.10] *Schalitz, A.*: Kupplungsatlas, 4. Auflage, AGT-Verlag Georg Thum, Ludwigsburg 1975.

[10.11] *Shannon, J.F.*: Marine Gearing, Marine Engineering Design and Installation Series, The Institute of Marine Engineers, London 1977.

[10.12] *Stübner, K.* und *Ruggen, W.*: Kupplungen. Carl Hanser Verlag, München 1961.

[10.13] *VDI*-Richtlinie 2157. Planetengetriebe – Begriffe, Symbole, Berechnungsgrundlagen. VDI-Verlag, Düsseldorf 1978.

[10.14] *VDI*-Richtlinie 2204. „Gleitlagerberechnung". VDI-Verlag, Düsseldorf 1968.

[10.15] *VDI*-Richtlinie 2240. Wellenkupplungen; Systematische Einteilung nach ihren Eigenschaften. VDI-Verlag, Düsseldorf 1971.

[10.16] *VDI*-Richtlinie 2241 (Entwurf). Schaltbare fremdbetätigte Reibkupplungen und -bremsen, Bauformen, Berechnungen, Anwendungen. VDI-Verlag, Düsseldorf.

[10.17] *VDI*-Richtlinie 2726 (Entwurf). Ausrichten von Getrieben. VDI-Verlag, Düsseldorf 1980.

[10.18] *Vogelpohl, G.*: Betriebssichere Gleitlager, 2. Auflage. Springer Verlag, Berlin 1967.

[10.19] *Zrodowski, J.J.* und *Andersen, H.C.*: Co-Ordinated Alignment of Line Shaft, Propulsion Gear, and Turbines, Transactions of the Society of Naval Architects and Marine Engineers. Volume 67 (1959), New York 1960.

Zeitschriftenaufsätze

[10.20] *Archer, S.*: Marine Propulsion, with special reference to the Transmission of Power. Proceedings of the Institute of Mechanical Engineers 1963–64, vol. 1978, S. 1081.

[10.21] *Bergling*: Achterstevenslagerung für Großschiffe. Kugellager-Zeitschrift, 46. Jahrgang, Nr. 170.

[10.22] *Bönsch, G.*: Voith-Turbokupplung für Schiffsantriebe. MTZ 28 (1967), S. 448.

[10.23] *Bühring, G.E.*: Getriebe für mittelschnellaufende Dieselmotoren und ihre Vorteile als Schiffsantrieb. MTZ 28 (1967), 10 S. 451.

[10.24] *Droste, K.*: Wann ist ein Gleitlager betriebsicher? Goldschmidt informiert, 3/74, Nr. 30 (Firmenzeitschrift der Firma Th. Goldschmidt).

[10.25] *Engel, L., Winter, H.*: Wälzlagerschäden. Antriebstechnik 18 (1979), 3.

[10.26] *Geislinger, L.R.*: Eine neue schwingungsdämpfende und elastische Kupplung. HANSA 98 (1961), 10, S. 983.

[10.27] *Hilgers, W.*: Erkennung der Ursache von Schäden an dickwandigen Verbundlagern. Schmiertechnik und Tribologie 24 (1977), 5 und 6.

[10.28] *Kollenberger, W.*: Die Simplex-Compact-Abdichtung. Schiff & Hafen 22 (1970), 9, S. 848.

[10.29] *Kollenberger, W.*: Die Weiterentwicklung der Simplex-Compact-Abdichtung. Schiff & Hafen 27 (1975) 5 S. 367.

[10.30] *Lunke, M.*: Neue hochelastische Schaltkupplungen im Einsatz auf einem modernen Heckfänger. HANSA 105 (1068) 7, S. 478.

[10.31] *Mauri, H.*: Getriebeschäden an Hauptantriebsanlagen von Seeschiffen. Schiffs-Ingenieur-Journal Nr. 73/1967 und Nr. 75/1968.

[10.32] *Mewes, G.*: Simplex-Compact-Abdichtungen. HANSA 116 (1979) 6, S. 459.

[10.33] *Pinnekamp, W.*: Spiroflex und Pneumaflex – Zwei elastische Kupplungen zur Überwindung von Drehschwingungen in Schiffsantrieben. Schiff & Hafen 16 (1964), S. 626.

[10.34] *Wojcik, Z.C.*: Vibrations forcées de la Coque et Lignage rationel de l'arbre Porte-Hélice. Bulletin Technique du Bureau Veritas 50 (1968), Nr. 3 und Nr. 4.

Hauptabschnitt 11
Schiffbau

Prof. Dr.-Ing. *W. Abicht*, Hamburg   Prof. Dr.-Ing. *O. Krappinger*, Hamburg

11.1 Formelzeichen, Einheiten und Normen

B	Schiffsbreite	m
D	Seitenhöhe des Schiffes	m
f	Frequenz	s^{-1}
g	Erdbeschleunigung	$m \cdot s^{-2}$
h	Hebelarm des aufrichtenden Moments (= Stabilitätshebelarm)	m
I	Trägheitsmoment der Schwimm- oder Wasserlinienfläche	m^4
k	Massenträgheitsradius (mitschwingendes Wasser berücksichtigt)	m
$\overline{KG}$	Höhenlage des Gewichtsschwerpunkts über Kiel	m
L	Schiffslänge	m
M_{Kr}	Krängendes Moment	$m \cdot kN$
M_{St}	(Quer-)Stabilitätsmoment (bei Neigungen um die Längsachse)	$m \cdot kN$
M_{StL}	Längsstabilitätsmoment (bei Neigungen um die Querachse)	$m \cdot kN$
M_{Tr}	Trimmendes Moment	$m \cdot kN$
$\overline{MG}$	Metazentrische Höhe	m
m	Zuladungsmasse	t
n	Drehzahl	min^{-1}
P	Schiffsgewicht	kN
p	Zuladungsgewicht	kN
T	Tiefgang des Schiffes	m
T	Rollzeit des Schiffes	s
Δt	Gesamttauchungsänderung bei einer Vertrimmung	m
Δt_h	Tauchungsänderung an der hinteren Ahming	m
Δt_v	Tauchungsänderung an der vorderen Ahming	m
V	Verdrängung (= verdrängtes Wasservolumen)	m^3
V	Schiffsgeschwindigkeit	kn
w	Abstand des Auftriebsvektors vom Kiel (= Pantokarenenwert)	m
γ	spezifisches Gewicht	$kN \cdot m^{-3}$
Δ	Deplacement (= verdrängte Wassermasse)	t
ρ	Dichte	$t \cdot m^{-3}$
φ	Krängungswinkel (Neigung um die Schiffslängsachse)	°
ψ	Trimmwinkel (Neigung um die Schiffsquerachse)	°
ω	Kreisfrequenz ($\omega = 2\pi f$)	s^{-1}

Einige weitere verwendete Symbole sind an der jeweiligen Textstelle oder in Abbildungen erklärt.

11.2 Hauptabmessungen und Bezeichnungen

Länge über alles: sie wird gemessen zwischen den äußersten festen Punkten des Schiffes.

Länge über Steven: sie wird gemessen in der Höhe der Tiefladelinie von der Vorderkante des Vorstevens bis zur Hinterkante des Hintersteven bzw. bis zur Drehachse des Ruderschaftes, wenn kein Rudersteven vorhanden ist.

Länge zwischen den Loten: bedeutet das gleiche wie Länge über Steven. Letztere Bezeichnung ist jedoch eindeutiger; bei ersterer weiß man nicht, wo die Lote gedacht sind.

Länge in der Konstruktionswasserlinie: sie ist die größte Länge der Tiefladelinie.

Breite: sie wird gemessen auf Außenkante der Spanten an der breitesten Stelle des Schiffes.

Breite über alles: größte Breite des Schiffes, sie wird gemessen an der breitesten Stelle des Schiffes über Scheuerleisten oder sonstige Anbauten.

Seitenhöhe: ist der mittschiffs an der Schiffsseite gemessene Abstand zwischen Oberkante Kiel und Oberkante Decksbalken.

Tiefgang (Konstruktionstiefgang): senkrechter Abstand zwischen Oberkante Kiel und Tiefladelinie, gemessen in der Mitte der Schiffslänge.

Größter Tiefgang: ist der senkrechte Abstand zwischen dem tiefsten Punkt des Schiffes und der Tiefladelinie.

Freibord: ist der mittschiffs an der Schiffsseite gemessene Abstand zwischen Oberkante Freiborddeck und Oberkante Freibordmarke. Die *Freibordmarke* (Bild 11.1) gibt an, wie weit das Schiff höchstens eintauchen darf. Die Größe des gesetzlich vorgeschriebenen Mindestfreibords ist im Internationalen Freibordübereinkommen von 1966 festgelegt.

Freiborddeck: Deck, von dem der gesetzliche Mindestfreibord abgesetzt wird. Freiborddeck kann das oberste durchlaufende Deck oder ein tiefer gelegenes vollständiges und festes Deck sein.

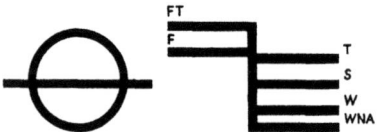

Bild 11.1 Freibordmarke. Die Buchstaben an den rechten Marken geben die zulässige Eintauchung für verschiedene jahreszeitliche bzw. geographische Zonen an:
T = Tropen, S = Sommer, W = Winter, WNA = Winter Nordatlantik.
Die zulässige Eintauchung in Frischwasser bzw. in Frischwasser in den Tropen wird durch die linken Marken F bzw. FT angegeben

Bild 11.2
Vermessungsmarke. Der höher liegende linke Teil des Balkens gibt die in Frischwasser zulässige Eintauchung an

Tiefladelinie: ist die Wasserlinie, die durch die Oberkante der Freibordmarke verläuft.
Leerwasserlinie: ist die Wasserlinie, bis zu der das seefähig ausgerüstete Schiff ohne Ladung eintaucht.
Tiefgangsmarken (Ahmings): am Vor- und Hintersteven angebrachte Maßstäbe zur Ablesung der vorderen und hinteren Eintauchung des Schiffes.
Deplacement: die vom Schiff verdrängte Wassermasse. Sie ist gleich der Masse des Schiffes.
Tragfähigkeit (Deadweight): ist die Differenz zwischen dem Deplacement des bis zur Tiefladelinie eintauchenden Schiffes und der Masse des leeren Schiffes. Die Zuladung besteht aus der Nutzladung (pay load) sowie aus der für den Betrieb des Schiffes erforderlichen Zuladung (Brennstoffe, Schmieröl, Speisewasser, Frischwasser, Proviant, Besatzung mit Effekten, Staugeräte).
Rauminhalt: man unterscheidet *Schüttgutraum* und *Stückgutraum*. Ersterer wird gemessen zwischen Oberkante Bodenwegerung, Innenkante Außenhaut, Unterkante Deck, abzüglich Einbauten, zuzüglich Luken bis Unterkante Deckel. Stückgutraum wird gemessen zwischen Oberkante Bodenwegerung, Innenkante Seitenwegerung und Unterkante Decksbalken. Dazu kommt der Inhalt der Luken, gerechnet bis zur Unterkante der Schiebebalken.
Räumte: ist das Verhältnis zwischen dem Laderauminhalt für Schüttgut und der Masse der Nutzladung. Da der Laderauminhalt häufig auch auf die gesamte Zuladung (Tragfähigkeit) bezogen wird, ist die jeweils gewählte Bezugsgröße anzugeben.
Tonnage: ist der nach den Regeln des Schiffsvermessungsübereinkommens ermittelte Rauminhalt eines Schiffes. Es wird zwischen *Brutto-* und *Nettotonnage* unterschieden.
Vermessungsmarke: unter gewissen Bedingungen lassen sich für ein Schiff 2 verschiedene Werte für die Bruttotonnage errechnen („Wechseldecker"). Diese Schiffe weisen unterhalb der Freibordmarke noch eine Vermessungsmarke auf (Bild 11.2). Solange die Oberkante des waagerechten Balkens der Vermessungsmarke nicht eintaucht, gilt die kleinere Tonnage.

11.3 Schiffstypen

Eine Einteilung der Schiffe in Gruppen kann nach verschiedenen Merkmalen erfolgen (Verwendungszweck, Antriebsart, Aufbautengestaltung usw.). In den vergangenen Jahren hat die zunehmende Spezialisierung auf bestimmte Transportaufgaben und die Entwicklung neuer Umschlagstechniken neuartige Schiffstypen entstehen lassen, so daß heute die Unterscheidung nach dem Verwendungszweck im Vordergrund steht.
Fahrgastschiffe: Fahrgastschiffe im Sinne des Internationalen Schiffssicherheitsvertrages sind alle Schiffe, die für die Beförderung von mehr als 12 Fahrgästen vorgesehen sind. Kreuzfahrt- und Ausflugschiffe sind reine Fahrgastschiffe ohne größere Laderäume. Fährschiffe nehmen außer den Fahrgästen rollende Ladung an Bord (Personen- und Lastkraftwagen, Trailer, Eisenbahnwagen usw.).
Trockenfrachter: Sammelbezeichnung für alle dem Transport nicht-flüssiger Ladung dienenden Seeschiffe. Konventionelle Trockenfrachter verfügen über ein bordeigenes Ladegeschirr und eignen sich zum Transport fast aller Arten von Stück- und Schüttgut.
Containerschiffe: Spezialtrockenfrachter zum Transport von Containern. Die Container werden unter Deck in Zellengerüsten übereinander gestaut; weitere Containerstellplätze befinden sich an Deck (z. B. für Container mit gefährlicher Ladung). Bordeigenes Ladegeschirr wird bei den „Vollcontainerschiffen" meist nicht vorgesehen, da der Umschlag in der Regel von Land aus durch besondere Containerladebrücken erfolgt. Die Lukenöffnungen sind extrem groß, so daß jeder Container senkrecht aus dem Laderaum heraus- bzw. in den Laderaum hineingebracht werden kann („offenes" Schiff). Im Vergleich zu herkömmlichen Stückgutschiffen wird eine etwa sechsmal so hohe Umschlagsleistung erzielt.
Ro-Ro-Schiffe: Schiffe, bei denen die Ladung auf Rädern über Rampen an Bord gefahren wird („Roll on – Roll off"). Die Umschlagsleistung erreicht zum Teil ähnlich hohe Werte wie beim Containerschiff („Lift on – Lift off"). Die Ladung bei Ro-Ro-Fährschiffen besteht vorwiegend aus Autos oder auch aus Eisenbahnwaggons, bei Ro-Ro-Frachtschiffen aus auf Fahrgestellen („Trailern") ruhenden Containern. Nicht rollbare Ladungseinheiten werden von schiffseigenen Flurförderzeugen (Hubwagen, Front-, Seiten- und Portalstaplern) aufgenommen

und dann in das Schiff hinein- bzw. aus dem Schiff herausgerollt.

Barge Carrier: Spezialschiff zum Transport schwimmfähiger Leichter („Bargen"). Die pontonförmigen Leichter werden je nach Umschlagsprinzip entweder von einem über Deck verfahrbaren Kran aus dem Wasser gezogen und durch die über dem vorgesehenen Stellplatz befindliche Luke hindurchgeführt, durch Bug- bzw. Seitenpforten eingeschwommen oder mit einer am Heck befindlichen Hebebühne angehoben und dann im Schiffsinneren horizontal bis zur Endposition verschoben.

Massengutschiffe: Massengutschiffe im engeren Sinne sind Spezialschiffe zum Transport von Schüttgütern wie Erz, Kohle und Getreide. Bei entsprechender Ausrüstung (öl- und gasdichte Lukendeckel, Anordnung der erforderlichen Pumpen, Rohrleitungen und Tankentlüftungen) kann in den Laderäumen von Massengutfrachtern auch Öl gefahren werden. Man spricht dann von *OBO-Schiffen* (Ore-Bulk-Oil-Carrier). Wegen des unterschiedlichen Raumbedarfs des relativ schweren Erzes einerseits und des relativ leichten Getreides andererseits bevorzugt man eine alternierende Anordnung von kurzen und langen Laderäumen. Auf diese Weise kann man – sofern in der Erzfahrt nur die Kurzräume beladen werden – eine Teilfüllung von Laderäumen vermeiden. Dadurch – sowie durch die mit schrägen Wänden versehenen Seitentanks im Bereich der Kimm und unterhalb des Decks – wird ein zu starkes seitliches Verrutschen der Ladung und damit ein mögliches Kentern verhindert. Außerdem erleichtern die schrägen Seitentanks das Entladen mit dem Greifer („selbsttrimmendes" Schiff).

Tankschiffe: Je nach Ladungsart unterscheidet man zwischen Rohöl-, Produkten-, Chemikalien- und Gastankern. Der starke Anstieg des Rohölbedarfs hat nach dem zweiten Weltkrieg zu einem sprunghaften Anwachsen der Tankergrößen geführt. Die größten zur Zeit im Einsatz befindlichen Rohöltanker sind über 400 m lang und haben eine Tragfähigkeit von 550 000 t. Die Kehrseite dieser Entwicklung ist die starke Gefährdung der Meere und Küsten durch austretendes Öl. In internationalen Gremien (IMCO) aufgestellte Regeln für den Bau und Betrieb von Mineralöltankern sollen eine weitere Zunahme der von Tankern hervorgerufenen Meeresverschmutzung verhindern. Wesentlich kleiner als die meisten Rohöltanker sind die zum Transport fertiger Raffinerieprodukte vorgesehenen *Produktentanker.* Wegen der Aggressivität dieser Produkte (z. B. Benzin) sind die Tankwände mit einem Korrosionsschutzmittel beschichtet. Andere chemische Flüssigkeiten, z. B. Säuren oder Laugen, werden in *Chemikalientankern* transportiert. Hier wird je nach Erfordernis der Ladung auch rostfreier Stahl zum Bau der Tanks verwendet. Die baulichen Auflagen hängen von der Gefährlichkeit der zu befördernden Chemikalien ab. Sie sind beim „Typ-1-Schiff" am höchsten (hoher Grad an Lecksicherheit, Anordnung eines Doppelbodens und einer doppelten Außenhaut usw.). Ebenfalls sehr strenge Vorschriften bestehen für den Transport verflüssigter Gase. Man unterscheidet zwischen *LPG- und LNG-Gastankern* [liquified petroleum gas (z. B. Propan, Butan) bzw. liquified natural gas (z. B. Metan)]. Die Verflüssigung geschieht entweder unter Druck (Einbau von Druckbehältern), unter Druck und gleichzeitiger Abkühlung oder nur durch Abkühlung (Methan wird dann bei einer Temperatur von unter $-160\,°C$ gefahren!).

Weitere Schiffstypen: Kühlschiffe (für Bananen, Obst, Gefrierfleisch), Autotransporter, Fischereifahrzeuge (Trawler, Logger, Fabrikschiffe usw.), Schlepper, Eisbrecher, Behördenfahrzeuge, Marinefahrzeuge, diverse Binnenschiffstypen usw.

11.4 Stabilität und Trimm

Ein Schiff ist stabil, wenn eine Neigung des Schiffes ein Moment zur Folge hat, das auf das Schiff aufrichtend wirkt. Es ist üblich, die Stabilitätsuntersuchungen aufzuteilen in eine Untersuchung der *Anfangsstabilität* und in eine der *Stabilität bei größeren Neigungen.*

11.4.1 Anfangsstabilität

Die Untersuchung der Anfangsstabilität läuft darauf hinaus festzustellen, wie sich ein Schiff verhält, wenn es um einen sehr kleinen Winkel um die Schiffslängsachse „gekrängt", d.h. geneigt wird. Da die Gesamtverdrängung dabei gleich bleiben muß, ist das Volumen des eintauchenden und des austauchenden Keilstückes gleich groß (Bild 11.3). Auf der austauchenden Seite wird also das Volumen v des Keilstückes von der Verdrängung weggenommen, auf der eintauchenden Seite dagegen hinzugefügt. Den Auftrieb kann man sich im Schwerpunkt der Verdrängung *(Formschwerpunkt)* angreifend denken. Seine Richtung steht senkrecht zur Wasseroberfläche. Beim aufrecht schwimmenden Schiff liegt der Formschwerpunkt – in Bild 11.3 mit F_0 bezeichnet – in der Symmetrieebene. Beim Neigen des Schiffes wird der Formschwerpunkt wegen der Verlagerung von v von der austauchenden nach der eintauchenden Seite ebenfalls nach der eintauchenden Seite hin wandern. Seine Lage im gekrängten Schiff ist im Bild 11.3 mit F_1 bezeichnet. Die Strecke $\overline{F_0 F_1}$ kann für kleine Winkel φ wie folgt berechnet werden:

$$\overline{F_0 F_1} = \frac{v \cdot e}{V} \qquad (1)$$

e ist der Abstand der Schwerpunkte der Keilstücke; mit V ist die Verdrängung bezeichnet. Das Produkt $v \cdot e$ kann berechnet werden, indem man die Keilstücke in Scheiben mit dem Volumen Δv zerlegt.

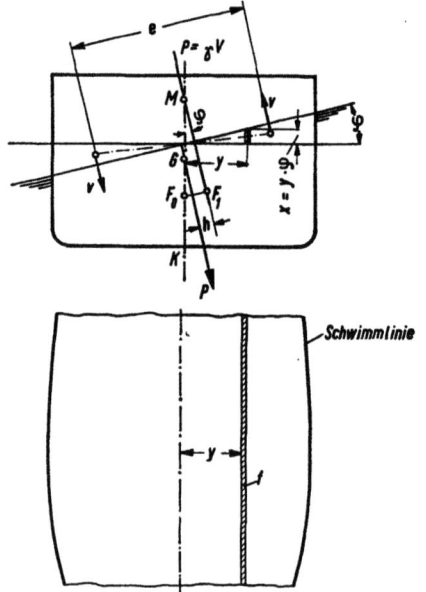

Bild 11.3 Aufrichtendes Moment bei kleinen Neigungen.
K = Kielpunkt   G = Gewichtsschwerpunkt
P = Schiffsgewicht   f = Fläche eines Scheibenstreifens

Die Summe der Produkte $\Delta v \cdot y$ ist gleich $v \cdot e$

$$\Sigma \Delta v \cdot y = v \cdot e \quad . \tag{2}$$

Aus Bild 11.3 folgt: $\Delta v = f \cdot x$ und mit $x = y \cdot \varphi$ (φ ist im Bogenmaß einzusetzen): $\Delta v = f \cdot y \cdot \varphi$. Damit wird

$$v \cdot e = \Sigma f \cdot y \cdot \varphi \cdot y = \Sigma f \cdot y^2 \cdot \varphi \tag{2a}$$

$\Sigma f \cdot y^2$ ist das Trägheitsmoment der Wasserlinienfläche, bezogen auf ihre Längsachse. Bezeichnet man es mit I, so kann man die Gleichung für $\overline{F_0 F_1}$ wie folgt schreiben:

$$\overline{F_0 F_1} = \frac{I \cdot \varphi}{V} \tag{3}$$

Der Schnittpunkt des in der aufrechten Schwimmlage durch F_0 gehenden Auftriebsvektors mit dem in der geneigten Schwimmlage durch F_1 gehenden Auftriebsvektors wird *Metazentrum* (genaugenommen *Anfangsmetazentrum*) genannt und ist im Bild 11.3 mit M bezeichnet.

Aus Bild 11.3 kann man ablesen:

$$\overline{F_0 F_1} = \overline{MF_0} \cdot \varphi \tag{4}$$

Daraus und aus der vorhergehenden Gleichung folgt:

$$\overline{MF_0} = \frac{\overline{F_0 F_1}}{\varphi} = \frac{I}{V} \tag{5}$$

Damit ist die Lage des Auftriebs bestimmt. Seine Größe ist $\gamma \cdot V = P$ (P ist das Schiffsgewicht, γ ist das spezifische Gewicht des Wassers); auch seine Richtung ist bekannt.

Als zweite auf das Schiff wirkende Kraft ist noch das Schiffsgewicht P zu berücksichtigen. Man kann es als im Gewichtsschwerpunkt (dieser ist im Bild 11.3 mit G bezeichnet) angreifend denken. Es wirkt ebenfalls in der Senkrechten. Gewicht und Auftrieb bilden somit ein Kräftepaar. Aus Bild 11.3 ist ersichtlich, daß dieses Kräftepaar nur dann der Neigung entgegenwirkt, wenn das Metazentrum über dem Gewichtsschwerpunkt liegt.

Die Größe des aufrichtenden Momentes, das auch Stabilitätsmoment genannt wird, ist

$$M_{St} = P \cdot h \tag{6}$$

h wird Hebelarm der Stabilität genannt. Aus Bild 11.3 folgt für h:

$$h = \overline{MG} \cdot \sin \varphi \tag{7}$$

wobei

$$\overline{MG} = \overline{MF_0} - \overline{F_0 G} \tag{8}$$

bzw.

$$\overline{MG} = \overline{MF_0} + \overline{KF_0} - \overline{KG} \tag{9}$$

ist.

Die Strecke $\overline{MG}$ heißt *metazentrische Höhe*. Sie ist, da sie die Größe des Stabilitätsmoments bestimmt, ein wichtiges Maß für das Wiederaufrichtevermögen des gekrängten Schiffes.

Die Größen $\overline{MF_0}$, $\overline{KF_0}$ und $\overline{KM}$ werden von der Bauwerft für verschiedene Verdrängungen berechnet. Auch den Abstand des Gewichtsschwerpunktes des leeren Schiffes vom Kiel ermittelt die Werft. Die Änderung der Lage des Gewichtsschwerpunktes durch Zuladung kann berechnet werden. Somit läßt sich $\overline{MG}$ für alle Beladungszustände des Schiffes bestimmen.

Wie schon erwähnt, gelten die oben hergeleiteten Beziehungen nur für sehr kleine Winkel φ. Praktisch verwendet man sie jedoch auch für Winkel bis zu $\varphi = 10°$; der dabei auftretende Fehler ist meist so gering, daß er vernachlässigt werden darf.

Beispiel: Ein Schiff hat ein Deplacement von $\Delta = P/g = 5400$ t, eine metazentrische Höhe von $\overline{MG_0} = 0,43$ m und einen Abstand des Gewichtsschwerpunktes vom Kiel von $\overline{KG_0} = 4,20$ m. Wie groß wird die Krängung des Schiffes, wenn der Brennstoffinhalt eines seitlichen Doppelbodentanks (seine Masse ist $m = p/g = 35$ t) verbraucht wird? Der Schwerpunkt des Doppelbodentanks liegt $\overline{KG_T} = 0,51$ m über Kiel und $e = 3,70$ m aus Mitte Schiff (Bild 11.4).
Die Lösung der Aufgabe nimmt man in zwei Schritten vor:
a) Berechnung der Lage des Gewichtsschwerpunktes nach Leerung des Tanks (im folgenden sind die auf den Ausgangszustand bezogenen Größen mit dem Index 0, die auf den Endzustand bezogenen Größen mit dem Index 1 versehen):

$$\overline{KG_1} = \frac{\overline{KG_0} \cdot \Delta - \overline{KG_T} \cdot m}{\Delta - m}$$

$$= \left(\frac{4{,}20 \cdot 5400 - 0{,}51 \cdot 35}{5400 - 35} \right) m = 4{,}224 \text{ m}$$

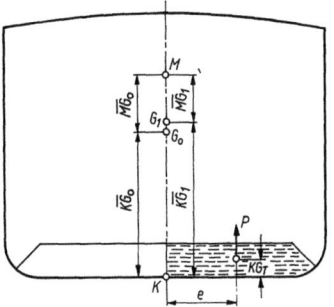

Bild 11.4 Bezeichnungen zum Berechnungsbeispiel

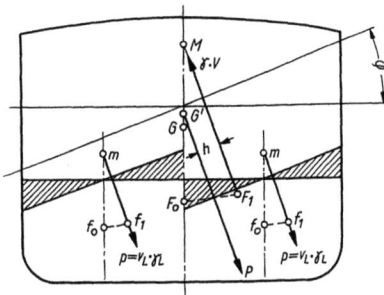

Bild 11.5 Berücksichtigung freier Oberflächen im Schiff

Damit wird

$$\overline{MG_1} = \overline{KG_0} + \overline{MG_0} - \overline{KG_1}$$
$$= (4{,}20 + 0{,}43 - 4{,}224) \text{ m} = 0{,}406 \text{ m}$$

Bei der Berechnung von $\overline{MG_1}$ wurde angenommen, daß sich bei der Leerung des Tanks die Lage des Metazentrums nicht ändert. Diese Annahme ist bei so kleinen Änderungen des Beladungszustandes durchaus gerechtfertigt.

b) Aufsuchen des Winkels, bei dem krängendes und aufrichtendes Moment gleich groß sind; dieser Winkel ist der gesuchte Krängungswinkel.

Das krängende Moment M_{Kr} ist gleich dem Gewicht des Tankinhalts mal seinem waagrechten Abstand von der Schiffsmitte. Bei einem Krängungswinkel φ ist dieser Abstand gleich $e \cdot \cos \varphi$

$$M_{Kr} = p \cdot e \cdot \cos \varphi$$

Das aufrichtende Moment ist

$$M_{St} = P \cdot \overline{MG_1} \cdot \sin \varphi$$

Aus $M_{St} = M_{Kr}$ folgt:

$$\frac{\sin \varphi}{\cos \varphi} = \tan \varphi = \frac{p \cdot e}{P \cdot \overline{MG_1}} = \frac{m \cdot e}{\Delta \cdot \overline{MG_1}} = \frac{35 \cdot 3{,}70}{5400 \cdot 0{,}406}$$
$$= 0{,}0591$$
$$\varphi = 3° \, 23'$$

Berücksichtigung des Einflusses freier Flüssigkeitsoberflächen im Schiff auf die Anfangsstabilität: Bei einer Krängung wird sich der Schwerpunkt einer in einem Tank des Schiffes befindlichen Flüssigkeit verschieben (Bild 11.5). Die Größe der Schwerpunktsverschiebung $f_0 f_1$ kann — ähnlich wie früher — mit Hilfe der im Bild schraffierten Keilstücke berechnet werden.

Auch kann man von einem *Metazentrum der flüssigen Ladung*, im Bild 11.5 mit m bezeichnet, sprechen. Analog zu dem früher Gesagten ist

$$\overline{mf_0} = \frac{i}{v_L} \quad (10)$$

wobei i das auf die Tanklängsachse bezogene Trägheitsmoment der freien Oberfläche und v_L das Volumen der flüssigen Ladung ist. Wie man aus Bild 11.5 sofort sieht, ist die Wirkung einer frei beweglichen, flüssigen Ladung auf das Schiff gleich der einer festen Ladung, die im Punkte m aufgehängt

ist: in beiden Fällen ist die Lage des das Ladungsgewicht darstellenden Kraftvektors die gleiche.

Dem scheinbaren Angriff des Ladungsgewichtes in m entspricht auch ein scheinbares Höherrücken des Gewichtsschwerpunktes des Gesamtsystems Schiff + Ladung von G nach G':

$$\overline{GG'} = \frac{\Sigma p \cdot \overline{mf_0}}{P} = \frac{\Sigma \gamma_L \cdot v_L \cdot i/v_L}{\gamma \cdot V}$$
$$= \frac{\Sigma \gamma_L \cdot i}{\gamma V} = \frac{\Sigma \rho_L \cdot i}{\rho \cdot V} \quad (11)$$

γ_L ist das spezifische Gewicht der Ladung, γ das des Wassers, in dem das Schiff schwimmt (entsprechend: ρ_L Dichte der Ladung, ρ Dichte des Wassers) und V die Verdrängung des Schiffes. Das Summenzeichen im Zähler des vorstehenden Bruches bedeutet, daß die für jeden einzelnen Tank mit freier Oberfläche berechneten Produkte $\rho_L \cdot i$ zu summieren sind.

Die wirksame metazentrische Höhe bei flüssiger Ladung mit freien Oberflächen ist also

$$\overline{MG'} = \overline{MG} - \overline{GG'}$$
$$= \overline{MF_0} - \overline{F_0 G} - \overline{GG'} \quad (12)$$

Mit

$$\overline{MF_0} = \frac{I}{V} \quad \overline{GG'} = \frac{\Sigma \rho_L \cdot i}{\rho \cdot V}$$

erhält man

$$\overline{MG'} = \frac{I - \Sigma \frac{\rho_L}{\rho} \cdot i}{V} - \overline{F_0 G} \quad (13)$$

D.h. beim Transport von flüssiger Ladung mit freien Oberflächen ist die wirksame metazentrische Höhe kleiner, als sie es im Falle fester Ladung wäre. Es ist zu beachten, daß auch Getreide und dgl. ähnlich wie flüssige Ladung *stabilitätsvermindernd* wirkt, wenn es nicht am Übergehen gehindert wird.

Beispiel: Ein Schiff hat eine Verdrängung von $V = 9\,650$ m³ (bzw. ein Deplacement von $\Delta = 1{,}025 \cdot 9\,650$ t = 9 900 t). Seine metazentrische Höhe beträgt 0,25 m. Es soll der Neigungswinkel berechnet werden, der auftritt, wenn 65 t der Ladung übergehen. Die seitliche Verschiebung des Schwerpunkts der übergehenden Ladung beträgt 3,5 m, seine Höhenlage bleibt unverändert. Bei der Berechnung des Krängungswinkels ist anzunehmen, daß

a) keine freien Oberflächen vorhanden sind;
b) ein Ballasttank eine freie Oberfläche mit einem Trägheitsmoment $i_1 = 288$ m⁴ und ein Brennstofftank eine mit einem Trägheitsmoment $i_2 = 312$ m⁴ habe. Die Dichte des Ballastwassers ist $\rho_1 = 1{,}025$ t/m³, die des Brennstoffs $\rho_2 = 0{,}9$ t/m³.

Im Falle a) errechnet sich der Tangens des Krängungswinkels zu

$$\tan \varphi = \frac{m \cdot e}{\Delta \cdot \overline{MG}} = \frac{65 \cdot 3{,}5}{9\,900 \cdot 0{,}25} = 0{,}092$$

$$\underline{\varphi = 5°\ 15'}$$

Im Fall b) wird die wirksame metazentrische Höhe durch die freien Oberflächen verringert:

$$\overline{GG'} = \frac{\rho_1 \cdot i_1 + \rho_2 \cdot i_2}{\rho \cdot V}$$

$$= \frac{1{,}025 \cdot 288 + 0{,}9 \cdot 312}{9650 \cdot 1{,}025}\text{ m} = 0{,}058\text{ m}$$

$$\overline{MG'} = \overline{MG} - \overline{GG'} = (0{,}25 - 0{,}058)\text{ m} = 0{,}192\text{ m}$$

Damit wird

$$\tan \varphi = \frac{m \cdot e}{\Delta \cdot \overline{MG'}} = \frac{65 \cdot 3{,}5}{9650 \cdot 1{,}025 \cdot 0{,}192}$$

$$\underline{\varphi = 6°\ 52'}$$

Beim Vorhandensein von freien Oberflächen ist also unter sonst gleichen Bedingungen die auftretende Krängung um rd. 30 % größer, als wenn keine freien Oberflächen vorhanden sind.

11.4.2 Bestimmung der Lage des Gewichtsschwerpunktes während des Schiffsbetriebes

Die Lage des Gewichtsschwerpunktes des leeren Schiffes wird von der Bauwerft ermittelt. Wird das Schiff beladen, so besitzt das System Schiff + Ladung ebenfalls einen Gewichtsschwerpunkt. Die Kenntnis seiner jeweiligen Lage ist für alle Stabilitätsberechnungen notwendig. Die Schwerpunktlage kann auf verschiedene Art und Weise bestimmt werden:

a) Die Momentenrechnung

Man bestimmt die Summe der auf den Kiel bezogenen Momente des leeren Schiffes und der Zuladung. Dividiert man diese Summe durch die Summe der Massen von Schiff und Ladung, so erhält man den Abstand des Massen- bzw. Gewichtsschwerpunktes vom Kiel. Die Berechnung erfolgt am besten in Form einer Tabelle.

Es ist leicht einzusehen, daß dieses Verfahren, besonders wenn es sich um Stückgut und damit um viele Einzelpositionen in obiger Tabelle handelt, nicht nur langwierig ist, sondern auch ungenau, da

Beispiel

	Masse m	Schwerpunktabstand vom Kiel h_m	Moment $m \cdot h_m$
	t	m	tm
leeres Schiff	4200	6,70	28 140
Zuladung 1	670	9,00	6 030
Zuladung 2	1200	5,00	6 000
Zuladung 3	890	8,00	7 120
Zuladung 4	1450	4,70	6 815
Summe der Massen	8410	Summe der Momente	54 105

Schwerpunktabstand vom Kiel

$$\overline{KG} = \frac{\text{Summe der Momente}}{\text{Summe der Massen}} = \frac{54\,105}{8\,410}\text{ m}$$

$$= 6{,}43\text{ m}$$

sich Gewicht und Schwerpunktsabstand der einzelnen Kollis vom Kiel während des Ladens nicht genau bestimmen lassen.

b) Der Krängungsversuch

Aus der früher hergeleiteten Gleichung

$$\tan \varphi = \frac{p \cdot e}{P \cdot \overline{MG}} \qquad (14)$$

folgt

$$\overline{MG} = \frac{p \cdot e}{P \cdot \tan \varphi} = \frac{m \cdot e}{\Delta \cdot \tan \varphi} \qquad (14.a)$$

Man kann nach dieser Gleichung also $\overline{MG}$ bestimmen, indem man ein Krängungsmoment $p \cdot e$ erzeugt und den durch dieses Moment verursachten Krängungswinkel φ mißt. Das Schiffsgewicht P bzw. das Deplacement Δ ist dem dem Schiff von der Werft mitgegebenen *Ladeplan* als Funktion des Tiefgangs zu entnehmen.

Das Krängungsmoment kann erzeugt werden durch Verschieben einer Last oder durch Umpumpen eines Tankinhalts von Stb. nach Bb.

Beispiel: An den Ahmings liest man einen vorderen Tiefgang von 5,70 m und einen hinteren Tiefgang von 6,10 m ab. Der mittlere Tiefgang ist somit 5,90 m. Aus dem Ladeplan ersieht man, daß das Deplacement bei diesem Tiefgang $\Delta = 16\,300$ t beträgt. Die Masse des umzupumpenden Tankinhalts ist $m = 31$ t; der Abstand der Schwerpunkte der Tanks ist $e = 15{,}22$ m. Nach dem Umpumpen hat sich das Schiff um den Winkel $\varphi = 2°\ 45'$ geneigt. Mit

$$\tan 2°\ 45' = 0{,}04804$$

wird

$$\overline{MG} = \frac{m \cdot e}{\Delta \cdot \tan \varphi} = \frac{31 \cdot 15{,}22}{16\,300 \cdot 0{,}04804}\text{ m}$$

$$= 0{,}602\text{ m}$$

Da freie Oberflächen das Ergebnis eines Krängungsversuches beeinflussen, müssen alle Tanks und Kessel entweder ganz gefüllt oder leer sein. Der Versuch muß in ruhigem Wasser vorgenommen werden. Wenn keine Windstille herrscht, ist das Schiff in Windrichtung zu vertäuen. Daß darauf zu achten ist, daß die Festmachetrossen genügend lose sind, ist selbstverständlich. An Bord des Schiffes soll während des Versuches niemand seinen Platz wechseln. Wird nicht $\overline{MG}$, sondern $\overline{KG}$ benötigt, so erhält man diesen Wert durch Auflösung der Gleichung (9) nach $\overline{KG}$:

$$\overline{KG} = \overline{MF_0} + \overline{KF_0} - \overline{MG} \tag{14.b}$$

Die Größen $\overline{MF_0}$ und $\overline{KF_0}$ können in Abhängigkeit vom Tiefgang dem ebenfalls von der Werft mitgegebenen *Kurvenblatt* entnommen werden.

c) Der Rollversuch

Diese Art der Bestimmung der metazentrischen Höhe eignet sich besonders für kleinere Schiffe, die verhältnismäßig leicht zu Schwingungen erregt werden können.

Für sehr kleine Schwingungsausschläge gilt für die Rollzeit (das ist die Zeit für einen Hin- und Rückgang) eines frei schwingenden Schiffes folgende Formel:

$$T = 2\pi \cdot k / \sqrt{g \cdot \overline{MG}}$$

Darin bedeuten:

T Rollzeit
g Normalfallbeschleunigung
k Trägheitsradius des Schiffes samt der sogenannten *mitschwingenden Wassermasse*

Die Wurzel aus dem Zahlenwert der in m/s² gemessenen Fallbeschleunigung g kann ungefähr gleich π gesetzt werden. Setzt man noch $k = f \cdot B/2$ (B = Schiffsbreite), so erhält man eine zwar dimensionsmäßig falsche, in der Praxis jedoch gebräuchliche Formel für die Rollzeit T in Sekunden (B und $\overline{MG}$ sind in m einzusetzen):

$$T = \frac{f \cdot B}{\sqrt{\overline{MG}}} \tag{15}$$

Aus ihr erhält man für MG

$$\overline{MG} = \left(\frac{f \cdot B}{T}\right)^2 \tag{15a}$$

Der Wert f ist zunächst unbekannt. Im allgemeinen schwankt er – abhängig vom Schiffstyp und vom Beladungszustand – zwischen 0,7 und 0,9. Um bei einem Schiff durch Rollversuch die metazentrische Höhe bei allen Beladungszuständen ermitteln zu können, ist es notwendig, zuerst den Wert MG auf andere Weise zu bestimmen und gleich anschließend die Rollzeit zu messen.

Aus der Gleichung

$$T = \frac{f \cdot B}{\sqrt{\overline{MG}}} \tag{15}$$

folgt für f

$$f = \frac{T}{B}\sqrt{\overline{MG}} \tag{15b}$$

Hat man so für genügend viele Beladungszustände eines Schiffes die f-Werte ermittelt, so kann man fernerhin die metazentrische Höhe auf Grund der Messung der Rollzeit bestimmen. Dieses Verfahren ist wohl das einfachste. Es ist auch hinreichend genau, wenn man folgendes berücksichtigt: Die metazentrische Höhe darf nicht zu klein, bzw. die Rollzeit darf nicht zu groß sein. Für diesen Fall haben die obengenannten Formeln keine Gültigkeit mehr. Die Schwingungsamplituden müssen genügend klein sein. Ferner ist darauf zu achten, daß durch die Schwingungserregung die Rollzeit nicht verfälscht wird. Wenn man das Schiff zu Schwingungen erregt, indem man z. B. die Besatzung hin- und herlaufen läßt, wird man also die Schwingungszeit nicht während des Laufens, sondern während des Ausschwingens des Schiffes bestimmen; während der Zeitmessung soll die Besatzung ihren Standort beibehalten. Auch durch Wellen erregte Schwingungen geben keine zuverlässigen Werte für die Rollzeit.

Für die Bestimmung des Schwerpunktabstands $\overline{KG}$ aus dem im Rollversuch ermittelten $\overline{MG}$-Wert gilt das am Ende des Abschnitts b) Gesagte.

11.4.3 Stabilität bei größeren Neigungen

Für größere Neigungen kann das aufrichtende Moment nicht mehr mit Hilfe der metazentrischen Höhe allein berechnet werden; bei der Herleitung der entsprechenden Formel war ja vorausgesetzt worden, daß es sich um sehr kleine Krängungswinkel handelt. Um das aufrichtende Moment für größere Winkel zu ermitteln, geht man wie folgt vor: Man bestimmt nach Methoden, die hier nicht näher erläutert werden sollen, für verschiedene Krängungswinkel und Tiefgänge eines Schiffes den senkrechten Abstand der Auftriebsrichtung vom Kielpunkt K. Dieser Abstand ist im Bild 11.6 mit w bezeichnet. Auftrieb und Gewicht ergeben wie-

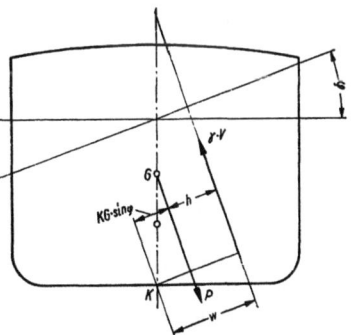

Bild 11.6 Aufrichtendes Moment bei größeren Neigungen

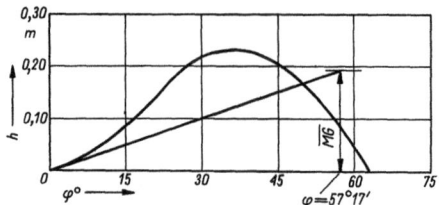

Bild 11.8 Hebelarmkurve

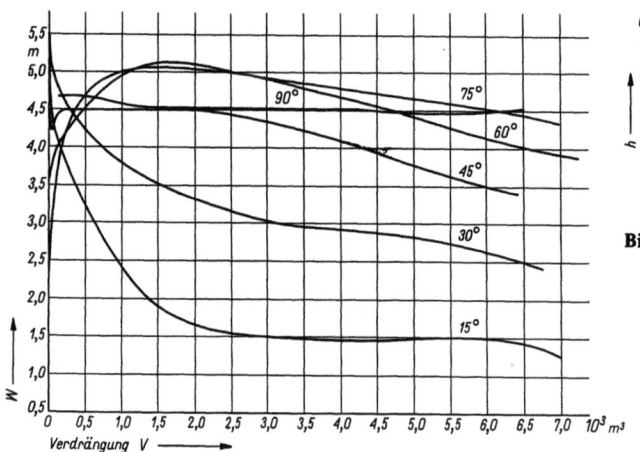

Bild 11.7 Pantokarenen

der ein Kräftepaar. Ihr Abstand — auch hier Hebelarm der Stabilität genannt — ergibt sich zu (Bild 11.6):

$$h = w - \overline{KG} \cdot \sin \varphi \qquad (16)$$

Damit wird das Stabilitätsmoment

$$M_{St} = P \cdot h = P \cdot (w - \overline{KG} \cdot \sin \varphi) \qquad (16a)$$

Die w-Werte werden von der Bauwerft ermittelt und in einem Diagramm, den sogenannten *Stabilitätsquerkurven* oder *Pantokarenen* dargestellt (Bild 11.7).

Einem bestimmten Beladungszustand des Schiffes entspricht eine ganz bestimmte Verdrängung und eine bestimmte Lage des Gewichtsschwerpunktes. Man kann die zugehörigen Hebelarme für verschiedene Winkel nach der Formel (16) berechnen und über dem Winkel auftragen. Das so entstehende Diagramm (Bild 11.8) heißt *Hebelarmkurve*.

Für verschiedene wichtige Beladungsfälle bestimmt die Bauwerft die Hebelarmkurven und stellt sie im sogenannten *Stabilitätsblatt* zusammen.

Bei Betrachtung der Hebelarmkurven sieht man, daß auch die Anfangsstabilität darin enthalten ist: Die Gleichung $h = \overline{MG} \cdot \varphi$ stellt die Tangente an die Hebelarmkurve im Ursprung dar. Bis zu solchen Winkeln, für die Tangente und Hebelarmkurve genügend genau übereinstimmen, kann also das Stabilitätsmoment nach der einfachen linearen Gleichung berechnet werden.

11.4.4 Stabilität im Seegang

Bei den bisherigen Stabilitätsbetrachtungen wurde von einer ebenen Wasseroberfläche ausgegangen. Tatsächlich ist jedoch die Oberfläche der von den Seeschiffen befahrenen Meere nur selten völlig glatt, sondern weist je nach Seegangsstärke mehr oder weniger hohe wellenförmige Erhebungen auf. Die von der waagerechten Ebene abweichende Oberflächenkontur des Wassers bewirkt eine Veränderung des Pantokarenenwerts w. Solange die Wellen quer auf das Schiff zulaufen, können noch die *Glattwasserpantokarenen* zur Berechnung der Hebelarmkurve herangezogen werden. Das parallel zu den Wellenkämmen liegende Schiff besitzt nämlich nahezu dasselbe Stabilitätsmoment wie ein Schiff, das im glatten Wasser um einen der jeweiligen Wellenschräge entsprechenden Winkel geneigt ist (Voraussetzung: Wellenlänge $\lambda \gg$ Schiffsbreite B). Kommen die Wellen jedoch in Schiffslängsrichtung oder schräg dazu ein, ändert sich durch die aufeinanderfolgenden Wellenberge und Wellentäler die Form des Unterwasserschiffes derart, daß eine gänzlich neue Berechnung des jeweiligen Abstands der Auftriebsrichtung vom Kielpunkt erforderlich wird. Je nach Wellenkontur und Lage des Schiffes in der Welle (z. B. Schiffsmitte auf dem Wellenberg oder im Wellental) erhält man unterschiedlich große *Seegangspantokarenen* und damit auch unterschiedliche Hebelarmkurven. Wie sehr die für die Wellenberglage (WB) und die für die Wellentallage (WT) berechneten Hebelarmkurven von der Hebelarmkurve für Glattwasser (GW) abweichen können, zeigt Bild 11.9. Die dort dargestellten Kurven wurden für ein

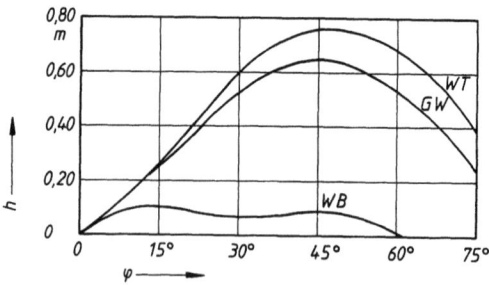

Bild 11.9 Hebelarmkurven für ein Schiff im glatten Wasser (GW), im Wellental (WT) und im Wellenberg (WB)

Marinefahrzeug ermittelt, das sich in einer Trochoidenwelle befindet, deren Länge gleich der Schiffslänge und deren Höhe 1/13 der Wellenlänge beträgt. Auffällig sind vor allem die geringen Hebelarmwerte für die Wellenberglage. Sie lassen erkennen, daß das Schiff in dieser Situation keine größeren Krängungsmomente (z. B. infolge Ladungsverschiebung, infolge seitlicher Windbelastung usw.) ertragen kann. Selbst bei mäßig großen Krängungsmomenten wird der Neigungswinkel, bei dem Gleichgewicht zwischen krängendem und aufrichtendem Moment herrscht, bereits so groß, daß es einer näheren Untersuchung bedarf, ob die vorhandene Kentersicherheit noch als ausreichend anzusehen ist. Glücklicherweise bleibt ein Schiff erfahrungsgemäß niemals für längere Zeit mit seiner Schiffsmitte im Wellenberg liegen. Dieser Umstand rechtfertigt es jedoch nicht, den Seegangseinfluß zu vernachlässigen und die Sicherheit eines Schiffes – wie es heute bei den meisten Frachtschiffen noch geschieht – allein nach der Hebelarmkurve für Glattwasser zu beurteilen.

Maßgebend für die Stärke der Hebelarmschwankungen in längslaufender See ist ausschließlich die Form des Schiffes. Eine vom Standpunkt der Kentersicherheit wünschenswerte geringe Hebelarmschwankung erhält man z. B., wenn man einen möglichst großen Freibord vorsieht und stark ausfallende Spanten an den Schiffsenden vermeidet. Die Kurvenverläufe der Seegangshebelarme werden in erster Linie durch die Gestaltung der Schiffsenden bestimmt. Man kann diesen Einfluß recht gut abschätzen, indem man sich das Schiff nacheinander im glatten Wasser, im Wellenberg und im Wellental schwimmend vorstellt (Bild 11.10). Man legt dann jeweils einen Schnitt durch das Vor- und Hinterschiff (Schnitt I bzw. II). Die beiden Querschnittsformen werden jeweils übereinandergezeichnet und die zugehörigen beiden Auftriebsvektoren für eine vorgegebene Neigung (z. B. $\varphi = 30°$) eingetragen. Dabei ist der an den beiden Schnittorten je nach Lage des Schiffes in der Welle unterschiedliche Tiefgang zu berücksichtigen. Bei dem in Bild 11.10 dargestellten Schiff ist folgendes zu erkennen: Im Fall des glatten Wassers bilden Schiffsgewicht und Auftrieb im Vorschiffsbereich ein krängendes, im Hinterschiffsbereich ein aufrichtendes Moment. In der Wellenberglage hingegen wirken beide Momente krängend, während sie in der Wellentallage aufrichtend wirken. Diese Unterschiede sind bei fast allen Schiffsformen festzustellen, so daß man normalerweise davon ausgehen kann, daß die Hebelarmkurve für die Wellenbergsituation unterhalb und für die Wellentalsituation oberhalb der Glattwasserhebelarmkurve liegt.

Durch die Berechnung der aufrichtenden Hebelarme in einer längslaufenden Welle läßt sich abschätzen, welche krängenden Momente ein Schiff im Seegang ertragen kann. Für eine endgültige Aussage über die tatsächliche Kentersicherheit im Seegang reicht eine solche statische Betrachtungsweise jedoch nicht aus. Hierzu ist vielmehr auch das dynamische Verhalten des Schiffes im Seegang zu berücksichtigen. Insbesondere ist festzustellen, bei welchen metazentrischen Höhen und bei welchen Wellenfrequenzen bzw. Wellenbegegnungsfrequenzen der Seegang das Schiff zu starken Rollbewegungen aufschaukeln kann. Dies ist bei quereinkommenden Wellen der Fall, wenn die Wellenkreisfrequenz Ω mit der Rolleigenfrequenz ω_φ des Schiffes im glatten Wasser übereinstimmt *(Resonanzzustand*, s. auch Bild 11.17). Für regelmäßige Tiefwasserwellen läßt sich diese Bedingung so umformen, daß metazentrische Höhen in der Größenordnung von

$$\overline{MG} = \frac{2 \pi k^2}{\lambda} \qquad (17)$$

k Trägheitsradius des Schiffes λ Wellenlänge

vermieden werden sollten. In längslaufenden Wellen ist ebenfalls Rollresonanz möglich, sofern größere Unterschiede zwischen den Hebelarmen in der Wellenberg- und in der Wellentallage bestehen. Bei dieser sogenannten „parametrischen" Erregung (das aufrichtende Moment ist nicht nur eine Funktion des Neigungswinkels, sondern enthält als zusätzlichen Parameter noch die Zeitabhängigkeit) gibt es mehrere Resonanzstellen:

$$\frac{\omega_\varphi}{\omega_E} = \frac{n}{2} \qquad (18)$$

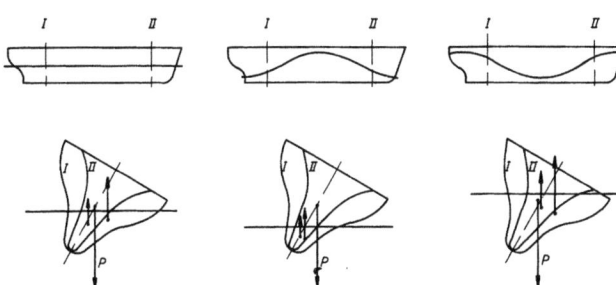

Bild 11.10
Lage der Auftriebsvektoren des Vor- und Hinterschiffs in der Glattwasser-, Wellenberg- und Wellentalsituation. Größe und Richtung des Schiffsgewichts P bleiben unverändert

wobei n eine beliebige natürliche Zahl ist und ω_E die Begegnungsfrequenz zwischen Welle und Schiff (am ausgeprägtesten ist die Resonanz bei $n = 1, 2$ und 3). Auf den speziellen Fall des tiefen Wassers angewendet, erhält man unter Beachtung der hier geltenden Gesetzmäßigkeiten folgende Resonanzbedingung:

$$\frac{g \cdot \overline{MG}}{V_e^2} = \frac{n^2 \, \pi^2 \, k^2}{\lambda^2} \quad (19)$$

V_e = Begegnungsgeschwindigkeit

Erstaunlicherweise ist die letztgenannte Art der Resonanz nicht in dem Maße bekannt wie die von quereinkommenden Wellen hervorgerufene Rollresonanz. Dabei spielt sie – wie Unfallstatistiken zeigen – als Kenterursache eine vergleichsweise wesentlich größere Rolle. Insgesamt gesehen, sind jedoch Kenterunfälle, die ausschließlich auf seegangserregte Rollbewegungen zurückzuführen sind, relativ seltene Ereignisse. Weitaus häufiger kentern zur Zeit Schiffe immer noch infolge unzureichend großer Glattwasserhebelarme und infolge des Auftretens größerer krängender Momente. Letztere entstehen bei Frachtschiffen vornehmlich durch vom Seegang verursachte Ladungsverschiebungen.

11.4.5 Trimmrechnung

Die Trimmrechnung hat den Zweck, für verschiedene Ladezustände eines Schiffes seine Neigung um die durch den Schwerpunkt der Schwimmfläche verlaufende Querachse festzustellen. Da die Trimmwinkel klein sind, liegen die Verhältnisse ähnlich, wie in dem Absatz über Anfangsstabilität beschrieben. Denkt man sich das Schiff um einen sehr kleinen Winkel ψ geneigt, so bewirken die bei der Neigung entstehenden ein- bzw. austauchenden Keilstücke eine Verschiebung des Formschwerpunktes von F_0 nach F_1 (Bild 11.11). Ebenso wie früher kann man auch hier ein Metazentrum – in diesem Falle heißt es *Längsmetazentrum* – definieren.
Da die Strecke $\overline{M_L F_0}$ gegenüber $\overline{F_0 G}$ sehr groß ist, kann man

$$\overline{M_L F_0} = \overline{M_L G} \quad (20)$$

setzen. Das heißt, die Höhenlage des Gewichtsschwerpunktes ist hier praktisch ohne Bedeutung.

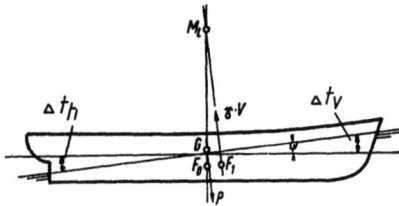

Bild 11.11 Aufrichtendes Moment bei Vertrimmungen

Analog zum aufrichtenden Moment bei dem um die Längsachse geneigten Schiff gilt für das um die Querachse vertrimmte Schiff:

$$M_{StL} = P \cdot \overline{M_L F_0} \cdot \psi \quad (21)$$

Das Moment M_{StL} wird Längsstabilitätsmoment genannt.
Das trimmende Moment infolge einer Zuladung p ist

$$M_{Tr} = p \cdot l \quad (22)$$

l ist der Abstand des Schwerpunktes der Zuladung p vom Gewichtsschwerpunkt des Schiffes. Durch Gleichsetzen von Trimm- und Längsstabilitätsmoment erhält man für den Trimmwinkel (im Bogenmaß):

$$\psi = \frac{p \cdot l}{(P + p) \cdot M_L F_0} \quad (23)$$

Die Gesamttauchungsänderung wird damit

$$\Delta t = \Delta t_h + \Delta t_v = L \cdot \psi \quad (24)$$

Bezeichnet man mit l_h und l_v den Abstand der vorderen bzw. hinteren Ahming vom Schwerpunkt der Schwimmfläche, so ergibt sich

$$\Delta t_v = l_v \cdot \psi \quad (25)$$
$$\Delta t_h = l_h \cdot \psi \quad (26)$$

Zur raschen Vorherbestimmung der Trimmänderung durch irgendwelche Zuladungen werden der Schiffsführung oft besondere *Trimmdiagramme* mitgegeben.

11.5 Die Schiffsverbände und ihre Beanspruchung

Die Schiffsverbände werden durch die auf das Schiff wirkenden äußeren Kräfte beansprucht. Es sollen zunächst die wichtigsten Beanspruchungsarten eines Schiffes besprochen werden.
Längsbeanspruchung: Ein Schiff kann als ein Träger betrachtet werden, auf den einerseits das Eigengewicht des Schiffskörpers, das Gewicht der Maschinenanlage, das der Ladung usw. wirken; den vorstehend genannten Kräften wirkt andererseits der Auftrieb entgegen. Seine Größe ist gleich dem Gesamtgewicht des Schiffes. Es muß daher die Fläche unter einer Kurve, die die Gewichtsverteilung über die Schiffslänge darstellt, gleich sein der Fläche unter der Kurve, die in entsprechender Weise die Auftriebsverteilung darstellt. Wie Bild 11.12.2 zeigt, ist stellenweise der Auftrieb, stellenweise das Gewicht größer. Zeichnet man in ein Diagramm die Differenz zwischen Auftrieb und Gewicht auf, so erhält man die auf den als Ersatz für den Schiffskörper gedachten Träger wirkende resultierende Kraftverteilung (Bild 11.12.3). Sie bewirkt eine Durchbiegung des Schiffes. Die zugehörigen Biegemomente lassen sich durch zweimalige Integration der Belastungskurve bestimmen (Bild 11.12.4). Aus der Größe des maximalen Biegemoments M_{max} und dem

Stabilität und Trimm. Die Schiffsverbände

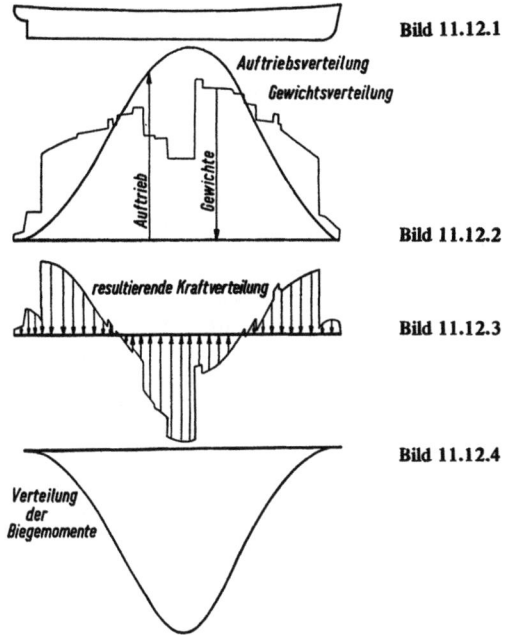

Bild 11.12.1
Bild 11.12.2
Bild 11.12.3
Bild 11.12.4

Bild 11.12 Kräfte und Biegemomente bei Längsbeanspruchung

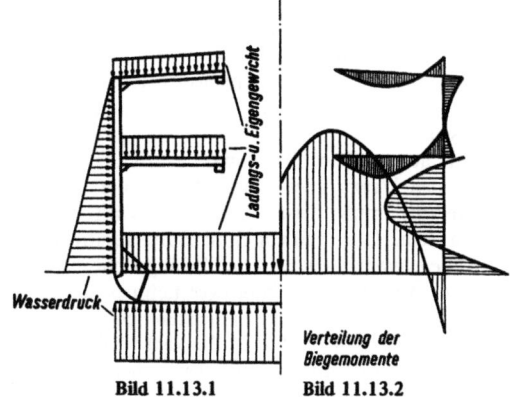

Bild 11.13.1   Bild 11.13.2

Bild 11.13 Kräfte und Biegemomente bei Querbeanspruchung

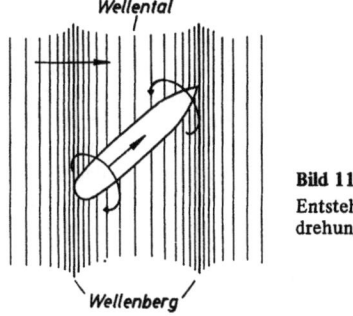

Bild 11.14
Entstehung von Verdrehungsbeanspruchung

an dieser Stelle vorhandenen Widerstandsmoment W des Schiffes ergibt sich die im Deck bzw. Schiffsboden auftretende Spannung $\sigma = M_{max}/W$. Die Längsverbände des Schiffes sind so zu dimensionieren, daß bestimmte höchstzulässige Spannungswerte nicht überschritten werden.

Gewisse Schwierigkeiten bereitet bei der Längsfestigkeit die richtige Erfassung des Seegangseinflusses. Man behilft sich hier in der Weise, daß man entweder die Auftriebsverteilung außer für die Glattwassersituation auch für eine Wellenberg- und eine Wellentallage berechnet oder daß man additive Korrekturen am ermittelten Glattwasserbiegemoment vornimmt.

Querbeanspruchung: Betrachtet man einen Ausschnitt aus einem Schiff, so wirken auf diesen neben seinem Eigengewicht das Gewicht der Ladung (Deckladung und Raumladung) und der Wasserdruck (Bild 11.13.1). Die durch diese Kräfte verursachten Biegemomente zeigt Bild 11.13.2.

Verdrehbeanspruchung: Durch die asymmetrische Verdrängungsverteilung treten bei einem schräg zur See fahrenden Schiff Drehmomente auf, die das Schiff zu verwinden suchen (Bild 11.14).

Schließlich sollen noch die Beanspruchungen genannt werden, die auftreten, wenn das Vorschiff beim Stampfen des Schiffes in der See aufschlägt, ferner die, die beim Fahren in Eis durch den Eisdruck entstehen, und schließlich die, die bei einer Grundberührung des Schiffes auftreten.

Entsprechend den Hauptbeanspruchungen kann man auch die Bauteile eines Schiffes in *Längs-* und *Querverbände* unterteilen. Bei den Längsverbänden handelt es sich im wesentlichen um von vorn bis achtern durchlaufende Bauteile. Zu den Querverbänden gehören die Querschotte und Spanten (insbesondere Rahmenspanten).

Die *Außenhaut* des Schiffes besteht aus an den Stoßstellen miteinander verschweißten Stahlplatten. An besonders beanspruchten Stellen weisen die Platten eine größere Dicke auf. Dies ist der Fall bei den auf „Mitte Schiff" verlaufenden Bodenplatten, dem sogenannten *Flachkiel*, und bei der jeweils obersten Reihe der Seitenbeplattung, dem sogenannten *Scheergang*. Die gekrümmten Platten im Bereich des Übergangs von der Boden- zur Seitenbeplattung bilden zusammen den *Kimmgang*.

Spanten sind vertikale Steifen auf der Innenseite der Seitenbeplattung. Man unterscheidet zwischen den im unteren Teil des Schiffes liegenden *Raumspanten* und den sich darüber anschließenden *Zwischendecksspanten*. Im Bereich der Schiffsaufbauten spricht man von *Aufbauspanten*. Erfolgt die Aussteifung der Außenhaut in horizontaler Richtung, handelt es sich um ein Schiff mit *Längsspanten*.

Letztere müssen meist in größeren Abständen durch besonders kräftig gebaute *Rahmenspanten* abgestützt werden. Aber auch bei einer reinen Querspantenbauweise werden Rahmenspanten bei großen Laderaumlängen und im Maschinenraumbereich vorgesehen.

Wegen der starken Belastung des Schiffsbodens durch den Wasserdruck einerseits und die Ladung andererseits muß dieser besonders kräftig konstruiert sein. Hohe, sich von Bord zu Bord erstreckende *Bodenwrangen* sowie in Schiffslängsrichtung verlaufende *Mittel-* und *Seitenträger* nehmen die auftretenden Kräfte auf. Bei den meisten Schiffen (ausgenommen hiervon sind z. B. Tanker) wird die Bodenkonstruktion durch eine wasserdichte *Tankdecke* – den sogenannten *Innenboden* – nach oben hin abgegrenzt. Man spricht in diesem Fall von einem *Doppelboden*, der zur Aufnahme von Wasserballast und Treibstoffvorräten genutzt wird. Er enthält auch Leerräume, die jedoch meist nur eine Spantentfernung breit sind und als sogenannte *Kofferdämme* eine strenge Trennung von Tankinhalten (z. B. Schmieröl von Dieselöl) sicherstellen.

Seitenstringer sind an den Schiffsseiten senkrecht zu den Spanten angeordnete Profile oder Bleche, die meist nur im Vorschiff und Heck eingebaut werden.

Die *Decks* unterteilen den Schiffsraum der Höhe nach. Vielfach steigt das oberste Deck (manchmal auch die darunterliegenden), von der Mitte nach vorn und hinten an *(Sprung* des Decks). Der Breite nach ist dieses Deck oft konvex, so daß überkommendes Wasser leicht abrinnen kann *(Bucht* des Decks). Die seitlichen Plattengänge des Decks heißen *Decksstringer*. Der Versteifung des Decks dienen die *Decksbalken*, die an den Enden mit den Spanten verbunden werden, und weiter die in Schiffslängsrichtung angeordneten *Unterzüge*. Zur Unterstützung der letzteren dienen die *Decksstützen*.

Die *Querschotte* haben eine doppelte Aufgabe: Sie bilden einen Teil des Querverbandes, dienen aber auch der Sicherheit des Schiffes, da sie bei einer Außenhautbeschädigung die eindringende Wassermenge begrenzen. Ferner verhindern sie auch ein rasches Übergreifen eines Brandes.

Das *Kollisionsschott* ist das vorderste Schott, das *Stopfbuchsenschott* das hinterste. Die *Schottsteifen* sind Profile, die den Schotten die nötige Festigkeit geben. Ihre Aufgabe, die Sicherheit eines Schiffes zu erhöhen, können die Schotte nur erfüllen, wenn sie wasserdicht sind. Sind Durchgangsöffnungen nicht zu vermeiden, so werden sie oberhalb der Tiefladelinie vorgesehen. Sie sind durch wasserdichte Türen verschließbar. Der Verschluß erfolgt entweder vom Schottendeck oder auch hydraulisch von der Kommandobrücke aus.

Das Be- und Entladen des normalen Frachtschiffes erfolgt durch die *Ladeluken*, die im Interesse eines

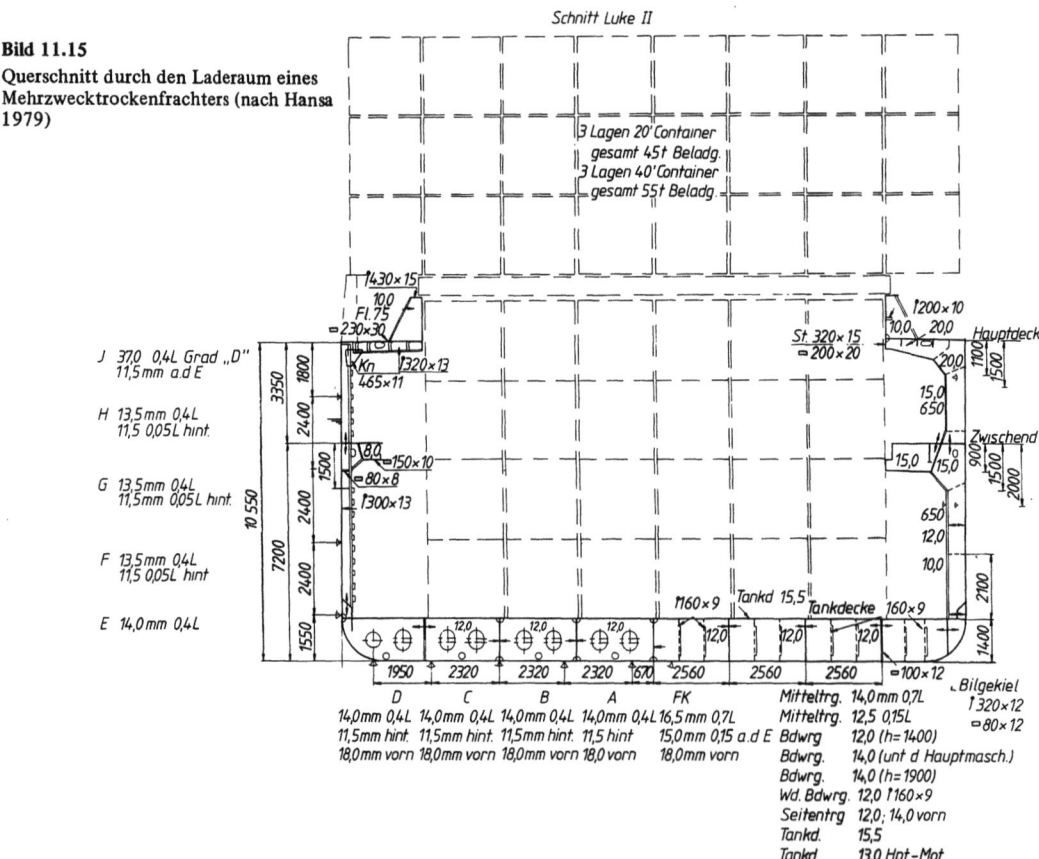

Bild 11.15
Querschnitt durch den Laderaum eines Mehrzwecktrockenfrachters (nach Hansa 1979)

schnellen Umschlags (Vermeidung von Stauarbeit unter Deck) im Laufe der Jahre immer größer geworden sind *("offenes" Schiff)*. Je größer eine Luke ist, um so mehr Schwierigkeiten bereitet es, eine Konstruktion zu finden, bei der die aus der Deckbelastung und der Beanspruchung im Seegang (z. B. bei schräg einkommender See; s. Bild 11.14) sich ergebenden Kräfte aufgefangen werden und darüber hinaus die Wasserdichtigkeit der Abdeckung auch in ungünstigen Situationen erhalten bleibt. Zur Erzielung der erforderlichen Festigkeit tragen unter Deck die *Lukenendbalken* und über Deck die an den Lukenrändern angeordneten *Lukenlängs-* bzw. *Lukenquersülle* bei. Letztere müssen bei den freiliegenden Luken eine Mindesthöhe von 800 mm über Deck haben, um Absturzunfällen vorzubeugen. Zwischendecksluken werden dagegen aus Gründen eines reibungslosen Ladungsbetriebs meist ohne Sülle ausgeführt. Die Absicherung der geöffneten Luke geschieht dann durch einfache Ketten oder Taue. Nähere konstruktive Einzelheiten einer möglichen baulichen Gestaltung zeigt das Beispiel in Bild 11.15. Um das Schiff auch im Containerverkehr einsetzen zu können, wurde hier besonderer Wert auf eine gute Containerstaufähigkeit gelegt (wie das Raster zeigt, können unter Deck vier und über Deck drei Containerlagen gefahren werden).

Schlingerkiele sind außen an der Kimm angebrachte Profile oder mit Profilen garnierte Bleche, die die Schlingerbewegungen eines Schiffes dämpfen sollen. Die beiden am vorderen Schiffsende spitz aufeinander zulaufenden Außenhautwände enden am *Vorsteven*. Der Vorsteven ist eine heute meist aus gebogenen Platten bestehende Konstruktion, die sich vom Schiffsboden bis zum höchsten vordersten Punkt des Schiffes erstreckt. Die entsprechende Konstruktion im Hinterschiff heißt *Hintersteven*. Bei Einschraubenschiffen ist der Hintersteven so geformt, daß zwischen Stevenkontur und Ruder eine günstige Propelleranordnung möglich ist. Man nennt diesen freien Zwischenraum *Schraubenbrunnen*.

11.6 Schiffsschwingungen

Es ist grundsätzlich zu unterscheiden zwischen den Schwingungen des im Wasser schwimmenden starren Schiffes und den auch *Vibrationen* genannten Schwingungen des elastischen Schiffskörpers. Bei den erstgenannten Schwingungen handelt es sich um vergleichsweise langsame Bewegungen. Die Schwingungsfrequenzen liegen hier stets deutlich unter 1 Hz, während sie bei den Vibrationen etwa im Bereich zwischen 1 Hz und 40 Hz liegen.

Schwingungen des starren Schiffes sind immer möglich, wenn nach einem einmaligen Anstoßen des Schiffes eine Rückstellkraft bzw. ein Rückstellmoment wirksam wird, wodurch sich das Schiff wieder in seine ursprüngliche Lage einpendelt. Man spricht in diesem Fall von einer *freien Schwingung*. Freie Schwingungen in vertikaler Richtung werden *Tauchschwingungen*, solche um die Schiffslängsachse werden *Rollschwingungen* und solche um die Schiffsquerachse *Stampfschwingungen* genannt (bzgl. Rollschwingungen s. Abschnitt 11.4.2 „Der Rollversuch").

Befindet sich das Schiff nicht im glatten Wasser, sondern in regelmäßigen oder unregelmäßigen Wellen, so können diese das Schiff zu einer ständigen, nicht mehr abklingenden Schwingung erregen. Man hat es dann mit einer *erzwungenen Tauch-, Roll-* bzw. *Stampfschwingung* zu tun. Besonders groß werden die Schwingungsausschläge, wenn die Frequenz der Erregung zur Frequenz der jeweils betrachteten freien Schwingung — man nennt letztere *Eigenfrequenz* — in einem bestimmten Zahlenverhältnis steht. Das gilt sowohl für die normale Art der Erregung (hervorgerufen durch eine periodisch von außen auf das Schiff einwirkende Kraft bzw. durch ein periodisches Moment) als auch für die parametrische Erregung (Instabilwerden der Schiffsbewegung in den Fällen, in denen die jeweilige Größe der Rückstellkraft bzw. des Rückstellmoments nicht nur eine Funktion des Bewegungsausschlags, sondern auch der Zeit ist (vgl. Abschnitt 11.4.4).

Am größten können die Ausschläge bei der Rollbewegung werden. Um sie zu vermindern, sind verschiedene Systeme zur *Schlingerdämpfung* gebräuchlich. Die einfachste Methode besteht darin, an der Kimm in Schiffslängsrichtung verlaufende *Schlingerkiele* anzubringen. Auf diese Weise können die Rollamplituden um bis zu etwa 30 % verringert werden.

Wesentlich wirksamer sind die insbesondere bei Fahrgast- und größeren Containerschiffen häufig eingebauten *Stabilisierungsflossen*. Diese Flossen liegen an beiden Seiten des Schiffes etwa in Schiffsmitte knapp über der Kimm. Wenn sie nicht gebraucht werden, können sie eingezogen oder eingeschwenkt werden. Die Anstellung der tragflügelartigen Flossen wird durch eine Kreiselanlage gesteuert. Dadurch werden beim fahrenden Schiff Momente erzeugt, die der Schlingerbewegung entgegenwirken. Eine andere Möglichkeit der Rollstabilisierung stellt der Einbau eines *Schlingertanks* dar. Man unterscheidet zwischen *aktiven* und *passiven Tanks*. Bei den aktiven Tanks wird eine darin befindliche Flüssigkeitsmenge so umgepumpt, daß ein Gegenmoment zum erregenden Seegangsmoment entsteht. Passive Tanks kommen dagegen ohne Umwälzpumpen aus. Hier versetzt das rollende Schiff selbst die im teilgefüllten Tank befindliche Flüssigkeit in Bewegung. Je nach Bauart läuft die Flüssigkeit entweder völlig frei und zum Teil nahezu schwallartig über *(Flume-Tank;* die notwendige Abstimmung auf die Rolleigenfrequenz des Schiffes erfolgt durch Wahl eines entsprechend hohen Flüssigkeitsstands im Tank) oder kontrollierter durch einen unteren Querkanal, der die jeweils an einer Schiffsseite befindlichen Seitentanks miteinander verbindet (U-förmiger *Frahm-Tank*; ein oberer Querkanal ermöglicht das Entweichen der über dem jeweiligen Flüssigkeitsspiegel stehenden Luft von einem Seitentank zu dem gegenüberliegenden Seitentank. Die Flüssigkeitsbewegung in den Tanks wird durch Ventile gesteuert, die sich im oberen Verbindungskanal befinden).

Für die Schwingungen des elastischen Schiffskörpers gelten grundsätzlich die gleichen Schwingungsgesetze wie für die Schwingungen des im Wasser schwimmenden starren Schiffes. Auch hier sind Schwingungen in verschiedenen Richtungen möglich. Von größerer Bedeutung sind vor allem die *Biegeschwingungen* in vertikaler und horizontaler Richtung sowie die *Torsionsschwingungen*. Wie jeder elastische Stab, so führt auch der Schiffskörper nach einer einmaligen Stoßerregung eine allmählich abklingende freie Schwingung aus. Für jede Schwingungsrichtung gilt, daß jeweils mehrere Schwingungsformen möglich sind *(Grund-* und *Oberschwingungen)*. So gibt es z.B. bei der freien Biegeschwingung die *Zweiknotenform*, die *Dreiknotenform* usw. (s. Bild 11.16). Zu jeder Schwingungsform gehört eine bestimmte Eigenschwingungsfrequenz. Diese kann man sowohl rechnerisch – im Falle des Schiffskörpers jedoch nur mit beschränkter Genauigkeit – als auch experimentell ermitteln.

Die Kenntnis der Eigenschwingungsfrequenz ist eine notwendige Voraussetzung dafür, Antriebsmotor und Propeller so wählen zu können, daß die Frequenzen dieser beiden wichtigsten Erregerquellen nicht mit einer Schiffseigenfrequenz zusammenfallen. Ist dies nämlich der Fall, so erreichen die Amplituden des in Dauerschwingungen versetzten Schiffskörpers so große Werte, daß ein längerer Bordaufenthalt als sehr unangenehm empfunden wird. Die für erzwungene Schwingungen allgemeingültige *Resonanzkurve* in Bild 11.17 zeigt die Größe der sich einstellenden Schwingungsamplitude in Abhän-

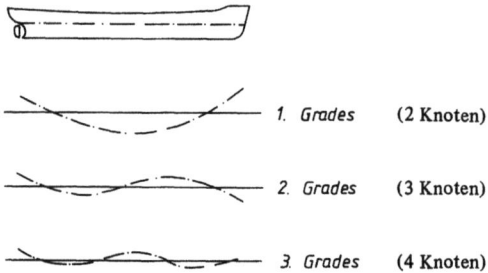

Bild 11.16 Mögliche Verformungen eines zu Biegeschwingungen angeregten Schiffes

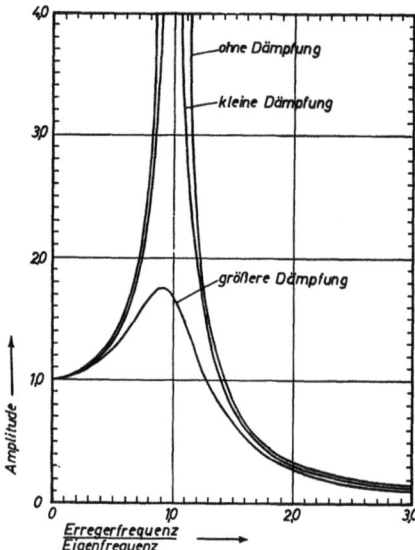

Bild 11.17 Resonanzkurve

gigkeit vom Frequenzverhältnis und von der Schwingungsdämpfung.

Die Erregung des Schiffskörpers durch den Motor wird zum einen durch die bei jeder Zündung auftretenden Impulse und zum anderen durch die infolge der rotierenden und oszillierenden Massen auftretenden Trägheitskräfte und Massendrehmomente verursacht. Je nach Arbeitsweise des Motors (Zweitakter: ein Impuls pro Umdrehung, Viertakter: ein Impuls bei jeder zweiten Umdrehung) erhält man für einen Dieselmotor mit z Zylindern folgende Erregerfrequenzen (n = Motordrehzahl):

Zweitakter: $f = z \cdot n$ (27a)

Viertakter: $f = \dfrac{z}{2} \cdot n$ (27b)

Sofern bei einem Motor nach dem Massenausgleich noch resultierende periodische Massenkräfte und Massendrehmomente verbleiben, schwanken diese mit einer Frequenz, die gleich der einfachen oder der doppelten Motordrehzahl ist:

$f = n$ bzw. $f = 2n$. (27c)

Man spricht im ersten Fall von einer *erregenden Kraft* bzw. von einem *erregenden Moment 1. Ordnung*, im zweiten Fall von einer *Kraft* bzw. einem *Moment 2. Ordnung*. Näheres über die Größe dieser Massenkräfte und -momente kann den Maschinenbauhandbüchern sowie den Angaben der Motorhersteller entnommen werden.

Ebenso wie vom Motor gehen auch vom Propeller Impulse aus. Bezeichnet man jetzt die Propellerflügelzahl mit z und die Propellerdrehzahl mit n, so beträgt die Erregerfrequenz des Propellers

$f = z \cdot n$ (27d)

Die endliche Flügelzahl des Propellers bewirkt, daß der Druck auf die Schiffsaußenhaut im Bereich oberhalb des Propellers nicht konstant ist, sondern sich bei jedem Durchgang eines Flügelblatts verändert. Die Anzahl der Impulse pro Propellerumdrehung ist also gleich der Flügelzahl. Dasselbe gilt für die Impulse, die dadurch entstehen, daß infolge der nicht rotationssymmetrischen Form des Unterwasserschiffes die Einströmgeschwindigkeit des Wassers in die Propellerebene nicht radialsymmetrisch verteilt ist.

Außer den berechenbaren Erregerfrequenzen – dazu gehören neben den vorstehend erwähnten Erregerfrequenzen stets auch deren ganzzahlige Vielfache! – gibt es weniger genau bestimmbare Impulse, die vom Seegang herrühren und wegen dessen Unregelmäßigkeit nur gelegentlich in mehr oder weniger großen Zeitabständen auftreten. Ein Beispiel hierfür sind die durch das Aufschlagen des Schiffsbodens auf die Wasseroberfläche *(slamming)* ausgelösten und meist rasch wieder abklingenden Schiffskörpervibrationen *(whipping)*. Diese Erregungen müssen unberücksichtigt bleiben, wenn man – und zwar am besten in Diagrammform – die Eigenschwingungsfrequenzen des Schiffskörpers den Erregerfrequenzen des Motors und des Propellers einander gegenüberstellt. Wie das Beispiel in Bild 11.18 zeigt (von den vorausberechneten Eigenschwingungsfrequenzen sind nur diejenigen der vertikalen Biegeschwingung aufgetragen; die zunehmende Streifenbreite kennzeichnet die bei den Mehrknotenformen geringer werdende Genauigkeit des Berechnungsverfahrens), kann man einer solchen graphischen Darstellung entnehmen, bei welchen Drehzahlen Eigenschwingungs- und Erregerfrequenz sich schneiden. Motor und Propeller sind nun so auszuwählen, daß diese den Schiffskörper in Resonanz versetzenden „kritischen" Drehzahlen vermieden werden. Dabei ist natürlich zu berücksichtigen, daß je nach Motor und Propeller immer nur einige der eingezeichneten Erregerfrequenzen auch wirklich auftreten können. So sind z. B. bei einem dreiflügeligen Propeller nur die Erregerfrequenzen der dritten, der sechsten und evtl. noch der neunten Ordnung zu beachten und bei einem kräfte- und drehmomentmäßig ausgeglichenen Achtzylinder-Viertakt-Motor nur die Erregerfrequenzen der vierten und der achten Ordnung.

Eine rechtzeitig durchgeführte Vibrationsuntersuchung ist u. a. deswegen wichtig, weil das Vibrationsverhalten des fertigen Schiffes nachträglich kaum oder nur mit einem erheblichen finanziellen Aufwand verbessert werden kann. So ist z. B. nach Fertigstellung des Schiffsrumpfs eine Änderung der Schiffseigenfrequenzen nicht mehr möglich. Anders liegen die Verhältnisse bei Vibrationen, die sich auf einzelne Bauteile beschränken. Hier kann man notfalls mit vergleichsweise geringen Kosten durch das Anbringen zusätzlicher Versteifungen die Eigenfrequenzen des zu Vibrationen neigenden Bauteils so verlegen, daß man aus dem Resonanzbereich herauskommt.

11.7 Schiffsvermessung

Die Schiffsvermessung ist ein gesetzlich vorgeschriebenes Verfahren zur Ermittlung der *Tonnage* eines Schiffes. Hierunter versteht man – vereinfacht ausgedrückt – das Gesamtvolumen aller derjenigen Räume eines Schiffes, die in die Vermessung mit einbezogen werden müssen (Volumen unterhalb des Vermessungsdecks sowie das Volumen aller geschlossenen Aufbauten und Deckshäuser abzüglich des Rauminhalts einiger spezieller Räume wie Werkstätten, Schächte, Treppen usw.). Zieht man von dieser *Bruttotonnage* den Raumgehalt der Antriebsanlage (zu einem über 100 liegenden Prozentsatz!), der von der Besatzung genutzten Räume und einiger anderer „abzugsfähiger" Räume ab, so erhält man die *Nettotonnage*. In beiden Fällen wird als Volumeneinheit die *Registertonne* verwendet (1 RT = 100 cbf = $2,832 \, m^3$).

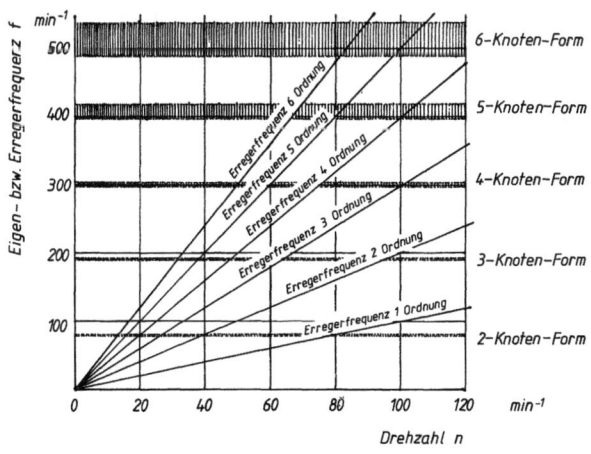

Bild 11.18
Gegenüberstellung der Schiffskörpereigenfrequenzen (hier für die vertikale Biegeschwingung) und der möglichen Erregerfrequenzen

Bei Schiffen mit zwei oder mehr durchlaufenden Decks besteht die Möglichkeit, statt des obersten durchlaufenden Decks das darunter liegende Deck zum *Vermessungsdeck* zu erklären *(„Freidecker")*. Durch die Nichteinbeziehung des Zwischendeckraums in die Bruttotonnage erzielt man ein niedrigeres und damit ein für den Reeder wirtschaftlicheres Vermessungsergebnis (geringere Hafenabgaben, kleinere Besatzungsstärke usw.). Die Gewährung einer derartigen Vergünstigung wird davon abhängig gemacht, daß das Schiff einer über das normale Maß hinausgehenden Tiefgangsbeschränkung unterworfen wird. Das Ausmaß der Tiefgangsbeschränkung ist in der *Schiffsvermessungskonvention Oslo 1965* festgelegt. Die Markierung am Schiff erfolgt durch die auf jeder Schiffsseite anzubringende *Vermessungsmarke* (bestehend aus einem auf der Spitze stehenden gleichseitigen Dreieck; s. Abschnitt 11.2). Die Vermessungsmarke liegt stets unterhalb der Freibordmarke, die das Schiff erhalten würde, wenn der Zwischendeckraum in die Vermessung mit hineingenommen wird *(„Volldecker")*. Häufig wird ein Schiff mit beiden Tiefgangsmarken versehen *(„Wechseldecker")*. Ein solches Schiff verfügt über zwei Vermessungsergebnisse, und zwar sowohl bei der Brutto- als auch bei der Nettotonnage. Die kleinere BRT- bzw. NRT-Zahl ist maßgebend, solange das Schiff nur so weit abgeladen ist, daß die Vermessungsmarke noch sichtbar bleibt. Das Schiff fährt dann als Freidecker und eignet sich zum Transport relativ leichter, aber viel Raum beanspruchender Ladung *(„Raumladung")*. Sobald jedoch die Vermessungsmarke eintaucht, gilt automatisch die höhere BRT- bzw. NRT-Zahl. Der Einsatz als Volldecker bietet sich an, wenn die zu transportierende Ladung relativ schwer ist und ihre Menge nicht durch die Größe des Laderaums, sondern vielmehr durch die maximale Tragfähigkeit des Schiffes begrenzt wird *(„Gewichtsladung")*.

Das gegenwärtig gültige, noch auf den Engländer *Moorsom* zurückgehende Vermessungsverfahren (Merchant Shipping Act von 1854) findet nur noch bis zum Juli 1982 Anwendung. Am 18. Juli 1982 tritt ein neues internationales Vermessungsübereinkommen völkerrechtlich in Kraft, auf das sich die IMCO bereits auf der *Schiffsvermessungskonferenz London 1969* geeinigt hatte. Dieses neue Verfahren, das sich durch Einfachheit und Übersichtlichkeit auszeichnet, benötigt im wesentlichen nur noch zwei Formeln zur Ermittlung der Brutto- und Nettotonnage eines Schiffes.

Die Bruttotonnage ergibt sich danach zu

$$\text{BT} = K_1 \cdot V, \qquad (28)$$

wobei V der Gesamtraumgehalt aller geschlossenen Räume des Schiffes in Kubikmetern ist und K_1 ein Faktor, der wie folgt definiert ist:

$$K_1 = 0{,}2 + 0{,}02 \log V \qquad (29)$$

Etwas komplizierter ist die Formel für die Nettotonnage NT, die jetzt – außer bei Fahrgastschiffen – kaum noch von der Bruttotonnage BT abhängt:

$$\text{NT} = K_2 \cdot V_L \cdot \left(\frac{4T}{3D}\right)^2 + K_3 \cdot \left(N_1 + \frac{N_2}{10}\right) \qquad (30)$$

V_L Laderauminhalt in m³,
T Tiefgang,
D Seitenhöhe,
N_1 Anzahl der Kabinenpassagiere,
N_2 Anzahl der sonstigen Passagiere.

Für die Faktoren K_2 und K_3 gilt:

$$K_2 = 0{,}2 + 0{,}02 \log V_L \quad \text{bzw.}$$

$$K_3 = 1{,}25 \, \frac{\text{BT} + 10000}{10000} \qquad (31)$$

Ferner ist zu beachten, daß N_1 bzw. N_2 gleich Null zu setzen sind, sofern N_1 bzw. N_2 kleiner als 13 ist. Schließlich sind drei weitere Grenzwerte einzuhalten:

$$\frac{4T}{3D} \leqslant 1, \quad K_2 \cdot V_L \left(\frac{4T}{3D}\right)^2 \geqslant 0{,}25 \, \text{BT}$$

und $\text{NT} \geqslant 0{,}3 \, \text{BT}$ \hfill (32)

Durch den Fortfall des Begriffs „Vermessungsdeck" entfällt künftig die Möglichkeit, wahlweise das erste oder zweite durchlaufende Deck eines Schiffes zum Vermessungsdeck zu erklären und somit für ein und dasselbe Schiff unterschiedliche Ergebnisse bei der Bruttotonnage zu erzielen. Das Konzept, Schiffe mit einem im Verhältnis zur Seitenhöhe geringen Tiefgang vermessungsmäßig günstiger zu stellen, bleibt jedoch insofern erhalten, als die Nettotonnage um so niedriger ausfällt, je kleiner das Verhältnis Tiefgang zu Seitenhöhe ist. Die Auswirkungen auf die Gesamtwirtschaftlichkeit bleiben hier jedoch gering, da in den meisten Vorschriften und Gebührenordnungen die Bruttotonnage und nicht die Nettotonnage Bemessungsgrundlage ist.

11.8 Schrifttum

[11.1] *Alte, R.* und *H. Matthiesen:* Schiffbau kurzgefaßt. Schiffahrts-Verlag „Hansa", Hamburg 1978.
[11.2] *Schneekluth, H.:* Hydromechanik zum Schiffsentwurf. Koehlers Verlagsgesellschaft, 2. Auflage, Herford 1978.
[11.3] *Schneekluth, H.:* Entwerfen von Schiffen. Koehlers Verlagsgesellschaft, 2. Auflage, Herford 1980.
[11.4] *Henschke, W.:* Schiffbautechnisches Handbuch. Band 1 bis 6. VEB Verlag Technik, Berlin.
[11.5] *Comstock, J. P.:* Principles of Naval Architecture. Society of Naval Architects and Marine Engineers, New York 1967.
[11.6] *D'Arcangelo, A. M.:* Ship Design and Construction. Society of Naval Architects and Marine Engineers, New York 1969.
[11.7] *Germanischer Lloyd:* Vorschriften für Klassifikation und Bau von stählernen Seeschiffen, Band 1, Ausgabe 1980.
[11.8] *Wendel, K.:* Handbuch der Werften. Schiffahrts-Verlag „Hansa", Hamburg.

Hauptabschnitt 12
Nautik

Kapitän Prof. *Jens Froese*, Hamburg

12.1 Einführung

Nautik (nautike techne (griech.) — seemännische Kunst) ist Schiffahrtskunde bzw. Seefahrtskunde allgemein. Sie umfaßt das gesamte Schiffswesen, die Seemannschaft, die Navigation sowie alle damit zusammenhängenden Randgebiete, deren Beherrschung zur Führung eines Schiffes erforderlich sind [12.1].

12.2 Navigation

Aufgabe der Nautik ist es, ein Schiff nach wirtschaftlichen Gesichtspunkten (Zeitbedarf, Brennstoffverbrauch) unter Einhaltung der Seeverkehrs- und Schiffssicherheit von einem Ausgangsort über See zu einem Bestimmungsort zu führen. Die Navigation ist dabei wesentliches Hilfsmittel. In der Navigation (navigare (lat.) — segeln) werden Verfahren beschrieben, mit deren Hilfe Kurse berechnet und Standort- bzw. Standlinienbestimmungen (Seenavigation, Luftnavigation, Raumnavigation) vorgenommen werden.

Abhängig von den zur Verfügung stehenden Hilfsmitteln läßt sich die Navigation einteilen in

  terrestrische Navigation
  astronomische Navigation
  technische Navigation
  a) Funknavigation
  b) technische Hilfssysteme.

12.2.1 Grundlagen

Das Koordinatensystem der Erde

Das Ergebnis einer Standortbestimmung ist der Schiffsort bzw. die Position, ausgedrückt in geographischen Koordinaten (Bild 12.1).
Die *geographische Breite* (φ) eines Ortes auf der Erde wird auf den Äquator ($\varphi = 0°$) bezogen, von 0° bis 90° Nord (N) bzw. Süd (S) gezählt und gibt den Winkel am Erdmittelpunkt zwischen der Äquatorebene und dem Erdradius des betreffenden Ortes an.

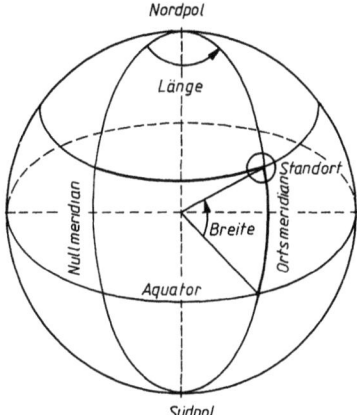

Bild 12.1 Geographische Koordinaten

Die *geographische Länge* (λ) eines Ortes auf der Erde wird auf den Meridian von Greenwich (Nullmeridian, $\lambda = 0°$) bezogen, von 0° bis 180° Ost (E) oder West (W) gezählt und gibt den sphärischen Winkel an den Polen zwischen dem Nullmeridian und dem Ortsmeridian an [12.2].
Die Positionsangabe erfolgt in der Seefahrt nach Möglichkeit mit Zehntelminutengenauigkeit, z. B. Mittagsposition am 4.8.1980:

$\varphi = 56°27{,}3' $ N und $\lambda = 007°14{,}8'$ E

Bei Angabe des Ortes ist zu unterscheiden zwischen dem *beobachteten Ort*, der mit Hilfe eines Navigationsverfahrens bestimmt wird, dem *Loggeort*, der durch Abtragen der vermuteten Distanzen durchs Wasser auf dem angenommenen Kurs gefunden wird, und dem *Koppelort*, bei dessen Bestimmung außer Kurs und Fahrt durchs Wasser auch noch eine mögliche Strom- oder Windversetzung berücksichtigt wird. Der Logge- oder der Koppelort ist, teilweise etwas modifiziert, bei einigen Navigationsverfahren der Bezugsort für die Standortberechnung.

Distanzen (Entfernungen)

In der Nautik gibt man Entfernungen in Seemeilen (sm) an. Die Seemeile ist angenähert gleich dem Abstand zweier Meridiane auf dem Äquator, die einen Längenunterschied von 1' haben.
Weiter gelten folgende Beziehungen:

$$1 \text{ sm} \triangleq 1852 \text{ m}$$
$$0,1 \text{ sm} = 1 \text{ Kabellänge} \triangleq 185,2 \text{ m}$$

Seekarten

Näherungsweise kann die Erde als Kugel betrachtet werden. Eine Abbildung ihrer Oberfläche, die gleichzeitig längentreu, flächentreu und winkeltreu ist, kann dann nur auf einem Globus vorgenommen werden. Erfolgt die Abbildung in der Ebene (Karte) muß man jedoch dem jeweiligen Verwendungszweck entsprechend auf bestimmte Eigenschaften verzichten, andere durch die Art der Abbildung (Projektion, Entwurf) zu erreichen versuchen. Für die Navigation sind die wichtigsten Karteneigenschaften die Winkel- und die Längentreue. Erfüllt werden diese Anforderungen durch den *Mercatorentwurf* (Mercatorkarte), eine rechnerisch korrigierte Zylinderprojektion, die allerdings auf das Gebiet zwischen ca. 70° Nord und 70° Süd beschränkt ist. Darüber hinaus wird die Verzerrung zu groß. Die Mercatorkarte ist winkeltreu und die Kursgleiche (Loxodrome) wird als Gerade dargestellt.
Der Maßstab ist von der Breite abhängig. Daher muß bei Entnahme von Entfernungen aus der Seekarte die Breiteneinteilung am Ost- oder Westrand auf der Breite der abgegriffenen Entfernung verwendet werden. Dabei entspricht eine Breitenminute einer Seemeile.
Für die Darstellung der polnahen Gebiete und für die Großkreisnavigation werden azimutale stereographische oder gnomonische Projektionen verwendet.

Einteilung der Seekarten

(Deutsches Hydrographisches Institut):

Anwendungsbereich:	Maßstab:
Pläne	
Sonderkarten	1 : 30 000 und größer
Küstenkarten	1 : 30 000 bis 1 : 300 000
Segelkarten	1 : 300 000 bis 1 : 1 600 000
Übersichtskarten	1 : 1 600 000 bis 1 : 5 000 000
Welt- und Ozeankarten	kleiner 1 : 5 000 000

Die in den deutschen Seekarten verwendeten Abkürzungen und Signaturen werden in der „Karte Nr. 1, Zeichen und Abkürzungen in deutschen Seekarten" (herausgegeben vom Deutschen Hydrographischen Institut) erläutert. Verbindet man zwei Orte in der Mercatorkarte durch eine gerade Linie, z. B. die Kurslinie, so schneidet diese alle abgebildeten Meridiane unter dem gleichen Winkel. Sie wird daher *Kursgleiche* oder *Loxodrome* (loxos (griech.) – schief, dromos (griech.) – Laufbahn) genannt. Die Loxodrome stellt aber nicht die kürzeste Verbindung zweier Orte auf der Erdkugel dar. Diese wird durch den *Großkreis (Orthodrome)* angegeben. In der Mercatorkarte erscheint der Großkreis jedoch als Kurve und ist daher nur mit zusätzlichem Rechenaufwand einzeichenbar.

Kurse und Peilungen

Kurse und Peilungen werden auf Bezugsrichtungen bezogen angegeben. Bezugsrichtung kann sein:

die geographische Nordrichtung (rechtweisend Nord),
die Richtung der Horizontalkomponente des erdmagnetischen Feldes (mißweisend Nord),
die durch einen Kompaß angezeigte Nordrichtung (Kompaß-Nord) und
die durch die Schiffslängsachse nach vorne angegebene Richtung (Rechtvoraus-Richtung), Bezugsrichtung nur für Peilungen).

Der *Kurs* ist ein in der Horizontalebene gemessener Winkel zwischen Schiffbewegungsrichtung und Bezugsrichtung und wird abhängig von der gewählten Bezugsrichtung als rechtweisender, mißweisender oder Kompaßkurs bezeichnet. Gezählt wird im Uhrzeigersinn von 000° bis 360°.
Je nachdem, ob die Wegrichtung des Schiffes durch das Wasser, über Grund oder eingezeichnet in der Seekarte gemeint ist, spricht man vom Kurs durchs Wasser, Kurs über Grund oder vom Kartenkurs (Sollkurs über Grund).
Um erfaßbare systematische Fehler auszuschalten, müssen Kurse und Peilungen beschickt werden. Bei Gebrauch eines Magnetkompasses wird daher die *Mißweisung* (Ablenkung durch die Richtung der erdmagnetischen Felder) (in der Seekarte angegeben) und die *Deviation* (Ablenkung durch Eisenteile des Schiffes in Abhängigkeit vom Aufstellungsort des Kompasses und vom gesteuerten Kurs) berücksichtigt. Mit Hilfe des Kreiselkompasses ermittelte Kurse und Peilungen müssen für den *Fahrtfehler* (kurs-, breiten- und geschwindigkeitsabhängig) und das *Kreisel-A* (Aufstellungsfehler des Kompasses) beschickt werden. Unterliegt das Schiff bei seitlichen Winden einer Versetzung, der *Abdrift* (Bild 12.2), so stimmen Kielrichtung und Fortbewegungsrichtung des Schiffes durch das Wasser nicht mehr überein. Erfaßt wird dieser Fehler durch die *Beschickung für Wind* (BW). Bewegt sich das Wasser, das durchfahren wird, selbst auch mit einer bestimmten Geschwindigkeit in eine bestimmte Richtung (Strom), stimmen Kurs durchs Wasser

Navigation

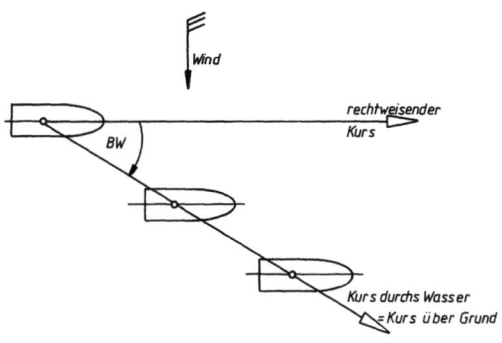

Bild 12.2 Abdrift

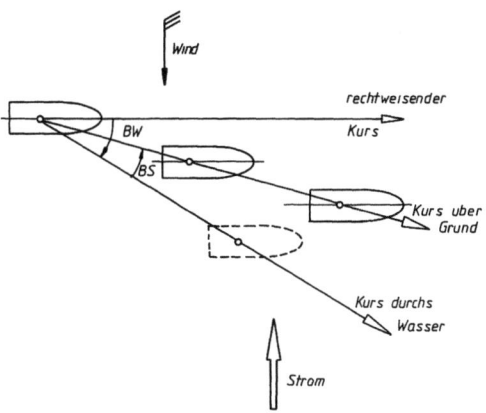

Bild 12.3 Abdrift und Stromversetzung

und Kurs über Grund nicht mehr überein. Es liegt eine *Stromversetzung* (Bild 12.3) vor. Berücksichtigt wird diese durch das Anbringen der *Beschickung für Strom* (BS).
Die *Peilung* oder das *Azimut* (arab.) ist ein in der Horizontalebene gemessener Winkel zwischen Bezugsrichtung und Richtung zum Objekt. Unterschieden wird abhängig von der gewählten Bezugsrichtung die rechtsweisende, die mißweisende und die Kompaßpeilung und von 000° bis 360° im Uhrzeigersinn gezählt. Bei *Seitenpeilungen* erfolgt die Zählung von 000° bis 180° nach steuerbord bzw. backbord (halbkreisige Zählung).

Geschwindigkeit

Die Geschwindigkeit eines Schiffes wird in Seemeilen pro Stunde gleich Knoten (kn) angegeben und gemeinhin „*Fahrt*" genannt. Z.B. Durchschnittsfahrt 19 kn oder das Maschinenkommando „langsame Fahrt voraus". Je nachdem, welche Geschwindigkeit gemeint ist, spricht man von der Fahrt durchs Wasser oder der Fahrt über Grund (vgl. Abdrift und Stromversetzung!).

12.2.2 Terrestrische Navigation

Terrestrisch (lat.) bedeutet auf die Erde bezogen. Gemeint ist hier das feste Land. Terrestrische Navigation ist somit die Orts- bzw. Standlinienbestimmung in Küstennähe mit Hilfe landfester Ziele, wobei schwimmende aber mit dem Seegrund fest verankerte Seezeichen wie Feuerschiffe und Tonnen mit einbezogen werden.

Landmarken und Seezeichen

Landmarken können in der Seekarte eingetragene natürliche markante Punkte, wie Berge, große Bäume, Landzungen, oder künstliche, wie Schornsteine, Masten und Hochhäuser, sein. Sie sind nach nautischen Gesichtspunkten beschrieben in den *Seehandbüchern* zu finden. Dort sind auch Besonderheiten eines Seegebietes, einer Ansteuerung, einer Küste oder eines Hafens niedergelegt.
Seezeichen sind entweder fest, wie Leuchttürme und Signalbaken, oder schwimmend, wie Feuerschiffe und Tonnen, und bezeichnen Ansteuerungen, Fahrwasser, Untiefen und andere Gefahren oder dienen zur Abgrenzung von Reeden, Sperrgebieten u.ä. Sind Seezeichen nachts durch besondere Lichter kenntlich gemacht, sind sie *befeuert*. Zur Unterscheidung der verschiedenen Leuchtfeuer und Leuchttonnen dienen *Farbe* (weiß, gelb, rot, grün) und *Kennung* (Festfeuer oder Taktfeuer in einem bestimmten Rythmus).
Die Einzelheiten der Befeuerung können an Bord in den *Leuchtfeuerverzeichnissen* nachgeschlagen werden (Bilder 12.4 bis 12.6).

Terrestrische Standlinien

Eine *Standlinie* ist *ein* geometrischer Ort für den Standort eines Schiffes. D.h. irgendwo auf der ermittelten Standlinie befindet sich das Schiff. Zur Positionsbestimmung wird mindestens eine zweite Standlinie benötigt, die nicht parallel zur ersten verlaufen darf.
Terrestrische Standlinien können Peilstrahlen aus optischen Peilungen, Abstandskreise oder Reihenlotungen sein (Bilder 12.7 bis 12.12).
Bringt man mindestens zwei Standlinien zum Schnitt, erhält man einen Standort (Bild 12.13). Mit Hilfe zusätzlicher Standlinien (Überbestimmung) kann man eine Aussage über die Zuverlässigkeit der Ortsbestimmung machen.

12.2.3 Astronomische Navigation

Mit astronomischer Navigation wird die Standlinienbestimmung aufgrund der Stellung der Gestirne in Bezug auf das Schiff bezeichnet. Stellt man sich ein Gestirn auf die Erdoberfläche projiziert vor (der Projektionspunkt ist der Schnittpunkt der Verbindungslinie Gestirn – Erdmittelpunkt mit der Erdoberfläche) und zieht man um

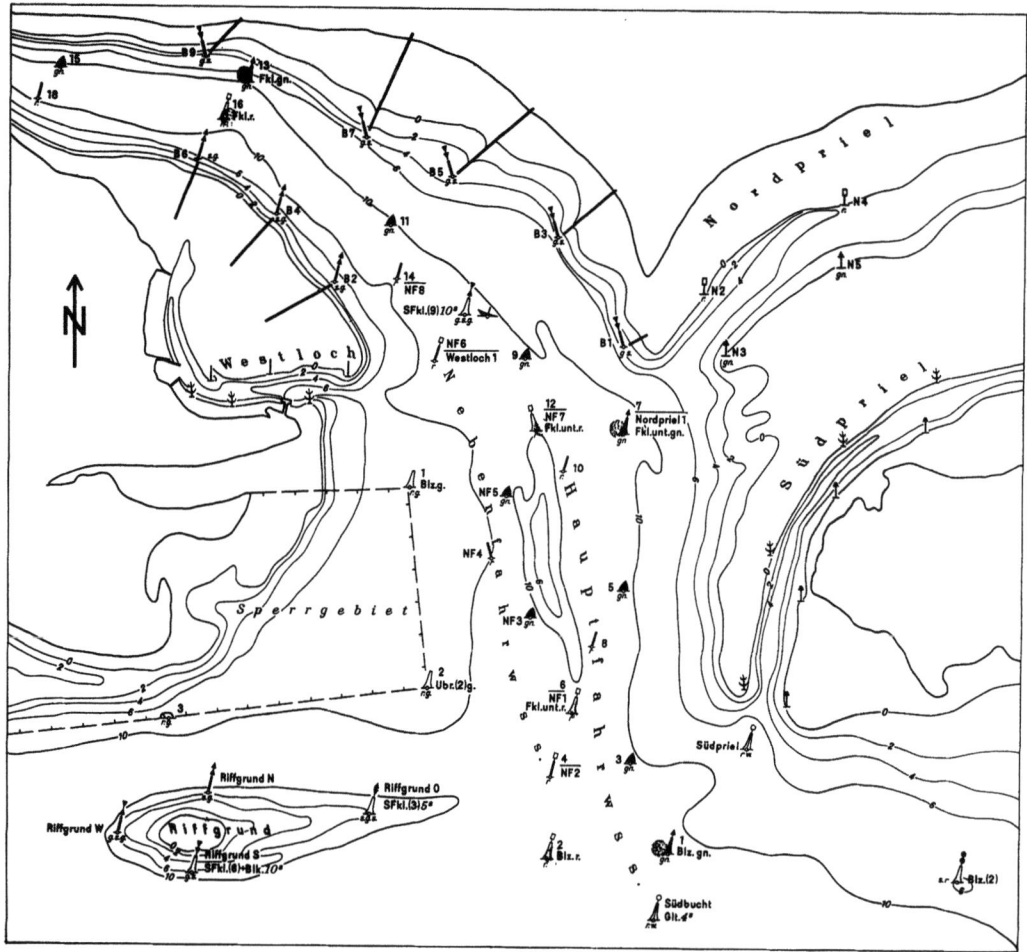

Bild 12.4 Darstellung der Schiffahrtszeichen in der Art der Seekarten des Seekartendrucks [12.3]

diesen Projektionspunkt (Bildpunkt) einen Kreis auf der Erdoberfläche, so würde jeder Beobachter irgendwo auf diesem Kreis das Gestirn unter demselben Höhenwinkel über dem Horizont sehen. Ginge ein Beobachter dichter an den Projektionspunkt heran, würde der Höhenwinkel größer werden, beim Entfernen von diesem kleiner. Daraus folgt, daß eine bestimmte, mit einem *Sextanten* gemessene Gestirnshöhe (Sonne, Mond, andere Planeten, Sterne) einen ganz bestimmten Standkreis als Standlinie des Beobachters bedingt.

In der nautischen Praxis wird im Prinzip so verfahren, daß man mit Hilfe von Tafelwerken wie dem „*Nautischen Jahrbuch*" (Ephemeriden, enthält die zur Berechnung der im allgemeinen zu beobachtenden Gestirne erforderlichen astronomischen Daten) und Rechentafeln (z. B. Fulst, Nautische Tafeln) oder Taschenrechner vom Koppelort ausgehend die Höhe des beobachteten Gestirns in Abhängigkeit von der Beobachtungszeit berechnet und mit der tatsächlich gemessenen Höhe vergleicht. Die Differenz und das ebenfalls berechnete Gestirnsazimut wird zur Standlinienkonstruktion (im infrage kommenden Bereich wird der Kreisbogen des Standkreises durch die Tangente an diesen ersetzt, die gezeichnete astronomische Standlinie ist somit eine Gerade) herangezogen.

Dieses Verfahren kann durch den Gebrauch von sog. *Höhentafeln* (z. B. HO 249) stark vereinfacht werden. Sind die astronomischen Grunddaten in einem Rechner gespeichert, kann die vollständige Berechnung mit diesem ohne den Gebrauch von Tafelwerken durchgeführt werden.

Ein astronomisch bestimmter Standort wird auch hier nur erhalten, wenn mindestens zwei Standlinien zum Schnitt gebracht werden (vgl. terrestrische

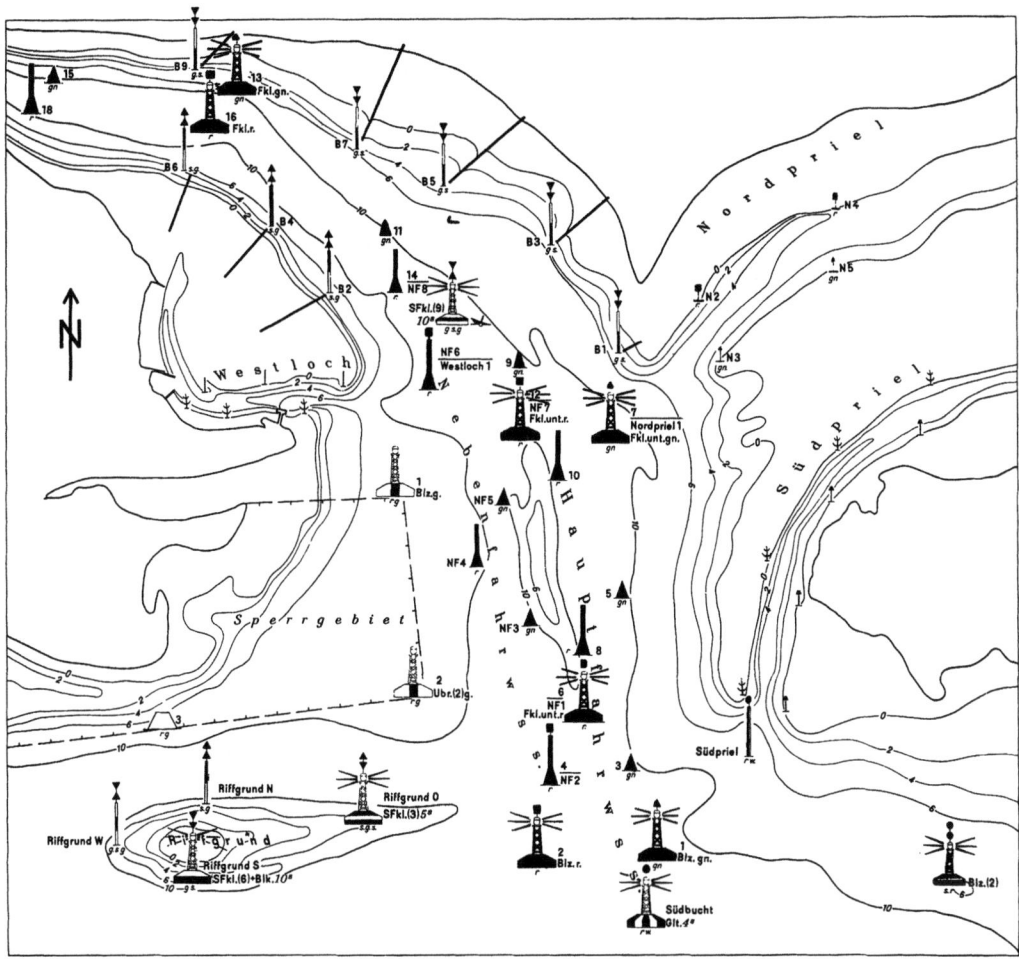

Bild 12.5 Darstellung der Schiffahrtszeichen in ihrer Erscheinungsform bei Tag [12.3]

Standlinien!). Unter guten Beobachtungsbedingungen liegt die Genauigkeit eines astronomischen Standortes bei ungefähr 1 sm (Radius des sog. Fehlerkreises um den gefundenen Ort).

Da die astronomischen Rechenverfahren ohne großen Aufwand das Azimut eines Gestirns (Richtung zum Gestirn, bezogen auf rechtweisend Nord) liefern, werden diese auch zur Kompaßkontrolle herangezogen, d. h., ein beobachtetes (gepeiltes) Azimut wird mit einem berechneten verglichen und daraus der Kompaßfehler bestimmt.

12.2.4 Technische Navigation

Funknavigation

Kreisfunkfeuer

Die Seefunkfeuer senden im Langwellenbereich ein ungerichtetes Signal und eine Kennung in Morsebuchstaben aus. Durch Messung an Bord mit einem *Funkpeiler* und Auswertung kann die Richtung vom Schiff zum Funkfeuer bestimmt werden. Man erhält somit eine *Funkstandlinie*.

Dieses Verfahren ist nur im Bereich der Küsten- und küstennahen Navigation sinnvoll einsetzbar. Die Genauigkeit hängt sehr stark von Sende- und Empfangsbedingungen ab. Auf gut ausgerüsteten Schiffen hat es heute nur noch als redundantes Verfahren mit mäßiger Ortungsgenauigkeit Bedeutung. Große Bedeutung kommt dem Funkpeilverfahren allerdings nach wie vor im Seenotfall zu, da es erlaubt, Zielfahrt auf ein ein Notsignal aussendendes Schiff oder eine Seenotfunkboje (EPRIB) zu machen. Zu diesem Zweck müssen Funkpeiler auf die Seenotfrequenz 2182 kHz (Grenzwelle) abstimmbar sein. Die Seefunkfeuer und die für die Seenavigation brauchbaren Flugfunkfeuer sind mit ihren technischen An-

Betonnungssystem
Darstellung der Schiffahrtszeichen und gebräuchlichen Kennungen
Dieses System wird für alle festen und schwimmenden Schiffahrtszeichen angewendet, außer für Leuchttürme, Leit- und Richtfeuer und Feuerschiffe.

1. ■ Laterale Zeichen

Laterale Zeichen dienen der Bezeichnung der Backbordseite und Steuerbordseite eines Fahrwassers.

Betonnungsrichtung: Von See kommend bei der Einfahrt in einen Hafen, in ein Gewässer oder in andere Wasserwege. In Zweifelsfällen erfolgt Angabe auf Seekarten. **Lage zum Fahrwasser** ist aus Form, Farbe, Lichtfarbe und Beschriftung (Steuerbord-ungerade Ziffern, Backbord-gerade Ziffern) erkennbar.

Backbordseite

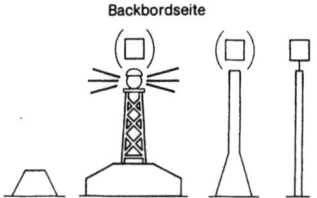

Farbe: rot
Form: Stumpftonne, Leuchttonne, Spierentonne oder Spiere
Toppzeichen (wenn vorhanden): ein roter Zylinder
Feuer (wenn vorhanden): Farbe: rot, Kennung: beliebig

Steuerbordseite

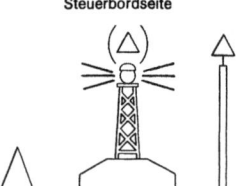

Farbe: grün
Form: Spitztonne, Leuchttonne oder Spiere
Toppzeichen (wenn vorhanden): ein grüner Kegel, Spitze nach oben
Feuer (wenn vorhanden): Farbe: grün, Kennung: beliebig

Zum Beispiel (Backbord):
- Fkl.
- Fkl.unt.
- Blz.
- Blz. (2)
- Ubr. (2)
- Ubr. (3)

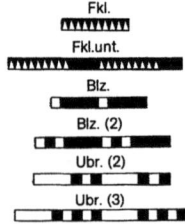

Zum Beispiel (Steuerbord):
- Fkl.
- Fkl.unt.
- Blz.
- Blz. (2)
- Ubr. (2)
- Ubr. (3)

Bild 12.6.1
Bild 12.6 Betonnungssystem [12.3]

---

gaben im *Nautischen Funkdienst* (herausgegeben vom Deutschen Hydrographischen Institut) aufgeführt.

Richtfunkfeuer
Richtfunkfeuer finden als Hafenrichtfunkfeuer zur Einsteuerungshilfe bei schlechter Sicht Verwendung und können an Bord mit dem üblichen Funkpeiler empfangen werden. Die Einführung von RADAR in der Seeschiffahrt hat ihre Bedeutung stark vermindert, sie sind daher nur noch selten im Einsatz.

Drehfunkfeuer
Hier ist nur noch *CONSOL* zu nennen, das zwar stark an Bedeutung verloren hat, aber den Vorteil besitzt, daß zu seinem Empfang ein normales Radiogerät (ohne automatischen Schwundausgleich) genügt. Mit Hilfe von im Nautischen Funkdienst enthaltenen Tabellen kann eine Standlinie bestimmt werden. Die Genauigkeit des Verfahrens genügt nicht den Anforderungen im küstennahen Bereich.

Hyperbelnavigationsverfahren
Alle Hyperbelnavigationsverfahren verwenden als Standlinie die Hyperbel. Für eine Standlinie benötigt man zwei Sender, denn die Hyperbel ist der geometrische Ort konstanter Abstandsdifferenz von zwei festen Punkten, den Brennpunkten (hier die Sender). D.h., ein auf einer Hyperbel befindliches Schiff mißt zwar zu den Sendern überall andere Entfernungen, die Differenz jeweils zweier zusammengehörender Entfernungen ist jedoch überall gleich.

Die Entfernungsdifferenz wird entweder über Laufzeitmessung eines elektromagnetischen Impulses (Loran A) oder durch Phasenvergleich elektromagnetischer Wellen (Decca, Omega) oder einer Kombination aus beidem (Loran C) ermittelt.

Navigation

2 ■ Kardinale Zeichen

Form: Leuchttonne, Spiere oder Bakentonne
Toppzeichen: zwei schwarze Kegel übereinander
Feuer (wenn vorhanden): Farbe: weiß.

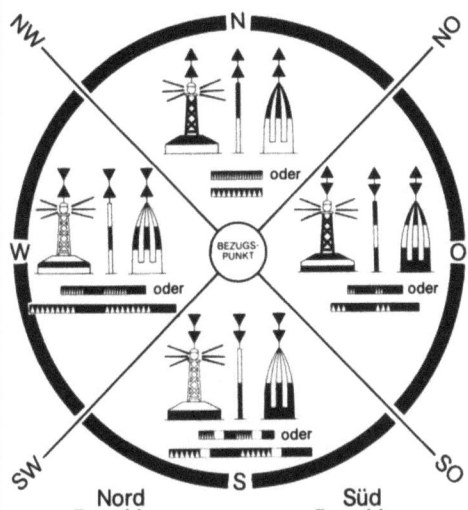

Nord
Toppzeichen:
Spitzen oben
Tonnenfarbe:
schwarz über gelb
Kennung:
SFkl. oder Fkl.

Süd
Toppzeichen:
Spitzen unten
Tonnenfarbe:
gelb über schwarz
Kennung:
SFkl. (6) + Blk. oder Fkl. (6) + Blk

West
Toppzeichen:
Spitzen zueinander
Tonnenfarbe:
gelb mit einem breiten
waagerechten schwarzen Band
Kennung:
SFkl. (9) oder Fkl. (9)

Ost
Toppzeichen:
Spitzen voneinander
Tonnenfarbe:
schwarz mit einem breiten
waagerechten gelben Band
Kennung:
SFkl. (3) oder Fkl. (3)

Kardinale Zeichen zeigen die Passierseite des Bezugsobjektes in Kompaßrichtung an.
Farbgebung-Merkregel: Spitzen der Toppzeichen zeigen zum Schwarz.
Kennung-Merkregel: Anzahl der Fkl. (3, 6, 9) entspricht in der Zuordnung den Ziffern einer Uhr.
SFkl. = Schnelles Funkeln = 100 Fkl/Min   Fkl. = Funkeln = 50 Fkl/Min

Bild 12.6.2

3 ■ Einzelgefahr-Zeichen

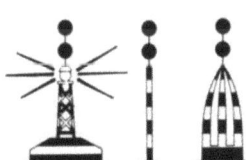

Farbe: schwarz mit einem oder mehreren breiten waagerechten roten Bändern
Form: Leuchttonne, Spiere oder Bakentonne
Toppzeichen: zwei schwarze Bälle übereinander
Feuer (wenn vorhanden): Farbe: weiß, Kennung:

Einzelgefahr-Zeichen werden verwendet bei Gefahrenstellen geringer Ausdehnung.

Bild 12.6.3

4 ■ Mitte-Fahrwasser-Zeichen

Farbe: rote und weiße senkrechte Streifen
Toppzeichen (wenn vorhanden): ein roter Ball
Form: Kugel, Leuchttonne oder Spiere
Feuer (wenn vorhanden): Farbe: weiß, Kennung:

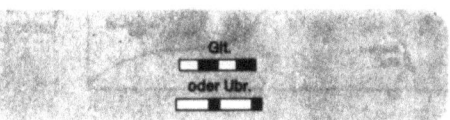

Mitte-Fahrwasser-Zeichen werden verwendet für die Bezeichnung der Mitte von Schiffahrtswegen, auch zur Bezeichnung von Ansteuerungspunkten, sofern hierfür keine lateralen Zeichen vorgesehen sind.

Bild 12.6.4

5 ■ Sonder-Zeichen

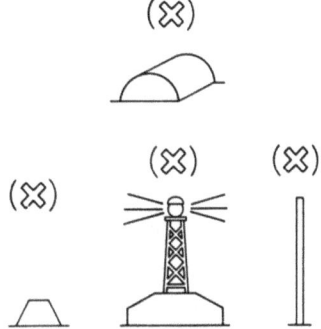

Farbe: gelb (Zivile und militärische Sperrgebiete: mit – von oben gesehen – einem roten rechtwinkligen Kreuz)
Form: beliebig (sie darf nicht zu Verwechslungen mit Navigationszeichen führen)
Toppzeichen: in der Regel Punktbezeichnung: ein gelbes X
Linienbezeichnung: kein Toppzeichen
Feuer (wenn vorhanden): Farbe: gelb, Kennung: beliebig, jedoch nicht die bei 2., 3. u. 4. verwendeten.

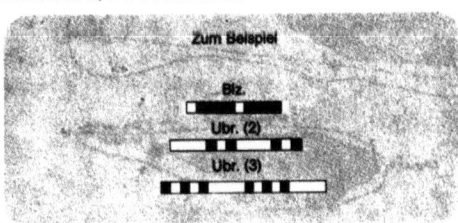

Sonder-Zeichen dienen nicht in erster Linie der Navigation, sondern bezeichnen besondere Gebiete oder besondere Punkte, deren Bedeutung aus den Seekarten oder anderen nautischen Veröffentlichungen entnommen werden muß. Sie können zum Hinweis auf ihre Bedeutung beschriftet sein.

Bild 12.6.5

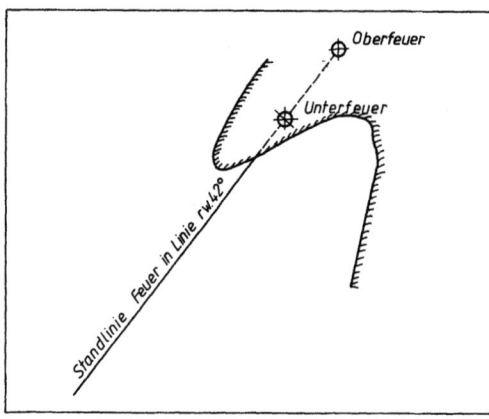

Bild 12.7 Deckpeilung (ohne Kompaß)

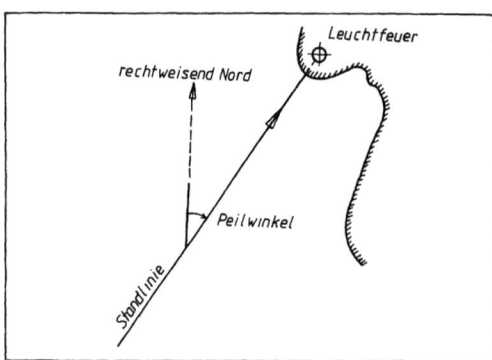

Bild 12.8 Optische Peilung mit Hilfe eines Peilkompasses

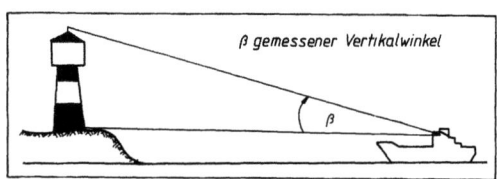

Bild 12.9 Vertikalwinkelmessung zur Abstandsbestimmung

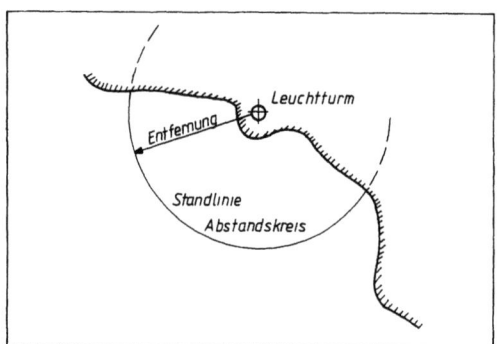

Bild 12.10 Abstandskreis

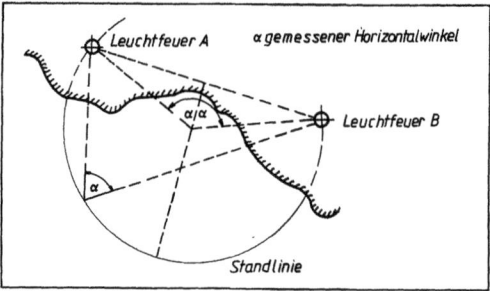

Bild 12.11 Horizontalwinkelmessung

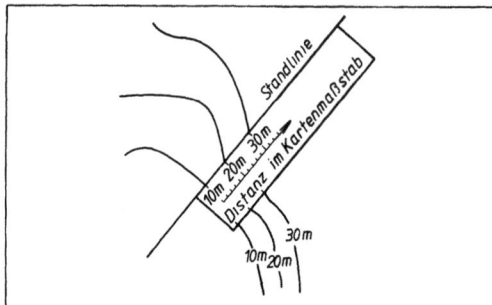

Bild 12.12 Reihenlotung

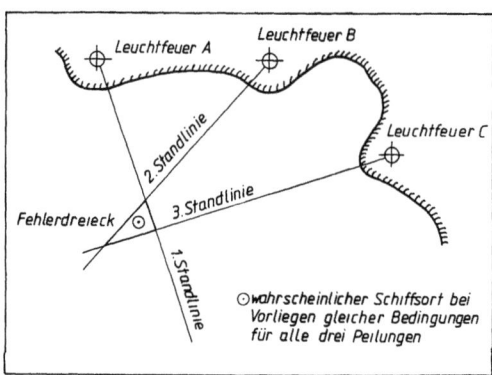

Bild 12.13 Ortsbestimmung mit Hilfe optischer Peilungen (Kreuzpeilung)

Die Verfahren haben gemeinsam, daß ein besonderer Empfänger und besondere Ortungskarten benötigt werden, wenn auch einige Geräte mit Hilfe eines Rechners aus Hyperbelstandlinien geographische Koordinaten berechnen können und dadurch die besondere Ortungskarte überflüssig machen.

DECCA ist ein in England entwickeltes Verfahren, dessen Genauigkeit auch küstennahe Navigation zuläßt (Bild 12.14). Die Reichweite wird mit 240 sm (vom Hauptsender) angegeben.

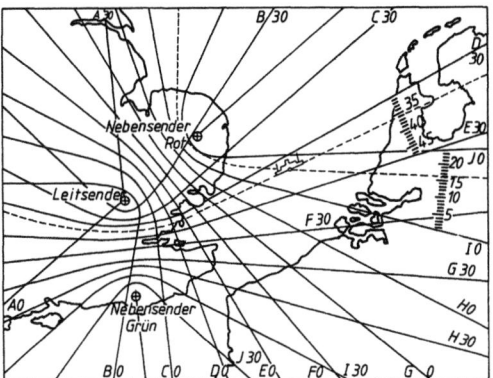

Bild 12.14 Beispiel einer DECCA-Ortung in der DECCA-Karte. Standlinien des Schiffsortes: Rot I 16.30, Grün D 35.80 [12.4]

LORAN A und C kommen aus den USA und sind für die Langstreckennavigation entwickelt worden. LORAN A wird z. Zt. (1980) durch das neuere System C ersetzt, dessen Genauigkeit höher ist. Da die Zuverlässigkeit dieses Verfahrens stark von den Empfangsbedingungen abhängt und somit auch sehr unbefriedigend sein kann, ist langfristig damit zu rechnen, daß es durch die Satellitennavigation zurückgedrängt werden wird.
OMEGA ist ebenfalls ein Langstreckennavigationsverfahren für dessen weltweite Überdeckung nur 9 Sendestationen ausreichen. Es hat besondere Bedeutung im militärischen Bereich als Navigationsverfahren für getauchte U-Boote.
Die Genauigkeiten von LORAN A und OMEGA liegen etwa im Bereich der Genauigkeit der astronomischen Navigation. LORAN C liegt darüber. Einzelheiten über Lage der Sendestationen, Überdeckungsgebiet usw. der Hyperbelnavigationsverfahren können dem Nautischen Funkdienst entnommen werden.

Radarnavigation

RADAR ist ein Funkmeßverfahren, bei dem über eine sich drehende Richtantenne ultrahochfrequente Sendeimpulse abgestrahlt werden, die von Objekten reflektiert vom Empfangsteil der Antenne wieder aufgenommen und auf einem Bildschirm als Leuchtpunkt (Radarecho) zur Anzeige gebracht werden. Die Entfernungsbestimmung erfolgt dabei durch Laufzeitmessung, die Richtungsdarstellung durch Synchronisation des in der Bildröhre umlaufenden Elektronenstrahls mit der Abstrahlrichtung der Antenne.
Auf Seeschiffen ursprünglich zum Kollisionsschutz eingeführt (vgl. Seeverkehrssicherheit!), ist RADAR heute das wichtigste Navigationshilfsmittel in der Küstennavigation, da es Peilungen und Abstände bei allen Sichtverhältnissen liefert.

Satellitennavigation

Seit 1967 die Freigabe der Satellitennavigation für die zivile Seefahrt erfolgte, hat dieses Verfahren trotz sehr hoher Gerätekosten, die erst in jüngster Zeit reduziert werden konnten, eine erstaunliche Verbreitung gefunden.
Navigationssatellitensystem Transit: Das Prinzip beruht auf Messung der Frequenzverschiebung (Dopplereffekt) eines an Bord empfangenen Signals eines Satelliten während dessen Flug oberhalb des Horizonts.
Ein besonderes Empfangsgerät an Bord wertet die Messung aus und bringt die geographische Position des Schiffes zur Anzeige. Die Genauigkeit ist allen anderen Funknavigationsverfahren überlegen. Nachteilig ist lediglich, daß abhängig von der Position des Schiffes nur mehr oder weniger begrenzte Zeiträume (die Zeit, die sich der Satellit über dem Horizont befindet) zur Ortung zur Verfügung stehen.
NAVSTAR Global Positioning System (GPS): GPS ist ein in den USA neu entwickeltes und in der Testphase befindliches Satellitennavigationssystem (Einsatz für die zivile Schiffahrt ab etwa 1985), das die kontinuierliche Positionsbestimmung mit mehreren Satelliten erlaubt. Dadurch wird mit einem theoretischen Fehlerradius für den gefundenen Ort von ca. 11 m gerechnet.

Integrierte Navigationssysteme

In integrierten Navigationssystemen werden Meßinformationen aus mehreren vorhandenen Navigationssystemen oder -geräten einem Rechner zugeführt, der dann die Auswertung übernimmt. Mit angeschlossen sein kann ein RADAR-Kollisionsschutzsystem. Ein Ausgang eines integrierten Systems kann an die Kursregelungsanlage des Schiffes gelegt werden und die Bahnregelung automatisch vornehmen, d. h., das Schiff wird auf dem vorbestimmten Kurs geführt. Der Mensch greift nur noch in bestimmten Situationen (z. B. Kollisionsgefahr) ein.

Technische Hilfssysteme

Kompaß

Der *Kompaß* erlaubt Richtungsbestimmungen (Kurse, Peilungen) auf See ohne Landsicht, wobei moderne Anlagen ausschließlich die 360°-Einteilung verwenden. Zusätzlich sind jedoch häufig die vier Hauptrichtungen Nord (N), Ost (E), Süd (S) und West (W) und die Hauptzwischenrichtungen Nord-Ost (NE), Süd-Ost (SE), Süd-West (SW) und Nord-West (NE) angegeben. Eine weitere Unterteilung in Striche ist nicht mehr üblich.
Der *Magnetkompaß* ist auch bei Vorhandensein einer Kreiselkompaßanlage auf allen Schiffen vorgeschrieben. Sein Funktionsprinzip beruht auf der richtenden Wirkung des Magnetfeldes der Erde auf eine Magnetnadel. Er benötigt also keine Energiezufuhr

und ist somit vom Bordnetz unabhängig. *Nachteil:* die Anzeige ist durch Eisen bzw. Stahl leicht störbar und die Richtung des horizontalen Anteils des erdmagnetischen Feldes zeigt keineswegs nach geographisch (rechtweisend) Nord, es zeigt nicht einmal überall auf der Erde in die gleiche geographische Richtung. *Abhilfe:* der Einfluß der Schiffseisenteile muß *kompensiert* werden, ein verbleibender Restbetrag *(Deviation)* wird bei jeder Ablesung berichtigt, und der Unterschied zwischen der Richtung des magnetischen Erdfeldes und rechtweisend Nord *(Mißweisung)* wird rechnerisch berücksichtigt.

Der *Kreiselkompaß* hat gegenüber dem Magnetkompaß den Vorteil, daß er bei Seegang erheblich ruhiger anzeigt, nicht auf Eisenmassen reagiert und unabhängig vom Magnetfeld der Erde ist. Seine Nachteile sind die Abhängigkeit vom Bordnetz, seine technisch wesentlich aufwendigere und damit anfälligere Konstruktion (Ein- bzw. Zwei-Kreisel-Systeme) und der erforderliche höhere Wartungsaufwand. Fehlerfrei sind seine Anzeigen ebenfalls nicht. An Kreiselkompaßablesungen ist der *Fahrtfehler* (einige Anlagen korrigieren diesen nach Eingabe von Breite und Geschwindigkeit selbsttätig) und das sogenannte *Kreisel-A* (kann durch „Verdrehen" des Kreiselgehäuses beseitigt werden) anzubringen, um rechtweisende Richtungsangaben zu erhalten.

Die Kreiselkompaßanlage kann eine Reihe von Geräten steuern, z. B. die Peiltöchter und den Kursschreiber, oder den Kurswert an andere Systeme liefern, z. B. das Radargerät, die Selbststeueranlage (Autopilot), den Funkpeiler und an Navigationssysteme (Satellitennavigation, integrierte Systeme).

Lot

Beim *Echolot* (das Handlot wird nur noch in Ausnahmefällen wie z. B. beim Festkommen oder am Liegeplatz mit wenig Wasser verwendet) erfolgt die Tiefenmessung mit Hilfe der Laufzeitmessung eines Ultraschallimpulses. Die Wassertiefe (einstellbar auf Tiefe unter dem Kiel) wird entweder analog oder digital angezeigt bzw. kann von einem Schreiber *(Echograph)* aufgezeichnet werden.

Vereinzelt werden Lotanlagen auf großen Schiffen (z. B. Tankern) oder in Kaianlagen auch horizontal eingebaut, um beim Anlegen seitliche Abstände messen zu können.

Fahrtmeßanlage

Beim *Staudrucklog* wird die Schiffsgeschwindigkeit durchs Wasser über den auf einen unter dem Schiffsboden befindlichen Fühler (Düse) gemessen und auf der Brücke angezeigt. Die Fahrtmessung mit dem *elektromagnetischen Log (EM-Log)* erfolgt durch Anwendung des elektromagnetischen Induktionsprinzips und hat ebenfalls die Fahrt des Schiffes durchs Wasser zum Ergebnis. Das *Doppler-Sonar-Log* nutzt den Dopplereffekt (Frequenzverschiebung) und ist in der Lage, bei Messung gegen den Meeresboden die Fahrt über Grund anzuzeigen. Bei größeren Wassertiefen ist jedoch auch hier nur die Messung der Fahrt durchs Wasser möglich.

Bei großen Schiffen (besonders Tanker) wird das Doppler-Sonar-Log zunehmend als Zweikomponentenanlage eingebaut, wobei dann sowohl die Bewegung des Schiffes in Längsrichtung als auch in Querrichtung angezeigt wird (sog. Docking-System). Eine solche Anlage kann auch in automatischen Systemen zur Koppelortung (Doppler-Sonar-Navigations-System) Verwendung finden. Bestimmt wird dann die Bahn des Schiffes über Grund (je nach Anlage bis ca. 600 m Wassertiefe möglich) oder durchs Wasser.

Alle Fahrtmeßanlagen können neben der aktuellen Schiffsgeschwindigkeit auch die zurückgelegte Distanz anzeigen.

Weitere Systeme

Hierzu sind die verschiedenen Schiffszustandsanzeigen (Tiefgang, Stabilität, Schiffssicherheit usw.) wie auch Ladungszustands- und Umweltdatenanzeigen (bes. meteorologische Daten) zu rechnen. Maßnahmen in den Hochlohnländern zur Steigerung der Effektivität durch Besatzungsreduzierung haben im allgemeinen eine Konzentration von Kontroll- und Steuer-/Regelungseinrichtungen auf der Brücke zur Folge, die die technischen Hilfssysteme zunehmend komplexer werden lassen. Der Microprozessortechnik kommt hierbei eine besondere Bedeutung zu.

12.3 Manövriertechnik

Die Bedeutung der Manövriertechnik hat in jüngster Zeit zugenommen. Zum einen müssen teilweise sehr große Schiffe (Tanker) auf engen Revieren bewegt werden und zum anderen wird bei kleineren Fahrzeugen aus Kostengründen versucht, ohne Schlepperhilfe bei Hafenmanövern auszukommen. An die Manövriereigenschaften (Kursstabilität, Drehfähigkeit, Anschwenk- und Stützverhalten) eines Schiffes und die Fähigkeiten der nautischen Schiffsführungen werden so zunehmend höhere Anforderungen gestellt.

Die *Manövriereigenschaften* eines Schiffes sind von seiner Unterwasserform, seiner Propulsionseinrichtung (Leistung und Propeller) und seinem Ruder abhängig. Bei Ruderanlagen gibt es eine Reihe von neueren Entwicklungen, die das Manövrierverhalten erheblich verbessern können. Es sind dies die sog. *Hochleistungsruder* (mehrteilige Ruder mit angehängter Flosse oder Ruderrotor in der Vorderkante des Ruders), die auch einen größeren als den normalen Ruderwinkel von ca. 35° erlauben. Um die Drehfähigkeit eines Schiffes auch bei Langsamfahrt oder sogar in gestoppter Lage zu erhalten, können Manövrierhilfen wie *Querstrahlsteueranlagen* (Bugstrahlruder, Heckstrahlruder) eingebaut werden. Kleinere Fahrzeuge können einen Antrieb erhalten,

Manövriertechnik. Beladungsplanung. Seestraßenordnung

dessen Schubrichtung um 360° drehbar ist wie z. B. der *Voith-Schneider-Antrieb* oder der *Schottel-Ruderpropeller.* Mit Schiffen, die über derartige Manövrierhilfen verfügen, kann sogar quer durchs Wasser gefahren (traversiert) werden. Auf Schlepperhilfe bei Hafenmanövern kann daher in vielen Fällen verzichtet werden.

Neben den in der Praxis laufend zu fahrenden Manövern, z. B. Übernahme oder Abgabe eines Lotsen, Ausweichmanöver bei drohender Kollisionsgefahr u. a., erfordern einige Situationen ganz besondere Manöver. Dies kann eintreten, wenn z. B. jemand über Bord fällt (Mann-über-Bord-Manöver), eine drohende Kollision nur durch ein sog. Notstopp-Manöver abgewendet oder in ihrer Wirkung vermindert werden kann, das Schiff im Eis zu manövrieren ist oder schweres Wetter besondere Maßnahmen erfordert.

12.4 Beladungsplanung und Ladungskontrolle

Die Beladung eines Schiffes ist sehr sorgfältig unter den Gesichtspunkten Sicherheit, Stabilität, Trimm, Festigkeit und Ladungsfürsorge zu planen. Die kurzen Hafenliegezeiten und besondere Ladungseigenschaften und der Ladungsumfang erlauben in vielen Fällen keine bordseitige Beladungsplanung in allen Einzelheiten mehr. Diese wird dann ganz oder teilweise von einer zentralen Stelle, die mit erfahrenen Nautikern besetzt ist, von Land aus durchgeführt.

Die zu befördernden flüssigen und trockenen Ladungen erfordern vielfach ein umfangreiches Spezialwissen. Für die Handhabung bestimmter Ladungen (Tankladungen) werden von der IMCO (Inter-Governmental Consultative Organization, Teil der UN) Certifikate empfohlen, die eine besondere, auf die Ladung bezogene Ausbildung belegen. In der Stückgutfahrt (die Container- und Ro-Ro-Fahrt mit einbezogen) sind es die sog. *gefährlichen Güter*, meist chemische Produkte, die bei nicht sachgemäßer Behandlung Mensch, Schiff und Umwelt gefährden. Während der Seereise sind die zu transportierenden Güter aus Sicherheitsgründen und zur Erhaltung der Ladungsqualität fortlaufend zu kontrollieren.

12.5 Seestraßenordnung und Seeschiffahrtsstraßenordnung

Die *Seestraßenordnung 1972 (SeeStrO)* ist die deutsche Fassung des internationalen Übereinkommens von 1972 über die Internationalen Regeln zur Verhütung von Zusammenstößen auf See und ist seit 1977 in Kraft. Sie enthält die Ausweich- und Fahrregeln bei klarer und verminderter Sicht, im freien Seeraum, in Verkehrstrennungsgebieten und Fahrwassern, Vorschriften über Lichter und Signalkörper und die Schall- und Lichtsignale. Hervorzuheben sind die Regeln zur Kollisionsverhütung bei verminderter Sicht. Die Seestraßenordnung 1972 versucht hier eine Definition der „sicheren Geschwindigkeit" (Regel 6) und berücksichtigt sehr weitgehend den Gebrauch des Radargerätes.

Die Pünktlichkeit der Abfahrten von z. B. Containerschiffen, die der bei landgebundenen Transportmitteln nicht nachsteht, ist überhaupt nur mit Hilfe technisch hochentwickelter Radargeräte möglich.

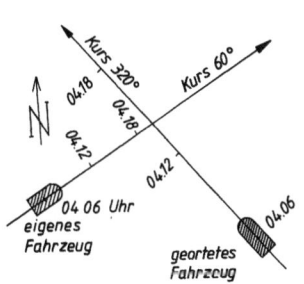

a) wirkliche Lage

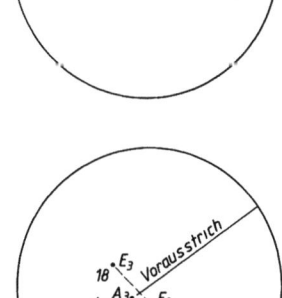

b) Radarbild, Relativ-Motion-Darstellung, nordstabilisiert (bei vorausorientierter Darstellung würde der Vorausstrich im Radarbild nach oben = 0° zeigen, gleichgültig, welcher Kurs gesteuert wird)
M Mittelpunkt des Bildschirms, Darstellung des eigenen Schiffes
E_1, E_2, E_3 Echos des georteten Fahrzeugs um 04.06 Uhr, 04.12 Uhr und 04.18 Uhr
– ⊙ – Weg des Echos über den Bildschirm

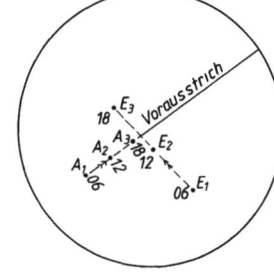

c) Radarbild, True-Motion-Darstellung (das Radarbild gibt die wirklichen Bewegungen im Maßstab des Radarbildes wieder)

E_1, E_2, E_3 Echos des georteten Fahrzeugs um 04.06, 04.12 und 04.18 Uhr
A_1, A_2, A_3 Anzeige des eigenen Schiffes um 04.06, 04.12 und 04.18 Uhr
– → – Weg des Echos über den Bildschirm, der tatsächlichen Bewegung entsprechend
– → – Weg der Anzeige des eigenen Schiffes über den Bildschirm, der tatsächlichen Bewegung entsprechend

Bild 12.15 Wirkliche Lage und Radarbild

Schiffsradaranlagen stellen Bewegungen des eigenen Schiffes und anderer, in der Nähe befindlicher Schiffe entweder relativ zueinander (Relativ-Motion-Darstellung) oder absolut (True-Motion-Darstellung) dar (Bild 12.15).

Verfahren, mit deren Hilfe man die zur Beurteilung der Lage erforderlichen Daten wie Abstand und Peilung, Passierabstand und -zeit und gegebenenfalls Kurs und Fahrt des anderen Fahrzeugs ermitteln kann, heißen *Plottverfahren*. Plottverfahren können zeichnerisch oder rechnergestützt (ARPA = Automatic Radar Plotting Aid) sein. Die *Seeschiffahrtsstraßenordnung (SeeSchStrO)* faßt die Vorschriften, die auf den einzelnen Seeschiffahrtsstraßen der Bundesrepublik Deutschland gelten, zusammen. 1977 ist sie der Seestraßenordnung 1972 angepaßt worden, damit sind wichtige Fahrvorschriften und die Lichterführung für besondere Fälle international vereinheitlicht.

12.6 Meteorologie

Die unteren Luftströmungen auf den Weltmeeren ergeben das folgende Bild, das in gewissen Gebieten freilich gestört ist:

In der Nähe des Äquators liegt ein Gürtel schwacher Winde von wechselnder Richtung und häufiger Windstillen, die *Kalmen* (Doldrums, Mallungen, Mallpassate). Im Laufe des Jahres ändert sich die Lage dieses Gürtels, und zwar so, daß er mit einem Vierteljahr Verspätung der Sonne folgt. Polwärts schließen sich an die Kalmen die *Passatgebiete* an, etwa bis zum 30. Breitengrad reichend, mit heiterem Wetter und geringen Niederschlägen. Nördlich des Kalmengürtels weht der Nordostpassat, südlich davon der Südostpassat. Jedoch ist es nicht so, daß z. B. im Gebiet des Nordostpassats überall stets genau Nordostwind weht, vielmehr gibt es allmähliche Übergänge von anderen und zu anderen Winden aus dem Nordostquadraten. Auch die Grenzen der Passate verschieben sich mit den Jahreszeiten. An die Passate schließen sich subtropische Gebiete schwacher Winde an, die *Roßbreiten*, und polwärts von diesen liegen Gegenden, die dauernd von großen Luftwirbeln durchwandert werden, den *Zyklonen* (Tiefdruckgebieten) und *Antizyklonen*. In einem solchen Gebiet liegen die deutschen Küstengewässer. Es würde viel zu weit führen, hier auf diese Dinge näher einzugehen, vielmehr muß etwa auf die Seehandbücher des Deutschen Hydrographischen Instituts und auf die einschlägige Fachliteratur verwiesen werden.

Gewaltige Störungen dieses übersichtlichen Bildes verursachen die *Monsune*. Ihre Richtung wechselt zweimal jährlich. Die wichtigsten Monsungebiete grenzen an die Ländermasse Asiens, nämlich im Arabischen Meer, im Golf von Bengalen, in den chinesischen und japanischen Gewässern. Im Arabischen Meer z. B. weht im Sommer der Südwestmonsun, im Winter der Nordostmonsun.

In unmittelbarer Nähe der Küsten auf niedrigen Breiten findet man die *Land-* und *Seewinde*. Tagsüber weht der Wind von der See nach dem Lande zu, nachts entgegengesetzt.

Auch in der Tropenzone kommen wandernde Zyklonen vor, die zwar kleiner sind als die Zyklonen der gemäßigten Breiten, aber doch Durchmesser von mehreren hundert Seemeilen haben können, die gefürchteten *tropischen Orkane*. Sie sind als Hurrikane in den westindischen, als Taifune in den ostasiatischen Gewässern, als Mauritiusorkane im südlichen Indischen Ozean, als Südseeorkane im Pazifik und als Zyklone (Einzahl: der Zyklon, dagegen die Zyklone = Windbewegung im Tiefdruckgebiet) im Arabischen Meer und im Golf von Bengalen bekannt. Mit diesen tropischen Orkanen dürfen gewisse lokale Stürme nicht verwechselt werden, die zwar auch sehr heftig sein können, aber geringere Ausdehnung haben und meist nicht weit wandern. Hierher gehören u. a. der *Pampero* in der La-Plata-Gegend, die *Bora* in der Adria, der *Scirocco* des westlichen Mittelmeeres, der *Harmattan* an der Westküste Afrikas.

Der Teil der irdischen Lufthülle, der in den mittleren Breiten etwa 12 km Höhe erreicht, heißt Troposphäre, der darüberliegende Teil Stratosphäre. Die *Wolken* gehören ganz der Troposphäre an. Sie bestehen aus Wasser in Form von sehr kleinen Tropfen oder aus kleinen Eiskristallen. Man spricht von Wolkenfamilien und in jeder Familie von mehreren Wolkengattungen. Als Familien hat man unterschieden:

1. Obere Wolken, in unseren Breiten im Mittel von 6000 m Höhe an aufwärts.
2. Mittlere Wolken, etwa von 6000 ... 2000 m Höhe.
3. Untere Wolken, von 2000 m bis in Bodennähe.
4. Wolken mit vertikalem Aufbau, von etwa 500 m bis über 6000 m reichend.

Zur Benennung der Wolkengattungen verwendet die Meteorologie die lateinischen Wörter *cumulus, cirrus, stratus* und *nimbus*. Das lateinische Wort cumulus heißt Haufen, aufgetürmte Masse. Daher versteht man unter cumuli, Kumuluswolken, Haufenwolken, dicke Wolken vertikaler Entwicklung, deren oberer Teil in gerundeten Auswüchsen endet, während die untere Seite von einer horizontalen Ebene wenig abweicht. Diese scharf begrenzten Wolken werfen starke Schatten. Die echten cumuli gehören unter Ziffer 4 der vorstehenden Aufzählung; sie bilden sich bei schönem Wetter am Vormittag, wachsen und blähen sich auf, bis sie sich gegen Ende des Tages auflösen. Das lateinische Wort cirrus heißt Haarlocke oder Franse (eines Kleides). Die cirri, Zirren, Zirruswolken, auch Federwolken genannt,

Tafel 12.1 Wind und Seegang

Beaufort-grad	Bezeichnung	Merkmale der Wirkung des Windes im Binnenlande	Geschwindigkeit m/s	Geschwindigkeit kn	Merkmale der Wirkung des Windes auf See	Seegang nach Petersen Benennung	Seegang nach Petersen Grad
0	still	Windstille, Rauch steigt gerade empor	... 0,2	1	spiegelglatte See	ruhige spiegelglatte See	0
1	leiser Zug	Windrichtung angezeigt nur durch Zug des Rauches aber nicht durch Windfahne	0,3 ... 1,5	1 ... 3	kleine schuppenförmig aussehende Kräuselwellen	ruhige, gekräuselte See	1
2	leichte Brise	Wind am Gesicht fühlbar, Blätter säuseln, Windfahne bewegt sich	1,6 ... 3,3	4 ... 6	kleine Wellen, noch kurz, aber ausgeprägter; Kämme sehen glasig aus und brechen sich nicht	schwach bewegte See	2
3	schwache Brise	Blätter und dünne Zweige bewegen sich, Wind streckt einen Wimpel	3,4 ... 5,4	7 ... 10	Kämme beginnen sich zu brechen; Schaum überwiegend glasig, ganz vereinzelt können kleine weiße Schaumköpfe auftreten		
4	mäßige Brise	hebt Staub und loses Papier, bewegt Zweige und dünnere Äste	5,5 ... 7,9	11 ... 15	Wellen noch klein, werden aber länger, weiße Schaumköpfe treten aber schon ziemlich verbreitet auf	leicht bewegte See	3
5	frische Brise	kleine Laubbäume beginnen zu schwanken; Schaumköpfe bilden sich auf Seen	8,0 ... 10,7	16 ... 21	mäßige Wellen, die eine ausgeprägte, lange Form annehmen, überall weiße Schaumkämme; ganz vereinzelt kann schon Gischt vorkommen	mäßig bewegte See	4
6	starker Wind	starke Äste in Bewegung, Pfeifen in Telegraphenleitungen, Regenschirme schwierig zu benutzen	10,8 ... 13,8	22 ... 27	Bildung großer Wellen beginnt; Kämme brechen sich und hinterlassen größere weiße Schaumflächen, etwas Gischt	grobe See	5
7	steifer Wind	ganze Bäume in Bewegung, fühlbare Hemmung beim Gehen gegen den Wind	13,9 ... 17,1	28 ... 33	See türmt sich; der beim Brechen entstehende weiße Schaum beginnt sich in Streifen gegen die Windrichtung zu legen	sehr grobe See	6
8	stürmischer Wind	bricht Zweige von den Bäumen, erschwert erheblich das Gehen im Freien	17,2 ... 20,7	34 ... 40	mäßig hohe Wellenberge mit Kämmen von beträchtlicher Länge; von den Kanten der Kämme beginnt Gischt abzuwehen, Schaum legt sich in gut ausgeprägten Streifen in die Windrichtung	hohe See	7
9	Sturm	kleinere Schäden an Häusern (Rauchhauben und Dachziegel werden abgeworfen)	20,8 ... 24,4	41 ... 47	hohe Wellenberge, dichte Schaumstreifen in Windrichtung, „Rollen" der See beginnt, Gischt kann die Sicht schon beeinträchtigen		
10	schwerer Sturm	entwurzelt Bäume, bedeutende Schäden an Häusern	24,5 ... 28,4	48 ... 55	sehr hohe Wellenberge mit langen überbrechenden Kämmen, See weiß durch Schaum; schweres stoßartiges „Rollen" der See; Sichtbeeinträchtigung durch Gischt	sehr hohe See	8
11	orkanartiger Sturm	verbreitete Sturmschäden (sehr selten im Binnenlande)	28,5 ... 32,6	56 ... 63	außergewöhnlich hohe Wellenberge, durch Gischt herabgesetzte Sicht	außergewöhnlich schwere See	
12	Orkan	schwerste Verwüstungen	32,7 ... 36,9	64 ... 71	Luft mit Schaum und Gischt angefüllt, See vollständig weiß, Sicht sehr stark herabgesetzt, jede Fernsicht hört auf		

Die international festgelegte Meßhöhe ist 10 Meter über Grund.

sind einzelne feine Wolken von faserigem Aufbau, meist weiß und oft von seidenartigem Glanze. Sie werfen keinen eigentlichen Schatten und zeigen die verschiedensten Gestalten, wie einzelne Büschel, Federn („Windbäume"), verschlungene Fäden, Striche. Sie bestehen aus Eiskristallen und schwächen das Sonnenlicht beim Vorüberziehen vor der Sonne kaum. Sie gehören zur Familie 1. Das lateinische Wort stratus heißt hingebreitet, eben gelegt. Man versteht daher unter einer Stratuswolke oder Schichtwolke eine gleichmäßige Wolkenschicht, die man sich ebenso vorstellen kann wie Nebel, der nicht auf dem Boden liegt, sondern in der Höhe schwebt, wie denn überhaupt Nebel und Wolken nichts Verschiedenartiges sind. Stratus kommt unter den Ziffern 1, 2 und 3 vor. Das lateinische Wort nimbus heißt Regen. Man verwendet es nur in Zusammensetzungen zur Bezeichnung von Wolken, aus denen Regen oder andere Niederschläge fallen oder zu erwarten sind. Die genannten vier lateinischen Wörter werden nun auch in mannigfaltigen Zusammensetzungen gebraucht, wie cirrocumulus, nimbostratus, cumulonimbus, stratocumulus usw. Dazu kommen noch andere lateinische Wörter, die gewisse Abwandlungen der Wolkengattungen ausdrücken. Wer die Wolken durch eigene Beobachtung genauer unterscheiden lernen will, kann gute Abbildungen nicht entbehren, wie sie teilweise in der Fachliteratur vorhanden sind.

Die Stärke der Bewölkung wird durch die Zahlen 0 (wolkenlos) bis 8 (ganz bedeckt) schätzungsweise ausgedrückt.

Ein ausgezeichnetes Mittel zum Verständnis der meteorologischen Erscheinungen und ihrer Bedeutung für die Seefahrt sind die *Wetterkarten* des Seewetteramtes. Sie erscheinen täglich und enthalten jeden Tag einen kurzen, leicht verständlichen Aufsatz über einzelne Wettergeschehnisse oder meteorologische Gegenstände von umfassender Bedeutung. Windstärke und Seegang werden auf diesen Wetterkarten und überhaupt in der Meteorologie durch die Zahlen der *Beaufortskala* ausgedrückt (s. Tafel „Wind und Seegang"). Wenn an Bord ein sog. *Faxschreiber* vorhanden ist, können Wetter-, Seegangs- und Eiskarten empfangen und aufgezeichnet werden.

Man findet auch heute noch die folgenden auf *Beaufort* zurückgehenden Abkürzungen auf See gebraucht: b = klarer Himmel (blue); c = einzelne Wolken (clouds), d = Staubregen (drizzling), f = nebelig (foggy); g = trübe (gloomy), h = Hagel (hail); l = Blitzen (lightening), m = diesig (misty), o = bedeckter Himmel (overcast); p = Regenschauer (passing shower); q = böig (squally); r = Regen (rain); s = Schnee (snow); t = Donner (thunder), u = drohende Luft (ugly), v = sehr durchsichtige Luft (visible); w = Tau (wet).

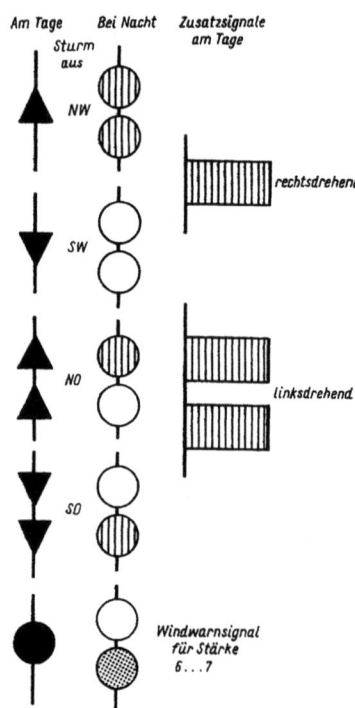

Bild 12.16 Sturmwarnsignale für Windstärke 8 und mehr und Windwarnsignal

An vielen landfesten und schwimmenden Beobachtungsstellen (Wetterwarten) wird täglich zu bestimmten Zeiten beobachtet und an gewisse Zentralstellen telegraphisch gemeldet, in Deutschland an das Seewetteramt in Hamburg. Auf Grund dieser Wettermeldungen, an denen sich auch Schiffe auf See beteiligen, werden in den Zentralstellen Wetterkarten gezeichnet und die Wetterlage beurteilt. Zu bestimmten Zeiten werden dann Wettertelegramme (Wetterberichte und Warnungen) drahtlos hinausgegeben. Optische Signale, die die Sturmwarnungsstellen an der deutschen Küste verwenden, zeigt das Bild 12.16. Am Tage handelt es sich um schwarze, kegelförmige Körper und rote Flaggen, nachts um weiße und farbige (rot in dem Bild durch Schraffur, grün durch Punktierung angedeutet) Lichter. *Rechtsdrehend* ist ein Sturm, wenn sich seine Richtung im Sinne des Uhrzeigers dreht, also von Nord über Ost nach Süd und weiter nach West, *linksdrehend*, wenn sich seine Richtung im entgegengesetzten Sinne dreht. Einen Sturm oder Wind der ersten Art nennt man auch einen *Ausschießer*, einen von der zweiten Art einen *Krimper*. Als Warnungssignal für Wind von der Stärke 6...7 wird am Tage ein schwarzer Ball, bei Nacht ein weißes Licht über einem grünen gesetzt (Bild 12.16 unten). Selbstverständlich werden die Sturmwarnungen auch drahtlos

verbreitet. Wichtig sind auch die drahtlosen *Orkanwarnungen*; sie gelten den tropischen Orkanen.
Gemessen werden kann an Bord bei fahrendem Schiff nur der sogenannte gefühlte oder *scheinbare* Wind, d.h. die Luftbewegung bezogen auf das Schiff als Bezugssystem. Man beachte, daß die Richtung der Luftbewegung diejenige ist, wohin die Luft fließt, also z. B. Südwest bei Nordostwind.
Für die Wahl der Reiseroute über große Distanzen ist nicht immer die kürzeste Entfernung (Großkreisdistanz) auch die wirtschaftlichste. Schweres Wetter, Nebel oder Eis können Umwege sinnvoll machen *(meteorologische Navigation)*. Grundlage einer solchen Entscheidung des Kapitäns sind umfassende Wetterinformationen der aktuellen Lage und die Prognose der mittelfristigen Entwicklung. Das Seewetteramt Hamburg und einige ausländische Dienste bieten als Entscheidungshilfe eine sog. *Routenberatung* an. So ist z. B. für Abfahrten von den Häfen der Deutschen Bucht zur US-Ostküste schon zu Beginn der Reise zu entscheiden, ob die Route um Schottland (kürzere Entfernung) oder durch den englischen Kanal (südlichere Route, häufig besseres Wetter) die wirtschaftlichere ist.

12.7 Ozeanographie

Unter *Salzgehalt* des Seewassers versteht man die Summe der darin aufgelösten Stoffe. Der größte Teil davon ist Kochsalz (Chlornatrium). Außerdem enthält das Seewasser eine große Anzahl anderer Stoffe, wenn auch zum Teil nur in Spuren. Der Salzgehalt schwankt in weiten Grenzen. In manchen Randmeeren findet man ganz salzarmes Wasser, im offenen Ozean schwankt der Salzgehalt zwischen 3,2% und 3,8% des Gewichts. Die Dichte des Wassers an der Oberfläche hängt vom Salzgehalt und der Temperatur ab. Es liegt z. B. im Jahresmittel auf dem offenen Atlantischen Ozean zwischen $1,0225$ g/cm^3 und $1,028$ g/cm^3 je nach der Gegend. In der Nordsee und Ostsee schwankt es im Laufe des Jahres je nach der Gegend zwischen $1,001$ g/cm^3 und $1,028$ g/cm^3.
Was die Bewegung des Wassers an der Oberfläche der See anbelangt, so hat man zu unterscheiden die *Wellen*, die *Gezeiten* und die *Meeresströmungen*.

12.7.1 Seegang

Unter *Seegang* versteht man die Gesamtheit der vorhandenen Wellen. Die unmittelbar durch die Einwirkung des Windes auf die Wasseroberfläche verursachte Wellenbewegung heißt *Windsee*. Windseewellen, die aus ihrem Entstehungsgebiet herauslaufen (wobei sich nur die Wellenform weiterbewegt, nicht das Wasser selbst!), oder die noch nach Abflauen des sie verursachenden Windes vorhanden sind, heißen *Dünungswellen* oder kurz *Dünung*. Seegang in einem Schlechtwettergebiet ist immer etwas chaotisches. Windsee und Dünung, meist aus unterschiedlichen Richtungen, überlagert sich, ja sogar mehrere verschiedene Dünungen können auftreten. Durch den Einfluß geringer Wassertiefe z. B. auf Untiefen und Bänken oder an Schelfkanten kann die Wellenausbreitungsrichtung verändert (gebrochen), die Wellengeschwindigkeit beschleunigt oder verlangsamt und die See „aufgesteilt" werden. In Lee von Bänken ist sogar die Überlagerung der unterschiedlich in ihrer Ausbreitungsrichtung veränderten Windseerichtung mit sich selbst möglich. Daher ist es in schwerem Wetter für ein Schiff immer sinnvoll, auf tiefem Wasser zu bleiben. In flachen Tidengewässern ist mit besonders steilen Seen zu rechnen, wenn die Windsee gegen den Gezeitenstrom steht. Dieser Effekt kann aber auch auf tiefem Wasser auftreten, wenn die Windsee oder die Dünung einer Meeresströmung entgegenläuft (z. B. sog. "Freak Waves" südöstlich von Südafrika).
Die in Wettermeldungen angegebene Seegangshöhe ist immer die sog. „signifikante Wellenhöhe", d.h., man schätzt über einen bestimmten Zeitraum die Wellenhöhen, sortiert sie nach der Höhe, nimmt das obere Drittel dieser Aufstellung und bildet davon das Mittel. Für die Praxis ist wichtig zu wissen, daß die doppelte der signifikanten Wellenhöhe ohne weiteres vorkommen kann. Selbst noch höhere Wellen sind möglich. Während man früher glaubte, Seeleute übertreiben bei der Schätzung der Wellenhöhen, haben objektive Meßverfahren inzwischen bewiesen, daß gerade die hohen Wellen an Bord im allgemeinen zu niedrig geschätzt werden. US-amerikanische Untersuchungen belegen das Vorkommen von 30 m hohen Wellen und schließen unter extremen Bedingungen noch höhere Wellen nicht aus.

12.7.2 Gezeiten

Unter dem Einfluß von Mond und Sonne entstehen die *Gezeiten* und die *Gezeitenströme*. (Das Wort Gezeiten hat den Ton auf seiner zweiten Silbe). Die Gezeiten sind *Flut* und *Ebbe*. Flut ist das Steigen des Wassers von einem Niedrigwasser bis zum darauffolgenden Hochwasser, also eine vertikale Bewegung des Wassers. Ebbe ist das Fallen des Wassers von einem Hochwasser bis zum folgenden Niedrigwasser, also ebenfalls eine rein vertikale Verschiebung des Wasserspiegels. Die *Tide* setzt sich zusammen aus einer Flut und der nachfolgenden Ebbe, reicht also von einem Niedrigwasser bis zum nächsten*). Unter *Tidenhub* oder kurz *Hub* versteht man den Unterschied zwischen höchstem und tiefstem Wasserstand einer Tide. Der Tidenschub hat ungefähr alle 14 Tage ein Maximum *(Springtide)*, 8 Tage vorher und nachher ein Minimum *(Nipptide)*. Die Dauer der Flut und der Ebbe

---

*) Man hüte sich vor dem ganz laienhaften Gebrauch des Wortes Flut gleich Hochwasser und des Wortes Ebbe im Sinne von Niedrigwasser.

ist bei halbtägiger Gezeit (daneben gibt es auch noch eintägige und gemischte Gezeiten) im Durchschnitt 6 Stunden 12 Minuten. Daher finden die Hochwasser an einem und demselben Ort nicht zur gleichen Zeit an jedem Tage statt, sondern verspäten sich von Tag zu Tag um etwa 50 Minuten. Höchst auffallende Unterschiede in den Gezeitenerscheinungen verursachen die Küsten der Festländer. So ist z. B. in Flußmündungen die Flut in der Regel kürzer als die Ebbe. In Buchten, Flüssen und engen Meeresstraßen werden sehr große Hübe beobachtet, bis zu 16 Metern, an freien Küsten viel kleinere.

Das Deutsche Hydrographische Institut gibt jährlich Gezeitentafeln heraus, die eingehende Erläuterungen enthalten. Eine andere Veröffentlichung des Instituts ist der Atlas der Gezeitenströme. Diese sind horizontale Bewegungen des Wassers, die in der Nähe der Küsten für die Schiffsführung von ebenso großer Bedeutung sind wie Flut und Ebbe.

12.7.3 Meeresströmungen

Atlanten und Bücher enthalten Karten der *Meeresströmungen*. Die Angaben dieser Karten sind nicht etwa so zu verstehen, daß beständig Wassermassen der Weltmeere in der angegebenen Stärke und Richtung fließen; vielmehr haben diese Angaben die Bedeutung von Durchschnittswerten, sie haben sich als Mittel vieler Beobachtungen ergeben, die im Laufe der Jahre gesammelt worden sind. Im einzelnen Fall kann man Strömungen antreffen, die von den auf der Karte angegebenen nicht unbeträchtlich abweichen.

Obwohl die Meeresströmungen verhältnismäßig langsam fließen, stellen sie einen großartigen Naturvorgang dar. Und ihre Wirkungen sind zwar nicht so auffallend wie die der Windsee und der Gezeitenerscheinungen, aber tiefgreifend genug. So haben die (relativ) warmen und die (relativ) kalten Strömungen großen Einfluß auf das Klima der von ihnen bespülten Küsten. So hängt von den Meeresströmungen die Verbreitung des Planktons im Meere und damit das Auftreten gewisser Nutzfische ab, was für die Hochseefischerei von großer Bedeutung ist.

12.8 Weitere Bereiche der Nautik

Geradezu revolutionär ist die Entwicklung der *Kommunikation* Schiff – Land in den letzten Jahren verlaufen. Während früher über größere Distanzen nur die Funktelegraphie im Morsecode möglich war, kann heute, bei Vorhandensein der erforderlichen Ausrüstung, via Satellit sogar mit dem UKW-Telefon jeder beliebige Ort erreicht werden. Einige Schiffe haben Funkfernschreiber an Bord und Faxgeräte, die die Aufzeichnung von Wetter-, Seegangs- und Eiskarten ermöglichen, finden zunehmend Verbreitung.

Schwieriger sind Fortschritte auf dem Gebiet der *Sicherheit* zu erreichen. Die *Schiffssicherheit*, der Schutz vor Untergang und Feuer, kämpft mit dem Problem der reduzierten Besatzungen und der teilweise fremdsprachlichen Mitarbeiter. Eine effektive Sicherheitskontrolle ist dadurch schwierig zu gestalten. Die *Seeverkehrssicherheit* leidet unter zunehmender Verkehrsdichte und Schiffsgröße und dem Vorhandensein sog. „Sub-Standard-Schiffe", d. h. Schiffe, deren Führung keine ausreichende Qualifikation hat oder deren Einrichtung und Ausrüstung nicht internationalem Standard entspricht. Der dritte Teilbereich der Sicherheit auf See, die *Arbeitssicherheit*, ist vielleicht am weitesten (parallel zur Entwicklung an Land) weiterentwickelt worden. Hier ist besonders die nach dem Arbeitssicherheitsgesetz von 1973 neu geschaffene Fachkraft für Arbeitssicherheit zu nennen. Im Bereich der Schiffs- und Arbeitssicherheit können gute Ergebnisse nur erzielt werden, wenn die Bereiche Nautik und Schiffsbetriebstechnik eng und vertrauensvoll zusammenarbeiten.

Durchaus zur Sicherheit gehörig ist die Überwachung der *Stabilität* und *Festigkeit* des Schiffes. Hierbei kann heute häufig auf die Hilfe fest oder frei programmierter Rechner zurückgegriffen werden. Wie inzwischen überhaupt in die Seeschiffahrt die *elektronische Datenverarbeitung* Einzug gehalten hat. Sei es zentral an Land oder peripher an Bord. Ladungsberechnungen, Aufgaben der Navigation, Verwaltungsaufgaben (Lagerhaltung u. ä.) und die Überwachung von Betriebsabläufen werden mit Hilfe der Microprozessortechnik leichter, schneller und mit weniger Fehlern gelöst.

12.9 Schrifttum

[12.1] *Claviez, W.:* Seemännisches Wörterbuch. Verlag Delius, Klasing + Co. Bielefeld/Berlin 1973.
[12.2] *Junge, H.:* Größen, Benennungen und Zeichen in der Navigation. Reihe "up to date" des Sozialwerks für Seeleute. Manuskript Hamburg 1980.
[12.3] Wasser- und Schiffahrtsverwaltung des Bundes: Neue Betonnung.
[12.4] *Meldau-Steppes:* Lehrbuch der Navigation. Arthur Geist Verlag, Bremen.
[12.5] *Müller/Krauß:* Handbuch für die Schiffsführung. Springer-Verlag Berlin, Heidelberg, New York.
[12.6] *Krauß/Meldau:* Wetter- und Meereskunde für Seefahrer. Springer-Verlag Berlin, Heidelberg, New York.
[12.7] *Prügel, H.:* Maritime Meteorologie Teil I + II. Reihe "up to date" des Sozialwerks für Seeleute, Hamburg.

Hauptabschnitt 13

Personalführung und Reedereibetriebswirtschaft

Studiendirektor Dipl.-Ing. *V. Gaßner*, Cuxhaven

13.1 Formelzeichen, Einheiten und Normen

A	Ausnutzungsgrad der Nutzladefähigkeit	—
a	Leistungsverhältnis Hilfsdiesel: Hauptmaschine	—
B_h	stündlicher Brenn- bzw. Kraftstoffverbrauch	$\frac{kg}{h}$
b	spez. Brennstoffverbrauch der Gesamtanlage	$\frac{kg}{kW \cdot h}$
b_{HD}	spez. Kraftstoffverbrauch der Hilfsdiesel	$\frac{kg}{kW \cdot h}$
b_{HM}	spez. Kraftstoffverbrauch der Hauptmaschine	$\frac{kg}{kW \cdot h}$
C	Anzahl der Reisen pro Jahr	$\frac{1}{a}$
f	jährlicher Finanzkostensatz (Annuität)	$\frac{1}{a}$
i	jährlicher Instandhaltungskostensatz bezogen auf Schiffspreis	$\frac{1}{a}$
K_B	geschwindigkeitsabhängige Kosten	$\frac{DM}{Reise}$
K_{Bes}	jährliche Besatzungskosten pro Schiff	$\frac{DM}{a}$
K_L	ladungsabhängige Kosten	$\frac{DM}{Reise}$
K_{L_i}	Lade- und Löschkosten der einzelnen Ladegüter in den einzelnen Häfen	$\frac{DM}{t}$
K_{Re}	jährliche reedereiabhängige Kosten pro Schiff	$\frac{DM}{a}$
K_{Rs}	reiserouteabhängige Kosten	$\frac{DM}{Reise}$
K_S	jährliche schiffsabhängige Kosten	$\frac{DM}{a}$
k_B	spez. Brenn- bzw. Kraftstoffkostenzahl	$\frac{DM}{kW \cdot d}$
k_{Re}	Zuschlagsfaktor für reedereiabhängige Kosten	—
L_i	Lade- und Löschleistung der einzelnen Ladegüter in den einzelnen Häfen	$\frac{t}{d}$
L_N	Nutzladefähigkeit des Schiffes	$\frac{t}{Reise}$
M_i	einzelne Ladegutmengen in den einzelnen Häfen	$\frac{t}{Reise}$
$P_{Antrieb}$	Antriebsleistung des Schiffes	kW
Pr	Brennstoffpreis	$\frac{DM}{t}$
Pr_D	Dieselölpreis	$\frac{DM}{t}$
Pr_S	Schwerölpreis	$\frac{DM}{t}$
Pr_{Sch}	Schiffspreis	DM
p	Preisverhältnis Zylinderöl: Schweröl	—
S	Reisestrecke	$\frac{sm}{Reise}$
t_{N_i}	Nebenzeiten je Hafen	$\frac{d}{Reise}$
t_{Res}	Reservetage je Reise	$\frac{d}{Reise}$
t_W	jährliche Werfttage	$\frac{d}{a}$
v	jährlicher Versicherungskostensatz bezogen auf Schiffspreis	$\frac{1}{a}$
w	Schiffsgeschwindigkeit	$\frac{sm}{h}$
z_{HM}	spez. Zylinderölverbrauch der Hauptmaschine	$\frac{kg}{kW \cdot h}$

bei den Einheiten gilt: es wird gesetzt:

$h \cdot$ Stunde $24 \frac{h}{d}$

$d \cdot$ Tag $365 \frac{d}{a}$

$a \cdot$ Jahr

Es ist die Aufgabe der Schiffsoffiziere in der Handelsschiffahrt, die Schiffe mit den darauf befindlichen Menschen und Gütern sicher über die Weltmeere zu bringen. Aber in dieser Zielsetzung erschöpft sich der Beruf des Schiffsoffiziers nicht. Hinzu kommt einerseits die Führung der ihm unterstellten Mitarbeiter und andererseits die Wahrung der Wirtschaftlichkeit des Schiffsbetriebes. Diese beiden so verschieden erscheinenden Gebiete, *Menschenführung* und *Wirtschaftlichkeit* lassen sich aber dennoch unter dem Sammelbegriff *Personalführung und Reedereibetriebswirtschaft* zusammenfassen.

13.2 Personelle Betriebsführung

Schon oft ist die Frage aufgeworfen worden, ob Menschenführung *lehrbar* und somit *erlernbar*, oder ob sie nur *veranlagungsbedingt* ist. Diese Frage läßt

sich dahingehend beantworten, daß *beides* zusammenfließen muß:
Die *charakterliche Veranlagung* muß durch die *Erziehung* geformt werden. Hierbei spielt die *Selbsterziehung* und die Erziehung durch die Gemeinschaft eine wesentliche Rolle. Erweitert wird das Wissen um die Menschenführung durch eine gelenkte *Ausbildung*. Als dritter Faktor kommt die selbstgewonnene *Erfahrung* hinzu.
Die Führung von Mitarbeitern an Bord ist nicht vergleichbar mit derselben Aufgabe an Land. Die Verknüpfung der *Arbeitswelt* und der *Freizeitwelt* auf dem engen Raum eines Schiffes ergibt ganz besondere Probleme. Spannungen innerhalb der Besatzung lösen oder mindern sich nicht, wie in Betrieben an Land, durch die räumliche Trennung in der Freizeit. Außerdem werden an Land mehr Möglichkeiten der Ablenkung geboten, während an Bord die Menschen manchmal Wochen und Monate in dem Spannungsfeld mitmenschlicher Disharmonien leben. Dies macht die Schiffsbesatzung zu einer *soziologischen Gruppe eigener Prägung*, woraus sich auch besondere Eigenschaften und notwendige Verhaltensweisen der Schiffsoffiziere ableiten lassen.

13.2.1 Soziologie der Bordgemeinschaft

Die Soziologie kann als *Wissenschaft von den sozialen Erscheinungen* bezeichnet werden, und sie hat dabei mit den Begriffen *sozialer Verhältnisse*, *sozialer Werte* und *sozialer Verbindungen* zu tun. Im Sinne der Soziologie kann *sozial* durch *mitmenschlich* übersetzt werden und die Soziologie als die Lehre vom menschlichen Miteinander bezeichnet werden.
Das Schiff als kombinierter Lebens- und Arbeitsplatz prägt in besonderem Maße dieses menschliche Miteinander an Bord. Menschen unterschiedlichen Alters, unterschiedlicher sozialer Herkunft, aus verschiedenen Nationen, mit verschiedenenartigem Lebensstil und differenzierten Weltanschauungen, wie es die pluralistische Gesellschaft unserer Zeit mit sich bringt, aber fast alle gleichen Geschlechts sind in ihr enthalten. Dies bringt verständlicherweise eine Fülle von Problemen. Es spielt auch das *Generationsproblem* eine große Rolle, z.B. in der Zusammensetzung der leitenden Schiffsoffiziere. *Verhaltensnormen* innerhalb der Besatzung zu finden, wird durch die aufgezählten Unterschiede zu einem schwierigen Prozeß. Durch die Tatsache der auch heute noch fast reinen *Männergruppe* in Arbeits- und Freizeitwelt fehlt der psychische Ausgleich durch das Zusammensein mit dem anderen Geschlecht.
Außer dem Umstand, daß die Mitglieder einer Schiffsbesatzung für längere Zeit nur in der gleichen Gruppe leben müssen und sich nicht wie an Land in der Freizeit anderen Gruppen anschließen können, kommen als belastende Momente noch eine gewisse Eintönigkeit des Lebens an Bord und erschwerte klimatische Verhältnisse hinzu. Der einzelne spielt nur die durch seine Dienststellung an Bord vorgegebene Rolle. Der für das psychische Wohlbefinden so wichtige *Rollentausch*, der an Land an jedem Tag teilweise vielfach vollzogen wird, entfällt.

13.2.2 Der Führungsprozeß

Die Erfüllung der betrieblichen Aufgabe eines Schiffes, Güter oder Menschen über See zu transportieren, macht eine *hierarchische Struktur der Über- und Unterordnung* innerhalb der Schiffsbesatzung erforderlich. Die Notwendigkeit von koordinierenden und organisierenden Vorgesetzten ist unumstritten. Mitarbeiterführung wird daher zu einem wichtigen Problem.
Mitarbeiterführung besteht darin, die Ziele jedes einzelnen Mitarbeiters bzw. einer Gruppe von Mitarbeitern unter Berücksichtigung der jeweiligen Gegebenheiten mit den Zielen des Unternehmens zu integrieren, um so eine gemeinsame Aufgabe zu lösen. Dieser Führungsprozeß kann symbolisch dargestellt werden (Bild 13.1).
Die einzelnen *Komponenten des Führungsprozesses* wirken gegenseitig aufeinander ein. Dieses schließt demnach auch ein Einwirken des Vorgesetzten auf die Mitarbeiter ein. Dabei ist zu berücksichtigen, daß eine Schiffsbesatzung nicht nur eine Leistungsorganisation, sondern auch eine *soziale Organisation* ist. Die Grundaufgabe der Führung besteht daher nicht nur darin, die Gruppe zur Erledigung der gestellten sachlichen Aufgabe zu veranlassen, sondern auch die *menschliche Zusammengehörigkeit* der Gruppe zu fördern.

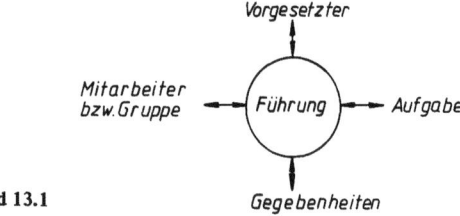

Bild 13.1

13.2.3 Die Führungsstile

Die sozial-organisatorische Beziehung zwischen dem Vorgesetzten und seinen Mitarbeitern kann verschiedenartig ausgeprägt sein. Man bezeichnet dies als *Führungsstil* und unterscheidet drei grundsätzliche Arten des Führungsstiles:

1. der *diktatorisch-autoritäre-patriachalische Führungsstil*
2. der *demokratische Führungsstil*
3. der *kooperative Führungsstil*.

Ein Unterscheidungskriterium ist die Festlegung der Verantwortung, wobei für jedes Tun zwischen der *Entscheidungsverantwortung* (Was soll getan werden?) und der *Handlungsverantwortung* (Wie soll es getan werden?) zu unterscheiden ist.

Beim *diktatorischen* Führungsstil liegt die ungeteilte Entscheidungs- und Handlungsverantwortung beim Vorgesetzten. Je nach Qualifikation wird der Vorgesetzte dem einzelnen Mitarbeiter einen *Handlungsspielraum* einräumen; er behält aber trotzdem die Handlungsverantwortung.

Beim *demokratischen* Führungsstil hat die Gruppe in ihrer Gesamtheit die ungeteilte Entscheidungs- und Handlungsverantwortung. Der Gruppenführer führt die Beschlüsse durch; hierbei läßt ihm die Gruppe einen mehr oder weniger großen Spielraum. Er ist dabei nicht Vorgesetzter im eigentlichen Sinne, sondern meist ein gewählter primus inter pares (Erster unter Gleichen).

Der *kooperative* Führungsstil kennt eine Trennung zwischen Entscheidungs- und Handlungsverantwortung. Der Vorgesetzte bestimmt nur, was zu tun ist und trägt dafür die Entscheidungsverantwortung. Die Durchführung liegt eigenverantwortlich beim Mitarbeiter, der dafür die Handlungsverantwortung trägt. Der Vorgesetzte hat nur bei offensichtlichem Versagen des Mitarbeiters ein Eingriffsrecht in die Durchführung der dem Mitarbeiter übertragenen Aufgabe. Man nennt dies auch „Delegation von Verantwortung".

Der gelegentlich noch aufgeführte *laissez-faire-Führungsstil* des „Alles-Laufen-Lassens" ist aus sich heraus daher kein Führungsstil im eigentlichen Sinne.

Der kooperative Führungsstil entspricht unseren heutigen Vorstellungen in der Arbeitswelt. Er setzt aber einiges voraus:

1. Vorgesetzte, die Verantwortung delegieren wollen,
2. Mitarbeiter, die Verantwortung übernehmen können und wollen,
3. klare Abgrenzung der Aufgabenbereiche,
4. ungestörter Informationsfluß von oben nach unten und von unten nach oben,
5. Kontrollverantwortung des Vorgesetzten, wobei die Kontrolle in Form von Erfolgskontrolle durchgeführt wird. Diese beginnt aber schon damit, daß der Vorgesetzte den „richtigen Mann an den richtigen Platz stellt".

Der kooperative Führungsstil erfordert ferner, daß alle, Vorgesetzter und Mitarbeiter, hinsichtlich des Gruppenzieles sich an eine Sache gebunden und bezüglich der Gruppenordnung sich gewissen Werten gegenüber verpflichtet fühlen. Der Vorgesetzte steht dann inmitten seiner Mitarbeiter. Erkennen aber nicht alle Mitarbeiter diese inneren Bindungen an, so muß das Ordnungsprinzip, personifiziert in Gestalt des Vorgesetzten, ihnen gegenübertreten. Vor allem, wenn es sich um Fragen der *Gruppenordnung* handelt, wird der Vorgesetzte seine Mitarbeiter dann gelegentlich auch diktatorisch-autoritär führen müssen, wenn alle Appelle an die Einsicht vergeblich sind. Die komplexe Arbeitswelt macht den kooperativen Führungsstil erforderlich, da der Vorgesetzte nicht mehr Spezialist auf vielen Gebieten sein kann, sondern Handlungsverantwortung auf Mitarbeiter delegieren muß.

Als Vorgesetzter muß der Schiffsoffizier seine Mitarbeiter richtig beobachten und analysieren können, um so mit feinem Fingerspitzengefühl herauszufinden, welcher Führungsstil dem einzelnen Mitarbeiter oder der ganzen Gruppe gegenüber angewendet werden muß.

Eng verknüpft mit dem Führungsstil ist der Begriff der *Autorität*. Dieser wird besser verstanden, wenn man unterscheidet zwischen:

1. *Amtsautorität*,
2. *Fachautorität*,
3. *Persönlichkeitsautorität*.

Die *Amtsautorität* ist eine „verliehene" Autorität, hinter der eine Macht steht, die bei Verstößen gegen diese Autorität mit Sanktionen droht. Sie ist daher beim Mitarbeiter verknüpft mit Gefühlen der Angst und Unfreiheit; aber auch mit dem als angenehm empfundenen Gefühl, keine Verantwortung tragen zu müssen.

Die *Fachautorität* basiert in der Arbeitswelt auf beruflicher Qualifikation. Der Mitarbeiter anerkennt den Vorgesetzten als Fachmann und ordnet sich ihm aus der Einsicht unter, daß er geeignet ist, den Einsatz und die Arbeit der Mitarbeiter zu organisieren und zu koordinieren. Dabei ist wichtig, daß die Mitarbeiter auch erkennen, daß die Qualifikation des Vorgesetzten für seine Führungsaufgaben eine andere sein muß als ihre eigene.

Die *Persönlichkeitsautorität* ist das Fluidum, das einzelnen Menschen Ansehen und den Einfluß verschafft, den sie auf andere ausüben. Diese Autorität ist mit besonderem Vertrauen der Mitarbeiter zu ihrem Vorgesetzten verbunden.

Es bestehen also Zusammenhänge zwischen

diktatorischem Führungsstil und Amtsautorität,
demokratischem Führungsstil und Persönlichkeitsautorität sowie
kooperativem Führungsstil mit Fachautorität, die im günstigen Fall mit Persönlichkeitsautorität gepaart ist.

13.2.4 Der Schiffsoffizier als Führungskraft

Unabhängig von den jeweiligen Gegebenheiten kennzeichnen zwei Grundverhaltensweisen den guten Vorgesetzten:

1. *Beweglichkeit im Denken und Handeln*, um auch bei wechselnden Gegebenheiten seine Aufgabe zu

erfüllen. Dies setzt berufliches Können voraus. Nur der Schiffsoffizier, der sein „Handwerk" von Grund auf versteht, kann Vertrauen in seine Führung erwarten.

2. *Soziales Empfindungsvermögen;* hierzu ist eine positive Einstellung gegenüber den Mitarbeitern erforderlich. Diese positive Einstellung ist von den Voraussetzungen gekennzeichnet: Die Mitarbeiter sind einfallsreich und mitdenkend, ihr Einsatzwille zur eigenen Selbstverwirklichung ist naturgegeben, sie sind verantwortungsfreudig und zur Selbstkontrolle fähig. Der Gegensatz ist eine negative Einstellung, die davon ausgeht: Die Mitarbeiter sind faul und verantwortungslos, sie müssen ständig angetrieben und kontrolliert werden.

Auch viele Enttäuschungen dürfen den Vorgesetzten nicht von seiner positiven Einstellung abbringen. Das Motto lautet nicht: Vertrauen ist gut, Kontrolle ist besser; sondern: *Kontrolle ist gut, Vertrauen ist besser.*

Neben diesen Grundverhaltensweisen gibt es weitere allgemeine Führungseigenschaften:

1. Die einwandfreie *Dienstauffassung* und ein uneingeschränktes *Pflichtgefühl*. Ganz besonders gilt dies für den Kapitän und den Ltd. Ingenieur eines Schiffes, die ihren beruflichen Aufgaben einsam gegenüberstehen, und deren einziger Mahner ihre eigene Dienstauffassung ist. Eine gewissenhafte Pflichterfüllung muß auch ihre entsprechende *Honorierung* finden. Aber keineswegs darf das Gefühl, *gering* honoriert zu werden, durch eine lasche Dienstauffassung und ein unterdrücktes Pflichtbewußtsein kompensiert werden. Ein Vorgesetzter, der von seinen untergeordneten Mitarbeitern die Erfüllung ihrer Aufgaben verlangt oder sogar *erzwingt*, selbst aber *nicht* bereit ist, seine eigenen Aufgaben zu erfüllen, ist im Bordbetrieb *untragbar*.

2. Eine weitere Grundtugend des Menschenführens ist die *Wahrhaftigkeit*. Dabei soll er nicht nur die offene Lüge und den bewußt falschen Bericht vermeiden, sondern auch jene *Unwahrhaftigkeit*, die schon weit davor beginnt. Ein Vorgesetzter, der *unglaubwürdig* geworden ist, ist als Menschenführer ungeeignet, denn das Vertrauen als Grundlage der Menschenführung wird dadurch erschüttert.

3. Zu einer vorgesetzten Persönlichkeit gehört ferner eine *psychische Ausgeglichenheit* als Endziel zu vollendeter Selbstbeherrschung. Nur der ausgeglichene Mensch wird ein Fluidum von *Autorität* auszustrahlen vermögen.

4. Eine Führungspersönlichkeit muß ferner *Zivilcourage* besitzen. Ein Schiffsoffizier, der sich von falscher Autorität einschüchtern läßt und seine und seiner Untergebenen Rechte nicht zu vertreten weiß, wirkt lächerlich.

5. Mit der Zivilcourage eng verbunden ist eine der besten Tugenden des Menschenführers: die *Verantwortungsfreudigkeit*. Es zählt zu den Eigenarten des Bordbetriebes, daß alles in ihm auf klare Verantwortlichkeit angelegt ist.

Vor dem Hintergrund dieser Grundverhaltensweisen und Führungseigenschaften sind vom Vorgesetzten die folgenden Führungsaufgaben wahrzunehmen:

1. Der Berufsalltag besteht in der *Auseinandersetzung mit Problemen*. Ein Problem liegt immer dann vor, wenn etwas nicht so ist, wie es sein soll. Wichtig für den Vorgesetzten ist, die Probleme zu erkennen, ihren Ursachen nachzugehen, um daraus die Maßnahmen zur Problemlösung abzuleiten.

2. Neben dieser meist gegenwartsbezogenen Aufgabe ist *für die Zukunft zu planen und zu entscheiden;* auch sind Aufgaben für die Mitarbeiter festzulegen. In der Arbeitswelt heißt planen, den Weg mit geringstmöglichem Aufwand zur Erfüllung einer Aufgabe zu suchen und beim Entscheiden die beste Lösungsmöglichkeit auszuwählen. Daraus resultieren dann die den einzelnen Mitarbeitern zu übertragenden Aufgaben. Diese Führungsaufgabe soll der Vorgesetzte nicht in stiller Einsamkeit erledigen, sondern hieran seine Mitarbeiter beteiligen. In der Planung können sie ihn durch Sammeln und Auswerten von Informationen unterstützen und beim Entscheiden mit ihren eigenen Erfahrungen beraten. Auch die *Aufgabenverteilung* soll in gemeinsamer Übereinkunft erfolgen. Diese Beteiligung des Mitarbeiters ist ein wesentliches Moment zu seiner Motivation.

Es wird im Bordbetrieb aber auch Situationen geben, bei denen Planen, Entscheiden und Aufgabenverteilung in Sekundenschnelle erfolgen müssen. Dann ist der Vorgesetzte allein gefordert und das Ergebnis wird ein kurzer *Befehl* sein. In solchen Situationen wirkt dann auch ein Befehl motivierend.

3. Schon aus den Darlegungen über den kooperativen Führungsstil geht hervor, daß es die Aufgabe des Vorgesetzten ist, *Aufgaben an Mitarbeiter zu delegieren*, da er nicht mehr alles selbst tun kann und sich daher auf das Organisieren und Koordinieren beschränken muß. Dies macht den Vorgesetzten auch frei für seine eigenen Aufgaben. Die Übertragung eines selbstverantwortlichen Aufgabengebietes ist ein weiteres wesentliches Moment zur Motivierung des Mitarbeiters. Zwar setzt der hierarchische Aufbau der Schiffsbesatzung und die gesetzmäßig durch die Befähigungszeugnisse verankerte Verantwortlichkeit der Delegation von Verantwortung Grenzen; der tägliche Schiffsbetrieb läßt hierzu aber doch noch einen weiten Raum.

4. Eng mit der Delegation von Verantwortung ist das *Informieren* der Mitarbeiter verbunden. Diese müssen alle Informationen erhalten, die zur Erfüllung ihrer Aufgaben notwendig sind. Aber auch *Querinformationen* sind wichtig, damit die Mitarbeiter auch über ihren eigenen Bereich hinaus einen Überblick bekommen. Vollständige Informationen verstopfen informelle Informationswege mit ihren Gerüchten und Halbwahrheiten. Auch das Gefühl des Informiertseins wirkt auf den Mitarbeiter motivierend.
5. Einige Elemente des Motivierens sind bereits aufgeführt worden. Unter *Motivieren* versteht man, die Mitarbeiter zu engagiertem Einsatz für die gemeinsame Aufgabe zu gewinnen. Die Motivation besteht demnach darin, die betrieblichen Interessen mit denjenigen der Mitarbeiter in Einklang zu bringen. Das dominierende Interesse der Schiffahrt ist, das Schiff und seine Ladung sicher und mit einem Minimum an Aufwand über See zu bringen. Dies kommt dem Eigeninteresse der Mitarbeiter entgegen, in dieser Tätigkeit eine Befriedigung ihres Schaffensdranges zu finden und dafür honoriert zu werden.
6. Jede gestellte Aufgabe erfordert auch eine *Kontrolle*, ob sie richtig erfüllt ist. Das Kontrollieren durch den Vorgesetzten ist daher, wie schon beim kooperativen Führungsstil dargelegt wurde, eine Erfolgskontrolle. Dabei ist der Mitarbeiter zunächst zu einer *Selbstkontrolle* anzuregen. Verständige Mitarbeiter wissen, daß Mangel an Kontrolle demoralisiert, und sie verstehen, daß Kontrolle auch Belehrung, Rat und Hilfe bedeutet. Die vom Vorgesetzten durchgeführte Kontrolle muß immer das Gefühl hinterlassen, daß die Erfüllung der Aufgabe und nicht die Person des Mitarbeiters kontrolliert wurde.
7. Um der Forderung nach dem „richtigen Mann auf dem richtigen Platz" nachkommen zu können, muß der Vorgesetzte seine Mitarbeiter auch *beurteilen* (siehe Abschnitt 13.2.7, Ziffer 8). Dabei ist auch die sinnvolle Förderung eines Mitarbeiters ein Ziel seiner Beurteilung.

13.2.5 Die Mitarbeiter des Schiffsoffiziers

Die Mitarbeiter an Bord sind Menschen mit ihren verschiedenen individuellen Ausprägungen. Es würde aber zu weit führen – auch nur in Kurzform – auf das Teilgebiet der Psychologie einzugehen, das sich mit dem Charakter und der Persönlichkeit des Einzelmenschen befaßt. Auch auf die Einteilungen entsprechend einer Typenlehre soll hier verzichtet werden. Vorgesetzte entwickeln häufig aufgrund ihrer Erfahrung im Umgang mit ihren Mitarbeitern ihre eigene *Typeneinteilung*, wobei sie bestimmte Erscheinungsformen und Verhaltensweisen, besonders aus dem beruflichen Bereich, zugrundelegen. Diese Vorgehensweise findet auch bei den nachfolgenden Typenbeschreibungen ihre Anwendung.

Man kann zunächst drei Hauptgruppen von Mitarbeitern unterscheiden. Die erste besteht aus den *pflichtbewußten*, stets *zuverlässigen, selbstbewußten* Mitarbeitern. Sie bilden die Stützen, auf die sich der Vorgesetzte in jeder Lage verlassen kann, gleichsam das *Rückgrat* der Besatzung. Ihr gegenüber steht als zweite Gruppe die der *widerwilligen*, ja selbst asozialen Elemente, die Feinde jeder Ordnung an Bord sind. Zwischen beiden liegt die dritte und in ihrer Anzahl größte Gruppe. Es sind die *Durchschnittsmenschen* mit einem Schuß Egoismus und innerer Trägheit, die geführt werden *müssen* und auch geführt werden *wollen*. Dies soll kein abwertendes Urteil sein. Man kann mit diesen Mitarbeitern unter guter Führung alle Alltagsaufgaben des täglichen Bordbetriebes einwandfrei lösen. Der Schiffsoffizier muß sich nur darauf einstellen und darf nicht zu hohe Erwartungen haben.

Über diese Gruppeneinteilung hinaus gewinnen einige besondere Typen noch an Bedeutung und stellen den Schiffsoffizier als Menschenführer zuweilen vor besondere Aufgaben.

Da ist zunächst der *Kritiker*. Hierbei ist zu unterscheiden zwischen solchen, die *Kritik um ihrer selbst willen* üben und solchen, die aus innerer *Unsicherheit* und aus dem Unwillen, Verantwortung zu übernehmen, stets *dagegen* sind. Letztlich gibt es auch noch den Typ, der aus einer pessimistischen Lebensgrundhaltung eine stets alles *schwarzsehende* Kritik übt. Das beste Heilmittel für alle Kritiker ist es, sie mit Aufgaben zu betrauen. Positiv dagegen ist der *konstruktive Kritiker* zu bewerten. Er hat zu jeder Kritik zugleich den Alternativvorschlag bereit. Er beweist damit, daß er bei der Aufgabenlösung mitdenkt. Der Vorgesetzte sollte solche Kritik in seine Entscheidungsüberlegungen mit einbeziehen. Schwieriger liegt der Fall bei dem Mitarbeiter, dem fortdauernd vermeintliches Unrecht geschieht. Menschen mit dieser Lebensgrundstimmung sind recht unglückliche Naturen. Sie erfordern einen verständnisvollen Vorgesetzten, der es fertigbringt, ihnen den Blick für ihre Lage zu öffnen, damit sie ihr vermeintliches Unrecht erkennen.

Von ganz anderer Art ist der geborene Seemann. Fix und tüchtig bei der Arbeit, zu persönlichem Einsatz jederzeit bereit, schnell von Entschluß und rasch im Zupacken, sowie ruhig in jeder Lage; er ist zwar ein Kerl, mit dem man *Pferde stehlen* kann, der aber auch immer bereit ist, *über den Strang zu hauen* und gute Vorsätze und Versprechungen schnell zu vergessen. Er ist sich seiner Veranlagung und seiner Fähigkeiten sowie der Tatsache, daß er gern gesehen ist, wohl bewußt. Daher ist seine Neigung, sich unterzuordnen, gering. Er verführt den Vorgesetzten dazu, ihn zu bevorzugen oder gar den anderen immer als Beispiel darzustellen.

Das Gegenstück ist der sogenannte *Nevermind-Gast*. Er ist durch nichts zu motivieren und zu sorgfältiger Arbeit anzuhalten; er interessiert sich für nichts und reagiert nicht auf Lob und Tadel. Manchmal ist die Uninteressiertheit nur zur Schau gestellt, um sich Beachtung zu verschaffen oder den Vorgesetzten zu provozieren. Meist zeigt sich, daß er aber doch irgendwelche Interesse hat. Diese herauszufinden, ist der erste Schritt zur Lösung des Problems. Wenn er sich erst einmal an einer Stelle engagiert hat, fällt er selten in seine alten Verhaltensweisen zurück.

Problematischer sind Mitarbeiter, die bewußt Vorgesetzte und Mitarbeiter *psychisch* oder *physisch terrorisieren*. Hier hilft nur eine Mobilisierung der Solidarität unter denjenigen, die dem Terror ausgesetzt sind. Vor allem bei Anwendung körperlicher Gewalt durch den Terror Ausübenden gilt es, sich gegenseitig zu helfen, da nicht immer davon ausgegangen werden kann, daß der Vorgesetzte allen seinen Mitarbeitern gegenüber körperlich überlegen ist. Auch unter den Mitarbeitern wird es zur Gegenwehr gegen den Terror Ausübenden kommen. Hier müssen sich die Mitarbeiter der Unterstützung durch die Vorgesetzten sicher sein.

Mit größter Vorsicht soll der Schiffsoffizier jedoch Leuten gegenüberstehen, die sich *anzubiedern* versuchen, um ihre Vorzüge unaufgefordert zur Kenntnis zu bringen. Ganz übel wird es, wenn diese Mitarbeiter versuchen, andere *anzuschwärzen*, um sich selbst in desto helleres Licht zu stellen.

Ein besonderes Problem ist der Umgang mit untergeordneten Mitarbeitern, die in ihrem Lebensalter wesentlich *älter* als der Schiffsoffizier sind. Dabei muß dieser berücksichtigen, daß er den älteren Menschen ihrer Berufserfahrung entsprechend andere Aufgaben mit gesteigerter Verantwortung übertragen muß. Auch soll er ihnen gegenüber den Ton eines besonderen Vertrauensverhältnisses finden. Dies soll aber nicht heißen, daß deswegen von den älteren Mitarbeitern eine weniger gewissenhafte Erledigung ihrer Aufgaben oder ein ordnungswidriges Verhalten im Schiffsalltag hingenommen werden soll. Im Gegenteil, der ältere Mitarbeiter muß immer dazu angehalten werden, durch beispielhaftes Verhalten auf die jungen Besatzungsmitglieder einzuwirken.

Ein wieder anders gelagertes Problem der Menschenführung an Bord sind die *Ausländer*. Diese Gastarbeiter der Schiffahrt wirken sich besonders dadurch aus, daß auf dem Schiff Arbeits- und Freizeitwelt vereinigt sind. Es handelt sich daher nicht nur um eine Arbeits-, sondern auch um eine Lebensgemeinschaft mit den Ausländern. Hierin liegen meist die Schwierigkeiten, hervorgerufen durch die andersgeartete Mentalität, andere Lebensgewohnheiten und die fremde Sprache. Dies verlangt ein großes Maß gegenseitiger Anpassungsfähigkeit und Toleranz. Der Vorgesetzte sollte nach dem Motto führen: Das ausländische Besatzungsmitglied hat keine Sonderrechte, aber auch keine verminderten Rechte. Einsichtige Mitarbeiter müssen dazu gewonnen werden, die ausländischen Besatzungsmitglieder in der Bordgemeinschaft zu akzeptieren; andererseits müssen diese auch angehalten werden, sich davon nicht auszuschließen.

Oft wird der Fall vorkommen, daß ein Mitarbeiter seine Aufgaben nicht zufriedenstellend wahrnimmt. Um die Ursachen hierfür herauszufinden, gibt es folgende *Problemliste:*

Weiß-nicht-Probleme: Es fehlt dem Mitarbeiter an Kenntnissen und Informationen.

Kann-nicht-Probleme: Es fehlt dem Mitarbeiter an Fertigkeiten und Erfahrungen.

Will-nicht-Probleme: Es fehlt dem Mitarbeiter an Motivation.

Darf-nicht-Probleme: Der Mitarbeiter ist in der Kompetenz- und Organisationsstruktur falsch eingeordnet.

Manchmal sind mehrere dieser Probleme miteinander verkettet.

Man erkennt, daß die ersten drei Problem-Gruppen in der Person des Mitarbeiters begründet liegen; bei fehlender Motivation muß auch die Selbstkritik des Vorgesetzten einsetzen. Die letzte Problem-Gruppe resultiert aus der Umwelt des Mitarbeiters. Entsprechend muß die Problemlösung ansetzen.

13.2.6 Die Mitarbeiter als Gruppe

Zwei oder mehr Personen, die miteinander in Beziehung stehen, bilden eine *Gruppe*. So stellt auch die Schiffsbesatzung oder Teile davon, z. B. das Maschinenpersonal, eine Gruppe dar. Es würde auch hier zu weit führen, auf die Lehre der *Gruppensoziologie* näher einzugehen. Danach ist eine Schiffsbesatzung oder Teile davon eine ausgeprägte formelle Gruppen mit formellem *Gruppenführer*.

Der Schiffsoffizier als Führer einer soziologischen Gruppe muß die Gruppensituation richtig beobachten und analysieren können. Dabei muß er die Faktoren, die die Gruppe fördern, verstärken und die hemmenden und zerstörenden Faktoren ausschalten. Er muß also darauf achten, daß er seine untergeordneten Mitarbeiter verstehen lernt, daß diese sich positiv zueinander einstellen, und daß sich jeder von jedem menschlich bestätigt fühlt, kurzum daß das *Bordklima* in Ordnung ist.

Die Beobachtung seiner Gruppe gibt dem Gruppenführer auch Aufschluß über die Beziehungen der Gruppenmitglieder *untereinander*. Zur Beschreibung und zur näheren Untersuchung zwischenmenschlicher Beziehungen innerhalb einer Gruppe

Personelle Betriebsführung

bedient sich die Soziologie des *Soziogrammes*. Allen offensichtlich und vom Betriebsgeschehen her organisatorisch bestimmt gibt es Beziehungen von Gruppenmitgliedern, die von der beruflichen Seite her gegeben sind. Solch einen schematischen Organisationsplan einer Gruppe zeigt Bild 13.2. Dabei hat I eine gewisse Vorgesetzenposition inne; er ist dadurch mit allen anderen verbunden. Die anderen Verbindungslinien sollen andeuten, daß zwischen den Betreffenden eine enge beruflich-fachliche Zusammenarbeit besteht. Die menschlichen Beziehungen werden jedoch meist ganz anders aussehen. Nimmt man an, daß der Gruppenführer durch längeres Zusammensein mit der Gruppe und durch gründliche Beobachtung die zwischenmenschlichen Beziehungen seiner Gruppenmitglieder kennt, so läßt sich auch graphisch darstellen, wer wen innerlich bejaht und anerkennt (bei einer Schiffsbesatzung ist dies auch leicht für die Freizeit zu beobachten).

Diese positiven soziologischen Beziehungen zeigt Bild 13.3. Umgekehrt lassen sich auch die negativen Beziehungen darstellen, d.h., wer jemanden ablehnt und nicht leiden mag; siehe Bild 13.4. Projiziert man Bild 13.3 auf Bild 13.4, so zeigt Bild 13.5 die *wechselseitigen Beziehungen der einzelnen Gruppenmitglieder*.

Von Bedeutung ist nunmehr die *soziologische Deutung* dieser Darstellung. Es dürfte unzweckmäßig sein, wenn in einer Gruppe zwischen organisatorischen Beziehungen und *negativen* soziologischen Beziehungen Übereinstimmung herrscht, wie z.B. in Bild 13.2 und Bild 13.5 zwischen I und IV. Günstig auf das Betriebsklima dürfte sich dagegen das Zusammentreffen von organisatorischen und *positiven* soziologischen Beziehungen bei II und III auswirken. Interessant und bedeutsam wird es, wenn aus dem Soziogramm hervorgeht, daß eine Person von vielen abgelehnt oder bevorzugt wird. Bei einer überwiegenden Ablehnung wird der Gruppenführer nach dem Grund forschen müssen. Bei einer überwiegenden Bevorzugung liegt für den Gruppenführer die Gefahr eines *Gegenspielers* vor, und er wird diesem Gruppenmitglied seine ganz besondere Aufmerksamkeit widmen müssen, da von solchen Personen oft eine starke *suggestive* Wirkung auf die ganze Gruppe ausgeübt wird. Auch die Bildung von *Cliquen* läßt sich aus dem Soziogramm herauslesen.

Auf einige besondere Verhaltensweisen von Gruppen soll noch hingewiesen werden. Dabei verhält sich der Einzelne als Gruppenmitglied oft anders als er es als Einzelindividuum tun würde.

Die Gruppe überschätzt sich; sie „fühlt sich stark" sowohl anderen Gruppen gegenüber als auch gelegentlich dem Gruppenführer gegenüber. Dabei zeigen sich die Gruppenmitglieder oft überraschend einmütig.

Auf Andersdenkende in der Gruppe wird Druck ausgeübt; dabei werden bestimmte Vorstellungen, Verhaltensweisen und Gruppensymbole überbetont. Oft gibt es darüber in der Gruppe einen besonderen „Wächter". Solches Gruppenverhalten macht es Neuen oft schwer, sich problemlos in die Gruppe einzugliedern.

13.2.7 Die Führungsmittel

Zur Durchführung seiner Führungsaufgaben steht dem Vorgesetzten ein Instrumentarium von *Führungsmitteln* zur Verfügung.

1. Wenn auch beim kooperativen Führungsstil durch Delegation von Verantwortung verbunden mit klaren Kompetenzbereichen bei Routineaufgaben die Anzahl der direkten Eingriffe des Vorgesetzten vermindert ist, so wird im Bordbetrieb bei außergewöhnlichen Vorfällen der Vorgesetzte auf direkte Anordnungen nicht verzichten können.

Für die dienstliche Anordnung gibt es einige goldene Regeln:

Zum richten Anordnen gehören *klare Begriffe* und *klares Denken*. Wenn man etwas anordnen will, so überlege man *vorher*. Vor allem muß die Anordnung *durchführbar* sein.

Befehle sollen nie im *Affekt* gegeben werden, denn im Zorn oder Ärger, in Angst und Panik bekommen diese leicht den Anschein der *Willkür*.

Ist die Gültigkeit einer Anordnung *abgelaufen*, so darf ihre rechtzeitige *Aufhebung* nicht vergessen werden. Dies gilt besonders für längerfristig gültige Anordnungen. Wegen des häufigen Besatzungswechsels sollte hier die schriftliche Form nicht gescheut werden (Mappe mit grundsätz-

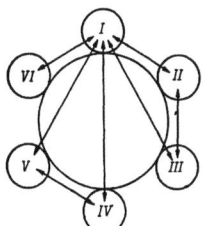

Bild 13.2

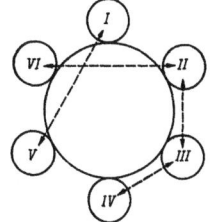

Bild 13.3

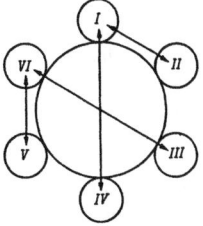

Bild 13.4

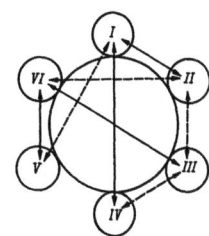

Bild 13.5

lichen Kapitäns- und Chiefs-Anweisungen). Auch muß der Vorgesetzte die konsequente Beachtung seiner Anordnungen überwachen. Die Nichtbeachtung muß sofort und regelmäßig getadelt werden, denn nur gelegentliches „Dazwischenfahren" wird als Schikane empfunden.

Eine besondere Frage ist, wie sich der Vorgesetzte verhalten soll, wenn sachliche *Einwände* und *Anregungen* vorgebracht werden. Der Schiffsoffizier soll sich der sachlichen Diskussion nicht entziehen.

Bei allem Eingehen auf Einwände oder Vorschläge darf jedoch kein Zweifel aufkommen, daß durch ein abschließendes Wort der Vorgesetzte die Entscheidung fällt.

2. Neben der Anordnung spielt im Schiffsbetrieb auch die *Arbeitsanleitung* eine wesentliche Rolle. Wenn einem Mitarbeiter eine Arbeit, vor allem eine handwerkliche Arbeit, übertragen werden soll, muß der Schiffsoffizier auch fähig sein, eine Arbeitsunterweisung so durchzuführen, daß alles verstanden wird. Dazu gehört, daß man die Arbeit genau bezeichnet. Eine komplizierte Arbeit ist in einfache Arbeitsgänge zu unterteilen. Jeder dieser Arbeitsgänge ist nicht nur klar und vollständig zu erläutern, sondern wenn möglich auch vorzumachen. Dies spielt eine besondere Rolle bei der Arbeitsanleitung von Auszubildenden.

3. Zur guten Mitarbeiterführung gehört die richtige Verwendung von *Lob* und *Tadel*. Lob und Belohnung verlieren ihren Wert, wenn sie häufig angewendet werden. Wenn aber ein Lob am Platze ist, dann muß es auch erteilt werden. Durch Vorschriften und Anordnungen, durch Tadel und notfalls durch Strafen allein kann kein Mensch zu freudiger Pflichterfüllung angehalten werden. Wie vom Lobe, so gilt auch vom Tadel, daß zu häufige Anwendung ihn abnutzt und seine Wirkung schmälert. Wo Tadel nicht berechtigt ist, wirkt er als *Nörgelei*, die nicht ernst genommen wird und nur Verärgerung hervorruft. Lob und Tadel müssen beim Schiffsoffizier von *sachlicher Gerechtigkeit* gelenkt werden. Dabei ist zu beachten, daß Lob und Tadel dann verstärkt wirken, wenn sie vor anderen ausgesprochen werden. Der Vorgesetzte wird sich immer überlegen müssen, ob er diese Wirkung haben will; insbesondere bei Tadel wird das *Gespräch unter vier Augen* vorzuziehen sein.

4. Sparsamer noch als Lob und Tadel darf er die *Drohung* verwenden. Sie darf überhaupt nur gebraucht werden als die überlegte Ankündigung einer Maßnahme, die dann auch unweigerlich eintritt, wenn die gewollte abschreckende Wirkung nicht erreicht wird. Die *leere Drohung* darf von einem Vorgesetzten nie ausgesprochen werden. Wer sie gebraucht, kann sicher sein, daß er und seine Worte bald nicht mehr ernst genommen werden.

5. Ein guter Menschenführer muß auch für eine gute *Organisation* der Arbeit und des täglichen Lebens an Bord sorgen. Gute Organisation ermöglicht deren reibungslosen Ablauf. Es darf aber andererseits nicht zu viel organisiert werden.

Wo der gesunde Menschenverstand ausreicht, soll man nicht ein Schema errichten. *Überorganisation* wirkt nur hemmend und lähmt das Verantwortungsgefühl und die Entschlußfreudigkeit der Mitarbeiter. Wo Organisation zu einem glatten Ablauf erforderlich ist, muß sie *durchdacht* und gut sein.

Organisation soll nicht nur Zeit und Geld sparen, sie soll auch mit den Menschenkräften *haushalten.* Hierzu gehört, daß jeder Mitarbeiter an der richtigen Stelle eingesetzt wird, wo seine Fähigkeiten die beste Ausnutzung finden. Der Schiffsoffizier muß seine untergeordneten Mitarbeiter daher sehr genau kennen. Es handelt sich hierbei sowohl um eine ökonomische als auch um eine soziale Frage.

6. Zur guten Organisation gehört auch die *Information*. Ein Weg hierzu ist die *Mitarbeiterbesprechung*. Der Vorgesetzte muß dabei wissen, was besprochen werden soll; danach bestimmt sich der Teilnehmerkreis. Die Mitarbeiterbesprechung, die der Information sowohl von oben nach unten als auch von unten nach oben dient, darf nicht zur „Befehlsausgabe" werden, bei welcher nur der Vorgesetzte spricht. Vielmehr soll dieser zunächst nur das Thema aufzeigen, mit seiner Meinung noch zurückhaltend sein und erst die Mitarbeiter zu Worte kommen lassen.

7. Die besondere Situation einer Schiffsbesatzung mit ihrem Inseldasein stellt an die Vorgesetzten große Anforderungen hinsichtlich der *Fürsorge* für seine Mitarbeiter. Diese Fürsorge muß alle Bedürfnisse der Besatzungsmitglieder umfassen. Ein Vorgesetzter in einem Landbetrieb hat erheblich weniger diesbezügliche Pflichten.

Nirgendwo liegen Arbeitswelt und Freizeitwelt eines Menschen so eng beieinander und sind so miteinander verknüpft wie auf einem Schiff in See. Deshalb kann die geistige Fürsorge bei der Handelsschiffahrt gar nicht genug betont werden, und gerade deshalb stellt sie etwas *Einmaliges* dar, das man sonst bei keinem anderen Arbeitsverhältnis findet. Dabei sind die Möglichkeiten dazu nicht sehr zahlreich, und der Schiffsoffizier muß seinen ganzen Einfallsreichtum spielen lassen.

Zwei Dinge sind *Voraussetzung* für die Fürsorge: Der Vorgesetzte muß die persönlichen Verhältnisse seiner Mitarbeiter kennen und er muß jede Gelegenheit zu privaten Gesprächen mit seinen Mitarbeitern suchen.

Eine besondere Art der Fürsorge darf nicht unerwähnt bleiben. Es ist dies die *Beachtung der*

Sicherheitsvorschriften durch den Schiffsoffizier zum Schutze seiner Mitarbeiter. Keiner will gern unter der Leitung eines *Leichtsinnigen* arbeiten. Letztlich ist ein besonderer Grund zur *Fürsorge* die *fachliche Ausbildungspflicht* des nautischen und technischen Offiziersnachwuchses an Bord durch die Schiffsoffiziere. Dieser Pflicht sollte sich keiner entziehen, sondern jeder sollte sich für die Ausbildung des Nachwuchses *mitverantwortlich* fühlen und alles zu beitragen, daß seine Kenntnisse und Erfahrungen weitervermittelt werden

8. Aufgabe des Vorgesetzten ist es auch, seine Mitarbeiter zu *beurteilen*. Wenn auch die Beurteilung sich im wesentlichen auf die *berufliche Tätigkeit* erstreckt, so kann bei der engen soziologischen Verflechtung einer Schiffsbesatzung das soziale Verhalten des Mitarbeiters nicht unberücksichtigt bleiben. Die Beurteilung ist ein innerbetrieblicher Vorgang und nicht mit einem für Dritte offenen Zeugnis zu verwechseln, für welches bestimmte arbeitsrechtliche Regeln zu beachten sind.

Das *Beurteilungssystem* muß offen sein, d. h. der Mitarbeiter muß Kenntnis von der Beurteilung erhalten; dies erfolgt am besten in einem *Beurteilungsgespräch* zwischen Vorgesetztem und Mitarbeiter. Sofern in einer Reederei nicht ausgearbeitete Beurteilungsformulare Verwendung finden, ist als Hilfsmittel zur Beurteilung nachfolgendes Beurteilungschema beigefügt:

1. Arbeitswelt:
    1.1 Einstellung zur Arbeit (Arbeitswille und Arbeitstempo)
    1.2 Arbeitsqualifikation (Genauigkeit, Planung, Belastbarkeit, Auffassungsgabe, Gedächtnis)
    1.3 Berufskenntnisse und Erfahrungen
    1.4 Fortbildungsbereitschaft
2. Um- und Mitwelt:
    2.1 Auftreten und allgemeines Verhalten
    2.2 Fähigkeit zur Zusammenarbeit
    2.3 Verhältnis gegenüber Kollegen
    2.4 Verhältnis gegenüber Vorgesetzten
3. Führungseigenschaften (nur für Mitarbeiter in Vorgesetztenstellung)
    3.1 Verantwortungsfreude
    3.2 Denk- und Urteilsfähigkeit
    3.3 Ausdrucksgewandtheit
    3.4 Organisationstalent
    3.5 Eignung für Anleitung und Ausbildung
    3.6 Führungsverhalten (Kontaktfähigkeit)
4. Besondere Interessen und Begabungen
5. Verwendbarkeit
6. Zusammenfassendes Gesamturteil.

9. *Pflicht*- und *Disziplinwidrigkeiten* finden in der Handelsschiffahrt in der Regel ihre Bestrafung dadurch, daß der Betreffende *abgemustert* wird. § 64 des *Seemannsgesetzes* führt die Fälle auf, bei denen auch auf See eine *fristlose Kündigung* möglich ist. Darüber hinaus hat nach § 106 der Kapitän eines Schiffes für die Erhaltung von Ordnung und Sicherheit an Bord zu sorgen, und er ist im Rahmen dieser Vorschriften berechtigt, die dazu notwendigen Maßnahmen zu treffen. Droht Menschen oder Schiff eine unmittelbare Gefahr, so kann der Kapitän die zur Abwendung der Gefahr gegebenen Anordnungen notfalls mit den erforderlichen *Zwangsmitteln* durchsetzen. Erscheinen hierbei andere Mittel von vornherein als unzulänglich oder erweisen sie sich als unzulänglich, so kann auch *körperliche Gewalt* angewendet werden, und es ist eine *vorübergehende Festnahme* zulässig. Nach § 109 sind die übrigen Besatzungsmitglieder zur *Beistandsleistung* verpflichtet. Die Befugnisse des Kapitäns können unter besonderen Umständen auch auf den I. Offizier und den Ltd. Ingenieur in ihren Dienstbereichen übertragen werden.

Das Seemannsgesetz gibt darüber hinaus in seinen §§ 115, 116 und 124 einen genauen Katalog von Pflicht- und Disziplinwidrigkeiten. Es unterscheidet dabei zwischen *Straftaten*, die mit *Gefängnisstrafen* bedroht werden, und *Ordnungswidrigkeiten*, die mit einer *Geldbuße* geahndet werden. Während die Verfolgung der Straftaten durch die *ordentlichen Gerichte* durchgeführt wird, sind für die Verfahren bei Ordnungswidrigkeiten die *Seemannsämter* zuständig (§ 132). Auf Antrag kann auch hier eine gerichtliche Entscheidung herbeigeführt werden (§ 133).

Das Seemannsgesetz kennt aber nicht nur Straftaten der untergeordneten Mitarbeiter, sondern im § 117 ist auch der *Mißbrauch der Anordnungsbefugnis* durch den Vorgesetzten als besondere Straftat aufgeführt. Ferner ist durch § 112 ein *Beschwerderecht* im Schiffsbetrieb festgelegt.

13.3 Reedereibetriebswirtschaft

Auch das Dienstleistungsgewerbe *Seeschiffahrt* ist dem Gesetz allen Wirtschaftens unterworfen: *eine gestellte Aufgabe mit einem Minimum an Aufwand zu erfüllen.* Der Schiffsoffizier muß daher auch zu einem betrieblichen *Kostendenken* ausgebildet werden. Unter diesem Gesichtspunkt muß er sowohl die *volkswirtschaftlichen* Zusammenhänge, in welche die Seeschiffahrt hineingestellt ist, als auch das *betriebswirtschaftliche* Zusammenarbeiten zwischen der Reederei als Gesamtbetrieb und den einzelnen Schiffen als deren Zweigbetriebe kennenlernen. Der Schiffsoffizier, insbesondere in der Stellung des Kapitäns und Leitenden Ingenieurs, muß den Einfluß seiner Maßnahmen auf die *Kosten des Schiffsbetriebs* erkennen können. Kenntnisse über Fragen der *Schiffsfinanzierung*, der *Frachtratenbildung* und der *Kalkulation*, der *Rationalisierung* und vieles andere mehr, müssen zu dem geistigen Rüstzeug des Schiffsoffiziers gehören.

13.3.1 Die Stellung der Seeschiffahrt in der Gesamtwirtschaft

Die gesamte Volkswirtschaft und ihre Aufgabe, die materiellen und immateriellen Bedürfnisse der Menschen zu befriedigen, bildet auch den Rahmen für die Aufgaben und Leistungen der Seeschiffahrt.

Die Schiffahrt hat in diesem Rahmen die Aufgabe, Waren und Menschen über See zu befördern, wodurch ein weltweiter *Güter*- und *Personenaustausch* ermöglicht wird. Eine Folge der Vervollkommnung der Transportmethoden und der Organisation ist, daß größere Warenmengen, auch solche größeren Volumens und geringeren Wertes, mit Erfolg befördert werden können.

Die Unterschiede zwischen den einzelnen Ländern hinsichtlich ihres Klimas, ihrer Fruchtbarkeit und der in ihnen produzierten Waren werden durch die Möglichkeiten der Verschiffung ausgeglichen.

Die dadurch mögliche *Erweiterung der Märkte* schafft die Voraussetzung für eine weltweite Arbeitsteilung und Rationalisierung, die Produzenten und Verbrauchern zugute kommt. Die mit der Seeschiffahrt mögliche Bewegung von *Produktionsfaktoren* und *Produkten* hat ferner zur Folge, daß Gewinne, Löhne, Preise usw. sich den entstehenden Märkten anpassen.

Der Transport von Gütern und Menschen über See besitzt somit einen *Nutzen* und der *Wert eines Gutes* wird so durch den *Wert des Transportes* mitbestimmt.

Als Teil der gesamten Volkswirtschaft hat die Schiffahrt auch einen Anteil am *Sozialprodukt*.

Da die Tätigkeit der Seeschiffahrt jedoch vor allem über die Grenzen der Volkswirtschaft hinausgeht, spiegeln sich ihre Leistungen besonders in der *Dienstleistungsverkehrsbilanz* wider. Allerdings wird für Seefrachten von der Bundesrepublik Deutschland mehr an ausländische Reedereien bezahlt, als die eigene Handelsschiffahrt an Einnahmen hereinfährt. Von allen Einnahmen für Dienstleistungen steht die Seeschiffahrt in der Außenhandelsleistungsbilanz jedoch an 1. Stelle.

Im grenzüberschreitenden Warenverkehr geht der größte Teil über die Seegrenze, d. h., die Waren werden auf Schiffen transportiert.

Für die Erneuerung der Tonnage muß die deutsche Seeschiffahrt in jedem Jahr erhebliche Summen aufwenden, wobei jedes einzelne Schiff ein beachtliches Kapital darstellt. Für die Werften und eine umfangreiche Zuliefererindustrie ist die Schiffahrt daher ein bedeutender *Investor*.

Auch auf die *Versorgungssicherung* mit bestimmten Gütern, z. B. Erdöl und in politischen Spannungs- und Kriegszeiten, soll noch hingewiesen werden.

13.3.2 Organisation in der Seeschiffahrt

Die Seeschiffahrt wird in der Bundesrepublik mit ihrer sozialen Marktwirtschaft auf *privatwirtschaftlicher Basis* von einer Vielzahl von Unternehmen betrieben. Die Organisationsform der Schiffahrtsunternehmen ist vielfach derjenigen von Landbetrieben ähnlich. Häufig ist die Rechtsform daher eine *Personen-* oder *Kapitalgesellschaft*. Aus steuerlichen Gründen wird dabei öfters die *Kommanditgesellschaft* bevorzugt, insbesondere in der Sonderform der *GmbH & Co. KG*.

Im allgemeinen Sprachgebrauch wird jedes Schiffahrtsunternehmen als *Reederei* bezeichnet; im strengeren juristischen Sinne dagegen stellt die Reederei eine besondere Gesellschaftsform des Seerechts dar. Man bezeichnet sie, um Mißverständnisse zu vermeiden, auch als *Partenreederei*. Sie ist jedoch keine *juristische Person* wie eine Aktiengesellschaft. Rechtsgrundlage bilden vielmehr die §§ 489 ... 509 des HGB (Handelsgesetzbuches). Bei der Partenreederei schließen sich mehrere Personen zu dem Zweck zusammen, auf gemeinschaftliche Rechnung mit einem Schiff die Beförderung von Gütern oder Menschen zur See zu übernehmen. Dabei gehört ihnen das Schiff nach Bruchteilen *(Schiffspart)*. Für die Verpflichtungen der Reederei haften

Anhang 1

Urproduktion:	Landwirtschaft (einschl. Gartenbau), Forstwirtschaft, Bergbau (einschl. Erdölgewinnung), Fischerei	
Produktion:	Industrie, produzierendes Handwerk	
Verteilung'	Handel, Verkehr	– Verkehr zu Land – Verkehr zur See – Verkehr in der Luft
Dienstleistungen:	Banken, Versicherungen, Vermittler, dienstleistendes Handwerk, Vergnügungsgewerbe, Beherbungsgewerbe (einschl. Tourismus), Kommunikationsmittel, freie Berufe, öffentliche Dienste u. a.	
Verbrauch	im wesentlichen die Hauswirtschaft, aber auch alle anderen Wirtschaftszweige treten als Verbraucher auf	

Reedereibetriebswirtschaft

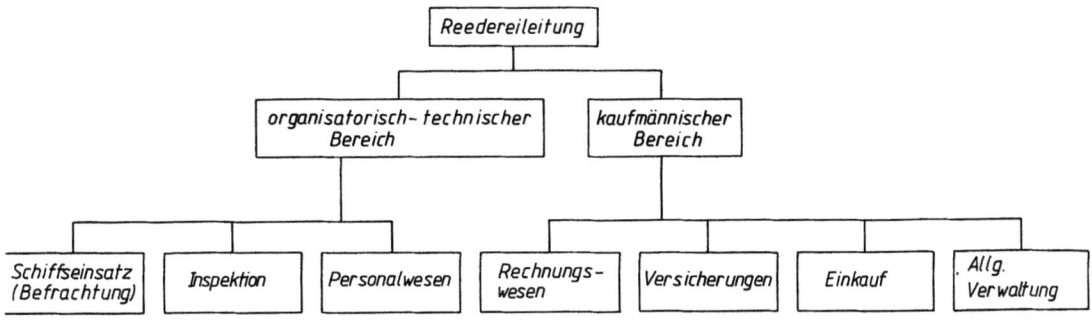

Bild 13.6

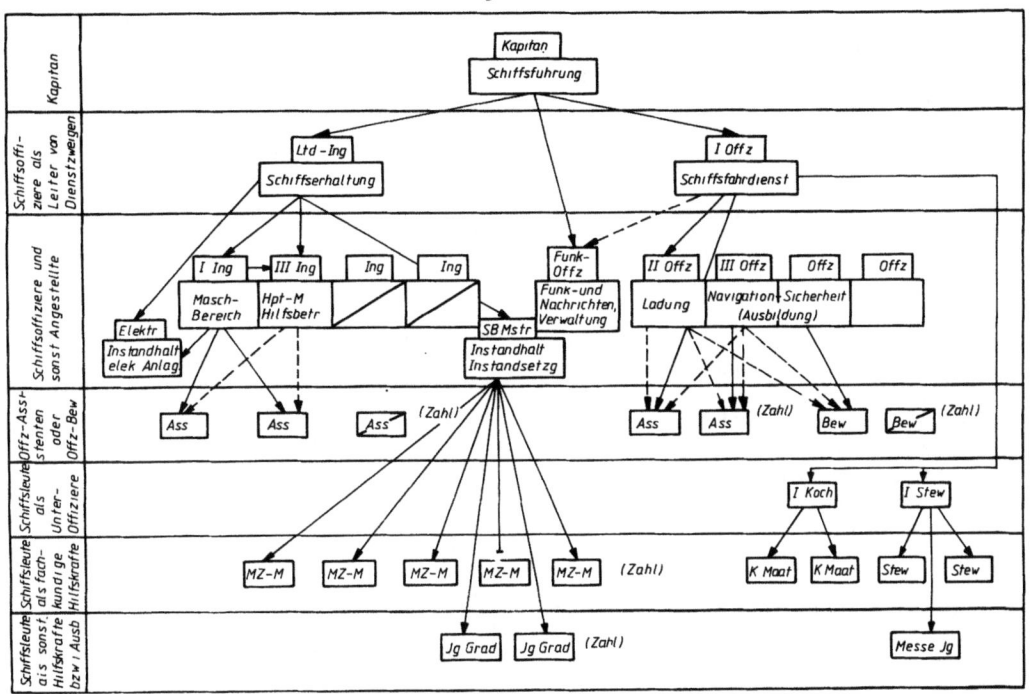

Bild 13.7

die Partner, ausgenommen in den Fällen, in denen die Haftung durch *Gesetz* oder *internationale Vereinbarungen* beschränkt ist, entsprechend ihrem Anteil nicht nur mit Schiff und Fracht sondern auch mit ihrem gesamten Vermögen.

Die *betriebliche Organisation* jedes Schiffahrtsunternehmens wird sich an der besonderen Eigenart orientieren. Einige Funktionen dürften aber in jedem Reedereibetrieb vorkommen. Das in Bild 13.6 dargestellte *Organisationsschema* kann daher nicht allgemeinverbindlich sein, sondern soll nur die Funktionen in einem Grobraster darstellen.

Die Organisation des Schiffsbetriebes zeigt – mit dem Einsatz von Mannschaften für den Mehrzweckeinsatz und einem Schiffsbetriebsmeister – beispielhaft Bild 13.7.

13.3.3 Kenngrößen für den betrieblichen Prozeß

Der betriebliche Prozeß des Transportes von Gütern über See an Bord von Handelsschiffen als Dienstleistungsaufgabe läßt sich als eine Kombination von *Arbeitsleistungen* und *maschineller Apparatur* auffassen. Dazu kommen als dritter Faktor die *menschlichen Entscheidungen*. Das Ergebnis des Zusammenwirkens der drei Faktoren ist die *betriebliche Leistung*. Der *Transport* als die räumliche Veränderung einer Gütermenge besitzt demnach eine *Mengen-* und eine *Wegkomponente*. Die *Transportleistung* ist daher das Produkt aus Menge mal Weg und kann so gemessen werden in t × sm oder m³ × sm oder Stück × sm.

Produktivität

Der Zusammenhang zwischen der betrieblichen Leistung und dem Ausmaß des Einsatzes an Arbeitsleistung, technischen Einrichtungen und dispositivem Faktor ist die Grundbeziehung der betrieblichen Tätigkeit des Seetransportes. Das Verhältnis zwischen der Leistung und dem Einsatz der einzelnen Faktoren kann als *Produktivität* bezeichnet werden. In diesem Sinne läßt sich auch bei dem Dienstleistungsgewerbe *Seeschiffahrt* von einer Produktivität sprechen. Auch der Begriff des technischen *Wirkungsgrades*, definiert als das Verhältnis von Nutzeffekt zu Aufwand, ist so betrachtet ein betrieblicher *Produktivitätsbegriff*.

$$\text{Produktivität} = \frac{\text{betriebliche Leistung}}{\text{Faktoreinsatz}}$$

Wirtschaftlichkeit

Von wesentlicher Bedeutung ist auch der Begriff der *Wirtschaftlichkeit*. Er kann als die Aufgabe betrachtet werden, eine bestimmte betriebliche Leistung mit dem geringstmöglichen Einsatz der obengenannten Faktoren zu erreichen oder anders ausgedrückt, als das Verhältnis des *tatsächlichen* zum *geringstmöglichen* Ausmaß des *Faktoreinsatzes*. Wirtschaftlichkeit so definiert wird damit zum Maßstab des *technisch-organisatorischen Bereiches*.

Die betriebliche Leistung kommt durch eine Kombination der genannten 3 Faktoren zustande; dabei gibt es meist mehrere Möglichkeiten der *Faktorkombination* und es gilt diejenige auszuwählen, die wiederum für die *Faktormengen* in Geldwerten ausgedrückt ein *Minimum* ergibt.

$$\text{Wirtschaftlichkeit} = \frac{\text{tatsächlicher Aufwand}}{\text{günstiger Aufwand}}$$

oder

$$\frac{\text{günstiger Aufwand}}{\text{tatsächlicher Aufwand}}$$

Rentabilität

Betriebswirtschaftlich entscheidend ist die *Rentabilität* der betrieblichen Tätigkeit. Dabei ist die Rentabilität das Verhältnis des Erfolges zum eingesetzten Kapital, wobei der Erfolg die Differenz zwischen Ertrag und Aufwand darstellt. Dabei besteht zweifellos ein *Zusammenhang* zwischen der technisch-organisatorischen *Wirtschaftlichkeit* und der betriebswirtschaftlichen *Rentabilität*.

Je größer die Wirtschaftlichkeit, um so größer ist bei konstantem Ertrag der Gewinn und, wenn auch der Kapitaleinsatz sich nicht ändert, die Rentabilität.

$$\text{Rentabilität} = \frac{\text{Ertrag} - \text{Aufwand}}{\text{Kapital}} \times 100$$

$$= \frac{\text{Gewinn}}{\text{Kapital}} \times 100 \text{ in \%}$$

Unter *Gewinn* ist dabei die *Differenz* zwischen den Erlösen und den Aufwendungen einer Periode zu verstehen. Dabei ist zu unterscheiden zwischen dem eigentlichen *Betriebsertrag*, der mit dem Betriebszweck unmittelbar zusammenhängt, und den *betriebsfremden* und *außergewöhnlichen Erträgen* des Unternehmens.

Für den *Aufwand* als den Verbrauch aller Werte an Gütern und Dienstleistungen gilt Ähnliches. Neben dem *Betriebsaufwand* kennt man den *neutralen Aufwand*, der nicht durch die Betriebsleistung verursacht wird.

Für die Berechnung der *Unternehmensrentabilität* ist das gesamte *investierte Kapital*, ohne Rücksicht auf die Finanzierung, einzusetzen. Die Zinsen für das Fremdkapital bleiben dann beim Aufwand unberücksichtigt. Bei der Rentabilitätsberechnung des *Eigenkapitals* ist dagegen die Verzinsung des Fremdkapitals ein Aufwand. Das Ergebnis der Unternehmensrentabilität kann mit dem allgemeinen Kapitalmarktzinsfluß, die Eigenkapitalrentabilität mit dem Zinssatz für das Fremdkapital verglichen werden.

Wirtschaftlichkeit als Größe eines Aufwandsvergleiches und *Rentabilität* als Maßstab des kaufmännischen Erfolges sind z. B. auch unterschiedliche Kriterien bei der Frage der Schiffsgeschwindigkeit. Somit kann die *wirtschaftlichste Geschwindigkeit* definiert werden als diejenige, bei welcher für eine bestimmte Transportleistung ein Minimum an Aufwand erforderlich ist; die *rentabelste Geschwindigkeit* dagegen ist diejenige, bei welcher für einen bestimmten Zeitraum die Differenz zwischen Ertrag und Aufwand bei positivem Ergebnis ein *Maximum* und bei negativem Ergebnis ein *Minimum* wird. In grob vereinfachter Darstellung zeigt Bild 13.8 die unterschiedliche Aussage für den Transport einer homogenen Ladung.

Liquidität

Besonders in wirtschaftlich schwierigen Zeiten, in denen der Ertrag nicht alle Kosten deckt, spielt die *Liquidität* eines Unternehmens eine besondere Rolle. Unter Liquidität versteht man die Fähigkeit eines Unternehmens, seinen *laufenden Zahlungsverpflichtungen* nachkommen zu können, d. h. über die erforderlichen Geldmittel zu verfügen („flüssig" zu sein).

Reedereibetriebswirtschaft

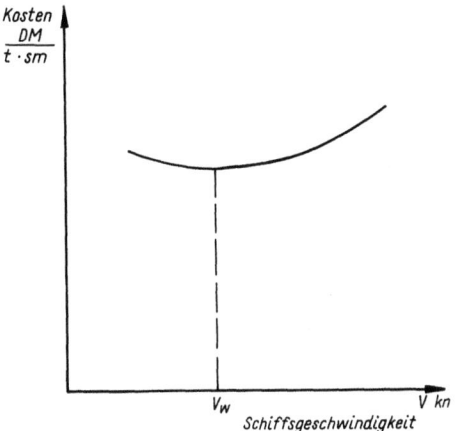

Bild 13.8.1 Die wirtschaftlichste Geschwindigkeit

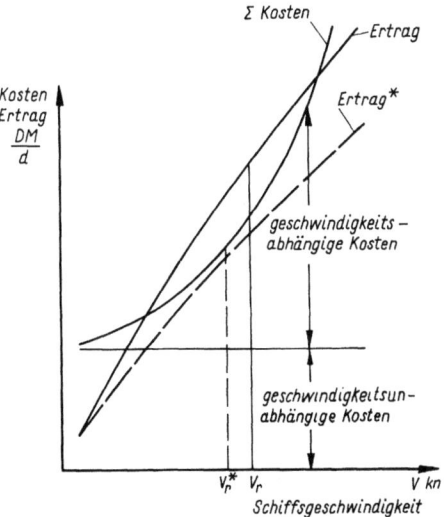

Bild 13.8.2 Die rentabelste Geschwindigkeit

Eine Beurteilung der Liquidität ist aus der *Bilanz* des Unternehmens durch Vergleich des Umlaufvermögens zum kurzfristigen Fremdkapital möglich:

$$\frac{\text{statische}}{\text{Liquidität}} = \frac{\text{Umlaufvermögen}}{\text{kurzfristiges Fremdkapital}} \approx \frac{2}{1}$$

Das Verhältnis 2 : 1 kann als Faustregel gelten. Beschränkt sich der Vergleich auf schnell zu verflüssigende Vermögensteile, so kann man auch ansetzen:

$$\frac{\text{statische}}{\text{Liquidität}} = \frac{\text{Geldmittel + Forderungen}}{\text{kurzfristiges Fremdkapital}} \approx \frac{1}{1}$$

Erfahrungsgemäß sollen diese Posten sich ausgleichen.

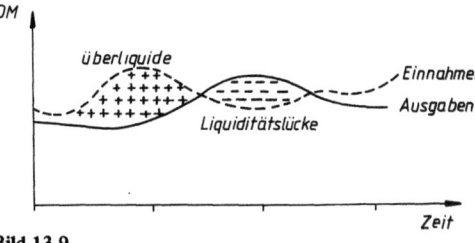

Bild 13.9

Für eine *Liquiditätsplanung* reichen die Bilanzwerte nicht aus, da die Bilanz nichts über die *Fälligkeit von Schulden* aussagt. Es ist also notwendig, eine Gegenüberstellung der zu erwartenden Einnahmen und Ausgaben über die Zeit vorzunehmen. Zu jedem Zeitpunkt sollte gelten:

$$\frac{\text{dynamische}}{\text{Liquidität}} = \frac{\text{Geldmittel + Zahlungseingänge}}{\text{Zahlungsverpflichtungen}} \geq 1.$$

Bild 13.9 zeigt schematisch einen Liquiditätsverlauf *(Finanzplan)*. Ersichtlich ist z. B. aus einem solchen Finanzplan der Kreditbedarf während einer Liquiditätslücke.

Zahlungsunfähigkeit stellt eine Gefahr für das Unternehmen dar, da dieses Grund zur Eröffnung eines Konkurses ist. In wirtschaftlich schwierigen Zeiten gilt daher ein kaufmännischer Grundsatz: *Liquidität geht vor Rentabilität*. Doch darf dies nur kurzfristig gelten, sonst wird die Rentabilität ernsthaft gefährdet und dann gibt es auch keine Liquidität mehr.

13.3.4 Die Kostenlehre

Unter *Kosten* versteht man den in Währungseinheiten bewerteten, betriebszweckgebundenen Verbrauch von Sachgütern und Dienstleistungen. Neben den mit Geldzahlungen verbundenen Kosten kennt man auch noch die sogenannten *kalkulatorischen Kosten*, wie z. B. Abschreibungen, kalkulatorische Zinsen, Unternehmerlohn u. a. m.

Kostenrechnung

Die *Kostenrechnung* ist zunächst eine *Kostenartenrechnung*. Die aus dem Einsatz des Schiffes in der Kauffahrtei, also seinem Betriebszweck, anfallenden Kosten können in folgende Kostenartengruppen unterteilt werden:

ladungsabhängige Kosten
reiserouteabhängige Kosten
geschwindigkeitsabhängige Kosten
} reiseabhängige Kosten = variable Kosten = Schiffseinsatzkosten

schiffsabhängige Kosten
reedereiabhängige Kosten
} reiseunabhängige Kosten = fixe Kosten = *Schiffsbereitschaftskosten* (auch *Tageskosten* genannt)

Zu den *ladungsabhängigen* Kosten zählen: Lade- und Löschkosten, Kosten der Laderaumreinigung, Staumaterial, Maklerkommissionen, Eilgelder, Ladungsversicherung u. a. m.

Als *reiserouteabhängige* Kosten sind diejenigen Kosten zu betrachten, die durch das Anlaufen von Häfen wie auch durch Passieren von Wasserstraßen entstehen, so z. B. Hafen- und Lotsengebühren, Schlepper- und Festmacherkosten, Kanalgebühren, Leuchtfeuerabgaben usw.

Zur Berechnung der *geschwindigkeitsabhängigen Brennstoff-* und *Schmierstoffkosten* läßt sich mit Hilfe einfacher Formeln und den unter 13.1 aufgeführten Bezeichnungen eine *spezifische Brennstoffkostenzahl* k_B aufstellen. Sie lautet für Turbinenschiffe und Motorschiffe mit Wellengeneratorbetrieb:

$$k_B = \frac{b \cdot 24 \cdot Pr}{1000} \frac{DM}{kW \cdot d}$$

$$b = \frac{B_{h\,gesamt}}{P_{Antrieb}} \dots \dots \dots \dots \dots kg/kW \cdot h$$

Bei Motorschiffen kann als weiterer leistungs- und damit geschwindigkeitsabhängiger Kostenfaktor der *Zylinderschmierölverbrauch* betrachtet werden — zumal bei Motoren mit getrennter Zylinderschmierung. Die Zylinderschmierölkosten werden als *quasi-Kraftstoffkosten* betrachtet; für Motorschiffe mit Schwerölbetrieb ergibt sich dann die spez. Brennstoffkostenzahl aus folgendem Ausdruck:

$$k_B = \frac{24}{1000} \cdot [(b_{HM} + z_{HM} \cdot p) \times Pr_s + b_{HD} \cdot a \cdot Pr_D] \frac{DM}{kW \cdot d}$$

Zu den *schiffsabhängigen Kosten* rechnen:
Besatzungskosten
Schiffsinstandhaltungskosten
Versicherungskosten
sonstige Schiffskosten
Finanzkosten

Besatzungskosten umfassen Grundheuern, Mehrarbeits- und Urlaubsvergütungen, tarifliche und reedereiübliche Zuschläge, gesetzliche und freiwillige Soziallasten, Verpflegungskosten, Kosten des Besatzungswechsels.

Schiffsinstandhaltungskosten sind Aufwendungen für Verbrauchsstoffe, Ersatzteile und Fremdreparaturen sowohl für das Schiff als auch für die Antriebsanlage.

Die *Versicherungskostenanteile* sind im wesentlichen die Kaskoversicherungsprämie und der P-&-I-Club-Beitrag (siehe hierzu Abschnitt 13.3.7 Seeversicherung).

Zu den *sonstigen Schiffskosten* zählen: Klassekosten, Kosten für Dampfkesselaufsicht, Sachverständigenkosten o. ä., Funkmiete, Repräsentationskosten usw.

Die *Finanzkosten*, bestehend aus den in jährlich fälligen Raten für *Amortisation* und *Zinsen* bzw. für *Abschreibung* und *kalkulatorische Zinsen*, werden auch als *Annuität* bezeichnet.

Unter *Abschreibung* versteht man die *Wertminderung der Betriebsmittel* durch Gebrauch und Alterung. Man unterscheidet verschiedene Abschreibungsarten:

1. *lineare* Abschreibung: jährlich *gleichbleibende* Abschreibungsrate mit gleichem Abschreibungsprozentsatz, bezogen auf den *Anschaffungswert*
2. *degressive* Abschreibung: *gleichbleibender* Abschreibungsprozentsatz, jedoch bezogen auf den *Vorjahrswert*, dadurch fallende Abschreibungsraten.

Bild 13.10 erläutert die Begriffe *lineare* und *degressive* Abschreibung; die degressive Abschreibung entspricht mehr dem tatsächlichen Wertverlauf. Neben der hier dargestellten *Abschreibung nach Zeit* kennt man auch die *Abschreibung nach Leistung*.

Aus einer *Annuitätstabelle* kann z. B. entnommen werden: Für eine Zeitdauer von 12 Jahren, die der steuerlichen Abschreibungsdauer von Schiffen entspricht, und einem Zinsfuß von 7 % beträgt die

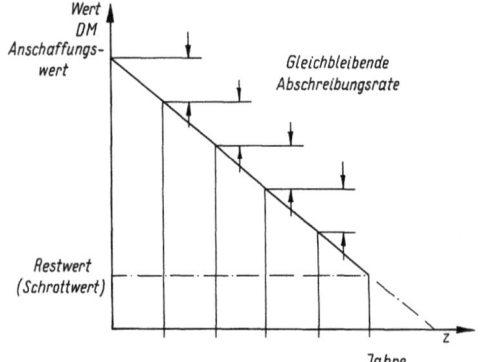

Bild 13.10.1 Lineare Abschreibung

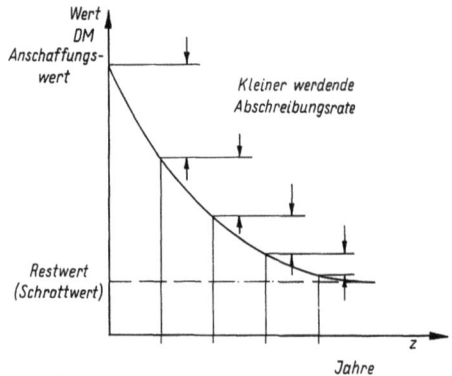

Bild 13.10.2 Degressive Abschreibung

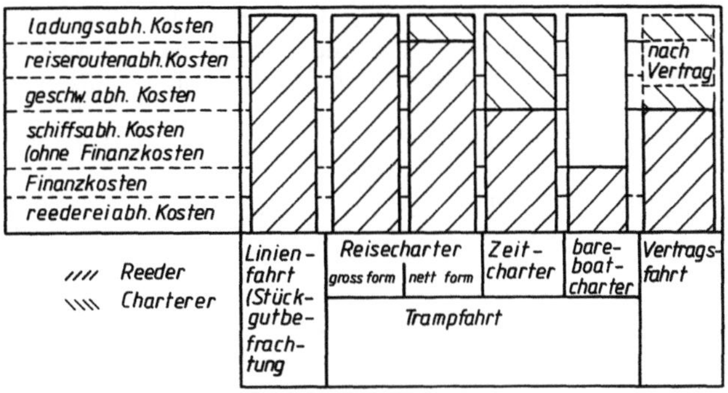

Reedereibetriebswirtschaft

Bild 13.11

	großes Schiff (Tanker, Bulker, Containerschiff)	kleines Schiff (Küstenmotorschiff)
Besatzungskosten	25 %	40 %
Schiffsinstandhaltungskosten	8 %	11 %
Versicherungskosten	6 %	8 %
sonstige Schiffskosten	1 %	1 %
Finanzkosten	60 %	40 %
	100 %	100 %

jährliche Finanzkostenrate: $1,259 \times 10^{-1}$. Dies entspricht zur Berechnung der in der Schiffahrt üblichen *Tageskosten* einer täglichen Finanzkostenrate von: $3,5 \times 10^{-4}$, d.h., die *Finanzkosten* eines Schiffes betragen für vorgenannte Annahmen:

Neuwert des Schiffes $\times\ 3,5 \times 10^{-4}$ in DM/d.

Prozentual teilen sich die schiffsabhängigen Kosten etwa wie folgt auf:

Die *reedereiabhängigen* Kosten sind die sächlichen und personellen Aufwendungen der Reedereiverwaltung an Land und die Agenturkosten. Die Agenturen sind der „verlängerte Arm" der Reedereiverwaltung in den einzelnen Häfen. Die Verrechnung dieser Kosten kann nur in einem Zuschlagsverfahren erfolgen.
Eine Aufgliederung der einzelnen Kostenarten zeigen auch die Kontenklassen 4 bis 6 des *Gemeinschaftskontenrahmens* für die deutsche Handelsschiffahrt.

Kostenstellenrechnung

Die *Kostenstellenrechnung* der Reedereiwirtschaft beschränkt sich darauf, nur das einzelne Schiff als Kostenstelle zu betrachten, da es nur in seiner Gesamtheit die Transportleistung erbringt. Eine weitere Aufteilung des Schiffes in einzelne Kostenstellen ist daher für die Kalkulation nicht erforderlich; sie hat nur für die Neubauplanung eines Schiffes Bedeutung.

Kostenträgerrechnung

In der *Kostenträgerrechnung* werden je nach Einsatzart des Schiffes die Transportkosten der Ladung zwischen dem Reeder oder Verfrachter und dessen Geschäftspartner, dem Charterer oder Befrachter, durch Vertrag aufgeteilt.
Linienfahrt: Sie ist dadurch gekennzeichnet, daß die Schiffe immer zwischen den gleichen Häfen verkehren; dabei werden meist zahlreiche Ladungspartien unterschiedlicher Eigentümer befördert (*Stückgutbefrachtung*).
Trampfahrt: Hier unterscheidet man zwischen *Reisecharter* und *Zeitcharter*. Bei der Reisecharter übernimmt der Reeder für eine oder mehrere Reisen für den Charterer die Durchführung einer bestimmten Transportaufgabe. Bei der Zeitcharter dagegen „vermietet" der Reeder ein einsatzklares, ausgerüstetes und bemanntes Schiff für eine bestimmte Zeit. Eine Sonderform ist die *bare-boat-Charter*, bei der nur das Objekt Schiff („nacktes Schiff") „vermietet" wird. Über den Einsatz des Schiffes entscheidet bei der *Zeit-und-bare-boat-Charter* der Charterer im Rahmen des Chatervertrages.
Vertragsfahrt: Die langfristige Zeitcharter für eine bestimmte Transportaufgabe wird heute als Vertragsfahrt bezeichnet. Sie ist daher für den Einsatz von Spezialschiffen kennzeichnend.
Die Aufteilung der Kosten nach Einsatzart zeigt Bild 13.11.

13.3.5 Kalkulation und Frachtratenbildung

Da die Transportleistung, auch wenn die Ladung aus verschiedenartigen Gütern besteht, nur eine Dienstleistungsart darstellt, ist die einfache *Divisionskalkulation* möglich:

$$\text{kostendeckende Frachtrate} = \frac{\text{Summe aller Kosten einer Reise}}{\text{transportierte Gütermenge einer Reise}}$$

Dabei sind die reedereiabhängigen Kosten entweder als Summand für die jeweilige Reise zu ermitteln

oder sie sind in Art der *Zuschlagskalkulation* als Anteil bezogen auf die schiffsabhängigen Kosten bei diesen durch einen *Zuschlagsfaktor* zu berücksichtigen.
Es gilt daher formelmäßig:

$$F = \frac{K_L + K_{Rs} + K_B + \frac{K_S + K_{Re}}{C}}{L_N \cdot A} \quad \text{DM/t} \quad (1)$$

oder

$$F = \frac{K_L + K_{Rs} + K_B + \frac{K_S \cdot (1 + k_{Re})}{C}}{L_N \cdot A} \quad \text{DM/t} \quad (2)$$

Die einzelnen Summanden können wie folgt berechnet werden:

$$K_L = \sum_{i=1}^{i=n} (M_i \cdot K_{L_i}) \quad \text{DM/Reise} \quad (3)$$

K_{Rs} als summarische Aufstellung der reiserouteabhängigen Kosten DM/Reise

$$K_B = k_B \cdot P_{Antrieb} \cdot \frac{S}{w \cdot 24} \quad \text{DM/Reise} \quad (4)$$

$$K_S = K_{Bes} + (i + v + f) Pr_{Sch} \quad \text{DM/a} \quad (5)$$

K_{Re} als Anteil der reedereiabhängigen Kosten pro Schiff und Jahr DM/a

oder

$$k_{Re} = \frac{K_{Re}}{K_S} \quad (6)$$

C = Anzahl gleicher Reisen pro Jahr (fiktiv oder tatsächlich)

Je nach Einsatzart (s. Bild 13.11) entfallen einzelne Kostenartengruppen.
Der so *kalkulierten kostendeckenden Frachtrate* steht die aus Angebot und Nachfrage an den Schiffahrtsmärkten zustandegekommene oder gebotene Frachtrate gegenüber.
Eine andere, besonders in der Trampfahrt angewendete Kalkulationsmethode basiert auf der *Deckungsbeitragsrechnung*. Das Kalkulationsschema sieht wie folgt aus:

Bruttofrachteinnahme
./. Maklerkommission
./. Befrachtungskommission
Nettofrachteinnahme
./. ladungsabhängige Kosten
./. reiserouteabhängige Kosten
./. geschwindigkeitsabhängige Kosten
Deckungsbeitrag zu den Schiffsbereitschaftskosten
  dividiert durch
Dauer der Reise in Tagen =
Deckungsbeitrag zu den Tageskosten des Schiffes

Dieser Deckungsbeitrag wird mit den tatsächlichen Tageskosten des Schiffes verglichen und es kann sich ergeben: *gerade Kostendeckung; Überdeckung* = Reise mit Gewinn; *Unterdeckung* = Verlustreise.
Vor- und *Nachkalkulation* einer Reise kann nach der gleichen Rechenmethode erfolgen; dabei dient die Vorkalkulation der Entscheidungsfindung über den Schiffseinsatz, die Nachkalkulation der Überprüfung des Reiseergebnisses und dem Sammeln von Erfahrungen für neue Vorkalkulationen.
In der Schiffahrt gilt zunächst wie auf jedem anderen Markt das Gesetz von *Angebot* und *Nachfrage*. *Anbieter* sind die Reeder, welche *Beförderungsleistung* — anders ausgedrückt: Schiffsraum zum Transport von Gütern über See — zur Verfügung stellen. Die *Nachfrage* erfolgt von den *Abladern*, die Transportleistung benötigen.
Die Seeschiffahrtsmärkte sind jedoch noch durch ganz besondere Wesensmerkmale gekennzeichnet, die sie von anderen Marktarten deutlich unterscheiden. Das Angebot ist verhältnismäßig *unelastisch*, weil es vom Umfang der vorhandenen Tonnage bestimmt wird und daher nicht schnell vermehrt werden kann. Dies ist überhaupt nur in engen Grenzen möglich, z. B. durch volle Ausnutzung der installierten Maschinenleistungen und Beschleunigen der Abfertigung — Maßnahmen, die zweifellos mit erhöhten Kosten verbunden sind. Eine Verringerung des Angebotes erfolgt durch *Auflegen* von Schiffen.
Die Nachfrage dagegen wechselt in Abhängigkeit von verschiedenen Faktoren sehr stark. Es werden sich daher stärkere *Schwankungen* der Frachtraten nie vermeiden lassen.
Diese Schwankungen werden noch durch folgende Tatbestände verstärkt oder gemildert:
Transportleistung ist *keine speicherbare Ware*; Transport kann nicht „auf Vorrat produziert" werden.
Transportleistung kann — trotz vielfacher zum Scheitern verurteilter Bemühungen — *kein Markenartikel* sein; das billigste Angebot kommt fast immer zum Zuge.
Bei *Marktsättigung* schafft eine niedrigere Frachtrate unmittelbar keine zusätzliche Nachfrage.
Bei nicht voll beladenem Schiff bringt jede *zusätzliche Ladung* eine Verbesserung des Reiseerfolges, da für eine einmal abgeschlossene Reise alle Kosten außer den ladungsabhängigen Kosten fixe Kosten sind.
Als Vermittler auf diesem Markt treten die *Schiffsmakler* auf, die durch ihre weltweiten Verbindungen Angebot und Nachfrage in Beziehung bringen und Beförderungsvereinbarungen abschließen.
Neben den Anteilen des Seeverkehrs — im wesentlichen Tramp- und Vertragsfahrt —, die sich im Rahmen der vorbeschriebenen Märkte abspielen, gilt für einen anderen — die *Linienfahrt* — nur eine *einge-*

schränkte Konkurrenz, sofern nicht starke Außenseiter auftreten. Bei der Organisation von regelmäßigen Fahrten zwischen bestimmten Häfen, der *Linienbildung*, treffen die an einer bestimmten Linie beteiligten Reedereien Vereinbarungen, die als *Schiffahrtskonferenz* bezeichnet werden. Das System besteht darin, daß den Verladern *regelmäßige* und *häufige* Abfahrten zu *gleichen* und möglichst *stabilen* Frachraten geboten werden. Der Zweck der Zusammenarbeit und der damit verbundenen *Wettbewerbsbeschränkung* ist eine *Risikoverteilung* mit möglichst niedrigen Kosten und sicheren Einnahmen, verbunden mit einem *Schutz* gegen neue Konkurrenten. Die Vereinbarungen erstrecken sich daher meist darauf,

1. *Mindestraten* und gemeinsame Tarife einzuhalten,
2. die Dienste durch Bildung eines *Pools* zu verteilen,
3. ein gemeinsames *Rabattsystem* durchzuführen,
4. den Inhalt von *Charterparties* festzulegen,
5. gemeinsame *Agenturen* zu unterhalten,
6. die Einnahmen, über eine *gemeinsame* Kasse abzurechnen,
7. gegebenenfalls „*Kampfschiffe*" gegen Außenseiter durch Ratenunterbietung einzusetzen.

Von Bedeutung ist bei der Frachtratenfestsetzung durch die Konferenzen für die einzelnen Ladungsgüter nicht nur Gewicht und Raumbedarf sondern auch der *Warenwert*. Güter von geringem Wert wären sonst für den Überseeverkehr uninteressant und würden als Ladungsnachfrage entfallen.

Von nicht geringerer Bedeutung ist die Wettbewerbsbeschränkung durch die *öffentliche Hand*. Die Arten der staatlichen Eingriffe sind mannigfaltig und ihre Wirkung teils direkt teils indirekt durch Beeinflussung der *Kostenstruktur*. Folgende Gruppen kann man dabei unterscheiden:

Flaggendiskriminierung

a) Ausschluß der Schiffe *fremder* Flagge von der Küstenfahrt (Häufig verbunden mit Ausdehnung der Grenzen der Hoheitsgewässer),
b) Reservierung von Ladung für die Schiffe der *eigenen* Flagge, b. 1) durch direkte Maßnahmen, b. 2) indirekte Außenhandels- und Devisenbestimmungen,
c) Bevorzugung der Schiffe *eigener* Flagge bei Steuern, Gebühren und Abgaben,
d) Bevorzugung der Schiffe *eigener* Flagge bei der Abfertigung.

Subventionen

a) Allgemeine Betriebssubventionen,
b) Subventionen für Schiffe, die durch die Konstruktion als Hilfsschiffe für kriegerischen Einsatz erhöhte Kosten haben,
c) Subventionen bei Auflegen von Schiffen.

Schiffbauprämien

a) an Werften für den Bau von Schiffen der eigenen Flagge,
b) an die Reederei b.1) als *verlorene Zuschüsse*, b. 2) als *zinsverbilligte Kredite*, b. 3) als *Zinszuschüsse* für am Kapitalmarkt beschaffte Gelder, b. 4) als *Bürgschaften*, b. 5) *steuerliche Begünstigungen* für das zur Verfügungstellen von Kapital für die Schiffahrt,
c) als Abwrackprämien.

Staatlich kontrollierte Reedereien

a) der Staat als *Großaktionär* von Reedereien in Staaten mit freier Marktwirtschaft,
b) der Staat als *Reeder* in Ländern mit verstaatlichter Wirtschaft.

13.3.6 Schiffsfinanzierung

Die grundlegenden Kapital- und Finanzierungsprobleme der Seeschiffahrt sind nicht anders gelagert, als in der übrigen Wirtschaft. Die Begriffe *Eigenkapital* (Eigenfinanzierung) und *Fremdkapital* (Fremdfinanzierung) sowie *Innenfinanzierung* und *Außenfinanzierung* sollen daher nur kurz erläutert werden:

Als Eigenkapital wird die *Summe aller* Kapitalmittel bezeichnet, die dem Unternehmer oder der Gesellschaft *gehören*.

Das Fremdkapital dagegen umfaßt alle Finanzmittel, die dem Betrieb *von außen* zur Verfügung gestellt werden.

Zur Innenfinanzierung gehören:
1. Selbstfinanzierung
2. Freisetzungsfinanzierung.

Die Außenfinanzierung unterteilt man in
1. Beteiligungsfinanzierung
2. Kreditfinanzierung
3. Zuschußfinanzierung.

Neben diesen allgemeingültigen Gepflogenheiten ergeben sich für die Schiffahrtswirtschaft noch einige besondere Finanzierungsprobleme, die hauptsächlich durch den besonders großen Kapitalbedarf zustande kommen. Das einzelne Schiff stellt ein sehr großes Wertobjekt dar, worin u. a. auch eine *Risikokonzentration* begründet ist.

Wegen der oft plötzlich und *manchmal* stark schwankenden *Schiffbaupreise* und den Schwankungen des Frachtratenmarkts ist die *Bewertung* der Schiffe, die das wesentliche Kapital einer Reederei darstellen, oft problematisch.

Das Schiff ist wegen der Gefahr des Totalverlustes, wegen bevorzugter Anrechte auf Bergelohn und Beiträge für große Havarien, sowie Schadensersatzverpflichtung ein wenig sicheres *Pfandobjekt*.

Im Schiffahrtsgewerbe ist infolge des sehr hohen Kapitaleinsatzes die *Umsatzgeschwindigkeit* des investierten Kapitals gering; außerdem kann ein-

Finanzierung				
Außenfinanzierung			Innenfinanzierung	
Fremdfinanzierung		Eigenfinanzierung		
Kreditfinanzierung	Zuschußfinanzierung	Beteiligungsfinanzierung	Selbstfinanzierung	Freisetzungsfinanzierung
private Kredite, Kredite der öffentlichen Hand	Zuschüsse der öffentlichen Hand, private Zuschüsse, Nachlaß im Ververgleichsververfahren	Aufnahme neuer Partner oder Gesellschafter, Ausgabe von Aktien	Rücklagen aus versteuertem Gewinn, Buchgewinn bei Schiffsverkäufen oder Versicherungszahlungen	angesammelte Abschreibungen, Buchwert bei Schiffsverkäufen oder Versicherungszahlungen

Bild 13.12

mal investiertes Kapital schwer wieder herausgezogen werden, da ja nicht Teile des Schiffes verkauft werden können.

Die Mittel für Investitionen in Schiffen kann sich die Reederei i. a. auf folgenden Wegen beschaffen:

Innenfinanzierung:
1. angesammelte Abschreibungen
2. aufgesparte Mittel aus versteuerten Gewinnen
3. Verkauf von Schiffen
4. Versicherungsauszahlung bei Totalverlust eines Schiffes.

Außenfinanzierung:
1. Aufnahme neuer Partner oder Gesellschafter
2. Ausgabe von Aktien (wenn in Form der AG geführt)
3. Anleihen bei
   a) Werften, b) Schiffsmaklern, Agenten u. a., c) Geschäftsbanken, d) Schiffshypothekenbanken, e) Staat
4. Zuschüsse der öffentlichen Hand oder von privaten Zuschußgebern.

Die Außenfinanzierung durch *Beteiligung* verursacht zwar geringere Kosten, da das neue Kapital nur mit Gewinnanteilen bedient werden muß, – Anleihen dagegen müssen auch noch zusätzlich amortisiert werden –, doch verändert sie die Besitzverhältnisse innerhalb der Reederei.

Eine reine Innenfinanzierung dürfte bei dem großen Kapitalbedarf zum Bau oder Kauf eines Schiffes eine seltene Ausnahme bilden. Meist wird es sich um eine *Mischfinanzierung* handeln.

Bild 13.12 gibt einen Überblick über die Finanzierungsmöglichkeiten.

Seeversicherung

Da der Transport von Gütern und Menschen über See mit vielen Risiken verbunden ist, liegt es im Interesse aller Beteiligten, diese versicherungsmäßig abzusichern. Gegenstand der Seeversicherung kann jedes *in Geld abschätzbare Interesse* sein, daß jemand daran hat, daß das Schiff oder die Ladung die Gefahren des Seetransportes übersteht.

Es können versichert werden:

1. Das Schiff gegen Schäden *(Kaskoversicherung)*
2. Die Haveriekosten
3. Die Schäden aus einer Kollision am Kollisionsgegner
4. Das Interesse an der Nutzung des Schiffes *(Interessenversicherung)*
5. Die Fracht *(Frachtversicherung)*
6. Die Haftpflicht für Ladungsschäden
7. Die Haftpflicht gegenüber Dritten aus den verschiedensten Gründen
8. Die Effekten der Besatzung (eine Verpflichtung des Reeder gemäß *Tarifvertrag*)
9. Die Ladung *(Cargoversicherung)*.

Gegen die Risiken zu Punkt 1 bis 3 wird der Reeder sich durch eine *Seekaskoversicherung* versichern. Die Punkte 4 und 5 können als Zusätze in die Seekaskoversicherung mit aufgenommen werden. Gegen die Risiken zu Punkt 6 bis 8 kann sich der Reeder durch Mitgliedschaft bei einem *Protection-and Indemnity-Club (P & I-Club)* absichern. Auf die Ladungsversicherung soll hier nicht näher eingegangen werden.

Als Versicherer sind fast alle großen Versicherungsgesellschaften in der Seeversicherung tätig, zur Risikobeurteilung, Schadensbeurteilung und Schadensregulierung zusammengeschlossen in besonderen *Versicherungsvereinen*, z. B. *Verein Hamburger Assekuradeure* und *Verein Bremer Seeversicherer*, um das Risiko unter sich aufzuteilen. Grundlage der Versicherung ist die *Police*, die auf den *Allgemeinen Deutschen Seeversicherungsbedingungen (ADS)* und den *Deutschen Transport-Versicherungs-Kaskoklauseln (DTV-Kaskoklauseln)* basiert. In den Einzelheiten ist die Seeversicherung jedoch nach dem Prinzip der Vertragsfreiheit sehr unterschiedlich. Als Vermittler zwischen Reeder und Versicherer treten *Versicherungsmakler* auf.

Pflichten des Versicherten sind: Die Zahlung einer *Prämie*, die Mitteilung über Änderung des Risikos (z. B. gefährliche Ladung) und des Eintritts des Versicherungsfalles an den Versicherer, sowie Sorge für die Rettung einer versicherten Sache und Vermeidung größerer Nachteile für den Versicherer. Die Prämie wird jeweils meist nur für ein Jahr vereinbart. Ihre Höhe richtet sich nach dem Versicherungsverlauf.

Pflicht des Versicherers ist, nach Eintritt des Versicherungsfalles die Schäden aus dem übernommenen Risiko finanziell zu regulieren. Der Versicherer ist von seiner Verpflichtung frei, wenn das Schiff nicht seetüchtig, nicht gehörig ausgerüstet und nicht ausreichend bemannt war. Im Zusammenhang damit steht die Überwachung der Schiffe durch *Klassifikationsgesellschaften* und durch die *Seeberufsgenossenschaft*, die den sogenannten Fahrterlaubnisschein ausstellt. Bei der Kaskoversicherung sind Schäden, die eine Folge des *Verschleißes* und gewöhnlichen *Verbrauches* sind, nicht eingeschlossen. Bei *Vorsatz* und *grober Fahrlässigkeit* kann der Versicherer ein Besatzungsmitglied, das einen Schaden verursacht hat, *regreßpflichtig* machen. *Menschliches Versagen* entbindet den Versicherer *nicht* von seinen Verpflichtungen. Meist sind Schäden von geringem Umfang in den Grenzen eines ausgehandelten Freibetrags *(Franchise* genannt) nicht versichert. Zur Feststellung von Schäden können Reeder und Versicherer *Sachverständige* hinzuziehen.

Eng verbunden mit der Seeversicherung ist das *Havereirecht*, (HGB §§ 700 ... 739). Unter Haverei versteht man die Beschädigung oder Wertminderung bzw. den Verlust von Schiff oder Ladung oder auch beiden durch die Gefahren der See. Man unterscheidet dabei zwei Havereiarten, nämlich die *große* Haverei und die *besondere* Haverei.

Zur großen, gemeinschaftlichen Haverei zählen alle Schäden, die dem Schiff oder der Ladung oder beiden *zum Zwecke der Errettung* beider aus einer gemeinsamen Gefahr zugefügt werden. Eingeschlossen sind ferner die Schäden, die durch Rettungsmaßnahmen verursacht werden, und ebenfalls die dadurch verursachten Kosten.

Alle durch einen Unfall verursachten Schäden und ungewöhnlichen Kosten, die *nicht* unter den Begriff der großen Haverei fallen, zählen zu der besonderen Haverei.

Die Kosten der großen Haverei werden von Schiff, Fracht und Ladung *gemeinschaftlich* getragen, und zwar entsprechend dem Wert dieser 3 Teile. Die Kostenverteilung erfolgt durch vereidigte *Dispacheure*.

Die Berechnung des Schadens und der Anteile wird *Dispache* genannt.

Die Kosten der besonderen Haverei werden von den Eigentümern des Schiffes und der Ladung, und zwar von jedem für sich alleine getragen. Für die Zahlung dieser Kosten muß bei Abschluß einer entsprechenden Versicherung der Versicherer aufkommen.

Auf eine Besonderheit des *Haftpflichtrechtes* in der Seeschiffahrt soll noch hingewiesen werden, da dieses vom allgemeinen Landrecht abweicht. Verursacht ein Schiff einen Schaden, für den der Reeder haftpflichtig gemacht wird, so kann sich der Reeder durch Errichtung eines *Haftungsfonds* in der Haftung beschränken. Die Haftungssumme richtet sich nach einer festgelegten Schiffsgrößenvermessung.

Zur Absicherung gegen Risiken, die *nicht* durch die Seekaskoversicherung abgedeckt sind, haben sich die Reeder zu *P & I-Clubs* zusammengeschlossen, zu denen sie Beiträge mit Nachschußpflicht entrichten und aus deren gemeinsamer Kasse sie gegebenenfalls entschädigt werden.

In der Küstenschiffahrt haben sich die Eigner zur Absicherung der Risiken der Seeschiffahrt zu *Versicherungsvereinen auf Gegenseitigkeit*, sogenannten *Gilden*, zusammengeschlossen.

13.3.8 Arbeitswissenschaft an Bord

Die Arbeit ist im Zusammenhang mit Betriebsführung nicht nur als Produktions- und Kostenfaktor im wirtschaftlichen Sinne von Wichtigkeit, sondern auch alle Fachbereiche der modernen *Arbeitswissenschaft* gewinnen zunehmende Bedeutung.

Diese Wissenschaft befaßt sich mit Fragen der

Arbeitspsychologie
Arbeitspädagogik
Arbeitsphysiologie
Arbeitshygiene und Medizin
Arbeitstechnik

Die Probleme der Arbeitspsychologie und der Arbeitspädagogik sind in dem ersten Teil der personellen Betriebsführung mit erfaßt. Die Bedeutung der Arbeitspädagogik dokumentiert sich durch die erlassene *Ausbildereignungsverordnung*. Von den medizinischen Fragekomplexen sollen hier nur die *Ergonometrie*, als Wissenschaft der Anpassung der Arbeitsmittel an den Menschen, und die verschiedenen physischen und psychischen Belastungen der Menschen an Bord erwähnt werden; nähere Angaben hierzu s. Hauptabschnitt 14.

Dagegen sollen noch einige Begriffe der Arbeitstechnik erläutert werden. Ziel aller Untersuchungen der Arbeitstechnik ist, *Arbeitsvorgänge* zu verbessern. Dies bedeutet, ein Arbeitsergebnis mit kleinerem Aufwand an Zeit, Anstrengung, Stoffen, Energie und Kosten zu erreichen und dabei noch Arbeitsgüte, Arbeitssicherheit und die Freude an der Arbeit zu steigern. Diese Aufgabe läßt sich nur durch methodisches Vorgehen lösen.

Grundlage dafür ist die Feststellung des *Istzustandes*, um dann diesem einen *Sollzustand* gegenüber-

stellen zu können. Die Feststellung des Istzustandes wird *Arbeitsstudie* genannt.
Man untersucht dabei

1. den technischen, verfahrensmäßigen und organisatorischen Aufbau und Ablauf der Arbeitsvorgänge *(Arbeitsablaufstudie),*
2. den zeitlichen Arbeitsablauf *(Arbeitszeitstudie).*
3. die Tätigkeit des arbeitenden Menschen *(Bewegungs-, Leistungs- und Belastungsstudie),*
4. die Wirtschaftlichkeit der Arbeitsmethoden *(Kostenstudie).*

Diese Gesichtspunkte gelten auch für die an Bord eines Schiffes vorkommenden Instandsetzungs- und Instandhaltungsarbeiten. Aufgabe jedes Vorgesetzen an Bord ist es daher, nicht nur die *technisch-sachliche* Seite einer Arbeit, sondern auch die damit verbundene *Arbeitstechnik* zu bedenken.

Es ist auch zweckmäßig, sich für oft wiederkehrende Instandsetzungs- und besonders für Instandhaltungsarbeiten Unterlagen zu schaffen. Z. B. ist es ratsam, *Arbeitskarten* anzulegen, auf denen eine schwierige Arbeit in ihre Teilvorgänge aufgegliedert ist, die erforderlichen Werkzeuge und Arbeitsmittel, die Zahl der Arbeitskräfte und der zeitliche Aufwand schriftlich festgehalten. Ausführlich wird darüber im Hauptabschnitt 25 berichtet.

Die *Arbeitszeitstudie* ist für die Entlohnung der Mitarbeiter nicht von Bedeutung, da die Heuer in der Seeschiffahrt auf einem *Zeitlohn* und nicht auf einem Stücklohnsystem beruht. Für die Kostenstudie sind aber die Preise der Ersatzteile wichtig.

Aber nicht nur die auf Maschinen und Apparate bezogenen Arbeitsuntersuchungen sind wichtig; daneben gilt es *Arbeitsverteilung* und *Arbeitsbelastung* der einzelnen Mitarbeiter zu beobachten. Zur Feststellung dieses Fragenkomplexes kennt man verschiedene Verfahren. Für Aufgaben dieser Art hat sich auch im Schiffsbetrieb neben der Vollaufnahme das sehr vielseitig anwendbare *Multimomentverfahren* als brauchbar erwiesen. Bei den Multimomentaufnahmen wird notiert, welche Arbeiten von den einzelnen Mitarbeitern im *Moment* der Aufnahme durchgeführt werden. Aus der Menge (lat.: *multitudo*) dieser Aufzeichnungen läßt sich die *Häufigkeit* einer Arbeit bestimmen. An Hand solcher Unterlagen kann der arbeitsmäßige Einsatz einer Gruppe besser geplant werden.

Zusammenfassung und Endziel derartiger arbeitstechnischer Planung und Apparate als auch auf die einzelnen Mitarbeiter, ist ein umfassender *Wartungsplan.* In engem Zusammenhang mit den Arbeitsstudien steht auch die Frage der *Rationalisierung durch Automatisierung*, d. h. die Frage danach, welche immerwiederkehrenden Arbeiten zur Überwachung von Maschinen und Apparaten Automatikanlagen übertragen werden können, die keinen Ermüdungs- und Ablenkungserscheinungen ausgesetzt sind, wie es bei Menschen der Fall ist.

Dies berührt auch die Frage, ob hierdurch die Kosten dieser Arbeitsgänge noch reduziert werden können.

Letztlich kann die Arbeitswissenschaft auch eine Antwort auf die Frage geben, ob die *Gesamtorganisation der Arbeitsteilung* auf einem Schiff einen optimalen Zustand darstellt oder ob das Organisationsschema neu überdacht werden muß.

13.4 Schrifttum

Schrifttum über Personalführung

Baumgarten, F.: Die Psychologie der Menschenbehandlung in Betrieben.
Böhm, H.: Psychologie an Bord I u. II (Sozialwerk für Seeleute).
Dirks, H.: Psychologie, eine moderne Seelenkunde.
Dirks, H.: Erfolgreiche Menschenführung.
Gaßner, V.: Der Schiffsoffizier als Menschenführer.
Golas, H.: Der Mitarbeiter.
Häussler, H., Greuner, P.: Mitarbeiterführung im Betrieb.
Hellpach, W.: Sozialpsychologie.
Helweig, P.: Charakterologie.
Hofstätter: Sozialpsychologie.
Höhn, R.: Führungsbrevier der Wirtschaft.
Ingenhoven-Kleemann: Führungskräfte und Mitarbeiter in der Schiffahrt (Verband deutscher Reeder).
Klages: Grundlagen der Charakterkunde.
Korff, F.: Menschen beurteilen und Menschen führen.
Kretschmer: Körperbau und Charakter.
Kroeber-Keneth: Menschenführung, Menschenkunde.
Lersch, P.: Der Aufbau des Charakters.
Maas, H. u. a.: Der Mensch an Bord.
Rohracher: Kleine Einführung in die Charakterkunde.
Rothacker, E.: Die Schichten der Persönlichkeit.
Rumney-Maier: Soziologie.
Scherke, F.: Betriebspsychologie.
Sorge, S.: Der Marineoffizier als Führer und Erzieher (nicht mehr erhältlich).
Spieth, R.: Menschenkenntnis im Alltag.
Stroebe, R.: Grundlagen des Führens.

Schrifttum über Reedereibetriebswirtschaft

Fink, W.: Kostenrechnung der Seeverkehrsbetriebe 1 und 2 (Sozialwerk für Seeleute).
Gutenberg, E.: Einführung in die Betriebswirtschaftslehre.
Heeckt: Grundlagen und Tendenzen der Bildung von Kostenfrachtraten in der Eisenerzfahrt.
Mangels, F.-K.: Organisation der Güterverkehrsströme im Seehafen (Sozialwerk für Seeleute).
Sartori, D.: Einführung in die Reedereibetriebslehre.
Svendsen: Seeverkehr und Schiffahrtswirtschaft (Institut für Schiffahrtsforschung).
Gaßner, V.: Betriebswirtschaftliche Probleme der Schiffahrt. „Hansa" 1967, S. 1111.
Gaßner, V.: Vergleichende Untersuchung über die Gestehungskosten elektr. Energie mit Dieselgeneratorsätzen und mit Wellengeneratoren. „Hansa" 1965, S. 1751.
Gaßner, V.: Die Gestehungskosten elektr. Energie mit Turbogeneratoren an Bord von Motorschiffen. „Hansa" 1966, S. 2131.
Gaßner, V.: Berechnung einer spez. Kostenzahl für Kälteanlagen auf Kühlschiffen. „Hansa" 1968, S. 439.

Völker, H.: Grundlagen für den Entwurf optimaler Handelsschiffe. Schiffstechnik 1959, S. 133.
Martin: Über die Wirtschaftlichkeit und Geschwindigkeit großer Tankschiffe. Schiff u. Hafen 1961, S. 26.
Kayer, P.: Bestimmung der optimalen Geschwindigkeit für ein Massengutschiff. „Hansa" 1961, S. 2471.
Gudehus, H.: Über die optimale Geschwindigkeit von Handelsschiffen. „Hansa" 1963, S. 2387.
Völker, H.: Über die optimale Geschwindigkeit von Handelsschiffen. „Hansa" 1964, S. 1385.
Alte, R.: Entwurfsmöglichkeiten für optimale Trampschiffe nach der Grenzkostentheorie unter Berücksichtigung der Frachtratenschwankungen. „Hansa" 1965, S. 1675.
Völker, H.: Wirtschaftlichkeitsrechnungen beim Schiffsentwurf. Schiff u. Hafen 1966, S. 449.

Aass, H. L.: Zur Methode der Optimierungsrechnung für Handelsschiffe. Schiffstechnik 1966, S. 139.
N. N.: Zwischenbetriebliche Kooperation in der Seeschiffahrt. „Hansa" 1966. S. 1304.
Mai, G.: Der Schiffsingenieur als Ingenieur für Schiffsbetriebstechnik – ein „kostendeckender" Ingenieur. „Hansa" 1962, S. 823.
Alsen, J.: Marktforschung im Schiffbau, „Hansa" 1964, S. 1983.
Rathjen, H.: Der Verhaltenskodex der Linienkonferenzen. „Hansa" 1975, S. 242.
Schiffmann, R.: Wirtschaftlichkeitsvergleich verschiedener Hauptantriebe anhand einer Studie für schnelle Containerschiffe. „Hansa" 1974, S. 801.

Hauptabschnitt 14

Schiffshygiene – Arbeitsphysiologie Ergonomie

Prof. Dr. med. *H. Goethe* und Dipl.-Ing. *R. Herrmann*, Hamburg

14.1 Persönliche Hygiene
s. auch [14.2], [14.3], [14.8], [14.12], [14.13], [14.24], [14.28], [14.44].

14.1.1 Definition
Die persönliche Hygiene ist eine Grundlage zur Erhaltung der eigenen Gesundheit, der Arbeits- und Leistungsfähigkeit.

14.1.2 Körperpflege
Die *Wasch-* und *Badehygiene* ist auf Schiffen besonders beim Maschinenpersonal, aber unter tropischen Bedingungen an Bord und Land auch allgemein von großer Bedeutung. Die Haut, ein wichtiges *Schutzorgan* gegen chemische und physikalische Umwelteinflüsse und zur Regulation der Körpertemperatur, wird in den feuchtwarmen und trockenheißen Tropen außerordentlich durch *Transpiration* beansprucht. Daher besteht die Gefahr von Hauterkrankungen. Besonders häufig befallen *Pilzinfektionen* die von der Feuchtigkeit geschädigte Haut.
Das Maschinenpersonal sollte mindestens nach jeder Wache duschen. In den Tropen muß jedes Besatzungsmitglied mehrmals täglich mit Regelmäßigkeit ein Duschbad nehmen. Die Temperatur des Duschwassers sollte einige Grade unter der Umgebungstemperatur liegen. Beim Waschen und Duschen ist Seife nur mäßig zu gebrauchen. Auf jeden Fall verwende man reizlose, milde, möglichst überfettete Seifen. Zu häufiger oder zu intensiver Seifengebrauch führt leicht zu einer zusätzlichen *Entfettung* der Haut. Dadurch wird die Widerstandskraft des Hautorgans noch weiter herabgesetzt und die Infektionsgefahr erhöht. Bade- und Waschwasser soll in hygienischer Hinsicht möglichst denselben Anforderungen genügen wie Trinkwasser.
In mit einwandfreiem Wasser schlecht versorgten tropischen Regionen ist Vorsicht beim Waschen und Baden geboten, da Infektionen über den *Magen-Darmtrakt* (Ruhr, Cholera, Typhus, Würmer usw.) sowie über die *intakte Haut* (z. B. Bilharzia-Wurmerkrankungen, Hakenwürmer) vorkommen können. Auf keinen Fall darf man in den Tropen in unbekannten Teichen, Seen, Flüssen oder auch in der Brackwasserzone des Meeres und in der Nähe menschlicher Siedlungen baden.
Ungenügende *Zahnpflege* bewirkt den häufig gerade beim seefahrenden Personal schlechten Gebißzustand. Mindestens zweimal am Tag sollten die Zähne einer gründlichen Pflege unterzogen werden, in Abständen von nicht mehr als einem halben Jahr muß der Zustand des Gebisses von einem Zahnarzt untersucht und eventuelle Schäden müssen behandelt werden. Gefördert werden Zahnschäden durch starken Tabakgenuß sowie erhöhten Verzehr von Mehlspeisen und Süßigkeiten, Obst ist dagegen sehr empfehlenswert.

14.1.3 Ernährung
Die *Nahrungsaufnahme* hat den Zweck, den durch den *Stoffwechsel* bedingten Verbrauch auszugleichen. Hierbei muß zwischen zwei verschiedenen Gruppen unterschieden werden. Einmal sind die Anforderungen für den *Energiebedarf* (Betriebsstoffwechsel) zu decken, der zur Aufrechterhaltung der Körperwärme und zur Leistung der mechanischen Arbeit durch die Muskeln dient, zum anderen müssen diejenigen chemischen Bestandteile des Körpers ergänzt werden, die für die verschiedensten *biochemischen Funktionen* unerläßlich sind. Die Nahrung muß außerdem weiteren Anforderungen wie Bekömmlichkeit, Sättigungswert usw., genügen (s. Abschnitt 14.6).

14.1.4 Kleidung
Die wichtigste Aufgabe der menschlichen Kleidung ist der Schutz gegen mechanische Einflüsse (Schuhwerk, Arbeitskleidung) und gegen Witterungsein-

flüsse. Allgemein ist die Bekleidung ein schlechter Wärmeleiter und beeinflußt damit die Wärmeregulation des Körpers. Bei Kälte verhindert sie übermäßige Wärmeabgabe, bei Hitze eine allzugroße Erwärmung von außen. Die Temperatur der Körperoberfläche soll auf 30 ... 32 °C konstant gehalten werden. Bei kühlen Temperaturen muß die Isolierwirkung der Fasern mit dem eingeschlossenen Luftvolumen einen zu starken Wärmefluß nach außen erschweren. Bei warmem Klima ist von außen kommende Strahlungswärme abzuschirmen; außerdem muß die Kleidung *wasserdampfdurchlässig* sein, um ein Niederschlagen der entstehenden Feuchtigkeit als Schweiß bzw. eine *Wärmestauung* zu verhindern. Eine hohe Saugfähigkeit der Kleidung vergrößert die Verdampfungsoberfläche erheblich und fördert damit die Temperaturregulation des Körpers. Nicht nur auf die Stoffart, (künstliche Gewebe haben meist nur sehr geringe Saugwirkung und Durchlässigkeit), sondern auch auf den Schnitt muß geachtet werden. Enge Hals-, Bein- und Armabschlüsse verhindern eine ausreichende Ventilation in warmen Klimagebieten. In den Tropen sollte leichte, luftige und helle Oberbekleidung getragen werden, die aus einfach waschbaren Stoffen bestehen muß. Wird als Oberbekleidung eine nicht saugfähige Kunststoffaser gewählt, so muß unbedingt saugfähiges Unterzeug getragen werden, um einen *Hitzestau* zu vermeiden. In feuchtwarmen Tropen ist es unerläßlich, wenigstens einmal, besser zweimal täglich Ober- und Unterbekleidung zu wechseln und zu waschen. Das Weglassen von Unterzeug ist in den Tropen nicht zu empfehlen. Es treten dann leicht Scheuererscheinungen auf, die die Anfälligkeit für Pilzinfektionen erhöhen. Schuhzeug sollte möglichst leicht und luftig sein. Häufig trägt man Leder- oder Wildlederschuhe, auch Schaumgummisohlen haben sich bewährt. Auf jeden Fall muß das Schuhzeug gegen die Bodenhitze gut isolieren. Es ist also nicht ratsam, in den Tropen die zwar rutschfesten, aber sehr dünnen und wärmeleitenden Kunststoffsandalen zu tragen.

14.1.5 Arbeitshygiene

Die Gesichtspunkte der Abschnitte *Körperpflege* und *Kleidung* sind hier mit besonderer Sorgfalt anzuwenden. Stäube, Gase, Öldämpfe und Ölbenetzungen können besonders die in den Tropen schon stark beanspruchte Haut erheblich reizen und bei ungenügender Körper- und Kleidungshygiene in Verbindung mit dem Schweiß unangenehme und langwierige Hauterkrankungen erzeugen. (Akne, Öl-Fremdkörperakne, sog. *Ölkrätze*, Ekzeme, *Roter Hund* usw.).

14.2 Arbeitsräume

s. auch [14.4], [14.22], [14.25], [14.26], [14.28], [14.35], [14.36], [14.37], [14.39], [14.51].

14.2.1 Allgemein hygienische Forderungen an Arbeitsräume

(Lüftung, Heizung, Klima, Sauberkeit, Gase, Stäube, Dämpfe).

Die *Arbeitshygiene* hat die Aufgabe, dem arbeitenden Menschen Arbeitsbedingungen zu schaffen, die es ihm erlauben, bei Erhaltung seiner Gesundheit ein Optimum an Arbeit zu leisten.

14.2.2 Maschinenräume

Der gesamte Maschinenraum mit seinen zugehörigen Nebenräumen kann kaum allen hygienischen Anforderungen entsprechen. Die Hauptaufenthalts- und Arbeitsplätze für die üblichen Reparatur- bzw. Instandhaltungsarbeiten müssen aber den Anforderungen genügen, die in späteren Abschnitten z. T. noch näher definiert werden. Für den *Daueraufenthaltsplatz*, z. B. die Werkstatt, sollen folgende Gesichtspunkte gelten:

Eine unnötig hohe *Wärmebelastung* ist unbedingt zu vermeiden. Dabei muß beachtet werden, daß häufig eine hohe *Strahlungswärme* besteht. Wärmestrahlung kann durch Abschirmung verhältnismäßig leicht, durch besondere Luftführung dagegen nicht verhindert werden.

Bei der *Luftführung* muß darauf geachtet werden, daß durch heiße Maschinenteile erwärmte Luft nicht gerade an Aufenthaltsplätzen vorbeigeführt wird. Bei der Lüftung ist für eine ausreichende Versorgung mit *Frischluft* Sorge zu tragen.

Bei der Verbrennung oder Ölerhitzung entstehende *Gase* müssen einwandfrei abgeführt werden und dürfen nicht in der Nähe von Ansaugöffnungen für die Frischluftzufuhr ins Freie geleitet werden.

Werkstätten und Aufenthaltsplätze müssen für die Fahrt in kühle Regionen mit einer *Heizvorrichtung* versehen sein.

Besondere Ansprüche sind an die Beleuchtung zu stellen (s. auch 14.11).

Für die Daueraufenthaltsplätze sind geeignete Sitzmöglichkeiten zu schaffen, die eine unnötige Ermüdung, Kreislauf- und Gelenkbelastung vermeiden helfen und möglichst abwechselnd sitzende oder stehende Tätigkeit zulassen.

14.2.3 Kombüsen

Die Einrichtung und Ausrüstung der Kombüsen muß höchsten hygienischen Anforderungen genügen. Fußböden sind aus einem leicht zu reinigenden und rutschfesten Material herzustellen. Sämtliche Einbauten sind aus einem glatten, möglichst fugenlosen und korrosionsfesten Material wie z. B. rostfreiem Stahl anzufertigen. Neben ausreichenden *Spülvorrichtungen* für die Zubereitung der Lebensmittel und das Reinigen der Geräte (mindestens eine Dreifach-Spüle) ist unbedingt ein *Handwaschbecken* einzubauen. In unmittelbarer Nähe der Kombüse muß außerdem ein WC vorhanden sein, das nur dem

Kombüsen- und Bedienungspersonal vorbehalten ist. *Holzeinbauten* in Kombüsen sind nur für Schneidebretter oder Hackklötze geeignet. Die ausreichend zu bemessenden *Kochstellen* sind gegen ein Übergehen des Kochgutes bei Seegang zu sichern, und über den Herden und Pfannen muß eine starke, wirkungsvolle *Absaugvorrichtung* für die Dämpfe vorgesehen werden. Auch die Beleuchtung muß in diesem Bereich einem hohen Standard entsprechen, da nur bei guter Beleuchtung einwandfreie Sauberkeit erreicht werden kann. Abflußeinrichtungen im Fußboden sind so anzuordnen, daß auch bei unterschiedlichsten Trimm- und Schräglagen des Schiffes ein einwandfreier Abfluß gewährleistet ist. In der Kombüse dürfen *nur* Wasserzapfstellen mit Trinkwasserqualität eingebaut werden. Für die kurzzeitige Lagerung des Tagesproviants muß ein gesonderter Kühlraum oder zumindest ein Kühlschrank in unmittelbarer Nähe zur Verfügung stehen. Alle hier angesprochenen hygienischen Voraussetzungen sind auch für die Einrichtung und Ausrüstung der *Pantries* anzuwenden.

14.2.4 Provianträume

Für die *Lebensmittellagerung* müssen den Erfordernissen der Vorratshaltung entsprechende Räume vorhanden sein. Um die bestmöglichen Lagerungsbedingungen zu schaffen, sind bei ausreichendem Raumangebot folgende Temperaturen einzuhalten:
Für Fleisch-, Fisch- und Tiefkühlkost mindestens minus 18 °C,
für Kartoffeln, Gemüse, Obst, Eier und zur Kurzlagerung von Milchprodukten plus 3 ... 5 °C (s. auch Hauptabschnitt 22).
Der Raum für die Aufbewahrung von *Trockenproviant* wie Konserven, Mehl, Mehlerzeugnissen, Kartoffeln, Getränken usw. braucht nicht gekühlt zu werden. Temperatur, Feuchtigkeit, CO_2-Gehalt und Luftwechselrate der Räume sind entsprechend den Regeln der Vorratshaltung einzuhalten. Die Fußböden der Proviantäume müssen wasserdicht und — wie auch die Wände — gut zu reinigen sein. Für die Fußböden ist der Belag mit rutschfester Kachelung vorzuziehen. Regale und Halterungen dürfen nur aus korrosionsfreiem Material bestehen (rostfreiem Stahl, Kunststoffen). Die Reinigung der Räume ist häufig und nur mit Wasser von Trinkwasserqualität vorzunehmen. In diese Reinigung sind auch die Fußböden, Wände, Regale und Lebensmittelverarbeitungsgeräte einzubeziehen.

14.2.5 Brücken

Brücken sollen *groß, übersichtlich* und nach den DGON-Richtlinien geplant werden. Lüftung, Heizung und Beleuchtung müssen den Anforderungen für Räume genügen, in denen eine starke geistige Konzentration und höchste Aufmerksamkeit verlangt wird. Für Sauberkeit und einwandfreie Luftbeschaffenheit muß gesorgt werden. Besonders die Belastung durch *Gase* (Abgase, ladungsbedingte Gase), durch *Lärm, Vibration* und durch erschwerte *Seharbeit* bei ungeeigneter Beleuchtung oder ungünstiger Anordnung von Geräten und Skalen bringt Ermüdungserscheinungen mit sich, die die Schiffssicherheit aufs höchste gefährden. Aus diesem Grunde ist das Bereithalten einer *Sitzgelegenheit* für den Rudergänger und zur zeitweisen Benutzung auch für den Offizier unbedingt erforderlich, um einer vorzeitigen Ermüdung entgegenzuwirken, die durch dauernde Stehbelastung gefördert wird. Auf freie Zugänglichkeit ohne Stolperschwellen und auf klare Anordnung der Geräte und Instrumente ist ein besonderes Augenmerk zu richten, da der Brückendienst bei Nachtfahrt in völliger Dunkelheit versehen wird. Anzeigen müssen mit rotem Licht beleuchtet werden, um die Dunkelanpassung der Augen zu erleichtern (s. auch Abschnitt 14.11.4).

14.3 Wohn- und Schlafräume

s. auch [14.4], [14.9], [14.12], [14.14], [14.23], [14.24], [14.26], [14.28], [14.35], [14.40].

14.3.1 Allgemein hygienische Forderungen

Die *Lebensbedingungen* der Besatzungsmitglieder auf Kauffahrteischiffen dürfen nicht zu einer Schädigung der körperlichen und seelischen Gesundheit führen, sondern sollen vielmehr eine der Voraussetzungen für volle körperliche und geistige Leistungsfähigkeit bieten.

Lüftung (s. auch Abschnitt 28.3)

Eine *Lüftung* hat die Aufgabe, die in den Räumen verbrauchte Luft durch Frischluft zu ersetzen und damit den Raumluftanteil von Sauerstoff, Kohlendioxyd und Kohlenmonoxyd auf den erforderlichen Werten zu halten. Auch müssen schädigende oder belästigende Stoffe (Gase, Dämpfe, Stäube), die beim Arbeitsprozeß entstehen oder anderweitig anfallen, von der Lüftung beseitigt oder in Grenzen gehalten werden. Die normale atmosphärische Luft setzt sich dem Volumen nach aus 78,08 % Stickstoff, 20,95 % Sauerstoff, 0,03 % Kohlendioxyd und 0,94 % Edelgasen zusammen. Der *Sauerstoffanteil* sollte so hoch wie möglich gehalten werden. Als unteren Grenzwert muß man 16 % ansehen, da bei 11 ... 12 % eine starke *Beeinträchtigung des Wohlbefindens* und bei unter 7 % Bewußtlosigkeit entstehen. CO_2 ist das Endprodukt von Oxydationsvorgängen wie Verbrennung und biologischer Vorgänge, z. B. hat die *Ausatmungsluft* des Menschen einen Gehalt von 4 % CO_2 im Gegensatz zu den 0,03 % der *Einatmungsluft*. Ein CO_2-Anstieg auf 0,3 ... 0,4 % der in verkehrsreichen Straßen vorkommen kann, ist nicht selten und wird ohne nennenswerte Beeinträchtigung des Wohlbefindens ertragen. Es kann jedoch zur Herabsetzung der

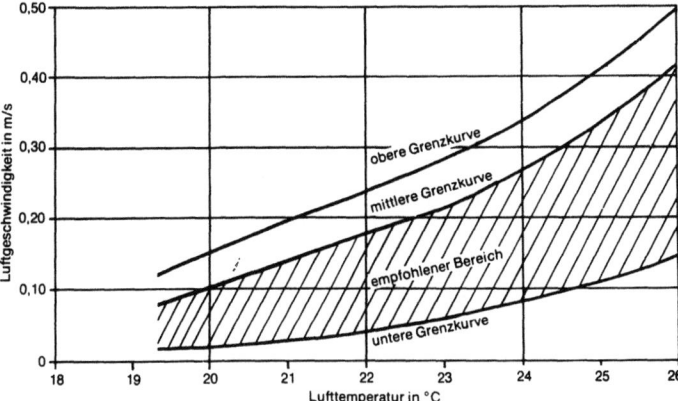

Bild 14.1
Zulässigkeitsbereich für die mittlere Raumluftgeschwindigkeit von der Raumlufttemperatur in der Aufenthaltszone von zwangsbelüfteten Räumen.

geistigen Leistungsfähigkeit verbunden mit fehlender *Aufmerksamkeit* und deutlicher *Konzentrationsschwäche* kommen. Bei 4. ... 5% CO_2 tritt merkliche Vertiefung der Atmung, Beklemmung und Kopfschmerz ein. Bei noch höheren Konzentrationen kann es zu Bewußtlosigkeit und Tod kommen. Es ist daran zu denken, daß CO_2 spezifisch *schwerer* als die übrige Luft ist und daher in den unteren Teil geschlossener Räume absinkt und dort die Konzentration erhöht. Bei den Luftansaugöffnungen auf Schiffen muß besonders darauf geachtet werden, daß keine verunreinigte Luft mit schädlichen oder belästigenden Beimischungen angesaugt werden kann und daß intakte *Insektenfilter* vor den Ansaugöffnungen angebracht sind.

Wegen der häufig unterschiedlichen Benutzung der Räume kann man die Luftwechselraten nicht exakt dem Verbrauch anpassen. Die folgenden Richtwerte dürften jedoch die Anforderungen erfüllen.

Die Mindest-Luftwechselraten (s. auch Abschnitt 22.3) sollen in Wohnräumen 6fach, in Sanitärräumen 10fach, und in der Kombüse 20fach sein. Dabei darf zur Vermeidung von örtlichen Unterkühlungen die maximale Luftgeschwindigkeit im Aufenthaltsbereich der Wohn- und Schlafräume bei etwa 21 °C nur 0,2 m/s betragen (Bild 14.1). Bei Außenlufttemperaturen unter 10 °C muß die zugeführte Frischluft vorgewärmt werden. Gesonderte Abluftanlagen sind u. a. für den Proviantbereich, Messen, Büros und getrennt davon für Sanitärräume und für das Hospital vorzusehen. Die Abluft des Hospitals darf nicht über Schlitze oder Rosetten in die Mannschaftsräume und Gänge zurückströmen. Wird die Zuluft des Hospitals über die allgemeine Anlage geführt, müssen diese Kanäle mit Rückschlagklappen versehen sein, die beim Ausfall der Anlage schließen (Infektionsgefahr!). Außerdem muß das Hospital dann mit einer unmittelbar aufs freie Deck mündenden Druckausgleichsöffnung versehen sein. Die Abluft darf keine Verbindung mit anderen Räumen haben.

Reinigung von Filtern, Klappen, Gittern u. a. ist aus hygienischen Gründen bei Lüftungsanlagen regelmäßig erforderlich (Staubansammlungen).

Heizung

Besatzungsräume müssen beheizt werden, wenn die Klimaverhältnisse es erfordern und die Besatzungsmitglieder an Bord wohnen oder arbeiten. Dampf ist nur für den Primärkreislauf bei Austauscherverfahren einzusetzen. Die Oberflächentemperatur von Heizkörpern und Heizflächen sollte 75 °C nicht überschreiten, um örtliche Überhitzung und Staubverbrennung zu verhindern. Bei Klimaanlagen in Wohnräumen muß eine Temperatur von 22 °C, in den Wasch- und Duschräumen sowie im Behandlungsraum von 24 °C erreichbar sein.

Klima

Alle Schiffe, die in der Tropenfahrt eingesetzt sind, müssen mit einer Klimaanlage ausgerüstet sein. Als Tropenfahrt ist u. a. die Fahrt zwischen den beiden 30. Breitengraden zu verstehen. Bei der Auslegung und beim Betrieb ist möglichst der Zustand anzustreben, der dem Behaglichkeitsbereich des europäischen Menschen entspricht (s. Abschnitt 14.12.4). Die Einhaltung einer gewissen relativen Feuchte ist wichtig. Es soll auch in besonders warmen Gegenden kein größerer Temperatursprung als 6 ... 8 °C von klimatisierten Räumen zu nicht klimatisierten Räumen gefahren werden. Eine ausreichende Lufterneuerung wird erreicht, wenn maximal 20% Umluft benutzt werden. Hier ist besonders darauf zu achten, daß aus den Arbeitsräumen, Kombüsen, Pantries, Toiletten bzw. Duschräumen und ganz besonders aus dem Hospitaltrakt keine Umluft für die erneute Rückkühlung benutzt wird. Die Luft dieser Räume muß unmittelbar ins Freie abgeführt werden.

Sauberheit

Sämtliche zum Besatzungsbereich gehörenden Räume sind den Erfordernissen entsprechend, mindestens aber zweimal wöchentlich zu *reinigen*. Besonderer Beachtung bedürfen dabei die Räume und Geräte, die mit der Lagerung und Zubereitung von Lebensmitteln in engster Verbindung stehen. Das sind Proviantäume, Kombüsen, Pantries und Messen. In anderen Bereichen sollte die Sauberkeit in erster Linie der *Allgemeinhygiene*, der *Ungezieferabwehr* und *Unfallverhütung* dienen.

Stäube, Gase, Dämpfe

Staubbelastungen sind bei der Schiffahrt in der Regel geringer als an Land. Staubförmige Verunreinigungen entstehen jedoch beim Löschen und Laden, bei der Verbrennung in Motoren und Kesselanlagen und in küstennahen Gewässern durch Ansaugen staubverunreinigter Luft über die Lüftungs- und Klimaanlage. Vom *Bundesministerium für Arbeit und Sozialordnung* herausgegebene *MAK-Wertlisten* gelten für die quantitative Beurteilung toxisch wirkender Gase und Stäube. Dabei bedeutet die Abkürzung MAK „*Maximale Arbeitsplatzkonzentration*" bezogen auf den achtstündigen Arbeitstag.

Staubvergiftungen sind bei Ladungen von Bleioxyd und Bleiweiß beobachtet worden. Ebenso führen Unsauberkeiten während der Verarbeitung bleihaltiger Grundanstrichfarben zu chronischer *Bleivergiftung*. Staubinhalationen mit toxischer Wirkung sind bei Massengutladungen von Zement, Kupfer, schwefelhaltigem Kupferkies, Barium, Carbonat, Mangan, Superoxyd und Düngemitteln wie *Thomasmehl* und vielen anderen Stoffen möglich.

Lokale Hautschädigungen können beim Laden oder Löschen von Soda, Kupfersulfat, teerhaltigen Kohleprodukten, Schwefel und anderem entstehen. Die Verwendung von Handschuhen, Schutzbrillen und eventuell Staubmasken ist bei bestimmten Ladungen unbedingt erforderlich. Gelegentlich können *allergische Hauterkrankungen* vorkommen.

Außer durch die sauerstoffverdrängenden, erstickenden Gase wie z. B. CO_2, sind *Gasvergiftungen* bei Chlorkalkladungen, bzw. beim Transport von Chlorgasbehältern möglich. Blausäure und schweflige Säure können beim Feuchtwerden von Cyanat bzw. bei Verladung heißer Schwefelkiesabbrände freiwerden. Auch das Begasen von Schiffsräumen zur Ungezieferverttilgung mit Blausäure u. a. kann trotz großer Vorsichtsmaßnahmen zu Vergiftungen führen. Arsen- und Phosphorwasserstoffvergiftungen sind bei Ladungen von Ferrosilicium und Mangansilicium aufgetreten. Dringt Feuchtigkeit in undichte Transportbehälter ein, so können Gase austreten, die sich eventuell über den Frachtraum hinaus auch in die Wohnräume ausdehnen. Große Gasgefahren bergen Rohöl und Raffineriefertigprodukte verschiedenster Arten. Dabei ist besonders *Benzol* als stark gesundheitsgefährdender Stoff anzusehen. Eine andere Gasvergiftungsmöglichkeit entsteht bei Massenladungen von Palmkern-, Soja-, Erdnuß-, Raps-, Sesam-, Baumwollsaat, Leinensaat, Kokos-, Maiskeim- und ähnlichen Schroten. Diese sind in der Regel durch Benzin oder Benzol extrahiert. Dabei ist die völlige Entfernung des Lösemittels aus dem Schrot kaum möglich. Bei längerer Lagerung oder Erwärmung verdunsten die im Schrot befindlichen *Lösemittelreste*. Toxische Wirkungen auf die Besatzung sind demnach in jedem Fall zu befürchten. Auch die *Feuer-* und *Explosionsgefahr* muß beachtet werden. Beim Umgang mit Lösemitteln aller Art muß man sich strengstens an die dafür aufgestellten Vorschriften und Richtlinien zur Verhütung von Unfällen halten. Diese Richtlinien werden von der See-BG oder der BSBG herausgegeben. Arbeiten in gasgefährdeten Räumen sind nur mit *strengsten Sicherheitsmaßnahmen* durchzuführen (Konzentrations-Messungen, Atemschutzgerät, Sicherheitsleine, mechanische Lüftung, Aufsichtsperson außerhalb des Gefahrenbereiches, kein eigenmächtiges Handeln ohne Information der verantwortlichen Personen).

Filtermasken sind nur als Fluchtmasken zu benutzen und verlieren ihre Wirksamkeit bei Sauerstoffmangel.

Bei Kohlenladung und allen organischen Stoffen (lebenden Stoffen), wie Getreide, Gemüse, Kopra, Harze, Leinkuchen, Tabak, Reis, Soja, Mais, Kartoffeln, Zwiebeln und Fischmehl, besteht die Möglichkeit der CO_2-Bildung. Gründliche Lüftung und Gaskonzentrations-Messung sind vor dem Betreten des Laderaumes in jedem Fall notwendig. Eine gewisse Gefährdung, besonders für Menschen mit *Pollenallergie*, kann der Getreidestaub darstellen, der beim Beladen des Schiffes entsteht. Bei sensibilisierten Personen sind asthmatische und allergische Zustände beobachtet worden.

Maßnahmen gegen Vergiftungen finden sich in den Unfallmerkblättern für den Seetransport.

14.3.2 Wohnräume

Die Wohnräume müssen entsprechend der jeweils geltenden *Unterbringungsverordnung* eingerichtet bzw. ausgerüstet sein und sollen außerdem den neuesten Erkenntnissen der Wissenschaft entsprechen. Weiterhin gelten hier die im gesamten Abschnitt 14.3 aufgeführten Grundsätze.

14.3.3 Messen

(s. Abschnitt 14.3.2)

14.3.4 Aufenthalts- und Tagesräume

(s. Abschnitt 14.3.2)

14.3.5 WC-Räume, Duschen und Bäder

Der allgemeinen *Körperhygiene* dienende Räume müssen in ihrer Konstruktion genau geplant und später im Betrieb gut instandgehalten werden, sonst kann es hier zu einem *„Hygienekurzschluß"* kommen, der die meisten anderen Hygieneforderungen von vornherein scheitern läßt. Diese Räume müssen mit einem rutsch- und wasserfesten Fußboden (Noppenkachelung) ausgestattet, und auch die Wände müssen bis zu einer gewissen Höhe mit einem wasserundurchlässigen Belag (Kachelung usw.) versehen sein. Abläufe in den Fußböden müssen auch bei extremen Schräglagen des Schiffes eine einwandfreie *Schmutzwasserbeseitigung* gewährleisten. In Duschen und Bädern ist nur warmes und kaltes Wasser von Trinkwasserqualität zu benutzen. *Holzsitze* auf den WCs und *Holzroste* in Duschen und Waschräumen stellen eine hohe Infektionsgefahr dar (besser sind *Plastiksitze*). Besonders Fußpilzübertragungen werden immer wieder durch Holzroste gefördert, die nur schwer zu desinfizieren sind.

14.4 Wasserversorgung

s. auch [14.14], [14.20], [14.24], [14.25], [14.36], [14.49], [14.50], [14.51], [14.52], [14.53], [14.54], [14.59].

14.4.1 Wasserhygienische Voraussetzungen

Seewasser darf im gesamten Wohn- und Proviantbereich nur für die Spülung von WCs benutzt werden. Zwar ist Seewasser auf hoher See nahezu *keimfrei* aber die Seewasserleitung führt im Hafen- und Revierbereich eine Flüssigkeit, die kaum als Wasser zu bezeichnen ist.

Brauchwasser entspricht *bakteriologisch* gesehen dem *Trinkwasser*, es werden jedoch an seine *chemische* Beschaffenheit keine so hohen Anforderungen gestellt. Beide Wasserarten werden im *Lebensmittelgesetz* qualitativ beschrieben und festgelegt. Trinkwasser muß frei sein von krankheitserregenden *Keimen* (auch Colikeimen), Parasiten bzw. deren Eiern und sonstigen Krankheitserregern. Es darf nur eine bestimmte Menge allgemeiner Wasserkeime, engbegrenzte Mengen an fremden Stoffen enthalten, es muß klar, farblos, keimfrei, appetitlichen Geschmacks und in genügender Menge vorhanden sein. *Trinkwasser sollte also möglichst keimfrei sein.* Das läßt sich jedoch kaum erreichen. So toleriert man in Landanlagen Koloniezahlen einstelliger Art bis zum Ausgang des Wasserwerks, Koloniezahlen zweistelliger Art bis zum Endverbraucher. Wegen der im Schiffsbetrieb erschwerten Bedingungen toleriert man dort zur Zeit bis zu dreistellige Zahlen beim Endverbraucher. Allerdings dürfen keine *krankheitserregenden* Keime im Wasser sein. Man bestimmt zu deren Feststellung die sog. *Colikeimzahl*, die auf eine Verunreinigung durch Abwasser schließen läßt, denn Colibakterien sind *Fäkalkeime*, d.h., sie stammen in der Regel aus dem Darm des Menschen oder Tieres. Diese Keime weisen auf eine Verunreinigung des Trinkwassers (eventuell *Abwasserkurzschluß*) hin. Bei den im Wasser vorkommenden Krankheitserregern handelt es sich um Erreger der Cholera, des Typhus, des Paratyphus B, der Ruhr und anderer, durch Salmonellen hervorgerufener Durchfallerkrankungen, sowie um die Viren der infektiösen Gelbsucht und der Kinderlähmung. Außerdem können Würmer und in den Tropen und Subtropen Ruhramöben sowie krankheitserregende Parasiten mit dem Wasser übertragen werden.

Krankheitskeime kann man mit dem bloßen Auge nicht erkennen, auch nicht, wenn sie in großer Anzahl auftreten. *Klares Wasser* ist also keine Garantie für *bakteriologisch einwandfreies* Wasser. Stärker verkeimtes Wasser kann mit einem anerkannten Desinfektionsmittel und nach der damit erzielten Keimminderung wieder als Trinkwasser verwendet werden. Bekannte Entkeimungsarten sind *Erhitzung, Chlorung, UV-Bestrahlung, Ozonung, Filterung, Silberung* und *Verwendung ionisierender Strahlen*. Neben der Erhitzung werden die Chlorung und die UV-Bestrahlung als sicherstes Mittel angesehen. Bei Filtern jeder Art besteht die Gefahr, daß sich bei mangelnder Pflege und Wartung *Keimnester* bilden, die das Wasser kontaminieren. Existiert an Bord keine der genannten Desinfektionsanlagen, so kann bei der Übernahme unbekannten Wassers oder bei Vermutung einer Verschmutzung nur wenig getan werden. Um innerhalb der Grenzwerte der Fremdstoffverordnung zu bleiben, darf man zur Chlorung nur 1,0 g Parakaporit oder 2,0 g Hypochloridlauge pro m^3 Wasser zusetzen. Diese Menge wird zur Entkeimung besonders stark verunreinigter Wässer aber kaum ausreichen, da gerade solche Wässer eine hohe Chlorzehrung haben. Restchlornachweis kann als Zeichen ausreichender Chlorung verwandt werden. Ist die Tankanlage stark verunreinigt, so kann nach mechanischer Reinigung eine *Desinfektionsfüllung* vorgenommen werden, die mit dem 100fachen der angegebenen Werte erfolgt. Dabei darf kein *Luftkissen* im Tank bestehen bleiben, und die Desinfektionsfüllung muß nach etwa 10 Stunden Einwirkzeit abgelenzt werden, um anschließend das Trinkwasser neu aufzufüllen.

14.4.2 Hydrantenanlagen an Land

Hydranten sollen möglichst geschützt aufgestellte *Überfluranlagen mit hängendem Auslaß* sein. Für die Abgabe von Trinkwasser vorgesehene Anschlüsse dürfen nur ausschließlich diesem Zweck dienen. Die Anschlußöffnungen müssen *Verschlußkappen* haben, eine Farbkennzeichnung und möglichst Spezialkupplung sollten vorhanden sein, damit keine Verwechslungen auftreten können. Sind in Ausnahmefällen Überfluranlagen nicht zu installieren, dann können Unterflurtypen verwendet werden, wenn diese mit einem ausreichend großen Abflußschacht versehen sind. Auf Sauberkeit der Schläuche und Geräte muß besonders großer Wert gelegt werden, da diese zum Transport eines *Lebensmittels* dienen. Sehr kritisch ist meist auch die Wasserversorgung von Schiffen über Schwimmdockanlagen. Die Zuleitung des Wassers zum Schwimmdock muß über freihängende *Schlauchbrücken* vor sich gehen, bei denen Schläuche oder Leitungen nicht in das Hafenwasser hängen dürfen, auch dann nicht, wenn das Dock geflutet wird. Im Notfall muß die Schiffsleitung die Bebunkerung des Schiffes mit hygienisch nicht einwandfreien Trinkwasserübernahmeanlagen verweigern.

14.4.3 Übernahmeeinrichtungen an Bord

Brauchbare *Übernahmeanlagen* sollten mindestens 500 mm über Deck hochgezogen, mit eindeutiger Farbkennzeichnung, hängender Einlaßöffnung und einer Verschlußkappe versehen sein. Für genormte Übernahmeanschlüsse ist eine DIN-ISO-Norm in Bearbeitung. Einfache *Decksverschraubungen* und *Stabpeileinrichtungen* sind nicht mehr zulässig. Ein Peilstab sollte für die Ermittlung der Füllstandshöhe des Lebensmittels Wasser auf keinen Fall mehr verwendet werden. Ebenso bringt die Bebunkerung durch das Luftrohr eines Tanks erhebliche Gefahren mit sich. Es kann dabei eine Art *Wasserstrahlpumpe* entstehen, die den in der Nähe befindlichen Schmutz mit in den Tank saugt. Es kann sich dabei auch ein *Rückstau* bilden, der unter ungünstigen Umständen die Stadtleitung erheblich verunreinigen kann. Für die Übernahme von Trinkwasser dürfen nur Schläuche aus undurchlässigem Material verwendet werden, die ausschließlich diesem Zweck dienen, außerdem an einem gegen Verschmutzung geschützten Platz aufbewahrt werden, besonders deutlich gekennzeichnet und mit einer Verschlußkappe versehen sind.

14.4.4 Wasserbevorratung an Bord

Die heute noch üblicherweise verwendeten Doppelbodentanks bieten keine einwandfreie Möglichkeit zur Wasserlagerung, Konservierung, Reinigung und Besichtigung. Doppelbodentanks sind nicht völlig entleerbar, ohne daß das Schiff eindockt. Freistehende Tanks mit ihrer einfachen Füllstandanzeigemöglichkeit durch *Schaugläser* oder *Wasserstände* bieten alle Vorteile, die ein Doppelbodentank als Nachteile aufzeigt. Trinkwassertanks müssen einen indifferenten Korrosionsschutz haben, der keine Geruchs-, Geschmacks- und Gütebeeinträchtigung verursacht. Sie müssen von Tanks mit anderem Inhalt als Trinkwasser durch einen *Kofferdamm* getrennt werden.

Alle Trinkwassertanks sind mindestens einmal jährlich zu reinigen, zu desinfizieren, auf Schäden zu untersuchen und gegebenenfalls zu überholen. Alle Rohrleitungen wie Saug-, Druck-, Entlüftungs- und Übernahmenetze dürfen keine Verbindung mit nichttrinkwasserführenden Rohrleitungen haben.
Technische Verbraucher mit Trinkwasserbedarf müssen hygienisch einwandfrei vom Trinkwassernetz getrennt sein. Rückschlagventile sind keine einwandfreie Trennung. Besser sind freie Trichterstrecken oder Vakuumbrecher, die neben Pufferbehältern mit Luftpolster auch für Druckversorgung geeignet sind.
Trinkwasserleitungen dürfen nicht ungemantelt durch Tanks mit anderem Inhalt führen, ebenso dürfen keine Leitungen mit anderem Inhalt als Trinkwasser ungemantelt durch Trinkwassertanks führen. Die Mantelung muß ein Gefälle zu einer deutlich sichtbaren Stelle haben, damit Schäden frühzeitig bemerkt werden können. *Notschaltungen* zu anderen Systemen, die kein Trinkwasser führen, sind nicht zulässig.

14.4.5 Abgabeeinrichtungen an Bord

Alle Zapfstellen für die Körperpflege (Kammern, Waschräume, Duschen, Bäder), für Trinkzwecke und für die Zubereitung der Nahrung, für Reinigungszwecke in Pantries, Messen, Kombüsen und Proviantträumen dürfen nur Trinkwasser führen. Brauchwasser ist für technische Zwecke, für Wäschereien, für die Reinigung im Wohnbereich und für die Spülung von WCs statthaft. Seewasser ist nur für technische Zwecke und für die WC-Spülung zu benutzen.

14.4.6 Wassererzeugung an Bord

Die überwiegende Menge des benötigten Trinkwassers wird in den an Bord befindlichen *Verdampferanlagen* hergestellt. Diese Anlagen werden mit der Kühlwasserabwärme der Schiffsmaschinen beheizt und haben daher im Durchschnitt eine Verdampfungstemperatur von nur etwa 40 °C. Damit ist eine einwandfreie *Keimtötung* nicht gewährleistet. Zwar ist reines Seewasser nahezu keimfrei, aber in noch recht großer Entfernung von der Küste werden erhebliche Keimverunreinigungen festgestellt, die sich in der Nähe der Häfen erheblich verstärken. Häufig muß schon in nahen Küstengebieten mit der Verdampfung begonnen oder in der Revierfahrt weiterverdampft werden. Destillat ist einwandfrei als Trinkwasser verwendbar, jedoch ist ein niedriger *Salzgehalt* keine Garantie für *Keimfreiheit*. Liegt die Verdampfungstemperatur unter 80 °C, so muß mit einem der oben angeführten anerkannten Desinfektionsverfahren nachbehandelt werden (s. Abschnitt 14.4.1).

14.5 Abwasser

s. auch [14.20], [14.25], [14.36], [14.49], [14.51], [14.52], [14.53], [14.54].

14.5.1 Fäkal- und Abwasserleitungen

Diese Leitungen müssen so konstruiert sein, daß eine Verstopfung möglichst vermieden wird. Sie dürfen nicht durch Proviarräume und durch Räume, die der Proviantzubereitung dienen, führen. Die Außenbordauslässe müssen sich so weit wie möglich im Achterschiff befinden. Auf keinen Fall aber dürfen sie *vor* den Ansaugöffnungen der Seeventile für den Verdampfer liegen, sonst würde ein dauernder Kreislauf zwischen Fäkal- und Waschabwasser einerseits und Trinkwasser andererseits geschaffen werden, der eine hohe Infektionsgefahr mit sich bringt.

14.5.2 Aufbereitungsanlagen

Abwasseraufbereitungsanlagen dienen dazu, das der Natur entnommene Wasser möglichst so zurückzuführen, daß die in ihm enthaltenen organischen und anorganischen Stoffe noch nutzbringend verwendet werden können, zumindest aber nicht mehr schädigend wirken. Das erfordert bei menschlichen Abwässern, die an Bord anfallen, eine Desinfektion. Zu diesem Zweck müssen Grobstoffe zerkleinert oder ausgeschleudert bzw. gefiltert werden, um dann eine gewisse Desinfektion durch Zugabe desinfizierender Stoffe zu erzielen. Schon heute ist in einigen Hafen-, Fluß- und Seereviergebieten das Abgeben von *unbehandeltem* Abwasser verboten. Zahlreiche Länder werden sich dieser Regelung anschließen müssen.

14.6 Ernährung und Getränke

s. auch [14.9], [14.12], [14.14], [14.20], [14.24], [14.25], [14.36], [14.49], [14.50], [14.51], [14.52], [14.53], [14.54], [14.59].

14.6.1 Physiologische Voraussetzungen

Der Energiebedarf des Menschen wird in Kilo-Joule (kJ) gemessen. Bereits bei völliger körperlicher Ruhe wird eine erhebliche Energiemenge umgesetzt, um die Körpertemperatur auf 37 °C zu halten und um die Atmung, den Kreislauf und den Stoffwechsel der inneren Organe aufrechtzuerhalten. Dieser Ruhe- oder Grundumsatz ist in seiner Höhe von Geschlecht, Alter, Körpergröße und Gewicht abhängig. Er beträgt z. B. für einen Mann von 700 N Gewicht, 170 cm Größe und einem Alter von 20 Jahren ungefähr 7300 kJ täglich. Im selben Alter, mit einem Gewicht von 500 N und einer Größe von 160 cm beträgt der Grundumsatz für eine Frau 5600 kJ. Als Annäherungswert kann man 4,2 kJ je 10 N und Stunde rechnen.

Der Grundumsatz wird von allen Bedingungen erhöht, die die Wärmeabgabe gegenüber der Norm verstärken, z. B. durch kühle Außentemperatur oder durch feuchte Kleidung. Bereits im Stehen werden etwa 20 % mehr Energie verbraucht als beim Liegen. So beträgt der Energiebedarf eines Erwachsenen mit vorwiegend sitzender Lebensweise 10 000 kJ am Tag. Zusätzlich sind für leichte Arbeit 314 kJ je Arbeitsstunde, für schwere Arbeit je 1047 kJ je Arbeitsstunde zu rechnen.

Der Körper des Menschen ist aus den Elementen Kohlenstoff, Wasserstoff, Sauerstoff, Stickstoff, Schwefel, Chlor, Phosphor, Silicium, Natrium, Kalium, Calcium, Magnesium, Mangan, Eisen, Jod, Fluor und Spuren anderer Elemente aufgebaut. Diese Elemente kommen zum Teil in anorganischen Verbindungen als Salze, zum größten Teil aber in organischen Verbindungen vor.

Zum Aufbau oder zur Ergänzung ausgeschiedener Stoffe muß also dem Körper eine Vielzahl einzelner Elemente zugeführt werden. Besonders ein Teil der Salze wird fortlaufend ausgeschieden und muß täglich in verhältnismäßig großen Mengen durch die Nahrung ergänzt werden. So beträgt die erforderliche *Kochsalzzufuhr* (einschließlich Ernährung) täglich 10 ... 15 g. Bei starker Hitzebelastung steigt der Bedarf infolge des Schweißverlustes erheblich an. Der erhöhte Kochsalzverlust kann durch Salztabletten ausgeglichen werden. Bei anderen Ionen ist der tägliche Bedarf im Verhältnis zu dem im Körper befindlichen Vorrat recht klein, so daß Störungen erst bei längerem Mangel zu erwarten sind.

Organische Verbindungen können vom Körper weitgehend ineinander übergeführt werden. Substanzen, die als Körperbausteine und für den Stoffwechsel unentbehrlich sind und die vom Körper nicht selbst produziert werden können, werden als *essentiell* bezeichnet. Das Fehlen dieser essentiellen Nahrungsfaktoren führt zu Krankheit oder zum Tod. Hierzu gehören etwa 50 Nährstoffe wie essentielle Aminosäuren, essentielle Fettsäuren, Lipoide, sowie Vitamine, Ionen und Spurenelemente. Man kann jedoch annehmen, daß alle diese Stoffe dem Körper durch die Ernährung in ausreichender Menge zugeführt werden, und so wird es, wenn man den erhöhten Salzbedarf in den Tropen ausschließt, kaum zu Mangelzuständen kommen.

14.6.2 Ernährungsgewohnheiten an Bord

Die Verpflegung an Bord ist allgemein recht gut. Für die Mannschaft gilt als Mindestmaß die Vorschrift der *Speiserolle*, die kalorisch mehr als genügend ist. Besonders häufig wird auf Tropenschiffen zu fetthaltige und schwere Nahrung gegeben. Dies ist größtenteils auf die Wünsche der Besatzung zurückzuführen, die der Meinung ist, daß bei starker körperlicher Arbeit auch reichlich gegessen werden muß. In der heutigen Seefahrt steht die körperliche Arbeit der Mannschaft in keinem Verhältnis mehr zu früheren Zeiten. Besonders in der Tropenfahrt ist der Energiebedarf stark herabgesetzt, da keine Wärme zur Erhaltung der Körpertemperatur erzeugt werden muß. Es sollte auch an Bord entgegen den bisherigen Gepflogenheiten mehr Gewicht auf leicht verdauliche, eiweißhaltige Kost mit genügend Gemüse und Obst gelegt werden. Auf jeden Fall muß eine zu starke Energieaufnahme vermieden werden.

14.6.3 Flüssigkeitszufuhr und Getränke

In einigen Tropenländern und auch in der Seefahrt wurde bis vor nicht allzulanger Zeit vom Europäer der Flüssigkeitsbedarf durch *alkoholische* Getränke gedeckt. Der Alkohol entfaltet in den Tropen noch verheerendere Wirkungen als im europäischen Klima. Abgesehen von der sehr schnell eintretenden moralischen Destruktion sind auch die physischen Wirkungen des Alkohols in den Tropen erheblich intensiver. Die verstärkte Durchblutung der Haut führt zu unangenehmen Empfindungen, da die feuchte Wärmeschicht schlecht verdunstet. Der Energiereichtum des Alkohols bedingt eine verstärkte Wärmeproduktion, große Müdigkeit und Einschlafstörungen. Gegen leichte alkoholische Getränke in starker Verdünnung ist nichts einzuwenden.

Die weit verbreitete Unsitte, *eisgekühlte* Getränke zu genießen, führt häufig zu Schweißausbrüchen und Störungen des Wohlbefindens. Durch die starken Temperaturdifferenzen treten beträchtliche Regulationsstörungen der Körpertemperatur auf. Eiswasser, besonders mit Eisstücken, ist unbedingt abzulehnen. Die Getränketemperatur sollte nicht unter 18 °C liegen. *Eiswasserfontänen* verführen zu gewohnheitsmäßigem Trinken zu kalten Wassers. Diese Geräte lassen sich aber auch auf 18 ... 20 °C einstellen.

Abgesehen von der überall vorhandenen *Kondensmilch* können auch frischmilchähnliche Produkte an Bord verwandt werden. Tiefgefrorene Frischmilch ist mehrere Monate haltbar. Ausreichende Getränkemenge zum Ersatz der durch das Schwitzen ausgeschiedenen Flüssigkeit ist erforderlich.

14.6.4 Hygiene der Bordernährung

Die vielfach anzutreffende unhygienische Behandlung der Lebensmittelvorräte und der der Lebensmittelzubereitung dienenden Räume kann ohne weiteres durch die Besatzung abgestellt werden. Die Sauberkeit der Personen, die mit Lebensmitteln umgehen, die der Zubereitungsräume, Geräte, der Provianträume und die entsprechende Einhaltung der erforderlichen Lagerungstemperatur, die Benutzung von nur einwandfreien Wässern zur Reinigung kann jedes Besatzungsmitglied von sich aus kontrollieren und übersehen und damit bei Nichteinhaltung der hygienischen Erfordernisse zum eigenen Wohl für Abhilfe sorgen.

14.6.5 Ernährungs- und getränkebedingte Gefahren in fremden Häfen

Der Provianteinkauf in tropischen und subtropischen Häfen ist mit Vorsicht durchzuführen. Während Schalenfrüchte wie Zitronen, Apfelsinen, Kokosnüsse, Bananen usw. ohne Bedenken gekauft werden können, sind Gemüse, sonstiges Obst, zum Teil auch Fleisch, mit größter Vorsicht zu betrachten. Der Empfehlung, frische Salate und Obst in Lösung von *Kaliumpermanganat* zu desinfizieren, ist begründetes Mißtrauen entgegenzubringen. Eine einwandfreie Abtötung von Amöbenzysten und Wurmeiern usw. wird hierdurch nicht erreicht. Die einzige einigermaßen sichere Methode ist, Gemüse und Früchte mindestens 30 Sekunden in kochendes Wasser zu tauchen. Besteht Seuchengefahr, (Cholera, Typhus, Paratyphus, Ruhr), dann verzichtet man besser völlig auf rohes Obst und Gemüse.

In tropischen Großstädten steht heute neben einwandfreiem Frischobst und Gemüse auch Fleisch in tiefgekühlter Form und in frischem Zustand zur Verfügung. Da sich Fleisch in nicht gekühltem Zustand in den Tropen nur wenige Stunden hält, wird man in vielen Gebieten nur frisch geschlachtetes, aber nicht abgehangenes, oft recht hartes Fleisch erhalten, sofern keine Tiefkühleinrichtung vorhanden ist. Die ernährungsphysiologisch empfehlenswerten Enten- und Hühnereier sollten in jedem Fall besonders lange gekocht bzw. gebraten werden, da der Genuß ungenügend gekochter Eier leicht Typhus- oder Parathyphusinfektionen hervorruft. Ebenso ist der Frage der *Toxikoinfektion* (Magen-Darminfektion) in den Tropen und Subtropen größere Bedeutung beizumessen als in Zentral- und Nordeuropa.

14.7 Schädlinge und Ungeziefer

s. auch [14.12], [14.15], [14.20], [14.26], [14.36], [14.46], [14.49], [14.58], [14.60].

14.7.1 Ratten und Mäuse

Ratten und Mäuse sind durchaus nicht nur Nahrungsmittelschädlinge, vor allem die Ratte gilt als gefährlicher Krankheitsüberträger, weil der Rattenfloh den Pesterreger überträgt. Aus diesen Gründen bestehen internationale Abkommen zur *Rattenbekämpfung* auf Seeschiffen, die die Schiffe zur Führung des sogenannten *Rattenfreiheitszertifikats* verpflichten, das von den jeweiligen Hafenbehörden nur nach erfolgreicher Bekämpfung bzw. nach Kontrolle der Schiffe ausgestellt wird. Es ist jedoch sicher, daß es außer Tankschiffen kaum ein Schiff gibt, auf dem keine Ratten leben. Bei rattensicherer Bauweise wird die Schaffung von Schlupfwinkeln vermieden und die Durchfraßmöglichkeit in andere Räume oder andere Decks verhindert.

14.7.2 Insekten (Kakerlaken, Wanzen, Läuse, Flöhe, Mücken, Fliegen)

Die sogenannten *Kakerlaken* oder *Schaben* (Blatella-Arten) spielen in der Schiffshygiene eine erhebliche Rolle. Schiffe sind oft in unvorstellbarem Maße befallen; besonders weniger gepflegte und hygienisch schlecht gehaltene Schiffe, auf denen keine Dauerbekämpfungsmaßnahmen durchgeführt werden, sind stark verseucht. Nur hygienisch gut gehaltene, ständig mit Insektiziden behandelte Schiffe sind nahezu schabenfrei. Schaben können praktisch jede Bakterienart verschleppen. Es wird vermutet, daß auch der Virus der infektiösen Gelbsucht von ihnen weiter verbreitet wird. Sie kommen zwar auch am Tage, hauptsächlich aber bei Dunkelheit aus Ritzen und Verstecken hervor, verzehren Speisereste und Krümel und suchen oftmals Mülleimer, Aborte, Nahrungsmittel usw. hintereinander auf, sie sind also Allesfresser.

Flöhe kommen heute in der Schiffahrt nur noch selten vor, können jedoch unter Umständen als Krankheitsüberträger auftreten. Der Hundefloh kann den *Hundebandwurm* und ein bestimmter Rattenfloh die Pest auf den Menschen übertragen. Der in warmen Ländern lebende Sandfloh bohrt sich besonders in die Haut der Zehen ein.

Die *Bettwanzen* haben keine Bedeutung als Krankheitsüberträger. Filz-, Kopf- und Kleiderläuse treten heute vorwiegend in tropischen und subtropischen Breiten auf. Die Kleiderläuse sind Überträger von Fleck-, Rückfallfieber und anderem.

Auch Mücken und Fliegen der verschiedensten Arten müssen besonders in tropischen Gebieten als Krankheitsüberträger betrachtet werden (Malaria, Schlafkrankheit usw.).

14.7.3 Vorratsschädlinge

Es gibt zahlreiche Arten von Vorratsschädlingen. Einer der bekanntesten ist der *Khrapkäfer*. Alle diese Schädlinge haben die Eigenschaft, Waren zu zerstören oder deren Menge zu dezimieren. Gesetzliche Vorschriften regeln die Kontrolle der wichtigsten Arten und ihre Bekämpfungsmaßnahmen. Gesundheitliche Schäden gehen von den Ladungsschädlingen nur sehr selten aus.

14.7.4 Bekämpfungsverfahren

Als erste Voraussetzung für die Bekämpfung von Schädlingen und Ungeziefer muß man deren Eindringen in Waren und Räume zu verhindern versuchen. Größtmögliche *Sauberkeit* ist nicht nur in Wohnräumen, Proviantträumen, sondern auch in Laderäumen besonders wichtig, wo Stauvorrichtungen wie Stauholz, Planen und Matten zur Abdeckung und zur Unterlage benutzt werden. In gefährdeten Regionen müssen Ansaugöffnungen von Lüftungs-, und Klimaanlagen (auch Laderaumlüfter) mit einem Insekten- bzw. Schädlingsschutz versehen sein.

Wenn der Schädling einmal eingedrungen ist und ihm Möglichkeiten zu seiner Weiterentwicklung gegeben sind, dann helfen nur noch aktive Bekämpfungsmaßnahmen, vorwiegend durch *chemische* Methoden. Darin gibt es drei Varianten: *Fraßgifte*, *Kontaktgifte* und *Atemgifte*. Fraßgifte werden als Köder in fester oder flüssiger Form in gefährdeten Räumen ausgelegt, dabei sind natürlich die Freß- und Trinkgewohnheiten der Schädlinge besonders zu berücksichtigen.

Die Kontaktgifte verschiedenster Art werden entweder zerstäubt, ausgestreut, verspritzt oder als *Kontaktlack* auf die Wände aufgebracht. Diese Gifte haben oft eine sehr lang anhaltende Wirkung.

Die Atemgifte werden in Gasform in die Räume eingebracht. Diese Gase allerdings sind auch für den Menschen höchst toxisch. Das Schiff darf also während einer Begasung nicht bewohnt werden. Der größte Effekt wird erzielt, wenn sich einer Begasung eine Dauerbehandlung anschließt. Bei allen Bekämpfungsverfahren ist es sehr wichtig, die Lebensgewohnheiten der Schädlinge zu kennen, denn nur dann sind sie in ihren Schlupfwinkeln und auf ihren Wegen zu erfassen. Mit den *„International Sanitary Regulations"* der WHO von 1966 ist die Rattenbekämpfung vorgeschrieben.

Die aktive Bekämpfung wird mit den Gasen Blausäure, Methylbromid, Phosphorwasserstoff, eventuell mit CO und mit den Fraßgiften wie Cumarin- und Natrium-Fluor-Acetatderivaten durchgeführt. Mäuse werden mit den gleichen Maßnahmen bekämpft. Die Schabenarten sind vielfach resistent gegen Insektizide. Ihre Bekämpfung und die der Wanzen wird heute im allgemeinen durch spezielle Firmen in den Häfen mit Diazinon, Pyretrum und anderen Präparaten vorgenommen. Als wirkungsvollste Bekämpfungsart hat sich zur Zeit das Anbringen diazoninhaltiger Lacke mit sehr langer Wirksamkeit erwiesen. Bei besonders starker Verseuchung kommt die Begasung zur Anwendung.

Läuse, Flöhe, Mücken und Fliegen werden mit Mitteln der Bordapotheke wie Gammhexan, Pyretrum, DDVP, Lindan und anderem bekämpft.

14.8 Physiologische und psychologische Belastungsfaktoren

s. auch [14.2], [14.4], [14.9] [14.10], [14.16], [14.18], [14.19], [14.22], [14.27], [14.29], [14.39].

14.8.1 Arbeitsbelastung (Wachen)

Die Arbeitsweise an Bord eines Schiffes wird weitgehend vom *Wachsystem* geprägt. Dieses System ist die älteste bekannte Form der *Schichtarbeit*. Auch heute noch findet man allgemein das 2- oder 3-Wachensystem. Bei dem 2-Wachensystem, das auf kleineren Schiffen angewandt wird, wechseln 6 Stunden Wache mit 6 Stunden Freiwache ab oder 6 Stunden Wache und 4 Stunden Freiwache, bzw. 4 Stunden Wache und 6 Stunden Freiwache. Bei beiden Systemen ist mit 2 Mannschaften ein ständiger Schiffsbetrieb gesichert, aber 12-stündige Arbeitszeit pro Tag ist erforderlich. Auf größeren Schiffen wird das 3-Wachensystem am häufigsten angewandt, bei dem auf 4 Stunden Wache 8 Stunden Freiwache folgen. Anfallende Reparaturarbeiten müssen oft in der Freiwache ausgeführt werden. Das Wachegehen stellt unter den monotonen Bedingungen des Schiffsbetriebes in Verbindung mit dem monatelangen Fernbleiben von der Heimat und dem von kulturellen und belebenden Anregungen abgeschnittenen Leben eine starke psychophysische Belastung dar. Nur in geringem Umfang treten bei der normalen Schichtarbeit an Land derartige Belastungen auf.

Neuere Untersuchungen ergaben, daß die neuropsychische *Verantwortungsbelastung* in der Entwicklung der Seeschiffahrt stark zugenommen hat, während gleichzeitig eine Abnahme des *Energieaufwandes* innerhalb der einzelnen Tätigkeitsbereiche zu verzeichnen war. Der früher als Schwerarbeiter betrachtete Seemann verrichtet heute bis auf Ausnahmefälle nur noch leichte körperliche Arbeit, während gleichzeitig bei vielen Tätigkeiten die neuropsychische Belastung bei Zugrundelegung der *Maurerschen* Skala zu sehr hohen Werten angestiegen ist und auch noch weiter steigen wird.

14.8.2 Klima (Temperatur, Feuchtigkeit usw.)

Unter Klimatisierung ist nicht nur Kühlung zu verstehen, wie oft volkstümlich angenommen wird, sondern auch Heizung, Ent- oder Befeuchtung der Luft, Lufterneuerung und Luftströmung. Wie bei einer Flugreise ist der Mensch auf dem Schiff innerhalb kürzester Zeit sehr raschen Klimaänderungen ausgesetzt. Oft müssen Temperaturdifferenzen von 20 ... 30 °C, verbunden mit Differenzen der relativen Luftfeuchtigkeit von 40 ... 50% innerhalb weniger Tage oder gar Stunden an Bord ertragen werden. In den Tropenbreiten, besonders aber im feucht-warmen Klima, wird der Aufenthalt insbesondere in Maschinenräumen und Kombüsen aufgrund der hohen Raumtemperaturen und Feuchtigkeiten zur Qual.

Ohne besondere Vorkehrungen kann auf einem Schiff nicht einmal das Lüftungsproblem ausreichend gelöst werden. Man muß zu technisch-mechanischen Mitteln greifen, um die mikroklimatischen Verhältnisse zumindest in den Kammern und Aufenthaltsräumen eines Schiffes dem gewohnten Behaglichkeitsbereich anzunähern (s. Abschnitt 14.12.4). Dann steigt die Arbeitsfreudigkeit und Arbeitsfähigkeit der Besatzung in den feuchtwarmen Tropen ganz beträchtlich. Die Krankheitsanfälligkeit nimmt ab. Es darf allerdings nicht zu stark heruntergekühlt werden. Ein weit wesentlicherer Faktor, besonders in den feuchtwarmen Tropen, ist die *Herabsetzung der Luftfeuchtigkeit*, die den Behaglichkeitsgrad bedeutend erhöht. Wenn Seeleute in den Tropen in nicht klimatisierten Räumen oder an Deck längere Zeit nur wenig bekleidet gearbeitet haben und in zu stark heruntergekühlte Kammern kommen, um sich dort zusätzlich dem kühlen Ventilationsstrom auszusetzen, treten häufig Allgemeinstörungen, muskulär-rheumatoide Erkrankungen und Magen-Darmbeschwerden auf. Eine generelle Klimatisierung in extrem hitzebelasteten Räumen wie Maschinenraum und Kombüse wird kaum zu erzielen sein. Aufgrund der starken thermischen Belastung in diesen Räumen ist im allgemeinen nur eine Frischtluftventilation möglich. Ein abgeschlossener, mit den wichtigsten Kontrollorganen versehener *Leitstand* im Maschinenraum oder eine zentrale Werkstatt lassen sich jedoch verhältnismäßig leicht an die Klimaanlage anschließen. Die thermische und Feuchtigkeitsbelastung ist insbesondere in den Maschinenräumen der Dampfturbinenschiffe recht beträchtlich. Temperaturen zwischen 50 °C und 60 °C bei relativ hohen Luftfeuchtigkeiten sind nicht selten. Herrschen dann in den Kammern dieser Schiffe ohne Klimaanlage ähnliche Verhältnisse, so ist Erholung und Schlaf stark behindert. Um der Hitze in den Kammern zu entgehen, schlafen die Besatzungen vielfach an Deck. Hierdurch entsteht im Küstenbereich eine große Infektionsgefahr durch Insektenstiche (Malaria usw.). Durch die Abkühlung im Laufe der Nacht treten darüber hinaus leicht generelle Störungen auf.

14.8.3 Lärm

Die an Bord auftretenden Schallintensitäten und -frequenzen erreichen im Maschinenraum Größenordnungen, die Innenohrschädigungen beim Personal verursachen können. In umfangreichen Untersuchungen wurden Hörschäden beim Maschinenpersonal festgestellt. Nicht nur in vielen Maschinenräumen ist der Lärmpegel zu hoch und liegt in schädigenden Bereichen, sondern auch in den häufig ungünstigen, unmittelbar um die Lärmerzeuger herum angeordneten Wohnräumen werden Pegel verzeichnet, die besonders für das erholungsbedürftige, während der Arbeitszeit stark belärmte Maschinenpersonal eine weitere Dauerbelastung darstellen. Die Schallintensität liegt hier zum Teil noch im gefährdenden oder zumindest belästigenden Bereich. Abhängig von der Lage der Kammern und den eventuell durchgeführten lärmtechnischen Maßnahmen bewegen sich die gemessenen, sehr unterschiedlichen Schallintensitäten im Bereich der Lärmstufe, die aufgrund ihrer physischen und vegetativ-nervösen Wirkungen eine Gefährdung der Gesundheit bedeutet.

In letzter Zeit ist ein deutliches Absinken der Kammerpegel festzustellen, bisher liegen sie aber immer noch etliche Prozent oberhalb der festgesetzten Grenzwerte. In Zukunft wird hier eine weitere Verbesserung zu erwarten sein. Im Maschinenbereich zeichnen sich keine Veränderungen ab.

14.8.4 Vibration

Unter *Vibration* im medizinischen Sinne versteht man Schwingungen in einem Frequenzbereich von 1...100 Hertz. In diesem Bereich liegen die *Teil-* und *Ganzkörperresonanzen* und Reaktionen des Menschen. Schiffsvibrationen liegen vorwiegend im niedrigeren Teil des Spektrums. Oft genügen schon recht geringe Intensitäten, um den menschlichen Organismus störend oder unangenehm zu beeinflussen. Im Bereich von 1...4 Hz z.B. genügen schon 2,5...3% der Fallbeschleunigung, um bei den meisten Menschen Unbehagen auftreten zu lassen. Die höchste Empfindlichkeit des menschlichen Körpers liegt im Frequenzbereich von 4...8 Hz. Schwingungen unter 1 Hz werden häufig nicht mehr als Vibrationen bezeichnet. Seegangsabhängige Bewegungen z.B. können bei 0,1 Hz liegen. Hier reagiert der Mensch individuell außerordentlich verschieden. Wenige erleben keine Reaktionen, ein großer Teil Unwohlsein und einige extrem starke Reaktionen wie z.B. ausgeprägte *Seekrankheit* (Kinetose) mit Vernichtungsgefühl. Ein der Schwingung ausgesetzter Körper wird eine gewisse Relativbewegung ausführen. Bei kleinen Amplituden wird dies kaum bemerkt werden, größere reizen jedoch das rezeptorische Nervensystem, stören das Wahrnehmungsvermögen, die motorische Ausführung und können Unlustgefühle, Schmerzen oder gar Schädigungen hervorrufen. Das Festlegen von Maximaltoleranzen für Vibrationen ist schwierig, weil das Material, auf das man sich stützen könnte, weit weniger vollständig ist, als das den Lärm betreffende (Grenzkurven s. Abschnitt 14.14).

Ein Körperteil oder Organ gerät jeweils in Schwingungen und verursacht damit Störungen, wenn die impulsgebende Schwingung der Eigenfrequenz dieses Körperteils entspricht (Resonanz). Folgende Tabelle gibt einen Anhaltspunkt über die Eigenfrequenz einiger Körperteile:

Körperteil	Frequenzbereich
Hauptrumpf, untere Wirbelsäule, Becken	4...6 Hz
Oberer Rumpf, obere Wirbelsäule	10...14 Hz
Kopf und Schultern	20...30 Hz
Augapfel	60...90 Hz

Visuelle Störungen der optischen Fusion (Doppelbilder) treten um 90 Hz herum auf. Hochintensive Vibrationen niedriger Frequenzen beeinflussen Atmung, Herzaktivität und periphere Durchblutung. Abhängig von der individuellen Körpercharakteristik sind auch diese Erscheinungen frequenzbezogen. Die subjektiven Erscheinungen reichen von leichter, allgemeiner Belästigung über starke Beeinträchtigung des Wohlbefindens, Konzentrations- und Leistungsschwäche, stärkeren Schmerzen, subjektiver Unerträglichkeit bis zu gänzlicher Arbeitsunfähigkeit.

14.8.5 Psyche

Die größten *psychischen* Belastungsfaktoren ergeben sich aus der in der Seefahrt unabänderlichen Trennung von allen Angehörigen und von den Abwechslungsmöglichkeiten an Land. Diese Belastungen können während der ersten Seereisen besonders bei jüngeren Menschen außerordentlich hoch sein. Bei Erstreisen älterer Menschen wird der Reiz des Neuen und das Interesse für das ferne Reiseziel diese Belastungen überdecken. Allgemein jedoch kann man beobachten, daß nach der interessanten Anfangszeit gerade die Trennungsbeanspruchung erhebliche seelische Schwierigkeiten mit sich bringt. Es kommt dann zu langandauernden *Depressionen*, in denen häufig beim Alkohol Zuflucht gesucht wird.

Nach längerer Seefahrt wird die Monotonie des Dienstes eine erhöhte *Reizbarkeit* erzeugen und unter Umständen wieder Alkoholmißbrauch als Gesellschaftsförderer verursachen. Auch die Freizeit auf hoher See hat vielfach keine ausgleichenden Wirkungen mehr, besonders bei Personen, die keinem auf See auszuübenden Hobby nachgehen. Die in letzter Zeit durch die immer stärker verringerte Besatzungszahl und die Einführung der Einzelkammern für alle Besatzungsgrade größer werdende Gefahr der *Vereinsamung* ist ein bedeutender Belastungsfaktor. Häufig sehen sich die Besatzungsmitglieder nur noch beim Essen in der Messe, denn gemeinsame Hobbys sind selten. Meistens sind die Wachen durch die Automatisierung der Schiffe nur noch mit einer oder zwei Personen besetzt. Früher konnte das Sympton der Vereinsamung fast nur bei den höheren Offizieren beobachtet werden, da diese keine Kameraden, sondern nur Untergebene um sich hatten. Heute findet man auch unter den Mannschaftsdienstgraden immer weniger Kameraden, denn auch diese sind das zurückgezogene Leben in den Städten gewohnt.

Es werden daher immer seltener und nur unter Schwierigkeiten Kontakte zwischen Mitgliedern der Besatzung gepflegt. Zu dieser Verringerung der Gruppenbildung trägt auch die bis heute noch nicht überall aufgegebene Methode der getrennten Messen für die einzelnen Mannschafts- und Dienstgrade bei.

Eine weitere starke Belastung ist der verhältnismäßig kurze Heimathafenaufenthalt von meist nur ein bis drei Tagen nach vielmonatiger Fahrzeit. Auch eine ungeregelte, immer wieder verschobene Urlaubszeit, die nie sicher vorausgesagt werden kann, belastet viele Besatzungsmitglieder sehr. Allerdings wird dieser Punkt schon vielfach durch Tarifordnungen und guten Willen der Reederei zum Vorteil der Besatzung geregelt.

14.9 Chemische Schädigungsmöglichkeiten

s. auch [14.5], [14.28], [14.31], [14.35], [14.36], [14.42], [14.48].

14.9.1 Schädigungsarten (Hautkontakt, Inhalation, Verschlucken)

Schädigende Stoffe können durch einfachen *Hautkontakt* in den Körper eindringen, aber auch auf der Haut und anderen Kontaktstellen Verbrennungen oder Verätzungen erzeugen. Bei einer Schädigung durch *Inhalation* gelangen die entsprechenden Stoffe durch die Atmung in den Körper. Sie kommen dann entweder über den Atem-Gasaustausch in den

Blutkreislauf, und damit in den Körper und üben dort ihre schädigende Wirkung aus, verursachen Verätzungen der Atemwege oder blockieren den Gasaustausch. Als dritte Möglichkeit gelangt der schädigende Stoff durch *Verschlucken* entweder über den Magen-Darmtrakt in den Körper, oder er ruft im Magen-Darmtrakt Verätzungen hervor.

Für Gase und Dämpfe sind die toxischen Daten in den MAK-Tabellen aufgeführt (s. Abschnitt 14.3.1.5).

14.9.2 Häufige Schädigungen im Maschinenbetrieb

Gefährdungen können im Maschinenbetrieb beim Begehen von Kesseln, Tanks, Behältern, Bilgen oder Kurbelwannen auftreten, in denen sich möglicherweise sauerstoffverdrängende Gase befinden, die zu Bewußtlosigkeit oder gar zum Erstickungstod führen können. Auch *Sumpfgase* (Methan) oder toxisch wirkende aliphatische und aromatische Stoffe können vorhanden sein, von denen das Benzol das gefährlichste ist. Häufig werden Schädigungen durch Farbverdünnungs- oder Lösemittel verursacht, aber auch Farbnebel selber können toxisch wirken. Einige Chemikalien wirken auf allen drei Wegen, also Hautkontakt, Inhalation und Verschlucken, toxisch, andere nur durch eine oder zwei dieser Möglichkeiten.

Die immer häufiger verwendeten *Kunststoffkitte*, die aus mehreren Komponenten zusammengemischt werden und dann aushärten, sind oft hochtoxisch, ebenso können Zusätze zum Kesselwasser (Trinatrium, Ätznatron, Hydrazin und ähnliches), zum Schmier- oder Heizöl und sogar zur Desinfektion verwandte Trinkwasserzusätze (Chlorgas, Chlorverbindungen, Ozon und andere) chemisch-toxisch wirken. Das harmlos erscheinende *Frigen* kann sich unter Hochtemperaturentwicklung zum Giftgas *Phosgen* entwickeln.

14.9.3 Häufige Schädigungen im Decksbetrieb

Chemische Schädigungen werden im Decksbetrieb meist durch Gase, Stäube oder Dämpfe beim Laden oder Löschen oder während der Reise, durch Behälterbruch, Feuchtwerden bzw. Veränderung der Ladung, Tankreinigung usw. hervorgerufen. In der Tankschiffahrt geht akute Vergiftungsgefahr von aliphatischen Kohlenwasserstoffladungen (Rohölen, Fertigprodukten) und insbesondere von Aromatenladungen mit hohem Benzolgehalt (hochtoxisch) aus. Außerdem muß vor allem bei einigen Rohölsorten mit H_2S-Vergiftungen gerechnet werden.

Außer durch Arbeiten mit Farbe und Farbverdünnungs- und Lösemitteln besteht im Decksbetrieb eine Vielzahl chemischer Schädigungsmöglichkeiten durch die große Menge der unterschiedlichen Ladungen, von denen häufig Decksladungen, die durch Seeschlag oder Bewegungen des Schiffes beschädigt werden, für solche Vergiftungen oder Verätzungen in Frage kommen (s. Abschnitt 14.3.1.5).

14.9.4 Ladungsbedingte Schädigungen

Die hauptsächlichen Ursachen der durch die Ladung hervorgerufenen Schädigungen s. Abschnitte 14.3.1.5, 14.9.2 und 14.9.3.

Es gibt mit Bakterien und Viren verseuchte Ladungen, die Krankheiten verursachen können. Die bedeutsamste ist der *Milzbrand*. Die Erreger des Milzbrandes kommen häufig bei Ladungen aus Fellen, Knochen, Tierhaaren oder Häuten vor. Bei Arbeiten in oder an derartigen Ladungen sollten Staubschutzmasken, Schutzanzüge und -handschuhe getragen werden.

14.10 Unfallverhütung

s. auch [14.7], [14.18], [14.21], [14.27], [14.32], [14.33], [14.47], [14.48].

14.10.1 Allgemeine Grundsätze

Alle Maßnahmen, Richtlinien und Vorschriften zur Unfallverhütung haben die Gesunderhaltung des Menschen und die Aufrechterhaltung seiner Arbeitskraft zum Ziel. Die entsprechenden Berufsgenossenschaften für die Schiffahrt, die *See-Berufsgenossenschaft* und die *Binnenschiffahrts-Berufsgenossenschaft*, geben außer den Unfallverhütungsvorschriften, die auf jedem Schiff öffentlich ausgehängt sein müssen, eine große Anzahl von Richtlinien und Merkblättern heraus. Die Vorschriften enthalten die Vorkehrungen und Anordnungen, die die Mitglieder (Unternehmer) zur Verhütung von Unfällen in ihren Betrieben zu treffen haben und Verhaltensregeln, die die versicherten Arbeitnehmer zur Verhütung von Unfällen in den Betrieben zu beachten haben. Zuwiderhandlungen dieser Vorschriften können mit Ordnungsstrafen belegt werden. Neben den berufsgenossenschaftlichen Vorschriften gibt es noch eine große Anzahl behördlicher Arbeitsschutzvorschriften, die in Form von Gesetzen und Verordnungen vorliegen. Die gesetzliche Grundlage ist in der *Gewerbeordnung* zu finden.

14.10.2 Technische Konstruktion

Auf allen Gebieten der technischen Konstruktion sollten die Gesichtspunkte der Unfallverhütung zum Tragen kommen. Dafür reicht ein theoretisches Überdenken der Unfallmöglichkeiten in der Bedienung der Geräte nicht aus. Jeder Konstrukteur muß auch die Unfallmöglichkeiten bei einer etwa notwendigen *Reparatur* beachten. Durch eingebaute Aggregate und Geräte werden häufig die Unfallursachen geschaffen.

Unerläßlich ist für den Theoretiker in gewissen Zeitabständen eine Kontrolle seiner Erzeugnisse, denn nur dadurch können alle Gesichtspunkte der Unfallverhütung erkannt und berücksichtigt werden.

Auch die Sekundärunfallmöglichkeiten müssen bedacht werden, die nicht direkt durch das Einzelgerät, sondern erst in Verbindung mit mehreren oder beim Gebrauch dieses Gerätes auftreten oder in Erscheinung treten können.

Das Zusammenwirken von Umgebung und Geräten ist zu berücksichtigen. So genügt es z. B. nicht, eine Treppe mit rutschsicheren Stufen der richtigen Höhe, der richtigen Breite und mit einem Geländer auszurüsten, wenn beim späteren Einbau die erforderliche Kopffreiheit durch Kanäle oder Durchstiegsluken eingeengt wird.

14.10.3 Psychologische Voraussetzungen

Bei der Konstruktion eines Schiffes und seiner Maschinenelemente, bei der Anordnung der Einbauten und insbesondere beim Aufbau sowie der Anwendung der Bedienungselemente und Armaturen eines Bordarbeitsplatzes muß an die psychologischen Voraussetzungen der reibungslosen Funktion des Systems Mensch — Maschine gedacht werden. Besonderes Augenmerk ist auf psychologisch optimale akustische und optische *Informationsvermittlung* bei der Auslegung von Fahrständen, Steuerungselementen, Schalttafeln usw. zu richten. (Richtige Farb- und Formgebung der Signalarmaturen, sinngemäße Anzeigevorrichtungen, klare Fluß- bzw. Schaltdiagramme, übersichtliche und „funktionsrichtige" Anordnung der Informations- und Schaltelemente usw.). Hebel, Druckknöpfe, Schalter, Kurbelräder usw. müssen ebenfalls möglichst funktionspsychologisch optimal angeordnet sein. Die Monotonie der Arbeit bei Wachen, besonders auf der Brücke, muß berücksichtigt werden. Wesentliche Informationen bzw. Störanzeigen müssen auch bei nachlassender Aufmerksamkeit des Wachpersonals wahrgenommen werden können. Die psychologischen Voraussetzungen dürfen bei der Schiffskonstruktion auch in bezug auf Unfallverhütung und Sicherheit nicht außer acht gelassen werden.

14.11 Beleuchtung

a. auch [14.1], [14.7], [14.18], [14.22], [14.27], [14.33], [14.36], [14.39], [14.40], [14.45], [14.48], [14.49], und Abschnitt 05.7.1.

14.11.1 Physiologische Voraussetzungen

Die Beleuchtung ist ein maßgebender *Unfallverhütungsfaktor*. Sie spielt aber auch eine entscheidende Rolle für die Arbeitshygiene. Bei unzureichender Beleuchtung sind viele Arbeitsverrichtungen erschwert. In ungenügend beleuchteten Räumen läßt die Sauberkeit meist zu wünschen übrig. Folgende physiologische Forderungen müssen erfüllt werden:

1. Richtige örtliche und zeitige *Gleichmäßigkeit* der Beleuchtung, z. B. müssen Gangenden, die ins Freie führen, am Tage stärker beleuchtet werden und in der Nacht schwächer, um eine Anpassung zu erleichtern (Adaptation).
2. Vermeidung von *Blendererscheinungen* infolge spiegelnder Flächen, blanker Maschinenteile, glänzendem Papier, Reflexbildung usw.
3. Richtige *Lichtfarbe*, z. B. Rotlicht auf Arbeitsplätzen, bei denen Dunkelanpassung erforderlich ist, *Lichtverteilung* und *Schattenbildung*.
4. Vermeidung von *stroboskopischem Effekt* sowie von Summen und Flimmern.

14.11.2 Beleuchtung im Maschinenbereich

Die *Mindestbeleuchtungsstärke* im Maschinen- und Kesselraum sollte bei 200 lx (Lux) liegen. An wichtigen Stellen ist eine Beleuchtungsstärke von 500 lx und mehr empfehlenswert. Besonderer Wert ist dabei auf gute Ausleuchtung schwer zugänglicher Stellen zu legen, die unter Umständen begangen werden müssen. Blendungsfreiheit und Vermeiden von irritierenden Schattenbildungen sind erforderlich. Besonders bei der Beleuchtung von Instrumenten und Kontrolltafeln muß auf die Reflexfreiheit geachtet werden; Instrumente sind am vorteilhaftesten *selbstleuchtend*. Besonders wichtige Punkte sind mit hervorhebender Beleuchtung zu unterstreichen.

14.11.3 Beleuchtung im Wohnbereich

Die Beleuchtung in Aufenthaltsräumen wie Messen, Salons, Speise- und Gesellschaftsräumen und deren Vorplätzen soll mindestens zwischen 200 lx und 500 lx liegen. In Wohnkammern muß die Mindestbeleuchtungsstärke 100 ... 150 lx betragen und an Schreibplätzen einen Wert von 250 lx erreichen. Die Art der Beleuchtungskörper und ihre Anordnung ist für die Wohnlichkeit der Kammern ausschlaggebend. Gänge, Niedergänge, Toiletten usw. müssen mindestens mit 50 ... 75 lx ausgeleuchtet werden. Wie schon erwähnt, ist besonders darauf zu achten, daß in den Gängen die Übergangszonen zu anderen Beleuchtungsarten und -intensitäten (Austritte auf Decks nachts oder bei Tageslicht unterschiedlich beleuchtet, Durchgänge zum Navigationsbereich bei Nacht nur schwach beleuchtet), den Verhältnissen angepaßt werden. Damit kann eine unnötige Blendung verhindert und die erforderliche Adaptation gefördert werden.

14.11.4 Beleuchtung im Navigationsareal

Bei der Beleuchtung dieses Bereiches ist besondere Vorsicht geboten. Das Problem beginnt schon auf dem Betriebsgang bzw. im Aufgang, der zum Kartenraum oder zur Brücke führt. Auf der Brücke ist die allgemeine Raumbeleuchtung nachts nahezu gleich null. Auch im Kartenraum herrscht nur sehr schwache Beleuchtung und diese nur zeitweilig. Es muß also möglichst schon vor dem Zugang zum Navigationsareal eine Beleuchtungsanpassung an die dortigen Verhältnisse angestrebt werden. Dies darf natürlich nicht so weit gehen, daß Treppen und Gänge zu schwach beleuchtet sind (erhöhte Unfallgefahr!). Starke, besonders weiße Beleuchtung auf dem Gang oder im Kartenraum kann das Brückenpersonal erheblich blenden und die Adaptationszeit um etliche Minuten verlängern. Häufig wird die Blendung subjektiv nicht empfunden. Die geblendete Person meint, ihre volle Einsatzfähigkeit viel früher zurückgewonnen zu haben, als dies tatsächlich der Fall ist. Gerade diese Fehleinschätzung gefährdet aber die Schiffssicherheit.

Auf den automatisierten Schiffen werden immer häufiger Instrumententafeln und Steuerstände mit beleuchteten Skalen eingebaut, die einen ganz erheblichen Störeinfluß auf das Brückenpersonal haben. Für die gesamte Nachtbeleuchtung im Navigationsareal – also Instrumente auf der Brücke und Allgemeinbeleuchtung im Kartenraum – ist das langwellige Licht des Rotbereiches am günstigsten. Dieses Licht läßt schon bei verhältnismäßig geringen Intensitäten ein Erkennen zu und bewirkt eine wesentlich geringere Blendung. Bei der Arbeit an Seekarten mit der heute üblichen Farbgebung ist das rote Licht allerdings nur bedingt einsatzfähig, da rote Zeichen und Linien kaum erkennbar sind. Durch andere Farbgebung des Kartendruckes könnte dieser Mangel behoben werden.

14.12 Lüftung, Heizung, Kühlung, Klima

s. auch [14.4], [14.18], [14.19], [14.22], [14.27], [14.36], [14.37], [14.38], [14.49].

14.12.1 Physiologische Voraussetzungen

Alle Räume, die zum dauernden Aufenthalt für Menschen bestimmt sind, sowie alle Aufenthalts- und Betriebsräume müssen einwandfreie Luft haben. Die Raumluft soll normaler Außenluft entsprechen. Sie darf als Träger des zur menschlichen Atmung lebensnotwendigen Sauerstoffs keine gesundheitsschädlichen *Beimengungen* und keine unzumutbaren *Geruchsstoffe* enthalten. In thermischer Hinsicht ist die Einhaltung der sogenannten *Behaglichkeit* zu verlangen.

14.12.2 Lüftung

Die Lüftung abgeschlossener Räume soll die Aufrechterhaltung der für Gesundheit und Wohlbehagen erforderlichen *Luftzusammensetzung* gewährleisten (s. Abschnitt 14.3.1.1). Das Behaglichkeitsempfinden ist wesentlich von der Luftbewegung in einem Raum abhängig. Allgemein werden folgende Luftgeschwindigkeiten bei den angegebenen Temperaturen als zulässig angesehen (Bild 14.2).

Raumtemperatur °C	Luftgeschwindigkeit m/s
18	0,1
20	0,15
22	0,24
24	0,35
26	0,5

Aus einer bestimmten Kombination von Temperatur, Luftfeuchtigkeit und Luftgeschwindigkeit wird die sogenannte *Effektivtemperatur* gebildet. Diese Effektivtemperatur ist für das Behaglichkeitsgefühl ausschlaggebend. Man kann also diese drei Werte variieren, um bei gegebenen Umständen noch im Behaglichkeitsbereich zu bleiben (Bild 14.3).

14.12.3 Heizung

Die Heizung muß die Wärme liefern, die zur Aufrechterhaltung der erforderlichen *Raumtemperatur* benötigt wird. Die Raumtemperatur ist das arithmetische Mittel von Lufttemperatur und der mittleren Temperatur sämtlicher den Menschen umgebenden Oberflächen. Dieser Wert entspricht der empfundenen Temperatur. Allgemein gelten die in Abschnitt

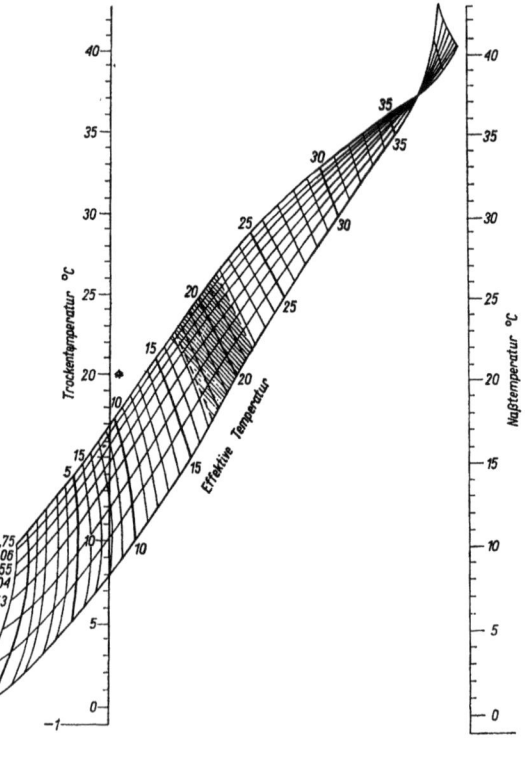

Bild 14.2
Diagramm der effektiven Temperatur unter Einbeziehung der Luftbewegung für den bekleideten Menschen in Körperruhe nach *C.P. Yaglou*, aus [14.22]

Lüftung, Heizung, Kühlung, Klima. Lärmbelastung

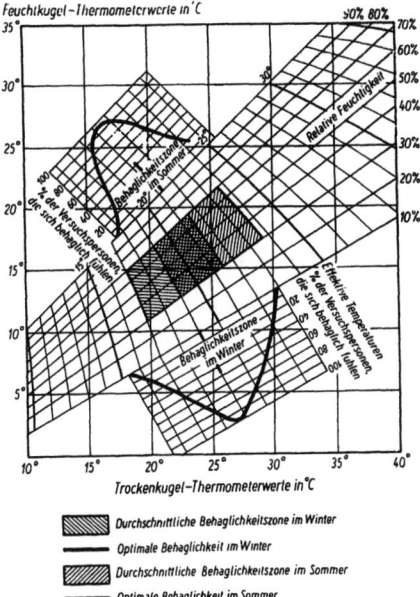

Bild 14.3 Behaglichkeitsbereiche

14.3.1.2 angegebenen Temperaturen als Richtwerte für Wohnräume. Die Raumtemperatur der Wohnräume muß individuell regelbar sein. Im Arbeitsbereich muß die Temperatur entsprechend niedriger oder die Luftbewegung entsprechend höher sein, um die beim Energieumsatz anfallende Wärmemenge abzuführen.

14.12.4 Kühlung, Klimatisierung

Allgemein gelten die Angaben des Abschnittes 14.3.1.3, in dem auf die Klimatisierung hingewiesen wird. Wenn irgend möglich sollte der Raumklimazustand dem *Behaglichkeitsbereich* des europäischen Menschen angenähert werden. (s. Bild 14.3, schraffiertes Feld). Ein entscheidender Faktor ist die Luftbewegung, die für die Effektivtemperatur wesentlich ist (s. Abschnitt 14.12.2; klimatische Belastungsfaktoren s. Abschnitt 14.8.2).

14.13 Lärmbelastung

s. auch [14.6], [14.8], [14.13], [14.17], [14.34], [14.38], [14.39], [14.47], [14.55], [14.57].

14.13.1 Physiologische Voraussetzungen
(Lärmzonen, Diagramme usw.)

Die für die Schiffahrt festgelegten *Grenzlinien*, die sich auch im Bereich der allgemein international anerkannten Grenzwerte halten, hat die See-Berufsgenossenschaft in der UVV-Lärm veröffentlicht. Darin werden die Grenzwerte in dB (A) oder bei hinzugezogener *Frequenzbewertung* die *Noise Rating Curves* (ISO) angegeben. Dabei liegen die jeweiligen ISO-Kurvenbezeichnungen um 5 *unter* dem entsprechenden dB (A)-Wert. Die Grenzen im einzelnen: *Werkstätten* dürfen maximal 85 dB (A) aufweisen, bei höherer Belastung ist für die Dauer des Aufenthaltes ein *Gehörschutzmittel* zu tragen. In *Leiständen* sind 75 dB (A) bzw. 85 dB (A) auf kleineren Schiffen, in *Haupt-* und *Hilfsmaschinenräumen* sind 110 dB (A) zugelassen. Ein Pegel von z. B. 110 dB (A) kann schon nach kurzer Zeit dauernde Gehörschädigung erzeugen und ist daher unbedingt zu vermeiden. In den *Wohnräumen* beträgt der obere Grenzwert 60 dB (A), in *Messen* und *Büros* werden 65 dB (A) noch als zulässig angesehen. Für die *Kommandobrücken* gilt der Richtwert von 65 dB (A). Kann mit den zur Verfügung stehenden Mitteln der Lärmpegel nicht auf ein vertretbares Maß herabgesetzt werden, müssen zum Schutz der Hörfähigkeit des Maschinenpersonals Notmaßnahmen ergriffen werden. Hier sind die individuellen Schutzmaßnahmen in Form von Gehörgangsverschlüssen durch Lärmschutzwatte, plastische Massen, Gehörschutzkapseln oder Lärmschutzhelmen zu erwähnen. Diese Maßnahmen sind aber nur *Hilfsmittel* und werden oft ungern angewandt, weil subjektive Beeinträchtigung des *Sicherheitsgefühles* durch Veränderung der Schallcharakteristik und besonders in der Tropenfahrt ein stärkeres *Belästigungsgefühl* oder eine Reizung des Gehörganges auftreten. Die Schutzeigenschaften der verschiedenen persönlichen Schallschutzmittel werden von der Bundesanstalt für Arbeitsschutz und Unfallforschung, Dortmund, veröffentlicht (s. Abschnitt 14.16 Nr. 3). Nach dieser Veröffentlichung sollte der optimale Schallschutz ausgewählt werden.

Eine allerdings sehr einschneidende Maßnahme, zu der man sich bei Versagen aller anderen technischen und individuellen Schutzmaßnahmen entschließen muß, ist die Verringerung der *Lärmexpositionszeit*. Sofern der Lärmpegel nicht zu verringern ist, kann man die tägliche oder wöchentliche Expositionszeit verkürzen, um das Gehör nicht zu stark zu belasten. Der Begriff „*Expositionszeit*" ist vom Umgang mit ionisierenden Strahlen her durchaus geläufig und wird ständig praktiziert. Für die Lärmexpositionszeit gibt es verschiedene Berechnungsschemen. Ein in der USA bewährtes und häufig angewandtes Expositionszeitschema mit dazugehöriger Berechnungstabelle zeigen die Bilder 14.4 und 14.5.

14.13.2 Lärm im Maschinenareal

Die zulässigen Grenzwerte des Lärms im Maschinenareal sind in Abschnitt 14.13.1 aufgeführt worden. *Geräuschmessungen* sind nach DIN 80061 vorzunehmen. Zur Auswertung ist die UVV-Lärm der See-Berufsgenossenschaft heranzuziehen. Außerordentlich hohe Lärmintensitäten, die an einigen eng begrenzten Orten im Schiffsbetrieb auftreten

14.13.3 Lärm im Wohnareal

Die für diesen Bereich geltenden Richtgrenzwerte sind in Abschnitt 14.13.1 angegeben. Auch hier sind für die Messung die DIN-Normen 80061 und für die Auswertung die UVV-Lärm der See-BG heranzuziehen. Der Lärm im Wohnareal kann vor allem bei dem sehr erholungsbedürftigen Maschinenpersonal vegetativ-nervöse Störungen hervorrufen, wenn der Pegel oberhalb 60 dB (A) liegt. Der Lärm im Wohnareal ist vorwiegend unter dem Gesichtspunkt der *Erholung* (Schlaf, Freizeit) der Besatzung zu betrachten, wobei eine Herabsetzung der Erholungsfähigkeit durch Lärmeinflüsse unbedingt zu vermeiden ist (vegetative Belastung).

14.13.4 Lärm im Navigationsareal

Die zulässigen Richtgrenzwerte sind in Abschnitt 14.13.1 angeführt. Auch hier wird nach DIN 80061 gemessen und nach der UVV-Lärm der See-BG ausgewertet. Wenn der Lärm im Navigationsareal über 60 dB (A) liegt, kann er zu vegetativ-nervösen Störungen führen und die Schiffssicherheit beeinträchtigen, da er Schallsignale anderer Schiffe oder Schallsignale von Fahrwasserbegrenzungen überdeckt oder allgemein die Konzentrationsfähigkeit des wachhabenden Brückenpersonals herabsetzt.

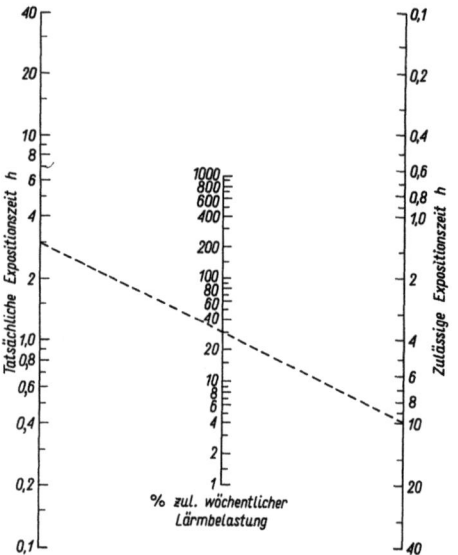

Bild 14.4 Bestimmung der zulässigen wöchentlichen Lärmdosis nach [14.17]

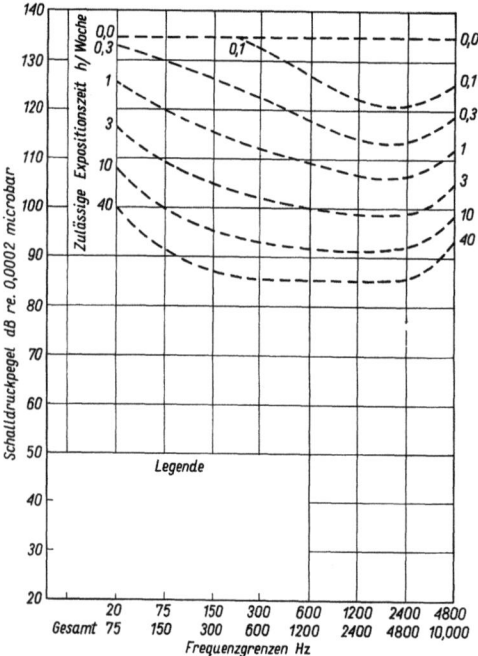

Bild 14.5 Expositionszeitschema nach [14.17]

können, führen unter Umständen schon nach ganz kurzer Zeit zu Gehör- und eventuell sogar zu Nervenschädigungen. Längere Expositionszeit im oberhalb der 85 dB (A)-Grenze liegenden Maschinenlärm führt zu irreversiblen Innenohrschäden. Lärm unter dieser Grenze kann schon bei 40 ... 60 dB (A) zu vegetativ-nervösen Störungen führen.

14.14 Vibration

s. auch [14.21], [14.39], [14.44], [14.56].

14.14.1 Physiologische Voraussetzungen

Durch Schwingungen bestimmter Frequenzen können beim Erreichen gewisser Intensitäten Beeinträchtigung des Wohlbefindens, der Leistungsfähigkeit und direkte gesundheitliche Störungen auftreten. Der *Schwingungsausschuß* des Vereins Deutscher Ingenieure hat die Richtlinie VDI 2057 „Beurteilung der Einwirkung mechanischer Schwingungen auf den Menschen" herausgegeben. Bild 14.6 zeigt aus dem Entwurf 1978 dazu den Beurteilungsmaßstab für *vertikale* Schwingungseinwirkung beim stehenden und sitzenden Menschen, Bild 14.7 aus dem gleichen Entwurf den Beurteilungsmaßstab für *horizontale* Schwingungseinwirkung auf den stehenden und sitzenden Menschen.
Die angegebenen KZ-, KX- und KY-Werte sind als Werte gleicher Wahrnehmungsstärke nach Tafel 14.1 zu verstehen.
Auf internationaler Ebene wurde der ISO-Standard 2631 geschaffen, der die gleiche Kurvendarstellung enthält, anstatt der K-Werte aber Expositionszeiten für die Stufen Beeinträchtigung des Wohlbefindens, der Leistung und der Gesundheit enthält. Die Expositionszeiten beider Richtlinien decken sich und sind nach VDI 2057 in den Bildern 14.6 und 14.7 dargestellt.

Lärmbelastung. Vibration. Anthropotechnik, Human Engineering

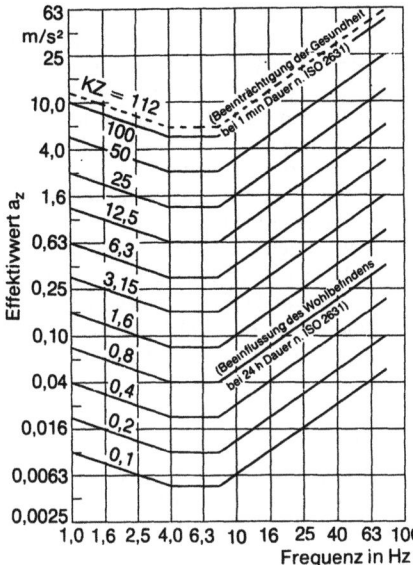

Bild 14.6 Beurteilungsmaßstab für vertikale Schwingungseinwirkung nach [14.41]

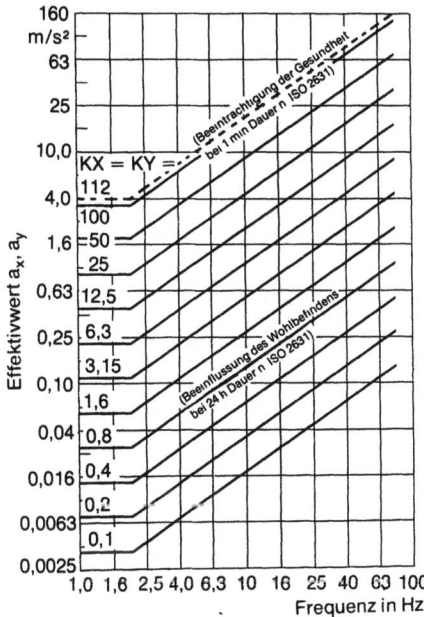

Bild 14.7 Beurteilungsmaßstab für horizontale Schwingungseinwirkung

Tafel 14.1 Definition verschiedener Stufen der Belastung durch Vibration

Stufe	Wahrnehmungsstärke KX, KY, KZ	Beschreibung der Wahrnehmung
A	< 0,1	nicht spürbar
	—0,1—	—Fühlschwelle—
B_1		gerade spürbar
B_2	—0,2—	
	—0,4—	
C_1		gut spürbar
C_2	—0,8—	
	—1,6—	
D_1		stark spürbar
D_2	—3,15—	
	—6,3—	
E_1		sehr stark spürbar
E_2	—12,5—	
	—25—	
E_3	—50—	
E_4	—100—	
F	> 100	

(nach VDI 2057, Entwurf 1975)

14.14.2 Vibration an Bord

Die Struktur eines Schiffes ermöglicht eine besonders gute Ausbreitung von Vibrationen durch den Rumpf. Für die Erzeugung von Schwingungen steht eine Vielzahl von erregenden Aggregaten zur Verfügung. Auf einem Schiff sind *Ganzschiffsschwingungen* und *lokale* Schwingungen, d. h. örtlich begrenzte, zu finden. Die ersteren treten als vertikal-horizontale Torsionsschwingungen oder als Verbindung mehrerer Arten auf. Die Normalfrequenz hängt von der Schiffskonstruktion, der Beladung und dem umgebenden Wasser ab. Dabei sind Amplituden von etlichen Millimetern festzustellen. In Verbindung mit der Maschinenumdrehung entstehen so Schwingungen im Bereich von 1 ... 4 Hz. Die lokale Vibration in den Schiffsaufbauten liegt normalerweise unterhalb der Eigenresonanz, kann aber auch bei 8 ... 10 Hz zu Resonanzerscheinungen führen. Auch der Propeller erzeugt unter Umständen erhebliche Lokalerscheinungen. Wenn das Schiff im normalen Geschwindigkeitsbereich fährt, werden diese zumeist zwischen 8 Hz und 24 Hz liegen. Diese Daten zeigen also, daß gerade auf dem Schiff mit ganz erheblichen Schwingungsbelastungen zu rechnen ist. (Resonanzbereiche des menschlichen Körpers s. Abschnitt 14.8.4).

14.15 Anthropotechnik, Human Engineering

s. auch [14.7], [14.18], [14.21], [14.22], [14.27], [14.29], [14.32], [14.33].

14.15.1 Definition

Anthropotechnik ist die Anwendung der metrischen, dynamischen, physiologischen und psychologischen Gegebenheiten des Menschen auf die technische Arbeitsumwelt.

14.15.2 Grundlagen der Konstruktion unter Berücksichtigung des *Human Engineering*

Die Konstruktion von Arbeitsräumen, -plätzen, -geräten, Instrumenten und Maschinen muß in bezug auf die Gegebenheiten des Menschen erfolgen. Eine Voraussetzung der Anthropo*technik* ist die Anthropo*metrie*, die sich mit der Ermittlung der metrischen, statischen und dynamischen Meßgrößen des einzelnen Individuums und des Bevölkerungskollektivs befaßt. Anthropometrie ist die Voraussetzung für die funktionelle Gestaltung von Arbeitsplätzen, Maschinen und Bedienungselementen, Gängen und Räumen, Arbeitssitzen, Griffen, Armaturen usw. Im Bereich der Anthropotechnik ist der Ingenieur neben dem Physiologen und Anatomen tätig. Hier spielen für die Konstruktion von Maschinen, Maschinenelementen und Bedienungsorganen die Maße und Fähigkeiten des menschlichen Körpers die größte Rolle. Stehhöhen, Sitzhöhen, erforderlicher Bewegungsraum, Leistungsfähigkeit im Bewegungsraum mit maximalen und optimalen räumlichen Bewegungsmöglichkeiten in Verbindung mit Körperkraft, Gesichtswinkel, Reaktionsvermögen und viele andere Gesichtspunkte sind hier von größter Bedeutung. Die Literatur über das Gebiet ist umfangreich; einige wesentliche Veröffentlichungen sind im anhängenden Schrifttum aufgeführt.

14.15.3 Human Engineering im Schiffsbetrieb

Hinsichtlich der Anthropotechnik ergeben sich an Bord etwas andere Gesichtspunkte als in einem Fertigungsbetrieb. Es ist zu berücksichtigen, daß der Schiffsbetrieb ununterbrochen aufrechterhalten werden muß. Die Arbeit setzt sich aus *Bedienung, Überwachungsfunktionen, Reparaturen, Instandhaltungs-* und *Ladungsarbeiten* zusammen. Infolge der Automation nehmen die Überwachungsfunktionen mit stärkerer Belastung der Sinnesorgane, insbesondere der Augen und Ohren zu, während die eigentlichen mechanischen und krafterfordernden Bedienungsfunktionen abnehmen. Die anthropotechnisch optimale Konstruktion von Fahrständen, Überwachungs- und Kontrolleinrichtungen sollte als wesentliche Aufgabe der Schiffbauplanung in bezug auf den späteren Schiffsbetrieb gesehen werden.

Durch ungünstige Anbringung der Steuerstände, fehlerhafte Verteilung und Einrichtung der Bedienungselemente, Skalen und Instrumente sowie ungenügende bzw. schlecht angebrachte Beleuchtung erschwert man dem Bedienungs- und Überwachungspersonal unnötig die Arbeit. Das gilt auch für akustische und optische Signale, die oft vom Lärm überdeckt werden oder aufgrund ihrer Konstruktionsschwächen ein optisches Erkennen kaum zulassen. Hier ist an farbige Lichtsignale zu denken, die zwar für den *Vollfarbtüchtigen* gut erkennbar sind, doch für den *Farbgestörten* (10% der männlichen Bevölkerung weisen Störungen des Farbsinns auf) besonders in Gefahrensituationen kaum zu differenzieren sind. Die psycho-physisch optimale Konstruktion von Steuer- und Fahrständen, insbesondere im Hinblick auf rasche und sichere Ablesbarkeit von Skalen und Anzeigegeräten ist aber aus psychologischen Gründen unbedingt notwendig. Der häufig sehr monotone Wachdienst unter ungünstigen psychologischen und auch klimatologischen Verhältnissen mit starken Lärmeinflüssen begünstigt ohnehin Fehlreaktionen. Auch die optimale Konstruktion im Sinne der Unfallverhütung im Bordbetrieb ist ein Anliegen der Anthropotechnik (s. Abschnitt 14.10). Bedingt durch die Bauart des Schiffes, die größtmögliche Ausnutzung der vorhandenen Räumlichkeiten, verbunden mit den mehr oder weniger starken Schiffsbewegungen, ist die Unfallgefährdung erheblich größer als unter Landverhältnissen. Durch konstruktive Ausschaltung jeder nur erdenklichen Unfallquelle und optimale Anwendung des *Human Engineering* kann mehr als allgemein angenommen zur Unfallverhütung und zum reibungslosen Arbeitsablauf beigetragen werden.

14.16 Schrifttum

Die schiffahrtsmedizinische Literatur befindet sich in der Dokumentationsstelle der *Abteilung für Schiffahrtsmedizin am Bernhard-Nocht-Institut,* 2 Hamburg 4, Bernhard-Nocht-Str. 74.

[14.1] *Adrian, W.:* Beleuchtung auf Schiffsbrücken unter Berücksichtigung neuerer physiologischer Untersuchungen. Lichttechnik 12 (1960) 6, 351–354.

[14.2] *Backhaus, A.:* Sozialhygienische Erhebungen zur Problematik der Freizeit der Seeleute. Med. Diss. Hamburg, 1968.

[14.3] *Bäter, H.-H.:* Untersuchungen des Gebißzustandes bei deutschen und bei ausländischen Seeleuten und daraus abzuleitende Empfehlungen. Med. Diss. Hamburg, 1979.

[14.4] *Bock, H. W.:* Lüftungs- und Klimaanlagen auf Schiffen der Bundesmarine. Kiel: Offiziers-Vortragsreihe, Schiffsübernahmekommando (1967/68).

[14.5] *Browning, E.:* Toxicity and Metabolism of Industrial Solvents. Elsevier Publishing Comp., New York 1965.

[14.6] *Bürck, W.:* Die Schallmeßfibel für die Lärmbekämpfung. Oldenburg-Verlag 3, München, Wien 1966. 174 S.

[14.7] *Chapanis, A.:* Man-Machine Engineering. Tavistock Publications, Ltd., London 1965.

[14.8] *Goethe, H., Schmidt, E.-G., Zorn, E.* et al: Lärmbelastung auf See- und Binnenschiffen – Untersuchungen zur effektiven Lärmbelastung der Besatzungen. Hrsg. Bundesanstalt für Arbeitsschutz und Unfallforschung, Dortmund. Wirtschaftsverl. NW GmbH., Bremerhaven 1979. = Forschungsbericht Nr. 201.

[14.9] *Goethe, H.:* Schiffahrtsmedizin. In: Handb. Verkehrsmed. Hrsg. K. Wagner, H. J. Wagner. Springer, Berlin (usw.) 1968, 634–680.

[14.10] *Goethe, H.:* Die Arbeit in der Seeschiffahrt. Arb. u. Leist. 21 (1967) 8, 141–156.

[14.11] *Goethe, H.:* Arbeitsphysiologische Fragen in Schiffbau u. Schiffahrt. In: Jb. Schiffbautechn. Ges. Springer, Berlin (usw.) – 61 (1967) 350–358.

[14.12] *Goethe, H.:* Schiffahrtsmedizin und Tropenhygiene. In: Taschenbuch der praktischen Medizin. 8. Aufl. Hrsg. Gotthard Schettler. Thieme, Stuttgart 1975. S. 1213–1236 (9. Aufl. im Druck).

[14.13] *Grewe, H. E.* und *Rodegra, H.:* Untersuchungen über die Lärmschwerhörigkeit des Maschinenpersonals. Hansa 112 (1975) 21.

[14.14] *Herrmann, R.:* Probleme der Trinkwasserversorgung von Seeschiffen. Hansa 105 (1968) 24, 2219–2226.

[14.15] *Hickin, N. E.:* Household Insect Pests. Hutchinson & Co., Ltd., London 1974.

[14.16] *Israeli, R., Weinstein, M.* und *Süssmann, D.:* Untersuchungen über die Arbeitsplatzanforderungen an Bord von Passagierschiffen. Arb. u. Leist. 21 (1967) 8, 145–147.

[14.17] *Jones, R. A.* und *Church, F. W.:* A Criterion for Evaluation of Noise Exposures. American Industrial Hygiene Association Journal. 21 (1960) 6, 481–485.

[14.18] *Kaminsky, G.* und *Pilz, H. E.:* Gestaltung von Arbeitsplatz u. Arbeitsmittel. RKW-Reihe, Arbeitsphysiol.-Arbeitspsychol. Beuth-Vertrieb, Berlin 1963, 161 S.

[14.19] *Kutz, H. E.:* Hitzeschäden. Z. Tropenmed. Parasit. 10 (1959) 2, 178–231.

[14.20] *Lamoureux, V. B.:* Guide to Ship Sanitation. Hrsg. WHO, Geneva 1967, 119 S.

[14.21] *Lange, W., Kirchner, H. H., Lazarus, H.* et al.: Kleine ergonomische Datensammlung. Hrsg. Bundesanstalt für Arbeitsschutz und Unfallforschung, Dortmund. Verl. TÜV Rheinland 1979.

[14.22] *Lehmann, G.:* Praktische Arbeitsphysiologie. 2. überarb., erw. Aufl. Thieme, Stuttgart 1962, 409 S. (erweiterte Auflage in Vorbereitung).

[14.23] *Liese, W.:* Gesundheitstechn. Taschenbuch. Oldenburg-Verlag, München, Wien 1969.

[14.24] *Müller, G., Goethe, H.* und *Herrmann, R.:* Bakteriolog. Untersuchungen an Verdampferanlagen zur Trinkwasserversorgung von Seeschiffen. Zbl. Bakteriol. 207 (1968) 409–418.

[14.25] *Müller, G.:* Hygiene, Mikrobiologie, Seuchenlehre u. allgm. Hygiene. Mensing & Co, Hamburg 1974.

[14.26] *Munro, J. W.:* Pests of Stored Products. Hutchinson & Co., Ltd., London 1966, 234 S.

[14.27] *Neumann, J.* und *Timpe, K.-P.:* Psychologische Arbeitsgestaltung. VEB Deutscher Verl. d. Wissenschaften, Berlin 1976.

[14.28] *Patty, F. A.:* Industrial Hygiene and Toxicology. Bd. 1. 2. Interscience Publishers, Inc., New York 1978, bzw. im Druck.

[14.29] *Rohmert, W.:* Arbeitswissenschaftl. Prüfliste zur Arbeitsgestaltung. Sonderheft-Refanachrichten. Beuth-Vertrieb, Berlin (usw.) 1967, 24 S.

[14.30] *Sass, F., Bouche, Ch.* und *Leitner, A.:* Dubbels Taschenbuch f.d. Maschinenbau. 12. Aufl. Bd. 1. Springer, Berlin (usw.) 1974.

[14.31] *Sax, N. J.:* Dangerous Properties of Industrial Materials. 5. Aufl. Reinhold Van Nostrand Co., New York, Cincinnati etc. 1979.

[14.32] *Schulz, G. W., Schulze, J.* und *Weichard, H.:* Arbeitsschutz u. Arbeitshygiene. A. Hüthig-Verlag, Heidelberg 1962.

[14.33] *Woodson, W.* und *Conover, D. W.:* Human Engineering Guide for Equipment Designers. 2. Aufl. University of California Press, Berkeley, Los Angeles, London 1970.

[14.34] *Bundesanstalt für Arbeitsschutz und Unfallforschung,* Dortmund: Persönlicher Schallschutz 1975.

[14.35] *Bundesministerium f. Arbeit u. Sozialordnung, Bonn:* MAK-Werte 1980.

[14.36] *Bundesministerium f. Arbeit u. Sozialordnung, Bonn:* Verordnung über die Unterbringung der Besatzungsmitglieder an Bord von Kauffahrteischiffen. Vom 28.2.1973 (BGBl. I S. 66–79).

[14.37] DIN-Normblatt 1946: Lüftungstechnische Anlagen (VDI-Lüftungsregeln). Luftbehandlung für Aufenthaltsräume. Bl. 2. Entwurf (1972).

[14.38] DIN-Normblatt 80061: Geräuschmessungen auf Wasserfahrzeugen. Entwurf (1979).

[14.39] *Forschungsstelle für Schiffsbetriebstechnik an der Fachhochschule Flensburg:* „Flensburger Studie". Bd. 5 + Anh. Untersuchungen über die psychischen und physischen Belastungen von Schiffsbesatzungen. 1974.

[14.40] *Germanischer Lloyd:* Beleuchtungsanlagen. In: Vorschriften f. Klassifikation u. Bau d. elektr. Anlagen auf Seeschiffen. Selbstverl. 80–83 (1966).

[14.41] Handbuch der gesamten Arbeitsmedizin. Hrsg. E. W. Baader. Urban & Schwarzenberg, Berlin (usw.) Bd. 1: Arbeitsphysiol. 1961; Bd. 4: Arbeitshygiene. Teil-Bd. 1. 2. 1963; Bd. 5: Arbeitspsychol. 1961.

[14.42] Handbuch der gefährlichen Güter. Bearb. G. Hommel [Loseblattsammlung.] Springer, Berlin, Heidelberg, New York ab 1978.

[14.43] *International Organization for Standardization:* Rating Noise with Respect to Hearing Conservation, Speech Communication and Annoyance. Draft Proposal ISO. TC 43 WG8 (1961).

[14.44] *International Organization for Standardization:* Guide for the Evaluation of Human Exposure to Whole-body Vibration. ISO 2631 (1974).

[14.45] Optimale Einrichtung der Brücken seegehender Schiffe. Ortung und Navigation. Vierteljahresmitteilung Deutsche Ges. f. Ortung u. Navigation IV/72.

[14.46] Pflanzenbeschauverordnung von 1957 (in der jetzt gültigen Fassung) (BGBl. I. S. 44).

[14.47] *See-Berufsgenossenschaft,* Hamburg. Unfallverhütungsvorschrift Lärm für Seeschiffe (1979).

[14.48] *See-Berufsgenossenschaft,* Hamburg, Unfallverhütungsvorschriften f. Kauffahrteischiffe (1935, laufend ergänzt).

[14.49] Technische Regeln für Bau und Ausrüstung von Unterkunftsräumen auf Seeschiffen. Bundesarbeitsbl. Fachbeil. Arbeitsschutz (1976) 1, 33–40.

[14.50] Trinkwasseraufbereitungsverordnung von 1959. (BGBl. I. S. 762; geänd. 1960. BGBl. I. S. 479).

[14.51] *U. S. Department of Health, Education, and Welfare:* Vessel Construction. Public Health Service Publication No. 393 (1965).

[14.52] *U. S. Department of Health, Education, and Welfare:* Vessels in Operation. Public Health Service Publication No. 68 (1963).

[14.53] *U. S. Department of Health, Education, and Welfare:* Drinking Water Standards. Public Health Service Publication No. 274 (1960).

[14.54] *U. S. Department of Health, Education, and Welfare:* Vessel Watering Points. Public Health Service Publication No. 274 (196).

[14.55] VDI-Richtlinie 2560: Persönlicher Schallschutz. Entwurf (1974).

[14.56] VDI-Richtlinie 2057: Beurteilung der Einwirkung mechanischer Schwingungen auf den Menschen. Entwurf (1975).

[14.57] VDI-Richtlinie 2058: Bl. 1: Beurteilung von Arbeitslärm in der Nachbarschaft (1973); Bl. 2: Beurteilung von Arbeitslärm am Arbeitsplatz hinsichtlich Gehörschäden (1970); Bl. 3: Beurteilung von Lärm am Arbeitsplatz unter Berücksichtigung unterschiedlicher Tätigkeiten. Entwurf (1980).

[14.58] Verordnung über die Schädlingsbekämpfung mit hochgiftigen Stoffen. 1919 (RGBl. I. S. 165; BGBl. III. S. 2121–7; Änder. 1968: BGBl. I. S. 481; Änder. 1974: BGBl. I. S. 469).

[14.59] Verordnung über Trinkwasser und über Brauchwasser für Lebensmittelbetriebe (Trinkwasser-Verordnung). Vom 31. Jan. 1975. BGBl. I. S. 453–461.

[14.60] *World Health Organization:* Specification for Pesticides. Geneva 1961.

Hauptabschnitt 15

Verbrennungsmotoren

Prof. Dipl.-Ing. *K.-H. Buhse*, Bremen

15.1 Formelzeichen, Einheiten und Normen

Die in der Verbrennungsmotorentechnik gebräuchlichen Begriffe, Zeichen und Einheiten sind in DIN 1940 festgelegt, die hier verwendeten Bezeichnungen berücksichtigen diese Norm weitgehend.

A	Kolbenfläche	mm², cm²
B	Brennstoffverbrauch	$\frac{kg}{h}, \frac{g}{h}, \frac{kJ}{h}$
B_s	Schmierölverbrauch	$\frac{kg}{h}, \frac{g}{h}$
b_{eff}	spezifischer Brennstoffverbrauch	$\frac{g}{kWh}$
b_s	spezifischer Schmierölverbrauch	$\frac{g}{kWh}$
d	Zylinderbohrung	mm, cm
m	Masse	g, kg
n	Motordrehzahl	l/min
P	Leistung	kW, PS
P_{eff}	Nutzleistung (effektive Leistung)	kW, PS
P_i	Innenleistung (indiz. Leistung)	kW, PS
P_r	Reibungsleistung	kW, PS
P_v	Leistung des *vollkommenen Motors*	kW, PS
p	mittlerer Kolbendruck	bar
p_c	Verdichtungsenddruck	bar
p_{eff}	mittlerer Nutzdruck	bar
p_i	mittlerer Arbeitsdruck	bar
p_{max}	Verbrennungs-Höchstdruck	bar
s	Kolbenhub	mm
V_c	Verdichtungsraum	mm³, cm³, dm³
V_h	Hubraum eines Zylinders	mm³, cm³, dm³
V_H	Gesamthubraum	mm³, cm³, dm³
v_m	mittlere Kolbengeschwindigkeit	$\frac{m}{s}$
z	Zylinderzahl	
α	Kurbelwinkel	°
ϵ	Verdichtungsverhältnis	–
η_{eff}	Nutzwirkungsgrad	–
η_g	Gütegrad	
η_i	Innenwirkungsgrad	
η_m	mechanischer Wirkungsgrad	
η_v	Wirkungsgrad des *vollkommenen Motors*	
λ	Luftverhältnis	
λ_1	Liefergrad	
ω	Winkelgeschwindigkeit	s⁻¹
OT	oberer/äußerer Totpunkt	–
UT	unterer/innerer Totpunkt	–

Wichtige Normblätter:

DIN 1940 Verbrennungsmotoren; Begriffe, Zeichen, Einheiten
DIN 1941 Verbrennungsmotoren; Abnahmeprüfung (VDI-Verbrennungsmotorenregeln)
DIN 6260 Verbrennungsmotoren; Teile für Hubkolbenmotoren
DIN 6262 Verbrennungsmotoren; Arten der Auflagung
DIN 6264 Verbrennungsmotoren; Betätigungssinn und Bildzeichen an den Bedienteilen
DIN 6265 Verbrennungsmotoren; Bezeichnung der Zylinder, des Drehsinns, der Zündfolge und der Zündleitungen, Benennungen Linksmotor und Rechtsmotor
DIN 6266 Verbrennungsmotoren; Kühlungsarten, Begriffe
DIN 6267 Verbrennungsmotoren; Arten der Ölschmierung
DIN 6270 Verbrennungsmotoren; Leistungsbegriffe, Leistungsangaben, Verbrauchsangaben, Bezugszustand
DIN 6271 Verbrennungsmotoren; Normbezugsbedingungen und Angaben über Leistung, Kraftstoff- und Schmierölverbrauch

15.2 Brennstoffe

(s. Hauptabschnitt 08)

15.3 Motorenarten

Motorschiffe werden fast ausschließlich von Verbrennungsmotoren, die nach dem *Dieselprinzip* arbeiten, angetrieben. *Ottomotoren* werden in größerem Umfang auf leichten, schnellen Sportfahrzeugen eingesetzt; Leistungsbereich: P_{eff} = 2 ... 75 (220) kW = 3 ... 100 (300) PS. Entsprechend ihrer untergeordneten Bedeutung für die Berufsschiffahrt wird daher im Rahmen dieses Handbuches auf eine nähere Beschreibung dieser Motoren verzichtet. *Schiffsdieselmotoren* (Hauptantriebs- und Hilfsmotoren) arbeiten nach dem *Viertakt-* oder nach dem *Zweitakt*-Verfahren. Sie werden als Mehrzylindermotoren in *Ein-* oder *Mehrreihen*-Bauform hergestellt und können als *Tauchkolben-* oder *Kreuzkopfmaschinen* gebaut werden. Motoren mit Tauchkolben bauen leichter und niedriger; diese Bauart wird daher meist bei schneller laufenden Maschinen und bei kleineren Zylinderleistungen angewendet. Für größere Zylinderleistungen und für den Betrieb mit Schweröl wird die Kreuzkopfbauart bevorzugt; der Triebwerksraum ist hier nach oben durch einen Zwischenboden verschlossen, so daß das Motorenöl (Triebwerkschmieröl) nicht durch seitlich zwischen Kolben und Laufbuchse austretende Schwerölverbrennungsrückstände verschmutzt.

Nach der Steuerungsanordnung handelt es sich ausnahmslos um *obengesteuerte* Motoren, d. h. Ventilteller und Gaswege (Ein- und Auslaßkanäle) liegen oberhalb einer gedachten Ebene, die auf dem im oberen Totpunkt befindlichen Kolben aufliegt. Der obengesteuerte Motor hat obengesteuerte Ventile; die Lage der Nockenwelle bleibt unberücksichtigt.

Motoren, die direkt oder indirekt auf die Schraubenwelle mit Festpropeller arbeiten, müssen mit *Umsteuerung* versehen sein, es sei denn, daß bei Antriebsanlagen kleinerer Leistung ein Wendegetriebe vorgesehen ist.

Die *Zylindergröße* hat gegenüber der *Zylinderzahl* dort den Vorzug, wo viele Zylinder mit Rücksicht auf die Betriebssicherheit und Wartung unerwünscht sind und wo es auf die Lebensdauer ankommt. Es gilt die Grundregel, daß bei hohen Ansprüchen an Raum und Gewicht viele kleine Zylinder, bei hohen Ansprüchen an die Wirtschaftlichkeit wenige größere Zylinder gewählt werden.

Ferner werden *langsamlaufende* und *schnellaufende* Motoren unterschieden. Langsamläufer arbeiten als Hauptantriebsmotoren direkt auf die Schraubenwelle, Schnelläufer dagegen über ein Getriebe; sie dienen auch als Hilfsdiesel zum Antrieb von Stromerzeugern, Verdichtern usw.

Der Begriff schnellaufend bzw. langsamlaufend ist nicht festgelegt, er kann sowohl auf die Drehzahl als auch auf die mittlere Kolbengeschwindigkeit bezogen werden. Vielfach werden die Schiffsmotoren in drei Gruppen unterteilt:

langsamlaufende Motoren

$n \approx 100 \ldots 500 \text{ min}^{-1}$
$v_m \approx 4 \ldots 6{,}5 \text{ m/s}$

mittelschnellaufende Motoren

$n \approx 500 \ldots; 1000 \text{ min}^{-1}$
$v_m \approx 6{,}5 \ldots 9 \text{ m/s}$

schnellaufende Motoren

$n > 1000 \text{ min}^{-1}$
$v_m \approx 9 \ldots 12 \text{ m/s}$

Eine Einteilung der Motoren nach der *Leistung* ist auch möglich, die Grenzen sind allerdings sehr fließend:

kleine und mittlere Motoren: Viertaktmotoren

mittlere und große Motoren: Zweitaktmotoren, aufgeladene Viertaktmotoren

größte Motoren: aufgeladene Zweitaktmotoren

In der Literatur werden unausgesprochen unter dem Begriff *Tauchkolbenmotoren* immer kleine und mittlere Motoren verstanden, der Begriff *Kreuzkopfmotor* gilt stets für den Großmotor.

Bei den *Zweitakt-Großmotoren* werden Zylinderleistungen von P_{eff} = 2500 kW (3400 PS) bis 2700 kW (3600 PS) bei Drehzahlen von 90 ... 120 min^{-1} und mittleren Nutzdrücken von p_{eff} = 13,0 ... 14,5 bar sicher beherrscht. *Langhuber*, die natürlich höher bauen, mit einem Hub/Bohrungsverhältnis s/d bis zu 2,11 werden bevorzugt. Sie erzielen einen günstigeren Wirkungsgrad des Motors und – durch Verminderung der Drehzahl – eine Verbesserung des Propellerwirkungsgrades um rd. 5 %.

In starker Konkurrenz zu den langsamlaufenden Kreuzkopfmotoren stehen die *Mittelschnelläufer*, insbesondere in V-Form, die sogar bis in den Leistungsbereich der Dampfturbine eindringen konnten. Diese kurzhubigen Viertakt-Tauchkolbenmotoren gehen in ihrem Hub/Bohrungsverhältnis hin bis zur sogenannten „quadratischen" Bauart, d. h. s/d = 1,2 ... 1,0. Ihre Kompaktheit kommt dem Nutz- bzw. Laderaum der Schiffe zugute. Zylinderleistungen bis P_{eff} = 1325 kW (1800 PS) bei n = 400 1/min werden erreicht. Die mittleren Kolbengeschwindigkeiten liegen im allgemeinen bei v_m = 7,8 ... 9,0 m/s, die mittleren Nutzdrücke bei p_{eff} = 16,0 ... 21,5 bar, die Drehzahlen zwischen n = 400 ... 750 1/min und die Verbrennungshöchstdrücke p_{max} zwischen 100 bar und 140 bar.

Beide Bauarten können mit Schweröl betrieben werden, auch wenn sich diese Rückstandsöle ständig verschlechtern. Brennstoffe mit sehr hohen Verkokungsrückständen und Asphaltgehalt können trotz ihrer vermeintlich schlechten Eigenschaften fast problemlos verbrannt werden. Eine dem Brennstoff angepaßte Einspritzung unter höheren Drücken sowie vermehrte Sauerstoff- und Wärmezufuhr während des Einspritzens durch optimale *Brennraumgestaltung* und *Hochaufladung* sind die geeigneten Maßnahmen, dazu ein Heraufsetzen der Widerstandsfähigkeit der Verschleißteile.

Trotz der großen Mannigfaltigkeit der Motorschiffe (Fracht-, Tank- und Fahrgastschife, Fischereifahrzeuge, Schlepper u. a. m.) kann die Motorenart nur von Fall zu Fall frei gewählt werden; insbesondere sind dabei die Schiffsgröße, die Antriebsleistung, die Gewichts- und Raumverhältnisse, die Lage des Motorraumes u. a. m. ausschlaggebend.

15.4 Arbeitsverfahren

Bei Dieselmotoren wird der Brennstoff meistens unmittelbar in den Verbrennungsraum des Arbeitszylinders eingespritzt. Im Verdichtungsraum V_c

befindet sich die durch den *Verdichtungshub* hochverdichtete und dabei erhitzte Verbrennungsluft. Der *Verdichtungsenddruck* und damit die *Verdichtungsendtemperatur* werden so gewählt, daß sich der beim Einspritzen fein zerstäubte Brennstoff sicher entzündet. Die bei der Verbrennung frei werdende Wärme erhitzt die Zylinderladung schlagartig; der Verdichtungsenddruck steigt auf den *Verbrennungshöchstdruck*. Während der anschließenden *Ausdehnung* wird Arbeit verrichtet.

Der Verdichtungsenddruck beträgt je nach Bauart bei unaufgeladenen Motoren etwa 30 ... 50 bar und die Verdichtungsendtemperatur etwa 550 ... 650 °C. Mit höherem Verdichtungsenddruck steigt zwar der Wirkungsgrad η_v des Vergleichsprozesses, (s. Abschnitt 15.16), jedoch wird i. a. der höchste Verbrennungsdruck p_{max} durch entsprechende Wahl des Verdichtungsenddruckes und der Einspritzung auf etwa 50 ... 80 bar beschränkt, um allzu hohe Kolben- und Triebwerksbelastungen zu vermeiden. Für den Normalfall gilt überschläglich $p_{max} \approx 1{,}5 \cdot p_c$.

15.4.1 Viertaktmotor

Das Arbeitsspiel des Viertaktmotors besteht aus vier Hüben (Takten): *Ansaugehub, Verdichtungshub, Arbeits-* oder *Ausdehnungshub* und *Ausschubhub*. Diese vier Hübe verteilen sich auf zwei Umdrehungen der Kurbelwelle, so daß nur bei jeder zweiten Umdrehung Arbeit verrichtet wird.

Die einzelnen Hübe eines Viertaktmotors sind im Bild 15.1 (Druck-Weg-Schaubild in Verbindung mit einem Kurbelkreisschaubild) zu verfolgen.

Ansaugehub

Läuft der Kolben vom oberen zum unteren Totpunkt, so wird durch das Einlaßventil frische Luft in den Zylinder gesaugt. Das Einlaßventil öffnet (Punkt 1) hierbei kurz vor OT und schließt (Punkt 2) nach dem unteren Totpunkt. Der Druck im Zylinder am Ende des Ansaugens beträgt bei Motoren *ohne* Auflading $p_a \approx 0{,}90 \ldots 0{,}95$ bar.

Bei Viertaktmotoren *mit* Auflading (s. Abschnitt 15.15) wird die Verbrennungsluft durch ein Aufladegebläse in den Zylinder hineingedrückt. Am Ende des Ansaugehubes liegt dann der Druck im Zylinder je nach dem Grad der Auflading über dem Atmosphärendruck.

Verdichtungshub

Bei der folgenden Kolbenbewegung vom UT zum OT wird die im Zylinder befindliche Verbrennungsluft nach dem Schließen des Einlaßventils auf den Verdichtungsenddruck verdichtet und dabei erhitzt.

Arbeitshub

Kurz vor Erreichen des OT beginnt das Einspritzen des Brennstoffes (Punkt 3); bei Punkt 3' ist der Einspritzvorgang beendet. Die Einspritzdauer be-

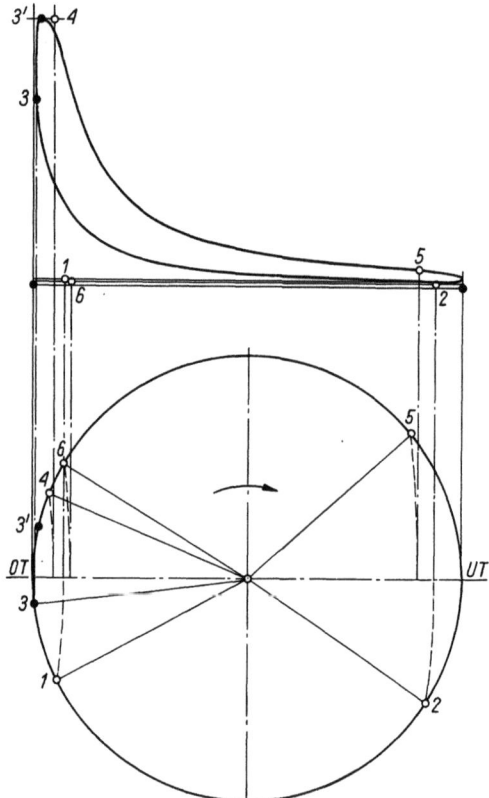

Bild 15.1 Arbeits- und Kurbelkreisschaubild des Viertakt-Verfahrens

trägt bei Vollast etwa 20 ... 30° Kurbelwinkel, wobei ungefähr die Hälfte des Einspritzwinkels vor dem oberen Totpunkt liegt. Beginn und Dauer des Einspritzens hängen von der Drehzahl des Motors, dem verwendeten Brennstoff u. a. m. ab. Mit zunehmender Drehzahl wird der Anteil des vor dem OT liegenden Einspritzwinkels größer.

Der Druckanstieg während der Verbrennung wird im besonderen von der Länge des *Zündverzuges* und vom *Einspritzverlauf* (früher *Einspritzgesetz)*, d. h. von der *je Zeiteinheit* eingespritzten Kraftstoffmenge bestimmt.

Während des Verbrennungsvorganges steigt die Temperatur. Bei Vollast werden Temperaturen von etwa 1400 ... 1600 °C erreicht. Nach beendeter Verbrennung (Punkt 4) beginnt die Ausdehnung, wobei die Temperatur der Verbrennungsprodukte sinkt. Die Endtemperatur beim Öffnen des Auslaßventils (Punkt 5) beträgt bei Vollast ungefähr 650 ... 750 °C, der Druck etwa 2,5 ... 3,5 bar. Bei unvollkommener Verbrennung, Spätzündung, fehlerhaftem Nachbrennen sowie bei schlechter Wärmeabfuhr (z. B. verschmutzte oder verkrustete Kühlmittelräume, Kühlmittelmangel) kann diese Endtemperatur stark steigen. Das Auslaßventil öffnet bereits, *bevor* der Kolben seinen unteren Totpunkt erreicht hat, so daß die Verbrennungsprodukte sich bis zum Beginn des folgenden Ausschubhubes fast auf atmosphärischen Druck entspannen können.

Ausschubhub

Bei der Bewegung vom UT zum OT schiebt der Kolben die Verbrennungsprodukte durch das geöffnete Auslaßventil in die Abgassammelleitung bzw. bei aufgeladenen Motoren zur Abgasturbine der Aufladegruppe und über einen Schalldämpfer ins Freie. Infolge der Widerstände beim Ausschieben (Ventil, Leitung, Schalldämpfer) stellt sich ein Abgasgegendruck (Auspuffdruck) von etwa 0,1 bar ein. Kurz vor Erreichen des oberen Totpunktes beginnt das Einlaßventil zu öffnen (Punkt 1). Das Auslaßventil wird erst nach Erreichen des OT geschlossen (Punkt 6). Beim Durchlaufen des OT sind also sowohl das Einlaß- als auch das Auslaßventil während einer gewissen Zeit gleichzeitig geöffnet *(Ventilüberschneidungszeit)*. Unter günstigen Verhältnissen, werden hierdurch Restgase aus dem Verbrennungsraum ausgespült. Die Überschneidung beträgt bei Motoren ohne Aufladung je nach Drehzahl 40...80° Kurbelwinkel, bei aufgeladenen Motoren ist sie größer.

Die Temperatur der Gase im Abgasstutzen des Zylinderdeckels beträgt bei Vollast $t_A \approx 350 \ldots 450 °C$. Bei Motoren mit Aufladung und bei Schnelläufern können sich auch höhere Temperaturen einstellen. Die Temperatur in der Abgassammelleitung ist höher (bis zu 20%) als die im Abgasstutzen. Dieser Temperaturanstieg wird durch die Umsetzung der Geschwindigkeits- und Stoßenergie (Verwirbelung) in Wärme bewirkt. Die Anzeigeträgheit der Meßinstrumente im Abgasstrom des Abgasstutzens spielt hier auch eine Rolle. Der starke Temperaturabfall vom Beginn des Ausströmens aus dem Zylinderinneren in die Abgasleitung ergibt sich hauptsächlich durch die Ausdehnung während des Ausströmvorganges.

15.4.2 Zweitaktmotor

Beim Zweitaktmotor vollzieht sich ein Arbeitsspiel während *einer* Kurbelumdrehung bzw. im Verlauf von zwei Kolbenhüben.

Das Arbeitsschaubild eines Zweitaktmotors ist in Bild 15.2 dargestellt. Die Vorgänge im Zylinder während der Verdichtung, Verbrennung und Ausdehnung sind sinngemäß die gleichen wie bei einem Viertaktmotor.

Hinsichtlich des Ausströmens der Verbrennungsprodukte und des Füllens des Zylinders mit Frischluft bestehen jedoch grundsätzliche Unterschiede.

Die Verbrennungsprodukte beginnen nach dem Öffnen der Auslaßorgane (Punkt 5) abzuströmen.

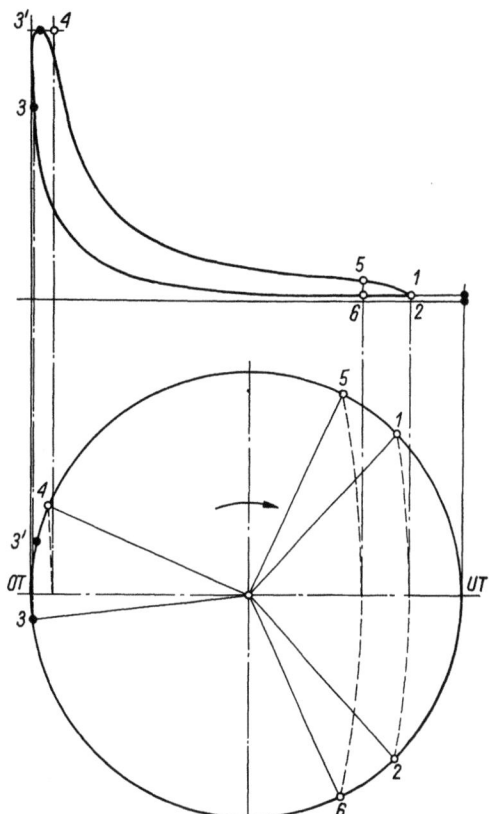

Bild 15.2 Arbeits- und Kurbelkreisschaubild des Zweitakt-Verfahrens

Das Einströmen der unter Überdruck stehenden Frischluft (Spülluftdruck $p_s \approx 0{,}1 \ldots 0{,}4$ bar erfolgt nach dem Öffnen der Einlaßorgane (Punkt 1), die in Punkt 2 wieder geschlossen werden. Nach dem Schließen der Auslaßorgane (Punkt 6) beginnt das eigentliche Verdichten der Frischluft.

Die Abgase des Zweitaktmotors weisen im Vergleich zu denen des Viertaktmotors eine *niedrigere* Temperatur auf, da während der Spülperiode die Verbrennungsperiode mit der kalten Spülluft gemischt werden. Bei Vollast ergibt sich eine Abgastemperatur $t_A \approx 250 \ldots 350 \,°C$.

15.5 Ladungswechsel

Die Nutzarbeit je Arbeitsspiel eines Zylinders hängt in erster Linie von dem *Luftgewicht* ab, das zur Verbrennung des Brennstoffes im Zylinder zur Verfügung steht. Jede bei Verdichtungsbeginn im Zylinder verbliebene Restmenge an Verbrennungsprodukten vom vorhergegangenen Arbeitsspiel bedeutet eine Verminderung der Frischluftmenge und damit auch der Leistung des Motors. Ebenso führt das Erwärmen der Frischluft durch die Mischung mit den Restgasen und durch die heißen Zylinderwände zu einer Vergrößerung des spezifischen Volumens der Frischluft, das Frischluftgewicht nimmt also ab. Damit tritt ebenfalls eine Leistungsminderung ein. Eine hohe spezifische Zylinderleistung wird sich, wenn von der Möglichkeit einer Drehzahlerhöhung abgesehen wird, also nur dann erreichen lassen, wenn der Zylinder möglichst weitgehend von Restgasen gereinigt und mit Frischluft von hohem Druck und von niedriger Temperatur (Luftkühler) gefüllt wird.

15.5.1 Viertaktmotor

Dem Viertaktmotor stehen für den Ladungswechsel, d. h. für das Ausschieben der Verbrennungsprodukte und das Neufüllen des Zylinders, zwei Hübe (Takte) zur Verfügung. Durch ausreichend bemessene Ein- und Auslaßventile läßt sich der Zylinder von Restgasen fast vollkommen leeren und mit Frischluft von annähernd atmosphärischem oder bei Aufladung höher liegendem Druck füllen. Da bei einem Viertaktmotor etwa die Hälfte der Zeit eines Arbeitsspieles, also fast eine volle Umdrehung, für den Wechsel der Zylinderladung zur Verfügung steht, ergeben sich hierbei keine besonderen Schwierigkeiten.

15.5.2 Zweitaktmotor

Der Zweitaktmotor, bei dem auf ein Arbeitsspiel nur zwei Hübe (Takte) entfallen, muß den Ladungswechsel – also die Spülperiode – innerhalb von etwa 100 ... 120° Kurbelwinkel abgeschlossen haben. Er muß demnach diesen Vorgang in nur einem *Drittel* der Zeit, die dem Viertaktmotor dafür zur Verfügung steht, erledigen. In dieser verhältnismäßig kurzen Zeit (bei $n = 120$ min^{-1} etwa eine sechstel Sekunde) ist das Füllen des Zylinders mit Frischluft nur dann möglich, wenn sie unter merklichem *Überdruck* steht. Die bei Spülbeginn noch im Zylinder vorhandenen Verbrennungsprodukte werden von der einströmenden Frischluft in die Abgassammelleitung gedrückt. Ein Teil der Frischluft fließt mit den Verbrennungsprodukten ab und geht daher für den Verbrennungsprozeß im Zylinder verloren.

Das Zweitaktverfahren erfordert in jedem Fall eine *Luftpumpe*, die das Fördern der Spül- und Ladeluft übernimmt; dabei ist es im Prinzip gleichgültig, ob diese Pumpe vom Motor selbst oder fremd angetrieben wird. Um einen möglichst hohen *Spülwirkungsgrad* zu erreichen, muß eine Spülluftmenge von $\approx (1{,}3 \ldots 1{,}6)\, V_H$ gefördert werden. Der Leistungsaufwand hierfür beträgt etwa 6 ... 10% der Motorleistung.

Bei größeren Motoren kann die Kolbenunterseite dazu verwendet werden, einen Teil der insgesamt erforderlichen Spülluftmenge zu fördern.

Es gibt zahlreiche verschiedene Spülverfahren. Sie alle lassen sich auf *drei* Grundarten, nämlich Längs-

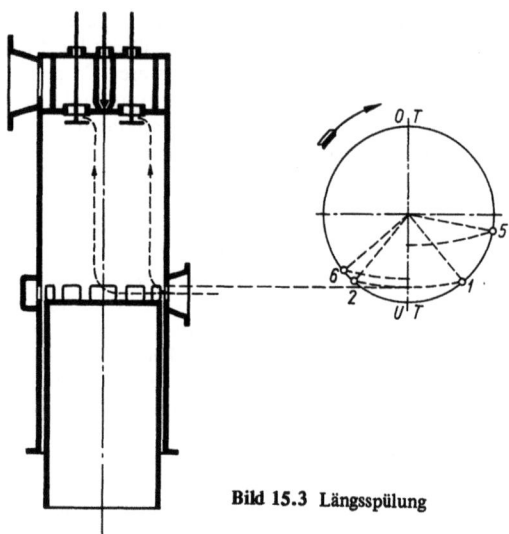

Bild 15.3 Längsspülung

spülung, *Querspülung* und *Umkehrspülung*, zurückführen. Quer- und Umkehrspülung werden manchmal unter dem übergeordneten Begriff *Umlenkspülung* zusammengefaßt. Der *Spülgrad* ist bei allen Verfahren ungefähr gleich. In den meisten Fällen übernimmt der Arbeitskolben selbst die Steuerung der ab- und zuströmenden Gase durch Schlitze in der Zylinderlaufbuchse *(Innensteuerung)*. An Stelle einer reinen Schlitzsteuerung ist aber auch eine Steuerung des Ladungswechsels durch Ventile *und* Schlitze möglich. Die grundlegenden Spülverfahren werden an Hand schematischer Skizzen erläutert.

Längsspülung mit Ventilen und Schlitzen, (Gleichstromspülung) Bild 15.3

Das Auslaßventil bzw. die Auslaßventile werden über Kipphebel von einer Nockenwelle gesteuert. Kurz vor Ende der Ausdehnung werden die Auslaßventile in Punkt 5 der Kurbelstellung geöffnet, so daß die Verbrennungsprodukte abzuströmen beginnen. Sobald der Druck im Zylinder so weit gesunken ist, daß er den Druck der Spülluft ungefähr erreicht hat, gibt auch der Kolben die Spülschlitze, die mit dem Spülluftraum in Verbindung stehen, frei (Punkt 1). Die in den Zylinder einströmende Spülluft treibt die restlichen Verbrennungsprodukte durch die Auslaßventile aus und kühlt gleichzeitig den Kolbenboden.

Im Punkt 2 sind die Spülschlitze durch den aufwärtsgehenden Kolben überdeckt, im Punkt 6 die Auslaßventile geschlossen. Auf dem Wege von 2 nach 6 kann ein Luftverlust eintreten. Sind jedoch die Spülschlitze nach dem Abschluß der Auslaßventile noch eine Zeitlang geöffnet, so findet ein *Nachladen*, also eine Art Aufladen des Zylinders mit Spülluft statt. Die Verdichtung beginnt nach dem Schließen der Auslaßorgane (Punkt 6). Dabei wird vorausgesetzt, daß nicht durch den aufwärtsgehenden Kolben Luft aus dem Zylinderinneren in den Spülluftkanal gedrängt wird.

Gegenkolbenmotoren arbeiten ebenfalls mit Gleichstromspülung. Die Spül- bzw. Auslaßschlitze werden dabei von jeweils einem Arbeitskolben gesteuert. Ein Nachladen kann bei nichtumsteuerbaren Gegenkolbenmotoren dadurch erreicht werden, daß der die Auslaßschlitze steuernde Kolben durch entsprechende Kurbelversetzung dem Einlaßkolben etwas vorauseilt. Beim Verdichtungshub werden dadurch die Auslaßschlitze vor den Einlaßschlitzen überdeckt.

Durch tangentialen Eintritt der Spülluft in den Zylinder entsteht eine drehende (schraubenförmige) Bewegung der Luft, die auch während der Verdichtung und Verbrennung anhält.

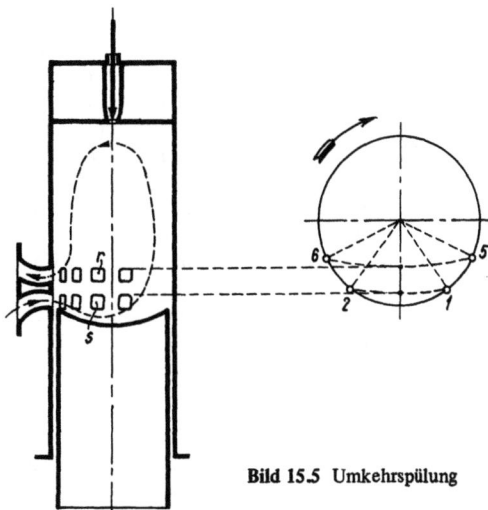

Bild 15.5 Umkehrspülung

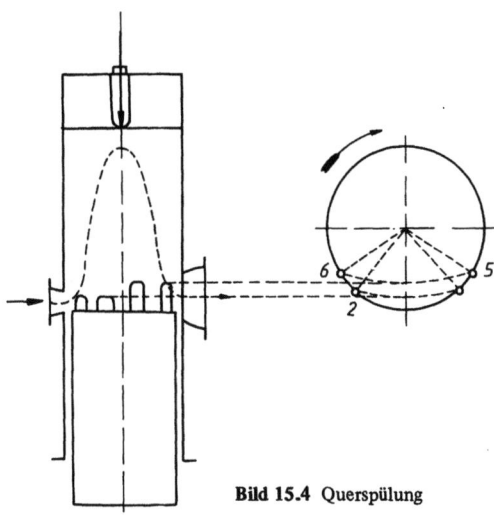

Bild 15.4 Querspülung

Querspülung, Bild 15.4

Die Spül- und Auslaßschlitze befinden sich auf *gegenüberliegenden* Zylinderseiten und werden durch die Kolbenoberkante gesteuert. Von Punkt 5 bis Punkt 1 tritt die Entspannung der Verbrennungsprodukte durch die sich öffnenden Auslaßschlitze ein. Die Spülschlitze werden in Punkt 2 und die Auslaßschlitze erst in Punkt 6 geschlossen. Während dieser Zeitspanne besteht die Möglichkeit, daß Spülluft aus dem Zylinder durch die noch teilweise geöffneten Auslaßschlitze verloren geht. Die stark nach oben gerichteten Spülschlitze sorgen dafür, daß zwischen Spül- und Auslaßschlitzen kein *Kurzschluß* entsteht.

Ein Nachladen des Zylinders mit Spülluft ohne Steuerorgane in den Abgasstutzen bei dieser Bauart mit ihren symmetrischen Steuerdaten nicht möglich.

Umkehrspülung, Bild 15.5

Die Spül- und Auslaßschlitze befinden sich auf der *gleichen* Zylinderseite auf 1/2 ... 1/3 des Zylinderumfanges übereinander (Auslaßschlitze oben, Spülschlitze darunter). Infolge der besonderen Formgebung der Spülluft- und Auslaßkanäle in Verbindung mit der Form des Kolbenbodens durchstreicht die Spülluft den Zylinder in Form einer *Schleife*, nachdem sich die Verbrennungsprodukte durch Öffnen der Auslaßschlitze während des Kurbelwinkels von 5 nach 1 bis auf den Druck der Spülluft entspannt haben. Es wird eine stabile Strömung erreicht, die ein kräftiges Durchspülen des gesamten Zylinderraumes bewirkt.

Für alle Spülsysteme gilt, daß der beabsichtigte Luftweg am besten aufrecht erhalten wird, wenn es gelingt, den Spülstrom stets an den Wänden entlang zu leiten.

15.6 Verbrennungsraum

Der Verbrennungsraum ist der allseitig vom Arbeitszylinder, Zylinderdeckel und Kolben umschlossene Raum. *(Nebenkammern,* soweit sie zum Verbrennungsraum offen sind, gehören ebenfalls zum Verbrennungsraum). Er ändert seine Größe während des Arbeitsspieles.

15.6.1 Verdichtungsverhältnis

Beim Verdichtungshub wird die Frischluft im Zylinder verdichtet und dabei so erhitzt, daß der eingespritzte Brennstoff mit Sicherheit zündet. Die *Verdichtungsendtemperatur* errechnet sich nach:

$$\begin{aligned} T_c = T_2 &= T_a(p_c/p_a)^{(n_1-1)/n_1} \\ &= T_1(p_2/p_1)^{(n_1-1)/n_1} \\ &= T_1(V_1/V_2)^{(n_1-1)} \\ &= T_1 \cdot \varepsilon^{n_1-1} \text{ K} \end{aligned} \qquad (1)$$

Hierbei bedeuten die Zeiger 1 und 2 den Verdichtungsanfangs- und den Verdichtungsendzustand. Die jeweiligen absoluten Drücke in bar werden durch p, die Volumina durch V gekennzeichnet. Der *Polytropen-Verdichtungsexponent* n_1 schwankt zwischen 1,32 und 1,38. In der Regel wird mit dem Mittelwert $n_1 = 1{,}35$ gerechnet.

Die absolute Temperatur T_1 des Arbeitsgemisches ist von der Restgasmenge, der Temperatur der Frischluft und der Gemischerwärmung an den Wänden abhängig.

T_1-Werte für normale Betriebsverhältnisse der Motoren mit und ohne Aufladung:

Viertaktmotor: $T_1 \approx 310 \ldots 330$ K
Zweitaktmotor: $T_1 \approx 320 \ldots 380$ K

Die genaue Bestimmung der Temperatur T_1 *ist meßtechnisch kaum möglich. I. a. wird mit einem Mittelwert* $T_1 = (273 + 50)$ K $= 323$ K *gerechnet*.

Das Verhältnis des Anfangs- zum Endvolumen wird als *Verdichtungsverhältnis* ϵ bezeichnet.

$$\epsilon = \frac{\text{Größtwert des Verbrennungsraumes}}{\text{Kleinstwert des Verbrennungsraumes}}$$

$$\doteq \frac{V_h + V_c}{V_c} = \frac{V_h}{V_c} + 1 = \frac{V_2}{V_1} + 1 \qquad (2)$$

Dieses Verhältnis, das maßgebend für die Höhe des Verdichtungsenddruckes ist, wird auch *bedingtes Verdichtungsverhältnis* genannt. Es liegt bei Motoren für Bordzwecke zwischen 12 und 18. Die höheren Werte gelten für kleinere Motoren mit unterteiltem Verbrennungsraum. Der Verdichtungsraum V_c wird häufig in Hundertteilen des Hubraumes ausgedrückt:

$$V_c = 100/(\epsilon - 1) \text{ in \%} \qquad (2a)$$

Die wirkliche Verdichtung im Zylinder beginnt jedoch nicht mit der Aufwärtsbewegung des Kolbens im Verdichtungstakt, sondern erst mit dem Schließen der Auslaßorgane. Das *wirkliche Verhältnis* ϵ_{eff} ist dann das Verhältnis des Nutzhubraumes zum Verdichtungsraum. Es ist also beispielsweise die *Schlitzhöhe* des Zweitakt-Zylinders zu berücksichtigen. Bei langsamlaufenden Zweitaktmotoren liegt der wirksame Hub *(Nutzhub)* etwa 20 ... 25 % unter dem tatsächlichen Hub des Kolbens.

$$\epsilon_{\text{eff}} = \frac{(V_h - \psi_s \cdot V_h) + V_c}{V_c} = \frac{V_h(1 - \psi_s)}{V_c} + 1 \qquad (3)$$

ψ_s ist der Teil des Hubraumes V_h oder des Hubes s, der bis zum Augenblick des Schließens der Steuerorgane durchlaufen wurde *(verlorener Hub)*.

Wenn nichts besonderes gesagt ist, geben die Angaben in den Betriebsvorschriften das bedingte Verdichtungsverhältnis ϵ wieder.

Der *Verdichtungsenddruck* ergibt sich zu

$$p_c = p_2 = p_a \cdot \epsilon^{n_1} = p_1 \cdot \epsilon^{n_1} \text{ bar} \qquad (4)$$

Für p ist der absolute Druck einzusetzen. Das Volumen des Verdichtungsraumes läßt sich aus der Gleichung

$$V_c = V_2 = V_h/(\epsilon - 1) = V_h/(p_2/p_1)^{1/n_1} - 1$$

errechnen.

Es beträgt im Mittel bei Viertaktmotoren etwa 8 % und bei Zweitaktmotoren etwa 6 % des Hubraumes.

Die Höhe des Verdichtungsraumes V_c, gemessen von Oberkante Kolben bis Unterkante Zylinderdeckel, oder ein anderes Maß, mit dessen Hilfe die richtige Höhenlage des Kolbens und damit das richtige Verdichtungsverhältnis eingestellt oder nachgeprüft werden kann, muß stets in der Betriebsvorschrift angegeben sein.

Bei Nacharbeiten an den Kolben oder Treibstangenlagern, ferner beim Aufsetzen neuer Kolben, Zylinderdeckel oder Dichtungsringen unter dem Deckel und dergl. ist die Verdichtungsraumhöhe immer zu überprüfen. Um sie auf das richtige Maß zu bringen, werden meist Beilagebleche zwischen Kurbelzapfenlager und Treibstangenfuß eingebaut. Hierbei ist sorgfältig darauf zu achten, daß diese *Stahlbleche* von gleichmäßiger Dicke und eben sind (keine verzinnten oder verzinkten Bleche). Unebenheiten auf den Blechen poltern sich bald fort und haben ein Lockern der Treibstangenbolzen mit unter Umständen späteren schweren Schäden zur Folge. Am besten wird nur *ein* Blech entsprechender Dicke untergelegt, niemals mehrere übereinander.

Nicht nur durch unrichtigen Zusammenbau kann das Verdichtungsverhältnis falsch eingestellt sein, es kann sich auch während des Betriebes durch Ausschlagen der Lager und Koksansatz auf dem Kolben- und Deckelboden ändern.

Praktisch wird der Inhalt des Raumes V_c durch Auslitern mit Öl bestimmt.

In dem schematischen Bild 15.6 sind der Hub- und Verdichtungsraum durch entgegengesetzte Schraffur

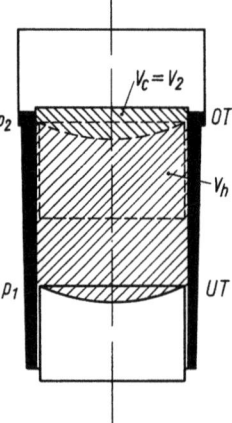

Bild 15.6 Verdichtungsraum

hervorgehoben. Ist der Inhalt des Verdichtungsraumes V_c nicht bekannt, so kann er errechnet werden, wenn der Verdichtungsanfangs- und Verdichtungsenddruck durch Aufnahme von Schaubildern bekannt ist.

Beispiel 15.1: Viertaktmotor, Zylinderdurchmesser d = 640 mm, Hub s = 700 mm, Hubraum $V_h \approx$ 255 dm³, Verdichtungsenddruck (aus Verdichtungsdruckschaubild bestimmt) p_c = 30,9 bar Anfangsdruck zu Beginn der Verdichtung (aus Schwachfederschaubild bestimmt) p_a = 0,9 bar
Es errechnet sich:

$$V_c = \frac{225}{(30{,}9/0{,}9)^{1/1{,}35} - 1} \text{ dm}^3 = 17{,}69 \text{ dm}^3$$

das sind 7,9 % vom Hubraum. Das Verdichtungsverhältnis ergibt sich weiter zu

ϵ = (225 + 17,69)/17,69 = <u>13,7</u>

15.6.2 Direkte Strahleinspritzung

Für eine gute Brennstoffausnutzung ist die Zerstäubung des Brennstoffes in feinste Tröpfchen Vorbedingung. Um bei direkter Einspritzung eine einwandfreie Strahlzerstäubung und damit auch einwandfreie Gemischbildung zu erreichen, sind Einspritzdrücke von etwa 400 ... 1000 bar in Verbindung mit den feinen Düsenbohrungen (Mehrlochdüse) erforderlich. Die mittleren Tröpfchengröße des eingespritzen Brennstoffes, die mit steigendem Einspritz- und Verdichtungsdruck abnimmt, liegt bei etwa 10 ... 20 μm. Die zur Erzeugung des Einspritzdruckes aufgewendete Leistung beträgt ungefähr 2 % der Nutzleistung des Motors.

Der *Einspritz*druck darf nicht mit dem *Abspritz*druck verwechselt werden, d. h. dem Öffnungsdruck des Brennstoffventils. Dieser ist von der eingestellten Federspannung des federbelasteten Nadelventils abhängig. Als Faustregel gilt: Einspritzdruck $\approx$ (2 ... 3) · Abspritzdruck. Der Abspritzdruck der Brennstoffventile beträgt bei der direkten Strahleinspritzung etwa 200 ... 400 bar.

Die so außerordentlich winzigen Brennstofftröpfchen müssen aber dennoch genügend *Durchschlagskraft* haben, um möglichst die gesamte verdichtete Verbrennungsluft zu durchdringen, ohne dabei jedoch auf die Zylinderwände aufzutreffen (Gefahr des Zusammenballens, Abwaschen des Öles). Die Bewegung, die der Arbeitskolben der Verbrennungsluft beim Verdichtungshub erteilt, untersützt die gleichmäßige Brennstoffverteilung auf den gesamten Verbrennungsraum. Durch besondere konstruktive Maßnahmen an den Einlaßventilen bzw. an den Einlaßschlitzen kann die einströmende Frischluft in eine drehende Bewegung versetzt werden, wodurch sich eine sehr gute Gemischbildung ergibt.

Die direkte Strahleinspritzung ergibt von allen Einspritzverfahren die günstigsten spez. Brennstoffverbrauch. Er liegt bei Vollast je nach Motorgröße und Drehzahl zwischen b_{eff} = 0,197 ... 0,224 g/kWh = 0,145 ... 0,165 kg/PSh. Daher wird dieses Verfahren für die Hauptmotoren der Schiffe praktisch ausschließlich verwendet.

15.6.3 Unterteilter Verbrennungsraum

Kleinere Dieselmotoren, die ja meistens schneller laufend sind (z. B. Hilfsmotoren an Bord) besitzen häufig einen *unterteilten* Verbrennungsraum. Die konstruktiven Ausführungen *(Wirbelkammer, Wälzkammer, Luftspeicher)* werden nicht näher behandelt, da sie im Schiffsmotorenbau nur eine untergeordnete Rolle spielen. Es wird nur das *Vorkammer-Verfahren* besprochen. Allen Verfahren gemeinsam ist das Bestreben, mit einem niedrigen Einspritzdruck eine gute Brennstoffzerstäubung zu erreichen.

Der Brennstoff wird – durch eine Einloch-Zapfendüse verhältnismäßig grob zerstäubt – in einen abgeschnürten Teil des Verbrennungsraumes *(Teilbrennraum)* eingespritzt und teilweise verbrannt. Der hierbei entstehende Überdruck treibt den unvollkommen und den noch unverbrannten Brennstoff durch mehr oder minder große Öffnungen bzw. Kanäle in den anderen Teil des Verbrennungsraumes *(Hauptbrennraum)*, in dem dann auf diese Art weiterzerstäubte Brennstoff restlos und vollkommen verbrennt.

Die Zerstäubung des Brennstoffes erfolgt also nicht – wie bei der direkten Strahlzerstäubung – in erster Linie als mechanische Zerstäubung mittels hohen Druckes und feiner Einspritzdüsen, sondern zum großen Teil erst im Hauptbrennraum selbst durch eine mit Hilfe einer Teilverbrennung erzwungenen Gasströmung. Für die erste grobe Zerstäubung des Brennstoffes genügen dann Abspritzdrücke von 80 ... 120 bar.

Der im Teilbrennraum verbrannte Brennstoff verrichtet keine mechanische Arbeit, er diente nur zur Aufbereitung. Es entsteht also ein *Mehrverbrauch*, d. h., der spez. Brennstoffverbrauch liegt höher als bei Motoren mit direkter Einspritzung. I. a. wird mit $b_{eff} \approx$ 0,229 ... 0,258 kg/kWh = 0,170 ... 0,190 kg/PSh gerechnet.

Da die Verbrennungsraumoberfläche (Teil- + Hauptbrennraum) verhältnismäßig groß ist, muß zum Erzielen einer ausreichenden Verdichtungsendtemperatur das Verdichtungsverhältnis höher sein ($\epsilon \approx$ 15 ... 18). Dies führt aber nicht zu außergewöhnlichen Beanspruchungen des Triebwerkes, da die *Druckanstiegsgeschwindigkeit* während der Verbrennung geringer als bei Motoren mit direkter Strahleinspritzung ist. Motoren mit unterteiltem Verbrennungsraum haben daher i. a. den Vorzug eines *weichen* Laufes.

Um ein sicheres Anspringen des kalten Motors zu gewährleisten, sind diese Bauarten meist mit Hilfsmitteln zur Erleichterung der Zündung, z. B. *Glühwendeln* o. ä. ausgerüstet.

15.7 Hauptbauteile der Verbrennungsmotoren

15.7.1 Allgemeiner Aufbau

Bei Kreuzkopf-Großmotoren in *Ständer-Bauart* ist das Triebwerk von unten nach oben von der Grundplatte mit Ölwanne, den Ständern – meist in A-Form –, einem darüberliegenden Zwischenstück, dem Zylinderblock und den Zylinderköpfen (Zylinderdeckel) umgeben (Bild 15.7). Der *Grundplatte* fällt die Aufgabe zu, für genügende Steifigkeit in der waagerechten und senkrechten Ebene zu sorgen. Eine Entlastung der Grundplatte in dieser Hinsicht durch das Schiffsfundament findet i. a. nicht statt.

Neuerdings wird die *Kastenträger-Bauweise* bevorzugt (Bild 15.8). Statt der bisher üblichen A-Ständer werden kastenförmige Längsträger in Schweißkonstruktion für die Motorengestelle verwendet. Sie sind biege- und verwindungssteif, bieten Vorteile hinsichtlich Fertigung, Montage und Wartung und können höhere Verbrennungsdrücke aufnehmen, d. h., sie ermöglichen eine wesentliche Mitteldrucksteigerung.

Bild 15.9 läßt im Querschnitt den Aufbau eines Mittelschnelläufers in V-Form erkennen.

Allen Bauarten sind *Zuganker* gemeinsam, Ihre Hauptaufgabe besteht darin, die gußeisernen Bauteile von Zugspannungen zu entlasten.

15.7.2 Arbeitskolben

Seine Aufgaben: gasdichter Abschluß des Zylinders, Ableiten der Wärme des Kolbenbodens, Aufnahme des hohen Verbrennungsdruckes, Steuerung des Ladungswechsels beim Zweitaktmotor, Aufnahme des Seitendruckes beim kreuzkopflosen Motor (Tauchkolben-Bauart). Die Lösung dieser Aufgaben erfordert einen größeren konstruktiven Aufwand.

Die Kolben der Dieselmotoren, gleichgültig für welche Motorenart, sind die am stärksten beanspruchten Teile des Motors, da sie nicht nur den Verbrennungsdruck auf die Triebwerksteile (Kolbenstangen, Treibstangen usw.) weiterleiten, sondern auch den durch die Verbrennungswärme verursachten Wärmespannungen standhalten müssen. Diese durch die Wärmeverformung hervorgerufenen Beanspruchungen sind erheblich höher als die mechanischen Beanspruchungen durch den Gasdruck.

Erfahrungsgemäß treten an den Kolben im Betrieb häufiger Störungen auf als an den durch Kräfte und Wärme ebenfalls stark beanspruchten Zylinderdeckeln.

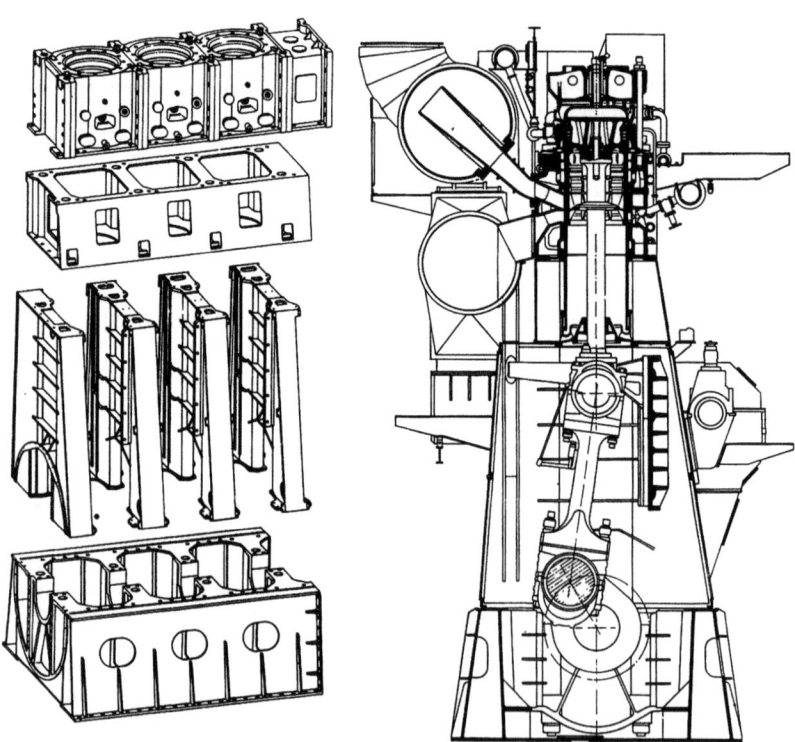

Bild 15.7 *MAN* KSZ-A-Zweitaktdieselmotor (Ständer- Bauart)

Hauptbauteile der Verbrennungsmotoren

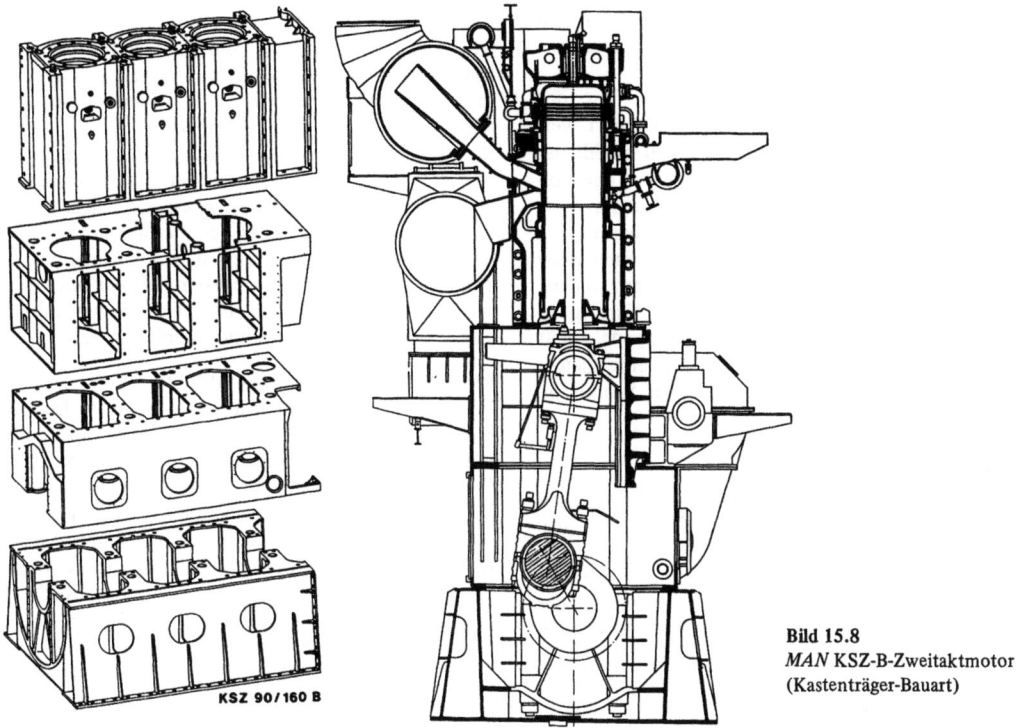

Bild 15.8
MAN KSZ-B-Zweitaktmotor
(Kastenträger-Bauart)

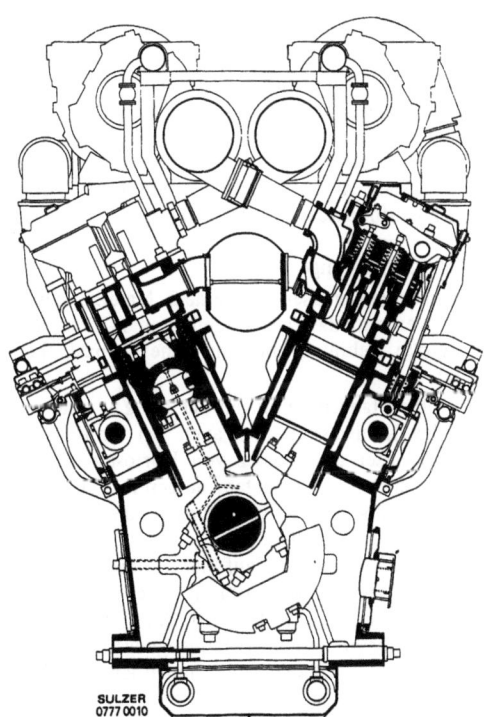

Bild 15.9 MAN-Sulzer V 65/65-Viertaktmotor

Als Material für den Kolben verwendet man hochwertiges Gußeisen, Stahlguß und Schmiedestahl, bei kleineren und mittleren Kolben auch Leichtmetall-Legierungen. Das Material muß außer einer hohen Festigkeit und Wärmebeständigkeit auch eine möglichst hohe Härte (Brinellhärte) besitzen, damit das Ausschlagen der *Kolbenringnuten* (gelegentlich gehärtet) erschwert wird. Neuerdings werden immer häufiger auswechselbare Futterringe *(Ringträger)* aus Spezialgußeisen in die Kolbenringnuten eingesetzt.

Das Material der Kolbenringe muß demjenigen der Laufbuchse angepaßt sein, damit eine gute Lauffähigkeit erzielt wird. Die Kolbenringe werden bei schrägen Stoßenden *(Kolbenringschloß)* abwechselnd rechts und links geschnitten eingesetzt. Bei Zweitaktmotoren muß an den Rändern der Ein- und Auslaßschlitze in der Laufbuchse ein allmählicher Übergang geschaffen werden, und die Kolbenring-Stoßenden müssen gut abgerundet sein, damit ausfedernde Kolbenringe vor dem Brechen geschützt sind.

Der Kolben muß entsprechend der Ausdehnung durch die Erwärmung bearbeitet und das *Kolbenspiel* sowie die *Kolbenringspiele* müssen sorgfältig nach Erfahrung bemessen sein. Die Werte dieser Spiele sind in ein Kontrollbuch einzutragen und bei Überholungsarbeiten an den Kolben stets zu überprüfen, um ein Maß für die Veränderung der

Spiele (den Eigenschaften des Motors, des Zylinderschmieröles und des Brennstoffes entsprechend) zu gewinnen.

Kolben und Zylinderlaufbuchse dürfen nur mit bestgeeignetem Schmieröl sparsam geschmiert werden (etwa 0,68 g/kWh = 0,5 g/PSh), zu reichliches Schmieren hat Festbrennen und Verletzen der Kolbenringe zur Folge. Als Schmierapparate für diese Schmierung werden *Drucköler* – am besten mit Sicht des Tropfens – verwendet. Jede Schmierstelle sollte an ein eigenes Pumpenelement eines solchen Druckölers angeschlossen sein. Die Versorgung mehrerer Schmierstellen durch ein Pumpenelement führt häufig zu Schwierigkeiten, weil eine gleichmäßige Verteilung wegen der geringen Schmierölmengen nicht erreicht werden kann.

Tauchkolben

Der Tauchkolben muß außer den *axialen* Kräften auch die *senkrecht* dazu von der Pleuelstange ausgeübten Kräfte aufnehmen, d. h. die Funktion des Kreuzkopfes übernehmen. Damit die seitliche Flächenpressung nicht zu stark wird, muß der Kolben entsprechend lang sein. Der Kolbenbolzen wird *schwimmend* gelagert. Bei größeren Leichtmetallkolben werden in den Kolbenbolzennaben Stahlbuchsen eingegossen, die ein Ausschlagen verhindern sollen. Lange, dünne Kolbenbolzen führen wegen zu starker Durchbiegung leicht zu Beschädigungen des Kolbenbolzenlagers und des Bolzens selbst. Das Lager erhält Lagerschalen mit Weißmetallausguß, Bleibronzebuchsen, Mehrstofflager oder auch Nadellager.

Der Kolben darf im Bereich der Kolbenbolzennaben nicht zu schwach sein, damit er sich durch den Seitendruck nicht verziehen kann; er muß ferner in diesem Bereich zur Verhütung des Fressens freigearbeitet sein. Tauchkolben für große Motoren erhalten besonders eingesetzte *Tragbacken* mit Weißmetallfutter oder *Tragringe* (Führungsringe) aus Bleibronze oder dergleichen zur Aufnahme des Normaldruckes der Treibstange.

Die Kolben von Zweitaktmotoren werden ab 220 ... 230 mm Durchmesser mit *Kühlung* versehen. In Viertaktmotoren mit Aufladung können Leichtmetallkolben bis 570 mm Durchmesser ohne Kühlung einwandfrei gefahren werden.

Die Tauchkolben werden vorzugsweise mit Öl gekühlt, das meist durch Gelenkrohre zu- und abgeführt wird. Dabei muß besonders für einen guten *Umlauf* des Öles im Kolbenkühlraum gesorgt werden, damit einerseits die Wärmeabfuhr verbessert und andererseits die Bildung von Ölkoks *(Anbrand)* erschwert wird. Die Temperatur des ablaufenden Öles soll erfahrungsgemäß auf höchstens 55 °C beschränkt bleiben. Der Öldruck muß so groß sein, daß die Ölsäule bei der Beschleunigung des Kolbens nicht *abreißen* kann.

Bei Motoren mit niedriger Wärmebeanspruchung wird zuweilen die Menge des dem Kolbenbolzenlager durch die hohlgebohrte Treibstange zugeleiteten Schmieröles vergrößert; die Überschußmenge wird an den Kolbenboden gespritzt.

Bei Tauchkolbenmotoren nimmt die Laufbuchse bzw. die Mantelfläche des in den Triebwerksraum eintauchenden Kolbenteiles große Ölmengen auf. Um ein Hochziehen dieses Schmieröles in den Zylinder zu verhindern, besitzen die Kolben im unteren Teil *Ölabstreifringe* mit schmaler *Schabekante*. Sie verfehlen jedoch ihren Zweck, wenn das von ihnen abgestreifte Öl nicht ungehindert abließen kann.

Kolben für Zweitakt-Kreuzkopfmotoren

Für diese Kolben gelten sinngemäß die unter Tauchkolben erwähnten Gesichtspunkte. Die häufigste Form dieser Kolben ist die des *Großwasserraumkolbens* mit *Planschkühlung*. Es gibt jedoch auch Kolben, bei denen dem Kühlmittel (Süßwasser) durch Einbauten oder dergl. ein bestimmter Weg vorgeschrieben ist. Diese Ausführungsform wird bei hochbelasteten Motoren und stets bei Kolben mit *Ölkühlung* verwendet. Ein derartiger Kolben ist in Bild 15.10 dargestellt.

Für die Zu- und Abführung des Kühlwassers kommen fast ausschließlich *Posaunen* mit Tauchrohren zur Anwendung. Sie werden zum Schutz gegen zu starken Druckanstieg (Wasserschlag beim Bewegungswechsel der Tauchrohre oder bei schneller Änderung der Motorendrehzahl) mit *Windkesseln* ausgerüstet, die zweckmäßigerweise mit einer besonderen Belüftungseinrichtung versehen sein müssen. Die Windkessel müssen, wenn sie ihren Zweck erfüllen sollen, vollkommen dicht sein (Abpinseln mit Seifenwasser). Bei Spritzposaunen für Wasserkühlung kann durch wrasenden Dampf der Ölfilm auf der Laufbuchse angegriffen werden.

15.7.3 Kolbenstange

Kolbenstangen müssen aus einem Material hergestellt werden, das außer genügender Festigkeit eine große Dehnung und eine hohe Kerbzähigkeit besitzt.

Die Kolbenstangenbohrungen für die Zu- und Abfuhr des Kühlwassers sind auch bei Anwendung von Süßwasser und Zusatz von Korrosionsschutzmitteln der Anfressungsgefahr ausgesetzt. Zu ihrem Schutz erhalten sie *Ausfütterungen*, die bei ölgekühlten Kolben entfallen.

Der Kolbenkörper muß auf der Kolbenstange (s. Bild 15.10) mit großer Sorgfalt befestigt werden. Bei wassergekühlten Kolben ist dafür zu sorgen, daß das Wasser mit den Befestigungsstellen des Kolbens nicht in Berührung kommen kann (Korrosionsgefahr).

Die Schrauben zur Befestigung des Kolbenkörpers auf der Kolbenstange müssen eine genügende Länge

Hauptbauteile der Verbrennungsmotoren

15.7.4 Laufbuchse

Die Laufbuchsen werden i. a. aus besonders hochwertigem *Gußeisen* mit perlitischem Grundgefüge hergestellt und in den Zylinderblock eingesetzt. Nur bei sehr kleinen Motoren können Laufbuchsen und Zylinder in einem Stück gegossen sein. Gelegentlich werden die Laufbuchsen hochbeanspruchter Motoren *hartverchromt*. Damit die in den Zylinderblock eingesetzte Laufbuchse den Wärmedehnungen in axialer und radialer Richtung folgen kann, wird sie nur an einem Ende und mit seitlichem *Dehnungsspiel* befestigt. Am freien (schiebenden) Ende werden für den Abschluß gegen den Kühlwasserraum Stopfbuchsen oder Gummiringe in Nuten verwendet. Der Teil oberhalb der Lauffläche wird freigedreht, damit der oberste Kolbenring keinen Grat (Ansatz) hinterläßt. Laufbuchse und Zylindermantel bilden den *Kühlwasserraum* des Zylinders. Im Hauptbereich der Verbrennung (etwa 12 ... 18 % des Hubes) werden im Kühlwasserraum auf dem Zylinderblock oder außen auf der Laufbuchse zuweilen Ringkanäle oder Leitrippen (auch schraubenförmige) angeordnet, so daß hier durch die höhere Geschwindigkeit des Kühlwassers eine stärkere *Wärmeabfuhr* (Kühlung der Laufbuchse) erzielt wird.

Die Zylinderschmierung und die Anordnung der Schmierlöcher richtet sich ganz nach der Motorenart und dem Arbeitsverfahren. Die Schmieranstiche sind dahin zu verlegen, wo die Laufbuchse erfahrungsgemäß zum *Trockenlaufen* neigt, bei Zweitaktmotoren gegebenenfalls auch in den Bereich der Stege zwischen den Schlitzen. Die günstigste Verteilung des Öles über die Zylinderlauffläche bei geringstem Ölverbrauch ist bei der *Hubtaktschmierung* gewährleistet (s. Abschnitt 08.).

So oft ein Kolben ausgebaut wird, ist der Verschleiß der Laufbuchse festzustellen. In verschiedenen Höhen der Laufbuchse (s. Betriebsvorschrift) werden in jeweils zwei senkrecht zueinander stehenden Ebenen Aufmessungen vorgenommen (s. Abschnitt 06.). Am besten eignet sich ein Spezialgerät mit Indikator zur Aufnahme der Aufmaße auf der ganzen Buchsenlänge. Der Laufbuchsenverschleiß ist im oberen Drittel am stärksten. Ferner findet ein *ovales* Auslaufen statt, wobei die größere Achse (infolge der Reaktion des Gleitbahndruckes) senkrecht zur Längsebene des Motors liegt. Starke innere *Massenkraftmomente* können die größere Achse in z. B. eine 45°-Ebene verlagern.

Der in Viertaktmotoren gemessene Zylinderbuchsenverschleiß ist erheblich geringer als in Zweitaktmotoren. Dies erklärt sich nicht allein aus dem Arbeitsverfahren, sondern auch aus der Tatsache, daß dem Zylinder des Viertaktmotors eine wesentlich größere Schmierölmenge zugeführt werden kann, als dies bei Zweitaktmotoren überhaupt möglich ist.

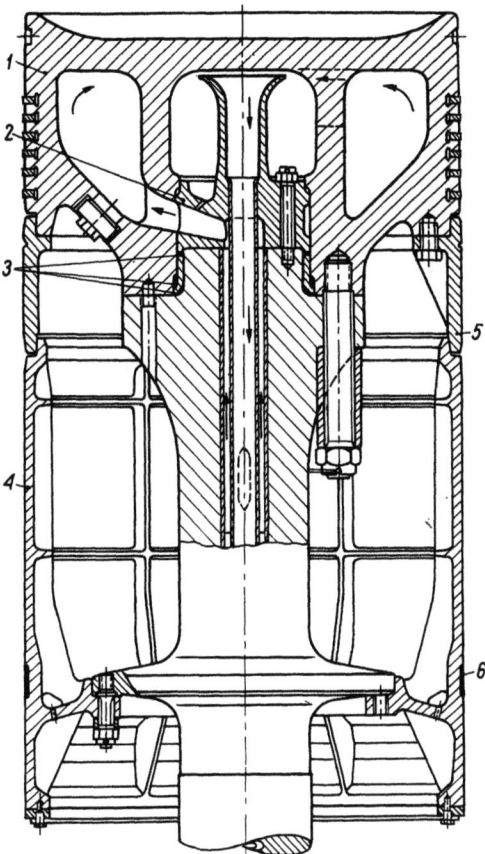

Bild 15.10 Arbeitskolben eines Zweitaktmotors (*MAN*)
$d = 780$ mm   1 Kolbenoberteil (-krone)   2 Einsatz
3 Dichtungen   4 Kolbenhemd (-mantel)   5 Führungsring
6 Gleitring

besitzen und aus zähem Material hergestellt sein *(Dehnschrauben)*; nur so können sie Dehnungen, die durch die Wärme verursacht werden, am besten aufnehmen.

Das Material für die in Kolben und Kolbenstangen zum Einbau kommenden Teile ist auch bei Süßwasserkühlung mit Rücksicht auf die fast unvermeidlichen Korrosionen sorgfältig auszuwählen. Schrauben, Rohre und dergleichen werden aus korrosionsfestem Material gefertigt.

Kolbenstangen-Stopfbuchsen befinden sich im Zwischenboden. Sie dichten den Triebwerksraum ab und verhindern die Verschmutzung des Motoröles mit durchgeblasenen Verbrennungsrückständen. Wenn die Unterseiten der Arbeitskolben zur Spül- oder Ladeluftförderung herangezogen werden, müssen die Stopfbuchsen gegen den entsprechenden Druck dichten. Da dieser Druck aber verhältnismäßig niedrig ist, kann die Kolbenstangen-Stopfbuchse aufbaumäßig sehr einfach ausgeführt sein.

Die *Laufbuchsen der Viertaktmotoren* sind verhältnismäßig einfach. Am Verbrennungsraumende sind häufig (besonders bei schnellaufenden Motoren) *Ausfräsungen* vorhanden um für die Einlaß- und Auslaßventile des Zylinderdeckels Platz und günstigere Strömungsquerschnitte zu schaffen. Bei höheren Zylinderleistungen (p_{eff} = 18 ... 19 bar) wird dem Laufbuchsenbund (-kragen) durch innere Wasserkühlung Wärme entzogen.

Die *Laufbuchsen der Zweitaktmotoren* sind wegen der Einlaß- und Auslaßschlitze empfindlichere Maschinenteile. Es gibt daher größere Laufbuchsen, bei denen der Schlitzteil und der schlitzlose Teil *getrennt* hergestellt und in den Zylinderblock eingesetzt werden. Die Stoßfugen dieser Laufbuchsenteile sind häufig gegenseitig *verzahnt* oder *gewellt*, um ein besseres Überlaufen der Kolbenringe zu erzielen. In einigen Fällen sind die Stege zwischen den Auslaßschlitzen mit Kühlbohrungen für Wasserdurchfluß versehen.

Bei abgenutzten Laufbuchsen ist vor dem Ziehen der Kolben ein etwa vorhandener *Laufbuchsengrat* zum Schutz der Kolbenringe fortzunehmen. Die Dichtungsringe im Zylinderblock dürfen keine Ausbeulungen der Laufbuchse verursachen, da sonst ein einwandfreier Lauf der Kolben nicht erreicht werden kann. Für die Gummiringe muß deshalb in den Nuten ein freier Ausdehnungsraum von etwa 35 ... 40 % des Gummiquerschnittes vorhanden sein.

15.7.5 Zylinderdeckel

Die Zylinderdeckel sind neben dem Kolben das gefährdetste Motorenteil, da sie den Verbrennungsdruck aufnehmen müssen und gleichzeitig erheblichen Wärmebeanspruchungen ausgesetzt sind. Die einzelnen Teile müssen gleichmäßig gekühlt sein, um unzulässige Wärmespannungen zu vermeiden. Zum Schutze des dem Verbrennungsraum zugekehrten Deckelbodens wird hier für einen lebhafteren Kühlwasserumlauf gesorgt (Zwischenböden oder dergl.).

Besonders beim Zweitaktmotor ist mit zunehmender Größe des Zylinders die Beherrschung der gleichzeitigen Kraft- und Wärmebeanspruchung des Deckels nicht ganz einfach. Es wird dann eine Teilung des Deckels in einen die *Wärmebeanspruchung* und in einen die *Kräfte* aufnehmenden Teil vorgenommen.

Bei einigen Bauarten wird der Deckelboden vielfach mit einer tiefen Wölbung versehen (haubenartiger Zylinderdeckel), in die der Kolben bei Hubende mit seiner Krone hineinläuft. Dadurch kann die Laufbuchse kürzer werden, die Verbrennung vollzieht sich ganz im gekühlten Deckelraum, die höchsten Drücke und Temperaturen werden von der Laufbuchse und insbesondere von der *Dichtungsfuge* zwischen Laufbuchse und Deckel ferngehalten. Dieser Schutz der Dichtungsfuge wird auch durch den sogenannten *eingehängten* Zylinderdeckel erreicht, der in die Laufbuchse hineinragt.

Der Zylinderdeckel wird gegen den Zylinder mittels eingeschliffener *Ringfeder* und *-nut* oder mittels eines meist kupfernen Dichtungsringes abgedichtet. Die in der Zylinderlaufbuchse befindliche Ringnut muß so angeordnet sein, daß die durch den Druck der Zylinderdeckelbefestigungsschrauben in der Laufbuchse hervorgerufenen *Biegespannungen* möglichst klein sind, damit die Buchse an der Einspannstelle nicht brechen kann.

Für das Reinigen der Zylinderdeckel müssen ausreichende Reinigungsöffnungen (Verschlußdeckel meistens mit Zink- oder Magnesiumschutz) vorhanden sein. Im Betrieb muß die Temperatur der einzelnen Zylinderdeckelteile durch *Abfühlen* geprüft werden. Große Wärmeunterschiede, die große Spannungsunterschiede verursachen, zeigen an, daß entweder die Konstruktion des Deckels oder der Wasserumlauf nicht in Ordnung sind. Niemals darf die Wasserzufuhr bei stark erwärmten Zylinderdeckeln *plötzlich* gesteigert werden; dies darf nur ganz allmählich erfolgen. Dasselbe gilt natürlich auch für alle übrigen gekühlten Teile eines Dieselmotors.

15.7.6 Ventile

Als Ein- und Auslaßorgane werden einfache *Pilzventile* verwendet. Sie sind gegen Wärmeverformung und Verschleiß am unempfindlichsten und sind bequem gasdicht einzuschleifen. Die Ventile werden zwangsläufig von Steuerhebeln geöffnet und schließen kraftschlüssig mittels einer Ventilfeder. Ein- und Auslaßventil öffnen nach dem Zylinderinneren, in geschlossener Stellung werden sie also durch den höheren inneren Druck zusätzlich auf ihre Sitze gepreßt. Ventilspindel und -teller können aus einem Stück oder getrennt hergestellt sein.

Einlaßventil

Die Einlaßventile der Viertaktmotoren müssen reichliche Durchgangsquerschnitte besitzen, um der in den Zylinder beim Niedergang des Kolbens einströmenden Luft möglichst geringen Widerstand entgegenzusetzen. Bild 15.11 zeigt das Ventil eines größeren Motors.

Das Ventil wird gegen die Federkraft geöffnet durch die Auflaufbahn des Einlaßnockens in Verbindung mit dem Ventilhebel *(Kipphebel)*, zuweilen unter Zwischenschaltung einer Stößelstange. Am nockenseitigen Ende des Ventilhebels bzw. der Stößelstange befindet sich eine *Laufrolle*. Geschlossen wird das Ventil durch die Ventilfeder (ein oder zwei Stück) wobei die Schließbewegung durch die Ablaufbahn des Einlaßnockens vorgeschrieben ist (s. Bild 15.16).

Während des Betriebes erwärmen und längen sich die Ventilspindeln. Um diese Verlängerung aufzu-

Hauptbauteile der Verbrennungsmotoren

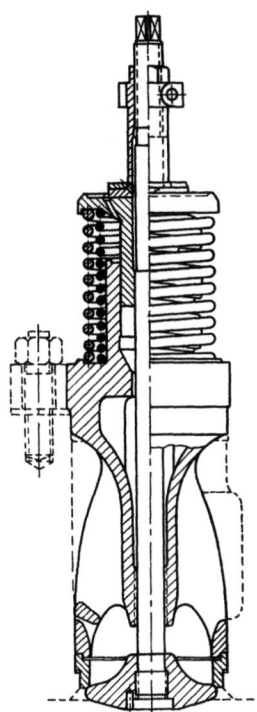

Bild 15.11
Einlaßventil mit Gehäuse (Korb)

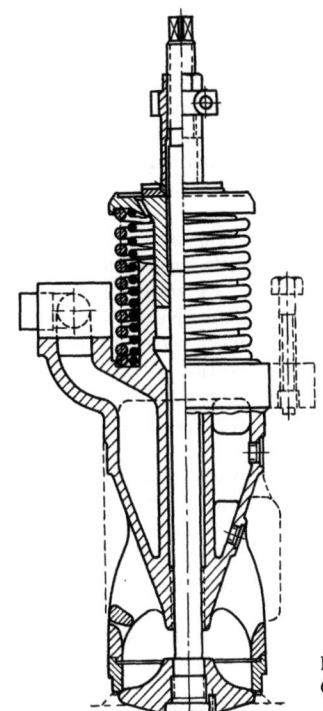

Bild 15.12
Gekühltes Auslaßventil

fangen, besteht zwischen der Laufrolle und dem Nockengrundkreis ein Spiel, *Rollenlose* oder *Rollenspiel* genannt. Die Ventilspindel bzw. der Kipphebel oder die Stößelstange muß mit einer Einrichtung versehen sein, mit deren Hilfe das Rollenspiel eingestellt werden kann. Die in der Betriebsvorschrift angegebenen Werte für dieses Spiel beziehen sich auf den *kalten* Motor. Sie sind gewissermaßen als *Grobeinstellung* zu betrachten. Wenn die Ventilsteuerzeiten nicht den vorgeschriebenen Werten (kalter Zustand) entsprechen, müssen sie durch Ändern der Rollenlose nachgeregelt werden *(Feineinstellung)*.
Nach dem Warmlaufen des Motors ist nachzuprüfen, ob sich das Rollenspiel überall *gleichmäßig* verkleinert hat. Ganz besonders gilt dies für die Auslaßventile. Bei ungleichmäßiger Längung der Ventilspindeln sind die Unterschiede bei der Kalteinstellung *auszugleichen*.

Beispiel 15.2: Für die Auslaßventile eines Vierzylindermotors wurden folgende Rollenlosen gemessen:

Zylinder	1	2	3	4
Kalteinstellung nach Betriebsvorschrift	0,9	0,9	0,9	0,9
warm nach Motorlauf	0,5	0,45	0,3	0,5
Längung	0,4	0,45	0,6	0,4
Nacheinstellung bei kaltem Motor	0,9	0,9	1,1	0,9

Der Auf- und Ablauf der Laufrollen soll ohne Stoß erfolgen. Auch hierfür dient die richtige Einstellung des Rollenspiels, vorausgesetzt, daß die Nockenbahn eine den Beschleunigungs- und Verzögerungskräften entsprechende, richtige Form besitzt.
Die *Sitze* der Einlaßventile müssen stets gut dicht sein; undichte Ventile sind so bald wie möglich auszuwechseln und nachzuarbeiten, sie brennen sonst schnell aus.
Die Ventilkegel erhalten zuweilen aufgesetzte *Wirbelschirme*, die die angesaugte Luft einseitig in den Verbrennungsraum austreten lassen, so daß ein Drall entsteht. Dieser bleibt auch noch in der verdichteten Verbrennungsluft bestehen und trägt zu einer besseren Verteilung des zerstäubten Brennstoffes bei *(abgeschirmtes Einlaßventil)*.

Auslaßventil

Für die Querschnitte und Antriebsverhältnisse der Auslaßventile gilt sinngemäß das gleiche wie für die Einlaßventile. Die Gehäuse der Auslaßventile werden mit Wasser gekühlt. Der Ventilkegel besteht aus hochhitzebeständigem Material (Bild 15.12). Bei schnellaufenden Hochleistungsmotoren werden auch hohlgebohrte, mit wärmeleitenden Stoffen ausgefüllte Ventilkegel und -schäfte (-spindeln) verwendet.
Um die erforderlichen Ventilquerschnitte besser unterzubringen, werden Schnelläufer zuweilen mit

je zwei oder mehr Ein- und Auslaßventilen versehen.

Bei kleineren Zylinderdurchmessern werden die Sitzflächen der Ein- und Auslaßventile unmittelbar an den Rand der entsprechenden *Ventilkanonen* des unteren Zylinderdeckelbodens angedreht. Zum Ein- und Ausbau solcher Ventile muß der Zylinderdeckel abgebaut werden.

Bei höherer spez. Zylinderleistung muß die während der Aufheizphase dem Ventilsitz zugeführte Wärme auch gut abfließen können. Es wird Kühlwasser durch Ringkanäle, Bohrungen oder Nuten von innen so dicht an den Sitz herangeführt, wie es die mechanische Festigkeit des Sitzes zuläßt. Diese Kühlung ist sehr wirksam. Die Temperatur sinkt z. B. von 280 °C beim ungekühlten Sitzring und p_{eff} = 18 bar auf 175 °C mit Kühlung.

Die Ventilsitzflächen der Auslaßventile brennen (besonders bei schwefelhaltigen Brennstoffen) manchmal sehr stark aus, so daß diese Ventile häufiger ausgewechselt werden müssen. Ein zu reichliches Schmieren der *Spindelführung* ist zu vermeiden.

Für die Ventiltemperaturen sind nicht die Abgas-, sondern die Verbrennungstemperaturen maßgeblich. Auch die Breite des Ventilsitzes spielt eine gewisse Rolle, denn 2/3 ... 3/4 der vom Ventil aus den Verbrennungsgasen aufgenommenen Wärmemenge wird über den Ventilsitz abgeführt. Die Ventilsitze müssen also stets sauber sein, damit bei geschlossenem Ventil rundherum metallische Berührung zwischen Kegel und Sitz vorhanden ist. Die prozentuale Verteilung der abfließenden Wärmemenge bleibt bei allen Lasten unverändert. Bei guter Berührung der Sitzfläche des geschlossenen Ventils wird die gesamte Wärmemenge zeitlich ziemlich gleichmäßig abgeführt. Dagegen findet der Wärmeübergang bei schlechter Berührung hauptsächlich in der Zeit des hohen Zylinderdruckes statt.

Die Auslaßventile großer Zweitaktmotoren mit Gleichstromspülung erreichen erhebliche Abmessungen.

Anlaßventil

Die Anlaßventile steuern die Druckluft, die notwendig ist, um das Triebwerk des Motors in Bewegung zu setzen, bevor die erste Zündung erfolgt und Kraft erzeugt wird. Sie öffnen ebenfalls nach innen und können mechanisch mittels Nocken und Steuergestänge oder pneumatisch, d. h. mit Druckluft geöffnet werden und schließen mittels einer Feder.

Das *mechanisch gesteuerte Anlaßventil* (Bild 15.13) besitzt am oberen Ende seiner Spindel einen Kolben, der sowohl zur Abdichtung des Gehäuses nach außen dient als auch zur Entlastung. Da sein Querschnitt ungefähr dem des Ventilkegels gleichkommt, verhindert er, daß das Ventil schon unter dem Druck der anstehenden (vorgelagerten) Anlaßluft öffnet.

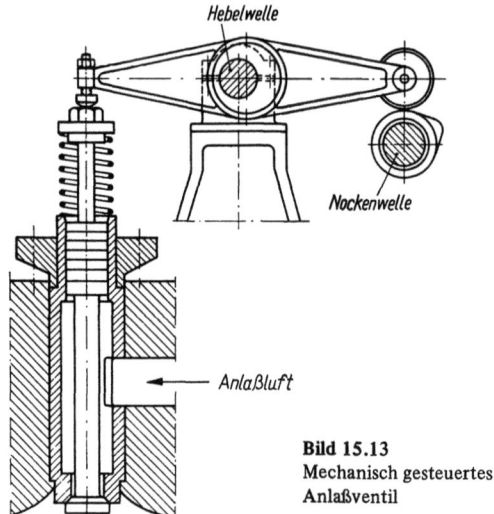

Bild 15.13
Mechanisch gesteuertes Anlaßventil

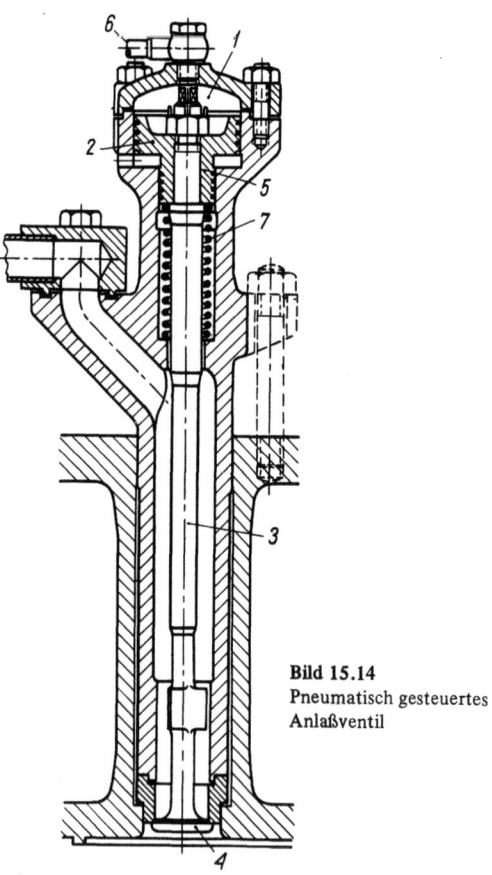

Bild 15.14
Pneumatisch gesteuertes Anlaßventil

Das *pneumatisch gesteuerte Anlaßventil* (Bild 15.14) ist ähnlich aufgebaut, nur wirkt zum Öffnen des Ventils nicht ein Steuergestänge, sondern Druckluft

Hauptbauteile der Verbrennungsmotoren

von oben auf die Ventilspindel. Sie besitzt einen Steuerkolben (2), der über einen *Anlaßsteuerschieber* und den Anschluß (6) durch Steuerluft beaufschlagt wird. Der Ventilteller (4) wird durch den Kolben (5) vom sonst einseitig wirkenden Druck der Anlaßluft entlastet. Das Anlaßventil wird also auf pneumatischem Wege geöffnet und durch den Druck der Feder (7) geschlossen, sobald der Raum über dem Steuerkolben (2) durch den Anlaßsteuerschieber mit der Atmosphäre verbunden, also entlüftet ist.

Bild 15.15 zeigt den Aufbau eines *Anlaßsteuerschiebers*. Diese Steuerschieber werden mit mittleren und größeren Motoren verwendet. Sie sitzen entweder je Zylinder getrennt über der Nockenwelle oder sie sind an einem Motorenende zu einem Block *(Anlaßluftverteiler, Anlaßsteuerstern)* vereinigt.

Sobald das Handrad oder der Handhebel der Manövriereinrichtung am Fahrstand in die Steuerstellung *Anlassen* gebracht wird, strömt Druckluft gleichzeitig zum Anlaßsteuerschieber und zum Anlaßventil. Dieses kann aber wegen des Entlastungskolbens nicht öffnen.

Alle Steuerschieber (1) des Motors erhalten über die Leitung (2) Druckluft. Sie werden *belüftet* und die Nockenrollen (3) dadurch gegen den Druck der Feder (4) auf die Nockenbahn (5a) aufgesetzt, d. h. die Rollenlose wird durchgeholt. Die Anlaßnocke ist eine sogenannte *negative* Nocke, sie hat an Stelle der üblichen Nockenerhebung ein Tal. Bei einem der Steuerschieber gelangt beim Belüften die Rolle (3) bis auf den Grund der Nockenbahn (Punkt 5b). Dadurch erhält der Steuerschieber eine so tiefe Lage, daß die über ihm stehende Steuerluft durch die Leitung (6) zum Steuerkolben (2) des Anlaßventils strömen und es öffnen kann.

Durch die Hubbewegung des mit Druckluft beaufschlagten Arbeitskolbens des Motors treten nun durch die sich zu drehen beginnende Nockenwelle taktmäßig weitere Anlaßventile in Tätigkeit. Der Motor arbeitet jetzt wie eine *Dampfmaschine*, nur daß statt des Dampfes Druckluft verwendet wird.

Nach Erreichen der notwendigen Anlaßdrehzahl wird am Fahrstand weitergeschaltet. Mit der Endstellung des Anlassens wird das Hauptanlaßventil geschlossen. Dabei werden gleichzeitig alle Druckluftleitungen *entlüftet*. Die Anlaßventile sind geschlossen; durch die Feder (4) wird der Kolben des Anlaßsteuerschiebers zurückgedrückt und damit vom Nocken entfernt.

Durch Weiterschalten am Fahrstand beginnen die Brennstoffeinspritzpumpen zu fördern, Brennstoff wird in die Arbeitszylinder eingespritzt, die ersten Zündungen setzen ein.

Um Anlaßluft zu sparen, kann die Manövriereinrichtung am Fahrstand auch so ausgebildet werden, daß bei der Schaltfolge zunächst alle Arbeitszylinder Druckluft erhalten, darauf z. B. die Hälfte der Arbeitszylinder Druckluft und die andere Hälfte

Brennstoff; schließlich erhalten alle Arbeitszylinder Brennstoff.

Das pneumatisch gesteuerte Anlaßventil kann auch als *Dekompressionsventil* verwendet werden, um nach vollzogenem Manöver „*Stop*" den nun vom Propeller des auslaufenden Schiffes *mitgedrehten* Antriebsmotor schneller zum Stillstand zu bringen. Jedes Anlaßventil wird dabei durch eine entsprechende zweite Steuerung taktmäßig am Ende des Verdichtungs- und am Anfang des Ausdehnungshubes geöffnet und geschlossen. Die Fläche des Steuerkolbens (2) muß so groß sein, daß der auf dem Ventilkegel lastende Verdichtungsdruck überwunden wird, was durch entsprechende Wahl des Öffnungs- und Schließpunktes des Dekompressionsventils leicht erreicht werden kann.

Die beim Verdichtungshub im Arbeitszylinder verdichtete Luft wird also *abgeblasen*. Die in der verdichteten Luft enthaltene Energie kann daher nicht

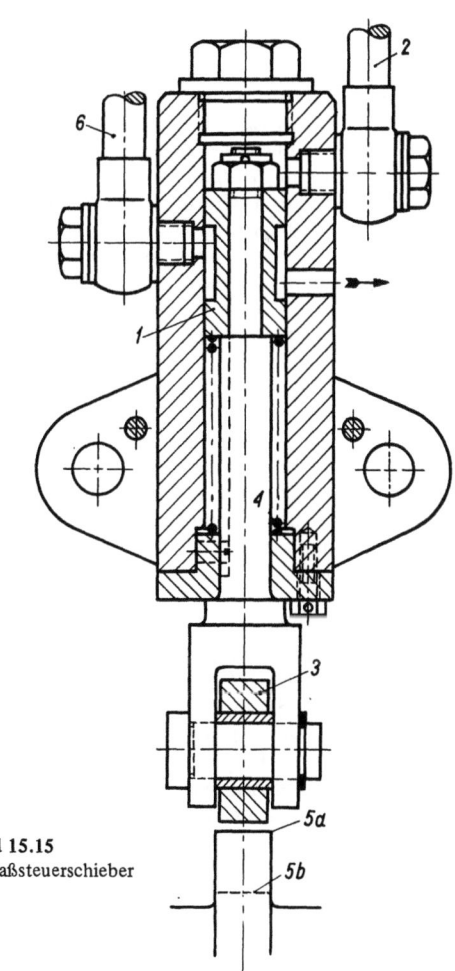

Bild 15.15
Anlaßsteuerschieber

als Ausdehnungsarbeit wirksam werden. Die gesamte Verdichtungsarbeit und die Reibungsarbeit muß vom drehenden Propeller aufgebracht werden, der dadurch schneller zum Stillstand kommt.

Sicherheitsventil

Die Sicherheitsventile dienen dem Schutz des Verbrennungsraumes vor unzulässigem Überdruck, der zur Zerstörung der Zylinderdeckel oder dergleichen führen könnte. Zuweilen werden mechanisch oder durch Druckluft angehobene Sicherheitsventile als Dekompressionsventile verwendet, um die Umsteuerzeit abzukürzen.

Das Sicherheitsventil ist ein federbelastetes Kegelventil, das nach *außen* öffnet und reichliche Durchgangsquerschnitte besitzen muß. Der Ventilkegel soll während des Betriebes gedreht werden können. Die *Ausblaseöffnung* ist so anzuordnen, daß niemand vom austretenden Strahl getroffen wird. Von Zeit zu Zeit sind die Ventile auf richtiges Abblasen zu prüfen. Übliche Federeinstellung etwa 10 bar über Zünddruck.

Ladeventil

Um die gesamte Anlage eines zweiten Luftverdichters zu sparen, besitzen kleinere und mittlere Motoren an einem oder zwei Zylindern ein Ladeventil *(Überschleusventil, Aufpumpventil)*. Es ist meist ein federbelastetes Überdruckventil, dessen Federspannung so weit verringert werden kann, daß während der Verbrennung und Ausdehnung ein Teil der Verbrennungsprodukte zur Anlaßluftflasche überströmt.

Andere Ladeventile sind so mit der Brennstoffeinspritzpumpe verblockt, daß sie nur bei abgestellter Pumpe arbeiten, also nur verdichtete Luft in die Anlaßluftflasche überschleusen.

Wegen der sehr hohen Temperaturen müssen die Ladeventile gekühlt werden und sollen höchstens 10 min angestellt sein. *Achtung:* Anlaßflaschen, in denen sich noch Verbrennungsprodukte befinden, dürfen nur wieder mit Verbrennungsprodukten aufgefüllt werden!

15.7.7 Spülluftpumpen

Die Spülluftpumpen werden so bemessen, daß etwa das $1,3 \ldots 1,5$fache Hubvolumen aller Arbeitszylinder von den Spülpumpen gefördert wird. Die Luftmenge hängt von dem Spülsystem ab; Motoren mit Längsspülung benötigen dabei im allgemeinen zum Erreichen einer gleich guten Spülwirkung *weniger* Luft als Motoren mit anderen Spülsystemen. Der Druck in der Spülluftleitung hängt von der Art der Spülung, von den Strömungswiderständen (Länge, Bögen) der Abgasleitung (z. B. Kammerdämpfer, akustische Schalldämpfer) ab. Der Spüldruck p_s liegt etwa zwischen $0,1 \ldots 0,4$ bar. Höhere Drücke werden bei Schnelläufern und Motoren mit Auflädung verwendet. Die Spülluftleitungen werden mit Sicherheitsventilen, Sollbruchstellen oder federbelasteten Klappen gegen Explosionen ausgerüstet.

Nur bei nichtaufgeladenen kleineren und mittleren Motoren sind noch Spülluftpumpen zu finden. Es sind vom Motor durch Zahnräder oder Ketten angetriebene Kapselgebläse *(Roots-Gebläse)* mit umschaltbaren Luftwegen, zuweilen auch Kreiselgebläse mit radialen Schaufeln (bei umsteuerbaren Motoren). Es werden auch fremd angetriebene, d. h. nicht angehängte Kreiselgebläse verwendet. Wegen des niedrigen Druckes sind die Gebläse fast immer einstufig.

Der *volumetrische Wirkungsgrad* der Kapselgebläse kann mit $80 \ldots 82\%$ bei 2 bar Gegendruck angesetzt werden (s. Abschnitt 20.).

15.7.8 Regler

Hauptantriebsmotoren, die unmittelbar oder über ein Getriebe auf die Wellenleitung arbeiten, müssen mit einem schnell und zuverlässig arbeitenden *Sicherheitsregler* ausgestattet sein, der das Durchgehen des Motors bei plötzlicher Entlastung (Wellenbruch, Propellerverlust, Austauchen des Propellers usw.) unabhängig von der sonstigen Brennstoffregelung verhindert. Der Regler muß bei einer Überschreitung der höchsten Betriebsdrehzahl um 10% in Tätigkeit treten. Er stellt die Brennstoffzufuhr ab, indem durch die Bewegung der Reglermuffe die Regelwelle oder -stange der Brennstoffeinspritzpumpe in Richtung Nullfüllung verstellt wird *(Kontrolle:* Bei vollen Regierausschlag muß die Brennstoffpumpe Nullfüllung haben).

Als Regler kommen ausschließlich *Zentrifugalregler* zur Verwendung. Sind große Regelkräfte erforderlich, werden *indirekt* wirkende Regler verwendet, die einen Stellmotor *(Servomotor, Verstärker)* steuern. Alle Gelenke des Regelgestänges müssen eine möglichst geringe Eigenreibung haben.

Die Dieselmotoren für den Generatorantrieb sind dagegen mit *Präzisionsreglern* ausgestattet. Sie müssen sicherstellen, daß die Drehzahl um nicht mehr als $\pm 5\%$ von der eingestellten Drehzahl *(Solldrehzahl)* abweicht. Bei plötzlicher Entlastung von Vollast auf Leerlauf darf die Drehzahl vorübergehend um nicht mehr als 10% ansteigen.

Es gibt auch Motoren, bei denen die Drehzahlen, also die Bemessung der Brennstoffmengen *(Brennstoff-Füllungen)* ausschließlich durch einen Regler mit hoher Drehzahl bzw. durch einen vom Regler gesteuerten Stellmotor eingestellt werden; alle am Fahrstand vorgegebenen Drehzahlen des Hauptfahrbereiches werden hierbei vom Regler gehalten. Um für den gesamten Drehzahlbereich des Motors einen stabilen Regler zu erhalten, sind dann mehrere bei der Verstellung nacheinander zur Wirkung kommende *Reglerfedern* erforderlich.

15.7.9 Lager und ihre Spiele

Die Lager haben die Aufgabe, den Druck der in ihnen sich drehenden oder schwingenden Wellen bzw. Zapfen aufzunehmen. Gleichzeitig haben sie dafür zu sorgen, daß der Bewegung ein möglichst geringer Widerstand entgegengesetzt wird. Geringster Verschleiß von Welle oder Zapfen ist das Kennzeichen für ein gutes Lager, aber auch das Lager selbst soll nur geringe Abnutzung aufweisen. Die für jedes Lager vorgesehene Schmierung unterstützt die Aufgaben des Lagers.

Für ein gutes Lager ist es jedoch auch wünschenswert, daß es über gute *Notlaufeigenschaften* verfügt. Dieses heißt, daß das Lager auch bei vorübergehendem Ölmangel noch einige Zeit den Belastungen weiter standhält, ohne gleich die Welle oder den in ihm gelagerten Zapfen zu zerstören. Am besten erfüllen alle diese Aufgaben die Lager mit rollender Reibung *(Wälzlager)*. Die Hauptlager des Motors, die *Grund-* und *Kurbellager*, sind jedoch fast ausnahmslos solche mit gleitender Reibung *(Gleitlager)*.

Als Hauptgrundsatz kann gelten: Je weicher die Welle, desto weicher muß auch der Lagerwerkstoff sein.

Sind also die Zapfen oder Wellen nicht gehärtet, so ist ein sehr weiches Lagermetall, das sogenannte *Weißmetall* einzubauen. Hauptbestandteile des eigentlichen Lagerwerkstoffes, der die Lauffläche bildet, sind in diesem Falle die weichsten Metalle, nämlich Blei und Zinn in den verschiedensten Legierungsverhältnissen. Die Lager gelten als recht unempfindlich. Sie lassen geringe Lagerspiele zu und haben gute Notlaufeigenschaften. Aber ihre Belastbarkeit, vor allem bei höheren Drehzahlen, ist begrenzt.

Harte Wellen vertragen auch härtere Lagerwerkstoffe. In der Regel werden hier *Zinn-* oder *Bleibronzen* verwendet. Diese Lager sind nahezu unbegrenzt belastbar, sind aber auch wesentlich anspruchsvoller in Bezug auf Bearbeitung, Schmierung und Einbau und sind korrosionsempfindlich. Sie vertragen vor allem keine *Kantenpressung*, d. h. sie müssen gut fluchtend eingebaut werden, ihre Oberfläche soll sehr genau bearbeitet sein. Das Lagerspiel muß größer als bei den weichen Weißmetalllagern sein, und der Öldurchfluß muß reichlicher erfolgen. Ihre Notlaufeigenschaften sind nur sehr begrenzt.

Mit großem Erfolg wurden die angenehmen Eigenschaften beider Lagermetalle dadurch vereinigt, daß in Bleibronze-Ausgüssen ein sehr dünner Überzug von Weißmetall eingebracht wurde. Die gute Bindung zwischen Bronze und Weißmetall erleichtert das Aufbringen solcher Laufschichten von sehr geringer Dicke. Diese *Dreistofflager* (Verbundlager) haben Stützschalen aus Stahl mit Bleibronze-Ausguß und hauchdünner Weißmetall-Laufschicht; sie haben sich sehr gut bewährt.

Die Spiele für die neuen Lager und die zulässigen Lagerabnutzungen sind meist in den Betriebsvorschriften angegeben. Nur als Faustformel kann gelten, daß weiche Lager ein Spiel von $< 1/1000 \cdot d$, harte Lager ein solches von $> 1/1000 \cdot d$ mm haben sollen.

Muß durch irgendeinen Umstand ein Grundlager erneuert werden, während die anderen Lager der Kurbelwelle in abgenutztem Zustand mit vergrößertem Spiel beibehalten werden, so muß auch das neue Lager in seinem Spiel den alten Lagern ungefähr angepaßt werden, denn sonst würde das neue Lager einen großen Teil der Last der benachbarten Lager mit übernehmen und überlastet werden.

Auffallendes *Nachlassen des Öldruckes* kann ein Zeichen dafür sein, daß die Lager stark abgenutzt sind und daß durch das zu große Spiel zu viel Öl entweicht. Die meisten Grundlagerschäden treten bei Langsamlauf auf. In diesem Falle entsteht im Lager ein zu geringer Schmierschichtdruck, um die Welle von der unteren Lagerschale abzuheben. Der Zapfen schwimmt dann nicht auf dem Ölfilm, sondern berührt das Lagermetall *(trockene Reibung* oder *Mischreibung)*.

Bei fallendem Öldruck ist jeder Motor *sofort* abzustellen und dann erst nach der Ursache zu forschen.

15.8 Schmierung
s. Hauptabschnitt 08.

15.9 Kühlung

Motoren müssen gekühlt werden, um den Schmierfilm auf der Laufbuchse zu erhalten und um die zulässige Festigkeit der Wände des Verbrennungsraumes nicht zu überschreiten. Die Kühlung entzieht dem Motor einen Teil der Wärme, die bei der Verbrennung erzeugt wird, und vermindert damit seinen Wirkungsgrad. Sie muß also gerade so bemessen sein, daß z. B. der Werkstoff geschützt und der Dauerbetrieb des Motors ermöglicht wird, jedoch der Wärmeabfluß nicht unnötig groß ausfällt. Die ständige Überwachung der Temperatur des austretenden Kühlwassers ist daher sehr wichtig.

Gekühlt werden: Zylinder, Zylinderdeckel, Gehäuse des Auslaßventils, Kolben größeren Durchmessers, Umlauföl, Frischwasser, evtl. Abgasleitung und Schalldämpfer.

Von der gesamten Brennstoffwärme, die einem Motor zugeführt wird, gehen normalerweise etwa 25...30% (Zylinder, Kolben usw. 25%, Motorenöl 5%) in das Kühlwasser über. Bei einem spez. Brennstoffverbrauch von 0,227 kg/kWh = 0,167 kg/PS$_{eff}$h und einem Heizwert des Brennstoffes von 41 868 kJ/kg = 10 000 kcal/kg ergeben sich

$Q = 0{,}3 \cdot 0{,}227 \cdot 41\,868$ kJ/kWh
$ = 2853$ kJ/kWh $= 0{,}3 \cdot 0{,}167 \cdot 10\,000$ kcal/PS$_{eff}$h ≈ 500 kcal/PS$_{eff}$h,

die das Kühlwasser abführt.

Bei Viertaktmotoren ist der Anteil der an das Kühlwasser abgegebenen Wärmemenge im allgemeinen größer als bei Zweitaktmotoren, da u. a. die wärmeabgebende Oberfläche beim Viertaktmotor verhältnismäßig größer ist. Für Überschlagsrechnungen kann mit einem *Kühlwasser-Wärmewert* von 2853 ... 3423 kJ/kWh = 500 ... 600 kcal/PS$_{eff}$h gerechnet werden; der größere Wert gilt für Viertaktmotoren.

Die erforderliche Kühlwassermenge ergibt sich aus dem angegebenen Wärmewert und der Erwärmung des Kühlwassers:

$$m = \frac{Q}{c_p \cdot \Delta t} \qquad (5)$$

Da die spez. Wärme des Wassers gleich 4,1868 kJ/kg · °C = 1 kcal/kg · grd gesetzt werden kann, wird in dem Beispiel mit dem Einsetzen eines Mittelwertes $\approx 550/\Delta t$ kg/PS$_{eff}$h,

$m \approx 3138/c_p \cdot \Delta t$ kg/kWh

Bei Annahme eines Temperaturunterschiedes zwischen Austritt und Eintritt des Kühlwasser von $\Delta t = 10$ °C, ergibt sich eine Kühlwassermenge von etwa = 550/10 kg/PS$_{eff}$h = 55 kg/PS$_{eff}$h,

$m = 3138/4,1868 \cdot 10$ kg/kWh = 75 kg/kWh.

Von entsprechender Größe muß die Kühlwasserpumpe gewählt werden.

Von der Kühlwasserwärme entfällt etwa ein Drittel auf die *Kolbenkühlung*. Wird Öl für die Kolbenkühlung verwendet, so beträgt die durch das Öl abgeführte Wärmemenge etwa ein Viertel infolge der geringeren Wärmeaufnahmefähigkeit des Öles. Damit die Wärmebelastung des Motors bei dieser geringeren Wärmeabfuhr durch das Kolbenkühlöl nicht zu hoch wird, ist in diesem Falle eine etwas kräftigere Wasserkühlung des Zylinders notwendig.

Es muß unterschieden werden zwischen *Wasser-* und *Luftkühlung*, wobei die Wasserkühlung noch unterteilt werden kann in

Durchflußkühlung (Seewasserkühlung, direkte Kühlung) und

Umlaufkühlung (Frischwasserkühlung, indirekte Kühlung).

15.9.1 Wasserkühlung

Die *Durchflußkühlung* mit Seewasser erlaubt eine sehr einfache Anlage, die aber äußerst sorgfältig gepflegt und überwacht werden muß. Die Temperatur des ablaufenden Wassers soll zur Vermeidung von Ausscheidungen 45 °C möglichst nicht übersteigen. Mit Rücksicht auf gleichmäßige Erwärmung der Motorenteile soll die Temperaturerhöhung des Seewassers im Motor nicht mehr als 20 ... 25 °C betragen. Bei zu niedriger Eintrittstemperatur muß durch Beimischen von warmem Ablaufwasser die Temperaturspanne so niedrig wie möglich gehalten werden.

Die besten Kühlverhältnisse können mit der *Umlaufkühlung* erreicht werden, wobei sich immer das gleiche Frischwasser im Kreislauf befindet, das in ausreichend bemessenen Wärmetauschern durch Seewasser *rückgekühlt* wird. Für das Umwälzen sowohl des Frischwassers als auch des Seewassers ist also je ein Pumpenaggregat erforderlich. Wasserverluste im Frischwasserkreislauf entstehen nur durch Undichtigkeit im Strömungsnetz und durch Verdunstung, sie halten sich jedoch in engen Grenzen.

Jede *Luftansammlung* in der Anlage ist zu vermeiden, daher kein Ablauf über offene Trichter. Bei Kühlwasser-Kolbenpumpen ist möglichst wenig zu schnüffeln; Kreiselpumpen sind geeigneter. Der Leistungsbedarf der Kühlwasserpumpen ist sehr gering, da der Druckabfall im Motor und in den Kühlern niedrig ist. In den meisten Fällen liegt die Kühlwasserpumpenleistung zwischen 0,6 ... 1 % der Motorennutzleistung. Der Kühlwasserdruck schwankt je nach Motorenart zwischen 1 ... 3,5 bar. Der Motorenöldruck sollte stets *höher* gefahren werden als der Kühlwasserdruck. Das erwärmte Frischwasser wird in *Rohr-* oder *Plattenkühlern* rückgekühlt, in einigen Fällen auch über eine sogenannte *Außenhautkühlung*.

Grundsätzlich sollte jeder Motor so warm gefahren werden wie dies die verwendeten Betriebs- und Baustoffe zulassen, weil so die in den Bauteilen auftretenden Temperaturunterschiede und die dadurch bedingten Wärmespannungen klein werden. Die indirekte Kühlung mittels Frischwasserumlauf hat den besonderen Vorteil, daß sie bezüglich der Höhe der Kühlwassertemperaturen den Erfordernissen des Betriebs angepaßt werden kann. Die Kühlwasseraustrittstemperatur sollte daher bei Frischwasserkühlung 70 ... 80 °C betragen. Diese Temperatur stellt immer eine Mischtemperatur dar. Der Temperaturunterschied zwischen Austritt und Eintritt des Motorenkühlwassers soll möglichst gering sein. Meist wird bei Vollast mit einer Temperaturspanne von 8 ... 12 °C gefahren.

Kühlwasseraufbereitung: Das Kühlwasser (Frischwasser) muß genau so sorgfältig gepflegt werden wie ein *Kesselspeisewasser*. Destilliertes Wasser ist nach Möglichkeit nicht zu benutzen.

Für die Beurteilung des Kühlwassers ist es vorteilhaft, eine zuverlässige Analyse in den Händen zu haben. Aus ihr soll vor allem die *Härte* des Wassers, sein Gehalt an *Chlorverbindungen* und der *pH-Wert* hervorgehen. Der Anteil an Beimengungen kann je nach Herkunft des Wassers stark schwankend und für das Auftreten von Korrosionen ursächlich maßgebend sein.

Durch vorschriftsmäßigen Zusatz von Korrosionsschutzstoffen soll ein Angriff an den Kühlflächen vermindert oder vermieden werden. Es werden Korrosionsschutz-*Chemikalen* und Korrosionsschutz-

Öle verwendet. Durch Zusatz von Chemikalien wird meistens eine leichte Phosphatierung der benetzten Eisenflächen erreicht. Bei Zusatz von Korrosionsschutz-Öl wird die Metallfläche so mit einer hauchdünnen Ölschicht (Fettschicht) überzogen, daß ein chemischer Angriff des Wassers nicht mehr erfolgen kann. Vielfach wird eine Verwendung von Korrosionsschutz-Ölen den chemischen Schutzstoffen vorgezogen, da diese Schutzstoffe eine sorgfältigere Überwachung erfordern und u. U. chemische Reaktionen an den benetzten Metallen auslösen.

Ferner wird gelegentlich von der Möglichkeit der *kathodischen Schutzverfahren* (s. Hauptabschnitt 05) Gebrauch gemacht.

15.9.2 Luftkühlung

Bei schnellaufenden Motoren mit kleinerer Zylinderleistung ($P_{eff} \leq 30$ kW/Zyl.= 40 PS/Zyl., $n \approx 1500$ min^{-1}) können die Zylinder, Zylinderdeckel und auch das Kurbelgehäuse durch *Luft* gekühlt werden (Rettungsboote, Notaggregate u. a. m.). Der Luftstrom wird von einem durch die Kurbelwelle angetriebenen *Lüfterrad* erzeugt und bestreicht die mit vielen Kühlrippen versehenen Oberflächen der vorgenannten Bauteile unter Verwendung von Kanälen und Leitblechen. In manchen Fällen wird auch das *Schwungrad* als Ventilator ausgebildet.

Neben einigen Vorteilen der Luftkühlung (einfacher konstruktiver Aufbau und geringes Gewicht des Motors durch Fortfall der Kühlwasserräume, schnelle Betriebsbereitschaft u. a.) sind als nachteilig der hohe Leistungsbedarf des Kühlgebläses ($\leq 4\%$ der Motornutzleistung) und die verhältnismäßig starke Geräuschentwicklung des luftgekühlten Motors zu nennen. Die Luftgeschwindigkeit zwischen den Rippen soll etwa 40 m/s betragen.

15.10 Steuerung

Zur Steuerung der Ventile eines Dieselmotors werden fast ausschließlich Nockenscheiben verwendet. Sie sitzen auf einer gemeinsamen Welle, der *Nocken-* oder *Steuerwelle*, die parallel zur Kurbelwelle meist in Höhe der Unterkante des Zylinderblocks oder manchmal auch in Höhe der Zylinderdeckel liegt. Sie wird von der Kurbelwelle über Zahn- oder Kettenräder angetrieben.

Die Ventile werden meistens durch feste, jeweils in einem Stück hergestellte Nockenscheiben gesteuert. Die Nockenscheiben für die *Brennstoffpumpen* dagegen sind einstellbar; entweder bestehen sie auch aus einem Stück oder sind geteilt (s. Bild 15.24).

Bei *umsteuerbaren* Motoren ist (abgesehen von Sonderkonstruktionen) für jedes Ventil ein Nocken für den *Vorwärtsgang* und für den *Rückwärtsgang* der Motoren vorhanden.

Die Steuerzeiten *(Steuerpunkte)* der einzelnen Ventile, d. h., die Ventilöffnungs- und -schließzeiten müssen in der Betriebsvorschrift des Motors angegeben sein, damit die richtige Einstellung der Nockenscheiben überprüft bzw. vorgenommen werden kann (zusammengehörige Zähne und Zahnlücken der Nockenwellen-Antriebsräder müssen gezeichnet sein).

Das *Öffnen* der Ventile wird von dem Zeitpunkt an gerechnet, von dem die Rolle auf Nockenbahn *fest* wird, das *Schließen* von dem Zeitpunkt an, von dem sie wieder *drehbar* wird. Auf diese Weise können die Ventilsteuerdaten überprüft werden, was in regelmäßigen Abständen, nach jedem Einschleifen oder Auswechseln des Ventils durchgeführt werden soll. Dabei muß der Motor zur Ausschaltung der Spiele stets in einer Richtung gedreht werden. Zur Kontrolle etwaigen Verschleißes der Nockenbahnen werden *Gegenschablonen* verwendet.

Bild 15.16 zeigt den Nockensatz für einen Zylinder eines nicht umsteuerbaren Viertaktmotors mit Auflagerung. Es bedeuten: *A* Nocke für Brennstoffeinspritzpumpe, *B* Nocke für Einlaßventil, *C* Nocke für Auslaßventil, *D* Nocke (Negativnocke) für Anlaßsteuerschieber. Bei *a* beginnt das Öffnen, bei *z* endet das Schließen des Ventils. Die Brennstoffpumpe

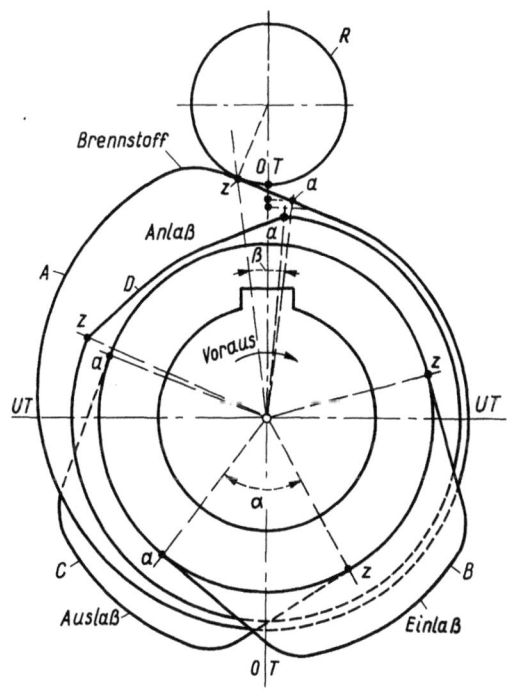

Bild 15.16 Steuernocken

(Nocke *A*) kommt bei *a* auf Abspritzspannung; *q* = Einspritzbeginn; *z* = Einspritzende bei Vollast. Der Einspritzwinkel ist β (° Nockenwinkel). Ein- und Auslaßventil sind im OT gleichzeitig geöffnet *(Ventilüberschneidung)*, der Winkel α kennzeichnet diese Zeit (° Nockenwinkel). Infolge der Aufladung ist er besonders groß.

Umsteuerbare Motoren sind mit 2 Satz Nockenscheiben je Zylinder versehen, von denen der Rückwärts-Nockensatz spiegelbildlich zum Vorwärts-Nockensatz angeordnet ist. Die Nockenscheiben können auch mit seitlichen Abschrägungen versehen werden. Dann brauchen die ebenso abgeschrägten Stößelrollen beim Umsteuern kleiner und mittlerer Motoren nicht von den Nockenbahnen abgehoben zu werden.

15.11 Anlaß- und Umsteuereinrichtung

15.11.1 Anlassen

Anlassen heißt, das Triebwerk des Motors durch eine von außen wirkende Kraft so zu beschleunigen, daß es allein durch seine Schwungkraft die Verdichtung im OT überwindet. Dies geschieht durch:

Anlassen mit Handkurbel: kleinere Motoren (Handanlassen)

Anlassen mit Hilfe eines E-Motors: kleine und mittlere Motoren *(elektrisches Anlassen)*

Anlassen mit Hilfe von Druckluft: mittlere und große Motoren *(Druckluftanlassen).*

Die Luft zum Anlassen *(Anfahren)* der Motoren ist in Anlaßluftbehältern (Anlaßluftflaschen) üblicherweise mit einem Druck von 30 bar gespeichert und gelangt von hier direkt zum Motor. Bei höheren Drücken der Anlaßluft im Behälter befindet sich zwischen diesem und dem Motor ein *Druckminderventil* in der Anlaßleitung.

Ein direktes Anlassen der Motoren mit Luft von höherem Druck als 30 bar ist mit Rücksicht auf den *Luftverbrauch* unwirtschaftlich, weil der Druckabfall je Manöver (Luftverbrauch) im Bereiche der hohen Drücke sehr groß, im Bereiche niedrigerer Drücke dagegen wesentlich geringer ist. Der *niedrigste* Druck, mit dem der kalte Motor sich noch anlassen läßt, muß bekannt sein. Er liegt etwa bei 12 ... 15 bar in der Anlaßluftflasche. Ausreichende Voraussetzungen für das *Anspringen* eines Motors sind bereits gegeben, wenn die Anlaßdrehzahl ≈ 25 % der Vollastdrehzahl erreicht.

Weg der Anlaßluft bei *mechanisch gesteuertem Anlaßventil:*

Anlaßluftbehälter
↓
Hauptanlaßventil
↓
Anlaßluftverteilerleitung
↓
Anlaßventil

Bei *pneumatisch gesteuertem Anlaßventil* kommt noch der Weg der Steuerluft hinzu:

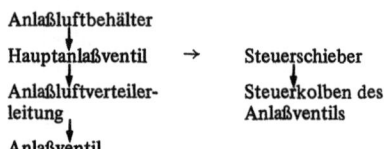

Anlaßluftbehälter
↓
Hauptanlaßventil → Steuerschieber
↓   ↓
Anlaßluftverteiler- Steuerkolben des
leitung   Anlaßventils
↓
Anlaßventil

Nach den ersten Zündungen wird das Hauptanlaßventil geschlossen. Damit werden gleichzeitig alle Druckluftleitungen und auch der Anlaßsteuerschieber entlüftet. Durch die Feder wird jetzt der Kolben des Anlaßsteuerschiebers zurückgedrückt und damit vom Nocken entfernt (s. auch Abschnitt 15.7.6 Ventile, Anlaßventil, Bild 15.15).

Bei großen Motoren ist die Anlaßsteuerung mit dem Regelgestänge der Brennstoffeinspritzpumpen verbunden, so daß einem Arbeitszylinder niemals Brennstoff und Anlaßdruckluft gleichzeitig zugeführt werden können. Die Steuerungseinrichtungen werden durch *Verblockungen* gegen Bedienungsfehler gesichert:

bei Stellung	kann nicht
Anlassen	Brennstoff gegeben oder umgesteuert werden
Umsteuern	Brennstoff gegeben oder angelassen werden
Betrieb	umgesteuert oder angelassen werden

Der pneumatisch gesteuerte Anlaßvorgang gemäß Bild 15.17 geschieht folgendermaßen: Beim Legen des Fahrhebels von „Stopp" auf „Anlassen" wird die waagerechte Querstange nach links bewegt. Damit schließt das Entlüftungsventil und das Hauptanlaßventil wird geöffnet. Die Anlaßluft strömt über die Verteilerleitung in alle Anlaßventile. In einem Nebenstrom fließt gleichzeitig Anlaßluft (Steuerluft) zu den Steuerschiebern und beaufschlagt sie. Immer nur einer von ihnen wird so tief in den negativen Teil der Anlaßnocke eingedrückt, daß er der Steuerluft den Weg zum Steuerkolben seines Anlaßventils freigibt. Durch den Druck auf den Steuerkolben wird das Anlaßventil geöffnet, die Anlaßluft strömt in den Arbeitszylinder, das Triebwerk beginnt sich zu drehen. Damit dreht sich auf die Nockenwelle, so daß nun der in der Zündfolge nächste Steuerschieber in das Tal des Anlaßnockens einrückt u.s.f. Beim folgenden Legen des Hebels von „Anlassen" auf „Betrieb" wird die Querstange nach rechts gezogen, das Hauptanlaßventil schließt, gleichzeitig wird das Entlüftungsventil aufgestoßen und die Blockierung der Brennstoffpumpe aufgehoben.

Als Hilfsmittel zum *Erleichtern des Anspringens* seien genannt: Vorwärmen des Kühlwassers, Vorwärmen der Ansaugluft, elektrische Glühwendeln, Glimmstifte und besondere Anlaßkraftstoffe. Es ist

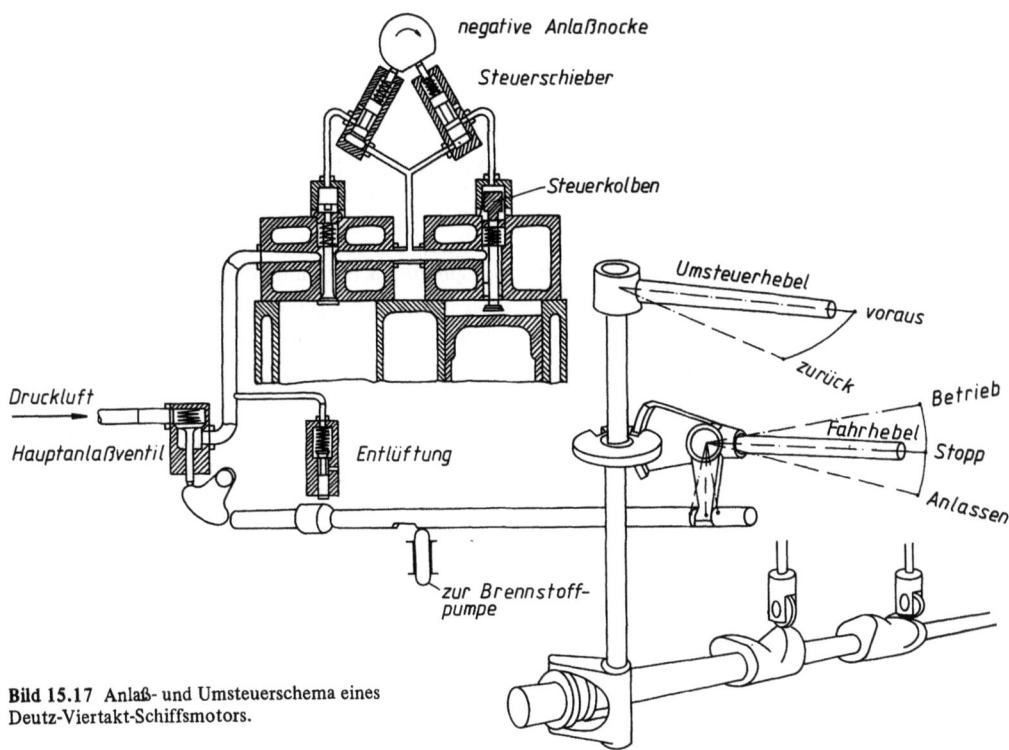

Bild 15.17 Anlaß- und Umsteuerschema eines Deutz-Viertakt-Schiffsmotors.

dabei zu unterscheiden zwischen Motoren, bei denen Hilfsmittel nur bei sehr ungünstigen Bedingungen nötig sind, und solchen, die jedesmal beim Anlassen eine Starthilfe *(Zündhilfe)* erfordern. Auch das Erhöhen des Verdichtungsverhältnisses während des Anlassens ist möglich. Bei einigen Vorkammermotoren wird die Vorkammer beim Anlassen durch einen Drehschieber mit *Hilfskammer* abgeschlossen; der Verdichtungsraum wird dadurch so weit vermindert, daß der eingespritzte Brennstoff auch ohne Starthilfe zündet. Nach einigen Umdrehungen mit Zündungen wird der Drehschieber umgestellt, so daß der Motor mit seiner normalen Vorkammer arbeitet.

Sollte durch irgendeinen Umstand keine Druckluft zum Anlassen des Motors zur Verfügung stehen, so kann im Notfall ausnahmsweise mit verdichtetem Kohlendioxid (CO_2) angelassen werden. Der Flascheninhalt muß vor der Verwendung genau überprüft werden, denn andere Flaschengase dürfen unter keinen Umständen zum Anlassen verwendet werden. Ein passendes Verbindungsstück zum Überschleusen der Kohlensäure in ein Anlaßluftgefäß befindet sich an Bord.

15.11.2 Umsteuern

Umsteuern heißt, die Richtung der Propellerkraft ändern. Bei Anlagen mit Verstellpropeller wird die Richtung der Flügelsteigung, bei dieselelektrischem Antrieb die Drehrichtung des E-Fahrmotors geändert. Bei kleineren Maschinenanlagen befindet sich zwischen Propeller und Hauptantriebsmotor ein Wendegetriebe, während bei größeren Anlagen mit Festpropeller der direkt auf die Schraubenwelle arbeitende Hauptantriebsmotor selbst umgesteuert wird, d. h. in anderer Drehrichtung laufen muß. Dies wird durch *Ändern der Steuerzeiten* (Ventile, Brennstoffeinspritzpumpen) erreicht.

Der umsteuerbare Hauptmotor besitzt auf seiner Nockenwelle für jeden Zylinder einen zweiten Satz Nockenscheiben *(Rückwärtsnocken)*, die spiegelbildlich — um den Umsteuerwinkel gegenüber den Vorwärtsnocken — versetzt angeordnet sind. Der Motor wird meistens durch Verschieben der Nockenwelle umgesteuert. Bei Rückwärtsfahrt stehen dann die Rückwärts-Nockenscheiben bündig unter den Hebelrollen z. B. der Ventile. Bei kleineren und mittleren Motoren kann die Nockenwelle von Hand verschoben werden. Die konstruktive Durchbildung der Verschiebevorrichtung für die Nockenwelle größerer Motoren ist recht vielgestaltig (z. B. Kurvenbahnen mit Gleitsteinen, Bunde mit Gleitringen und Winkelhebeln usw.).

Beim Umsteuern kann noch unterschieden werden zwischen Verschieben der Nockenwelle *mit* Abheben oder Ausschwenken und Verschieben *ohne* Abheben oder Ausschwenken der Hebelrollen. Werden die Steuerhebelrollen vor dem Verschieben der Nockenwelle nicht von den Nocken abgehoben, so sind die Nockenscheiben und Rollen mit schrägen (seitlichen) Auf- und Ablaufflächen versehen, auf denen die Rollen während des Verschiebens der Nockenwelle von einem zum anderen Nocken gleiten. Wenn größere Kräfte für das Verschieben erforderlich sind, werden Stellmotoren angeordnet.

Das Manövrierhandrad oder der -hebel kann erst auf *Anlassen* gelegt werden, wenn die Nockenwelle beim Verschieben ihre genaue Endlage erreicht hat.

In den Betriebsvorschriften für die Motoren sind die Umsteuervorgänge meistens sehr eingehend beschrieben.

Aus Bild 15.17 ist der Umsteuervorgang durch Verschieben der Nockenwelle von Hand ohne Abheben der Steuerhebelrollen zu ersehen. Eine Lösungsmöglichkeit, wie ein großer Viertaktmotor umgesteuert werden kann, zeigt Bild 15.18. Druckluft drückt Öl hinter den Hilfskolben, das Öl vor ihm dient als Bremsflüssigkeit. Mit dem Vorrücken der Zahnstange werden im ersten Drittel des Weges über die Hilfskurbel die Hebelrollen ausgeschwenkt, im zweiten Drittel erfolgt die axiale Verschiebung der Nockenwelle mittels Kulissensteine und schräger Flanke der Zahnstange, so daß jetzt die Rückwärts-Nocken unter den Rollen liegen. Im letzten Wegdrittel werden die Hebelrollen wieder zurückgeschwenkt.

15.12 Brennstoffeinspritzung

15.12.1 Brennstoffeinspritzventil

Es ist ein Absperrorgan, das verschiedene Aufgaben zu erfüllen hat:

a) Zerstäuben des Brennstoffes, Verhindern des Nachtropfens,
b) Erreichen einer Mindestgüte der Zerstäubung durch das erstmalige Einspritzen unter dem Abspritzdruck (Öffnungsdruck des Ventils).

Das Brennstoffventil wird unmittelbar durch den Brennstoffpumpendruck gesteuert. Die Brennstoffeinspritzpumpe drückt die für jeden Arbeitshub *(Zündhub)* erforderliche Brennstoffmenge durch das Brennstoffventil in den unter Verdichtungsdruck stehenden Verbrennungsraum des Arbeitszylinders. Üblicherweise befindet sich im Zylinderdeckel nur ein Brennstoffventil, und zwar meistens in der Mitte des Deckels.

Um die gewünschte feine Zerstäubung des Brennstoffes zu erreichen, muß der Druck der Brennstoffpumpe sehr hoch sein und der Brennstoff durch feine Bohrungen (Düsen) eingespritzt werden. Damit diese feinen Düsenöffnungen sich nicht durch Verunreinigungen im Brennstoff verstopfen können, ist sorgfältiges Reinigen des Brennstoffes durch *Feinstfilter* erforderlich.

Da sich Brennstoff bei den hohen Einspritzdrücken bedeutend mehr *zusammendrücken* läßt als z.B.

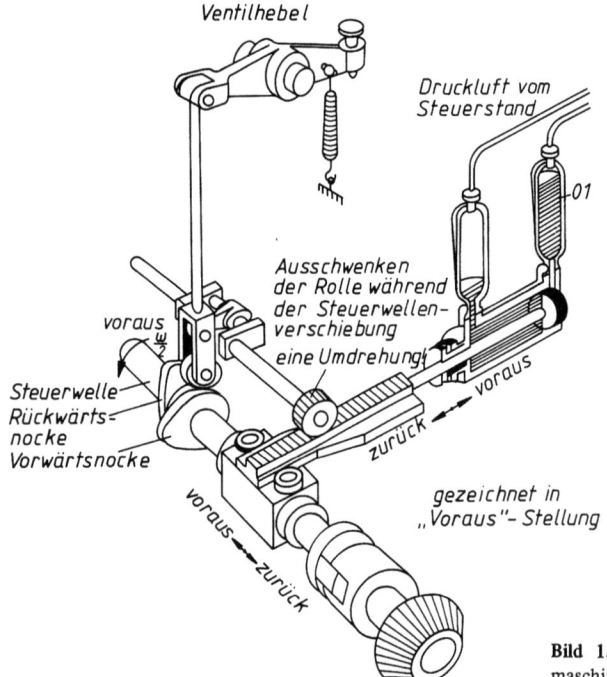

Bild 15.18 Schema der Umsteuerung einer Großdieselmaschine *(MAN)*

Wasser, dehnt er sich beim Austritt aus den feinen Bohrungen zusätzlich aus und zerreißt in kleinste Tröpfchen. Sie müssen einerseits eine genügende Durchschlagslänge durch die verdichtete Luft besitzen, dürfen aber andererseits nicht auf die Wandungen des Verbrennungsraumes aufprallen. Das Druckrohr zwischen Brennstoffpumpe und Ventil muß sehr dickwandig sein, damit es dem hohen Brennstoffdruck widersteht und damit es möglichst wenig *atmet*, d. h. sich bei Druckanstieg nicht dehnt und bei Druckabfall wieder zusammenzieht.

Im Prinzip ist ein Brennstoff-Einspritzventil folgendermaßen aufgebaut: Ein Guß- oder Schmiedestahlgehäuse nimmt eine federbelastete *Düsennadel* auf, die so sorgfältig eingeschliffen ist, daß sie gegen den hohen Brennstoffdruck dichthält; die Schmierung durch *Leckbrennstoff* unterstützt den Dichtvorgang. Das *Spiel* der Düsennadel beträgt 2...3 μm, bei Schweröl 6...7 μm. Grundsätzlich sind Düsennadel mit Nadelsitz und Führung als Einheit zu betrachten und stets *zusammen* auszuwechseln. Die Federbelastung der Düsennadel wird so gewählt, daß der Öffnungsdruck *(Abspritzdruck)* etwa 1/3...1/2 des sich später einstellenden Einspritzdruckes beträgt, d. h., der *Einspritzdruck* ist zwei-...dreimal so groß wie der *Abspritzdruck*.

Heute wird nur noch die *geschlossene Düse* angewendet. Die Düsenbohrungen werden durch die federbelastete Düsennadel (Rückschlagventil) abgeschlossen, die durch den Druck des Brennstoffes beim Förderhub der Brennstoffpumpe selbsttätig um etwa 0,5...2,5 mm angehoben wird. Der Druck, bei dem die Nadel sich abzuheben beginnt, – der Abspritzdruck – beträgt bei Motoren mit unterteiltem Brennraum etwa 80...120 bar, bei Motoren mit direkter Einspritzung etwa 200...400 bar.

Für Motoren mit unterteiltem Brennraum ist die brennstoffunempfindlichere *Einlochdüse* – meistens die *Einloch-Zapfendüse* – die übliche Düsenform. Die Nadel endet unterhalb des Dichtungskegels in einem zylindrischen Zapfen, der durch die Bohrung ragt und sie frei von Koksansatz hält. Der Durchmesser der Bohrung beträgt 1...2 mm. Bild 15.19 stellt ein Brennstoffventil für einen Vorkammer dar.

Für unmittelbare Druckeinspritzung werden nur *Mehrlochdüsen* mit sehr feinen Bohrungen (0,15...0,5 mm ϕ) verwendet. Die Brennstoffventile größerer Motoren werden oft durch Wasser, Öl oder Brennstoff gekühlt, wobei das Kühlmittel möglichst dicht an den Düsenteil herangeführt wird, d. h., Spitze und Sackloch sind kalt. Auf diese Weise tritt der Brennstoff mit niedrigerer Temperatur aus der Düsenbohrung aus, seine Entzündung und Verbrennung erfolgt weiter entfernt vom Düsenkopf, so daß *Verkoken* der feinen Düsenöffnungen verhindert wird. Der Düsenhalter muß für Manöver warm

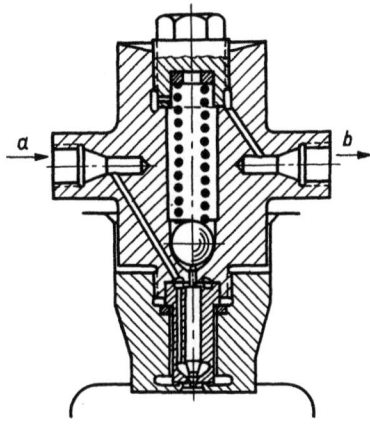

Bild 15.19 Brennstoff-Einspritzventil mit Einloch-Zapfendüse

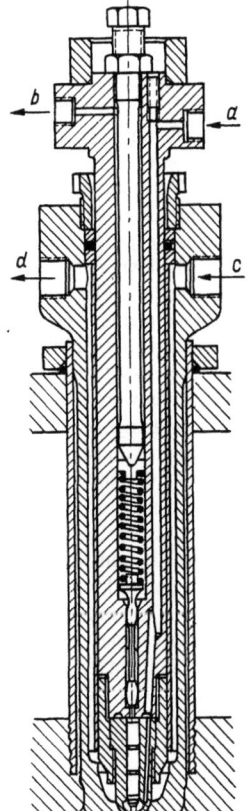

Bild 15.20
Brennstoff-Einspritzventil mit Mehrlochdüse

a Anschluß Druckleitung
b Anschluß Leckleitung
c Zulauf Düsenkühlung
d Ablauf Düsenkühlung

bleiben. Bild 15.20 zeigt ein Ventil mit durch Wasser gekühltem Düsenteil.

Bei dem von der *MAN* entwickelten *M-Verfahren* (Mittenkugel-Verfahren) für kleinere Motoren wird der eintretende Brennstoff nicht zerstäubt, sondern in zwei Strahlen in Richtung der Luftbewegung au auf die Wandung des im Arbeitskolben selbst befindlichen *kugelförmigen* Verbrennungsraumes geführt. Es entsteht ein *Brennstoffilm*, der zunächst verdampft und dann schichtweise verbrennt. Der Motor ist weitgehend brennstoffunempfindlich, die Verbrennung ist von Leerlauf bis Vollast verhältnismäßig *weich* (geräuscharm).

15.12.2 Brennstoffeinspritzpumpe

Sie soll den Brennstoff zur richtigen *Zeit*, in der richtigen *Menge* und mit dem richtigen *Druck* dem Brennstoffventil und damit dem Arbeitszylinder zuführen. Der Brennstoff muß den Brennstoffpumpen stets unter einem möglichst gleichmäßigen Druck zufließen. Liegen die Brennstoffbehälter *tiefer* als die Brennstoffpumpen, so wird ihnen der Brennstoff durch eine Zubringerpumpe unter Druck zugeführt. Jedes Brennstoffeinspritzventil hat seine eigene Brennstoffpumpe bzw. sein eigenes Brennstoffpumpenelement. Die für das Einspritzen und Zerstäuben des Brennstoffes erforderliche Energie muß von der Brennstoffpumpe aufgebracht werden. Für das Fördern des Brennstoffes steht nur eine sehr kurze Zeit zur Verfügung. Die Pumpe muß also sehr hohen Druck erzeugen.

Bei den hohen Drücken muß die Verbindungsleitung zwischen Brennstoffpumpe und Brennstoffventil *(Brennstoff-Druckleitung)* mit sehr großer Wanddicke ausgeführt werden, umd das *Atmen* der Rohrleitung oder *Schwingen* des Brennstoff-Flüssigkeitsfadens zu vermindern oder zu vermeiden, das unregelmäßigen Durchfluß des Brennstoffes durch das Brennstoffventil und damit Ungenauigkeiten der *Einspritzmenge* und *-zeit* verursachen würde.

Die Brennstoffpumpenkolben (Stempel) werden durch Nockenscheiben angetrieben, die auf einer kräftigen Brennstoffpumpenwelle, der Steuerwelle, der Kurbelwelle oder dergl. angeordnet sind.

Der Nocken wird so geformt, daß der geförderte Brennstoff stark beschleunigt wird, und so eingestellt, daß das Einspritzen beginnt, kurz bevor der Arbeitskolben seine obere Totpunktlage erreicht hat. Während der Einspritzdauer soll der Brennstoffpumpenkolben eine gleichmäßige oder eine gleichförmig etwas zunehmende Kolbengeschwindigkeit haben. Außerdem müssen die Düsenquerschnitte des Brennstoffventils, der Pumpenstempelquerschnitt und die Nockenform so ausgebildet sein, daß die *Druckanstiegsgeschwindigkeit* bar/° KW im ersten Teil der Verbrennung einen bestimmten Wert nicht überschreitet.

Feinste Filterung des Brennstoffes, schnelles Schließen und zuverlässiges Dichthalten sämtlicher Ventile sind notwendig, damit der für feine Zerstäubungen erforderliche hohen Pumpendruck erhalten bleibt.

Breite Ventilsitzflächen sind deshalb zu vermeiden. Etwa in den Pumpenraum gelangte *Luft* wird beim Druckhub zusammengepreßt und dehnt sich beim Saugehub des Pumpenkolbens wieder aus, wodurch das ordnungsgemäße Ansaugen und Einspritzen des Brennstoffes gestört wird.

Jede Brennstoffpumpe besitzt einen Handpumpenhebel oder eine sonstige Pumpvorrichtung, mit der die Brennstoff-Druckleitung und der Düsenraum des Brennstoffventils aufgefüllt werden können. Zur Kontrolle des *Vorpumpens* (Vorpumpen heißt *Auffüllen*, aber niemals *Abspritzen!*) ist meistens am oder in unmittelbarer Nähe jedes Brennstoffventils ein Entlüftungsventil angebracht. Das Vorpumpen bei offenem Entlüftungsventil muß so lange erfolgen, bis der Brennstoff blasenfrei austritt, d.h. alle Luft aus der Brennstoffleitung entfernt ist. Nach Schließen des Entlüftungsventils werden noch einige Handpumpenhübe in die Leitung gepumpt, damit der Zylinder beim Umschalten von *Anlassen* auf *Betrieb* sofort Brennstoff erhält.

Um jeden Arbeitszylinder die gleiche Brennstoffmenge, also die gleiche Leistung zuzuteilen, ist jede Brennstoffpumpe mit einer *Feineinstellvorrichtung* für Menge und Zeit (Einzeleinstellung der Brennstoffmenge und des Förderbeginns) versehen.

Die Brennstoffpumpen müssen so angeordnet sein, daß sich der Leckbrennstoff der Pumpe nicht mit dem Motorenöl im Triebwerksraum vermischen kann, da sonst die Gefahr von Kurbelraumexplosionen vergrößert wird.

Bei Betrieb mit Schweröl müssen die Brennstoffpumpen und -leitungen mit *Heizvorrichtungen* (z. B. Heizdampfbegleitleitungen) ausgerüstet sein, damit das Schweröl stets pumpfähig bleibt.

Beim Anlassen des Motors mittels Druckluft werden die Brennstoffpumpen im allgemeinen selbsttätig auf Nullfüllung gestellt, so daß beim Beginn des Anlassens kein Brennstoff gefördert werden kann. Es gibt jedoch auch Motoren, bei denen geringe Treibstoffbrennmengen bereits beim Anlassen in den Arbeitszylinder eingespritz werden.

Bei *Undichtwerden* eines Pumpenstempels müssen wegen der Feinpassung Stempel und Stempelführung stets zusammen ausgewechselt werden.

Fördermenge und Einspritzzeit

Die für einen Arbeitshub eines Motors erforderliche Brennstoffmenge beträgt:

$$B_{\text{Arb. hub}} = \frac{B \cdot i}{z \cdot 60 \cdot n}$$

$$= \frac{P_{\text{eff}} \cdot b_{\text{eff}} \cdot i}{z \cdot 60 \cdot n} \frac{\text{g}}{\text{Arbeitshub}} \qquad (6)$$

Hierin bedeuten: z = Zylinderzahl, $i = 1$ für Zweitaktmotoren, $i = 2$ für Viertaktmotoren.
Ist α der Kurbelwinkel, der während des Einspritzens

des Brennstoffes in den Arbeitszylinder durchlaufen wird, so ergibt sich die Einspritzzeit

$$t = \frac{\alpha}{6 \cdot n} \text{ s} \tag{7}$$

Der Fördervolumen *(Nutzförderhub)* des Brennstoffpumpenkolbens wird etwa zwei-... dreimal so groß ausgeführt (2... 3fache Überbemessung), wie die bei Vollast des Motors einzuspritzende Brennstoffmenge. Durch diese Überbemessung wird der volumetrische Wirkungsgrad der Pumpe, das Zusammenpressen des Brennstoffes, der Verlust durch Leckbrennstoff und die Erweiterung des Druckrohres durch Atmen berücksichtigt.

Beispiel 15.3: Ein 6-Zylinder-Zweitakt-Dieselmotor leistet P_{eff} = 2200 kW = 3000 PS bei n = 250 min^{-1}. Es wird über α = 20 °KW eingespritzt, der spez. Brennstoffverbrauch beträgt b_{eff} = 224 g/kWh = 165 g/PSh. Je Arbeitshub werden dann

$B_{Arb. hub}$ = 2200 · 224/(6 · 60 · 250) g =
= 3000 · 165/(6 · 60 · 250) g = 5,5 g

Brennstoff eingespritzt, wobei das Einspritzen über

t = 20/(6 · 250) s = 1/75 s = 0,0133 s

erfolgt.

Aufbau der Brennstoffpumpe

Nach *äußeren* Merkmalen werden *Einzelpumpen* und *Blockpumpen* unterschieden. Letztere haben in einem gemeinsamen Gehäuse so viele Pumpenelemente, wie der Motor Arbeitszylinder hat. Nach *inneren* Merkmalen, die sich auf die Regelung der Fördermenge beziehen, werden für Mittel- und Großmotoren Brennstoffpumpen mit *Überströmventilregelung* und mit *Drehstempelregelung* unterschieden.

Bild 15.21 zeigt schematisch die Möglichkeiten, eine Brennstoffmenge zu ändern. Die vom Brennstoffpumpenkolben geförderte Brennstoffmenge (Nutzförderhub) V ist durch den Durchmesser des Pumpenstempels in Verbindung mit dem Förderbeginn F_b und dem Förderende F_e bestimmt.

Die Brennstoffmenge (Füllungseinstellung) und damit die Leistung des Motors wird so geregelt, daß bei festem Förderbeginn das Förderende oder bei festem Förderende der Förderbeginn verändert werden kann; es können aber auch beide Punkte F_b und F_e verlegt werden. Je nachdem, ob es sich um einen Motor mit fester oder veränderlicher Drehzahl handelt, — wobei die Größe des Drehzahlbereiches, in dem der Motor arbeiten muß, bestimmend ist — wird die eine oder die andere Regelungsart gewählt.

Aus Bild 15.22 ist der grundsätzliche Aufbau einer *Brennstoffpumpe mit Überströmventilregelung* zu ersehen. Bei ihr ist zwischen Sauge- und Druckventil das Überströmventil angeordnet, das je nach Belastung später oder früher geöffnet wird, so daß der nicht benötigte Teil des geförderten Brennstoffes in den Saugeraum zurückfließt. Die Brennstoffmenge wird durch Verlegen des *Förderendes* geändert.

Die Pumpe wird durch einen Nocken angetrieben, der steil ansteigt und langsam abfällt. Dadurch wird gleich zu Beginn des Druckhubes ein sehr hoher Pumpendruck und durch das langsame Abgleiten ein guter Saugehub erreicht.

Der Nocken bewegt über die Rolle des unteren Steuerbalkens und die Geradführung den Pumpenstempel. Damit wird gleichzeitig der obere Steuerbalken bewegt, der mit einer Stellschraube auf der ausmittig gelagerten Füllungswelle aufliegt. Beim Förderhub, also der Aufwärtsbewegung des oberen Steuerbalkens, wird das Spiel unter dem Schaftende des Überströmventils verringert bis das Überströmventil aufgestoßen wird. Dies ist das Förderende.

Die Füllungswelle wird vom Manövrierrad oder Füllungshebel bewegt, so daß infolge der ausmittigen Lagerung das Spiel unter dem Schaftende des Überströmventils verkleinert oder vergrößert und damit das Förderende früher oder später erreicht wird. Über diese Füllungswelle werden alle Brennstoffpumpen *gleichzeitig* in ihrer Fördermenge geregelt (Gesamt-Mengenregelung). Durch die Stellschraube am aufliegenden Ende des oberen Steuerbalkens kann eine größere oder kleinere Fördermenge *an jeder einzelnen* Brennstoffpumpe eingestellt werden (Einzel-Mengenregelung).

Zur zeitlichen Einstellung des Förderbeginns ist der untere Steuerbalken ausmittig gelagert. Wird die Rolle der Nockenerhebung genähert, so tritt ein früherer Förderbeginn ein und umgekehrt. Auch hier ist durch die Klemmlagerung der Exzenterhülse eine Einzeleinstellung möglich. Andere Pumpenarten mit Überströmventilregelung haben eine Lose zwischen Rolle und Nockengrundkreis zur Änderung des Förderbeginnes. Ein Vergrößern der Rollenlose ergibt einen späteren Förderbeginn und umgekehrt. Für alle Brennstoffpumpen — unabhängig von ihrer Regelart — gilt, daß der Förderbeginn durch *Verdrehen* (Verziehen) des Brennstoffpumpennockens verstellt werden kann.

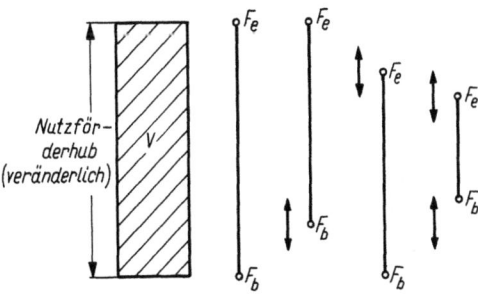

Bild 15.21 Brennstoff-Mengenregelung

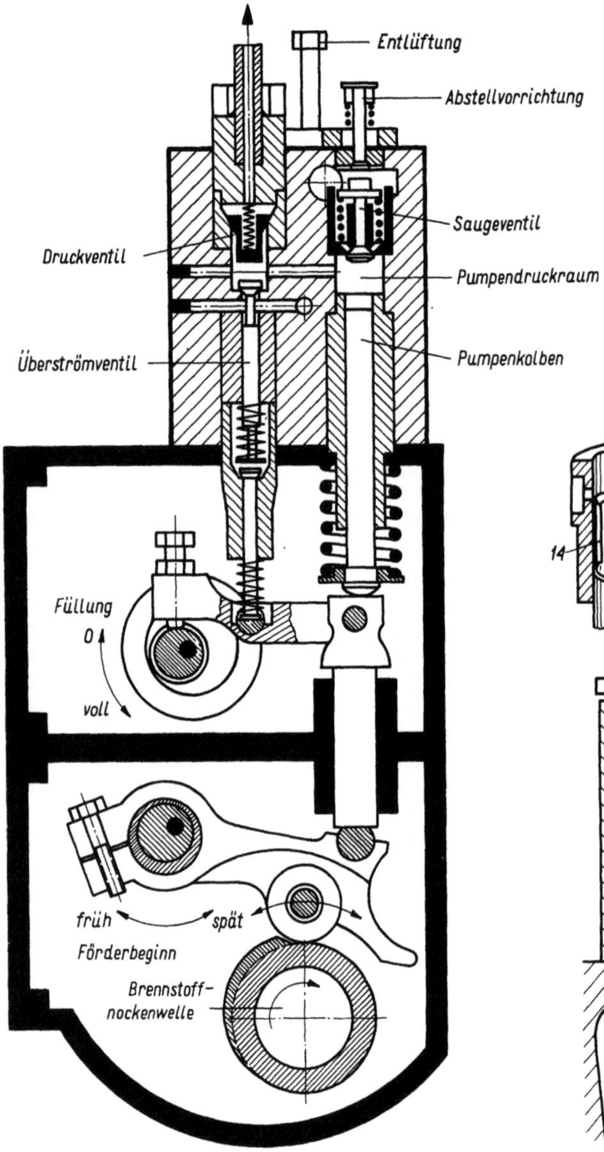

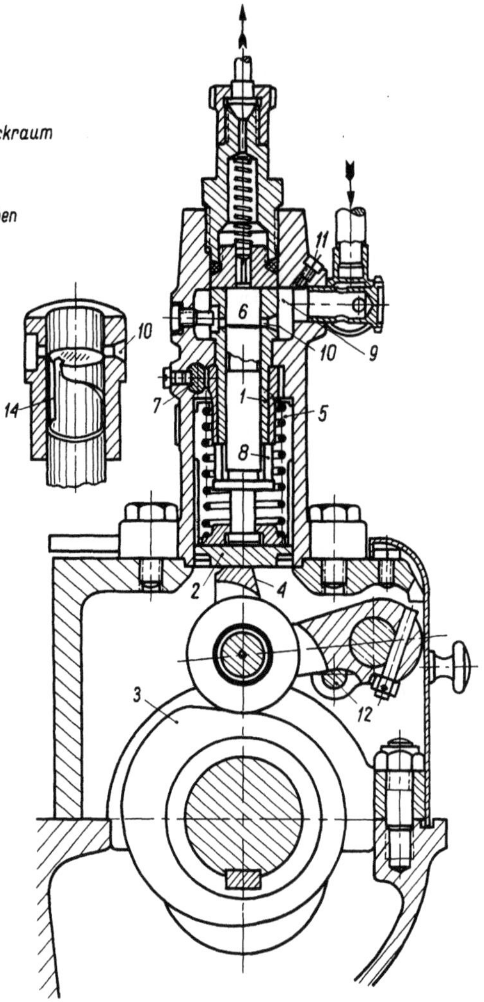

Bild 15.22 Brennstoffpumpe mit Überströmventilregelung (*MWM*)

Das Hauptkennzeichen einer Brennstoffpumpe mit Überströmventilregelung ist, daß der Förderbeginn gleichbedeutend ist mit dem Beginn der Stempelbewegung. Dies heißt für den *Einspritzverlauf* (Einspritzgesetz), daß zu Beginn des Einspritzens (Pumpenstempelgeschwindigkeit noch gering) wenigeer Brennstoff je Grad Kurbelwinkel eingespritzt wird als später. Das Förderende ist gleichbedeutend mit dem Öffnen des Überströmventil. Der volumetrische Wirkungsgrad einer solchen Brennstoffpumpe beträgt $\approx 70\%$.

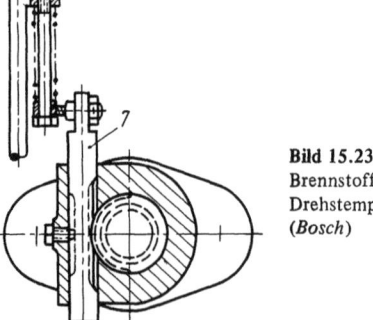

Bild 15.23 Brennstoffpumpe mit Drehstempelregelung (*Bosch*)

Bild 15.23 zeigt eine *Brennstoffpumpe mit Drehstempelregelung (Schrägkanten-, Boschregelung).*
Bei ihr wird die Brennstoffmenge durch innere Steuerung geregelt.
Hauptteile einer solchen Pumpe sind: Stempel mit Stempelführung, Regelhülse mit Regelstange, Feder mit Federbecher und Gehäuse mit Druckventil. Das Saugeventil fehlt. Der lange Pumpenstempel (tragende Länge $\geq 6 \cdot d$) besitzt in seinem oberen Teil eine Ringnut, eine senkrechte Nut und eine schräge Kante (Steuerkante).
Der Druckhub des Pumpenstempels (1) erfolgt unter Zwischenschaltung des als Geradführung dienenden Federbechers (2) durch den vom Brennstoffnocken (3) bewegten Rollenhebel mit Daumen (4). Der Saugehub des Pumpenstempels wird durch die Kraft der Feder (5) erzwungen, deren Federteller auf den unteren Bund des Pumpenstempels drückt.
Die senkrechte Nut (14) (Nullschlitz) des Stempels verbindet den Raum (6) oberhalb des Stempels und den Raum unterhalb der Steuerkante. In seinem unteren Teil greift der Pumpenstempel mit einem kleinen Querhaupt (Mitnehmerflügel) in Aussparungen der mit einen Zahnkranz versehenen Regelhülse ein. Zum Regeln der Fördermenge wird die gezahnte Regelstange (7) vom Manövrierrad oder vom Regler her bewegt und verdreht nun ihrerseits die Regelhülse und damit den Pumpenstempel (Gesamt-Mengenregelung).
Sobald der Stempel beim Abwärtsgang die Zulaufbohrung (10) freigegeben hat, wird der Raum oberhalb des Stempels mit Brennstoff gefüllt. Überläuft beim Aufwärtsgang die Stempeloberkante die Oberkante der Zulaufbohrung, so ist Förderbeginn. Das Förderende ist erreicht, wenn ein Punkt der Steuerkante die Unterkante der Zulaufbohrung freigibt. Je nachdem, in welche Stellung der Stempel gedreht wurde, ist das Förderende veränderlich. Bei Nullförderung (Stopp) steht die senkrechte Nut des Stempels vor der Zulaufbohrung, Druck- und Saugeraum sind nun miteinander verbunden.
Die Schraube (11) dient zum Entlüften des Druckraumes. Ein federbelastetes Rückschlagventil (Druckventil) mit einem Tauchkölbchen schließt den Druckrohranschluß gegen die Pumpe ab. Mit dem Exzenter (12) wird der Rollenhebel abgehoben, wenn die Pumpe stillgesetzt werden soll. Ein Federring im untersten Teil des Gehäuses verhütet beim An- und Abbau der Brennstoffpumpe, daß der Federbecher aus dem Gehäuse tritt und der Zusammenhang der Einzelteile verloren geht.
Indem Regelstange und Regelhülse um einen oder mehrere Zähne anders eingerastet werden als vorgeschrieben, wird eine Einzel-Mengenverstellung erreicht. Ein Verstellen des Förderbeginnes wird erzielt, wenn der Abstand zwischen Oberkante Stempel und Oberkante Zulaufbohrung verändert wird. Dies geschieht durch Verlängern oder Verkürzen des Stempelantriebs oder durch Heben bzw. Senken des Pumpengehäuses (Unterlegbleche). Die Drehstempelregelung erlaubt auch ein selbsttätiges Regeln des Förderbeginns, indem die Oberkante des Pumpenstempels nicht eben, sondern in Form einer Kurve ausgeführt wird. Ein Verändern der Rollenlose hat keinen Einfluß auf die Steuerdaten dieser Brennstoffpumpe; es wird nur der Leerhub verändert.
Kennzeichnend für die Drehstempelregelung ist, daß bei Förderbeginn der Pumpenstempel bereits eine gewisse Geschwindigkeit hat. Es wird also gleich zu Beginn der Einspritzung mehr Brennstoff je Grad Kurbelwinkel in den Zylinder gelangen als bei einer Brennstoffpumpe mit Überströmventilregelung. Der volumetrische Wirkungsgrad einer Brennstoffpumpe mit Drehstempelregelung beträgt $\approx 65\%$.
Eine Brennstoffpumpe, die in ähnlicher Weise wie die Boschpumpe mit Drehstempelregelung arbeitet, ist in Bild 15.24 dargestellt. Die *DEUTZ*-Brennstoffpumpe *ohne* Vorströmbohrung hat die Eigenschaften einer Pumpe mit Überströmventilregelung. Die *DEUTZ*-Brennstoffpumpe *mit* Vorströmbohrung entspricht dagegen in ihrer Fördercharakteristik der Drehstempelregelung und wird für Motoren mit Auflading angewendet.
Brennstoffpumpen mit Drehstempelregelung werden ihrer Einspritzcharakteristik entsprechend vorzugsweise bei Motoren mit Auflading verwendet.

15.12.3 Elektronische Brennstoff-Einspritzung für Groß-Dieselmotoren

Beim bisher üblichen Einspritzsystem mit einem druckerzeugenden Einspritzpumpen-Stempel und der Zeit- und Mengensteuerung der Einspritzung sind die Einflußmöglichkeiten auf die Größen „Einspritzbeginn", „Einspritzdauer" und „Einspritzdruck" bei einer festliegenden Konstruktion sehr gering. Eine optimale Auslegung war nur für einen Betriebspunkt, in der Regel zwischen 3/4- und Vollast liegend, möglich.
Die stetige Verteuerung des Brennstoffes und die immer schlechter werdende Qualität des für Dieselmotoren verbleibenden Schwerölrestes zwingen zur Weiterentwicklung des Einspritzsystems in Richtung niedrigeren Brennstoffverbrauches. Dieser wird nur erreicht werden, wenn die verschiedenen Parameter wie Einspritzbeginn, -druck und -dauer über den *gesamten* Lastbereich auch für unterschiedliche Betriebsbedingungen ständig angepaßt werden können.
Durch eine *elektronische Einspritzung*, die nur für Zweitaktmotoren infrage kommt, gelingt ein Optimum des Einspritzens durch Anpassen der genannten Parameter an die jeweiligen Betriebsbedingungen. Das bedeutet geringerer Brennstoff-Verbrauch, Verarbeitung schlechterer Brennstoffe, gute Manövrier-Eigenschaften, kleinste Drehzahlen

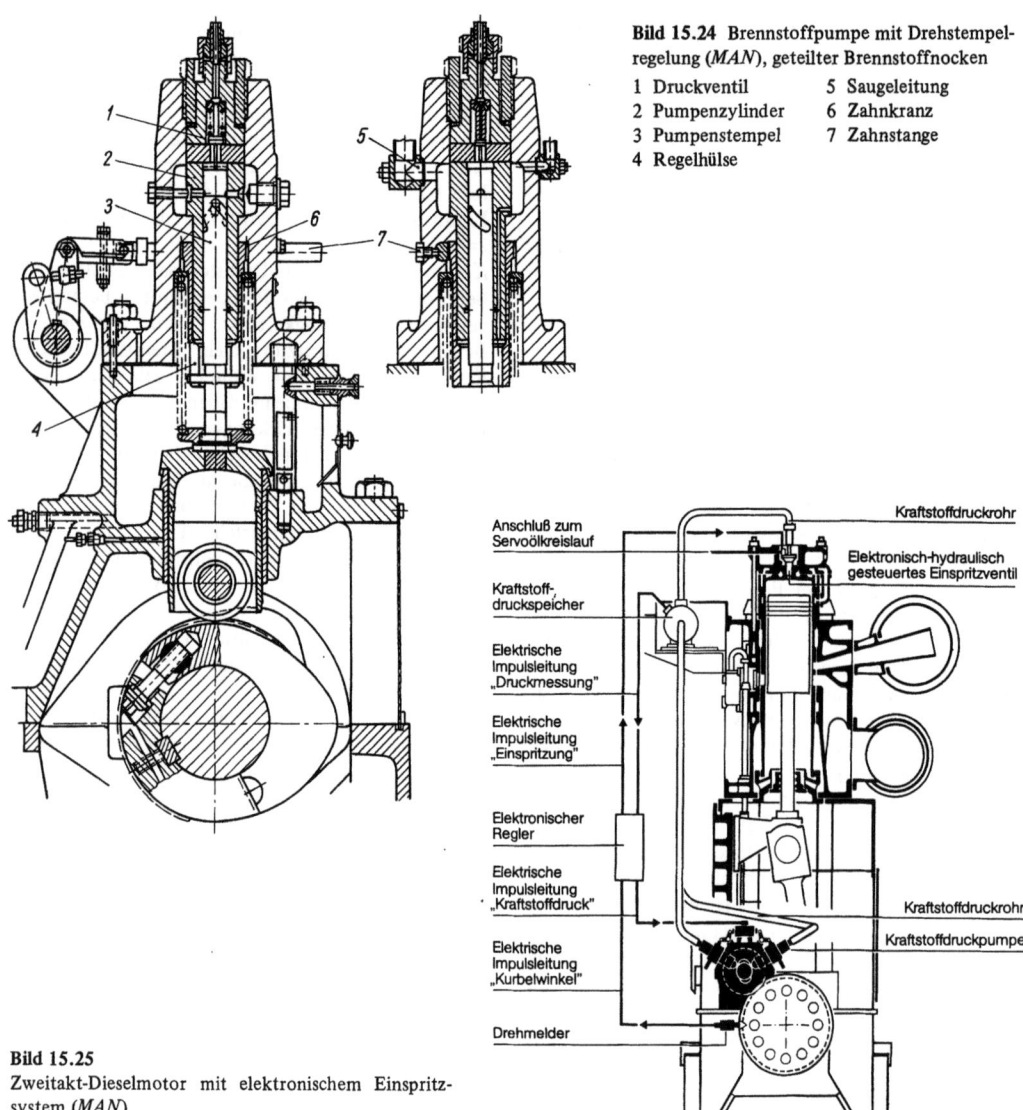

Bild 15.24 Brennstoffpumpe mit Drehstempelregelung (*MAN*), geteilter Brennstoffnocken
1 Druckventil 5 Saugeleitung
2 Pumpenzylinder 6 Zahnkranz
3 Pumpenstempel 7 Zahnstange
4 Regelhülse

Bild 15.25
Zweitakt-Dieselmotor mit elektronischem Einspritzsystem (*MAN*)

bis zu einem Sechstel der Nenndrehzahl und gute Verbrennung mit sauberem Abgas.
Das Kernstück bildet ein *Mikroprozessor*. Diesem Mikrocomputer, der die Funktion eines *PI-Reglers* übernimmt, werden Motorendrehzahl und Kurbelwellenstellung als Ist-Wert eingegeben. Er holt sich dann automatisch nach einem Drehzahl-Soll-Ist-Vergleich die für den jeweiligen Lastpunkt gespeicherten Werte für Einspritzzeit und -druck im „Normalbetrieb" heraus. Bei Abweichungen vom Normalbetrieb erhält der Mikroprozessor Zusatzsignale, entweder von Hand oder über entsprechende Temperatur- und Drucksensoren. Diese Zusatzimpulse bewirken eine Korrektur des Einspritz-Zeitpunktes und/oder des Einspritz-Druckes. Somit wird der Motor laufend im Optimum betrieben (Bild 15.25).

Die umsteuerbare Nockenwelle des herkömmlichen Systems mit den Einspritzpumpen für jeden Zylinder entfällt. Die Brennstoffdruckerzeugung erfolgt jetzt mit einer durch Doppelnocken angetriebenen Pumpe mit zwei bis sechs Stempeleinheiten. Durch gleiche Auf- und Ablaufflanken der Nocken ist beim rückwärtsdrehenden Motor die gleiche Stempelgeschwindigkeit wie beim vorwärtsdrehenden Motor gegeben. Die Pumpe fördert den Brennstoff in einen Druckspeicher, dessen Inhalt einen Puffer zwischen den einzelnen Förderstößen der Pumpeneinheiten und den Entnahmen bildet. Der Druck im Speicher sinkt – auch bei einem Druck von 700 bar

Brennstoffeinspritzung. Gemischbildung und Verbrennung

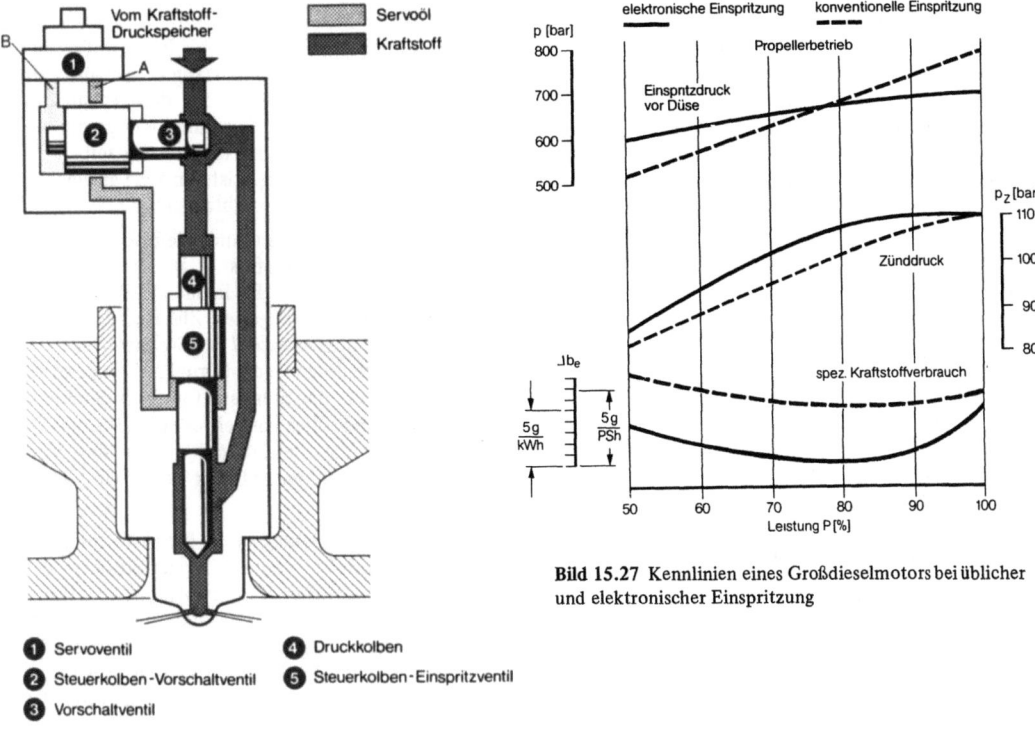

Bild 15.26 elektronisch angesteuertes Einspritzventil

① Servoventil
② Steuerkolben-Vorschaltventil
③ Vorschaltventil
④ Druckkolben
⑤ Steuerkolben-Einspritzventil

Bild 15.27 Kennlinien eines Großdieselmotors bei üblicher und elektronischer Einspritzung

bei Vollast — während einer Einspritzung nicht mehr als 30 bar ab. Über die gesamte Einspritzdauer steht also ein nahezu gleichbleibender Einspritzdruck an den Bohrungen im Sackloch der Einspritzdüse zur Verfügung.

Bild 15.26 zeigt das elektronische angesteuerte Einspritzventil, in dem zwei Drucksysteme wirken, nämlich die Servo-Hydraulik und der Brennstoff. Die Kraft, die durch den Druck des Hydrauliköls auf den Steuerkolben wirkt, ist stärker als die Kraft des Brennstoffdruckes.

Das in Bild 15.27 dargestellte Kennfeld zeigt die verschiedenen Verhältnisse beider Einspritzarten. Besonders deutlich ist der unterschiedliche spezifische Brennstoff-Verbrauch zu erkennen. In dem von Schiffen am meisten genutzten Fahrbereich zwischen 75% und 85% Last ergibt sich bei elektronischer Einspritzung eine Verbrauchssenkung von rd. 5 g/kWh (rd. 3,7 g/PSh).

15.13 Gemischbildung und Verbrennung

15.13.1 Motorische Verbrennung allgemein

Die bei der motorischen Verbrennung auftretenden Verhältnisse unterscheiden sich in verschiedenen Punkten erheblich vom Verbrennungsvorgang in Kesselfeuerungen. Bei letzteren wird ein *fortlaufen-*
der Verbrennungsvorgang durchgeführt, nachdem durch einmalige Fremdzündung eine Verbrennung bei atmosphärischem oder geringem Überdruck eingeleitet worden ist.

Beim Motor wird der sich unter hohem Druck vollziehende Verbrennungsvorgang laufend von anderen Vorgängen abgelöst. Es finden also ständig *unterbrochene* Verbrennungen statt, die durch sich immer wiederholende Selbstzündungen eingeleitet werden. Die für die Verbrennung des eingespritzten Brennstoffes zur Verfügung stehende Zeit ist erheblich kürzer als bei der Verbrennung im Kessel, nur Bruchteile von Sekunden stehen für die Aufbereitung des eingespritzten Brennstoffes, für Zündung und Verbrennung zur Verfügung.

Die Gemischbildung und Verbrennung im Dieselmotor findet unter denkbar ungünstigen Verhältnissen statt: Ein in seiner molekularen Zusammensetzung verwickelter flüssiger Brennstoff muß in allerkürzester Zeit mit der Verbrennungsluft in ein entzündliches, restlos verbrennendes Brennstoff-Luftgemisch übergeführt werden. Hierbei treten physikalische und chemische Kräfteumwandlungen auf, die als Zerstäubung, Verdampfung, Vergasung (Zerfall), Mischung mit dem Sauerstoff der Verbrennungsluft, Zündung und Verbrennung aufeinander folgen.

15.13.2 Einspritzvorgang

Die Aufgabe jedes Einspritzsystems ist es, eine genau dosierte Brennstoffmenge nach einem bestimmten zeitlichen Verlauf in den Arbeitszylinder einzubringen. Dieser zeitliche Verlauf der aus der Düse austretenden Brennstoffmenge wird kurz als *Einspritzverlauf* (früher *Einspritzgesetz*) bezeichnet, dargestellt als Funktion der Zeit oder des Winkels, mm^3/s oder mm^3/°kW. Die unter dieser Kurve liegende Fläche ist ein Maß für die je Zündhub eingespritzte Brennstoffmenge, die für die Zylinderleistung maßgebend ist. Die Form des Einspritzverlaufs ist von maßgeblichem Einfluß auf die Gemischbildung und Verbrennung im Arbeitszylinder sowie auf die Laufruhe (*Ganghärte*) und Wirtschaftlichkeit des Motors.

Die durch eine Öffnung austretende Brennstoffmenge ist abhängig vom Druckunterschied vor und hinter der Bohrung sowie von Größe und Gestalt der Bohrung. Erst bei hohen Drücken treten Kräfte auf, die quer zur Strömungsrichtung auf ein Zerstäuben des Strahles wirken, wenn der Brennstoff die Bohrung verläßt. Daher müssen die Einspritzdrücke sehr hoch liegen.

Der sich beim Einspritzen bildende *Brennstoffnebel* ist ein Gemisch aus Tröpfchen, deren Durchmesser 5/1000 ... 4/100 mm beträgt, d. h., die Oberfläche des eingespritzten Brennstoffes hat sich auf das 500 ... 600fache vergrößert. Der Tröpfchendurchmesser darf weder zu klein noch zu groß sein. Sehr kleine Tröpfchen erwärmen sich natürlich schneller und bieten dem Sauerstoff der Verbrennungsluft eine größere Oberfläche, jedoch haben sie nicht die nötige Durchschlagskraft, um besonders bei Großmotoren bis zum Rand des Verbrennungsraumes vorzudringen. Je kleiner die Tröpfchen, desto schneller ist der Ausbrand, d. h., desto größer ist auch die Druckanstiegsgeschwindigkeit im ersten Teil der Verbrennung bei langsamlaufenden Motoren.

15.13.3 Zeitlicher Ablauf von Einspritzung und Verbrennung

Einspritzverzug

Der *Einspritzverzug* ist die Zeit, die zwischen dem *Förderbeginn* und dem *Einspritzbeginn* liegt. Der Einspritzverzug E_v ist bei jedem Motor fast gleichbleibend und hängt hauptsächlich von der Länge der Brennstoff-Druckleitungen und von der Federspannung des Brennstoffventils ab. Um gleiche Einspritzverzüge zu erreichen, werden die Brennstoff-Druckleitungen zu den einzelnen Brennstoffventilen gleich lang ausgeführt. Auf den Einspritzverzug braucht keine Rücksicht genommen zu werden, solange an den Brennstoff-Druckleitungen oder an den Abspritzdrücken nichts geändert wird.

Zündverzug

Die Zeit vom *Einspritzbeginn* des Brennstoffes bis zum *Zündbeginn* wird *Zündverzug* Z_v genannt. Er ist besonders ausschlaggebend für den Ablauf des ersten Teils der Verbrennung und beträgt oft ein Mehrfaches der eigentlichen Verbrennungszeit.

Die Größe des Zündverzuges ist von zwei grundsätzlich verschiedenen Faktoren abhängig:

a) von den physikalischen und chemischen Eigenschaften des Brennstoffes (z. B. Zähflüssigkeit, molekularer Aufbau). Es handelt sich hier um den sogenannten *arteigenen* Zündverzug, ausgedrückt durch die *Cetanzahl des Brennstoffes*.

b) von den Bedingungen (Druck, Temperatur, Sauerstoff), die der Brennstoff im Verbrennungsraum vorfindet. Hier handelt es sich also um die Bauart und die Betriebsverhältnisse des Verbrennungsraumes, ausgedrückt durch die *Cetanzahl des Motors*.

Der arteigene Zündverzug eines Brennstoffes kann demnach beeinflußt werden durch Erhöhen des Verdichtungsenddruckes (Sauerstoffkonzentration), Erhöhen der Temperaturen (Verdichtungsendtemperatur, Kühlwassertemperatur), Vergrößern der wärmeaufnehmenden Oberfläche der Brennstofftröpfchen (feinere Zerstäubung) und Vergrößern der Geschwindigkeit zwischen eingespritztem Brennstoff und heißer Verbrennungsluft. Man ist bestrebt, den Zündverzug möglichst klein zu halten, die Größenordnung 1/200 ... 1/500 s = 0,005 ... 0,002 s sollte nicht überschritten werden.

Bild 15.28 zeigt die Vorgänge während des Verdichtungstaktes eines Motors bei $n = 500$ min^{-1}. Selbstentzündungstemperatur des Brennstoffes (Gasöl) und Verdichtungstemperatur sind bei einer Kurbelstellung 50 °KW v. OT etwa gleich, bei der ein Verdichtungsdruck von etwa 7 bar und eine Temperatur von ≈ 300 °C vorhanden ist. Diese Verhältnisse genügen aber nicht zum Auslösen einer Selbstentzündung, da kein Temperaturüberschuß vorhanden ist, um den Brennstoff auf Selbstentzündungstemperatur zu erwärmen.

Bei 18 °KW v. OT ist Förderbeginn. Die Temperatur der Verbrennungsluft liegt hier ≈ 220 °C höher als die Selbstentzündungstemperatur des Brennstoffes. Es kann jedoch noch nicht eingespritzt werden, weil der Brennstoff in der Druckleitung erst noch auf den Abspritzdruck verdichtet werden muß (Einspritzverzug). Erst bei 11 °KW v. OT ist Einspritzbeginn. Die Verdichtungstemperatur ist nun schon ≈ 279° höher als die Selbstentzündungstemperatur. Trotz des Temperaturüberschusses entzündet sich der Brennstoff nicht sofort (Zündverzug). 2 °KW v. OT ist Zündbeginn, nachdem sich ein Temperaturüberschuß von ≈ 300° eingestellt hat. Der Einspritzverzug beträgt lt. Bild 7 °KW ≙ 0,0023 s und der Zündverzug 9 °KW ≙ 1/333 = 0,003 s.

Gemischbildung und Verbrennung

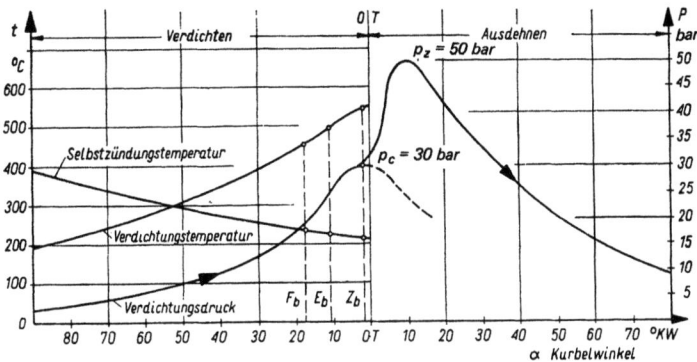

Bild 15.28
Druck- und Temperaturverhältnis im Arbeitszylinder während der Verdichtung

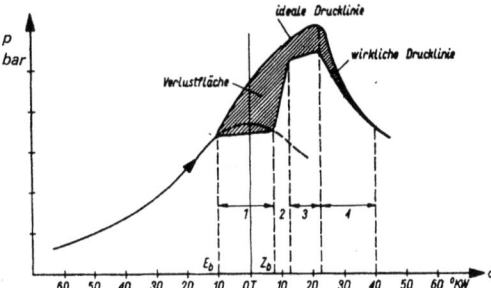

Bild 15.29 Verbrennungsvorgang im p, α-Schaubild

Die Selbstentzündungstemperatur (s. auch Abschnitt 08.) der Dieselkraftstoffe liegt bei den üblichen Verdichtungsenddrücken um 200 °C. Gegenüber einer Verdichtungstemperatur von z. B. 550 °C ergibt sich also ein Temperaturüberschuß von rund 359°, der zum Erwärmen des eingespritzten, kalten Brennstoffes benötigt wird. Viel kleiner als 280° darf der Temperaturüberschuß nicht sein, weil sonst das Anfahren des kalten Motors Schwierigkeiten macht.

Verbrennung

Beim Dieselmotor wird der Brennstoff fein zerstäubt in die durch die Verdichtung hocherhitzte Verbrennungsluft eingespritzt. Bei der Erwärmung geht der Brennstoff zuerst in den Dampfzustand über. Bei weiterer Wärmeaufnahme wird die chemische Verbindung der Moleküle aufgelöst, d. h., die C- und H-Atome trennen sich, das Öl *vergast*. Durch die Anwesenheit der Verbrennungsluft mischt sich in den Dunst der C- und H-Atome der Sauerstoff hinein. Bei weiterer Erwärmung erfolgt die *Entzündung*.
Die Annahme, daß der eigentlichen Verbrennung ein vollständiges Verdampfen bzw. Vergasen des Brennstoffes vorausgehen muß, ist irrig. Es ist erwiesen, daß die Zündung aus dem Tropfen heraus geschieht oder noch besser gesagt, aus dem Übergangszustand vom Tropfen in den Dampf- bzw. Gaszustand.

Im Bild 19.29 ist der Verbrennungsvorgang im Dieselmotor durch den Vergleich einer *idealen* mit einer *wirklichen* Druck-Zeit-Linie dargestellt. Das p, α-Schaubild des wirklichen Motors zeigt Spätzündung.
Bei der idealen Druck-Zeit-Linie liegt die Annahme zugrunde, daß die jeweils in den Verbrennungsraum gelangte Brennstoffmenge sofort — also ohne Zündverzug — vollkommen verbrennt. In Wirklichkeit zeigen sich aber folgende kennzeichnende Abweichungen:

1. Gebiet des Zündverzuges, d. h. die Zeit zwischen Einspritzbeginn und Beginn des Druckanstieges infolge des Zündbeginnes. Durch die Kühlwirkung des eingespritzten kalten Brennstoffes auf die Verbrennungsluft und durch die Verdampfung des Brennstoffes fällt die Verdichtungstemperatur bei Vollast um etwa 100 °C. Daher bleibt die wirkliche Drucklinie hier etwas unterhalb der Verdichtungslinie ohne Einspritzung.

2. Gebiet der ungesteuerten Verbrennung (Durchzündung). Der größte Teil des bis dahin im Verbrennungsraum vorhandenen, d. h. während des Zündverzuges eingespritzten Brennstoffes verbrennt fast schlagartig. Der mehr oder minder schnelle Anstieg dieser Drucklinie, ausgedrückt in bar/°KW, ist für die Laufruhe und Wirtschaftlichkeit des Motors ausschlaggebend.
Folgende Grenzwerte sollten nicht überschritten werden: Langsamläufer 2 ... 3 bar/°KW, Mittelschnelläufer 3 ... 4 bar/°KW, Schnelläufer 6 ... 8 bar/°KW.
Diese *Druckanstiegsgeschwindigkeit* ist abhängig von der Größe des Zündverzuges und vom Einspritzverlauf. Bei zu großen Werten können neben den normalen Lagerbelastungen zusätzliche Belastungen der Triebwerksteile auftreten.
Je steiler die Linie der ungesteuerten Verbrennung ansteigt, desto härter läuft der Motor und desto

besser ist seine Wirtschaftlichkeit (erhöhte Leistung, d. h. geringerer spez. Brennstoffverbrauch). Dieser Zustand ist in seinen Erscheinungen und Auswirkungen mit einer Frühzündung zu vergleichen. Bei flacherem Verlauf dieser Linie gilt das Gegenteil. Viele Versuche und die praktische Erfahrung zeigen, daß eine Änderung der Druckanstiegsgeschwindigkeit während der ungesteuerten Verbrennung von 1 auf 2 bar/°KW $\approx$ 4%, von 2 auf 3 bar/°KW nochmals $\approx$ 4%, also von 1 auf 3 bar/°KW insgesamt $\approx$ 8% Brennstoffersparnis ergibt.

3. *Gebiet der gesteuerten Verbrennung.* Der weiterhin eingespritzte Brennstoff verbrennt infolge der jetzt vorhandenen hohen Temperatur mit vernachlässigbar kleinem Zündverzug. Dieser Druckverlauf ist also nur abhängig von der je °KW eingespritzten Brennstoffmenge, d. h., er wird vom Einspritzverlauf gesteuert.

4. *Gebiet des normalen (unvermeidbaren) Nachbrennens.* Die Verbrennung wird vollständig, wenn die noch vorhandenen unverbrannten Brennstoffteile ihren Sauerstoff gefunden haben.

Die gesteuerte Verbrennung sollte den Hauptabschnitt der Verbrennung bilden, weil sie beherrschbar ist. Als Maßstab kann das *Drucksteigerungsverhältnis a* dienen:

$$a = \frac{\textit{Drucksteigerung während der ungesteuerten Verbrennung}}{\textit{Drucksteigerung nach Zündbeginn}}$$

Bei einem Verhältnis $a = 0{,}35 \ldots 0{,}4$ läuft der Motor unbedingt ruhig, allerdings ist sein Brennstoffverbrauch höher als z. B. bei einem Verhältnis $a = 0{,}55 \ldots 0{,}6$. Neben den normalen Lagerbelastungen können zusätzliche Belastungen der Triebwerksteile eintreten, wenn das Drucksteigerungsverhältnis a den Wert $0{,}7 \ldots 0{,}8$ übersteigt. Wenn der Verbrennungsdruckanstieg nur ungesteuert erfolgt, wird $a = 1$.

Beispiel 15.4: Der in Bild 15.28 dargestellte Verbrennungsablauf zeigt folgende Druckanstiegsgeschwindigkeiten:

ungesteuerte Verbrennung

$dp/d\alpha \approx (45-30)/(2+5)$ bar/°KW $= 15/7$ bar/°KW
$= 2{,}14$ bar/°KW

gesteuerte Verbrennung

$dp/d\alpha \approx (50-45)/(10-5)$ bar/°KW $= 5/5$ bar/°KW
$= 1{,}00$ bar/°KW

Drucksteigerungsverhältnis

$a \approx 15/20 = 0{,}75$

Zwischen dem Zündverzug und der Druckanstiegsgeschwindigkeit während der ungesteuerten Verbrennung besteht ein sehr enger Zusammenhang. Da die Größe des Zündverzuges unter anderem sehr stark von der Lage des Brennstoff-Förder- bzw. -Einspritzbeginnes beeinflußt wird, hängt es von der Motoreneinstellung ab, ob ein Optimum an Laufruhe und Wirtschaftlichkeit des Motors erreicht wird.

Das Bild 15.30 zeigt zusammengefaßt die piëzoelektrisch aufgezeichneten Druckvorgänge in der Brennstoff-Druckleitung und im Arbeitszylinder während des Einspritzens und der Verbrennung.

Klopfende Verbrennung

Beim Dieselmotor zeigt sich mitunter eine Störungserscheinung im Ablauf der Verbrennung. Im Gegensatz zum gewünschten *weichen* Zündeinsatz erscheint ein schlagartiger und daher unerwünschter Verbrennungsablauf, der mit *Klopfen, Nageln, harter Gang* und neuerdings mit *Dieselschlag* bezeichnet wird. Hierbei entstehen ein äußerst steiler Druckanstieg bar/°KW im Arbeitszylinder und eine Druckschwingung der verbrennenden Gasmenge; der Verbrennungshöchstdruck steigt wesentlich an.

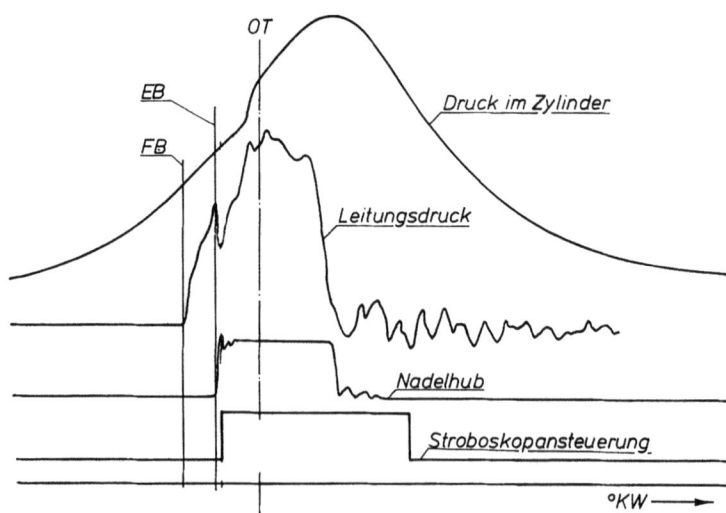

Bild 15.30
Druckverläufe während des Einspritzens und Verbrennens

Entsprechend dem metallischen Schlaggeräusch werden Kolben und Triebwerk überlastet und Lager ausgeschlagen; die Kolben- und Zylindertemperaturen steigen bedenklich an. Entscheidend ist aber nicht die *absolute Höhe* des Druckes, sondern die *Steilheit des Druckanstieges*. Überschreitet diese eine gewisse Grenze, beim Langsamläufer z. B. $dp/d\alpha > 4$ bar/°KW, so entstehen die Klopfgeräusche.

Der Klopfvorgang, der also zu Beginn der Verbrennung einsetzt, ist außerordentlich verwickelt und wird von zahlreichen chemischen, physikalischen und betriebstechnischen Faktoren beeinflußt. Klopfursache können entweder der *Brennstoff* (wenn er nicht genügend zündwillig ist) oder die *Bauart* des Motors oder ungünstige *Betriebsbedingungen* sein. Grundsätzlich muß zur Beseitigung des harten Ganges der Zündverzug verkleinert werden. Auch die Änderung des Einspritzverlaufs, Brennstoff/°KW, kann Abhilfe bringen, insbesondere, wenn die zu Beginn des Einspritzvorganges eingebrachte Brennstoffmenge sehr groß war.

Das Klopfen nimmt stets zu bei: niedrigerer Verdichtung, geringerer Belastung, niedrigerer Ansaugluft-, Kühlwasser- und Zylinderkopftemperatur, höherer Drehzahl und bei Kohlenwasserstoffen mit kettenförmigem Aufbau. Entsprechend sind die Gegenmaßnahmen beim Auftreten von Klopfgeräuschen zu treffen.

15.14 Leistungsberechnung

Es gilt die aus der Mechanik bekannte Gleichung

Leistung = Kraft · Geschwindigkeit
$$P = F \cdot v \qquad (8)$$

Auf einen Hubkolbenmotor übertragen heißt dies

Leistung = mittlere Kolbenkraft · mittlere Kolbengeschwindigkeit
$$P = (A \cdot p \cdot z) \cdot (2 \cdot s \cdot n) \qquad (8.1)$$

Diese Größengleichung gilt, wenn bei jedem Kolbenhub Arbeit verrichtet würde; beim Zweitaktmotor ist jedoch nur jeder 2. Hub und beim Viertaktmotor nur jeder 4. Hub an der Arbeitsabgabe beteiligt.
Für den Zweitaktmotor ergibt sich dann die Größengleichung

$$P = A \cdot p \cdot z \cdot s \cdot n = p \cdot n \cdot (A \cdot s \cdot z) = p \cdot n \cdot V_H$$

und für den Viertaktmotor entsprechend

$$P = \frac{p \cdot n \cdot V_H}{2} \qquad (9)$$

Wenn der mittlere Kolbendruck p in bar, die Motordrehzahl n in 1/min und der Gesamthubraum V_H in dm³ eingesetzt wird, ergibt sich die *Motorleistung* allgemein zu

$$P = \frac{p \cdot n \cdot V_H}{K} \text{ kW} \qquad (10)$$

$K = 600$ für den Zweitaktmotor
$K = 1200$ für den Viertaktmotor

Soll die Innenleistung P_i, die Nutzleistung P_{eff} oder die Reibungsleistung P_r bestimmt werden, so erhält der mittlere Kolbendruck p den Index der gewünschten Leistung (z. B. p_i, p_{eff}, p_r).
Wird noch in alten Einheiten gerechnet (PS, kp/cm²), so ergibt sich die allgemeine Leistungsformel zu

$$P = \frac{0{,}981 \cdot p \cdot n \cdot V_H}{K} \text{ PS} \qquad (10.1)$$

Die Werte für K ändern sich in 450 bzw. 900.
Der *mittlere Kolbendruck* ist der auf die Kolbenfläche wirkend gedachte konstante Druck als Verhältnis der Arbeit eines Arbeitsspiels zu Hubraum.

$$p = \frac{P \cdot K}{n \cdot V_H} \text{ bar} \qquad (11)$$

Für die Indizes und K gilt das vorher Gesagte.
Mit dem Kolbenhub s in m und der Drehzahl n in 1/min wird die *mittlere Kolbengeschwindigkeit*

$$v_m = \frac{2 \cdot s \cdot n}{60} \text{ m/s} \qquad (12)$$

Für die Wahl der Kolbengeschwindigkeit ist das *Hubverhältnis s/d* maßgebend. So können z. B. bei einem großen Hubverhältnis, also großem Hub und kleinem Zylinderdurchmesser, beim Viertaktmotor aus konstruktiven Gründen nur kleine Einlaß- und Auslaßventil-Querschnitte im Zylinderdeckel untergebracht werden. Hohe Kolbengeschwindigkeiten können hierbei nicht zugelassen werden, weil sonst zu hohe Luftgeschwindigkeiten in den Einlaßventilen auftreten würden. Durch die Widerstände im kleinen Ventilquerschnitt entstünde ein Luftmangel, der zu einer Leistungsminderung führen würde. Als Gegenmaßnahme müßten Aufladegebläse verwendet werden. Schnellaufende Motoren erhalten, um diesem Umstand Rechnung zu tragen, ein kleines Hubverhältnis und je 2...3 Ein- und Auslaßventile.

Bei Zweitaktmotoren sind für die Wahl der Kolbengeschwindigkeit die Vorgänge beim Spülen wesentlich. Ein verhältnismäßig niedriger Spüldruck läßt sich auch bei schnellaufenden Motoren erreichen, wenn die Steuerpunkte für die Auslaß- und Spülschlitze richtig gewählt werden *(große Zeitquerschnitte)*.

Die richtige Wahl des mittleren Arbeitsdruckes p_i, des mittleren Nutzdruckes p_{eff} und der mittleren Kolbengeschwindigkeit c_m kann für die einzelnen Motorentypen nur auf Grund von Erfahrungen getroffen werden. Für die Wärmebelastung ist nicht p_{eff} sondern p_i maßgebend, weil die mittleren Verbrennungstemperaturen im Zylinder (gleiche Motoren vorausgesetzt) dem mittleren Arbeitsdruck etwa proportional sind. Von ausschlaggebender Bedeutung für die Wahl von p_i ist die zulässige Wärmebelastung, wobei die Dauer- bzw. Höchstbelastungen des Motors und gegebenenfalls der Aufladegrad zu berücksichtigen sind.

Unter *Wärmebelastung* des Verbrennungsraumes Q/A kJ/m²h wir die je Flächen- und Zeiteinheit an die gekühlte Wandoberfläche übergehende Wärmemenge verstanden. Für Motoren läßt sie sich durch folgende Gleichung erfassen:

$$\text{Wärmebelastung} = \frac{q \cdot P_{\text{eff}}}{d \cdot \pi \cdot (0,5 \cdot d + 0,23 \cdot s) \cdot z} \quad (13)$$

Hierin sind für Motoren ohne Aufladung einzusetzen:
$q = 3135$ kJ/kWh bei einem spez. Brennstoffverbrauch bei Vollast von $b_{\text{eff}} \approx 251,5$ g/kWh bzw. $q = 550$ kcal/PSh bei $b_{\text{eff}} \approx 185$ g/PSh oder $q = 2680$ kJ/kWh bei $b_{\text{eff}} \approx 223$ g/kWh bzw. $q = 470$ kcal/PSh bei $b_{\text{eff}} \approx 164$ g/PSh, ferner d und s in Metern.

Die Wärmebelastung gibt also an, wieviel kJ bzw. kcal stündlich durch 1 m² Oberfläche des Verbrennungsraumes im Bereiche der höchsten Verbrennungstemperaturen fließen. Mittlere Werte gehen aus der nachstehenden Tabelle hervor. Bei Sonderkonstruktionen ergeben sich auch höhere Werte.

Beim Vergleich von p_{eff}-Werten ausgeführter Motoren ist noch zu berücksichtigen, ob z. B. die Spülluftpumpen oder sonstige Hilfspumpen vom Hauptmotor selbst angetrieben werden oder nicht, und ob es sich um Tauchkolben- oder Kreuzkopfmotoren handelt.

Leistungsbegriffe wie Dauerleistung A und B, Überleistung und Höchstleistung, Leistungsangaben und Bezugszustände sind im Normblatt DIN 6270 erläutert.

15.15 Leistungssteigerung

Von einer Leistungs*steigerung* wird gesprochen, wenn aus einem Motor eine höhere Leistung als durch einfache Überlast herausgeholt werden soll. Aus der Leistungsgleichung (10) ist zu sehen, wodurch eine Leistungssteigerung erzielt werden kann: durch Vergrößern des Hubraumes, durch Erhöhen der Drehzahl, durch Steigern des mittleren Arbeitsdruckes. Die Leistungssteigerung erfolgt also durch Änderung konstruktiver Einflußgrößen, durch Erhöhen der mittleren Kolbengeschwindigkeit oder des mittleren Kolbendruckes p.

Den beiden ersten Maßnahmen sind aus konstruktiven, wärme- und schwingungstechnischen Gründen bald Grenzen gesetzt. Ohne Änderung der Hauptabmessungen und der Drehzahl kann ein höherer mittlerer Arbeitsdruck p_i besonders einfach erreicht werden, wenn ein vergrößertes Brennstoffgewicht verbrannt wird. Dies ist aber nur möglich, wenn auch ein entsprechend größeres Verbrennungsluftgewicht zur Verfügung steht. Um diese Steigerung des Luftgewichtes zu erreichen, muß beim Vorgang der Lufterneuerung die Verbrennungsluft *vorverdichtet* in den Motor eingebracht werden.

15.15.1 Aufladung

Aufladen heißt, in die Arbeitszylinder ein größeres Verbrennungsluftgewicht fördern, als der Motor selbst ansaugen könnte. Damit kann ein größeres Brennstoffgewicht je Arbeitsspiel verbrannt werden. Aufladegebläse führen dem Motor vorverdichtete Verbrennungsluft zu und ermöglichen damit eine Steigerung der Leistung von Viertakt- und Zweitaktmotoren.

Auch bei Motoren mit hoher Kolbengeschwindigkeit bzw. großem Hubverhältnis und demzufolge kleinen Ein- und Auslaßventilen, bei denen wegen der hohen Luftgeschwindigkeit in den Einlaßventilen eine unvollkommene Füllung des Arbeitszylinders mit Verbrennungsluft, also ein zu kleines Luftverhältnis vorhanden ist, wird die Hubraumausnutzung durch die Verwendung von Aufladegebläsen wesentlich verbessert.

Die Höhe einer Aufladung wird nach dem *Aufladegrad* bewertet:

$$AG = \frac{p_{\text{eff}} \text{ m.A.}}{p_{\text{eff}} \text{ o.A.}} = \frac{P_{\text{eff}} \text{ m.A.}}{P_{\text{eff}} \text{ o.A.}} \quad (14)$$

Normalaufladung: Aufladegrad $\approx 1,3 \ldots 1,6$ (ohne Zwischenkühlung der Luft)
Hochaufladung: Aufladegrad $\approx 1,8 \ldots 2,5$ und höher (mit Zwischenkühlung)

Je nachdem, ob das Aufladegebläse (Lader) durch eine fremde Kraftmaschine, unmittelbar vom Motor selbst oder durch eine mit den Abgasen des Motors beaufschlagte Turbine angetrieben wird, sind folgende Kurzbezeichnungen üblich: *Fremdaufladung, mechanische Aufladung, Abgas-Turboaufladung*.

Elektrischer und mechanischer Gebläseantrieb

Für den *Fremdantrieb der Aufladegebläse* werden zuweilen Elektromotoren verwendet. Diese Antriebs-

		Viertaktmotor, ohne Aufladung	Zweitaktmotor, ohne Aufladung
mittl. Arbeitsdruck p_i	bar	6,5 … 10,7	6,1 … 7,3
mittl. Nutzdruck p_{eff}	bar	5,4 … 8,9	4,7 … 5,6
mittl. Geschwindigkeit v_m	m/s	5,6 … 7,7	4,5 … 6,0
Wärmebelastung	kJ/m²h	314 250 … 628 500	628 500 … 1 257 000
	kcal/m²h	75 000 … 150 000	150 000 … 300 000

art, die zusätzlichen Aufwand erfordert, hat den Vorteil, daß die Gebläseleistung dem jeweiligen Betriebszustand des Motors ohne Schwierigkeit sehr genau angepaßt werden kann. Bei kleinen Leistungen sind elektrisch angetriebene Gebläse im Anschaffungspreis verhältnismäßig billig, so daß — bei nicht häufigem Bedarf der Vollast — die Gesamtwirtschaftlichkeit des Motors günstig liegen kann.

Mechanische Aufladung besagt, daß das Aufladegebläse (Lader) von der Kurbelwelle des Motors (Ketten, Zahnräder) angetrieben wird. Laderausführungen sind je nach Motorenbauart *Kolben-, Kapsel-* oder *Kreiselverdichter*. Kapselgebläse *(Rootsgebläse)* sind am gebräuchlichsten. Durch eine während des Betriebs ein- und ausrückbare Kupplung (am besten Flüssigkeitskupplung) kann der Lader nach Bedarf, z. B. erst ab Halblast zugeschaltet werden.

Bei dieser Aufladeart muß der Motor zusätzlich den Leistungsbedarf des Laders decken, d. h. sein spez. Brennstoffverbrauch b_{eff} nimmt zu. Anwendung nur als Normalaufladung und besonders bei kleineren und mittelschnellaufenden Motoren.

Abgas-Turboaufladung

Bei diesem besonders günstigen Aufladeverfahren wird die sonst verlorene Energie der Abgase ausgenützt, um eine Turbine anzutreiben, die ihrerseits starr mit einem Gebläse zur Förderung der Verbrennungsluft gekuppelt ist. Diese sogenannte *Aufladegruppe* (einstufige Turbine und einstufiges Gebläse) ist nur pneumatisch mit dem Motor verbunden; beim Umsteuern des Motors ändert also das Gebläse seine Drehrichtung nicht. Die Aufladegruppe paßt sich selbstregelnd sofort allen Belastungsstufen an.

In Bild 15.31 ist ein derartiger Satz dargestellt. Aufbaumäßig wird bei der Aufladegruppe zwischen *Außenlagerung* (lange, dicke Welle, z. B. *BBC*) und *Innenlagerung* (kürzere, dünnere Welle, z. B. *MAN*) der Welle unterschieden. Die Bilder 15.32 und 15.33 zeigen die beiden meistverwendeten Aufladegruppen im Schnitt.

Die Aufladegruppe läuft mit sehr hoher Drehzahl, je nach Last 4000 ... 20 000 min^{-1} und mehr. Während beim nicht aufgeladenen Motor die Leistung i. a. durch die *Rußgrenze* bestimmt ist (d. h. die Leistung, bei der eine Abgastrübung beginnt), ist beim aufgeladenen Motor die zulässige Leistung fast nur durch die Abgastemperatur vor der Turbine bestimmt *(Temperaturgrenze)*. Im Dauerbetrieb soll diese Temperatur 600 °C, kurzzeitig 650 °C nicht übersteigen.

Da die Antriebsleistung für das Aufladegebläse aus der Energie der Abgase gewonnen wird, während bei mechanischem Antrieb etwa 25 ... 30 % der durch die Aufladung gewonnenen Motorleistung

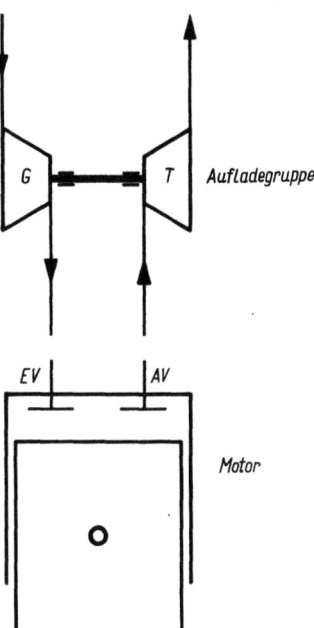

Bild 15.31 Schema der Abgas-Turboaufladung bei einem Viertaktmotor

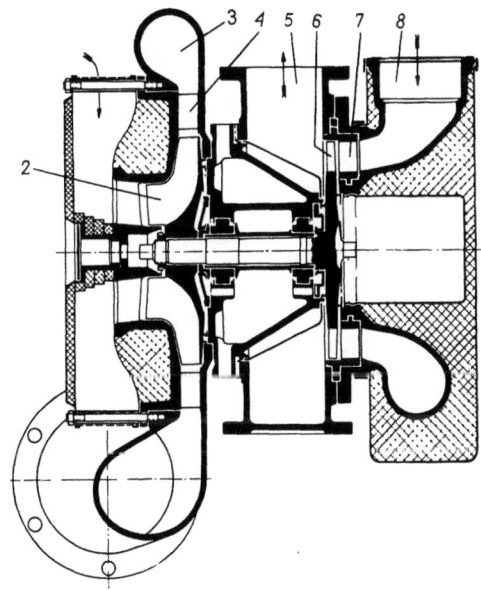

Bild 15.32 Schnitt durch eine *MAN*-Aufladegruppe *(TV 633* für Normalaufladung)

2 Gebläselaufrad	6 Turbinenlaufrad
3 Sammelraum (Spiralgehäuse)	7 Leitrad
4 Austritts-Leitrad	8 Abgaseintritt
5 Abgasaustritt	

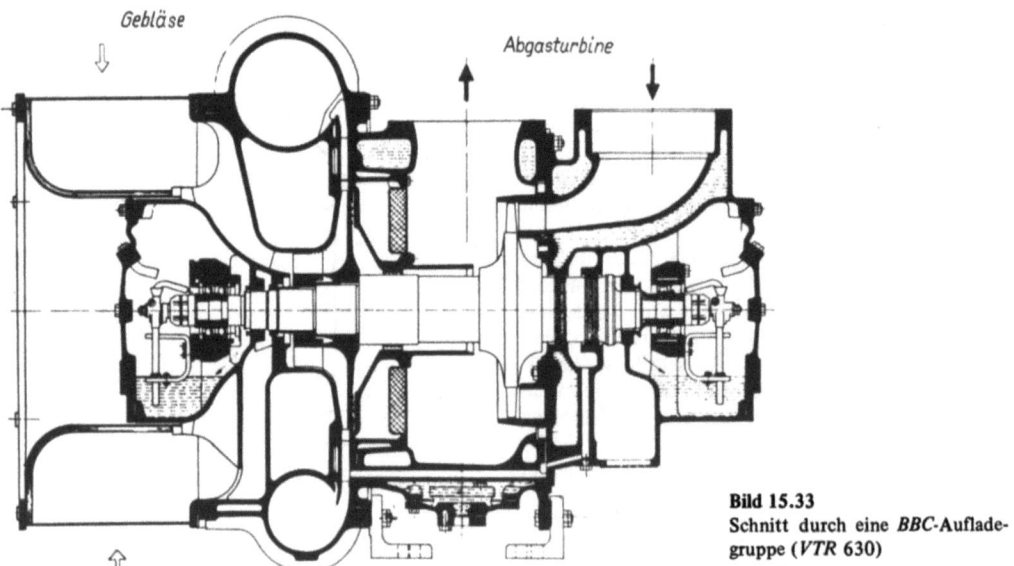

Bild 15.33 Schnitt durch eine *BBC*-Aufladegruppe (*VTR* 630)

für den Gebläsebetrieb benötigt wird, ist der Betrieb mit Abgas-Turboaufladung also sehr wirtschaftlich und führt zu einem niedrigen spez. Brennstoffverbrauch.

In Bild 15.34 werden die Verbrauchskurven zweier Schiffsmotoren gleichen Typs aber verschiedener Zylinderarten, einmal nicht aufgeladen und einmal mit Abgas-Turboaufladung, gezeigt. Über den gesamten Lastbereich ist der spez. Brennstoffverbrauch des aufgeladenen Dieselmotors niedriger, besonders kennzeichnend ist der sehr flache Verlauf der Brennstoffverbrauchskurve über einen verhältnismäßig großen Lastbereich.

Bei der Abgas-Turboaufladung unterscheidet man zwei grundsätzlich voneinander verschiedene Arbeitsverfahren, nämlich den *Stoß*- oder *Impulsbetrieb* und den *Stau*- oder *Gleichdruckbetrieb*.

Der *Stoßbetrieb* nutzt die kinetische Energie der mit hoher Geschwindigkeit aus den Auslaßorganen abströmenden Verbrennungsgase mit zur Verrichtung von Arbeit in der Abgasturbine aus. Obwohl der Wirkungsgrad einer Turbine bei stoßweiser Beaufschlagung der Beschaufelung verhältnismäßig niedrig liegt, stellt dieses Verfahren bei Normalaufladung die bestmögliche Lösung für den Antrieb der Abgasturbine dar.

Dieser Vorteil ist jedoch an die räumliche Anordnung der Aufladegruppen gebunden, denn um die kinetische Energie der Abgase möglichst vollkommen ausnutzen zu können, müssen die Abgasleistungen so kurz wie möglich sein; außerdem ist eine Unterteilung der Abgasleitungen erforderlich, damit der *Auslaßvorgang* des einen Zylinders trotz des rasch abklingenden Druckes in der Turbinen-

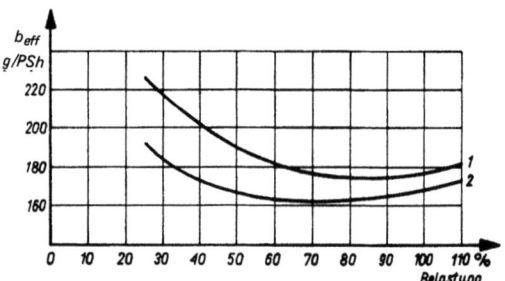

Bild 15.34 Vergleich des spez. Brennstoffverbrauchs eines Motors ohne und mit Abgas-Turboaufladung (*n* = konst.)
1 Neunzylinder-Motor o. A.
2 Sechszylinder-Motor m. A. (*AG* = 1,5)
d. h.: gleiche Leistung

zuleitung nicht den *Spülvorgang* eines anderen Zylinders stört *(Büchiverfahren)*. Es dürfen nur die Abgasleitungen solcher Zylinder zusammengeschaltet werden, die einen Zündabstand von mindestens 240 °KW aufweisen. Da beim Viertaktmotor ein Arbeitsspiel 720 °KW beträgt, können demnach 3 Zylinder in denselben Strang ohne gegenseitige Störung auspuffen. Beim Zweitaktmotor werden meist nur 2 Zylinder abgasseitig zusammengeschlossen.

Das Bild 15.35 zeigt eine Prinzipzeichnung *(MAN)* der Unterteilung der Abgasleitung bei einem Sechszylinder-Viertaktmotor mit der Zündfolge 1-3-5-6-4-2.

Der *Staubetrieb* unterscheidet sich von dem Stoßbetrieb dadurch, daß die Abgase aller Zylinder zu-

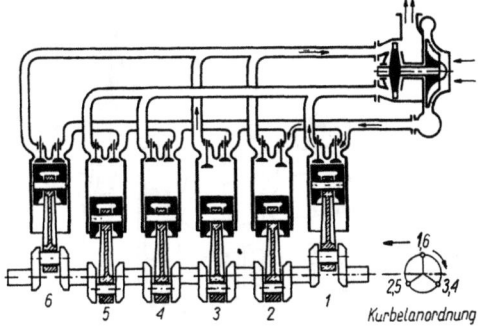

Bild 15.35 Unterteilung der Abgasleitungen

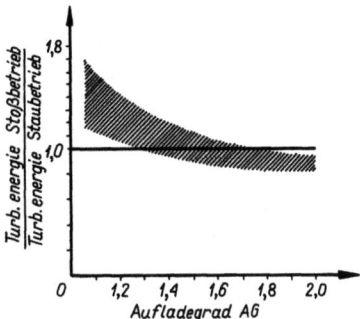

Bild 15.36 Vergleich der an der Abgasturbinenwelle verfügbaren Energie bei Stoß- und bei Stauaufladung

nächst in einem geräumigen *Sammler* zusammengeführt werden, der unter annähernd gleichbleibendem Druck steht, und erst von dort – gewissermaßen nach einer *Aufstauung* – anschließend durch die Abgasturbine geleitet werden. Der gleichmäßigen Turbinenbeaufschlagung mit einem guten Wirkungsgrad steht die geringere ausnutzbare Energie der Abgase gegegenüber, so daß die Turbinenleistung im allgemeinen unter der bei Stoßbetrieb erreichbaren bleibt. Dafür ist freizügigere räumliche Anordnung der Lader möglich, wodurch besonders das Umstellen nicht aufgeladener Motoren auf Abgas-Turboaufladung erleichtert wird. Je höher der Auflagedrad liegt, desto mehr nähern sich die Turbinenleistungen einander an, da dann der relative Anteil der kinetischen Energie an der Gesamtenergie kleiner wird, bis sich bei hohen Aufladedrücken die Verhältnisse sogar umkehren. Im Bild 15.36 werden beide Verfahren miteinander verglichen, indem das Verhältnis der Turbinenenergie bei Stoßbetrieb zu der bei Staubetrieb über dem Auflagedrad aufgetragen wurde.

Bei einem *Viertaktmotor* bereitet die Abgas-Turboaufladung, die hier fast ausschließlich für Stoßbetrieb gebaut wird, keine grundsätzlichen Schwierigkeiten. Da die Ausschubart des Arbeitskolbens zur Leistungsgewinnung in der Abgasturbine mit herangezogen werden kann und die Abgastemperatur hoch liegt, genügt auch bei evtl. Staubetrieb das Abgasturbogebläse für die Bereitstellung der *insgesamt* erforderlichen Verbrennungsluft. Bei Viertaktmotoren lassen sich besonders hohe Aufladegrade erzielen.

Die Ventilüberschneidungszeiten sind beim aufgeladenen Viertaktmotor wesentlich vergrößert. Der Zylinder wird also nicht nur mit Verbrennungsluft erhöhten Druckes gefüllt, sondern darüber hinaus wird der Raum V_c auch noch gespült, d. h., die Restgase werden gründlicher entfernt. Wenn das vom Motor durchgesetzte Luftgewicht stärker anwächst als die Leistung, so dient die überschüssige Luftmenge der Kühlung der Verbrennungsraumwände; sie verlagert die thermische Leistungsgrenze des Motors nach oben: seine spezifische Wärmebelastung, kJ/kWh bzw. kcal/PS$_{eff}$h, wird niedriger.

Bei einem von der *MAN* besonders für Hochaufladung entwickelten Viertaktmotor werden Aufladegrade $> 2,5$ erreicht, allerdings unter Steigerung des Verbrennungshöchstdruckes auf 110 ... 120 bar, also auf etwa das Doppelte der heute in normalen Motoren üblichen Werte. Die aus diesen Drücken resultierenden Kräfte lassen sich aber beherrschen, wenn bei der Bemessung der Lager, Zuganker usw. von vornherein mit derartigen Belastungen gerechnet wird. Dabei muß noch bedacht werden, daß die Druckanstiegsgeschwindigkeit der ungesteuerten Verbrennung des aufgeladenen Motors infolge kleineren Zündverzuges geringer ist. Er läuft vergleichsweise weicher, was hinsichtlich der auftretenden Beanspruchungen die Wirkung des erhöhten Druckes teilweise ausgleicht.

Mit einem spez. Brennstoffverbrauch von etwa $b_{eff} = 0,190$ kg/kWh $= 0,140$ kg/PSh ist heute der hochaufgeladene Dieselmotor wirkungsgradmäßig die beste Wärmekraftmaschine überhaupt (Nutzwirkungsgrad $\eta_{eff} \approx 45\%$).

Der *Ladedruck*, den eine Aufladung dieser Höhe verlangt, liegt etwa bei 1,5 ... 2,0 bar. Er wird heute mit einem einstufigen Radialgebläse erreicht.

Bei den hochaufgeladenen Motoren ergeben sich im praktischen Bordbetrieb einige besondere Probleme hinsichtlich des Anlassens des Motors. Da die Arbeitskolbenfläche verhältnismäßig *klein* und der Zünddruck *hoch* ist, muß der Anlaßluftdruck gesteigert werden. Darüber hinaus muß bei den Hochauflademotoren mit einer Drehzahl von $\leq$ 250 min^{-1} i. a. die *Drehmasse* eines Getriebes mit beschleunigt werden. Die Luftflaschen üblicher Bauart lassen etwa einen Höchstdruck von 40 bar zu, die – bei gleichzeitiger Beseitigung großer

Drosselwiderstände in den Luftleitungen — ausreichen, um den Motor anzulassen. Allerdings muß der Inhalt der Anlaßluftflaschen um etwa ein Drittel vergrößert werden. Beim Anlassen des Motors darf die Füllung nicht — wie sonst üblich — sofort auf *3/4* (oder sogar 4/4) gelegt werden, da die hierzu gehörende Brennstoffmenge aus Luftmangel nicht vollkommen verbrannt werden kann. Der Abgas-Turbolader, der zunächst nur sehr wenig Luft fördert, kommt erst mit steigender Abgasmenge auf höhere Drehzahl. Man darf daher beim Anlassen nur höchstens auf *halbe* Füllung gehen und erst danach langsam auf volle Motorleistung. Diese zeitliche Verzögerung in der Regelung läßt sich auch durch eine eingebaute Automatik erreichen.

Bei einem *Zweitaktmotor* liegen die Verhältnisse hinsichtlich der Abgas-Turboaufladung grundsätzlich anders als bei einem Viertaktmotor. Jeder Zweitaktmotor benötigt eine gesonderte Spülluftpumpe, die allerdings unter Umständen von der Unterseite des Arbeitszylinders gebildet werden kann, während bei einem Viertaktmotor der Arbeitskolben direkt in den Zylinder saugt. Wenn nun die Spülluftpumpe eines Zweitaktmotors groß genug bemessen wird und zwangsgesteuerte Ventile in den Abgaswegen verwendet werden, die verhindern, daß Verbrennungsluft durch die Abgasleitung entweicht, läßt sich der Druck im Zylinder bei Beginn des Verdichtungshubes von etwa 0,1 bar auf etwa 0,35 bar erhöhen; damit wird bereits eine *Aufladung* oder — wie üblicherweise gesagt wird — *Nachladung* des Zylinders erreicht. Ein Nachladen ergibt sich auch dann, wenn die Einlaßschlitze *höher* als die Auslaßschlitze liegen und mit Rückschlagventilen ausgerüstet sind.

Ein weiteres Erhöhen des Anfangsdruckes im Zylinder bis auf etwa 0,7 bar ist praktisch nur mit Hilfe der Abgas-Turboaufladung möglich, die sich aber beim Zweitaktmotor nicht so einfach wie beim Viertaktmotor durchführen läßt. Der Luftbedarf eines Zweitaktmotors ist größer als der eines Viertakters, sein Aufladegebläse benötigt also eine größere Antriebsleistung. Diese steht jedoch nicht zur Verfügung, da die Abgase des Zweitaktmotors ein niedrigeres Temperatur- bzw. Energieniveau aufweisen als die des Viertaktmotors. Eine angestrebte *reine* Abgas-Turboaufladung — also eine Aufladung *ohne* zusätzliche Spülluftpumpen — gelingt nur im Stoßbetrieb bei Motoren mit sehr guten Spülwirkungsgraden, kleinen Strömungswiderständen im Zylinder und sehr gutem Gesamtwirkungsgrad der Aufladegruppe. Wenn die Leistung der Abgasturbine nicht zur vollständigen Beschaffung der Verbrennungsluft ausreicht, was meistens der Fall ist, müssen normale Spülluftpumpen oder die Kolbenunterseiten einen Teil der Luftförderung übernehmen. Es können dabei

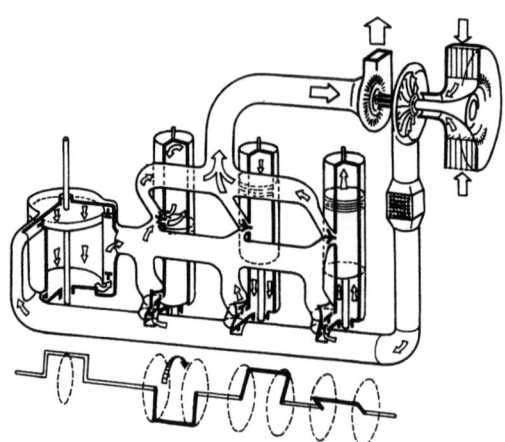

Bild 15.37.1 Stau-Serienbetrieb

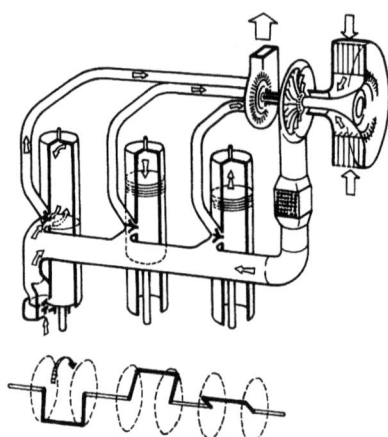

Bild 15.37.2 Stoß-Parallelbetrieb

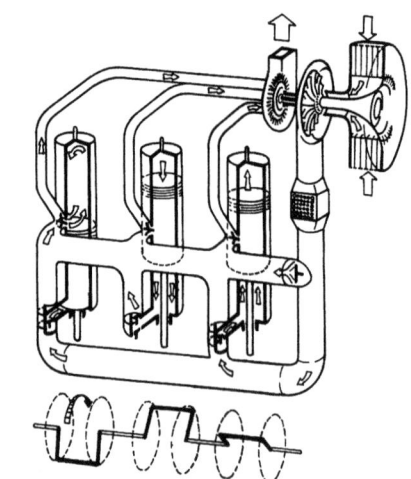

Bild 15.37.3 Serien-Parallelbetrieb

Bild 15.37 Aufladeschaltungen (*MAN*)

Aufladegebläse und Pumpe *in Serie* (hintereinander) oder *parallel* geschaltet werden. Bild 15.37 zeigt drei derartige Arbeitsverfahren in grundsätzlicher Darstellung.

Die *Druckberge* in den Auslaßleitungen können dabei so ausgenutzt werden, daß gegen Ende der Spülperiode der Druck im Auslaßkanal so hoch ist, daß ein Absinken des Zylinderdruckes (Ladungsverlust) verhindert wird; bei aufgeladenen Motoren können also z.B. Nachladeschieber entfallen, wodurch der Motorenaufbau wesentlich vereinfacht wird.

Der Brennstoffverbrauch eines aufgeladenen Zweitaktmotors mit Zusatzpumpen liegt wegen des schlechteren mechanischen Wirkungsgrades zwar geringfügig *über* dem eines Motors, der mit reiner Abgas-Turboaufladung arbeitet, aber dafür ergeben sich günstigere Verhältnisse bei *Ausfall* einer Aufladegruppe. Die Zusatzpumpen halten eine gewisse Luftförderung in jedem Fall aufrecht, während bei reiner Abgas-Turboaufladung *Notgebläse* verwendet werden müssen.

Beim Anlassen des Zweitaktmotors genügt die abströmende Anlaßluft, um das Aufladegebläse für eine ausreichende Luftförderung in Gang zu setzen. Schwierigkeiten (Luftmangel) können bei zu *schnellem Hochfahren* des Motors und bei länger andauernden, kleinen Teillasten entstehen, wenn der Motor keine mechanisch oder elektrisch angetriebenen Zusatzpumpen besitzt, die eine Mindestluftmenge fördern.

Im Laufe der Zeit entstand bei den Zweitakt-Großmotoren eine unübersehbare Anzahl von Aufladesystemen. Mit dem Wegfall der Kolbenunterseiten als Hilfspumpen entstand eine wesentliche Vereinfachung. Durch die inzwischen verbesserten Turbolader-Wirkungsgrade lieferten sie nämlich nur noch einen im Vergleich zum Aufwand unwesentlichen Spülluftanteil, insbesondere bei Leistungswerten oberhalb $p_{eff} \cdot v_m = 70 \ldots 80$ bar · m/s.

Bild 15.38 zeigt die neue Anordnung. Für Start und Beschleunigung im unteren Lastbereich unterstützt nun ein elektrisch angetriebenes Gebläse den Laderverichter. Bei weiter steigender Last wird es selbsttätig abgeschaltet, so daß die Aufladegruppe allein die Luftversorgung des Motors übernimmt. Dieser arbeitet jetzt mit reiner Stau-Aufladung mit zusätzlichem elektrischen Vorgebläse für niedrige Leistung.

Hochaufladung kommt für Zweitaktmotoren nicht in Betracht; normale Aufladegrade sind hier 1,35 ... 1,6 (1,7).

Es werden heute mittlere Nutzdrücke bei langsamlaufenden Zweitaktmotoren von 13 ... 16 bar und bei mittelschnellaufenden Viertaktmotoren von 22 ... 25 bar durch nur einstufige Aufladung erreicht. Die dazu benötigten Druckverhältnisse von 3,5 bei Zweitakt-Großmotoren und 4,0 ... 4,5 bei

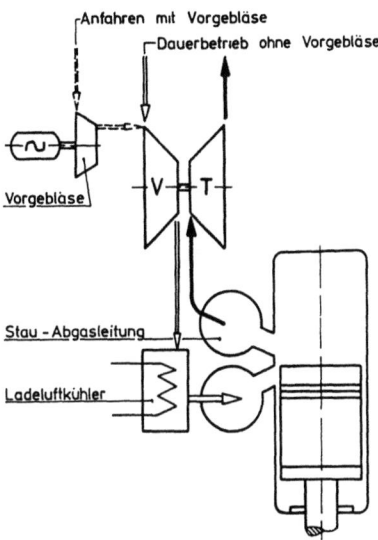

Bild 15.38 Aufladesystem ohne zusätzliche Spülluftpumpen (Kolbenunterseiten). Elektrisch angetriebenes Vorgebläse nur für Anfahrvorgang (*MAN*).

Viertaktmotoren werden durch neue Aufladegruppen mit einem Gesamtwirkungsgrad von 65 % möglich.

Der im Bild 15.39 gezeigte Turbolader ist für das Druckverhältnis 4 im Dauerbetrieb konstruiert. Durch rückwärtsgekrümmte Verdichterradschaufeln konnte ein wesentlich höherer Wirkungsgrad erreicht werden, in gleicher Richtung wirkte sich eine andere Beschaufelung und bessere Gehäusegestaltung der Abgasturbine aus. Der breite Wirkungsgradbereich dieser Aufladegruppe ist im Bild 15.40 zu sehen.

Aus wirtschaftlichen Gründen wird eine zweistufige Aufladung erst bei Druckverhältnisse über 3,5 bzw. 4,5 eingesetzt.

Wegen ihrer einfachen Bauart stellen Abgas-Turbogebläse sehr betriebssichere Maschinen dar. Sollte trotzdem infolge besonderer Umstände einmal eine Aufladegruppe ausfallen, so kann der Motorbetrieb immer noch aufrecht erhalten werden. Der Viertaktmotor saugt dann die Luft durch das stillstehende Gebläse oder eine seitliche Öffnung an. Die erzielbare Leistung ist dann fast gleich der des nicht aufgeladenen Motors. Bei Zweitaktmotoren können je nach Größe der Zusatzpumpen oder Notgebläse bis zu 2/3 der Vollastleistung gefahren werden.

Zwischenkühlung der Ladeluft

Die *Zwischenkühlung* der Ladeluft, d.h. Erhöhung des Luftgewichtes, erlaubt für gleiche Beanspruchung eine Leistungssteigerung, die um so höher ist, je höher die Aufladung und je stärker die Rückkühlung der Ladeluft wird. Hierbei wird eine Temperatursenkung der Ladeluft um $\Delta t = 20 \ldots 50$ °C je nach

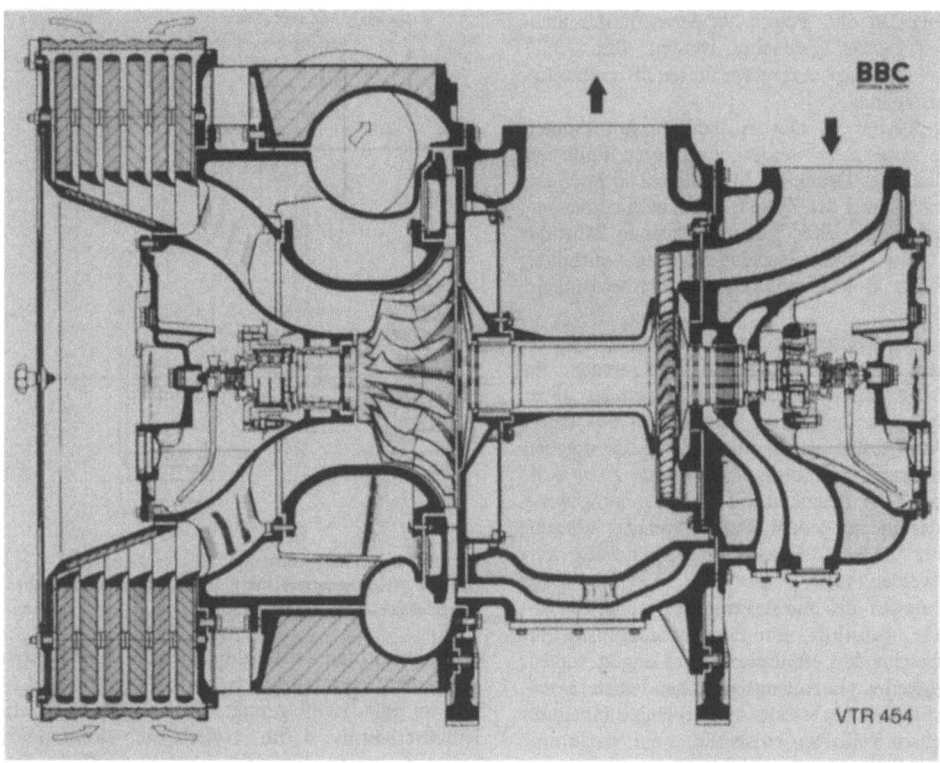

Bild 15.39 Schnittzeichnung eines *VTR* 454. Bei einem Druckverhältnis von 4 für Dauerleistung wird mit diesem Gerät eine Luftmenge von 7 bis 12 m³/s erreicht. Länge des Gerätes 1,9 m; passend für Dieselmotoren von 4000 ... 6000 kW Leistung

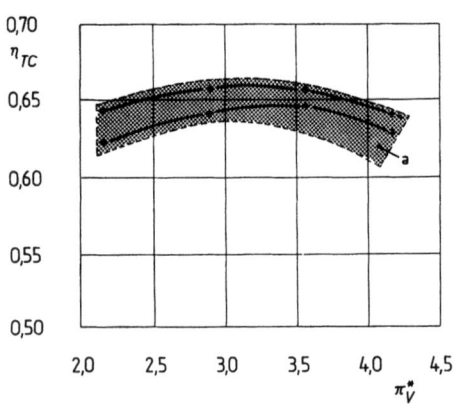

Bild 15.40 Gemessener Turbolader-Wirkungsgrad *VTR* 454 für erwartete Motorbetriebspunkte (die Wirkungsgrade innerhalb des angegebenen Bereichs hängen von den Spezifikationen der Turbine und des Verdichters ab)

π_V^* totales Verdichterdruckverhältnis
a   Wirkungsgradbereich
η_{TC} Turbolader-Wirkungsgrad

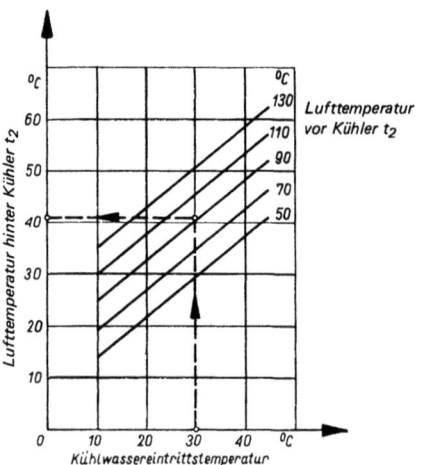

Bild 15.41 Ladelufttemperatur bei verschiedenen Kühlwasser- und Lufteintrittstemperaturen. *Beispiel*: Die Ladelufttemperatur von 92 °C kann bei 30 °C Kühlwassereintrittstemperatur auf 42 °C gesenkt werden; (Kühler: η_{th} = 80 %).

Aufladegrad und Kühlfläche erzielt. Bei warmer Außenluft oder hoher Aufladung, also entsprechend heißer Ladeluft ist es immer zweckmäßig, die Luft durch einen *Ladeluftkühler* rückzukühlen. Durch je 10 °C Temperatursenkung der Ladeluft kann die Motorleistung um ≈ 2,5 ... 3,5 % gesteigert werden. Ladeluftkühlung kann schon *wirtschaftlich* werden, wenn durch sie die Ladelufttemperatur nur um 20 °C herabgesetzt bzw. die Temperatur der ungekühlten Ladeluft > 50 ... 60 °C beträgt.

Die Luftkühler haben bei geringerem Druckverlust und guter Kühlwirkung verhältnismäßig kleine Abmessungen und werden unmittelbar in die Leitung zwischen Aufladegebläse und Motor eingebaut. Die vorverdichtete Luft umströmt eine Anzahl von meist verrippten, innen von kaltem Wasser (meist Seewasser) durchflossenen Rohren und kühlt sich dabei ab. Aus Bild 15.41 ist die erreichbare Ladelufttemperatur bei verschiedenen Kühlwasser- und Lufteintrittstemperaturen abzulesen. Der Unterschied zwischen der Zulauftemperatur des Kühlwassers und der Ladelufttemperatur *hinter* dem Kühler beträgt i. a. 10 ... 15 °C. Das zur Verfügung stehende Kühlwasser muß für eine wirtschaftliche Kühlung mindestens 30 ... 35 °C kühler sein als die Ladelufttemperatur *vor* dem Kühler.

15.16 Wirkungsgrade, Liefergrad

15.16.1 Wirkungsgrade

Um die im Brennstoff gebundene Energie durch einen Motor nutzbar zu machen bedarf es einer Reihe von Energieumwandlungen. Hierbei treten Verluste auf, deren Größe durch die einzelnen *Wirkungsgrade* erfaßt wird. In Bild 15.42 sind die sich bei einem Motor ergebenden Wirkungsgrade und ihre Zusammenhänge dargestellt.

Die mit dem Brennstoff zugeführte Wärmemenge im Leistungsmaßstab ist

$$P_z = B \cdot H_u \quad \frac{kJ}{h}; kW \quad (15)$$

B in $\frac{kg}{h}$, H_u in $\frac{kJ}{kg}$

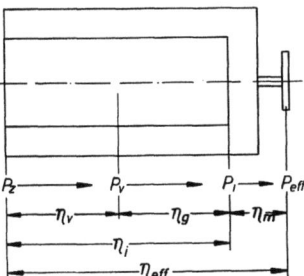

Bild 15.42 Zusammenhang zwischen den Wirkungsgraden eines Motors

Die Leistung des *Vollkommenen Motors* entspricht dann dem Unterschied zwischen der zugeführten und der abgeführten Wärmemenge (im Leistungsmaßstab):

$$p_v = \dot{Q}_z - \dot{Q}_a \quad \frac{kJ}{kg}; kW \quad (16)$$

Die Leistung P_v kann aus dem theoretischen p, v-Schaubild oder über Formeln ermittelt werden.

Ein *Vollkommener Motor* ist einem wirklichen Motor geometrisch gleich und besitzt folgende Eigenschaften: reine Ladung (ohne Restgase), gleiches Luftverhältnis λ wie der wirkliche Motor, vollkommene Verbrennung, Verbrennungsablauf nach vorgegebener Gesetzmäßigkeit, wärmedichte Wandungen (adiabatische Verdichtung und Ausdehnung), keine Strömungs- und Lässigkeitsverluste. Ein Ladungswechsel findet nicht statt. Der einzige Verlust ist die Wärmeabfuhr durch die Abgase. Der Kreisprozeß des vollkommenen Motors ist mit den wirklichen (nicht mit den idealen) Gasen zu rechnen. Nur für vereinfachte Rechnungen von η_v darf angenommen werden, daß im Motor ein vollkommenes Gas arbeitet, für das bei allen Drücken und Temperaturen die *allgemeine Zustandsgleichung* $P \cdot V = m \cdot R \cdot T$ gilt und bei dem die spezifischen Wärmen c_p und c_v unabhängig von der Temperatur sind (s. auch Abschnitt 04.).

Der Wirkungsgrad des Vollkommenen Motors
(früher: *theor. thermischer Wirkungsgrad*)

Er gibt an, wie groß der vom *Vollkommenen Motor* ausgenutzte Teil der insgesamt mit dem Brennstoff zugeführten Wärmemenge höchstens ausgenützt werden könnte. Er ist also ein Maß für die Einbuße bei der Energieumwandlung.

$$\eta_v = \frac{\dot{Q}_z - \dot{Q}_a}{\dot{Q}_z} = \frac{P_v}{P_z} = \frac{P_v}{B \cdot H_u} \quad (17)$$

Der Wirkungsgrad η_v hängt ab von dem jeweils dem Vollkommenen Motor zugrunde gelegten Vergleichsprozeß. Innerhalb dieser Prozesse sind das Verdichtungsverhältnis ϵ und das Drucksteigerungsverhältnis p_z/p_c für die Größe von η_v maßgebend. Je höher diese beiden Werte liegen, desto besser wird η_v ausfallen. Bei den praktisch angewandten Verdichtungsverhältnissen liegt η_v in der Größe von ≈ 0,42 ... 0,65.
Es können 3 Vergleichsprozesse (theoretische Arbeitsverfahren) angenommen werden, die sich durch die Art der Wärmezufuhr (Verbrennungsablauf) unterscheiden (Bild 15.43). Für Näherungsrechnungen wird $\kappa = 1,4$ gesetzt.

Der Innenwirkungsgrad

Der *Innenwirkungsgrad* (früher tatsächlicher thermischer oder indizierter thermischer Wirkungsgrad)

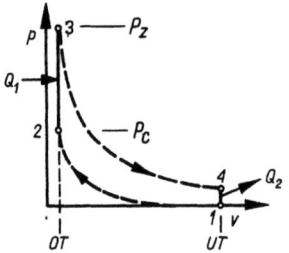
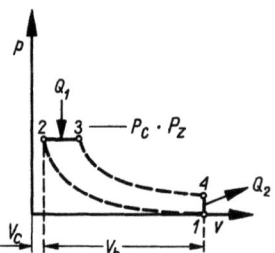
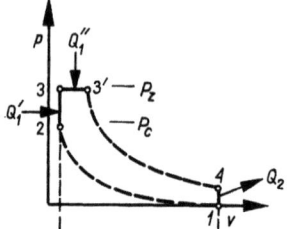

Gleichraum-Verfahren

harter Lauf
hohe Wirtschaftlichkeit
entspricht: Dieselmotor mit starker *Frühzündung*

$$\eta_v = \frac{Q_1 - Q_2}{Q_1} = 1 - \frac{1}{\varepsilon^{\kappa-1}}$$

größter Wirkungsgrad η_v

Gleichdruck-Verfahren

weicher Lauf
niedrige Wirtschaftlichkeit
entspricht: Dieselmotor mit starker *Spätzündung*

$$\eta_v = 1 - \frac{1}{\varepsilon^{\kappa-1}} \cdot \frac{\rho^\kappa - 1}{\kappa(\rho - 1)}$$

$\rho = V_3/V_2$ = Einspritzverhältnis
kleinster Wirkgrad η_v

Seiliger-Verfahren
(gemischtes Verfahren)
liegt zwischen den beiden anderen Grenzprozessen
entspricht: Dieselmotor mit *Normalzündung*

$$\eta_v = 1 - \frac{1}{\varepsilon^{\kappa-1}} \cdot \frac{\rho^\kappa \cdot \psi - 1}{\psi - 1 + \kappa \cdot \psi(\rho - 1)}$$

$\psi = p_3/p_2$ = Drucksteigerungsverhältnis
η_v dazwischen liegend

Bild 15.43

ist das Verhältnis des Wärmewertes der *Innenleistung* P_i zur zugeführten Wärme:

$$\eta_i = \frac{P_i}{P_z} = \frac{P_i}{B \cdot H_u}$$
$$= \eta_v \cdot \eta_g = \frac{\eta_e}{\eta_m} \qquad (18)$$

Bei jedem Motor ist η_i im Bereich mittlerer Drehzahlen am günstigsten; er nimmt sowohl bei geringer als auch bei hoher Drehzahl ab. Die Größe des Innenwirkungsgrades ist stark abhängig vom Luftverhältnis λ und Liefergrad λ_l.
Erfahrungswerte für η_i bei Vollast:

Zweitaktmotor $\approx 0{,}35 \ldots 05$
Viertaktmotor $\approx 0{,}42 \ldots 0{,}5$

Wird mit der Innenleistung in kW gerechnet, lautet die Formel

$$\eta_i = \frac{P_i \cdot c}{B \cdot H_u} \qquad (18.1)$$

wobei B in kg/h, c mit 3600 kJ/kWh und H_u in kJ/kg eingesetzt wird.

Der Gütegrad

Der *Gütegrad* ist ein Maß für die praktische Ausnutzungsmöglichkeit des Vergleichsprozesses, also ein Maß für die inneren Verluste des Motors:

$$\eta_g = \frac{P_i}{P_v} = \frac{\eta_i}{\eta_v} = \frac{\eta_{eff}}{\eta_v \cdot \eta_m} \qquad (19)$$

Der Gütegrad kann durch Vermeiden und Vermindern der Abweichungen des wirklichen Schaubildes von dem des Vergleichsprozesses gesteigert werden.

Er ist bei mittlerer Belastung und mittlerer Drehzahl am günstigsten und nimmt bei Leerlauf etwas, bei Überlast stark ab. Der Gütegrad ist der Wirkungsgrad, auf den die Betriebsführung durch richtige Einstellung und Überwachung des Motors den meisten Einfluß hat.
η_g schwankt normalerweise in den Grenzen von $0{,}75 \ldots 0{,}90$.

Der mechanische Wirkungsgrad

Der *mechanische Wirkungsgrad* ist das Verhältnis der Nutzleistung zur Innenleistung:

$$\eta_m = \frac{P_{eff}}{P_i} = \frac{P_{eff}}{P_{eff} + P_r} = \frac{p_{eff}}{p_i}$$
$$= \frac{\eta_{eff}}{\eta_i} = \frac{\eta_{eff}}{\eta_v \cdot \eta_g} \qquad (20)$$

Die Reibungsleistung P_r ist die Leistung zur Überwindung der mechanischen Reibung und aller zum Antrieb des Motors erforderlichen Hilfseinrichtungen.
Der mechanische Wirkungsgrad kann durch Vermeiden und Vermindern der Reibungsverluste und des Leistungsbedarf der angehängten Hilfsmaschinen gesteigert werden. η_m hängt in erster Linie von der Drehzahl und nur in geringem Maß von der Belastung ab. Mit Drehzahlerhöhung nimmt er zu. Der mechanische Wirkungsgrad ist zwischen Dreiviertel- und Vollast am günstigsten und bleibt in diesem Bereich praktisch gleich. Er nimmt bei Überlast etwas, bei geringer Belastung stark ab.
Wird ein Motor mit gleichbleibender Drehzahl gefahren (Generatorbetrieb), so verläuft die Kurve des mechanischen Wirkungsgrades niedriger, als

wenn der Motor mit veränderlicher Drehzahl (Propellerbetrieb, $n \approx n_{max} \sqrt[3]{P/P_{max}}$) laufen würde (Bild 15.47). Ein Motor mit Abgas-Turboaufladung hat einen besseren mechanischen Wirkungsgrad als ein nicht aufgeladener Motor.

Erfahrungswerte für η_m:

Zweitaktmotoren $\approx 0{,}70 \ldots 0{,}85$
Viertaktmotoren $\approx 0{,}75 \ldots 0{,}90$

Der Nutzwirkungsgrad

Durch den *Nutzwirkungsgrad* (früher wirtschaftlicher Wirkungsgrad) wird angegeben, wieviel von der dem Motor zugeführten Wärmemenge tatsächlich am Abtriebsflansch verfügbar ist. Es werden somit sowohl die mechanischen als auch die Wärmeverluste im Motor berücksichtigt:

$$\eta_{eff} = \frac{P_{eff}}{P_z} = \frac{P_{eff}}{B \cdot H_u}$$
$$= \eta_i \cdot \eta_m = \eta_v \cdot \eta_g \cdot \eta_m \qquad (21)$$

Ist die Nutzleistung P_{eff} in kW angegeben, so ändert sich der Ausdruck entsprechend der η_i-Formel.
Als Produkt aus den Hauptwirkungsgraden kennzeichnet η_{eff} den Grad der *Vollkommenheit* hinsichtlich der Arbeitsweise, der Konstruktion und Fertigung sowie der Einstellung des Motors. Wesentlich ist dabei stets das Produkt $\eta_v \cdot \eta_g \cdot \eta_m$; es wäre falsch, nur einen dieser Faktoren zu verbessern, wenn dabei einer der beiden anderen merklich verschlechtert würde.
Der Nutzwirkungsgrad ist zwischen Dreiviertellast und Vollast am günstigsten und nimmt sowohl bei Überlast als auch bei geringen Belastungen ab, um bei Leerlauf gleich Null zu werden.

Erfahrungswerte für η_{eff} bei Vollast: $\approx 0{,}35 \ldots 045$. Bild 15.44 zeigt den allgemeinen Verlauf der Wirkungsgradkurven eines Dieselmotors.
Aber der beste Nutzwirkungsgrad des einzelnen Motors ist nicht allein ausschlaggebend für die Gesamtwirtschaftlichkeit einer Anlage. Besonders im Bordbetrieb geht von der dem Motor im Brennstoff zugeführten Wärme durch das Abgas und Kühlwasser noch zuviel verloren. Bild 15.45 zeigt eine Möglichkeit einer sogenannten *Gesamt-Energie-Anlage (Total Energy Plant)*. Derartige *TE*-Anlagen erreichen einen Gesamtwirkungsgrad von über 80%. Neben der Motornutzleistung von rd. 41% wird die im Abgas und Kühlwasser enthaltene Wärme-Energie zu rd. 40% in nachgeschalteten Aggregaten genutzt. TE-Anlagen sind also Systeme, mit denen bei maximaler Nutzung der Brennstoffenergie rationell und universell jede gewünschte Energieform dargestellt werden kann.

15.16.2 Liefergrad

Die Brennstoffmenge, die im Motor verbrannt werden kann, richtet sich nach der zur Verfügung stehenden *Luftmenge (Luftgewicht)*. Der selbstansaugende Motor kann während eines Arbeitsspiels theoretisch den Hubraum V_h mit der Verbrennungsluftmenge m_{th} kg/Arbeitsspiel (theoretische Ladung) vom bestehenden Außenzustand füllen. Tatsächlich ist jedoch die Füllung des Arbeitszylinders mit Verbrennungsluft durch den Druckabfall infolge der Drosselverluste in Ansaugfilter und Einlaßventil, sowie infolge der Erwärmung durch die Restgase und die Wärmeabgabe der Zylinderwandung geringer; diese *vorhandene Luftmenge* wird als *Frischladung m_z* kg/Arbeitsspiel bezeichnet.

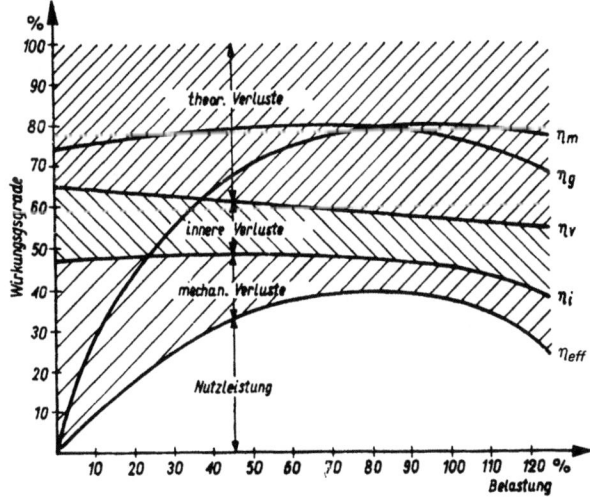

Bild 15.44
Wirkungsgrade in Abhängigkeit von der Belastung

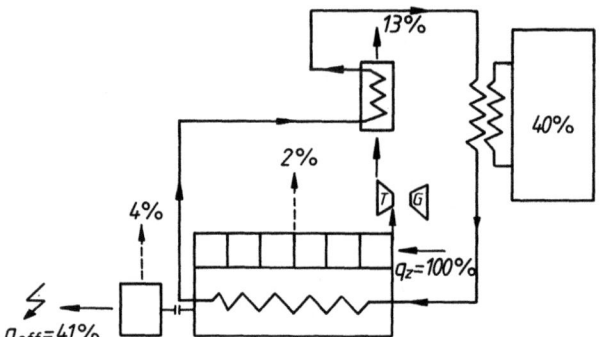

Bild 15.45
Schema einer TE-Anlage

Der *Liefergrad* erfaßt die Einflüsse, die die Größe der Frischladung beeinträchtigen.

$$\lambda_l = \frac{Frischladung}{theoretische\ Ladung} = \frac{m_z}{m_{th}} \quad (22)$$

λ_l muß groß sein, um eine möglichst große Motorleistung zu erzielen; es ist anzustreben, den Hubraum möglichst *restlos* zu füllen. Eine große mittlere Kolbengeschwindigkeit v_m wirkt sich nachteilig auf den Liefergrad aus.
Der Liefergrad wird folgendermaßen bestimmt:
Die Frischladung errechnet sich aus der allgemeinen Zustandsgleichung:

$$m_z = \frac{P \cdot V}{R \cdot T} = \frac{p_a \cdot 10^4 \cdot V_h}{R \cdot T_a} \quad (22a)$$

Bei aufgeladenen Motoren ist an Stelle des Hubraumes der Wert $(V_h + V_c)$ zu setzen. Die theoretische Ladung m_{th} ist immer das Produkt Hubraum mal Dichte der Außenluft.
Die folgende Formel bezieht den Liefergrad auf $t_0 = 20\ °C$ und $p_0 = 760\ Torr = 1,033\ kp/cm^2 = 1,01\ bar$:

$$\lambda_l = \frac{V_L}{V_h} \cdot \frac{p_a \cdot T_0}{1,033 \cdot T_a} \quad (23)$$

V_L wirklich im Zylinder vorhandenes Ladungsvolumen von atm. Druck (aus Schwachfederschaubild, z. B. Bild 15.58.4) .... m³
V_h Hubraum eines Zylinders .... m³
p_a absoluter Druck im Zylinder bei Ansaugende (aus Schwachfederschaubild) .... bar
T_a Temperatur im Zylinder bei Ansaugende ...... K
T_0 Lufttemperatur vor Zylinder .... K

Die genaue Bestimmung von T_a ist kaum möglich. Ausreichend genau wird mit $T_a \approx 273 + 50 = 323$ K gerechnet, und zwar bei Motoren ohne und mit Aufladung.
Das Messen von V_L, t_a und p_a ist schwierig, ungenau oder gar unmöglich. Während des Betriebes läßt sich jedoch leicht der stündliche Brennstoffverbrauch B messen, desgleichen das Luftverhältnis λ durch *Orsat*analyse der Abgase. Ist nun der *Mindestluft-* bedarf G_{min} kg/$_{Luft}$/kg$_{Brennst.}$ bekannt — er läßt sich aus der Analyse des Brennstoffes oder nach den Formeln von *Rosin* und *Fehling* errechnen — so ergibt sich der Liefergrad zu $\lambda_l = m_z/m_{th} = B \cdot \lambda \cdot G_{min}/m_{th}$.

Der Liefergrad beträgt bei

langsamlaufenden
Viertaktmotoren .... 0,82 ... 0,90
schnellaufenden
Viertaktmotoren .... 0,75 ... 0,90
Zweitaktmotoren .... 0,75 ... 0,85
Motoren mit
Aufladung .... 1,00 ... 1,20

Zusammenfassend kann gesagt werden, daß der Liefergrad weder einem Wirkungsgrad noch einer Wirkungsgradverminderung entspricht, sondern nur eine Aussage über die *Belastbarkeit* des Motors trifft.

15.17 Brennstoffverbrauch

Bei jedem Motor entspricht einem bestimmten Belastungszustand (Drehmoment, Drehzahl) ein ganz bestimmter Brennstoffverbrauch. Solange alle Teile des Motors ordnungsgemäß zusammenarbeiten und der Motor richtig gewartet und bedient wird, bleibt dieser Verbrauch — gleicher Brennstoff vorausgesetzt — unverändert.
Der Brennstoffverbrauch ist ein empfindlicher Anzeiger für den Zustand des Motors. Es ist daher für die Überwachung des Motors zweckmäßig, seinen Brennstoffverbrauch bei den verschiedenen Belastungen dauernd zu überprüfen.
Der stündliche Brennstoffverbrauch B, meistens auf die Nutzleistung bezogen, ergibt den *spezifischen Brennstoffverbrauch* (bezogenen Brennstoffverbrauch):

$$b_{eff} = \frac{B}{P_{eff}} \quad \frac{g}{kWh} \quad (24)$$

Der auf die Innenleistung bezogene Verbrauch b_i ist für die Praxis ohne Bedeutung und gibt nur zu falschen Schlüssen über die Wirtschaftlichkeit des Motors Anlaß.

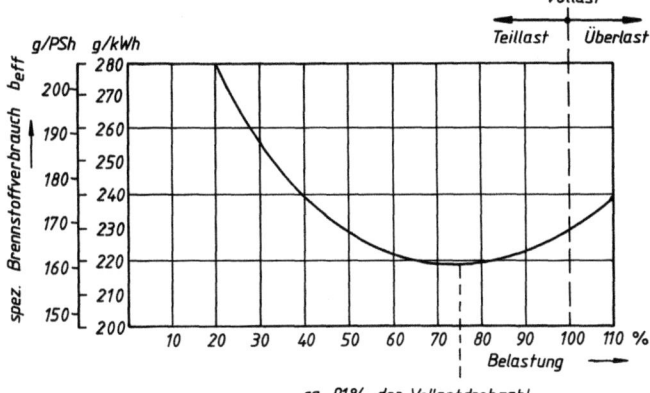

Bild 15.46
Spez. Brennstoffverbrauch bei Propellerbetrieb

Beim Vergleich von Brennstoffverbrauchswerten wird der tatsächlich ermittelte Brennstoffverbrauch einer beliebigen Brennstoffsorte auf den eines Vergleichs-Brennstoffes mit dem unteren Heizwert H_u = 41 900 kJ/kg = 10 000 kcal/kg umgerechnet:

$$b_{\text{eff red}} = \frac{b_{\text{eff}} \cdot H_u}{10\,000} \quad \text{bzw.} \quad \frac{b_{\text{eff}} \cdot H_u}{41\,900} \quad (25)$$

Wird z.B. bei Verwendung eines Brennstoffes mit H_u = 43 576 kJ/kg = 10 400 kcal/kg ein spez. Verbrauch von b_{eff} = 215,5 g/kWh gemessen, so beträgt der auf H_u = 41 900 kJ/kg = 10 000 kcal/kg umgerechnete spez. Brennstoffverbrauch $b_{\text{eff red}}$ = 215,5 · 10 400/10 000 = 224 g/kWh.

Bild 15.46 zeigt den üblichen Verlauf der Brennstoffverbrauchskurve bei Propellerbetrieb. Der spez. Brennstoffverbrauch b_{eff} wurde in Abhängigkeit von der Belastung aufgetragen. Im Auslegungspunkt des Motors wird der geringste Wert für b_{eff} erreicht. Für *Propellerbetrieb* liegt dieser Punkt meist bei 75% der Belastung, was ≈ 91% der Vollastdrehzahl entspricht; bis Vollast steigt der spez. Brennstoffverbrauch wenig, bei Überlast und im Teillastgebiet nimmt er stärker zu. Aus der Kurve geht hervor, daß sich der Brennstoffverbrauch in einem weiten Bereich (von ≈ 55...95%) nur unwesentlich (in den Grenzen von ≈ 6,8 g/kWh = 5 g/PSₑh) ändert, was eine charakteristische Eigenschaft und einen wesentlichen Vorteil des Schiffsdieselmotors darstellt.

Das Ansteigen des spez. Brennstoffverbrauchs im Teillastgebiet hängt mit dem in diesem Gebiet immer ungünstiger werdenden mechanischen Wirkungsgrad zusammen. Im Überlastungsgebiet wird b_{eff} größer, weil das Luftverhältnis kleiner und die Verbrennung damit schlechter wird.

Erfahrungswerte für b_{eff} bei Vollast sind:

Langsamläufer ≈ 197...229 g/kWh
= 145...170 g/PSh
Schnelläufer ≈ 229...286 g/kWh
= 170...210 g/PSh

Die höheren Werte gelten für kleinere Motoren, für schneller laufende Motoren, für Motoren mit niedriger Verdichtung und für Motoren mit unterteiltem Brennraum. Der Zweitaktmotor hat einen höheren spez. Brennstoffverbrauch als der Viertaktmotor, der nichtaufgeladene einen höheren als ein Motor gleicher Leistung mit Abgas-Turboaufladung (Bild 15.34).

Der *Brennstoffverbrauch der Hilfsdieselmotoren* kann für Frachtmotorschiffe einschließlich des gesamten Bedarfs für Maschinen- und Wirtschaftszwecke sowie Beleuchtung, jedoch ohne elektrische Raumheizung, für mittlere Verhältnisse mit etwa 10% des Hauptmotorenverbrauchs angesetzt werden.

Der spez. Brennstoffverbrauch ist das wichtigste Merkmal für die Wirtschaftlichkeit eines Motors und wird in der Praxis in vielen Fällen an Stelle des Nutzwirkungsgrades genannt. Er steht in einfacher Beziehung zu η_{eff} und kann durch Umstellen der Formel für den Nutzwirkungsgrad ermittelt werden:

$$b_{\text{eff}} = \frac{632}{\eta_{\text{eff}} \cdot H_u} = \frac{632}{\eta_i \cdot \eta_m \cdot H_u}$$

$$= \frac{632}{\eta_v \cdot \eta_g \cdot \eta_m \cdot H_u} \text{ kg/PSh} \quad (26)$$

Beispiel 15.5: η_{eff} = 0,37, H_u = 10 000 kcal/kg. Mit diesen Werten ergibt sich ein spez. Brennstoffverbrauch von b_{eff} = 0,170 kg/PSh ≙ 170 g/PSh.

Wird 860 statt des Festwertes 632 eingesetzt, so ergibt sich b_{eff} in kg/kWh.

Ist der Heizwert des Brennstoffes nur in kJ/kg bekannt, lautet die Formel

$$b_{\text{eff}} = \frac{3600}{\eta_{\text{eff}} \cdot H_u} \text{ kg/kWh bzw.}$$

$$= b_{\text{eff}} = \frac{2646}{\eta_{\text{eff}} \cdot H_u} \text{ kg/PSh} \quad (27)$$

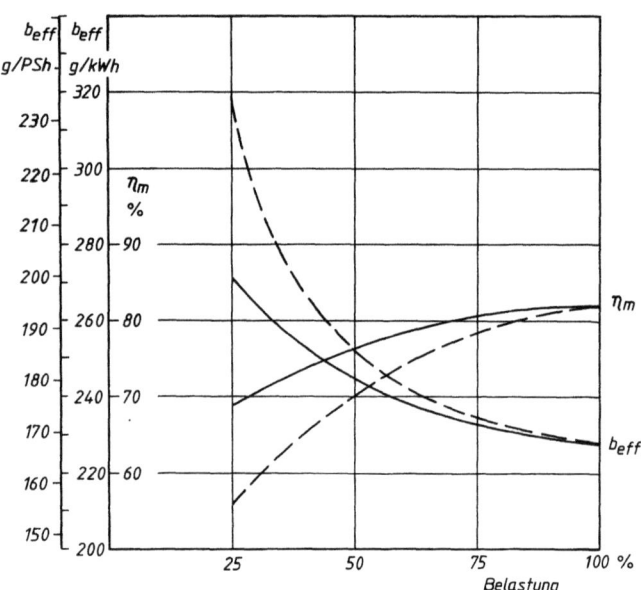

Bild 15.47 Spez. Brennstoffverbrauch und mechanischer Wirkungsgrad bei Propeller- und bei Generatorbetrieb

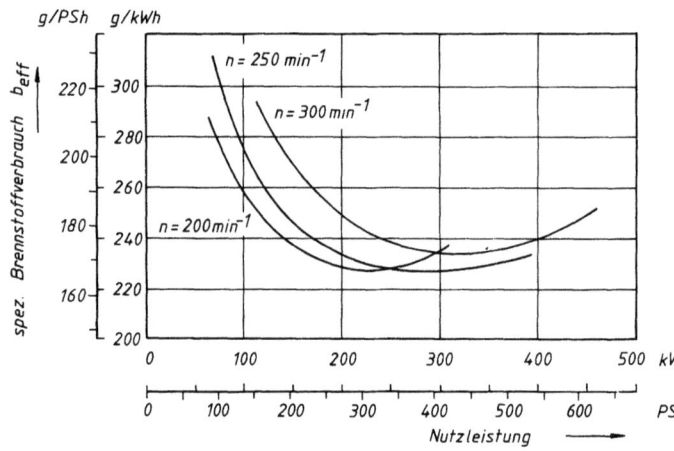

Bild 15.48 Spez. Brennstoffverbrauch eines Sechszylinder-Viertaktmotors (*MAN*, Bauart *GV*)

Der spezifische Brennstoffverbrauch wird um so kleiner, je größer $\eta_{eff} = \eta_v \cdot \eta_g \cdot \eta_m$ erzielt werden kann. Mitunter wird an Stelle des spez. Brennstoffverbrauches der Wärmeverbrauch je PS$_{eff}$h angegeben. Dieser ist gleich der stündlich mit dem Brennstoff zugeführten Wärmemenge, bezogen auf die Nutzleistung:

$$q_z = b_{eff} \cdot H_u = \frac{632}{\eta_{eff}} \text{ kcal/PSh} \qquad (28)$$

Der Wärmeverbrauch je kWh bzw. in kJ wird durch Einsetzen entsprechend anderer Festwerte erreicht. Ganz allgemein gilt:

$$b_{eff} = f\left(\frac{1}{\eta_{eff}}\right) = f\left(\frac{1}{\eta_i \cdot \eta_m}\right) = f\left(\frac{1}{\eta_v \cdot \eta_g \cdot \eta_m}\right) \qquad (20)$$

Der spez. Brennstoffverbrauch ist damit umgekehrt proportional dem Nutzwirkungsgrad bzw. dem Produkt aus dem mechanischen und dem Innenwirkungsgrad.

Sollen die beiden Betriebsarten *Propellerbetrieb* und *Generatorbetrieb* bezüglich ihres Brennstoffverbrauchs b_{eff} miteinander verglichen werden, so ergibt sich folgendes:

Bild 15.47 zeigt, wie sehr der spez. Brennstoffverbrauch b_{eff} vom Verlauf der Kurve $\eta_m = f(n)$, d. h. von der Betriebsart abhängt. Da sich der Innenwirkungsgrad über dem Lastbereich nur wenig ändert (Bild 15.44), wird nach (29) der spez. Brennstoffverbrauch hauptsächlich von η_m beeinflußt. Je stärker η_m abfällt, desto mehr steigt b_{eff} an. Bei Gene-

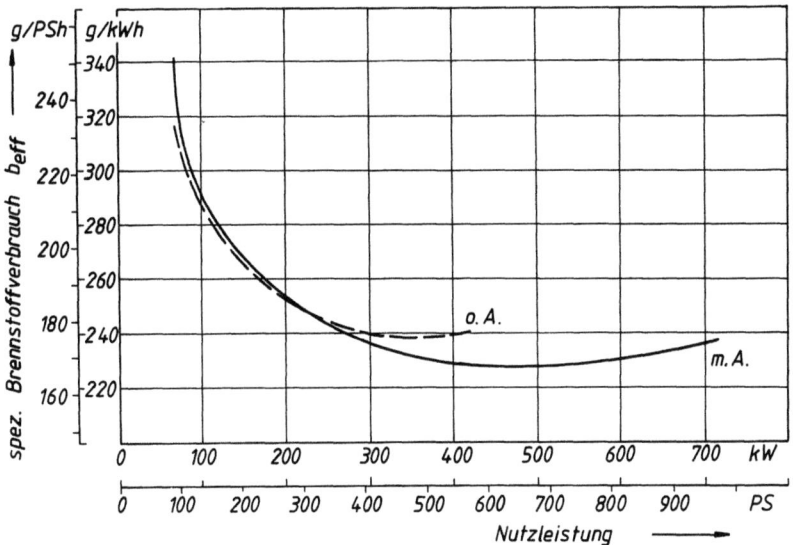

Bild 15.49 Spez. Brennstoffverbrauch eines Achtzylinder-Zweitaktmotors ohne (o.A) und mit Abgas-Turboaufladung (m. A) (Propellerbetrieb)

ratorbetrieb ist es also immer vorteilhafter, wenige Motoren kräftiger zu belasten, als viele Motren nur mit geringer Last laufen zu lassen. Das ist auch vorteilhaft für den Wirkungsgrad des Generators, der mit der Belastung ansteigt.

Die Brennstoff-Verbrauchskurven eines Motors bei verschiedenen jeweils gleichbleibenden Drehzahlen sind in Bild 15.48 zu sehen. Von den drei Kurven verläuft die mittlere im Bereich von Halb- bis Vollast am flachsten. Dies ist dadurch zu erklären, daß der Innenwirkungsgrad η_i bei mittlerer Drehzahl jedes Motors die besten Werte erreicht.

In Bild 15.49 ist der Verlauf des spez. Brennstoffverbrauchs eines Motors bei Betrieb *ohne* und *mit* Abgas-Turboaufladung dargestellt. Besonders auffallend ist der sich im Hauptlastbereich nur geringfügig ändernde Brennstoffverbrauch des Motors m. A. Der flache Verlauf dieser Brennstoffkurve spiegelt gut die Wirtschaftlichkeit des abgas-turboaufgeladenen Motors wider.

Für das Bedienungspersonal gilt bei Propeller- und Generatorbetrieb immer die Abhängigkeit $b_e = C/\eta_v \cdot \eta_g \cdot \eta_m$, um den günstigsten Brennstoffverbrauch zu erreichen. Der Wirkungsgrad η_v ist von der Belastung praktisch unabhängig, der Wirkungsgrad η_m ändert sich mit der Drehzahl des Motors, und der Gütegrad η_m ist von der Betriebsweise, Einstellung und Wartung des Motors abhängig. Auf η_v hat die Betriebsführung normalerweise keinen Einfluß und auch nicht auf η_m, da die Drehzahlen durch den Generatorbetrieb oder das Propellergesetz vorgegeben sind. Da von der Betriebsführung praktisch nur noch η_g beeinflußt

werden kann, ergeben sich für Motorenanlagen eine Reihe von Folgerungen: es muß für gleichmäßige Zerstäubung bei vorgeschriebenem Abspritzdruck gesorgt, mit günstigster Kühlwassertemperatur gefahren, Überlast vermieden und der vorgeschriebene Verdichtungsenddruck erreicht werden; Ansaug- und Abgasleitungen müssen widerstandsarm gehalten bleiben, z. B. ergeben Ventile mit falsch eingestellten Steuerzeiten zusätzliche Widerstände.

Außer den bisher gezeigten Brennstoff-Verbrauchscharakteristiken, die normalerweise zwei Einflußgrößen verbinden, werden auch *kombinierte* oder *Universalcharakteristiken* verwendet, in denen gleichzeitig die Beziehungen zwischen drei oder mehr Abhängigkeiten aufgezeigt werden.

Bei der Prüfstanderprobung eines Schiffsdieselmotors wird der spez. Brennstoffverbrauch b_{eff} von der Drehzahl n und der Nutzleistung P_{eff} nach dem Propellergesetz (s. Abschnitt 09.)

$$P_{eff} = f(n^3) \qquad (30)$$

gemessen. Für Serienmotoren werden Reihenmessungen über den spez. Brennstoffverbrauch bei gleichbleibenden (aber voneinander verschiedenen) Drehzahlen jeweils in Abhängigkeit der Drehmomente, also der mittleren Nutzdrücke p_{eff}, durchgeführt. Zum Erkennen des Verlaufs der Kurven gleichen spezifischen Brennstoffverbrauchs können bereits 3 Versuchsreihen mit dem eingelaufenen Motor ausreichen, und zwar für

a) $2/3 n$ = *konst. bei Veränderung von* p_{eff},
b) normales p_{eff} = konst. bei Veränderung von n,
c) $1/1 n$ = konst. bei Veränderung von p_{eff}.

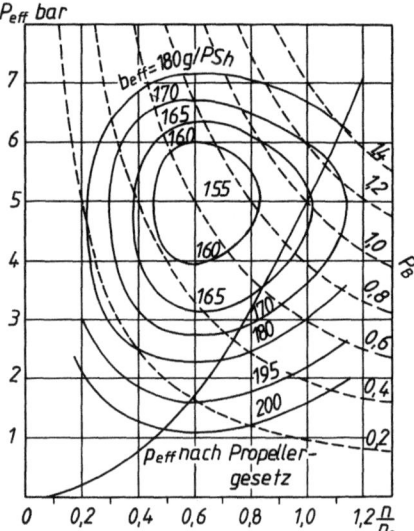

Bild 15.50 Verbrauchskennfeld

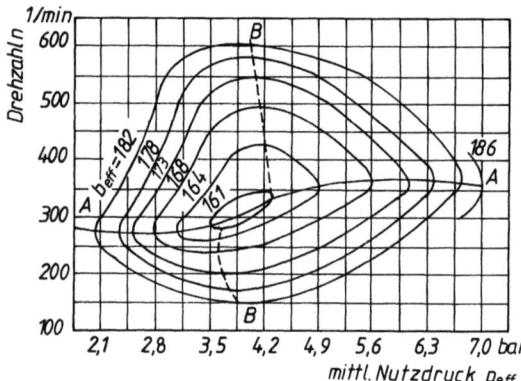

Bild 15.51 Verbrauchskennfeld des Zweitaktmotors 256/342, P_{eff} = 900 PS = 662 kW bei n = 500 min^{-1}

Aus diesen drei Versuchsreihen werden dann die zugehörigen Werte p_{eff} und n für jeweils gleichen spez. Brennstoffverbrauch entnommen.
Bild 15.50 zeigt das Ergebnis solcher Reihenmessungen für einen Zweitaktmotor. Die normale Drehzahl ist hier n = 1,0 gesetzt. Die spez. Brennstoffverbräuche b_{eff} sind in Kurven gleichen Verbrauchs *(Eier-* oder *Muschelkurven)* aufgetragen. Die gestrichelten Kurven beziehen sich auf konstante Leistung ($p_{eff} \cdot n$), wobei auch die normale Leistung P_{eff} = 1,0 gesetzt ist. Klar tritt an dieser Darstellungsweise das Verbrauchsminimum des Motors hervor; dieser Punkt (155 g/PSh = 210,6 g/kWh) wird auch als *wirtschaftlicher Pol* des Motors bezeichnet. Es lassen sich nun nach Bedarf die besonderen Brennstoff-Verbrauchskurven aufstellen, z. B. die für den Propellerbereich. Dazu wird entsprechend dem Propellergesetz eine Hilfskurve p_{eff} = $f(n^2)$ eingezeichnet. Durch Verbindung zusammengehöriger Punkte entsteht die *Brennstoff-Verbrauchskurve b_{eff} für den Propellerbereich*, deren günstigster Wert in diesem Beispiel bei 0,92 n liegt. Des weiteren kann z. B. für *Generatorbetrieb* mit n = 1,0 = konst. die Kurve des spez. Brennstoffverbrauchs ermittelt werden.
In Bild 15.51 ist ein anderes Feld konstanter Werte des spez. Brennstoffverbrauchs eines Zweitaktmotors dargestellt, das ebenfalls die Möglichkeit gibt, den wirtschaftlichsten Betriebszustand bei beliebiger Belastung und Drehzahl zu ermitteln.
Aus den geschlossenen Kennlinien für b_{eff} läßt sich ablesen:
a) der Motor hat im Falle einer gegebenen Belastung (z. B. p_{eff} = 5,25 bar) bei zwei verschiedenen Drehzahlen (320 und 420 min^{-1}) den gleichen niedrigsten Brennstoffverbrauch b_{eff} = 168 g/PSh = 228,3 g/kWh;
b) bei einer gegebenen Drehzahl (z. B. n = 400 min^{-1}) tritt der günstigste Brennstoffverbrauch (b_{eff} = 164 g/PSh = 228,8 g/kWh) unter den beiden verschiedenen Belastungen p_{eff} = 3,85 bar und 4,7 bar auf;
c) die Kennlinie A des geringsten spez. Brennstoffverbrauchs bei gegebenen Belastungen verläuft in dem engen Drehzahlbereich von 280 ... 370 min^{-1};
d) die Kennlinie B des geringsten spez. Brennstoffverbrauchs bei gegebenen Drehzahlen liegt in den ebenfalls engen Belastungsgrenzen von 3,7 ... 4,3 bar.

Dieser Motor ist also hauptsächlich für Arbeit bei gleichbleibenden Drehzahlen und nicht für unmittelbaren Schiffsschraubenantrieb (Propellerbetrieb) geeignet.
Das Normblatt DIN 6270 (Leistungsbegriffe, Leistungsangaben, Verbrauchsangaben, Bezugszustand) ist bei *Brennstoffmessungen* zu beachten. Für jeden Meßpunkt müssen mindestens zwei Messungen zur Mittelwertbildung vorgenommen werden. Dabei kann die Messung auf zweierlei Weisen erfolgen: Messen des Volumens oder des Gewichtes. Im ersten Fall ist die Meßmethode mit stark eingeschnürten Meßgefäßen am exaktesten, bei der die Meßzeit zwischen Marken oder Abreißspitzen in den engen Stellen mit großer Genauigkeit festgestellt werden kann. Zur Umrechnung des verbrauchten Volumens auf das Gewicht ist die Dichte des Brennstoffes mit einer Spindel *(Senkwaage, Aräometer)* unter Berücksichtigung der Brennstofftemperatur zu bestimmen, desgleichen der Heizwert H_u (s. auch Hauptabschnitt 08). Einfacher ist die Messung des verbrauchten Brennstoffgewichts mittels eines auf einer Waage stehenden Behälters.

Aus Gründen der Genauigkeit soll eine Brennstoffmessung etwa 3 ... 10 min dauern. Vor Beginn und während der Messung muß der Motor einen *Beharrungszustand* erreicht haben, andernfalls ist die Messung wertlos. Während der Meßdauer sind gleichzeitig Leistung bzw. Drehmoment und Drehzahl zu messen. Die mittlere Motorendrehzahl wird am besten mit einem *Hubzähler* bestimmt. Alle übrigen Daten wie Drücke und Temperaturen sind auch zu notieren, damit der jeweilige Zustand des Motors genau festgelegt ist.

Für die Messung des Brennstoffverbrauchs der Hilfsdieselmotoren ist die Belastung der Generatoren zu messen. Die Belastung der in Betrieb befindlichen Hilfsmaschinen ist dabei durch Einzelablesungen zu kontrollieren.

15.18 Kennlinienfelder

Bei ortsfesten Dieselmotoren ändert sich die Normalleistung zwischen voller und halber Drehzahl in der Regel proportional der Drehzahl. Die Leistungskurve ist daher in diesem Bereich eine Gerade.

Bei Schiffsmotoren, die den Propeller antreiben, ist dagegen zwangsläufig diejenige Leistung erforderlich, die bei der jeweils eingestellten Drehzahl für den Antrieb des Propellers benötigt wird. Sie ändert sich annähernd mit der 3. Potenz der Drehzahl. Die Leistungskurve ist in diesem Falle eine Linie, die mit steigender Drehzahl immer steiler wird (Bild 15.52) (s. auch Hauptabschnitt 09).

Der veränderliche Drehzahlbereich, in dem ein Schiffsmotor als Hauptantriebsmaschine arbeiten muß, ist das wesentlichste Merkmal eines solchen Motors. Hiervon machen nur der Betrieb mit Verstellpropeller und der dieselelektrische Schiffsantrieb eine Ausnahme.

I. a. sind für unmittelbar oder über ein Getriebe auf die Propellerwelle arbeitende Schiffsmotoren Leistung und Drehzahl (gegebenenfalls unter Berücksichtigung des Untersetzungsverhältnisses durch das *Propellergesetz*

$$n \approx n_{max} \cdot \sqrt[3]{P/P_{max}} \qquad (31)$$
(P = beliebige Teillast)

verbunden. Jeder Drehzahl ist damit eindeutig eine ganz bestimmte Leistungs zugeordnet und umgekehrt.

Größte und kleinste Betriebsdrehzahl verhalten sich etwa wie 3 : 1 bis 4 : 1. Dadurch werden an den Verbrennungsvorgang im Zylinder und an ein gegebenenfalls vorhandenes Aufladesystem ganz bestimmte Anforderungen gestellt. Hauptbetriebsdrehzahl und -belastung liegen fast nie bei Höchstdrehzahl und Höchstbelastung, vielmehr in den meisten Fällen bei etwa 75 ... 85 % der Belastung und 91 ... 95 % der Drehzahl.

Um eine Kennlinie auf dem Prüfstand zu bestimmen wird zunächst die Volleistung bei der zugehörigen Nenndrehzahl abgebremst. Hiernach können die bei den Teil- und Überlastungsmessungen einzustellenden Drehzahlen bestimmt werden zu:

für 0,25-Last:
$n_{25} \approx \sqrt[3]{0,25} \cdot n_{100} = 0,630 \cdot n_{100}$ 1/min

für 0,50-Last:
$n_{50} \approx \sqrt[3]{0,50} \cdot n_{100} = 0,794 \cdot n_{100}$ 1/min

für 0,75-Last:
$n_{75} \approx \sqrt[3]{0,75} \cdot n_{100} = 0,910 \cdot n_{100}$ 1/min

für 1,10-Last:
$n_{110} \approx \sqrt[3]{1,10} \cdot n_{100} = 1,032 \cdot n_{100}$ 1/min

für 1,20-Last:
$n_{120} \approx \sqrt[3]{1,20} \cdot n_{100} = 1,063 \cdot n_{100}$ 1/min

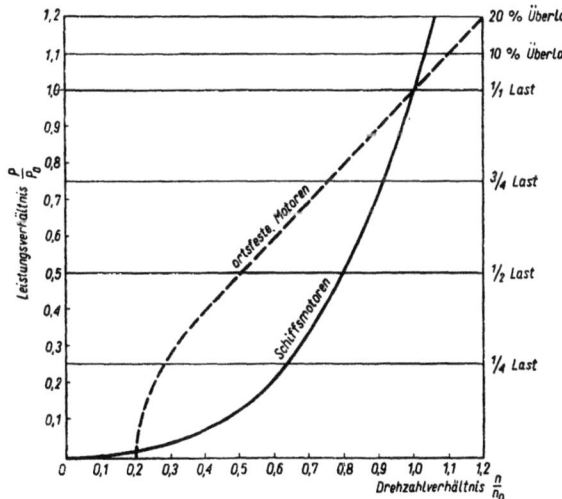

Bild 15.52
Leistungskurven für ortsfeste und Schiffsmotoren

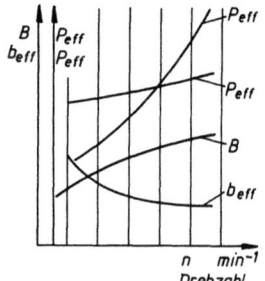

Bild 15.53 Darstellung von Kennlinien über der Drehzahl

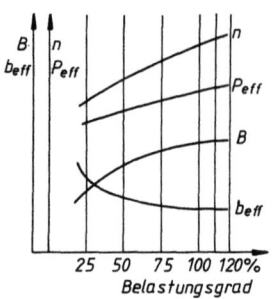

Bild 15.54 Darstellung von Kennlinien über dem Belastungsgrad

Die klarste und vollständigste Kennzeichnung des Betriebsverhaltens erfolgt in einer vom Hubraum unabhängigen Darstellung so, daß innerhalb der Betriebsfläche des Kennlinienfeldes die Meßwerte für mehrere Drehzahlen oder, über die Drehzahlen, für mehrere Belastungsstufen angegeben werden.

Die Darstellung der Kennlinien erfolgt bei Schiffsmotoren meist derart, daß auf der Abszisse die Motorendrehzahl, auf der Ordinate die Verbrauchswerte, Drücke, Temperaturen, Wirkungsgrade, Leistungen usw. aufgetragen werden (Bild 15.53).

Auch die Darstellung der Kurven über dem Belastungsgrad, dem Mitteldruck oder der Nutzleistung als Abszisse ist gebräuchlich. Die veränderliche Drehzahl erscheint in dieser Darstellung (Bild 15.54) als Funktion der von ihr abhängigen Leistung.

Sind die Hauptmotoren durch ein Schiffswendegetriebe oder eine Kupplung von der Propellerwelle oder dem Getriebe abzuschalten, so sind die Leerlaufwerte ebenfalls in das Kennlinienfeld aufzunehmen.

Bild 15.55 zeigt das Kennlinienfeld eines nicht-aufgeladenen Viertakt-Tauchkolbenmotors und Bild 15.56 das eines Zweitakt-Kreuzkopfmotors o. A. Aus beiden Darstellungen ist ersichtlich, daß sich im Bereich von etwa 50 ... 100 % Belastung die Kurven der Abgastemperatur und des stündlichen Brennstoffverbrauches gut durch eine Gerade ersetzen lassen. In einem solchen Falle kann also aus der *Abgastemperatur* oder/und dem *stündlichen Brennstoffverbrauch* annähernd auf die Leistung geschlossen werden.

15.19 Wärmewirtschaftliche Untersuchung (Wärmeabrechnung)

Sie gibt Aufschluß über den Verbleib der mit dem Brennstoff zugeführten Wärmemenge $q_z = b_{eff} \cdot H_u$ kcal/kWh bzw. kJ/kWh, die nur teilweise in Nutzarbeit umgesetzt wird; der größere Teil geht ungenutzt verloren. Diese Untersuchung ermöglicht eine eingehende Beurteilung des Motors (s. auch Abschnitt 04). Man unterteilt den Gesamtverlust in *Kühlmittel-, Abgas-* und *Restverluste.* Die Lagerreibungsarbeit wird hier *nicht* besonders erfaßt; sie erwärmt das Motorenschmieröl, so daß die äquivalente Wärmemenge durch das Kühlwasser abgeführt wird. Es ist jedoch auch zu beachten, daß die Lagerreibungsarbeit bei der Ermittlung des *mechanischen* Wirkungsgrades des Motors bereits berücksichtigt wird.

Im Restverlust werden die durch Abstrahlung der Motorenoberfläche abgeführten Wärmemengen und Meßungenauigkeiten erfaßt. Der Restverlust beträgt etwa 3 ... 5 %; ist er > 5 %, so liegen grobe Meßfehler vor.

Die Wärmeabrechnung läßt erkennen, wie sich die 100 % der im Brennstoff zugeführten Energie in *Nutzarbeit* und *Einzelverluste* aufteilen. Sie zeigt weiter, wie sich diese Wärmeanteile bei Belastungsänderungen verschieben und bei welcher Belastung der Motor seine größte Wirtschaftlichkeit aufweist.

Für die wärmewirtschaftliche Untersuchung wird je nach dem Verwendungszweck entweder eine Propellerfahrt oder eine Generatorfahrt in mehreren Laststufen, für die Bestimmung der Reibungsverluste eine Generatorfahrt in ebenfalls mehreren Belastungsstufen, durchgeführt (s. auch Abschnitt 15.18).

Es ist stets zweckmäßig, die Wärmeabrechnung für den auf die Nutzleistung *bezogenen, stündlichen Wärmeverbrauch* kcal/kWh bzw. kJ/kWh durchzuführen. Wärmeabrechnungen, die auf die *gesamte zugeführte Wärme* $B \cdot H_u$ kcal/h bzw. kJ/h bezogen werden, ergeben große Zahlen und keinen schnellen Überblick.

Die Wärmeverteilung wird am besten so dargestellt, wie es Tafel 15.1 an Hand des Beispiels 15.5 zeigt; Die zeichnerische Darstellung dieser Tafelwerte, der sogenannten *Wärmeverteilungsplan*, ist aus Bild 15.57 zu entnehmen.

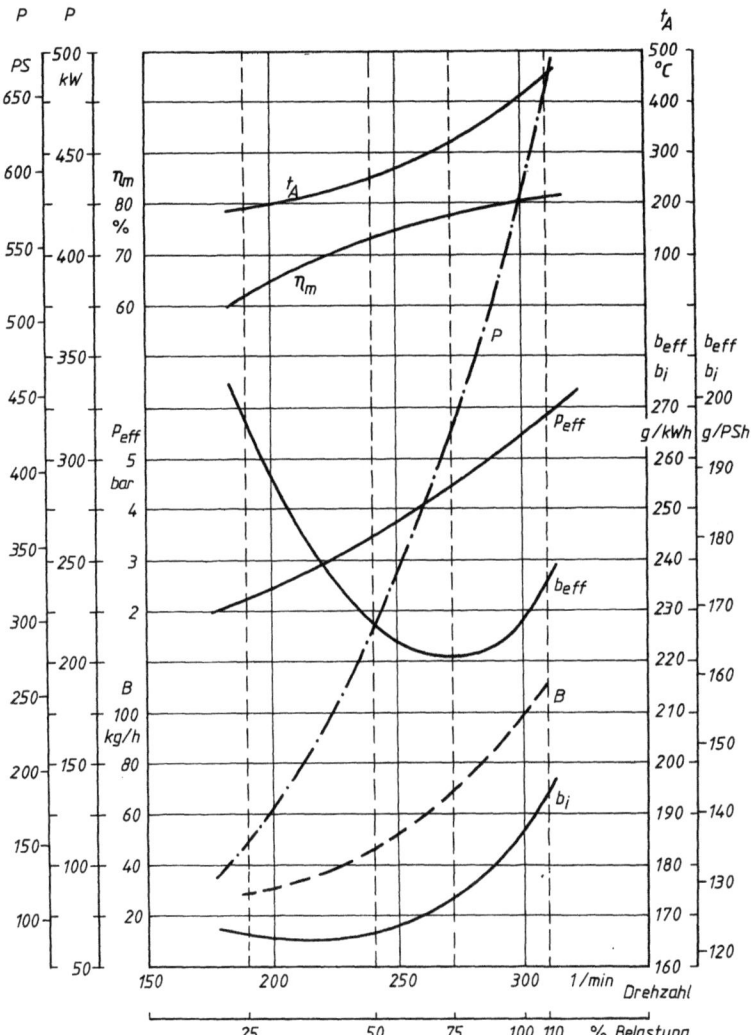

Bild 15.55 Viertakt-Schiffsdieselmotor 6 × 365/500

Eine weitere Darstellungsmöglichkeit, allerdings nur für jede Belastungsstufe einzeln, ist das bekannte *Wärmestrombild (Sankey-Diagramm)*, Bild 15.58.
Die Einzelwerte der Wärmeabrechnung sind stark drehzahlabhängig. Bei Motoren mit veränderlichen Drehzahlen werden daher Wärmeabrechnungen häufig in Abhängigkeit von der Drehzahl dargestellt.
Bei der Beurteilung von Wärmeabrechnungen (Wärmebilanzen) ist zu beachten, daß die Kolben- und Kolbenringreibung, die als mechanischer Verlust gemessen wird, in Reibungswärme umgewandelt wird, die zum Großteil im Kühlwasser abgeführt wird. Dasselbe gilt auch für andere Reibungsverluste, die als Reibungswärme entweder direkt in das Kühlwasser oder auf dem Umweg über das Schmieröl abgeführt werden und daher in der Wärmeabrechnung doppelt erscheinen können (s. o.).

15.20 Überwachung der Motoren im Betrieb
(s. auch Hauptabschnitt 06, Meßtechnik)

15.20.1 Allgemeines
Dieselmotoren sind infolge der hohen Drücke und Temperaturen, der äußerst geringen Brennstoffmenge je Arbeitshub sowie der Kürze der Zeit für die Arbeitsvorgänge gegen Unregelmäßigkeiten sehr empfindlich. Die aufs genaueste einzustellende

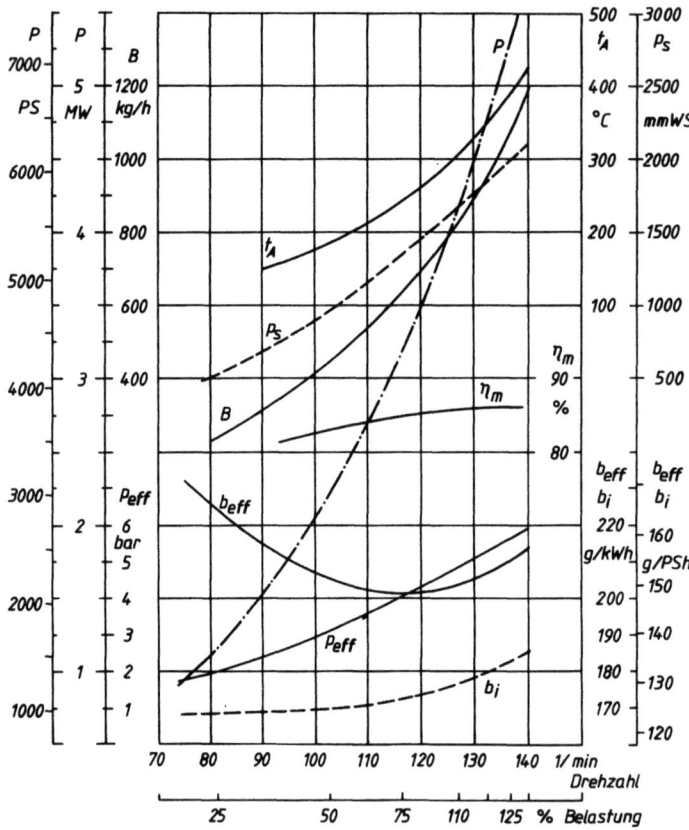

Bild 15.56
Zweitakt-Schiffsdieselmotor 8 × 720/1250 (H_u = 10 138 kcal/kg = 42 446 kJ/kg)

Tafel 15.1

Belastungsgrad ....%	100			75		
	kcal/kWh	kJ/kWh	%	kcal/kWh	kJ/kWh	%
Zugeführte Wärme $q_z = b_{eff} \cdot H_u$	2074,7	8686,5	100	2044,8	8561,4	100
1. Nutzwärme q_{eff}	858,7	3595,2	41,4	878,7	3595,2	42,0
2. Kühlmittelwärme $q_k = G(t_a - t_e)/P_{eff} = g_e \cdot \Delta t$	414,9	1737,4	20,0	409,0	1712,3	20,0
3. Abgasverluste durch *freie* Wärme $q_{Af} = 0,55 \cdot (t_A - t_L)/CO_2 + CO\,\%$	738,9	3093,4	35,6	705,6	2954,1	34,5
4. Abgasverluste durch *gebundene* Wärme $q_{Ag} = 47,5 \cdot CO/CO_2 + CO\,\%$	–	–	–	–	–	–
5. Restverluste $q_r = q_z - (q_{eff} + q_k + q_A)$	62,2	260,5	3,6	71,6	299,8	3,5
Insgesamt	2074,7	8686,5	100	2044,9	8561,4	100

Beispiel 15.5: Wärmeverteilung des auf die Nutzleistung bezogenen, stündlichen Wärmeverbrauches kcal/kWh bzw. kJ/kWh.
Zu 3. und 4: Bei der Verwendung von Schweröl erhöhen sich diese Beiwerte auf 0,6 bzw. 50.
Die kursiv eingesetzten Werte beziehen sich auf Bild 15.55.

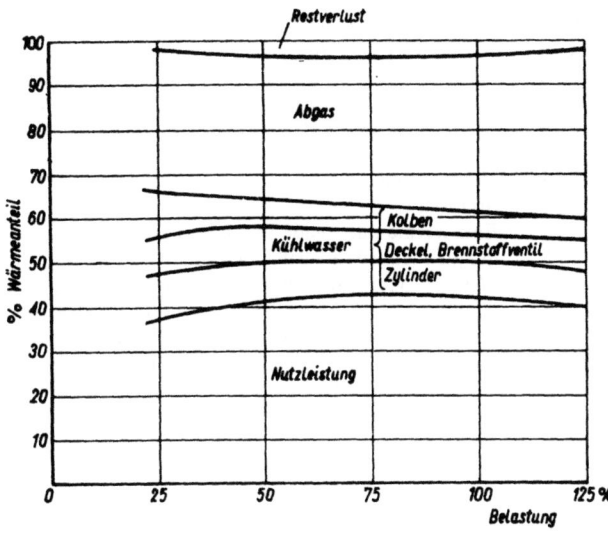

Bild 15.57
Wärmeverteilungsplan für einen Achtzylinder-Zweitakt-Schiffsdieselmotor 720/1250;
P_{eff} = 5600 PS = 4120 kW n = 126 min^{-1},
H_u = 10138 kcal/kg = 42446 kJ/kg

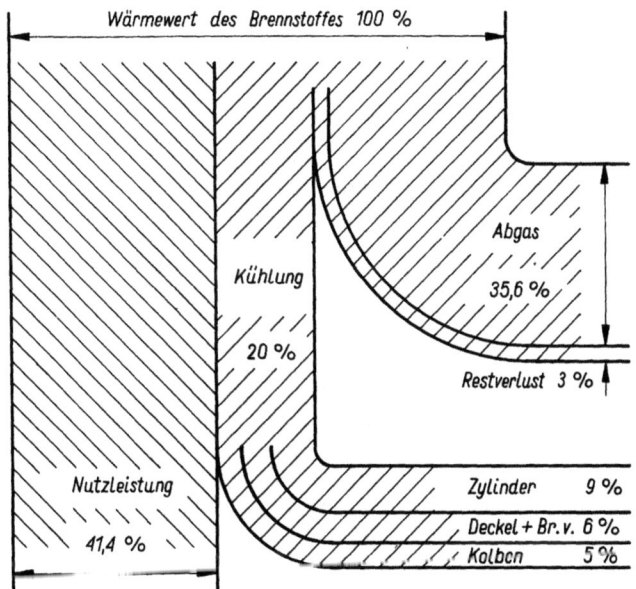

Bild 15.58
Wärmestrombild des Motors aus Bild 15.57 bei 100 % Belastung

Steuerung kann sich während des Betriebes durch verschiedene Einflüsse ändern. Dieselmotoren erfordern daher eine sehr häufige und genaue Überwachung.

Zweck der Überwachung ist es, sowohl jederzeit den Zustand des Motors genau zu kennen als auch sich anbahnende Störungen frühzeitig zu erkennen.

Bei allen Dieselmotoren besteht die Gefahr, daß sie durch eine zu große Brennstoffzufuhr *überlastet* werden. Dieser Umstand, im Zusammenhang mit den Kühlwasserverhältnissen in tropischen Gegenden und engen Revieren mit hohen Seewassertemperaturen (30 ... 35 °C) und hohem Salzgehalt, sowie schlammiges Kühlwasser und stark schwefelhaltiger Brennstoff verursacht Störungen an Kolben, Zylinderdeckeln, Zylinderlaufbuchsen usw.

Plötzlicher *Wechsel* der Kühlwassertemperatur (kalte Meeresströmungen, vermehrte Zufuhr kalten Seewassers, fehlerhaftes Umstellen der Umlaufkühlung usw.) kann beträchtliche Störungen hervorrufen. Hinzu kommt, daß in tropischen Gegenden auch das Öl infolge der höheren Raumtemperatur eine geringere Zähflüssigkeit besitzt, wodurch unter Umständen die Schmierölzufuhr zu den einzelnen Schmierstellen beeinträchtigt werden kann. — Aufgabe der Maschinenleitung muß es also sein, diesen Verhältnissen ständig Rechnung zu tragen.

Die *Hilfsmaschinen*, Kühlwasser- und Schmierölpumpen, Spülluftgebläse und Anlaßluftverdichter müssen sorgfältig überwacht werden, weil ernste Schäden an den Hauptmotoren (Kühlwasser-, Schmieröl-, Spülluftmangel) ihre Ursache vielfach in dem nicht einwandfreien Arbeiten der Hilfsmaschinen haben können (zur Sicherung des Betriebes optische oder/und akustische Signale nicht nur am Fahrstand und evtl. selbsttätige Abstellmechanismen).

Die größte Aufmerksamkeit erfordern die Grundlager. Eine höhere bzw. steigende Lagertemperatur läßt auf erhöhte Reibung schließen, deren Ursache entweder zu hohe Belastung, Schmierölmangel, falsches oder verunreinigtes Schmieröl ist. Temperaturänderungen bzw. ungleichmäßige Erwärmungen lassen sich grob durch Anlegen des Handrückens an die Triebwerksdeckel feststellen. Als Inhalt kann dabei gelten, daß bei rd. 65 °C die Grenze der für den Handrücken erträglichen Temperatur erreicht ist. Bei dieser Temperatur können die Teile höchstens 1 ... 2 s angefühlt werden.

Eine bessere Überwachungsmöglichkeit bieten an den Triebwerksdeckeln befindliche Haftthermometer. Moderne größere und Großmotoren haben Temperaturfühler, die bis in die Grundlager hineinreichen. Mit ihrer Hilfe können Unregelmäßigkeiten *rechtzeitig* erkannt werden. Am sichersten ist es, wenn sie mit einem System gekoppelt sind, das bei Überschreiten einer Grenztemperatur den Motor sofort abstellt.

Besonders zu beachten sind zwei Betriebszustände: hohe Drehzahl bei niedriger Last und niedrige Drehzahl bei hoher Last. Hohe Drehzahlen bei nur niedriger Last treten beim Generatorbetrieb oder bei Hauptantriebsanlagen mit Verstellpropeller auf. Es kann hierdurch zu Lagerschwierigkeiten kommen. Ein Betrieb mit niedriger Drehzahl und hoher Last, auch *Drehzahldrückung* genannt, tritt bei Seegang, Gegenwind, Bewuchs des Schiffes, Schleppbetrieb, Ausfall eines Motors bei einer Mehrmotorenanlage und geringer Wassertiefe auf. Die Folge kann ein Ansteigen der Lagerbelastung und Erhöhung der Bauteiltemperaturen sein.

Die Einlaß-, Auslaß-, Anlaß-, Spülluft- und Sicherheitsventile müssen gut dichtenden Sitz aufweisen.

Die Düsenöffnungen der *Brennstoff-Einspritzventile* müssen freien Durchgang haben und sollen stets *scharfkantig*, also nicht *ausgewaschen* sein (starke Lupe, 12 ... 16 fach). Der Zerlegen des Brennstoffventils darf nur auf einer Unterlage erfolgen, die frei von Fusseln und Spänen ist. Nach dem besonders sorgfältigen Zusammenbau ist das Brennstoffventil zu prüfen auf: Gehäusedichtigkeit, Höhe des Abspritzdruckes, Spritzen aller Bohrungen und Nachtropfen (Hände weg vom abspritzenden Strahl!).

Eine warme oder heiße Brennstoff-Druckleitung läßt darauf schließen, daß die Brennstoff-Ventilnadel *klemmt* oder *festsitzt*. Bei starkem Austritt von Leckbrennstoff hängt die Nadel etwas, die Düse kann verstopft oder der Nadelschaft zu stark abgenutzt sein. Tritt das Düsenkühlmittel stoßweise aus, so ist das Brennstoffventil nicht ordnungsgemäß oder nicht fest genug zusammengebaut worden.

Die *Brennstoffpumpen* und die Rückschlagventile in den Brennstoffpumpenleitungen müssen stets im allerbesten Zustande gehalten werden.

Die *Kolbenringe* dürfen nicht festgebrannt sein oder zu viel Spiel in den Ringstößen (Schlössern) und in den Kolbenringnuten haben; festsitzende Kolbenringe sind vorsichtig zu lösen, gebrochene auszuwechseln.

Die Sicherheitsventile sind von Zeit zu Zeit zu *bewegen* und auf richtigen *Abblasedruck* zu prüfen. Auch die Anlaßventile und Anlaßsteuerschieber sind vor Manövern zu drehen, falls sie längere Zeit nicht in Tätigkeit waren.

Versagt der Motor beim Anlassen oder Umsteuern, so ist die Ursache genau zu ergründen. Planloses Probieren vermeiden!

Das *Motorengeräusch* ist ein wichtiges Hilfsmittel zur Überwachung. In regelmäßigen Abständen und sofort bei Verdacht einer Unregelmäßigkeit ist der Motor überall mit dem *Horchstab* abzuhorchen.

Besonders sorgfältig müssen alle Arbeitszylinder auf *Leistungsgleichheit* eingestellt werden. Dies geschieht am einfachsten durch Feststellen des Drehzahlabfalles, wenn bei belastetem Motor die Arbeitszylinder (Brennstoffpumpen) einzeln abgeschaltet werden. Nach dem Wiederzuschalten des überprüften Zylinders, d. h. also vor dem Abschalten des nächsten Zylinders muß abgewartet werden, bis der Motor seinen alten Beharrungszustand bzw. das Schiff seine ursprüngliche Geschwindigkeit wieder erreicht hat.

Beispiel 15.6:

Zylinder	1	2	3	4	5	6
Drehzahlabfall	35	30	35	35	40	35 1/min

Zylinder 2 leistet im Vergleich zu den anderen zu wenig und Zylinder 5 zuviel. Füllung und Einspritzzeitpunkt dieser Zylinder müssen überprüft und entsprechend nachgeregelt werden.

Der Verbrauch an Motorenöl (Triebwerksöl) und Zylinderschmieröl ist sorgfältig zu messen (Dichtigkeitsprüfung aller ölführenden Teile).

Wird längere Zeit ganz langsam gefahren, so ist auf folgendes zu achten: wenn $r \cdot \omega^2 (1 + r/l) < 981$ cm/s² wird (l = Treibstangenlänge), hört bei Kolben mit *Planschkühlung* das Planschen auf. Der heiße Kolbenboden ist dann durch das Fehlen einer unmittelbaren Kühlmittel-Berührung besonders gefährdet.

Beim *Abstellen* des Hauptmotors ist zuerst der Brennstoff abzuschalten. Darauf ist das Kühlwasser und zuletzt das Schmieröl abzustellen. Bei Motoren, deren Kolben mit Öl gekühlt werden, müssen die Kolben nach dem Abstellen des Motors noch einige Zeit *nachgekühlt* werden, um Ölkoksbildung im Kolben zu verhindern.

Die Druckluftleitungen sind nach dem Abstellen des Motors zu *entlüften.*

Bei *Frostgefahr* (Docken des Schiffes) sind alle Kühlwasserräume und Leitungen vollkommen zu *entwässern;* gegebenenfalls sind auch die Brennstoff- und Schmierölbunker sowie die ölführenden Leitungen zu entleeren.

Ganz besonders muß betont werden, daß die gesamte Maschinenanlage und die Maschinenräume sauber zu halten sind. Auch Bilgen sollten nach Möglichkeit weiß gestrichen und nicht, wie häufig anzutreffen, dunkelfarbig gehalten sein. Feuerlöscheinrichtungen müssen stets gebrauchsbereit sein, nach einem Maschinenraumbrand dürfen die Motoren erst wieder in Betrieb genommen werden, wenn die gesamte Feuerlöschanlage wieder instandgesetzt ist.

Was vom Hauptmotor gesagt worden ist, gilt sinngemäß auch für die *Hilfsmotorenanlage.*

Zur Kontrolle des Betriebes sind in festen Zeitabständen Drehzahlen, Drücke, Temperaturen, Verbrauchswerte usw. in das *Maschinentagebuch (Journal)* einzutragen; desgleichen sind Aufzeichnungen über etwaige Störungen am Motor und ihre Beseitigung zu machen.

Die Wartungspläne der Motorenhersteller geben einen Anhalt, nach welcher Zeit Motorenteile überprüft bzw. ausgewechselt werden sollen. Diese Überholungsintervalle werden von der Maschinenleitung nach selbstgewonnenen Betriebserfahrungen so geändert, daß ein möglichst langer störungsfreier Betrieb erreicht wird.

Mit dem optischen Gerät *Endoskop,* das durch die Brennstoff-Einspritzventilkanone eingeführt wird, können beim Viertaktmotor ohne Ausbau der Ventile die Ventilsitze am ganzen Umfang kontrolliert und auch die Lauffläche der Laufbuchse im Umkehrbereich der Kolbenringe betrachtet werden.

Mit Hilfe eines *„Diagnose-Systems"* sollen schädliche Einflüsse auf den Motorbetrieb rechtzeitig erkannt werden. Eine große Anzahl von Meßwertfühlern (Sensoren) erfassen an vielen Stellen des Motors die Temperatur, den Druck, Massenfluß, das Drehmoment und die Drehzahl. Ein berührungsfrei arbeitender Annäherungsgeber mißt den Abstand zwischen Kolbenring und Laufbuchse. Dadurch können zu stark abgenutzte, steckengebliebene oder gebrochene Ringe ohne Kolbenausbau erkannt werden.

Die Meßwerte werden durch eine elektronische Ausrüstung (Datenerfassungs- und -verarbeitungssystem) gespeichert, auf Band festgehalten und ausgedruckt. Zusätzlich können Programme eingegeben werden, die der Festlegung des richtigen Zeitpunktes für Wartungsarbeiten dienen. Andere Programme geben Anweisungen, was zu unternehmen ist, um Fehler schnell auffinden und die entsprechenden Reparaturen ausführen zu können.

Alle gemessenen Werte werden mit absoluten Alarmgrenzwerten verglichen. Für die Sensoren an jedem einzelnen Zylinder werden außer den absoluten Alarmgrenzwerten auch relative Grenzwerte verwendet, d.h., das Signal eines Sensors wird mit dem Mittelwert aller in derselben Lage befindlichen Sensoren verglichen.

Im Falle eines Alarms leuchtet eine Lampe im entsprechenden Konsolfeld auf, und eine Meldung wird ausgedruckt. Die Alarme sind der Dringlichkeit der erforderlichen Maßnahmen entsprechend klassifiziert, die Dringlichkeitsstufe wird durch die Farbe der Lampe angezeigt.

Die Leistungsgleichheit der Zylinder darf nie außer acht gelassen werden. Durch Schaubilder (Diagramme) ist der Verbrennungsvorgang zusätzlich zu überwachen. Der Druckverlauf in den Spülpumpen und Verdichtern ist ebenso durch Schaubilder zu kontrollieren.

Zur Überwachung der *inneren* Vorgänge *(Verbrennungsablauf)* dient die Beobachtung der Drücke, Temperaturen und Abgase.

15.20.2 Drücke im Arbeitszylinder

Verdichtungsenddruck und Verbrennungshöchstdruck werden am besten an einem robust gebauten *Spitzendruckmesser,* der am Indikatorstutzen angeschlossen wird, abgelesen. Dieses Gerät ist der Rauheit des Bordbetriebes angepaßt und kann von jedermann leicht gehandhabt werden. Es ist allein darauf zu achten, daß diese Spitzendruckmesser bei schnellem Gebrauch hintereinander nicht mehr als gut *handwarm* werden.

Aus der Anzeige des *Mitteldruckmessers,* auch p_i-*Meter* genannt (s. Abschnitt 06.), kann mit Hilfe einer für jeden Motor charakteristischen Kurve der mittlere Arbeitsdruck p_i bestimmt werden. Ganz besonders eignen sich diese Geräte — auch ohne Kurve — zum Einregeln der Zylinder auf Leistungsgleichheit.

Mit dem *Indikator* werden auch häufig Verdichtungsend- und Verbrennungshöchstdruck aufgenommen, und zwar als sogenannte *Strichschaubilder.* In diesem Falle muß von einem *Mißbrauch* des Indikators gesprochen werden; als hochempfindliches Feinmeßgerät sollte er nur auf Prüfständen von bestens geschultem Personal benutzt werden dürfen.

15.20.3 Beurteilung der Abgase

Aus der *Abgasfarbe* kann grob auf die Verbrennung im Zylinderinneren geschlossen werden. Ein *farbloses* Abgas zeigt *vollkommene* Verbrennung des Brennstoffes an; ist die Abgasfarbe *getrübt*, grau bis schwarz, liegt eine *unvollkommene* Verbrennung vor. Hierfür kommen letztlich nur zwei Gründe infrage: Luftmangel oder schlechte Aufbereitung des Brennstoffes. Eine *bläuliche* Abgasfarbe kann zu *reichliche* Zylinderschmierung als Ursache haben, eine ausgesprochen *weiße* Abgasfarbe tritt nur vorübergehend beim *Anfahren* der Motoren auf.

Der Auspuff wird entweder am Schornstein oder an den Abgasprüfhähnen des Motors beobachtet. Besonders bei der letzteren Prüfung ist auf möglichst gleichen Hintergrund während der Beobachtung zu achten, denn das Auge läßt sich nur zu leicht täuschen. Auch die sogenannten *Abgasbilder* (Abgasschaubilder), die auf angefeuchtetem, weißen Papier genommen werden, lassen erkennen, ob die Abgase klar, verrußt oder verölt sind.

Eine weitere Möglichkeit zur Beurteilung des Verbrennungsvorganges und bedingt auch des Belastungsgrades der Zylinder untereinander bietet die *Abgastemperatur*. Bei Vollast sollen die Abgastemperaturen aller Zylinder bis auf ±5% Streuung gleich sein. Gibt die Betriebsvorschrift z. B. 300 °C als Abgastemperatur an, so darf sie schwanken zwischen 285 und 315 °C, ohne daß die eingespritzte Brennstoffmenge oder der Einspritzbeginn geändert zu werden braucht.

Die Abgastemperatur in der Sammelleitung kann 15 ... 25% *höher* sein als die Einzelabgastemperaturen, die im Abgasstutzen am Zylinder gemessen werden.

Auf keinen Fall darf die Abgastemperatur zur Beurteilung des Betriebszustandes und der Leistungsgleichheit der Zylinder *allein* herangezogen werden, denn sowohl die eingespritzte Brennstoffmenge als auch der Einspritzzeitpunkt beeinflussen die Höhe der Abgastemperatur. Es gilt allgemein:

1. Bei *Normalzündung* soll der Zündbeginn kurz vor oder im OT erfolgen. Verbrennungshöchstdruck p_z und die Abgastemperatur t_A werden dann den Werten der Betriebsvorschrift entsprechen.
2. Bei *Frühzündung* liegt der Verbrennungshöchstdruck vor oder im OT; er ist *höher* als normal, die Abgastemperatur ist *niedriger*. Die Leistung des Motors ist *gestiegen* und somit ist sein spez. Brennstoffverbrauch geringer geworden. Der Motor läuft *härter*.
3. Bei *Spätzündung* liegt der Zündbeginn nach OT. Der Verbrennungshöchstdruck p_z ist *niedriger* als normals, die Abgastemperatur t_A ist *erhöht*. Die Leistung des Motors hat sich *verringert*, b_{eff} ist *gestiegen*. Der Motor läuft *weich*.

Eine Beurteilung der Vorgänge im Zylinder darf also immer nur so erfolgen, daß p_z und t_A zusammen betrachtet werden. Als Anhalt kann dienen:

hohe t_A und niedriger p_z = *Spätzündungserscheinung*

niedrige t_A und hoher p_z = *Frühzündungserscheinung*

niedrige t_A und niedriger p_z = *Brennstoffmangel*

hohe t_A und hoher p_z = *Überlast*

Voraussetzung für diese Beurteilung ist, daß die Verdichtungsdrücke *aller* Zylinder dem Wert in der Betriebsvorschrift entsprechen. Bild 15.59 veranschaulicht diese Betrachtungen in einem *Arbeits-* und *versetzten Schaubild*.

Die *Abgasuntersuchung* (Zusammensetzung der Abgase) ist ein weiteres Mittel zur Überwachung des Verbrennungsvorganges und Berechnung des Abgasverlustes (s. Abschnitt 15.19, Wärmeabrechnung). Mit Hilfe des *Orsat*-Gerätes werden die in den trockenen Abgasen enthaltenen, prozentualen Volumenanteile an Kohlendioxyd (CO_2), Sauerstoff (O_2) und Kohlenoxyd (CO) ermittelt. Nun wird das *Luftverhältnis* λ errechnet nach der Gleichung

$$\lambda = \frac{21}{[21 - 79/N_2] \cdot (O_2 - CO/2)} \qquad (32)$$

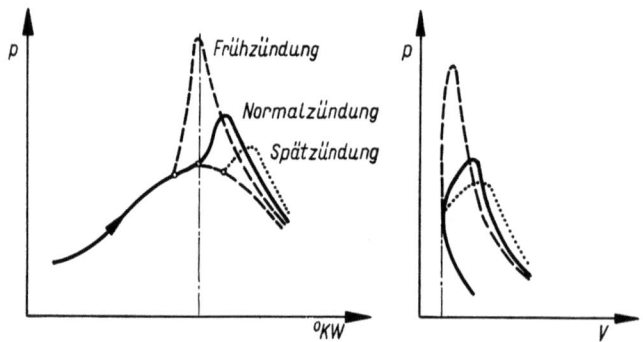

Bild 15.59
Zündbeginn und Verbrennungshöchstdruck bei verschiedener Einstellung

Beispiel 15.7: Es werden aus 100 cm³ = 100 % Abgasen gemessen: CO_2 = 7,4 %, O_2 = 10,8 %, CO = 0,1 %; es ergibt sich als Rest N_2 = 100 − ($CO_2 + O_2$ + CO) = 81,7 %. Damit wird das Luftverhältnis λ = 21/[21 − 79/81,7] · (10,8 − 0,05) = 1,99. Im Arbeitszylinder dieses Dieselmotors ist demnach durchschnittlich eine um 99 % größere Luftmenge vorhanden, als theoretisch für die Verbrennung des eingespritzten Brennstoffgewichtes benötigt wurde.

Bei großen Luftverhältnis und guter Verbrennung ist die CO-Menge in den Abgasen meistens gleich Null oder nur sehr gering. Deshalb genügt für die Belange der Praxis das Bestimmen der CO_2-und O_2-Mengen. Ferner ist zu beachten, daß die Absorption von CO sehr träge und daß andererseits die Bindung des CO an die Kupferchlorürlösung schwach ist, so daß bei Erschütterungen CO aus der Absorptionsflüssigkeit sogar abgegeben werden kann, wodurch Fehler in der *Orsat*-Untersuchung entstehen. Ist kein CO in den Abgasen vorhanden oder wurde es nicht bestimmt, so ist in der Gleichung für das Luftverhältnis somit CO gleich Null zu setzen.

Aus der Gleichung ist zu erkennen, daß in erster Linie die Sauerstoffmenge die Größenordnung des Luftverhältnisses bestimmt, deshalb ist die O_2-Menge besonders sorgfältig zu messen.

Bei *Zweitaktmotoren*, bei denen große Spülluftmengen während des Spülvorganges direkt in die Abgasleitung gelangen, ist diese Methode zur Bestimmung des Luftverhältnisses nicht ohne weiteres anwendbar; es muß deshalb eine *gesteuerte Entnahme* der Abgase erfolgen. Einfacher und für die Praxis ausreichend ist es aber, nur den CO_2-Gehalt der Abgase zu messen. Dann wird das Luftverhältnis:

$$\lambda \approx \frac{CO_{2\,max}}{CO_2} \qquad (33)$$

$CO_{2\,max}$ ist der zu erwartende höchte CO_2-Gehalt im trockenen Abgas bei vollkommener Verbrennung und λ = 1. Er beträgt für heute gebräuchliche Gasöle ≈ 15,4 %, für Schweröle 15,6...15,8 % und mehr (Bild 15.60). Bei Vollast enthalten die Dieselmotorenabgase ≈ 7...8 % CO_2. Wird der CO_2-Gehalt des vorhergehenden Beispiels eingesetzt, ergibt sich λ zu 15,4/7,4 = 2,08.

$$\text{Luftverhältnis } \lambda = \frac{\text{tatsächlich verfügbares Luftgewicht}}{\text{zur vollkommenen Verbrennung erforderliches Luftgewicht}}$$

$$= \frac{m_{tats}}{B \cdot m_{min}} \qquad (34)$$

Für die vollkommene Verbrennung von 1 kg Brennstoff (Gasöl mittlerer Zusammensetzung) werden mindestens m_{min} ≈ 14,2 kg Luft benötigt, was einer Mindestluftmenge von etwa 11,8 m³, bezogen auf 1,01 bar (760 Torr) und 20 °C der angesaugten Luft entspricht. λ ist immer > 1. Für Dieselmotoren liegt das Luftverhältnis bei Vollast gewöhnlich zwischen 1,7...2,1; Schnelläufer, Motoren mit kleinen Einlaßventilquerschnitten oder Zweitaktmotoren mit mangelhafter Spülung haben niedrigere Luftverhältnisse. Ein hohes Luftverhältnis ist jedoch immer erwünscht; es sichert eine gute Verbrennung und ergibt niedrige Abgastemperaturen.

Beispiel 15.8: Wie groß ist die sekundliche *Verbrennungsluftmenge* für eine 3013,5 kW (4100 PS_{eff})-Motorenanlage einschließlich des Luftbedarfs der Hilfsmotoren (angesetzt mit 10 %) bei einem Luftverhältnis λ = 2,0 und einem spez. Brennstoffverbrauch b_{eff} = 224,4 g/kWh (165 g/PSh)?

$$L_{tats} = \frac{\lambda \cdot (P_{eff} \cdot b_{eff} \cdot L_{min} \cdot 1,1)}{3600}$$

$$= \frac{2,0 \cdot 3013,5 \cdot 0,2244 \cdot 11,8 \cdot 1,1}{3600} \frac{m^3}{s} \approx 5 \frac{m^3}{s}$$

Beispiel 15.9: Ein Viertaktmotor hat das Hubvolumen ν_h = 260 dm³; bei p_{eff} = 5,70 bar und n = 120 1/min beträgt seine Zylinderleistung

$$P_{eff} = \frac{V_h \cdot p_{eff} \cdot n}{1200} = \frac{260 \cdot 5,70 \cdot 120}{1200} \text{ kW/Zyl} \approx \underline{148 \text{ kW/Zyl}}$$

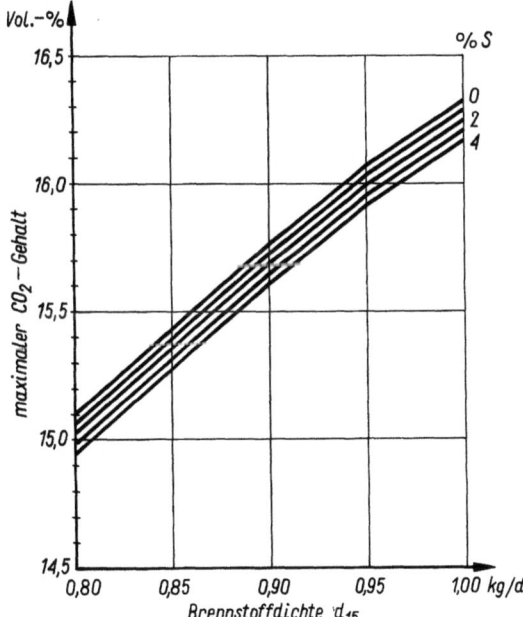

Bild 15.60
$CO_{2\,max}$ in Abhängigkeit von Dichte und Schwefelgehalt des Brennstoffes

Der spez. Brennstoffverbrauch betrage dabei b_{eff} = 224,4 g/kWh, und der Zylinder sei zu 93% mit Luft von atmosphärischem Druck gefüllt (Volumetrischer Wirkungsgrad λ_{vol} = 0,93, aus dem Schwachfederschaubild zu entnehmen). Die mittlere Temperatur der im Zylinder befindlichen Verbrennungsluft betrage am Ende des Ansaugens $t_a \approx 50$ °C.

Wie groß ist das Luftverhältnis?

Je Arbeitshub steht für die Verbrennung folgende Luftmenge zur Verfügung q_{Luft} = 1,293 · 10⁻³ kg/dm³ bei 0 °C und 1,01 bar);

$$\underline{m_{tats.}} = 0{,}93 \cdot V_h \cdot q \cdot \frac{T_0}{T_a}$$
$$= 0{,}93 \cdot 260 \cdot 1{,}293 \cdot 10^{-3} \cdot \frac{273}{273+50} = \underline{0{,}264 \text{ kg}}$$

Für die Leistung von 148 kW muß je Arbeitshub eine Brennstoffmenge von

$$\underline{B_{Arb.\,hub}} = \frac{P_{eff} \cdot b_{eff} \cdot i}{60 \cdot n} = \frac{148 \cdot 0{,}2244 \cdot 2}{60 \cdot 120} \text{ kg}$$
$$= \underline{0{,}0092 \text{ kg}}$$

eingespritzt werden. Das Luftverhältnis ist dann:

$$\underline{\lambda} = \frac{m_{tats.}}{B_{Arb.\,hub} \cdot m_{min}} = \frac{0{,}264}{0{,}0092 \cdot 14{,}2} = \underline{2{,}02}$$

wobei für die Mindestluftmenge m_{min} = 14,2 kg$_{Luft}$/ kg$_{Brennstoff}$ (s. oben) gesetzt wurde.

15.20.4 Beurteilung der Schaubilder

Folgende Hauptschaubildarten *können* mit dem Indikator angefertigt und ausgewertet werden: Verdichtungsschaubild, Verdichtungsdruck- und Zünddruckschaubild, Arbeitsschaubild, um 90 °KW versetztes Schaubild, laufendes (gestrecktes) Schaubild, Schwachfederschaubild.

Das *Verdichtungsschaubild* wird bei abgestellter Brennstoffpumpe genommen. Es erlaubt Schlüsse auf die Dichtigkeit der den Verbrennungsraum umgebenden Teile und die richtige Höhe des Verdichtungsenddruckes. Bei einem guten Motor müssen Verdichtungs- und Ausdehnungslinie dicht beieinander liegen. Je weiter sie voneinander entfernt sind, desto stärker sind die Undichtigkeiten und Wärmeverluste.

Das *Verdichtungsdruck- und Zünddruckschaubild* (Strichdiagramm) gestattet bei mehrzylindrigen Motoren Vergleiche zwischen den einzelnen Zylindern, besonders wenn gleichzeitig die Abgastemperaturen mitabgelesen werden. Diese Drücke werden jedoch einfacher und schneller mit einem Spitzendruckmesser genommen. Diese Geräte sind dem Bordbetrieb besser angepaßt, der Indikator als äußerst empfindliches Feinmeßinstrument sollte hierfür nicht mißbraucht werden.

Im *Arbeitsschaubild (p, V*-Schaubild, geschlossenes Schaubild) wird der gesamte ablaufende Kreisprozeß aufgezeichnet. Es dient dazu:
1. den mittleren Arbeitsdruck p_i zu ermitteln, um daraus die Innenleistung des Motors zu bestimmen,
2. den Arbeitsvorgang zu überwachen, wobei sich jedoch nur grobe Fehler erkennen lassen.

Der zweite Punkt tritt heute wesentlich hinter dem ersten zurück.

Der Flächeninhalt des *p, V*-Schaubildes ist ein Maß für die im Zylinder verrichtete Arbeit. Um den mittleren Arbeitsdruck p_i zu erhalten, wird der Flächeninhalt A mm² des Schaubildes durch die Schaubildlänge l mm und den Federmaßstab der Indikatorfeder f mm/bar (fr. mm/at) geteilt. Mit der allgemeinen Leistungsformel errechnet man dann die Innenleistung P_i. Die Drehzahl des Motors muß bei Leistungsmessungen mit Hilfe eines Hubzählers bestimmt werden (keine Tachometer-Drehzahlen). Weitere Hinweise s. Abschnitt 06, Diagramm-Indikatoren.

Bei Normalzündung und guter Verbrennung ist das Schaubild in der Verbrennungsperiode mit kleiner Abrundung entwickelt; der Verbrennungshöchstdruck darf jedoch nicht zu hoch (spitz) ansteigen. Die Schaubilder sollen eine steil abfallende, gleichförmig verlaufende Ausdehnungslinie und einen niedrigen Enddruck zeigen.

Das Maß b der Arbeits-Schaubilder (Bild 15.61.1) gestattet es, im Betrieb auf besonders einfache Art (d.h. ohne Ermittlung des Schaubild-Flächeninhaltes) die Zylinder auf gleiche Leistung einzustellen. An einem Motor müssen bei ordnungsgemäßem Zustand der Zylinder alle Schaubilder ähnlich sein. Dann genügt es, bei gleichem Einspritzbeginn die Brennstoffmengenregelung so einzustellen, daß das Maß b überall gleich ist. Herrscht dann in allen Zylindern gleich gute Verbrennung, so müssen die Abgastemperaturen gleich hoch sein. Der mittlere Arbeitsdruck p_i ist in gewissen Grenzen dem Maß b proportional. Das Arbeitsschaubild eignet sich kaum für die Untersuchung der wichtigsten Vorgänge im Arbeitszylinder wie *Ende der Verdichtung, Einsetzen der Zündung, Verlauf der Verbrennung*, da diese Vorgänge in dem Augenblick aufgezeichnet werden, in dem die Indikatortrommel zum Stillstand kommt und ihre Bewegungsrichtung umkehrt. Alle diese Vorgänge werden also so dichtgedrängt aufgezeichnet, daß sie sich fast gar nicht auswerten lassen.

Diesen Nachteil vermeidet das am besten mechanisch *um 90 Grad versetzte Schaubild* (nicht handgezogen!). Hierbei wird die Indikatortrommel von einem um 90 °KW versetzten Nachbarkolben angetrieben, über eine Stellungskupplung o. ä. Die Trommel wird nun mit hoher Geschwindigkeit gezogen, wenn der Arbeitskolben seinen Totpunkt hat. Die für die Nachprüfung des Verbrennungsvorganges so wichtigen Vorgänge im Bereich des OT werden somit *weit auseinander gezogen* und lassen sich dann auswerten (Bild 15.61.2).

Hierbei ist stets zu beachten, daß das um 90° versetzte Schaubild ein Druck-Volumen-Schaubild *(p, V*-Schaubild) bleibt; ein planimetrisches Auswerten ist nicht möglich.

Überwachung der Motoren

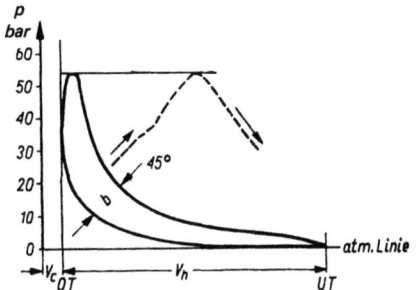

Bild 15.61.1 Arbeitsschaubild eines Viertaktmotors; Z_b im OT

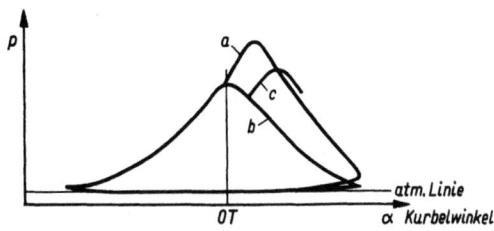

Bild 15.61.2 Um 90 °KW versetzte Schaubilder
a Normalzündung
b Verdichtungsschaubild
c Spätzündung

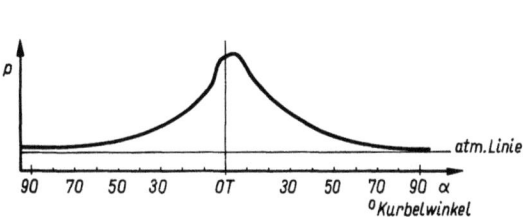

Bild 15.61.3 Laufendes Schaubild (p, α-Schaubild)

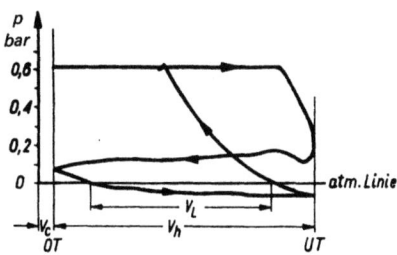

Bild 15.61.4 Schwachfeder-Schaubild eines Viertaktmotors

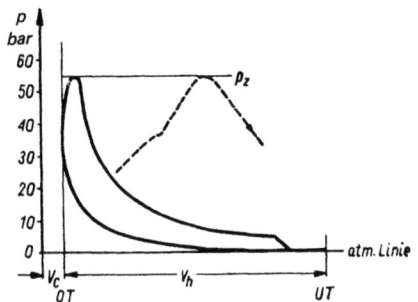

Bild 15.61.5 Arbeitsschaubild eines Zweitaktmotors; Z_b im OT

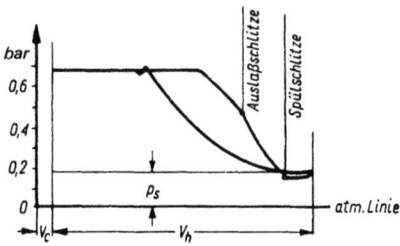

Bild 15.61.6 Schwachfeder-Schaubild eines Zweitaktmotors mit Drehschieber

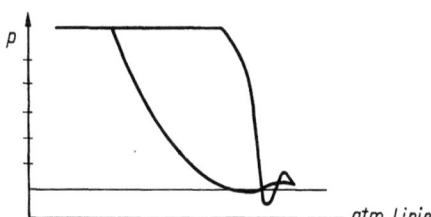

Bild 15.61.7 Schwachfeder-Schaubild eines Zweitaktmotors o. A.

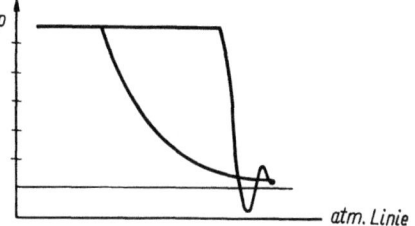

Bild 15.61.8 Schwachfeder-Schaubild eines Zweitaktmotors m. A.

Das *handgezogene* Schaubild ist kein Ersatz für das mechanisch um 90° versetzte Schaubild. Zum Vergleich der Zylinder untereinander ist es sogar völlig wertlos, denn der Grad der Versetzung ist jedesmal verschieden.

Zur genauesten Beurteilung der Verbrennungsvorgänge dient das *laufende Schaubild (p, α-Schaubild, Druck-Zeit-Schaubild)* mit OT-Anzeige (Bild 15.61.3). Hierbei bewegt sich die Indikatortrommel mit gleichbleibender Geschwindigkeit (z. B. Zwei-Trommel-Indikator mit Uhrwerksantrieb oder Schwungtrommelindikator).

Die Vorgänge um die atmosphärische Linie herum, also der Verlauf des Ansauge- und Ausschubhubes bzw. der Spülung werden sehr deutlich, im *Schwachfederschaubild* aufgezeichnet.

Durch Einsetzen einer schwächeren Feder im Indikator zeichnen sich die niedrigen Drücke des Arbeitsverfahrens entsprechend klar ab. Die höheren Drücke erscheinen als waagerechte Gerade, da hier der Indikatorkolben an seinem oberen Anschlag anliegt (Bild 15.61.4).

Bei Motoren mit Aufladung liegen die Linien des Ansaugens und Ausschiebens *höher* als die atmosphärische Linie. Versetzte Schwachfederschaubilder sind hier wertlos, da sich aus ihnen die Größe der Frischluftfüllung V_L (z. B. Bild 15.61.4) nicht ermitteln läßt.

Um zuverlässige Schaubilder zu erhalten, muß der richtige Indikator gewählt werden. Die angegebenen Drehzahlen, bis zu denen sie verwendet werden können, gelten meist nicht für Motoren. Denn es ist hier nicht die Höhe der Drehzahl entscheidend, sondern die Druckanstiegsgeschwindigkeit während der ungesteuerten Verbrennung. Für Motoren ergeben sich gewöhnlich folgende Anwendungsbereiche:

Normal-Indikator $\quad n < 300 \text{ min}^{-1}$
Schnellauf-Indikator $\quad n = 300 \ldots 500 \text{ min}^{-1}$
Stabfeder-Indikator $\quad n > 500 \text{ min}^{-1}$

Der Indikator und sein Antrieb müssen in bester Ordnung sein; Indikatorkolben, Hebelwerk, Schnurrollen und Gestänge müssen ohne Klemmen und Spiel arbeiten. Für den Antrieb der Indikatortrommel sind Hanfschnur mit Stahldrahteinlage oder Stahlband und möglichst große Schnurrollen zu verwenden. Die Indikatortrommel muß stets genau senkrecht über dem Antrieb liegen. Vor dem Anbringen des Indikators sind die Indikatorbohrungen durchzublasen, evtl. auf freien Durchgang zu prüfen.

Bei Dieselmotoren sollen wegen der hohen Temperatur im Arbeitszylinder und damit auch im Indikator nicht mehr als höchstens 5 Schaubilder hintereinander genommen werden, da sonst das Gerät zu warm wird, und sein Kolben nicht mehr zuverlässig leichtgängig arbeitet. Nach vorsichtigem Abkühlen ist der Indikator zu reinigen und leicht mit Zylinderöl einzufetten.

Um den *Individualfehler* (Fehler des Schaubild-Nehmenden) möglichst auszuschalten, ist beim Nehmen des Schaubildes der Schreibstift nur ganz schwach anzudrücken, so daß die Linien gerade noch zu sehen sind. Später werden sie mit einem harten, spitzen Bleistift nachgezogen. Zu starkes Aufdrücken ergibt ein falsches Schaubild, da durch die größere Reibung die Schaubildfläche vergrößert und eine erhöhte Leistung vorgetäuscht wird. Folgende Angaben sollten auf keinem Schaubild fehlen: *Datum, Motortyp, Zylindernummer, Drehzahl, Abgastemperatur* und *Federmaßstab.* Darüber hinaus können noch weitere Werte aufgeschrieben werden.

Einige kennzeichnende, normale und fehlerhafte Schaubilder sind in den Bildern 15.61.5 bis 15.62.7 dargestellt.

15.20.5 Schwerölbetrieb

Eine genaue Bestimmung des Begriffes *Schweröl* gibt es nicht. Es handelt sich meistens um Mischungen bei der Erdölaufbereitung anfallender Rückstandsöle, deren Zusammensetzung je nach Herkunft der Rohöle und Art der Aufbereitung sehr unterschiedlich ist.

Auch untereinander sind Schweröle sehr verschieden. Selbst an den einzelnen Bunkerplätzen ist die Güte eines Schweröles zeitlichen Änderungen unterworfen. Qualitätsangaben liegen i. a. nicht vor; die Öle müssen so gebunkert werden, wie sie gerade erhältlich sind.

Die Unklarheit, die hinsichtlich der Bezeichnung der Öle *(Schweröl, Marine Diesel Fuel (heavy) Bunkeröl B, Bunkeröl C, Heizöl, Boiler-fuel* usw.) herrscht, ist von der *American Society for Testing Materials (ASTM)* wenigstens zum Teil dadurch beseitigt worden, daß man die mit der Temperatur veränderliche Viskosität zu einer Gruppeneinteilung benutzt.

Das schwere Rückstandsöl der Raffinerien ist die billigste Energiequelle. Sein Preis je Wärmeeinheit beträgt i. a. etwa die Hälfte bis drei Viertel desjenigen eines guten Destillats. Die Ersparnis ist um so geringer, je kleiner der Motor ist und je schneller er dreht. Außerdem ist zu beachten, daß ein gewisser Teil der im Dieselbetrieb durch Verwendung billigen Brennstoffes ermöglichten Ersparnisse durch Mehrausgaben für zusätzliche Einrichtungen, Mehrunterhalt oder Ersatzteilbeschaffung aufgezehrt wird.

Für ein Schweröl bis zu etwa 700 Redwood-I-Sekunden bei 100 °F genügt eine vereinfachte Schweröl-Einrichtung. Hierbei werden die Brennstoffleitungen nur isoliert, nicht beheizt. Der Brennstoff wird mit nur einem Schleuderreiniger *(Purifikator)*

Überwachung der Motoren

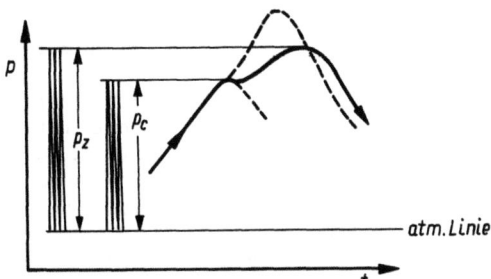

Bild 15.62.1 p_c normal + p_z zu niedrig + t_A zu hoch = Spätzündung. Erhöhte Wärmebeanspruchungen, Leistungsabfall
Überprüfen der zeitlichen Einstellung der Brennstoffpumpe

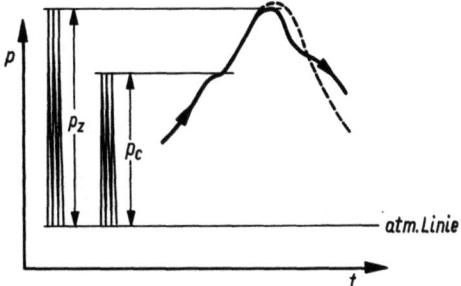

Bild 15.62.2 p_c normal + p_z etwas erniedrigt + t_A zu hoch + Buckel in der Ausdehnungslinie = fehlerhaftes Nachbrennen
Überprüfen der Brennstoff-Einspritzventile

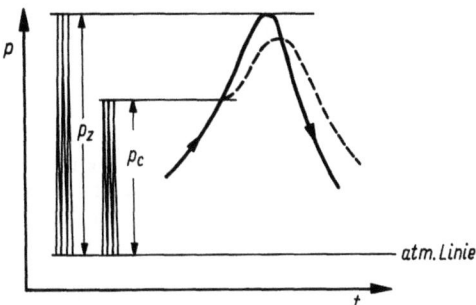

Bild 15.62.3 p_c normal + p_z zu hoch + t_A zu niedrig = Frühzündung. Erhöhte Triebwerksbeanspruchungen, Leistungssteigerung
Überprüfen der zeitlichen Einstellung der Brennstoffpumpe

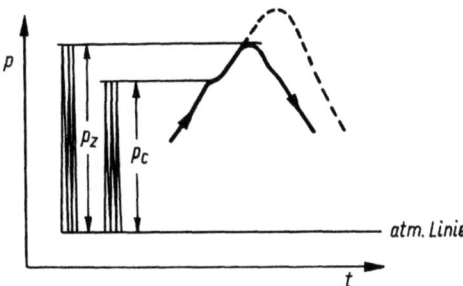

Bild 15.62.4 p_c normal + p_z zu niedrig + t_A zu niedrig = zu geringe Brennstoffmenge, Einspritzventil verkokt, Brennstoffpumpe zu lässig o. ä.
Überprüfen von Brennstoffeinspritzpumpe und -ventil

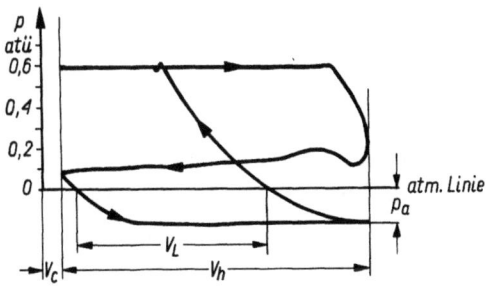

Bild 15.62.5 Ansaugeunterdruck p_a zu hoch, verkleinerte Luftfüllung. Höchstleistung sinkt
Reinigen des gesamten Einlaßweges, Kontrolle der Ventilsteuerdaten

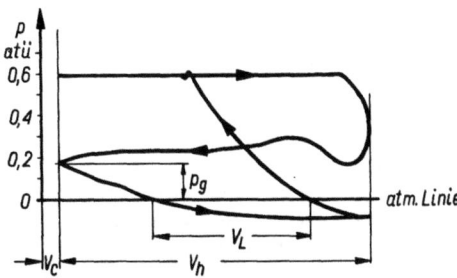

Bild 15.62.6 Ausschubgegendruck p_g zu hoch, verkleinerte Luftfüllung, Höchstleistung sinkt
Reinigung des gesamten Abgasweges, Kontrolle der Ventilsteuerdaten

Bild 15.62.7 Spülluftdruck p_s zu hoch, Auslaßschlitze verkokt, Höchstleistung sinkt. Um die gleiche Leistung zu erreichen, muß ein erhöhter Spülluftdruck gefahren werden
Auslaßschlitze reinigen

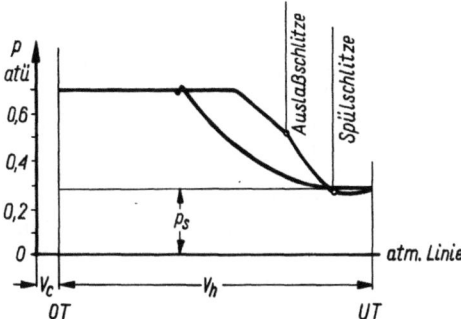

separiert. Dieses Schweröl leichterer Qualität kann im Hilfsmotoren-Dauerbetrieb und für das Manövrieren des Hauptmotors bzw. beim Fahren im Revier eingesetzt werden. Für Öle höherer Viskosität ist dagegen eine vollständige Schweröl-Einrichtung notwendig.

Wenn sowohl der Motortyp als auch die Anlage dem Betrieb mit Schweröl angepaßt sind, bereitet seine Verbrennung keine ernsthaften Schwierigkeiten. Besonders der große langsamlaufende Dieselmotor der Kreuzkopfbauart kann heute ohne betriebliche Schwierigkeiten mit diesen geringwertigen Brennstoffen gefahren werden. Eine Trennwand (Zwischenboden) zwischen Zylinder und Kurbelgehäuse und eine nicht durch Wechseldrücke beanspruchte Kolbenstangenabdichtung verhindern, daß Verbrennungsrückstände in das Schmieröl des Triebwerks gelangen und es verunreinigen.

Bei Schwerölbetrieb muß, wie bereits erwähnt, ein sehr weiter Bereich von nicht genau bekannten Brennstoffen von dem Motor beherrscht werden. Genaue Angaben über den Schwerölbetrieb lassen sich daher nicht machen, einige allgemeine Hinweise sind jedoch möglich.

Um den Schweröl-Betrieb sicher steuern zu können, müssen folgende besondere Eigenschaften des Schweröls berücksichtigt werden: Viskosität, Verkokungsneigung, Schwefelgehalt, Aschegehalt, Verschmutzung durch Fremdstoffe und Zündunwilligkeit.

Die *Viskosität* (Zähflüssigkeit) des Brennstoffes spielt deshalb eine entscheidende Rolle, weil sich nach ihr Einstellung und Betriebsweise des Motors richten müssen. Sie erschwert das Pumpen und besonders die einwandfreie Zerstäubung und damit Verbrennung des Schweröles, ferner die Selbstreinigung durch Absetzen im Tank sowie zu zusätzliche Reinigung in Separatoren.

Grundsätzlich lassen sich diese Nachteile durch Aufheizen teilweise beheben, und zwar bis das Schweröl gleich dünnflüssig geworden ist wie ein normales Destillat (2 ... 3 °E an der Düse). Hierfür sind bei einigen Ölsorten Temperaturen $\leqq 150$ °C erforderlich. Diese Vorwärmtemperaturen können zeichnerisch aus einem *Viskositäts-Temperatur-Schaubild* ermittelt werden, wobei für die Abkühlung zwischen dem letzten Vorwärmer und dem Brennstoffventil ein Zuschlag von rd. 10 °C gemacht wird. Bei diesen hohen Vorwärmtemperaturen würden das im Brennstoff immer vorhandene Wasser und leichter siedende Bestandteile bereits verdampfen; das Öl würde *schäumen*, die Arbeit der Brennstoff-Einspritzpumpe und die Einspritzung selbst würden gestört werden. Dies wird dadurch verhindert, daß die Brennstoffbehälter und -leitungen, diese auch auf der Saugseite der Brennstoff-Einspritzpumpe, unter Druck gehalten werden. Bei einem Druck von z. B. 5 bar beträgt die Siedetemperatur des Wassers 158 °C; in diesem Falle darf das Schweröl auf 130 ... 140 °C vorgewärmt werden, ohne daß in ihm enthaltenes Wasser verdampft.

Bei den hohen Verbrennungstemperaturen vermag sich jedoch die Verringerung der Viskosität mittels Aufheizen nicht voll auszuwirken, da ein Schweröl nicht wie ein Destillat restlos verdampft, sondern unter Rückstandsbildung *crackt*. Infolgedessen geht die Durchmischung mit Sauerstoff langsamer vor sich, und die Flamme wird i. a. *länger*; die vollkommene Verbrennung braucht somit mehr Zeit.

Eine hohe *Verkokungsneigung* (Rückstandsbildung) führt leicht zu Ablagerungen auf den Brennstoffdüsen (Kokstrompeten) und Kolben sowie in den Schlitzen von Zweitaktmotoren, die das normale Arbeiten dieser Organe erschweren und ihre Abnützung beschleunigen. Treten die Rückstände als harte *Koksteilchen* auf, so können sie auf Grund ihrer Schmirgelwirkung den Verschleiß der Kolben und Zylinderaufbuchsen erhöhen.

Abhilfe gegen Rückstandsbildung schaffen in erster Linie eine vollkommene Verbrennung sowie Vorkehrungen, um die Temperatur der betroffenen Bauteile in entsprechenden Grenzen zu halten. Als wirksames Mittel gegen Kokstrompeten hat sich eine kräftige Kühlung der Düsenspitze unter Einhaltung eines geringen Sackvolumens unter dem Nadelsitz erwiesen. Auch eine gute Kühlung der zwischen den Auspuffschlitzen angeordneten Stege vermag störende Ablagerungen an ihnen zu verhindern.

Im Gegensatz zum Betrieb mit Destillaten, bei denen ein Aufspritzen auf Wände von angepaßter Temperatur unter Umständen sogar erwünscht ist, darf bei Schweröl der Brennstoffstrahl *nicht* auf die Wand auftreffen; es würden sich sonst sofort Koksrückstände bilden.

Der *Conradson*-Rückstand soll möglichst 10 % nicht überschreiten. Eine Richtzahl für ein gut brauchbares Schweröl wird genannt zu:

Conradson-Rückstand + Schwefelgehalt $\leqq 10\%$

Einer der schädlichsten Bestandteile ist der *Schwefel*. Die schwefelhaltigen Verbindungen eines Brennstoffes, konzentrieren sich vorwiegend im Rückstand, so daß in ihm Schwefelgehalte von 2 ... 4 % allgemein üblich sind und auch 5 % erreicht werden können. Der größte Teil des Schwefels verbrennt zu Schwefeldioxid das – solange der *Wasserdampf-Taupunkt* nicht unterschritten wird – ohne schädliche Wirkungen mit den Abgasen entweicht.

Ein kleiner Prozentsatz jedoch – sei es direkt in der Flamme, sei es nachträglich – wird unter dem Einfluß von Katalysatoren zu *Schwefeltrioxid* oxydiert. Es führt bei Temperaturen > 200 °C zu Reaktionen mit der an der Zylinderwand vorhandenen Schmierölschicht in der Form, daß Säureharze im Schmieröl gebildet werden. Diese bewirken eine höhere Verschmutzung der Kolben, wobei die zeitliche Abhängigkeit des Verschmutzungsgrades von der Höhe des Schwefelgehaltes im Brennstoff und von der Schmierölqualität abhängt.

Diese Reaktionen werden wegen der hohen Temperaturen, bei denen sie eintreten, als *Heißkorrosionen* (Hochtemperaturkorrosionen) bezeichnet.

Ebenso gefährlich sind die sogenannten *Naßkorrosionen* (Tieftemperaturkorrosionen). Die entscheidende Rolle spielt hierbei die Schwefelsäure (dampfförmig), die sich aus Schwefeltrioxid + Wasserdampf, der gleichzeitig im Verbrennungsraum anfällt, bildet. Die Taupunkttemperaturen, die für die Bildung des Wasser-Schwefelsäure-Gemisches maßgebend sind, liegen bei reinem Wasserdampf je nach dessen Druck zwischen 40...130 °C. Bei der Anwesenheit von Schwefelverbindungen liegen sie jedoch erheblich höher. Da es im Motorenbetrieb nicht möglich ist, die Zylinderwandtemperatur stets oberhalb der betreffenden Taupunkttemperatur des Gemisches zu halten, muß immer mit Kondensation gerechnet werden. Somit können Korrosionen auftreten, die die Bauelemente beschädigen und die Abnützung erhöhen (Bild 15.63).

Es ist also darauf zu achten, daß die Motoren im Schwerölbetrieb mit möglichst *hohen* Temperaturen gefahren werden. Die Temperatur des austretenden Zylinder-Kühlwassers ist keinesfalls <65 °C zu senken, sie soll sogar möglichst 75 °C betragen. Gelingt es durch entsprechend raschen Wasserumlauf, den Temperaturunterschied zwischen Aus- und Eintritt auf 6 °C zu halten, so wird dies nur von Vorteil sein.

Außerdem läßt sich der korrosive Einfluß des Schwefels sowohl durch Temperaturkontrolle der betreffenden Teile als auch durch Verwendung korrosionsfester Baustoffe, besonders aber durch den Gebrauch von neutralisierenden Schmierölen bekämpfen. Erst die Verwendung von besonderen, hochalkalischen Ölen mit Total Base Numbers von 40...70 mg KOH/g als Zylinderschmierung schafft wirksame Abhilfe. Abnützung und Verschmutzung bei Schwerölbetrieb werden auf die früher bei Dieselölbetrieb üblichen Werte vermindert.

Koksrückstände werden unter Einfluß des Schwefels härter und können die Abnützung durch *Abrasion* erhöhen.

Die *aschebildenden Bestandteile* sind im Schweröl oft in chemisch gebundener, gelöster Form enthalten, so daß sie nicht ohne weiteres daraus entfernt werden können. Sie fördern durch ihre Schmirgelwirkung *(direkte Abrasion)* den Verschleiß der Zylinderlaufbuchsen, Kolben und Kolbenringe und schaden auch durch die Erhöhung der Verschmutzung. Gleichzeitig sind sie – wie das Vanadium – als *Katalysatoren* verantwortlich für die Bildung von Schwefelsäureanhydrid.

Ungelöste, im Brennstoff in fester Form vorhandene *Fremdstoffe* bilden einen Teil des Aschegehaltes. Sie lassen sich zusammen mit vielleicht schon vorhandenem oder zum Waschen absichtlich zugesetztem Wasser durch sorgfältige Schleuderreinigung entfernen.

Die große Dichte des Schweröles läßt auf *schlechte Zündeigenschaften* schließen. Das sich aus der Elementaranalyse ergebende Verhältnis von Kohlenstoff- zu Wasserstoffanteil C : H ist um so größer, je größer die Dichte eines Brennstoffes ist. Das bedeutet, daß mit zunehmender Dichte der Kohlenstoffanteil immer größer, der Wasserstoffanteil immer kleiner wird. Die *Zündwilligkeit* eines Brennstoffes ist aber um so höher, je mehr Wasserstoff er enthält. Mit steigender Dichte nimmt also die Zündfreudigkeit ab.

Rückstandsöle haben also schlechte Zündeigenschaften, was sich in kleineren *Cetanzahlen* ausdrückt, die meist unter 35 liegen. Niedrige Cetanzahlen erweisen sich als besonders unangenehm bei Schnelläufern. Durch den vergrößerten Zündverzug ergibt sich ein härterer Gang des Motors. Schlechte Zündeigenschaften können infolge unvollkommener Verbrennung auch zu Verschmutzungen führen, besonders wenn der Zündverzug infolge niedriger Verdichtungstemperatur zu groß wird und noch unvollkommen verbrannter Brennstoff auf die Wandungen auftrifft.

Allen diesen schädlichen Einflüssen wirken folgende Maßnahmen entgegen:

Sorgfältiges Reinigen und Aufbereiten des Schweröls vor der eigentlichen Verbrennung, vollkommene Verbrennung ohne Rückstände. Sie braucht allerdings mehr Zeit und ist deshalb besonders gut in großen langsamlaufenden Motoren zu erreichen. Durch ihre großen Abmessungen bieten deren Brennräume auch mehr Platz für längere Flammen, in richtigen Grenzen gehaltene Temperatur der betroffenen Bauteile. Gebrauch widerstandsfähiger Materialien.

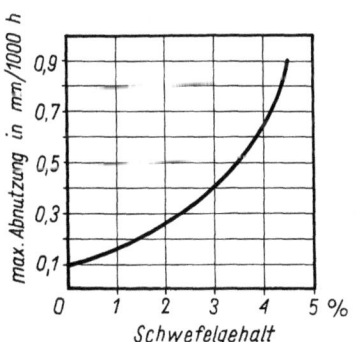

Bild 15.63 Laufbuchsenverschleiß in Abhängigkeit vom Schwefelgehalt des Brennstoffes

Brennstoffzusätze sollen in gewissen Fällen die Verwendung von schlechten Brennstoffen erleichtert haben (s. Abschnitt 08.).
Wichtig beim Schweröl ist eine *Vorreinigung* des Öles. Das Wasser muß weitgehend entfernt werden; in den Bunkern wird dem Öl ein *Demulgator* zugesetzt, in heizbaren Absetztanks — Absetzdauer 24 ... 36 Stunden — sollen Schlamm und Wasser ausfallen und entfernt werden. Von dort wird das Schweröl Schleuderreinigern *(Separatoren, Zentrifugen)* zugeführt, meistens werden zwei Separatoren hintereinander geschaltet. Im Purifikator *(Reiniger* mit Zusatz von Wasser) werden die beiden Flüssigkeiten Öl und Wasser bei gleichzeitiger Schmutzausscheidung getrennt. Der nachgeschaltete Klarifikator *(Klärer,* trockene Nachreinigung) dient zur Klärung wasserfreier Öle, es wird nur Schmutz ausgeschieden. Leider ist es beim Schleuderreinigen nicht möglich, das Schweröl so hoch wie erforderlich aufzuheizen. Um trotz der auf $\leq 90\,°C$ beschränkten Vorwärmtemperatur gründlich reinigen zu können, müssen die Separatoren mit verminderten Durchsätzen — etwa 50% der Nennleistung — betrieben werden (s. Abschnitt 19.).
Mit abnehmender Viskosität des Schweröles nimmt die Ausbeute an Schmutz, der mechanisch im Brennstoff gebunden ist, zu. Es zeigt sich aber, daß durch Erhöhung der Temperatur gewisse asphaltartige Stoffe, die sonst im Separator mit ausgeschieden werden, wieder in Lösung gehen und deshalb im Brennstoff verbleiben. Bei verschiedenen Temperaturen werden Versuchsseparierungen vorgenommen. Man bleibt dann bei der Vorwärmtemperatur, bei der die höchste Ausbeute an Schmutz erreicht wird.
Lange Druckleitungen zwischen Brennstoffpumpen und -einspritzventilen müssen gemeinsam mit einer *Begleitheizung* in einem Isoliermantel geführt werden. In den Brennstoffpumpen und -einspritzventilen muß das Spiel der geläppten Teile in ihren Führungen etwas erhöht werden. Beträgt dieses Spiel bei Betrieb mit Destillaten $\approx 2 ... 3\,\mu m$, so wird es für den Schwerölbetrieb auf $6 ... 7\,\mu m$, in Einzelfällen bis auf $10\,\mu m$ erweitert. Immerhin ist dieses Spiel auch dann noch so gering, daß sich auch dünnflüssigere Brennstoffe ohne weiteres verwenden lassen.
Die Abnützung der Steuerkanten bzw. der darunterliegenden Flächen bei Brennstoffpumpen mit Schrägkantenregelung kann Schwierigkeiten bereiten.
Pumpen mit Überströmventilregelung sind wegen der größeren Dichtungslängen der Kolben vorzuziehen.
Da Schweröle im allgemeinen langsamer verbrennen als Destillate, muß, um eine zeitgerechte Verbrennung zu erreichen, etwas früher eingespritzt werden. Die Brennstoffnocke wird daher je nach Motorendrehzahl auf eine bis zu $\approx 12°$ Kurbelwinkel *frühere* Einspritzung verstellt.
Um Schäden an den Auslaßventilen zu vermeiden, werden bei Schwerölbetrieb nicht nur die Ventilkörbe sondern neuerdings auch die Ventilsitze oder die hohl hergestellten Ventile selbst wassergekühlt. Einen der wesentlichen, kostensteigernden Faktoren bei der Verwendung von Schweröl bildet die erhöhte Abnützung von Zylinderlaufbuchsen, Kolbenringen und Kolbenringnuten. Sie entsteht nicht nur durch *direkte,* rein mechanische Abrasion (Reibungsverschleiß) — bedingt durch höheren Aschegehalt sowie mehr und härtere Rückstände —, sondern auch durch die *indirekten* Auswirkungen von schlechteren Ringlaufverhältnissen infolge der erwähnten Verschmutzung. Das Maschinenpersonal kann dem nur durch eine vollkommen saubere Verbrennung entgegenwirken.
Ein großer Teil der Abnützung ist *chemisch* bedingt (chemischer Verschleiß); die sich beim Betrieb bildende Schwefelsäure setzt die Widerstandsfähigkeit des Materials stark herab. Der chemische Abtrag liegt meist in einer Größenordnung, die dem bisher bekannten mechanischen Verschleiß gleichkommt oder ihn übertreffen kann. Auch dagegen helfen immer wieder saubere Verbrennung und Vermeiden von Durchblasen sowie ganz besonders der Gebrauch von hochalkalischen, neutralisierenden Zylinderschmierölen.
Korrosive Verbrennungsprodukte können auch eine Gefahr für andere Motorenteile bilden. Beim Eindringen in das Triebwerk verschmutzen sie das Schmieröl und können bei Vorhandensein von Kondens- oder Leckwasser zu Korrosionen im Kurbelgehäuse führen.

15.20.6 Kritische Drehzahlen
(s. auch Hauptabschnitt 03.)

Bei einer Verbrennungskraftmaschine entstehen durch ihre hin- und hergehenden Massen und durch die veränderliche Drehkraft periodisch auftretende Kraftimpulse, die Schwingungen hervorrufen. Es ist die Aufgabe des Konstrukteurs, diese Schwingungen in zulässigen Grenzen zu halten. Aber auch der Betriebsingenieur kann dazu beitragen, unzulässige Schwingungen zu vermeiden, indem er nicht in Drehzahlbereichen fährt, in denen erhöhte Schwingungsausschläge auftreten, und indem er die Einrichtungen, die der Schwingungsdämpfung dienen, instand hält. Es ist daher für ihn unerläßlich, das Entstehen solcher Schwingungen zu kennen (s. auch Abschnitt 0.3).
Elastische Systeme, z.B. federnd miteinander verbundene oder federnd eingespannte Massen, führen nach einem *einmaligen* Anstoß *freie* Schwingungen aus, die von der Elastizität und den Abmessungen des federnden Materials abhängig sind. Wird ein federndes System, wie es beispielsweise auch das

System Motor – Wellenleitung – Propeller darstellt, durch *periodische Krafteinwirkung* zu Schwingungsausschlägen angeregt, so führt dieses System *erzwungene* Schwingungen aus.

Wenn ein schwingungsfähiges System durch solche Kraftimpulse zu Schwingungen angeregt wird, so schwingt es bei Nachlassen des Kraftimpulses frei im Rythmus seiner Eigenschwingungszahl. Erfolgt nun der neue Kraftimpuls in kürzerer oder längerer Periode als die Eigenschwingungsdauer, so wirkt er der Eigenschwingung entgegen. Erfolgt der neue Kraftimpuls aber in dem gleichen periodischen Zeitabstand wie dem der Eigenschwingung, so besteht *Resonanz* zwischen Eigenschwingungen und erzwungenen Schwingungen.

Dieser Zustand kann außerordentlich gefährlich werden: er führt zu schnell anwachsenden Schwingungsausschlägen und kann zum Bruch von Maschinenteilen führen. Resonanz tritt bei Dieselmotoren erfahrungsgemäß in einigen Drehzahlbereichen auf. Die entsprechenden Drehzahlen werden *kritische Drehzahlen* genannt.

Das hierbei zu betrachtende Massensystem besteht aus den mit der Kurbelwelle des Dieselmotors rotierenden Massen der Kurbeln und der Triebwerksteile, ferner aus den Massen der Steuerwellen, Antriebsräder usw., sowie des Schwungrades und des Propellers mit der Wellenleitung. Zu der Masse des Propellers kommt noch die vom Propeller mitgerissene *(rotierende)* Wassermasse hinzu.

Dieses System der rotierenden Massen gerät in Drehschwingungen (Resonanzschwingungen). Mit großer Sicherheit lassen sich heute insbesondere diese die Wellenanlage gefährdenden *Drehschwingungen* vorausberechnen. Dadurch können im voraus kritische Drehzahlbereiche mit 3 ... 5 % Genauigkeit ermittelt werden.

Auf den Drehzahlanzeigern sind etwaige kritische Drehzahlbereiche *rot* zu kennzeichnen. Für die kritischen Drehzahlen genügt es auch, wenn auf sie durch ein Schild am Motor mit Angabe der Sperrbereiche hingewiesen wird. Ein kritischer Drehzahlbereich soll schnell durchfahren werden. Auch ein Fahren in der Nähe dieses Bereiches kann gefährlich werden, da die kritischen Drehzahlen bis zu 15 % streuen. Bei aufkommendem Gegenwind, Gegenströmung oder härterer Ruderlage können dann die Drehzahlen schnell und unbemerkt in das kritische Gebiet absinken.

Drehschwingungen machen sich normalerweise nicht durch Geräusch bemerkbar.

Nicht zu verwechseln in Ursache und Auswirkung mit den Drehschwingungen sind die *Vibrationen* des Motors oder seiner einzelnen Teile. Sie werden bei gewissen Drehzahlen durch nicht ganz ausgeglichene Massenkräfte innerhalb des Motors hervorgerufen und können ebenfalls Schwingungserscheinungen darstellen. Kleinere Vibrationen werden beim Lauf einer Kolbenmaschine immer auftreten. Gegen das Rütteln einzelner Teile hilft eine bessere Halterung. Gerät der ganze Motor in unzulässigem Maße in Vibration, ist meist eine Verstärkung oder Änderung des Motorenfundamentes notwendig.

15.21 Schrifttum

Autorenkollektiv: Technisches Handbuch Dieselmotoren. VEB Verlag Technik, Berlin.
Bock/Mau: Die Dieselmaschine im Land und Schiffsbetrieb. Verlag Friedrich Vieweg & Sohn GmbH., Braunschweig.
Henschke, W.: Schiffbautechnisches Handbuch. Bd. 4, VEB Verlag Technik, Berlin.
Kraemer, O.: Bau und Berechnung der Verbrennungsmotoren. Springer-Verlag, Berlin.
Krug, H.: Erfahrungen mit Schiffsdieselmotoren. Springer-Verlag, Berlin.
Löhner, K.: Die Brennkraftmaschine. VDI-Verlag, Düsseldorf.
Mayr, F.: Ortsfeste und Schiffsdieselmotoren. (H. List, Bd. XII) Springer-Verlag, Wien.
Oehler, E.: Verbrennungsmotoren. Girardet-Verlag, Essen.
Sass, F.: Bau und Betrieb von Dieselmaschinen. Bd. 1 und 2, Springer-Verlag, Berlin.
Schneider, G.: Verbrennungskraftmaschinen. Carl Hanser Verlag, München.
Theremin, H.: Schiffsmaschinenbetrieb. VEB Verlag Technik, Berlin.
Ulrich/Bunnenberg: Schiffsdieselmaschinen. Fachbuchverlag, Leipzig.
Wanscheidt, W. A.: Theorie der Dieselmotoren. VEB Verlag Technik, Berlin.

Zeitschriftenaufsätze
MAN: forschen, planen, bauen.
SULZER Technische Rundschau.
SULZER Forschungshefte.
Vorträge der Internationalen Verbrennungsmotoren-Kongresse (CIMAC).

Hauptabschnitt 16
Gasturbinen

Dipl.-Ing. *C. A. Ziegler*, Hamburg

16.1 Formelzeichen, Einheiten und Normen

Die Gasturbine ist eine Verbrennungskraftmaschine; die Bezeichnungen, Abkürzungen und Normen des Hauptabschnittes 15 können sinngemäß verwendet werden.

16.2 Allgemeines

Gasturbinen wurden zuerst als Flugzeugantrieb eingesetzt, da sie hohe Antriebsleistung mit einfachem Aufbau und geringem Gewicht verbinden. Seit Jahren werden sie auch in Kraftwerken, vorwiegend als *Notstrom-Maschinensätze* oder als *Spitzenlast-Maschinen*, betrieben. Aufgrund der Betriebserfahrungen in Landkraftanlagen sind inzwischen auch auf Schiffen Gasturbinen eingebaut worden.

Vor allem sind zahlreiche Anlagen verschiedenster Art als Antriebseinheiten auf Kriegsschiffen in Fahrt. Man unterscheidet hier *reinen Gasturbinenantrieb* und *kombinierte Antriebe*. Folgende abgekürzte Bezeichnungen wurden für die verschiedenen Antriebe eingeführt:

CODOG Kombinierter Diesel- oder Gasturbinenantrieb
CODAG Kombinierter Diesel- und Gasturbinenantrieb
COSOG Kombinierter Dampf- oder Gasturbinenantrieb
COSAG Kombinierter Dampf- und Gasturbinenantrieb
COGOG Kombinierter Gas- oder Gasturbinenantrieb
COGAG Kombinierter Gas- und Gasturbinenantrieb

Anlagen dieser Art sollen meist zwei sehr unterschiedliche Betriebszustände beherrschen: Kleine Leistung bei möglichst geringem Brennstoffverbrauch über große Zeiträume (*Marschfahrt*) und größte Leistung für eine vergleichsweise kurze Zeitspanne (*Gefechts-, Höchstfahrt*); dabei sollen die Anlagen möglichst klein und leicht gebaut werden.

Eine *COGOG*-Anlage besteht z.B. aus zwei voneinander unabhängigen Gasturbinen mit selbständigem Kreislauf. Die Marschturbine wird bei Gefechtsfahrt ausgekuppelt (bei einer *COGAG*-Anlage läuft die Marschturbine auch während der Gefechtsfahrt mit).

Besondere Anforderungen werden vor allem an Untersetzungsgetriebe und Kupplungen gestellt, die schnell und sicher im Betrieb schaltbar und gleichzeitig für die Übertragung größter Drehmomente geeignet sein müssen. Fast immer werden Antriebsanlagen dieser Art mit Verstellpropellern ausgerüstet. Für Handelsschiffe wurden bisher nur wenige Gasturbinenanlagen erstellt.

16.3 Kreislaufschaltungen

Die Gasturbinenanlagen arbeiten nach folgendem Verfahren: In einem *Verdichter* wird Luft verdichtet. Dieser komprimierten Luft wird in der *Brennkammer* oder im *Lufterhitzer* Wärme zugeführt, wodurch ihr Volumen und ihr Energieinhalt vergrößert werden. Die erhitzte Luft bzw. das Rauchgas-Luft-Gemisch strömt zur *Antriebsturbine*, in der ein Teil ihres Wärmeinhalts in Arbeit umgesetzt wird. Ein erheblicher Teil der von der Turbine abgegebenen Leistung wird zum Antrieb des Verdichters benötigt, während der Rest als *Nutzleistung* zur Verfügung steht. Ein wirtschaftlicher Betrieb der Gasturbine ist erst möglich, seitdem es gelungen ist, den Wirkungsgrad des Verdichters (Rotationskompressor) und der Turbine auf je etwa 88% zu verbessern. Bei schlechteren Wirkungsgraden wird ein zu großer Teil der verbleibenden Nutzleistung durch Verluste in der Turbine und im Verdichter aufgezehrt. Die von der Turbine abgegebene Nutzleistung ist um so größer, je mehr Wärme der Luft zugeführt wird. Der Wirkungsgrad und der Brennstoffverbrauch einer Gasturbinenanlage wird also um so besser, je höher die Temperatur der Gase am Eintritt in die Turbine liegt. Der Erwärmung der Brenngase bzw. der Luft sind jedoch mit Rücksicht auf die Werkstoffe für die den heißen Gasen ausgesetzten Teile (Rohrleitungen, Düsen und Turbinenschaufeln) Grenzen gesetzt; meist wird die Verwendung hochhitzebeständiger Werkstoffe notwendig.

Allgemeines. Kreislaufschaltungen

Eine Gasturbinenanlage wird durch einen *Anlaßmotor*, der den Luftverdichter antreibt, angefahren. Bei etwa 1/3 der Betriebsdrehzahl des Verdichters fördert dieser genügend Luft, so daß die Brennkammer in Betrieb genommen werden kann. Die Turbine ist dann in der Lage, den Verdichter anzutreiben. Mit steigender Temperatur vor der Turbine nimmt deren Leistung zu, bis der Betriebszustand erreicht ist.

Es gibt verschiedene Möglichkeiten, Gasturbinen zu betreiben, und zwar im *offenen Kreislauf* und im *geschlossenen Kreislauf*.

16.3.1 Offener Kreislauf

Im *offenen Kreislauf* wird die verdichtete Luft einer Brennkammer zugeführt, in der ein Teil der Luft zur Verbrennung des Brennstoffes benötigt wird, während der restliche (größere) Teil zur Kühlung der Brennkammer dient und anschließend den Brenngasen zugesetzt wird, um deren Temperatur auf das für die Turbine zulässige Maß zu verringern. Das erhitzte und um die der Brennstoffmenge entsprechenden Gasmenge vermehrte Brenngas-Luftgemisch wird der Turbine zugeleitet, wo es Arbeit verrichtet. Das sich in der Turbine entspannende und arbeitende Gasvolumen ist infolge der Verbrennung des Brennstoffes und der Erhitzung größer als das angesaugte und im Verdichter zu verdichtende Luftvolumen. Die vom Verdichter benötigte Leistung ist also kleiner als die von der Turbine abgegebene Leistung.

In Bild 16.1 ist eine im *offenen Kreislauf* arbeitende Gasturbine einfachster Art schematisch dargestellt. Die aus der Turbine austretenden Abgase haben noch eine hohe Temperatur, so daß die Abgasverluste groß und damit der Wirkungsgrad und Brennstoffverbrauch schlecht sind. Turbinen dieser Art sind oftmals für *Hilfsantriebe* entwickelt worden, bei welchen es auf einfache und leichte Bauart, aber nicht auf einen guten Brennstoffverbrauch ankommt.

Der mit einer solchen Anlage erreichbare thermische Wirkungsgrad beträgt bei einfachen Maschinen 8...14 %, der sich durch entsprechenden Aufwand, wie z.B. höhere Verdichtung der angesaugten Luft und höhere Gastemperatur auf 24 % steigern läßt.

Das entspricht bei einfachen Maschinen einem spez. Brennstoffverbrauch von etwa 1,077... 0,611 kg/kWh (0,790... 0,450 kg/PSh) und bei hochwertigen Maschinen 0,380 kg/kWh (0,280 kg/PSh).

Um einen Teil der in den Turbinenabgasen enthaltenen Wärme auszunutzen, benutzt man die Abgase dazu, die aus dem Verdichter austretende, verdichtete Luft *vorzuwärmen*, ehe sie in die Brennkammer gelangt. In diesem Falle braucht man weniger Brennstoff aufzuwenden, um dieselbe Temperatur der Gase vor der Turbine zu erreichen, da die Luft durch die Abgase bereits wesentlich vorgewärmt wird (Bild 16.2).

Eine Gasturbine entsprechend der schematischen Darstellung Bild 16.2 ist in Bild 16.3 dargestellt. Diese Anlage dient zum Antrieb eines Generators mit einer Leistung von 800 kW und ist als *Zweiwellenanlage* ausgeführt, d.h., die Turbine ist in zwei Teilturbinen aufgeteilt, wobei der HD-Teil den Ver-

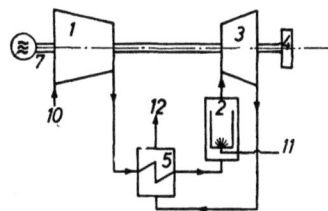

Bild 16.2 Schema einer Gasturbine mit offenem Kreislauf und mit Wärmetauscher
1 Luftverdichter, 2 Brennkammer, 3 Turbine, 4 Kupplung, zur Abgabe der Nutzleistung, 5 Wärmetauscher, 10 Luft, 11 Heizöl, 12 Abgase

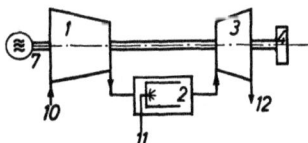

Bild 16.1 Schema einer Gasturbine mit offenem Kreislauf ohne Wärmetauscher
1 Luftverdichter, 2 Brennkammer, 3 Turbine, 4 Kupplung zur Abgabe der Nutzleistung, 7 Anwurfmotor, 10 Luft, 11 Heizöl, 12 Abgase

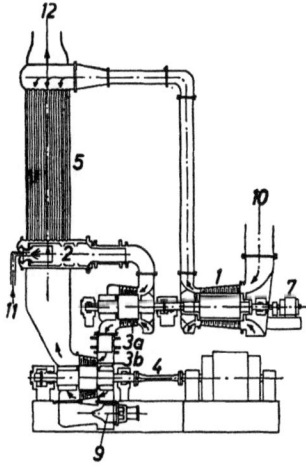

Bild 16.3 Gas-Turbogenerator auf MT „*Auris*"
1 Luftverdichter, 2 Brennkammer, 3a Antriebturbine des Verdichters, 3b Arbeitsturbine, 4 Kupplung zur Abgabe der Nutzleistung, 5 Wärmetauscher, 7 Anwurfmotor, 9 Umgehungsventil, 10 Luft, 11 Heizöl, 12 Abgase

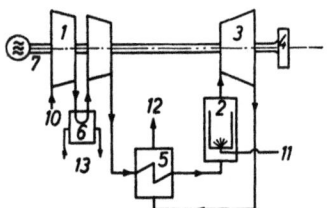

Bild 16.4 Schema einer Gasturbine mit offenem Kreislauf, mit Wärmeaustauscher und Zwischenkühler
1 Luftverdichter, 2 Brennkammer, 3 Turbine, 4 Kupplung zur Abgabe der Nutzleistung, 5 Wärmetauscher, 6 Zwischenkühler, 7 Anwurfmotor, 10 Luft, 11 Heizöl, 12 Abgase, 13 Kühlwasser

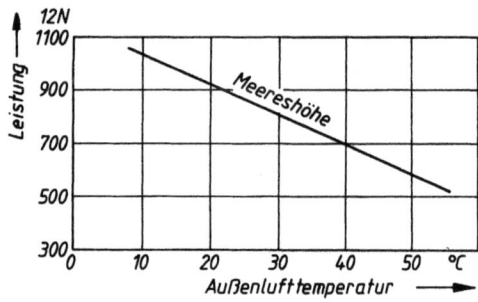

Bild 16.5 Zusammenhang zwischen Außenlufttemperatur und Leistung bei der Gasturbine *TF-8A-I* von *Ruston & Hornsby Ltd.*

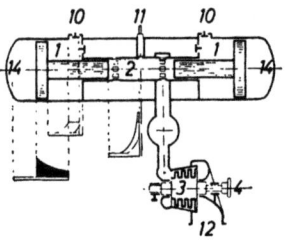

Bild 16.6 *Pescara*-Gasturbine
1 Luftverdichter, 2 Brennkammer, 3 Turbine, 4 Kupplung zur Abgabe der Nutzleistung, 10 Luft, 11 Heizöl, 12 Abgase, 14 Luftpolster

dichter antreibt, während der ND-Teil, — die sogenannte *Arbeitsturbine* — den Generator antreibt. Bei dieser Anlage beträgt die Gastemperatur am Eintritt in die HD-Turbine etwa 500 ... 680 °C und der Gasdruck etwa 3,8 ... 4,1 bar. Der spez. Brennstoffverbrauch wird mit 0,402 kg/kWh (0,296 kg/PSh) für Gasöl und 0,412 kg/kWh (0,303 kg/PSh) für Schweröl angegeben. Diese Werte entsprechen einem thermischen Wirkungsgrad von 21,4 % bzw. 21,1 %.

Eine weitere Verbesserung des thermischen Wirkungsgrades läßt sich dadurch erzielen, daß die zu verdichtende Luft während des Verdichtens zwischengekühlt wird. Luft erwärmt sich während der Verdichtung und nimmt dann ein größeres spezifisches Volumen ein. Die Verdichterleistung ist jedoch von dem zu fördernden Volumen abhängig, so daß durch *Zwischenkühlung* Verdichterarbeit eingespart werden kann. Mit Gasturbinen entsprechend Bild 16.4 sind daher thermische Wirkungsgrade von etwa 20 ... 25 % zu erreichen, was einem spez. Brennstoffverbrauch von 0,429 ... 0,346 kg/kWh (0,316 ... 0,255 kg/PSh) entspricht.

Eine weitere Steigerung des thermischen Wirkungsgrades ist durch eine *Erhöhung der Gastemperatur* von der Turbine möglich. Gastemperaturen von 650 ... 750 °C ermöglichen thermische Wirkungsgrade von 25 ... 33 % bei sorgfältiger Auslegung des Kreislaufs und gutem Wärmeaustausch zwischen Abgas und Luft. Entsprechend hochwarmfeste Werkstoffe sind hierfür entwickelt worden. Des weiteren wird die Turbinenleistung von der Außenlufttemperatur beeinflußt, da hiervon die Förderleistung des Verdichters abhängig ist. Bei hoher Außenlufttemperatur nimmt die Turbinenleistung ab (Bild 16.5).

Gasturbinenanlagen nach dem *offenen Kreislauf* haben den Vorteil einer sehr einfachen Bauart; da die Brenngase jedoch Turbine und Wärmetauscher durchströmen, sind diese Teile der Verschmutzung und Korrosion ausgesetzt, wodurch der Wirkungsgrad im Laufe der Betriebszeit absinkt. Besonders störend macht sich dies bei der Verbrennung schwerer Brennstoffe bemerkbar, die meist Vanadium enthalten, welches bei Temperaturen > 500 °C besonders zu Verschmutzungen und Korrosionen an den Turbinenschaufeln führt. Die Verschmutzung bedingt ein häufiges Reinigen der Anlage durch *Auswaschen*.

Ebenfalls im *offenen Kreislauf* arbeitet die Gasturbinenanlage nach *Pescara* (Bild 16.6). Hier wird die Verbrennungsluft in einem oder mehreren *Freikolbenverdichtern* verdichtet, in denen auch gleichzeitig der Brennstoff verbrannt wird. Die Abgase aus dem Arbeitszylinder des Freikolbenverdichters werden über einen Sammler, der die Druckschwankungen ausgleichen soll, der Arbeitsturbine zugeführt. Die vom Freikolbenverdichter verdichtete Luft dient zu Spülung und Aufladung des Arbeitszylinders.

Die Arbeitsturbine kann ihre gesamte Leistung als Nutzleistung zum Antrieb eines Generators oder über ein Getriebe zum Schiffsantrieb abgeben. Die aus der Turbine austretenden Abgase werden ins Freie abgeleitet. Die *Pescara*-Anlage arbeitet mit Gastemperaturen von 450 ... 500 °C vor der Turbine. Sie stellt also keine besonders hohen Anforderungen bezüglich der Baustoffe. Mit ihr kann ein thermischer Wirkungsgrad von etwa 33 % erreicht werden. Das entspricht einem Brennstoffverbrauch von etwa 0,258 kg/kWh (0,190 kg/PSh). Die Grundidee der *Pescara*-Anlage ist schon alt. Ihre Entwicklung wurde jedoch erst später — besonders in Frankreich — in größerem Stil aufgenommen. Dort wurde eine Anzahl von Kriegs- und Handelsschiffen mit Anlagen dieser Art ausgerüstet.

Zur Treibgaserzeugung für Gasturbinen großer Leistung werden auch Flugstrahltriebwerke benutzt. In den aus dem Strahltriebwerk mit hoher Geschwindigkeit austretenden Gasstrahl wird eine 1 ... 3stufige Arbeitsturbine eingeschaltet, die dann eine entsprechend große Leistung abgeben kann.

16.3.2 Geschlossener Kreislauf

Der *geschlossene Kreislauf* will die Schwierigkeiten, die durch Korrosion und Verschmutzung der Düsen und Laufschaufeln beim *offenen Kreislauf* in der Turbine entstehen, vermeiden. Er arbeitet daher mit reiner Luft, die in einem geschlossenen Kreislauf umläuft (ähnlich dem Speisewasser-Dampf-Kreislauf der Dampfturbinenanlagen). Die Kreislaufluft wird durch einen Rotationsverdichter verdichtet und in einem *Lufterhitzer*, der ähnlich einem Kessel mit Heizöl oder auch mit festem Brennstoff beheizt wird, auf hohe Temperatur erwärmt. Die unter Druck stehende, erhitzte Luft wird der Arbeitsturbine zugeführt, in welcher das Wärmegefälle in Arbeit umgesetzt wird, von der ein Teil zum Antrieb des Rotationsverdichters benötigt wird, während der Rest als Nutzleistung zur Verfügung steht. Die aus der Turbine austretende Luft gibt in einem Wärmetauscher einen Teil ihres Wärmeinhalts an die Luft, die dem Lufterhitzer zugeführt wird, ab. In einem *Kühler* wird sie dann weiter abgekühlt, ehe sie vom Verdichter erneut angesaugt wird. Durch die Nachkühlung wird das angesaugte Luftvolumen und damit die vom Verdichter benötigte Leistung kleiner. Um die Verdichtungsarbeit weiter zu verringern, sind darüber hinaus *Zwischenkühler* vorgesehen. Die verdichtete Luft wird im *Wärmetauscher* vorgewärmt und im *Erhitzer* wieder auf die Arbeitstemperatur erhitzt (Bild 16.7).

Der Lufterhitzer wird ähnlich wie ein Kessel gefeuert. Die Verschmutzung der Anlage ist auf den Lufterhitzer beschränkt. Die Arbeitsluft im Kreislauf wird normal auf etwa 30 ... 50 bar verdichtet und in den Turbinen auf 8 ... 10 bar entspannt. Die Regelung der Anlage erfolgt bei konstanten Temperaturen, die am Eintritt in die HD-Turbine etwa 650 ... 700 °C betragen, durch *Änderung der Druckhöhe* im Kreislauf. Durch Verringern der Druckhöhe werden auch bei Teillasten gute Wirkungsgrade erreicht (Bild 16.8). Der Druck im Kreislauf wird durch einen *Aufladeverdichter* erzeugt, der bei konstantem Betrieb auch die Leckverluste auszugleichen hat. Für kurzzeitige Manöver besteht weiter die Möglichkeit, die Arbeitsturbine im *Bypass* zu umgehen, wobei das Druckniveau im Luftkreislauf aufrechterhalten werden kann. Beim längeren Fahren mit Teillasten wird der Druck im Kreislauf abgesenkt.

Der thermische Wirkungsgrad einer Luftturbinenanlage beträgt etwa 28 ... 33 %, was einem spez. Brennstoffverbrauch von etwa 0,312 ... 0,255 kg/kWh (0,230 ... 0,190 kg/PSh) entspricht.

Als Brennstoff für Gasturbinen dient leichtes Dieselöl mit einem Heizwert von 42,84 MJ/kg und einer Dichte von 0,82 ... 0,85 kg/dm^3.

Schwere Maschinen können für den Betrieb mit Bunker C-Öl gebaut werden. Da dieses Heizöl Verunreinigungen enthält, die — besonders unter dem Einfluß höherer Temperaturen — zu Anfressungen und Ablagerungen in den Turbinen führen können, muß dieses Öl vor der Verbrennung aufbereitet

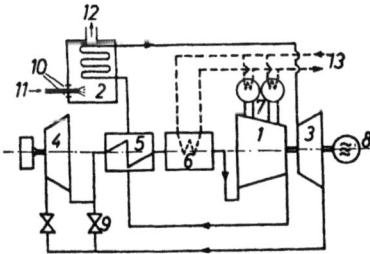

Bild 16.7 Gasturbine mit geschlossenem Kreislauf
1 Luftverdichter, 2 Lufterhitzer, 3 HD-Turbine (Verdichterantrieb), 4 ND-Turbine (Nutzleistung), 5 Wärmetauscher, 6 Vorkühler, 7 Zwischenkühler, 8 Anwurfmotor, 9 Umgehungsventil, 10 Luft, 11 Heizöl, 12 Abgase, 13 Kühlwasser

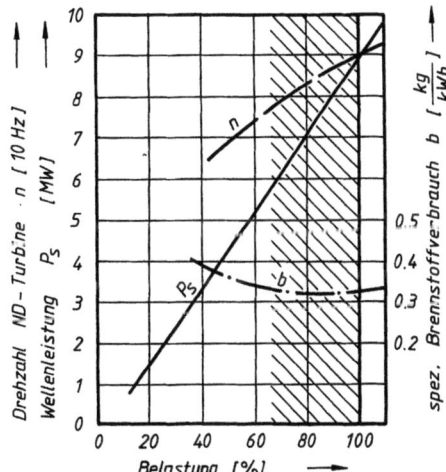

Bild 16.8 Gasturbine mit geschlossenem Kreislauf
Nutzleistung, Drehzahl, Brennstoffverbrauch, Wirkungsgrad und Drücke vor den Turbinen in Abhängigkeit von der Belastung (p_{HD} = Druck vor HD-Turbine, p_{ND} = Druck vor ND-Turbine)

werden und soll nach der Behandlung folgenden Vorschriften entsprechen:
1. Das Gewichtsverhältnis von *Natrium* zu *Vanadium* in der Asche soll ⩽ 0,3 sein.
2. Das Gewichtsverhältnis von *Magnesium* zu *Vanadium* in der Asche soll ⩾ 3,0 betragen.
3. Der *Natriumgehalt* im Öl soll 10 Teile auf 1 Million nicht übersteigen, ein Wert von 5 oder weniger ist anzustreben.
4. Der *Calciumgehalt* soll 10 Teile auf 1 Million nicht übersteigen, ein Wert von 5 oder weniger ist anzustreben.

Um den vorstehenden Vorschriften zu genügen, wird es gewöhnlich notwendig sein, Natrium zu entfernen. Dies geschieht durch Beimischen von etwa 5 % Frischwasser mit De-Emulgierzusatz zum erhitzten Öl. Das Wasser mit dem darin gelösten Natrium wird dann durch Zentrifugieren ausgeschieden. Um eine genügende Gewichtsdifferenz zwischen Öl und Wasser zu erhalten, kann dem Wasser Magnesium-Sulfat (*Epson-Salz*) zugesetzt werden, wodurch auch das Auswaschen von Calcium erleichtert wird.

Um das gewünschte Verhältnis von Magnesium zu Vanadium zu erhalten, wird dem Öl eine geringe Menge (1 ... 2 %) im Wasser gelösten Magnesium-Sulfats vor den Brennern zugesetzt. Bei Ausfall der Aufbereitungsanlage muß die Temperatur vor der Turbine auf 650 °C verringert werden; unter dieser Temperatur kann unaufbereitetes Schweröl ohne schädliche Einflüsse auf die Turbine verbrannt werden. Die Temperatursenkung zieht eine entsprechende Leistungsminderung nach sich (z.B. 6000 WPS bei 790 °C, 1800 WPS bei 650 °C).

16.4 Schrifttum

[16.1] *Gasparovic, N.*: Gasturbinen. VDI-Verlag, Düsseldorf 1967.
[16.2] *Kruschik, J.*: Die Gasturbine. Springer Verlag, Wien, 2. Auflage 1962.
[16.3] *Kurzhak, K.H.*: Kriegsschiffsantriebe mit Gasturbinen. Jahrbuch der Schiffbautechnischen Gesellschaft e.V. 55. Band, Springer Verlag, Berlin 1961.
[16.4] *Mc Mullen, J.J.*: The trials and maiden voyage of the gas turbine ship "John Sergeant". Transactions of the Institute of Marine Engineers, Febr. 1958, S. 45.
[16.5] *Müller, H.*: Freikolben-Gasturbinen als Schiffsantrieb. Jahrbuch der Schiffbautechnischen Gesellschaft e.V. 51. Band, Springer Verlag, Berlin 1957.
[16.6] *Traupel, W.*: Thermische Turbomaschinen. Band 1 und 2. Springer Verlag, Berlin/Göttingen/Heidelberg 1958.

Zeitschriftenaufsätze

[16.7] *Busch, J.*: Freikolben-Turboanlagen für Schiffsantriebe. MTZ 18 (1957) Nr. 11, S. 331.
[16.8] *Caldera, D.L.*, und *Swensson, G.C.*: Machinery design concept for a MSTS Ro-Ro-vessel "Adm. Wm. M. Callaghan". Shipbuilding & Shipping Record 109 (1967) 24, S. 829.
[16.9] *Heinsohn, H.*, und *Ricklefs, H.*: Gasturbinentrawler „Sagitta". HANSA 95 (1958) S. 375.
[16.10] *Illies, K.*: Gasturbinen als Antriebsmaschinen für Schiffe. MTZ 17 (1956) Nr. 11, S. 361.
[16.11] *Kurson, A.G.*: Entwicklung neuzeitlicher sowjetischer Gasturbinenanlagen für Handelsschiffe. Schiffbautechnik 16 (1966), S. 483.
[16.12] *N.N.*: The "Auris" project stage III. The Marine Engineer & Naval Architect 82 (1959) 1001, S. 442.
[16.13] *Selke, F.*: Betriebserfahrungen mit der Gasturbinenanlage auf dem Fahrgastschiff „Fritz Heckert". Schiffbautechnik 17 (1967), S. 223.
[16.14] *Slatter, B.H.*: Entwicklung der „Olympus" Schiffs-Gasturbine. Schiff & Hafen 19 (1967) 8, S. 567.
[16.15] *Sharp, S.*: Marine gas turbines for warships. Shipping World & Shipbuilder (Naval Construction) 1967 März S. 37.

Hauptabschnitt 17

Dampfkraftmaschinen

Dipl.-Ing. *C. A. Ziegler*, Hamburg

17.1 Formelzeichen, Einheiten und Normen

A	Entnahmedampfmenge (bei Anzapfbetrieb)	kg/h; kg/s
A	Kühlfläche	m²
b	Berichtigungsfaktor	–
$\dot{m}_D$	im Kondensator niederzuschlagende Dampfmenge	kg/h
D, D_h	Gesamtdampfmenge	kg/h; kg/s
D_T	Dampfverbrauch der Turbine	kg/h; kg/s
$D_{T\,th}$	Theoretischer Dampfverbrauch der Turbine	kg/h; kg/s
d	Spez. Dampfverbrauch der Anlage	$\frac{kg}{kW \cdot h}$
d_0	Theoretischer spez. Dampfverbrauch	$\frac{kg}{kW \cdot h}$
d_{T0}	Theoretischer spez. Dampfverbrauch der Turbine	$\frac{kg}{kW \cdot h}$
d_T	spez. Dampfverbrauch der Turbine	$\frac{kg}{kW \cdot h}$
d_a	äußerer Durchmesser der Kühlwasserrohre	mm
d_i	innerer Durchmesser der Kühlwasserrohre	mm
E	Elastizitätsmodul	N/mm²
F	Fliehkraft	N
f	Durchbiegung	cm
$f_{1,2,3}$	Berichtigungsfaktoren	–
G	Gewicht	N
g	Normalfallbeschleunigung	cm/s²
H_0	Adiabatisches Gefälle (Wärmegefälle)	kJ/kg
H_i	tatsächliches Gefälle (ausgenutztes Gefälle)	kJ/kg
I	Flächenträgheitsmoment	cm⁴
i	spez. Enthalpie (Wärmeinhalt)	kJ/kg
i'	spez. Enthalpie des Wassers	kJ/kg
i_k	Abdampfenthalpie beim Eintritt in den Kondensator	kJ/kg
i'_k	Kondensatenthalpie	kJ/kg
k	Wärmedurchgangskoeffizient der Kühlfläche	$\frac{kJ}{m^2 \cdot h \cdot K}$
m	Masse	kg, $\frac{N \cdot s^2}{cm}$
n	Drehzahl allgemein	Hz
n_{kr}	Kritische Drehzahl	Hz
P	Leistung allgemein	kW
P_B	Effektive Leistung (Leistung am Kupplungsflansch der Maschine)	kW
p_D	Partialdruck des Dampfes im Kondensator	bar
p_L	Partialdruck der Luft im Kondensator	bar
p_k	Kondensatordruck	bar
p_{kth}	theoretisch möglicher Kondensatordruck	bar
P_T	Innenleistung (indizierte Leistung)	kW$_i$
P_S	Wellenleistung (an den Propeller abgegebene Leistung)	kW
P_V	Theoretische Leistung (Leistung der verlustlosen Maschine)	kW
p	Druck allgemein	bar
p_1	mittlerer indizierter Druck	bar
$\dot{Q}_K$	im Kondensator abgeführte Wärmemenge	kJ/h
q	Gütezahl	–
s	spez. Entropie	$\frac{kJ}{kg \cdot K}$
t_a	Kühlwasseraustrittstemperatur	°C
t_e	Kühlwassereintrittstemperatur	°C
t_k	Kondensatortemperatur	°C
u	Umfangsgeschwindigkeit	m/s
v	Dampfeintrittsgeschwindigkeit	m/s
v	Kühlwassergeschwindigkeit in den Rohren	m/s
$\dot{m}_W$	Kühlwassermenge	kg/h
δ	Rohrwanddicke	mm; m
Δt_m	mittlere Temperaturdifferenz	K
λ	Wärmeleitzahl	$\frac{kJ}{m \cdot h \cdot K}$
x	Dampfgehalt (rel. Dampfeuchte)	Anteile v. 1
z	Zylinderzahl	–
δ	Vor- bzw. Nacheilwinkel der Steuerung	°
η	Wirkungsgrad allgemein	–
η_G	Getriebewirkungsgrad	–
η_I	Innenwirkungsgrad (indizierter Wirkungsgrad)	–
η_L	Lagerwirkungsgrad	–
η_T	mechanischer Wirkungsgrad der Turbine	–
η_{th}	thermischer Wirkungsgrad des *Clausius-Rankine*-Prozesses	–
$\eta_ü$	Wirkungsgrad der mechanischen Übertragung	–
η_W	Wirkungsgrad der Wellenleitung	–
Θ	Verlustkoeffizient für Düsen und Reaktionsprofile	–
ψ	Verlustkoeffizient für Aktionsschaufeln	–
ω	Winkelgeschwindigkeit	s⁻¹

Abkürzungen:

Rw	Rückwärts
Vw	Vorwärts
HD	Hochdruck
MD	Mitteldruck
ND	Niederdruck

Wichtige Normblätter:

DIN 1943   Abnahmeversuch an Dampfturbinen (VDI-Dampfturbinenregeln)

DIN 4304   Dampfturbinen; Benennungen

Hinweise auf Nromblätter für im Schiffsturbinenbau verwendete warmfeste Werkstoffe usw. s. Hauptabschnitt 04.

17.2 Dampfturbinen

In Dampfturbinen wird durch Umsetzung der inneren Energie des Arbeitsmittels (Dampf) mechanische Energie erzeugt. In feststehenden Leitkanälen oder Leitschaufeln wird die *potentielle* (Druck-) in *kinetische* (Geschwindigkeits-)Energie umgewandelt. Der mit hoher Geschwindigkeit aus diesen Leitkanälen austretende Dampfstrom wird in nachgeschalteten Laufschaufeln umgelenkt; der Umlenkdruck setzt den Laufschaufelträger (Läufer) in Bewegung und erzeugt so das Drehmoment der Turbine. Um das Verständnis für die inneren Vorgänge in Dampfturbinen zu erleichtern, sollen nachfolgend einige theoretische Grundlagen kurz betrachtet werden (s. auch Abschnitte 04.3, 04.6 usw.).

17.2.1 Theoretische Grundlagen

Druck, Temperatur, Enthalpie

Die spez. Enthalpie i gibt die in einem Kilogramm Wasser oder Dampf enthaltene Wärme an; man findet daher für i oft die Bezeichnung *Wärmeinhalt*. Sie hängt vom Druck und von der Temperatur des Arbeitsmittels ab und ist in i,s-Diagramm bildlich dargestellt bzw. in den Dampftafeln tabelliert. Die Druckangaben*) (ata = Atmosphären absolut) in den Dampftafeln bzw. im i,s-Diagramm haben ihren Ausgangspunkt 0 beim absoluten Vakuum, während die im Betrieb gemessenen Drücke (atü = Atmosphären-Überdruck) ihren Nullpunkt im jeweiligen Atmosphärendruck haben. bei der Umrechnung von Atmosphären-Überdruck auf Atmosphären absolut entspricht 1 ata einem Barometerstand von 735,5 mm QS.

Energieumsetzung

Die verlustlose Energieumsetzung der Enthalpie i_1 von einem Ausgangspunkt mit dem Druck p_1 und der Temperatur t_1 auf einen Endpunkt mit dem (niedrigeren) Druck p_2 bzw. der Temperatur t_2 wird im i,s-Diagramm als senkrechte Linie (Adiabate) dargestellt. Die theoretisch von D_T kg/h Dampf erzeugte Leistung ist die Differenz der Enthalpien am Beginn und am Ende der Expansion $i_1 - i_2$ (auch als *Wärmegefälle* bezeichnet, kJ/kg), multipliziert mit der Dampfmenge und dividiert durch 3600:

$$P_V = \frac{i_1 - i_2}{3600} \cdot D_t \text{ kW} \qquad (1)$$

---

*) Dampftafeln und i,s-Diagramm sind auch in einer Ausgabe erhältlich, die die Einheiten des Internationalen Maßsystems verwendet:
i spez. Enthalpie . . . . kJ/kg
s spez. Entropie . . . . kJ/kg·K
p Druck . . . . bar
usw.
Zusammenhänge s. Hauptabschnitte 04. und 27.

Beispiel 12.1:
Druck und Temperatur
Eintritt Turbine . . . . 40 bar, 420 °C
Enthalpie i_1 . . . . 3250 kJ/kg
Druck im Kondensator . . . . . . 0,05 bar (95 % Vakuum)
Enthalpie i_2 . . . . 2088 kJ/kg
Theoretische Wärmegefälle (Enthalpiedifferenz)
$i_1 - i_2$ . . . . 1162 kJ/kg
Aus Gleichung (1) läßt sich für die Leistung P_V nun auch der *Theoretische Dampfverbrauch* ermitteln:

$$D_{T\,th} = \frac{P_V}{C(i_1 - i_2)} \text{ kg/h}$$

bzw. der *theoretische spez. Dampfverbrauch* (Dampfverbrauch für P_V = 1 PS)

$$d_{T_0} = \frac{3600}{i_1 - i_2} \frac{\text{kg}}{\text{kW} \cdot \text{h}}$$

Verluste

Die Wärmeenergie wird jedoch nicht verlustlos in Arbeit umgesetzt, sondern unter Inkaufnahme von Verlusten, die den Dampfverbrauch erhöhen, ohne Leistung zu erzeugen. Die Summe der Verluste bestimmt den Wirkungsgrad der Maschine: Je kleiner die Verluste gehalten werden können, desto besser ist der Wirkungsgrad und damit auch der Dampfverbrauch.

Die Verluste setzen sich aus den *thermischen* Verlusten, den *inneren* Verlusten, die bei der Umsetzung von Wärme in Arbeit entstehen, und den *äußeren* Verlusten, wie z.B. Lagerreibung, zusammen.

Thermische Verluste

Dies sind die Wärmemengen, die dem Speisewasser im Kessel zugeführt, in der Turbine aber nicht in Arbeit umgesetzt werden können. Diese Wärmemengen werden im Kondensator an das Kühlwasser abgegeben und bestehen aus der *Verdampfungswärme* des Abdampfes und der *Unterkühlung* des Kondensats. Die Verdampfungswärme wird beim Kondensieren des Dampfes frei.

Die thermischen Verluste entstehen bei jeder Dampfanlage, die mit Kondensation oder Auspuff arbeitet, auch wenn die Maschine selbst den inneren Wirkungsgrad 1,0 besitzen würde (s. auch Abschnitt 04.3).

Innere Verluste

sind durch die Ausführung der Maschine bedingt; sie verringern das ausnutzbare Wärmegefälle.

1. *Drosselverluste*: Bei der Drosselung wird der Dampfdruck ohne Ausnutzung von Energie herabgesetzt. Hierbei bleibt die Enthalpie des Dampfes zwar konstant, jedoch wird das ausnutzbare Wärmegefälle geringer, wie dies aus Bild 17.1 ersichtlich ist. Eine Drosselung findet z.B. im Manövrierventil statt oder bei Hilfsturbinen im Regelventil, wenn dieses zum Einstellen einer gewünschten Leistung nur teilweise geöffnet ist. Weiter findet eine Drosselung (Druckverlust) in sämtlichen Ventilen, Rohr-

Dampfturbinen

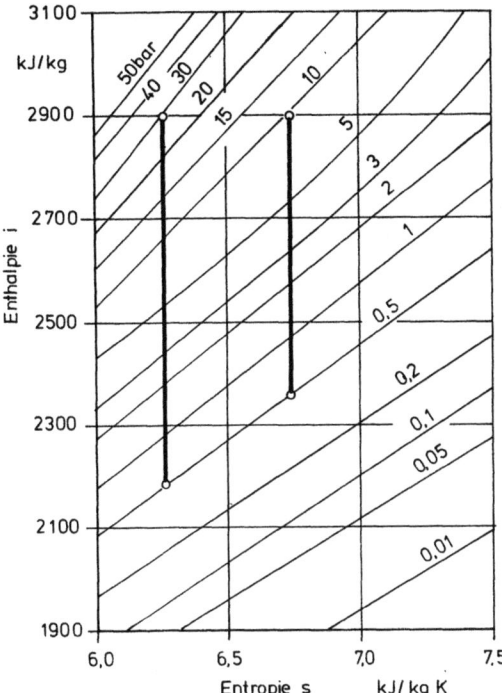

Bild 17.1 Gefälleverlust und Entropiezunahme durch Drosselung

leitungen, Krümmern u.dgl. statt. Diese Verluste sind durch die Strömungswiderstände in diesen Teilen bedingt. Sie sind um so größer, je größer bei gleichbleibendem Querschnitt die durchströmende Dampfmenge ist.

2. *Strömungsverluste in Düsen und Schaufeln*: In den Düsen findet die Umsetzung von Druckenergie in Geschwindigkeitsenergie statt, während in den Schaufeln die Geschwindigkeitsenergie in Arbeit umgewandelt wird. Beide Vorgänge lassen sich nicht verlustlos verwirklichen. Diese Verluste sind Strömungsverluste und wirken sich wie eine teilweise Drosselung aus; sie sind von der Düsen- bzw. Schaufelform und von dem Zustand der Oberflächen abhängig. Daher werden die Oberflächen von Düsen und Schaufeln besonders sorgfältig bearbeitet. Während längerer Betriebszeit rauh gewordene Oberflächen in Düsen und Schaufeln bedingen größere Verluste (höheren Dampfverbrauch). Denselben Einfluß haben Salz- bzw. Schmutzablagerungen in den Strömungsquerschnitten.

3. *Innere Spaltverluste*: Innenstopfbuchsen dichten bei *Aktionsturbinen* innerhalb der Turbine die einzelnen Kammern gegeneinander ab. Der durch diese Stopfbuchsen leckende Dampf wird durch Drosselung in der Stopfbuchse auf den Druck der nachfolgenden Kammer entspannt, ohne Nutzarbeit zu verrichten.

Durch die axialen Spalte zwischen Düsen und Laufschaufeln bzw. Leit- und Laufschaufeln entstehen ebenfalls Verluste, bedingt durch die *Verwirbelung* des Dampfes an den Außenflächen des ringförmigen Dampfstrahles.

Weitere Verluste treten dadurch auf, daß ein Teil des Arbeitsdampfes statt durch die Schaufelkanäle durch die radialen Spalte zwischen Laufschaufeln und Turbinengehäuse bzw. Leitschaufeln und Turbinenläufer strömt. Diese Spalte sind besonders bei Reaktionsturbinen verhältnismäßig eng gehalten. Die Größe der Stopfbuchsverluste wie auch der Spaltverluste ist vom Spiel in den Stopfbuchsen bzw. von der Größe der Spalte abhängig. Je geringer diese Spiele sind, desto kleiner sind auch die Verluste, aber desto empfindlicher im Betrieb ist auch die Turbine. Ein Anstreifen des Turbinenläufers, z.B. infolge ungleichmäßigen Vorwärmens, kann die Spiele erheblich vergrößern, was sich ungünstig auf den Dampfverbrauch auswirkt.

4. *Ventilationsverluste*. Jedes Turbinenrad läuft in einem dampferfüllten Raum und hat infolge von Wirbelung und Reibung einen gewissen Widerstand zu überwinden. Der hierdurch bedingte *Ventilationsverlust* ist um so größer, je höher das spezifische Gewicht des Dampfes ist, in dem das Rad läuft. Der Ventilationsverlust nimmt eine nennenswerte Größe an, wenn ein Turbinenlaufrad nur teilweise vom Arbeitsdampf beaufschlagt wird. Um Teilbeaufschlagung zu vermeiden, erhalten Hauptturbinen und Generatorturbinen gewöhnlich eine *Regelstufe* vorgeschaltet, in der der Dampf so weit entspannt wird (und daher ein so großes Volumen erhält), daß die folgenden Stufen voll beaufschlagt werden können. Ein Ventilationsverlust tritt dann nur in der Regelstufe auf.

Um die Ventilationsverluste der Rw-Turbinen zu verringern, werden diese vielfach nur aus wenigen Stufen gebildet und im ND-Gehäuse untergebracht, wo sie bei Vw-Fahrt im vollen Vakuum laufen.

Der Ventilationsverlust der Vw-Turbine macht sich bei längerer Rw-Fahrt durch *Erwärmung* der Vw-Turbine bemerkbar.

5. *Austrittsverluste*. Da im Laufrad nicht die gesamte in der Düse erzeugte Geschwindigkeitsenergie in Arbeit umgesetzt werden kann, besitzt der Dampf nach dem Verlassen des Schaufelkanals noch eine gewisse Geschwindigkeit.

Schließt sich an das Laufrad eine weitere Stufe bzw. bei mehrkränzigen Rädern eine Leitschaufel an, dann kann diese *Austrittsgeschwindigkeit* in der nächsten Stufe mit verarbeitet werden. In der letzten Stufe geht diese Energie jedoch als *Austrittsverlust* voll verloren. Sie wird durch Wirbelung in Wärme umgesetzt. Die Größe des Austrittsverlustes ist von der Geschwindigkeit, mit der der Dampf die letzte Stufe verläßt, abhängig. Sie beträgt für Handelsschiffsturbinen etwa 8,4 ... 16,7 kJ/kg und für Turbogeneratoren etwa 6,3 ... 12,6 kJ/kg.

Alle diese inneren Verluste bewirken eine höhere Enthalpie des Dampfes am Ende der Turbinenstufe bzw. am Austritt der Turbine und verschieben somit den Endpunkt der Expansion im i, s-Diagramm, von der Adiabate aus gesehen, nach rechts. Da die Drucklinien nach rechts ansteigen, verkleinert sich das ausgenutzte (innere) Gefälle, $\eta_1 < 1$. Mit dem Abdampf geht eine größere Wärmemenge verloren, der Dampfverbrauch zum Erreichen der geforderten Leistung steigt.

Äußere Verluste

Die nachstehend beschriebenen Verluste haben keinen Einfluß auf die Expansion des Dampfes in der Turbine, sie sind daher nicht im i, s-Diagramm zu erkennen.

1. *Mechanische Verluste.* Diese Verluste entstehen durch Lagerreibung in den Trag- und Drucklagern. Dabei wird mechanische Energie in Wärme umgesetzt und durch das Schmieröl abgeführt. Diese *mechanische Verlustleistung* beträgt etwa 1 ... 1,5 % der Maschinenleistung.

Wird die Leistung an der *Propellerwelle* (oder bei Turbogeneratoren mit Untersetzung an der *Generatorkupplung*) gemessen, sind auch noch die *mechanischen Verluste im Untersetzungsgetriebe* zu berücksichtigen. Diese betragen für

1. Getriebe mit doppelter Untersetzung und Drucklager etwa 3 ... 4 %,
2. Getriebe mit einfacher Untersetzung etwa 2 %

s. auch Abschnitt 10.4.4.

2. *Verluste durch die Außenstopfbuchsen.* Die Außenstopfbuchsen dichten das Turbinengehäuse an der Welle gegen die Atmosphäre ab (s. Abschnitt 17.2.4). Sie müssen ein gewisses Spiel haben, um ein Anlaufen zu verhindern; daher tritt stets etwas Leckdampf aus, dessen Energie ohne Arbeitsverrichtung durch Drosselung vernichtet wird. I.a. sind die Verhältnisse folgende:

Der Dampf aus der HD-Stopfbuchse (Eintrittsseite) hat nur in der Regelstufe gearbeitet. Seine restliche Arbeitsfähigkeit geht verloren. Bisweilen wird er jedoch der Turbine an einer Stelle, an der geringerer Druck herrscht, z.B. in der Überströmleitung, wieder zugeführt, so daß er in der ND-Turbine dann noch Arbeit verrichten.

Der Leckdampf aus Stopfbuchsen, die gegen einen geringen inneren Überdruck abdichten, wie auch der Sperrdampf von gegen Vakuum abdichtenden Stopfbuchsen ist für eine weitere Arbeitsverrichtung in der Turbine verloren.

Überschüssiger Stopfbuchsdampf wird in den *Stopfbuchsdampf-* oder in den Hauptkondensator abgeleitet, wo er niedergeschlagen wird, ohne Arbeit verrichtet zu haben.

Die Stopfbuchsleckdampfmenge ist von dem Druck, gegen den die Stopfbuchse abdichten soll, sowie der Bauart (Durchmesser, Länge und Spiel) und dem Zustand der Stopfbuchse abhängig, wobei großer Wellendurchmesser, kurze Baulänge und großes Stopfbuchsspiel große Leckverluste zur Folge haben.

Die Stopfbuchsdampfmengen betragen etwa für:

a) Hauptturbinen . . . . 7355 kW 18 388 kW

HD-Stopfbuchsen vorn
1. Absaugung . . . . 780 kg/h 1200 kg/h
(Dieser Dampf wird der Turbine in der Überströmleitung wieder zugeführt)
2. Absaugung . . . . 190 kg/h 200 kg/h
(Dieser Dampf geht in das Stopfbuchsdampfausgleichsgefäß)
Wrasendampf . . . . 30 kg/h 40 kg/h
(Dieser Dampf geht in den Wrasendampfkondensator)

HD-Stopfbuchsen hinten . . . . 280 kg/h 300 kg/h
(Dieser Dampf geht in das Stopfbuchsdampfausgleichsgefäß)
Wrasendampf . . . . 40 kg/h 50 kg/h
(Dieser Dampf geht in den Wrasendampfkondensator)

ND-Stopfbuchsen (Vw-Einströmung) . . . . 220 kg/h 300 kg/h
(Dieser Dampf geht in das Stopfbuchsdampfausgleichsgefäß)
Wrasendampf . . . . 40 kg/h 40 kg/h
(Dieser Dampf geht in den Wrasendampfkondensator)

ND-Stopfbuchsen (Rw-Seite) . . . 100 kg/h 150 kg/h
(Sperrdampf aus dem Stopfbuchsdampfausgleichsgefäß)
Wrasendampf . . . . 50 kg/h 50 kg/h
(Dieser Dampf geht in den Wrasenkondensator)

Vorstehende Werte gelten für zweigehäusige Gleichdruckturbinenanlagen mit etwa 61 bar 510 °C vor den Düsen. Der überschüssige Dampf aus dem Stopfbuchsdampfausgleichsgefäß wird im Stopfbuchsdampfkondensator niedergeschlagen, der Wrasendampf im Wrasendampfkondensator.

b) Turbogeneratoren von 300 kW etwa 100 kg/h.
c) Hilfsturbinen für Kesselspeisepumpen, Ladeölpumpen usw. etwa 70 kg/h.

Die Schaltung der Stopfbuchsleitungen wird im Abschnitt 17.2.4, Bild 17.34 näher beschrieben.

3. *Ventilationsverluste.* Die vorhin beschriebenen Ventilationsverluste der Turbinen, die nicht vom arbeitenden Dampf durchströmt werden, gehören zu den äußeren Verlusten. Das ist also bei Vorwärtsfahrt der Ventilationsverlust der Rw-Turbine, bei Rückwärtsfahrt der Ventilationsverlust der Vw-Turbine.

Expansionsverlauf und Dampfverbrauch

In Bild 17.2 ist der Expansionsverlauf einer zweigehäusigen Hauptturbinenanlage mit 20 594 kW dargestellt. Die Anlage hat in der HD-Turbine ein

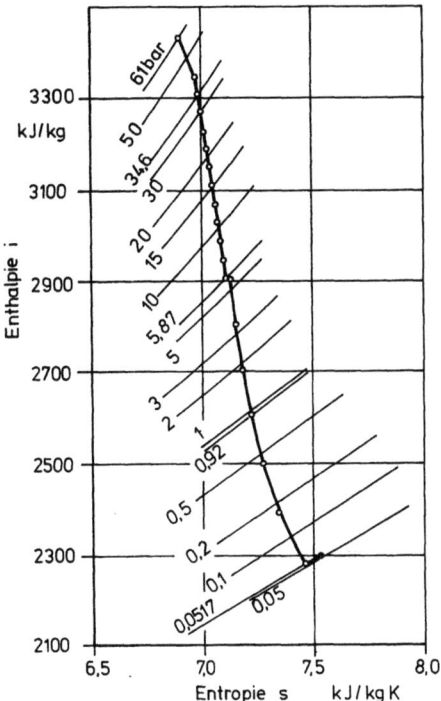

Bild 17.2 Expansionsverlauf für eine zweigehäusige Gleichdruck-Hauptturbinenanlage

einkränziges Rad als Regelstufe sowie elf Gleichdruckstufen und in der ND-Turbine sechs Gleichdruckstufen (*Aktionsstufen*).

1. Anfangszustand Eintritt HD-Turbine
   61 bar 510 °C .... i_1 = 3446 kJ/kg
2. Zustand in Stufe 1
   41,5 bar 455 °C .... I_2 = 3360 kJ/kg
3. Zustand Austritt HD-Turbine
   5,8 bar 230 °C .... i_3 = 2914 kJ/kg
4. Zustand Eintritt ND-Turbine
   5,8 bar 230 °C .... i_4 = 2914 kJ/kg
5. Zustand Austritt ND-Turbine
   0,052 bar, x = 0,89 .... i_5 = 2282 kJ/kg
6. Zustand Eintritt Kondensator
   0,052 bar, x = 0,895 .... i_k = 2299 kJ/kg

Für die Punkte 1 ... 4 sind die angegebenen Werte an der Turbine direkt meßbar, da sie über der Sättigungslinie liegen. Die Zustandspunkte sind entsprechend den gemessenen Drücken und Temperaturen in das i,s-Diagramm einzutragen, womit dann auch die Enthalpien aus dem i,s-Diagramm ablesbar sind. Für die HD-Turbine kann somit der innere Wirkungsgrad jederzeit kontrolliert und daraus ein Schluß auf den Zustand der Turbine gezogen werden.
Für die ND-Turbine, die vorwiegend im Naßdampfgebiet arbeitet, ist diese einfache Kontrolle nicht durchführbar, da sich wohl der Druck, nicht aber die Dampffeuchtigkeit mit einfachen Mitteln messen läßt.

Der Expansionsverlauf für diese Turbinenanlage geht von dem Punkt 1 p_1 = 61 bar, t_1 = 510 °C, i_1 = 3446 kJ/kg aus. In der Regelstufe wird der Dampf auf den Zustand 2 entspannt und zwar theoretisch (adiabatisch) auf 2* p_{2*} = 40 bar, t_{2*} = 440 °C, i_{2*} = 3308 kJ/kg. Infolge der inneren Verluste endet die Expansion jedoch bei 2 p_2 = 40 bar, t_2 = 462 °C, i_2 = 3360 kJ/kg. Der *innere Wirkungsgrad* der Regelstufe ist somit

$$\eta_{i1} = \frac{i_1 - i_2}{i_1 - i_{2*}} = 0{,}636.$$

Für die elf folgenden A-Stufen ergibt sich der innere Wirkungsgrad analog bei einer Expansion von Punkt 2 p_2 = 40 bar auf Punkt 3 p_3 = 5,9 bar
Punkt 2   40 bar 462 °C, i_2 = 3358 kJ/kg
Punkt 3* 5,9 bar 198 °C, i_{3*} = 2847 kJ/kg
Punkt 3   5,9 bar 228 °C, i_3 = 2914 kJ/kg

$$\eta_{i2} = \frac{i_2 - i_3}{i_2 - i_{3*}} = 0{,}869$$

bzw. für die gesamte HD-Turbine einschließlich Regelstufe

$$\eta_{i\,HD} = \frac{i_1 - i_3}{i_1 - i_{3*}} = 0{,}84$$

In der Überströmleitung von der HD- zur ND-Turbine tritt ein geringer Druckverlust ein, so daß die Expansion für die ND-Turbine bei Punkt 4 p_4 = 5,8 bar, t_4 = 227 °C, i_4 = 2914 kJ/kg beginnt. Sie endet bei einem Druck im Abdampfstutzen p_5 = 0,052 bar, x = 0,88, i_5 = 2282 kJ/kg. Der entsprechende Punkt 5* bei adiabatischer Expansion hat eine Enthalpie von i_{5*} = 2173 kJ/kg. Daraus ergibt sich der innere Wirkungsgrad der ND-Turbine

$$\eta_{i\,HD} = \frac{i_4 - i_5}{i_4 - i_{5*}} = 0{,}852$$

bzw. unter Berücksichtigung des Austrittsverlustes, hervorgerufen durch die Austrittsgeschwindigkeit des Dampfes aus der letzten Stufe, die nicht mehr in Arbeit umgesetzt werden kann, in Größe von etwa 17 kJ/kg, wodurch der Endpunkt 6 i_6 = 2299 kJ/kg erreicht wird.

$$\eta_{i\,ND} = \frac{i_4 - i_6}{i_4 - i_{5*}} = 0{,}83$$

Der innere Wirkungsgrad der gesamten Turbinenanlage ist dann analog das Verhältnis des in Arbeit umgesetzten Gefälles zu dem theoretisch verfügbaren Gefälle

$$\eta_{i\,Ges} = \frac{i_1 - i_6}{i_1 - i_{6*}} = 0{,}855$$

Der tatsächliche Dampfverbrauch der Turbine ergibt sich für eine Expansion des Dampfes von Punkt 1 mit dem Wärmeinhalt i_1 auf einen Punkt 6 mit dem Wärmeinhalt i_k, welcher den tatsächlichen Wärmeinhalt am Austritt aus der Turbine angibt und somit den inneren Wirkungsgrad schon berücksichtigt, aus folgender Gleichung

$$mD_T = \frac{P_S \cdot 3600}{\eta_{\ddot{u}}} \cdot \frac{1}{i_1 - i_k} \quad \text{kg/h} \qquad (2)$$

Der spez. Dampfverbrauch der Turbine ist

$$md_T = \frac{3600}{\eta_{\ddot{u}}} \cdot \frac{1}{i_1 - i_k} \quad \text{kg/kWh}$$

Der *Wirkungsgrad der mechanischen Übertragung* berücksichtigt die mechanischen Wirkungsgrade von Turbine ($\eta_T = 0{,}985$), Getriebe ($\eta_G = 0{,}97$), Wellenleitung ($\eta_W = 0{,}995$) und Lagern ($\eta_L = 0{,}990$)*).

$$\eta_{\ddot{u}} = \eta_T \cdot \eta_G \cdot \eta_W \cdot \eta_L = 0{,}94$$

Zusammen mit den Verlusten in den Außenstopfbuchsen in Höhe von etwa 1 % ergibt sich der spez. Dampfverbrauch der Turbine zu

$$md_T = 3{,}37 \text{ kg/kWh}$$

Dieser Wert setzt reinen *Kondensationsbetrieb* voraus, d.h., die gesamte der Turbine zugeführte Frischdampfmenge durchläuft diese bis zur letzten Stufe.
Bei *Anzapfbetrieb* errechnet man die zuzuführende Gesamtdampfmenge D aus folgender Gleichung:

$$\begin{aligned} D(i_f - i_k) &- A_1(i_1 - i_k) - A_2(i_2 - i_k) \\ &- A_3(i_3 - i_k) - A_4(i_4 - i_k) \\ &= \frac{3600 \, P_S}{\eta_{\ddot{u}}} \quad \text{kg/h}\end{aligned}$$

Hierin ist

mD	Gesamtdampfmenge	kg/h
i_f	Enthalpie des Zudampfes vor den Düsen	kJ/kg
i_k	Enthalpie des Abdampfes am Austritt Turbine	kJ/kg
i_1, i_2, i_3, i_4	Enthalpie des Anzapfdampfes an den einzelnen Entnahmestellen	kJ/kg
A_1, A_2, A_3, A_4	Entnahmedampfmengen	kg/h

Eine Erhöhung des thermischen Wirkungsgrades von Schiffsturbinenanlagen ist mit Hilfe der Zwischenüberhitzung möglich. Das wird erreicht durch Ver-

---

*) Gelegentlich wird die Leistung P_S kW auf den Abtriebsflansch des Untersetzungsgetriebes bezogen. In diesem Fall brauchen dann nur η_T und η_G berücksichtigt zu werden.
Bei dem vorgeführten Beispiel ist die Wellenleistung P_S auf VK Propeller bezogen, (s. hierzu auch Hauptabschnitte 09. und 10.). Im Betrieb wird man meist als Bezugspunkt VK Stopfbuchsenschott wählen und die Verluste in den Stevenrohrlagern und -stopfbuchsen abschätzen.

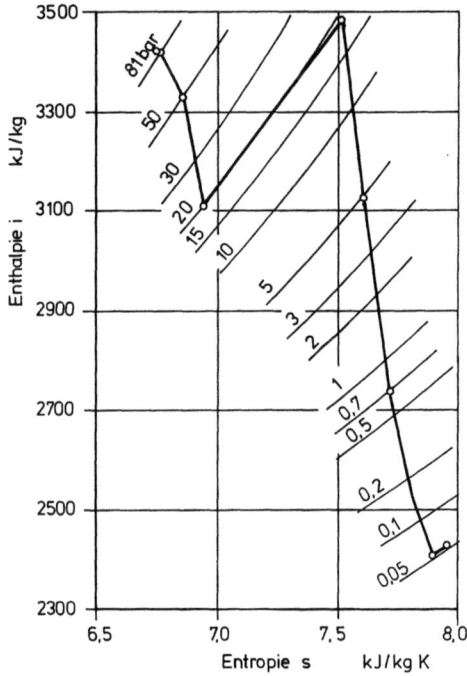

Bild 17.3 Expansionsverlauf für eine dreigehäusige Gleichdurck-Hauptturbinenanlage mit Zwischenüberhitzung

größerung des ausnutzbaren Wärmegefälles. Ein Vergleich der Expansionsverläufe mit und ohne Zwischenüberhitzung (Bild 17.3) im h-s Diagramm zeigt, daß bei Anlagen ohne Zwischenüberhitzung mit Rücksicht auf die max. zulässige Dampfnässe in den Endstufen eine Steigerung des Frischdampfdruckes nur bei gleichzeitiger Erhöhung der Frischdampftemperatur möglich ist.
Der optimale Druck im Zwischenüberhitzer liegt bei Nennleistung im allgemeinen bei $\sim 25\,\%$ des Frischdampfdruckes.
Die Dampftemperatur hinter dem Überhitzer sollte mit Rücksicht auf die Verwendung ferritischer Werkstoffe für Kessel und Turbinen etwa 520 °C nicht überschreiten.
Die inneren Wirkungsgrade und der spez. Dampfverbrauch errechnen sich analog den Angaben für eine Turbinenanlage ohne ZÜ, wobei der HD-Teil und der MD-, ND-Teil als selbständige Turbinen zu betrachten sind.
Der Vorteil der Zwischenüberhitzung liegt darin, daß das je kg Dampf ausnutzbare Wärmegefälle größer wird, während die im Kondensator als thermischer Verlust abzuführende Wärmemenge nur geringfügig zunimmt (s. auch Abschnitt 04.6.2).

Tafel 17.1 Thermischer Wirkungsgrad von Turbinenanlagen ohne und mit Zwischenüberhitzung (s. hierzu Bilder 17.2 und 17.3)

	Ohne Zwischenüberhitzung kJ/kg	Mit Zwischenüberhitzung kJ/kg
Frischdampfenthalpie	3440	3410
In der HD-Turbine verarbeitetes Gefälle	3440 .. 2920	3410 .. 3110
Im Zwischenüberhitzer zugeführte Enthalpie	–	3110 .. 3550
In der MD-Turbine verarbeitetes Gefälle	–	3550 .. 3050
In der ND-Turbine verarbeitetes Gefälle	2920 .. 2290	3050 .. 2400
In den Kondensator abgeführt	2290	2400
Gesamtes in Arbeit umgesetztes Gefälle	3440−2290 = 1150	3410 + 440 − 2400 = 1450
Aufgewandt	3440	3410 + 440 = 3850
$\dfrac{\text{In Arbeit umgesetzt}}{\text{Aufgewandt}}$ =	0,332	0,377

17.2.2 Umsetzung des Wärmegefälles in Arbeit

Je nach der Größe des zur Verfügung stehenden Wärmegefälles wird es in einer, in mehreren oder in einer Vielzahl von Stufen in mechanische Arbeit umgesetzt. Für die Wahl der Stufenzahl ist neben dem zur Verfügung stehenden *Gesamtgefälle* auch der *Zweck* der Turbine maßgebend, denn die Stufenzahl bestimmt einerseits den Wirkungsgrad und damit den Dampfverbrauch, andererseits aber auch den baulichen Aufwand und damit den Preis der Turbine.

Der innere Turbinenwirkungsgrad ist von dem Verhältnis v_0/u abhängig, worin v_0 die theoretische Dampfgeschwindigkeit und u die Umfangsgeschwindigkeit im mittleren Schaufelkreis ist. Die theoretische Dampfgeschwindigkeit v_0 ist abhängig von der in einer Stufe verarbeiteten Enthalpiedifferenz. Wird ein großes Gefälle in einer Stufe in Geschwindigkeit umgesetzt, dann ergibt dies auch eine große Dampfgeschwindigkeit v_0 und, da die Umfangsgeschwindigkeit durch Drehzahl und Durchmesser des Schaufelkreises festliegt, einen großen Wert für v_0/u. Sowohl bei Gleichdruckstufen wie bei Überdruckstufen gibt es für dieses Verhältnis v_0/u einen günstigsten Wert, der möglichst angenähert erreicht werden sollte, um einen guten Dampfverbrauch zu erzielen. Um diesem günstigsten Wert nahe zu kommen, ist es nötig, das zur Verfügung stehende Gesamtwärmegefälle in mehrere Teilgefälle aufzuteilen und stufenweise zu verarbeiten. Hierdurch erhält man dann *mehrstufige* Turbinen, deren Wirkungsgrad und damit der Dampfverbrauch um so besser wird, je mehr sich das Verhältnis v_0/u in ihren einzelnen Stufen dem Bestwert nähert.

Die Umsetzung des Wärmegefälles kann entweder in *Gleichdruckstufen* oder *Überdruckstufen* erfolgen.

Gleichdruckstufen (Aktionsstufen)

In Gleichdruckstufen wird das gesamte Stufengefälle in der Düse in Geschwindigkeit umgesetzt, während vor und hinter dem Laufrad der gleiche Druck herrscht (Gleichdruckstufe).

Die sich bei Δi kJ/kg Stufengefälle ergebende Geschwindigkeit des Dampfstrahls ist

$$v_0 = 44{,}74\sqrt{\Delta i} \quad \text{m/s} \tag{4}$$

Das für Gleichdruckstufen günstigste Verhältnis der theoretischen Austrittsgeschwindigkeit v_0 zur Umfangsgeschwindigkeit u ist

$$v_0/u \approx 2$$

Bei einem größeren Verhältnis nimmt der Wirkungsgrad ab (Bild 17.4). Hieraus ergibt sich, daß bei einem großen Stufengefälle, d.h. bei einer geringen Anzahl von Stufen, die Umfangsgeschwindigkeit im mittleren Schaufelkreis *groß* sein muß, um ein günstiges Verhältnis v_0/u zu erhalten. Dies bedingt bei einem gegebenen Schaufelkreisdurchmesser eine hohe Turbinendrehzahl. Der Umfangsgeschwindigkeit sind jedoch durch die infolge der Fliehkraft auftretenden, hohen Beanspruchungen in Laufscheiben, Schaufelfüßen, Schaufeln und Bandagen Grenzen gesetzt. Infolge der Strömungsverluste ist die tatsächliche Austrittsgeschwindigkeit aus der Düse kleiner

$$v_1 = \varphi \cdot v_0 \quad \text{m/s} \tag{5}$$

Ebenso nimmt die Geschwindigkeit des Dampfstrahls im Laufschaufelkanal infolge der Strömungsverluste ab.

$$w_2 = \psi \cdot w_1 \quad \text{m/s} \tag{6}$$

Die Werte φ (für Düsen und Reaktionsprofile) und ψ (für Aktionsschaufeln) sind die *Verlustkoeffizienten*. Sie sind, außer von der Schaufelform, stark von der Güte der Oberfläche abhängig. Normal rechnet man mit $\varphi = 0{,}92 \ldots 0{,}96$ und $\psi = 0{,}88 \ldots 0{,}92$.

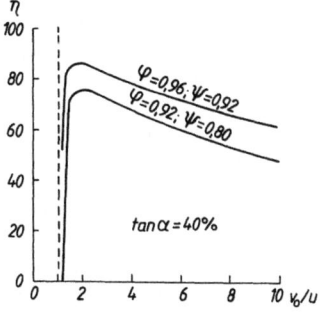

Bild 17.4 Wirkungsgradkurven für Gleichdruckstufen

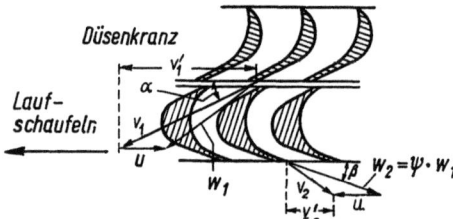

Bild 17.5 Geschwindigkeitsplan einer Gleichdruckstufe (*A-Stufe*)

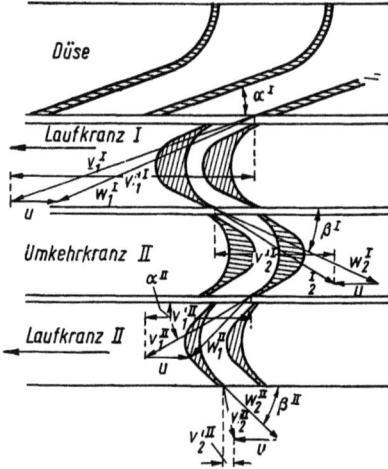

Bild 17.6 Geschwindigkeitsplan eines zweikränzigen *Curtis*-Rades (*C-Rad*)

Der mit der Geschwindigkeit v_1 aus der Düse austretende Dampfstrahl gibt den größten Teil seiner Geschwindigkeitsenergie im Laufschaufelkranz an die Turbinenwelle ab. Er verläßt den Laufschaufelkanal mit der Austrittsgeschwindigkeit w_2, die sich aus dem Geschwindigkeitsplan (Bild 17.5) ergibt.

Der den Schaufelkanal verlassende Dampfstrahl hat noch eine gewisse *Austrittsgeschwindigkeit*. Ist sie groß, kann sie durch Umlenken in feststehenden *Umlenkschaufeln* in einer zweiten Laufschaufelreihe (*zweikränziges C-Rad*, Bild 17.6) und gegebenenfalls auch noch in einer dritten Laufschaufelreihe (*dreikränziges C-Rad*) nutzbar gemacht werden. Bei mehrstufigen Turbinen wird die Austrittsgeschwindigkeit in den Düsen der folgenden Stufe mit verwertet. Die Austrittsgeschwindigkeit aus der letzten Stufe einer Turbine läßt sich jedoch nicht verwerten und ist verloren.

Düse. In der Düse wird der Dampf entsprechend dem in der Stufe zu verarbeitenden Wärmegefälle $\Delta i = i_1 - i_2$ vom Druck p_1 auf den Druck p_2 entspannt. Hierbei wird er auf die Geschwindigkeit v_1 beschleunigt. Liegt diese unter der *kritischen* Geschwindigkeit (*Schallgeschwindigkeit*), dann kommt eine Düse mit *nicht erweitertem Querschnitt* zur Anwendung. Die durch diese Düse strömende Dampfmenge ist sowohl vom Querschnitt der Düse als auch von der Dampfgeschwindigkeit abhängig. Die Dampfgeschwindigkeit läßt sich jedoch im engsten Querschnitt einer nicht erweiterten Düse nur bis zur kritischen Geschwindigkeit steigern. Bei überkritischem Gefälle und nicht erweiterter Düse tritt Strahlablenkung ein. Für größere Wärmegefälle, bei denen sich aus Gleichung (4) Dampfgeschwindigkeiten ergeben, die über der kritischen Geschwindigkeit liegen, kommen *erweiterte Düsen* in Anwendung. Ihr engster Querschnitt und der Austrittsquerschnitt werden für die *Dampfmenge*, die durch die Düsen strömen soll, und für das gewünschte *Druckgefälle* berechnet.

Laufschaufel. Da bei Gleichdruckstufen in den Laufschaufeln keine Druckabnahme des Dampfes und damit keine Volumenzunahme stattfindet, ist der Kanal zwischen den Schaufeln überall annähernd gleich weit. Der Eintrittswinkel wird so gewählt, daß der aus der Düse austretende Dampfstrahl ohne Stoß in den Schaufelkanal eintritt. Hierbei ist zu beachten, daß der Dampfstrahl, der mit der absoluten Geschwindigkeit v_1 aus der feststehenden Düse austritt, in den mit der Umfangsgeschwindigkeit u umlaufenden Schaufelkanal eintreten muß. Die relative (auf das Laufrad bezogene) Eintrittsgeschwindigkeit ist die geometrische Summe von v_1 und u (Bild 17.5).

Zur besseren Verdeutlichung denke man sich das Laufrad feststehend und die Düse mit der Umfangsgeschwindigkeit u entgegengesetzt umlaufend. Dann hat der Dampfstrahl einmal die Austrittsgeschwindigkeit v_1 und zum anderen die (der Drehung des Laufrades entgegengesetzte) Umfangsgeschwindigkeit u.

Am Austritt aus dem Schaufelkanal hat der Dampfstrahl die relative Geschwindigkeit w_2. Der Kanal bewegt sich jedoch mit der Umfangsgeschwindigkeit u in Drehrichtung, so daß die Austrittsgeschwindigkeit v_2 gegenüber dem feststehenden Raum wiederum die geometrische Summe von w_2 und u ist (Bild 17.5).

Überdruckstufen *(Reaktionsstufen)*

Bei Überdruckstufen wird der *Rückstoß* ausgenutzt, der entsteht, wenn ein Dampfstrahl aus einer Düse ausströmt. Der Rückstoß ist dem ausströmenden Dampfstrahl entgegengesetzt. Man verlegt also die Dampfdehnung und damit das Entstehen der Austrittsgeschwindigkeit teilweise in den umlaufenden Schaufelkranz. Normalerweise werden dabei 50 % des Stufengefälles in den feststehenden Leitschaufeln in Geschwindigkeit umgesetzt, die restlichen

50 % des Stufengefälles in den Laufschaufeln. Man spricht dann von *50 % Reaktion*. Auch bei Reaktionsstufen ist der Stufenwirkungsgrad abhängig von dem Verhältnis der theoretischen Austrittsgeschwindigkeit v_0 des Dampfstrahls aus den Leitschaufeln und der Umfangsgeschwindigkeit u. Der beste Stufenwirkungsgrad wird erreicht bei einem Verhältnis $v_0/u \approx 1{,}2 \ldots 1{,}6$ (Bild 17.7). Für Reaktionsstufen lassen sich ähnliche Geschwindigkeitsdreiecke zeichnen, wie bereits bei den Gleichdruckstufen geschildert (Bild 17.8).

Da man für Leit- und Laufschaufeln das gleiche Schaufelprofil verwendet, ist man bestrebt, in Leit- und Laufschaufeln auch gleiche Geschwindigkeitsverhältnisse zu erzielen.

Um bei mehrstufigen Turbinen einen Überblick über die Umsetzungsgüte des Wärmegefälles in Arbeit zu bekommen, hat man statt des für einzelne Stufen geltenden Begriffs v_0/u den Begriff der *Gütezahl* festgelegt. Dieser umfaßt die Güte der Wärmeumsetzung aller Stufen und läßt sich wie folgt ausdrücken:

$$q = \frac{\Sigma u^2}{H_0} = \text{Gütezahl} \qquad (7)$$

wobei Σu^2 die Summe der Quadrate der Umfangsgeschwindigkeiten und H_0 das Gesamtgefälle ist.

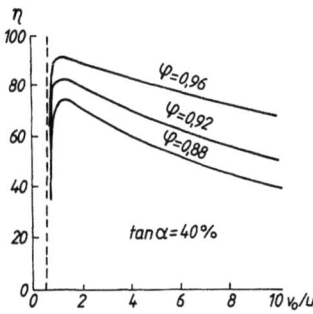

Bild 17.7 Wirkungsgradkurven für Überdruckstufen

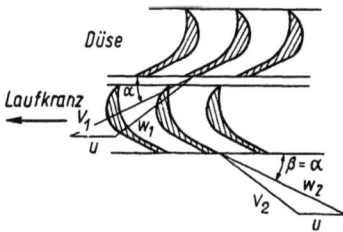

Bild 17.8 Geschwindigkeitsplan einer Überdruckstufe (*R-Stufe*)

Da

$$v_0 = 44{,}74 \sqrt{\Delta i} \quad \text{m/s}$$

und, da das Gesamtgefälle betrachtet wird

$$\Delta i = H_0 \quad \text{kJ/kg}$$

ist, kann man schreiben

$$\frac{v_0}{u} = 44{,}74 \sqrt{\frac{H_0}{u^2}}$$

oder

$$\frac{v_0}{u} = \frac{44{,}74}{\sqrt{q}}$$

ergibt sich für $v_0/u = 2$ eine Gütezahl von $q = 500$ (Aktionsturbinen) und für $v_0/u = 1{,}6$ eine Gütezahl von $q = 782$ (Reaktionsturbinen), die theoretisch die besten Wirkungsgrade ergibt.

Düsenhöhe und Schaufellänge

Die Düsenhöhe und die Schaufellänge der einzelnen Stufen sind von der stündlich durchzusetzenden Dampfmenge, deren spez. Volumen und der Dampfgeschwindigkeit abhängig. Da bei den heute üblichen, hohen Drücken das Dampfvolumen in den ersten Stufen klein ist, bedingt dies sehr geringe Düsenhöhen bzw. kurze Schaufellängen, die im Hinblick auf die Strömungsverhältnisse ungünstig sind. Mit Rücksicht hierauf werden in den ersten Stufen die Düsen nur auf einen Teil des Umfangs zusammengedrängt und dementsprechend die zugehörigen Laufräder nur teilweise beaufschlagt. Die teilweise Beaufschlagung des Laufrades hat andererseits einen nennenswerten Ventilationsverlust zur Folge. Infolge der starken Zunahme des spezifischen Volumens im Unterdruckgebiet werden die Schaufeln der letzten Stufe ziemlich lang. Dies hat einen nennenswerten Unterschied in den Umfangsgeschwindigkeiten des Laufrades am Schaufelfuß und Schaufelkopf zur Folge. Um bei diesen langen Schaufeln über die ganze Schaufellänge günstige Einströmverhältnisse zu erhalten, werden sie räumlich gekrümmt (*verwundene Schaufeln*).

Um die Schaufeln der letzten Stufen mit Rücksicht auf Schaufelbeanspruchung, Schaufelschwingungen und Führung nicht zu lang werden zu lassen, wird auch bei Gleichdruckturbinen in den letzten Stufen ein Teil des Stufengefälles in den Laufschaufeln verarbeitet, so daß diese mit teilweiser Reaktion arbeiten.

Wahl der Bauart

Für die Wahl der Aktions- bzw. Reaktionsbeschaufelung sind verschiedene Gesichtspunkte maßgebend.

Für *kleine* Turbinen, die zum Antrieb von Pumpen (Kesselspeisepumpen, Ladeölpumpen, Feuerlöschpumpen) dienen, werden meist *C-Räder* verwandt. Diese sind in der Lage, bei einem erträglichen

Wirkungsgrad große Wärmegefälle mit einem geringen Aufwand zu verarbeiten.

Für Turbinen *mittlerer* Leistung, die zum Antrieb von Generatoren dienen, werden meist *mehrstufige Aktionsturbinen* vorgesehen. Diese gestatten das Verarbeiten eines großen Wärmegefälles mit gutem Wirkungsgrad bei Verwendung einer begrenzten Anzahl von Stufen. Sie bestehen oftmals aus einer Regelstufe (zweikränziges C-Rad) mit einer Anzahl nachgeschalteter A-Stufen.

Turbinen *großer* Leistung für Hauptantriebsmaschinen werden entweder mit Aktionsbeschaufelung oder mit Reaktionsbeschaufelung, heute jedoch meist in *gemischter Bauart* ausgeführt. So kann z.B. die HD-Turbine als Aktionsturbine und die ND-Turbine als Reaktionsturbine ausgebildet werden. Sowohl die Aktions- als auch die Reaktionsbeschaufelung hat verschiedene Vor- und Nachteile. Die Anwendung der einen oder anderen Beschaufelungsart ist oftmals nur davon abhängig, welche dieser Arten von der Hersteller-Firma entwickelt und gepflegt wird.

Die *Aktionsturbine* kann ein großes Gesamtgefälle in verhältnismäßig wenig Stufen verarbeiten. Um jedoch einen guten inneren Wirkungsgrad zu erzielen, muß die Umfangsgeschwindigkeit und damit die Drehzahl um so höher sein, je geringer die Stufenzahl ist. Der Steigerung der Drehzahl sind jedoch Grenzen gesetzt durch die Beanspruchung von Laufrad und Schaufeln durch Fliehkräfte einerseits und durch die kritische Drehzahl andererseits. Da Hauptturbinenanlagen mit Rücksicht auf die Manövriereigenschaften nach Möglichkeit in ihrem gesamten Drehzahlbereich *ohne* kritische Drehzahl arbeiten müssen, soll die kritische Drehzahl *über* der höchsten Betriebsdrehzahl liegen. Die Lage der kritischen Drehzahl ist wiederum vom Wellendurchmesser abhängig. Dieser muß um so größer werden, je höher die kritische Drehzahl liegen soll. Ein großer Wellendurchmesser bedingt jedoch große Durchmesser der Stopfbuchsen zwischen den einzelnen Stufen. Die Stopfbuchsverluste wachsen mit der Größe des Stopfbuchsdurchmessers und verschlechtern damit den inneren Wirkungsgrad.

Da vor und hinter den einzelnen Laufrädern gleicher Druck herrscht und der Dampf als gerichteter Strahl mit hoher Geschwindigkeit aus den Düsen austritt, besteht keine Gefahr, daß er, anstatt durch die Laufschaufeln zu gehen, diese umgeht, ohne Arbeit zu verrichten. Das Spiel zwischen Laufschaufelkränzen und Gehäuse kann deshalb verhältnismäßig groß sein. Das große Schaufelspiel gestattet ein rasches Anfahren und ein scharfes Manövrieren der Aktionsturbinen.

Reaktionsturbinen können infolge der geringeren Baulänge der einzelnen Stufen und der Trommelbauart mit erheblich größerer Stufenzahl gebaut werden. Dies bedeutet, daß das in den einzelnen Stufen verarbeitete Gefälle klein und damit auch der Wert v_0 klein wird. Somit wird ein guter innerer Wirkungsgrad bei einer kleineren Umfangsgeschwindigkeit und somit bei kleinerer Drehzahl erreicht. Die Schaufeln der Reaktionsturbinen sind auf Trommeln angeordnet, die sehr biegungssteif sind und somit eine sehr hohe kritische Drehzahl aufweisen. Andererseits verlangt die Reaktionsturbine mit Rücksicht auf den inneren Wirkungsgrad sehr kleine radiale Schaufelspiele sowohl zwischen Leitschaufel und Trommel als auch zwischen Laufschaufel und Gehäuse: Weil sowohl vor und hinter den Leitschaufeln als auch vor und hinter den Laufschaufeln verschiedener Druck herrscht, versucht der Dampf unter Umgehung der einzelnen Schaufelreihen von einer Stufe in die andere zu gelangen. Ungünstig macht sich weiter bemerkbar, daß ein großer Umfang zwischen Leitschaufeln und Trommel und ein noch größerer zwischen Laufschaufeln und Gehäuse abgedichtet werden müssen. Das kleine Schaufelspiel verlangt ein sehr sorgfältiges *Vorwärmen* der Reaktionsturbine, bei der infolge der Trommel auch größere Materialmengen zu erwärmen sind. Weiter ist auch beim Manövrieren größerer Vorsicht zu beachten. Ein *leichtes* Anstreifen der Leit- oder Laufschaufeln vergrößert das Schaufelspiel und damit den Dampfverbrauch. Ein *kräftiges* Anstreifen kann zur Zerstörung der ganzen Beschaufelung führen.

Regelstufen

Um Druck und Temperatur in der Turbine möglichst schnell herabzusetzen, wird sowohl bei Aktions- als auch bei Reaktionsturbinen als erste Stufe meist ein ein- oder zweikränziges C-Rad vorgesehen, in dem ein großes Gefälle bei ausreichendem Wirkungsgrad verarbeitet werden kann. Da der unter hohem Druck stehende Dampf nur ein kleines Volumen hat, wird diese Stufe, um nicht zu kurze Schaufeln zu bekommen, nur teilweise mit Dampf beaufschlagt. Durch die starke Ausdehnung des Dampfes in dieser ersten Stufe wächst sein Volumen so stark an, daß die nachfolgende Stufe bei ausreichender Schaufellänge voll mit Dampf beaufschlagt werden kann. Die Ventilationsverluste bleiben also auf die erste Stufe beschränkt.

Düsengruppenregelung

Um auch bei Teillasten einen möglichst günstigen Dampfverbrauch zu erzielen, sind die meisten Turbinenanlagen mit einer *Düsengruppenregelung* ausgestattet. Hierbei sind alle Düsen der Regelstufe in mehreren *Gruppen* (3 ... 5) zusammengefaßt. Diese Düsengruppen können einzeln über *Düsengruppenventile* mit Zudampf versorgt werden. Eine Düsengruppe, deren Düsenquerschnitte für die gewünschte kleinste Dauerleistung (z.B. Halblast) ausreichen, ist nur durch das Manövrierventil absperrbar. Für hö-

Dampfturbinen

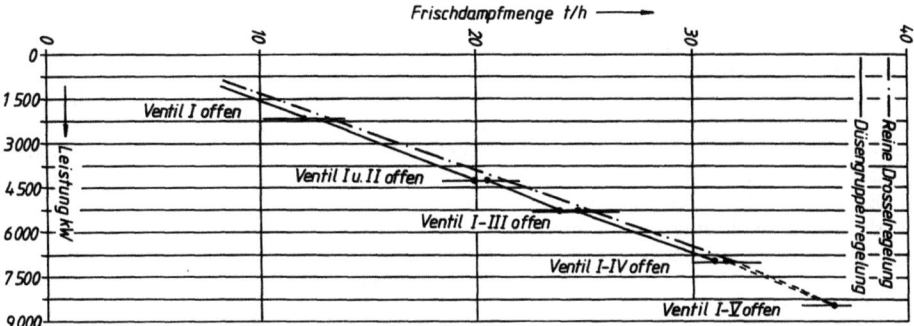

Bild 17.9 Dampfverbrauch einer Turbine bei Drossel- und Düsengruppenregelung

here Fahrstufen werden bei voll geöffneten Manövrierventil je nach Bedarf Düsengruppen zugeschaltet. Durch diese Anordnung wird erreicht, daß die jeweils für eine Fahrstufe benötigte Düsenzahl die *volle* Dampfspannung vor den Düsen erhält. Es findet also keine *Drosselung* des Dampfes im Manövrierventil statt, wodurch ein Drosselverlust vermieden wird. Die zwischen den — durch Zuschalten von Düsengruppen — erreichbaren Leistungen liegenden Fahrstufen müssen durch Drosselregelung mit dem Manövrierventil eingestellt werden, was jedoch mit Rücksicht auf eine gute Wirtschaftlichkeit des Betriebes während der Reise möglichst vermieden werden sollte (Bild 17.9).

Einfluß von Frischdampfdruck und -temperatur auf den Dampfverbrauch

Wie aus Bild 17.10 leicht ersichtlich, kann durch Steigerung des Dampfdrucks vor der Turbine das ausnutzbare Wärmegefälle (die Wärmemenge, die je kg Dampf in Arbeit umgesetzt werden kann) gesteigert und damit der Dampfverbrauch reduziert werden. Andererseits nimmt mit der Drucksteigerung allein die Dampffeuchtigkeit am Ende der Expansion zu. Hierdurch wird einmal der innere Wirkungsgrad der mit sehr feuchtem Dampf arbeitenden, letzten Stufen durch den Wassergehalt erheblich verschlechtert, zum anderen werden die dem sehr feuchten Dampf ausgesetzten Düsen und Schaufeln besonders schnell ausgewaschen, was wiederum eine Verschlechterung des Wirkungsgrades zur Folge hat. Deshalb muß mit der Drucksteigerung eine Erhöhung der Überhitzungstemperatur *parallel* gehen. Hierdurch wird das ausnutzbare Wärmegefälle weiter gesteigert und der Endpunkt der Expansion in ein Gebiet mit geringerer Dampffeuchtigkeit verlegt. Allgemein werden Druck und Temperatur vor der Turbine so gewählt, daß am Ende der Expansion eine Dampffeuchtigkeit von etwa 10 % ($x = 0,9$) erreicht wird. Amerikanische Turbinenanlagen arbeiten in der letzten Stufe bis zu einer Feuchtigkeit von etwa 13 %, worauf zum Teil die oftmals sehr

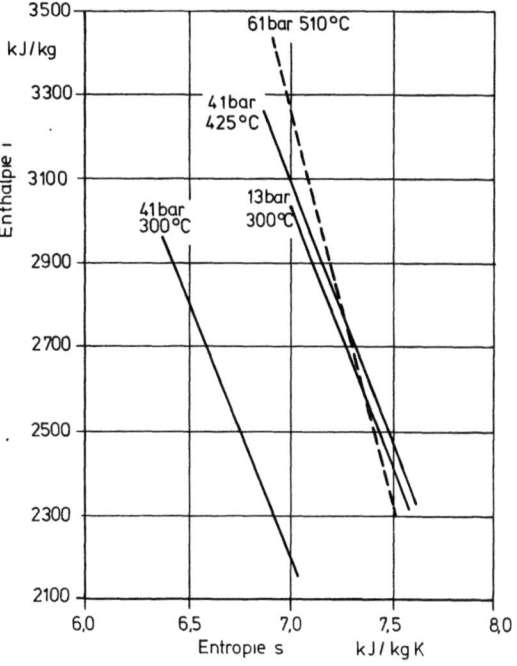

Bild 17.10 Einfluß von Druck- und Temperatursteigerung sowie der Verbesserung des Innenwirkungsgrades auf das ausnutzbare Wärmegefälle

niedrigen Dampfverbrauchsangaben zurückzuführen sind. Es ist jedoch anzunehmen, daß diese Dampfverbrauchswerte nach längerer Betriebszeit infolge der Schaufelauswaschungen nicht mehr eingehalten werden.

Zur Steigerung des ausnutzbaren Wärmegefälles muß natürlich im Kessel eine erhöhte Wärmezufuhr aufgebracht werden. Andererseits wird infolge des vergrößerten Gefälles die je kg Dampf verrichtete Arbeit größer und damit der Gesamtdampfverbrauch geringer.

Druck- und Temperatursteigerung bringen daher eine erhebliche Verbesserung des Brennstoffverbrauchs mit sich. Dieser Steigerung sind im Bordbetrieb jedoch mit Rücksicht auf die Betriebssicherheit Grenzen gesetzt. Die zur Zeit verfügbaren Werkstoffe beschränken bei Schiffsanlagen die Dampftemperaturen nach oben auf $\approx 500 \ldots 530\,°C$ im Dauerbetrieb. Das folgende Beispiel soll die thermodynamische Verbesserung durch Druck- und Temperatursteigerung verdeutlichen (s. auch Abschnitt 04.6.2).

Bei diesem Vergleich ist die mögliche Verbesserung des thermischen Wirkungsgrades durch *Speisewasservorwärmung mit Anzapfdampf* nicht berücksichtigt. Ebenso sind der Kesselwirkungsgrad und der Energiebedarf der zum Betrieb der Hauptmaschine erforderlichen Hilfsmaschinen nicht berücksichtigt. Der thermische Wirkungsgrad der Gesamtanlagen ist dementsprechend schlechter.

Einfluß des Vakuums auf den Dampfverbrauch

Aus dem i, s-Diagramm ist ersichtlich, daß der Gewinn an ausgenutztem Wärmegefälle durch Senkung des *Gegendruckes* recht erheblich ist. So bringt z.B. die Senkung des Gegendrucks im Kondensator von 0,05 bar auf 0,04 bar rund 21 kJ/kg. Das vom Ausgangspunkt 41 bar, 425 °C, $i_1 = 3268$ kJ/kg, in Arbeit umsetzbare Wärmegefälle eines kg Dampfs wird durch diese Senkung des Gegendrucks um etwa 2,2 % vergrößert, was eine entsprechende Verbesserung des Dampfverbrauchs mit sich bringt (s. auch Abschnitt 17.3). Vergrößerung des ausnutzbaren Wärmegefälles bedeutet, daß die im Kondensator an das Kühlwasser abzuführende Wärmemenge (Verlust) kleiner wird. Ein geringer Gegendruck im Kondensator setzt außerdem die Ventilationsverluste der leer mitlaufenden Rw-Turbine herab. Hierbei ist jedoch zu berücksichtigen, daß das spezifische Volumen des Dampfes, das bei 0,05 bar 28,7 m³/kg und bei 0,04 bar 35,5 m³/kg beträgt, um 20 % zunimmt und daher größere Schaufellängen in den Endstufen erfordert, die konstruktiv nicht mehr vertretbar sind. Ebenso wird die erforderliche Kondensatorkühlfläche und der Kühlwasserbedarf erheblich größer, wodurch der Gewinn an nutzbarem Gefälle teilweise wieder aufgehoben wird.

Einfluß der Anzapfung auf die Wirtschaftlichkeit der Turbinenanlage

Die Entnahme von Anzapfdampf für die Speisewasservorwärmung und für andere Zwecke bringt ebenfalls einen Gewinn für die gesamte Anlage mit sich. Hierbei ist es wichtig, daß der Anzapfdampf mit dem geringstmöglichen Druck, der dem Verwendungszweck dieses Dampfes entspricht, entnommen wird, damit er vor seiner Entnahme aus der Turbine möglichst viel Arbeit verrichten kann.

Bei *Entnahmebetrieb* wird zwar die der Turbine zuzuführende Gesamtfrischdampfmenge größer, da ja ein Teil dieses Dampfes (der Anzapfdampf) nicht seine gesamte, ausnutzbare Enthalpie in Arbeit umsetzt; andererseits wird aber die Abdampfmenge, die in den Kondensator geht, geringer und damit die im Kondensator abgeführte Verdampfungswärme. Da der Anzapfdampf selbst meistens für Vorwärmzwecke verwendet wird, kann seine Verdampfungswärme ganz ausgenutzt werden.

Der Anzapfbetrieb einer Turbine ist auch für die Ausbildung der Beschaufelung vorteilhaft: Infolge der größeren Dampfmenge am Turbineneintritt können die Schaufellängen der ersten Stufen *größer* werden, während sie in den letzten Stufen infolge der durch die Anzapfung verringerten Dampfmenge *kürzer* gehalten werden können. Beides bringt neben baulichen Vorteilen eine Verbesserung des *Stufenwirkungsgrades* mit sich.

Tafel 17.2 Einfluß von Frischdampfdruck und -temperatur auf den thermischen Wirkungsgrad von Turbinenanlagen

			Turbinenanlage 1	Turbinenanlage 2	Turbinenanlage 3	Turbinenanlage 4
Frischdampf vor den Düsen	Druck p_1	bar	13	41	41	61
	Temperatur t_1	°C	300	300	425	510
	Enthalpie i_1	kJ/kg	3040	2960	3266	3446
Innerer Turbinenwirkungsgrad η_1		–	0,795	0,792	0,797	0,84
Druck im Abdampfstutzen p_b		bar	0,052	0,052	0,052	0,052
Abdampfenthalpie i_k		kJ/kg	2328	2160	2336	2299
Ausgenutztes Gefälle $i_1 - i_k$		kJ/kg	712	800	930	1147
Kondensatenthalpie i'_c		kJ/kg	134	134	134	134
Zuzuführende Wärmemenge $i_1 - i'_k$		kJ/kg	2906	2826	3132	3312
Thermischer Wirkungsgrad $\dfrac{i_1 - i_k}{i_1 - i'_k}$		–	0,245	0,283	0,297	0,346

17.2.3 Massenkräfte

Das Auswuchten

Alle umlaufenden Maschinenteile weisen trotz sorgfältiger Herstellung nach dem Drehen und Zusammenbau eine *Unwucht* auf, die dadurch entsteht, daß die Schwerpunkte der rotierenden Teile nicht *auf*, sondern mehr oder weniger *neben* der Drehachse liegen (Bild 17.11).

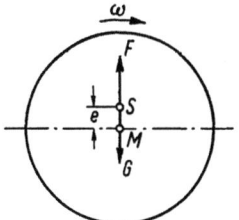

Bild 17.11 Unwucht eines einfachen Rotationskörpers

Hierdurch entstehen bei der Drehung eines Läufers *Fliehkräfte F*, die mit ihr umlaufen und um so größer sind, je höher die Drehzahl ist;

$$F = m \cdot e \cdot \omega^2 \quad \text{kp} \tag{8}$$

- m Masse des umlaufenden Teils, $m = \dfrac{G}{g}$ ..... N·s/m
- G Gewicht des umlaufenden Teils .... N
- g Normalfallbeschleunigung (hier $g = 981$ ... m/s²)
- e Exzentrizität des Schwerpunktes .... m
- ω Winkelgeschwindigkeit, $\omega = \dfrac{2 \cdot \pi \cdot n}{60}$ .... rad/s
- n Drehzahl des umlaufenden Teils .... Hz

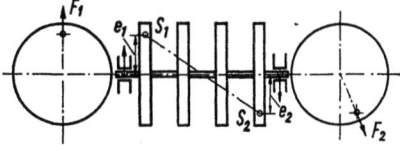

Bild 17.12 Unwucht eines zusammengesetzten Läufers

Diese Fliehkräfte beanspruchen die Lager oftmals mit dem Mehrfachen der gewichtsbedingten, normalen Lagerbeanspruchung und haben außerdem einen unruhigen Lauf zur Folge, da sie die Welle zu Schwingungen anregen, die bei der *kritischen Drehzahl* große Ausschläge annehmen.

Bei einem aus mehreren Teilen aufgebauten Läufer oder bei großer Läuferlänge kann zwar dadurch, daß sich die Fehler in der Schwerpunktslage der einzelnen Läuferteile ausgleichen, der *Gesamtschwerpunkt* auf der Rotationsachse liegen. Trotzdem entstehen durch die Einzelfehler der Teilschwerpunktslagen Fliehkräfte, die entsprechend den einzelnen Schwerpunktslagen in verschiedenen Richtungen wirken, die Lager beanspruchen und einen unruhigen Lauf zur Folge haben (Bild 17.12). I.a. werden jedoch vor dem Ausbalancieren sowohl der Gesamtschwerpunkt als auch die Einzelschwerpunkte außerhalb der Drehachse liegen.

Aus den bereits erwähnten Gründen ist es daher unbedingt notwendig, alle Teile, die mit höherer Drehzahl umlaufen, *statisch* und *dynamisch* auszuwuchten.

Das *statische* Auswuchten gestattet nur eine Korrektur der Lage des Gesamtschwerpunktes. Hierzu läßt man den Läufer auf zwei genau horizontalen Schneiden oder zwei Rollenböcken auspendeln, wobei sich die Seite, nach welcher der Schwerpunkt verlagert ist, nach unten einpendelt. Durch Anbringen entsprechender *Gegengewichte* auf der gegenüberliegenden Seite bzw. – soweit möglich – *Fortnehmen*

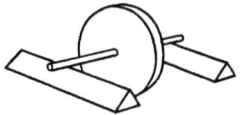

Bild 17.13 Statisches Auswuchten

von Material auf der gleichen Seite kann die Schwerpunktslage soweit korrigiert werden, daß der Läufer in keine bestimmte Lage mehr einpendelt (Bild 17.13).

Dieses Verfahren ist jedoch nur für einfache, kurze Rotationskörper, die mit geringen Drehzahlen umlaufen, verwendbar, weil die durch Verlagerung von Einzelschwerpunkten erzeugten Fliehkräfte und die hierdurch bedingten Unwuchten so *nicht* erkannt und beseitigt werden können.

Zum *dynamischen* Auswuchten von Läufern mit größerer Längenausdehnung bedient man sich der *Auswuchtmaschinen*, auf denen die bei der Drehung des Läufers auftretende Unwucht festgestellt wird.

Der auszuwuchtende Läufer wird in zwei Lager eingelegt. Diese Lager sind in der horizontalen Ebene in Führungen beweglich und durch Federn elastisch festgehalten. Sie können nach Bedarf festgesetzt werden. Um ihre vertikale Achse sind die Lager drehbar (Bild 17.14).

Der zu prüfende Läufer wird durch den Antrieb der Auswuchtmaschine auf Drehzahl gebracht. Eins der beiden Lager wird festgesetzt, während das andere in horizontaler Richtung durch die Federn

Bild 17.14 Prinzip der Auswuchtmaschine (Wuchtbank)

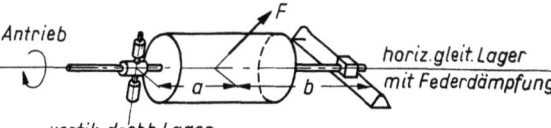

gehalten wird. Eine etwa vorhandene Unwucht wird versuchen, das Lager entgegen der Federspannung zu verschieben. Diese Verschiebung wird durch ein Schreibgerät aufgezeichnet, wodurch die Lage und Größe der Unwucht an der einen Seite des Läufers festgestellt und durch Gegengewichte ausgeglichen werden kann.

Die Unwucht auf der anderen Seite wird in gleicher Weise festgestellt und ausgeglichen, wobei das entsprechende Lager frei schwingen kann, während das andere festgesetzt ist.

Krititsche Drehzahl

Die *kritische Drehzahl* ist die Drehzahl, bei der die Fliehkräfte und die elastischen Rückstellkräfte bei jeder Auslenkung im Gleichgewicht sind. Sie fällt mit der *Eigenschwingungszahl* des Läufers zusammen. Kleine Fehler in der Schwerpunktslage lassen sich auch durch genaues Auswuchten nicht vollkommen ausgleichen. Durch die exzentrische Lage des Schwerpunktes werden bei einer Drehung Fliehkräfte erzeugt, die bei der kritischen Drehzahl den Läufer stark ausbiegen. Die Fliehkraft kann aus Gleichung (8) errechnet werden.

Beispiel 17.2: Für eine Unwucht von $G = 0,1$ N an einem Radius von $e = 0,2$ m ergibt sich aus Gleichung (8) bei einer Drehzahl von $n = 142$ Hz eine Fliehkraft von $F \approx 1500$ N

Diese Fliehkraft versucht den Läufer nach der Seite durchzubiegen, auf der der Schwerpunkt außerhalb der Drehachse liegt. Da sich der Läufer bereits infolge seines Eigengewichtes durchbiegt und um diese Biegelinie (I in Bild 17.15) umläuft, ergeben sich die in Bild 17.15 dargestellten Verhältnisse. Hier ist:

e Exzentrizität des Schwerpunktes,
y die durch die Fliehkraft F hervorgerufene zusätzliche Durchbiegung der Welle.

Infolge der Durchbiegung durch die Fliehkraft wird der Läufer entsprechend der Linie II in Richtung der Schwerpunktsverlagerung um den Betrag y durchgebogen und rotiert um die Linie I. Die Exzentrizität des Schwerpunktes ist dann:

$$r = y + e$$

und die Fliehkraft entsprechend

$$F = \frac{G}{g}(y + e) \cdot \omega^2 \qquad (8.1)$$

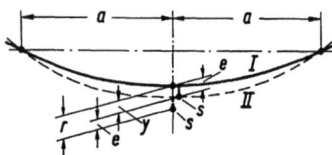

Bild 17.15 Durchbiegung einer Welle infolge von Eigengewicht und Fliehkraft

Im Schwerpunkt ist das Gewicht G des Läufers wirksam.

Der Fliehkraft F wirkt nun die Biegesteifigkeit der Welle entgegen, die vom Wellenquerschnitt und dem sich daraus ergebenden Trägheitsmoment I der Welle, dem Elastizitätsmodul E des Wellenmaterials und dem Abstand a des Schwerpunktes S von dem Auflager abhängig ist. Wenn die Kraft F_k notwendig ist, um die Welle um 1 cm durchzubiegen, dann ist die elastische Gegenkraft, die der Fliehkraft F bei der Durchbiegung y entgegenwirkt,

$$F_k \cdot y = F = \frac{G}{g}(y + e) \cdot \omega^2$$

Hieraus läßt sich die Durchbiegung errechnen. Sie ist

$$y = \frac{e}{\dfrac{F_k \cdot g}{G \cdot \omega^2} - 1} \qquad (9)$$

Wenn nun der Wert $\dfrac{F_k \cdot g}{G \cdot \omega^2} = 1$ wird, ergibt Gleichung (9) die Durchbiegung

$$y = \frac{e}{1-1} = \frac{e}{0} = \infty,$$

d.h., daß in diesem Falle die Welle zu Bruch geht, selbst wenn die ursprüngliche Exzentrizität e des Schwerpunktes sehr klein ist.

Aus der Beziehung $\dfrac{F_k \cdot g}{G \cdot \omega^2} = 1$ läßt sich nun die kritische Drehzahl bestimmen. Sie ist

$$\omega_k = \frac{\pi \cdot n_k}{30} = \sqrt{\frac{F_k \cdot g}{G}} \quad \text{rad/s}$$

oder, da $g \approx 100\,\pi^2$:

$$n_k \approx \sqrt{\frac{F_k}{G}} \quad \text{Hz} \qquad (10)$$

Wird durch das Gewicht G des Läufers, das in seinem Schwerpunkt S angreift, entgegen der Widerstandskraft F_k eine Durchbiegung f der Läuferwelle erzeugt, dann ist

$$f = \frac{G}{F_k}$$

und die kritische Drehzahl

$$n_k = \sqrt{\frac{1}{f}} \quad \text{Hz} \qquad (10.1)$$

Hieraus ist ersichtlich, daß die kritische Drehzahl zwar von einer noch so kleinen Schwerpunktsexzentrizität angeregt wird, daß sie aber andererseits nur von der Größe der Wellendurchbiegung, d.h. von der Biegesteifigkeit, abhängig ist. Die Biegesteifigkeit wächst mit der 4. Potenz des Läuferdurchmessers und nimmt mit 3. Potenz der Läuferlänge zwischen den Auflageflächen (Lagern) ab.

Wenn also die kritische Drehzahl sehr hoch (über dem normalen Drehzahlbereich) liegen soll, dann muß der Wellendurchmesser um so größer werden, je länger die Welle ist. Bei den Hauptturbinenanlagen, die mit Rücksicht auf die Manövrierfähigkeit in ihrem gesamten Drehzahlbereich von Null bis Überlast regelbar sein müssen, muß die kritische Drehzahl weit genug über der höchsten erreichbaren Drehzahl (*Schnellschlußdrehzahl*) liegen, um einen ruhigen und störungsfreien Betrieb bei allen Fahrtstufen zu gewährleisten. Die Betriebsdrehzahl liegt in diesem Falle *unter* der kritischen Drehzahl (*Unterkritischer Betrieb*). Diese Forderung wird von Überdruck- (Reaktions-) Turbinen, die infolge ihrer Trommelbauart sehr biegesteife Läufer haben, am leichtesten erfüllt. Bei Gleichdruck-(Aktions-) turbinen muß der Läufer möglichst kurz gehalten werden, um nicht zu große Wellendurchmesser zu bekommen, denn große Wellendurchmesser ergeben große Durchmesser der Zwischenstopfbuchsen, was wiederum größere Stopfbuchsverluste zur Folge hat.

Turbogeneratoren, die eine konstante Betriebsdrehzahl haben, werden häufig mit einer Betriebsdrehzahl, die *über* der kritischen Drehzahl liegt, gebaut (*Überkritischer Betrieb*). Beim An- und Absetzen muß das Gebiet der kritischen Drehzahl schnell durchfahren werden. Ein längeres Fahren im Gebiet der kritischen Drehzahl kann sich durch stark unruhigen Lauf bemerkbar machen und zu Schäden an den umlaufenden Teilen oder den Lagern führen.

17.2.4 Bauteile der Turbinen

Gehäuse

Die *Turbinengehäuse* umschließen die feststehenden und umlaufenden Teile der Turbine, in denen das Wärmegefälle in Arbeit umgesetzt wird. Die Gehäuse sind in ihrer horizontalen Mittelebene geteilt; alle Anschlüsse für den Zudampf, eingehängte Düsenkästen, Anzapf- und Entwässerungsleitungen sind angegossen oder angeschweißt; am Austritt aus der Beschaufelung sind sie zu einem Dampfsammelraum erweitert, an den die Überströmleitung bzw. der Abdampfstutzen anschließt. Bei Reaktionsturbinen ist die feststehende Beschaufelung in das Turbinengehäuse eingesetzt, bei Aktionsturbinen erhält das Gehäuse Ausdrehungen zur Aufnahme der Zwischenböden. An den Stirnflächen sind die Turbinengehäuse zur Aufnahme der Außenstopfbuchsen, die den Wellendurchtritt abdichten, eingerichtet. Die Gehäuseunterteile werden an ihren Stirnflächen mit den Lagerböcken verbunden, wobei darauf geachtet werden muß, daß sich die Gehäuse allseitig frei dehnen können, ohne ihre Mittellinie zu verlagern (besonders wichtig bei HD-Turbinen, bei denen die Wärmedehnung infolge der hohen Dampftemperaturen nennenswerte Größen annimmt). Das *HD-Turbinengehäuse* wird je nach der Dampftemperatur aus warmfestem Stahlguß oder aus Stahlguß hergestellt; die Flanschen der horizontalen Teilfuge sind mit Rücksicht auf die durch den inneren Dampfdruck verursachten Kräfte besonders kräftig ausgeführt und durch *Dehnschrauben*, deren Material der Dampftemperatur entsprechen muß, verbunden.

Um bei höheren Drücken und Temperaturen eine bei allen Betriebszuständen dichte Teilfuge zu erhalten, werden die Teilfugenschrauben nach dem Anziehen noch zusätzlich *geschrumpft*, d.h., sie werden im kalten Zustand angezogen, dann aufgeheizt, wofür sie in der Längsachse durchbohrt sind, und im warmen Zustand um ein bestimmtes Maß nachgezogen. Die hierfür vorgesehenen Vorschriften sind zu beachten, damit die Schrauben nicht überreckt werden. Die Gehäuseteile werden gegeneinander durch eine Anzahl Paßschrauben fixiert. Die Teilfuge wird bei höheren Dampfdrücken auftuschiert, um ein besseres Dichthalten zu gewährleisten (Bild 17.16).

Das *ND-Turbinengehäuse* ist durch Dampfdruck und Temperatur meist weniger beansprucht. Es wird daher oft als Schweißkonstruktion ausgeführt. Dann besteht der *Zylinder*, der die feststehenden Schaufeln oder Zwischenböden aufnimmt, aus Stahlguß und ist in ein Gehäuse aus Stahlblech eingeschweißt oder frei eingehängt, damit er sich infolge der Erwärmung nach allen Richtungen frei dehnen kann, ohne seine zentrische Lage zu verlieren. Er ragt in den weiten Abdampfraum hinein und ist dort an seiner horizontalen Teilfuge zusammengeschraubt; daher muß beim Öffnen von ND-Turbinen auf innen liegende Teilfugenschrauben geachtet werden (Bild 17.17).

Lager

Die *Lagerböcke* haben die Aufgabe, das Turbinengehäuse auf dem Fundament abzustützen und die Lager für den Turbinenläufer aufzunehmen. Sie werden aus Gußeisen, Stahlguß oder als Schweißkonstruktion hergestellt. Bei der Verbindung der Lagerböcke mit dem Turbinengehäuse ist besonders auf der HD-Einströmseite darauf zu achten, daß sich das Turbinengehäuse frei dehnen kann, ohne seine Mittenlage zu verändern. Dies wird dadurch erreicht, daß das Turbinengehäuseunterteil mit den Lagerböcken über drei *Keile* verbunden wird, von denen zwei horizontal möglichst nahe der Teilfuge angeordnet werden, während der dritte vertikal unter der Gehäusemitte liegt.

Die Schraubenverbindung muß dem Gehäuse ein *Gleiten* auf diesen Keilen gestatten, darf also nicht zu fest angezogen sein. In horizontaler, radialer Richtung kann das Gehäuse auf den horizontalen Keilen gleiten, während es durch den vertikalen Keil

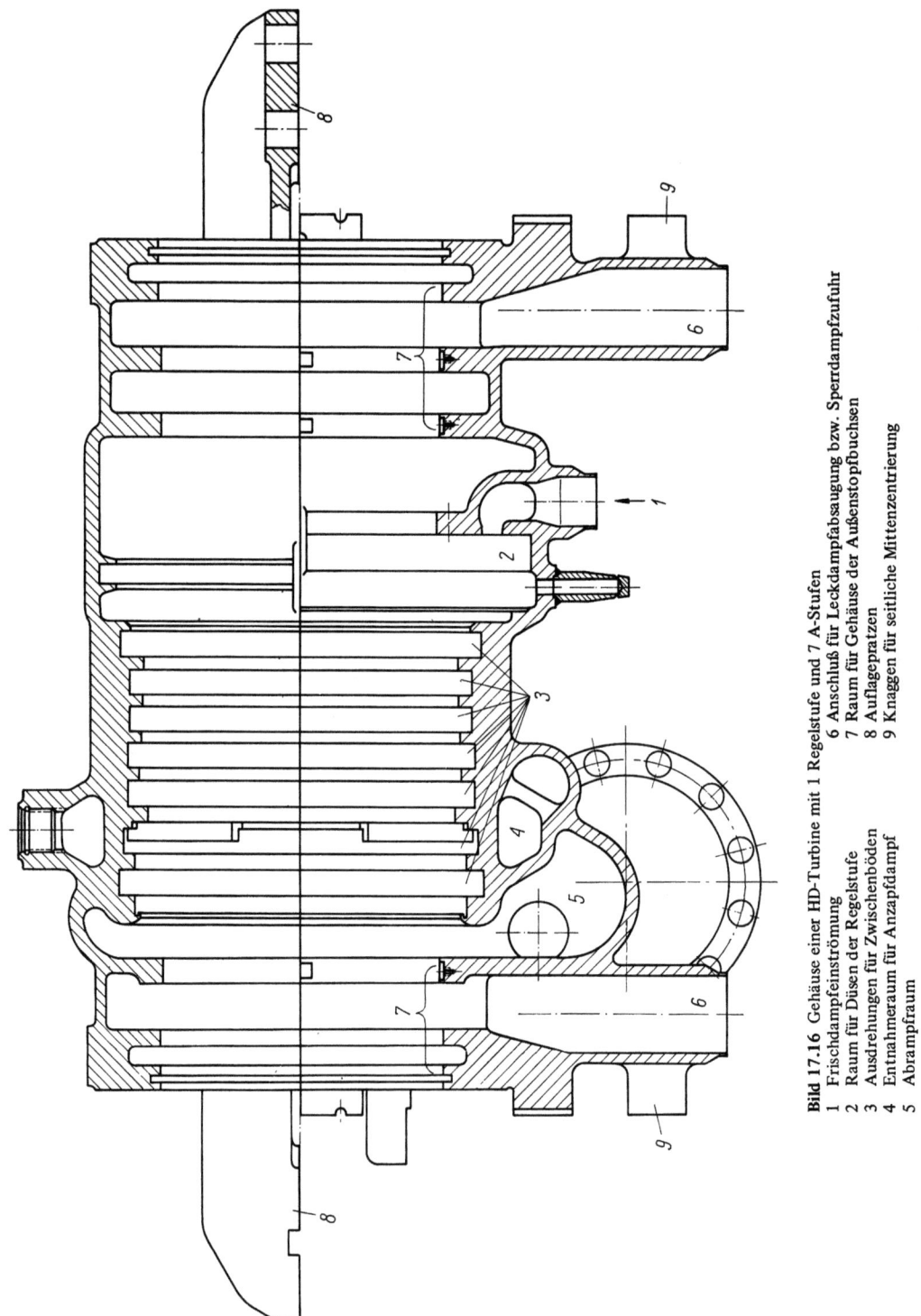

Bild 17.16 Gehäuse einer HD-Turbine mit 1 Regelstufe und 7 A-Stufen
1 Frischdampfeinströmung
2 Raum für Düsen der Regelstufe
3 Ausdrehungen für Zwischenböden
4 Entnahmeraum für Anzapfdampf
5 Abrampfraum
6 Anschluß für Leckdampfabsaugung bzw. Sperrdampfzufuhr
7 Raum für Gehäuse der Außenstopfbuchsen
8 Auflagepratzen
9 Knaggen für seitliche Mittenzentrierung

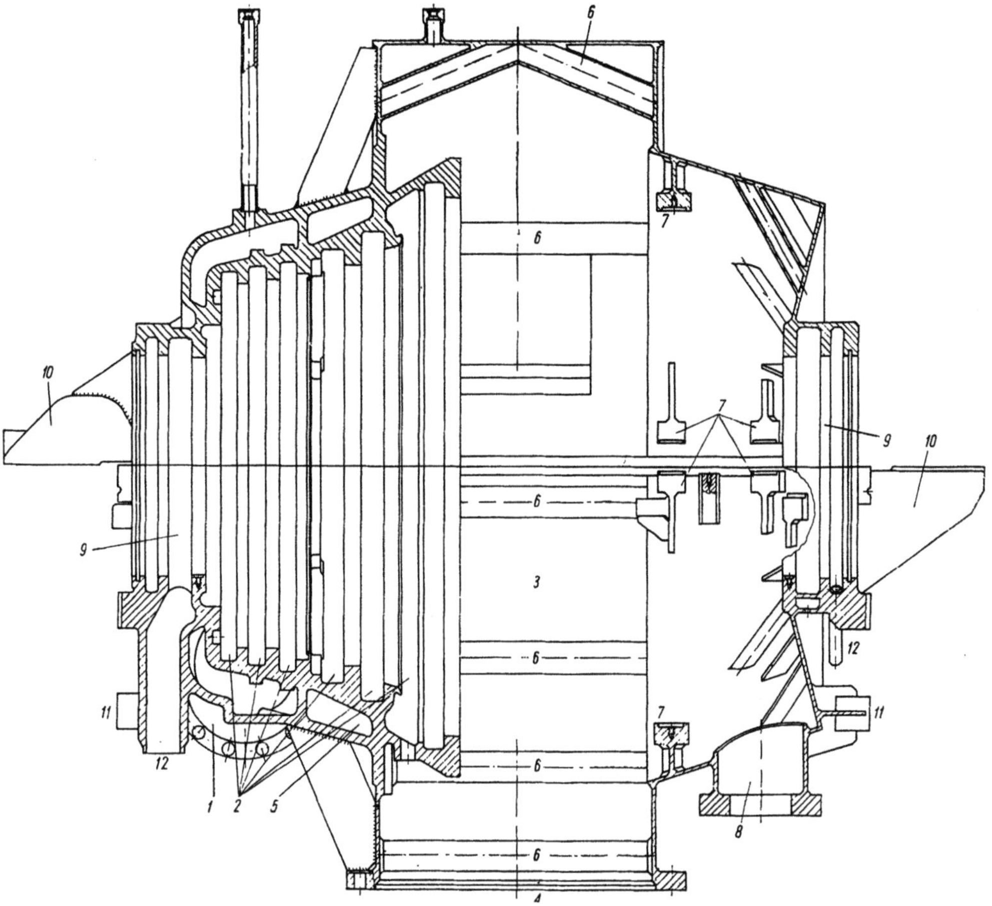

Dampfturbinen

Bild 17.17 Gehäuse einer ND-Turbine mit 6 A-Stufen im Vw-Teil und Rw-Turbine
1 Dampfeinströmung (von der HD-Turbine)
2 Ausdrehungen für Zwischenböden
3 Abdampfraum
4 Anschluß zum Kondensator
5 Entnahmeraum für Anzapfdampf
6 Versteifungen im Abdampfraum
7 Halterungen für das Gehäuse der Rw-Turbine
8 Zudampfeintritt zur Rw-Turbine
9 Raum für Gehäuse der Außenstopfbuchsen
10 Auflagepratzen
11 Knaggen für seitliche Mittenzentrierung
12 Leckdampfabsaugung bzw. Sperrdampfzufuhr

in seiner horizontalen Mittenlage gehalten wird. In radialer, vertikaler Richtung kann es auf dem vertikalen Keil gleiten, während es durch die horizontalen Keile in seiner vertikalen Mittenlage gehalten wird (Bild 17.18). Gehäuse, die infolge von hohen Dampftemperaturen besonders warm werden, können auch durch zwei Pratzen mit dem Lagerbock verbunden werden, die fest am Gehäuse befestigt werden und auf dem Lagerbock in Höhe der Turbinenachse gleitend aufliegen (Bild 17.19). Seitlich wird das Turbinengehäuse gegen den Lagerbock durch einen in der senkrechten Achsebene angeordneten Sporn oder Führungskeil festgelegt. Der

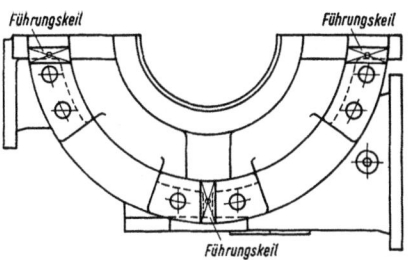

Bild 17.18 Befestigung des Lagerbocks am Turbinengehäuse

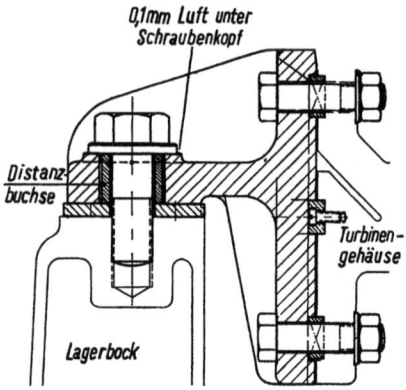

Bild 17.19 Pratze zur Verbindung von Turbine und Lagerbock

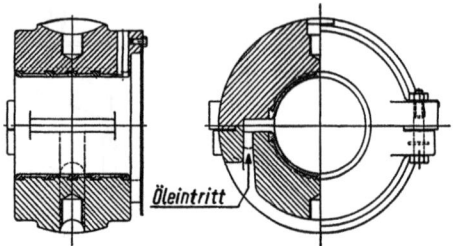

Bild 17.20 Turbinentraglager mit balliger Auflagefläche

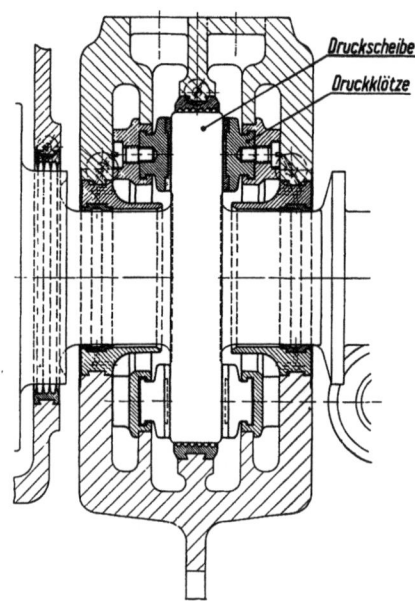

Bild 17.21 Einscheiben-Kippsegmentdrucklager für einen Turbinenläufer

hintere Lagerbock ist auf dem Getriebegehäuse oder dem Fundamen starr befestigt, während der vordere Lagerbock auf dem Fundament gleiten kann, um die Längenausdehnung des Turbinengehäuses aufzunehmen. In axialer Richtung wird dieser Lagerbock durch einen Führungskeil oder seitliche Führungen geführt. Die *Längendehnung* eines HD-Gehäuses infolge der Erwärmung durch den Dampf kann etwa 3...5 mm betragen. Die Lagerböcke tragen die *Stühle* für die Turbinentrag- und Drucklager und nehmen den Reglerantrieb bzw. den Schnellschlußregler auf. Sie sind öldicht ausgeführt, so daß sich das aus den Lagern austretende Öl in ihnen sammeln kann.

Die *Turbinentraglager* tragen den Turbinenläufer und sind in die Lagerstühle der Lagerböcke mit zylindrischen oder balligen Auflageflächen eingesetzt. Letztere sollen es der Lagerschale ermöglichen, sich unter Belastung entsprechend *einzustellen*. Haben sich die balligen Lagerschalen einmal in ihre richtige Lage eingestellt, können sie durch *Druckschrauben* oder durch den Lagerdeckel festgesetzt werden. Gegen Verdrehen im Lagerstuhl werden die Lagerschalen durch Nasenkeile gesichert. Ober- und Unterschale werden durch Paßstifte gegeneinander festgelegt. Die Lagerschalen werden aus Gußeisen oder Stahl gefertigt und erhalten einen Ausguß aus Weißmetall, der durch Schwalbenschwanz-Längs- und Quernuten gehalten wird. Die Schalen haben (wegen der wechselnden Drehrichtung) beiderseits *Ölkammern*, denen das Schmieröl durch eingegossene Kanäle im Lagerstuhl, durch Ringnuten am äußeren Umfang der Lagerschale und durch Bohrungen zugeführt wird. Aus den Ölkammern gelangt das Schmieröl in die keilförmigen *Öltaschen*, aus denen es vom Wellenzapfen bei der Drehung mitgenommen wird (Bild 17.20). Das Scheitelspiel für Lagerschalen beträgt etwa $d/1000$ mm, wird jedoch bei schnellaufenden Zapfen mit kleinen Durchmessern etwas größer gehalten. An den Enden der Lagerschalen müssen diese im Bereich der Teilfuge etwas frei gearbeitet werden, damit genügend Öl das Lager passieren kann, um es zu kühlen. Die Traglager erhalten *Meßeinrichtungen* zum Feststellen der Lagerabnutzung und Thermometer zum Messen der *Lagertemperatur*. Diese ragen entweder in die Lagerschale bis kurz vor das Weißmetall hinein, oder sie messen die Temperatur des ablaufenden Öls.

Die Turbinendrucklager sollen den axialen Schub der Turbinenläufer aufnehmen und sie in Längsrichtung festlegen. Sie sind oft mit einem Traglager zusammengebaut und als *Einscheiben-* oder *Schulterklotzdrucklager* ausgebildet (Bild 17.21 und Bild 17.22). Der Druck wird von den Druckscheiben auf

Dampfturbinen

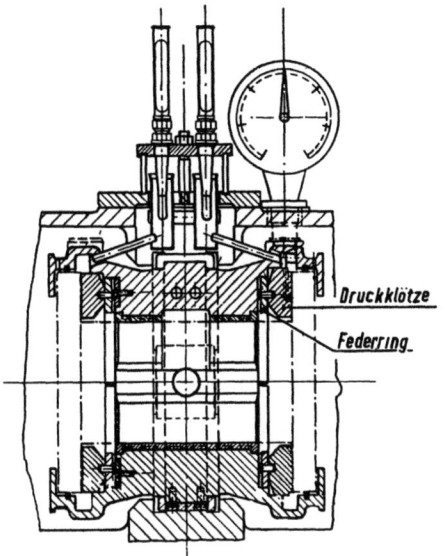

Bild 17.22 Kombiniertes Druck- und Traglager mit zwei Wellenbunden

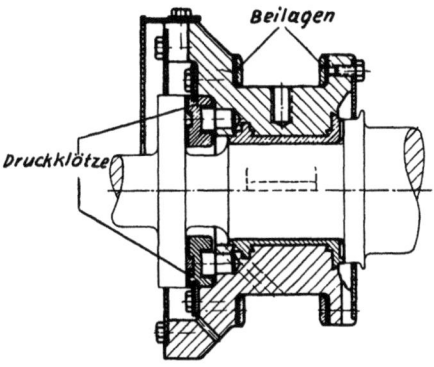

Bild 17.23 Einseitiges Einscheibendrucklager mit einem Traglager zusammengefaßt

Segmentklötze übertragen, die *drehbar* und zum Teil auch *federnd* auf *Druckringen* im Drucklagergehäuse gelagert sind, damit sich ein Ölkeil zwischen Druckscheibe und Druckklötzen einstellen kann. Die Druckklötze werden oft mit Rücksicht auf die Notlaufeigenschaften aus Bronze hergestellt und erhalten eine Lauffläche aus Weißmetall, die teilweise *schwächer* ist als das kleinste Schaufelspiel. Hierdurch soll vermieden werden, daß beim Auslaufen des Weißmetalls im Drucklager die Schaufeln anstreifen können. Die Druckklötze haben abgerundete Anlaufkanten und schräge Anlaufflächen, die etwa 1/3 der Druckfläche des Klotzes einnehmen,

um die Bildung des Ölkeiles zu begünstigen. Drucklager für Turbinenanlagen mit Rw-Turbine müssen zweiseitig ausgeführt werden. Für Turbinen mit nur einer Drehrichtung genügen einseitige Drucklager (Bild 17.23). Geschmiert werden die Drucklager aus der Schmieröl-Druckleitung. Dabei soll das Öl den Druckklötzen von *innen* her zugeführt werden und das Drucklagergehäuse *oben* verlassen, damit dieses immer mit Öl gefüllt ist. Die Temperatur des ablaufenden Öls wird durch Thermometer überwacht.

Durch *Beilagen* hinter den Druckringen kann sowohl die axiale Lage des Läufers berichtigt als auch das Drucklagerspiel eingestellt werden. Letzteres soll bei kleinen Turbinen (Turbogeneratoren u.a.) etwa 0,2 mm und bei Hauptturbinen etwa 0,4 mm betragen. Bei Hauptturbinen kann die Lage des Läufers in Längsrichtung und damit auch die Drucklagerabnutzung durch den *Wellenlagenanzeiger* (s. Hauptabschnitt 06.) überprüft werden.

Läufer

Die *Turbinenläufer* tragen die umlaufende Beschaufelung und geben die in der Turbine gewonnene Leistung an die Turbinenkupplung ab. *HD-Turbinenläufer* werden entsprechend der Dampftemperatur aus warmfestem, legiertem Stahl, *ND-Läufer* aus legiertem Stahl hergestellt.

Die HD-Läufer der *Aktionsturbinen* sind meistens aus einem Stück geschmiedet und die Laufscheiben sind aus dem Vollen herausgestochen. Sie werden, um den Druckausgleich sicher zu erzielen (vor und hinter einer Laufscheibe soll gleicher Druck herrschen), besonders im Bereich der höheren Drücke vielfach *durchbohrt* und nehmen an ihrem Umfang die Laufschaufeln auf. Zwischen den Laufscheiben ist Raum für die Zwischenstopfbuchsen vorgesehen (Bild 17.24). Die HD-Läufer von *Reaktionsturbinen* sind aus einem Stück gefertigt oder aus mehreren Teilen zusammengesetzt; sie haben im Bereich der Beschaufelung hohlgebohrte *Trommeln*, auf die die Beschaufelung aufgesetzt ist. Weiterhin erhalten sie einen *Ausgleichskolben*, der den von der Reaktionsbeschaufelung herrührenden *Axialschub* ausgleichen soll (Bilder 17.25 und 17.26).

ND-Läufer für *Aktionsturbinen* werden wie die HD-Läufer als Einstückläufer aus dem Vollen hergestellt. Die Laufscheiben der Rw-Turbine werden fast stets am Abdampfende auf die ND-Läuferwelle aufgesetzt, da angedrehte Laufscheiben die Verwendung von *Steckfußschaufeln* (Bild 17.29) nicht zulassen würden, weil die für die Befestigungsbolzen notwendigen Löcher in der letzten ND-Scheibe nicht gebohrt und gerieben werden können. In diese Laufscheiben sind *Buchsen* eingeschrumpft und gegen die Scheiben durch radiale *Dübel* gesichert. Laufscheibe und Buchse werden wiederum warm auf die Welle aufgezogen, wobei die Buchse durch

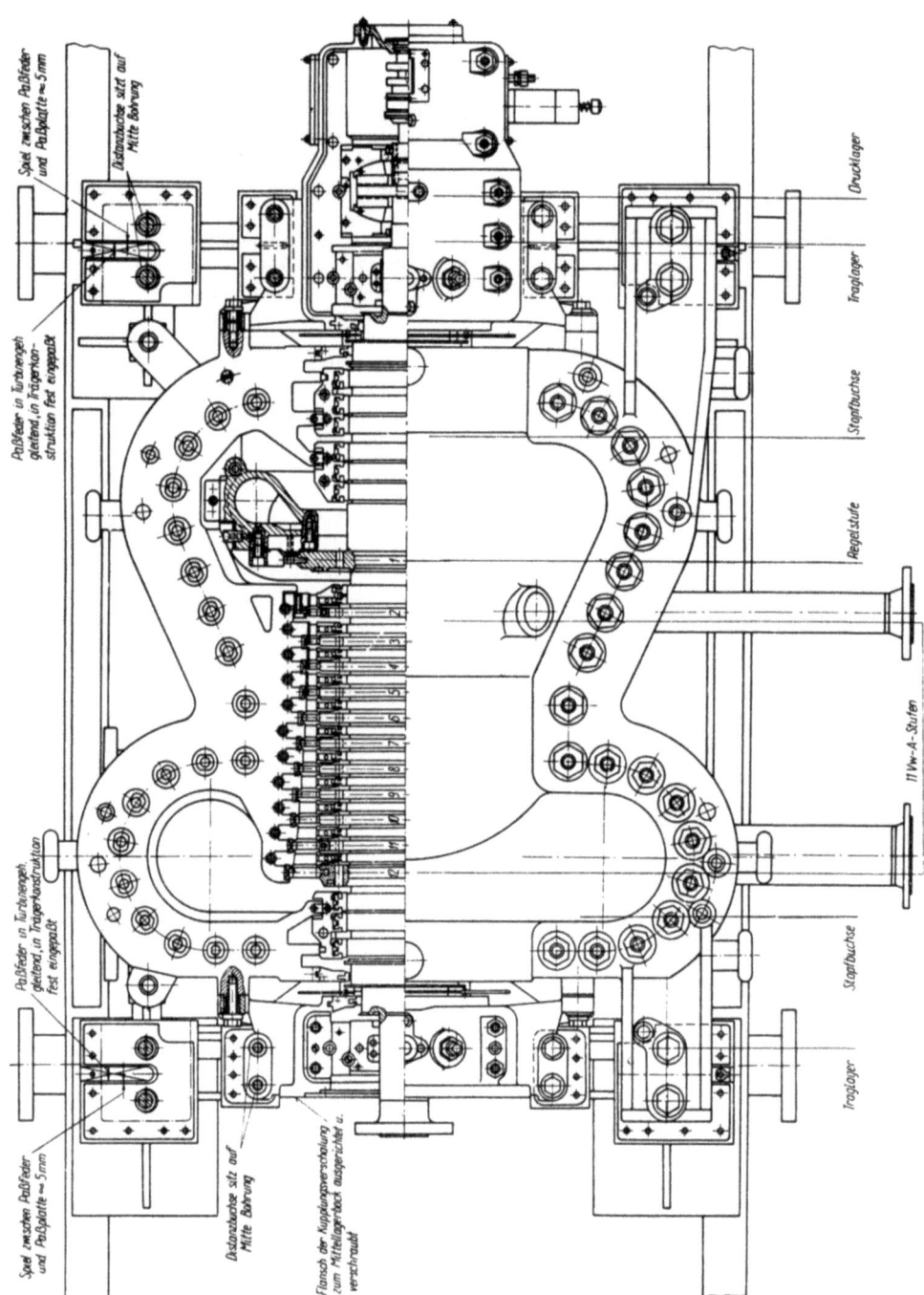

Bild 17.24 HD-Turbine in Gleichdruckbauart

Dampfturbinen

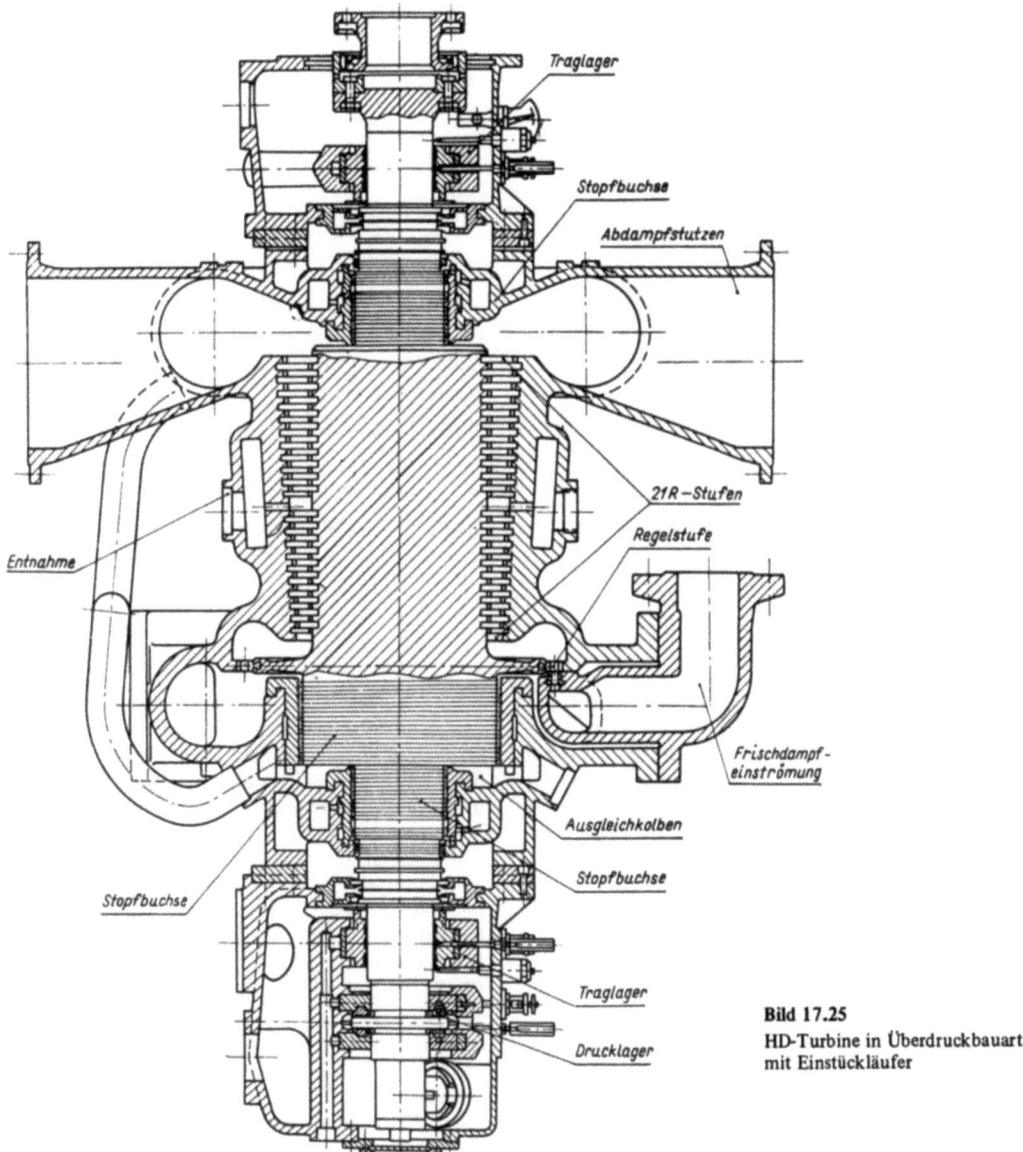

Bild 17.25
HD-Turbine in Überdruckbauart mit Einstückläufer

flache Keile gegen Verdrehen auf der Welle gesichert wird. Die Radscheibe wird durch die Fliehkraft erheblich beansprucht, so daß sich der Schrumpfsitz der Scheibe auf der Buchse gegebenenfalls, besonders wenn die Maschine noch nicht genügend durchgewärmt ist, lösen kann (Radscheibe warm, Welle noch kalt). Die Scheibe wird aber auch in diesem Fall von den sauber eingepaßten Radialbolzen in ihrer Lage gegenüber der Buchse gehalten. Die Buchse selbst ist infolge ihres geringen Durchmessers kaum durch die Fliehkraft beansprucht, so daß ihr Schrumpfsitz auf der Welle auch bei ungünstigen Verhältnissen immer gewahrt bleibt. Außerdem ist sie durch den Keil zusätzlich gesichert (Bild 17.27). Zwischen dem letzten ND-Vw-Laufrad und der Rw-Turbine ist eine *Dampfabweiserscheibe* angeordnet, die verhindern soll, daß der aus der Rw-Turbine austretende Abdampf in die Vw-Beschaufelung bläst und umgekehrt. ND-Läufer, für *Reaktionsturbinen* zeigen grundsätzlich denselben Aufbau wie die entsprechenden HD-Läufer, sind jedoch meistens infolge ihrer Größe aus mehreren Teilen zusammengesetzt. Die Laufscheiben für die Rw-Turbine werden aus dem vollen

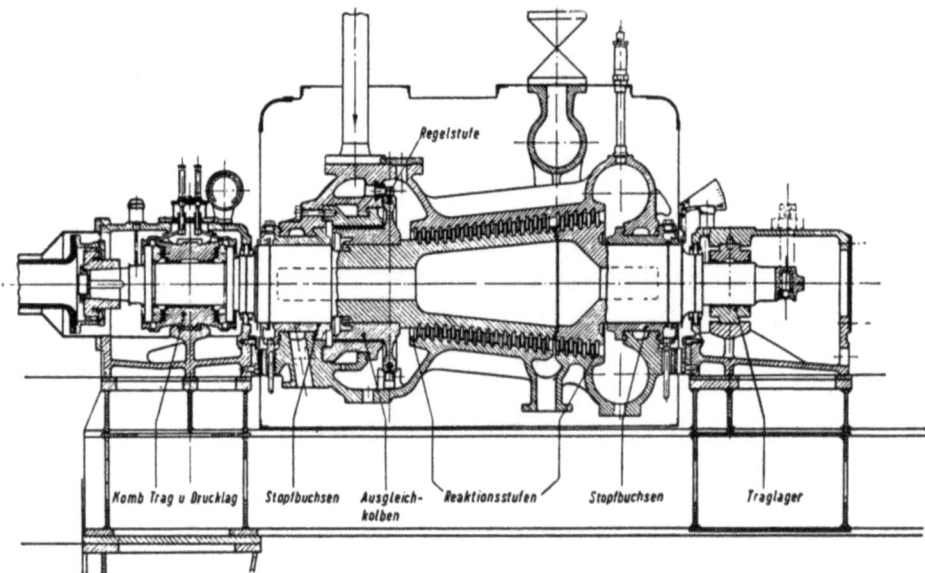

Bild 17.26 HD-Turbine in Überdruckbauart mit gebautem Läufer

Trommelmaterial herausgearbeitet (Bild 17.28). HD- und ND-Turbinenläufer werden bei ihrer Fertigung einer *Warmlaufprobe* unterzogen, wobei festgestellt werden soll, ob und wie weit sich der Läufer unter dem Einfluß der Erwärmung *verzieht*. Nach dem letzten Arbeitsgang und auch nach Reparaturarbeiten an ihnen müssen sie genauestens dynamisch ausgewuchtet werden.

Beschaufelung

Die Beschaufelung ist in *Ringnuten* des Turbinenläufers (Scheibenläufer oder Trommel) eingesetzt und wird durch geeignet ausgebildete *Füße* gegen die Fliehkraft in den entsprechend ausgedrehten Nuten gehalten. Unter Berücksichtigung der Fliehkraftbeanspruchung des Scheibenkopfes, bzw. der Nutenumgebung sowie der Schaufelfüße verwendet man verschiedene Fuß- und Nutenformen wie z.B. *Hammerkopffuß, Sägezahnfuß, Tannenzapfenfuß, Reiterfuß* und *Steckfuß*. Die Schaufeln werden aus gewalzten, gezogenen oder gefrästen Profilen hergestellt. Hierbei haben Blatt und Fuß denselben Querschnitt; die Zwischenräume zwischen den einzelnen Schaufeln werden durch *Füllstücke* ausgefüllt. Hoch beanspruchte Schaufeln werden aus dem Vollen gefräst, wobei der Fuß so ausgeführt wird, daß die Schaufeln ohne Füllstücke aneinandergereiht werden können. Schaufeln und Füllstücke werden durch eine Öffnung in die entsprechend ausgedrehten Ringnuten eingeführt. Die Öffnung wird anschließend durch ein *Schloß* dichtgesetzt und gesichert. Die hochbeanspruchten, langen Schaufeln der letzten ND-Stufe von Aktionsturbinen werden oftmals mit Steckfuß auf die Radscheiben aufgesetzt und durch leicht konische Stifte, die mit gleichmäßigem Druck eingetrieben und durch Überstemmen gesichert werden, befestigt. Diese Befestigungsart ist nur bei Radscheiben möglich, die es gestatten, Löcher für die Stifte zu bohren; sie hat den Vorteil, daß einzelne Schaufeln ausgewechselt werden können, ohne eine mehr oder weniger große Zahle von Schaufeln bis zum Radschloß herausnehmen zu müssen (Bild 17.29).

Die Schaufelprofile für *Aktionsturbinen* sind so ausgebildet, daß der Kanalquerschnitt in Richtung des Dampfstromes annähernd gleich bleibt. Hierdurch ergibt sich ein kräftiger Schaufelquerschnitt. Die Beschaufelung wird bei Turbinen mit hoher Drehzahl meist füllstücklos ausgeführt. Zur *Begrenzung des Dampfstromes* und Beeinflussung des Schwingungsverhaltens werden auf den Schaufelreihen *Deckbänder* angeordnet, die durch aus den Schaufeln herausgearbeitete *Nietzapfen* mit diesen verbunden werden und wegen der Wärmedehnung am Umfang unterteilt sind. Schaufelreihen mit sehr langen Schaufeln werden, um eine zusätzliche Beanspruchung durch die erhöhte Fliehkraft zu vermeiden, ohne Deckbänder ausgeführt.

Die radialen Schaufelspiele betragen etwa 3...5 mm, die axialen Spiele zwischen Düse und Laufkranz etwa 3...6 mm und zwischen Laufkranz und folgender Düse etwa 4...8 mm.

Die Schaufelprofile für *Reaktionsturbinen* ergeben einen sich stetig verengenden Querschnitt des

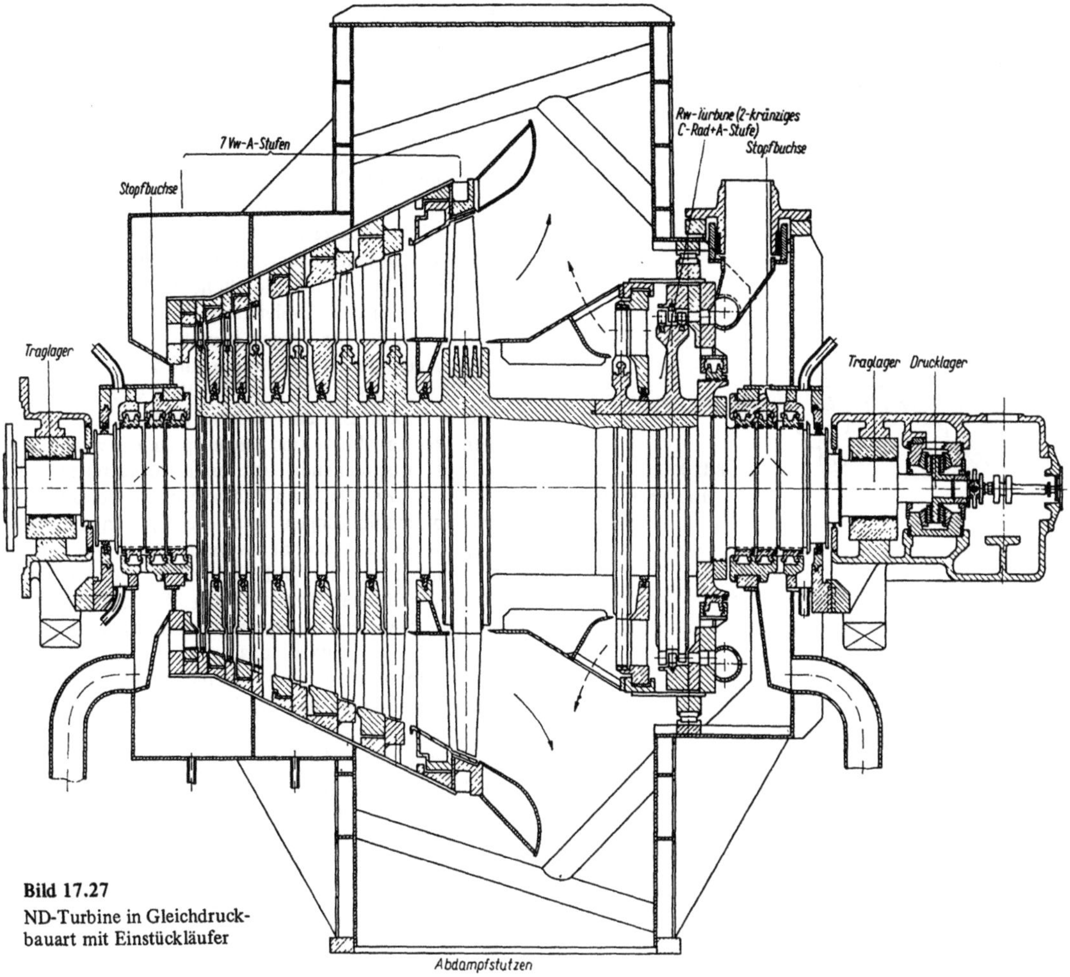

Dampfturbinen

Bild 17.27
ND-Turbine in Gleichdruckbauart mit Einstückläufer

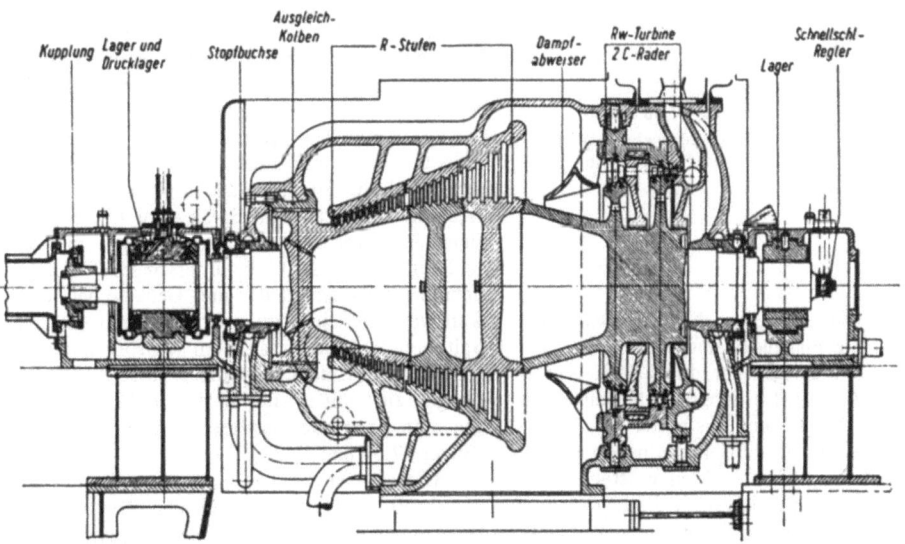

Bild 17.28 ND-Turbine in Überdruckbauart mit gebautem Läufer

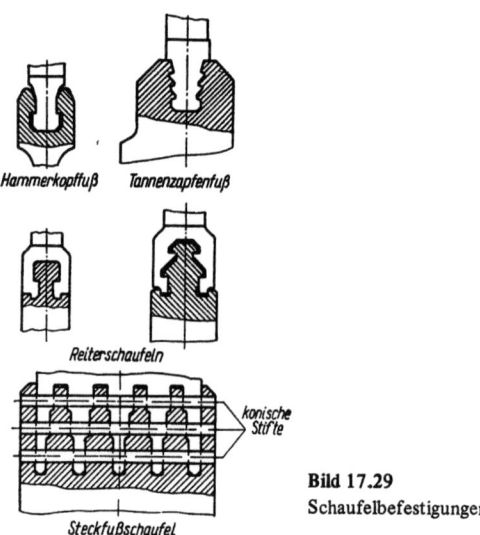

Bild 17.29
Schaufelbefestigungen

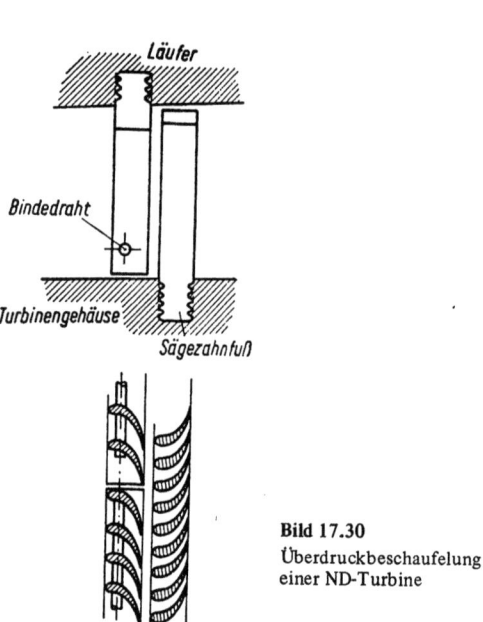

Bild 17.30
Überdruckbeschaufelung einer ND-Turbine

Dampfkanals. Die im Querschnitt schwächeren Schaufeln und die Füllstücke sind meist aus Profilen hergestellt und gelegentlich durch *Bindedrähte* gegeneinander versteift. Der Kopf der Schaufeln ist oft zugeschärft, damit beim Anstreifen der Schaufeln am Gehäuse infolge des sehr geringen radialen Schaufelspiels kein großer Schaden entsteht (Bild 17.30). Die radialen Schaufelspiele betragen etwa 0,7 ... 1,5 mm, die axialen Spiele zwischen Leitschaufel- und Laufschaufel etwa 1,5 ... 5 mm und zwischen Laufschaufel und folgender Leitschaufel etwa 3 ... 6 mm, wobei die Spiele in Richtung des Dampfstromes zunehmen.

Stopfbuchsen

Die *Außenstopfbuchsen* dichten das Turbinengehäuse an den Wellendurchtritten nach außen hin ab. Sie sind als *Spitzendichtungen* ausgebildet, bei denen die in jeder Dichtungsstelle erzeugte Dampfgeschwindigkeit durch plötzliche Vergrößerung des Spaltquerschnittes (Umlenkung, Verwirbelung) vernichtet wird. Die engen Spalte werden durch Spitzen gebildet, die entweder auf dem feststehenden Stopfbuchsteil oder auf der Welle oder auch auf beiden sitzen. Um eine bessere Dichtung zu erreichen, können kurze und lange Spitzen abwechseln, die auf entsprechende Vor- und Rücksprünge auf der Welle bzw. der Stopfbuchse weisen. Bei gedrehten Spitzendichtungen sind die Spitzen an der Stopfbuchse angeordnet, während sich Vor- und Rücksprung auf der Welle befinden. Dies hat den Vorteil, daß bei Beschädigung der Spitzen die Stopfbuchsen leicht ausgewechselt werden können. Bestehen die Spitzen aus eingesetzten, dünnen Blechstreifen, dann sind sie meist auf der Welle angeordnet, da sie dort leichter angebracht werden können. Vor- und Rücksprung befinden sich dann in der Stopfbuchse. Die Stopfbuchsen sind geteilt und in das ebenfalls geteilte *Stopfbuchsgehäuse* bzw. direkt in das Turbinengehäuse eingehängt. Die Dichtwirkung der *Labyrinthstopfbuchsen* ist von der Anzahl der Drosselstellen (Anzahl der Spitzen) abhängig. Stopfbuchsen, die gegen hohen Innendruck (HD-Eintrittsseite) dichten müssen, haben daher eine große Anzahl von Spitzen, die auf mehreren Stopfbuchsringen untergebracht sind. Gedrehte Spitzendichtungen werden aus *Nickelbronze*, einem Material, das wärmebeständig ist und sich beim Anstreifen an den Läufer bei geringer Wärmeentwicklung schnell abnutzt, hergestellt. Die radialen Spiele zwischen Spitze und Läufer betragen etwa 0,3 ... 0,4 mm. Die Spitze selbst ist an ihrem Ende etwa 0,1 ... 0,2 mm breit. Bei in den Läufer eingesetzten Blechstreifen, die aus rostfreiem Stahl gefertigt werden, betragen die Spiele etwa 0,5 ... 0,9 mm. Beim Einsetzen von Spitzendichtungen mit Vor- und Rücksprung ist auf die unterschiedliche Längendehnung zwischen Läufer und Gehäuse bei der Erwärmung Rücksicht zu nehmen, damit die lange Spitze nicht seitlich an dem Vorsprung anläuft. Um die Stopfbuchsen in die richtige axiale Lage bringen zu können, sind an den seitlichen Führungen der Stopfbuchsgehäuse Beilagen vorgesehen (Bilder 17.31 und 17.32).

Ausgleichskolben werden in derselben Weise wie die Wellenzapfen abgedichtet. Um eine Abnutzung der Dichtspitzen beim gelegentlichen Anstreifen des

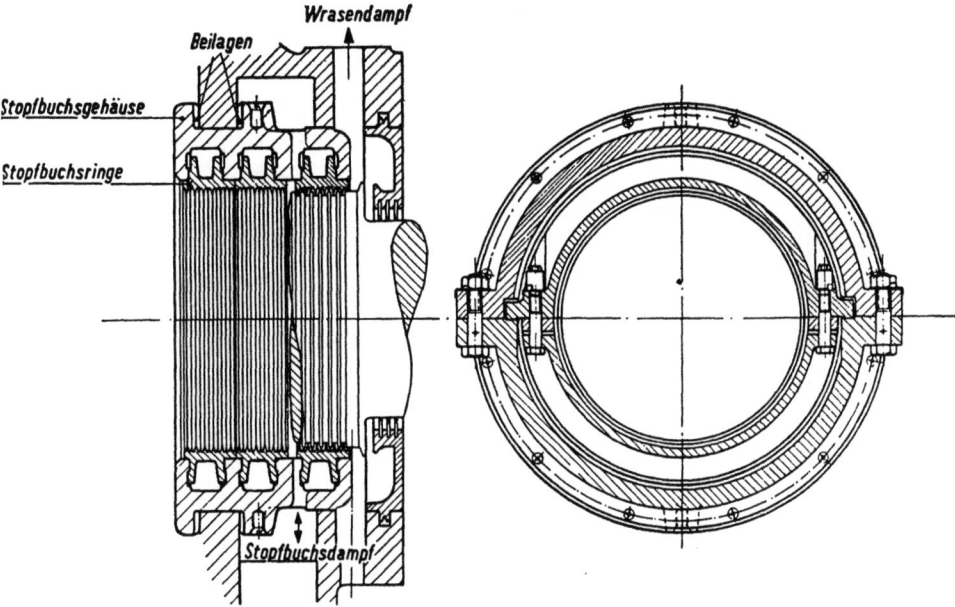

Bild 17.31 Außenstopfbuchse mit Vor- und Rücksprung auf der Welle

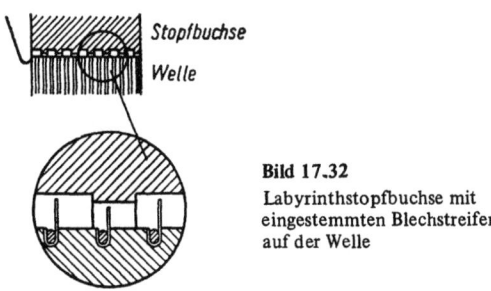

Bild 17.32
Labyrinthstopfbuchse mit eingestemmten Blechstreifen auf der Welle

Läufers und eine hierdurch bedingte lokale Erwärmung des Läufers nach Möglichkeit zu vermeiden, sind Stopfbuchsen mit *mehrfach geteilten* (4 ... 6 mal) Dichtringen, deren einzelne Segmente *federnd* abgestützt sind, entwickelt worden (Bild 17.33). Die einzelnen Segmente des sechsfach unterteilten Dichtungsringes in Bild 17.33.1 werden durch *Blattfedern* mit ihrem Führungsbund gegen einen entsprechenden Anschlag im Stopfbuchsgehäuse gedrückt, wodurch das kleinste Stopfbuchsspiel zwischen Dichtspitzen und Welle festgelegt ist. Eine Ausführung mit Schraubenfedern zeigt Bild 17.33.2. Bei eventuellem Anstreifen der Welle an den Dichtsegmenten können diese gegen die Federkraft nach außen ausweichen. *Stopfbuchsdampfausgleich.* Die Stopfbuchsdampfanschlüsse der Außenstopfbuchsen ein- und mehrgehäusiger Turbinen sind durch Rohrleitungen an das *Stopfbuchsdampfausgleichsgefäß* angeschlossen und dadurch untereinander verbunden. Die unter Überdruck stehenden Stopfbuchsen geben über diese Verbindungsleitungen ihren überschüssigen Dampf an das Ausgleichsgefäß ab, während die Stopfbuchsen, die unter Vakuum stehen, den benötigten *Sperrdampf* dem Ausgleichsgefäß entnehmen (mit Rücksicht auf das Kondensatorvakuum darf möglichst keine Luft in den Kondensator eindringen, daher muß mit Dampf gesperrt werden (s. Abschnitt 17.3); Überschüssiger Leckdampf wird über ein Regelventil in den *Stopfbuchsdampfkondensator* abgeleitet. Steht z. B. beim Manövrieren nicht genügend Leckdampf zum Sperren der unter Vakuum stehenden Stoffbuchsen zur Verfügung, dann kann dem Ausgleichsgefäß über ein Regelventil Dampf aus einer Hilfsdampfleitung zugeführt werden. Die beiden Regelventile für Absaugung und Sperrdampf können zusammengefaßt und selbsttätig geregelt werden. Da bei normalem Betrieb die HD-Stopfbuchse zu viel überschüssigen Dampf in das Ausgleichsgefäß liefern würde, ist sie vor dem Anschluß an das Ausgleichsgefäß nochmals angezapft und mit der *Überströmleitung* verbunden. Durch diese Leitung wird ein Teil des Leckdampfes der Turbine zum Verrichten von Arbeit wieder zugeführt. Der Leckdampf, der auch den letzten Stopfbuchsring passiert hat, wird aus dem Wrasenraum der Stopfbuchse in den *Wrasendampfkondensator* abgesaugt. Die Menge des Wrasendampfs kann durch

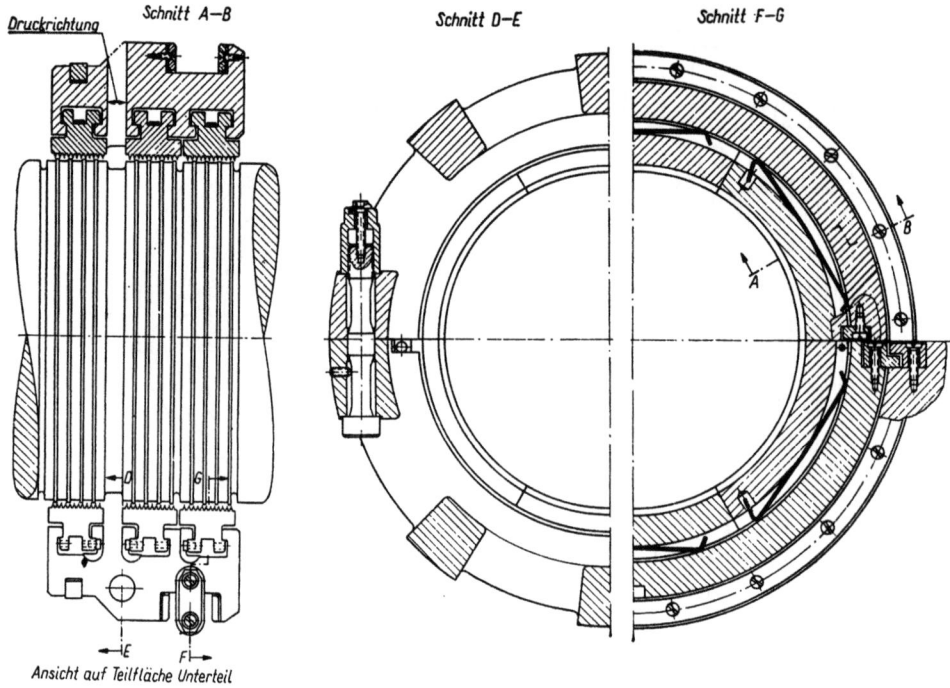

Druckrichtung Schnitt A–B   Schnitt D–E   Schnitt F–G

Ansicht auf Teilfläche Unterteil
17.33.1 Blattfedern

17.33.2 Schraubenfedern

Bild 17.33 Außenstopfbuchsen mit federnden Dichtungsringen

den Druck im Ausgleichsgefäß, der den Druck vor dem letzten Stopfbuchsring der einzelnen Stopfbuchsen bestimmt, eingesteuert werden. Eine gute Einsteuerung des Drucks im Ausgleichsgefäß (normal ganz wenig über dem atmosphärischen Druck) kann die Wrasendampfmenge sehr klein halten. Ist der Druck im Ausgleichsgefäß zu hoch, dann wrasen die Turbinen, ist er zu niedrig, dann saugen die Vakuumstopfbuchsen Luft und das Vakuum wird schlechter (Bild 17.34).

Die *Innenstopfbuchsen* dichten bei Aktionsturbinen den Wellendurchtritt von der einen zur anderen Stufe ab. Sie sind geteilt und in die gleichfalls geteilten Zwischenböden eingehängt. Ihre Ausführung entspricht der von Außenstopfbuchsen. Sie haben jedoch eine geringere Anzahl von Spitzen, da der Druckunterschied, gegen den sie dichten müssen, geringer ist, und da die Baulänge mit Rücksicht auf die Gesamtlänge des Läufers zwischen den Lagern (Einfluß der kritischen Drehzahl) begrenzt ist. Auch die Innenstopfbuchsen können mit federnden, geteilten Dichtungsringen ausgestattet werden.

Düsen und Zwischenböden

In den *Düsen* wird die Dampfspannung in Geschwindigkeit umgesetzt. Düsen der ersten Stufen, die infolge des hier noch hohen Dampfdrucks (und des entsprechend kleinen spez. Dampfvolumens) nur kleine Dampfvolumen durchzusetzen haben, werden aus allseitig bearbeiteten Teilen zusammengesetzt, um die genauen Querschnitte und saubere Oberflächen in den Kanälen zu erhalten. Die Düsen der ersten Stufe werden entweder in *Düsenplatten* zusammengefaßt, die an den *Düsenkasten* angeschraubt werden, oder sie werden am Einströmkanal direkt in das Gehäuse eingesetzt. Sie sollen in einem zusammenhängenden Bogen hintereinander

Dampfturbinen 651

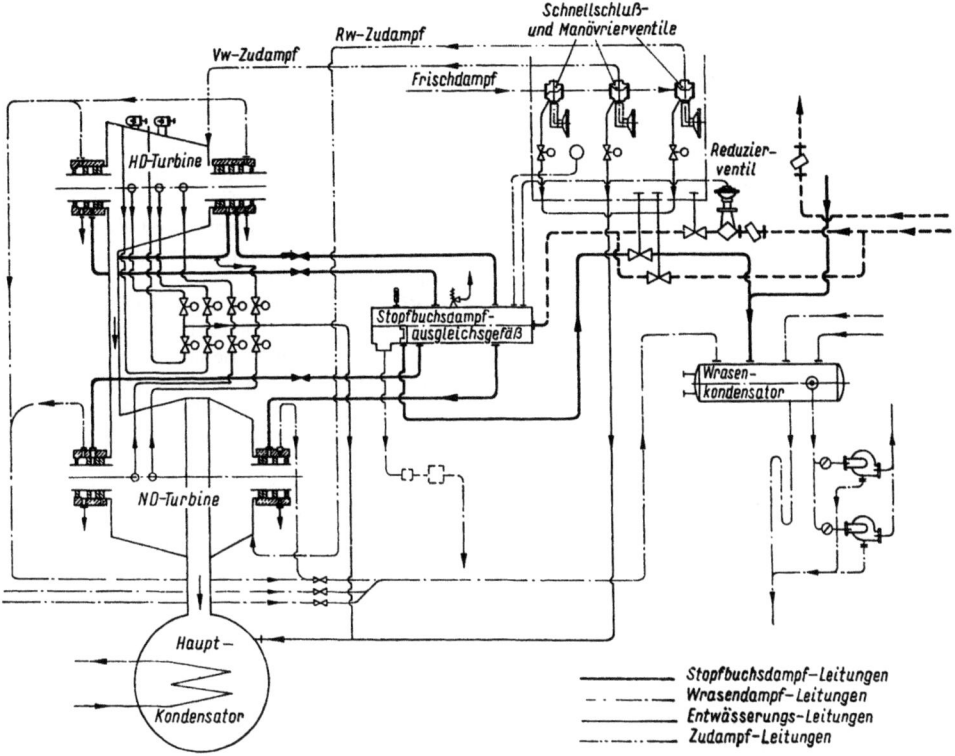

Bild 17.34 Schema der Stopfbuchsdampf-, Wrasendampf- und Entwässerungsleitungen

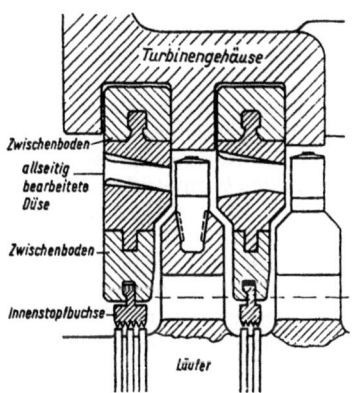

Bild 17.35 Zwischenboden mit eingesetzten Düsen und Innenstopfbuchse

angeordnet werden, um Wirbelverluste zu vermeiden. Der nicht beaufschlagte Teil des Regelrades wird abgedeckt, um diese Verluste zu verringern (s. Bild 17.26).
Die Düsen in den Zwischendeckeln der HD-Turbinen (Aktionsturbinen) sind ebenfalls meist allseitig bearbeitet und in die Zwischendeckel eingesetzt (Bild 17.35).

Diese Bauart bedingt durch die Einzelfertigung jeder Düse einen *vieleckigen* Dampfkanal im Zwischenboden, dem ein *ringförmiger* Dampfkanal in der Laufscheibe folgt, wodurch Strömungsverluste verursacht werden. Darüber hinaus ist das allseitige Bearbeiten jedes Düsenteils unwirtschaftlich. Um diese Nachteile zu vermeiden, werden auch Düsen aus gezogenen Profilen gebildet, die in ringförmige Bänder mit entsprechenden Ausstanzungen eingesetzt werden. Der so gebildete *Düsenring* ist geteilt und wird mit den ebenfalls geteilten Innen- und Außenteilen des Zwischenbodens verschweißt (Bild 17.36).
Als Material für die Düsen wird entsprechend der Dampftemperatur warmfester bzw. normaler rostfreier Stahl verwandt. Die Düsen in den Zwischendeckeln der ND-Turbine (bzw. die letzten Stufen der Generatorturbinen) werden aus Stahlblech gebogen und in die Zwischenböden eingegossen. Bessere Strömungsverhältnisse werden mit profilierten Leitschaufeln, von denen je zwei benachbarte Schaufeln den Düsenkanal bilden, erreicht. Auch

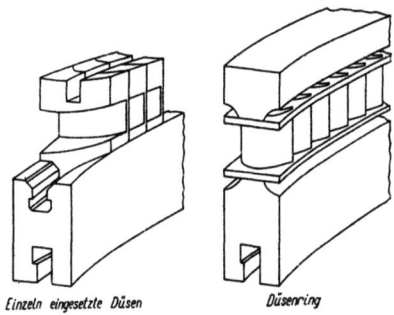

Bild 17.36 Zwischenboden mit eingesetzten Einzeldüsen bzw. mit Düsenring

diese Profile können bei mäßigen Düsenhöhen eingegossen werden. Bei den großen Düsenhöhen der letzten Stufe werden die Leitschaufeln aus zwei entsprechend gebogenen Blechen zusammengeschweißt und mit den ebenfalls geschweißten Innen- und Außenringen des Zwischenbodens verschweißt. Die Profile erhalten auf ihrer Oberfläche quer zur Dampfströmung verlaufende schmale *Schlitze*. Die Innenräume dieser Hohlprofile sind direkt mit dem Kondensator verbunden, so daß dort gegenüber der Düsenoberfläche ein Unterdruck besteht. Der sich infolge der Dampffeuchtigkeit in den letzten Stufen auf der Oberfläche der Düsenprofile bildende *Wasserfilm* wird so durch die Schlitze *abgesaugt* und in den Kondensator geleitet.

Die Zwischenböden trennen zusammen mit den Innenstopfbuchsen bei Aktionsturbinen die einzelnen Stufen voneinander. Sie werden in entsprechende Ausdrehungen im Turbinengehäuse mit axialem und radialem Spiel eingesetzt. Die Dichtung in axialer Richtung erfolgt durch den einseitigen Dampfdruck, der den Zwischenboden gegen die Anlagefläche im Turbinengehäuse drückt (Bild 17.35). Sie sind geteilt und werden in der Teilfuge aufgehängt, um ein gleichmäßiges Wachsen nach oben und unten sicherzustellen. Seitlich werden sie durch oben und unten angeordnete *Stifte* festgelegt.

Ventile

Die *Manövrierventile* haben die Aufgabe, den Turbinen die der gewünschten Fahrtrichtung und Leistung entsprechenden Dampfmengen, die durch Drosselung des Dampfstromes im Ventil eingestellt werden können, zuzuteilen (*Drosselregelung*). Für jede Fahrtrichtung ist ein Ventil (*Vw-Manövrierventil* und *Rw-Manövrierventil*) vorhanden. Die Ventile sind meistens als *Einsitzventile mit Vorhubkegel*, der beim Öffnen den Hauptkegel entlasten soll, ausgebildet und schließen in Richtung des Dampfstroms. Durch das Anlüften des *Vorhubkegels* wird der Führungszylinder, in dem der Kolbenartig ausgebildete *Hauptventilkegel* geführt ist und in dem sich bei geschlossenem Ventil infolge der Undichtigkeit zwischen Führungskolben und Zylinder der volle Dampfdruck einstellt, mit dem Raum unter dem Hauptkegel verbunden und dadurch nahezu *drucklos* gemacht: Über und unter dem Hauptkegel herrscht nahezu der gleiche Druck, so daß das Ventil leicht geöffnet werden kann. Die *Ventilgehäuse* müssen entsprechend dem Dampfdruck und der Dampftemperatur aus warmfestem Stahlguß hergestellt sein.

Die *Ventilspindeln* bestehen aus warmfestem, nichtrostenden Stahl; die Ventilkegel werden aus Spezialstahl, der sich gut zum Nitrieren eignet, hergestellt. Besondere Sorgfalt ist der *Ventilspindelstoffbuchse* zu widmen. Diese ist entweder mit nitrierten Ringen oder mit *Panzer-Kohle-Graphitpackung* abgedichtet. Das Dichten mit Nitrierringen setzt voraus, daß Ventilspindel und Dichtungsringe genau auf das Maß, das die Wärmeausdehnung berücksichtigt, geschliffen sind. Schon ein Überglätten der Spindel kann neue Nitrierringe erforderlich machen. Panzer-Kohle-Graphitpackung gestattet ebenfalls kein Anziehen der Stopfbuchse. Vorbedingung für ein einwandfreies Dichten ist in beiden Fällen eine glatte Ventilspindel.

Die *Ventilsitze* sind als gesonderte Teile in die Ventilgehäuse eingesetzt und durch Einschweißen oder Einwalzen gehalten.

Die Flächen auf Ventilsitz und -kegel, die bei Drosselregelung der Gefahr des *Auswaschens* ausgesetzt sind, werden durch Auftragschweißung mit einem besonders widerstandsfähigen Material (*Stellit* oder *V17 F*) gepanzert. Die Manövrierventile können mechanisch durch eine *Nockenwelle* betätigt werden, mit der eine Anzahl von Ventilen z.B. Vw-Manövrierventile einschließlich Düsengruppenventilen sowie Rw-Schutzventil und Rw-Manövrierventil, in einer bestimmten Reihenfolge geöffnet und geschlossen werden. Die Nockenwelle selbst wird *elektrisch* oder *hydraulisch* angetrieben, so daß Fernbedienung möglich ist. Ein Handantrieb für Notfälle ist vorgesehen (Bild 17.37).

Die Ventile können auch *ölhydraulisch* eingestellt werden, wobei das Ventil durch einen *Kraftkolben* betätigt wird. Dieser arbeitet meist mit Hydrauliköl dessen Druck von einem Steuerschieber und Stellkolben gesteuert wird. Als Gegenkraft arbeitet eine Feder auf den Kraftkolben. Durch Abstimmen des gegen die Federspannung wirkenden Stelldrucks mit der jeweiligen Federspannung kann ein hydraulisch betätigtes Ventil in jeder Öffnungsstellung gehalten werden (Bild 17.38).

Die *Düsengruppenventile* haben die Aufgabe, den Düsen, die zur Vermeidung von Drosselverlusten in einzeln absperrbare Gruppen zusammengefaßt sind, entsprechend den jeweiligen Fahrtstufen (bei Hauptmaschinen) bzw. Belastungen (bei Turbogene-

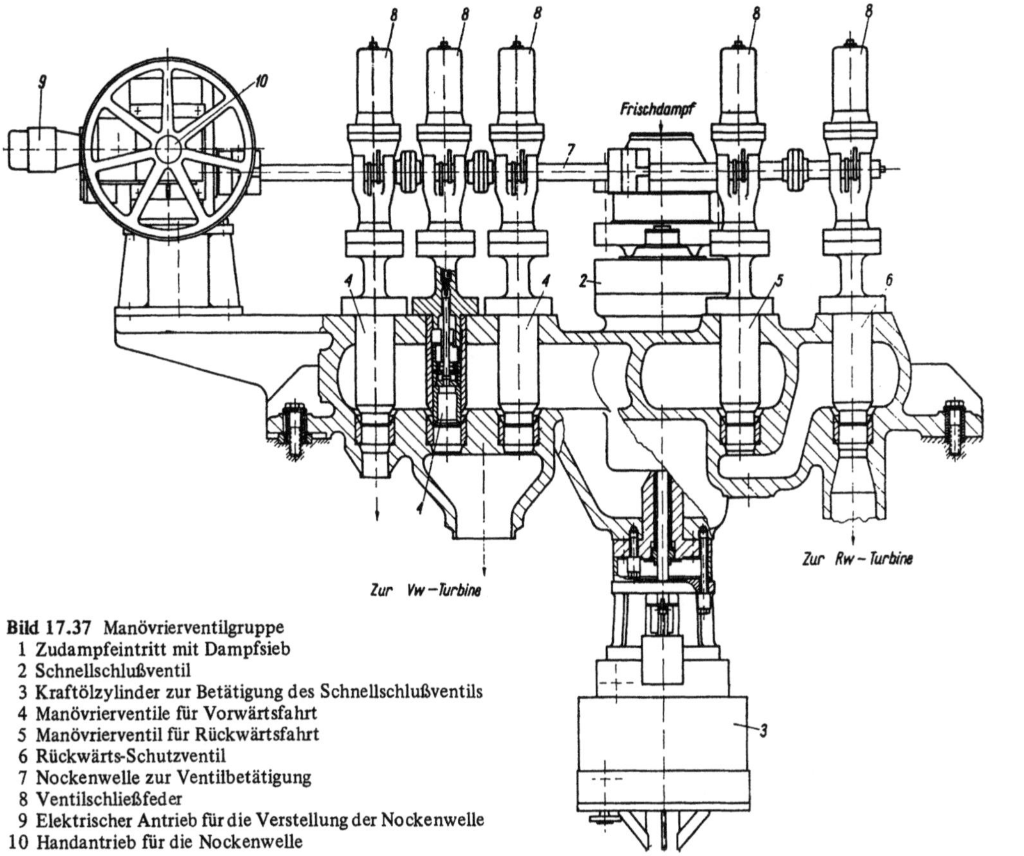

Dampfturbinen

Bild 17.37 Manövrierventilgruppe
1. Zudampfeintritt mit Dampfsieb
2. Schnellschlußventil
3. Kraftölzylinder zur Betätigung des Schnellschlußventils
4. Manövrierventile für Vorwärtsfahrt
5. Manövrierventil für Rückwärtsfahrt
6. Rückwärts-Schutzventil
7. Nockenwelle zur Ventilbetätigung
8. Ventilschließfeder
9. Elektrischer Antrieb für die Verstellung der Nockenwelle
10. Handantrieb für die Nockenwelle

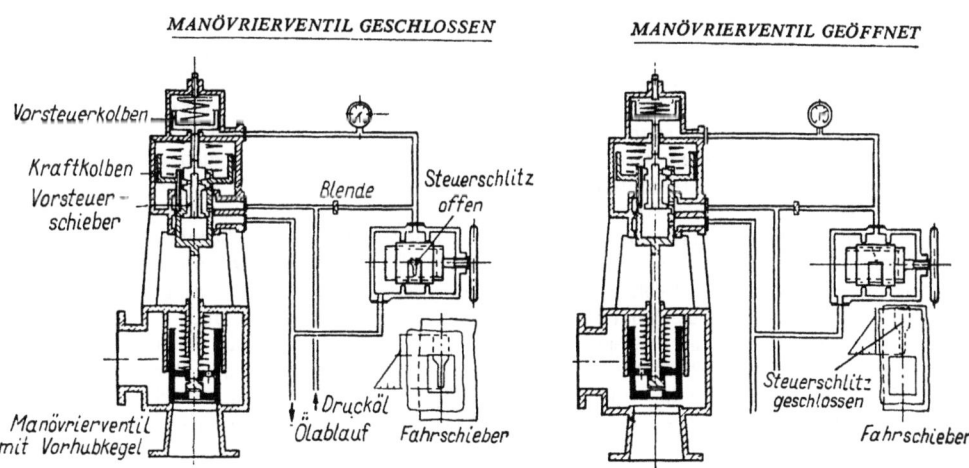

Bild 17.38 Druckölgesteuertes Manövrierventil

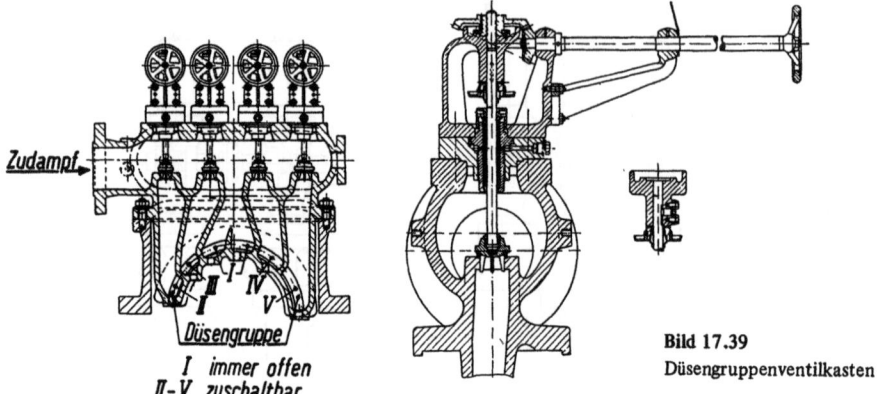

Bild 17.39
Düsengruppenventilkasten

ratoren) Dampf zuzuteilen. Sie werden bei Hauptmaschinen meist von Hand zu- und abgeschaltet, während bei Turbogeneratoren die Betätigung vom Turbinenregler über Nocken erfolgt. Die Ventile sind im *Düsenventilkasten* zusammengefaßt und geben beim Öffnen eine Verbindung vom Dampfeinströmraum zu den entsprechenden Düsengruppen frei (Bild 17.39).

Schnellschlußeinrichtung

Jeder Turbine ist ein *Schnellschlußventil* vorgeschaltet, das die Aufgabe hat, die Dampfzufuhr zur Turbine unmittelbar abzusperren, sobald im Betrieb eine Unregelmäßigkeit auftritt, die zur Zerstörung der Turbine führen kann. Es handelt sich um:

1. *Überschreiten der höchstzulässigen Drehzahl um mehr als etwa 10 % (Schnellschlußdrehzahl),*
2. *Absinken des Schmieröldrucks,*
3. *Ansteigen des Druckes im Kondensator,*
4. *Axiale Verschiebung von Turbinenläufern.*

Zum Auslösen des Schnellschlußventils bei Überdrehzahl ist auf den Turbinenwellen (meist im vorderen Lagerblock) ein Schnellschlußregler angebracht. Dieser besteht aus einem in die Welle eingesetzten *Schlagbolzen*, dessen Schwerpunkt in der Richtung, in der sich der Bolzen bewegen kann, außerhalb der Drehachse liegt. Hierdurch hat der Bolzen bei laufender Welle das Bestreben, infolge der auf ihn wirkenden Fliehkraft aus der Welle herauszutreten, woran er jedoch durch eine *Schnellschlußfeder*, die ihn entgegen der Fliehkraft zurückhält, gehindert wird. Durch Beilagen kann die Federspannung so eingestellt werden, daß sie bis zur Schnellschlußdrehzahl die Fliehkraft überwiegt. Bei Erreichen der Schnellschlußdrehzahl wird die Fliehkraft, die mit dem Quadrat der Drehzahl zunimmt, größer als die Federkraft und drückt den Schlagbolzen gegen diese nach außen. Der Schlagbolzen schlägt die *Schnellschlußklinke* aus ihrer Raste und betätigt

damit den Auslöser des Schnellschlußventils. Es ist darauf zu achten, daß die Beilagen zwischen der Feder und ihrer Anlagefläche in der Welle angebracht werden.
Die Anbringung der Beilagen zwischen Feder und Federteller des Schlagbolzens würde zwar auch die Federspannung ändern, gleichzeitig aber auch die Schwerpunktslage des Schlagbolzens, da die Beilage auf diesem sitzt (Bild 17.40).
Eine andere Bauart des Überdrehzahlauslösers ist in Bild 17.41 dargestellt. Hier erfolgt die Auslösung der Schnellschlußklinke durch einen *Schlagring*, der mit zwei Nasen in entsprechenden Ausnehmungen des Gehäuses gelagert ist und durch die Schnellschlußfeder in seiner Lage gehalten wird. Der Schwerpunkt von *Ring + Spannmutter + Feder* liegt auf der der Feder entgegengesetzten Seite außerhalb der Drehachse. Durch die Spannmutter kann die Feder mehr oder weniger gespannt und damit die der Fliehkraft des Rings entgegenwirkende Federkraft geändert werden. Beim Überschreiten der Schnellschlußdrehzahl (Überwiegen der Fliehkraft über die Federkraft) kommt der Ring mit seinen Nasen auf der anderen Seite der Ausnehmungen im Gehäuse zur Anlage, läuft exzentrisch um und schlägt die Schnellschlußklinke aus ihrer Raste. Die Schnellschlußklinke kann auch von Hand ausgelöst werden.
Bei sinkendem Öldruck und bei steigendem Druck im Kondensator wird der Schnellschluß durch *Membrankolben* oder *membrangesteuerte* Ventile ausgelöst. Beim Öldruckauslöser wirkt der Öldruck gegen eine Feder. Sinkt der Öldruck unter ein erlaubtes Maß, dann drückt die Feder den Kolben nach unten und damit eine Raste aus ihrer Halterung. Bei steigendem Kondensatordruck wird ein Membrankolben entgegen der Federkraft nach oben gedrückt, wodurch ebenfalls die Raste ausgelöst wird.
Der Schnellschlußauslöser bei axialer Verschiebung des Turbinenläufers ist mit dem Überdrehzahlreg-

Dampfturbinen

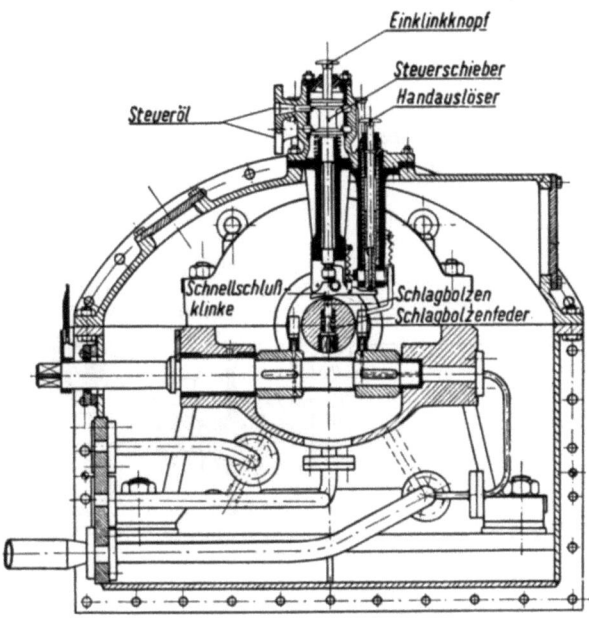

Bild 17.40
Schnellschlußauslöser für Überdrehzahl mit Schlagbolzen

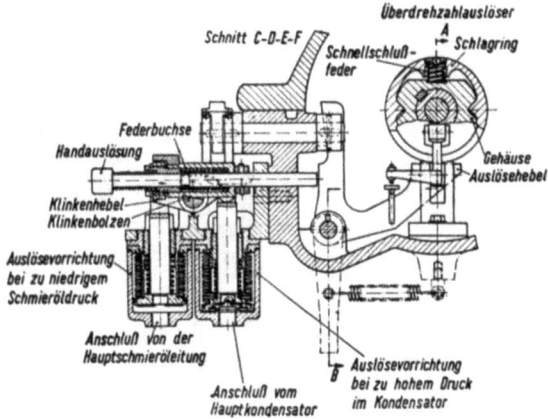

Bild 17.41 Schnellschlußauslöser für Überdrehzahl, sinkenden Schmieröldruck und steigenden Druck im Kondensator

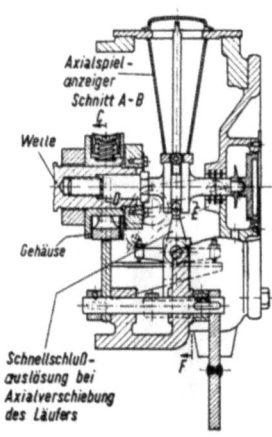

Bild 17.42 Schnellschlußauslöser für axiale Verschiebung des Läufers

ler zusammengebaut. Durch ein *Gleitstück* zwischen zwei Bunden auf der Turbinenwelle wird über einen Hebel eine *Wippe* betätigt, deren Enden mit Stellschrauben auf einem an den Auslösehebel angesetzten Bock ruhen. Beim Verschieben des Turbinenläufers infolge Drucklagerabnutzung wird das Gleitstück mitgenommen und betätigt über den Hebel die Wippe, die wiederum über den Bock den Auslösehebel aus seiner Raste drückt, wodurch die Schnellschlußeinrichtung betätigt wird (Bild 17.42).

Die Auslöseimpulse können z. B. *mechanisch* auf das Schnellschlußventil durch Gestänge übertragen werden; dann muß das Schnellschlußventil nahe an der Turbine angeordnet sein, wie dies bei Hilfsturbinen immer der Fall ist. Die *ölhydraulische* Betätigung der Schnellschlußeinrichtung wird oft an das Schmierölsystem angeschlossen und steht bei normalen Betriebsverhältnissen unter Schmieröldruck. Will man den Kraftkolben, der das Schnellschlußventil bei Normalbetrieb gegen die auf den Ventil-

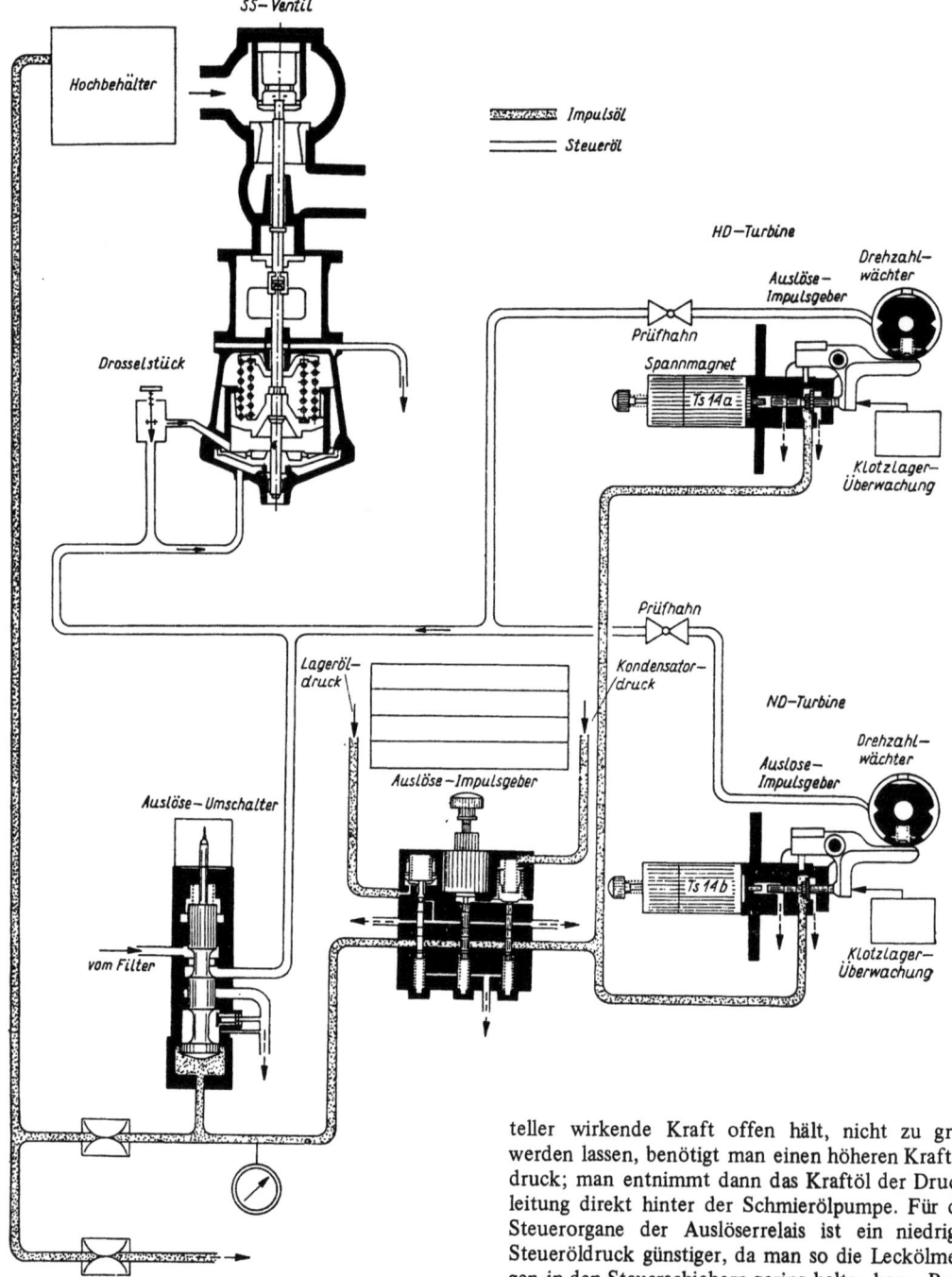

Bild 17.43 Hydraulikschema des Turbinenschutzes und des Schnellschlußventils

teller wirkende Kraft offen hält, nicht zu groß werden lassen, benötigt man einen höheren Kraftöldruck; man entnimmt dann das Kraftöl der Druckleitung direkt hinter der Schmierölpumpe. Für die Steuerorgane der Auslöserelais ist ein niedriger Steueröldruck günstiger, da man so die Leckölmengen in den Steuerschiebern gering halten kann. Beim *Ansprechen* einer Schnellschlußauslösung macht das entsprechende Relais durch Öffnen eines Ölablaufs die Steuerölleitung drucklos, wodurch ein Auslöseumschalter betätigt wird. Dieser Umschalter sperrt den Kraftölzufluß zum Kraftkolben des Schnellschlußventils ab und gibt einen Ölablauf frei, wo-

Dampfturbinen

durch der Öldruck unter dem Kraftkolben zusammenfällt. Das Ventil wird durch Federkraft geschlossen. Das Schnellschlußventil kann als Ventil oder als *Schnellschlußklappe* ausgebildet werden. Das Schnellschlußventil (Bild 17.44) wird als Einsitzventil mit Vorhubkegel ausgebildet und trägt an der Spindelverlängerung die Schnellschlußeinrichtung. Diese besteht bei mechanisch betätigten Schnellschlußventilen aus einer Gewindebuchse, in deren Gewinde das Gewinde der Spindel eingreift, und die mit dem unteren Federteller der Schnellschlußfeder verbunden ist. Beim *Spannen* des Schnellschlußventils wird die Buchse durch die Ventilspindel bis zum Einrasten der Halteklinke hochgeschraubt, wobei die Feder gespannt wird. Dann kann durch Drehen der Ventilspindel in der eingerasteten Buchse das Ventil geöffnet werden. Beim *Auslösen* gibt die Klinke die Buchse frei; diese wird durch die Federkraft in ihrer Führung nach unten gedrückt und schließt das Ventil. Um das Schließen zu dämpfen, ist ein *Dämpfungskolben* vorgesehen.

Eine Schnellschlußklappe (Bilder 17.45 und 17.46) wird ebenfalls durch eine Klinke, die von einem Steuerkolben gehalten wird, in geöffneter Stellung festgehalten. Geschlossen wird sie *mit* dem Dampfstrom durch Federkraft; auch hier ist ein Dämpfungskolben vorgesehen. Da die Klappe *gegen* den Dampfdruck geöffnet werden muß, wird zum Druckausgleich vor und hinter der Klappe ein Umgehungsventil angeordnet.

Regeleinrichtung

Turbinen, die während des Betriebes mit konstanter Drehzahl laufen sollen (z.B. Turbogeneratoren), müssen *Drehzahlregler* erhalten. Diese werden über Schnecke und Schneckenrad von der Turbinenwelle (oder auch von der langsamlaufenden Getriebewelle) angetrieben und sind als *Fliehkraftregler* ausgebildet. Die Reglergewichte wandern mit zunehmender Drehzahl gegen die Kraft der Reglerfeder nach außen und heben die *Reglerspindel*. Diese wiederum hebt über einen Übersetzungshebel den *Drosselstift*, der mit seiner Steuerkante das Drucköl, das von der Steuerölpumpe über eine Drosselstelle dem *Kraftverstärkerkolben* zugeführt wird, vom Kolben abläßt. Der Kolben wird durch die Kraftverstärkerfeder nach oben gedrückt und schließt über *Reglergestänge*, *Nockenwellenhebel* und Nocken die Regelventile. Wenn die Drehzahl sinkt, fallen die Fliehgewichte unter dem Druck der Reglerfeder zusammen; die Reglerspindel geht nach unten und mit ihr der Drosselstift des Kraftverstärkers. Durch dessen Steuerkante wird der Ölablauf vom Raum über dem Kraftkolben abgesperrt, der Druck über dem Kolben steigt an und drückt den Kolben gegen die Kraftverstärkerfeder nach unten. Hierdurch werden die Regelventile über Gestänge, Nockenwellenhebel und Nocken geöffnet (Bild 17.47).

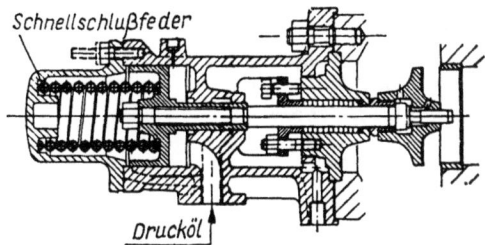

Bild 17.44 Druckölbetätigtes Schnellschlußventil

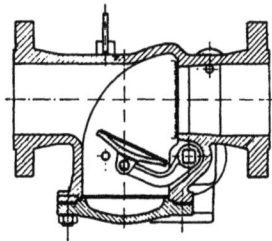

Bild 17.45 Schnellschlußkappe (Längsschnitt)

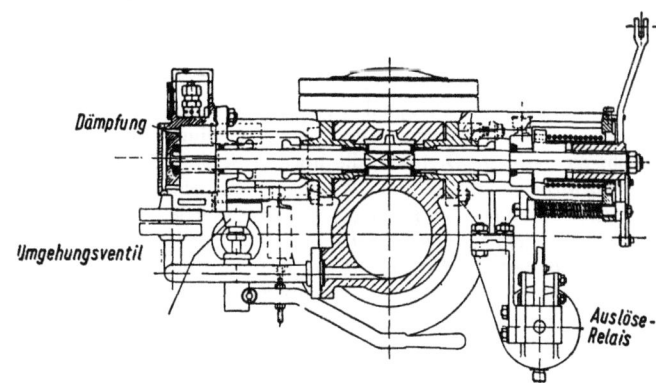

Bild 17.46 Schnellschlußkappe (Querschnitt)

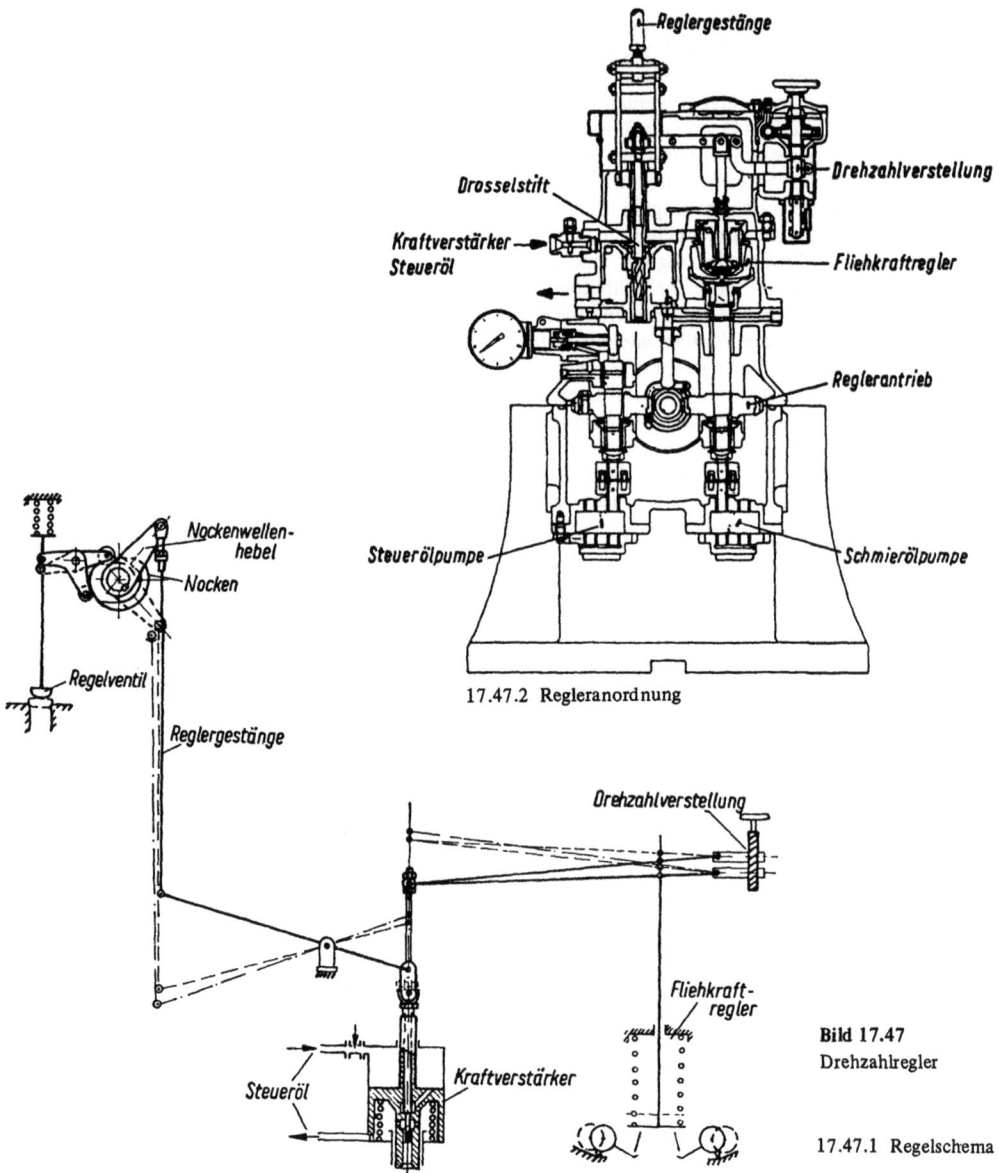

Bild 17.47 Drehzahlregler

17.47.2 Regleranordnung

17.47.1 Regelschema

Die *Reglerdrehzahl* (Sollwert) kann durch Verlagern des außen liegenden Drehpunkts des Übersetzungshebels geändert werden. Die *tiefste* Stellung ergibt die *geringste* Drehzahl, die höchste Stellung die *höchstmögliche* Drehzahl. Wichtig für das einwandfreie Arbeiten der Regelung ist, daß die *Reglerfeder* die richtige *Charakteristik* hat und daß alle Teile, besonders der Drosselstift, in jeder Stellung leichtgängig sind. *Differenzdruckregler* für Turbokesselspeisepumpen haben die Aufgabe, die Speisepumpe entsprechend der Anforderung der Kesselspeisung zu regeln.

Hierbei soll der Pumpendruck um eine bestimmte *Druckdifferenz* (Pumpendruck minus Kesseldruck) über dem Kesseldruck gehalten werden (Bild 17.48). Auf einen *Differentialkolben* wirkt einerseits der Dampfdruck des Kessels und andererseits, entgegengesetzt, der Druck in der Pumpendruckleitung. *Steigt* (z.B. infolge Schließens des Wasserstandreglers) der Druck in der Druckleitung an, dann bewegt sich der Differentialkolben in entsprechender Richtung und schließt über einen *Kraftverstärker* (s. auch Regler für Turbogenerator) das Regelventil. Sinkt der Pumpendruck (z.B. beim Vollöffnen des Wasserstands-

Dampfturbinen

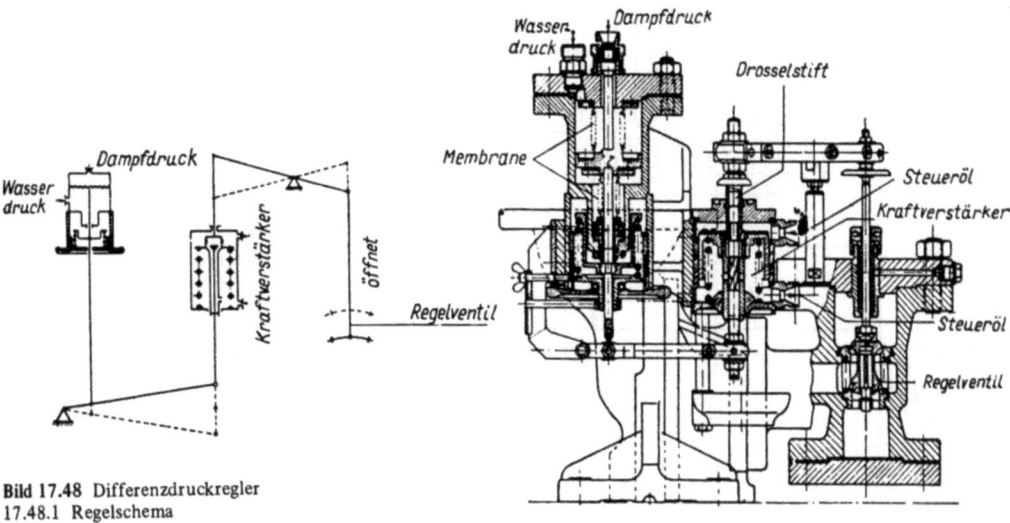

Bild 17.48 Differenzdruckregler
17.48.1 Regelschema

17.48.2 Regleranordnung

reglers), dann bewegt sich der Differentialkolben infolge der durch den Dampfdruck hervorgerufenen Kraft in entgegengesetzter Richtung und öffnet über den Kraftverstärker das Regelventil. Die Differenz zwischen Dampfdruck und Pumpendruck (Sollwert) kann durch eine Feder, die zusätzlich auf den Kolben wirkt eingestellt werden.

Entwässerung

Turbinen müssen mit *Entwässerungsanschlüssen* versehen sein, die es gestatten, alle Teile der Turbine ausreichend zu entwässern. Jede Entwässerungsleitung wird durch ein *Entwässerungsventil* bzw. eine *Staublende* abgesperrt und einzeln oder zu mehreren zusammengefaßt in den Kondensator geführt. *Besonders* müssen entwässert werden das Dampfsieb, die Schnellschluß-, Absperr- und Manövrierventile, die Düsenkästen, die Radkammer der ersten Stufe, die Ringräume der Anzapfstellen, die Überströmleitung und der Einströmringkanal der ND-Turbine. Diese Entwässerungen müssen in den Kondensator abgeleitet werden, da an den genannten Stellen bei gestoppter Anlage Unterdruck entstehen kann, wodurch sonst über die Entwässerungsleitungen Wasser in die Turbine gesaugt werden könnte (s. auch Bild 17.34).

Die Entwässerungen der Stopfbuchsen können ohne Absperrung, die Entwässerung des Stopfbuchsausgleichsgefäßes über eine *Barometerschleife* oder einen Kondenswasserableiter in den Speisewassertank geleitet werden.

Jeder Turbine wird ein *Dampfsieb* vorgeschaltet, das Schmutzteile und Rost, die aus der Dampfleitung kommen, von der Turbine fernhalten soll. Der *Siebeinsatz* muß sich leicht ausbauen lassen, damit das Sieb periodisch gereinigt werden kann.

Schmierölversorgung

Die Schmierölversorgung der Hauptturbinenanlage wird mit der des Getriebes zusammengefaßt und kann als *Druckumlaufschmierung,* kombinierte *Druckumlauf/Gefälleschmierung* oder reine *Gefälleschmierung* ausgeführt werden. Letztere war lange Zeit die gebräuchlichste, da sie unabhängig von äußeren Einflüssen einen gleichbleibenden Druck an den Schmierstellen gewährleistet und dem Schmieröl im Hochtank Gelegenheit gibt, abzusetzen, zu entlüften und sich zu beruhigen. Bei dieser Anordnung wird das Schmieröl aus dem Ölsammeltank unter dem Getriebe abgesaugt und über Filter und Kühler in den Hochtank gedrückt, aus dem es den Schmierstellen zuläuft. Von den Pumpen zu viel gefördertes Öl läuft über ein Schauglas in den Sammeltank zurück. Der Hochtank ist mit einem Sumpf für abgesetzte Schmutzteile, einer Heizschlange zum Anwärmen des Schmieröls und einer Alarmvorrichtung für niedrigen Ölstand ausgerüstet. Sein Inhalt ist ausreichend, um die Anlage nach Ausfall der Schmierölpumpe noch 5 ... 6 Minuten lang mit Öl zu versorgen (Bild 17.49.1).

Der Anschluß zur Entnahme von *Steueröl* für die Schnellschluß- und gegebenenfalls für die Manövriereinrichtung wird in der Pumpendruckleitung, direkt hinter dem Filter vorgesehen. Die Ölmenge für die einzelnen Lager wird durch vor den Lagern eingebaute *Staublenden* festgelegt. In den Ölkühlern soll das Schmieröl auf etwa 40 ... 45 °C gekühlt werden.

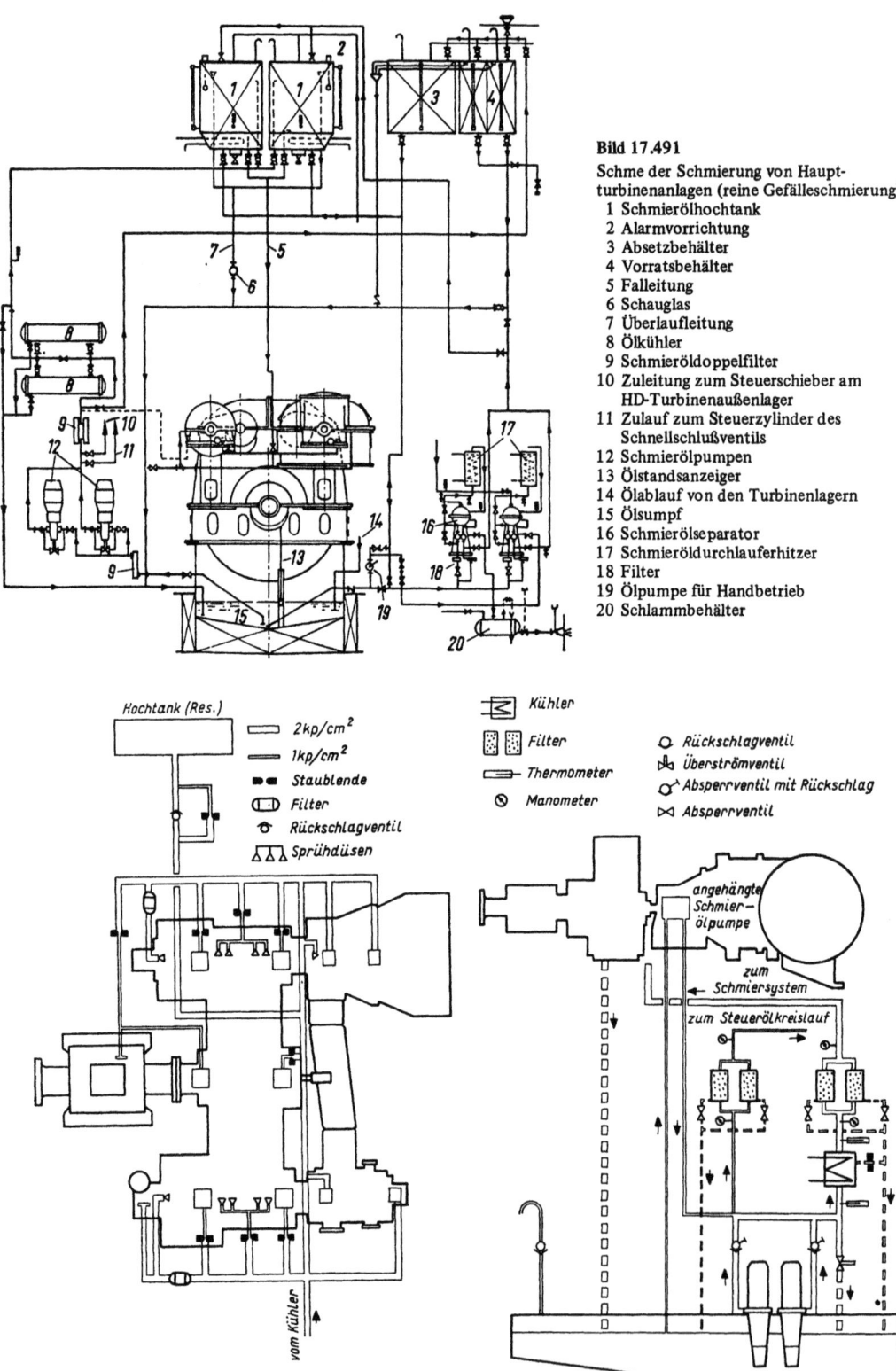

Bild 17.49.1
Schma der Schmierung von Hauptturbinenanlagen (reine Gefälleschmierung)
1 Schmierölhochtank
2 Alarmvorrichtung
3 Absetzbehälter
4 Vorratsbehälter
5 Falleitung
6 Schauglas
7 Überlaufleitung
8 Ölkühler
9 Schmieröldoppelfilter
10 Zuleitung zum Steuerschieber am HD-Turbinenaußenlager
11 Zulauf zum Steuerzylinder des Schnellschlußventils
12 Schmierölpumpen
13 Ölstandsanzeiger
14 Ölablauf von den Turbinenlagern
15 Ölsumpf
16 Schmierölseparator
17 Schmieröldurchlauferhitzer
18 Filter
19 Ölpumpe für Handbetrieb
20 Schlammbehälter

Bild 17.49.2 Schema der Schmierung von Hauptturbinenanlagen (Druckumlauf/Gefälleschmierung)

Dampfturbinen

Bei der *kombinierten Druckumlauf/Gefälleschmierung* (Druck/Hochtankschmierung) wird die *Hauptmenge* des von den Pumpen geförderten Schmieröls direkt wieder zu den Schmierstellen gedrückt. Der restliche Teil geht über eine Staublende oder ein federbelastetes Ventil, das es erlaubt, den Druck in der Schmieröldruckleitung einzustellen, in den Hochtank, dessen Inhalt beim Ausfall der Schmierölpumpe die Schmierung für eine gewisse Zeit sicherstellt.

Diese Art der Schmierung setzt sich in der letzten Zeit auch für Hauptantriebe immer mehr durch, weil sie sich besser zur Vereinfachung und Vereinheitlichung (*Blockbauweise*) eignet und eine sehr weitgehende Vormontage in der Werkstatt ermöglicht. Meist wird das Unterteil des Getriebegehäuses als Sumpftank ausgebildet, auf den die Schmierölpumpen einfach aufgesetzt werden. Der Schmierölkühler, der neuerdings gelegentlich auch zur Vorwärmung des Kreislaufkondensats herangezogen wird, wird häufig auf dem Kondensator angeordnet, so daß nur wenige kurze, übersichtliche Verbindungsrohrleitungen erforderlich sind. Darüber hinaus ist infolge der höheren Umwälzzahl eine kleinere Schmierölmenge erforderlich. Bild 17.49.2 zeigt das Schema einer Druckumlaufschmierung mit Reservehochtank, deren Kreislauf mit einer elektromotorisch angetriebenen *Haupt-* und einer gleichstarken, erforderlichenfalls selbsttätig anlaufenden *Reserveschmierölpumpe* ausgestattet ist. Bei Ausfall der gesamten Energieversorgung löst der sinkende Schmieröldruck den Schnellschluß aus; eine weitere, an die Hauptmaschine *angehängte Schmierölpumpe* versieht dann zusammen mit einem im Gehäusedeckel des Getriebes eingebauten *Reservetank* die Notlaufschmierung für eine Dauer von etwa 25 Minuten, während der die Anlage langsam heruntergefahren werden kann.

Reine Druckumlaufschmierung wird vorwiegend bei Hilfsturbinen angewandt. Diese haben angehängte Schmieröl- und Steuerölpumpen, die das Öl aus dem Sammeltank saugen, es über Filter und Kühler den Schmierstellen bzw. unter Umgehung des Kühlers zu den Steuerorganen drücken. Für das *Anfahren* und *Nachschmieren* dieser Maschinen sind Hand- oder E-*Hilfsschmierölpumpen* vorgesehen.

Bei Hauptantrieben sieht man reine Druckumlaufschmierung in jüngster Zeit ebenfalls öfter vor. Zum Antrieb der Schmierölpumpen müssen dann zwei verschiedene Hilfsenergien verfügbar sein, z.B. 1 dampfangetriebene und 1 elektrisch angetriebene Schmierölpumpe oder 1 elektrisch angetriebene, vom *Bordnetz* gespeiste und 1 elektrisch angetriebene, *batteriegespeiste* Schmierölpumpe, wobei die Batterie ausreichend langen (20 Minuten-) Betrieb gewährleisten muß.

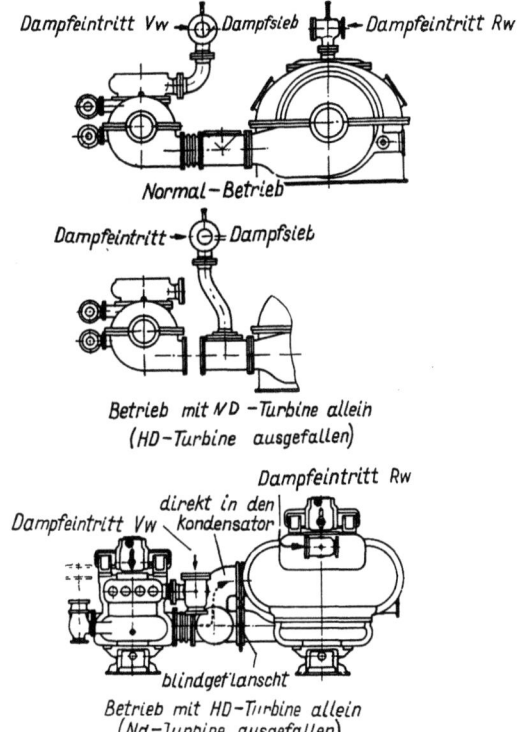

Bild 17.50 Havarieschaltung bei einer zweigehäusigen Turbinenanlage

Notschaltung

Die Havarieschaltung bei Hauptturbinenanlagen soll den Betrieb der restlichen Anlage beim *Ausfall* von HD- oder ND-Turbine ermöglichen. Beim Ausfall der HD-Turbine wird diese von ihrer Ritzelwelle abgekuppelt, die Frischdampfleitung von der HD-Turbine getrennt und mit Hilfe von Zwischenstücken und über eine Stauscheibe, die die Dampfmenge begrenzt, mit der Überströmleitung verbunden.

Die ND-Turbine allein darf nur mit gekühltem und gedrosseltem Frischdampf betrieben werden. Bei Ausfall der ND-Turbine wird von der Überströmleitung eine Abzweigung direkt in den Kondensator vorgesehen, die bei Normalbetrieb mit einem *Blindflansch* verschlossen ist. Bei Notbetrieb wird dieser Blindflansch mit einem Lochflansch, der in der Überströmleitung zur ND-Turbine sitzt, vertauscht und die ND-Turbine von ihrem Ritzel abgekuppelt (Bild 17.50). Wird nur mit einer Turbine allein gefahren, ist darauf zu achten, daß das in Betrieb verbliebene Ritzel nicht überlastet wird.

17.2.5 Ausgeführte Anlagen

Die Antriebsturbine für eine *Ladeölpumpe* (Bild 17.51) ist in einfachster Bauart ausgeführt.

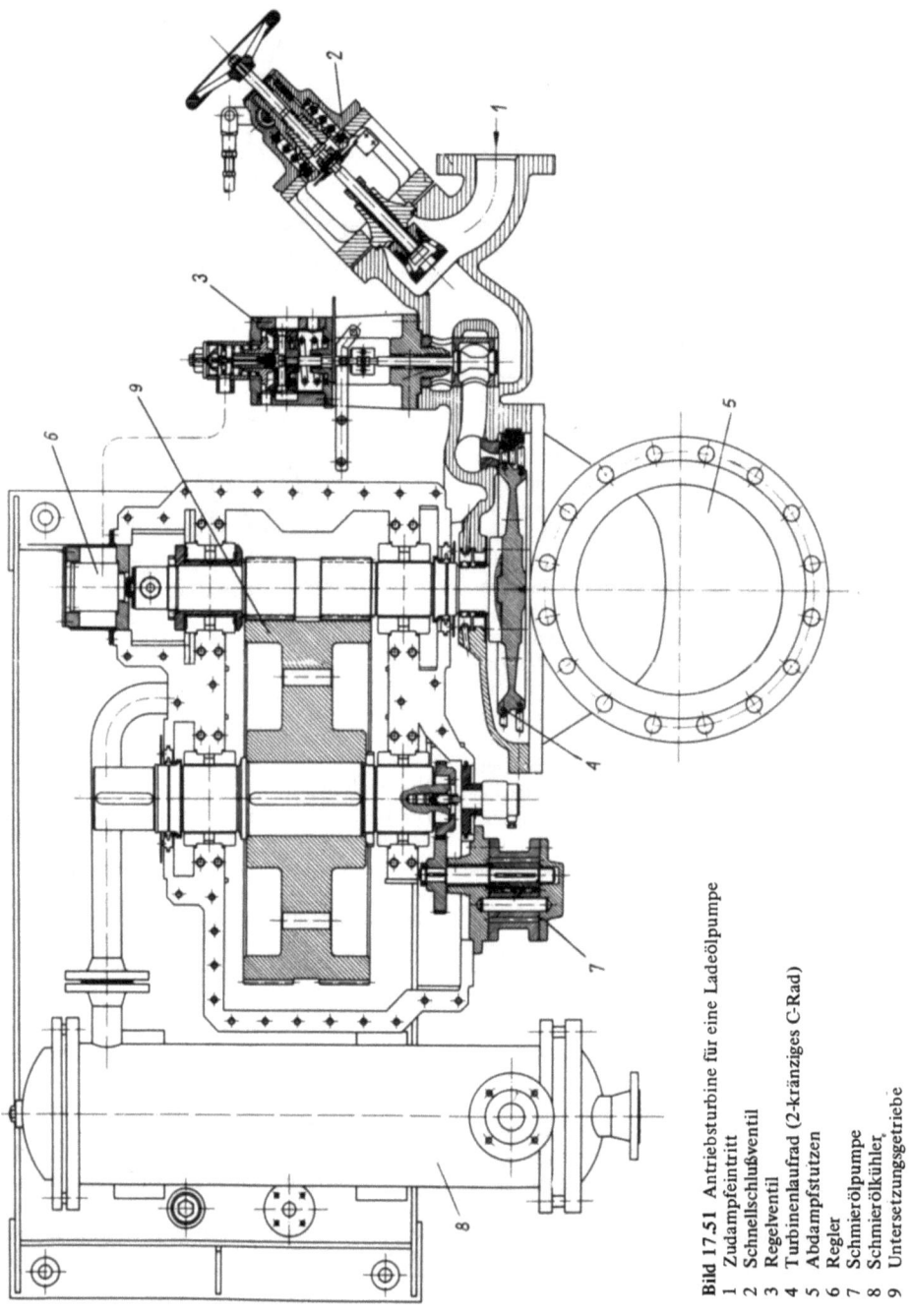

Bild 17.51 Antriebsturbine für eine Ladeölpumpe
1 Zudampfeintritt
2 Schnellschlußventil
3 Regelventil
4 Turbinenlaufrad (2-kränziges C-Rad)
5 Abdampfstutzen
6 Regler
7 Schmierölpumpe
8 Schmierölkühler
9 Untersetzungsgetriebe

Dampfturbinen

Das 2-kränzige C-Rad ist fliegend auf der Ritzelwelle angeordnet und mit Rücksicht auf die biegekritische Drehzahl mit diesem aus einem Stück geschmiedet. Die biegekritische Drehzahl liegt über der höchsten Betriebsdrehzahl, so daß kein Sperrgebiet innerhalb des Betriebsdrehzahlbereichs beachtet werden muß. Die Maschine hat einen Drehzahlregler, der die Einstellung der gewünschten Drehzahl in einem weiten Bereich gestattet. Das Getriebe ist einstufig und pfeilverzahnt. Axial wird die Turbinenritzelwelle durch ein Schulterlager festgelegt. Am freien Ende der Ritzelwelle ist der Schnellschlußregler angeordnet, der über ein Gestänge das Schnellschlußventil auslöst, sowie der ölhydraulische Drehzahlregler, der auf das Regelventil wirkt.

Das horizontal geteilte Turbinengehäuse ist am Getriebegehäuse so befestigt, daß es sich bei Erwärmung nach allen Richtungen frei dehnen kann, ohne seine zentrische Lage zur Turbinenachse zu verlieren. Eine von der Getrieberadwelle angetriebene Zahnradpumpe sorgt für Regelöl und Schmieröl.

Die Antriebsturbine für einen *Generator* (Bild 17.52) besteht aus einem zweikränzigen C-Rad und fünf nachgeschalteten Aktionsstufen. Sie ist mit einem Drehzahlregler, der über Nocken drei obenliegende Regelventile betätigt, versehen. Das Turbinengehäuse ist horizontal geteilt und der Abdampfstutzen an das Gehäuse angesetzt. Mit Rücksicht auf die Baulänge ist das hintere Turbinenlager und die Zahnkupplung im Getriebe untergebracht. Das Getriebe hat Doppelschrägverzahnung und ist axial durch ein Schulterlager auf der Radwelle festgelegt. Die Turbine ist mit angehängten Schmier- und Steuerölpumpen ausgerüstet.

Die *Hauptturbinenanlage* (Bild 17.53), ist eine reine Aktionsturbinenanlage. Die HD-Vw-Turbine hat eine einkränzige Regelstufe und sieben Aktionsstufen, die ND-Vw-Turbine acht Aktionsstufen. Die im Stahlguß/Stahl geschweißten ND-Turbinengehäuse untergebrachte Rw-Turbine besteht aus zwei zweikränzigen C-Rädern. Hinter der letzten Rw-Stufe ist ein feststehender Dampfabweiser angebracht. Die hinteren Lagerböcke der HD- und ND-Turbine ruhen fest auf dem Getriebegehäuse. Die vorderen Lagerböcke sind durch Pratzen mit den Turbinengehäusen verbunden und auf dem Fundament verschiebbar. Die Turbinenläufer sind durch Zahnkupplungen mit Torsionswellen, die in den hohen Ritzelwellen liegen und mit diesen in der Mitte zwischen beiden Verzahnungshälften gekuppelt sind, verbunden.

In letzter Zeit wurden zahlreiche Anlagen gebaut, bei denen Turbinen, Kondensator und Getriebe in einer Ebene liegen (*Einfluranlage*). Wesentliche Vorteile dieser Anordnung sind vor allem niedrige, leichte Fundamente, bessere Zugänglichkeit aller Anlagenteile und kleinere Austrittsverluste der letzten Turbinenstufe; nachteilig ist u.U. der etwas größere Platzbedarf und die Lage des Kondensators *vor* statt *unter* der ND-Turbine, durch die zusätzlicher Aufwand für den Turbinenschutz erforderlich wird. Auch kann der Kondensator nicht mehr durch einfaches Auffüllen mit Wasser auf Dichtigkeit geprüft werden (s. Abschnitt 17.3).

Bild 17.54 zeigt Schnittansichten der HD- und ND-Turbine einer solchen Anlage. Die HD-Turbine unterscheidet sich auf den ersten Blick nicht wesent-

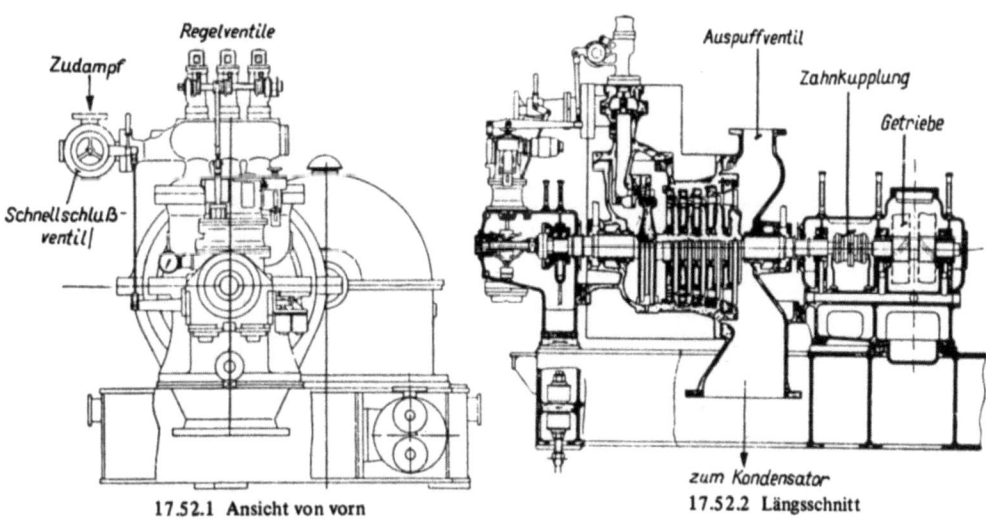

17.52.1 Ansicht von vorn 17.52.2 Längsschnitt

Bild 17.52 Antriebsturbine für einen Generator

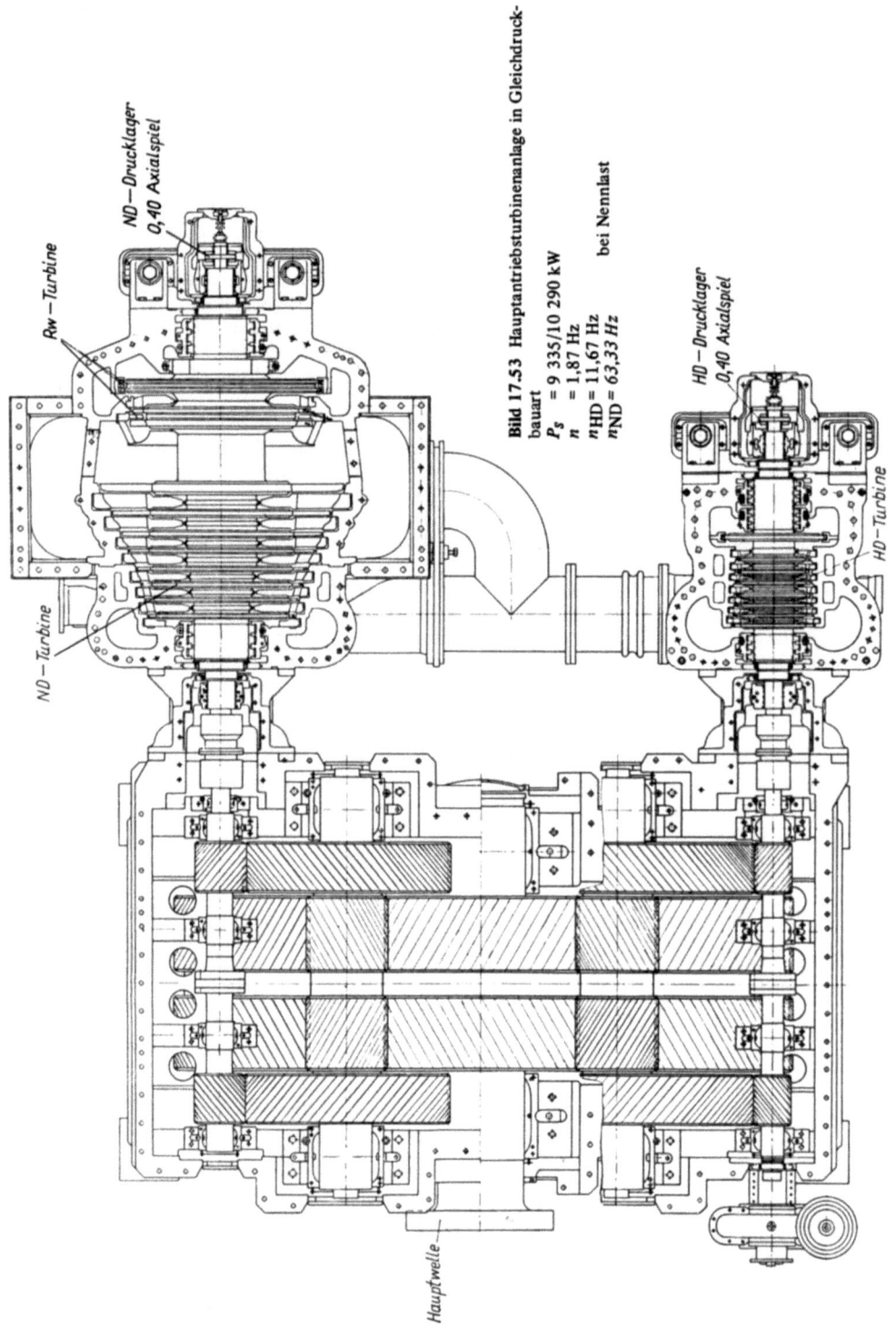

Bild 17.53 Hauptantriebsturbinenanlage in Gleichdruckbauart
P_s = 9 335/10 290 kW bei Nennlast
n = 1,87 Hz
n_{HD} = 11,67 Hz
n_{ND} = 63,33 Hz

Dampfturbinen

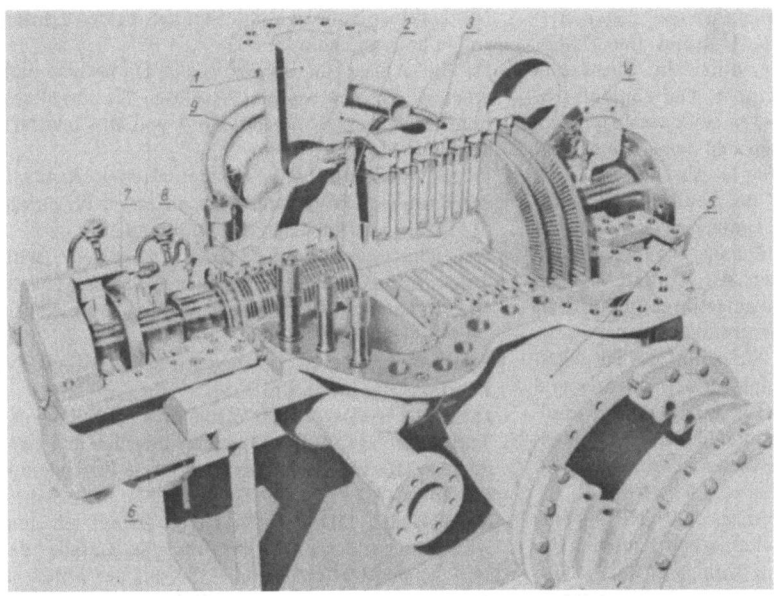

Bild 17.54 HD- und ND-Turbine für eine *Einfluranlage* mit *vor* der ND-Turbine liegendem Kondensator
1 Frischdampfeinströmung
2 Regelstufe
3 8 Gleichdruckstufen der HD-Turbine
4 Federnde Zwischenstopfbuchsen
5 Überströmleitung mit Kompensator
6 Lagerbock
7 Kippsegmentdrucklager
8 Federnde Außenstopfbuchse
9 Sperrdampfleitung
10 Abdampfstutzen (Diffusionsdüse)
11 Vorderes Turbinentraglager
12 Federnde Außenstopfbuchse
13 Begehbare Gehäusestrebe (Zugang zum Lager)
14 Frischdampfeinströmung zur Rw-Turbine
15 Schiebestopfbuchse
16 Rw-Turbine
17 Turbinengehäuse mit eingesetzten Zwischenböden
18 Dampfeinströmung bei Notbetrieb (Ausfall der HD-Turbine)
19 8 Gleichdruckstufen (mit Reaktion) der ND-Turbine

lich von anderen Gleichdruckturbinen dieser Art: Nach der Regelstufe (C-Rad) strömt der Dampf durch 8 A-Stufen, bevor er durch die Überströmleitung in die ND-Turbine eintritt. Der Läuferdurchmesser zwischen den Stufen ist stark verringert, um kleine Zwischenstopfbuchsen und dementsprechend niedrige Verluste zu erhalten (s. Abschnitt 17.2.1); mit n_{HD} = 100 Hz arbeitet der Läufer im *überkritischen* Bereich. Die hohe Umfangsgeschwindigkeit gestattet auch entsprechend hohe Dampfgeschwindigkeiten; die Abmessungen der Turbine bleiben daher klein, so daß sie infolge geringer thermischer Trägheit schnellen Manövern gut folgen kann.

Da die Turbine in gleicher Ebene mit der Propellerwelle liegt, kann ihr Fundament sehr niedrig und steif ausgeführt werden. Bei herkömmlicher Anordnung mit unter der ND-Turbine liegendem Kondensator muß das Fundament diesen überbrücken und wird dementsprechend größer und schwerer.

Gehäuse und Leitschaufelträger der ND-Turbine sind aus konischen und zylindrischen Bauteilen zusammengesetzt, so daß mit geringem Materialaufwand ausreichende Steifigkeit und Widerstandsfähigkeit des Gehäuses gegen alle Verformungen aus Wärme- sowie inneren und äußeren Druckbeanspruchungen erzielt wird. Durch die geringen Wanddicken ist auch die ND-Turbine sehr anpassungsfähig an schnelle Belastungsänderungen.

Der Dampf verläßt die ND-Turbine in *Längsrichtung* durch einen Abdampfstutzen, der *diffusorartig* ausgebildet ist, so daß die Strömungsverluste entsprechend kleiner sind als bei umgelenktem Austritt aus der letzten Schaufelreihe.

Der Abdampf der Rw-Turbine strömt in die gleiche Richtung wie der der Vw-Turbine. Spritzwasser aus dem Naßdampf bei Vw-Betrieb wird so wirkungsvoll ohne zusätzliche Leitvorrichtung abgelenkt. Der meist beim Verlassen der Rw-Turbine noch ziemlich *heiße* Rw-Dampf strömt zum Kondensator ab, ohne die letzten Schaufelreihen der ND-Turbine berühren oder unzulässig erwärmen zu können. Das Gehäuse der Rw-Turbine bildet dabei den inneren Teil der oben bereits erwähnten Diffusionsdüse.

Der Vw-Teil des ND-Turbinenläufers ist aus einem Stück geschmiedet, während die beiden zweikränzigen C-Räder der Rw-Turbine aufgeschrumpft und durch Radialdübel gegen Loskommen und Verdrehen gesichert sind.

Innen- und Außenstopfbuchsen sind mit federnden Segmentdichtungen (s. Bild 17.33.2) ausgerüstet.

Das vordere Lager des ND-Turbinenläufers liegt in einer senkrechten Gehäusestrebe, die durch den Abdampfstutzen führt und begehbar ist.

Auch das *Schnellschlußsystem* zum Schutz der Anlage unterscheidet sich von den bisher beschriebenen. Aus konstruktiven Gründen sind die Auslöser für Überdrehzahl und für Axialverschiebung des ND-Turbinenläufers getrennt an den beiden Läuferenden untergebracht.

Da die Anlage im überkritischen Drehzahlbereich arbeitet, ist ein weiterer Auslöser für unzulässig hohe *Schwingungsbeanspruchung* von HD- und ND-Turbine vorgesehen.

Ferner lösen zu hoher Kondensatpegel, Axialverschiebung des Propellerdrucklagers sowie Einrücken der Drehvorrichtung den Schnellschluß aus.

Wie schematisch im Bild 17.55 dargestellt, wird durch Ansprechen der verschiedenen Auslöser jeweils ein *Magnetventil* betätigt, das den Steuerölkreislauf öffnet, wodurch das gleichzeitig als Schnellschlußventil arbeitende Hauptfahrventil schließt (bei Rw-Fahrt das Rw-Fahrventil!).

Die *Zwischenüberhitzung* macht eine Aufteilung der Turbinenanlage in drei Stufen erforderlich und zwar in einen HD-Teil, in dem der überhitzte Frischdampf bis auf den Druck im Zwischenüberhitzer Arbeit leistet, einen MD-Teil, der seinen Dampf aus dem Zwischenüberhitzer erhält und das Gefälle des zwischenüberhitzten Dampfes bis auf den Druck in der Überströmleitung zur ND-Turbine verarbeitet und den ND-Teil, in dem das restliche Gefälle bis auf Kondensatordruck in Arbeit umgesetzt wird.

HD- und MD-Teil können jeweils in getrennten Gehäusen untergebracht werden, die dann hintereinandergeschaltet auf ein Ritzel oder nebeneinander auf zwei Ritzel arbeiten.

HD- und MD-Teil können auch in *einem* Gehäuse untergebracht werden (Bild 17.56). Der Frischdampf strömt in der Mitte des Gehäuses ein. Er expandiert über eine Regelstufe und fünf A-Stufen und verläßt das Gehäuse am vorderen Ende zum Zwischenüberhitzer. Der zwischenüberhitzte Dampf tritt wieder in der Mitte des Gehäuses in den MD-Teil ein und expandiert in sechs A-Stufen bis zur Überströmung zur ND-Turbine. Durch diese Anordnung wird erreicht, daß sowohl der überhitzte Frischdampf als auch der zwischenüberhitzte Dampf in benachbarten Bereichen in das Gehäuse eintreten, die Außenstopfbuchsen jedoch in Bereichen niedriger gespannten Dampfes liegen.

Als weiteres Beispiel zeigt Bild 17.57 Schnittansichten einer HD-MD- und einer ND-Turbine für Zwischenüberhitzungsanlagen mit Frischdampfdrücken bis 105 bar und Temperaturen bis 530 °C am Überhitzer- bzw. 510 °C am Zwischenüberhitzeraustritt.

Bemerkenswert ist die Gestaltung des Düsengruppenventilkastens, der als Gürtel wärmeelastisch in das Turbinengehäuse eingehängt ist; die einzelnen Ventile werden in einer festen Reihenfolge elektrohydraulisch über Kipphebel betätigt.

Der Einströmung des Frischdampfes entgegengesetzt tritt der vom Zwischenüberhitzer kommende Dampf von unten in die Gehäusemitte ein. Die ND-Turbine ist mit *axialem* Dampfaustritt gebaut; der Dampf

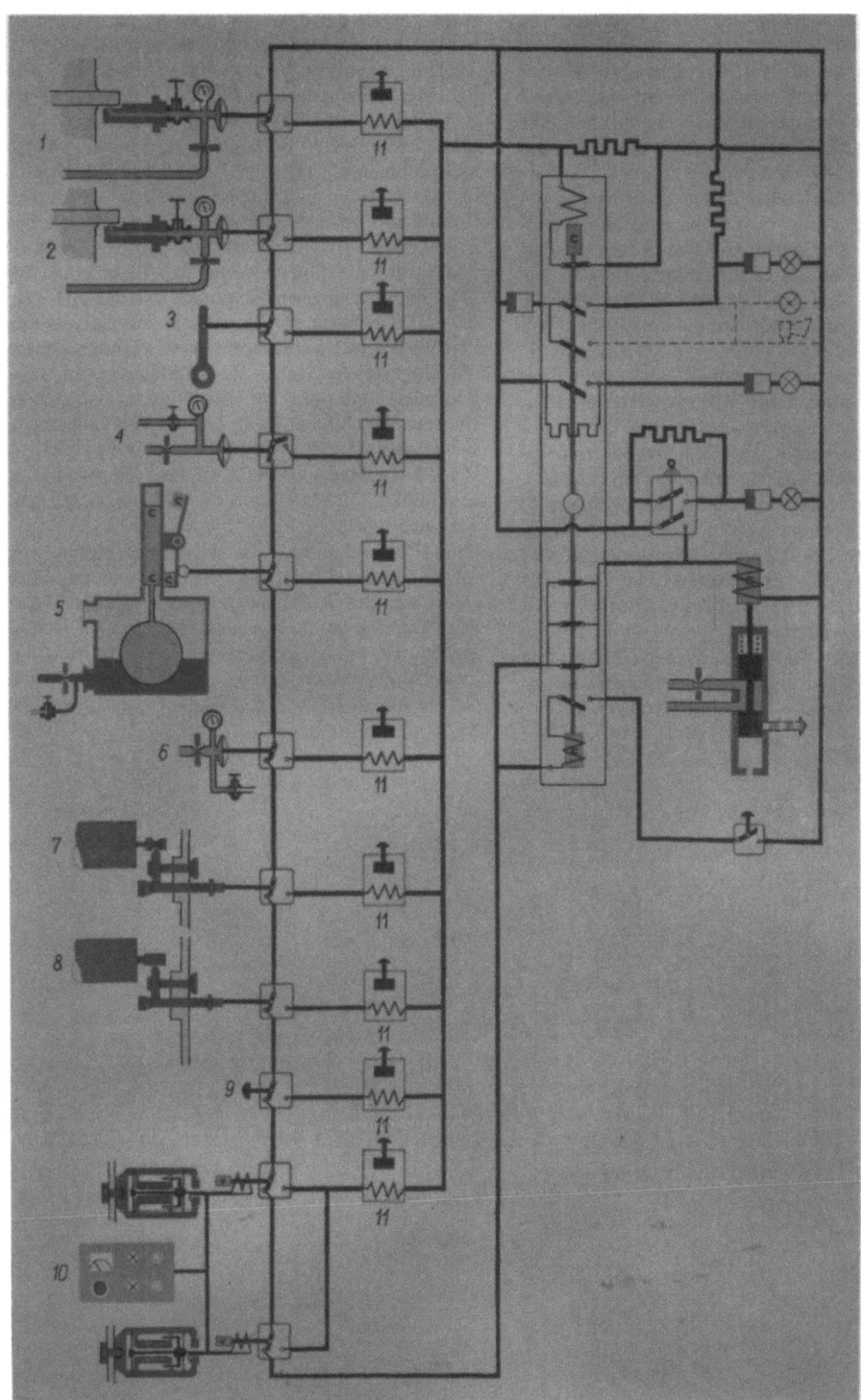

Bild 17.55 Schema eines elektrisch/hydraulischen Turbinenschutzes
1 Axialverschiebung des ND-Turbinenläufers 2 Verschiebung des Großrades der zweiten Untersetzungsstufe 3 Eindrücken der Drehvorrichtung 4 Sinkender Schmieröldruck 5 Zu hoher Kondensatpegel 6 Zu hoher Kondensatordruck 7 Axialverschiebung und Überdrehzahl des HD-Turbinenläufers 8 Überdrehzahl des ND-Turbinenläufers 9 Handauslöser vom Maschinenraumfahrstand aus 10 Zu große Schwingungsausschläge 11 Magentventil

strömt durch zwei rechts und links vom vorderen Traglager liegende Stutzen nach vorn in den Kondensator. Eine *Leitscheibe*, auf dem Turbinenläufer zwischen Vw- und Rw-Beschaufelung angebracht, schirmt die Rw-Turbine bei Vw-Fahrt ab und lenkt bei Rw-Betrieb den Dampf um, damit er nicht in die letzte Stufe der ND-Vw-Turbine eindringt. Der Vw-Teil ist als *Verbundkonstruktion* mit 9 Stufen gebaut; die Rw-Turbine besteht aus zwei zweikränzigen C-Rädern, die in der üblichen Weise auf den ansonsten massiven Läufer aufgeschrumpft sind.

Besonders deutlich sind an der ND-Turbine die Einrichtungen zur Entwässerung der einzelnen Stufen erkennbar.

Will man bei höheren Frischdampf-Druck- und -Temperaturwerten gute innere Wirkungsgrade erzielen, dann wird der gemeinsame Läufer einer kombinierten HD- und MD-Turbine aber lang und hat betriebstechnisch ungünstig liegende kritische Drehzahlen.

Bei einer dreigehäusigen Anlage kann die Drehzahl der HD-Turbine erhöht werden, was einen besseren Wirkungsgrad im HD-Teil ergibt, erfordert dann aber im HD-Wellenstrang eine weitere Untersetzungsstufe, die einen Teil der Wirkungsgradverbesserung der HD-Turbine wieder aufzehrt.

Vergleichende Untersuchungen über die Anordnung der HD- und MD-Turbine auf demselben Wellenstrang haben ergeben, daß eine Dreilager-Ausführung, wie sie im Kraftwerksbau häufig angewandt wird, mit starrer Kupplung zwischen HD- und MD-Turbine, erhebliche Vorteile hat, wie z.B. geringere Baulänge, Einsparung einer Zahnkupplung, bessere Beherrschung der biegekritischen Drehzahlen.

Bild 17.58 zeigt einen Längsschnitt durch einen HD-MD-Turbinensatz mit drei Lagern. Die HD-Turbine hat 12 A-Stufen und mit Rücksicht auf den hohen Frischdampfzustand ein zweischaliges Gehäuse. Die Frischdampfzuströmung ist auf das Gehäuseober- und -unterteil aufgeteilt. Die MD-Turbine hat 10 A-Stufen. Die axialen Fixpunkte für das HD- und das MD-Gehäuse befinden sich jeweils an den Pratzen beim Zwischenlager. Bei Erwärmung gleiten die Lagergehäuse auf den Abdampfseiten über Pratzenverbindungen auf dem Fundamentrahmen. Die starr gekuppelten Wellen sind durch das gemeinsame Axiallager auf der MD-Turbinenwelle fixiert.

Die ND-Turbine entspricht in ihrer Bauart der in den Bildern 17.54, 17.56 und 17.57 gezeigten ND-Turbinen.

Beim Unterschreiten einer Turbinenbelastung von ca. 40 % d.h. z.B. bei Manöverbeginn werden — ausgelöst von der Turbinensteuerung — die Rauchgas-Regelklappen im Zwischenüberhitzerzug (s. Hauptabschn. 19) völlig geschlossen. Die Zuschaltung des Zwischenüberhitzers erfolgt erst wieder zu Beginn des normalen Seebetriebes (s. a. Hauptabschn. 13 Regelung).

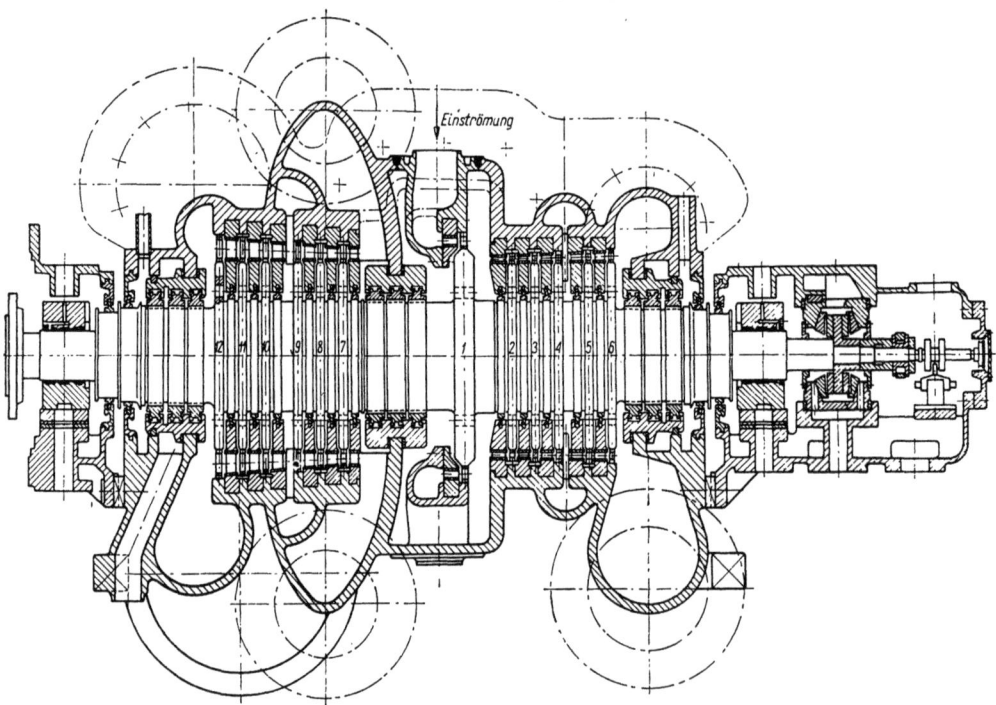

Bild 17.56 Eingehäusige HD/MD-Turbine in Gleichdruckbauart mit Mitteneinströmung für eine Turbinenanlage mit Zwischenüberhitzung

Dampfturbinen

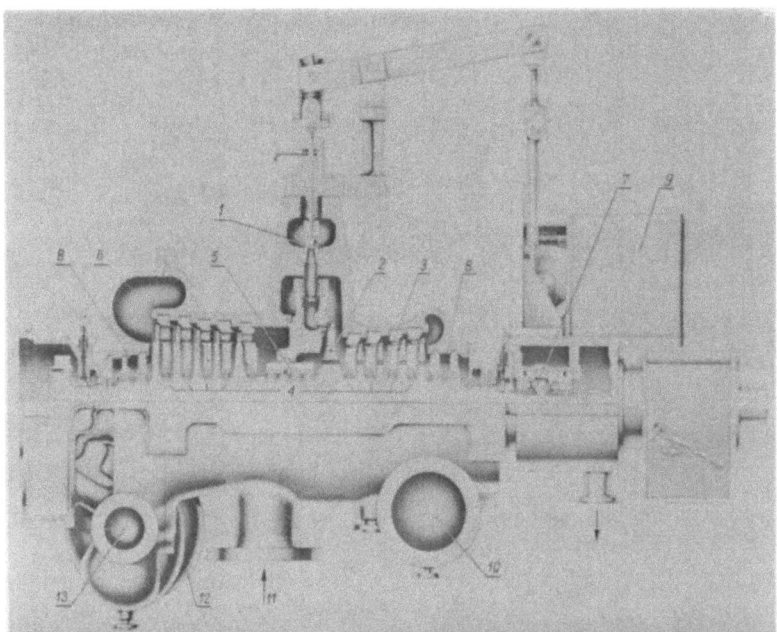

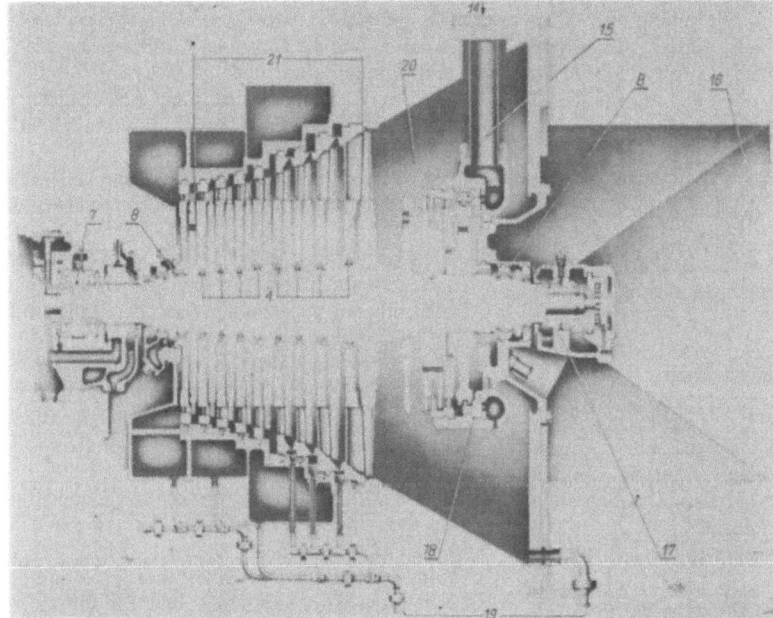

Bild 17.57 HD/MD- und NF-Turbine für eine *Einfluranlage* mit Zwischenüberhitzung
1 Frischdampfeinströmung (Düsengruppenventil)
2 Regelstufe
3 4 Gleichdruckstufen des HD-Teils
4 Federnde Zwischenstopfbuchsen
5 Federnde Differenzdrzckstopfbuchse
6 5 Gleichdruckstufen des MD-Teils
7 Kippsegmentdrucklager
8 Federnde Außenstopfbuchse
9 Elektrisch/hydraulische Ventilbetätigung
10 Dampfaustritt zum Zwischenüberhitzer
11 Dampfeinströmung (Zwischenüberhitzter Dampf)
12 Überströmleitung zur ND-Turbine
13 Entnahmedampfanschluß
14 Frischdampfeinströmung zur Rw-Turbine
15 Schiebestopfbuchse
16 Abdampfstutzen
17 Vorderes Turbinentraglager
18 Rw-Turbine
19 Entwässerungsanschlüsse
20 Umlenkscheibe
21 9 Gleichdruckstufen (mit Reaktion) der ND-Turbine

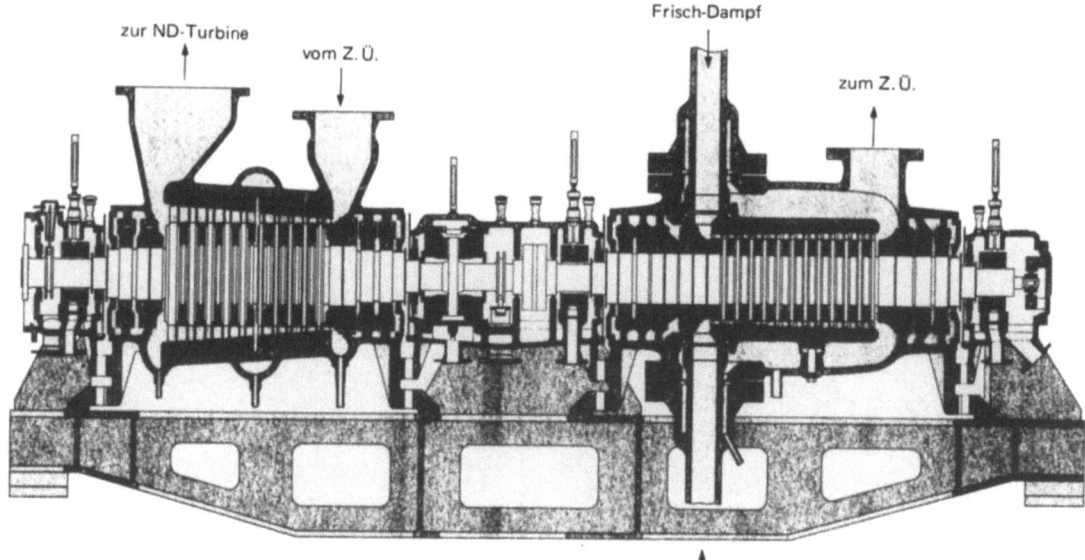

Bild 17.58 Längsschnitt Hochdruck-/Mitteldruckturbine einer Z.Ü.-Anlage

Die Anlage ist mit einer Drosselregelung mit vollbeaufschlagter erster Stufe ausgestattet, die gegenüber einer Düsen-Gruppenregelung folgende Vorteile bietet:

- kleinere Verluste am Auslegepunkt,
- thermisch ausgeglichenes Gehäuse und geringere Temperaturdifferenzen bei Laständerungen,
- kein Quermoment auf der HD-Welle durch nur partielles Anblasen der ersten Stufe und eine daraus resultierende bessere Laufruhe,
- keine zusätzliche Schwingungsanregung der Laufschaufeln.

17.2.6 Wartung von Turbinenanlagen

Klarmachen zum Betrieb und Absetzen

1. Inhalt aller *Schmieröltanks* auf Menge, Wassergehalt, Verschmutzung, Alterung prüfen. Schlamm und Wasser ablassen. Das Schmieröl muß in einwandfreiem Zustand sein.
Ölfilter und Ölkühler überprüfen. Erforderlichenfalls reinigen.
Haupt- und *Reserveschmierölpumpe* probieren und Stromaufnahme kontrollieren. Ölfilter und -kühler gut entlüften.
Betriebsmäßige Ölschaltung herstellen und feststellen, daß alle Schmierstellen Öl erhalten (Schmierprobe). Ölstand im Hochtank und Sammeltank prüfen, gegebenenfalls Öl ergänzen. Alarm für niedrigen Ölstand überprüfen.
Bei *kaltem* Öl dieses mit der Heizschlange im Hochtank erwärmen, so daß die Öltemperatur mindestens 30 °C, besser als 40 °C beträgt.

2. Die öldruckbetätigte *Schnellschlußeinrichtung* entlüften und die einzelnen Auslöser (Überdrehzahl, Kondensatordruck, Öldruck) durch Betätigen der einzelnen Relais bzw. Steuerschieber von Hand probieren. Hierbei muß das Schnellschlußventil schließen.
Bei mechanisch betätigter Auslösung Gestänge auf Leichtgängigkeit und Funktionieren überprüfen.

3. Drehvorrichtung einschalten und *Maschine durchdrehen*, Stromaufnahme des Drehmotors kontrollieren und Maschine an allen Teilen auf Anstreifen abhorchen.

4. Seeschieber und Ventile in der Kühlwasserleitung öffnen und *Kühlwasserpumpe* anstellen, Stromaufnahme und Pumpendruck kontrollieren, Vorlagen und Deckel des Kondensators und des Ölkühlers gut entlüften.

5. *Kondensatumlaufventil* öffnen und Kondensat aus dem Speisewasserbehälter (Entgaser) in den Kondensator lassen.
Kondensatpumpe und Reservekondensatpumpe probieren, Stromaufnahme und Stopfbuchsen kontrollieren, Sperrwasser für diese anstellen. Die Stopfbuchsen sollen leicht lecken. *Kondensatpumpe* anstellen.

6. *Dampfstrahler*-Wasserraum entlüften; *Atmosphärenstufe* in Betrieb nehmen.

7. Sämtliche *Entwässerungsventile* an den Manövrierventilen und an der Turbine öffnen.
Vorsichtig *Sperrdampf* auf die Turbinenstopfbuchsen geben und, soweit vorhanden, Sperrdampfregler in Betrieb nehmen. Hierbei muß

Dampfturbinen. Kondensationsanlagen

die Turbine unbedingt mit der Drehvorrichtung gedreht werden. Vakuum langsam kommen lassen.
Prüfen, ob beide *Manövrierventile* geschlossen und alle Entwässerungen offen sind. *Hauptdampfleitung* anwärmen.
8. Drehvorrichtung ausrücken.
Schnellschlußventil einklinken und öffnen. Turbine durch Öffnen eines Manövrierventils anstoßen, daß sie ganz langsam dreht, Drehrichtung von Zeit zu Zeit wechseln. Das *Anwärmen* soll die in der Betriebsvorschrift angegebene Zeit nicht unterschreiten.
Während des Anwärmens *Kondensatorstufe* des Strahlers in Betrieb nehmen und Vakuum auf die gewünschte Höhe bringen. Maschine wärmt besser durch, wenn das Vakuum anfangs nicht so hoch gehalten wird.
Während des Anwärmens nochmals sämtliche Schmierstellen kontrollieren.
Die Entwässerungsventile dürfen erst *nach* dem vollständigen Durchwärmen der Rohrleitungen, der Manövrierventile und der Maschine geschlossen werden.
9. *Kühlwasser* für den Ölkühler erst anstellen, wenn das aus den Lagern ablaufende Öl etwa 50 °C warm ist.
10. Auf *ruhigen Lauf* der Maschine muß bei jedem Anfahren geachtet werden. Tritt Unruhe auf, dann ist die Drehzahl sofort so weit zu reduzieren, bis die Maschine wieder ruhig läuft. Mit dieser Drehzahl läßt man die Turbine einige Zeit laufen und steigert dann versuchsweise wieder die Drehzahl.
Während des Anwärmens ist darauf zu achten, daß sich die Turbinen entsprechend ihren Möglichkeiten frei dehnen können. Die entsprechenden Kontrolleinrichtungen beobachten.
11. Die ersten Manöver mit angewärmter Maschine sollen vorsichtig ausgeführt und nicht plötzlich bis zur Vollast gesteigert werden (Wasserschlaggefahr!).

Während des Betriebes müssen alle Meßstellen laufend überwacht werden. Stufendrücke und Kondensatordruck, sämtliche Lagertemperaturen, Ölkontrollen und Ölstände sowie ruhigen Lauf der Maschine beobachten. Ursache für unnormale Anzeigen sofort fest- und abstellen. Bei unruhigem Lauf oder Geräusch in der Maschine diese sofort stoppen und Ursache feststellen.
Beim *Abstellen* Manövrier- und Schnellschlußventile schließen, Drehvorrichtung einrücken und Sperrdampf abstellen. Sämtliche Entwässerungen öffnen. Maschine mit eingeschalteter Ölversorgung etwa fünf Stunden drehen. Hierbei Kondensation zum Austrocknen der Anlage noch in Betrieb halten. Kondensation absetzen. Drehvorrichtung abstellen. Schmierölversorgung abstellen.

Bei *längerem Stillstand* soll die Anlage etwa alle drei Tage durchgeschmiert und hierbei um etwa 1/3 Umdrehung gedreht werden. Zum Trockenhalten empfiehlt sich das Anstellen des Dampfstrahlers.
Turbogeneratoren ohne Drehvorrichtung dürfen erst Sperrdampf erhalten, *nachdem* die Turbine mit Dampf dreht. Beim Abstellen die Maschine zum Abkühlen noch einige Zeit leer mit der niedrigsten Drehzahl laufen lassen, bei der die angehängte Schmierölpumpe noch sichere Schmierung gewährleistet. Hierbei Vakuum aufrechterhalten.
In jedem Fall die Betriebsvorschrift für die entsprechende Anlage genauestens beachten!

Schäden an Turbinen

Beschädigung des Drucklagers durch Aussetzen der Schmierölversorgung, Wasserschlag in der Turbine, behinderte Dehnungsmöglichkeit.
Beschädigung der Traglager durch Aussetzen der Schmierung, unruhigen Lauf der Maschine.
Unruhiger Lauf durch Verziehen des Läufers infolge unsachgemäßen Anwärmens, infolge zu eng oder exzentrisch eingesetzter Stopfbuchsen, die durch Anstreifen örtliche Erwärmung hervorrufen, infolge Wasserschlags.
Leistungsabfall bei normalen Zudampfverhältnissen durch Verschmutzung der Schaufel- und Düsenkanäle infolge Ablagerung von Salz oder Zusatzstoffen aus dem Kesselwasser. Kann in leichten Fällen durch *Auswaschen mit Sattdampf* behoben werden.
Aufdecken und Dichtsetzen von Turbinen nur mit den dafür vorgesehenen Hebezeugen und Führungsstücken, damit die Beschaufelung nicht beschädigt wird. Vor dem Dichtsetzen sämtliche Schaufel-, Stopfbuchs-, Druck- und Traglagerspiele kontrollieren und darauf achten, daß keine Fremdkörper in der Turbine liegen. Teilfugen- und Flanschschrauben in warmem Zustand nochmals nachziehen. Prüfen, daß Verbindungen, die Dehnungsmöglichkeit geben sollen, nicht festgesetzt sind.
Die Schnellschlußeinrichtung für Überdrehzahl muß periodisch geprüft werden. Hierzu wird die Turbinenanlage von der Wellenleitung *abgekuppelt* und vorsichtig bis zur Schnellschlußdrehzahl hochgefahren. Wird der Schnellschluß *nicht* ausgelöst dann sind Schlagbolzen bzw. Schlagring, Hebel und Gestänge auf Leichtgängigkeit zu überprüfen und gegebenenfalls die Federspannung zu ändern (s. Schnellschlußeinrichtung).

17.3 Kondensationsanlagen

17.3.1 Allgemeines

Der stündliche Dampf- bzw. Speisewasserverbrauch einer Turbinenanlage mit $P_s = 17652$ kW Wellenleistung beträgt etwa 60 t/h, was 1440 t/d entspricht; bei reinem *Auspuffbetrieb* müßten also für eine 10tägige Reise mindestens 14 400 t Speisewas-

ser mitgeführt werden (eine Gewinnung aus Seewasser würde zu großen Aufwand bedingen).
Ferner beeinflußt die Größe des ausnutzbaren Gefälles die Wirtschaftlichkeit der Dampfkraftmaschine sehr stark; besonders günstig erweist sich ein *niedriger Gegendruck*. Dieser läßt sich durch Ausnutzen der starken Volumenverringerung bei Übergang von der Dampf- zur Flüssigkeitsphase erzielen, z.B. also durch Kondensieren des Abdampfes in einem geschlossenen Gefäß, dem *Kondensator*.
Es lassen sich somit zwei grundlegende Aufgaben des Kondensators feststellen:
1. Auffangen und Niederschlagen des Abdampfes, um dem Speisewasserkreislauf das Kondensat und die in ihm anfallende Wärme zu erhalten.
2. Senken des Gegendruckes der Dampfkraftmaschinen, um das ausnutzbare Wärmegefälle zu vergrößern.

Der Dampf kann durch Beimischen von kaltem Wasser in entsprechender Menge (*Einspritzkondensator*) oder durch Übertragen der Verdampfungswärme über eine Kühlfläche an ein Kühlmittel (*Oberflächenkondensator*) niedergeschlagen werden. Einspritzkondensatoren kommen für den Bordbetrieb nicht in Frage.
Der in einem Oberflächenkondensator erreichbare absolute Druck hängt bei gleichbleibender Dampfmenge von folgenden Einflußgrößen ab:
1. Kühlwassermenge,
2. Kühlwassertemperatur,
3. Kühlflächengröße,
4. Leistung der Luftpumpe,
5. Vakuumdichtheit der Anlage,
6. Sauberkeit der Kühlfläche.

Selbst bei einer unendlich großen Kühlwassermenge und einer unendlich großen Kühlfäche kann der Druck im Kondensator nicht weiter gesenkt werden, wenn die Temperatur des kondensierenden Dampfes gleich der Kühlwassertemperatur ist. Dieser *Temperatur des kondensierenden Dampfes* entspricht ein ganz bestimmter absoluter *Dampfdruck* (theoretisch möglicher Druck im Kondensator p_{kth}, bar). So kann z.B. bei einer Kühlwassertemperatur von $t_e = 15\ °C$ theoretisch kein geringerer Druck im Kondensator erreicht werden als der, welcher einer Temperatur des kondensierenden Dampfes von 15 °C entspricht, das ist 0,0174 bar (s. VDI-Wasserdampftafeln).
Eine unendlich große Kühlwassermenge – bei der die Erwärmung verschwindend klein ist – steht niemals zur Verfügung, sondern nur eine Kühlwassermenge W, die in einem bestimmten Verhältnis W/D zur Dampfmenge D steht. Durch die vom niederzuschlagenden Dampf abgegebene Wärmemenge erwärmt sich das Kühlwasser. Der im Kondensator erreichbare absolute Druck kann bei einer *endlichen* Kühlwassermenge daher niemals tiefer sein als der, der der Temperatur des *austretenden* Kühl-

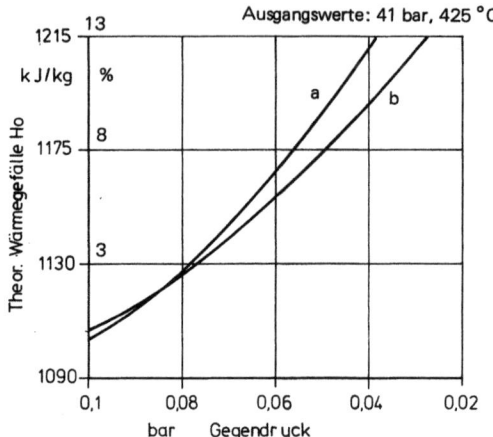

Bild 17.59 Verbesserung des nutzbaren Gefälles und prozentualer Gewinn an nutzbarem Gefälle durch Senken des Gegendruckes
a Vergrößerung des theoretischen Gefälles
b prozentualer Gewinn im nutzbaren Gefälle

wassers entspricht. Diesen zu erreichen, setzt aber bereits eine unendlich große Kühlfläche des Kondensators und die Abwesenheit von Luft voraus.
In einer Turbine läßt sich der kondensatorseitig erreichbare, niedrige absolute Druck voll ausnutzen; die erzielbaren Verbesserungen hinsichtlich des ausnutzbaren Gefälles zeigt Bild 17.59, weitere Angaben s. Abschnitt 17.2.2.
Der niedrige erreichbare Gegendruck läßt sich bei Kolbendampfmaschinen nur dann ausnutzen, wenn eine Abdampfturbine nachgeschaltet wird; bei Kolbendampfmaschinen *ohne* Abdampfturbine beschränkt man sich auf ein Vakuum von 85...90%, entsprechend einem Kondensatordruck von etwa $p_k = 0{,}15 ... 0{,}10$ bar.
Die theoretisch möglichen absoluten Drücke in Abhängigkeit von der Kühlwassereintrittstemperatur sind in Bild 17.60 für verschiedene Verhältnisse W/D aufgetragen, wobei mit einer Abdampfenthalpie von $i_k = 2\ 303$ kJ/kg Dampf gerechnet wurde.
Aus Bild 17.60 ist ersichtlich, ab wann eine Steigerung der Kühlwassermenge keinen dem Aufwand entsprechenden Nutzen mehr bringt.
Weiter zeigt das Bild, daß für einen bestimmten, gewünschten Unterdruck die Kühlwassermenge um so kleiner sein kann, je niedriger die Kühlwassereintrittstemperatur ist. Die Kühlwassermenge wird für Kolbendampfmaschinen 35...50 mal so groß und für Turbinen 80...120 mal so groß wie die niederzuschlagende Dampfmenge angenommen.
Die Kühlfläche kann mit Rücksicht auf die räumlichen Verhältnisse an Bord und auf die Kosten ebenfalls nur in einer bestimmten Größe ausgeführt werden. Sie besteht aus einer großen Anzahl von Kühlrohren, die vom Kühlwasser durchflossen werden.

Kondensationsanlagen

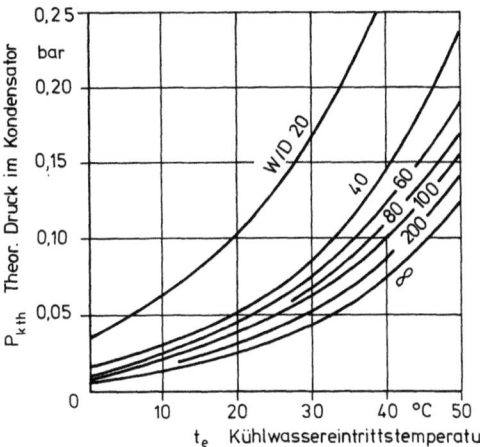

Bild 17.60 Theoretischer Kodensatordruck in Abhängigkeit von Kühlwassereintrittstemperatur und Kühlwasserverhältnis

17.3.2 Wärmetechnische Berechnung von Kondensationsanlagen

Die Verdampfungswärme des niederzuschlagenden Dampfes muß durch die Wandungen der die Kühlfläche bildenden Rohre hindurch auf das Kühlwasser übertragen werden, und zwar muß sie vom Dampf durch die auf den Rohren befindliche *Wasserhaut* auf die äußere Wandung der Kühlrohre, durch die Rohrwand hindurch und weiter von der inneren Rohrwandung auf das Kühlwasser übergehen.

Der Wärmeübergang im Kondensator

Der Wärmeübergang kann durch Wärmestrahlung, durch Wärmeleitung und durch Berührung vor sich gehen.
Im Kondensator erfolgt der *Wärmeübergang* von Dampf auf die äußere Rohrwandung durch Wärmeleitung und Berührung, der *Wärmedurchgang* durch die Rohrwand durch Wärmeleitung und der Übergang von der inneren Rohrwandung auf das Kühlwasser wieder durch Wärmeleitung und Berührung. Der durch Wärmestrahlung übertragene Anteil ist vernachlässigbar klein.
Die Wärmeleitung ist abhängig: erstens von den *Eigenschaften des Materials*, das die Wärme weiterleiten soll, zweitens von der *Temperaturdifferenz*, die zwischen seinen beiden Oberflächen besteht, und drittens von der *Fläche*, die zur Weiterleitung der Wärme zur Verfügung steht (Heiz- oder Kühlfläche). Der Einfluß des Materials ist aus Bild 17.61 zu erkennen. Um dieselbe Wärmemenge bei einem gleichen Temperaturunterschied zwischen den beiden Wandungen weiterleiten zu können, sind für die Materialien Dampf, Wasser und Metall verschieden große Flächen erforderlich. Die *Wärmeleitzahlen* dieser drei Materialien verhalten sich etwa wie 0,02

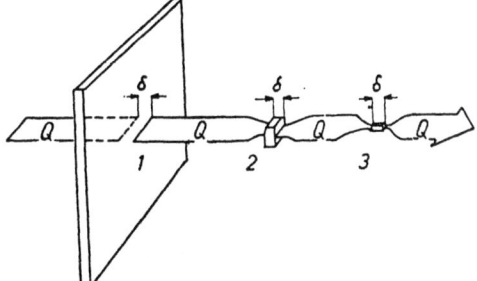

Bild 17.61 Einfluß der Wärmeleitzahl auf die Größe der Kühlfläche bei gleichbleibender zu übertragender Wärmemenge

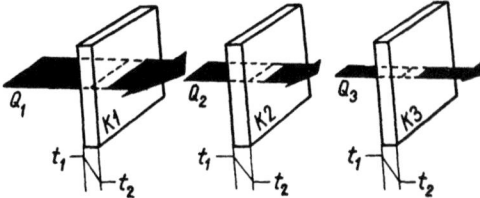

Bild 17.62 Einfluß der Wärmeleitzahl auf die übertragene Wärmemenge bei gleicher übertragender Fläche

(Dampf), 0,5 (Wasser) und 50 (Eisen); d.h., wenn dieselbe Kühl- oder Heizfläche zur Verfügung steht, kann bei gleicher Dicke und gleicher Temperaturdifferenz jeweils nur eine der Art des Materials entsprechende Wärmemenge weitergeleitet werden. Die Wärmeleitfähigkeit der einzelnen Materialien wird durch die Wärmeleitzahl λ ausgedrückt. Die Wärmeleitzahlen sind bei den verschiedenen Metallen sehr unterschiedlich; z.B. Eisen $\lambda = 46{,}5 \ldots 58$, Rotguß $\lambda = 60{,}5$, Messing $\lambda = 112$, Kupfer $\lambda = 349$ W/m·K.
Bild 17.62 zeigt, welchen Einfluß die Wärmeleitzahl auf die weitergeleitete Wärmemenge Q (bei gleicher Temperaturdifferenz $\Delta t = t_1 - t_2$ und gleicher Fläche A) hat.
Die durch die Fläche A weitergeleitete Wärmemenge Q läßt sich nun aus der Formel

$$Q = \lambda \cdot A \cdot \Delta t \quad \text{kJ/h} \qquad (1)$$

bestimmen.
Im Betrieb sind die Kondensatorrohre an ihrer Außenwandung mit einem *Kondensatfilm* überzogen, durch den die Wärme hindurchgeleitet werden muß. Das innerhalb der Rohre fließende Kühlwasser bildet infolge der Randreibung des Wasserstromes an der Rohrwandung ebenfalls einen *Wasserfilm*, der sich nur langsam fortbewegt. Die Schichtdicke dieses Films hängt davon ab, wie schnell sich das Wasser bewegt. Sie ist stärker, wenn das Wasser langsam (*laminar*) strömt, und dünner, wenn eine durchwirbelte (turbulente) Strömung vorherrscht. Die Filme verursachen einen *Temperaturabfall* zwischen Dampf und äußerer Rohrwandung bzw. zwischen innerer Rohrwandung und Kühlwasser. Denselben

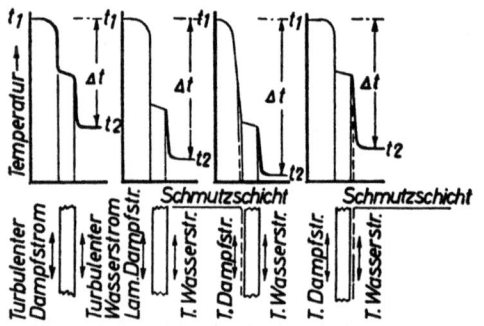

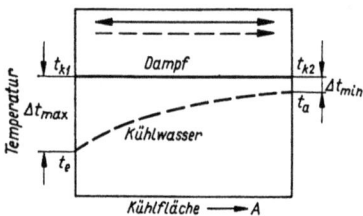

Bild 17.63 Einfluß von Strömung und Verschmutzung auf die erforderliche Temperaturdifferenz zur Übertragung gleicher Wärmemengen bei gleichen Kühlflächen

Bild 17.64 Änderung der Temperaturdifferenz zwischen Dampf und Kühlwasser während des Durchflusses durch ein Kondensatorrohr

Einfluß haben *Schmutzschichten* außen und innen auf den Rohrwandungen. Wasserfilme und Schmutzschichten wirken isolierend. Ihr Vorhandensein bedingt eine größere Temperaturdifferenz zwischen Dampf und Kühlwasser, um über die gleiche Kühlfläche die gleiche Wärmemenge übertragen zu können. Bild 17.63 zeigt den Einfluß dieser Wasserfilme und Schmutzschichten auf den Temperaturverlauf beim Wärmeübergang von Dampf auf das Kühlwasser unter der Voraussetzung, daß die gleiche Wärmemenge über die gleiche Fläche übertragen werden soll.

Jede dieser Schichten (Wasserfilm, Schmutzschicht, Rohrwand, Schmutzschicht, Wasserfilm) hat eine eigene Wärmeleitzahl.

Wärmedurchgangszahl k

Um eine allgemeingültige Formel für die Wärmeübertragung vom Dampf auf das Wasser zu bekommen, werden diese verschiedenen Koeffizienten zu einem einzigen, der *Wärmedurchgangszahl k*, zusammengefaßt. Diese ist für die verschiedenen Verhältnisse durch Versuche ermittelt und in Kurven und Tafeln festgelegt worden. Die allgemeingültige Formel für die vom Dampf auf das Wasser übertragene Wärmemenge lautet dann

$$Q = k \cdot A \cdot \Delta t \quad \text{kJ/h} \tag{1.1}$$

Die Temperaturdifferenz Δt ändert sich beim Durchlauf des Wassers durch die Kühlrohre dauernd. Die Temperatur auf der Dampfseite bleibt konstant, während das Kühlwasser wärmer und damit die Temperaturdifferenz kleiner wird (Bild 17.64). Überschläglich kann die mittlere Temperaturdifferenz Δt_m arithmetisch ermittelt werden. Sie ist dann

$$\Delta t_m = \frac{\Delta t_{max} + \Delta t_{min}}{2} \quad \text{K} \tag{2}$$

worin $\Delta t_{max} = t_{k1} - t_e$ und $\Delta t_{min} = t_{k2} - t_a$ ist. Da bei kondensierendem Dampf die Temperatur während der Zustandsänderung von Dampf zu Kondensat gleich bleibt, $t_{k1} = t_{k2} = t_k$, ergibt sich die *mittlere arithmetische Temperaturdifferenz* zu

$$\Delta t_m = t_k - \frac{t_e + t_a}{2} \quad \text{K} \tag{2.1}$$

Die Temperatur des Kühlwassers nimmt während seines Weges durch die Kühlrohre jedoch nicht gleichmäßig (linear) zu, sondern, wie aus Bild 17.64 ersichtlich, nach einer Kurve. Als mittlere Temperaturdifferenz ist daher nicht das *arithmetische*, sondern das *logarithmische* Mittel einzusetzen. Die aus Gleichung (2.1) ermittelte Temperaturdifferenz ist deshalb mit dem Faktor

$$b = \frac{\Delta t_{m\,(log)}}{\Delta t_{m\,(arithm)}} \tag{3}$$

zu berichtigen.

Der Berichtigungsfaktor b ist in Bild 17.65 als Kurve aufgetragen, abhängig vom Verhältnis $\Delta t_{max}/\Delta t_{min}$. Die genauere (logarithmische) Temperaturdifferenz ist dann:

$$\Delta t_{m\,(log)} = b \cdot \Delta t_{m\,(arithm)} =$$
$$= b \left(t_k - \frac{t_e + t_a}{2} \right) \quad \text{K} \tag{4}$$

Mit (4) wird somit Gleichung (1.1)

$$Q = k \cdot A \cdot b \left(t_k - \frac{t_e + t_a}{2} \right) \quad \text{kJ/h} \tag{1.2}$$

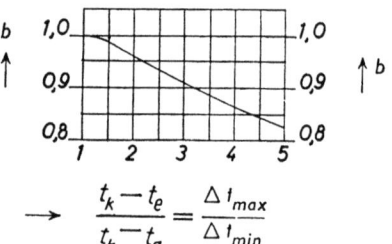

Bild 17.65 Berichtigungsfaktor b zur Bestimmung des logarithmischen Mittels der Temperaturdifferenz aus dem arithmetischen Mittel

Kondensationsanlagen

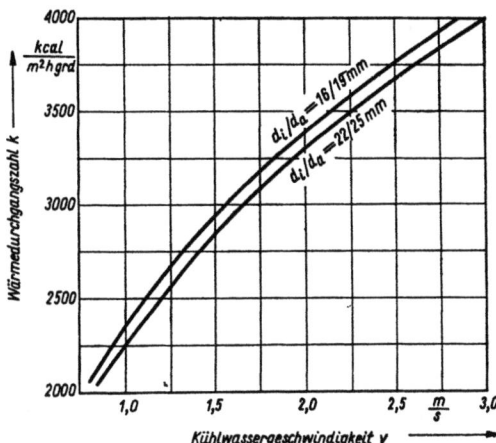

Bild 17.66 Wärmedurchgangszahl k in Abhängigkeit von der Kühlwassergeschwindigkeit v in den Rohren für eine Kühlwassereintrittstemperatur von 21,1 °C. k wurde mit der mittleren logarithmischen Temperaturdifferenz ermittelt. Berichtigung für andere Kühlwassereintrittstemperaturen s. Bild 17.67. Berichtigung für anderen Rohrwerkstoff und andere Rohrwanddicken s. Bild 17.68

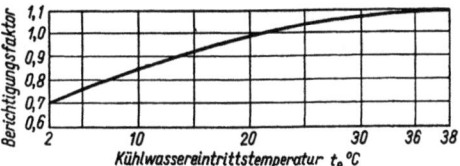

Bild 17.67 Berichtigungsfaktor f_1 für von t_e = 21,1 °C abweichende Kühlwassereintrittstemperaturen

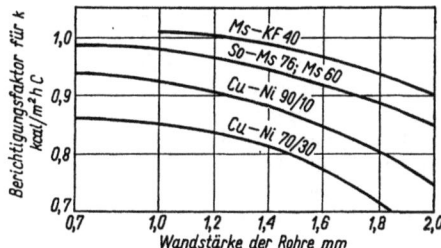

Bild 17.68 Berichtigungsfaktor f_2 für Material und Wanddicke der Kondensatorrohre

Die Wärmemenge Q, die der Dampfmenge D entzogen und durch Kühlfläche A auf das Kühlwasser übertragen werden muß, ist

$$Q = D(i_k - i'_k) \quad \text{kJ/h} \tag{5}$$

i'_k ist die Enthalpie des Kondensats.
Dieselbe Wärmemenge muß vom Kühlwasser aufgenommen werden. Je nach der Temperatur des verfügbaren Kühlwassers und dem gewünschten theoretischen absoluten Druck ist die Kühlwassermenge ein Vielfaches der Dampfmenge und kann nach Bild 17.60 festgelegt werden. Der praktisch erreichbare absolute Druck liegt bei neuzeitlichen Kondensatoren etwa 0,01 ... 0,015 bar höher.
Die Wärmedurchgangszahl k ist Bild 17.66 zu entnehmen, wo sie für eine Kühlwassereintrittstemperatur t_e = 21,1 °C in Abhängigkeit von der Kühlwassergeschwindigkeit in den Rohren aufgetragen ist.
Die Kühlwassergeschwindigkeit in den Rohren darf wegen der Gefahr, daß durch Wirbelbildung Auswaschungen und damit Rohrbeschädigungen entstehen, nicht zu hoch gewählt werden. Sie soll bei Rohren aus SoMs 76 ~ 1,8 m/s und CuNi 70/30 ~ 2,1 m/s nicht überschreiten.

Berichtigungsfaktoren

Man kann erkennen, daß k mit steigender Wassergeschwindigkeit erheblich zunimmt. Weicht die Kühlwassereintrittstemperatur von den in Bild 17.66 zugrunde gelegten 21,1 °C ab, dann muß die aus diesem Bild ermittelte Wärmedurchgangszahl mit einem Faktor f_1 berichtigt werden, der Bild 17.67 entnommen werden kann.

Eine weitere Berichtigung f_2 ist mit Rücksicht auf die Wanddicke und das Material der Kondensatorrohre nach Bild 17.68 vorzunehmen.
Dem Reinheitsgrad der Rohroberfläche muß durch einen Faktor f_3, der bei vollkommen neuen und reinen Rohren 1,0 beträgt, Rechnung getragen werden; mit Rücksicht auf die Verschmutzung während des Betriebes rechnet man normalerweise mit f_3 = 0,85. Die berichtigte Wärmedurchgangszahl ist dann:

$$k^* = k \cdot f_1 \cdot f_2 \cdot f_3 \quad \text{W/m}^2 \cdot \text{K} \tag{6}$$

Die mittlere (log) Temperaturdifferenz wird nach Gleichung (4) bestimmt. Hierbei sind folgende Einheiten einzusetzen:

t_k Temperatur des kondensierenden Dampfes, die dem absoluten Druck p_k im Kondensator entspricht . . . . °C
t_e Kühlwassereintrittstemperatur . . . . °C
t_a Kühlwasseraustrittstemperatur . . . . °C

Nachdem die Kühlwassermenge m_W entsprechend Bild 17.60 festgelegt ist, läßt sich die Kühlwasseraustrittstemperatur t_a aus der vom Kühlwasser aufzunehmenden Wärmemenge Q ermitteln. Unter Berücksichtigung der spez. Wärme für Wasser c_p = 4,1868 kJ/kg·K wird

$$Q = m_W(t_a - t_e) = m_D \cdot (i_k - i'_k) \quad \text{kcal/h} \tag{7}$$

und hieraus

$$t_a = t_e + \frac{m_D}{m_W} \cdot (i_k - i'_k) \quad °C \tag{8}$$

Mit diesen Angaben kann die Kühlfläche eines Kondensators berechnet werden.

Ermittlung der Kühlfläche

Für die Auslegung des Kondensators sind maßgebend:
1. die niederzuschlagende Abdampfmenge m_D und ihr Wärmeinhalt i_k,
2. die Kühlwassereintrittstemperatur t_e und
3. der gewünschte Druck im Kondensator p_k, bei dem die Dampfmenge m_D zu Kondensat niedergeschlagen werden soll.

Mit Punkt 2 und 3 ist das Kühlwasservielfache m_W/m_D aus Bild 17.60 abzulesen, wobei zu berücksichtigen ist, daß der praktisch erreichbare Kondensatordruck p_k um etwa 0,01...0,015 bar höher liegt als der theoretisch mögliche Druck p_{kth}. Darauf kann die mittlere logarithmische Temperaturdifferenz nach Gleichung (4) bestimmt werden. Des weiteren ist nun die Wassergeschwindigkeit in den Kühlrohren anzunehmen (s. Abschnitt 19.3.3) und nach Gleichung (6) die erreichbare Wärmedurchgangszahl k^* zu ermitteln. Zuvor muß man Durchmesser, Wanddicke und Material der Kühlrohre festlegen. Die erforderliche Kondensatorkühlfläche ist nun aus Gleichung (1.2) zu berechnen.

Berechnung eines Kondensators

Niederzuschlagende Dampfmenge:
$$m_D = 25\,000 \text{ kg/h}$$

Temperatur des verfügbaren Kühlwassers:
$$t_e = 20\ °C$$

Kühlwasserverhältnis:
$$m_W/m_D = 100$$

Kühlwassermenge somit etwa:
$$m_W = 2500 \text{ m}^3/\text{h}$$

Hiermit erreichbarer, theoretischer absoluter Druck aus Bild 17.60:
$$p_{kth} = 0,032 \text{ bar}$$

Praktisch erreichbarer absoluter Druck im Kondensator:
$$p_k = 0,045 \text{ bar}$$

Diesem Druck entsprechende Temperatur im Kondensator:
$$t_k = 30,7\ °C\ (i'_k = 128,5 \text{ kJ/kg})$$

Enthalpie des Abdampfes aus dem Expansionsverlauf der Turbine (i, s-Diagramm):
$$i_k = 2311 \text{ kJ/kg}$$

Dem Abdampf zu entziehende Wärmemenge:
$$Q = D(i_k - i'_k)$$
$$\rightarrow Q = 54\,428\,400 \text{ kJ/kg}$$

Kühlwassergeschwindigkeit in den Rohren, gewählt:
$$v = 1,8 \text{ m/s}$$

Kühlrohraußendurchmesser, gewählt:
$$d_a = 19 \text{ mm}$$

Wärmedurchgangszahl aus Bild 17.66:
$$k = 3722 \text{ W/m}^2 \cdot \text{K}$$

Berichtigung für andere Kühlwassereintrittstemperatur aus Bild 17.67:
$$f_1 = 0,985$$

Rohrwanddicke, gewählt:
$$\delta = 1,25 \text{ mm}$$

Material, gewählt:

SoMs 76

Berichtigungsfaktor für Material und Wanddicke aus Bild 17.68:
$$f_2 = 0,96$$

Reinheitsfaktor der Rohre, gewählt:
$$f_3 = 0,85$$

Berichtigte Wärmedurchgangszahl:
$$k^* = k \cdot f_1 \cdot f_2 \cdot f_3$$
$$\rightarrow k^* = 2989 \text{ W/m}^2 \cdot \text{K}$$

Kühlwasseraustrittstemperatur aus Gleichung (8):
$$t_a = 25,2\ °C$$
$$\Delta t_{max} = t_k - t_e$$
$$\rightarrow \Delta t_{max} = 10,7 \text{ K}$$
$$\Delta t_{min} = t_k - t_a$$
$$\Delta t_{min} = 5,5 \text{ K}$$

Mittlere arithmetische Temperaturdifferenz aus Gleichung (2.1):
$$\Delta t_{m(arith)} = 8,1 \text{ K}$$

Berichtigungsfaktor für mittlere logarithmische Temperaturdifferenz:
$$b = 0,966$$

Mittlere log. Temperaturdifferenz:
$$\Delta t_{m(log)} = 7,8 \text{ K}$$

Kühlfläche aus Gleichung (1.2):
$$A = 650 \text{ m}^2$$

Nun sind die Hauptabmessungen des Kondensators wie Rohrlänge, Anzahl der Kühlrohre und der Wasserdurchgänge und zuletzt der Querschnitt des Kondensators festzulegen. Die Kühlfläche wird stets auf den *äußeren* Durchmesser der Kühlrohre bezogen. Rohrlängen sind in viertel, halben und ganzen Metern abgestuft zu bevorzugen. Die Wahl der Rohrlänge und Wasserdurchgänge hat zum Ziel, die angenommene Wassergeschwindigkeit (im Beispiel $v_R = 1,8$ m/s) zu erreichen. Kleinere Abweichungen werden durch Ändern der Kühlwassermenge, der Kühlfläche oder auch beider Größen ausgeglichen, so daß zum Schluß die Gleichungen (5) und (1.2) übereinstimmen.

17.3.3 Bauliche Ausführung der Kondensationsanlage

Bauteile der Kondensationsanlage

Luftabsaugung

Nicht nur bei der Inbetriebnahme, sondern auch während der ganzen Betriebszeit muß die durch Flanschen und Stopfbuchsen eindringende *Luft* aus dem Kondensator abgesaugt werden, da sie infolge ihres hohen *Partialdruckes* das gewünschte Vakuum beeinträchtigt. Nach dem Gesetz von *Dalton* (s. Abschnitt 04.3.5) verhalten sich die Teildrücke zueinander wie die Raum- bzw. Gewichtsteile der beteiligten Gase. Der Druck in einem geschlossenen Behälter ist gleich der Summe der Teildrücke der darin eingeschlossenen Gase:

$$\frac{p_D}{p_L} = \frac{G_D}{G_L} \qquad (9)$$

und

$$p_k = p_D + p_L \qquad (10)\text{B}$$

Bei normaldichten Turbinenanlagen rechnet man mit 0,1 ... 0,3 kg Luft je stündlich im Kondensator niederzuschlagender Tonne Dampf, bei Turbogeneratoren und anderen Turbinen kleiner und mittlerer Leistung mit 0,2 ... 0,4 kg Luft/t Dampf stündlich. Bei Kolbendampfmaschinen ist die stündlich anfallende Luftmenge größer und beträgt etwa 1,3 ... 1,5 kg Luft je Tonne Dampf. Da Luft bei den gegebenen Temperaturen nicht kondensiert, muß sie laufend abgesaugt werden, da sonst der angestrebte niedrige absolute Druck nicht erreicht bzw. nach ganz kurzer Zeit ansteigen würde. Diese Absaugstelle wird, um möglichst wenig Dampf mitabzusaugen (Förderleistung!), in den Bereich der kältesten Kühlwasserrohre verlegt; Leitbleche verhindern, daß der Dampf auf Nebenwegen zur Absaugstelle strömt (s. Bilder 17.69 und 17.70).

Als *Luftpumpe* werden neben dem zweistufigen Dampfstrahler, der sich durch große Betriebssicherheit auszeichnet, weil er robust, einfach und ohne bewegte Teile gebaut ist (s. Abschnitt 20.3.5) in letzter Zeit häufiger elektromotorisch getriebene *Wasserringluftpumpen* eingesetzt.

Rohrfeld

Die Kühlrohre werden so angeordnet, daß der Dampf die Kühlfläche möglichst gleichmäßig beaufschlagt. Dem mit hoher Geschwindigkeit durch den Ab-

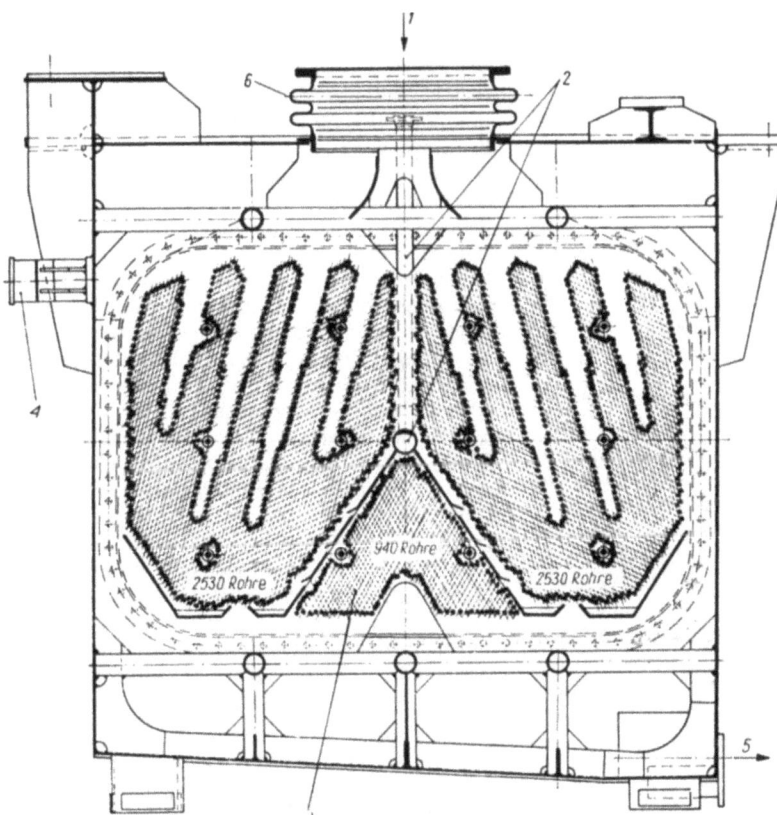

Bild 17.69
Querschnitt durch einen einflutigen Hauptkondensator
1 Abdampf
2 Luftabsaugung
3 Luftkühlzone
4 Führung
5 Kondensat
6 Dehnfalte

dampfstutzen in den Kondensator eintretenden Dampf erleichtern *Dampfgassen* (Bilder 17.69 und 17.70) das Eindringen in die Rohrfelder. Je mehr das Dampfvolumen infolge teilweiser Kondensation abnimmt, um so enger wird bei manchen Kondensatoren die Rohrteilung; die engste Rohrteilung ist in den *Luftkühlzonen* zu finden. Auch in der Längsrichtung ist für eine gute Dampfverteilung zu sorgen, was durch einen genügend großen *Einströmraum* und Durchbrechungen in den *Rohrstützwänden* erreicht wird.

Die gebräuchlichsten Rohrabmessungen sind 19 mm Außendurchmesser bei 1,25 mm Wanddicke. Die dem Dampfstrom ausgesetzten, oberen Rohre erhalten 2 mm Wanddicke.

Maßnahmen zur Vermeidung von Unterkühlung

Das Kondensat soll den Kondensator mit einer möglichst *hohen* Temperatur und weitgehend *entgast* verlassen. Die höchstmögliche Kondensattemperatur ist die dem Abdampfdruck entsprechende *Sättigungstemperatur*. Das im oberen Teil des Kondensators niedergeschlagene Kondensat gibt jedoch beim Auftreffen auf die im unteren Teil befindlichen, meist kälteren Rohre weiterhin Wärme ab, wobei es entsprechend seiner Temperatur Luft an sich bindet. Um Wärmeverluste für den Gesamtkreislauf zu vermeiden, muß diese *Unterkühlung* möglichst ganz vermieden oder rückgängig gemacht werden. Einen Teildampfstrom leitet man daher unter Umgehung des Kühlrohrbündels in den unteren Bereich des Kondensators, so daß von den Rohren, Leit- und Abdeckblechen tropfendes Kondensat im Gegenstrom durch den von untenaufsteigenden Dampfschleier tritt und dabei wieder aufgewärmt und entgast wird. Durch eine geschickte Führung dieses Teildampfstromes kann man erreichen, das der Wärmeverlust durch Kondensatunterkühlung über einen weiten Lastbereich vermieden wird.

Kondensatsammeltank

Ein *Kondensatsammeltank*, am unteren Teil des Kondensatormantels angebaut, fängt das abtropfende Kondensat auf. Sein Fassungsvermögen soll etwa der bei Maximalleistung in einer Minute anfallenden Kondensatmenge entsprechen.
Bei *vor* der ND-Turbine angeordnetem Kondensator (*Einfluranlage*) wird der Kondensatsammeltank zweckmäßig so ausgelegt, daß er auch bei Versagen der Kondensatpumpen das in 7 ... 8 Minuten unter Maximalleistung anfallende Kondensat aufnehmen kann. Eingebaute *Schwabbelbleche* verhindern ein Überlaufen von Kondensat in die ND-Turbine infolge starker Schiffsbewegungen und sorgen für gleichmäßigen Zulauf zur Kondensatpumpe.

Regeleinrichtungen

Der Wasserstand im Kondensatsammeltank kann durch einen *Schwimmerregler* konstant gehalten werden (Bild 17.71). Bei Teilbelastung der Maschine wird ein Teil des von der Kondensatpumpe aus dem Sammeltank abgesaugten Kondensats über den Regler wieder in den Kondensator zurückgeleitet, nachdem es die Kühler des Dampfstrahlluftsaugers passiert hat. Hierdurch wird einmal die Kühlung dieser Kühler bei allen Laststufen sichergestellt und zum anderen vermieden, daß die Kondensatpumpe den Kondensatsammeltank *lenz-saugt*, wodurch sich Ansaugschwierigkeiten ergeben können.

Wenn keine Schwimmerregelung für den Kondensatsammeltank eingebaut wird, muß ein von Hand betätigter *Kondensatrücklauf* vorgesehen werden. Wenn außer den Kühlern des Dampfstrahlers noch andere Apparate durch das von der Kondensatpumpe geförderte Kondensat gekühlt werden, wie z.B. Stopfbuchsdampfkondensator, Wrasendampfkondensator oder Verdampferkondensator, dann muß der Rücklauf *hinter* diesen Apparaten erfolgen, damit sie auch bei gestoppter Anlage bzw. bei Teillasten ihre Aufgaben erfüllen können. (Bild 17.72).

Wasservorlagen

Die *Wasservorlagen* und *Umkehrdeckel* verteilen das Kühlwasser auf die Rohre und sammeln es wieder. *Einflutige* Kondensatoren (Bild 17.73) haben ungeteilte Vorlagen. Da kühlwasserseitiger *Durchflußwiederstand* infolge der fehlenden Umlenkung gering ist, werden sie für Durchflußkühlung bevorzugt. Hierbei wird das Kühlwasser durch entsprechend geformte Öffnungen (*Scoop*) in der Außenhaut dem Fahrstrom des Schiffes entnommen, durch den Kondensator geleitet und dann wieder nach Außenbords abgeführt, wodurch bei fahrendem Schiff die zum Betrieb einer Kühlwasserpumpe erforderliche Leistung eingespart wird.

Bei zweiflutigen Kondensatoren ist die Eintrittsvorlage einmal und der Umkehrdeckel nicht geteilt (Bild 17.74). Hilfskondensatoren werden, um bei der geringen erforderlichen Kühlwassermenge eine genügende Wassergeschwindigkeit in den Rohren zu erhalten, oft *vierflutig* ausgeführt. In diesem Falle ist die Eintrittsvorlage durch zwei Zwischenwände in drei Abteilungen und die Umkehrvorlage durch eine Zwischenwand in zwei Abteilungen unterteilt (Bild 17.75).

Die Wasservorlagen und Umkehrdeckel sollen genügend tief sein, um unerwünschte Wirbelbildung des Kühlwassers am Eintritt in die Rohre zu vermeiden. Sie werden aus Gußeisen oder aus Stahl geschweißt ausgeführt und erhalten in ihrem Inneren einen Anstrich mit *Apexior* oder eine Auskleidung aus Gummi oder Kunststoff zum Schutz gegen Korrosion. Vorlagen und Deckel sollen mit genügend großen *Entlüftungen* versehen sein und eine genügende Anzahl von *Mannlöchern* erhalten, um das Reinigen von Vorlagen und Rohren zu erleichtern.

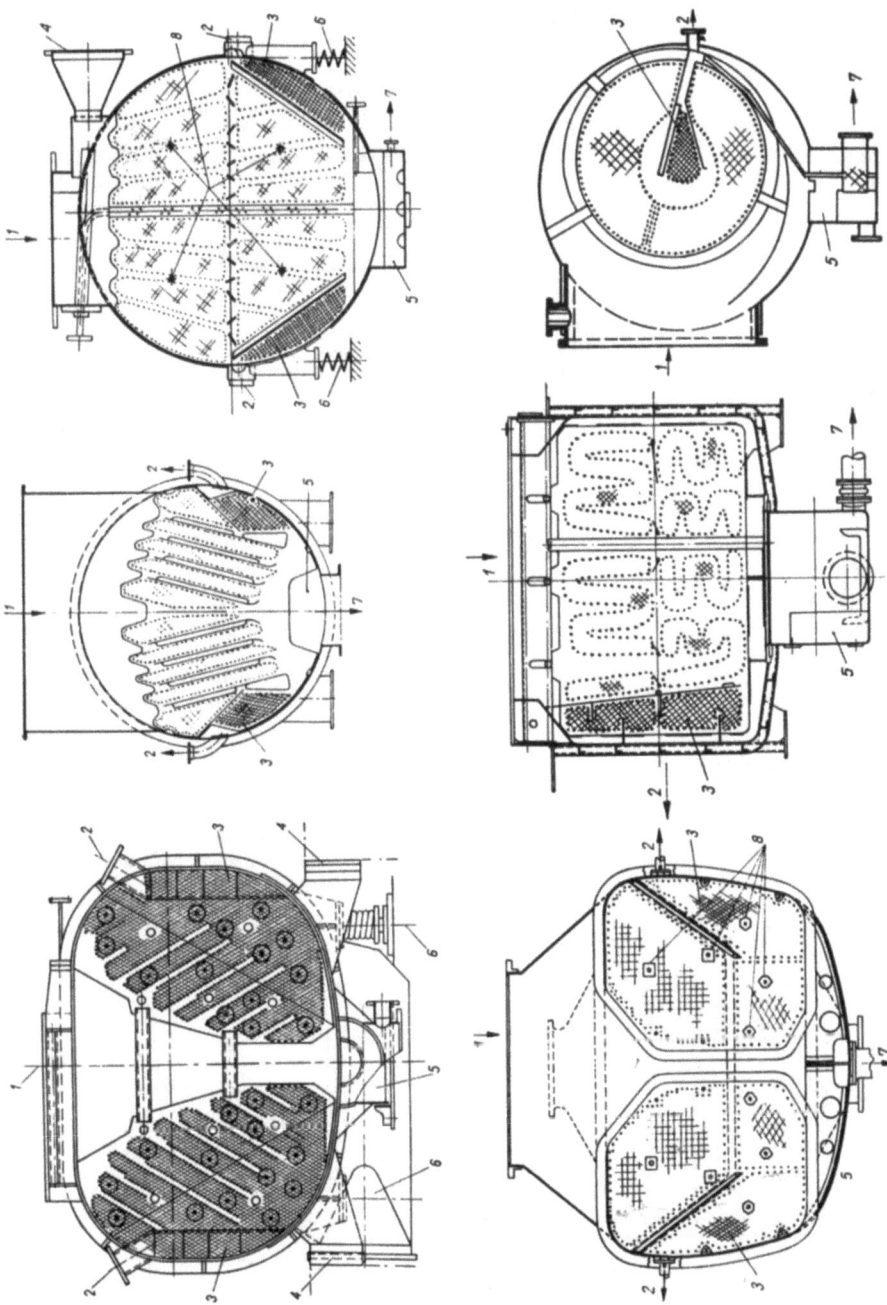

Bild 17.70 Schematische Darstellung verschiedener Kondensatoren 17.70.1 und 17.70.5 federnd aufgestellt, 17.70.2 an ND-Turbinengehäuse angehägt, 17.70.3 und 17.70.4 starre Verbindung zu Gehäuse und Fundament, 17.70.6 vor der ND-Turbine liegender Kondensator
1 Abdampf 2 Luftabsaugung 3 Luftkühlzone 4 Führung 5 Kondensatorsammeltank (Sumpf) 6 Federabstützung 7 Kondensatorabsaugung 8 Stützanker

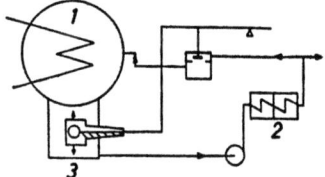

Bild 17.71 Schwimmerregler
1 Kondensator
2 Strahlerdampfkondensator
3 Kondensatsammeltank

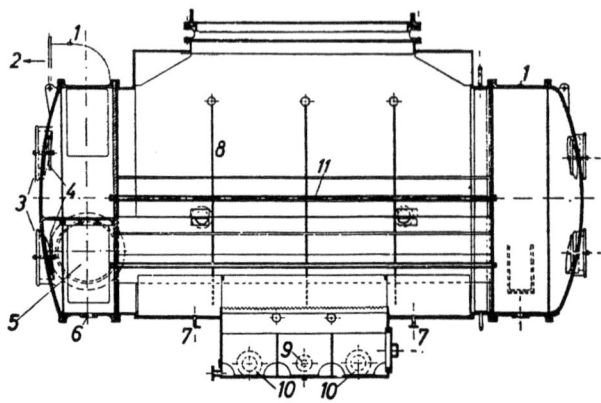

Bild 17.74 Zweiflutiger Kondensator
1 Entlüftung 2 Kühlwasseraustritt 3 Mannlöcher 4 Weicheisen- oder Zinkschutzplatten 5 Kühlwassereintritt 6 Entwässerung 7 Auskochanschluß 8 Rohrstützplatte 9 Anschluß für Kondensatpegelregler 10 Saugeanschluß für Kondensatpumpe 11 Stützanker

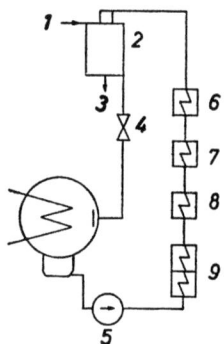

Bild 17.72 Handbetätigter Kondensatrücklauf
1 Abdampf der Speisepumpe 2 Entgaser 3 Zulauf zur Speisepumpe 4 Kondensatrücklaufventil 5 Kondensatpumpe 6 Brüdenkondensator 7 Stopfbuchendampfkondensator 8 Wrasenkondensator 9 Strahlerdampfkondensator

Kondensatormantel

Der *Kondensatormantel* ist ganz allgemein als Schweißkonstruktion in Stahlblech ausgeführt. Da er infolge des innen herrschenden Vakuums durch den außen wirkenden atmosphärischen Luftdruck beansprucht ist, wird er so gestaltet, daß er sowohl durch seine Form als auch durch aufgeschweißte Rippen und zusätzliche innere Verstrebungen (z. B. *Stützanker*) gegen den äußeren Überdruck ausgesteift wird.

Am Kondensatormantel sind die verschiedenen Anschlüsse für Entwässerungen, Hilfsabdampf, Auffüll- und Auskochleitungen sowie der obere Anschluß für den Wasserstand angebracht; der untere Anschluß der Wasserstandsanzeige befindet sich am Kondensatsammeltank.

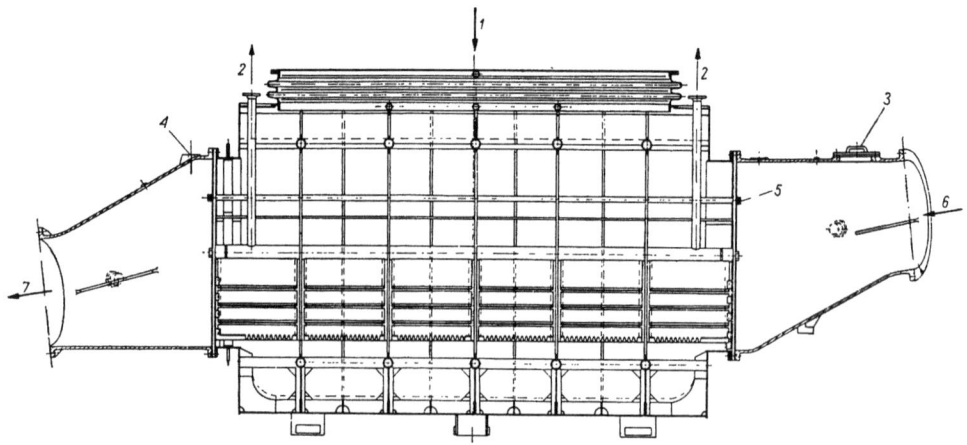

Bild 17.73 Längsschnitt durch einen einflutigen Hauptkondensator
1 Abdampf 2 Luftabsaugung 3 Mannloch 4 Entlüftung 5 Stützanker 6 Kühlwassereintritt 7 Kühlwasseraustritt

Kondensationsanlagen

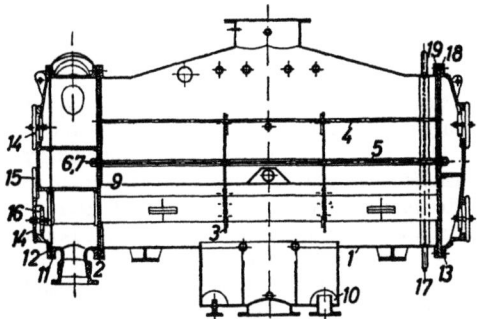

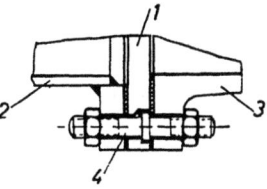

Bild 17.76 Bundschraube zur Verbindung von Kondensatormantel, Rohrboden und Vorlage
1 Rohrboden 2 Kondensatormantel 3 Wasservorlage
4 Bundschraube

Bild 17.75 Längsschnitt durch einen Hilfskondensator
1 Mantel
2 Rohrboden
3 Rohrstützplatten
4 Kondensatorrohre
5 Stützanker
6 Kapselmutter
7 Dichtung
8 Abschirmblech
9 Kondensatsammeltank
10 Wasservorlage
12 Vorderer Deckel
13 Hinterer Deckel
14 Handlöcher
15 Handlöcher
16 Weicheisen- oder Zinkschutzplatte
17 Dehnfalte
18 Dichtungen
19 Dichtungen

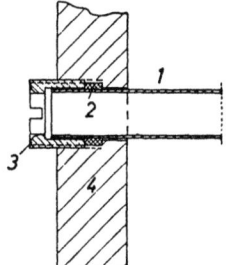

Bild 17.77 Kondensatorrohrbefestigung mit Stopfbuchse
1 Kondensatorrohr
2 Packung
3 Rohrverschraubung
4 Rohrboden

Rohrböden und Rohrstützwände

Die *Rohrböden* dienen zur Aufnahme der Kühlrohre; mit dem Kondensatormantel werden sie durch *Bundschrauben* (Bild 17.76) verbunden, die gleichzeitig die Vorlagen halten. Auf die Rohrböden drückt von außen der Kühlwasserdruck, während sie innen infolge des Vakuums unter Zugspannung stehen. Sie werden daher mit einer genügenden Anzahl von *Ankern* (s. Bilder 13.73 und 13.74) gegeneinander versteift. Der Abdichtung dieser Anker ist besondere Sorgfalt zu widmen, damit kein Seewasser in den Kondensator eindringen kann. Die Bohrungen für die Kondensatorrohre müssen besonders an der Innenkante gut abgerundet sein, damit die Rohre beim Einwalzen nicht an der scharfen Kante beschädigt werden. Bohrungen für die Stehbolzen der Zink- oder *Weicheisenschutzplatten* sollten *nicht* durch die Rohrböden durchgebohrt sein, um die Möglichkeit eines Kühlwassereintritts in den Kondensator auszuschließen.

Die *Rohrstützwände*, die entsprechend der Länge des Kondensators in mehr oder weniger großer Zahl vorgesehen sind, sollen die Kondensatorrohre auf ihrer Länge unterstützen und die Möglichkeit von *Rohrschwingungen* vermindern. Sie werden mit dem Kondensatormantel verschraubt oder verschweißt. Die Bohrungen für die Kondensatorrohre in den Stützplatten müssen gut entgratet werden, um Beschädigungen zu vermeiden.

Maßnahmen zur Berücksichtigung der Wärmedehnung

Die einfachste, wirtschaftlichste und infolgedessen am weitesten verbreitete Lösung, die *unterschiedliche Wärmedehnung* von Kondensatormantel und Rohrbündel auszugleichen, bietet die Konstruktion, bei der der Kondensatormantel mit einer *Dehnfalte* versehen wird, während die Rohre fest in die Rohrböden eingewalzt oder aufgedornt werden. Die Wassereintrittsenden weitet man hierbei etwas auf, um guten Wassereinlauf zu erhalten.

Eine andere Möglichkeit, die verschiedenen Ausdehnungen von Mantel und Rohren auszugleichen, besteht darin, daß man die Kühlrohre an einer Seite mit *Stopfbuchsen* (Bild 17.77) in die Rohrböden einsetzt, so daß sie in diesen gleiten können; oder man walzt die Rohre in beiden Böden fest ein und versieht sie mit einer *Ausbiegung*, die dann die Ausdehnungsdifferenz aufnehmen kann.

Korrosionsschutzeinrichtungen

Zink- oder *Weicheisenschutzplatten* sollen die Rohre und die anderen Teile des Kondensators gegen elektrochemische Anfressungen schützen. Sie werden auf den Rohrböden oder auch an den Vorlagen angebracht und müssen mit den Rohren und sonst zu schützenden Teilen gut leitend verbunden sein. Bei einer Elementbildung wird das Zink oder Weicheisen, das in der Spannungsreihe gegenüber den anderen Materialien, die im Kondensator anzutreffen

sind, das unedelste Metall ist, zur Anode und geht in Lösung, wodurch die anderen Metalle geschützt werden.
Auf den Schutzplatten bildet sich eine *Oxidschicht*, die bei Zink zusammenhängend ist und von Zeit zu Zeit entfernt werden muß, um die Wirkung der Platten zu erhalten. Die Oxidschicht auf Weicheisenschutzplatten ist stark porös und wird teilweise schon durch das Kühlwasser abgewaschen. Zink- bzw. Weicheisenschutzplatten sind rechtzeitig zu erneuern.

Werkstoffe
Als Material für die Kondensatorrohre wird vorwiegend *Aluminium-Messing 76* (76 % Cu, 22 % Zn, 2 % Al) mit geringen Zusätzen von Fe und Si sowie As verwandt. Es ist sehr korrosionsbeständig und läßt sich gut einwalzen. Es ist zur Zeit der preiswerteste Werkstoff für Kondensatorrohre. *Kupfer-Nickel 70/30* (70 % Cu, 30 % Ni) ist das teuerste Material für Kondensatorrohre, aber auch das widerstandsfähigste hinsichtlich Erosion und Korrosion. Seine Widerstandsfähigkeit kann durch Zusatz von 0,5 % Fe noch verbessert werden. CuNi 90/10 (90 % Cu, 10 % Ni) mit einem Eisengehalt von etwa 1 % hat ähnlich gute Eigenschaften.
Die Rohrböden, in die die Kondensatorrohre eingesetzt werden, werden meist aus *Muntzmetall* (60 ... 63 % Cu, Rest Zn) angefertigt.

Aufstellung und Befestigung des Kondensators im Schiff
Es gibt verschiedene Möglichkeiten der Aufstellung und Befestigung, von denen als *wesentlichste* zu nennen sind:
1. *Feste Verankerung mit dem Fundament.* Hierzu sind am Kondensatormantel entsprechende Füße angeschweißt, die fest mit dem Fundament verbunden werden. Die Dehnungsmöglichkeit zwischen Turbine und Kondensator wird durch ein dazwischen eingebautes *Dehnungsstück* (s. Bilder 17.73 und 17.74) hergestellt;
2. *Feste Verbindung von Turbinenabdampfstutzen und Kondensator;* eine Dehnungsmöglichkeit wird durch *Federn*, die das Gewicht des Kondensators auf das Fundament übertragen, hergestellt (s. Bild 17.70). Der Kondensator muß hierbei seitlich so *geführt* werden, daß er sich auf seinen Federn nur auf- und abbewegen kann;
3. *Feste Verbindung des Kondensators mit Fundament* und *Turbine*. Die Abstützung des Kondensators erfolgt in diesem Fall oben, damit er nach unten frei wachsen kann. Der Kondensator dient als Turbinenfundament und muß entsprechend *verstärkt* werden. Ein evtl. Wachsen der Turbine gegenüber dem Getriebe muß durch die Zahnkupplung aufgenommen werden.

17.3.4 Schäden an Kondensatoren
Die Lebensdauer der Kondensatorrohre wird durch *Erosionen* (Auswaschungen) und durch *Korrosionen* (elektro-chemische Angriffe) verkürzt. Auswaschungen werden durch Wirbelbildung hervorgerufen, die hauptsächlich bei hohen *Kühlwassergeschwindigkeiten* auftritt. Besonders gefährdet sind die Rohreinläufe, namentlich wenn die Wasservorlagen zu flach ausgebildet sind und der Kühlwassereinlauf in die Vorlage ungünstig angeordnet ist, so daß sich das Kühlwasser in der Vorlage nicht beruhigen kann. Weiter können Wirbelbildungen und damit Auswaschungen beim Vorhandensein von Luft oder infolge von Fremdkörpern, die sich in den Rohren verklemmen, auftreten.
Chemische oder elektrochemische Anfressungen werden durch das Vorhandensein von *Säuren* im Kühlwasser, durch *Elementbildung*, die durch im Kühlwasser mitgeführte *Kohleteilchen* begünstigt wird, oder durch *vagabundierende* Ströme verursacht. Diese Ursachen führen zur *Entzinkung* des Rohrmaterials, d.h., das Zink als unedelstes Material wird zur Anode und geht in Lösung (s. Abschnitt 26.3.5).
Kondensatorrohre können auch von außen durch Dampf- oder Wasserstrahlen, die aus Entwässerungen, Rücklauf- oder Auffülleitungen kommen, beschädigt werden. Daher müssen vor allen Einführungen genügend starke *Prallplatten* angeordnet bzw. *gelochte* Rohre in den Kondensator eingeführt werden, die den Strahl gut verteilen. Die dem Dampfstrom am meisten ausgesetzten Kondensatorrohre in den oberen Rohrreihen und an den Dampfgasen erhalten zur Verlängerung ihrer Lebensdauer größere Wanddicken.
Maßnahmen: Auswaschungen können durch geringere Kühlwassergeschwindigkeit und durch regelmäßiges Entlüften eingeschränkt werden. Gegen chemische Angriffe soll die sich besonders auf den AlMs-Rohren bildende dichte Oxidschicht schützen. Die Elementbildung durch im Kühlwasser mitgeführte Schmutz- (Kohle-) Teilchen kann durch regelmäßiges Reinigen der Kondensatorrohre vermindert werden. Besteht Verdacht auf vagabundierende Ströme, so sind die Quellen dieser Ströme zu suchen und zu beseitigen (s. Abschnitt 05.6).

17.3.5 Die Kondensationsanlage im Betrieb
Als Ursachen für *schlechtes Vakuum* sind zu nennen:
Lufteinbruch (durch undichte Stopfbuchsen, Flanschpackungen, beschädigte Rohrleitungen usw.), *ungenügender Kühlwasserdurchfluß,*
Schmutz- oder Bewuchsbelag in den Kühlrohren, verstopfte Düsen des Dampfstrahlluftsaugers.
Bei ungenügendem Kühlwasserdurchfluß ist die Kühlwasseraustrittstemperatur höher als normal und das Vakuum dementsprechend schlechter. Verant-

wortlich hierfür können verstopfte Kühlwassereintrittssiebe an der Außenhaut oder Verstopfungen in Schiebern, Ventilen, Pumpen oder den Kühlwasserrohren sein. *Abhilfe*: Reinigen der entsprechenden Strecke. Auch eine Luftansammlung kann den Kühlwasserdurchfluß behindern; *Maßnahme*: Entlüften.
Bei undichten Kühlwasserrohren: Kondensator dampfseitig mit Wasser auffüllen und durch geöffnete Mannlöcher in den Vorlagen Rohrplatten ableuchten. Undichtes Rohr in beiden Rohrplatten mit Pockholzpflock dichtsetzen.
Bei vor der Turbine liegendem Kondensator: Kondensator dampfseitig abdichten (d.h.: alle Verschlüsse, Ventile, Entwässerungen usw. schließen) und an Druckluft mit höchstens $p = 0{,}2$ bar (Manometer) anschließen. Feststellen von Undichtigkeiten: Abhorchen mit Ultraschallsonde durch die geöffneten Mannlöcher der Wasservorlagen, s. [17.20].
Über den *Reinheitsgrad* der Rohre kann man sich ein Bild machen, wenn man bei reinem Kondensator die Wärmedurchgangszahl für verschiedene Betriebsverhältnisse ermittelt. Dies ist mit Hilfe der Gleichungen (1.1), (4), und (7) möglich. Die verschiedenen zur Errechnung von Δt nach Gleichung (4) notwendigen Temperaturen t_e, t_a, t_k können direkt gemessen werden. Die Kühlwassermenge W läßt sich mit Hilfe der auf dem Prüfstand aufgenommenen QH-Linien und der an Bord meßbaren Drehzahl der Kühlwasserpumpe angenähert bestimmen. Bei einem völlig reinen Kondensator ist der Reinheitsfaktor $f_3 = 1$. Nach längerer Betriebszeit ermittelt man unter denselben Betriebsverhältnissen die Wärmedurchgangszahl k wieder. Aus dem Verhältnis der jetzt ermittelten Wärmedurchgangszahl k_1 zu der ursprünglichen bei reinem Kondensator ermittelten Wärmedurchgangszahl k ergibt sich dann der Reinheitsfaktor f_3. Aus der Größe dieses Faktors ist zu erkennen, wann eine gründliche Reinigung notwendig ist, bzw. welchen Erfolg eine Reinigung gebracht hat.
Die innere Reinigung der Rohre kann durch *Auswaschen*, durch Durchtreiben von *Reinigungspropfen* oder Bürsten mit Hilfe von Druckluft oder Druckwasser erfolgen. *Gummipfropfen* entfernen jedoch nur den losen Schmutz, verschmieren aber den anhaftenden aus organischen Bestandteilen bestehenden Belag auf der Rohrwand. *Metallpfropfen* entfernen verhärteten Belag und Schmutz, der sich abgelagert hat. Eine gute Reinigung läßt sich mit durchgetriebenen *Bürsten* erzielen. Bei allen Reinigungsarten ist darauf zu achten, daß die Oberfläche der Rohrwände nicht beschädigt oder aufgerauht wird. Hierdurch wird einmal die Anfälligkeit gegenüber Anfressungen erhöht, zum anderen neigen Rohre mit rauhen Oberflächen eher zur Verschmutzung. Bei öliger Verschmutzung empfiehlt sich das Säubern mit alkalischen Reinigungsmitteln, die bei 80...85 °C mehrere Stunden im Kondensator bleiben sollen, um den Schmutz zu lösen.

Die Verschmutzung der Rohre auf der Dampfseite wird durch Zusätze zum Kesselspeisewasser, Rost und manchmal Öl hervorgerufen. Dieser Belag ist meist dünner und behindert den Wärmeübergang weniger. Reinigen ist möglich durch *Auskochen* mit alkalischen Reinigungsmitteln. Über die Inbetriebnahme der Kondensationsanlage s. Abschnitt 17.2.6.

17.4 Schrifttum

[17.1] *Bauer, G.*: Der Schifsmaschinenbau. Bd. 1...4. R. Oldenbourg, München 1941.
[17.2] *Dubbel, H.*: Taschenbuch für den Maschinenbau. Bd. II, 12. Aufl. Springer-Verlag, Berlin 1961.
[17.3] *Fox, W.J.* and *McBirnie, S.C.*: Marine Steam Engines and Turbines. Georges Newnes Ltd., London 1961.
[17.4] *Germanischer Lloyd*: Vorschriften für Klassifikation und Bau der Maschinenanlagen von Seeschiffen. Selbstverlag des Germanischen Lloyd, Hamburg 1966.
[17.5] *Henschke, W.*: Schiffbautechnisches Handbuch. Bd. 4, 2. Aufl. VEB Verlag Technik, Berlin 1958.
[17.6] *Jung, I.*, *Larsen, G.* und *Larsson, P.-E.*: Der Schiffsdampfantrieb von heute und morgen. Jahrbuch der Schiffbautechnischen Gesellschaft e.V. 60. Bd. (1966). Springer-Verlag, Berlin 1967.
[17.7] *Leder, W.*: Schiffsmaschinenkunde. Bd. II und III, 2. Aufl. VEB Fachbuchverlag, Leipzig 1957.
[17.8] *Meier-Peter, H.*: Schiffsdampfturbinenanlagen. Handbuch der Werften Bd. IX (1966). Schiffahrtsverlag HANSA C. Schroedter & Co., Hamburg 1967.
[17.9] *Michel, F.*: Moderne Dampfantriebe für Handelsschiffe. Jahrbuch der Schiffbautechnischen Gesellschaft e.V. 60. Bd. (1966). Springer-Verlag, Berlin 1967.
[17.10] *Henschke, W.*: Schiffbautechnisches Handbuch. Bd. 4, 2. Aufl. VEB Verlag Technik, Berlin 1958.
[17.11] *Hirsch, S.* und *Schimmel, A.*: Die neuere Entwicklung der Kondensatorrohrfrage. Jahrbuch der Schiffbautechnischen Gesellschaft e.V. 31. Bd. (1930). Springer Verlag, Berlin 1930.
[17.12] Hütte IIA, 28. Aufl. Verlag Wilhelm Ernst & Sohn, Berlin 1954.
[17.13] VDI-Wärmeatlas, 2. Aufl. VDI-Verlag, Düsseldorf 1964.
[17.14] Wärmetechnische Arbeitsmappe, 12. Aufl. VDI-Verlag, Düsseldorf 1967.

Zeitschriftenaufsätze

[17.15] *Ehmsen, E.*: Die neue wirtschaftliche Schiffsdampfturbine MST-14 der General Electric Company. HANSA 103 (1966), H. 6, S. 459.
[17.16] *Kienast, H.H.*, *Bergmann, Chr.* und *Rathk, H.*: Turbinentankschiff „Drupa" – Maschinenanlage – HANSA 103 (1966), H. 6, S. 425.
[17.17] *Kirschstein, P.A.*: Warum Drosselregulierung bei Schiffsturbinen? HANSA 103 (1966), H. 22, S. 1833.
[17.18] *Michel, F.*: Schiffsturbinen für Zwischenüberhitzung. HANSA 103 (1965), H. 22, S. 2115.
[17.19] *Großmann, G.*: Erprobungen am Scoop-Kondensator des Turbinentankschiffes „Jalta". HANSA 101 (1964) S. 2204.
[17.20] *N.N.*: Neues Ultraschall-Gerät zum Auffinden von Leckagen an Kondensatorrohren. HANSA 103 (1966) H. 4, S. 330.

Hauptabschnitt 18

Dampfkessel und Feuerungen

Prof. Dr.-Ing., Dr.-Ing. e. h. *K. Illies*, Hannover/Hamburg

18.1 Formelzeichen und Einheiten

A	Heizfläche	m^2
A_R	Rostfläche	m^2
B	Brennstoffmenge	kg
b	Breite des Trommelwasserspiegels	m
c	Kohlenstoff	Anteile von 1
c	isobare spez. Wärmekapazität	$kJ/nm^3\,°C$,
	(spez. Wärme)	$kcal/kg\,°C$
D	Dampfmenge	kg
D_B	Dampfraumbelastung	$m^3/m^3 h$
d	Rohrdurchmesser	m
E	Exergieverlust	kJ/kg, $kcal/kg$
f	Rohrquerschnitt	m^2
J	innere Energie	kJ/h, $kcal/h$
H	Heizwert	kJ/kg, $kcal/kg$
i	Enthalpie	kJ/kg, $kcal/kg$
h	Wasserstoff	Anteile von 1
h	statische Höhe	m
L_0	stöchiometrische Verbrennungsluftmenge	nm^3/kg
L_n	tatsächliche Verbrennungsluftmenge	nm^3/kg
n	Stickstoff	Anteile von 1
n	Luftüberschuß	—
o	Sauerstoff	Anteile von 1
p	Druck	bar
Q	Energiemenge	kJ/h, $kcal/h$
q	Enthalpiedifferenz	kJ/kg, $kcal/kg$
q	spez. Belastung	$kg/m^2 h$
s	Schwefel	Anteile von 1
t	Temperatur	$°C$
U	Umlaufhöhe	N/m^2
V	Energieverlust	kJ/h, $kcal/h$
V_F	Feuerraumvolumen	m^3
V_0	stöchiometrische Rauchgasmenge	nm^3/h
V_n	tatsächliche Rauchgasmenge	nm^3/h
V_D	Dampfraumvolumen	m^3
v	spez. Volumen	m^3/kg
W	Strömungswiderstand	kg/m^2
W_B	Wasserspiegelbelastung	$m^3/m^2 h$
w	Geschwindigkeit	m/s
w	Wasser	Anteile von 1
x	Dampfanteil	Anteile von 1
α	Wärmeübergangszahl durch Berührung	$kJ/m^2 hgrd$, $kcal/m^2 hgrd$
δ	Lastverhältnis	—
ε	Kühlziffer	—
λ	Erzeugungsenthalpie	kJ/kg, $kcal/kg$
η	Wirkungsgrad	%
ρ	Dichte	kg/m^3

Indizes

A	Abgas
a	Austritt
D	Dampf
e	Eintritt
F	Flüssigkeit, Feuerung, Feuerraum, Fallrohr
f	Restfeuchtigkeit
HF	Heizfläche
h	stündlich
K	Kessel
L	Luftvorwärmer, Luft
L_0	Umgebungsluft
m	mittlere
o	oberer
R	Rost, Rauchgas
S	Sättigung, Siede-
sp	Speisewasser
St	Steigrohr
tr	trocken
u	unterer
Ü, ü	Überhitzung
V	Verdampfung, Verbrennung
ZÜ	Zwischenüberhitzung
V	Zustand bei x = 0
W	Zustand bei x = 1

18.2 Gesetzliche Vorschriften Klassifikationsbestimmungen

Schiffskessel sind geschlossene Behälter, in denen Wasserdampf mit Überdruck erzeugt wird; Bau und Betrieb unterliegen behördlichen Vorschriften. Das Bundesministerium für Arbeit und Sozialordnung trifft alle Rechtsverordnungen für Dampfkesselanlagen; es wird beraten durch den Deutschen Dampfkessel Ausschuß *(DDA)*.

18.2.1 Dampfkesselverordnung (DampfkV)

Die Dampfkesselverordnung gliedert sich in die eigentliche *Verordnung* über Errichtung und Betrieb von Dampfkesselanlagen, die allgemeine *Verwaltungsvorschrift* für die Erlaubnisbehörde und die *Technischen Regeln für Dampfkessel (TRD)*, aufgestellt vom *DDA*.

Aufsichtsbehörde für die Durchführung der Dampfkesselverordnung ist das für den Heimathafen des Schiffes zuständige Gewerbeaufsichtsamt.

18.2.2 Schiffssicherheitsvorschriften

Sie werden von der Seeberufsgenossenschaft (*SeeBG*) aufgestellt und durchgeführt; die *SeeBG* untersteht der Fachaufsicht des Bundesministers für Verkehr (*BVM*). Die Vorschriften enthalten für Schiffsdampfkessel:

Unfallverhütungsvorschriften (UVV) für Kauffahrteischiffe

mit Angaben über Einrichtung und Ausrüstung der Kesselanlage.

Vorschriften aufgrund des Schiffssicherheitsvertrages London 1948

Zur Durchführung der „International Convention for Safety of Life at Sea 1948" wurde die Schiffssicherheitsverordnung (*SSV*) erlassen; sie enthält u.a. Bestimmungen über Prüfungen der Kesselanlage für die Ausstellung des Ausrüstungs-Sicherheitszeugnisses.

18.2.3 Erlaubnisverfahren

Erlaubnisbehörde für Seeschiffskesselanlagen ist das Amt für Arbeitsschutz — Aufsicht über Dampfkessel und Maschinen, Hamburg. Dort wird der Antrag für Bau und Betrieb einer Schiffsdampfkesselanlage eingereicht. Voraussetzung für die Erteilung des Fahrterlaubnisscheines durch die *SeeBG* ist u.a. die Erlaubnis zum Betrieb der Kesselanlage, erteilt vom Amt für Arbeitsschutz.

18.2.4 Klassifikationsbestimmungen

Das Zeugnis der Klassifikationsgesellschaft gibt Anhalt für Beurteilung durch die *SeeBG* bei dem Erlaubnisverfahren.
Die Bestimmungen sind unterteilt in:

Klassifikationsvorschriften

Sie enthalten Angaben über Klassenzeichen, Bauüberwachung, Besichtigungen und Prüfungen der Dampfkessel wie:
- jährliche äußere Besichtigung während des Betriebes
- alle zwei Jahre innere Besichtigung
- alle acht Jahre Wasserdruckprüfung
- Besichtigung und Prüfung nach Schadensfällen und Reparaturen

Bauvorschriften

Sie sollen gewährleisten, daß Bau und Ausführung den allgemeinen Regeln der Technik entsprechen und sicherer Betrieb zu erwarten ist. Sie umfassen: Geltungsbereich, Begriffsbestimmungen, Genehmigungsunterlagen, Werkstoffe, Herstellung, Berechnung, Ausrüstung, Aufstellung, Prüfungen nach Fertigstellung, Wasserdruckversuch.

18.3 Allgemeines

18.3.1 Zweck, Haupt-/Hilfskessel

Schiffskessel erzeugen Wasserdampf für Maschinenzwecke „M" (Hauptmaschine mit zugehörigen Hilfsmaschinen und Apparaten) und für Schiffszwecke „S" (z.B. Wirtschaftszwecke, Strom für Schiff usw.).
Man unterscheidet *Hauptkessel* und *Hilfskessel*. Hauptkessel arbeiten im Seebetrieb vor allem für M, oft auch für S; Dampfdrücke zwischen 20 ... 120 bar, Dampftemperaturen zwischen 350 ... 540 °C.
Hilfskessel erzeugen vorwiegend im Hafenbetrieb Dampf für S; Dampfdrücke ⩽ 10 bar — meistens keine Überhitzung.

18.3.2 Anforderungen

Betriebssicherheit hat besonderes Gewicht, weil ein Schiff mit unklarer Maschine u.U. in eine ernste Lage geraten kann.
Einfache und übersichtliche Bauweise wichtig, da Bedienungspersonal häufig wechselt. *Manöver* der Hauptmaschine erfordern für Schiffskessel Speicherfähigkeit oder eine anpassungsfähige Feuerung; bei Manövern soll der Dampfzustand möglichst konstant bleiben.
Überlastbarkeit wird zum Ausgleich eines Geschwindigkeitsverlustes des Schiffes gefordert.
Schiffsbewegungen und Erschütterungen dürfen den Kesselbetrieb nicht gefährden.
Gewichte und Raumbedarf der Kesselanlage sollten klein gehalten werden, da sie die Nutzladefähigkeit des Schiffes beeinträchtigen.

18.3.3 Wärmequellen

Vor allem flüssige, selten feste und gasförmige Brennstoffe; (s. Abschnitt 18.5.1 und Hauptabschnitt 08) ferner heiße Abgase aus Dieselmotoren (s. Abschnitt 18.10.5).

18.4 Dampferzeugung und Heizflächen

18.4.1 Dampferzeugung

In 3 Abschnitten
a) Vorwärmung des Wassers auf Verdampfungstemperatur —
Flüssigkeitsenthalpie
$$q_F = i' - i_{sp} \qquad \text{kJ/kg} \qquad (1a)$$
b) Verdampfung des Wassers —
Verdampfungsenthalpie
$$q_v = i'' - i' \qquad \text{kJ/kg} \qquad (1b)$$
c) Überhitzung des Dampfes —
Überhitzungsenthalpie
$$q_{\ddot{U}} = i_{\ddot{u}} - i'' \qquad \text{kJ/kg} \qquad (1c)$$
Daraus ergibt sich:
Erzeugungsenthalpie
$$\lambda = i_{\ddot{u}} - i_{sp} \qquad \text{kJ/kg} \qquad (1d)$$

18.4.2 Kesselheizflächen

Bezeichnung entsprechend den Vorgängen unter 18.4.1

a) *Vorwärmer*

Das Speisewasser wird von der Speisepumpe zwangläufig durch diese Heizfläche gedrückt. Es soll keine Dampfbildung einsetzen mit Rücksicht auf die Speisepumpenarbeit und die Strömungsstabilität in parallelgeschalteten Rohren; daher für Nennlast Wahl der Austrittstemperatur $t_a \leqslant t_s - 30\ °C$. Stündliche Wärmeübertragung an das Arbeitsmittel:

$$Q_F = D_h(i_a - i_{sp}) \quad kJ/h \qquad (2)$$

Bezeichnung für den Speisewasservorwärmer oft *economiser* oder *Eco*, um Verwechslungen mit dampfbeheizten Speisewasservorwärmern im Maschinenkreislauf zu vermeiden. Es gibt viele Schiffskessel ohne Eco.

b) *Verdampfer*

Hier wird die Verdampfungsenergie sowie die restliche hinter dem Eco noch verbleibende Flüssigkeitsenergie übertragen.

$$Q_V = D_h(i'' - i_a) \quad kJ/h \qquad (3)$$

c) *Überhitzer*

Übertragung der Überhitzungsenergie

$$Q_Ü = D_h(i_ü - i'') \quad kJ/kg \qquad (4)$$

Der aus der Dampfabscheidetrommel in den Überhitzer strömende Dampf enthält oft noch Feuchtigkeit (1 ... 3 %), die im Überhitzer verdampft; diese Energiemenge beträgt

$$Q_f = D_h(1-x)(i''-i') \quad kJ/h \qquad (4a)$$

Q_f wird also zusätzlich zu (4) im Überhitzer übertragen; der Verdampfer wird um den gleichen Betrag entlastet.
Die Überhitzerheizfläche fast aller Kesselarten (Trommelkessel) hat eine feste Größe, die Heißdampftemperatur ändert sich dann mit der Kesselleistung (Bild 18.1).
Strahlungs-Kennlinie a — Beaufschlagung vorwiegend durch Flammenstrahlung (Feuerraum); die Dampftemperatur fällt mit zunehmender Kesselleistung, da die durch Strahlung übertragene Wärmemenge nicht entsprechend wächst.
Berührungs-Kennlinie b — Beaufschlagung vorwiegend durch Berührung; da die Wärmeaufnahme in der Feuerraum-Strahlungsheizfläche nicht entsprechend der zunehmenden Kesselleistung steigt, wird die dem Berührungsüberhitzer (gasseitig nachgeschaltet) angebotene Energiemenge verhältnismäßig größer.
Erwünscht ist eine flache *Kennlinie c*, die sich aus der Kombination von *a* und *b* ergibt; der Überhitzer erhält hohe Gastemperaturen — Wärmeübertragung durch Berührung mit Anteil dunkler Gasstrahlung, in den unteren Reihen evtl. auch Flammenstrahlung. Der zunehmend flachere Verlauf der Kennlinie *b* und schließlich das Abfallen hat seine Ursache in dem mit zunehmender Kesselleistung, d.h. auch höheren Gastemperaturen, wachsenden Anteil „dunkler Gasstrahlung" und größerer Feuchtigkeit des in den Überhitzer eintretenden Dampfes.
Lastabhängige Kennlinien bedingen in vielen Fällen besondere Heißdampftemperaturregelung.

d) *Zwischenüberhitzer*

Der die HD-Turbine verlassende Dampf wird vor Eintritt in den ND-Teil erneut überhitzt — Wärmeaufnahme

$$Q_{ZÜ} = D_{ZÜ}(i_{ZÜ} - i_{üa}) \quad kJ/kg \qquad (5)$$

18.4.3 Heizflächenbelastung

Die stündlich mit 1 m² dampfbildender Heizfläche (Eco und Verdampfer ohne Überhitzer) erzeugte Dampfmenge wird mit *Heizflächenbelastung* bezeichnet

$$q_H = \frac{D_h}{A} \quad kg/m^2 h \qquad (6)$$

Sie wird häufig als Grundlage für den Kesselentwurf benutzt; der Aussagewert ist aber beschränkt; er ist vom Dampfdruck und der Speisewassertemperatur abhängig.

18.5 Brennstoffe, Verbrennung und Feuerungen

18.5.1 Brennstoffe

Brennbare Bestandteile — Kohlenstoff C, Wasserstoff H und Schwefel S; bei der Verbrennung werden etwa folgende Wärmemengen frei:

$C + O_2 = CO_2 + 33\,800$ kJ/kg C bzw.
$C + O_2 = CO_2 + 8\,075$ kcal/kg C
$C + O\ \ = CO\ \ + 10\,000$ kJ/kg C bzw.
$C + O\ \ = CO\ \ + 2\,389$ kcal/kg C
(unvollst. Verbrennung)
$H_2 + O = H_2O + 144\,000$ kJ/kg H_2 bzw.
$H_2 + O = H_2O + \ \ 34\,400$ kcal/kg H_2
$S + O_2 = SO_2 + 10\,500$ kJ/kg S bzw.
$S + O_2 = SO_2 + \ \ 2\,508$ kcal/kg S $\qquad (7)$

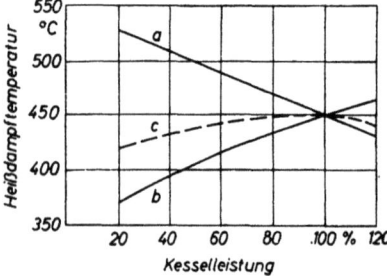

Bild 18.1 Überhitzerkennlinien
a) Strahlungsüberhitzer *b)* Berührungsüberhitzer *c)* Praktisch etwa erreichbare Kennlinie

Heizwert — Zur Vermeidung der Taupunktunterschreitung (s. Abschnitt 18.5.3) wird die Verdampfungsenergie des in den Rauchgasen enthaltenen Wasserdampfes nicht ausgenutzt. Oft wird daher mit dem unteren Heizwert H_u, in einigen anderen Ländern, z.B. USA, aber mit dem oberen Heizwert H_0 gerechnet. Es gilt

$$H_u = H_0 - (9h + w)\ 2500 \quad \text{kJ/kg bzw.}$$
$$H_u = H_0 - (9h + w)\ 597 \quad \text{kcal/kg} \tag{8}$$

Flüssige Brennstoffe
(s. Hauptabschnitt 08)
Für Hauptkessel stets billige *Schweröle*; Leichtöle nur gelegentlich für Hilfskessel oder zum Anfahren und Absetzen der Hauptkessel.
Schweröle bieten für Schiffe so große Vorteile, daß früher übliche Steinkohlen heute fast ganz verdrängt worden sind; zu den Vorteilen gehören:
Kesselwirkungsgrade liegen bei Ölfeuerungen durchweg höher als bei Kohlefeuerungen.
Gründe: Bei Ölfeuerungen entfällt der Feuerungsverlust V_F (Aschegehalt $\leq 0{,}1$ Gew.-%) und die Luftüberschußzahlen sind kleiner; außerdem kann die Verbrennungsluft höher vorgewärmt werden als bei Kohle-Rostfeuerungen (s. Abschnitt 18.5.4). *Kesselabmessungen* sind bei Öl- kleiner als bei Kohlefeuerungen. Gründe: Platzbedarf der Ölfeuerungen ist sehr gering; die möglichen Feuerraumbelastungen liegen weit höher als bei Kohlefeuerungen, d.h. die Feuerraumabmessungen werden entsprechend kleiner (s. Abschnitt 18.5.4). Bei Ölfeuerungen können die Abstände zwischen den Kesselrohren kleiner sein, da gasseitige Verschmutzungen geringer.
Schlackenabfuhr entfällt bei Ölfeuerungen (Aschegehalt $\leq 0{,}1$ Gew.-%).
Große Kesselleistungen bedingen Ölfeuerungen, deren Leistungen nach oben praktisch nicht begrenzt sind. Kohlefeuerungen an Bord, wenn überhaupt, dann nur noch für sehr kleine Leistungen.
Bedienung der Ölfeuerungen ist einfacher, sauberer und erfordert weniger Personal als bei Kohlefeuerungen.
Betriebsbereitschaft und Anpassung an wechselnde Dampfentnahmen bei Manövern — bei Ölfeuerungen viel günstiger als bei Kohlefeuerungen; wichtig bei modernen Kesseln mit großer Leistung aber kleinem Wasserinhalt, also geringer Speicherfähigkeit.
Lagerung und Förderung — Kohle erfordert $\approx 75\%$ mehr *Bunkerraum* als Öl (Berücksichtigung von H_u, η_K, Schüttung usw.); ferner müssen Bunker mit Rücksicht auf Kohleförderung dicht bei den Kesseln liegen. Bei Öl können dagegen weiter entfernt und anderweitig schlecht nutzbare Räume (z.B. Teile des Doppelbodens) als Bunkerräume genutzt werden. Auch Bunkern ist bei Öl einfacher als bei Kohle. Mitzunehmendes *Brennstoffgewicht* bei Ölfeuerung nur $\approx 75\%$ des Kohlegewichtes (Berücksichtigung von H_u und η_K).

Feste Brennstoffe
Heute nur in Sonderfällen Verwendung von Steinkohle bei sehr kleinen Maschinenleistungen. Infolge der steigenden Ölpreise und einer evtl. Ölverknappung ist es aber möglich, daß Kohlen in Zukunft wieder mehr Bedeutung gewinnen.

Gasförmige Brennstoffe
Sie fallen als *Verdunstungsgase* in Flüssiggastankern an; z.B. Methangas (verflüssigt bei $-162\ °C$; Verdunstungsmenge $\approx 0{,}3\%$ je Woche) — Verbrennung in gleichzeitig ölgefeuerten Kesseln.

18.5.2 Verbrennung
Im Brennstoff chemisch gebundene Energie wird durch Verbrennung (Reaktion mit Sauerstoff) freigesetzt.

Bedingungen für die Verbrennung

a) Die Zündtemperatur darf nicht unterschritten werden.
b) Die Mindest-(*stöchiometrische*)Sauerstoffmenge muß zugeführt werden.

Wenn diese beiden Bedingungen nicht erfüllt werden, ist die Verbrennung unvollkommen. Zündtemperaturen und Sauerstoffmengen sind nach Art und Zusammensetzung der Brennstoffe verschieden. Bei dem Verbrennungsvorgang sind 2 Abschnitte zu unterscheiden:
Aufbereitung, d.h. Erwärmung auf Zündtemperatur, Umwandlung des Brennstoffes in brennbare Gase und Mischung mit der Verbrennungsluft, die $\approx 21\%$ Sauerstoff enthält. Die Aufbereitungszeit ist verhältnismäßig lang; bei Ölfeuerungen etwa $1/4 \ldots 1/2$ s.
Verbrennung, d.h. die Reaktion mit dem Sauerstoff; sie benötigt nur $\approx 1/1000$ s.

Luftbedarf — Gasmengen
Mindestluftbedarf (stöchiometrische Luftmenge)

$$L_0 = \frac{1}{0{,}21}\,(1{,}8643 \cdot c + 5{,}5531 \cdot h +$$
$$+ 0{,}6984 \cdot s - 0{,}6997 \cdot o)\quad \text{nm}^3/\text{kg} \tag{9}$$

Rauchgasvolumen

$$V_0 = 1{,}8535 \cdot c + 11{,}1111 \cdot h + 0{,}6828 \cdot s$$
$$+ 0{,}7995 \cdot n + 1{,}2433 \cdot w + 0{,}79\,L_0 \quad \text{nm}^3\text{kg} \tag{10}$$

Trockenes Rauchgasvolumen

$$V_{0\,\text{tr}} = 1{,}8535 \cdot c + 0{,}6828 \cdot s + 0{,}7995 \cdot n$$
$$+ 0{,}79 \cdot L_0 \quad \text{nm}^3/\text{kg} \tag{11}$$

Luftüberschuß

Er ist praktisch erforderlich, damit der Brennstoff den notwendigen Sauerstoff erhält.
Die Luftüberschußzahl

$$n = \frac{L_n}{L_0} \quad (12)$$

hängt vom Brennstoff und der Feuerungsart ab. Luftüberschuß bedeutet *Ballast* für die Feuerung – die Feuerraumtemperatur wird erniedrigt, daher n möglichst klein halten (bei Ölfeuerungen heute $1{,}03 \leqslant n \leqslant 1{,}10$). Die Verbrennung von C mit L_0 ergibt den maximalen CO_2-Gehalt; der CO_2-Gehalt sinkt mit zunehmendem Luftüberschuß. Es gilt

$$n \approx \frac{CO_{2\,max}}{CO_2} \quad (13)$$

Bei der CO_2-Messung keine Berücksichtigung des kondensierenden Wasserdampfanteils; der Fehler bei üblichen Brennstoffen beträgt aber nur 0,5 ... 2,5 %.

Luftvorwärmung

Die Verbrennungsluft wird mit Rauchgas erwärmt – die Rauchgase werden entsprechend abgekühlt, d.h., der Abgasverlust V_A (s. Abschnitt 18.6) wird verringert – Wärmeaufnahme

$$Q_L = L_{nh} \cdot c_{pm} (t_a - t_e) \quad kJ/h \quad (14)$$

Q_L wird dem Feuerraum zusätzlich zur Brennstoffwärme $B_h \cdot H_u$ zugeführt – die Feuerraumtemperatur steigt also, d.h. der Verbrennungs-Exergieverlust E_v wird kleiner (s. Hauptabschnitt 04).

18.5.3 Brennstoffe und Heizflächenkorrosionen

Hochtemperaturbereich – „catastrophic oxydation"

Schweröle enthalten oft V_2O_5, das in Verbindung mit einigen Salzen, herrührend vor allem aus der Seeluft, Eutektika bildet – Erweichungspunkt um 550 °C. Ankleben dieses Sauerstoffträgers an der Heizfläche verursacht starke Korrosionen – „*catastrophic oxydation*"; es genügen bereits Spuren – 0,005 Gew.-% V_2O_5 im Heizöl. Abhilfe nur, wenn Wandtemperaturen $\leqslant$ 550 °C; Zusätze zum Heizöl zur Erhöhung der Erweichungstemperatur des Eutektikums waren bisher wenig wirksam. Steinkohlen enthalten kein V_2O_5.

Tieftemperaturbereich – Taupunktunterschreitung

S verbrennt zu SO_2; bei Anwesenheit eines Katalysators (z.B. V_2O_5 oder Fe_2O_3) kann bei O_2-Überschuß SO_3 entstehen; mit H_2O-Dampf in den Rauchgasen bildet sich dampfförmige H_2SO_4, deren Säuretaupunkte höher liegen als bei H_2O-Dampf mit gleichen Partialdrücken. Liegt die Wandtemperatur in Höhe der Taupunkttemperatur oder darunter, so bildet sich flüssiger H_2SO_4-Niederschlag auf der Heizfläche, der *Korrosion* bewirkt.

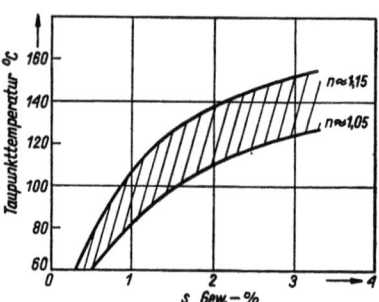

Bild 18.2 Taupunkte in Abhängigkeit vom Schwefelgehalt s im Brennstoff für verschiedene Luftüberschußzahlen

Sehr niedriger Luftüberschuß (s. Abschnitt 18.5.2) verringert die Möglichkeit der Bildung von SO_3 aus SO_2 – der Taupunkt wird somit herabgesetzt (Bild 18.2).
Gelegentlich wird Rauchgasen ein neutralisierender Zusatz (z.B. NH_3 in einem Temperaturbereich zwischen 250 ... 350 °C) beigegeben.
Gefährdet sind vor allem Luvo- und Ecoheizflächen, bei denen niedrige Gas- und Arbeitsmitteltemperaturen zusammentreffen (s. Abschnitt 18.12).

18.5.4 Feuerungen

Feuerung und Feuerraum zusammen dienen der Verbrennung.

Grundbegriffe

Die *Kühlziffer* ϵ gibt das Verhältnis der Strahlungsheizfläche zur Feuerraumoberfläche an. Die Auskleidung des Feuerraumes mit Heizfläche ist mitbestimmend für die dort abgegebene Wärme, d.h. für die Feuerraumendtemperatur.

Feuerraumbelastung

a) als Maß für die Aufenthaltszeit des Brennstoffs im Feuerraum

$$q_{F1} = \frac{B_h \cdot H_u}{V_F} \quad \frac{kJ}{m^3 h} \quad (15)$$

Abhängig von der Brennstoffart, der Feuerung und Form des Feuerraumes.

b) als Maß für die Wärmebelastung im Feuerraum:

$$q_{F2} = \frac{B_h H_u + J_{Luft} + J_{Öl}}{V_F} \quad \frac{kJ}{m^3 h} \quad (16)$$

Bei gleicher Kühlziffer ϵ sind im Hinblick auf die Feuerraum-Endtemperatur bei kleinen Kesseln höhere Werte q_{F2} zulässig, sofern q_{F1} für die Ausbrandzeit ausreichend.
Grund: Verhältnis Strahlungsheizfläche/Feuerraumvolumen; die Heizfläche ändert sich mit der 2., das Volumen mit der 3. Potenz.
Die höchstzulässige Feuerraumbelastung bestimmt den kleinstmöglichen Feuerraum.

Feuerraumbelastung bei Kühlziffer $\epsilon \approx 0{,}9$ für Oelfeuerung.
Handelsschiffe:
(große Kessel)

$q_{F2} \approx 3{,}4 \cdot 10^6$ kJ/m³h,

bzw. $\approx 0{,}7 \cdot 10^6$ kcal/m³h

(kleine Kessel)

$q_{F2} \approx 4{,}2 \cdot 10^6$ kJ/m³h,

bzw. $\approx 1{,}0 \cdot 10^6$ kcal/m³h

Kriegsschiffe:

$q_{F2} \approx 12{,}6 \cdot 10^6$ kJ/m³h,

bzw. $\approx 3{,}0 \cdot 10^6$ kcal/m³h.

Die Werte gelten für übliche Feuerraumdrücke um 1 bar. Bei Feuerraumaufladung (2 ... 3 bar) kann q_{F2} wesentlich höher (z.B. $q_{F2} \approx 40 \cdot 10^6$ kJ/m³h, bzw. $\approx 10 \cdot 10^6$ kcal/m³h) liegen.

Rostbelastung

$$q_R = \frac{B_h}{A_R} \quad \frac{\text{kg}}{\text{m}^2\text{h}} \qquad (17)$$

Die höchstzulässige q_R bestimmt die kleinstmögliche Rostfläche; q_R ist von Brennstoff, Rostart und Verbrennungslufttemperatur abhängig.

Ölfeuerungen

Allgemeines

Öl wird zerstäubt, im Feuerraum schwebend aufbereitet und verbrannt. Ölstaub bietet der Verbrennungsluft eine große Angriffsfläche; er soll schnell und gleichmäßig mit der Luft durchmischt werden, um vollständige und schnelle Verbrennung bei geringem Luftüberschuß zu erreichen.

Ölbrenner bestehen im wesentlichen aus dem *Zerstäuber* (atomizer) und dem *Geschränk* (register) zur Führung der Verbrennungsluft.

Die Verbrennungsluft wird konzentrisch um den Zerstäuber zugeführt und durch Leitbleche in Drehbewegung versetzt, um eine gute Durchmischung mit dem Ölstaub zu erreichen (Bild 18.3 – Schema eines Ölbrenners). Leitbleche (1) zum Einleiten der Luft-Drehbewegung; Luftstrom (a) wird durch einen Luftring so geführt, daß er zur Brennerachse konvergiert, um ein Eindringen der Luft in den Ölstaubkegel (b) zu erleichtern. Der Ölstaubkegel liegt dicht am Austritt der Zündmuffel (2), damit möglichst keine Luft zwischen Kegel und Muffel vorbeistreicht, ohne sich mit dem Ölstaub zu mischen. Der Zerstäuberkopf (3) trägt den Lufttrichter (4) (Impeller), auf dessen dem Feuerraum zugekehrten Seite ein Unterdruck entsteht, der die Flamme „festhält"; Flattern oder Abreißen der Flamme bei hoher Luftgeschwindigkeit wird somit verhindert.

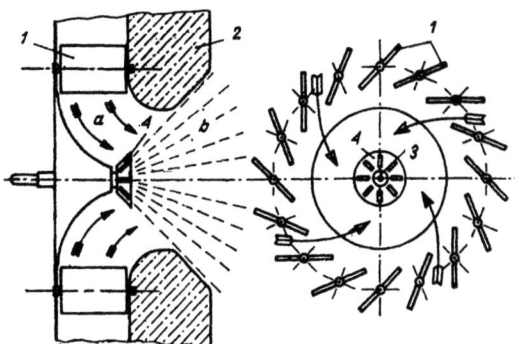

Bild 18.3 Schema eines Ölbrenners
a Luft   2 Zündmuffel
b Ölstaub   3 Zerstäuberkopf
1 Luft-Leitbleche (Klappen)   4 Lufttrichter

Für Brenner mit großem Regelbereich muß der Luftquerschnitt veränderlich gestaltet werden, da auch bei kleinen Leistungen noch eine zur Mischung mit dem Ölstaub ausreichende Luftgeschwindigkeit vorhanden sein muß.
Nach Art der Ölzerstäubung sind folgende Brennerarten zu unterscheiden:

Druckölzerstäuber

Häufig, da einfach und robust. Die Zerstäubergüte hängt vom Druck und der Viskosität des Heizöles (meistens 2 ... 3 °E) ab; Tröpfchendurchmesser zwischen 20 μm und 60 μm; infolge ihrer unterschiedlichen Massen fliegen sie verschieden weit, was Bildung einer langgestreckten, weichen Flamme ermöglicht.

Es gibt drei Drucköl-Brennerarten:

1. *Drucköl-Einfachbrenner*

Der Zerstäuberkopf – Bild 18.4 – trägt die Zerstäuberscheibe (1). Heizöl wird durch Tangentialkanäle (3) mit hoher Geschwindigkeit in die Wirbelkammer (2) gepumpt und erhält dort eine starke Drehbewegung; das Öl zerreißt beim Austritt aus der Bohrung (4). Es entsteht ein kegelförmiger im Kern nicht ausgefüllter Ölstaubmantel; Kegelwinkel zwischen 60° und 100° – er wird mit wachsender Last kleiner.

Regelbereich: Niedrigster Öldruck für noch brauchbare Zerstäubung 6 ... 8 bar; höchster Öldruck wird mit Rücksicht auf Pumpen usw. auf rd. 30 bar beschränkt. Daraus ergibt sich für eine Zerstäuberscheibe ein Mengen-Regelbereich 1 : 2, da der Öldruck sich mit der 2. Potenz des Durchsatzes ändert. Vergrößerung des Regelbereichs durch Einlegen anderer Zerstäuberscheiben mit anderen Abmessungen für Tangentialkanäle, Wirbelkammer und Austrittsbohrung ist möglich; Austrittsbohrungen zwischen 0,8 mm und 4 mm ⌀.

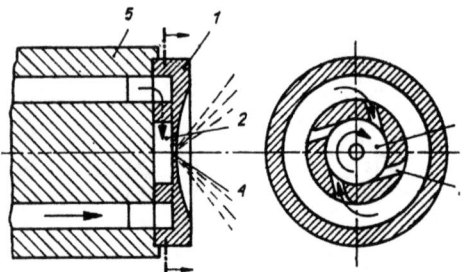

Bild 18.4 Drucköl-Einfachbrenner; Schema eines Zerstäuberkopfes
1 Zerstäuberscheibe
2 Wirbelkammer
3 Tangentialkanäle
4 Austrittsbohrung
5 Brennerstock, der die Zerstäuberscheibe trägt

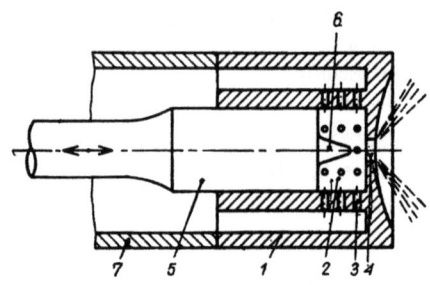

Bild 18.6 Drucköl-Regelbrenner; Schema
1 Zerstäuberkopf
2 Wirbelkammer
3 Tangentialbohrungen
4 Austrittsbohrung
5 Kolben, axial verschiebbar
6 Nadel am Kolben
7 Brennerstock

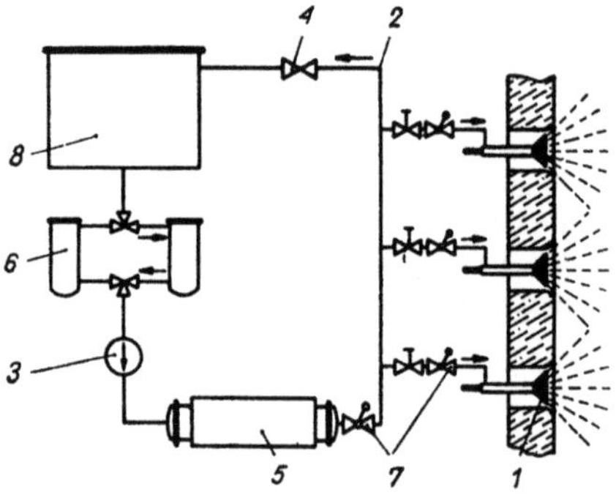

Bild 18.5 Drucköl-Einfachbrenner; Schaltung
1 Brenner
2 Heizölringleitung
3 Heizölumwälzpumpe
4 Heizölrücklaufventil
5 Heizölvorwärmer
6 Heizölfilter
7 Heizölschnellschlußventile
8 Heizölsammelbehälter

Regelbereich 1 : 2 ist für Handelsschiffskessel durchweg ausreichend, da meistens mehrere Brenner in einem Kessel; bei Änderung der Kessellast können einzelne Brenner zu- oder abgeschaltet oder kleinere Zerstäuberscheiben eingelegt werden.
Leistung: Übliche Brenner für 300 ... 500 kg/h, max. 2000 kg/h. Leistungen ≤ 100 kg/h bedingen sehr enge, zu Verstopfungen neigende Bohrungen in den Zerstäuberscheiben.
Schaltung nach Bild 18.5 — Brenner (1) im Nebenschluß zur Ringleitung (2), durch die das Heizöl umgepumpt wird. Öldruck- und damit auch Mengenregelung mit Rücklaufventil (4); Geschränk wie Bild 18.3.

2. *Drucköl-Regelbrenner* (Bild 18.6)
Der Querschnitt der Tangentialkanäle (3) im Zerstäuberkopf wird durch axiale Bewegung des Kolbens (5) und die Querschnitt-Austrittsbohrung gleichzeitig durch die Nadel (6) verändert, um den Ölkegelwinkel über einen größeren Lastbereich etwa gleichmäßig zu halten. Regelbereich rd. 1 : 6 bei einem Öldruck zwischen 6 bar und 30 bar.

3. *Drucköl-Rücklaufbrenner* (Bild 18.7)
Regelbereich um 1 : 6. Die Wirbelkammer hat außer der Bohrung für Ölzerstäubung an der vorderen, auch an der hinteren Seite Bohrungen, durch die ein Teil des in die Wirbelkammer strömenden Heizöls wieder zurückfließt. Öldruck, und damit die durch die Tangentialkanäle strömende Ölmenge bleiben etwa konstant — die in den Feuerraum durch die

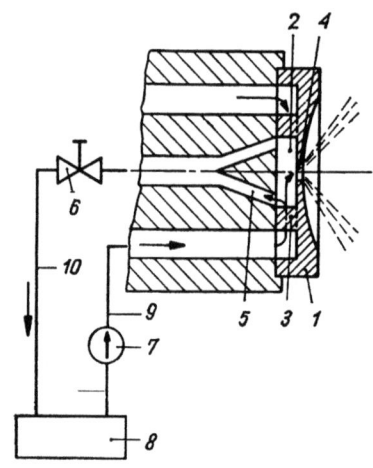

Bild 18.7 Drucköl-Rücklaufbrenner; Schema
1 Zerstäuberscheibe
2 Wirbelkammer
3 Tangentialkanäle
4 Austrittsbohrung
5 Rücklaufbohrungen
6 Rücklaufventil
7 Heizölpumpe
8 Heizölsammelbehälter
9 Heizölvorlaufleitung
10 Heizölrücklaufleitung

Bohrung (4) eintretende Ölmenge wird durch Öffnen oder Drosseln des Rücklaufventils (6) verringert oder vergrößert. Der Winkel des Zerstäuberkegels ändert sich, z.B. von 60° (Vollast) bis auf 120° (Kleinstlast); die Mischung der Luft mit dem Ölstaub wird dadurch erschwert.

Schwere Heizölsorten müssen für die notwendige Zerstäubungsviskosität 2 ... 3 °E auf 100 °C aufgewärmt werden. Bei zu hoher Vorwärmung setzt evtl. Gasbildung in der Rücklaufleitung ein, da dort der Druck niedriger als in der Vorlaufleistung ist; damit steigt der Durchflußwiderstand in der Rücklaufleitung, d.h., die rücklaufende Ölmenge und auch der Regelbereich werden kleiner.

Dampfzerstäuber-Brenner (Bild 18.8)

Für besonders dickflüssige oder verschmutzte Heizöle. Das Heizöl (4 ... 6 bar) und der Dampf (5 ... 10 bar) werden dem Zerstäuber getrennt zugeführt und in Mischkammern miteinander vermischt; beim Austritt des Gemisches aus dem Zerstäuber in den Feuerraum wird das Heizöl durch den expandierenden Dampf in Tröpfchen ($\approx 25\ \mu m$) zerrissen. Dampftemperatur wegen evtl. Verkrackung bzw. Verkokung des Heizöls ≤ 150 °C. Regelbereich $\approx 1:6$. Für die Zerstäubung werden etwa 0,065 kg Dampf je kg Öl benötigt, das entspricht einem Dampfverbrauch von $\approx 0,5\%$ der Kesselleistung. Die Brenner werden ohne Dampf mit Preßluft angefahren. Die Geschränke wie für Druckölbrenner. Gelegentlich erhalten Kessel mit Druckölbrennern auch einen Satz Dampfzerstäuber für besonders dickflüssige oder verschmutzte Öle.

Eine andere Entwicklung des Y-Dampfzerstäubers arbeitet mit konstantem Zerstäuberdampfdruck und mit dem Durchsatz veränderten Heizöldruck (z.B. Heizöldruck: 3,5 ... 21 bar, Dampfdruck: 10,5 bar, Durchsatz: 110 ... 1800 kg/h je Brenner). Regelbereich beträgt $\approx 1:16$. Dampfverbrauch bei Normal- und Maximallast liegt bei 0,1 ... 0,2 % der erzeugten Dampfmenge.

Drehzerstäuberbrenner (Bild 18.9)

Das auf einen umlaufenden Zerstäuberbecher 1 geleitete Öl (Druck: 2 ... 3 bar) wird durch Fliehkraft zerstäubt. Der Becher wird durch E-Motor, Dampf- oder Luftturbine angetrieben, Umfangs-

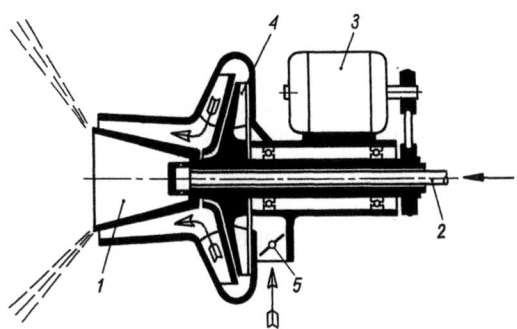

Bild 18.9 Drehzerstäuber Brenner; Schema
1 Zerstäuberbecher 4 Gebläserad
2 Heizölleitung 5 Luftregelklappe
3 Antriebsmotor für den Zerstäuberbecher

geschwindigkeit am Becherrand ≈ 60 m/s. Für kleine Brenner wird das Gebläserad 4 auf der Welle des Zerstäuberbechers angeordnet (wie Bild 18.9). Der Regelbereich kleinerer Brenner (max. 400 kg/h) liegt bei 1:5, größer Brenner (bis max. 3500 kg/h) bei 1:20 und darüber. Ölzerstäubung ist infolge gleichbleibender Becherdrehzahl gut; die Tropfengröße liegt bei 80 ... 100 μ. Viskosität des Heizöles $\approx 6 ... 10$ °E. Die Flamme ist kürzer und breiter als bei Druckölbrennern. Der große Regelbereich bedingt Änderung der Luftquerschnitte mit der Last, die Geschränke arbeiten daher oft mit *Primär-, Sekundärluft* usw. Drehzerstäuberbrenner haben weite Brennstoffkanäle; es besteht somit keine Verstopfungsgefahr, daher sowohl Brenner für sehr kleine Leistungen (1 kg/h) als auch für sehr große (... 3500 kg/h).

Mitführen von Öldunst im Luftstrom

Leichtöl wird auf eine größere Fläche verteilt, über die ein Luftstrom streicht und Öldunst mitführt. Nur gelegentlich verwendet für sehr kleine Hilfskessel.

Ölbrenner-Zubehör

Es ist z.T. aus Sicherheitsgründen gesetzlich vorgeschrieben.

Zündeinrichtungen. Am einfachsten eine in Heizöl getränkte *Fackel*; Einführung durch Zündloch im Brennergeschränk unterhalb des Ölzerstäubers, damit die nach oben schlagende Zündflamme in den Ölstaub eindringt. Nachteilig ist die offene Flamme im Heizraum. Daher werden oft elektrische *Glühspiralen* oder elektrisch gezündete *Magnesiumpatronen* mit einer sehr heißen Zündflamme während mehrerer Sekunden verwendet.

Durchlüftung des Feuerraums. Zur Vermeidung von Explosionen ist der Feuerraum vor dem Zünden gut durchzulüften, entweder durch geöffnete Brenner-Geschränkklappen oder besondere, verschließbare Durchlüftungsöffnungen.

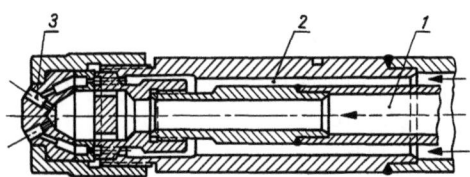

Bild 18.8 Dampfzerstäuber-Y-Brenner; Zerstäuberkopf (*Deutsche Babcock & Wilcox Dampfkesselwerke A.G.*)
1 Dampfzuführung 2 Ölzuführung 3 Mischkammern

Verblockung Heizöl – Luft. Bei Gebläse-Ausfall muß sich die Heizölzufuhr selbsttätig abstellen (Elektromagnetventil in der Heizölleitung).
Verblockung Heizöldruck – Brennerausbau ist erforderlich, da sonst Gefahr, daß beim Auswechseln des Brennerstockes versehentlich der unter Druck stehende Heizölanschluß gelöst wird und Öl in den Heizraum spritzt.
Schnellschluß in der Heizölzulaufleitung ist Vorschrift (s. Bild 18.5).
Schaulöcher zur Beobachtung der Flamme; evtl. auch als Zündloch für die Fackel; Verschluß oft aus wärmebeständigem Blauglas.
Öltropfbleche und Schalen. Öltropfen dürfen nicht in den Luftraum zwischen zwei Kesselmäntel fallen –. Gefahr der Bildung eines explosiven Gemischs. Tropföl daher in den Feuerraum oder nach außen abführen.
Rückschlagklappen für das Auswechseln des Brennerstockes, damit die Flamme bei evtl. Überdruck nicht in den Heizraum schlagen kann.
Ölsiebe und Filter zum Zurückhalten von Schmutzteilchen.
Reinigungsvorrichtung für verschmutzte Zerstäuber. Sie werden mit Dampf oder Preßluft durchgeblasen.

Kohlerostfeuerungen

Kohlefeuerungen für Schiffskessel kommen heute nur noch ganz selten für sehr kleine Leistungen vor. Durchweg mit *Handbeschickung*, s. Bild 18.26, da der Aufwand für mechanische Feuerungen bei kleinen Leistungen nicht gerechtfertigt ist.
Die Verwendung mechanischer Rostfeuerungen wird erschwert durch:
Unterschiede der an verschiedenen Hafenplätzen gebunkerten Kohle; Schiffsbewegungen und längere Schräglagen des Schiffes bewirken u. U., daß Kohle auf dem Rost verrutscht oder sich einseitig verlagert, so daß dann von Hand eingegriffen werden muß.
Vielleicht gewinnen in Zukunft Kohlefeuerungen – Rostfeuerungen mit Hand- oder mechanischer Beschickung oder auch Staub- bzw. Wirbelbettfeuerungen an Bedeutung (s. auch Abschnitt 18.5.1).

Gasfeuerungen

Zur Verbrennung der *Verdunstungsgase* auf Flüssiggastanken – durchweg für gleichzeitigen Betrieb von Gas und Heizöl (Bild 18.10). Manöverbetrieb mit Öl, Seebetrieb mit Gas allein oder Gas und Öl zusammen. Es bestehen Sicherheitsverblockungen u.a. wie bei der Ölfeuerung; Öffnung des Luftschiebers vor der Ölzufuhr, Ölzündung vor der Gaszuführung. Gasschnellschluß bei Gebläseausfall, Flammenversager und Absinken des Gasdruckes. Bei abgesetzter Gasfeuerung wird das Verdunstungsgas selbsttätig abgeblasen.

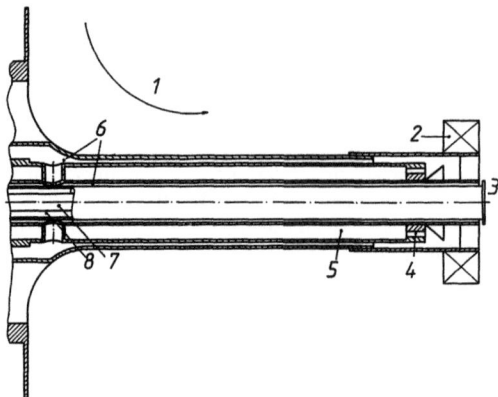

Bild 18.10 Gas- und/oder Ölbrenner (*Conch International Methane Ltd*)

1 Verbrennungsluft	5 Gasrohr
2 Drallkörper	6 Kühlluft
3 Ölzerstäuber	7 Ölzuführung
4 Gasdüsen	8 Zerstäuberdampfzuführung

18.6 Kesselwirkungsgrad und Verluste

Bezieht man die dem Arbeitsmittel zugeführte Energiemenge auf die zugeführte Brennstoffenergie mit H_u (bzw. H_0), so ergibt sich der energetische *Wirkungsgrad*

$$\eta_K = \frac{D_h \cdot \lambda}{B_h \cdot H_u} \quad (18)$$

umgeformt die *Verdampfungsziffer*

$$\frac{D_h}{B_h} = \eta_K \frac{H_u}{\lambda} \quad (19)$$

Die Verdampfungsziffer besagt, wieviel kg Dampf mit 1 kg Brennstoff erzeugt werden.
Eine andere Darstellung des Wirkungsgrades mit Hilfe der *Kesselverluste* ergibt

$$\eta_K = 1 - \Sigma \text{ Verluste}$$
$$\eta_K = 1 - (V_A + V_F + V_S + V_R) \quad (20)$$

$V_A = $ *Abgasverlust*, entspricht der Rauchgasenergie am Austritt aus der letzten Heizfläche, vermindert um die Verbrennungsluftenergie bei Außentemperatur:

$$V_A = \frac{V_{nh} \cdot i_A - L_{nh} \cdot i_{L0}}{B_h \cdot H_u} \quad (21)$$

Angenäherte, schnelle Bestimmung nach *Siegert*:

$$V_A \approx Z \frac{t_A - t_L}{CO_2} \, \% \quad (22)$$

Z s. Bild 18.11.
V_A ölgefeuerter Kessel zwischen 5...10 % bei Nennlast.
V_F *Feuerungsverlust* enthält die Energie brennbarer Bestandteile in der Schlacke.

Brennstoffe, Verbrennung und Feuerungen. Kesselwirkungsgrad, Verluste

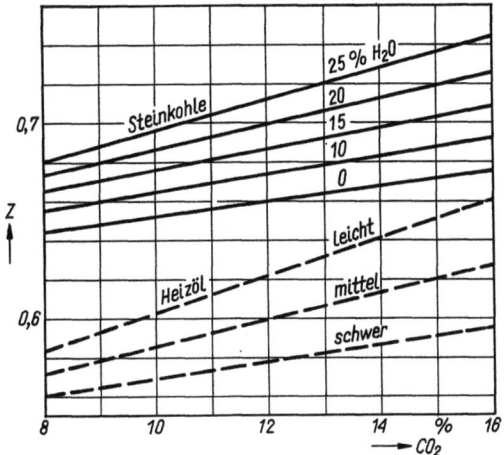

Bild 18.11 Faktor Z der *Siegertschen Formel*

V_F bei Ölfeuerung $< 0,1$ (Ruß) praktisch $\approx 0\%$.
V_F bei Kohle-Handfeuerung $2\ldots6\%$
V_S freie *Schlackenwärme*, meistens vernachlässigt;
V_S bei Ölfeuerung = 0.
V_R *Restverlust*, erfaßt die Energie, die durch Leitung oder Abstrahlung von der Kesseloberfläche (Kesselmantel, Trommeln, Rohrleitungen, Armaturen) an die Umgebung abgegeben wird; meßtechnisch wer erfaßbar, daher als Restverlust ausgewiesen.
V_R ist abhängig von der Oberflächentemperatur, der Kesselgröße und dem Lastverhältnis; Größenordnung s. Bild 18.12.

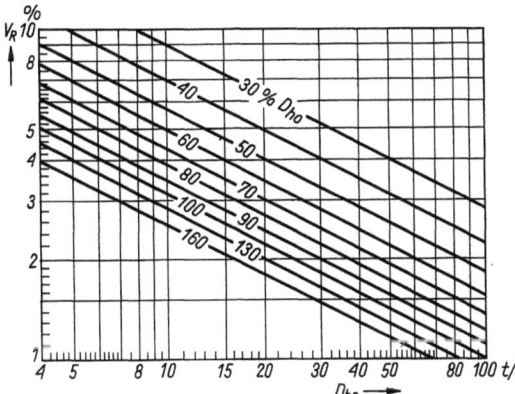

Bild 18.12 Restverlust V_R in Abhängigkeit von der Nennlast D_{h0} und der Belastung $D_h/D_{h0}\%$; das Diagramm gilt für einfach ummantelte Kessel

Für doppelt ummantelte Kessel (niedrige Oberflächentemperatur) verringern sich die Werte nach Bild 18.12 auf die Hälfte.
Das *Wärmeflußbild* 18.13 zeigt die dem Kessel bei Nennlast zugeführten und in den Heizflächen aufgenommenen Energiemengen sowie die Verluste; Bild 18.14 die Abhängigkeit der Verluste und des Wirkungsgrades vom Kessellastverhältnis.

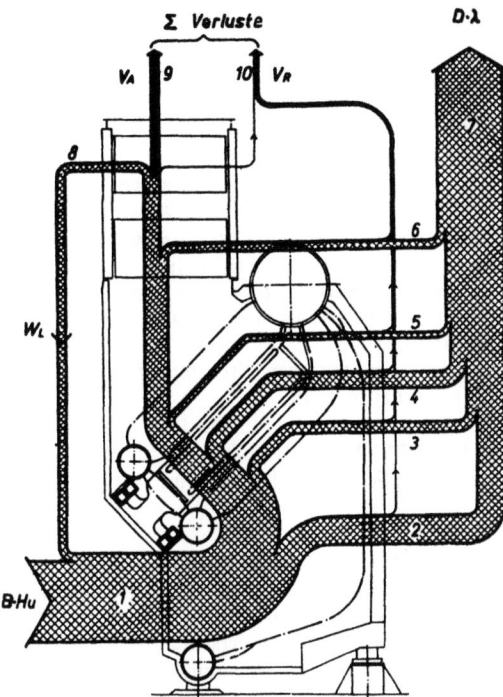

Bild 18.13 Energieflußbild eines Schiffskessels
1 Dem Feuerraum zugeführte Energiemenge $Q = B \cdot H_u + W_L$; Es folgen dann die von den Rauchgasen an das Arbeitsmittel abgegebenen Energiemengen $2\ldots6$, einschließlich der Anteile am Restverlust V_R
2 Im Bereich des Feuerraumes (Strahlungsheizfläche)
3 Im Bereich des Verdampferteiles vor dem Überhitzer
4 Im Bereich des Überhitzers
5 Im Bereich des Verdampferteiles hinter dem Überhitzer
6 Im Bereich des Spesewasservorwärmers (Economisers)
7 Summer der an das Arbeitsmittel abgegebenen Energie $D_h \cdot \lambda$
8 An die Verbrennungsluft abgegebene Energie W_L
9 Abgasverlust V_A
10 Restverlust V_R

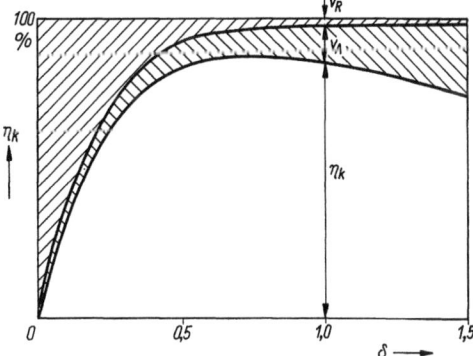

Bild 18.14 Wirkungsgrad, Abgasverlust und Restverlust in Abhängigkeit vom Lastverhältnis; ölgefeuerter Kessel ($V_F = 0$)

18.7 Wasserbewegung

18.7.1 Allgemeines

Die Bewegung des Wassers bzw. des Wasser-Dampfgemisches bezweckt

a) die Kühlung der Heizfläche,
b) die gleichmäßige Durchwärmung des Kesselkörpers, um Wärmespannungen zu vermeiden.

Meistens genügen geringe Wassergeschwindigkeiten, um ≈ 1 m/s am Rohreintritt, wichtig ist aber eine *eindeutige Bewegung*; Rohre mit instabiler Strömung dürfen keinesfalls in Bereichen hoher Gastemperaturen liegen.
Unterscheidung zwischen *Naturumlauf* und *Zwanglauf* des Arbeitsmittels.

18.7.2 Naturumlauf

Die meisten Schiffskessel arbeiten mit Naturumlauf.

Grundlage

Der Umlauf entsteht durch Dichteunterschiede des Arbeitsmittels in stark beheizten *Steigrohren* und schwach oder ganz unbeheizten *Fallrohren* (Bild 18.15). Die Strömungswiderstände W (Reibung, Umlenkung, Querschnittsänderung) wirken der Umlaufhöhe $U = h(\rho_{mF} - \rho_{mSt})$ entgegen. Die Wassergeschwindigkeit stellt sich bei Gleichgewicht, d.h. $U = W$, ein. Die Dampfmenge in den Rohren (mitbestimmend für ρ_m) hängt vor allem ab von der Beheizung, ferner von dem Druckunterschied zwischen

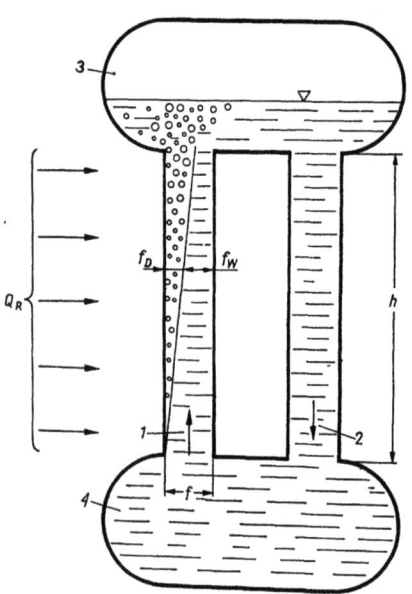

Bild 18.15 Natürliches Wasserumlaufsystem, Steig- und Fallrohr
1 Steigrohr   3 Obertrommel
2 Fallrohr   4 Untertrommel

Ober- und Untertrommel, sowie der Relativgeschwindigkeit w_{Drel} des Dampfes gegenüber dem Wasser.
Der Druck in der Untertrommel liegt etwas höher als in der Obertrommel (Höhenunterschied); infolgedessen tritt in Steigrohren (Strömung nach oben – Druckminderung) *Selbstverdampfung* und in Fallrohren (Strömung nach unten – Druckzunahme) *Verdampfungsbehinderung* ein.
Damit wird $U = h(\rho_{mF} - \rho_{mSt})$ größer; die Selbstverdampfung bzw. die Verdampfungsbehinderung wirkt also *umlauffördernd*.
Dagegen wirkt w_{Drel} *umlaufhindernd*, da die Dampfblasen schneller aus den Steigrohren abströmen als das Wasser; die Differenz $\rho_{mF} - \rho_{mSt}$ wird kleiner.

Steigrohre

Der Dampf soll möglichst frei nach oben abströmen und der Durchflußwiderstand gering sein. Das Verhältnis $l:d$ soll vor allem bei hoch belasteten Strahlungsteilrohren bestimmte Werte nicht überschreiten, da sich sonst evtl. Dampfblasen bilden, die den ganzen Rohrquerschnitt ausfüllen, sog. *Kolbenblasen*; sie können den Wasserumlauf durch *Pulsationen* stören.

Fallrohre

Die Ansichten über die Anordnung *beheizter* oder *unbeheizter Fallrohre* sind geteilt. Es gibt Kessel mit beheizten, aber auch Kessel mit ausschließlich unbeheizten Fallrohren; oft werden auch gleichzeitig beheizte und unbeheizte Fallrohre vorgesehen. Die Verdampfungsbehinderung unterdrückt die Dampfbildung in *beheizten Fallrohren*; in die Untertrommel soll kein Dampf eintreten, da Dampfblasen sich evtl. vor die Steigrohre legen und somit den Umlauf behindern.
Kessel mit *unbeheizten Fallrohren* (nicht als Heizfläche genutzt) sind etwas schwerer als mit beheizten Fallrohren; der Wasserumlauf aber ist bei allen Lastverhältnissen eindeutig, wenn der Fallrohrquerschnitt ausreichend bemessen ist.

18.7.3 Zwanglauf

Das Arbeitsmittel wird mit einer Pumpe durch die Kesselrohre gedrückt; die Verteilung auf parallelgeschaltete Rohre richtet sich u.a. nach ihren Durchflußwiderständen – stärker beheizte Rohre erhalten kleinere Arbeitsmittelmengen, da ihr Durchflußwiderstand mit der Beheizung wächst. Da die Durchflußwiderstände u.U. sehr unterschiedlich sind, so ist durch den Zwanglauf eine gleichmäßige Arbeitsmittelverteilung auf die Parallelrohre nicht ohne weiteres gegeben.
Zwanglauf unterscheidet sich also grundsätzlich vom Naturumlauf, bei dem mit zunehmender Beheizung auch die den Wasserumlauf bewirkende Umlaufhöhe und somit die Wassergeschwindigkeit wächst.

Die „Umwälzzahl" gibt das Verhältnis der umgepumpten Arbeitsmittelmenge zu der erzeugten Dampfmenge an.

Es wird unterschieden zwischen *Zwangumlauf* und *Zwangdurchlauf* (s. Abschnitt 18.10.2).

Verteilung von Dampf oder Wasser auf nicht dampfbildende Rohre (Überhitzer oder Eco)

Einfachster Fall, da die Volumenänderung des Arbeitsmittels bei ungleicher Beheizung der Parallelrohre gering ist. Wichtig für gleichmäßige Verteilung ist ein etwa gleicher Strömungszustand vor allen Parallelrohren; erreichbar durch eine niedrige Geschwindigkeit in Längsrichtung der Verteilerflasche, d.h. bei großem Flaschendurchmesser und Anordnung mehrerer Zuflußstutzen (Bild 18.16). Das gilt sinngemäß auch für Sammelflaschen. Oft werden *Drosselscheiben* vor den Rohren angeordnet, d.h., der Durchflußwiderstand erhöht; Änderungen durch ungleichmäßige Beheizung haben dann eine verhältnismäßig geringere Auswirkung.

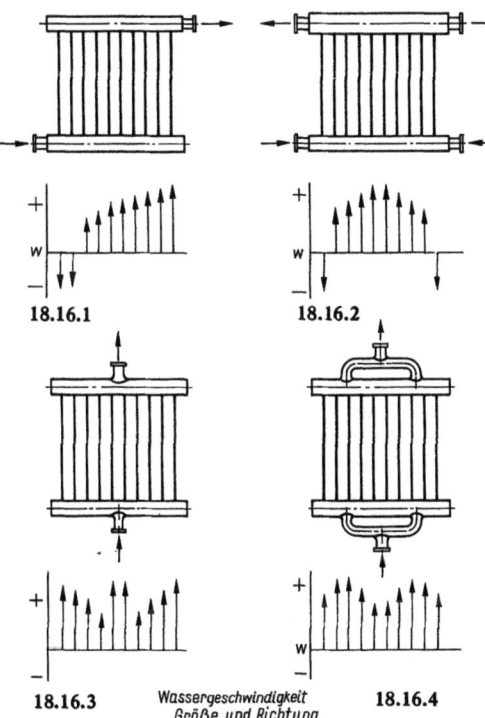

Bild 18.16 Wasserverteilung auf parallelgeschaltete, nicht dampfbildende Rohre

18.16.1 Zu- und Abfluß jeweils nur an einem Ende der Verteiler- bzw. Sammelflasche
18.16.2 Zu- und Abfluß jeweils an beiden Enden der Verteiler- bzw. Sammelflasche
18.16.3 Zu- und Abfluß jeweils in der Mitte der Verteiler- bzw. Sammelflasche
18.16.4 Vorverteilung durch Hosenstutzen

Verteilung von Wasser auf dampfbildende Rohre (Verdampfer)

Ist schwieriger zu beherrschen, da eine ungleiche Beheizung von Parallelrohren eine unterschiedlich starke Dampfbildung, d.h. erhebliche Änderung der Durchflußwiderstände zur Folge haben kann.

Auf eine gleichmäßige Beheizung ist daher besonders zu achten.

Verteilung von Dampf-Wassergemisch auf dampfbildende Rohre (Verdampfer)

Es darf keine *Entmischung* in der Verteilerflasche auftreten (Bild 18.17).

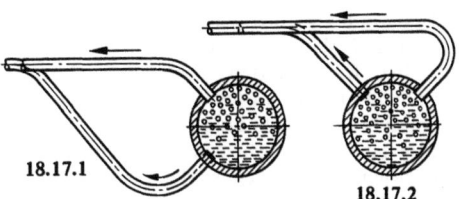

Bild 18.17 Verteilung Dampf-Wassergemisch auf parallel gestaltete Rohre
18.17.1 Rohreintritt in verschiedener Höhe – oben Dampf, unten Wasser
18.17.2 Rohreintritt in gleicher Höhe – Dampf-Wassergemisch in beiden Rohren

18.8 Schiffskessel im Zusammenhang mit der Maschinenanlage

18.8.1 Arbeitsprozeß

der gesamten Maschinenanlage mit Anzapf-Speisewasservorwärmung (*Regenerativprozeß*) erfordert für einen guten Wirkungsgrad hohe Frischdampfzustände und Speisewassertemperaturen.

Dampfdruck und Temperatur

Leistungen von Schiffsturbinen sind, verglichen mit denen ortsfester Kraftwerke, nur klein. Im Hinblick auf den Wirkungsgrad der Turbine liegen die Dampfdrücke zwischen 50...80 bar, die Temperaturen zwischen 480...530 °C; bei Zwischenüberhitzung kommen höhere Drücke ...120 bar vor. Kesselseitig bereitet der Druck keine Schwierigkeiten; auch ist Naturumlauf bei hohen Drücken ohne weiteres möglich; die *Heißdampftemperatur* am Austritt des Überhitzers ist bei Schiffskesseln begrenzt auf $t_{ü} \leqslant 540$ °C wegen Gefahr einer *catastrophic oxydation* bei Ölfeuerungen (s. Abschnitt 18.5.3). Höhere Temperaturen würden außerdem u.U. *austenitische* Stähle für den Überhitzer bedingen, deren Wärmeleitzahlen weit kleiner sind als die ferritischer Stähle; Wärmespannungen im Werkstoff bei schnellen Temperaturänderungen (Maschinenmanöver) wären unvermeidbar – austenitischer Stahl ist für Schiffskessel daher ungeeignet.

Speisewassertemperatur

Hohe Speisewassertemperaturen bedeuten für den Kessel u. U. den Fortfall des Ecos; die für einen guten Kesselwirkungsgrad notwendige Rauchgasabkühlung muß dann im Luvo erfolgen, d.h. hohe Verbrennungslufttemperaturen.
Bei Ölfeuerung ist Luftvorwärmung *erwünscht*,
bei Kohlerostfeuerung ist die Luftvorwärmtemperatur nach oben durch Schlackenerweichung *begrenzt*,
bei Feuerraumaufladung ist kein Luvo möglich, da die Luft bei der Verdichtung bereits erwärmt wird (s. Abschnitt 18.10.4).

18.8.2 Maschinenbetrieb

Handelsschiffe fahren meistens etwa Vollast; andere Laststufen und Manöver haben nur einen kleinen Anteil. Bei Kriegsschiffen überwiegen dagegen Manöver und Teillastfahrten, daher sind höhere Belastungen bei Vollast zulässig.
Maschinenmanöver, verschiedene Fahrtstufen und Dampfmengen für S haben starke Rückwirkungen auf den Kessel.

Dampfdruck und Maschinenmanöver

Eine plötzliche große Dampfentnahme bedeutet für Kessel mit geringem Speichervermögen und einer langsam anpassungsfähigen Feuerung zunächst Absinken des Druckes und damit eine zusätzliche Verdampfung ohne Wärmezufuhr. Störungen im Wasserumlauf können eintreten, z.B. durch Dampfbildung in Fallrohren oder durch *Kolbenblasen* in Steigrohren (s. Abschnitt 18.7.2), der Kessel kann *hochkochen*, es wird evtl. Wasser in den Überhitzer gerissen.
Kohlerostfeuerungen folgen Laständerungen nur langsam, sie sind daher nur für Kessel mit großem Wasserinhalt geeignet. *Ölfeuerungen* können sehr schnell der Dampfentnahme angepaßt werden. Zweckmäßig ist eine selbsttätige Feuerungsregelung (s. Hauptabschnitt 06).

Heißdampftemperatur und Kesselleistung

Die Heißdampftemperatur von Kesseln mit fester Überhitzergröße ist lastabhängig (s. Bild 18.1). Die lastabhängige Überhitzerkennlinie bedingt u. U. eine Temperaturregelung, vor allem, wenn große Unterschiede zwischen normaler und maximaler Dampfleistung zu erwarten sind und beide Leistungen längere Zeit gefahren werden, z.B. auf Tankschiffen; die Kesselleistung ist bei Normalbetrieb der Maschine allein kleiner als zusammen mit Tankheizung bzw. Anlage zur Tankreinigung.

Heißdampftemperatur und Speisewassertemperatur

Die Speisewassertemperatur ändert sich u.U. durch betriebliche Maßnahmen; z.B. durch das Absetzen der Anzapfdampfvorwärmung bei Manövern. Mit sinkender Speisewassertemperatur steigt die Erzeugungsenthalpie $\lambda = i_{ü} - i_{sp}$.
Für gleichbleibende Dampfmenge ist dann eine größere Brennstoffmenge notwendig, d.h., dem Überhitzer wird mehr Wärme angeboten und damit steigt die Heißdampftemperatur in Kesseln mit fester Überhitzergröße.

Heißdampftemperatur und Luftüberschuß der Rauchgase

Die Heißdampftemperatur in Trommelkesseln mit fester Überhitzergröße wird von dem Luftüberschuß (CO_2-Gehalt) der Rauchgase beeinflußt. Mit sinkendem CO_2-Gehalt – z.B. bei Teillasten – wird die Feuerraumtemperatur kleiner und damit auch die an den Strahlungsteil abgegebene Energiemenge; dementsprechend steigt das Wärmeangebot im Berührungsüberhitzer, d.h., die Heißdampftemperatur steigt mit abnehmendem CO_2-Gehalt. Die Rauchgasgeschwindigkeit spielt ebenfalls eine Rolle.

Heißdampftemperatur bei Rückwärtsfahrt

Die Rückwärtsturbine wird durchweg mit geringerem Wirkungsgrad als die Vorwärtsturbine ausgelegt; das führt zu höheren Abdampftemperaturen am Austritt der Rückwärtsturbine, die bei längeren Rückwärtsfahrten evtl. Turbinen- und Kondensatorschäden verursachen. Daher ist bei Rückwärtsfahrten u. U. eine *abgesenkte* (geregelte) Heißdampftemperatur zweckmäßig.

Zwischenüberhitzung und Kesselleistung

Für die Zwischenüberhitzungstemperatur gilt sinngemäß das für die Frischdampf-Heißdampftemperaturen Gesagte. Die Kennlinie des Zwischenüberhitzers wird aber zusätzlich noch von dem Dampfzustand des *eintretenden* Zwischendampfes beeinflußt, der maschinenlastabhängig ist (Bild 18.18). Auch bei gleichbleibend geregelter Temperatur am Austritt des Hauptüberhitzers ändern sich die Verhältnisse am Eintritt in den Zwischenüberhitzer.
Bei gestoppter Hauptmaschine erhält der Zwischenüberhitzer keinen Kühldampf; der Hauptüberhitzer wird dagegen noch mit Dampf für Hilfsmaschinen und für S beaufschlagt. Daher ist rauchgasseitiges *Abschalten* des Zwischenüberhitzers bei gestoppter Hauptmaschine erforderlich.

Abgastemperatur, Kesselwirkungsgrad und Leistung

Bei Teillasten fällt die Abgastemperatur infolge der kleineren Heizflächenbelastung; auch der CO_2-Gehalt der Rauchgase wird kleiner, da der für Vollast eingestellte, geringe Luftüberschuß bei Teillasten nicht zu halten ist. Für den Abgasverlust ergibt sich daraus i.a. ein mit abnehmender Kessellast zunächst etwas fallender, später wieder ansteigender Wert (s. Bild 18.14). Der Restverlust steigt mit abneh-

Schiffskessel. Kesselzahl, Gewichte, Aufstellung im Schiff

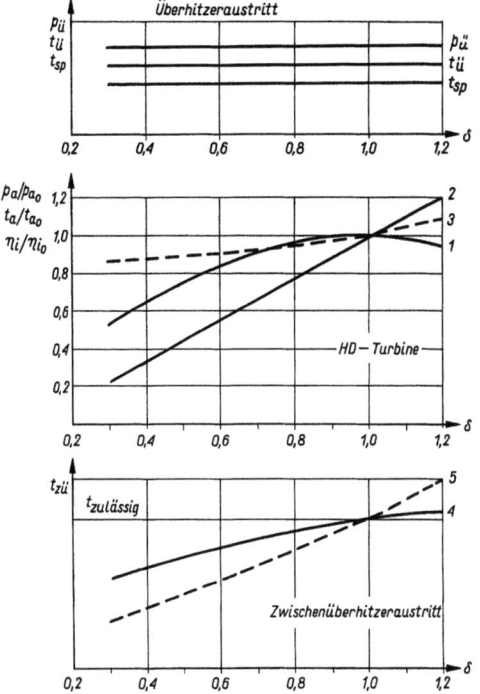

Bild 18.18 Zwischenüberhitzertemperaturen
1 Innerer Wirkungsgrad der HD-Turbine (η_i/η_{i0})
2 Dampfdruck am Austritt der HD-Turbine (p_a/p_{a0})
3 Dampftemperatur am Austritt aus der HD-Turbine (t_a/t_{a0})
4 Dampftemperatur am Austritt aus dem Zwischenüberhitzer bei gleichbleibendem Eintrittszustand
5 Dampftemperatur am Austritt aus dem Zwischenüberhitzer unter Berücksichtigung der Kurven 2 und 3

mender Kessellast, da die wärmeabgebende Oberfläche des Kessels unverändert und ihre Temperatur nicht entsprechend der abnehmenden Kessellast fällt, (s. Bild 18.14).
Bei Teillasten also Gefahr der Taupunktunterschreitung (s. Abschnitt 18.5.3). Das gilt besonders auch beim Anfahren. Daher ist eine luftseitige Luvo-Umgehung mit Bypassklappe (s. Abschnitt 18.12) und Vorwärmung des Speisewassers vor Eintritt in den Eco mit Dampf zweckmäßig.

Überhitzerkühlung beim Anfahren
Der Überhitzer muß auch während des Anfahrbetriebes gekühlt werden. Es genügt meistens, ihn vor dem Anfahren mit Wasser aufzufüllen; bei einsetzender Dampfbildung dampft er zunächst in die Trommel aus, nach dem Entwässern kann er dann auf Hilfsmaschinen geschaltet werden. Wirksame Kühlung des Überhitzers in Zwanglaufkesseln: hier wird er während des Anfahrens in den Zwanglauf des Kesselwassers eingeschaltet (s. Abschnitt 18.10.2).

18.8.3 Maschinen-Eigenschaften und Kessel
Dampfturbinen
Turbinendampf, also auch das anfallende Kondensat, ist *ölfrei*; das ist sehr vorteilhaft für die Kessel.
Eine *Versalzung* der Turbinenschaufeln durch im Dampf mitgeführtes Salz hat für Schiffsturbinen i.a. nicht die Bedeutung wie für ortsfeste Turbinen, da die Dauerbetriebszeiten kürzer sind; bei Manövern, beim Anfahren und Absetzen wird der Salzbelag durch kondensierenden Dampf wieder gelöst, bemerkbar durch vorübergehendes Ansteigen des Salzgehaltes im Speisewasserkreislauf. Trotzdem soll der Salzgehalt im Dampf möglichst niedrig liegen.

Kolbendampfmaschinen
Der Abdampf der Heißdampfkolbenmaschinen ist *ölhaltig*. Mit Rücksicht auf den Kessel sind daher besondere Entölungsvorrichtungen für das Kondensat erforderlich. Da einwandfreie Entölung schwierig, muß eine Kesselbauart gewählt werden, bei der die Betriebssicherheit durch geringe Verölung des Speisewassers nicht leidet oder die leicht von innen zu reinigen ist; z.B. Kessel in Frage mit *mittelbarer Dampferzeugung* (s. Abschnitt 18.10.4) oder Kessel mit geraden Rohren (s. Bild 18.22). Temperaturen $> 350\,°C$ führen zur Verkrackung des Zylinderschmieröles; daher ist eine Heißdampftemperaturbegrenzung am Austritt des Überhitzers auf $t \leqslant 350\,°C$ erforderlich.

Heizölvorwärmer – Bunker- und Schiffsheizung
Undichtigkeiten im Heizsystem können zu einer Verölung des Heizkreislaufes führen, z.B. wenn die Anlage vorübergehend abgesetzt wird und der im Heizsystem noch vorhandene Heizdampf kondensiert, d.h. *Unterdruck* auftritt. Daher werden Verbraucher, deren Kondensat verölt oder sonst verschmutzt anfallen kann, in einen besonderen zweiten Kreislauf, getrennt vom Hauptkreislauf geschaltet. Dampf für den *Heizkreislauf* wird dem *Naßdampferzeuger* entnommen, der mit Frischdampf aus der Kesselanlage oder mit Anzapfdampf beheizt wird.

18.9 Kesselzahl, Gewichte, Aufstellung im Schiff

18.9.1 Kesselzahl und Gewicht
Aus Sicherheitsgründen wurden früher stets mehrere Kessel mit jeweils kleiner Dampfleistung angeordnet. Herstellungskosten, Platzbedarf und Gewicht waren entsprechend groß, ebenso die Anzahl der Rohrleitungen und Armaturen; die Anlage wurde kompliziert und unübersichtlich, der Personalbedarf groß. Heute werden auf Handelsschiffen jeder Turbine meistens nur noch 1 höchstens 2 Kessel zugeordnet. Die Kessel sind jetzt so betriebssicher,

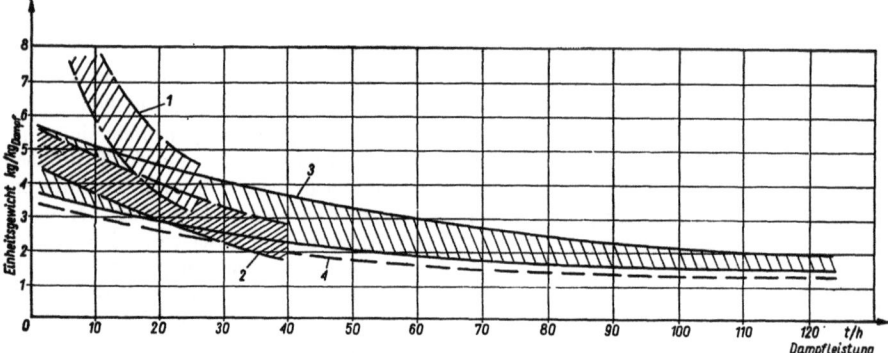

Bild 18.19 Gewichte von Wasserrohrkesseln für Handelsschiffe bezogen auf die Dampfleistung (einschließlich der Nachschaltheizflächen)
1 Schrägrohr-Sektionalkessel (mit Wasser)
2 Wasserrohrkessel mit Zwanglauf (mit Wasser)
3 Wasserrohrkessel mit Naturumlauf (mit Wasser)
4 Wasserrohrkessel mit Naturumlauf (ohne Wasser)

daß 1 Kessel genügt. Die Zwischenüberhitzung wird beim Einkesselbetrieb einfacher. Für Schiffszwecke und den Hafenbetrieb wird oft zusätzlich ein kleiner Hilfskessel mit etwa 1/3 der Hauptkesselleistung eingebaut. Dieser Hafenkessel wird so ausgelegt, daß er notfalls auch auf die Hauptmaschine geschaltet werden kann.
Bild 18.19 zeigt die Abnahme des Kesselgewichts mit zunehmender Leistung.

18.9.2 Aufstellung im Schiff

Schiffsbewegungen

Da die *Schlingerbewegungen* größer als die *Stampfbewegungen* sind, werden *liegende* Dampfabscheidetrommeln in *Längsschiffsrichtung* angeordnet:
Bei Kohlerostfeuerungen ist evtl. eine Verlagerung der Kohle auf dem Rost bei Schiffsbewegungen möglich; Flammrohre daher möglichst in Längsschiffsrichtung.

Lage der Kessel zur Maschine und zum Bunkerraum

Die Kessel möglichst so anordnen, daß der Heizerstand vom Maschinenfahrstand zu sehen ist, eine Zusammenlegung des Maschinenfahrstandes und des Kesselfahrstandes ist wünschenswert für direkte Verständigung zwischen Maschine und -Kessel. Früher lagen die Kesselfundamente direkt auf dem Doppelboden; heute werden Kessel dagegen oft so hoch gestellt, daß Turbinen- und Kesselfahrstand auf gleicher Höhe liegen; unter den Kesseln ist Platz für Hilfsmaschinen usw. Ein Hochstellen der Kessel ergibt kürzeren Rauchfang und geringeren Raumbedarf für die Kesselanlage. Die Lage der Kessel zu den Bunkern bei Ölfeuerungen ist nicht wichtig, da das Heizöl dem Kessel zugepumpt wird. Bei Kohlefeuerung ist zu bedenken, daß die Kohleförderung an Bord schwierig ist und viel Platz benötigt; die Kohle soll daher möglichst direkt beim Heizerstand aus dem Bunker anfallen.

Platz für Überholungsarbeiten und Reparaturen

Der Ausbauraum evtl. gefährdeter Teile (z. B. Überhitzer) soll frei bleiben, er darf nicht durch Rohrleitungen, Grätings usw. versperrt werden.

18.9.3 Verbrennungsluftzufuhr

Bei der Verbrennungsluftzufuhr unterscheidet man den *offenen* und den *geschlossenen* Kesselraum.

Offener Heizraum

Für Handelsschiffe ist der Kesselraum heute stets offen, er steht etwa unter Außenluftdruck. Heute durchweg keine Trennung von Maschinen- und Kesselraum. Die Zuluftschächte werden so angeordnet, daß keine Rauchgase oder Abluft von den Gebläsen angesaugt werden.
Damit kein Rauchgas aus den Kesseln in den Kesselraum gelangt, wird der Kessel oft doppelt *ummantelt*; das Druckgebläse drückt über den Zwischenraum zur Feuerung; der Luftdruck zwischen den Mänteln ist um den Feuerungs- und rauchgasseitigem Widerstand höher als der Druck im Feuerraum.
Die äußeren Kesselabmessungen und Gewichte doppelt ummantelter Kessel sind etwas größer als bei einfacher Ummantelung. Dagegen wird der Restverlust (s. Abschnitt 18.6) geringer, und es kann u. U. auf eine äußere Kesselisolierung verzichtet werden.
Für große Anlagen werden Druck- und Saugzuggebläse zusammen angeordnet.

Geschlossener Kesselraum

Er kommt nur selten vor. Das Kesselgebläse drückt in einen geschlossenen Kesselraum, in dem sich Überdruck entsprechend dem luft- und rauchgasseitigen Widerstand des Kessels einstellt. Der Heizraum wird über eine Luftausgleichsschleuse betreten. Ein geschlossener Heizraum ist u. U. raum- und gewichtsparend.

18.10 Kesselarten und Eigenschaften

Für unterschiedliche Anforderungen wurden verschiedene Kesselarten entwickelt.

18.10.1 Wasserrohrkessel mit Naturumlauf

Die Verdampferheizfläche besteht aus Wasserrohren; sie werden innen vom Arbeitsmittel durchflossen und von außen beheizt. Bauformen: vor allem Steilrohrkessel, Sektionalkessel.

Steilrohrkessel

haben heute als Hauptkessel überragende Bedeutung.
Die Steigrohre sind steil, oft senkrecht angeordnet; sie münden oben direkt oder über Sammelflaschen in die Dampfabscheidetrommel, unten in Untertrommeln oder Verteilerflaschen. Es kommen unbeheizte und beheizte Fallrohre, oft auch beide Fallrohrarten zusammen vor. Der Kessel im Bild 18.20 hat nur unbeheizte Fallrohre und keine Wasserausgleichrohre zwischen Untertrommel und Verteilerflasche des Strahlungsteils; es bestehen also *zwei* voneinander *getrennte* Wasserkreisläufe.

Bild 18.21 zeigt einen Kessel mit Zwischenüberhitzer und Ölbrennern an der Feuerraumdecke; die Rauchgase durchströmen zwei parallelgeschaltete Gaszüge — die Gasmengen werden durch Rauchgasklappen auf die beiden Züge verteilt. Im Zug 1 liegen der Zwischenüberhitzer (4) und gasseitig davor der 1. Teil (5) des Hauptüberhitzers, im Zug 2 der 2. Teil des Hauptüberhitzers (6). Durch die Aufteilung des Hauptüberhitzers wird vermieden, daß bei gasseitig abgeschaltetem Zug 1 die Dampftemperatur am Austritt des Hauptüberhitzers zu hoch wird; ferner wird der Zwischenüberhitzer gegen zu starke Beheizung bei undichter Rauchgasklappe (3) geschützt. Steilrohrkessel sind heute *betriebssicher*; die Ursachen früher aufgetretener Schäden sind bekannt und behoben. Steilrohrkessel sind geeignet für *hohe Dampfzustände* und *große Dampfleistungen*.

Der Überhitzer hat eine feste Heizflächengröße; die Heißdampftemperatur wird daher von der Kesselleistung, der Speisewassertemperatur und dem CO_2-Gehalt der Rauchgase beeinflußt (s. Abschnitt 18.8).

Der *Wasserumlauf* ist i.a. lebhaft.
Heizflächenbelastung $D_h/A = 80 \ldots 150$ kg/m²h. Das *Speichervermögen* hängt wesentlich vom Wasserinhalt ab; er ist heute meistens klein im Verhältnis zur Dampfleistung.

Trotzdem bereiten Manöver bei Ölfeuerung i.a. keine Schwierigkeiten.

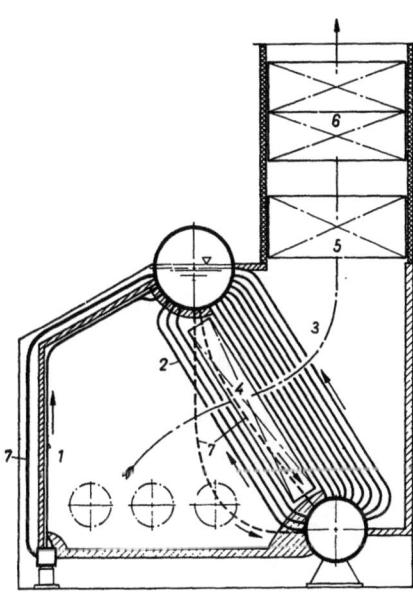

Bild 18.20 Zwei-Trommel-Wasserrohrkessel mit Ölfeuerung
1 Strahlungsteilrohre (Seitenwand)
2 Verdampferrohre, rauchgasseitig vor dem Überhitzer
3 Verdampferrohre, rauchgasseitig hinter dem Überhitzer
4 Überhitzer
5 Speisewasservorwärmer (Economiser)
6 Luftvorwärmer
7 Unbeheizte Fallrohre

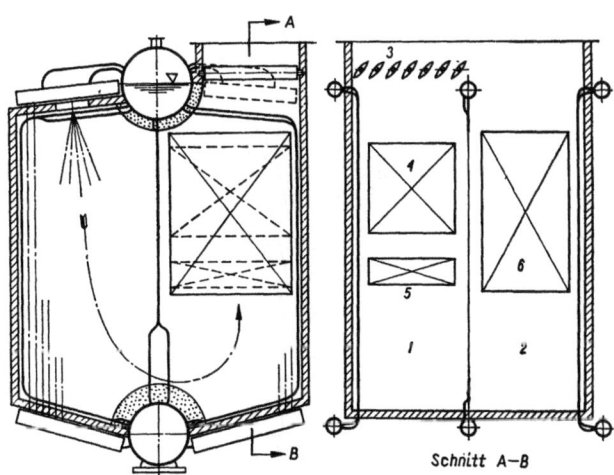

Bild 18.21 Deckengefeuerter Naturumlaufkessel
1 Rauchgaszug
2 Rauchgaszug
3 Rauchgasregelklappen
4 Zwischenüberhitzer
5 1. Teil des Frischdampfüberhitzers
6 2. Teil des Frischdampfüberhitzers

Das *Gewicht* der Steilrohrkessel ist niedrig, sowohl das *Eisengewicht* (kleine Trommel- und Rohrwanddicken, hohe Heizflächenbelastung) als auch das *Wassergewicht* (s. Bild 18.19).

Der *Platzbedarf* ist verhältnismäßig klein, da die Form recht gut gegebenen Räumen angepaßt werden kann; z.B. durch die Ausführung als Einzugkessel — hoch mit kleiner Grundfläche; an Bord ist *Grundfläche* meistens kostbarer als *Höhe*. Platzsparende Aufstellung des Kessels auf höhergelegenem Deck ist möglich.

Die *Kesselbedienung* ist nicht besonders schwierig. Die Anheizzeiten sind kurz, da die Kessel elastisch sind und der Wasserumlauf für schnelle, gleichmäßige Durchwärmung sorgt; für ölgefeuerte Handelsschiffskessel beträgt die Anheizzeit um 2 h.

Sorgfältige *Speisewasserpflege* ist erforderlich (s. Abschnitt 18.18).

Sektionalkessel (Bild 18.22)

Schrägliegende, gerade Wasserrohre (2) und (3) sind sektionsweise zusammengefaßt und in wellenförmige Verteiler-(6) und Sammelkammern (7) eingewalzt; Verbindung der Kammern mit der Trommel durch Rohre (8) und Überströmrohre (10). Der Schlammsammelkasten (9) ist für alle Sektionen gemeinsam, der Feuerraum ist z.T. mit Rohren (1) ausgekleidet. Wasserumlauf siehe Pfeile. Der Überhitzer wird hier seitlich vom Heizerstand ausgebaut.

Betriebssicherheit, Dampfleistung, Abhängigkeit der Heißdampftemperatur von betrieblichen Einflüssen wie bei Steilrohrkesseln.

Die geraden Wasserrohre können innen leicht durch Handlöcher in den Sektionskammern mechanisch gereinigt werden; wichtig bei nicht ganz einwandfreier Speisewasserpflege. Dichtsetzen oder Auswechseln schadhafter Rohre ist einfach; gerade Rohre erleichtern die Reserveteilhaltung.

Der Wasserumlauf ist nicht so lebhaft wie bei Steilrohrkesseln; infolge der geringen Neigung der Wasserrohre und der Einmündung in Sammelkammern können die Dampfblasen nicht so frei abströmen.

Heizflächenbelastung $D_h/A = 30 \ldots 60$ kg/m² h.

Gewicht und Platzbedarf etwas höher als bei Steilrohrkesseln. Dampfdruck wegen rechteckiger Sektionskammern $p \leqslant 60$ bar.

Anfahrzeiten etwas länger als bei Steilrohrkesseln.

Nur 1 Trommel; Zusammenbau des Kessels aus vielen gleichen Bauelementen — den *Sektionen*. Herstellung der Sektionen, ihre Verschickung und die Montage des Kessels an anderer Stelle ist einfach.

Eckrohrkessel

Zunächst für kleine und mittlere Leistungen gedacht, aber auch für größere Leistungen geeignet.

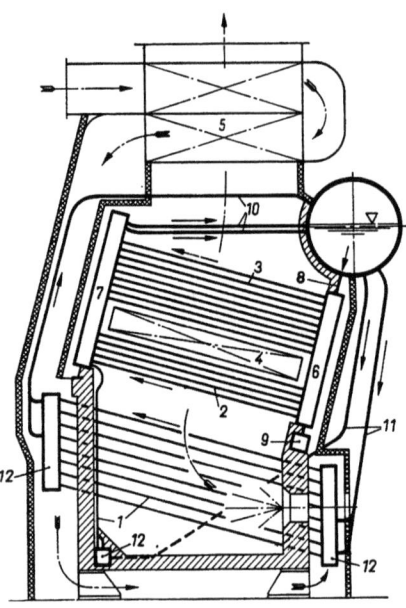

Bild 18.22 Schrägrohr-Sektionalkessel mit großer Strahlungsheizfläche

1 Strahlungsteilrohre 2 Verdampferrohre, rauchgasseitig vor dem Überhitzer 3 Verdampferrohre, rauchgasseitig hinter dem Überhitzer 4 Überhitzer 5 Luftvorwärmer 6 Verteilerkammern 7 Sammelkammern 8 Fallrohre (unbeheizt) 9 Schlammsammelkasten 10 Rücklaufrohre (Dampf-Wassergemisch) 11 Unbeheizte Fallrohre für Strahlungsteil 12 Verteiler- und Sammelkammern für seitliche Strahlungsteile

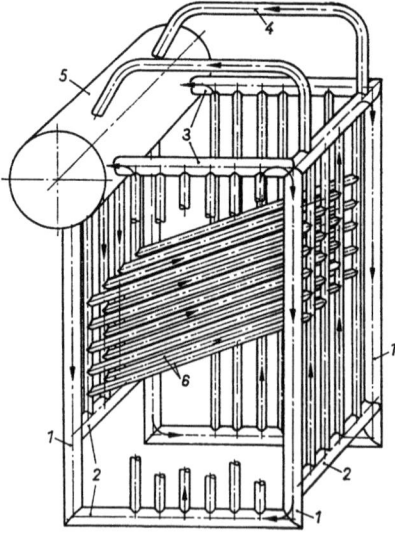

Bild 18.23 Perspektivische Darstellung eines Eckrohrkessels

1 Eckrohre (Fallrohre) 4 Dampfüberströmrohre
2 Verteiler 5 Kesseltrommel
3 Sammler 6 Berührungsheizfläche

Der Name stammt von vier starken, senkrechten Rohren in den Ecken des Kessels, die mit den Wasserrohren einen festen *Rohrkäfig* bilden. Die Eckrohre arbeiten als Fallrohre und dienen gleichzeitig als Kesselgerüst (Bild 18.23). Es gibt Eckrohrkessel in verschiedenen Formen, z.B. mit stehender Trommel, mit liegender Trommel usw. Eckrohrkessel mit geraden Wasserrohren werden als *Robust-Kessel* bezeichnet.

18.10.2 Wasserrohrkessel mit Zwanglauf

Man unterscheidet *Zwangumlauf*- und *Zwangdurchlaufkessel.*

Zwangumlaufkessel

Bekannt vor allem unter dem Namen *La Mont-Kessel* als Haupt- und häufig als Hilfskessel (Bild 18.24). Das Wasser läuft der Umwälzpumpe (4) aus der stehenden Dampfabscheidetrommel zu und wird über die Heizfläche umgepumpt; Umwälzzahl ≈ 10 bei Nennlast. In die Trommel tritt also ein Wasser-Dampfgemisch ein; dort wird der Dampf abgetrennt und strömt nach oben zum Überhitzer (8) das Wasser fließt unten erneut zur Umwälzpumpe (4).

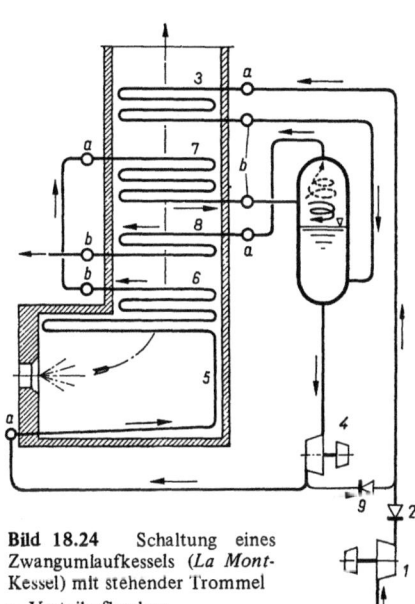

Bild 18.24 Schaltung eines Zwangumlaufkessels (*La Mont-Kessel*) mit stehender Trommel
a Verteilerflaschen
b Sammelflaschen
1 Spesepumpe
2 Rückschlagventil in der Speiseleitung
3 Speisewasservorwärmer (Eco)
4 Umwälzpumpe
5 Verdampferheizfläche (Strahlungsteil)
6 Verdampferheizfläche, rauchgasseitig vor dem Überhitzer
7 Verdampferheizfläche, rauchgasseitig hinter dem Überhitzer
8 Überhitzer
9 Rückschlagventil in der Bypassleitung

Bei vorübergehendem Aussetzen der Speisung wird der Eco über ein Rückschlagventil (9) selbsttätig in den Umwälzkreislauf einbezogen. Bei niedrigen Speisewassertemperaturen (z.B. bei Anfahrbetrieb) kann durch Öffnen dieses Ventils dem Speisewasser heißes Kesselwasser zugesetzt werden; so daß Taupunktunterschreitung der Rauchgase verhindert werden kann. Durch Drosselscheiben vor den Rohren sowie durch mehrere Zu- und Abflußrohre an den Verteiler- bzw. Sammelflaschen wird eine etwa gleichmäßige Verteilung des Arbeitsmittels auf die Parallelrohre gewährleistet; Drosselscheiben sind besonders wichtig vor *dampfbildenden* Rohren (s. Abschnitt 18.7.3). Es kommen sehr unterschiedliche Konstruktionen, z.B. mit stehender oder liegender Trommel, als Ein- oder Mehrzugkessel vor. Oft wird die Heizfläche so gestaltet, daß *Anfahren mit Naturumlauf* bis auf kleine Leistung (ohne Umwälzpumpe) möglich ist.

Voraussetzung für den Betrieb des Kessels ist das Arbeiten der Umwälzpumpe; dann unterscheidet sich die Fahrweise des Zwangumlaufkessels nicht von der des Naturumlaufkessels. Die Umwälzpumpe galt gelegentlich als Störungsquelle; die Erfahrung bestätigt diese Ansicht jedoch nicht — derartige Heißwasserpumpen sind heute betriebssicher. Der Antrieb der Umwälzpumpe benötigt ≈ 1 % der erzeugten Dampfmenge.

Für *Betriebssicherheit, Dampfleistung,* Abhängigkeit der Heißdampftemperatur von betrieblichen Einflüssen gelten die Angaben wie bei Steilrohrkesseln (s. Abschnitt 18.10.1). Der *Platzbedarf* ist gering durch besonders gute Anpassungsmöglichkeit an gegebene Räume; die Heizflächenanordnung ist von der räumlich günstigsten Trommellage (stehend oder liegend) unabhängig.

Das *Gewicht* ist niedrig (s. Bild 18.19); der Zwangumlauf ermöglicht die Verwendung von Rohren mit kleinen Durchmessern (Eisengewicht) und eine hohe Heizflächenbelastung, $D_h/A = 50 \ldots 100$ kg/m² h.

Die besonders elastische Bauform in Verbindung mit dem Zwangumlauf ermöglicht sehr kurze Anfahrzeiten um 1 h für Handelsschiffskessel. Die *Speisewasserpflege* gleicht der bei Steilrohrkesseln (s. Abschnitt 18.18).

Die *Speicherfähigkeit* hängt wesentlich von der Trommelgröße ab.

Zwangdurchlaufkessel

Vor allem sind *Benson*-Kessel und *Sulzer*-Kessel bekannt; z.Z. aber nicht an Bord eingebaut (Bild 18.25).

Das Speisewasser wird von der Speisepumpe direkt durch die (trommellose) Kesselheizfläche gedrückt. Am Kesselaustritt wird also bei Beharrung dieselbe Menge Dampf entnommen, die als Wasser in den Kessel gedrückt wird, d.h. Umwälzzahl = 1.

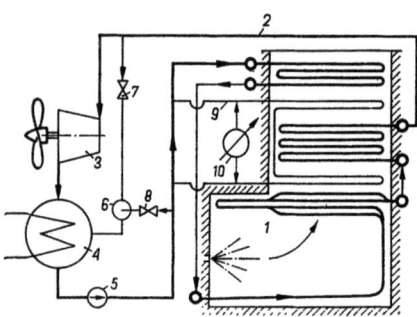

Bild 18.25 Trommelloser Zwangdurchlaufkessel mit Nebenheizfläche und Anfahrkreislauf

1 Kessel
2 Hauptdampfleitung
3 Hauptturbine
4 Hauptkondensator
5 Speisepumpe
6 Einspritzkühler
7 Reduzierventil
8 Einspritzregelventil
9 Nebenheizfläche
10 Temperaturdifferenzmessung

Die Dampftemperatur wird durch Änderung der Feuerungsleistung bei gleichbleibender Dampfentnahme beeinflußt; es ändert sich dann die Größe der Überhitzerheizfläche, d.h., die *Heißdampftemperatur ist* unabhängig von betrieblichen Einflüssen *einstellbar*.
Die im Speisewasser enthaltenen Salze werden nur zu einem kleinen Teil im Dampf aus dem Kessel abgeführt; zurückbleibendes Salz setzt sich im Bereich, in dem die letzten Wasseranteile verdampfen, in der sog. *Restverdampfstrecke* an der Rohrwand fest; die Restverdampfstrecke muß also im Gebiet niedriger Gastemperaturen liegen.
Die sehr kleine Speicherfähigkeit trommelloser Kessel sowie die beliebig einstellbare Heißdampftemperatur erfordern eine schnelle Feuerungsregelung. Eine kleine *Nebenheizfläche*, die schneller als die Kesselheizfläche vom Wasser durchströmt wird, ermöglicht eine frühzeitige Impulsgabe für die Regelung (Bild 18.25).
Diese Kesselart ist für *große Leistungen* und hohe Dampfzustände geeignet, *Gewicht* und *Platzbedarf* sind gering.
Der *Betrieb* trommelloser Zwangdurchlaufkessel unterscheidet sich von dem anderer Kessel. Eine gewisse *Mindestdampfmenge* darf mit Rücksicht auf die Arbeitsmittelverteilung auf die Parallelrohre nicht unterschritten werden; Mindestlastverhältnis bei $\delta \geq 0{,}3$; Anfahren in sehr kurzer Zeit (≈ 1 h) möglich; das Speisewasser wird über einen *Anfahrkreislauf* unter Umgehung der Turbine umgewälzt (Bild 18.25); die Schaltung ist auch für Manöver gebräuchlich. Zuviel erzeugter Dampf wird über einen Bypass mit Reduzierventil (7) und Kühler (6) direkt in den Kondensator geleitet, somit ist es nicht erforderlich, daß der Kessel den Maschinenmanövern folgt.

Nach einer gewissen Betriebszeit muß ein trommelloser Kessel abgeschaltet werden, um abgelagertes Salz herauszuspülen.
Die *Speisewasserpflege* erfordert besondere Sorgfalt.

18.10.3 Großwasserraumkessel

Heute vor allem als Hilfskessel. Es gibt verschiedene Bauformen.

Der Schottische Kessel

Wurde früher schlechthin als „Schiffskessel" bezeichnet (Bild 18.26); es gibt auch Ausführungen mit Eco, Luvo und in Rauchrohren liegendem Überhitzer.
Der *Flammrohrdurchmesser* ist wegen der hohen Wärme- und ungünstigen Druckbeanspruchung (Außendruck) auf ≤ 1200 mm ϕ, die *Flammrohrzahl* durch den Kesseldurchmesser begrenzt; heute durchweg ≤ 3 Flammrohre. Die Dampfleistung wird durch Größe und Anzahl der Flammrohre bestimmt in denen die Feuerung liegt; bei Kohlefeuerung $D_h \leq 2$ t/h je Flammrohr.
Die obere Grenze des Dampfdruckes liegt aufgrund der flachen Wände in der Feuerkammer bei $p \leq 16\ldots 18$ bar.
Der Kessel ist gegen schnelles Hochfahren und Kaltlufteinbruch bei der Bedienung der Feuerung empfindlich, da er unelastisch und der Wasserumlauf träge ist. Die Anfahrzeit liegt bei $12 \ldots 18$ h.
Kesselexplosionen mit verheerenden Folgen sind möglich, wenn z.B. Öl im Speisewasser auf dem

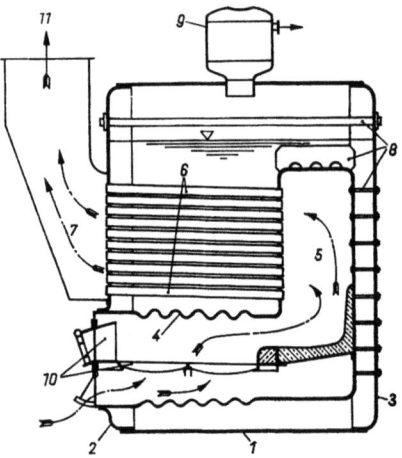

Bild 18.26 Großwasserraumkessel (Schottischer Kessel)

1 Kesselmantel
2 Vorderer Boden
3 Hinterer Boden
4 Flammrohr
5 Feuerkammer
6 Rauchrohre
7 Rauchkammer
8 Anker, Stehbolzen und Versteifungsbleche
9 Dampfdom mit Dampfentnahmestutzen
10 Kohlerostfeuerung
11 Rauchgasabzug

Kesselarten und Eigenschaften

Flammrohr festbrennt, wird das Flammrohr dort nur schlecht gekühlt.

Die *Speicherfähigkeit* ist bei dem großen Wasserinhalt sehr gut, bei Maschinenmanövern muß die Feuerungsleistung der Dampfentnahme nicht sofort folgen; Änderungen des Wasserstandes und des Dampfdruckes sind nur gering. Für handbeschickte Kohlefeuerung eignet sich dieser Kessel daher gut.

An die *Speisewasserpflege* werden geringere Anforderungen als bei Wasserrohrkesseln gestellt. Das *Gewicht* und der *Platzbedarf* sind beträchtlich (s. Bild 18.19).

Großwasserraumkessel mit angehängtem Wasserrohrteil

Die ungünstige, aus flachen Wänden gebildete Feuerkammer des Schottischen Kessels wird durch Wasserrohre ersetzt. Die aus Wasserrohren gebildete Feuerkammer ist elastischer, der Wasserumlauf wird lebhafter und Wärmespannungen werden geringer. Bekannt geworden sind vor allem zwei derartige Konstruktionen — heute allerdings nur selten angewendet — der „Capus"-Kessel und der „Howden-Johnsen"-Kessel.

Stehende Großwasserraumkessel

Sie gibt es nur für sehr kleine Dampfleistungen als Hilfskessel; zahlreiche verschiedene Bauarten. Bild 18.27 zeigt das Beispiel eines ölgefeuerten Kessels. Der Grundflächenbedarf ist gering, der Kesselwirkungsgrad niedrig.

18.10.4 Sonderkessel

Es gibt Sonderkessel für verschiedene Zwecke.

Kessel mit mittelbarer Dampferzeugung

Sie sind unempfindlich gegen unreines Speisewasser. Die Rauchgase beheizen stets ein sauberes Arbeitsmittel, Destillat bzw. Dampf. Arbeitsmittelseitige Verschmutzungen der gasbeheizten Heizfläche sind also nicht möglich; die von sauberen Arbeitsmitteln aufgenommene Wärme wird dann zur Dampferzeugung aus Rohrwasser verwendet.

Vor allem der *Schmidt-Hartmann*-Kessel wurde bisher an Bord angewendet.

Schmidt-Hartmann-Kessel

(Bild 18.28). — Der Rauchgas-beheizte Kesselteil ist mit Destillat gefüllt; er arbeitet mit Naturumlauf; der dort erzeugte Primärdampf strömt aus der Dampfabscheidetrommel zur Heizschlange (4), die in der mit Rohwasser gefüllten Trommel (7) liegt. Dort gibt der Primärdampf seine Verdampfungswärme an das Rohrwasser ab und erzeugt den Sekundärdampf, der anschließend überhitzt wird. Das Kondensat des Primärdampfes fließt über das Rohr (5) in die Untertrommel. Die Heizschlange (4) wird so bemessen, daß für die Wärmeübertragung bei sauberer Heizfläche eine Temperaturdifferenz $\Delta t \approx 30$ °C ausrei-

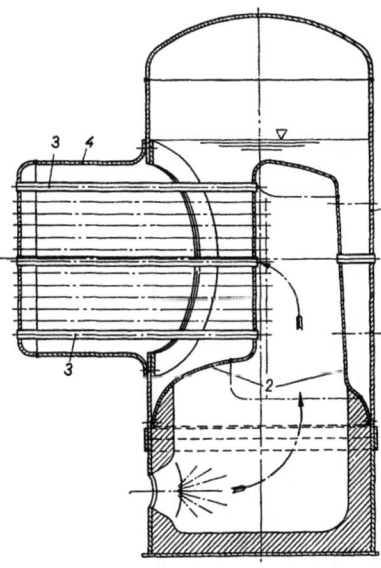

Bild 18.27 Stehender Großwasserraumkessel
1 Kesselmantel 3 Rauchrohre
2 Feuerkammer 4 Rauchrohrstutzen

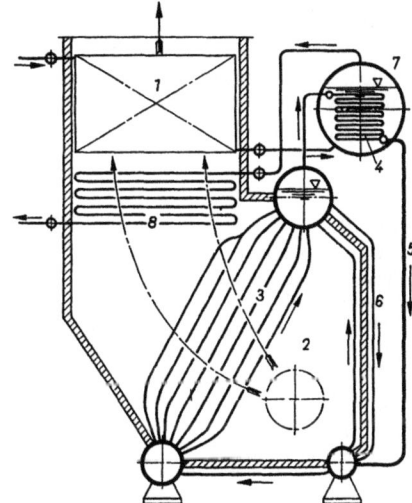

Bild 18.28 *Schmidt-Hartmann*-Kessel (mittelbare Dampferzeugung)
1 Speisewasservorwärmer für Sekundärdampferzeuger
2 Feuerraum
3 Wasserrohre des Primärdampf-Kessels
4 Heizschlange des Sekundärdampferzeugers
5 Kondensatrücklauf aus 4
6 Unbeheizte Fallrohre
7 Trommel des Sekundärdampferzeugers
8 Überhitzer für Sekundärdampf

chend ist; z.B. für einen Sekundärdampf von $p \approx 30$ bar, $t_s \approx 233$ °C ist ein Primärdampf von $p \approx 50$ bar, $t_s \approx 263$ °C erforderlich. Die Verschmutzung der Heizschlange (z.B. durch Kesselstein) bedeutet ein Ansteigen des Primärdruckes bei gleicher Dampferzeugung. Erst nach Erreichen des höchstzulässigen Primärdruckes sinkt die Kesselleistung mit weiterer Verschmutzung. Nachteilig sind der Bauaufwand, das Gewicht und der Platzbedarf. Der Kessel folgt Änderungen der Feuerungsleistung nur langsam.

Ein weiterer Kessel mit mittelbarer Dampferzeugung – der *Löffler-Kessel* – führt in der Rauchgasbeheizten Heizfläche nur Dampf; er kommt z.Z. an Bord nicht vor.

Kessel mit Feuerraumaufladung

In den Feuerräumen der meisten Kesselarten herrschen geringe Unter- oder Überdrücke. Eine Erhöhung des Druckes auf 2...3 bar bietet feuerungs- und wärmetechnische Vorteile. Die Feuerraumbelastung kann wesentlich gesteigert werden, z.B. auf $q_F \approx 40 \cdot 10^6$ kJ/m³h bzw. $\approx 10 \cdot 10^6$ kcal/m³h für Ölfeuerungen. Die Wärmeübergangszahlen der Rauchgase wachsen mit zunehmendem Gasdruck und Gasgeschwindigkeiten. Demnach werden die Feuerraum- und die Kesselheizflächen kleiner als bei Kesseln ohne Feuerraumaufladung. Ein hoher Feuerraumdruck erfordert allerdings eine große Gebläseleistung. Da die Luft sich bei der Verdichtung erhitzt, ist die Anordnung eines Luvos nicht möglich; die Rauchgase müssen im Eco abgekühlt werden, was wegen des Wirkungsgrades der gesamten Maschinenanlage (Regenerativ-Speisewasservorwärmung) aber ungünstig ist (s. Hauptabschnitt 04). Der Luftverdichter wird von einer Abgasturbine angetrieben.

Velox-Kessel (Bild 18.29). – Der Verdampferteil arbeitet mit Zwangumlauf; er besteht aus Verdampferelementen in der Brennkammer (4), dem *Regelverdampfer* (5), der Dampfabscheidetrommel (2) mit angeflanschter Umwälzpumpe (3). Z.T. liegen die Gasgeschwindigkeiten sehr hoch (...200 m/s). Die Rauchgase durchströmen nach Austritt aus der Brennkammer den Überhitzer (6) und parallel dazu den Regelverdampfer (5), dann die Abgasturbine (7) und den Eco (1). Die Heißdampftemperatur wird durch Änderung der Gasmenge mit Hilfe der Drosselklappe hinter dem Regelverdampfer beeinflußt. Anfahren und Regeln der Verdichterleistung mit dem E-Motor (9).

Alle Teile stehen unter hohem Gasdruck in zylindrischen, druckfesten Gehäusen. Die rauchgasseitigen Wärmeübergangszahlen sind infolge des hohen Gasdruckes und der sehr hohen Gasgeschwindigkeiten groß.

Der Kessel baut besonders klein und leicht und ist sehr elastisch. Anfahren in sehr kurzer Zeit. Er ist geeignet für Schiffe mit häufigen Hafenliegezeiten, z.B. Fährverkehr Frankreich-Algier.

Sural-Kessel (Ein Kessel der französischen Marine; *Sural = Suralimentation* = Überladung des Feuerraumes). Im Gegensatz zum *Velox*-Kessel verwendet dieser Kessel übliche Kesselbauelemente bei niedrigeren Rauchgasgeschwindigkeiten (≈ 60 m/s). Der Kessel wird mit Zwangumlauf und auch mit Naturumlauf gebaut.

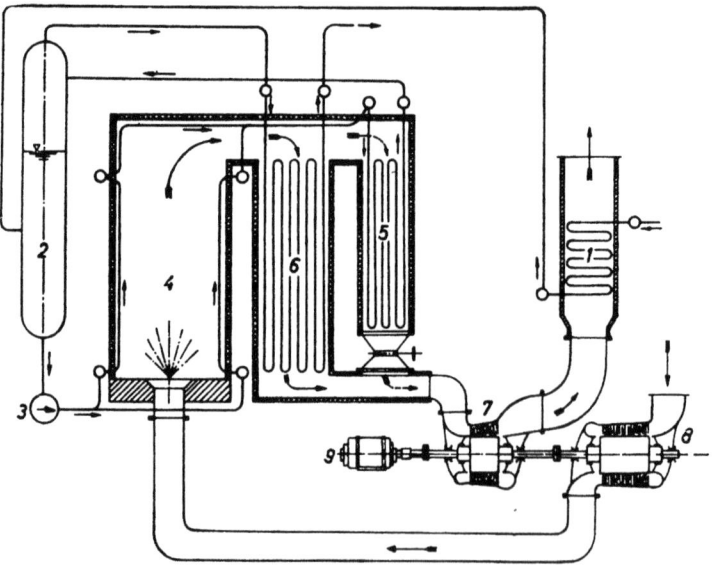

Bild 18.29
Velox-Kessel (Schema)
1 Speisewasservorwärmer
2 Kesseltrommel
3 Umwälzpumpe
4 Brennkammer
5 Regelverdampfer
6 Überhitzer
7 Abgasturbine
8 Luftverdichter
9 E-Motor (Anfahren und Regeln der Verdichterleistung)

Bild 18.30
La Mont-Abgaskessel,
Einbau und Schaltung
1 Abgaskessel
2 Schottischer Kessel, gleichzeitig Trommel für die Abgaskessel
3 *La Mont*-Umwälzpumpe
4 Ölfeuerung
5 Dampfentnahme

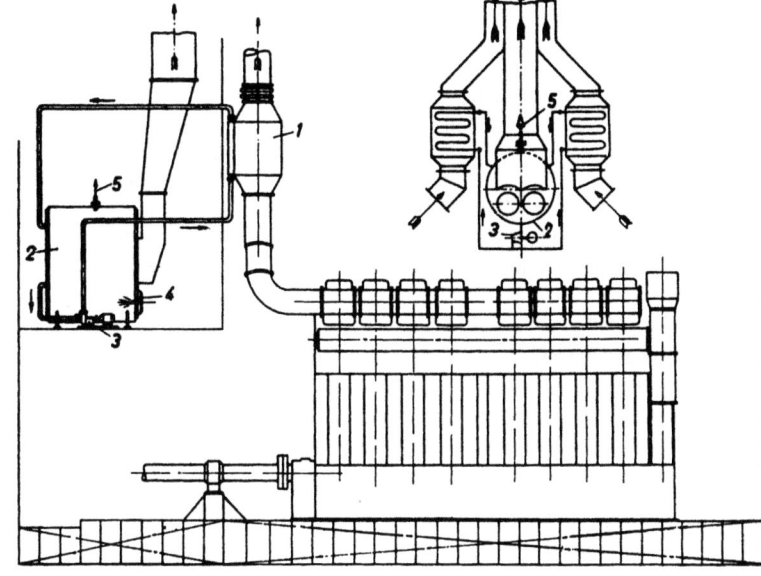

18.10.5 Abgaskessel

Auf Motorschiffen durchweg zur Erzeugung von Dampf, für Heiz- gelegentlich auch für Kraftzwecke und Warmwasserbereitung eingesetzt (s. Hauptabschnitt 04).

Aus Bild 04.24 kann die im Abgaskessel in Abhängigkeit von den Motordaten ausnutzbare Energie ermittelt werden; damit ist die Bestimmung der möglichen Dampferzeugung gegeben.

Bei Teillastbetrieb der Motoren wird die Dampferzeugung u. U. zu klein; hierfür erhalten die Abgaskessel zusätzliche Ölfeuerungen, die auch einen Hafenbetrieb bei abgesetzten Motoren gestatten. Soll die Ölfeuerung als Zusatzfeuerung auch *während* des Motorenbetriebes arbeiten, sind getrennte Gaszüge für Motorenabgase und Rauchgase der Ölfeuerung notwendig; der erhöhte Druckverlust im Abgaskessel bei Betrieb der Zusatzfeuerung würde sonst die Motorenleistung beeinträchtigen; gasseitiger Widerstand 150 mm WS. Ist die Ölfeuerung jedoch nur für den Betrieb im Hafen bei abgesetzten Motoren vorgesehen, ist keine Trennung der Züge erforderlich.

Wird weniger Dampf benötigt als der Abwärme der Motoren entspricht (z. B. in den Tropen), dann gibt es drei Möglichkeiten, die Dampferzeugung zu drosseln:

a) Umgehung des Abgaskessels durch einen Rauchgas-Leerzug,
b) Auslegung des Abgaskessels für einen höheren Druck; die überschüssige Abgaswärme bewirkt eine Drucksteigerung und die Dampferzeugung sinkt entsprechend der mit zunehmendem Druck fallenden Temperaturdifferenz zwischen Abgasen und Kesselinhalt.

c) Wasserseitiges Abschalten eines Teiles der Heizfläche; dies ist nur bei einigen Kesselbauarten (z.B *La Mont*) möglich. Da die Abgastemperaturen niedrig sind, tritt keine Gefährdung der Heizfläche ein.

Abgaskessel werden als Wasserrohrkessel mit Naturumlauf, mit Zwanglauf und auch als Großwasserraumkessel gebaut.

Bild 18.30 zeigt Zwangumlauf-Heizflächensysteme (*La Mont*) in zwei Abgasleitungen; als Trommel dient für beide Systeme ein ölgefeuerter Schottischer Kessel (2), der unabhängig von den Abgas-Heizflächen Dampf erzeugt. Die Abgas-Heizflächen (Bild 18.31) bestehen aus *bifilar* gewickelten Rohrschlangen, befestigt an senkrecht angeordneten Flaschen. Vor den Rohrschlangen im Bereich niedriger Gastemperaturn liegen Nadelventile, die nach Be-

Bild 18.31
La Mont-Abgaskessel

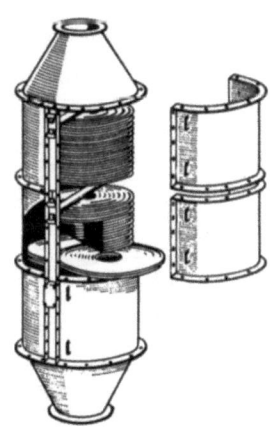

darf geöffnet oder geschlossen werden; die Heizflächengröße und damit die Dampferzeugung wird dadurch verändert. Der Zwangumlauf ermöglicht somit eine einfache Vereinigung mehrerer Abgas-Heizflächen mit einem direkt gefeuerten Großwasserraumkessel und gute Einstellung der erzeugten Dampfmenge.

18.11 Kesselkörper – Einzelteile

Zum Kesselkörper zählen die unter Dampfdruck stehenden Teile wie Trommeln, Heizflächen usw.

18.11.1 Trommeln

Dampfabscheidetrommel

Die Innenmaße sollen nicht zu klein sein, damit der Dampf möglichst wenig Feuchtigkeit mitreißt; die Mindestabmessungen werden aus 2 Kennwerten bestimmt:

Wasserspiegelbelastung W_B, ein Maß für die Geschwindigkeit der Dampfblasen beim Durchtritt durch den Wasserspiegel.

$$W_B = \frac{D_h \cdot v}{l \cdot b} \quad m^3/m^2h \qquad (23)$$

$W_B \leq$ rd. 400 m³/m²h um *Hochschäumen* des Kesselwassers zu vermeiden; Schäumen wird durch hohe Salzanreicherung begünstigt.

Der Dampf führt auch bei $W_B \leq 400$ m³/m²h etwas Feuchtigkeit mit, die vor Eintritt in das Dampfentnahmerohr möglichst *„ausregnen"* soll; hierfür ist eine gewisse Zeit erforderlich.

Dampfraumbelastung D_B, ein Maß für die Aufenthaltszeit des Dampfes im Dampfraum.

$$D_B = \frac{D_h \cdot v}{V_{Dampfraum}} \quad m^3/m^3h \qquad (24)$$

Mit zunehmendem Druck wird der Dichteunterschied zwischen Dampf und Wasser kleiner, d.h. die Trennung der Feuchtigkeit vom Dampf durch „Ausregnen" also schwieriger; demnach ist die zulässige Dampfraumbelastung vom Druck abhängig,

$D_B = f(p)$

z.B. bei $p = 100$ bar: $D_B \approx 300$ m³/m³h.
    bei $p = 40$ bar: $D_B \approx 700$ m³/m³h.

Die zulässigen Werte für W_B und D_B gelten ohne Einbau besonderer Dampftrockner, mit Trocknern sind höhere Werte zulässig.

Wassertrommeln

Die Innenmaße sind möglichst klein zu halten, bestimmend sind meistens Anzahl und Durchmesser der zu befestigenden Rohre.

Konstruktion der Trommeln

Heute durchweg geschweißt und anschließend spannungsfrei geglüht. Für den Schweißfaktor und das Glühen gelten behördliche Vorschriften. Im Bereich des Rohrfeldes muß eine Verstärkung zum Ausgleich der Schwächung durch die Rohrlöcher vorgesehen werden (Bild 18.32). Trommeln müssen gegen Beheizung geschützt werden, da sonst Wärmespannungen.

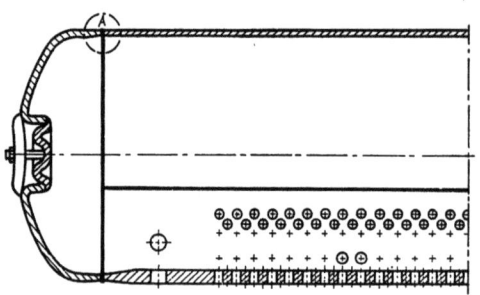
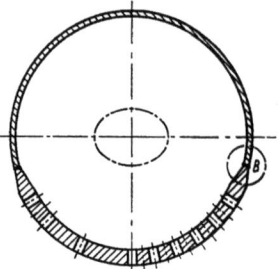

Bild 18.32 Geschweißte Kesseltrommel

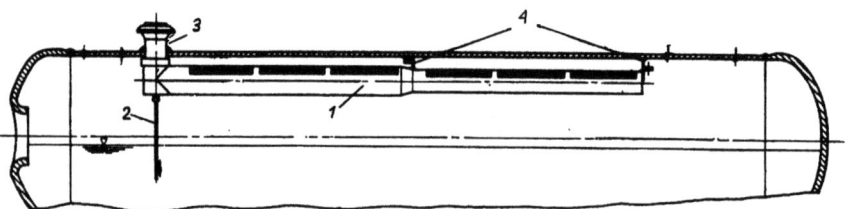

Bild 18.33 Dampfentnahmerohr
1 Entnahmerohr mit Schlitzen (oben)   3 Eingeschweißter Dampfentnahmestutzen
2 Entwässerung   4 Rohrhalterungen

Einbauten in Trommeln

Sie dürfen den Wasserumlauf nicht behindern. Ein Befahren der Trommeln muß möglich sein, daher sind einfach lösbare Befestigungen der Einbauten vorzusehen. Zu den Einbauten gehören: *Dampfentnahme* aus der Trommel; sie soll so ausgeführt sein, daß eine gleichmäßige Dampfraumbelastung gewährleistet ist. Das Dampfentnahmerohr in Bild 18.33 gestattet eine Entnahme über die ganze Trommellänge; die Entwässerung für ausgeschiedene Feuchtigkeit reicht in den Wasserraum der Trommel hinein. Oft liegt auch der Dampfsammler außerhalb der Trommel.

Fliehkraftdampftrockner schleudern Dampffeuchtigkeit durch Zentrifugalkraft aus. Bild 18.34 zeigt einen *Zyklon*-Trockner für eine liegende Trommel mit tangentialer Einführung des Wasser-Dampfgemisches; die ausgeschleuderte Feuchtigkeit wird nach unten, der Dampf nach oben über Riffelbleche zur Entfernung der Restfeuchtigkeit geleitet.

Speisevorrichtung (Bild 18.35), das Speisewasser, u.U. kalt, wird gleichmäßig über die Trommellänge verteilt und vom Dampf aufgeheizt, bevor es die Trommelwand berührt, um Wärmespannungen zu vermeiden; das Wasser soll nicht in den abziehenden Dampf spritzen, da sonst Feuchtigkeit mitgerissen wird. Es wird daher ein Schutzblech (2) über dem Speiserohr (1) angeordnet. Außerdem trägt der Speisestutzen (4) innen ein *Schutzrohr*, damit kaltes Speisewasser keinesfalls die Trommelwand direkt berührt.

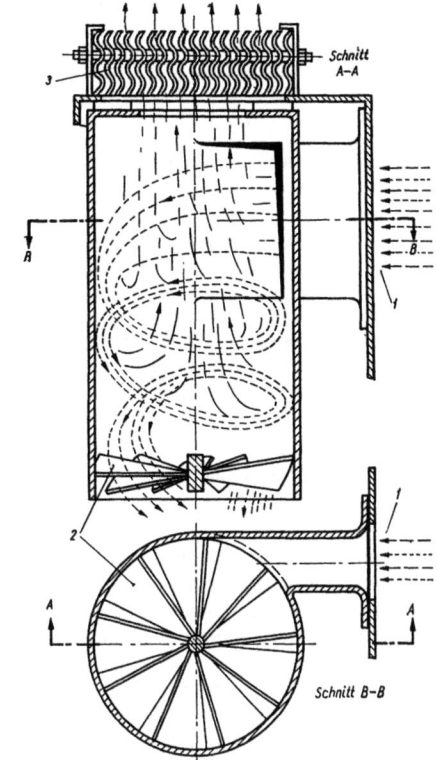

Bild 18.34 Zyklon-Dampftrockner, Bauart *Babcock*
1 Einführung Wasser-Dampfgemisch
2 Wasserleitbleche   3 Dampfaustritt

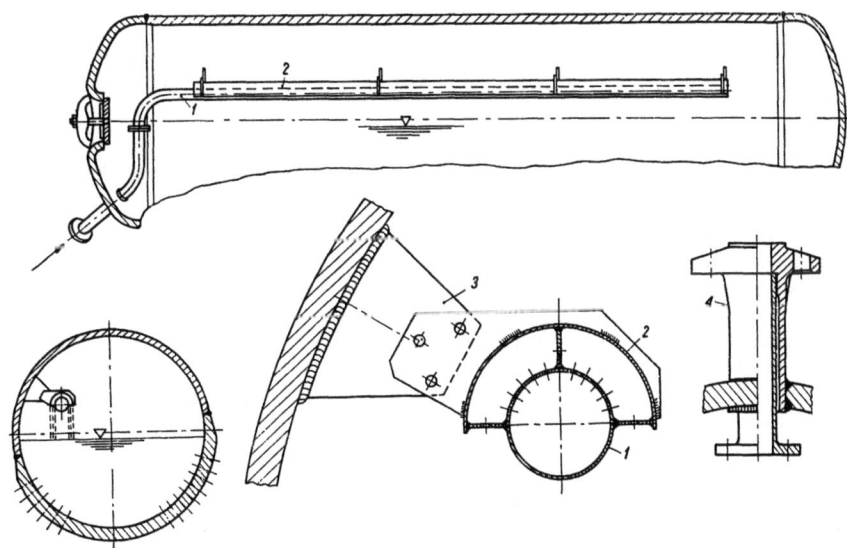

Bild 18.35 Speiserohr eines Wasserrohrkessels
1 Speiserohr   2 Schutzblech   3 Befestigungsbleche   4 Speisestutzen

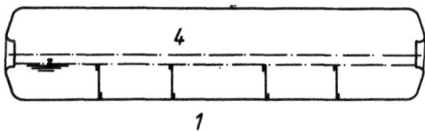

Bild 18.36 Schlagschotten (1) in einer Dampfabscheidetrommel

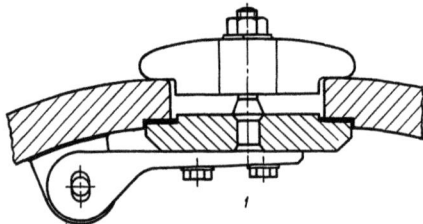

Bild 18.37 Mannlochverschluß

Abschäumeinrichtung, mehrere in Höhe des Normalwasserstands liegende Trichter sind an eine gemeinsame Abschäumleitung angeschlossen.

Chemikalienzusatzeinrichtung, eine Leitung mit mehreren Bohrungen, um eine gleichmäßige Verteilung des Zusatzmittels zu erreichen.

Heißdampfkühler, z.B. zur Regelung der Dampftemperatur bestehen aus Rohrschlangen im Wasserraum der Trommel.

Wasserstandsregler.

Schlagschotten sollen in liegenden Trommeln große Wasserstandsschwankungen bei Schiffsbewegungen verhindern. In Kesseln mit unbeheizten Fallrohren an den Trommelenden darf die Längsbewegung des Wassers in der Trommel durch Schlagschotten nicht beeinträchtigt werden. Schlagschotten dienen meistens gleichzeitig zur Halterung von Einbauten (Bild 18.36).

Siebe, gelegentlich vor einigen Rohren, z.B. vor dem Saugrohr einer Zwangumlaufpumpe. Der Siebquerschnitt ist mit Rücksicht auf Vergrößerung des Durchflußwiderstandes bei einer Verschmutzung reichlich zu bemessen.

Abschlammeinrichtung, in der Untertrommel, um Kesselwasser bei zu hoher Salzanreicherung von Zeit zu Zeit zu entfernen. Mehrere Saugköpfe werden über die Trommellänge verteilt an einer gemeinsamen Abschlammleitung angeordnet.

Mannlöcher (Bild 18.37); der Dampfdruck soll die Dichtung anpressen.

18.11.2 Flaschen

Heute durchweg aus genormten, nathlosen Rohren (DIN 2448) hergestellt; für Drücke $\leq$ 50 bar Vierkant- oder runde, für höhere Drücke nur runde Flaschen. Flaschenböden sind ebenfalls genormt, sie werden eingeschweißt.

18.11.3 Befestigung von Rohren in Trommeln und Flaschen

Walzverbindungen

Die Zugfestigkeit einzuwalzender Rohre soll mindestens 5 000 N/cm² unter der des Trommel- oder Flaschenwerkstoffes liegen. Bohrungen für einzuwalzende Rohre dürfen nicht im Bereich einer Schweißnaht liegen, da hier einwandfreies Einwalzen infolge von Festigkeitsunterschieden im Trommelwerkstoff kaum möglich ist.

Schweißverbindungen

Ein direktes Einschweißen dünnwandiger Rohre in dickwandige Trommeln oder Flaschen nur bei gleichzeitiger Vorwärmung des dickwandigen Werkstückes, da sonst das einzuschweißende Rohr überhitzt wird. Das Einschweißen von Rohren ohne Vorwärmung des dickwandigen Werkstückes über *Rohrnippel* (Bild 18.38), die Nippel sind vor dem Einschweißen noch nicht durchbohrt; damit wird nach der Schweißung eine Druckprobe möglich.

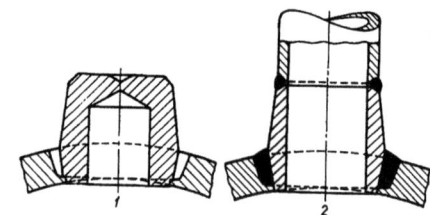

Bild 18.38 Konischer Anschweißnippel
1 Vor der Schweißung
2 Fertig mit ausgeschweißtem Rohr

Flansch- und Schraubverbindungen

Sie sind komplizierter, teurer und störanfälliger (Temperaturänderungen) als Schweißungen; das Abschneiden und Anschweißen eines Rohres ist heute an Bord i.a. einfach und schnell möglich. Für den Anschluß von Armaturen sind aber Anschluß-

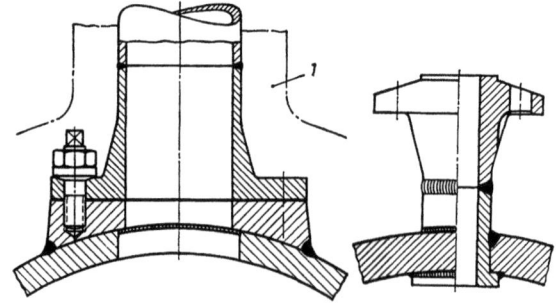

Bild 18.39 Rohranschlüsse an Trommeln und Flaschen
18.39.1 Anschluß an eine Trommel über aufgeschweißten Verstärkungsflansch   1 Isolierung
18.39.2 In eine Trommel eingeschweißter Flanschstutzen außen verschweißt, innen mit Bund aufliegend und verschweißt

Kesselkörper – Einzelteile

stutzen praktisch (Bild 18.39). Direkte Schraubverbindungen selten und nur für sehr kleine Rohrdurchmesser.

18.11.4 Rohre und Heizflächen

Rohre, Rohrpakete

Die Rohre müssen spannungsfrei eingebaut werden; Voraussetzung hierfür ist genaues Biegen. Die Herstellung von *Rohrschlangen* mit sehr kleinen Biegeradien ($r \leqslant d$) mit Spezialvorrichtungen. Gelegentlich werden auch geschmiedete *Umkehrenden* angeschweißt.
Rohrschweißverbindungen (Bild 18.40), die Enden werden angefräst, eine Zentrierung ist günstig für Fixierung und Verhinderung von Schweißbärten.
Rohrpakete, gebildet aus Schlangen, sollen nicht zu groß und schwer sein mit Rücksicht auf schwierige Ein- und Ausbauverhältnisse an Bord (Bild 18.41).
Bestiftete Rohre, elektrisch aufgeschweißte Stifte dienen zur Verklammerung von Chromerzmasse oder Stampfschamotte als Schutz gegen zu starke Beheizung; oft für Rauchgaslenkwände (Bild 18.42).
Flügelrohre finden zunehmende Verwendung für gasdichte Rohrwände-Schweißverbindungen (Bild 18.43).
Rippenrohre, Economiser.

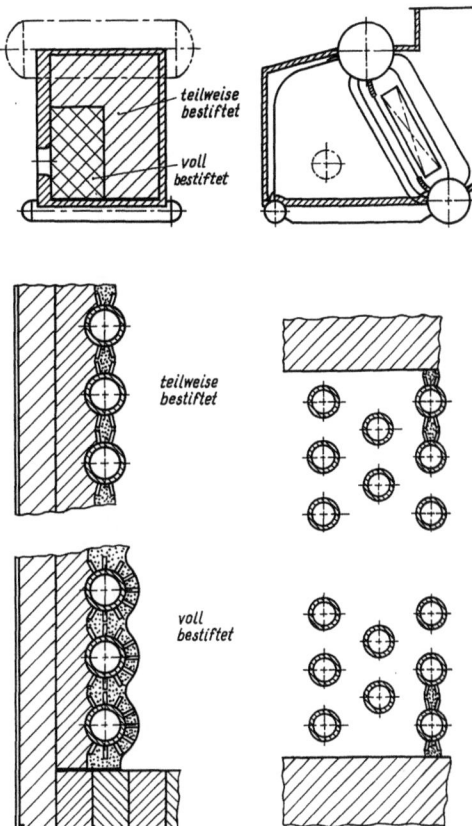

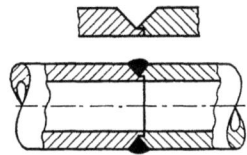

Bild 18.40 Rohrverbindung mit Schweißung

Bild 18.42 Anwendung von bestifteten Rohren
18.42.1 Feuerraumauskleidung
Weitschraffierter Raum teilweise bestiftet (s. oberes Bild)
Kreuzschraffierter Bereich voll bestiftet (s. unteres Bild)
18.42.2 Rauchgaslenkwand
Teilweises Dichtsetzen einer Verdampferseite oberhalb und unterhalb des Überhitzers

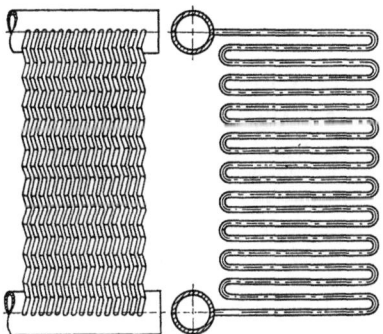

Bild 18.41 Rohrpaket

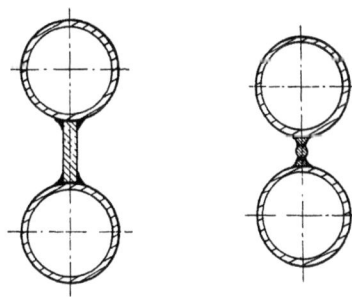

Bild 18.43 Schweißverbindungen für rauchgasdichte Rohrwände

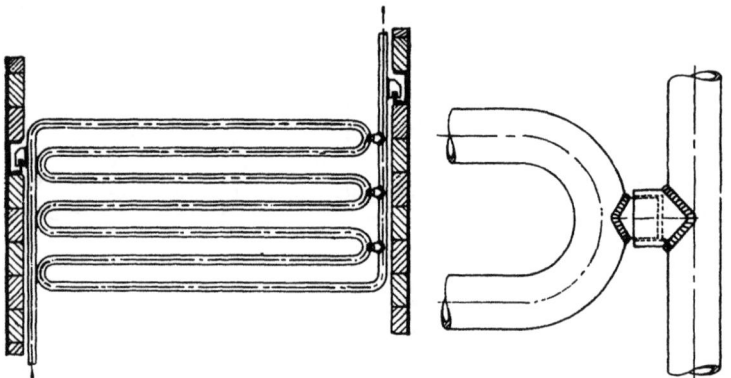

Bild 18.44
Halterung einer Rohrschlange in einem Zwangumlaufkessel

Heizflächenhalterungen

Es sind zu unterscheiden: *Abstandshalterungen* zwischen einzelnen Rohrschlangen und *Tragkonstruktionen* zum Abfangen ganzer Pakete. Halterungen im Bereich höherer Gastemperaturen sollen gekühlt werden.

Bild 18.44 zeigt eine Halterung von Rohrschlangen in einem Zwangumlaufkessel; die Schlangen sind links miteinander verschweißt, rechts schiebend in Nippeln (Längenänderungen) abgefangen. Das gesamte Paket wird im Kesselgerüst an angeschweißten Stützen aufgehängt.

Verdampfer

Die Rohre in Trommeln werden oft noch eingewalzt; zunehmend jedoch eingeschweißt; in Flaschen meistens geschweißt.

Überhitzer

Aus Rohrschlangen oder Nadeln zusammengefaßt zu Paketen. Ausbaumöglichkeit ist vorzusehen, da hohe Temperaturen diese Heizfläche besonders gefährden. Die Rohre werden in die Flaschen geschweißt. Dampfgeschwindigkeit bei 20 ... 30 m/s. Der Überhitzer wird oft im Gegenstrom zu den Rauchgasen geschaltet, gelegentlich auch zuerst im Gegen- dann im Gleichstrom zur Vermeidung zu hoher Wandtemperaturen.

Economiser

Korrosionen sind auf der Rauchgasseite (Taupunktunterschreitung) und auf der Wasserseite (ungenügende Entgasung) möglich. Ecos werden aus Stahlrohren und aus Gußeisen-Rippenrohren hergestellt. St-Rohrschlangen sind billig und leicht, GG-Rohre unempfindlicher gegen Korrosionen, sie sind jedoch nur für Drücke $p \leqslant 40$ bar geeignet. Die Rippenrohre tragen nur gasseitig Rippen, da dort Gas-Wärmeübergangszahlen niedrig sind. Für Drücke > 40 bar werden gelegentlich St-Rohre mit aufgeschweißten Rippen oder mit aufgeschrumpften GG-Rippenblöcken verwendet (Bild 18.45).

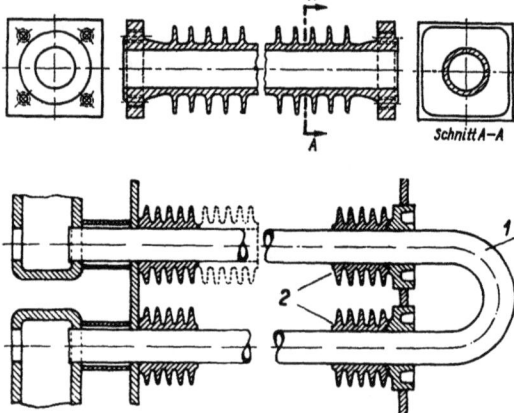

Bild 18.45 Rippenrohre für Speisewasservorwärmer
18.45.1 Gußeisernes Rippenrohr (*Deutsche Babcock & Wilcox Dampfkesselwerke AG*)
18.45.2 Stahlrohr mit aufgeschrumpften gußeisernen Rippen
1 Stahlrohr, U-förmig gebogen
2 Aufgeschrumpfte Rippenelemente

18.12 Luftvorwärmer

18.12.1 Allgemeines

In modernen Anlagen wird das Speisewasser weitgehend durch Anzapfdampf vorgewärmt; die Ecoheizfläche zur Abkühlung der Rauchgase wird entsprechend kleiner oder entfällt ganz. Luftvorwärmer sind dann unerläßlich, um hohen Kesselwirkungsgrad zu erzielen.

Die Höhe der Luftvorwärmung richtet sich u.a. nach der Feuerungsart;

Ölfeuerung $\quad t_L \leqslant 350\ °C$
Kohlerostfeuerung $t_L \leqslant 130\ °C$
$\qquad \leqslant 200\ °C$ (wassergekühlter Rost)

An Bord kommen rauchgasbeheizte und dampf- bzw. wasserbeheizte Luftvorwärmer vor:

18.12.2 Rauchgasbeheizte Luvos (vorherrschend)

Es gibt Luvos mit feststehender Heizfläche (*Rekuperativ*-L.) und mit umlaufender Heizfläche (*Regenerativ*-L.).

Luvos mit feststehender Heizfläche

Rauchgas beaufschlagt die eine Seite, Luft die andere Seite der Heizfläche. Die Heizfläche besteht entweder aus glatten Rohren bzw. Platten oder sie ist beidseitig mit Rippen bzw. Nadeln besetzt (beidseitig, da auf beiden Seiten ein Gas mit niedrigen α-Werten). Bild 18.46 zeigt ein Beispiel für ein Gußeisen-Rippenrohr.

Glatte Stahlrohre sind leichter und billiger als GG-Rohre, die aber unempfindlicher gegen Korosionen sind.

Wegen Gefahr einer Rauchgas-Taupunktunterschreitung bei niedrigen Außenluft- und Gastemperaturen wird die Luft oft bereits vor Eintritt in den Luvo etwas angewärmt; z.B. durch Absaugen warmer Luft aus dem Heizraum oder Vorwärmung im doppelten Kesselmantel. Bei Anfahrbetrieb und Teillasten (besonders niedrige Gastemperaturen) wird der Luvo zweckmäßig luftseitig mit einem Bypass umgangen. Bild 18.47 zeigt verschiedene Luvoanordnungen; gebräuchlich ist weitgehend Gegenstromschaltung, gelegentlich (wegen der Taupunktunterschreitung) am Anfang Gleich-, dann Gegenstrom.

Rußablagerungen und Verschmierungen bei Taupunktunterschreitung bedingen die Anordnung von *Rußbläsern*. Rußbrand, verursacht durch Luft, die durch Undichtigkeiten (z.B. infolge von Korrosion) gegen heißen Ruß bläst, kann einen Luvo in kurzer Zeit völlig zerstören.

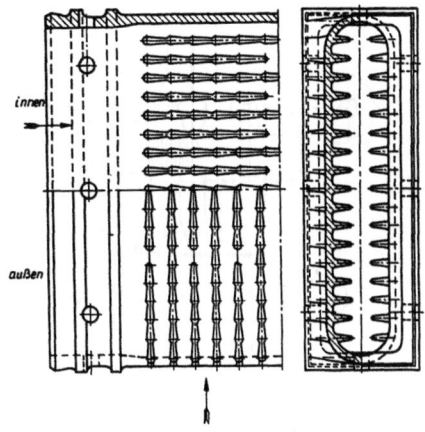

Bild 18.46 Luftvorwärmer, Einheitsrippenrohr (Bauart *Deutsche Babcock & Wilcox Dampfkesselwerke AG*)

Luvos mit umlaufender Heizfläche

Oft *Ljungström*-Luftvorwärmer genannt (Bild 18.48). Der Luvo besteht aus einem mit Blechplatten besetzten Rotor, der mit $3\ldots 4\,\text{min}^{-1}$ von einem E-Motor angetrieben wird. Die eine Rotorhälfte liegt im Rauchgasstrom und wird dort aufgeheizt, die andere Hälfte im Luftstrom und gibt dort die gespeicherte Wärme an die Luft ab.

Gegen Korrosionen durch Taupunktunterschreitung werden die Bleche z.B. durch *Emaillierung* geschützt.

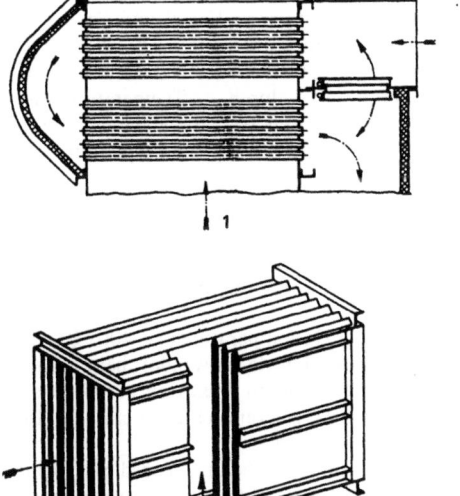

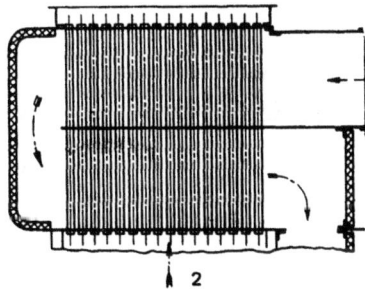

Bild 18.47
Rauchgasbeheizte Luftvorwärmer mit feststehender Heizfläche

18.47.1 Horizontal liegende, glatte Rohre
18.47.2 Senkrecht angeordnete, glatte Rohre
18.47.3 Plattenluftvorwärmer

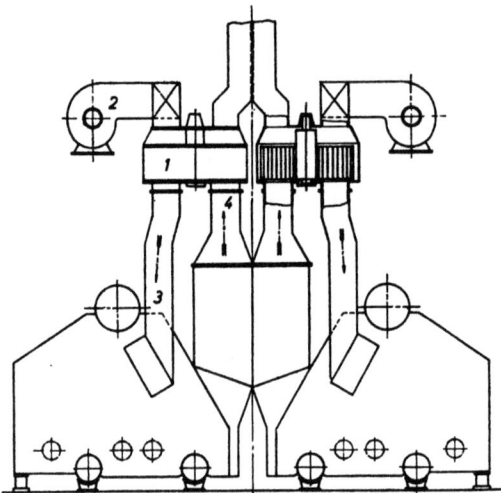

Bild 18.48 Anordnung von *Ljungström*-Luftvorwärmern
1 Luftvorwärmer 3 Gebläse
2 Luftkanal 4 Rauchgasabzug

18.12.3 Dampfbeheizte Luvos

Sie werden gelegentlich angewendet, um Taupunktunterschreitungen zu vermeiden (Bild 18.49). Beheizung oft mit Anzapfdampf; die Rauchgase werden dann in einem Eco, der mit ablaufendem Kondensat aus dem Luvo beaufschlagt wird, heruntergekühlt.

Gelegentlich auch Beheizung des Luvos mit Kesselwasser.

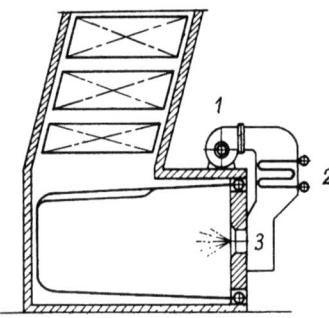

Bild 18.49 Anordnung eines wasser- oder dampfbeheizten Luftvorwärmers
1 Gebläse 2 Luftvorwärmer 3 Luftkanal

18.13 Gerüst – Mantel; Mauerung – Isolierung

18.13.1 Gerüst – Mantel (Bild 18.50)

Das *Gerüst* aus Profileisen und Blechen trägt den Kesselkörper, die Feuerung usw.

Der *Mantel* aus Blechen umschließt die Gaszüge und Luftkanäle und ist mit dem Gerüst verschweißt oder verschraubt; z.T. werden leicht losnehmbare, hand-

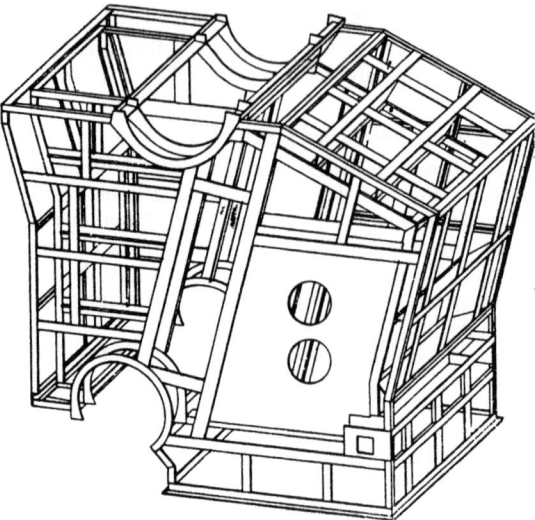

Bild 18.50 Gerüst für einen doppelt ummantelten Zwei-Trommelkessel (*Deutsche Babcock & Wilcox Dampfkesselwerke AG*)

liche Deckel oder schwenkbare Klappen, befestigt mit Muttern, Vorreibern usw., angeordnet. Häufig ist der Kessel ganz oder teilweise doppelt ummantelt; im Raum zwischen beiden Mänteln strömt die Verbrennungsluft.

Hochliegende, große Gewichte, z.B. ein gußeiserner Luvo, werden mit einer besonderen Tragkonstruktion im Schiff abgefangen; dann ist der Einbau einer *Dehnfuge* zur Aufnahme von Längenänderungen durch Erwärmung notwendig.

Gerüst und Befestigung der Kessel im Schiff so, daß für Schlingenwinkel ± 30° keine weitere Abstützung erforderlich; für größere Schlingerwinkel werden zusätzliche Anker zwischen Kessel und Schiff, oft an der Obertrommel, befestigt. Die Kesselfüße werden mit dem Fundament verschraubt; wegen der Längenänderungen durch Temperatureinfluß werden oft nur ein Fuß fest, die anderen dagegen schiebend angeordnet (Messing-Schiebeplatten).

18.13.2 Mauerung

Gerüst und Mantel müssen gegen hohe Temperaturen, korrodierende Einflüsse der Rauchgase und u.U. gegen Wärmeabstrahlung nach außen geschützt werden.

Im Bereich hoher Gastemperaturen (≥ 400 °C) wird Mauerwerk aus Schamotte verwendet; bei niedrigeren Temperaturen genügen Kassetten aus Gußeisen oder Stahl (*alitiert*), gelegentlich auch einfache Isolierung aus Asbestmaterial.

In letzter Zeit werden zunehmend gasdichte Rohrwände verwendet; dann entfällt eine Ausmauerung, es ist nur noch eine leichte Isolierung erforderlich (s. Bild 18.43).

18.13.3 Isolierung

Die Kessel werden gegen Wärmeabgabe nach außen *isoliert* — Verringerung des Restverlustes. Isolierung, meistens bestehend aus Glas- oder Schlackenwolle, eingenäht in Asbestmatten mit zwischengelegter Aluminiumfolie. Die Matten werden auf dem Mantel usw. mit Blechstreifen und Schrauben befestigt. Gelegentlich auch Hartisolierung, z.B. für Trommeln; leichte Isoliersteine, mit Blechstreifen und Drahtgewebe befestigt, werden mit Isolierzement verstrichen. Bei steil liegenden Wänden (z.B. Rauchfang) gelegentlich keine Isolierung; ein im Abstand von 30 ... 40 mm vor der heißen Wand angebrachtes Blech bildet einen Zwischenraum, in dem Luft durch natürliche Zugwirkung strömt.

18.14 Schornstein und Rauchfang
(Anordnung Bild 18.51)

Die Rauchgase sollen so abgeführt werden, daß keine Gasbelästigung an Deck oder Verschmutzungen durch Ruß, auch nicht beim Anfahren des Kessels oder Rußblasen auftreten. Ansaugen der Verbrennungsluft durch natürlichen Schornsteinzug heute selten, da durchweg Gebläse die Luft fördern. Die Gewichte von Schornstein und Rauchfang werden von im Schiff befestigten Trägern abgefangen (Bild 18.51); Münden mehrere Rauchfänge in einen Schornstein, dann Unterteilung des Schornsteins in einzelne Gaszüge bis zum Austritt, um *gegenseitige Beeinflussung* der Kessel zu vermeiden. Gelegentliche innere Reinigung von Ruß ist erforderlich; hierfür Einsteig- bzw. Reinigungsöffnungen und Steigeisen. Äußere Isolierung durch Glasgespinst- oder Steinwollmatten, oft auch ein Blechmantel im Abstand von 60 ... 150 mm. Die beste Gewähr für ein Freikommen der Gase vom Schiff (*Leesog*) bietet ein hoher Schornstein.

Bei niedrigem Schornstein sind hohe Gasgeschwindigkeiten erforderlich, d.h. entsprechend große Gebläseleistung. Bei Teillasten und beim Anfahren ist die Geschwindigkeit u.U. zu niedrig. Aus diesem Grunde wird gelegentlich eine *Luftringdüse* konzentrisch um den Schornsteinaustritt angeordnet; die aus der Düse mit hoher Geschwindigkeit austretende Luft reißt die Rauchgase mit. Auch ausfahrbare Schornsteine und Luftführungsanbauten am Schornsteinmantel kommen vor. Für Liegezeiten sind *Regenfangvorrichtungen* (evtl. Klappen, auch Persenninge) wichtig; Regenwasser führt z.B. in Verbindung mit Ruß zu Korrosionen (z.B. in den oberen Reihen des Luftvorwärmers).

18.15 Armaturen und Meßeinrichtungen

Sie sind z.T. für die Sicherheit des Kesselbetriebes wichtig; ihre Anordnung, Anzahl usw. sind dann gesetzlich vorgeschrieben.

Sie sind vor dem Einbau mit dem doppelten Betriebsdruck zu prüfen. Prüfdruck des Kesselkörpers vor Inbetriebnahme dagegen nur das 1,5fache des höchstzulässigen Betriebsdruckes.

18.15.1 Wasser und Dampf

Speiseventile

Trommelkessel erhalten 1 Haupt- und 1 Hilfsspeiseventil mit Rückschlagkegel, damit bei aussetzender Speisung saugseitig angeordnete Teile, z.B. der Speisewasserregelbehälter usw. keinesfalls Kesseldruck erhalten. Zwischen Speiseventil und Kessel liegt außerdem ein Absperrventil für die Überholung des Speiseventils bei unter Druck stehendem Kessel.

Dampfabsperrventile

Kessel müssen dampfseitig vollständig absperrbar sein. Absperrorgane so dicht wie möglich am Kessel, ihre Betätigung soll vom Betriebsraum und außerdem von einer außerhalb gelegenen Stelle, z.B. von Deck, möglich sein. Wenn mehrere Kessel an eine gemeinsame Hauptdampfleitung angeschlossen sind, dann erhält jedes Absperrventil einen Rückschlagkegel, der bei einem Rohrreißer den betreffenden Kessel selbsttätig von der Hauptdampfleitung absperrt.

Sicherheitsventile

Sie befinden sich stets unmittelbar auf der Kesseltrommel und am Austritt des Überhitzers; Anzahl, Größe und Anordnung sind gesetzlich vorgeschrie-

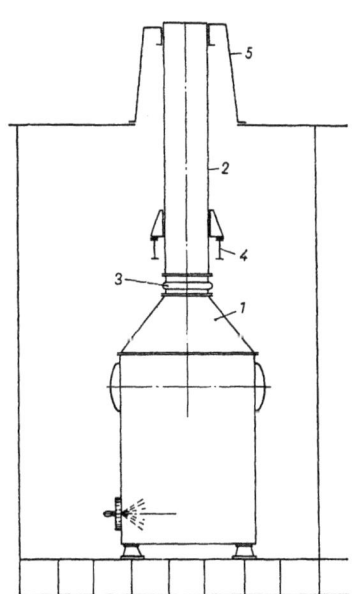

Bild 18.51 Anordnung von Rauchfang und Schornstein
1 Rauchfang   4 Tragkonstruktion
2 Schornstein   5 Schornsteinmantel
3 Dehnfalte

ben. Der Gesamtquerschnitt der Sicherheitsventile soll so groß sein, daß die höchste im Dauerbetrieb erzeugbare Dampfmenge abgeführt werden kann, wobei der Genehmigungsdruck um nicht mehr als 10 % überschritten werden darf. Das Sicherheitsventil am Überhitzer soll vor dem Trommelventil ansprechen, da sonst der Überhitzer u.U. zu wenig Kühldampf erhält.

Sicherheitsventile sind wegen der Schiffsbewegungen nie gewichts- sondern stets federbelastet. Die Federn sollen möglichst kühl liegen, da bei hohen Temperaturen eine Beeinträchtigung der Federung eintreten kann. Sicherheitsventile können mit einem Handhebel angelüftet werden. Die Abblaseleitung mündet am oberen Schornsteinrand; sie muß an der tiefsten Stelle eine nicht absperrbare Entwässerung tragen.

Es gibt *direktwirkende* und *vorgesteuerte* Sicherheitsventile.

Direktwirkende Sicherheitsventile

Bei einem federbelasteten Abblaseventil stehen während des Abblasens Dampfdruck und Federkraft im Gleichgewicht, das Ventil gibt also nur einen dem jeweiligen Druck entsprechenden Querschnitt frei. Diesen Nachteil vermeiden *Hochhubsicherheitsventile*, bei denen ein besonderer Arbeitskolben einen größeren Arbeitshub des Ventilkegels bewirkt.

Vorgesteuerte Sicherheitsventile

Sie wurden für hohe Drücke entwickelt; nur ein kleines, federbelastetes *Stellventil* wird direkt vom Dampfdruck betätigt – durch Öffnen dieses Stellventils wird eine unter Dampfdruck stehende Leitung zu einem *Stellkolben* freigegeben – der Stellkolben öffnet dann das Abblaseventil.

Wasserstandsanzeiger

Sie sind gesetzlich vorgeschrieben. Jeder Kessel mit einer freien Wasseroberfläche muß mindestens zwei unmittelbar anzeigende, voneinander unabhängige Vorrichtungen zum Erkennen des Wasserstandes haben. Der Wasserstand muß vom Heizerstand gut erkennbar sein. Es gibt *direktwirkende*, unmittelbar am Kessel angebrachte Anzeiger, außerdem *Fernwasserstandsanzeiger* und *Probierventile*.

Direktwirkende Anzeiger

Z.B. einfache Glasrohr-Wasserstandsanzeiger. Bei Glasbruch werden Schnellschlußventile durch kurze Rechtsdrehung geschlossen; Rechtsdrehung ist Vorschrift, damit im Gefahrenfall eine Verwechslung unwahrscheinlich wird. Rückschlagventile, so daß eine vollständige, selbsttätige Absperrung auf der Dampf- und auf der Wasserseite vorhanden ist.

Jeder Anzeiger muß Marken für den niedrigsten Wasserstand und für den höchsten Feuerzug tragen; nach Vorschrift muß der niedrigste Wasserstand so hoch liegen, daß auch bei Schräglage des Schiffes von 4° der höchste Feuerzug noch mindestens 150 mm unterhalb des niedrigsten Wasserstandes bleibt. Der Anzeiger muß so angeordnet werden, daß der niedrigste Wasserstand nicht höher als Mitte Glas und der höchste Feuerzug mindestens 30 mm unter der sichtbaren unteren Begrenzung liegt.

Für Drücke > 20 bar kommen Anzeiger mit sehr starken, geschliffenen, z.T. geriffelten Glasplatten infrage; die Glashalter sind oft mehrteilig, wobei die einzelnen Gläser an den Enden jeweils überlappen (Bild 18.52).

Alkalisches Kesselwasser korrodiert Glas und macht es trübe. Das Glas wird daher oft durch vorgelegte *Glimmerplatten* gegen das Kesselwasser geschützt.

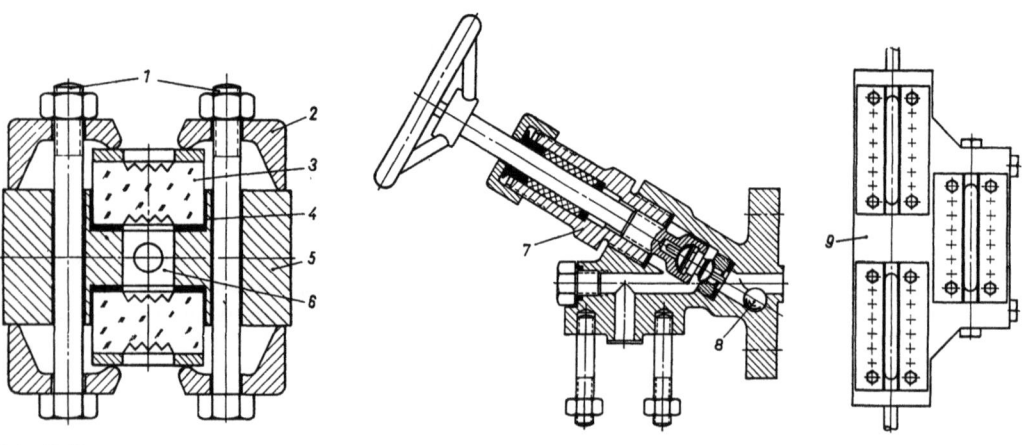

Bild 18.52 Wasserstandsanzeiger für $p > 20$ ata
1 Druckschrauben 4 Dichtung 7 Ventil
2 Klammer 5 Glashalter 8 Kugelselbstschluß
3 Glasplatte 6 Wasserraum 9 Mehrteilige Anordnung der Wasserstandsgläser

Armaturen und Meßeinrichtungen

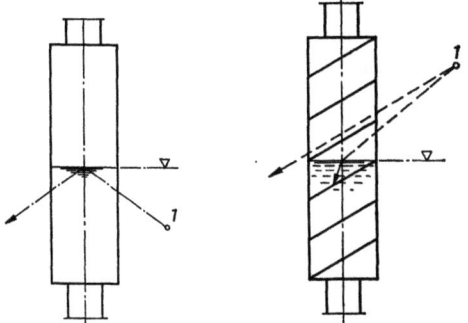

Bild 18.53 Schema einer Beleuchtung des Wasserstandes schräg von unten (Lichtfleck)
1 Lichtquelle

Bild 18.54 Schema einer Beleuchtung des Wasserstandes schräg von oben (Hell/Dunkel)
1 Lichtquelle

Beleuchtung des Wasserstandes ist Vorschrift. Eine seitlich oder hinter dem Wasserstandsglas liegende Beleuchtung erhellt den Dampf- und den Wasserraum ziemlich gleichmäßig. Der Wasserstand ist dann u.U. schwer erkennbar; es ist auch nicht feststellbar, ob der Anzeiger ganz mit Wasser oder ganz mit Dampf gefüllt ist. Der Wasserstand wird deutlicher, wenn das Licht gezielt schräg von unten oder von oben auf den Wasserspiegel fällt.

Im Bild 18.53 fällt der Lichtstrahl *schräg von unten* gegen den Wasserspiegel und wird dort reflektiert; der Wasserspiegel; erscheint als heller Fleck. Der Wasserraum zeigt gegenüber dem Dampfraum geringen Helligkeitsunterschied; Beobachtung auch aus der Horizontalen.

Bild 18.54: Der Lichtstrahl fällt *schräg von oben* auf den Wasserspiegel- im Anzeiger liegt ein Rost mit schrägen Lichtschlitzen. Beim Auftreffen auf das Wasser wird das Licht nach unten abgelenkt und für den Beobachter unsichtbar; d.h., der Wasserraum erscheint dunkel, der Dampfraum hell. Keine Beobachtung aus der Horizontalen, nur schräg von unten.

Fernwasserstandsanzeiger

Sie ermöglichen eine Anzeige über größere Entfernungen und in tieferer Ebene als der Wasserspiegel.

Probierventile

Im Fall des Versagens der Wasserstandsanzeiger erlauben sie es, die Wasserstandshöhe behelfsmäßig festzustellen; das untere Probierventil in Höhe des niedrigsten Wasserstandes, das zweite und evtl. auch ein drittes 100 mm bzw. 200 mm höher. Die Ventile sind durchstoßbar, um etwaige Verstopfungen zu beseitigen.

Dampf-Druckmesser

Anzahl und Anordnung sind gesetzlich vorgeschrieben; 2 Druckmesser je Kessel, angeschlossen an den Trommeldampfraum, davon 1 Druckmesser im Gesichtskreis des Heizers, der zweite am Maschinen-Fahrstand. Bei mehreren dampfseitig miteinander verbundenen Kesseln genügt ein gemeinsamer Druckmesser am Maschinenfahrstand.

Druckmesser müssen Anschlußstutzen für geeichte Prüfgeräte haben.

Überdruck-Alarmvorrichtung

Sie wird nicht gesetzlich verlangt; sie soll vor den Sicherheitsventilen ansprechen.

Dampf- und Wassertemperaturmeßeinrichtungen

Es kommen Quecksilberthermometer in Tauchhülsen und elektrische Geräte mit Thermoelementen vor. Häufig auch elektrische Warneinrichtungen, die bei Über- oder Unterschreiten der zulässigen Temperaturen Warnzeichen auslösen.

Dampf- und Wassermengenmesser

Sie arbeiten meistens mit Pitotrohren oder Staudruckscheiben, oft mit Fernanzeige am Fahrstand. Für die Wassermengenmessung sind auch Zähler gebräuchlich (z.B. Ovalradzähler, Taumelscheibenzähler).

Ausblaseventile

Ausblaseventile erhalten harte, schneidenförmige Dichtflächen, um Kesselsteinteile, die sich evtl. zwischen die Dichtflächen klemmen, zu zerkleinern. Geöffnet werden sie mit federbelastetem Schnellschlußhebel, da das Abschlammen jeweils nur wenige Sekunden dauern soll. Völliges Entleeren des Kessels über das wie üblich mit Handrad betätigte Ventil.

Die Ausblaseleitung soll außenbord nicht unterhalb des Wasserspiegels münden, da in dem abgesetzten Kessel beim Abkühlen Unterdruck auftreten kann, d.h. es besteht Gefahr, daß Seewasser angesaugt wird.

Entwässerungsventile

Sie dienen zum Entleeren des ganzen Kessels oder einzelner Teile, z.B. des Überhitzers und werden möglichst am *tiefsten* Punkt des zu entwässernden Teiles angeordnet.

Abschäumventile

Zum Abschäumen des Wasserspiegels.

Entlüftungsventile

Zum Entlüften, wenn der Kessel oder einzelne Teile, z.B. der Überhitzer, mit Wasser gefüllt werden sollen (z.B. für *Druckprobe* oder *Naßkonservierung*); sie werden an den *höchsten* Stellen der zu entlüftenden Teile angeordnet.

Salzmeßeinrichtung

Sie wird zur Entnahme von Wasserproben vorgesehen. Um sie auf ihre chemische Zusammensetzung zu untersuchen, wird die zu entnehmende Probe vorher in einem kleinen Kühler auf rd. 20 °C heruntergekühlt, um ein Nachverdampfen bei der Entspannung zu vermeiden.

18.15.2 Luft- und Rauchgas

Temperaturen, Drücke, CO_2-Gehalt und Rauchstärke werden gemessen; außerdem gibt es Schaulöcher zur Feuerbeobachtung, ferner Meßstutzen im Mantel für den vorübergehenden Anschluß von wasser- oder quecksilbergefüllten U-Rohren zur Druck- bzw. Zugmessung, zum Einführen von Thermometern und Anschluß von Orsatzgeräten.
Für die Rauchstärkenmessung werden elektrische oder auch einfache optische Geräte verwendet.
Taupunktmeßeinrichtungen kommen an Bord von Schiffen bisher nur sehr selten vor.

18.15.3 Heizöl

Heizölmengen, Drücke und Temperaturen werden gemessen. Mengenmessung durchweg mit Zählern, die für bestimmte Viskosität des Heizöls geeicht sind. Drücke und Temperaturen werden mit üblichen Druckmessern und Thermometern gemessen.

18.16 Kesselregelung

Die Schiffskesselregelung erstreckt sich auf:
1. Anpassung Speisewasserstrom an Dampfstrom (Einhalten des Wasserstandes).
2. Anpassung Feuerungsleistung an Dampfstrom (Einhalten des Dampfdruckes).
3. Anpassung Luftstrom an Brennstoffstrom (Einhalten des CO_2-Gehaltes).
4. Regelung der Frischdampf- und Zwischendampftemperatur.
5. Lastverteilung auf mehrere Kessel.

Regelung erhöht die Sicherheit des Kesselbetriebes, z.B. durch Einhalten des Wasserstandes; sie verbessert den Dauerwirkungsgrad, z.B. durch jeweils günstigen CO_2-Gehalt.
Anfahren und Absetzen der Kesselanlage sowie evtl. Störungen an der Regelanlage bedingen, daß jederzeit vom Regel- auf Handbetrieb übergegangen werden kann.
Stellmotoren der Regelanlagen arbeiten heute meistens mit Hilfsenergie – pneumatisch, hydraulisch oder elektrisch.
Näheres s. Hauptabschnitt 06.

18.17 Heizflächenreinigung und -konservierung

Gasseitige Heizflächenverschmutzungen durch *Ruß* und auch durch *harte Krusten* verschlechtern den Kesselwirkungsgrad und verursachen Kesselschäden durch Korrosionen oder Rußbrand. Daher ist gasseitige Reinigung während des Betriebes in kürzeren Abständen (8...12 h) und während der Stillstandszeiten des Kessels wichtig.
Zum Schutz der arbeitsmittelseitigen Heizfläche ist während der Stillstandzeiten eine Konservierung erforderlich.

18.17.1 Reinigung während des Betriebes

Mit Hilfe von Rußbläsern durch Anblasen der Heizflächen mit einem Dampf- oder Preßluftstrahl; die abgeblasene Rußmenge wird von den Rauchgasen aus dem Schornstein getragen – daher Kesselgebläse während des Rußblasens voll ausfahren.

Dampfrußbläser

Sie werden oft angewendet, da der Dampf ohnehin vorhanden ist. Nachteilig ist der *Kondensatverlust*, da der Dampfverbrauch ziemlich hoch ist; die Rußbläser für die verschiedenen Heizflächenteile werden nacheinander betrieben. Der Blasdampf soll trocken oder überhitzt sein, da Feuchtigkeit im Dampf Erosionen an der angeblasenen Heizfläche verursacht. Die Rußbläser sind daher im Abstand $\geq 0{,}8$ m vor der Heizfläche anzubringen, damit evtl. vorhandene Restfeuchtigkeit noch vor der Berührung der Heizfläche verdampft. Es gibt zahlreiche Bauarten. Im Bereich hoher Gastemperaturen (z.B. im Strahlungsteil) werden ausschließlich *rückziehbare, gekühlte* Rußbläser verwendet, die nur während des Blasens ausgefahren werden.

Luftrußbläser

Sie benötigen eine besondere Luftverdichteranlage; Luftdruck um 7 bar. Eine Schaltautomatik hält den Luftverbrauch niedrig und vereinfacht die Bedienung; die Rußbläser werden nacheinander selbsttätig eingeschaltet und die Luft jeweils in kurzen scharfen Stößen ausgeblasen (*air-puff*); zwischen den Luftstößen wird der Bläserkopf gedreht.
Luftrußbläser setzen sich zunehmend durch; da kaum Erosionsgefahr besteht, können sie dicht vor der Heizfläche angeordnet werden.

18.17.2 Reinigung während der Stillstandszeiten

Eine gründliche Heizflächenreinigung im Hafen in längeren Abständen ist notwendig. Harte Ansinterungen werden abgeschlagen, weiche Rußablagerungen mit Wasser abgewaschen. Es liegen Erfahrungen vor, daß ein geringer Wasser- bzw. Dampfzusatz im Feuerraum während des Kesselbetriebes das Entstehen harter Ansinterungen verringert (s. Dampfzerstäuberbrenner).
Waschen eines Wasserrohrkessels mit anschließendem Trocknen dauert i.a. etwa 24 h. Zunächst wird die Heizfläche vorsichtig mit heißem Seewasser abgebraust, anschließend mit Frischwasser nachgespült; dabei soll das Mauerwerk trocken bleiben.

Abfließendes Schmutzwasser wird z.B. in einer im Feuerraum aufgehängten Zeltplane aufgefangen und durch eine Brenneröffnung entfernt. Es ist kaum vermeidbar, daß das Mauerwerk etwas feucht wird; um Rißbildungen zu vermeiden, muß es vor Inbetriebnahme mit kleinem Feuer langsam wieder getrocknet werden.

Harte Ansinterungen werden gelegentlich auch chemisch entfernt – *Hutter*-Verfahren; der Kessel wird während der Stillstandszeit mit Ammoniakdämpfen (NH_3) behandelt, worauf Ansinterungen abplatzen.

18.17.3 Naßkonservierung – Trockenkonservierung

Für Betriebspausen bis zu einigen Wochen werden Kessel oft mit Wasser gefüllt, um Stillstandskorrosionen zu vermeiden. Der Kessel wird entlüftet und mit alkalischem Wasser (z.B. ≈ 2 kg Ätznatron/m³ Wasser) aufgefüllt; u.U. etwas aufgeheizt, um den Sauerstoff zu entfernen.

Für längere Betriebspausen (z.B. Instandhaltungsarbeiten) muß eine Trockenkonservierung vorgenommen werden; der Kessel wird getrocknet und Chlorkalzium in Schalen in den Trommeln usw. aufgestellt, um Feuchtigkeit zu binden.

18.18 Wasser

18.18.1 Roh-, Speise- und Kesselwasser

Die Betriebssicherheit der Kessel ist weitgehend von der Beschaffenheit des zu verdampfenden Wassers abhängig. Es ist zu unterscheiden zwischen:

Rohwasser, z.B. Seewasser, Leitungswasser, es enthält viele Bestandteile in gelöster und ungelöster Form, die z.T. sehr schädlich für den Kessel sind. Es darf nicht ohne eine Vorbehandlung, d.h. Aufbereitung, eingespeist werden.

Speisewasser, hergestellt aus Rohwasser durch Aufbereitung, d.h. durch Entfernen oder Unschädlichmachen der für den Kessel schädlichen Bestandteile.

Kesselwasser, befindet sich im Kessel, z.B. das im Trommelkessel umlaufende Wasser. Seine Zusammensetzung unterscheidet sich mit zunehmender Betriebszeit von der des Speisewassers; die mit dem Speisewasser in den Kessel gespeisten Salze werden vom erzeugten Dampf nur zu einem kleinen Teil wieder herausgeführt, d.h., mit der Betriebszeit nimmt die *Salzanreicherung* im Kesselwasser zu.

18.18.2 Bestandteile im Wasser und Dampf

Härtebildner

Vor allem im Wasser gelöste Kalzium- und Magnesiumsalze, die sich an den Heizflächen als *Kesselstein* festsetzen und die Heizflächenkühlung wegen der sehr niedrigen Wärmeleitzahlen (1 ... 35 kJ/mh °C bzw. $\approx 0,3 \ldots 9$ kcal/mh °C) stark beeinträchtigen.

Die Härtebildner müssen also vor dem Einspeisen des Wassers in den Kessel entfernt oder unschädlich gemacht werden. Es ist zu unterscheiden zwischen:

Karbonathärte (vorübergehend), Salze, die bei Wassererwärmung als unlösliche Stoffe ausfallen, z.B. wird Kalziumbikarbonat ($Ca(HCO_3)_2$) bei Erwärmung in unlösliches Kalziumkarbonat ($CaCO_3$) und Kohlensäure (H_2CO_3) zerlegt.

Nichtkarbonathärte (bleibend), Salze, die erst dann ausfallen, wenn bei Verdampfung des Wassers die Löslichkeitsgrenze unterschritten wird; hierzu gehören Sulfate, vor allem Kalziumsulfat (Gips) ($CaSO_4$), Chloride, Nitrate, Silikate von Kalzium und Magnesium.

Gesamthärte ergibt sich als Summe von Karbonathärte und Nichtkarbonathärte.

Die Maßeinheit der Härte ist der *deutsche Härtegrad* DG bzw. °d, neuerdings *Milliäquivalent pro Liter* mval/l (Äquivalent (val) = Mol × Wertigkeit)

1 °d entspricht 10 mg CaO/l
1 °d = 1,787 °f
(französische Härte, 10 mg $CaCO_3$/l)
= 1,252 °e
(englische Härte, 14,3 mg $CaCO_3$/l)
= 17,87 ppm
(amerikanische Härte, 1 mg $CaCO_3$/l)
= 0,357 mval/l,
28 mg CaO oder 50 mg $CaCO_3$/l

Andere Verbindungen werden bei Ermittlung des Härtegrades dadurch berücksichtigt, daß man sich jeweils 1 Molekül des Salzes durch 1 Molekül des entsprechenden Kalziumsalzes (in BRD CaO) ersetzt denkt, z.B.

$CaSO_4$ Molekulargewicht 136
CaO Molekulargewicht 56

also 136/56·10 = 24,3 mg $CaSO_4$/l entsprechend 1 °d.

Andere Salze

Setzen sich i.a. nicht an den Heizflächen fest; z.T. werden diese Salze zum Unschädlichmachen der Härtebildner dem Wasser zugesetzt (s. Abschnitt 18.18.3).

Gesamtsalzgehalt: Summe aller im Wasser gelösten Salze; als Maß hierfür gilt die *Dichte* gemessen mit der Tauchspindel in Baumégraden °Be; dieses Maß ist nicht einwandfrei, da andere Bestandteile (organische) die Dichte auch beeinflussen, es ist aber praktisch ausreichend, gebräuchlich für Salzgehalte > 1000 mg/l. Es entsprechen

1 °Be = 10 g NaCl/l (Kochsalz)
= 8 g Na_2SO_4/l (Glaubersalz)
= 7 g Na_2CO_3/l (Soda)
= 7 g Na_2SiO_3/l (Natriumsilikat)
= 6 g NaOH/l (Ätznatron).

An Bord wird der Gesamtsalzgehalt des Speisewassers meistens laufend elektrisch gemessen; die Messung beruht auf der Leitfähigkeit des Wassers mit den darin gelösten Salzen, sie ist ungenau, da sowohl ein höherer Säuregehalt als auch eine höhere Alkalität angezeigt wird. Praktisch hat sie sich jedoch an Bord bewährt, vor allem zur schnellen Anzeige von Seewassereinbrüchen (z.B. durch undichten Kondensator), es gelangt dann Natriumchlorid (NaCl) in den Kreislauf.

Salze im Dampf

In zwei Formen: *Gelöst in mitgeführter Dampffeuchtigkeit*; beim Verdampfen dieser Feuchtigkeit im Überhitzer brennen Salze fest, d.h., die Überhitzerkühlung wird behindert und es kann evtl. zu örtlichen Anfressungen kommen. Der Salzgehalt im Kesselwasser (die entsprechende Menge ist in der mitgerissenen Dampffeuchtigkeit enthalten) darf daher nicht zu hoch liegen; durch gelegentliches Abblasen des Kesselwassers mit hohem Salzgehalt und durch Nachspeisen einer entsprechenden Menge mit niedrigem Salzgehalt sind die gewünschten Grenzen einzuhalten. Ein hoher Salzgehalt im Kesselwasser fördert auch die *Schaumbildung* auf dem Wasserspiegel und ein evtl. *Hochkochen*.
Dampf vermag einige Salze zu lösen; die Lösungsfähigkeit wächst mit zunehmendem Druck. Die gelösten Salze können sich auf den Turbinenschaufeln beim Unterschreiten des jeweiligen *Lösungsdruckes* festsetzen. Die Salzlöslichkeit im Dampf nimmt aber erst bei höheren Drücken (> 100 ata) nennenswerte Beträge an.

Gase und Säuren

Das Wasser enthält Gase in gelöster Form, z.B. Sauerstoff O_2, Stickstoff N_2, Kohlendioxid CO_2; sie werden bei der Erwärmung des Wassers frei, z.B. O_2, oder bilden mit dem Wasser saure Verbindungen, z.B. H_2CO_3. Saure Verbindungen entstehen evtl. auch durch Zersetzung einiger Salze bei höheren Temperaturen. Ein Teil der frei gewordenen Gase, z.B. O_2, oder der gebildeten Säuren führen zu Korrosionen an den Werkstoffen. Gase (vor allem O_2) müssen daher aus dem Wasser vor dem Einspeisen *entfernt* oder *chemisch gebunden*, Säuren durch Alkalisierung *neutralisiert* werden.

Organische Bestandteile und Mineralöle

Organische Bestandteile bilden evtl. mit Wasser Emulsionen, die ein Hochkochen des Kesselwassers begünstigen.
Die organische Substanz wird durch *Titrieren* mit einer n/100 Permanganatlösung $KMnO_4$ gemessen; die Menge wird durch den Verbrauch an Permanganatlösung mg/l, angegeben.

Mineralöle, z.B. Maschinenöl oder Heizöl, können auf den Heizflächen festbrennen, vor allem dann, wenn schon eine geringe Kesselsteinschicht vorhanden ist. Die Wärmeleitzahl einer derartigen Ölkoksschicht ist sehr niedrig ($\approx$ 0,5 kJ/mh °C bzw. $\approx$ 0,1 kcal/mh °C), die Kühlung der Heizflächen dementsprechend schlecht.

18.18.3 Wasseraufbereitung
Rohwasser-Verdampfung

Das für Seeschiffe verfügbare Rohwasser unterscheidet sich erheblich von dem für ortsfeste Kesselanlagen. Rohwasser, d.h. durchweg Seewasser, hat Härtegrade von 300 ... 400 °d und einen Gesamtsalzgehalt zwischen 0,5 % (Ostsee) ... 4,5 % (Rotes Meer); außerdem enthält Seewasser heute auch gelegentlich Heizöle oder Schmieröle, z.T. in kolloidaler Form.
Da der Verschmutzungsgrad des Rohwassers also sehr hoch und zudem unterschiedlich ist, sind die bei ortsfesten Anlagen sehr häufig angewendeten Wasseraufbereitungsverfahren (*Ionenaustausch* bzw. Zusatz von Chemikalien) für Seeschiffe allein nicht ausreichend. Seewasser muß zunächst verdampft werden; das aus den entstandenen Brüden gewonnene Destillat enthält dann nur noch wenig Härtebildner usw., die durch chemische Nachbehandlung ausgeschieden oder unschädlich gemacht werden können. Im Verdampfer wird Seewasser durch milde Beheizung (meistens mit Anzapfdampf) verdampft; die Brüden werden in Oberflächenkühlern durch Kühlwasser (meistens Speisewasser) niedergeschlagen. Es wird mit einer Verlustwassermenge im Kreislauf, die also erzeugt werden muß, zwischen 1 ... 3 % D_h gerechnet. Das Destillat enthält nur noch geringe Salzmengen usw., die durch eine chemische Nachbehandlung ausgeschieden oder unschädlich gemacht werden; die Nachbehandlung des Wassers erfolgt stets vor dem Einspeisen in den Kessel.

Nachenthärten: Alkalitätszahl, Phosphatzahl

Die *Resthärte* wird durch Zusatz von *Hydroxyden* und Salzen in unlösliche Stoffe umgewandelt, die ausfallen; z.B. Beseitigung der Karbonathärte durch Ätzkalk $Ca(OH)_2$, der Nichtkarbonathärte durch Soda Na_2CO_3. Auch andere Zusätze sind üblich, z.B. statt Ätzkalk auch Ätznatron NaOH. Das so behandelte Wasser wird alkalisch.
Zur Alkalitätsbestimmung werden jeweils 100 cm³ Wasser mit n/10 Salzsäure HCl mit Phenolphtalein p oder Methylorange m als Indikatoren titriert; die bis zum Farbumschlag verbrauchte Menge n/10 HCl nennt man p- bzw. m-Alkalität; daraus wird jeweils auf die Anwesenheit bestimmter Härtebildner geschlossen.

Als Maß für einen praktisch ausreichenden Schutz gegen Kesselsteinbildung gilt die *Alkalitätszahl AZ*, errechnet aus

$$AZ = 40 \cdot p \text{ mg/l}$$

(Molekulargewicht von NaOH = 23 + 16 + 1 = 40)

Die Alkalität wird heute nur noch mit dem gemessenen p-Wert in ml/100 (ml verbrauchte n/10 Salzsäure je 100 ml Wasser) bzw. in mval/l angegeben.
Die Nachenthärtung wird oft auch mit Trinatriumphosphat Na_3PO_4 erreicht; die Resthärte fällt als loser Schlamm aus, der nicht auf der Heizfläche festbrennt. Na_3PO_4 wandelt Kalziumsulfat in Kalziumphosphat um; dabei tritt eine Volumenvergrößerung auf und der etwa auf der Heizfläche vorhandene Kesselstein platzt ab. Ferner entsteht eine dünne Eisenphosphatschicht auf der Heizfläche, die einen gewissen Korrosionsschutz, z.B. gegen Sauerstoffangriff, bietet. Ein geringer Überschuß von Na_3PO_4 im Kesselwasser ist also erwünscht.
Phosphatzahl PZ gibt den Gehalt an Phosphorpentoxid P_2O_5 im Wasser in mg/l an. Aus den Molekulargewichten von P_2O_5 und Na_3PO_4 ergibt sich, daß 1 mg/l P_2O_5 m mg/l Na_3PO_4 entsprechen; PZ = 10 entspricht also 50 mg/l Na_3PO_4.

Entsäuern und pH-Wert: Chloridzahl

Das mit der Verdampferanlage erzeugte Destillat zeigt zunächst saures Verhalten; es wird durch Zusätze alkalisch, z.B. Na_3PO_4 zur Nachenthärtung. Saures oder basisches Verhalten des Wassers wird mit Hilfe der Wasserstoffionenkonzentration [H$^+$] festgestellt; die Methode beruht darauf, daß wäßrige Lösungen freie H$^+$- und OH$^-$-Ionen enthalten; bei Überwiegen des Anteils H$^+$-Ionen zeigt sich saures Verhalten, bei Überwiegen der OH$^-$-Ionen alkalische Reaktion.
Für wäßrige Lösungen gilt bei $t = 22$ °C

$$[H^+] = [OH^-] = 10^{-7}$$

Der negative Zehnerlogarithmus ist also ein Maß für den Wasserstoffionenanteil; er wird als pH-Wert bezeichnet und als absoluter Wert ohne Vorzeichen angegeben. Für Wasser mit $t = 22$ °C gilt:

pH = 7 neutrales Wasser
pH < 7 saure Reaktion
pH > 7 alkalische Reaktion

Bild 18.55 zeigt die Abhängigkeit des pH-Wertes von der Temperatur; demnach sind bei Temperaturen > 22 °C zusätzliche Alkalien für eine neutrale Reaktion erforderlich. Der pH-Wert wird nach der Methode von *Merck* mit Farbindikator gemessen; das genügt für pH-Werte ≤ 10, also für Speisewasser. Für größere Alkalität (z.B. im Kesselwasser) wird die Alkalitätszahl benutzt.
Aus Seewasser erzeugtes Speisewasser enthält Chloride; damit besteht die Gefahr der Bildung

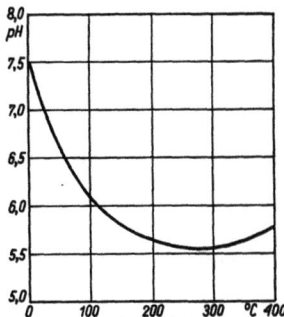

Bild 18.55 Abhängigkeit des pH-Wertes von der Temperatur

von Salzsäure HCl. Die Chloridzahl gibt den Gehalt an Chlorionen in mg/l Wasser an. Der Einfluß der Kohlensäure H_2CO_3 ist bei Schiffskesseln i.a. nicht bedeutend.

Entgasen

Gase vor allem O_2, werden durch Erwärmen des Wassers bis an den Siedepunkt weitgehend ausgetrieben; praktisch werden in Schiffsanlagen Werte ... 0,02 mg O_2/l erreicht. Noch weitergehende thermische Entgasung ist an Bord kaum möglich, da die Größe der Entgasungsanlage räumlich begrenzt ist; Lufteinbrüche bei Maschinenmanövern sind nicht ganz vermeidbar. Der nach der *thermischen Entgasung* verbleibende Restsauerstoff wird chemisch, z.B. durch Natriumsulfid Na_2SO_3 gebunden; damit erhöht sich gleichzeitig die Alkalität. In letzter Zeit ist zunehmend auch der Zusatz von verdünntem *Hydrazinhydrat* $N_2H_4 \cdot H_2O$ zur Bindung des Restsauerstoffs bei gleichzeitiger Alkalisierung gebräuchlich; hierbei tritt keine Erhöhung des Salzgehaltes ein; das überschüssige Hydrazin spaltet sich in Stickstoff (indifferentes Gas) und Ammoniak, das zur Anhebung des pH-Wertes beiträgt.

Entölen

Grobe Vorentölung mechanisch in Abdampfentölern (Kolbendampfmaschinen) oder in Absetzbehältern; die Wassertemperatur soll dabei möglichst niedrig sein, da dann der Dichteunterschied zwischen Öl und Wasser verhältnismäßig groß ist und die Ausscheidung erleichtert. Emulgierte Öle werden auf chemischem Wege durch flockenbildende Zusätze und Entflockung entfernt. Zusatz von Eisen oder Aluminiumsalzen als Fällmittel und Soda oder Ätznatron zur Bildung voluminöser Hydroxide; Koksfilter werden nachgeschaltet.

18.18.4 Anforderungen an das Speise- und Kesselwasser

Allgemeines

Grundsätzlich soll Wasser eingespeist werden, aus dem schädliche Bestandteile weitgehend entfernt sind; eine chemische Behandlung im Kessel würde den Anfall größerer Schlammengen im Kessel bedeuten, die in kürzeren Abständen entfernt werden müßten. Eine derartige Behandlung war früher bei Großwasserraumkesseln üblich, heute nur ausnahmsweise, z.B. wenn Kesselsteinansatz durch alkalische Zusätze Na_3PO_4 wieder entfernt werden soll.

Großwasserraumkessel

Niedrige Dampfdrücke; die Heizflächenbelastung ist mit Ausnahme des Flammrohrs gering, ebenso Wasserspiegel- und Dampfraumbelastung. Daher sind keine besonders hohen Anforderungen an das Speise- und Kesselwasser zu stellen.

Speisewasser:

Härte	< 0,5 °d
pH-Wert	8,5 ... 9,5
Gesamtsalzgehalt	10 ... 15 mg/l
Chloridzahl	< 10 mg/l
Sauerstoffgehalt	< 0,1 mg/l

Öl (evtl. im Kondensat von Kolbendampfmaschinen) wird in Setztanks und Filtern weitgehend entfernt. Zur Bindung von Ölresten wird Na_3PO_4 oder Na_2CO_3 in Seewasser aufgelöst und dem Speisewasser zugesetzt. Die im Seewasser enthaltenen Härtebildner in Verbindung mit Na_3PO_4 oder Na_2CO_3 hüllen die Ölteilchen ein und behindern die Bildung einer auf der Heizfläche festbrennenden Schicht.

Kesselwasser:

Dichte	2 ... 3 °Be; max. 9 °Be
Alkalitätszahl	300 ... 400 mg/l
Phosphatzahl	10 ... 25 mg/l
	20 ... 40 mg/l (bei ölhaltigem Wasser)
Chloridzahl	< 200 mg/l (ohne Überhitzer)
	< 60 mg/l (mit Überhitzer)

Wasserrohrkessel mit Trommel

Höhere Anforderungen an das Speise- und Kesselwasser als bei Großwasserraumkesseln.

Speisewasser:

Härte	0,05 ... 0,1 °d
pH-Wert	8,5 ... 9,5
Chloridzahl	< 5 mg/l
Phosphatgehalt	2 ... 3 mg/l
organische Bestandteile	< 20 mg/l $KMnO_4$
Restsauerstoff	< 0,02 mg/l
Ölgehalt	0

Kesselwasser:

Dichte	0,12 ... 0,30 °Be
Alkalitätszahl	20 bar: 200 ... 600 mg/l
	40 bar: 100 ... 200 mg/l
	60 bar: 50 ... 150 mg/l
	100 bar: 50 ... 100 mg/l
	120 bar: 50 ... 80 mg/l
Phosphatzahl	20 ... 30 mg/l
Chloridzahl	< 60 mg/l

Zwangdurchlaufkessel ohne Trommel

Speisewasser:
Der Salzgehalt soll so niedrig wie möglich (1 ... 3 mg/l) sein, da Salze sich in der Restverdampfstrecke absetzen.

pH-Wert	8 ... 8,5
Restsauerstoff	< 0,02 mg/l

18.19 Kesselversuche

18.19.1 Zweck und Dauer

Zweck der Versuche ist die *Ermittlung der Verdampfungsziffer*, des *Kesselwirkungsgrades* usw. bei verschiedenen Laststufen; dabei soll der Kessel jeweils im Beharrungszustand sein. Untersucht wird ferner das Kesselverhalten beim Anfahren, bei Manövern usw.

Der *Beharrungszustand* ist nach dem Anfahren bei Wasserrohrkesseln meistens in 6 h, bei Großwasserraumkesseln in 15 ... 24 h erreicht. Der Übergang auf andere Laststufen bis zum Erreichen des neuen Beharrungszustandes dauer 1/2 ... 1 h.

Versuchsdauer möglichst länger als 6 h; je länger der Versuch, desto genauer kann das Ergebnis sein. Rußblasen oder Abschlammen i.a. nicht während des Versuchs, sondern kurz vor Beginn; dann wird aber nur der Nachweis der wärmetechnischen Rechnung erbracht; die Ermittlung des *Dauerwirkungsgrades* benötigt eine Meßdauer von $\geq$ 24 h.

Ein *Vorversuch* von rd. 1 h ist zweckmäßig zur Feststellung, ob Beharrung erreicht ist, die Meßinstrumente richtig arbeiten und das Meßpersonal so eingespielt ist, daß alle Werte erfaßt werden können.

18.19.2 Messungen

Regeln

Aufgestellt wurden z.B.:

VDI-Dampferzeugerregeln, Abnahmeversuche an Dampferzeugern (DIN 1942).

VDI-Durchflußmeßregeln, Regeln für die Durchflußmessung mit genormten Düsen, Blenden und Venturidüsen (DIN 1952).

VDI-Temperaturmeßregeln, Temperaturmessungen bei Abnahmeversuchen und in der Betriebsüberwachung (DIN 1953).

Diese Regeln sind an Bord wegen räumlicher Beschränkung, Schiffsbewegungen usw. aber nur bedingt anwendbar. Wegen möglicher Ungenauigkeiten der Meßwerte sind Messungen nach verschiedenen Methoden (*Kontrollmessungen*) zweckmäßig. Während eines Versuchs werden aus den wichtigsten Meßwerten laufend Zwischenergebnisse errechnet, um eine Übersicht über die Wahrscheinlichkeit der Meßwerte und den jeweiligen Kesselzustand zu erhalten; wenn Meßwerte und Zwischenergebnisse laufend graphisch aufgetragen werden, sind Änderungen leicht zu erkennen.

Die *Gleichzeitigkeit der Ablesungen* ist sicherzustellen, z.B. durch akustische oder optische Signale, Meßstreifen erhalten Uhrzeit, Meßbeginn und Zeitmarken.

Dampf
Gemessen werden:
Mengen des Haupt- und Hilfsdampfes, getrennt, z.B. Heißdampf für die Hauptmaschine, gekühlter Dampf für die Hilfsmaschinen. Gegebenenfalls die Zwischendampfmenge am Austritt des Zwischenüberhitzers; sie werden laufend mit Schreibgerät oder in Abständen von 5 min durchgeführt. Kontrolle der Gesamtdampfmenge mit eingespeister Wassermenge der Hauptdampfmenge u.U. mit den Dampfdrücken und Düsenquerschnitten der Turbine.
Druck in der Trommel und am Überhitzeraustritt, ggf. auch am Zwischenüberhitzer. Verwendet werden Kontroll- oder Betriebsmanometer, Meßabstand 15 ... 20 min, wenn die Mengenmessung nicht häufigere Ablesungen erfordert.
Temperatur des Frischdampfes am Überhitzeraustritt, ggf. vor und hinter dem Heißdampfkühler, ggf. die Temperatur des Zwischendampfes vor und hinter dem Zwischenüberhitzer. Verwendet werden geeichte Thermoelemente oder Quecksilberthermometer. Meßabstand wie bei Druckmessungen.
Dampffeuchtigkeit für übliche Abnahmeversuche nur selten durchgeführt; Messung mit Drosselkalorimeter.

Wasser
Gemessen werden:
Menge des eingespeisten Speisewassers als Kontrolle oder als Ersatz für direkte Dampfmengenmessung. Gemessen wird mit Düsen, Blenden oder geeichten Umlaufzählern. Der *Wasserstand* im Kessel ist zu berücksichtigen. Meßabstand bei Düsen- bzw. Blendenmessungen möglichst kurz, $\approx$ 5 min, bei Umlaufzählern $\approx$ 20 ... 30 min.
Temperatur am Eintritt in den Kessel; oft auch hinter dem Economiser, Geräte wie bei der Dampftemperaturmessung, Meßabstand 15 ... 20 min.
Druck am Kesseleintritt, außerdem evtl. Drücke zur Bestimmung des Durchflußwiderstandes im Economiser oder bei Zwanglaufkesseln mit Kontroll- oder Betriebsmanometern, Meßabstand 15 ... 20 min.

Brennstoff
Es müssen bekannt sein bzw. gemessen werden:
Heizwert und Zusammensetzung: Zweckmäßig Kenntnis des unteren und des oberen Heizwertes. Die Zusammensetzung ist wichtig, wenn aus der Rauchgasanalyse genaue Rückschlüsse auf die Verbrennungsgüte gezogen werden sollen. Häufig wird aber auf die Zusammensetzung verzichtet; aus Heizwert und Herkunft wird der zur Beurteilung der Verbrennungsgüte notwendige CO_{2max}-Gehalt geschätzt. Zur Bestimmung des Heizwertes und der Zusammensetzung während des Versuchs werden Brennstoffproben genommen, die im Labor untersucht werden. Die Probenahme für flüssige Brennstoffe ist einfach, für Kohle ist die Probenahme, die der mittleren Zusammensetzung der verfeuerten Kohle entsprechen soll, schwierig, ganz besonders bei Bunkerkohle mit großen Stücken, Grus usw.
Brennstoffmenge: Die Heizölmenge wird mit *Umlaufzählern* oder durch *Tankpeilung* ermittelt. Zähler sind i.a. in der Vorlauf- und der Rücklaufleitung der Ölbrenner vorgesehen; die Differenz beider Messungen ergibt die verfeuerte Menge.
Bei Tankpeilungen sind Schräglagen und Schiffsbewegungen zu berücksichtigen; die Oberfläche des vorher ausgeliterten Tanks soll daher möglichst klein sein. Zweckmäßig ist eine Mittelwertbildung aus drei unmittelbar aufeinander folgenden Peilungen. Abstand: 20 ... 30 min.
Die Messung der Kohlenmenge ist umständlicher; heute kommt eine reine Kohlefeuerung nur für sehr kleine Dampfleistungen vor; Messung der Kohlemenge dann in Körben auf der Dezimalwaage.
Heizöltemperatur hinter dem Ölvorwärmer und vor den einzelnen Brennern; wichtig zur Bestimmung der Dichte für Mengenmessungen mit Zähler und Tankpeilung; bei der Tankpeilung ist zu beachten, daß die Temperatur des Tankinhalts u.U. durch das über die Rücklaufleitung zurückfließende Öl im Laufe des Versuchs ansteigt. Bei sehr genauen Kesselversuchen ist die freie Wärme des Heizöls bei der dem Kessel zugeführten Energie zu berücksichtigen. Gemessen wird mit Quecksilberthermometern; Meßabstand wie bei Mengenmessung.
Heizöldruck vor und hinter dem Vorwärmer und vor den einzelnen Brennern mit Betriebsmanometern. Er wird für die Auswertung des Kesselversuchs nicht unbedingt benötigt; ist aber erwünscht, da Rückschlüsse z.B. auf die durchgesetzte Heizölmenge (Kontrolle) möglich sind. Meßabstand wie bei Mengenmessung.

Rauchgase
Gemessen werden:
Temperaturen an mehreren Stellen, vom Feuerraum bis zum Kesselaustritt. Die Feuerraumtemperaturen werden gelegentlich mit *Strahlungspyrometern* oder *Seegerkegeln* ermittelt; u.U. werden Thermoelemente mit Gasabsaugung angewendet. Eine einwandfreie Messung ist schwierig, i.a. wird auf sie verzichtet. Sie ist notwendig, wenn die an die Strahlungsheizfläche übergehende Energie ermittelt werden soll.
Gastemperaturen im Bereich der Berührungsheizflächen werden mit Thermoelementen, gelegentlich mit Quecksilberstabthermometern gemessen. Beson-

ders wichtig ist die *Abgastemperatur* für die Berechnung des Abgasverlustes V_a (s. Abschnitt 18.6). Für genaue Messungen wird das Gas an mehreren Stellen des Querschnitts gemessen, um einen Mittelwert zu erhalten. Heizflächentemperaturen können die Anzeige in der Nähe angeordneter Meßinstrumente stark beeinflussen; Abhilfe durch das Abdecken der Heizfläche oder Verwendung von Thermoelementen mit *Gasabsaugung*. Meßabstand: 20 ... 30 min.

Gaszusammensetzung mit dem Orsatapparat, vor allem CO_2, oft auch O_2- und CO-Gehalt. Messung an verschiedenen Stellen ab Feuerraum, auf jeden Fall am Kesselaustritt; Abfall des CO_2-Gehalts vom Feuerraum zum Kesselaustritt bedeutet einen *Falschlufteinbruch*, bei blechummantelten Schiffskesseln selten. Meßabstand: 20 ... 30 min.

Färbung der *Rauchgase* oft nur durch einfache Beobachtung der Schornsteinabgase oder auch durch optische Rauchgasprüfer; gelegentlich Vergleich mit einer Farbskala oder auch lichtelektrische Messung.

Gasdruck mit wassergefüllten U-Rohren zur Ermittlung der Strömungswiderstände verschiedener Kesselteile. Meßabstand: Wie bei Temperaturmessungen.

Taupunkt, nur gelegentlich mit besonderen Geräten bei niedrigen Abgastemperaturen (< 150 °C).

Luft

Gemessen werden:
Temperaturen mit Quecksilberthermometern.
Meßstellen: Außenluft, Ein- und Austritt Luftvorwärmer, ferner unmittelbar vor den Brennern. In der Nähe anderer Quecksilberthermometer (z.B. Dampftemperatur) zur Fadenkorrektur. Meßabstand: 20 ... 30 min.

Drücke mit wassergefüllten U-Rohren, um Strömungswiderstände, z.B. im Luvo, in der Kesselummantelung oder im Ölfeuerungsgeschränk festzustellen. Meßabstand: 20 ... 30 min.

Herdrückstände bei Kohlefeuerungen

Sie werden gewogen und aus entnommenen Proben im Labor der Gehalt an brennbaren Bestandteilen (durchweg Koks mit H_u = 32000 kJ/kg ≈ 7650 kcal/kg) festgestellt, um daraus den Feuerungsverlust V_F (s. Abschnitt 18.6) zu bestimmen. Die Probenahme ist schwierig.

Verschiedene Messungen und Aufzeichnungen

Zweckmäßig sind:
a) Anzahl und Eigenbedarf der in Betrieb befindlichen Kesselhilfsmaschinen und Apparate; während des Versuchs möglichst keine Änderungen.
b) Drehzahl Hauptmaschine.
c) Tiefgang des Schiffes vorn und achtern, Seitentrimmlage jeweils am Anfang und Ende des Versuches.
d) Windstärke und Richtung, Kurs des Schiffes.
e) Seegang und Schiffsbewegungen.
f) Besondere Vorkommnisse, z.B. Rußblasen, kleinere Störungen usw.

Diese Messungen bzw. Aufzeichnungen sind evtl. wichtig zur Erklärung von Änderungen im Zustand des Kessels oder der Ablesungen während des Versuchs.

18.19.3 Auswertung

Verdampfungsziffer D_h/B_h
Berechnung aus den gemessenen Dampf- bzw. Wassermengen und den Brennstoffmengen; Gl (19).

Kesselwirkungsgrad
Ermittlung mit Gl. (18) bzw. Gl. (20);
V_A nach Gl. (21) bzw. Gl. (22)
V_R nach Bild 18.14

Beispiel:

Abgastemperatur	170 °C gemessen
Außenlufttemperatur	20 °C gemessen
CO_2-Gehalt	15,5 % gemessen

$$V_A = 0,62 \frac{170-20}{15,5} \% = 6 \%$$

Feuerungsverlust	V_F = 0 geschätzt
Restverlust	V_F = 2 % geschätzt
Demnach	
η_K = 100 − (2 + 0 + 6) % = 92 %	

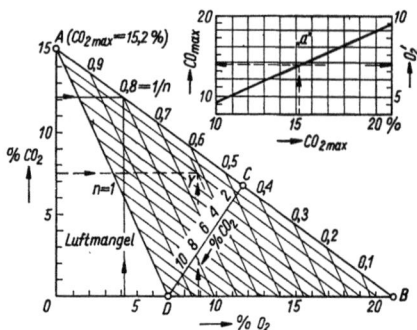

Bild 18.56 *Ostwald*sches Verbrennungsdreieck (leichtes Heizöl, CO_{2max} = 15,2 %), Hilfsdiagramm „a" zur Bestimmung der Sauerstoffüberschußmenge und des maximalen CO-Gehaltes.

OD = O_2 = 6,9 % (Hilfsdiagramm „a")
CD = CO_{max} = 13,8 % (Hilfsdiagramm „a")
OAD − Luftmangel
DAB − unvollkommene Verbrennung

1. Beispiel:
CO_2 = 12,2 % (gemessen)
O_2 = 4,2 % (gemessen)
Der Schnittpunkt liegt auf der Geraden AG, d.h. CO = 0
Luftüberschußzahl n = 1,25

2. Beispiel:
CO_2 = 7,5 % (gemessen)
O_2 = 8,9 % (gemessen)
Der Schnittpunkt liegt links von der Geraden AB, d.h.
CO = 1,9 %
Luftüberschußzahl n = 1,6;
unvollkommene Verbrennung infolge mangelhafter Mischung der Luft mit den brennbaren Gasen

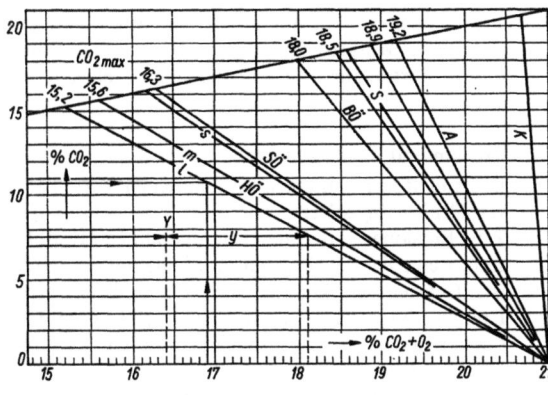

Bild 18.57
Bunte-Dreieck der Verbrennung (Ausschnitt)
K = Koks ($CO_{2\,max}$ = 20,7 %)
A = Antrazi   HÖ = Heizöl
S = Steinkohlen   s = schwer
BÖ = Braunkohlenteeröl   m = mittel
SÖ = Steinkohlenteeröl   l = leicht

1. Beispiel:
Unvollkommene Verbrennung (HÖ)
$CO_2 + O_2$ = 16,9 % (gemessen)
CO_2 = 10,7 % (gemessen)

2. Beispiel:
Unvollkommene Verbrennung
$CO_2 + O_2$ = 16,4 % (gemessen)
CO_2 = 7,5 % (gemessen)
y = 1,7
CO = 1,6 · y = 1,6 · 1,7 = 2,7 %

Güte der Verbrennung

Bei vollkommener Verbrennung kann der Luftüberschuß angenähert nach Gl. (13) berechnet werden. Bei unvollständiger Verbrennung ist dieses Verfahren nicht anwendbar, da dann außer CO_2 auch CO auftritt. CO muß gemessen oder mit Hilfe des *Verbrennungsdreiecks nach Ostwald* (Bild 18.56) oder nach *Bunte* (Bild 18.57) bestimmt werden.

18.20 Kesselschäden

Kessel waren ursprünglich sehr störanfällig – heute sind Kesselschäden aber selten geworden. Es sind zu unterscheiden Schäden am Kesselkörper, dem Luftvorwärmer, der Feuerung und der Mauerung; zu hohe Werkstofftemperaturen, Wärmespannungen, Korrosion, Erosion, Kavitation, Alterung des Werkstoffes, Herstellungsfehler kommen gelegentlich vor (Näheres siehe Hauptabschnitt 26).

18.20.1 Kesselkörper

Schäden an Heizflächen, Flaschen usw. können meistens zurückgeführt werden auf:
a) Zu hohe Werkstofftemperaturen
b) Wärmespannungen
c) Korrosionsvorgänge
d) Erosion und Kavitation
e) Herstellungsfehler
f) Alterung des Werkstoffs

Oft kommen mehrere Ursachen zusammen oder die eine Ursache hat eine andere zur Folge.

Zu hohe Werkstofftemperatur

Ein Schaden tritt auf, wenn der den heißen Rauchgasen ausgesetzte Werkstoff nicht ausreichend gekühlt wird und seine Festigkeit infolgedessen sinkt oder er sogar verzundert. Durch Werkstoffüberhitzung hervorgerufene Rohrschäden sind meistens am *blasenförmigen Ausbeulen* einzelner Stellen mit kleinen Längsrissen oder auch völligem Aufklaffen einer Beule zu erkennen; die Enden der aufklaffenden Beulen sind infolge der vorhergehenden Verformung des Werkstoffs durchweg scharf ausgezogen. Es kommt aber auch zerfetztes Aussehen oder Zunderbildung vor.

Ursachen für ungenügende Kühlung:

Kesselstein oder *Salzablagerung* auf der Heizfläche; sie ist nach einem Rohrbruch oft nicht mehr feststellbar, da sie durch das dann ausströmende Dampf-Wassergemisch weggespült oder gelöst wurde. Gefährdet sind vor allem Überhitzerrohre durch Salzablagerung; Verdampferrohre bei falscher Speisewasserpflege.

Störungen im Wasserumlauf, z.B. beim Anfahren. Bei zu schnellem Hochfahren wird der Heizfläche eine sehr große Wärmemenge angeboten; der Wasserumlauf ist aber noch träge, da zunächst wenig Dampf mit niedrigem Druck erzeugt wird. Der Rohrwerkstoff wird also nicht ausreichend gekühlt; ein Schaden macht sich aber meistens erst nach Erreichen des vollen Kesseldrucks bemerkbar. Auch sehr schnelle Laständerungen während des Betriebes können Wasserumlaufstörungen hervorrufen, ebenso können sie bei schlechter, einseitiger Feuerführung auftreten.

Wassermangel, d.h. Folge eines groben Bedienungsfehlers.

Verstopfung einzelner Rohre durch Fremdkörper, z.B. durch Schlamm, nicht gesicherte Muttern usw. Verstopfungen treten dann besonders leicht auf, wenn der Rohrquerschnitt ohnehin durch eine Drosselscheibe oder einen Schweißbart verengt ist.

Wärmespannungen

Durch Wärmespannungen hervorgerufene Schäden treten oft in Verbindung mit *Temperaturwechselbeanspruchungen* auf; ihr Entstehen wird durch *Kerbwirkung* als Folge einer Korrosion der Werkstoffoberfläche erleichtert. Z.B. Querrisse in Wasserrohren, die auf der dem Feuer zugekehrten Seite innen verschmutzt und dort also schlechter gekühlt sind, als auf der dem Feuer abgekehrten Seite. Bei Laständerungen wird die dem Feuer zugekehrte Seite infolge der bei höheren Temperaturen niedrigeren Festigkeitswerte abwechselnd *gestaucht* (beim Erwärmen) und *gedehnt* (beim Abkühlen); es entstehen dann auf der dem Feuer zugekehrten Seite Querrisse.

Korrosion

Korrosionen, sowohl auf der *Arbeitsmittel-* als auch auf der *Rauchgasseite*, können während des Betriebes aber auch während der Stillstandszeiten entstehen. Oft leiten *Stillstandskorrosionen* (z.B. infolge mangelhafter Kesselkonservierung) *Betriebskorrosionen* ein.

Die Ursachen der in vielen Erscheinungsformen auftretenden Korrosionen (s. Begriffsbestimmungen über Korrosionen in DIN 50900) liegen entweder in direkten chemischen oder in elektrochemischen Vorgängen. Die Anwesenheit von Sauerstoff spielt stets eine stark korrosionsfördernde Rolle; auch höhere Drücke und Temperaturen beschleunigen i.a. Korrosionsvorgänge.

Arbeitsmittelseitige Schäden

Gleichmäßige Abtragung der Werkstoffoberfläche. Der Werkstoff wird auf größeren Flächen mehr oder weniger gleichmäßig abgetragen. Verhältnismäßig selten (nur bei saurem Kesselwasser), am wenigsten gefährlich.

Lochkorrosion erklärt sich aus örtlicher Bildung elektrischer Elemente. Der Werkstoff wird auf sehr eng begrenztem Gebiet angegriffen; es entstehen – vor allem bei Anwesenheit von Sauerstoff – tiefe lochartige Anfressungen, die in kurzer Zeit zu einem völligen Durchbruch führen können.

Ein elektrisches Element entsteht z.B. bei Unterschieden in der Metalloberfläche (z.B. Rost und Stahl) und Anwesenheit eines Elektrolyten (Kesselwasser).

Korrosionsdauerbruch. Es entsteht zunächst eine kleine örtliche Korrosion, die bei einer Wechselbeanspruchung infolge Kerbwirkung schnell zu einem Riß (meistens transkristallin, aber auch interkristallin) führt.

Spannungsrißkorrosion. Sie kann nach vorhergegangener Kaltverformung des Werkstoffs (beim Bearbeiten) in Verbindung mit hoher Salzanreicherung des Kesselwassers entstehen; hohe Salzanreicherung kann z.B. in Hohlräumen undichter Nietnähte durch Eindringen und Ausdampfen von Kesselwasser auftreten (*Laugenbrüchigkeit*).

Rauchgasseitige Schäden

Hochtemperaturkorrosion „catastrophic oxydation" bei Anwesenheit von V_2O_5 s. Abschnitt 18.5.3.

Tieftemperaturkorrosion durch Taupunktunterschreitung s. Abschnitt 18.5.3.

Verzunderung. Sie kann auf der Gasseite durch ungenügende Werkstoffkühlung, auf der Dampfseite durch Zersetzung von Wasserdampf gelegentlich auftreten.

Erosion und Kavitation

Es handelt sich um einen mechanischen Verschleiß; verhältnismäßig selten.
Z.B. Erosionen durch den Dampfstrahl von Rußbläsern, wenn viel Feuchtigkeit im Blasdampf enthalten ist. Gelegentlich kommt auch ein Anblasen von Rohren durch einen Dampfstrahl sehr hoher Geschwindigkeit vor, der aus einer porösen Schweißstelle austritt und benachbarte Rohre „durchsägt". Bei *äußerlicher* Betrachtung einer Schadensstelle kann meistens nicht ohne weiteres auf die Ursache geschlossen werden, z.B. können Erosions- und Korrosionserscheinungen ganz ähnlich aussehen. Bei der Erosion ist die Werkstoffoberfläche durchweg frei von Ablagerungen, was bei einer Korrosion allerdings auch der Fall sein kann, wenn die Korrosionsprodukte weggespült oder gelöst werden. Ein erosiver Verschleiß ist gelegentlich an Strömungsbildern zu erkennen.

Herstellungsfehler

Sie können unmittelbar zu Schäden führen, aber auch mittelbar Schäden verursachen.
Ziehriefen in Rohren kommen vor; die Ränder eines Rohrreißers sind stumpf und nicht ausgezogen wie bei einem überhitzten Werkstoff.
Beim Einwalzen von Rohren können Fehler gemacht werden. *Überwalzen* der Rohre muß vermieden werden.

Alterung

Schäden durch Alterung des Werkstoffes kommen sehr selten vor; es müssen alerungsbeständige IZ-Stähle verwendet werden.

18.20.2 Luftvorwärmer

Durchweg treten die Schäden rauchgasseitig auf, z.B. Korrosion durch Taupunktunterschreitung (s. Abschnitt 18.5.3), die bei ungenügender gasseitiger Reinigung gefördert wird; Rußblasen daher besonders wichtig.
Stillstandskorrosionen können auch durch Regenwasser auftreten (Regenschutzkappe im Schornstein u.U. erforderlich).
Rußbrand kann in kurzer Zeit einen Luvo völlig zerstören.

18.20.3 Feuerungen

Schäden an Ölfeuerungen sind selten. Zu Beschädigungen des Kessels und des Mauerwerks kann es jedoch kommen, wenn die Flamme infolge zu hoher Luftgeschwindigkeit abreißt und sich nicht am

Brenner sondern erst weiter hinten im Feuerraum entwickelt; das dann auftretende „*Flattern*" der Flamme kann schwere Erschütterungen und damit Kesselschäden zur Folge haben. Kommt es zum „*Flattern*", dann muß die Flamme durch vorübergehendes Drosseln der Luftzufuhr (z. B. teilweise Schließen der Geschränkklappen) wieder „*herangeholt*" werden.

Explosionsgefahr besteht bei Ölfeuerungen, wenn vor dem Zünden des ersten Brenners der Feuerraum nicht genügend durchlüftet wird.

18.20.4 Mauerwerk

Schäden am Mauerwerk verursachen u. U. hohe Reparaturkosten; folgende Schäden treten auf:
a) Abblättern der Oberfläche
b) Bruch und tiefgehende Risse
c) Erweichen
d) Bleibende Formänderung

Abblättern der Oberfläche

Die Ursache liegt in Wärmespannungen innerhalb des Mauerwerks; Temperaturänderungen bei zu schnellem Hochfahren und Manövern fördern das Abblättern.

Heizölaschen, die in die Oberfläche des Mauerwerks eindringen und dort Veränderungen hervorrufen, fördern ebenfalls das Abblättern; glasartige Oberflächen verhindern zwar das Eindringen der Asche, sie sind jedoch gegen Temperaturänderungen besonders empfindlich.

Ein Benetzen des Mauerwerks mit Wasser beim Waschen der Kesselheizfläche ist stets schädlich, da dann auch Heizölasche in das Mauerwerk eindringt.

Bruch und tiefgehende Risse

sind oft die Folge von Konstruktionsfehlern. Absätze, Ecken, Materialanhäufungen oder dicke Steine vermeiden. Befestigungsbolzen aus nicht warmfestem Werkstoff sind ungünstig, da auftretendes Eisenoxid chemische Umwandlungen des Mauerwerks hervorruft und Rißbildung einleitet.

Erweichen und Fließen

des Mauerwerks unter Einfluß zu hoher Temperaturen kommt vor, wenn nicht temperaturbeständiges Mauerwerk gewählt wurde. Einige Heizölaschen können mit dem Mauerwerk auch Eutektika bilden, deren Schmelzpunkte u. U. sehr niedrig (um 700 °C) liegen. Ein Abschmelzen (Abzehren) der Oberfläche ist dann die Folge.

Bleibende Formänderung

Schrumpfung eines porösen Mauerwerks kann auftreten, wenn es bei der Herstellung nicht ausreichend gebrannt wurde. Herausfallen von Mörtel ist die Folge, d. h., auch erhöhte Empfindlichkeit gegen Schlackenangriff – Rißbildung, Abblättern der Oberfläche setzt ein.

18.21 Werkstoffe

Für die Werkstoffe der Schiffsdampfkessel gibt es Normen und Vorschriften in den Technischen Regeln für Dampfkessel (*TRD*) sowie der Klassifikationsgesellschaften. Sie beziehen sich auf Anwendungsbereiche, zulässige Temperaturen und anzuwendende Festigkeitskennwerte, Abnahmeprüfungen usw..
(Näheres s. Hauptabschnitte 02 und 07.)

18.22 Schrifttum

[18.1] *Babcock*-Handbuch „Dampf", Ausgabe 1965.
[18.2] *Babcock*-Handbuch „Wasser", Ausgabe 1962.
[18.3] *Germanischer Lloyd*: Vorschriften für Klassifikation und Bau der Maschinenanlagen von Seeschiffen 1980. Selbstverlag der Germanischen Lloyd. Hamburg 1966.
[18.4] *Greinert, W.*: Dampfkesselbestimmungen. Deutscher Fachschriften-Verlag, Braun & Co OHG, Düsseldorf/Mainz/Wiesbaden 1967.
[18.5] *Grundmann K. H.* u. *W. Schröder*: Speisewasseraufbereitung leicht gemacht. 5. Aufl. Verlag Betriebsökonom, Verden/Aller 1963.
[18.6] *Illies, K.*: Schiffskessel, Bd. I, II, III. Verlag Friedrich Vieweg & Sohn GmbH, Braunschweig 1959/1960/1962.

Hauptabschnitt 19

Rohrleitungen und Armaturen, Wärmeaustauscher und Apparate

Prof. Dipl.-Ing. *G. Mau*, Flensburg

19.1 Formelzeichen und Einheiten

A	Kühl- bzw. Heizfläche	m^2
A_R	lichter Rohrquerschnitt	m^2
B	Schiffsbreite (s. Hauptabschnitt 11)	m
b	Bogen- bzw. Krümmerverstärkung	mm
c_p	Spezifische Wärme	$\frac{kJ}{kg \cdot °C}$
c	Abnutzungszuschlag für Rohre	mm
d_R	Rohrinnendurchmesser	mm, m
d_a	Rohraußendurchmesser	mm
d_{is}	Rohrisolationsdurchmesser	mm
E	Elastizitätsmodul	N/mm^2
F	Einspannkraft	N
H	Seitenhöhe (s. Hauptabschnitt 11)	m
h	Geodätische Höhe	m
k	Wärmedurchgangszahl für Flächen	$\frac{J}{m^2 \cdot s \cdot °C} = \frac{W}{m^2 \cdot °C}$
	oder auch	$\frac{kJ}{m^2 \cdot h \cdot °C}$
k_R	Wärmedurchgangszahl für lfd. m Rohr	$\frac{J}{m \cdot s \cdot °C} = \frac{W}{m \cdot °C}$
	oder auch	$\frac{kJ}{m \cdot h \cdot °C}$
α	Wärmeübergangszahl	$\frac{J}{m^2 \cdot s \cdot °C} = \frac{W}{m^2 \cdot °C}$
α_l	Längenausdehnungsbeiwert	$\frac{m}{m \cdot °C}$
λ	Wärmeleitzahl	$\frac{J}{m \cdot s \cdot °C} = \frac{W}{m \cdot °C}$
λ_{is}	Wärmeleitzahl für Isolierwerkstoff	$\frac{J}{m \cdot s \cdot °C} = \frac{W}{m \cdot °C}$
λ_R	Widerstandsbeiwert für Rohrleitungen	–
l	Rohrlänge	m
Q	Wärmestrom	J/s = W
R_n	Reynoldszahl	–
R, r	Trenntrommelradien	m
s	Mindestwanddicke für Rohr	mm
s_0	rechnerische Wanddicke	mm
σ_{zul}	zulässige Beanspruchung	N/mm^2
$\sigma_{B, 20°}$	Zugfestigkeit bei Raumtemperatur	N/mm^2
$\sigma_{s, t}$	Streckgrenze der 0,2 %-Dehngrenze bei Berechnungstemperatur	N/mm^2
A, B	Beiwerte zur Ermittlung von σ_{zul}	–
t	Toleranzzuschlag für Rohre	mm
a	Wanddickenunterschreitung	%
v	Schweißnahtwertigkeit	–
PR, p_c	Berechnungsdruck für Rohre	bar
v	Durchströmgeschwindigkeit	m/s
V_s	Volumenstrom	m^3/s
t	Auslegungstemperatur für Rohre	°C
DN	Nennweite von Rohren	mm
PN	Nenndruck von Rohren	bar
PB	Betriebsdruck von Rohren	bar
$p_{l\,zul}$	zulässiger Betriebsdruck	bar
PP, p_p	Prüfdruck	bar

einige weitere Formelzeichen sind im Text erläutert.

19.2 Normen

Rohre

DIN 2 401 Rohrleitungen – Druckstufen; Druck- und Temperaturangaben
DIN 2 402 Rohrleitungen – Nennweitenstufung
DIN 86 001 Schiffsrohrleitungen – Drücke, Nennweiten, Durchmesser
DIN 86 007 Nahtlos gezogene Kupferrohre
DIN 86 008 Stahlrohre, Auswahl für Schiffsrohrleitungen
DIN 2 410 Rohre, Übersicht über Normen für Stahlrohre
DIN 2 391 Präzisionsstahlrohre
DIN 2 440/1 Gewindestahlrohre
DIN 2 448 Nahtlose Stahlrohre
DIN 2 458 Geschweißte Stahlrohre
DIN 2 462 Nahtlose Rohre aus nichtrostenden Stählen
DIN 2 464 Präzisionsrohre aus nichtrostenden Stählen
DIN 28 614 Gußeiserne Rohre
DIN 1 755 Rohre aus Kupferknetlegierungen

DIN 86 018 Geschweißte Rohre aus Kupferknetlegierungen
DIN 17 175 Rohrmaterial für Stahlrohre, warmfest
DIN 1 629   Technische Lieferbedingungen für Rohre aus St ohne Gütevorschrift
DIN 1 628   Technische Lieferbedingungen für geschweißte Rohre
DIN 2 420   Technische Lieferbedingungen für gußeiserne Rohre
DIN 1 754   Technische Lieferbedingungen für nahtlose Kupferrohre

Rohrverschraubungen und Fittings

DIN 86 100 Rohrverschraubungen, Fittings und Verschlußschrauben; Übersicht für den Schiffbau
DIN 86 102 Einschraubzapfen, Einschraublöcher für Rohrverschraubungen, Armaturen, Verschlußschrauben mit Whitworth-Rohrgewinde; Konstruktionsblatt für den Schiffbau
DIN 86 103 Abzweigstutzen für Einschraubzapfen mit Whitworth-Rohrgewinde
DIN 86 017 Rohrleitungen; Biegehalbmesser

Rohrverschraubungen mit Kegelbuchse 25°

DIN 86 140 Bl. 1 Rohrverschraubungen mit Kegelbuchse 25°, für Hartlötung; Bauart für Kupferrohre, PN 40 bis 225 °C
            Bl. 2 –, für Schweißung; Bauart für Stahlrohre, PN 40 bis 300 °C
DIN 86 141 Rohrverschraubungen mit Kegelbuchse 25° für Hartlötung und Schweißung; Löt- und Schweißstutzen
DIN 86 142 –; Einschraubstutzen
DIN 86 143 – für Hartlötung; Anschraub-Schottstutzen
DIN 86 145 Rohrverschraubungen mit Kegelbuchse 25° für Schweißung; Einschweiß-Schottstutzen
DIN 86 147 Rohrverschraubungen mit Kegelbuchse 25° für Hartlötung und Schweißung; Überwurfmuttern, Whitworth-Rohrgewinde R 1/4″ bis R 2″
DIN 86 148 –; Kegelbuchsen, Bauart und Bohrungsform V
DIN 86 149 –; Anschlußzapfen für Kegelbuchsen und Überwurfmuttern, Konstruktionsblatt

Rohrverschraubungen mit Schneidring

DIN 2 353   Abl. 1 Lötlose Rohrverschraubungen mit Schneidring für Kupferrohre; Auswahl für den Schiffbau
            Abl. 2 – für Stahlrohre; Auswahl für den Schiffbau
DIN 3 910   Lötlose Rohrverschraubungen mit Schneidring; gerade Schottstutzen für Überwurfmuttern

Flansche

DIN 2 527   Blindflansche
DIN 86 021 Gußflansche aus Kupferlegierungen; PN 10 und 16, Konstruktionsblatt
DIN 86 030 Schweißflansch mit Ansatz PN 16
DIN 86 033 Lötflansche für Rohre aus Kupfer und Kupfer-Knetlegierungen, PN 10 und 16
DIN 86 036 Lose Flansche mit Lötbund für Rohre aus Kupfer und Kupfer-Knetlegierungen, Nenndruck 10 und 16
DIN 86 037 Lose Flansche mit Vorschweißbund für Rohre aus Kupfer-Knetlegierungen Nenndruck 10 und 16
DIN 86 041 Schweißflansche für Behälter und Außenbordanschlüsse, PN 10 und 16
DIN 86 042 Blindlochscheiben (Brillenflansche) Anschlußmaße nach PN 10 und 16
DIN 2 632...38 Vorschweißflansche

Formstücke

DIN 86 050 Formstücke für den Schiffbau, Nenndrücke bis 40, Übersicht
DIN 86 066 Stahlguß-Einschweißkrümmer für Rückschlagklappen, DN 50 bis 150, PN 10
DIN 1 681   Stahlguß in Normalgüte

Dichtungen

DIN 2 690   Flachdichtungen für Flansche mit ebener Dichtfläche, PN 1 bis 40
DIN 7 603   Dichtringe für Rohrverschraubungen

Armaturen und Zubehör

Allgemeines

DIN 86 005 Verschraubungsstopfbuchsen für Armaturen bis PN 100, Zusammenstellung, Grundringe, Stopfbuchsen, Überwurfmuttern

Ventile mit Schraubanschluß

DIN 86 500 Ventile und Schieber mit Gewindeanschluß; Übersicht für den Schiffbau
DIN 86 501 Kopfstück-Absperrventile aus Rotguß mit lötlosen Rohrverschraubungen mit Schneidring, DN 6 bis 25, PN 40, bis 225 °C
DIN 86 502 Kopfstück-Rückschlagventile, absperrbar, aus Rotguß, mit lötlosen Rohrverschraubungen mit Schneidring, DN 6 bis 25, PN 40, bis 225 °C
DIN 86 505 Ventilgehäuse in Eckform für Absperr- und Rückschlagventile aus Rotguß mit lötlosen Rohrverschraubungen mit Schneidring
DIN 86 511 Kopfstück-Absperrventile aus Rotguß mit Rohrverschraubungen mit Kegelbuchse 25°, DN 6 bis 25, PN 40, bis 225 °C
DIN 86 512 Kopfstück-Rückschlagventile, absperrbar, aus Rotguß mit Rohrverschraubungen mit Kegelbuchse 25° DN 6 bis 25, PN 40, bis 225 °C
DIN 86 514 Ventilgehäuse in Durchgangsform für Absperr- und Rückschlagventile aus Rotguß mit Rohrverschraubungen, mit Kegelbuchse 25°
DIN 86 515 Ventilgehäuse in Eckform für Absperr- und Rückschlagventile aus Rotguß mit Rohrverschraubungen mit Kegelbuchse 25°
DIN 86 552 –, mit lötlosen Rohrverschraubungen mit Schneidring, DN 6 bis 25, PN 100, bis 300 °C
DIN 87 901 Luftventile für Pumpen (Schnüffelventile), Größe R 3/8″ bis R 3/4″, PN 16, bis 100 °C

Ventile mit Flanschen

DIN 86 251 Absperrventile aus Gußeisen
DIN 86 252 Rückschlagventile, absperrbar aus Gußeisen
DIN 86 253 Rückschlagventile, nicht absperrbar aus Gußeisen
DIN 86 260 Absperrventile aus Rotguß
DIN 86 261 Rückschlagventile, absperrbar, aus Rotguß
DIN 86 262 Rückschlagventile, nicht absperrbar, aus Rotguß

Hähne mit Schraubanschluß

DIN 87 000 Hähne mit Gewindeanschluß. Übersicht für den Schiffbau
DIN 87 001 Auslaufhähne aus Rotguß, Nenngröße R 1/4″ bis R 1″, PN 10: bis 80 °C, PN 16: bis 40 °C
DIN 87 003 Verschließbare Auslaufhähne aus Rotguß, Nenngröße R 1/2″ bis R 1″, PN 6, bis 40 °C; Zusammenstellung mit Stückliste
DIN 87 005 Hähne ohne Stopfbuchse, aus Rotguß mit lötlosen Rohrverschraubungen mit Schneidring, DN 4 bis 25, PN 10: bis 80 °C, PN 16: bis 40 °C

DIN 87 010 Hähne ohne Stopfbuchse, aus Rotguß mit Rohrverschraubungen mit Kegelbuchse 25°, DN 4 bis 25, PN 10: bis 80 °C, PN 16: bis 40 °C
DIN 87 015 Hähne mit Stopfbuchse, aus Rotguß mit lötlosen Rohrverschraubungen mit Schneidring, DN 6 bis 25, PN 16: bis 80 °C, PN 25: bis 40 °C
DIN 87 020 Hähne mit Stopfbuchse, aus Rotguß mit Rohrverschraubungen mit Kegelbuchse 25°, DN 6 bis 25, PN 16: bis 80 °C, PN 25: bis 40 °C

Schieber
DIN 3 216 Keil-Flachschieber aus Grauguß mit Flanschen
DIN 3 225 Keil-Ovalschieber aus Grauguß mit Flanschen
DIN 3 228 Keil-Flachschieber aus Stahlguß mit Flanschen
DIN 86 720 Keil-Flachschieber aus Rotguß mit Kopfstück und Flanschen, PN 16, DN 20 bis 100

Klappen
DIN 87 101 Bl. 1 Rückschlagklappen, selbstschließend (Sturmklappen) DN 50 bis 150, PN 1, Flanschanschlußmaße nach PN 10; Zusammenstellung und Anschlußmaße
Bl. 2 –, –, –, –, –; Stückliste
DIN 87 107 –, –, Flachdichtungen für Deckel

Bedienteile und Fernantriebe
DIN 87 300 Bedienteile für Armaturen, Übersicht für den Schiffbau
DIN 87 340 Fernantriebe für Handbetätigung; Übersicht
DIN 87 341 –; Einbaurichtlinien
DIN 87 342 –; Einbaubeispiele

Schiffbauliche Rohrleitungen

Luft-, Füll- und Peilrohrverschlüsse
DIN 86 120 Peilrohrhähne
DIN 86 111 Fittings für Füllrohre, Luftrohre und Peilrohre; Decksverschraubungen mit Whitworth-Rohrgewinde zum Einschweißen
DIN 86 112 –; – zum Aufschrauben auf Stahldeck
DIN 86 113 –; – zum Aufschrauben auf Holzdeck
DIN 86 129 –; Verschlußschrauben, Flachdichtringe, für Decksverschraubungen mit Whitworth-Rohrgewinde

Ablaßverschraubungen (Leckschrauben)
DIN 87 721 Bl. 1 Ablaßverschraubungen (Leckschrauben); Zusammenstellung und Stückliste
Bl. 2 –, Verschlußschrauben, Einschweißplatten

Sprachrohranlagen
DIN 87 600 Sprachrohranlagen; Anwendung, Nenngrößen, Bauteile-Übersicht
DIN 87 601 –; Richtlinien für die Ausführung
DIN 87 602 –; Mundstücke

Sinnbilder
DIN 87 903 Brandschutzpläne für Schiffe; Sinnbilder
DIN 2 429 Sinnbilder für Rohrleitungen und Armaturen
DIN 2 403 Farbkennzeichnung für Rohrleitungen
DIN 5 Isometrische Darstellung von Rohrleitungen

Zubehör für Rohrleitungen
DIN 87 405 Trichter für Abläufe DN 10 bis 200

Wasser-Feuerlöschanlagen
DIN 86 200 Feuerlösch- und Deckwaschanlagen; Kupplungen, Armaturen, Schläuche, Zubehör, Übersicht für den Schiffbau
DIN 86 201 Verbindungsstutzen für Feuerlösch-Landanschluß
DIN 86 202 C-Druckkupplung aus Messing für die Verwendung auf Schiffen
DIN 86 203 B-Druckkupplung aus Messing für die Verwendung auf Schiffen
DIN 86 204 C-Festkupplung aus Messing für die Verwendung auf Schiffen
DIN 86 205 B-Festkupplung aus Messing für die Verwendung auf Schiffen
DIN 86 206 C-Blindkupplung aus Messing für die Verwendung auf Schiffen
DIN 86 207 B-Blindkupplung aus Messing für die Verwendung auf Schiffen
DIN 86 211 C- und B-Feuerlöschventile mit Flanschanschluß; DN 16

Kunststoffrohre und -formstücke
DIN 8 061 Technische Lieferbedingungen für nahtlose Rohre aus PVC hart
DIN 16 929 Richtlinien über die chemische Beständigkeit von Rohren aus PVC hart
DIN 8 062 Maße für Rohre aus PVC hart
DIN 8 073/5 Technische Lieferbedingungen für Rohre aus Polyäthylen
DIN 8 072/4 Maße für Rohre aus Polyäthylen
DIN 16 928 Richtlinien für die Verarbeitung von PVC-Rohren
DIN 16 933 Richtlinien für die Verarbeitung von Rohren aus Polyäthylen
DIN 8 601 Rohre aus PVC (hart) für Schiffe

19.3 Rohrleitungen und Armaturen

19.3.1 Einleitung

Rohrleitungen dienen der Fortführung gasförmiger und flüssiger Stoffe; sie stellen einen wesentlichen Teil der schiffstechnischen Anlagen dar. Jedes Rohrsystem besteht aus Rohrlängen mit Rohrverbindungen und Armaturen. Die Klassifikationsgesellschaften haben Vorschriften über Anordnung, Bemessung und Werkstoffwahl der für die Schiffssicherheit wichtigen Rohrleitungen erlassen; auf deutschen Schiffen müssen sie den Vorschriften des Germanischen Lloyd für Klassifikation und Bau der Maschinenanlagen [19.2], Abschnitt 11 und 12 entsprechen. Im übrigen gelten für Rohrleitungen und Armaturen die DIN-Normen, s. Abschnitt 19.2.

19.3.2 Theoretische Grundlagen

Rohrabmessungen werden bestimmt nach zeitlicher Durchströmmenge *(Betriebsmittelstrom)* und Durchflußwiderstand. Je kleiner die Strömungsgeschwindigkeit gewählt wird, um so niedriger wird der Durchflußwiderstand *(Druckverlust)*, um so größer wird aber auch der Rohrdurchmesser und damit der Preis pro lfd. m Rohr. Es muß folglich ein Kompromiß zwischen *Rohraufwand* und Druckverlust bzw. dem entsprechenden *Energieaufwand* der Pumpe geschlossen werden.

Berechnung der Rohrabmessungen

Grundlage einer Rohrberechnung ist die *Stetigkeitsgleichung* (s. Abschnitt 02.5):

$$V_s = A_R \cdot v \; \frac{m^3}{s} \qquad (1)$$

hierin ist

$$A_R = \frac{\pi}{4} \cdot d_R^2 \; m^2 \qquad (2)$$

somit

$$A_R = \frac{V_s}{v} \qquad (1.1)$$

und

$$d_R = \sqrt{\frac{V_s \cdot 4}{v \cdot \pi}} \; m \qquad (2.1)$$

Erfahrungswerte für v s. Abschnitt 19.4.1.

Stahlrohre für untergeordnete Zwecke werden nach DIN 2448 bemessen; hierin ist die Mindestwanddicke in Abhängigkeit vom Rohraußendurchmesser festgelegt (Tafel 19.1).

Rohre nach DIN 86 008 stimmen hinsichtlich ihrer Abmessungen mit denen nach DIN 2448 überein, unterliegen aber besonderen Abnahmebedingungen für den Schiffbau.

Tafel 19.1 Abmessungen von Stahlrohren für untergeordnete Zwecke

Äußerer Rohrdurchmesser d_a mm	Mindestwanddicke s mm
≤ 12	1,50
> 12...38	2,00
≥ 30...54	2,50
57	2,75
≥ 60...76	3,00
≥ 83...89	3,25
≥ 95...102	3,50
108	3,75
≥ 121...133	4,00
≥ 146...152	4,25
≥ 159...171	4,50
191	5,25
216	6,00
241	6,25
267	6,50
292	7,00
318	7,50
≥ 343...368	8,00

Rohrleitungssysteme für den Betrieb der Hauptantriebsanlage und der zugehörigen Hilfsmaschinen und Einrichtungen sowie für den Schiffsbetrieb sind, soweit sie durch Art und Anordnung die Sicherheit von Schiff und Ladung gefährden können, entsprechend den Bauvorschriften der Klassifikationsgesellschaften zu bemessen.

Rohrklassen nach Germ. Lloyd

Nach den Bauvorschriften des Germ. Lloyd [19.2] müssen die Werkstoffe für den vorgesehenen Verwendungszweck geeignet sein. Rohrleitungen sind in „*Rohrklassen*" nach Tafel 19.2 eingeteilt.

Stahlrohre, Armaturen und Fittinge

Rohre der Rohrklassen I und II müssen *nahtlos* oder nach einem *vom GL genehmigten Schweißverfahren* hergestellt sein. Im allgemeinen dürfen Rohre, Armaturen und Fittinge aus Kohlenstoff- und Kohlenstoff-Manganstahl nicht für Temperaturen über 400 °C verwendet werden. Sie können jedoch für höhere Temperaturen verwendet werden, wenn ihr metallurgisches Verhalten und ihre 100 000-h-Festigkeit mit den nationalen oder internationalen Vorschriften oder Normen übereinstimmen und wenn solche Werte vom Stahlhersteller garantiert werden. Andernfalls sind legierte Stähle nach den Werkstoffvorschriften des GL zu verwenden.

Rohre, Armaturen und Fittinge aus Kupfer und Kupferlegierungen

Rohre aus Kupfer und Kupferlegierungen müssen *nahtlos gezogen* bzw. nach einem vom GL zugelassenen Verfahren hergestellt sein. Kupferrohre der Rohrklassen I und II müssen nahtlos gezogen sein.

Im allgemeinen sollen Rohre, Armaturen und Fittinge aus Kupfer und Kupferlegierungen nicht für Medien verwendet werden, deren Betriebstemperatur oberhalb folgender Grenzen liegt:

Kupfer und Aluminiummessing	200 °C
Kupfer-Nickellegierungen	300 °C
Bronze für hohe Temperaturen	260 °C

Rohre, Armaturen und Fittinge aus ferritischem Gußeisen mit Kugelgraphit

Rohre, Armaturen und Fittinge aus ferritischem Gußeisen mit Kugelgraphit entsprechend den Werkstoffvorschriften können für Lenz-, Ballast- und Ladeleitungen innerhalb von Doppelboden- und Ladetanks oder für andere vom GL zugelassene Zwecke für Temperaturen bis 300 °C verwendet werden. Armaturen und Fittinge aus ferritischem Gußeisen mit Kugelgraphit können in Sonderfällen (Einsatzzwecke, die im Prinzip den Rohrklassen II und III entsprechen) für Temperaturen bis 350 °C mit besonderer Genehmigung des GL zugelassen werden. Ferritisches Gußeisen mit Kugelgraphit für Rohre, Armaturen und Fittinge an der Außenhaut des Schiffes muß den Werkstoffvorschriften des GL entsprechen.

Tafel 19.2 Einstufung von Rohrleitungen in „Rohrklassen"

Inhalt / Leitungsart	Berechnungsdruck PR (bar) Auslegungstemperatur t (°C)		
Toxische Medien Brennbare Medien, deren Betriebstemperatur über dem Flammpunkt liegt Brennbare Medien mit Flammpunkt unterhalb 60 °C Verflüssigte Gase Korrosive Medien	alle	[1])	–
Dampf, Wärmeträgeröl	$PR > 16$ oder $t > 300$	$PR \leqslant 16$ und $t \leqslant 300$	$PR \leqslant 7$ und $t \leqslant 170$
Luft, Gas Schmieröl, Hydrauliköl Kessel-Speisewasser, Kondensat Seewasser-Frischkühlwasser	$PR > 40$ oder $t > 300$	$PR \leqslant 40$ und $t \leqslant 300$	$PR \leqslant 16$ und $t \leqslant 200$
Flüssige Brennstoffe	$PR > 16$ oder $t > 150$	$PR \leqslant 16$ und $t \leqslant 150$	$PR \leqslant 7$ und $t \leqslant 60$
Ladeöl	–	–	alle
Leitungen mit offenem Ende (nicht absperrbar) wie Entwässerungen, Entlüftungen, Überlaufleitungen, Abblaseleitungen von Kesseln	–	–	alle
Rohrklasse	I	II	III

[1]) Eine Einstufung in Rohrklasse II ist möglich, wenn besondere Sicherheitseinrichtungen und bauliche Schutzmaßnahmen vorhanden sind.

Rohre, Armaturen und Fittinge aus Gußeisen mit Lamellengraphit (Grauguß)

Rohre, Armaturen und Fittinge aus Grauguß können für Rohrklasse III vom GL zugelassen werden. Rohrleitungen aus Grauguß können für Lade- und Ballastleitungen innerhalb von Ladetanks von Tankern verwendet werden. Für Ballastwasserleitungen, die durch Ladetanks zu Ballasttanks außerhalb des Ladungsbereichs führen, ist Grauguß nicht zugelassen.

Rohre, Armaturen und Fittinge aus Grauguß dürfen für Ladeleitungen auf dem Wetterdeck von Tankschiffen verwendet werden, die brennbare Flüssigkeiten mit einem Flammenpunkt unter 60 °C befördern. Für die Anschlüsse und Verteiler der Ladeschläuche sind zähe Werkstoffe zu verwenden. Dies gilt für die Anschlüsse der Übernahmeleitungen von Brennstoffen und Schmierölen sinngemäß. Nicht verwendet werden darf Grauguß in Ladeleitungen auf Chemikalientankschiffen.

Grauguß ist nicht zugelassen für Rohre, Armaturen und Fittinge für Medien, deren Temperatur über 220 °C liegen, und für Rohrleitungen, die Wasserschlägen, höheren Beanspruchungen oder Vibrationen unterliegen.

Grauguß darf nicht für Seeventile und Rohre an der Außenhaut des Schiffes und für Ventile am Kollisionsschott verwendet werden.

Ventile an Brennstofftanks unter statischem Druck dürfen nur dann aus Grauguß hergestellt sein, wenn die Ventile ausreichend gegen Beschädigungen geschützt sind.

Die Verwendung von Grauguß in anderen als den genannten Fällen bedarf der Zustimmung des GL.

Kunststoffrohre

Unter der Voraussetzung einer Gütesicherung können Rohre aus Polyvinylchlorid (PVC) verwendet werden.

Über die Verwendung von Rohren aus anderen Kunststoffen, z.B. Polyäthylen, Polypropylen, Polybuten, Polyamid sowie glasfaserverstärkten Rohren (GFK) aus Polyester- oder Epoxydharzen, insbesondere für höhere Drücke und Temperaturen entscheidet von Fall zu Fall der GL, gegebenenfalls nach besonderer Eignungsprüfung.

Kunststoffrohre dürfen nur begrenzt (Tafel 19.4) bis zu einem Betriebsüberdruck von 6 bar und bei Betriebstemperaturen von 0 °C–40 °C verwendet werden, im übrigen siehe Tafel 19.3.

Aluminium und Aluminiumlegierungen

Aluminium und Aluminiumlegierungen müssen den Werkstoffvorschriften des GL entsprechen und dürfen im Einzelfall bis zu Betriebstemperaturen von 200 °C mit Zustimmung des GL verwendet

Tafel 19.3 Kunststoffrohre

Rohrsystem	Anwendungsbereich	
	Rohrverlegung[1])	Durchführungen
Trinkwasser Frischwasser	Oberhalb Freiborddeck; innerhalb einer wasserdichten Abteilung auch unterhalb Freiborddeck.	Durch Stahlschotte, die Haupt-Brandabteilungen begrenzen; durch Trennflächen vom Typ „A" nach ISSV[2]) dürfen nur vom GL geprüfte und zugelassene Durchführungen eingebaut werden. Für die Zulassung sind Durchführungen einem Normal-Brandversuch nach den Vorschriften des ISSV zu unterwerfen.
Seewasser für sanitäre Einrichtungen (Spülleitungen usw.)	Verbindungen nach außenbords nur zulässig, wenn Rohre unterhalb Freiborddeck in Stahl verlegt werden.	
Abflußleitungen (WC, Speigatte usw.)		

[1]) Kunststoffrohre sind vor Wärmeeinwirkung und mechanischen Beschädigungen geschützt zu verlegen.
[2]) ISSV = Internationaler Schiffssicherheitsvertrag.

werden. Für Feuerlöschleitungen sind sie nicht zugelassen.
Tafel 19.4 gibt eine Übersicht über die für die Rohrklassen zugelassenen Werkstoffe.

Rohrwanddicken- und Elastizitätsberechnung nach Germ. Lloyd

Mindestwanddicke

Die in den Tafeln 19.5 und 19.6 aufgeführten *Mindestwanddicken* sind vorgeschrieben, sofern nicht aufgrund der Festigkeitsberechnung größere Wanddicken erforderlich sind. Für Stahlrohre ist die dem Verlegungsort entsprechende *Wanddickengruppe* nach Tafel 19.7 zu bestimmen.
Mindestwanddicken von Luft-, Peil- und Überlaufrohren durch Wetterdecks siehe Bauvorschriften für den Schiffskörper.
Empfohlene Mindestwanddicken für Kunststoffrohre (PVC 100) nach Tafel 19.8.
Für CO_2-Feuerlöschleitungen siehe Tafel 19.19.

Berechnung der Rohrwanddicken

1. Die nachstehende Formel gilt für zylindrische Rohre, Bögen und Krümmer unter innerem Überdruck:

$$s = s_0 + c + b + t \quad \text{mm} \quad (3)$$

$$s_0 = \frac{d_a \cdot p_c}{20 \cdot \sigma_{zul} \cdot v + p_c} \quad \text{mm} \quad (3a)$$

s Mindestwanddicke . . . . mm
s_0 rechnerische Wanddicke . . . . mm
d_a Rohraußendurchmesser (Nennwert) . . . . mm
p_c Berechnungsdruck . . . . bar
σ_{zul} zulässige Spannung . . . . N/mm^2
b Zuschlag für Bögen und Krümmer . . . . mm
v Schweißnahtwertigkeit . . . . –
c Abnutzungszuschlag . . . . mm
t Toleranzzuschlag . . . . mm

2. Rohrbögen und Krümmer sind gegenüber geraden zylindrischen Rohren zu verstärken um

$$b = 0{,}4 \cdot \frac{d_a}{R} \cdot s_0 \quad (4)$$

mit R = Krümmungshalbmesser.

Zulässige Spannung σ_{zul}

Stahlrohre
Für die zulässige Beanspruchung σ_{zul} in Formel (3a) ist der *kleinste* folgende Wert anzusetzen:
a) Berechnungstemperatur $\leqslant 350\ ^\circ C$

$$\frac{\sigma_{B,20^\circ}}{A} \quad \text{mit } \sigma_{B,20^\circ} =$$

garantierte Mindestzugfestigkeit bei Raumtemperatur

$$\frac{\sigma_{s,t}}{B} \quad \text{mit } \sigma_{s,t} =$$

garantierte Mindeststreckgrenze oder Mindestwert der 0,2 %-Dehngrenze bei Berechnungstemperatur t
A, B-Werte s. Tafel 19.10

b) Berechnungstemperatur $> 350\ ^\circ C$, wobei nachzuprüfen ist, ob gemäß a) gerechnete Werte nicht den maßgeblichen kleineren Wert ergeben

$$\frac{\sigma_{b\ 100\ 000}}{B} \quad \text{mit } \sigma_{B\ 100\ 000} =$$

Mittelwert der 100 000-h-Festigkeit bei Berechnungstemperatur t

$\sigma_{1\%\ 100\ 000} =$
Mittelwert der 1 %-Dehngrenze bei 100 000-h-Betriebsdauer bei Berechnungstemperatur t

$\sigma_{B\ 100\ 000\ (t+15)} =$
Mittelwert 100 000-h-Festigkeit bei um 15 °C erhöhter Betriebstemperatur t

Tafel 19.4 Zugelassene Werkstoffe

Werkstoff bzw. Verwendungszweck		Rohrklassen		
		I	II	III
Stähle	Rohre	Rohre für allgemeine Verwendungszwecke, über 300 °C warmfeste Stahlrohre, unter −10 °C Rohre aus kaltzähen Stählen, für Chemikalien nichtrostende Stahlrohre	Rohre für allgemeine Verwendungszwecke	Stähle ohne besondere Gütevorschrift, Schweißeignung gemäß Schweißvorschriften
	Schmiedeteile, Bleche, Flansche	Für die jeweilige Beanspruchung und Verarbeitung geeignete Stähle, für Temperaturen > 300 °C warmfeste Stähle, für Temperaturen tiefer als −10 °C kaltzähe Stähle		
	Schrauben, Muttern	Schrauben für den allgemeinen Maschinenbau, Temperaturen > 300 °C warmfeste Stähle, unter −10 °C kaltzähe Stähle	Schrauben für den allgemeinen Maschinenbau	
Gußwerkstoffe (Armaturen, Rohre)	Stahlguß	Stahlguß für allgemeine Verwendungszwecke, über 300 °C warmfester Stahlguß, unter −10 °C kaltzäher Stahlguß, für aggressive Medien nichtrostender Stahlguß	Stahlguß für allgemeine Verwendungszwecke	
	Gußeisen mit Kugelgraphit	nur ferritische Sorten, Bruchdehnung δ_5 mindestens 10 %		
	Gußeisen mit Lamellengraphit	mindestens GG-20 in Ladeleitungen in Ladetanks und an Deck auf Tankschiffen in Lade- und Prozeßleitungen auf Chemikalien- und Gastankschiffen nicht zulässig		mindestens GG-20 für Rohrklasse III bis 220 °C nicht zugelassen in: 1. Ballastleitungen von Ballasttanks außerhalb Ladungsbereich durch Ladetanks, 2. Armaturen an der Außenhaut, am Kollisionsschott und an Brennstofftanks, 3. Armaturen in Heizungssystemen mit Vorlauftemperaturen > 110 °C
Nichteisenmetalle (Armaturen, Rohre)	Kupfer, Kupferlegierungen	in Ladeleitungen auf Chemikalientankschiffen nur mit besonderer Genehmigung Kupfer-Nickellegierungen für tiefe Temperaturen nach besonderer Vereinbarung	für Seewasser und alkalisches Wasser nur korrosionsbeständige Kupfer und Kupferlegierungen	
	Aluminium, Aluminiumlegierung	in Lade- und Prozeßleitungen auf Gastankschiffen	nur mit Zustimmung des GL bis 200 °C, in Feuerlöschsystemen nicht zulässig	
Nichtmetallische Werkstoffe	Kunststoffe	in Ladeleitungen auf Tankschiffen nach besonderer Zulassung		Ballastwasserrohre in Ballasttanks, in sanitären Einrichtungen und Abflußleitungen gemäß Tafel 19.3 in anderen Rohrsystemen nach besonderer Zulassung

Tafel 19.5 Mindestwanddicken für Stahlrohre

Gruppe N				Gruppe M		Gruppe D	
d_a mm	s mm	d_a mm	s mm	d_a mm	s mm	d_a mm	s mm
10,2	1,6	ab 177,8	4,5	ab 21,3	3,2	ab 38,0	6,3
ab 13,5	1,8	ab 244,5	5,0	ab 38,0	3,6	ab 88,9	7,1
ab 20,0	2,0	ab 298,5	5,6	ab 51,0	4,0	ab 114,3	8,0
ab 48,3	2,3	ab 406,4	6,3	ab 76,1	4,5	ab 152,4	8,8
ab 70,0	2,6	ab 660,4	7,1	ab 177,8	5,0	ab 457,2	8,8
ab 88,9	2,9	ab 762,0	8,0	ab 193,7	5,4		
ab 114,3	3,2	863,6	8,8	ab 219,1	5,9		
ab 133,0	3,6	914,4	10,0	ab 244,5	6,3		
ab 152,4	4,0	1016,0	10,0	ab 660,4	7,1		
				ab 762,0	8,0		
				863,6	8,8		
				914,4	10,0		
				1016,0	10,0		

Tafel 19.5a Mindestwanddicken für Rohre aus austenitischen nichtrostenden Stählen

Rohraußendurchmesser d_a mm	s mm
bis 60,3	2,5
ab 76,1	3,0
ab 114,3	3,2
ab 139,7	3,5
ab 168,3	4,0
ab 219,1	4,5
ab 273,0	5,0
ab 323,9	6,0

Tafel 19.6 Mindestwanddicken für Rohre aus Kupfer und Kupferlegierungen

Rohraußen-durchmesser d_a mm	Kupfer s mm	Kupfer-leg. s mm
8...10	1,0	0,8
12...20	1,2	1,0
25...44,5	1,5	1,2
50...76,1	2,0	1,5
88,9...108	2,5	2,0
133...159	3,0	2,5
193,7...267	3,5	3,0
273...457,2	4,0	3,5
(470)	4,0	3,5
508	4,5	4,0

Für Rohrleitungen, für die
- eine ins einzelne gehende, vom GL anerkannte Spannungsanalyse vorliegt und
- deren Werkstoff durch den GL geprüft wurde, kann für den Sicherheitsbeiwert B auf Antrag ein Wert von 1,6 vom GL zugelassen werden.

Rohre aus metallischen Werkstoffen ohne ausgeprägte Streckgrenze

Bei Werkstoffen ohne ausgeprägte Streckgrenze gilt Tafel 19.9. Für andere Werkstoffe ist die zulässige Spannung im Einvernehmen mit dem GL festzulegen, wobei aber sein muß

$$\sigma_{zul} \leqslant \sigma_{B,t}/5$$

mit $\sigma_{B,t}$ als Mindestzugfestigkeit bei Berechnungstemperatur.

Rohre ohne gewährleistete Eigenschaften

Festigkeitskennwerte von Werkstoffen, die in den Werkstoffvorschriften nicht aufgeführt sind, sind anhand von Tafel 19.10 im Einvernehmen mit dem GL festzulegen.

Stahlrohre ohne gewährleistete Eigenschaften dürfen nur bis 120 °C Betriebstemperatur verwendet werden, wobei als zulässige Spannung $\sigma_{zul} \leqslant 80$ N/mm² anerkannt wird.

Berechnungstemperatur

1. Als Berechnungstemperatur ist die höchste Temperatur des Betriebsmittels anzusetzen. Bei Dampfleitungen, Fülleitungen hinter Luftverdichtern sowie bei Anlaßluftleitungen für Verbrennungsmotoren ist als Berechnungstemperatur mindestens 200 °C anzusetzen.

2. Für Heißdampfleitungen gilt als Berechnungstemperatur:

a) Rohrleitungen *hinter* Heißdampfkühlern
   bei automatischer Temperaturregelung   die Betriebstemperatur (Auslegungstemperatur)
   bei Handregelung   die Betriebstemperatur + 15 °C

b) Rohrleitungen *vor* Heißdampfkühlern
   die Betriebstemperatur + 15 °C

Tafel 19.7 Wahl der Mindestwanddicken

Rohrsystem	Verlegungsort															
	Maschinenräume	Kofferdämme / Leerzellen	Laderäume	Ballastwassertanks	Brennstoff- u. Wechseltanks	Frischkühlwassertanks	Schmieröltanks	Hydrauliköltanks	Trinkwassertanks	Wärmeträgeröltanks	Kondensat- u. Speisewassertanks	Wohnräume	Ladetanks, Tankschiffe	Kofferdämme, Tankschiffe	Ladepumpenräume	Freies Deck
Lenzrohre	M		M	D	▨	▨	▨	▨	▨	▨	▨	−	▨	N	M	−
Ballastrohre	M			M	D	▨	▨	▨	▨	▨	▨	▨	M	▨	M	−
Seewasserrohre					M								N		N	N
Brennstoffrohre			D	D	M	▨	▨	▨	▨	▨	▨	▨	−	▨	−	N
Schmierölrohre	N	M						N								N
Wärmeträgerölrohre*)	N	M						−		N	M	▨				N
Kondensat-, Speisewasserrohre				M	M					−			N		M	N
Dampfrohre			M		−								N			N
Trinkwasserrohre			▨	▨	▨	▨	▨	▨	▨	▨	▨	N	−	▨	▨	N
Frischkühlwasserrohre				▨	D	N	D	▨	▨	▨	▨	−	▨	−	−	N

*) Auf Schiffen unter deutscher Flagge dürfen keine Wärmeträgerölrohre durch Wohnräume verlegt werden.

▨ Rohrleitungen dürfen nicht verlegt werden.

(−) Rohrleitungen können nach besonderer Vereinbarung mit dem GL verlegt werden.

Tafel 19.8 Kunststoffrohre

Rohre aus PVC 100			
d_a mm	s mm	d_a mm	s mm
10,0	1,0	63,0	4,7
12,0	1,0	75,0	3,6
16,0	1,2	90,0	4,3
20,0	1,5	110,0	5,3
25,0	1,9	125,0	6,0
32,0	2,4	140,0	6,7
40,0	3,0	160,0	7,7
50,0	3,7		

Anmerkung: Entspricht DIN 86 013

Schweißnahtwertigkeiten v

a) bei nahtlosen Rohren ist $v = 1{,}0$,
b) bei geschweißten Rohren ist v entsprechend der Zulassungsprüfung des GL anzusetzen.

Abnutzungszuschlag c

Der *Abnutzungszuschlag* c ist entsprechend der Verwendungsart der Rohrleitungen gemäß Tafeln 19.11a und b einzusetzen. Für wirkungsvoll gegen Korrosion geschützte Stahlrohre kann mit Zustimmung des GL der Abnutzungszuschlag verringert werden, jedoch um nicht mehr als 50 %.
Bei Rohren aus korrosionsbeständigen Werkstoffen (z. B. austenitische Stähle, Kupferlegierungen) kann der Abnutzungszuschlag bei Zustimmung des GL entfallen (s. Tafel 19.5a).

Toleranzzuschlag t

Als *Toleranzzuschlag* ist die nach der Liefernorm gültige zulässige Wanddickenunterschreitung einzusetzen. Ist sie als Wanddickenabweichung a in Prozent angegeben, so ermittelt sich der Zuschlag t wie folgt:

$$t = \frac{a}{100 - a} \cdot s_0 \quad \text{mm} \tag{5}$$

mit $s_0 =$ rechnerische Wanddicke nach 19.3.2.

Rohrleitungen und Armaturen

Tafel 19.9 Zulässige Spannung, σ_{zul}, für Kupfer und Kupferlegierungen (Lieferzustand weich)

Rohrwerkstoff		Mindest-Zugfestigkeit N/mm²	zulässige Spannung σ_{zul} in N/mm²										
			50 °C	75 °C	100 °C	125 °C	150 °C	175 °C	200 °C	225 °C	250 °C	275 °C	300 °C
Kupfer		215	41	41	40	40	34	27,5	18,5	–	–	–	–
Aluminium-messing Cu Zn 20 Al		325	78	78	78	78	78	51	24,5	–	–	–	–
Kupfer-Nickel-Legierungen	Cu Ni 5 Fe	275	68	68	67	65,5	64	62	59	56	52	48	44
	Cu Ni 10 Fe												
	Cu Ni 30 Fe	365	81	79	77	75	73	71	69	67	65,5	64	62

Tafel 19.10 Beiwerte A, B zur Ermittlung der zulässigen Spannung σ_{zul}

Rohrklasse	I		II		III	
Werkstoff	A	B	A	B		
unlegierter und legierter Kohlenstoffstahl	2,7	1,6	2,7	1,8		
nichtrostender Walz- und Schmiedestahl	2,4	1,6	2,4	1,8		
Stahl mit $\sigma_{s, 20°}$ [1]) > 400 N/mm²	3,0	1,7	3,0	1,8		
Grauguß	–	–	11,0	–		
Gußeisen mit Kugelgraphit	–	–	5,0	3,0		
Stahlguß	3,2	–	4,0	–		

[1]) Mindeststreckgrenze oder Mindest-0,2 %-Dehngrenze bei 20 °C.

Tafel 19.11a Abnutzungszuschlag c für Leitungen aus C-Stahl

Art des Rohrsystems	Abnutzungszuschlag c mm
Heißdampfleitungen	0,3
Sattdampfleitungen	0,8
Dampf-Heizschlangen innerhalb von Ladetanks	2,0
Speisewasserleitungen	0,5
Kessel-Ausblaseleitungen	1,5
Druckluftleitungen	1,0
Hydraulikölleitungen, Schmierölleitungen	0,3
Brennstoffleitungen	1,0
Ladeölleitungen	2,0
Flüssiggasleitungen (Kohlenwasserstoff)	0,3
Kältemittelleitungen für Kältemittel der Gruppe 1	0,3
Kältemittelleitungen für Kältemittel der Gruppe 2	0,5
Seewasserleitungen	3,0
Frischwasserleitungen	0,8

Tafel 19.11b Abnutzungszuschlag c für Nichteisenmetallrohre

Rohrwerkstoff	Abnutzungszuschlag c mm
Kupfer, Messing und ähnliche Legierungen	0,8
Kupfer-Zinn-Legierungen außer jenen mit Bleigehalt	0,8
Kupfer-Nickellegierungen (mit Ni ≥ 10 %)	0,5

Elastizitätsberechnung

Für folgende Rohrsysteme sind die durch behinderte Wärmedehnung bzw. Kontraktion auftretenden Kräfte, Momente und Beanspruchungen zu berechnen und dem GL zur Prüfung vorzulegen:

a) Dampfleitungen mit Betriebstemperaturen über 400 °C

b) Leitungen für Temperaturen unter −110 °C.

Die angewandten Berechnungsverfahren sollen bewährt sein. Für Bögen und Formstücke ist die sich mit der Deformation *ändernde Elastizität* angemessen zu berücksichtigen. Verfahren und grundsätzliche Methoden sind mit Vorlage der zu prüfenden Unterlagen bekanntzugeben. Der GL behält sich Gegenrechnungen vor.

Die Spannungen sind nach der Hypothese der *maximalen Schubspannungen* zu ermitteln. Die daraus abgeleiteten Vergleichsspannungen für primäre Lasten aus Innendruck und Eigengewichten (Massenkräften) dürfen die zulässigen Spannungen nach 19.3.2 nicht überschreiten. Die aus der Überlagerung der vorgenannten primären Lasten mit den sekundären Lasten durch behinderte Dehnung oder Kontraktion gebildeten Vergleichsspannungen dürfen die Mittelwerte der Zeitfestigkeit bzw. Zeitdehngrenze bei 100 000 h nicht überschreiten, wobei für Formstücke wie Bögen, T-Stücke, Verteiler usw. zugelassene Spannungserhöhungsfaktoren zu berücksichtigen sind.

Formstücke

Verzweigungsstücke können nach dem Flächenausgleichsverfahren dimensioniert werden, wobei eine angemessene Reduzierung der zulässigen Spannung nach 19.3.2 vorzunehmen ist. Im allgemeinen beträgt die zulässige Spannung 70 % des Wertes nach 19.3.2 für Nennweiten über 300 mm, darunter genügt eine Minderung auf 80 %. Wenn detaillierte Spannungsmessungen, Rechnungen oder Typenzulassungen vorliegen, können höhere Spannungen zugelassen werden.

Flanschberechnung

Die Berechnung von *Flanschen* nach einem anerkannten Verfahren unter Verwendung der zulässigen Spannung nach 19.3.2 ist vorzulegen, wenn die Flanschen keiner anerkannten Norm entsprechen, wenn die Normen keine Umrechnung auf den Betriebszustand erlauben oder wenn von den Normen abgewichen wird.

19.3.3 Konstruktion von Rohrleitungen und Armaturen

Allgemeine Grundsätze

Rohrleitungen sind unter weitgehender Anwendung der im Schiffbau üblichen Normen zu konstruieren und zu fertigen.

In Leitungen für *toxische Medien*, für *brennbare verflüssigte Gase* und in *Heißdampfleitungen* mit Temperaturen über 400 °C sind Schweißverbindungen anstelle lösbarer Verbindungen bevorzugt anzuwenden.

Dehnungen der Rohrleitungssysteme durch Erwärmung oder Verschiebungen ihrer Aufhängungen infolge Schiffsverformungen sind durch *Rohrbögen*, *Kompensatoren* oder *flexible Rohrverbindungen* auszugleichen. Hierbei ist auf eine geeignete Anordnung von Festpunkten zu achten.

Rohrverbindungen

Abmessungen und Berechnung

Die Abmessungen von *Flanschen* und *Flanschschrauben* sollen anerkannten Normen entsprechen.

Rohrverbindungen

Folgende Verbindungen von Rohren können gewählt werden:
- *voll durchgeschweißte Stumpfnähte* mit/ohne Maßnahmen zur Verbesserung der Güte der Wurzel
- *Muffenschweißungen* in angemessener Kehlnahtdicke und ggf. nach anerkannten Normen
- *Schraubverbindungen* zugelassener Bauart

Für die Anwendung der Rohrverbindungen gilt Tafel 19.12.

Tafel 19.12 Rohrverbindungen

Art der Verbindung	Rohrklasse	Nennweite mm
Stumpfnaht mit Wurzelbearbeitung	I, II, III	
Stumpfnaht ohne Wurzelbearbeitung	II, III	alle
Muffenschweißen	III	
Gewinderohr-Muffenverbindungen	für untergeordnete Systeme	< 50

Einen Überblick über Flanschtypen geben die Tafeln 19.13 und 19.14.

Tafel 19.13 Einsatz von Flanschtypen

Rohrklasse	Giftige Medien, verflüssigte Gase			Dampf		Schmieröl und Brennstoff	Andere Medien	
	Druck bar	Temperatur °C	Flanschart	Temperatur °C	Flanschart	Flanschart	Temperatur °C	Flanschart
I[1]	> 10	< −50	A	> 400	A	A−B	> 400	A
	≤ 10	< −50	A−B[2]	≤ 400	A−B[2]		≤ 400	A−B
	beliebig	≥ −50	A−B					
II			A−B−C	> 250	A−B−C	A−B−C	> 250	A−B−C
				≤ 250	A−B−C −D−E		≤ 250	A−B−C −D−E
III					A−B−C −D−E	A−B−C−E		A−B−C −D−E−F[3]

[1]) Für Rohrklasse I genügt Erfüllung einer Bedingung zur Einstufung
[2]) Typ B nur für d_a < 150 mm
[3]) Typ F nur für Wasserleitungen und drucklose Leitungen (offene)

Rohrleitungen und Armaturen

Tafel 19.14 Einstufung von Flanschbauarten

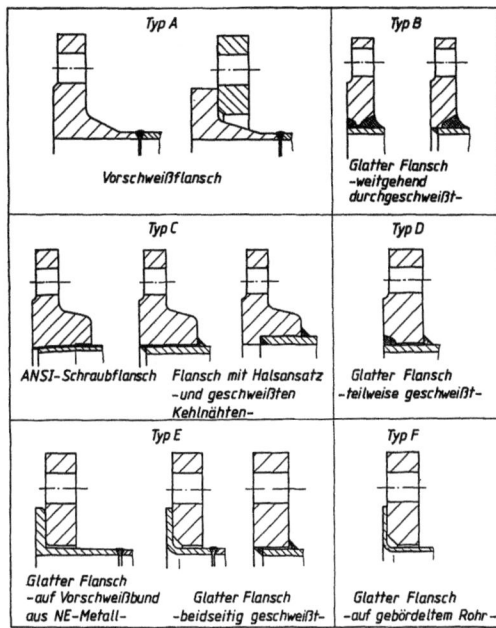

Anerkannte elastische Rohrkupplungen mit den Zwischenringen aus elastischem Werkstoff sind in folgenden Rohrleitungen zugelassen:
- *Feuerlöschleitungen* außerhalb des Maschinenraumes
- *Ballastwasserleitungen* außerhalb des Maschinenraumes
- *Lenzleitungen* außerhalb des Maschinenraumes, jedoch nicht innerhalb von Brennstofftanks
- *Brennstoffleitungen* außerhalb des Maschinenraumes
- *Luft-, Füll-* und *Peilrohre*
- *Ladeölleitungen*
- *Sanitäre Rohrleitungen*
- *Trinkwasserleitungen*

Sollen diese Rohrkupplungen im Maschinenraum für Brennstoff- und Schmierölleitungen sowie für See-, Lenz- und Ballastleitungen verwendet werden, müssen sie vom GL als „*flammenbeständig*" anerkannt sein.

Anordnung, Kennzeichnung, Verlegung

Rohrleitungssysteme müssen entsprechend dem Verwendungszweck ausreichend *gekennzeichnet* sein. Armaturen sind dauerhaft und deutlich zu beschildern.
Rohre müssen durch Schotte oder Tankwände wasser- bzw. öldicht hindurchgeführt werden. Durchsteckschrauben sind unzulässig. Löcher für Befestigungsschrauben dürfen nicht in die Tankwände gebohrt werden.
Rohrleitungssysteme in der Nähe von E-Schalttafeln müssen so verlegt oder geschützt werden, daß bei etwaigen Leckagen die E-Anlage nicht beschädigt wird.
Rohrleitungssysteme müssen vollständig entleert, entwässert und entlüftet werden können. Rohrleitungssysteme, in denen Ansammlungen von Flüssigkeiten im Betrieb zu Schäden führen können, müssen besondere Entwässerungseinrichtungen haben.

Absperrvorrichtungen

Absperrvorrichtungen müssen einer anerkannten Norm entsprechen. Armaturen mit eingeschraubten Deckeln sind gegen unbeabsichtigtes Herausdrehen des Deckels zu sichern.
Handbetätigte Absperrorgane sollen durch Drehen im Uhrzeigersinn geschlossen werden.
Der Öffnungs- und Schließzustand einer Armatur muß eindeutig zu erkennen sein.
Umschaltorgane in Rohrleitungssystemen, bei denen mögliche Zwischenstellungen der Schaltorgane im Betrieb zu Gefahren führen können, dürfen nicht verwendet werden.

Armaturen an der Außenhaut

Befestigung der Armaturen an der *Außenhaut* des Schiffes siehe Kapitel 2, Bauvorschriften für den Schiffskörper, Abschnitt 6, G [19.2].
Armaturen an der Außenhaut sollen leicht erreichbar sein. Seewasserein- und Auslaßarmaturen müssen von oberhalb der Flurplatten betätigt werden können. Hähne an der Außenhaut sind so einzurichten, daß der Hahnschlüssel nur abgenommen werden kann, wenn der Hahn geschlossen ist.
Sofern Abflußrohre ohne Absperrorgan unterhalb des Freiborddecks durch die Außenhaut des Schiffes geführt werden, sind die Rohre bis zum ersten Absperrorgan verstärkt auszuführen.

Fernbetätigte Armaturen

Betriebswichtige Armaturen sind durch Federkraft zu schließen.
Fernbetätigte Armaturen sind mit einer Notbetätigung zu versehen.
Bei der Anordnung von Armaturen ist die Zugänglichkeit für Wartung und Reparaturen soweit wie möglich zu berücksichtigen.
Lenz- und Sanitärarmaturen müssen stets zugänglich sein.

19.3.4 Berechnung von Druckverlusten in Rohrleitungen

Bei der Überwindung des Reibungswiderstands in geraden Rohrlängen und der Einzelwiderstände in Armaturen und Formstücken ergeben sich *Druck-*

verluste für das strömende Betriebsmittel, die durch ein entsprechendes Gefälle bzw. den Pumpendruck ausgeglichen werden müssen.

Die Grundgleichung für den Druckabfall in einer geraden Rohrleitung lautet (s. auch [19.3]):

$$\Delta p = \lambda_R \cdot \frac{l}{d_R} \cdot \frac{\rho}{2} \cdot v^2 \qquad (6)$$

Im *Internationalen Maßsystem*, muß man ρ in kg/m³ einsetzen, womit der Druckverlust dann die Dimension N/m² bzw. 10^{-5} bar annimmt.

Für *Wasserleitungen* kann man nach *Lang* schreiben:

$$\lambda_R = a + \frac{0{,}0018}{\sqrt{v \cdot d_R}} \qquad (7)$$

mit $0{,}012 \leqslant a \leqslant 0{,}020$ für Stahlrohre, wobei der höhere Wert für Rohre mit größerer Rauhigkeit gilt. Die den Grenzwerten von a entsprechenden λ_R-Zahlen können dem Nomogramm Bild 19.1 entnommen werden.

Beispiel 19.1:
Gegeben: $d_R = 1000$ mm, $v = 2{,}0$ m/s
Gesucht: $\lambda_R = 0{,}0133$ für $a = 0{,}012$
bzw. $\lambda_R = 0{,}0213$ für $a = 0{,}020$

Für *Dampfleitungen* kann man den Druckabfall je 10 m Rohrlänge aus dem in Bild 19.2 wiedergegebenen Umlaufdiagramm in Abhängigkeit von Temperatur, Druck und Rohrdurchmesser direkt ablesen, es entstammt dem *Babcock*-Handbuch *Dampf* [19.1].
Bild 19.3 zeigt Widerstandsbeiwerte für die Strömung von *zähen Flüssigkeiten* in geraden Rohren, sowohl für *turbulente* ($R_n > 2300$) als auch für *laminare* ($R_n < 2300$) Strömung. Für die *Reynolds-Zahl* gilt

$$R_n = \frac{v \cdot d_R}{\nu} \qquad (8)$$

hierin $\nu =$ kinematische Zähigkeit in m²/s.
Der Druckabfall in Armaturen und Formstücken wird dadurch erfaßt, daß man diese Teile durch widerstandsgleiche Rohrlängen nach Tafel 19.15 ersetzt.

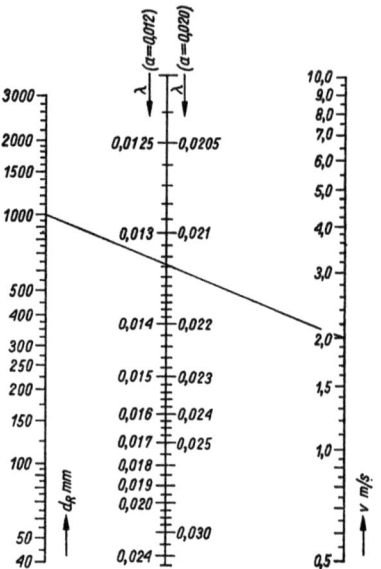

Bild 19.1 Widerstandbeiwert für Wasserleitungen

19.3.5 Berechnung der Wärmedehnung von Rohrleitungen

Besonders bei Dampfleitungen aber auch bei Kaltsole führenden Leitungen muß die *Wärmedehnung* berücksichtigt werden. Die Längenänderung infolge einer Temperaturänderung läßt sich bestimmen:

$$\Delta l = l_0 \cdot \alpha \cdot \Delta t \qquad \text{m} \qquad (9)$$

l_0 Ursprungslänge m
Δt Temperaturänderung °C
α Längenausdehnungsbeiwert $\frac{\text{m}}{\text{m} \cdot °\text{C}}$

für Gußeisen $\alpha = 9 \cdot 10^{-6}$
für Rohrstahl $\alpha = 11 \cdot 10^{-6}$
für Rohrkupfer $\alpha = 17 \cdot 10^{-6}$
für PVC-Rohre $\alpha = 8 \cdot 10^{-5}$
für Polyäthylenrohre $\alpha = 20 \cdot 10^{-6}$

Tafel 19.15 Ersatzlängen verschiedener Formstücke unterschiedlicher Nennweite

Armatur	Ersatzlänge für verschiedene Nennweiten			
	0...100 m	100...200 m	200...400 m	400...800 m
90° Krümmer (Bogen)	2	3	6	12
90° Krümmer (scharf)	6	12	25	50
45° Krümmer (Bogen)	1	2	4	8
T-Stück	10	20	50	80
Flachschieber, offen	1	2	4	8
Freifluß-Durchgangsventil	2	4	—	—
Durchgangsventil	15	30	—	—
Fußventil mit Saugkorb	15	25	40	—

Rohrleitungen und Armaturen

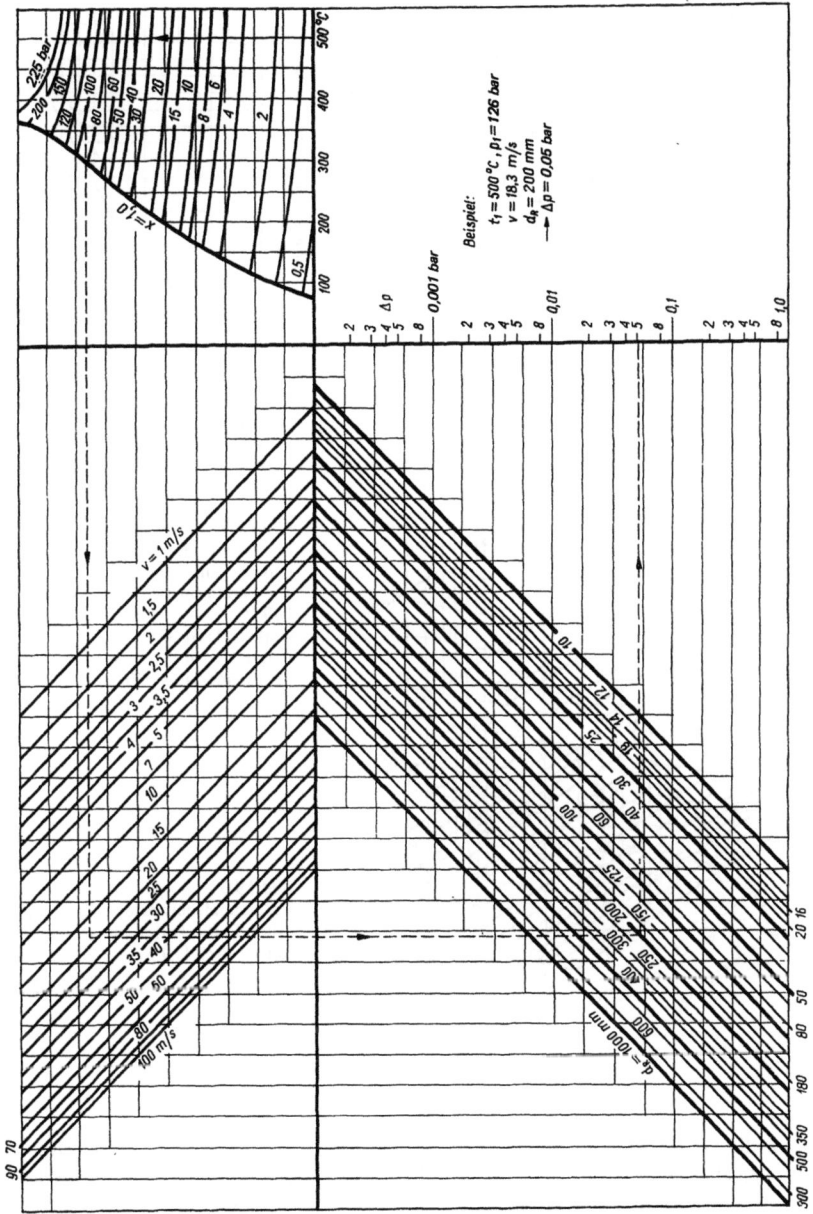

Bild 19.2 Druckabfall je 10 m Rohrlänge für Dampfleitungen nach [19.1]

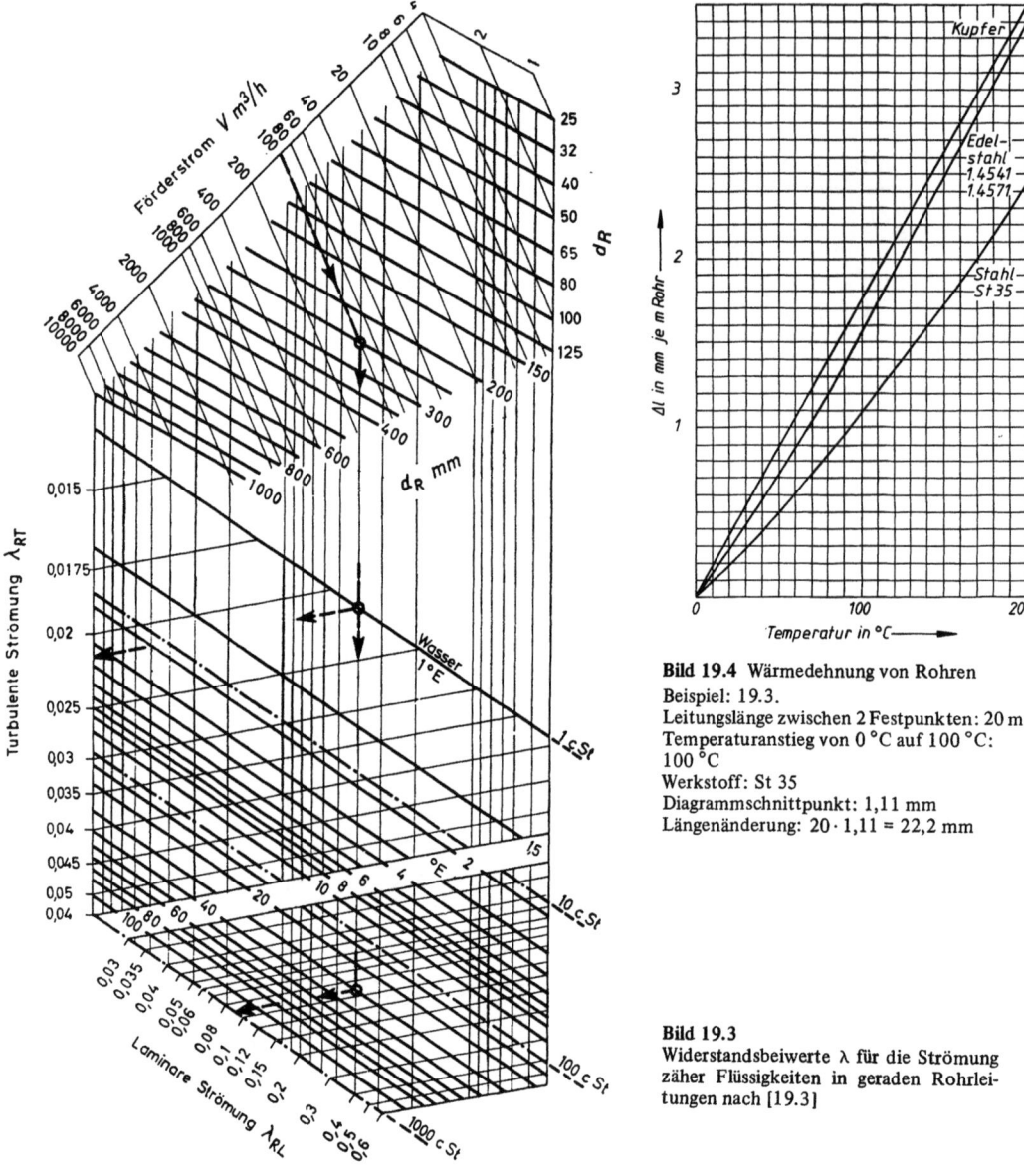

Bild 19.4 Wärmedehnung von Rohren
Beispiel: 19.3.
Leitungslänge zwischen 2 Festpunkten: 20 m
Temperaturanstieg von 0 °C auf 100 °C:
100 °C
Werkstoff: St 35
Diagrammschnittpunkt: 1,11 mm
Längenänderung: 20 · 1,11 = 22,2 mm

Bild 19.3
Widerstandsbeiwerte λ für die Strömung zäher Flüssigkeiten in geraden Rohrleitungen nach [19.3]

Aus Bild 19.4 kann die Gesamtwärmedehnung von Rohren bei Erwärmung abgelesen werden.
Durch *verhinderte* Wärmedehnung entsteht bei eingespannten Rohren eine Normalspannung von

$$\sigma = \pm (\alpha \cdot E) \cdot \Delta t \quad \text{N/mm}^2 \tag{10}$$

und, mit A Materialquerschnittsfläche des Rohres, eine Einspannkraft

$$F = \sigma \cdot A \quad \text{N} \tag{11}$$

die durch die Art der Rohrverlegung (Bögen, Schleifen usw.) oder durch Dehnungsausgleicher vermieden bzw. aufgenommen werden muß.
Bei Beanspruchung infolge verhinderter Wärmedehnung *und* Innendruck läßt sich eine *Vergleichsspannung* für die Berechnung angeben:

$$\sigma_v = \sqrt{\tfrac{1}{2}(\sigma_x - \sigma_y)^2 + (\sigma_y - \sigma_z)^2 + (\sigma_z - \sigma_x)^2 + 3\tau^2}$$
$$\text{N/mm}^2 \tag{12}$$

19.3.6 Berechnung der Wärmeverluste von Rohrleitungen

Ebenso wie der Druckabfall muß auch der *Temperaturabfall* wärmeführender Leitungen in Grenzen gehalten werden. Der Isolationsaufwand ist wirtschaftlich dadurch begrenzt, daß Abschreibungs- und Unterhaltungswert der ausgeführten Isolierung nicht größer werden dürfen als die Kosteneinsparung durch die geringeren Wärmeverluste. Das Optimum liegt dort, wo die Summe der jährlichen Abschreibungs- und Unterhaltungskosten der Isolation von rd. 20 % des Anschaffungspreises und der Kosten für die verbleibenden Wärmeverluste zusammen einen *Kleinstwert* bilden, wie dies in Bild 19.5 dargestellt ist.

Der Wärmeverlust nimmt mit steigender Isolierstärke ab, der Aufwand für die Amortisation dagegen zu. Beide Größen werden zweckmäßig in DM/lfd. m und Jahr gerechnet, um sie für jede Isolierstärke addieren zu können. Zur Berechnung der Wärmeverlustkosten muß der Wärmepreis in DM/Mio. kJ der in Frage stehenden Anlage bekannt sein. Der Wärmeverlust eines Rohres pro lfd. m Länge wird bestimmt aus:

$$\Delta Q = \frac{\pi(t_1 - t_2)}{\frac{1}{\alpha_i \cdot d_R} + \frac{1}{2\lambda_R}\ln\frac{d_{Ra}}{d_R} + \frac{1}{2\lambda_{is}}\ln\frac{d_{is_a}}{d_{is_i}} + \frac{1}{\alpha_{is_a} \cdot d_{is_a}}}$$

$$\frac{J}{m \cdot s} = \frac{W}{m} \qquad (13)$$

t_1 Temperatur des strömenden Stoffes °C
t_2 Temperatur der umgebenden Außenluft °C

Bild 19.6 veranschaulicht die gewählten Indizes. Die Wärmeübergangszahl α kann für die Rohrinnenseite berechnet werden mit dem Ausdruck

$$\alpha_i \cong 0{,}04 \left(\frac{v \cdot d_R \cdot \rho \cdot c_p}{\lambda}\right)^{0{,}75} \times \frac{\lambda}{d_R} \qquad (14)$$

$$\frac{J}{m^2 \cdot s \cdot °C} = \frac{W}{m^2 \cdot °C}$$

Die Stoffwerte beziehen sich auf den wärmeabgebenden Stoff.

Der Nenner der Gl. (13) stellt die *Summe der Wärmewiderstände* dar: Wärmeübergangswiderstand innen + Wärmeleitwiderstand in der Rohrwand + Wärmeleitwiderstand in der Isolierung + Wärmeübergangswiderstand außen. Da die W-Leitzahl für die Rohrwand groß, d.h. der Widerstand verschwindend klein ist, kann der Wärmewiderstand der Rohrwandung vernachlässigt werden. Sollte die Isolierung noch durch einen Blechmantel verkleidet sein, so braucht i.a. auch dieser Einfluß nicht beachtet zu werden.

Bei der Berechnung des Wärmeleitwiderstandes der Isolierung muß man für die Ermittlung von λ_{is} die mittlere Temperatur der Isolierung schätzen, wobei man die Innentemperatur der Isolierung der Temperatur des strömenden Stoffes gleichsetzt. Die äußere Wärmeübergangszahl beträgt für Rohre in ruhender Luft

$$\alpha_a = 1{,}5 \cdot (t_{is_a} - t_2)^{0{,}24} \quad \frac{J}{m^2 \cdot s \cdot °C} \qquad (15)$$

wobei der Einfluß der Strahlung nicht berücksichtigt ist.

Für das durch eine Rohrleitung strömende Betriebsmittel beträgt der Temperaturabfall

$$\Delta t = \frac{\Delta Q \cdot l}{M \cdot c_p} \quad °C \qquad (16)$$

M das Rohr durchströmende Betriebsmittelmenge $\frac{kg}{s}$
l Gesamtlänge der Rohrleitung m

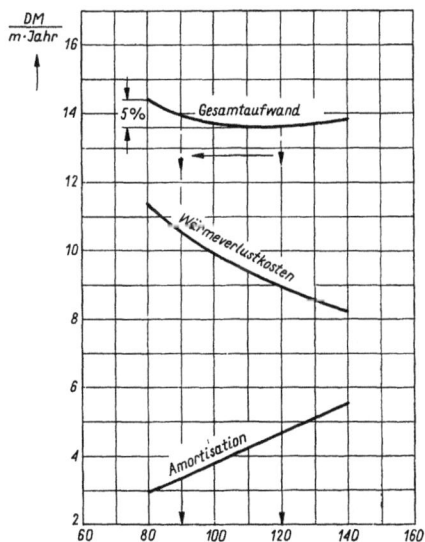

Bild 19.5 Aufwand für die Isolierung von Rohrleitungen

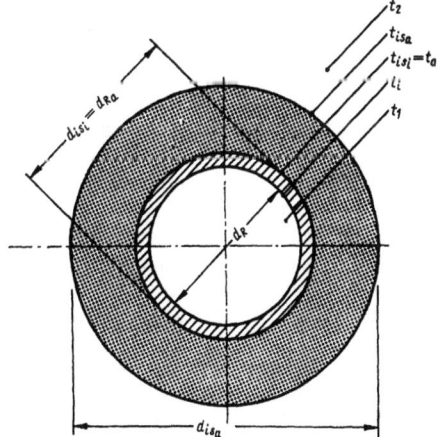

Bild 19.6 Temperaturen an einem isolierten Rohr

Praktisch beträgt der Temperaturabfall etwa 30 % mehr als so errechnet, verursacht durch zusätzliche Wärmeableitung in Halterungen (Wärmebrücken), Isolationsunterbrechungen usw. Ein unisolierter Flansch verliert stündlich etwa ebensoviel Wärme wie 5...8 m isolierte Rohrleitung gleicher Nennweite.

Tafel 19.16 Dichte ρ und spezifische Wärme c_p für verschiedene strömende Stoffe

Stoff	Dichte ρ kg/m³	spezifische Wärme c_p $\frac{J}{kg \cdot °C}$
Ammoniak, flüssig		
0...+20 °C	620	3900
0...−20 °C	650	3600
Benzin	700...740	2100
Benzol	880	1700
Kohlensäure,		
flüssig (−15 °C)	1000	2000
Mineralöl	450...930	1700
Sole bei −10 °C	1100...1300	3350...3600
bei −22 °C	1150...1200	3260...5000
Wasser	1000	4186

19.4 Erfahrungswerte

19.4.1 Rohrleitungen

Bei der Auslegung von Rohrsystemen kann man die in den Bildern 19.7 und 19.8 wiedergegebenen *Strömungsgeschwindigkeiten* wählen bzw. zulassen: Die Strömungsgeschwindigkeiten in Rohrleitungen gelten als Norm deutscher Großwerften.
Für seewasserführende Leitungen an Bord in Kühlsystemen von Motorenanlagen und für sonstige Hilfseinrichtungen haben sich Rohre aus CuNi10Fe mit guter Beständigkeit gegen Seewasserkorrosion besonders bewährt. Der im Vergleich zu den früher üblichen Werkstoffen (vor allem SB-Cu und CuZn20Al) höhere Materialpreis wird durch geringere Korrosionsneigung und die Verwendung kleinerer Durchmesser ausgeglichen. CuNi10Fe läßt sich gut schweißen.
Bild 19.9 zeigt den Zusammenhang zwischen *Durchsatz* und *Rohrgewicht* für Rohre aus Kupfer und Kupferlegierungen mit üblichen Abmessungen und zulässigen Strömungsgeschwindigkeiten. Bei der Werkstoffauswahl kann Tafel 19.17 helfen.
Einen guten Überblick über den Zusammenhang von Nenndruck, Rohrmaterial, Flanschmaterial, Werkstoff für Armaturen, Schrauben und zulässige Betriebsdrücke von der Temperatur gibt Tafel 19.18 aus DIN 2401.
Die technischen Lieferbedingungen können den DIN-Normen entnommen werden. Eine Übersicht über Rohre im Schiffbau enthält DIN 86 008. I.a. entsprechen die Nennweiten den lichten Rohrdurchmessern. Da die Rohrabmessungen jedoch nach den Außendurchmessern festgelegt sind, ergeben sich manchmal geringe Unterschiede.

Tafel 19.17 Auswahl von Rohrleitungs- und Armaturenwerkstoffen

Lenzleitungen:
   Rohre Stahl verzinkt mit Wanddicken nach GL, s. Abschnitt 19.3.2;
   Verbindungen durch Schweißflanschen;
   Armaturen Gußeisen mit Rotgußinnenteilen.

Ballastwasserleitungen:
   Rohre wie Lenzleitungen, in Tanks bes. verstärkt nach GL, s. Abschnitt 19.3.2;
   Verbindungen im Doppelboden oder Rohrtunnel durch Rohr-Kupplungen, s. Abschnitt 19.4.2, im Maschinenraum durch Schweißflanschen;
   Absperrarmaturen Gußeisen mit Rotgußinnenteilen, Seeventile und Ausgußventile kaltzäher Stahlguß oder duktiles Gußeisen mit Innenteilen.

Kraftstoff- bzw. Brennstoffleitungen:
   Stahlrohre mit Schweißflanschen;
   Armaturen Gußeisen mit Stahlinnenteilen, bei warmem Schweröl Niro-Innenteile.

Schmieröl:
   Rohre: Stahl;
   Armaturen: Grauguß mit Rotguß-Innenteilen;
   Verbindungen durch Schweißflanschen.

Seekühlwasserleitungen:
   Rohre aus CuZn20Al oder CuNi10Fe, dann Verbindungen lose verz. Stahlflanschen hinter Lötbund oder Vorschweißbund, s. Abschnitt 19.3.3;
   Armaturen aus Rotguß Rg 10, Regelarmaturen möglichst ganz aus Rg 10, ebenso kleine Armaturen und Hähne.

Frischkühlwasserleitungen:
   Rohre Stahl verzinkt mit Schweißflanschen; bei Antikorrosionsmittelzusatz: Stahl;
   Armaturen Gußeisen mit Rotgußinnenteilen Rg 5.

Druckluftleitungen (Anlaßluft):
   Rohre Stahl, nahtlos;
   Armaturen aus Stahl oder Stahlguß mit Niro-Innenteilen.

Abgasleitung:
   Rohre und Armaturen aus Stahl.

Feuerlösch- und Deckwaschleitungen:
   Rohre Stahl mit Schweißflanschen verzinkt;
   Armaturen Gußeisen mit Rotgußinnenteilen Rg 10, Schlauchanschlußventile und Entwässerungen ganz aus Rg 10;
   Verbindung langer Rohrstränge außerhalb Maschinenraum auch durch Rohr-Kupplungen.

Luft- und Peilrohre:
   Rohre Stahl verzinkt mit Wanddicken nach GL;
   Verbindungen durch Schweißflanschen und zur Dehnungsaufnahme auf etwa halber Seitenhöhe durch Rohr-Kupplung.

Speigatten und Hauptabflußrohre:
   Rohre Stahl verzinkt mit Schweißflanschen, verstärkt.

Warmwasserheizung:
   Stahlrohre mit Rotgußarmaturen.

Trinkwasserleitungen:
   Rohre Stahl verzinkt; oder Kunststoff (meist PVC-hart), Armaturen Gußeisen mit Rotgußinnenteilen Rg 5, kleine Armaturen Messing.

Dampf-, Speisewasser- und Heizöldruckleitungen:
   Stahl St 35.8, gf. warmfest n. GL.
   Armaturen Stahlguß.

Heizschlangen in Tanks:
   Dampf: Stahl St. 35.8 oder besser CuZn20Al oder CuNi10Fe; bei Wärmeträgeröl: Nichtrostende Stahlrohre.

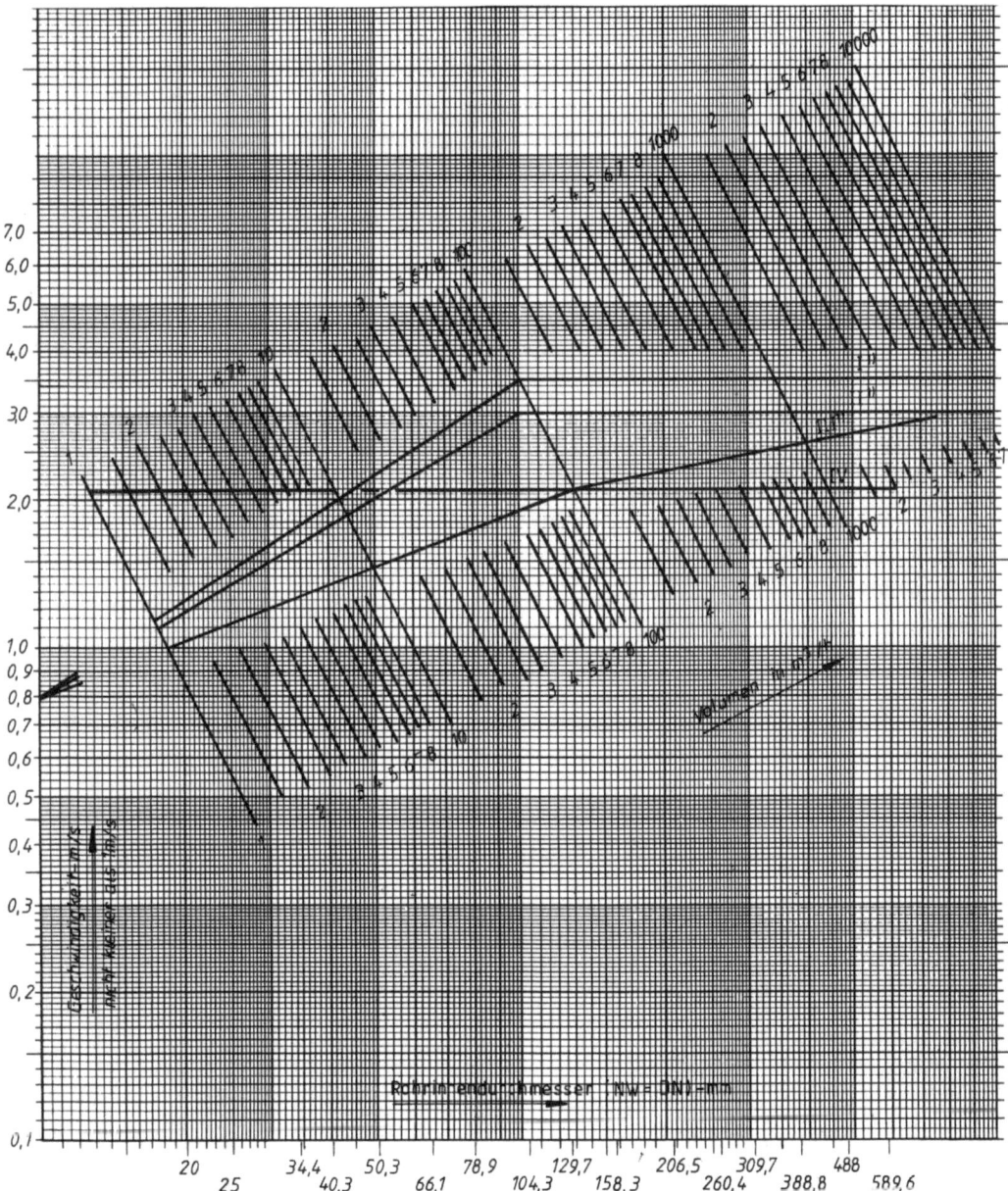

Bild 19.7 Rohrinnendurchmesser (See- und Frischwasser) für nicht ständigen Durchfluß, z. B. für Bllast-, Lenz- und Feuerlöschleitungen)
[1]) I Cu Ni 10 Fe
II Cu Zn 20 Al (SoMs 76; Yorcalbro) } Druckleitungen
St 25 t Zn; St 35; St 37−2t Zn;
St 37−2

III Saugeleitungen, alle Materialien
IV Mindestgeschwindigkeit in Hauptlenzleitungen

Rohrberechnung s. Abschnitt 19.3.2; für einzelne Rohrleitungssysteme gibt es besondere Bestimmungen. Bei Dampfrohrleitungen ist besonders der *Dehnungsausgleich* zu beachten. Bei Betriebstemperaturen über 400 °C wird ein rechnerischer Nachweis darüber verlangt, daß alle auftretenden Beanspruchungen infolge behinderter Wärmeausdehnung mit vorgeschriebener *Sicherheit* aufgenommen werden.

Bei Dampftemperaturen > 500 °C sollen an verschiedenen Stellen der Rohrleitung Möglichkeiten für ein späteres Überprüfen auf etwaige Aufweitungen vorgesehen werden.

Dampfrohre müssen gut isoliert werden. Die Oberfläche ist gegen äußere Einwirkung und Eindringen von Leckölen zu schützen.

Tafel 19.18 Rohrwerkstoffe, Nenndrücke, zulässige Betriebsdrücke in Abhängigkeit von der Temperatur

Nenn-druck	Werkstoffe der Rohrleitungsteile								
	Stahlrohrleitungen			Gußeiserne Druckrohre und Formstücke		Armaturen mit Flanschen			
	Nahtlose Rohre	Geschweißte Rohre	Flansche	Gußeisen mit Lamellen-graphit	Duktiles Guß-eisen	Gußeisen mit Lamellen-graphit	Gußeisen mit Kugel-graphit	Stahlguß	Stahl
1	St 00 St 35	St 33 St 37-2	St 37-2	GG	GGG	GG-20	GGG-38	–	St 37-2
2,5	St 00 St 35	St 33 St 37-2	St 37-2	GG	GGG	GG-20	GGG-38	–	St 37-2
6	St 00 St 35	St 33 St 37-2	St 37-2	GG	GGG	GG-20	GGG-38	–	St 37-2
10	St 00 St 35	St 33 St 37-2	St 37-2	GG	GGG	GG-20	GGG-38	GS-45	St 37-2
16	St 00 St 35 St 35.8	St 33 St 37-2 St 37.8	St 37-2 C 22 N	GG –	GGG –	GG-20 –	GGG-38 –	GS-45 GS-C 25	St 37-2 C 22 N
25	St 00 St 35 St 35.8 15 Mo 3 13 CrMo 44	St 33 St 37-2 St 37.8 15 Mo 3 –	St 37-2 C 22 N 15 Mo 3 13 CrMo 44	GG – – –	GGG – – –	– – – –	GGG-38 – – –	GS-45.5 GS-C 25 GS-22 Mo 4 GS-17 CrMo 55	C 22 N 15 Mo 3 13 CrMo 44
40	St 35 St 52 St 35.8 15 Mo 3 13 CrMo 44	St 37-2 St 52-3 St 37.8 15 Mo 3 –	St 37-2 C 22 N 15 Mo 3 13 CrMo 44	– GG – –	– GGG – –	–	–	GS-45.5 GS-C 25 GS-22 Mo 4 GS-17 CrMo 55	C 22 N 15 Mo 3 13 CrMo 44
64	St 35 St 35 St 52 St 35.8 15 Mo 3 13 CrMo 44	St 37-2 St 37-2 St 52-3 St 37.8 15 Mo 3 –	RSt 42-2 C 22 N 15 Mo 3 13 CrMo 44	–	–	–	–	GS-C 25 GS-22 Mo 4 GS-17 CrMo 55	C 22 N 15 Mo 3 13 CrMo 44
100	St 35 St 52 St 35.8 15 Mo 3 13 CrMo 44	St 37-2 St 52-3 St 37.8 15 Mo 3 –	RSt 42-2 C 22 N 15 Mo 3 13 CrMo 44	–	–	–	–	GS-C 25 GS-22 Mo 4 GS-17 CrMo 55	C 22 N 15 Mo 3 13 CrMo 44
160	St 35 St 52 St 35.8 15 Mo 3 13 CrMo 44 10 CrMo 9 10	St 37-2 St 52-3 St 37.8 15 Mo 3 – –	RSt 42-2 C 22 N 15 Mo 3 13 CrMo 44 10 CrMo 9 10	–	–	–	–	GS-C 25 GS-22 Mo 4 GS-17 CrMo 55 –	C 22 N 15 Mo 3 13 CrMo 44 10 CrMo 9 10
250	St 35.4 St 52.4 St 35.8 15 Mo 3 13 CrMo 44 10 CrMo 9 10	St 37-2 St 52-3 St 37.8 15 Mo 3 – –	RSt 42-2 C 22 N 15 Mo 3 13 CrMo 44 10 CrMo 9 10	–	–	–	–	GS-C 25 GS-22 Mo 4 GS-17 CrMo 55 –	C 22 N 15 Mo 3 13 CrMo 44 10 CrMo 9 10
320	St 35.4 St 52.4 St 35.8 15 Mo 3 13 CrMo 44 10 CrMo 9 10	St 37-2 St 52-3 St 37.8 15 Mo 3 – –	RSt 42-2 C 22 N 15 Mo 3 13 CrMo 44 10 CrMo 9 10	–	–	–	–	GS-C 25 GS-22 Mo 4 GS-17 CrMo 55 –	C 22 N 15 Mo 3 13 CrMo 44 10 CrMo 9 10
400	St 35.4 St 52.4 St 35.8 15 Mo 3 13 CrMo 44 10 CrMo 9 10	St 37-2 St 52-3 St 37.8 15 Mo 3 – –	RSt 42-2 C 22 N 15 Mo 3 13 CrMo 44 10 CrMo 9 10	–	–	–	–	GS-C 25 GS-22 Mo 4 GS-17 CrMo 55 –	C 22 N 15 Mo 3 13 CrMo 44 10 CrMo 9 10

Schrauben nach DIN 2 507 Blatt 2	Zulässiger Betriebsdruck der Rohrleitung in bar bei Temperatur in °C														
	20 (120)	200	250	300	350	400	425	450	475	500	510	520	530	540	550
4 D	1	–	–	–											
	1	1	1	1											
4 D	2,5	–	–	–											
	2,5	2	1,8	1,5											
4 D	6	–	–	–											
	6	5	4,5	3,6											
4D	10	–	–	–											
	10	8	7	6											
4D	16	–	–	–											
	16	13	11	10											
C 35	16	14	13	11	10	8									
4 D	25	–	–	–											
	25	20	18	16											
C 35	25	22	20	17	16	13									
24 CrMo 5			25	22	20	19	18	17							
24 CrMoV 55				25	24	23	22	21	20	18	15	12	9		
4 D	40	32	28	24											
	40	–	–	–											
C 35	40	35	32	28	24	21									
24 CrMo 5			40	35	31	30	29	28							
24 CrMoV 55				40	38	36	35	34	33	29	24	19	15		
C 35	64	36	29	24											
	64	50	45	40											
	64	–	–	–											
	64	50	45	40	36	32									
24 CrMo 5			64	56	50	47	46	45							
24 CrMoV 55				64	61	58	57	56	53	47	40	32	25		
C 35	100	80	70	60											
	100	–	–	–											
	100	80	70	60	56	50									
24 CrMo 5			100	87	78	74	72	70							
24 CrMoV 55				100	95	91	89	87	82	74	62	49	38		
C 45	160	130	112	96											
	160	–	–	–											
	160	130	112	96	90	80									
24 CrMo 5			160	139	125	118	115	112							
24 CrMoV 55				160	153	146	142	139	132	118	100	79	62	46	35
21 CrMoV 511													70	61	52
C 45	250	200	175	150											
	250	–	–	–											
	250	200	175	150	140	125									
24 CrMo 5			250	217	195	185	179	174							
24 CrMoV 55				250	238	227	223	217	206	184	154	124	97	73	54
21 CrMoV 511												124	108	95	81
C 45	320	250	225	192											
	320	–	–	–											
	320	250	225	192	180	160									
24 CrMo 5			320	278	250	236	230	222							
24 CrMoV 55				320	304	292	285	278	264	237	200	158	124	93	69
21 CrMoV 511												158	139	121	104
C 45	400	320	280	240											
	400	–	–	–											
	400	320	280	240	225	200									
24 CrMo 5			400	348	312	296	286	278							
24 CrMoV 55				400	380	364	356	348	330	295	250	198	155	116	87
21 CrMoV 511												198	174	151	130

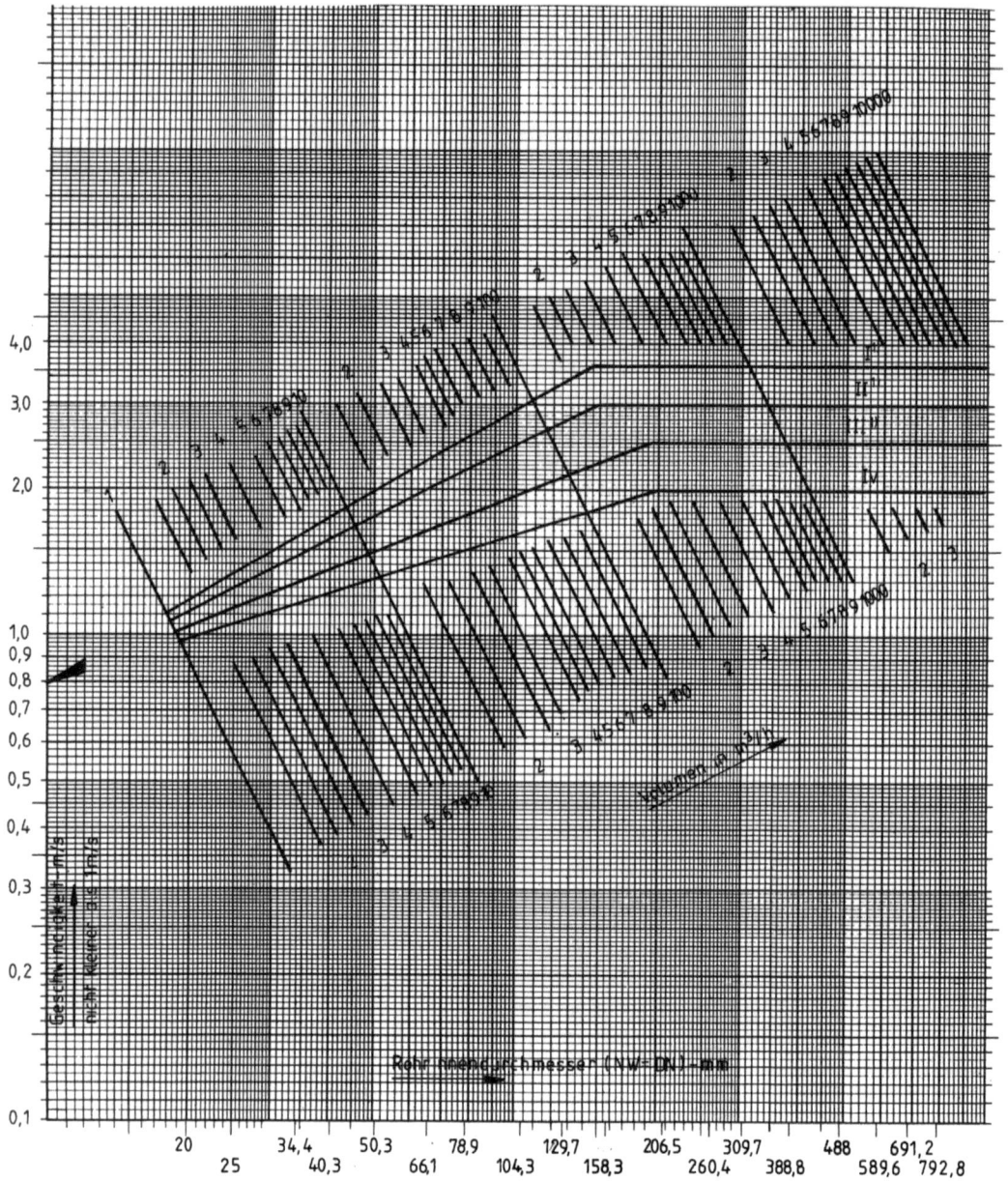

Bild 19.8 Rohrinnendurchmesser (See- und Frischwasser) für ständigen Durchfluß, z.B. für Kühlung
[1]) I   Cu Ni 10 Fe
   II Cu Zn 20 Al (So Ms 76, Yorcalbro) ⎫
   III St 35 t Zn; St 35; St 37–2t Zn;   ⎬ Druckleitungen
       St 37–2   ⎭
   IV Saugeleitungen, alle Materialien

Stählerne Rohre für Kühlkreisläufe im Maschinenraum werden innen und außen verzinkt. Die Durchmesser der *Lenzrohre* von Trockenfracht- und Fahrgastschiffen werden nach *GL* berechnet zu:

für Hauptlenzrohre

$$d_{RH} = 1{,}68 \sqrt{(B+H)L} + 25 \quad \text{mm} \tag{17}$$

für Zweiglenzrohre

$$d_{RZ} = 2{,}15 \sqrt{(B+H)\,l_w} + 25 \quad \text{mm} \tag{18}$$

Ähnliche Formeln gibt es für die Lenzleitungen auf Tankschiffen sowie auf Wechselschiffen und Leichtern.

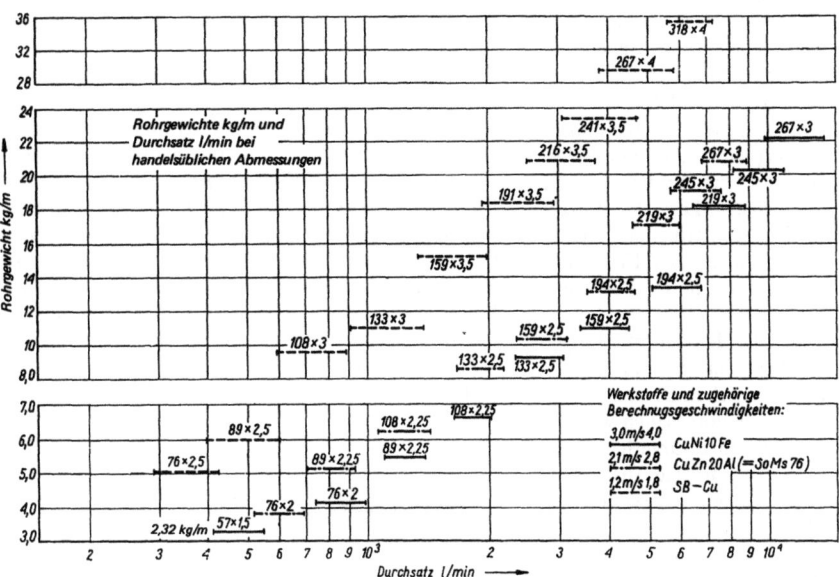

Bild 19.9 Abhängigkeit des Rohrgewichts vom Durchsatz für die Werkstoffe SB-Cu, CuZn20Al (früher: SoMs76) und CuNi10Fe bei üblichen Rohrabmessungen und zulässigen Strömungsgeschwindigkeiten

Die Wanddicken der *Luft-, Überlauf-* und *Peilrohre* richten sich nach den Schiffbauvorschriften z.B. des *GL*; unterhalb des Wetterdecks gilt für stählerne Rohre die Tafel 19.5 für Lenz- und Ballastwasserrohre. Als Richtlinie für den Durchmesser der *Hauptfeuerlöschleitung* kann angewendet werden:

$$d_{RF} = 0{,}8 \cdot d_{RH} \quad \text{mm} \tag{19}$$

Für CO_2-Feuerlöschleitungen verwendete Stahlrohre müssen nach Tafel 19.19 ausgelegt und innen und außen verzinkt sein. Rohre von den CO_2-Flaschen bis zur Verteilerstation werden dickwandiger und aus hochwertigerem Material hergestellt als die Rohre von der Verteilerstation bis zu den Ausströmdüsen. Ausströmleitungen sind so zu bemessen, daß keine *Vereisung* eintreten kann. Die Wanddicke von *Solerohrleitungen* ist wie für Lenzrohre zu bemessen: vor dem Aufbringen von Isolierung sind sie gegen Korrosion zu schützen. Für *Kältemittelrohre* gelten die Vorschriften wie für Rohre im Maschinenraum.

Als Werkstoff für *Kunststoffrohre* kommen vor allem Thermoplaste in Betracht, da sich dies Material besonders wirtschaftlich verarbeiten läßt. PVC (hart) und Polyäthylen haben dabei wohl die größte Bedeutung erlangt, weshalb in Abschnitt 19.1 die technischen Lieferbedingungen, die Maße für Rohre und die Verarbeitungsrichtlinien nach DIN-Normen für diese Materialien angegeben sind. Darüber hinaus behandelt DIN 19 531 Rohre und Formstücke für Abwasserleitungen, DIN 19 532 desgl. für Trinkwasserversorgungssysteme, beide für PVC. DIN-Norm 19 533 behandelt Rohrleitungen aus Polyäthylen für die Trinkwasserversorgung. DIN 16 933 befaßt sich mit den Verarbeitungsrichtlinien für Rohre aus Polyäthylen.

19.4.2 Rohrverbindungen

Am zweckmäßigsten werden Rohre durch *Flanschen* verbunden, die gegeneinander mit Packungen abgedichtet werden. Diese Verbindung ist leicht lösbar, was bei Reparaturen oder beim Ersetzen von Dichtungen die Arbeit erleichtert. Die Anzahl der Verbindungsstellen soll man möglichst einschränken, da sie immer eine Gefahr für das Auftreten von

Tafel 19.19 Mindestwanddicke der CO_2-Stahlrohre

d_a mm	von den Flaschen bis zu den Verteilerventilen s in mm	von den Verteilerventilen zu den Düsen s in mm
21,3…26,9	3,2	2,6
30,0…48,3	4,0	3,2
51,0…60,3	4,5	3,6
63,5…76,1	5,0	3,6
82,5…88,9	5,6	4,0
101,6	6,3	4,0
108,0…114,3	7,1	4,5
127,0	8,0	4,5
133,0…139,7	8,0	5,0
152,4…168,3	8,8	5,6

Undichtigkeiten bilden; Schweißverbindungen vermeiden diese Gefahr zwar, doch ist ihre Anwendung durch Ein- und Ausbaumöglichkeiten begrenzt. Flanschen sind genormt, s. Abschnitt 19.1.

Rohre aus CuZn20Al bzw. CuNi10Fe werden durch lose Flanschen mit Lötbund (Bild 19.10) verbunden; diese Flanschringe kann man beim Einbau beliebig drehen, so daß sich eine günstige Lage der Bolzenlöcher erreichen läßt. Die Konstruktion erlaubt außerdem die Verwendung billiger Stahlflanschen, die mit dem Betriebsmittel nicht in Berührung kommen.

Bei den Rohrverbindungen in Heißdampfleitungen ist besonders auf zuverlässige Bauart und Ausführung zu achten; anstelle der üblichen Bolzen müssen Schrauben mit großer Dehnung vorgesehen werden, um den unterschiedlichen Temperaturverhältnissen Rechnung zu tragen. Eine zweckmäßige Ausführung für die Verbindung von Hochdruck-Heißdampfleitungen zeigt Bild 19.11.

Bis zu Nennweiten von 25 mm werden vorwiegend *Rohrverschraubungen* eingesetzt.

Als Flanschen sollen möglichst Norm-Flanschen verwendet werden.

Für Schweißverbindungen an Druckleitungen (Dampf- und Druckgasleitungen sowie sonstige Leitungen mit mehr als 10 bar Betriebsdruck) gilt für beim GL klassifizierte Schiffe dessen Bauvorschrift [19.2]. Danach sollen Rohrleitungen so konstruiert werden, daß die Schweißverbindungen möglichst weitgehend in der Werkstatt hergestellt werden können.

Schweißnähte an Rohren aus legiertem Stahl sind einer sachgemäßen Wärmebehandlung zu unterziehen; ähnlich ist bei unlegierten Stahlrohren zu verfahren, wenn die Betriebsmitteltemperatur über 250 °C beträgt oder Wanddicken über 12 mm verschweißt werden.

Besonders für lange Schiffsrohrleitungen, die in gewissem Umfang den beim Seegang sowie beim Laden und Löschen auftretenden inneren Bewegungen des Schiffes ausgesetzt sind, eignen sich flexible Rohrkupplungen. *Viking-Johnson-* und *Victaulic-Kupplungen, Dresserkupplungen* u.a. erlauben z.B. sowohl Längs- als auch Winkelbewegungen der verbundenen Rohrenden. Bei den *Viking-Johnson-Kupplungen* handelt es sich um Kompressionskupplungen, bei denen zwei keilförmige Gummiringe durch spezielle Flanschen zwischen die Enden des Mittelteils und die Rohrenden gepreßt werden (Bild 19.12).

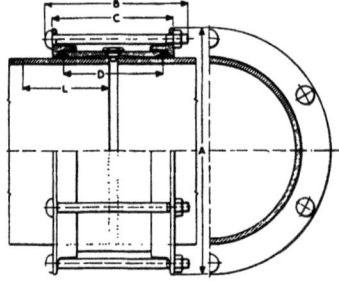

Bild 19.12 *Viking-Johnson-Standardkupplung* für Stahlrohre nach DIN 2448 *A, B, C, D* Kupplungsmaße, *L* Mindestabstand

19.4.3 Armaturen

Wie die Rohre sind auch die Absperrorgane, d.h. Ventile, Schieber und Hähne, nach Nennweite und Nenndruck gestuft. Sie sollen äußerlich mit diesen Daten gekennzeichnet sein und außerdem eine Angabe über Durchflußrichtung und Material erhalten.

Für Spezialaufgaben wurden Sonderventile entwickelt, wie Regelventile, Rückschlagklappen, Fußventile, Sicherheitsventile, Mehrfachventile, Ventilkästen usw.

Bild 19.13 zeigt ein Durchgangsventil. Seine Hauptteile sind: Ventilgehäuse (1), Ventilsitz (2), Ventilkegel (3), Ventilspindel (4), Ventildeckel (5), Stopfbuchsbrille (6).

Die für den Einbau wichtigen *Hauptabmessungen* sind in den Bildern 19.13 bis 19.17 durch Buchstaben angegeben.

Ventile mit besonders geringem Durchflußwiderstand nach Bild 19.14 werden als *Freiflußventile* bezeichnet.

In Flüssigkeitsleitungen ordnet man häufig *Schieber* an, die ebenfalls in ganz geöffnetem Zustand nur einen geringen Strömungswiderstand bilden. Bild 19.15 läßt die Hauptteile erkennen: Gehäuse (1),

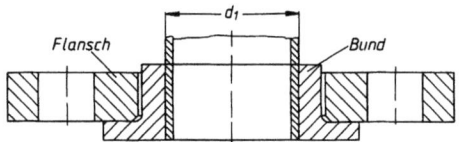

Bild 19.10 Loser Flansch mit Lötbund für Rohre aus Kupfer und Kupferknetlegierungen PN 10 und 16 nach DIN 86 036

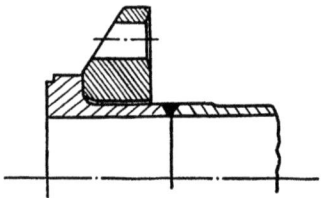

Bild 19.11 HD-Flanschverbindung

Erfahrungswerte

Deckel (2), Schieberkörper (3), Spindel (4), Stopfbuchsbrille (5).
Bild 19.16 zeigt einen *Dreiwegehahn* mit den Hauptteilen: Gehäuse (1), Hahnküken (2), Stopfbuchsbrille (3).
Druckminderventile für Dampfleitungen nach Bild 19.17 werden als Drosselorgane verwendet. Das Ventil (Fa. *Mankenberg*) wirkt folgendermaßen: Das drucklose Ventil steht offen. Die Druckeinstellung erfolgt durch die Stellschraube St. Die Federn F halten dem Niederdruck das Gleichgewicht. Jede Einstellung läßt eine bestimmte Dampfmenge durch den Sitz S. Bei größerem Dampfverbrauch wird der Stellkolben K im unteren Flansch weniger

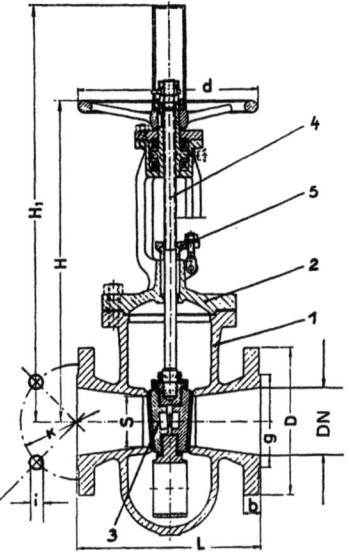

Bild 19.15 Durchgangsabsperrschieber

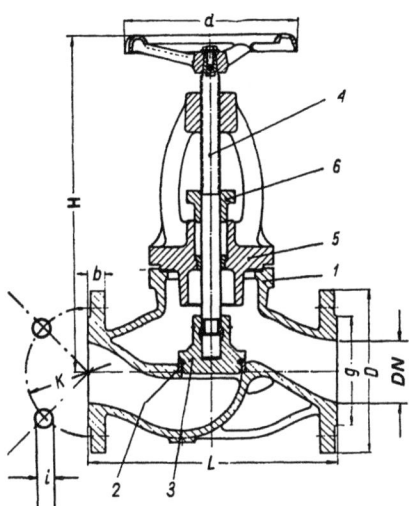

Bild 19.13 Durchgangsabsperrventil (ab DN 65)

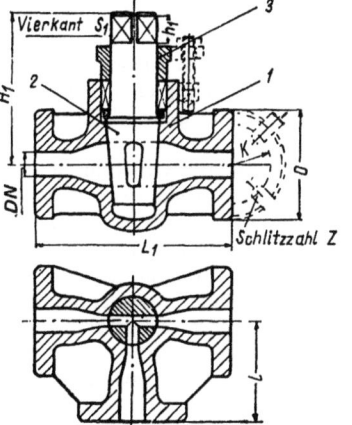

Bild 19.16 Dreiwegehahn

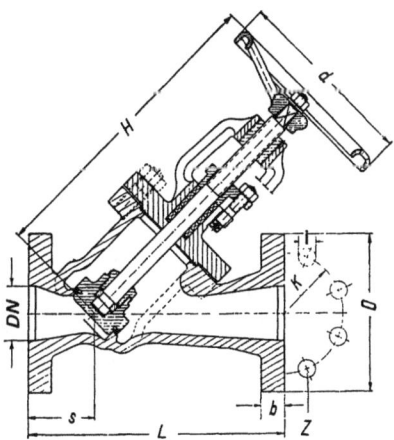

Bild 19.14 Freiflußventil

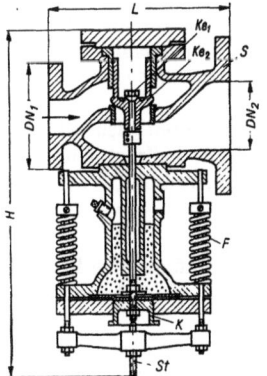

Bild 19.17 Dampfdruckminderventil

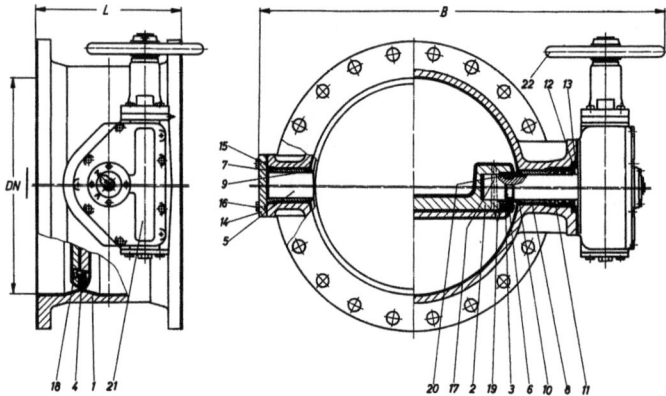

Bild 19.18 Absperrklappe mit Schubkurbelgetriebe in ganz gummierter Ausführung (Fa. *Schmitz & Schulte*, Burscheid)

1 Gehäuse
2 Klappenscheibe
3 Haltering
4 Dichtelement
5 Lagerzapfen
6 Lagerspindel
7 Buchse
8 Buchse
9 O-Ring
10 O-Ring
11 Nutring-Manschetten
12 Deckscheibe
13 Zentrierbuchse
14 Deckel
15 O-Ring
16 Sechskantschraube
17 Kegelstift
18 Innensechskantschraube
19 Gewindestift
20 O-Ring
21 Schubkurbelgetriebe
22 Handrad

belastet, und das Ventil öffnet weiter. Geringerer Dampfverbrauch läßt einen Stau entstehen, der den Stellkolben K nach unten drückt und dadurch den Sitzquerschnitt verengt. Wird kein Dampf verbraucht, so schließt das Ventil durch seine beiden einsitzigen Kegel Ke_1 und Ke_2 ganz ab. Bei Einsetzen des Dampfverbrauchs öffnet zunächst das kleine Ventil. Der durch den Spalt der Führung des kleinen Kegels Ke_1 nachströmende Dampf tritt durch den kleinen Sitz auf die Niederdruckseite. Führung des großen Kegels und großer Sitz haben gleichen Durchmesser, wodurch der große Kegel Ke_2 voll entlastet ist.

In Seewasserleitungen, Ballastwasserleitungen und Ladeölleitungen werden zunehmend *Absperrklappen* statt Ventile bzw. *Schieber* an Bord verwendet. Klappen sparen Raum und Gewicht und sind dabei robust, sie dichten in beiden Strömungsrichtungen. Für Drosselstellungen werden sie entweder mit einer *Feststellvorrichtung* oder einem selbsthemmenden *Schubkurbelgetriebe* versehen.

Klappen lassen sich mit Hartgummi bzw. Kunststoff *auskleiden* und sind sehr korrosionsbeständig. Bild 19.18 zeigt eine Absperrklappe mit Schubkurbelgetriebe ganz gummierter Ausführung.

Bild 19.19 zeigt einen Tankschiffschieber zum Aufbau von Hydraulikzylindern der Vereinigten Armaturen-Gesellschaft (VAG) Mannheim. Dichtung kann metallisch nach a) oder zusätzlich durch PTFE-Dichtring erfolgen (b).

Für automatisierte Anlagen lassen sich Klappen ebenso wie Regelventile mit Stellmotoren, Endlagenschaltern und -anzeigern ausrüsten.

19.4.4 Dichtungen

Die Abmessungen von Flachdichtungen für Flansche mit ebener Dichtfläche PN 1...40 sind genormt in DIN 2690.

Einen guten Überblick über Flachdichtungen für Rohrleitungen mit Zuordnung zu den Durchflußstoffen gibt die Werksnorm der AG ‚Weser', Bremen, Tafel 19.20. Grundlage ist DIN 86 070. Die Dichtungsdicke beträgt nach DIN 2690 2 mm, nach WWN 18 809 4,5 mm.

19.4.5 Rohrsysteme

Die Gestaltung von Rohrplänen für Schiffe erfordert große Erfahrung, damit die vorgesehenen Schaltungsmöglichkeiten den betrieblichen Erfordernissen des praktischen Schiffsbetriebes genügen.

Oberster Gesichtspunkt ist wie immer an Bord die Schiffssicherheit. Es wird neben einer gewissen *Notschaltmöglichkeit* vor allem *Übersichtlichkeit*, d.h. *Einfachheit* verlangt. Ebensoviel Erfahrung wie für den Entwurf der schematischen Rohrpläne ist für die Rohrverlegung selbst erforderlich. Hierbei ist auf gute Zugänglichkeit zu achten. Die Leitungen müssen so verlegt werden, daß Luftsäcke vermieden werden (besonders bei Saugeleitungen von Kreiselpumpen). Alle Rohrleitungen sind gut zu haltern, gegen Verschieben und Durchhängen abzustützen und sollen mindestens 50 mm von Maschinenfundamentträgern, Bodenwrangen usw. frei geführt werden, da sie sonst bei Vibrationen durchscheuern können. Auch wenn die Klassifikationsgesellschaften für untergeordnete Zwecke Rohrverbindungen durch *Muffen* gestatten, sollte man diese im Seeschiffbau nicht verwenden, weil sie sich — einmal undicht geworden — nicht mehr nachdichten lassen. Aus ähnlichem Grunde sollte man *Hähne* möglichst vermeiden und dafür Ventile anordnen. Freiflußventile sind wegen ihres geringeren Widerstandes vorzuziehen. Unterflurarmaturen sollen durch Gestänge leicht bedienbar gemacht werden.

Bei der Planung von Rohrleitungen sind Druckabfall und Wärmeverlust zu beachten. Der Druckabfall ist abhängig vom Rohrdurchmesser, der Wärmeverlust außerdem von der Güte der Isolierung. Bei der Bemessung des Rohrdurchmessers ist ein Kompromiß zwischen Druckabfall und Anlagekosten

Erfahrungswerte

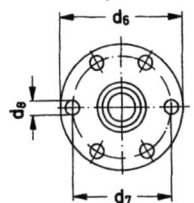

Zylinder-Anschlußflansch
Anordnung der Bohrungen
bei 6 Löchern

Bild 19.19 Tankschiffschieber zum Aufbau von Hydraulikzylindern

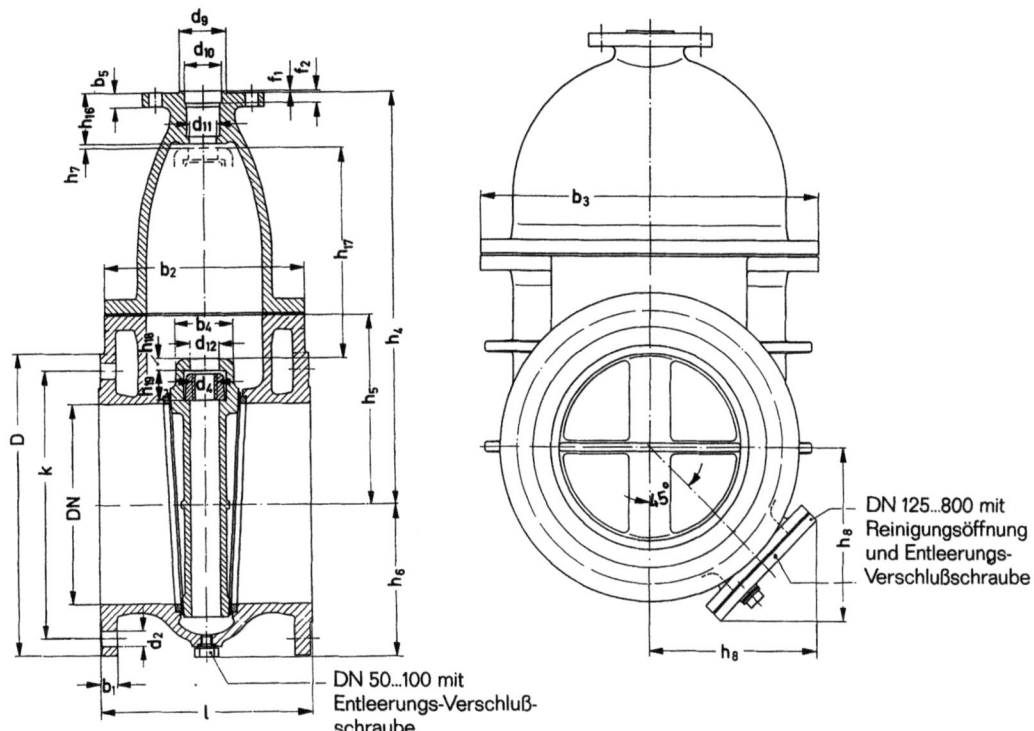

DN 125...800 mit Reinigungsöffnung und Entleerungs-Verschlußschraube

DN 50...100 mit Entleerungs-Verschlußschraube

Keil-Abdichtpartie

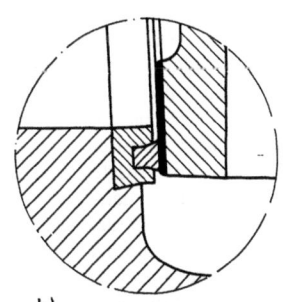

a) Bronze/Bronze

dichtend

b) Bronze/Bronze

dichtend mit zusätzlichem PTFE-Dichtring

Tafel 19.20 Flachdichtungen

Lfd. Nr.	Rohrleitung für			Dichtung		Bemerkung
	Durchflußstoff	Betriebsüberdruck bar	Betriebstemperatur °C	Werkstoff	Norm	
Wasser						
1	Wasser, Meerwasser, Schmutzwasser, Wasser, verölt	bis 16	bis 250	It Mo	DIN 2 690	
2	Kesselspeisewasser	bis 32[1])	bis 250[1])	It Mo	DIN 2 690	
3		über 32		Metall-Weichstoff	WWN 188 09	
Dampf						
4	Dampf, Dampf für Tankheizung	bis 40[1])	bis 300[1])	It Mo	DIN 2 690	
5	Dampf	über 40	bis 600	Metall-Weichstoff	WWN 188 09	
Luft und Abgase						
6	Druckluft[2])	bis 40	–	It Mo	DIN 2 690	
7	Verbrennungsabgase	–	bis 500	It MoG2	Dichtung nicht genormt	≦ DN 200
8				Asbestband	WWN 188 08	> DN 200
Öl						
9	Treiböl[3])	bis 40	bis 150	It Mo	DIN 2 690	
10	Schmieröl	bis 40	–			
11	Ladeöl	bis 25	bis 80			
Kältemittel						
12	NH_3	bis 25	–50 bis +150	It Mo	DIN 2 691	
13	R12	bis 16	–50 bis +130			
14	R22	bis 25	–50 bis +130			
15	Kühlsole	bis 10	–40 bis +40			

[1]) Falls einer der angegebenen Werte überschritten wird gilt die nächsthöhere Qualität.
[2]) Entlüftung und Entwässerung sind dem jeweiligen Durchflußstoff zuzuordnen.
[3]) Bei Treiböl-Betriebsdruckleitungen hinter Pumpen Dichtungsdicke 0,5 mm.

zu schließen. Enge Rohrleitungen ergeben zwar niedrige Preise und kleine Wärmeverluste, aber größeren Druckabfall; sie neigen ferner eher zu Verstopfungen. Weite Leitungen ergeben dagegen höhere Preise und größere Wärmeverluste, dafür aber geringeren Druckabfall.
Rohrleitungen für *warme* Flüssigkeiten, Gase und Dämpfe dehnen sich gegenüber ihrem Kaltzustand aus. Sie sind daher elastisch zu verlegen (große Rohrbögen) oder mit Ausgleichstücken etwa nach Bild 19.20 zu versehen, damit auf die Festpunkte der Leitungen nicht unzulässige Kräfte ausgeübt werden. Man gibt den Leitungen allgemein im kalten Zustand eine *Vorspannung*, die der halben im Betrieb auftretenden Dehnung entspricht.
Besondere Richtlinien für Schläuche und Dehnungsausgleicher an elastisch aufgestellten Maschinen sind zu beachten [19.2].

Die Führung von Brennstoff- bzw. Kraftstoffrohren durch Speisewasser-, Trinkwasser- und Schmieröltanks ist nur in einem *Rohrtunnel* zulässig. Rohre für diese Betriebsmittel sollen möglichst auch nicht durch Ballastwassertanks geführt werden; ist Verlegung in einem Rohrtunnel nicht möglich, müssen *dickwandige* Rohre verlegt werden.

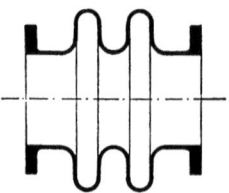

Bild 19.20
Wellrohr-Ausgleichsstück

Brennstoff- und Kraftstoffrohre für vorgewärmte Flüssigkeiten sollen möglichst über Flur verlegt werden, so daß ihre Absperrorgane leicht bedienbar und zugänglich sind. Rohrleitungen für flüssige Brennstoffe dürfen nicht in der Nähe von heißen Maschinenteilen, Kesseln oder elektrischen Einrichtungen angeordnet werden; Rohre für *vorgewärmte* flüssige Brennstoffe müssen isoliert und gegebenenfalls mit einer *Begleitheizung* ausgerüstet werden.

Ursprünglich für die Planung der Antriebsanlagen von Serienschiffen entwickelt hat sich das Entwerfen der Maschinenraumanordnung mit Hilfe von *Konstruktionsmodellen* durchgesetzt, vor allem, um Anlagen mit besonders zahlreichen Hilfseinrichtungen übersichtlich zu erstellen. Statt der bisher üblichen zweidimensionalen Zeichnungen werden dreidimensionale Modellanlagen aus Kunststoff im Maßstab 1:10 bzw. 1:20 hergestellt, die neben der auch von einer Zeichnung zu fordernden *Maßstabsgerechtigkeit* noch den Vorteil besserer *Anschaulichkeit* haben.

Durch diese sehr anschauliche Modellplanung kann die Maschinenaufstellung optimiert werden. Für die Reederei stehen dabei neben der günstigen Zuordnung der verschiedenen Anlagenteile zueinander besonders deren leichte *Wartbarkeit* im Vordergrund, während die Werft vor allem an Fragen der günstigsten *Einbaufolge*, der kürzesten Rohrführung und der Abgrenzung der einzelnen Baugruppen interessiert ist.

Wenn das Rohmodell des Maschinenraumes mit den angrenzenden schiffbaulichen Konstruktionen erstellt ist, wird zunächst eine vorläufige Aufstellung der mit den wesentlichen Einzelheiten versehenen Maschinenmodelle (meist aus *Styropor*-Hartschaum) festgelegt; die endgültige Anordnung wird dann gemeinsam von den Entwicklungs-, Planungs- und Konstruktionsabteilungen zusammen mit der Reederei erarbeitet. Anschließend werden die Maschinenmodelle entsprechend den üblichen Rohrschemata verrohrt, wobei sich i. a. nochmals geringfügige Veränderungen im Aufstellungsplan ergeben, um Bedien- und Wartbarkeit aller Anlagenteile zu sichern.

In der letzten Konstruktionsphase zeichnet der Konstrukteur die einzelnen Rohrleitungen nach den Modellen in *isometrischer* Darstellung (DIN 5). Dabei werden die drei Achsen eines rechtwinkligen räumlichen Koordinatensystems in der Zeichenebene unter einem Winkel von 120° abgebildet. *Isometrisch* bedeutet, daß die drei Hauptachsen und alle Parallelen dazu im gleichen Maßstab abgebildet werden. Nach diesen Teilzeichnungen kann der Rohrbau einen Rohrstrang vorfertigen, da in der zugehörigen Stückliste alle Werkstoffe angegeben sind.

Wenn das Modell auch noch farbige Rohrkennzeichnungen und Strömungsrichtungspfeile sowie u. U. Kurzbezeichnungen auf den Hauptteilen erhalten hat, fertigt man zweckmäßig aus verschiedenen Perspektiven *Buntfotos* an, die die Montagearbeiten unterstützen sowie bei der Inbetriebnahme und auch beim späteren Betrieb zu Schulungszwecken sehr nützlich sein können. Auch für technische Erörterungen mit Aufsichtsbehörden und für Fragen, wie sie bei einer Automatisierung auftreten, kann das Modell gute Dienste leisten.

Mit der beschriebenen Methode läßt sich eine Ersparnis von 1% der Anlagenkosten erzielen, wobei allerdings vorausgesetzt werden muß, daß das Konstruktionsmodell konsequent als Konstruktionsmittel und als Ersatz für Zeichnungen eingesetzt wird.

Besonders im Tankerbau und -betrieb kommt dem Rohrsystem Bedeutung zu. Produkten- und Chemikalientanker stellen in dieser Beziehung die höchsten Anforderungen.

Ladeschema von Produkten-/Chemikalientankern

Auf einem Tanker wird dem *Lade-* und *Löschsystem* neben der Wirtschaftlichkeit, Einfachheit, Sicherheit auch der Flexibilität eine wesentliche Rolle bei der Auslegung des Systems beigemessen. Gerade das Lade- und Löschschema kann dazu beitragen, die Liegezeiten während des Ladens und Löschens günstig zu gestalten und damit die Kosten für den Reeder angenehm zu beeinflussen.

Bild 19.21 zeigt vereinfacht einen Ausschnitt des im Dezember 1980 in Dienst gestellten Produkten- und Chemikalientankers der Reederei E. Jacob, Flensburg. Das Schiff verfügt über 28 Ladetanks mit einer Tragfähigkeit von 33 000 dwt (9 × 3 Tanks und 1 Sloptank) und einem „Restöl" oder 2. Sloptank. Um auch die Anforderungen von eventuellen in der Zukunft zu erwartenden verschärften Umweltschutzbestimmungen für den Transport von gefährlichen Gütern schon jetzt zu erfüllen, ist dieses Schiff bereits mit einem *Doppelboden* unter den Mitteltanks ausgerüstet.

Auf eine Darstellung aller Ladetanks wurde verzichtet, da die weiteren Gruppen der Ladetanks wie für die Tanks 9 und 8 geschaltet sind. Die Übernahmestation wurde schematisch nach Tank 9 verschoben, was der Wirklichkeit zwar nicht entspricht, aber für diesen gerafften Ausschnitt des Schemas nötig ist.

Besondere Anforderungen werden infolge der umfangreichen Ladungsliste an die *Werkstoffe* des Lade- und Löschsystems gestellt. So erhalten z.B. alle Ladetanks eine Beschichtung aus Epoxydharz als Korrosionsschutz. Das Rohrleitungsmaterial ist aus Stahl St 35 und erhält ebenso wie die Ladetanks eine Beschichtung aus Epoxydharz. Da einerseits lösbare Verbindungen nur an Armaturen, ansonsten auf ein Minimum zu beschränken sind, jedoch für eine saubere Abarbeitung der inseitigen Beschich-

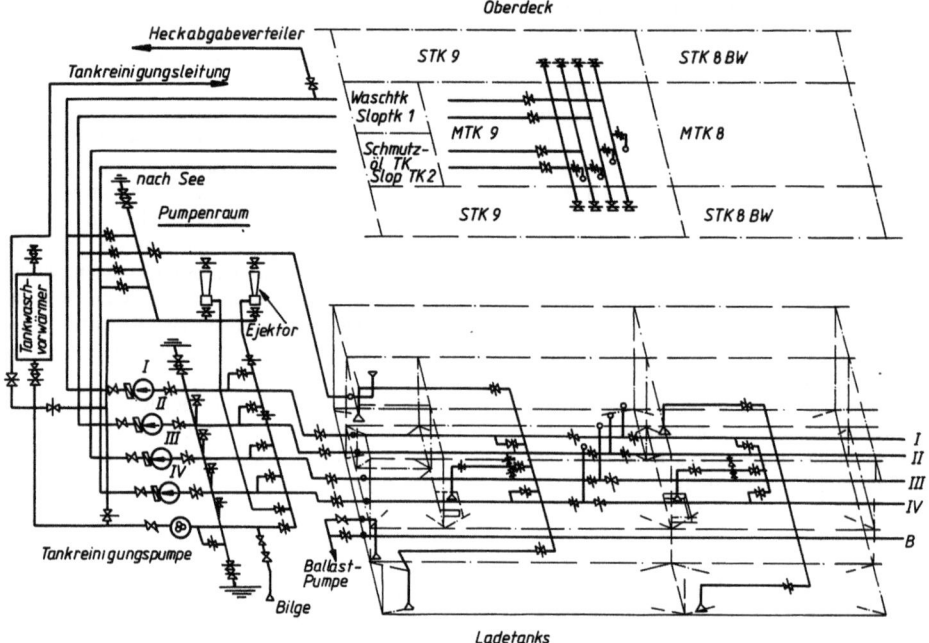

Bild 19.21 Ladetanks eines Produktentankers

tung von Rohrleitungen erforderlich sind, ist viel Sorgfalt auf einfachen, möglichst geraden Rohrleitungsverlauf zu legen.

Das Schaltschema zeigt, daß jede der vier Ladepumpen aus jedem Ladetank saugen kann, da die vier Hauptleitungen bis zum Tank 1 verlegt sind.

An *Armaturen* sind nur Schieber vorgesehen, die noch zusätzlich in den Dichtringen im Gehäuse eine Weichdichtung aus PTFE erhalten (siehe Bild 19.19b). Nur mit Schiebern dieser Bauart ist die größtmögliche Sicherheit gegen Leckagen zu gewährleisten. Es ist notwendig, daß bei einem auf technisch hohem Standard stehenden Ladesystem alle Armaturen vom Ladekontrollraum ölhydraulisch bedient werden.

Auch in bezug auf die *Tankreinigung* ist dieses System entsprechend den Umweltschutzbestimmungen ausgerüstet. Für die Ladetanks wurden 32 fest eingebaute *Eindüsen-Tankwaschmaschinen* vorgesehen, mit denen *COW (Crude Oil Wash)* nach neuesten IMCO Richtlinien durchgeführt werden kann. Eigens für das COW ist eine Verdrängerpumpe vorgesehen, um während des „Top"-(Decke) und „Side Wall"-(Seitenwände) Waschens den Löschbetrieb nicht zu unterbrechen. Um die Tanks während des „Bottom Wash" (Bodenwäsche) trocken zu halten, sind 2 Ejektoren mit ca. 50 % Überkapazität vorgesehen. Nur mit Ejektoren ist ein wirtschaftliches COW möglich. Voraussetzung für ein COW

ist natürlich, daß das Schiff über eine *Inertgas-Anlage* verfügt, denn COW ist nur bei inertisierter Tankatmosphäre zulässig. Es wurde hierfür einer Erzeugungs-Anlage der Rauchgas-Anlage der Vorzug gegeben, da sie ein reineres Endprodukt als eine Rauchgas-Anlage liefert und kein Risiko einer eventuellen Verschmutzung oder Polymerisation des Gases mit den Produkten eingegangen wird.

Eine Tankreinigung bei Umstellung von schmutziger auf saubere Ladung kann sowohl mit vorgewärmtem als auch mit kaltem Seewasser erfolgen. Das Waschen erfolgt dann im „geschlossenen" Kreis, um kein ölverschmutztes Wasser nach See abzugeben.

Automatisches Restlenzsystem

Die Rohrleitungen innerhalb der Tanks sind möglichst so zu verlegen, daß die Rohrleitungswiderstände auf einem Minimum gehalten werden. Selbst bei geradem Rohrleitungsverlauf ergeben sich bei dem zuvor beschriebenen Lade- und Löschplan für den ungünstigsten Fall Entfernungen von ca. 100 m zwischen Pumpe und Tank. So wird selbst eine gute Ladepumpe mit einem NPSH-Wert von 4,5 m bei ihrer Nenndrehzahl und Auslegungsfördermenge einen Tank ohne geeignete Zusatzeinrichtungen nicht leersaugen können, ohne in den für sie gefährlichen Kavitationsbetrieb zu kommen. Auf Tankern älteren Baudatums findet man häufig neben den eigentlichen Lade- und Löschleitungen ein separates *Restlenz-* oder *Stripping-System* mit einer oder mehreren Verdrängerpumpen. Es liegt jetzt an den mehr oder weniger guten Erfahrungen des Bedienungspersonals zu entscheiden, die Ladepumpendruckseite zu drosseln, die Drehzahl der Pumpe zu reduzieren (wenn möglich) oder auf das Restlenzsystem umzuschalten.

Bild 19.22 zeigt eine moderne *automatische/manuelle Restlenzanlage,* die es ermöglicht, mit der vorhandenen Ladepumpe, ohne ein separates Restlenz-Rohrsystem, einen kavitationsfreien Pumpenbetrieb bis zu „trockenem" Tank zu ermöglichen. Alle zur Zeit auf dem Markt angebotenen Restlenzsysteme haben ein gemeinsames Ziel: den Luft- oder Gaseintritt in den Pumpensaugstutzen so lange wie möglich zu verhindern.

Auf dem zuvor beschriebenen Produkten- und Chemikalientanker wurde das Restlenzsystem der Fa. JMW, Jönköping, vorgesehen. Auf Produktentankern ist zu empfehlen, *jede* Ladepumpe mit eigenem Restlenzsystem auszurüsten, um einer eventuellen Vermischung von Produkten bei einer gemeinsamen Anlage vorzubeugen.

Zu den wichtigsten Teilen einer Restlenz-Anlage zählen:

1. *Separatortank*
   Ein vertikaler Behälter befindet sich jeweils zwischen der Saugleitung und Pumpe. In diesem Behälter wird der Flüssigkeitsspiegel über Mitte Ladepumpe angehoben und die Turbulenz verringert.
2. *Differenzdruckregler*
   Das „Gehirn" der Anlage besteht aus einem Differenzdruckregler, der den Füllstand im Separatortank mißt.
3. *Ventilstellungsregler*
4. *Drosselventil*
5. *Pneumatisch/automatisch bedientes Ventil*
   – schließt bei zu hohem Füllstand im Separatortank.
6. *Vakuumpumpe und Vakuumtank*
7. *Vakuum-Sicherheitsventil*
   – öffnet bei zu hohem Vakuum.

Bild 19.22 zeigt das Schaltschema einer „Stripping"-Anlage mit den wichtigsten Teilen: Der Differenzdruckumwandler (2) mißt nach dem Lufteinperlverfahren den Füllstand im Separatortank (1) und gibt umgekehrt proportional zum Füllstand ein Signal von 0,2...1 bar als Ausgangssignal weiter. Dieses Signal wird auf alle anderen Bauteile übertragen und entsprechend verwertet. Wenn der Füllstand im Separator fällt, wird zunächst die Vakuumpumpe (10) über den Vakuum- und Sperrwassertank versuchen, den Füllstand im Tank (1) anzuheben. Bei weiter fallendem Füllstand wird dieses jedoch nicht mehr gelingen, so daß über den Ventilstellungsregler (3) das Drosselventil (4) betätigt wird.

Die Pumpe fördert eine Menge, die dem von der Vakuumpumpe aufrechtzuerhaltendem Füllstand entspricht.

Tankinhaltsmeßsystem

Auf Tankern übliche *Tankinhaltsmeßsysteme* gibt es viele, z.B. Peilstab, Schwimmer, Lufteinperlsystem und andere. Eine neue Entwicklung einer Tankinhaltsmessung wird von der Fa. AS Skarpenord mit dem *„Cargomaster"* seit 1978 angeboten. Unter Verwendung modernster Computertechnik ist es möglich, jederzeit wichtige Informationen über die Ladungsverhältnisse ohne weitere Benutzung von Tabellen und Umrechnungen zu erfahren bzw. abzufragen.

Vorteile dieser Anlage:

1. *Direkte Anzeigen* von Füllstand und Volumen, Temperatur des Ladegutes und des Inertgasdruckes.
2. *Automatische Bestimmung* der Dichte des Ladegutes.
3. *Tabellarische Auflistung* von Tanks oder Gruppen von Tanks mit allen wichtigen Informationen.
4. Füllstände der Tanks als *„Säulen"* sichtbar.
5. *Kompakte Bauweise* der Anlage, sehr geringer Platzbedarf.
6. *Eigensicheres System.*

Funktionsbeschreibung (Bild 19.23):

Wenigstens zwei Druckmeßumwandler sind in jedem zu messenden Tank vorzusehen, einer am Tankboden, der andere vorzugsweise auf halber Tankhöhe. Wenn der Füllstand den oberen Druckumwandler erreicht hat, wird der Computer den Differenzdruck registrieren und da der Abstand zwischen den beiden Druckumwandlern bekannt ist, wird automatisch die Dichte der Ladung berechnet (Bild a).

Der Füllstand kann jederzeit als *„Ullage"* und Füllstandshöhe abgefragt werden, ohne Benutzung des oberen Druckumwandlers. Während der Beladung und vor Erreichen des oberen Druckumwandlers kann das spezifische Gewicht manuell vorgegeben werden, wenn dieses der Ladevorgang erfordert. Während dieser Zeit wird der Computer die sogenannte *„spezifische Computerdichte"* für die Rechnung benutzen. Die Dichte wird für zwei Temperaturen vorgegeben, und der Computer wird die Temperatur der Ladung messen und linear zwischen den vorgegebenen Werten interpolieren (Bild b).

Das Meßsystem korrigiert automatisch den *Trimm* über einen in der Kontrolleinheit vorgesehenen Neigungsmesser.

Auf einen Bildschirm oder Schreibgerät übertragen können alle abgefragten Informationen überwacht werden.

756　　19 Rohrleitungen und Armaturen, Wärmeaustauscher und Apparate

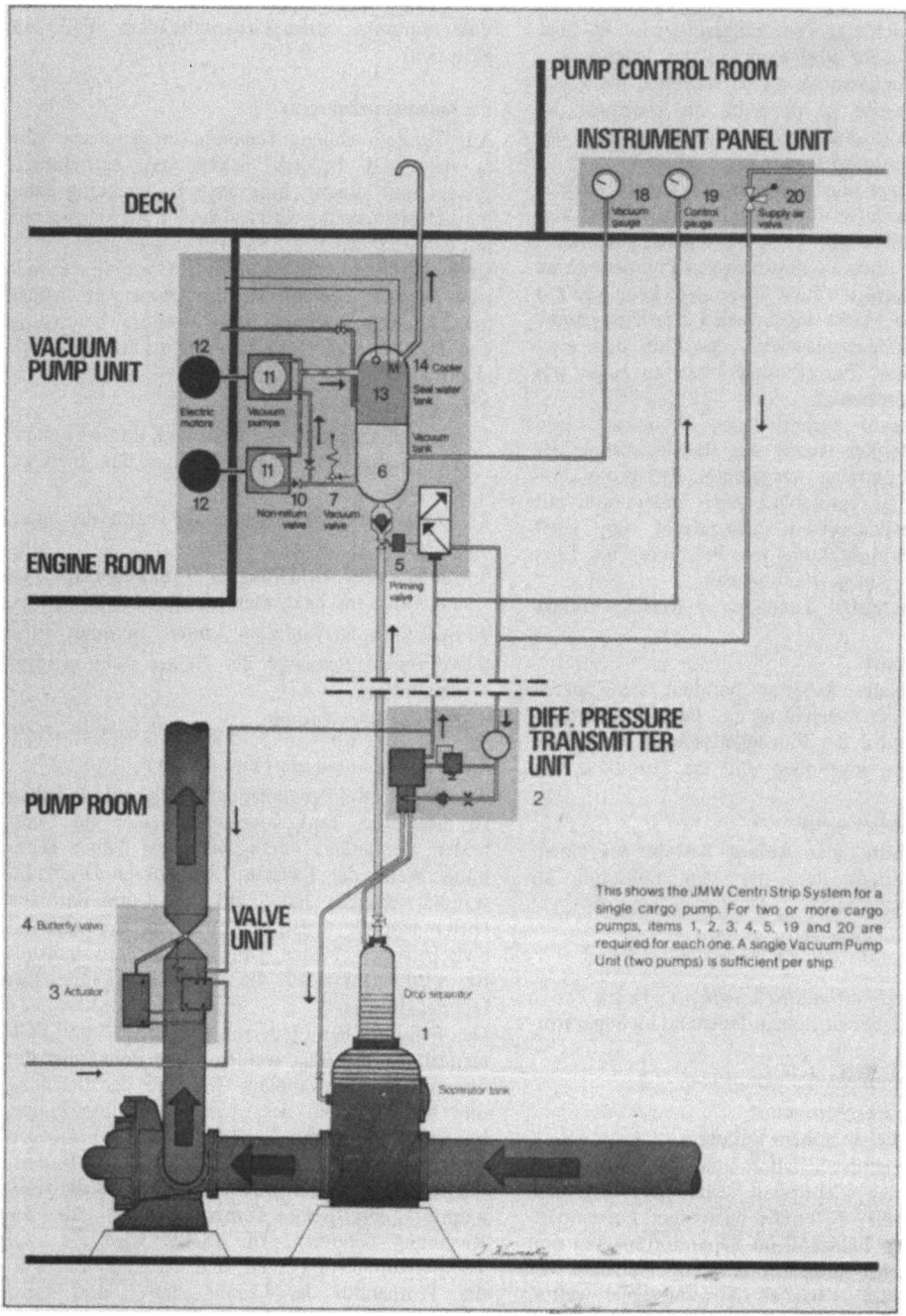

Bild 19.22 Restlenzanlage von JMW (Centri Strip System)

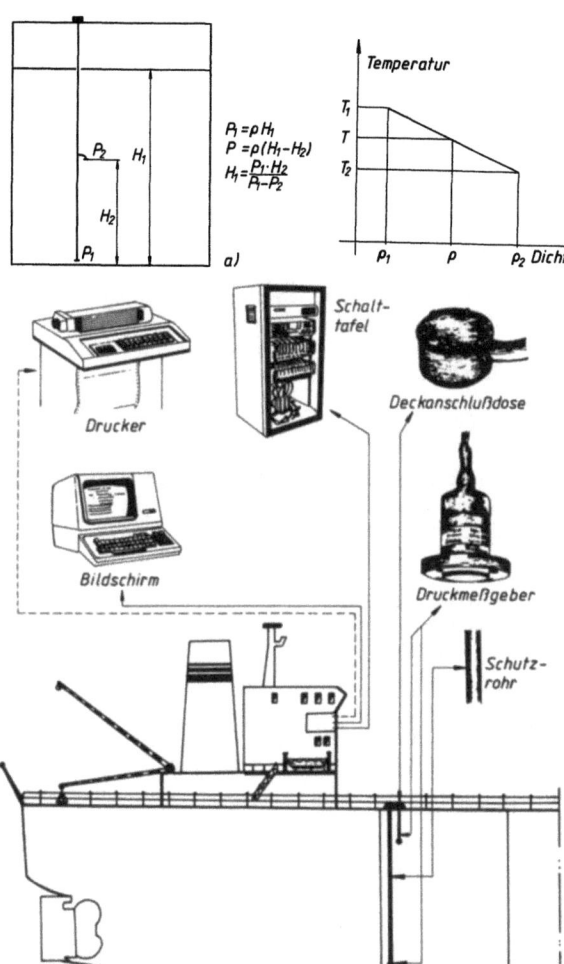

Bild 19.23
Tankmeßeinrichtung Cargomaster (Scarpenord/ Norwegen)

19.5 Besichtigungs- und Klassearbeiten für Rohrleitung

Den Klassifikationsgesellschaften sind vor dem Bau schematische Rohrpläne zur Genehmigung vorzulegen. Der GL verlangt die Vorlage der Pläne für

Dampfleitungen
Kesselspeisewasser- und Kondensatleitungen
Brennstoffleitungen
(Übernahme-, Umförder- und Betriebsleitungen)
Schmierölleitungen
Seekühlwasserleitungen
Frischkühlwasserleitungen
Druckluftleitungen
Abgasleitungen
Lenzleitungen, Feuerlöschleitungen
Ballastwasserleitungen
Wärmeträgerölleitungen

Luft-, Überlauf- und Peilrohre einschließlich Angaben über Füllrohrquerschnitte
Sanitäre Abflußleitungen
Rohrleitungen für fernbetätigte Armaturen
Schläuche.

Für Dampfleitungen mit Betriebstemperaturen über 400 °C sind Festigkeitsberechnungen mit Isometrien einzureichen.

Für umfangreiche und stark verzweigte Rohrsysteme sind zusätzlich Blockschaltbilder einzureichen.

Werkstoffprüfung

Prüfungen nach den Werkstoffvorschriften des GL sind vorgeschrieben bei Rohrsystemen der Rohrklassen I und II für:

a) Rohre, Rohrbögen, Formstücke
b) Armaturengehäuse und Flansche gemäß Tafel 19.21

Tafel 19.21 Werkstoffprüfung für Armaturen und Flansche

Werkstoffsorte[1])	Betriebs- temperatur °C	prüfpflichtig PB = Betriebsüberdruck bar DN = Nennweite mm
Stahl, Stahlguß	> 300	DN > 32
Stahlguß, Gußeisen mit Kugelgraphit	⩽ 300	PB × DN > 2500[2]) oder DN > 250
Kupferlegierungen	⩽ 225	PB × DN > 1500[2])

[1]) Für Gußeisen mit Lamellengraphit keine Werkstoffprüfung.
[2]) Prüfung kann entfallen, wenn DN ⩽ 32 ist.

c) Wellrohrausgleicher: Prüfung des Ausgangswerkstoffs
d) Schrauben und Muttern ab M 30 aus Stählen mit einer Zugfestigkeit über 500 N/mm², bei Muttern über 600 N/mm² und Schrauben aus legierten oder vergüteten Stählen ab M 16.

Gehäuse für Armaturen an der Außenhaut aus Stahlguß oder Gußeisen mit Kugelgraphit ab DN 250 sowie alle mit der Außenhaut des Schiffes verschweißten Gehäuse unterliegen einer Werkstoffprüfung.

Armaturen aus warmfesten Werkstoffen sind vom Hersteller besonders zu kennzeichnen. Der GL behält sich vor, bei legierten Werkstoffen eine Verwechslungsprüfung durchführen zu lassen.

Druckprüfung von Rohrleitungen

Zulässiger Betriebsüberdruck, PB (bar), *Formelzeichen:* $p_{e,zul}$, ist der höchste zulässige Innen- oder Außenüberdruck, der für das Bauteil oder Rohrleitungssystem aufgrund der verwendeten Werkstoffe, der Berechnungsgrundlagen, der Betriebstemperatur und störungsfreien Betriebs zulässig ist.

Nenndruck, PN, ist die Bezeichnung für eine ausgewählte Druck-Temperaturabhängigkeit, die zur Normung von Bauteilen herangezogen wird. Im allgemeinen gibt der Zahlenwert des Nenndruckes für ein genormtes Bauteil aus dem in der Norm genannten Werkstoff den zulässigen Betriebsüberdruck PB bei 20 °C an.

Prüfdruck, PP (bar), *Formelzeichen:* p_p, ist der Überdruck, dem Bauteile oder Rohrleitungssysteme zur Prüfung ausgesetzt werden.

Berechnungsdruck, PR (bar), *Formelzeichen:* p_c, ist derjenige höchste Betriebsüberdruck PB, für den das Bauteil oder Rohrleitungssystem festigkeitsmäßig dimensioniert wird. Im allgemeinen ist der Berechnungsdruck gleich dem Betriebsüberdruck, der bei Eingreifen von *Sicherheitseinrichtungen* (Ansprechen von Sicherheitsventilen, Öffnen von Rückförderleitungen an Pumpen, Schaltung von Überdrucksicherungen, Öffnen von Entlastungsventilen) oder bei Fördern von Pumpen gegen geschlossene Armatur auftritt.

Alle Rohrleitungen der Rohrklassen I und II sowie alle Dampfrohrleitungen, Speisewasserdruckleitungen, Druckluftleitungen und Brennstoffleitungen mit einem Berechnungsdruck PR über 3,5 bar sind einschließlich der eingebauten Fittinge, Formstücke, Verbindungsteile, Verzweigungen und Bögen nach Fertigstellung, jedoch vor Isolierung oder Anstrich, soweit diese vorgesehen sind, im Beisein eines Besichtigers einer *Wasserdruckprüfung* mit folgendem Prüfdruck PP zu unterziehen:

$$p_p = 1{,}5 \cdot p_c \tag{20}$$

mit p_c als Berechnungsdruck.

Für Rohrleitungen aus Stahl mit ihren Bauteilen für Betriebstemperaturen über 300 °C ist der Prüfdruck PP wie folgt zu bestimmen

$$p_p = 1{,}5 \cdot \sigma_{zul}(100°)/\sigma_{zul}(t) \tag{21}$$

$\sigma_{zul}(100°)$ zulässige Spannung bei 100 °C ..... N/mm²
$\sigma_{zul}(t)$ zulässige Spannung bei Berechnungstemperatur t (°C) .... N/mm²

Der Prüfdruck braucht jedoch nicht größer zu sein als: $p_p = 2 \cdot p_c$.
Mit Genehmigung des GL kann dieser Druck auf 1,5 p_c reduziert werden, wenn dadurch Spannungsüberschreitungen in Bögen, T-Stücken und anderen Formstücken verhindert werden.
In keinem Falle darf die Membranspannung 90 % der Streckgrenze bzw. 0,2 %-Dehngrenze überschreiten.
Im allgemeinen sind alle Rohrsysteme einer Dichtheitsprüfung unter Betriebsbedingungen zu unterwerfen. Wenn erforderlich, sind andere Prüftechniken als eine Wasserdruckprüfung anzuwenden. Im einzelnen gilt:

a) Heizschlangen in Tanks und Brennstoffleitungen sind mit nicht weniger als 1,5 PB, mindestens jedoch mit 4 bar Überdruck zu prüfen.
b) Leitungen für verflüssigte Gase müssen einer Dichtheitsprüfung (mittels Luft, Halogenen usw.) unterzogen werden, wobei ein dem Leckfeststellungsverfahren entsprechender Druck anzuwenden ist.

Alle Armaturen sind vor dem Einbau in der Regel einem Wasserdruckversuch mit 1,5 PN zu unterziehen. Armaturen, die einen bestimmten Nenndruck nicht zugeordnet sind, werden mit dem 1,5-fachen Berechnungsdruck PR geprüft.
Absperrarmaturen sind außerdem mit dem 1,1-fachen Nenn- bzw. Betriebsüberdruck auf Dichtheit der Absperrung zu prüfen.
Rohrleitungen sind auf funktionsgerechte Verlegung und Ausführung nach den genehmigten Unterlagen zu prüfen.

Im Zuge der Klassenerneuerungsbesichtigungen für die Maschinenanlage werden auch die wichtigen Rohrleitungen, Rohrverbindungen, Kompensatoren, Schläuche und Armaturen sowie die See- und Auslaßventile besichtigt und geprüft. Die Erneuerungsbesichtigung kann in mehreren Teilen (Teilklassenerneuerung, laufende Klasse) vorgenommen werden.

Zudampfleitungen werden bei *jeder* Klassenerneuerung besichtigt. Stichprobenweise Nachprüfungen des inneren Zustandes der Rohrleitungen, besonders von Formstücken, kann gefordert werden. Zudampfleitungen mit $d_R > 75$ mm werden bei jeder zweiten Klassenerneuerung einem Wasserdruckversuch in Höhe des für den Kessel vorgeschriebenen Versuchsdrucks unterworfen.

Kupferne Zudampfleitungen, die im Betrieb dauernden Biegebeanspruchungen oder Vibrationen ausgesetzt sind, müssen vor dem Wasserdruckversuch *geglüht* werden.

Rohre in Tanks werden besichtigt und nach Ermessen des Besichtigers einem Wasserdruckversuch unterworfen, wenn für die Tanks eine innere Besichtigung vorgenommen wird.

19.6 Wärmeaustauscher und Apparate

19.6.1 Grundlagen

Wärmeaustauscher (s. hierzu [19.4])

Für *Oberflächenwärmeaustauscher*, in denen die beteiligten Stoffe durch eine Heiz- bzw. Kühlfläche hindurch erwärmt bzw. gekühlt werden, gilt:

Wärmestrom

$$Q_{\text{abgegeben}} = Q_{\text{aufgenommen}} \quad \text{J/s} = \text{W} \quad (22)$$

Für die Umrechnung eines Wärmestromes aus dem veralteten Technischen Maßsystem in das Internationale Maßsystem gilt:

1 kcal/h = 1,163 J/s = 1,163 W, weil
1 kcal = 4186,8 J

Unmittelbarer Wärmeaustausch liegt bei *Mischung* zweier oder mehrerer Stoffe vor (Mischwärmer); die Grundgleichung lautet hier dann

$$Q_{\text{Mischung}} = \sum_{1}^{i} Q_i \quad \text{J/s} = \text{W} \quad (23)$$

Heiz- bzw. *Kühlflächen* von Oberflächenwärmeaustauschern werden nach der Größengleichung

$$A = \frac{Q}{k \cdot \Delta t_m} \quad \text{m}^2 \quad (24)$$

berechnet bzw. speziell ausgedrückt, zur Ermittlung von laufenden Metern Rohrlänge

$$l = \frac{Q}{k_R \cdot \Delta t_m} \quad \text{m} \quad (25)$$

Für *Berechnungen* empfiehlt sich die entsprechend zugeschnittene Größengleichung

$$A = \frac{Q}{\frac{\text{kJ}}{\text{h}}} \cdot \frac{\frac{\text{kJ}}{\text{m}^2 \cdot \text{h} \cdot {}^\circ\text{C}}}{k} \cdot \frac{{}^\circ\text{C}}{\Delta t_m} \quad \text{m}^2 \quad (26)$$

$$l = \frac{Q}{\frac{\text{kJ}}{\text{h}}} \cdot \frac{\frac{\text{kJ}}{\text{m} \cdot \text{h} \cdot {}^\circ\text{C}}}{k_R} \cdot \frac{{}^\circ\text{C}}{\Delta t_m} \quad \text{m} \quad (27)$$

Der *Wärmedurchgangswiderstand* $1/k$ stellt die Summe der Wärmeübergangswiderstände $1/\alpha$ beiderseits der wärmeübertragenden Wand und des Wärmeleitwiderstandes δ/λ in der Wand dar.

Damit ergibt sich für ebene Flächen:

$$k = \frac{1}{\frac{1}{\alpha_1} + \frac{\delta}{\lambda} + \frac{1}{\alpha_2}} \quad \frac{\text{J}}{\text{m}^2 \cdot \text{s} \cdot {}^\circ\text{C}} = \frac{\text{W}}{\text{m}^2 \cdot {}^\circ\text{C}} \quad (28)$$

und für 1 m Rohrlänge:

$$k_R = \frac{\pi}{\frac{1}{\alpha_a \cdot d_a} + \frac{1}{2 \cdot \lambda} \ln \frac{d_a}{d_i} + \frac{1}{\alpha_i \cdot d_i}} \quad (29)$$

$$\frac{\text{J}}{\text{m} \cdot \text{s} \cdot {}^\circ\text{C}} = \frac{\text{W}}{\text{m} \cdot {}^\circ\text{C}}$$

Die Indizes a und i gelten für *außen* bzw. *innen*.

Verschmutzungen von Wärmeübertragungsflächen werden entweder durch *Erfahrungsabschläge* von k berücksichtigt (Reinheitsfaktor) oder als *zusätzliche Wandstärken*, die den Wärmeleitwiderstand vergrößern, in die Rechnung eingeführt.

Aus

$$Q = A \cdot k \cdot \Delta t_m \approx d_a \cdot \pi \cdot l \cdot k \cdot \Delta t_m = l \cdot k_R \cdot \Delta t_m$$

ergibt sich

$$k_R \approx d_a \cdot \pi \cdot k \quad \frac{\text{J}}{\text{m} \cdot \text{s} \cdot {}^\circ\text{C}} = \frac{\text{W}}{\text{m} \cdot {}^\circ\text{C}} \quad (30)$$

Die Berechnung der mittleren Temperaturdifferenz Δt_m zwischen wärmeaufnehmendem und wärmeabgebendem Medium wird von der gegenseitigen Strömungsrichtung der Stoffe beeinflußt, man unterscheidet *Gleich-*, *Gegen-*, *Kreuz-* und *Mehrfachstrom*.

Bei Gleich- und Gegenstrom gilt für die *mittlere logarithmische Temperaturdifferenz*

$$\Delta t_{m_g} \approx \frac{\Delta t_1 - \Delta t_2}{\ln \Delta t_1 - \ln \Delta t_2} \quad {}^\circ\text{C} \quad (31)$$

Bild 19.24 zeigt diesen Zusammenhang in einem Nomogramm. Die mittlere Temperaturdifferenz für Kreuz- und Mehrfachstrom kann man ähnlichen Nomogrammen, z. B. in [19.4], entnehmen.

Als *Wärmeleistungsziffer* bezeichnet man den Ausdruck

$$\frac{Q}{\Delta t_m} = k \cdot A \quad (32)$$

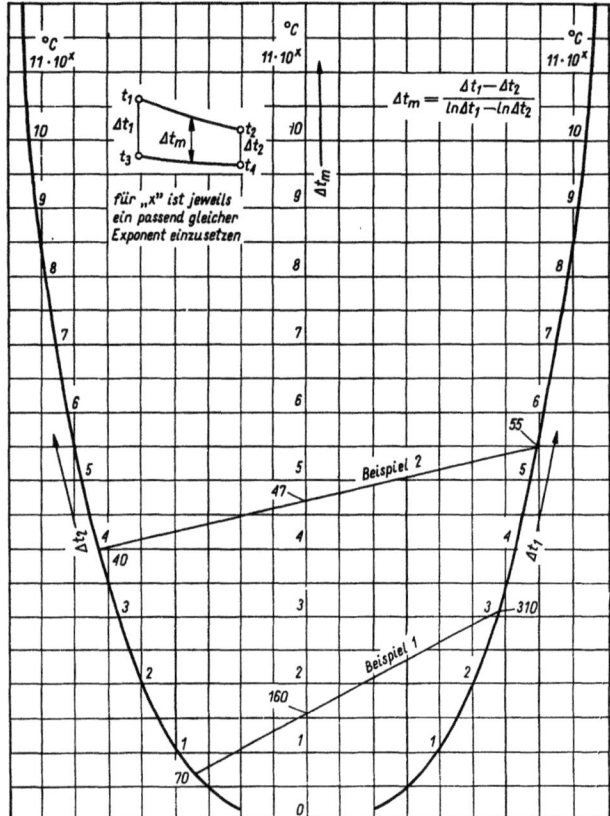

Bild 19.24
Mittlere logarithmische Temperaturdifferenz Δt_m. Δt_m wird abgelesen als Schnittpunkt der Verbindungsgeraden $\Delta t_1 \Delta t_2$ mit der mittleren Ordinate.
Beispiel 19.4
Δt_1 = 310 °C
Δt_2 = 70 °C
Δt_m = 160 °C
Beispiel 19.5
Δt_1 = 55 °C
Δt_2 = 40 °C
Δt_m = 47 °C

während der Quotient

$$\frac{Q}{A} = k \cdot \Delta t_m \qquad (33)$$

die *Flächenbelastung* darstellt.
Für überschlägliche Berechnungen kann man ansetzen:

1. *Rohrbündelwärmeaustauscher,* beim Wärmedurchgang

   von Wasser an Wasser k = 2000...4000 $\frac{kJ}{m^2 \cdot h \cdot °C}$

   von Öl an Wasser k = 400...1200 $\frac{kJ}{m^2 \cdot h \cdot °C}$

   von Dampf an Wasser k = 4000...12000 $\frac{kJ}{m^2 \cdot h \cdot °C}$

2. *Plattenwärmeaustauscher,* beim Wärmedurchgang

   von Wasser an Wasser k = 8000...16000 $\frac{kJ}{m^2 \cdot h \cdot °C}$

   von Öl an Wasser k = 1000...2000 $\frac{kJ}{m^2 \cdot h \cdot °C}$

3. *Rippenrohrwärmeaustauscher,* beim Wärmedurchgang

   von Luft an Wasser k = 40...800 $\frac{kJ}{m^2 \cdot h \cdot °C}$

Als *Werkstoffe* werden verwendet:
Kühler- bzw. Wärmemäntel:
Geschweißt aus Kesselblech H II oder Stahlrohre mit entsprechend großem Durchmesser.

Rohre:
Für Hochdruckspeisewasservorwärmer und Dampfumformer: Stahlrohre.
Für Seewassererhitzer, z.B. der Butterworthanlagen: Kupfer-Nickel-Legierungen, z.B. CuNi30F35.
Für Kühlwasserrückkühler, Kondensatkühler, d.h. für Kühler und Vorwärmer bei *niedrigen* Temperaturen und Drücken: SoMS76F40, SoMs76F34, *Yorcalbrorohre* o.ä.
Für Ölkühler und Ölvorwärmer: Stahlrohre.
Für Rippenrohre in Luftkühlern: gleiche Werkstoffe für Rohre und Rippen, häufig Stahl verzinkt, aber auch SoMs71/Cu bzw. SoMs76/Cu, CuNi/Cu, Cu/Cu und Al/Al.
Für Platten in Plattenwärmeaustauschern: SoMs76, geprägt; besser Titanlegierung.

Rohrböden:
Aus Kesselblech HII für Stahlrohre.
Aus Muntzmetall Ms60 bei NE-Rohren.

Wasserkammern und Vorlagen:
Stahl, Kesselblech HII, bei großen Abmessungen aus GG 22. Gußeiserne Vorlagen erhalten als Korrosionsschutz Kunststoffbeschichtung, Gummierung oder spezielle Schutzanstriche. Bei Seewasserausführung auch: Gußbronze Gbz 10 bzw. Gbz 14.

Stütz- und Leitbleche:
Stahl bzw. Messing.

Apparate

Wegen der Vielfalt der in diesem Hauptabschnitt behandelten Apparate muß hier auf das Fachschrifttum verwiesen werden, u.a.:
Filtertechnik: [19.5],
Trenntechnik: [19.6].
Das Wirkungsprinzip der Trennung zweier Flüssigkeiten bei gleichzeitiger Abscheidung von Feststoffen läßt sich vereinfachend so darstellen (s. Bilder 19.25 und 19.26). Ein Absetzgefäß mit

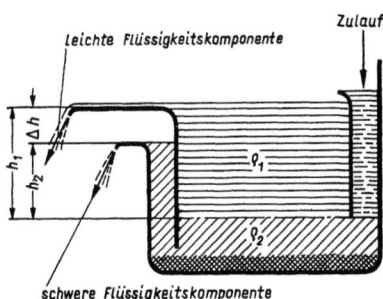

Bild 19.25 Stillstehendes Gefäß für kontinuierliche Trennung eines Flüssigkeitsgemisches durch Schwerkraft

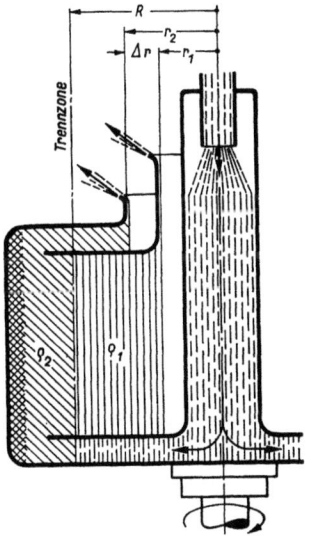

Bild 19.26 Umlaufendes Gefäß für kontinuierliche Trennung eines Flüssigkeitsgemisches durch Zentrifugalkraft

einem Zulauf und zwei Abläufen, kann für die kontinuierliche Trennung eines Flüssigkeitsgemisches bei gleichzeitiger Entfernung von Feststoffen eingerichtet werden. Hierbei muß der Höhenunterschied Δh zwischen den beiden Überläufen entsprechend dem Dichteunterschied der beiden Flüssigkeitskomponenten eingestellt werden, damit gleicher hydrostatischer Druck herrscht.

Man erkennt, daß vor der Separierung z.B. eines Öl/Wassergemisches mit großem Ölanteil das Gefäß zunächst mit Wasser (schwere Komponente) gefüllt werden muß, damit ein *Wasserverschluß* gebildet wird.

Die Durchsatzleistung eines solchen Absetzgefäßes ist abhängig von der Verweilzeit, die für eine vollständige Trennung der einzelnen Gemischanteile erforderlich ist.

In Bild 19.26 ist ein Absetzgefäß, das sich um eine Achse dreht, dargestellt. Auch bei dieser einfachsten Form einer *Trenntrommel* gilt hinsichtlich der Trennung grundsätzlich das zuvor Gesagte. Das *Fliehkraftfeld* einer Trommel ist jedoch wesentlich wirksamer als das *Schwerkraftfeld* des in Bild 19.25 gezeigten Absetzgefäßes.

Während bei dem Absetzgefäß das Gleichgewicht des hydrostatischen Druckes sich aus der Beziehung

$$\rho_1 \cdot h_1 = \rho_2 \cdot h_2 \qquad (34)$$

ergibt, muß für die rotierende Trenntrommel die Beziehung

$$\rho_1 \cdot (R^2 - r_1^2) = \rho_2 \cdot (R^2 - r_2^2) \qquad (35)$$

erfüllt werden, da der Flüssigkeitsdruck mit dem Quadrat des Abstandes von der Drehachse zunimmt. Die Vorgänge der Sedimentation in einem Absetztank und der Separation in einem Tellerseparator findet man sehr eingehend bei [19.10] beschrieben.

19.6.2 Bauliche Ausführung

Kühler und Erwärmer

Kühler und Erwärmer sind i.a. *Oberflächenwärmeaustauscher*.

Zum Betrieb von *Dampfanlagen* sind z.B. Speisewasservorwärmer, Strahlerkondensatoren, Stopfbuchsendampfkondensatoren, Brüdenkondensatoren, Schmierölkühler und Heizölvorwärmer erforderlich. Fragen der Wärmeübertragung und der baulichen Ausführung von Kesseln und Kondensatoren sind bereits in den Hauptabschnitten 18 und 17 behandelt worden.

In *Motorenanlagen* sind u.a. Frischkühlwasserrückkühler, Düsenkühlwasserkühler, Ladeluftkühler, Schmierölkühler, Schwerölvorwärmer, Kraftstoff- und Schmieröl- sowie Wasservorwärmer der Separatoren als Hauptwärmeaustauscher zu nennen.

Vorwärmer und Kühler werden häufig in *Rohrbündelbauweise* ausgeführt, dabei wird das Medium

höheren Druckes fast immer in den Rohren geführt, da sich der höhere Druck dann konstruktiv (Wanddicken!!) besser beherrschen läßt.
Bild 19.27 zeigt an einem mehrflutigen Kühler in stehender Bauart die wichtigsten Bauteile von *Oberflächenwärmeaustauschern* in Rohrbündelausführung. Das tragende Gerüst bildet der Mantel (4), an dessen Mantelflansch (8) die untere Vorlage (1) angeflanscht ist. Die Rohre des Rohrbündels (9) sind in die Rohrböden eingeschweißt oder eingewalzt. Rohrboden (6) ist unten fest eingespannt, der obere Rohrboden (5) ist verschieblich im Mantel und kann so Wärmedehnungsdifferenzen zwischen Rohrbündel und Mantel ausgleichen. Der bewegliche Boden (5) ist durch Rundschnurring (13) oder eine andere Dichtung und Stopfbuchsring (12) gegen den Mantelflansch (7) abgedichtet; er trägt ferner den oberen Umkehrdeckel (3). Das *kühlende* Medium strömt i.a. durch das Rohrbündel (9), in diesem Falle vierflutig. Das *wärmeabgebende* Medium durchströmt den Hauptraum und wird durch Führungswände (10) und (11) dazu gezwungen, die Kühlrohre wirksam zu umströmen. Mit (2) sind die verschiedenen Flachdichtungen bezeichnet. Bei (14) befinden sich Anschlußstutzen für Einschraubthermometer (Ein- bzw. Austritt). Bei (15) werden Entlüftungs- bzw. Entleerungshähne eingeschraubt.

Bild 19.28 zeigt einen HD-Speisewasservorwärmer mit selbstdichtendem HD-Verschluß (*C. A. Schmidt Söhne*, Hamburg).
Bei Vorwärmern in Heizkreisläufen mit Wärmeträgeröl (Thermalöl) muß durch die Konstruktion dafür gesorgt werden, daß Wassereinbruch in das Heizsystem auf jeden Fall vermieden wird. Der in Bild 19.29 gezeigte Tankwaschvorwärmer der Ges. f. Oeltechnik hat deshalb mit dem Mantel (1) verschweißte Rohrböden (3); die Längenausdehnung des Mantels gegenüber den Heizrohren wird durch eine eingeschweißte Welle (4) aufgenommen.
Erkenntnisse über den Wärmedurchgang führten zur Entwicklung von *Spaltkühlern*, wie sie z.B. von der Fa. *Eisenwerk Wülfel*, Hannover als Filterkühler für Getriebe gebaut werden (Bild 19.30). Das Bild zeigt Kühler und Filter in zwei Schnitten. In dem gußeisernen Gehäuse (1) mit den Kühlelementen (2) und Abstandsstiften (3) wird eine Reihe sehr enger Spaltkanäle (4) gebildet, die von dem zu kühlenden Öl mit hoher Geschwindigkeit, verbunden mit bestem Wärmeübergang, durchflossen werden. Zwei Blechplatten bilden den seitlichen Abschluß der äußeren Spaltkanäle. In die Kühlelemente (2) sind drei Kühlwasserkanäle (8) eingegossen, deren Oberfläche durch viele Rippen vergrößert wurde. Abschlußdeckel (6) und Wasserkammerdeckel (7)

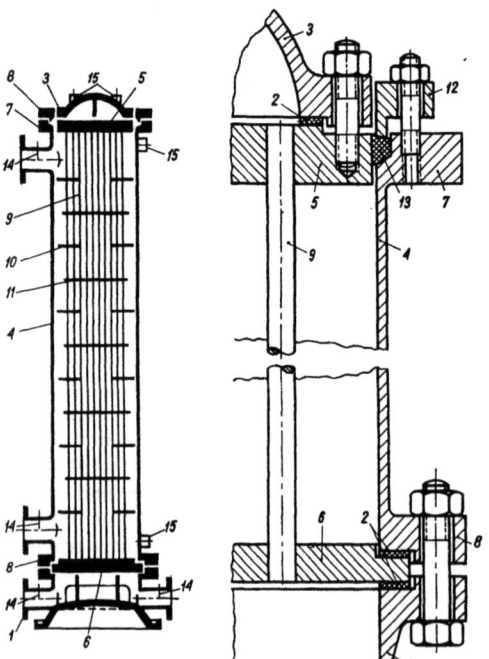

1 Untere Vorlage
2 Verschiedene Flachdichtungen
3 Oberer Umkehrdeckel
4 Mantel
5 Oberer Rohrboden
6 Unterer Rohrboden
7 Mantelflansch
8 Mantelflansch
9 Rohrbündel
10 Führungswand
11 Stützblech
12 Stopfbuchsring
13 Rundschnurring
14 Rohrstutzen mit Thermometeranschlüssen
15 Entlüftung bzw. Entwässerung

Bild 19.27
Vierflutiger Kühler in stehender Bauart (Rohrbündelausführung)

Wärmeaustauscher und Apparate

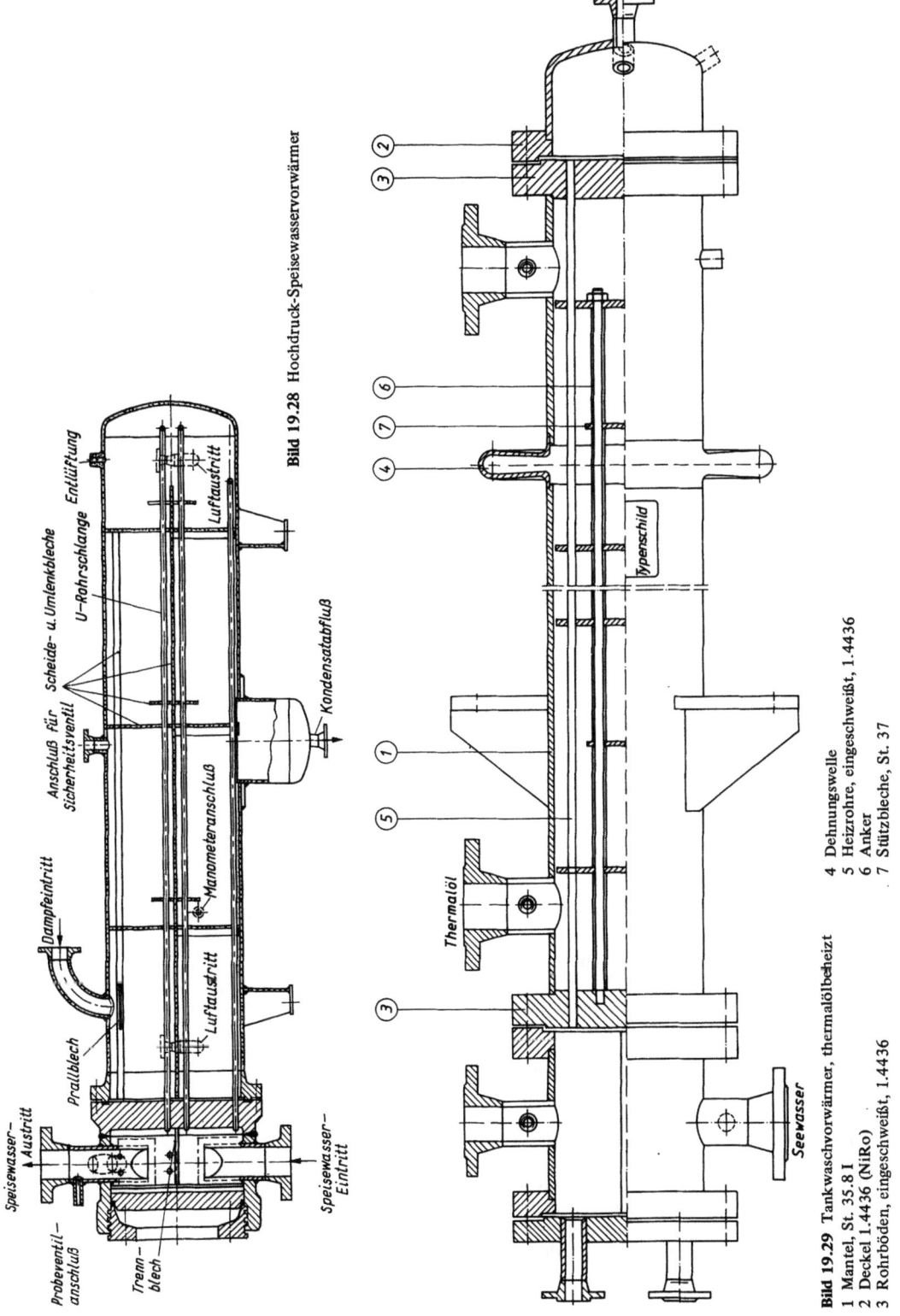

Bild 19.28 Hochdruck-Speisewasservorwärmer

Bild 19.29 Tankwaschvorwärmer, thermalölbeheizt
1 Mantel, St. 35.8 I
2 Deckel 1.4436 (NiRo)
3 Rohrböden, eingeschweißt, 1.4436
4 Dehnungswelle
5 Heizrohre, eingeschweißt, 1.4436
6 Anker
7 Stützbleche, St. 37

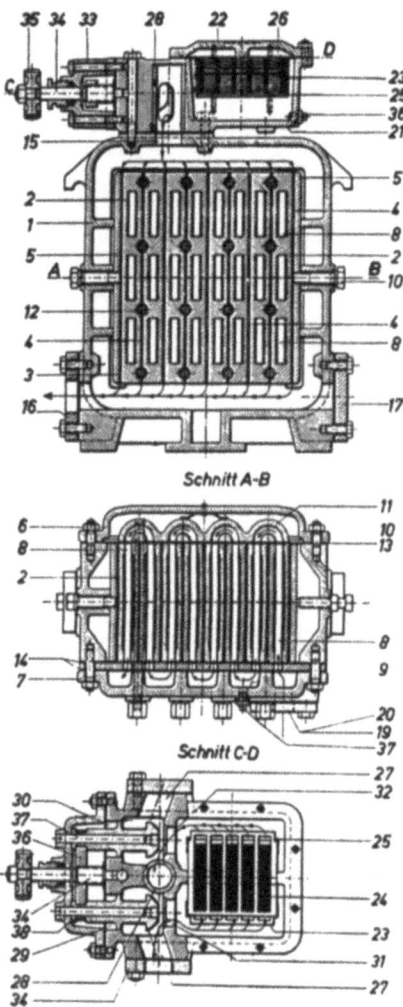

Bild 19.30 Filterkühler

Das Filtergehäuse (21) und Deckel (22) enthält außer dem Filterpaket mit Siebrosten (23), Sieben (24) und Käfig (25) mit Abschlußplatte (26) neben zwei Flanschöffnungen (27) für den Öleintritt ein mit Schlitz versehenes Steuerrohr (28). Das an das Gehäuse (21) angeschraubte Ventil besteht aus dem Gehäuse (33), der Ventilspindel (34) mit Handrad (35) und betätigt über eine Traverse (36) die beiden auf Bolzen (37) gelagerten Ventilkegel (38). Bei eingeschaltetem Filter sind die Bohrungen (31)

schließen das Gehäuse ab. Eine Schlitzplatte (9) verteilt das Wasser auf die Kühlelemente. Ankerbolzen (12) pressen Deckel und Elemente fest aufeinander, wobei wasserseitig durch Metallmembranen (13) und ölseitig mit ölbeständigen Dichtungen (14) abgedichtet wird. Die Membrane verhindert außerdem den Ölübertritt von der oberen zur unteren Ölkammer über den Raum zwischen Deckel (6) und Kammer (11) und erlaubt die freie Dehnung des Gehäuses gegenüber den Elementen.
Normalerweise tritt das Öl durch den Flansch (15) oben ein und durch Flansch (16) an einer Seite aus. Kühlwassereintritt bei (19) und -austritt bei (20). Der angebaute Minimumfilter hat sehr kleine Abmessungen und ein Ventil, so daß er zeitweilig abgeschaltet und umgangen werden kann.

Bild 19.31 Plattenwärmeaustauscher. Oben ein zur Besichtigung geöffneter Apparat. Man kann erkennen, daß die Platten sich leicht auf der Tragstange anbringen lassen. Alle Rohranschlüsse befinden sich am stehenden Teil des Rahmens

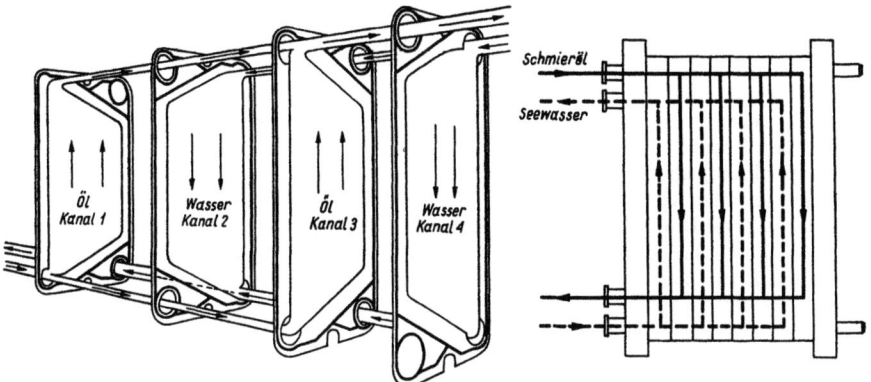

Bild 19.32 Fließschema für einen nach dem Gegenstromprinzip arbeitenden Plattenwärmeaustauscher

und (32) geöffnet und die Bohrungen (29) und (30) geschlossen, so daß Öl über die Öffnungen (27) und (31) in den Filterraum eintritt, hier gereinigt wird und über (32) und den Schlitz im Steuerraum nach unten zum Kühler abläuft. Bei ausgeschaltetem Filter strömt das Öl (31, 32 geschlossen, 29 und 30 geöffnet) über Bohrung (30) und den Schlitz im Steuerrohr (28) direkt zum Kühler.

Plattenwärmeaustauscher werden an Bord häufig eingebaut, da sie sich sehr gut an unterschiedliche Bedingungen anpassen lassen, nur wenig Raum benötigen und sehr leicht bauen, besonders günstige Wärmeübertragungseigenschaften aufweisen und sich vor allem leicht reinigen lassen. Die Wärme wird durch Platten übertragen, die, um eine größere Oberfläche zu erzielen, *gewellt* und durch Noppen auf Abstand gehalten sind, so daß gleichmäßig enge Zwischenräume gebildet werden, in denen die an der Wärmeübertragung beteiligten Medien mit hoher Turbulenz strömen, so daß sich sehr günstige Wärmedurchgangszahlen erzielen lassen.

Bild 19.31 zeigt einen Plattenwärmeaustauscher (Bauart *De Laval*). Als Hauptbauteile können *Gestell* und *Platten* betrachtet werden. Die Platten hängen auf Tragstangen und sind so angeordnet, daß sie sich nach dem Lösen von wenigen *Spannschrauben* auf den Tragstangen verschieben lassen; hierdurch wird jede einzelne Platte einer gründlichen Reinigung leicht zugänglich.

In Bild 19.32 ist das Fließschema für einen Plattenwärmeaustauscher der im Gegenstrom arbeitet dargestellt. Die beteiligten Flüssigkeiten fließen in entgegengesetzter Richtung zwischen den Platten: Öl fließt durch den ersten und dritten, das kühlende Wasser durch den zweiten und vierten Kanal.

Plattenwärmeaustauscher lassen sich nach dem *Baukastenprinzip* zu beliebigen, verschiedenen Größen zusammensetzen, so daß man sich bei sparsamer Ersatzteilhaltung vielen Einsatzerfordernissen anpassen kann. Durch Ändern von *Plattenzahl* und *Plattenschaltung* kann man auch weitgehend geänderten Betriebsbedingungen folgen, z.B. beim Umbau von Maschinenanlagen usw.

Mischvorwärmer und Entgaser

Als zweite Stufe der Speisewasservorwärmung zwischen Kondensator und Kessel werden *Entgaser*, wie z.B. Bild 19.33 (*Atlaswerke* AG, Bremen) in den Kreislauf eingeschaltet. Diese Apparate arbeiten fast ausnahmslos als Mischvorwärmer; sie haben die Aufgabe, das Speisewasser mit Rücksicht auf störungsfreien Betrieb der Kesselspeisepumpe auf eine bei allen Belastungen gleich bleibende Temperatur zu erwärmen; außerdem sollen sie das Wasser gasfrei

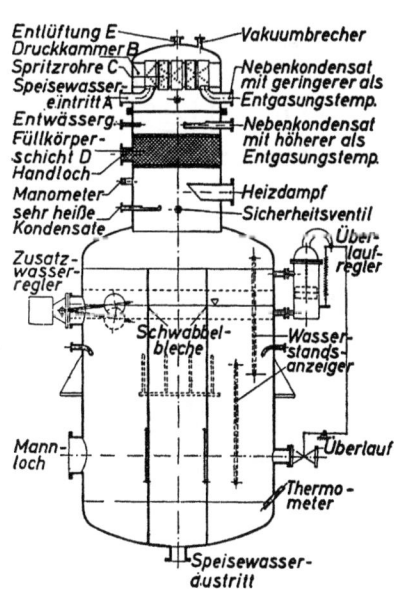

Bild 19.33 Entgaser

machen, damit Korrosionsschäden im Kessel vermieden werden. Diese Vorwärm/Entgasungsstufe wird durch Entnahmedampf der Hauptturbine, durch Abdampf der Hilfsmaschinen oder auch durch gedrosselten Frischdampf beheizt. Der Vorwärmer wird zweckmäßig mit der Regelzelle zusammengebaut und dient dann gleichzeitig als thermodynamischer Festpunkt für den gesamten Kreislauf.

Das Speisewasser tritt bei A in die Druckkammer B, aus der es durch kleine Spritzrohre C aussprüht. Fein verteilt fällt es dann auf eine Füllkörperschicht D. Unter dieser Schicht wird dem Apparat Heizdampf zugeführt, der dem von oben kommenden, fein verteilten Speisewasser entgegenströmt. Hierbei wird das Speisewasser auf Siedetemperatur erwärmt, wobei einerseits der Heizdampf kondensiert, anderseits das Speisewasser die in ihm enthaltenen Gase, besonders CO_2 und O_2, abgibt. Die abgeschiedenen Gase werden oben durch eine Entlüftungsöffnung E abgeführt. Alle weiteren Anschlüsse sind aus Bild 19.33 ersichtlich. Ein besonderer *Heizdampfdruckregler* sorgt dafür, daß der Druck im Apparat sicher konstant gehalten wird, womit bei einem absoluten Druck von 1,2 bar, z.B. eine Siedetemperatur von 104 °C eingestellt ist. Der Entgaser muß Überdruck haben, damit er zur Atmosphäre entlüftet werden kann. Der *Zusatzwasserregler* steuert den Wasserzulauf, falls der Wasserstand in der Regelzelle fällt; der *Überlaufregler* führt etwa überschüssiges Wasser in den Vorratstank zurück. Das einwandfreie Arbeiten dieser Geräte ist besonders bei Manövern wichtig, weshalb ihre Einstellung ständig zu überprüfen ist. Ein *Sicherheitsventil* verhütet das Auftreten von Unterdruck im Entgaser; dies Ventil wird deshalb als *Vakuumbrecher* bezeichnet. Ein anderes Sicherheitsventil verhindert das Entstehen eines über den Betriebsdruck gehenden Überdruckes.

Seewasserverdampferanlagen

Der in Bild 19.34 gezeigte Verdampfer (*Atlaswerke AG, Bremen*) ist in den Wärmekreislauf eines Dampfschiffes eingeschaltet. Wie man dem Schaltbild 19.35 entnehmen kann, arbeitet sowohl die Heiz- als auch die Verdampferseite im Unterdruckbereich. So kann der Verdampfer zweckmäßig und wirtschaftlich mit Entnahmedampf aus der Hauptturbine, der schon weitgehend Arbeit verrichtet hat, beheizt werden.

Durch den Betrieb des Verdampfers bei den diesen Dampfdrücken entsprechenden, niedrigen Temperaturen bildet sich nur ein vergleichsweise weicher Niederschlag auf den Heizrohren, der durch regelmäßiges Abschrecken leicht entfernt werden kann; eine mechanische Reinigung ist daher kaum noch erforderlich.

Alle Seewasserverdampfer werden heute als *Tauchverdampfer* gebaut. Das zu verdampfende Seewasser wird der Seewasserdruckleitung, d.h. hier der Kühlwasserausgußleitung hinter dem Brüdenkondensator (2) entnommen, in dem es als Kühlwasser gedient hat, wobei es aufgewärmt worden ist. Ein *Zulaufregler* (9) sorgt dabei für gleichbleibenden Wasserstand im Kondensator. Die Menge des eingespeisten Seewassers wird über einen *Durchflußmengenmesser* (6) gemessen.

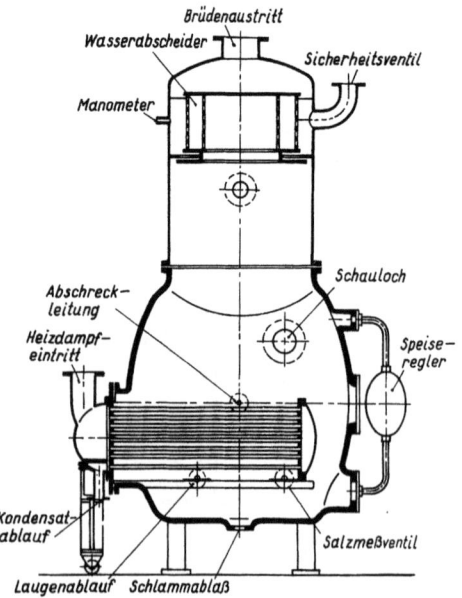

Bild 19.34 Seewasserverdampfer

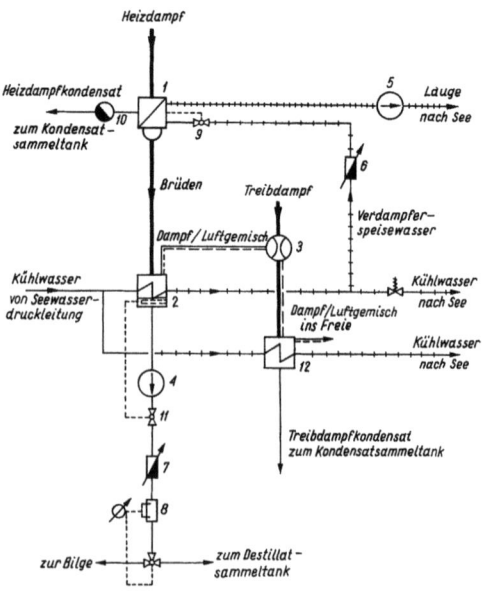

Bild 19.35 Wärmeschaltbild für einen Seewasserverdampfer

Die Salzanreicherung der durch die laufende Verdampfung im Apparat entstehenden Lauge begrenzt man auf 5...7%, so daß nur etwa 1/3 des zugeführten Wassers verdampft werden darf, rd. 2/3 dagegen werden als Lauge von der Laugepumpe (5) nach See abgeführt. Das Heizdampfkondensat läuft über einen Kondenstopf (10) zum Kondensatsammeltank ab. Ein Brüdenfilter im Dom des Verdampfers scheidet etwa mitgerissenes Wasser ab; anschließend strömt der Brüdendampf zum Brüdenkondensator (2). Von hier wird das Destillat von der Destillatpumpe (4) über einen Auslaufregler (11), über einen Durchflußmengenmesser (7) und über eine Salzgehaltmeßanlage (8) zum Destillatsammeltank abgepumpt. Beim Ansetzen wird der Ablauf solange auf Bilge geschaltet, bis einwandfreies Destillat geliefert wird. Die eingebauten Mengenmesser (6) und (7) gestatten eine laufende Kontrolle des Verhältnisses: Destillatmenge/Speisewassermenge. Eine Alarmeinrichtung zeigt an, wenn der zulässige Salzgehalt im Brüdenkondensat überschritten wird. Zur Herstellung des Unterdrucks in der Anlage dient ein Dampfstrahlluftsauger (3), der nicht kondensierbare Gase mit Dampf vermischt aus dem Brüdenkondensator absaugt. Im Strahlerkondensator, der mit Seewasser gekühlt ist, wird der abgesaugte Dampf sowie der Treibdampf niedergeschlagen.

Mit Hilfe einer besonderen Einrichtung können die Heizrohre regelmäßig abgeschreckt werden. Hierbei springt die sich bei der Verdampfung bildende Kruste von den Heizrohren ab. Die Bildung einer nicht zu festen Schicht kann auch durch Beigabe von besonderen Mitteln zum Seewasser (Speisewasser) mit einer Dosierungsanlage wirksam unterstützt werden. Bewährt hat sich anscheinend „Nalco" der Fa. *Lurgi*, Frankfurt.

Moderne Verdampfer haben große Schaugläser, durch die der Verdampferbetrieb beobachtet werden kann. Einzelheiten zeigt Bild 19.34. Man sollte möglichst nur auf hoher See verdampfen, weil das Wasser in Küstennähe viel organische Bestandteile hat, die stark schäumend wirken und die Bildung von nebelförmigem Dampf begünstigen. Beides wirkt sich nachteilig auf die Qualität des erzeugten Brüdens aus. Die Einstellung des jeweilig günstigen Wasserstandes ist Erfahrungssache.

Der in die Heizdampfkondensatleitung eingeschaltete Kondenstopf (10) soll dafür sorgen, daß nur Kondensat, nicht aber ungenutzter Heizdampf, den Heizteil des Verdampfers verläßt; von seiner guten Funktion hängt deshalb die Wirtschaftlichkeit des Verdampferbetriebs mit ab. Es gibt *Ventilkondenstöpfe* mit Schwimmern, deren Dauerbetriebsgüte vor allem davon abhängt, daß alle wichtigen Teile aus verschleißfestem nichtrostenden Material gefertigt werden, und *Kondenswasserableiter* ohne bewegte Innenteile. Bild 19.36 ist ein Schnitt durch einen Kondenswasserableiter der Fa. *Gerdts*, Bremen.

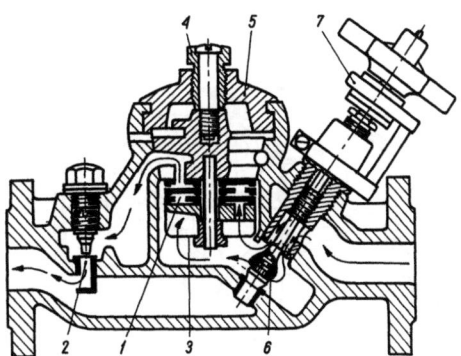

Bild 19.36 Kondenswasserableiter

Den normalen Betriebsschwankungen paßt sich der Apparat durch ein in auswechselbare Platten eingearbeitetes System (1) zahlreicher hintereinander geschalteter Düsen an. In ihnen entspannt sich das Kondensat in mehreren Stufen, und zwar zur Verminderung des Verschleißes bei geringen Durchflußgeschwindigkeiten. Die Einstellvorrichtung (2) mit Außenbetätigung erlaubt eine Regulierung in weiten Grenzen. Das auswechselbare Sieb (3) schützt das Plattensystem (1). Nach Lockern der Schraube (4) und leichtem Verdrehen des mit einem Bajonettverschluß versehenen Deckels (5) kann das Sieb ausgebaut werden.

Das Ventil (6) dient zum Durchblasen der Anschlußleitungen; in seiner oberen Grenzlage wird es zum Absperren benutzt, wenn der Ableiter zur Reinigung aufgenommen werden muß. Die Anzeige (7) zeigt die jeweilige Stellung dieses Ventils an.

Um kürzere Bau- und Einbauzeiten von Hilfseinrichtungen aller Art bei dennoch höchster Zuverlässigkeit im Bordbetrieb zu erreichen, geht man heute allgemein dazu über, möglichst viele Anlagenteile zu *Baugruppen* zusammenzufassen, die man dann von einem Spezialwerk als einbaufertige Blockeinheit bezieht. Bei der Bordmontage werden diese Einheiten nur noch auf dem vorbereiteten Fundament befestigt und mit wenigen Rohrleitungen an die übrige Anlage angeschlossen.

Bild 19.37 zeigt eine *Frischwassererzeugungsanlage*, die nach diesen Gesichtspunkten zu einem Block zusammengefaßt wurde (*Atlaswerke* AG, Bremen). Für den Einsatz auf Motorschiffen entwickelt kann sie auch mit einer Automatik für wachfreien Betrieb ausgerüstet werden.

Auf Motorschiffen wird der Verdampfer mit *Motorkühlwasser* beheizt, wodurch ein Teil der hierin anfallenden Wärmeverluste ausgenutzt werden kann. Anlagen dieser Art erhalten oft einen zweiten Heizanschluß (Blindflansch!) für den Betrieb mit reduziertem Dampf aus der Hilfskesselanlage.

Ein Teil des warmen Motorkühlwassers wird durch das Heizsystem des Verdampfers geleitet, wo es

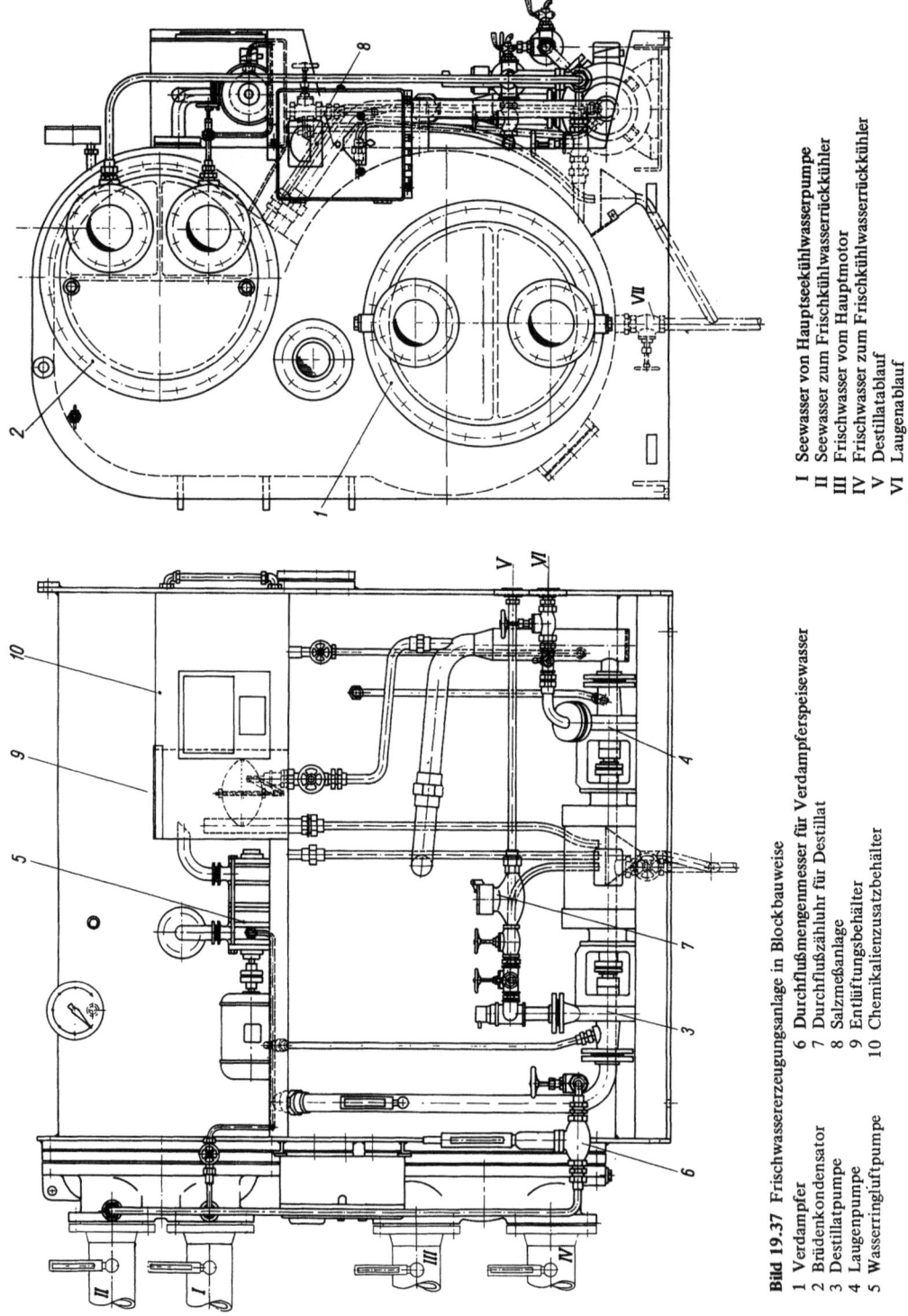

Bild 19.37 Frischwassererzeugungsanlage in Blockbauweise
1 Verdampfer
2 Brüdenkondensator
3 Destillatpumpe
4 Laugenpumpe
5 Wasserringluftpumpe
6 Durchflußmengenmesser für Verdampferspeisewasser
7 Durchflußzähluhr für Destillat
8 Salzmeßanlage
9 Entlüftungsbehälter
10 Chemikalienzusatzbehälter

I Seewasser von Hauptseekühlwasserpumpe
II Seewasser zum Frischkühlwasserrückkühler
III Frischwasser vom Hauptmotor
IV Frischwasser zum Frischkühlwasserrückkühler
V Destillatablauf
VI Laugenablauf
VII Entleerung

Wärme an das bei vergleichsweise hohem Unterdruck (d.h. niedrigem absoluten Druck, 0,08...0,1 bar) verdampfende Seewasser abgibt. Der entstehende Brüden wird in einem oben in den Verdampfer eingebauten Brüdenkondensator niedergeschlagen, wobei ein *Brüdenfilter* salzhaltige Bestandteile abfängt. Das anfallende Destillat wird von einer Destillatpumpe über eine Zähluhr zum Destillattank gefördert. Der Brüdenkondensator wird mit Seewasser gekühlt, das der Seekühlwasserleitung, die den Frischkühlwasserrückkühler des Hauptkühlkreislaufes versorgt, entnommen wird.

Hinter dem Brüdenkondensator wird ein Teil des in ihm aufgewärmten Seewassers abgezweigt, um als Speisewasser dem eigentlichen Verdampfer zugeleitet zu werden. Auch hier muß die Speisewassermenge mit Hilfe des Speisewassermengenmessers so eingestellt werden, daß etwa die drei-... vierfache Menge des zu erzeugenden Destillates eingespeist wird. Das Seewasser wird bei einer Temperatur von etwa 38...40 °C verdampft; der hierzu erforderliche, niedrige absolute Druck von ≤ 0,1 bar wird durch eine *Wasserringluftpumpe* sicher gewährleistet. Das für den Wasserring benötigte Seewasser fließt in den Entlüftungsbehälter und läuft von dort der Laugenpumpe zu, die es zusammen mit der Lauge nach außenbords abgibt.

Der Salzgehalt im erzeugten Destillat wird mit einer elektrischen Salzmeßeinrichtung laufend gemessen; die mit Signallampe und Hupe ausgerüstete Alarmeinrichtung spricht an, sobald der eingestellte, zulässige Salzgehalt überschritten wird.

Dampfumformer und Wärmeaustauscher für den Schiffsbetrieb

Dampfumformer

Bei hochwertigen Anlagen trennt man den Hauptkreislauf: *Kessel – Hauptturbine – Kondensator – Kessel* von den Nebenverbrauchern, um zu verhüten, daß das wertvolle Speisewasser z.B. durch Kondensat ölgeschmierter Kolbendampfmaschinen oder Heizdampfkondensat der Bunker- und Ladetankheizung verunreinigt wird. Der für den Bedarf dieser Nebenverbraucher erforderliche Dampf wird daher in einem besonderen Wärmeaustauscher, dem *Dampfumformer,* erzeugt. Der Druck des in ihm erzeugbaren Sekundärdampfes (Naß- bzw. Sattdampf) richtet sich nach der Siedetemperatur des Heizdampfkondensats. Der Heizdampf soll nicht überhitzt sein, um die Heizfläche sauber zu halten (Ölkoks).

Bild 19.38.1 zeigt einen Dampfumformer (Bauart *Atlaswerke* AG, Bremen). In der Trommel sind 1 bis 2 Heizrohrbündel angeordnet, die mit Dampf aus dem Hauptkreislauf (Entnahmedampf der Hauptturbine oder reduziertem Frischdampf) beschickt werden. Dieser Dampf gibt seinen Wärme-

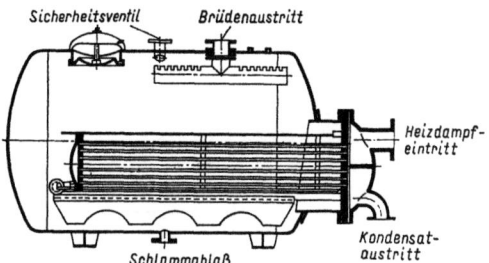

Bild 19.38.1 Dampfumformer (bauliche Ausführung)

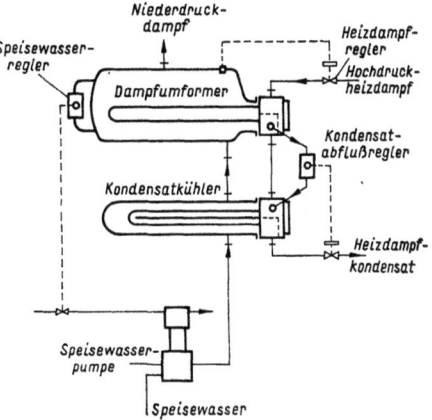

Bild 19.38.2 Dampfumformer (Schalt- und Regelschema)

inhalt an das Kesselwasser des Nebenkreislaufes ab. Sein Kondensat wird dem Hauptkreislauf wieder zugeführt. Der Druck des erzeugten Sekundärdampfes wird durch einen Regler konstant gehalten, gleichzeitig wird der Heizdampfdruck der jeweiligen Belastung angepaßt. Zulaufregler in der Speiseleitung des Umformers und Ablaufregler in der Kondensatablaufleitung sorgen für gleichbleibenden Wasserstand im Apparat (Bild 19.38.2); das Heizrohrbündel soll im Betrieb immer von verdampfendem Wasser überflutet sein.

Wärmeaustauscher für den Schiffsbetrieb

Wärmeaustauscher für den Schiffsbetrieb werden benötigt z.B. zur Erhitzung des Seewassers für die *Butterworthanlage,* zum Tankwaschen, zur Warmwasserbereitung für Küche, Waschräume, Kammern, usw., zur Erwärmung von Luft für Heizungs- bzw. Klimatisierungszwecke. Die an sie gestellten Anforderungen entsprechen denen, die an die Wärmeaustauscher für den Maschinenbetrieb gestellt werden.

Seewassererhitzer

Der Seewassererhitzer für die Butterworthanlage wird als Rohrbündelerhitzer gebaut, dessen Rohre

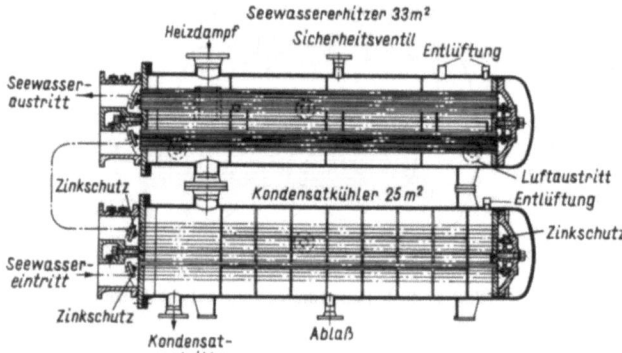

Bild 19.39
Seewassererhitzer einer *Butterworthanlage* mit angebautem Kondensatkühler

zweiflutig von Seewasser durchströmt werden, während der Dampf die Rohre von außen beheizt. Zur besseren Dampfverteilung sind einige Leitbleche vorgesehen, die gleichzeitig als Rohrstützplatten dienen (Bild 19.39).

Um die unterschiedliche Wärmedehnung zwischen Rohrbündel und Mantel zu berücksichtigen, ist nur ein Rohrboden fest mit dem Mantel verbunden, während der andere einschließlich der Umkehrvorlage für das Seewasser im Mantel gleiten kann. Nach dem Lösen der Verbindungsschrauben zwischen Mantelflansch und vorderem Rohrboden kann das Rohrbündel zur Reinigung und Besichtigung aus dem Mantel herausgezogen werden.

Bei einem Durchsatz von 90 m³/h Seewasser, das von 5 °C auf 90 °C aufgewärmt werden soll, hat der Erhitzer z.B. eine Heizfläche von 33 m². Zur besseren Ausnutzung der Wärme des Kondensats ist dem Erhitzer ein *Kondensatkühler* von 25 m² Heizfläche, aber sonst gleicher Bauart, nachgeschaltet.

Mit Rücksicht auf die Seewasserbeständigkeit sind bei beiden Apparaten die Rohrböden aus Muntzmetall und die Rohre aus AlMs hergestellt. Die gußeisernen Vorlagen sind durch eingebaute Zinkschutzplatten geschützt.

Für ein einwandfreies Arbeiten beider Apparate ist eine gute Entlüftung wichtig. Beim Erhitzer ist diese am unteren Teil des Mantels angebracht, da die Luft schwerer als der Dampf ist. Bei dem Kondensatkühler liegt die Entlüftung oben. Einen Vorwärmer für Tankerwaschzwecke mit Thermalölbeheizung zeigte Bild 19.29.

Warmwasserbereiter

Wärmeaustauscher zur Bereitung von Warmwasser werden entweder als *Durchlaufapparate* gebaut, dann ist ihre Ausführung ähnlich der vorstehend beschriebenen, oder sie werden als *Warmwasserspeicher* ausgebildet, so daß sie einen gewissen Vorrat an Warmwasser aufnehmen können.

Sie bestehen dann aus dem Speicherbehälter, in den ein Heizsystem, z.B. haarnadelförmig gebogene Rohre, die mit Dampf beheizt werden, eingeschoben ist. Der Speicher steht unter dem Wasserleitungsdruck. Es muß darauf geachtet werden, daß das Wasser im Speicher nicht zum Kochen kommt, was durch entsprechende Einstellung des Heizdampfdruckes erreicht werden kann (Bild 19.40.1). Motorschiffe mit genügender E-Leistung werden gelegentlich mit *Elektrospeichern* ausgerüstet. Diese werden meist als *Überlaufspeicher* (Bild 19.40.2) ausgebildet, bei denen das Entnahmerohr für Warmwasser im Speicher bis zum höchsten Wasserstand hochgeführt ist und keine Absperrung haben darf. Zur Entnahme von Warmwasser wird der Kaltwasserzulaufhahn geöffnet; hierdurch steigt der Wasserspiegel im Speicher und das warme Wasser läuft durch den Überlauf ab. Infolge des immer offenen Überlaufs kann sich im Speicher kein

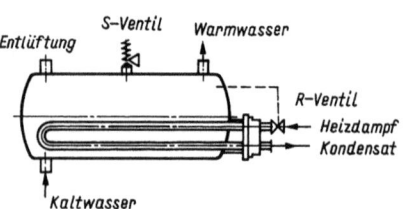

Bild 19.40.1 Dampfbeheizter Speicher

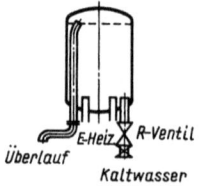

Bild 19.40.2 Elektrisch beheizter Überlaufspeicher

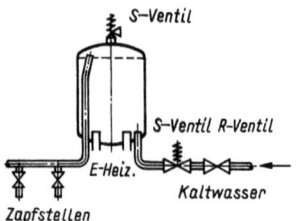

Bild 19.40.3 Elektrisch beheizter Hochdruckspeicher

S-Ventil   Sicherheitsventil
R-Ventil   Regelventil

Bild 19.40 Warmwasserspeicher

Druck bilden. Beim Aufheizen des Speicherinhalts leckt der Überlauf, was auf die Ausdehnung des Speicherinhalts infolge der Erwärmung zurückzuführen ist. Zur Erwärmung dienen in den Speicher eingebaute Heizstäbe, die durch einen einstellbaren Thermostaten zu- und abgeschaltet werden. In der Zulaufleitung ist ein Rückschlagventil angeordnet, um das Leerlaufen des Speichers zu verhindern.

Elektro-Hochdruckspeicher (Bild 19.40.3) müssen für den höchsten in der Wasserleitung auftretenden Druck gebaut und mit einem Sicherheitsventil sowie einem Rückschlagventil, das das Leerlaufen des Speichers beim Wegbleiben des Wasserdrucks verhindern soll, ausgestattet werden.

Die Leistungsaufnahme eines Speichers mit 80 l Inhalt beträgt je nach Warmwasserbedarf 1,5...4 kW. Zur Erwärmung von 10 l Wasser um 85 °C wird ≈ 1 kWh benötigt.

Filter und Reiniger

Wasserreiniger

Seewasserfilter werden z.B. in der Saugleitung der Seekühlwasserpumpen von Motoren zwischen Seekasten und Pumpe angeordnet. Da mehrere Seekästen vorgesehen werden, ist eine Reinigung dieser Siebfilter auf See durch Umschalten der Pumpe auf ein anderes Seeventil möglich. Für Schiffe in Eisfahrt ist eine Umgehungsleitung für jedes Filter zu empfehlen, da die Filter durch Eisschlamm sehr leicht verstopfen und schnell gereinigt werden müssen.

Schlammkästen gehören in die Saugleitung der Lenzpumpen, es sind Kästen mit Lochblechen als Schmutzfänger.

Speisewasserfilter werden auf Dampfschiffen in die Kondensat- bzw. Speiseleitung eingebaut. Sie sollen das Speisewasser entölen. Dies ist besonders auf Schiffen mit Kolbendampfmaschinen, z.B. für den Pumpenantrieb, wichtig, da bei diesen durch die Stopfbuchsen-, Kolben- und Schieberschmierung viel Schmieröl in den Kreislauf gelangt. *Kondensatfilter* liegen in der Druckleitung der Kondensatpumpe bzw. Naßluftpumpe zum Schwimmertank, in dem der Schwimmer für die Steuerung des Wasserzulaufes zur Speisepumpe eingebaut ist. In dem Schema des Bildes 19.41 ist der Filtertank zweiflutig konstruiert, so daß im Betrieb beide Hälften parallel arbeiten. Hierdurch wird eine wichtige Voraussetzung für das Ausfiltern von Öl geschaffen: *geringe Strömungsgeschwindigkeit* und damit *lange Aufenthaltszeit* des Kondensats im Filter. Für das Auswechseln der Filtermasse kann jeweils eine Hälfte des Filters abgeschaltet werden, ohne daß dadurch die Filterung ganz unterbrochen wird. Neben Kokosfasern werden auch besondere Matten, Koks und Aktivkohle als Filtermasse verwendet. Eine zweite Voraussetzung für die Wirksamkeit dieser Anlage ist, daß das durchströmende Wasser nicht zu warm ist. Versager mit schweren Folgenschäden durch Kesselverölung haben häufig in der Nichtbeachtung dieser Vorschrift ihre Ursache gehabt. So ist beispielsweise die Einleitung von heißem Vorwärmerkondensat direkt in den Filtertank falsch; bei falscher Stellung des Kondensatableitungsventils am Vorwärmer kann sogar Dampf in das Filter gelangen und schon abgesetztes Öl wieder aufrühren. Da das Kondensat der Vorwärmer, das oft aus Hilfsmaschinenabdampf oder Anzapfdampf der Hauptmaschine herrührt, häufig stark verölt ist, muß es andererseits unbedingt ölfrei gemacht werden. Bild 19.41 zeigt, daß das Vorwärmerkondensat im Schwimmertank zuerst Wärme abgibt und dann abgekühlt dem Filtertank zugeleitet wird, wo nun die Ölabscheidung ungehindert vor sich gehen kann.

Speisewasserdruckfilter sollen Ölreste, die noch im Speisewasser verblieben sind, zurückhalten (Bild 19.42). Mit dem Doppelventil (1) und dem Einfachventil (2) kann eine Umgehung geschaltet werden; der Filter ist dann ausgeschaltet und kann

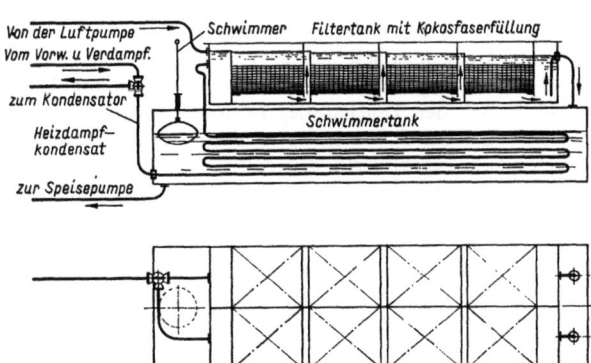

Bild 19.41 Kondensatfilter mit Schwimmer- und Filtertank

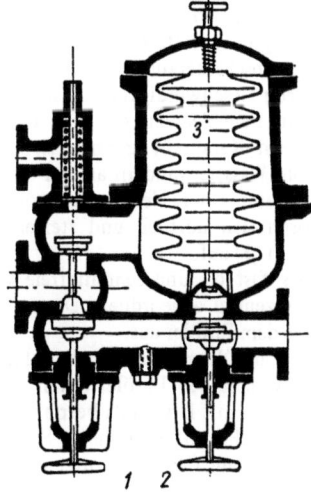

Bild 19.42 Speisewasserdruckfilter

zum Reinigen des Filtereinsatzes (3) geöffnet werden. Der Filtereinsatz ist von besonderem Filtertuch umspannt, aus dem aufgefangenes Öl ausgewaschen werden kann.

Bilgewasserfiltern kommt heute besondere Bedeutung zu, da erkannt ist, wie verheerend sich die dauernde Seeverschmutzung und die Ölverpestung der Flüsse und Küstengewässer auswirken.

Bilgewasserentöler

Besondere Bedeutung kommt heute der *Reinhaltung* des Meeres, der Flüsse und Häfen zu. Bilgewasser und ölhaltiges Ballastwasser muß deshalb gemäß nationalen und internationalen Vorschriften entölt werden.

Entsprechende Forderung werden z.B. durch die Kombination *TURBULO-Entöler* mit *TURBULO-Filter* der *Howaldtswerke – Deutsche Werft* Typ TEF erfüllt (Bild 19.43).

Beschreibung und Arbeitsweise

TURBULO-Entöler (1) für die *Vorentölung* und einem TURBULO-Filter (15) mit Schmutz- und Coalescereinsätzen für die *Restentölung*. Mit dieser Kombination, Entöler und Filter, wird ein *Reinheitsgrad* im Ausgußwasser unter 15 ppm erreicht. Vor der Auslieferung werden beide Behälter mit einem Druck von 3,75 bar geprüft.

Nachdem die Anlage mit sauberem Wasser gefüllt worden ist, wird das Öl-Wassergemisch durch den Eintrittstutzen (2) des Entölers in den Grobabscheideraum gepumpt. Unmittelbar nach Eintritt in das Innere des Apparates wird der Flüssigkeitsstrom umgelenkt, in einer erweiterten Düse verlangsamt und in eine kreisförmige Bewegung versetzt.

Das spezifisch leichtere Öl steigt zum Ölsammelraum (3) auf. Die kreisende Bewegung kommt durch das zwischen zwei Steigerohre (4) eingeschweißte Bremsblech zur Ruhe.

Das grob entölte Gemisch fließt nach unten in den Feinabscheideraum (5) und von dort mit verringerter Geschwindigkeit durch die Kammern zwischen den Fangblechen des Feinabscheideteils (6). In diesen Kammern trennen sich weitere Ölteilchen vom Wasser, wandern an den Unterseiten zum Rand der mit einer Neigung angeordneten Fangbleche, lösen sich dort ab und steigen in den Ölsammelraum (3) auf.

Das fast öl- und schmutzfreie Wasser fließt durch das zentral angeordnete Düsenrohr (7) nach unten aus dem Entöler aus.

Das im Ölsammelraum (3) aufgestiegene separierte Öl verläßt den Entöler durch den Ölaustrittstutzen (8). Ein mit Druckluft betriebenes Ölablaßventil (9) mit elektromagnetischem Steuerventil (10), das hinter dem Ölaustrittstutzen (8) sitzt, regelt automatisch den Ölaustritt. Die Steuerung erfolgt über den eingebauten Füllstandsgrenzschalter (11).

Außer den bereits erwähnten Teilen sind im Oberteil des Entölers noch ein Sicherheitsventil (12), ein Entlüftungsventil mit Schwimmersteuerung (13) und die Stabelektrode (14) des automatischen Ölablasses eingebaut. Zwei Prüfhähne (16) und (15) sind für die Ölstandskontrolle von Hand beim Ausfall des automatischen Ablasses bestimmt.

Der automatische Ölablaß setzt sich aus dem Füllstandsgrenzschalter (11), dem Ölablaßventil (9), das aus einem membrangesteuerten Kolbenventil mit elektromagnetischem Steuerventil (Pilotventil) (10) besteht, und der Stabelektrode (14) zusammen.

Während des Betriebes wird mit dem Öl-Wasser-Gemisch Luft mitgeführt. Sie bildet im Entöler-Oberteil ein Luftpolster zur Dämpfung von Förderstößen. Überschüssige Luft wird durch das Entlüftungsventil (13) selbsttätig abgelassen.

Der *TURBULO-Filter* ist an den Wasseraustritt (17) des Entölers angeschlossen (siehe Einbauschema Bilder 19.43a und b). Der TURBULO-Filter besteht aus einem Gehäuse mit zwei Filterkammern und Filtereinsätzen für die erste (18) und zweite Filterstufe (19), sowie einem Ölsammelraum (20). Angebaut ist eine Instrumententafel (21) mit einem Drucküberwachungsgerät mit je einem Kontaktschalter und Manometer zur Drucküberwachung der beiden Filterstufen.

Das aus dem Entöler austretende, vorentölte und vorgereinigte Wasser durchfließt die beiden Filterstufen des TURBULO-Filters zur Restentölung. In der ersten Filterstufe (18) werden noch vorhandene mechanische Verunreinigungen herausgefiltert, bei gleichzeitiger Feinentölung. In der zweiten Filterstufe (19), die mit Coalescereinsätzen bestückt ist, erfolgt die Restentölung. Sauberes Wasser strömt durch den Austrittstutzen (28) aus dem TURBULO-Filter.

Das Ölablassen aus dem Ölsammelraum (20) und den beiden Kammern (22) und (23) des Filters ist manuell über die Kontroll- und Ablaßhähne (24), (25), (26) durchzuführen. Die gute Vorentölung im TURBULO-Entöler gestattet es, bei normalem Betrieb diesen Ölablaßvorgang auf alle drei bis vier Wochen zu beschränken.

Die angebauten Manometer (21) zeigen kontinuierlich den Druckanstieg in den Filterstufen an. Bei 2,5 bar Druckanstieg schalten die Kontaktschalter und signalisieren den Zeitpunkt zum Auswechseln der Filtereinsätze (18) und (19). Es sind Signalausgänge am Drucküberwachungsgerät (27) vorhanden, die für den Pumpenstopp oder einen zusätzlichen Alarm verwendet werden können.

Bei Druckanstieg über 2,5 bar besteht die Gefahr, daß der Reinheitsgrad von 15 ppm überschritten wird.

Wärmeaustauscher und Apparate

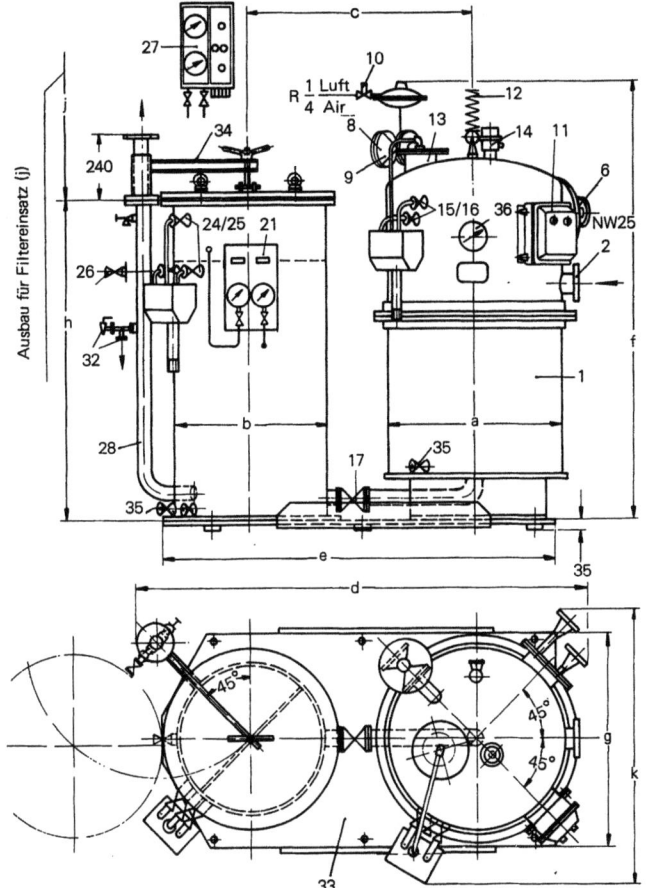

Bild 19.43a Turbulofiltersystem
1 TURBULO-Entöler
2 Gemisch-Eintritt
6 Dampf-Heizung altern. E-Heizung ab Größe TEF 1
8 Öl-Austritt
9 Membrangesteuertes Kolbenventil
11 Elektronischer Füllstandsgrenzschalter für automatischen Ölablaß
12 Feder-Sicherheitsventil
13 Entlüftungsventil
14 Stabelektrode für automatischen Ölablaß
15/ Probier- und Ölablaßhahn
16 Probenentnahme manuell und automatisch
17 Schieber
21 Instrumententafel mit 2 Manometern
27 Drucküberwachung altern. Pos. 21
28 Wasser-Austritt
33 Grundplatte
34 Deckelschwenkvorrichtung ab Größe TEF 2,5 bzw. TEF 5-S
35 Entwässerungsventil
36 Manometer

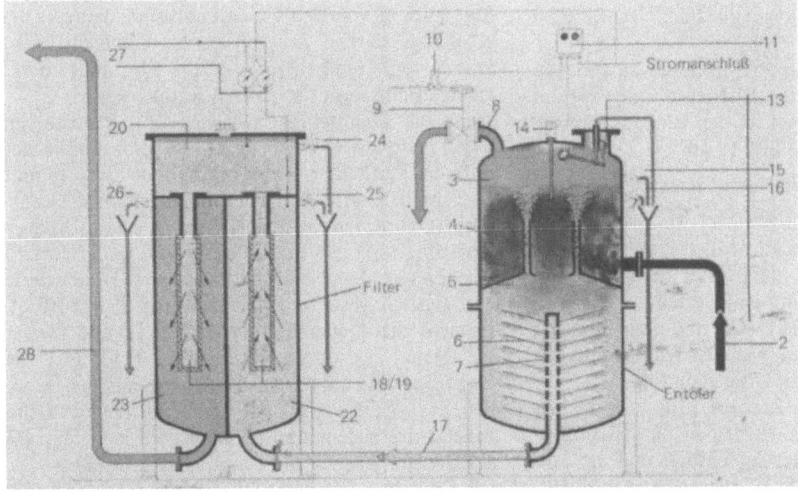

Bild 19.43b
Wirkungsweise des Turbulofiltersystems
2 Gemisch-Eintritt
3 Ölsammelraum
8 Öl-Austritt
9 Membrangesteuertes Kolbenventil
11 Stromanschluß und Elektronischer Füllstandsgrenzschalter für automatischen Ölablaß
13 Entlüftungsventil
14 Stabelektrode
15/16 Proben- und Ölablaß
18/19 Filtereinsätze
27 Kontakt für Alarm und/oder zum Abschalten der Entölerpumpe (nur bei Drucküberwachung)
28 Wasser-Austritt

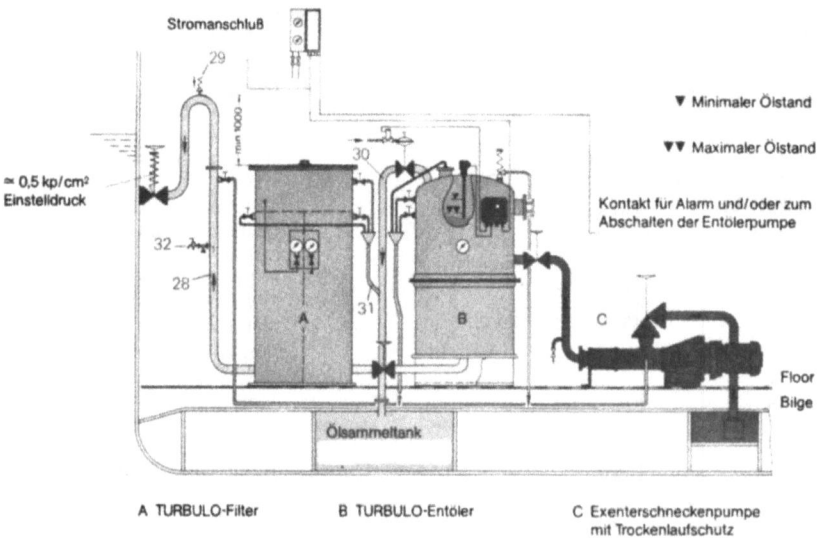

Bild 19.44 Beinbaubeispiele für TURBULO-Entöler-Filter

Einbau an Bord

Der TURBULO-Entöler und der TURBULO-Filter werden im Maschinenraum nach den räumlichen Gegebenheiten so eingebaut, daß sie in keinem Fall infolge einer Saugheberwirkung leerlaufen können. Die Reinwasseraustrittsleitung (28) ist mindestens 1 m über die Oberkante der Entöleranlage (Entöler und Filter) hochzuführen. Wird der Austritt dieser Leitung unter das oben angegebene Niveau geführt (Bild 19.44), so ist am höchsten Punkt dieser Rohrleitung ein Belüftungsrohr oder -ventil (29) anzubringen.
Ein Belüftungsrohr ist um 1,5 m höher zu verlegen als der Gegendruck in der Austrittsleitung (28) am Filter beträgt. Ein Beispiel für den Einbau zeigt die schematische Darstellung Bild 19.44.

Bei der Einbauplanung ist darauf zu achten, daß die Anlage so angeordnet wird, daß der Gegendruck auf der Austrittsseite 0,5 bar nicht übersteigt.

Über dem Entöler und dem Filter muß genügend Platz zum Abbau des Entöler-Oberteiles, zum Ausbau der Filtereinsätze (18), (19) und zum Reinigen der Apparate vorgesehen werden. Wichtige Bedienungselemente müssen gut zugänglich sein.
Die Ölablaufleitung des Entölers (30) und die des Trichters (31) am Filter werden in den Ölsammeltank geführt. Der Trichter am Entöler und die Entleerungsventile (24), (25), (26) werden an Ablaufleitungen in die Bilge angeschlossen.

Die maximale Förderleistung der anzuschließenden Pumpe (C) darf die Nennleistung der Entöleranlage nicht übersteigen, sie darf aber darunter liegen. Der beste *Wirkungsgrad* wird erzielt, wenn das Aggregat mit einer langsam laufenden Verdrängerpumpe (C), wie z.B. einer HDW-Exzenterschneckenpumpe oder einer Kolbenpumpe, betrieben wird. Sie verhindern weitgehend die Bildung von Emulsionen.
Wie beschrieben, sammelt sich das abgeschiedene Öl im Ölsammelraum (3) des Entöler-Oberteils. Von dort muß es von Zeit zu Zeit ablaufen, damit es bei einem zu starken Anwachsen der Ölschicht nicht erneut vom Gemischstrom erfaßt wird oder im extremen Falle sogar den ganzen Entöler füllt.
Wenn die Trennschicht zwischen Öl und Wasser im Ölsammelraum (3) den durch die Einbauhöhe des unteren Prüfhahnes (16) bestimmten Schaltpunkt erreicht hat, wird durch die im Bereich der Grenzschicht zwischen Öl und Wasser montierte Steuerelektrode (14) ein Impuls ausgelöst. Dadurch wird das hinter dem Ölaustrittstutzen (8) montierte automatisch gesteuerte Ölablaßventil (9) geöffnet. Erreicht die Trennschicht zwischen Öl und Wasser die Höhe des oberen Prüfhahnes (15), löst die Elektrode (14) erneut einen Steuerimpuls aus, durch den das Ölablaßventil (9) geschlossen wird. Beim Ausfall des automatischen Ölablasses kann das Ölablaßventil (9) auch von Hand betätigt werden.
Die Dicke der Ölschicht im Ölsammelraum (3) wird durch das Öffnen der Prüfhähne (15), (16) kon-

trolliert. Wenn aus dem unteren Prüfhahn (16) Öl austritt, muß das Ölablaßventil (9) von Hand geöffnet werden, bis aus dem oberen Prüfhahn (15) Wasser austritt.

Wenn das Öl zähflüssig ist, wird die Heizung im Entöler eingeschaltet. Sie darf nur dann in Betrieb genommen werden, wenn der Heizkörper von Öl und/oder Wasser umgeben ist und der Entöler vollständig gefüllt ist. Dies ist der Fall, wenn aus dem Prüfhahn (15) Wasser und/oder Öl austritt. Es wird empfohlen, die Heizung vor jedem Reinigen des Entölers in Betrieb zu nehmen.

Das Ölablassen aus dem Ölsammelraum (20) und den beiden Filterkammern (22) und (23) ist bei normalem Betrieb manuell über die Kontroll- und Ablaßhähne (24), (25) und (26) alle drei bis vier Wochen durchzuführen.

Um den IMCO-Richtlinien zu entsprechen, muß beim Lenzen von Bilgen das gesamte Wasser unbedingt durch die Entöler- und Filteranlage geleitet werden, ehe es über Bord gepumpt wird.

Wenn zur Feststellung des Reinheitsgrades des entölten Wassers Proben entnommen werden sollen, müssen diese am Entnahmehahn (32) in der Reinwasser-Austrittsleitung hinter dem Filter entnommen werden. In keinem Falle dürfen sie am Entöler oder am Filter selbst entnommen werden.

Die Prüfhähne (15), (16) im Entöler-Oberteil und am Filter (24), (25), (26) werden nur geöffnet, wenn die Dicke der Ölschicht festgestellt werden soll; sie sind nicht zur Entnahme von Wasserproben bestimmt.

Wartung

Die *Wartung* des TURBULO-Entölers mit TURBULO-Filter beschränkt sich auf die Reinigung des Entölers und des Filters, Auswechseln der Filtereinsätze und Entleeren bei Frostgefahr.

Der Entöler ist in regelmäßigen Abständen, etwa einmal im Jahr, auseinanderzunehmen und zu reinigen.

Luftfilter

Der Strömungsentöler der Firma *H. W. Huss & Co.*, Bremen (Bild 19.45), besteht in seinem wirksamen Teil aus einer Entölungsdüse, in der das Öl/Wassergemisch nach außen geschleudert wird, von wo es zum Ableiter abfließt.

Ähnlich arbeiten auch die sogenannten Zyklon-Entöler in Ladeluftsystemen aufgeladener Dieselmotoren.

Schmieröl- und Brennstoffilter

Als *Grobfilter* verwendet man umschaltbare Doppelfilter mit Siebeinsätzen. Getriebeölfilter versieht man zweckmäßig zusätzlich mit Magneteinsätzen, die feinsten Metallabrieb festhalten und dadurch sehr verschleißmindernd wirken.

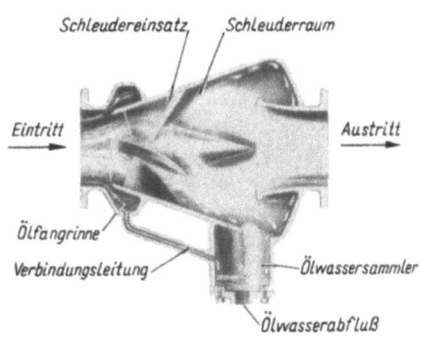

Bild 19.45 Strömungsentöler

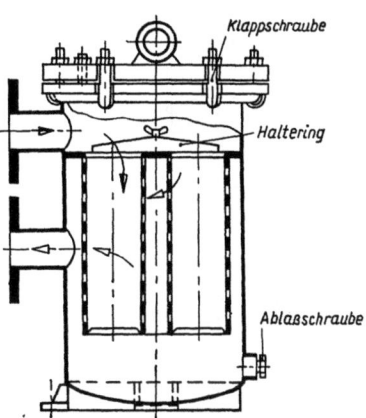

Bild 19.46 Siebkorbfilter

Einen *Siebkorbfilter* zeigt Bild 19.46 (Filterwerk *Mann & Hummel*, Ludwigsburg).

Wirkungsweise: Die zu reinigende Flüssigkeit (Öl oder Wasser) gelangt durch den oberen Stutzen in das Filter und fließt in die Siebkörbe. Dort lagern sich Verunreinigungen ab. Die saubere Flüssigkeit fließt nach dem Verlassen der Siebkörbe und des Gehäuses durch den unteren Stutzen ab.

Sofern *Kurzschlußventile* eingebaut sind, sprechen diese an, wenn der Durchflußwiderstand im Filter zu hoch wird z. B. infolge vernachlässigter Wartung der Siebkörbe. Sie lassen dann ungefilterte Flüssigkeit durch.

Spaltfilter lassen sich durch Anbau eines Getriebemotors automatisieren. Bild 19.47 stellt ein Platten-Spaltfilter mit Getriebemotor dar (Filterwerk *Mann & Hummel*, Ludwigsburg). Das Filter besteht aus dem Filtergehäuse (1), dem Filterpaket mit Spindel und Lamellen (2) und dem Getriebemotor (3).

Wirkungsweise: Die zu reinigende Flüssigkeit tritt bei (4) in das Filter ein und wird durch ein beson-

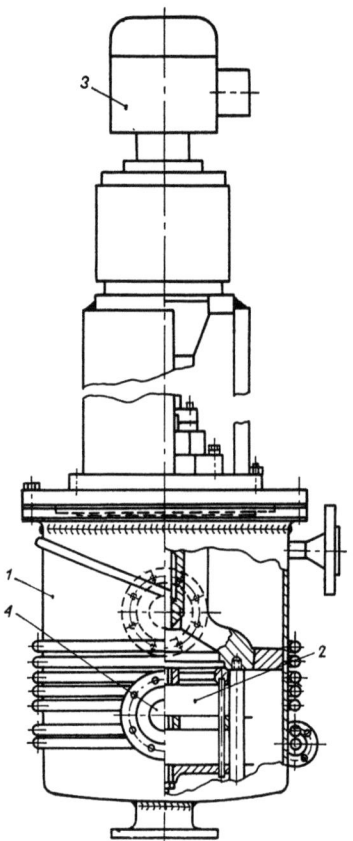

Bild 19.47 Platten-Spaltfilter mit Getriebemotor
1 Filtergehäuse
2 Filterpaket mit Spindel und Lamellen
3 Getriebemotor
4 Zulauf des Filtergutes

deres Leitblech nach oben und unten abgelenkt. Da die Strömungsgeschwindigkeit der Flüssigkeit durch diese Einrichtung herabgesetzt wird, setzen sich schon Schmutzteilchen im Schlammraum ab, bevor das Filterpaket erreicht wird. Filtriert wird die Flüssigkeit beim Durchströmen des Einsatzes; alle Schmutzteilchen einer durch die Spaltweite gegebenen Größenordnung werden abgeschieden.
Ein großer Teil des Schmutzes fällt aufgrund des Dichteunterschiedes in den Schlammraum. An den Vorderbauten der Lamellen angelagerter Schmutz wird dadurch entfernt, daß der Getriebemotor das Filterpaket durchdreht. Die Lamellen werden durch *Spalträumung* gründlich gereinigt.
Das Filter ist mit einem den Getriebemotor steuernden *Differenzdruckmesser* ausgerüstet, die Betriebszeit des Motors wird somit abhängig vom Verschmutzungsgrad der filtrierten Flüssigkeit. Gleichzeitig ist durch diese Automatik gewährleistet, daß der Differenzdruck 0,2 bar nicht übersteigt.

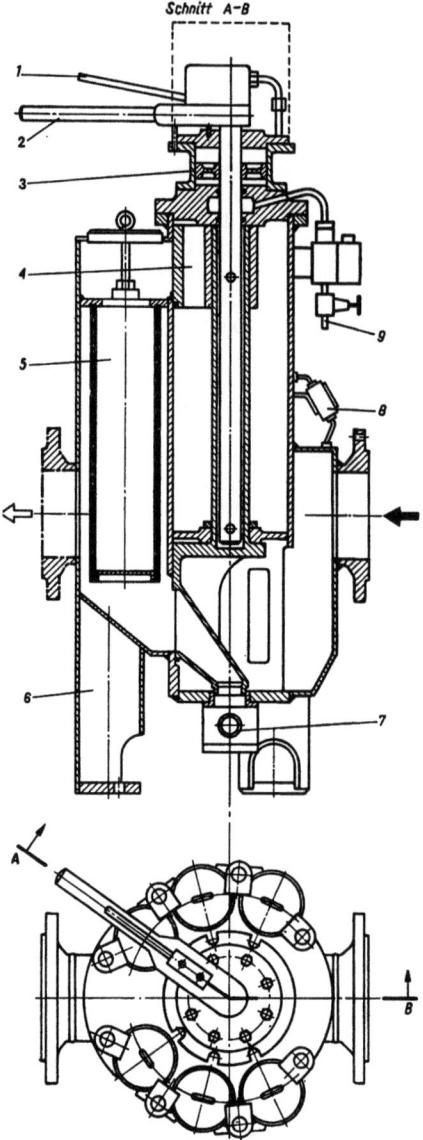

Bild 19.48 Rückspülfilter. Ausführung bei vollautomatischer Steuerung getrichelt gezeichnet; 1 und 2 entfallen dann
1 Schalthebel
2 Handhebel
3 Pneumatikzylinder
4 Küken (in Rückspülstellung)
5 Filtereinsatz
6 3 Füße
7 Ablaß mit gesteuertem Ventil
8 Differenzdruckanzeiger
9 Luftanschluß

Zum voll- bzw. halbautomatischen Betrieb eignen sich auch *Rückspülfilter*, für die Bild 19.48 ein Beispiel zeigt (*Boll & Kirch Filterbau GmbH*, Kerpen). Das Rückspülfilter kann bei geeigneten

Wärmeaustauscher und Apparate

Siebeinsätzen zum Filtern fast aller flüssiger Medien eingesetzt werden. Siehe hierzu auch [19.7].

Es besteht aus einem geschweißten Stahlblechgehäuse mit Rohranschlüssen und vier Filterkammern, vier Spezialsiebeinsätzen mit Abschlußdeckeln, Sonderküken (je nach Verwendungszweck aus Rg 10 oder hochwertigem Perlitguß), Umschalthebel mit Rastereinrichtung, automatischer Entlüftung, *Ermeto* Rückschlagventil und Differenzdruckanzeiger.

Wirkungsweise: Stellt man durch den angebauten Differenzdruckanzeiger fest, daß die Siebeinsätze verschmutzt sind, so kann das Rückspülfilter ohne Betriebsunterbrechung gereinigt werden. Es ist zweckmäßig, *alle* Siebeinsätze sofort nacheinander durch Rückblasen zu reinigen.

Der Reinigungsvorgang wird wie folgt eingeleitet: Durch Niederdrücken des Schalthebels wird der Arretierstift angehoben und das Sonderküken kann am Handhebel, ausgehend von der linken bzw. rechten *Betriebsstellung* in Richtung auf die gewünschte Rückspülstellung gedreht werden. Die jeweilige Stellung des Handhebels wird durch eine Markierung angezeigt.

Bild 19.49 *CJC*-Feinfilter

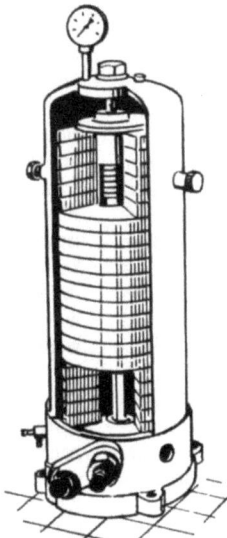

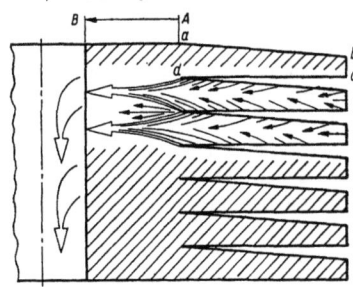

Bild 19.49.2 Schematische Darstellung des Ölweges in der Filterpatrone Typ *HDU*

Bild 19.49.1 Ansicht eines aufgeschnittenen Filters mit Filterpatrone Typ *HDU*

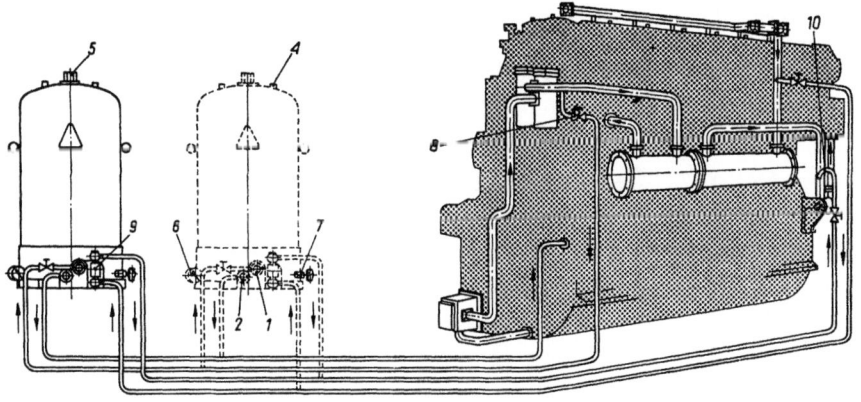

Bild 19.49.3 Einbauschema einer *CJC*-Filteranlage

1 Zulauf des ungereinigten Öls
2 Ablauf des gereinigten Öls
4 Entlüftung
5 Spannschraube
6 Manometer
7 Ablaß
8 Grobfilter
9 Heißwasseranschluß
10 Heißwasserrücklauf

Ist der Handhebel auf die gewünschte Rückspülstellung gedreht, so ist automatisch auch das Ventil für die *Rückspülluft* geöffnet. Das Rückblasen einer Filterkammer dauert ungefähr 5 s. Nach der Reinigung der jeweiligen Filterkammer wird der Schalthebel wieder niedergedrückt. Am Handhebel kann das Küken auf die nächste Rückspülstellung gedreht werden, und der Rückspülvorgang wiederholt sich wie oben beschrieben. Sind alle Siebeinsätze gereinigt, wird der Handhebel in der begonnenen Drehrichtung weiter bis zur markierten Betriebsstellung gedreht, so daß wieder alle Siebeinsätze in Betrieb sind. Das Ventil für die Rückspülluft ist bei dieser Hebelstellung wieder automatisch geschlossen.

Eine automatische Entlüftung sorgt dafür, daß die sich im oberen Filterraum ansammelnde Luft selbsttätig aus dem Filtergehäuse entfernt wird. Mit Hilfe des Tupfers kann das Filter zusätzlich von Hand entlüftet werden.

Bild 19.49 erläutert den Aufbau eines *CJC*-Feinfilters, das sich auf vielen Motorschiffen bewährt hat. Durch derartige Feinfilter wird sogar kolloidal gelöster Schmutz ausgeschieden. Durch Ausfiltern eines großen Teils der Alterungsprodukte des Schmieröls kann z.B. sein *Säuregehalt* niedrig gehalten werden, so daß es länger brauchbar bleibt. Das Bild 19.49.2 zeigt die selbsttragende Filterpatrone mit großer adsorbtiver Schmutzaufnahme im Inneren und großer Eintrittsfläche. Die Filterfeinheit wird mit mindestens 1 μm angegeben, wobei unverbrauchte Schmieröladditive nicht mit ausgefiltert werden. Bild 19.49.3 gibt Aufschluß über den Einbau eines solchen Filters im Nebenstrom.

Separatoren

Tellerseparatoren (s. hierzu [19.8] und [19.9])

Bild 19.50 zeigt den wirksamen Teil eines *Westfalia*-Separators, und zwar in Bild 19.50.1 als Trommel *mit* Wasserabscheidung und in Bild 19.50.2 *ohne* Wasserabscheidung.

Die Einzelheiten sind in den Abbildungen bezeichnet. Der Kläreffekt wird hier durch den Einbau von konischen Tellern vergrößert. Alle Tellerzwischenräume arbeiten als parallelgeschaltete Einzelseparierungsräume. Das verschmutzte Schmier-, Diesel- oder Schweröl fließt der rotierenden Trommel im inneren Verteilerraum zu. Die groben Verunreinigungen wandern infolge ihrer größeren Dichte unterhalb des Tellereinsatzes nach außen zum Schlammraum. Das Öl wird durch die Steigekanäle gleichmäßig dem Tellereinsatz zugeführt. Bei der Trommel mit Wasserabscheidung wird der Innendurchmesser der Wasserscheibe so gewählt, daß sich die Trennzone etwa in der Mitte der Steigekanäle befindet. Das Öl wandert nach innen, das Wasser nach außen. Je nach der Größe der Schmutzteilchen wie auch der Wassertröpfchen wandern diese mehr oder weniger schnell an die Unterseite der Teller und gleiten dann nach außen in den Schlammraum, wo sich der feste Schlamm absetzt, während das Wasser abfließt. Bei der Einstellung der Trommel als Klärtrommel *(Klarifikator)* nach Bild 19.50.2 wird kein Wasser abgeschieden, der Vorgang an den Tellern ist jedoch derselbe.

Die *Separiertechnik* ist je nach Einsatz des Separators unterschiedlich. Wasserhaltige Öle können nur entwässert werden, wenn die richtige Wasserscheibe gewählt wurde. Allgemein gilt: *Enge* Wasserscheibe bei *schwerem* Öl – *weite* Wasserscheibe bei *leichtem* Öl. Die Betriebsvorschriften der Separatoren enthalten genaue Auswahlanweisungen. Will man die Auswahl durch Versuch vornehmen, so geht man von einer weiten Wasserscheibe aus. Bei *zu weiter* Wasserscheibe enthält das am Wasserauslauf auslaufende Wasser Öl. Richtige Wasserscheibe ergibt *ölfreien* Wasserablauf und *wasserfreien* Ölablauf. Das Wasser darf milchig-weiß oder verschmutzt aussehen durch die Waschung des Öls.

Bei Separierung mit Wasserabscheidung *(Purifierbetrieb)* muß die Trommel zunächst mit warmem Frischwasser (Süßwasser) angewärmt werden. Dann Wasser nach Tafel 19.22 einstellen. Die Temperatur

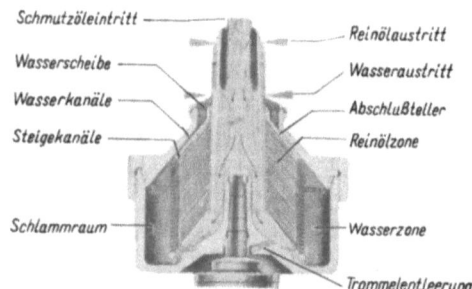

Bild 19.50.1 Trommel *mit* Wasserabscheidung

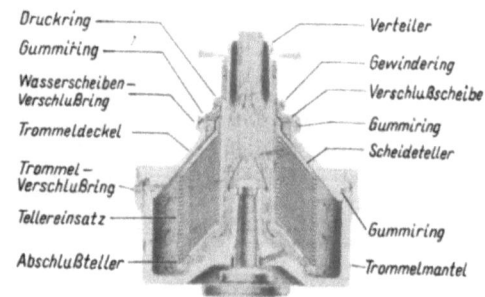

Bild 19.50.2 Trommel *ohne* Wasserabscheidung

Bild 19.50 Tellerseparatortrommeln

Wärmeaustauscher und Apparate

Tafel 19.22 Separierungstemperaturen und Süßwasserzusatzmengen

Ölart	Separierungstemperatur °C	Süßwasserzusatz %
Gasöl	Raumtemperatur	0...1
Dieselöl (mittleres)	⩽ 40	0...1
Dieselöl (schweres)	⩽ 70	0...1
Schweröl	80...100	0...1
Dampfturbinenschmieröl	70...75	0...2
Dieselmotorenschmieröl		
unlegiert	75...90	2...5
legiert (*HD*-Öl)	75...90	0...1

des Zusatzwassers soll mindestens gleich der Separierungstemperatur sein, besser noch etwa 5 °C darüber liegen.
Bei *Klarifierbetrieb* ohne laufende Wasserabscheidung darf die Trommel nicht mit Wasser gefüllt werden, die Trommel wird langsam durch das eintretende Öl angewärmt.
Bei Kraftstoffen beschränkt man sich auf tropfenweise Zugabe von warmem Frischwasser da diese Öle leicht emulgieren. Bei Schmierölen setzt man im allgemeinen mehr Warmwasser zu. Bei wasserempfindlichen Ölen, wie z.B. den meisten *HD*-Ölen, ist der mit ausgewaschener Säure aufgeladene Wasserring von Zeit zu Zeit, etwa alle 1...2 Stunden, zu erneuern. Die Wasserzufuhr wird am besten durch ein gut einstellbares Nadelventil in der Wasserzuleitung reguliert. Erfahrungsgemäß ist auch die Separierung von *HD*-Ölen im *Klarifierbetrieb*, d.h. ohne Wasserzusatz und ohne Wasservorgabe bei Inbetriebsetzung des Separators oft erfolgreich. Bei emulgierten Ölen ist zur Brechung der Emulsion die Separiertemperatur zu erhöhen.
Ausgelegt werden Separatoren nach Firmenangaben. Man sollte sich für möglichst geringen Durchfluß entscheiden, was den Separiereffekt erhöht. So sollten Separatoren für 600 cSt/50 °C nur mit etwa 20 % ihres Nenndurchsatzes eingesetzt werden. Die heutigen Kraftstoffe enthalten alle mehr oder weniger Anteile von Rückstandsölen mit hohem Schwefelgehalt. Der Gehalt des umlaufenden Motorschmieröls in Tauchkolbenmotoren an schwefliger Säure steigt daher im Betrieb bei Verbrennung von

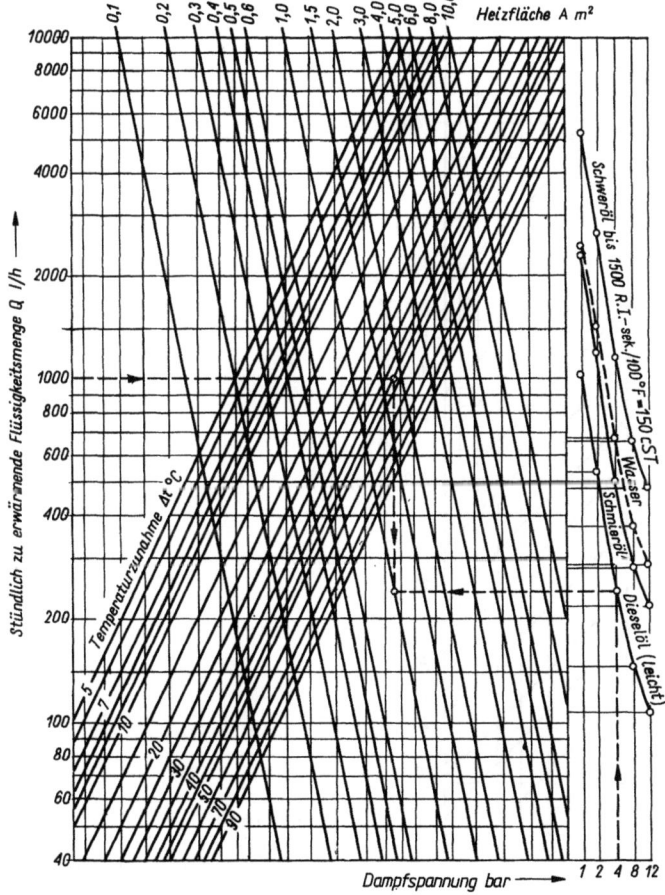

Bild 19.51
Ermittlung der Heizleistung dampfbeheizter Separatorvorwärmer

Kraftstoffen höheren Schwefelgehalts. Vor allem die Separatortrommeln der Schmieröl- und Schwerölseparatoren müssen deshalb aus nichtrostendem Werkstoff hergestellt sein.

Separatorvorwärmer

Für die *Vorwärmung des Zusatzwassers* und des zu reinigenden Öles sollten Vorwärmer mit Thermostaten verwendet werden. Diese Vorwärmer können, je nachdem ob sie mit Dampf oder elektrisch beheizt werden sollen, mit Hilfe der Bilder 19.51 und 19.52 ausgelegt werden. Den Angaben des Bildes 19.52 liegt dabei ein Vorwärmerwirkungsgrad von $\eta = 0{,}85$ zugrunde. Für die Ölvorwärmer wurde die spezielle Wärme $c_p = 1{,}9$ kJ/kg · °C und die Dichte $\rho = 0{,}9$ kg/dm³, für die Wassererhitzer dementsprechend $c_p = 4{,}186$ kJ/kg · °C und $\rho = 1{,}0$ kg/dm³ eingesetzt.

Beispiel 19.6 (s. Bild 19.51):
1000 Liter leichten Dieselöls sollen stündlich um 45 °C erwärmt werden. Es steht Heizdampf mit $p = 4$ bar zur Verfügung. Aus dem Diagramm liest man ab, daß die Heizfläche $A = 1$ m² betragen muß.

Das Diagramm gilt jedoch nur bis zu einer Temperatur des austretenden Stoffes von 90 °C.

Separatorenanlagen

Bild 19.53 zeigt das Schema einer einfachen Anlage, z.B. für die Reinigung von Dieselöl und Schmieröl. Durch den von einem Thermostaten gesteuerten Wassererhitzer wird dem Separator Heißwasser zugeführt, um die Trommel beim Anfahren zu füllen und anzuwärmen und um bei der Schmierölreinigung den leichten Schmutz auszuspülen. Die Schmutzölpumpe saugt das Schmutzöl über das Vorsieb an und drückt es durch den mit Thermostat geregelten Vorwärmer zum Separator. Das aus dem Öl abgeschiedene Schmutzwasser fließt zum Schmutzwasserbehälter. Das gereinigte Öl wird durch die Reinölpumpe zurückgefördert.

Bild 19.54 stellt das Einbauschema einer Reinigungsanlage für Dieselmotorenschmieröl dar.
Es zeigt auf der rechten Seite des Motors das Schmiersystem mit Ölpumpe, Umschaltsieb, Ölkühler, Druckbehälter und Regler, Zuführung zu den Schmierstellen des Motors und Ölrücklauf zum

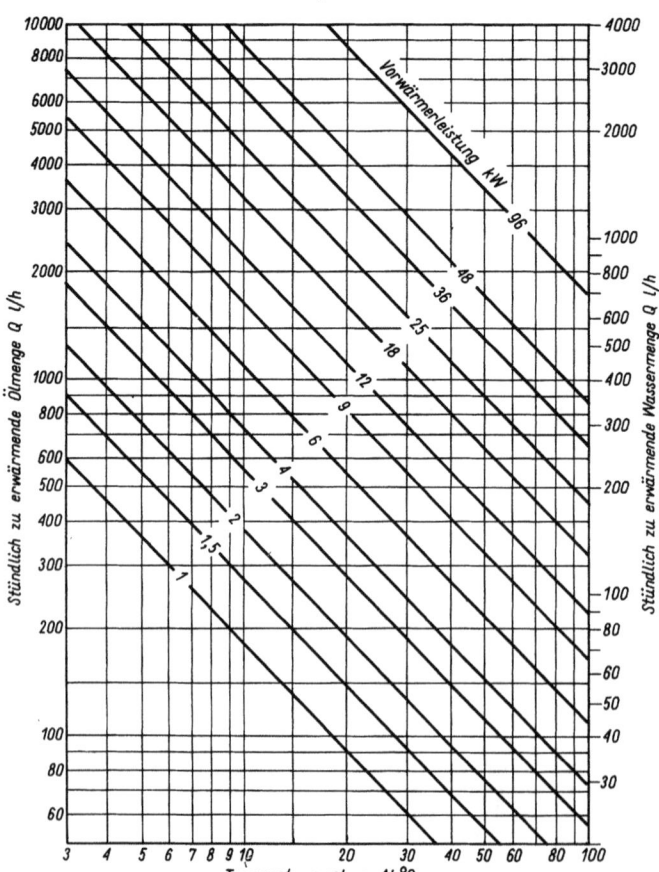

Bild 19.52
Ermittlung der Heizfläche elektrisch beheizter Separatorvorwärmer

Wärmeaustauscher und Apparate

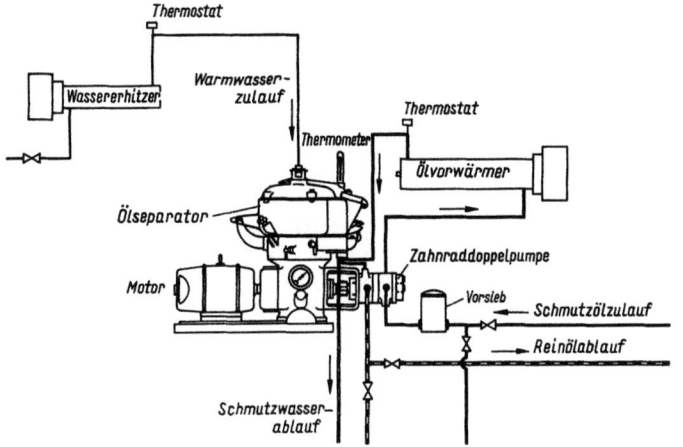

Bild 19.53
Schema einer einfachen Ölreinigung

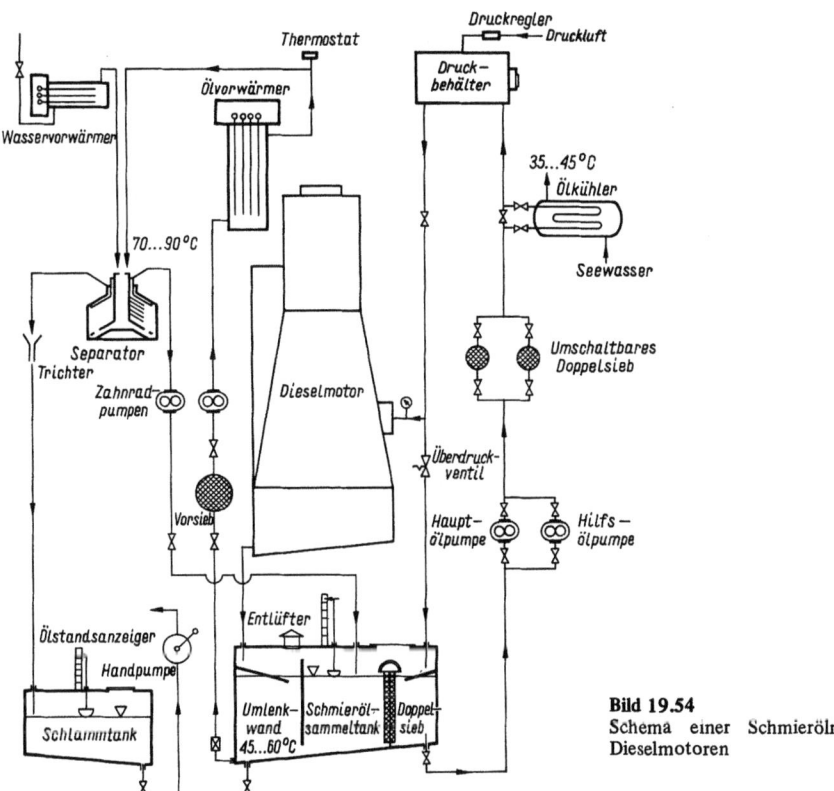

Bild 19.54
Schema einer Schmierölreinigung für Dieselmotoren

Schmierölsammeltank. Die Öltemperatur im Sammeltank beträgt etwa 45...60 °C. *Unabhängig vom Schmiersystem* wird im Nebenstrom unten aus der Schmutzölzelle des Sammeltanks das Schmutzöl von der Pumpe am Separator angesaugt, durch den Vorwärmer gedrückt und mit einer Temperatur von ca. 70...90 °C der Separatortrommel zugeführt. Die Reinölpumpe fördert das Reinöl zum Sammeltank zurück. Der Separator schleudert aus dem Schmieröl Fremdstoffe, wie Abrieb und Oxydationsschlamm aus, besonders aber auch die aus dem Verbrennungsraum kommenden Spaltprodukte, die sich nach der Kondensation als schweflige Säure im Schmieröl befinden. Durch Heißwasserzusatz wird die Säure ausgewaschen und läuft als *Sauerwasser* aus dem Separator ab. Gleichzeitig wird leichter *Rußschlamm* mit abgeführt. Der Heißwasserzusatz beträgt ca. 2...5% (s. auch Tafel 19.22) bei unlegierten Ölen. Bei legiertem Schmieröl vermeidet man den Zusatz von Heißwasser während der Separierung möglichst ganz, um einen Abbau von Wirkstoffen zu verhindern.

Bei schnellaufenden Motoren mit geringer Ölfüllung wird die Trommel aus diesem Grunde als reine *Klärtrommel*, bei Großmotoren auch als *Trenntrommel* eingestellt. Während der Separierung gibt man kein Wasser zu bzw. bei der Trenntrommel nur tropfenweise, um den Wasserverschluß in der Trommel zu halten. In Abständen von etwa 2...3 Stunden empfiehlt es sich, den Schmutzölzulauf abzustellen, die Trommel mit Heißwasser zu beschicken und das angesammelte Sauerwasser herauszuspülen.

Ein *Ausschleudern von Wirkstoffen* aus dem Öl findet nicht statt. Untersuchungen dieser Frage ergaben, daß sich im ausgeschleuderten Schmutz nur soviel Wirkstoff befand, wie sich an Schmutzpartikelchen angelagert hatte. An Schmutz angelagerte Additive sind ohnehin nicht mehr wirksam. Selbstverständlich sind bei der Separierung von legierten Ölen Erfahrungen mit den Ölproduzenten

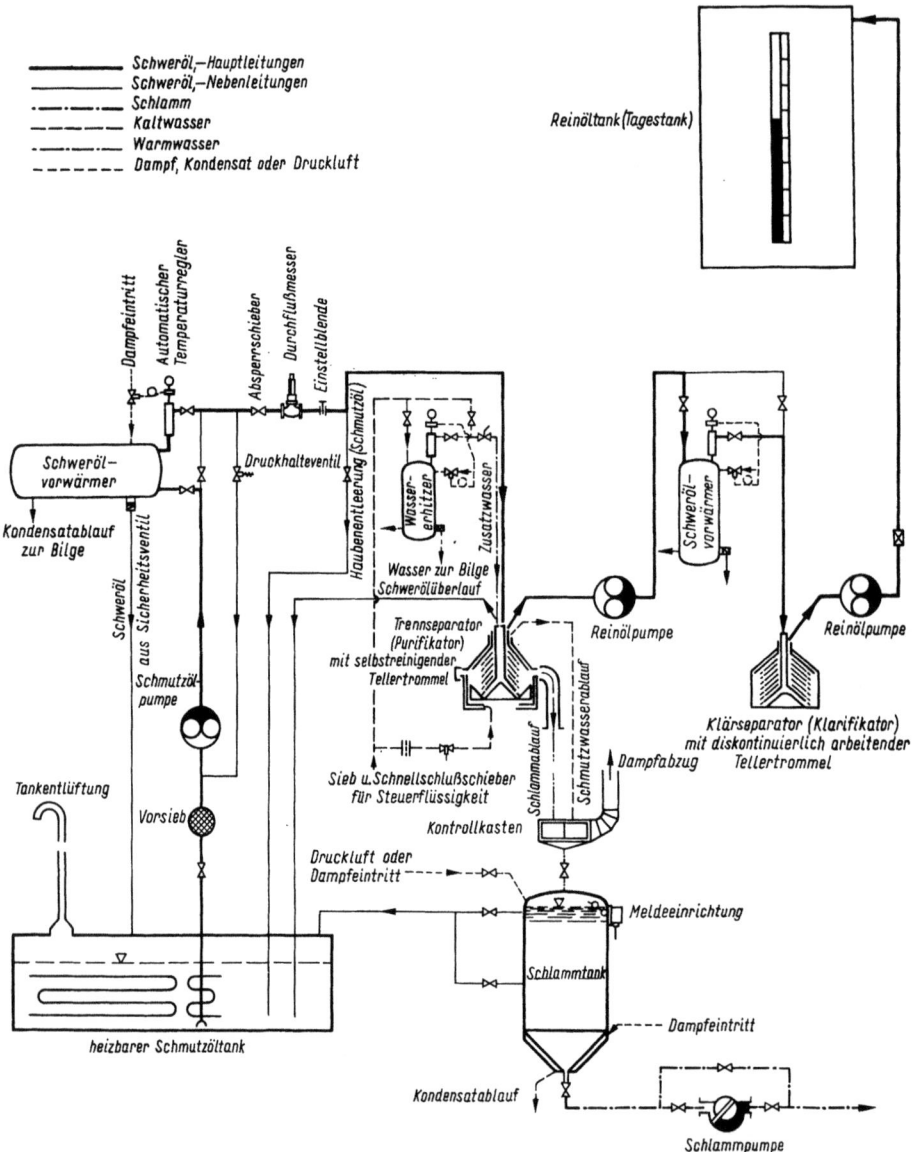

Bild 19.55 Zweistufige Separatorenanlage zur Reinigung und Entwässerung von Schwerölen

Wärmeaustauscher und Apparate

bzw. Lieferfirmen auszutauschen. Motorschiffe, die mit Schweröl betrieben werden sollen, erhalten Separatoren- und Aufbereitungsanlagen zur Reinigung des Schweröls. Wie für andere Flüssigkeiten mit hohem Feststoff- bzw. hohem Wassergehalt werden hierfür heute *selbstreinigende* Separatoren eingesetzt. Ein weiterer Grund für den Einsatz dieser selbstreinigenden Separatoren ist der Wunsch, den Separierungsprozeß zu automatisieren.

Als Beispiel ist in Bild 19.55 eine zweistufige Anlage für den Einsatz zur Reinigung und Entwässerung von Schweröl im Bordbetrieb dargestellt.

In der 1. Stufe ist ein selbstreinigender Trennseparator *(Purifikator)* eingesetzt, der das Schweröl entwässert und den größten Teil der Feststoffe ausseparariert. In der 2. Stufe wird ein diskontinuierlich arbeitender Klärseparator *(Klarifikator)* verwendet, um die restlichen Feststoffe aus dem Schweröl auszuscheiden. Wenn das Öl noch sehr wasserhaltig ist, kann der Klärseparator auf Trennung umgestellt werden. Der Separator muß dann ähnlich wie der vorgeschaltete Trennseparator mit einer Einrichtung für die Zuführung von Zusatzwasser versehen werden.

Schweröl, das in Tanks gelagert wird, die wechselweise mit Öl und Ballastwasser gefüllt werden, enthält oft übermäßig viel Wasser, wodurch die Bildung von *Emulsion* begünstigt wird. Zu hoher Wassergehalt und Emulsionen sowie eine zu große Durchsatzmenge können den Trennseparator überlasten. In solchen Fällen und auch bei Bedienungsfehlern (falsche Regulierscheibe, zu große Zusatzwassermenge) gewährleistet der nachgeschaltete Separator erhöhte Sicherheit.

Schweröle müssen vor der Separierung *vorgewärmt* werden (s. Hauptabschnitte 04 und 08). Bei hochviskosen Schwerölen (400...600 cSt/50 °C) empfiehlt es sich, dem Klärseparator einen zweiten Ölvorwärmer vorzuschalten. Dadurch kann das auf dem Wege durch den Trennseparator abgekühlte Schweröl wieder auf die Zulauftemperatur gebracht und darüber hinaus zur Erzielung eines bestmöglichen Separierungseffektes auf > 100 °C angewärmt werden, was durch die vorausgehende Entwässerung möglich wird.

Hochviskose Schweröle müssen schon in den Tanks vorgewärmt werden, damit sie sich gut pumpen lassen. Setztanks und Saugleitungen der Pumpen sind daher mit Heizeinrichtungen, z.B. Dampfschlangen, versehen.

Die Separatoren können mit *Einfach-* oder *Doppelpumpen* ausgerüstet sein. Im Beispiel ist einer der Separatoren mit einer Doppelpumpe, der andere mit einer Einfachpumpe versehen. Es gibt aber viele Anlagen, in denen beide Separatoren mit Doppelpumpen ausgerüstet sind. Man hat dann außer dem Vorteil der Typengleichheit die Möglichkeit, auch den zweiten Separator unmittelbar an einen Schmutzöltank, z.B. einen Dieselöltank, anzuschließen.

Um mit selbstreinigenden Separatoren eine *Vollentschlammung* durchzuführen, wird zunächst der Ölzulauf durch Schließen des Absperrschiebers unterbrochen. Damit danach das von der Schmutzölpumpe geförderte Öl ohne Unterbrechung weiter zirkulieren kann, ohne dabei im Vorwärmer überhitzt zu werden, wird es durch eine besondere Leitung mit eingebautem *Druckhalteventil* der Pumpensaugleitung wieder zugeführt.

Für das Einstellen der Durchsatzleistung ist in der Schmutzölzuleitung eine *Einstellblende* eingebaut. Man muß sie nur einmal bei der ersten Inbetriebnahme des Separators optimal einstellen.

Arbeitsweise der selbstreinigenden Separatortrommel
Bild 19.56 zeigt den Aufbau eines selbstreinigenden Bordseparators und Bild 19.57 die schematische Darstellung der geöffneten bzw. geschlossenen Trommel.

Das zugeführte Öl/Wassergemisch strömt durch den Verteiler in den Tellereinsatz und verteilt sich in den genau festgelegten, engen Tellerzwischenräumen, deren Gesamtheit den Separierungsraum darstellt. Die Feststoffe sammeln sich an der oberen Wand eines jeden Zwischenraumes und rutschen, da der Kegelwinkel der Teller entsprechend dem Böschungswinkel der Feststoffe im Zentrifugalfeld gewählt ist, gut zum Schlammraum hin ab. Durch glatte Telleroberflächen wird ein einwandfreies Abgleiten

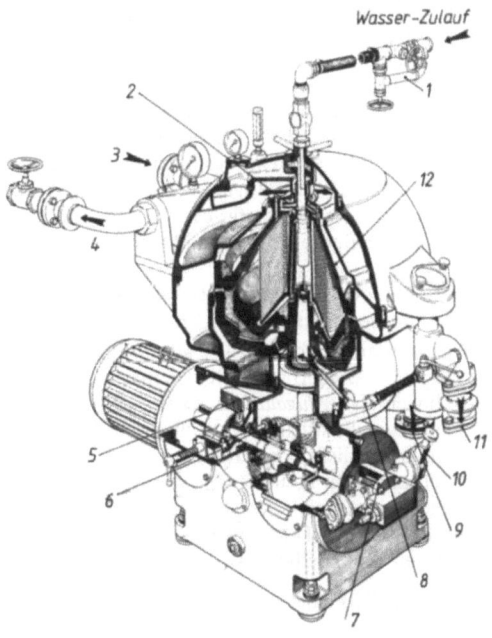

Bild 19.56 Selbstreinigender *Westfalia*-Separator OSA

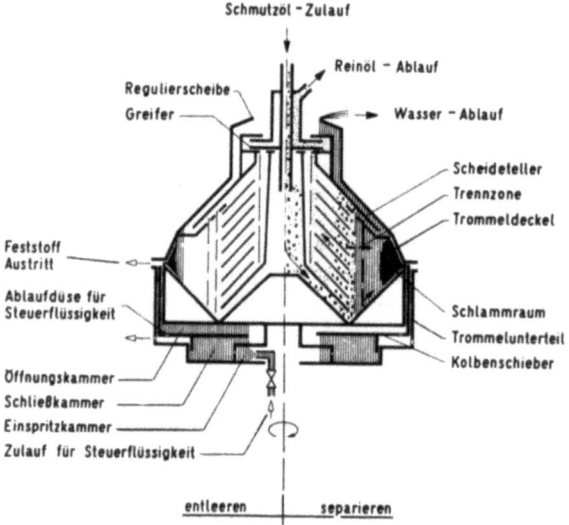

Bild 19.57
Trommel des *Westfalia*-Separators Typ OSA

des Schmutzes und damit weitgehende Selbstreinigung der Teller erzielt. Im Separierungsraum werden die Flüssigkeitskomponenten Öl und Wasser voneinander getrennt.

Wie aus Bild 19.57 ersichtlich, befindet sich außerhalb des Trommelunterteils ein *Kolbenschieber*, der mit gleicher Winkelgeschwindigkeit wie alle anderen Trommelteile umläuft, aber auf dem Trommelunterteil axial verschiebbar ist.

Separatoren des Typs OSA haben eine *selbstentleerende Tellertrommel*, die Flüssigkeiten klärt oder Flüssigkeitsgemische trennt. Die Universaltrommel kann, je nach Verwendungszweck, mit Standardzubehörteilen sowohl für die *Klärung* als auch für die *Trennung* eingesetzt werden.

Die Steuerung des Kolbenschiebers zum Zwecke der Entleerung erfolgt während des Betriebes bei voller Drehzahl durch Handbetätigung eines Kugelhahnes in der Steuerwasserleitung für ca. 8...10 s, oder bei automatischem Betrieb durch ein Magnetventil.

Arbeitsweise des hydraulisch gesteuerten Kolbenschiebers der selbstentleerenden Trommel

In der rotierenden Trommel erzeugt die eingeleitete, mitrotierende Steuerflüssigkeit (meistens Wasser) einen hohen *Zentrifugaldruck*. Dieser Druck wird ausgenutzt zur Betätigung des Kolbenschiebers, der die Trommel schließt oder öffnet.

Der Kolbenschieber befindet sich, wie aus Bild 19.57 ersichtlich, innerhalb des Trommelunterteils. Er rotiert mit der gleichen Winkelgeschwindigkeit wie alle anderen Trommelteile, ist aber axial beweglich.

Schließen der Trommel

Nach Anlauf des Separators wird das Absperrorgan für Steuerflüssigkeit kurzzeitig geöffnet. Die Steuerflüssigkeit strömt in die Einspritzkammer im Trommelunterteil und von dort durch Zulaufbohrungen in die unter dem Kolbenschieber liegende Schließkammer. Der Flüssigkeitsdruck in der Schließkammer hebt den Kolbenschieber, preßt ihn gegen den Dichtring des Trommeldeckels und schließt dadurch die Trommel.

Öffnen der Trommel (Entleeren)

Wenn sich der Schlammraum der Trommel mit ausgeschleuderten Feststoffen gefüllt hat, wird nach Schließen des Schleudergut-Zulaufs das Absperrorgan für Steuerflüssigkeit geöffnet. Die Steuerflüssigkeit fließt zunächst in die Einspritzkammer und von dort in die Schließkammer, füllt diese und tritt dann über in die Öffnungskammer. Ein geringer Teil der Steuerflüssigkeit entweicht durch die Ablaufdüse, deren Durchmesser so gewählt ist, daß weniger Flüssigkeit austritt als in die Öffnungskammer einströmt. Die wirksame Fläche des Kolbenschiebers ist in der Öffnungskammer größer als in der Schließkammer. Somit ist auch die aus der Fläche und dem Flüssigkeitsdruck sich ergebende *Öffnungskraft* größer als die *Schließkraft*. Dadurch wird der Schieber nach unten gedrückt und gibt die Entleerungskanäle im Trommelunterteil frei. Hierbei tritt der Feststoff schlagartig aus der rotierenden Trommel aus und gelangt in den die Trommel umgebenden Schlammfänger.

Schließen der Trommel nach einer Entleerung

Nach beendeter Entleerung wird der Zulauf für die Steuerflüssigkeit wieder gesperrt. Die in der Öffnungskammer vorhandene Flüssigkeit wird durch die Ablaufdüse ausgeschleudert. Beim Zurückweichen des Flüssigkeitsspiegels nimmt der auf die

Oberseite des Schieberbodens wirkende Öffnungsdruck schnell ab. Sobald dieser kleiner wird als der auf die Unterseite des Schieberbodens wirkende Schließdruck, bewegt sich der Kolbenschieber nach oben und schließt den Schleuderraum wieder ab. Die Separierung kann erneut beginnen.
Der Entleerungsvorgang dauert insgesamt nur einige Sekunden. Er kann entweder von Hand mit einem handelsüblichen Absperrorgan oder automatisch durch ein selbsttätig arbeitendes Ventilsteuergerät eingeleitet werden. Der Bedarf an Steuerflüssigkeit ist gering; er beträgt z.B. beim Typ OSA 20 je Entleerung etwa 4,5 dm^3. Bei durchschnittlich sechs Entleerungen pro Tag ergibt sich also ein täglicher Bedarf an Steuerflüssigkeit von nur 27 dm^3. Während des Betriebes ist die Zuführung von Steuerflüssigkeit nicht erforderlich.

Arbeitsweise des Greifers

Die OSA-Typen haben einen *Greifer* (Schälscheibe) zum Ableiten des Reinöles aus der rotierenden Trommel unter Druck, während Schmutzwasser und Schlamm im freien Gefälle aus dem Separator ablaufen. Die Wirkungsweise eines Greifers ist etwa mit derjenigen einer Kreisel- oder Zentrifugalpumpe zu vergleichen. Bei der Kreiselpumpe rotiert das mit gekrümmten Schaufeln versehene Laufrad in einem feststehenden Gehäuse. Hierbei strömt die zu fördernde Flüssigkeit von innen nach außen durch die Schaufelkanäle des Laufrades. Beim Greifer ist es umgekehrt. Er ist mit der Haube des Separators fest verbunden. Seine mit Kanälen versehene Scheibe taucht in die mit der Trommel rotierende Flüssigkeit ein. Die Flüssigkeit wird vom Greifer abgeschält und durchströmt seine spiralförmigen Kanäle von außen nach innen. Dadurch wird die Strömungsenergie in *Druckenergie* umgewandelt. Die Eintauchtiefe des Greifers in die rotierende Flüssigkeit läßt sich durch Drosseln in der Ablaufleitung vergrößern. Dadurch wird ein guter Flüssigkeitsabschluß, eine gute Luft- und Schaumfreiheit, sowie ein höherer Gegendruck erzielt, so daß größere Förderhöhen erreicht werden können.

Selbsttätiges Einstellen der Trenntrommel und optimale Ausnutzung des Schlammraumes

Vorteilhaft wirkt sich die selbsttätige, störungsfreie Einstellung des Greifers auf jede Änderung der Durchsatzleistung aus. Während bei vielen in der Industrie eingesetzten Separatoren die Greifer, außer für die Flüssigkeitsableitung unter Druck, auch dazu verwendet werden, in Tellertrommeln die Lage der *Trennzone* zwischen Öl und Wasser einzuregulieren, wurde bei dieser neuen Separatoren-Reihe aus Gründen der Vereinfachung auf diese Möglichkeit bewußt verzichtet. Bei der Separierung von Öl-Wasser-Gemischen wirken sich Schwankungen der Durchsatzmenge, Schwankungen im Mischungsverhältnis der Komponenten und Änderungen der Dichte des Öles bei den verschiedenen Trommelkonstruktionen unterschiedlich aus.
Bei Öl-Separatoren mit freien Abläufen für Öl und Wasser ist die Lage der Trennzone durch den radialen Abstand dieser Abläufe von der Drehachse bestimmt.
Bild 19.58.1 zeigt einen Trommelschnitt, in dem die radialen Abstände eingezeichnet sind. Bei Schwankungen im Zulauf und bei Schwankungen der beiden Flüssigkeitskomponenten ändert sich an der Lage der Trennzone nichts. Es werden lediglich die über die Überlaufkanten austretenden Flüssigkeitsfilme in ihrer Dicke etwas verändert, was aber für die Lage der Trennzone (R) praktisch nicht von Bedeutung ist.
Wenn plötzlich der Wasseranteil im Öl auf Null zurückgehen sollte, würde über den Wasserablauf (r_2) kein Wasser mehr austreten. Am Gleichgewicht der beiden Flüssigkeitssäulen und somit an der Lage der Trennzone ändert sich dadurch nichts.
Bild 19.58.2 stellt das Prinzipbild des Separators Typ OSA dar. Die leichte Komponente, das Öl, wird mittels eines Greifers aus der Trommel abgeleitet, während das Wasser über eine Regulierscheibe frei austritt.
Wie aus dieser Abbildung zu ersehen, ist die untere Begrenzung der Greiferkammer als Wehr ausgebildet, über dessen Innenkante das Öl in die Kammer eintritt. Hier sind der radiale Abstand des Wehrs (r_1) und der radiale Abstand der Regulierscheibe (r_2) für die Lage der Trennzone (R) entscheidend. In der Greiferkammer selbst kann der freie Flüssigkeitsspiegel wesentlich weiter außen liegen. Änderungen der Durchsatzleistung und des Mischungsverhältnisses haben auch hier keinen Einfluß auf die Lage der Trennzone. Bei dieser Konstruktion kann auch durch Drosselung des Reinölablaufes (0) die Lage der Trennzone nicht beeinflußt werden. Eine solche

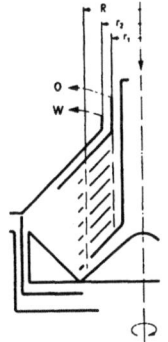

Bild 19.58.1 Trommel des WS-Separators Typ SAOG für Mineralöl

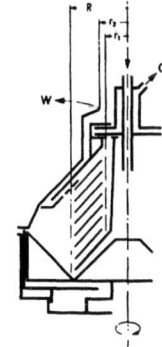

Bild 19.58.2 Trommel des WS-Separators Typ OSA für Mineralöl

Beeinflussung tritt erst ein, wenn der freie Spiegel in der Greiferkammer die Innenkante des Wehrs nach innen überschreitet.
Bei wesentlichen Änderungen der Dichte des Öles ändert sich bei beiden Trommeltypen die Lage der Trennzone entsprechend.
Bei der Wahl des Separatorentyps für den Schiffsbetrieb ist aber von folgenden Überlegungen auszugehen:

Schmieröle haben praktisch immer die gleiche Dichte. Es kann sich nur der Durchsatz oder der Wassergehalt ändern. Solche Schwankungen erfordern bei den Trommeln nach den Bildern 19.58.1 und 19.58.2 keinerlei Maßnahmen.

Treiböle von verschiedenen Bunkerstationen können bezüglich ihrer Dichte unterschiedlich sein. Nur in diesen Fällen und bei gelegentlichem Umschalten von einer Ölart auf eine andere, war bisher bei den älteren selbstentleerenden Separatoren des Typs SAOG das Auswechseln der Regulierscheibe erforderlich.

Während bei älteren Konstruktionen die Öl-Wasser-Trennzone durch die Steigekanäle des Tellerpaketes führt, hat man bei der OSA-Typenreihe zur Erzielung bester Separierungsergebnisse und größerer Leistungen die Trennzone außerhalb des Tellerpaketes liegen. Durch Vergrößern des Scheidetellers vergrößert sich der radiale Sicherheitsabstand zwischen Trennzone und Scheideteller-Außenrand noch mehr. Dadurch kann man nun mit einer Regulierscheibe Flüssigkeiten aus einem ziemlich großen Dichtebereich behandeln, ohne Gefahr, daß bei größerer Trennzonen-Verschiebung nach außen das Wasserschloß verlorengeht und Öl an der Wasserseite austritt.

Um den Schlammraum der Trommel trotz des vergrößerten Scheidetellers noch optimal nutzen zu können, wurden die OSA-Typen mit einem patentierten Wehr am Wasserübertritt des Scheidetellerrandes versehen. Komplizierte Druckregeleinrichtungen werden bei dieser Konstruktion nicht benötigt.

Einfache automatische Steuerung

Ein weiterer Vorteil der OSA-Typen besteht in der eingangs erwähnten *Einfachheit der Automatik* und der *erhöhten Betriebssicherheit* durch nur einige Vollentleerungen in größeren Zeitabständen. Da außerdem vor jeder der wenigen Entleerungen das Öl durch Wasser aus der Trommel verdrängt werden kann, zeichnet sich dieser Separator wegen der geringen täglich anfallenden, äußerst ölarmen Schlammmenge als besonders umweltfreundlicher Typ aus.

Der durch die Unterbrechung der Separierung während der Entleerung auftretende Zeitverlust von 0,5...1 % ist so klein, daß er vernachlässigt werden kann und durch größere Zuverlässigkeit und längere Standzeit von Dichtungen und Schleißflächen mehr als ausgeglichen wird.

In Bild 19.59 sind schematisch die Phasen der automatischen Entleerung der OSA-Trommel dargestellt. Man erkennt, daß vor einer Entleerung das zulaufende Öl zunächst im Kreislauf gefahren wird, um Ölverluste während der Entleerung zu vermeiden.

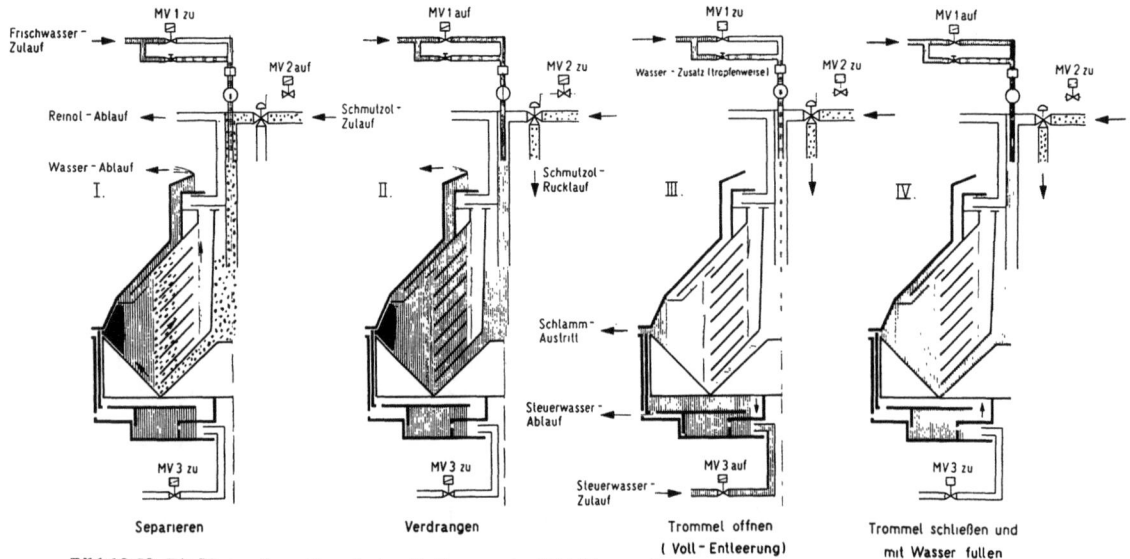

Bild 19.59 Die Phasen der automatischen Entleerung der OSA-Trommel

Danach wird durch Zugabe von Frischwasser das Öl aus der Trommel verdrängt, so daß bei der anschließenden Entleerung praktisch ölfreier Schlamm ausgestoßen wird. Nach einer solchen Vollentleerung wird die Trommel wieder mit Wasser gefüllt und ist für die nächste Separier-Periode betriebsbereit. Der Frischwasserbedarf ist hierbei gering. Vor jeder Entleerung werden beim mittleren Separatoren-Typ OSA 20 ca. 4,5 dm^3 zum Verdrängen benötigt und ca. 3,0 dm^3 zum Füllen der Trommel zwecks Aufbau des Wasserverschlusses, um den Austritt des Öles am Wasserauslauf zu verhindern. Damit ergibt sich bei durchschnittlich sechs Entleerungen pro Tag ein Gesamttagesverbrauch einschl. des Steuerwassers (Pos. 2.3) von 6 (4,5 + 3,0 + 4,5) dm^3 ca. 72 dm^3 Frischwasser.

Aus dem Schema Bild 19.59 ist zu ersehen, daß die Typenreihe OSA für die automatische Steuerung nur drei Magnetventile benötigt.

Mit Rücksicht auf Vereinfachung werden in der Trommel keine empfindlichen Einbauteile wie Schrauben, Bolzen, Federn und Ventile verwendet.

19.7 Betrieb und Wartung

19.7.1 Betrieb und Wartung von Wärmeaustauschern

Da *unzureichende Entlüftung* bei Wärmeaustauschern Leistungsminderung und häufig auch Korrosionsschäden zur Folge haben, ist bei Inbetriebnahme besonders auf gute Entlüftung zu achten. Beim Ansetzen erst das *wärmeaufnehmende*, dann das wärmeabgebende Medium durchströmen lassen. Dampfbeheizte Vorwärmer langsam anwärmen.

Im Betrieb sind die Temperaturen laufend zu prüfen. Bei geregelten und überwachten Anlagen erfolgt dies selbsttätig.

Wärmeaustauscher sollen möglichst unter *Auslegungsbedingungen* arbeiten, *zu geringe Durchströmung* kann zu Ablagerungen führen, bei *zu starker Durchströmung* besteht die Gefahr von Auswaschungen.

Bei Frischkühlwasserrückkühlern sollte der Frischkühlwasserdruck, bei Ölkühlern der Öldruck *höher* als der Druck des Seekühlwassers liegen, um bei etwaigen Undichtigkeiten Eindringen von Seewasser in die Kreisläufe zu vermeiden.

Aus Ölvorwärmern abfließendes Heizkondensat bzw. Heizwasser sollte einer *Sichtkontrolle* unterzogen werden können. Reinigungsperioden werden nach der Beobachtung der *Temperaturdifferenzen* bestimmt. Bei längerem Stillstand einer Anlage sind Wärmeaustauscher zur Vermeidung von Korrosions- und Frostschäden zu *entleeren*.

19.7.2 Betrieb und Wartung von Filter- und Separatoranlagen

Hier ist besonders auf die sorgfältige Beachtung der Betriebs- und Instandhaltungsvorschriften der Hersteller zu verweisen. Für eine *vorbeugende Instandhaltung* sind dabei tabellarische Zusammenstellungen besonders wertvoll, die entweder vom Hersteller geliefert sein können oder im eigenen Reedereibetrieb gewonnen sind.

Die meisten Kontrollen, die sonst durch das Bedienungspersonal — je nach Anlage und Fahrweise der Separatoren — mehr oder weniger oft vorzunehmen sind, können durch eine *Überwachungseinrichtung* selbsttätig durchgeführt werden.

Sie hat die Aufgabe:
1. bei Störungen den Öl-Zulauf zu schließen und dadurch Öl-Verluste zu vermeiden
2. Störungen durch Signale anzuzeigen, z.B. wenn
    a) Öl über die Regulierscheibe am Wasserablauf austritt,
    b) die Trommel infolge beschädigter Dichtringe undicht ist,
    c) nach einem Getriebeschaden die Schmutzölpumpe bei stillstehender Trommel weiter fördert,
    d) die vorgegebene Separierungstemperatur unzulässig groß abweicht,
    e) zu große Schwinggeschwindigkeiten auftreten,
    f) der Antriebsmotor überlastet wird.
3. bei selbstentleerenden WS-Typen durch impulsweise Steuerwasserzugabe den Dauerbetrieb zu sichern.

Es stehen *Standard-Überwachungsgeräte* für einen oder zwei Separatoren zur Verfügung. Auf Wunsch kann die Steuerung der Überwachungseinrichtung zusammen mit der Motor-Anlaufsteuerung, der Erhitzersteuerung und dem evtl. vorgesehenen Schwingungsüberwachungsgerät in einem gemeinsamen Schaltschrank untergebracht werden.

Die *Alarmgabe* erfolgt durch optische oder akustische Signale in Nähe der Separatoren.

Auf Wunsch können auch parallel dazu Signale im entfernt liegenden Kontrollraum vorgesehen werden.

Bild 19.60 zeigt das Schema einer Überwachungsanlage mit den für den Schiffsbetrieb möglichen Alarmgebern.

Für die verschiedenen Separatoren-Bauarten stehen maßgeschneiderte Standard-Überwachungsanlagen und auf Sonderwunsch solche mit zusätzlichen Alarmgebern wie *min/max-Temperaturwächter, Durchflußwächter* bei Greifer-Separatoren usw. zur Verfügung. Die beschriebenen automatischen Steuerungen selbstentleerender WS-Separatoren enthalten

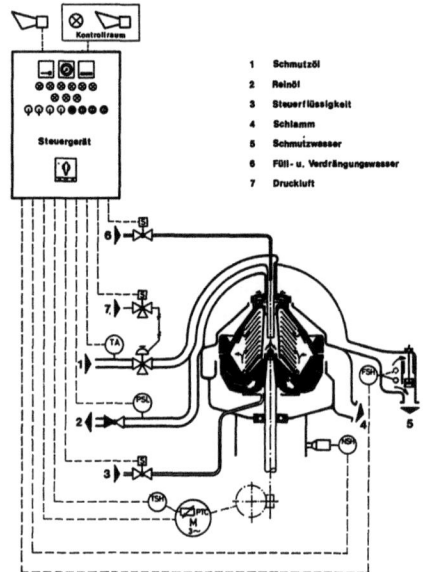

Bild 19.60 Überwachungseinrichtung für Separator und Motor

bereits die Standard-Überwachungsanlagen. E-Motoren werden in der Regel mit eingebauten Kaltleiter-Temperaturfühlern in der Wicklung geliefert, die in Verbindung mit dem in der Motorsteuerung befindlichen Auslösegerät den erforderlichen Motorvollschutz bieten.

Schließlich kann in Sonderfällen die *Laufruhe* der Separatoren durch eine *Schwingungsüberwachungseinrichtung* automatisch überwacht, d.h. bei Auftreten von unzulässig großer Schwinggeschwindigkeit gewarnt werden.

Während es bei Auftreten von Störungen an den Flüssigkeitszu- oder abläufen erst nach einer einstellbaren Verzögerungszeit von ca. 20 s zur Alarmgabe kommt, gibt es bei Überschreiten der zulässigen Temperatur in der Motorwicklung oder der vorgegebenen max. zulässigen Schwinggeschwindigkeit des Separators sofort eine Störungsmeldung.

19.8 Besichtigungs- und Klassearbeiten für Wärmeaustauscher und Apparate

Abschnitt 8 der *Vorschriften für Klassifikation und Bau der Maschinenanlagen von Seeschiffen* (1966) des *Germanischen Lloyd* enthält Vorschriften über Behälter und Apparate unter Druck.

Sofern es sich nicht um Seewasserverdampfer handelt sind hiervon solche Behälter ausgenommen, bei denen der Betriebsdruck $p < 0{,}5$ bar und der Gesamtinhalt $V < 2000\,l$ beträgt; ebenso Behälter mit Drücken von $p = 0{,}5\ldots5{,}0$ bar und Betriebstemperaturen $t \leqslant 80\,°C$, wenn das Produkt $p \cdot V < 1000$ bleibt (p bar, $V\,l$), sowie auch Ladeluftkühler bei Drücken $p \leqslant 1$ bar.

Nach der Fertigstellung von Behältern und Apparaten wird Bauprüfung und Wasserdruckversuch, i.a. mit dem 1,5fachen des maximalen Betriebsdruckes, bei $p > 200$ bar mit $p + 100$ vorgenommen.

Für Besichtigungen zur *Klasseerneuerung* gelten die *GL*-Klassifikationsvorschriften Abschnitt D.9.5. Danach werden Behälter und Apparate unter Druck bei *jeder* Klassenerneuerung innen und außen besichtigt und bei *jeder zweiten* Klassenerneuerung zusätzlich einer Wasserdruckprobe mit dem 1,5-fachen des höchst zulässigen Betriebsdrucks unterworfen. Der Prüfdruck darf jedoch nicht geringer sein als Betriebsdruck $p + 1$ bar.

Druckwasserkessel nach DIN 4810 sind je nach Druckstufe 4 bar oder 6 bar mit einem Versuchsdruck 5,2 bar oder 7,8 bar zu prüfen. Sofern Behälter und Apparate im Innern nicht ausreichend besichtigt werden können, wird als Ersatz für die innere Untersuchung ein Wasserdruckversuch vorgenommen.

19.9 Schrifttum

[19.1] Babcock-Handbuch, Dampf: Deutsche Babcock & Wilcoy Dampf-Kesselwerke AG., Oberhausen.
[19.2] Germ. Lloyd, Vorschriften für Klassifikation und Bau von Seeschiffen, Ausg. 1980, Selbstverlag Germ. Lloyd, Hamburg.
[19.3] Kreiselpumpenlexikon, KSB, Frankenthal 1974.
[19.4] VDI-Wärmeatlas, VDI-Verlag, Düsseldorf.
[19.5] *Karberg, E.:* Praktische Erfahrungen mit Feinfiltern, Zeitschrift Mineralöltechnik 9 (1964) H 13.
[19.6] *Gebhardt, W.:* Zentrifugalseparatoren, Verlag H. Curt, Nürnberg 1959.
[19.7] *Rixen, Schwarz:* Filtertechnische Aufbereitung von schweren Kraftstoffen, Z. „Hansa", 1979, Nr. 22.
[19.8] *Loddenkemper, F. J.:* Steuerung und Überwachung selbstentleerender Separatoren, Z. „Hansa", 1978, S. 501.
[19.9] *Loddenkemper, F. J.:* Separatorenanlagen f. Schiffe, Z. „Hansa", 1978, S. 1214.
[19.10] *Hemfort, H.:* Über Zentrifugalseparition und den Vergleich von Separatoren, MTZ 21, H 3. S. 80.

Hauptabschnitt 20

Pumpen und Verdichter

Dipl.-Ing. *C. A. Ziegler*, Hamburg

20.1 Formelzeichen, Einheiten und Normen

A	Kanalquerschnitt	m²
H	Förderhöhe	bar
H_{man}	Manometrische Förderhöhe	bar
n	Drehzahl	Hz
P	Leistung	kW
p	Druck	bar
p_e	Dampfdruck einer Flüssigkeit	bar
Q	Fördermenge	m³/s, m³/h
V	Fördermenge	m³/s
v	Strömungsgeschwindigkeit	m/s
λ	Verlustbeiwert	–
Δh	Haltedruck	bar
γ	Dichte	kg/m³
x	Polytropenexponent der Verdichtung	–
Δp_g	Gesamtpressung ($\hat{=}$ Förderhöhe)	mm WS

Indices und weitere Formelzeichen sind bei den jeweils behandelten Gleichungen erläutert.

Wichtige Normblätter:

DIN	1944	Abnahmeversuche an Kreiselpumpen (VDI-Regeln)
DIN	1945	Verdichter; Regeln für Abnahme und Leistungsversuche
DIN	14420	Feuerlösch-Kreiselpumpen; Begriffe, Richtlinien für Herstellung, Typ und Abnahmeprüfung
DIN	24260	Entwurf Pumpen und Pumpenanlagen; Begriffe, Zeichen, Einheiten
DIN	24261	Entwurf Pumpen und Pumpenanlagen; Benennung nach der Wirkungsweise
DIN	24299	Entwurf Pumpen; Leistungsschilder, Richtlinien

20.2 Pumpen

20.2.1 Allgemeines/Einteilung der Pumpen

Man unterscheidet:

Verdrängerpumpen

Hierzu gehören Kolbenpumpen, Zahnradpumpen, Schraubenspindelpumpen. Der Verdränger führt eine hin- und hergehende oder eine umlaufende Bewegung aus.

Kreiselpumpen

Kreiselpumpen mit umlaufendem Laufrad, dessen Schaufeln dem zu fördernden Betriebsmittel Druck- und Geschwindigkeitsenergie erteilen. Die Geschwindigkeitsenergie wird im umgebenden Gehäuse zum größten Teil in Druckenergie umgesetzt.

Strahlpumpen

Hier wird das zu fördernde Medium durch einen mit hoher Geschwindigkeit aus einer Düse austretenden Dampf- oder Wasserstrahl angesaugt und mitgerissen. Die Strömungsgeschwindigkeit des Gemisches wird in einem *Diffusor* in Druck umgesetzt.

20.2.2 Berechnungsgrundlagen für Verdrängerpumpen

Förderhöhe

Die *Förderhöhe* ist die Summe aus dem Höhenunterschied der Flüssigkeitsspiegel auf der Sauge- und Druckseite, dem in bar ausgedrückten Druckunterschied im Sauge- und Druckraum und der Widerstandshöhe der Sauge- und Druckrohrleitung. Sie beträgt

$$H = (p_2 - p_1)\, 10\,000/\gamma + e + H_w \quad \text{bar} \tag{1}$$

Hierin ist (Bild 20.1):

p_2	Druck auf den Druckflüssigkeitsspiegel	bar
p_1	Druck auf den Saugflüssigkeitsspiegel	bar
γ	spezifische Gewicht der Flüssigkeit	bar
e	geodätischer Höhenunterschied zwischen Sauge- und Druckflüssigkeitsspiegel	m
H_w	Strömungswiderstand der gesamten Sauge- und Druckrohrleitung	bar

Stehen der Sauge- und Druckflüssigkeitsspiegel unter gleichen (z.B. atmosphärischem) Druck, d.h. $p_1 = p_2$, dann ist

$$H = e + H_w \quad \text{bar} \tag{2}$$

Die Strömungswiderstände H_w in der Sauge- und Druckleitung entstehen durch Reibung in den Rohr-

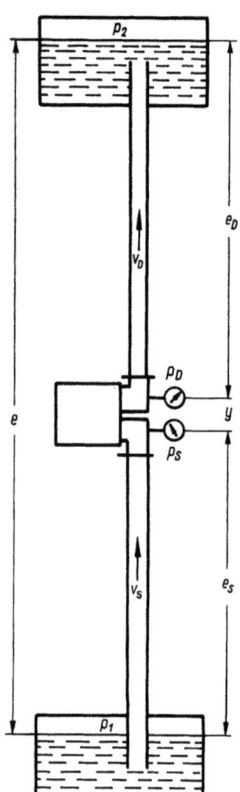

Bild 20.1 Förderhöhen

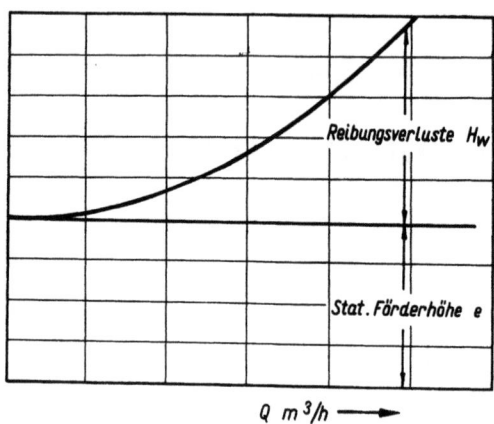

Bild 20.2 Erforderliche Förderhöhe in Abhängigkeit von der Fördermenge (Rohrleitungskennlinie)

Bei Wasser (exakt bei 4 °C) ergibt sich die manometrische Förderhöhe unter Berücksichtigung, daß 0,1 bar und $\gamma = 1000$ kg/m³.

$$H_{man} = \frac{\gamma \cdot H}{1000} = (p_D - p_S) \cdot 10 \text{ bar} \qquad (5)$$

Haltedruck bzw. NPSH-Wert

Für den einwandfreien Betrieb ist es erforderlich, daß am Eintritt in die Pumpe keine Dampfbildung eintritt.

Es ist dabei nicht unbedingt notwendig, daß die ganze Flüssigkeitsmenge unter den zur Verdampfung notwendigen Druck, den sogenannten *Dampfdruck*, gebracht wird. Es ist völlig ausreichend, daß an irgend einer Stelle in der Flüssigkeit – z.B. durch Druckabsenkung infolge Geschwindigkeitserhöhung oder infolge von Druckverlusten – der zu der Flüssigkeitstemperatur gehörende Dampfdruck erreicht wird. Allerdings verdampft das Betriebsmittel dann auch nur an dieser Stelle. Das ist in Pumpen oftmals der Fall. Wir sprechen dann von *Kavitation* (s. auch Abschnitt 09.4.5).

Zur Kavitation gehört neben der Verdampfung auch der umgekehrte Vorgang, die *Kondensation*. Da einem Unterdruckgebiet in Pumpen immer ein Druckanstieg folgt, müssen einmal entstandene Dampfblasen wieder verschwinden, sobald der Druck größer als der Dampfdruck wird. Dieser Kondensationsvorgang ist außerordentlich verlustreich. Er wirkt in hohem Maße zerstörend auf das in den Strömungskanälen verwendete Material der Pumpen und ruft bei starker Kavitation durch den nicht stationären Kondensationsvorgang unruhigen Lauf der Pumpe sowie starke Beanspruchung der Lager hervor. Es ist notwendig, den absoluten Druck am Saugstutzen der Pumpe genügend hoch über den Dampfdruck der Flüssigkeit zu halten, damit weder

leitungen, Krümmern, Ventilen u.ä. und sind von der Strömungsgeschwindigkeit v und damit bei einer gegebenen Rohrleitung von der Fördermenge sowie von Verlustbeiwerten λ abhängig.

$$H_W = \Sigma \lambda \frac{v^2}{2g} \text{ bar} \qquad (3)$$

Gleichung (2) ergibt die Förderhöhe H aus der statischen Förderhöhe e + Rohrleitungswiderstände H_W. Bild 20.2 zeigt die Förderhöhe H in Abhängigkeit von der Fördermenge Q.

Die Förderhöhe ist an der Pumpe *manometrisch* durch Messen der Drücke p_S am Sauge- und p_D am Druckstutzen feststellbar. Unter Berücksichtigung des Höhenunterschiedes y zwischen beiden Meßstellen ergibt sich

$$H = (p_D - p_S)\frac{10\,000}{\gamma} + y + \frac{v_S^2 - v_D^2}{2g} \text{ bar} \qquad (4)$$

Hierin sind $v_S^2/2g$ und $v_D^2/2g$ die Geschwindigkeitshöhen am Sauge- bzw. Druckstutzen.
Bei gleichem Durchmesser der Sauge- und Druckleitungen wird $v_S = v_D$ und bei gleicher Höhenlage der Meßstellen am Sauge- und Druckstutzen $y = 0$; dann ergibt sich

$$H = (p_D - p_S)\,10\,000/\gamma \text{ bar}$$

Tafel 20.1 Dampfdruck und Siedetemperatur von Wasser

Siedetemperatur	°C	45	60	69	75	81	85	89	93	96	99	140
Dampfdruck p_e	bar	1 0,1	2 0,2	3 0,3	4 0,4	5 0,5	6 0,6	7 0,7	8 0,8	9 0,9	10 1,0	37 3,7

im Laufrad noch an anderer Stelle innerhalb der Pumpe Dampfdruck und damit Kavitation eintreten kann. Für Wasser sind Dampfdrücke p in Abhängigkeit von der Temperatur aus Tafel 20.1 zu entnehmen.

Ein Maß für den notwendigen absoluten Saugdruck ist der *NPSH*-Wert. Er stammt aus der amerikanischen Fachsprache und ist eine Abkürzung für Net Positive Suction Head = Netto-Zulaufhöhe. Dieser Wert gibt an, um wieviel Meter Flüssigkeitssäule der absolute Gesamtdruck *in der Mitte* des Saugstutzens über dem Dampfdruck der Flüssigkeit sein muß, damit an keiner Stelle innerhalb der Pumpe Dampfdruck auftritt.

$$NPSH = \left[\frac{10}{\gamma}(p_S + b_p) + \frac{v_S^2}{2g}\right]$$
$$- \frac{10}{\gamma} \cdot p_e \text{ bar} \qquad (6)$$

Darin bedeuten:

p_S Überdruck ($+p_S$)
Unterdruck ($-p_S$) am Saugstutzen gegenüber Atmosphärendruck (Manometerablesung) . . . . bar
b_p Atmosphärendruck . . . . bar
p_e Dampfdruck . . . . bar
v_S Geschwindigkeit im Saugstutzen . . . . m/s
γ Wichte . . . . N/dm³

Der Wert in der runden Klammer der Gleichung (6) stellt somit mit $\frac{10}{\gamma}(p_S + b_p)$ den absoluten Druck am Saugstutzen dar.

Addiert man hierzu die Geschwindigkeitshöhe $v_S^2/2g$, so erhält man den absoluten Gesamtdruck [eckige Klammer]. Das letzte Glied der Gleichung (6) stellt den Dampfdruck dar.

Der so definierte *NPSH*-Wert entspricht nicht dem bisher bei Berechnungen benutzten, auf Mitte Saugstutzen bezogenen Haltedruck Δh. Weil

$$\Delta h = \frac{10}{\gamma}(p_S + b_p) - \frac{10}{\gamma} \cdot p_e \text{ bar} \qquad (7)$$

ist, stellt folgende Beziehung die Verbindung her:

$$NPSH = \Delta h + v_S^2/2g \text{ bar} \qquad (8)$$

In den Fällen, in denen die Geschwindigkeit v_S klein ist (sehr großer Saugstutzen), sind beide Größen identisch. Der *NPSH*-Wert ist wie der Haltedruck für ein und dieselbe Pumpe eine ganz charakteristische Größe, die sehr stark von der Drehzahl (ungefähr quadratische Abhängigkeit) und besonders auch vom Volumenstrom abhängig ist.

Wie im Bild 20.3 dargestellt, nimmt der *NPSH*-Wert vom Punkt des besten Wirkungsgrades ausgehend mit abnehmendem Volumenstrom ab, steigt aber bei kleinen Mengen früher oder später wieder an.

Bei Vergrößerung des Volumenstroms über den Bestpunkt des Wirkungsgrades steigt der *NPSH*-Wert fast immer äußerst stark an.

Soll eine Pumpe bei Überlast betrieben werden, so ist hierauf besonders Rücksicht zu nehmen und genügend Reserve im Saugdruck vorzusehen. Nach wie vor wird auch die *Saughöhe* H_S bar nach den VDI-Kreiselpumpenregeln DIN 1944 verwendet. Es besteht folgende Beziehung zwischen der größtmöglichen Saughöhe und dem *NPSH*-Wert der Pumpe:

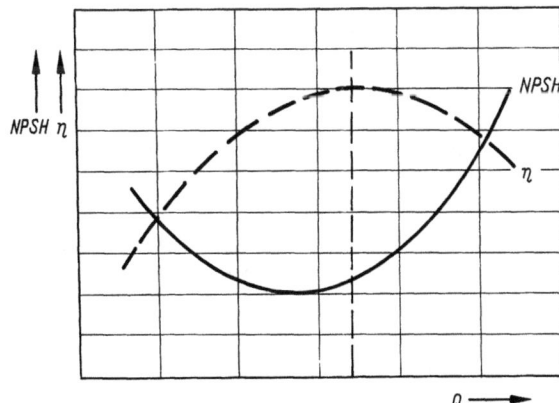

Bild 20.3
NPSH-Wert in Abhängigkeit von der Fördermenge bei gleichbleibender Drehzahl

(Die meistens geringe Geschwindigkeit im Saugbehälter v_1 ist vernachlässigt):

$$H_s = \frac{10}{\gamma} \cdot (p_i + b_p) - \frac{10}{\gamma} p_e - NPSH + \frac{v_S^2}{2g} \quad (9)$$

darin bedeutet:

p_i Druck auf den Saugspiegel .... bar
die übrigen Größen wie in Gleichung (6)

Aus den Werten der Anlage errechnet sich die Saughöhe wie folgt ($v_1 \approx 0$):

$$H_s = H_{sgeo} + H_{ws} + v_S^2/2g \text{ bar} \quad (10)$$

mit

H_{sgeo} geodät. Saughöhe .... bar
H_{ws} Verlusthöhe in der Saugleitung
einschließlich Armaturen .... bar

Damit und unter Berücksichtigung des NPSH-Wertes der Pumpe läßt sich die größtmögliche geodätische Saughöhe folgendermaßen angeben:

$$H_{sgeo} \leq \frac{10}{\gamma} (p_S + b_p) - \frac{10}{\gamma} p_e - H_{ws} - NPSH \text{ bar} \quad (11)$$

Negative Werte für H_s bzw. H_{sgeo} bedeuten Zulaufhöhen H_z, also:

$-H_s = H_z$
$-H_{sgeo} = H_{zgeo}$

Es ist oft zweckmäßiger, anstelle der Saug- bzw. Zulaufhöhe den von der Anlage gegebenen Wert *NPSH-Anlage* zu bestimmen und mit dem durch die Pumpe gegebenen Wert zu vergleichen. Zu Vermeidung von Kavitation darf der NPSH-Wert der Anlage beliebig hoch über dem NPSH-Wert der Pumpe liegen. Im Grenzfall darf er gleich dem NPSH-Wert der Pumpe werden.
Somit muß stets

$$NPSH_{Anlage} \geq NPSH_{Pumpe}$$

werden.
Der von der Anlage gegebenen NPSH-Wert läßt sich unter Vernachlässigung der meistens geringen Geschwindigkeit v_i im Saugbehälter wie folgt berechnen:

a) Für den geschlossenen Saugbehälter unter Überdruck p_i atü bzw. Unterdruck $-p_i$ atü gilt (Bild 20.4):

$$NPSH_{Anlage} = \frac{10}{\gamma} (p_i + b_p) - \frac{10}{\gamma} p_e$$
$$- H_{sgeo} - H_{ws} \text{ bar} \quad (12)$$

p_i bar Druck auf Saugspiegel. (Bei Unterdruck im Saugbehälter ist p_i als negativer Überdruck einzusetzen.) Übrige Bezeichnungen wie in Gleichg. (6) und (10).

b) Es kommt oft vor, daß Pumpen aus einem Behälter fördern müssen, dessen Wasserspiegel *über* Mitte Saugstutzen liegt. Die geodätische *Saughöhe* geht

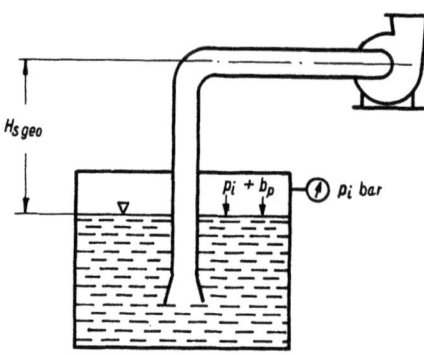

Bild 20.4 Saugverhältnisse bei geschlossenem Saugebehälter

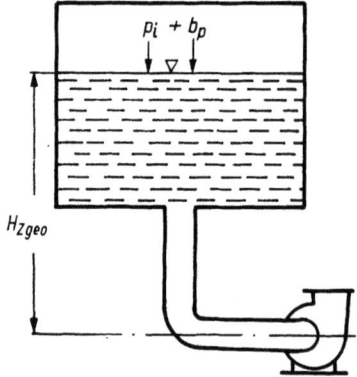

Bild 20.5 Zulaufverhältnisse bei geschlossenem Behälter

dann in geodätische *Zulaufhöhe* über. Der NPSH-Wert wird dann (Bild 20.5):

$$NPSH_{Anlage} = \frac{10}{\gamma} (p_i + b_p) - \frac{10}{\gamma} p_e$$
$$+ H_{zgeo} - H_{ws} \text{ bar} \quad (13)$$

H_{zgeo} geodät. Zulaufhöhe .... bar
Sonstige Bezeichnungen wie in Gl. (6) bzw. (10)

c) Wird beim geschlossenen Zulaufbehälter der absolute Druck auf den Flüssigkeitsspiegel ($p_i + b_p$) gleich dem Dampfdruck p_e z.B. Kondensator und Entgaser (Bild 20.6), so wird entsprechend Gleichung (13):

$$NPSH_{Anlage} = H_{zgeo} - H_{ws} \text{ bar} \quad (14)$$

d.h. der NPSH-Wert der Anlage ist hier gleich der Höhe des Saugspiegels über Saugstutzenmitte abzüglich der gesamten Verlsute in der Saugleitung.

Fördermenge

Die Fördermenge Q einer Pumpe ist die in einer Zeiteinheit geförderte Flüssigkeitsmenge m³/h.

Pumpen

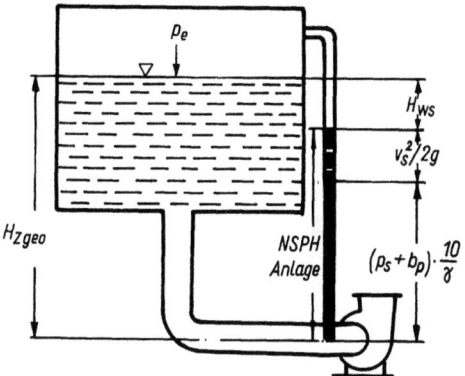

Bild 20.6 Zulaufverhältnisse bei geschlossenem Behälter unter Dampfdruck

Pumpenleistung

Die *Nutzleistung* einer Pumpe ergibt sich zu

$$P_n = \frac{\rho \cdot Q \cdot H}{3600 \cdot 102} \text{ kW} \qquad (15)$$

Hierin ist

ρ spez. Gewicht . . . . kg/m³
H Förderhöhe . . . . bar
Q Fördermenge . . . . m³/h

Die Nutzleistung berücksichtigt die mechanischen und die z.B. durch Leckwasser in der Pumpe auftretenden Verluste nicht. Diese werden durch den Wirkungsgrad η, der sämtliche in der Pumpe auftretenden Verluste einschließt, erfaßt. Die erforderliche *Antriebsleistung* ist dann

$$P = \frac{P_n}{\eta} \text{ kW} \qquad (16)$$

Pumpenwirkungsgrade (Richtwerte)

Kolbenpumpen $\eta = 0{,}8 \ldots 0{,}9$
Kreiselpumpen $\eta = 0{,}5 \ldots 0{,}85$

20.2.3 Bauliche Ausführung der Verdrängerpumpen

Kolbenpumpen

Die Fördermenge Q einer Kolbenpumpe wird von der Kolbenfläche A, vom Kolbenhub s, von der Hubzahl pro Minute n und vom Ausnutzungswirkungsgrad (*Liefergrad*) η_L bestimmt. η_L ist das Verhältnis zwischen dem in die Druckleitung geförderten Volumen und dem vom Kolben verdrängten Raum. Es berücksichtigt z.B. die Undichtigkeiten des Kolbens und der Ventile und beträgt je nach Ausführung und Betriebszustand der Pumpe 0,85 ... 0,95. Das Fördervolumen beträgt somit je Kolben (bzw. je Kolbenseite bei doppeltwirkenden Pumpen) (Bild 20.7):

$$Q = \frac{A \cdot s \cdot n \cdot \eta_L}{60} \text{ m}^3/\text{s} \qquad (17)$$

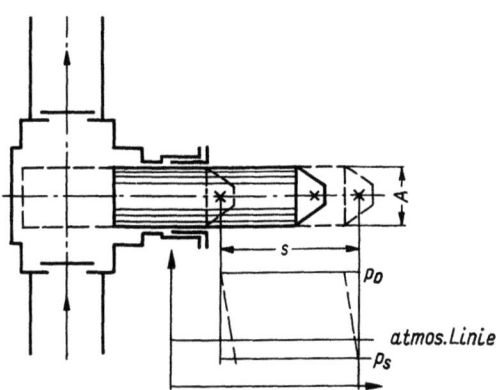

Bild 20.7 Schema einer einfachwirkenden Kolbenpumpe

bzw.

$$Q = A \cdot s \cdot n \cdot \eta_L \cdot 60 \text{ m}^3/\text{h} \qquad (17.1)$$

Hierin ist

Q Fördermenge . . . . $\frac{\text{m}^3}{\text{s}}$ bzw. $\frac{\text{m}^3}{\text{h}}$
A Kolbenfläche . . . . m²
s Kolbenhub . . . . m
n Doppelhubzahl bzw. Drehzahl . . . . Hz
η_L Ausnutzungswirkungsgrad (*Liefergrad*) . . . . . . –

Für den ruhigen Lauf der Pumpe sind *Sauge-* und *Druckwindkessel* vorzusehen. Durch sie wird eine angenähert gleichmäßige Strömung in der Sauge- und der Druckleitung während des Hin- und Hergangs des Kolbens erreicht.
Als Sauge- und Druckventile werden meist selbsttätige Klappen- oder Hubventile verwendet.
Die erforderliche Antriebsleistung ergibt sich zu

$$P = Q \cdot p_{mi} \cdot \eta_m \cdot \frac{10\,000}{102} \text{ kW} \qquad (18)$$

Hierin ist

Q Fördermenge . . . . m³/s
p_{mi} mittl. indizierter Druck . . . . bar
η_m mechanischer Wirkungsgrad . . . . –

Simplex- und Duplex-Kolbenpumpen

Diese Pumpen werden als Heizölpumpen, Lenzpumpen und Restölpumpen auf Tankern sowie als Kessel- und Verdampferspeisepumpen eingesetzt und bieten für die genannten Zwecke folgende Vorteile: Sie haben bessere Ansaugeigenschaften als Kreiselpumpen und sind deshalb besonders als Bilgelenzpumpen und Restölpumpen geeignet. Ihre Hubzahl läßt sich über das Zudampfventil leicht einstellen, so daß sie auch kleine Fördermengen bei hohem Förderdruck einwandfrei bewältigen können.
Bild 20.8 zeigt eine dampfbetriebene *Duplex-*Restölpumpe. Der Zudampf wird über Flachschieber gesteuert, die von den Kolbenstangen betätigt werden. Die Pumpenkolben erhalten für Ölförderung gußeiserne Kolbenringe und arbeiten in Zylindern mit

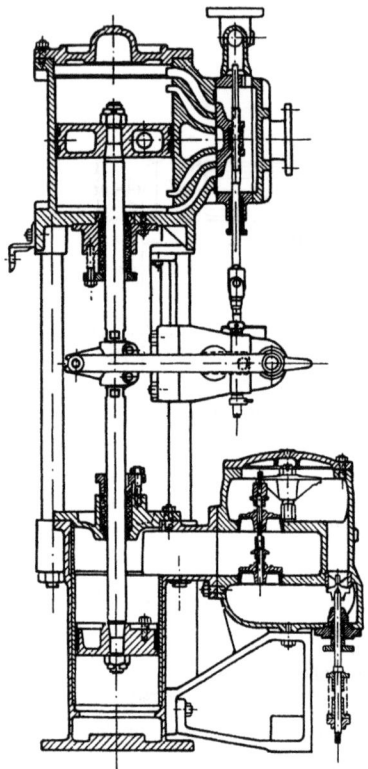

Bild 20.8 *Duplex*-Restölpumpe

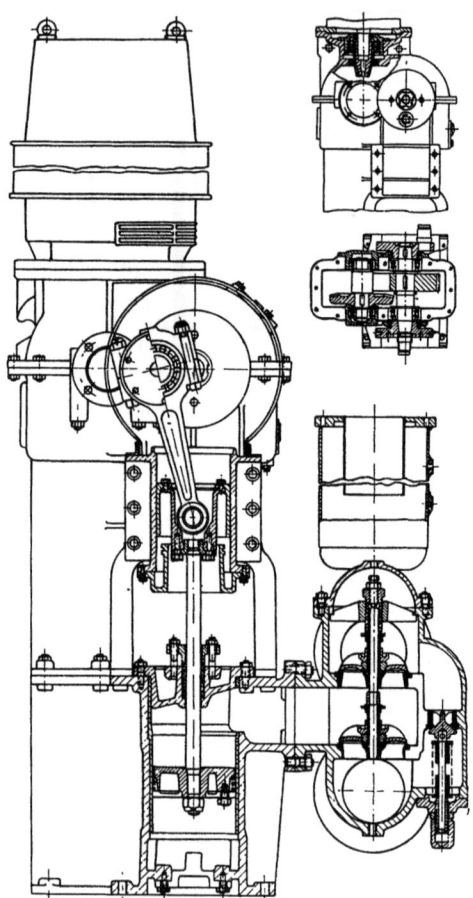

Bild 20.9 Vertikale *Worthington*-Duplex-Kraftpumpe

auswechselbaren Laufbuchsen. Im Ventilkasten sind leicht zugängliche federbelastete *Tellerringventile* untergebracht. Ein Sicherheitsventil stellt bei zu hohem Gegendruck eine Verbindung vom Druckraum zum Saugeraum her.

Beim Restlenzen ist besonders darauf zu achten, daß von dem Zeitpunkt an, an dem Gefahr besteht, Luft mitzusaugen, eine niedrige Hubzahl eingestellt wird, um ein hartes Schlagen der Pumpe beim Luftsaugen zu vermeiden.

Als Lenz- und Ballastpumpen finden neben Dampf-*Duplex*pumpen vielfach elektrisch angetriebene *Duplex*pumpen Verwendung. Der Pumpenteil dieser Pumpen entspricht dem der Dampf-*Duplex*pumpen. Die Pumpenkolben werden von einer Kurbelwelle deren zwei Kurbelzapfen um 90° versetzt sind, über Kurbelstangen und zylindrische Geradführungen bewegt. Die Kurbelwelle wiederum wird über ein Kegelradpaar und eine Stirnradübersetzung oder einen Schneckentrieb von dem vertikalen E-Motor angetrieben.

Die Übertragungsräder sind in einem öldichten Gehäuse untergebracht und laufen in Öl. Sämtliche Lager einschließlich der Kurbelzapfenlager sind als Rollen- bzw. Kugellager ausgebildet (Bild 20.9).

Zahnrad- und Schraubenpumpen

Zahnradpumpen

Bei diesen Pumpen führt der Verdränger eine gleichförmig umlaufende Bewegung aus, wodurch ein kontinuierlicher Förderstrom erreicht wird. Die Zahnradpumpe fördert die zu fördernde Flüssigkeit in den Zahnlücken der beiden Zahnräder, aus denen sie auf der Druckseite durch den Eingriff eines entsprechenden Zahnes des Gegenrades verdrängt wird. Ventile und Windkessel sind nicht erforderlich.

Die Fördermenge einer Zahnradpumpe ist angenähert

$$Q = \pi \cdot D \cdot \frac{n}{60} \cdot b \cdot h \cdot \eta_L \quad \text{m}^3/\text{s} \qquad (19)$$

Hierin ist

D der mittlere Zahnkreisdurchmesser . . . . m
n die Drehzahl . . . . Hz
b die Breite der Zähne . . . . m
h die Höhe der Zähne . . . . m
η_L der Ausnutzungsgrad (Liefergrad) . . . . –

Pumpen

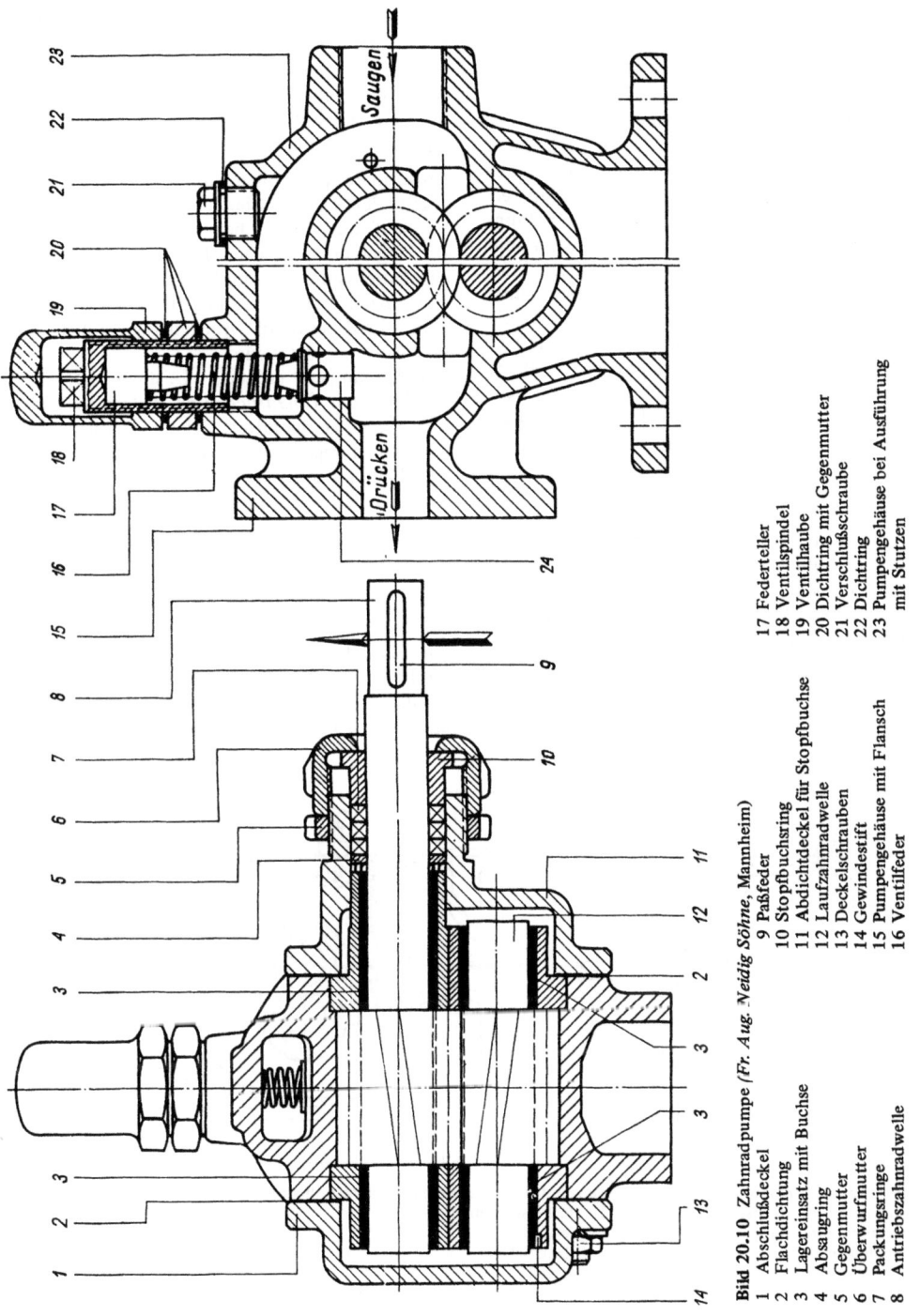

Bild 20.10 Zahnradpumpe (Fr. Aug. Neidig Söhne, Mannheim)
1 Abschlußdeckel
2 Flachdichtung
3 Lagereinsatz mit Buchse
4 Absaugring
5 Gegenmutter
6 Überwurfmutter
7 Packungsringe
8 Antriebszahnradwelle
9 Paßfeder
10 Stopfbuchsring
11 Abdichtdeckel für Stopfbuchse
12 Laufzahnradwelle
13 Deckelschrauben
14 Gewindestift
15 Pumpengehäuse mit Flansch
16 Ventilfeder
17 Federteller
18 Ventilspindel
19 Ventilhaube
20 Dichtring mit Gegenmutter
21 Verschlußschraube
22 Dichtring
23 Pumpengehäuse bei Ausführung mit Stutzen

η_L wird von der Abdichtung an den Stirnflächen und am Umfang der Zahnräder beeinflußt und beträgt bei guter Dichtung 0,85 ... 0,95.

Die Zahnräder der Pumpe erhalten meist *Evolventenverzahnung*. Sauge- und Druckseite werden am Zahnumfang durch das Gehäuse und an den Stirnseiten der Räder durch die Gehäusedeckel abgedichtet. Beim Eingriff eines Zahnes in die Zahnlücke des Gegenrades wird die in dieser Lücke befindliche Flüssigkeit in den Druckraum verdrängt. Bevor der verdrängende Zahn seine tiefste Eingriffstellung erreicht, wird der verbleibende Raum in der Zahnlücke durch die gegenseitige Berührung der Zahnflanken abgeschlossen, was bei den üblichen Flüssigkeiten zu erehblichen Drucksteigerungen führt. Dies wird durch *Entlastungsnuten* verhindert, die an den stirnseitigen Gehäuseteilen eingearbeitet sind und der in der Zahnlücke eingeschlossenen Flüssigkeit erlauben, in den Druckraum zu entweichen. Durch diese Quetschflüssigkeit und den Druckunterschied zwischen Sauge- und Druckraum werden die Lager der Zahnräder erheblich beansprucht. Sie erhalten Druckumlaufschmierung durch die Förderflüssigkeit.

Bild 20.10 zeigt eine Zahnradpumpe der Fa. Fr. *Aug. Neidig Söhne*, Mannheim, die als Niederdruckpumpe für Betriebsdrücke ⩽ 16 bar und selbstschmierende Flüssigkeiten von 9 ... 300 °E bestimmt ist. Um die Laufruhe zu verbessern, wurden die Zahnräder schrägverzahnt. Die Pumpe fördert nur bei einer Drehrichtung.

Soll die Pumpe von einer *umsteuerbaren* Maschine – Fahrdiesel oder Untersetzungsgetriebe in der Schraubenwellenleitung – angetrieben werden, so muß sie auch bei Drehrichtungswechsel ihre Förderrichtung beibehalten. Dies wird durch *Wechselventile* ermöglicht, die je nach der Drehrichtung des Antriebes Sauge- und Druckraum der Pumpe festlegen (Bild 20.11).

Als Wellenabdichtung werden nachstellbare Stopfbuchsen mit Weichpackung, Stopfbuchsen mit Simmerringen und Axialdichtungen verwendet.

Überdruckventile sollen Pumpe und Antriebsmotor gegen Überlastung schützen, falls im Flüssigkeitskreislauf unvorhergesehene Widerstände auftreten. Bei längerem Ansprechen des Überdruckventils, das den Druckraum mit dem Saugeraum verbindet, tritt eine unzulässige Erwärmung der Pumpe ein, da in dem Überdruckventil Druckenergie vernichtet und in Wärme umgesetzt wird.

Zahnradpumpen größerer Leistung werden mit kombinierten *Überdruck*- und *Anfahr-Mengenregulierventilen* ausgestattet. Diese Ventile erlauben ein Öffnen gegen die Kraft der Schließfeder durch eine Hilfsspindel, so daß das Fördergut ohne Überwindung der Federkraft in den Saugeraum zurückströmen kann. Das Öffnen dieses Ventils erleichtert bei zähflüssigem Fördergut das Anfahren und erlaubt in gewissen Grenzen, die durch die Ölerwärmung gesetzt sind, eine Mengenregelung (Bild 20.12).

Wichtig ist, daß Zahnradpumpen vor dem Anfahren mit Flüssigkeit gefüllt sind, damit die Lagerstellen geschmiert werden und durch die Flüssigkeit ein gewisses Abdichten der Zahnräder gegen Gehäuse und Deckel erreicht wird, um ein Ansaugen sicherzustellen.

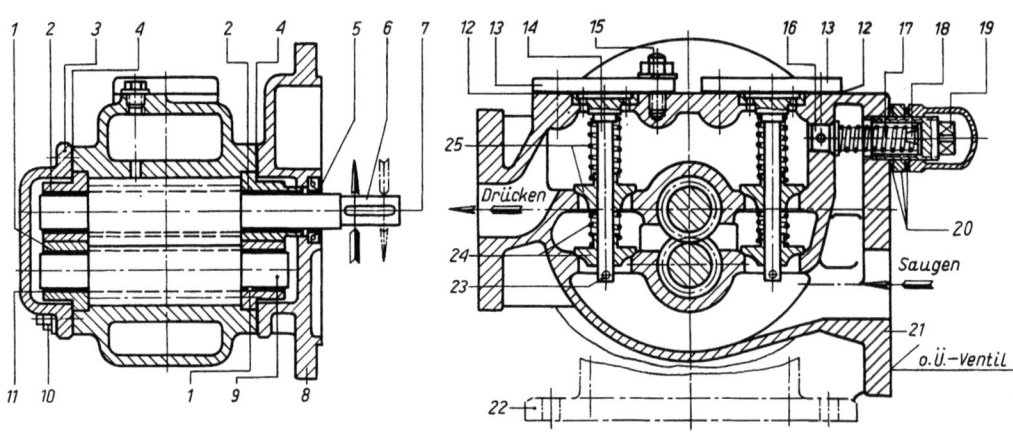

Bild 20.11 Zahnradpumpe für zwei Drehrichtungen (*Fr. Aug. Neidig Söhne*, Mannheim)

1 Lagereinsatz mit Buchse
2 Lagereinsatz mit Buchse
3 Abschlußdeckel
4 Flachdichtung
5 Radialdichtring
6 Antriebszahnradwelle
7 Paßfeder
8 Anbaudeckel
9 Laufzahnradwelle
10 Deckelschrauben
11 Gewindestift
12 Flachdichtung
13 Deckel
14 Wechselventileinsatz mit Stange
15 Deckelschrauben
16 Ventilkegel
17 Ventilfeder
18 Federteller
19 Ventilspindel
20 Dichtring mit Gegenmutter
21 Pumpengehäuse (ohne Fuß)
22 Pumpengehäuse (mit Fuß)
23 Splint
24 Wechselventil (Saugkegel mit Feder)
25 Wechselventil (Druckkegel mit Feder)

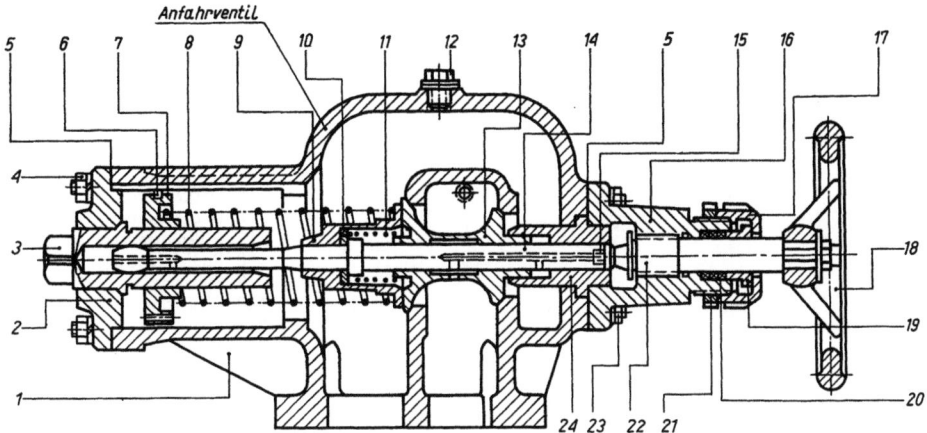

Bild 20.12 Überdruckventil für Mengenregelung (*Fr. Aug. Neidig Söhne*, Mannheim)

1 Ventilgehäuse	9 Kegelaufsatz	17 Überwurfmutter
2 Abschlußdeckel	10 Federteller	18 Handrad
3 Ventilspindel	11 Ventilfeder	19 Stopfbuchsenring
4 Deckelschrauben	12 Verschlußschraube	20 Stopfbuchsenpackung
5 Flachdichtung	13 Ventilkegel	21 Gegenmutter
6 Zylinderstift	14 Führungsstange	22 Anhebelspindel
7 Federteller	15 Gewindestift	23 Deckelbefestigung
8 Ventilfeder	16 Abdichtdeckel	24 Einsatz

Schraubenspindelpumpen (Bild 20.13)

Diese Pumpen bestehen aus einer ein- oder mehrgängigen *Schraubenspindel*, die in eine oder mehrere gleiche, achsparallel angeordnete *Seitenspindeln* eingreift. Durch das Ineinandergreifen der Gewindegänge wird eine Verdrängerwirkung und somit eine axiale Förderung erreicht.

Die Fördermenge einer Schraubenpumpe beträgt

$$Q = (A_1 \cdot h_1 + A_2 \cdot h_2) \cdot \frac{n}{60} \cdot \eta_L \quad \text{m}^3/\text{s} \qquad (20)$$

Hierin ist

A_1, A_2	Fläche des nicht durch den Eingriff der Gegenspindel ausgefüllten Gewindeganges	m²
h_1, h_2	Höhe des jeweiligen Gewindeganges	m
n	Drehzahl	Hz
η_L	Ausnutzungswirkungsgrad (Liefergrad)	−

Schraubenspindelpumpen dienen zum Fördern von Öl und anderen selbstschmierenden Medien. Sie sind selbstansaugend und können auch große Förderhöhen ($\leq$ 80 bar) bewältigen. Bild 20.14 zeigt eine zweispindelige, eingängige Schraubenpumpe für höheren Gegendruck und kleine Fördermengen (Bauart *Maschinenfabrik Paul Leistritz*, Nürnberg). Die auf den beiden Spindeln angeordneten Ritzel dienen zur Axialfixierung der beiden Spindeln gegeneinander und entlasten die Gewindegänge vom Antrieb der Nebenspindel. Ein Ausgleich des Axialschubes wird dadurch erreicht, daß der Druckraum über

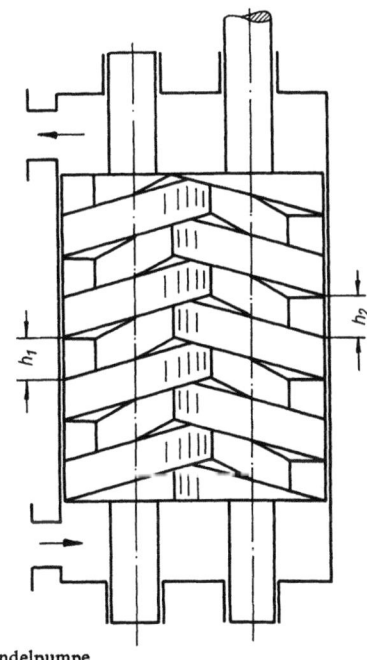

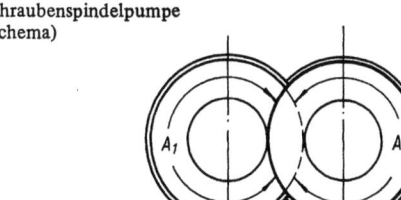

Bild 20.13 Schraubenspindelpumpe (Schema)

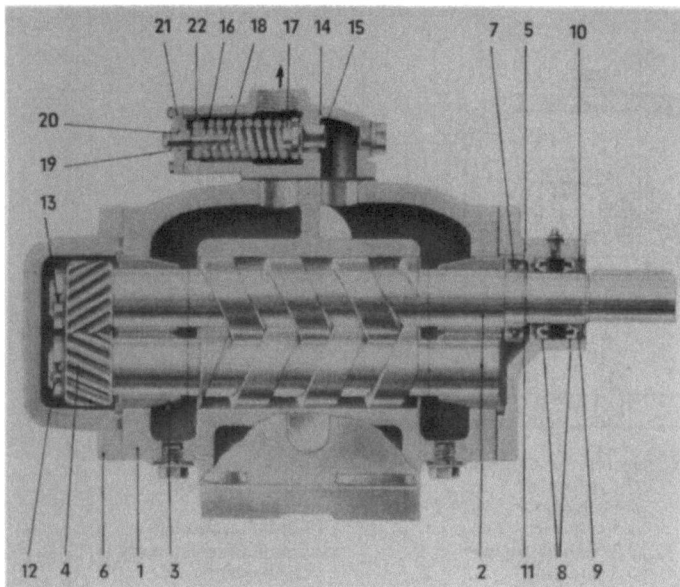

Bild 20.14
Zweispindel-Schraubenpumpe
(*Maschinenfabrik Paul Leistritz,*
Nürnberg)
  1 Gehäuse
*2 Spindelsatz
*3 Lagerbüchsensatz
*4 Ritzelsatz
  5 Deckel vorne
  6 Deckel hinten
*7 Rillenkugellager
*8 Radialdichtring
  9 Stützring
*10 Seegerring
*11 Seegerring
*12 Nutmutter
*13 Sicherungsblech
 14 Ventilgehäuse
 15 Ventilkegel
 16 Federteller
*17 Ventilfeder
 18 Stellschraube
 19 Seegerring
 20 Dichtring
 21 Abschlußdeckel
 22 Fixierstift
 * Reserveteile

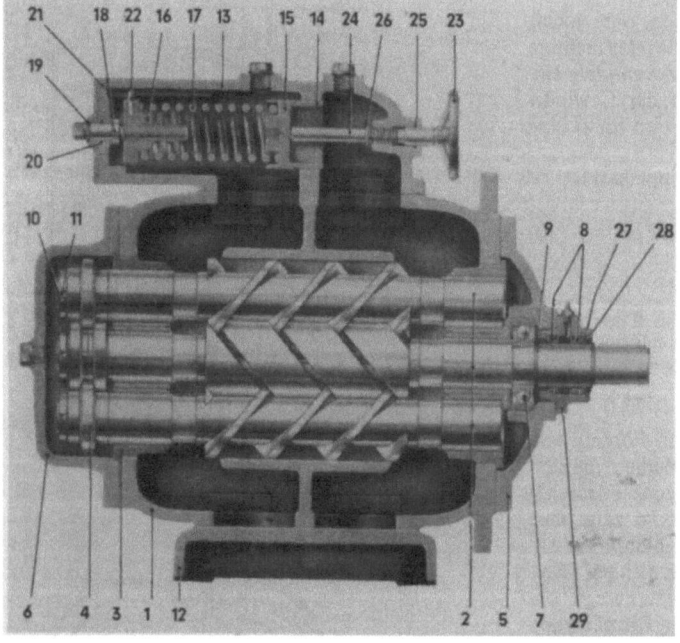

Bild 20.15
Fünfspindel-Schraubenpumpe
(*Maschinenfabrik Paul Leistritz,*
Nürnberg)
  1 Gehäuse
*2 Spindelsatz
*3 Lagerbüchsensatz
*4 Wellenbundsatz
  5 Deckel vorn
  6 Deckel hinten
*7 Radialkugellager
*8 Radialdichtringe
*9 Seegerring
*10 Nutmutter
*11 Sicherungsblech
 12 Pumpenfuß
 13 Ventilgehäuse
 14 Ventilsitz
 15 Ventilkegel
 16 Federteller
*17 Ventilfeder
 18 Stellschraube
 19 Seegerring
*20 Dichtring
 21 Abschlußdichtung
 22 Fixierstift
 23 Handrad
 24 Regulierwelle
*25 Dichtring
 26 Scheibe mit Splint
 27 Stützring
 28 Seegerring
 29 Einsatzdeckel
 * Reserveteile

einen Kanal mit dem Raum verbunden ist, in dem die beiden Ritzel laufen. Hierdruch wird auch eine positive Schmierung der beiden im Saugeraum laufenden Lager erreicht. Ein Sicherheitsventil läßt bei zu hohem Gegendruck einen Teil des geförderten Öls in den Tank zurücklaufen.

Bild 20.15 zeigt eine fünfspindelige Schraubenspindelpumpe (*Maschinenfabrik Paul Leistritz, Nürnberg*) für größere Fördermengen bei niedrigen Gegendruck (≈ 10 bar). Die zweigängige, zentral angeordnete Antriebsspindel kämmt mit vier Nebenspindeln. In Längsrichtung werden die fünf Spindeln durch angedrehte Wellenbunde festgelegt.

Auch hier wird Druckflüssigkeit in den Raum geleitet, in dem die Wellenbunde laufen, wodurch ein Axialschubausgleich und eine positive Schmierung der ineinanderkämmenden Wellenbunde und der im Saugeraum angeordneten Spindellager erreicht wird. Ein Sicherheitsventil läßt bei auftretendem Überdruck die geförderte Flüssigkeit in den Saugeraum zurücklaufen.

Die Fördermenge einer Schraubenpumpe nimmt mit steigendem Gegendruck leicht ab, was auf die mit dem Förderdruck größer werdenden inneren Verluste (*Leckverluste*) zurückzuführen ist.

Die erforderliche Antriebsleistung wächst bei gleicher Fördermenge linear mit der verlangten Förderhöhe.

20.2.4 Berechnungsgrundlagen für Kreiselpumpen

Förderhöhe

Die für das Fördern einer Flüssigkeit notwendige Energie wird bei Kreiselpumpen durch die Schaufeln eines umlaufenden Rades auf die Flüssigkeit übertragen, wobei zunächst eine Steigerung der Geschwindigkeit eintritt. Um diese Geschwindigkeitssteigerung für eine Drucksteigerung nutzbar zu machen, wird die aus dem Laufrad austretende Flüssigkeit durch stillstehende, sich erweiternde Laufkanäle oder ein Spiralgehäuse geführt, wo die Geschwindigkeitsenergie in Druckenergie umgesetzt wird. Die Geschwindigkeitsverhältnisse am Laufrad sind aus Bild 20.16 zu ersehen. Hieraus ergibt sich die *theoretische Förderhöhe* für eine endliche Schaufelzahl

$$H_{th} = \frac{1}{g} \cdot (u_2 \cdot v_{2u} - u_1 \cdot v_{1u}) \quad \text{bar} \quad (21)$$

Hierin ist

u	Umfangsgeschwindigkeit	m/s
v	absolute Geschwindigkeit	m/s
v_{1u}, v_{2u}	Umfangskomponente der absoluten Geschwindigkeit	

Bei senkrechtem Eintritt der Flüssigkeit in das Laufrad, d.h. $\alpha = 90°$, wird $v_{1u} = v_1 \cdot \cos\alpha = 0$, womit sich die theoretische Förderhöhe ergibt zu

$$H_{th} = \frac{1}{g} \cdot u_2 \cdot v_{2u} \quad \text{bar} \quad (22)$$

Die *tatsächliche Förderhöhe* beträgt unter Berücksichtigung des hydraulischen Wirkungsgrades η_H

$$H = H_{th} \cdot \eta_H \quad \text{bar} \quad (23)$$

Zusammenhang zwischen Förderhöhe, Umfangsgeschwindigkeit und Schaufelgeometrie

Die Förderhöhe wird durch die Umfangsgeschwindigkeit u_2 und durch den Schaufelwinkel β_2 am Ende der Laufschaufel bestimmt (Bild 20.17). Große Schaufelwinkel β_2, d.h. *vorwärtsgekrümmte* Schaufeln, ergeben große Austrittsgeschwindigkeiten, deren Umsetzung in Druck im Spiralgehäuse oder Leitrad mit erheblichen Verlusten verbunden ist. Außerdem ist das Teillastverhalten dieser Schaufeln ungünstig.

Spezifische Drehzahl

Die *spez. Drehzahl* dient zur Kennzeichnung der verschiedenen *Radformen*. Sie ist die Drehzahl einer einstufigen Pumpe, deren Schaufeln denen einer ausgeführten Pumpe in allen Teilen geometrisch ähnlich sind und die so ausgelegt ist, daß sie bei einer Förderhöhe von 1 m eine Fördermenge von

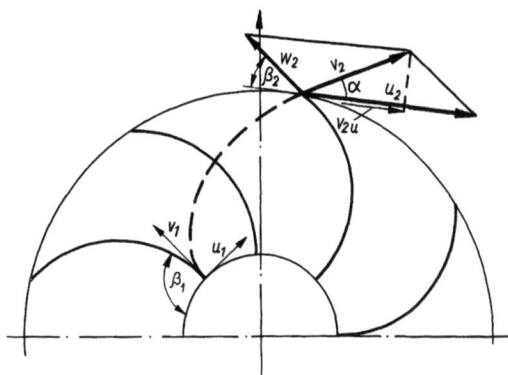

Bild 20.16 Geschwindigkeitsverhältnisse am Laufrad

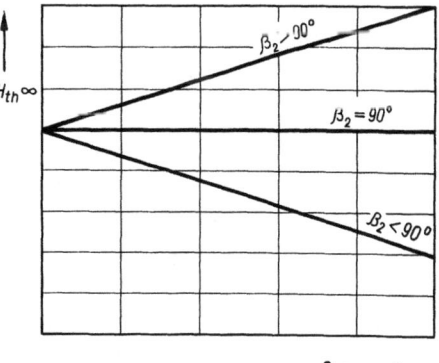

Bild 20.17 Schaufelarbeit bei verschieden gebogenen Schaufeln

75 kg/s bewältigt. Für Wasser errechnet sich die spez. Drehzahl zu

$$n_s = 3{,}65 \cdot n \sqrt{\frac{Q}{H^{3/4}}} \qquad (24)$$

Sie nimmt mit dem Verhältnis $\frac{b_2}{D_2}$ und $\frac{D_s}{D_2}$ (Bild 20.18) zu und beträgt für

Hochdruckräder etwa $n_s \leqslant 50$
Mitteldruckräder etwa $n_s \leqslant 100$
Niederdruckräder etwa $n_s \leqslant 250$
Propeller etwa $n_s = 500 \ldots 2000$

Anforderungen an das Betriebsverhalten

Eine Kreiselpumpe wird für festliegende Betriebsdaten — Fördermenge Q, Förderhöhe H und Drehzahl n — ausgelegt. Ändert sich im Betrieb einer dieser Werte, dann weichen auch die anderen Werte von den Konstruktionswerten ab. Die Förderhöhe H wird bei der Nenndrehzahl und veränderlicher Fördermenge Q beeinflußt durch

1. die Kanalreibung einschließlich der Krümmungs- und Umsetzungsverluste, die bei zunehmender Fördermenge nach einer Parabel anwachsen.

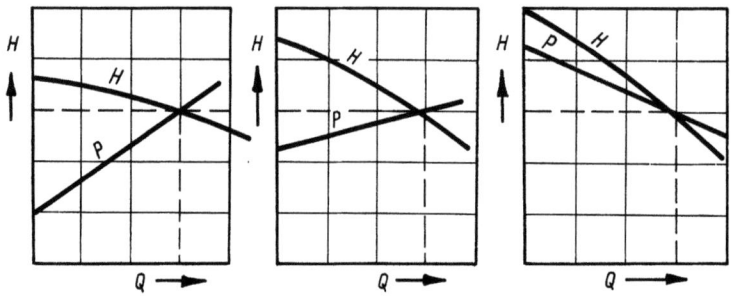

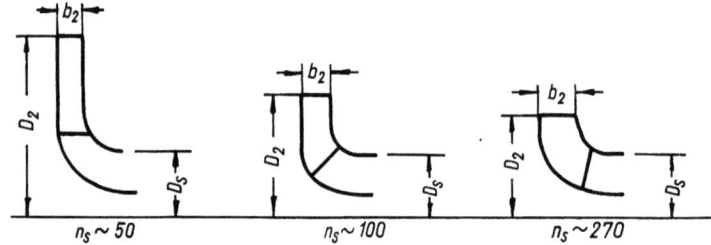

Bild 20.18
Einfluß der Schelläufigkeit

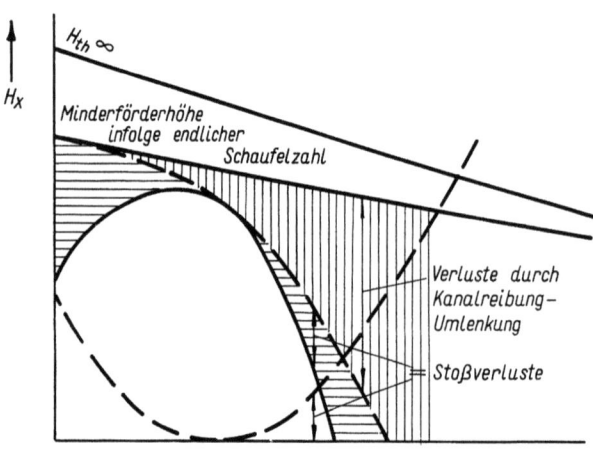

Bild 20.19
Entstehung der Q, H-Linie

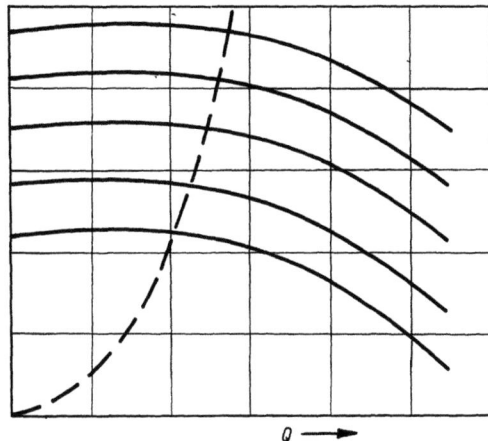

Bild 20.20 Q, H-Linien einer Kreiselpumpe bei verschiedenen Drehzahlen

2. Stoßverluste am Eintritt in das Lauf- und Leitrad, die sich ebenfalls nach einer Parabel mit dem Scheitel bei der Auslegungsfördermenge Q_A ändern.

Nach Abzug dieser Verluste ergibt sich die *Drosselkurve* (Q, H-Linie) für die Pumpe (Bild 20.19). Eine Änderung der Drehzahl ergibt eine kongruente Änderung der Drosselkurve. Die Scheitel der Drosselkurven für verschiedene Drehzahlen liegen auf einer Parabel (Bild 20.20).

Besondere Anforderungen aus dem Verwendungszweck

Kreiselpumpen können große Fördermengen als Kühlwasser- und Ladeölpumpen, sowie auch große Förderhöhen, z.B. als Kesselspeisepumpen, bewältigen. Sie sind daher an Bord für viele verschiedene Aufgabenbereiche einsetzbar.

20.2.5 Bauliche Ausführung der Kreiselpumpen

Kondensatpumpe

Als *Kondensatpumpe* (Bild 20.21) muß die Kreiselpumpe aus einem unter Vakuum stehenden Raum saugen und das Kondensat durch verschiedene Wärmetauscher in den Entgaser drücken. Um ein einwandfreies Ansaugen zu gewährleisten muß die erforderliche *Mindestzulaufhöhe* sichergestellt sein, ohne daß dem Kondensat in der Saugeleitung bis zum Einlauf in den Kreisel zusätzliche Widerstände entgegengesetzt werden. Durch einen weiten Einlauf fließt das Kondensat direkt in den Kreisel 1. Stufe, der es der 2. Stufe zudrückt. Am Einlauf ist eine Entlüftung zum Kondensator vorgesehen, durch die Gase und Dampf vom Pumpeneinlauf in den Kondensator zurückgeleitet werden. Der Kreisel 1. Stufe ist fliegend auf der Pumpenwelle angeordnet, wodurch eine Vakuumstopfbuchse vermieden wird. Zwischen der 1. und 2. Stufe ist die Pumpenwelle in einem durch Kondensat geschmierten Führungslager geführt. Der Wellenaustritt aus dem Gehäuse hinter der 2. Stufe steht bei normalen Betriebsverhältnissen unter dem Förderdruck der Pumpe.

Um beim Abreißen des Förderstromes ein Eindringen von Luft in die Pumpe und damit in den Kondensator zu vermeiden, erhält die Stopfbuchse einen *Sperrwasseranschluß*. Die Pumpenwelle ist in der Laterne gelagert und in ihrer axialen Lage gehalten. Ein axialgeteiltes Pumpengehäuse mit Sauge- und Druckanschlüssen am Gehäusehinterteil erleichtert das Aufnehmen der Pumpe zur Kontrolle der Laufräder.

Lenzpumpe

Als Lenzpumpe finden neben den bereits beschriebenen *Duplex*pumpen einstufige Kreiselpumpen Verwendung (Bild 20.22). Um dabei sicheres Ansaugen zu gewährleisten ist eine *Wasserringpumpe* an das Kreiselpumpengehäuse angeflanscht, die für die Entlüftung der Saugeleitung sorgt. Der Pumpenläufer ist an seinem unteren Ende in einem wassergeschmierten Führungslager und in der Laterne durch ein Rillenkugellager geführt. Ein Spiralgehäuse, in dem die Geschwindigkeit des aus dem Laufrad austretenden Wassers in Druck umgesetzt wird, umgibt das Laufrad.

Kühlwasserpumpe

Als Kühlwasserpumpen werden häufig vertikale, zweiflutige Kreiselpumpen (Bild 20.23) eingebaut. Um in jedem Falle ein sicheres Ansaugen zu gewährleisten, werden auch diese Pumpen mit einer Wasserringpumpe ausgestattet. Das untere Führungslager ist fettgeschmiert. Die Pumpenstopfbuchse auf der Saugseite erhält einen Sperrwasseranschluß.

Vertikale Propellerpumpe

Propellerpumpen, wie Bild 20.24 zeigt, eignen sich für große Fördermengen bei vergleichsweise geringer Förderhöhe, d.h. für Betriebsbedingungen, wie sie z.B. bei der Kühlung der Hauptkondensatoren im Dampfturbinenanlagen auftreten.

Die Q, H-Linie der Propellerpumpe nach Bild 20.24 zeigt Bild 20.25. Die Propellerköpfe beider Pumpen sind fliegend auf den Propellerwellen, die in Führungslagern gehalten werden, angeordnet. Die Pumpe nach Bild 20.24 hat in den Propellerkopf eingesetzte Propellerschaufeln. Hierdurch läßt sich erforderlichenfalls die Q, H-Linie durch Ändern der Flügelsteigung beeinflussen. Leitschaufeln im Eintritts- und Austrittsstutzen sorgen für verbesserte Strömung.

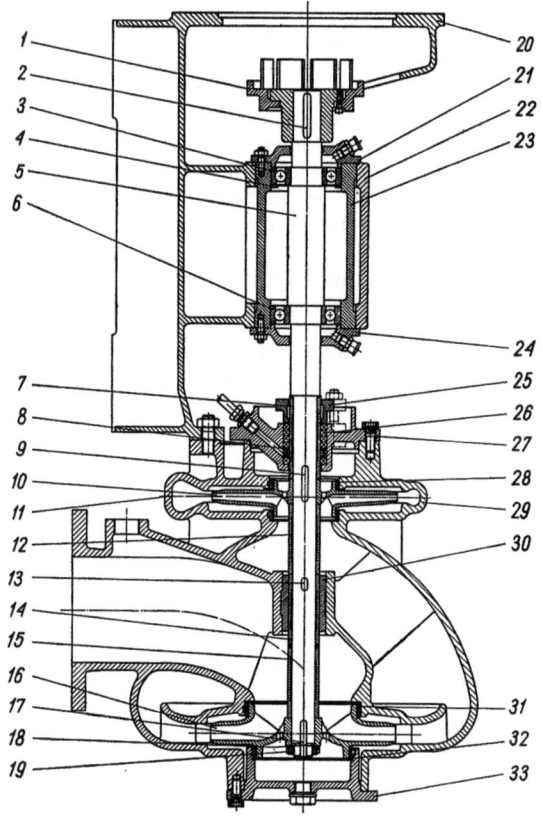

Bild 20.21

Kondensatpumpe (*Ruhrpumpen GmbH*, Witten-Annen)

1 Elastische Kupplung
2 Paßfeder
3 Rillenkugellager
4 Nilos-Ring
5 Pumpenwelle
6 Rillenkugellager
7 Wellenschoner
8 Sperrwasserring
9 Paßfeder
10 Laufrad
11 Gehäuseunterteil
12 Wellenschoner
13 Paßfeder
14 Wellenschoner
15 Wellenschoner
16 Laufrad
17 Paßfeder
18 Sicherungsblech
19 Nutmutter
20 Motorlagerlaterne
21 Lagerdeckel
22 Lagerkappe
23 Traghülse
24 Lagerdeckel
25 Stopfbuchsbrille
26 Packungsring
27 Stopfbuchskörper
28 Dichtungsring
29 Gehäuseoberteil
30 Lagerbuchse
31 Dichtungsring
32 Dichtungsring
33 Gehäusedeckel

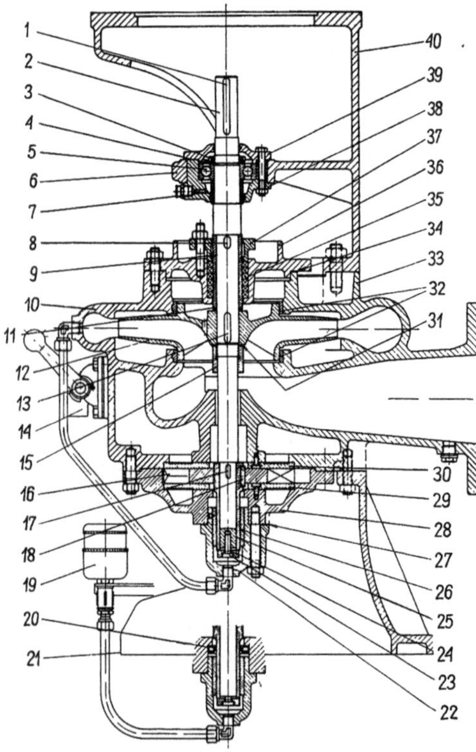

Bild 20.22 Lenzpumpe (*Ruhrpumpen GmbH*, Witten-Annen)

1 Paßfeder
2 Pumpenwelle
3 Nutmutter
4 Sicherungsblech
5 Rillenkugellager
6 Lagerkappe
7 Distanzhülse
8 Paßfeder
9 Wellenschoner
10 Gehäuseoberteil
11 O-Ring
12 Laufrad
13 Paßfeder
14 Dreiwegehahn
15 Wellenmutter
16 Flügelrad
17 Paßfeder
18 Paßfeder
19 Fettschmierbüchse
20 Radialdichtring
21 Ständer
22 Lagereinsatz
23 Zylinderschraube
24 Scheibe
25 Wellenschoner
26 Lagerbuchse
27 Dichtung
28 Luftpumpengehäuse
29 Schleißwand
30 Schleißwand
31 Sicherungsblech
32 Dichtungsring
33 Gehäuseunterteil
34 Dichtung
35 Packungsring
36 Stopfbuchskörper
37 Stopfbuchsbrille
38 Lagereinsatz
39 Lagerdeckel
40 Motorlagerlaterne

Pumpen

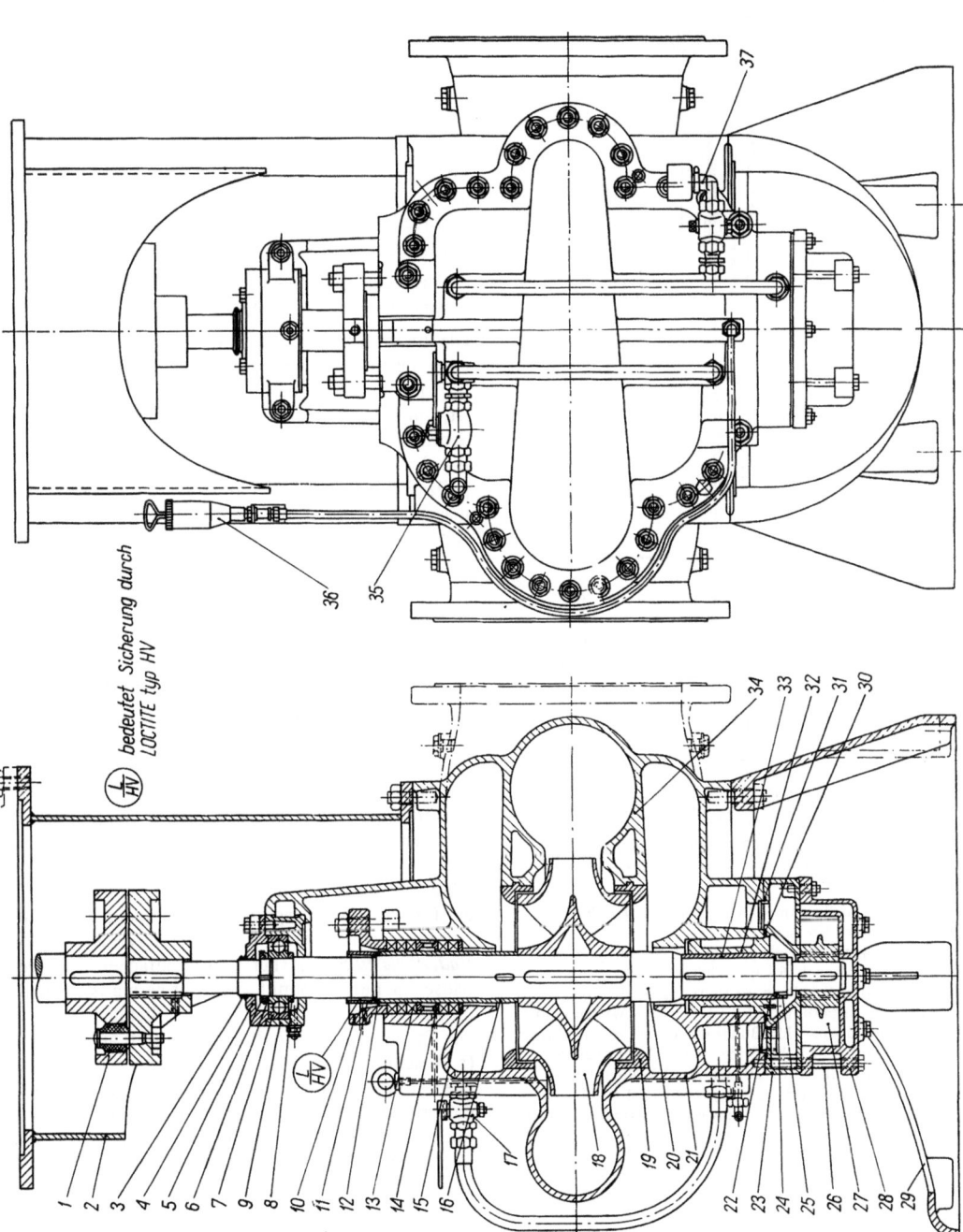

Bild 20.23 Vertikale Kühlwasserpumpe (*KSB, Klein, Schanzlin & Becker AG, Werk Bremen*)

1 Kupplung
2 Antriebsträger
3 V-Ring
4 Lagerdeckel
5 Nutmutter
6 Sicherungsblech
7 Rillenkugellager
8 Distanzring
9 Lagergehäuse
10 Stopfbuchsbrille
11 Wellenmutter
12 O-Ring
13 Stopfbuchspackung
14 Sperrkammerring
15 Grundring
16 Wellenschutzbuchse
17 Schalthahn
18 Laufrad
19 Gehäusering
20 Welle
21 Gehäusevorderteil
22 Zylinderstift
23 Luftpumpendeckel
24 Winkelring, geteilt
25 Überstreifring
26 O-Ring
27 Flügelrad
28 Luftpumpengehäuse
29 Pumpenfuß
30 O-Ring
31 O-Ring
32 Lagerbuchse
33 Wellenschutzbuchse
34 Gehäuserückenteil
35 Rückschlagventil
36 Fettpresse
37 Auffüllvorrichtung

(HV) bedeutet Sicherung durch LOCTITE typ HV

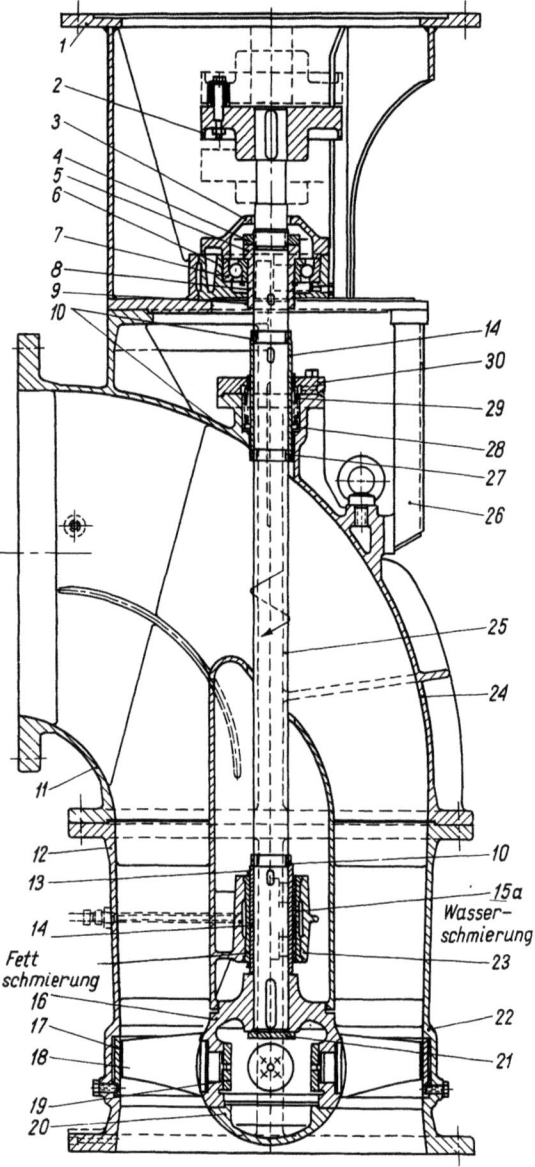

Bild 20.24 Propellerpumpe (*KSB, Klein, Schanzlin & Becker AG*, Werk Bremen)
1 Antriebsträger 2 Elco-Kupplung 3 Lagerdeckel 4 Nutmutter 5 Stützflansch 6 Lagergehäuse 7 Schrägkugellager 8 Sicherungsring 9 V-Ring 10 Haltering 11 Krümmerunterteil 12 Leitradunterteil 13 V-Ring 14 Wellenschutzhülse 15 Bundbuchse 15a Bundbuchse mit Gummifutter 16 Propellerkopf 17 Schleißring, geteilt 18 Propellerschaufel 19 Klemmplatte 20 Haube 21 Wellenklemmplatte 22 Leitradoberteil 23 Lagergehäuseoberteil 24 Krümmeroberteil 25 Pumpenwelle 26 Stütze 27 O-Ring 28 Stellring 29 Gleitringdichtung 30 Deckel

Ladeölpumpe

Als Ladeölpumpen müssen Kreiselpumpen auf Tankern erhebliche Fördermengen bewältigen um die Löschzeit des Schiffes kurz zu halten. Je nach der Größe des Tankers und der Anzahl der Pumpen werden sehr hohe Förderleistungen ($Q \leqslant 5000$ m^3/h, Förderhöhe $H = 11 \ldots 17$ bar) eingebaut.
Die Drehzahlen bewegen sich in der Größenordnung von $n = 17 \ldots 23$ Hz, wobei die kleineren Drehzahlen bei den größeren Fördermengen zur Anwendung kommen.
Bei den großen, notwendigen Antriebsleistungen ($P \lesssim 2000$ kW je Pumpe) werden oft Dampfturbinen eingesetzt. Die Leistung des Antriebes ist neben der Fördermenge und der Förderhöhe von der Viskosität und dem spez. Gewicht des zu fördernden Öls abhängig. Nach den US-Standards of Hydraulic Institute sind für die Bestimmung der Pumpenleistungen folgende Werte für *Crude*-Öle festgelegt:

Viskosität $\quad v = 2500$ SSU ($\hat{=}$ etwa 70 °E)
spez. Gewicht $\quad \gamma = 0{,}95$

Die hiermit für eine bestimmte Fördermenge und eine bestimmte Förderhöhe errechnete Leistung liegt um ca. 35 % über der Leistung, die erforderlich ist, um bei derselben Förderhöhe die gleiche Menge Seewasser zu fördern.
Bei der Aufstellung der Ladeölpumpen sind feuerpolizeiliche Vorschriften zu beachten. Die Antriebsmaschinen werden in vom Pumpenraum getrennten Räumen aufgestellt und mit den Pumpen durch *Zwischenwellen* verbunden. Antriebsmaschinen und Zwischenwellen sowie Zwischenwellen und Pumpen werden über *Bogenzahnkupplungen* (s. Abschnitt 10.3.2) angeschlossen, um eventuelle Verlagerungen in der Achsausrichtung auszugleichen. Die Zwischenwellen werden im Schott durch Schottstopfbuchsen mit elastischer Dichtung, z.B. *Simmerringen*, geführt, um ein Festklemmen bei Durchbiegungen des Schiffskörpers zu vermeiden (Bild 20.26).
Die Ladeölpumpen werden fast immer *zweiflutig* ausgeführt. Je nach den räumlichen Gegebenheiten erhalten sie horizontale oder vertikale Wellen.
Die zweiflutige Ladeölpumpe mit horizontaler Welle (Bild 20.27) ist in einem horizontal geteilten Spiralgehäuse mit Doppelspirale untergebracht. Die Doppelspirale entlastet die Pumpenläuferwelle von der *Radialbelastung*, die bei einem einfachen Spiralgehäuse im Betriebspunkt zwar nur gering ist, jedoch im Leerlauf- und Überlastbereich erheblich ansteigt. Die Pumpe ist mit *Gleitringdichtungen* ausgestattet (s. Abschnitt 20.2.7).
Die Pumpenwelle ist in Rillenkugellagern gelagert, die in am Gehäuseunterteil angeordneten Lagerböcken ruhen. Über das Betriebsverhalten gibt die Q, H-Linie einer Ladeölpumpe (Bild 20.28) Auskunft.

Pumpen

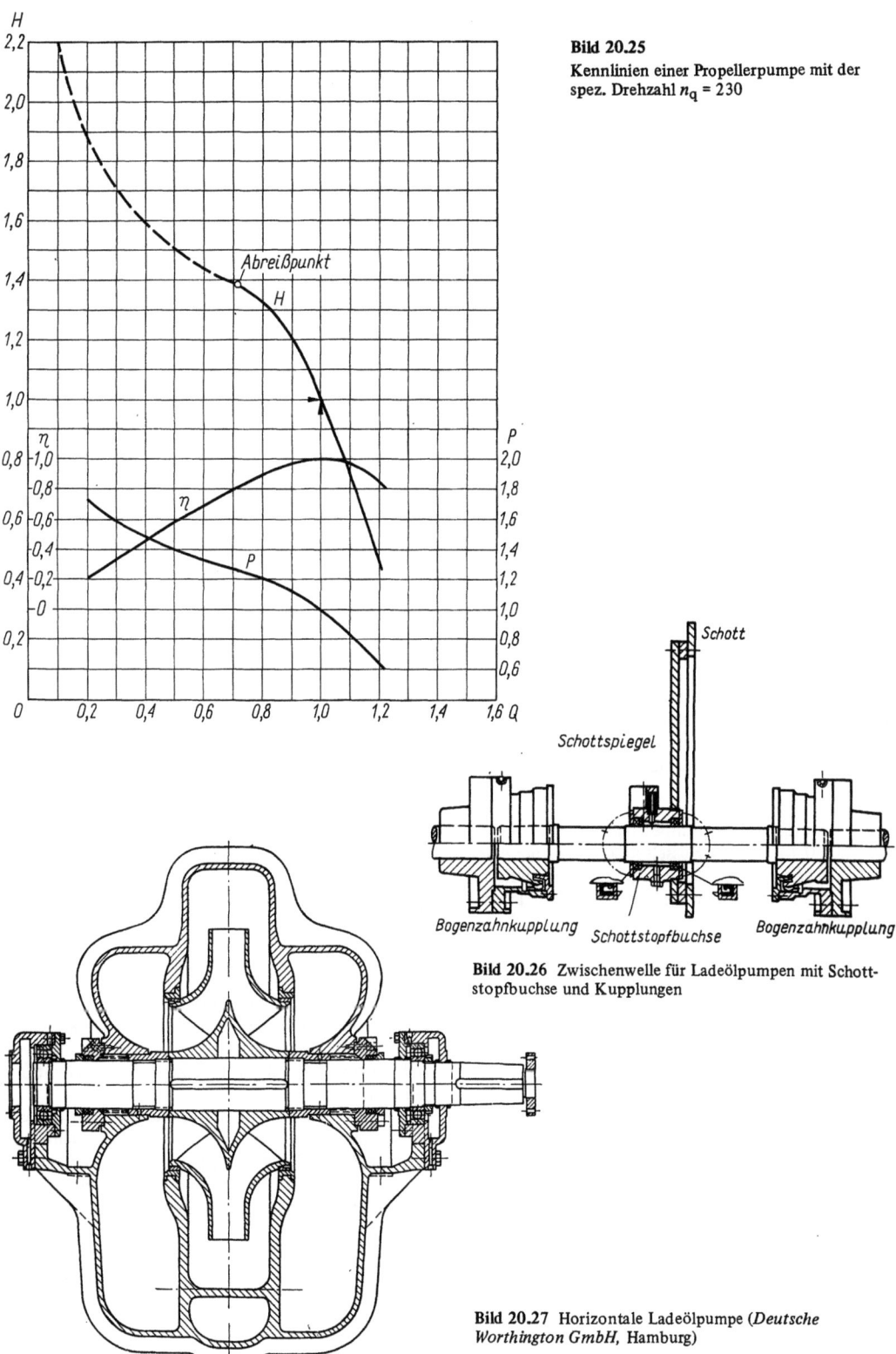

Bild 20.25
Kennlinien einer Propellerpumpe mit der spez. Drehzahl $n_q = 230$

Bild 20.26 Zwischenwelle für Ladeölpumpen mit Schottstopfbuchse und Kupplungen

Bild 20.27 Horizontale Ladeölpumpe (*Deutsche Worthington GmbH*, Hamburg)

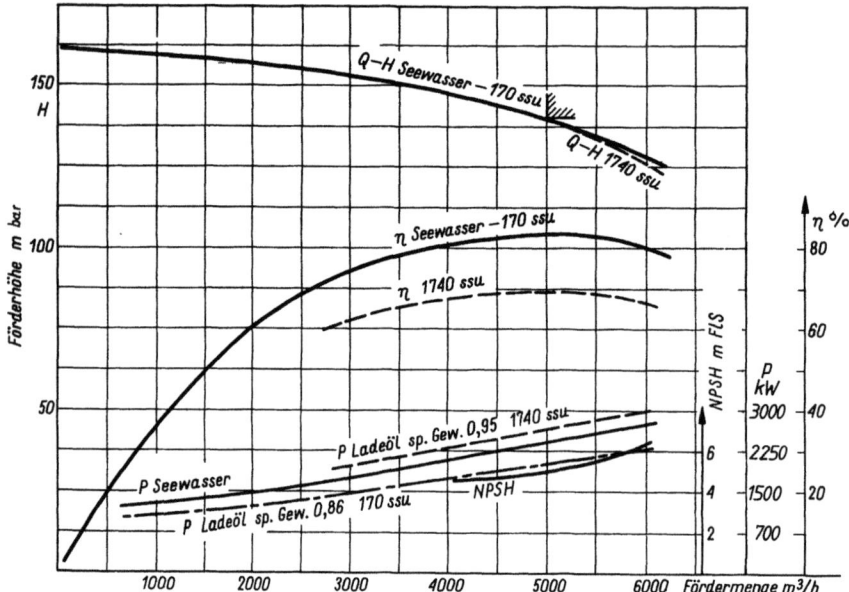

Bild 20.28 Kennlinien einer Ladeölpumpe

Die zweiflutige vertikale Ladeölpumpe in Bild 20.29 hat einen fliegend am unteren Ende der Welle angeordneten Läufer. Er läßt sich durch Abbau der Laterne, die die Wellenlager trägt, und des Gehäusedeckels nach oben ausbauen. Der zweiflutige Läufer fördert in ein Spiralgehäuse. Der Wellendurchtritt ist mit einer Gleitringdichtung abgedichtet.

Kesselspeisepumpe

Die dreistufige Kreiselpumpe (*Weise & Monski*) in Bild 20.30 fördert als Kesselspeisepumpe bei einer Drehzahl von $n \approx 1000$ Hz gegen eine Förderhöhe von $H = 85$ bar. Das Speisewasser läuft der Pumpe aus dem Entgaser mit einem Druck von $p_s \approx 0{,}50$ bar und einer Temperatur von $t \approx 140\,°C$ zu.
Die drei Laufräder sind auf eine Welle aufgezogen. Im Bereich der Stopfbuchsen trägt die Welle *Schutzbuchsen*, die mit Gewinde auf der Welle festgesetzt sind und die Laufräder und den Entlastungskolben in ihrer axialen Position halten.
Hinter der dritten Stufe ist auf der Welle ein *Entlastungskolben* angeordnet, der die Aufgabe hat, den in den einzelnen Pumpenstufen entstehenden Axialschub auszugleichen.
Der Läufer läuft in zwei druckölgeschmierten Gleitlagern. Das Pumpengehäuse ist axial geteilt und hat eingesetzte Leitringe. Die in gesonderten Stopfbuchsgehäusen untergebrachten *Stopfbuchsen* werden durch Kondensat gekühlt.

20.2.6 Strahlpumpen

S. Abschnitt 20.3.5 Strahlverdichter.

20.2.7 Betriebsverhalten der Pumpen

Das *Ansaugevermögen* der verschiedenen Pumpentypen ist unterschiedlich. Während Verdrängerpumpen in gutem Zustand i.a. selbstansaugend sind, benötigen Kreiselpumpen zum Ansaugen zusätzliche Hilfsmittel, wie z.B. *Wasserringpumpen*, die die Luft aus der Saugleitung entfernen. In jedem Falle wird ein sicheres Ansagen durch eine mit Flüssigkeit gefüllte Saugleitung gewährleistet, was man durch *Fußventile* erreichen kann, die ein Leerlaufen der Saugleitung nach dem Abstellen verhindern. Die Ansaugefähigkeit wird auch durch die Temperatur der anzusaugenden Flüssigkeit beinträchtigt, da mit höherer Temperatur der Haltedruck (Saugfähigkeit) absinkt (s. auch Abschnitt 20.2.2).
Wasseringpumpen sind bei selbstsaugenden Kreiselpumpen eingebaut. Sie müssen vor Inbetriebnahme mit Wasser gefüllt sein, damit sich der Wasserring bilden kann. Dieser Wasserring dient als Verdränger und bewirkt gleichzeitig eine gute Abdichtung (Bild 20.31).
Vor dem *Anfahren* von Verdrängerpumpen müssen die Druckventile oder -schieber geöffnet sein, um zu hohe Gegendrücke und bei Kolbenpumpen ein Schlagen zu vermeiden. Im Gegensatz dazu werden Kreiselpumpen bei *geschlossenem* Druckschieber angefahren, um zu verhindern, daß durch den plötzlichen Anstieg der Fördermenge eine Steigerung der Leistungsaufnahme und damit eine Überlastung des Antriebsmotors eintritt.
Die Fördermenge läßt sich bei dampfgetriebener Kolbenpumpen (*Simplex-* und *Duplex*-Pumpen

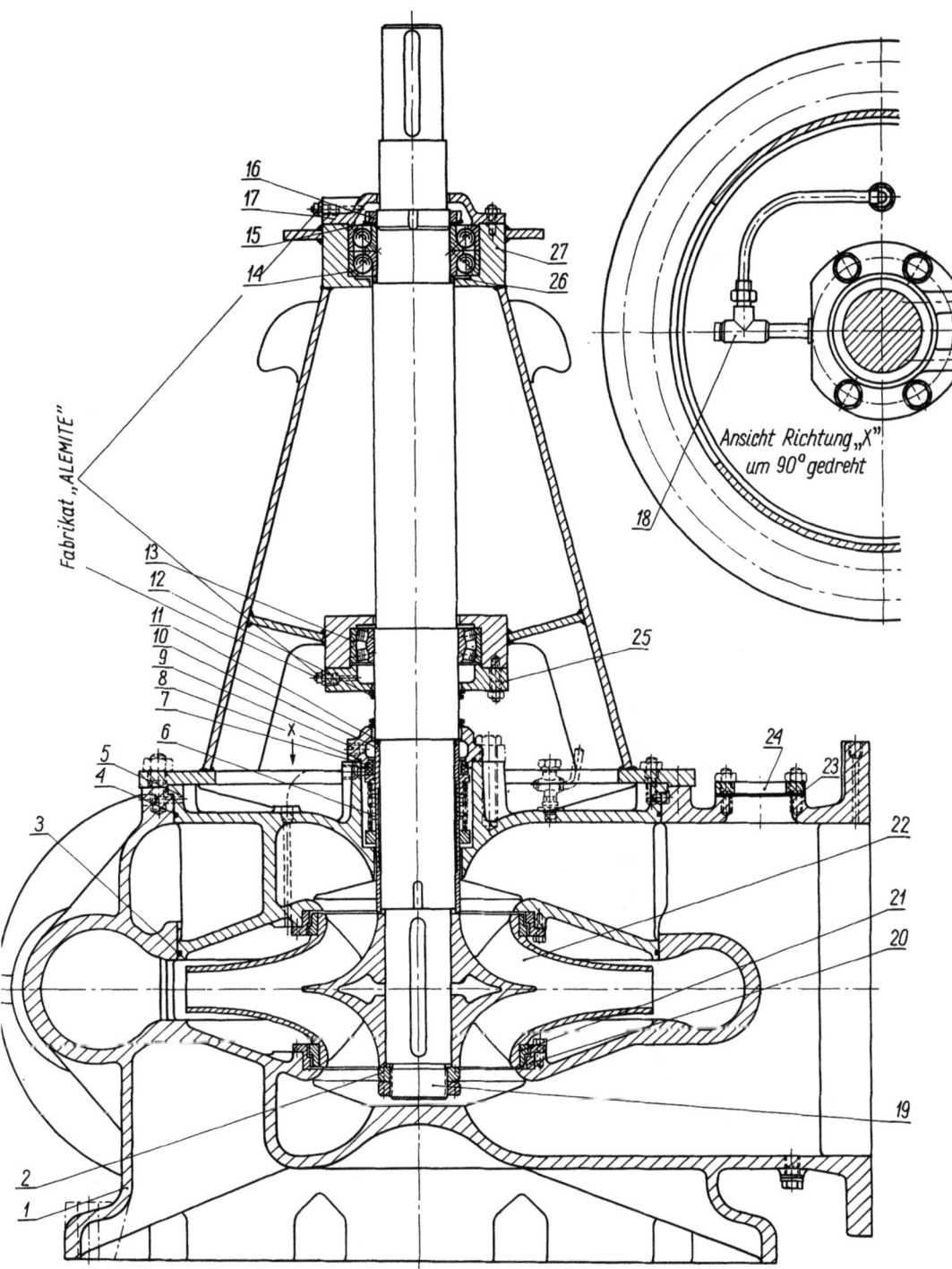

Bild 20.29 Vertikale Ladeölpumpe (*KSB, Klein, Schanzlin & Becker AG*, Werk Bremen)
1 Gehäuse 2 Nutmutter 3 O-Ring 4 O-Ring 5 Gehäusedeckel 6 *FLEXIBOX*-Dichtung 7 O-Ring 8 O-Ring 9 Stopfbuchsdeckeldeckel 10 Wellenschutzhülse 11 O-Ring 12 V-Ring 13 Pendelrollenlager 14 Schrägkugellagerpaar 15 Sicherungsblech 16 Wellenmutter 17 Lagerdeckel 18 Flow-Controller 19 Welle 20 Gehäusering 21 Läuferring 22 Laufrad 23 Dichtung 24 Gegenflansch 25 Lagerdeckel 26 Distanzring 27 Lagerträger

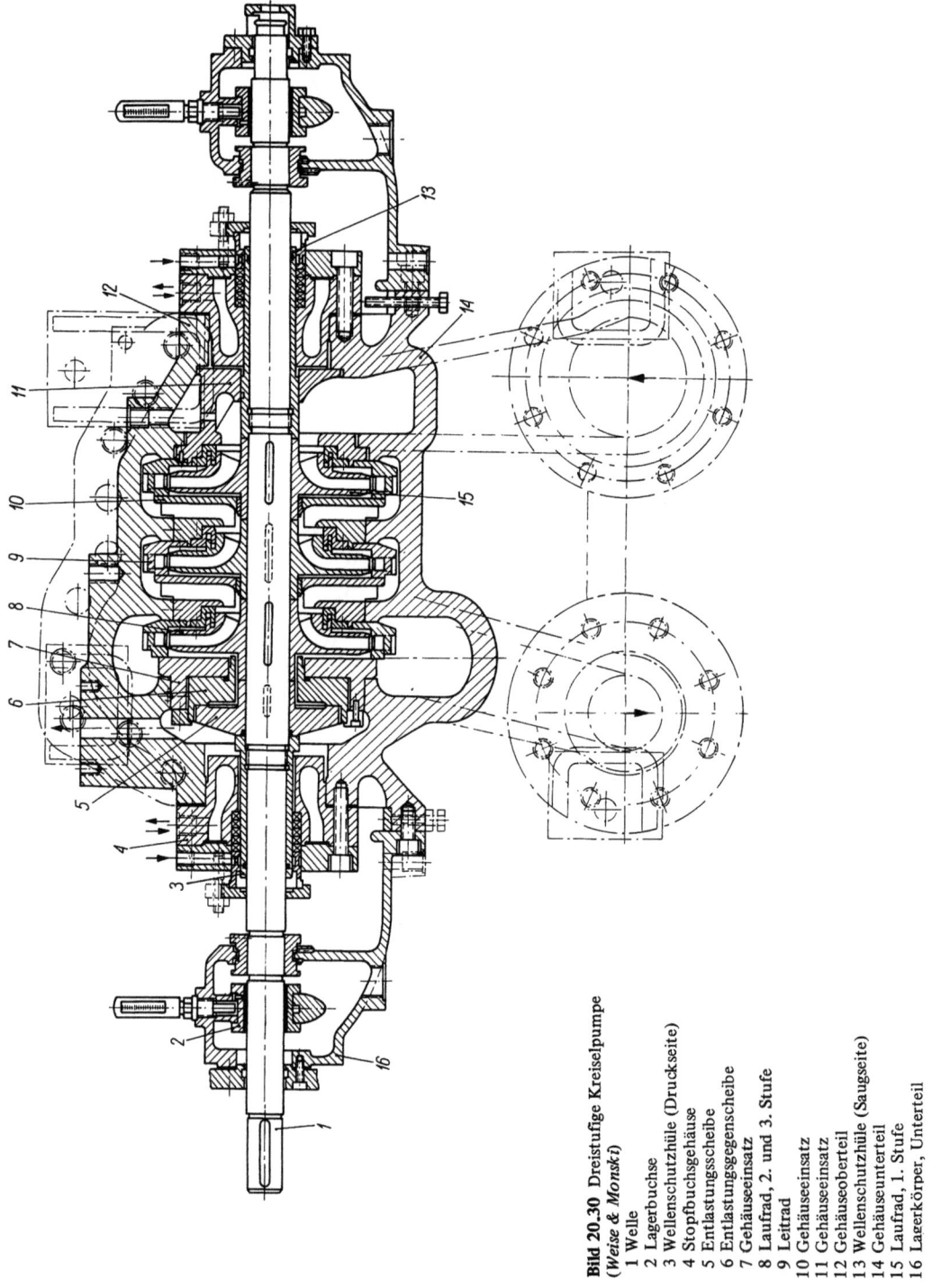

Bild 20.30 Dreistufige Kreiselpumpe (*Weise & Monski*)
1 Welle
2 Lagerbuchse
3 Wellenschutzhülle (Druckseite)
4 Stopfbuchsgehäuse
5 Entlastungsscheibe
6 Entlastungsgegenscheibe
7 Gehäuseeinsatz
8 Laufrad, 2. und 3. Stufe
9 Leitrad
10 Gehäuseeinsatz
11 Gehäuseeinsatz
12 Gehäuseoberteil
13 Wellenschutzhülle (Saugseite)
14 Gehäuseunterteil
15 Laufrad, 1. Stufe
16 Lagerkörper, Unterteil

Pumpen

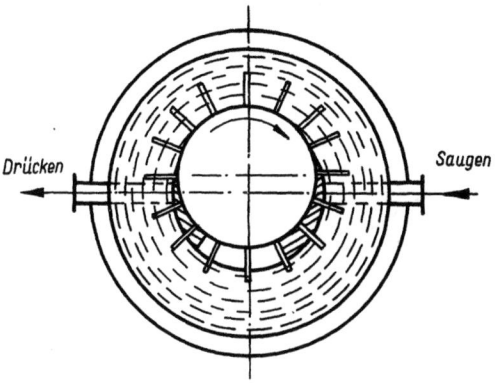

Bild 20.31 Schema einer Wasserringpumpe

durch Drosseln des Zudampfes und die dadurch bedingte Verringerung der Hubzahl bis zu kleinen Mengen gut einstellen. Bei elektromotorisch angetriebenen Verdrängerpumpen ist eine Fördermengeneinstellung nur durch Drosseln mit dem Druckschieber möglich. Hiermit ist ein Druckanstieg im Druckstutzen verbünden, wodurch ein Teil der geförderten Flüssigkeit durch das Überdruckventil in die Saugeleitung zurückgeleitet wird.

Bei Kreiselpumpen wird die Fördermenge ebenfalls durch den Druckschieber beeinflußt. In Drosselstellung bewirkt der Druckschieber einen steileren Verlauf der Rohrleitungskennlinie und damit einen anderen Betriebspunkt auf der Q, H-Linie der Pumpe (Bild 20.32).

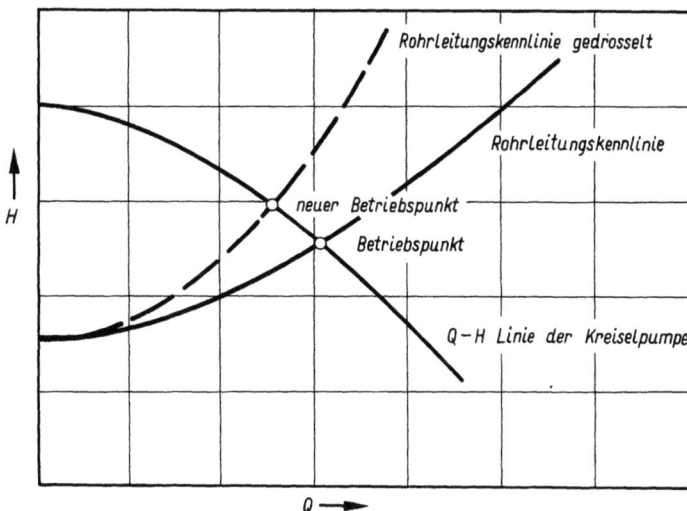

Bild 20.32 Änderung der Fördermenge durch Drosseln

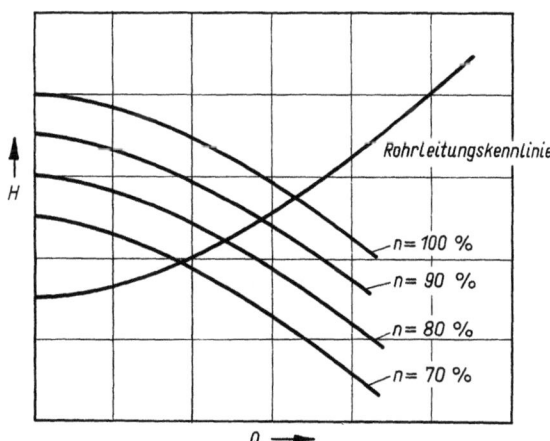

Bild 20.33 Änderung der Fördermenge durch Drehzahlverstellung

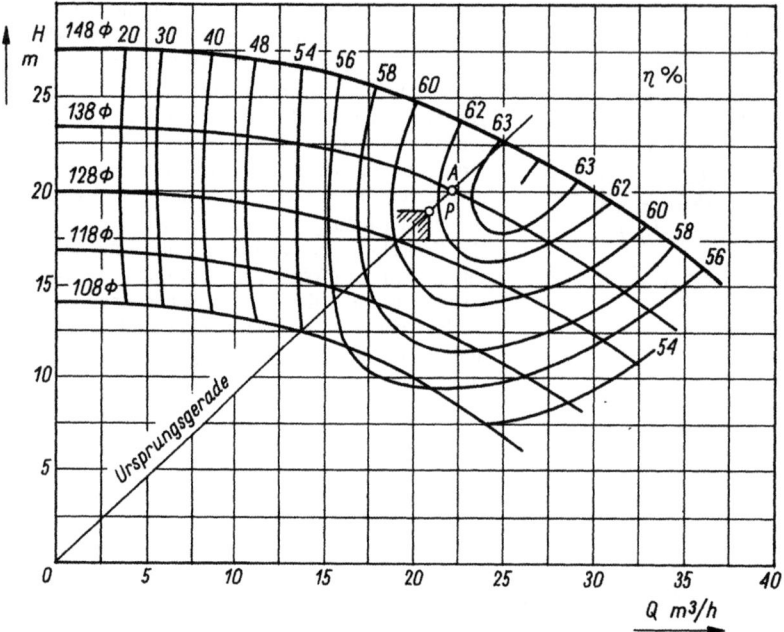

Bild 20.34 Verkleinerung der Fördermenge durch Abdrehen des Kreisels. Der Wirkungsgrad im Betriebspunkt P kann bei geringem Abdrehen gleich dem Wirkungsgrad im Punkt A gesetzt werden

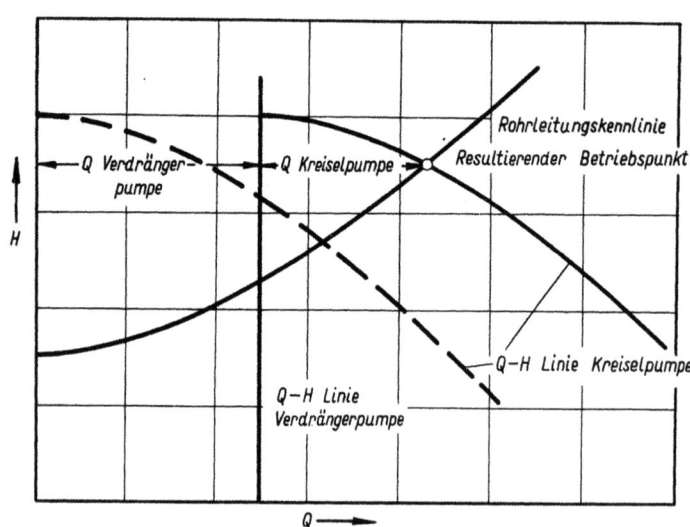

Bild 20.35
Parallelbetrieb von Verdrängerpumpe und Kreiselpumpe

Die *wirtschaftlichste* Mengenregelung bei Kreiselpumpen ist durch Drehzahländerung zu erreichen. Diese Drehzahländerung wird bei Turbokesselspeisepumpen durch den Differenzdruckregler bewirkt (s. Abschnitt 17.1.4), (Bild 20.33). Die zu große Fördermenge z.B. einer Kühlwasserpumpe, kann zu Schäden an Kühlrohren durch Errosion infolge zu hoher Wassergeschwindigkeiten führen. In diesen Fällen ist die bei dem vorhandenen Widerstand des Kühlers geförderte Wassermenge zu groß. Die Fördermenge muß durch Vergrößerung des Widerstandes, z.B. durch den Einbau einer festen Blende, verringert werden. Die Fördermenge läßt sich auch durch Abdrehen des Laufrades auf einen kleineren Außendruchmesser verkleinern. Hierbei werden nur die Laufschaufelenden gekürzt, während die Radscheiben nicht abgedreht werden.

Es ist

$$D_x = D \sqrt{\frac{Q_x}{Q}} = D \sqrt{\frac{H_x}{H}} \qquad (25)$$

Im Q, H-Diagramm (Bild 20.34) ist die Verkleinerung der Fördermenge von $Q = 22{,}2$ m³/h auf $Q_x = 21$ m³/h durch Änderung des Durchmessers von $D = 138$ mm auf $D_x = 134$ mm dargestellt.

Kreiselpumpen, die unter zwei bestimmten Betriebsverhältnissen arbeiten müssen, können durch *polumschaltbare* Motoren mit verschiedenen festen Drehzahlen und dementsprechend verschiedenen Kennlinien betrieben werden, was z.B. für Kühlwasserpumpen durchgeführt wird.

Der *Parallelbetrieb* von Verdrängerpumpen ergibt keine Schwierigkeit, ebenso ist der Parallelbetrieb einer Verdrängerpumpe mit einer Kreiselpumpe möglich. Bei zwei Verdrängerpumpen addieren sich beide Fördermengen. Beim Parallelbetrieb von einer Verdrängerpumpe mit konstanter Fördermenge und einer Kreiselpumpe addiert sich zu der Fördermenge der Verdrängerpumpe, die sich aus der Q, H-Linie der Kreiselpumpe für die erforderliche Höhe ergebende Fördermenge (Bild 20.35).

Beim Parallelbetrieb von zwei Kreiselpumpen addieren sich jeweils die zu gleichen Förderhöhen gehörenden Fördermengen. Da nach der Rohrleitungskennlinie mit steigender Fördermenge die erforderliche Förderhöhe zunimmt, ergibt der Parallelbetrieb zweier Kreiselpumpen eine *kleinere* Gesamtfördermenge als die Summe der beiden Einzelfördermengen. Es ist deshalb vorteilhafter, z.B. beim Löschen von Ladungsöl, zwei Ladeölpumpen nicht parallel in eine Abgabeleitung, sondern getrennt jede in eine eigene Druckleitung arbeiten zu lassen (Bild 20.36).

Die *Viskosität* des Fördergutes beeinflußt Förderhöhe, Fördermenge und Leistungsaufnahme einer Kreiselpumpe. Mit höherer Viskosität nehmen bei gleicher Pumpendrehzahl Förderhöhe und Fördermenge ab, während die Leistungsaufnahme größer wird.

Besondere Aufmerksamkeit ist den *Pumpenstopfbuchsen* zu widmen.

Die Pumpenwellen werden am Gehäuseaustritt meist durch Stopfbuchsen mit Weichpackung abgedichtet. Diese besteht aus Baumwoll-Graphit-Ringen und bei Trinkwasserpumpen aus Baumwoll-Talg-Ringen. Für Öle und andere Flüssigkeiten werden Spezialpackungen verwendet. Außer den Packungsringen ist meist ein *Sperrwasserring* mit einem entsprechenden Anschluß für die Sperrflüssigkeit vorgesehen. Stopfbuchspackungen sollen nicht zu hart angezogen werden, um ein Einlaufen in den Wellen oder Wellenschutzbuchsen zu vermeiden. Sie dürfen leicht lecken. Verpackte Stopfbuchsen bedürfen der Pflege.

Gleichringdichtungen, die sich meist in dem vorhandenen Stopfbuchsraum unterbringen lassen, sind fast wartungsfrei (Bild 20.37). Abgedichtet wird in axialer Richtung durch einen im Gehäuse feststehenden (gegen dieses ebenfalls abgedichteten) Ring und durch einen zweiten, auf der Welle sitzenden und mit dieser umlaufenden Ring, der durch Federkraft gegen den feststehenden Ring gedrückt wird. Entsprechende Abstimmung der Materialien beider Ringe sichert einen geringen Verschleiß. Häufig wird für den feststehenden Ring Graphitkohle verwandt.

Eine Vergrößerung der Spiele führt bei sämtlichen Pumpen zur Verschlechterung der Förderleistung. Bei Kreiselpumpen ist zu beachten, daß die Laufrä-

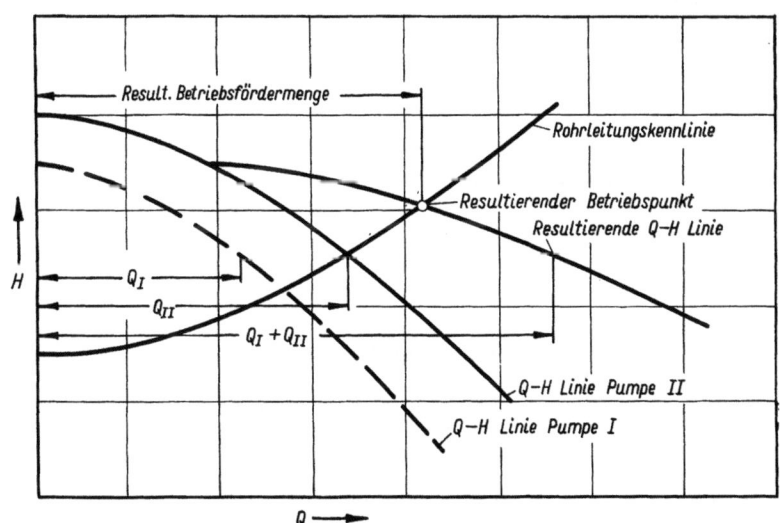

Bild 20.36 Parallelbetrieb von zwei Kreiselpumpen

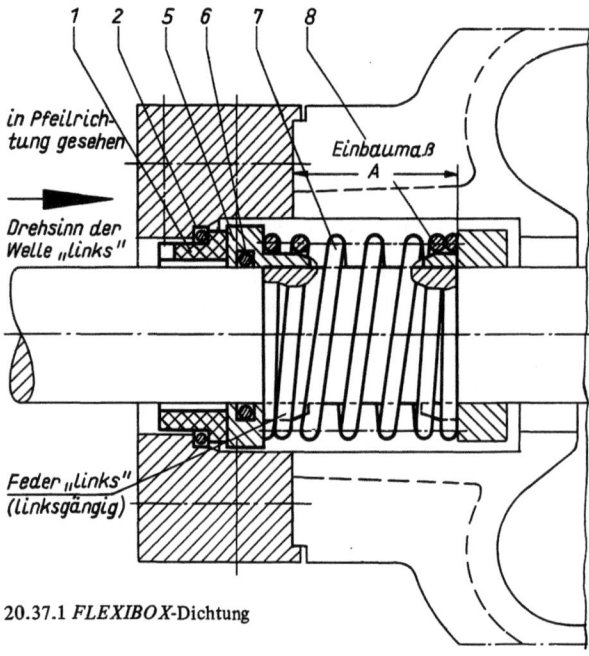

20.37.1 *FLEXIBOX*-Dichtung

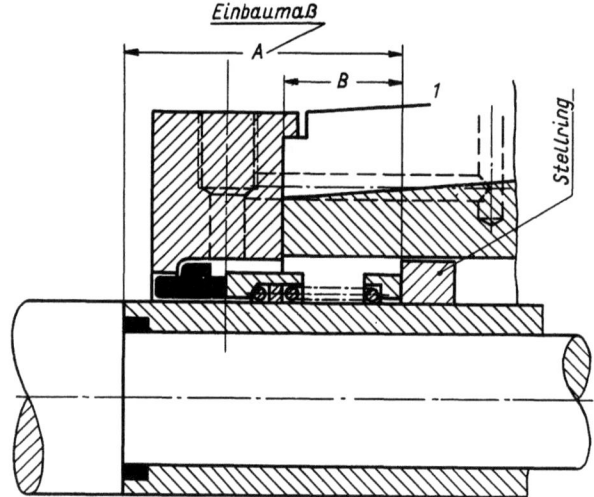

Bild 30.37 Gleitringdichtungen

20.37.2 *BURGMANN*-Dichtung

der bei ungünstigen Betriebsverhältnissen, z. B. stark gedrosselten Förderstrom, durch Kavitation beschädigt werden können.

20.3 Verdichter

20.3.1 Allgemeines/Einteilung der Verdichter

Analog zu den Pumpen unterscheidet man bei den Verdichtern nach ihrer Arbeitsweise:

Kolbenverdichter

Sie bewirken die Verdichtung des Gases durch einen hin- und hergehenden Kolben (*Verdränger*). Mit ihnen können hohe und höchste Verdichterdrücke erreicht werden.

Kreiselverdichter

Bei ihnen wird durch ein umlaufendes Schaufelrad Energie auf das Gas übertragen, womit eine Druck steigerung erzielt wird. Kreiselverdichter fördern mit geringen Pressungen (ca. $\Delta p \leq 0{,}01$ bar) als Ventilatoren; mit höheren Pressungen z. B. als Kesselgebläse.

Strahlverdichter

Hier reißt ein mit hoher Geschwindigkeit aus einer Düse austretender Dampf- oder Wasserstrahl das zu fördernde Gas mit. Der aus dem *Treibmittel* und dem zu fördernden Gas bestehende Strahl wird in einen *Diffusor* geleitet, in dem die hohe Geschwindigkeit des Gemisches in Druck umgesetzt wird.

Handelt es sich bei dem Treibmittel um Dampf, wird das Gemisch in einen Kondensator geleitet, in dem der Dampf kondensiert und das zu fördernde Medium (Luft) ausgeschieden und gegebenenfalls von einer zweiten Stufe abgesaugt oder abgeleitet wird.

20.3.2 Berechnungsgrundlagen für Verdichter

Verdichtung

Bei der Verdichtung eines Gases stellt sich eine Temperaturerhöhung um $\Delta t = t_2 - t_1$ ein, die eine Vergrößerung des Fördervolumens und damit eine höhere Verdichtungsarbeit bedingt. Diese Temperaturerhöhung kann durch Kühlung verringert oder unterdrückt werden. Die innere Arbeit L_i des Verdichters beträgt ohne Berücksichtigung der inneren Verluste

$$A \cdot L_i = [c_p \cdot (t_2 - t_1) + q] \tag{26}$$

Die durch Verdichtungsarbeit bedingte Temperatursteigerung kann bei großen Verdichtungsverhältnissen zu betrieblichen Schwierigkeiten führen, wie z. B. Verkokung des Schmieröls.

Bei einem ungekühlten Verdichter ohne innere Verluste wird entsprechend einer Adiabate verdichtet, d.h., dem Gas wird bei der Verdichtung Wärme weder zu- noch abgeführt. Die aufzuwendende Arbeit für die adiabatische Verdichtung beträgt, da keine Wärme abgeführt wird und somit $q = 0$ wird:

$$L_{ad} = c_p (t_2 - t_1) \tag{27}$$

Tafel 20.2 Einfluß des Druckverhältnisses auf die Verdichterarbeit bei adiabatischer und isothermischer Verdichtung

p_2/p_1	L_{ad} J/kg	L_{is} J/kg	$t_2 - t_1 = \Delta t$ °C
1	0	0	0
2	61 500	60 900	60
3	110 800	94 500	108
4	145 900	118 800	141
6	200 000	153 400	194
8	244 000	178 600	237
10	288 000	200 800	280
25	454 000	276 000	443
50	618 000	336 100	601

Im p, v-Diagramm ergibt sich eine Kompressionslinie entsprechend der Gleichung

$$p_1 \cdot v_1^\kappa = p_2 \cdot v_2^\kappa \tag{28}$$

Hierin ist

p_1, v_1 Anfangsdruck und -volumen
p_2, v_2 Enddruck und -volumen

Für 2-atomige Gase bei gewöhnlicher Temperatur

$$\kappa = \frac{c_p}{c_v} = 1{,}4 \tag{29}$$

Bei vollständiger Kühlung wird entsprechend einer Isothermen verdichtet, d.h., die Gastemperatur bleibt konstant. Der Arbeitsbedarf zur Verdichtung von 1 kg Gas von p_1 auf p_2 beträgt, ohne Berücksichtigung der inneren Verluste,

$$L_{is} = p_1 \cdot v_1 \ln \frac{p_2}{p_1} \tag{30}$$

Die Verdichtung verläuft im p, v-Diagramm nach einer gleichseitigen Hyperbel.

Durch Kühlung läßt sich, besonders bei hohen Verdichtungsverhältnissen, eine erhebliche Arbeitseinsparung erzielen. Hierüber gibt die Tafel 20.2 mit den Ausgangswerten $\kappa = 1{,}4$ und $t_1 = 20$ °C Auskunft.

Bei unvollkommener Kühlung wird *polytropisch* verdichtet, wobei die Arbeiteinsparung nicht die Höhe der bei isothermischer Verdichtung möglichen erreicht.

Wirkungsgrade und Leistungsbedarf

Einen Überblick über die *inneren* Verluste bei der Verdichtung erhält man durch den Vergleich der adiabatischen Verdichtung bei ungekühlten Verdichtern und der isothermischen Verdichtung bei gekühlten Verdichtern mit einem bestimmten Idealprozeß, wobei auch die Güte der Kühlung berücksichtigt wird. Man unterscheidet also die *inneren* Wirkungsgrade

bei adiabatischer Verdichtung η_{ad-i}
bei isothermischer Verdichung η_{is-i}

Die mechanischen Verluste werden durch den *mechanischen* Wirkungsgrad η_m berücksichtigt. Somit ergibt sich der Gesamtwirkungsgrad an der Kupplung eines Verdichters zu

$\eta_{ad-k} = \eta_{ad-i} \cdot \eta_m$ für adiabatische Verdichtung

$\eta_{is-k} = \eta_{is-i} \cdot \eta_m$ für isothermische Verdichtung

und die erforderliche Antriebsleistung für adiabatische Verdichtung:

$$P_e = \frac{G_s \cdot L_{ad}}{\eta_{ad-k} \cdot 102} \text{ kW} \tag{31}$$

für isothermische Verdichtung:

$$P_e = \frac{G_s \cdot L_{is}}{\eta_{is-k} \cdot 102} \text{ kW} \tag{32}$$

Tafel 20.3 Zusammenhang zwischen Fördermenge sowie mechanischen und thermischen Wirkungsgraden verschiedener Verdichterbauarten

Fördermenge		m³/h	100	1000	2000	5000	10 000	20 000
Kolbenverdichter								
Mechanischer Wirkungsgrad	η_m	%	78	86	87,5	89		
Adiabatischer Kupplungswirkungsgrad	η_{ad-k}	%	62	74	76	78		
Isothermischer Kupplungswirkungsgrad	η_{is-k}	%	54	64	66	68		
Turboverdichter								
Mechanischer Wirkungsgrad	η_m	%			95	96	97	98
Adiabatischer Kupplungswirkungsgrad	η_{ad-k}	%			65	...		85
Isothermischer Kupplungswirkungsgrad	η_{is-k}	%			42	52	58	62

Hierin ist

P_e Leistungsbedarf an der Antriebswelle ..... kW
G_s in die Druckleistung geförderter Gasstrom .. kg/s
L_{ad} Verdichtungsarbeit nach Gleichung (27) ... J/kg
L_{is} Verdichtungsarbeit nach Gleichung (30) ... J/kg

Erfahrungswerte für den mechanischen sowie die adiabatischen bzw. isothermischen Kupplungswirkungsgrade sind in Tafel 20.3 zusammengestellt. Sie werden mit wachsender Fördermenge besser und mit wachsendem Druckverhältnis schlechter.

20.3.3 Bauliche Ausführung der Kolbenverdichter

Kolbenverdichter

Im Bordbetrieb werden Kolbenverdichter für die Bereitstellung von Luft mit höherem Druck benötigt, für *Arbeitsdruckluft* $p \approx 8$ bar für *Regelluft* $p \approx 10$ bar und für *Anlaßdruckluft* $p \approx 30$ bar. Für Drücke ≤ 8 bar verwendet man dabei 1-stufige Verdichter während sie für Drücke ≤ 40 bar 2-stufig, darüber 3-stufig gebaut werden. Wie aus Tafel 20.2 zu entnehmen ist, ist eine adiabatische Verdichtung mit einer erheblichen Temperatursteigerung des Gases verbunden, die zusätzliche Verdichtungsarbeit verlangt. Es ist daher erforderlich, besonders bei Kolbenverdichtern für ausreichende Kühlung zu sorgen.

Kühlung

Während der Verdichtung muß sich die Kühlung au den Zylindermantel und den Zylinderdeckel beschränken. Mehrstufige Verdichtung erlaubt ein *Zwischenkühlung* zwischen den einzelnen Verdich terstufen. Zwischenkühler werden als Röhrenkühle ausgebildet.
Ein Einfluß der Kühlung auf die Verdichtungsarbei ist aus Abschnitt 20.3.2 zu ersehen.
Bild 20.39 zeigt im p, v- und T, s-Diagramm fü einen zweistufigen Verdichter die Wirkung eine Zwischenkühlung zwischen Stufe 1 und Stufe 2.

Ventilsteuerung

Zur Steuerung der Luft dienen meist freigehend federbelastete *Ringplattenventile*, die im Zylinder deckel oder Zylindermantel untergebracht sind. Di Druckventile erhalten wegen des kleineren Volu mens der verdichteten Luft einen kleineren Quer schnitt als die Saugeventile. Das Saugeventil ist fas während des ganzen Saugehubes geöffnet, während das Druckventil nur während des Ausschubs abhebt.

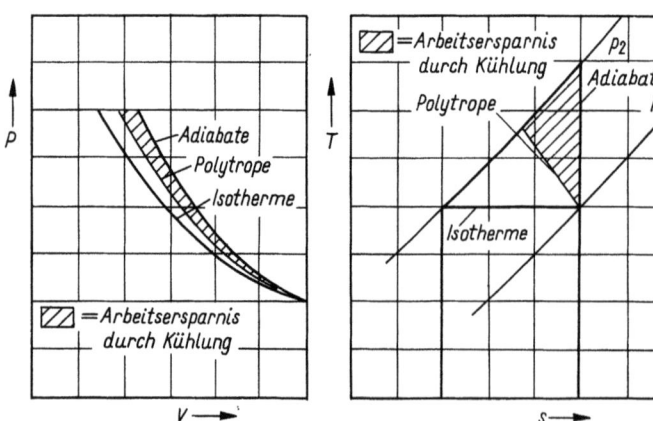

Bild 20.38
Adiabatische, polytropische und isothermische Verdichtung im p, v-Diagramm und im T, s-Diagramr.

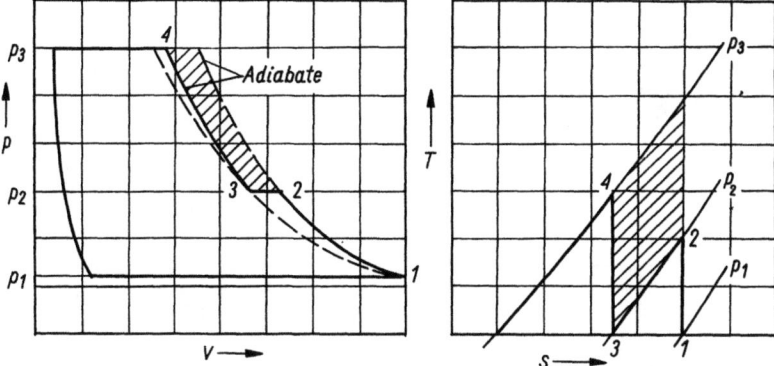

Bild 20.39 Adiabatische, zweistufige Verdichtung mit Zwischenkühlung

Zweistufiger Anlaßluftverdichter

Bild 20.40 zeigt einen zweistufigen, einfach wirkenden Anlaßluftverdichter. In dem im Durchmesser abgesetzten Zylinder bewegt sich ein Differenzialkolben. Im oberen Zylinderraum findet die Verdichtung der ersten Stufe statt. Die hier verdichtete Luft wird über einen Röhrenkühler der zweiten Stufe zugeleitet. Hier findet die weitere Verdichtung in dem Ringraum statt, der durch den abgesetzten Kolben und den entsprechend abgesetzten Zylinder gebildet wird. Während des Abwärtsgangs des Kolbens saugt die erste Stufe (über dem Kolbenboden) an, während im Ringraum unter dem Kolbenoberteil die Verdichtung in der zweiten Stufe stattfindet. Beim Aufwärtsgang des Kolbens wird in der ersten Stufe verdichtet, während die zweite Stufe ansaugt. Die erste Stufe hat ein zentral im Zylinderdeckel angeordnetes, konzentrisches Sauge- und Druckventil (Bild 20.41) während die zweite Stufe bei kleineren Maschinen getrennte Sauge- und Druckventile (Bild 20.42 und 20.43) und bei größeren ebenfalls ein zentrisches Sauge- und Druckventil hat.
Gekühlt wird im Zylinderkopf, im Zylindermantel und in dort untergebrachten Röhrenkühlern. Hierbei wird die in der ersten Stufe verdichtete Luft durch Kanäle im Zylinderkopf zu den im Zylindermantel untergebrachten Kühlrohren (die von der Luft durchströmt werden) und von dort zu dem Ansaugeventil der zweiten Stufe geleitet. Die aus der zweiten Stufe mit ca. 200 °C austretende Luft geht durch einen, ebenfalls im Zylindermantel untergebrachten, zweiten Röhrenkühler und verläßt den Verdichter mit ca. 60 ... 65 °C.
Bild 20.44 zeigt einen Verdichter für größere Fördermengen. Er hat auch für die zweite Stufe ein konzentrisches Sauge- und Druckventil. An den eingezeichneten Pfeilen ist der Weg der Luft zu erkennen.

Die Verdichter arbeiten entweder diskontinuierlich im „Aussetzbetrieb", wobei der Verdichter läuft, bis der zulässige Höchstdruck erreicht ist. Dann wird durch einen pneumatischen Druckwächter der Antriebsmotor abgeschaltet und beim Unterschreiten des unteren Ansprechdrucks wieder eingeschaltet (Bild 20.45). Durch das direkte Einschalten des Antriebsmotors kann das Bordnetz sehr belastet werden.
Um diese stoßweisen Belastungen des Bordnetzes zu vermeiden, können die Verdichter im „Durchlaufbetrieb" arbeiten (Bild 20.46). Mit steigendem Druck wird der federbelastete Kolben des Reglers nach oben bewegt, wodurch Druckluft auf die Saugventilgreifer gegeben wird, die die Saugeventile offen halten. Hierdurch wird eine Verdichtung verhindert, der Verdichter läuft *leer* (Bild 20.47).
Für den automatisierten Schiffsbetrieb ist die *elektropneumatische Leerlaufsteuerung* vorgesehen. Diese erlaubt ein Anlassen des Verdichters bei abgehobenen Ansaugventilen und sorgt für automatische Entwässerung und Entlüftung der einzelnen Verdichterstufen (Bild 20.48).

20.3.4 Bauliche Ausführung der Kreiselverdichter

Lüfter und Kesselgebläse

Lüfter und Kesselgebläse sind Kreiselverdichter für geringe Drücke (ca. $p \leq 500\ 0{,}05$ bar = 50 mbar). Wegen der geringen Drucksteigerung kann die Änderung des Volumens vernachlässigt werden. Es gelten daher die gleichen theoretischen Grundlagen wie bei Kreiselpumpen.
Bei Schiffsraumlüftern wird die Leistung von der Luftmenge V, die durch die Anzahl der Räume, die an einen Lüfter angeschlossen sind, und den für diese Räume vorgeschriebenen Luftwechsel bestimmt (s. Abschnitt 22.3).

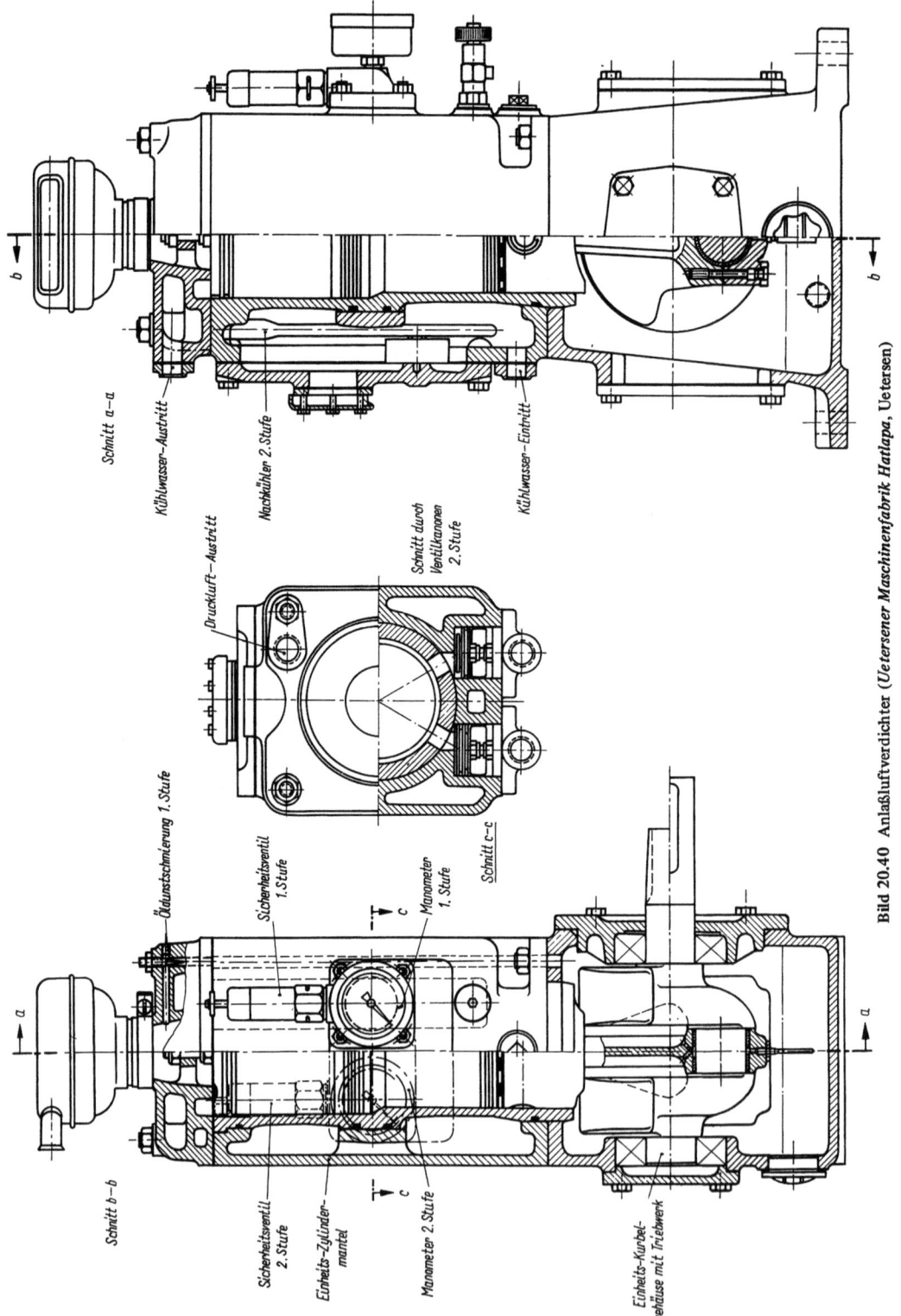

Bild 20.40 Anlaßluftverdichter (Uetersener Maschinenfabrik Hatlapa, Uetersen)

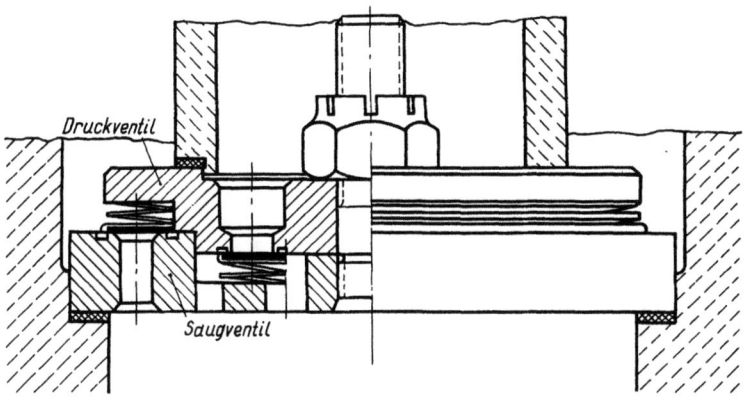

Bild 20.41 Kombiniertes Sauge- und Druckventil (*Karl Rud. Dienes*, Vilkerath)

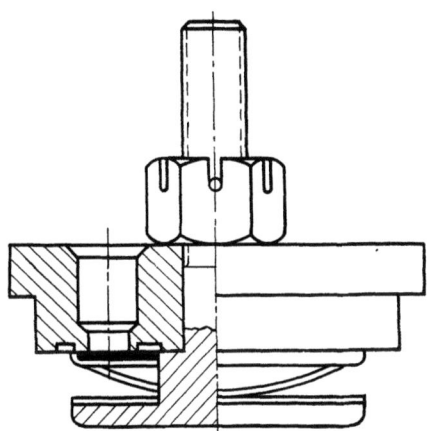

Bild 20.42 Saugventil (*Karl Rud. Dienes*, Vilkerath)

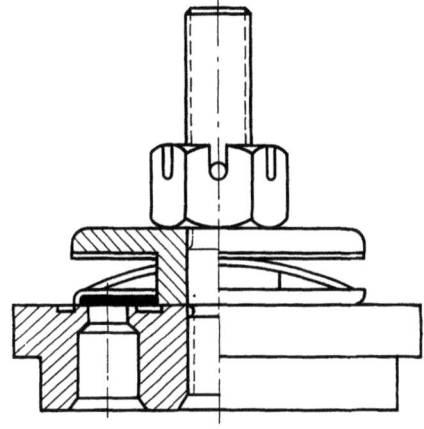

Bild 20.43 Druckventil (*Karl Rud. Dienes*, Vilkerath)

Die Gesamtförderhöhe, gegen die der Lüfter arbeitet, ergibt sich aus dem erforderlichen Druckunterschied zwischen Sauge- und Druckstutzen des Lüfters und dem Unterschied der Luftgeschwindigkeit am Eintritts- und Austrittsstutzen. Sie läßt sich analog zur Förderhöhe einer Kreiselpumpe unter Vernachlässigung der Volumenänderung ausdrücken.

$$H = \frac{(p_2 - p_1)}{\gamma} + \frac{(v_2^2 - v_1^2)}{2g} \quad \text{bar} \qquad (33)$$

Hierin ist (Bild 20.50):

p_2 der statische Druck am Druckstutzen, der erforderlich ist, die bei der Überwindung von Form- und Reibungswiderständen verlorengegangene Bewegungsenergie aufzubringen . . . . bar

p_1 der statische Druck (Unterdruck) am Saugestutzen, der zur Überweindung der Widerstände in der Saugeleitung erforderlich ist . . . . bar

Die Widerstände in Sauge- und Druckleitung sind von der Luftgeschwindigkeit v und Reibungsbeiwerten λ, die Erfahrungs- und Versuchswerte sind, und die die Widerstände für Rohrreibung, Verengungen, Aufweitungen, Krümmer erfassen, abhängig (S. Abschnitt 22.3.1):

$$p = 0{,}0612 \cdot v^2 \cdot \Sigma \lambda_K \quad \text{bar} \qquad (34)$$

γ mittl. spez. Gewicht der Luft bei 20 °C, 760 mm Hg und mittl. Luftfeuchtigkeit $\gamma \approx 1{,}2$ bar

v_2 Luftgeschwindigkeit unmittelbar am Austrittsstutzen des Lüfters . . . . m/s

v_1 Luftgeschwindigkeit am Eintrittsstutzen . . . . m/s

Der Leistungsbedarf eines Lüfters beträgt bei einem Lüfterwirkungsgrad η_L

$$P = \frac{V \cdot \rho \cdot H}{102 \cdot \eta_L} \quad \text{kW} \qquad (35)$$

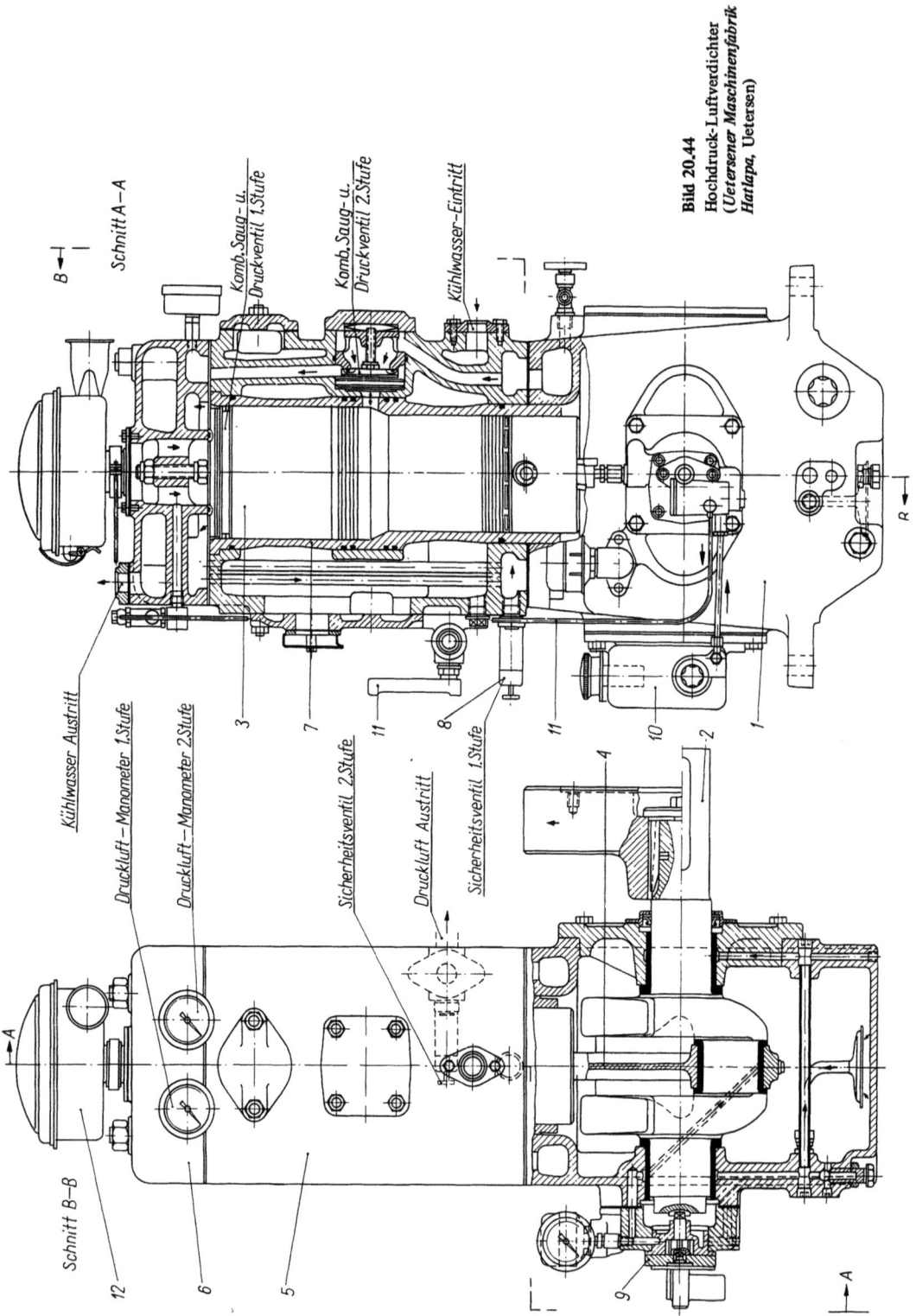

Bild 20.44
Hochdruck-Luftverdichter
(Uetersener Maschinenfabrik
Hatlapa, Uetersen)

Verdichter

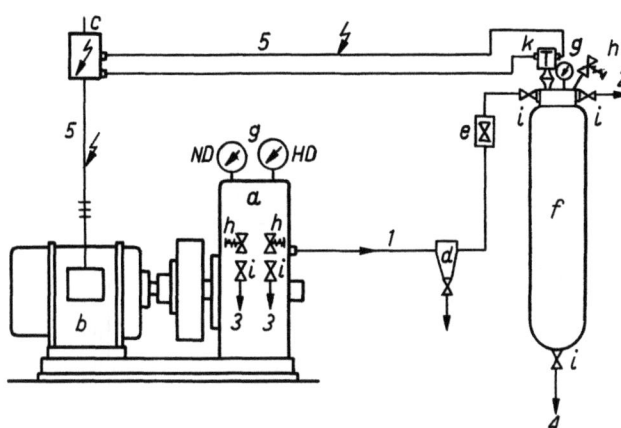

Bild 20.45
Verdichtersteuerung *Aussetzbetrieb*
1 Ladeleitung
2 Anlaßluftleitung
3 Entwässerung 1. und 2. Stufe (Absperrventil)
4 Entwässerung Luftflasche
5 Elektrische Leitung
a Verdichter mit Ringschmierung
b Elektromotor
c Automatischer Anlasser
d Öl- und Wasserabscheider
e Federbelastetes Rückschlagventil
f Luftflasche mit Ventilkopf
g Manometer
h Sicherheitsventil
i Absperrventil
k Elektrischer Druckwächter

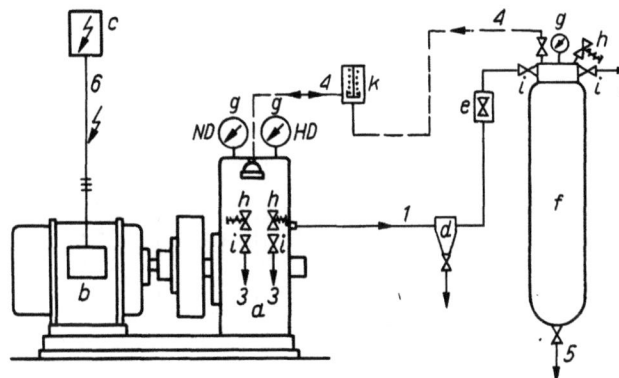

Bild 20.46
Verdichtersteuerung *Durchlaufbetrieb*
1 Ladeleitung
2 Anlaßleitung
3 Entwässerung 1. und 2. Stufe (Absperrventil)
4 Steuerluftleitung
5 Enwässerung Luftflasche
6 Elektrische Leitung
a Verdichter mit Ringschmierung
b Elektromotor
c Anlasser
d Öl- und Wasserabscheider
e Rückschlagventil
f Luftflasche mit Ventilkopf
g Manometer
h Sicherheitsventil
i Absperrventil
k Aussetzregler
l Saugventil mit Greifer

Hierin ist

V Fördervolumen . . . . m³/s
ρ mittl. Dichte . . . . kg/m³
H Förderhöhe nach Gleichung (33) . . . . N/m²
η_L Lüfterwirkungsgrad, der die inneren und die mechanischen Verluste erfaßt. Je nach Größe des Lüfters $\eta_L \approx 0,5 \ldots 0,90$.

Die Geschwindigkeiten v_1 am Saugstutzen und v_2 am Druckstutzen lassen sich durch Messen des entsprechenden Staudrucks p_D mit Hilfe der Beziehung

$$p_D = \frac{\rho}{2g} \cdot v^2 \text{ bar} \quad (36)$$

feststellen. Unter der Berücksichtigung, daß $\rho \approx 1,2$ kg/m³ ist, ergibt sich

$$p_D = 0,0612 \cdot v^2 \text{ bar} \quad (36.1)$$

Da an der Meßstelle auch der *Kanalquerschnitt* bekannt ist, läßt sich die geförderte Luftmenge

$$V = A \cdot v \text{ m}^3/\text{s} \quad (37)$$

bestimmen.
Damit können die Leistungsdaten eines Lüfters überprüft werden. Durch Messen des dynamischen Drucks p_D kann mit Hilfe von Gleichung (36) die Luftgeschwindigkeit an der entsprechenden Meßstelle bestimmt werden. Der Kanalquerschnitt A an der entsprechenden Stelle ist durch Aufmessen bekannt und damit läßt sich aus Gleichung (37) die Luftmenge V m³/s errechnen. Weiter kann man am Saugstutzen den Gesamtunterdruck, p_{gu}, am Druckstutzen den Gesamtüberdruck $p_{gü}$, sowie an beiden Stutzen jeweils den statischen Druck p_{st} messen, womit man einen Überblick über die Widerstände in

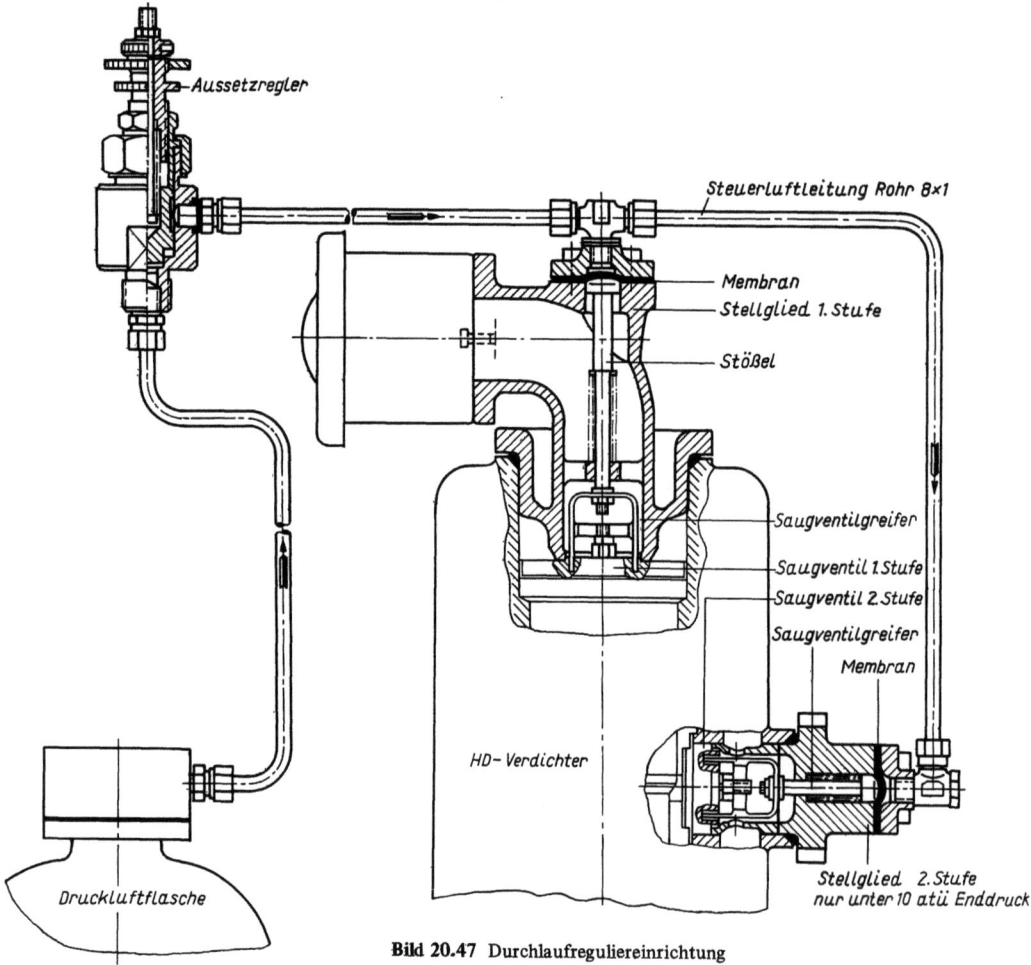

Bild 20.47 Durchlaufreguliereinrichtung

den Luftkanälen erhält. Der *Gesamtförderdruck* läßt sich durch eine Differenzdruckmessung zwischen Sauge- und Druckstutzen bestimmen. Die Druckmessungen werden mit U-Rohren aus Glas durchgeführt, die mit gefärbtem Wasser gefüllt sind. An den Meßstellen am Luftkanal werden in diesen zur Messung von statischen Drücken gerade Röhrchen eingeführt, deren Öffnung senkrecht zu Strömungsrichtung steht. Zur Messung von dynamischen Drücken werden rechtwinklig abgebogene Röhrchen verwendet, deren Öffnung direkt in die Strömungsrichtung zeigen muß. Die U-Rohre werden durch Gummischläuche miteinander verbunden. Die Anordnung der Meßstellen zur Bestimmung der verschiedenen Drücke ist aus Bild 20.50 zu ersehen (s. auch Abschnitt 06.4.3). Bei Berechnung der Lüfter kann infolge der geringen Drucksteigerung von wenigen mbar bis etwa 50 mbar von einer Änderung des Luftvolumens abgesehen werden. Die Kennlinien eines Lüfters entsprechen den Q, H-Linien einer Kreiselpumpe (Bild 20.51).

Die Fördermenge eines Lüfters nimmt in demselben Verhältnis zu wie die Drehzahl, während der Förderdruck mit dem Quadrat der Drehzahl und der Leistungsbedarf mit der dritten Potenz der Drehzahl wächst.

Lüfterbauarten

Radial- und Axiallüfter

Als Schiffsraumlüfter werden *Radial-* und *Axiallüfter* eingesetzt. Radiallüfter erhalten einen (meist einseitigen) axialen Lufteintritt in das Lüfterrad, das an seinem Umfang die kurzen, wenig oder gar nicht gekrümmten Schaufeln trägt. Das Lüfterrad

Verdichter

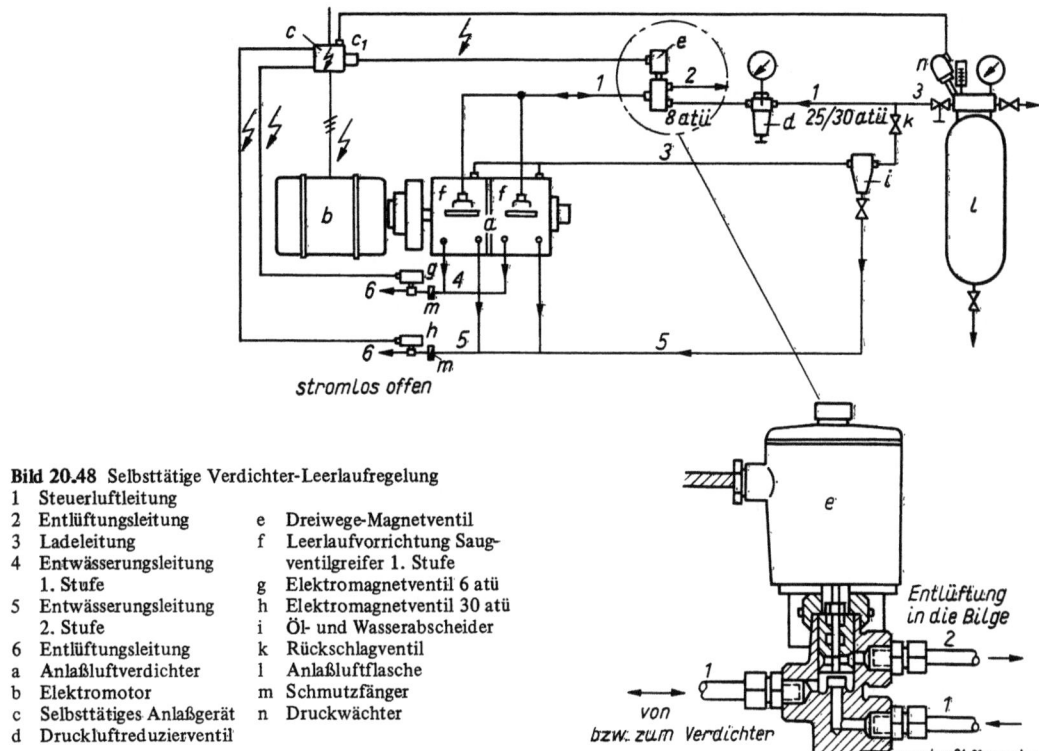

Bild 20.48 Selbsttätige Verdichter-Leerlaufregelung
1 Steuerluftleitung
2 Entlüftungsleitung
3 Ladeleitung
4 Entwässerungsleitung 1. Stufe
5 Entwässerungsleitung 2. Stufe
6 Entlüftungsleitung
a Anlaßluftverdichter
b Elektromotor
c Selbsttätiges Anlaßgerät
d Druckluftreduzierventil
e Dreiwege-Magnetventil
f Leerlaufvorrichtung Saugventilgreifer 1. Stufe
g Elektromagnetventil 6 atü
h Elektromagnetventil 30 atü
i Öl- und Wasserabscheider
k Rückschlagventil
l Anlaßluftflasche
m Schmutzfänger
n Druckwächter

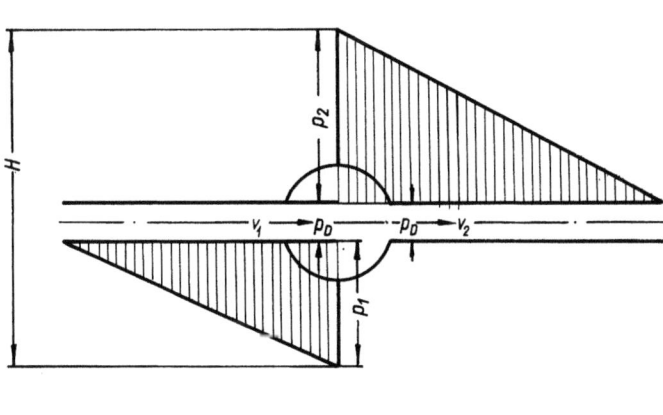

Bild 20.49
Druckverhältnisse in einem einfachen Lüfternetz

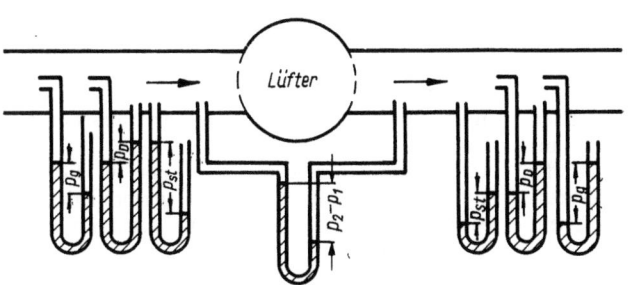

Bild 20.50
Anordnung der Meßstellen zur Bestimmung von Drücken und Geschwindigkeiten an einem Lüfter

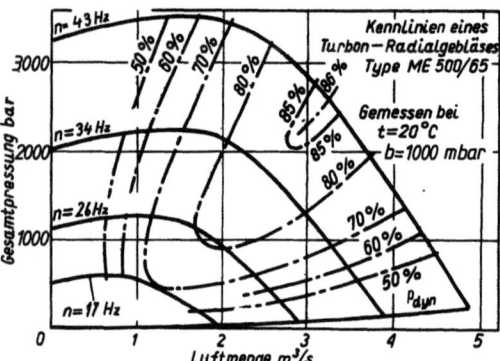

Bild 20.51 Kennlinien eines Lüfters

ist fliegend auf dem Wellenstumpf des E-Motors angeordnet und von einem Spiralgehäuse umgeben, an dessen Ausblaseöffnung der Luftkanal anschließt (Bild 20.52). Radiallüfter werden für die Zuluftversorgung der Lüfternetze in Deckshäusern und Wohndecks sowie zur Belüftung von Maschinenräumen eingebaut.

Bild 20.52 Radiallüfter

Beim Axiallüfter (axialer Luftein- und -austritt) trägt das Laufrad 8...10 räumlich gekrümmte Profilschaufeln. Leitschaufeln können vor oder hinter dem Laufrad angebracht sein. Der Antriebsmotor sitzt in einem stromlinienförmigen Gehäuse, das mit der Nabe des Laufrades abschließt (Bild 20.53). Axiallüfter eignen sich besonders zum Einbau in Lüfterpfosten. Sie sind durch eine Tür im Schacht zugänglich, oder an dieser Tür befestigt, so daß sie mit ihr ausgeschwenkt werden können. Für die Lüftung von Laderäumen, die wahlweise mit Zu- oder Abluft versorgt werden sollen, werden im Schacht um 180° schwenkbare Axiallüfter eingebaut.

Der Wirkungsgrad des Axiallüfters liegt höher als der des Radiallüfters und erreicht $\eta_L = 0{,}80\ldots 0{,}85\,(0{,}88)$.

Um ruhigen Lauf der Lüfter zu erzielen, müssen die Läufer sorgfältig ausgewuchtet werden; Geräusche im Lüfter können vor allem auch durch strömungstechnisch ungünstige Ausbildung von Läufer, Schaufelform und Gehäuse entstehen.

Bild 20.53 Schwenkbarer Axiallüfter

Gebläse

Gebläse dienen zur Versorgung von Kesselanlagen der nötigen Verbrennungsluft. Da die Luft auf dem Wege vom Saugestutzen bis in den Feuerraum verschiedene Widerstände — Luftvorwärmer, Kesselummantelung, Brennergeschränk — zu überwinden hat, müssen diese Gebläse eine Pressung bis $\Delta p_g \approx 50\,\text{mbar}$ aufbringen. Die Verbrennungsluftmenge muß sich unter dem Einfluß der Verbrennungsregelung der Belastung des Kessels anpassen. Dies ist durch *Drosselregelung, Leitschaufelregelung* oder *Drehzahlregelung* möglich, wobei die Drosselregelung den größten und die Drehzahlregelung den geringsten Leistungsverlust mit sich bringt (Bild 20.54).

Drehzahlregelung ist bei Dampfantrieb leicht, bei E-Antrieb nur mit einem gewissen technischen Aufwand durchzuführen.

Die Leitschaufelregelung wird mit im Eintrittsstutzen in das Laufrad *drehbar* angeordneten Leitschaufeln bewirkt, die um ihre Achsen um 90° schwenkbar sind. Die Verstellung erzielt einen entsprechenden Drall der eintretenden Luft, der bei

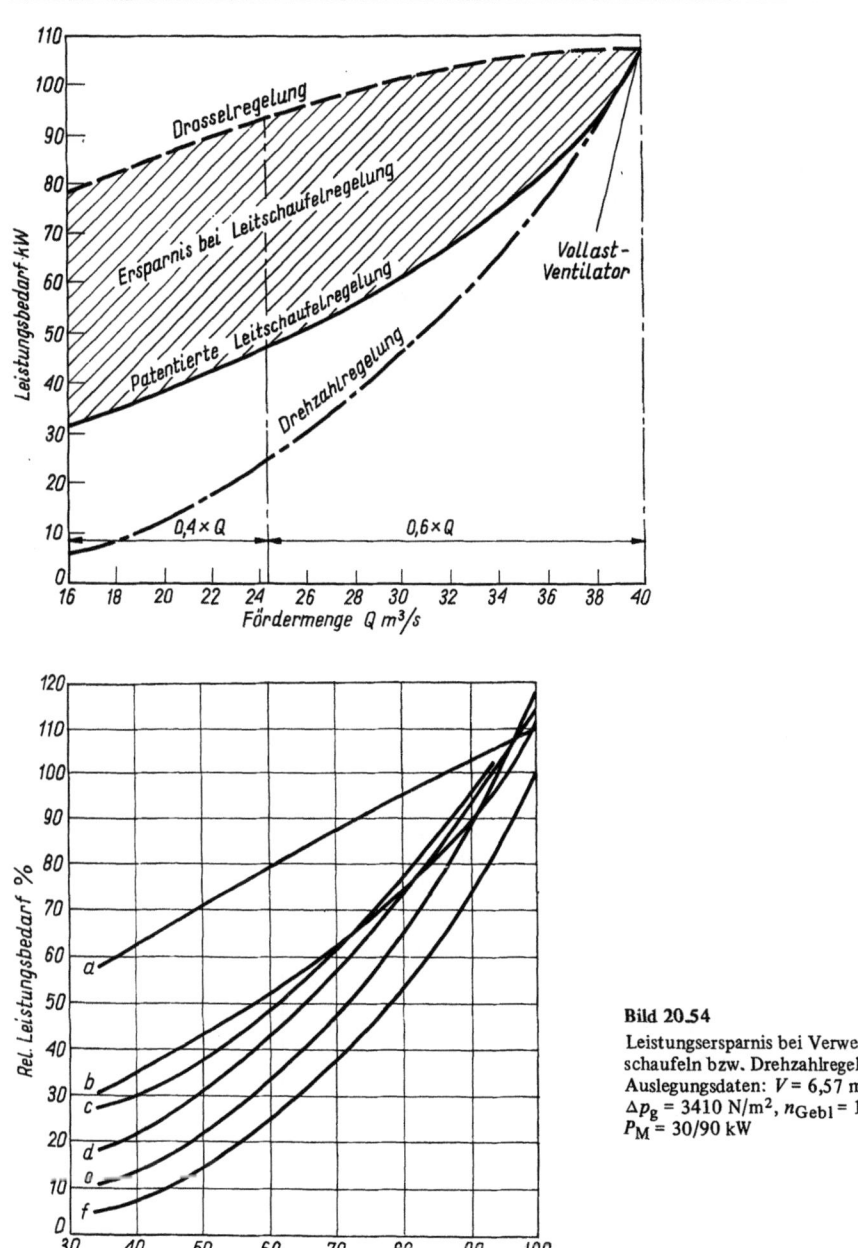

Bild 20.54

Leistungsersparnis bei Verwendung von Leitschaufeln bzw. Drehzahlregelung
Auslegungsdaten: $V = 6{,}57$ m³/s, $t = 38\,°C$,
$\Delta p_g = 3410$ N/m², $n_{Gebl} = 19$ Hz, $P_K = 27{,}5$ kW,
$P_M = 30/90$ kW

den entsprechenden Luftfördermengen einen fast stoßfreien Eintritt der Luft in das Laufrad zur Folge hat. Außerdem wird durch die Leitschaufelverstellung die Kennlinie des Gebläses verändert. Bild 20.55 zeigt die Q, H-Linien eines Gebläses für verschiedene Leitschaufelstellungen.

Eine weitere, verbesserte Regelmöglichkeit ist durch die zusätzlich zur Leitschaufelregelung angewandte Abstufung der Drehzahl durch polumschaltbare Elektromotoren gegeben. Bild 20.56 zeigt das Kennlinienfeld eines Gebläses mit Leitschaufelregelung und zwei Drehzahlen. Ein Gebläse mit Leitschaufeln am Eintritt (Bild 20.57) hat ein Regelgetriebe zur Verstellung der Leitschaufeln, das über ein Gestänge die durch Lenker miteinander verbundenen Leitschaufeln entsprechend einstellt.

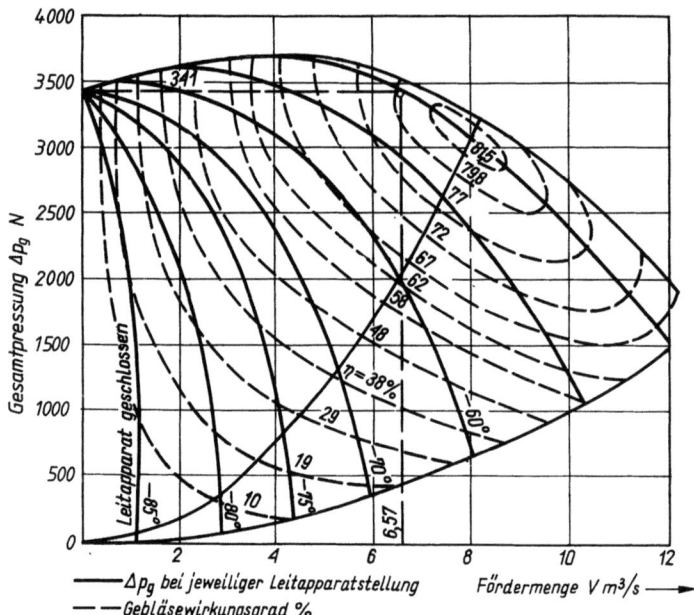

Bild 20.55 Kennlinien eines Schiffskesselgebläses

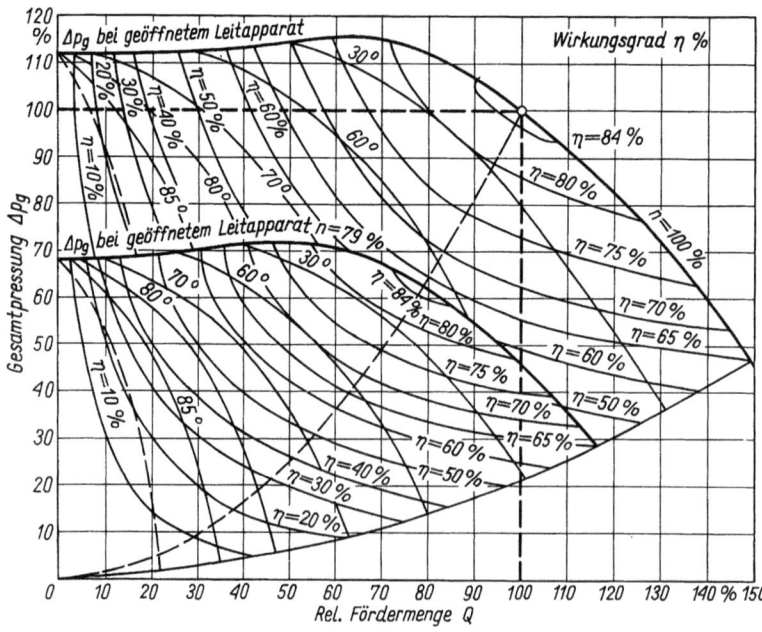

Bild 20.56 Kennlinien eines Gebläses mit Leitschaufelregelung und zwei verschiedenen Drehzahlen

Verdichter

Bild 20.57 *Babcock*-Gebläse mit Leitschaufelregelung und Regelgetriebe

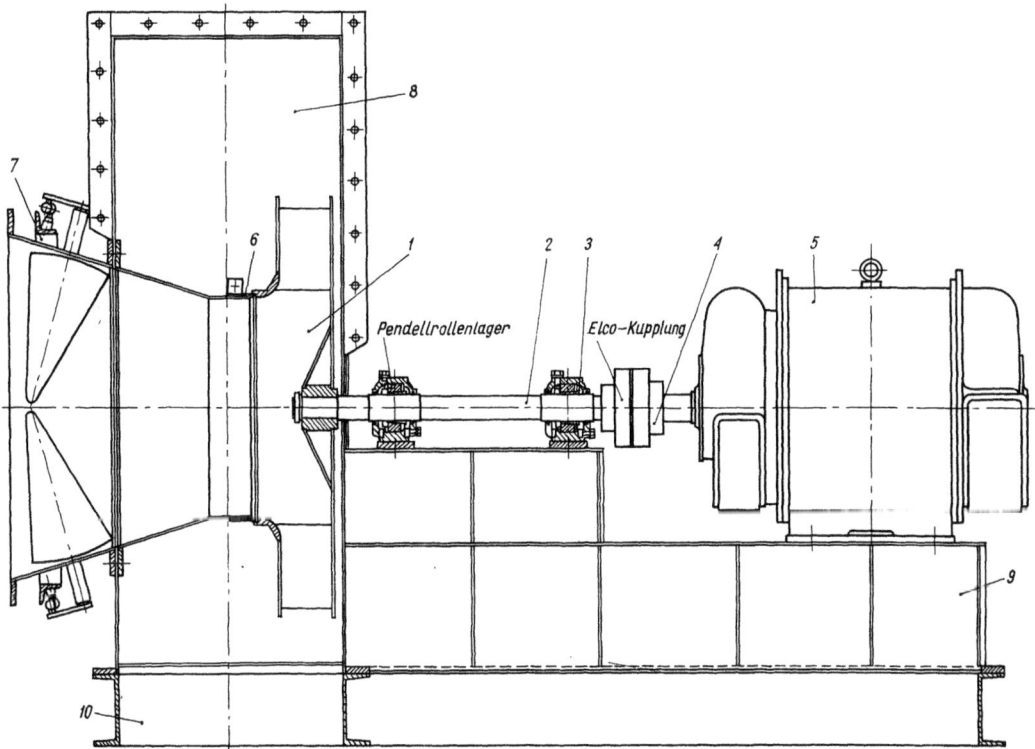

Bild 20.58 Schnittbild eines *Babcock-Storck*-Gebläses
1 Flügelrad
2 Welle
3 Lager
4 Kupplung
5 Motor
6 Flügelradabdichtung
7 Leitapparat
8 Gehäuse
9 Motorlagerbock
10 Fundamentrahmen

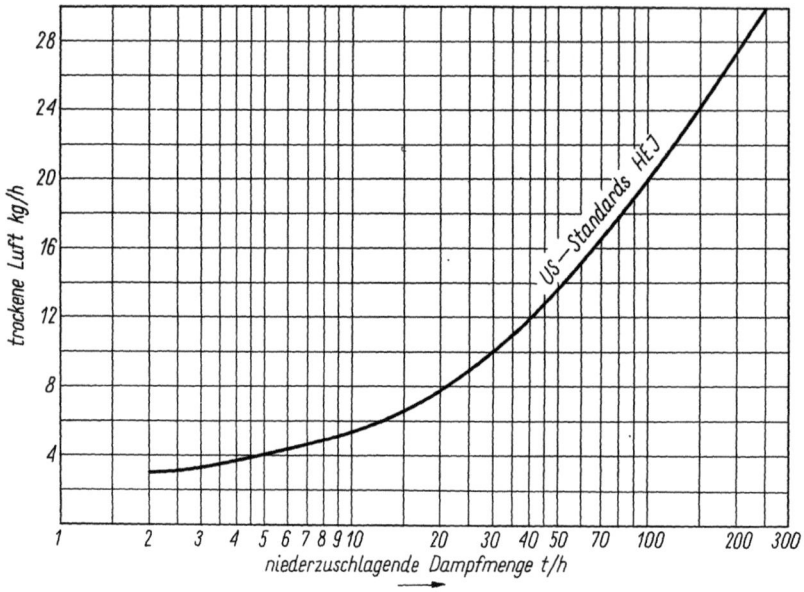

Bild 20.59 Abzusaugende Luftmenge aus Turbinenkondensatoren (nach *Heat Exchange Institute*)

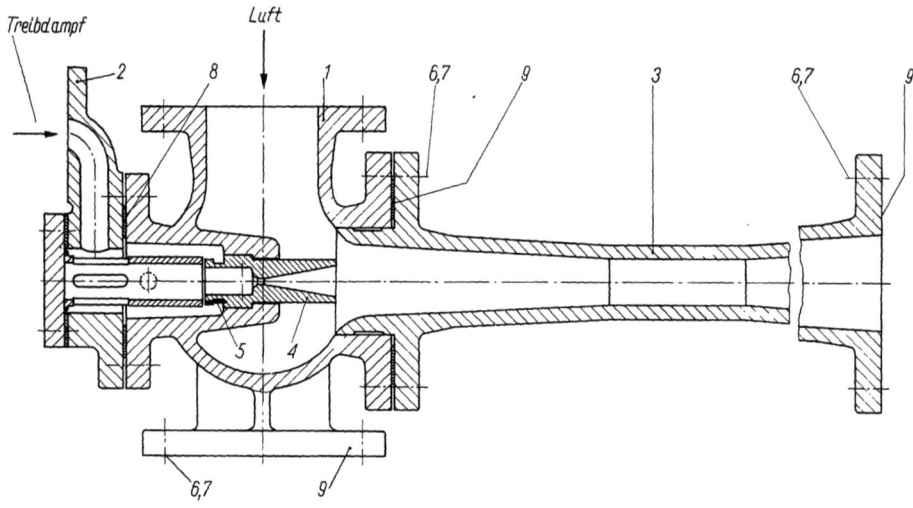

Bild 20.60 Erste Stufe eines Dampfstrahlluftsaugers (Kondensatorstufe)
1 Gehäuse 2 Eintrittsstutzen 3 Diffusor 4 Düse
5 Zylinderstift 6 Schraube 7 Mutter 8 Dichtung
9 Dichtung

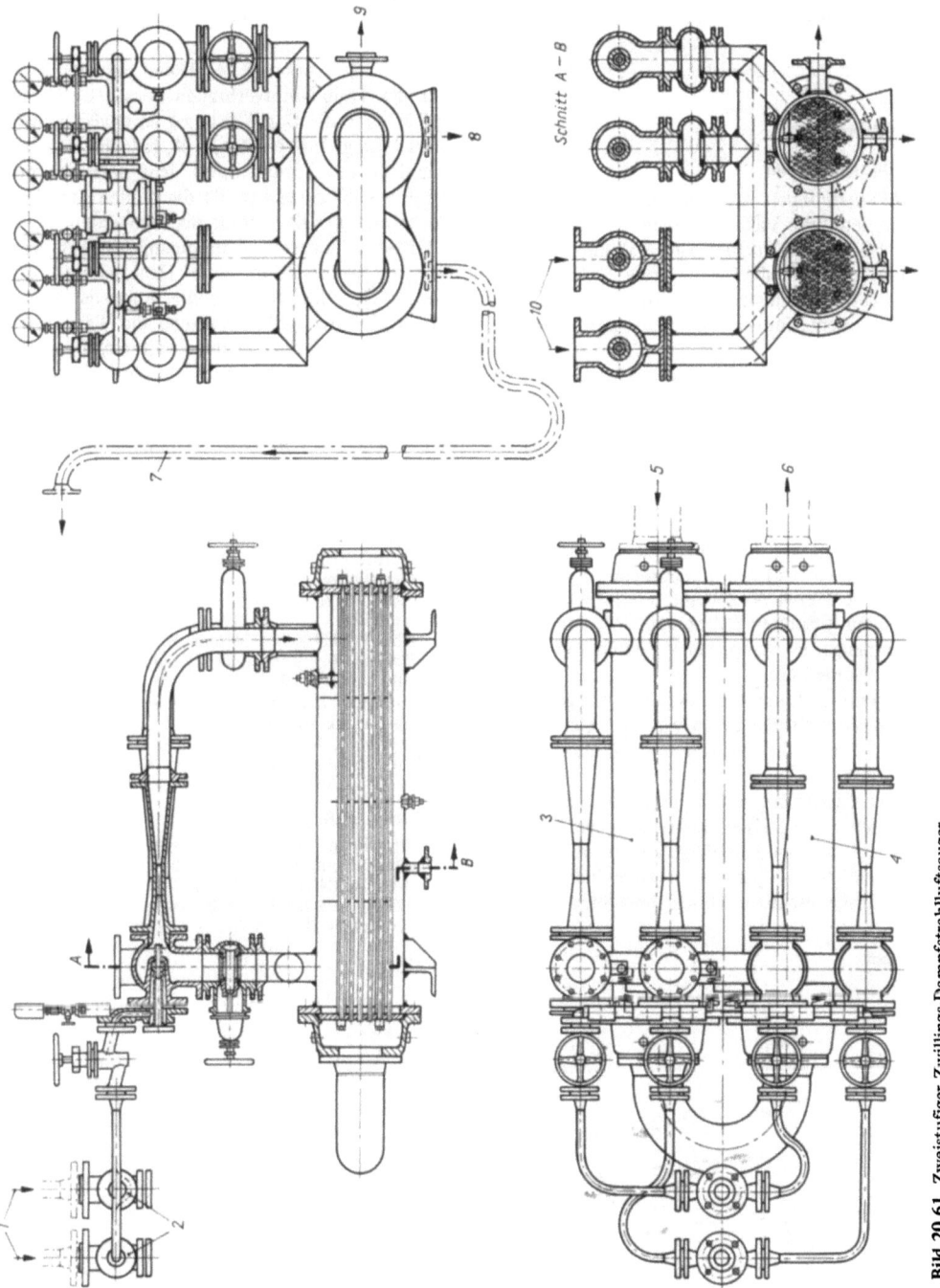

Bild 20.61 Zweistufiger Zwillings-Dampfstrahlluftsauger
1 Frischdampfeintritt 2 Dampfsieb 3 Kondensatorstufe 4 Atmosphärenstufe 5 Kondensatzufluß von Kondensatpumpe 6 Kondensatablauf zu den Vorwärmern 7 Barometerschleife 8 Ablauf zum Nebenkondensatbehälter 9 Luftabzug 10 Luftabsaugung vom Kondensator

Das Laufrad ist fliegend auf seiner Welle angeordnet und von einem Spiralgehäuse umgeben. Die Welle ist in zwei Pendelrollenlagern gelagert.

Der Längsschnitt durch ein Kesselgebläse mit Leitschaufelregelung ist in Bild 20.58 zu sehen. Die Leitschaufeln sind im konischen Lufteinlaufteil angeordnet und in dessen Mantel gelagert.

20.3.5 Strahlverdichter

Dampfstrahl-Luftpumpen

Dampfstrahl-Luftpumpen werden zum Absaugen von Luft aus den unter Vakuum stehenden Kondensatoren verwandt. Da sie keine gegen Vakuum dichtenden Stopfbuchsen haben und große Volumina bei einem befriedigenden Verdichtungsverhätlnis verarbeiten können, sind sie für Kondensationsanlagen besonders geeignet.

Die Luft gelangt durch Undichtigkeiten in Rohrleitungen, Flanschverbindungen und Stopfbuchsen in die unter Vakuum stehenden Maschinenteile und Leitungen. Da sie nicht kondensierbar ist, muß sie laufend aus dem Kondensator entfernt werden, um das gewünschte Vakuum aufrecht zu erhalten. Richtwerte für die unter normalen Umständen abzusaugende Luftmenge sind Bild 20.59 zu entnehmen. Diese Luft ist zu ca. 100 % mit Wasserdampf gesättigt, das entspricht etwa 30 g Wasser je kg trockener Luft. Bei einem absoluten Druck von 0,05 bar hat diese Wassermenge als Dampf ein Volumen von ca. 0,8 m^3/kg trockene Luft.

Die Dampfstrahl-Luftpumpe verdichtet diese gesättigte Luft in zwei Stufen und zwar von 0,05 bar etwa auf 0,3 bar und dann von 0,3 bar auf Atmosphärendruck.

Ein aus einer *Laval*-Düse mit hoher Geschwindigkeit austretender Dampfstrahl reißt die zu verdichtende Luft mit in eine *Fangdüse*, an die sich ein *Diffusor* anschließt, in dem die Geschwindigkeit des Dampf-Luftgemisches in Druck umgesetzt wird (Bild 20.60).

In einem Kondensator wird der Treibdampf dieser ersten Stufe kondensiert, während die Luft von der zweiten Stufe angesaugt, auf Atmosphärendruck verdichtet und in einem zweiten Kondensator vom Treibdampf der zweiten Stufe getrennt wird (Bild 20.61).

Der Treibdampfdruck vor den Düsen beträgt 10 ... 12 bar der Treibdampfverbrauch etwa 10...12 kg Dampf je kg Luft. Der Wirkungsgrad eines Dampfstrahlers beträgt nur ca. 4 ... 5 %, jedoch wird der Wärmeinhalt des Treibdampfes dem Speisewasserkreislauf wieder zugeführt, da die beiden Strahlerkondensatoren mit Kondensat gekühlt werden.

Eine wirtschaftlichere Luftabsaugung erreicht man durch die Kombination einer Dampfstrahl-Luftpumpe mit einer *Wasserringpumpe*, wobei der Strahler die erste Stufe bildet, während die Wasserringpumpe die Verdichtung in der zweiten Stufe übernimmt. Wasserringpumpen auch zur Verdichtung in der ersten Stufe zu verwenden ist unvorteilhaft, da hier das abzusagende Volumen noch sehr groß ist, was wiederum große Wasserringpumpen erfordert.

20.4 Schrifttum

[20.1] *Autorenkollektiv*: Technisches Handbuch Pumpen, 2. Aufl. VEB Verlag Technik, Berlin.
[20.2] *Fuchslocher/Schulz*: Die Pumpen. 11. Aufl. Springer Verlag, Berlin 1963.
[20.3] *Henschke, W.*: Schiffbautechnisches Handbuch. Band 4. VEB Verlag Technik, Berlin 1958.
[20.4] *Plötner, W.*: Technisches Handbuch Verdichter. VEB Verlag Technik, Berlin 1965.
[20.5] *Thérémin, H.*: Schiffsmaschinenbetrieb, VEB Verlag Technik, Berlin 1968.
[20.6] *Ziegler, C.A.*: Antriebe für Ladeölpumpen. Jahrbuch der Schiffbautechnischen Gesellschaft e.V., 58. Band. Springer Verlag, Berlin 1964.

Zeitschriftenaufsätze

[20.7] *Bleijenberg, G.W.*: Anwendung von Schraubenspindelpumpen als Ladepumpen für Tankschiffe. HANSA 104 (1967) 19, S. 1672.
[20.8] *Weber, S.*: Ladeöl- und Ballastpumpen im modernen Tanker. HANSA 104 (1967) 10, S. 881.

Hauptabschnitt 21
Kernenergie für Schiffsantriebe

Prof. Dr.-Ing., Dr.-Ing. e. h. *K. Illies*, Hannover/Hamburg

21.1 Formelzeichen und Einheiten

A	Abbrandrate	$\dfrac{MW \cdot d}{t_{Uran}}$
c_p	spezifische Wärme	$\dfrac{kJ}{kg \cdot °C}, \dfrac{kcal}{kg \cdot °C}, \dfrac{W}{m^2 \cdot °C}$
g	Normalfallbeschleunigung	$\dfrac{m}{s^2}$
k	Neutronenvermehrungsfaktor	—
l	Lebensdauer der Neutronen	s
P_{th}	Thermische Leistung	MW
q_F	mittlere Heizflächenbelastung	$\dfrac{MW}{m^2}$
q_V	mittlere Leistungsdichte	$\dfrac{kW}{l}$
$\bar{t}$	mittlere Verzögerungszeit der Neutronen	s
α	Wärmeübergangszahl	$\dfrac{kJ}{m^2 \cdot h \cdot °C}, \dfrac{kcal}{m^2 \cdot h \cdot °C}, \dfrac{W}{m^2 \cdot °C}$
λ	Wärmeleitzahl	$\dfrac{kJ}{m^2 \cdot h \cdot °C}, \dfrac{kcal}{m^2 \cdot h \cdot °C}, \dfrac{W}{m^2 \cdot °C}$
σ_a	Wirkungsquerschnitt	barn
σ_e	Einfangquerschnitt	barn
σ_{sp}	Spaltquerschnitt	barn
φ	Formfaktor	—

Häufig verwendete Abkürzungen (Erläuterung im Text):
BWR Siedewasserreaktor
FDR Fortschrittlicher Druckwasserreaktor
GCR Gasgekühlter Reaktor
PWR Druckwasserreaktor
GAU Größter anzunehmender Unfall

21.2 Einführung

Die Anwendung der Kernenergie für Kraftzwecke ist heute ein häufig diskutiertes und umstrittenes Gebiet — umstritten auch für Kernenergie-Schiffsantriebe. Das hängt mit einer u. U. möglichen *Strahlengefährdung* der Umgebung — Luft und Wasser — zusammen.

In Kernreaktoren der Schiffsantriebsanlagen werden Kerne einiger schwerer Elemente — vor allem des Uranisotopes U-235 — durch Neutronen gespalten; die dabei freigesetzte Bindungsenergie wird in Wärme umgesetzt, die zum Betrieb einer Wärmekraftanlage — Dampfturbine — dient.

Bei Kernenergieanlagen treten technisch neuartige Probleme auf, die mit dem Neutronenhaushalt im Reaktor sowie der Neutronen- und Strahlungsenergie (α-, β-, γ-Strahlung) zusammenhängen; das bedingt z.T. besondere Werkstoffe, Konstruktionen und Schutzmaßnahmen.

Technisch kann der Kernenergie-Schiffsantrieb mit den heute üblichen Druckwasserreaktoren mit ausreichender Sicherheit beherrscht werden. Das beweisen mehr als 200 Unter- und Überwasserfahrzeuge der Kriegsmarinen in den USA und in der USSR. Die Antriebe haben sich dort wohl bewährt — sie bieten gegenüber anderen Antrieben ungewöhnliche militärische Vorteile:
Der Verbrauch an Kernbrennstoff ist sehr gering; der Reaktor kann mit einer Brennstoffmenge von wenigen Tonnen mehrere Jahre voll betrieben werden. Kernenergieschiffe erreichen daher sehr große Aktionsradien (> 200000 sm) bei hohen Geschwindigkeiten.
Kernenergieanlagen benötigen keine Sauerstoffzufuhr und erzeugen fast keine Abgase — sie sind also besonders für den Antrieb von *Unterwasserfahrzeugen* geeignet.
Anders liegen die Dinge bei der *Handelsmarine* — hier zählen nicht die Vorteile der Kriegsschiffantriebe, sondern hier entscheidet die Wirtschaftlichkeit: das Erreichen der unbedingt notwendigen Sicherheit kostet aber sehr viel Geld. Sicherheit und Umweltschutz haben heute bei ortsfesten Kraftwerken Vorrang — das kann hier aber leichter erreicht werden als bei Schiffen, die einer Gefährdung durch *äußere Einflüsse* stärker ausgesetzt sind — z.B. Kollision, Grundberührung usw.
Kernenergie-Schiffe sind besonders *kapitalintensiv* (Bild 21.1). Hier ist der spezifische Baukostenfaktor

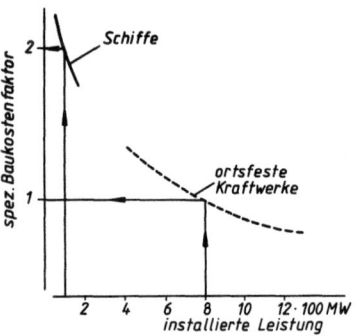

Bild 21.1 Spezifischer Baukostenfaktor Kernenergie-Kraftwerke bzw. -Schiffe

(d.h. die auf die installierte Leistung bezogenen Kosten) über der installierten Leistung für ortsfeste Kraftwerke und für Schiffe aufgetragen. Der mit der Leistung stark abfallende Baukostenfaktor ist der Hauptgrund dafür, daß nur sehr große ortsfeste Kernkraftwerke gebaut werden (mindestens 800 ... 1000 MW). Die Antriebsleistungen von Schiffen sind dagegen klein — sie liegen höchstens bei 1/10 der Leistungen ortsfester Kraftwerke. Der spezifische Baukostenfaktor mit einer für Schiffe sehr großen Leistung von 100 MW (136 000 PS) ist etwa doppelt so hoch wie bei einem ortsfesten Kraftwerk mit einer üblichen Leistung von 800 MW. Die Verhältnisse liegen also für Schiffsantriebe ungünstig. Nach jahrelangem Hin und Her war man sich vor einiger Zeit einig, daß die sogenannte „Wirtschaftlichkeitsschwelle" — d.h. die Mindestleistung, bei der ein Kernenergieschiff wettbewerbsfähig mit einem herkömmlich angetriebenen Schiff werden kann, in der Größe um 60 MW (80 000 PS) liegt.
Selbstverständlich wird die *Wirtschaftlichkeitsschwelle* u.a. auch von den *Brennstoffkosten* beeinflußt. Vor etwa 5 Jahren lagen die rechnerisch ermittelten Brennstoffkosten einer Kernenergie-Anlage etwas unter denen eines herkömmlich angetriebenen Schiffes. Das hat sich inzwischen aber vielleicht geändert — Erdöl ist etwa 4mal so teuer geworden — der Uranpreis hat sich auch vervielfacht. Dabei ist zugunsten der Kernenergie zu berücksichtigen, daß durch technische Weiterentwicklung die Abbrandraten der Brennelemente heraufgesetzt werden konnten.
Der Reeder eines Kernenergie-Handelsschiffes muß noch mit folgenden Umständen rechnen, die Einfluß auf die Wirtschaftlichkeit haben:
Die *Versicherungsprämien* liegen ungewöhnlich hoch, da wenigstens ein Teil der nuklearen Haftpflicht abgedeckt werden soll. Übersteigt die Schadenssumme bei einem Unfall den Deckungsbetrag der Reedereiversicherung, so muß der Staat einspringen.

Es gibt *umständliche Genehmigungsverhandlungen* für das Durchfahren von Wasserstraßen und Anlaufen von Häfen.
Der *Verkauf* eines Kernenergieschiffes ist schwierig. Es ist zu berücksichtigen, daß bei einer evtl. Verschrottung erhebliche Kosten für die Beseitigung radioaktiver Teile anfallen.
Instandhaltungs- und *Reparaturkosten* beanspruchen längere Zeit und sind entsprechend teuer.
Es muß zusätzlich besonders ausgebildete Besatzung gefahren werden.
Ein gelegentlich behaupteter *Ladungsvorteil* des Kernenergie-Schiffes ergibt sich i.a. nicht. Gewichtlich wird der Wegfall des beim herkömmlichen Schiff mitzunehmenden Brennstoffes durch den Strahlenschutz und andere notwendige Schutzvorrichtungen des Kernenergieschiffes ausgeglichen; räumlich ist die Kernenergieanlage ungünstiger.
Wirtschaftliche Gründe haben dazu geführt, daß z.Zt. in der Welt kein Kernenergie-Handelsschiff mehr fährt. Das in den USA gebaute und 1962 in Dienst gestellte Fracht-Fahrgastschiff „Savannah" (22000 PS, rd. 14,8 MW) wurde 1970 wegen der hohen Betriebskosten stillgelegt. Dasselbe Schicksal erlitt 1978 der in der Bundesrepublik Deutschland gebaute Massengutfrachter „Otto Hahn" (10000 PS, rd. 7,4 MW) — Indienststellung 1969; die Kosten für eine neue Brennstoffbeschickung waren zu hoch. Die in Japan für den Transport radioaktiven Materials zwischen den japanischen Inseln gebaute „Mutsu (10000 PS, rd. 7,4 MW) kam wegen eines fehlerhaften Strahlenschutzes und aufgrund eines Protestes japanischer Fischer gar nicht erst in Betrieb. Die UdSSR betreibt folgende Kernenergie-Eisbrecher seit Jahren mit Erfolg; die „Lenin" (44000 PS, rd. 33 MW) und zwei Eisbrecher der „Arktika"-Klasse (75000 PS, rd. 55 MW).

21.3 Reaktoren

21.3.1 Allgemeines

Der Schiffsbetrieb erfordert besonders sichere und mechanisch robuste Reaktoren. Mit Rücksicht auf das Gewicht des den Reaktor umgebenden Strahlenschutzes müssen seine Abmessungen möglichst klein sein; für den Kern kommt also nur *angereicherter* Brennstoff in Frage.

21.3.2 Reaktorbauarten

Z.Z. gibt es für Kernenergieschiffe nur *Druckwasserreaktoren* (PWR), außerdem Projekte für *Siedewasserreaktoren* (BWR) und für *gasgekühlte Reaktoren* (GCR).

Druckwasserreaktor
(PWR = *Pressurized Water Reactor*)
Er hat sich in ortsfesten Kraftwerken und an Bord von Schiffen bewährt; bei den Kriegsmarinen sind

Einführung. Reaktoren

neben der Bewährung auch Fragen der Personalausbildung dafür maßgebend, daß Druckwasserreaktoren eingebaut werden.

Aufbau und Wirkungsweise (Bild 21.2)
Der Kern befindet sich in einem druckfesten Gefäß. Als Kühlmittel und Moderator dient vollentsalztes Wasser — H_2O bzw. Gemisch von H_2O und D_2O. Das Wasser wird unter so hohem Druck gehalten, daß keine Dampfbildung im Reaktor auftrit (meistens $\geqslant$ 100 bar). Damit wird die Stabilität der Kühlmittelströmung gewährleistet und das Spaltstoff-Moderatorverhältnis bei allen Belastungen nur wenig verändert (*dynamische* Stabilität des Reaktors). Der Druck im Reaktorkühlkreislauf wird mit Hilfe eines Dampfpolsters in einem elektrisch beheizten Druckhaltegefäß aufrecht erhalten (s. Abschnitt 21.4.6).

Der hohe Innendruck bereitet einige Schwierigkeiten. Das Reaktorgefäß wird entsprechend dickwandig; zur Vermeidung von Wärmespannungen wird es innen durch thermische Schilde gegen zusätzliche Erwärmung durch Strahlung geschützt. Die Abdichtung des Gefäßdeckels sowie der Stoffbuchsen für die Absorberstabantriebe müssen sehr sorgfältig hergestellt werden, damit kein radioaktives Kühlmittel austreten kann.

Kreislaufschaltung (Bild 21.3)
Druckwasserreaktoren arbeiten stets mit 2 geschlossenen Kreisläufen. Im *Primärkreislauf* wird das Kühlwasser für den Reaktor mit Hilfe von Umwälzpumpen über den Reaktor und Dampferzeuger umgepumpt. Das Primärwasser gibt in den *Dampferzeugern* seine im Reaktor aufgenommene Wärme an den *Sekundärkreislauf* — Arbeitsmittelkreislauf für die Antriebsmaschine — ab. Der im Sekundärkreislauf erzeugte Dampf wird i.a. nicht radioaktiv; die eigentliche Antriebsanlage muß also nicht strahlengeschützt werden und bleibt zugänglich. Aus Sicherheitsgründen werden stets mehrere parallel geschaltete Dampferzeuger und Umwälzpumpen vorgesehen.

Vor- und Nachteile des Druckwasserreaktors
Vorteile:
1. Betriebssicherheit, dynamische Stabilität des Reaktors, meist negativer Temperaturkoeffizient (s. Abschnitt 21.5.3).
2. Stabile Kühlmittelströmung.
3. Geringer Preis für Kühlmittel und Moderator.

Nachteile:
1. Begrenzung der Dampftemperatur im Sekundärkreislauf durch die Temperatur im Primärkreislauf ($<$ Siedetemperatur); das ergibt niedrigen thermischen Kreislaufwirkungsgrad.
2. Hoher Systemdruck bedingt starke Wandungen und besondere Abdichtungen aller unter Druck stehender Teile; Korrosionsneigung wird erhöht.
3. Große innere Energie des Primärkreislaufs führt beim Bruch des Primärsystems durch Nachverdampfen des Kühlmittels zu Druckanstieg im

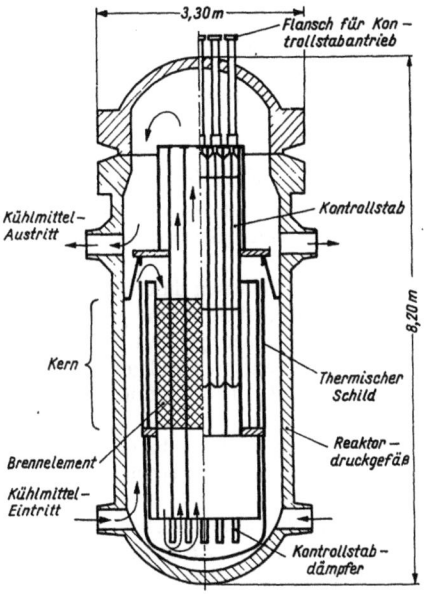

Bild 21.2 Druckwasserreaktor der „*Savannah*" (stark vereinfacht); die linke Bildhälfte zeigt den Kühlmittelvorlauf; rechts die Regelstabanordnung

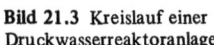

Bild 21.3 Kreislauf einer Druckwasserreaktoranlage
1 Reaktor mit Primärabschirmung
2 Dampferzeuger 3 Primärwasser-Umwälzpumpen 4 Reservepumpe 5 Filter
6 Sekundärabschirmung 7 Dampftrockner 8 HD-Turbine 9 ND-Turbine
10 Turbogenerator 11 Reduzierventil
12 Einspritzkühler 13 Notantrieb

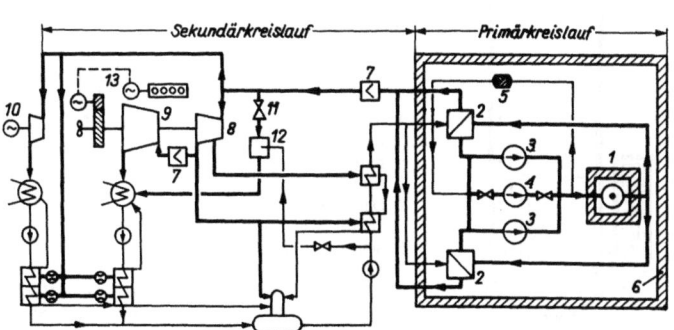

Sicherheitsbehälter und fordert besondere Sicherheitsmaßnahmen (s. Sicherheitsbehälter in Abschnitt 21.7.4).

Fortschrittlicher Druckwasserreaktor – FDR
(Bild 21.4)
Der FDR gilt als Druckwasserreaktor. Der Primärdruck ist jedoch stark herabgesetzt – geringe Dampfbildung wird zugelassen – er entspricht dem Siededruck der Kernaustrittstemperatur und liegt nur etwa halb so hoch wie bei einem „echten" Druckwasserreaktor gleicher Austrittstemperatur. Dampfblasenbildung beim FDR im Kern im Mittel etwa 6 Vol.%; der Dampf kondensiert in dem mehrere Meter hohen *Steigschacht* über dem Reaktorkern, in dem schwach unterkühltes Wasser aus Reaktorzonen geringer Leistungsdichte sich mit dem Dampf-Wasser-Gemisch aus Zonen hoher Leistungsdichte mischt.
Kennzeichnend für den FDR ist die *integrierte Bauweise*. Hierunter versteht man den Einbau der Dampferzeuger in das Reaktordruckgefäß; sie werden als *Zwangdurchlaufdampferzeuger* ausgebildet und oberhalb des Kerns angeordnet; Dampfüberhitzung ist möglich.
Hiermit ergeben sich einige Vorteile:
Primärwasserführende Rohrleitungen fehlen.
Der Druckverlust im Primärsystem und somit die Umwälzleistung sind gering. Das beim PWR übliche Druckhaltegefäß mit den zugehörigen Heiz- und Regeleinrichtungen entfällt; seine Funktion übernimmt das sich in dem nur zu 80 % mit Wasser gefüllten Druckgefäß ergebende Dampfpolster (s. Abschnitt 21.4.6).
Die *integrierte Bauweise* spart Platz und Gewicht. Da die Dampferzeuger in unmittelbarer Nähe des Kerns liegen, werden Verschmutzungen des Sekundärkreislauf evtl. radioaktiv; der Sekundärkreislauf muß also völlig rein gehalten werden.

Siedewasserreaktor (BWR = *Boiling Water Reactor*)
Water Reactor)
Er ist an Bord von Schiffen bisher nicht eingebaut worden; es gibt jedoch Projekte.
Als Kühlmittel und Moderator dient Wasser. Im Gegensatz zum Druckwasserreaktor ist Sieden zugelassen (Blasenverdampfung – Vermeidung von Dampffilmbildung). Er liefert *direkt ohne besonderen Dampferzeuger* Sattdampf, der zu der Antriebsmaschine strömt. Der Systemdruck liegt, somit niedriger als bei Druckwasserreaktoren.
Schwierigkeiten ergeben sich u.U. bei Schiffsbewegungen (Schlingern usw.) und Maschinenmanövern; Änderungen des Wasserspiegels und des Dampfblasengehaltes bedeuten Änderungen des Spaltstoff-Moderator-Verhältnisses und führen zu *Reaktivitätsänderungen*; z.B. tritt bei erhöhter Dampfentnahme durch die Antriebsmaschine zunächst eine Druckabsenkung und damit zusätzliche Dampfblasenbildung durch Selbstverdampfung auf, d.h. die Reaktorleistung geht zurück (*negativer Dampfblasenkoeffizient*).
Eine gewisse Radioaktivität des erzeugten Dampfes ist unvermeidbar.

Gasgekühlter Reaktor (GCR = *Gas Cooled Reactor*)
Für Schiffsantriebe ein interessanter Reaktortyp, in Verbindung mit einer Gasturbine; bisher nur Projekte.
Das Kühlgas wird von Gebläsen durch den Reaktorkern gedrückt. Mit Rücksicht auf die geringe spezifische Wärme und die niedrigen Wärmeübergangszahlen von Gasen sind entsprechend große Kühlmittel-Umwälzmengen und höhere Gasdrücke erforderlich – Umwälzleistungen um 15 % der Nettoleistung; Gasdruck in der Größenordnung um 50 bar. Gasförmige Kühlmittel bedingen besondere Moderatoren.
Es gibt zahlreiche Schaltungsmöglichkeiten. Bild 21.5 zeigt das Beispiel einer *Einkreislaufanlage mit Gasturbine*. Es ergeben sich Probleme mit dem evtl. radioaktiven Kühl- und Arbeitsmittel. Die Gasturbine fordert mit Rücksicht auf den thermischen Wirkungsgrad hohe Gastemperaturen (> 600 °C).

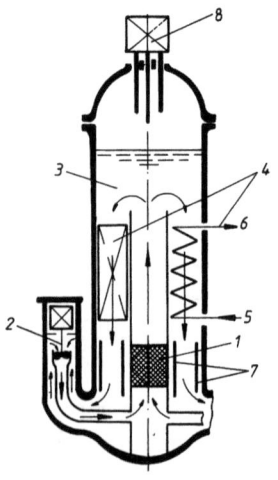

Bild 21.4
Schema eines fortschrittlichen Druckwasserreaktors – FDR
1 Reaktorkern
2 Primärwasser-Umwälzpumpe
3 Primärwasser
4 Dampferzeuger
5 Sekundärwasser-Eintritt
6 Sekundärdampf-Austritt
7 Thermische Schilde
8 Absorberstäbe mit Antrieben

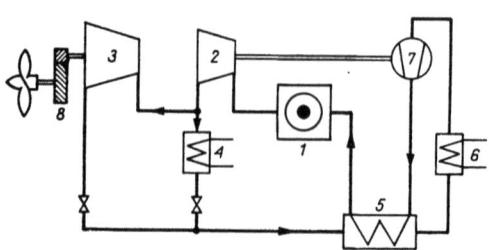

Bild 21.5 Vereinfachtes Schaltbild einer Einkreislaufanlage mit gasgekühltem Reaktor und Gasturbine

21.3.3 Brennstoffe

Als Brennstoff dient z.Z. nur Uran; darin ist für Schiffsreaktoren das Isotop U-235 als Spaltstoff mit einer Anreicherung i.a. zwischen 2 und 5 % enthalten, Uran wird in drei Formen eingesetzt — als *Metall*, *Oxid* oder *Karbid*; diese drei Formen verhalten sich unterschiedlich in ihrem chemischen und ihrem Strahlungsverhalten sowie in ihren wärmetechnischen und sonstigen physikalischen Eigenschaften. Für Schiffsreaktoren werden heute durchweg *keramische* Brennstoffe (Oxide oder Karbide) verwendet; die Schmelztemperaturen liegen hoch, es tritt keine Umkristallisation mit starken Formänderungen auf wie beim Metall.

21.3.4 Brennelemente und Reaktorkern

Bei heterogenen Reaktoren befindet sich der Brennstoff in einzelnen *Brennelementen* — die Summe der Brennelemente bilden den *Reaktorkern* (Core). Der Brennstoff wird mit einer *Hülle* (Canning) umgeben, die den Brennstoff gegen das Kühlmittel abschließt; sie verhindert, daß radioaktive Spaltprodukte und Brennstoff in das Kühlmittel gelangen.

Es werden z.Z. nur zylindrische, bei Projekten auch rohrförmige Elemente angewendet (Bild 21.6). Mehrere Elemente werden zu *Bündeln* zusammengefaßt (Bild 21.7). Anordnung der Brennelement-Bündel im Kern zeigt Bild 21.8.

Der Reaktorkern wird i.a. als Zylinder mit $H \approx D$ ausgeführt und umgeben von thermischen Schilden in das Reaktorgefäß eingebaut.

Eine besondere Elementform kommt in dem gasgekühlten *Kugelhaufenreaktor* vor (THTR, *Thorium-Hochtemperaturreaktor*); das kugelförmige Element — Durchmesser ≈ 60 mm — besteht aus verdichtetem Reinstgraphit (Moderator), in das der Brennstoff in Form von *coated particles* eingebettet ist. Die *coated particles* besitzen ein gutes Rückhaltevermögen für Spaltprodukte. Für Schiffsreaktoren bisher nicht ausgeführt — nur Projekte.

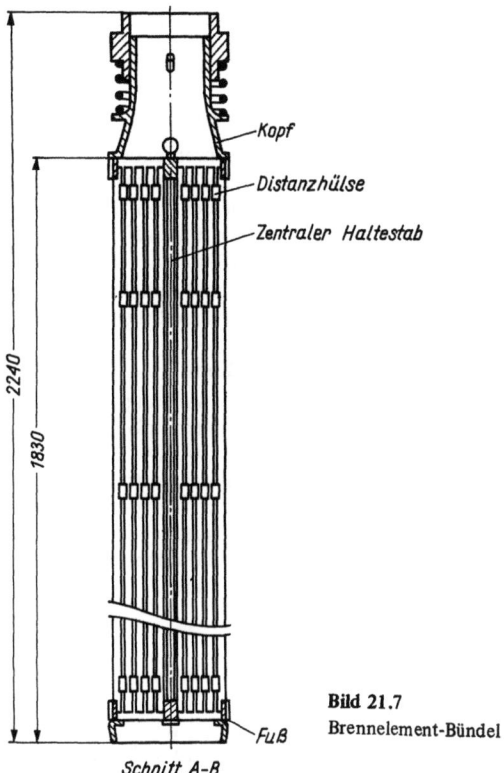

Bild 21.7 Brennelement-Bündel

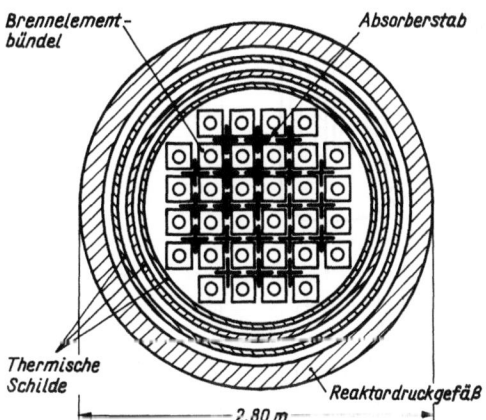

Bild 21.8 Kernanordnung des „*Savannah*"-Reaktors

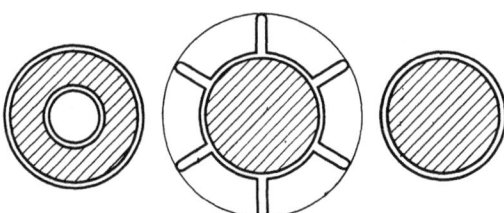

Bild 21.6 Brennelementformen
a) Stabförmiges Brennelement
b) Stabförmiges Brennelement mit gewendelten Längsrippen
c) Rohrförmiges Brennelement

21.3.5 Heizflächenbelastung und Abbrand

Die mittlere *Heizflächenbelastung* der Brennelemente hängt ab von der Kühlung, der Elementform, der Brennstoffart und der Neutronenflußverteilung (s. Bilder 21.9 und 21.10).

Der max. mögliche *Abbrand* wird durch die Überschußreaktivität, die Betriebstemperatur, die Bestrahlungsgrenzen für Brennstoff und Strukturmaterial, den *Formfaktor* (s. Abschnitt 21.3.6) und den Spaltgasdruck im Brennelement bestimmt. Bei Druckwasserreaktoren werden heute Abbrandraten von ≥ 30000 MW · d/t_{Uran} erreicht.

21.3.6 Kühlung und Kühlmittel

Die bei dem Spaltprozeß freiwerdende Wärme (im Kern, im Moderator, in therm. Schilden und Reaktorgefäß) muß abgeführt werden. Bei Druckwasserreaktoren teilt sich die Wärme etwa auf:

90 ... 92 % im Brennelement,
7 ... 6 % im Moderator und Reflektor,
3 ... 2 % im Reaktorgefäß und therm. Schild.

Wärmequellenverteilung im Kern

Die Verteilung der Wärmeentwicklung im Reaktorkern wird durch die Neutronenflußverteilung bestimmt (Bilder 21.9 und 21.10). Die Kühlung des Reaktorkerns muß vor allem das zentrale Brennelement berücksichtigen, da dort der größte Neutronenfluß, also auch eine entsprechende Wärmeentwicklung – dort herrschen die höchsten Kühlmittel- und Brennelementtemperaturen.

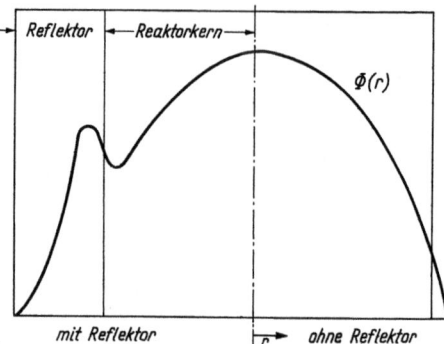

Bild 21.10 Thermischer Neutronenflußverlauf in einem Reaktor mit (linke Hälfte) und ohne (rechte Hälfte) Reflektor

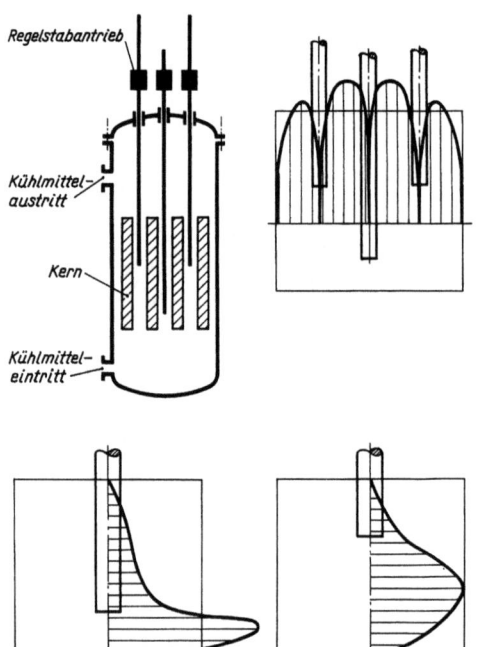

Bild 21.9 Neutronenflußverlauf, abhängig von der Stellung der Regelstäbe (*Absorberstäbe*)
21.9.1 radial, äußere Regelstäbe ausgefahren
21.9.2 axial, Regelstab eingefahren, Anfang der Beschickung
21.9.3 axial, Regelstab ausgefahren, Ende der Beschickung

Formfaktor – Flußglättung

Es wird versucht, den Neutronenfluß möglichst gleichmäßig zu gestalten – zu *glätten*. Der Formfaktor φ gibt das Verhältnis des max. zum mittleren Neutronenfluß an; $\varphi_{ideal} = 1$. Möglichkeiten zur Flußglättung:

1. Unterschiedliche Anreicherung des Brennstoffs, radial von innen nach außen steigend (z.B. *FDR*: 2,5 %; 2,88 %; 3,5 %; 4,38 %).
2. Stärkere Konzentration von Absorbermaterial in der Mitte des Kerns in Form von *Trimmstäben* (s. auch Abschnitt 21.5.2) oder abbrennbaren Neutronengiften.
3. Anordnung eines Reflektors um den Kern (s. Bild 21.10 und Abschnitt 21.3.7)

Temperaturverteilung im Brennelement

Der *radiale* Temperaturverlauf wird durch die Wärmequellenverteilung und die Wärmeleiteigenschaften im Brennelement bestimmt. Der *axiale* Temperaturverlauf im Brennelement hängt auch vom axialen Neutronenflußverlauf ab.

Leistungsdichte und Kühlmitteltemperatur sind durch die zulässigen Temperaturen von Hülle und Brennstoff nach oben festgelegt.

Kühlmittel

Anforderungen:

1. *Technisch*: Gute Stoffwerte hinsichtlich der Wärmeübertragung (α-, λ- und c-Werte). Niedriger Schmelzpunkt.
Niedriger Dampfdruck bzw. hoher Siedepunkt.
Keine Reaktion mit Reaktorbauteilen oder Brennstoff.
Feuer- und explosionssicher.
2. *Kernphysikalisch*: Stabilität gegen Strahlung, d.h. möglichst keine Zersetzung oder Aktivierung.
Geringe Neutronenabsorption.
Möglichst auch Moderiereigenschaft (Bremseigenschaft).

Flüssige Kühlmittel

Für Schiffsreaktoren kommt vor allem *leichtes Wasser* und wegen des besseren Bremsverhältnisses evtl. ein Gemisch aus *leichtem* (H_2O) und *schwerem Wasser* (D_2O) in Frage. Die α-Werte sind von der Kühlmittelgeschwindigkeit abhängig, sie sind i.a. gut.

Zweiphasen-Kühlmittel

Z.B. *Wasser-Dampfgemisch* in Siedewasserreaktoren. Die α-Werte sind abhängig von dem Dampfgehalt; bei hohem Dampfanteil fallen die α-Werte stark.

Gase und dampfförmige Kühlmittel

Sie haben wegen ihrer geringen Dichte praktisch keine Moderierfähigkeit. Die α-Werte sind ungünstiger als bei Flüssigkeiten. Gase kommen für Schiffsanlagen mit *Gasturbinen* in Frage. Bisher nur Projekte.

21.3.7 Moderatoren und Reflektoren

Die bei der Kernspaltung freigesetzten schnellen Neutronen mit einer Energie von 1 ... 2 MeV müssen in thermischen Reaktoren auf eine Energie von rd. 0,025 eV entsprechend einer Geschwindigkeit von rd. 2200 m/s *abgebremst* werden, da der Spaltquerschnitt von U-235 für thermische Neutronen besonders günstig ist ($\sigma_{sp} \approx 580$ barn). Die Neutronen sollen möglichst schnell so abgebremst werden, daß sie im mittelschnellen Bereich (5 ... 10 eV) nicht durch U-238 absorbiert werden ($\sigma_a \approx 4000$ barn).

Anforderungen an Bremsmittel (*Moderatoren*):
1. Gutes Bremsvermögen für Neutronen.
2. Geringer Absorptionsquerschnitt für Neutronen.
3. Strahlenstabilität.
4. Bei festen Moderatoren (z.B. Graphit) mechanische Festigkeit.
5. Flüssige Moderatoren (z.B. D_2O, H_2O) sollen möglichst auch als Kühlmittel verwendbar sein.
6. Keine Reaktion mit Kernbrennstoff.

Für *Reflektoren*, die zur Flußglättung um den Reaktorkern angeordnet werden, gelten die gleichen Anforderungen.

21.3.8 Nachzerfallswärme (Nachwärme)

Ein Teil der im Reaktor freigesetzten Energie fällt durch radioaktiven Zerfall der Spaltprodukte an. Diese Energie ist im Gegensatz zur Spaltungsenergie nicht steuerbar und wird auch nach dem Abschalten des Reaktors noch weiter freigesetzt, man rechnet i.a. mit einer Nachwärme von rund 2 % für die ersten Stunden und 0,5 % für den ersten Monat nach dem Abschalten (Bild 21.11). Der Reaktor muß deshalb noch lange Zeit nach dem Abschalten gekühlt werden (s. auch Abschnitt 21.4.3).

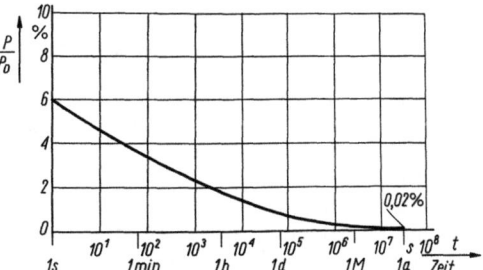

Bild 21.11 Wärmeentwicklung eines Reaktors nach dem Abschalten, bezogen auf die Nennleistung

21.4 Reaktorhilfssysteme

Für den Reaktorbetrieb sind zahlreiche Hilfseinrichtungen erforderlich, die je nach Reaktortyp unterschiedlich sind. Da für Schiffsantriebe z.Z. nur der Druckwasserreaktor verwendet wird, werden nachstehend Hilfssysteme vor allem an einigen Beispielen dieses Reaktortyps behandelt.

21.4.1 Allgemeine Anforderungen

Instandhaltungsarbeiten und Reparaturen können wegen einer evtl. vorhandenen Radioaktivität des Arbeitsmittels oder der Werkstoffe oft gar nicht oder nur zeitlich sehr begrenzt durchgeführt werden. Das muß bei allen Hilfssystemen bedacht werden.

Leckverluste eines radioaktiven Arbeitsmittels so gering wie möglich halten daher möglichst vermeiden: z.B. stopfbuchslose Pumpen. Wenn Stopfbuchsen unumgänglich, dann Laternen mit *Sperrmittel*, *Verunreinigungen des Reaktorkreislaufs* können u.U. die Neutronenbilanz des Reaktors empfindlich stören; außerdem wird der gesamte Reaktorkreislauf durch Verunreinigungen radioaktiv. Auf größtmögliche Sauberkeit der Kreislauf-Arbeitsmittel muß daher geachtet werden; evtl. nicht ganz vermeidbare Korrosions- oder Erosionsprodukte werden *herausgefiltert* (s. auch Abschnitt 21.4.2).

Schmiermittel dürfen den Kreislauf nicht verschmutzen; für Anlagen mit Wasserkühlung (Druckwasserreaktor) kommen daher Umwälzpumpen mit *wassergeschmierten* Lagern in Frage – *gasgeschmierte* Lager für Verdichter gasgekühlter Reaktoren.

21.4.2 Primärwassersystem

Verunreinigungen im Primärkreislauf, wie z.B. Korrosions- und Erosionsprodukte sowie Brennstoff- und Spaltprodukte aus schadhaften Brennelementen werden in Filtern und *Ionenaustauschern* (im Nebenschluß zum Hauptkreislauf) aus dem Kreislauf entfernt. Dem Kreislauf wird ständig eine Primärwassermenge von etwa 1 ... 3 % des

Durchsatzes entnommen und über *Filter* wieder zum Primärkreislauf zurückgeführt. Gereinigtes und ungereinigtes Primärwasser wird laufend kontrolliert; z.B. werden elektrische Leitfähigkeit, pH-Wert, O_2-Gehalt, Aktivität und der Gehalt an Spaltprodukten gemessen; so wird auch die Wirksamkeit des Primärwasser-Reinigungssystems kontrolliert.

Primärwasser-Leckverluste werden durch direkte Zugabe zum Primärkreislauf oder über den Sperrwasserkreislauf der Regelstabstopfbuchsen ergänzt. Überschüssiges Sperrwasser wird von den Stopfbuchsen über Kühler zu einem Tank und von dort zurück zu den Stopfbuchsen gepumpt.

Größere Verluste an Primärwasser müssen *sofort* ergänzt werden, um den zur Notkühlung des Kerns erforderlichen Wasserstand zu halten. Im Notfall wird daher jede Möglichkeit ausgenutzt, den Kern zu kühlen – notfalls sogar mit Seewasser.

21.4.3 Notkühlsystem

Bei Störungen im Primär- oder Sekundärkreislauf (Pumpenausfall, Rohrbruch, usw.) muß ein *Notkühlsystem* die im Reaktor noch freiwerdende Wärme abführen, um eine Zerstörung des Reaktors zu vermeiden.

Das Notkühlsystem muß die Kühlung des Reaktors auch dann sicherstellen, wenn z.B. durch Strandung bei ablaufendem Wasser der *Hauptkühlkreislauf* ausfällt. Bei der Notkühlung sind u.a. Naturumlaufeigenschaften des Reaktorkreislauf zu berücksichtigen. Fällt ein Kühlsystem aus, so soll sofort der Reaktorschnellschluß ausgelöst werden; im Reaktor wird dann aber noch folgende Wärme frei:

1. während der Zeit vom Überschreiten der den Schnellschluß auslösenden Kenngröße bis zum vollen Einfahren der Schnellschlußstäbe – *Abschaltverzögerung* rd. 0,2 ... 5 s – und noch kurze Zeit darüber hinaus infolge des Nachhinkens der verzögerten Neutronen erzeugt der Reaktor Wärme als Folge von Kernspaltungen.
2. Auch noch nach dem völligen Abschalten wird Wärme durch die Strahlungsenergie der Spaltprodukte – *Nachwärme* – frei. Die Nachwärme klingt nur sehr langsam ab (Bild 21.11).

Nach Möglichkeit wird der Notkühlkreislauf als unabhängiger, zusätzlicher Kreislauf ausgebildet; Rückkühlung durch *Luft* macht die Notkühlung unabhängig vom Seewasser, was u.U. wichtig ist (Strandung des Schiffes bei ablaufendem Wasser) – s. auch Abschnitte 21.7.1 und 21.7.2.

21.4.4 Vergiftungssystem

Durch Zugabe von *Bor* in den Primärkreislauf mit Hilfe des Notkühlsystems kann der Reaktor *unterkritisch* gemacht werden. Das Vergiftungssystem soll das Abschaltsystem nicht *ersetzen*, es kann jedoch bei Beschädigung der Regelstäbe durch z.B. teilweises Zusammenschmelzen des Kernes oder Beschädigung der Regelstabantriebe ein vielleicht durch Abkühlung *wieder Kritischwerden* des Reaktors *verhindern*.

21.4.5 Zwischenkühlsystem

Verschiedene Arbeitsmittel und Aggregate werden durch Seewasser unter Zwischenschaltung eines *Frischwasserkreislaufs* gekühlt; dazu gehören z.B. das Primärwasser-Reinigungssystem, das Sicherheitsbehälter-Lüftungssystem, die Primärumwälzpumpen usw.

21.4.6 Druckhaltesystem für Druckwasserreaktoren

Das Druckhaltesystem soll den Primärdruck auf einen Wert halten, der über dem zu der Kühlmitteltemperatur gehörenden Siededruck liegt, um ein Sieden im Reaktorkern zu verhindern. Es gibt mehrere Möglichkeiten der Primärdruckhaltung.

Elektrisch beheizter pressurizer

Wenn der Primärdruck sehr viel höher liegen soll als der Siededruck, wird ein besonderes Druckhaltegefäß (*pressurizer*) angeordnet; über seinem Wasserspiegel ist ein Dampfpolster. Das Wasser im Druckhaltegefäß wird zur Druckerhöhung elektrisch beheizt; zur Drucksenkung kann evtl. Primärwasser eingesprüht werden; der Dampf kondensiert dann entsprechend.

Selbstdruckhaltung

Bei *fortschrittlichen* Druckwasserreaktoren (z.B. FDR) wird auf das Druckhaltegefäß verzichtet, da im Reaktor leichtes Sieden zugelassen ist; das Dampfpolster befindet sich hier im Reaktordruckgefäß. Zur Drucksenkung kann Dampf in einen mit Wasser gefüllten *Überdruckentlastungsbehälter* geleitet werden, wo er kondensiert.

Gasdruckhaltung

Das Dampfpolster wird durch ein *inertes Gaspolster* ersetzt.

21.4.7 Wasserstoffzugabesystem

Durch radiolytische Zersetzung (*Radiolyse*) des Primärwassers entsteht Sauerstoff (Korrosionsgefahr). Daher wird Wasserstoff zur *Rekombination der Zersetzungsprodukte* zugegeben.

21.4.8 Abfallsammelanlagen

Durch radiolytische Zersetzung (*Radiolyse*) des Primärwassers entsteht Sauerstoff (Korrosionsgefahr). Daher wird Wasserstoff zur *Rekombination der Zersetzungsprodukte* zugegeben.

Gasförmige Abfallstoffe (Abgasesystem)

Wenn gasförmige Spaltprodukte aus schadhaften Brennelementen austreten, werden sie durch eine *Gasadsorptionsanlage* entfernt. Sobald es die Wetterlage gestattet und das Schiff sich nicht in der Nähe besiedelter Gebiete aufhält, dürfen die Abgase nach einer ausreichenden *Abklingzeit* mit Luft verdünnt evtl. in den Abgasmast geleitet werden.

Feste Abfallstoffe

Feste radioaktive Abfallstoffe werden in Filtern und Ionenaustauschern der Primärwasser-Reinigungsanlage, in Filtern der Lüftungsanlage und den Gasadsorptionseinheiten zurückgehalten. Sie werden in besonders hierfür eingerichteten Häfen abgegeben.

Flüssige Abfallstoffe

Flüssige radioaktive Abfälle fallen an im Primärkreislauf, Zwischenkühlkreislauf, Sperrwassersystem, Primärwasser-Reinigungssystem, Probeentnahmesystem und Lüftungsanlage des Reaktorbereichs.

Die Abwasser dieser Systeme werden in der *Abwasseranlage* gesammelt, gelagert und in besonders eingerichteten Häfen abgegeben.

21.4.9 Lüftung des Sicherheitsbehälters (Umluft-Klimaanlage)

Der Sicherheitsbehälter wird innen zum Schutz der E-Installation klimatisiert (z.B. Lufttemperatur 55 °C, relative Luftfeuchte 80 %). Die Luft im Behälter wird durch Gebläse über Kühler und Filter umgewälzt und mit Frischwasser aus dem Zwischenkühlkreislauf gekühlt. Radioaktive Teilchen werden *ausgefiltert*.

21.4.10 Lüftung für Räume des Reaktorbereichs

In allen Räumen innerhalb des Reaktorbereichs (z.B. Reaktorraum, Nebenanlagenraum, Serviceraum usw.) wird Unterdruck gegenüber der Atmosphäre gehalten, um zu verhindern, daß evtl. radioaktiv verseuchte Luft unkontrolliert austritt. Die abgesaugte Luft wird gefiltert über den Abgasmast abgegeben.

21.4.11 Brennelementwechselanlage

Brennelemente sind – vor allem nach längerer Betriebszeit – stark radioaktiv. Daher sind beim Auswechseln besondere Strahlenschutzmaßnahmen erforderlich – *Wasserschutz, Bleischutz* usw. Das bedingt einen beträchtlichen Aufwand an Bord und an Land.

Die „Otto Hahn" besitzt z.B. einen strahlengeschützen *Serviceraum mit gekühltem Abklingbecken* für ausgebaute Brennelemente (Bild 21.12). Die Auswechselvorrichtungen sind konstruktiv nicht einfach.

Zur Brennelementwechselanlage gehört neben der *Wechselflasche*, die aufgrund ihrer Bleiabschirmung sehr schwer ist (bei der „Otto Hahn" rd. 36 t), ein exzentrischer *Drehdeckel*, der zum Brennelementwechsel den Deckel des Reaktorgefäßes ersetzt. Mit seiner Hilfe kann die Wechselflasche, die zum Ziehen eines Brennelementes auf den Drehdeckel aufgesetzt wird, die Position über jedem Brennelement einnehmen. Zur besseren Abschirmung beim

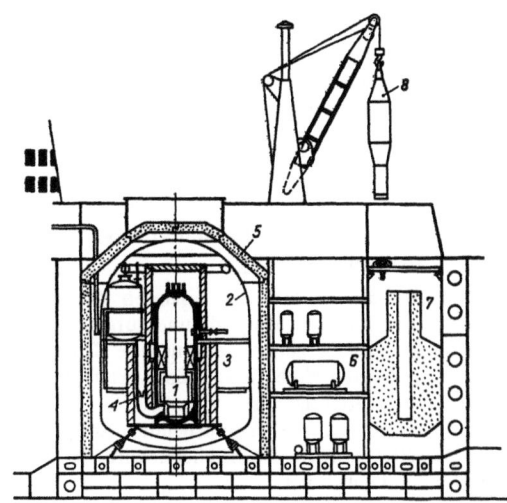

Bild 21.12 Reaktorraum, Nebenanlagen und Brennelementabklingbecken der „*Otto Hahn*"
1 Reaktorkern 2 Sicherheitsbehälter 3 Primärabschirmung
4 Primärwasser-Umwälzpumpen 5 Sekundärabschirmung
6 Reaktor-Nebenanlagen 7 Brennelement-Abklingbecken
8 Brennelement-Auswechselflasche

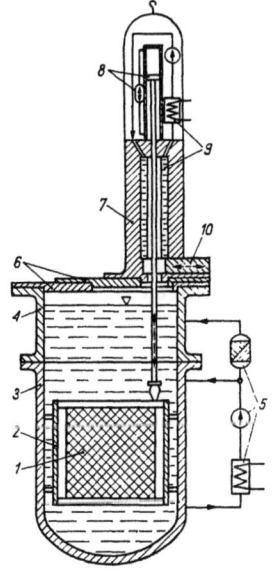

Bild 21.13
Brennelementwechsel (Schema)
1 Reaktorkern
2 Thermischer Schild
3 Reaktordruckgefäß
4 Flutungsschacht
5 Kühl- und Filteranlage
6 Exzentrischer Drehdeckel
7 Brennelement-Auswechselflasche (bleiabgeschirmt)
8 Hydraulischer Greiferantrieb
9 Kühlsystem der Brennelement-Auswechselflasche
10 Verschluß

Brennelementwechsel kann noch ein *Flutungsschacht* auf das Druckgefäß gesetzt werden. Das ausgebrannte bzw. beschädigte Brennelementbündel wird durch ein *Hubwerk* in die Wechselflasche gezogen und nach dem Verschließen der Flasche zum wassergefüllten Abklingbecken transportiert (Bild 21.13).

Die Brennelementwechselflasche muß ein eigenes Kühlsystem besitzen, da die gezogenen, abgebrannten Brennelemente Nachwärme abgeben (s. Abschnitt 21.3.8); entsprechendes gilt für das Abklingbecken. Während des Brennelementwechsels muß auch der Reaktor gekühlt werden.

21.5 Reaktorkontrolle, Sicherheitssystem, Instrumentierung

Wichtige Betriebswerte der gesamten Antriebsanlage werden laufend überprüft und aufeinander abgestimmt. Hierfür gibt es verschiedene *Kontrollsysteme,* mit deren Hilfe die vom Sollwert abweichenden Werte berichtigt oder, wenn die Sicherheit in Frage gestellt ist, die entsprechenden Anlagenteile abgeschaltet werden. Nachstehend wird der Reaktorkreislauf behandelt.

21.5.1 Grundlagen

Zur Reaktorkontrolle gehören Meßgeräte und Steuerorgane, die den Ablauf der Energiefreisetzung im Reaktor beeinflussen; sie wird bestimmt durch die Anzahl der Kernspaltungen, die durch freie Neutronen ausgelöst werden. Eine Änderung des Neutronenflusses über eine kurzzeitige Veränderung des Neutronenvermehrungsfaktors k gegenüber 1 bewirkt demnach eine Leistungsänderung des Reaktors.

Bei der thermischen Uranspaltung entstehen etwa 99,3 % *prompte* Neutronen mit einer mittleren Lebensdauer von etwa 0,001 s. Diese Zeit ist so kurz, daß die verhältnismäßig trägen technischen Steuerorgane nicht folgen können.

Neben den prompten Neutronen entstehen aber in sekundären Kernprozessen noch etwa 0,7 % *verzögerte* Neutronen nach einer Zeit zwischen 0,3 s und 80 s. Die technische Regelung stützt sich auf diese *verzögerten* Neutronen. Der Vermehrungsfaktor darf den Wert $k = 1,007$, d.h. 0,7 % verzögerte Neutronen, nicht überschreiten; wird $k > 1,007$, so überwiegt der Einfluß der schnellen Neutronen. Dieser Wert soll spätestens den Schnellschluß (*scram*) auslösen, da bei einem Überschreiten der Reaktor außer Kontrolle gerät.

21.5.2 Absorptionsregelung

Bei thermischen Schiffsreaktoren wird der Neutronenfluß durch veränderliche Neutronenabsorption geregelt. Stäbe aus Werkstoffen mit großem Absorptionsquerschnitt für thermische Neutronen (z.B. Borstahl) werden in den Reaktorkern eingefahren, (s. Bild 21.9, das auch die axiale Flußverteilung am Anfang und gegen Ende einer Brennstoffbeschickung zeigt). Mit Rücksicht auf gleichmäßigen Abbrand bemüht man sich, durch verschieden tiefes Einfahren der einzelnen Absorberstäbe eine möglichst *gleichmäßige* Flußverteilung zu erreichen. Bei den Absorberstäben werden unterschieden:

1. *Regelstäbe*: Verhältnismäßig kleine Antireaktivität; sie dienen zum Einstellen und Einhalten des jeweils gewünschten Lastzustandes und werden entsprechend häufig bewegt. Verstellgeschwindigkeit langsam, um 5 mm/s.
2. *Trimmstäbe*: Sie dienen zum Anfahren und Absetzen sowie zum Ausgleich des Abbrandes und der Neutronengifte; sie werden nur sehr langsam bewegt, um 5 mm/s.
3. *Abschaltstäbe* für den Schnellschluß; große Antireaktivität, schnell beweglich. Verstellgeschwindigkeit um 150 ... 1500 mm/s.

Häufig dient ein Stab verschiedenen Zwecken, z.B. werden Regelstäbe auch als Abschaltstäbe verwendet.

Wegen der Zugänglichkeit zu den Stabantrieben und der Gefahr einer Beschädigung bei Grundberührung des Schiffes werden die Stäbe bei stehenden Reaktoren von oben eingeführt.

Die Stäbe müssen bei allen Lagen und Bewegungen des Schiffes sicher bewegt und in der gewollten Stellung gehalten werden, die Anschaltstäbe müssen z.B. auch bei gekentertem Schiff und Ausfall aller Hilfseinrichtungen in eingefahrener Stellung festgehalten werden.

21.5.3 Stabilität des Reaktors – Selbstregelung

Temperaturänderungen im Druckwasser-Reaktor bewirken auch eine Änderung der Reaktivität, da eine Reihe von Größen, die Einfluß auf den Neutronenvermehrungsfaktor k haben, von der Temperatur abhängig sind.

Ein „negativer Temperaturkoeffizient der Reaktivität", d.h. Reaktivitätserniedrigung mit steigender Temperatur bietet eine Sicherheit gegen das Durchgehen des Reaktors. Außerdem antwortet der Reaktor auf eine Laststeigerung mit einer Erhöhung der Reaktorleistung, da mit zunehmender Last zunächst die mittlere Reaktortemperatur fällt. Diese Selbstregelung unterstützt die Reaktorregelung.

21.5.4 Kontrollsysteme

Es gibt Kontrollsysteme für unterschiedliche Betriebszustände des Reaktors:

Anfahren der Reaktoranlage, d.h. Kritischwerden des Reaktors und Aufheizen der verschiedenen Arbeitsmittelkreisläufe.

Aussteuern der betrieblichen Einflüsse, die Reaktivitätsänderungen bewirken; z.B. Abbrand, Neutronengifte und Temperaturen.

Anpassen der Wärmeentwicklung des Reaktors an den Wärmebedarf der Maschinenanlage durch vorübergehendes Verändern der Reaktivität.

Absetzen des Reaktors bzw. Auslösen des Schnellschlusses im Gefahrenfall (z. B. $k \geqslant 1{,}007$ oder Störung der Reaktorkühlung – Sicherheitssystem).

Anfahrsystem

Das Anfahren der Reaktoranlage erstreckt sich auf das Kritischwerden des Reaktors sowie die Leistungssteigerung bis auf etwa 10 % der Nennleistung. Der Reaktor wird durch vorsichtiges Herausfahren der Absorberstäbe kritisch.

Eine kleine künstliche *Neutronenquelle* (z. B. Polonium-Beryllium), die in den Reaktor zum ersten Anfahren eingesetzt wird, erleichtert den Anfahrvorgang. Der Neutronenfluß und seine Änderung werden ständig gemessen.

Leistungssystem

Regelung während des normalen Reaktorbetriebes bei Leistungen >10 % der Nennleistung; geregelt werden Leistung und Kühlmitteldurchsatz des Reaktors und anderer damit in Zusammenhang stehender Arbeitsmittelkreisläufe, z. B. des Sekundärkreislaufs einer Druckwasserreaktoranlage.

Reaktor

Meistens ist die *Austrittstemperatur des Reaktorkühlmittels* die Regelgröße; die Reaktorleistung wird danach durch Bewegen der Regelstäbe beeinflußt.

Das Regelsignal kann, sofern Temperatur und Systemdruck miteinander gekoppelt sind (z. B. *Siedewasserreaktor*), auch von dem *Kühlmitteldruck* im Reaktor ausgehen.

Arbeitsdampf

Der Dampfdruck des Sekundärkreislaufs, und damit auch die Dampftemperatur, werden durch einen Regelkreis *konstant* gehalten, sind also unabhängig von der Leistung der Fahrturbine. Bei sehr schnellen und großen Laständerungen, z. B. von *Voll Voraus* auf *Stopp* und bei Stillstand der Turbine wird zuviel erzeugter Dampf über einen *Bypass mit Einspritzkühler* in den Hauptkondensator geleitet (s. Bild 21.15).

Sicherheitssystem

Es dient der Überwachung des gesamten Maschinenbetriebes im Hinblick auf Störungen, die sich auf die Sicherheit des Reaktorbetriebes auswirken können. Diese Störungen sollen bereits im Entstehen erfaßt werden, um die Anlage rechtzeitig abschalten zu können. Es handelt sich um zahlreiche, z. T. sehr schnell auftretende Störeinflüsse; sie erfordern ein automatisch arbeitendes Sicherheitssystem.

Die Sicherheit wird durch schadhafte Meßgeräte beeinträchtigt; es werden daher stets mehrere voneinander unabhängige Meßkanäle parallelgeschaltet – meistens zwei oder drei Kanäle – von denen ein bzw. zwei Kanäle ein Signal liefern müssen, um eine Sicherheitsoperation auszulösen, d. h. 1-*aus*-2 bzw. 2-*aus*-3 *Schaltung*.

Absetzen der Reaktoranlage

Durch Einfahren der Regel- und Abschaltstäbe in den Kern wird der Reaktor unterkritisch; die Wärmeentwicklung nimmt ab, zunächst schnell, dann langsamer infolge des Auftretens verzögerter Neutronen. Anschließend wird noch über einen sehr langen Zeitraum Wärme infolge des radioaktiven Zerfalls der Spaltprodukte freigesetzt – *Nachwärme* (s. Bild 21.11). Es ist nicht möglich, die Wärmeentwicklung eines Reaktors nach dem Abschalten ganz zu unterbinden.

Wiederanfahren der Reaktoranlage

Nach dem Abschalten des Reaktors steigt eine Xe-Vergiftung des Reaktors infolge des dann sehr kleinen Neutronenflusses zunächst an, um nach etwa 5…11 Stunden einen Höchstwert zu erreichen; erst dann klingt die Vergiftung allmählich ab (Bild 21.14). Ein *Wiederanfahren* des Reaktors in der Zeit erhöhter Xe-Vergiftung ist nur möglich, bei ausreichend großer *Überschußreaktivität*.

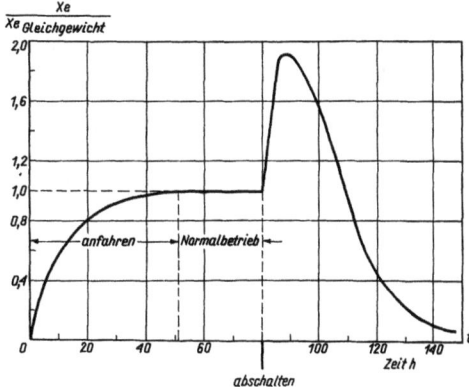

Bild 21.14 Beispiel für Xenon-Vergiftung beim Reaktorbetrieb; Neutronenfluß $3 \cdot 10^{13}$ n/cm² s

21.5.5 Instrumentierung

Meßgeräte dienen der Überwachung, Regelung und Sicherheit des Maschinenbetriebes und der Umgebung.

Kerntechnische Instrumentierung

Sie erstreckt sich auf Vorgänge, die direkt oder indirekt mit der Kernspaltung zusammenhängen.

Die Leistung des Reaktors ist dem *Neutronenfluß* proportional; die Messung des Neutronenflusses sowie dessen zeitliche Änderung ist daher besonders wichtig. Der Neutronenfluß gilt als die wichtigste nukleare Größe für die Reaktorkontrolle.

Dabei muß ein sehr großer Meßbereich des Neutronenflusses lückenlos überwacht werden; vom unterkritischen *Nullzustand* bei eingesetzter Neutronenquelle bis zur zulässigen *Höchstleistung* des Reaktors.

Ferner gibt es Geräte zur Feststellung schadhafter Brennelemente und Geräte zur Überwachung der Aktivität in Betriebsräumen, Abgasen und Abwässern.

Herkömmliche Instrumentierung

Drücke, Temperaturen, Mengen, Flüssigkeitsstände, Wasserstoff-Ionenkonzentration, Leitfähigkeit usw. werden mit den bordüblichen Instrumenten gemessen (s. Hauptabschnitt 20).

21.6 Antriebsanlagen

21.6.1 Allgemeines

Der Arbeitsmittelkreislauf der Antriebsmaschine (Dampfturbine oder Gasturbine) sollte nicht aktiviert werden. Eine Aktivierung tritt bei Einkreislaufanlagen leicht auf, sie ist aber auch bei den z.Z. üblichen Zweikreislaufanlagen möglich; z.B. muß das Speisewasser einer Druckwasserreaktoranlage integrierter Bauweise voll entsalzt sein, da Verunreinigungen beim Durchströmen des nahe dem Reaktorkern gelegenen Dampferzeugers aktiviert werden können. Aus diesem Grunde dürfen auch nur korrosions- und erosionsbeständige Werkstoffe verwendet werden.

Für Hilfsmaschinen, Apparate, Armaturen usw. können übliche Bauarten verwendet werden, wobei allerdings die Sicherheitsfrage besonders beachtet werden muß, wenn Störungen im herkömmlichen Anlagenteil Rückwirkungen auf den kerntechnischen Teil haben können – z.B. Störung der Stromversorgung hat Rückwirkung auf Regelung und Kühlung des Reaktors.

Hier werden nur einige Teile besprochen, die von den sonst üblichen Bauarten abweichen.

21.6.2 Dampfturbine

Bei Druckwasserreaktoranlagen tritt der Dampf als *Sattdampf* oder ganz schwach überhitzt in die Turbine ein; Expansion daher fast ausschließlich im *Naßdampfgebiet*. Die Dampfnässe soll jedoch etwa 10 % nicht überschreiten; daher werden *Stufenentwässerungen* in die Turbine eingebaut.

Besonderheiten einer Naßdampfturbine gegenüber Heißdampfturbine:

1. *Feuchtigkeit* bereits in den ersten Stufen, Gefahr von Tröpfchenerosion an Schaufeln;
2. *Allpaßverhalten* beim Regeln: Bei Drosselung der Dampfmenge fällt der Druck in der Turbine; das nachverdampfende Wasser in der Turbine führt zunächst zu Drehzahlsteigerung. Abhilfe kann durch möglichst geringe Wassermenge in der Turbine und Rückschlagklappen in den Kondensatabführungen geschaffen werden.
3. *Dichtungsprobleme*: Druckänderungen führen infolge der Kopplung von Druck und Sattdampftemperatur zu einem *Atmen* des Turbinengehäuses.

21.6.3 Dampferzeuger

Dampferzeuger der Druckwasserreaktoranlagen liegen innerhalb des Sicherheitsbehälters – außerhalb oder innerhalb des Reaktordruckgefäßes. *Außerhalb* des Reaktorgefäßes liegende Dampferzeuger sind durch primärwasserführende Rohrleitungen mit dem Reaktor verbunden; sie arbeiten sekundärseitig meistens im *Naturumlauf*.

Innerhalb des Reaktordruckgefäßes liegende *integrierte* Dampferzeuger (FDR/„Otto Hahn") befinden sich in einem Ringraum zwischen Steigschacht und Druckbehälterwand meistens oberhalb des Kerns; sie arbeiten im *Zwangdurchlauf* des Sekundärarbeitsmittels und gestatten Überhitzung (s. z.B. Bild 21.4).

21.6.4 Bypass – zur Umgehung der Hauptmaschine (Bild 21.15)

Der Frischdampf kann unter Umgehung der Hauptturbine direkt in den Kondensator geleitet und dort niedergeschlagen werden. Der Dampf wird *gedrosselt* und in einem Einspritzkühler *heruntergekühlt*. Der Bypass kann folgende Aufgaben erfüllen:

1. Laständerungen der Hauptmaschine bei Manövern haben keine Auswirkung auf die Reaktorregelung; der Reaktor könnte z.B. bei entsprechender Auslegung des Bypaßkühlers konstant durchgefahren werden.
2. Abführen der Nachwärme des Reaktors.
3. Erprobung der Reaktoranlage bei sillstehender Hauptmaschine.

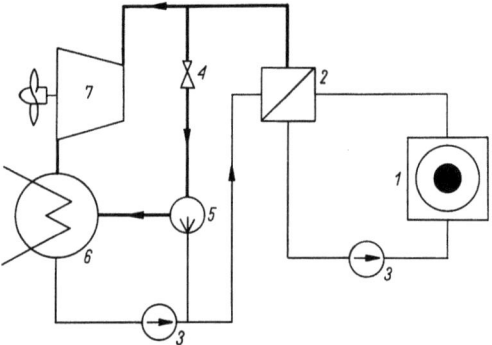

Bild 21.15 Bypass mit Reduzierventil und Einspritzkühler für eine Druckwasserreaktoranlage

1 Reaktor
2 Wärmeübertrager
3 Pumpe
4 Baypass-Reduzierventil
5 Bypasskühler (Einspritzkühler)
6 Kondensator
7 Turbine

21.7 Sicherheit der Kernenergieschiffe

21.7.1 Allgemeines

Die Sicherheit hat für Kernenergieschiffe eine noch größere Bedeutung als für Schiffe mit herkömmlichen Maschinen, da bei Unfällen u.U. eine sehr weite Umgebung durch *radioaktive Verseuchung* des Wassers und der Luft gefährdet wird. Sie ist schwerer zu verwirklichen als bei ortsfesten Kernkraftwerken. Die Betriebsbedingungen der Schiffe sind schwieriger und Schiffe müssen dichtbesiedelte Hafenstädte anlaufen sowie stark befahrene Wasserstraßen benutzen, wobei die Gefahr einer Störung durch äußere Einwirkungen (Kollision, Grundberührung usw.) groß ist; ein Unfall im Hafen oder auf einer engen Wasserstraße − Kanal oder Fluß − kann aber unabsehbare Folgen haben.

Die Forderung nach Sicherheit ist vorrangig vor allen anderen − bei Handelsschiffen auch vor der nach Wirtschaftlichkeit.

Daher gibt es in der Bundesrepublik Deutschland gesetzliche Bestimmungen zum Schutze gegen die Gefahren der Atomenergie und ein Genehmigungsverfahren für Kernenergie-Anlagen.

Bau und Betrieb einer Kernenergie-Schiffsantriebsanlage müssen von einer Behörde des Landes, in dem der Reaktor errichtet wird, genehmigt werden. Der Antragsteller für Bau und Betrieb eines Kernenergieschiffes muß einen *Sicherheitsbericht* einreichen. Der *Sicherheitsbericht* muß enthalten:

1. Beschreibung der Anlage
2. Alle denkbaren Unfälle und Gegenmaßnahmen
3. Schutz- und Sicherheitsmaßnahmen.

Als Unfälle gelten alle den Betrieb der Reaktoranlage beeinflussenden Störfälle; hierbei sind zu unterscheiden:

1. *Reaktorstörfälle:* hierzu gehören Reaktivitätsstörfälle und Unfälle durch Versagen der Reaktorkühlung.
2. *Unfälle* der konventionellen Maschinenanlage *mit Rückwirkung* auf die Reaktoranlage.
3. *Schiffsunfälle mit Auswirkung auf die Reaktoranlage:* Hierzu gehören alle möglichen Unfälle, wie Kollision, Grundberührung oder Strandung, Teilüberflutung, Kentern oder Sinken des Schiffes, ferner Feuer und Explosionen an Bord oder in der Nähe des Schiffes.

Der Sicherheitsbericht enthält also eine zusammenfassende Darstellung der gesamten Schiffssicherheit einschließlich der kerntechnischen Sicherheit; das ist im *internationalen Übereinkommen zum Schutz des menschlichen Lebens auf See* vereinbart worden.

Es gibt bisher nur wenige bindende *Vorschriften*, sondern vor allem *Empfehlungen*, um die schnell fortschreitende Entwicklung nicht zu behindern.

21.7.2 Schiffbauliche Sicherheitsmaßnahmen

Allgemeines

Es sind besondere schiffbauliche Maßnahmen zum Schutz der Kernenergieanlage gegen äußere Einwirkungen und zum Schutz der auf dem Schiff befindlichen Menschen erforderlich. Hierzu gehören:

Anordnung der Anlage im Schiff − Reaktorraum

Der Sicherheitsbehälter (s. Abschnitt 21.7.4), der die eigentliche Reaktoranlage umschließt, wird in dem *gasdicht* abzuschließenden *Reaktorraum* möglichst geschützt gegen Kollisionen, Grundberührung, Feuer usw. aufgestellt; er wird daher von *Seitenlängsschotten* mit *Kollisionsschutz, Kofferdämmen* und einem besonders hohen *Doppelboden* umgeben. Der Sicherheitsbehälter mit der Reaktoranlage und der Kollisionsschutz haben ein beträchtliches Gewicht, das an eng begrenzter Stelle im Schiff konzentriert ist; das bedingt besondere schiffbauliche Konstruktionen und Verstärkungen. Bei gebauten und geplanten Schiffskernenergieanlagen haben sich bisher die im Bild 21.16 gezeigten Anordnungen des

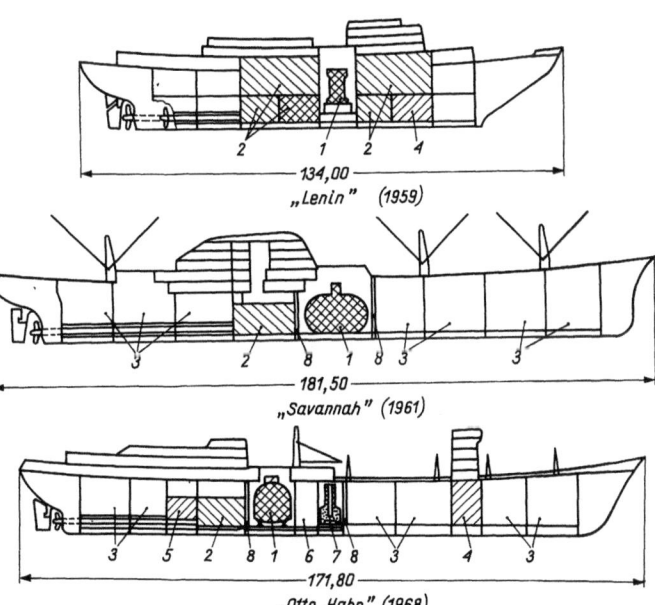

Bild 21.16 Anordnung der Reaktoranlagen gebauter Kernenergie-Handelsschiffe

1 Reaktor
2 Maschinenraum
3 Laderäume
4 Hilfsmaschinenräume
5 Hilfskessel
6 Nebenanlagenraum
7 Abklingbecken
8 Kofferdamm

Reaktorraumes herausgebildet; der Raum liegt durchweg *vor* der eigentlichen Antriebsanlage mit der Wellenleitung. Der Reaktorraum liegt nach Empfehlung des GL im Bereich von etwa $0,2 L$ von achtern bis $0,3 L$ von vorn.

Kollisionsschutz (Bild 21.17)

Er soll den Sicherheitsbehälter bei Kollisionen mit anderen Schiffen schützen. Es gibt Empfehlungen über den *Mindestabstand* zwischen den Seitenlängsschotten, die den Reaktorraum begrenzen, und der Außenhaut, um den für die Aufnahme des Kollisionsschutzes erforderlichen Raum zu erhalten; z.B. empfiehlt der GL dafür die 0,2fache Schiffsbreite.

Im Reaktorbereich sollen Seitenräume nicht mit Flüssigkeiten gefüllt sein.

Der Kollisionsschutz soll einen möglichst großen Teil der *Bewegungsenergie* bei einer Kollision durch Verformung und Zerstörung aufnehmen. Die Konstruktion muß besonders von den Klassifikationsgesellschaften genehmigt werden.

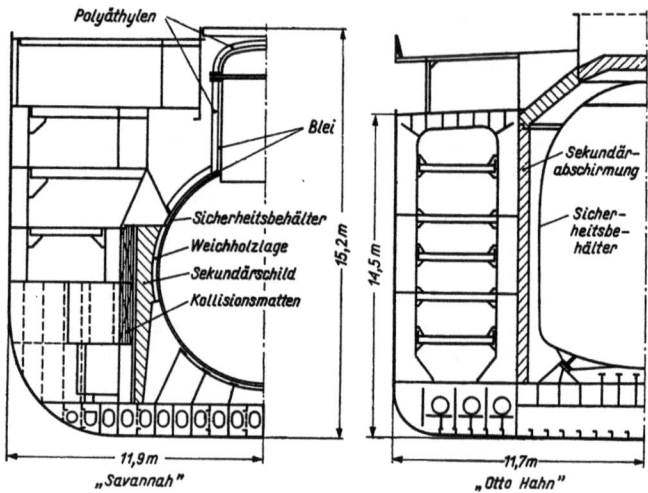

Bild 21.17 Kollisionsschutzkonstruktionen

Doppelboden

Er soll den Reaktorraum bei Grundberührungen schützen. Nach Empfehlung des GL soll er eine Mindesthöhe von 2 m haben und besonders stark ausgeführt werden. Doppelbodentanks im Bereich des Reaktorraumes sollen möglichst überhaupt nicht oder nur zu einem kleinen Teil mit Flüssigkeiten gefüllt sein.

Kofferdämme

Der Reaktorraum muß durch Kofferdämme gegen angrenzende Räume gesichert werden. Ihre Begrenzungsschotten sollen nach GL einen Mindestabstand von 1,5 m einhalten und nicht mit Flüssigkeiten gefüllt sein; in Ausnahmefällen dürfen sie durch Pumpen- oder Hilfsmaschinenräume ersetzt werden, sofern sie keine feuergefährlichen Anlagenteile enthalten. Die Kofferdämme sollen flutbar sein.

Notkühlwasserzellen

Für den Fall einer Grundberührung mit Trockenfallen des Schiffes sind Notkühlwasserzellen zur Abführung der Reaktornachwärme vorzusehen, wenn nicht andere Möglichkeiten zur Notkühlung vorgesehen sind (s. auch Abschnitt 21.4.3).

Feuerschutz

Der GL schreibt die für Fahrgastschiffe geltenden Grundsätze der *Methode I* des internationalen Übereinkommens zum Schutz des menschlichen Lebens auf See vor. Außerdem ist der Reaktorraum besonders zu schützen, damit Sicherheitsbehälter und Abschirmung durch Feuer nicht gefährdet werden. Im Reaktorbereich und in den angrenzenden Kofferdämmen dürfen brennbare Materialien weder gelagert noch verwendet werden.

Schutzraum

Zweckmäßig wird ein besonderer, strahlengeschützter Schutzraum für den Notfall vorgesehen.

Wasserdichte Unterteilung

Der GL fordert Schwimmfähigkeit und Stabilität des Schiffes bei allen möglichen Ladungsbedingungen, wenn zwei beliebige, benachbarte Abteilungen vollaufen.

21.7.3 Strahlenschutz

Zweck

Der Strahlenschutz umfaßt alle Maßnahmen, die verhindern sollen, daß Personen in unmittelbarer Nähe der Kernenergieanlage, aber auch in weiterer Umgebung durch gesundheitsschädliche radioaktive Strahlung gefährdet werden.
Hierzu zählen die *Abschirmung* der Reaktoranlage, die Unterbringung der Reaktoranlage im *Sicherheitsbehälter*, besondere schiffbauliche Verstärkungen wie *Kollisionsschutz* usw. (s. Abschnitt 21.7.2).

Strahlenschutzbereiche und Überwachung

Das Schiff wird in einzelne Strahlenschutzbereiche aufgeteilt, und zwar:

1. *Freier Bereich* ohne individuelle Strahlenschutzüberwachung — Wohnräume der Fahrgäste, Brücke, Proviantsräume.

2. *Überwachungsbereich* mit unbegrenzter Aufenthaltsdauer ohne individuelle Strahlenschutzüberwachung z.B. Wohn- und Tagesräume für Maschinenpersonal.
3. *Kontrollbereiche mit individueller Strahlenschutzüberwachung* — Maschinenräume, deren Betreten zur Bedienung der Anlage erforderlich ist.

Der Kontrollbereich wird abgegrenzt und an den Zugängen durch *RADIOAKTIV* gekennzeichnet.

a) *Gefahrenbereich* mit stark begrenzter Aufenthaltsdauer — z.B. Reaktorraum, Raum für die Kühlmittelreinigung usw.
b) *Sperrbereich*, nur in Sonderfällen ganz kurzzeitig zu betreten — z.B. Sicherheitsbehälter und einige Räume während der Brennelementauswechslung.

Die betriebliche *Überwachung* obliegt einem Strahlenschutzbeauftragten. Es sind auch Sicherheitsbestimmungen bei Hafenliegezeiten und solche zum Schutz des Arbeiters bei Reparaturen am Schiffskörper im Dock usw. zu beachten.

Abschirmung

Die Abschirmung — *biologischer Schild* — soll Personen gegen die mit dem Reaktorbetrieb verbundenen, *gesundheitsschädlichen* Strahlungen, vor allem γ-Strahlung und schnelle Neutronen, schützen. Zu den *Strahlenquellen* gehören der Reaktor und der evtl. aktivierte Kühlkreislauf einschließlich Apparate, Pumpen usw.; ferner die Kühlmittelreinigungsanlage und der Abklingbehälter für Brennelemente.

An die Abschirmung von Schiffskernenergieanlagen werden einige Anforderungen gestellt, die von denen an ortsfeste Anlagen abweichen, und zwar:

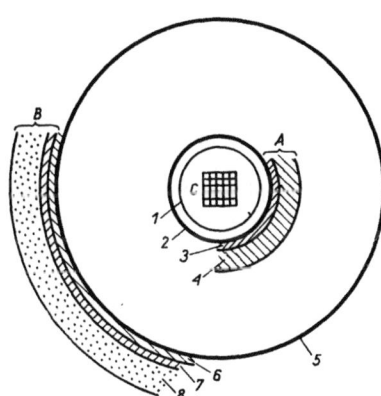

Bild 21.18 Schema einer Abschirmung
A Primärabschirmung 4 Wasser
B Sekundärabschirmung 5 Sicherheitsbehälter (Stahl)
C Kern (*Core*) 6 Blei
1 thermischer Schild 7 Polyäthylen
2 Reaktordruckgefäß 8 Beton
3 Blei

1. *Niedriges Gewicht und kleiner Platzbedarf.* Da die Abschirmgewichte bei Schiffsantriebslagen in der Größenordnung des Gewichtes der gesamten Maschinenanlage liegen können, ist eine besondere Auswahl und Kombination von Werkstoffen sowie eine gut durchdachte Konstruktion erforderlich, um das Gewicht zu verringern.
2. *Unempfindlichkeit der Abschirmung gegen Erschütterungen*, Vibrationen, Beschleunigungen usw., die im Schiffsbetrieb auftreten. Der Schild soll auch so im Schiff befestigt sein, daß er bei starken Schräglagen oder gekentertem Schiff unbeschädigt an seinem Platz bleibt.
3. Nach Möglichkeit soll der Strahlenschutz auch noch *zusätzlichen Kollisionsschutz* bieten.

Primärschild und Sekundärschild (Bild 21.18)

1. *Primärschild und thermischer Schild.* Der *Primärschild* umschließt den Reaktorbehälter. Ein Teil der vom Reaktorkern ausgehenden Strahlung wird bereits vom *thermischen Schild*, der den Kern unmittelbar umgibt, absorbiert.

Der Primärschild wird so ausgelegt, daß der Sicherheitsbehälter u.U. betreten werden kann. Schwierigkeiten ergeben sich durch Durchbrüche im Schild für Rohrleitungen und den Regelstabantrieb.

2. *Sekundärschild.* Er umschließt den gesamten evtl. radioaktiven Kreislauf, also z.B. den Kühlkreislauf mit Wärmeübertragern usw. sowie den Primärschild. Er soll die Strahlung auf die während des vollen Reaktorbetriebes zulässigen Dosisleistungen abschirmen.

Schutzraum

Es ist zweckmäßig für den Gefahrenfall — unvorhergesehenes Austreten radioaktiver Gase usw. — einen strahlengeschützten Schutzraum (mit Zuluftfiltern) für die an Bord befindlichen Personen vorzusehen.

21.7.4 Sicherheitsbehälter (Bild 21.19)

Die Klassifikationsgesellschaften schreiben den Sicherheitsbehälter verbindlich vor.

Zweck und Beanspruchung

Der Sicherheitsbehälter soll bei Unfällen in der Reaktoranlage verhindern, daß radioaktive Teile unkontrolliert ins Freie entweichen; er muß daher bei allen auftretenden Drücken *gasdicht* sein. In den Behälter werden alle Teile der Anlage, die radioaktiv werden können oder ein radioaktives Arbeitsmittel führen, eingeschlossen.

Der Behälter muß den beim GAU auftretenden Beanspruchungen standhalten. Beispielsweise wird bei Druckwasserreaktoranlagen für den GAU angenommen, daß gleichzeitig eine Hauptrohrleitung im Primärkreislauf und im Sekundärkreislauf brechen.

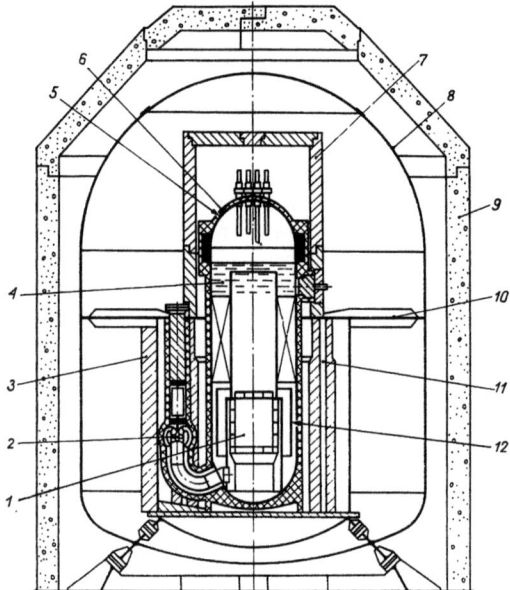

Bild 21.19 Sicherheitsbehälter mit FDR („*Otto Hahn*") und Abschirmungen

1 Reaktorkern
2 Primärwasser-Umwälzpumpe
3 Pumpenabschirmung
4 Primärwasser
5 Reaktordruckbehälter
6 Wärmeisolierung
7 obere Primärabschirmung (Grauguß)
8 Sicherheitsbehälter
9 Sekundärabschirmung (Beton)
10 Horizontalabstützung
11 untere Primärabschirmung (abwechselnd Grauguß und Wasser)
12 thermischer Schild

Außerdem muß der Behälter einen *äußeren* Überdruck standhalten, der sich durch den Wasserdruck beim Sinken des Schiffes ergibt. Es werden Flutventile oder Brechplatten eingebaut, damit der Behälter auch beim Sinken des Schiffes in sehr große Wassertiefen nicht durch den Außendruck zerstört werden kann; die Flutventile erhalten *Rückschlageinrichtungen*, damit bei einem inneren Überdruck keine Radioaktivität nach außen entweichen kann.

Mit Rücksicht auf die auftretenden Drücke wird der Sicherheitsbehälter möglichst kugel- oder zylinderförmig aus Stahl hergestellt.

Der Behälter wird außerdem gegen *Sprengstücke* evtl. durchgehender Turbomaschinen geschützt; u. U. genügt hier die Abschirmung.

Maßnahmen zur Herabsetzung des inneren Überdruckes bei einem GAU

Der Innendruck des Sicherheitsbehälters bei einem Rohrbruch kann durch Kondensation der dann evtl. freiwerdenden Dampfmenge verringert werden. Es gibt zwei Möglichkeiten:

1. Der Behälter ist teilweise mit Wasser gefüllt (*wet-well*); der im trockenen Teil (*dry-well*) des Sicherheitsbehälters entweichende Dampf wird mit Hilfe von Rohren zur Kondensation unter die Wasseroberfläche geleitet, wo er kondensieren soll. Bei Normalbetrieb dient der Wasserinhalt gleichzeitig als Abschirmung.
Bei seitlich liegenden oder gekentertem Schiff verlagern sich die *wet-well-* und *dry-well-Zonen*, die Kondensation des Dampfes muß auch dann gewährleistet sein.
2. Es wird eine *Wassersprühvorrichtung* eingebaut, die bei einem Unfall sofort selbsttätig anläuft.

Aufstellung im Schiff (Bilder 21.12, 21.16, 21.17)
Der Sicherheitsbehälter soll nach Empfehlung des GL zu den ihn umgebenden schiffbaulichen Verbänden des Reaktorraumes einschließlich der Sekundärabschirmung einen *Mindestabstand* von 0,5 m haben.
Die *Lagerung* des Sicherheitsbehälters soll auch bei örtlicher Beschädigung des Doppelbodens oder einer Schiffsseite oder bei gekentertem Schiff intakt bleiben.
Es sollen Möglichkeiten vorgesehen sein, damit der Sicherheitsbehälter bei gesunkenem Schiff *geborgen* werden kann.

21.7.5 Notantriebsanlage

Wegen einer evtl. Strahlengefährdung einer weiten Umgebung durch ein manövrierunfähiges Kernenergieschiff muß eine besondere *Notantriebsanlage* vorhanden sein, mit deren Hilfe das Schiff den nächsten geeigneten Hafen erreichen kann und auch unter allen Wetterbedingungen manövrierfähig bleibt; die Notantriebsanlage muß innerhalb kürzester Zeit betriebsklar sein und dem Schiff eine Geschwindigkeit von mindestens 5 kn erteilen; sie soll umsteuerbar sein. Treibstoffvorrat für den Notantrieb ausreichend für ≥ 1000 sm.
Für den Notantrieb kommt z. B. ein Motor (*take-home* Motor) infrage, der, evtl. lösbar, an das Hauptgetriebe angekuppelt ist; z. B. Dieselmotor, E-Motor oder Gasturbine. Bei Dampfanlagen genügt es auch, wenn die Hauptturbine im Falle des Versagens der Reaktoranlage mit Dampf aus einem ölgefeuerten Hilfskessel betrieben werden kann — so z. B. bei der „*Otto Hahn*".

21.8 Anforderungen an Werkstoffe im kerntechnischen Teil

Allgemeines
Zu den üblichen Anforderungen an Konstruktionswerkstoffe herkömmlicher Anlagen, wie z. B. Warmfestigkeit, Dehnung, Alterungsbeständigkeit usw. kommen für den kerntechnischen Teil noch besondere Anforderungen, die mit dem Neutronenhaushalt im Reaktor, der Strahlungsenergie usw. zusammenhängen.

Reaktor

Für *Brennstoffhülle, Kernhalterung, Reaktorgefäß, thermischen Schild* usw. wird gefordert:

1. *Strahlungsbeständigkeit* — z.B. keine Versprödung durch Strahlung.
2. *Geringe Aktivierung* durch Strahlung — z.B. kein Kobalt im Stahl des Reaktorgefäßes, da aktiviertes Kobalt ein starker γ-Strahler ist.
3. *Kleiner Neutronen-Einfangquerschnitt* für Werkstoffe des Reaktorkerns — vor allem für therm. Neutronen bei therm. Reaktoren.
4. *Keine Reaktion* mit Kernbrennstoff, Kühlmittel oder Moderator.

Reaktorgefäß, Rohre usw. wassergekühlter Reaktoren werden zur Vermeidung von Korrosionen innen mit austenitischem Werkstoff *plattiert*.

Werkstoffe der *Absorberstäbe* usw. sollen folgende Forderungen erfüllen:

1. *Hoher Absorptionsquerschnitt* für thermische, aber auch für schnelle Neutronen;
2. *Gute Warmfestigkeit* — Keine Zerstörung bei Leistungsexkursionen des Reaktors;
3. *Strahlungsstabilität.*

Bis heute wird ausschließlich *Borstahl* gewählt.

Biologischer Schild

Die Abschirmung der Neutronen und der γ-Strahlung erfordert unterschiedliche Werkstoffe. Für *Neutronenabschirmung* kommen vor allem leichte Elemente in Frage, enthalten z.B. in Wasser, Holz und Kunststoffen. Für die γ-*Abschirmung* werden dagegen schwere Elemente bzw. Werkstoffe, z.B. Blei, Stahl oder Beton verwendet.

Sicherheitsbehälter

Es kommen nur gut schweißbare Stähle in Frage.

21.9 Schrifttum

Ulhen, D. und *H. Lettnin*: Kernenergie-Schiffsantriebe. KEST-Bericht Nr. 28 (1977).

Illies, K.: Kernenergie für Schiffsantriebe. Handbuch für Schiffsbetriebstechnik. 3. Aufl. Friedr. Vieweg & Sohn, Braunschweig 1970.

Illies, K.: Energie für Schiffsantriebe — eine Zukunftsbetrachtung. STG-Jahrbuch Bd 71 (1977) S. 61/80.

Hauptabschnitt 22

Kühl- und Klimaanlagen

Dr.-Ing. *G. Drews*, Großhansdorf, und Dipl.-Ing. *C. A. Ziegler*, Hamburg

22.1 Formelzeichen, Einheiten und Normen

A	Fläche	m²
c	Spez. Wärmekapazität	J/kg
c_B	Spez. Atmungswärmekapazität	J/kg
G	Ladungsgewicht.	t
h	Gesamtdruck (Barometerstand)	mb
h_D	Teildruck des Wasserdampfes	mb
h_L	Teildruck der trockenen Luft	mb
h_S	Sättigungsdruck des Wasserdampfes . .	mb
i	Enthalpie (Wärmeinhalt) der Luft. . . .	J/kg K
k_m	Mittlerer äquivalenter Wärmedurchgangskoeffizient	W/m²K
K	Spez. Kälteleistung	kW
L	Luftrate	m³/h Person
LW	Luftwechsel	1/s
P	Leistung	W
Q, q	Wärmemengen.	W
q_0	Volumetrische Kälteleistung.	W
T	Zeit	s
T	Absolute Temperatur	K
t	Temperatur	°C, K
V	Luftvolumen.	m³/s
w	Luftgeschwindigkeit	m/s
x	Wasser- bzw. Wasserdampfgehalt der Luft	g/kg
γ	Wichte	N/m³
Δt	Wirksame Temperaturdifferenz	K
ε_C	Carnot-Leistungsziffer	–
ε_{th}	Theoretische Leistungsziffer	–
η	Wirkungsgrad allgemein	–
η_C	Carnot-Wirkungsgrad	–
η_d	Dichtheitswirkungsgrad	–
η_i	Indizierter Wirkungsgrad	–
η_L	Lüfterwirkungsgrad	–
η_m	Mechanischer Wirkungsgrad	–
η_t	Thermometrischer Wirkungsgrad	–
η_v	Volumetrischer Wirkungsgrad	–
η_w	Wandungswiderstand	–
ϑ	Temperatur	K
λ	Widerstandsbeiwert	–
λ	Liefergrad	–
λ_0	Wärmeleitfähigkeit	W/mK
ρ	Dichte	kg/m³
τ	Taupunkttemperatur	K
φ	Relative Luftfeuchte	%

Indices
i   Innen-
a   Außen-, bzw. Atmosphäre
l   Laderaum-
Alle weiteren Formelzeichen und Einheiten sind im Text erläutert

Wichtige Normenblätter usw.
DIN:
1946 Lüftungstechnische Anlagen, Grundregeln, Versammlungsräume, Fahrzeuge. Teil 1, 2 und 3.
1341 Wärmeübertragung, Grundbegriffe, Einheiten, Kenngrößen.
4701 Heizungen, Regeln für die Berechnung des Wärmebedarfs von Gebäuden.
4703 Wärmeleistung von Raumheizkörpern, Teil 1, 2 und 3.
19226 Regelungstechnik und Steuerungstechnik.
19227 Blatt 1: Bildzeichen . . . für . . . Regeln.
19228 Allgemeine Bildzeichen.
24145 Lufttechnische Anlagen, Wickelfalzrohre.
24156 Lufttechnische Anlagen, Blechkanäle; Teil 3 und 4
24157 Lufttechnische Anlagen. Blechkanäle; Teil 1, 2 und 3.
44569 Elektrowärme; Teil 1, 2 und 3.
VDI:
2050 Heizzentralen.
2052 Lüftung von Küchen.
2055 Wärme- und Kälteschutz; Berechnungen usw. für Wärme- und Kälteisolierungen.
2068 Meß-, Überwachungs- und Regelgeräte in heizungstechnischen Anlagen.
2078 Berechnung der Kühllast klimatisierter Räume.
2081 Lärmminderung bei lüftungstechnischen Anlagen.
2087 Luftkanäle, Bemessungsgrundlagen, Schalldämpfung.
2715 Lärmminderung an Warm- und Heißwasseranlagen
3525 Regelung von lüftungstechnischen Anlagen.
3801 Betreiben von raumlufttechnischen Anlagen.
VDMA:
24161 Ventilatoren, Begriffe, Formelzeichen, Einheiten.
Ferner:
VDI Kältetechnische Arbeitsmappe.

22.2 Kühlanlagen

Auf Schiffen unterscheidet man *Ladungskühlanlage* zur Lagerung und Frischhaltung schnell verderblicher Massengüter und *Proviantkühlanlagen* zu Lagerung und Frischhaltung des für Besatzung ur Fahrgäste erforderlichen Proviantes. Derartige A lagen sind also hinsichtlich des Fassungsvermöger und der Leistung verhältnismäßig klein. Da d Wartung ihres maschinellen Teiles die gleiche

Grundkenntnisse erfordert wie bei Großanlagen, erübrigt sich eine besondere Behandlung der Proviantkühlanlagen.

Spezielle Kühleinrichtungen auf Fischereifahrzeugen und für Tankschiffe zum Transport von verflüssigten, brennbaren Gasen wurden aus dem gleichen Grunde ausgeklammert.

22.2.1 Vorschriften für Bau und Betrieb von Schiffskühlanlagen

Hierfür sind bei allen in der Bundesrepublik Deutschland beheimateten Seeschiffen sowohl die einschlägigen Vorschriften und Empfehlungen der Klassifikationsgesellschaften, unter deren Aufsicht solche Anlagen gebaut und/oder betreut werden, als auch die gesetzlichen Bestimmungen, für deren Durchführung die Arbeits- und Sozialbehörde — Amt für Arbeitsschutz (s. Hauptabschnitt 27) — zuständig ist, und die Vorschriften der See-Berufsgenossenschaft zu beachten.

22.2.2 Art und Lagerungsbedingungen des Kühlgutes [22.1, 22.1, 22.13, 22.15]

Sie bestimmen Aufbau und Leistung einer Kühlanlage. Wie im Kühlhausbetrieb an Land, unterteilt man auch bei Übersee-Kältetransporten die Kühl-

Tafel 22.1 Lagerungsbedingungen verschiedener Kühlgüter

Kühlgut	Verpackung		Staudichte etwa	Raumtemperatur °C	Stündliche Luftumwälzung bezogen auf den leeren Raum, etwa
Minusladung					
Gefrierfleisch (frozen meat)	Rinderviertel u. -hälften, bei anderen Tieren ganze oder halbe Körper, eingenäht in Schutzhüllen aus Baumwolle oder Jutegespinst		330 ... 530 kg/m^3	−20	30 ... 40 fach
Kühlfleisch (chilled meat)	Rinderviertel u. -hälften eingenäht in Schutzhüllen aus Gaze oder Mull		300 ... 500 kg/m^3, hängend	−1 ... −1,5 zulässige Toleranz ± 0,25	30 ... 40 fach
Gefrorene Fische	in Kisten, Kartons oder lose		−	−20 ... −28	30 ... 40 fach
Butter	in Fässern zu je 50 kg		je 100 kg 1,5 m^3	bei langer Lagerung −10 ... −20 bei kurzer Lagerung −1 ... +4	30 ... 40 fach
Gefrier-Einschlageier Schaleneier	in Blechkanistern in geschlossenen oder Lattenkisten		1000 kg/m^3 10 Kisten/m^3	−18 ± 0, zulässige Toleranz ± 0,5	30 ... 40 fach 30 ... 40 fach
Plusladung					
Äpfel	in Kisten;	Brutto 23 kg Netto 20 kg	10 Kisten/m^3	−1 ... +3,5	80 fach
Birnen	dto		dto	−1,5 ... +2	dto
Apfelsinen	in Ganzkisten; in Halbkisten; in Kartons;	Brutto 36 kg Netto 30 kg Brutto 18 kg Netto 16 kg Brutto 16 kg Netto 15 kg	10 Kisten/m^3 20 Kisten/m^3 22 Kartons/m^3	± 0 ... +2	80 fach
Bananen	in Kartons; oder:	Brutto 13 kg Netto 11,7 kg Brutto 22 kg	≤ 340 kg/m^3	+11,7 zulässige Toleranz ± 0,1	80 ... 100 fach
Pampelmusen	in Halbkisten; in Kartons	Brutto 22 kg Netto 20 kg Brutto 21 kg Netto 19 kg	16 ... 17 Kisten/m^3 oder Kartons/m^3	± 0 ... +0,5	80 fach
Weintrauben	in Lattensteigen;	Brutto 11 kg Netto 10 kg	180 ... 200 kg/m^3	± 0 ... +1	80 fach
Zwiebeln	in Säcken;	Brutto 25 kg Netto 24,5 kg	12 ... 14 Säcke/m^3	± 0 ... 2	80 fach

güter in sogenannte *Plus-* und *Minusladung*. Erstere wird meist in natürlicher Verfassung angeliefert, letztere kommt stets vorgekühlt bzw. vorgefroren an Bord.

Tafel 22.1 enthält die wichtigsten Kühlgutarten nebst Angabe über Verpackung und Staudichte, ferner über günstigste Raumtemperatur und stündliche Luftumwälzung für die Lagerzeit.

Der Einfluß der beiden letzten Faktoren ist zusammen mit der *relativen Luftfeuchtigkeit* im Kühlraum, die man aber an Bord nur in sehr engen Grenzen regeln kann, weshalb bewußt auf diesbezügliche Angaben verzichtet wurde, ausschlaggebend für die in Tafel 22.2 aufgeführten *Veränderungen am Kühlgut*, die während seiner Kaltlagerung mehr oder weniger stark auftreten. Über die *spez. Wärme* verschiedener Kühlgüter gibt Tafel 22.3, über die Atmungswärme und CO_2-Entwicklung von Früchten die Tafel 22.4 Aufschluß.

Die Gewähr einer tadellosen Ablieferung jeder Kühlladung am Bestimmungsort ist nur gegeben, wenn allgemein folgende Voraussetzungen und Maßnahmen erfüllt werden:

Das Kühlgut muß im *einwandfreien* Zustand angeliefert werden, denn *mit Kälte kann weder ein bereits im Verderb befindliches Gut verbessert, noch können vor der Kaltlagerung entstandene Verlust an Nährwert ersetzt werden.*

Tafel 22.2 Veränderungen am Kühlgut

Art der Veränderung	Auswirkung
Physikalisch	Veränderung der Farbe, des Geschmackes, des Gewichtes, des Geruches, der Konsistenz
Histologisch	Änderung der Konsistenz
Chemisch	Säure- und Gasbildung
Mikrobiologisch	Infektion durch Mikroben und Bakterien

Tafel 22.3 Spezifische Wärmekapazität verschiedener Kühlgüter

Kühlgut	Spez. Wärmekapazität c kJ/kg K		Kühlgut	Spez. Wärmekapazität c kJ/kg K	
	vor dem Erstarren	*nach* dem Erstarren		*vor* dem Erstarren	*nach* dem Erstarren
Äpfel	3,84	–	Fleisch: Rind – fett	2,55	1,51
Bananen	3,34	–	mager	3,26	1,75
Birnen	3,84	–	Hammel – fett	2,51	1,46
Butter	2,51	–	mager	3,05	1,71
Eier	2,18	1,67	Apfelsinen	3,84	–
Fische (frisch)	3,43	1,79	Weintrauben	3,84	–
			Zitronen	3,84	–
			Zwiebeln (Speisezwiebeln)	3,70	

Tafel 22.4 Atmungswärme verschiedener Früchte

Frucht	Temperatur °C	Erzeugte Menge CO_2 mg/kg h	Erzeugte Wärmemenge kJ/t d	Frucht	Temperatur °C	Erzeugte Menge CO_2 mg/kg h	Erzeugte Wärmemenge kJ/t d
Äpfel	0	3 ... 4	690 ... 925	Pfirsiche	1,7	7 ... 9	1650 ... 2055
	4,4	5 ... 8	1150 ... 1840		15,6	30 ... 40	6820 ... 13820
	15,6	20 ... 30	4600 ... 6900		26,7	70 ... 100	16150 ... 23000
	29,4	30 ... 70	6900 ... 16120	Weintrauben (Comiekon, Tokaier)	1,7	3 ... 5	692 ... 1150
Apfelsinen	1,7	2 ... 3	502 ... 837		15,6	10 ... 12	2510 ... 2760
	15,6	15 ... 20	3560 ... 5020		26,7	25 ... 30	5755 ... 6920
	26,7	30	7540 ... 8370	(Concord)	1,7	6	1382
Bananen grün	12,2	15	3460		15,6	30	6920
	20	38	8750		26,7	70	16150
reifend	12,2	25 ... 40	6270 ... 10480	Zitronen	1,7	2	460
	20	55 ... 100	14670 ... 25140		15,6	8	1840
Birnen	0	3 ... 4	690 ... 922		26,7	15	3450
	15,6	40 ... 60	9220 ... 13820	Zwiebeln	0	3 ... 5	692 ... 1150
					10	8 ... 9	1840 ... 2070
					21	14 ... 19	3220 ... 4370

Deshalb sollte die Schiffs- und Maschinenleitung
a) möglichst noch vor, jedoch spätestens während der Übernahme der Kühlladung Stichproben von der Beschaffenheit und der Temperatur des Kühlgutes nehmen;
b) das Ergebnis in einem Protokoll niederlegen;
c) dieses Protokoll auch von einem Vertreter des Verladers unterschreiben lassen.

Im Fall eines Ladungsschadens sind diese Unterlagen von großer Bedeutung für die Reklamation des Schadens.

Vor Übernahme einer Kühlladung müssen die Kühlräume gründlich gereinigt und vorgekühlt sein. Während der Ladungsübernahme ist das Kühlgut vor Nässe und Regen zu schützen. Nach beendigtem Laden sollen die Kühlräume so schnell wie möglich heruntergekühlt werden.

Bei Fruchtladung erneuert man gleichzeitig, und zwar sofort nach Schließen der Luken, die Luft in den Räumen und führt anschließend laufend Frischluft — 1...3% der stündlichen Luftfördermenge — zu.

Die stündliche Luftumwälzung ist durch die jeweils installierte Leistung und Bauart der Lüfter — polumschaltbar oder stufenlos regelbar — gegeben.

Da die erstgenannte Bauart die allgemein übliche ist, kann man nach folgender Faustregel verfahren: Plusladung bei *voller*, Minusladung bei *niedrigster* Drehzahl belüften.

Im allgemeinen sind heute die Lüfter *höchstens* für einen 80...90fachen stündlichen Luftwechsel, bezogen auf den leeren Raum, ausgelegt, weil bei Fruchtfahrt die Abkühlungszeit der Frucht so kurz wie möglich gehalten werden soll.

Eingehende Messungen an Bord von Fruchtkühlschiffen haben ergeben, daß eine Steigerung über die 80fache stündliche Luftumwälzung hinaus zu keiner merklichen Verkürzung der Abkühlungszeit mehr führt, wohl aber zu einer wesentlichen Vergrößerung des Leistungs-, Platz- und Investitionsbedarfes für die Lüfter.

In Fruchträumen ist der CO_2-Gehalt, herrührend von der Fruchtatmung, zu beobachten; er soll rund 1..2 Vol.-% nicht übersteigen. Danach muß die Menge der einzuspeisenden *Frischluft* bemessen werden.

Jegliche *Geruchsbildung* sowie das Wachstum von Bakterien und Schimmelpilzen läßt sich erfolgreich durch Anwendung von Ozon (O_3) eindämmen.

Zweckmäßig ozonisiert man jeden Raum zweimal täglich etwa 2 Stunden lang. Im Falle von fettigen Kühlgütern, z.B. fettes Fleisch oder Butter, ist jedoch Vorsicht beim Ozonisieren geboten, da diese Kühlgüter bei längerer Ozoneinwirkung leicht *ranzig* werden.

In Proviant räumen haben sich Ozonlampen gut bewährt, um die gekühlte Ware vor dem *Kühlraumgeschmack* zu schützen.

Vor Einlaufen in den Zielhafen sollte die Kühlraumtemperatur immer dann rechtzeitig leicht erhöht werden, wenn für hochempfindliche Fruchtladung beim Löschen Gefahr eines schädigenden *Temperatursturzes* besteht. Das Löschen der Ladung muß wie der Beladungsvorgang möglichst schnell und trocken vor sich gehen.

22.2.3 Raumkühlung

Ganz allgemein erreicht man die Kühlraumtemperatur durch Umwälzen kalter Luft.

Stille Kühlung

Sie liegt vor, wenn die Kühlraumluft sich an Wand- und Decken-Kühlrohrsystemen, die von Kühlsole durchströmt werden, abkühlt, und der dabei auf natürliche Weise entstandene Luftumlauf den Wärmeaustausch zwischen Kühlgut und Kaltluft bewirkt. Diese Kühlart findet nur noch in Sonderfällen Anwendung, z.B. für den Transport tiefgefrorener Fische.

Luftumwälzkühlung [22.5, 22.8, 22.12, 22,13, 22.15, 22.16, 22.22, 22.28, 22.31, 22.39, 22.40]

Die Luftumwälzkühlung hingegen stellt heute die allgemein übliche Kühlweise dar. Hierbei wird die Kühlluft mittels Lüfter, also zwangsläufig, im Kreislauf über einen Kühler im Kühlraum umgewälzt. Ferner spricht man von *direkter* und *indirekter* Kühlung. Erstere bezeichnet die Abkühlung der Luft in einem als Verdampfer ausgebildeten Kühler, worin das verdampfende Kältemittel direkt der vorbeiströmenden Luft die Verdampfungswärme entzieht.

Bei *indirekter* Kühlung findet der Wärmeaustausch im Kühler von der Luft an einen Kälteträger, also indirekt, nämlich an die den Kühler durchströmende kalte Sole, statt.

Jedes Lüftungssystem muß immer, ob bei der Planung oder bei späteren Untersuchungen, funktionsmäßig als eine Einheit betrachtet werden. Es hat die Aufgabe, die Temperatur des Ladegutes durch Wärmeabfuhr auf einem Sollwert zu halten und, im Falle von Fruchtladung, insbesondere die durch die Atmung der Frucht frei werdenden schädlichen Gase, wie Äthylen und Kohlendioxyd, abzuführen. Die Luftzufuhr- und -abfuhrorgane müssen so eingerichtet sein, daß alle Teile der Ladung räumlich und zeitlich gleichmäßig umspült werden, und die Strömungswiderstände im gesamten Kreislauf möglichst gering sind.

22.2.4 Luftführung

Der Laderaum kann quer (horizontal) oder vertikal von der Luft durchströmt werden.

Die vertikale Luftführung

Sie hat sich in den letzten Jahren allgemein durchgesetzt. Ihre Vorteile gegenüber der Querbelüftung

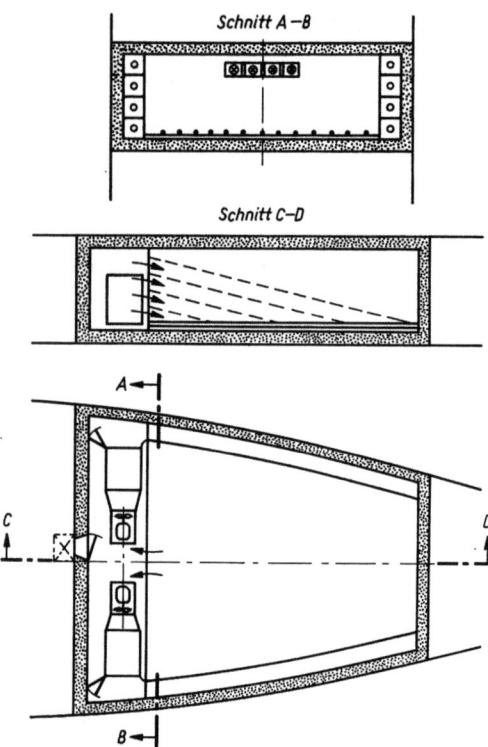

Bild 22.1 Vertikale Belüftung nach *Robson*

sind: kürzerer Weg durch die Ladung, geringerer Widerstand und weniger Platzbedarf. Der Gesamtwiderstand vertikaler Belüftungssysteme liegt heute bei nur 450...750 Pa, wovon allein 50...70 % auf die Luftkühler entfallen.

Es gibt verschiedene Ausführungsformen:

Richtung des Luftstromes von unten nach oben

Die Luft wird in den Hohlraum unter der Bodengräting gefördert und tritt durch Löcher oder Schlitze, die möglichst gleichmäßig in der Gräting angeordnet sind, in den Laderaum über; sie kann quer- oder längsschiffs zugeführt werden.

Im ersten Falle dienen dazu auf Backbord- und Steuerbordseite längs der Bordwand angeordnete *Kanäle*. Diese können nach der von *Robson* angegebenen Konstruktion durch schräg verlaufende horizontale Zwischenwände unterteilt sein (Bild 22.1). Die Idee ist, durch Klappen am Seitenkanal-Eingang die Luftmenge in drei Zonen einstellen zu können. Hiermit läßt sich die Luftmenge aber nur *verringern*, niemals *erhöhen*; denn jede Vergrößerung der Luftmenge und damit der Geschwindigkeit bedeutet einen Anstieg des Druckes, auf den der Lüfter entsprechend seinem Kennlinienverlauf mit einem Zurückgehen der Fördermenge antwortet.

Bemerkenswert ist ferner ein auf neueren französischen Fruchtkühlschiffen angewandtes vertikales Belüftungssystem, bei dem die durch ein Gitterdeck getrennten Raumhälften einer Raumeinheit im Luftstrom *hintereinander* geschaltet sind. Dadurch ergibt sich sowohl eine sehr gleichmäßige Luftverteilung im Ober- und Unterraum, als auch eine platzsparende vertikale Anordnung des Lüfters, zwischen je einem Luftkühler auf Backbord- und Steuerbordseite in der Mitte der Stirnwand des Unterraumes, kurz unterhalb des Gitterdecks (Bild 22.2).

Bei der Luftzufuhr *längsschiffs* wird die Kühlung nur an der einen Kühlraumquerseite unter eine etwa 300...400 mm hohe, dann stufenweise bis auf ca. 80 mm erniedrigte Gräting eingeblasen, so daß durch den Wegfall der vorher erwähnten beiden Längskanäle nutzbarer Laderaum gewonnen wird.

Eine weitere Variante der Belüftung mit aufsteigendem Luftstrom stellt die Kombination der geschilderten beiden Arten der Luftzufuhr dar, wobei der einen Hälfte des Laderaumes die Luft längsschiffs, der anderen querschiffs nach *Robson*, zugeführt wird. Auf diese Weise können etwa 2...3% zusätzlich an Laderaumkapazität gewonnen werden. Die Abzugsöffnungen für die Luft liegen entweder dicht unterhalb der Raumdecke in der Quertrennwand des Laderaumes zum Lüfter-Kühlraum oder, bei Anordnung der Lüfter und Kühler *außerhalb* des Kühlraumes (z.B. im Windenhaus), in der Decke nahe dem Zuluftkanal.

Ergänzend sei noch bemerkt, daß im leeren Laderaum die Luftgeschwindigkeit bei gleichmäßiger Verteilung nur wenige cm/s beträgt. Die lokale Wirkung der aus der Gräting mit hoher Geschwindigkeit austretenden Einzelluftstrahlen ist im leeren Laderaum etwa in einem Meter Höhe über der Gräting

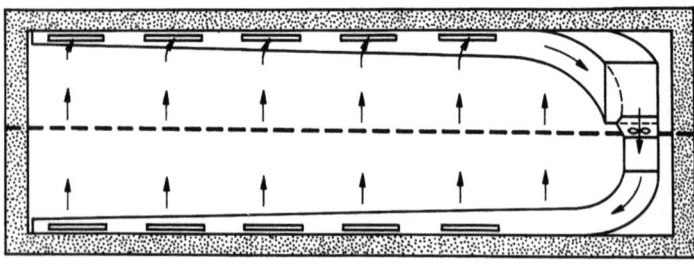

Bild 22.2
Vertikale Belüftung zweier, durch ein Gitterdeck getrennter, im Luftstrom hintereinandergeschalteter Räume; Luftführung von unten nach oben

Kühlanlagen

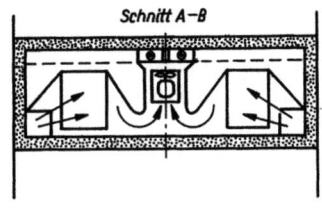

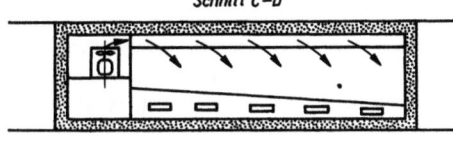

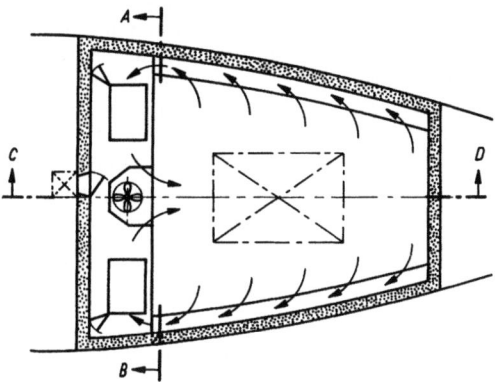

Bild 22.3 Vertikale Belüftung; Luftführung von oben nach unten

abgeklungen, und der weitaus größte Teil des Laderaumes ist von einer homogenen, turbulenten Mischbewegung erfüllt.

Die gleichmäßige Luftversorgung des Laderaumes wird auch dann nicht verändert, wenn die Ladung (z.B. Bananenladung jedweder Verpackungsart) als *Haufwerk* mit statistisch gleichmäßig verteiltem Lückenvolumen anzusehen ist. Stets aber muß das Kühlgut – auch Bananenkartons – so gestapelt werden, daß zwischen Laderaumdecke und Oberkante des Kühlgutes ein freier Raum von etwa 100 mm Höhe verbleibt.

Richtung des Luftstromes von oben nach unten

Hierbei tritt die Luft durch in der Decke angeordnete, kreisrunde, schlitz-, oder pilzförmige Öffnungen in den Raum und wird unten seitwärts oder querschiffs abgesaugt. Die Luftkanäle sind ebenfalls entlang der Bordwände angeordnet, jedoch derart unterteilt, daß die Zuluft auf Backbord- und Steuerbordseite über die obere Kanalhälfte den Deckenkanälen zuströmt und in den unteren Kanalhälften durch seitlich kurz über dem Boden befindliche Schlitze wieder abgesaugt wird (Bild 22.3).

Die Durchlüftung in Raumlängsachse

Sie stellt einen erwähnenswerten *Sonderfall* dar, der sich vor allem bei kleineren Laderäumen als sehr günstig, weil raumsparend, erwiesen hat. Das Prinzip besteht darin, die durch ein Zwischendeck unterteilten Laderäume in Längsachse derart zu belüften, daß das Zwischendeck als Trennwand zwischen hin- und rücklaufendem Luftstrom verwendet wird (Bild 22.4).

Quer- oder horizontale Belüftung

Diese Art der Belüftung wird heutzutage nicht mehr angewandt. Sie muß aber erwähnt werden, weil sie noch auf älteren Schiffen, zu deren Bauzeit diese Art der Luftführung vorherrschte, anzutreffen ist. Die Kühlluft wird hierbei in einen an der Bordwand in ganzer Länge und Höhe des Raumes angeordneten, ganz oder teilweise begehbaren Kanal eingespeist, strömt durch gleich- oder ungleichmäßig in der Kanalwand verteilte horizontale oder vertikale Schlitze in den Raum hinein und wird auf der Gegenseite des Raumes über einen in gleicher Weise ausgebildeten Kanal wieder abgesaugt (Bild 22.5).

22.2.5 Lufterneuerung

Durch einen besonderen Zu- und Abluftkanal erhält jeder Kühlraum die für sein Kühlgut erforderliche *Frischluftmenge*. Der Zuluftkanal steht über eine Regelklappe mit der Saugseite des Lüfters, der Abluftkanal in gleicher Weise mit der Lüfterdruckseite

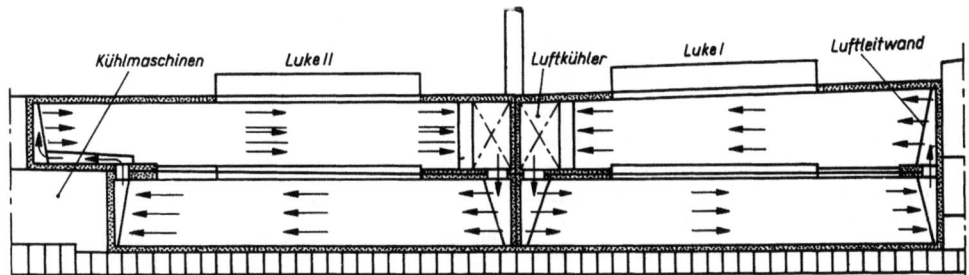

Bild 22.4 Belüftung in Raumlängsrichtung

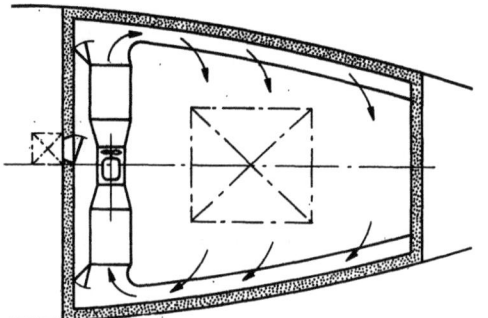

Bild 22.5 Horizontale Belüftung (*Querbelüftung*) mit Kontrollgängen

in Verbindung. Die Frischluft wird entweder über einen besonderen kleinen Lüfter eingespeist oder aber direkt vom Hauptlüfter angesaugt. In diesem Fall muß durch geeignete Maßnahmen sichergestellt sein, daß im Lüfter-Kühlerraum stets der Atmosphärendruck aufrecht erhalten wird; anderenfalls kann Unterdruck im Laderaum entstehen, so daß Feuchtigkeit und schädliche Nebenluft aus der Nachbarschaft in ihn eindringen und erhebliche Schäden an Kühlgut und Isolierung verursachen. Es gibt aber auch Frischluftanlagen mit zwei Lüftern gleicher Leistung, von denen der eine an einem Ende des Laderaumes die Frischluft *einspeist*, der andere am entgegengesetzten Raumende Raumluft *absaugt*.

22.2.6 Lüfter [22.8, 22.30, 22.34, 22.38, 22.39, 22.40, 22.41]

Bauarten (s. hierzu auch Hauptabschnitt 20)
Bedingt durch den für das Kühlgut vorgeschriebenen stündlichen Luftwechsel sind, vor allem bei Fruchtladung, große Luftmengen zu fördern, während die Widerstände im Luftkreislauf als *niedrig* anzusehen sind (kaum höher als insgesamt 450...750 Pa). Infolgedessen verwendet man für Bordkühlanlagen vorwiegend *Axiallüfter*, weniger Radialgebläse. Wie schon in Abschnitt 22.2.2 kurz erwähnt, sind die Axiallüfter meist durch polumschaltbare Elektromotoren angetrieben, so daß über die mögliche Drehzahländerung die Luftfördermenge den jeweiligen Betriebserfordernissen grob angepaßt werden kann.

Der Vollständigkeit halber sei noch bemerkt, daß *stufenlos regelbare Axiallüfter* mit entweder im Stillstand oder während des Laufens von Hand oder automatisch verstellbaren *Flügeln* vereinzelt jetzt auch bei voll automatisierten Schiffsladungskühlanlagen Eingang gefunden haben. Für die Betriebsüberwachung an Bord genügen die Kennlinien der installierten Lüfter.

Anordnung der Lüfter und Kühler
Lüfter und Kühler werden jeweils in einer besonderen Kammer derart angeordnet, daß die Luftwege möglichst kurz gehalten und Ober- und Unterräume eines Decks gleichzeitig belüftet werden können, wenn darin gleiche Temperatur gefahren werden soll. Hinsichtlich der Aufstellung des Lüfters zum Kühler stößt man häufig auf die Meinung, es sei vorteilhafter, wenn die Lüfter die Laderaumluft durch die Kühler *drücken*, denn auf diese Weise würde die entstehende Motor- und Zirkulationswärme sofort im Kühler wieder abgegeben und somit die herrschende hohe relative Luftfeuchtigkeit erhalten bleiben, während sich bei *Ansaugen* der Luft über die Kühler ungünstigere Luftverhältnisse einstellten, die ein stärkeres Austrocknen des Kühlgutes zur Folge hätten.

Eine Darstellung der Zustandsänderung der Kühlraumluft im Mollier i, x-Diagramm (Bild 22.6) ergibt für beide Betriebsweisen — Saugen über den Kühler oder Drücken durch den Kühler — den gleichen Endzustand der Luft beim Eintritt in den Laderaum und beim Austritt aus ihm. Doch ist zu bedenken, daß beim *Drücken* der Luft über den Kühler sich

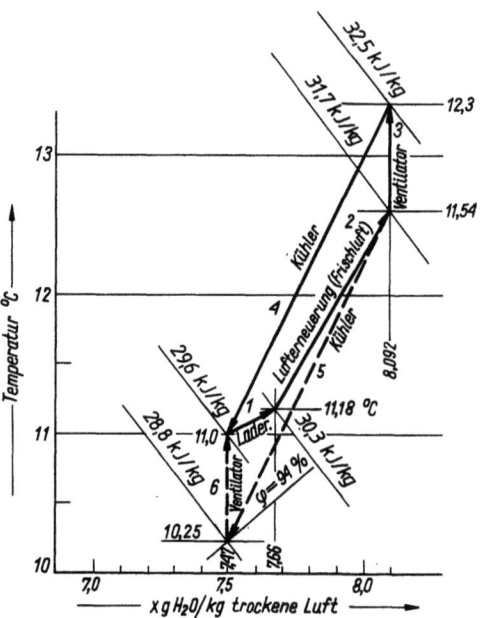

Bild 22.6 Zustandsänderung der Luft im Kühlkreislauf bei einer Ladung nackter Bananenstauden nach [22.38]
1, 2, 3, 4 – Lüfter drückt über den Kühler
1, 2, 5, 6 – Lüfter saugt über den Kühler

nicht mit Sicherheit im Laderaum einheitlich ein höherer Druck als der barometrische der Atmosphäre einstellt; sinkt aber das Druckniveau im Laderaum darunter, dann wird durch die Undichtigkeit in den Laderaumbegrenzungsflächen unvermeidlich warme, feuchte Luft angesaugt, was zu empfindlichen Ladungsschäden und erheblichem, laufenden Mehraufwand an Energie für die Kühlung führen kann. *Saugt* hingegen der Lüfter über den Kühler, liegt man hinsichtlich der eben erwähnten Gefahr auf der sicheren Seite und erreicht außerdem, daß die Luftströmung durch den Kühler vergleichmäßigt, die Kühlfläche besser beaufschlagt und hierdurch die Schichtung der Temperatur im Luftstrom einheitlicher wird.

Aus dieser Sicht heraus und in Übereinstimmung mit den aus neuesten Forschungen gewonnenen Erkenntnissen über die Vorgänge in Verdampfern sollte man stets den Lüfter über den Kühler ansaugen lassen.

22.2.7 Raumisolierung
[22.3, 22.8, 22.12–22.15, 22.23, 22.29 22.30, 22.36, 22.39, 22.40, 22.41]

Berechnungsgrundlagen

Ausschlaggebend für die in einen Kühlraum einfallende Wärmemenge ist *der mittlere äquivalente Wärmedurchgangskoeffizient*, k_m, der Kühlraumbegrenzungen. Diesen k_m-Wert auf ein Mindestmaß herabzudrücken, ist der Zweck jeder Isolierung. Es gilt

$$k_m = \Delta_e \cdot \Delta_b \cdot \Delta_f \cdot k_0 + \Sigma C \quad W/m^2 K \quad (1)$$

worin die dimensionslosen Faktoren bedeuten:

Δ_e Anwachsen der Wärmeeinströmung durch die in der Isolierung liegenden Spanten, Deckbalken und Schottversteifungen,

Δ_b Anwachsen der Wärmeeinströmung durch vagabundierende Luftströme, die die Isolierung ungeregelt durchziehen,

Δ_f Anwachsen der Wärmeeinströmung durch Feuchtigkeit in der Isolierung.

Der Wärmeübergangswiderstand gegen Seewasser, Atmosphäre und Kühlraumluft kann vernachlässigt werden; dann wird der Wärmedurchgangskoeffizient

$$k_0 = \lambda_0 / \delta \quad W/m^2 K \quad (2)$$

mit

λ_0 Wärmeleitfähigkeit der Isolierung . . . . W/mK
δ Dicke der Isolierung, einschl. der im Verhältnis der Wärmeleitfähigkeit der Isolierung zu der Verkleidung äquivalenten Dicke der Verkleidung . . . . m
ΣC Wärmeleitwert durch Ribbänder, Deckstützen, Luken- und Bilgendeckel und Sülle, durch Stringer, Vermessungsöffnungen, Ladepforten, Rohr- und Kabeldurchführungen – in der Einheit W/K – die aber bei Eingliederung in k_m auf die Einheit der Umfangsfläche bezogen wird . . . . W/m²K

Die für die Durchführung der Berechnung einer Isolierung nach obigen Gleichungen erforderlichen Formeln, Tafeln und Diagramme sind in dem angegebenen Schrifttum zu finden. Dieser Hinweis möge genügen, da die Berechnung oder auch die Nachrechnung einer Isolierung nicht zu den eigentlichen Aufgaben der Betriebstechnik gehört.

Im Schiffbau verwendbare Isolierstoffe

Die Isolierstoffe müssen außer der Grundbedingung geringer Wärmeleitfähigkeit noch folgenden Anforderungen genügen: Geruchlosigkeit, Festigkeit gegen mechanische Beanspruchungen, Fäulnisbeständigkeit, Feuersicherheit und leichte Verarbeitungsmöglichkeit beim Einbau.

Durchfeuchtung der Isolierung und Dehydriereinrichtungen

Durchfeuchtung

Feuchtigkeit gelangt aus dem Kühlraum in die Isolierung hauptsächlich dann, wenn die Kühlräume nicht gekühlte Ladung fahren (was fast immer für Kühlschiffe in einer Fahrtrichtung zutrifft), und zwar durch *Diffusion des Wasserdampfes*, durch *Konvektion der feuchten Luft* und durch *Kapillarität*. Diffusion fördert Feuchtigkeit in Richtung des Dampfdruckgefälles, dem die Kühlraumwände ausgesetzt sind; Konvektion fördert Feuchtigkeit in Richtung des Luftdruckgefälles, Kapillarkräfte fördern Feuchtigkeit in Richtung des Gefälles der Feuchtigkeitskonzentration. Die genannten Gefälle können gleich- oder auch entgegengesetzt gerichtet sein. Im Regelfalle wirkt Diffusion *entgegengesetzt* der Kapillarität. Konvektion hat gewöhnlich keine bevorzugte Richtung für den Feuchtigkeitstransport; sie vermag insbesondere als *vagabundierende* Konvektion (d.h. die Isolierung ungeregelt durchströmende Luft) bisweilen viel größere Mengen Feuchtigkeit als die Diffusion zu fördern. Da eine wirklich dauerhafte, absolut luftdichte Abdeckung der Isolierung wegen der elastischen Durchbiegungen des Schiffskörpers im Seegang praktisch nicht möglich ist, wird immer etwas feuchte Luft durch die Abdeckung in die Isolierung eingeblasen. Diese vagabundierende Konvektion bewirkt nach Untersuchungen von *Lorentzen* eine Zunahme der Wärmeeinströmung um das rd. 1,2...2,3fache.

Auch wenn man die Luken zum Löschen von Kühlgut öffnet, kondensiert fast immer der Wasserdampf aus der in die Kühlräume einströmenden Außenluft auf der Isolierungsabdeckung, so daß diese naß wird. Kapillarkräfte lassen die Feuchtigkeit mindestens bis in die Blindholzkonstruktion vordringen.

Dehydriereinrichtungen

Um die Durchfeuchtung der Isolierung zu verhindern werden *Dehydriereinrichtungen* eingebaut. Die Wirkungsweise einer solchen Anlage ist folgende:

eine kleine, weder mit der Atmosphäre noch mit dem Kühlraum in Verbindung stehende Luftmenge wird durch diffusionsdurchlässige Kanäle, ausgespart aus der zum Kühlraum liegenden Seite der Isolierung, im geschlossenen Kreislauf umgewälzt. Die in diesen ausgesparten Kanälen, genannt *Trockenschichten*, schleichend zirkulierende Luft entzieht durch Aufnahme hineindiffundierten Wasserdampfes in Dampfform diese Feuchtigkeit der Isolierung. Die nun mit Feuchtigkeit beladene Luft wird aus den Trockenschichten heraus durch Rohrleitungen einem Entfeuchter zugeführt, und hernach als getrocknete Luft wieder in die Trockenschichten eingeblasen. Der Entfeuchter kann ein Kältemittelverdampfer oder ein Kühler sein. Für die Entfeuchter sieht man bei größeren Anlagen ein besonderes Kälteaggregat gleicher Leistung wie das der Proviantkühlanlage vor und schaltet es mit diesem parallel; so kann man im Bedarfsfalle wahlweise ein Aggregat für das andere einsetzen.

Güte der Isolierung und Einhaltung der Raumtemperaturen

Die Güte der eingebauten Kühlraumisolierung und die Einhaltung der geforderten Kühlraumtemperaturen müssen durch Versuche nachgewiesen werden.

Nachweis für die Einhaltung der geforderten Kühlraumtemperaturen

Er läßt sich einfach durch Temperaturmeßinstrumente, wie entweder in Raumeckennähe und -mitte, etwa 1 m über dem Boden angeordnete, geeichte Quecksilber- und/oder elektrische Fernthermometer oder selbstschreibende Geräte während einer festgesetzten Versuchszeit unter Einhaltung der von den Klassifikationsgesellschaften gestellten Versuchsbedingungen erbringen.

Nachweis der Güte der Isolierung

Die Güte einer Isolierung drückt sich zahlenmäßig in dem mittleren Wärmedurchgangskoeffizienten, k_m, aus. Der Gütenachweis besteht also in der versuchsmäßigen und/oder rechnerischen Ermittlung des k_m-Wertes eines jeden Kühlraumes. Hierfür sind folgende Verfahren anwendbar:

a) Wärmebilanztest

Hierbei wird die im Beharrungszustand aus einem Kühlraum insgesamt abgeführte Wärmemenge gemessen und werden die aus dem Wärmeäquivalent der Lüfterarbeit, der Raumbeleuchtung und, im Falle des Vorhandenseins einer Dehydriereinrichtung, auch die von der Dehydratorarbeit herrührenden Wärmemengen bestimmt. Vernachlässigbar sind das Wärmeäquivalent der Rohrreibungsarbeit in den Soleleitungen und Luftkühler, ferner die durch Raum- und Lukenundichtigkeiten sowie durch zeitweises Begehen des Luftkühlerraumes und/oder Ladekühlraumes während eines solchen Versuches eingedrungenen geringen Wärmemengen. Die Größe der Kühlraumbegrenzungsflächen ist den Bauzeichnungen zu entnehmen. Aus den erhaltenen Werten läßt sich der mittlere Wärmedurchgangskoeffizient berechnen:

$$k_m = \frac{Q_T}{\Sigma(A \cdot \Delta t)} \quad W/m^2 K \quad (3)$$

$$Q_T = Q_V - (Q_B + Q_L) \quad W \quad (4)$$

Darin bedeuten:

Q_V in den Kühlraum eingedrungener gesamter Wärmestrom der Kühlraumbegrenzungsflächen .... W
Q_T Transmissionswärmestrom................ W
Q_B Wärmestrom der Kühlraumbeleuchtung ...... W
Q_L Wärmestrom der Lüfterarbeit .... W
A Kühlraumbegrenzungsfläche............. m^2
Δt wirksame Temperaturdifferenz an den Flächen A .... °C

Aufgrund zahlreicher, an Bord neuer Kühlschiffe durchgeführter Wärmebilanzteste kann man nach dem heutigen Stand des Kühlschiffbaues und der Isoliertechnik bei der Planung für trockene Isolierung einen mittleren Wärmedurchgangskoeffizienten von $k_m = 5{,}25 \, W/m^2 K$ mit ±15% Rechen- und Meßtoleranz zugrunde legen.

Der Aufwand des Wärmebilanztestes beschränkt seine Anwendung auf Sonderversuche. Allerdings liefert dieser Test nicht nur den *Gütenachweis der Isolierung* (wie z.B. der *Twintest*), sondern gleichzeitig auch den der *Leistung der Kältemaschinenanlage*.

b) Rechnerische Methode zur Bestimmung des k_m-Wertes einer Isolierung

Sie besteht in dem von *Niemann* modifizierten *Joelson*-Verfahren. Darüber wurde in der Fachliteratur eingehend berichtet, weshalb dieser Hinweis genügen möge.

c) Twintest nach *Niemann*

Mit diesem Test kann man über einfache Temperaturmessungen den k_m-Wert einer Isolierung bestimmen. Er gibt also der Maschinenleitung und -inspektion eine für ihre Bedürfnisse geeignete Möglichkeit an die Hand, den Zustand der Kühlraumisolierung jederzeit zu überprüfen. Man geht dabei von der Erwärmung des leeren Kühlraumes aus und setzt zwei *Erwärmungsstufen gleicher Dauer* zueinander ins Verhältnis. Während der ersten Stufe erwärmt sich der Kühlraum nach dem Herunterkühlen auf die Solltemperatur im Beharrungszustand bei abgestellter Kühlmaschine lediglich durch die Transmissionswärme. Bei der zweiten Stufe, nach erneutem Herunterkühlen auf die Solltemperatur im Beharrungszustand tritt die Kühlraumerwärmung außer durch die Transmissionswärme noch durch eine bestimmbare Wärmemenge, z.B. das der Lüfterarbeit, ein. Daraus läßt sich der mittlere Wärmedurchgangskoeffizient nach der Beziehung errechnen:

$$k_m = \frac{Q_L}{A} \cdot \frac{\Delta t_h'}{\Delta t_a' \cdot \Delta t_h'' \cdot \Delta t_a'' \cdot \Delta t_h'} \quad W/m^2 K \quad (5)$$

Kühlanlagen

Q_L Wärmemenge der Lüfterarbeit $= 0,86 \cdot I \cdot E$ . . . . . Wh
I Stromaufnahme des Lüftermotors . . . . A
E Wirksame Spannung an den Klemmen des Lüftermotors V
A Kühlraumbegrenzungsfläche . . . . m²
$\Delta t_h'$ Temperaturanstieg im Kühlraum nach der 1. Stufe . . . . °C
$\Delta t_h''$ Temperaturanstieg im Kühlraum nach der 2. Stufe . . . . °C
$\Delta t_a'$ Mittlere Temperaturdifferenz zwischen Kühlraum und Umgebung bei Beginn der 1. Stufe . . . °C
$\Delta t_a''$ Mittlere Temperaturdifferenz bei Beginn der 2. Stufe . . . . °C

Man kann aber auch schon bei der 1. Stufe zusätzlich zum Wärmestrom der Kühlraumbegrenzungsflächen eine bestimmte Wärmemenge einbringen, z.B. das der *Lüfterleistung bei der niedrigsten Drehzahl*, und führt die 2. Erwärmungsstufe in gleicher Weise, nur mit gegenüber Stufe 1 veränderter Wärmemenge, z.B. dem der *Lüfterarbeit bei der höchsten Drehzahl*, durch.

Dann gilt der *Wärmedurchgangswiderstand*

$$\frac{1}{k_m} = \frac{\dfrac{A}{Q_L'} \cdot \Delta t_a' \cdot \left(\dfrac{\Delta t_a''}{\Delta t_h''} - \dfrac{\Delta t_a''}{\Delta t_a'}\right)}{\left(1 - \dfrac{Q_L' \cdot \Delta t_h''}{Q_L'' \cdot \Delta t_h'}\right)} \quad \text{m}^2 \text{K/W} \quad (6)$$

worin bedeuten:

Q_L' Wärmemenge der Lüfterarbeit bei Lüfterdrehzahl n_1
Q_L'' Wärmemenge der Lüfterarbeit bei Lüfterdrehzahl n_2

Von der Genauigkeit der Temperaturmessung hängt also die Genauigkeit des ermittelten k_m-Wertes ab. Das Versuchsergebnis kann aber auch noch dadurch beeinflußt werden, daß, wenn die Kühlraumerwärmung über die 0°-Grenze hinausgeht, ein Teil des Wärmestromes der Kühlraumbegrenzungsflächen als *Schmelzwärme* für im Raum gefrorene Feuchtigkeit verbraucht wird. Dieser Einfluß kann jedoch praktisch vernachlässigt werden. Wenn der exakte *Wärmebilanztest* die Frage offen läßt, ob eine unzureichende Temperaturhaltung zu Lasten der *Isolierung* oder zu Lasten der *Maschinenleistung* geht, so entscheidet diese Frage eindeutig ein anschließender *Twintest*.

d) Angenäherter Wärmebilanztest
Einfach ist endlich das Verfahren, den k_m-Wert wie in Abschnitt a) „Wärmebilanztest" zu bestimmen, jedoch mit der Annäherung, die von der Kühlanlage erzeugte Kälteleistung nach Ablesen der Drücke und Temperaturen des Kältemittelkreislaufes aus den vom Hersteller der Verdichter angegebenen Leistungsdaten zu ermitteln.

Besondere Hinweise zu a)...d):
Bei allen angeführten Meßmethoden ist zu beachten, daß im Hinblick auf die Speicherfähigkeit der Isolierung erst mit den Messungen begonnen werden darf, wenn nach dem Herunterkühlen auf die Solltemperatur des Kühlraumes der Beharrungszustand eingetreten ist. Er kann als erreicht gelten, wenn Temperaturen und Drücke während etwa 6...8 h konstant geblieben sind.

Endlich wäre noch in diesem Zusammenhang zu erwähnen, daß häufig bei Kühlversuchen im Bereich von Minustemperaturen *Schwitzwasser* an der Außenhaut zu beobachten ist, wobei sich das Bild der Spanten und Decks durch einen Feuchtigkeitsfilm abzeichnet. Voraussetzung für diesen Niederschlag ist eine rel. Luftfeuchtigkeit der Außenluft von über 90% und Windstille. Unter diesen atmosphärischen Bedingungen kann also auch auf der Außenhaut von Kühlschiffen ein Kondenswasserfilm durch keine noch so dicke und gute Isolierung verhindert werden. Eine Kondensation dieser Art ist völlig bedeutungslos, weil sie mit der Qualität der Isolierung nichts zu tun hat.

22.2.8 Kälteerzeugungsanlage
[22.1, 22.4, 22.5, 22.7, 22.8, 22.12–22.14, 22.21, 22.22, 22.24, 22,26, 22.27, 22.31, 22.33, 22.34, 22.40, 22.41, 22.42–22.44, 22.46]

Anordnung im Schiff

Eine Kälteerzeugungsanlage kann *zentral* oder *dezentral* im Schiff angeordnet sein. Im ersteren Falle ist sie im Hauptmaschinenraum oder unmittelbar daneben – in einem gesonderten Raum – untergebracht; im letzteren Falle besteht sie aus mehreren, in sich geschlossenen Einheiten, die, entsprechend der Unterteilung der Kühlräume, in den nächstliegenden Deckshäusern aufgestellt sind.

Kältebedarf

Die Wärmeleistung errechnet sich aus der Summe aller aus den Kühlräumen abzuführenden Wärmeströme, die sich wie folgt aufgliedern lassen:

Wärmestrom durch die Kühlraumbegrenzungsflächen . . . . Q_t W
Wärmestrom durch zugesetzte Frischluft . . . . Q_{FL} W
Wärmestrom der Lüfterarbeit . . . . Q_L W
Wärmestrom der Kühlraumbeleuchtung . Q_B W
Wärmestrom der Solepumpenarbeit (bei indirekter Kühlung) . . . . Q_P W
Wärmestrom der Dehydratorarbeit (falls eine Dehydrieranlage vorhanden) . . . . . Q_D W
Wärmestrom durch Undichtigkeiten an Luken, Türen, durch Begehen der Lüfter-Kühler-Räume und evtl. der Kühlräume selbst . . . . Q_R W
Wärmestrom des Kühlgutes (bei Plusladung) . . . . Q_S W
Atmungswärme der Frucht . . . . Q_A W

Die Größenordnung des Wärmestromes (der Kälteleistung) liefert die Beziehung:

$$Q = Q_T + Q_{FL} + Q_L + Q_B + Q_P + Q_R$$
$$+ Q_S + Q_A \quad \text{W bzw. kW} \qquad (7)$$

Die Größen Q_D und Q_R sind im Verhältnis zur gesamten abzuführenden Wärmemenge vernachlässigbar klein. Sicherheitshalber macht man aber zum errechneten Wert von Q noch einen Zuschlag von 10...20 %.

Kältemittel [22.1, 22.7, 22.13, 22.14, 22.27]

Darunter versteht man jene Arbeitsstoffe, die man für kälteerzeugende Verdampfungskreisprozesse verwendet. Ihre zahlreichen Arten werden aufgrund internationaler Vereinbarung alle einheitlich mit dem Buchstaben R und speziell mit einer nachgesetzten, der chemischen Zusammensetzung des Moleküls entsprechenden Zahlennomenklatur gekennzeichnet.

Für Bordanlagen bevorzugt man heutzutage weitgehend fluorierte Chlorkohlenwasserstoffe, jedoch sind Ammoniakanlagen auch noch häufig anzutreffen. Im einzelnen handelt es sich um folgende Kältemittel:

$R\ 12 = Frigen\ 12 = CF_2Cl_2$ \quad (*Dichlordifluormethan*)

$R\ 22 = Frigen\ 22 = CHF_2Cl$ \quad (*Difluormonochlormethan*)

$R\ 717 = NH_3$ \quad (*Ammoniak*)*

Maßgeblich für die Beurteilung von Kältemitteln sind ihre physikalischen, chemischen, thermodynamischen und physiologischen Eigenschaften sowie wirtschaftliche und betriebliche Gesichtspunkte.

Nachstehend sollen Vor- und Nachteile der genannten Kältemittel einander gegenübergestellt werden:

R (Frigen) 12 und 22

Vorteile: schwach, angenehm riechend, reizlos. Befriedigende thermodynamische Eigenschaften: hohe kritische Temperatur, niedrige Verdichterdrücke und -temperaturen. Kälteleistung etwas größer als bei NH_3 ohne Unterkühlung bei $t - t_0 < 30°$, aber kleiner als bei NH_3 bei größeren Temperaturunterschieden. Metalle nicht angreifend und chemisch beständig unter den bei Kältemaschinen üblichen Druck- und Temperaturverhältnissen, nicht entzündbar und nicht brennbar. Bei Hantieren mit diesen Kältemitteln ist stets für *Augenschutz* zu sorgen.

Keine schädliche Einwirkung auf Kühlgüter, an Speisen erst nach längerer Einwirkung geschmackliche Veränderungen.

Nachteile: kein Warnvermögen, daher schwieriges Auffinden von Undichtigkeiten. Hohes Molekulargewicht, großer umlaufender Gewichtsstrom des Kältemittels, niedrige Verdampfungswärme. Zerstörende Wirkung auf Gummi, Fett, Wachs und Harz. Für Gußteile besonders dichter Spezialguß erforderlich, weil diese Kältemittel selbst durch feinste Poren des Werkstoffes dringen. Wasser in beiden Kältemitteln fast nicht löslich. Stark mischbar mit Mineralölen, dadurch starke Minderung der Ölzähigkeit und des Wärmeüberganges in den Wärmeaustauschern. Zersetzung an offener Flamme oder hoch erhitzten Metallflächen. Alle Spaltprodukte haben aber deutliche, eindeutige Warnwirkung.

Alle *Frigen*-Dämpfe sind schwerer als Luft; daher bei Entweichen einer großen Menge dieser Kältemittel Erstickungsgefahr, wenn nicht der vergaste Raum vor Betreten gründlich gelüftet wird.

Sondervorschriften der See-Berufsgenossenschaft beachten!

R 717 NH_3 (Ammoniak)

Vorteile: gutes Warnvermögen, daher leichtes Auffinden von Undichtigkeiten. Befriedigende thermodynamische Eigenschaften: hohe kritische Temperatur, hohe Verdampfungswärme, Eisen nicht angreifend.

Nachteile: stechender Geruch, giftig und ätzend. Bildung zündfähiger Gemische bei 14,5...29,5 Vol.-% NH_3 in Luft. Cu-Legierungen zersetzend, ausgenommen NH_3-beständige Cu-Sonderlegierungen. Schädliche Wirkung auf Kühlgüter. Bei Hantieren mit NH_3 sind Schutzbrillen und Atemschutzgeräte bereitzuhalten.

Sondervorschriften der See-Berufsgenossenschaft beachten!

R (Frigen) 502

Das in den letzten Jahren entwickelte Kältemittel R (*Frigen*) 502 gewinnt als Ersatz für R 22 immer mehr an Bedeutung. R 502 gehört zu den *azeotropen* Kältemittelgemischen, deren miteinander im Gleichgewicht stehende Flüssigkeits- und Dampfphasen die gleiche mengenmäßige Zusammensetzung aufweisen. Sie verhalten sich bei Verdampfung und Verflüssigung demnach wie ein reiner Stoff. (Die Bezeichnung *azeotrop* ist aus dem Griechischen abgeleitet und bedeutet *nicht kochend*; hier wohl im Sinne von Auseinanderkochen, d.h. als *destillatorische Trennung*, zu verstehen.) Azeotrope Gemische weisen ein Temperaturminimum auf, das unterhalb der entsprechenden Siedetemperaturen der jeweiligen Komponenten liegt. Bei gleichbleibender Temperatur ergibt sich im azeotropen Punkt ein Maximum für den Dampfdruck. R 5202 besteht aus 48,8 Gewichts-% R 22 (Verdampfungstemperatur − 40,8 °C) und 51,2 Gewichts-% R 115 (Verdampfungstemperatur − 38 °C). Sein azeotroper Siede-

---

*) Die Markenbezeichnung „Frigen" (Hoechst, Deutschland), „Freon" und „Arcton" (im angloamerikanischen Sprachbereich) kennzeichnen die meist üblichen fluorierten Chlorkohlenwasserstoffe.

punkt (bei 760 Torr) liegt bei −45,6 °C. Die Verdampfungswärme beträgt 182 kJ/kg.
Seine Vorteile sind: geringe Drucküberhitzung, bessere Kühlung des E-Motors bei Semihermetikverdichtern, kleineres Druckverhältnis und höhere Kälteleistung bei tiefen Temperaturen. Öl löst sich nur halb so viel wie in R 22. R 502-Dämpfe sind schwerer als die von R 22. Deshalb müssen die Leitungsquerschnitte größer gewählt werden. Empfohlen werden Strömungsgeschwindigkeiten von etwa 3,5 m/s in waagerechten und etwa 5 m/s in senkrechten Leitungen.
Azeotrope *Frigen*-Kältemittelmischungen bieten vor allem mehr und bessere Anpassungsmöglichkeiten an spezielle Forderungen als die bisherigen Kältemittel.

Kälteträger [22.13, 22.14, 22.24]
Bei Kälteanlagen mit *indirekter* Kühlung dienen als Kälteträger Salzlösungen, die bei tiefen Temperaturen nicht gefrieren. In Deutschland bezeichnet man solche Lösungen als *Sole*, in den englischsprechenden Ländern als *brine*.
Man unterscheidet sog. *technische Lösungen* auf Basis von $CaCl_2$, $MgCl_2$ und $NaCl_2$, teilweise aus den festen Salzen durch Auflösung gewonnen, und fabrikatorisch, meist mit Zusatz von Korrosionsverhütungsmitteln hergestellte Solen großer Reinheit, sog. *Edelsolen*. Außer den Chloridsolen gibt es Kühlsolen auf *Karbonat*basis, die sich durch sehr gutes Korrosionsverhalten auszeichnen (z.B. die Handelsmarken *Hoesch Pa 9-rot, Anticora* u.a.), sie bieten aber nicht so tiefe Abkühlungsmöglichkeiten wie die Chloridsolen auf Basis Chlorcalcium und die oben genannten Edelsolen. Die Abkühlung von Solen ist immer abhängig von der Dichte, die i.a. mit einer Spindel gemessen und in Bé-Graden ausgedrückt wird. Die tiefste Abkühlung von Chlorcalcium liegt theoretisch um 55 °C bei einer Konzentration von 32,2 °Bé. Mit Edelsolen erzielt man etwa die gleich tiefe Abkühlung bei einer Konzentration von rd. 28 °Bé.
Da die Verdampferflächen für die Sole den Punkt tiefster Abkühlung bedeuten, muß deren Temperatur bei der Wahl der Sole-Konzentration zugrunde gelegt werden.
Weil Sole bei hoher Konzentration weniger Sauerstoff aus der Luft aufnimmt, ist es vorteilhaft, auch bei höheren Temperaturen mit Sole hoher Konzentration zu fahren, also bei Edelsolen mit etwa 25...26 °Bé, bei Chlorcalcium-Sole mit etwa 30 °Bé. Die Solegeschwindigkeit in den Leitungen sollte möglichst *gering* sein, was allerdings größere Rohrquerschnitte bedingt. Bei hoher Strömungsgeschwindigkeit der Sole besteht nämlich die Gefahr, daß Luft angesaugt wird. Dabei gelangt Kohlendioxid (CO_2) in die Sole und läßt sie sauer werden, was zu Korrosion führt. Um Lufteinbrüche weitgehend zu verhindern, empfiehlt es sich, die Sole stets an der tiefsten Stelle der Anlage einzuspeisen. *Leckverluste* an Sole kann man durch Frischwasser ersetzen und die damit verbundene Verdünnung der Sole durch Zusatz von *Verstärkermitteln* ausgleichen.
Neben der Konzentration ist der pH-Wert der Sole ein Kriterium für ihre Güte und Wirksamkeit. Dieser Wert sollte in den Grenzen von 7,2...7,5 gehalten werden.
Weil bei allen Sole-Werten der pH-Wert mit der Zeit absinkt, sie also *sauer* und damit *aggressiv* werden, setzt man ihnen Stoffe zu, die sowohl den pH-Wert über lange Zeit stabil halten, als auch die Metalle gegen Korrosion schützen.
Bei NH_3-Anlagen ist das Ansteigen des Sole-pH-Wertes über 7,5 ein untrügliches Zeichen für NH_3-Einbruch in den Solekreislauf infolge undichten Verdampfers, dabei erfährt die Sole eine chemische Umsetzung, die *Schlammbildung* verursacht, ja bis zur völligen Eindickung der Sole führen kann. Der NH_3-Gehalt in der Sole darf nicht mehr als höchstens 2 g/l betragen. Es ist daher notwendig, Solen sowohl auf ihren pH-Wert als auch auf ihre *Konzentration*, gegebenenfalls sogar auf ihren NH_3-Gehalt laufend zu überprüfen, wofür die Herstellerwerke von Solen spezielle Anweisungen an die Hand geben.
Beim Abfüllen von Soleproben ist darauf zu achten, daß die Sole nicht mit Luft in Berührung kommt, weil sonst die Meßwerte durch den Luftsauerstoff, wie oben angedeutet, verfälscht werden. Im allgemeinen sind an Bord die Möglichkeiten, den Zustand der Sole zu überprüfen sehr begrenzt; deshalb ist es zweckmäßig, Sole-Untersuchungen in regelmäßigen Abständen einem Spezial-Laboratorium zu übertragen.

Berechnungsgrundlagen zur Kontrolle der Kälteleistung und des Verhaltens eines Verdichters im Betriebe [22.1, 22.5, 22.8, 22.13V, 22.14, 22.37]

Der Kälteprozeß als verdichterbetriebener Verdampfungsprozeß
Zur Beurteilung der verschiedenen Arten von Kältemaschinen (Kaltdampfverdichter, Dampfstrahler und Absorptionsmaschinen) vergleicht man die spez. Kälteleistung der zu untersuchenden Maschine mit derjenigen des idealen *Carnotprozesses*. Für jede einzelne Gattung von Kältemaschinen kann man außerdem einen ihrer thermodynamischen Eigenart entsprechenden Vergleichsprozeß anwenden.
Für die wohl am häufigsten vorkommenden einstufigen Kältemittelverdichter eignet sich am besten ein Vergleichsprozeß mit Unterkühlung, Drosselung und adiabatischer (isentroper) Verdichtung trockengesättigt angesaugten Dampfes. Auch dieser Vergleich kann durchgeführt werden

a) für das *innere* Verhalten zur Berechnung des Verdichters allein, bezogen auf die garantierten Werte von T_0, $T_ü$, T_u;

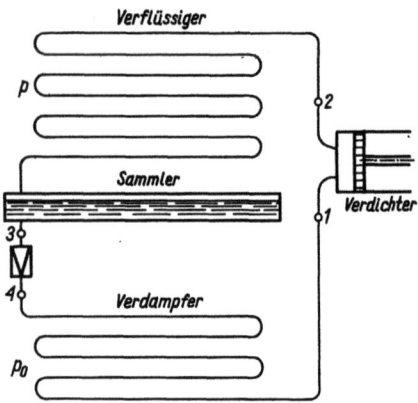

Bild 22.7 Schema einer Kältemaschine mit einstufiger Verdichtung; Ansaugen von Kältemitteldampf in trockengesättigtem Zustand

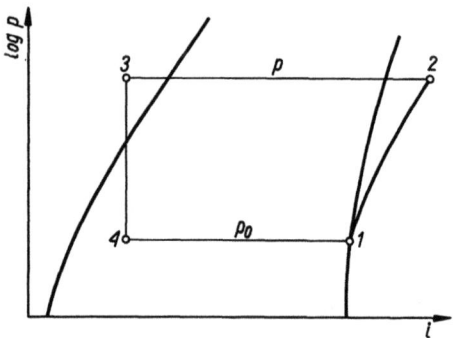

Bild 22.9 Vergleichsprozeß im i, $\log p$-Diagramm für einen einstufigen Kältemittelverdichter, der Kältemitteldampf in trockengesättigtem Zustand ansaugt; die Zustandspunkte 1 ... 4 entsprechen den Meßstellen 1 ... 4 in Bild 22.7

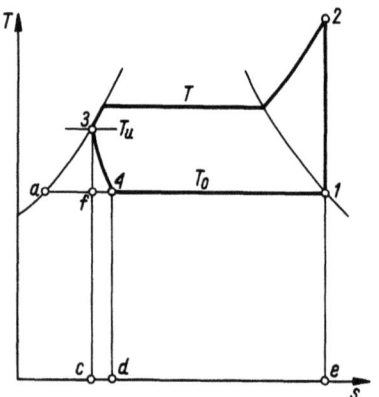

Bild 22.8 Vergleichsprozeß im T, s-Diagramm für einen einstufigen Kältemittelverdichter, der Kältemitteldampf in trockengesättigtem Zustand ansaugt; die Zustandspunkte 1 ... 4 entsprechen den Meßstellen in Bild 22.7

b) für das *äußere* Verhalten zur Berechnung der ganzen Anlage, bezogen auf die garantierten Werte der tiefsten Temperatur des Kälteübertragungsmittels (Sole) als Verdampfungstemperatur T_0, der Kühlwasseraustrittstemperatur T_{wa} als Verflüssigungstemperatur und der Kühlwassereintrittstemperatur T_{we} als Temperatur des unterkühlten Kältemittels.

Dieser Prozeß ist auf Bild 22.7 als Schaltschema, auf Bild 22.8 im T, s-Diagramm dargestellt. Die darin eingetragenen Zustandspunkte 1...4 entsprechen den im Schaltbild angegebenen Meßstellen. Die vier Grundelemente im Kältemittelkreislauf sind: *Verdichter* (Kompressor), *Kondensator* (Verflüssiger), *Expansions-*(Regel-)*ventil* und *Verdampfer*.

Vom Verdampfer saugt der Verdichter trockengesättigten Dampf vom Zustand 1 (Druck p_0, Temperatur t_0) an, verdichtet ihn adiabatisch bis zum Zustand 2 (Druck p, Überhitzungstemperatur $t_{ü}$). Dabei wird die äußere Arbeit W zugeführt. Hierauf strömt der Kältemitteldampf in den Kondensator, wo Überhitzungs- und Verflüssigungswärme an das Kühlwasser abgeführt werden, so daß der Dampf sich völlig verflüssigt. Nun wird die Flüssigkeit von der dem Druck p entsprechenden Verflüssigungstemperatur t noch auf die Unterkühlungstemperatur t_u – Zustand 3 – abgekühlt, unter gleichzeitiger Abfuhr der Unterkühlungswärme nach außen. Anschließend wird die Flüssigkeit im Expansionsventil vom Kondensatordruck p auf Verdampferdruck p_0 gedrosselt, bei gleichbleibender Enthalpie – Zustand 4 – und tritt nun in den Verdampfer ein. Dort verdampft die Flüssigkeit infolge der bei der tiefen Temperatur zugeführten Wärme und der Saugwirkung des Verdichters bei der Verdampfungstemperatur t_0. Der entstehende trockengesättigte Kältemitteldampf wird erneut vom Verdichter angesaugt – der Kältemittelkreislauf ist geschlossen.

Zur zahlenmäßigen Bestimmung von Wärme und Arbeit eignet sich das i, $\log p$-Diagramm nach *Mollier* besser als das T, s-Diagramm. Deshalb zeigt Bild 22.9 den beschriebenen Vergleichsprozeß auch noch im *Mollier*-Diagramm mit der gleichen Bezeichnung der Zustände wie auf Bild 22.8. Die waagerechten Strecken in diesem Diagramm bedeuten:

von 1 ... 2 die *adiabatische Verdichtungsarbeit*:

$$W = i_2 - i_1 \quad \text{kJ/kg} \tag{8}$$

von 2...3 die nach außen *abgeführte Wärme*:

$$Q^* = i_2 - i_3 \quad \text{kJ/kg} \tag{9}$$

von 3...4 die von außen *zugeführte Wärme*:

$$Q_0^* = i_1 - i_3 = i_1 - i_4 \quad \text{kJ/kg} \tag{10}$$

Kühlanlagen

Für die stündlich zu- und abzuführenden Wärmeströme bei einer stündlich umlaufenden Kältemittelmenge G_k kg/h gilt:
Kälteleistung, d.h. die stündlich von außen zugeführte Wärme:

$$Q_0 = G_k (i_1 - i_3) \quad \text{kJ/h} \tag{11}$$

Kondensatorleistung (einschließlich Unterkühlung):

$$Q = G_k (i_2 - i_3) \quad \text{kJ/h} \tag{12}$$

theoretische Verdichterleistung, d.h. die stündlich zugeführte Arbeit:

$$P_{th} = \frac{G_k (i_2 - i_1)}{3600} \quad \text{kW} \tag{13}$$

stündlich erforderliche *Kältemittelmenge* für eine gegebene Kälteleistung Q_0:

$$G_k = \frac{Q_0}{(i_1 - i_3)} \quad \text{kg/h} \tag{14}$$

theoretisch stündlich zu förderndes *Dampfvolumen*, bezogen auf den Anfangszustand:

$$V_{th} = G_k \cdot v_1'' = \frac{Q_0}{(i_1 - i_3)/v_1''} \quad \text{m}^3/\text{h} \tag{15}$$

worin bedeutet
v_1'' spez. Volumen des trockengesättigten Dampfes m³/kg

Berechnung des theoretischen stündlichen Hubvolumens V_{th}

Aus Gl. (15) ist ersichtlich, daß V_{th} bei gegebener Kälteleistung von dem Ausdruck $(i_1 - i_3)/v_1''$ abhängt; er wird als *volumetrische Kälteleistung* q_0 bezeichnet, also

$$q_0 = (i_1 - i_3)/v_1'' \quad \text{kJ/m}^3 \tag{16}$$

somit

$$V_{th} = \frac{Q_0}{q_0} \quad \text{m}^3/\text{h} \tag{17}$$

Der Wert q_0 für ein bestimmtes Kältemittel ist aus den betreffenden Dampftafeln zu errechnen.
Steht ein *Mollier i, log p*-Diagramm mit eingezogenen Linien konstanter spez. Volums (*Isochoren*) zur Verfügung, kann man die Werte für i_1, i_3 und v_1'' unmittelbar daraus ablesen.

Berechnung des theoretischen Leistungsbedarfes
Aus den Gln. (13) und (14) erhält man

$$P_{th} = \frac{Q_0}{3600 (i_1 - i_3)/(i_2 - i_1)} \quad \text{kW} \tag{18}$$

worin der Ausdruck unter dem Nenner die theoretische spez. Kälteleistung des Idealprozesses darstellt; es ist also

$$K_{th} = 3600 (i_1 - i_3):(i_2 - i_1) \quad \text{kJ/kWh} \tag{19}$$

oder

$$P_{th} = \frac{Q_0}{K_{th}} \quad \text{kW} \tag{20}$$

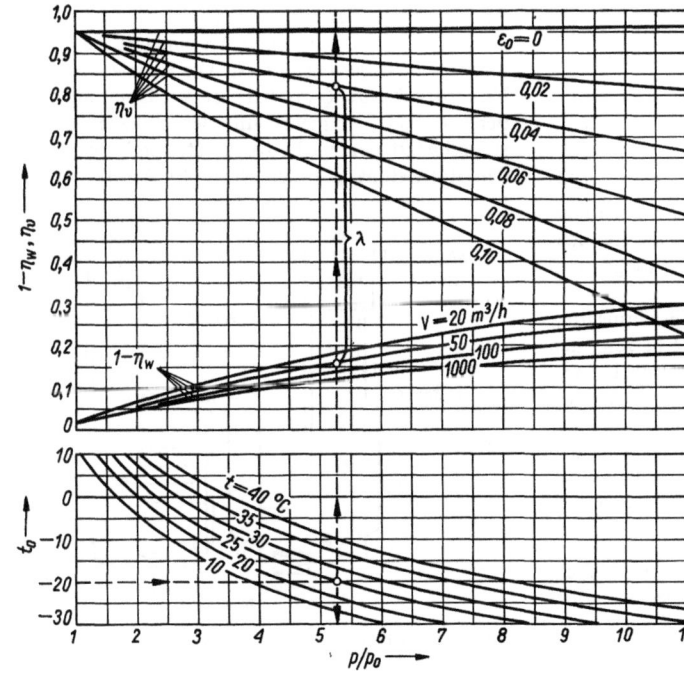

Bild 22.10
Nomogramm zur Berechnung des Liefergrades λ
Beispiel:
Verdampfungstemperatur
$t_0 = -20$ °C;
Verflüssigungstemperatur
$t = +25$ °C;
Schädlicher Raum
$\epsilon_0 = 0,04$;
Stündliches Hubvolumen einer Zylinderseite
$V = 50$ m³/h
ergibt:
Druckverhältnis
$p/p_0 = 5,3$;
Volumetrischer Wirkungsgrad
$\eta_v = 0,82$;
Wandungsverlust
$(1 - \eta_w) = 0,16$;
Liefergrad
$\lambda = \eta_v - (1 - \eta_w) = 0,66$; $\eta_i/\lambda = 1,18$
Indizierter Wirkungsgrad
$\eta_i = 1,18 \cdot 0,66 = 0,78$

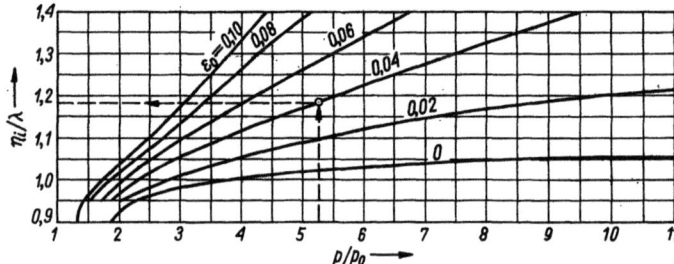

Bild 22.11 Ermittlung des indizierten Wirkungsgrades η_i bei gegebenem Wert von λ nach Bild 22.10 [22.13]

Berechnung des geometrischen stündlichen Hubvolumens

Es errechnet sich für eine bestimmte Kälteleistung Q_0 aus der Beziehung

$$V = V_{th}/\lambda \quad m^3/h \tag{21}$$

λ ist der *Liefergrad*, der das Produkt aus den drei Wirkungsgraden η_v (volumetrischer Wirkungsgrad), η_t (thermometrischer Wirkungsgrad) und η_d (Dichtheits-Wirkungsgrad) darstellt; es gilt also

$$\lambda = \eta_v \cdot \eta_t \cdot \eta_d \tag{22}$$

η_v hängt ab vom Druckverhältnis p/p_0, vom schädlichen Raum ϵ_0 und von den Ventilwiderständen; η_t und η_d sind abhängig vom Druckverhältnis und vom Verhältnis des Hubvolumens zur Größe der Wärmeaustausch- und Dichtungsflächen der Zylinder. Faßt man die Größen η_t und η_d zum sog. *Wandungswiderstand* η_w zusammen, läßt sich der Liefergrad nach der Gleichung bestimmen:

$$\lambda = \eta_v - (1 - \eta_w) \tag{23}$$

Im Nomogramm des Bildes 22.10 kann λ für gegebene Hubvolumina und bestimmte Druckverhältnisse direkt abgegriffen werden.

Indizierter Leistungsbedarf

Für ihn gilt:

$$P_i = P_{th}/\eta_i \quad kW \tag{24}$$

Er ist also *größer* als der theoretische Leistungsbedarf wegen des Wärmeaustausches im Zylinder und der Undichtigkeiten der Kolbenringe und Ventile.

Das Verhältnis η_i/λ hängt vom Druckverhältnis p/p_0 und schädlichem Raum ϵ_0 ab. Bild 22.11 zeigt den Verlauf von η_i/λ über dem Druckverhältnis bei verschieden großen schädlichen Räumen. Ist nun λ aus Bild 22.10 bekannt, kann man η_i mit Hilfe des Bildes 22.11 berechnen, dessen Kurven zwar speziell für NH_3 gelten, aber mit praktisch tragbarer Annäherung auch für R12 und R22 brauchbar sind.

Effektiver Leistungsbedarf

Er liegt wegen der Reibungsverluste des Verdichters, des Leistungsbedarfes von Ölpumpen u.a. höher als der indizierte Leistungsbedarf; also

$$P_e = P_i/\eta_m \quad kW \tag{25}$$

Der mechanische Wirkungsgrad η_m liegt je nach Verdichterbauart und Belastung etwa zwischen 0,82...0,93.

Zweistufiger Kälteprozeß

Durch Unterteilung des Druckgefälles in zwei (oder mehrere) Stufen kann man die *Verdichtungsendtemperatur* herabsetzen, die Werte von λ und η_i verbessern und zusätzlich durch *Zwischenkühlung* und *2-stufige Entspannung* weitere Vorteile gewinnen. Dabei läßt sich die Zwischenkühlung allein durch Einspritzen flüssigen Kältemittels oder verbunden mit einer Wasservorkühlung durchführen, bei kleineren Maschineneinheiten auch nur durch Wasser oder Luft; das Kältemittel wird dann *einfach* entspannt.

Für einen 2-stufigen Verdichter zeigen die Bilder 22.12 und 22.13 Schaltschema und Prozeßverlauf im *Mollier i*, log p-Diagramm. Die eingetragenen Zustandspunkte entsprechen sich gegenseitig. Hoch- und Niederdruckkreislauf können als getrennte Kreisläufe mit jeweils einstufigem Verdichter betrachtet werden, bei denen das umlaufende Kältemittelgewicht verschieden ist. Die Kälteleistung der Niederdruckstufe $Q_{0,N}$ bei der Verdampfungstemperatur $T_{0,N}$, vermehrt um den indizierten Leistungsbedarf der Niederdruckstufe, ergibt die Kondensatorleistung Q_N der Niederdruckstufe bei der

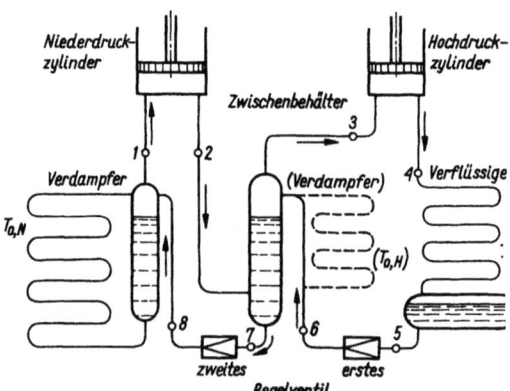

Bild 22.12 Schema einer Kältemaschine mit zweistufiger Verdichtung

Kühlanlagen

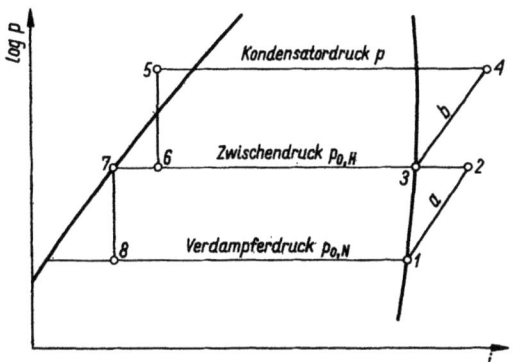

Bild 22.13 Vergleichsprozeß im i, log p-Diagramm für einen zweistufigen Kältemittelverdichter

Zwischentemperatur t_m, die dem Mitteldruck entspricht und gleich ist der Verdampfungstemperatur $T_{0,H}$ der Hochdruckstufe. Die Kälteleistung der letzteren, $Q_{0,H}$, entspricht der Kondensatorleistung Q_N der Niederdruckstufe, die, vermehrt um den indizierten Leistungsbedarf $P_{i,H}$ der Hochdruckstufe, die nach außen abzuführende Kondensatorleistung der Hochdruckstufe Q_H ($= Q$) ergibt. Daraus folgt

a) für den Niederdruckzylinder

$$V_{th,N} = Q_{0,N}/q_{0,N} \quad m^3/h \quad (26)$$

mit

$$q_{0,N} = (i_1 - i_7)/v_1'' \quad kJ/m^3 \quad (27)$$

und

$$P_{th,N} = Q_{0,N}/K_{th,N} \quad kW \quad (28)$$

mit

$$K_{th,N} = 3600\,(i_1 - i_7)/(i_2 - i_1) \quad kJ/kWh \quad (29)$$

b) für den Hochdruckzylinder

$$V_{th,H} = (Q_{0,N} + P_{i,N})/q_{0,H} \quad m^3/h \quad (30)$$

mit

$$q_{0,H} = (i_3 - i_5)/v_3'' \quad kJ/m^3 \quad (31)$$

und

$$P_{th,H} = (Q_{0,N} + P_{i,N})/K_{th,H} \quad kW \quad (32)$$

mit

$$K_{th,H} = 3600\,(i_3 - i_5)/(i_4 - i_3) \quad kJ/kWh \quad (33)$$

c) für die Kondensatorleistung

$$Q_H = Q_{0,N} + P_{i,N} + P_{i,H} \quad kJ/h \quad (34)$$

λ und η_i lassen sich aus den Bildern 22.10 und 22.11, entsprechend dem jeweiligen Druckverhältnis jeder einzelnen Stufe, ermitteln.
Der Mitteldruck p_m, der gleichzeitig der Kondensatordruck der Niederdruckstufe und Verdampferdruck der Hochdruckstufe ist, ergibt sich bei zweistufigen Verdichtern zu

$$p_m = p \cdot p_0 \quad bar \quad (35)$$

In den Bildern 22.14.1 bis 22.14.3 sind Leistungskurven verschiedener Kältemittelverdichter wiedergegeben.

22.2.9 Der Kühlfrachtbehälter (Kühl-Container KC) [22.58—22.61]

Der „*Kühl-Container*" nimmt immer mehr an Bedeutung zu. Von den insgesamt über zwei Millionen Containern (auf 20-Fuß-Einheiten, Twenty Foot Equivalent Unit, kurz „TEU" genannt, umgerechnet) sind ca. 8 % Kühl-Container, deren luft- und klimatechnische Erfordernisse neuartige maschinentechnische Konstruktionen und schiffbauliche Einrichtungen erforderten.

Kühlungsarten

Von den fünf für Transportkühlung möglichen Verfahren (Kühlung durch Trockeneis — durch eingebaute Kältemaschinen — durch Flüssigstickstoff — durch Solespeicherplatten und Kühlung durch flüssige Luft) ist in Zusammenhang mit dem Seetransport praktisch nur die Kühlung durch *ein-* oder *angebaute Kältemaschinen* von Bedeutung.

Kältemaschine

Durch die (leicht demontierbaren, oft propan-, diesel- oder vergasergetriebenen) *Kühlaggregate* ist eine ununterbrochene Kühlung des Containers vom Versender über See bis zum Empfänger möglich. Für den Landtransport bzw. den Kaischuppen wird durch direkten E-Antrieb die Kühlung sichergestellt. Die durch mechanische Kühlverfahren bedienten Container haben Elektromotoren für unterschiedliche Spannungen und Frequenzen, z.B. 360...420V, 50 Hz; 380...440 V, 50...60 Hz, 220 V, 50...60 Hz). Der Kälteteil muß den durch die Klassifikationsgesellschaften aufgestellten Bordbedingungen (u.a. zuverlässige Schmierung des Kompressors auch bei Schräglage sowie sichere Abführung des Abtauwassers) entsprechen. Es werden KC für Temperaturen bis max. —30 °C gebaut.
Da z.B. bei Früchten und Gemüse die Temperatur auf ca. +2 °C gehalten werden muß, ist die Kältemaschine mit einem *Temperaturregler* und für *Teillastbetrieb* einzurichten.
Bei Transport von Citrusfrüchten muß, wie auch bei Kühlladungsbetrieb üblich, eine CO_2-*Kontrolle* vorgesehen werden und eine danach notwendige Frischluftzufuhr möglich sein (Generalluftwechsel).

Trockeneis

Bei dem sogenannten „nichtmechanischen" Kühlverfahren (Trockeneis oder flüssiger Stickstoff, z.B. drei Behälter mit je 250 Liter Inhalt für einen KC von 22,7 m³) ist die Kühlwirkung zeitlich begrenzt. Eine Luftumwälzung durch Ventilator und Temperaturregelung je nach Art des zu kühlenden Gutes ist erforderlich.

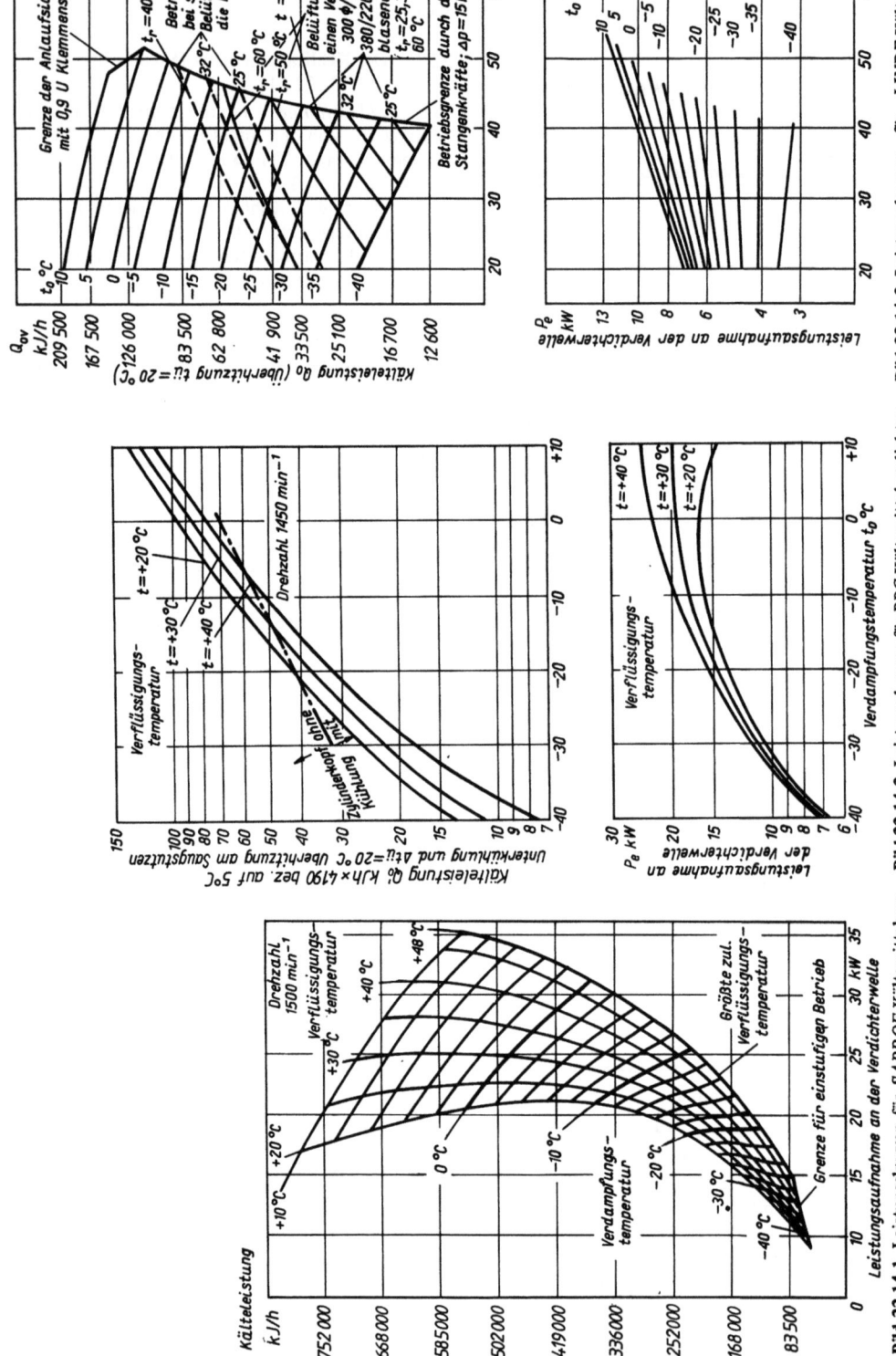

Bild 22.14.1 Leistungskurven für SABROE-Kältemittelverdichter Typ CMO 18; Kältemittel R 22

Bild 22.14.2 Leistungskurven für BBC-Kältemittelverdichter Typ AF 14; Kältemittel R 22

Bild 22.14.3 Leistungskurven für LINDE-Kältemittelverdichter Typ J 801 (halbhermetische Bauweise); Kältemittel R 22

Ausgeführte Kühlfrachtbehälter (Bayer)

Isolier-Container
Kategorie IN, d.h. normalisierte Beförderungsmittel, definiert durch den k-Wert
$$k = 0{,}4 \ldots 0{,}7 \ \text{W/m}^2\text{K}$$
Wärmeleitfähigkeit (bei 293 K)
$$\lambda = 0{,}0356 \ \text{W/mK}$$
$(\lambda = 0{,}021 \ \text{W/mK}, \quad$ wenn diffusionsdicht abgedeckt)

Thermos-Container haben einen Wert
$$k \leqslant 0{,}29 \ \text{W/m}^2/\text{K}$$

Nach dem Handbuch der Kältetechnik, Band 11, des „International Institute of Refrigeration" sind die im Kühl-Container zu garantierenden Werte je nach Ladungsart auf $+12 \ldots -25$ °C festgelegt. Nach Vorschrift, z.B. des GL, müssen die vorgenannten Innentemperaturen bei einer Außentemperatur bis max. $+40$ °C und einer Laufzeit des Kälteaggregates von nicht mehr als 16 h innerhalb eines Tages gehalten werden.

Kühl-Container mit fest angebauter Kälteanlage
Die Antriebsmotoren im Leistungsbereich von $7{,}5 \ldots 18{,}5$ kW werden als Dieselmotoren mit $n = 500 \ldots 2500$ U/min gebaut. Der Geräuschpegel liegt hier bei $70 \ldots$ max. 78 Phon. Die von Dieselmotoren angetriebenen Generatoren sind entsprechend den Bordvorschriften der Klassifikationsgesellschaften konstruiert und einsatzbereit:
1. an Deck,   2. im Tropenklima,
3. bei hohen Umgebungstemperaturen bis ca. 60 °C.
Die Elektromotoren in Ausführung P 33 arbeiten direkt auf die Kompressoren.

Kühl-Container mit abnehmbarer Kälteanlage
Die sogenannte „clip-on"-Bauweise wird hauptsächlich dann im kombinierten Verkehr *Schiff-Schiene-Straße* eingesetzt, wenn, wie bei den Kühl-Container-Schiffen, eine besondere bordseitige Kühl-Container-Klimaanlage vorhanden ist.

a) Kompressoraggregat
Der *Drehstromgenerator*, angetrieben durch einen Zwei-Zylinder-Dieselmotor, 11 kW Leistung, liefert u.a. den elektrischen Strom für das Kälteaggregat von 2325 W. Ein Verdampfer wird von zwei Ventilatoren beaufschlagt, die die Laderaumluft mit $l/h = 10$ umwälzen.
Nutzraum 22,7 m³, isoliert mit Polyurethan-Hartschaum, Mindeststärke 75 mm, für Tropeneinsatz bis zu 110 mm. Temperatur-Regelung auf $+4$ °C, -10 °C und -18 °C möglich.

b) „Cryogen"-Kühlung mit Stickstoff
Beim Straßen- oder Schienentransport übernimmt oftmals ein *Stickstoff-Kältespeicher* (flüssiger Stickstoff von -196 °C) die erforderliche Kühlung.
Hauptbestandteil einer sog. *„Cryogen-Trans"-Flüssigstickstoff-Kühlanlage*, wie z.B. Messer-Griesheim das von ihr eingeführte Verfahren nennt, sind der Stickstoffbehälter mit den zugehörigen Rohrleitungen und Armaturen sowie die Meß- und Regeleinrichtung. Der Behälter für die Speicherung des flüssigen Stickstoffs ist gegen Wärmeeinfall wirksam isoliert. Es gibt verschieden große Behälter mit $72 \ldots 200$ Liter Inhalt. Die 200-Liter-Behälter können für große Fahrzeuge, die weite Strecken zurücklegen, zu Mehrbehälteranlagen zusammengefaßt werden. Gewöhnlich werden die Behälter an der Stirnwand des Laderaums befestigt und über einen außen angebrachten Füllanschlußkasten mit flüssigem Stickstoff gefüllt. Im Füllanschlußkasten befinden sich ein Flüssigkeitsstandanzeiger und ein Temperaturregler. An einem Manometer ist der Betriebsdruck im Behälter ablesbar.

Vom Behälter strömt der flüssige Stickstoff über ein automatisch gesteuertes Ventil zum *Sprührohr*, das an der Decke des Laderaums befestigt ist und eine Anzahl Sprühbohrungen aufweist. Die Länge des Sprührohres richtet sich nach der Größe des Kühlkoffers. Parallel zum Sprührohr ist ein *Temperaturfühler* an der Decke angeordnet. Hierdurch werden eine hohe Schalthäufigkeit und eine geringe Temperaturabweichung vom Sollwert ($+/-1$ °C) erreicht.

Das beim Verdampfen des flüssigen Stickstoffs anfallende Gas wird nach Nutzung seiner Kälte über eine Druckausgleichsklappe ins Freie geführt. Diese Klappe öffnet sich bei einem Überdruck von etwa 500 Pa. – Mit einem im Führerhaus befindlichen Hauptschalter wird die Anlage in Betrieb gesetzt. Durch Öffnen der Türen des Laderaumes wird sie selbsttätig ausgeschaltet; sie kann außerdem von innen durch Handschalter außer Betrieb gesetzt werden.

Die für das Regelsystem erforderliche Energie ist verhältnismäßig gering und wird einer 6- oder 12-V-Fahrzeugbatterie (Kapazität 58 Ah) entnommen. – Der flüssige Stickstoff wird dem Speicherbehälter des Fahrzeugs von der Tankstelle über einen Metallschlauch zugeführt.

Hat ein Kühlfahrzeug mehrere Kammern, so können diese aus einer Flüssig-Stickstoffanlage durch entsprechende Regelsysteme mit unterschiedlichen Temperaturen gekühlt werden.

Beim Schiffstransport wird dieser Kältespeicher abgenommen oder außer Betrieb gesetzt und der Container durch die beiden an der Stirnfront vorhandenen Öffnungen an die bordeigene Kühlluftanlage des Schiffes angeschlossen. Die Temperaturregelung ist thermostatisch in den Grenzen von $+12 \ldots -26$ °C möglich.

Die Luftführung im Kühl-Container
Es gibt verschiedene Luftführungssysteme, die durch die Anordnung der Kältemaschinen als „fest" oder „abnehmbar" bedingt sind.

1. Die Kältemaschine ist mit allen Aggregaten fest *am* Container angebracht. Die Kaltluft wird oben über im Container angeordneten Luftverteilungskanälen eingeblasen und unten wieder in den Verdampferteil eingesaugt.

oder:

Die Kältemaschine ist *allein* außen am Container angebaut. Die Verdampferschlange befindet sich *im* Container an den beiden inneren Längsseiten. Je vier Ventilatoren drücken die Luft von oben nach unten an der Verdampfungsschlange vorbei. (Beide Anlagen sind für die sog. „Roll-on Roll-off" Transporte geeignet.)

2. Die Kältemaschine ist *abnehmbar* angeordnet. An dem einen Ende des Containers befinden sich zwei Öffnungen (ca. 250 mm Durchmesser), die eine für den Kaltlufteintritt, die andere für die Warmluftrückführung („Clip-on"-Bauweise für den „Lift-on Lift-off"-Transport).

KC-Richtlinien der Klassifikationsgesellschaften

Die Container sollten u.a. folgenden Vorschriften bzw. Empfehlungen entsprechen:

1. den Vorschriften des Germanischen Lloyd (GL „Container-Richtlinien").
2. dem Normblatt DIN 15 190,
3. den Vorschriften der Deutschen Bundesbahn (die sog. DB-Binnen-Container),
4. der „International Standard Organisation" Technisches Komitee 104 (TC 104),
5. den Vorschriften des Lloyds Registers Kodex 590 und Kodex 592,
6. Union International des Chemins de Fer (UIC),
7. ABS Richtlinien für KC,
8. Bureau Veritas,
9. TIR,
10. ASA (American Standard Association),
11. dem „Bureau International des Containers",
12. dem „British Standard 3591".

Die unter 1., 5., 7. und 8. genannten Klassifikationsgesellschaften arbeiten die Empfehlungen der ISO zu bindenden Richtlinien für den Bau und die Prüfung von Frachtbehältern aus und überwachen deren Einhaltung. Die Kühl-Container werden auch von dem „Internationalen Übereinkommen über sichere Container" (CSC) erfaßt.

Bisher durchgeführte meteorologische und klimatechnische Messungen in Containern

Das „*Außenklima*" des Laderaumes unterscheidet sich vom „*Innenklima*" im Kühl-Container u.U. sehr. Durch meteorologische Meßreihen, ausgeführt vom Deutschen Seewetteramt mittels eines besonderen, vom Instrumentenamt des Deutschen Wetterdienstes entwickelten Meßgerätes, sind über einen Zeitraum bis zu 3 Monaten die Luftfeuchten und Temperaturen im normalen Container erfaßt worden. Diesen Meßreihen ist zu entnehmen, daß nur ein Kühl-Container eine empfindliche (hauptsächlich wohl organische) Ladung sicher über See bringen kann.

An Bord kann nun entweder das Kälteaggregat weiterbetrieben werden, oder es besteht bei Spezialschiffen (z.B. bei den Schiffen der OCL Line (Overseas Container Ltd) oder der ACT Line (Associated Container Transportation Ltd) die Möglichkeit, durch flexible Schlauchleitungen und Kupplungen (diese eventuell durch Preßluft fernbedient) die Container mittels der normalen vorgesehenen zwei Anschlüsse (je einen für Zu- und Abluft) an die Zu- bzw. Abluftkanäle der ausschließlich für die Container vorgesehenen Schiffskühlanlagen anzuschließen.

Für eine größere Gruppe von Kühl-Containern wird hierbei ein bordeigener Luftkühler vorgesehen, der im Umluftbetrieb durch ein besonderes Kanalsystem diese Kühl-Container-Gruppe versorgt. Einrichtungen für einen General-Frischluftwechsel sind vorgesehen.

Es hat sich als notwendig erwiesen, die Kühl-Container-*Anschlüsse* gruppenweise durch Heizgeräte bzw. Warmluftleitungen bei Reiseende zu enteisen. Die nicht isolierten vorerwähnten Kupplungen vereisen naturgemäß sehr und müssen daher vor dem Löschen, z.B. mittels Warmluft, enteist werden.

Die Prüfung dieser *Luftkanalkupplungen* an die bordeigene Kühlanlage wird vom GL alljährlich durchgeführt.

22.2.10 Automatisierung von Kühlanlagen
[22.8, 22.12, 22.21, 22.24, 22.27, 22.33, 22.34, 22.36, 22.37]

Die bekannten selbsttätigen Regelorgane und Sicherheitseinrichtungen werden an Bord schon lange verwendet; man kann sie als erste Schritte zur Automatisierung ansehen.

Heute läßt sich jeder Grad von Automatisierung auch bei Ladungskühlanlagen verwirklichen. Das Ziel ist immer, die Bedienung der Anlagen zu *vereinfachen* und die Betriebsergebnisse zu *verbessern*. Die Entscheidung darüber, wieweit man automatisieren will, ob man also eine *teil-* oder *vollautomatisierte* Anlage mit Zentralrechnern (*on line computer with closed loop*) wählen will, sollte nur unter Abwägung aller dabei zu berücksichtigender Faktoren getroffen werden; dazu gehören der Aufbau der Anlage – ob *zentral* oder *dezentral* – die Kühlart – ob *direkt* oder *indirekt* – ferner die Stärke der Schiffsbesatzung, die Personalausbildung, die Betriebsführung, die Marktentwicklung und insbesondere die Gesamtrentabilität (s. Hauptabschnitt 13).

Die mannigfachen Ausführungsarten automatisierter Kühlanlagen beruhen auf zwei *Grundarten*: bei der einen ist die Temperatur der *Raumzuluft* als Regelgröße gewählt, bei der anderen die *Raumablufttemperatur*.

Kühlanlagen

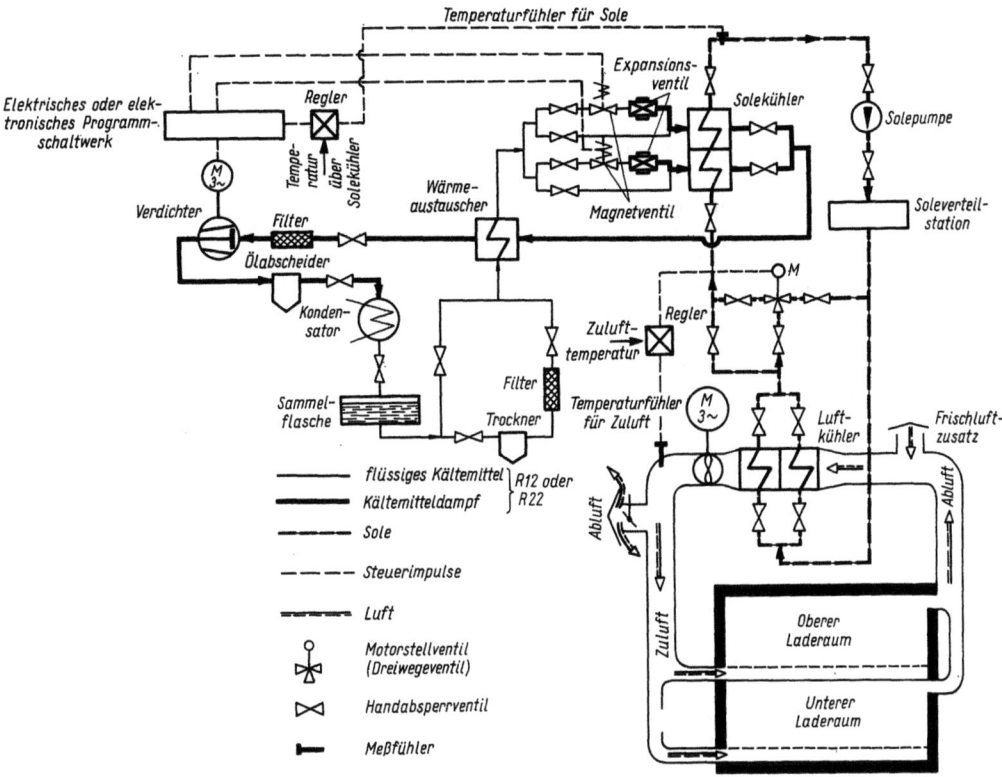

Bild 22.15 Schalt- und Regelschema für eine automatisierte Ladungskühlanlage mit *indirekter* (Sole-) Kühlung

Die erste Methode ist einfacher in der Durchführung und entspricht alter Gewohnheit insofern, als bei den früheren Anlagen mit manueller Regelung ausschließlich von der Zulufttemperatur ausgegangen wurde; die andere, mit der Ablufttemperatur als Regelgröße, wandte man erstmalig vor kurzem an. Sie bedingt einen größeren Aufwand, weil dabei die *Verzögerungszeitkonstante* des Laderaumes berücksichtigt werden muß, doch ist sie *folgerichtiger*, denn die Ablufttemperatur entspricht angenähert derjenigen des Kühlgutes.

Beschreibung der beiden Grundarten automatisierter Kühlanlagen

Für eine allgemeine Orientierung genügt es, daß Schalt- und Regelschema beider Grundarten darzustellen und zu erläutern:
a) für eine Anlage mit indirekter (Sole-)Kühlung (s. Bild 22.15),
b) für eine Anlage mit direkter Verdampfung (s. Bild 22.16).

Anhang dieser Leitbilder dürfte das Einarbeiten in die jeweils zu betreuende Anlage erleichtert, keinesfalls aber überflüssig werden.

Zu a) *Schalt- und Regelschema für eine Kühlanlage mit indirekter (Sole-)Kühlung nach Bild 22.15*

1. Aufbau der Anlage
Der Luftkreislauf ist rechts unten im Bild, darüber der Solekreislauf und in der Mitte der Kältemittelkreislauf gezeichnet.

2. Prinzip der Regelung
Die Temperatur der Kühlraumzuluft stellt hier die Regelgröße dar. Ein im Zuluftstrom unmittelbar hinter dem Luftkühler angeordneter Temperaturfühler gibt seine Signale an einen Regler, der die Durchflußmenge der Sole durch den Luftkühler steuert, denn die Zulufttemperatur hängt von der jeweiligen Leistung des Luftkühlers und diese wiederum von der durch den Luftkühler fließenden Solemenge ab. Durch das vom Regler beaufschlagte Stellglied (*3-Wege-Mischventil*) wird die durch den Luftkühler strömende Solemenge verändert.

3. Regelung mit pneumatischer und/oder elektrischer Hilfsenergie (s. hierzu Hauptabschnitt 06)
Unabhängig von der Art der Regelung werden als Stellglieder 3-Wege-Mischventile gegenüber den einfacheren Durchgangsventilen bevorzugt, weil sie eine für die Regelung günstige, weitgehend *lineare*

Charakteristik aufweisen; auch verhindern sie die sonst durch Drosselvorgänge entstehenden Druck- und Fördermengenschwankungen, die sich als Störfunktionen auf vorgeschaltete zentrale Regler auswirken.

3-Wege-Mischventile können auf verschiedene Weise betätigt werden:

3.1 druckabhängig kontinuierlich pneumatisch,
3.2 impulsabhängig pneumatisch schaltend,
3.3 impulsabhängig elektrisch schaltend und
3.4 kontinuierlich elektromotorisch.

Zu 3.1 Bei *pneumatisch* arbeitenden Ventilen dient Druckluft von ca. 7 bar als Arbeitsmittel, die vor Eintritt in das Stellglied über einen Trockner geleitet und hernach in einem Reduzierventil auf den maximalen *Arbeitsdruck* von etwa 1,1...1,3 bar entspannt wird. Im zugehörigen pneumatischen Temperaturregler wird der eingegebene Meßwert in einen kontinuierlich veränderlichen *Signaldruck* von 0,2...1,0 bar umgeformt. Dieser, von der Änderung der Zulufttemperatur abhängige Signaldruck verstellt entsprechend das 3-Wege-Mischventil (P-Regler).

Zu 3.2 Ein *impulsabhängig* pneumatisch schaltendes Stellglied wird meistens von einem elektrischen oder elektronischen Zweipunktregler beaufschlagt. Letzterer hat ein schaltendes *Ausgangssignal*, das über ein elektromagnetisches *Pilotventil* die Steuerluft für die Betätigung des 3-Wege-Mischventils schaltet. Dem Zweipunktregelprinzip entsprechend kennt dieses Regelverfahren nur die beiden Ausgangssignale „Öffnen" und „Schließen". Durch intermittierenden Betrieb stellt sich ein Temperaturmittelwert ein, der von der *Hysterese* der Regeleinrichtung und von den *Zeitkonstanten* des gesamten Regelkreises abhängt. Bei Schiffskühlanlagen beträgt die Hysterese in der Regel etwa 0,1...0,2 °C. Die hiermit verbundenen Temperaturschwankungen bewegen sich je nach den unterschiedlichen Zeitkonstanten zwischen etwa 0,5...2 °C.

Zu 3.3 Ein impulsabhängig *elektrisch* schaltendes Stellglied betätigt das 3-Wege-Mischventil unmittelbar, ohne zwischengeschaltete pneumatische *Kraftverstärker*. Gesteuert wird es mit den gleichen Ausgangssignalen des eben beschriebenen elektrischen oder elektronischen Zweipunktreglers. Ansprech- und Regelgenauigkeit liegen bei etwa den gleichen Temperaturwerten.

Die Temperaturfühler der Zweipunktregler sind *Platin-Widerstandsthermometer* Pt 100 (100 Ω bei 0 °C), die wegen ihrer linearen Charakteristik zusammen mit dem *Sollwertpotentiometer* auf Eingangsbrückenschaltungen solcher Regler einwirken.

Zu 3.4 Ein *kontinuierlich* elektromotorischer Stellantrieb arbeitet beim Einschalten gewöhnlich mit konstanter Motordrehzahl. Dabei wird das 3-Wege-Mischventil langsam solange verstellt, bis der Stellmotor durch den Regler wieder abgeschaltet wird.

Die Stellrichtung ist durch die Motordrehrichtung gegeben. Die zugehörigen elektrischen oder elektronischen Regler verfügen dementsprechend in ihrem Ausgang über zwei Relais oder Schaltschützen, wobei ein Stellgerät für Rechtslauf und das andere für Linkslauf des Motors bestimmt ist. Die Regler arbeiten meist *impulsartig*, so daß das Mischventil schrittweise verstellt wird. Bei kleinen Regelabweichungen ist die Häufigkeit der Verstellungen gering, während bei größeren Regelabweichungen eine entsprechend größere Anzahl von Stellimpulsen im gleichen Zeitraum abgegeben wird (proportional-integralwirkender Regler).

Derartige PI-Regler lassen sich an unterschiedliche Regelstrecken durch Justierung ihres Verstärkungsgrades und ihres Rückführungswertes anpassen. Fühler, Sollwertsteller und Eingangsmeßbrücke entsprechen etwa den im Zusammenhang mit dem Zweipunktregler beschriebenen. Mit PI-Reglern erreicht man im eingeschwungenen Zustand eine *Regelgenauigkeit* von ±0,2...0,3 °C. Derartige kontinuierliche Regler ermöglichen eine wesentlich höhere Regelgenauigkeit als die vorher beschriebenen Zweipunktregler.

Bemerkungen zur Wirkungsweise von P- (nach 3.1) und PI-Reglern (nach 3.4) bei Kühlanlagen

Grundsätzlich läßt sich über das Prinzip der verschiedenen Regler folgendes sagen:

P-Regler haben bei Änderung der Störgröße eine *bleibende Regelabweichung*. Das bedeutet für die Kühlanlage, daß bei Änderung, z.B. der Außenlufttemperatur, die Vorlauftemperatur der Sole vom Bedienungspersonal neu eingestellt werden muß. Bei P-Reglern hat man außerdem stets den Meßwert auf der Zuluftseite zu erfassen, weil dann die Verstärkung des P-Reglers so klein gewählt werden kann, daß der Regelkreis nicht zum Schwingen neigt.

Wegen der bleibenden Regelabweichung eignen sich P-Regler nicht für Aufgaben mit höheren Anforderungen an die Genauigkeit und auch nicht für Anlagen mit 16stündigem wachfreien Betrieb. Hier sind PI-Regler vorzusehen.

4. Solekreislauf

Die für den Solekreislauf jeweils erforderliche Kälteleistung wird über den Verdichter geregelt. Unmittelbar am Solekühler sind die Fühler für die Soleein- und -austrittstemperatur angebracht. Die beiden Meßwerte gibt man einem Regler ein, mit dessen Impulsen ein elektrisches oder elektronisches *Programmschaltwerk* beaufschlagt wird. Die Geräte dieses Regelkreises sind auf die Art der Leistungsregelung des Verdichters abgestimmt.

5. Kältemittelkreislauf

Im Kältemittelkreislauf wird das Kältemittel entsprechend der Unterteilung des Solekühlers über zwei parallelgeschaltete, durch Magnetventile gesteuerte Expansionsventile in den Solekühler eingespeist.

Die in Abhängigkeit von der Regelstufe des Verdichters betätigten Magnetventile bewirken, daß die Expansionsventile im Bereich der vorgesehenen Einspritzmenge des Kältemittels arbeiten. Schiffskühlanlagen verfügen stets über mehrere Kältemittelverdichter, so daß sich für die Regelung des primären Kältemittelkreises eine ausreichend feine Ausregelbarkeit ergibt.

Treten infolge der Abstufung der Verdichterleistung im primären Kältemittelkreislauf und als weitere Folge im Solekühler noch merkliche Temperaturänderungen auf, so werden sie durch den oben bereits erwähnten Solevorlauftemperaturregler mit ausgeregelt. Auf diese Weise wird sichergestellt, daß die einzelnen Luftkühler der Anlage unter wechselnden Betriebsbedingungen mit Sole von konstanter Temperatur beaufschlagt werden.

Zu b) *Schalt- und Regelschema für eine Kühlanlage mit direkter Verdampfung und 16stündigem wachfreien Betrieb*

1. Allgemeiner Aufbau der Anlage mit *Einzelautomatik*

Auf vielen Kühlschiffsneubauten finden sich Kühlanlagen mit direkter Verdampfung in *dezentraler* Anordnung. Jeder Laderaumgruppe mit zwei und mehr Laderäumen ist eine in sich abgeschlossene Kühlanlage zugeordnet und zusammen mit den für die Kühlanlage erforderlichen Schalttafeln in den Deckshäusern untergebracht. Im normalen, d.h. im Automatikbetrieb, wird jede der insgesamt acht Anlagen durch eine zugehörige Automatik mit elektronischer Regelung und Programmschaltwerk gesteuert. Die im Zu- und Abluftstrom angeordneten Widerstandsthermometer beaufschlagen den zugehörigen Regler, der nach Vergleich mit der Sollwertvorgabe den Kältemittelkreislauf durch Zu- und Abschalten von *Verdichterstufen* und durch Betätigen von Kältemittel-*Bypaßeinrichtungen* beeinflußt.

Die in den Luftkühlern eingebauten *Heizelemente* werden einmal für die *Abtauautomatik* bei Tiefkühlladung, zum anderen für die Aufheizung der Kühlräume bei Fruchtfahrt in kälteren Zonen verwendet (*Nordlandheizung*). Diese Heizeinrichtung ist im Automatikbetrieb in die Zyklenschaltung der Verdichterstufen mit einbezogen, so daß bei Wärmeanforderung des Reglers zunächst die Verdichterstufen nacheinander abgesetzt und dann die Heizstufen entsprechend dem Wärmebedarf eingeschaltet werden. Der umgekehrte Vorgang findet bei Kälteanforderung des Reglers statt.

Der Aufbau einer solchen Anlage mit direkter Verdampfung und zugehöriger Einzelautomatik entspricht voll der dezentralen Anordnung. Jede Anlage ist für unterschiedliche Raumtemperatur einsetzbar, so daß in den einzelnen Laderaumgruppen verschiedene Kühlgüter befördert werden können.

Der 16stündige wachfreie Betrieb wird dadurch ermöglicht, daß jede Einzelautomatik mit zusätzlichen Bauteilen für *Überwachung* und *Alarmierung* ausgerüstet ist. Darüber hinaus wird eine *Datenerfassungs-* und *-verarbeitungsanlage* eingebaut, die die Temperaturen unabhängig überprüft und in vorgegebenen Abständen ein Kühljournal erstellt.

2. Arbeitsweise der dezentralen Anlage bei Ansteuerung durch einen Prozeßrechner

Im Gegensatz zu den oben beschriebenen dezentralen Anlagen mit Einzelautomatik kann auch die Ansteuerung über einen *zentralen Prozeßrechner* erfolgen. Dabei ist der Kühlluft- und Kältemittelkreislauf jedes angeschlossenen dezentralen Systems der gleiche wie bei einer Anlage mit Einzelautomatik. Bild 22.16 zeigt schematisch den Anschluß eines dezentralen Kühlsystems an einen zentralen Prozeßrechner, der auch die dezentralen Kühlsysteme des Schiffes sowie die Haupt- und Hilfsmaschinenanlagen überwacht und steuert. Dieser zentrale Prozeßrechner umfaßt einen frei programmierbaren Digitalrechner für den Normalbetrieb und einen kleineren, fest programmierten *Stand-by-Rechner*, für den Notbetrieb (s. auch Hauptabschnitt 06).

Der Eingang beider Rechner wird durch die *Meßwertabfrage* gebildet, wobei diese alle Meßfühler im Schiff zyklisch abfragen. Die *Abfragehäufigkeit* der einzelnen Meßwerte ist gestaffelt und der Wichtigkeit jedes Wertes zugeordnet. Besonders *wichtige* Meßwerte werden über die Meßwertabfrage 1 erfaßt, die über das Umschaltglied U auf *beide* Rechner gegeben werden kann. Alle übrigen Meßwerte werden über die Meßwertabfrage 2 nur dem Zentralrechner zugeführt. Die Umschaltglieder U schalten selbsttätig vom Zentralrechner auf den Stand-by-Rechner um, sobald der Zentralrechner gestört ist.

Im Normalbetrieb führt der Zentralrechner den technischen Betrieb im Schiff einschließlich des Ladungskühlbetriebes.

Nach jeder durchlaufenen Meßwertabfrage aller Meßfühler, also nach jedem *Zyklus*, führt der Zentralrechner eine Kontrollrechnung durch und überprüft selbsttätig seine Betriebsbereitschaft.

Sobald diese Kontrollrechnung auf eine Störung im Zentralrechner hinweist, erfolgt automatisch eine Umschaltung der Umschaltglieder U und damit eine Betriebsübernahme durch den Stand-by-Rechner. Dieser ist eine Betriebsreserve wie wir sie auch in anderen wichtigen Anlagen an Bord kennen.

Der Ausgang jedes Rechners wirkt über ein weiteres Umschaltglied U mit klassifizierten Signalen auf die innere Datenverarbeitung mit ihren Auflöseschaltungen und auf die Peripheriegeräte im Kontrollraum ein. Von dort wird auch die getrennte Sollwertvorgabe für die Temperatur der Zu- und Abluft der einzelnen Kühlraumgruppen des Schiffes vorgenommen. Der Ausgang der Auflöseschaltung steuert über die Steuertafel die Einschaltung der einzelnen Ver-

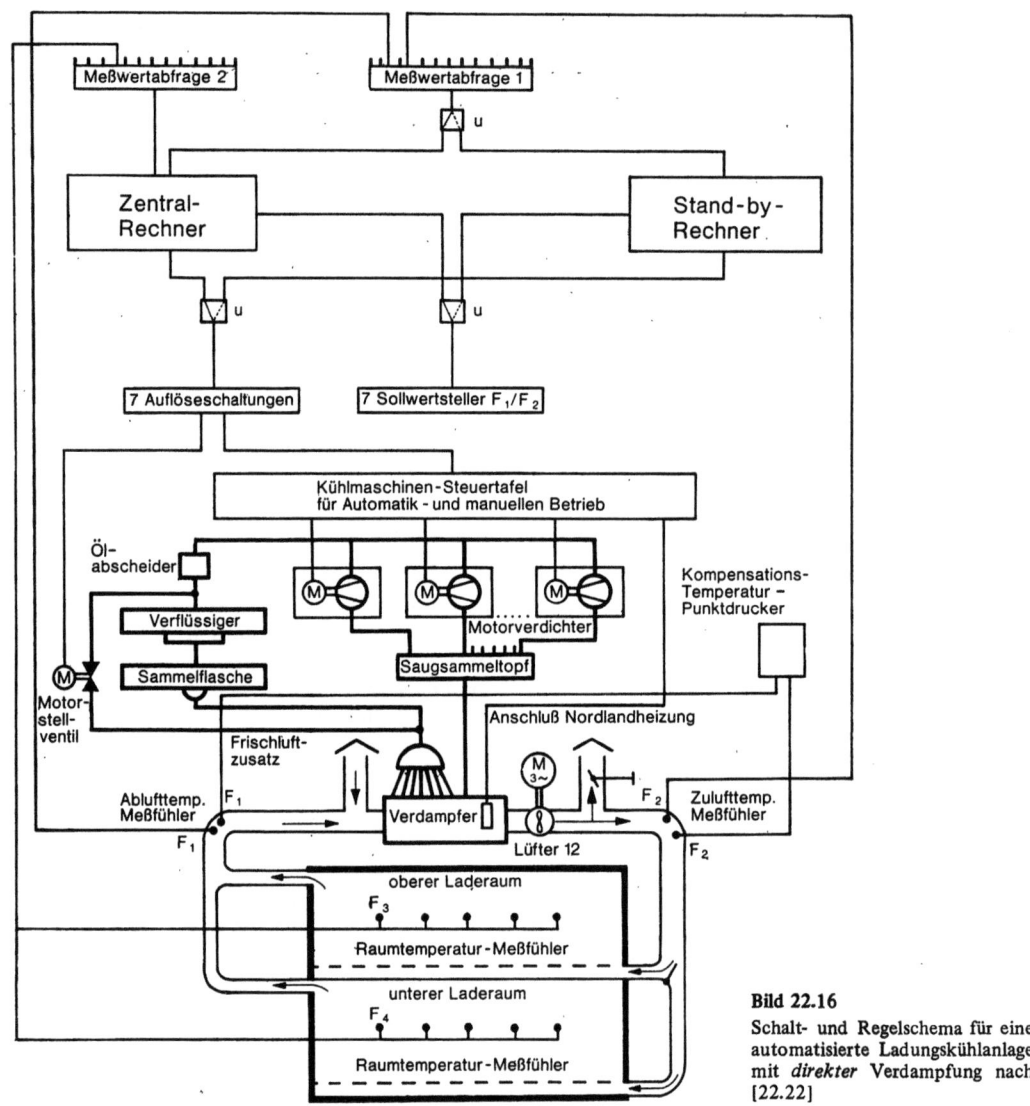

Bild 22.16
Schalt- und Regelschema für eine automatisierte Ladungskühlanlage mit *direkter* Verdampfung nach [22.22]

dichter sowie die Nordlandheizung jeder dezentralen Ladungskühlanlage und betätigt ferner deren Motorstellventile für die Einhaltung der genauen Temperaturwerte.

Der zeitliche Ablauf der Temperaturregelung kann aus dem Diagramm Bild 22.17 entnommen werden. Als Beispiel dient der Bananentransport, die Beladung ist abgeschlossen, die Sollwerte sind für die Rechner mit +11,0 °C für die Zulufttemperatur und mit +12,0 °C für die Ablufttemperatur vorgegeben worden. Bei dem Herunterkühlvorgang sinkt zunächst die Zulufttemperatur sehr schnell, weil beim Einschalten des automatischen Betriebes alle Ver-

dichter nacheinander zeitlich verzögert anlaufen und das Motorstellventil den Bypaß in der Ladungskühlanlage schließt. Zunächst wird mit dem Fühler $F\,2$ die Zulufttemperatur geregelt. Damit ist sichergestellt, daß die Frucht nicht unterkühlt wird. Sobald die Ablufttemperatur den für $F\,1$ vorgegebenen Sollwert unterschreitet, schaltet der Rechner auf Regelung mit dem Fühler $F\,1$ um. Von diesem Zeitpunkt t ab wird also die Ablufttemperatur konstant gehalten.

Sofern die Zulufttemperatur den für sie vorgewählten $F\,2$-Sollwert wieder *unter*schreiten sollte, wird wieder mit dem Fühler $F\,2$ geregelt und erst auf $F\,1$-

Kühlanlagen. Lufttechnische Anlagen

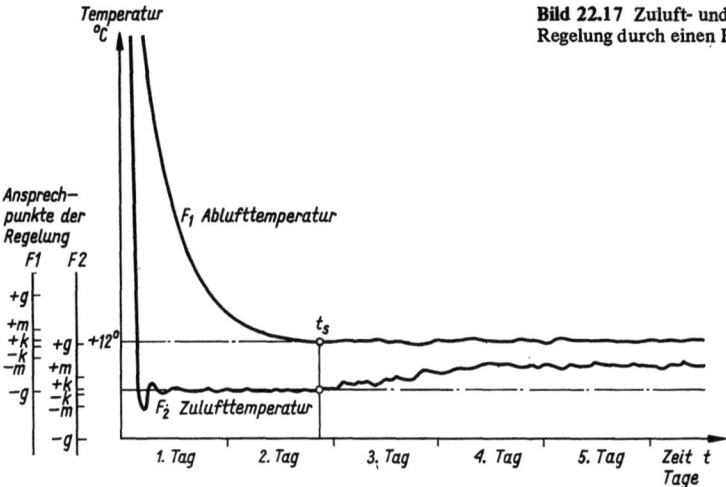

Bild 22.17 Zuluft- und Ablufttemperaturverlauf bei Regelung durch einen Rechner

Regelung umgeschaltet, wenn die Zulufttemperatur $F\,2$ ihren Sollwert erneut *über*schreitet und die Ablufttemperatur $F\,1$ ihren Sollwert unterschritten hat.
Soll abweichend von dieser Regelungsart nur Zulufttemperaturregelung gefahren werden, so ist dieses ebenfalls möglich. Dazu sind lediglich die beiden Sollwertsteller auf gleiche Werte von z.B. 11,3 °C zu stellen. Die Umschaltung auf $F\,1$-Regelung der Ablufttemperatur ist damit unterbunden.
Der jeweils in Betrieb befindliche Rechner überwacht die Regelabweichung, gibt bei etwa 0,5 °C Alarm und führt eine Störwertausdruckung mit Angabe der Meßstellennummer, von Datum und Uhrzeit durch. Ein Kühlraumtemperaturprotokoll wird mit einer Journalschreibmaschine stündlich aufgeschrieben, wobei die vorgegebenen Temperatursollwerte mitregistriert werden. An mehreren Stellen im Schiff kann über parallelgeschaltete digitale Sichtanzeigen mit Handanwahl-Tastatur jede Meßstelle angewählt und zu jeder Zeit abgefragt werden. Daneben wird ebenfalls an mehreren Stellen des Schiffes in Blindschaltbildern eine Funktions- und Störungsmeldung für den gesamten Ladungskühlbereich angezeigt. Akustische Störungsmeldung ist in der wachfreien Zeit außerdem in der jeweils vorgewählten Kammer des Bereitschafts-Wachingenieurs vorgesehen.
In den Bildern 22.18 und 22.19 sind verschiedene Kältemittelkreisläufe dargestellt.

22.3 Lufttechnische Anlagen
[22.6, 22.17, 22.19, 22.20, 22.25, 22.35]

Die Aufgabe lufttechnischer Anlagen besteht darin, auf einfache und wirtschaftliche Weise Außenluft aufzubereiten und bestimmten Anforderungen anzupassen.

Man unterscheidet
1. *Lüftung* = Lufterneuerung durch gefilterte, gegebenenfalls leicht vorgewärmte Frischluft,
2. *Warmluftheizung* = Lufterneuerung und Raumheizung durch gefilterte Frischluft (Außenluft).
3. *Teilklimatisierung* = Lufterneuerung und Heizung; zusätzlich wird der Feuchtigkeitsgehalt der zugeführten Luft beeinflußt (*garantiert* wird jedoch nur die Einhaltung einer bestimmten Temperatur *oder* Feuchte). Ferner kann die Luft, z.B. bei Tropenfahrt, gekühlt werden.
4. *Vollklimatisierung* = Klimatisierung wie unter 3., garantiert aber darüber hinaus die Einhaltung einer bestimmten Lufttemperatur *und* relativen Luftfeuchte.

Alle Anlagen dieser Art können im *Frischluft-*, *Mischluft-* oder *Umluftbetrieb* arbeiten (Bild 22.20). Weiter unterscheidet man *natürliche* Lüftung (z.B. durch Ausnutzung des Fahrtwindes) und *künstliche* Lüftung (z.B. durch Gebläse). Wohnräume, Kammern, Salons usw. werden im *Überdruck-* oder *Gleichdruckbetrieb* gefahren, wobei Zuluft z.B. in die Kammer gedrückt wird, während die Abluft zum Gang entweicht. Küchen, Pantries, Gänge, Wasch-, Dusch- und sonstige Sanitärräume, fährt man dagegen im *Unterdruckbetrieb*, bei dem Abluft abgesaugt wird, während die Zuluft z.B. aus den Kammern und von außen nachströmt.
Als *Luftrate* wird die stündlich pro Person bereitgestellt Luftmenge bezeichnet:

$$L = (25)\ 40...80\ (125)\ m^3/h \cdot Pers$$

Der *Luftwechsel* gibt an, wie oft der Luftinhalt eines Raumes pro Stunde erneuert werden muß, Zahlenwerte hierzu s. Tafel 22.5.

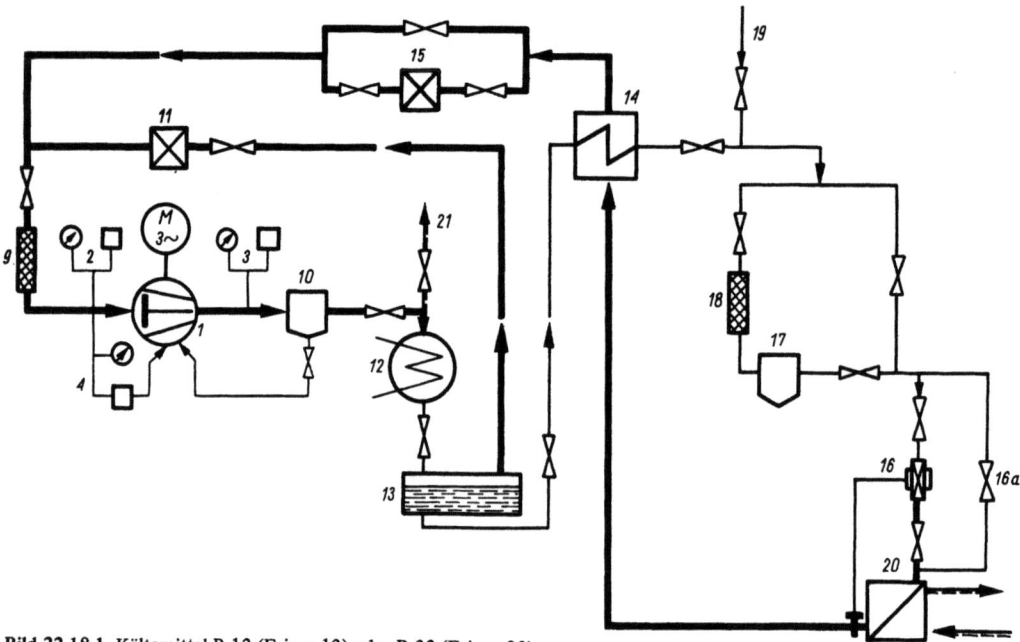

Bild 22.18.1 Kältemittel R 12 (Frigen 12) oder R 22 (Frigen 22)

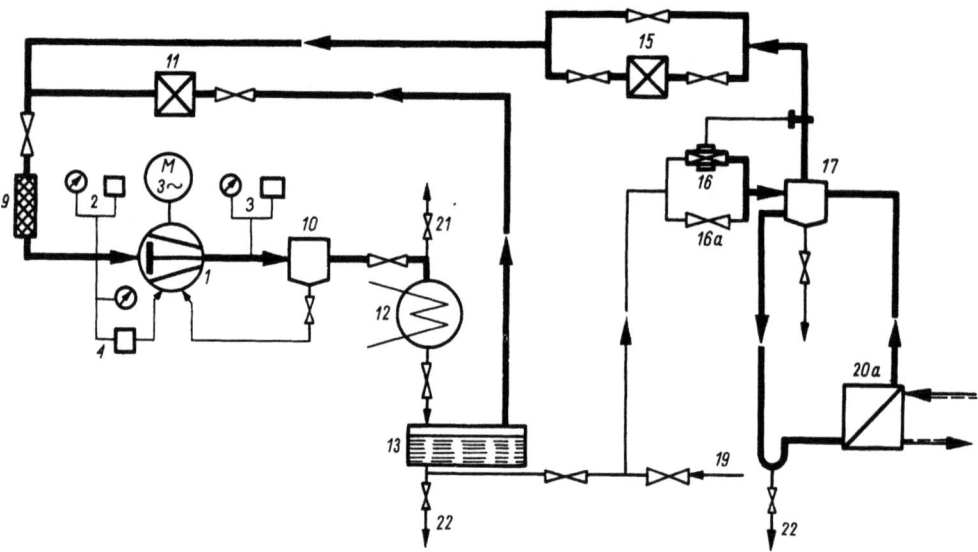

Bild 22.18.2 Kältemittel R 717 (Ammoniak, NH$_3$)

1 Verdichter
2 Saugdruckmanometer und Unterdruck-Sicherheitsschalter
3 Druckmanometer und Überdruck-Sicherheitsschalter
4 Öldruckdifferenzschalter
9 Ansaugfilter
10 Ölabscheider mit Ölrückführung (selbsttätig oder handbedient)
11 Äußerer Leistungsregler
12 Kondensator (Verflüssiger)
13 Sammelflasche
14 Wärmeaustauscher
15 Saugdruckregler mit Umgehung
16 Thermostatisches Expansionsventil
16a Parallelgeschaltetes Handregelventil
17 Trockner
18 Filter
19 Einfüllstutzen für Kältemittel
20 Verdampfer
20a „Überfluteter" Verdampfer
21 Kondensatorentlüftung
22 Ölablaßventil

Bild 22.18 Schema des Kältemittelkreislaufes einer Kühlanlage mit einstufiger Verdichtung

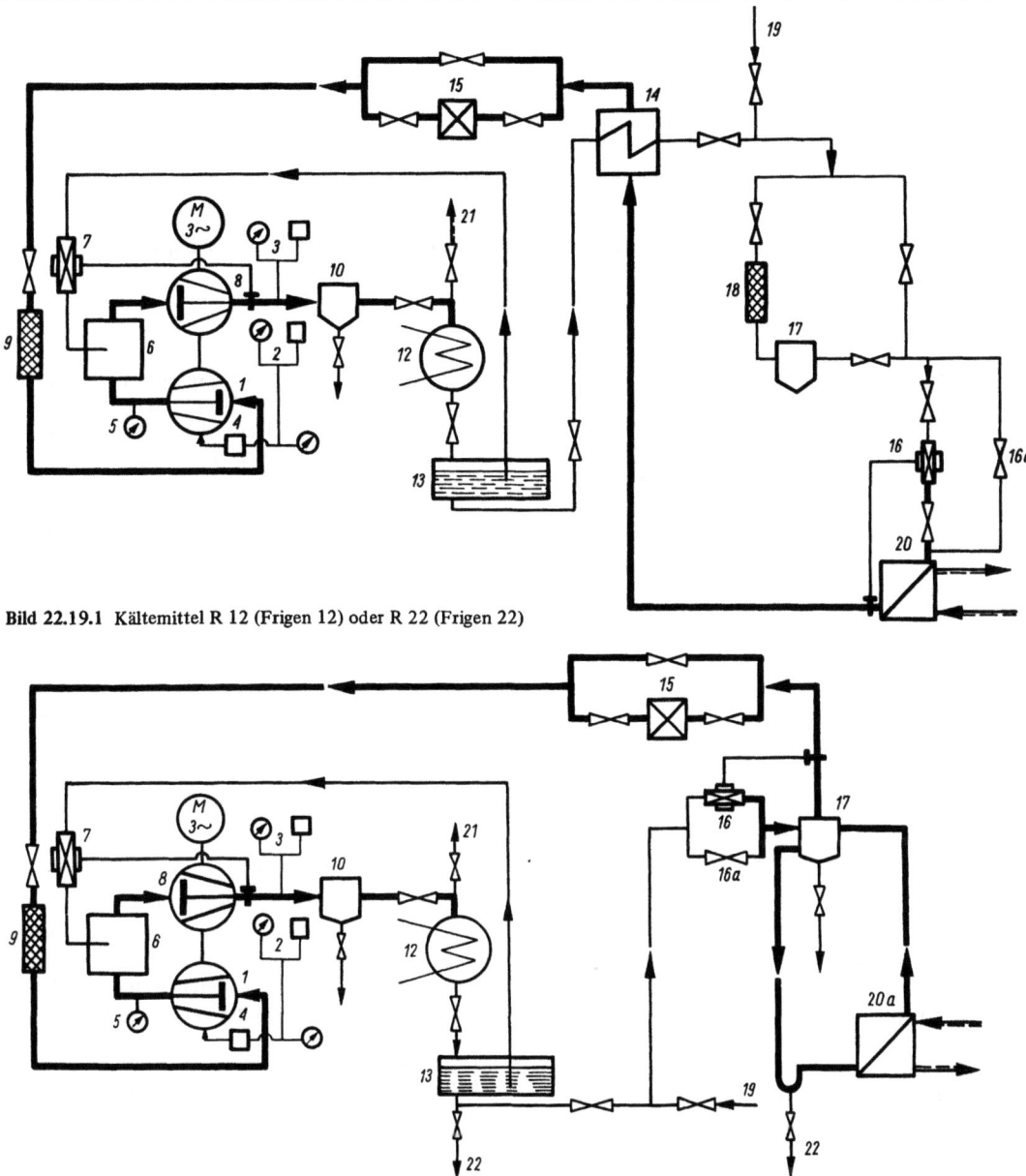

Bild 22.19.1 Kältemittel R 12 (Frigen 12) oder R 22 (Frigen 22)

Bild 22.19.2 Kältemittel R 717 (Ammoniak, NH$_3$)

1 Niederdruckstufe des Verdichters
2 Saugdruckmanometer und Unterdruck-Sicherheitsschalter
3 Druckmanometer und Überdruck-Sicherheitsschalter
4 Öldruckdifferenzschalter
5 Mitteldruckmanometer
6 Zwischenkühler
7 Thermostatisches Expansionsventil für Zwischenkühlung (nicht bei allen Fabrikaten üblich)
8 Hochdruckstufe des Verdichters
9 Ansaugfilter
10 Ölabscheider mit Ölrückführung (selbsttätig oder handbedient)
12 Kondensator (Verflüssiger)
13 Sammelflasche
14 Wärmeaustauscher
15 Saugdruckregler mit Umgehung
16 Thermostatisches Expansionsventil
16a Parallelgeschaltetes Handregelventil
17 Trockner
18 Filter
19 Einfüllstutzen für Kältemittel
20 Verdampfer
20a „Überfluteter" Verdampfer
21 Kondensatorentlüftung
22 Ablaßventil

Bild 22.19 Schema des Kältemittelkreislaufes einer Kühlanlage mit zweistufiger Verdichtung

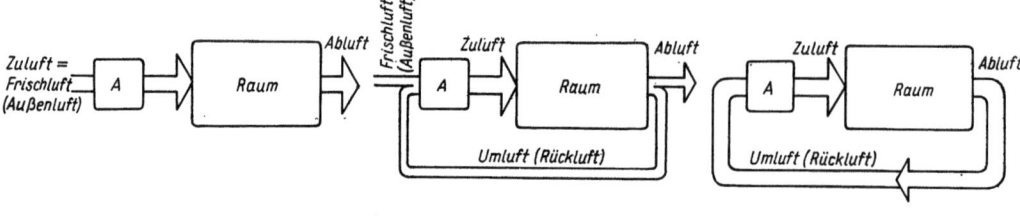

Bild 22.20.1 Frischluftbetrieb   **Bild 22.20.2** Mischluftbetrieb   **Bild 22.20.3** Umluftbetrieb
Bild 22.20

Tafel 22.5 Luftrate und Luftwechselzahlen verschiedener Räume

	L $\frac{m^3}{h \cdot Pers}$	LW $\frac{m^3_{Luft}}{m^3_{Raum} \cdot h}$	Art
Schlafräume, Kammern	(25)...(90)	(4)...(12)	Zuluft
normale Fahrt	28...56	5...8	Zuluft
Tropenfahrt	56...85	10...12	Zuluft
Rauchsalons	50	15	Zu- u. Abluft
Bäder		15...30	Abluft
Waschräume, WC		30...45	Abluft
Wirtschaftsräume:			
Pantries		30	Abluft
Küchen		30...60	Abluft
Bäckerei		60	Abluft
Hospital	100 (125)		Zuluft
Werkstatt	50		Zuluft
Stores		5...6	Zuluft

Die Klammerwerte sind Grenzwerte; allgemein gilt: je besser die Aufbereitung und je genauer die Einstellbarkeit der Anlage, desto kleiner die Luftrate und der Luftwechsel.

Die Größe des *Wasserdampfgehaltes* der Luft kann man auf verschiedene Art angeben:
1. durch die *Relative Luftfeuchte*, φ %
2. durch den *Teildruck des Wasserdampfes* in der Luft h_D mbar
3. durch den *Wassergehalt*, bezogen auf 1 kg trockene Luft, x g/kg, kg/kg

Relative Luftfeuchte nennt man das Verhältnis

$$\varphi = \frac{\text{wirkliche Dampfmenge in der Luft}}{\text{Dampfmenge bei gesättigter Luft}} \cdot 100\ \%$$

Aus dem Gasgesetz von Dalton (s. Hauptabschnitt 04) folgt, daß man auch schreiben kann:

$$\varphi = \frac{\text{Teildruck des Wasserdampfes}}{\text{Sättigungsdruck des Wasserdampfes}} \cdot 100$$

$$= \frac{h_D}{h_S} \cdot 100\ \%$$

Absolute Feuchte nennt man dagegen den Wasser- bzw. Wasserdampfgehalt, der tatsächlich vorhanden ist. Bei Rechnungen mit *feuchter Luft* wird der Einfachheit halber als Bezugsgröße die Masse von 1 kg trockener Luft zu Grunde gelegt; sind je kg trockener Luft x kg Wasserdampf beigemischt, so ist die Masse der Mischung $(1 + x)$ kg. Man sagt, daß die absolute Feuchte der Luft x g oder x kg je kg trockener Luft beträgt.

Der Zusammenhang zwischen absoluter Feuchte Teildruck des Wasserdampfes und Umgebungsdruck (Barometerstand) ist durch den Ausdruck

$$h_D = \frac{0{,}001 \cdot x \cdot h}{0{,}001 \cdot x + 0{,}662}\ \text{mbar} \qquad (36)$$

gegeben; x g/kg, h mbar. Weitere Zusammenhänge s. Tafel 22.9. Als *Taupunkt* wird die Temperatur bezeichnet, auf die man feuchte Luft abkühlen muß bis sie voll gesättigt ist. Man unterscheidet *Technische Lüftung* und *Komfortlüftung*.

22.3.1 Technische Lüftung

Gesichtspunkte für die Technische Lüftung

Hierzu zählen diejenigen lufttechnischen Anlagen an Bord, die für den Schiffsbetrieb unbedingt erforderlich sind: vor allem die Laderaum- und Maschinenraumlüftung sowie die Luftversorgung aller übrigen Hilfseinrichtungen.

Die Anforderungen an den Luftzustand sind im Bereich der Technischen Lüftung meist geringer als bei den Anlagen der Komfortlüftung: oft genügt eine regelmäßige Versorgung mit leicht gefilterter gegebenenfalls etwas vorgewärmter Frischluft, evtl. mit Einhalten bestimmter Höchstwerte der relativen Luftfeuchte.

Berechnung der Lüfterleistung
(s. auch Hauptabschnitt 20)

Die Lüfterleistung wird von der *Luftmenge* und dem *Druck*, den der Lüfter zur Überwindung der verschiedenen Widerstände im Luftkanal aufzubringen hat bestimmt.

Die Luftmenge V ist durch die Anzahl der Räume die an einen Lüfter angeschlossen sind, und der erforderlichen Luftwechsel in diesen Räumen festgelegt.

Lufttechnische Anlagen

Die *Fördermenge* eines Lüfters nimmt proportional der Drehzahl zu, der *Förderdruck* wächst mit dem Quadrat der Drehzahl und der *Leistungsbedarf* mit der dritten Potenz der Drehzahl.

Lüfterbauarten (s. Hauptabschnitt 20)

Laderaumlüftung

Für Laderäume wird mit Rücksicht auf die Erhaltung der Fracht i.a. künstliche (oder natürliche) Lüftung vorgesehen. Normale Laderäume sollen umschaltbare, bei größter Förderleistung als *Ablüfter* wirkende, leicht auszubauende Schraubenlüfter erhalten. Durch entsprechende Anordnung der Lüfterkanäle, s. Bilder 22.3 und 22.4, ist eine möglichst gleichmäße Durchlüftung aller Raumenden und -ecken anzustreben. Der Luftwechsel richtet sich nach der Fracht:

Laderäume allgemein $LW = 5...8(10)$ h^{-1}
lebendes Vieh $LW = ...20$ h^{-1}
Apfelsinen $LW = 30...40$ h^{-1}

Weitere Angaben s. Schrifttum [22.18]. Die angegebenen Luftwechsel beziehen sich bei Laderäumen stets auf den *leeren* Laderaum. Luftwechsel für Kühlräume, s. Abschnitt 22.2.

Um Schäden an Laderaumeinrichtungen und Ladung zu vermeiden, ist es wichtig, wenn irgend möglich *Schwitzwasserbildung* zu vermeiden. Häufigste Ursache für *Schiffs-* und *Ladungsschweiß* ist die Belüftung der Laderäume mit feuchter atmosphärischer Luft. Ferner kann von der Ladung, ihrer Verpackung oder gar dem Garnier abgegebene Feuchtigkeit die Ursache sein, d.h., Feuchtigkeit wandert von einem Teil der Ladung zu einer anderen Partie (wenn z.B. ein *hygroskopisches* Gut Wasserdampf abgibt, der sich auf den übrigen kälteren Gütern niederschlägt).

Schwitzwasserbildung in Laderäumen kann nur verhindert werden, wenn zu jeder Zeit, bei jedem Wetter und Seegang die Taupunkttemperatur der Luft in den Laderäumen *niedriger* ist als die Temperatur jeder Oberfläche — ob Ladegut- oder Schiffsteil — die die Luft in den Laderäumen berührt.

Schwitzwasser entsteht dadurch, daß der in der Laderaumluft befindliche Wasserdampf an den relativ kalten Schiffsteilen kondensiert (*Schiffsschweiß*) und auf die Ladung tropft. Zum anderen beschleunigt Schwitzwasser die Korrosion an den Schiffsteilen.

Der Wasserdampf kondensiert auf der Ladung selbst, wenn die Temperatur der Ladung unter der Taupunkttemperatur der Laderaumluft liegt (*Ladungsschweiß*).

Bei der Ladung ist zu unterscheiden zwischen *hygroskopischen* und *nichthygroskopischen* Gütern. Hygroskopische Güter enthalten *selbst* Feuchtigkeit und können — je nach Art, Feuchtigkeitsgehalt und Temperatur — von der Umgebungsluft entweder noch mehr Feuchtigkeit aufnehmen oder an

Tafel 22.6 Feuchtigkeitsgehalt einiger hygroskopischer Güter

	normaler Feuchtigkeitsgehalt %
Kakao	6...8
Kaffee	8...10
Sojabohnen	8...12
Weizen	10...14
Tabak	10...16
Mais	17...20
Jute	15...20
Trockenfrüchte	20...28

diese abgeben, bis ein *Feuchtigkeits-Gleichgewichtszustand* mit der Umgebungsluft erreicht ist. Einige hygroskopische Güter sind in Tafel 22.6 zusammengestellt.

Allgemein gehören zu dieser Kategorie pflanzliche Stoffe, aber auch tierische Produkte, wie Häute usw., nähere Angaben s. [22.18].

Nichthygroskopische Güter enthalten selbst *keine* Feuchtigkeit. Hierzu gehören alle Metalle, Glaswaren sowie in Blechemballagen, Stahlfässern, Kannen und dergleichen transportierte an sich hygroskopische Güter. In *Containern* und *Bargen* transportierte hygroskopische Güter bedürfen einer individuellen Lüftung innerhalb der Container (s. Abschnitt 22.2.9) und Bargen.

Im Laufe der letzten Jahre wurden Anlagen entwickelt, die je nach Außenluft- bzw. nach dem Laderaumluftzustand im Frisch- bzw. Umluftbetrieb gefahren werden können [22.45]. Ein eingebauter Lufttrockner erweitert den Einsatzbereich solcher Anlagen, die mit einfachen Mitteln zur vollautomatischen Lüftungsanlage ergänzt werden können.

Die schon seit einigen Jahren geäußerte Vermutung, daß Seesalzkerne, die mit der Außenluft in die Schiffsladeräume eindringen und sich dort auf der Ladung absetzen, eine bedeutende Schadquelle, vor allem bei metallischem Gut mit ungeschützter Oberfläche bilden, ist durch verschiedene Forschungsfahrten des Deutschen Seewetteramtes bestätigt worden. Auf Bild 22.21 ist zunächst der Seesalzgehalt der Außenluft, so wie er sich bei verschiedenen Windstärken ergibt, aufgetragen worden. Dann sind die sich für die vorerwähnten drei Laderaumlüftungsarten ergebenden Seesalzgehalte in den Laderäumen, nämlich:

1. „natürliche" Lüftung,
2. „Kraft"lüftung, wobei Saug- oder Drucklüftung nahezu gleichwertig ist,
3. keine Lüftung, alle Klappen geschlossen,

aufgetragen worden.

Hierbei ist zu bemerken, daß bei dieser Forschungsfahrt im Fall 3 kein Umluftbetrieb gefahren werden konnte. Das zur Messung bereitgestellte Schiff war hierzu lüftungstechnisch nicht in der Lage.

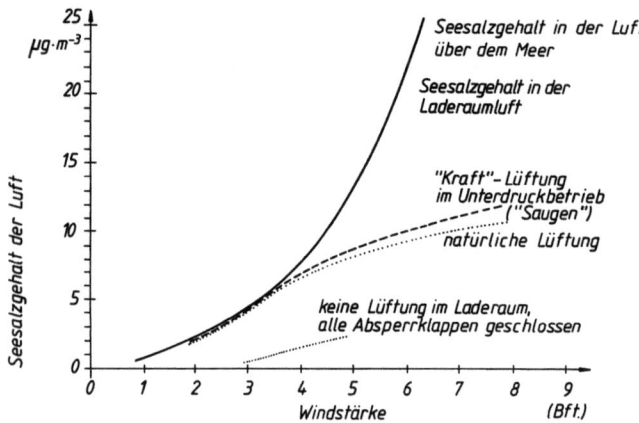

Bild 22.21
Seesalzgehalt der Luft in den Schiffsladeräumen in Abhängigkeit von der Windstärke

Die Bordmessungen haben also folgende Ergebnisse gezeigt:
1. Der Luftsalzgehalt in den Schiffsladeräumen wird bei „natürlicher" Lüftung primär durch die Windstärke der Außenluft beeinflußt. Bei Windstärken oberhalb 3...4 Bft. bleibt die Seesalzkonzentration in der Laderaumluft jedoch mehr und mehr hinter derjenigen der Außenluft zurück, so daß von da an der Laderaum zunehmend einen geschützten Bereich darstellt.
2. Bei „Kraft"-Lüftung wird der Luftsalzgehalt in den Laderäumen bei höheren Windstärken sogar noch erhöht.
3. Werden die Absperrklappen in den Zu- und Abluftkanälen geschlossen, so wird der Luftsalzgehalt auf $\frac{1}{3}$ bis $\frac{1}{4}$ des Wertes bei „natürlicher" Lüftung herabgesetzt. Aber: Umluftbetrieb ist wichtig! [22.48, 22.49]

Maschinenraumlüftung

Innerhalb der drei großen schiffbaulichen Lüftungsgruppen:
1. Komfortlüftung und -klimatisierung für Fahrgäste und Mannschaften,
2. Laderaumlüftung und -klimatisierung,
3. Maschinenraumlüftung und -klimatisierung

ist die Lüftung und Klimatisierung von Haupt- und Hilfsmaschinenräumen von besonders großer Bedeutung. Es ist Aufgabe der Lüftungstechnik, den Schutz der dort tätigen Besatzungsmitglieder gegen zu hohe Wärme-, Dunst- und Geräuschbelästigung, entsprechend den arbeitsmedizinischen Vorschriften, den Anordnungen der *See-Berufsgenossenschaft*, der *Schiffssicherheitsabteilung*, des *Arbeitskreises der Küstenländer für Schiffshygiene*, dem *Amt für Arbeitsschutz*, den *Klassifikationsvorschriften*, den *Unfallverhütungsvorschriften* usw. zu übernehmen. Es muß also das subjektive Behaglichkeitsgefühl des Menschen bei den oftmals extremen Wärmebelastungen der Maschinenräume, der Entwicklung toxischer Gase und der hohen Lärmbelastung erreicht werden.
Auf Bild 22.22 ist der Einfluß der Wandtemperatur und der Zulufttemperatur auf das Wohlbefinden des Maschinenpersonals zu erkennen.
Zur Aufrechterhaltung der Gesundheit und Arbeitskraft ist die Schaffung eines „Normklimas" auch unter ungünstigen Umweltbedingungen erforderlich. In Bild 22.23 ist dieses Normklima als Behaglichkeitsfeld eingetragen. Die Lösung dieser Forderung bei den vorgenannten Umweltbedingungen führt zur Aufgabenteilung durch Einbau sowohl *einfacher Lüftungsanlagen* (teils in explosionsgeschützter und säurefester Ausführung) als auch von *Voll-Klimaanlagen*.

Allgemeine Grundlagen

Der Mensch braucht, begründet durch den Lebensvorgang, *Nahrung*. Die darin enthaltene Energie wird infolge chemischer Prozesse aufgenommen und in *mechanische Arbeit* (Lebensfunktion und Arbeitsleistung) und in *Wärme* (zur Aufrechterhaltung der lebensnotwendigen Temperatur) umgewandelt. Die Intensität der Wärmebildung ist eine Funktion der Beschäftigungsart, des Alters, des Gesundheitszustandes, der seelischen Verfassung usw. Die Wärmebildung ist vom Willen unabhängig und wird lediglich durch das vegetative Nervensystem bestimmt.
Zur Wärmebildung ist *Sauerstoff* erforderlich, der somit ein wesentlicher *Klimafaktor* des menschlichen Lebens ist.
Die Wärmeabgabe erfolgt durch *Konvektion* und *Strahlung* sowie durch *Wasserverdunstung*. Das genaue Verhältnis der beiden anteiligen Wärmeabgabemengen hängt ab von verschiedenen äußeren Klimafaktoren:

  Lufttemperatur,
  mittlere Strahlungstemperatur der Umgebung,
  Luftbewegung,
  Luftfeuchtigkeit.

Lufttechnische Anlagen

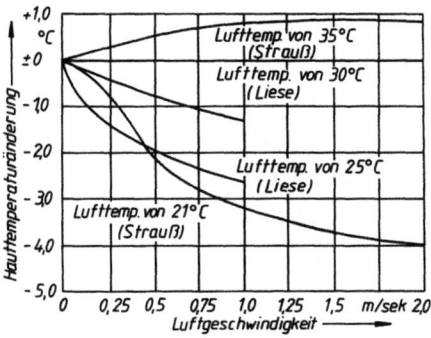

Bild 22.22.1 Behaglichkeit abhängig von Luft- und Wandtemperatur, nach Schüle und Schäcke

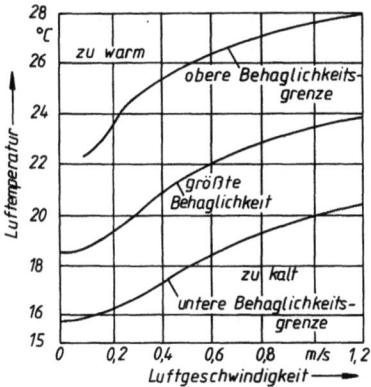

Bild 22.22.2 Behaglichkeit abhängig von Lufttemperatur und Luftbewegung, nach Rietschel

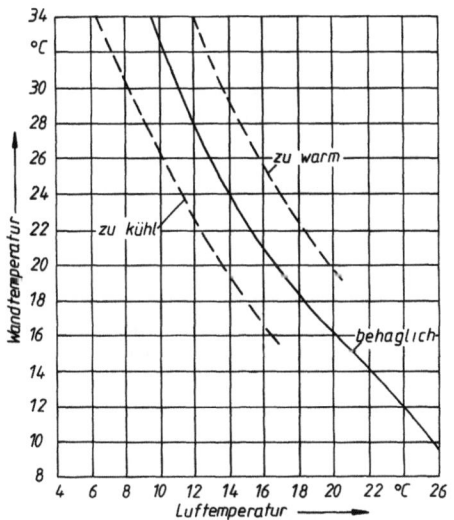

Bild 22.22.3 Änderung der Hauttemperatur durch bewegte Luft verschiedener Temperatur, nach Bradke, Liese, Strauß

Bild 22.22 Einfluß der Wandtemperatur und der Zulufttemperatur auf das Wohlbefinden des Menschen

Aus obigen Gründen muß die Luft ausreichend erneuert werden, wobei *mindestens* die Temperatur, *besser auch noch die Feuchtigkeit*, regelbar sein soll.
Wie nun die beiden Möglichkeiten des Wärmeaustausches unter Berücksichtigung sowohl der körperlichen Leistungsfähigkeit als auch der vorherrschenden Umweltbedingungen sich regeln, wird wiederum vom vegetativen Nervensystem bestimmt. Als Regelorgane des Menschen dienen die Herztätigkeit *und* die Atmungsfähigkeit, die Hautdurchblutung (*Hauttemperatur*) und die Hautbefeuchtung.
Die natürlichen Grenzwerte des menschlichen Lebens sind durch den *Mindestbedarf an Sauerstoff* (Erstickungstod) und durch die *Leistungsgrenze der menschlichen Regelorgane für die Wärmeabgabe* (Erfrierungstod, Hitzschlagtod) gegeben. Die Behaglichkeitszone ist in hohem Maße von der mittleren Strahlungstemperatur der Umgebung abhängig (Kessel- und Maschinenraum, Tropenfahrt).
Ist die relative Luftfeuchtigkeit zu *gering*, so trocknen die Schleimhäute aus (Kesselreparaturarbeiten), ist sie zu *hoch*, so wird infolge geringen Partialdruckgefälles die Feuchtigkeitsverdunstung auf der Haut zu gering, wodurch wiederum die Wärmeabgabe fällt. Nun ist jedoch bei höheren Temperaturen dieser Anteil sehr wichtig (schwüle Luft).
Sehr wichtig ist ferner der *Sauerstoffgehalt* der zugeführten Luft. „Schlechte" Luft wirkt dämpfend auf die Atmungstätigkeit und behindert dadurch die Sauerstoffaufnahme des Körpers. Die Folge sind Ermüdung, Unlust und nach den neuesten medizinischen Erkenntnissen *sogar Schädigung von Herz und Kreislauf.*

Der Maschinen-Leitstand
Neuerdings sind gesonderte, verfeinerte Betrachtungsweisen für das Behaglichkeitsempfinden des Menschen unter Berücksichtigung weiterer Einflußgrößen wie folgt festgelegt worden:
1. die Temperatur der Luft $T_L = 21...23\ °C$,
2. die „empfundene Temperatur" T_E als
$f(T_{Luft}); (T_{Umschließungsflächen})$
$$T_E = \frac{T_L + T_U}{2} \qquad (37)$$
mit $T_U \pm \leqslant 2...3\ °C\ T_L$
(wobei $T_L = 21...23\ °C$)
3. T_E, φ als $f(T_{Luft}); (\varphi_{Luft})$ mit den Wertepaaren wie bei der oben erklärten „Behaglichkeitslinie" im Mollierschen $(h - x)$-Diagramm notiert.
4. die Luftbewegung $\leqslant 0{,}2$ m/s; besser jedoch $= 0{,}1$ m/s und (im Sommerfall)
5. $\Delta t \leqslant 4\ °C$ im Raum gegenüber außen!
Die für die Temperaturempfindung entscheidenden Beziehungen:
a) Lufttemperatur – Umschließungsflächen-Temperatur,

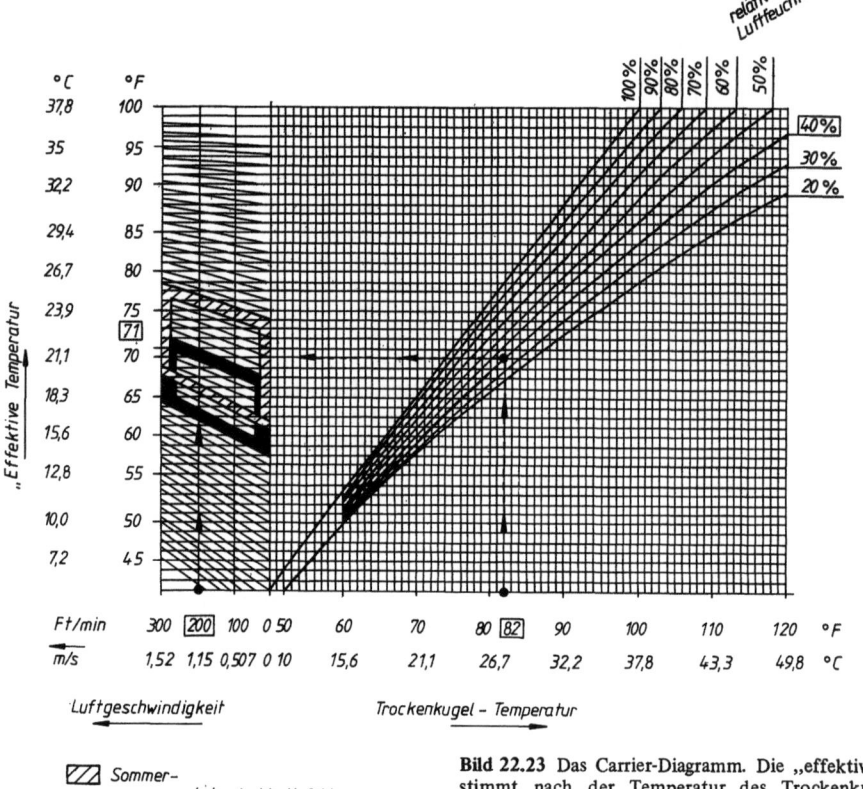

Bild 22.23 Das Carrier-Diagramm. Die „effektive Temperatur" bestimmt nach der Temperatur des Trockenkugel-Thermometers, der Luftfeuchte und Luftgeschwindigkeit

b) Lufttemperatur – relative Luftfeuchte,
c) Lufttemperatur – Luftbewegung

sind in den vorstehend angegebenen Werten für den Maschinenleitstand besonders hinsichtlich a) dann nicht einzuhalten, wenn die Isolierungen ungenügend sind.

Zur ausreichenden Lüftung des Maschinenraums benötigen:

Motorschiffe

Hauptmaschinenraum	10...15(20)	m³/PSh Zuluft
Fahrstand (evtl.)	2...3	m³/PSh Abluft
Separatorraum	0,4...0,8	m³/PSh Abluft

Turbinenschiffe

Hauptmaschinenraum	6...8	m³/PSh Zuluft

Bei Motorschiffen wird etwa die Hälfte der zugeführten Luft zur Deckung des Verbrennungsluftbedarfs der Hauptmaschine benötigt, während bei Turbinenschiffen das Kesselgebläse die Verbrennungsluft meist direkt von außen ansaugt (s. auch Hauptabschnitt 18).

Der *genaue* Gesamtluftbedarf für den Maschinenraum ergibt sich aus einer *Wärmebilanz*; die Maschinenraum-Betriebstemperatur sollte nicht mehr als 5...8 °C über der Temperatur des Wohnbereichs liegen. Nähere Angaben hierzu s. Hauptabschnitt 14

Der Hauptmaschinenraum

Die allgemeine Maschinenraumlüftung hat verschiedene Aufgaben zu lösen:

1. Es sollen *erträgliche Luftverhältnisse* hinsichtlich der Temperatur und relativen Feuchtigkeit für das Maschinenpersonal geschaffen werden, ohne daß die Anforderungen des „Behaglichkeitsfeldes", wie für den Maschinenleitstand, erreicht werden müssen.

2. Es soll (bei direkt aus dem Maschinenraum ansaugenden Dieselmotoren) die *Verbrennungsluft* in ausreichender Menge zur Verfügung gestellt werden.

3. Es sollen *Strahlungs-* und *Verlustwärmen* sowie die *Maschinendünste* abgeführt werden.

Entsprechend der großen Bedeutung einer richtigen Lüftungsanlage für Maschinenraum schreibt der § 35 der UVV der See-Berufsgenossenschaft bindend vor

(1) *Die Betriebsräume der Maschinenanlage müssen in allen Fahrtgebieten ausreichend belüftet werden können. Gegebenenfalls müssen künstliche Lüftungseinrichtungen vorhanden sein. Insbesondere soll am Maschinenfahrstand und Kesselfahrstand die Temperatur von 45 °C nicht überschritten werden.*

Die *Hauptmaschinenzuluftung* wird bei mit Gasöl getriebenen Dieselmotorenanlagen z.B. 150...200 % des Luftverbrauchs der Dieselmotoren ausgeführt und bei Schwerölbetrieb auf 250...350 % des Luftverbrauchs gesteigert. Im Maschinenraum wird ein weitverzweigtes *Zuluftverteilungs-Kanalsystem* angeordnet, wobei drehbare Luftaustrittsarmaturen noch gewisse Luftstrahllenkungen ermöglichen. Die Kanalführung ist unter Beachtung der Maschinenanordnung und Raumaufteilung so zu wählen, daß Wärmestauungen verhindert werden und in Werkstätten gute Lüftungsverhältnisse herrschen.

Der *Luftausgleich* erfolgt auf natürlichem Wege durch das Maschinenraumoberlicht und evtl. durch besondere Abluftventilatoren (diese in Ausführung als Axialventilatoren, elastisch im Schacht gelagert, mit saug- und druckseitiger flexibler Verbindung; Gehäuseschacht über Schwingungsdämpfer mit dem Schiffskörper verbunden) oder spezielle Luftausgleichsgitter. Bei Anordnung der Maschinen-Abluftventilatoren im Schornsteinmantel wird unter Verwendung von Ringdüsen eine starke Rauchgasverdünnung erzielt und eine gute Rauchgasführung hoch über die Decks mit Vermeidung der Verschmutzungsgefahr, z.B. beim Rußblasen der Kessel, bewirkt.

Sonderfall: Bei der Maschinenraumlüftung für Auto-Trajekt-Schiffe ist zu beachten, daß hoher CO_2-Anteil im Maschinenraum durch den Auto-Trajekt-Verkehr möglich ist. Dem ist durch eine kräftige *Ablüftung* aus den Tiefpunkten des Maschinenraums zu begegnen.

Der *Luftbedarf der Dieselmotoren* errechnet sich nach den Verbrennungsgleichungen für Treiböl:

$$L_M = G \cdot \frac{P_0}{P} \cdot L_{th} \cdot n \cdot \frac{273 + t}{273} , \qquad (38)$$

hierin bedeuten:

L_M zuzuführende Verbrennungsluftmenge in m³/h
G Gasöl oder Schweröl in kg
L_{th} theoretisches Volumen an Luft für 1 kg Öl
n Luftüberschußfaktor
P Barometerstand in mbar
P_0 = 1013 mbar
t Lufttemperatur

Der praktische Luftbedarf liegt bei ca. 21 m³ Luft (0 °C, 1 bar) je kg Heizöl.

Wird bei kleinerem Dieselmotorenbetrieb (z.B. Hafenschleppern usw.) keine besondere künstliche Zuluftung vorgesehen, soll sich also der Motor die Verbrennungsluft z.B. durch Schlitze im Schornstein selbst ansaugen, dann ist mit Hinblick auf erträgliche Lüftungsverhältnisse im Motorenraum zu prüfen:

1. Werden Totluftecken (mit Wärmestau!) vermieden?
2. Ist der Hafenbetrieb im Sommer unter zumutbaren Temperaturen möglich?

Bei einer Luftaußentemperatur von + 20 °C und der Forderung, daß die Maschinenraumlufttemperatur nicht über + 35 °C ansteigen soll (d.h. $\Delta t = 15$ °C) und unter der Annahme, daß die durch Strahlung und Leitung angefallene Wärme ausschließlich von der dem Maschinenraum zugeführten Luft aufgenommen wird, ergibt sich die *erforderliche Kühlluftmenge* wie folgt:

$$L_K = \frac{Q}{c_P \cdot \Delta t} \qquad (39)$$

$$\frac{L_K}{Q} = \frac{1}{c_P \cdot \Delta t} \qquad (40)$$

hierin bedeuten:

L_K stündlich erforderliche Kühlluftmenge in m³/h
Q Wärmeanfall im Raum in kJ/h
c_P spez. Wärmekapazität der Luft in kJ/kg K
Δt Temperaturdifferenz zwischen Zu- und Abluft (hier mit 15 °C einzusetzen)

Es ergibt sich daraus:

$$\frac{L}{Q} = \frac{1}{1,3 \cdot 15} \text{ m}^3/\text{kJ} = 0,0515 \text{ m}^3/\text{kJ} . \qquad (41)$$

Für jede kJ abzuführende Wärme ist also eine Luftmenge von 0,0515 m³ erforderlich.

Abfuhr von Verlustwärme von Maschinen, Generatoren usw.

Hierbei unterscheiden wir die *fremdbelüfteten* und die *eigenbelüfteten* Maschinen.

Fremdbelüftung: Seewassergekühlte Turbo-Umlüfter führen mittels im besonderen Kanalsystem eingebautem Ventilator im geschlossenen Umluftsystem die Verlustwärme, z.B. der Drehstrom-Generatoren, ab. Hierdurch wird, besonders wenn die Schleifringe vorsorglich außerhalb des Gehäuses angebracht werden, die Verschmutzung der Generatorenwicklung verhindert.

Eigenbelüftung: Ist für den Generator kein geschlossenes Luftkühlsystem vorhanden, sondern saugt der auf der Turbo-Generatorwelle angeordnete Kühlventilator die Luft frei aus dem Maschinenraum an und bläst sie eventuell direkt nach der Erwärmung wieder in den Maschinenraum, so empfiehlt sich die Anordnung von saugseitigen Luftfiltern mit Differenzdruck-Manometern zur Kontrolle des zulässigen Verschmutzungsgrades der Filtermatten.

Reserve-Filtermatten sind in hinreichender Menge mitzugeben.

$$L_V = \frac{I_v}{c_p \cdot \Delta t} \quad \text{m}^3 \text{ Luft/h} \tag{42}$$

L_V zuzuführende Luftmenge .... m³/h
I_v Verlustwärme von Maschinen
  bzw. Wärmegewinn durch Beleuchtung
  usw. .... kJ/h

Bei elektrischen Maschinen wird

$$I_v = N_n \cdot 3600 \left(\frac{1}{\eta_{ges}} - 1\right) \text{ in kJ/h} \tag{43}$$

N_n Nutzleistung .... kW
η_{ges} Gesamtwirkungsgrad

Bei Maschinenkühlung soll Δt möglichst hoch angesetzt werden, wobei Δt nur abhängig von der höchst zulässigen Umgebungstemperatur (elektrische Maschinen t_i = 35...45 °C nach Angabe des Lieferanten), die nicht überschritten werden darf.

$$L_V = \frac{N_n \cdot \left(\frac{1}{\eta_{ges}} - 1\right)}{\Delta t \cdot c_p} \text{ in m}^3/\text{h} \tag{44}$$

Bei Δt = 10 °C als Richtwert ergibt sich:

L_V = je 1 kW Verlustwärme rund 300 m³h Luft.

Be- und Entlüftung von Doppelböden, Tagestanks, Ladeöltanks usw.

Vor Beginn der Arbeiten in *explosionsgefährdeten Räumen* ist bekanntlich eine gute Durchlüftung solcher Tanks, Doppelböden usw. und eine sorgfältige Kontrolle hinsichtlich der Explosionsfreiheit erforderlich. Bei zusätzlichen Schweißarbeiten muß für eine nachhaltige Abführung des Schweißrauches Sorge getragen werden.

Bei Kesselreparaturen kann für das Personal eine wirksame Kühlwirkung durch Einsatz eines transportablen Gebläses erzielt werden. Ein solches Gerät, in explosionsgeschützter Ausführung, kann wahlweise sowohl zum Be- als auch zum Entlüften eingesetzt werden.

Der Hauptkesselraum

Die See-Berufsgenossenschaft schreibt für die Ölfeuerungsanlagen auf Kauffahrteischiffen u.a. in ihrem § 42, Absatz 13 der UVV vor:

„(13) *Ölfeuerungen von Kesselanlagen müssen mit Gebläsen ausgerüstet sein, wenn nicht allen Anforderungen der Unfallsicherheit genügende Zugverhältnisse nachgewiesen werden.*

(14) *Für Ölfeuerungsanlagen von Heizungskesseln und Küchenherden gelten die vorstehenden Bestimmungen sinngemäß."*

Verbrennungsluftbedarf

Der Luftbedarf für *Schiffskesselanlagen* errechnet sich nach der Verbrennungsgleichung für Heizöl sinngemäß wie bei der Dieselmotorenraumlüftung angegeben. Die *Kesselgebläse* dienen zur Versorgung der Kessel mit Frischluft. Die Luft wird aus dem Heizraum angesaugt. Für jeden Kessel arbeitet ein Gebläse, während ein Gebläse als Reserve betriebsklar bereit steht und wahlweise auf jeden Kessel geschaltet werden kann. Beim Anfahren des Reservegebläses werden die Absperrschieber in den Druckleitungen zu den Kesseln gleichzeitig und hydraulisch vom Fahrstand umgeschaltet. Die Gebläse sind üblicherweise für die zu steuernde Luftmenge (abhängig von der Kessellast) mit einer Leitschaufelregelung (evtl. auch mit einer zusätzlichen Drehzahlregelung kombiniert) versehen und werden pneumatisch betätigt.

Die Verbrennungsluft wird alsdann durch einen rauchgasbeheizten *Röhrenluftvorwärmer* geführt, während die Rauchgase (die Kesselabgase) in senkrechter Richtung um die Rohre strömen. Bevor die Verbrennungsluft in diesen rauchgasbeheizten Luftvorwärmer eintritt, wird sie erforderlichenfalls zur Vermeidung von Taupunktunterschreitung (Korrosionsgefahr für die Rohre!) durch einen dampfbeheizten Luftvorwärmer geführt. Bei kleineren Kesselleistungen wird der Rauchgasluftvorwärmer u.U. ganz umgangen.

Die Verbrennungsluftgebläse werden häufig im oberen Teil des Kesselraumes aufgestellt, saugen dort die warme Raumluft ab und befördern diese durch den vorerwähnten allseitigen äußeren Luftmangel des Kessels in den ersten Teil des Lufterhitzers.

Kesselgebläse werden üblicherweise mit möglichst flacher Kennlinie entworfen. Die Regelung der Verbrennungsluftmenge erfolgt in Abhängigkeit vom Öldurchsatz durch:

1. *Drosselregelung*,
2. *Leitschaufelregelung* (Drallregelung). Die Leitschaufelverstellung erfolgt ölhydraulisch oder pneumatisch in Folgeschaltung mit der Steuerung der Öldurchsatzmenge.
3. *Drehzahlregelung*

Der Hilfsmaschinenraum

1. Allgemeines
Für explosionsgefährdete Räume sind die besonderen Ausführungsvorschriften für Ventilatoren mit „Ex-Schutz" zu beachten.

2. Ölseparatorenraum
Hier entstehen Wasserdampfschwaden, die mit (u.U. zündfähigem) Ölnebel angereichert sind. Der Raum muß kräftig entlüftet werden und da besonders bei leicht flüchtigen Fraktionen die kondensierenden Öldämpfe sich sehr leicht niederschlagen, sollten nur Radialventilatoren in explosionsgeschützter Ausführung eingebaut werden. Axialventilatoren mit in Luftstrom liegenden Antriebsmotoren haben schon zu Betriebsausfällen geführt.

3. Akkumulatorenraum
Hierfür ist der § 55, Abschnitt IV, Absatz (2) der UVV zu berücksichtigen:
„*Für Räume. . ., in denen Akkumulatoren aufgestellt oder geladen werden, muß eine ausreichende Lüftung sichergestellt werden.*"
Es kommen nur explosionsgeschützte, säurefeste Ventilatoren zum Einbau. Ebenso muß wegen der Möglichkeit des Freiwerdens von Elektrolytnebel und Wasserstoffgas beim Laden der Akkumulatoren, das gesamte Rohrsystem in säuregeschützter Ausführung hergestellt werden. Die Rohrleitungen und der Ventilator bestehen daher aus Stahlblech mit Kunstharzeinbrand oder aus verbleitem Material.

4. Kühlmaschinenraum
Für ausreichende Zu- und Ablüftung ist derart zu sorgen, daß keinerlei gesundheitsschädliche oder das Personal belästigende Gase in unzulässiger Konzentration entstehen können und daß ausreichend für Wärmeabfuhr gesorgt ist.

5. Pumpenraum
Auf Tankschiffen mechanische Ablüftung, natürliche Zulüftung. Luftwechsel/h 30...40...50.

6. Wellentunnel
Stets Ablüftung (meistens mit Notausstieg kombiniert), besser auch noch Zulüftung vorsehen.

7. Werkstattraum
Der Werkstattraum, für den weder eine Verbrennungsluftmenge zu berücksichtigen noch ein hoher Wärmeanfall zu erwarten ist, wird mit einer aufgrund von Erfahrungswerten festgelegten, ausreichend erscheinenden Luftwechselzahl, wie etwa in der Tabelle 22.2 u.a. notiert, belüftet.

Allgemein gilt: Für den Hilfsmaschinenraum ist stets eine vom Hauptmaschinenraum getrennte Zu- und Abluftführung vorzusehen. Bei Schiffen, die häufiger *staubige* Ladungen befördern (Erz, Kohle, Getreide, Zement usw.) empfiehlt sich der Einbau von speziellen Filtern oder *Luftwäschern* (s. Bilder 22.24 und 22.31), um Schäden an Haupt- und Hilfsmaschinen zu vermeiden.
Die Amerikanische Gesellschaft der Heizungs-, Kälte- und Klima-Ingenierue (*ASHRAE*) hat vor einigen Jahren ein Prüfverfahren für Luftfilter in der Lüftungs- und Klimatechnik ausgearbeitet. Die wichtigsten Merkmale des „*ASHRAE Standards 52-68*" sind:

1. Festlegung eines einheitlichen, reproduzierbaren *Prüfverfahrens*, das eine Bewertung der filtertechnischen Eigenschaften von Luftfiltern zuläßt. Prüfapparatur und Prüfverfahren werden im einzelnen beschrieben.
2. Darstellung der ermittelten Ergebnisse in einem hierfür vorgesehenen einheitlichen *Prüfbericht* mit Kurvenblatt.
3. Festlegung einer einheitlichen *Terminologie*: Die für die Beurteilung wesentlichen Begriffe eines

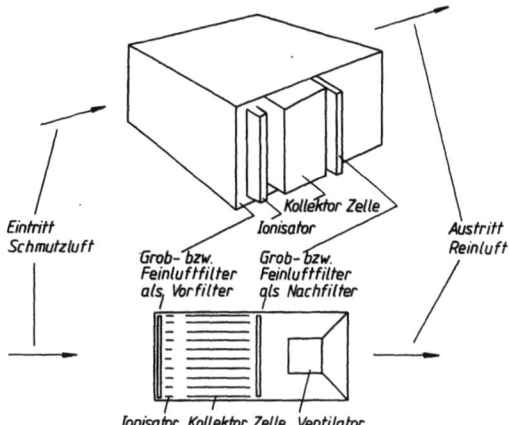

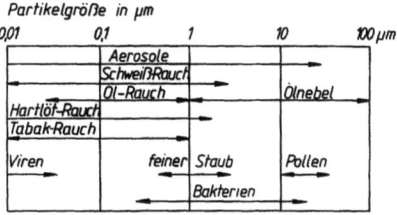

Bild 22.24 Elektrostatische Luftfilter (schematisch)

Filters sind der Abscheidegrad (grav.) und der Wirkungsgrad (atmosph.), für deren Ermittlung der Standard zwei verschiedene Prüfverfahren vorschreibt:

— Der *Abscheidegrad (grav.)* wird im gravimetrischen Test ermittelt. Hierbei wird synthetischer Prüfstaub bestimmter Zusammensetzung dem Filter zugeführt und sowohl die Abscheideleistung als auch das bei einer vorgegebenen Druckdifferenz erzielte Staubspeichervermögen durch Wägung festgestellt. Der Prüfbereich erstreckt sich bis zu einem Abscheidegrad > 99 %.

— Der *Wirkungsgrad (atmosph.)* — früher auch „Verfärbungsgrad" genannt — kennzeichnet die Fähigkeit eines Luftfilters, atmosphärischen Staub abzuscheiden. Die entsprechende Prüfmethode bedient sich der Probenahme aus der gefilterten und ungefilterten Luft durch in Entnahmesonden eingelegte Schwebstoff-Filterscheiben mittels Photometer. Der Prüfbereich erstreckt sich von 20...98 %. Filter mit Wirkungsgraden > 98 % bedürfen einer Beurteilung durch schärfere Prüfmethoden, z.B. nach DIN 24 184 „Typprüfung von Schwebstoffiltern" oder auch durch flammenphotometrische Prüfung mit einem Natriumchlorid-Aerosol (Sodium-Flame-Test).

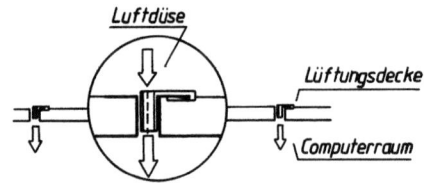
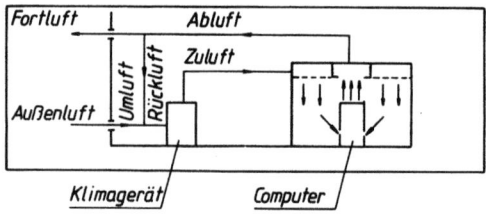
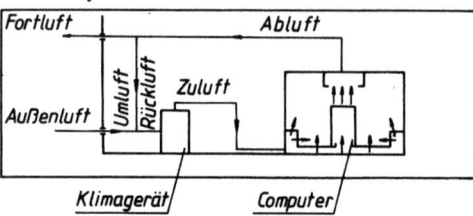

Bild 22.25 Luftführung nach VDI-Richtlinie 2054: Klimaanlagen für Datenverarbeitungsräume

Sind elektronische Geräte und Rechenanlagen im Maschinenfahrstand untergebracht, ist es ratsam, den Fahrstand nicht nur getrennt zu belüften, sondern ihn an eine besondere Klimaanlage anzuschließen.

Klimaanlagen für Datenverarbeitungsräume

Klimaanlagen für Datenverarbeitungsräume (z.B. auf Forschungsschiffen) sind unter Beachtung der VDI-Richtlinie 2054 zu bauen. Für spätere Erweiterungen (z.B. Aufstellung zusätzlicher Computer) sind üblicherweise 30 % Reserve der Luft- und Kälteleistung vorzusehen. Das Bild 22.25 zeigt entsprechend dieser Richtlinie die beiden für Datenverarbeitungsräume gebräuchlichen Luftführungssysteme:

Einkreissystem und *Zweikreissystem*

Die empfohlene und unbedingt auszuführende Lufteinblasung bei Einkreissystemen ist im oberen Teil dieses Bildes hervorgehoben worden.

Die Datenverarbeitungsmaschinen und ihre Hilfseinrichtungen sind technisch hoch entwickelte Geräte, die im Betrieb z.T. erhebliche Wärmemengen abgeben. Damit die Funktion der elektronischen Bauelemente und Speichereinheiten nicht gestört wird, stellen die Hersteller bestimmte Bedingungen bezüglich Temperatur, Feuchte und Reinheit der Raumluft und der den Maschinen zugeführten Luft, der Maschinenzuluft.

Der Raum sollte so groß gewählt werden, daß der zur Abführung der Maschinenwärme erforderliche Luftwechsel nicht zu groß wird. An den Zugängen zu den Räumen mit Luftbehandlung können ggf. ausreichend bemessene Luftschleusen notwendig werden.

Beim Einkreissystem wird die Zuluft nur in den Raum gefördert, während sich die Maschinen ihre Luft aus dem Raum ansaugen.

Bei dem heute vorwiegend gewählten Zweikreissystem wird die Zuluft sowohl dem Raum als auch getrennt den Maschinen zugeführt.

Es ist üblich, daß das Personal eine Woche von der Klimafirma „trainiert" wird.

22.3.2 Komfortlüftung

Gesichtspunkte für die Komfortlüftung

Für Fahrgasträume und Mannschaftsunterkünfte werden bezüglich der Lüftung bestimmte Anforderungen gestellt, die richtungsweisend, u.a. vom Amt für Arbeitsschutz und vom *MOT* Ministry of Transport (Brit. Transport-Ministerium), ausgearbeitet worden sind. Weitere Bestimmungen hierüber wurden in der *Convention of Seattle* bearbeitet; auch die Vorschriften des *Norskt Sjöfartskontor* und die Unfallverhütungsvorschriften der *See-Berufsgenossenschaft* enthalten Hinweise.

Für die verschiedenen Räume wird die *Art der Lüftung* und der erforderliche *Luftwechsel* vorgeschrieben; die wichtigsten Punkte sind:

1. Bei jeder Wetterlage muß ausreichende Lüftungsmöglichkeit durch ausschließlich zur Lüftung bestimmte Öffnungen vorhanden sein.
2. Die Lüftungsanlage muß bei kaltem Klima zugfreie Lüftung und bei warmem Klima genügende Luftbewegung gewährleisten; aus physiologischen Gründen sollte die Luftgeschwindigkeit in den Kammern jedoch 0,10 m/s nicht überschreiten (s. Hauptabschnitt 14).
3. Bei Ausfall der Lüfter müssen selbsttätige Zu- und Abluftköpfe eine entsprechende natürliche Lüftung sicherstellen.
4. Der Luftwechsel soll für Wohn- und Wirtschaftsräume betragen (s. Tafel 22.5):

22.3.3 Schalldämpfung und Schalldämmung

Allgemeines

Da sich mit fortschreitender technischer Entwicklung leider auch die Geräusche der Maschinen, Apparate usw. stark erhöht haben (die allgemeine Lautheit hat sich in den letzten Jahren verdoppelt, d.h., sie ist um 10 Phon gestiegen), muß der Ingenieur heute auch der *Lärmbekämpfung* größte Aufmerksamkeit zuwenden.

So wie nun die Lüftungs- und Klimaanlage zunächst hinsichtlich der Luftmenge, des Wärmebedarfs, des

Lufttechnische Anlagen

Kältebedarfs, des Bedarfs an elektrischer Leistung usw. berechnet worden ist, so muß die Klimaanlage auch möglichst bereits im Entwurfsstadium akustisch durchgerechnet werden:
- Wie laut darf nun eine Anlage sein?
- Wie wird das Geräusch einer Anlage gemessen?
- Wie kann man eine zu geräuschstarke Anlage leiser machen?
- Welche Vorschriften (Bauvorschrift, See-Berufsgenossenschaft, medizinische Forderungen, usw.) sind zu beachten?
- Welche praktischen Mittel haben wir zu schnellen und sofortigen Geräuschdämpfung?
- Welche physikalischen Gesetze geben uns Hilfe bei der Lösung dieser neuen Aufgabe, eine geräuscharme Klimaanlage zu bauen?

Alle diese Fragen sollen, wenn auch nicht erschöpfend, so doch andeutungsweise behandelt werden. Bevor man Lärmschutzmaßnahmen durchführt, muß einem klar sein, welche Lärmeinwirkungen bestehen und ob sie gesundheitsschädlich oder zumutbar sind. Die allgemeinen Benennungen in der Akustik sind in DIN-Blatt 1320 festgelegt worden. Als Beurteilungsmittel eignen sich sowohl die *Lautstärke* als auch das *Frequenzspektrum* des Betriebslärms.

dB(A) — gesprochen „Dezibel A" — ist die internationale Maßeinheit des bewerteten (d.h. die unterschiedliche Schallempfindlichkeit des Ohrs bei verschiedenen Frequenzen berücksichtigenden) *Schalldrucks*. Sie darf der Maßeinheit „DIN-Phon" gleichgesetzt werden. Lautstärken zwischen 65 und 90 DIN-Phon empfindet man als *Lärmbelästigung*, durch die vegetative Reaktionen, wie z.B. frühzeitige Konzentrationsverminderung, Schlafstörungen usw., verursacht werden können.

Nach der VDI-Richtlinie 2058 gefährden Lautstärken über 90 DIN-Phon bei jahrelanger Einwirkung über täglich mehrere Stunden das Gehör. Bild 22.26 erklärt die Lärmbewertung mit Hilfe des *Frequenzspektrums*. In diesem Diagramm sind über den Frequenzen die auf das Gehörorgan wirkenden Schalldrücke in dB aufgetragen. Das Diagramm enthält außerdem die sogenannten *Geräuschkennzahlen N*, von denen die Kurve $N = 85$ die untere Grenze der Gehörschädigung darstellt. Diese Kurve gibt frequenzabhängig die gesundheitsschädlichen Lärmeinwirkungen an. Schalldrücke oberhalb der Kurve $N = 85$ gefährden die Gesundheit! Lärmeinwirkungen, deren Schalldruck zwischen dem Bereich $N = 60...70$ und $N = 85$ liegen, gelten als Lärmbelästigung.

Die Kurve $N = 85$ läßt erkennen, daß z.B. 100 dB Schalldruck bei der niedrigen Frequenz 63 Hz belästigend, derselbe Schalldruck bei der hohen Frequenz 4000 Hz jedoch gesundheitsschädlich ist. Schalldrücke oberhalb 80 dB wirken sich also bei hohen Frequenzen schädlicher aus als bei niedrigen.

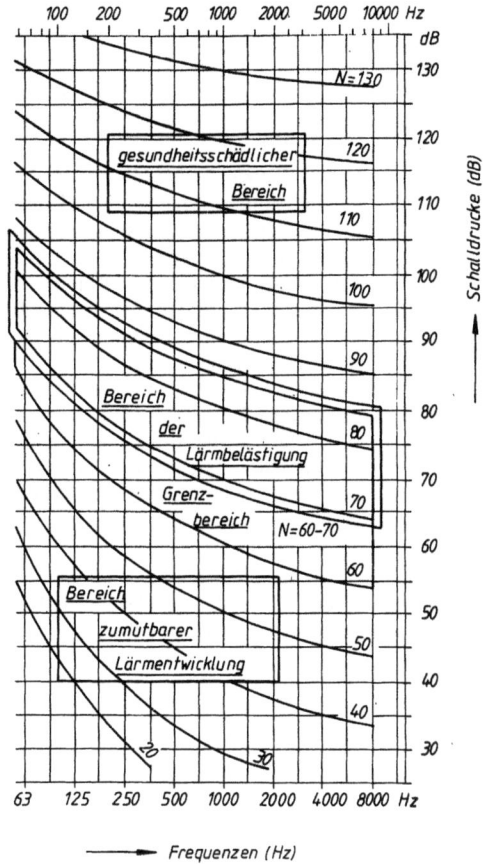

Bild 22.26 Schalldämpfung

Deshalb müssen die Schutzmaßnahmen besonders die Schalldrücke des hohen Frequenzbereichs beseitigen.

Die Geräuschbewertung nach dem Frequenzspektrum ist gegenüber der Bewertung nach der Lautstärke das genauere Verfahren, weil die frequenzmäßige Zusammensetzung einer Lärmeinwirkung berücksichtigt wird. Für später durchzuführende Maßnahmen ergeben sich aus der Bewertung nach dem Frequenzspektrum meist sehr wertvolle Hinweise.

Die Aufnahme eines Frequenzspektrums erfordert einen *Schallpegelmesser* (z.B. nach DIN 45 633) und einen *umschaltbaren Filter (Oktav-Bandpaß)*, die Bewertung nach der Lautstärke nur einen einfachen Schallpegelmesser. Die Frequenzanalyse (z.B. nach DIN 45 401) bedingt einen größeren Zeitaufwand als die Lautstärkemessung. Die Messungen werden unter Beachtung von DIN 45 651 (Oktavfilter) bzw. DIN 45 652 (Terzfilter) nach DIN 45 635 an den Bedienungsplätzen der Maschinen durchgeführt, wobei das Mikrophon, das eine ähnliche Charakteristik besitzt wie die Gehörorgane, in Ohrhöhe über der Standfläche aufgestellt wird.

Die vorstehenden Ausführungen beziehen sich nur auf den Luftschall und nicht auf Körperschall. Grundsätzlich stehen zur *Lärmbekämpfung* drei Möglichkeiten zur Verfügung:

1. *Verminderung des Betriebslärms* (durch Verwendung von Schallschluckstoffen bzw. Akustikplatten) an der Lärmquelle (Maschine) selbst (Schalldämpfung, Schallabsorption). Die Luftschalldämpfung wird durch (äußere) Reibung an Grenzflächen entstehen, insbesondere wenn das Material porös ist und somit dem Schall eine große (Reibungs-)Oberfläche bietet.
2. *Bauliche Maßnahmen* in Form von biegeweichen Wänden (zweischalige Konstruktionen) zur Vermeidung von Schalldurchtritt an den Wänden und an der Decke eines Maschinenraums (Schalldämmung oder Schallisolation). Der Schall wird an der Trennfläche vorwiegend reflektiert.
3. Einsatz persönlicher *Gehörschutzmittel*.

Die wirksamste, bedauerlicherweise am schwierigsten durchzuführende Maßnahme ist der Lärmschutz an den Maschinen der Schiffsanlage selbst.

Geräuschklassen

Eine erste Einteilung klassifiziert wie folgt:

Geräuschklasse	Phon
I	30...65
II	65...90
III	90...120
IV	120

Dabei ist zu beachten: Schon bei 95 Phon treten eine Herzschlagvolumenverringerung *und* Durchblutungsstörungen der Haut infolge Beeinflussung des vegetativen Nervensystems ein.

Richtlinien über zulässige Schallpegel auf Seeschiffen

a) Vom *Max-Planck-Institut* für Arbeitsphysiologie ist als Schall-Grenzpegel für Wohn- und Schlafräume eine spezielle Kurve des Schallpegels in dB in Abhängigkeit der jeweiligen Frequenz aufgestellt.
b) *See-Berufsgenossenschaft*. Nach den vorläufigen Richtwerten der See-Berufsgenossenschaft sind 60 dB(A) für Wohnräume der Besatzung (max. 70 dB(A)) zugelassen.
c) Das *DIN-Blatt 80 061* „Geräuschmessungen auf Schiffen" stellt die Richtlinien auf, nach denen die Schallpegel an Bord festgestellt werden können.

Allein im deutschen Sprachraum befassen sich mehr als 1000 Firmen, Körperschaften, Verbände und wissenschaftliche Institutionen mit Problemen des Lärms (VDI Dokumentationsstelle, Postfach 1139, 4000 Düsseldorf 1, „Anschriften-Verzeichnis Lärmminderung").

Geräuschquellen

Unter den hauptsächlichen Lärmerzeugern an Bord wie:

Hauptmaschine, Auspuff, Getriebe, motorangetriebene Hilfsmaschinen, Lichtmaschine als Turbo-Generator (Turbine, hohe Frequenzen, sehr leise, das Getriebe sehr laut; bei kleineren Aggregaten besonders weite Schallausbreitung im Achterschiff), Kompressoren, Spülluftgebläse der Hauptmotoren (diese sind in vielen Fällen sehr laut), Schiffsschrauben mit tiefen Frequenzen usw.,

interessieren hier besonders die *Schiffslüftungs-* und *-klimaanlagen* (Bild 22.27).

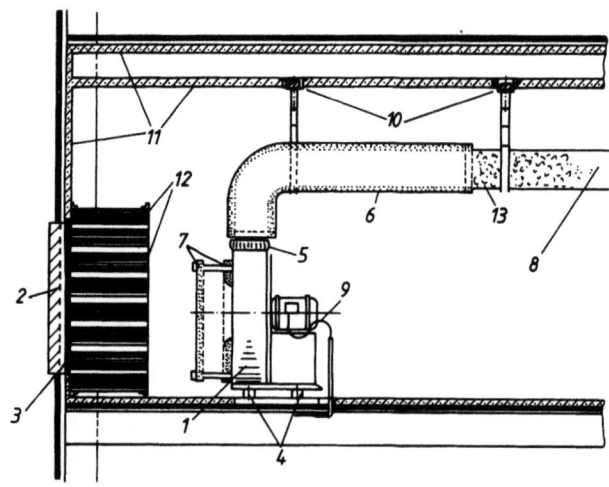

Bild 22.27
Schalldämpfung des Radialventilators
1 Radialventilator
2 Regenschlagjalousie
3 Filter
4 Schwingungsdämpfer z.B. Schwingmetall; Metallgummi; Feder-Phonolatoren
5 Elastische Verbindung z. B. Segeltuch; Weichgummi; Weich-PVC
6 Schalldämpfungskanal doppelwandig, innen Lochblech, dazwischen Dämmmaterial
7 Schalldämpfung der Ansauggeräusche sinngemäß wie 6
8 Lüftungskanal
9 E-Anschluß flexibel
10 Kanalhalterung elastisch
11 Wand- und Deckenisolierung z. B. 50 mm Spritzasbest
12 Schalldämpfer
13 Entdröhnungsmittel, im Spritz-Spachtel- oder Streichverfahren auf den Kanal gebracht; ca. 5 ... 8 mm

Lufttechnische Anlagen

Vergleichbar dem Rechnungsgang für die Ermittlung der vom Ventilator bei einer bestimmten Luftmenge und dem vorliegenden Kanalsystem aufzubringenden Gesamtpressung ergibt sich hier die

Berechnung des in die Kammer durch das Lüftungssystem eingebrachten Schallpegels.

Die *Ventilatoren* erzeugen durch Luftwirbel Geräusche, deren Intensität mit der fünften bis sechsten Potenz der Umfangsgeschwindigkeit zunimmt und auf der Saug- und Druckseite etwa gleich groß ist. Der Schalleistungspegel für den Halbraum (Saug- und Druckseite) L_W ist im Optimalbereich von Axial- sowie Radialventilatoren nach Richtlinie VDI 2081 näherungsweise (in dB)

$$L_W \approx 45 + 10 \lg Q + 20 \lg \Delta p \qquad (45)$$

mit

Q Fördervolumen .... m³/h
Δp statischer Druck .... mbar

In dem anschließenden Kanalsystem, in dem die Luftgeschwindigkeit v herrscht, ergibt sich der Schalldruckpegel L (in dB) zu

$$L = 80 + 10 \lg v + 20 \lg \Delta p \qquad (46)$$

In der Kammer vermindert sich durch die Verteilung des Schalles auf das gesamte Raumvolumen der Schallpegel im Mittel um

$$\Delta L = 10 \lg \frac{V}{24{,}5\,FT} \text{ dB} \qquad (47)$$

darin bedeuten

V das Raumvolumen .... m³
F die Luftaustrittsfläche .... m²
T die Nachhallzeit, die ein Schallereignis im Raum noch nachklingt (Ermittlung nach DIN 52 212 Ausgabe 1961) .... s

Kombiniert man die vorgenannte Formel mit der des Schallpegels von Ventilatoren, so folgt für den mittleren Raumschallpegel L_R (in dB) ohne Berücksichtigung der Dämpfung im Kanalsystem

$$L_R = 59 + 20 \lg \Delta p + 10 \lg wT \qquad (48)$$

darin sind

Δp statischer Druck des Lüfters .... mbar
w Luftwechselzahl des Raumes .... h⁻¹
T Nachhallzeit des Raumes .... s

Im allgemeinen ist das Produkt $wT \approx 6$ s/h, woraus folgt $10 \lg wT \approx 8$ dB. Das mittlere Raumgeräusch in mit Ventilatoren belüfteten Räumen ergibt sich somit zu

$$L_R \approx 67 + 20 \lg \Delta p \qquad (49)$$

Je Verdoppelung von Nachhallzeit oder Luftwechselzahl gegenüber diesen Werten erhöht sich L um 3 dB.

Schalldämpfung

Für den Entwurf der für Klima- und Lüftungsanlagen erforderlichen Schalldämpfer müssen zwei Forderungen erfüllt werden:

1. Die maximalen Betriebsgeräusche der Lüfter oder Klimaanlagen müssen den vorläufigen Richtlinien der See-Berufsgenossenschaft, z.B. für Wohnräume der Besatzung (60 dB(A) oder max. 70 dB(A)) genügen.
2. Es ist erforderlich, daß die Geräusche der Lüftungsanlagen, z.B. auf dem freien Deck, nicht über den Störpegel, der von der Antriebsmaschine ausgeht, hervortreten.

Für den Entwurf von *Kulissen-Schalldämpfern* ist zu beachten, daß hiermit

Dämpfungen von 20...30...40...60 dB

zu erzielen sind.
Grundsätzlich ist für die Innehaltung des von der See-Berufsgenossenschaft maximal zugelassenen Schallpegels ein solider Eisenschiffbau Vorbedingung, um tieffrequente Schwingungen auf ein Minimum zu reduzieren. Für die Einführung der Kühl-Zuluft und die Abführung der mit Verlustwärme beladenen Abluft aus der schalldämmenden Motorbox, z.B. der Hauptmotoren, ist großer Wert auf ausreichenden Querschnitt für die Zu- und Abluftleitungen und damit ausreichend bemessene Schalldämpfer zu legen. Letztere sollten unbedingt in unmittelbarer Nähe der schalldämmenden Box untergebracht werden, so daß die aus der Motorbox in die Luftkanäle gelangenden Motorgeräusche nicht durch das Kanalsystem übertragen und damit im Schiff verteilt werden. Es kommen somit z.B. Schalldämpfer für folgende Anlagen zur Anwendung:

1 Schalldämpfer für Motorbox Zuluft,
1 Schalldämpfer für Motorbox Abluft,
1 Schalldämpfer für den Motorenraum-Kühllüfter,
1 Schalldämpfer für die allgemeine Motorenraum-Ablüftung,
1 Schalldämpfer für die Separatorenraum-Ablüftung.

Die Lüfterkanäle sind in steifer Ausführung, möglichst mit Verstärkungsrippen oder Sicken, Diagonalaufkantungen, Verstärkungswinkel oder dgl. so auszuführen, daß keine resonanzartigen Geräuschverstärkungen zu befürchten sind. Erforderlichenfalls sind die Kanäle durch Auftragung einer Spritzisolierung zum Zwecke der Entdröhnung zu behandeln. So sind z.B. die gesamten Lüfterkanäle und Lüfterräume des Fahrgastschiffes „Oceanic" mit einem im Spritzverfahren aufgebrachten Entdröhnungsmittel in einer Dicke von 2...6 mm zur Vermeidung von Schallübertragung versehen worden.
Die Verbindung der Kanäle mit der Unterstützungskonstruktion muß bei hohen Schalldämm-Maßnahmen durch elastische Zwischenstücke so hergestellt werden, daß die Übertragung von Körperschall weitgehend ausgeschlossen ist [22.57].

22.4 Raumheizung [22.17]

22.4.1 Ermittlung des Wärmebedarfs

Zur Bestimmung des Gesamtbedarfs an Wärme muß zunächst der stündliche *Wärmeverlust* für jeden einzelnen Raum bestimmt werden. Den durch Wände, Decke und Boden nach außen abgeführten Wärmestrom berechnet man mit der Gleichung

$$Q = k \cdot A \cdot (t_i - t_a) \quad \text{W} \tag{50}$$

mit

k	Wärmedurchgangskoeffizient	W/m²/K
A	Raumbegrenzungsfläche	m²
$t_i - t_a$	Temperaturdifferenz	K

(s. Hauptabschnitt 04). In Bild 22.28 sind einige Anhaltswerte für den Wärmedurchgangskoeffizienten k zusammengestellt. Bei künstlicher Lüftung sind je nach Luftwechsel und Außentemperatur entsprechende Zuschläge zu machen (s. [22.6]).

Die Heizung wird meist so ausgelegt, daß bei −10 °C Außentemperatur in Wohnräumen, Bädern und Hospital eine Temperatur von +20 °C und in Gängen eine Temperatur von +10 °C gehalten werden kann. Für die Raumheizung kommt Dampf, Warmwasser, Warmluft oder elektrische Energie in Frage.

22.4.2 Wärmerückgewinnung

Mit der Verknappung des Energieangebotes bzw. den steigenden Energiepreisen gewinnt die Wärmerückgewinnung auch an Bord steigende Bedeutung. Erprobt und bewährt hat sich sowohl das rekuperative als auch das regenerative Verfahren. Das Wärmerohr verwendet und kombiniert bekannte physikalische Vorgänge zu einem geschlossenen Kreisprozeß der Wärmestromübertragung. Die Wärmepumpe erzielt durch Ausnutzung der Abwärme erhebliche Einsparungen des Energieverbrauches [22.51–22.54].

22.4.3 Vor- und Nachteile verschiedener Wärmeträger und Heizsysteme

Dampfheizung

Sie wird nur noch selten eingebaut, da die regelungstechnischen Nachteile überwiegen.

Warmwasserheizung

Sie wird sehr häufig eingebaut, da regelungstechnisch problemlos. Die Warmwasserheizung läßt sich gut einstellen.

Wärmeträger: Wasser, das in einem Wärmetauscher oder in einem Heizungskessel auf 50...90 °C (je

Bild 22.28.1

Wärmedurchgangskoeffizienten für Decken bzw. Fußböden			
	Wärmedurchgangskoeffizient k_m W/m²K		
	Beim Wärmeübergang von unten nach oben		oben nach unten
	zum freien Deck	zum geschl. Raum	
10...20 mm Stahl	7,56	4,07	2,91
50 mm Holz / 10...20 mm Stahl	2,32	1,86	1,63
10...20 mm Stahl / 150 mm Luft / 8 mm Holz	3,49	2,44	2,02
10...20 mm Stahl / 50 mm Isolierung / 8 mm Holz	0,95	0,86	0,80
30 mm Isolierung	1,43	1,22	1,11
50 mm Holz / 10...20 mm Stahl / 150 mm Luft / 8 mm Holz	1,68	1,42	1,25
35 mm Steinholz o. ähnlich / 10...20 mm Stahl / 150 mm Luft / 8 mm Holz	2,56	1,97	1,67

Bild 22.28.2

Wärmedurchgangskoeffizienten für senkrechte Wände		
	Wärmedurchgangskoeffizient k_m W/m²K	
	Außenwand	Innenwand
10...20 mm Stahl	7,56	4,07
10 mm Holz	5,24	3,37
20 mm Holz	3,95	2,79
30 mm Holz	3,25	2,44
40 mm Holz	2,67	2,08
50 mm Holz	2,32	1,86
10 mm Stahl / 50...100 mm Luft / 8 mm Holz	3,02	2,56
10 mm Stahl / 50 mm Isolierung aus Mineralfasern / 8 mm Holz	1,01	0,95
30 mm Isolierung	1,55	1,42

Bild 22.28 Wärmedurchgangskoeffizienten k_m für verschiedene Boden-, Wand- und Deckenkonstruktionen nach [22.6]

nach Außentemperatur) erwärmt und von einer Umwälzpumpe durch Rohrleitungen und Heizkörper gedrückt wird.

An der höchsten Stelle des Heizungssystems ist mit Rücksicht auf die Ausdehnung des Wassers bei verschiedenen Temperaturen ein *Ausgleichsbehälter* vorzusehen.

Warmluftheizung

Die künstliche Zuluft zu den Wohnräumen und Kammern wird in *Heizregistern* auf eine Temperatur von etwa 25 °C erwärmt und durch einstellbare Austrittsöffnungen den Räumen zugeführt. Die Heizregister bestehen aus Rohren, die zur Vergrößerung der Heizfläche mit Rippen versehen sind. Meist werden mehrere Register hintereinandergeschaltet und zwischen einem Verteiler und einem Sammler in den Zuluftkanal eingebaut. Die Zahl der Heizregister, d.h. die Größe der Heizfläche, richtet sich nach der zu erwärmenden Luftmenge, die so bemessen wird, daß neben dem vorgeschriebenen Luftwechsel auch die Raumtemperatur bei −10 °C Außentemperatur eingehalten werden kann. Die Register werden wegen guter Regelung mit Warmwasser beaufschlagt; eine Umwälzpumpe (im Bypaß eine Reservepumpe) sorgt für gleichmäßige Vorlauftemperatur. Bei höheren Außentemperaturen können einzelne Register abgeschaltet werden, so daß die Heizfläche kleiner wird. Es gibt auch Anlagen, bei denen die Heizregister aus *E-Heizstäben* zusammengesetzt werden. Durch eine entsprechende Verblockung können die Heizkörper nur bei laufendem Lüfter eingeschaltet werden, so daß übermäßige örtliche Erwärmung vermieden wird.

Elektrische Heizung

Die elektrische Heizung wird aus dem Bordnetz gespeist. Für sie sind besondere Heizkörper mit Leistungen von 0,5...1,5 kW entwickelt worden. Die Heizstäbe, bei denen der eigentliche Heizdraht unter Zusatz einer gut wärmeleitenden und elektrisch gut isolierenden Masse in ein nahtloses Rohr eingepreßt ist, sind U-förmig gebogen und auf Tragflächen befestigt. Bei guter Luftführung durch den Heizkörper hindurch wird eine niedrige Oberflächentemperatur erreicht.

Je nach Lage des Raumes kann überschläglich mit einem Anschlußwert von 50...200 W/m³$_{Raum}$ gerechnet werden. Die E-Heizung läßt sich leicht einbauen und instand halten, sie ist durch *Heizstufenschalter* gut einstellbar.

22.5 Schiffsklimatisierung

[22.6, 22.17, 22.19, 22.20, 22.25, 22.35]

22.5.1 Gesichtspunkte für die Klimatisierung

Der menschliche Körper gibt fortlaufend Wärme an die Umgebung ab, die Größe der Gesamtwärmeabgabe richtet sich nach dem Umgebungszustand und

Tafel 2.7 Wärme- und Wasserdampfabgabe des Menschen nach [22.17]

Lufttemperatur	Gesamtwärmeabgabe	Wasserdampfabgabe
°C	W	g/h
10	157	30
12	146	30
14	136	30
16	127	30
18	121	33
20	119	38
22	117	47
24	117	58
26	117	70
28	117	85
30	114	98
32	113	116

(normal bekleideter, sitzender Mann bei leichter Beschäftigung und ruhiger Luft; Luftfeuchte φ = 30...70 %)

Tafel 22.8 Gesamtwärmeabgabe des Menschen bei verschiedenen Tätigkeiten

Tätigkeit	Gesamtwärmeabgabe
	W
liegend	70...93
sitzend, leichte Tätigkeit	93...116
stehend, leichte Tätigkeit	116...175
langsam gehend	223...292
schnell gehend	350...465
Treppen steigend	1163...1298
Schwerarbeit	...2900

nach der ausgeübten Tätigkeit (Tafeln 22.7 und 22.8). Die Wärme wird unter normalen Verhältnissen durch *Strahlung* (etwa 30 %), *Konvektion* (etwa 30 %), *Verdunstung* (etwa 15 %), *Atmung* (etwa 5 %) und *Sonstiges* (etwa 5 %, z.B. bei der Speiseaufnahme) abgegeben. Bei steigender Temperatur verschieben sich diese Werte: die durch *Verdunstung* abgeführte Wärmemenge und damit die Wasserdampfabgabe wird größer. Der Mechanismus der Wärme- und Feuchteabgabe kommt zum Stocken, wenn hohe Temperatur und hohe Luftfeuchtigkeit gleichzeitig auftreten, da die Stärke der Verdunstung — bei gleichbleibendem Umgebungsdruck und -temperatur — nur von dem Dampfdruckunterschied des Wassers an der Hautoberfläche und des Wasserdampfes der Luft abhängt.

Das *Behaglichkeitsfeld* im i,x-Diagramm kennzeichnet den Bereich, in dem alle die Paarungen von *relativer Luftfeuchte* und *Lufttemperatur* liegen, die von den meisten Menschen als angenehm empfunden werden. Je nach der Jahreszeit liegt es bei einer relativen Luftfeuchte

im Winter von φ = 30 % ...φ = 70 %
 von t_i = 26 °C t_i = 23 °C
 ...t_i = 20 °C ...t_i = 18 °C

Tafel 22.9 Wasserdampfteildruck in feuchter Luft bei einem Gesamtdruck von h = 1013 mbar.

Luft-temp. t °C	Wasserdampfteildruck h_D mbar										
	Relative Luftfeuchte φ %										
	0	10	20	30	40	50	60	70	80	90	100
18	0	2,06	4,11	6,16	8,22	10,30	12,32	14,35	16,50	18,55	20.62
19	0	2,19	4,38	4,56	8,75	10,95	13,15	15,28	17,65	19,72	21,95
20	0	2,33	4,65	7,00	9,32	11,65	13,90	16,35	18,60	21,10	23,30
21	0	2,48	4,96	7,43	9,93	12,40	14,90	17,38	19,80	22,40	24,75
22	0	2,63	5,26	7,90	10,55	13,20	15,82	18,50	21,15	23,75	26,40
23	0	2,81	5,60	8,40	11,20	13,90	16,75	19,55	22,40	25,35	28,10
24	0	2,98	5,95	8,93	11,91	14,90	17,82	20,90	23,85	26,80	29,80
25	0	3,17	6,32	9,49	12,64	15,85	18,90	22,10	25,30	28,50	31,55
26	0	3,35	6,70	10,09	13,45	16,75	20,01	23,40	26,90	30,30	33,45
27	0	3,53	7,12	10,69	14,23	17,81	21,30	24,90	28,50	32,15	35,50
28	0	3,77	7,55	11,30	15,05	18,89	22,60	26,30	30,25	34,00	37,70
29	0	4,00	8,00	12,00	16,00	20,00	24,00	27,90	32,00	36,00	39,90
30	0	4,24	8,46	12,70	16,92	21,20	25,35	29,60	33,85	38,10	42,30
31	0	4,49	8,95	13,45	17,95	22,38	26,85	31,40	35,80	40,45	44,85
32	0	4,74	9,50	14,22	19,10	23,70	28,45	33,20	38,00	42,80	47,40
33	0	5,02	10,00	15,08	20,00	25,20	30,10	35,10	40,20	45,10	50,10
34	0	5,31	10,60	15,99	21,30	26,50	31,80	37,10	42,50	47,80	53,00
35	0	5,62	11,20	16,75	22,45	28,00	33,65	39,20	44,90	50,50	56,10

im Sommer von t_i = 29 °C t_i = 26 °C
... t_i = 22 °C   ...t_i = 20 °C

Temperaturen und Feuchtewerte, die *außerhalb* dieser Grenzen liegen, werden in den meisten Fällen als schwer ertragbar empfunden.

Neben Lufttemperatur und Luftfeuchte ist die *Luftbewegung* (Strömungsgeschwindigkeit der Luft im Raum) sowie *Staub-* und *Geruchsfreiheit* zur Beschreibung des Luftzustandes von Bedeutung. Die zulässige Luftgeschwindigkeit in den Kammern richtet sich nach der Lufttemperatur und beträgt bei

t_i = 20 °C $w \leqslant 0{,}10$ m/s
t_i = 24 °C $w \leqslant 0{,}30$ m/s

Während in den gemäßigten Zonen eine Versorgung der Kammern mit gefilterter Frischluft (evtl. in der Übergangszeit durch entsprechende Heizung ergänzt) genügt, um angenehme Raumbedingungen im Wohnbereich zu schaffen, muß bei Fahrt in tropischen oder arktischen Zonen der Aufbereitung der Luft besondere Aufmerksamkeit zugewandt werden. Oberhalb der genannten Grenzen ist ohne gesundheitliche Schädigung eine Erhöhung der Luftgeschwindigkeit zur Verbesserung des Kühleffektes nicht mehr verantwortbar; wohl aber läßt sich durch stärkeres Entfeuchten eine bessere Kühlwirkung erreichen. Beschreitet man diesen Weg, wird die *Lüftungsanlage* durch die zusätzlichen Ent- und Befeuchtungseinrichtungen zur *Klimaanlage*.

22.5.2 Schiffsklimaanlagen

Klimaanlagen gleichen im Aufbau der bereits beschriebenen *Warmluftheizung*. Hinzu kommen Einrichtungen für die *Luftkühlung* in der warmen Jahreszeit bzw. unter tropischen Bedingungen sowie zur *Lufttrocknung* und *-befeuchtung*. Für diese Aufgaben werden grundsätzlich folgende Bauelemente benötigt (Bild 22.29): Sammler, Luftfilter, Be- und Entfeuchter, Schalldämpfer, Lüfter, Heizelemente, Kühlelemente, Regelorgane und Verteiler sowie Kanalnetz und Luftaustrittsarmaturen in den klimatisierten Räumen. Man unterscheidet *Nieder-*, *Mittel-* und *Hochgeschwindigkeitsanlagen**); Tafel 22.10 gibt einige charakteristische Werte, die den Unterschied der einzelnen Anlagetypen deutlich erkennen lassen.

Niedergeschwindigkeitsanlagen (Bild 22.30)

Diese Anlagen wurden aus den einfachen Lüftungsanlagen bzw. aus den Warmluftheizungsanlagen entwickelt; sie sind daher für ähnliche Luftmengen und -wechsel ausgelegt. Zur Verteilung werden große Kanalnetze benötigt; die Luftaustrittsarmaturen in den Kammern entsprechen denen der Lüftungsanlagen (einfache Gitter). Ihr Vorteil besteht darin, daß sie in klimatischen Übergangsperioden als reine Lüftungsanlagen gefahren werden können: Ohne daß man die Verdichter des Kühlkreislaufes ansetzen muß, wird ein gewisser Kühleffekt durch die starke Luftbewegung erzielt. Während des Kühlbetriebes muß bei derartigen Anlagen die angesaugte Frischluftmenge erheblich verringert werden, da anderenfalls die benötigte Kälteleistung zu groß würde, meist verringert man einfach die Motordrehzahl des Lüfterantriebs. Durch die verringerte Drehzahl des Lüfters wird die geförderte Luftmenge erheblich reduziert (s. Hauptabschnitt 20).

---

*) Auch die Bezeichnung *Nieder-*, *Mittel-* und *Hochdruckanlage* ist üblich.

Raumheizung. Schiffsklimatisierung

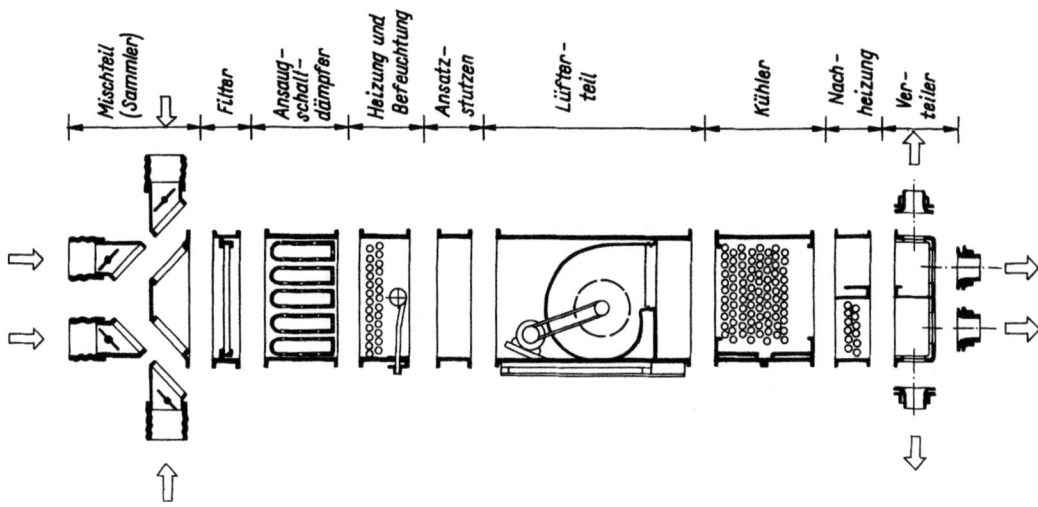

Bild 22.29 Bauelemente des Zentralgerätes von Klimaanlagen

Tafel 22.10 Gegenüberstellung einiger spezifischer Werte von Lüftungs- bzw. Klimaanlagen

	Niedergeschwindigkeits- anlagen	Mittelgeschwindigkeits- anlagen	Hochgeschwindigkeits- anlagen
Temperaturdifferenz bei Klimaanlagen °C	6 ... 8	10 ... 15	15 ... 20
Luftgeschwindigkeit im Kanal . . . . . . m/s	(5) 8 ... 10 (12)	15 ... 20	20 ... 40
Gesamtpressung der Lüfter . . . . Pa	150 (300 ... 600)	900 ... 1500	1500 ... 2500
Frischluftmenge	groß	klein	klein
Kanalquerschnitt	groß	klein	klein
Isolierung	nur bei Klimatisierung bzw. Warmluft erforder- lich	stets erforderlich, wobei die Ummantelung dampf- dicht sein muß	
Folgen bei Kanalundichtigkeiten	Luftverluste unbedeutend, keine Geräusche	Luftverluste bedeutend, Pfeifgeräusche	
Luftwechsel LW (s. auch Text)	(4) 6 ... 8 (15)	2 ... 3 (Erstluft der Klimazentrale)	
Geräusche	unwesentlich bei Rad- umfangsgeschwindig- keiten am Lüfter ≤ 45 m/s	am Lüfter 90 ... 100 dB, Schalldämpfer in der Zentrale und erforderlichen- falls in der Rohrleitung; zusätzlich Schall- dämpfung in den Luftaustrittsarmaturen; am Kammergerät 40 ... 45 dB.	
Vergleich: Der Geräuschpegel auf Motorschiffen beträgt im Bereich der Wohnräume am Maschinenraum 50 ... 70 dB.			

Außerdem kann klimatisierte Luft aus den Gängen der Wohnbereiche über gesonderte Kanäle wieder von der Klimazentrale angesaugt und der Frischluft zugesetzt werden (Mischluftbetrieb, s. Bild 22.20).

Mittelgeschwindigkeitsanlagen
Anlagen dieser Art bewältigen bei höheren Luftgeschwindigkeiten im Kanalnetz etwas niedrigere Luftwechsel als die Niedergeschwindigkeitsanlagen. Die Zuluft wird teils über Kanäle, teils über Luftrohre auf die zu versorgenden Räume verteilt. Die Luftaustrittsarmaturen gleichen denen der Hochgeschwindigkeitsanlagen und müssen mit *Schallschluckkammern* versehen werden. Da der Luftwechsel und damit die stündlich aufzubereitende Luftmenge bei diesen Anlagen ebenfalls groß ist, sind sie wie die Niedergeschwindigkeitsanlagen mit Einrichtungen für Misch- bzw. Umluftbetrieb ausgerüstet, so daß der Kältebedarf bzw. Wärmebedarf nicht zu groß wird.

Anlagen für *reinen Umluftbetrieb* werden auf Handelsschiffen selten eingebaut; dagegen sind die Klimaanlagen auf Kriegsschiffen fast immer für Umluftbetrieb ausgelegt, um einen von der Außenluft un-

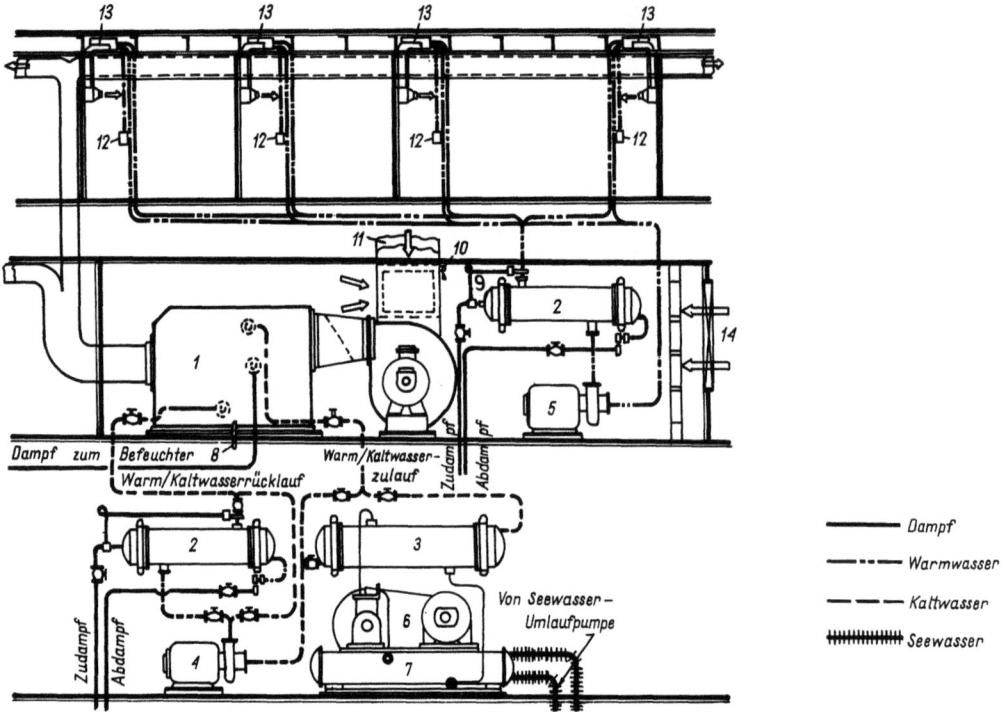

Bild 22.30 Niedergeschwindigkeitsklimaanlage mit unabhängiger Temperatureinstellung in den einzelnen Räumen

1 Zentralgerät
2 Warmwasserbereiter
3 Wasserkühler (Verdampfer)
4 Warm- bzw. Kaltwasserumwälzpumpe
5 Warmwasserumwälzpumpe für die Nachheizgeräte in den Kammern
6 Kältemittelverdichter
7 Kondensator (Verflüssiger)
8 Kondensatorableitung
9 Warmwasser-Temperaturkontrolle
10 Frischluft/Rückluft-(Umluft-)regulierklappe
11 Rückluft(Umluft-)kanal
12 Raumtemperaturregler
13 Nachheizgerät (Kammergerät)
14 Luftfilter am Frischluft(Außenluft-)eintritt

abhängigen Betrieb zu ermöglichen (z.B. bei Fahrt in Seegebieten, in denen die Außenluft durch radioaktive Ausfälle verseucht ist, oder bei Fahrt unter Wasser usw.). Im allgemeinen ist bei diesen Anlagen neben der eigentlichen Klimazentrale, die sich nur unwesentlich von den üblichen Konstruktionen unterscheidet, eine *Luftaufbereitungsanlage* in den Kreislauf eingeschaltet, in der das CO_2 der Abluft auf chemischem Wege entfernt und gleichzeitig O_2 entsprechend dem Verbrauch zugesetzt wird.
Die Luftaufbereitungsanlage wird dann nur bei Fahrt im *„Verschlußzustand"* eingeschaltet und im normalen Betrieb umgangen.

Hochgeschwindigkeitsanlagen (Bild 22.31)
In diesen für die speziellen Anforderungen der Klimatechnik entwickelten Anlagen werden die zur Klimatisierung der Räume erforderlichen Wärmeströme mit kleinen Luftmengen und vergleichsweise hohen Luftgeschwindigkeiten (s. Tafel 22.10) befördert. Es genügen infolgedessen kleine Kanalquerschnitte im Verteilernetz, i.a. werden hierfür *Luftrohre* verwandt. Den Luftaustrittsarmaturen in den Kammern sind schallschluckende Boxen vorgeschaltet, in denen die Luftgeräusche des Rohrnetzes abgebaut werden, und die hohe Luftgeschwindigkeit im Rohr auf eine geringere Austrittsgeschwindigkeit herabgesetzt wird, um zu starken Luftzug und Austrittsgeräusche zu vermeiden. Diese Luftaustrittsarmaturen werden oft so gestaltet, daß die durch Düsen (*Diffusoren*) austretende Frischluft die umgebende Raumluft mitreißt, so daß eine gute Durchlüftung des zu klimatisierenden Raumes erzielt wird (*Sekundärlüftung*). (Siehe hierzu: Bild 22.31 „4. Kammergerät mit Luftmischkammer und Regulierventilen" sowie Bild 22.34 „Kammergeräte verschiedener Bauart mit Einrichtungen zur unabhängigen Temperatureinstellung im Raum".) Da die aufzubereitende Luftmenge bei diesen Anlagen *klein* ist (s. Tafel 22.10), werden sie meist ohne Umluft in reinem Frischluftbetrieb gefahren.

Raumheizung. Schiffsklimatisierung

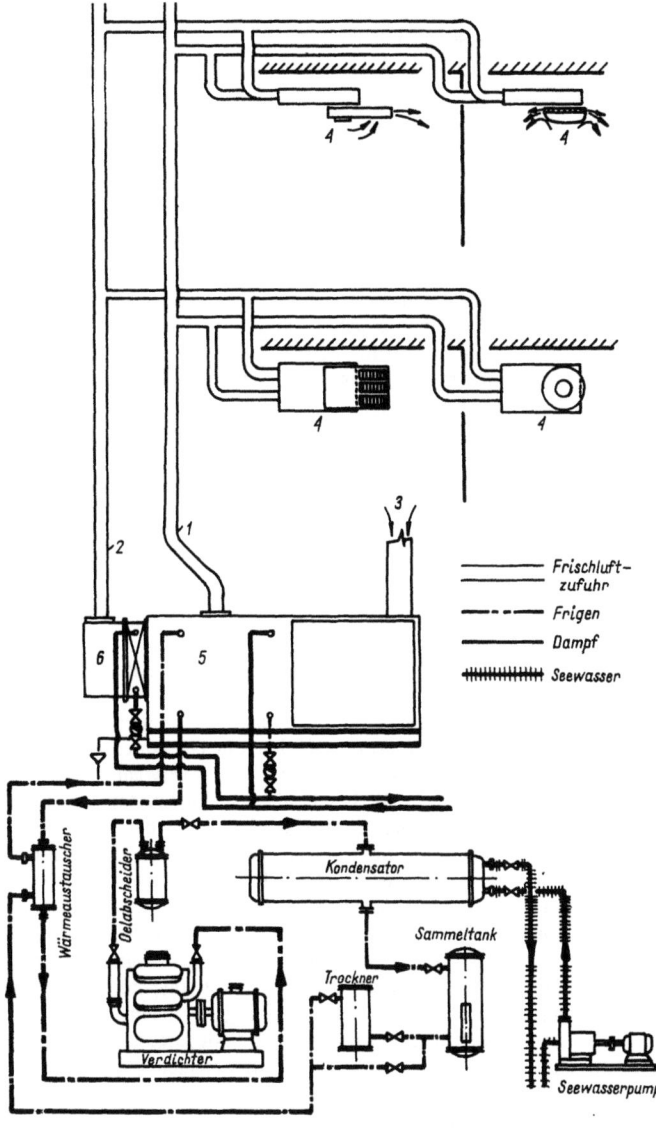

Bild 22.31 Hochgeschwindigkeitsklimaanlage (Doppelrohranlage)
1. Vorbehandelte Luft
2. Nachbehandelte Luft
3. Frischluft (Außenluft)
4. Kammergerät mit Luftmischkammer und Regulierventilen
5. Zentralgerät zur Vorbehandlung der Frischluft (Außenluft)
6. Zentralgerät zur Nachbehandlung (Nachheizung) der Luft

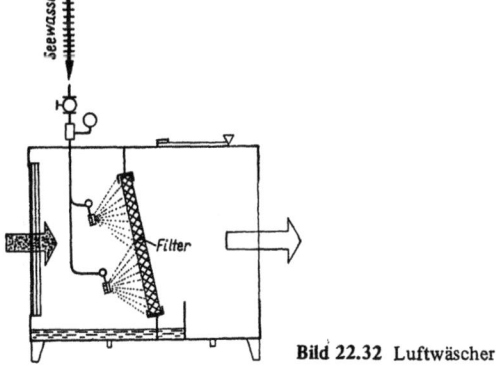

Bild 22.32 Luftwäscher

Bauelemente der Klimaanlage

Filter bestehen meist aus Kunststoffmatten und müssen je nach verwandtem Material entweder periodisch *ausgewaschen* oder *ersetzt* werden. Gelegentlich werden auch ölbenetzte nichtrostende *Metallgewebe* verwandt. Auf Schiffen, die stark staubende Ladung befördern, werden diesen Filtern oft noch *Luftwäscher* vorgeschaltet, die mit einem Seewasserschleier Flugzement, Kohlenstaub usw. aus der angesaugten Frischluft auswaschen (Bild 22.32).

Als Lüfter werden *Radiallüfter* direkt in das Zentralgerät eingebaut, angetrieben meist durch drehzahlgeregelte Elektromotren, die entweder an die Laufradwelle angeflanscht oder mittels Keilriemen und Riemenscheibe angeschlossen werden.

Die *Heizelemente* werden mit Warmwasser oder elektrisch beheizt; Warmwasser wird in einem Heizungskessel oder in einem dampfbeheizten Wärmeaustauscher gewonnen (s. Abschnitt 22.4.2); auch Frischwasser aus dem Kühlkreislauf der Haupt- oder Hilfsdieselmotoren wird gelegentlich zur Versorgung der Heizregister benutzt.

Besondere *Sicherheitsvorkehrungen* sind bei der Verwendung von elektrischen Heizelementen zu berücksichtigen: Da die Heizelemente beträchtliche Leistungen aufnehmen, werden sie über *Windfahnenrelais* mit den Lüftern gekoppelt, so daß beim Absetzen oder Ausfallen der Lüftung die Heizelemente selbsttätig abgeschaltet werden. Je nach Art des verwandten *Kältemittels* lassen sich zwei verschiedene Kühlelemente unterscheiden: *Lamellenverdampfer* für die direkte Verdampfung eines Kältemittels und *Lamellenkühler* für den Betrieb mit gekühltem Wasser (indirekte Kühlung). Die *direkte* Verdampfung wird vorwiegend auf Frachtschiffen mit 2...3 Klimazentralen ausgeführt. Oft wird dabei der Kältemittelverdichter der Klimaanlage als Reserveeinheit für die Ladungskühlanlage vorgesehen.

Indirekte Kühlung wird dagegen häufig auf Fahrgastschiffen mit großen, dezentralisierten Klimaanlagen eingebaut. Um ein Einfrieren der Kühlelemente zu vermeiden, sollten die Kühlmitteltemperaturen unabhängig von der Art des Kühlsystems oberhalb 0 °C liegen. Im allgemeinen werden Verdampfungs- bzw. Kühlwassertemperaturen von +5...+10 °C gefahren.

Das Kanalnetz von Niedergeschwindigkeitsanlagen entspricht dem einfacher Lüftungsanlagen, muß jedoch *isoliert* werden. Dabei ist zu beachten, daß diese Isolierung einen nahezu *dampfdichten* Mantel bekommt, um Schwitzwasserbildung während der Kühlperioden zu vermeiden. Die Hochgeschwindigkeitsanlagen werden mit Stahl- oder Aluminiumrohren ausgestattet. Wegen der höheren Drücke müssen diese Rohrnetze unbedingt *luftdicht* sein. Alle Form-, Übergangs- und Bogenstücke sind genormt, und bei der Montage können die Anlagen im *Baukastenprinzip* zusammengesetzt werden.

Aus Feuerschutzgründen sind auch die gesamten weiteren Kanalteile, einschließlich der Luftaustrittsarmaturen, aus unbrennbarem Werkstoff (Brandklasse A) herzustellen.

22.5.3 Berechnung von Zustandsänderungen

Im *h-x*-Diagramm nach *Mollier* ist der Zusammenhang zwischen Temperatur, Wassergehalt und Wärmeinhalt von Luft dargestellt. Man ermittelt aus ihm die zur Luftaufbereitung benötigte Kühl- oder Heizleistung (Bild 22.33).

Behandlung der Luft im Kühlelement

Außenluftzustand (Punkt F):

$t_a = 32$ °C; $\varphi_a = 70\%$

Raumbedingungen (Punkt R):

$t_i = 27$ °C; $\varphi_i = 50\%$

Um die Raumbedingungen zu erreichen, muß die Zuluft mit einer Temperatur und einer Feuchte eingeblasen werden, die *unter* den Raumbedingungen liegt, um die im Raum selbst anfallende Wärme und Feuchte zu berücksichtigen (Wärme fällt an durch *Übertragung von außen*, z.B. von den Wänden des Maschinenschachtes, durch *Energiequellen im Raum*, z.B. Lampen, Widerstände, sowie durch *Wärmeabstrahlung von Personen* (s. Abschnitt 22.5.1) usw.; Feuchte fällt vor allem durch im Raum befindliche Personen an.) Bezieht man diese zu errechnenden Werte auf die eingeblasene Luftmenge in m³, so erhält man den *spez. Wärme-* und *Feuchteanstieg* und damit aus dem *h-x*-Diagramm den erforderlichen Zustand der einzublasenden Luft entsprechend Punkt *ZH*. Über die Differenz der spez. Wärmeinhalte zwischen Außenluft und einzublasender Luft Δi_H ergibt sich dann die erforderliche Kühlleistung. Dies gilt für Anlagen, die im reinen Frischluftbetrieb gefahren werden (z.B. die meisten Hochgeschwindigkeitsanlagen).

Niedergeschwindigkeitsanlagen arbeiten meist im Mischluftbetrieb, bei dem ein Teil der eingeblasenen Luft neu aufbereitet und wieder verwandt wird.

Der Zustand dieser mit der angesaugten Frischluft vermischten Umluft wird je nach dem *Mischungsverhältnis* im *h-x*-Diagramm auf der Verbindungslinie zwischen Außenluft und Raumzustand liegen (Punkt *M*). Bei Kühlbetrieb liegt somit zwar der spez. Wärmeinhalt der Mischluft *tiefer* als der der Außenluft, da jedoch der spez. Wärme- und Feuchteanstieg *kleiner* ist und erst mit steigender Rückluftmenge größer wird, folgt ganz allgemein, daß der Kältebedarf von Hoch- und Niedergeschwindigkeitsanlagen trotz erheblich unterschiedlicher Luftmengen nahezu *gleich* sein kann.

Beim Kühlprozeß im Luftkühler sinkt zunächst die Temperatur, während die absolute Feuchte solange zunimmt, bis der Taupunkt der Luft erreicht ist ($\varphi = 100\%$). Von hier ab verläuft der Kühlprozeß entlang der *Taupunktlinie*, wobei laufend Schwitzwasser abgeschieden wird. Tatsächlich wird dieser Vorgang bereits entlang der Linien $\varphi = 90...95\%$ ablaufen, weil nur ein Teil der Luft in unmittelbare Berührung mit den Kühlkörperlamellen kommt.

Bei hohen Außenluftfeuchtigkeiten (Tropen) fallen beachtliche Mengen Kondensat an, vielfach wird dieses Kondensat aufgefangen und dem Bordverbrauch zugeführt. Die Differenz des Wassergehaltes zwischen Außenluft- und Zuluftzustand beträgt bei dem in das *h-x*-Diagramm (Bild 22.33) eingetrage-

Raumheizung. Schiffsklimatisierung

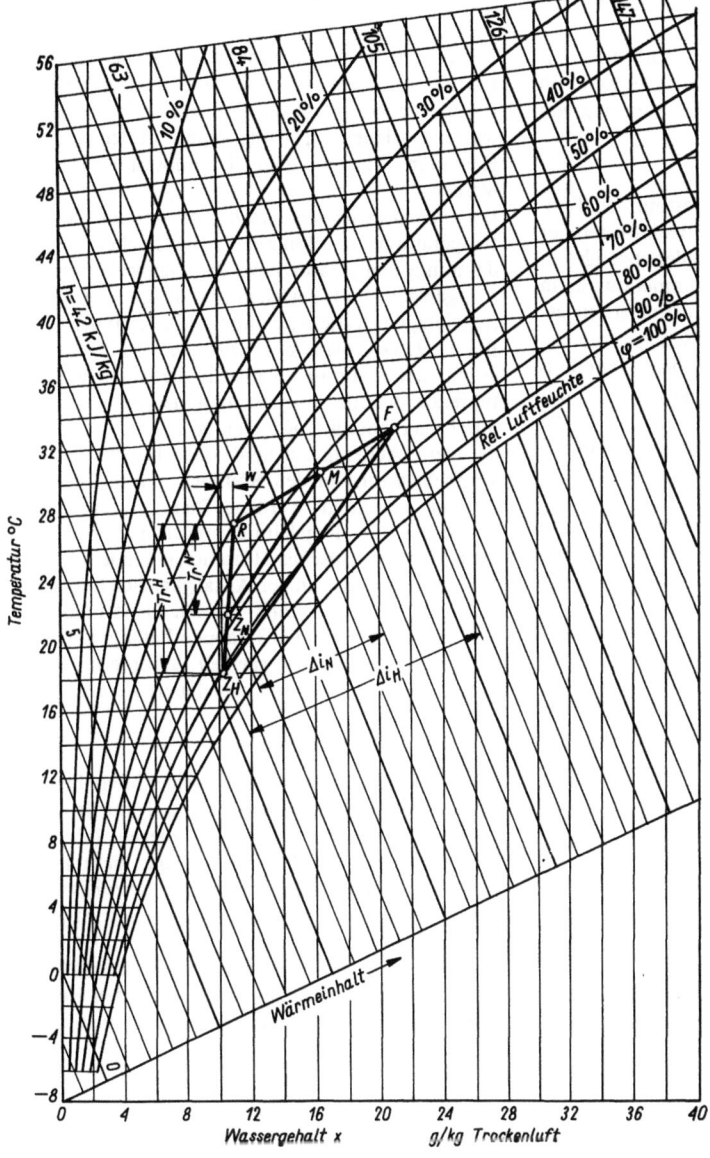

Bild 22.33 *Mollier-h-x*-Diagramm für feuchte Luft
F Frischluft
R Raumluft
Z Zuluft
M Mischluft
T_r spez. Wärmeanstieg
W spez. Feuchteanstieg
Δi Enthalpiedifferenz
Index H: Hochgeschwindigkeitsanlage
Index N: Niedergeschwindigkeitsanlage

nen Beispiel etwa 4,5 g/kg Trockenluft. Für einen Tanker (50 000 tdw) mit drei Klimazentralen von je 5000 m³/h ergibt sich unter diesen Verhältnissen ein Kondensatanfall von etwa 1...2 t/d.

Beispiel: Erforderliche Kälteleistung

1. Hochgeschwindigkeitsanlage mit
$V = 15\,000$ m³/h Frischluft
$\hat{=} 18\,800$ kg/h Frischluft
$I = V \cdot \Delta i_H = 18\,800 \cdot 42{,}4 \text{ kJ/h} \approx 798\,000 \text{ kJ/h}$

2. Niedergeschwindigkeitsanlage mit
$V = 30\,000$ m³/h Mischluft
$\hat{=} 37\,500$ kg/h Mischluft
$I = V \cdot \Delta i_N = 37\,500 \cdot 22{,}3 \text{ kJ/h} \approx 835\,000 \text{ kJ/h}$

22.5.4 Regelung von Schiffsklimaanlagen

Aus wirtschaftlichen Gründen beschränkt man sich bei Frachtschiffen oft auf einfache Regelanlagen. Besondere Bedeutung kommt den Regeleinrichtun-

gen auf Fahrgastschiffen zu, da hier ein Höchstmaß an Komfort erreicht werden soll.
Vollautomatische Regelgeräte sind dort erforderlich, wo durch schnell wechselnde Belastungen von Räumen (z.B. große Speisesäle) eine Regelung von Hand nicht mehr möglich ist.

Temperaturregelung

Einfachste Form: Einstellen einer bestimmten Temperatur in der Klimazentrale durch Beeinflussen der im Erhitzer zugeführten bzw. im Kühler abgeführten Wärmemenge. Die jeweilige Raumtemperatur kann durch ändern der eingeblasenen Luftmenge in gewissen Grenzen den persönlichen Bedürfnissen angepaßt werden (Zentralregelung). Eine Weiterentwicklung dieses Systems stellt die Klimaanlage mit *zwei* oder mehreren, gesondert nachgeregelten *Klimakanälen* für verschiedene Decks mit unterschiedlichen Wärme- bzw. Kältebelastungen dar (*Gruppenregelung*).

Soll die Temperatur in jeder Kammer einzeln einstellbar sein, werden die Luftaustrittsarmaturen mit *Nachheizgeräten* verbunden, die elektrisch oder durch Warmwasser beheizt werden.

Bei Warmwassernachheizung kann im Sommer über das gleiche Rohrnetz gekühltes Wasser zu den Kammergeräten geleitet werden, so daß auch im Kühlbetrieb eine unabhängige Beeinflussung der Temperatur ermöglicht wird.

Eine andere Möglichkeit der individuellen Temperatureinstellung bieten *Doppelrohr-Klimaanlagen*, bei denen dann ein Kanal besonders stark geheizte oder gekühlte Luft führt, während der zweite, parallel verlegte Kanal, ungeheizte bzw. ungekühlte Frischluft in den Raum bläst. Durch ändern des Mischungsverhältnisses am Kammergerät kann die Raumtemperatur in jedem Raum nach Wunsch eingestellt werden.

Bei Zentral- oder Gruppenregelung wird das Regelventil der Heizung durch einen Meßfühler im Zuluftkanal gesteuert, so daß eine gleichbleibende Temperatur erzielt wird. Eine Erweiterung stellt ein *Thermostat* im Wohnraumbereich dar, der das Regelventil mit pneumatischer oder elektrischer Hilfsenergie steuert. Auch die elektrisch oder mit Warmwasser betriebenen Nachheizgeräte in den einzelnen Kammern können über Thermostaten gesteuert werden.

Bei *Hochgeschwindigkeitsanlagen* werden die Kühltemperaturen im Sommer lediglich über die Verdampfungstemperatur bzw. die Kühlwassertemperatur geregelt und bestehen damit in einer reinen Regelung der Kältemaschine (s. Abschnitt 22.2.8).

Bei *Niedergeschwindigkeitsanlagen* wird der Umluftanteil, der nicht unwesentlich die zu- bzw. abzuführende Wärme- und Feuchtemengen beeinflußt, durch handbetätigte Klappen gesteuert. Bei sich änderndem Außenluftzustand oder bei wechselnder Wärmebelastung in den Räumen muß die Klappenstellung berichtigt werden. Diese Aufgabe kann selbsttätig von Regeleinrichtungen mit pneumatischer oder elektrischer Hilfsenergie ausgeführt werden. Thermostaten in den Ansaugkanälen für Außenluft und Rückluft (*Umluft*) steuern die Stellmotoren, die die Frischluft/Umluftklappen betätigen. Gleichbleibende oder auch speziell geforderte Raumtemperaturen können so ausgesteuert werden.

Feuchteregelung

Da das Behaglichkeitsgefühl einzelner Menschen sehr unterschiedlich ist und damit die individuellen Komfortpunkte sehr weit auseinanderliegen, lohnt sich der Aufwand einer Feuchteregelung nicht immer. Die Luftfeuchte wird daher bei *Heizungsbetrieb* meist von Hand gesteuert; gelegentlich wird jedoch auch eine selbsttätige Regelung mit *Lithium-Chlorid*-Feuchtigkeitsgebern eingebaut (s. Abschnitt 22.3.1). Da bei Winterbetrieb die Luft durch den Heizvorgang sehr stark getrocknet wird, setzt man ihr im

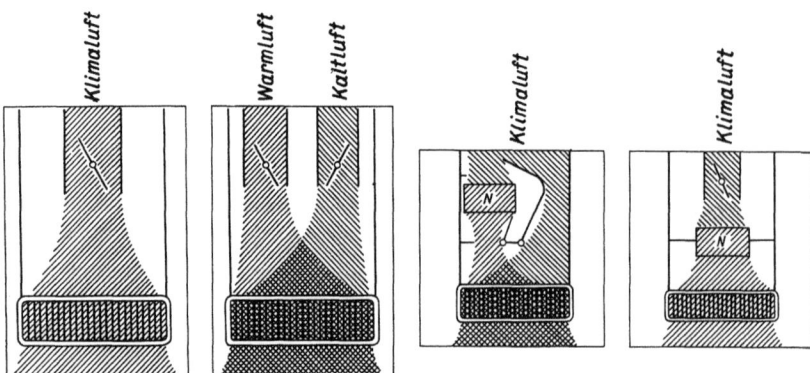

Bild 22.34 Kammergeräte verschiedener Bauart mit Einrichtungen zur unabhängigen Temperatureinstellung im Raum N = Nachheizgerät

Zentralgerät Dampf zu, um sie so wieder auf eine angenehme Feuchtigkeit zu bringen.

Bei *Sommerbetrieb* in Zonen hoher Außenluftfeuchtigkeit (Tropen) wird im Kühlerteil der Klimazentrale ein Großteil der Feuchte durch Kondensation ausgefällt. Die so erzielten Endfeuchtigkeitswerte in den Kammern entsprechen erfahrungsgemäß den sogenannten menschlichen Komfortzonen.

Selbsttätige Feuchteregelung findet man vor allem in Vollklimaanlagen, die bei jedem Außenluftzustand Klimaluft mit genau festgelegten Temperatur- und Feuchtigkeitswerten garantieren. Bei diesen Anlagen wird die Luft zunächst *tiefer* als erforderlich heruntergekühlt, um ihr Feuchtigkeit zu entziehen; anschließend wird sie wieder aufgeheizt.

Der Kältebedarf richtet sich nach dem Außenluftzustand, ist aber bei dieser Art der Regelung erheblich größer als bei Anlagen mit einfacher Kühlung.

Druckregelung

Wird in einer oder mehreren Kammern die Lüftung *abgestellt* oder stark *gedrosselt*, steigt der Druck im Zuluftkanal und damit die in die übrigen Kammern geförderte Luftmenge. Gleichzeitig nehmen auch die Luftgeräusche infolge der höheren Luftgeschwindigkeit zu. Um am Ventilator einen Druckausgleich für unterschiedliche Luftmengenbelastung zu erzielen, wird ein Druckregulator im Zuluftkanal eingebaut.

Eine Regelmöglichkeit besteht darin, daß der statische Druck im Kanal gemessen wird und über einen Stellmotor eine Fächerklappe am Ventilatoreintritt betätigt (Änderung des Ansaugwiderstandes). Eine andere Regelung steuert eine Drosselklappe im Druckkanal in Abhängigkeit von der Druckdifferenz zwischen Druckkanal und Wohnraumbereich.

22.6 Schrifttum

[22.1] *Bäckström, M.:* Kältetechnik. Verlag und Druck G. Braun, Karlsruhe 1953.

[22.2] *Baehr, H. D.:* Mollier i,x-Diagramme für feuchte Luft. Springer Verlag, Berlin 1961.

[22.3] *Cammerer, S.* und *Zeller, W.:* Tabellarium aller wichtigen Größen für den Wärme-Kälte-Schallschutz, herausgegeben von der Technisch-Wissenschaftlichen Abteilung der Reinhold & Mahla GmbH, 10. Auflage 1967.

[22.4] *Deutscher Kältetechnischer Verein/Kältetechnisches Institut der Technischen Hochschule Karlsruhe:* Kältemaschinen-Regeln, 5. Auflage, Verlag C. F. Müller, Karlsruhe 1957.

[22.5] *Dress, H.:* Kühlanlagen. VEB Fachbuchverlag. Leipzig 1959.

[22.6] *Drews, G.:* Schiffslüftung und Warmluftheizung, Handbuch der Werften Band IX. Schiffahrtsverlag HANSA C. Schroedter & Co., Hamburg 1967.

[22.7] *Farbwerke Hoechst AG:* Frigen-Handbuch Sicherheitskältemittel. Frankfurt/M – Hoechst, 1966.

[22.8] *Gaßner, V.:* Schiffskältetechnik. Handbuchreihe Schiffsbetriebstechnik Bd. 1, 2. Auflage. Herausgeber und Selbstverlag: Gesellschaft der Freunde und Förderer der Schiffsingenieurschule Flensburg e.V., Flensburg.

[22.9] *Hudema, K.:* Erfahrungen mit Klimaanlagen auf deutschen Frachtschiffen. Jahrbuch der Schiffbautechnischen Gesellschaft e.V., 49. Band, Springer Verlag, Berlin 1955.

[22.10] *Institut Internationale du Froid, Commission 8:* Marine Refrigeration (Automatic Control on Fishing Vessels, Transport of Liquified Gases). Annex 1965 – 5 au Bulletin, Paris.

[22.11] *Institut Internationale du Froid, Commission 8:* Recommended conditions for cold storage of perishable products, 2nd edition, Paris 1967.

[22.12] *N. N.:* Kühlschiffe und Kühlschiffsbetrieb. Handbuchreihe Schiffsbetriebstechnik Band 5, Herausgeber und Selbstverlag: Gesellschaft der Freunde und Förderer der Schiffsingenieurschule Flensburg e.V., Flensburg.

[22.13] *Plank, R.:* Handbuch der Kältetechnik, Band IV: Die Kältemittel, Band V: Kältemaschinen, Band X: Die Anwendung der Kälte in der Lebensmittelindustrie, Band XI: Der gekühlte Raum, der Transport gekühlter Lebensmittel. Springer Verlag, Berlin.

[22.14] *Pohlmann, W., Maake, W.* und *Eckert, H. J.:* Taschenbuch für Kältetechniker. 16. Auflage, Verlag C. F. Müller, Karlsruhe 1978.

[22.15] *Prinzing, O.:* Aktuelle Fragen aus dem Gebiet der Schiffskältetechnik. Jahrbuch der Schiffbautechnischen Gesellschaft e.V., 47. Band, Springer Verlag, Berlin 1953.

[22.16] *Prinzing, O.:* Investigations of Airflow Systems in Refrigerated Cargo Holds. Proceedings of the Xth International Congress of Refrigeration, Copenhagen 1959. Pergamon Press, Oxford/London/New York/Paris 1960.

[22.17] *Recknagel/Sprenger:* Taschenbuch für Heizung, Lüftung und Klimatechnik. Verlag R. Oldenbourg, München 1979.

[22.18] *Rotermund/Koch:* Die Ladung. Band 1 und 2. Eckhardt & Messtorff Verlag, Hamburg 1962.

[22.19] *Thérémin:* Schiffsmaschinenbetrieb. VEB Verlag Technik, Berlin 1968.

[22.20] *Weidemann, Fr.:* Lüftung und Isolierung auf Seeschiffen. VEB Verlag Technik, Berlin 1952.

Zeitschriftenaufsätze

[22.21] *Augustin, H.:* Einzelautomatiken und Rechnereinsatz für den Ladungskühlbetrieb. HANSA 104 (1967), H. 8.

[22.22] *Deullin, R.:* Der Seetransport der Bananen in den letzten zehn Jahren. Die Kälte, Mai/Oktober 1962.

[22.23] *Hass, W.:* Über die Energiebilanz von Ladungskühlräumen an Bord von Schiffen. HANSA 99 (1962), H. 19.

[22.24] *Hertzig, Th.:* Kühlsole an Bord. Der Betriebsökonom 9 (1956), H. 11.

[22.25] *Klepper, H.:* Lüftungs-, Luftheizungs- und Klimaanlagen auf Handelsschiffen. HANSA 109 (1967), H. 20, S. 1735.

[22.26] *Künker, F.:* Hecktrawler „Bonn". HANSA 108 (1966), H. 10.

[22.27] *Lessenich, W.:* Neuere Kältemittel und azeotrope Kältemittelgemische. Der Kälte-Klima-Techniker 5 (1965), H. 12.

[22.28] *Lorentzen, G.:* Air circulation in refrigerated ship holds. Institut Internationale du Froid, Paris, Bulletin Cambridge, Sept. 1961.

[22.29] *Lorentzen, G.* und *Waltentin, K.*: Isolering av Kjolerom i Skip. Skipsteknisk Forskningsinstitutt, Trondheim Meddelelse Nr. 22, 1958.

[22.30] *Mau, G., Dienstorf, J., Leo, H., Erlenwein, H. H.*: Kühlmotorschiff „Nienburg". HANSA 101 (1964), H. 18.

[22.31] *Merlin, E.*: Etude de tombée en froid de régimes emballés polyéthylène faite sur un navire bananier à ventilation verticale. Institut Internationale du Froid, Paris, Bulletin, Xme Congrès Internationale Copenhagen 1959.

[22.32] *Müller, R.* und *v. Aspern, W.*: MS „Okertal" und „Bodetal". Schiff und Hafen 12 (1960), H. 2.

[22.33] *Münter, W.*: Kälteanlagen auf Kühlschiffen. Heizungs-Luft-Haustechnik 19 (1968), Nr. 6.

[22.34] *N. N.*: „Brunshausen" a fast refrigerated motor ship Shipbuilding & Shipping Record, Sept. 1964.

[22.35] *N. N.*: Lüftung, Heizung und Klimatisierung von Schiffen. HANSA 101 (1964), S. 1035.

[22.36] *Niemann, H. R.*: Ein Beitrag zum Thema *Minikay*. Kältetechnik 53 (1960), H. 5.

[22.37] *Ott, J.*: Steuerung und Regelung von Kolbenverdichtern für Kälte-Kreisläufe. Der Kälte-Klima-Praktiker 6 (1966), H. 9.

[22.38] *Prinzing, O.*: Die Zustandsänderung der Luft im Ladekühlraum beim Bananentransport. HANSA 103 (1966), H. 20.

[22.39] *Prinzing, O.*: Messungen an der Dehydrieranlage des Kühlschiffes „Proteus". HANSA 89 (1952), H. 11.

[22.40] *Röver, W.*: „Polar Ecuador" – ein 420 000 cbf-Kühlschiff von Blohm + Voß für die Hamburg-Süd. HANSA 104 (1967), STG-Sonderheft.

[22.41] *Schneider, J., Milsburger, H.* und *Köhmstädt, W.*: Kühlmotorschiff „Pekari". Schiff und Hafen 18 (1966), H. 11.

[22.42] *Schneider, K.*: Fernbedienung und Regelung einer Ladungskühlanlage. BBC-Nachrichten 47 (1965), H. 9.

[22.43] *Schröder, F. W.*: Kältetechnische Einrichtung von Kühlschiffen. Internationale Kältetechnik 17 (1965), Nr. 4.

[22.44] *Wangerin, A.*: Elektrotechnische Probleme auf Schiffen und im Hafen. ETZ-A 87 (1966), H. 24.

[22.45] *Weigand, E.* und *Sandberg, G.*: Automatische Steuerung von Cargoaireanlagen für die Lüftung von Laderäumen auf Trockenfrachtern. Schiff und Hafen 17 (1965), H. 11.

[22.46] Betriebsanweisungen für Kompressions-Kälteanlagen der Firmen: *Brown, Boverie & Cie AG*, Mannheim; *Linde Aktiengesellschaft*, Büro für Schiffskühlanlagen, Hamburg; *Sabroe-Kältetechnik GmbH*, Abt. Schiffskälte, Hamburg.

[22.47] *De Haan, J. P.*: Practical Shipbuilding. Rigging, Equipment and Outfit of Seagoing Ships. Ships and Marine Engines, Volume III B, Part 2, H. Stam N. V., Haarlem 1961.

[22.48] *Puls, K. E.*: Zum Seesalz in Schiffsladeräumen. Gefährliche Ladung 1 (1980).

[22.49] *Zöllner, R.*: Seesalzaerosol in Schiffsladeräumen. Gefährliche Ladung 8 (1979).

[22.50] *Kalischer, P.*: Wärmerückgewinnung im technischen Ausbau. Klima- und Kälte-Ingenieur, K I 12 (1973).

[22.51] Econovent. Die Wärmerückgewinner. Kraftanlagen AG, Heidelberg, Druckschrift 8/379/Br.

[22.52] *Ende, G.*: Die Rentabilität von Wärmerückgewinnungsanlagen. Sanitär- und Heizungstechnik 1973, Heft 9.

[22.53] *Paikert, P.*: Das Wärmerohr. GEA Luftkühlergesellschaft, Bochum.

[22.54] *Trenkowitz, G.*: Energieeinsparung durch Wärmepumpen. Klima- und Kälte-Ingenieur K I, 4 (1974).

[22.55] *Schall, E.*: LTG Wärmerückgewinnungssystem. Lufttechnische GmbH, Stuttgart, Technische Information 35.

[22.56] *Hönmann, W., Bunse, F.*: Sinnvolle Energieeinsparung. LTG Information 25/26, Juli 1980, Stuttgart.

[22.57] Akustik und Lüftungstechnik. Technische Information Nr. 20. Bericht der Abteilung Forschung, Entwicklung, Versuch der LTG Lufttechnische GmbH Stuttgart. Heft 5–8 (1972/73).

[22.58] *Höller, E.*: Zu einer Meßreihe im Container. Der Seewart. Band 30, Heft 5, 1969, Seewetteramt Hamburg.

[22.59] Condensations in Containers by Technical Advisory Sub-Committee from ICHCA (International Cargo Handling Co-Ordination Association), Publication Nr. 4, 9 (1974).

[22.60] BBC-YORK, Kühl- und Heiz-Aggregat für Kühlcontainer. Ausg. 9 (1976). Firmendrucksache.

[22.61] DEUTZ im Container-Verkehr. Stromerzeugungsaggregate für Kühlcontainer, 50,9 (1968). Firmendrucksache.

Hauptabschnitt 23
Deckshilfsmaschinen und Ruderanlagen

Dipl.-Ing. *C. A. Ziegler*, Hamburg

23.1 Formelzeichen, Einheiten und Normen

A_R	Ruderfläche	m²
a	Abstand der Ruderdrehachse von VK Ruder	m
b	Ruderhöhe	m
c_L	Auftriebsbeiwert des Ruderprofils	–
d	Durchmesser allgemein	mm
F_R	Ruderkraft, F_{RR} Ruderkraft bei Rückwärtsfahrt	N
P_{BT}	Leistungsaufnahme des Bugstrahlruders	kW, PS
P_R	Leistungsaufnahme des Aktivruders	kW, PS
p	Druck allgemein	bar
Q	Moment allgemein	Nm
Q_R	Rudermoment	Nm
Q_{RV}	Rudermoment bei Vorausfahrt	Nm
Q_{RR}	Rudermoment bei Rückwärtsfahrt	Nm
v	Schiffsgeschwindigkeit	kn, sm/h
v^*	Anströmgeschwindigkeit des Ruderblattes	kn, sm/h
x_v	Abstand des Profildruckpunktes von VK Ruder	m
x_h	Abstand des Profildruckpunktes von HK Ruder	m
α	Ruderwinkel	°

Wichtige Normblätter:

DIN 81 900	Entwurf; Verholeinrichtung, Übersicht
DIN 84 100	Entwurf; Ankerwinden auf Schiffen
DIN 84 140	Entwurf: Deckshilfsmaschinen und Zubehör; Begriffe
DIN 84 145	Entwurf; Verholspille auf Schiffen
DIN 84 150	Entwurf; Ladewinden auf Schiffen
DIN 84 154	Spillköpfe für Lade- und Verholzwecke
DIN 84 156	Seiltrommeln für Ladewinden
DIN 84 157	Seilhaken mit Befestigungsschraube für Ladewinden
DIN 84 200	Schiffswippkrane, elektrische; Richtlinien für den Bau
DIN 84 201	Schiffswippkrane, Seilklemmen an Trommeln
DIN 84 250	Ruderanlagen – Richtlinien für den Bau
DSRK 3.7.7	Schiffswinden und Spille, Erprobung und Abnahme

23.2 Tankheizung und Tankreinigung

23.2.1 Tankheizung

Die Tankheizung soll die Zähigkeit der beförderten Öle durch Erwärmen soweit verringern, daß sie pumpfähig werden. Zu diesem Zweck sind in den Ladeöltanks am Boden *Heizschlangen* verlegt, weiterhin dienen der Erwärmung des Öls um den Saugestutzen angeordnete *Heizkörper*. Die Heizschlangen am Tankboden bestehen entweder aus stählernen oder gußeisernen Rohren. *Gußeiserne* Heizschlangen werden aus 2 m langen genormten Rohren und Krümmern, die durch Flanschen miteinander verbunden sind, zusammengesetzt. Zur Vergrößerung der Heizfläche sind die Rohre mit Rippen versehen; sie müssen *lose* gehaltert werden (2 mm Luft), um ein Brechen der Heizrohre infolge von Schiffskörperdurchbiegungen zu vermeiden.

Stählerne Heizschlangen werden in großen Längen zusammengeschweißt, um eine möglichst geringe Anzahl von Rohrverschraubungen zu erhalten. Die einzelnen Rohrstücke werden miteinander durch Flanschen oder Muffen verbunden und alle 2 m gehaltert. Mit Rücksicht auf die Tankreinigung werden sie in einer Höhe von etwa 150 mm über dem Tankboden angeordnet. Die Größe der *Heizflächen* richtet sich dabei nach der Lage der einzelnen Tanks (Außentanks benötigen mehr Heizfläche, Innentanks weniger) nach der Art des Öls, das gefahren und nach der Route, auf der das Schiff eingesetzt werden soll. Als Mittelwert für die Größe der Heizfläche kann gelten:

1 Quadratfuß je 120 Kubikfuß Laderaum
 ($\hat{=}$ 0,0328 m²/m³) für *Mitteltanks*,
1 Quadratfuß je 100 Kubikfuß Laderaum
 ($\hat{=}$ 0,0328 m²/m³) für *Seitentanks*.

Ladeöle mit *niedrigem* Stockpunkt brauchen während der Reise nicht geheizt zu werden, sondern erst, je nach Luft- und Wassertemperatur, 1 ... 3 Tage vor Ende der Reise.

Ladeöle mit *hohem* Stockpunkt, wie z.B *Bitumen*, müssen während der ganzen Reise geheizt werden, um sie flüssig zu erhalten; fest gewordene Öle sind nur schwer wieder so weit anzuwärmen, daß sie flüssig werden (Verkokungsgefahr!).

Besondere Sorgfalt erfordern *Süßöle* mit hohem Stockpunkt; sie müssen während der ganzen Reise auf etwa 60 ... 70 °C gehalten werden. Sie dürfen nicht zu heiß gehalten werden, damit sie geschmacklich nicht leiden; auch eine örtlich begrenzte zu starke Erwärmung, z.B. durch zu hohe Dampftemperatur, muß vermieden werden.

Der zum Betrieb der Tankheizung erforderliche Dampf wird meist einem *Dampfumformer* entnommen (s. Hauptabschnitt 12); das Kondensat läuft über Kontrolleinrichtungen und Ölabscheider zu ihm zurück.

23.2.2 Tankreinigung

Die Tanks werden entweder von Tankreinigungskolonnen mit chemischen Reinigungsmitteln ausgewaschen oder mit Hilfe der *Butterworth*-Einrichtung bzw. mittels *Wheeler*-Anlage gesäubert. Bei der Reinigung durch Reinigungskolonnen werden die Tanks mit einer etwa 50 °C warmen Lösung von P3 ausgewaschen und anschließend mit klarem Wasser nachgespült. Reinigungen von Süßöltanks müssen besonders sorgfältig durchgeführt werden. Die Süßöltanks werden vor der Beladung von einem Sachverständigen des Verladers geprüft. Bei der Tankreinigung nach dem *Butterworth*-System werden die Tanks durch eine besondere Spritzeinrichtung mit warmen Seewasser ausgespritzt; eine *Butterworth*-Anlage besteht aus folgenden Teilen:

Butterworth-Pumpe; sie muß das zum Reinigen benötigte Seewasser gegen einen Druck von $\Delta p \approx 15$ bar fördern können. Als *Butterworth*-Pumpe kann auch eine Feuerlösch- und Deckwaschpumpe dienen, wenn sie entsprechend leistungsstark ist.

Butterworth-Seewassererhitzer; er muß in der Lage sein, die Seewassermenge von 5 °C auf 90 °C zu erwärmen. Beheizt wird er mit reduziertem Frischdampf, Anzapfdampf aus der Hauptmaschine oder Hilfsmaschinenabdampf. Die Heizdampfmenge wird in Abhängigkeit von der Temperatur des aus dem Erhitzer austretenden Seewassers geregelt. Ebenso wird der Heizdampfkondensatstand geregelt. Zur besseren Wärmeausnutzung ist dem Erhitzer oftmals ein Kondensatkühler nachgeschaltet.

Butterworth-Waschmaschine. Diese besteht aus zwei um 180° versetzten Spritzdüsen, die sich um eine horizontale Achse drehen können; diese horizontale Achse selbst dreht sich wiederum um eine vertikale Achse. Beide Drehbewegungen werden durch eine in der Waschmaschine angeordnete Wasserturbine, die mit dem unter Druck stehenden Waschwasser betrieben wird, erzeugt (Bild 23.1).

Zum Einbringen der Waschmaschine in die zu reinigenden Tanks erhalten diese etwa in der Mitte oben Öffnungen von $d \approx 300$ mm ϕ, die bei Nichtgebrauch mit Deckeln verschlossen werden. Zur Tankreinigung wird die Waschmaschine mit einem besonderen Halter in diese Öffnung eingehängt.

Das erhitzte Seewasser wird der Waschmaschine über die Feuerlösch- und Deckwaschleitung zugeleitet, die zu diesem Zweck eine lichte Weite von 100 mm haben und einen Druck von 15 bar aushalten soll. Für die Tankreinigung muß diese Leitung an den erforderlichen Stellen Schlauchanschlüsse (2 1/2") erhalten, an die die Schläuche, die die Verbindung zwischen Feuerlöschleitung und Waschmaschine herstellen, angeschlossen werden können (Bild 23.2).

Zur Reinigung des Tanks saugt die *Butterworth*-Pumpe Seewasser, das zur Dampfeinsparung der

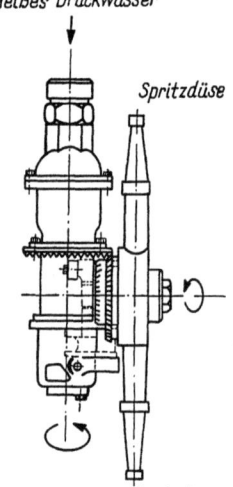

Bild 23.1 *Butterworth*-Tankreinigungsmaschine

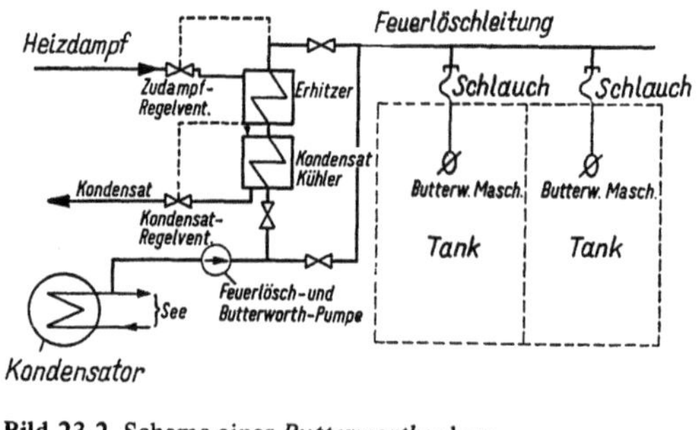

Bild 23.2 Schema einer *Butterworth*anlage

Ausgußleitung eines Kondensators entnommen werden kann, und drückt es über den *Butterworth*-Erhitzer, die Feuerlöschleitung und die Schlauchverbindung zur *Butterworth*-Waschmaschine. Diese wäscht durch ihre in zwei Ebenen umlaufenden Wasserstrahlen den Tank aus. Das Waschwasser wird durch die Restöl-Saugeleitung von der Restölpumpe abgesaugt. Die Zeitdauer der Reinigung richtet sich nach dem Grad der Verschmutzung.

Bei Reinigung mit der *Butterworth*-Anlage sind die örtlichen Bestimmungen über das Außenbordpumpen von ölhaltigem Wasser zu beachten.

Bei Tankreinigung mit der *Wheeler*-Anlage werden die Ölrückstände aus dem zu reinigenden Tank abgesaugt. Durch eine Vakuumpumpe wird ein genügend großer Behälter unter Vakuum gesetzt. An diesen Behälter schließen Schlauchleitungen mit absperrbaren *Saugköpfen* an, durch die die Ölrückstände abgesaugt werden. Zur Lösung der Rückstände kann der Stelle, an der der Saugkopf arbeitet, durch besondere Schlauchleitungen ein Lösemittel (Dampf, Heißwasser, Lauge) zugeführt werden. Das Lösungsmittel wird mit den Rückständen zusammen abgesaugt (Bild 23.3). Diese Art der Reinigung hat den Vorteil, daß die Ölrückstände gesammelt und gegebenenfalls nach Aufbereitung einer weiteren Verwendung zugeführt werden können.

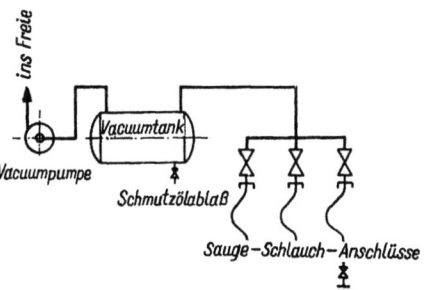

Bild 23.3 Schema einer *Wheeler*anlage

23.3 Winden und Spille

23.3.1 Ladewinden

Die elektrisch angetriebene Ladewinde hat im Laufe der letzten Jahrzehnte die Dampfwinde fast völlig verdrängt.

a) Elektrische Umformerwinden, die in der bekannten *Leonard*-Schaltung arbeiten und bei denen je Winde oder Windenpaar ein Umformer vorgesehen wird.

b) Drehstrommotoren mit Polumschaltung für direkte Speisung aus dem Bordnetz.

c) Hydraulische Umformerwinden, bei denen die Elektromotoren für die Druckölpumpen durchlaufen und die Einstellung von Ölmenge und Flußrichtung, die bestimmend für Drehzahl und Drehrichtung des Windenmotors sind an den Pumpen selbst vorgenommen wird.

Zu a)

Bei *Leonard*-Winden werden die Hub- und Senkgeschwindigkeiten mit einem leicht bedienbaren *Meisterschalter* durch Steuerung der Erregerströme für das Generator- und Motorfeld eingestellt. Die ersten Schaltstufen für *Heben* gestatten ein langsames Anheben der Last, während die letzten Stufen für ein schnelles Heben einer kleinen Teillast bzw. des leeren Hakens vorgesehen sind. Entsprechend ermöglichen die Schaltstufen für *Senken* ein schnelles Senken der Last und des leeren Hakens sowie ein langsames Absetzen der Last (Bild 23.4.1). Wenn *Tyristor*-Regelung angewandt wird, lassen sich alle Hub- bzw. Senkgeschwindigkeiten einstellen, die innerhalb der schraffierten Felder (Bild 23.4.1) liegen.

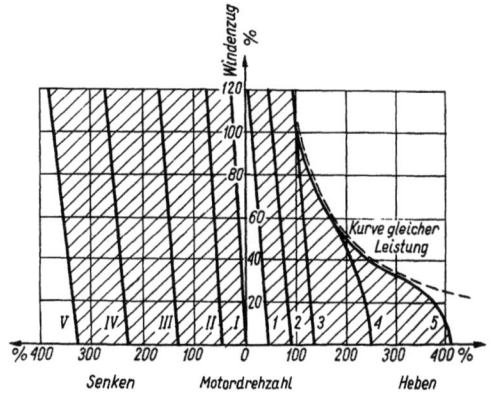

23.4.1 Kennlinien für Leonard-Ladewinden mit Magnetverstärkerregelung 1:4

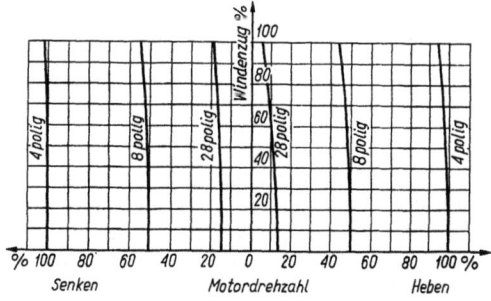

23.4.2 Kennlinien für dreifach polumschaltbare Ladewinden

Bild 23.4 Kennlinien von Drehstrom-Ladewinden

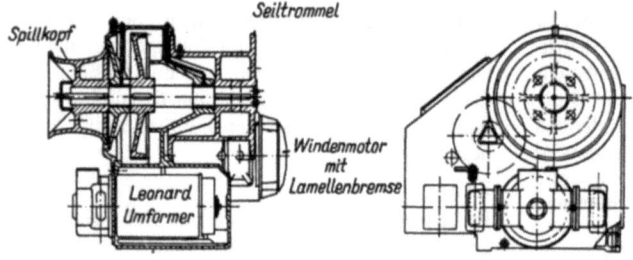

Bild 23.5 25-kN-Drehstromladewinde

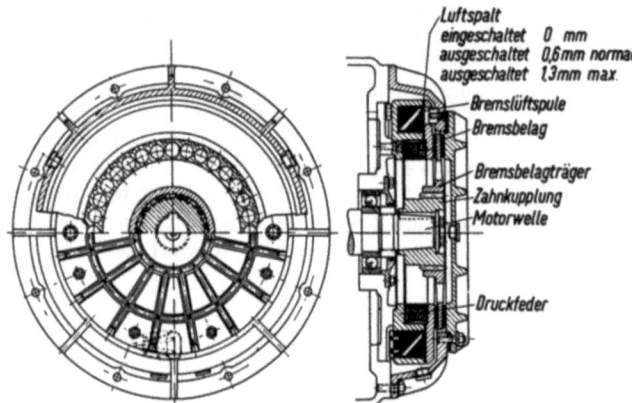

Bild 23.6 Lamellenbremse

Zu b)

Ein gebräuchlicher Antrieb für Ladewinden sind polumschaltbare Motoren mit 3 Polzahlen und einer Nennleistung von ca. 35 kW. Die Polzahlen betragen für

1. Stufe 28 ... 36 Pole
2. Stufe 8 Pole
3. Stufe 4 Pole Nennleistungsstufe

Der polumschaltbare Motor muß intensiv *belüftet* werden, um die Erwärmung in zulässigen Grenzen zu halten. Hub- und Senkgeschwindigkeiten sind aus Bild 23.4.2 zu ersehen.

Der Aufbau einer Ladewinde wird mit Rücksicht auf die räumlichen Verhältnisse an Bord möglichst gedrängt gehalten. Bild 23.5 zeigt eine Drehstromwinde für 25 kN. Der *Leonard*-Umformer ist in der Grundplatte untergebracht und nur der Kollektor ragt aus dieser heraus, zwecks besserer Zugänglichkeit. Um eine schmale Bauart zu erreichen, ist die Seiltrommel fliegend auf der langsamlaufenden Getriebewelle angeordnet und durch ein weit in die Trommel hineinragendes Lager unterstützt. Das andere Ende dieser Welle trägt den *Spillkopf*. Die langsam laufende Getriebewelle wird über ein doppeltes Zahnradvorgelege, das in Öl läuft, vom Windenmotor angetrieben. Dieser ist an das Getriebegehäuse angeflanscht und trägt auf seinem freien, bürstenseitigen Ende die einscheibige *Lamellenbremse*, die nur einen Hub von etwa 1 mm zum Lösen der Bremsflächen erfordert (Bild 23.6).

Ladewinden für 50 und 80 kN Last erhalten meist doppelte, umkuppelbare Vorgelege. Hierdurch können sie kleinere Lasten von ≤ 25 ... 30 kN mit höherer Geschwindigkeit heben und erreichen höhere Leerhakengeschwindigkeiten.

Bild 23.7 zeigt eine 80-kN-Ladewinde mit umkuppelbarem Vorgelege. Die Windentrommel ist zweimal gelagert, während der Spillkopf und das langsamlaufende Getrieberad fliegend auf den freien Wellen-

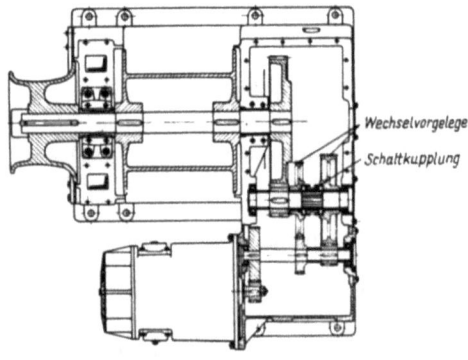

Bild 23.7 80-kN-Ladewinde mit doppeltem Vorgelege

enden der Trommelwelle angeordnet sind. Umgeschaltet wird in der zweiten Untersetzungsstufe, die aus zwei Radsätzen mit verschieden großem Untersetzungsverhältnis besteht. Die Räder dieser Stufe sind drehbar auf der Ritzelwelle der dritten Untersetzung angeordnet und können durch eine Kupplung wahlweise fest mit dieser verbunden werden. Umgeschaltet werden kann nur bei stehender, entlasteter Winde. Das Ritzel der ersten Untersetzung sitzt auf dem Wellenstumpf des an das Getriebegehäuse angeflanschten Motors, der an seinem bürstenseitigen Ende die Lamellenbremse trägt.

Um ein Verklemmen des Seils zwischen Trommel und Getriebegehäuse bzw. Lagerbock zu verhindern, erhalten sowohl Trommeln als auch Spillköpfe Abdeckungen über dem Spalt zwischen Trommel und Ständer.

Zu c)

Für *hydraulische* Windenantriebe kommen vorwiegend 3 verschiedene *Grundschaltungen* in Frage (Bild 23.8).

Bei der Schaltung nach Bild 23.8.1 saugt die Pumpe 1 Öl aus einem *offenen* (atmosphärischen) Behälter 2 und fördert entweder über den Hydraulikmotor der Winde 3 (wenn Leistung abgegeben werden soll) oder über einen Umgehungskanal des Steuerschiebers 4 im offenen Kreislauf zurück zum Behälter.

Bei *geschlossenem* Bypass wird die gesamte Ölmenge über den Hydraulikmotor gefördert der dann mit höchster Drehzahl läuft. Wird der Bypass dagegen voll *geöffnet*, läuft die gesamte Ölmenge drucklos um: der Hydraulikmotor steht.

Schwebende Lasten werden durch ein *Bremssenkventil* gehalten. Durch mehr oder weniger starkes Drosseln kann die Drehzahl des Hydromotors stufenlos verstellt werden. Das Bremsventil 5 wird beim Senken der Last hydraulisch von der anderen Leitung gesteuert. In dieser Leitung muß sich immer erst ein geringer Druck aufbauen, bevor das Bremsventil geöffnet wird. Es wird aber auch immer nur soweit geöffnet, daß gerade die über den Steuerschieber zum Hydromotor geleitete Ölmenge abfließen kann.

Diese Schaltung ist zwar einfach, hat aber den Nachteil, daß, unabhängig von der am Steuerschieber eingestellten Lastgeschwindigkeit, immer die *volle* Leistung von der Pumpe aufgebracht werden muß; dabei wird die nicht zum Heben der Last verbrauchte Leistung durch den Drosselvorgang im Steuerschieber in Wärme umgesetzt. Beim Lastabsenken wird ebenfalls die gesamte Energie in Wärme umgesetzt. Es sind daher stets Maßnahmen für ausreichende *Wärmeabfuhr* zu treffen.

Im *geschlossenen* Kreislauf des Bild 23.8.2 fördert die Pumpe 1 das Öl ebenfalls entweder über den Windenmotor 3 oder den Bypasskanal des Steuerschiebers 4. Auch hier wird die Motordrehzahl stufenlos durch Drosseln des Kraftölstromes im Bypass geregelt. Da die Last sich beim Senken hydraulisch auf Pumpe und Pumpenmotor 6 abstützt, kann das Bremsventil entfallen. Der Pumpenmotor wirkt als Bremse; die Senkenergie wird hier also nicht in *Ölwärme* sondern in *Elektrowärme* umgesetzt. Bei Teilgeschwindigkeiten fällt durch den Drosselvorgang im Steuerschieber Wärme an. Obwohl die Wärmemenge geringer als bei der Schaltung nach Bild 23.8.1 ist, müssen eventuell Maßnahmen zur Wärmeabfuhr getroffen werden.

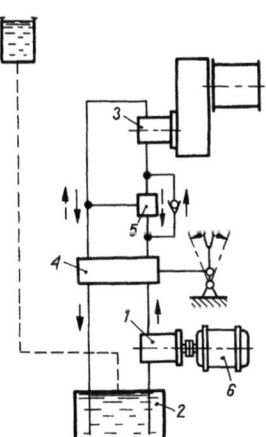
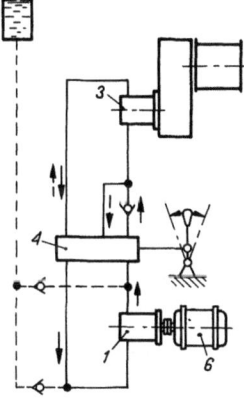
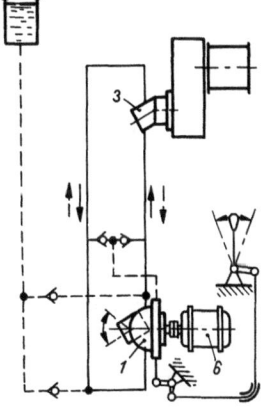

23.8.1 Offener Kreislauf mit Drosselregelung

23.8.2 Geschlossener Kreislauf mit Drosselregelung

23.8.3 Geschlossener Kreislauf mit Regelung durch Verstellpumpe

1 Pumpe   4 Steuerschieber
2 Behälter   5 Bremssenkventil
3 Hydraulikmotor 6 Pumpenmotor

Bild 23.8 Grundschaltung hydraulischer Windenantriebe nach [23.10]

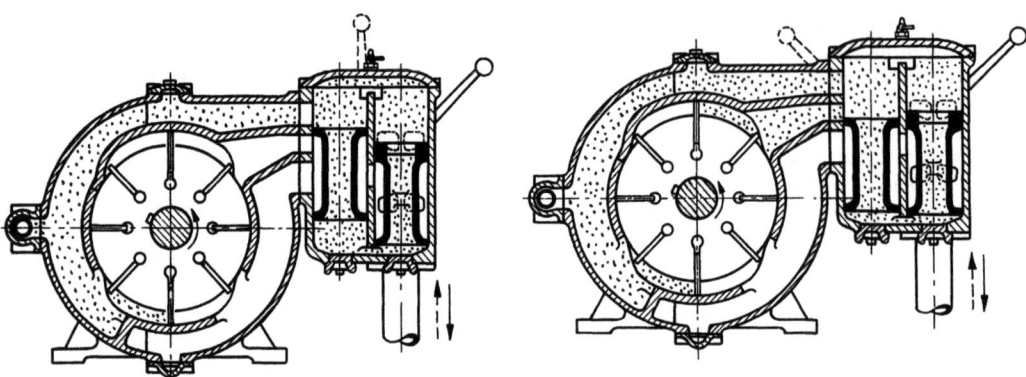

23.9.1 Einfachwirkend mit einer Druckkammer für leeren Haken und für kleine Lasten mit etwa doppelter Vollastgeschwindigkeit

23.9.2 Doppelwirkend mit zwei Druckkammern für Vollastgeschwindigkeit

Bild 23.9 Hydraulikmotor (*Ütersener Maschinenfabrik Hatlapa*)

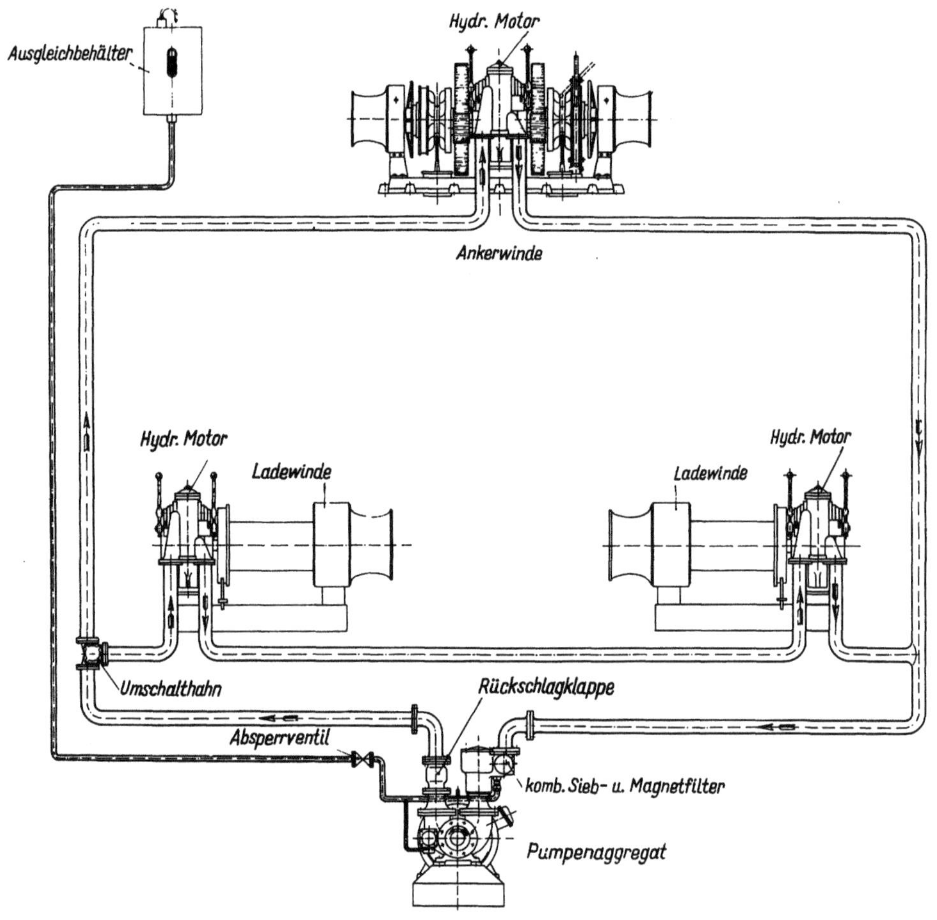

Bild 23.10 Gesamtanordnung einer hydraulischen Windenanlage

Bild 23.8.3 zeigt einen geschlossenen Kreislauf mit *Verstellpumpe* (z.B. Axialkolbenpumpe s. Abschnitt 17.4.2). Hier kann die Drehzahl des Windenmotors mittels Fördermengenänderung durch Verstellen der Pumpe in beiden Drehrichtungen geregelt werden. Steuerschieber und Bremssenkventil können eingespart werden. Beim Senken wirkt der elektrische Pumpenantireb wieder als Bremse; da auch beim Regelvorgang keine Energie in Wärme umgewandelt wird (nur innere Reibungs- und Schlupfverluste) genügt eine geringe Umlaufölmenge; auf Kühleinrichtungen kann ebenfalls verzichtet werden.

Bei allen drei Windenschaltungen wird die Last nicht nur hydraulisch *bewegt*, sondern auch hydraulisch *gebremst* und *gehalten*. Nur als Sicherung gegen Rohrbrüche und um zu verhindern, daß große Lasten infolge des inneren Schlupfes im System langsam absinken, ist eine mechanische Bremse vorzusehen.

Bild 23.9 gibt die Schnittansicht eines Hydraulikmotors, bei dem für zwei Last- bzw. Geschwindigkeitsstufen wahlweise über einen Steuerschieber eine oder zwei Arbeitskammern mit Drucköl beaufschlagt werden können. Da die Hakengeschwindigkeit von der Fördermenge der Pumpe abhängt, die hier unverändert bleibt, ergibt sich bei Zweikammerbetrieb zwar ein stärkerer Windenzug, dafür jedoch nur etwa die halbe Hakengeschwindigkeit. Der höchste Betriebsdruck beträgt etwa 30 bar.

Die Gesamtanordnung einer hydraulischen Windenanlage erläutert Bild 23.10. Auf größeren Schiffen baut man getrennte Hydraulikkreisläufe für die Ladewinden (jeweils in den einzelnen Windenhäusern) und auch einen getrennten Kreislauf für die Ankerwinde.

23.3.2 Hanger-, Geien- und Preventerwinden

Neben den eigentlichen Ladewinden werden noch *Hangerwinden* zum Verstellen der Baumneigung sowie *Preventer-* und *Geienwinden* zum Ändern der seitlichen Baumlage eingesetzt. Sie stellen jedoch keine besonderen Anforderungen hinsichtlich der Regelung, da sie während des eigentlichen Ladevorgangs selten und meist nur sehr kurzzeitig eingeschaltet werden.

Bild 23.11 läßt die Anordnung der einzelnen Winden an Hand zweier Beispiele erkennen. Hanger- und Preventerwinden werden heute sehr oft als *Baumwinden* direkt am Mast angebracht, um freien Decksraum zu schaffen; sie werden auch meist mit eigenem Antrieb versehen. Auf älteren Schiffen findet man jedoch noch oft Hangerwinden ohne eigenen Antrieb, die dann zum Aufgeien bzw. -toppen der Ladebäume mittels Kette oder Seil über den Spillkopf der Ladewinde angetrieben werden. Auch *gekoppelte* Winden, bei denen über eine Doppelkupplung wahlweise die Ladewinden- bzw. die Hangertrommel angetrieben wird, sind gelegentlich anzutreffen.

23.3.3 Schwergutwinden

Für Lasten bis etwa 500 kN werden 50- oder 80-kN-Winden verwendet, die die Last über mehrscheibige Taljen heben. Zur Unterbringung der hierfür benötigten größeren Seillänge erhalten diese Winden größere Seiltrommeln. Für Wergut über 500 kN werden besondere Schwergutwinden unter Deck angeordnet, die mit Rücksicht auf die Belastung der einzelnen Teile besondere Einrichtungen, z.B. auf

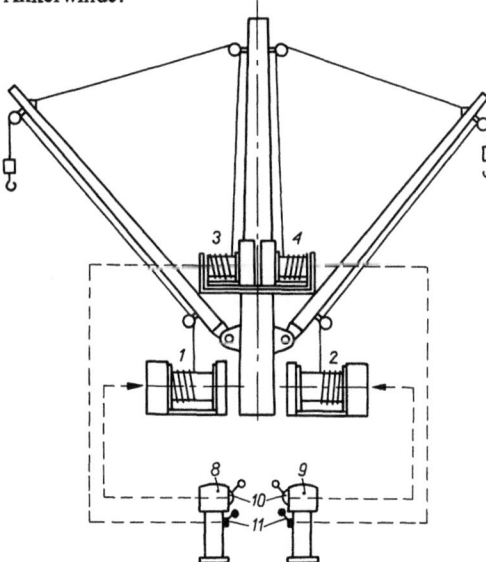

23.11.1 Herkömmliches Ladegeschirr mit Hanger- und Ladewinde

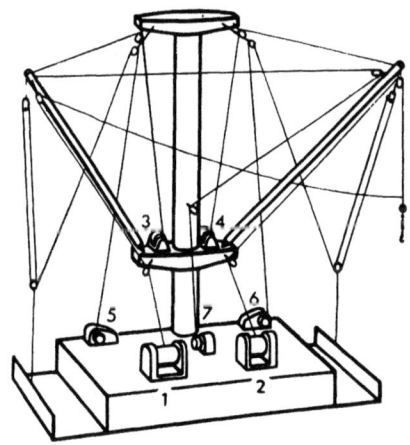

23.11.2 Vollmechanisiertes Ladegeschirr mit Baumwinden

1, 2 Ladewinden
3, 4 Hangerwinden
5, 6 Preventerwinden
7 Mittelgeienwinde
8, 9 Meisterschalter
10 Meisterschalter für Ladewinden
11 Meisterschalter für Hangerwinde

Bild 23.11 Gesamtanordnung der Winden verschiedener Ladegeschirre

der Trommel eingedrehte *Seilrillen* zur Schonung des Seils und eine *Spinneinrichtung*, die sauberes Aufspulen des Seils auf der Trommel gewährleistet, erhalten. Angetrieben werden diese Winden ebenfalls über mehrstufige Stirnradgetriebe.

Schwergutwinden für Lasten > 500...2000 kN werden für Seilzüge von 150...280 kN und Seilgeschwindigkeiten von etwa 0,2 m/s bei Vollast und 0,4 m/s für den leeren Haken ausgeführt. Bei beispielsweise 8facher Scheerung ergibt sich eine Heißgeschwindigkeit des Hakens unter Last von 25 mm/s und des leeren Hakens von etwa 50 mm/s. Die geringste Senkgeschwindigkeit des Hakens auf Schaltstufe I beträgt 2 mm/s. Bei Schwergut wird nur mit einem Baum gearbeitet; daher werden außer der Schwergutwinde eine gleich starke Winde als Hangerwinde und Geienwinden vorgesehen. Die Schwergutwinden werden über einen *Leonard*-Steuermaschinensatz angetrieben, der auch noch für andere Zwecke, z. B. zur Steuerung der Ankerwinde, benutzt werden kann.

23.3.4 Ankerwinden und Spille

Nach der Vorschrift des *Germanischen Lloyd* soll die Ankerwinde in der Lage sein, den Anker mit 100 m Kette in 10 min einzuholen. Ferner soll der Windenantrieb für die Dauer von 2 min etwa das doppelte Vollastdrehmoment aufnehmen, was einer Zugbeanspruchung in der Kette von etwa 50 N/mm^2 bei Normalketten entspricht. Es werden jedoch überwiegend vergütete Ketten mit vergleichsweise geringem Gewicht verwandt. Dadurch ist die Angabe „100 m Kette und 1 Anker" zur Leistungsbestimmung des Motors nicht mehr eindeutig festgelegt. Aus diesem Grunde schreibt der *Germanische Lloyd* jetzt vor: 10 m/min bei 4 × Ankergewicht und das kurzzeitig aufzubringende Maximalmoment bei 8 × Ankergewicht. Die Spillköpfe sollen die zweite Trosse mit ihrem Querschnitt entsprechenden Trossenzug und mit einer Geschwindigkeit von 6...16 m/min einholen können. Die Drehzahl der Spillköpfe soll so weit gesteigert werden können, daß eine losgeworfene Trosse mit einer Geschwindigkeit von 30 m/min oder mehr eingeholt werden kann. Die Hauptwelle und die übrigen bei ausgekuppelter Kettennuß tragenden Teile der Winde dürfen die Streckgrenze ihres Materials auch dann noch nicht erreichen, wenn die Zugbeanspruchung der Ankerkette etwa 83 % ihrer Bruchlast unter Berücksichtigung der Klüsenreibung erreicht.

Für Kettenstärken bis etwa 72 mm werden die Ankerwinden mit horizontal liegenden Hauptwellen gebaut. Für größere Kettenstärken (ab etwa 60 mm) baut man auch Ankerwinden mit vertikal angeordneten Hauptwellen (*Ankerpille*). Bedingt durch die Schiffsform kann es für die Kettenführung günstig sein, *zwei* Ankerwinden vorzusehen. Sie werden dann oft, unabhängig von der Kettenstärke, mit vertikal angeordneten Hauptwellen ausgeführt.

Kleinere Seeschiffe und Küstenfahrzeuge, bei denen die installierte E-Leistung zum Antrieb der Ackerwinde nicht ausreicht, haben oftmals durch *Verbrennungsmotoren* angetriebene Winden oder, falls es sich um Schiffe mit einer genügend großen Kesselanlage handelt, *dampfangetriebene* Ankerwinden. Auf allen Schiffen mit genügend leistungsstarker E-Anlage hat sich der *elektrische* Antrieb für die Ankerwinden durchgesetzt, abgesehen von Tankschiffen, für die Dampf-Ankerwinden oder explosionsgeschützte Antriebsmotoren vorgeschrieben sind. Beim Windenantrieb durch einen Verbrennungsmotor läuft dieser meist mit konstanter Drehzahl durch, während man die Hievgeschwindigkeit durch Umschalten des Getriebes ändert.

Dampfangetriebene Ankerwinden

Für dampfangetriebene Ankerwinden werden *Zwillingsdampfmaschinen mit Wechselschiebersteuerung* eingesetzt; sie arbeiten mit einem Dampfdruck von $8 \leqslant p \leqslant 16$ bar vor dem Schieberkasten. Gesteuert werden sie durch Öffnen bzw. Schließen des Zudampfventils, wodurch eine gute *lastabhängige Geschwindigkeitsregelung* (kleine Last – große Geschwindigkeit, große Last – kleine Geschwindigkeit) erzielt wird.

Die beiden Dampfzylinder mit ihren Schieberkästen sind an der Windenrückseite (Bedienungsseite) angeordnet und arbeiten über ihre Kolben- und Pleuelstangen auf die an der Vorderseite der Winde liegende Kurbelwelle, von der die durch die Ständer der Winde hindurchgeführten Schieberstangen angetrieben werden. In der Mitte der Kurbelwelle ist das (ausrückbare) Ritzel angeordnet, das auf das große Rad der Vorgelegewelle arbeitet. Auf dieser Welle sitzen das Ritzel für den Antrieb der Hauptwelle, das in deren großes Rad eingreift, und die beiden ausrückbaren Ritzel für die *Kettennüsse*. Auf der Hauptwelle sind die beiden Kettennüsse mit ihren Bremstrommeln und den angeflanschten Zahnrädern, in die die ausrückbaren Ritzel auf der Vorgelegewelle eingreifen, drehbar gelagert. Die beiden Spillköpfe sind auf die Hauptwelle fest aufgekeilt.

Die Bremsen für die Kettennüsse sind als *Bandbremsen* ausgebildet und müssen so kräftig sein, daß sie den gesamten Zug der Ankerkette aufnehmen können. Geführt wird die Kette nach Ausrücken des entsprechenden Antriebsritzels auf der Vorgelegewelle durch Lösen der Bandbremse. Zum Einhieven muß das Ritzel auf der Vorgelegewelle in das Rad auf der Kettennuß eingerückt werden (Bild 23.12).

Bei einer anderen Konstruktion können die auf der Hauptwelle drehbar angeordneten Kettennüsse durch *Klauenkupplungen* eingekuppelt werden. Der treibende Teil dieser Kupplungen sitzt verschiebba

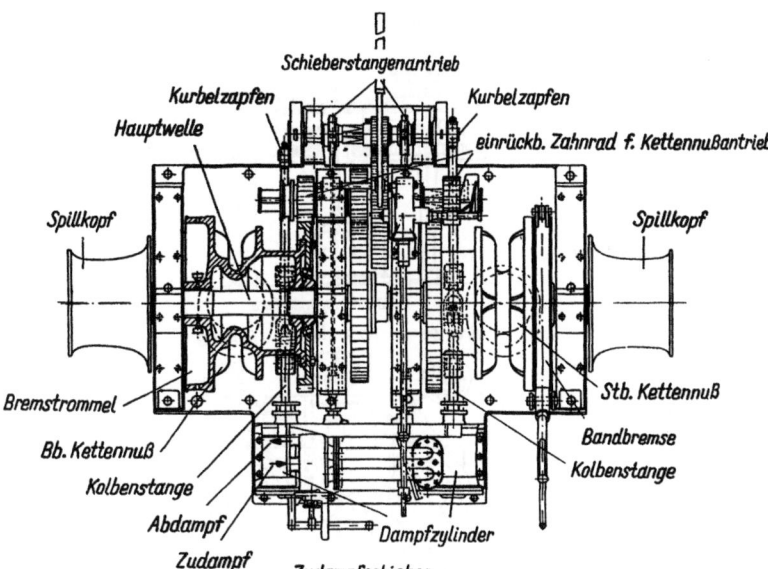

Bild 23.12 Ankerwinde mit Dampfantrieb

auf der Hauptwelle und greift in eingerücktem Zustand in den auf der Kettennuß sitzenden Kupplungsteil. Hierbei wird die Kraft vom Antrieb auf die Hauptwelle und die Kettennüsse nur über ein auf der Hauptwelle sitzendes Zahnrad übertragen (s. Bild 23.14). Das auf der ersten Ritzelwelle (Kurbelwelle) sitzende Ritzel kann aus seinem zugehörigen Rad ausgerückt werden für den Fall, daß die Winde von Hand betätigt werden muß, wofür ein entsprechender Klinkenhebel vorgesehen ist.

Elektrisch angetriebene Ankerwinden und Spille

An elektrisch angetriebene Ankerwinden werden hinsichtlich der Einstellbarkeit dieselben Anforderungen gestellt, wie sie von den dampfgetriebenen Winden erfüllt werden. Gleichstromwinden kleinerer Leistung enthalten deshalb stark kompoundierte Motoren mit Kontrollersteuerung. Stärkere Ankerwinden sowie Ankerwinden auf mit Drehstrom ausgerüsteten Schiffen werden mit in *Leonard*-Schaltung betriebenen Gleichstrommotoren ausgerüstet. Die *Leonard*-Schaltung kommt der Dampfmaschinensteuerung in bezug auf die Lastabhängigkeit am nächsten. Es werden aber auch *polumschaltbare* Motoren mit 2 bzw. 3 Polpaaren verwendet.

Der Aufbau einer elektrisch angetriebenen Ankerwinde ist grundsätzlich der gleiche wie der einer Dampfwinde. An Stelle der Dampfzylinder ist auf der Windenrückseite ein wasserdicht gekapselter E-Motor angeordnet. Dieser gibt seine Kraft über eine Rutschkupplung, die auf das höchste zulässige Drehmoment eingestellt ist (entsprechend der Zugbeanspruchung von 50 N/mm^2 in der Kette) und ein zusätzliches, gekapseltes Untersetzungsgetriebe, eine Welle und ein Kegelräderpaar an die vorn liegende erste Ritzelwelle ab. Zum Abbremsen des Motors ist auf der Kupplung zwischen Motor und Untersetzungsgetriebe eine Fußbremse bzw. eine Lamellenbremse am Motor vorgesehen (Bild 23.13).

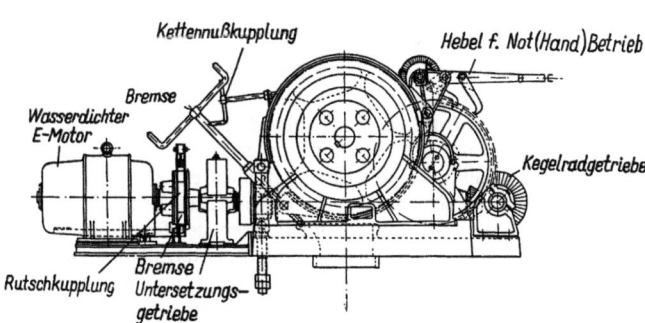

Bild 23.13 Ankerwinde mit E-Antrieb

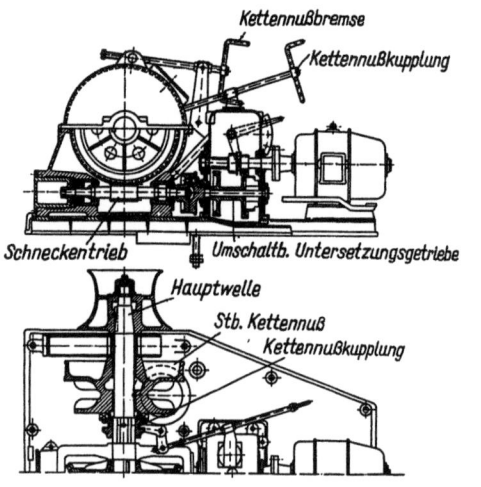

Bild 23.14 Gekapselte Ankerwinde mit E-Antrieb

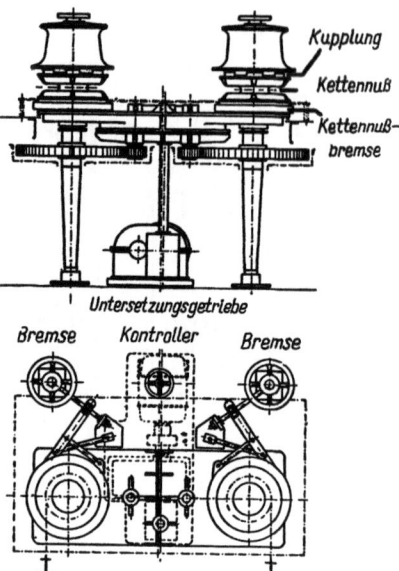

Bild 23.15 Bugankerspill mit E-Antrieb

Eine E-Ankerwinde kann auch über ein Wechselgetriebe mit 2 Untersetzungen und nachfolgendem Schneckentrieb angetrieben werden. Hierbei sind sämtliche Antriebsräder vollkommen gekapselt (Bild 23.14).

Einen Überblick über die erforderlichen Antriebsleistungen für verschiedene Kettenstärken und das hierbei erreichbare maximale Drehmoment gibt Tafel 23.1.

Tafel 23.1 Leistung und Drehmoment von Spillantrieben

Spillgröße nach	Kettengeschwindigkeit	Motor		Größtes Motormoment bei 50 N/mm² in der Kette
		Leistung	Drehzahl	
DIN 84100	m/min	kW	Hz	Nm
26…31	10	6…10		130… 220
32…36	10	10…14		220… 300
37…42	10	14…20		300… 420
43…48	10	20…28		420… 560
49…54	10	28…35	12…14	560… 700
55…60	10	35…45		700… 880
61…66	10	45…56		880…1100
67…72	10	56…65		1100…1300
73…78	10	65…78		1300…1500

Für größere und größte Kettenstärken werden vertikale Ankerwinden (Ankerspille) verwendet, weil bei dieser Anordnung ein größerer *Umschlingungswinkel* der Kette auf der Kettennuß erzielt wird. Der Antrieb – Elektromotor mit Getriebe, Hydraulikmotor oder Dampfmaschine – wird unter Deck aufgestellt. Als Getriebe werden dabei Kegelrad- oder Schneckentriebe und meist eine umschaltbare Sirnradgetriebestufe vorgesehen, die dann in die Grundplatte miteingebaut wird. Auf den Hauptwellen sind die Kettennüsse drehbar gelagert; sie können durch Klauenkupplungen oder im Spillkopf untergebrachte Lamellenkupplungen mit den Hauptwellen verbunden und durch Bandbremsen festgesetzt werden. Neben dem größeren Umschlingungswinkel für die Ankerkette weist die vertikale Spillanordnung den Vorteil auf, daß sie einen Verholbetrieb nach allen Seiten ohne Umlenkrollen ermöglicht (Bild 23.15).

Zum Verholen werden oftmals die achteren Ladewinden benutzt, die zu diesem Zweck verlängerte Hauptwellen mit größeren Verhol-Spillköpfen und besondere Außenlager erhalten. Ist dies nicht möglich, dann werden besondere *Verholspille* aufgestellt, die entsprechend der Schiffsgröße und dem erforderlichen Trossenzug in verschiedenen Größen ausgeführt werden.

Für kleinere Fahrzeuge, auf denen die Unterbringung des Antriebs unter Deck nicht möglich ist, werden elektrisch angetriebene Spille mit *auf Deck* angeordnetem Antrieb eingebaut.

Ein Elektromotor treibt dabei über ein selbstsperrendes Schneckengetriebe das auf der Spillwelle angeordnete Schneckenrad (Bild 23.16) an. Um eine gute *Zugänglichkeit* von allen Seiten zu erreichen, ist ein Spill entwickelt worden, bei dem der Motor im Spillkopf untergebracht ist. In diesem Fall wird der Spillkopf über ein mehrstufiges, in der Grundplatte untergebrachtes Untersetzungsgetriebe und einen im Inneren des Spillkopfes angebrachten Zahnkranz mit Innenverzahnung angetrieben. Zum Abbremsen des Spills ist an den Antriebsmotor eine Lamellenbremse angebaut. Spille größerer

Winden und Spille

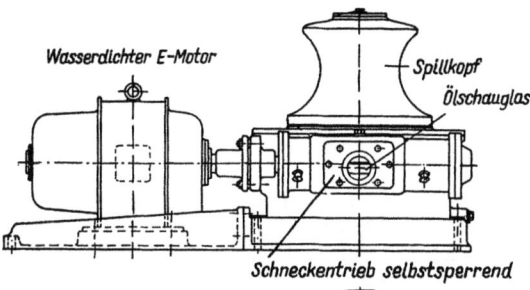

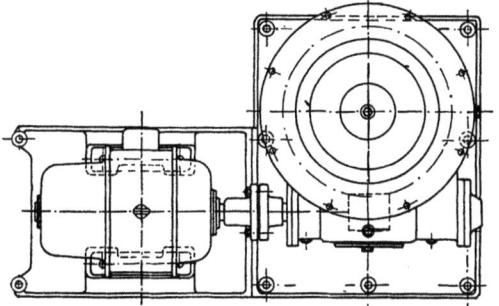

Bild 23.16 Verholspill

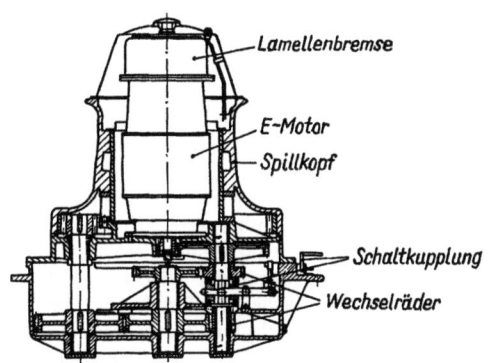

Bild 23.17 Verholspill mit eingebautem E-Motor und Schaltgetriebe

Tafel 23.2 Leistung und Zugkraft von Verholspillen

Verholspill Typ	Seilzug am Spillkopf N	Leistung des Spillmotors kW
VEA 2	20 000	7
VEA 3	30 000	12
VEA 5	50 000	18
VEA 8	80 000	27
VEA 8/3	80 000/30 000	27

schalter gefahren. Antriebsmotoren, die nicht unter Deck aufgestellt werden können, müssen *wasserdicht* sein.

Bootswinden werden durch einen Elektromotor mit Kontrollerschaltung ähnlich wie bei Spillen ausgerüstet; die Belastung tritt hier jedoch nur einer Richtung auf. Zur Untersetzung der Drehzahl werden selbsthemmende Schneckengetriebe eingebaut.

23.3.5 Automatische Verholwinden (Mooringwinden)

Zum Verholen und Festmachen größerer Schiffe, vor allem der Tanker und Massengutfrachter, sind *automatische Verholwinden* entwickelt worden, die den Trossenzug in allen Festmacherleinen auf einem gleichbleibenden Wert halten, der ständig meßbar ist.

Die Einflüsse von Wind, Strömung, Dünung, Gezeitenwechsel und Eisgang sowie die verhältnismäßig schnellen Tiefgangsänderungen beim Laden und Löschen oder in Schleusen werden so auf einfache Weise ausgeglichen; das Deckspersonal wird so erheblich entlastet. Der mechanische Aufbau dieser Winden gleicht dem der Ladewinden mit voll gekapseltem Motor und Stirnradgetriebe. Als wesentliches Merkmal kommt eine hydraulische gedämpfte *Lastwaage* hinzu; um den Einfluß der Lagerreibung auszuschalten, sind ausschließlich *Wälzlager* eingebaut.

Die Lastwaage besteht aus einem Drehfederstab, dessen Verdrehwinkel ein Maß für den Trossenzug ist. Der Drehfederstab ist in die hohlgebohrte Trommelwelle unmittelbar am Antriebszahnrad der Seiltrommel eingebaut. Die Spannungsschwankungen in der Trosse werden hierüber an den elektrischen Automatikschalter weitergeleitet, der beim Überschreiten einer bestimmten einstellbaren Grenzspannung (Sollwert) die entsprechenden Befehle zum Einholen bzw. Ausfahren der Trosse an den Antriebsmotor, bzw. zum Festhalten an die Bremse gibt, die bei Stillstand den vorgewählten Trossenzug aufnimmt.

Leistung haben in einer Zwischenstufe des Getriebes eine Umschaltmöglichkeit. Mit Hilfe einer doppelten Klauenkupplung können entsprechende Wechselräder in Eingriff gebracht werden, wodurch eine Geschwindigkeitsänderung insbesondere zum schnelleren Einholen der losen Trosse erzielt wird (Bild 23.17).

Über die Antriebsleistung verschiedener Spille und die damit erzielbare Zugkraft gibt die Tafel 23.2 Auskunft.

Die Steuerschränke für E-Ankerwinden und -Spille werden unter Deck angebracht; die Steuerung wird symmetrisch für beide Drehrichtungen gebaut. Die Winden und Spille werden von Deck mittels Meister-

Als Antriebsmotoren werden sowohl polumschaltbare Drehstrommotoren als auch solche mit *Leonard*-Steuerung verwendet; die Getriebe sind meist schaltbar, um bei den eigentlichen An- und Ablegemanö-

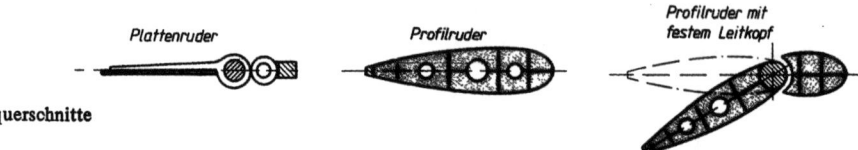

Bild 23.18 Ruderquerschnitte

vern schnelles Einholen der Trossen zu ermöglichen, und um den Spillkopf, mit dem auch diese Winden ausgerüstet werden, allein zu betreiben.

23.4 Rudermaschinen

23.4.1 Allgemeine Gesichtspunkte für die Ruderanlage

Die Anforderungen, die an eine Ruderanlage gestellt werden müssen, richten sich nach den gewünschten *Steuereigenschaften* des Schiffes. Unter den Steuereigenschaften versteht man vor allem die *Kursstabilität* bzw. *Kursbeständigkeit*, d.h. die Fähigkeit, einen eingestellten Kurs gut einzuhalten, die *Drehfähigkeit*, d.h. die Eigenschaft, dem Ruder schnell zu folgen und kleine Drehkreisdurchmesser zu beschreiben, sowie die *Stützfähigkeit*, d.h. die Eigenschaft, von einer bestimmten Fahrt möglichst schnell in eine andere gerade Richtung gebracht zu werden. Aus dem Verwendungszweck des Schiffes ergibt es sich, welche dieser Eigenschaften besonders zu bevorzugen ist.

Während z.B. bei Frachtschiffen gutes Kurshalten mit möglichst wenig Ruderlegen angestrebt wird, da Widerstand und damit Maschinenleistung, Geschwindigkeit und Brennstoffverbrauch, mithin so die *Wirtschaftlichkeit* durch häufige Kursberichtigungen beeinträchtigt werden, fordert man bei Kriegsschiffen besonders schnelles Ansprechen auf eine geänderte Ruderlage, gutes Stützen und kleine Drehkreisdurchmesser. Für Fährschiffe verlangt man genaues Mnövrieren bei niedrigen Geschwindigkeiten, gegebenenfalls in beiden Fahrtrichtungen.

Beim Entwurf und Bau des Schiffes lassen sich durch bestimmte Maßnahmen (Völligkeitsgrad, Hinterschiffsgestaltung, Ruderanordnung und -konstruktion usw.) die Steuereigenschaften beeinflussen; es sei jedoch vermerkt, daß dabei die Maßnahmen, die eine *wesentliche* Verbesserung der Kursstabilität bedeuten, gleichzeitig die Drehfähigkeit stark *beeinträchtigen*, so daß man hier zu einem Kompromiß gezwungen ist.

Die *Steuerwirkung* auf das Schiff entsteht durch die Anströmung des um den Winkel α gelegten Ruders. In seinem Druckpunkt*) wirkt eine Kraft F_R, deren Größe von der Anströmgeschwindigkeit v^*, der Ruderfläche A_R und dem Winkel α abhängt. Ein Faktor k berücksichtigt den Einfluß von Schiffsform, Schraubenzahl, Anströmungsverhältnisser und der Art des Ruders:

$$F_R = k \cdot A_R \cdot v^{*2} \cdot \sin^2\alpha \qquad (1)$$

Ähnlich wie bei der Betrachtung des Propellers kann man auch zunächst Ruder und Schiff getrennt betrachten, um die verschiedenen Einzeleinflüsse zu erkennen. Das Ruder kann dabei als *Tragflügel* angesehen und der Faktor k unterteilt werden in einer *Auftriebsbeiwert* C_L, der nur von den Eigenschafter des Ruderprofils und dem Anstellwinkel α abhängig ist, und in einen Faktor f, der die übrigen, aus dem Zusammenwirken von Ruder und Schiff entstehenden Einflüsse sowie die physikalischen Konstanter berücksichtigt.

Der Wunsch, mit möglichst geringem Aufwand gute Steuereigenschaften zu erzielen, und das konstruktive Problem, die großen auftretenden Kräfte und Momente sicher in den Schiffsverband *einzuleiten*, hat zu einer Vielzahl verschiedener Ruderkonstruktionen geführt.

Man unterscheidet nach dem Querschnitt (Bild 23.18): *Plattenruder*, *Profilruder* und *Profilruder mit festem Leitkopf*. In der genannten Reihenfolge verbessert sich ihre Steuerwirkung: Das Profilruder weist günstigere Auftriebsbeiwerte auf als das Plattenruder, dementsprechend kleiner kann die Ruderfläche werden (und damit der Widerstand). Noch günstigere Werte erreichen Profilruder mit festem Leitkopf, da sie bei gelegtem Ruder wie *Tragflächenprofile* wirken; auch reißt die Strömung hier erst bei größeren Ruderwinkeln ab.

Die *Lage der Ruderdrehachse* beeinflußt das Rudermoment sehr wesentlich. Man unterscheidet daher nach der Lage des Ruderschaftes *Normalruder*, *halbbalancierte*, *balancierte* und *überbalancierte Ruder*.

Bei den Normalrudern bildet der Ruderschaft den vorderen Teil des Ruders. Halbbalancierte Ruder sind die Profilruder mit festem Leitkopf; die Drehachse des Ruderschaftes liegt hier zwar auch am vorderen Teil des Ruders, doch ist das Rudermoment kleiner, da es von der Lage des Druckpunktes zum Ruderschaft abhängt und hinsichtlich des Druckpunktes hier das System *Ruder + Leitkopf* betrachtet werden muß.

Bei Balancerudern wird die Ruderdrehachse soweit nach hinten verlagert, daß das Rudermoment über einen möglichst großen Bereich des Ruderwinkels klein bleibt.

---

*) *Druckpunkt*: Punkt, in dem man sich die Ruderkraft als Resultierende des Ruderdruckes angreifend vorstellt. Richtet sich nach der Profilform, dem Anströmwinkel α, dem Seitenverhältnis l/b und dem Umriß des Ruders. Nicht zu verwechseln mit dem *Flächenschwerpunkt*.

Überbalancierte Ruder erhalten eine Drehachse *im* bzw. *hinter* dem Profildruckpunkt, so daß das Ruder z.B. bei Ausfall der Rudermaschine quer bzw. in Hartlage stehenbleibt. Das Rudermoment ist negativ, so daß sich die Verhältnisse für die Rudermaschine umkehren. Überbalancierte Ruder können besonders schnell gelegt werden.

Man unterscheidet ferner nach Art der *Lagerung* des Ruders, die für die Einleitung der Ruderkraft in den Schiffskörper wesentlich ist, *beidseitig* (oben und unten) *gelagerte Ruder* (Bild 23.19.1) *Halbschweberuder* (Bild 23.19.5) und *Schweberuder* (Bild 23.19.6). Die Art der Lagerung ist neben dem Rudermoment maßgebend für die Beanspruchung und Gestaltung des Ruderschaftes. Der Bedeutung der Ruderanlage entsprechend haben die Klassifikationsgesellschaften richtungsweisende Bauvorschriften erlassen. Für die Ruderkraft gibt der *Germanische Lloyd* [23.5] eine Näherungsformel ähnlich (1) mit dem Faktor $k = 20$:

$$F_R = 20 \cdot A_R \cdot v^2 \text{ N} \qquad (2)$$

Die Verteilung des Ruderdruckes über die Profillänge *l* und die Profilhöhe *b* hat etwa folgenden Ver-

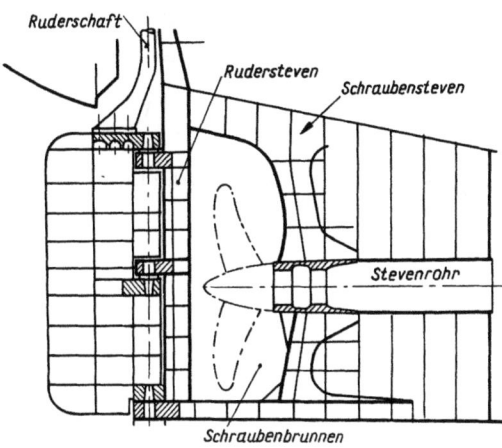

23.19.1 Profilruder mit festem Leitkopf und dreifacher Lagerung an einem starren Rudersteven

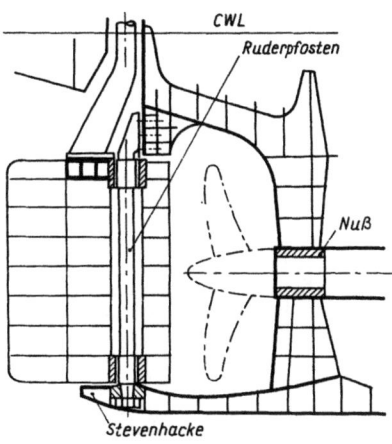

23.19.3 Balanceruder mit zweifacher Lagerung an Ruderträger und Hacke

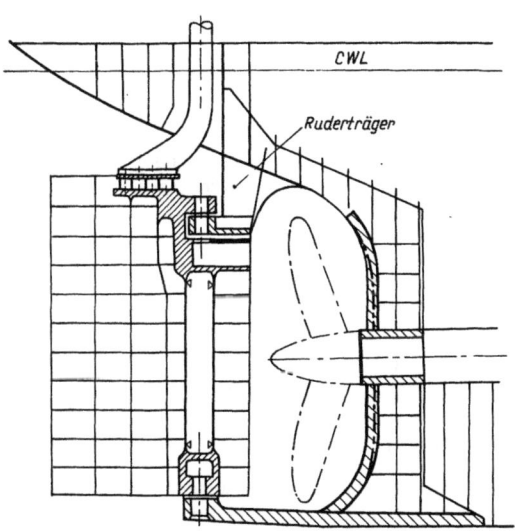

23.19.2 Balanceruder mit zweifacher Lagerung und losnehmbaren Rudersteven (*Simplex*-Ruder, *Howaldtswerke-Deutsche-Werft AG*)

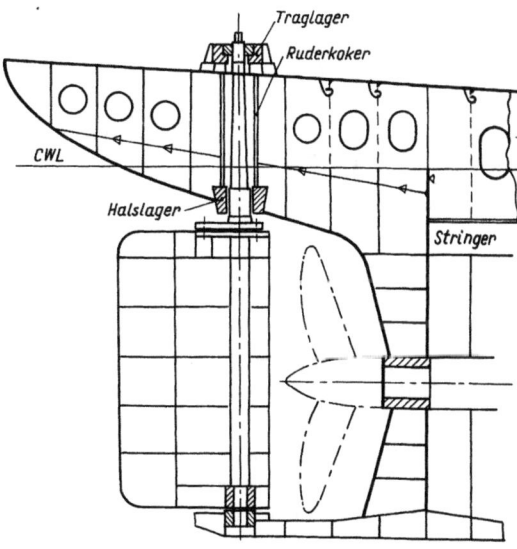

23.19.4 Balanceruder mit zweifacher Lagerung an Hacke und durch Schaft

Bild 23.19 Ruderlagerungen

Bild 23.19 Ruderlagerungen (Fortsetzung)

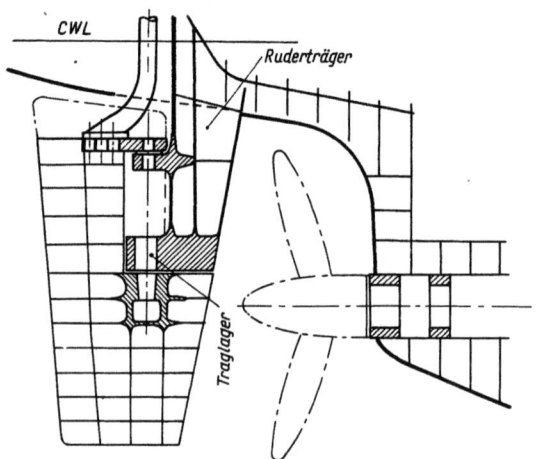

23.19.5 Halbschweberuder mit zweifacher Lagerung durch Fingerling

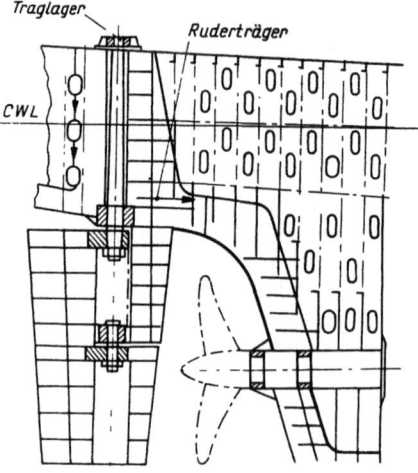

23.19.6 Schweberuder mit zweifacher Lagerung durch Schaft und Fingerling

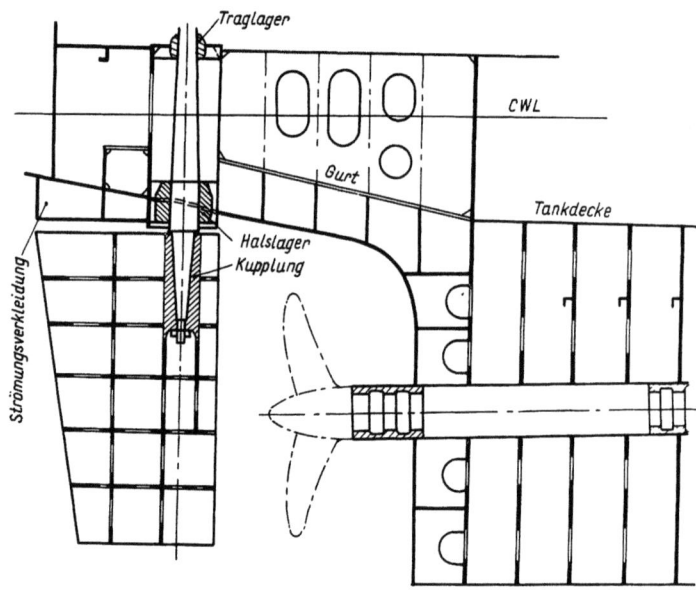

23.19.7 Vollschweberuder (*Spatenruder*) mit einfacher Lagerung (Halslager)

lauf (Bild 23.20). Für die Lage des Druckmittelpunktes gilt etwa

$x_v = 0{,}25 \cdot l$ vor Abreißen der Strömung
$x_v = 0{,}4 \cdot l$ nach Abreißen der Strömung
$x_h = 0{,}4 \cdot l$ bei Rückwärtsfahrt

Dann wird das Rudermoment

$$Q_{RV} = F_R (x_v - a) \text{ Nm} \tag{3}$$

bzw.

$$Q_{RR} = F_{RR} (l - x_h - a) \text{ Nm} \tag{4}$$

bei Rw-Fahrt.

Um ein eventuelles Abreißen der Strömung zu berücksichtigen, schreibt der *Germanische Lloyd* vor:

$x_v = 0{,}5 \cdot l$

Für Rückwärtsfahrt wird, wegen der kleineren Rückwärtsgeschwindigkeit, geschrieben

$F_{RR} = 0{,}333 \cdot F_R$

und

$x_h = 0$

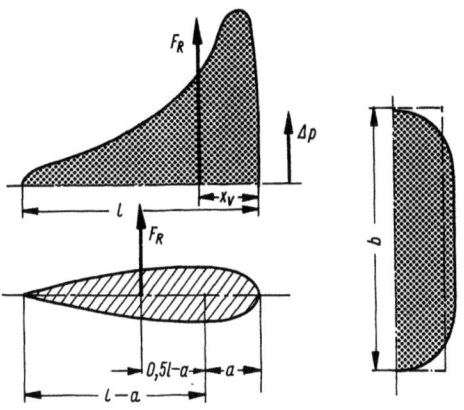

Bild 23.20 Bezeichnungen und Druckverteilung am Ruder
23.20.1 am Profil   23.20.2 der Höhe nach

Damit ergibt sich für das Rudermoment der Ausdruck

$$Q_{RV} = F_R (0{,}5 \cdot l - a) \quad \text{Nm} \qquad (3.1)$$

bzw. bei Rückwärtsfahrt

$$Q_{RR} = 0{,}333 \cdot F_R (l-a) \quad \text{Nm} \qquad (4.1)$$

Ruderschaft und -maschine müssen das *größere* der beiden Momente aufbringen können. Wirken infolge der Ruderlagerung zusätzlich *Querkräfte* auf den Ruderschaft, muß dies bei der Berechnung seiner Abmessungen berücksichtgt werden, s. [23.5], [23.4].
Bei kleinen Fahrzeugen kann das Rudermoment von Hand am Rad aufgebracht und über eine Axiometerleitung oder Steuerketten in Verbindung mit einem Schraubensteuerapparat, Schneckentrieb und Quadrant bzw. Ruderpinne auf das Ruder übertragen werden. Für größere Rudermomente werden Ruderanlagen mit Kraftantrieb vorgesehen. Dampfruderanlagen sind nur noch auf älteren Fahrzeugen anzutreffen, während neuere Schiffe mit *elektrischen*, *hydraulischen* oder *elektro-hydraulischen* Ruderanlagen ausgestattet werden. Entsprechend den verschiedenen Antriebsarten haben sich zwei Standardbauarten für Rudermaschinen herausgebildet.

23.4.2 Bauarten von Rudermaschinen

Die Quadrantrudermaschine (Bild 23.21)

Auf den Ruderschaft ist ein *Quadrant* mit Konus und Keil aufgesetzt. In die Stirnverzahnung des Quadranten greift ein Ritzel ein, das über eine *Rutschkupplung* mit dem auf derselben Welle drehbar gelagerten Schneckenrad des Ruderantriebs verbunden ist und in das die selbstsperrende Schnecke eingreift. Diese wird durch einen an das Schneckengetriebe angeflanschten Motor angetrieben. Die

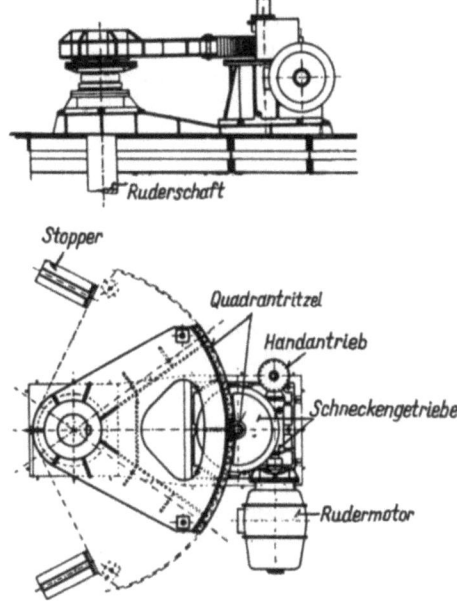

Bild 23.21 Quadrantrudermaschine

Rutschkupplung wird so eingestellt, daß sie beim Überschreiten des höchstzulässigen Drehmoments rutscht. Hierdurch soll der Antrieb gegen Überbeanspruchung geschützt werden. In seinen Endlagen läuft der Quadrant gegen *Stopper*, die mit Federpuffern versehen sein sollen, um bei schwerer See das Ruder aufzufangen. Um der Forderung nach einer *zweiten* Steuermöglichkeit zu genügen, kann die Quadrantruderanlage mit einer *Handsteuereinrichtung* ausgestattet werden. Diese greift über eine ausrückbare Klauenkupplung an der Ritzelwelle (wobei die zwischen Ritzel und Schneckenrad eingebaute Schlupfkupplung gelöst werden muß) oder über einen Kegelradtrieb an der Schneckenwelle an. Weiter besteht eine Notsteuermöglichkeit durch am Quadranten angeschlagene *Taljen*. Quadrantrudermaschinen werden für Rudermomente $Q_R \leq 400$ kNm gebaut.

Die hydraulische Rudermaschine
Tauchkolbenruderanlage
Die hydraulische *Tauchkolbenruderanlage* besteht aus einer Druckölpumpe und der Rudermaschine mit 2 bzw. 4 Tauchkolben. Die Pumpe drückt das Öl mit 1000...1100 kN/cm² auf den der gewünschten Ruderlage entsprechenden *Tauchkolben*, der mit seiner Kolbenstange an der *Ruderpinne* angreift und diese entsprechend dem Kolbenweg dreht. Die Zylinder sind über die Grundplatte der Rudermaschine mit dem Schiff verbunden.
Die Tauchkolben sind in ihren Zylindern mit *Lippendichtungen* abgedichtet (s. Bild 23.30). Je

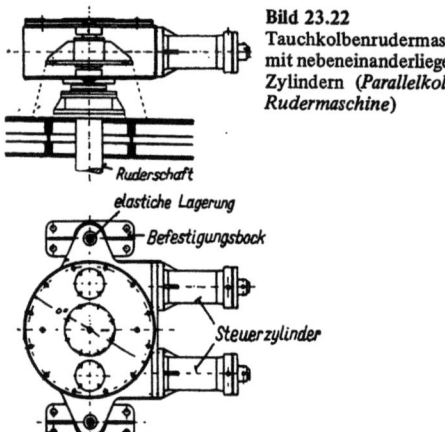

Bild 23.22 Tauchkolbenrudermaschine mit nebeneinanderliegenden Zylindern (*Parallelkolben-Rudermaschine*)

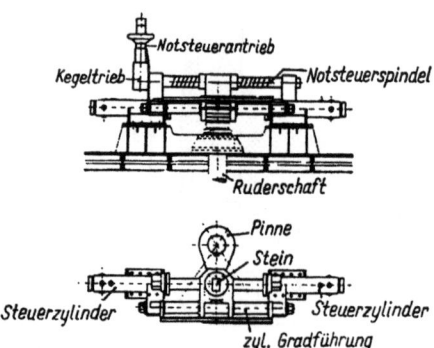

Bild 23.23 Tauchkolbenrudermaschine mit hintereinanderliegenden Zylindern (*Lineare Tauchkolbenrudermaschine*)

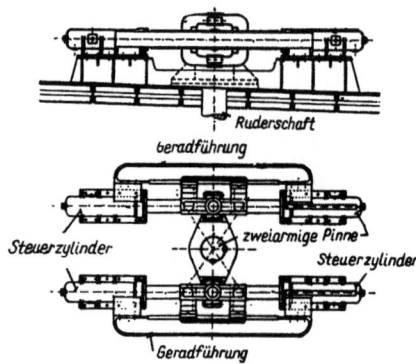

Bild 23.24 Tauchkolbenrudermaschine mit vier Zylindern

nach den örtlichen Verhältnissen können die Tauchkolben nebeneinander (*prallel*) oder in Reihe (*linear*) angeordnet werden.

Die Rudermaschine mit parallelen Tauchkolben besteht aus den beiden nebeneinanderliegenden Zylindern, deren Kolben an einer doppelarmigen Ruderpinne angreifen. Das Rudermaschinengehäuse mit Zylindern ist im Schiffskörper auf Schwingmetallagern elastisch aufgestellt. Die Maschine wird für kleinere Rudermomente, $Q_R \leqslant 40$ kNm gebaut und ist infolge ihrer gedrängten Bauart besonders für räumlich beschränkte Verhältnisse geeignet (Bild 23.22).

Die Rudermaschine mit linearen Tauchkolben besteht aus zwei auf einer Achse angeordneten, gegenüberliegenden Zylindern, deren Kolben an der einarmigen Ruderpinne angreifen. Der im Mittelstück zwischen beiden Kolben verschiebbar gelagerte *Stein* nimmt den Pinnenzapfen auf und läßt senkrechte Bewegungen des Ruderschafts (etwa 15 mm) zu. Eine zylindrische *Geradführung* entlastet die Stopfbuchsen der Tauchkolben von Seitenkräften. Als *Notsteuereinrichtung* dient ein Spindelsteuer oder Quadrantsteuer. Das Spindelsteuer besteht aus einer Schraubenspindel, die drehbar gelagert ist und über einen Kegelradtrieb vom Notsteuerstand aus angetrieben werden kann. Auf dem Gewinde der Spindel sitzt eine Mutter, die bei Benutzung der Notsteuereinrichtung über den geführten Stein mit der Pinne verbunden wird; die beiden Zylinder werden bei Notbetrieb durch Öffnen eines Ventils in der Verbindungsleitung miteinander verbunden (Bild 23.23).

Die zweizylindrige Bauart wird für Rudermomente $Q_R \leqslant 100$ kNm gebaut.

Für größere Rudermomente $Q_R \leqslant 1000$ kNm werden *vierzylindrige* Tauchkolbenrudermaschinen vorgesehen, deren Kolbenpaare an den beiden Enden einer zweiarmigen Ruderpinne angreifen. Als Notsteuereinrichtung genügt dann eine zweite für die volle Leistung ausgelegte Druckölpumpe, da die Anlage auch bei Ausfall von ein oder zwei Zylindern, die abgeschaltet werden können, betriebsklar bleibt. Gelegentlich werden jedoch auch *Hilfsquadranter* für die vorgeschriebene Notsteuereinrichtung vorgesehen (Bild 23.24).

Drehflügelrudermaschine

Die hydraulische *Drehflügelrudermaschine* vermeidet alle Übertragungselemente, die die geradlinige Bewegung der Tauchkolben in die Drehbewegung des Ruderschafts verwandeln. Sie besteht aus einer durch Paßfedern fest mit dem Ruderschaft verbundenen Nabe, die auf ihrem Umfang drei *Drehflügel* trägt. Diese Drehflügel bewegen sich in drei voneinander getrennten Kammern eines ringförmigen Gehäuses und sind gegen die Innenwände dieser Kammern durch Stahlkeile mit Unterlage aus ölbeständigem Gummi abgedichtet. Das Gehäuse ist über Gummipuffer mit den Lagerstücken, die auf dem Schiffsfundament befestigt sind, verbunden, damit die vom Ruder herrührenden Stöße gedämpft werden. Je nach der gewünschten Drehrichtung wird über entsprechende Rohrleitungen Drucköl auf die eine oder andere Seite der Drehflügel geleitet, während das im Raum auf der gegenüberliegenden Flügelseite befindliche Öl zu Saugseite der Pumpe entweichen kann. Hierdurch wird die Drehflügelnabe und damit der Ruderschaft in der gewünschten Drehrichtung bewegt. Infolge der Größe der dem Drucköl auf den Drehflügeln zur Verfügung stehenden Flächen kann der Betriebsdruck des Öls zwischen 600...1000 N/cm² gehalten werden. Er beträgt Nennmoment etwa 400...650 N/cm² (Bild 23.25).

Gegen Überlastung wird die Drehflügelruderanlage ebenso wie die Tauchkolbenanlagen durch ein *Überdruckventil* gesichert, das in einer Verbindung zwischen den Ölzuleitungen der beiden Kammerseiten sitzt und auf den 1,5fachen Betriebsdruck eingestellt wird.

Durch Öffnen der Verbindung zwischen beiden Druckkammern kann die Drehflügelruderanlage außer Betrieb gesetzt werden, falls mit der Notsteuereinrichtung gefahren werden muß. Bei kleineren Anlagen besteht diese aus einer Quadrantruderanlage, während bei Anlagen mit höherem Rudermoment auf Handsteuereinrichtungen verzichtet und statt dessen ein zweites vollständiges Pumpenaggregat vorgesehen wird.

Die Druckölpumpe für hydraulische Ruderanlagen besteht aus einem Zylinderblock, in den auf einem Kreis angeordnet je nach Leistung 5...13 Zylinder eingearbeitet sind. In diesen Zylindern arbeiten Kolben, die über Kolbenstangen mit Kugelgelenken an beiden Enden an ein gemeinsames Kopfstück angeschlossen sind. Kopfstück und Zylinderblock sind im Gehäuse drehbar gelagert und werden von einer Antriebswelle angetrieben. Ein Mitnehmer verbindet Kopfstück und Zylinderblock ebenfalls gelenkig miteinander. Die Antriebswelle mit Kopfstück ist in der feststehenden Lagerhaube gelagert, während der Zylinderblock in dem um eine Achse schwenkbaren Schwenkrahmen sitzt, der die beiden Ölkanäle enthält. Diese Ölkanäle führen über Dichtungshülsen zu zwei feststehenden Rohranschlüssen. In die Ölkanäle münden Nachsaugeventile, über die durch Leckagen im Ölkreislauf verlorengegangenes Öl ergänzt werden kann. Über zwei in den Schwenkrahmen eingeschraubte Zapfen, an die ein Gabelstück angreift, kann der Schwenkrahmen und mit ihm der Zylinderblock um eine Schwenkachse bis zu max. 20° geschwenkt werden, wodurch der Kolbenhub in den Zylindern bestimmt wird. Ist der Schwenkrahmen in seiner Nullstellung, dann machen die Kolben während der Drehung von Kopfstück und Zylinderblock keinen Hub und es wird kein Öl gefördert. Bei ausgeschwenktem Schwenkrahmen wird die Entfernung zwischen Kopfstück und Zylinderblock auf der einen Seite größer und auf der anderen Seite kleiner; durch die Drehung von Kopfstück und Zylinderblock müssen die Kolben dann wegen der unterschiedlichen Entfernung einen Weg, den Kolbenhub, im Zylinder zurücklegen. Dieser Hub ist um so größer, je weiter das Schwenkstück ausgelegt ist. Durch mehr oder weniger starkes Auslegen kann die Fördermenge der

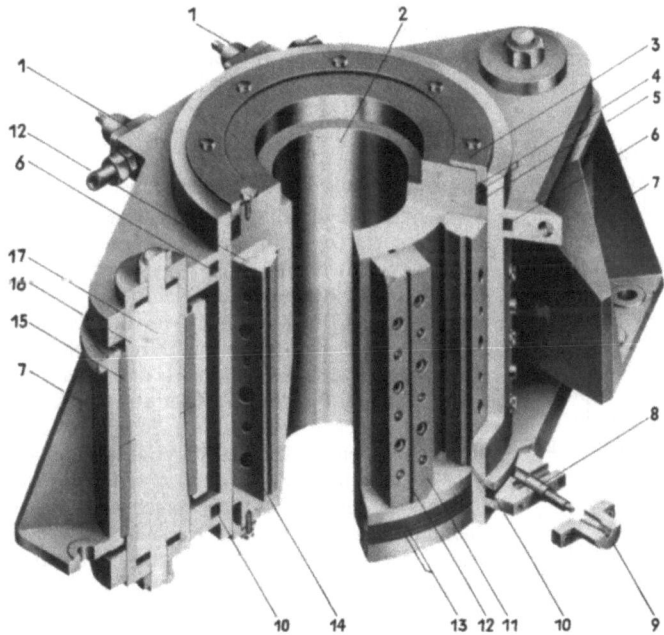

Bild 23.25 Drehflügelrudermaschine
1 Sperrventile
2 Nabe
3 Druckring
4 Lippenringe ⎫ obere
5 Rundgummi ⎬ Dichtung
6 Oberer Ringkanal (Stb)
7 Lagerstück
8 Ventilspindel
9 Ventilgehäuse
10 Unterer Ringkanal (Bb)
11 Flügel
12 Dichtleisten
13 Lippenringe
14 Trennwand
15 Gummibuchse
16 Lagerbuchse
17 Lagerbolzen

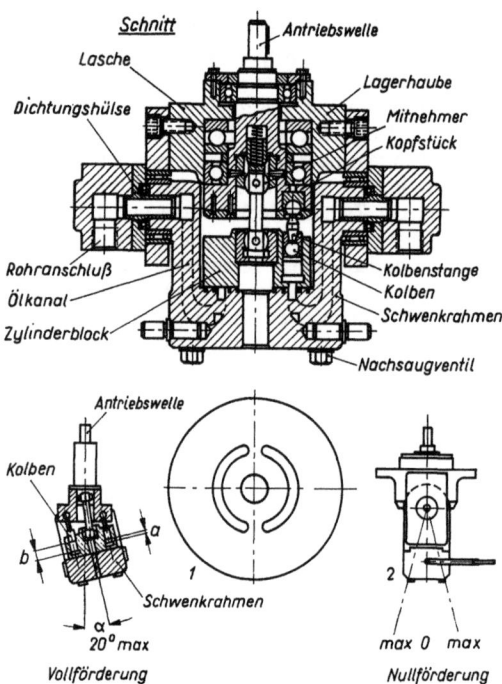

Bild 23.26 Axialkolbenpumpe (Verstellpumpe) für Drucköl

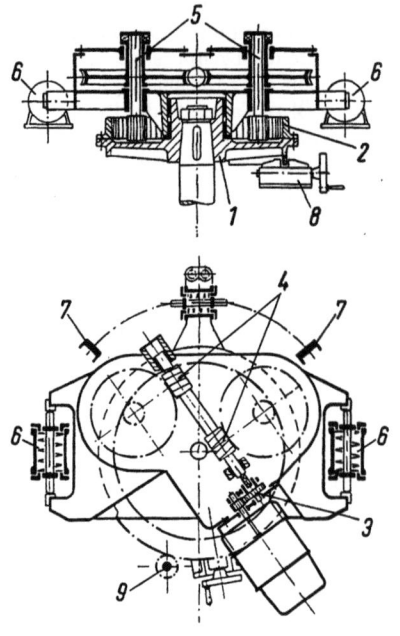

Bild 23.27 Getrieberudermaschine (schematisch)
1 Pinne
2 Zahnkranz
3 Stirnradvorgelege
4 Schneckengetriebe
5 Ritzelwellen
6 Gehäusepuffer
7 Stopper
8 Bremse
9 Notsteuereinrichtung

Pumpe und damit die Übersetzung der Ruderanlage eingestellt werden (Bild 23.26). Die Förderrichtung läßt sich durch Auslegen des Schwenkrahmens nach der anderen Seite ändern.

Verstellpumpen dieser Art werden auch in Verbindung mit hydraulischen Windenantrieben eingesetzt (s. Abschnitt 23.3.1 und Bild 23.8.3).

Die Getrieberudermaschine

Das Prinzip der *Getrieberudermaschine* ist aus dem Bild 23.27 zu erkennen. Die als volle Scheibe ausgebildete Ruderpinne ersetzt den früher üblichen Quadranten und ist durch einen Konus fest mit dem Ruderschaft verbunden. Das Rudergetriebe, bestehend aus einem öldichten Gehäuse mit Schneckenrädern und Schnecke sowie einem Vorsatzgetriebe mit dem Motor, zentriert sich auf der Nabe der Pinne und bildet den Antrieb des Ruderblattes. Das Getriebegehäuse ist über schiffsfeste *Federpuffer* gegen Drehen gesichert, kann sich jedoch in der Höhe frei bewegen. Das Ruderschaftmoment wird über diese Gehäuse-Federpuffer auf den Schiffskörper übertragen (Bild 23.27).

Die links- und rechtsgängig ausgebildete Doppelschnecke hat *keine* Axiallagerung. Dadurch wird zwangsläufig erreicht, daß beide Ritzel innerhalb der Quadrantenverzahnung gleichmäßig anliegen und gleiche Kräfte übertragen.

Bei den beiderseitigen Gehäusepuffern ergibt sich kein Biegemoment; der Schaft übernimmt nur Führungskräfte.

Entsprechend den Forderungen der Aufsichtsbehörden ist eine von der Hauptanlage völlig unabhängige Notsteuereinrichtung vorgesehen. An der vollen Scheibe ist an beliebiger Stelle des Umfangs eine Verzahnung aufgeschnitten worden, in die das Schieberitzel der Nothandsteuerleitung eingreift.

23.4.3 Steuerung der Ruderanlage

Bei kleineren hydraulischen Ruderanlagen für ein Rudermoment $Q_R \leqslant 40$ kNm ist die Drucköllpumpe in die Steuersäule (Bild 23.28) eingebaut und wird über eine Kegelradübersetzung vom Handrad betätigt. Sie ist über Druckölleitungen mit den Zylindern der Rudermaschine verbunden. Durch Drehen des Handrads wird Drucköl gefördert, das je nach der Drehrichtung auf den einen oder anderen Kolben der Rudermaschine wirkt. Diese Schaltung genügt für das Kurssteuern. Um bei Revierfahrt und Manövern ein schnelleres Ruderlegen zu erreichen, wird ein zusätzlicher Kraftantrieb vorgesehen, der aus einer elektromotorisch angetriebenen Drucköllpumpe der gleichen Bauart besteht. Diese Kraftpumpe ist mit ihren Druckölleitungen parallel zur Handpumpe geschaltet. Automatische *Sperrschie-*

Rudermaschinen

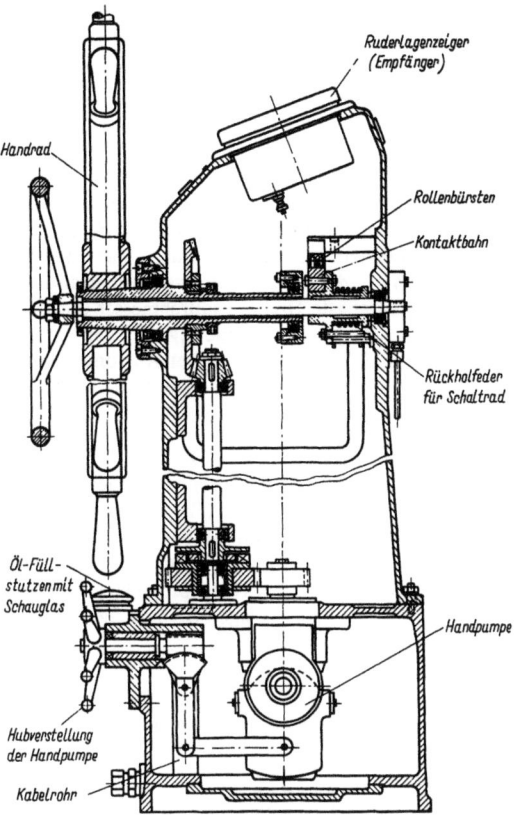

Bild 23.28 Steuersäule mit untergebauter Handpumpe für Handbetrieb und eingebautem Schalter für Kraftbetrieb der Ruderanlage

ber verhindern, daß sich die Pumpen gegenseitig beeinflussen. Das Ruderlegen mit der Kraftpumpe, die einen fest eingestellten Kolbenhub hat, erfolgt durch Einschalten ihres Antriebsmotors über einen Steuerschalter, der durch das kleine Handrad der Steuersäule betätigt wird, in der gewünschten Drehrichtung. Die Kraftpumpe fördert dann so lange Öl in die Rudermaschine, bis der Steuerschalter wieder ausgeschaltet wird. Diese Steuerung ist also *zeitabhängig*. Zum Abschalten der Kraftpumpe bei Erreichen der Ruderendlage ist ein Endlagenschalter vorgesehen. Als Schutz gegen Überdruck ist auch bei diesen Anlagen eine Verbindung der beiden Steuerzylinder vorhanden, in die ein einstellbares *Überströmventil* eingebaut ist, das mit einem *Umlaufventil*, das bei mechanischem Notsteuerbetrieb geöffnet werden muß, zusammengebaut ist (Bild 23.29).

Für größere Rudermomente reicht die mit einer Handpumpe aufbringbare Verstellkraft nicht aus. Die Rudermaschine wird daher durch eine elektrisch angetriebene, dauernd durchlaufende Ruderpumpe betätigt, deren Fördermenge und Förderrichtung durch mehr oder weniger starkes Auslegen des Schwenkrahmens in der einen oder anderen Richtung bestimmt wird. Der Schwenkrahmen wird durch eine *Telemotoreinrichtung* ausgelegt, die aus einem Telemotor*geber* und *-empfänger* besteht. Der Telemotorgeber besteht aus einer Axialkolbenpumpe gleicher Bauart wie die Ruderpumpe und wird durch das Handrad der Steuersäule betätigt. Sein Drucköl verstellt einen Kolben im Telemotorempfänger (Bild 23.30), der wiederum über ein Gestänge den Schwenkrahmen der Ruderpumpe verstellt.

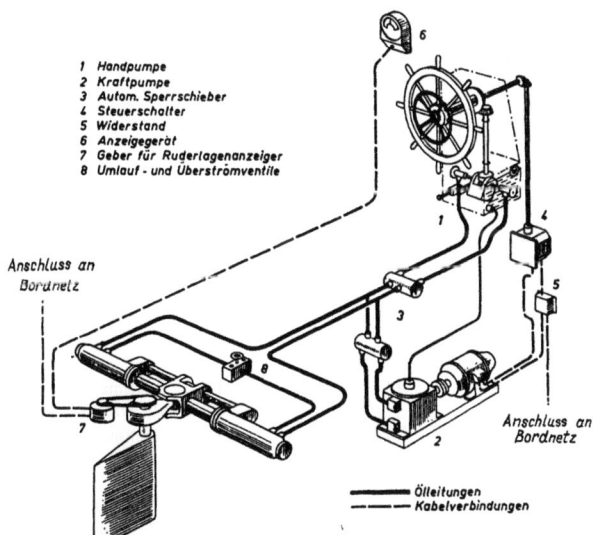

Bild 23.29 Hydraulische Ruderanlage für wahlweisen Hand- und Kraftbetrieb

Ein mit der Ruderpinne verbundenes *Rückführgestänge* stellt den Schwenkrahmen der Ruderpumpe wieder in seine Nullstellung, sobald die Verstellung durch den Telemotorempfänger aufhört und das Ruder entsprechend gefolgt ist. Die Steuerung ist *wegabhängig*, d.h., einer bestimmten Lage des Handrades entspricht eine entsprechende Lage des Ruders. Da das Handrad infolge der hydraulischen Gegebenheiten, wie Undichtigkeiten und ähnliches, bei Mittschiffslage des Ruders keine bestimmte Nullstellung hat, wird die Stellung des Telemotorempfängers durch einen Sollwertgeber am Telemotorempfänger und Sollwertanzeiger in der Steuersäule überwacht. Zur Kontrolle der Ruderlage ist ein elektrischer Ruderlagenanzeiger vorgesehen (Bild 23.31).

23.4.4 Aktiv- und Bugstrahlruderanlagen

Um die Mnövriereigenschaften von Schiffen bei kleinen Geschwindigkeiten und ungünstigen Fahrwasserverhältnissen zu verbessern werden heute häufiger *Aktivruder* und *Querschubanlagen* eingebaut. Sie ermöglichen engste Drehkreisdurchmesser und gegebenenfalls langsame Querbewegung des ganzen Schiffes (s. Bild 23.32), was bei An- und Ablegemanövern die übliche Schlepperhilfe überflüssig werden läßt.

Aktivruder (Pleuger-Aktivruder)

Das Aktivruder besteht aus einer birnenförmigen Verdickung des Ruderblattes (*Propulsionsbirne*), die einen Elektromotor aufnimmt, der einen ummantelten Propeller treibt; i.a. ist die Drehrichtung dieses Düsenpropellers der des Hauptpropellers entgegengesetzt. Die ganze Anlage ist mit dem Ruder

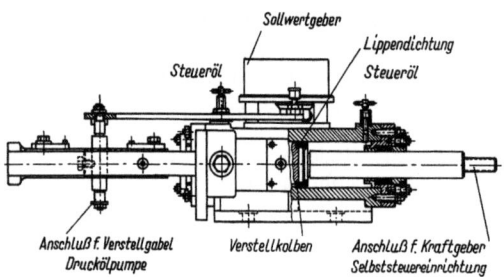

Bild 23.30 Telemotorempfänger

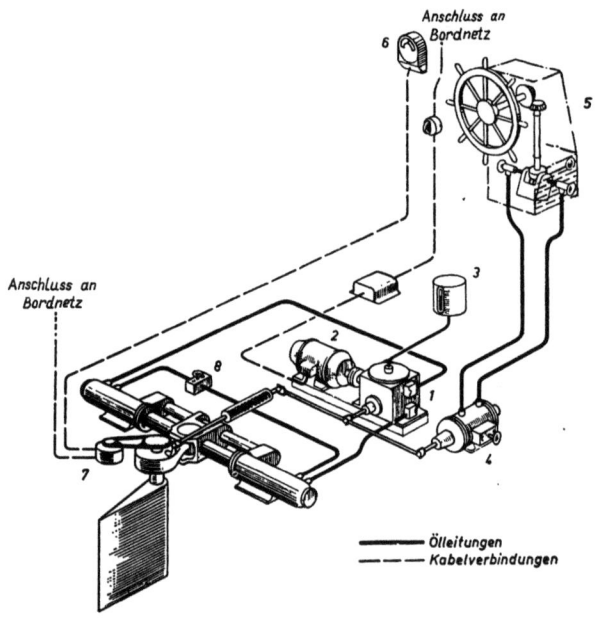

Bild 23.31
Hydraulische Ruderanlage mit hydraulischer Telemotorsteuerung
1 Ruderpumpe
2 Antriebsmotor
3 Reserveölbehälter
4 Telemotorempfänger
5 Steuersäule mit Telemotorgeber
6 Anzeigegerät
7 Geber für Ruderlagenanzeiger
8 Umlauf- und Überströmventile

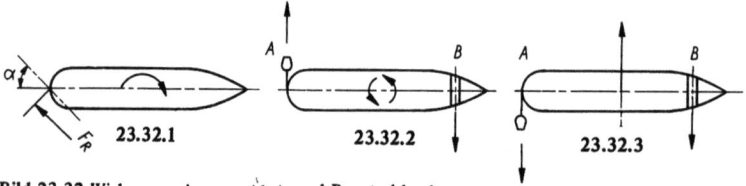

Bild 23.32 Wirkungsweise von Aktiv und Bugstrahlrudern

23.32.1 Drehmanöver mit herkömmlichem Ruder
23.32.2 Drehmanöver mit Aktivruder *A* und Bugstrahlruder *B*
23.32.3 Querversatz mit Aktivruder *A* und Bugstrahlruder *B*

Bild 23.33 Aktivruder *(Pleuger Unterwasserpumpen GmbH)*

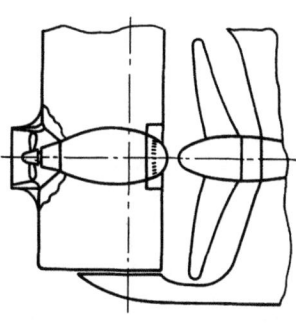

23.33.1 Anordnung des Aktivruder

23.33.2 Einbauten im Ruder
1 Ruderpropeller
2 Düse mit einvulkanisiertem Dämpfungspolster
3 Kabelrohr für Netzkabel und Süßwasserzuleitungen
4 Antriebsmotor
5 Eintrittsschlitze für Kühlwasserzulauf zum Motor
6 Montagedeckel (Heftschweißung)
7 Ruderkörper mit Aussteifungen
8 Motorbefestigung im Ruder

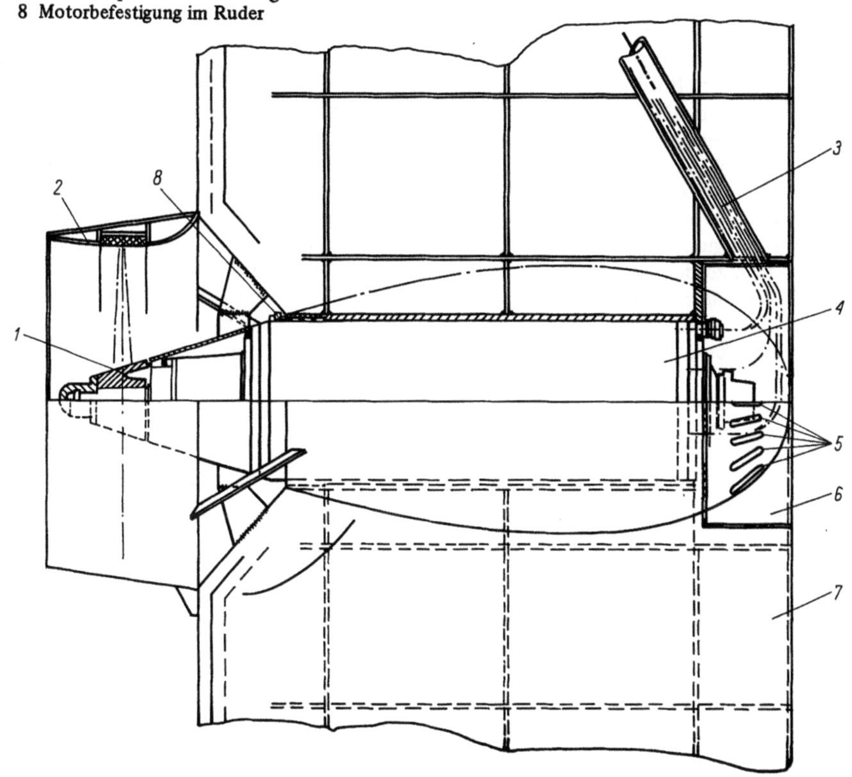

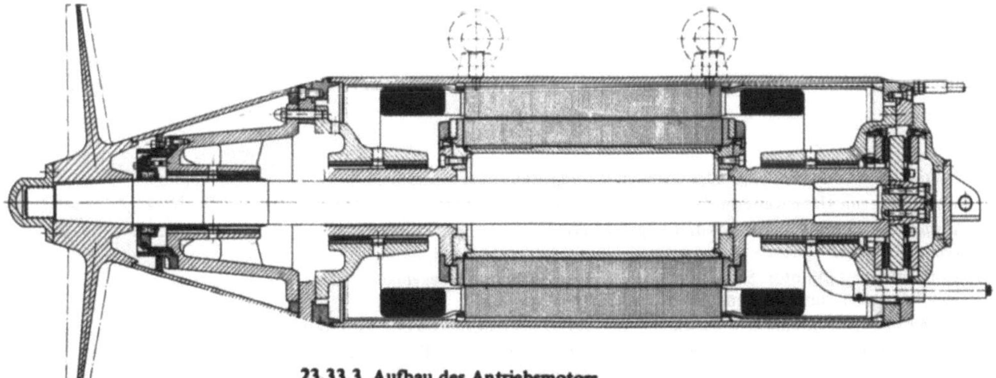

23.33.3 Aufbau des Antriebsmotors

schwenkbar (Bild 23.33). Sie vergrößert den Schiffswiderstand nicht (nichtmeßbar). Als Antriebsmotor wird ein Drehstrommotor mit Käfigläufer verwendet, der für *Unterwasserpumpen* entwickelt wurde. Die Ständerwicklung besteht aus seewasserbeständigem Draht und ist mit Kunststoff (*Lupolen*) oder Gummi isoliert. Da Ständer und Läufer dauernd vom Wasser umspült werden ist eine gute Kühlung gewährleistet, so daß die Motoren sich hoch belasten lassen. Die Lager werden mit Frischwasser geschmiert, das dem Motor über Rohrleitungen durch den hohlgebohrten Ruderschaft zugeführt wird, in dem auch die Kabel für die Energieversorgung des Motors liegen (Bild 23.33). Die Schaltung entspricht der eines normalen Kurzschlußkäfigläufermotors (s. Abschnitt 05.5.4), hat also keine schaltungstechnischen Besonderheiten. Gespeist wird der Motor aus dem Bordnetz.

Das Aktivruder kann bei Ausfall der Hauptmaschinenanlage auch als Notantrieb dienen; bisher werden Leistungen von $P_R = 10 \ldots 1500$ kW gebaut.

Bild 23.34 gibt einen Überblick über die verschiedenen Anordnungsmöglichkeiten von Bugstrahlrudern. Hauptsächlich Fragen der guten *Zugänglichkeit* und *Umsteuerbarkeit* haben zu den verschiedenen Lösungen geführt; auch *Verstellpropeller* werden hier häufig eingebaut. Neben den skizzierten Antriebsmöglichkeiten durch Elektromotoren ist gelegentlich der Antrieb durch kleine luftgekühlte *Dieselmotoren* ausgeführt worden; Leistungen: $P_{BT} = 300 \ldots 2500$ kW. Im Betrieb ist darauf zu achten, daß die Antriebsmotoren des Bugstrahlruders ausreichend *gekühlt* werden (gründliche Lüftung der Betriebsräume).

Die zusätzlichen Öffnungen im Bug bedingen nicht unwesentliche Widerstandserhöhungen; wegen der Vielzahl der möglichen Ausführungen muß hinsichtlich weiterer Angaben auf das Schrifttum verwiesen werden.

23.5 Sonstige Deckshilfsmaschinen

23.5.1 Deckskrane

Ein Deckskran vereinigt in sich Ladewinde und Ladebaum und kann gegebenenfalls zwei bis drei Lade- und Hangerwinden ersetzen. Dabei steht den Vorteilen bessere Übersichtlichkeit, geringerer Platzbedarf, einfachere Bedienung und Wartung (weniger Tauwerk) der Nachteil höherer Anschaffungskosten entgegen.

Für *Schwerlastbetrieb* eignen sich Deckskrane weniger, sie würden, für Schwerlastbetrieb entworfen, im Kleinlastbereich sehr unwirtschaftlich arbeiten.

Fast ausnahmslos mit zwei Motoren für Hub- und Schwenkwerk ausgerüstet erreichen die Deckskrane

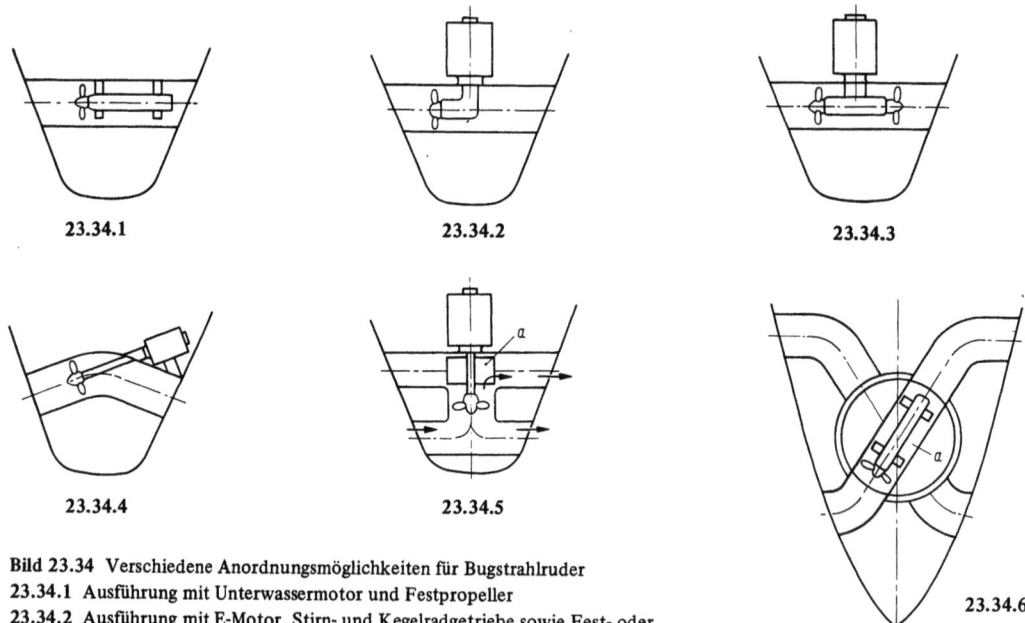

Bild 23.34 Verschiedene Anordnungsmöglichkeiten für Bugstrahlruder
23.34.1 Ausführung mit Unterwassermotor und Festpropeller
23.34.2 Ausführung mit E-Motor, Stirn- und Kegelradgetriebe sowie Fest- oder Verstellpropeller
23.34.3 Ausführung mit E-Motor, Stirn- und Kegelradgetriebe und zwei gegenläufigen oder gleichsinnig drehenden Festpropellern
23.34.4 Ausführung mit gekrümmtem Querkanal, E-Motor, Stirnradgetriebe und Fest- oder Verstellpropeller
23.34.5 Ausführung mit geraden Querkanälen, E-Motor, Stirnradgetriebe, Festpropeller und Drehschieber *a*
23.34.6 Ausführung mit Unterwassermotor und Festpropeller im Drehschieber bei S-förmigen Querkanälen *a*

ähnliche Umschlagsleistungen wie herkömmliches Ladegeschirr.
Neben elektromotorisch angetriebenen Kranen sind teil- und vollhydraulisch betätigte Konstruktionen entwickelt worden.

23.5.2 Weitere Hilfsmittel

Als weitere Hilfsmittel sind Hydraulikeinrichtungen zum Verschließen von Ladeluken und Außenhautpforten sowie Schottenschließanlagen zu erwähnen. Meistens handelt es sich hier um mechanisch einfache *Druckzylinder*, auf die nicht weiter eingegangen werden soll.
Häufiger findet man in der letzten Zeit *Kraftgelenke* wie z.B. die Konstruktion von *Götaverken A.B.* (Bild 23.36). Hier wird die geradlinige Bewegung eines Doppelkolbens über eine Spiralverzahnung auf kleinstem Raum in eine Drehbewegung umgesetzt, ohne daß Schiebestopfbuchsen oder Balgmanschetten erforderlich werden.

Diese Drehgelenke werden bis zu Drehmomenten von 120 kNm gebaut und direkt in die Lukendeckel eingelassen.

23.6 Schrifttum

[23.1] *Ehmsen, E.*: Schiffswinden und Spille. Handbuch der Werften. Band VII. Schiffahrtsverlag HANSA, C. Schroedter & Co., Hamburg 1963.
[23.2] *Ernst, H.*: Die Hebezeuge, Band 1, Band 2, Band 3. Verlag Friedrich Vieweg & Sohn, Braunschweig 1969
[23.3] *Fox, W.J.*: Marine Auxiliary Machinery. 4th ed. George Newnes Ltd., London 1968.
[23.4] *Germanischer Lloyd*: Vorschriften für Klassifikation und Bau der Maschinenanlagen von Seeschiffen 1966. Selbstverlag des Germanischen Lloyd, Hamburg 1966.
[23.5] *Germanischer Lloyd*: Vorschriften für Klassifikation und Bau von stählernen Seeschiffen 1967. Selbstverlag des Germanischen Lloyd, Hamburg 1967.
[23.6] *Henschke, W.*: Schiffbautechnisches Handbuch. Band 1, 2. Aufl. VEB Verlag Technik Berlin 1958.
[23.7] *Henschke, W.*: Schiffbautechnisches Handbuch, Band 4. VEB Verlag Technik, Berlin 1958.
[23.8] *Jastram, H.*: Bugstrahlruder. Jahrbuch der Schiffbautechnischen Gesellschaft e.V., 52. Band 1958. Springer Verlag, Berlin 1958.
[23.9] *Pieper, W.* und *R. Laucks*: Aktiv- und Bugstrahlruder. Handbuch der Werften Band VII. Schiffahrtsverlag HANSA, C. Schroedter & Co., Hamburg 1963.
[23.10] *Thaeter, H.*: Hydraulische Winden und Bordkrane. Jahrbuch der Schiffbautechnischen Gesellschaft e.V., 58. Band 1964. Springer Verlag, Berlin 1964.

Zeitschriftenaufsätze:

[23.11] *Greve, E.*: Neuentwicklungen für Decksmaschinen. HANSA 104 (1967) S. 389.
[23.12] *Kohnert, R.*: Automatische Verholwinden mit Drehstromkäfigläuferantrieb. HANSA 104 (1967) S. 282.
[23.13] *N. N.*: Hydrostatische Axialkolbengetriebe für Trawler- und Schiffswinden. HANSA 104 (1967) S. 1543.
[23.14] *Tornow, H.* und *N. Rückgauer*: Ölhydraulische Zentralstationen im Groß-Schiffbau. HANSA 104 (1967) S. 1545.

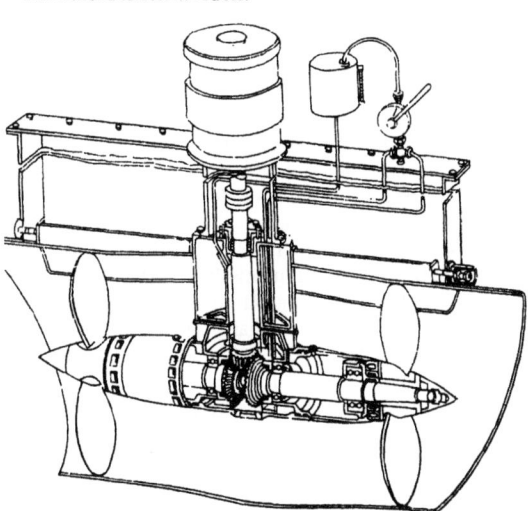

Bild 23.35 Bugstrahlruder (*Jastram-Motorenwerke*)

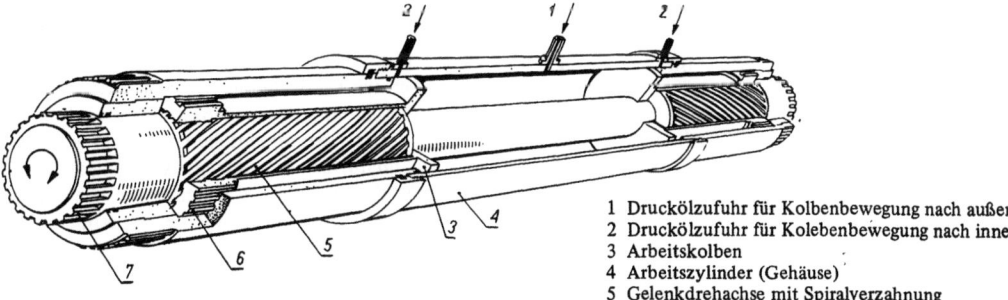

1 Druckölzufuhr für Kolbenbewegung nach außen
2 Druckölzufuhr für Kolebenbewegung nach innen
3 Arbeitskolben
4 Arbeitszylinder (Gehäuse)
5 Gelenkdrehachse mit Spiralverzahnung
6 Führungsbuchse des Kolbens mit Außengeradverzahnung und Innenspiralverzahnung

Bild 23.36 Hydraulisches Kraftgelenk *Hydrotorque* (*Götaverken A. B.*)

Hauptabschnitt 24

Dynamisches Verhalten von Schiffsantriebsanlagen

Prof. Dr.-Ing. *M. Gietzelt*, Hannover

24.1 Formelzeichen, Einheiten, Normen

A	Fläche	m^2
C	Strahlungsaustauschkoeffizient	$W/m^2 K^4$
c_p	spez. Wärmekapazität	$kJ/kg\,K$
d	Durchmesser	m
H_u	Heizwert	kJ/kg
J	Massenträgheitsmoment	$kg\,m^2$
$\dot{m}$	Massenstrom	kg/s
n	Luftüberschußzahl	–
n	Drehzahl	U/min
p	Druck	bar
Q	Drehmoment	Nm
q	Wärmemenge	kg/s, kW
R	Widerstand	N
T	Schub	N
t	Zeit	s
u	innere Energie	kJ/kg
V	Volumen	m^3
v	Geschwindigkeit	m/s
z	Zylinderzahl	
α	Wärmeübergangskoeffizient	$W/m^2 K$
δ	Kurbelwinkel	rad
λ	Wärmeleitkoeffizient	$W/m\,K$
ρ	Dichte	kg/m^3

Indizes:

A	Arbeitsmittel		L	Luft
	Anströmung		M	Motor
ATL	Abgasturbolader		m	mittel
a	Austritt außen		o	Nennzustand
B	Brennstoff		P	Propeller
E	Economiser		R	Reibung
e	Eintritt		Rg	Rauchgas
F	Füllung		S	Schiff
	Feuerung		Sp	Speisewasser
h	Hub		Str	Strahlung
i	innen		T	Turbine
Kon	Konvektion		V	Verdampfer
			W	Wand

24.2 Identifikationsmethoden

24.2.1 Allgemeines

Die Entwicklung im Schiffsmaschinenbau zu Anlagen höherer Leistungskonzentration hat zu außerordentlich kompakten Einheiten geführt. So sind Schiffsmotorenanlagen u.a. durch höhere Aufladegrade und Schiffsdampfanlagen durch höhere Fischdampfzustände (Druck und Temperatur), ein größeres Maß an regenerativer Speisewasservorwärmung, eventuelle Zwischenerhitzung des Arbeitsmittels und erweiterte Integration der Hilfsaggregate in den Kreislauf gekennzeichnet.
In das Auslegungsstadium derartiger Anlagen muß in stärkerem Maße als bisher das *dynamische Verhalten* der gesamten Anlage und deren Einzelkomponenten Eingang finden, um unzulässig hohe mechanische und thermische Belastungen während der einzelnen Betriebszustände – insbesondere jedoch im Manöverbetrieb – zu vermeiden.
Die Zielsetzung der Identifikation besteht darin, das *Übergangsverhalten* (dynamisches Verhalten) zu ermitteln. Das Übergangsverhalten beschreibt den zeitlichen Verlauf des Ausgangssignals bei Aufschaltung charakteristischer zeitlicher Verläufe des Eingangssignals. I.a. wird für das Eingangssignal eine *Sprungfunktion* gewählt. Man erhält dann die sogenannte *Übergangsfunktion*, d.h. die *bezogene Sprungantwort*, wenn die Änderung des Ausgangssignals auf die Sprunghöhe des Eingangssignals bezogen wird.
Als *Identifikationsmethode* bieten sich die *theoretische* oder *experimentelle Analyse* an. Es zeigte sich, daß für die Identifikation einer Schiffsantriebsanlage beide Methoden zweckmäßigerweise zu verwenden sind, indem die Identifikation durch eine Synthese aus theoretischer und experimenteller Analyse vorgenommen wird. Mit dieser Synthese wird das Übertragungsverhalten aus der theoretischen Analyse mit dem aus der experimentellen sowohl qualitativ als auch quantitativ verglichen. Abweichungen der beiden Analysenergebnisse voneinander, die sowohl in der theoretischen als auch in der experimentellen Methode begründet sein können, bedingen Modifikationen in den Modellansätzen.

24.2.2 Theoretische Analyse

Bei der *theoretischen Identifikation* basieren die Berechnungen auf den Erhaltungssätzen für Masse,

Energie und Impuls; man erhält ein *theoretisches mathematisches Modell*, dessen Parameter Funktionen der physikalischen Daten des Prozesses sind. Verfahren aus der linearen Regelungstechnik werden, indem sie der Aufgabenstellung angepaßt werden, zur Bestimmung des dynamischen Verhaltens herangezogen. Die ermittelten Differentialgleichungen werden linearisiert, um zu einer einfachen Beschreibung im Bildbereich mit Hilfe der Laplace-Transformation zu gelangen. Soweit es praktikabel ist, werden physikalische Systeme zu Strecken mit konzentrierten Parametern vereinfacht, d.h., die Zustandsgrößen des Prozesses lassen sich als in einem Ort – ortsunabhängig – betrachten. Man erhält somit als Ergebnisse *algebraische Formen der Übertragungsfunktionen*, die im Hinblick auf die Synthese mit der experimentellen Identifikation auf die erste und zweite Ordnung beschränkt werden.

Ist das derart erstellte Modell in bezug auf die spätere Anwendung zu kompliziert aufgebaut, so muß es vereinfacht bzw. approximiert werden. Die Vereinfachung bzw. Approximation sollte dabei so durchgeführt werden, daß die mathematischen Zusammenhänge zwischen den Parametern des Modells und den physikalischen Daten des Prozesses erhalten bleiben. Das vereinfachte mathematische Modell enthält dann Kennwerte für das dynamische Verhalten als Funktionen physikalischer Daten des Prozesses. Zur Ableitung der mathematischen Modelle müssen meistens vereinfachende Annahmen getroffen werden, deren Auswirkungen auf die Genauigkeit der Modelle oft nicht ausreichend exakt abgeschätzt werden können, so daß ein Vergleich mit dem durch Experimente ermittelten wirklichen Verhalten erforderlich wird. Andererseits können die mathematischen Modelle derart rechenaufwendig werden, daß sie nicht mehr praktikabel sind.

24.2.3 Experimentelle Analyse

Die *experimentelle Methode* geht von Meßwerten der Ein- und Ausgangsgrößen an dem zu identifizierenden Funktionselement aus. Aus diesen Messungen werden die Übertragungsfunktionen durch den Vergleich von Testeingangsfunktionen und deren Antworten ermittelt.

Die experimentelle Analyse erfolgt im wesentlichen unter den Gesichtspunkten sowohl jene Koeffizienten der Übertragungsfunktionen des theoretischen Ansatzes zu liefern, die nur mit sehr großem Aufwand zu ermitteln wären, als auch im Interesse einer möglichst einfachen und praxisgerechten Handhabung des Simulationsmodells vorgenomme Vereinfachungen abzusichern bzw. Modifikationen zu ermöglichen.

Für die Identifikation einer Schiffsantriebsanlage bzw. derer Einzelaggregate hat es sich bei der experimentellen Methode als zweckmäßig erwiesen, die Übergangsfunktionen zunächst auf nachstehende Formen zu entwickeln:

a) $F(S) = \dfrac{A_1}{s}$ (1)

b) $F(S) = \dfrac{A_1}{A_2 s + A_3}$ (2)

c) $F(S) = \dfrac{A_1 s + A_2}{A_3 s + A_4}$ (3)

d) $F(S) = \dfrac{A_1}{A_2 s_2 + A_3 s + A_4}$ (4)

mit α) $A_3^2 - 4A_2 > 0$

β) $A_3^2 - 4A_2 < 0$

e) $F(S) = \dfrac{A_1 s + A_2}{A_3 s^2 + A_4 s + A_5}$ (5)

24.2.4 Klassifikation geregelter und gesteuerter Prozesse

Bezeichnet man mit dem Begriff „*Prozeß*" die Umformung und/oder den Transport von Materie und Energie, so kann man *geregelte* Prozesse „*Regelstrecken*" und *gesteuerte* Prozesse „*Steuerstrecken*" nennen. Die Regelstrecke beginnt am Stellort und endet am Meßort; es gehören alle jene Teile einer Anlage zur Regelstrecke, deren Zustandsgrößen auf den Signalflußwegen von der Stell- nach der Regelgröße liegen. Das dynamische Verhalten einer Regelstrecke setzt sich aus dem *Stellübertragungs-* und aus dem *Störübertragungsverhalten* zusammen. I.a. erfolgt die Klassifikation geregelter und gesteuerter Prozesse nach dem Übertragungsverhalten bezüglich der Stellgröße; es sind dann Prozesse und Prozeßelemente mit folgenden Eigenschaften zu unterscheiden:

kontinuierlich	↔ diskret
konzentrierte Parameter	↔ verteilte Parameter
linear	↔ nichtlinear
zeitinvariant	↔ zeitvariant
stabil	↔ instabil
p-Verhalten	↔ I-Verhalten

Kontinuierliche Prozesse

Kontinuierliche Prozesse sind durch fortlaufend existierende und stetige Massen-, Energie- und Impulsströme gekennzeichnet.

Diskrete Prozesse

Bei diskreten Prozessen findet ein Massen-, Energie- oder Impulsstrom nur in bestimmten Zeitabschnitten statt. In den anderen Zeitabschnitten sind die Ströme unterbrochen. Diskrete Prozesse werden auch *Stückprozesse* oder *Chargenprozesse* genannt.

Prozesse mit konzentrierten Parametern
Die Zustandsgrößen von Prozessen mit konzentrierten Parametern lassen sich zur mathematischen Behandlung des dynamischen Verhaltens als in einem Punkt konzentriert betrachten. Prozesse mit konzentrierten Parametern führen auf gewöhnliche Differentialgleichungen und im Falle linearen und zeitinvarianten Verhaltens auf Übertragungsfunktionen in rational gebrochener Form.
In Wirklichkeit besitzen alle Prozesse verteilte Parameter. Lediglich zur mathematischen Behandlung darf man bei einer großen Anzahl von Prozessen annehmen, daß die Zustandsgrößen in einem Punkt konzentriert sind, analog zum Massenschwerpunkt in der Mechanik. Voraussetzung hierzu ist, daß interne Ausgleichsvorgänge der Prozesse im Vergleich zum zeitlichen Verhalten der interessierenden Ausgangsgröße schnell ablaufen.

Prozesse mit verteilten Parametern
Bei Prozessen mit örtlich kontinuierlich verteilten Parametern muß man die Zustandsgrößen zur mathematischen Behandlung des dynamischen Verhaltens sowohl abhängig von der Zeit als auch abhängig vom Ort betrachten. Prozesse mit kontinuierlich verteilten Parametern führen deshalb auf partielle Differentialgleichungen und im Falle linearen und zeitinvarianten Verhaltens auf Übertragungsfunktionen in transzendenter Form.

Lineare Prozesse
Prozesse werden dann linear genannt, wenn das Superpositionsgesetz gilt. Überlagerungen von einzelnen Eingangsfunktionen müssen dann Ausgangsfunktionen ergeben, die durch Überlagerung der durch die einzelnen Eingangsfunktionen erzeugten einzelnen Ausgangsfunktionen entstehen.
Lineare Prozesse werden durch lineare Differentialgleichungen mit konstanten oder zeitabhängigen Koeffizienten beschrieben.

Nichtlineare Prozesse
Haben die Prozesse kein lineares Verhalten, dann werden sie nichtlinear genannt. Die beschreibenden Differentialgleichungen sind dann nichtlinear: Sie enthalten z.B. Produkte oder Potenzen der Variablen und deren Ableitungen, oder variable Koeffizienten, die Funktionen der Ein- und Ausgangsgrößen sind.

Zeitvariante Prozesse
Das Verhalten von zeitvarianten Prozessen ist vom Beobachtungszeitpunkt abhängig. Die Koeffizienten der Differentialgleichungen zeitvarianter Prozesse sind Funktionen der Zeit bzw. Funktionen von Zustandsgrößen, die nicht auf dem Signalflußweg zwischen der betrachteten Ein- und Ausgangsgröße liegen.

Zeitinvariante Prozesse
Die Koeffizienten der Differentialgleichungen zeitinvarianter Prozesse sind unabhängig von der Zeit.

Stabile Prozesse
Prozesse sollen dann stabil genannt werden, wenn ein zulässiges beschränktes Eingangssignal ein ebenfalls beschränktes Ausgangssignal zur Folge hat.

Instabile Prozesse
Prozesse sollen dann instabil genannt werden, wenn ein zulässiges beschränktes Eingangssignal ein unbeschränktes Ausgangssignal zur Folge hat.

Prozesse mit proportionalem Verhalten
Eine endliche Änderung der Eingangsgröße ergibt bei proportionalwirkenden Prozessen eine endliche Änderung der Ausgangsgröße.

Prozesse mit integralem Verhalten
Eine endliche Änderung der Eingangsgröße ergibt bei integralwirkenden Prozessen eine sich fortlaufend ändernde Ausgangsgröße.

Als Beispiele seien genannt:

a) Wärmeübertrager: kontinuierlich, verteilte Parameter, linear bzw. nichtlinear, zeitinvariant, stabil, p-Verhalten.

b) Flüssigkeitsniveau: (keine Aggregatphasenänderung) kontinuierlich, konzentrierte Parameter, nichtlinear, zeitinvariant, instabil, I-Verhalten.

24.3 Dynamisches Verhalten von Schiffsdampferzeugern

24.3.1 Vorbemerkung

Im Laufe der Entwicklung der Automatisierung von Schiffsdampfanlagen hat sich gezeigt, daß das *dynamische Verhalten* des Schiffsdampferzeugers das Manöververhalten, d.h. die *möglichen Laständerungsgeschwindigkeiten* der Schiffsdampfanlage, primär bestimmt.
Die Auslegung des Schiffsdampferzeugers nach thermodynamischen und festigkeitsmäßigen Gesichtspunkten bei Berücksichtigung von Investitionskosten und Fertigungskriterien betrifft den Dampferzeuger stationär, d.h. zeitunabhängig; ebenso lassen alle Teillastbetrachtungen den Dampferzeuger in Beharrung.
Das optimale Manöververhalten einer Schiffsdampfanlage verlangt aber einen im instationären Betrieb günstigen Dampferzeuger; nur die zusätzliche Berücksichtigung dynamischer Gesichtspunkte bei der

Auslegung kann zu einem dynamisch günstigen, regelungsfreundlichen und damit zu einer automatisierungsfreundlichen und betriebssicheren Schiffsdampfanlage führen. Voraussetzung hierfür bildet jedoch die Kenntnis des dynamischen Verhaltens des Dampferzeugers. Die Zielsetzung besteht somit darin, mathematische Modelle zu erstellen, die das stationäre und dynamische Verhalten beschreiben, d.h. eine *Identifikation* vorzunehmen.

24.3.2 Integration des Dampferzeugers in den Kreislauf

Die Aufgabe des Aggregates „Dampferzeuger" innerhalb einer Schiffsdampfanlage besteht darin, einen Massenstrom an Dampf mit einem bestimmten Frischdampfzustand (Druck und Temperatur) zur Verfügung zu stellen. Innerhalb des Kreislaufs reduziert sich das Funktionselement Dampferzeuger – wenn auch nur gedanklich, z.B. beim Wärmekreislaufschema – zu einem *schwarzen Kasten* mit eintretenden und austretenden Massenströmen, die durch thermodynamische Zustandwerte charakterisiert sind.

Eintretende Massenströme:

Speisewasser (Druck und Temperatur)
Einspritzwasser (Druck und Temperatur)
Zwischenerhitzerdampfstrom (Druck und Temperatur)
Brennstoffstrom (Heizwert bzw. Brennwert und Temperatur)
Verbrennungsluftstrom (Temperatur)

Austretende Massenströme:

Frischdampfstrom (Druck und Temperatur)
Zwischenerhitzerdampfstrom (Druck und Temperatur)
Rauchgasstrom (Temperatur)

Dieser o.a. schwarze Kasten – oftmals auch als „*black-box*" bezeichnet – kommt dem Regelungstechniker scheinbar entgegen, denn er hat die Aufgabe, diverse Ausgangsgrößen dieses Kastens, wie Heißdampftemperatur, Zwischenerhitzungstemperatur, Frischdampfdruck, CO_2-Gehalt im Abgas als Maß für die Verbrennungsgüte zu regeln. Es kommt ferner noch der Trommelwasserstand als Zustandsgröße innerhalb des Systems hinzu. Somit wird durch Messen des Istwertes dieser Ausgabengrößen, Vergleichen mit einem vorgegebenen Sollwert und bestimmtes Verstellen geeigneter Stoffströme auf den Zustand des Dampferzeugers eingewirkt, und zwar derart, daß die Regelgrößen trotz Störung von innen und außen konstant oder innerhalb eines gewünschten Bereichs bleiben. Schwierigkeiten, die sich hierbei ergeben, sind nicht immer auf die Charakteristik des Reglers oder der zu kleinen Verstellgeschwindigkeiten zurückzuführen, sie liegen vielmehr in der Unkenntnis der zeitlichen Vorgänge

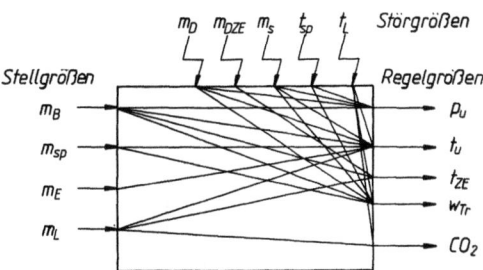

Bild 24.1 Regel-, Stell- und Störgrößen eines Schiffsdampferzeugers

m_B Brennstoffmassenstrom
m_D Frischdampfmassenstrom
m_{DZE} Zwischenerhitzermassenstrom
m_E Einspritzmassenstrom
m_L Verbrennungsluftmassenstrom
m_S Sattdampfmassenstrom
t_L Verbrennungslufttemperatur
m_{sp} Speisewassermassenstrom
$p_ü$ Frischdampfdruck
$t_ü$ Frischdampftemperatur
t_{ZE} Zwischenerhitzertemperatur
CO_2 Verbrennungsgüte
w_{Tr} Trommelwasser
t_{sp} Speisewassertemperatur

innerhalb des schwarzen Kastens mit seinen heterogenen physikalischen und thermodynamischen Vorgängen begründet.

In Bild 24.1 sind für die Regelstrecke „*Schiffsdampferzeuger*" als Ausgangsgrößen alle Regelgrößen und als Stellgrößen jene, die sie verstellen sollen sowie die Störgrößen aufgezeigt. Die Beeinflussung der Regelgrößen durch die Stell- und Störgrößen wird durch die Verbindungslinien dargestellt. Sie zeigen die starke Vermaschung der Wirkungen im Dampferzeuger. So beeinflußt z.B. der Massenstrom Brennstoff eben nicht nur die zugehörige Regelgröße „Dampfdruck", sondern auch noch die Heißdampftemperatur, den Wasserstand und den CO_2-Gehalt der Rauchgase. Ein Schiffsdampferzeuger stellt somit *kein Eingrößen-Regelsystem* sondern ein *Mehrgrößen-Regelsystem* dar. Die Aufgabe der Regelstrecken-Analyse besteht nun darin, diese Verbindungslinien mit mathematischen Verbindungsgleichungen zu identifizieren. Denn wie bereits gesagt – die Identifikation des physikalischen Inhalts Schiffsdampferzeuger mit einem mathematischen Inhalt bildet die Voraussetzung, um die dynamischen Eigenschaften kennenzulernen. Die Form und die Koeffizienten dieser Verbindungsgleichungen oder Übertragungsfunktionen werden durch die wärmetechnischen Auslegungs- und Konstruktionsdaten bestimmt.

Infolge der heterogenen thermodynamischen Vorgänge im System „Dampferzeuger" muß im Interesse einer praktikablen Lösung eine *weitere Untergliederung* des eben aufgezeigten „black-box"-Systems erfolgen. Aus Bild 24.2 geht hervor, daß z.B. für einen Schiffshauptdampferzeuger ohne

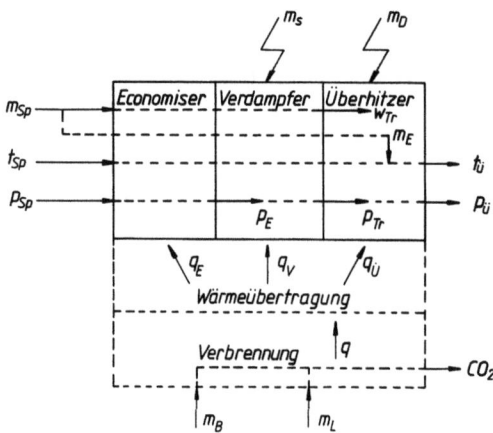

Bild 24.2 Unterteilung eines Schiffsdampferzeugers ohne Zwischenerhitzung durch Rauchgas in Funktionselemente

Zwischenerhitzung auf der Arbeitsmittelseite eine Unterteilung in die Teilstrecken Economiser, Verdampfer und Überhitzer vorgenommen wurde. Der Trommelwasserstand tritt somit am Ende des Verdampfersystems oder Wasserumlaufsystems, d.h. in der Obertrommel, als Regelgröße auf.

Der Dampfdruck wird als Regelgröße am Economiser-, Verdampfer- (Trommel-) und Überhitzeraustritt charakterisiert. Analoges gilt für die Temperatur des Arbeitsmittels; hierbei muß bei einer Heißdampftemperaturregelung durch Einspritzwasser zusätzlich die Temperatur am Sekundärüberhitzer als Stellgröße infolge der Wassereinspritzung zur Frischdampftemperaturregelung berücksichtigt werden. Bezüglich der arbeitsmittelseitigen Zustandsgrößen Druck und Temperatur gilt, daß die Ausgangsgröße aus einem Heizflächensystem gleichzeitig die Eintrittsgröße in das nachfolgende System darstellt. Der Teilstrecke „Energieübertragung (Wärmeübertragung) an das Arbeitsmittel" muß die Teilstrecke „Verbrennungsvorgang einschließlich des Vorganges Verbrennungsluftvorwärmung und -zuführung" bei der Analyse vorangestellt werden.

24.3.3 Dynamisches Verhalten der Regelstrecke „Schiffshauptdampferzeuger"

Bevor das Übertragungsverhalten der einzelnen Teilstrecken eines Schiffsdampferzeugers analysiert wird, sollen einige Grundlagen zur mathematischen Erfassung der dynamischen Vorgänge vorausgeschickt werden:

Zur mathematischen Erfassung der dynamischen Vorgänge in Prozessen geht man von den *Erhaltungssätzen der Masse, der Energie* und *des Impulses* aus. Diese auf Erfahrung beruhenden Erhaltungssätze sagen bekanntlich aus, daß in einem abgeschlossenen System Masse, Energie und Impuls erhalten bleiben, also weder verloren gehen noch gewonnen werden können. Man legt deshalb eine *Kontrolloberfläche* um den betrachteten Prozeß und stellt *Bilanzgleichungen* für die ein- und austretenden Massen-, Energie- und Impulsströme auf. Nach den Erhaltungssätzen müssen diese ein- und austretenden Ströme gleich den gespeicherten Massen-, Energie- und Impulsströmen sein.

Bei Prozessen mit konzentrierten Parametern darf man zur Berechnung des dynamischen Verhaltens annehmen, daß die Massen, Energien und Impulse in einem Punkt gespeichert werden. Bei Prozessen mit verteilten Parametern darf man dieses nur für ein infinitesimal kleines Element des Prozesses tun. Man stellt die Bilanzgleichungen deshalb für ein infinitesimal kleines Element auf.

Für jeden konzentrierten oder verteilten Speicher eines Prozesses muß eine Bilanzgleichung aufgestellt werden.

Treten in den Speichern eines Prozesses mehrere für das dynamische Verhalten wesentliche, voneinander abhängige Zustandsgrößen auf, z.B. bei gas- und dampfförmigen Medien, dann müssen zusätzlich zu den Bilanzgleichungen die *Zustandsgleichungen* des betreffenden Mediums verwendet werden.

Für manche Prozesse mit Energiespeicherung genügt die Energiebilanzgleichung allein nicht, um die auftretenden Energieströme zu erfassen, da bekanntlich nicht alle nach dem Energieerhaltungssatz möglichen Prozesse stattfinden. Prozesse wie Wärmeleitung, Diffusion oder chemische Reaktion laufen nur in einer bestimmten Richtung ab. Sie sind ohne zusätzlichen Energieaufwand keine umkehrbaren Prozesse und werden deshalb *irreversible Prozesse* genannt. Sie laufen stets so ab, daß die Entropie des Prozesses zunimmt.

Das prinzipielle Vorgehen beim Aufstellen mathematischer Modelle von Prozessen erhält man zu:

1. Benutzung der Erhaltungssätze für Masse, Energie und Impuls;
2. Einführung der Zustandsgleichungen der betreffenden Medien, wenn mehrere Zustandsgrößen gekoppelt sind;
3. Einführung der phänomenologischen Gesetze, wenn irreversible Ausgleichsvorgänge stattfinden;
4. Aufstellung von Entropiebilanzen, wenn mehrere irreversible Ausgleichsvorgänge gleichzeitig stattfinden.

Man erhält Systeme gewöhnlicher oder partieller Differentialgleichungen, in die gegebenenfalls noch Randbedingungen einzusetzen sind.

In Bild 24.3 ist das Flußbild für die Identifikation als Synthese aus theoretischer und experimenteller Analyse dargestellt.

24.3.4 Teilstrecke „Economiser"

Der Economiser wird vom Arbeitsmittel in der flüssigen Phase durchströmt; es tritt keine Änderung der

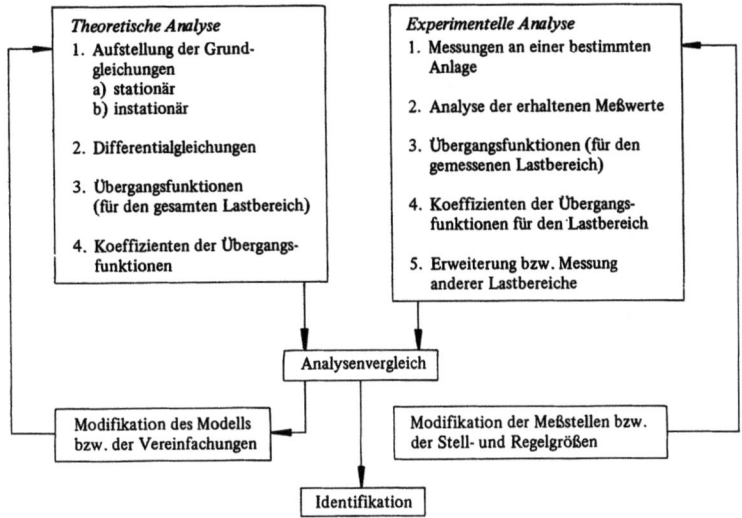

Bild 24.3 Theoretische und experimentelle Prozeßanalyse

Aggregatphase auf. Für diese Teilstrecke ergeben sich folgende Größen:

Stellgröße: $m_{sp}; \vartheta_{SP}$
Regelgröße: ϑ_{Ea}
Störgröße: q_E.

Somit sind die Übergangsfunktionen

$$\frac{F(S)}{\Delta\vartheta_{sp} \to \Delta\vartheta_{Ea}} \quad ; \quad \frac{F(S)}{\Delta m_{sp} \to \Delta\vartheta_{Ea}} \quad \text{und} \quad \frac{F(S)}{\Delta q_E \to \Delta\vartheta_{Ea}}$$

zu ermitteln.

Der Economiser besteht aus parallel gestalteten Rohren, durch die der Arbeitsmittelmassenstrom m_A mit den Zustandswerten $(P_A; \vartheta_A; \rho_A; c_{P_A})$ mit der Geschwindigkeit v_A strömt. Vom Rauchgas wird den Röhren — hier als Einzelrohr betrachtet — der Wärmestrom $q_{Rg} = q_R$ aufgeprägt, von dem wiederum der Strom q_A an das Arbeitsmittel übergeht. Das Rohr ist durch die Abmessungen $d_i; d_a; L$,

durch die Dichte ρ_R, die Temperatur ϑ_R und die spez. Wärmekapazität c_{PR} beschrieben.

Es werden folgende Annahmen getroffen:
1. Die Wärmestromdichte q_{Rg} ist ortsunabhängig, jedoch zeitlich veränderlich.
2. Das Arbeitsmittel ist inkompressibel.
3. Die Stoffwerte sind längs des Rohres dieselben, d.h., es wird bei der Beheizung mit mittleren Werten gerechnet.
4. Die Wärmeleitung in Richtung der Rohrachse ist ebenso wie das radiale Temperaturgefälle in der Wand vernachlässigbar.

Für ein an der Stelle x des in Bild 24.4 dargestellten Teilstücks des Rohres ergibt sich die Energiebilanz zu:

$$(q_{Rg} - q_A) d_i \cdot \pi \cdot dx \cdot d_t = \frac{\pi}{4}(d_a^2 - d_i^2)$$

$$\rho_R \cdot c_{PR} \cdot dx \frac{\partial \vartheta_R}{\partial t} \cdot d_t. \quad (6)$$

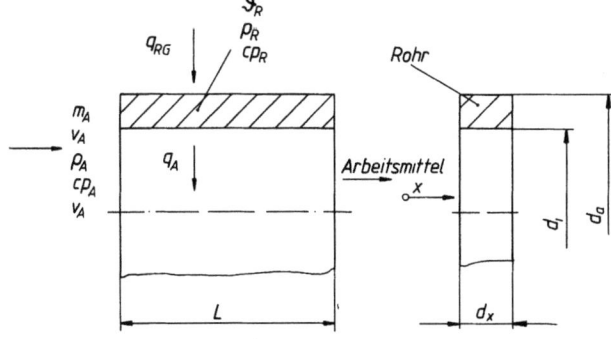

Bild 24.4
Zustandswerte und geometrische Verhältnisse bei der Wärmeübertragung „Rauchgas-Rohr-Arbeitsmittel"

Analog gilt für ein Arbeitsmittelement von der Länge dx:

$$q_A \cdot d_i \cdot \pi \cdot dx \cdot d_t - \frac{\pi}{4} d_i^2 \cdot \rho_A \cdot c_{pA} \cdot v_A \frac{\partial \vartheta_A}{\partial x} d_t =$$

$$= \frac{\pi}{4} d_i^2 \cdot \rho_A \cdot c_{pA} \cdot dx \frac{\partial \vartheta_A}{\partial t} d_t. \quad (7)$$

Der Wärmeaustausch zwischen Rohr und Arbeitsmittel kann beschrieben werden zu:

$$q_A = \alpha_A (\vartheta_R - \vartheta_A) = \alpha_{A_0} \left(\frac{v_A}{v_{A_0}}\right)^{0,6} (\vartheta_R - \vartheta_A). \quad (8)$$

Mit der Voraussetzung kleiner Abweichungen von den stationären Werten (z. B. $q = q_0 + \Delta q$) erhält man aus den Gln. (6) bis (8):

$$\frac{\Delta q_{Rg}}{q_{Rg_0}} - \frac{\Delta \vartheta_R - \Delta \vartheta_A}{\vartheta_{R_0} - \vartheta_{A_0}} - 0,6 \frac{v_A}{v_{A_0}}$$

$$= \frac{d_a^2 - d_i^2}{4 \cdot d_i} \cdot \frac{\rho_R \cdot c_{pR}}{\alpha_{A_0}} \cdot \frac{1}{\vartheta_{R_0} - \vartheta_{A_0}} \cdot \frac{\partial \Delta \vartheta_R}{\partial t}. \quad (9)$$

In dieser Gleichung hat der Term

$$\frac{d_a^2 - d_i^2}{4 d_i} \cdot \frac{\rho_R \, c_{pR}}{\alpha_{A_0}} = \frac{1}{\kappa_R} = T_R \quad (10)$$

die Dimension Zeit; ihm kommt somit die Bedeutung von Zeitgrößen der Regelstrecke zu.
Analog zur Gl. (8) ergibt sich für das Arbeitsmittel:

$$\frac{\Delta \vartheta_R - \Delta \vartheta_A}{\vartheta_{R_0} - \vartheta_{A_0}} - 0,4 \frac{\Delta v_A}{v_{A_0}}$$

$$= \frac{d_i}{4} \cdot \frac{\rho_A \cdot c_{pA}}{\alpha_{A_0}} \cdot \frac{1}{\vartheta_{R_0} - \vartheta_{A_0}} \left\{ v_A \frac{\partial \Delta \vartheta_A}{\partial x} - \frac{\partial \Delta \vartheta_A}{\partial t} \right\}$$

$$(11)$$

Auch in Gl. (11) besitzt der Term

$$\frac{d_i}{4} \cdot \frac{\rho_A \cdot c_{pA}}{\alpha_{A_0}} = \frac{1}{\kappa_A} = T_A \quad (12)$$

die Dimension einer Zeit.
Schreibt man alle Variablen als bezogene Größen (z. B. in der Art $q^+ = \Delta q/q_0$), so entstehen die Differentialgleichungen:

$$q^+ - \vartheta_t^+ + \vartheta_A^+ - 0,6 \, v_A^+ = \frac{\partial \vartheta_R^+}{\partial \tau} \quad (13)$$

$$\vartheta_R^+ - \vartheta_A^+ - 0,4 \, v_A^+ = T_A \frac{v_A}{l} \cdot \frac{\partial \vartheta_A^+}{\partial \xi} + \frac{T_A}{T_R} \cdot \frac{\partial \vartheta_A^+}{\partial \tau}. \quad (14)$$

In den Gln. (13) und (14) bedeuten

$$\frac{x}{l} = \xi \quad (15)$$

und

$$\frac{t}{T_R} = t \cdot K_R = \tau. \quad (16)$$

Mit den Beziehungen

$$\frac{1}{v_A \cdot T_A} = K_A \cdot \frac{1}{v_A} = \kappa_A \quad (17)$$

und

$$\frac{1}{v_A \cdot T_R} = K_R \frac{1}{v_A} = \kappa_R \quad (18)$$

geht Gl. (14) über in:

$$\vartheta_R^+ - \vartheta_A^+ - 0,4 \, v_A^+ = \frac{1}{\kappa_A} \cdot \frac{\partial \vartheta_A^+}{\partial \xi} + \frac{\kappa_R}{\kappa_A} \cdot \frac{\partial \vartheta_A}{\partial \tau}. \quad (19)$$

Mit Hilfe der Laplace-Transformation erhält man aus den Gln. (13) und (19), die das dynamische Verhalten beschreibende Übergangsfunktion:

$$F(S)\Big|_{\Delta\vartheta_{sp} \to \Delta\vartheta_{Ea}} = e^{-\left(\frac{L}{v_{A_0}} \cdot s + \frac{L}{v_{A_0}} \cdot K_A \cdot \frac{s}{K_R \cdot s}\right)}. \quad (20)$$

Analog ergeben sich die weiteren Übergangsfunktionen zu:

$$F(S)\Big|_{\Delta m_{sp} \to \Delta\vartheta_{Ea}} = -\frac{\vartheta_R - \vartheta_A}{v_{A_0}} \cdot \frac{K_A}{K_A + K_R} \cdot \frac{K_R + 0,4s}{s\left(1 + \frac{s}{K_A + K_R}\right)} \left\{\frac{1 - F(S)}{\Delta\vartheta_{sp} \to \Delta\vartheta_{Ea}}\right\}$$

$$(21)$$

$$F(S)\Big|_{\Delta q_E \to \Delta\vartheta_{Ea}} = \frac{\vartheta_R - \vartheta_A}{q_{Rg_0}} \cdot \frac{K_A}{K_A + K_R} \cdot \frac{K_R}{s\left(1 + \frac{s}{K_A + K_R}\right)} \left\{\frac{1 - F(S)}{\Delta\vartheta_{sp} \to \Delta\vartheta_{Ea}}\right\}$$

$$(22)$$

24.3.5 Teilstrecke „Überhitzer bzw. Zwischenerhitzer"

Auch der Überhitzer wird vom Arbeitsmittel — sofern man von der Restverdampfung am Anfang absieht — ohne Änderung der Aggregatphase durchströmt. Bez. der Übergangsfunktionen gelten somit die in Abschnitt 24.2.4 ermittelten Gleichungen. Da die Wärmeübertragung vom Rauchgas an das Arbeitsmittel im Bereich des Überhitzers bzw. Zwischenerhitzers durch Strahlung und Konvektion erfolgt, muß somit erstere in diesem Fall berücksichtigt werden, d.h. Gl. (20) wird wie folgt modifiziert:

$$F(S)\Big|_{\Delta t_{üe} \to \Delta t_{üa}} = \frac{c_{p_{De}}}{c_{p_{Da}}} \cdot e^{-\left\{\frac{L}{v_{A_0}} \cdot s + \kappa_D \frac{s + z \cdot K_R}{s + K_p(1 + z)}\right\}}$$

$$(23)$$

mit

$$z = \frac{\alpha_{A \, Konv}}{\alpha_{A \, ges}} \cdot \frac{d_0}{d_i} \quad (24)$$

In gleicher Weise sind für die Heizfläche „Überhitzer" bzw. „Zwischenerhitzer" die mit den Gln. (21) und (22) angegebenen Übergangsfunktionen zu modifizieren.

24.3.6 Teilstrecke „Verdampfer"

Der Wasserstand in der Trommel bei Naturumlaufdampferzeugern wird von der Störgröße m_D bestimmt; daneben müssen als Einflußfaktoren bzw. des dynamischen Verhaltens noch die Größen Dampfdruck (besser: Druck im Verdampfersystem), Wärmestromdichte und Arbeitsmitteleintrittstemperatur in das Verdampfersystem berücksichtigt werden. Für die Ermittlung des dynamischen Verhaltens des Verdampfersystems können zwei Modellvorstellungen herangezogen werden. Ausgehend von Bezugsgleichungen, die den Massenstrom, den Energiefluß und -inhalt des Systems beschreiben, wird das Übergangsverhalten bestimmt. In einer erweiterten Modellvorstellung werden die Einflüsse der thermodynamischen Vorgänge im Zweiphasensystem „Verdampfer" mit in die Überlegungen einbezogen.

Mit den Massen- und Energiebilanzen für die Füllung des Verdampfersystems erhält man eine Differentialgleichung für die Änderung des Wasserstandes, in der die Änderungen des Wasserstandes auf die Änderungen des Massenstromes und der Druckänderungsgeschwindigkeit im Verdampfersystem zurückgeführt sind.

$$\Delta w_{Tr} = \frac{1}{\rho_{Fv} \cdot A_W} \cdot \Delta m_{Fv} - \frac{m_{Fv}}{\rho_{Fv}^2 \cdot A_W} \cdot \left(\frac{\partial \rho_{Fv}}{\partial (\Delta p) t}\right) \cdot \frac{dp}{dt} \quad (25)$$

Man erhält Übergangsfunktionen für das Verdampfersystem nachstehender Art:

$$F(S) \atop \Delta m_{sp} \to \Delta w_{Tr} = \frac{A_1 - A_2 s}{s} \quad (26)$$

Mit der Annahme:
p_v = const
q_v = const
t_{Ea} = const.

Für eine Wassereinspeisung oberhalb der Wasseroberfläche in die Trommel ergibt sich:

$$F(S) \atop \Delta m_{sp} \to \Delta w_{Tr} = \frac{A_1^* + A_2^* s}{s}. \quad (27)$$

Die Störgröße m_D führt zu folgender Übergangsfunktion:

$$F(S) \atop \Delta m_D \to \Delta w_{Tr} = \frac{-\overline{A}_1 + \overline{A}_2 s}{s} \quad (28)$$

mit den Voraussetzungen:
m_{sp} = const
q_v = const
t_{Ea} = const.

Eine Änderung der Beheizung, d.h. des aufgeprägten Wärmestroms, ergibt mit den Annahmen:
m_{sp} = const
m_D = const
t_{Ea} = const
p = const,

daß der Massenstrom m_D nicht konstant bleiben kann, da sonst bei einer Beheizungsänderung ebenfalls eine Druckänderung eintreten würde.

$$F(S) \atop \Delta q_v \to \Delta w_{Tr} = -\frac{\overline{A}_1 - \overline{A}_2 s}{s}. \quad (29)$$

Da infolge des dynamischen Verhaltens des Economisers die Arbeitsmittelaustrittstemperatur nicht konstant bleibt, ergibt sich mit den Voraussetzungen:
m_{sp} = const
q_v = const
p = const.

(Wegen der getroffenen Annahme p = const muß der Einfluß von $t_{Ea} \neq$ const auf den Druck durch eine Änderung der Dampfentnahme kompensiert werden.):

$$F(S) \atop \Delta t_{Ea} \to \Delta w_{Tr} = -\frac{A_1^{**} - A_2^{**} s}{s}. \quad (30)$$

Erweitert man das bisherige Modell um die thermodynamischen Vorgänge im Verdampfersystem, so ergeben sich bei der theoretischen Identifikation relativ aufwendige Übergangsfunktionen, die für eine praktische Anwendung jedoch einer Vereinfachung bedürfen. Mittels der Synthese aus theoretischer und experimenteller Analyse sind derzeit diesbezügliche Bestrebungen im Gange. So ist z.B. das Übergangsverhalten zwischen m_{Sp} und w_{Tr} nicht direkt erfaßbar. Es sind Zwischenschritte derart erforderlich, daß zum einen das Verhalten zwischen m_{Sp} und m_{Fv} sowie zum anderen zwischen m_{Sp} und m_D bzw. m_D und V_{Fv} erfaßt werden müssen, d.h., eine Veränderung des Massenstromes im Verdampfersystem und des Volumens wirken letzten Endes auf den Wasserstand.

24.3.7 Teilstrecke „Verbrennung und Wärmeübertragung"

Bei der Ermittlung des dynmaischen Verhaltens der Teilstrecke „Verbrennung und Wärmeübertragung" geht es um die Erfassung der bezogenen Sprungantwort „freigesetzte" Wärme auf die Eingangssignalgrößen Luft- und Brennstoffmassenstrom. Ausgehend von den Luft- bzw. Brennstoffführungsgrößen x_L und x_B gilt somit:

$$F(S) \atop \Delta x_L \to \Delta q_F = cp_L \vartheta_L \quad F(S') \atop \Delta x_L \to \Delta m_L \quad (31)$$

bzw. für das Brennstoffsystem erhält man:

$$F(S)_{\Delta x_B \to \Delta q_F} = (H_u + c_{p_B} \cdot \vartheta_B) \cdot F(S')_{\Delta x_B \to \Delta m_B} \quad (32)$$

Für flüssige und gasförmige Brennstoffe – wie sie in der Schiffstechnik verwendet werden – betragen sowohl für das Luft- als auch das Brennstoffsystem die Totzeiten praktisch Null und die Zeitkonstante etwa 2 ... 10 s.

Da die Wärmeübertragung durch *Strahlung* und/oder *Konvektion* erfolgt, stellt sich auch ein unterschiedliches Übertragungsverhalten ein. Für eine Wärmeübertragung durch Strahlung erhält man mit der Eingangsgröße im Feuerraum „freigesetzte" Wärme (s. Gln. (31) und (32)) die bezogene Sprungantwort:

24.4 Dynamisches Verhalten von Schiffsdieselmotoren

24.4.1 Vorbemerkung

Die Entwicklung in der Schiffahrt hat in den letzten Jahren zu einer deutlich höheren Leistungskonzentration der verwendeten Antriebsanlagen geführt. Bei Motoren wird diese Verringerung des Bauvolumens und des Anlagengewichtes im wesentlichen durch eine *Steigerung des mittleren effektiven Druckes* erreicht. Mit zunehmenden Nutzmitteldrücken und damit höherer Auflading verschlechtert sich jedoch das *instationäre Betriebsverhalten* von Dieselmotoren.

$$F(S)_{\Delta q_F \to \Delta q_{Str}} = \frac{\dfrac{4C^+ A_F \cdot T_{Rgm}}{4C^+ A_F T_{Rgm}^3 + m_{Rg} \cdot c_{p_{Rg}}} \left\{1 - c_{p_{Rg0}} \cdot \vartheta_{Rg0} \dfrac{1 + n \cdot A}{H_u + c_{p_B} \vartheta_B + n \cdot c_{p_L} \vartheta_L}\right\}}{1 + \dfrac{m_{RgF} \cdot c_{p_{Rg0}}}{4C^+ A_F \cdot T_{Rgm}^3 + m_{Rg} \cdot c_{p_{Rg}}}} \quad (33)$$

Es sei darauf hingewiesen, daß Gl. (33) für eine Semifeuerung gilt; bei einer Dualfeuerung sind die brennstoffspezifischen Brennwerte heranzuziehen und einzusetzen.

Im Falle einer Wärmeübertragung durch *Konvektion* wird das dynamische Verhalten durch die beiden Übergangsfunktionen

$$F(S)_{\Delta q_F \to \Delta m_{Rg}} \quad \text{und} \quad F(S)_{\Delta m_{Rg} \to \Delta q_{Konv}}$$

bestimmt. Im einzelnen lauten diese Funktionen:

$$F(S)_{\Delta q_F \to \Delta m_{Rg}} = \frac{A \cdot m_{Rg}}{H_u + c_{p_B} \cdot \vartheta_B + n \cdot c_{p_L} \cdot \vartheta_L} \quad (34)$$

und

$$F(S)_{\Delta m_{Rg} \to \Delta q_{Konv}} = \frac{A_1 + A_2 s}{1 + A_3 s} \quad (35)$$

mit den Koeffizienten:

$$A_1 = K_1 \cdot \frac{0{,}4(4\vartheta_{Rge} - \vartheta_{Rga}) - 3\vartheta_{Rm}}{1 + \dfrac{2 \cdot K_1}{\underset{a}{n} \cdot A_F} (m_{Rg})^{0{,}4}} \quad (36)$$

mit

$$K_1 = \frac{1}{\dfrac{1}{\alpha_a \cdot A_F (m_{Rg})^{0{,}6}} + \dfrac{1}{2 c_{p_{Rg}} \cdot m_{Rg}}} \quad (37)$$

$$A_2 = K_1 \frac{0{,}3 \cdot m_{Rg\,Konv}}{m_{Rg}} \cdot \frac{\vartheta_{Rge} + \vartheta_{Rga} - 2\vartheta_{Rm}}{1 + \dfrac{2K_1}{\alpha_a \cdot A_F} (m_{Rg})^{0{,}4}} \quad (38)$$

$$A_3 = \frac{c_{p_{Rg}} \cdot m_{Rg\,Konv}}{\alpha_a \cdot A_F (m_{Rg})^{0{,}6} + 2 c_{p_{Rg}} \cdot m_{Rg}} \quad (39)$$

Das mit zunehmender Auflading ungünstigere dynamische Verhalten von mittelschnellaufenden Antriebsmotoren führt im Schiffsbetrieb zu einer Verschlechterung der Betriebs- und Manövriereigenschaften. Dieses gilt vorwiegend für Antriebsanlagen, die direkt oder über eine Schaltkupplung mit einem Festpropeller gekuppelt sind. Weiterhin können auch bei aufgeladenen Schiffshilfsmotoren für Generatoranlagen aufgrund kurzzeitiger Lastzuschaltungen unzulässige Drehzahleinbrüche, Rußbildung und in extremen Fällen Verdichterpumpen auftreten. Man bemüht sich daher zunehmend, das instationäre Betriebsverhalten aufgeladener Dieselmotoren durch Maßnahmen am Motor oder durch sogenannte Beschleunigungshilfen zu verbessern.

Das instationäre Verhalten von Dieselmotoren ist bei großen Last- bzw. Brennstoffmengenerhöhungen dadurch gekennzeichnet, daß dem Motor nicht genügend Verbrennungsluft für die eingespritzte Brennstoffmenge zur Verfügung steht. Die nicht mechanische Kopplung des Abgasturboladers an den Motor und sein polares Massenträgheitsmoment führen dazu, daß sich der hierfür erforderliche Ladeluftdruck nur langsam aufbaut. Das zu niedrigere Verbrennungsluftverhältnis begrenzt das Motormoment als Folge einer unvollständigen Verbrennung.

Das Beschleunigungsverhalten von aufgeladenen Motoren kann nach Zinner [1] prinzipiell in drei Grundfälle unterschieden werden.

1. Der Motor fährt bei annähernd gleichbleibender Motordrehzahl von Leerlauf auf Vollast; dieses wird von Generatorantrieben gefordert.
2. Die Erhöhung der Motordrehzahl findet bei vollem Lastmoment statt.

3. Der Motor beschleunigt von niedriger Drehzahl und niedriger Last auf hohe Drehzahl und hohe Last; der letztgenannte Fall tritt bei Fahrzeug- und Schiffsantrieben auf und erfordert die stärkste Drehzahländerung des Abgasturboladers.

Die Kenntnis der *Betriebs-* und *Manövriervorgänge* bildet bei Schiffsantriebsanlagen die Grundlage nicht nur für die zweckmäßige Auswahl der Regeleinrichtungen, sondern auch für eine Beurteilung der zu erwartenden Belastungen des Antriebsmotors. Die Beschreibung der dynamischen und stationären Verhältnisse ist damit eine notwendige Voraussetzung für einen automatischen Betrieb der Anlagen. Nicht zuletzt der Sicherheitsaspekt bei Umsteuer- und Stoppmanövern, insbesondere den Crash-Stop-Manövern, macht es erforderlich, das instationäre Verhalten von aufgeladenen Schiffsdieselmotoren zu untersuchen und den Einfluß von Beschleunigungs- und Umsteuerhilfen zu klären.

Im Rahmen des steigenden *Automatisierungsgrades* von Schiffsantriebsanlagen werden mit dem Ziel der höheren Zuverlässigkeit und Wirtschaftlichkeit genaue Systemanalysen und Systemerprobungen der Regel- und Überwachungseinrichtungen benötigt. Die bisher benutzten linearisierten regelungstechnischen Simulationsmodelle liefern keine zufriedenstellenden Ergebnisse. Somit kommt der Untersuchung der *nichtlinearen Vorgänge* am Motor große Bedeutung zu.

Mittelschnellaufende Schiffsdieselmotoren werden heute vielfach mit *Stoßaufladung* ausgeführt. Dies bedeutet, daß bei der Erfassung des instationären Betriebes die Vorgänge im Abgasbehälter in Verbindung mit der Turbinencharakteristik beschrieben werden müssen. Für die Berechnung des stationären Betriebsverhaltens stoßaufgeladener Motoren hat das Verfahren nach der Füll- und Entleermethode gute Ergebnisse gezeigt. Die schrittweise Berechnung nach diesem Verfahren erlaubt im instationären Betrieb eine ausreichende Bestimmung des momentanen Turbinenmomentes und des Massendurchsatzes durch die Turbine. Somit können zu jedem Zeitpunkt die Energiebilanzen am Abgasturbolader und die für die Auspuff- und Spülvorgänge wichtigen Zustandsgrößen in den Abgasleitungen bestimmt werden. Die bisherigen Modelle zur Berechnung des dynamischen Verhaltens von stoßaufgeladenen Dieselmotoren berücksichtigen diese Vorgänge nur unzureichend durch Korrekturfaktoren und Hilfsmodelle.

Weiterhin muß in vielen Fällen bereits im Projektstadium nicht nur das stationäre, sondern auch das instationäre Betriebsverhalten von Schiffsantriebsanlagen bekannt sein, um geeignete Maßnahmen zum sicheren Manövrieren und Umsteuern vorauszuplanen. Daher soll ein Berechnungsverfahren entwickelt werden, mit dem sich ohne aufwendige Messungen am Motor und unter Einbeziehung des Aufladesystems schon im Projektstadium Aussagen über das Betriebsverhalten von Motoren machen lassen.

24.4.2 Stationäres Betriebsverhalten von Dieselmotoren

Das *stationäre Betriebsverhalten* aufgeladener Dieselmotoren läßt sich aus dem Zusammenwirken von Zylinder, Abgasleitung, Turbine, Verdichter, Ladeluftkühler und Ladeluftleitung bestimmen. Zur Berechnung können vereinfachte Modelle verwendet werden, die ausgehend vom idealisierten Seiliger-Prozeß mit Hilfe empirischer Korrekturen die charakteristischen Motorenkennwerte errechnen. Diese Verfahren sind hauptsächlich zu Untersuchungen des Zusammenwirkens von Motor und Turbolader herangezogen worden. Trotz einiger Vereinfachungen werden in den Berechnungen die zeitlich veränderlichen thermodynamischen Zustandsgrößen mit einer schrittweisen Kreisprozeßrechnung erfaßt. Dabei betrachtet man den Motor als eine Anzahl von Kontrollvolumina, die über Öffnungen veränderlicher Geometrie miteinander verbunden sind. Verdichter und Turbine bilden die Randbedingungen dieses Systems. Die zeitlichen Füll- und Entleervorgänge in jedem Kontrollbehälter bewirken eine Zustandsänderung der Gase, die mit der Massen- und Energiebilanz beschrieben werden können [24.9], [24.10], [24.11]. Da die in den jeweiligen Behälter einströmende Menge von der abströmenden Menge verschieden ist, ergibt sich ein veränderlicher Druck- und Temperaturverlauf. Dieses Verfahren wurde für Berechnungen an aufgeladenen Zweitakt-Dieselmotoren angewandt. Für Viertakt-Motoren sind Prozeßrechnungen zur Ermittlung der Laderbelastung, der Drückungs- und Pumpgrenze und der zweistufigen Aufladung durchgeführt worden.

Die angeführten Verfahren beruhen alle auf der *schrittweisen Berechnung des Kreisprozesses* und haben einen hohen Rechenzeitbedarf. Es gibt ferner ein Verfahren, in dem charakteristische Motorwerte in Gruppen mit abhängigen und unabhängigen Variablen unterteilt und in *Kennfeldern* dargestellt werden. Die mathematische Lösung erfolgt durch Einsetzen der aus diesen Kennfeldern interpolierten Werte in Verträglichkeitsbedingungen. Die Bedingungsgleichungen lassen sich gleichzeitig lösen, so daß dieses System schnell von einem Ausgangs- in einen Gleichgewichtszustand iteriert.

24.4.3 Dynamisches Verhalten von Dieselmotorenanlagen

Zur analytischen Erfassung *dynamischer Systeme* bieten sich vier Verfahren an: die klassische analytische Methode der *Linearisierung*, die *Simulation auf dem Analogrechner*, die *Darstellung auf den Hybridrechner* und die *digitale Simulation*. Die mathematische Behandlung linearisierter Vorgänge läßt sich am einfachsten durchführen, ist aber nur begrenzt für dynamische Probleme anwendbar. Schwierigkeiten in der Darstellung nicht linearer Vorgänge führten dazu, daß reine Analogsimulationen auf Hybridrechnern weitergeführt wurden. Dennoch sind mehrere Arbeiten bekannt, die das dynamische Verhalten von Dieselmotoren in analoger Weise simulieren. Die digitale Technik wurde in den letzten Jahren entwickelt, um nicht lineare mechanische Systeme dazustellen. Entsprechend stehen heute Simulationssprachen zur Verfügung, die die große Anzahl der Integrationen schneller durchführen.

Bei Dieselgeneratoranlagen und Schiffsantrieben mit aufgeladenen mittelschnellaufenden und schnellaufenden Dieselmotoren können Schwierigkeiten bei Beschleunigungsvorgängen auftreten. Es wurden deshalb über das Frequenz- und Regelverhalten hinaus Untersuchungen über das Verhalten von Dieselmotoren bei rascher Drehzahl- und Laständerung angestellt. In dem dazu entwickelten Modell wird das Übergangsverhalten des Motors als eine Aneinanderreihung stationärer Betriebspunkte behandelt. Es besteht aus der Simulation thermodynamischer, gasdynamischer und mechanischer Komponenten. Während man die thermodynamischen und gasdynamischen Vorgänge mit Funktionen beschreiben kann, die aus stationären Versuchsergebnissen gewonnen wurden, werden die mechanischen Zusammenhänge in Differentialgleichungen dargestellt. Das Modell basiert auf der Vorstellung, daß Brennstoff und Luft in den Motor gelangen, dort ein lastabhängiges Drehmoment erzeugen und als Abgas in die Turbine strömen. Das von der Turbine erzeugte Moment dient zum Antrieb des Verdichters. Die verdichtete atmosphärische Luft wird dem Motor zugeführt. Die Komponente „Motor" stellt die Beziehung zwischen verdichteter Luft, eingespritzter Brennstoffmenge, Luft-Brennstoff-Verhältnis und Motordrehzahl her. Die Funktionsdarstellung des Verdichters verknüpft Druckerhöhung, Verdichterarbeit, Verdichtereintrittstemperatur, Laderdrehzahl und Verdichterwirkungsgrad miteinander. In gleicher Weise verbindet die Turbine Turbinendruckgefälle, Turbineneintrittstemperatur, Drehzahl und Turbinenwirkungsgrad. Die Motorparameter Arbeit, Abgastemperatur und Luftdurchsatz hängen vom Ladeluftdruck, der eingespritzten Brennstoffmenge, dem Luft-Brennstoffverhältnis, der Motordrehzahl und den Wärmeverlusten ab. Um die Arbeit, bzw. den indizierten Mitteldruck des Motors beschreiben zu können, wird eine Beziehung zwischen *eingespritzter Brennstoffmenge*, dem *Luft-Brennstoff-Verhältnis*, der *Motordrehzahl* und dem *indizierten Mitteldruck* hergestellt.

Den gesuchten *indizierten Mitteldruck* erhält man aus der Verknüpfung des thermischen Wirkungsgrades mit dem Mitteldruck beim Referenz-Luft-Brennstoff-Verhältnis. Die vom Kolben verdichtete Luftmenge, die von der Luftdichte am Zylindereintritt abhängt, ergibt mit der Spülluft den gesamten Luftdurchsatz. Für die Zeit der Ventilüberschneidung errechnet man die Spülluft aus dem Mengenstrom durch zwei hintereinander geschaltete Querschnitte, der Ein- und Auslaßöffnung, und dem Turbinenquerschnitt. Ein empirisch ermittelter scheinbarer Turbinenwirkungsgrad berücksichtigt bei stoßaufgeladenen Motoren die Druckschwankungen vor der Turbine. Ladeluftdruck und Abgasdruck werden iterativ unter Einbeziehung des gesamten Luftdurchsatzes und der Drehzahlkurven im Verdichterkennfeld bei jeweils berechneter Motor- und Laderdrehzahl bestimmt. Aus dieser Darstellung ist ersichtlich, daß wesentliche Zusammenhänge aus stationären Messungen an dem jeweils betrachteten Motorentyp gewonnen werden müssen, so daß eine Anwendung dieser Methode auf andere Motoren nur bedingt möglich ist.

Zusammenfassend kann gesagt werden, daß abhängig vom Ziel der Untersuchungen unterschiedliche Verfahren zur Simulation des dynamischen Verhaltens von Dieselmotoren zur Verfügung stehen. *Linearisierte Modelle* ermöglichen qualitative Aussagen über das Motorverhalten und gelten für geringe Änderungen der betrachteten Größen. Ihr Einsatz liegt vorwiegend bei Untersuchungen des Stabilitäts- und Regelverhaltens. *Quasilineare Modelle*, die vom stationären Verhalten auf das dynamische Verhalten schließen, können das Übergangsverhalten gut beschreiben, sind jedoch von stationären Messungen abhängig und beinhalten grobe Vereinfachungen. Die genauesten Aussagen liefert die sehr rechenintensive *nicht lineare digitale Simulation* nach der Füll- und Entleermethode. Sie kann auch im Projektstadium eingesetzt werden.

24.4.4 Rechenmodell zur Bestimmung des instationären Betriebsverhaltens von Dieselmotoren

Das nachstehend näher beschriebene *Rechenmodell* zur Bestimmung des instationären Betriebsverhaltens mittelschnellaufender Schiffsdieselmotoren geht von der stationären Kreisprozeßrechnung aufgeladener Dieselmotoren aus. Die hierfür entwickelte Prozeßrechnung mit der quasistationären schrittweisen Berechnung der Strömungsvorgänge nach der Füll- und Entleermethode liefert heute für den stationären Betrieb zuverlässige Ergebnisse. Es erlaubt, die für den Arbeitsprozeß entscheidenden Größen in der Rechnung zu berücksichtigen. Im Grundmodell wird der Motor in einzelne Behältervolumina wie z.B. Ladeluftbehälter, Zylinder, Abgasbehälter sowie Zusatzluftbehälter, hier in Form der Anlaßluftflasche und des Anlaßluftverteilers unterteilt. Diese sind über Öffnungen veränderlicher Geometrie miteinander verbunden. Verdichter und Turbine bilden die Randbedingungen des

Systems. Die zeitlichen Füll- und Entleervorgänge in jedem Behälter bewirken eine Zustandsänderung des eingeschlossenen Gases, die mit der Massen- und Energiebilanz beschrieben werden kann. Dieses Grundmodell der stationären Kreisprozeßrechnung wird durch dynamische Grundgleichungen, die die Bewegungsabläufe am Motor und am Abgasturbolader beschreiben, ergänzt. Hierfür wird zu jedem Zeitpunkt eine Momentenbilanz am Abgasturbolader und am Kupplungsflansch des Motors aufgestellt. In dem Rechenmodell wird der momentane Zustand eines Motors mit folgenden Variablen beschrieben:

1. *abhängige Variable:*
Zeit,
Temperatur des Arbeitsgases in jedem betrachteten Behälter,
Masse des Arbeitsgases in jedem betrachteten Behälter,
Luftverhältnis bzw. Brennstoffmasse in jedem Behälter,
Motordrehzahl,
und Turboladerdrehzahl;

2. *unabhängige Variable:*
Kurbelwinkel des Motors.

Die Kenntnis dieser Variablen zu Beginn der Rechnung sowie des zeitlichen Verlaufes von Lastmoment und zugeführter Brennstoffmenge sind notwendige Bedingungen, um das instationäre Betriebsverhalten eines Motors berechnen zu können.

Die Transformation des zeitabhängigen Verhaltens auf die Kurbelwinkelstellung des Motors führt zu der Ableitung der Zeit t nach dem Kurbelwinkel φ

$$\frac{dt}{d\varphi} = \frac{1}{6 \cdot n_M} \quad (40)$$

mit der Motordrehzahl n_M in min^{-1}.

Unter der Voraussetzung eines idealen Gasverhaltens und der homogenen Vermischung des einströmenden Gases mit dem jeweiligen Behälterinhalt und unter Vernachlässigung der Dissoziation der Verbrennungsgase kann in einem Behälter mit dem 1. Hauptsatz der Thermodynamik die Temperaturänderung, bezogen auf den Kurbelwinkel beschrieben werden:

$$\frac{dT}{d\varphi} = \frac{1}{m\left(\frac{\partial u}{\partial T}\right)_\lambda}\left[\frac{dQ_B}{d\varphi} - \frac{dQ_W}{d\varphi} - \frac{dW}{d\varphi} - u\frac{dm}{d\varphi} - m\left(\frac{\partial u}{\partial \lambda}\right)_T\right.$$

$$\left.\frac{d\lambda}{d\varphi} - \frac{dm_A}{d\varphi}h_{Aus} + \frac{dm_E}{d\varphi}h_E\right] \quad (41)$$

Hierbei ist m die Gasmenge, du/dT die spezifische Wärme des Arbeitsgases bei konstantem Luftverhältnis λ, Q_B die zugeführte Brennstoffwärme, Q_W die zu- und abgeführte Wandwärme und W die Volumenänderungsarbeit. Die Terme udm und $m(du/d\lambda)\,d\lambda$ geben die Abhängigkeit der inneren Energie U von der Masse und der spezifischen inneren Energie u sowie deren Abhängigkeit vom Luftverhältnis λ an. Die letzten beiden Terme berücksichtigen die Energiemengen der ein- und ausströmenden Gase.

Die Massenänderung in einem Behälter ergibt sich aus der Summe der ein- und ausströmenden Gasmengen dm_{Ein} und dm_{Aus} sowie der zugeführten Brennstoffmenge dm_B.

$$\frac{dm}{d\varphi} = \frac{dm_E}{d\varphi} + \frac{dm_B}{d\varphi} - \frac{dm_A}{d\varphi}. \quad (42)$$

An einem Motor wird der augenblickliche Zustand in einem Behälter zusätzlich mit der Änderung des Luftverhältnisses beschrieben.

$$\frac{d\lambda_A}{d\varphi} = \frac{\dfrac{dm_A}{d\varphi} - \dfrac{m_A}{m_{BA}} \cdot \dfrac{dm_{BA}}{d\varphi}}{m_{min} \cdot m_{BA}}. \quad (43)$$

Hierbei sind m_B die verbrannte Brennstoffmenge und m_{min} das Mindestluftverhältnis.

Die Drehzahländerung des Motors, bezogen auf den Kurbelwinkel, ergibt sich unter Berücksichtigung des Massenträgheitsmomentes der Last J_{Last} und des Motors J_M aus der Momentendifferenz am Kupplungsflansch.

$$\frac{dn_M}{dt}\frac{dt}{d\varphi} = \frac{Q_M - Q_R - Q_{Last}}{J_M + J_{Last}} \frac{60}{2\pi} \frac{dt}{d\varphi}. \quad (44)$$

Q_M stellt das indizierte Motormoment, Q_R das Reibmoment und Q_{Last} das Lastmoment der Arbeitsmaschine dar.

Analog errechnet man die Drehzahländerung des Abgasturboladers $\dfrac{dn_{ATL}}{d\varphi}$ aus der Momentendifferenz des Turbinen- und Verdichterdrehmomentes Q_T und Q_V unter Einbeziehung des Massenträgheitsmomentes des Abgasturboladers J_{ATL}.

$$\frac{dn_{ATL}}{d\varphi} = \frac{Q_T - Q_V}{J_{ATL}} \frac{60}{2\pi} \cdot \frac{dt}{d\varphi}. \quad (45)$$

Insgesamt ergeben sich somit für jeden betrachteten Behälter 3 gekoppelte Differentialgleichungen 1. Ordnung sowie zusätzlich 3 Differentialgleichungen, die zur Beschreibung des instationären Betriebes notwendig sind. Die Anzahl der zu berechnenden Behälter richtet sich nach der Anzahl der Zylinder, der Zusammenfassung der Abgasleitungen und der berücksichtigten Anzahl der Zusatzbehälter. Für die Berechnung der einzelnen Größen auf der rechten Seite der oben angeführten Differentialgleichungen sind Bestimmungsgleichungen notwendig, die u.a. den Wärmeübergang an den Behälterwänden, die Wärmefreisetzung während der Verbrennung und das Durchflußverhalten der Ein- und Auslaßöffnungen, der Turbine sowie des Verdichters berücksichtigen. Bei bekannten Anfangswerten der Variablen erfolgt die Integration des beschriebenen Systems von Differentialgleichungen schrittweise zyklisch Arbeitsspiel für Arbeitsspiel.

24.5 Dynamische Belastung von Schiffsantriebsanlagen

24.5.1 Dynamische Grundgleichungen

Bei instationären Verhältnissen im Schiffsbetrieb — wie sei bei Umsteuer- und Stoppmanövern auftreten— können kurzzeitig Kräfte und Momente ausgeübt werden, die durchaus beträchtlich von den Werten im stationären Zustand abweichen. Damit eine Gefährdung der Maschinenanlage durch zu schnelles Umsteuern bzw. durch zu große Laständerungsgeschwindigkeiten ausgeschlossen wird, müssen die auftretenden *dynamischen Belastungen* ermittelt und berücksichtigt werden.

Die Bewegungsabläufe von Schiff und Maschine sind über den Propeller miteinander gekoppelt. Das instationäre Verhalten des Schiffes wird durch das Newtonsche Axiom beschrieben, wonach die Summe von Schub T und Widerstand R gleich dem Produkt aus Schiffsmasse m_S und Beschleunigung ist.

$$T + R = m_S \cdot \frac{dv}{dt}. \qquad (46)$$

Der Schub hängt bei einem Festpropeller sowohl von der Schiffsgeschwindigkeit v als auch von der Propellerdrehzahl n ab, so daß

$$T = f(v; n) \qquad (47)$$

gesetzt werden kann. Bei Verstellpropellern, die hier nicht betrachtet werden sollen, kommt als weitere Variable der Anstellwinkel hinzu.

Die Abhängigkeit des Schubes kann durch die sogenannten *„Robinson-Kurven"* dargestellt werden. Den typischen Verlauf des bezogenen Schubes T^* in Abhängigkeit von der bezogenen Propellerdrehzahl n^* und Schiffsgeschwindigkeit v^* zeigt Bild 24.5. Alle durch den Index* bezeichneten Größen sind auf die jeweiligen Auslegungswerte bezogen.

Stehen für die Berechnung keine Robinson-Kurven bzw. entsprechende Zahlenwerte zur Verfügung, so kann der Schub mit Hilfe der durch Untersuchungen in Wageningen und vom Germanischen Lloyd ermittelten Fourier-Koeffizienten A_T bzw. B_T über den Schubbeiwert C_T nach der folgenden Gleichung ermittelt werden [9; 10]:

$$T = C_T(\beta) \cdot \frac{\pi}{8} \cdot v^2 \cdot \rho [v_A^2 + (0{,}7 \cdot v \cdot \pi \cdot n)^2]. \qquad (48)$$

Dabei ist β der Fortschrittswinkel des Propellers auf einem Durchmesser von $0{,}7\,d$, wenn d der Propellerdurchmesser ist.

$$\beta = \arctan v_A / (0{,}7 \cdot d \cdot \pi \cdot n). \qquad (49)$$

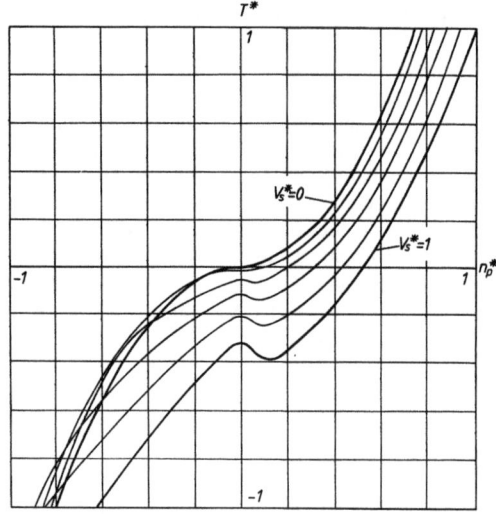

Bild 24.5 Robinsonkurve für eine Festpropeller

Den Schubbeiwert C_T erhält man aus der Gleichung

$$C_T(\beta) = \sum_{k=1}^{m} [A_T(k) \cdot \cos k \cdot \beta + B_T(k) \cdot \sin k \cdot \beta]. \qquad (50)$$

Ferner sind in Gl. (48) ρ die Seewasserdichte und v_A die Propellerfortschrittsgeschwindigkeit, wobei

$$v_A = v \cdot (1 - w) \qquad (51)$$

mit der Nachstromziffer w ist. Der Schiffswiderstand R ist in erster Linie abhängig von der Schiffsgeschwindigkeit.

$$R = f(v). \qquad (52)$$

Zur Berechnung von R wird der Ansatz

$$R = \frac{R_0}{1-t} \cdot \left(\frac{v}{v_0}\right)^x \qquad (53)$$

verwendet. Dabei ist der Schiffswiderstand bei Auslegung

$$R_0 = -T_0 \cdot (1 - t_0). \qquad (54)$$

Durch den Index „0" werden alle Größen bei Auslegung gekennzeichnet. In Gl. (53) bedeuten ferner t die Sogziffer und x einen von der Schiffsform abhängigen Exponenten, der i.a. zwischen 2 und 3 liegt.

Die Schiffsmasse m_S wird als konstant angenommen. Der Zuschlag für die mitgerissene Wassermasse wird also auch als während des Manövers gleichbleibend angesehen.

Sog- und Nachstromziffer werden bei der Berechnung als feste Größen betrachtet, obwohl sie sich während des Manöverablaufes verändern können.

Für die rotierenden Teile der Antriebsanlage gilt im instationären Betriebszustand die dynamische Grundgleichung, nach der die Summe von Propellermoment Q_P und Antriebsmoment Q_A gleich dem Produkt aus der Summe der Trägheitsmomente $\Sigma\theta$ aller rotierenden Massen und der Winkelbeschleunigung $\frac{d\omega}{dt}$ ist.

$$Q_P + Q_A = \sum J \cdot \frac{d\omega}{dt}. \tag{55}$$

Das Propellermoment kann als Funktion von Schiffsgeschwindigkeit und Propellerdrehzahl in der Form

$$Q_P = f(v; n) \tag{56}$$

angegeben werden. Auch der Verlauf des Propellerdrehmomentes kann mit Hilfe sogenannter Robinson-Kurven dargestellt werden. Fehlen diese Unterlagen, so kann Q_P auch über die Fourier-Koeffizienten A_Q bzw. B_Q und den Momentenbeiwert C_Q berechnet werden.

$$Q_P = C_Q(\beta) \cdot \frac{\pi}{8} \cdot d^2 \cdot \rho \cdot [v_A^2 + (0{,}7 \cdot d \cdot \pi \cdot n)^2]. \tag{57}$$

Den Momentenbeiwert erhält man aus der Gleichung

$$C_Q(\beta) = \sum_{k=1}^{m} [A_Q(k) \cdot \cos k \cdot \beta + B_Q(k) \cdot \sin k \cdot \beta]. \tag{58}$$

24.5.2 Berechnung des Turbinenmomentes bei Schiffsdampfanlagen

Das Turbinenmoment läßt sich als Funktion von Turbinendrehzahl n_T und Dampfdurchsatz m_D darstellen.

$$Q_T = f(n_T; m_D) \tag{59}$$

Die Summe der Trägheitsmomente aller rotierenden Massen wird während des Manövers als kosntant angesetzt. Es wird also angenommen, daß sich auch die am Propeller mitrotierenden Wassermassen nicht ändern.
Eine wesentliche Voraussetzung für die Berechnung der instationären Vorgänge nach den Gln. (42) bis (55) ist außerdem, daß sowohl für den Propeller als auch für die Dampfturbine eine *quasistationäre Betrachtung* der Vorgänge ausreicht. Diese Annahme dürfte sinnvoll sein, solange die Änderungen der Umfangsgeschwindigkeiten an den Propellerflügeln bzw. Turbinenschaufeln sehr viel kleiner sind als die entsprechenden Strömungsgeschwindigkeiten der Arbeitsmittel um die jeweils betrachteten Profilquerschnitte. Diese Bedingung ist bei Umsteuermanövern i. a. erfüllt.

Zur Lösung der beiden miteinander gekoppelten Differentialgleichungen (46) und (55) benötigt man entsprechend Gl. (59) den Verlauf des Turbinendrehmomentes in Abhängigkeit von Turbinendrehzahl und Dampfdurchsatz. Um eine allgemeingültige und mathematisch einfache Beziehung zu erhalten, werden dazu nur relative, auf die Auslegungsdaten der Turbine bezogene Größen verwendet, so daß

$$Q_T^* = f(n_T^*; m_D^*) \tag{60}$$

wird.

Charakteristisch für das Betriebsverhalten einer Dampfturbine ist das relativ starke Anwachsen des Drehmomentes bei sinkender Drehzahl, wenn der Dampfstrom konstant gehalten wird. Dabei kann unabhängig von der Bauart eine etwa lineare Abhängigkeit festgestellt werden. Dieser Zusammenhang ist im Turbinenbau seit längerem unter dem Begriff *„Geradliniengesetz"* bekannt.
Aus zahlreichen Dampfverbrauchsmessungen ist weiterhin bekannt, daß bei allen Turbinenbauarten eine ebenfalls annähernd lineare Abhängigkeit des Drehmomentes von der Dampfmenge bei konstanter Drehzahl besteht. Die Zusammenhänge werden durch die Gleichung

$$Q_T^* = \left[\frac{m_D^* - b}{1-b} - A \cdot \frac{m_D^* - a}{1-a}\right] \cdot n_T^* + A \cdot \frac{m_D^* - a}{1-a} \tag{61}$$

erfüllt, nach der eine Berechnung des Turbinenmomentes in Abhängigkeit von Drehzahl und Dampfmenge bei quasistationärer Betrachtung möglich ist. Da die meisten Schiffsdampfturbinen aus je einer Vorwärts- und Rückwärtsturbine bestehen, muß das Drehmoment für beide Turbinen getrennt nach Gl. (61) berechnet werden, um eine Aussage über den Verlauf des gesamten Turbinenmomentes zu gewinnen. Das Kennfeld einer Turbinenanlage, wie es Bild 24.6 zeigt, setzt sich daher aus den Drehmomentenkennlinien für die Vorwärts- und Rückwärtsturbine zusammen.
Der in Bild 24.6 gezeigte und den weiteren Untersuchungen zugrunde gelegte Kennlinienverlauf gilt in dieser vereinfachten Form streng genommen nur für Turbinen ohne Dampfentnahme bzw. Anzapfung. Für die Berechnung von Dampfanlagen, bei denen die Entnahmen während der Umsteuer- und Stoppmanöver nicht geschlossen werden, muß daher mit einem zusätzlichen Fehler gerechnet werden. Dieser dürfte jedoch in den meisten Fällen im Rahmen der hier insgesamt zu erwartenden Genauigkeit vernachlässigbar sein.
In den Quadranten 2 und 4 sind die Kennlinien gestrichelt gezeichnet, da über ihren Verlauf in diesen Bereichen noch keine exakten Unterlagen vorliegen. Ursache hierfür ist ohne Zweifel die Tatsache, daß ein Betrieb mit „negativer" Drehzahl

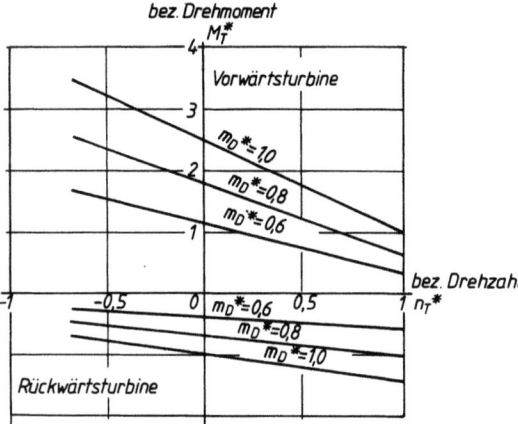

Bild 24.6 Drehmomentenkennlinien einer Dampfturbine mit VW- und RW-Teil

ausschließlich beim Umsteuern von Schiffsturbinen kurzzeitig vorkommen kann und sonst im Dampfturbinenbau nicht auftritt. Man hat Kennfeldmessungen an Dampfturbinen verschiedener Bauart bisher auf Maschinen mit konstanter Drehzahl (z.B. Antrieb von Generatoren) sowie Maschinen mit variabler positiver Drehzahl (z.B. Antrieb von Pumpen, Kompressoren und Lokomotiven) beschränkt.

Die Neigung der Drehmomentenkennlinien bzw. der Wert A ist in erster Linie von der Turbinenbauart abhängig. Bei der Bestimmung von A geht man von dem Verhältnis des Drehmomentes bei der Drehzahl „0" zum Drehmoment bei der Scheiteldrehzahl der Turbine aus. Als Scheiteldrehzahl ist diejenige Drehzahl definiert, bei der die Turbine den höchsten inneren Wirkungsgrad erreicht, wenn Dampfstrom, Frischdampfzustand und Gegendruck konstant gehalten werden.

Dieses Drehmomentenverhältnis beträgt

für Überdruck-Turbinen mit $r = 0,5$ ca. 3,0,
für Gleichdruck-Turbinen mit $r = 0,30$ ca. 2,5,
für Gleichdruck-Turbinen mit $r = 0$ ca. 2,2,
und für 2-kränzige Curtis-Turbinen ca. 2,0.

Dabei ist r der Reaktionsgrad im Mittenschnitt der einzelnen Stufen. Die Auslegungsdrehzahl der Vorwärtstubine liegt i.a. in der Nähe der Scheiteldrehzahl, so daß die genannten Verhältniszahlen bei Vorwärtsturbinen meistens direkt für den gesuchten Wert „A" eingesetzt werden können.

Bei Rückwärtsturbinen liegen die Verhältnisse hingegen anders. Da hier das gesamte zur Verfügung stehende Wärmegefälle normalerweise in nur 2 hintereinanderliegenden Curtisrädern verarbeitet werden muß, kann eine optimale Auslegung dieser Stufen auch nicht annähernd erreicht werden.

Daraus folgt, daß die Scheiteldrehzahl immer weit oberhalb der Auslegungsdrehzahl liegt.

Zur vollständigen Berechnung des Drehmomenten-Kennfeldes benötigt man daher weitere Angaben über die thermodynamische Auslegung der Rückwärtsturbine. Oftmals sind die gewünschten Daten jedoch nicht zugänglich, so daß man gezwungen ist, mit Anhaltswerten zu arbeiten.

24.5.3 Mechanisches Ersatzsystem für Schiffsdieselmotorenanlagen

Zur Beschreibung des dynamischen Verhaltens einer Dieselmotorenanlage wird ein *äquivalentes drehelastisches Ersatzsystem*, bestehend aus zwei Drehmassen und einer trägheitslosen Verbindungswelle, gewählt. Die Momentengleichungen dieses Systems sind

$$J_M \cdot \omega_M + Q_R + C \cdot \Delta\varphi_D = Q_M \quad \text{und} \quad (62)$$

$$J_{Last} \cdot \omega_{Last} + Q_{Last} - C \cdot \Delta\varphi_D = 0. \quad (63)$$

Da hier mechanische Drehschwingungen des Systems nicht betrachtet werden sollen, kann die Drehwinkeldifferenz $\Delta\varphi_D$ zwischen den beiden Scheiben vernachlässigt werden. Damit ergibt sich

$$(J_M + J_{Last}) \cdot \omega_M = Q_M - (Q_{Last} + Q_R). \quad (64)$$

Die jeweilige Drehzahländerung, bezogen auf den Kurbelwinkel, berechnet sich nach der Gleichung

$$\frac{dn_M}{dt} \frac{dt}{d\varphi} = \frac{Q_M - Q_R - Q_{Last}}{J_M + J_{Last}} \frac{60}{2\pi} \frac{dt}{d\varphi}. \quad (65)$$

Das indizierte Motormoment Q_M folgt aus der Ableitung der indizierten Motorarbeit $dW/d\varphi$ und der Winkelbeschleunigung des Motors zu

$$Q_M = \frac{dW_M}{d\varphi} \frac{d\varphi}{dt} \frac{60}{2\pi \cdot n_M}. \quad (66)$$

Der Reibmitteldruck kann als Funktion des Kolbendurchmessers, der Motordrehzahl, des Nutzmitteldruckes, des Ladeluftdruckes, der Kühlöl- und Kühlwassertemperatur angegeben werden. Der Reibungseinfluß der Einspritzpumpe, des Triebwerkes und des Ventiltriebes führt zu

$$p_r = 6{,}7 \cdot d^{-0{,}329} - 89 \cdot d^{-0{,}943} \left[1 - \left(\frac{n}{n_{Nenn}}\right)^2\right]. \quad (67)$$

Die Abhängigkeit des Reibmitteldruckes von der Last und damit vom Nutzmitteldruck wird bei direkteinspritzenden Motoren durch

$$\Delta p_r = 0{,}0002 \cdot p_e^3 - 0{,}006 \, p_e \quad (68)$$

und der Einfluß des Ladeluftdruckes bei aufgeladenen Motoren durch

$$\Delta p_r = \left(\frac{p_L}{p_0} - 1\right) \cdot \sqrt{-0{,}018 \cdot c_m + 0{,}1874} \quad (69)$$

berücksichtigt. Bei betriebswarmen Motoren verschwindet der Einfluß der Kühlwasser- und Kühlöltemperaturen.

Das Reibmoment des Motors Q_R kann aus dem Reibmitteldruck p_R, dem Zylinderhubvolumen V_h und der Anzahl der Zylinder bestimmt werden.

$$Q_R = p_R \cdot V_h \cdot z \cdot a/2\pi \cdot 10^5 \qquad (70)$$

Das ungleichförmige Massenträgheitsmoment des Motors J_M wird i.a. durch einen zeitlichen Mittelwert dargestellt; dazu berechnet man ein Ersatzträgheitsmoment, das die oszillierenden Motormassen mitberücksichtigt.

24.6 Schrifttum

[24.1] *Gietzelt, M.*: Teillast und dynamisches Verhalten von Kesseln. Fortbildungskursus „Auslegung von Schiffsdampfanlagen", Institut für Schiffsmaschinen, Universität Hannover, 1979

[24.2] *Ritterhoff, J.*: Einfluß dynamischer Gesichtspunkte auf den Schiffskesselentwurf. Schiff und Hafen 24 (1972), H. 7, S. 510/14

[24.3] *Ritterhoff, J.*: Beitrag zum Übertragungsverhalten der Regelstrecke Naturumlauf-Schiffskessel unter Berücksichtigung der Kopplung von Druck und Wasserstand. Tech. Universität Hannover, Diss. 1972

[24.4] *Isermann, R.*: Theoretische Analyse der Dynamik industrieller Prozesse. Hochschulskripten, Bibliographisches Institut Zürich, 1971

[24.5] *Isermann, R.*: Prozeßidentifikation. Springer-Verlag, Berlin/Heidelberg/New York, 1974

[24.6] *Isermann, R.*: Das regeldynamische Verhalten von Überhitzern. Fortschrittsberichte VDI-Z, Reihe 6, Bd. 4

[24.7] *Profos, P.*: Die Regelung von Dampfanlagen. Springer-Verlag, Berlin/Göttingen/Heidelberg, 1962

[24.8] *Illies, K., G. Liese, H. Menzendorff* und *J. Ritterhoff*. Analyse des Verhaltens von Schiff und Maschine beim Umsteuern. Schiff und Hafen 22 (1970) H. 9, S. 833/37.

[24.9] *Geisler, O.* und *G. Siemer*: Dynamische Belastung von Schiffsdampfturbinenanlagen bei Umsteuermanövern. Schiff und Hafen 26 (1974) H. 3, S. 213/18

[24.10] *Geisler, O.* und *G. Sattler*: Möglichkeiten zur Verbesserung des Stoppverhaltens von Turbinenschiffen. Hansa 113 (1976) H. 10, S. 1777/81.

[24.11] *Siemer, G.*: Das Betriebsverhalten zweikränziger Curtisturbinen bei positiven und negativen Drehzahlen. Tech. Universität Hannover, Diss. 1977.

[24.12] *Geisler, O., P. Boy* u.a.: Dynamik des Anlaß-, Brems- und Umsteuerverhaltens hochaufgeladener Schiffsdieselmotoren. Abschlußbericht E „Antriebsanlagen hoher Leistungskonzentration" im Sonderforschungsbereich 98 „Schiffstechnik und Schiffbau". Hannover/Hamburg 1981.

[24.13] *Boy, P.*: Beitrag zur Berechnung des instationären Betriebsverhaltens von mittelschnellaufenden Schiffsdieselmotoren. Universität Hannover, Diss. 1980.

[24.14] *Zehner, P.*: Vier-Quadranten-Charakteristiken mehrstufiger axialer Turbinen. VDI-Fortschrittsberichte Reihe 6, Nr. 75 Düsseldorf 1980.

Hauptabschnitt 25
Instandhaltung

Studiendirektor Dipl.-Ing. *V. Gaßner*, Cuxhaven

25.1 Formelzeichen

$A(t_i)$ Anzahl der ausgefallenen Bauteile
α, φ Parameter der Weibullverteilungsfunktion
$B(t_i)$ Anzahl der funktionsfähigen Bauteile
E Erwartungswert
$F(t)$ Ausfallverteilungsfunktion (Ausfallwahrscheinlichkeit)
$f(t)$ Ausfalldichte
$\varphi(t)$ Ausfallrate
$G(t)$ Überlebensfunktion (Überlebenswahrscheinlichkeit)
g Gewinn
$H(t)$ Erneuerungsfunktion
$h(t)$ Erneuerungsdichte
i Inspektionszeitpunkt
K Kosten
$K(t_i)$ relative Ausfallhäufigkeit
M Menge der betrachteten Bauteile
N_t Anzahl der Erneuerungen
$P(t)$ Wahrscheinlichkeit für ausfallfreies Arbeiten
ψ Zustandsabhängigkeit
$Q(t_i)$ Ausfallquote
R Einnahmen
T_m mittlere Lebensdauer
t, t_i Zeit, Zeitdauer, Betriebszeit
τ Lebensdauer (Austauschintervall)
δ Zeitdauer für eine Erneuerung
$x(t)$ Zustand eines Bauteiles

Bei der *Instandhaltung* muß man zwischen der *Instandhaltungsplanung* und den *Instandhaltungstechniken* unterscheiden. Während die Instandhaltungstechniken maschinen- und apparatespezifisch sind, gibt es für die Instandhaltungsplanung allgemein gültige Gesichtspunkte, die auch als *Instandhaltungsstrategien* bezeichnet werden. Mit diesen wird sich nachfolgender Abschnitt befassen.

25.2 Ziele und Probleme der Instandhaltungsplanung

Das *Ziel* der Instandhaltung in der Schiffahrt ist neben der *Werterhaltung* des Objektes Schiff die *Maximierung seiner Verfügbarkeit* als Transportmittel. Die Überlegungen bei dieser Zielfestlegung gehen davon aus, daß die Folgekosten durch den Ausfall eines Bauteiles stets größer sind als die Erneuerung desselben. Betriebswirtschaftlich werden Instandhaltungsstrategien nur nach der Höhe der Unterhaltungskosten beurteilt. Hierbei geht es um eine Minimierung der Kosten. Unterhaltungskosten sind dabei die Summe aus Ausfallkosten (= Reparatur- und Stillstandskosten einschließlich Folgekosten des Ausfalls – auch Ertragsausfälle sind in diesem Zusammenhang Ausfallkosten) und Erneuerungskosten (= Kosten der vorbeugenden Instandhaltung einschließlich Stillstandskosten). Die beiden Summanden können dabei unterschiedlich groß sein.

Die technische Gestaltung der Schiffe mit höheren spezifischen Leistungswerten führte einerseits zu empfindlicheren Anlagen gegen extreme Betriebsbedingungen und unsachgerechte Bedienung und andererseits zu höheren Kapitalinvestitionen. Daneben spielen auch gestiegene Personalkosten und fortschreitende Rationalisierung sowie Probleme des Personalwechsels eine Rolle

Hieraus resultieren folgende Teilfragen:

A Organisationsformen der Instandhaltung
Man kann unterscheiden:
Innerbetriebliche Instandhaltung, d.h. Instandhaltung mit reedereieigenem Personal und Einrichtungen; dabei kann Schiffsfahrbetrieb und Instandhaltung organisatorisch und personell zusammengefaßt oder getrennt sein.
Außerbetriebliche Instandhaltung, d.h. Inanspruchnahme der Herstellerfirmen oder spezialisierter Service-Firmen, dabei Instandhaltung nach festen Verträgen oder Auftragsvergabe im Einzelfall.
Dazwischenliegend: vorübergehender Einsatz von reedereieigenem Personal (Springertrupps) oder von leasing-Arbeitskräften und -Instandhaltungseinrichtungen.

Forderungen aus einer gezielten Instandhaltungsorganisation sind:
a) Standardisierung der Bauteile,
b) nicht niedrige Angebotspreise, sondern die Summe aus Finanz- *und* Betriebskosten bestimmen die Anschaffung,
c) Ergonomische Gestaltung (Instandhaltungsfreundlichkeit),
d) ständiger Informationsfluß zwischen Betreiber und Hersteller.

B Das Ort-Zeit-Problem

Schiffe unterliegen einer ständigen und weitläufigen Ortsveränderung. Dies erschwert die Planbarkeit und die Verfügbarkeit von Instandhaltungspersonal und -material. Einsatzpläne sind oft nur kurzfristig prognostizierbar und damit sind Instandhaltungs- und Einsatzplanung nur durch schnelle Entscheidungen in Übereinstimmung zu bringen.

C Personalprobleme

Die *Effizienz der Instandhaltung* wird in entscheidendem Maße bestimmt durch
   die fachliche Qualifikation,
   die psycho-physische Belastbarkeit,
   die Entscheidungsfähigkeit,
   die Verantwortungsfreudigkeit,
   das Kostenbewußtsein und
   die Bereitschaft zur Teamarbeit
des Instandhaltungspersonals.

25.3 Die Zuverlässigkeits- und Erneuerungstheorie

Grundlage der Instandhaltungs- und Inspektionsstrategien sind die *Zuverlässigkeits-* und *Erneuerungstheorie*.

25.3.1 Die Zuverlässigkeitstheorie

Zuverlässigkeit ist über die Zeit erstreckte Qualität. *Qualität* ist die Gesamtheit aller Eigenschaften, die den Grad der Bruchbarkeit eines Bauteiles für seine Funktionen bestimmen. Diese qualitätsbestimmenden Eigenschaften verändern sich im Laufe der Zeit, oft schon ohne Nutzung, meist in negativer Richtung. Das zeitliche Moment spielt daher eine zentrale Rolle.
Komplizierte Bauteile*) in komplizierten Maschinen und Apparaten bedeuten vielfach einen Rückgang von Zuverlässigkeit, andererseits wird aus wirtschaftlichen Gründen hohe Zuverlässigkeit gefordert.

---

*) Es gibt noch keine eindeutigen Definitionen für Baugruppe, Bauteil, Bauelement. Es soll am Beispiel aufgezeigt werden: Ein Dieselmotor ist eine Baugruppe, die Kraftstoffpumpe ein Bauteil, der Kraftstoffpumpenkolben ein Bauelement.

Wege zur Erhöhung der Zuverlässigkeit:
a) die *technisch-konstruktive Verbesserung*
b) *Redundanzplanung*, d.h. von einem Bauteil nicht nur ein sondern zwei oder mehrere Exemplare in das System einzubauen und spezielle Verknüpfungen oder Schaltungen herzustellen:
kalte Redundanz: Die sich im Reservezustand befindlichen Bauteile sind keinerlei Beanspruchungen ausgesetzt, verändern daher ihre Eigenschaften nicht und können somit nicht ausfallen;
heiße Redundanz: Die im Reservezustand befindlichen Bauteile sind den gleichen Beanspruchungen ausgesetzt wie die im Betrieb befindlichen, sie verändern ihre Eigenschaften im Reserve- und im Betriebszustand gleichermaßen, können also auch ausfallen,
warme Redundanz: zwischen kalter und heißer Redundanz einzuordnen.
c) *Instandhaltungsplanung*: Hierzu gehören Maßnahmen, der Inspektion, Wartung, vorbeugenden Instandhaltung und Instandsetzung nach Ausfall.

Die Summe der qualitätsbestimmenden Eigenschaften wird auch als *Nutzungsvorrat* bezeichnet. Sein Verlauf kann durch Instandhaltungsmaßnahmen beeinflußt werden. Dies zeigt beispielhaft Bild 25.1.

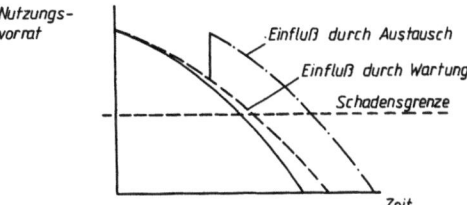

Bild 25.1 Allgemeines Modell zur Beschreibung von Instandhaltungssituationen

Von einem Bauteil lassen sich viele Zustandsmerkmale beschreiben. Einige davon machen seine Zuverlässigkeit unterscheidbar. Diese Teilmenge von Zustandsmerkmalen bezeichnet man als *Zustandsraum*. Die einfachste Zustandsbeschreibung ist „*funktionsfähig*" oder „*ausgefallen*". Zwischenstadien neben den beiden Extremfällen bilden eine endliche Anzahl der Zustände, wenn man nur Zustandsstufen unterscheidet.
Bezeichnet man mit $x(t)$ den Zustand eines Bauteiles, so kann man die Folge der Zustände $x(t)$ $t \geq 0$ als einen Prozeß auffassen der über die Zeit abläuft. Die Zustandsstufen sind somit Folge eines *stochastischen* (= zufällig ablaufenden) *Prozesses*. In Abhängigkeit von konkreten Betriebsbedingungen muß dieser Prozeß definiert werden.
Nachdem ein Zustandsraum (= ausgewählte Zustandsmerkmale) und in ihm ein stochastischer Prozeß gegeben ist, kann man verschiedene Charakteri-

stika für die Zuverlässigkeit von Bauteilen und damit von ganzen Baugruppen (Maschinen und Apparaten) definieren.

Ein wichtiges Charakteristikum der Zuverlässigkeit ist die *Wahrscheinlichkeit für ausfallfreies Arbeiten* eines Bauteiles im Zeitintervall $[0, \tau]$. Diese Wahrscheinlichkeit $P(t)$ ist gleich dem Erwartungswert einer Abhängigkeit Ψ_1, wenn z.B. für „ausgefallen" = 0 und für „funktionsfähig" = 1 gesetzt wird.

$$P(t) = E[\Psi_1(x(t)]$$

Faßt man die Zeit t als Variable auf $0 \leq t < \infty$, so bezeichnet man die graphische Darstellung in Bild 25.2 des Zusammenhanges $[1-P(t); t]$ als *Ausfallverteilung* oder *Lebensdauerverteilung*.

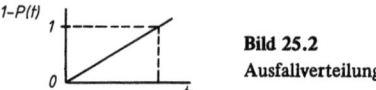

Bild 25.2
Ausfallverteilung

Die Zeitdauer, während der sich ein Bauteil in einem Teil der Zustände des Zustandsraumes befindet, heißt *Verweilzeit*. Unterscheidet man nur zwischen den Zuständen „funktionsfähig" und „ausgefallen" so bezeichnet man die Verweildauer im Zustand „funktionsfähig" als *Lebensdauer*. Die Lebensdauer eines Bauteiles muß als eine Zufallsvariable aufgefaßt werden.

Die Lebensdauer τ ist eine stets positive Zufallsvariable, von der angenommen wird, daß sie im Zeitintervall $[0, \infty]$ absolut stetig verteilt ist, d.h. keine sprunghaften Zustandsänderungen auftreten.

In der Zuverlässigkeitstheorie arbeitet man mit verschiedenen Funktionen:

a) Die *Ausfallverteilungsfunktion* $F(t)$
Sie gibt die Wahrscheinlichkeit eines Ausfalls bis zur Zeit t an, auch *Lebensdauerverteilung* genannt, denn ein Ausfall bis zur Zeit t ist gleichbedeutend mit einer Lebensdauer von höchstens t.

b) Die *Ausfalldichte* $f(t)$
Die Ausfallwahrscheinlichkeit in der Zeiteinheit wird dann als Ausfalldichte bezeichnet.

c) Die *Überlebensfunktion* $G(t)$
Sie ist die zu $F(t)$ auf 1 komplentäre Funktion und gibt die Wahrscheinlichkeit für ausfallfreies Arbeiten des Bauteiles im Zeitintervall $[0, t]$ an.

d) Die *Ausfallrate* $\varphi(t)$
Sie ist definiert als der Grenzwert der bedingten Ausfallwahrscheinlichkeit, wenn x (= die nächsten Zeiteinheiten nach einer erreichten Lebensdauer) gegen 0 geht.

Die Ausfallrate ist auch definiert als die von einer bestimmten Grundmenge in einem bestimmten Zeitintervall ausgefallene Teilmenge. Die so definierte Ausfallrate ist für einzelne Bauteile empirisch bestimmbar, worauf später noch näher eingegangen wird. Damit wird die Ausfallratenfunktion bestimmbar. Anhand mathematischer Zusammenhänge lassen sich somit auch die anderen Funktionen der Ausfall- und Lebensdauerverteilung berechnen, die damit im Zusammenhang mit der Erneuerungstheorie die Grundlage für die Instandhaltungsstrategie bilden.

e) Der *Erwartungswert der Lebensdauer* $E(\tau)$ oder die *mittlere Lebensdauer* T_m.
Sie ist geometrisch die Fläche unter der Überlebensfunktion (Bild 25.3).

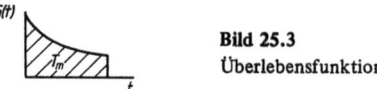

Bild 25.3
Überlebensfunktion

f) Die *Bedeutung der Ausfallrate*
Ist die Ausfallrate von der Zeit unabhängig, also konstant $\varphi(t) = \varphi$, dann bedeutet dies, daß das Bauteil nicht altert (Bild 25.4.1).

Bild 25.4.1   **Bild 25.4.2**

Ist $\varphi(t)$ eine fallende Funktion, dann bedeutet dies: Je älter ein Bauteil ist, desto weniger wahrscheinlich ist sein Ausfall — *negative Alterung* (Bild 25.4.2).

Ist $\varphi(t)$ eine steigende Funktion, dann besagt dies: Je älter ein Bauteil ist, desto größer die Wahrscheinlichkeit seines Ausfalles — *positive Alterung* (Bild 25.4.3).

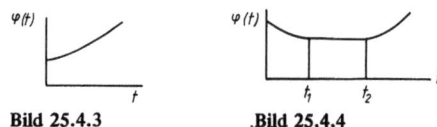

Bild 25.4.3   **Bild 25.4.4**

Für technische Produkte kennzeichnend ist folgender Verlauf (Bild 25.4.4):

Periode $0/t_1$:   Periode der Frühausfälle, meist bedingt durch Material- oder Fertigungsfehler, die mit fallender Ausfallrate sich bemerkbar machen,
Periode t_1/t_2:   Periode der Zufallsausfälle,
Periode t_2/∞:   Periode der Alterung, hervorgerufen durch irreversible chemische und physikalische Prozesse

Für die Ausfallrate und die damit zusammenhängende *Ausfalldichte, Lebensdauerverteilung* und *Überlebensfunktion* kennt man in der Zuverlässigkeitstheorie mehrere Funktionen. Hiervon soll nachfolgend die *Weibullfunktion* benutzt werden.

$$\varphi(t) = \alpha \cdot \varphi(\varphi t)^{\alpha-1} \tag{1}$$

daraus abgeleitet

$$f(t) = \alpha \cdot \varphi(\varphi t)^{\alpha-1} \cdot e^{-(\varphi t)^\alpha} \tag{2}$$

$$F(t) = 1 - e^{-(\varphi t)^\alpha} \tag{3}$$

$$G(t) = e^{-(\varphi t)^\alpha} \tag{4}$$

23.3.2 Die Ermittlung von Zuverlässigkeitskenngrößen

Für die praktische Ermittlung von Zuverlässigkeitskenngrößen geht man von der *relativen Ausfallhäufigkeit* aus. Sie ist definiert

$$K(t_i) = \frac{A(t_i)}{M} \tag{5}$$

t_i die registrierte Betriebszeit bis zum Ausfall
$A t_i$ die Anzahl der ausgefallenen Bauteile bis zur Zeit t_i
M die Menge der betrachteten Bauteile.

Bei Ausfällen im Betrieb wird im Gegensatz zu Labortests das ausgefallene Bauteil ersetzt, so daß die Betrachtungsmenge immer zunimmt. Damit wird

$$M = M_{(t_0)} + A_{(t_i)} \tag{6}$$

Bei Rückmeldungen aus dem Betrieb wird ein *Beobachtungszeitraum* festgelegt. Zur besseren Erfassung unterteilt man den Beobachtungszeitraum in kleine Zeitabschnitte. Diese Zeitabschnitte $\Delta t_i = t_{i-1}$ müssen so gewählt sein, daß keine Abschnitte ohne Ausfälle vorkommen. $\Delta A(t_i)$ ist die Anzahl der in einem Zeitabschnitt ausgefallenen Bauteile, damit

$$\Delta A(t_i) = A(t_i) - A(t_{i-1}) \tag{7}$$

Die Funktionsgleichung der in einem Diagramm über die Zeit aufgetragenen $K_{(t_i)}$-Werte heißt dann der Theorie entsprechend die *Ausfallverteilungsfunktion* $F(t)$. Diese gibt die Wahrscheinlichkeit des Ausfalles bis zu einem bestimmten Zeitpunkt an.

$$F(t) = K_{(t_i)}$$

Es ist eine wesentliche Erkenntnis der Zuverlässigkeitstheorie, daß diese Ausfallverteilungsfunktion für das betreffende Bauteil charakteristisch ist. Eine weitere Stichprobe aus dem gleichen Bauteilekollektiv mit den gleichen Fertigungs- und Betriebsbedingungen würde eine Ausfallverteilungsfunktion ergeben, die von der ersten nicht wesentlich abweicht. Damit wird es möglich, Zuverlässigkeitsvorhersagen als Wahrscheinlichkeitsaussagen zu machen.
Die *Ausfallquote* kann definiert werden als

$$Q(t_i) = \frac{\Delta A(t_i)}{B(t_i) \cdot \Delta t_i} \tag{8}$$

$B(t_i)$ die Anzahl der zu Beginn des Zeitabschnittes noch funktionsfähigen Bauteile

Die Funktionsgleichung der über der Zeit aufgetragenen $Q_{(t_i)}$-Werte ist die bereits bekannte Ausfallrate $\varphi(t)$.

Für die rechnerische Weiterbearbeitung ist die funktionelle Darstellung der Ausfallverteilungsfunktion $F(t)$ und der Ausfallrate $\varphi(t)$ erforderlich. Wie bereits in Abschnitt 25.3.1 erwähnt, kann hierfür mit der *Weibullfunktion* gearbeitet werden.

$$F(t) = K_{(t_i)} = 1 - e^{-(\varphi t)^\alpha} \text{ und } \varphi(t) = Q_{(t_i)} = \alpha \cdot \varphi(\varphi t)^{\alpha-1} \tag{9}$$

Für $\alpha = 1$ ist $\varphi(t) = \varphi$ = konstant = Zufallsausfälle,
für $\alpha = 2$ ist $\varphi(t) = 2\varphi t$ = linear steigend,
für $\alpha > 1$ ist $\varphi(t)$ = allgemein steigend = Periode der Alterung,
für $0 < \alpha < 1$ ist $\varphi(t)$ = allgemein fallend = Periode der Frühausfälle.

Zur Ermittlung der Parameter φ und α gibt es verschiedene Verfahren; das einfachste ist die Linearisierung der Ausfallverteilungsfunktion. Für Rückmeldungen aus dem Betrieb wird dann ein Diagramm mit

$$y = \ln \frac{K_{(t_i)}}{1 - K_{(t_i)}} \text{ und } x = \ln t \tag{10}$$

aufgestellt. Die empirischen Werte werden durch eine Gerade so angenähert, daß die Punkte möglichst wenig um die Gerade streuen. Die Steigung dieser Geraden entspricht dem Wert α und der Abszissenabschnitt beim Schnittpunkt mit der Geraden dem Wert $\ln \varphi$.

Es lassen sich so die gesuchten Parameter gut ermitteln. Man kann bereits erkennen, ob eine fallende, steigende oder annähernd konstante Ausfallrate vorliegt. Falls die empirischen Werte nicht durch eine Gerade angenähert werden können, so ist dies ein Zeichen dafür, daß das Ausfallverhalten nicht einheitlich ist. Man muß dann die Gerade durch mehrere sich aneinanderreihende Geraden ersetzen und erkennt somit den Zeitpunkt für die Änderung des Ausfallverhaltens.
Eine weitere Größe ist die *mittlere Lebensdauer* T_m. Für diese gilt, wie bereits früher dargelegt

$$T_m = \int_0^\infty G(t) \cdot dt \tag{11}$$

Für die Weibullfunktion ist bei Ersatz ausgefallener Bauteile

$$G(t) = \frac{1}{1 + (\varphi t)^\alpha} \text{ und damit } T_m = \int_0^\infty \frac{1}{1 + (\varphi t)^\alpha} \cdot dt \tag{12}$$

Dieses Integral für T_m ist in geschlossener Form nicht darstellbar, Andererseits war

$$G(t) = 1 - F(t) \tag{13}$$

d.h., die grafische Darstellung der Funktion $G(t)$ ist die Komplementärfunktion des Diagramms $K(t_i) = F(t)$.

Der Lösungsweg führt auch hier über eine grafische Näherungslösung, da, wie bereits früher dargelegt, die mittlere Lebensdauer geometrisch die Fläche unter der Überlebensfunktion ist. Zur Bestimmung dieser Fläche kann z.B. die Trapezformel angewendet werden

$$T_m = \Delta_x \cdot \Sigma Y_{x+\frac{x}{2}} \qquad (14)$$

dabei ist

$\Delta x = \Delta t$

$Y_{x+\frac{x}{2}}$ = mittlerer Funktionswert von $G(t)$.

Es muß aber ausdrücklich darauf hingewiesen werden, daß die mittlere Lebensdauer nicht mit der Standzeit eines Bauteiles verwechselt werden darf. Sie gibt damit keinen Hinweis auf den Zeitpunkt des vorbeugenden Ersatzes eines Bauteiles. Die mittlere Lebensdauer hat nur als Vergleichsgröße Bedeutung z.B. bei gleichen Bauteilen verschiedenen Fabrikates.
Die Betrachtungen über die Überlebensfunktion werfen das Problem der *optimalen Standzeit* auf, für das folgende Betrachtung gilt: Wird für eine gewählte Betriebszeit t ein Bauteil n-mal ersetzt (N_t) dann ist das variable Austauschintervall τ

$$\tau = \frac{t}{N_t} \quad \text{oder} \quad N_t = \frac{t}{\tau} \qquad (15)$$

Es ist leicht nachzuweisen, daß die Sicherheit mit abnehmendem Austauschintervall zunimmt. Eine Verkürzung des Austauschintervalls führt aber zu einer Unterhaltungskostensteigerung. Die Gesamtkosten während der Betriebszeit sind dann

$$K = K_n \cdot N_t = K_n \cdot \frac{t}{\tau} \quad \text{DM} \qquad (16)$$

Die unvorhergesehenen Ausfälle innerhalb der Standzeit nehmen zwar mit Verkürzung der Austauschintervalle ab, sind aber nie ganz zu vermeiden.
Die Einnahme bezogen auf das betreffende Bauteil in der gewählten Betriebszeit sei R in DM. Dann ist der Gewinn g

$$g = R - K = R - K_n \cdot \frac{t}{\tau} \qquad (17)$$

Die Kosten für den unvorhergesehenen Ersatz bei Ausfällen während der Betriebszeit vermindern den Gewinn um den gleichen Betrag $K_n \cdot \frac{t}{\tau}$. Die Wahrscheinlichkeit für den ersten Fall: „kein Ausfall" ist die Überlebenswahrscheinlichkeit $G(t)$, die Wahrscheinlichkeit für den zweiten Fall „Ausfall" ist die Ausfallwahrscheinlichkeit $F(t)$.
Der *Erwartungswert des Gewinns* $E(g)$ läßt sich berechnen:

$$E(g) = g \cdot G(t) - K_n \cdot \frac{t}{\tau} \qquad (18)$$

und mit der Weibullfunktion ergibt sich

$$E(g) = \frac{B}{[1 + (\varphi t)^\alpha \cdot \frac{t}{\tau}]} - K_n \cdot \frac{t}{\tau} \qquad (19)$$

Die Maximierung des Erwartungswertes des Gewinns führt dann zur optimalen Standzeit.

25.3.3 Die Erneuerungstheorie

Die *Erneuerungstheorie* beschäftigt sich mit der Anzahl der in einem bestimmten Zeitintervall auftretenden Erneuerungen und mit daraus abgeleiteten Kenngrößen.
Die Erneuerung kann von verschiedener Art sein: Austausch oder Reapratur. Dabei wird vorausgesetzt, daß das Bauteil nach der Erneuerung die gleiche Lebensdauerverteilung aufweist wie zuvor. Ferner wird zunächst davon ausgegangen, daß die Erneuerungszeit gegenüber der Lebensdauer des Bauteiles vernachlässigbar klein ist.
Damit ergibt sich ein einfacher Erneuerungsprozeß, der als eine Folge gleichlanger Arbeitsperioden von zufälliger Größe definiert ist, d.h., das Bauteil fällt nach τ_1 Zeiteinheiten aus, wird erneuert, dieses fällt nach τ_2 Zeiteinheiten aus, wird erneuert usw., die Lebensdauer des i-ten Bauteiles ist τ_n und die n-te Erneuerung findet nach $\tau_1 + \tau_2 + \ldots \tau_n$ Zeiteinheiten statt (Bild 25.5).

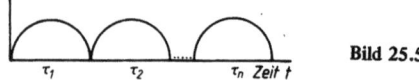

Bild 25.5

Mit N_t wird die Anzahl der intervallmäßig stattfindenden Erneuerungen bezeichnet. Das im Zeitpunkt 0 mit seiner Arbeit beginnende Bauteil wird nicht als Erneuerung gezählt. Der Erwartungswert von N_t wird mit $H(t)$ bezeichnet

$$H(t) = E(N_t)$$

und heißt *Erneuerungsfunktion*. Die für eine beliebige Zeit definierte Funktion $h(t)$

$$h(t) = \lim_{\Delta t \to 0} \frac{E(N_t, t + \Delta t)}{\Delta t} \qquad (2)0$$

heißt *Erneuerungsdichte*.
$H(t)$ und damit auch $h(t)$ sind ihrerseits Erwartungswerte der Lebensdauerverteilung des Bauteiles nach der Zuverlässigkeitstheorie.
Der Erwartungswert von $H(t)$ steht also im Zusammenhang mit

1. der Verfügbarkeit des Bauteiles,
2. den Unterhaltungskoten.

Von praktischer Bedeutung ist auch der Fall nicht zuvernachlässigender Erneuerungszeiten. δ sei die zufällige Zeitdauer, die für jede Erneuerung aufgewendet werden muß. Der Erneuerungsprozeß gestaltet sich dann wie in Bild 25.6 dargestellt.

Erneuerungstheorie. Die Instandhaltungsstrategien

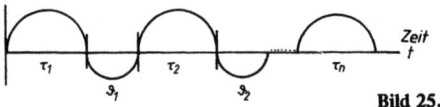

Bild 25.6

Als *Verfügbarkeit* eines Bauteiles kann dann definiert werden

$$\text{Verfügbarkeit} = \frac{\text{mittlere Lebensdauer}}{\text{mittlere Lebensdauer + Zeitdauer der Erneuerung}}$$

Die praktische Anwendung der bisherigen Überlegungen geht davon aus, daß man über den Zustand des Bauteiles (z.B. in der einfachen Gegenüberstellung: „funktionsfähig" oder „ausgefallen") informiert ist.

Über Bauteile, die nur vorübergehend in Betrieb sind, aber auch außer Betrieb einer Zustandsänderung unterliegen, liegt diese Information nicht vor. Wenn vom Ausfall eines solchen Bauteiles bis zu seiner Entdeckung eine gewisse Zeit verstreicht, so ist während dieser Zeit die Einsatzbereitschaft des Bauteiles nicht gegeben (Bild 25.7).

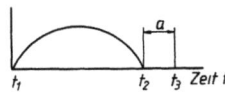

Bild 25.7
bei t_3 Entdeckung des Versagers
a = keine Betriebsbereitschaft

Zu einer genaueren Zustandsbestimmung bilden *Inspektionen* (i) einen unentbehrlichen Bestandteil von Instandhaltungsmaßnahmen. Ziel der Inspektionsstrategie muß es sein, daß eine Inspektion möglichst mit dem Ende der voraussichtlichen Lebensdauer des Bauteiles zusammenfällt. Die Inspektionsintervalle müssen daher ein ganzes Vielfaches der Lebensdauer sein. Damit wird deutlich, daß auch die Berechnung der Inspektionsintervalle im Zusammenhang mit der Lebensdauerverteilung stehen. Instandhaltung kann somit schematisch dargestellt werden (Bild 25.8).

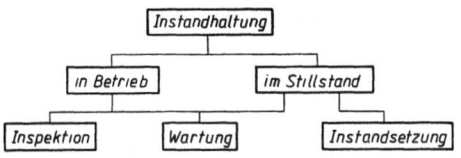

Bild 25.8 Schematische Darstellung der Instandhaltung

25.4 Die Instandhaltungsstrategien

Die zeitliche Folge von Instandhaltungsmaßnahmen ist außer von dem stochastischen Prozeß der Zustandsveränderung und den daraus resultierenden Erneuerungen auch von der gewählten *Instandhaltungsstrategie* abhängig. Jede Regel, nach der den Zuständen eines Bauteiles gewisse Instandhaltungsmaßnahmen zugeordnet werden, heißt eine Instandhaltungsstrategie. Sie besagt also, wann und welche Instandhaltungsmaßnahmen an welchen Bauteilen einer Baugruppe durchzuführen sind. Unter einem *Instandhaltungsplan* wird eine in die Betriebswirklichkeit umgesetzte Instandhaltungsstrategie mit numerisch spezifizierten Parametern und eindeutig fixierten Instandhaltungsmaßnahmen verstanden.

Der Unterschied zwischen dem stochastischen und dem durch Instandhaltungsmaßnahmen gelenkten Zustandsverhalten eines Bauteiles im zeitlichen Ablauf ist ein Maß für die Wirksamkeit einer Strategie.

Eine in jeder Hinsicht optimale Strategie wäre sowohl aus mathematischen als auch aus wirtschaftlichen Gründen schwer zu finden und zu realisieren. Die Arbeiten zur Instandhaltungsplanung befassen sich daher auch fast ausschließlich mit Strategien, deren Form einfach ist.

Die Erneuerungstheorie zeigt, daß zwei wesentliche Begriffe bei den Instandhaltungs- und Inspektionsstrategien eine Rolle spielen:

1. Der Zustand des Bauteiles
2. Die Zeit als Lebensdauer des Bauteiles.

Daraus lassen sich verschiedene Arten von Instandhaltungsstrategien ableiten:

1. nach *Zustandsinformation*

   1.1. Instandhaltungsstrategien mit Informationen über den Zustand

   1.1.1. einstufige Strategien: nur mit der Zustandsinformation ‚funktionsfähig" oder „ausgefallener"

   1.1.2. mehrstufige Strategien: mit Zustandsinformationszwischenstufen zwischen den beiden Grenzzuständen.

   1.2. Instandhaltungsstrategien ohne oder mit nur lückenhaften Informationen über den Zustand

   1.2.1. Minimaxtechnik

   1.2.2. Abgrenzungsverfahren

   1.2.3. Adaptive Verfahren

2. nach dem *Zeitpunkt der Instandhaltungsmaßnahmen*

   2.1. periodische Strategien: einmalige Berechnung eines festen Instandhaltungsintervalles

   2.2. sequentielle Strategien: Neuberechnung der Instandhaltungsintervalle nach jeder Instandhaltungsaktivität

   2.3. *optionale Strategien*: variable, nach externen Gegebenheiten (Gelegenheiten) orientierte Instandhaltungsintervalle.

Eine weitere Einteilung grenzt noch zwischen Baugruppen und Bauteilen ab:

3. nach *Behandlung der Baugruppen*

3.1. einfache Strategien: für jedes Bauteil einer Baugruppe wird eine getrennte Strategie angewendet

3.2. opportunistische Strategien: gemeinsame Strategie für alle Bauteile einer Baugruppe bei bestehenden Zusammenhängen.

Zustandsbezogene Instandhaltungsstrategien mit Zustandsinformationen setzen zur Informationsbeschaffung eine permanente oder periodische Zustandsüberwachung, d.h eine *Inspektionsstrategie*, voraus. Diese ist noch mit vielen, technisch ungelösten Problemen verbunden.

Die heute zumeist angewandten periodischen Inspektionstechniken erfordern den Stillstand der Baugruppe verbunden mit der Demontage von Bauteilen zur Zustandsbeurteilung. Diese ist dann oft nur nach subjektiven Kriterien möglich. Draus resultiert die Forderung an die Inspektionstechnik der Zukunft: Möglichst demontagelose Inspektion zur Erfassung objektiver Kennwerte.

Die kontinuierliche Zustandsüberwachung setzt voraus, daß ein objektiver Grenzwert bekannt ist, der die Erneuerungsnotwendigkeit bestimmt. In vielen Fällen reicht aber nur ein Wert zur eindeutigen Zustandsdiagnose nicht aus, vielmehr ist eine Wertekombination erforderlich.

Zustandsbezogene Instandhaltungsstrategien ohne oder mit lückenhaften Zustandsinformationen erfordern einen erheblichen mathematischen Aufwand, so daß sie auf absehbare Zeit ohne ausreichende Computerkapazität an Bord für den Schiffseinsatz als nicht geeignet erscheinen.

Eine zustandsbezogene Strategie ist auch die *einstufige* Strategie, die nur auf die Zustandsinformation „ausgefallen" aufgebaut ist. Gelegentlich wird sie als eigenständige *„störungsabhängige Instandhaltungsmethode"* bezeichnet. Sie bietet sich für Baugruppen und Bauteile an, deren Ausfall keinen oder nur einen untergeordneten Einfluß auf die Verfügbarkeit des Schiffes haben.

Unter den betriebszeitbezogenen Strategien stehen die einfachen periodischen und sequentiellen Strategien zu den optionalen und auch den opportunistischen Strategien im Widerspruch. Die periodische und auch noch die sequentielle Strategien bauen konsequent für einzelne Bauteile auf der Zuverlässigkeitstheorie auf und lassen dabei mit ihren Erneuerungsintervallen die Schiffseinsatzplanung, die Verfügbarkeit von Reserveteilen und Spezialwerkzeugen sowie den notwendigen Personalbedarf unberücksichtigt. Dabei sind die *sequentiellen* Strategien komplizierter und erfordern Rechenaufwand nach jeder Erneuerungsmaßnahme. Der Betriebspraktiker wird außerdem auch aus der Zustandsbeurteilung der ausgebauten Bauteile gegebenenfalls die zunächst auf statistischer Basis berechneten Erneuerungsintervalle korrigieren.

Die *optionalen* Strategien nutzen dagegen nur in Anlehnung an die Einsatzplanung des Schiffes unter Berücksichtigung der Verfügbarkeit von Personal und Ersatzteilen die nicht ausfallbedingten Stillstandszeiten z.B. Lade- und Löschzeiten zur Durchführung von Instandhaltungsaktivitäten aus. Dies führt zur Kostensenkung, wenn nicht allzusehr von den periodischen Erneuerungsintervallen abgewichen wird.

Die *opportunistischen* Instandhaltungsstrategien nutzen außerdem noch die Gelegenheit einer Instandhaltungsaktivität an einem Bauteil einer Baugruppe aus, um auch an anderen Bauteilen derselben Baugruppe Instandhaltungs- oder Inspektionsmaßnahmen durchzuführen. Die opportunistischen Strategien sind dann zweckmäßig, wenn die Bauteile einer Baugruppe stochastisch, technisch oder wirtschaftlich voneinander abhängen. Mit *stochastischer Abhängigkeit* ist gemeint, daß die Zustandsverschlechterung eines Bauteiles auch Auswirkungen auf die Funktionsfähigkeit anderer Bauteile hat; *technische Abhängigkeit* ist gegeben, wenn von der Instandhaltungsmaßnahme an einem Bauteil auch andere Bauteile betroffen sein können, *wirtschaftliche Abhängigkeit* liegt vor, wenn die Kosten einer gemeinsamen Instandhaltungsmaßnahme für mehrere Bauteile kleiner sind als die Summe der Kosten getrennter Instandhaltungsmaßnahmen für die einzelnen Bauteile.

Es wird dadurch deutlich, daß es für den Schiffsbetrieb nicht eine einzelne, allgemeingültige Strategie gibt, vielmehr wird man Typenkombinationen bilden müssen.

Für den praktischen Bordbetrieb ist eine einstufige, einfache und periodische Strategie am einfachsten zu realisieren. Verschiedene Instandhaltungsplansysteme für den Schiffsbetrieb sind so aufgebaut. Durch die erforderliche Herstellung der Übereinstimmung von Erneuerungsintervallen einer periodischen Strategie mit der Einsatzplanung des Schiffes kann in der Schiffahrtspraxis eine kombinierte *periodisch-optionale* Strategie entstehen, bei der dann auch Ersatzteilbeschaffung und Personalbedarfsplanung abgestimmt werden können.

Trotz vorgegebener periodisch-optionaler Grundplanung bleibt durch Einbezug sequentieller und opprtunistischer Momente noch genügend Entscheidungsspielraum für den verantwortlichen technischen Schiffsoffizier.

25.5 Instandhaltungspläne

Instandhaltungspläne sind die Umsetzung einer oder mehrerer Instandhaltungsstrategien zur praktischer Durchführung im Schiffsbetrieb.

Unkomplizierte Pläne basieren auf einer einstufigen, einfachen und periodischen Strategie. Die Berechnung der Instandhaltungsintervalle beruht dabei auf der Ermittlung der Zuverlässigkeitskenngrößen. Der Instandhaltungsplan ist danach eine Matrix aus den einzelnen Arbeitsvorgängen für den Ersatz von Bauteilen oder Bauelementen mit Angabe der Instandhaltungsintervalle und den fortschreitenden Betriebsstunden – zeitabhängige Instandhaltungsmethode (Bild 25.9). Diese Strategie geht von der Tatsache aus, daß es nur die Zustandswerte „funktionsfähig" und „ausgefallen" gibt und diese jederzeit erkennbar sind.

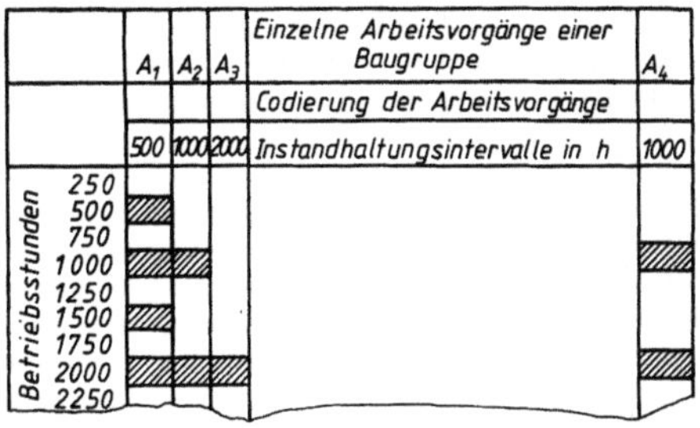

Bild 25.9

Wie schon dargelegt ist es oft erforderlich, durch eine Kontrolle Zwischenstufen dieser Zustandswerte festzustellen. Erst nach der Durchführung der Kontrolle wird entschieden, ob die Instandhaltungsmaßnahme durchgeführt werden soll. Die Instandhaltungsintervalle des vorher beschriebenen Planes werden dann zu Kontrollintervallen und die Strategie nimmt einen mehrstufigen Charakter an.

Für Bauteile, die dem Verschleiß unterliegen, kann die Kontrolle mit der Feststellung von Meßwerten verbunden sein. Diese Ergebnisse sind dann Zustandszwischenstufen und erst bei Erreichen eines Grenzwertes werden Instandhaltungsmaßnahmen durchgeführt (*zustandsabhängige Instandhaltungsmethode*).

Instandhaltungsintervalle können somit bestimmt sein entweder durch den Verlauf der Ausfallratenfunktion $\varphi(t)$ oder der komplementären Funktionen $F(t)$ und $G(t)$ oder durch die Grenzwerte von Zustandsgrößen. Für die Festlegung der Instandhaltungsintervalle spielen die Optimierungskriterien Verfügbarkeitsmaximierung und/oder Kostenminimierung bzw. Gewinnmaximierung die bereits erwähnte Rolle.

Auf die optionalen und opportunistischen Zusatzkriterien für die praktische Handhabung eines Instandhaltungsplanes wurde auch schon hingewiesen.

Wertet man laufend die Instandhaltungsdaten aus, so kann eine periodische Strategie durch fortlaufende Korrektur der Zuverlässigkeitskenngrößen in eine sequentielle Strategie übergeführt werden, d.h., die Instandhaltungsintervalle des Planes werden geändert. In diesem Falle empfiehlt es sich, die Kennzeichnung der Betriebsstundenfelder nicht vorzunehmen.

Neben der Übersichtsmatrix der Instandhaltungspläne gehören zu den weiteren Unterlagen *Arbeitskarten* für die einzelnen Instandhaltungsarbeitsvorgänge. Diese beinhalten eine durch Skizzen erläuterte, in Teilarbeitsabschnitte zerlegte Beschreibung des Arbeitsablaufes, dazu die erforderlichen Werkzeuge und die auszuwechselnden Ersatzteile. Für die Arbeitsplanung sind vielfach angegeben: Die Anzahl der benötigten Arbeitskräfte (evtl. mit Qualifikationsangabe) und Richtwerte für die Zeitdauer des Arbeitsvorganges.

25.6 Die Datenerfassung der Instandhaltung

Für die Aktualisierung jedes Instandhaltungsplanes ist ein Rückmeldeverfahren zur *Datenerfassung* erforderlich. Die Rückmeldungen sollen der Betriebsleitung eine ständige Beurteilung des Baugruppenzustandes ermöglichen. Die Auswertung der Rückmeldungen dient der Beurteilung der Zuverlässigkeit und der Aktualisierung der Zuverlässigkeitskenngrößen, der Ausfallzeiten und damit der Verfügbarkeit des Schiffes, der Kostenermittlung sowie der Ersatzteil- und Personalbereitstellung.

Die Bedeutung der Rückmeldungen zeigt Bild 25.10.

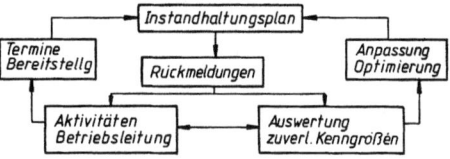

Bild 25.10

Rückmeldungen sollen enthalten:
Die Beschreibung ggf. Codierung des Bauteiles
Kennzeichnung des Instandhaltungsarbeitsvorganges
Datum
Betriebsstundenstand
Arbeitsvorgangsart: Ersatz aufgrund planmäßigen Intervalles
    Kontrolle ohne Ersatz
    Kontrolle mit Ersatz
    Instandsetzung nach Ausfall
Schadensklassifizierung bei Ausfall, die Auswertung auf die Verfügbarkeit des Schiffes ermöglicht
Schadensursache (falls feststellbar)
Instandhaltungs- bzw. Ausfallzeitdauer
Anzahl der Beschäftigten } eigenes Personal
Gesamtmannstunden
Anzahl der Beschäftigen } Fremdfirmen
Gesamtmannstunden
Anzahl der Beschäftigen } Herstellerfirma
Gesamtmannstunden
Verbrauchte Ersatzteile
Die Meßdaten der Kontrollen

Auf die Möglichkeit der elektronischen Verarbeitung dieser Rückmeldedaten wird hingewiesen.

Auswertprogramme können z.B. erarbeiten:

Zustandsbericht des Schiffes als Übersicht über die im Berichtszeitraum ausgeführten Instandhaltungsaktivitäten mit Überwachung der Einhaltung des Instandhaltungsplanes und mit Verfügbarkeitsprognose

Schadensbericht mit Schwachstellenanalyse verbunden mit Aktualisierung der Zuverlässigkeitskenngrößen

Ersatzteilverbrauch und Bestandskontrolle

Ersatzteilbestell-Listen

Personalbedarfsprognose

Arbeitsliste für die nächste Hauptüberholung

Kostenberechnung der Instandhaltung

Das Rückmeldeverfahren muß der einzelnen Reederei angepaßt werden. Es kann als geschriebenes Formular oder als Lochkarte sowie mit anderen Datenträgern durchgeführt werden. Eine mögliche Kombination ist denkbar als Arbeitskarte mit Abreißstreifen.

Während die Arbeitskarte *arbeitsvorgangsbezogen* ist, kann es sinnvoll sein, das Rückmeldeverfahren *baugruppenbezogen* aufzubauen, d.h. neben den Arbeitskarten auch noch Maschinenkarten zu haben. Während die Arbeitskarten nur ergänzend verbessert werden, dienen die Maschinenkarten der laufenden Eintragung. Bei Einsatz einer EDV-Anlage können die Daten der Maschinenkarten auch gespeichert werden und der Ausdruck aus dem Speicher liefert dann eine „Geschichte der einzelnen Baugruppe".

Zur *Schwachstellenanalyse* sollte diese Baugruppendatei Antwort auf folgende Fragen geben können:

1. Welche Schäden treten häufig auf, welche Reparaturen und welcher Ersatzteilaustausch war dabei erforderlich?
2. Welche Funktion hat das anfällige Bauteil?
3. Kann das Bauteil überflüssig gemacht werden?
4. Welche Schadensursachen lagen vor?
5. Wie kann man die Ursachen beseitigen?
6. Wie groß ist die Stillstandszeit?
7. Ist der Stillstand in der jetzigen Form erforderlich?
8. Wie kann man Stillstand vermeiden oder verkürzen?
9. Wie groß ist der Stillstandsverlust?
10. Wie hoch sind die a) personellen b) sächlichen Instandhaltungskosten?
11. Wie groß ist ein Änderungskapitaleinsatz (Amortisation)?
12. Bis wann können Änderungen wirksam werden?

25.7 Die Arbeitszeit bei der Instandhaltung

Es wurde schon erwähnt, daß die Arbeitskarten von Instandhaltungsplänen *Vorgabezeiten* als Richtwerte für den jeweiligen Arbeitsvorgang beinhalten. Diese Richtwerte sind Grundlage für die *Personalplanung*. Die Vorgabezeiten sind das Ergebnis einer *Arbeitsmessung* und basieren dabei auf

Zeitstudien
synthetischen Zeitwerten
analytischen Zeitwerten
universellen Instandhaltungsrichtwerten.

Zeitstudien liegen auch den anderen Verfahren zugrunde. Es wird auf die REFA-Systematik verwiesen mit der Einteilung in

Grundzeit
Rüstzeit
Verteilzeit
persönliche Verteilzeit
+ Erholzeit
―――――――――――
Vorgabezeit

wobei noch der Leistungsgradfaktor Berücksichtigung finden muß.

Es hat wenig Sinn, bei sich nur selten wiederholenden Arbeitsvorgängen, wie sie in der Instandhaltung jedoch öfter vorkommen, die Vorgabezeiten auf Zeitstudien aufzubauen, da hierzu die Zahl der Beobachtungen dann zu klein ist.

Synthetische Zeitwerte ergeben sich aus der Summe von Zeitvorgaben von Arbeitsvorgangselementen (einzelnen Handgriffen). Auch Instandhaltungsarbeiten setzen sich aus Teilarbeitsvorgängen zusammen, die bei anderen Tätigkeiten ebenfalls vorkommen und bei denen aus Bewegungsablaufuntersuchungen Teilzeiten bekannt sind.

Die *analytische Zeitwertmethode* wird angewendet, wenn nicht genügend Unterlagen für eine Synthese bestehen. Es wird dann der Arbeitsvorgang zunächst in Teilarbeiten zerlegt. Danach werden synthetische Daten, soweit vorhanden, verwendet. Für die anderen muß die Vorgabezeit geschätzt werden. Dies ist genauer, als wenn man die ganze Arbeit schätzt, da die Schätzfehler bei bekannten Teilarbeitsvorgängen kleiner sind.

Für Instandhaltungsarbeiten eignet sich besonders gut die Anwendung von *universellen Instandhaltungsrichtwerten*. Es werden Richtwerte für ähnliche Arbeitsvorgänge erarbeitet. Der Richtwert ist dann der Mittelwert der Vorgabezeit für diese ähnlichen Arbeitsvorgänge mit einer Zeitspannenangabe. Dieses *Zeitspannensystem* eignet sich besser für die variierenden Umstände von Instandhaltungsarbeiten. Diese Musterarbeitswerte werden katalogisiert — zur besseren Übersicht mit Unterteilung nach Fachgebieten. Der Arbeitsinhalt des zu bestimmenden Arbeitsvorganges wird mit dem Musterarbeitskatalog verglichen und die Vorgabezeit wird erstellt, indem man den Mittelwert des entsprechenden Musterarbeitswertes einsetzt. Diese Musterarbeitswerte sind aber reine Grundzeiten, die anderen Zeiten sind noch zuzuschlagen. Die Summe der Mittelwerte und der Zuschläge ergibt dann die komplexe Vorgabezeit.

25.8 Lohnsysteme bei der Instandhaltung

Von den beiden grundsätzlichen *Lohnsystemen*
Zeitlohn
Stücklohn

eignet sich der *Stücklohn* nicht für den Instandhaltungsbetrieb. Zeitvorgaben der Instandhaltung können nur Richtwerte für die Arbeitseinsatzplanung aber nicht Berechnungsgrundlage für die Heuer sein, da unvorhergesehene Erschwernisse mit Zeitverzögerungen bei Instandhaltungsarbeiten zu häufig sind. Stücklohn setzt außerdem einen kontinuierlichen Arbeitsanfall voraus. Auch dies ist beim Instandhaltungsbereich eines Schiffes meist nicht der Fall.
Auf der Basis des *Zeitlohnes* sind aber Lohnanreizsysteme in Form von Prämien der verschiedenen, wenn auch in der Schiffahrt nur selten vorkommenden Art möglich.
Bonuszahlung auf zeitliche Arbeitsleistung, d.h., bei Unterschreitung der Vorgabezeiten. Dies kann für jede einzelne Instandhaltungsarbeit erfolgen, es kann aber auch aufgrund der Arbeitsleistung eines Zeitabschnittes z.B. einer Woche erfolgen. Es kann dies als Bonus für Einzelpersonen, bei Gruppen bis etwa 10 Personen auch als Gruppenbonus gewährt werden.
Bonuszahlung auf Arbeitsergebnisleistung, z.B. bei Rückgang von Ausfallzeiten. Der Grundgedanke dabei ist, die wirtschaftlichen Vorteile einer effektiven Instandhaltung auch den Mitarbeitern zugute kommen zu lassen. Dieses Bonussystem läßt sich als Ergänzung zu einer periodischen Instandhaltungsstrategie anwenden; bei einer umfassenden Inspektionsstrategie dagegen dürfte wenig Raum für einen derartigen Bonus sein.
Bonuszahlung auf reduzierte Überstundenanzahl. Der Instandhaltungsbereich ist dadurch gekennzeichnet, daß in ihm viel Überstunden vorkommen. Deshalb ist auch ein Anreizsystem denkbar, bei dem mit sinkender Überstundenzahl ein anwachsender Lohnzuschlag bezahlt wird.
Bonuszahlung aufgrund der Bewertung bestimmter Arbeitseigenschaften, solche sind z.B. handwerkliches Können, Arbeitsausführung, Fleiß, Achtung auf Sicherheit und Pflege des Materials. Die Schwierigkeit dieses Systems beruht in der Festlegung der Bewertungsskala.
Neben der Zahlung von Geldprämien können auch Anreize durch sonstige Vergünstigungen, z.B. Arbeitszeitverkürzungen zum Landgang, geschaffen werden. Aber auch richtige Motivation der Mitarbeiter durch den Vorgesetzten, ein moderner Führungsstil und letzlich ein insgesamt gutes Betriebsklima sind Anreizmomente, die im Instandhaltungsbereich immer eingesetzt werden können und müssen.

25.9 Personaleinsatzplanung

Der Instandhaltungsplan einer periodischen Instandhaltungsstrategie gibt eindeutige Informationen, welche Arbeitsvorgänge nach errechneten und damit vorgegebenen Instandhaltungsintervallen anfallen. Aus der periodischen Betriebsstundenerfassung kann die Fälligkeit der Intervallarbeiten an den einzelnen Baugruppen bestimmt werden. Aus der gleichzeitigen Fälligkeit der verschiedenen Intervalle ergibt sich der *Personalbedarf* und damit die Arbeitsverteilung der zu planenden Zukunft.
Wie am schnellsten der Mannstundenbedarf festgestellt wird, wird nachfolgend beschrieben:
Auf den Schiffen gibt es eine zentrale Baugruppe, z.B. der Hauptmotor, welche die meisten Betriebsstunden je Zeiteinheit aufweist. Setzt man die Betriebsstunden der anderen Baugruppen in Verhältnis zu den Betriebsstunden der zentralen Baugruppe, so erhält man einen *Betriebsstundenfaktor*

$$\text{Betriebsstundenfaktor} = \frac{\text{Betriebsstunden der Baugruppe } i}{\text{Betriebsstunden der zentralen Baugruppe}}$$

So lassen sich für alle Baugruppen Faktoren für den parallelen Betriebsstundenablauf feststellen.
Die Umrechnung auf Betriebsstunden der zentralen Baugruppe erfolgt dadurch, daß man in umgekehrter Weise die Betriebsstunden der einzelnen Baugruppen durch den Betriebsstundenfaktor dividiert. Für eine Baugruppe mit einem Betriebsstundenfaktor von 0,2 und einem Wartungsintervall von 2000 Betriebsstunden ergibt sich

$$\frac{2000}{0,2} = 10\,000 \text{ Std.,}$$

d.h., die Instandhaltungsarbeit der Baugruppe ist dann fällig, wenn die zentrale Baugruppe eine Betriebszeit von 10000 Stunden hat.
Dies hat den Vorteil, daß alles auf den Betriebsstunden der zentralen Baugruppe aufbaut. Danach ist die Aufstellung eines Diagrammes „Mannstundenbedarf in Abhängigkeit von den Betriebsstunden der zentralen Baugruppe" möglich (Bild 25.11).
Eine *Grundauslastung* ergibt sich aus den periodischen Wartungen. Hierzu addieren sich alle Instandhaltungsarbeiten nach Invervallen (periodische Strategie). Aufgrund dieser vorgegebenen Intervalle zeigt die Verteilung des Mannstundenbedarfs auch periodisch wiederkehrende Spitzen. Bei starrer Zuordnung überschreiten diese Spitzen die zur Verfügung stehende Mannstundenkapazität. Das erfordert für

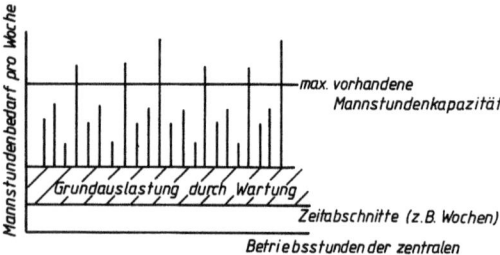

Bild 25.11

einige Arbeiten eine Verschiebung. In der Regel wird man eine Verschiebung auf einen späteren Zeitpunkt anstreben, um eine bessere Materialausnutzung zu erzielen. Hierbei wird ein höheres Ausfallrisiko in Kauf genommen. Bei vorbeugendem Ersatz aus Sicherheitsgründen wird man eine Vorverlegung der Arbeiten vornehmen müssen. Der Schiffseinsatz ergibt schon erfahrungsgemäß aus sich selbst heraus eine Glättung der Spitzen (optionales Strategiemoment). Trotzdem werden immer wieder Spitzen auftreten, welche die vorhandene Mannstundenkapazität mehr oder weniger überschreiten.

Es bedarf daher einer konsequenten Planung, um

1. sinnvoll mit der vorhandenen Mannstundenkapazität umzugehen,
2. um eine Abstimmung mit der Einsatzplanung des Schiffes herbeizuführen,
3. Einflüsse durch Urlaub- und Krankheitsausfälle zu berücksichtigen.

Verteilt man die Intervallarbeiten auf ein gleichhohes Niveau, so ergibt sich meist freie Mannstundenkapazität für unvorhergesehene Reparaturen und Notsituationen.

25.10 Materialplanung

Die Materialplanung kann unterteilt werden in

1. Erfassung des Ersatzteilverbrauches
2. Zukünftiger Ersatzteilbedarf mit Ersatzteilbestellung
3. Übersicht über den Ersatzteilbestand.

1. *Erfassung des Ersatzteilverbrauchs*

Das Rückmeldeverfahren jeder Instandhaltungsstrategie sollte, wie schon dargelegt, die Angabe über die verbrauchten Ersatzteile beinhalten. Dabei darf bei der Angabe der Hinweis nicht fehlen

a) dem Ersatzteillager entnommen,
b) kurzhändig selbst beschafft oder angefertigt,
c) Es kann sich aber auch bei der Durchführung einer Instandhaltungsarbeit ein Bedarf nach einem Ersatzteil ergeben, das nicht im Ersatzteillager geführt wird und sich nicht schnell beschaffen oder anfertigen ließ. Das alte Teil blieb daher eingebaut.

Sollte Fall c) oder b) für das gleiche Ersatzteil öfter vorkommen, so ist dafür Sorge zu tragen, daß dieses zukünftig im Ersatzteillager geführt und als benötigtes Ersatzteil in der entsprechenden Arbeitskarte vermerkt wird.
Die Auswertung der Rückmeldungen bildet eine der Grundlagen für die *Materialbewirtschaftung*.

2. *Zukünftiger Ersatzteilbedarf mit Ersatzteilbestellung*

Der zukünftige Ersatzteilbedarf leitet sich aus einer Prognose des zu erwartenden Betriebsstundenverlaufes der einzelnen Baugruppen für einen bestimmten Zeitraum ab. Wie groß der Zukunftszeitraum gewählt wird, hängt von der Art des Betriebes ab. Die Übersichtsmatrix des Instandhaltungsplanes in Verbindung mit den einzelnen Arbeitskarten, auf denen die benötigten Ersatzteile erfaßt sind, bildet so die andere Grundlage der Materialbewirtschaftung.

Die Ersatzteilbestellungen für das Ersatzteillager ergeben sich somit aus der Summe der verbrauchten Ersatzteile gemäß Rückmeldungen und der Ersatzteilbedarfsermittlung für den festgelegten Zukunftszeitraum.

Die Ersatzteilbestellungen können kontinuierlich durchgeführt werden, dann folgt auf jede Ersatzteilverbrauchsmeldung sofort die Bestellung und der zukünftige Ersatzteilbedarf wird so rechtzeitig fortlaufend bestellt, daß selbst bei Schwankungen der Lieferzeiten stets sichergestellt ist, daß für jede fällige Instandhaltungsarbeit auch die benötigten Ersatzteile vorhanden sind. Eine andere Methode sieht eine periodische Auffüllung des Ersatzteillagers vor. Diese Ausrüstungsmethode wird bei Schiffen zweckmäßig sein, die ihre Ersatzteile stets bei sich führen.

3. *Übersicht über den Ersatzteilbestand*

Der Einsatz von EDV-Anlagen ermöglicht durch Datenerfassung des Ersatzteilverbrauchs und der Ersatzteillieferungen eine ständige Übersicht über den Ersatzteilbestand. Dabei ist zu bedenken, daß durch Unfallverhütungs- und Klassevorschriften Mindestsatzteilbestände vorgegeben sind. Der Ersatzteilbestand ist gemäß 2. abhängig von dem gewählten Zukunftszeitraum, für den die vorausplanende Ersatzteilbeschaffung durchgeführt wird, und von der richtigen Abschätzung der Lieferzeiten. In vielen Fällen wird ein zu großer Aufwand an Lagerhaltung mit entsprechender Kapitalbindung getrieben. Eine exakte Bestandüberwachung und -anpassung kann daher lohnend sein.

25.11 Kostenerfassung

Durch die Erfassung des Bedarfes und Verbrauches an Mannstunden und Material ist man in der Lage,

eine mitlaufende *Kostenüberwachung* der Instandhaltung durchzuführen.
Mannstunden können mit Hilfe der aus der Monatsheuer abgeleiteten Stundensätze direkt in Personalkosten umgerechnet werden. Der Bedarf ergibt sich aus Übersichtsmatrix und Arbeitskarten mit Peronal- und Arbeitszeitrichtwerten. Die *Ist-Erfassung* kann Schwierigkeiten machen, wenn Personal wechselnd im Fahr-, Ladungs- und Instandhaltungsbereich eingesetzt ist und keine eindeutige Zeittrennung möglich ist. Bei Fremdfirmeneinsatz können Rechnungen herangezogen werden.
Über den Materialbedarf wurde unter Materialplanung berichtet. Zur Ist-Erfassung stehen auch hier Rechnungen zur Verfügung.
Besondere Erfassungsprobleme gibt es bei der Aufschlüsselung von *Instandhaltungsgemeinkosten*, wie allgemeine Werkstatt- und Werkzeugkosten, Abschreibung auf Instandhaltungseinrichtungen u.a.m.
Noch schwieriger ist die Berechnung der Stillstandskosten bzw. der Folgekosten des Ausfalles einer Baugruppe.
Die mitlaufende Kostenüberwachung gibt Entscheidungshilfen für folgende Probleme:
1. Kostenentwicklung in Abhängigkeit vom Lebensalter der Baugruppe,
2. Bildung jährlicher Instandhaltungskostensätze in Prozent vom Anschaffungswert der Baugruppe,
3 Kostenvergleiche, insbesondere zwischen Eigen- und Fremdinstandhaltung,
4. Betriebswirtschaftliche Beurteilung der gewählten Instandhaltungsstrategie im Sinne einer Minimierung der Kosten.

25.12 Wirtschaftliche Kennzahlen der Instandhaltung

Ein Maßstab für die *Produktivität* der Instandhaltung kann das

$$\text{Verhältnis} = \frac{\text{Transportleistung}}{\text{Instandhaltungskosten}} \text{ sein.}$$

Auch die Umkehrung als

$$\text{spez. Instandhaltungskosten} = \frac{\text{Instandhaltungskosten}}{\text{Transportleistung}}$$

z. B. in DM/t, sm ist sinnvoll.
Faktoren, die die Transportleistung beeinflussen, sind:
1. Dauer der Stillstandzeiten aufgrund einer periodischen Strategie,
2. Dauer von Betriebsausfällen,
3 Dauer des Betriebes verringerter Transportleistung wegen schadhafter Bauteile,

Faktoren, die die Instandhaltungskosten beeinflussen, sind:
4. Leistungsfähigkeit des Instandhaltungspersonals,
5. Anfall von Überstunden,
6. Art der Instandhaltungs- und Instandsetzungsdurchführung,
7. Zeitintervalle bei periodischen Strategien,
8. Art der Zustandsüberwachung,
9. Technische Faktoren der Bauteile wie z.B. Normung, Werkstoffauswahl, konstruktive Gestaltung u.a.m.,
10. Größe des Ersatzteillagers.

Auch diese einzelnen Faktoren lassen sich in Kennzahlen ausdrücken.

25.13 Schrifttum

Beichelt, F.: Prophylaktische Erneuerung von Systemen Vieweg-Verlag, Braunschweig, 1976
Rinne, H.: Strategien der Instandhaltung Verlag Anton Hain, Meisenheim, 1972
Stewart, H.V.M.: Organisation des Reparatur- und Instandhaltungsbetriebes, Verlag Moderne Industrie, München, 1965
Brandt, H.: Zuverlässigkeitstechnik, Vorlesung an der Fachhochschule Flensburg, Selbstverlag, Flensburg, 1976
Brandt, H.: Ein Verfahren zur Bestimmung der zeitabhängigen Ausfallrate von Bauelementen, HANSA 105 (1968) H. 17, S. 1465
Brandt, H.: Ermittlung der optimalen Standzeit, HANSA 113 (1976), H. 15/16, S. 1357
Brandt, H.: Ermittlung der Zuverlässigkeitsparameter von Bauteilen, HANSA 113 (1976), H. 18, S. 1585
Gaßner, V.: Terotechnik in der Schiffahrt, HANSA 109 (1972), H. 20, S. 1903
Gaßner, V.: Eine Informationstheorie der Betriebsüberwachung, HANSA 116 (1979), H. 20, S. 1561
Gloth, K.: Vorbeugende Instandhaltung von Schiffsmaschinenanlagen, HANSA 111 (1974), H. 21, S. 1851
Gloth, K./Steinhagen, G.U.: Das Programmsystem „Geplante Instandhaltung, HANSA 112 (1975), H. 18, S. 1439, H. 20, S. 1643, H. 24, S. 2039
Güthlein, W.: Trendanalyse zur Schadensfrüherkennung STG-Jahrbuch 73 (1979) S. 117
Gütschow, G.: Sicherheitstechnische Aspekte der Überwachung und Instandhaltung, STG-Jahrbuch 73 (1979) S. 103
v. Maydell, O.: Vorstellungen des Reeders in bezug auf Überwachung und Instandhaltung, STG-Jahrbuch 73 (1979) S. 93
Pauer, R.: Das Instandhaltungsproblem im modernen Schiffsbetrieb, Lösungswege der M.A.N., MAN-Selbstverlag, Augsburg, 1977
Sidiris, D.: Methoden zur quantitativen Beschreibung des Ausfallverhaltens und ihre Anwendung im schriffstechnischen Bereich, HANSA 116 (1979), H. 18, S. 1361
Siebert, W.: Geplante Wartung und vorbeugende Instandhaltung von mittelschnellaufenden Dieselmotoren, HANSA 113 (1976), Sonderheft, S. 603
Untiedt, W.: Diagnostische Untersuchungen von Motorenanlagen HANSA 114 (1977), H. 22, S. 2019

Hauptabschnitt 26
Schäden

Prof. Dr.-Ing. *H. Meier-Peter*, Flensburg

26.1 Einleitung

Von den für den Schiffsbetrieb verantwortlichen Ingenieuren wird die Einhaltung des optimalen Wirkungsgrades während der Betriebszeit sowie die Aufrechterhaltung der Verfügbarkeit der Maschinenanlage gefordert. Jeder Schaden, der einen ungeplanten Stillstand der Anlage zur Folge hat, belastet die Wirtschaftlichkeitsrechnung des Schiffes in hohem Maße. Der erfahrene Betriebsingenieur kann bei guter Kenntnis der Schadenszusammenhänge wesentlich dazu beitragen, durch

- *Früherkennung* eines Schadens den totalen Ausfall der Anlage bzw. des Anlagenteils zu verhindern oder den Schadensumfang gering zu halten,
- *Beurteilung* im Schadensfall die richtigen Maßnahmen zu treffen und Wiederholfälle zu vermeiden,
- *Weitergabe* aus Schadensfällen gewonnener Erkenntnisse ähnliche Schäden bei vergleichbaren Anlagen zu verhüten und bei den Herstellern konstruktive Verbesserungen durchzusetzen.

Unter Berücksichtigung der auslösenden Ursachen werden die Schäden in zwei *Hauptgruppen* unterteilt (Bild 26.1):

Schäden durch Produktfehler
In diese Gruppe fallen alle Schäden, die sich auf Unzulänglichkeiten bei der *Herstellung* zurückführen lassen, wie Planungs- und Konstruktionsfehler, Werkstoffehler, Bearbeitungsfehler, Einbau- und Montagefehler.

Schäden durch Betriebsfehler
Alle Schäden, die durch den *Betrieb* der Anlage verursacht werden, wie Überlastung, Verschleiß, Korrosion, Bedienungsfehler und Versagen von Schutzeinrichtungen werden als Betriebsfehler klassifiziert.

26.2 Schäden durch Produktfehler

26.2.1 Planungs- und Konstruktionsfehler

Berechnungsfehler

Die fortgeschrittene Kenntnis der physikalisch-technischen Zusammenhänge und der Einsatz elektronischer Datenverarbeitungsanlagen erlauben es heute, bei erträglichem Aufwand die Beanspruchung einer Konstruktion mit großer Genauigkeit vorauszubestimmen. Darüber hinaus beinhaltet der genehmigungspflichtige Nachweis für die Hauptkomponenten bei den Überwachungsbehörden eine recht wirksame *Kontrolle*. Besondere Aufmerksamkeit ist jedoch trotzdem immer dann geboten, wenn eine neue Konstruktion sich von vorhergehenden Ausführungen wesentlich unterscheidet, z. B. sehr viel größer oder sehr viel leistungsfähiger ist.
Bei einem *Typensprung* z. B. muß stets geprüft werden, ob die der ursprünglichen Berechnung zugrundegelegten Idealisierungen, Annahmen und Berechnungsmodelle noch zutreffen oder durch grundlegend neue Betrachtungsweisen ersetzt werden müssen.
Konstruktionsfehler aufgrund falscher Berechnungen oder fehlerhafter Annahmen sind aber selten geworden.

Gestaltungsfehler

Nach wie vor zahlreich sind dagegen *Gestaltungsfehler* durch falsche Formgebung. Sie entstehen häufig durch die Umstellung einer an sich bewährten Guß- oder Schmiedekonstruktion auf eine Stahlbau- bzw. Schweißkonstruktion.
Bei einer derartigen *Konstruktionsüberarbeitung* sind die Forderungen, die sich aus der anders gearteten Herstellungstechnologie hinsichtlich der Beanspruchungen und der Ausführungsmöglichkeiten ergeben, besonders zu beachten.

Einleitung. Schäden durch Produktfehler

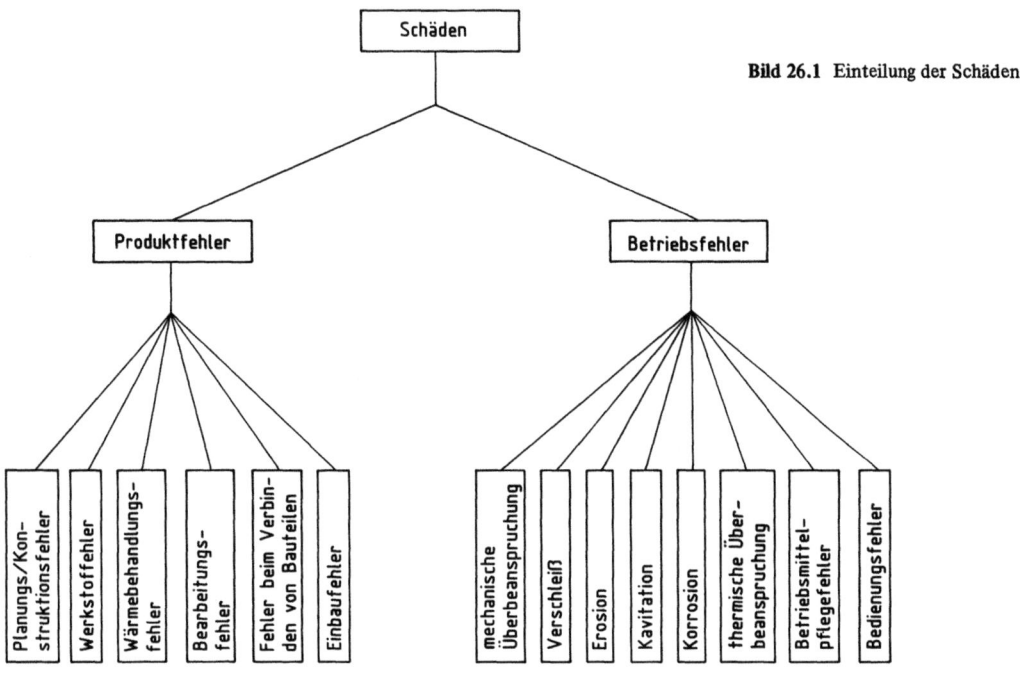

Bild 26.1 Einteilung der Schäden

So ist z. B. ein möglichst ungestörter, geradliniger *Kraftfluß* zwischen den zu verbindenden Bauteilen herzustellen [26.3]. *Steifigkeitssprünge* und schroffe Querschnittsveränderungen sind zu vermeiden. *Krafteinleitungen* (Einleitung großer Einzelkräfte in die Konstruktion) sind besonders sorgfältig zu gestalten (Bild 26.2). Schweißnähte sollten nicht in Zonen ohnehin großer Beanspruchung gelegt werden. *Schweißnahtanhäufungen* sind zu vermeiden. Folgende allgemeine Gesichtspunkte können für die Prüfung einer Schweißkonstruktion auf *festigkeitsgerechte Gestaltung* angegeben werden [26.2], [26.3], [26.4], [26.8], [26.10], [26.12]:

- stetige Steifigkeitsänderung durch lange und gut gerundete Übergänge, durch richtig gestaltete Aussteifungen, durch Bevorzugung der Stumpfnaht vor der Kehlnaht,
- Schweißnaht, besonders Nahtübergänge, Nahtwurzel und Nahtansätze in Gebiete niedriger Spannung legen (neutrale Zone bei Biegung, Stabbereich mit kleinem Biegemoment, Zonen außerhalb der Übergänge und Kerben),
- verkleinerte Biegemomente durch kurze Biegelängen bei Querkraftbiegung (Sekundärwirkung von Aussteifungen),
- verkleinerte Torsionsmomente durch Querkrafteinleitungen im Schubmittelpunkt (siehe Hauptabschnitt 04),
- geringe Verformungsbehinderung bei Zug und Biegung durch kleine Versteifungslänge,

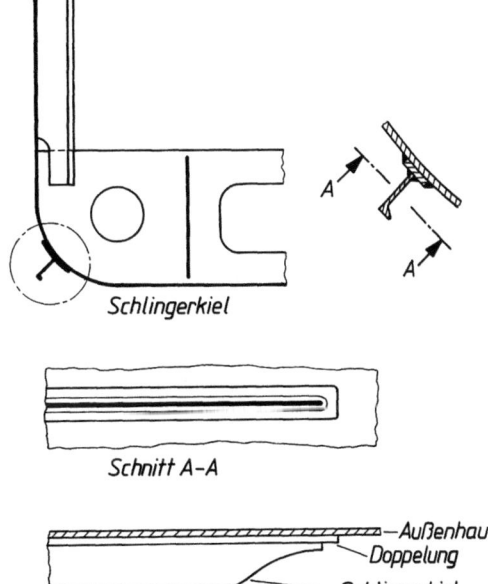

Bild 26.2.1 Der Schlingerkiel nimmt infolge seiner Länge und Lage an der Längsbeanspruchung des Schiffes voll teil. Daher ist eine sorgfältige Ausführung der Enden zur allmählichen Krafteinleitung erforderlich.

Bild 26.2 Typische schiffbauliche Krafteinleitungen

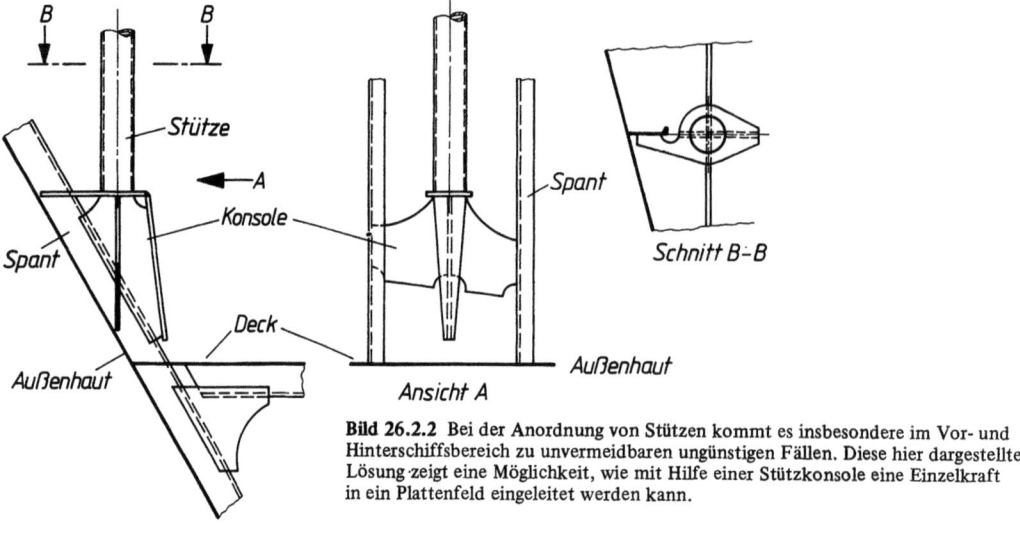

Bild 26.2.2 Bei der Anordnung von Stützen kommt es insbesondere im Vor- und Hinterschiffsbereich zu unvermeidbaren ungünstigen Fällen. Diese hier dargestellte Lösung zeigt eine Möglichkeit, wie mit Hilfe einer Stützkonsole eine Einzelkraft in ein Plattenfeld eingeleitet werden kann.

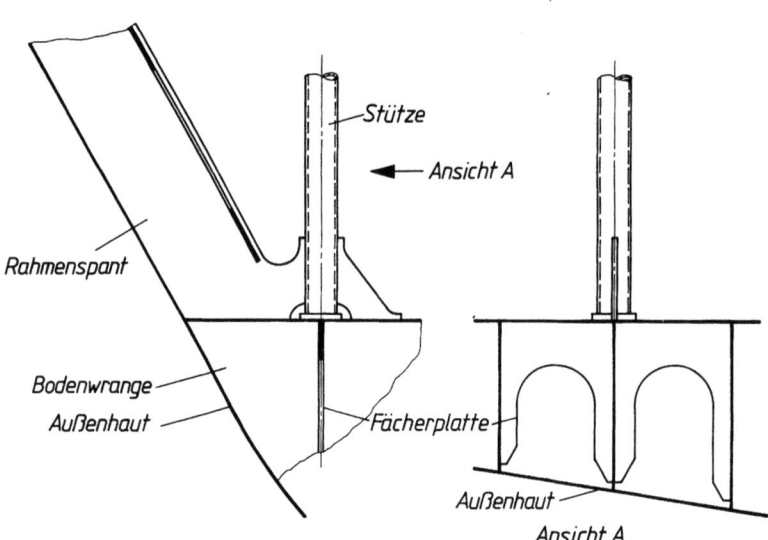

Bild 26.2.3 Bei der hier gezeigten Ausführung wird die Stützkraft im Bereich des Übergangs von den Bodenwrangen zum Rahmenspant eingeleitet und in Längsrichtung über eine Fächerplatte verteilt.

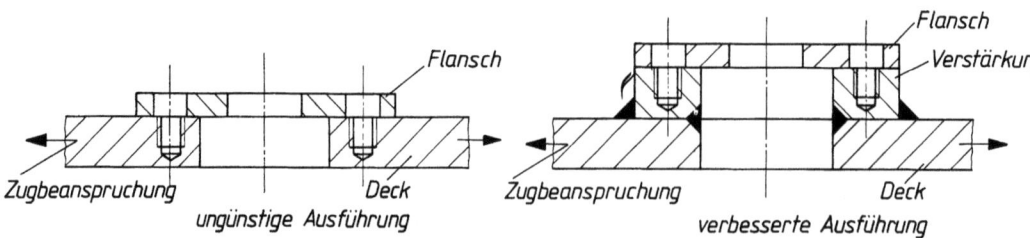

Bild 26.2.4 Die Durchführung durch zugbeanspruchte Bereiche des Decks muß besonders sorgfältig ausgeführt werden. Die Sacklöcher der Flanschbefestigung wirken als Kerben und führen zu hoher Spannungskonzentration.

Schäden durch Produktfehler

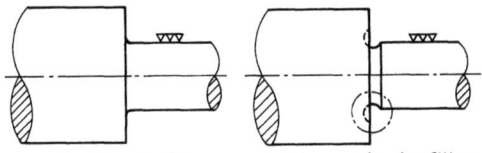

ungünstige Ausführung   verbesserte Ausführung

Bild 26.3.1 Bei hohen Wellenschultern kann durch eine Hinterdrehung erreicht werden, daß ein scharfkantiger Auslauf der Schleifscheibe vermieden wird [26.2].

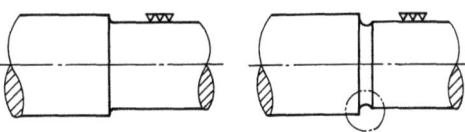

ungünstige Ausführung   verbesserte Ausführung

Bild 26.3.2 Auch bei Wellenabsätzen mit geringerer Durchmesserdifferenz empfiehlt sich eine Freidrehung zur Verringerung der Spannungskonzentration durch den Schleifscheibenauslauf [26.2].

Bild 26.3.3 Oft kann ein plötzlicher Querschnittssprung an einer Welle durch einen konischen Übergang vermieden werden. Propellerwellen werden auf diese Weise auf den Leitungswellendurchmesser verjüngt [26.2].

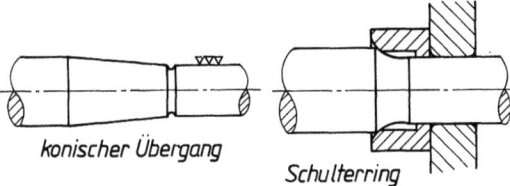

konischer Übergang   Schulterring

Bild 26.3.4 Allzu niedrige Wellenschultern sind für axial genau definierte Stellungen des angrenzenden Bauteils ungeeignet; eine einwandfreie Wellenschulter kann in solchen Fällen mit Hilfe eines Schulterrings verwirklicht werden [26.2].

Bild 26.3 Beispiele für Gestaltungsmöglichkeiten im Maschinen- und Stahlbau

- geringe Verwölbungsbehinderung bei Torsion durch fertiggeschnittene oder schräg eingespannte Flanschenden oder durch wölbfreie Profilstäbe,
- geringe örtliche Biegung bei Krafteinleitung in dünnwandige Bauteile durch große Nahtlänge, großflächige Nahtanordnung (z. B. Tasche) oder erhöhte Blechdicke (beispielsweise Konsole).

Festigkeitsgerechtes Konstruieren ist in hohem Maß eine Sache der Formgebung sowie der Nahtwahl und der Nahtanordnung.

Ein weiterer wichtiger Gesichtspunkt der festigkeitsgerechten Konstruktion kann die *Korrosion*, speziell die *Spaltkorrosion* sein. Bei korrosiver Umgebung müssen die *Wurzelspalte* geschlossen werden.

Die Konstruktion muß ferner *herstellungsgerecht* und *prüfgerecht* ausgeführt werden. Sie muß möglichst einfach, sicher und wirtschaftlich herstellbar sein. Folgende Gesichtspunkte sind zu beachten [26.8], [26.10], [26.12]:

- Verfügbarkeit des Halbzeugs und der Normteile,
- Nahtvorbereitung, Paßarbeit,
- Schweißverfahren, Schweißfolge, Zugänglichkeit beim Schweißen, Schweißeignung, Eigenspannungen, Verzug,
- Wärmevor- und Wärmenachbehandlung, spanabhebende Nachbearbeitung, Entspannen, Richten,

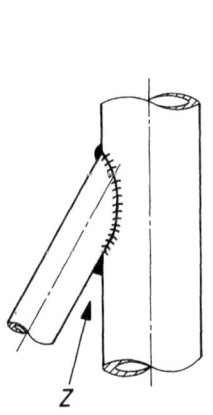

Z

Bild 26.3.5 Bei allzu spitzem Winkel zwischen Rohr und Abzweigung ist eine einwandfreie Schweißung in dem Zwickel Z nicht mehr möglich [26.2].

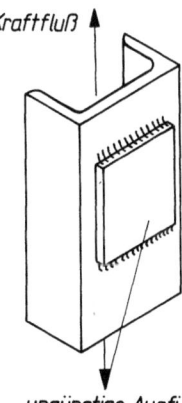

Kraftfluß

ungünstige Ausführung

Bild 26.3.6 Die Kehlnähte derartiger Verstärkung auf zugbeanspruchten Bauteilen rufen örtlich hohe Spannungsspitzen hervor, die oft zu Anrissen und zum Bruch des Zugstabs geführt haben [26.2].

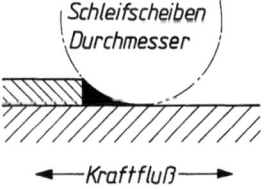

Schleifscheiben Durchmesser

←Kraftfluß→

Bild 26.3.7 Kann eine quer zum Kraftfluß liegende Kehlnaht konstruktiv nicht vermieden werden, sollte für saubere Nahtausführungen ohne Einbrandkerben und Endkrater gesorgt werden. Die Schweißnahtoberfläche ist in Beanspruchungsrichtung sauber zu schleifen [26.2].

- Nahtöffnungswinkel, Randabstand, Nahtanhäufung,
- Prüfverfahren, Zugänglichkeit beim Prüfen.

Schweißkonstruktionen sollten möglichst *eigenspannungsarm* konstruiert werden. Durch eine sinnvolle *Schweißfolge* kann der Verzug eines Bauteils klein gehalten werden. Thermisches Richten von verzogenen Bauteilen belastet die Konstruktion durch hohe zusätzliche Eigenspannungen.

Gestaltungsfehler schleichen sich auch ein bei der Beibehaltung eines einmal festgelegten Konstruktionskonzepts oder einer einmal festgelegten Formgebung und nachträglicher *Änderung des Werkstoffes*, z. B. infolge gesteigerter Beanspruchung.

Typische Gestaltungsfehler stellen auch alle Kerben, unzureichende Übergangsradien, Querbohrungen, Nuten usw., also schlechthin alle Störungen eines geradlinigen Kraftlinienverlaufes dar. Das Erkennen von Gestaltungsfehlern erfordert eine gründliche Kenntnis der Beanspruchungen nach Art und Größe (siehe hierzu auch Hauptabschnitt 02) sowie der Eigenschaften des vorgesehenen Werkstoffes und der Herstellungstechnologie. Bild 26.3 zeigt Beispiele für typische *Gestaltungsfehler* [26.2].

Zur Überprüfung von Konstruktionszeichnungen auf Gestaltungsfehler empfiehlt es sich, systematisch vorzugehen [26.10]. Dabei ist die nachfolgende Checkliste hilfreich, in der einige wichtige Gesichtspunkte zusammengestellt wurden. Zeichnungen sollten in *mehrfachen* Durchgängen geprüft werden, wobei man sich dann jeweils nur auf einen *einzelnen* der nachstehend aufgelisteten *Checkpunkte* konzentriert:

- Festigkeit/Dehnung:
  Krafteinleitung der Längs-, Quer- und Normalkräfte,
  Dreh- und Biegemomenteinleitung,
  Kerbstellen und Spannungskonzentration,
  kritische Querschnitte (nachrechnen!),
  thermische und mechanische Festpunkte und Dehnwege.
- Gleitstellen (z. B. Lager, Dichtungen, Zahneingriffe):
  Werkstoffpaarung,
  Oberflächenzustand,
  Passungen,
  Schmierung/Wärmeabfuhr,
  Schmiermittelzuführung,
  Schmiermittelabführung,
  Verschleiß/Auswechselbarkeit.
- Anschlüsse zum
  Füllen,
  Entleeren,
  Entlüften,
  Messen,
  Regeln,
  Besichtigen (Hand- und Schaulöcher).
- Zusammenbau:
  Ein- und Ausbaubarkeit,
  Ein- und Nachstellbarkeit,
  Auswechselbarkeit Verschleißteile und Baugruppen.
- Bedienelemente:
  Unfallschutzvorrichtungen.
- Fertigung:
  Wie wird aufgenommen, gespannt, gemessen?
  Sind Spezialmaschinen, -werkzeuge oder -vorrichtungen erforderlich?
- Teilevielfalt/Standards:
  möglichst genormte Teile verwenden (besonders Befestigungselemente, Schrauben),
  möglichst Gleichteile verwenden.
- Maßkontrolle:
  Bezugskante,
  Innenbemaßung,
  Außenbemaßung,
  Einzelmaße addieren und Summenmaße prüfen,
  Passungs- und Paarungsmaße prüfen.
- Sparmöglichkeiten:
  Können Abmessungen und Gewicht verringert werden, ohne Funktion, Bedien- und Ausbaubarkeit zu erschweren?
  Wo kann einfachere Bearbeitung, billigerer Werkstoff verwendet werden?
- Folgende Zeichnungen/Übersichten sollten geprüft werden:
  Zusammenstellung,
  rotierende Teile,
  Lager,
  Dichtungen,
  Verbindungen mit An- und Abtrieb,
  Gehäuse,
  Fundament,
  Zu- und Ableitungen,
  Meßstellen,
  Regelung.

Diese Liste erhebt keinen Anspruch auf Vollständigkeit; weitere Angaben finden sich im Schrifttum [26.8], [26.10], [26.12].

Da das Herstellen vollkommen fehlerfreier Halbzeuge und Bauteile sehr hohe Kosten verursacht, ist oft zu entscheiden, bis zu welcher Größe und Häufigkeit *Ungänzen* im Werkstoff oder in den Bauteilverbindungen zugelassen werden können.

Die wissenschaftlichen Voraussetzungen zur Erfassung des Einflusses solcher Werkstoffungänzen auf die Bauteillebensdauer und zur Beurteilung ihrer Erträglichkeit werden durch die Gesetze, Methoden und Ansätze der *Bruchmechanik* geschaffen. Mit Hilfe der Gesetze der Bruchmechanik können auch Aussagen über die *Restlebensdauer* von Bauteilen getroffen werden, an denen bei einer Routinebesichtigung erste Anzeichen eines beginnenden Schadens festgestellt werden [26.5], [26.12].

Werkstoffauswahl

Die Werkstoffauswahl erfolgt aufgrund der Funktion des Bauteils und der sich aus Berechnung und Gestaltung ergebenden Bauteilbeanspruchungen unter Berücksichtigung der Lebensdauer sowie der Formgebung und Fertigung des Bauteils. Ferner spielen oft die Werkstoffkosten und gelegentlich auch die Beschaffungsmöglichkeiten des Werkstoffes eine wesentliche Rolle. Für rein *statische* Belastungen ist die Streckgrenze maßgebend; für *dynamische* Beanspruchungen die dauerfest ertragbaren Spannungsausschläge. Es sollte der Grundsatz gelten, höherfeste Werkstoffe nur dort einzusetzen, wo ihre erhöhten Festigkeitseigenschaften zwingend erforderlich sind. Bei der Verwendung höherfester Werkstoffe wird erfahrungsgemäß unter dem *Kostendruck* die Werkstoffausnutzung an die Grenze der zulässigen Kenndaten getrieben, so daß üblicherweise vernachlässigbare Werkstoffunganzen, Unsicherheiten in den Lastannahmen oder sonst ertragbare Fertigungsfehler bereits nach kurzer Zeit zum Versagen führen können.

Neben der eigentlich selbstverständlichen *beanspruchungsgerechten* Dimensionierung ist auch auf die *Korrosionsfestigkeit* der Werkstoffe gegenüber der Atmosphäre zu achten, sowie auf die Verträglichkeit unterschiedlicher Werkstoffe im gleichen Bauteil. Ferner muß die Verträglichkeit gegenüber Betriebs- und Hilfsstoffen in allen auftretenden Aggregatzuständen (fest–flüssig–gasförmig) und bei den in Frage kommenden Betriebswerten (Druck-Temperatur) berücksichtigt werden.

Dabei kann es vorkommen, daß sich im späteren Betrieb herausstellt, daß die tatsächlichen Eigenschaften des Betriebsmittels sich von denen nennenswert unterscheiden, die bei der Werkstoffauswahl zugrundegelegt wurden.

Als Beispiel kann hier die chemische Zusammensetzung von Fluß- und Brackwasser herangezogen werden, die in extrem weiten Grenzen schwanken kann oder auch die nachträgliche Verwendung anderer Schmierstoffe mit zusätzlichen Additiven

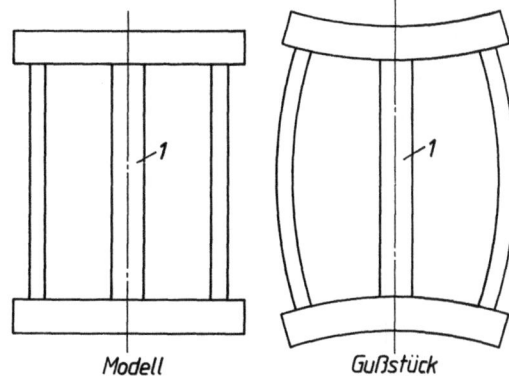

Bild 26.5 Ungleiche Dicke führt zu zeitlich unterschiedlicher Abkühlung und somit zu Verzug [26.10].

bzw. geänderten Viskositäten und, nicht zuletzt, die Verwendung von Brennstoffen mit anderer Zusammensetzung.

26.2.2 Schäden durch Werkstoffehler

Gußfehler

Grobe Werkstoffehler zeigen sich besonders deutlich bei gegossenen Werkstücken. Für das bessere Verstehen ihrer Entstehung ist eine richtige Vorstellung vom *Erstarrungsvorgang* des Gusses wichtig. Bei zeitlich ungleicher Erstarrung verringert sich nach den Bildern 26.4 und 26.5 das Volumen der später erstarrenden, also der dickeren bzw. der inneren Stellen gegenüber den vorher erstarrten dünneren bzw. äußeren. Es entstehen *„Lunker"* (Hohlräume) (Bild 26.4) bzw. *Verkürzungen* (Bild 26.5), der später erstarrenden Teile, bzw. Spannungen oder Risse, wenn die Verkürzung *behindert* wird. Letztere treten besonders leicht an den Übergangsstellen von dicken zu dünnen Querschnitten und an Wandecken auf. Man kann durch eine entsprechende Formgebung (Bilder 26.6 und 26.7) eine ungleiche Erkaltung verhindern oder einen Ausgleich der Spannungen ermöglichen. Je größer das *Schwind-*

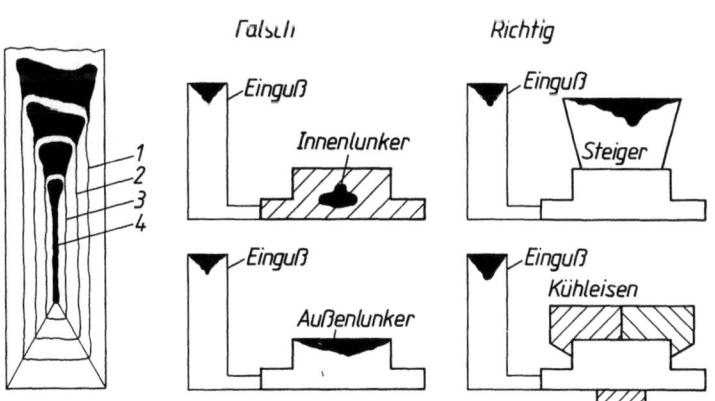

Bild 26.4
Lunkerbildung im Gußblock durch fortschreitende Erkaltung von 1 nach 4. Die Bildung von Lunkern kann durch besondere Maßnahmen verhindert werden [26.10].

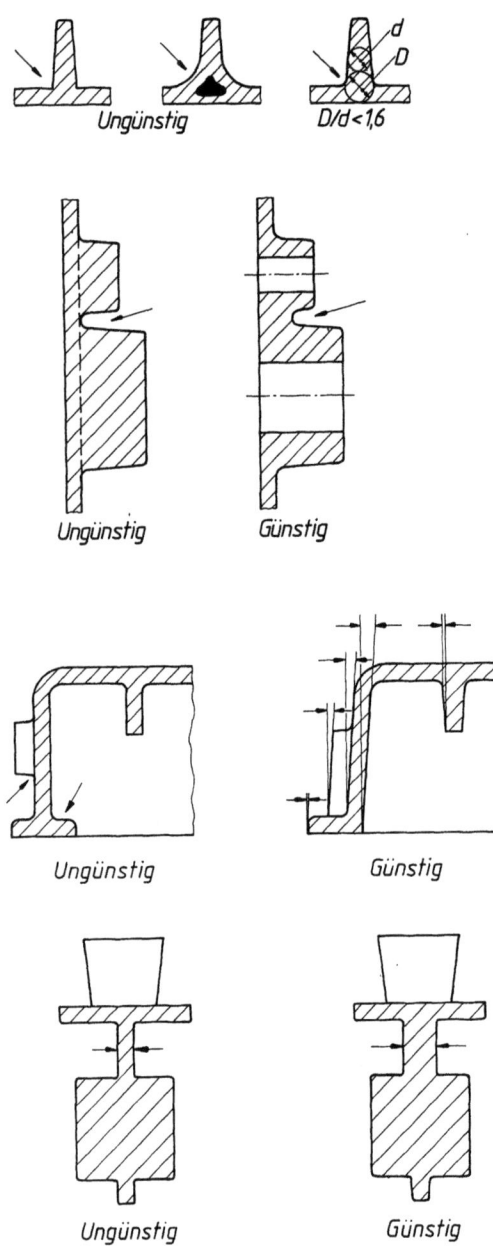

Bild 26.6 Die Querschnittsübergänge an Rippen und Wänden müssen günstig gestaltet werden, um Rißbildung oder Lunker zu vermeiden. Auf möglichst gleiche Wanddicken ist zu achten [26.20].

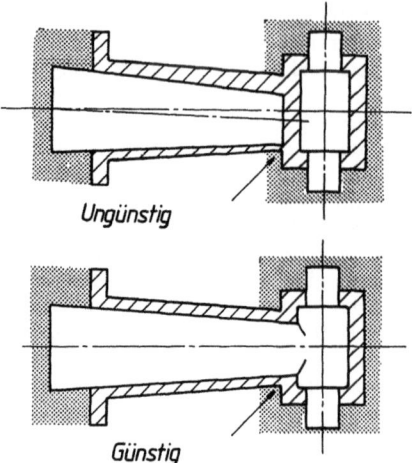

Bild 26.7 Kerne sollten immer so abgestützt werden, daß unbeabsichtigte Wanddickenveränderungen ausgeschlossen werden können [26.10].

maß des Werkstoffes, um so wichtiger werden derartige Maßnahmen[1]).
Bei Gußteilen ist insbesondere auf folgende Gesichtspunkte zu achten [26.10]:

- geringe Stoffanhäufung,
  wenige Lunker und Seigerungen,
- gut ausgerundete Übergänge,
  weniger Spannungen und Risse,
- Versteifungsrippen dünner als Wände,
  weniger Spannungen und Risse,
- geneigte statt waagerechte Flächen,
  weniger blasige Oberflächen,
- genügend große Durchflußquerschnitte,
  gleichmäßiges, schnelles Steigen des Gußspiegels.

Nachfolgend einige Beispiele für *typische* Gußfehler:

Lunker

sind porige oder schwammige Stellen bzw. Hohlräume, wie sie in Bild 26.8, dem Längsschliff eines Stahlgußbügels, wiedergegeben sind. Derartige Fehler sind, soweit sie nicht bei der Bearbeitung des Stückes in Erscheinung treten, nur durch eine zerstörungsfreie Untersuchung (magnetische Durchflutung, Durchstrahlung mit Röntgenstrahlen oder radioaktiven Isotopen, Ultraschall) oder durch eine metallographische Untersuchung festzustellen. Das letztere Verfahren bedingt allerdings die Zerstörung

---

[1]) Mittlere Schwindmaße in Prozent bei
  Grauguß   1
  Stahlguß   2
  Al-Guß   1,0 ... 1,7
  Silumin   1,15
  Rotguß   1,5
  Gußmessing   1,8
  Zn-Bronze   0,8 ... 1,5

Schäden durch Produktfehler

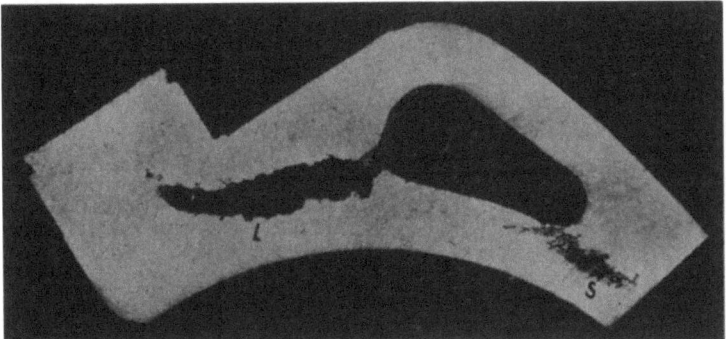

Bild 26.8 Längsschliff eines Stahlgußbügels mit Lunker L und schwammiger Lunkerstelle S.

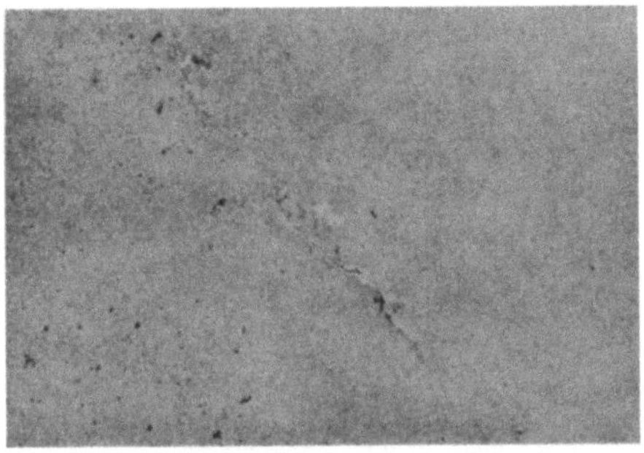

Bild 26.9.1 Längsschliff

Bild 26.9 Langgestreckte Schlackeneinschlüsse in einer Turbinenwelle.

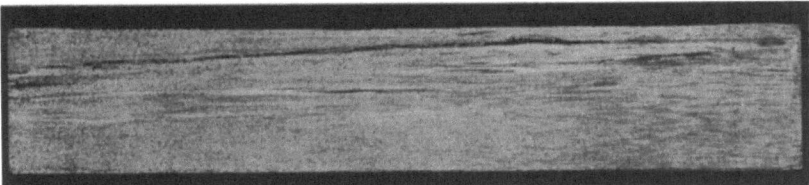

Bild 26.9.2 Querschliff

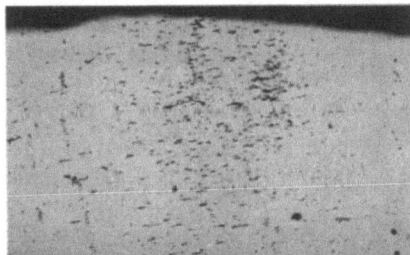

Bild 26.10 Nichtmetallische Einschlüsse

des Teiles. Diese Lunker und porigen Stellen können, wie bereits erwähnt, durch gießgerechte Gestaltung und geschickte Anordnung der *verlorenen Köpfe* beim Gießen sowie der *Steiger* vermieden werden.
In diesen Köpfen sammeln sich bei genügend großen, der Größe des Gußteils angepaßten Abmessungen, die Lunker und alle Fremdkörper, wie losgerissener Formsand, Schlacken usw., an. Diese verlorenen Köpfe werden nach Erkalten des Gußteils abgetrennt bzw. mechanisch abgearbeitet. Andere Gußfehler sind *Sandstellen, Schlackenzeilen* und andere *nichtmetallische Einschlüsse*, wie sie in den Bildern 26.9 und 26.10 in verschiedener Größe und Häufigkeit wiedergegeben sind. Eine Querschnittsschwächung kann ferner durch

Kernverlagerung

beim Gießen eintreten, ein Fehler, der häufig bei Gußstücken gefunden wird. Das Bild 26.11 zeigt den Längsschnitt durch den Zylinderkopf eines Dieselmotors mit Durchbruch zum Kühlwasserraum infolge ungleicher Wanddicke durch Kernverlagerung.

Bild 26.11 Durchbruch D vom Kühlwasser- in den Brennraum eines Dieselmotor-Zylinderkopfes durch Wanddickenschwächung infolge Kernverlagerung.

Bindefehler und Kaltschweißen (Kaltguß)

treten auf, wenn die Form unvollständig gefüllt worden ist, nachgegossen werden muß und dabei flüssiges Eisen auf bereits erkaltetes Material des ersten Gusses kommt. Dasselbe geschieht, wenn das flüssige Eisen in einer Form von zwei oder mehreren Eingußtrichtern bei zu niedriger Temperatur gefüllt wird. An dem Zusammenfluß beider Ströme kommt dann das Eisen „matt" an und weist schon *Oxidhäute* auf die sich bei der zu niedrigen Temperatur nicht mehr auflösen oder verschweißen können; es findet also keine einwandfreie Verbindung statt.

Seigerungen

sind Entmischungserscheinungen beim Erstarren der Schmelze und verschlechtern die mechanisch-technologischen Eigenschaften wesentlich. Sie lassen sich durch Zusätze zum Schmelzbad weitgehend vermeiden, z. B. durch Zusatz von Aluminium oder Silizium. („*beruhigt*" vergossene Stähle).

Schmiede-/Walz-/Ziehfehler

Da alle Schmiedestücke aus vergossenen Blöcken entstehen, können sich grundsätzlich alle Gußfehler auch in Schmiedestücken und Walzteilen finden. Durch die nachträgliche Verformung ist allerdings oft ihr *Erscheinungsbild* stark verändert. Man spricht allgemein von *Ungänzen*.

Seigerungen

treten z. B. in gewalzten Profilstäben vorzugsweise im Inneren der Eckbereiche auf (Bild 26.12).

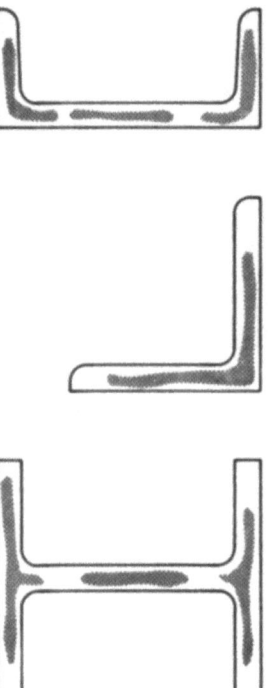

Bild 26.12 Seigerungszonen an Walzprofilen

Faltungen

dagegen stellen Materialtrennungen dar, wie sie in Bild 26.13 an einem Rohr wiedergegeben sind. Sie entstehen durch Überwalzungen; die Überwalzung ist bei dem hier vorgestellten Beispiel an einer Stelle durchgebrochen (Bild 26.14).
Wenn der Gußblock, aus dem ein Schmiedeteil oder eine Blechbramme entstand, nicht ausreichend *abgeschöpft* wurde, so werden die aus dem Gießvorgang entstandenen Lunker beim Walzen *langgestreckt*, ohne daß ein Verschweißen der Hohlräume eintritt. So entstehen

Doppelungen,

die ein Aufbrechen des Bleches, Rohres oder des Profilstückes zur Folge haben können, zumal dann, wenn etwa eine Zugbelastung senkrecht zu den Doppelungen auftreten sollte. Bild 26.15 zeigt eine derartige Doppelung in einem Wellrohr. Wird bei zu niedriger Temperatur geschmiedet, so treten *Materialtrennungen* (Schmiederisse) auf.
Vom oberflächlichen Erscheinungsbild ähnlich, aber vom *Entstehungsprozeß* anders sind *Lamellentrennungen*. Diese gehen auf nichtmetallische Einschlüsse (meist Mangansulfide) zurück, die aus den Legierungskomponenten stammen. Diese *zeiligen Einschlüsse* finden sich in Feinkornblechen, bevorzugt

Schäden durch Produktfehler

Bild 26.13 Materialtrennungen durch Falten beim Walzen

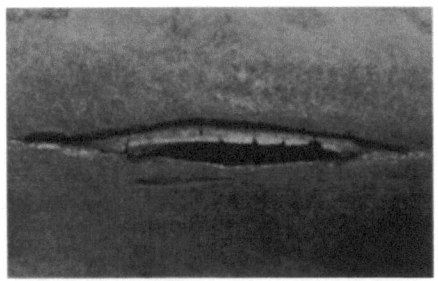

Bild 26.14 Durchbruch in einer Falte (zu Bild 26.13)

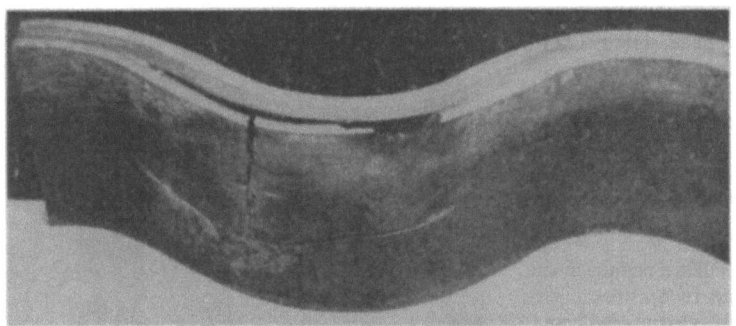

Bild 26.15 Doppelungen in einem Wellrohr

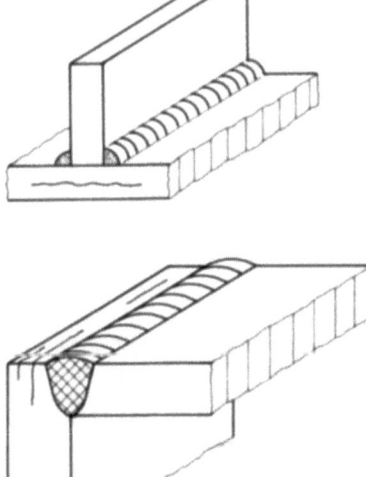

a) Typische Lagen

Bild 26.16 Lamellenrisse

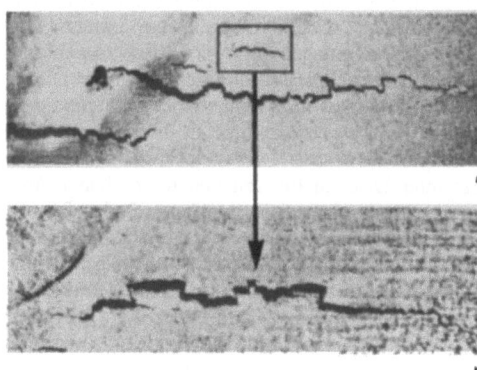

b) Schliffbild

bei höherfesten Qualitäten und auch bei normalem Schiffbaublech, bei Blechdicken oberhalb 10 mm. Wird bei der Weiterverarbeitung ausreichend Wärme eingebracht, z. B. bei der Verschweißung nach einem Hochleistungsverfahren, verdampfen die Sulfideinschlüsse und bahnen sich einen Weg, im allgemeinen entlang den Korngrenzen, an die Blechoberfläche, wo sie als feine, rißartige Erscheinung im Umgebungsbereich der Schweißnaht feststellbar werden (*lamellar tearing*) (Bild 26.16).

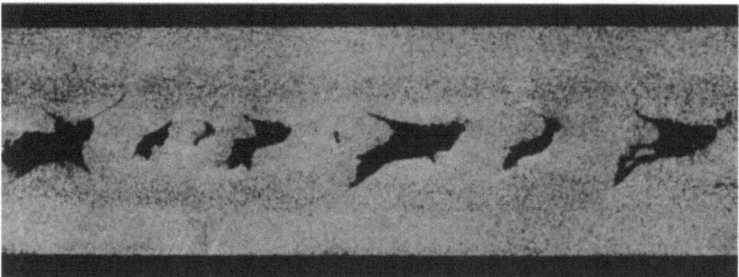

Bild 26.17 Materialtrennungen eines Spanndrahtes durch „Überziehen" (v = 10)

Ziehfehler

Beim Ziehen eines Stückes können durch Überziehen *innere Trennungen* auftreten, wie sie in typischer Art in dem Bild 26.17 wiedergegeben sind. Ziehriefen und Risse können der Anlaß zu *Dauerbrüchen* sein.

26.2.3 Schäden durch falsche Wärmebehandlung

Flockenrisse

Werden Konstruktionsteile nach dem Schmieden zu *schnell* abgekühlt, so kann in dem Werkstück noch vorhandener *Wasserstoff* nicht herausdiffundieren. Er sammelt sich im Innern, insbesondere an Seigerungsstellen und ähnlichen Kristallisationskeimen an und kann bei weiterer Abkühlung einen so hohen Druck ausüben, daß er örtlich kleinere, meist *scheibenförmige* Trennungen des Werkstoffes von wenigen Millimetern Durchmesser und sehr geringer Dicke erzeugt, die wegen ihres schneeflockenartigen Aussehens *Flocken* genannt und als *Flockenrisse* bekannt geworden sind. Diese Flockenrisse sind infolge ihrer Lage im Inneren und ihrer kleinen Abmessungen durch zerstörungsfreie Prüfverfahren schwer zu erkennen; sogar die an und für sich sehr empfindliche *Ultraschalluntersuchung* versagt in den meisten Fällen, weil es sich hierbei um Werkstücke großer Abmessungen, wie Wellen usw. handelt. Auch metallographisch sind sie im allgemeinen nur durch besondere Tiefätzverfahren (Flockenätzung mit 240 cm³ H_2O, 120 cm³ H_2SO_4, 40 cm³ HCl und 80 cm³ Glyzerin bei 100 °C) festzustellen. Flockenrisse sind insbesondere bei Chromnickel- und Chrommanganstählen häufig, sie treten aber, wie Erfahrungen der jüngsten Zeit lehrten, auch bei Kohlenstoffstählen, z. B. C 35, auf. Diese Flockenrisse können vermieden werden, wenn das Schmiedestück *langsam* bis unter den Martensitpunkt (200 °C) im Ofen abgekühlt wird.

Einmal vorhandene Flockenrisse können durch eine Wärmebehandlung, z. B. durch spannungsfreies Glühen oder Normalglühen, nicht beseitigt werden; die einzige Möglichkeit ist ein Schmieden bei so hoher Temperatur, daß ein *Verschweißen* dieser

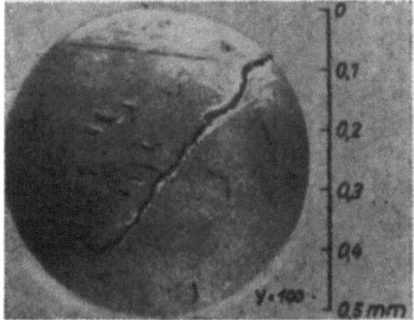

Bild 26.18 Flockenriß in einem Chrom-Nickel-Stahl

Risse eintritt, ein Verfahren, das bei einem bereits bearbeiteten Werkstück meist nicht mehr möglich ist. Bild 26.18 zeigt einen Flockenriß in einem Chrom-Nickel-Stahl.

Härterisse und Vergütungsfehler

Härterisse entstehen meistens beim *Abschrecken* eines zu härtenden Bauteils und nur selten (z. B. bei hochlegierten Werkzeugstählen mit geringer Zähigkeit) bei seiner *Aufheizung* auf Härtetemperatur. Weitere Möglichkeiten zur Härterißbildung bieten die *Nachbearbeitungen*, denen gehärtete Stähle nach dem eigentlichen Härtungsprozeß im allgemeinen unterworfen werden. Thermische, mechanische sowie chemische Nachbehandlungen können bei martensitischen Werkstoffzuständen *rißauslösend* wirken. Für eine systematische Bewertung von Härterissen bietet sich eine Unterscheidung in *härtungsbedingte* und *nacharbeitungsbedingte* Risse an [26.1]. Dabei ist es sinnvoll, die der eigentlichen Härtung zuzuordnenden Risse ihrerseits nochmals zu unterteilen in solche, die auf *konstruktive*, *werkstoffliche* oder *verfahrenstechnische* Ursachen zurückgeführt werden können (Bild 26.19).

Der klassische Härteriß ist metallographisch an seiner interkristallinen, meist zackenförmigen Erscheinungsform längs den ursprünglichen Austenitkorngrenzen zu erkennen. Auf die konstruktiv bedingte Rißanfälligkeit zu härtender Bau-

Schäden durch Produktfehler

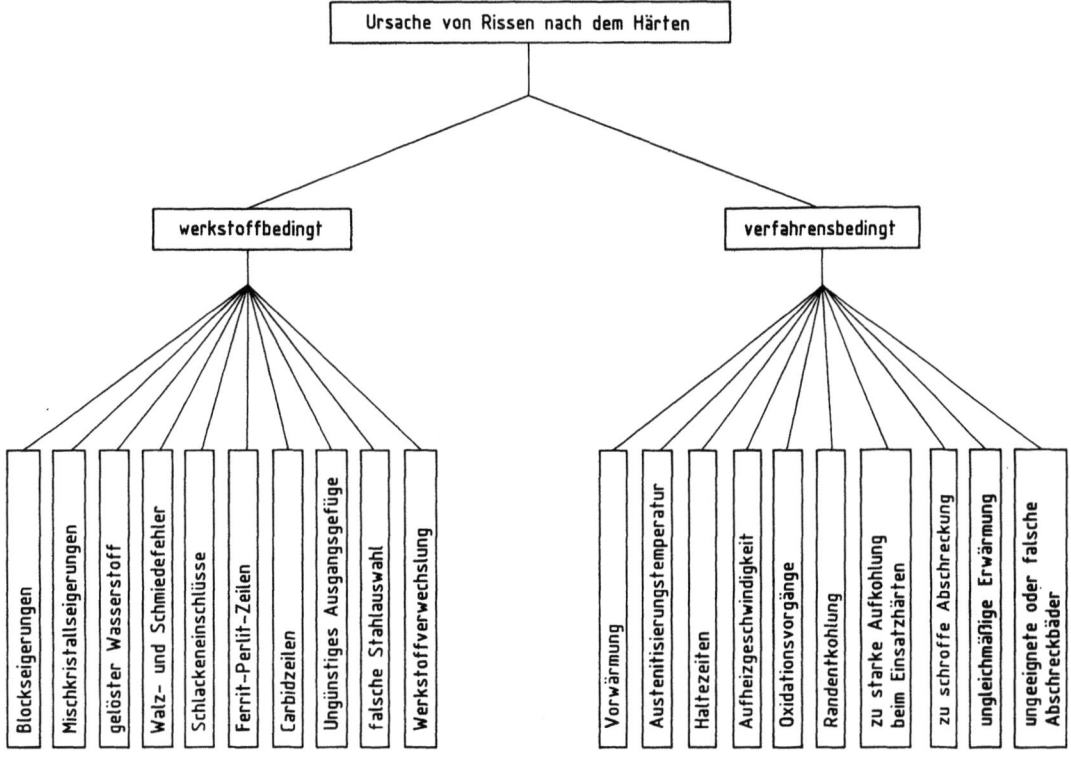

Bild 26.19 Übersicht über die Ursachen von Härterissen

teile kann hier nur kurz eingegangen werden. Bei zu härtenden Bauteilen sollten möglichst alle Arten von Querschnittsübergängen vermieden werden, ebenso wie Bohrungen in Kantennähe. Scharfe Auskehlungen begünstigen die Rißanfälligkeit ebenso wie Stufenbohrungen oder Schlagzahlen. Alle von der Kerbspannungslehre her entwickelten Prinzipien zur Vermeidung geometrisch bedingter Spannungsspitzen lassen sich formal auf die Makroeigenspannungsausbildung in gehärteten Teilen übertragen und zur Minderung der Härterißanfälligkeit nutzen.

Bild 26.19 gibt ferner eine Auflistung der werkstoffbedingten Ursachen für Härterisse.

Durch *Vergütungsfehler* entstehen Gefügeanomalitäten wie

Grobkornbildung,

insbesondere, wenn die Wärmebehandlung bei falschen Temperaturen durchgeführt und (oder) die Glühzeiten falsch sind, wobei zu langes Glühen Grobkornbildung und zu kurzes Glühen nicht die gewünschte Gefügeumwandlung ergibt. Durch Glühen bei falschen Temperaturen kann es bei legierten Stählen durch Ausscheiden von Gefügebestandteilen zu

Ausscheidungshärtung

kommen. Ist bei einem großen Werkstück, z. B. einer Turbinenwelle, die Wirkung der Wärmebehandlung

so ungleichmäßig gewesen, daß sie sowohl in der Tiefe als auch in der Länge erhebliche Unterschiede aufweist, so ergeben sich hier

Gefügeunterschiede,

die, wenn sie exzentrisch zur Achse liegen, wegen ihrer verschiedenen Ausdehnungskoeffizienten bei Betriebstemperaturen zu Durchbiegungen und Verkrümmungen der Welle führen können. Dies ergibt dann Unwuchten.

Überhitzung

Durch Überhitzung treten im Gefüge Überhitzungserscheinungen auf (Widmannstättensche Struktur, Bild 26.20). Dieses Gefüge ist im allgemeinen mit starker Erniedrigung der Kerbschlagzähigkeit verbunden. Werden Stähle mit geringem Fe-Gehalt, z. B. Siederohre, im Betrieb überhitzt, so treten Gefügeänderungen durch *Koagulierung des Perlits* auf (Bild 26.21).

Anlaßsprödigkeit

Verschiedene Stähle, z. B. Chrom-Nickel-Stähle, Chrom-Vanadium-Stähle, Mangan-Stähle und Mangan-Silizium-Stähle, zeigen beim Anlassen nach einer Härtung die sogenannte *Anlaßsprödigkeit*, wenn sie nach dem Anlassen das Temperaturgebiet zwischen

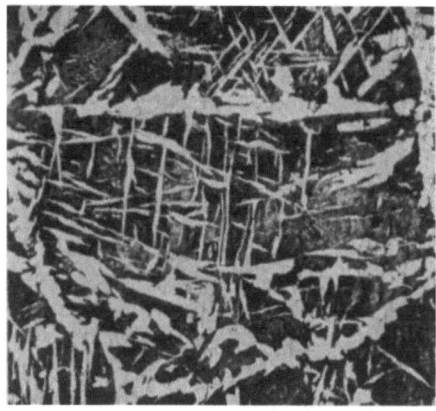

Bild 26.20 *Widmannstättensche* Struktur

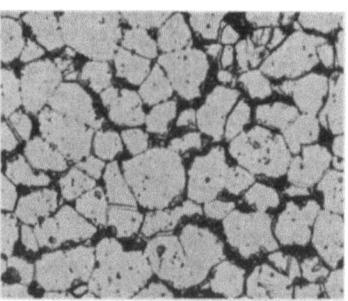

Bild 26.21 Koagulierung des Perlits durch Überhitzung

400 ... 500 °C zu langsam durchlaufen; d. h., die an und für sich gute Kerbschlagzähigkeit fällt in die Tieflage. Man kann diese Erscheinung vermeiden, wenn man das Werkstück nach dem Anlaßglühen in Wasser, Öl oder im Preßluftstrom schnell abkühlt oder wenn man Molybdän-legierte Stähle wählt. Es sei darauf hingewiesen, daß die Anlaßsprödigkeit durch erneutes Anlassen und schnelles Abkühlen wieder beseitigt werden kann.

Warmsprödigkeit

Werden die unter Anlaßsprödigkeit genannten Stähle in dem Temperaturgebiet zwischen 400 °C und 500 °C längere Zeit geglüht, wie es z. B. mit warmfesten Schrauben von Hochdruckflanschen, Dampfturbinengehäusen, Düsensegmenten oder ähnlichem im Betrieb geschieht, so brechen sie beim Ausbau oft völlig spröde nach mehr oder weniger langer Betriebszeit (*Warmsprödbruch*). Diese Erscheinung kann — aufgrund von Erfahrungen durch längere Betriebs- und Laufzeitversuche (10 000 ... 100 000 h) — durch geeignete Legierung (mit Molybdän), nicht zu hohe Vergütung ($< 8,5$ kN/mm^2) und Vermeidung von Kaltverformungen ($> 0,1\%$) beseitigt oder vermindert werden. Bewährt hat sich z. B. der warmfeste Stahl 24CrMoV5.5, falls er nicht über 8,5 kN/mm^2 Zugfestigkeit vergütet wird.

26.2.4 Schäden durch Bearbeitungsfehler

Schlechte Oberflächenbeschaffenheit

Hat ein Werkstück, insbesondere wenn es einer Dauerschwingbeanspruchung, also einer wechselnden Beanspruchung ausgesetzt ist, eine schlechte Oberflächenbeschaffenheit, d. h. bleiben noch Bearbeitungsriefen und (oder) *Rattermarken* vom Drehen, Bohren oder Fräsen stehen, so können diese infolge ihrer Kerbwirkung die Ursache für Dauerbrüche sein. Bild 26.22 zeigt, wie sich die Dauerfestigkeit eines Werkstückes infolge verschiedener Oberflächengüte ändert und insbesondere bei sehr rauher Oberfläche infolge groben Schlichtens oder Schruppens abnimmt, wobei diese Abnahme relativ um so stärker wird, je höher die Werkstoffestigkeit ist.

Weitere Schäden können durch *Schleifrisse* auftreten; das sind Risse, die infolge örtlicher Erwärmung des Werkstückes durch zu starken Andruck der Schleifscheibe auftreten. Es sind meist *geradlinige* Risse, die in Schleifrichtung verlaufen.

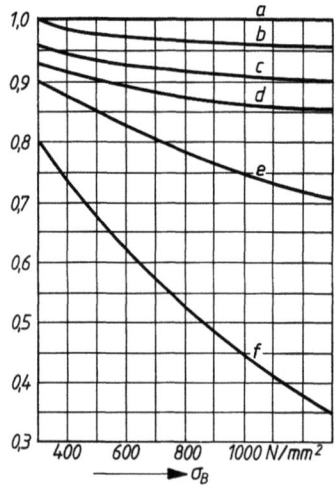

Bild 26.22 Beiwert für die Oberflächenbeschaffenheit der Bauteile (nach *Hänchen*) [26.13].
a fein poliert b mittelfein poliert c fein geschliffen
d mittelfein geschliffen (geschlichtet) e geschruppt
f mit Walzhaut

Schäden durch Produktfehler

Maßabweichungen, Passungsfehler

Grundsätzliche Informationen über Maß- und Formabweichungen enthalten DIN 7182 (Maßabweichungen) und DIN 7184 (Formabweichungen). Gestaltsabweichungen sind definiert in der DIN 47600, siehe Bild 26.23.

Passungsfehler

können die Ursache für Dauerbrüche sein, wenn sie zu schlagartigen Beanspruchungen (Bild 26.24, spiralförmiger Torsionsdauerbruch durch lockere Paßfelder) oder z. B. bei lockerem Schrumpfsitz zu Reibrost führen (siehe auch Abschnitt 26.3.5).

26.2.5 Schäden durch Fehler beim Verbinden von Bauteilen

Fehler beim Schweißen (s. auch Abschnitt 26.5.1, [26.8] und [26.12]).

Schweißfehler können zum Versagen einzelner Bauteile und ganzer Baugruppen führen. DIN 8524 teilt die möglichen Schweißfehler ein in *Risse* (Bild 26.25), *Hohlräume und Einschlüsse* (Bild 26.26), *Bindefehler* (Bild 26.27) und *Nahtformfehler* (Bild 26.28).
Die festigkeitsmindernde Wirkung von Schweißfehlern ist am ausgeprägtesten bei Ermüdungsbeanspruchung (Schwingbeanspruchung) [26.4]. Bei statischer Beanspruchung ist der Einfluß der Fehler auf die Festigkeit gering. Eine Querschnittsverminderung durch Fehler bis 10% bringt dann bei Stahl keine wesentliche Festigkeitsminderung.
Als Schweißfehler einzuordnende *Risse* treten als *Heiß-* und *Kaltrisse* auf. Sie wirken stark festigkeitsmindernd, sofern die Beanspruchung senkrecht oder schräg zum Riß wirkt. Dagegen können Risse ungefährlich sein, wenn eine eindeutige Druckbeanspruchung an der Rißspitze vorliegt, so daß ein Öffnen des Rißspalts (Bild 26.29) vermieden wird.
Heiß- und Kaltrisse lassen sich durch Mildern des Einspanngrades, durch Kontrolle der Abkühlgeschwindigkeit und durch gezielte Vorwärmung vermeiden.

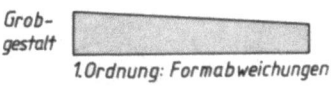
1. Ordnung: Formabweichungen

2. Ordnung: Welligkeit

3. Ordnung: Rauheit

4. Ordnung: Rauheit

1. bis 4. Ordnung: Überlagerung der Gestaltabweichungen

Bild 26.23 Beispiele für Gestaltabweichungen entsprechend DIN 4760 nach [26.10].
Gestaltabweichung (als Profilschnitt überhöht dargestellt)
Beispiele für die Art der Abweichung
Unebenheit Unrundheit Wellen Rillen
Riefen, Kuppen, Schuppen
Überlagerung der Gestaltabweichungen
1. bis 4. Ordnung
Beispiele für die Entstehungsursache
Fehler in den Führungen der Werkzeugmaschine, Durchbiegung der Maschine oder des Werkstücks, falsche Einspannung des Werkstücks, Härteverzug, Verschleiß
Außermittige Einspannung oder Formfehler des Fräsers, Schwingungen der Werkzeugmaschine oder des Werkzeugs
Form der Werkzeugschneide, Vorschub oder Zustellung des Werkzeugs
Vorgang der Spanbildung (Reißspan, Scherspan, Aufbauschneide). Werkstoffverformung beim Sandstrahlen, Knospenbildung bei galvanischer Behandlung.

Bild 26.24 Spiralförmiger Torsionsdauerbruch durch Schlagen einer lockeren Paßfeder

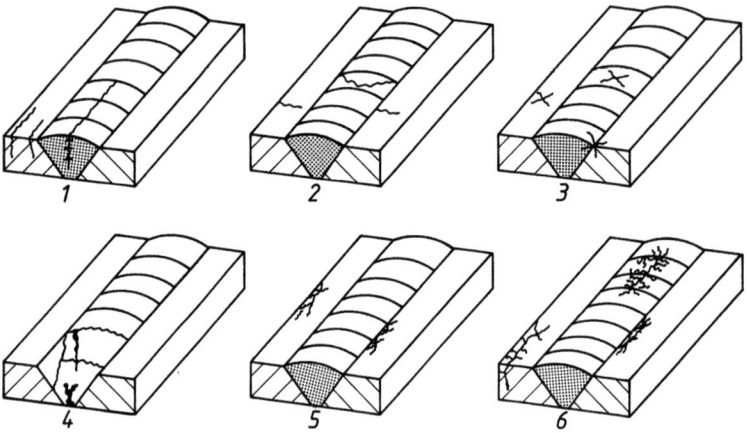

Bild 26.25 Typische Schweißfehler in Rißform
1 Längsnahtriß 2 Nahtquerriß
3 sternförmiger Riß 4 Endkraterriß
5 Rißhäufung 6 Rißverästelung
im Schweißgut, in der Wärmeeinflußzone, im Grundwerkstoff

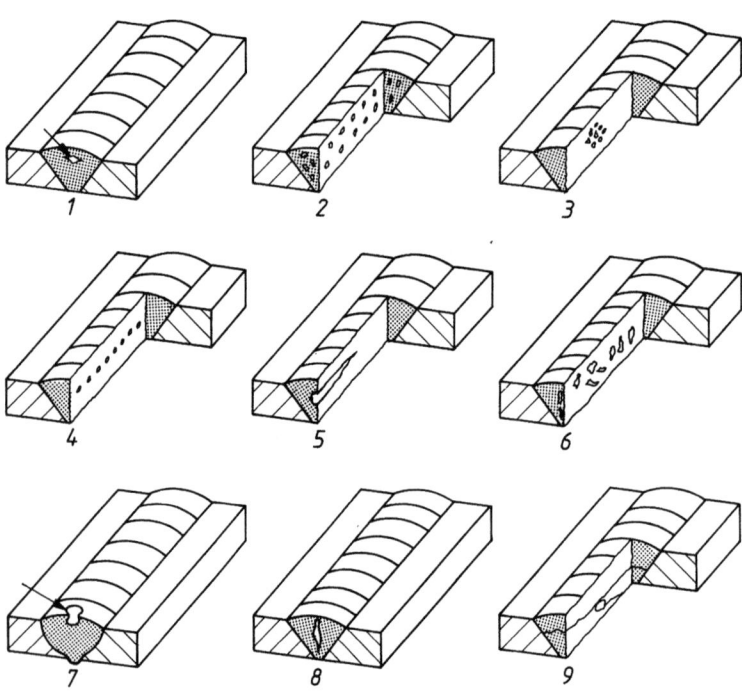

Bild 26.26 Typische Schweißfehler in Hohlraumform
1 Gaseinschluß, Pore 6 Schlauchpore
2 Porosität (zahlreiche Poren) 7 Oberflächenpore
3 Porennest (örtlich gehäufte Poren) 8 Lunker
4 Porenzeile 9 Endkraterlunker
5 Gaskanal

ferner feste Einschlüsse wie Schlacken, Schlackenzeile, Schlackennest, Oxidhaut, Fremdmetalleinschluß.

Schäden durch Produktfehler

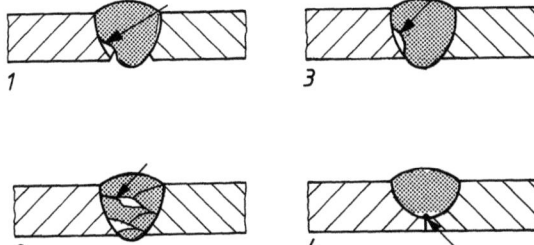

Bild 26.27 Typische Bindefehler beim Schweißen
1 Flankenbindefehler 2 Lagenbindefehler
3 Wurzelbindefehler 4 ungenügende Durchschweißung

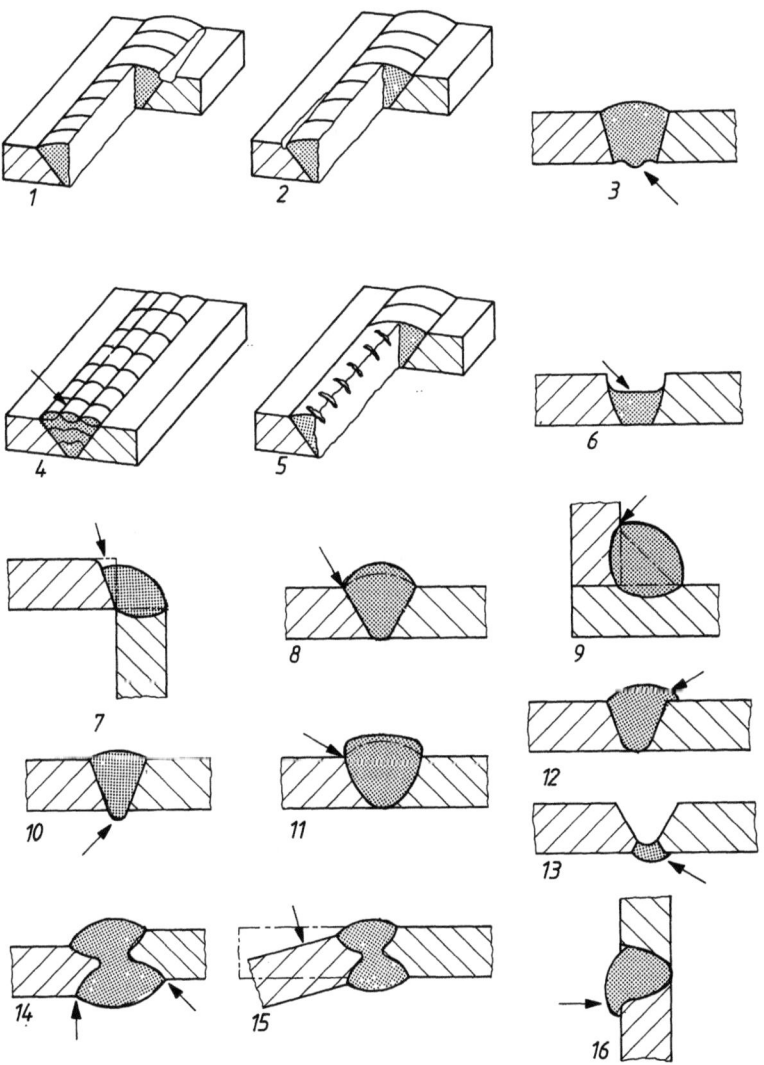

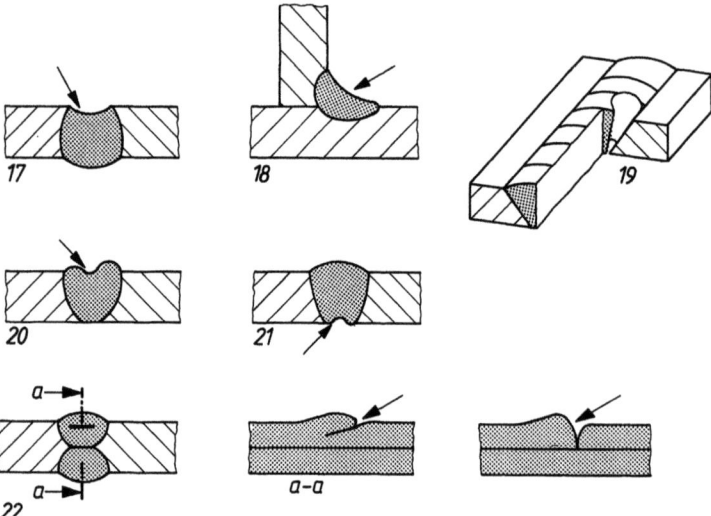

Bild 26.28 Typische Nahtformfehler beim Schweißen
1,2 durchlaufende/nicht durchlaufende Einbrandkerbe
3 Wurzelkerbe
4 Längskerbe zwischen Schweißraupen
5 Querkerben in der Decklage
6 ungenügende Fugenfüllung
7 weggeschmolzene Stirn-Längskante
8, 9 zu große Nahtüberhöhung
10 zu große Wurzelüberhöhung
11 schroffer Nahtübergang
12, 13 Schweißgutüberlauf
14 Kantenversatz
15 Winkelversatz
16 verlaufendes Schweißgut
17 durchgefallene Naht
18 flachliegende Kehlnaht
19 Durchbrand
20 Decklagenunterwölbung
21 unregelmäßige Nahtbreite, fehlerhafte Nahtschuppung, Wurzelrückfall
22 Ansatzfehler

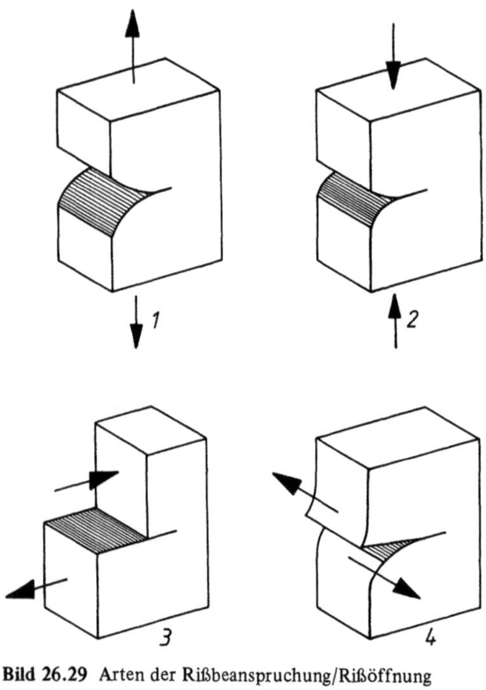

Bild 26.29 Arten der Rißbeanspruchung/Rißöffnung
1 Zug-, 2 Druck-, 3, 4 Scherbeanspruchung

Poren sind Gaseinschlüsse im Schweißgut, die während des Erstarrens entstanden sind. Poren sind kugelförmig und gleichmäßig (Porosität) oder ungleichmäßig über das Schweißgut verteilt (s. Bild 26.26).

Die Porengröße schwankt zwischen sehr kleinen Abmessungen und Abmessungen von einigen Millimetern. Grundsätzlich gilt: Je kleiner die Poren, desto stärker ist die Verringerung der Ermüdungsfestigkeit.

Poren können durch zu hohen Schwefelgehalt des Grund- oder Zusatzwerkstoffs, durch zu hohen Feuchtigkeitsgehalt der Elektrodenumhüllungen oder durch Stickstoffeinbrüche in der Lichtbogenhülle beim Schweißen verursacht sein.

Als *Einschlüsse* werden bei Schweißverbindungen Schlackeneinschlüsse oder Oxideinschlüsse bezeichnet. Ursächlich für Schlackeneinschlüsse sind mangelhafte Schlackenentfernung bei der vorhergehenden Lage sowie schlechte Form und Anordnung dieser Lage. Auch Schlackeneinschlüsse wirken ermüdungsfestigkeitsmindernd.

Bindefehler (s. Bild 26.27) entstehen aus nicht gebundenen Grenzflächen zwischen Schweißgut und Grundwerkstoff oder zwischen verschiedenen Lagen des Schweißgutes. Die häufigste Ursache für Bindefehler ist Fremdmaterie auf der zu schweißenden

Schäden durch Produktfehler

Oberfläche, Schlacke oder Zunder, ggf. auch falscher Schweißstrom.

Einbrand- und *Durchschweißfehler* entstehen dadurch, daß die Nathwurzel nicht erreicht wurde, daß ein nicht beabsichtigter Steg stehenbleibt oder wenn beim Schweißen Paßfehler überbrückt worden sind. Ein weiterer Grund kann in mangelnder Abstimmung zwischen Fugenvorbereitung und Schweißverfahren liegen.

Ferner treten als Fehler örtliche *Anschmelzungen* der Oberfläche z. B. durch Zündstellen, Schweißspritzer, Ausbrechungen durch unsachgemäßes Entfernen angeschweißter Hilfsteile, Schleifkerben, Meißelkerben von der Schlackebeseitigung und Unterschleifungen auf.

Die Bilder 26.30 und 26.31 zeigen Beispiele fehlerhafter Schweißung an einem Kettenglied und an der Kurbelwange eines Dieselmotors [26.13].

Nichteinhaltung von *Schweißanweisungen*, *Schweißfolgeplänen* und *Schrumpfvorgaben* sind ferner Fehler, die zu unbemerkten Anrissen, zu Verformungen (Verzug) mit nachträglichem Richten und damit verbundenen hohen Eigenspannungen führen. Sind derartige Eigenspannungen in einem geschweißten Werkstück vorhanden, ohne bereits bei der Schweißung zu einem Riß geführt zu haben, so können im Betrieb Risse auftreten, wenn zu den *Eigenspannungen* noch zusätzliche *Betriebsspannungen* hinzukommen, die zum Überschreiten des zulässigen Spannungsniveaus führen.

Auftragsschweißungen und Aufspritzungen von Metallen zum Zwecke einer verschleißfesten Oberfläche oder zur Auffüllung verschlissener Teile und sonstiger Materialabtragungen können bei Bauteilen, die einer Ermüdungsbeanspruchung unterliegen, zu Dauerbrüchen führen. Durch die Schweißspannungen und Kerbwirkungen werden Spannungsspitzen erzeugt, die die Dauerfestigkeit örtlich übersteigen. Die Bilder 26.32 und 26.33 zeigen hierfür verschiedene Beispiele.

Versuche mit aufgespritzten Teilen haben ergeben, daß die Aufspritzung an der Höhe der Ermüdungs-

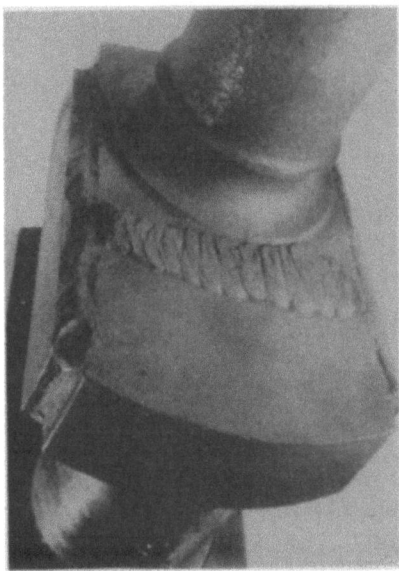

Bild 26.31.1 Ansicht

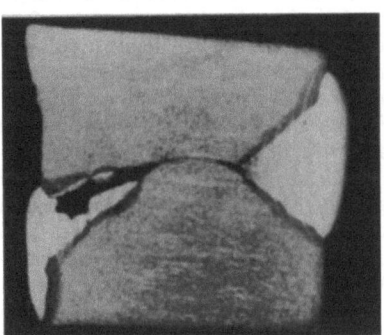

Bild 26.31.2 Schnitt durch die Schweißnaht mit Binde- und Wurzelfehler

Bild 26.31 Unsaubere Reparaturschweißung einer Kurbelwelle

festigkeit des Werkstückes nichts ändert, auch wenn die Aufspritzung einer einwandfreien Oberflächenbehandlung unterzogen wird. Diesen Untersuchungen zufolge bleibt die Oberflächengüte des unter der Aufspritzung liegenden Werkstückes maßgebend. Das ist zu beachten, wenn die Oberfläche zur Verbesserung der Haftfestigkeit künstlich aufgerauht werden soll [26.13].

Fehler beim Löten (Bild 26.34)

Lötfehler werden nach DIN 8515 in sechs Gruppen eingeteilt: *Risse, Hohlräume, feste Einschlüsse, Bindefehler, Formfehler* und *sonstige Fehler*, wie auf der Werkstückoberfläche haftende Lotperltropfen, oxidierte Oberflächen, unerwünschte Be-

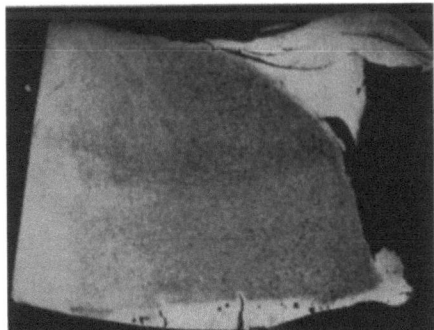

Bild 26.30 Schnitt durch eine schlecht gebundene, porige Kettenschweißung

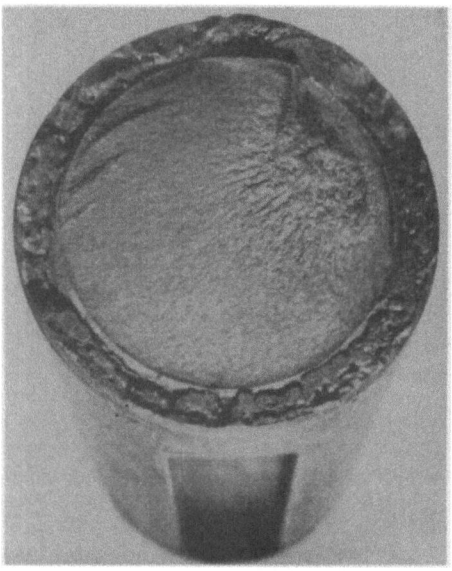

Bild 26.32 Dauerbruch einer auftraggeschweißten Welle

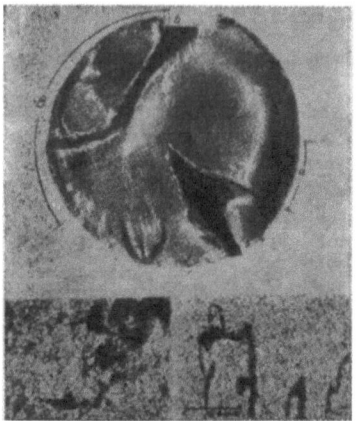

Bild 26.33 Dauerbruch einer auftraggeschweißten Turbinenwelle

netzung von Grundwerkstoff durch das Lot, angeätzte Oberfläche oder Abweichung von den Sollmaßen. Die Wichtigkeit, die den Fehlern fallweise beigemessen werden muß, richtet sich nach den Anforderungen, die an das Bauteil gestellt werden.

Wenn die *Formgebung* der zusammengelöteten Teile unzweckmäßig ist, z. B. bei der Einlötung von Bindedrähten in Turbinenschaufeln (Bild 26.35), bei der die Lötung *Bindefehler* aufwies und die scharfen Kanten nicht genügend abgefast waren, treten so hohe Spannungsspitzen auf, daß wegen Überschreitung der Dauerfestigkeit ein Bruch von Bindedraht bzw. Schaufel unvermeidbar ist. Es sei im übrigen darauf hingewiesen, daß bei der Hartlötung derartiger Schaufeln die Arbeitstemperatur für *Silberlot* LAg 50 (= 690 °C) oder LAg 50 Cd (= 650 °C) genau eingehalten werden muß, da bei niedrigerer Temperatur das Hartlot nicht mehr richtig fließt und bei Überschreitung dieser Temperaturen, z. B. bei nichtrostendem Stahl X20Cr13, eine Aufhärtung des Grundwerkstoffes stattfindet, wodurch die Bildung von Härterissen ermöglicht wird.

Die am häufigsten auftretende Fehlerscheinung beim Löten ist neben dem Bindefehler die *Lötbrüchigkeit*. Um sie zu vermeiden, sollten möglichst nur spannungsfreie Bauteile gelötet werden.

Wird ein unter Zugspannungen stehender Stahl hartgelötet, so dringt das Lot interkristallin in den Grundwerkstoff ein; diese *Unternahtrisse* werden gelegentlich auch als *Lötrissigkeit* bezeichnet; wird ein Stahl über 1000 °C bzw. 1100 °C erwärmt, so kann Zinn oder aus dem Stahl herrührendes Kupfer

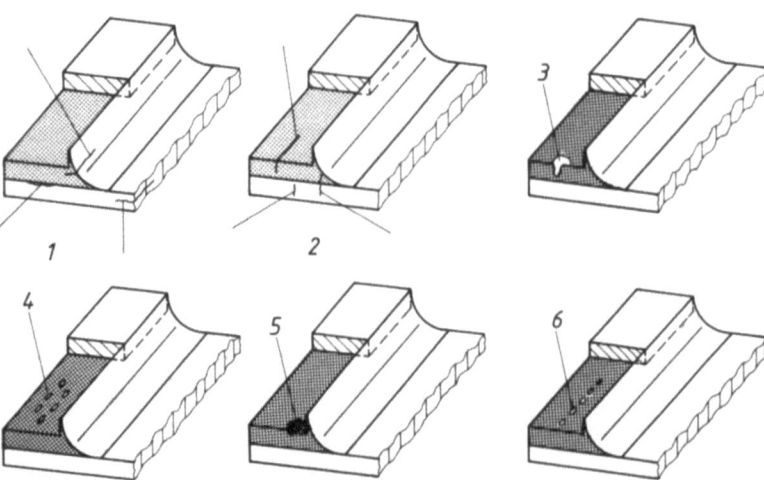

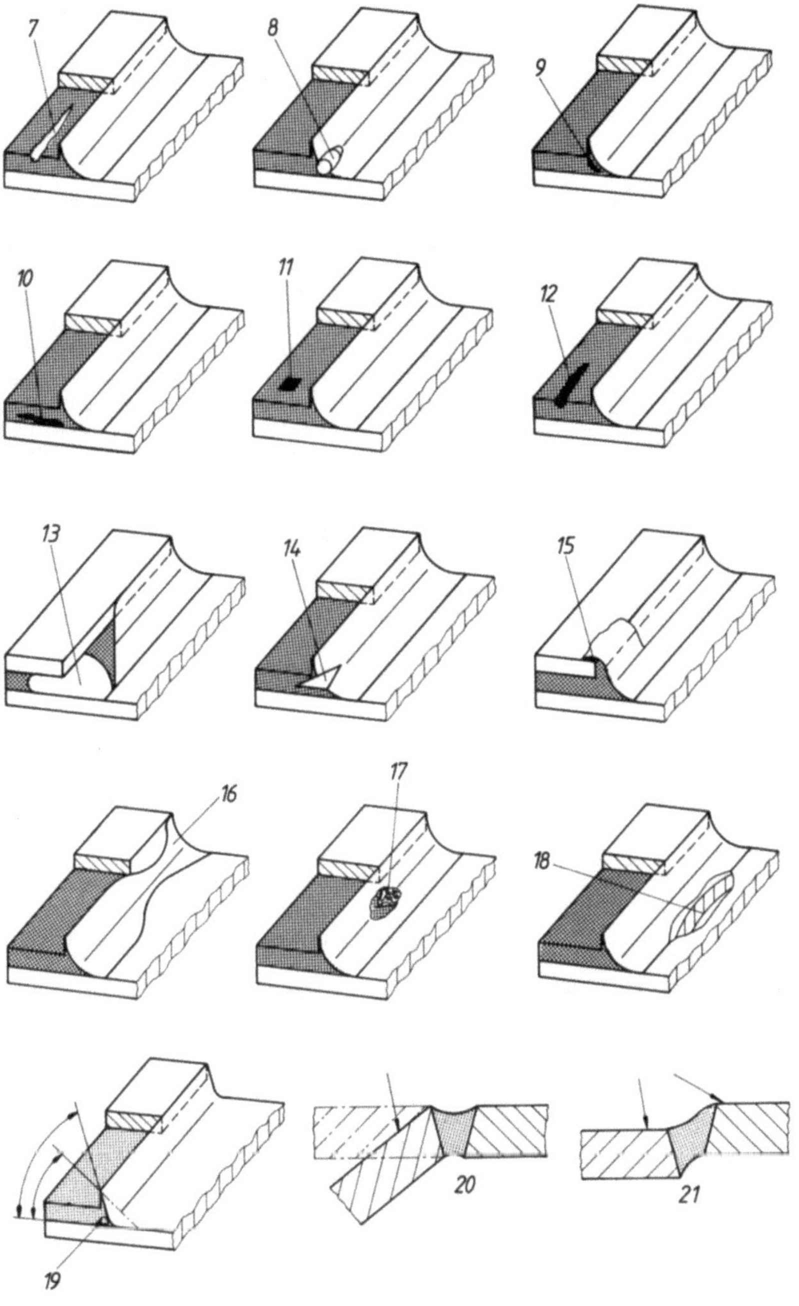

Schäden durch Produktfehler

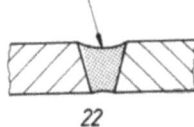

Bild 26.34 Fehler beim Löten
1 Längsriß in Lot, Grundwerkstoff, Übergangszone 2 Querriß in Lot, Grundwerkstoff, Übergangszone, Gaseinschluß 3 Pore 4 Porosität 5 Porennest 6 Porenzeile
7 Schlauchpore 8 Blase 9 Feststoffeinschluß 10 Oxideinschluß 11 Fremdmetalleinschluß 12 Flußmitteleinschluß 13 Bindefehler/Füllfehler 14 Formfehler Kerbe
15 Lotüberlauf 16 unzureichende Hohlkehle 17 Ausblühung 18 Durchschmelzung
19 Randwinkelfehler 20 Winkelversatz 21 Kantenversatz 22 eingefallene Lötnaht

Bild 26.35.1 Ansicht

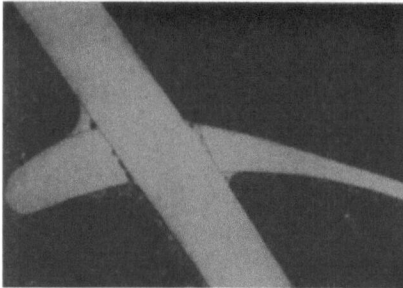

Bild 26.35.2 Längsschliff

Bild 26.35 Porige Lötung des Bindedrahtes einer Turbinenschaufel

bei kupferhaltigen Legierungen in kurzer Zeit in die Korngrenzen interkristallin eindringen und zur Zerstörung durch Lötbrüchigkeit führen.

Auf keinen Fall darf daher mit scharfer, spitzer, sehr heißer Azetylenflamme gelötet werden, sondern nur mit *weicher* Flamme und relativ langem, blauen Kegel.

Lötrissigkeit ist auch bei Reparaturschweißungen an Kesseln, bei denen sich Kupfer aus Vorwärmer-, Verdampfer- und Kondensatorrohren angelagert hatte, festgestellt worden. Solche Kupferschichten sollten vor dem Verschweißen sorgfältig entfernt werden.

Fehler beim Vernieten

Bei unsachgemäßem Vernieten können Nietrisse oder ähnliches entstehen, wenn

- zu wenig oder zu viel Material für den *Schließkopf* vorhanden ist,
- das Material beim *Kaltnieten* zu geringe Formänderungsfähigkeit hat,
- beim *Warmnieten* die Niettemperatur zu niedrig ist.

Weitere Fehler können aus unsachgemäßer Vorbereitung der zu vernietenden Teile entstehen, z. B. nichtaufliegende Bleche, unzureichend entgratete Bohrungen usw. Gerade diese letztgenannte Erscheinung kann beim Vernieten von Deckbändern an Turbinenschaufeln auftreten, die im Betrieb hohen Beanspruchungen unterliegen; von den unzureichend entgrateten Deckbändern gehen dann Risse infolge von Kerbwirkungen des Grates aus, die zum Abreißen größerer Deckbandteile führen können.

26.2.6 Schäden durch Einbaufehler

Viele Schäden werden durch falschen Einbau, Fehler beim Zusammenbau, durch ungenügende Befestigungen und schlechten Sitz verursacht.

Hierdurch können dann zusätzliche Beanspruchungen von Verbindungen und Lagern entstehen und, bei umlaufenden Maschinenteilen, Unwuchten. Die Kräfte, die hierbei ausgelöst werden, können so groß sein, daß in kurzer Zeit Schäden unvermeidbar werden. Es sei in diesem Zusammenhang darauf hingewiesen, daß z. B. bei einer Turbine die Verlagerung des Schwerpunktes um 0,1 mm eine zusätzliche Kraft in Höhe des Eigengewichts der Turbinenscheibe auslösen kann.

Viele Schäden an Gleit- und Wälzlagern sind auf solche Einbaufehler zurückzuführen.

Weitere, typische Einbaufehler sind

- Beschädigung von Dichtungen, insbesondere von O-Ringen oder von Dichtlippten bei Lippendichtungen,
- Vertauschen von Ober- und Unterteilen bei Lagern,
- Verdrehen von Lagerschalen in Umfangsrichtung,
- Vertauschen von Vorder- und Hinterkante,
- Vertauschen von Zufluß und Rücklauf,
- Einbau von Rückschlagventilen oder Armaturen entgegen der Durchflußrichtung,
- spiegelbildliches Einbauen durch falsche Interpretation von Einbauzeichnungen,
- Vergessen von Haltestiften und Verdrehsicherungen,
- Vergessen von Werkzeug und Putzlappen,
- Beschädigen von Lauf- und Dichtflächen,
- Schiefaufziehen und Verspannen von Bauteilen,
- unzureichende Schraubenvorspannung,
- Verwechseln von Bauteilen,
- Verwenden bereits gebrauchter Sicherungselemente (Splinte, Scheiben),
- unvollständiger Einbau,
- falsches Anklemmen von elektrischen Leitungen und Meßleitungen,
- unzureichende Reinigung.

Diese Aufzählung erhebt keinen Anspruch auf Vollständigkeit. Sie soll als *Anregung* für eine selbsterstellte *Kontrolliste* für jeweils unterschiedliche Montagen dienen.

Es sei noch darauf hingewiesen, daß beim Aus- und Einbau von Teilen, oft unter erschwerten Bedingungen, Oberflächenbeschädigungen durch Schlagnarben, Verhämmerungen, Riefen, Meißelspuren usw. nicht immer vermeidbar sind, die durch ihre Kerbwirkung zu Spannungskonzentrationen führen, die dann den Ausgang von Dauerbrüchen bilden können, wenn sie an einer hochbeanspruchten Stelle des Bauteils liegen. So erzeugte Spannungspitzen müssen unbedingt durch sorgfältiges Glätten, ggf. durch Ausmulden, unschädlich gemacht werden.

Viele Einbaufehler lassen sich auch vermeiden, wenn das vom Hersteller vorgesehene *Spezialmontagewerkzeug* benutzt und die Arbeit entsprechend den Anweisungen der Bedienungsanleitung durchgeführt wird.

26.3 Schäden durch Betriebsfehler

26.3.1 Mechanische Überbeanspruchung

Wenn ein Maschinenteil mechanischen, insbesondere stoß- oder schlagartig wirkenden Kräften oder Momenten ausgesetzt wird, so können, je nach Größe, Dauer und Art der Belastung, Gewalt- oder Dauerbrüche auftreten.

Gewaltbrüche

Bei Gewaltbrüchen sind *spröde* oder *plastische* Brüche möglich, die von der Art des Werkstoffs und der Belastungsart und -richtung abhängig sind. Spröde Werkstoffe, wie die meisten Gußwerkstoffe, brechen im allgemeinen ohne merkbare Formänderungen durch Überschreitung der Trennfestigkeit; andere Werkstoffe, z. B. gewalzter Stahl, gehen erst nach vorangegangener Verformung infolge Überschreitung der Schub-(Gleit-)festigkeit zu Bruch, falls nicht durch besondere Gestalt (Kerben) eine Dehnbehinderung eintritt, so daß auch hier ein spröder Bruch infolge Überschreitung der *Trennfestigkeit* eintritt. Bekannt ist das Verhalten eines plastischen Stahles im Zerreißversuch, der erst nach einer plastischen Verformung (Dehnung, Einschnürung) bricht. Etwas anderes ist das Verhalten bei Torsionsbeanspruchung. Hier treten infolge der andersverlaufenden Spannungsverhältnisse (s. auch Hauptabschnitt 02, Festigkeit, und Hauptabschnitt 07, Werkstoffe) Spröd- und damit auch Dauerbrüche *schräg zur Achse*, oft auch in Spiralform, Verformungsbrüche dagegen *senkrecht zur Achse* auf.

Dauerbrüche

Dauerbrüche sind Sprödbrüche und gehorchen daher ähnlichen Gesetzen wie der spröde Gewaltbruch. Sie nehmen ihren Ausgang an der Oberfläche meist dort, wo eine besondere *Spannungserhöhung* durch eine Kerbwirkung vorhanden ist. Bild 26.36 zeigt anschaulich die Spannungsverteilung an einem ungekerbten und einem gekerbten Zugstab bei gleichem Nennquerschnitt. Die Spannungserhöhung an der Kerbspitze führt zunächst zu einem Anriß, der seinerseits wiederum eine außerordentlich scharfe Kerbe darstellt und nach mehr oder weniger vielen Lastspielen so weit in den Körper eindringt, daß der noch vorhandene Restquerschnitt der statischen Be-

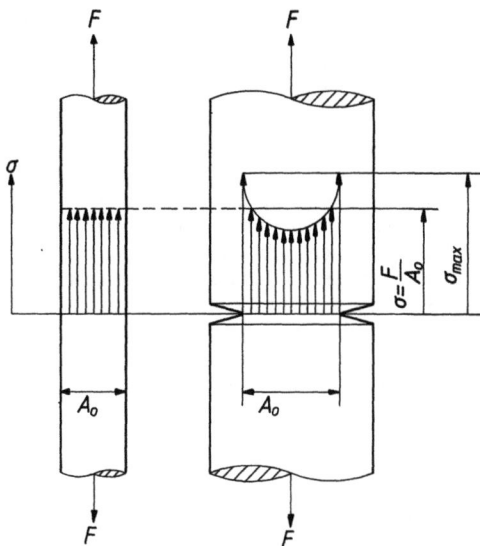

Bild 26.36 Zugstäbe gleichen Nennquerschnitts und gleicher Nennlast, glatt und gekerbt. Die maximale Spannung am gekerbten Stab ist wesentlich höher als die Spannung am glatten Stab.

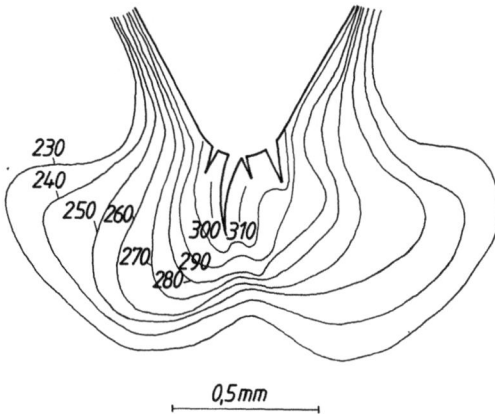

Bild 26.37 Linien gleicher Härte im Bereich einer Rißspitze

lastung nicht mehr Widerstand leisten kann und als Restbruch spröde bricht. Bild 26.37 zeigt den gemessenen Verlauf der Linien gleicher Härte (*Isoduren*) an einer Probe zur Ermittlung der *Rißfortschrittsgeschwindigkeit* [26.1]. Im makroskopischen Bruchbild zeichnet sich der Daueranrißteil durch sehr *feinkörniges*, samtartiges, ebenes Bruchgefüge aus, das oft sogenannte *Rastlinien* aufweist; dies sind Linien, die Ähnlichkeit mit den Jahresringen von Baumstämmen haben und die Stellen im Bruchgeschehen darstellen, bei denen der Anriß nach erneuter Belastung wieder weiterläuft. Sie geben nach Lage und Richtung meist ein eindeutiges Bild des *Bruchausganges*, des *Bruchverlaufes* und der *Bruchart* (Zug-, Biege-, Torsionsdauerbruch). Diese Rastlinien findet man daher nur bei Maschinenteilen, deren Belastung nicht gleichmäßig gewesen ist, während sie bei einem Versuchsstab in der Dauerprüfmaschine, die immer mit gleich hohen Spannungswechseln gearbeitet hat, nicht auftreten.

Sind diese Rastlinien gröber, mehr erhaben oder absatzartig ausgebildet, so sind sie ein Kennzeichen dafür, daß es sich um einen *Zeitbruch* handelt, d. h. einen Dauerbruch, der sich schnell mit verhältnismäßig wenigen Lastspielen gebildet hat (Bild 26.38). Wie vorher angegeben, treten die Dauerbrüche bevorzugt an scharfen Übergängen, bei Kerben, scharfen Bohrungen und schlechter Oberflächenbeschaffenheit auf; sie gehen ferner aus von Werkstofffehlern oder Fehlern aus der Bauteilverbindung und von sonstigen Anomalien der Mikrostruktur des Bauteils; es muß daher von dem Konstrukteur, der Werkstatt und bei Reparaturen strengstens darauf geachtet werden, daß derartige Kerbstellen vermieden werden. Sache des Konstrukteurs ist es außerdem, aus der Form- bzw. Kerbziffer (s. Hauptabschnitt 02, Festigkeit, und Hauptabschnitt 07, Werkstoffe) die *Kerbspannung* zu errechnen und darauf zu achten, daß die durch diese Formziffer erhöhte Spannung genügend weit unterhalb der Dauerfestigkeit des Werkstoffes bleibt. Ferner muß beachtet werden, daß die Dauerhaltbarkeit erheblich sinkt, wenn zu der *mechanischen* Beanspruchung noch eine *chemische* Beanspruchung hinzukommt. Diese Herabminderung kann sogar schon durch tropfendes Wasser geschehen, wenn z. B. die Stopfbuchse einer Propellerwelle undicht ist und daher diese mit Seewasser in Berührung kommt. Bild 26.39 zeigt den Korrosionsdauerbruch einer Schiffswelle, die Bilder

Bild 26.39 Korrosionsdauerbruch der Propellerwelle eines Seeschiffes

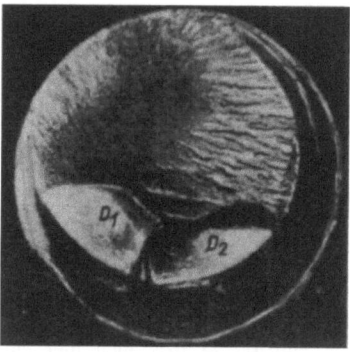

Bild 26.40.1 D_1, D_2 = Daueranrisse,
G = gewaltsamer Restbruch

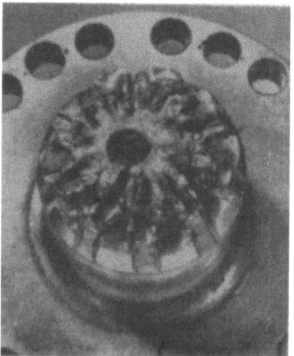

Bild 26.40.2 Vielnutenwelle mit Torsionsdauerbruch

Bild 26.40 Dauerbruch von Wellen

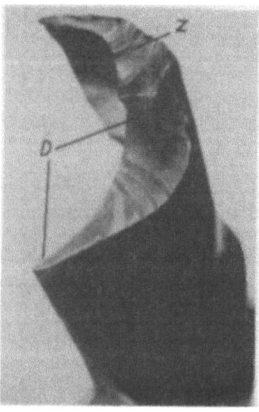

Bild 26.38 Dauerbruch D und Zeitbruch Z in der Bruchfläche einer Turbinenschaufel

26.40 und 26.41 verschiedenartige Dauerbrüche, Bild 26.42 gibt bevorzugte Ermüdungsbruchlagen an Kehl- und Stumpfnähten geschweißter, dynamisch beanspruchter Konstruktionen wieder [26.12].
Bei der Beurteilung von *Schwingungsbrüchen* ist ein Abgleich mit den Merkmalen aus Tafel 26.1 hilf-

Schäden durch Betriebsfehler

Tafel 26.1 Schwingungsbruchmerkmale nach [26.1]

Merkmale makroskopisch	Mögliche Ursachen
Bruchfläche glatt	ebener Spannungszustand
zerklüftet	mehrachsiger oder wechselnder Spannungszustand
Restbruchanteil groß	hohe Beanspruchung
klein	geringe Beanspruchung
Bruchfläche eben	vorwiegend einachsige Beanspruchung
geneigt	mehrachsige Beanspruchung
Bruchfläche gleichmäßig durchgehend	überwiegend gleichmäßiger Belastungszustand
Rißteilflächen	wechselnde Beanspruchungsverhältnisse
Bruchfläche grobkörnig (glänzend)	Gefüge grobkörnig oder Spaltbruchflächen, schneller Rißfortschritt
feinkörnig (matt)	Gefüge feinkörnig, transkristalliner, langsamer Rißfortschritt
Bruchausgang eine Ausgangsstelle	Stelle höchster Beanspruchung, Kerbe
mehrfacher Ausgang (Stufen in Bruchfläche)	zahlreiche mechanische oder korrosive Kerben
Rastlinien ohne Abweichung aus Bruchfortschrittsrichtung	Belastungsrichtung, Änderung des Spannungszustandes, Mediumsänderung, Frequenzänderung,
mit Abweichung aus Bruchfortschrittsrichtung	Stillstand mit Änderung der Belastungsrichtung, Änderung des Spannungszustandes
Merkmale mikroskopisch	**Mögliche Ursachen**
Schwingungsbruchstruktur	nicht eindeutig zu bezeichnen, Gefügeeinfluß geringe plastische Verformung
Bruchbahnen, Bruchsträhnen	Rißfortschritt auf unterschiedlichen Ebenen oder unterschiedlichen Gefügebereichen
Nebenrisse quer zum Rißfortschritt	hohe Spannungen an der Rißspitze
Transkristalliner Rißfortschritt	Wechselspannungen
Interkristalliner Rißfortschritt	geschwächte Korngrenzbereiche, Korngrenzengleiten Spannungsverhältnis, Mediumeinfluß
Schwingungsstreifen quer zum Rißfortschritt	Rißfortschritt pro Lastwechsel
Gleitstufen in Schwingungsstreifen, Substruktur	wechselnde Abgleitungen auf denselben Gleitebenen
Wabenbildung in Streifenanordnung	hohe Last- oder Dehnungsamplituden
Folge von Fremdkörpern (z. B. tyre tracks)	Reibbewegungen der Teilchen, Spanbildung

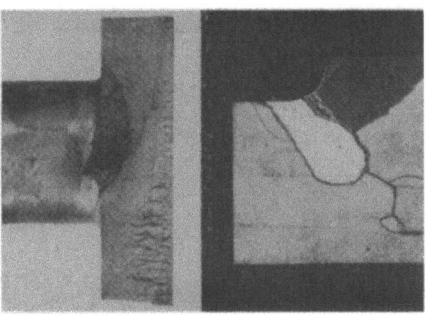

Bild 26.41 Erneuter Dauerbruch der durch Schweißung reparierten Kurbelwelle eines 600 PS-Dieselmotors

reich, die in diesem Zusammenhang als Checkliste benutzt werden kann.

Weitere Hinweise finden sich ferner in der VDI-Richtlinie 3822 – Schadensanalyse – [26.16] und bei [26.11].

26.3.2 Verschleiß

Durch *Reibung* und *Verschleiß* entstehen in der Industrie erhebliche Verluste, die mit 10 ... 15 Mrd DM/Jahr allein in der Bundesrepublik Deutschland (Stand 1981) abgeschätzt werden. Infolgedessen wird seit einiger Zeit intensiv geforscht, um durch Verschleißminderung bei Maschinen und technischen Anlagen

Lebensdauerverlängerung,
Rohstoffeinsparung,
Energieeinsparung,
Produktionsausfallminderung,
Umweltschutzverbesserung und
Schwingungs- und Geräuschminderung

zu erreichen.

Als erste wesentliche Richtlinien sind die DIN 50320 „Verschleiß – Begriffe, Systemanalyse von Verschleißvorgängen, Gliederung des Verschleißgebietes" und DIN 50321 „Verschleiß – Meßgrößen" entstanden. Diese Normen sollten bei der Abfassung von Berichten stets beachtet werden, um zu erreichen, daß die dort genormten Begriffe und Bezeichnungen verwendet werden.

Das gesamte *Verschleißgebiet* kann ferner nach der Art der *tribologischen Beanspruchung* gegliedert werden (Bild 26.43).

Die Veränderungen von Grund- und Gegenkörper durch einen Verschleißvorgang werden durch verschiedene *Verschleißerscheinungsformen* charakterisiert. Die makroskopischen Verschleißerscheinungsformen können anhand der Benennungen der für Oberflächen festgelegten Beschreibungen aus DIN 4761 identifiziert werden, die hier auszugsweise in Bild 26.44 wiedergegeben sind.

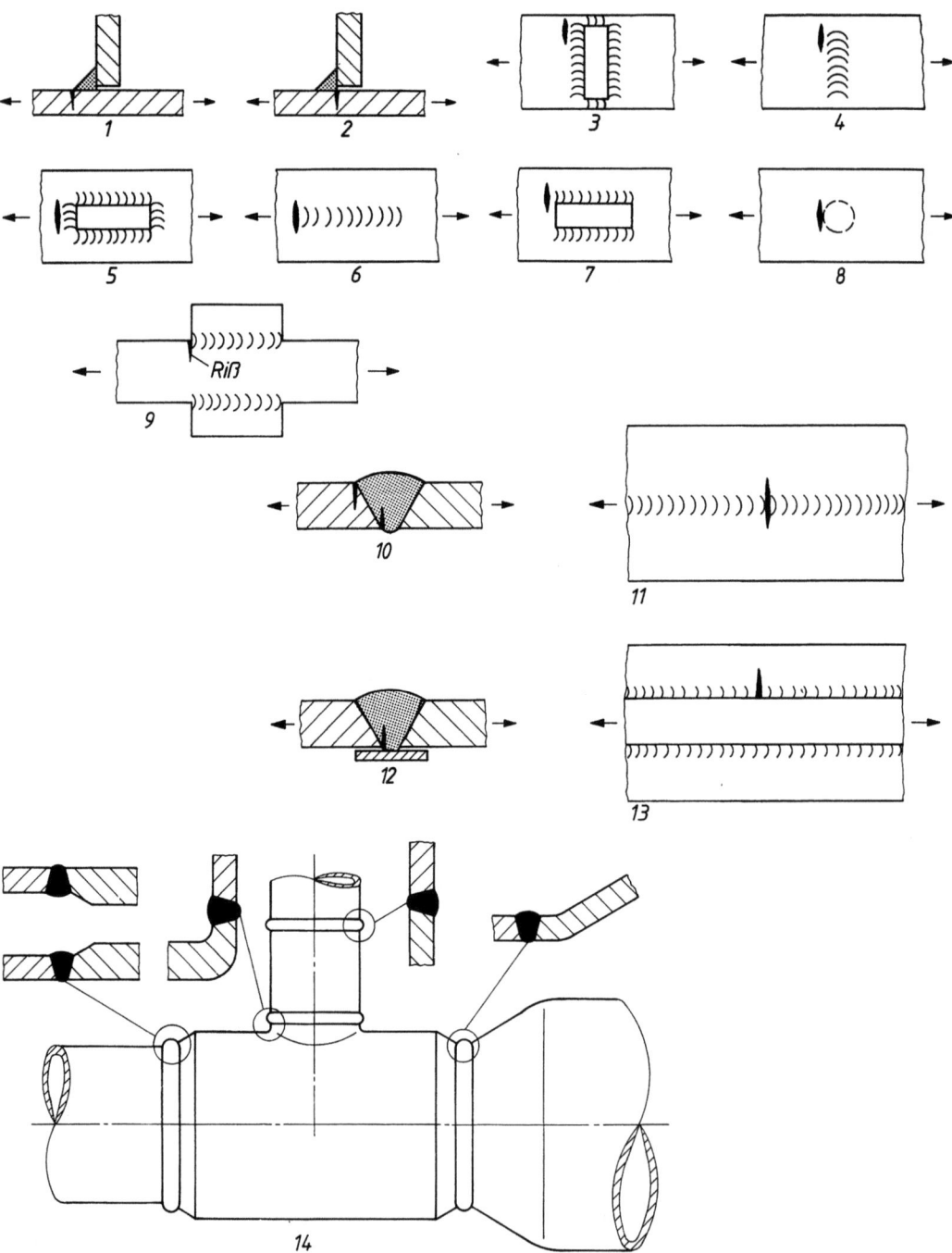

Bild 26.42 Typische Ermüdungsbruchlagen an geschweißten, dynamisch beanspruchten Konstruktionen.
⟶ zeigt die Beanspruchungsrichtung.

1, 2 an nichttragenden Kehlnähten   3, 5, 7 an Quer- und Längsstreifen   4, 6 an Auftragsschweißungen quer und längs   8 an Elektrodenzündstellen oder Schweißpunkten   9 an Knotenblechen   10 an Querstumpfnähten   11 an Längsstumpfnähten   12 an Querstumpfnähten mit Gegenblech   13 an Längskehlnähten   14 an Rohrformstücken und Abzweigungen

Schäden durch Betriebsfehler

Verschleiß-paarung	Tribologische Beanspruchung (Symbole)	Verschleiß-art	Kurz-zeichen
Festkörper -Festkörper (ohne oder mit Schmierung)	Gleiten	Gleitverschleiß	GL
	Rollen Wälzen	Rollverschleiß Wälzverschleiß	RW
	Bohren	Bohrverschleiß	BV
	Prallen Stoßen	Stoßverschleiß	ST
	Oszillieren	Schwingungs-verschleiß	SW
Festkörper -Festkörper und Partikel	Gleiten	Korngleit-verschleiß	KG
	Wälzen	Kornwälz-verschleiß	KW
Festkörper -Flüssigkeit	Strömen	Kavitations-verschleiß	KA
	Prallen	Tropfenschlag-verschleiß	TS
Festkörper -Flüssigkeit mit Partikeln	Strömen	Spülverschleiß (Erosions-verschleiß)	SP
Festkörper -Gas	Strömen	Ablativ-verschleiß	AV
Festkörper -Gas mit Partikeln	Strömen	Gleitstrahl-verschleiß (Erosions-verschleiß)	GS
	Prallen	Prallstrahl-Schrägstrahl-verschleiß	PS

Bild 26.43 Gliederungssystematik für die Einteilung des Verschleißgebietes nach der Art der tribologischen Beanspruchung.

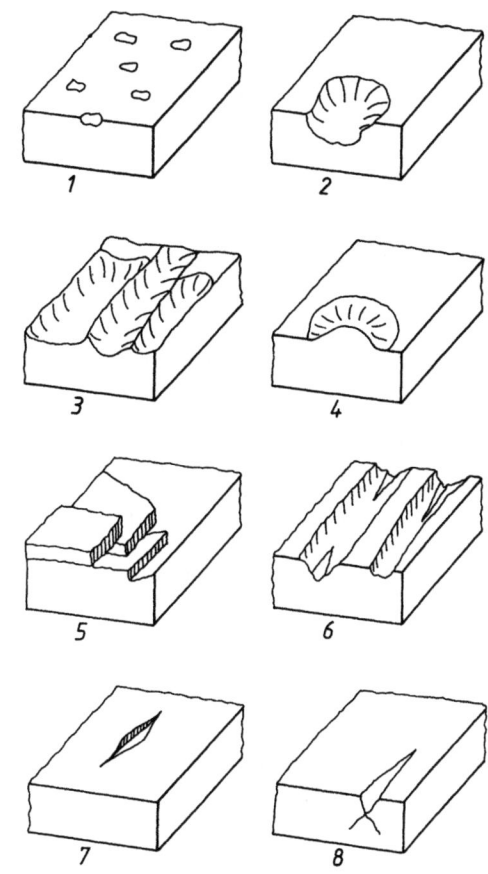

Bild 26.44 Verschleißerscheinungsformen

1 — Löcher: örtlich begrenzte Vertiefungen der Oberfläche von geringen Maßen (Beispiel: durch Heraustrennen lokaler Adhäsionsbindungen entstandene Oberflächenschäden)
2 — Mulden: flache Vertiefungen der Oberfläche von rundlicher oder eckiger Form (Beispiel: Oberflächenschäden durch strömende Flüssigkeiten infolge Kavitation)
3 — Wellen: periodische Anordnung von muldenähnlichen Oberflächenveränderungen (Beispiel: Oberflächenschäden durch strömende Flüssigkeiten infolge Erosion)
4 — Kuppen: örtlich begrenzte rundliche oder kantige Erhöhungen der Oberfläche in festhaftender oder loser Form (Beispiel: durch Adhäsionsprozesse übertragene Werkstoffpartikel)
5 — Schuppen: Überschichtungen der Oberfläche (Beispiel: bei adhäsivem Verschleiß übertragene Werkstoffbereiche)
6 — Riefen: grabenförmige Verschleißspur großer Länge (Beispiel: Spur eines abrasiv wirkenden harten Partikels)
7 — Kratzer: riefenähnliche Oberflächenbeschädigung geringer Ausdehnung und Länge (Beispiel: lokale Wirkung eines abrasiv wirkenden harten Partikels)
8 — Risse: örtlich begrenzte Trennung des Werkstoffgefüges von geringer Breite, aber oft beträchtlicher Länge und Tiefe (Beispiel: Erscheinungsform der Oberflächenzerrüttung)

Einige typische Verschleißerscheinungen, die im Bordbetrieb häufiger auftreten, sind *Abrieb*, *Reibrost*, *Verhämmerungen* und *Scheuer-* oder *Druckspuren*. Der Verschleiß durch Abrieb kann so groß sein, daß durch die Querschnittsverminderung der Restquerschnitt die Belastung nicht mehr tragen kann und ein Gewaltbruch auftritt, während Reibrost, Verhämmerungen, Scheuer- und Druckspuren oft zu Dauerrissen führen.

Reibrost — auch *Reiboxidation*, *Blutrost* genannt —, der innerhalb von Schrumpfsitzen und Passungen eintritt, ist immer ein Zeichen dafür, daß die beiden Teile nicht fest aufeinander gesessen und gegeneinander gerieben haben, wobei die Bewegungen selbst äußerst klein sind.

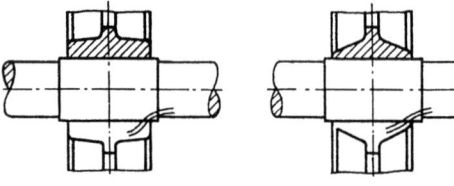

Bild 26.45.1 falsch **Bild 26.45.2** richtig

Bild 26.45 Ausführung von Naben (*nach Lehr*) [13]

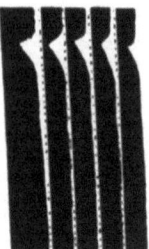

Bild 26.46 Zeitliche Entwicklung eines Erosionsschadens an Turbinenschaufeln

Aber auch bei festem Sitz, z. B. aufgeschrumpfte Naben, können bei zu hoher Kantenpressung infolge unzweckmäßiger Konstruktion Dauerbrüche auftreten. Bild 26.45 zeigt falsche und richtige Ausführung von *Naben*. Dem Verschleiß kann auch das *Fressen* zugerechnet werden, das eintritt, wenn zwei Werkstoffe ohne Schmierung so fest aufeinander reiben bzw. gepreßt werden, daß sie kalt miteinander verschweißt und bei weiterer Bewegung aus diesen beiden Werkstücken Teilchen herausgerissen werden, die oft in langen Bahnen (Freßspuren) verlaufen.

26.3.3 Erosion

Bei Konstruktionsteilen, die von einem mit hoher Geschwindigkeit strömenden Medium (Luft, Dampf, Wasser, Sand Flugasche, Staub) beaufschlagt werden, treten *Abtragungen durch mechanische Beanspruchungen* auf, die mit dem Sammelbegriff *Erosion* bezeichnet werden. Erosion (von erodere = abnagen) entsteht z. B. durch Aufprall von Wassertröpfchen, bei Turbinenschaufeln im Bereich größerer Dampffeuchte. Dies führt zu Mikrorissen und damit einem Aufbrechen von kleinen Oberflächenteilchen, ein Vorgang, der sich immer weiter, bis zu umfangreichen Zerstörungen, fortsetzt. Oft ist die – rein *mechanische* – Erosion mit einer – *chemischen* – Korrosion (s. u.) verbunden; dieser gemeinsame *erosiv-korrosive* Verschleiß kann wesentlich stärker sein und verheerende Ausmaß annehmen. Die Abtragungen können den Querschnitt eines Teiles, sei es einer Turbinenschaufel, eines Propellers o. ä., so vermindern, daß einerseits die Tragfähigkeit des betroffenen Querschnitts verringert wird, andererseits Dampf oder Wasser, ohne Arbeit zu verrichten, durchströmen können, wodurch sich der Wirkungsgrad der betreffenden Maschine stark verringert. Darüberhinaus entstehen durch diese Abtragungen oft so scharfe Kerben, daß sie die Ursache für den Beginn von Dauerrissen bilden und damit zum Dauerbruch des Konstruktionsteiles führen können. Bild 26.46 zeigt erodierte Turbinenschaufeln in verschiedenem Schädigungszustand.
Versuche, die Erosion durch eine *Aufhärtung* der Eintrittskante, die Wahl eines anderen Werkstoffes (Bild 26.47), den Einbau einer Hartstahlkante oder

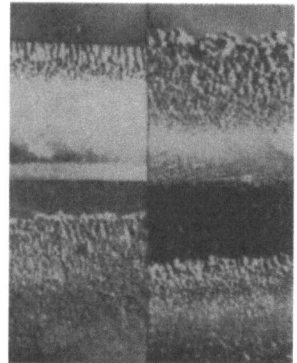

Bild 26.47 Stark erodierte Schaufeln aus verschiedenen Werkstoffen

das Aufbringen von Metallcarbidpanzerungen wie z. B. Stellite zu verhindern, haben gezeigt, daß derartige Maßnahmen, richtig ausgeführt, Erfolg versprechen; sicherer ist es allerdings, den Wasserangriff zunächst durch konstruktive und betriebliche Maßnahmen so gering wie möglich zu halten.
Weitere typische Erosionsschäden in Schiffsantriebsanlagen finden sich häufig in den Düsenbohrungen der Brennstoffnadelventile von Dieselmotoren.

26.3.4 Kavitation

Ähnliche Erscheinungen finden sich bei der *Kavitation* (von cavare = aushöhlen), bei der *Abtragungen durch Vakuumbildung* (Hohlsog) entstehen, die insbesondere bei Pumpen, Propellern oder Drossel- und Regelorganen eine wichtige Rolle spielen. Kavitation tritt ein, wenn in schnellströmenden Flüssigkeiten die Geschwindigkeit so groß wird, daß der hydrodynamische Druck unter den *Ausscheidungsdruck* der Flüssigkeit sinkt. Die Kavitationsgefahr steigt mit zunehmendem Gasgehalt, mit zunehmender Temperatur und mit dem Geschwindigkeitsniveau im jeweils betrachteten System. Bild 26.48 zeigt Spuren von Kavitation an einem Pumpenrad. Weitere ausführliche Hinweise und Beispiele für Kavitationsschäden an Propellern siehe Hauptabschnitt 08).

Bild 26.48 Durch Kavitation beschädigtes Pumpenrad

Die entscheidende Rolle für den Widerstand gegen Verschleiß durch Kavitation spielt die Dauerfestigkeit des Werkstoffes. Geringe Oberflächenrauheit und ein feinkörniges Gefüge haben sich als besonders vorteilhaft erwiesen.

26.3.5 Korrosion

Wird ein Maschinenteil *chemischen* oder *elektrochemischen* Beanspruchungen durch ein angreifendes Medium ausgesetzt, so entstehen Abtragungen, sogenannte Korrosionen (von corrodere = zerfressen), die verschiedene Ursachen und Erscheinungsformen haben und zu sehr umfangreichen Schäden führen können.

Zur besseren Verständigung sind in DIN 50900 die Grundbegriffe, die verschiedenen Korrosionsarten, Korrosions(erscheinungs)formen, Korrosionsprodukte usw. definiert und erläutert (Bilder 26.49 und 26.50). Die Norm enthält auch die für die diesbezüglich sachliche internationale Verständigung notwendigen Fachvokabeln in deutscher und englischer Sprache.

Als *Korrosion* im weitesten Sinne wird die Reaktion eines metallischen Werkstoffes mit seiner Umgebung verstanden, die eine meßbare Veränderung des Werkstoffes bewirkt. Diese Reaktion ist im allgemeinen elektrochemischer Art, sie setzt die Existenz einer *Anode*, einer *Kathode* und eines *Elektrolyten* voraus. Dabei können die anodischen und kathodischen Teile entweder als Einzelelektroden oder aber auch als einzelne heterogene Mischelektroden, z. B. aus Legierungskomponenten oder Metall-/Metalloxydanordnungen bestehen.

Ein Korrosionselement mit sehr kleinen anodischen oder kathodischen Flächenbereichen ($< 1\ mm^2$) wird als *Lokalelement* bezeichnet.

Bei einem Korrosionselement werden die *anodischen* Flächenbereiche *bevorzugt* angegriffen. Die so ablaufende Lokalkorrosion tritt bei kleinen Lokalanoden besonders stark in Erscheinung (s. *Lochfraß*, Abschnitt 26.3.5).

Ursachen für die Ausbildung von Korrosionselementen, die zu Lokalkorrosion führen, sind:

- Kontakt zwischen zwei Metallen mit unterschiedlichen Potentialen in der praktischen Spannungsreihe,
- Unterschiede in den Gefügebestandteilen,
- unvollkommene Bedeckung des Werkstoffes mit Schutzschichten,
- örtliche Unterschiede der mechanischen Eigenschaften unter Ausbildung von Zugspannungen (werkstoff- oder gefügeintern),
- örtliche Unterschiede im Elektrolyten.

Insbesondere im Zusammenhang mit dem letzten Punkt muß der Begriff des *Belüftungselements* oder *Evanselements* erläutert werden [26.9]. Als Evanselement bezeichnet man ein Element, daß durch unterschiedliche Belüftung des Elektrolyten gebildet wird. An der schlecht belüfteten *Lokalanode* geht das Metall (z. B. $Fe \rightarrow Fe^{2+}$) in Lösung, und der Elektrolyt wird durch *Hydrolyse* sauer. An der gut belüfteten *Lokalkathode* wird Sauerstoff zu Hydroxylionen reduziert, wobei der pH-Wert ansteigt. An den Lokalanoden wird die Korrosion wegen Deckschichtbildung durch ausgefallene Korrosionsprodukte [z. B. $Fe(OH)_3$] verringert. Bild 26.51 zeigt in schematischer Darstellung die Wirkungsweise eines Evanselements bei der Korrosion des Eisens unter einem Wassertropfen.

Die Sauerstoffkorrosion von Eisen und Stahl in wäßrigen Lösungen läuft meist über viele parallelgeschaltete derartige Belüftungselemente. Hierbei bilden sich vielfach in tief liegenden Riefen oder Mulden der Oberfläche die Lokalanoden und in höher liegenden Graten die Lokalkathoden. So kann man die Zunahme einer örtlichen Korrosion z. B. mit der Oberflächenrauhigkeit erklären.

Bevor auf die einzelnen Korrosionsarten und -formen (Bilder 26.49 und 26.50) eingegangen wird, sei noch der Begriff der *Spannungsreihe der Elemente* erläutert [26.9].

Als Spannungsreihe bezeichnet man die Reihenfolge der *Gleichgewichtspotentiale* von Metallelektroden in ihren Salzlösungen unter Standardbedingungen. Die theoretischen Zusammenhänge sind sehr komplex (*Nernstsche Potentialgleichung*). Für das Verständnis von vielen Korrosionsabläufen hat sie jedoch eine erhebliche Bedeutung.

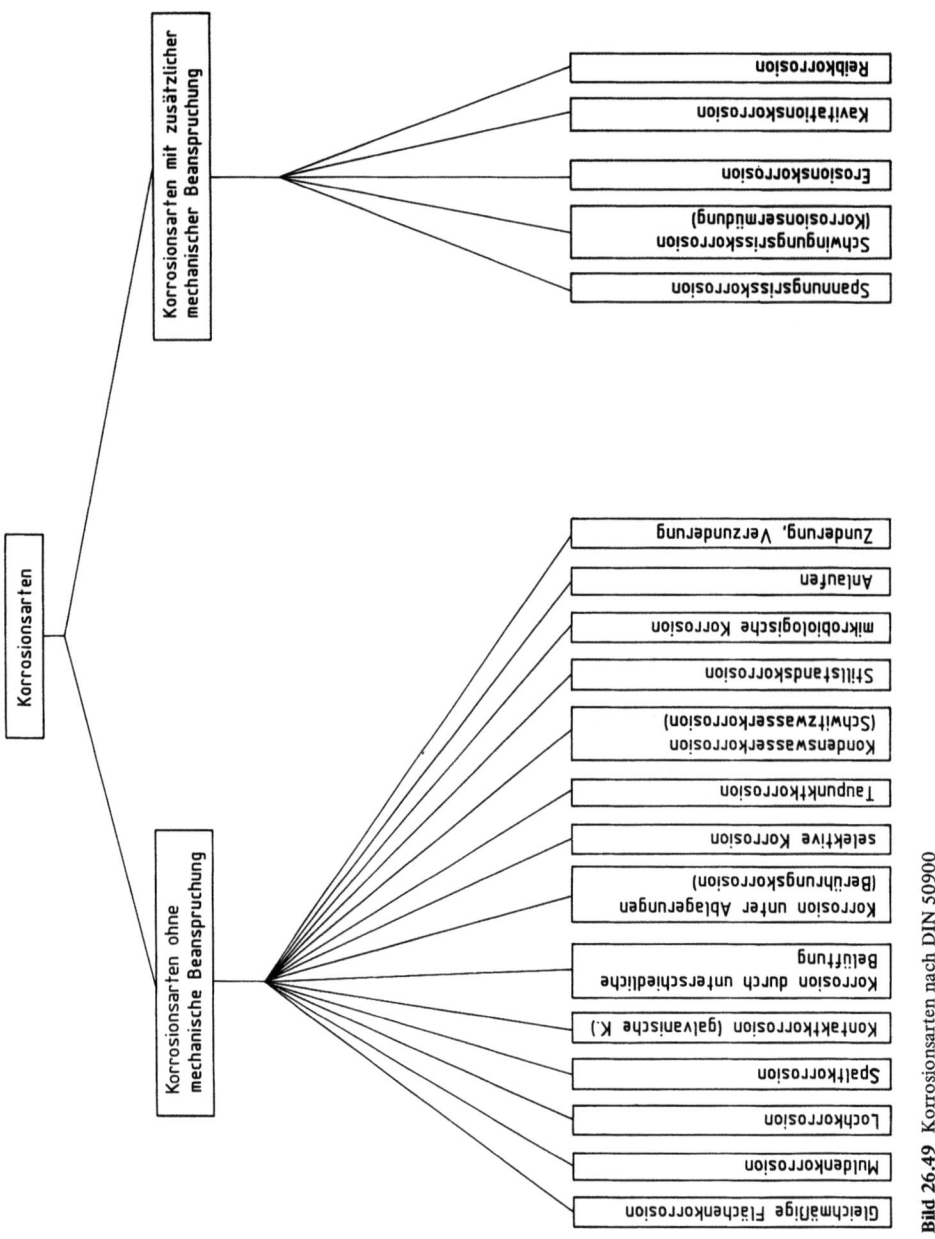

Bild 26.49 Korrosionsarten nach DIN 50900

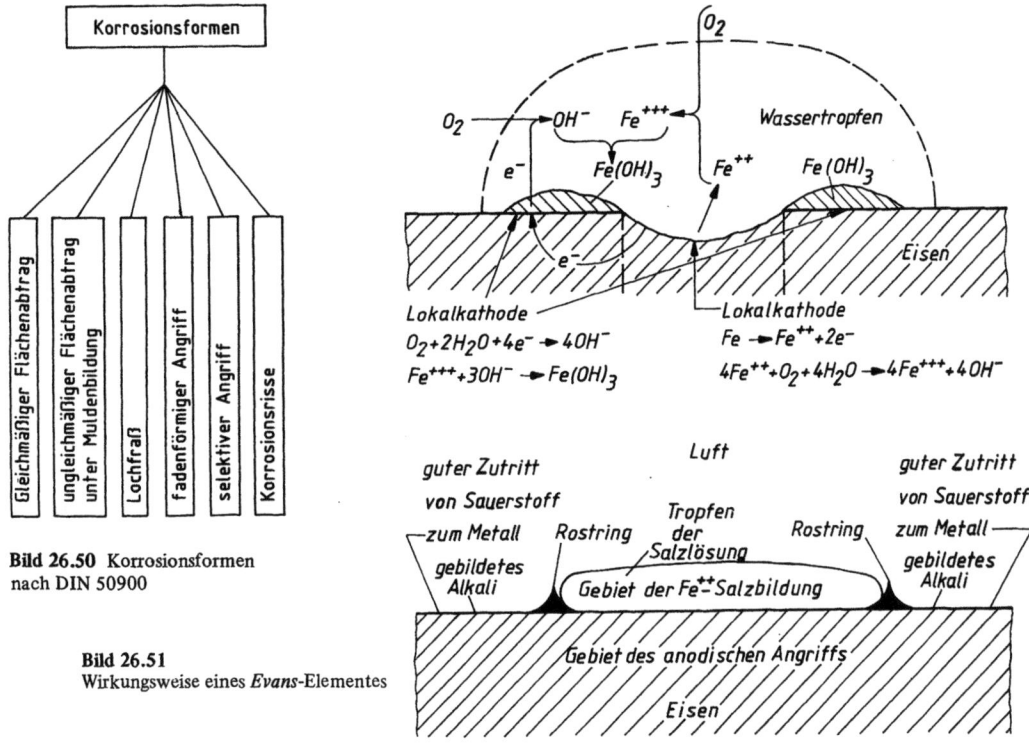

Bild 26.50 Korrosionsformen nach DIN 50900

Bild 26.51 Wirkungsweise eines *Evans*-Elementes

Tafel 26.2 Praktische Spannungsreihe für fließendes Meerwasser (Angaben in Volt)

verzinkter Stahl	− 0,73 bis − 0,53
Flußstahl	− 0,49 bis − 0,21
Gußeisen	− 0,43 bis − 0,18
Blei	− 0,13 bis + 0,45
Messing, Tombak	+ 0,04 bis + 0,28
Kupfer	+ 0,08 bis + 0,29
nichtrostender Stahl	− 0,05 bis + 0,74
Nickel	+ 0,04 bis + 0,45
Monel	+ 0,12 bis + 0,49

Die sogenannte *praktische* Spannungsreihe (Tafel 26.2) gibt die in dem betreffenden Medium beobachteten *Ruhepotentiale* wieder, sagt also etwas über die gegenseitige Beeinflussung der Metalle aus, da das edlere Metall die Korrosionsgeschwindigkeit des unedleren Metalls erhöhen kann. Für die Schiffsbetriebstechnik interessiert vor allem die Spannungsreihe im Elektrolyten Meerwasser. Für andere Elektrolyten, wie z. B. Freone, Kühl- oder Kesselspeisewasser ändern sich die Werte dieser Tafel [26.9].

Gleichmäßige Flächenkorrosion

Diese Korrosion tritt gleichmäßig als *flächige Abtragung* auf, ist also ein Angriff, der ziemlich gleichmäßig das ganze Werkstück befällt, soweit es im Bereich des angreifenden Mediums liegt. Diese Korrosion ist im allgemeinen verhältnismäßig ungefährlich, da sie erst bei einer größeren Querschnittsabnahme das Werkstück unbrauchbar macht.

Muldenkorrosion

Gefährlicher ist schon die Korrosion, die in Form von *einzelnen flachen Anfressungen* und *Narben* ungleichmäßig die Oberfläche angreift, wenn sie auch ziemlich gleichmäßig auf der gesamten Oberfläche verteilt ist.

Lochfraß

Noch bedenklicher ist der *Lochfraß*. Es sind dies örtliche Korrosionen mit steilen Wänden, ähnlich einem kleinen Bohrloch, wobei es gleichgültig ist, ob diese Anfressungen das Konstruktionsteil bereits völlig durchsetzen oder nicht.
Derartige Durchlöcherungen − bei kleinen Abmessungen auch *Pittings* genannt − sind im Bild 26.52 wiedergegeben. Diese Korrosionsart tritt immer dann auf, wenn die Werkstoffoberfläche von einer Korrosionsschutz- bzw. Deckschicht überzogen ist, die Poren aufweist. Hierbei muß an der Deckschicht die kathodische Teilreaktion, z. B. Wasserstoffreduktion, ablaufen können. Beispiele für Lochfraß sind die Korrosionserscheinungen bei beschädigten oder zu dünnen Schutzfilmen (Anstriche, Ölschich-

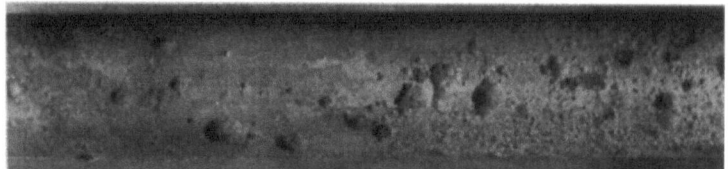

Bild 26.52 Lochfraß (Sauerstoffkorrosion) an einem Siederohr

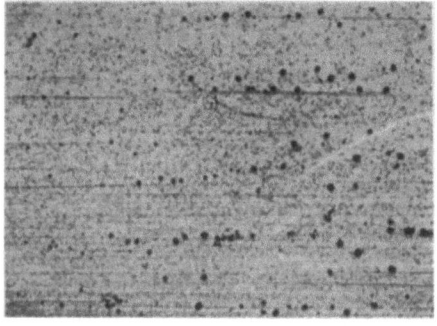

Bild 26.53 Nadelstichkorrosion einer Turbinenschaufel aus X20Cr13

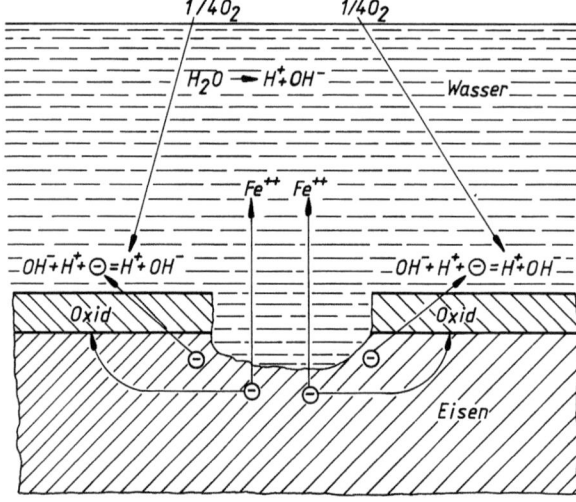

Bild 26.54
Korrosion (Lochfraß) im Bereich des Ladetanks eines Tankers
1. allgemeiner Mechanismus der Lochfraßkorrosion an einer beschädigten, oxidbedeckten Oberfläche

2. Ansicht der Stahloberfläche im Tank

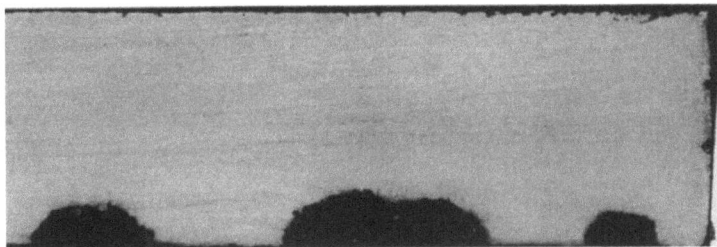

3. Schliffbild

ten) und Zunderschichten. Eine ähnliche Korrosion wird ferner bei Gegenwart von *Chloriden* (im Dampf oder Wasser) bei hochlegierten Chrom- und Chromnickelstählen beobachtet (Bild 26.53).
Eine besondere Art von *Lochkorrosion* ist die Korrosion von Blechen der Ladetanks von Tankern.

Korrosion von Tankschiffen [26.9], [26.13]:

1. Allgemeine Ursache der Korrosion

Ungeschützter Stahl wird durch Seewasser und Seeluft, die durch Wellenschlag und die Fahrt des Schiffes in hohem Maße mit feinst verteilten Tröpfchen von Seewasser angereichert ist, erheblich angegriffen. Es werden Abtragungen bis zu 0,4 mm/Jahr festgestellt. Liegen dann noch Verhältnisse vor, die zu Lochfraß führen können, so kann nach relativ kurzer Zeit mit einer großen Lochfraßtiefe gerechnet werden. Alle Stahlteile eines Tankers, die lediglich durch Seeluft beansprucht werden, erleiden, wie durch jede atmosphärische Korrosion, nur flächenförmige Abtragungen, auch wenn die Stahlflächen mehr oder weniger ganz bedeckt sind, z. B. mit Walzhaut, Rost oder mit einer Ölhaut.
Bei der Korrosion durch Seewasser ist dagegen zu unterscheiden, ob die Stahlflächen bedeckt oder unbedeckt sind. Die letzteren rosten mehr oder weniger gleichmäßig ab. Ist aber die Stahlfläche mit einer Schicht bedeckt, die Poren oder Risse aufweist, dann können Anfressungen auftreten, deren Tiefe davon abhängt, wie lange die porenhaltige Deckschicht erhalten bleibt (siehe schematische Darstellung der Lochfraßkorrosion, Bild 26.54). Als Deckschichten können entweder allein oder auch in Kombination vorhanden sein: Walz- bzw. Glühhaut, Rost oder Ladegut (flüssige Erdölprodukte). Nach diesen Gesichtspunkten sollen die in den Laderäumen von Tankern sich ergebenden unterschiedlichen Korrosionsbeanspruchungen in Abhängigkeit vom Ladegut, von der Fahrweise und der Reinigung der Laderäume betrachtet werden.

2. Reine Fahrt

Auf der sogenannten reinen Fahrt werden Erdölprodukte wie Benzine, Petroleum, Gasöl oder ähnliche Stoffe wie Benzole, Alkohole usw. transportiert. Diese Ladegüter sind meist verhältnismäßig dünnflüssig, und ihre zurückbleibenden Reste bilden keine Deckschichten, die längere Zeit bestehenbleiben, weil sie bei der nach jeder Fahrt notwendigen Reinigung abgewaschen werden. Infolgedessen werden die Tanks bei reiner Fahrt im allgemeinen nicht von Lochfraß befallen, zeigen aber einen starken flächenförmigen Angriff durch Seeluft während der Leerfahrt und durch das als Ballast verwendete Seewasser.

3. Schmutzige Fahrt (Rohölfahrt)

In Tankern, die lediglich Rohöl fahren, ist die Anfälligkeit gegen Lochfraß erheblich größer als in Tankern für reine Fahrt, aber die Gesamtabtragung durch Oberflächenkorrosion ist erheblich geringer, weil aus dem Rohöl sich dickere und schwerer entfernbare Schichten absetzen, die die Stahloberfläche abdecken, aber auch die Walzhaut lange Zeit konservieren. Die Arten des Korrosionsangriffes teilen sich für die verschieden beanspruchten Laderäume folgendermaßen auf: Die Wandungen der Tankräume, die fast ausschließlich leer fahren, werden durch Seeluft gleichmäßig, aber stark angegriffen; Tankräume, die wechselweise Rohöl und leer fahren, werden auch gleichmäßig, aber nur geringfügig angegriffen, weil die zurückbleibenden Reste des Rohöls eine schützende Deckschicht gegen atmosphärische Korrosion ergeben. Die Tanks, die wechselweise mit Seewasser als Ballast und mit Rohöl gefüllt werden, sind praktisch diejenigen, die durch Lochfraß geschädigt werden. Die Bedingungen dafür sind nur zu verstehen, wenn die Reinigungsmethode mitbetrachtet wird. Das Gerät für die Reinigung, das durch eine Öffnung am Deck in den jeweiligen Tank eingeführt wird, ist eine Spritzvorrichtung, die gestattet, mit einem Wasserstrahl mit einem Druck bis zu 12 bar die Tankwände und Einbauten zu säubern. Man findet, daß überall in der direkten Strahlrichtung der Lochfraß verstärkt auftritt. Profilteile, die in kurzer Entfernung senkrecht getroffen werden, zeigen den stärksten Befall. Teile der Stahloberfläche, die durch eingebaute Profile beschattet werden, sind kaum von Lochfraß betroffen. Ferner tritt der Lochfraß fast nur an waagerechten Flächen, an senkrechten nicht und an schrägen Flächen nur selten auf. Damit ergibt sich für das Zustandekommen des Lochfraßes, daß die Ölhaut an und für sich eine schützende Wirkung hat, und nur an den Stellen, wo der Wasserstrahl mit großer Wucht auftritt, für die Korrosion aktive Bereiche geschaffen werden. Entweder ist in diesen Bereichen die Walzhaut freigelegt, so daß sie als Kathode wirken kann, oder die umgebende Überdeckung übt eine ähnliche Funktion wie die Walzhaut aus. Wie durch norwegische und deutsche Untersuchungen festgestellt wurde, können unter Seewasser zwischen ölfreien und ölbedeckten Stahloberflächen Potentialunterschiede nachgewiesen werden.
Der verstärkte Lochfraß auf waagerechten Teilen ist dadurch bedingt, daß sich leicht Wassertropfen ansammeln können und diese dort, wo beginnender Lochfraß schon Vertiefungen geschaffen hat, fixiert werden und eine langdauernde örtliche Wirkung entfalten. Solche Tropfen können von der Reinigung herrühren, aber auch durch Wasserkondensat während der Ölfahrt entstehen, wobei das kondensierte Wasser durch das Öl hinuntersinkt. Wenn Lochfraß an Dehnungsbögen von Rohrleitungen oder an Knickschotten sehr verstärkt auftritt, so dürfte dabei die Walzhaut stark beteiligt sein, weil sie an diesen Stellen viele örtliche Unterbrechungen aufweist.

4. Gegenmaßnahmen

In den letzten Jahren ist ein Rückgang des Lochfraßes festzustellen, der auf die Aufklärung über seine Hauptursache zurückzuführen ist. Zur Vermeidung des Lochfraßes in Rohöltankern sind folgende Regeln zu befolgen: Die Säuberung mit dem Reinigungsgerät ist schonend, d. h. mit möglichst niedrigem Wasserdruck und bei nicht künstlich erhöhter Temperatur weder des Wassers noch der Stahlwände durchzuführen. Über den Tankböden soll etwas Wasser stehen, damit der scharfe Wasserstrahl nicht die Außenhaut des Schiffes trifft. Die Reinigung des Schiffes soll möglichst kurze Zeit vor der Aufnahme von Ballastwasser vorgenommen werden. Ein Zusatz von Alkalinitrit zu dem alkalisierten Waschwasser hat sich zur Inhibierung des Lochfraßes bewährt, wobei zweckmäßig eine Vorwäsche ohne Inhibitor als eigentliche Reinigung und eine Nachwäsche mit Inhibitor durchgeführt wird. Der Schutz durch öl- und seewasserbeständige Anstriche, mit denen gute Erfahrungen gemacht wurden, hängt davon ab, ob und wie lange es möglich ist, bei der rauhen Betriebsweise eine mechanische Verletzung der Anstriche zu vermeiden. Sehr wirkungsvoll gegen Korrosion und auch gegen den Lochfraß läßt sich in Tankräumen mit Ballastwasser ein kathodischer Schutz anbringen. Als Anoden können Magnesium und Zink verwendet werden. Bei letzterem ist wegen des geringen Potentialunterschiedes gegen Stahl die Gefahr einer Wasserstoffentwicklung geringer. Die Anbringung und Verteilung der Anoden in den Tankräumen muß jedoch Fachleuten vorbehalten bleiben, damit allen durch Korrosion gefährdeten Stellen das notwendige Schutzpotential aufgezwungen wird. Die während der Ballastfahrt durch den kathodischen Strom auf der Stahloberfläche aus dem Seewasser sich abscheidende Schicht, die aus Hydroxyden der Erdalkalien besteht, kann auch eine gewisse Zeit einen Schutz gegen angreifende Seeluft während der Leerfahrt geben.

Soll durch speziell getroffene Schutzmaßnahmen nur die Lochfraßkorrosion in Rohöltankern verhindert werden, so ist im Hinblick auf die Kosten zu bedenken, daß nur die Tanks, die abwechselnd mit Rohöl und Seewasser als Ballast gefüllt werden, besonders durch Lochfraß gefährdet sind.

Für Rohöl hoher Viskosität in Tankschiffen benötigte dünnwandige Heizrohre aus unlegierten Stählen haben sich aus Gründen der geringen Lebensdauer nicht bewährt. Verwendet werden vielfach Rohre aus CuNi-Legierungen.

Spaltkorrosion

An den Berührungskanten zweier Metalle, also in Spalten, die auch in einem einzigen Metall selbst vorhanden sein können, tritt bevorzugt eine Korrosion ein, die als Konzentrationsunterschied im Elektrolytgehalt erklärt werden kann, aber auch durch Belüftungsunterschiede, Ansammlungen von Fremdrost, Staub, Schlamm u. ä. hervorgerufen werden kann.

Wegen der erhöhten Gefahr von Spaltkorrosion sollten nichtrostende Stahloberflächen von nichtleitenden Ablagerungen regelmäßig gesäubert werden. Verpackungs- und Dichtungsmaterial verursacht Spaltkorrosion, wenn es nicht trocken gehalten wird. In wäßrigen chloridhaltigen Lösungen verursachen *nichtmetallische Ablagerungen* Spaltkorrosion und Lochfraß. Da in stark bewegten Flüssigkeiten Ablagerungen erschwert werden bzw. nur kurzzeitig auftreten, ist die Spaltkorrosion vor allem in *ruhenden* Flüssigkeiten besonders groß.

Kontaktkorrosion

Hierbei handelt es sich um eine *Berührungskorrosion* in leitenden Flüssigkeiten, bei der sich Metalle mit verschiedenem Potential gegenseitig berühren. Berührt z. B. Eisen in Gegenwart eines Elektrolyten ein Metall mit höherem elektrochemischen Potential, so bildet sich ein galvanisches Element, in dem das Eisen die Anode ist und daher abgetragen wird.

Korrosion durch unterschiedliche Belüftung

Hierunter versteht man eine örtliche Korrosion durch Ausbildung eines Korrosionselementes bei unterschiedlicher *Belüftung*, wobei i. a. die weniger stark belüfteten Bereiche der Oberfläche mit erhöhter Geschwindigkeit abgetragen werden.

Selektive Korrosion

Als selektive Korrosion bezeichnet man das bevorzugte *Herauslösen* von Legierungsbestandteilen und insbesondere von Gefügebestandteilen; z. B. wird das Alpha-Messing im Alpha-Beta-Messing selektiv korrodiert.

Bei *Entzinkungen* z. B. von Propellerflügeln oder Kondensatorrohren wird das ursprünglich mit dem Zink in Lösung gegangene Kupfer auf dem Messing wieder ausgeschieden und bildet hier eine *schwammige* Masse, zuweilen in Form eines Pfropfens. Das Bild 26.55 zeigt derartige Entzinkungen.

Eine ähnliche Erscheinung bildet die *Spongiose* bei Graugruß, bei dem sich der Ferrit- und Perlitanteil unter Erhaltung des Graphitanteils und des Phosphideutektikums des Gefüges zersetzt, wobei die äußere Form unverändert bleibt (Bild 26.56). Derartige Graugußteile sind sehr weich und haben ein geringes spezifisches Gewicht.

Ein weiteres Beispiel ist die interkristallin verlaufende Korrosion nichtrostender Stähle, bei denen die chromverarmten Korngrenzenbereiche selektiv korrodiert werden.

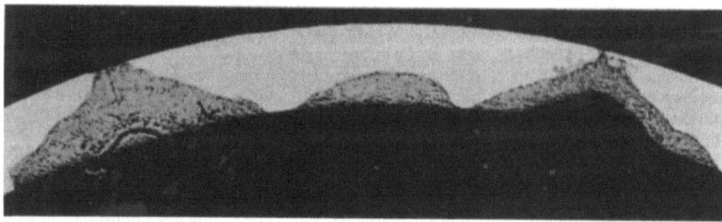

Bild 26.55 Entzinkung eines Kondensatorrohres

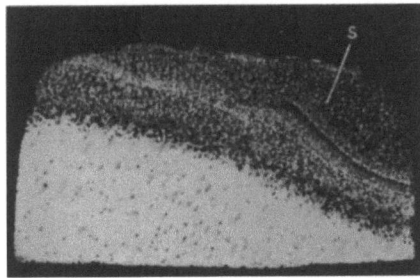

Bild 26.56 *Spongiose* eines Ölkühlerstutzens
(S = angegriffener Bereich)

Taupunktkorrosion

Hierunter wird eine Korrosion durch Säure, die bei der Unterschreitung des *Taupunktes* kondensiert, verstanden.

Der Taupunkt ist bekanntlich die Temperatur, bei der sich infolge Übersättigung der Gasphase die flüssige Phase auszubilden beginnt. Bei Gasgemischen und insbesondere bei Verbrennungsgasen können mehrere Taupunkte auftreten, die oft weit auseinanderliegen. (Taupunkt Wasser ca. 40 ... 50 °C, Taupunkt Schwefelsäure ca. 150 ... 160 °C.)

Die im Schiffsbetrieb i. a. verbrannten Brennstoffe enthalten fast ausnahmslos nennenswerte Schwefelanteile, so daß die Verbrennungsphase neben Stickstoff, Kohlendioxid und Wasserdampf und dem bei der Verbrennung mit Luftüberschuß auftretenden freien Sauerstoff *Schwefeldioxid* enthalten, das mit dem Wasserdampf zu schwefliger und Schwefelsäure wird.

Fast alle Stähle zeigen gegen den Angriff hochkonzentrierter Schwefelsäure bei erhöhten Temperaturen eine unzureichende Beständigkeit. Versuche mit säurebeständigen *Überzügen* haben bisher nicht immer völlig befriedigende Ergebnisse gebracht.

Am sichersten kann eine Taupunktkorrosion dadurch vermieden werden, daß die Metalltemperaturen stets oberhalb des entsprechenden Taupunktes gehalten werden. Dem Schiffsbetriebsingenieur begegnet die Taupunktkorrosion vor allem an den Einlaßorganen von Dieselmotoren, ggf. an den kalten Zonen der Zylinderlaufbuchsen und an den Kolbenringen sowie in den Nachschaltheizflächen von Kesselanlagen.

Schwitzwasserkorrosion

Als eine Sonderform der Taupunktkorrosion kann die Schwitzwasserkorrosion durch kondensiertes Wasser auf Metallflächen hervorgerufen werden, wenn deren Temperatur den Wassertaupunkt der umgebenden Atmosphäre unterschreitet. Niedrig- und unlegierte Stähle, auch Schiffbaustahl, werden durch Schwitzwasserkorrosion verhältnismäßig stark angegriffen und müssen deshalb mit Schutzüberzügen bzw. Beschichtungen versehen werden. Organische Schutzüberzüge müssen besonders dicht und vor allem quellfest sein.

Nichtrostende CrNi-Stähle werden durch reines Schwitzwasser nicht angegriffen, sondern nur, wenn gleichzeitig Staub oder z. B. Fremdrost auf der Oberfläche abgelagert wird. Als Abhilfe empfiehlt sich regelmäßiges Abwischen der exponierten Flächen.

Stillstandskorrosion

Als Stillstandskorrosion werden die Korrosionserscheinungen bezeichnet, die nur bei stillgelegter Anlage entstehen können. In der Schiffsbetriebstechnik sind von Stillstandskorrosion vor allem die Anlagen *aufliegender* Schiffe betroffen. Ferner treten Stillstandskorrosionen an zeitweilig nicht betriebenen Reserve- bzw. Standby-Aggregaten auf. Stillstandskorrosion kann fast immer durch ausreichende Belüftung mit trockener Luft verhindert werden.

Mikrobiologische Korrosion

Hierunter wird eine Korrosion verstanden, die unter Mitwirkung von *Mikroorganismen* zustandekommt. Sie ist in letzter Zeit zunehmend im Schiffsbetrieb festgestellt worden, vor allem in Schmier- und Hydraulik-Ölkreisläufen. Für die Bildung nennenswerter Mikroorganismen-Stämme eignen sich Wasser-Öl-Emulsionen mit dem an Bord üblichen Temperaturniveau besonders gut [26.6].

Zum Erscheinungsbild dieser Korrosionsart zählt ungewöhnlicher *Geruch, Schleimbildung* im Öl, vor allem an den ölbenetzten Wänden, sowie erhöhter *Schlammanfall* im Sumpftank bzw. Separator. Ferner sind gelbliche, *filmartige Beläge* auf Lagerzapfen oder schwarze und braune Flecken auf Weißmetallschichten im Zusammenhang mit dieser Korrosionsart festgestellt worden.

Einer mikrobiologischen Korrosion kann wirkungsvoll durch Verwendung entsprechender Beimengungen zum Öl und zu den Kühlwässern (bei Haupt- und Hilfsmaschinen) vorgebeugt werden (s. Hauptabschnitt 15).

Spannungsrißkorrosion

Von den Korrosionsarten unter zusätzlicher mechanischer Beanspruchung soll hier vor allem auf die *Spannungsrißkorrosion* eingegangen werden. Darunter wird eine Rißbildung in (metallischen) Werkstoffen unter *gleichzeitiger* Einwirkung eines spezifischen Korrosionsmediums und einer *statischen* Zugspannung verstanden. Ausgehend von korrosionschemisch empfindlichen lokalen Bezirken oder von zunächst gebildeten kleinen Kerben, wachsen die schmalen Risse allmählich in die Tiefe, sie verästeln und verzweigen sich häufig, bis schließlich der restliche Querschnitt meist durch Gewaltbruch zerstört wird. Ein eventuell gleichzeitig stattfindender Allgemeinangriff ist dabei vernachlässigbar klein. Ausgeschiedene Korrosionsprodukte sind nur selten nachzuweisen. Die Spannungsrißkorrosion tritt vorwiegend an *duktilen*, homogenen und heterogenen Werkstoffen auf, die unter üblichen Bedingungen nicht zum Sprödbruch neigen. Bei völlig reinen Metallen wurde sie bisher nicht beobachtet. Jedoch können schon die üblichen, geringfügigen Beimengungen ausreichen, um diese anfällig zu machen. Die auftretenden Risse verlaufen je nach Art der Legierung und des Angriffsmittels interkristallin längs den Korngrenzen oder transkristallin quer durch die Körner. Aluminium-Legierungen reißen meist interkristallin, Magnesium-Legierungen vorwiegend transkristallin. Bei Kupfer- und Edelmetall-Legierungen sowie bei Stählen sind beide Arten der Spannungsrißkorrosion bekannt.

Die *Voraussetzungen* für das Auftreten der Spannungsrißkorrosion können in folgender allgemeingültiger Form zusammengefaßt werden:

- Es muß ein spezifisch angreifendes Korrosionsmittel einwirken.
- Es müssen Zugspannungen vorhanden sein.
- Der Werkstoff muß eine spezifische Neigung zur Spannungsrißkorrosionsanfälligkeit besitzen.

Transkristalline Spannungsrißkorrosionen können in chloridhaltigen und stark alkalischen Lösungen (also z. B. in See- und Speisewasser) bei erhöhten Temperaturen in Gegenwart von Zugspannungen alle austenitischen CrNi-Stähle erleiden. Diese Risse verlaufen vorwiegend senkrecht zur Zugspannung (Bild 26.57).

Besonders typisch für die transkristalline Spannungsrißkorrosion der austenitischen Werkstoffe und verantwortlich für die Mehrzahl der in der Praxis beobachteten Schäden an diesen Stählen sind *chloridhaltige* Lösungen. Allgemein nimmt die Anfälligkeit gegen transkristalline Spannungsrißkorrosion mit steigender Konzentration des spezifischen Angriffsmediums zu.

Bei austenitischen Stählen kann die Spannungsrißanfälligkeit durch sogenanntes *Stabilisieren* beseitigt werden. Es hat sich gezeigt, daß austenitische Stähle mit einem C-Gehalt > 0,03 % dieser Spannungskorrosionsgefahr, insbesondere bei Gegenwart von Chloridlösungen, schwachen Säuren und anderen, oxidierend wirkenden Lösungen, unterliegen.

Es bilden sich nämlich bei diesem höheren C-Gehalt instabile (unbeständige) *Chromkarbide*, wodurch die Korngrenzenzonen an Chrom verarmen (Bild 26.58), so daß diese gegenüber dem Korninneren und den Karbiden anodisch werden und unter der Einwirkung der Korrosionsbeanspruchung *zerfallen*. Fügt man nun diesem Stahl sogenannte *Stabilisatoren* (Niob, Tantal oder Titan) in ausreichender Menge (6 ... 10mal C-Gehalt) hinzu, so bilden diese stabile (beständige) Niob-, Titan- oder Tantalkarbide; denn diese Elemente haben eine größere Affinität zum

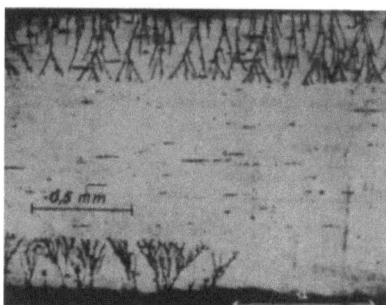

Bild 26.57 Spannungskorrosionsrisse

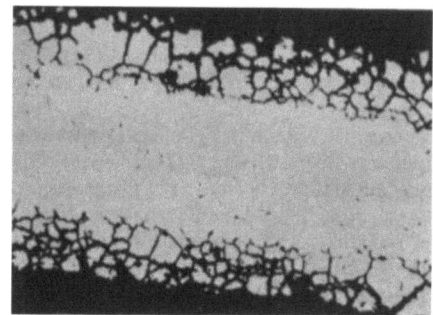

Bild 26.58 Korngrenzenkorrosion an einem Nickeldichtungsstreifen

Bild 26.59 Spannungskorrosionsrisse eines Kondensatorrohres

Kohlenstoff als das Chrom, und binden den überschüssigen Kohlenstoff, bevor es zur Bildung von Chromkarbiden kommt. Auch die Schweißung mit stabilisierten Elektroden bleibt dann spannungskorrosionsrißfrei. Ein anderes Mittel, um derartige Spannungskorrosionsrisse zu vermeiden, ist metallurgischer Art. Es wird dafür gesorgt, daß der C-Gehalt 0,03 % nicht überschreitet, da dieser Gehalt im Austenit gelöst bleibt und daher mit dem Chrom keine Karbide bilden kann.

Die Spannungskorrosionsrißgefahr bei Messingrohren, z. B. Kondensatorrohren, tritt im allgemeinen erst dann auf, wenn die Rohre eine höhere innere Spannung aufweisen. Hier brechen sie insbesondere unter Einwirkung von *Ammoniak* z. B. aus der Speisewasserkonditionierung transkristallin schlagartig auf (Bild 26.59). Ammoniak kann ferner durch Zersetzung organischer Bestandteile im Wasser

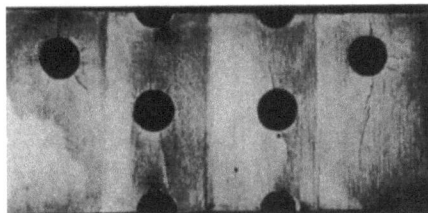

Bild 26.60 Laugenrisse an den Nietlöchern eines Kesselbleches

oder in der Nähe von Aborten ohne weiteres auftreten. Auf die *Spannungskorrosionsprobe* durch Quecksilbernitrat nach DIN 1785 sei in diesem Zusammenhang hingewiesen. Weiteres über Kondensatorrohre siehe Hauptabschnitte 17 und 19, weitere Beispiele für Spannungsrißkorrosionen zeigen die Bilder 26.60 und 26.61.

Laugenrisse bzw. *Laugenrißsprödigkeit* ist eine Form von interkristallinen Spannungskorrosionen, die bei nicht alterungsbeständigen, niedriglegierten C-Stählen, insbesondere an Nietlöchern von Kesselblechen bei Gegenwart von Laugen (NaOH), aber auch bei Behältern für Düngesalz (Ammonsalpeter) auftritt (Bild 26.62).

Schwingungsrißkorrosion

Als Schwingungsrißkorrosion wird das *Zusammenwirken* von *mechanischen Ermüdungs-* und *elektrochemischen Korrosions*beanspruchungen bezeichnet. Grundsätzlich sind alle Metalle in allen wäßrigen Medien gegen Schwingungsrißkorrosion anfällig. Besonders bemerkenswert ist dabei, daß nicht nur bei *aktiv* korrodierenden Metallen, sondern auch und sogar besonders bei *passivierten* Metallen Schwingungsrißkorrosion eintreten kann.

Schwingungsrißkorrosion kann durch richtige Werkstoffauswahl und Konstruktion und entsprechenden Abgleich mit der Betriebsführung weitgehend vermieden werden, allerdings kann es durch Überlagerung zusätzlicher Korrosionsarten wie Lochfraß oder interkristalline Korrosion zu kaum zu beherrschenden Problemen kommen. Bild 26.63 zeigt schematisch die Schädigungsmechanismen bei Schwingungsrißkorrosion an aktiven und passivierten Werkstoffen.

In der Schiffsbetriebstechnik können als überlagernde Beanspruchungsmechanismen hierbei auch Kavitation oder Erosion in Betracht gezogen werden.

Beispiele für typische Schäden dieser Art siehe Hauptabschnitt 9.

Reibkorrosion

ist eine Sonderform des *Schleifverschleisses* bei oszillierender Schlupfbewegung zweier Metallflächen gegeneinander. In der Schiffsbetriebstechnik begegnet man Reibkorrosionen bei Teilen, deren Bewegung gegeneinander nicht beabsichtigt ist (z. B. Paßbolzen in festen Verbindungen, Schrumpfsitze von Naben auf Wellen).

Als Gegenmaßnahme kommen infrage

Ausschluß der schädlichen Schwingungen, was aber häufig nicht möglich ist.

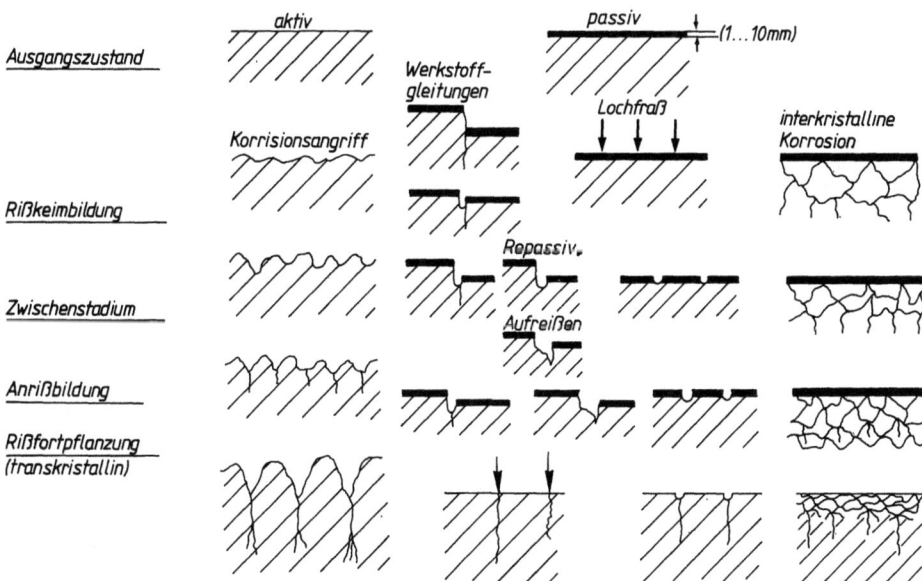

Bild 26.61 Mechanismus der Schadensentstehung bei Schwingungsrißkorrosion

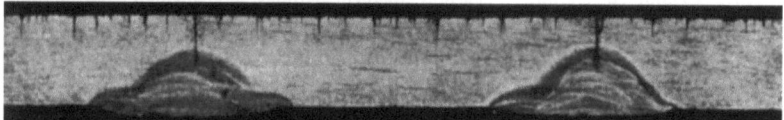

Bild 26.62 Wärmeschockrisse in einem Dampfsammler

Bild 26.62.1 Ansicht

Bild 26.62.2 Ausschnittsvergrößerung

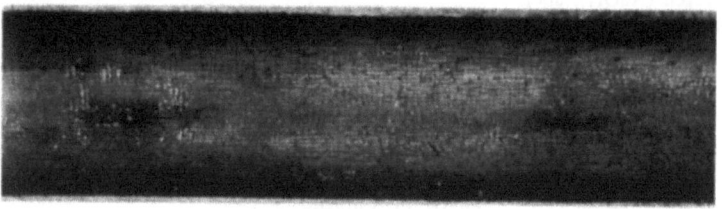

Bild 26.63 Verzunderung eines Siederohres

Vermeidung stärkerer Scherbewegungen durch festeres Anziehen, Erhöhung der Reibung, Zwischenlegen eleastischen Materials (Gummi usw.).
Erhöhung der Verschleißfestigkeit (Vergüten), Trennung der Reibflächen durch Zwischenschieben nichtmetallischer Einlagen, Verringerung der Reibung.
Als Schmiermittel eignen sich Feststoffe (Graphit, Molybdänsulfid u. ä.), besonders wenn sie auf den Metallflächen durch Harze oder dgl. festgelegt sind, Flüssigkeiten, auch dünne Filme weicher Metalle (Blei) sowie Phosphatierungs-, Oxalatschichten usw. Werden die genannten Feststoffe benutzt, kann zur Aufrechterhaltung des Schmierfilmes eine gewisse Aufrauhung der Oberflächen, z.B. durch (Dampf-) Strahlbehandlung vorteilhaft sein.
Abschließend sei noch kurz auf *Fremdstromkorrosion* hingewiesen. Hierbei handelt es sich um Abtragungen durch Stromübergang von elektrischen Strömen, die sich von elektrischen Anlagen her ausbreiten. Treten derartige Korrosionen auf, so müssen durch sorgfältige Strommessungen die Herkunft dieser *vagabundierenden Ströme* ermittelt und die Ursachen beseitigt werden.
Die hier zusammengestellten Beispiele und Beschreibungen von Schadensbildern aus dem Gebiet der Korrosionsschäden mußte mit Rücksicht auf den Gesamtumfang des Buches kurz gehalten werden. Eine sehr übersichtliche und ausführliche *Hilfe* für die Identifikation von Schäden durch Korrosion in wäßrigen Medien stellt die VDI-Richtlinie 3822 dar, die neben der Beschreibung des Schadensbildes (makroskopisch, mikroskopisch und analytisch) die *schandesverursachenden Voraussetzungen* sowie den *Schadensablauf* beschreibt und Empfehlungen für die Verfolgung des Schadensablaufes gibt. Sie stellt damit ein hervorragendes Hilfsmittel für den Ingenieur dar.

26.3.6 Thermische Überbeanspruchung

Dehnungsbehinderungen

Nahezu alle schiffsmaschinenbaulichen Anlagen unterliegen erheblichen Temperaturdifferenzen zwischen dem Stadium des Einbaus einerseits und dem späteren Betrieb andererseits, aber auch beim wiederholten An- und Absetzen der Anlage. Diese Temperaturdifferenzen führen im Zusammenhang mit der unterschiedlichen Wärmedehnung der einzelnen beteiligten Baugruppen zu Verlagerungen der Mittellinien und Anschlußpunkte. Dabei treten sowohl sehr hohe als auch niedrigere Temperaturdifferenzen und entsprechende Dehnungen und Verschiebungen auf. Werden diese Dehnungen konstruktiv nicht oder nicht ausreichend berücksichtigt, oder nehmen beim Betrieb die Temperaturdifferenzen wesentlich höhere Werte an als der Berechnung zugrundegelegt wurden, so kann es zu *Dehnungsbehinderungen* kommen, bei denen sehr rasch sehr große Kräfte wirksam werden können. Das gleiche gilt auch für einzelne Teilbereiche und Teilbaugruppen von Maschinenanlagen.

Auch kommt es vor, daß die ursprünglich vorhandene Dehnungsfreiheit durch Verunreinigungen usw. mehr und mehr eingeschränkt worden ist — anschauliches Beispiel sind hier die Halterungen von Heizflächenpaketen in Schiffskesseln.

Die aus der Verformung des Schiffes im Seegang resultierenden Verschiebungen und Dehnungen sind ebenfalls konstruktiv zu berücksichtigen, sie liegen oft in der Größenordnung von mehreren Millimetern. Nichtbeachten des zu erwartenden Verformungsverhaltens kann zu Schäden mit erheblichem Ausmaß führen, ebenso wie die willkürliche Aufhebung oder Einschränkung konstruktiv vorgesehener Dehnfalten.

Überschreiten der Zeitstandfestigkeit

Die Zeitstandfestigkeit (s. auch Hauptabschnitt 02, Festigkeit, und Hauptabschnitt 07, Werkstoffe) ist die Festigkeit bzw. die Belastung, bei der ein Stahl eine bestimmte *Dehngeschwindigkeit* bzw. *Dehnung* nicht mehr überschreitet. Die Zeitstandfestigkeit ist naturgemäß außerordentlich von der Temperatur abhängig. Sie fällt, je nach der Legierung und dem Zustand des Werkstoffes, bei zunehmender Temperatur stark ab. Wird nun ein Konstruktionsteil, z. B. ein Siederohr, durch Änderung der Strömungsverhältnisse oder der Beheizung heißer als vorgesehen, so wird die der Berechnung zugrunde gelegte Zeitstandfestigkeit mehr oder weniger örtlich überschritten, das Rohr weitet sich auf oder beult sich aus und reißt schließlich. Derartige Erscheinungen sind relativ häufig und entweder durch Wahl eines falschen Materials oder durch betriebliche Umstände verursacht worden. Bei Überhitzung des Werkstoffes tritt außer dem Aufweiten oder Aufbeulen auch eine Änderung des Gefüges auf, die sich in einer *Koagulierung des Perlits* (s. Bild 26.21) äußert; aus dem Maß dieser Koagulierung kann auf die Höhe der erreichten bzw. überschrittenen Temperatur geschlossen werden. Wird die Überhitzung noch weiter gesteigert, so verbrennt das Material.

Wärmeschock

Eine Schädigung durch Rißbildung infolge plötzlicher Temperaturänderung kommt sowohl bei austenitischen als auch bei ferritischen Stählen vor. Bei den entstehenden Temperaturgradienten können die Spannungen

$$\sigma = \frac{\alpha \cdot \Delta T \cdot E}{2}$$

betragen, wenn α der *Ausdehnungskoeffizient* ΔT die auftretende *Temperaturdifferenz* und E der *Elastizitätsmodul* ist.

Die zum Riß notwendige Spannung muß von der Größenordnung der Streckgrenze sein. Bei starkwandigen Körpern muß gegebenenfalls mit einer *dreidimensionalen* Spannung gerechnet werden. Die Höhe des *Temperaturgradienten* wird durch die *Dicke* des Werkstückes sowie dessen Wärmeleitfähigkeit bestimmt. Man findet deshalb Wärmeschockrisse häufiger bei dicken Stücken als bei dünnen und bei Austeniten öfter als bei Ferriten. Austenitische Stähle reißen meistens transkristallin. Ferritische Stähle beim Fehlen spezifischer Angriffsmittel, also z. B. in reinem Dampf bzw. Wasser, reißen ebenfalls transkristallin.

Besonders gefährdet sind dickwandige Bauteile im *Hochtemperaturbereich*, z. B. Kesseltrommeln und Sammler sowie Turbinengehäuse und Fahrventilgruppen. Bild 26.64 zeigt Beispiele für diese Schadensform.

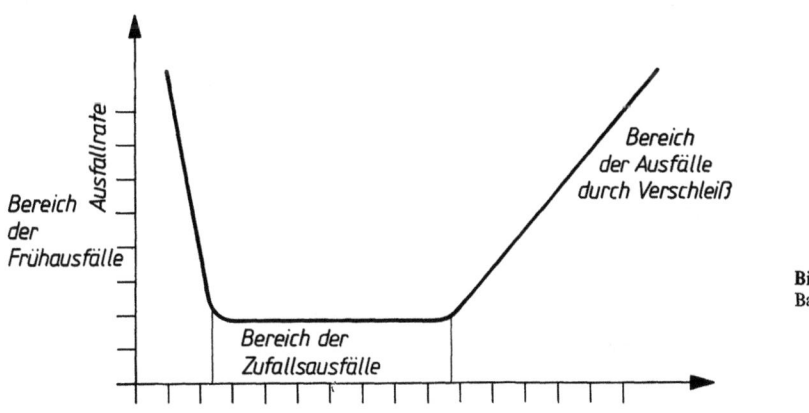

Bild 26.64
Badewannenkurve

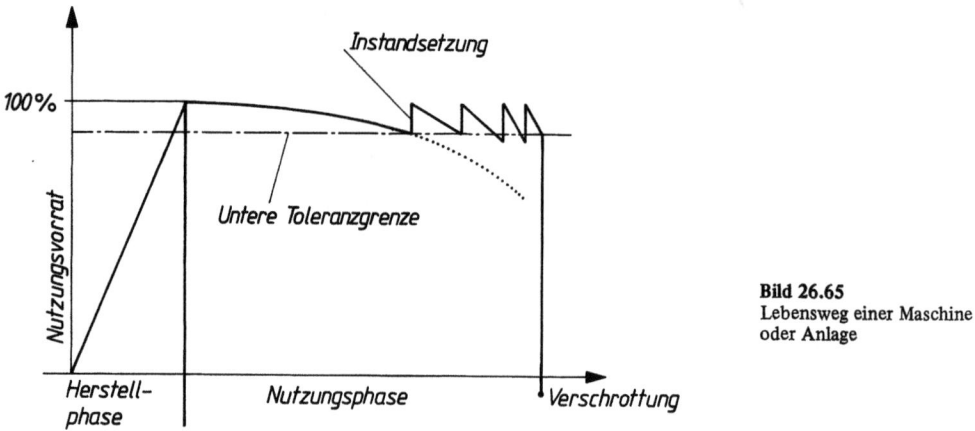

Bild 26.65
Lebensweg einer Maschine oder Anlage

Verzunderung

Eigentlich in die Kategorie der *Korrosion* zu rechnen sind *Verzunderungen* (Bild 26.65), die an und für sich feste Korrosionsprodukte darstellen, die bei hoher Temperatur in oxidierenden Gasen auf der Metalloberfläche entstehen. Diese Verzunderungen treten bei Stahl schon bei Temperaturen von 250 °C in Form von *Anlauffarben*, als Zunder erst bei Temperaturen von 550 ... 600 °C an auf. Sie können auch durch *Dampfzersetzung* entstehen, d. h., der Wasserdampf zerfällt bei erhöhter Temperatur in Sauerstoff und Wasserstoff, und der Stahl verbindet sich mit dem freiwerdenden, sehr aktiven Sauerstoff zu Zunder.

26.3.7 Mangelhafte Betriebsmittelpflege

Speisewasserpflege

Viele Korrosionsschäden und Schäden durch Überhitzung liegen an einer mangelnden *Speisewasserpflege*. Sie treten auf durch ungenügende thermische und chemische *Entgasung*, fehlerhaften pH-Wert, Entstehung von Belägen und Schlämmen der verschiedensten Art, die teils korrodierend, teils wärmestauend wirken.

Besondere Hinweise hierzu finden sich in den Hauptabschnitten 17, Dampfkraftanlagen, und 18, Dampfkessel.

Schmierölpflege

Insbesondere erhöhter Verschleiß, aber auch Fressen und Totalausfall ganzer Antriebssysteme können die Folgen ungenügender *Schmiermittelpflege* sein. Über die verschiedenen Einflüsse, die auf die Eigenschaften des Schmiermittels einwirken, finden sich Angaben im Hauptabschnitt 08, Schmierstoffe.

In den Betriebsanleitungen der einzelnen Maschinen sind i. a. genaue Angaben über die Anforderungen an die erforderlichen Schmiermittel, die Austausch-, Prüf- und Ergänzungsintervalle angegeben. Es ist bewährte Praxis, die Anforderungen aller Einzelsysteme in einem Gesamtschmierplan zusammenzustellen. Dieser Gesamtschmierplan sollte auch Hinweise auf die Schmierölpflege enthalten.

Sorgfältig geprüft werden muß die Schmierölverträglichkeit besonders dann, wenn aufgrund von *logistischen* oder sonstigen Gründen ein anderes Schmiermittelfabrikat als das bisher verwendete gefahren werden soll.

Es ist in solchen Fällen sicherzustellen, daß keine *Mischung* der Fabrikate erfolgt, da sonst durch *Unverträglichkeit* Ausfällungen (Schlamm) usw. anfallen können, die zu schweren Schäden führen können. Vor Einfüllen der neuen Sorte muß das System daher gründlich gereinigt und alle Reste, auch aus unzugänglichen Stellen, müssen entfernt worden sein. Gleiches gilt für die Inbetriebnahme neuer Systeme, die jeweils gründlich gespült werden müssen. Spülöl sollte auf *keinen* Fall als späteres Betriebsöl akzeptiert werden.

Brennstoffaufbereitung

Zur Frage der Brennstoffaufbereitung sind in den Hauptabschnitten 15, Dieselmotoren, und 08, Schmierstoffe/Brennstoffe, zahlreiche Informationen gegeben. Beim gegenwärtigen Stand der Technik muß festgestellt werden, daß zwar ausreichende Erkenntnisse über die *physikalisch-technologischen* sowie über die *chemischen* Eigenschaften der zulässigen Brennstoffqualitäten vorliegen, daß es aber noch an einfachen *Analysengeräten* für den täglichen Bordbetrieb mangelt. Diese Geräte befinden sich jedoch bereits im Erprobungsstadium der Entwicklung.

Wesentlich ist die Einhaltung der vorgeschriebenen *Viskosität* an den wesentlichen Punkten des Brennstoffsystems, da z. B. eine zu niedrige Viskosität sofort zu einer Überlastung und zu überhöhtem Ver-

schleiß an den Präzisionsteilen des Einspritzsystems führt. Ebenso ist *Wasserfreiheit* und insbesondere die Beseitigung von *Seewasserspuren* eine wichtige Forderung, um korrosive Angriffe aus dem Brennstoffsystem sowie dem Brennraum fernzuhalten.
Eine ausreichende *Separierung, Filtration* und ggf. *Homogenierung* entsprechend den Möglichkeiten der vorhandenen Aufbereitungsanlagen sollen die *Asphalten-, Schlamm-* und *Sedimentanteile* in den vorgegebenen Grenzen halten.
Einer laufenden Überwachung des gesamten Brennstoffaufbereitungssystems und einem ständigen sorgfältigen *Abgleich* zwischen Brennstoffaufbereitung und Schmiermittelversorgung kommt bei neuzeitlichen Motorenanlagen eine sehr wesentliche Bedeutung zu.
Rapider Leistungsabfall, hoher Verschleiß und drastische Verkürzung der Standzeiten von Laufbuchsen, Kolben und Kolbenringen, häufige Störungen im Einspritzsystem und daraus folgend Zündaussetzer mit thermischer Überlastung und hoher Schwingungsbelastung sind unweigerliche Folgen einer oberflächlichen und mangelhaften Brennstoffaufbereitung.

26.3.8 Bedienungsfehler

Bedienungsfehler in Schiffsanlagen ereignen sich bevorzugt während der Zeit der ersten Inbetriebnahme, aber auch nach umfangreichen Überholungs- oder Wartungsarbeiten, d. h. immer dann, wenn unter *Zeitdruck* Systeme bereits wieder angefahren werden sollen, während noch nicht alle Arbeiten abgeschlossen und ggf. die vorhandenen *Sicherheitsabschaltungen* noch nicht aktiviert sind.
Eine ständige Gefahrenquelle ist auch das *Überbrücken* von *Endschaltern* bei der Durchführung von Funktionsprüfungen zur Vorbereitung von Inbetriebnahmen, sofern diese Entriegelung nicht *sofort* wieder aufgehoben wird. Die Außerbetriebsetzung der Sicherheitseinrichtungen gerät häufig in Vergessenheit, und es kommt dann bei späteren Manipulationen mit der betreffenden Steuereinrichtung zu folgeschweren Schäden. In solchen Fällen sollte das Personal auf die geänderte und überdies gefährliche Situation durch deutliche *Hinweisschilder* aufmerksam gemacht werden. Unter Umständen läßt sich durch Verschließen des Fahrstandes eine Betätigung der entsprechenden Bedienungshebel durch Unbefugte verhindern.
Da es oftmals nur an den nötigen Warn- und Hinweisschildern fehlt, sollte bereits ein entsprechender Schildersatz generell für jede neue Anlage vom Hersteller mitgeliefert werden.
Neuerdings kommt es auch gelegentlich zu fatalen Bedienungsfehlern, wenn ansonsten *vollautomatisch* betriebene Systeme *von Hand* gefahren werden. Hierin zeigt sich einerseits ein ungenügendes *Training*, andererseits aber sind die neuzeitlichen Be-

dienungsanweisungen so umfangreich, daß die kurze, klare Anleitung mit den wichtigsten Angaben für den manuellen Betrieb nicht rasch genug zur Hand ist.
Ein intensives Studium der vorhandenen Bedienungsanleitungen und ein regelmäßiges „*Proben für den Ernstfall*" sind geeignete Maßnahmen, um das Risiko von Fehlbedienungen zu minimieren.

26.4 Schadenverhütung

26.4.1 Schadenverhütung beim Hersteller

Wie bereits ausgeführt, muß die Schadenverhütung bereits in der *Planungsphase* einer Anlage beginnen. Bei gut geführten Unternehmen sind *Qualitäts-* bzw. *Gütesicherungsabteilungen*, die i. a. der Geschäftsleitung direkt unterstehen, damit beauftragt, anhand von *Bauprüffolgeplänen* den lückenlosen Nachweis über die einwandfreie Herstellung und Erprobung der Maschinen bzw. Anlagen zu führen. Die Systematik der Bauprüffolgepläne und die Qualitätssicherungssysteme haben sich aus der Luft- und Raumfahrt und aus dem militärischen Bereich entwickelt und sind mit entsprechender Anpassung an die Erfordernisse der Schiffstechnik hervorragend geeignet, um eine Schadenverhütung in der Konstruktions- und Herstellphase, ggf. sogar in der Inbetriebnahmephase zu gewährleisten, der vielfach bedeutendsten und schwierigsten Phase im Leben einer Maschinenanlage. In den Bauprüffolgeplänen finden sich *Querverweise* auf auszufüllende *Kontrollmaßblätter* (z. B. für Spiele und Ist-Maße) und *Checklisten* (z. B. Vollständigkeitskontrollen usw.).
Ein häufig zu beobachtender gefährlicher Mißstand liegt darin, daß infolge von Terminverzögerungen mit der Inbetriebnahme begonnen wird, *bevor* alle wichtigen Meß-, Überwachungs- bzw. Schutz- und Regeleinrichtungen endgültig *montiert* und *justiert* sind. Fliegend verlegte provisorische Meßleitungen können zu Fehlverdrahtungen und Fehlbeurteilungen und damit zu Fehlreaktionen führen. Auch die nur für die Inbetriebnahme vorgesehenen Meßleitungen sollten dem üblichen *Sicherheitsstandard* entsprechen.

26.4.2 Schadenverhütung beim Betreiber

Hier ist zu differenzieren zwischen der *Verhütung* von Schäden durch Bedienungsfehler und solchen, die durch *Überwachung* und *Wartung* der Anlage verhütet werden können.
Die in neuerer Zeit in immer größerem Maße eingesetzten voll- und halbautomatischen Bedienungsvorrichtungen bergen die Gefahr in sich, daß auch in einem kleineren Störungsfall die gesamte Anlage außer Betrieb gehen muß oder beim Abfahren mit Hand gravierende Fehler passieren. Ursächlich dafür ist entweder die nicht vorhandene technische *Möglichkeit* manueller Bedienung oder, bei deren Vor-

handensein, für den Störfall ungeübtes Personal. Ist technisch eine manuelle Bedienung bei automatischen Anlagen möglich, so muß das Bedienungspersonal turnusgemäß durch Simulation von Schadenfällen in der manuellen Handhabung der Anlage geschult werden.

Bei weitgehend automatisch betriebenen und überwachten Anlagen muß vermieden werden, daß das wenige an der Maschine oder in der Anlage verbliebene Personal sich *überflüssig* vorkommt und *gleichgültig* wird. Es ist mit systematischen Rundgängen und der Wahrnehmung abnormaler Vorgänge, die meßtechnisch nicht erfaßt werden können, zu betrauen. Ungewöhnliche Geräusche und Gerüche, Undichtigkeiten an Rohrleitungssystemen und vor allen Dingen Leckagen von brennbaren Flüssigkeiten sind unverzüglich zu melden und zu beseitigen. Sämtliche Überwachungseinrichtungen müssen turnusgemäß auf ordnungsgemäße Funktion und Justierung überprüft werden.

Eine besondere Gefahr bilden Meßinstrumente oder Schutzeinrichtungen, die mehrmals *Fehlanzeige, falschen Alarm* oder *Fehlauslösungen* verursacht haben. Sie werden vom Personal als *unzuverlässig* angesehen und demzufolge auch im wirklichen Gefahrenfall bei richtiger Funktion *nicht beachtet*. Derartige Geräte sind unverzüglich auszuwechseln, zu eichen oder bezüglich der Ansprechbereiche ordnungsgemäß einzustellen.

Es ist immer vorteilhaft, Meßdaten und besondere Vorkommnisse während des Betriebes durch das Personal in zweckmäßiger Form erfassen zu lassen. Eine optimale Bedienung wird oft auch dadurch erreicht, daß dem Bedienungspersonal persönliche Vorteile der richtigen und schadenfreien Funktion der Anlage bewußt gemacht werden.

Alle Betriebsaufzeichnungen sind jedoch ohne Wert, wenn sie nicht ständig durch entsprechend geschultes und verantwortungsbewußtes Personal *ausgewertet* werden, das auch in der Lage ist, unverzüglich geeignete Gegenmaßnahmen einzuleiten.

Die Verhütung von Schäden durch Wartung und Instandhaltung der Anlagen ist ein weiteres wichtiges Verantwortungsgebiet des Betreibers.

Zur Vermeidung von Stillstand und um Instandhaltungsarbeiten planen zu können, ist es notwendig, sich über das „zukünftige" Verhalten von Bauelementen Gedanken zu machen. Das geschieht am besten entlang der „*Badewannenkurve*" (Bild 26.66).

- *Frühausfälle*, bedingt durch Montage- oder Bedienungsfehler sowie Materialmängel, ereignen sich kurz nach Inbetriebnahme.
- *Zufallsausfälle* entstehen durch das Zusammenwirken vieler unabhängiger Faktoren in der folgenden Zeitperiode.

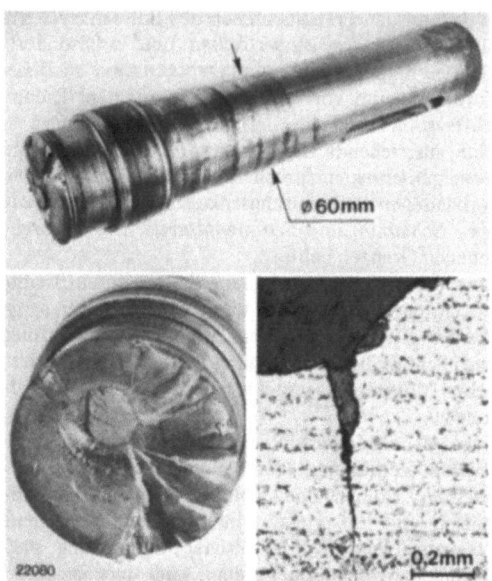

Bild 26.66 Korrosionsdauerbruch im aktiven Zustand. Betriebsstunden der Pumpenwelle bei Eintritt des Schadens 9000 h; Drehzahl 70 U/min; Anzahl der Lastwechsel bis zum Bruch $37{,}8 \cdot 10^6$. Wellenwerkstoff Kohlenstoffstahl.

- *Altersausfälle* stellen sich aufgrund von Verschleiß beziehungsweise Alterung in der letzten Zeitperiode ein.

Daraus lassen sich für die Instandhaltung wichtige Folgerungen ableiten:

- Jede Montage oder Demontage einer Einheit macht Frühausfälle wahrscheinlich.
- Bleibt eine Ausfallrate über die Zeit hinweg konstant, liegen Zufallsausfälle vor, bei denen planmäßige, vorbeugende Instandsetzung sinnlos, Wartung und Inspektion jedoch notwendig sind.
- Durch regelmäßiges Inspizieren können Verschleiß und Alterung in vielen Fällen festgestellt und damit der Zeitpunkt der Instandsetzung bestimmt werden (Bild 26.67).

Die Notwendigkeit zur *Instandhaltung* hat aber auch wirtschaftliche Gründe. Zu diesen zählen vor allem *Ausfallfolgekosten* und *Vorbeugungskosten*.

Die Instandhaltung kennt mehrere *Grundstrategien*. Den *vorbeugenden Teileaustausch*, die *geplante Inspektion* mit bedarfsbedingtem Teileaustausch, die *ausfallbedingte Instandsetzung*.

Bei der „*vorbeugenden Instandhaltung*" kann der planmäßige Austausch von Elementen in festen Zeitintervallen zum Verschenken von Lebensdauer führen. Die Folgen sind unnötige Kosten von Ersatzteilen und zusätzlich entstehende neue Störgrößen.

Schadenverhütung

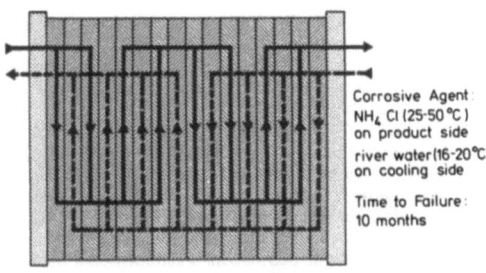

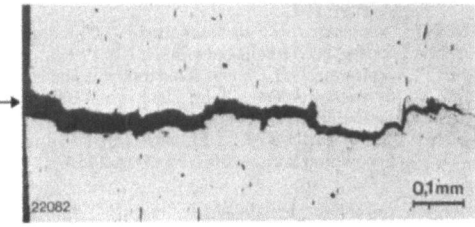

Bild 26.67 Korrosionsdauerbruch im passiven Zustand. Wärmetauscherplatte aus Werkstoff X5CrNiMo18 10.
Betriebsmittel NH$_4$CL (25 ... 50 °C)
Kühlmittel Flußwasser (16 ... 20 °C)
Betriebsstunden bis zum Schadenseintritt 10 Monate.

Bei der rein *"ausfallbedingten Instandhaltung"* wird nichts geplant. Fällt ein Bauelement aus, wird es erneuert. Diese Methode ist wirtschaftlich gesehen äußerst risikoreich und deshalb in der Praxis nur bedingt anwendbar.

Einen Kompromiß zwischen diesen beiden Strategien bietet die *"Bereitschaftsstrategie"*.

Die Planung bezieht sich auf die *Inspektionsrundgänge* und nicht auf die Lebensdauer der Bauelemente. Diese Strategie legt ein großes Gewicht auf *"Sehen, Hören, Fühlen, Messen und Vergleichen"*. Bei Rundgängen soll das geschulte Auge oder Ohr Istzustände der zu überwachenden Anlagen beziehungsweise Bauelemente mit dem jeweiligen Sollzustand vergleichen können, um so einen sich ankündigenden Schaden festzustellen und zu beseitigen.

Die *"Bereitschaftsstrategie"* führt in letzter Konsequenz zu einer zustandsabhängigen Instandhaltung, die in Abhängigkeit von anläßlich der Rundgänge erkannten Anomalien zu Inspektionen und vom dabei ermittelten Ist-Zustand ausgehend plant, wann ein Teil gewechselt, ausgebessert oder erneuert werden soll.

Alle drei Strategien haben ihre Berechtigung:

- Eine *wenig genutzte* Maschine wird man vorzugsweise störungsabhängig instandhalten und nicht etwa durch einen hohen Aufwand an Zustandsüberwachung beobachten, vorausgesetzt, die Sicherheit für Mensch und Maschine bleibt erhalten.
- *Standardisierte* Maschinen mit vielen serienmäßigen Bauteilen wird man zeitabhängig instandhalten, in dem man den Empfehlungen des Herstellers folgt oder aufgrund eigener Erfahrungen mit diesen Bauteilen feste Zeitabstände zum Warten oder Auswechseln plant.
- Hauptmaschinen und wesentliche Hilfsmaschinen und -systeme, die maßgeschneidert, mechanisiert und automatisiert sind und das Herzstück der Schiffsantriebsanlage darstellen, wird man dagegen überwiegend *zustandsabhängig* instandhalten. In diesem Fall ist auch ein größerer Aufwand an Inspektion und Zustandsüberwachung gerechtfertigt.

Es ist zweckmäßig, für jede Anlage bzw. jedes System einen *Instandhaltungsplan* aufzustellen. Dieser

- legt die Arbeiten und die Häufigkeit fest, die zur planmäßigen vorbeugenden Instandhaltung führen,
- übersetzt die allgemeine Instandhaltungsanleitung auf die jeweiligen Betriebsbedingungen,
- ist das wesentliche Organisationsmittel, mit dessen Hilfe die Instandhaltungsanweisungen getroffen werden können,
- kann als besondere Teile Inspektions- und Schmierpläne enthalten.

Wichtige Daten auf einem Instandhaltungsplan sind:

- Maschinennummer
- Aufstellungsort
- Aufstellungsart
- Anordnungsprinzip
- Maschinen-/Anlagengliederung
- Gliederungsnummer
- Energieart
- Geplante Maßnahmen der Instandhaltung
- Arbeitsbeschreibungen/Arbeitsplatznummern der Instandhaltung
- Durchführungstermine, z. B. Fixtermine bzw. Zyklusdauer, Klasseerneuerungsbesichtigung

Auf eine weiter in Einzelheiten gehende Beschreibung über *Ausführungsbeispiele* von Instandhaltungsplänen muß an dieser Stelle im Hinblick auf den Umfang des Buches leider verzichtet werden; es wird stattdessen auf das einschlägige Fachschrifttum verwiesen [26.7], [26.14].

26.5 Schrifttum

26.5.1 Normen

DIN 4100	(1968) Geschweißte Stahlbauten mit vorwiegend ruhender Belastung
DIN 4761	Begriffe, Benennungen und Kurzzeichen für den Oberflächencharakter
DIN 8515	Teil 1 (1979) Fehler an Lötverbindungen aus metallischen Werkstoffen. Einteilung, Benennungen, Erklärungen.
DIN 8524	Teil 1 u. 3 (1971) Fehler an Schmelzschweißverbindungen aus metallischen Werkstoffen; Einteilung, Benennungen, Erklärungen.
DIN 50320	Verschleiß – Begriffe, Systemanalyse von Verschleißvorgängen, Gliederung des Verschleißgebietes.
DIN 50321	Verschleiß – Meßgrößen.
DIN 50900	Korrosion der Metalle – Begriffe –

26.5.2 Bücher und Zeitschriftenaufsätze

[26.1] *Allianz:* Bruchuntersuchungen und Schadenklärung – Probleme bei Eisenwerkstoffen –, 25 Beiträge, Allianz Versicherungs AG, München und Berlin 1976.

[26.2] *Allianz:* Handbuch der Schadensverhütung. Allianz Versicherungs AG, München und Berlin 1972.

[26.3] *Erker, A., H. W. Hermsen u. A. Stoll:* Gestaltung und Berechnung von Schweißkonstruktionen. Fachbuchreihe Schweißtechnik Bd. 9, Deutscher Verlag für Schweißtechnik, Düsseldorf 1971.

[26.4] *Gurney, T. R.:* Fatigue of Welded Structures. University Press, Cambridge 1968.

[26.5] *Heckel, K.:* Einführung in die technische Anwendung der Bruchmechanik. Carl Hanser Verlag, München 1970.

[26.6] *Hill, E. C.:* Microbial Degradation of Marine Lubricants – Its Detections and Control –, Transactions Inst. Mar., Egrs 90 (1974) 4, London.

[26.7] *Lapp, H.:* Geplante Maschineninstandhaltung. Der Maschinenschaden 48 (1975) 3, S. 81/82.

[26.8] *Malisius, R.:* Schrumpfungen, Spannungen und Risse beim Schweißen. Fachbuchreihe Schweißtechnik Bd. 10, Deutscher Verlag für Schweißtechnik, Düsseldorf 1977.

[26.9] *Mannesmannröhren-Werke:* Lexikon der Korrosion. Düsseldorf 1970.

[26.10] *Niemann, G.:* Maschinenelemente Bd. 1. Springer-Verlag, Berlin, 2. Auflage 1975.

[26.11] *Pohl, E.:* Das Gesicht des Bruches metallischer Werkstoffe. Allianz Versicherungs AG, München und Berlin 1960.

[26.12] *Radaj, D.:* Festigkeitsnachweise, Teil 1. Fachbuchreihe Schweißtechnik Bd. 64. Deutscher Verlag für Schweißtechnik, Düsseldorf 1974.

[26.13] *Richter, G.:* „Schäden" – Handbuch für Schiffsbetriebstechnik. Vieweg Verlag Braunschweig, 1. Auflage 1972.

[26.14] *Warnecke, H. J.:* Instandhaltung – Grundlagen – Verlag TÜV Rheinland GmbH, Köln 1981.

[26.15] *Wintermark, H.:* Einige Konstruktions- und Schweißprobleme beim Bau von Bohrinseln. Schweißen und Schneiden 26 (1974) 7, S. 259.

[26.16] *VDI-Richtlinie 3822:* Entwurf Teil 1 ... 4 und 6. Schadensanalyse. VDI-Verlag Düsseldorf.

Hauptabschnitt 27
Vorschriften und Aufsichtsbehörden

Prof. Dr.-Ing. *H. Meier-Peter*, Flensburg

27.1 Allgemeines über Vorschriften

Es ist zwischen den Vorschriften des *Gesetzgebers* und denen der *Klassifikationsgesellschaften* zu unterscheiden.

27.2 Zweck und Anwendungsgebiete der Vorschriften

Klassifikationsgesellschaften und Technische Aufsichtsbehörden überwachen das Einhalten der Vorschriften über den Bau und Betrieb von Schiffen und Schiffsmaschinenanlagen.

In allen Schiffbau und Schiffahrt treibenden Ländern bestehen Vorschriften, die den Zweck haben, eine größtmögliche *Sicherheit* für das Bedienungspersonal, die Fahrgäste sowie für Schiff und Maschinenanlage zu erreichen. Sie enthalten viele der in dieser Hinsicht gesammelten *Erfahrungen*. Die Vorschriften erstrecken sich auf folgende Gebiete:

27.2.1 Konstruktion und Berechnung

Diese Vorschriften enthalten die im Hinblick auf die Sicherheit gestellten Forderungen an die Konstruktion. Es sind Formeln für die Festigkeitsberechnung mit den jeweils einzusetzenden *Festigkeitswerten* der verschiedenen Werkstoffe – z.B. Streckgrenze, Warmstreckgrenze, Kriechgrenze – (s. Hauptabschnitt 02) und den geforderten *Sicherheitsbeiwerten* angegeben. Ferner sind die von den Werkstoffen verlangten Eigenschaften und die *Güteprüfungen* der Werkstoffe vorgeschrieben. Die Vorschriften erstrecken sich sowohl auf den Schiffskörper als auch auf die einzelnen Maschinen, auf Rohrleitungen, Armaturen usw.

27.2.2 Herstellung

Diese Vorschriften befassen sich vor allem mit der Verarbeitung der Werkstoffe, der Ausführung von Schraub-, Niet- und Schweißverbindungen, der Bewertung und Wärmebehandlung von Schweißnähten und den zugehörigen Prüfungen, z.B. Riß-, Ultraschall- und Röntgenprüfung von Schweißnähten. Angaben über den *Umfang* der Bauüberwachung durch eine Behörde bzw. eine vom Staat dazu ermächtigte Organisation sind in den Vorschriften enthalten.

27.2.3 Aufstellung der Maschinenanlage im Schiff

Die Befestigung z.B. der Kessel im Schiff, ihre Anordnung zur Maschine, ihre Abschottung usw. ist vorgeschrieben; Art und Ausführung der Fundamente, Verstärkungen der schiffbaulichen Konstruktion usw. sind ebenfalls festgelegt.

27.2.4 Schutzvorrichtungen

Es werden Schutzvorrichtungen für das Personal, z.B. bei der Bedienung von Ölfeuerungen, vorgeschrieben. Auch die Höhe von Reeling und Schanzkleid, die Ausführung von Niedergängen und Leitern sind vorgeschrieben. Ferner gibt es Vorschriften über Ausgänge aus Maschinen- und Kesselräumen, über Mindestgangbreiten, Rettungseinrichtungen usw.

27.2.5 Überwachungseinrichtungen

Der Umfang der erforderlichen *Anzeige-, Überwachungs-* und *Alarmfunktionen* und *-einrichtungen* ist vorgeschrieben. Hier unterscheiden die Vorschriften insbesondere nach dem jeweiligen Automatisierungsgrad des Schiffes bzw. der Maschinenanlage, „zeitweilig unbesetzter Maschinenraum", „24 h wachfreier Maschinenraum" usw.

27.2.6 Reserveteile

Die im Hinblick auf die Sicherheit der Anlage mitzuführenden *Reserveteile* sind vorgeschrieben.

27.2.7 Abnahme

Es gibt Vorschriften über die *Abnahme* für einzelne Baugruppen und für die Gesamtheit sowohl des Schiffes als auch der Maschinenanlage.

27.2.8 Überholungsarbeiten und regelmäßige Besichtigungen

Für die in Betrieb befindlichen Schiffsmaschinenanlagen sowie auch für Schiffskörper und Hilfsmaschinen sind bestimmte Überholungsarbeiten und in festgelegten Zeitabständen vorzunehmende Besichtigungen vorgeschrieben.
Die Vorschriften des Gesetzgebers und der Klassifikationsgesellschaften enthalten stets nur *Mindestumfänge*, der reedereiseitig gewünschte Standard geht über diese Mindestumfänge im allgemeinen hinaus.

27.3 Gesetzliche Vorschriften

In den Ländern, die dem *Internationalen Schiffs-Sicherheitsvertrag* beigetreten sind, sind die Bestimmungen dieses Vertrages bei den örtlichen Vorschriften jeweils berücksichtigt. Die Bundesrepublik Deutschland hat sich 1953 diesem Vertrag angeschlossen; hier bestehen Unfallverhütungsvorschriften der See-Berufsgenossenschaft [27.4], die von dem Bundesminister für Verkehr ermächtigt ist, sowie für den besonderen Fall der Dampfkessel die „Werkstoff- und Bauvorschriften für Dampfkessel", die von dem Deutschen Dampfkessel- und Druckgefäß-Ausschuß (DDA) im Auftrage des Bundesministers für Arbeit ausgearbeitet wurden. Die 1965 von der Bundesregierung erlassene neue *Dampfkesselverordnung* unterscheidet zwischen *Dampfkessel* und *Dampfkesselanlage*, gilt aber gleichermaßen für Land- und Schiffskessel bzw. -anlagen.
Der *Dampfkessel* umfaßt den Druckteil, in dem der Heißdampf erzeugt wird. Die *Dampfkesselanlage* umfaßt alle Einrichtungen, die zu ihrem Betrieb dienen. Das sind Vorwärmer, Pumpen, Gebläse sowie die Rohrleitungen, aber auch die Brennstofflagerung und -aufbereitung, die Luftvorwärmung, die Entstaubung und der Schornstein.
Die vom Deutschen Dampfkessel-Ausschuß (DDA) erstellten *Technischen Regeln für Dampfkessel* (TRD) geben den Stand der sicherheitstechnischen Anforderungen an die Werkstoffe, Herstellung, Berechnung, Ausrüstung und Aufstellung, an die Prüfung sowie für den Betrieb wieder, sie sind in Buchform von der Vereinigung der Technischen Überwachungsvereine (TÜV) herausgegeben (s. Hauptabschnitt 18).
Für die Maschinen existieren keine besonderen Sicherheitsanforderungen, für sie gelten die entsprechenden *Unfallverhütungs-Vorschriften* (UVV). Für die Dampfkesselfeuerungen hat der DDA *sicherheitstechnische Richtlinien*, die *SR Gas*, *SR Öl* und *SR Kohlenstaub* aufgestellt. Die Druckbehälter innerhalb der Dampfkesselanlage unterliegen der *UVV Druckbehälter* und müssen somit bezüglich Berechnung, Werkstoff, Herstellung und Prüfung sowie Ausrüstung den *AD-Merkblättern* genügen.
Neben den Verordnungen und Vorschriften stehen noch die Bauvorschriften des Germanischen Lloyd. Alles zusammen stellt das Gerüst der sicherheitstechnischen Anforderungen dar, die bei der Errichtung und dem Betrieb einer Schiffs-Dampfkesselanlage zu beachten sind, allerdings mit verschiedenen Rangordnungen: Während die TRD *zwingend* angewendet werden müssen und Abweichungen einer Begründung im Genehmigungsverfahren bedürfen, genügt für Abweichungen von *sicherheitstechnischen Richtlinien* lediglich die Zustimmung des Sachverständigen.
Einen Überblick über das sehr komplexe Regelwerk gibt Tafel 27.1, das der TRD 01 entnommen ist. Besonders wichtig sind für den Ingenieur für Schiffsbetriebstechnik die TRD 601 ... TRD 604, die direkten Bezug auf den *Betrieb* der Dampfkesselanlage nehmen.
Bei der Aufstellung und Änderung der technischen Vorschriften wirkt der Germanische Lloyd als Klassifikationsgesellschaft beratend mit.
Die Vorschriften werden laufend aktualisiert und dem jeweils neusten Stand der Technik angepaßt.
Die *Fahrterlaubnis* für ein Schiff wird erst dann erteilt, wenn die gesetzlichen Vorschriften beim Bau der Anlage berücksichtigt und die vorgeschriebenen Erprobungen, Arbeiten und Besichtigungen mit befriedigendem Ergebnis durchgeführt wurden.

27.4 Technische Aufsichtsbehörden

Die technischen Aufsichtsbehörden überwachen die Einhaltung der gesetzlichen Vorschriften.

27.4.1 Das Amt für Arbeitsschutz (Amt für die Aufsicht über Dampfkessel und Maschinen, AfA)

eine Behörde der Küstenländer, beaufsichtigt alle *überwachungsbedürftigen Anlagen* auf deutschen Seeschiffen im Hoheitsgebiet der Bundesrepublik Deutschland.
Für die Überwachungsbestimmungen gilt der § 24 der *Gewerbeordnung*, der folgende überwachungsbedürftige Anlagen nennt: Dampfkesselanlagen, Druckbehälter außer Dampfkessel, Anlagen zur Abfüllung von verdichteten, verflüssigten oder unter Druck gelösten Gasen, Leitungen unter innerem Überdruck für brennbare, ätzende oder giftige Gase, Dämpfe oder Flüssigkeiten, Aufzugsanlagen, elektrische Anlagen in besonders gefährdeten Räumen, Getränkeschankanlagen und Anlagen zur Herstellung kohlensaurer Getränke, Azetylenanlagen und Kalziumkarbidlager, Anlagen zur Lagerung, Abfüllung und Beförderung von brennbaren Flüssigkeiten.

Gesetzliche Vorschriften. Technische Aufsichtsbehörden

Tafel 27.1 Übersicht: Dampfkessel-Bestimmungen

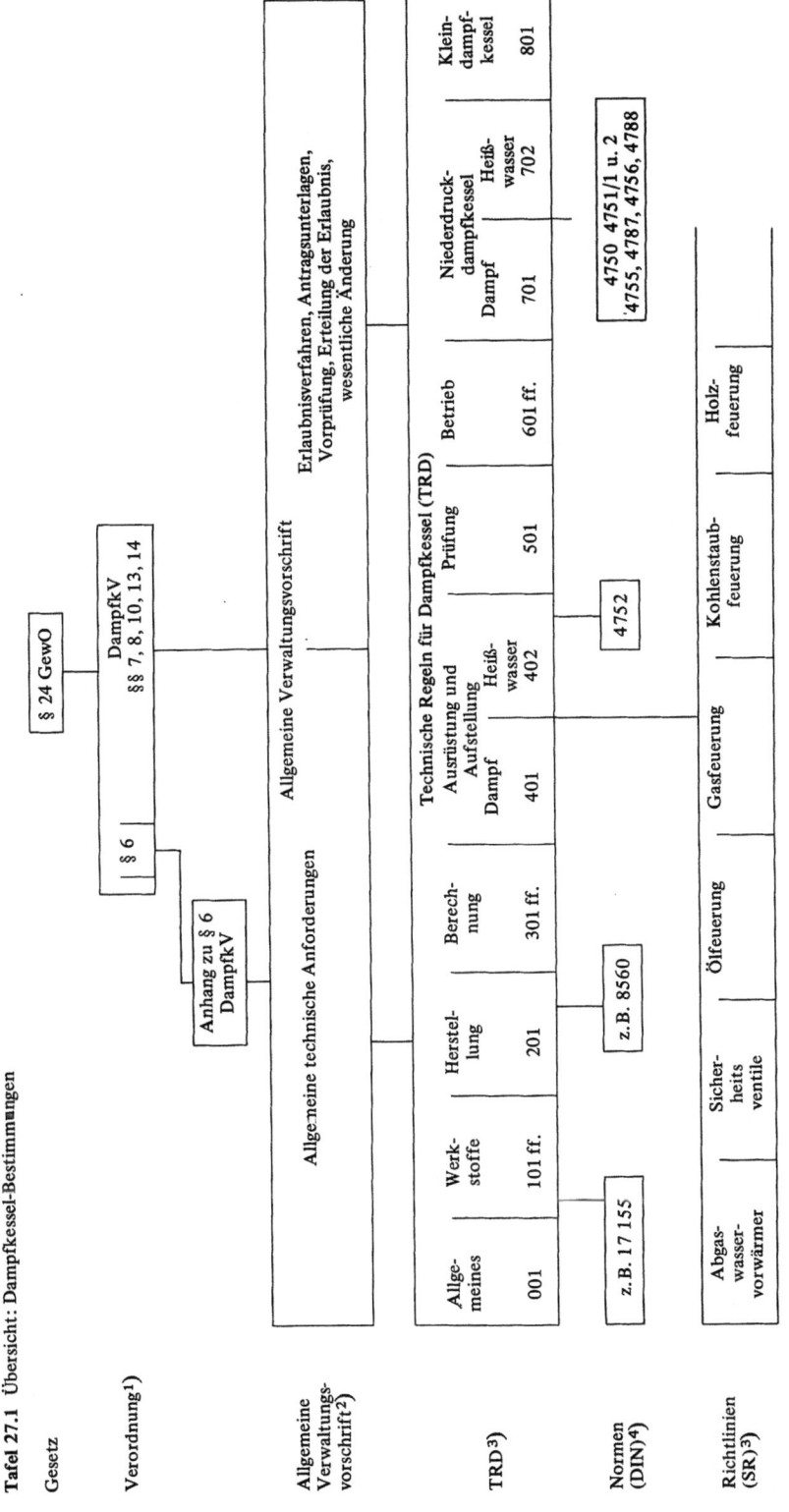

[1]) vom 8.9.1965 BGBl. I Seite 1300 und vom 30.7.1968 BGBl. I Seite 881.
[2]) vom 8.9.1965 Bundesanzeiger Nr. 175 vom 17.9.1965 und vom 30.7.1968 Bundesanzeiger Nr. 143 vom 3.8.1968.
[3]) Dampfkessel-Bestimmungen, Carl Heymanns Verlag KG, Köln/Berlin und Beuth-Vertrieb GmbH, Berlin/Köln/Frankfurt (M.), sowie laufende Veröffentlichungen in „Arbeitsschutz".
[4]) Beuth-Vertrieb GmbH, Berlin/Köln/Frankfurt (M.).

Das Amt ist *weisungsberechtigt* und kann gegebenenfalls den Betrieb dieser Anlagen untersagen.

27.4.2 Die See-Berufsgenossenschaft (SBG)

mit ihrer Sonderanstalt *Seekasse* einschließlich *See-Krankenkasse* trägt die gesamte Sozialversicherung für die Seeschiffahrt (Unfall-, Renten- und Krankenversicherung). Sie erteilt bzw. entzieht den Schiffen die Fahrterlaubnis. Als Träger der Unfallversicherung obliegt ihr die *Unfallverhütung* im Seeschiffsbetrieb; sie hat daher *Unfallverhütungsvorschriften* [27.4] erlassen, deren Befolgung sie überwacht. Gleichzeitig ist sie von der Bundesregierung beauftragt, die Einhaltung der teils nationalen teils internationalen Vorschriften und Verordnungen, die der *Schiffssicherheit* dienen, zu prüfen, z.B. *Schiffsbesetzungsordnung, Freibord-Verordnung, Schiffssicherheitsverordnung SSV, Funksicherheitsverordnung* usw.. Die beiden letztgenannten Verordnungen enthalten die Ausführungsbestimmungen der Bundesregierung zum *Internationalen Schiffssicherheitsvertrag (internationales Übereinkommen)* zum *Schutz des menschlichen Lebens auf See (Solas)* der in London ausgearbeitet wurde (1974).

Ferner ist der See-Berufsgenossenschaft die Untersuchung der Seeleute auf *Seediensttauglichkeit* übertragen worden.

Die See-Berufsgenossenschaft wird beaufsichtigt von dem *Bundesversicherungsamt*, dem *Bundesminister für Arbeit und Sozialordnung* (in Angelegenheiten der Unfallverhütung) und vom *Bundesminister für Verkehr* (hinsichtlich der Durchführung der Schiffssicherheitsvorschriften).

Neben eigenen Aufsichtsbeamten stehen ihr, vor allem im Ausland, die Besichtiger des Germanischen Lloyd zur Verfügung, der sie auch in allen technischen Fragen berät.

Wie die Bundesrepublik Deutschland haben auch andere Staaten staatliche oder halbstaatliche Organisationen beauftragt, die Einhaltung ihrer nationalen und der Internationalen Vereinbarungen zu überwachen; zu nennen sind hier:

England: das *„Ministry of Transport" – Department of Trade (DOT)*
Frankreich: die *„Commission Centrale de Sécurité de la Marine Marchande"*
Niederlande: die *„Sheepvaart Inspectie"*
USA: die *„Coast Guard"*
Norwegen: das *„Norskt Sjöfartskontor"*

27.4.3 Das Bundesamt für Schiffsvermessung

befaßt sich im Auftrag der Bundesregierung mit allen Fragen, die die Vermessung, die Ausfertigung von Meßbriefen und das Festsetzen der höchstzulässigen Personenzahl (bei Fahrgastschiffen) betreffen; Vermessung und Fahrgastkapazität sind Berechnungsgrundlagen für *Steuern, Gebühren* und *Abgaben*. Bei Binnenschiffen unterliegt dem Bundesamt für Schiffsvermessung auch die technische Aufsicht über die *Eichung* und die Überwachung der Stabilitätsunterlagen für Binnenfahrgastschiffe und Fähren.

27.5 Die Klassifikationsgesellschaften
(s. Abschnitt 27.2)

Die Klassifikationsgesellschaften sind private Organisationen, die in enger Zusammenarbeit mit den zuständigen Behörden unter Berücksichtigung der gesetzlichen Bestimmungen Bau- und Klassifikationsvorschriften aufstellen, wobei sie sich auch um eine internationale Angleichung bemühen, damit die nach ihren Vorschriften gebauten Anlagen auch in anderen Ländern anerkannt werden; Schwierigkeiten, die sonst beispielsweise bei dem Verkauf eines Seeschiffes in ein anderes Land auftreten könnten, sollen somit vermieden werden.

Die *Bauvorschriften* befassen sich mit der Konstruktion, der Herstellung, der Bauüberwachung und allen damit zusammenhängenden Fragen; die *Klassifikationsvorschriften* erstrecken sich darüber hinaus auch auf die in regelmäßigen Zeitabständen vorzunehmenden Überholungsarbeiten und Untersuchungen an Schiff und Maschinenanlage.

Die Bau- und die Klassifikationsvorschriften zusammen bilden die Grundlage für die „*Klassifikation*" der Anlage, d.h. eine Einteilung in Klassen nach der Ausführung und dem derzeitigen Zustand der Anlage. Die jeweilige „*Klasse*" des Schiffes gibt einen Anhalt für den von den Versicherungsgesellschaften zu gewährenden Versicherungsschutz, die zu zahlenden Prämien und die Bewertung von Schiffen bei Verkäufen. Es besteht kein Zwang zur Klassifikation, jedoch bietet die Erteilung einer „*Klasse*" durch eine Klassifikationsgesellschaft eine bestimmte Gewähr für die Güte eines Schiffes bzw. seiner Maschinenanlage, so daß heute fast alle Handelsschiffe klassifiziert sind. Kriegsschiffe werden nicht klassifiziert; für sie gelten besondere Vorschriften der jeweiligen Kriegsmarine.

Da die Klassifikationsgesellschaften ihre Vorschriften international in gewissem Umfang miteinander abstimmen, können sie in vielen Fällen Schiffe aller Nationen in ihre jeweiligen Klassen aufnehmen. Allerdings sind einige Unterschiede in den Bestimmungen vorhanden.

Als wichtigste Gesellschaften sind zu nennen:

Lloyd's Register of Shipping (1760)*),
  London . . . . LR**)
Bureau Veritas (1828), Paris . . . . BV
Registro Italiano Navale (1858), Rom . . . . RI
American Bureau of Shipping (1862),

---

*) Gründungsdatum.
**) Abkürzung an der Freibordmarke, s. Hauptabschnitt 11.

New York .... AB
Det Norske Veritas (1864), Oslo .... NV
Germanischer Lloyd (1867), Hamburg–
Berlin .... GL
Nippon Kaiji Kyokai (Nippon Standard)
(1899), Tokyo .... NS
Register der UdSSR (1926, Leningrad ..... KM
*Deutsche Schiffs-Revision und -Klassifi-
kation* (1950), Berlin .... DSRK

Jede Klassifikationsgesellschaft verfügt über eine *Hauptverwaltung*, die für die Vorschriften und die Zeichnungsgenehmigung zuständig ist, und zahlreiche *Zweigbüros* in den Häfen. Die Interessen der Werften, Reedereien, Versicherer und des Staates an der Arbeit der Klassifikationsgesellschaft werden i.a. in einem *Technischen Beirat* vertreten.

27.6 Sonstige Organisationen

Als internationale für die Seeschiffahrt wichtige Organisationen seien noch erwähnt:

27.6.1 Die „Zwischenstaatliche Beratende Seeschiffahrtsorganisation"

(*International Maritime Consulting Organisation IMCO*).
Sie soll die Zusammenarbeit in Fragen der internationalen Handelsschiffahrt, der Sicherheit auf See, der Beseitigung diskriminierender Maßnahmen sowie den Austausch von Informationen fördern.
Die *IMCO* ist der Weltwirtschaftsorganisation *UNESCO* der *Vereinten Nationen* zugeordnet. Im Juni 1980 ist das von ihr erarbeitete internationale Übereinkommen zum Schutz des menschlichen Lebens auf See (*Solas* = safety of life at sea) weltweit in Kraft getreten.
Diesem, im Jahr 1974 beschlossenen Vertragswerk, das als ein wichtiger Schritt zur Erhöhung der Schiffssicherheit und zur Vereinheitlichung der Sicherheitsstandards in der internationalen Seeschiffahrt gilt, sind inzwischen 36 Schiffahrtsländer beigetreten, die über 50 % der Welthandelstonnage repräsentieren.
Das Übereinkommen legt weltweit die Sicherheitsanforderungen an den Bau und die Ausrüstung der Seeschiffe fest. Es enthält Vereinbarungen über die *Sicherheitszeugnisse*, Vorschriften über das *Verhalten der Schiffsführungen* und regelt die *Kontrolle* der Schiffe.
Zu den 1974 neu aufgenommenen Anforderungen gehören beispielsweise die Ausrüstung aller Schiffe über 1600 BRT mit Radar und Kreiselkompaß und die Ausrüstung aller neuen Schiffe über 500 BRT mit Echolot. Tanker mit mehr als 100000 t Tragfähigkeit müssen zur Verminderung der Explosionsgefahr mit einer *Inertgasanlage* versehen sein. Weitere Mindestanforderungen gelten der Beförderung gefährlicher Güter, dem Brandschutz, dem Seenotfunksystem und den Rettungsmitteln an Bord.
Das neue Abkommen ersetzt die vorhergehenden Abkommen der Jahre 1948 und 1960 (s. Abschnitt 27.3).

27.6.2 Die „Organisation für Wirtschaftliche Zusammenarbeit und Entwicklung"

(*Organization for Economic Cooperation and Development OECD*).
Diese Organisation befaßt sich mit der Förderung der wirtschaftlichen Entwicklung ihrer Mitgliedstaaten und der Entwicklungsländer; ein besonderer *Seeverkehrsausschuß* (Maritime Transport Committee, *MTC*) behandelt schiffahrtspolitische und wichtige allgemeine Fragen des Seeverkehrs.

27.6.3 Das „Comité Maritime International" (CMI)

befaßt sich mit der Vereinheitlichung des internationalen Seerechts.
Neben den Bauvorschriften der Klassifikationsgesellschaften werden *Regeln, Normen, Richtlinien* und *Empfehlungen* der verschiedenen *Fachverbände* herausgegeben. In der Bundesrepublik Deutschland ist vor allem der frühere *Handelsschiffsnormenausschuß*, der heutige

27.6.4 Fachnormenausschuß Schiffbau
(HNA) im Deutschen Normenausschuß e.V. (DNA)

zu nennen. Er arbeitet Normen für den gesamten Schiffbau aus; seine Arbeitsausschüsse bearbeiten: Grundnormen für den Schiffbau, Schiffbau allgemein, Schiffsmaschinenbau, Schiffs-Rohrleitungen, Schiffs-Elektrotechnik und Binnenschiffbau.

27.6.5 Die Schiffbautechnische Gesellschaft e.V. (STG)

eine Vereinigung zur Erörterung und Förderung technisch-wissenschaftlicher und praktischer Aufgaben aus allen Bereichen der Schiffstechnik. Ihre *Fachausschüsse* erarbeiten u.a. Richtlinien für die verschiedensten Aufgabenbereiche; ihre *Dokumentationsstelle* informiert über das gesamte internationale Schrifttum auf dem Gebiet der Schiffstechnik durch regelmäßig erscheinende Zusammenfassungen und Kurzberichte.
Ähnliche Institutionen wie die beiden letzgenannten finden sich bei fast allen schiffahrttreibenden Industrienationen der Welt.

27.6.6 Der Verband der Deutschen Schiffbauindustrie e.V.

In diesem Verband haben sich *Werften* und *Zulieferbetriebe* im weitesten Sinne *für den See- und Binnenschiffbau* zusammengeschlossen. Der Verband

fördert die gemeinsamen Interessen dieser Mitglieder und erfüllt vorwiegend folgende Aufgaben:
Beraten und Vertreten der Mitglieder gegenüber amtlichen und Regierungsstellen, Stellungnahme zu grundsätzlichen wirtschaftlichen Fragen, Einflußnahme auf Entwicklung technischer Vorschriften und Pflege des technischen und wirtschaftlichen Erfahrungsaustausches zwischen den Mitgliedern.

27.6.7 Verband Deutscher Reeder (VDR)

Die Notwendigkeit, die vielfältigen Probleme und umgreifenden Interessen deutscher Reedereien möglichst optimal zu koordinieren, führte bereits 1907 zu einem ersten zentralen Zusammenschluß deutscher Seereeder. Diese Aufgaben, die sich durch zahlreiche verschiedene Einflüsse und eine zunehmende internationale Diskussion in vielen Bereichen im Laufe der letzten Jahre ständig vermehrt haben, nimmt heute der *Verband Deutscher Reeder* (VDR) war. Als Spitzenverband auf Bundesebene, Wirtschafts- und Arbeitgeberverband zugleich, repräsentiert der VDR heute weit über 100 Mitgliedsreedereien und erreicht damit einen Organisationsgrad (bezogen auf die deutsche Flagge) von rund 95 %.

Die Mitwirkung in nationalen und internationalen Schiffahrtsgremien gehört ebenso zum Aufgabenkreis des VDR wie vor allem die *politische* und *wirtschaftspolitische* Vertretung der deutschen Reedereiunternehmen gegenüber Regierungen, Parlamenten und Behörden, die Erarbeitung schiffahrtspolitischer Grundkonzepte und Alternativen. Ferner zählen dazu die Vertretung der Reedereien im *sozialpolitischen* Bereich und die Mitarbeit an der Lösung personal-, ausbildungs- und allgemeiner berufspolitischer Fragen. Erwähnung verdient die *Ausbildungsgemeinschaft der deutschen Seeschiffahrt* (AGS): Die in ihr zusammengeschlossenen Reedereien haben sich die besondere Förderung der Ausbildung des seemännischen Nachwuchses zum Ziel gesetzt. Im Bereich der *Tarifpolitik* vertritt der VDR die Interessen seiner Mitglieder im Rahmen der Tarifgemeinschaft.

27.7 Berufsbilder und Ausbildungsgänge des Technischen Bordpersonals

In der *„Schiffsbesetzungs- und Ausbildungsordnung"*, abgekürzt *SBAO*, sind neben anderen wichtigen Fragen wie z.B. den *„Bemannungsrichtlinien"* auch die *Berufsbilder* des Technischen Bordpersonals umrissen und die unterschiedlichen Wege, auf denen das Technische Bordpersonal sich qualifizieren kann bzw. muß, um die erforderlichen *Befähigungsnachweise* zu erlangen, beschrieben bzw. geregelt.

Die SBAO unterscheidet heute folgende Berufsbilder:

27.7.1 Schiffsingenieur (CI) — § 23 der SBAO

Der Schiffsingenieur besitzt die Befugnis zur Leitung von Maschinenanlagen jeder Leistung in allen Fahrtgebieten.
Kurzbeschreibung des Ausbildungsweges zur Erlangung des Befähigungszeugnisses:
1. Zeugnis der Reife oder ein nach Landesrecht als *gleichwertig* anerkanntes Zeugnis
2. 6 Monate betriebliche Ausbildung
3. 3 Wochen Sicherheitslehrgang
4. 11 Monate Bordausbildung als technischer Offiziersassistent — *mit Ausbildungsvertrag*
5. 6 Semester Fachhochschule — Schiffsbetriebstechnik
6. 2 Jahre Erfahrungsseefahrtzeit als technischer Wachoffizier

oder

1. Zeugnis der Reife oder ein nach Landesrecht als *gleichwertig* anerkanntes Zeugnis
2. eine abgeschlossene Berufsausbildung in einem der in der SBAO genannten Berufe
3. 3 Wochen Sicherheitslehrgang
4. 24 Monate Bordausbildung als technischer Offiziersassistent — *ohne Ausbildungsvertrag*
5. 6 Semester Fachhochschule — Schiffsbetriebstechnik
6. 2 Jahre Erfahrungsseefahrtzeit als technischer Wachoffizier.

Weitere Möglichkeiten sind in der zusammenfassenden Übersicht der Tafel 27.2 dargestellt.

27.7.2 Schiffsbetriebstechniker (CT) — § 24 SBAO

Der Schiffsbetriebstechniker besitzt die Befugnis zur Leitung von Maschinenanlagen bis zu einer Leistung von 8000 PS (Wortlaut der SBAO).
Kurzbeschreibung des Ausbildungsgangs zur Erlangung des Befähigungszeugnisses:
1. Realschulabschluß oder ein nach Landesrecht als *gleichwertig* anerkanntes Zeugnis
2. 24 Monate betriebliche Ausbildung gemäß § 24 SBAO oder eine abgeschlossene Berufsausbildung in einem der in der SBAO genannten Berufe
3. 24 Monate Bordausbildung als technischer Offiziersassistent
4. 4 Semester Fachschule — Schiffsbetriebstechnik
5. 2 Jahre Erfahrungsseefahrtzeit als technischer Wachoffizier.

Weitere Möglichkeiten s. Übersicht in Tafel 27.3.

27.7.3 Seemaschinist (CMa) — § 25 SBAO

Der Seemaschinist besitzt die Befugnis zur Leitung von Maschinenanlagen bis zu einer Leistung von 3000 PS (Wortlaut der SBAO) auf Frachtschiffen in der mittleren Fahrt und in der großen Hochseefischerei und bis zu einer Leistung von 1000 PS

Tafel 27.2 Übersicht: Gang der Ausbildung zum Schiffsingenieur (CI)

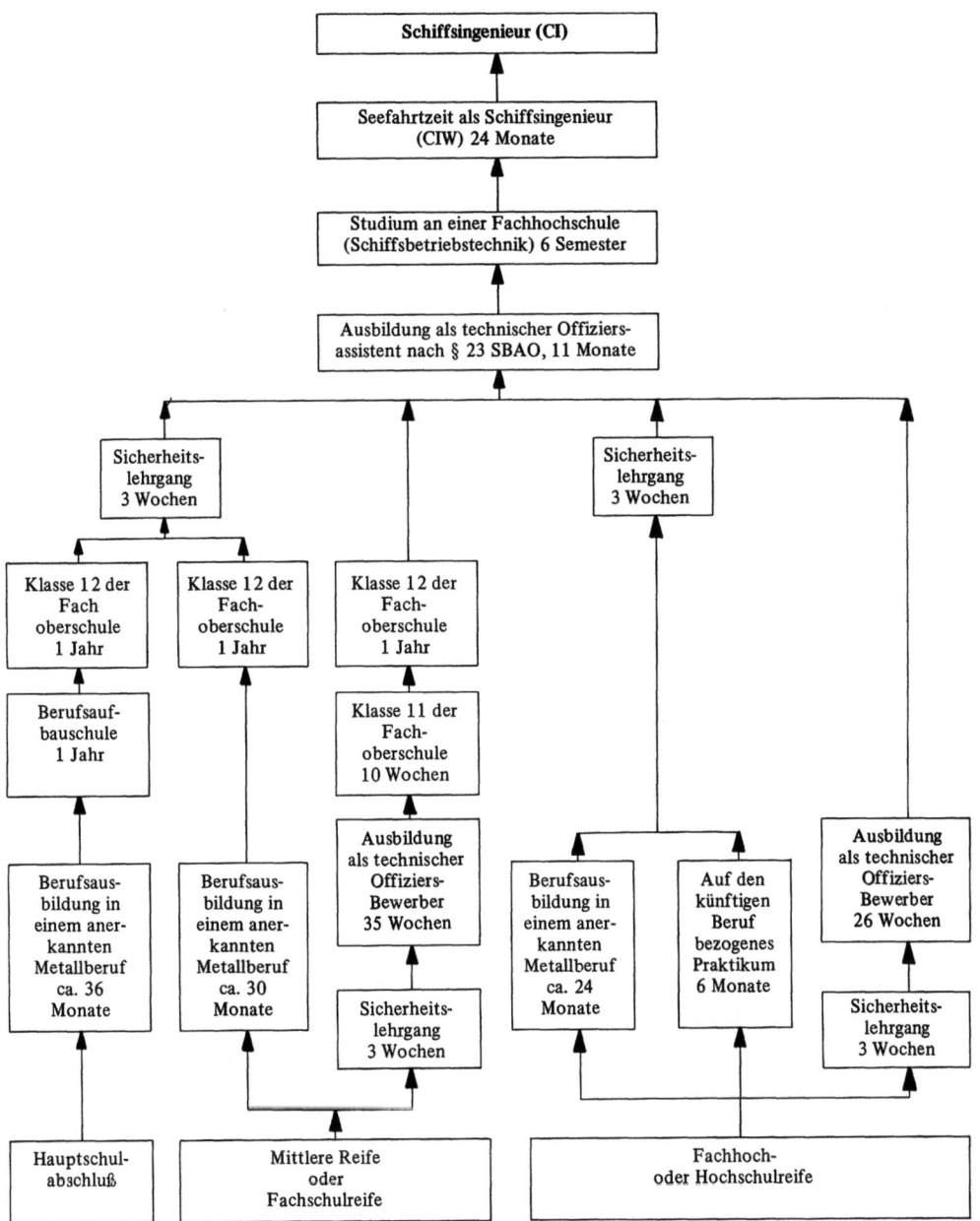

(Wortlaut der SBAO) auf Fahrgastschiffen in der kleinen Fahrt.

Kurzbeschreibung des Ausbildungsgangs zur Erlangung des Befähigungszeugnisses:
1. Hauptschulabschluß oder ein nach Landesrecht als gleichwertig anerkanntes Zeugnis
2. abgeschlossene Berufsausbildung in einem der in der SBAO genannten Berufe
3. 24 Monate Bordausbildung als technischer Offiziersassistent
4. 2 Semester Fachschule – Schiffsbetriebstechnik
5. 2 Jahre Erfahrungsseefahrtzeit als technischer Wachoffizier

Darstellung des Ausbildungsganges s. Tafel 27.4.

Tafel 27.3 Übersicht: Gang der Ausbildung zum Schiffsbetriebstechniker (CT)

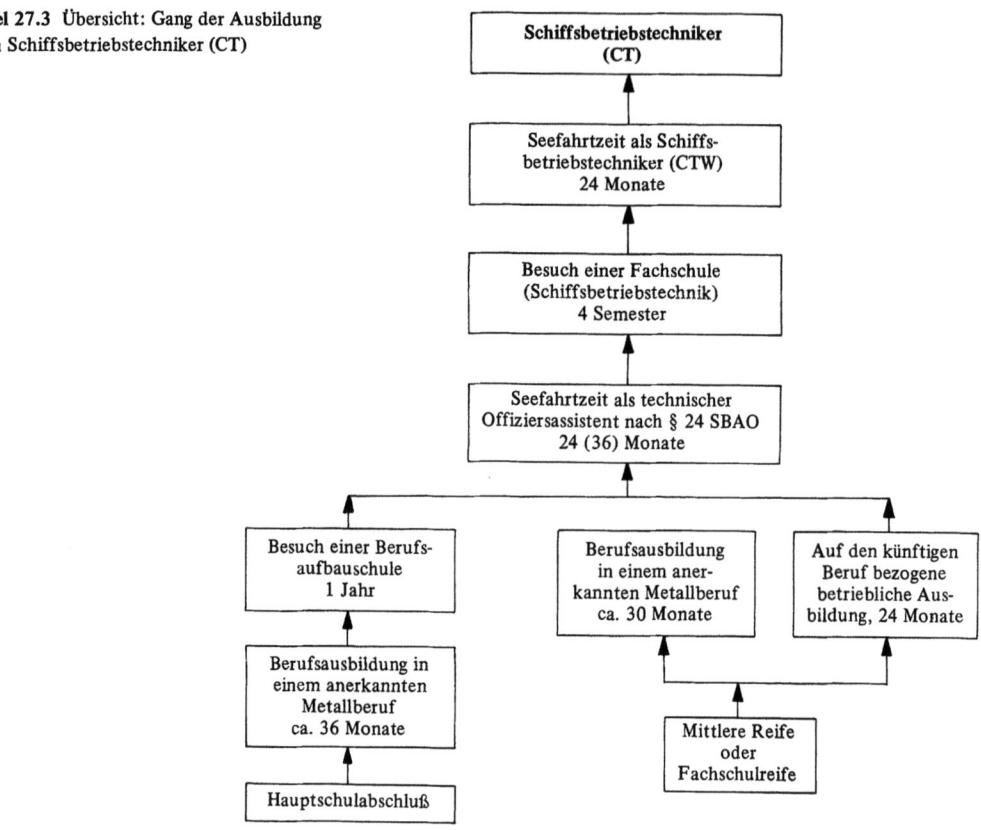

Tafel 27.4 Übersicht: Gang der Ausbildung zum Seemaschinisten (CMa).

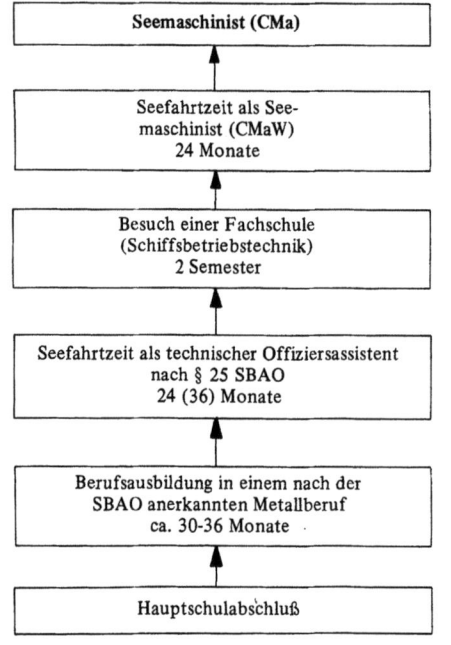

27.7.4 Küstenmaschinist (CKü)

Der Küstenmaschinist hat die Befugnis, Motorenanlagen bis zu einer Leistung von 600 PS (Wortlaut SBAO) auf Frachtschiffen in der kleinen Fahrt und in der kleinen Hochseefischerei zu leiten.
Darstellung des Ausbildungsweges s. Tafel 27.5.
Der Vollständigkeit halber ist in Tafel 27.6 auch der Gang der Fortbildung zum

27.7.5 Schiffsbetriebsmeister

zusammengestellt; ferner wurden nachstehend diejenigen Metallberufe, die der SBAO genügen und die als gleichwertig angesehen aufgeführt.

27.7.6 Metallberufe nach §§ 23, 24, und 25 der SBAO

Maschinenschlosser
Maschinenbauer
Betriebsschlosser
Flugtriebswerkmechaniker
Flugzeugmechaniker
Kraftfahrzeugschlosser
Kraftfahrzeugmechaniker
Landmaschinenmechaniker
Elektromaschinenbauer
Werkzeugmacher

Bei einer erfolgreich abgeschlossenen Berufsausbildung als *Bauschlosser* oder in einem hier als *gleichwertig**) anzusehenden Beruf ist eine zusätzliche praktische Tätigkeit von *6 Monaten* in der Maschinen-Bordmontage, im Schiffsmaschinenbau oder in der Schiffsmaschinenreparatur nachzuweisen.

Kann von einem Bewerber mit erfolgreich abgeschlossener Berufsausbildung als Bauschlosser oder in einem als gleichwertig anzusehenden Beruf der Nachweis der zusätzlichen praktischen Tätigkeit von 6 Monaten in der Maschinen-Bordmontage, im Schiffsmaschinenbau oder in der Schiffsmaschinenreparatur nicht erbracht werden, so hat der Bewerber vor Beginn der Fachschulausbildung zum Seemaschinisten oder Schiffsbetriebstechniker eine verlängerte Seefahrtzeit als Offiziersassistent von *insgesamt 36 Monaten* abzuleisten.

Abschließend sei darauf hingewiesen, daß die Ausbildungsgänge in den vergangenen Jahren mehrfach geändert wurden in dem Bestreben, sie

---

*) *Als gleichwertig anzusehende Berufe:*
Stahlbauschlosser   Elektromaschinenmonteur
Schloser   Energieanlagenelektroniker
Mechaniker   Elektromechaniker
Feinmechaniker   Automateneinrichter
Meß- und Regelmechaniker

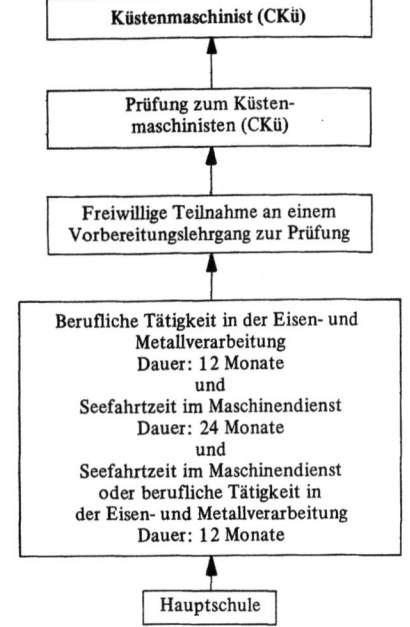

Tafel 27.5 Übersicht: Gang der Ausbildung zum Küstenmaschinisten (CKü)

Tafel 27.6 Übersicht: Gang der Fortbildung zum Schiffsbetriebsmeister

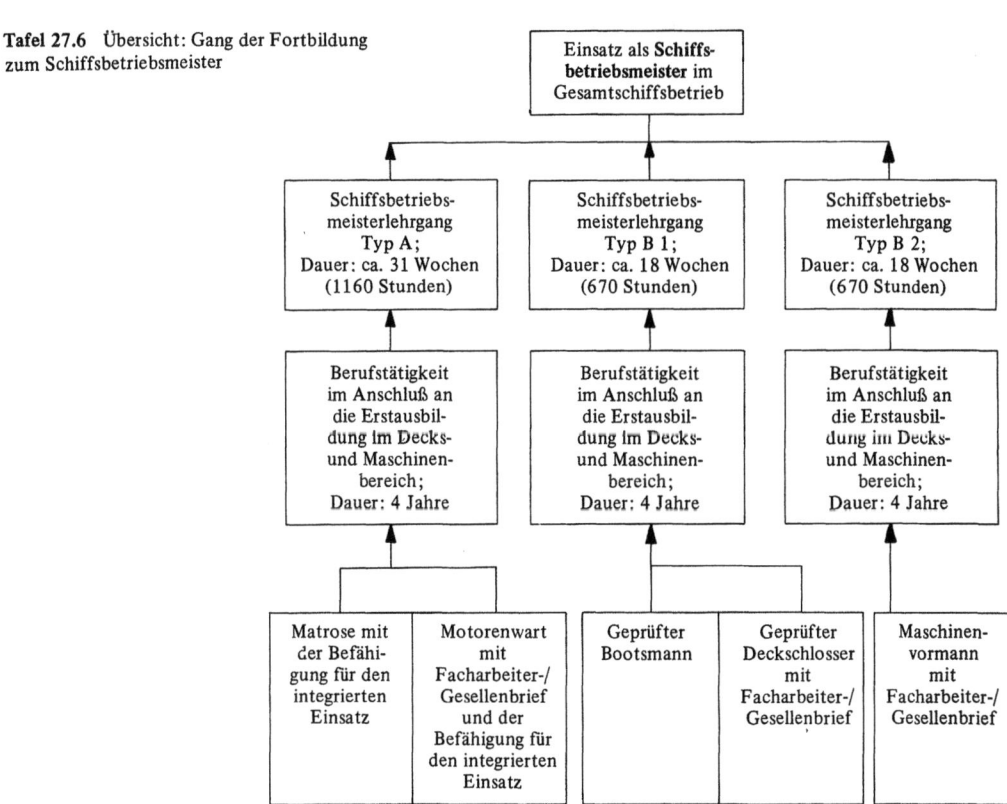

gleichzeitig den Änderungen in anderen Bereichen der Ingenieur- und Technikerausbildung anzupassen und auf die allgemeine Entwicklung im schulischen Bereich abzustimmen.

Es steht zu erwarten, daß sich auch in Zukunft Änderungen der SBAO ergeben werden. Dabei ist wünschenswert, daß die Differenzierung der einzelnen Befähigungszeugnisse möglichst international, wenigstens aber im EG-Bereich abgeglichen wird.

27.7.7 Arbeits- und Aufgabengebiete

Der *Schiffsingenieur* (Inhaber des Befähigungszeugnisses CI) ist, wie bereits ausgeführt, zur Leitung von Schiffsantriebsanlagen jeder Größe einschließlich der technischen Hilfseinrichtungen des Schiffes in allen Fahrtbereichen befähigt.

Seine Tätigkeit erstreckt sich dabei auf die Überwachung des Betriebes, der Betriebssicherheit und der Wirtschaftlichkeit der Maschinenanlagen. Darüber hinaus muß er Instandsetzungsarbeiten, Ein- und Umbauten angeben und leiten können.

Er soll ferner befähigt sein, Aufgaben zu übernehmen, die sich aus der Entwicklung der Schiffsmaschinentechnik und des Schiffsmaschinenbetriebes ergeben, um auch neue Anlagen betreiben und beurteilen sowie Verbesserungsvorschläge machen zu können.

Seine Entscheidungen sollen die wesentlichen wirtschaftlichen Zusammenhänge in der Seeschiffahrt berücksichtigen. Er muß in der Lage sein, die in sein Aufgabengebiet fallenden Verhandlungen auch im Ausland führen zu können.

Der *Schiffsbetriebstechniker* (Inhaber des Befähigungszeugnisses CT) muß, wie bereits ausgeführt, Schiffsantriebsanlagen bis 8000 PS (Wortlaut SBAO) einschließlich der technischen Hilfseinrichtungen des Schiffes in allen Fahrtgebieten verantwortlich leiten können. Seine Tätigkeit erstreckt sich dabei auf die Überwachung des Betriebes, der Sicherheit und der Wirtschaftlichkeit. Darüber hinaus muß er Instandsetzungsarbeiten, Ein- und Umbauten angeben und leiten können. Die Beurteilung von Schiffsmaschinenanlagen und deren technischen Hilfseinrichtungen sowie die *Unterbreitung von Verbesserungsvorschlägen* gehören ebenso zu seinen Aufgaben. Als Leiter eines Schiffsmaschinenbetriebes ist er Vorgesetzter des Maschinenpersonals. Ihm erwachsen daraus besondere Aufgaben in der Menschenführung. Er trägt auch die Verantwortung für die Ausbildung des technischen Nachwuchses an Bord.

27.8 Schrifttum

[27.1] –: Deutsche Schiffssicherheitsvorschriften. Herausgegeben von der See-Berufsgenossenschaft. Verlag Eckardt & Messtorff, Hamburg 1974

[27.2] *Germanischer Lloyd*: Vorschriften für Klassifikation und Bau von stählernen Seeschiffen 1980. Selbstverlag des Germanischen Lloyd, Hamburg 1980, Vorschriften für Klassifikation und Bau der Maschinenanlagen von Seeschiffen. Selbstverlag des Germanischen Lloyd, Hamburg 1980.

[27.3] –: Handbuch für die deutsche Handelsschiffahrt. Herausgegeben vom Bundesminister für Verkehr. Helmut Rauschenbusch Verlag, Stollham (Oldb)/Berlin.

[27.4] –: Unfallverhütungsvorschriften für Seeschiffe. Herausgegeben von der See-Berufsgenossenschaft, Hamburg 1979.

[27.5] –: Unfallverhütungsvorschriften für Fischereifahrzeuge (mit Nachträgen). Herausgegeben von der See-Berufsgenossenschaft, Hamburg 1967.

Hauptabschnitt 28

Kennwerte, Umrechnungsfaktoren und Schaubilder

Prof. Dr.-Ing. *H. Meier-Peter*, Flensburg

28.1 Maßsysteme

In früheren Auflagen dieses Handbuches sowie in zahlreichen weiteren Standardwerken der technischen Literatur wurde das *Technische Maßsystem* verwendet.

Durch das „*Gesetz über Einheiten im Meßwesen*" vom 02.07.1969 und die zugehörige *Ausführungsverordnung* vom 26.06.1970 wurde das *Internationale Einheitensystem* (Abkürzung: SI) für den geschäftlichen und amtlichen Verkehr innerhalb der Bundesrepublik Deutschland verbindlich vorgeschrieben.

Andere als die hier genannten Maßeinheiten dürfen nur noch verwendet werden für:

- private oder firmeninterne Zwecke,
- im Verkehr von und nach dem Ausland,
- im Schiffs-, Luft- und Eisenbahnverkehr, soweit internationale Abkommen abweichende Einheiten vorschreiben.

Um die Verbindung zwischen dem alten Technischen Maßsystem und dem nunmehr verbindlich vorgeschriebenen SI-System herzustellen und um insbesondere die in den Häfen dieser Welt noch immer im Geschäftsverkehr gebräuchlichen „Füße", „Fässer", „bushels", „barrels" und „Gallonen" in schnöde „Meter" und „Kubikmeter" umrechnen zu können, sind die nachfolgenden Ausführungen in dieses Handbuch aufgenommen worden:

28.1.1 Technisches Maßsystem (TMS-System)

Grundgrößen und Grundeinheiten:

Zeit	Sekunde	s
Länge	Meter	m
Kraft, Gewicht	Kilogramm	kg

Die Bezeichnung kg wurde für die Krafteinheit und auch für die Gewichtseinheit angewendet. Um Mißverständnisse mit der in der Physik üblichen Einheit kg für die *Masse* zu vermeiden, wurde für die Krafteinheit die Bezeichnung *Kilopond* kp eingeführt. Mit der Beziehung

$$m = \frac{G}{g} \quad \frac{\text{kg s}^2}{\text{m}} \quad \text{bzw.} \quad \frac{\text{kp s}^2}{\text{m}} \quad (1)$$

ergab sich die Masse *m* im technischen Maßsystem als *abgeleitete* Größe.

28.1.2 Internationales Einheitensystem (SI-System)*

Grundgrößen und Grundeinheiten:

Zeit	Sekunde	s
Länge	Meter	m
Masse, Menge	Kilogramm	kg
Strom	Ampère	A

Hier wird aus der Beziehung

$$F = m \cdot b \quad \frac{\text{kg m}}{\text{s}^2} \quad (2)$$

die Kraft *F* als Größe abgeleitet.

Mit der Masse $m = 1$ kg und der Beschleunigung $b = 1$ m/s² ergibt sich die Krafteinheit 1 *Newton* zu

$$1 \text{ N} = 1 \, \frac{\text{kg m}}{\text{s}^2} \quad (3)$$

Als Gewicht bezeichnet man das Produkt der Masse *m* mit der Normalfallbeschleunigung *g*.

Da im SI-System als Maß für die Menge ihre Masse gilt, müssen die spez. Größen auf das *Massenkilogramm* bezogen werden. Es ist z.B. als Begriff der spezifischen Masse die *Dichte* ρ kg/m³ zu benutzen; für das spez. Volumen v m³/kg gilt die Definition

---

* Früher war auch die Abkürzung *MKSA* (Meter, Kilogramm, Sekunde, Ampere) für dieses Maßsystem gebräuchlich.

$v = 1/\varrho$. Auch die thermischen und kalorischen Größen (s. Hauptabschnitt 04) müssen auf die Masseneinheit 1 kg bezogen werden. Eine zahlenmäßige Änderung ergibt sich jedoch nicht, da die spez. Werte in beiden Fällen auf das *Urkilogramm* bezogen sind, das im SI-System 1 kg Masse hat und im TMS-System 1 kp wiegt. In Tafel 28.1 sind die wichtigsten Einheiten des technischen und des internationalen Maßsystems sowie ihre Umrechnungsfaktoren zusammengestellt. Die Tafel ist der Arbeit [28.11] entnommen, die eine besonders übersichtliche Darstellung der Zusammenhänge zwischen den verschiedenen Systemen enthält.

In Tafel 28.2 sind die *unbeschränkt zulässigen* gesetzlichen Maßeinheiten des SI und die ebenfalls gesetzlich dafür vorgeschriebenen *Kurzzeichen* zusammengestellt. In der Spalte EDV sind Kurzzeichen der Einheiten für die Ein- und Ausgabe in Datenverarbeitungsanlagen angegeben.

Dezimale *Vielfache* und *Bruchteile* der Maßeinheiten können durch die in Tafel 28.3 angegebenen Vorsätze gebildet werden. *Um Verwechselung zu vermeiden, sollen Malpunkte für das Produkt zweier Einheiten stets mitgeschrieben werden.* Zur zusätzlichen Sicherung gegen Verwechselungen wird empfohlen, die Einheit m immer als den letzten Faktor eines Produktes von Einheiten zu schreiben.

Stoffmengen, die im technischen Maßsystem durch ihr *Gewicht* beschrieben wurden (z. B. Stahlgewicht, Brennstoffverbrauch, Verdrängung, Deadweight) werden im internationalen Einheitensystem durch ihre *Masse* bezeichnet. Zahlenwert und Einheit sind dann in beiden Systemen gleich; ein Schiff, das im technischen Maßsystem 1 000 tdw trägt, hat also auch im internationalen Einheitensystem 1 000 t Tragfähigkeit. Unter *Tonne* wird jedoch keine Kraft, sondern die *Masse 1000 kg* verstanden. *Der Begriff Gewicht muß — wenn eine Stoffmenge gemeint ist — durch den Ausdruck Masse ersetzt werden.*

Bei der Bezeichnung von Kräften ändern sich dagegen Zahlenwert und Einheit. So ist z.B. die Belastung einer Laderaumstütze durch 10 t Ladung im technischen Maßsystem gleich 10 t, im internationalen Einheitensystem dagegen $10\,\text{t} \cdot 9{,}81 \text{ m/s}^2 = 98{,}1$ kN. In vielen Fällen (z.B. bei der Tragfähigkeit von Kränen) kann man im Zweifel sein, ob Masse oder Kraft gemeint ist. *In solchen Fällen sollte man*, um unnötige Schwierigkeiten bei der Umstellung auf die neue Krafteinheit zu vermeiden, *den Begriff der Masse* (z.B. Tragfähigkeit = Masse der maximal zulässigen Kranlast, gemessen in Tonnen) *verwenden.*

28.1.3 Angloamerikanische Maßeinheiten

Wenn auch das SI-System in den meisten Ländern der Welt heute bekannt, ggf. sogar per Gesetz als verbindlich eingeführt worden ist, so werden doch noch immer in der Umgangssprache und im täglichen Geschäftsverkehr fast ausschließlich die früher üblichen Maßeinheiten der angloamerikanischen Systeme verwendet. Mit Hilfe der nachstehend zusammengestellten Faktoren soll die Umrechnung solcher Maßeinheiten ermöglicht werden. Dabei werden folgende Bezeichnungen und Abkürzungen verwendet:

Britisch Thermal Unit	(Wärmeeinheit)	BTU
cubic	(kubik)	cu.
foot, feet	(Fuß)	ft.
gallon	(Gallone)	gal.
Imperial gal.	(engl. Gallone)	imp. gal.
inch, inches	(Zoll)	in.
avoirdupois	(Pfund)	lb.
pound per sq. in.	(Pfund/Quadratzoll)	psi
square	(Quadrat)	sq.
yard		yd.

Längenmaße

1 in. = 25,400 mm
 (100-, 64-, 16-, 10-, 8teilig)
1 line = 0.1 in. = 2,540 mm
1 ft. = 12 in. = 304,799 mm
1 yd. = 3 ft. = 0,9144 m
1 chain = 4 poles = 100 links
 = 792 in. = 20,117 m
1 furlong = 40 poles = 110 fathoms
 = 201,17 m
1 fathom = 2 yd. = 6 ft. = 1,8288 m
1 statute mile = 8 furlongs = 5280 ft.
 = 1,6093 km (Landmeile)
1 London mile = 5000 ft. = 1,5240 km
1 nautical mile = 6080 ft. = 1,8532 km (Seemeile)
1 admirality mile = 6086.5 ft. = 1,8552 km
1 mm = 0.03937 in.
1 m = 1.0936 yd. = 3,2808 ft.
1 km = 0.6214 statute miles = 0.5396 nautical miles

Flächenmaße

1 sq. line = 6,4516 mm^2
1 sq. in. = 6,4516 cm^2
1 sq. ft. = 144 sq. in. = 0,0929 m^2
 = 929 cm^2
1 sq. yd. = 9 sq. ft. = 0,8361 m^2
1 circular in. = $\pi/4$ sq. in. = 5,0671 cm^2
1 circular mil = 10^{-6} circular in.
 = 0,0005067 mm^2
1 mm^2 = 0.00155 sq. in. = 0.155 sq. lines
1 cm^2 = 0.1550 sq. in.
1 m^2 = 1.1960 sq. yd. = 10.764 sq. ft.
 = 1550 sq. in.

Tafel 28.1 Umrechnung von Einheiten des technischen und des internationalen Einheitensystems nach [28.11]

Physikalische Größe	Internationales Maßsystem	Technisches Maßsystem	Umrechnung	Bemerkungen
Länge	m	m	–	Grundeinheit in beiden Einheitssystemen
Zeit	s	s, (h)	1 h = 3600 s	Grundeinheit in beiden Einheitssystemen
Masse	kg	$\frac{kps^2}{m}$ = Hyl	1 Hyl = 9,80665 kg	Grundeinheit im internationalen Maßsystem
Dichte	$\frac{kg}{m^3}$	$\frac{kps^2}{m^4}$	$1 \frac{kps^2}{m^4}$ = 9,80665 $\frac{kg}{m^3}$	
Massenträgheits-Moment	kg · m²	kp · s² · m	1 kps²m = 9,80665 kg m²	„$G \cdot D^2$" (TMS) = 4 · MTM (SI)
Kraft	1 N = 1 $\frac{kg \cdot m}{s^2}$	kp	1 kp = 9,80665 N	Grundeinheit im technischen Maßsystem
Wichte = spez. Gewicht		$\frac{kp}{m^3}$	$1 \frac{kp}{m^3}$ = 9,80665 $\frac{N}{m^3}$	Wichte in kp/m³ zahlenmäßig gleich der Dichte in kg/m³, jedoch verschiedenen Systemen angehörend. Wichte sollte überhaupt nicht mehr benutzt werden.
Druck, Spannung	1 bar = $10^5 \frac{N}{m^2}$ 1 mbar = 10^{-3} bar = $10^2 \frac{N}{m^2}$	1 at = $10^4 \frac{kp}{m^2}$	1 at = 0,980665 bar (1 Torr = 1,3332 mbar) (1 atm = 1,01325 bar)	
Arbeit/Energie/Wärmemenge	1 J = 1 N · m = 1 W · s = 1 $\frac{kg \cdot m}{s^2}$ (Joule) (1 kWh = 3,6 · 10⁶ J)	kpm	1 kpm = 9,80665 J 1 kcal = 4186,8 J (1 erg = 10^{-7} J) (1 eV = 0,1602 · 10^{-18} J)	
Leistung	$1 \frac{J}{s}$ = 1 W	$\frac{kpm}{s}$ 1 PS = 75 $\frac{kpm}{s}$ $\frac{kcal}{h}$	$1 \frac{kpm}{s}$ = 9,80665 W 1 PS = 736 W $1 \frac{kcal}{h}$	PS sollte nicht benutzt werden
Impuls	$1 \frac{kg\,m}{s}$ = 1 NS	kps	1 kps = 9,80065 $\frac{kg\,m}{s}$	„kp" und „kg" unbedingt auseinanderhalten!
Drehmoment	N · m (hier nicht als „Joule" bezeichnen!)	kpm	1 kpm = 9,80665 Nm	Drehmoment und Energie begrifflich auseinanderhalten! J und Ws als Einheiten-Bezeichnung vermeiden!
Drehzahl	Hz	$\frac{U}{min}$	$1 \frac{U}{min}$ = 60 Hz	
ζ = Dynamische Zähigkeit (Viskosität)	$1 \frac{N \cdot s}{m^2} = 1 \frac{kg}{m \cdot s}$ 1 P = 0,1 $\frac{kg}{m \cdot s}$ („Poise")	$\frac{kps}{m^2}$	$1 \frac{kps}{m^2}$ = 9,80665 $\frac{kg}{ms}$	„kp" und „kg" unbedingt auseinanderhalten!

Tafel 28.1 Umrechnung von Einheiten des technischen und des internationalen Einheitensystems nach [28.11] – Fortsetzung

Physikalische Größe	Internationales Maßsystem	Technisches Maßsystem	Umrechnung	Bemerkungen
ν = Kinematische Zähigkeit	$\dfrac{m^2}{s}$ $1\,St = 10^{-4}\,\dfrac{m^2}{s}$ („Stokes")	$\dfrac{m^2}{s}$	Übereinstimmung in beiden Systemen	$\zeta = \nu \cdot \rho$ ρ = Dichte
Heizwert	$\dfrac{J}{kg}$	$\dfrac{kcal}{kp} = \dfrac{kcal}{kg}$	$1\,\dfrac{kcal}{kg} = 4186{,}8\,\dfrac{J}{kg}$	
Spez. Wärme	$\dfrac{J}{kg \cdot K} = \dfrac{J}{kg\,°C}$	$\dfrac{kcal}{kp\,grd} = \dfrac{kcal}{kg\,grd}$	$1\,\dfrac{kcal}{kg\,grd} = 4186{,}8\,\dfrac{J}{kg\,grd}$	
Gaskonstante	$\dfrac{J}{kg \cdot K} = \dfrac{J}{kg \cdot °C}$	$\dfrac{kpm}{kg\,grd} = \dfrac{kpm}{kg\,grd}$	$1\,\dfrac{kpm}{kg\,grd} = 9{,}80665\,\dfrac{J}{kg\,grd}$	
Durchflußmenge	$\dfrac{kg}{h} = 3600\,\dfrac{kg}{s}$	$\dfrac{kg}{h} = \dfrac{kp}{h}$		
Schmelzwärme/Verdampfungswärme usw.	$\dfrac{J}{kg}$	$\dfrac{kcal}{kp} = \dfrac{kcal}{kg}$	$1\,\dfrac{kcal}{kg} = 4186{,}8\,\dfrac{J}{kg}$	
Wärmestrom	W	$\dfrac{kcal}{h}$	$1\,\dfrac{kcal}{h} = 1{,}1630\,W$	
Wärmestromdichte	$\dfrac{W}{m^2} = \dfrac{J}{m^2 s}$	$\dfrac{kcal}{m^2 h}$	$1\,\dfrac{kcal}{m^2 h} = 1{,}1630\,\dfrac{W}{m^2}$	
Wärmeleitzahl	$\dfrac{W}{m \cdot K} = \dfrac{J}{m \cdot s \cdot K}$ $\dfrac{W}{m \cdot °C} = \dfrac{J}{m \cdot s \cdot °C}$	$\dfrac{kcal}{m\,h\,grd}$	$1\,\dfrac{kcal}{m\,h\,grd} = 1{,}1630\,\dfrac{W}{m\,grd}$	
Spez. Entropie	$\dfrac{J}{kg \cdot K} = \dfrac{J}{kg \cdot °C}$	$\dfrac{kcal}{kg\,grd} = \dfrac{kcal}{kp\,grd}$	$1\,\dfrac{kcal}{kg\,grd} = 4186{,}8\,\dfrac{J}{kg\,grd}$	
Spez. Enthalpie	$\dfrac{J}{kg}$	$\dfrac{kcal}{kg} = \dfrac{kcal}{kp}$	$1\,\dfrac{kcal}{kg} = 4186{,}8\,\dfrac{J}{kg}$	
Temperatur Temperaturdifferenz	K (Grad Kelvin) °C (Grad Celsius) K = °C	°C (Grad Celsius) grd C	Kelvin-Temperatur = Celsius-Temperatur + 273,15 grd K = grd C	Eispunkt von Wasser: (p = 1,01325 bar) 273,15 K = 0 °C; Tripelpunkt von Wasser: 273,16 K = 0,01 °C (p = 0,00611 bar) Definition: 1 K ist der 273,16te Teil der Kelvin-Temperatur des Tripelpunktes von reinem Wasser natürlicher Isotopenzusammensetzung
Spezifischer Brennstoffverbrauch spezifischer Dampfverbrauch	$\dfrac{kg}{kW \cdot h}$	$\dfrac{kg}{PS \cdot h}$	$1\,\dfrac{kg}{PS \cdot h} = 1{,}36\,\dfrac{kg}{kW \cdot h}$	

Maßsysteme

Tafel 28.2 Unbeschränkt zulässige gesetzliche Maßeinheiten des SI-Systems [28.8]

Größe	Unbeschränkt zulässige Einheiten*			Umrechnung (teilweise gerundet)
	Benennung	Kurzzeichen normal	EDV	
Länge	Meter	m	M	1 Seemeile = 1852 m 1 A = 10^{-10} m 1 P = 0,37607 mm
Fläche	Quadratmeter, Meterquadrat	m²	M2	1 a = 100 m² 1 ha = 10 000 m² 1 b = 10^{-28} m² 1 ft² = 0,092903 m²
Volumen	Kubikmeter Liter	m³ l	M3 L	1 FM = 1 m³ 1 Rm = 1 m³ 1 RT = 2,8317 m³
Brechkraft				
Winkel	Radiant Vollwinkel** Rechter Winkel** Grad** Minute** Sekunde** Gon	rad L ° ' " gon	RAD DEG MNT SEC GON	1 rad = $2/\pi^L$ 1 Vollwinkel = 4^L 1 Naut. Str. = $1/8^L$ 1 gon = $10^{-2 L}$ = 1^g $1^c = 10^{-2}$ gon $1^{cc} = 10^{-4}$ gon 1 rad = 57,296°
Raumwinkel	Steradiant	sr	SR	
Zeit	Sekunde Minute** Stunde** Tag**	s min h d	S MIN HR D	1 Tropisches Jahr = 31,557 Ms
Frequenz	Hertz	Hz	HZ	
Geschwindigkeit	Längeneinheit / Zeiteinheit	z.B. m/s km/h	M/S KM/HR	1 m/s = 3,6 km/h 1 kn = 0,51444 m/s
Beschleunigung	Längeneinheit / Zeiteinheit²	z.B. m/s²	M/S2	1 Gal = 1 cm/s²
Volumenstrom	Volumeneinheit / Zeiteinheit	z.B. m³/s	M3/S	
Winkelgeschwindigkeit	Winkeleinheit / Zeiteinheit	z.B. °/s	DEG/S	
Winkelbeschleunigung	Winkeleinheit / Zeiteinheit²	z.B. °/s²	DEG/S2	
Masse	Gramm Atomare Masseneinheit Tonne	g u t	G U TNE	1 TME = 9,80665 kg 1 u = $1,60053 \cdot 10^{-24}$ g 1 p·s²/m = 9,80665 g 1 t = 1 Mg 1 tdw = 1 t 1 Kt = 0,2 g
Längenbezogene Masse	Masseneinheit / Längeneinheit	z.B. g/m	G/M	1 tex = 1 g/km
Flächenbezogene Masse	Masseneinheit / Flächeneinheit	z.B. g/m²	G/M2	
Dichte	Masseneinheit / Volumeneinheit	z.B. g/m³	G/M3	
Massenstrom	Masseneinheit / Zeiteinheit	z.B. g/s	G/S	
Kraft	Newton Masseneinheit × Beschleunigungseinheit	N z.B. kg·m/s² = N	N KG·M/S2	1 N = 101,97 p 1 dyn = 10^{-5} N 1 Gewichtskilogramm = 9,80665 N

* für geschäftlichen und amtlichen Verkehr im Inland, soweit nicht abweichende Einheiten auf internationalen Übereinkommen beruhen.
** Dezimale Vielfache und Teile dieser Einheiten sind unzulässig.

Fortsetzung – Tafel 28.2 Unbeschränkt zulässige gesetzliche Maßeinheiten des SI-Systems

Größe	Unbeschränkt zulässige Einheiten*			Umrechnung (teilweise gerundet)
	Benennung	Kurzzeichen normal	EDV	
Druck, mechanische Spannung	Pascal Bar $\dfrac{\text{Krafteinheit}}{\text{Flächeneinheit}}$	Pa bar z.B. N/m^2	PA BAR $N/M2$	1 Pa = 1 N/m^2 1 bar = 10 N/cm^2 1 at = 0,980665 bar 1 atm = 1,01325 bar 1 Torr = 133,32 Pa 1 mWS = 0,09807 bar 1 mmHG = 1,0000 Torr 1 p/cm^2 = 98,067 Pa
Dynamische Viskosität	Pascalsekunde $\dfrac{\text{Krafteinheit} \cdot \text{Zeiteinheit}}{\text{Flächeneinheit}}$	Pa·s z.B. $N \cdot s/m^2$	PA·S $N \cdot S/M2$	1 P = 1 dPa·s 1 $N \cdot s/m^2$ = 1 Pa·s
Kinematische	$\dfrac{\text{Flächeneinheit}}{\text{Zeiteinheit}}$	z.B. m^2/s	$M2/S$	1 St = 1 cm^2/s
Energie, Arbeit, Wärmemenge	Joule Elektronenvolt Krafteinheit × Längeneinheit Leistungseinheit × Zeiteinheit	J eV z.B. N·m z.B. W·s	J EV N·M W·S	1 J = 1 N·m = 1 W·s 1 eV = 1,60219·10^{-19} J 1 kp·m = 9,80665 N·m 1 erg = 10^{-7} J 1 cal = 4,1868 J
Leistung, Wärmestrom	Watt $\dfrac{\text{Energieeinheit}}{\text{Zeiteinheit}}$	W z.B. J/s	W J/S	1 W = 1 J/s 1 W_{int} = 1,00019 W 1 PS = 735,50 W 1 VA = 1 W 1 var = 1 W
Temperatur	Kelvin	K	K	1 K = 1 °C 1 K = 1 grd
Elektrische Stromstärke	Ampere	A	A	1 A_{int} = 0,99985 A
Elektrizitätsmenge	Coulomb Ampere · Zeiteinheit	C z.B. A·s	C A·S	1 C = 1 A·s
Elektrische Flußdichte	$\dfrac{\text{Elektrizitätsmengeneinheit}}{\text{Flächeneinheit}}$	z.B. C/m^2	$C/M2$	
Magnetische Feldstärke	$\dfrac{\text{Ampere}}{\text{Längeneinheit}}$	z.B. A/m	A/M	
Elektrische Spannung	Volt	V	V	1 V_{int} = 1,00034 V
Elektrische Feldstärke	Volt durch Meter	V/m	V/M	
Magnetischer Fluß	Weber Voltsekunde	Wb V·s	WB V·S	1 Wb = 1 Vs
Magnetische Flußdichte	Tesla $\dfrac{\text{Magnetische Flußeinheit}}{\text{Flächeneinheit}}$	T z.B. $V \cdot s/m^2$	T	1 T = 1 Vs/m^2
Elektrischer Widerstand	Ohm	Ω	OHM	1 Ω_{int} = 1,00049 Ω
Elektrischer Leitwert	Siemens	S	SIE	
Elektrische Kapazität	Farad	F	F	1 F_{int} = 0,99951 F
Induktivität	Henry	H	H	1 H_{int} = 1,00049 H
Lichtstärke	Candela	cd	CD	
Leuchtdichte	$\dfrac{\text{Candela}}{\text{Flächeneinheit}}$	z.B. cd/m^2	$CD/M2$	1 sb = 10^4 cd/m^2
Lichtstrom	Lumen	lm	LM	

Fortsetzung – Tafel 28.2 Unbeschränkt zulässige gesetzliche Maßeinheiten des SI-Systems

Größe	Unbeschränkt zulässige Einheiten*			Umrechnung (teilweise gerundet)
	Benennung	Kurzzeichen normal	EDV	
Beleuchtungs-stärke	Lux Lumen/Flächeneinheit	lx lm/m²	LX LM/M2	1 lx = 1 lm/m²
Stoffmenge	Mol	mol	MOL	
Stoffmengen-konzentration	Mol/volumeneinheit	z. B. mol/m²	MOL/M3	
Molare Masse	Masseneinheit/Mol	z. B. kg/mol	KG/MOL	

Tafel 28.3 Bezeichnung der dezimalen Vielfachen und der dezimalen Teile der SI-Basiseinheiten

Vorsatz	Kurzzeichen normal	EDV	Bedeutung
Tera	T	T	10^{12}
Giga	G	G	10^{9}
Mega	M	MA	10^{6}
Kilo	k	K	10^{3}
Deka	da	DA	10
Dezi	d	D	10^{-1}
Zenti	c	C	10^{-2}
Milli	m	M	10^{-3}
Mikro	μ	U	10^{-6}
Nano	n	N	10^{-9}
Piko	p	P	10^{-12}
Femto	f	F	10^{-15}
Atto	a	A	10^{-18}

Raummaße

Englisch und amerikanisch:
1 cu. in. = 16,387 cm³ = 0,016387 dm³
1 cu. ft. = 1728 cu. in. = 28,317 dm³
1 cu. yd. = 27 cu. ft. = 0,7646 m³
1 register ton = 100 cu. ft. = 2,8317 m³
1 ocean (freight) ton = 40 cu. ft. = 1,1327 m³
1 cm³ = 0.06102 cu. in.
1 dm³ = 0.035315 cu. ft. = 61.024 cu. in.
1 m³ = 0.35315 register tons = 0.88287 ocean tons = 1.3080 cu. yd. = 35.315 cu. ft. = 61024 cu. in.

Nur englische Maße:
1 imp. gal. = 4 quarts = 8 pints = 277.26 cu. in. = 4,546 dm³
1 pint = 4 gills = 0,5682 dm³
1 imp. quarter = 2 combs = 8 bushels = 0,2909 m³ = 290,9 dm³
1 bushel (bu) = 8 imp. gal. = 36,368 dm³
1 barrel (bbl) = 36 imp. gal. = 4.5 bu = 163,6 dm³
1 petrol barrel = 35 petrol gal. (zu 276.8 cu. in. = 4,536 dm³) = 5.6065 cu. in. = 158,76 dm³
1 dm³ = 0.21998 imp. gal.
1 m³ = 219.98 imp. gal. = 27.50 bu = 6.114 bbl

Nur amerikanische Maße:
1 gal. = 4 quarts = 8 pints = 231 cu. in. = 3,7854 dm³
1 pint = 4 gills = 0,4732 dm³
1 bushel (bu) = 35,242 dm³
1 barrel (bbl) = 31.5 gal. = 119,24 dm³
1 petrol barrel = 42 petrol gal. (zu 230.67 cu. in. = 3,7798 dm³) = 158,76 dm³
 (gleich dem engl. petrol barrel)
1 dm³ = 0.2642 gal.
1 m³ = 264.2 gal. = 28.38 bu = 8.388 bbl = 6.299 petrol barrels
1 gal. (USA) ≈ 5/6 imp. gal. (englisch)

Die englischen und amerikanischen Bezeichnungen bushel und barrel werden auch noch für andere Raum- und Massenbezeichnungen verwendet.

Massenangaben

1 dram = 1,772 g
1 ounce (oz.) = 16 drams = 28,3495 g
1 lb. = 16 oz. = 0,45359 kg
1 hundredweight (ctw.) = 4 quarters = 112 lbs. = 50,802 kg
(USA auch 1 ctw. = 1 central = 100 lbs. = 45,359 kg)
1 long ton = 20 ctw. = 2240 lbs. = 1,01605 t
 (= 1 gross ton)
1 short ton = 2000 lbs. = 0,90718 t
 (= 1 net ton)
1 g = 0.564 drams
1 kg = 2.2046 lbs. = 35.274 oz.
1 t = 0.9842 long tons = 1.1023 short tons

Dichteangaben

1 long ton/cu. yd. = 1,3289 t/m³
1 short ton/cu. yd. = 1,1866 t/m³
1 lb./cu. yd. = 0,59328 kg/m³
1 lb./cu. ft. = 27 lb./cu. yd. = 16,019 kg/m³
1 lb./cu. in. = 1728 lb./cu. ft. = 27,680 kg/dm³
1 lb./imp. gal. = 0,09978 kg/dm³
1 lb./gal. (USA) = 0,1198 kg/dm³

Dichten von Körpern und Flüssigkeiten, die ohne Dimension angegeben sind, bedeuten Relativdichte gegenüber Wasser und haben die gleichen Zahlenwerte wie im Deutschen in kg/dm³, t/m³

1 kg/m³ = 0.06243 lbs./cu. ft. = 1.6855 lbs./cu. yd.

1 kg/dm³ = 10.0221 lbs./imp. gal.
       = 8.3455 lbs./gal. (USA)
       = 0,03613 lbs./cu. in.
1 t/m³ = 0.7525 long tons/cu. yd.
       = 0.8428 short tons/cu. yd.
       (= 1 kg/dm³)

Die gleichen Zahlenwerte kann man für die Umrechnung von spezifischen Volumen verwenden (reziproker Wert), z.B. 1 cu. ft./lb. = 0,06243 m³/kg; 1 m³/kg = 16.019 cu. ft./lb. (s. hierzu auch Abschnitt 28.1.2 und Hauptabschnitt 04).

Drücke

(s. auch Hauptabschnitt 04)

1 long ton/sq. yd.   = 0,1192 bar
1 short ton/sq. yd.   = 0,1064 bar
1 lb./sq. yd.   = 0,0532 mbar
1 lb./sq. ft. = 9 lbs./sq. yd. = 0,4788 mbar
1 lb./sq. in. = 1 psi. = 144 lb./sq. ft. = 0,06895 bar
1 in. Hg (1 Zoll Quecksilbersäule = 0,03386 bar
1 bar = 10⁵ N/m² = 0.0072   short ton/sq. in.
                 = 0.0064   long ton/ sq. in.
                 = 2089   lb./sq. ft.
                 = 14.5   lb./sq. in.
                 = 29.531   in. Hg
1 mbar = 10² N/m² = 2.089   lb./sq. ft.
                  = 0.0145 lb./sq. in.
                  = 0,0295 in. Hg

Einheiten der Wärmetechnik

(s. auch Hauptabschnitt 04)

1 BTU (British Thermal Unit) = 1055 J
1 CTU (Centigrade Heat Unit) = 1899 J
1 BTU/lb.   = 2328 J/kg = 2,328 kJ/kg
1 BTU/in.   = 41,537 kJ/m = 41,537 J/mm
1 BTU/sq. ft.   = 1,135 J/cm²
1 BTU/cu. ft.   = 37,258 J/dm³
1 BTU/in. hr. °F = 74,768 kJ/h · °C · m
1 BTU/ft. hr. °F = 6,231 kJ/h · °C · m
1 BTU in./sq. ft. hr. °F = 519,16 J/h · °C · m
1 BTU/sq. in. hr. °F = 294,374 J/h · °C · cm²
1 BTU/sq. in. hr. °F = 2,044 J/h · °C · cm²
1 BTU/lb. °F = 4186,8 J/kg °C = 4,1868 kJ/kg · °C
1 kJ = 10³ J = 0.9484 BTU = 0,5269 CHV
1 kJ/kg   = 0.4299 BTU/lb.
1 kJ/m   = 0.2410 BTU/in.
1 kJ/m² = 0.7930 BTU/sq. yd. = 0,0884 BTU sq. ft.
1 kJ/m³   = 0.0268 BTU/cu. ft.
1 kJ/h · °C · m = 0.0134 BTU/in. hr. °F
              = 0.1605 BTU/ft. hr. °F
              = 1.9275 BTU in./sq. ft. hr. °F
1 kJ/h · °C · m² = 3.3916 · 10⁻⁴ BTU/sq. in. hr. °F
              = 0.0489 BTU/sq. ft. hr. °F

Arbeits- und Leistungseinheiten

1 ft.-lb. (Fußpfund) = 0.00129 BTU
                      = 1,356 N · m = W · s
1 BTU = 778.6 ft.-lb. = 1055 N · m = W · s
1 HP   = 0,7457 kW

1 HP (metric)   = 0,7355 kW
1 N · m = 948.4 · 10⁻⁶ BTU = 0.7376 ft. lb.
1 kW   = 1.341 HP
                     = 0.9484 BTU/s

Spezifischer Dampfverbrauch/
Spezifischer Brennstoffverbrauch

1 lb./HP. hr. = 0.6082 kg/kW · h
1 kg/kW · h   = 1,6442 lb./HP. hr.

Temperatur

Umrechnung von Fahrenheitgraden in Celsiusgrade s. auch Hauptabschnitt 04

1 °F = (1 degree Fahrenheit) ⎫ als Temperatur-
    = 5/9 °C = 0,555 ... °C   ⎬ *differenz*
1 °C = 9/5 °F = 1,8 °F   ⎭

Da 0 °C = + 32 °F bzw. 0 °F = − 17,8 °C ist, gilt:
t °C = (1,8 t + 32) °F   ⎫
x F = (x − 32)/1,8 °C als ⎬ Temperatur*höhe*
0 K (Kelvin) = − 273 °C   ⎭
= − 459,4 °F = 0 °R (Rankine) ⎫
255,2 K = − 17,8 °C   ⎬ absolute
       = 0 °F = 459,4 °R   ⎬ Temperatur
273 K = 0 °C   ⎬
       = 32 °F = 491,4 °R   ⎭

Die *Réaumur*-Skala (früher ebenfalls mit °R bezeichnet) wird nicht mehr angewendet.

28.1.4 Umrechnungstafeln

Weitere Tafeln und Angaben über die Umrechnung von Maßeinheiten der

Viskosität (Zähigkeit)

                            s. Abschnitt 08., S. 303

Dichte und Wichte

                            s. Abschnitt 08., S. 301
                            s. Abschnitt 06., S. 219

Arbeit und Leistung

                            s. Abschnitt 02., S. 35
                            s. Abschnitt 06., S. 222

Winkelgrade

                            s. Abschnitt 01., S. 7
                            s. Abschnitt 12., S. 497

Drücke

                            s. Abschnitt 04., S. 95
                            s. Abschnitt 20., S. 790

Temperaturen

                            s. Abschnitt 04., S. 95

Wärmeeinheiten

                            s. Abschnitt 04., S. 96

28.2 Dichteangaben

S. hierzu auch die Angaben in den Hauptabschnitten 04, 07 und 08.

28.2.1 Dichte kg/dm³ fester Stoffe

Bei nicht homogenen Stoffen (heterogenen Stoffen) ist die Raumeinheitsdichte angegeben (z.B. bei

Kork einschließlich Lufteinschlüsse). Es können teilweise erhebliche Abweichungen von den hier angegebenen Durchschnittswerten vorkommen, da Umgebungseinflüsse, z.B. die Luftfeuchtigkeit, die Dichte stark beeinflussen.

Alaun	1,7
Aluminium	2,7
Aluminium-Legierungen	2,6 ... 2,9
Aluminium-Bronze	7,7
Anthrazit	1,4 ... 1,7
Antimon	6,7
Asbest	2,1 ... 2,8
Asbest-Pappe	1,2
Asphalt	1,1 ... 1,3
Ätzkali	2,05
Ätzkalk	3,3
Ätznatron	2,13
Baumwollfaser	1,5
Bausteine	2,5
Bauxit	2,4 ... 2,6
Beton	1,8 ... 2,4
Braunkohle	1,2 ... 1,5
Blei	11,34
Bleimennige	9,0
Bronze	8,7 ... 8,9
Chrom	7,1
Deltametall	8,6
Eis (0 °C)	0,92
Eisen:	
rein	7,88
Gußeisen, GG	7,2
Roheisen	6,7 ... 7,8
Temperguß	7,2 ... 7,6
Stahl, GS	7,85
Erde	1,4 ... 2,0
Fette	0,9 ... 0,96
Gips, gebrannt	1,8
Glas	2,2 ... 2,5
Gold, gegossen	19,25
Gummierzeugnisse	1,0 ... 2,0 (1,2)
Holz, lufttrocken:	
(große Abweichungen möglich)	
Ahorn	0,65
Birke	0,65
Eiche	0,7 (... 0,96)
Esche	0,7
Fichte	0,5
Gabun	0,4
Hickory	0,8
Kiefer	0,5
Linde	0,5
Lärche	0,6
Mahagoni	0,7
Nußbaum	0,7
Oregonpine	0,6
Pappel	0,45
Pitchpine	0,7
Pockholz	1,3
Rotbuche	0,7
Rüster	0,7
Tanne	0,45
Teakholz	0,85
Weißbuche	0,85
Zeder	0,5
Zypresse	0,6
Hartfaserplatten	1,0
Holzschliffplatten	0,25 ... 0,5
Holzkohle	0,4
Igelit	1,35
Invarstahl	8,7
Kalisalpeter	2,1
Kalk, gebrannt	0,9 ... 1,3
gelöscht	1,2
Kalkmörtel	1,6 ... 1,8
Kapokfaser	0,13
Karborundstein	1,4 ... 1,8
Kautschuk, roh	0,92
vulkanisiert	1,5
Kies	1,9
Kochsalz	2,15
Koks	1,6 ... 1,9
Kork	0,12 ... 0,3
Korund	4,0
Kreide	1,8 ... 2,7
Kunststoffe (z.Teil)	1,05 ... 1,4
Kupfer, gegossen	8,3 ... 8,9
gewalzt	8,9 ... 9,0
Leder	0,85 ... 1,0
Magnesium	1,74
Magnesium-Bronze	8,8 ... 8,9
Marmor	2,0 ... 2,8
Messing	8,4 ... 8,5
Monelmetall	8,58
Nickel	8,8
Nickelstahl	8,1 ... 8,2
Novotext	1,3
Papier	0,95
Paraffin	0,9
Pech	1,2
Pertinax	1,3
Platin	21,45
Polyäthylen-Kunststoff	0,93
Porzellan	2,3
Pottasche	2,3
Preßharz	1,25
Preßspan	1,2 ... 1,4
Quarz	2,1 ... 2,5
Rotguß	8,5 ... 8,7
Sand	1,4 ... 1,6
Sandstein	2,7
Schamottestein	1,7 ... 2,2
Schaumgummi	0,06 ... 0,1
Schlacke	0,6 ... 0,7
Schlackenwolle	0,05 ... 0,4
Schmirgel	4,0
Schnee, lose	0,06 ... 0,2

Schwefel	2,0
Schwemmsteine	0,85
Schwerspat	4,25
Seife	1,05...1,2
Silber	10,5
Soda, kristall.	2,45
Spritzguß, leicht	2,6...2,9
schwer	6,7...11
Steatit	2,6...2,8
Steinkohle	1,2...1,4
Steingut	1,3...1,6
Steinzeug	2,5...2,6
Talg	0,9...0,97
Talkum	2,6...2,8
Tombak	8,5...8,8
Wachs	1,0
Weißmetall	7,1...10,1
Wolframstahl	8,2
Woodsches Metall	9,7
Zement (hart)	2,3...3,2
Ziegelsteine	1,4...2,0
Zink	6,9...7,2
Zinn	7,2...7,3
Zucker	1,6

28.2.2 Dichte kg/dm^3 von Flüssigkeiten

Temperatur etwa 20 °C.
Angaben über Dichte von Wasser und Wasserdampf bei verschiedenen Temperaturen s. Hauptabschnitt 04, über Brennstoffe s. Hauptabschnitt 08.

Abweichungen von den hier aufgeführten Werten sind möglich.

Alkohol	0,7...0,8
Benzin	0,68...0,78 (0,76)
Benzol	0,88
Braunkohlenteeröle	0,8...1,04 (0,92)
Dieselöl	0,85...1,08
Erdnußöl	0,92
Gasöl	0,86...0,89
Glyzerin (wasserfrei)	1,26
Heizöl (aus Erdöl)	0,89...0,98
Leinöl	0,93
Naphtha	0,76
Ölivenöl	0,92
Parafinöl	0,9...1,02
Petroleum	0,76...0,88 (0,81)
Quecksilber bei 0 °C	13,595
bei 100 °C	13,351
Rizinusöl	0,96
Rüböl	0,91
Salpetersäure, konz.	1,51
Salzsäure, konz.	1,16
Schweifsäure, konz.	1,834
Schmieröl	0,88...0,94 (0,9)
Seewasser	1,015...1,03
Spiritus (90 Vol.-%)	0,82
Steinkohlenteeröl	0,9...1,1 (1,08)
Teer	0,85...1,25
Terpentinöl	0,86
Tran	0,91...0,94

Dichte t/m^3 von Schüttgut

Baggerboden	1,7...2,0
Bauxit	1,25
Braunkohlen	0,8
Erde, trocken	1,1...1,7
naß	1,7...2,0
Erze	2,0...3,5
Getreide	0,6...0,8
Guano	0,85
Holz	0,3...0,5
Kali	0,8...1,2
Kalisalpeter	1,0
Kies, trocken	1,7
Koks	0,42
Kupferbrocken	5,8
Roheisenbrocken	3,7
Salz	1,0
Sand, trocken	1,6
naß	2,0
Steinkohlen	0,8...0,85
Ziegelsteine	1,2...1,4

Weitere Angaben s. Schrifttum [28.7].

28.3 Gewinde

Der Schiffsingenieur wird infolge der Vielfalt der Geräte und Einrichtungen, die die Gesamtheit einer Schiffsantriebsanlage ausmachen und die in zunehmendem Maße aus den verschiedensten Ländern der Erde stammen, mit den unterschiedlichsten Standards konfrontiert. Insbesondere bei der *Ersatzteilbeschaffung* kann es vorkommen, daß Unklarheiten in der Beschreibung von Kleinteilen zu Schwierigkeiten bei der Beschaffung führen. Das gilt insbesondere bei *Gewindebezeichnungen*.

Andererseits hat der Schiffsingenieur, anders als der Konstrukteur an Land, keine Normenbibliothek bei sich, die ihm die Identifizierung erleichtern würde.

Aus diesem Grund wurden hier zwei DIN-Normblätter aufgenommen, die zum einen eine *Übersicht* über *Gewindearten* und *-bezeichnungen* und zum anderen einen Überblick über die jetzt am häufigsten verwendeten, metrischen ISO-Gewinde geben. Die in der Schiffstechnik ebenfalls früher sehr weit verbreiteten *Whitworth-Gewinde* nach British Standard BS 84 sind heute für Neukonstruktionen nicht mehr zulässig; die Norm wurde im August 1966 zurückgezogen. Da dieser Gewindetyp jedoch noch häufig auf älteren Schiffen angetroffen wird, wurde das diesbezügliche alte DIN-Normblatt hier noch einmal mit aufgenommen.

Whitworth-Gewinde

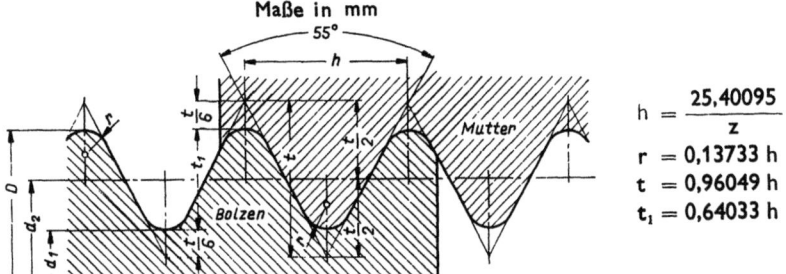

Maße in mm

$h = \dfrac{25{,}40095}{z}$
$r = 0{,}13733\, h$
$t = 0{,}96049\, h$
$t_1 = 0{,}64033\, h$

Bezeichnung eines Whitworth-Gewindes ohne Spitzenspiel von 2″ Nenndurchmesser: 2″

Nenn-durch-messer	Bolzen und Mutter								Nenn-durch-messer
	Gewinde-durch-messer	Kern-durch-messer	Kern-quer-schnitt	Gewinde-tiefe	Rundung	Flanken-durch-messer	Steigung	Gangzahl auf 1 Zoll	
Zoll	D	d_1	cm²	t_1	r	d_2	h	z	Zoll
1/4	6,350	4,724	0,175	0,813	0,174	5,537	1,270	20	1/4
5/16	7,938	6,131	0,295	0,904	0,194	7,034	1,411	18	5/16
3/8	9,525	7,492	0,441	1,017	0,218	8,509	1,588	16	3/8
(7/16)	11,113	8,789	0,607	1,162	0,249	9,951	1,814	14	(7/16)
1/2	12,700	9,990	0,784	1,355	0,291	11,345	2,117	12	1/2
5/8	15,876	12,918	1,311	1,479	0,317	14,397	2,309	11	5/8
3/4	19,051	15,798	1,960	1,627	0,349	17,424	2,540	10	3/4
7/8	22,226	18,611	2,720	1,807	0,388	20,419	2,822	9	7/8
1	25,401	21,335	3,575	2,033	0,436	23,368	3,175	8	1
1 1/8	28,576	23,929	4,497	2,324	0,498	26,253	3,629	7	1 1/8
1 1/4	31,751	27,104	5,770	2,324	0,498	29,428	3,629	7	1 1/4
1 3/8	34,926	29,505	6,837	2,711	0,581	32,215	4,233	6	1 3/8
1 1/2	38,101	32,680	8,388	2,711	0,581	35,391	4,233	6	1 1/2
1 5/8	41,277	34,771	9,495	3,253	0,698	38,024	5,080	5	1 5/8
1 3/4	44,452	37,946	11,310	3,253	0,698	41,199	5,080	5	1 3/4
(1 7/8)	47,627	40,398	12,818	3,614	0,775	44,012	5,645	4 1/2	(1 7/8)
2	50,802	43,573	14,912	3,614	0,775	47,187	5,645	4 1/2	2
2 1/4	57,152	49,020	18,873	4,066	0,872	53,086	6,350	4	2 1/4
2 1/2	63,502	55,370	24,079	4,066	0,872	59,436	6,350	4	2 1/2
2 3/4	69,853	60,558	28,804	4,647	0,997	65,205	7,257	3 1/2	2 3/4
3	76,203	66,909	35,161	4,647	0,997	71,556	7,257	3 1/2	3
3 1/4	82,553	72,544	41,333	5,005	1,073	77,548	7,816	3 1/4	3 1/4
3 1/2	88,903	78,894	48,885	5,005	1,073	83,899	7,816	3 1/4	3 1/2
3 3/4	95,254	84,410	55,959	5,422	1,163	89,832	8,467	3	3 3/4
4	101,604	90,760	64,697	5,422	1,163	96,182	8,467	3	4
4 1/4	107,954	99,639	73,349	5,657	1,213	102,297	8,835	2 7/8	4 1/4
4 1/2	114,304	102,990	83,307	5,657	1,213	108,647	8,835	2 7/8	4 1/2
4 3/4	120,655	108,825	93,014	5,915	1,268	114,740	9,237	2 3/4	4 3/4
5	127,005	115,176	104,185	5,915	1,268	121,090	9,237	2 3/4	5
5 1/4	133,355	120,963	114,922	6,196	1,329	127,159	9,677	2 5/8	5 1/4
5 1/2	139,705	127,313	127,304	6,196	1,329	133,509	9,677	2 5/8	5 1/2
5 3/4	146,055	133,043	139,022	6,506	1,395	139,549	10,160	2 1/2	5 3/4
6	152,406	139,394	152,608	6,506	1,395	145,900	10,160	2 1/2	6

Eingeklammerte Gewinde möglichst vermeiden.
Die Werte der Zahlentafel sind die theoretischen Abmessungen des Gewindes. Die entsprechenden Schneidwerkzeuge sind den Erfahrungen gemäß stärker oder schwächer zu wählen.
Die Zollwerte beziehen sich auf die englische Bezugstemperatur von 62 °F = 16 2/3 °C, die Millimeterwerte auf die Bezugstemperatur von 20 °C (siehe DIN 102), unter Annahme einer Ausdehnungszahl von 0,0000115 (mittlere Ausdehnung von Stahl).
Ein Zoll entspricht dann 25,40095 mm.
Umrechnungstabelle englisch Zoll – Millimeter siehe DIN 4890 bis 4893.
Bei gleicher Temperatur stimmen die deutschen und die englischen Werkzeuge miteinander überein.

Übersicht für Schrauben (die Zahlen entsprechen den DIN-Nummern)

558 46206	561	564	601	601 7990	609 610	931 960 70613	933 961 70614	7968		7964	3871	7623	25197	
22424	478	479	480	5903	21346				186 188 261 7992 25192	603 20504	603	63301	5903	607
	912 6912 7984	84	84 8243		7969	63 87 8245	63 87	925	604	605 608		11014 25195	25195	792
	7987	7991		88 91	924	7988	85	85	920	921	922	923	7985	7513
7513		7971	7972	7973	7976	7981	7982	7983	525	835 938 939 940	835			
417	438 551	427	553	913	914	915	916	926 6332		927	8250	906	907	908
909	910			71022	16286	86129	7604	7965	95	7995	96	7996	97 7997	571
5913 5914			316	1930	444	580 581	404	464	465	653			529	
797	2509	4626		6304 6306		15237	25193		80441			7516		

Gewinde 1011

Übersicht über Muttern (die Zahlen entsprechen den DIN-Nummern)

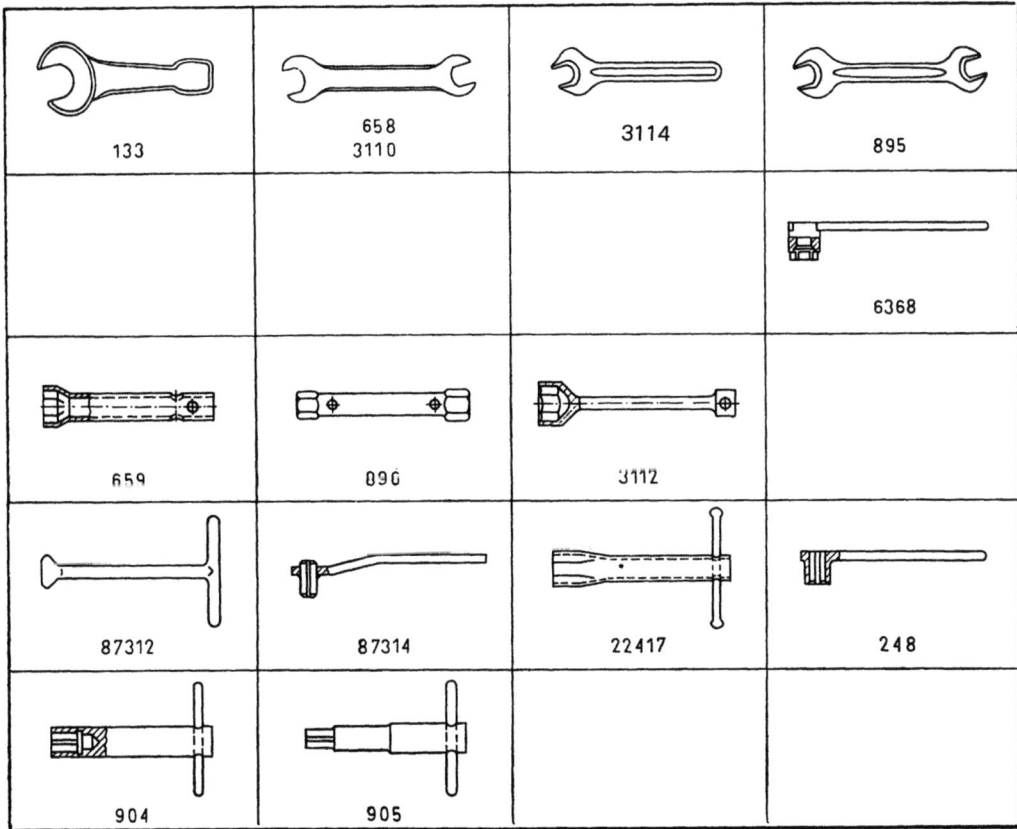

Übersicht für Schraubenschlüssel (die Zahlen entsprechen den DIN-Nummern)

Übersicht für Schraubenschlüssel (die Zahlen entsprechen den DIN-Nummern)

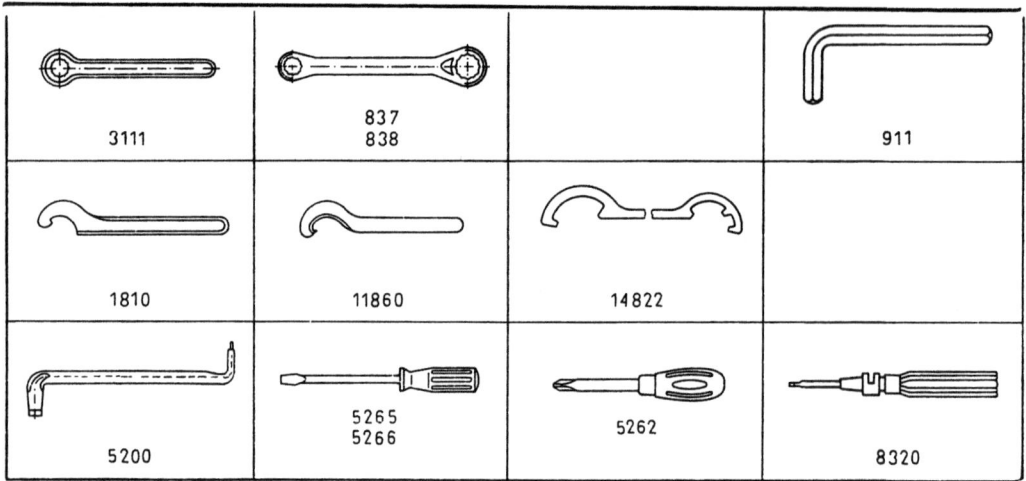

DEUTSCHE NORMEN

November 1975

Metrisches ISO-Gewinde
Regel- und Feingewinde von 1 bis 300 mm Durchmesser
Auswahl für Durchmesser und Steigungen

DIN 13 Teil 12

DK 621.882.082.1

ISO Metric Screw Threads of 1 mm to 300 mm diameter; selection for diameters and pitches

Filetages Métriques ISO de 1 mm à 300 mm diamètre; sélection pour diamètres et pas

Maße in mm

Frühere Ausgaben:
DIN 243 Teil 1 bis Teil 3: 2.23
DIN 243: 9.43
DIN 13 Teil 12: 1.52, 9.69

Änderung November 1975:
Norm redaktionell überarbeitet.

Internationale Normen und Vereinbarungen für Durchmesser und Steigungen des Metrischen ISO-Gewindes machten eine Überarbeitung von DIN 13 Teil 12 notwendig. Die vorliegende Ausgabe von DIN 13 Teil 12 enthält eine Auswahl von Gewinden aus der internationalen Norm ISO 261-1973 (siehe auch DIN 13 Teil 12 Beiblatt).

Diese allgemein für die gesamte Industrie gültige Auswahl soll eine Beschränkung der Fertigungs- und Prüfmittel ermöglichen, wobei eine weitgehende Übereinstimmung mit ausländischen Auswahlreihen angestrebt ist. Diese Auswahl sollte auch bei der Schaffung von werkseigenen Auswahlen oder von Auswahlen für Fachgebiete zugrunde gelegt werden.

Die in dieser Norm aus ISO 261-1973 entnommene Einteilung der Durchmesser in drei Reihen stellt eine Rangfolge dar, d. h. Durchmesser der Reihe 1 sind denen der Reihe 2 gegenüber zu bevorzugen, die Durchmesser der Reihe 3 sollten möglichst vermieden werden.

Die Tabelle 1 stimmt mit einer Vereinbarung der CEN (Comité Européen de Coordination des Normes) für eine europäische Gewindeauswahl überein.

Die Auswahlreihen dieser Tabelle enthalten:

a) Alle Regelgewinde mit Ausnahme von M 1,1; M 4,5; M 7; M 9; M 11.

b) Alle Gewinde für Schrauben und Muttern (außer M 4,5; M 7) nach ISO 262-1973 (siehe DIN 13 Teil 13).

c) Alle Gewinde für Wälzlagerzubehör nach ISO 2982-1972 außer M 28 × 1,5.

d) Alle Gewinde für Wellenenden bis 300 mm Durchmesser nach ISO/R 775-1969.

Die Einteilung in drei Steigungsreihen stellt keine Rangfolge dar, es ist die für den jeweiligen Anwendungsfall günstigste Steigung zu wählen. Auch die Bezeichnung „fein", „fein 1", „fein 2", „extra fein" bedeutet keinen Qualitätsbegriff.

In Tabelle 2 sind zusätzlich Gewinde festgelegt, die in DIN-Normen für Schrauben mit Feingewinde und in DIN 3851 (Vorzugsgrößen) für Rohrverschraubungen enthalten sind. Ferner sind die Gewinde mit Steigung 1,5 mm bis zum Durchmesser 75 mm weitergeführt.

Um das Arbeiten mit dieser Norm zu erleichtern, wurden die Darstellung des Gewinde-Profils und die Maße der Gewindetiefen bei den verschiedenen Steigungen in diese Norm mit aufgenommen.

Bezeichnung des Gewindes

Die Regelgewinde werden nach DIN 13 Teil 1 mit dem Kennbuchstaben M und dem Gewinde-Nenndurchmesser bezeichnet, z. B. **M 30** für ein Gewinde von 30 mm Außendurchmesser und einer Steigung von 3,5 mm.

Die Feingewinde werden nach DIN 13 Teil 2 bis Teil 11 mit dem Kennbuchstaben M, dem Gewinde-Nenndurchmesser, dem ×-Zeichen und der Steigung in mm bezeichnet, z. B. **M 30 × 1,5** für ein Gewinde von 30 mm Außendurchmesser und einer Steigung von 1,5 mm.

Für Gewinde ohne Toleranzangabe gilt Toleranzklasse mittel (m nach DIN 13 Teil 14) und zwar beim Bolzengewinde Toleranzfeld 6g und beim Muttergewinde Toleranzfeld 6H. Wird eine andere Toleranz gewünscht, so ist der Bezeichnung das Toleranzfeld anzufügen. Die Bezeichnung lautet dann z. B.: **M 12 — 8g**.

Weitere Normen

Gewindeauswahl für Schrauben und Muttern siehe DIN 13 Teil 13

Übersicht der Gewinde nach ISO 261-1973 siehe DIN 13 Teil 12 Beiblatt

Fortsetzung Seite 2 und 3

Ausschuß Gewinde (AGew) im DIN Deutsches Institut für Normung e. V.

Seite 2 DIN 13 Teil 12

Durchmesser- und Steigungsreihen

Die Tabelle 1 enthält eine Auswahl für Durchmesser und Steigungen für Gewinde, die vorzugsweise in internationalen Normen, z. B. an Wälzlagerzubehör ISO 2982-1972, an Schrauben und Muttern ISO 262-1973, an Wellenenden ISO/R 775-1969, aufgeführt sind. Diese Gewindeauswahl wurde von der Arbeitsgruppe 11 „Gewinde" der CEN vereinbart.

Vorzugsweise ist das Regelgewinde zu wählen. Die Durchmesser der Reihe 1 sollen möglichst denen der Reihe 2 und diese wieder denen der Reihe 3 vorgezogen werden.

Tabelle 1. **Auswahl für Durchmesser und Steigungen**

Gewinde-Nenndurchmesser d			Regel-gewinde	Feingewinde	
				fein	extra fein
Reihe 1	Reihe 2	Reihe 3	Steigung P	Steigung P	Steigung P
1			0,25	—	—
1,2			0,25	—	—
		1,4	0,3	—	—
1,6			0,35	—	—
	1,8		0,35	—	—
2			0,4	—	—
	2,2		0,45	—	—
2,5			0,45	—	—
3			0,5	—	—
	3,5		0,6	—	—
4			0,7	—	—
5			0,8	—	—
6			1	—	—
8			1,25	1	—
10			1,5	1,25	0,75
12			1,75	1,25	1
	14		2	1,5	1
		15	—	—	1
16			2	1,5	1
		17	—	—	1
	18		2,5	1,5	1
20			2,5	1,5	1
	22		2,5	1,5	1
24			3	2	1,5
		25	—	—	1,5
	27		3	2	1,5
30			3,5	2	1,5
	33		3,5	2	1,5
		35	—	—	1,5
36			4	3	1,5
	39		4	3	1,5
		40	—	—	1,5
42			4,5	3	1,5
	45		4,5	3	1,5
48			5	3	1,5
		50	—	—	1,5
	52		5	3	2
		55	—	—	2
56			5,5	4	2
	60		5,5	4	2
64			6	4	2
		65	—	—	2
	68		6	4	2

Gewinde-Nenndurchmesser d			Feingewinde		
			fein 1	fein 2	extra fein
Reihe 1	Reihe 2	Reihe 3	Steigung P	Steigung P	Steigung P
		70	—	—	2
72			6	4	2
		75	—	—	2
	76		6	4	2
80			6	4	2
	85		6	4	2
90			6	4	2
	95		6	4	2
100			6	4	2
	105		6	4	2
110			6	4	2
	115		6	4	2
	120		6	4	2
125			6	4	2
	130		6	4	2
		135	6	—	2
140			6	4	2
		145	—	—	2
	150		6	4	2
		155	—	—	3
160			—	6	3
		165	—	—	3
	170		—	6	3
180			—	6	3
	190		—	6	3
200			—	6	3
	210		—	6	4
220			—	6	4
		230	—	6	4
	240		—	6	4
250			—	6	4
	260		—	6	4
		270	—	6	4
280			—	6	4
		290	—	6	4
	300		—	6	4

Gewinde

DIN 13 Teil 12 Seite 3

Die Tabelle 2 enthält Gewinde, die zusätzlich zur Tabelle 1 als Gewindeauswahl in Deutschland benutzt werden.
Die Durchmesser der Reihe 1 sollen möglichst denen der Reihe 2 und diese wieder denen der Reihe 3 vorgezogen werden.

Tabelle 2. **Zusätzliche Auswahl von Feingewinden für Deutschland**

Gewinde-Nenndurchmesser d			Feingewinde Steigung P
Reihe 1	Reihe 2	Reihe 3	
10			1
12			1,5
		18	2
20			2
	22		2
36			2
	39		2
42			2
	45		2
48			2
	52		1,5
		55	1,5
56			1,5
	60		1,5
64			1,5
		65	1,5
	68		1,5
		70	1,5
72			1,5
		75	1,5

Gewinde-Profil und Maße

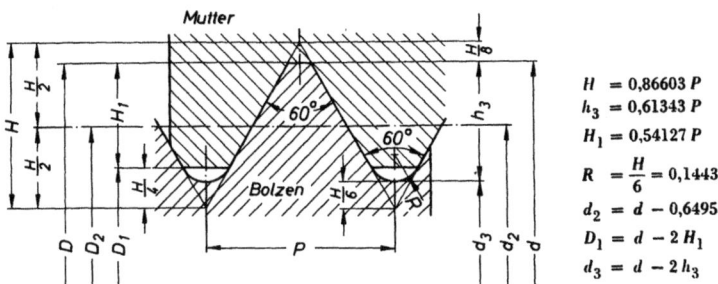

$H = 0{,}86603\,P$
$h_3 = 0{,}61343\,P$
$H_1 = 0{,}54127\,P$
$R = \dfrac{H}{6} = 0{,}14434\,P$
$d_2 = d - 0{,}64953\,P$
$D_1 = d - 2\,H_1$
$d_3 = d - 2\,h_3$

Tabelle 3.

Steigung P	Gewindetiefe		Steigung P	Gewindetiefe	
	h_3	H_1		h_3	H_1
0,25	0,153	0,135	1,25	0,767	0,677
0,3	0,184	0,162	1,5	0,920	0,812
0,35	0,215	0,189	1,75	1,074	0,947
0,4	0,245	0,217	2	1,227	1,083
0,45	0,276	0,244	2,5	1,534	1,353
0,5	0,307	0,271	3	1,840	1,624
0,6	0,368	0,325	3,5	2,147	1,894
0,7	0,429	0,379	4	2,454	2,165
0,75	0,460	0,406	4,5	2,760	2,436
0,8	0,491	0,433	5	3,067	2,706
1	0,613	0,541	5,5	3,374	2,977
			6	3,681	3,248

28 Kennwerte, Umrechnungsfaktoren und Schaubilder

DK 621.882.082   **DEUTSCHE NORM**   **Dezember 1981**

Gewinde
Übersicht

DIN 202

Screw threads; survey

Ersatz für Ausgabe 08.74

Diese Norm enthält zur schnellen Unterrichtung die allgemein oder für ein größeres Sondergebiet angewendeten Gewinde. Tabelle 1 enthält Gewinde nach DIN-Normen. In Tabelle 2 sind Gewinde nach ISO-Normen zusammengestellt. Häufig vorkommende Gewinde nach ausländischen Normen sind in Tabelle 3 zusammengefaßt.

Im allgemeinen enthält das Gewinde-Kurzzeichen den Gewinde-Kennbuchstaben und den Gewinde-Nenndurchmesser oder die Gewindegröße. Zusatzangaben für Steigung oder Gangzahl, Toleranz, Mehrgängigkeit, Kegeligkeit und Linksgängigkeit sind gegebenenfalls anzufügen.

Bei vielen Gewinden nach DIN-Normen wird dem Gewinde-Kurzzeichen die DIN-Hauptnummer vorangestellt.

Für die in den Tabellen 1, 2 und 3 angegebenen Normen, gilt jeweils nur die neueste Ausgabe der betreffenden Norm

Tabelle 1. Gewinde nach DIN-Normen

Benennung	Profil (Skizze)	Kennbuchstaben	Kurzzeichen Beispiel [1])	Nenndurchmesser oder Gewindegröße	nach Norm	Anwendung	
Metrisches ISO-Gewinde	60°	M	M 0,8	0,3 bis 0,9 mm	DIN 14 Teil 2	für Uhren und Feinwerktechnik	
			M 30	1 bis 68 mm	DIN 13 Teil 1	allgemein (Regelgewinde)	
			M 20 × 1 M 30 × 2 – LH [2])	1 bis 1000 mm	DIN 13 Teil 2 bis Teil 11	allgemein, wenn Steigung des Regelgewindes zu groß	
Metrisches Gewinde für Festsitz, nicht dichte Verbindungen			M 30 Sn 4 M 30 Sk 6	1 bis 150 mm	DIN 13 und DIN 14 Beiblatt 14	für Einschraubende an Stiftschrauben mit Festsitz	nicht dichtend
Metrisches Gewinde für Festsitz, dichte Verbindungen			M 30 Sn 4 dicht	1 bis 150 mm	DIN 13 und DIN 14 Beiblatt 15		dichtend
Metrisches Gewinde mit großem Spiel			DIN 2510 – M 36	12 bis 180 mm	DIN 2510 Teil 2	für Schraubenverbindungen mit Dehnschaft	
Metrisches zylindrisches Innengewinde			DIN 158 – M 30 × 2	6 bis 60 mm	DIN 158	Innengewinde für Verschlußschrauben und Schmiernippel mit kegeligem Außengewinde nach DIN 158	

[1]) Gegebenenfalls ist hinter das Kurzzeichen die Zusatzangabe für das Toleranzfeld zu setzen, z. B. M 20 × 2 – 6 H
[2]) Für Linksgewinde sollte hinter das Kurzzeichen die international übliche Zusatzangabe LH = Left Hand gesetzt werden.
Bei Teilen, die mit Rechts- oder Linksgewinde versehen sind, sollte auch hinter das Kurzzeichen des Rechtsgewindes die Zusatzangabe RH = Right Hand gesetzt werden.

Fortsetzung Seite 2 bis 8

Normenausschuß Gewinde (NGew) im DIN Deutsches Institut für Normung e.V.

Seite 2 DIN 202

Tabelle 1. (Fortsetzung)

Benennung	Profil (Skizze)	Kennbuchstaben	Kurzzeichen Beispiel [1]	Nenndurchmesser oder Gewindegröße	nach Norm	Anwendung
Metrisches kegeliges Außengewinde	60°, 1:16	M	DIN 158 – M 30 × 2 keg DIN 158 – M 30 × 2 keg kurz	6 bis 60 mm	DIN 158	für Verschlußschrauben und Schmiernippel
Metrisches MJ-Gewinde	60°	MJ	MJ 6 × 1 4h6h MJ 6 × 1 – 4H5H	1,6 bis 39 mm	DIN EN 2158 Teil 2	Luft- und Raumfahrt
Rohrgewinde für nicht im Gewinde dichtende Verbindungen (zylindrisch)	55°	G	G 1 ½ A G 1 ½ B G 1 ½	1/16 bis 6	DIN ISO 228 Teil 1	Außengewinde für Rohre und Rohrverbindungen Innengewinde für Rohre und Rohrverbindungen
Whitworth-Rohrgewinde, zylindrisch		R	R ¾	1/8 bis 6	DIN 259 Teil 1	für Rohre und Rohrverbindungen. Nicht für Neukonstruktionen [3]
Whitworth-Rohrgewinde, zylindrisches Innengewinde		R	DIN 2999 – R ½ DIN 3858 – R ⅛	1/16 bis 6 ⅛ bis 1 ½	DIN 2999 Teil 1 DIN 3858	für Gewinderohre und Fittings für Rohrverschraubungen
Whitworth-Rohrgewinde, kegeliges Außengewinde	55°, 1:16		DIN 2999 – R ½ DIN 3858 – R ⅛ – 1	1/16 bis 6 ⅛ bis 1 ½	DIN 2999 Teil 1 DIN 3858	für Gewinderohre und Fittings für Rohrverschraubungen
Metrisches ISO-Trapezgewinde (ein- und mehrgängig)	30°	Tr	Tr 40 × 7 – LH [2] Tr 40 × 14 P7 [4]	8 bis 300 mm	DIN 103 Teil 2	allgemein
Flaches Metrisches Trapezgewinde (ein- und mehrgängig)			DIN 380 – Tr 48 × 8 DIN 380 – Tr 40 × 14 P7 [4]		DIN 380 Teil 2	
Trapezgewinde ein- und zweigängig mit Spiel			DIN 263 – Tr 48 × 12 DIN 263 – Tr 40 × 16 P8	48 mm 40 mm	DIN 263 Teil 1	für Schienenfahrzeuge
Trapezgewinde			DIN 6341 – Tr 32 × 1,5	10 bis 56 mm	DIN 6341 Teil 2	für Zug-Spannzangen

[1] und [2] siehe Seite 1
[3] Verwechselungsgefahr wegen identischer Gewinde-Kurzzeichen in ISO 7/I. Ersetzt durch DIN ISO 228 mit geänderten Kurzzeichen. Näheres siehe DIN ISO 228 Teil 1.
[4] Hinter dem Kennbuchstaben und dem Gewinde-Nenndurchmesser oder der Gewindegröße folgen die Steigung P_h des mehrgängigen Gewindes in mm, der Buchstabe P (Teilung) und die Teilung in mm.

DIN 202 Seite 3

Tabelle 1. (Fortsetzung)

Benennung	Profil (Skizze)	Kenn-buch-staben	Kurzzeichen Beispiel [1]	Nenndurchmesser oder Gewindegröße	nach Norm	Anwendung
gerundetes Trapezgewinde		Tr	DIN 30 295 – Tr 40 × 5	26 bis 80 mm	DIN 30 295 Teil 1	für Schienenfahrzeuge
Metrisches Sägengewinde (ein- und mehrgängig)			S 48 × 8	10 bis 640 mm	DIN 513 Teil 2	allgemein
			S 40 × 14 P7 [4]			
Sägengewinde 45°		S	DIN 2781 – S 630 × 20	100 bis 1250 mm	DIN 2781	für hydraulische Pressen
Sägengewinde			DIN 20 401 – S 25 × 1,5	6 bis 40 mm	DIN 20 401 Teil 1	Bergbau
		KS	DIN 6063 – KS 22	10 bis 50 mm	DIN 6063 Teil 1 (z. Z. Entwurf)	für Kunststoffbehältnisse
Rundgewinde		Rd	Rd 40 × ⅙ Rd 40 × ⅓ P ⅙ [4]	8 bis 200 mm	DIN 405 Teil 1	allgemein
			Rd 40 × 5	10 bis 300 mm	DIN 20 400	für Rundgewinde mit großer Tragtiefe
			DIN 15 403 – Rd 80 × 10	50 bis 320 mm	DIN 15 403	für Lasthaken
			DIN 7273 – Rd 70	20 bis 100 mm	DIN 7273 Teil 1	für Teile aus Blech und zugehörige Verschraubungen
			DIN 262 – Rd 59 × 7	34 bis 79 mm	DIN 262 Teil 1	für Schienenfahrzeuge
			DIN 262 – Rd 59 × 7 links			
			DIN 264 – Rd 50 × 7	50 mm	DIN 264 Teil 1	
			DIN 264 – Rd 50 × 7 links			

[1]) Siehe Seite 1; [4]) Siehe Seite 2

Seite 4 DIN 202

Tabelle 1. (Fortsetzung)

Benennung	Profil (Skizze)	Kenn-buch-staben	Kurzzeichen Beispiel [1]	Nenndurchmesser oder Gewindegrößen	nach Norm	Anwendung
Rundgewinde		Rd	DIN 3182 – Rd 40 × ½	40, 80, und 110 mm	DIN 3182 Teil 1	für Atemschutz-geräte
	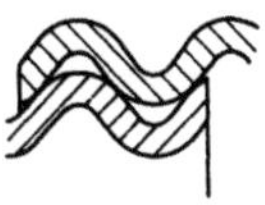	–	DIN 70 156 – 48	48 und 72 mm	DIN 70 156	für Kraftfahrzeuge
	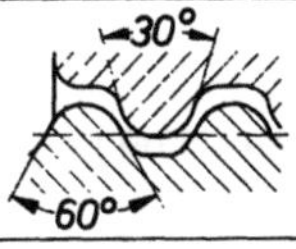	Gl	DIN 168 – Gl 25 × 3	8 bis 45 mm	DIN 168 Teil 1	für Glasbehältnisse
Elektrogewinde		E	DIN 40 400 – E 27	E 14, E 16, E 18, E 27, E 33	DIN 40 400	für D-Sicherungen; E 14 und E 27 auch für Lampensockel und -fassungen
		–	DIN 49 689 – 28 × 2	28 und 40 mm	DIN 49 689	Außengewinde für Lampenfassungen und Innengewinde für Schirmträgerringe
Whitworth-Gewinde	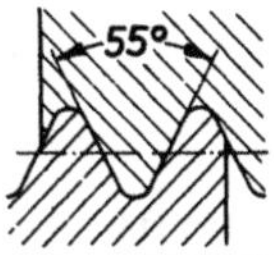	W	DIN 49 301 – W 3/16	3/16	DIN 49 301	für D-Schraub-Paßeinsätze D II und D III in der Elektro-technik
Glasgewinde	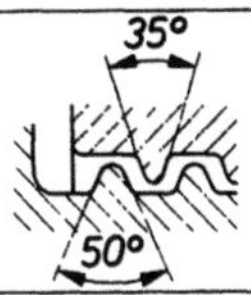	Glasg	DIN 40 450 – Glasg 74,5	74,5 mm 84,5 mm 99 mm 123,5 mm 158 mm 188 mm	DIN 40 450 (z. Z. Entwurf)	in der Elektrotechnik für Schutzgläser und Kappen
Stahlpanzer-rohrgewinde	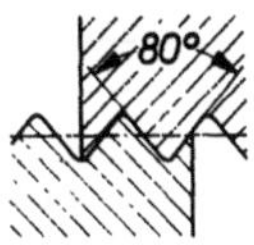	Pg	DIN 40 430 – Pg 21	Pg 7 bis Pg 48	DIN 40 430	in der Elektrotechnik
Blech-schrauben-gewinde		–	DIN 7970 – 3,5	2,2 bis 8 mm	DIN 7970	für Blechschrauben
		ST	DIN ISO 1478 – ST 3,5		DIN ISO 1478 (z. Z. Entwurf)	
Holzschrauben-gewinde		–	DIN 7998 – 4	1,6 bis 20 mm	DIN 7998	für Holzschrauben
Fahrradgewinde	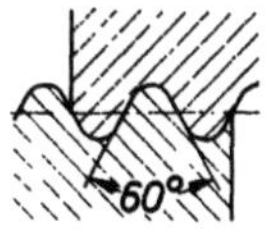	FG	FG 9,5	2 bis 34,8 mm	DIN 79 012	für Fahrräder

[1] Siehe Seite 1

28 Kennwerte, Umrechnungsfaktoren und Schaubilder

DIN 202 Seite 5

Tabelle 1. (Fortsetzung)

Benennung	Profil (Skizze)	Kenn-buchstaben	Kurzzeichen Beispiel ¹)	Nenndurchmesser oder Gewindegröße	nach Norm	Anwendung
Ventilgewinde		Vg	DIN 7756 – Vg 12	5 bis 12 mm	DIN 7756	Ventile für Fahrzeugbereifungen
Whitworth-Gewinde (kegelig)		W	DIN 477 – W 28,8 × 1/14 keg	19,8 mm 28,8 mm 31,3 mm	DIN 477 Teil 1	in Gasflaschenventilen
Whitworth-Gewinde (zylindrisch)			DIN 477 – W 21,8 × 1/14	21,8 mm 24,32 mm 1 *)		
Gestängerohrgewinde (kegelig)		Gg	DIN 4941 – Gg 51	44,5 bis 88,9 mm	DIN 4941	für Tiefbohrtechnik, Brunnenbau und Bergbau
			DIN 20 314 – Gg 4½	G 3½ G 4½ G 5½	DIN 20 314	

*) Gewindegröße 1 stimmt maßlich überein mit dem Gewinde 1 inch – 8 B.S.W. nach BS 84, British Standard
¹) Siehe Seite 1

Tabelle 2. **Gewinde nach ISO-Normen**

Internationale Norm	Titel	entsprechende DIN-Norm
ISO 7/I – 1978	Pipe threads where pressure-tight joints are made on the threads – Part I: Designation, dimensions and tolerances Rohrgewinde für im Gewinde dichtende Verbindungen – Teil I: Gewinde-Kurzzeichen, Maße und Toleranzen	DIN 2999 Teil 1
ISO 68 – 1973	ISO general purpose screw threads – Basic profile ISO-Gewinde allgemeiner Anwendung – Grundprofil	DIN 13 Teil 19
ISO 228/I – 1978	Pipe threads where pressure-tight joints are not made on the threads – Part I: Designation, dimensions and tolerances Rohrgewinde für nicht im Gewinde dichtende Verbindungen – Teil I: Gewinde-Kurzzeichen, Maße und Toleranzen	DIN ISO 228 Teil 1 DIN 259 Teil 1 bis 3
ISO 261 – 1973	ISO general purpose metric screw threads – General Plan Metrisches ISO-Gewinde allgemeiner Anwendung	DIN 13 Teil 12 Beiblatt
ISO 262 – 1973	ISO general purpose metric screw threads – Selected sizes for screws, bolts and nuts Metrisches ISO-Gewinde allgemeiner Anwendung – Auswahlreihen für Schrauben, Bolzen und Muttern	DIN 13 Teil 13

Seite 6 DIN 202

Tabelle 2. (Fortsetzung)

Internationale Norm	Titel	entsprechende DIN-Norm
ISO 263 – 1973	ISO inch screw threads – General plan and selection for screws, bolts and nuts – Diameter range 0,06 to 6 inch ISO-Zollgewinde – Übersicht und Auswahl für Schrauben, Bolzen und Muttern – Durchmesserbereich 0,06 bis 6 inch	–
ISO 724 – 1978	ISO metric screw threads – Basic dimensions Metrisches ISO-Gewinde – Grundmaße	–
ISO 725 – 1978	ISO inch screw threads – Basic dimensions ISO-Zollgewinde – Grundmaße	–
ISO 965/1 – 1980	ISO general purpose metric screw threads – Tolerances – Part 1: Principles and basic data Metrisches ISO-Gewinde allgemeiner Anwendung – Toleranzen – Teil 1: Prinzipien und Grundlagen	DIN 13 Teil 14 und Teil 15
ISO 965/2 – 1980	ISO general purpose metric screw threads – Tolerances – Part 2: Limits of sizes for general purpose bolt and nut threads – Medium quality Metrisches ISO-Gewinde allgemeiner Anwendung – Toleranzen – Teil 2: Grenzmaße für Bolzen- und Muttergewinde allgemeiner Anwendung – Mittlere Qualität	DIN 13 Teil 20, Teil 21 und Teil 22
ISO 965/3 – 1980	ISO general purpose metric screw threads – Tolerances – Part 3: Deviations for constructional threads Metrisches ISO-Gewinde allgemeiner Anwendung – Toleranzen – Teil 3: Abweichungen für Konstruktionsgewinde	–
ISO/R 1478 – 1970	Tapping screw threads Blechschraubengewinde	DIN 7970 DIN ISO 1478 (z. Z. Entwurf)
ISO/R 1501 – 1970	ISO miniature screw threads – ISO-Miniatur-Gewinde für kleine Durchmesser	DIN 14 Teil 1 bis Teil 4
ISO 2901 – 1977	ISO metric trapezoidal screw threads – Basic profile and maximum material profiles Metrisches ISO-Trapezgewinde – Grundprofil und Maximum-Material-Profile	DIN 103 Teil 1
ISO 2902 – 1977	ISO metric trapezoidal screw threads – General plan Metrisches ISO-Trapezgewinde – Allgemeines	DIN 103 Teil 2
ISO 2903 – 1977	ISO metric trapezoidal screw threads – Tolerances Metrisches ISO-Trapezgewinde – Toleranzen	DIN 103 Teil 3
ISO 2904 – 1977	ISO metric trapezoidal screw threads – Basic dimensions Metrisches ISO-Trapezgewinde – Grundmaße	DIN 103 Teil 4
ISO 3161 – 1977	UNJ-threads, with controlled root radius, for aerospace – Inch series UNJ-Gewinde mit definiertem Radius am Gewindegrund zur Verwendung in der Luft- und Raumfahrt: Inch-Reihe	–
ISO 4570/1 – 1977	Tyre valve threads – Part 1 – Threads 5V1, 5V2, 6V1 and 8V1 Reifenventilgewinde – Teil 1 – Gewinde 5V1, 5V2, 6V1 und 8V1	–
ISO 4570/2 – 1979	Tyre valve threads – Part 2: Threads 9V1, 10V2, 12V1, 13V1 Reifenventilgewinde – Teil 2: Gewinde 9V1, 10V2, 12V1, 13V1	–
ISO 4570/3 – 1980	Tyre valve threads – Part 3: Threads 8V2, 10V1, 11V1, 13V2, 15V1, 16V1, 17V1, 17V2, 17V3, 19V1, 20V1 Reifenventilgewinde – Teil 3: Gewinde 8V2, 10V1, 11V1, 13V2, 15V1, 16V1, 17V1, 17V2, 17V3, 19V1, 20V1	–
ISO 5864 – 1978	ISO inch screw threads – Allowances and tolerances ISO-Zollgewinde – Zulässige Abweichungen und Toleranzen	–

Tabelle 3. **Gewinde nach ausländischen Normen**

Benennung	Kennbuchstaben	Kurzzeichen Beispiel	nach Norm	Ursprungsland
Unified Schraubengewinde	UNM	0.80 UNM	ASA B 1.10 – 1958	USA
	UN UNC UNF UNEF UNS	¼ – 20 UNC – 2A oder 0.250 – 20 UNC – 2A	ANSI B 1.1 – 1974 B.S. 1580: Part 1 & 2: 1962 CSA B 1.1 – 1949	USA Vereinigtes Königreich Kanada
	UNR UNRC UNRF 5) UNREF UNRS	7/16 – 20 UNRF – 2A oder 0.4375 – 20 UNRF – 2A	ANSI B 1.1 – 1974	USA
	UNC UNF 6) UNEF	3(0.138) – 32 UNC – 2A	B.S. 1580: Part 3: 1965	Vereinigtes Königreich
	UNJ UNJC UNJF UNJEF	0.250 – 28 UNJF – 3A	B.S. 4084: 1978	
Amerikanisches Schraubengewinde (veraltet)	NC NF NEF NS 8 N; 12 N; 16 N	12-32 NEF	ASA 1.1 – 1960	USA
Whitworth-Gewinde	BSW BSF	¼ in.-20 B.S.W.	B.S. 84: 1956	Vereinigtes Königreich
B.A. Gewinde	B.A.	11 B.A.	B.S. 93: 1951	
Rohrgewinde, zylindrisch	NPSC NPSM NPSL NPSH	⅛-27 NPSC	USAS B 2.1 – 1968	USA
	Dryseal NPSF Dryseal NPSI	⅛-27 NPSF	ANSI B 1.20.3 – 1976	
	G	G 1¼	B.S. 2779: 1973	Vereinigtes Königreich
	Rp 7)	Rp ½	B.S. 21: 1973	
Rohrgewinde, kegelig	NPT NPTR	⅜-18 NPT	USAS B 2.1 – 1968	USA
	Dryseal NPTF Dryseal PTF-SAE SHORT	⅛-27 NPTF-1	ANSI B 1.20.3 – 1976	
	R	R 1½	B.S. 21: 1973	Vereinigtes Königreich
	Rc 7)	Rc ½		
Trapezgewinde	Acme	1¾-4 ACME – 2G	ANSI B 1.5 – 1977	USA
			B.S. 1104: 1957	Vereinigtes Königreich
	Stub-Acme	0.500-20 STUB ACME	ANSI B 1.8 – 1977	USA
Sägengewinde	Butt	2.5-8 BUTT-2A	ANSI B 1.9 – 1973	
	Buttress	2.0 B.S. Buttress thread 8 tpi medium class	B.S. 1657: 1950	Vereinigtes Königreich
Fahrradgewinde	BSC	¼-26. BSC-Med.	B.S. 811: 1950	

5) Nur für Außengewinde mit gerundetem Gewindegrund.
6) Für Gewindenenndurchmesser unter ¼ inch.
7) Innengewinde.

Seite 8 DIN 202

Tabelle 3 (Fortsetzung)

Benennung	Kennbuchstaben	Kurzzeichen Beispiel	nach Norm	Ursprungsland
API-Gewinde (Gewinde des American Petroleum Institute für die Erdölindustrie)	CSG LCSG BCSG XCSG LP TBG UP TBG	4 ½ API TBG	API Std 5B – 1979	USA
	NC ROTARY REG ROTARY REG LH ROTARY FH ROTARY IF ROTARY	API 4 IF THD	API Spec 7 – 1979	
		¾ API	API Spec 11 B – 1974	

Weitere Normen

DIN 30 281 Gewinde für Schienenfahrzeuge; Übersicht
DIN 79 011 Gewinde für Fahrräder und Mopeds; Auswahl, Verwendung

Frühere Ausgaben

DIN 202: 02.23, 1924, 04.26, 07.38x, 08.74

Änderungen

Gegenüber der Ausgabe August 1974 wurden folgende Änderungen vorgenommen:

a) Die Tabelle 1 wurde um weitere Gewinde erweitert; ebenfalls aufgenommen wurden Linksgewinde sowie mehrgängige Gewinde.
b) Aufgenommen wurde eine Übersicht über Gewinde nach ISO-Normen (Tabelle 2).
c) Die Tabelle „Linksgewinde und mehrgängige Gewinde" entfällt; der Inhalt wurde teilweise in Tabelle 1 übernommen.
d) Die Tabelle 3 „Gewinde nach ausländischen Normen" wurde erweitert.

Erläuterungen

Das Whitworth-Gewinde nach der Norm B. S. 84: 1956 (British Standard) nach Tabelle 3, ist vergleichbar mit dem Whitworth-Gewinde der zurückgezogenen Norm DIN 11, Ausgabe 1923x.
Anwender, die für den Austauschbau dieses Gewinde noch benötigen, können die Norm DIN 11 noch durch den Beuth Verlag GmbH, Berlin, beziehen.

28.4 Verschiedenes

28.4.1 Deutsche Buchstaben (Vorlage s. Bilder)

𝒜 𝒶   𝒥 𝒾   𝒯 𝓈
ℬ 𝒷   ℛ ℛ   𝒰 𝓊
𝒞 𝒸   ℒ 𝓁   𝒱 𝓋
𝒟 𝒹   ℳ 𝓂   𝒲 𝓌
ℰ 𝓃   𝒩 𝓃   𝒲 𝓌
ℱ 𝒻   𝒪 𝓸
𝒢 𝓰   𝒫 𝓅   𝒳 𝓍
ℋ 𝒽   𝒬 𝓆   𝒴 𝓎
𝒥 𝒾   ℛ 𝓇   𝒵 𝓏

28.4.2 Griechische Buchstaben

A	α	alpha	N	ν	nü
B	β	beta	Ξ	ξ	xi
Γ	γ	gamma	O	o	omicron
Δ	δ	delta	Π	π	pi
E	ε	epsilon	P	ρ	rho
Z	ζ	zeta	Σ	σ	sigma
H	η	eta	T	τ	tau
Θ	ϑ	theta	Υ	υ	üpsilon
I	ι	iota	Φ	φ	phi
K	κ	kappa	X	χ	chi
Λ	λ	lambda	Ψ	ψ	psi
M	μ	mü	Ω	ω	omega

28.4.3 Das Zustandsschaubild Eisen-Kohlenstoff (Bild 28.1)

Der Kohlenstoffgehalt beeinflußt die Eigenschaften des technischen Eisens wesentlich (s. Hauptabschnitt 07); für das Verständnis der einzelnen Vorgänge bei der Wärmebehandlung von Eisen und Stahl ist daher das *Zustandsschaubild Eisen-Kohlenstoff* bzw. *Eisen-Zementit* sehr wichtig.

Im Rahmen dieses Hauptabschnittes wurde das Diagramm als Hilfsmittel für den *Stoffkundeunterricht* aufgenommen. Hinsichtlich der Erläuterungen wird auf die Angaben im Hauptabschnitt 07 und auf das diesbezügliche Schrifttum verwiesen [28.5].

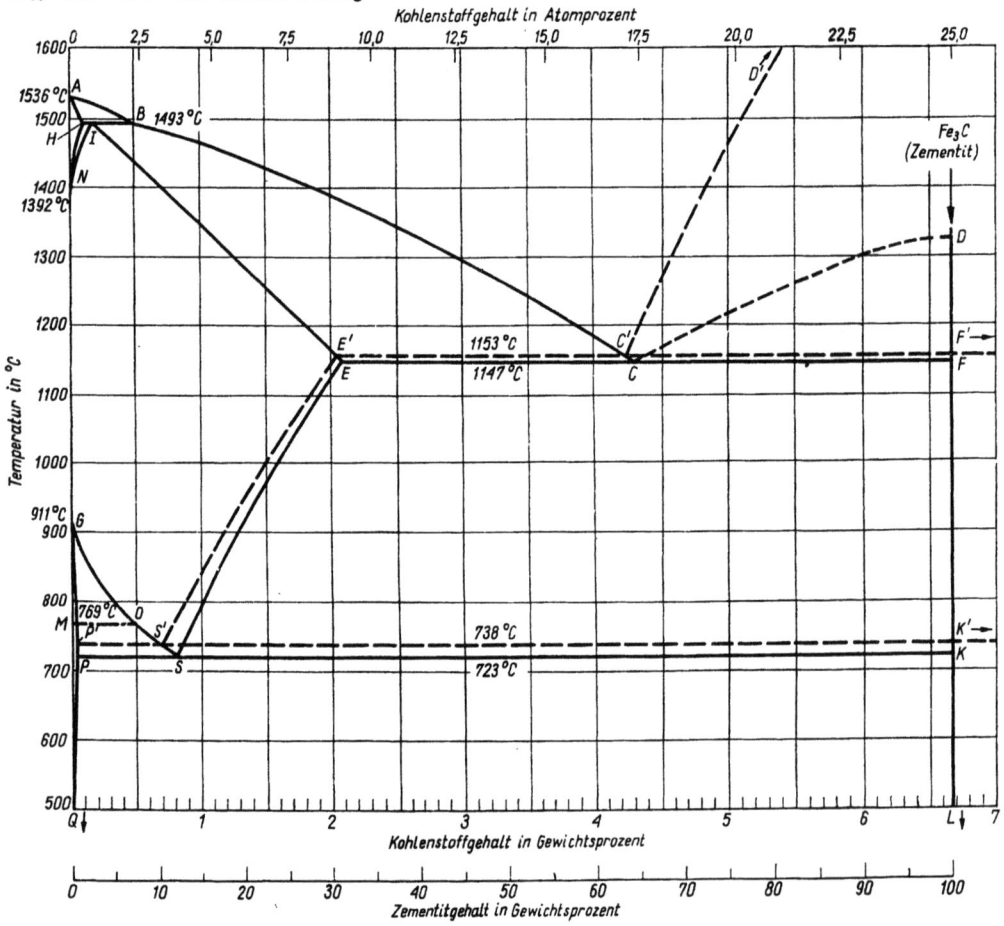

Bild 28.1 Zustandsschaubild Eisen-Kohlenstoff nach [29.5]

28.4.4 Das Periodische System der Elemente

Als weitere Unterrichtshilfe zeigt Tafel 28.4 das *Periodische System der Elemente* in der einfachsten Form. Die Kernladungszahlen (*Ordnungszahlen*) der Elemente, die die Anzahl der Elektronen angeben, sind fett gedruckt. Hinsichtlich weiterer Erläuterungen wird auf das Schrifttum verwiesen [28.1], [28.6].

Tafel 28.4 Periodisches System der Elemente

Perioden-Nr.		Gruppe I a	b	Gruppe II a	b	Gruppe III a	b	Gruppe IV a	b	Gruppe V a	b	Gruppe VI a	b	Gruppe VII a	b	Gruppe VIII a			b	Gruppe 0
1		1 H																		2 He
2		3 Li		4 Be		5 B		6 C		7 N		8 O		9 F						10 Ne
3		11 Na		12 Mg		13 Al		14 Si		15 P		16 S		17 Cl						18 Ar
4	a	19 K		20 Ca		21 Sc		22 Ti		23 V		24 Cr		25 Mn		26 Fe	27 Co	28 Ni		
	b		29 Cu		30 Zn		31 Ga		32 Ge		33 As		34 Se		35 Br					36 Kr
5	a	37 Rb		38 Sr		39 Y		40 Zr		41 Nb		42 Mo		43 Te		44 Ru	45 Rh	46 Pd		
	b		47 Ag		48 Cd		49 In		50 Sn		51 Sb		52 Te		53 J					54 X
6	a	55 Cs		56 Ba		57 La[1])		72 Hf		73 Ta		74 W		75 Re		76 Os	77 Ir	78 Pt		
	b		79 Au		80 Hg		81 Tl		82 Pb		83 Bi		84 Po		85 At					86 Rn
7		87 Fr		88 Ra		89 Ac		90 Th		91 Pa		92 U[2])								

[1]) Von 58...71 *Seltene Erden:* 58 Ce, 59 Pr, 60 Nd, 61 Pm, 62 Sm, 63 Eu, 64 Gd, 65 Tb, 66 Dy, 67 Ho, 68 Er, 69 Tm, 70 Yb, 71 Cp.

[2]) Von 93...98 *Transurane:* 93 Np, 94 Pu, 95 Am, 96 Cm, 97 Bk, 98 Cf.

28.5 Schrifttum

[28.1] *Cahen/Treille:* Kernenergiekunde für Ingenieure VDI-Verlag, Düsseldorf 1960.

[28.2] *DIN-Taschenbuch*, Bd. 1: Grundnormen für die mechanische Technik, 18. Aufl., 1975 Bd. 10: Mechanische Verbindungselemente 1 (Maßnormen über Schrauben, Muttern und Zubehör) 16. Aufl. 1979 Bd. 43: Mechanische Verbindungselemente 2 Normen über Bolzen, Stifte, Niete, Keile, Stellringe, Sicherungsringe, 3. Auflage, 1977 Bd. 22: Normen für Größen und Einheiten in Naturwissenschaft und Technik, 5. Aufl. 1978, Beuth Vertrieb GmbH, Berlin/Köln.

[28.3] *Haeder, W., Gärtner, E.*: Die gesetzlichen Einheiten in der Technik, Berlin 1970.

[28.4] Normen für Größen und Einheiten in Naturwissenschaft und Technik. Deutscher Normenausschuß Berlin 1972.

[28.5] *Horstmann, D., u.a.:* Das Zustandsschaubild Eisen-Kohlenstoff und die Grundlagen der Wärmebehandlung der Eisen-Kohlenstoff-Legierungen. 4. Auflage, Verlag Stahleisen, Düsseldorf 1961.

[28.6] *Röhrdanz, K.:* Kerntechnik kurz und bündig. Vogel-Verlag, Würzburg.

[28.7] *Rotermund/Koch*: Die Ladung Bd. 1 und Bd. 2, Eckardt & Messtorff Verlag, Hamburg 1962.

[28.8] *Söding, H.:* Das Internationale Einheitensystem, Jahrbuch der Schiffbautechnischen Gesellschaft e.V. Bd. 68 (1974), Springer Verlag, Berlin 1974.

Zeitschriftenaufsätze

[28.9] Gesetz über Einheiten im Meßwesen Bundesgesetzblatt Teil I vom 5. Juli 1969.

[28.10] Ausführungsverordnung zum Gesetz über Einheiten im Meßwesen Bundesgesetzblatt Teil I vom 30. Juni 1970.

[28.11] *Fischer, H.-J.*: Zur Einführung des Internationalen Maßsystems. HANSA 104 (1967), H. 18, S. 1577.

Sachwortverzeichnis

Die mit Stern versehenen Seitenzahlen weisen auf Tabellen oder Diagramme hin.

A

Abbrand 833
Abdichtung, ungenügend 421
Abdrift 498
Abgas-Turboaufladung 589*
Abgase, Beurteilung der 610
Abgasenergieanlage 118
Abgaskessel 119, 705
–, Bauarten 119
–, schaltungen 121
Abgasverlust 692
Abgleichmethode 217
Abnutzungszuschlag c 734
Abscherspannung 47
Abscherspannung 47
Abschreibung 526
Absolutdruck 202
Absperrvorrichtungen 737
Abspritzdruck 561
Abwärmeverwertung 114
–, bei Dampfanlagen 114
–, bei Motoranlagen 114
Abwasserleitung 541
Abziehvorrichtung 411
Achsabstand am Getriebe 450
Admiralitätsformel 358
Ahming 482
Aktionsturbine 634
–, Schaufelprofile für 646
Aktivruder 181, 914
Alkohole 298
Allpaß-Verhalten 275
Amplitude 37
Amt für Arbeitsschutz 990
Analogtechnik 256
Analyse, experimentelle 919
–, theoretische 918
Anergie 100
Aneroidbarometer 204
Anfangsstabilität 483, 488
Anilinpunkt 307
Ankervorspannung 232
Ankerwinde 169, 902
–, dampfangetriebene 902
–, elektrisch angetriebene 903
Anlassen 284, 574
Anlasser 165
Anlaßluftverdichter, zweistufiger 815
Anlaßventile 568, 569
Anlaßwiderstand 164
Ansaugehub 556
Ansaugevermögen 806
Anthropotechnik 551, 552
Antiklopfmittel 309
Antriebsturbine für einen Generator 663*
Anzapfbetrieb 630
API-Grade 301

Aräometer 300
Arbeit, Umsetzung des Wärmegefälles in 631
Arbeit (im elektrischen Stromkreis) 128
Arbeitsbelastung (Wachen) 543
Arbeitsdruck, mittlere 587
Arbeitskarten 941
Arbeitssicherheit 512
Arbeitsstromsystem 191
Arbeitsstudie 532
Arbeitsverfahren 555
Arbeitszylinder, Drücke im 609
Arcusfunktion 9*
arithmetische Reihe 6
–, Mittelwert 132
Armaturen 713, 727, 748
– an der Außenhaut 737
Aschegehalt 306
Asphaltene 306
Atmosphärendruck 202
Atmungswärme 848*
Aufladegrad 588
Aufladung 588
Aufnehmer, passive 208
–, piezoresistive 209
Aufsichtsbehörde, technische 990
Auftrieb 39
Ausfallrate (Bauteil) 936
Ausfluß 39
Ausflußgesetz, Torricellische 40*
Ausgleichskolben 643
Ausgleichzeit 244
Auslaßventile 567
Ausschlagmethode 216
Austrittsverluste 627
Auswahl von Rohrleitungs und Armaturenwerkstoffen 742*
Autorität 515
Axiallüfter 820
Axial-Pendelrollenlager 415

B

Baader-Test 324
Backofen 197
Bäder (Waschräume) 539
Bandbreite 86
Barnow 70
Batterie 148
Baumé-Grade 301
Bauteil, Zustandsüberwachung 940
–, Zuverlässigkeit 935
Bauvorschriften (Schiff- und Maschinenanlagen) 992
Beanspruchung, tribologisch 969
Bedienungsfehler 984
Begegnungsfrequenz 490

Begleitheizung 753
Behaglichkeit 548
Beladung 507
Belastungsfälle 45
Beleuchtung 547
Belüftung 978
Bemannungsrichtlinien 994
Bernoullische Gleichung 40
Berechnung von Druckverlusten in Rohrleitungen 737
– der Wärmedehnung von Rohrleitungen 738
– der Wärmeverluste von Rohrleitungen 741
Berechnungsdruck 758
Berechnungstemperatur 733
Bereitschaftsstrategie 987
Berührungs-Kennlinie 686
Beschädigung am Propeller 391
Beschaufelung 646
Betonnungssystem (Schiffahrtszeichen) 502*
Betriebsdrücke, zulässige 743
Betriebsfaktor 458
Betriebsfehler 946
Betriebsthermometer 212
Beurteilung der Mitarbeiter 521
– einer Verzahnungsauslegung 459
Bewegung, gleichförmige 33
–, gleichförmig beschleunigte 34
–, ungleichförmig beschleunigte 34
Bewegungsgleichung 62, 64
Biegebeanspruchung 43
Biegeeigenkreisfrequenz 72
Biegeschwingung 494
Biegespannung 47
Bilgewasserentöler 772
Bimetallthermometer 214
Bindefehler 962*
Binomische Reihe 6
Bleibatterie 149
Blindleistungsgenerator 145
Blindwiderstand 132
Blutrost 971
Bodenwrangen 492
Bogenmaß 7
Boolsche Algebra 268
– Kippschaltung 271
Bootswinde 905
Bordkran 171
Bremse 170
Bremsräder 383
Brennelemente 833
– wechselanlage 837
Brennkammer 620
Brennöle 309
– Aufbereitung 314
Brennpunkt 306

Sachwortverzeichnis

Brennstoffaufbereitung 984
Brennstoffadditive 318
Brennstoffe 554, 686, 833
—, flüssige 687
—, gasförmige 687
Brennstoffeinspritzung 576
Brennstoffmischung 315
Brennstoffpumpe 579, 580
Brennstofftypen 310
Brennstoffverbrauch, spez. 113, 365, 598
—, Bestimmung durch Messung 113
—, Bestimmung durch Rechnung 113
Bronze 287
Bronzerohrfeder 203
Bruchmechanik 950
Bruttotonnage 495, 496
Bundesamt für Schiffsvermessung 992
Bugstrahlruder 160, 181, 182*
Bugstrahlruderanlage 914
Bürstenhalter 136
Butterworth-Einrichtung 896
— -Waschmaschine 896
— -Pumpe 896

C

Cambell-Diagramm 82*
Catastrophic Oxydation 688
Celsiustemperatur 210
Centistoke 303
Cetanzahl 310
Checkliste (Getriebeeinbau) 472
Chemische Instabilität 316
Chloridzahl 719
Club, P & I (Protection- and Indemnity-Club) 530
Conradson-Text 306
Contability 316
Container, klimatechnische Messung 864
Cosinus 8
Cotangens 8
Crackprozesse 300
Crackvorgang 299
Crash-Stop-Umsteuermanöver 362
CJC-Feinfilter 778
Cycle Oil 300

D

D-Anteil 263
Dahlanderwicklung 166
Dampfabscheidetrommel 706
Dampfdruck-Federthermometer 213
— und Temperatur 695
Dampferzeuger 840
Dampferzeugung 685
Dampfkessel (Techn. Regeln) 990
Dampfkesselverordnung 684, 990
Dampfstrahl-Luftpumpe 828
Dampfturbine 626
Dampfturbinenschmierung 323
Dampfumformer 769
Dämpfe, beim Decksbetrieb 546
Dämpfung 60, 61
Dämpfungsmaß nach Lehr 61, 75

Dampfverbrauch 628
Dampfzerstäuber-Brenner 691
Datenverarbeitungsanlage, zentrale 274
Dauerfestigkeit 46
Dauerfestigkeitsschaubild 46
Dauerkurzschlußstrom 138
Deadweight 482
DECCA 504
Deckshilfsmaschinen 916
Deckskrane 916
Deckungsbeitragsrechnung 528
Dehnungsausgleich 745
Dehnungsmeßstreifen 83, 207
Dehydriereinrichtung 853
Deplacement 482
Destillat 540
Destillationskolonne 299
Detergents 319
Dezimalsystem 1
Diagramme-Indikatoren 204
Dichte 95
Dichtungen 727, 750
Dielektrizitätskonstante 131
Differentialgleichung inhomogene 22
Diesel-Fernsteuerung 279
Dieselindex 310
Dieselkraftstoffe 309
Dieselmotoren 327
—, mittelschnellaufend 331
—, schnellaufend 328
Differential, totales 17
Differentialverhalten 241
Differenzdruckmesser 203
Differenzdruckregler 658, 659*
Differentialquotient 14
Differenzenquotient 14
Differenzdruckverfahren 220
Diffusor 813
Digitale Signalübertragung 236
Dioden-Transistor-Logik 270
Distanzen 498
Divisionskalkulation 527
Doppelbodentank 540
Doppelkonuskupplungen 440
Doppelboden 492
Doppelschlußmotoren 164
Drehbewegung, gleichförmig 34
—, gleichförmig, beschleunigte 34
—, ungleichförmig beschleunigte 34
Drehfedersteifigkeit 69
Drehfeld 166
Drehflügel-Ruder-Antriebsanlage 178, 179
Drehflügelrudermaschine 910
Drehkolbenverdichter 339
Drehkomponentenregelung 265
Drehmoment 163
Drehmomentmeßanlage 223
Drehstempelregelung 581
Drehschwingungen 77
Drehstrom-Kurzschlußläufer Motor 177
Drehwinkelumformer 235
Drehzahl 225, 638
—, gedrückte 360
—, kritische 38, 433, 618, 637
Drehzahlregler 657
Drehzahlsteuerung 164
Drehzerstäuberbrenner 691*
Dreieck 23

Dreileiterschaltung 217
Dreipunktauflagerung 471
Dreipunktschalter 261
Drosselkalorimeter 230
Drosselverluste 626
Druck 39, 95, 202
Druckbeanspruchung 42
Druckhydrierung 298
Druckmittelpunkt 39
Druckregelung 893
Druckspannung 47
Druckverlust 728
Druckeinheiten 202
Druckfeuerbeständigkeit 288
Drucklager 347
Druckmeßdosen 207*
Druckminderventile 749
Druckölzerstäuber 689
Druckprüfung, von Rohrleitungen 758
Druckspitzenmesser 204
Drucksteigerungsverhältnis 586
Druckumlaufschmierung, reine 661
Druckwasserreaktor 830
Druckwelle 399
Dualsystem 1
Dunkerley 73
Duplex-Kolbenpumpen 793
Durchfluß 39
Durchflußmessung 220
Durchflußkühlung 572
Durchgangsventil 748
Durchschweißfehler 963
Düse-Prallplatte 253
Düsengruppenregelung 634
Düsengruppenventil 652
Düsenhöhe 633

E

Eckrohrkessel 700
effektive Leistung 213
— Schwingschnelle 88
Effektivwert 84, 132
Eigenfrequenz 493
Eigenkreisfrequenz 59
Eigenschwingung 59
Eigenschwingungsfrequenz 494
Einbau von Getrieben 471
Einbaufehler 966
Einbrandfehler 963
Eindickungsgrad 228
Einflußzahlen 72
Einheitssignal 235
Einkreissystem, bei Klimaanlagen 880
Einlauföle 337
Einlaßventil 566
Einphasenmotor 167
Einsatzhärten 284
Einsatzrohr 218
Einscheiben-Kippsegmentdrucklager 412
Einschlüsse 962
Einspritzdruck 561
Einspritzkondensator 672
Einspritzpumpe 578
Einspritzventil 576
Einspritzverlauf 584
Einspritzverzug 584

Einspritzvorgang 584
Einspritzzeit 578
Einstellregeln von Ziegler und Nichols 263
Einzelregelkreis 274
Einzelschaltung 156
Eisen-Kohlenstoff, Zustandsschaubild 1025
Elastizitätsberechnung 735
elektrische Heizung 885
– Hilfsenergie 252
Elektrolyt 133
Elektron 126
Elektrospeicher 770
Ellipse 12
Ellipsoid 25*
Energie, spez. innere 96, 103
Engler-Grade 303
Entgasen 719
Entgaser 765
Enthalpie, spez. 96
Entropie, spez. 96
Entladungslampe 194
Entwässerung, Turbine 659
Entzinkungen 978
Erdöl Verarbeitung 299
Ergonometrie 531
Ermüdung 536
Ernährungsgewohnheiten, an Bord 541
Erneuerungsfunktion 938
Erosion 972
Erregerfrequenz 62, 494
Erregerfunktion 61
Erregung, parametrische 489, 493
Ersatzteilbestand 944
Ersatzteilverbrauch 944
Erwärmungsfehler 219
Exergie 100
– des Brennstoffs 101
– der Wärme 102
Exergieflußbilder 103
Exergieverlust, bei der Verbrennung 102
– bei Wärmeübertragung 102
Expansionsbolzen 415
Expansionsverlauf (Hauptturbinenanlage) 628
Exponentialgleichung 4

F

Fahrenheittemperatur 210
Fahrterlaubnis (gesetzl. Vorschriften) 990
Fahrtmeßanlage 506
Fallrohre 694
Faß 26*
Fährschiff 174
Fehler 201
– systematische 201
– zufällige 201
Feld, elektrisches 130
Feldsteller 164
Fernmeldeanlagen 192
Fernsteuerung 274
Festpropeller 374
Fettsäuren 298
Feuchteregelung 892
Feuchtigkeitsgehalt (hygroskopischer Güter) 873*

Feuerraumaufladung 689, 704
Feuerraumbelastung 688
Feuerungen 688
Feuerungsregelung 275
Feuerungsverlust 692
Filter, elektronisches 86
Flächenbelastung 760
Flächenberechnung 19
Flächenschwerpunkt 30
Flachwassereinfluß 358
Flammpunkt 306
Flansche 727
Flaschen 286, 708
Flockenrisse 956
Flossen-Rolldämpfungs-System 183*
Flügelradzähler 222
Fluidität 303
Flügelbrüche 374
Flügelfläche (Propeller) 369
–, abgewickelt 369
Flügelradpropeller 381
Flügelrücklage 369
Flüssigkeits-Federthermometer 212
Flüssigkeitskupplungen 446
Förderhöhe, an der Pumpe 789
– tatsächliche 799
Fördermenge 792
Formstücke 727
Fortschrittgeschwindigkeit 364
FOURIER-Analyse 82
Freiflußventile 748
Frahm 68
Freibord 481
– -marke 481, 482
Freidecker 496
Freiheitsgrade 58, 64
Freikolbenverdichter 622
Freß-Erscheinungen 420
– -Spuren 421, 478
Freßlastgrenze 478
Frequenz 157
Frequenz f 37
Frequenzgangmethode 263
Frequenzspektrum (Betriebslärm) 881
Frigen 856
Frischdampftemperaturregelung 275
Frischluft 536
Frühausfälle 986
Führungsaufgaben 516
Führungseigenschaften 516
Führungsmittel 519
Führungsprozeß 514
Führungsstil 514
Funkenerosion 426
Funknavigation 501
Fürsorge, Schiffsbesatzung 520
Führungssteuerung 267
Füllstandsmeßtechnik, elektronische 220

G

Gase, beim Decksbetrieb 546
–, ideale 97
Gasfeuerungen 692
Gasgefahren 538
Gasgemische 98
Gaskonstante 97
Gaskräfte 81
Gasmengen 687

Gastemperatur, Erhöhung 622
Gasturbinen-Kraftstoff 312
Gebläse 815, 822
Gegendruck 636
Gegenkopplung 250
Geienwinden 901
Geiger-Torsiograph 83
Geis-Singer-Kupplungen 439
Gelenkwellen 438
Gemischbildung 583
Generator 140
Generatorschutz 186
Geometrische Reihe 6
Geradengleichung 11
Gerätelebensdauer 152
Geräuschklassen 882
Geräuschquellen 882
Gerüst 712
Gestaltungsfehler 950
Gestellmontage 259
Getränke 542
Getriebe 450
–, Betrieb und Wartung 473
–, Bezeichnungen am 450
–, Epizyklische 467
Getrieberudermaschine 912
Getriebeöl 476
Gewerbeordnung 990
Gewichte 697
– von Wasserrohrkesseln 698*
Gewichtskraft 35
Gewindearten 1008
Gewindebezeichnung 1008
Gezeiten 511
Glattwasserpantokarene 488
Gleichdruckstufen 631
Gleichgewichtsbedingungen 28, 29
Gleichlauf 177
Gleichrichtereffekt 134
Gleichstromgenerator 135, 163
Gleichstromtachometer 226
Gleichstromtechnik 126
Gleichung, algebraische 2
–, logarithmische 4
–, transzendente 4
Gleichzeitigkeitsfaktor 135
Gleitmodul 43
Gleitreibung 31
Gleitschuhe, kreisförmige 414
Goniometrische Gleichung 5
Gradmaß 7
Gratbildung 421
Grauguß 286
Grenzwert 13
Grimmsche Welle 404
Großkreis 498
Großwasserraumkessel 702
– stehende 703
Grübchenbildung (pittings) 473, 477
Grundlagen, theoretische (Dampfturbine) 626
Grundschwingung 66
Grundumsatz 541
Gruppensoziologie 518
Gummistevenrohrlager 400*
Guldinsche Regel 26
Gußfehler 951
Gütegrad 596

H

Haftreibung 31
Hafttemperatur 317
Halbleiterfühler 219
Haltedruck (bzw. NPSH-Wert) 790
Halteglied-Steuerung 267
Handsteuereinrichtungen 909
Hangerwinden 901
Härtebildner 717
Härten 284
Härterisse 956
Härteverfahren 460
Hauptkessel 685
Hauptkesselraum 878
Hauptmaschinenraum 876
Hauptturbinenanlage 663*
Hauterkrankungen 534
Hauttemperatur 875*
Havarieschaltung, bei Hauptturbinenanlage 661
HD-Speisewasservorwärmung 762
– Öle 320
Hebelarm 488
Heißdampfleitungen 733
Heißdampftemperatur 696
Heißdampftemperaturregelung 277
Heizflächenbelastung 686, 833
Heizflächenhalterungen 696
Heizflächenkonservierung 716
Heizflächenkorrosion 688
Heizflächenreinigung 716
Heizgerät 195
Heizraum, offener 698
Heizschlangen 895
Hilfsanode 192
Hilfskessel 685
Hilfsmaschine 176
Hilfsmaschinenraum 878
Hilfsregelgröße 265
Hochgeschwindigkeitsanlagen 888
Hochgeschwindigkeitsklimaanlage 889*
Höhe, metazentrische 484, 485, 486, 487
Holzer-Tolle-Verfahren 70
homogene Differentialgleichung y_h 22
Homogenisatoren 314
Hookesche Gesetz 43
Hörfähigkeit 549
Hülsenfederkupplungen 439
Hülsenkupplung 418
Hubtaktschmierung 335
Hydrauliköle 345
hydraulische Antriebe 345
– Hilfsenergie 251
Hydranten 539
Hydraulische Presse 39
Hydrieren 300
Hyperbel 13
Hyperbelnavigationsverfahren 502
Hydroflex-Kupplungen 345
Hysterese 129, 271

I

I-Anteil 263
IC-Technik 272
Identifikationsmethoden 918
Incontability-Schlamm 315
Indicatormethoden 227
Induktionsmotor 165
Induktivität 130, 132
Informationsverlauf 234
Informationsverschlüsselung, binäre 234
Infrarotstrahlungsmelder 192
Inhaltsmessungen 220
Innenwirkungsgrad 595
Insekten 542
Inspektion 939
Instandhaltungsinterwalle 941
Instandhaltungsorganisation 935
Instandhaltungsplanung (innerbetrieblich, außerbetrieblich) 934, 987
Instrumentierung 838
Integralstrecken 245
Integration, partielle 19
Ionisationsmelder 191
ISO-Gewinde 1008
– -Standard 87
Isolationsüberwachung 185
Isolationswächter 186
Isolationswiderstand 138
Isolieröle 346
Isolierstoffe, im Schiffbau 853
Isolierung 713
–, Bestimmung des k_m-Wertes 854
–, Durchfeuchtung der 853
–, Güte der 854
Isomerie 298
isometrische Darstellung 753

K

Kabelfedermanometer 204
Kaltdruckfestigkeit 288
Kältebedarf 855
Kälteerzeugungsanlage 855
Kälteleistung 857
Kältemaschinen 339, 861
Kältemittel 856
Kältemittelkreislauf 866
Kältemittelmenge 859
Kältemittelrohre 747
Kälteprozeß 860
Kälteträger 857
Kaltschlamm 327
Kapazität (elektrisches Feld) 131
Kaskadenregelung 265
Kavitation 426
Kavitationsgrenze 371
Kavitationszahl 373
Kegel 25*
Keil 32*
Kennlinie, statische 243
Kennlinienfelder 603
Kentersicherheit 489
Kerbspannung 968
Kernenergieschiffe 841
Kessel 703
–, Velox- 704
Kesselspeisepumpe 806
Kesselschäden 723
Kesselversuche 720
Kesselwasser 717
Kesselgebläse 815
Kesselleistung 696
Kesselheizflächen 686
Kesselraum, geschlossener 698
Kesselspeisepumpe 806
Kesselwasser 719
Kesselwirkungsgrad und Verluste 692, 712
Kettenregel 15
Kimmgang 491
Kippsegment 414
Kirchhoffsche Gesetz 127
Klappen 728
Klarifizierbetrieb 779
Klassifikationsgesellschaften 864, 989
Klauenkupplung 440
Kleidung 534
Kleinspannung 162
Klima 535, 544
Klimaanlagen 537, 880, 887, 889
Klimatisierung, Voll-, Teil- 549, 869
Klopffestigkeit 309
Knickkraft 53
Knicklänge 53
Knickspannung 53
Kochplatten 196
Kofferdamm 492
Kohleverflüssigung 297
Kohlenwasserstoffverbindungen 297
Kohlenrostfeuerungen 692
Kolben 562
Kolbendruck, mittlerer 587
Kolbengeschwindigkeit 587
Kolbenstange 564
Kolbenverdichter 339, 812, 814
Kollektor 136
Kollisionsschott 492
Kombüse 535
Komfortlüftung 880
Kommunikation (Schiff-Land) 512
Kommutierung 147
Kompaktregler 255, 259
Kompaß 505
Kopensationsdose 214*
Kompensationsmeßgerät 218
Kondensatkühler 770
Kondensator 671
Kondensationsanlagen 671
Kondensationsbetrieb 630
Kondensatorleistung 859
Kondensatpumpe 801
Kondensatormantel 680
Kondensatorrohre 682
Kondensatpumpe 801
Kondensatsammeltank 678
Kondenswasserableiter 767
Konstantspannungsgenerator 142
Konstantspannungsgerät 141
Konstantstromanlage 174
Konstantstromnetz 161
Kontaktmanometer 203
Korrosion 426, 973, 975
–, berührungs- 978
– in Ottomotoren 309
–, mikrobiologische 979
– von Tankschiffen 977
–, selektive 978
Korrosionsschutzeinrichtungen 681
Kostenarten 525
Kostenrechnung 525
Kostenüberwachung, bei Instandhaltung 945

Konstruktionsmodelle 753
Kontinuitätsgleichung 39
Konuskupplungen 440
Koordinatensystem der Erde 497
—, kartesische 10*
Koordinatentransformation 11
Koppelschwinger 66
Koppelschwingung 58, 64
Kopplungen, induktive 272
—, kapazitive 272
Korrosion und Korrosionsschutz (am Propeller) 192, 193, 390
Kortdüse 380
Krafteck 28*
Kraftgelenk 917
Kraftstoff-Aufbereitung 301
Kraftwaage 254
Krängung 483, 484
Krängungsmoment 486
Krängungsversuch 486
Krängungswinkel 485, 486
Kreis 12, 23
Kreiselpumpen (Berechnungsgrundlage) 799
—, wirtschaftliche Mengenregelung 810
Kreiselpumpen 789, 793
Kreiselverdichter 812
Kreiselwirkung (Whirl) 77
Kreisfrequenz 59
Kreislauf, geschlossener 623
—, offener 621
Kreisteile 23
Kreisverstärkung 263
Kreuzgelenk 438
Kübel 25
Kugel 25*
Kühl-Container, angebaute Kälteanlage 863
— — —, abnehmbare Kälteanlage 863
Kühlanlagen 846, 864
Kühlelement 890
Kühler 852
Kühlfrachtbehälter 861, 863
Kühlgüter 848*
Kühlladung 846
Kühlluftmenge 877
Kühlmittel 834
Kühlproviant 846
Kühlschiff 847
Kühlschrank 197
Kühlschlangen 329
Kühlung 571, 834
— der Ladeluft 593
—, indirekte 865
Kühlungsarten 861
Kühlwasseraufbereitung 572
Kühlwasserpumpe 801
Kunststoffrohe u. -formstücke 728
Kupplungen 433
—, ausgleichende 448
—, Störungen an 449
—, Vulkan-EZ 439
—, Wartungsarbeiten an 449
Kurs 498
Kurbelgehäuse 338
—, Ölnebelkonzentration im 338
Kurbelraumtemperatur 327
Kurve, Robinson 360, 361
Kurvenblatt 487
Kurzschlußauslösung 184

Kurzschlußläufer 166
Kurzschlußläufermotor, polumschaltbar 172
Kurzschlußschutz 187
Kurzschlußspannung 168
Küsten-Kavitation 972
Küstenmaschinist 996
Kutzbach 70

L

Labyrinthstoffbuchsen 648
Ladegerät 150
Ladeölpumpen 804
Ladeplan 486
Laderaumlüftung 873
Ladeschema von Produkten 753
Ladeventil 570
Ladewinden 897
Ladewindenantrieb 170
Ladungskühlanlagen 279
Ladungswechsel 557
Lagemessung, induktive 231
Lager 571
Lagerkraftrichtung 454
Lagerreibung 33
Lagertemperaturen 477, 642
Lamellenkupplungen 443
—, ölgeschmierte 433
—, trockenlaufende 433
Lamellentrennung 954
Länge, reduzierte 69
Längsfestigkeit 491
Längsmetazentrum 490
Längsschwingung 77
Längsverbände 491
Lärm 549
Lärmpegel 544
Lastregler 277
Lasttragevermögen 341
Laufbuchse 565
Laufkontakt 408
Auflager 410
Laugenrißsprödigkeit 981
Lautstärke 41*
Laxodrome 498
Leerlaufkennlinie 136
Leistungsbedarf, theoretischer 859
—, effektiver 860
—, indizierter 860
Leistungsberechnung 587
Leistungsfaktor 133, 223
Leistungsmeßverfahren, indirekte 223
Leistungsschutzschlater 190
Leistungssteigerung 588
Leistungswelle 396
Leistungswiderstand 234
Leitfähigkeit 126
Leitwert 127
Lenzpumpe 801
Lenzrohre 746
Leonard-Winden 897
— -Umformer 898
Leuchtbogenflampen 194
Lichtbogenlöschung 153
Liefergrad 597
Linearitätsfehler 224
Liquidität 524
Lochfraß 975

Logarithmengesetze 2
logarithmisches Dekrement 75
LORAN 505
Lot 506
Lötfehler 963*
LSI-Bausteine 273
Luftabsaugung 677
Luftbedarf 687
Lüfter, Anordnung 815, 852
—, Bauarten 852
Lufterhitzer 620
Lüfterleistung 872
Lufterneuerung 851
Luftfilter (Prüfverfahren) 879
Luftfilter 775*
—, elektronische 879*
Luftführung 849, 863
Luftkühlung 573
Luftkühlzone 678
Lufttechnische Anlagen 869
Luftüberschuß 688, 696
Luftumwälzkühlung 849
Lüftung 869
—, technische 872
Luftvorwärmung, durch Anzapfdampf 112
Luftvorwärmung 688, 710, 712
Lüftungsanlagen 887*
Luftwäscher 889
Luftwechselraten 537
Luken 492, 493

M

Magnetismus 128
Magnetverstärker 139
MAK-Wertlisten (maximale Arbeitsplatzkonzentration) 538
Manometer 204
Manövriertechnik 506
Manövrierventile 652
Marine-Fuel-Oil 300
Maschinen, eigenbelüftet 877
—, fremdbelüftet 877
Maschinenbiographie 231
Maschinenkontrolle 231
Maschinen-Leitstand 875
Maschinenraumlüftung 874, 876
Maßeinheiten 1000
— angloamerikanisches System 1000*
Massenausgleich (Motor) 494
Massenkilogramm 999
Massenkräfte 81
Massenmoment 68
Massenträgheitsmoment 36
Massenverteilung, diskrete 68
Maßsysteme, technische 999
Materialplanung 944
Mauerung 712
Meeresströmungen 512
Mehrbereichsöle 326
Mehrflächengleitlager 456
Mehrgangsgetriebe 461
Membranantrieb 255
Membrankupplungen 438
Mengenmessung 222
Messing 287
Meßeinrichtungen 713
Meßkette 200

Sachwortverzeichnis

Meßprotokoll 473
Meßumformer 199
Meßuhren 231
Meßwertaufnehmer, elektrodynamische 83
Meßwertübertragung 232
Metallausdehnungsthermometer 213
Metazentrum 484, 485
Meteorologie 508
Mikrokomputer 273
Mikroprozessoren 260, 273
Mindestisolationswert 186
Mindestwanddicken 733
Mineralöle 297, 298
Minusladung 847*
Mischvorwärmer 765
Mitarbeitertypen 517
Mitteldruckanzeiger 206
Mittelgeschwindigkeitsanlagen 887
Moderatoren 835
Mohr 73
Moment, aufrichtendes 483, 485, 487
Mooringwinden 169, 905
Motoren, Arten 554
–, Einfahren von 554
–, Überwachung 605
Motorschiffe 876
Motorschutz 188
– -Schalter 189
Multiplexer 259

N

Nachlaufregelung 247
Nachlaufwärme 338
Nachstellzeit 248
Nachstrom (bezogen auf Schiffsgeschwindigkeit) 357
Nadelstichkorrosion 976*
Näherungsformel 7
Nahrungsaufnahme 534
Nahrungsmittelschädigung 542
Nahtformfehler 962*
Naturumlauf 694
Nautik 497
Nautischer Strich 8
Navigation 497
–, astronomische 499
–, technische 501
–, terrestrische 499
Navigationssysteme, integrierte 505
Nebenschlußmotoren 164
Nenndrücke 743*, 758
Neutralisationsvermögen 320
Neutralisationszahl (NZ) 305
Nettotonnage 495, 496
Newton-Verfahren 5
Ni-Cd-Batterie 149
Nichtlinearität 244
Niedergeschwindigkeitsanlage 886, 896
Nietrisse 966
Nietrieren 284
Normalglühen 284
Normklima 874
Normalspannung 43
Normen (Rohre) 726
Normzustand 97
Notantriebsanlage 844

Notbeleuchtung 162, 193
Notschalttafel 157, 159, 161
Notschaltung 661
Notsteuereinrichtung 910
Notstromaggregat 162
NPSH-Wert 791
Nullpunktdrift 230
Nullschubpropeller 360, 382
Nutzdruck, mittlere 587
Nutzwirkungsgrad 597

O

Oberfläche, freie 486
Oberflächengüte 460
Oberflächenkondensator 672
Oberflächenwärmeaustauscher 761
Oberschwingung 66
OBO-Schiff (Ore-Bulk-Oil-Carrier) 483
Octanzahl 309
Ohmsche Gesetz 127
Oil whip 456
Ölabstreifring 328
Ölalterung 305
Ölbehälter 331
Ölfeuerung 689
Ölmangel 426
Ölseparatorenraum 878
Ölstand 477
Ölwechselzeiten 329
Ölverbrauch 329
OMEGA (Langstreckennavigationsverfahren 505
Operationsverstärker 257
Optimierung 269
Organisation (Seeschiffahrt) 993
Otto-Gasmotoren 308
Ottokraftstoffe 308*
Oxidasche 306
Oxidationsinhibitoren 319
Oxidationsstabilität eines Brennstoffes 316
Oxydation (Alterung) 298
Ozeanographie 511

P

Pantokarene 488
Parabel 12
Parallelbetrieb 140, 187
Parallelschaltung 156
Parametereinstellung 264
Passungsfehler 959
Paßbolzen 416
Paßwelle 396
PD-Regler 248
– -Verhalten 257
Peltiereffekt 133
Pendel, physikalische 73
Pendelrollenlager 411
Pendelversuch 73
periodische System der Elemente 1026*
Personalbedarf 943
Personalplanung 942
Phasenbedingung 263
Phasenverschiebung 57, 133
Phasenwinkel 37

Piezoeffekt 83
Planetengetriebe 466
Plattenfedermanometer 204
Plattenruder 906
Platten-Spaltfilter 776
Plattenwärmeaustauscher 764
Plusladung 847
pneumatische Signale 234
– Hilfsenergie 251
– Steuerung 274
Pockholzlager 399
Poisson-Zahl 44
Polarplanimeter 206
Polymerisation 298, 308
Porosität 288
Potenzgesetze 2
–, dritte 364
Prisma 24*
Produktfehler 946
Produktivität 524
Produktregel 15
Profilruder 906
– mit festem Leitkopf 906
Profilverschiebung 452
Programmierbarkeit 273
Programmsteuerung 267
Propeller 378
–, Altersversprödung am 392
–, -Antrieb 173
–, Charakteristik des 359
–, Erregerfrequenz 388
–, Escher-Wyss- 375
–, Konstruktion 374
–, Slip Diagramm 364
–, Wirkungsgrad 358
Propellerbefestigung 385
Propellerhang 369
Propellerkreisfläche 369
Propellerpumpe 801*
Propellerschub 357
Propellerwelle 394, 396
Proportionalabweichung 247
Proportionalverhalten 258
Proportionalitätsgrenze 44
Propulsion 354, 358
Provianteinkauf 542
Prozesse, diskrete 919
–, Klassifikation geregelter und gesteuerter 919
–, kontinuierliche 919
–, lineare 920
– mit konzentrierten Parametern 920
– mit verteilten Parametern 920
–, nichtlineare 920
–, Zeitvariante 920
Preventerwinden 901
Prüfdruck 758
Psyche 545
Pufferbetrieb 150
Pumpen 789
Pumpenleistung 793
Pumpensteuerung 269
Pumpenstopfbuchsen 811
Purifierbetrieb 778
Pyramide 25*

R

Radar 505
Radiallüfter 820
Radiziergerät 221
Raffination der Schmieröle 319
Rattermarken 427, 958
Rauchfang 713
Raumbeständigkeit 288
Raumheizung 884
Raumisolierung 853
Raumkühlung 849
Raumtemperatur 854
Reaktionsturbine 643
– Schaufelprofile für 646
Reaktor, gasgekühlter 832
Reaktoranlage 839
Reaktorbauarten 830
Reaktorhilfssysteme 835
Reaktorkern 833
Reaktorkontrolle 838
Redundanz 935
Reflektoren 835
Regel von de l'Hospital 16
Regelbarkeit 244, 245
Rgelkreis 237
Regelkreisvermaschungen 264
Regeln von Betriebszuständen 198
Regelstrecken, Verhalten von 242
Regelstufe (Dampfkraftmaschine) 634
Regelung 238, 865
–, direkte, digitale 260
– mit D-Anteil 248
Regelstrecken ohne Ausgleich 245
Registertonne 495
Registrierverfahren 237
Regler 570
–, P- 246
–, PID- 257
Regula falsi 5
Reibflächenkorrosionserscheinungen 438
Reiboxidation 971
Reibung 60
Reibungsbeiwerte 31*
Reibungsbremsen 443
Reibungswiderstand 354
Reihe, unendliche 6
Relaisschaltung 269
Rentabilität 524
Reservepropeller 374
Resonanz 490
Resonanzfrequenz 63, 132
Resonanzkurve 494*
Restlenz- oder Stripping-System 755
Restlenzsystem, automatisches 754
Restverlust 693
Riefen 426
Ringplattenventile 814
Risse im Lagerausguß 422
– im Lagergehäuse 423
– in der Welle 421
Rißfortschrittsgeschwindigkeit 967
Ritzel 450
Rohrabmessungen 728
Rohrböden 681
Rohre 286, 709
Rohrfeld 677
Rohrklassen nach Germanischem Lloyd 729

Rohrkupplungen, flexible 748
Rohrleitungen 728
Rohrpakete 709
Rohrstützwände 681
Rohrsysteme 750
Rohrverbindungen 736, 747
Rohrverschraubungen und Fittings 727, 748
Rohrwanddicken und Elastizitätsberechnung 731
Rollbewegung 489, 490
Rolleigenfrequenz 489
Rollreibung 31
Rollschwingung 493
Rollversuch 487
Rollzeit 487
Rostschäden 427
Rostbelastung 689
Rotationsviskosimeter 305
Rostguß 287
Routenberatung 511
Rückführung, nachgebende 250, 254, 256
–, starre 250, 256
–, verzögerte 250, 257
Rückspülfilter 776
Rückwärtsfahrt 696
Ruderantrieb 178
Ruderlagenanzeiger 179
Rudermaschine 180, 345, 906
Ruhepotentiale 975
Ruhestromprinzip 191
Rundlauf 454

S

SAE-Grade (Society of Automotive Engineers) 304
Salze 717
SAN (Strong-Acid-Number 305
Satellitennavigation 505
Saughöhe H_S 791
Saybolt-Universal 303
Schäden 946
– an Kondensatoren 682
– an Kupplungen 449
– an der Turbine 671
– durch Brennstoffaschen 316
–, Einteilung 947*
–, Verhütung 985
Schadensablauf 982
Schalldämmung 41, 880, 882
Schalldämpfung 880, 883
Schallpegel 40
– auf Seeschiffen 882
–, Berechnung 883
Schallpegelmesser 881
Schallschluckung 42
Schaltdifferenz 261, 271
Schaltgerät 150
Schaltkreistechnik, integrierte 271
Schaltkupplungen, elastische 441
Schalttransistor 270
Schaltungsalgebra 268
Schaltvermögen 151
Schaufeln, vorwärtsgekrümmte 799
Schaumverhalten 325
Scheergang 491
Scheitelwert 84

Schenkelpolläufer 140
Scherbeanspruchung 43
Schieber 728, 748
Schiffahrtsunternehmen 522
Schiffsantriebe 173, 175
Schiffsantriebsanlagen, dynamische Belastung von 930
Schiffsbetriebsmeister 996
Schiffsbetriebstechniker 994
Schiffsdampferzeuger, dynamisches Verhalten 920
Schiffsdieselmotor, dynamisches Verhalten 926
Schiffsfernmeldekabel 155
Schiffsfinanzierung 529
Schiffsingenieur 994
Schiffs-Sicherheitsvertrag, Internationaler 990
Schiffskabinenofen 195
Schiffskesselregelung, elektronische 277
Schiffsklimaanlage 886, 891
Schiffsklimatisierung 885
Schiffslage 226
Schiffsorganisation 523
Schiffsraumlüfter 815, 820
Schiffsschwingungen 493
Schiffssicherheit 512
Schiffstypen 482
Schiffsvermessung 495
Schiffswiderstand 354
Schlackenwärme, freie 693
Schlammkästen 771
Schlankheitsgrad 53
Schleifringläufer 166
Schleiffrisse 479, 958
Schleppwinde 171
Schlingerdämpfung 493
Schlingerkiel 493
Schlingertanks 493
Schlupfkupplung 177
– elektromagnetische 447
Schmalbandanalyse 86
Schmelzkegel, Seger 214
Schmelzpunkt 288
Schmidt-Hartmann-Kessel 703
Schmiedefehler 954
Schmierfähigkeit 319
Schmierfette 349
Schmiermittel, feste 351
Schmiermittelpflege 984
Schmieröle 319
Schmieröl- und Brennstoffilter 775
Schmierölzusätze 319
Schmierstoffe 318
– alterung 307
Schmierung der Abgasturbolader 338
– der Dieselmotoren 326
– langsamlaufender Zweitakt Kreuzkopfmotoren 334
– der Kältemaschinen 339
– der Luftverdichter 339
– der Ottomotoren 325
– des Stevenrohrs 347
– der Triebwerke 331
– der Zahnradgetriebe 340
– der Zylinder 332, 334
– der Wälzlager 347
– der Wellenlager 412
– der Wellenleitung 347

Schmierölversorgung, von Turbinen 659
Schmutzpegel 328
Schnellschlußdrehzahl 639
Schnellschlußeinrichtung 654
Schornstein 713
Schott 492
Schottischer Kessel 702
Schrägverzahnung 469
Schraube 32
Schraubenbrunnen 493
Schraubenpumpe 797
Schraubenspindelpumpen 797*
Schrittregler 261
Schrumpfscheibenkupplung 418*
Schubbeanspruchung 43
Schubkurbelbetrieb 35*
Schütze 151
Schutzpotentiale 193
Schutzrohr 218
Schwebungen 58
Schweißfehler 960*, 963
Schwertgutwinden 901
Schweröl 299
Schwerölbetrieb 614
Schweißnahtwertigkeiten 734
Schwingung, erzwungene 66
Schwingungen, im medizinischen Sinn 545, 550
– des Rumpfes 76
–, harmonische 57
Schwingungsbruch 81, 968
Schwingungsbruchmerkmale 969*
Schwingungsform 58
Schwingungsgrad 66*
Schwingungsknoten 66
Schwingungsneigung 263
Schwingungsreibverschluß 426
Schwingungstilger 66
Schwitzwasserbildung 873
Schwitzwasserkorrosion 979
See-Berufsgenossenschaft 992
– -Krankenkasse 992
Seegang 509*, 511
Seegangspantokarene 488
Seekarten 498
Seekaskoversicherung 530
Seemannsgesetz 521
Seemaschinist 994
Seeschiffahrt (Aufgabe + Leistung) 522
Seeschiffahrtsmärkte 528
Seeschiffahrtsstraßenordnung 507
Seestraßenordnung 507
Seeverkehrssicherheit 512
Seeversicherung 530
Seewassererhitzer 769
Seewasserfilter 770
Seewasserverdampfer 766
Seileck 28*
Seilreibung 32
Sekundärpittings 478
Sektionskessel 700
Sekunden, Redwood 303
Selbstentzündungspunkt 306
Selektivität 184
Selektivitätsdiagramm 185
Separatoren 778, 780
– selbstreinigende 783
Separatorvorwärmer 780
Separierschwierigkeiten 314

Separiertechnik 778
Sicherheitsbehälter 843
Sicherheitsschaltung 156, 188, 272
Sicherheitssystem 838, 839
Sicherheitsventil 576
Siedewasserreaktor 832
Siedeverhalten 309
Signalflüsse, mehrläufig 264
Signalflußplan 199
Simplex Kolbenpumpen 793
–, Stevenrohrabdichtung 404, 405
Simpsonsche Regel 24*
Sinus 8
Sinusschwingung 57
slamming 495
Slip 364
–, nominellen 364
–, scheinbarer 364
Sog 357
Solekreislauf 866
Spaltfilter 775
Spaltverlust 627
Spannbolzen 415
Spannung 43
Spannung, dreidimensional 983
–, eingeprägte 234
Spannungsreihe der Elemente 973
–, thermoelektrische 214
Spannungsrißkorrosion 979
Spannungsspitze 420
Spant 491
Specific-Gravity 300
Speisewasser, Anforderung an das 719
Speisewasserdruckfilter 771
Speisewasserfilter 771
Speisewasserpflege 984
Speisewasserregelung 275
Speisewassertemperatur 696
–, optimale 112
Speisewasservorwärmung, regenerative 110
–, Stufenaufteilung bei regenerativer 112
Spille 902, 903
Sprachrohranlagen 728
Sprungantwort 201
Spülluftpumpe 570
Spülöl 476
Stabilisierungsanlage 182
Stabilisierungsflosse 493
Stabilität 483, 487
– im Seegang 488
Stabilitätsblatt 488
Stabilitätsmoment 484, 488
Stabilitätsquerkurve 488
Stahl, hochlegierter 285
–, niedriglegierter 285
–, unlegierter 284
Stahlguß 285
Stampfmassen 288
Ständerschutz 188
Starkstromschiffskabel 155
Statik 140
Stäube, beim Decksbetrieb 546
Steckdose 194
Steckeinheit 259
Steckfußschaufel 643*
Steifigkeit 69
Steigrohre 694
Steigung 369

– eines Propellers 368
– nominelle 369
– mittlere 369
Steigungsverhältnis 370
Steilrohrkessel 699
Steinersche Satz 36, 50
Stellgeschwindigkeit 262
Stellglieder 274
Stellmotoren 259
Stellungsregler 255
Stern-Dreieck-Anlasser 177
– – – -Schaltung 166
Steuerkette 266
Steuern, von Betriebsvorgängen 198
Steuerung 238, 573
–, automatische 268
Steuerungstechnik 266
Steuerwirkung auf das Schiff 906
Steven 493
Stevenrohrlager 399
– aus nichtmetallischen Werkstoff 401
–, geteilt 403
–, ölgeschmiert 401
–, Seewassergeschmiert 399
–, zulässige Lagerspielwerte mit Weißmetallausguß 400*
Stillstandsheizung 138
Stillstandskorrosion 979
Stirnrad-Umlaufgetriebe 466
Stockpunkt 307
Stodola 73
Stoffe, ferromagnetische 129
Stokesches Gesetz 301
Stopfbuchsen 400, 648
Stopfbuchsdampfausgleich 649
Stopfbuchsenschott 492
Störgrößen 238, 246
Störgrößenaufschaltung 265
Strahleneinspritzung, direkte 561
Strahlenschutzmittel 321
Strahlpumpen 789, 806
Strahlungs-Kennlinie 686
Strahlungswärme (Maschinenräume) 535
Strahlverdichter 813
straight run residue 299
Stringer 492
Strom, eingeprägter 234
Strombegrenzungsschalter 152
Strömungsgeschwindigkeiten 742
Strömungskupplung 446
Strömungsverlust 627
Stromversetzung 499*
Strong-Base-Number 305
Stufenwirkungsgrad 636
Sulfatasche 306
Sulfatkorrosion 318
Sural-Kessel 704
Synchronisation 142
Synchronoskop 143
Systeme 94
–, autonome 58
–, geschlossene 94
–, heterogene 94
–, homogene 94
–, isolierte 94
–, offene 94
Systemverstimmung 90

T

Tachometer 225
—, Drehpendel 226
—, Wirbelstrom- 226
Taktgeber 269
TAN (Total Acid Number) 305
Tangens 8
Tangentialspannung 43
Tankheizung 895
Tankinhaltsmesser 222
Tankinhaltsmeßsystem 755
Tastschwingschreiber 83
Tauchkolben 564
— -Rudermaschine 179
Tauchkolbenruderanlage 909
Tauchschwingung 493
Tankreinigung 754, 896
Tankschiffschieber 751
Tauchschmierung 321
TBN (Total-Base-Number) 305
Teillastbereich 327
Telemotoreinrichtung 913
Temperatur, Definition 95, 210
Temperaturregelung 892
Temperaturskala, thermodynamische 210
Temperaturwechselbständigkeit 288
Temperguß 286
Test, Jacking 430
Thermoelement 214
Thermospannung 133, 214
Thyristor-Regelung 897
Toleranzzuschlag t 734
Tonnage 495
Torsionsspannung 51
Torsionsschwingung 494
Tragbild 479
Trägerfrequenzverfahren 225
Trägheit 219
Trägheitsmoment 50
Trägheitsradius 36, 53
Traglager 410*
Transduktor 138
Transformator 168
Trapezregel 24*
Trimm 490
Trimmdiagramm 490
Trimmwinkel 490
— -Diagramm 490
Trimmwinkelmoment 490
Trinkwasser 539
Trommeln 643
Trotzeitglieder 263
Trübungspunkt 307
TTL-Technik 271
Tüpfeltest 330
Turbine, Bauteile 639
Turbinenanlage, Wartung 670
Turbinenfeinsteuerung 279
Turbinengehäuse 639
Turbinengetriebe 468
Turbinenläufer 643
Turbinenschiffe 876
Twintest (Niemann) 854

U

Überdruck 202
Überdruckstufen 632
Übergangsdrehzahl 456

Überhitzer 686
— kühlung 697
Überlage 57
Überregelung 263
Überschlagsrechnung 459
Übertragungsfaktor 243
Übertragungsfehler 200
Übertragungsglieder 200
Überwachen, der wichtigsten Betriebsgrößen 198
Ultraschallmeßverfahren 222
Umdrehungsparaboloid 25*
Umformer 144, 148, 150, 239
—, rotierend 145
Umlaufkühlung 572
Umlaufschmierung 338, 414
— der Kreuzkopfmotoren 338
Umrichter 147
Umsetzer 239
Umsteuern 575
Umwälzzahl 324, 331
Unempfindlichkeitszone 261
Unfallverhütung 546
Ungänzen 950
Unternahtrisse 964
Unterspannungsschutz 189
Unverträglichkeit 984
Urkilogramm 1000
Urspannung 126, 130

V

Vakuum Destillation 299
Vakuumschalter 153
VDI-Richtlinien 982
Ventil 566, 727
Ventilüberschneidungszeit 557
Ventilationsverlust 627
Verantwortung 515
Verband Deutscher Reeder (VDR) 994
Verblockungskriterien 390
Verbrennung 583, 585, 687
—, klopfende 586
Verbrennungsmotoren 554, 559
—, allgemeiner Aufbau 562
Verbrennungsraum, unterteilter 561
Verdampfer 686
Verdampfung, direkte 865
Verdampfungsziffer 712, 692
Verdichter 620, 812, 857
— für Sauerstoff 339
Verdichtung, adiabatisch 813
—, isothermisch 813
Verdichtungsverhältnis 559
Verdrängungspumpen 789
Verdrängungspumpenparallelbetrieb 811
Verdrehbeanspruchung 43
Verdrehwinkel 53
Verfahren, elektrometrische 227
Vergleichsmoment 54
Vergleichsprozesse 104, 595
Vergleichsspannung 54
Vergüten 284
Vergütungsfehler 957
Verhalten PI 257*, 258
Verhaltzeit T_V 249
Verkettungsfaktor 133
Verholspille 904

Verholwinde, automatische 905
Verkokungsrückstand 306
Vermessungsmarke 482*, 496
Verschlackungsbeständigkeit 288
Verschleiß 479
Verschleißerscheinungsformen 969
Verschleißgräben 408
Verseifungszahl (VZ) 305
Verstärker 239
Verstellpropeller 372, 378
Verzahnungen, gehärtete 453
Verzahnungsgenauigkeit 454
Verzerrungsfunktion 63
Verzugzeit 244
Vibration 493
Vibrationsstärke 84
Vibrationsverhalten 495
Vieleck 23
Vielstoffmotor 328
Vierleiterschaltung 217
Viereck 23
Viertaktmotor 556, 558
Visbreaker 300
Viskosität 303
—, dynamische 303
—, kinematische 303
—, Struktur 305
Viskositätsindex 304
Viskositätsregelung 277
Viton-Manschetten 408
Volldecker 496
Vollpolläufer 140, 141*
Volumen, spez. 95, 219
Vorratshaltung 536
Vorwärmer 686

W

Wahrnehmungsstärke 88
Walzfehler 954
Walzlager, Schmierung 347
Wandler 168
Wandtemperatur 875*
Warm-Aufschrumpfen (Propeller) 392
Wärme- und Wärmewirtschaft 93
Wärmeableitung 211
Wärmeaustausch 211
Wärmeaustauscher 759
— Betrieb 787
—, Wartung 787
Wärmebedarf 884
Wärmebelastung 588
Wärmebilanztest 854
—, angenäherter 855
Wärmedurchgangszahl k 674
Wärmekapazität, spez. 848*
Wärmeleistungsziffer 759
Wärmeleitfähigkeit 229
Wärmeluftheizung 869, 885
Wärmerückgewinnung 884
Wärmestrombild (Sankey-Diagramm) 605*
Wärmeträger, organische 115
Wärmeträgermedien 115
Wärmeübergang im Kondensator 673
Wärmeverbraucher 114
Wärmeverteilungsplan 604
Warmwasserbereiter 770
Warmwasserheizung 884

Sachwortverzeichnis

Wartungsplan (arbeitstechn. Planung) 532
Waschmaschine 197
Wasser-Feuerlöschanlage 728
Wasseraufbereitung 718
Wasserbewegung 694
Wasserringpumpe 801
Wasserrohrkessel mit Naturumlauf 699
– mit Zwanglauf 701
Wassertrommel 706
Wasserversorgung 540
Wasservorlagen 678
Wechseldecker 496
Wechselrichter 145, 146
Wegsteuerung 179
Weibullfunktion 937
Welle, verbogene 422
Wellenberg 488, 491
Wellenbremse 419
Wellendrehvorrichtung 418
Wellenflansch, lösbarer 417*
Wellengenerator 135, 144, 157, 372
Wellenkreisfrequenz 489
Wellenkupplung 415*
Wellenleitung 76, 224, 347, 394
–, Ausrichtung 428
–, bauliche Ausführung 396
–, Berechnung und Ausdehnung 395
–, Schmierung 347
Wellental 488, 491
Wellenwiderstand 355
Wellrohr, Ausgleichsstück 752
Werkstoffe 725
– bei Kondensatoren 682
– im kerntechnischen Teil 844

Werkstoffprüfung 757
Wert, pH- 719
Wetterkarte 510
Wheeler-Anlage 896
whipping (Schiffskörpervibration) 495
Whitworth-Gewinde 1008
Widerstandsmoment 50
– polare 52
Widerstandsthermometer 216
Wind 509*
Windenantrieb, hydraulisch 899
Wirkdruck 221
Wirktastabgleich 143
Wirkungsgrad, energetischer 102
–, exergetischer 101
–, mechanischer 36
Wirkungsgrade 595
Wirtschaftlichkeit 524
Wolken 508
Wrasendampfmenge 650
Wulstmanschetten 408
Wurzelgesetze 2

Z

Zahlen, imaginäre 1
–, irrationale 1
–, komplexe 1*, 21
–, rational 1
–, reelle 1
–, Reynolds- 356
Zählwerke 225
Zahnflankenfestigkeit 457
Zahnflankenpressung 453
Zahnflußtragfähigkeit 457
Zahnradpumpe 794

Zeitbruch 968
Zeitkonstante 130
Zeitsteuerung 179
Zerhacker 235
Ziehfehler 954
Zugbeanspruchung 42
Zugspannung 47
Zündverzug 309, 584
Zündwilligkeit 309
Zusatzbeanspruchung 434
Zustandsänderungen 98, 890
Zustandsdiagramme 107
Zustandsgleichungen 107
Zustandsgrößen 95
Zwangdurchlaufkessel 701
Zwanglauf 694
– -Kessel 701
Zweikomponenten Regelung 277
Zweikreissystem, bei Klimaanlage 880
Zweipunktregler 261
Zweitaktmotor 557, 558
Zweiphasenöle 305, 320
Zwischenkühler 623
Zwischenüberhitzer 686
Zwischenüberhitzung 109, 696
Zweiwellenanlage 621
Zylinderölverbrauch 335*
Zwischenbodenstopfbüchse 334
Zwischenüberhitzung 666
Zylinder 25
Zylinderschmierung 332, 334
Zylinderwandtemperatur 336
Zwischenräder, am Getriebe 450
Zylinderdeckel 566
Zylinderrollenlager 411

MIX
Papier aus verantwortungsvollen Quellen
Paper from responsible sources
FSC® C105338

If you have any concerns about our products,
you can contact us on
ProductSafety@springernature.com

In case Publisher is established outside the EU,
the EU authorized representative is:
**Springer Nature Customer Service Center GmbH
Europaplatz 3, 69115 Heidelberg, Germany**

Printed by Libri Plureos GmbH
in Hamburg, Germany